Gesamtverzeichnis des deutschsprachigen Schrifttums (GV) 1700 – 1910

Bearbeitet unter der Leitung von
Hilmar Schmuck und Willi Gorzny

Bibliographische und redaktionelle Beratung:
Hans Popst und Rainer Schöller

102

Naq - Neu

K · G · Saur München · New York · London · Paris 1984

CIP-Kurztitelaufnahme der Deutschen Bibliothek

Gesamtverzeichnis des deutschsprachigen Schrifttums :
(GV). – München, New York, London, Paris : Saur.
Bd. 1 – 6 bearb. unter d. Leitung von Peter Geils
u. Willi Gorzny.
ISBN 3-598-30000-X

1700 – 1910 / bearb. unter d. Leitung von Hilmar
Schmuck u. Willi Gorzny. Bibliograph. u. red.
Beratung: Hans Popst u. Rainer Schöller

NE: Schmuck, Hilmar [Bearb.]

102. Naq - Neu. - 1984.

Techn. Realisierung und Druck: Norbert Gärtner, Mainz-Kastel
Binden: Karl Schaumann, Darmstadt
Printed in the Federal Republic of Germany
ISBN 3-598-30000-X (Gesamtwerk)

Naquet, A., Chemie, s. **Sell, Eug.**

Naquet, Alfred

Grundzüge der modernen Chemie. Nach der zweite Auflage von A. Naquet's "Principes de chimie." Berlin, 1868–70. 2 vols., 8vo.

Nar, Carl v., s. N a r , Karl v.

NAR, Gustav (Eichstätt): De diversis iridis inflammationibus.- Monachii: Giesser 1834. 14 S. 22.8.1833 - Urk (Titel: De iridis inflammatione diversa.); F 61
Diss. Ingolst.-Landsh.-Mchn.

Nar, Karl v.

— Erläuterungen zu dem bayerischen Gesetze über Heimat, Verehelichung und Aufenthalt vom 16. April 1868. gr. 8. (VIII, 220 S.) Ebendas. 869. *

Nar, Carl v., Erläuterungen zu dem bayerischen Gesetze vom 29. April 1869, die öffentliche Armen- und Krankenpflege betr. 8. Erlangen [Stuttgart] 870, Enke. *

— das bayerische Gesetz über das Gewerbswesen vom 30. Jan. 1868. Mit Erläuterungen u. den zum Vollzuge des Gesetzes dien. königl. Verordnungen, Ministerialerlassen ꝛc. Ebend. 869. gr. 8. (X, 271 S.) n. 1 ℛ 10 ngr.

Nar, Carl, Handbuch der bayerischen Distrikts-Verwaltungs-Behörden. Lex.-8. (XXV und 778 S.) Ansbach 862, Junge. *

— dass. — 1. Nachtrag zur 1. Aufl. gr. 8. (IV und 128 S.) Ebendas. 864. *

— dass. — 2., umgearb. und verm. Aufl. 6 Lfgn. gr. 8. (XIII und 802 S.) Ebendas. 864. à Lfg. * 16 Ngr. *

— Handbuch der bayerischen Distrikts-Verwaltungs-Behörden. 3. gänzlich umgearb. Aufl. (In 6 Liefgn.) 1–4. Liefg. Ansbach 870. Junge. gr. 8. (VIII u. S. 1–496.) Jede Liefg.. n. 16 ngr.

Nar, Carl v., Handbuch der bayerischen Distriktsverwaltungsbehörden. 3. gänzlich umgearb. Aufl. 5. u. 6. Lfg. (Schluß.) gr. 8. (XXIII u. S. 497–828.) Ansbach 870. Junge. à n. 1. 60

Nara, Aisaburo, a. Japan: Ueber Scopolamin und seine Nebenwirkungen in der Augenheilkunde. Rostock 1905: Adlers Erben. (39 S.) 8°
Rostock, Med. Fak., Ref. Peters, Diss. v. 25. Apr. 1905
[Geb. 16. Nov. 67 Fukui, Japan; Wohnort: Fukui; Staatsangeh.: Japan; Vorbildung: Gymn. Fukui Reife 85; Studium: Militärakademie Chiba 8, Rostock 2 S.; Rig. 20.—29. März 05.]

Nārājana, s. N ā r ā y a n a .

Narannowitsch, P. v., das Sanitätswesen in der preußischen Armee während des Krieges im Sommer 1866. (Aus dem Russ.) Berlin 866. Stuhr'sche Buchh. gr. 8. (IV, 54 S.) n. 15 ngr.

Narath, Alb., Anatomie u. Chirurgie. (Eine histor. Skizze.) Rede, vorgetragen beim Antritte d. ordentl. Professur f. Chirurgie an der Reichs-Universität zu Utrecht, am 14. IV. 1896. gr. 8. (28 S.) Utrecht 896. Kemink & Zoon's Sort. n. — 75

Narath, Alb., s.: **Arbeiten aus dem Gebiete der klin. Chirurgie.**

Narath, Alb., der Bronchialbaum der Säugethiere u. des Menschen, s.a. **Bibliotheca medica.** 3. Hft.

Der Bronchialbaum der Säugethiere und des Menschen. Eine vergl. anat. u. entwicklungsgesch. Studie von Dr. **Albert Narath**, Prof., Utrecht. Mit 242 Fig. im Text u. 7 Doppeltaf. *Stuttgart: E. Nägele 1901.* (VIII, 380 S.) 4°
— **Bibliotheca medica.** Abth. A. H. 3. [01. 3401

— d. Entwickelung d. Lunge v. Echidna aculeata, s.: **Denkschriften d. medicin.-naturwissenschaftl. Gesellschaft zu Jena, V, 3.**

Narath, (Alb.), s.: **Jahresbericht der Heidelberger chirurg. Klinik.**

Nārāyana

Nārājana, Hidopadesa. Die freundl. Belehrung, s.a. **Universal-Bibliothek.**

Hitopadesas id est institutio salutaris. Textum codd. mss. collatis recensuerunt interpretationem Latinam et annotationes criticas adiecerunt Augustus Guilelmus a Schlegel et Christianus Lassen. Pars I. Textum Sanscritum tenens. Pars II. Commentarium criticum tenens. Bonnae ad Rhenum 1829. 1831. 4°.

— Hitopadesa. Eine alte indische Fabelsammlung aus dem Sanskrit zum ersten Mal in das Deutsche übersetzt von Max Müller. (Ausgewählte Bibliothek der Classiker des Auslands. Band 53.) Leipzig 1844.

— Hitopadesa. Eine indische Fabelsammlung. Von der Erwerbung eines Freundes. Mit metrischer Übertragung der Verse aus dem Sanskrit übersetzt von L. Fritze. Breslau 1874.

— Der Hitopadescha. Altindische Märchen und Sprüche. Aus dem Sanskrit übersetzt von J. Schoenberg. Wien 1884.

Narbe, die, an der Stirn. Lustsp. in 4 Akten von Sievers. 8. Leipz. Rein. 802.

Narbel, Catherine, exercices de mémoire. 1. Partie, mise à la portée des enfants. gr. 12. Berlin 843, A. Duncker. n. 1/2 ℛ — Velinp. n. 5/6 ℛ

— 2. Partie, destinée particulièrement à la jeunesse. 12. Le même 846. n. 1/2 ℛ — Velinp. n. 5/6 ℛ

Narbel, Catherine, Exercices de mémoires. 1. Partie, mise à la portée des enfants. 2. Édition. gr. 12. (VIII und 160 S.) Berlin 850. A. Duncker. *

Narbel, Cathérine, exercices de mémoire. 3. et 4. partie. Berlin 853. A. Duncker. 8. (VI, 154; VI, 208 S.) n. 1 ℛ.
3. Partie. Exercices de mémoire et de style ou choix de morceaux à la portée de l'enfance. 1. partie. n. 15 ngr.
4. - Exercices de mémoire et de style ou choix de morceaux tirés des meilleurs écrivains français. 2. partie. A la portée de l'adolescence. n. 15 ngr.

Narbel, C. Recherches sur l'éclairage naturel dans les écoles de Neuchâtel. In-8°. 64 p. Berne. Thèse. 1894

Narbel, Catherine, Recueil de comédies, proverbes et charades dramatiques à l'usage des maisons d'éducation et des familles. 8. (III und 267 S. mit 1 Stnt. in Tondr.) Berlin 861, Springer's Verlag.

Narbel, Cathérine, récueil de comedies, proverbes et charades dramatiques. Nouvelle édition. Neu-Ruppin 870. Leipzig, Oehmigke. br. 8. (VIII, 260 S.) n. 17½ ngr.

Narbel, Catherine, récueil de comédies, proverbes et charades dramatiques à l'usage des maisons d'éducation et des familles. 3. éd. 8. (V, 265 S.) Leipzig 872. Oehmigke. n. 1. 75; cart. 2. 40

— le même. Nouveau récueil. 3. éd. gr. 8. (III, 307 S.) Ebend. 872. n. 1. 75; cart. 2. 40

— recueil d'histoires etc., s. **Sammlung** interessanter Erzählungen u. Novellen der neuesten franzôs. Literatur.

Narbel, Catherine, nouveau récueil de comédies, proverbes et charades dramatiques à l'usage des maisons d'éducation et des familles. Berlin 862. J. Springer. 8. (2 Bl., 307 S.) 25 ngr.; mit 1 lith. Taf. 1 wß

Narbeschuber, Karl, aus dem Leben der arabischen Bevölkerung in **Sfax** (Regentschaft Tunis), s.a. Veröffentlichungen des städt. Museums f. Völkerkunde zu Leipzig. 2. Heft.

Aus dem Leben der arabischen Bevölkerung in Sfax ⟨Regentschaft Tunis⟩ von Dr. med. Karl **Narbeshuber**, Vice-Consul. Mit e. Beitr. von Prof. Hans Stumme in Leipzig. Leipzig: R. Voigtländer 1907. (44 S.) 4°(8°)
— **Veröffentlichungen** d. Städt. Museums f. Völkerkunde zu Leipzig. H. 2. [07, 17891

v. Narbonne, der Graf; Trspl. Aus d. Engl. 8. Wien 784. Kurzböck. 3 K

NARBUTT, Stanislaus Ostyk von (Szawry/Litauen): Ueber den Weichselzopf Plica polonica.- München: Straub 1879. 2 Bl.,16 S.
7.8.1879 - Urk (Titel: De plica polonica.); Chr 1879/80,14
Diss.Ingolst.-Landsh.-Mchn.

Narcisse, eine englische Wertheriade, mit 1 Kupf. 8. Leipzig, 793. Weygand. 1 Rthl.

Narcissus, P., lateinische Stilübungen, s.: Liebert.

Nárcolmist. Eine phrenologische Studie aus dem Buchhändler-Leben. 1. u. 2. Aufl. 854. 7½ ngr — 3. Aufl. Temesvár 855. Poldtsek. 8. (39 S.) 7½ ngr.

Nardi, Francesco, das oecumenische Concil und die Rechte des Staates. Antwort auf das Büchlein: Le Concile oecuménique et les droits de l'état. Aus dem Italien. übersetzt von Theoph. Landmesser. 1. und 2. Aufl. gr. 8. (IV, 38 S.) Berlin 869, Moeser.

Nardi, Franc., der heilige Vater in Anagni am 20. Mai 1863. Aus dem Italien. übers. von Theoph. Landmesser. Leipzig 863. Jackowitz. gr. 8. (29 S.) n. 5 ngr.

Nardin, Charles Christophe: De praescriptione feudi. 10 S.– Basel, Jur.Diss.v. 1.April 1739.

Nardini, L., Auswahl freundschaftl. Briefe d. besten italien. Schriftsteller. 8. Leipz. 810. (W. Nauck). 21 Gl

Nardini, L., Auswahl italienischer Briefe der besten Schriftsteller rc. N. A. 8. Leipzig, Sommer, 820.

— Scelta di Lettere familiari degli auctori più celebri. 8. Leipz. Breitkopf et H. 805.

— — dasselbe. 8. Leipz. Sommer. 810.

— Scelta di Lettere familiari degli Autori più celebri etc. ediz. nuova. 8. Leipz. 820. N. A. 824. Sommer. (W. Nauck). 21 Gl

— kurzgefaßte italien. Sprachlehre f. d. Jugend. 8. Leipz. 812. 2e A. 820. 3e A. 823. (W. Nauck). 12 Gl

Nardini, L., kurzgefaßte italienische Sprachlehre f. d. Jugend, f. Anfänger und für Schulen. 8. Leipzig, Sommer. 812.

Sonate (Ddur) von Pietro **Nardini** ⟨1722–1793⟩. Bearb. von A(lfr.) Moffat. *(Berlin: N. Simrock 1899.)* (11 S.) 4° [Kopft.]
— Meisterschule d. alten Zeit. No 14. [00. 2108

Narducci, Henr., s.: Catalogus codicum manuscriptorum praeter graecos et orientales in bibliotheca angelica olim Coenobii sancti Augustini de urbe.

Nardy, Leo [Pseud.], s. Léonardy, Nicolas

Narenta-Canal [Schlagwort]

Narenta-Canal, s.: Adriatisches Meer.

Nares, R., a Glossary; or Collection of Words, Phrases, Names and allusions to customs, proverbs etc. which have been thought to require Illustrations in the Works of english Authors, particolarg Shakespeare, and his Contemporaries. gr. 8. Strals. 825. Löffler. 7 ß

Naerger, Ida, geb. Fichtner, heitere Festspiele u. Vorträge f. 2, 3 u. mehr Personen zu Polterabend u. Hochzeit. 8. (112 S.) Styrum 889. Spaarmann. — 75

— neue Gedichte u. Vorträge zu Polterabend u. Hochzeit. 8. (104 S.) Ebd. 888. — 75

Naerger, Ida, neue Gedichte u. Vorträge zu Polterabend u. Hochzeit. 2. Aufl. 8. (104 S.) Styrum 892. Spaarmann. — 75

— der poetische Hausfreund. Reichhaltige Sammlg. v. Orig.-Gedichten zu jeder im Leben vorkomm. Gelegenheit. gr. 8. (VIII, 192 S.) Schweidnitz 891. Brieger. n. 1. —

Neue Polter-Abendscherze, Hochzeits-Gedichte und Tafel-Lieder. Hrsg. von J. Fichtner [d. i. Ida **Närger**] u. F. Fröhlich. *Schweidnitz: G. Brieger [1894].* (92 S.) 8° [F.] [oo. 3663

Neue Polter-Abendscherze, Hochzeits-Gedichte und Tafel-Lieder. Hrsg. von J. Fichtner [d. i. Ida **Närger**] u. F. Fröhlich. 2. verm. Aufl. *Schweidnitz: G. Brieger [1899].* (123 S.) 8° [F.] [oo. 3664

Neue Polter-Abendscherze, Hochzeits-Gedichte und Tafel-Lieder. Hrsg. von J. Fichtner [d. i. Ida **Närger**] u. F[ritz] Fröhlich. 3. Aufl. *Schweidnitz: G. Brieger [1901].* (119 S.) 8° [F.] [03. 3038

Narhalla, s.a. Karneval-Zeitung, Mainzer.

Narhalla: Feb. 1884. New Orleans, LA
Humorous weekly. Edited & published by Georg Müller.

Narischkin, Alex. Wassil., Beschäftigungen meiner Muse, s. Beschäftigungen m. Muse.

Nariscus, Johannes, wunderbare Begebenheiten des Blasius Berneiter und seiner Gefährten. 16. Sulzbach 837. v. Seidel'sche Buchh. ²/₃ wß

Nariscus, Johs., gesamm. Blätter. 16. (20 B.) Sulzbach 832, v. Seidel.

Nariscus, Johannes (d. i. Joh. Nepom. *Hortig*, geb. 3. März 1774 zu Pleistein, Oberpfalz, 1826 Prof. in München, † ebd. 27. Febr. 1847). Zwölf Körbe, Erzählung. Landshut, v. Vogel'sche Verlagsbuchh., 1841. 12°. Papierfl. Hsrs.
349 S. — Von Hortig erschienen vorher verschiedene kleine Aufsätze, meist humorist. Art, in der Münchener Zeitschrift „Aurora".

—— Reisen zu Wasser u. zu Land, mit etwelchen Anhängseln u. Einstreuungen. 16. (15 B.) Sulzbach 835, v. Seidel'sche Bh.

Narkissos, der neue Werther, e. hellen. Passionsgeschichte. 8. (99 S.) Leipzig (902). M. Spohr. n. 2. —

Narlowski, N. R. v.: Die Bedeutung der imaginären Grössen bei Lösung geometrischer Probleme. 24 S. 8° – Landskron, Progr. 1873.

Narodne Novine. (Volkszeitung.) Druck, Verlag u. Red. Dr. Ludw. Gaj. Fol. 3 sp. Tägl. mit Ausnahme der Sonn- u. Feiert. 4 fl. halbj. in Loco; 6 fl. halbj. mit Postverf. 1853.

Narodní písně, moravské, s nápěvy. Sebrané od F. S. Svazek 1—4. Brünn 853, 55. Winiker. gr. 8. (S. 1—384.) Jedes Heft n. 15 ngr.

Národni písně, moravské, s nápévy. Sebrané od F. S. Svazek V—VII. Brünn 859. Winiker. gr. 8. (S. 385—672.) Jedes Heft n. 15 ngr.

— der, in der Stadt Berlin zu Leipzig. Oder: B. Kaim an die Freunde Börne's. gr.12. Leipz.833. Franke, jetzt Melzer. 1/6 ₰

Narr, der, in Folio. 2 Thle. gr. 4. Leipz. ... Weygand. 2 ₰ 12 gl

Narr, Der, im Folio. Bayreuth 1800. V: *Münch, Johann Gottlob.* (GGr) (NN) (Fiker) (MGT)

Narr, Der Gelehrte, oder Gantz natürliche abbildung solcher Gelehrten ... Freyburg ... 1729. V: *Gundling, Joh. Paul von.* (RHMBF I, 33)

Narr, Der Gelehrte, oder Gantz natürliche Abbildung solcher Gelehrten, Die da vermeynen alle Gelehrsamkeit und Wissenschafften verschlucket zu haben... Freyburg ... 1729. V: *Fassmann, David.* (VLBS III, 608) (wr) (BrMm) (Cat. d. v. Meusebachschen Bibl. Berl. 1855. S. 77.)

— gelehrter, od. natürl. Abbildung solcher Gelehrten. 4. Berlin, Haude. 729.

Narr, der, bey Hofe, ein kabalistisches Gemählde, 8. Frankfurt, (Leipzig) 797. (Reinicke) 20 sgl.

Narr, der, bei Hofe; ein kabalist. Gemälde. 8. Frankf. 810. (Leipz., Hinrichs). 16 gl

Narr, der aus Liebe, oder die üble Probe. Schspl. 8. Cöthen 797. Aue. 4 gl

— über die Natur u. das Wesen des Friesels. Inaugural-Abhandlung. gr 8. Münch. 827. Lentner. 8 gl

Narr, Ein seltener und ein gewöhnlicher. Lustspiel. Donauwörth 1779—1791. V: *Mayr, Beda.* (ML) (Zeitschr. f. Büch. N. F. 15, 1923, S. 117)

— ein, für sich, u. zwey Narren für andere ꝛc. von Wilhelmi. 8. Helmstädt, Fleckeisen. 801.

Narr, der vernünftige; od. keiner versteht den andern. Lustsp. von Schröder. 8. Hamburg, Gundermann. 805.

Narr, Der vernünftige, oder Keiner versteht den andern. Ein Lustspiel in einem Aufzuge nach dem Französischen des Petrat. Dritte Auflage. Hamburg 1810. V: *Schröder, Fch. Ludwig.* (BiblPort)

Narr, Der verstellte, aus Liebe. Ein Singspiel in zwey Aufzügen (1. Aufführung in Wien 6. IV. 1779). Wien 1779. V: *Stephanie, Gottlieb.* ([Behrisch] Die Wiener Autoren. Pressburg 1784. S. 225) (Allg. Theateralmanach 1782, S. 69) (BiblPort)

Narr, F., Einleitung in die theoretische Mechanik. Mit 85 (eingedr.) Fig. in Holzschn. gr. 8. (XII, 850 S.) Leipzig 875. Teubner. n. 6. —

Narr, Fr., Vorlegeblätter zum Nachzeichnen und Illuminiren. 1. Abthl. 1. und 2. Heft. 4. (34 lithogr. Bl., wovon 13 in qu. 8.) Neuhaldensleben 851, Eyraud. à Heft 3 Ngr.

— Jak, Welt u. Hof, ein satyr. Roman voll Wahrheiten für das 18te Jahrh. 2 Thle. 8. Berl. Himburg. 788.

Narr, Jak., Welt u. Hof; e. satyr. Roman. 2 Thle. 8. Berl. 788. (Reimer). 1 ₰ 8 gl

Narr, Joh., allgemeine Krankheits-, Heilungs- und patholog. Zeichen-Lehre. In 3 Thln. 1r Thl. A. u. d. T.; Grundzüge zur allgem. Krankheitslehre. 1r Thl. gr. 8. Würzburg 839. (Stahel.) n. 2 1/3 ₰ — 2r Thl. A. u. d. T.: Grundzüge zur allgem. Heilungslehre. 2r Thl. gr. 8. Ebd. 839. n. 1 5/6 ₰

Narr, Joh., allgem. Krankheits-, Heilungs- u. patholog. Zeichen-Lehre. In 3 Thln. — 1. u. 2. Thl. — A. u. d. T.: Grundzüge z. allgem. Krankheitslehre. 1. u. 2. Thl. gr. 8. Würzburg 839, (Stahel'sche Buchh.) [1. (40 B.) * 2 1/3 Thlr., 2. (29 1/2 B.) * 1 5/6 Thlr.]

Narr, Johann [Praes.], s. Münz, Martin: De funiculo umbilicali in relatione forensi.

Narr, Johann [Praes.], s. Münz, Martin: De genio aestatis epidemico.

—— de processu haemorrhoidali. Dissert. pathologica. 4 maj. (2 B.) Monachii 828, Weber.

Narr, Jh., s. Tanquerel des Planches, die gesammten Bleikrankheiten.

Narrateur, Le, ou Journal du Boudoir des Dames. Rudolstadt 1819. V: *Bonafont, Carl Philipp.* (Ky)

le Narrateur, ou Journal du Boudoir des Dames, (par C. P. Bonafont). Année 1819. Vol. Ier, Cah. I—III. gr. 8. Rudolst. 819. Hofbuchhdl. 2 ₰

Narrateur: Le Narrateur fribourgeois v. Le Postillon narrateur.

Narrateur: Le narrateur religieux
⑤ 1837—1840 ⑥ in-2° ⑦ hebdomadaire ⑧ Lausanne: Marc Ducloux ⑪ Ch. F. Recordon ⑭ La: C; Be: L.

Narratio de Ansgario aquilonarium gentium apostolo. Hamburgi 1840. V: *Kraft, Friedrich Carl.* (schles)

Narratio, Brevis de J. A. Jacobsio philologo Halensi. Halle 1840. V: *Eckstein, Frdr. Aug.* (ADB 13, 614.)

Narratio, Brevis, de vita J. S. Ploedtneri. Coburgi [1784]. V: *Briegleb, Joh. Chn.* (Hauptkat. d. Univ.-Bibl. Tübingen. K. S. 109.)

Narratio de electione Lotharii, ducis Saxoniae in imperatorem. fol. Lipsiae 1720

Narratio, De fragmentis nonnullis vetustarum membranarum. Kiliae [1826]. V: *Cramer, Andr. Wilh.* (schles)

Narratio, Historica, de inauguratione academiae Juliae et promulgatione privilegiorum a Maxaemiliano imperatore ejus nominis II. collatorum . . . Editio secunda. Helmstadii 1713. H: *Koch, Cornelius Dietrich.* (Erman & Horn, Bibliogr. d. dtsch. Univers. 2. Leipz. u. Berl. 1904.)

Narratio historico-poetica Thaumaturgae Imaginis Vulgo Mariae Consolatricis in Colle Styriae Metropoli vicino . . . Graecii 1750. V: *Inama von Sternegg, Jos.* (Jes)

Narratio historico-poetica utriusque Thaumaturgae Imaginis in Strassengel. Graecii 1741. V: *Friz, Andreas.* (Jes)

Narratio, De ludo musico ad matrimonium Maximiliano ... et Lodovicae ... celebrandum in ordeo Dresdensi a. d. 9. Nov. 1825 edito brevis. Grimae [1825]. V: *Böttiger, Carl August.* (Bem I, 1, S. 448)

Narratio, Prisca, Graece, Latine et Talmudi superstes. Altorfi 1769. V: *Nagel, Johann Andr. Mich.* (Will) (ML)

Narratio Saecularium academiae Erlangensis diei tertii quo die XXV m. augusti 1843 doctores honoris causa creati renuntiabantur. 4. Erlangae 844. (Blaesing.) 1/8 ℳ

Narratio, De statu Academiae Georgiae Augustae, quae Gottingae est, brevis et vera. [Gottingae] 1736. V: *Gesner, Johann Matthias.* (Erman & Horn, Bibliogr. d. dtsch. Universitäten. 2. Leipz. u. Berl. 1904.)

Narrative

— an authentic, of a voyage performed by Cap. Cook and Clerke 1776—80. II Voll. gr. 8. Altenb. 788. Richter. 1 ℳ 12 gℓ

Narrative, a circumstantial, of the loss of Halsewell which was unfortunately wreked at Seacombe. 8. Lüneb., Herold u. W. 12 gℓ

Narraway, Frank Whitlock, aus London (England): Ueber die Reaction zwischen Bibromiden und alkoholischem Kali, insbesondere über das Decylen und seine Derivate. *Heidelberg 1899: Ph. Wiese.* (36 S.) 8°
Heidelberg, Naturw.-math. Diss. v. [21. Dez.] 1898

Narren, Gaukler u. Volkslieblinge. Hrsg. v. Alb. Wesselski. I. u. II. Bd. 8. Berlin-Schöneberg. Weimar, A. Duncker Verl. Geb. in Perg. 28.—; Luxusausg. auf Bütten, Ldr. 45. —
I. II. Arlotto's, des Pfarrers, Schwänke u. Schnurren. Gesammelt u. hrsg. v. Alb. Wesselski. 2 Bde. (LXIII, 236 u. XX, 352 S. m. Abbildgn., Faksms. u. 2 Taf.) 910.

Narren, 7, auf einmal, od. Kyau's, Gonella's, Barlacchias, Brusquets, Morgensterns, Junker Peters u. Frölichs Leben u. Schwänke, neu erzählt von A. Wilhelmi. 8. Braunschw. Reichard. 800.

Narren, Vier, in einer Person; ein Vorspiel in einem Aufzug. Wien 1770. V: *Müller (Schröter), Johann Heinrich Frdr.* (Ky) »1771« V: *Jester, Ernst Frdr.* (GGr) V: *Müller, J. A. F. & E. F. Jester.* (Gallerie dtsch. Schausp. S. 159.)

Narren, vier, in e. Person; ein Vorspl. in 1 Aufz. (v. Jh. Hnr. Fr. Müller, od. Fr. Er. Jester?) 8. Wien 770. Trattner. ...

Narrenabend des Wiener Männergesang-Vereines, 18. Februar 1892. Verlag von G. Amon. Druck v. Reisser & Werthner, Wien.
Verboten v. L.-G. Wien, 20. Februar 1892. § 516.

Narrenalmanach f. . . . . Hg.: M. Oettinger.
1843.
1844.
1845.
1846.
1847.
1848.
1849.
Leipzig.

Narrenbibliothek; hrsgg. von Fr. Steinmann. 16 Bdchen. 32. Berl. 827. (Cosmar u.) Krause. 8 gℓ

Narrenblatt. Jahrg. 15. Narrenmonat 1901 (**Nr. 3:* Heuriger Jahrgang. Faschingsmonat). 4 Nummern. [Mit Vignetten.] [*zus.* 16 S.] 4. [Basel,] Druck v. G. Meder, Expedition J. Guth. *je* fr. —. 20

Narrenblatt. Jahrg. 16, 1902. 3 Nummern. [Illustriert.] [*zus.* 12 S.] 4. (Basel,) G. Meder. *je* fr. —. 20

NARRENBLATT, Neues freies, Nr. 0000. Röchlitz, 24. Jänner 1884.
Verboten v. K.-G. Reichenberg, 29. Jänner 1884. § 516.

Narrenbuch, v. Hagen, s.a. **im Alphabet Hagen.**

NARRENBUCH. Herausgegeben von FRIEDRICH HEINRICH VON DER HAGEN. Halle, Rengersche Buchhandlung, 1811. VI S. 1 Bl. 541 S. Kl.-8°. Pappband d. Z. mit Rsch. 24.—
★ Erstausgabe, enthält: Schildbürger, Salomon und Markolf, Pfaffe von Kalenberg, Peter Leu. Gutes Ex. Auf der Titelrückseite Namenseintrag. Einbd. etwas berieben.

Narrenbuch. s.: National-Litteratur, deutsche.

Narren-Büchlein, das. Närrische Gesänge f. den Narren-Verein Riedlingen. Jubiläums-Narren-Büchlein 1866—1891. schmal 8. (24 S. m. Bildern.) Riedlingen 895. Ulrich. n. — 50

Narren-Büchlein, das. Närrische Gesänge f. den Narren-Verein Riedlingen. Jubiläums-Narren-Büchlein 1866—1891. 6., verb. Aufl. gr. 8. (32 S. m. Bild.) Ebd. 897. — 30

Narrenbüchlein, das. Närrische Gesänge f. den Narren-Verein Riedlingen. (6., verböserte Aufl.) (32 S.) 20,5×11 cm. Riedlingen (908). Ulrich. — 30

NARREN-CALENDER, Neuer lächerlich jedoch vernünfftiger, bescheidener und curioser, auf das Jahr 1710. Freystadt (fing.), o. J. (1710). 4⁰.
Prosa u. Verse. Der erste Jahrgang erschien 170* (1708?). Bis 1713 (oder länger) fortgesetzt.
— — Dasselbe, auf das Jahr 1711. Cöln.
Weller, fingirte Druckorte.

§ Narren-Concurs, Da eine Importante Charge Vacierend geworden in einer Fassnacht Schlittenfahrt vorgestellt von den Studenten zu Landshut 1755. Landshut 1755. 4⁰. Rar!

Narrendatel, der. Ein lustiges Sylvesterbüchel für 1855, als Präservativ für Langeweile, Cholera u. sonstige Dummheiten, von F. C. Staberl. Mit servilen Illustr. (Holzschn. im Text). Wien, Wenedikt in Comm. 16. (52 S.) 3 ngr.

Narrenglocke, der, 1. Thl. Od.: Umtriebe d. Geistlichen im Betreff d. gemischten Ehen, so wie d. Unfehlbarkeit d. heil. Kirchenväter, d. Kirchenversammln. u. d. Papstes, vom Standpunkte d. Vernunft betrachtet v. e. Gelehrten. gr. 12. (1 B.) Hanau 838, Edler'sche Buchh. Thlr.

Narrenhaus, das; Lstspl., s.a. Schildbach.

Narrenhaus, Das. Lustspiel in einem Aufz.; a. d. Franz. [des Chatillon]. Wien 1805 ... Ü: *Schildbach, Johann Glieb.* (GGr) »1814« B: *Perinet, Joach.* (GGr)

Narrenhaus, das, Lustsp. in 1 Aufz. 8. Wien, Wallishäußer. 805.

Narren-Heiri, der, Nr. 1 und 2. 4 S. Fol. Mit Illustrationen. Basel, Druck v. Binder. 1876

Narrenhospital, das; aus d. Engl. des Walsh. 8. Leipz., (Rauck). 2 gr.

NARREN-HOSPITAL, Das. (Vor 1745.)

NARREN-KAPPE, Die doppelte, oder die mit dem Braut-Krantze gekrönte Antipathie, als eine der seltensten und außerordentlichsten Liebes-Geschichte. Delitzsch, Vogelgsang, 1752. 8⁰.
Zieml. zahmer Roman. Selten! (2 Mk. 60 Pf. Scheible.)

Narrenkurzweil und Greuel des Tanzes. 8. Augsburg, Wolf. 752.

Narrenkurzweil u. Greuel des Tanzes. 8. Augsb. 754. Wolf; (a. Kranzfelder). 3 gr

Narren-Kurtzweil / das ist: Greuel des Tantzens, aus vilen bewährten Geschichten bewiesen, und zur Warnung und einem heilsamen Schröcken der Welt-Narren, die das Tantzen lieben und selbigem ergeben seynd, vorgestellt ... Zweyte verbesserte Auflage. Augspurg und Innsprugg. Verlegts Joseph Wolff 1754.
Tit., 7 Bl., 175 S., 7 Bl. 8⁰.
1. Ausg. 1635!
Graesse IV, 646.

Narren-Lied, das. 1.—5. Tausend. 16. (4 S.) Kaiserslautern 889. Gotthold. n. — 10

NARRENNEST, Neu-fortgesetztes, sinnreiches und zum 3. mahl ausgehecktes, von *J. N.*. (Mode, Weiber, musicirende, Fress- u. Sauff-Narren etc.) Freystadt, P. Marteau, o. J. (Anfang XVIII. Jh.). 8⁰. Selten!
Prof. von Karajan's Bibl. I. Lpzg. 1875; Weller, fingirte Druckorte.

NARRENNEST, Neugebautes, den Gescheiden zur Ehre, den Narren zur Lehre, von *F. J. M.*, Wien 1802. 8⁰. 64 S. Zahm. (60 Pfg. Frdr. Klüber, 1904.)

Narrenrad, das. Album fröhl. Radfahrbilder. Illustrationen v. Lyonel Feininger, Ernst Hellemann, Knut Hansen etc. gr. 4. (IV, 33 S.) Berlin (898). Expedition „Das Narrenschiff". Geb. n. 2. 50

Narrenschiff, s.a. Brant, Sebastian

Narrenschiff, das. (Ultramontanes illustrirtes Wochenblatt, redig. von *J. Rohfleisch*, dann von *O. Backhoff* u. *A. H. Effing.*) Bd. 1—4: 1874—78. München, Druck von G. Schuh (dann von J. Schaumberg u. E. Stahl). 4⁰ (à 2 Col.). (Es fehlt Nr. 35 in Jahrg. 4; Nr. 1—2 in Jahrg. 5.) In 5 Ppbdn. m. Srarck., etw. gebr.
Wie schon der fortwährende Wechsel der Redakteure u. Drucker zeigt, fristete dieses ultramontane Hetzblatt sein Dasein auf das Mühseligste.

Narrenschiff, das. Redact.: J. Rohfleisch. Jahrg. 1874. 52 Nrn. (Bog. mit eingedr. Holzschn.) gr. 4. München, (Hoepfner und Grammer.)

Narrenschiff, das. Redact.: A. H. Effing. 2.—6. Jahrg. 1875—1879. à Jahrg. 52 Nrn. (à 1/2—3/4 Bog. mit eingedr. Holzschn.) gr. 4. München, Selbstverlag. à Jahrg.

Narrenschiff, das. Red.: A. H. Effing. 3. Jahrg. 1876. 52 Nrn. (1/2 B.) gr. 4. München, Weinreich. 6. —

Narrenschiff, das. Red.: A. H. Effing. 4—6. Jahrg. 1877—1879. à 52 Nrn. (1/2 B. m. eingedr. Holzschn.) gr. 4. München, Effing. à Jahrg. n. 6. —

Narrenschiff, das. Blätter f. fröhl. Kunst. Red.: Ludw. Abels; künstler. Leiter: Edm. Edel. 1. Jahrg. 1898. 52 Nrn. (à ca. 2 Bog. m. z. Tl. farb. Abb.) gr. 4. Berlin, Expedition. 9. —; einz. Nrn. — 20

Narrenschiff, das. Berliner illustr. Wochenschrift. Red.: Hans Hyan. 2. Jahrg. Jan.—März 1899. 13 Nrn. gr. 4. (à ca. 12 S. m. z. Tl. farb. Abbildgn.) Ebd. 2. 25
Erscheint nicht weiter.

Narrenschiff, neues, s. Lieblingsbücher 7r Thl.

Der **Narrenschilling**. In drei Bildern. Hrgg. v. Hamburgischen Verein gegen das Branntweintrinken. Hamburg. 1845. 8⁰

Narrenseher, der; ein Bruchstück aus d. Gesch. unserer Zeiten. 8. Wien 793. Alberti. (Rohrmann u. Schweigerd). 12 gr

Narrenseher, der. 8. Wien 796. Alberti. 12 gr

Narrenspiegel, Basler, 1872. 4 Stn. 4. Basel, J. P. Wagner. —. 20

Narrenspiegel, der wohlgeschliffene, worin 114 Narren ihr Ebenbild ersehen können. Fol. Freystadt, Monath. 780.

Narren- und Fastnachts-Telegraph. Redig. von Harlekin. Berlin 854. (Litfaß.) (1 Bgn. mit Holzschn. im Text in Fol.) n. 2½ ngr

Narrenthum und Volks-Verdrehung. In besonderer Beziehung auf Makulatur. Von T. Nicht auf Kosten d. Verf., sondern eines Nichtmaurers, dem die Sache Spass machte. Leipzig: Engelmann 1816. 31 S. 8⁰
Tt. 1700a. Vertheidigung der Frmrei gegen die in der Schrift: Mrthum und Volksvertretung enthaltenen Angriffe. 439.

Narrenthurm, der. Red.: F. Blumauer [A. Muche]. 1. Jahrg. 1848. Septbr. – Decbr. Neue Folge. Nr. 1 – 52. hoch 4. ((à ½ Bog. m. Holzschn.) Wien, Wenedikt. n. 1 ℳ (Fortsetzung siehe: Josef, Kaiser.)

Narrenzeitung. Churer N'-Z' 1907. [Illustriert.] *Lithogr.* [4 S.] fol. [Chur, J. Kern.] fr. —.50
Ist 1899 – 1906 nicht erschienen.

Narrenzeitung. Churer N' Z' [Fastnacht] 1908. [Illustriert.] *Lithogr.* [4 S.] fol. [Chur, J. Kern.] fr. —. 50

Narrenzüge u. Narrenstreiche. Alphabetisch aufgestellt. Nebst andern witzigen Replicken. 12. Leipz. 827, Klein.

Narretei. Politisch-satyr. Halbmonatsschrift. Hrsg. u. Red.: Jos. Kögel. Juni—Dezbr. 1904. 14 Nrn. (à ca. 8 S. m. z. Tl. farb. Abb.) Lex.-8. München, Th. Heinrich.
Erscheint nicht mehr. à Nr. — 10

NARRETEIEN, Französische; oder Schwänke und Schnurren aus der neuen Revolutionsgeschichte, wie solche entweder öffentlich in Frankreich gedruckt, oder als Thatsachen erzählet werden. Mit TKpf. (Tanz um die dem Freiheitsbaum aufgestülpte Jacobiner-Mütze). Wien u. Prag (Schönfeld in Prag), 1793. 8°.
136 S. (incl. Tit. u. 2 Bll. Vorber.) Interessant u. selten! Enth. 107 Nrn., z. Th. sehr komische Anekdoten. — Weller, fing. Druckorte.

Narrey, Ch., wenn Frauen lachen, s. Universal-Bibliothek Nr. 2117.

Narrhalla. Mainzer Carnevals-Chronik, s.a. Wiest, Fr.

Narrhalla. Mainzer Carnevals-Chronik für das Jahr 1841, 1842. Herausgeg. von Fr. Wiest. Lex.-8. (Mit Lithogr.) Mainz 841, 42, Wirth. à n. 1⅓ ℳ

— dass. 3.—6. Jahrg. 1843—1846, unt. d. T.: Narrhalla. Mainzer Carnevalszeitung, herausgeg. v. Ludw. Kalisch. (1843, 2. Aufl.) 1846. Red. Ihm. Lex.-8. Ebd. à n. 1⅓ ℳ

Narrhalla. Mainzer Carnevals-Zeitung für das Jahr 1848. 7. Jahrg. 8 Lfgn. Mit Holzschn. gr. 8. (à 1 Bog.) Mainz, Wirth. 1 ℳ 6 ngr

Narrhalla. Amts- und Regierungs-Blatt des Prinzen Carneval. Hrsg. durch den Historiographen Sr. närr. Majestät. Redig. von A. Brigel. Jahrg. 1857. 52 Nrn. (Bog. mit eingedr. Holzschn.) hoch 4. Mainz 857, Fr. Schott. *

Narrhalla. Amts- u. Regierungs-Blatt des Prinzen Carneval. Jahrg. 1859 u. 1861. à 9 Nrn. (à 1 Bgn. mit Holzschn.) Mainz, F. Schott. gr. 4. Jeder Jahrg. n. 1 ℳ

— Illustrirtes Witzblatt der „Saxonia." Red.: Jul. Schanz. 1. Jahrg. März 1860—Febr. 1861. 52 Nrn. (à 1 Bgn. mit Holzschn.) Dresden. (Leipzig, Wengler.) Fol. n. 1 ℳ 10 ngr.

Narrhalla. Närrische Chronik der Fastnachtssaison 1893, nebst patentirtem Festprogramm. 2. Aufl. 4. (20 S. m. Abbildgn. u. 1 Bild.) Mainz 893. J. P. Haas. n. — 50

— 1894. Närrische Chronik der Fastnachtssaison 1894, nebst patentirtem Festprogramm. II. Jahrg. 4. (16 S. m. Abbildgn.) Ebd. 894. n.n. — 50

Narrhalla. – Deutsche Narrhalla. Humoristisch-satyrische Blätter f. unsere Zeit. H. 1. Creuzburg: Fischer 1847. 8°
Hrsgeg.: Herm. Walden.

Narrhalla, deutsche, s.a. Witz- und Carricaturen-Magazin.

Deutsche Narrhalla. Humoristisch-komisches Witz- und Carricaturen-Pfennig-Magazin mit Zeichnungen nach Grandville, Daumier ... und deutschen Originalzeichnungen. Neue Folge. Erster [und] Zweiter Band. Redigirt von Theodor Drobisch. Leipzig [1850—1852], Carl Schmaltz.
Mit Abb. 8°.
Vorh. u. d. T.: Humoristisch-komisches Witz- und Carricaturen-Pfennig-Magazin.

— Thüringer. Zeitschrift für das politisirende lustige Deutschland. 1. Jahrg. 1849. 52 Nrn. gr. 4. (½ B.) Naumburg, Expedition. n. 1 ℳ

Narrhalla-Lieder

— s.a. Schanz, J.

—— Eigenes und Fremdes, hrsg. von Jul. Schanz. 3 Hefte. 8. (48 S.) Dresden 860, Zeh. à Heft 1½ Ngr.

Narrhalla-Lieder mit Bildern u. Singweisen. 16. (1¼ B.) Mainz 846, Wirth.

Narrhalla-Lieder von den J. 1846, 1853—57, nebst ausführl. Chronik des mainzer Carnevals. 16. (XII und 72 S. mit eingedr. Holzschn.) Mainz 859, F. Schott. *

Narrheit, Liebe und Edelmuth. Ein originelles Lustspiel in 5 Handlungen vom Verfasser der Redouten, aufgeführt auf dem kk. Nationaltheater. Wien bey J. B. Wallishauser 1790. 106 S. 8°. V: *Richter, Joseph.* (Hans Viktor Pisk: Josef Richter. Diss. Wien 1927. S. 122—123)

Narrheit, Liebe und Edelmuth. [Wien ca. 1800.] V: *Richter, Jos.* [?] (WBL)

Narrheit, Die, auf der Weisheit Thron. In dem modernen Babylon. Als Seitenstück zu dem Programm, das jüngst von Mainz herüberkam. Ein Narrenspruch am Faschingsabend. Darmstadt 1839. V: *Maurer, Georg Philipp.* (Herman Haupt, Hessische Biographien. Darmstadt 1918. I, 12)

Narrheit und Vernunft . . . Leipzig 1802. V: *Mahlmann, Siegfried August.* (EE)

Narrheit u. Vernunft. Jedem das Seine. Ein moral. Bilderbuch f. alte Kinder; frei aus d. Französ. übers. ꝛc. von Jul. Heiter. (Siegfr. Aug. Mahlmann). 8. Leipz. 802. Voß. 1 ℳ

Narrheiten voller Wahrheiten zum Lachen und Weinen. Leipzig 1802. V: *Münch, Johann Gottlieb.* (Fiker)

Narrheiten, voller Wahrheiten, z. Lachen u. Weinen. 8. Lpz. 802. Weygand. 1 ℳ 8 gr

Narrischkeiten, Allerlei, s. Gedichte und Scherze in jüdischer Mundart.

NARROWSKI, Dr. von (ps.), Die Narrenwelt. 1880.
Weller, Lex. Ps. p. 378.

Narses, syrische Wechsellieder. Ein Beitrag zur altchristl. syr. Hymnologie nach e. Handschrift der kgl. Bibliothek in Berlin. Hrsg., übers. u. bearb. v. Frz. Feldmann. gr. 8. (IX, 65 u. 85 S.) Leipzig 896. O. Harrassowitz. n. 5. —

Narten, A., Masszeichnen nach Modellen f. Bauhandwerker, s.: Lehrhefte f. d. Einzelunterricht an Gewerbe- u. Handwerkerschulen, II, 8.

Narten, Karl

Narten, K., „lies richtig!“ Anleitung zum Richtigsprechen. Deutsche Grammatik f. d. Oberstufe d. Volks- u. Bürgerschule, die Fortbildungsschule, die Präparandenanstalt u. die unteren Klassen [Sexta bis Quarta] der höheren Schulen. 2 Tle. gr. 8. Hannover 890. C. Meyer. n. 1.10
1. (VIII, 76 S.) n. — 50. — 2. (IV, 96 S.) n. — 60.

Narten, Karl, „Lies richtig!“ Anleitung zum Richtigsprechen. Schullehrbuch d. deutschen Sprache in bes. Berücksicht. d. Lehre von d. Ergänzungen d. Zeit-, Eigenschafts- u. Verhältniswörter. (In 2 Tln.) 1. Tl. 2., verm. u. verb. Aufl. gr. 8. (IV, 81 S.) Hannover 898. C. Meyer. n. — 60

Nartz, Th., le val de Villé. Recherches historiques. gr. 8. (VIII, 541 S. m. Text-Abbildgn., Taf. u. 1 Karte.) Strassburg i/E. 887. (J. Noiriel's Buchh.) n.n. 7.50

Naruhn und Petsch: Die Explosionsfähigkeit der concessionslosen Dampferzeuger und der verbesserte Niederdruck-Dampferzeuger. Berlin (1891?)

Naruszewicz, Adama, Historya Narodu Polskiego. Wydanie nowe Jana Nep. Bobrowicza. X Tomi. gr. 8. Lipsku 836, 37. Breitkopf et H. Praen.-Pr. 12 ℳ, Ladenpr. 20 ℳ

—— Poezye, s. Biblioteka, klassykow polskich. T. 11—13.

Narutowicz, G., das Elektrizitätswerk Andelsbuch im Bregenzer Wald. (22 S. m. Abb.) 32,5×24 cm. Zürich 910. Rascher & Co. 1.60
Sonderabdruck aus: „Schweiz. Bauztg.“

Narva literata sive catalogus eruditorum Narvensium, citra dignitatis aut honoris praejudicium alphabetica cognominum serie enumeratorum a. 1703 cal. Jan. Narvae. V: *Geerkens, S. D.* (Winkelmann, Bibliotheca Livoniae Historica. 2. Aufl. 22.)

Narzanes; ein englisch. Roman. 12. Gotha. (Dieterich in Götting.) 768.

— or the injured Statesmann. 8. Erfurt, Keyser. 778.

Narzanes, od. der beleidigte Staatsmann; aus d. Engl. 8. Nördling. 786. Beck. 6 gl.

— or the injured Statesmann. 8. Erf. 788. Keyser. 4 gl

Nasackin, Bernh. v., die Stürme der Ostsee. [Aus: „Repertorium f. Meteorologie“.] gr. 4. (40 S.) St. Petersburg 890. (Leipzig, Voss' Sort.) n. 1.50

v. **Nasakin**, Fr., Momus. Aus meinem Schreibpulte; Ganzes u. Bruchstücke. gr. 8. Reval 823.

Nasálski, Teof., Advokaten u. Notare der gesammten österreichischen Monarchie, mit genauer Berücksichtigung der gerichtl. Eintheilung eines jeden Kronlandes. Nach amtl. Quellen. Wien 866. Wachter. 8. (126 S.) n. 20 ngr.

— Gerichts-Almanach für Nieder-Ober-Oesterreich u. Salzburg. Zum Gebrauche für Advokaten, Notare, Beamte, Geschäftsleute etc. 1. Jahrg. Wien 866. (Wachter.) 8. (III, 112 S.) n. 12 ngr.

Nasalski, Teofil: Neu organisirte politische und Justizbehörden, Ministerien, Reichsrath, Delegation, Landesvertretungen, Finanzbehörden ... Nach ämtlichen Quellen. Wien: Selbstverlag 1869. (76 S.) 8°

Nasanov, Nikolaj Viktorovič

Untersuchungen zur Naturgeschichte der Strepsipteren. Von Prof. Dr. Nikolai Viktoróvich Nassanov [Nikolaj Viktorovič **Nasanov**] ... Aus d. Russ. übers. von Alexander v. Sipiagin ... Mit Anm. u. e. krit. Anh. ... hrsg. von Karl Hofeneder S. J. (Innsbruck: Wagner 1910.) VIII, 206 S. 8°
(Berichte d. Naturwissenschaftl.-med. Vereines in Innsbruck. Jg. 33.) (10. 13682 4

Naschelsky, J., Memoiren eines einjährigen Freiwilligen. 2. Aufl. Berlin 858. Schlingmann. 8. (2 Bl., 136 S.) n. 15 ngr.

Naschelsky, J., Memoiren eines einjährigen Freiwilligen. Humoristisch-satyrisches Gedenkbuch an das Militairjahr. Mit Illustr. (Holzschn.) von J. Raymond de Baux. 3. Aufl. Berlin 859. Schlingmann. 16. (144 S.) n. 10 ngr.

Naschelsky, J., Memoiren e. einjährigen Freiwilligen. Mit Illustr. (in eingedr. Holzschn.) v. J. Raymond de Baux. 5. Aufl. 8. (136 S.) Berlin 871. Leipzig, Fest. n. 1. —

Nascher, Eduard

Naschér, Ed., das Buch des jüdischen Jargons, nebst e. Anh.: Die Gauner- od. die „Kochemersprache“ m. Quellennachweis u. Erklärgn. (VII, 164 S.) kl. 8. Wien (910). J. Deubler. Geb. in Leinw. 2. —

Handbuch der Geschichte der Weltlitteratur. Nach d. besten Quellen bearb. von Eduard **Naschér**. (In 10 Lfgn.) *Berlin: W. Werther* (a. d. Umschl.: *Fischer & Franke) [1898–1900]*. (704 S.) 8° [F.] [01. 2851

Nascher, Simon

Naschér, S., Franz Deák. Gedächtnißrede, geh. am 28. Januar 1877 im Berliner Ungar-Verein. [Aus: „Nordd. Allg. Zeitg.“] 8. (12 S.) Berlin 877. Weber. n. — 40

Naschér, Sim., über den Einfluss der deutschen Philosophie auf die deutsche Volksbildung. Ein Vortrag. 8. (IV, 16 S.) Berlin 872, Stuhr'sche Buchh. *

Naschér, Sim., der Gaon Haia. Ein Beitrag zur Entwickelungsgeschichte der semitischen Sprachforschung. Berlin 867. Stuhr'sche Buchh. gr. 8. (27 S.) n. 10 ngr.

— die jüdische Gemeinde in Vergangenheit, Gegenwart u. Zukunft. Reden für Freunde religiöser Cultur u. Freiheit. gr. 8. (78 S.) Berlin 877. Gerschel. n. 2. —

— das Judenthum der Aufklärung. Reden für die Gebildeten aller Confessionen. gr. 8. (83 S.) Magdeburg 876. Simon. 2. —

— vier Momente. Gottesdienstliche Rede, zur Feier 25jähriger Stiftung der Gemeinde Schochare Hattob in Berlin am 3. Januar 1880 gehalten. 8. (VII, 16 S.) Berlin 880. Stahn. n. — 50

— Moises Naschér. [Oberrabiner von Baja.] Eine exegetische Monographie. Mit M. Naschér's Bildniß (Holzschntaf.). 8. (III, 56 S.) Ebend. 879. n. 2. —

— die Sentenz bei Juden u. Arabern. Eine vergleich. Studie. Ebend. 868. gr. 8. (19 S.) n. 7½ ngr.

—— wissenschaftliche Vorträge. I. Die moral. Wirkung der Kunst. II. Die Faustdichtung von Goethe und Lenau. III. Der Einfluß der deutschen Philosophie auf die deutsche Volksbildung. gr. 8. (46 S.) Berlin 875, Habel. *

Näschereien; in die Dresskammer eines Geistlichen, in Oberland. [Königsberg] 1762. V: *Hamann, Johann Georg*. (schstr S. 7)

Näschereien in die Visitenzimmer am Neujahrstage. Königsberg 1762. V: *Trescho, Sebastian Friedrich.* (MGT)

NASCHEREIEN in dem Visiten-Zimmer am Neujahrstage und Begebenheiten einer Französin. Paris. 1762.
So in Weller's fingirten Druckorten.

Naschinski, Wilh. Sinniger Unsinn. 8. (152 S.) Lahr 889, Schauenburg. * 1 50

Naschinsky, Wilh., sinniger Unsinn. (2. [Titel=]Ausg.) 8. (152 S. m. Abbildgn.) Lahr 894. M. Schauenburg. n. 1.50

Naschiwin, Iwan, das hungrige Rußland, s.: Bibliothek berühmter Autoren. 36. Bd.

NASCHOLD, HEINRICH. Ueber das Sanguinarin, seine Eigenschaften und seine Zusammensetzung. (Tübingen) Leipzig, 1869.

Naschold, *Karl Friedrich* Wilhelm [aus Ludwigsburg (Württemb.)]: **Beiträge zur Kenntnis aliphatischer Terpenabkömmlinge** ... Göttingen, Druck d. Univ.-Buchdr. v. E. A. Huth, 1896; 67 S. 8.
Göttingen, Phil. Fak., Inaug.-Diss. v. [10. Juni] 1896

Naschold, Wilh., Beiträge z. Kenntnis aliphat. Terpenabkömmlinge. Diss. gr. 8. (67 S.) Göttingen 896. (Vandenhoeck & Ruprecht). n. 2. —

Naschrapels, Ehn beeten, von dem Rostockschen Intog mit dem Afscheht un Testament by dem Holländschen Marsch ... Rostock 1788. V: *Babst, Diederich Georg.* (GGr) (ML)

SCARAMUZA (ital. Scaramuccia, frz. Scaramouche, recte *Tiberio Fiorilli*, geb. zu Neapel 1607, † zu Paris 1694, beerdigt 8. Dezbr. in der Kirche St. Eustache, einer der stehenden Charaktere der von ihm geschaffenen italien. Stegreifkomödie. S. ging ganz schwarz, in spanischer Hoftracht, und stellte den Aufschneider vor, der am Ende vom Arlecchino durchgeprügelt wird. — Meyer's Convers.-Lex. 1897, nach: Bartoli, Scenarii inediti della commedia dell'arte Flor. 1881.) — Nascita, vita, morte del famoso Scaramuzza, comico napolitano, trad. in ted. dall'ital. da Giulio Carofani d'Ofenmerche (!) Roma, Giov. Stampa, 1728. — Geburth, Leben und Todt des berühmten Scaramuzza Neapolitanischen Comödianten. Ins Teutsche übersetzt auf Begehren des Oratio Romantino, Sprach-Meistern. Mit Portr. des Sc. u. der Marinetta. In Roma 1728. Zu finden auf Frankfurt- und Leipziger Messen (Nürnberg, Monath) 1728. 12°. (12 Mk. Adolf Weigel, c. 1905:)
2 S. Titel, VII, 191 S., 10 S. Register. Wichtiger Beitrag zur Theatergeschichte. Stellenweise sehr frei und derb.. Von grösster Seltenheit!

Nase, J., die Ortsbestimmg. f. Aliso u. Teutoburg. Zugleich e. Beitrag zur Burgenkunde. (133 S.) gr. 8. Witten (909). Märk. Druckerei u. Verlagsanstalt. 2. —

Die Ortsbestimmung für Aliso und Teutoburg. Zugleich e. Beitrag z. Burgenkunde. Von J. Nase, Pfarrer. Witten: Pott [1909]. 133 S. 8°
10). 6141

Nase, W., üb. Aetherbildung. 4. Leipzig, Schwickert. 808. Rthlr.

— über **Naturphilosophie** in Bezug auf Physik u. Chemie; e. Beytr. z. physischen Vorsicht d. physikal. chemischen Literatur. 8. Freyberg, Craz u. G. 809.

Nasemann, Ioh[annes] Aug[ustus] Ferd(inandus): Quaestiones de rhinoplastice. Halis Saxonum (1849): Heynemann. 29 S., 1 Taf. 8°
Halle-Wittenberg, Med. Diss. v. 18. Aug. 1849
Geb. Kochstedt (Kr. Aschersleben) 5. 8. 1824. V.

Nasemann, Otto *Ansprache an die abgehenden Schüler.* 4 (S. 17—18 der Schuln.). **Progr.** Stadtg. *Halle a. S.* 1888 (221).

Nasemann, O., De Christophoro Cellario. Gel. 1881. 5 S. 4°.

Nasemann, Otto, s. **Erzählungen** aus dem deutschen Mittelalter.

Nasemann: August Hermann Francke und der Unterricht in Realgegenständen. 16 S.— Halle R., Progr. 1863.

Nasemann, O., Friedrich der Weise, Kurfürst v. Sachsen, s.: Schriften f. das deutsche Volk.

—— s. **Gedanken und Erfahrungen über Ewiges und Alltägliches.**

Nasemann, O.: Kurze Geschichte der Aufhebung des Lutherischen- und der Gründung des neuen Stadt-Gymnasiums. 38 S.— Halle Stadt-G., Progr. 1869.

Nasemann, O., Bad Lauchstädt, s.: Neujahrsblätter, hrsg. v. der Histor. Commission der Prov. Sachsen.

Nasemann, Otto: De rerum inter Ottones et Byzantinos actarum ratione.
Halle-Wittenberg, Phil. Diss. v. 15. Mai 1852
Geb. [Kochstedt (Kr. Aschersleben) 21. 1. 1821]
Ms. fehlt.— Vom Verf. ersch. deutsch: Die Römerzüge der beiden ersten Ottonen. Königsberg i. d. Nm. 1855: Striese. 18 S. 8° (4°) Friedr.-Wilh.-Gymn., Progr.

Nasen, über die rothen, der Damen, deren Verhütung u. Heilung. Eine medicin. Humoreske von e. humorist. Mediciner. Mit 1 ill. Titelkpf. 16. Berl. 833. Bechtold u. H. 6 gl

Nasen, über die rothen, der Damen, deren Verhütung und Heilung. Eine medizinische Humoreske von einem humorist. Mediziner. Ein Büchlein, das auf keiner Toilette fehlen darf. (Mit 1 ill. Steindr.) 16. Berlin 833. Bechtold u. H. Verkl. 1/4 rf

NASEN-Futter, Neumodisches, und Kappen-Zaum vor die Huren, oder Copia Herrn Bronckert von Wohlleben, aus Braunschweig, an seinen Landsmann den Patrioten in Hamburg. (c. 1725.) (Format?) 1 Bog.
Ungemein rares Pamphlet, veranlasst durch die Hamburger Zeitschrift: „Der Patriot." (1724 ff.) — Citirt in: „Hamburgische Auszüge aus neuen Büchern" .... Th. 2. Hamb. 1728. 8°. S. 140.

Nasen-, Rachen- u. Kehlkopfkrankheiten, die häufigsten, s.: Wilniatur-Bibliothek.

NASEN-WEISS VON FAUSENFELS, Doctor, (ps.), Der mit seinem Kram erscheinender, hinckender, pinckender, affentheuerlicher Eulenspiegelischer Mercurius, worinnen lustige, lächerliche Geschichten, Begebenheiten, Rathen u. Thaten feil gebotten werden durch —. Mit Titelkpfr. (groteske Eulenspiegel-Figur). Augspurg 1702. 8°. 395 S. (5 fl. Gilhofer & Ranschburg, 1889; 8 Mk. Expl. in beschäd. Ppbd., L. Rosenthal, 1906.) Selten!
— — Dasselbe, 2 Thle. Mit 1 Titelkpfr. Ebd. 1712—16. 8°.
Dr. Franz Schnitzer's Bibl. München 1902. Nr. 131. — So cplt. höchst selten!

Naseweis, Ernst, des Herrn Magisters Merks seltsame Ansichten über literarische Zustände. Leipzig 865. O. Wigand. 8. (VIII, 180 S.) n. 20 ngr

Nash, Jos., altenglische Herrensitze. Façaden u. Innenräume in engl. Gothik u. Renaissance. Facsm.-Drucke des u. d. T. „Mansions of England in the olden time" in den J. 1839—1849 in London erschienenen Werkes. 4 Abthlgn. gr. Fol. (104 Lichtdr.-Taf. m. VII S. Text.) Berlin (899. 900). B. Hessling. In Mappe à n. 15. —

Nash, Jos, The mansions of England in the olden time. Consisting in 104 views depicting the most characteristic features of the domestic architecture of the Tudor age, and also illustrating the costumes, habits and rocreations of our ancestors, with explanatory text. 2. ed. Reissued after the original work published in London 1839—1849. (104 Lichtdr.-Taf. mit XVI S. Text.) Fol. Berlin 906. B. Hessling. In Mappe n. 60. —; geb. in Halbfrz. n.n. 80. —

Nashville Post: 1886?—1920?
Weekly. Independent, 1886—89; Democratic, 1890—1920. Circulation: 1890, 827; 1900, 900; 1910, 1000. Edited by Dr. H. D. Schmidt, & published by H. D. Schmidt & Son, 1886—98; edited by Hermann Ricken, & published by F. H. Fiene, 1899—1906; edited & published by F. H. Fiene, 1907—20.
Nashville, IL

Nasiade, Die. Ein komisches Heldengedicht oder Herrn Wahls grosse Nase ... Leipzig 1804. V: *Reinhardt, Carl Heinrich Leopold.* (Ky) (Wr) (EE) (GGr)

Nasiade, die; ein komisch. Heldengedicht, od. Herrn Wahl's große Nase unter Sang u. Klang durch 100 Nasenstüber neu-poetisch geängstigt. 8. Leipz. 804. Compt. f. Litt. 8 gl.

(Nasif al-Jasidschi.) كتاب مجمع البحرين تاليف الشيخ ناصيف اليازجي اللبناني عفى عنه طبع في بيروت سنة ١٨٥٦ مسيحية بنفقة الخوجا نخلة المدور Wien, Helf. gr. 8. (432 S.) nn. 6 ₰. 20 ngr.
(Das Buch des Zusammenflusses der beiden Meere, verfasst von Scheich Nasif al-Jasidschi. Gedruckt in Beirut 1856 nach Christi Geb. auf Kosten des Handelsherrn Nahla al-Mudawwar.)

Nasifi Al-Jazigi Berytensis epistola critica ad de Sacyum versione Latina et adnotatt. illustr. indicemque addidit A. F. Mehren. Opus a societ. orientali Germanica adjutum. gr. 8. (VIII u. 156 S.) Lipsiae 848. Guil. Engelmann. n. 1⅓ ₰

Naske, Adolph Karl

Naske, Ad. C., die schöne Fiakerin, s. Theater-Repertoir, wiener.

Theater-Repertoir. Wiener. — 37., 38. Lieferung. 8. Wien. Druck und Verlag von J. B. Wallishauser. 1854. (750).
Inhalt: Lieferung 37. Die schöne Fiakerin. Lokaler Schwank mit Gesang und Tanz in drei Akten. Nach einer älteren Kringsteinerschen Posse frei bearbeitet von Ad. C. Naske. (30 S.) Lieferung 38 Eine reife Melone Schwank in einem Akte nach Bayle Bernards „Platonic attachments", von K. Graeser.

Naske, Adph. Carl, Gedenkbuch über die Vermählungs-Feierlichkeiten Sr. k. k. apostol. Maj. Franz Joseph I., Kaisers von Oesterreich, mit Elisabeth, Herzogin in Baiern. Eine historisch-treue und ausführliche Schilderung aller denkwürdigen durch Wort und That begangenen Festlichkeiten, von der Ankunft der durchl. Kaiserbraut an der österreich Gränze bis nach dem Volksfeste im Prater. Mit einer nominativen Aufzählung aller bei diesem erhabenen Anlasse verliehenen Ehren-Auszeichnungen und geübten Gnadenacte. hoch 4. (192 S.) Wien 854, Seidel. *
Blnd. *

Naske, Adolph Karl —. Gedenkbuch über die Vermählungs-Feierlichkeiten Sr. k. k. Apost. Majestät Franz Joseph I. Kaisers von Oesterreich mit Elisabeth Herzogin in Baiern. Eine historisch-treue und ausführliche Schilderung aller denkwürdigen durch Wort und That begangenen Festlichkeiten, von der Ankunft der durchlauchtigsten Kaiserbraut an der österreichischen Gränze bis nach dem Volksfeste im Prater. Nebst einer nominativen Aufzählung aller bei diesem erhabenen Anlasse von Allerhöchst Sr. k. k. Apost. Majestät huldvollst verliehenen Ehren-Auszeichnungen und geübten Gnadenakte. Von — —. 8. (192 S.) Wien. Druck von J. P. Sollinger's Witwe. Verlag von L. W. Seidel. 1854.

Naske, Ad. K. Biographische Skizze Sr. Kaiserl. Hoheit des Erzherzogs Rainer. 8. Wien 1853.

Naske, Alois, die Aufgaben der deutschen Frau im Dienste ihrer Nation. Ein Vortrag f. Damen. gr. 8. (19 S.) Brünn 883. Knauthe. n. — 40

Naske, Alois, d. gewerbepolit. Bewegung in Oesterreich u. ihre Schlagworte. gr. 8. (86 S.) Brünn 896. R. M. Rohrer. n. — 80

Naske, Alois, Denkschrift zur Feier des 40jährigen Bestandes des mährischen Gewerbevereines in Brünn am 12. V. 1901. Hrsg. vom Verwaltungsrathe des mähr. Gewerbevereines. Fol. (177 S. m. 5 Taf. graph. Darstellgn. u. 1 Bildnistaf.) Brünn 901. (C. Winiker. — F. Irrgang.) n.n. 3. —

Naske, Alois, geometrische Formenlehre für Mädchenbürgerschulen u. 4- bis 7classige Volksschulen, sowie für Lehrer 1- bis 4classiger Volksschulen. 1—3. Thl. gr. 8. Brünn 882. Winkler. n. 1. 44
1. [5. Schuljahr. — Unterstufe.] Mit 40 (eingedr.) Fig. (IV, 26 S.) n. — 32
2. [6. Schuljahr. — Mittelstufe.] Mit 93 (eingedr.) Fig. (IV, 46 S.) n. — 52
3. [7. Schuljahr. — Oberstufe.] Mit 53 (eingedr.) Fig. (IV, 69 S.) n. — 60

—— Friedrich Fröbel und sein Kindergarten, s. Publikationen des deutschen Clubs in Brünn.

— Kunst, Stil u. Mode. Zwei volksthüml. Vorträge, geh. in der freien Volksbibliothek in Zwittau u. im mähr. Gewerbeverein in Brünn. 8. (48 S.) Brünn 902. F. Irrgang. n. — 60

Naske, Alois, das Lehrlingswesen, s.a. Sammlung gewerblicher Vorträge. I.

Naske, A., Das Lehrlingswesen. 8°. Brünn, Winkler, 1907. (Sammlung gewerbl. Vorträge, 1.)

— Studien über das Flachornament u. seine Geschichte. Skizze einer ornamentalen Formenlehre. Vorträge, gehalten im mährischen Gewerbe-Museum. [Aus: „Zeitschr. d. Vereines österr. Zeichenlehrer".] Mit 12 autogr. Taf. gr. 8. (72 S.) Ebend. 880. n. 2. 40

Naske, Carl, die Kalkbrennerei u. Cementfabrikation, s.: Heusinger v. Waldegg, Edm., die Ton-, Kalk-, Cement- u. Gips-Industrie. II.

Naske, Carl, die Portland-Cement-Fabrikation. Ein Handbuch f. Ingenieure u. Cementfabrikanten. Lex.-8. (VII, 302 S. m. 183 Abbildgn. u. 3 Taf.) Leipzig 903. Th. Thomas. n. 10. —; geb. in Leinw. n. 11. 50

Naske, Carl, die Portland-Zement-Fabrikation. Ein Handbuch f. Ingenieure u. Zementfabrikanten. 2. vollständig umgearb. u. verm. Aufl. m. 859 Abbildgn. im Text u. 2 lith. Taf. (VII, 410 S.) Lex. 8. Leipzig 909. Th. Thomas. 17.—; geb. in Leinw. 18. 50

Naslim, Ioan. (geb. Bukarest 15. 8. 1815): De orthopaedia hypodermatica. Berolini (1840). (47 S.) 8°
Berlin, Med. Diss. v. 10. Apr. 1840

Nasmyth, James

— Lehrbuch der politischen Oekonomie, s.: Wagner, A.

Nasmyth, J., u. J. **Carpenter,** der Mond, betrachtet als Planet, Welt u. Trabant. Autoris. Ausg. m. Erläutergn. u. Zusätzen v. H. J. Klein. Mit zahlreichen (eingedr.) Holzschn., 2 (zum Thl. farb.) Lith. u. 19 Taf. in Lichtdr. gr. 4. (VIII, 165 S.) Leipzig 876. Voss. cart. n. 22. —; geb. n. 24. —

Nasmyth, J., u. J. **Carpenter,** der Mond, betrachtet als Planet, Welt u. Trabant. Autoris. deutsche Ausg. mit Erläuterungen u. Zusätzen von H. J. Klein. 2., unveränd. Aufl. Mit 2 Lith. u. 19 Taf. in Lichtdr. 5 Lfgn. gr. 4. (VIII, 165 S.) Hamburg 880. Voss. à n. 2. 40

Nasmyth, J., u. J. **Carpenter,** der Mond, betrachtet als Planet, Welt u. Trabant. Autoris. deutsche Ausg. m. Erläutergn. u. Zusätzen v. Herm. J. Klein. 3. Ausg. Mit 2 Lith. u. 19 Taf. im Lichtdr. 5 Lfgn. 4. (VIII, 165 S.) Hamburg 883. Voss. à n. 2. —; cplt. cart. 10. 50

Nasmyth, J., u. J. **Carpenter,** der Mond als Planet, Welt u. Trabant. 4. Aufl. 2., völlig veränd., verb. u. verm. deutsche Umarbeitg. des engl. Orig.-Textes v. Herm. J. Klein. Mit zahlreichen Holzschn., 2 lith. u. 19 Taf. in Lichtdr. (VIII, 214 S.) gr. 8. Hamburg 906. L. Voss. Geb. in Leinw. n. 8. 50

Nason, Henry B., on the formation of ether. Inaugural dissertation. gr. 8. (32 S.) Göttingen 857, (Vandenhoeck und Ruprecht's Verlagsh.) * *

Naṣr-ad-Din Hwāǧa

– Die Schwänke des Nassr-ed-din und Buadem von Mehemed Tewfik . . . aus dem Türkischen übersetzt und stellenweise erläutert von E. Müllendorff. Leipzig o. J.

Nasr-eddin's, Meister, Schwänke und Räuber und Richter. Aus dem türk. Urtext wortgetreu übers. von Wilh. v. Camerloher und resp. W. Prelog. Mit 1 (lith.) Titelkpfr. Triest 857. (Bremen, Geisler in Comm.) 8. (3 Bl., 71 S.) n. 9 ngr.

Nasreddin Khodjas [**Naṣr-ad-Din Ḫwāǧa**] Schwänke und Streiche [Laṭāif, deutsch]. Türk. Geschichten aus Timurlenks Tagen, erzählt von Ali Nouri ['Ali Nuri]. Ill. von Arthur Sjögren u. Vald. Andersen. Breslau: Schles. Verl.-Anst. 1904. (234 S.) 8° [F.] [05. 3000

Naṣru 'llāh, Abu 'l-Ma'ālī, b. Muḥammad b. 'Abdu 'l-Ḥamīd s. Kalīla wa-Dimna.

—

Nass, C., Bad Ems, s. Grieben's Reisebibliothek.

Nass, Georg [aus Berlin]: Ueber die Oxydation alkylierter Benzoësäuren zu mehrbasischen Säuren. . . . Freiburg i. B., Buchdr. v. Chr. Ströcker, 1889; 46 S. + 1 Bl. 8°
Freiburg i. B., Phil. Fak., Inaug.-Diss. v. 1889

Nass, Hugo, u. Hugo **Reik,** der Verzollungsdienst der Eisenbahnen. Eine eisenbahnpolit. Studie. (64 S.) 8. Wien 909. J. Bettenhausen. 1. 50

Nass, Paul, üb. den Gerbstoff der Castanea vesca. gr. 8. (39 S.) Dorpat 884. (Karow.) n. 1. —

Nassal, Franz: Aesthetisch-rhetorische Beziehungen zwischen Dionysius von Halicarnass und Cicero. Tübingen 1910: Laupp. X, 169 S. 8°
Tübingen, Phil. Diss. v. 3. Mai 1910, Ref. Schmid
[Geb. 16. Mai 81 Hoßkirch; Wohnort: Tübingen; Staatsangeh.: Württemberg; Vorbildung: Gymn. Ebingen Reife M. 01; Studium: Tübingen 12 S.; Coll. 24. Febr. 10.] [U 10. 4190

Nassall, Leo Lorenz (Wallerstein), De sectione legali. Diss. med. Präs. Johann Caspar Gutberlet. Würzburg (F. E. Nitribitt) 28. IV. 1798. 32 S. (4.50) 24550
Gew.: Craton. Ernst von Oettingen-Oettingen.

Nassat, Joh., 4 Reit-Quadrillen. 30 Fig. m. (30 Bl.) erläut. Text. 16. Berlin 898. P. Parey. n. 3. —

Nassau [Sachliches OW]

Nassau. 250,000. S. Hessen-Darmstadt Top. G.-K.

Nassau, Adolph von,. Nationaltrauersp. in 5 Akten, von J. W. Franz. 8. Frankf. Eßlinger. 799.

Nassau, Graf Heinrich von, und Amalie von Metternich, eine deutsche Familiengeschichte, mit 1 Kupf. 8. Leipzig, 791. Weygand. 1 Rthl. 25 sgl.

Nassau — **Das Herzogthum — entw. u. ges. von C. F. Weiland. Weimar im Verlage des Geogr. Instituts 1831. 1:232,000. 1 Bl. mit 1 Karton: Plan von Wiesbaden.**

Nassau, das Herzogthum, in malerischen Original-Ansichten seiner interessant. Gegenden, seiner merkwürd. Städte, Badeorte, Kirchen, Burgen u. sonst. ausgezeichn. Baudenkmäler alter u. neuer Zeit. Nach der Natur aufgenommen von H. Schönfeld u. C. Willmann, und in Stahl gestochen von Ih. Poppel 2c. Begleitet mit einem historisch-topograph. Text. Nr. 1—27. Lex.-8. (Mit 79 Stahlstichen u. Text) Wiesbaden u. Darmstadt 842—46, Lange. à n. ¼ Rthl.

Nassau, Das Herzogthum, in malerischen Original-Ansichten seiner interessantesten Gegenden, . . . Darmstadt [1853—57.] V (Text): *Henninger, Alois.* (Linde, Nassauer Brunnenlitt. Wiesbaden 1883.)

Nassau, das Herzogthum, in malerischen Original-Ansichten seiner interessantesten Gegenden, merkwürdigsten Städte, Badeorte, Kirchen, Burgen und sonstigen ausgezeichneten Baudenkmäler alter und neuer Zeit. Nach der Natur aufgenommen u. in Stahl gest. von verschiedenen Künstlern. Begleitet von einem historisch-topograph. Text. Nr. (Liefg.) 1—4. (à 1 Bgn. u. 3 Stahlst.). Darmstadt 853. Lange. Lex.-8. Jede Liefg. n. 10 ngr.

Nassau, Graf Ludw. v., Lebensbild, s.: Ledderhose, K. F.

Nassau in Sang u. Sage, s.: Nickelbibliothek für's deutsche Haus.

Nassau [Schlagwort]

Nassau, s.a. Ems.

Nassau, s.a. Hessen-Nassau.

Nassau (Sa.), s.a. Sachsen. Karte. Messtischblätter.

Nassau-Usingen — Charte von den Staaten des Fürsten von — in der Wetterau nebst den angrenzenden Gegenden. Verbessert herausgegeben von Homanns Erben· Nürnberg 1806. 1 : 175,500. 1 Bl.

Nassoviae Principatus et ad eum spectandes Ditiones, cum adjacentibus Comitatibus, Dominiis et Praefecturis intra Mosellam, Lahnum et citeriorem ac ulteriorem Rheni ripam sitis, summa cura et industria delineatus per Matth. Seutterum. Aug. Vindelic. 1: 175,000. 1 Bl.

Nassau — Karte vom Herzogthum — von den im J. 1819 geschehenen Aufnahmen etc. orientirt etc. 20,000. 51 Bl. u. Uebers.

Nassau — Karte vom Herzogthum —. Bearb. v. J. B. Fischer. 195,000. 3. verb. Aufl. 1851. Verl. von L. Pabst in Darmstadt. 1 Bl.

[Karte vom Herzogthum Nassau.] o. O. (1868.) Lithographie. 6 Bl. Fol., 47,5 60,3 mm.

Nassau [Verfasser]

Nassau, Adf., Denkschrift zur Beleuchtung der Frage des obligaten Unterrichtes in der Gabelsberger'schen Stenografie. Verfasst im Auftrage der Commission zur Entwerfung einer Petition an den Reichsrath. Wien 864. Rospini in Comm. 8. (24 S.) n. 4 ngr.

Nassau, Christoph Er. v.

v. Nassau, Graf Cph. Er., († d. 19. Nov. 1755.) s.a. Beitrr. zur Gesch. des zweiten Schles. Kriegs.

Nassau. Beytrag zur Geschichte des zweyten Schlesischen Krieges. Aus den eigenen Papieren Sr. Excellenz des Generallieut. ..... 8. Frankfurt u. Leipzig 1780.

F. W. Fürst v. Nassau, Genealogia et Heraldica der heutigen Herren von Lent, von Holtzbrink, von Ernst und von Grüter. 1725. 8.

Nassauer, Hans, Referendar: Besitzerwerb durch Mittelpersonen nach gemeinem Recht und dem Recht des Bürgerlichen Gesetzbuchs. Neumünster 1910: Hieronymus. 37 S. 8°
Heidelberg, Jur. Diss. v. 20. Juli 1910, Ref. Gradenwitz
[Geb. 18. Febr. 84 Mainz; Wohnort: Frankfurt a. M.; Staatsangeh.: Preußen; Vorbildung: Gymn. Plön Reife O. 04; Studium: München 1, Berlin 3, Marburg 3 S.; Rig. 7. Juni 10.] [U 10. 1953

Nassauer, Max, der Arzt der grossen u. der kleinen Welt. Aerztliche Skizzen. 1. u. 2. verm. Aufl. (81 S.) 8. München 908.09. Verlag der ärztl. Rundschau. 2. —

Nassauer, Max [aus Frankfurt a. Main]: Beiträge zur Kenntnis des Oxalbernsteinsäureesters und des Oxalessigesters ... Würzburg, Becker's Univ.-Buchdr., 1894; 46 S. 8.
Würzburg, Phil. Fak., Inaug.-Diss. v. 1894

Nassauer, Max, der gute Doktor. Ein nützlich Bilderbuch f. Kinder u. Eltern. Bilder v. Hellmut Maison. (31 S. m. farb. Abbildgn.) gr. 4. München (905.) Braun & Schneider. Geb. n 2.50

Nassauer, Max, Doktorsfahrten. Ärztliches u. Menschliches. gr. 8. (III, 139 S.) Stuttgart 902. F. Enke. n. 2.80; geb. n. 3.60

Nassauer, Max: Ein Fall beginnender Tuberculose der Gebärmutterschleimhaut bei fortgeschrittenem Cancroid der Portio vaginalis. *Würzburg 1894: Becker.* (31 S.) 8°
Würzburg, Med. Diss. v. 1894

— Gebirge u. Gesundheit. Hygienische Winke, besonders f. die Frauen. (44 S.) gr. 8. München 908. G. Lammers. 1. —

— Pasmis. Novellen. (V, 191 S.) 8. Dresden (909). C. Reißner. 2.50; geb. 3.50

Nasse: Bericht der Untersuchungskommission über die Raiffeisenschen Darlehnskassenvereine und die Kritik des Herrn Regierungsrate Nöll. Berlin 1876.

Nasse, C., Antihydriasis, od. unumstößl. Beweis, daß d. kalte Wasser f. d. Krankheiten uns. Zeit durchaus kein Heilmittel ist, sond. im höchst. Grade nachtheilig auf d. Körper einwirkt. Allen Freunden d. Wassercuren dringend empfohlen. 8. (2 B.) Leipzig 833, Berger.
vgl. Nasse, Karl

Nasse, (Chrstph.) Friedr., Anleit. zur Uebung angeh. Aerzte in Krankheits-Beobachtungen u. Beurtheilung. gr. 8. (9 B.) Bonn 834, Habicht.

— s. Archiv f. medicin. Erfahrung rc.

— s. Archiv f. d. thierisch. Magnetismus.

Nasse, (Chrstph.) Friedr., Aufruf zur thätigeren Sorgfalt f. die Gesundheit der Fabrik-Arbeiter. Mit Nachweisung v. Hülfsmitteln zum Schutz der Gesundheit in Fabriken. 12. ($2\frac{5}{12}$ B.) Bonn 845, [Cramer u. Comp.] *

Nasse, Cph. Fr., über d. Begriff u. die Methode d. Physiologie. gr. 8. Leipz. 826. Cnobloch. 12 gl

—— die Behandlung der Gemüthskranken u. Irren durch Nichtärzte. gr. 8. ($4\frac{1}{2}$ B.) Bonn 844, Weber. -

— s. Frz. Carvela, Beobachtungen.

— s. B. Collin, Untersuchung.

— s. Dufresnoy, Erfahrr.

— über Geschwülste im Gehirn, s. Abercrombie.

Nasse, (Christian) Friedrich: Handbuch der allgemeinen Therapie. Hälfte 1 - 2 (nebst) Schlußabth., gbd.

Bonn: Habicht 1840 - 1845

JB 2.528

—— Handbuch d. allgem. Therapie. 2 Abthlgn. gr. 8. ($37\frac{1}{8}$ B.) Bonn 842, 45, Habicht.

—— Handbuch d. speciell. Therapie. 1. Bd. u. 2. Bd. 1. Abthl. gr. 8. ($46\frac{1}{4}$ B.) Leipzig 830, 32, Cnobloch. Für 2 Bde.
2. Bd. 2. Abthl wird noch erwartet.

—— Jahrbücher f. Anthropologie, s. Jahrbücher.

—— und Wilh. Wagner, Journal f. d. gesammte prakt. Heilkunde etc., s. Journal.

—— die Isogenesis, ein Naturgesetz. Zur Prüfung vorgelegt. gr. 8. (3 B.) Bonn 844, Weber.

— das medicin. Klinikum zu Bonn. gr. 4. Cobl. 825. Hölscher. 8 gl

—— u. J. F. H. Albers, medicinisches Correspondenzblatt, s. Correspondenzblatt.

— von dem Krankenhause zur Bildung angeh. Aerzte zu Halle, u. der damit verbund. Krankenbesuchs-Anstalt. 8. Halle 816. Renger. 4 gl

— Leichenöffnungen, zur Diagnostik u. patholog. Anatomie. 1e Reihe. gr. 8. Bonn 821. Marcus. 1 ₰

– s. L. Levié, deutsch-latein. Wörterbuch.

Nasse, (Christian) Fr(iedrich) (Hrsg.):

s.: Negrier, (Charles): Die Behandlung der Scrofeln mit Wallnussblättern. (Mémoire sur le traitement des affections scrofuleuses... Dt.) Übers.von M(artin) J(oseph) Kreutzwald. Bonn: 1843

JB 1.576

– s. Osborne, Pathologie.

– s. E. Regnault, d. gerichtl. Urtheil.

—— Sammlung f. d. Beurtheilung u. Heilung d. krankhaft. Seelenzustände, s. Sammlung rc.

– s. Sammlung zur Kenntniß der Gehirn- u. Rückenmarks-Krankheiten.

Nasse, (Chrstph.) Friedr., vermischte Schriften psycholog. und physiolog. Inhalts. gr. 8. (XI und 254 S.) Bonn 850, Weber.

— von der Stellung der Aerzte im Staate. gr. 8. Leipz. 823. Cnobloch. 2 ₰

—— die Unterscheidung d. Scheintodes v. wirkl. Tode; zur Beruhig. üb. d. Gefahr, lebendig begraben zu werden. gr. 8. (4¼ B.) Bonn 841, Habicht.

— Untersuchungen zur Lebensnaturlehre u. Heilkunde. 1r Bd, 1e Abtheil. Ueber das Verhältniß d. Gehirns u. Rückenmarks z. Belebung d. übrigen Körpers. gr. 8. Halle 818. (Laue in Berl.) 1 ₰

— und Herm. Nasse, Untersuchungen zur Physiologie u. Pathologie. 1r Bd. 1s—3s Hft. gr. 8. Ebd. 835, 36. (1s u. 2s H. à ¾ ₰, 3s Hft. ⁵⁄₆ ₰) 2⅓ ₰ — 2r Bd. 1s u. 2s Hft. Mit 1 Steindruck. 839. (à ¾ ₰) 1½ ₰

—— Verbrennung u. Athmen, chem. Thätigkeit u. organ. Leben. gr. 8. (10 B.) Bonn 846, Weber.

—— die Verhütung und Unterscheidung der Gemüths-Krankheiten. gr. 8. (44 S.) Köln 848, Du Mont-Schauberg'sche Buchh.
Aus: Rheinische Monatsschrift für prakt. Aerzte etc., besonders abgedruckt.

– s. Volta, über Elektricität.

– s. Zeitschrift f. physische Aerzte.

– s. Zeitschrift für rc. Heilung krankhafter Seelenzustände.

Nasse, Dietr., Beiträge zur Anatomie der Tubificiden. Inaugural-Dissertation. Mit 2 (lith.) Taf. gr. 4. (30 S.) Bonn 882. (Cohen & Sohn.) n. 2. —

Nasse, Dietrich (geb. am 5 Nov. 1860 in Bonn): Aus d. anat. Laboratorium zu Bonn. — Beiträge zur Anatomie der Tubificiden ... Mit 2 Taf. Bonn, Univ.-Buchdr. v. C. Georgi 1882. 30 S., 1 Bl., 2 Taf. 4. ¶ In Komm. bei Cohen & Sohn in Bonn.
Bonn, Med. Fak., Diss. v. 8 Aug. 1882

Nasse, D., Chirurgie der unteren Extremitäten, s.: Borchardt, M.

— d. gonorrhoischen Entzündgn. der Gelenke, Sehnenscheiden u. Schleimbeutel, s.a. Sammlung klin. Vorträge.

Die gonorrhoischen Entzündungen der Gelenke, Sehnenscheiden u. Schleimbeutel v. Dietrich Nasse (Berlin). *Leipzig: Breitkopf & Härtel 1897.* (32 S.) 8.
= Sammlung Klinischer Vorträge. N. F. No 181. [97. 3326

Nasse, Dietr., üb. multiple cartilaginäre Exostosen u. multiple Enchondrome, s. Sammlung klin. Vorträge.

Nasse, D., die Exstirpation der Schulter u. ihre Bedeutung f. die Behandlung der Sarkome des Humerus, s.: Sammlung klinischer Vorträge.

Nasse, chirurg. Krankheiten d. unt. Extremitäten, s.a. Chirurgie, deutsche, Lfg. 66.

Chirurgische Krankheiten der unteren Extremitäten. Von † Prof. Dr. D[ietrich] Nasse u. Prof. Dr. M[ax] v. Brunn. Mit 362 Abb. (In 2 Hälften.) Stuttgart: Enke (1897–)1910. CCLXV, 833 S. 8°
(Deutsche Chirurgie. Lfg 66.) [10. 13111

Nasse, Ernst, aus Diez a. d. Lahn, Gerichtsref.: Die Bedeutung der Eviktion einer verkauften und übergebenen beweglichen Sache nach gemeinem Recht und nach dem bürgerlichen Gesetzbuch. *Bonn 1899: K. Drobnig.* (43 S.) 8° [J.]
Erlangen, Jur. Diss. v. 20. Mai 1899

Nasse, Erwin, Armenpflege u. Selbsthülfe. Ein Vortrag gehalten in der Jahresversammlung des Vereins für innere Mission zu Bonn am 13. Jan. 1868. Bonn 868. A. Marcus. 8. (24 S.) n. 4 ngr.

— die preußische Bank u. die Ausdehnung ihres Geschäftskreises in Deutschland. Ebend. 866. gr. 8. (VI, 98 S.) n. 16 ngr.

Nasse, E. Bankanweisungen und Banknoten. (1873?)

Nasse, E. Die Banknoten- und Papiergeldfrage mit specieller Beziehung auf den preussischen Staat. (Sonderabdruck aus der »Zeitschrift für die gesammte Staatswissenschaft«.) Tübingen 1856.

Nasse, E. Das venetianische Bankwesen im 14., 15. und 16. Jahrhundert. (Separat-Abdruck aus den Jahrbüchern für Nationalökonomie und Statistik Bd. 34 Heft 5.) Jena 1879.

— Beamtenthum u. Bürgerpflicht im preußischen Staate. Rede, gehalten zur Feier des 3. Aug. 1870 in der Aula der rhein. Friedrich-Wilhelms-Universität. Ebend. 870. 8. (18 S.) n. 4 ngr.

Nasse, Erwin, Bemerkungen über das preußische Steuersystem. Bonn 861. Marcus. gr. 8. (VI, 112 S.) n. 20 ngr.

ERWIN NASSE, Der Cobdenclub und die deutsche Waarenausfuhr. Ein Beitrag zur Lehre von der internationalen Arbeitstheilung. (Vom Verfasser revidirter Separat-Abdruck aus den Jahrbüchern für Nationalökonomie und Statistik. N. F. Bd. IV.) Jena 1882. Gustav Fischer. 8°.

Nasse, Erwin, F. C. Dahlmann. Rede, gehalten im Auftrag von Rektor und Senat der Rheinischen Friedrich-Wilhelms-Universität am 13. Mai 1885. gr. 8. (34 S.) Bonn 885, Cohen und Sohn. *

Nasse, E. Die Demonetisation des Silbers und das Werthverhältniss der edlen Metalle. Bonn 1876.

Sacram memoriam ... Friderici Gvilelmi III vniversitatis Fridericiae Gvilelmiae Rhenanae conditoris ... ab eadem vniversitate d. III m. Avg. a. 1869 ... recolendam victorvmqve renvntiationem e lit. certaminibvs prodevntivm ... indicit Erwinvs Nasse, ord. phil. h. a. decanvs. — Inest dissertatio: Ueber die mittelalterliche Feldgemeinschaft und die Einhegungen des 16 Jahrh. in England. Bonnae, form. C. Georgi (1869). 1 Bl., 71 S. 4. ¶ Erschien zugleich selbständig bei Marcus in Bonn.

Nasse, E.: „Die preussische Finanz- und Ministerkrisis im Jahre 1810 und Hardenberg's Finanzplan", o. O. u. J. — Vorh.: Bibl. des Reichsbankdirektoriums Berlin.

Nasse, E. Das Geld- und Münzwesen. Tübingen 1882. (Separat-Abdruck aus Schönberg's Handbuch der politischen Oekonomie.)

Nasse, E. Die Kündigung des Privilegiums der Reichsbank und der Privatnotenbanken. (Sonderabdruck aus den Preussischen Jahrbüchern, Band 63, Heft 5.) Berlin 1889.

—— Lehrbuch der politischen Oekonomie, s. **Wagner, A.**
Vgl.: Bernhardi, Ernst, Hr. Prof. Erwin Nasse und der Dortmunder Handelskammerbericht.
Arendt, Otto, der Währungsstreit in Deutschland. Eine Antwort auf Erwin Nasse's gleichnamige Schrift. — Letztere befindet sich in den Preussischen Jahrbüchern, 1885, Märzheft.

Nasse, Erwinus (geb. am 2 Dez. 1829 in Bonn): Meletemata de publica cura annonae apud Romanos ... Bonnae, form. F. P. Lechneri 1851. 2 Bl., 40 S., 1 Bl. 8.
Bonn, Phil. Fak., Diss. v. 9 Aug. 1851

— die **Niederlande** u. Preussen. Eine Antwort an Herrn Groen van Prinsterer. Bonn 867. Cohen & Sohn. gr. 8. (34 S.) 7½ ngr.

Nasse, E., s. Rau, K. H.: Lehrbuch der politischen Ökonomie.

Nasse, Erw. Vide: Reitzenstein, F. Frhr. v.

— über die Universitätsstudien u. Staatsprüfungen der preußischen Verwaltungsbeamten. Bonn 868. A. Marcus. gr. 8. (37 S.) 7½ ngr.

Nasse, E. Die Währungsfrage in Deutschland. Bonn 1885.

Nasse, E. Die deutschen Zettelbanken während der Krisis von 1866.

Nasse, Erwin: Ueber d. sociale Zusammensetzung d. Hauses d. Gemeinen vor u. nach d. Reformgesetz von 1832. Tübingen 1866. 8°

— agrarische Zustände in Frankreich u. England, s.: Reitzenstein, F. Frhr. v.

Nasse, Friedrich

Nasse, Fr.(Mitarb.), s. Abercrombie, John: Über die Krankheiten des Gehirns u.d. Rückenmarks.

Nasse, Fr., Aufruf zur thätigeren Sorgfalt für die Gesundheit der Fabrik-Arbeiter. Mit Nachweisung von Hülfsmitteln zum Schutz der Gesundheit in Fabriken. 12. Bonn 845, Enke. n. 1/6 ℛ

Nasse, [Friedr.]: Anthropologische Bedenken gegen das blos psychologische Verfahren bei gerichtlichen Untersuchungen von abnormen psychischen Zuständen. o. O. u. J.

Ueber den Begriff und die Methode der Physiologie. Von Friedrich Nasse. Leipzig: Cnobloch 1826. VI, 84 S. 8°

— die Behandlung der Gemüthskranken u. Irren durch Nichtärzte. gr. 8. Bonn 844, Weber. 3/8 ℛ

Nasse, Fr.: Beiträge zur gerichtsärztlichen Begutachtung zweifelhafter psychischer Zustände. o. O. u. J.

— s. Correspondenzblatt, medicinisches, westphäl. Aerzte.

Experimenta quaedam circa urinae secretionem. [Resp.:] Ioann[es] Ludov[icus] Theophil[us] Naveau. Halae 1818: Grunert. VIII,48 S. 8°

Halle, Med.Diss.v.16.Dez.1818

Nasse, F. Üb. d. richterl. Frage an d. Arzt z. Beurteilg psych. Zustände. Leipz. 1826.

— Handbuch d. allgemeinen Therapie. gr. 8. Bonn 842, Habicht. 2 ℛ. — dess. Schlußabtheilung. Ebend. 845. 3/4 ℛ (compl. 2 3/4 ℛ)

— die Isogenesis, ein Naturgesetz. Zur Prüfung vorgelegt. gr. 8. Ebend. 844. 1/4 ℛ

Nasse, (Fr.,) das medicinische Klinicum zu Bonn. gr. 4. Cobl. 825, Hölscher.

Nasse, Friedrich [Praes.], s. Köhler, Johann Ferdinand: De vi musculorum absque cerebro et medulla spinali.

Nasse, Fr., von dem Krankenhause, zur Bildung angehender Aerzte zu Halle, und der damit verbundenen Krankenbesuchs-Anstalt. 8. Halle, Renger. 816.

— Leichenöffnungen, zur Diagnostik u. patholog. Anatomie. 1e Reihe. gr. 8. Bonn 821, Marcus.

— s. Mayer, A., die Krankheiten des Zwölffingerdarms.

Nasse, Friedrich [Praes.], s. Naveau, Johann Ludwig Theophil: Experimenta quaedam circa urinae secretionem.

— s. Negrier, C., die Behandlung der Scrofeln rc.

Nasse, Frdr., vermischte Schriften psycholog. u. physiolog. Inhalts. gr. 8. (XII u. 254 S.) Bonn 850, Weber. 1 ℛ

— von der Stellung d. Aerzte im Staate. gr. 8. Leipz. 823, Cnobloch.

— die Unterscheidung des Scheintodes vom wirklichen Tode; zur Beruhigung über die Gefahr, lebendig begraben zu werden. gr. 8. Bonn 841, Habicht. 1/3 ℛ

— Untersuchungen zur Lebensnaturlehre und Heilkunde. 1r Bd. 1ste Abtheil. gr. 8. Halle, Curt. 818.

— Verbrennung u. Athmen, chem. Thätigkeit u. organ. Leben. gr. 8. Bonn 846, Weber. 5/6 ℛ

— die Verhütung u. Unterscheidung der Gemüths-Krankheiten. [Abdr. aus der Rhein. Monatsschrift für prakt. Aerzte.] gr. 8. (44 S.) Köln 848, Du Mont-Schauberg. 1/4 ℛ

De Vi musculorum absque cerebro et medulla spinali. [Resp.:] Johannes Ferdinand[us] Koehler. Halae 1818: Grunert. VI S., S.8-31. 8°

Halle-Wittenberg, Med.Diss.v.16.Dez.1818

— Zeitschrift f. physische Aerzte rc. s. Zeitschrift.

Nasse, Hans [stud. theol. aus Diez, Hessen-Nassau]: Theologische Thesen ... zur Erwerbung des Grades eines Licentiaten der Theologie ... Berlin, Buchdr. v. G. Schade, *1897;* 2 Bl. 4.
Berlin, Theol. Fak., Thes. v. 28. Juli 1897

Nasse, Herm., zwei Abhandlungen üb. Lymphbildung. Akademische Gelegenheitsschriften. 4. (IV, 72 S.) Marburg 872. Elwert's Verl. n. 3. —

Zur Erinnerung an Wilhelm Roser weiland Doctor Medicinae Professor etc. etc. von der medicinischen Fakultät zu Marburg. Inhalt: Nekrolog von H. Braun. Die eisenreichen Ablagerungen im thierischen Körper von Hermann Nasse. Marburg, Univ.-Buchdr. v. Joh. Aug. Koch, 1889; 4 Bl. + 25 S. 4°

Nasse, Herm., das Blut, in mehrfacher Beziehung physiologisch und pathologisch untersucht. gr. 8. Bonn 835. Habicht. 2 Thlr.

Nasse, Herm., das Blut in mehrfacher Bezieh. physiolog. u. patholog. untersucht. gr. 8. (24½ B.) Bonn 836, Habicht.

Nasse, Herm., Jacques Callot, s.a. **Meister der Graphik.** 1.

Jacques Callot. Von Hermann Nasse. Mit 1 Titelbild & 98 Abb. auf 45 Taf. Leipzig: Klinkhardt & Biermann [1909]. 100 S. 4°(8°) (Meister d. Graphik. Bd 1.) [09. 10133

Nasse, Herm., über den Einfluss der Nahrung auf das Blut. gr. 8. (99 S.) Marburg 850, Elwert'sche Universitäts-Buchh.

Nasse, Hermannus (geb. am 25 [nicht 27] Juni 1807 in Bielefeld): De insania commentatio secundum libros Hippocraticos . . . Bonnae, typ. Thormannianis (1829). 4 Bl., 83 S., 2 Bl. 4. ¶ Erschien zugleich selbständig bei Cnobloch in Leipzig. — *S. 76—83:* Fridericus Nasse filio. [Hippocraticorum de insania praecepta cum recentiorum comparantur.]
Bonn, Med. Fak., Diss. v. 1 Aug. 1829

Nasse, Herm., de insania. Comment. secund. libros Hippocraticos. Dissertat. inaug. med. 4 maj. (11½ B.) Lipsiae 829, Cnobloch.

Herm. Nasse de insania commentatio secundum libros Hippocraticos. Bonn. 1830. 4. (Cum epistola Frid. Nasse, patris, pag. 76 sq.)

— Untersuchungen z. Physiologie u. Pathologie, s. Eph. F. Nasse.

Nasse, Jh. Fr. Wlh., über Aetherbildung im allgemeinen; e. auf Erfahrung sich gründ. Theorie. 4. Leipz. 809. Schwickert. 8 gr.

— über Naturphilosophie, in Bezug auf Physik u. Chemie. 8. Freiberg 809. Craz u. G. 16 gr.

— über die Porzellan-Fabrikation in theoret. u. prakt. Hinsicht. gr. 8. Leipz. 826. Kummer. 1 Thlr. (In Meusels gel. Deutschland ist Obiges irrigerweise unter Eph. Fr. N. aufgeführt.)

Nasse, Karl, s.a. C. Nasse.

Nasse, Karl, Antihydriasis, oder unumstößlicher Beweis, daß das kalte Wasser für die Krankheiten unserer Zeit durchaus kein Heilmittel ist, sondern im höchsten Grade nachtheilig auf den Körper einwirkt. Allen Freunden der Wassercuren dringend empfohlen. 2. verb. Aufl. gr. 12. Leipzig 843, Berger's Buchh. ¼ Thlr.

Nasse, L., Führer durch die Maschinen-, Eisen- u. Metall-Industrieen, s.: Bürgel, H. G. M.

Nasse, Leopold [Gerichtsref. aus Bonn]: Über die Cession der Klagen in den Fällen der Litisaestimationsleistung . . . Bonn, Univ.-Buchdr. v. C. Georgi, 1894; 3 Bl., 46 S. 8.
Göttingen, Jur. Fak., Inaug.-Diss. v. [9. März] 1894

Nasse, Leop., üb. die Cession der Klagen in den Fällen der Litisaestimationsleistung. Diss. gr. 8. (V, 46 S.) Bonn 894. (Göttingen, Vandenhoeck & Ruprecht.) n. 1. —

Nasse, Otto

Nasse, Otto, zur **Anatomie** u. Physiologie der quergestreiften Muskelsubstanz. Mit 1 (lith.) Taf. gr. 8. (VI, 106 S.) Leipzig 882. F. C. W. Vogel. n. 3. —

Nasse, Otto, Beiträge zur Physiologie der Darmbewegung. Leipzig 866. Engelmann. gr. 8. (III, 70 S. mit 6 Fig. in eingedr. Holzschn.) 18 ngr.

Nasse, O., Chemie und Stoffwechsel der Muskeln, s. Handbuch der Physiologie.

Nasse, Otto: De materiis amylaceis num in sanguine mammalium inveniantur disquisitio. Halis (1866): Orphanotropheum. 35 S. 8°
Halle-Wittenberg, Med. Hab.-Schr. v. 26. Mai 1866

— über die Physiologie der Kohlehydrate. [Aus: „Sitzungsber. der naturf. Ges. zu Halle".] gr. 4. (2 S.) Halle 877. Schmidt. n. — 30

Nasse, O., üb. den Stickstoff der Eiweisskörper. [Aus: „Sitzungsber. d. naturforsch. Gesellsch. zu Halle."] gr. 4. (4 S.) Halle 873. Schmidt. n. — 60

— Studien üb. die Eiweisskörper. Fortsetzung. [Aus: Sitzungsber. d. naturforsch. Gesellsch. zu Halle."] gr. 4. (2 S.) Ebend. 874. n. — 30

Nasse, R., Beobachtungen über die Beziehungen des Auftretens schlagender Wetter in Steinkohlengruben zu den Veränderungen des Luftdrucks. Berlin, 1878. 14 S. mit 2 Abb. und 2 Taf.

— u. G. **Krümmer,** die Bergarbeiter-Verhältnisse in **Grossbritannien. Auf Grund e. im Sommer 1890 ausgeführten Instruktionsreise bearb. gr. 8. (VIII, 199 S. m. 1 Taf.) Saarbrücken 891. Klingebeil. n. 4. —**

Nasse, R., der technische Betrieb der kgl. Steinkohlengruben bei Saarbrücken, s.a. Steinkohlenbergbau, der, d. Preussischen Staates in der Umgebung v. Saarbrücken.

Nasse, R., Der technische Betrieb der Kgl. Steinkohlengruben bei Saarbrücken. Berlin, 1885. 148 S. mit 24 Taf.

Nasse, R., die Kohlenvorräthe der europäischen Staaten, insbesondere Deutschlands, u. deren Erschöpfung. 1. u. 2. Aufl. gr. 8. (55 S.) Berlin 893. Puttkammer & Mühlbrecht. n. 1. —

Nasse. R. v., Mitteilungen über die Geologie von Laurion und den dortigen Bergbau. Berlin, 1873. 11 S. mit 1 Taf.

Nasse, R., geologische Skizze des Saarbrücker Steinkohlengebirges, s. Steinkohlenbergbau, der, des Preussischen Staates in der Umgebung von Saarbrücken.

Nasse, R., s.a. Steinkohlenbergbau, der, d. preussischen Staates in Saarbrücken.

Nasse, R: Der Steinkohlenbergbau des Preußischen Staates in der Umgebung von Saarbrücken. 3. Der technische Betrieb. Berlin 1885

Nasse, R., Die Ursachen der bedeutenderen Explosionen schlagender Wetter auf den englischen Kohlengruben im Jahre 1880 und die Untersuchung von F. A. Abel über den Einfluß von Staub auf Explosionen in Kohlengruben. Berlin, 1882. 28 S. mit 1 Taf.

Nasse, (W.,) über die Porzellan-Fabrikation in theoret. u. prakt. Hinsicht. gr. 8. Leipz. 826. Kummer.

Nasse, Walther: Zur Verkehrsbedeutung des Rheins. *Rostock 1901: C. Boldt.* (96 S.) 8°
Rostock, Phil. Diss. v. [10. Aug.] 1901

Nasse, Wernerus (geb. am 7 Juni 1822 in Bonn): De singularum cerebri partium functionibus ex morborum perscrutatione indagatis . . . Bonnae, typ. Lechnerianis 1845. 2 Bl., 62 S., 1 Bl. 4.
Bonn, Med. Fak., Diss. v. 19 Dez. 1845

Nasse, Werner, commentatio de functionibus singularum cerebri partium ex morborum perscrutatione indagatis. gr. 4. (62 S.) Bonnae 847, Habicht. n. ⅓ Thlr.

— Vorschläge zur Irrengesetzgebung, mit besonderer Rücksicht auf Preussen. gr. 8. (48 S.) Marburg 850, Elwert. 6 ngr.

NASSE, WILHELM.
Ueber Naturphilosophie in Bezug auf Physik und Chemie. Ein Beitrag zur kritischen Uebersicht der physikalisch-chemischen Literatur. Freiberg, 1809. 8vo.

Nassen, Frdr., Sankt Eusebius, s.a. Theater-Bibliothek f. Vereine u. Dilettantenbühnen.

[F.] Sankt Eusebius. Schausp. in 4 Akten m. Gesang u. 3 lebenden Bildern bearb. f. d. kathol. Vereinsbühne. Von Friedrich Nassen. *Trier: Verl. d. Paulinus-Dr. 1895.* (24 S.) 1 Bd 8. (96. 1983)
= Theater-Bibliothek. Bdch. 23.

— Führer durch d. wildromant. Wiedthal. 12. (68 S. m. 8 Bild. u. 1 Karte.) Coblenz 898. (F. Schuth.) — 75

[F.] Die Kreuzkapelle bei Waldbreitbach an der Wied und Einiges über d. Entstehg u. Ausbreitg. d. beiden Franziskaner Tertiarier-Genossenschaften v. Waldbreitbach. M. 2 Abb. Hrsg. v. Friedrich Nassen. *Coblenz: Dr. v. J. Schuth (1898).* (32 S., 2 Taf.) 1 Bd 8. (98. 3877)

Nassen, J., Heinrich Heine's Familienleben. 1. Tl.: Heine's Beziehgn. zu Mutter, Schwester u. Gattin. Z. ersten Male nach sämtl. v. Dichter selbst vorlieg. Nachrichten u. m. Berücksicht. aller d. Verf. üb. diesen Gegenstand bekannt geword. Schriften kritisch dargest. gr. 8. (IV, 168 S.) Fulda 895. (Fuldaer Actiendruckerei.) 2. 30

Nassen, J., die deutsche Flotte u. d. deutsche Dichtung. [Aus: „Marine-Rundschau".] Lex.-8. (26 S.) Berlin 898. E. S. Mittler & Sohn. n. — 60

— neue Heine-Funde. Veröffentlicht v. N. 1. u. 2. Taus. gr. 8. (III, 111 S.) Leipzig 898. H. Barsdorf. n. 1. 50; geb. n. 2. —

Nassen, Jos., Über den platonischen Gottesbegriff. Philos. Jahrb. d. Görresgei.

Nasser, Johann Adolf

— s.a. Satirische Anthologie aus römischen Dichtern. 1810.

— Satyrische Anthologie aus Römischen Dichtern. Kiel 810. Band I. 8. 22 gr.

s. Beitrr. z. Lektüre.

Nasser, Jh. Ad., carmina lyrica, s.a. *Catulli*, Horatii aliorumque etc.

— carmina lyrica Catulli, Horatii, aliorumque vet. poëtar. lat. ed. 8. Kiel. (Cräfi, Lips.) 794.

Nasser, Catulli, Horatii aliorumq. poëtar. latinor. carmina lyrica selecta. Kil. 794. 8. 12 gr. Deutsch: Lyrische Gedichte. Aus dem Latein. übersetzt von Nasser. Kiel 795. 8. 8 gr.

— s.a. Gedichte, lyrische.

Nasser, J. A., Lyrische Gedichte aus dem Lat. übersetzt. Kiel 795. 8. 6 gr.

— lyrische Gedichte, a. d. Latein. 8. Leipzig, Sommer. 795.

— s. A. Fl. Persius, sechs Satyren.

— (Hrsg.), s. Sachs, Hans: Schwänke.

Verzeichniss der hinterlassenen Kupferstichsammlung des Hof- und Landgerichts-Advokaten [Karl Friedrich] Schmidt in Kiel. [v. Johann Adolph Nasser].
Abth. 1—2. Kiel. [1822.] 8°. Abth. 3—4. ebd. [1823.] 8°.
Abth. 5—6. ebd. [1824.] 8°. Abth. 7—10. ebd. [1825.] 8°.

— Vorlesungen üb. die Geschichte d. deutschen Poesie. 2 Thle. gr. 8. Altona 798—800. Bechtold. (W. Nauck ; u. Wienbrack in Leipz.) 2 ₰ 10 gl Schrbp. 3 ₰

NASSER, JOH. AD., Vorlesungen über die Geschichte der deutschen Poesie. 1—2. Bd. Altona und Lpz. (Kiel). 1798—1806.

Nassius, R., s.a. Sammlung der f. den Bezirk der königl. Regierg. zu Stettin gült. Polizei-Vorschriften.

Nassius, R., Sammlung der f. den Bezirk der königl. Regierung zu Stettin gültigen Polizei-Vorschriften. Unter Benutzg. amtl. Quellen zusammengestellt u. erläutert. 2. Aufl. gr. 8. (VIII, 1033 S.) Stettin 884. Dannenberg. geb. n. 22. 50

Nassius, R., Sammlg. d. f. d. Bezirk d. kgl. Regierg. zu Stettin gült. Polizei-Vorschriften. Unter Benutzg. amtl. Quellen zusammengest. u. erläutert. 3., verm. u. verb. Aufl. 1. Thl. D. Baurecht in d. Prov. Pommern. E. Sammlung d. hierauf bezügl. Gesetze, Ausführungs-Bestimmgn., Polizei-Verordngn. u. Ortsstatuten, systemat. zusammengest. u. erläut. gr. 8. (VIII, 299 S.) Stettin 898. H. Dannenberg & Co. n. 7. —

Nassius, R., die strom-, schifffahrts- u. hafenpolizeilichen Verordnungen für den Reg.-Bez. Stettin. Im amtl. Auftrage systematisch zusammengestellt u. hrsg. gr. 8. (X, 228 S.) Stettin 880. Dannenberg. n.n. 6. 75; geb. n.n. 7. 50

Nassl, Joh., die Laute der Tepler Mundart, s.a. Beiträge zur Geschichte Böhmens.

Nassl, Joh., die Laute der Tepler Mundart. Beiträge zur Geschichte Bohmens, herausg. vom Vereine für Geschichte der Deutschen in Bohmen. Prag 863. Mercy in Comm. Lex.-8. (16 S.) n. 6 ngr.

Nassl, Joh. Über den mit der Dehnung und der Schärfung der Stammsilben verbundenen Lautwechsel in der Konjugation der Verba der Tepler Mundart. 6 S. 8. Progr. *Mies* 1877.

Nassovia. Zeitschrift f. nassauische Geschichte u. Heimatkunde. Hrsg. von C. Spielmann. 1.—3. Jahrg. 1900—1902. à 24 Nrn. gr. 4. (320, 312 u. 312 S.) Wiesbaden, P. Plaum. à Jahrg. n. 6. —

Nassovia. Zeitschrift für nassauische Geschichte u. Heimatkunde. Hrsg. v. C. Spielmann. 4.—7. Jahrg. 1903 bis 1906. à 24 Nrn. (à ca. 16 S.) gr. 4. Wiesbaden, P. Plaum. à Jhrg. n. 4. 80

Nassovia. Zeitschrift f. nassauische Geschichte u. Heimatkunde. Hrsg. v. C. Spielmann. 8.—11. Jahrg. 1907—1910. à 24 Nrn. (à ca. 16 S.) Lex. 8. Wiesbaden, P. Plaum. à Jahrg. 4. 80

Nassovia Comitatus. Amstelodami Henricus Hondius excudit. 1 : 300,000. 1 Bl.

Nast, Denkschrift der Stadt Cannstatt betr. Erweiterung u Umbau des Bahnhofs Cannstatt. (7 S 1 T) 4° Cannstatt 1886

Nast, die Grundsteuer-Einschätzung nach dem Gesetz vom 28. Apr. 1873. Ein prakt. Leitfaden für Alle, welche berufen sind, bei Anfertigung oder Fortführung des neuen Grund-Katasters mitzuwirken. gr. 16. (64 S.) Stuttgart 877. Kohlhammer. n. 1. —

Nast, Cl.

— s.a. Fohrbach, Herbert.

Nast, Cl. (Herbert Fohrbach), Wandernachtigall. Roman. 8. (416 S.) Stuttgart 897. A. Bonz & Co. n. 3. 60; geb. in Leinw. n. 4. 80

Nast, Clara, s. Nast, Klara.

Nast, Dan. (geb. Zempelburg in Westpr. 27. 11. 1831): De osteophytis et exostosibus. Berolini (1857). (31 S.) 8°
Berlin, Med. Diss. v. 6. Aug. 1857

Nast, Johann

– s. Ausführung üb. d. Gesetz.

– s. Beschreib. d. engl. Pflanzstädte.

– s. Elementarbuch, deutsches.

— Nachr. von d. Leben Jh. Albr. Bengels. 8. Frkf. u. Leipz. 753.

— literar. Nachr. von d. hochdeutschen Bibelübersetzung, welche vor mehr als 500 Jahren in d. Klöstern übl. war. 8. Stuttg. 779. v. Cotta. 8 gl

Nast, Jh., († d. 24. Dec. 1807.) histor.-krit. Nachrr. von den 6 ersten Bibelausgaben. 8. (Stuttg.) 767. (Löflund). 4 gl

– s. Sprachforscher, der deutsche.

Nast, Johann Jakob Heinrich

— analysis logica in Dialog. Platonicum, Memnonis nomine inscriptum. 4. Stuttg. 793.

— histor. Ausführ. üb. d. Gesetz d. Untheilbark. u. d. Erstgeburtsrechts im Wirtembergischen. gr. 8. Heilbronn, Eckebrecht. (Claß.) 789.

— einige Bemerkk. über Homers Sprache. 8. Stuttg. 801. Metzler. 4 gl

Nast, J. J. H., Progr. de clypeo Homerico. Stuttg. 788. 8.

— Einleit. in die griechisch. Kriegs-Alterthümer. Mit Kpf. 8. Stuttg. 780. Metzler. 1 ß 4 gl

Nast, Jh. Jak. Hnr., kleine akadem. u. Gelegenheitsschriften rc. 2 Thle. gr. 8. Tübing. 820 u. 21. Laupp. 16 gl

— u. J. F. v. Rösch, röm. Kriegs-Alterthümer, aus ächten Quellen geschöpft. Mit Kpf. gr. 8. Halle 782. Gebarer. 2 ß

Nast, Johann Jakob Heinrich (Stuttgart) (Präs.), Observationes in rem tragicam Graecorum. Litterarum Graecorum studiosi in Acad. Milit. Stuttgart (Cotta) 20. XI. 1778. 82 S. (6.50) 24551
Respond.: Johann Otto von Luhe (Kopenhagen), Franz Otto Ludwig Friedrich Marschall von Biberstein (Winnend.), Friedrich Carl von Thierheim (Regensburg), Carl Friedrich von Reischach (Riethens.), Friedrich Carl von Bock (Mannheim), Ferdinand Friedrich von Massenbach (Schmalkalden), Carl von Ostheim (Stuttgart), August Bertram von Uxkull (Stuttgart), Christian Friedrich Pfeifflin (Ludovicopolit.), Johann Christoph Friedrich Haug (Stozingens.), Christoph August von Hoven (Stuttgart), Joseph Friedrich Grammont (Montbéliard [Frankreich]), Christoph Albert Rothmund (Dinkelsbühl), Johann Christian Treitlinger (Straßburg), Friedrich Wilhelm Gustav Gaupp (Lörrach), Andreas Lindquist (Boeblingen), Joseph Friedrich Seeger (Meinhard), Christoph Friedrich Stahl (Stuttgart), Georg Jakob Gegel (Stuttgart), Philipp Heinrich Braitmaier (Urach), Ludwig Heinrich Friedrich Orth (Heilbronn).

— opuscula latina. 8maj. Tübing. 821. Laupp. 1 ß 8 gl

Nast, (J. J. H.,) Opuscula latine. 8 maj. Tubingae 822, Laupp.

Nast, Jh. Jak. Hnr., Rede von d. Nothwendigkeit u. dem Nutzen wissenschaftl. Anstalten in Rücksicht auf d. Staat. 4. Stuttgart 783.

— Commentatio in rem foenebrem Romanorum. Programm. Stuttg. 789. 4. (28 S.)

— üb. Homers Sprache. 8. Stuttgart, Metzler. 801.

[Nast, Joh.,] Der teutsche Sprachforscher, allen Liebhabern der Muttersprache zur Prüfung vorgelegt. Teil 1. 2. Stuttgart 1777—78. 8.

– s. Theophrast, Sittengemälde.

– s.a. Ursachen, von d., des Verfalls.

Nast, J. Jac. H., von d. Ursachen d. Verfalls der römischen Beredsamkeit, ein Gespräch a. d. Latein. übers. gr. 8. Halle, Gebauer. 787.

Nastii, J. J. H., Progr. de virtutibus historiae Sallustianae. Stuttg. 785. 4.

Nast CF, Beschreibung einer Schwimm-Maschine, welche in senkrechter Stellung trägt. Stuttgart 1805

Nast, Karl, Schnorrerschnurren! Plaudereien aus dem Lande der Annodinno. (III, 104 S.) 8. Strassburg 904. J. Singer. n. 2. —

Nast, Klara

— Anne-Marie. Marja, s.a. Kürschner's Bücherschatz.

Anne-Marie. Marja. Novellen von Cl[ara] **Nast.** Mit Ill. von A. Lewin. Berlin, Leipzig: Hillger [1910]. 111 S. 8°
(Kürschners Bücherschatz. Nr 743.) [illegible]

— Ilses Backfischjahre. Eine Mädchenerzählg. Titelpressung u. Illustr. (5 Vollbilder) nach Originalen v. Th. R. Grünberg. Große Ausg. (224 S.) 8. Berlin (909). A. Weichert. Geb. in Leinw. (Urspr. Pr. 4.—); kleine Ausg.(158 S.m.3 Vollbildern.) Geb.(Urspr.Pr.3.—)

– Gräfin Basuchow, s.a. Weichert's Wochen-Bibliothek.

(F) Nast, Cl., Gräfin Basuchorv. Eine Erzählung aus Rußland. [Weicherts Wochenbibliothek. Bd. 245.] 8°. (95 S.) K –.30
Wien: Derflinger 1909.

Nast, Clara: Litauisch Blut. Erzählungen aus Preuss.-Litauen von –. Berlin: O. Janke [1901]. (75 S.) 8°
(Collection Otto Janke.)

– Der Eintagskönig, s.a. Kürschner's Bücherschatz.

Nast, Clara: Der Eintagskönig. Novellen von –. Mit Ill. von A. Lewin. Berlin, Leipzig: Hillger [1909]. 112 S. 8°
(Kürschners Bücherschatz. Nr. 669.)

Nast, Clara, Garde in Korzany. Roman aus dem littauisch-russ. Grenzleben. 2 Tle in 1 Bde. 8. (171 u. 174 S.) Berlin (902). O. Janke. n. 4. —

– spätes Glück, s.: Weichert's Wochenbibliothek.

Die Herren von Krischacken. Roman aus Preußisch-Litauen von Cl[ara] Nast. Breslau: Schles. Verl.-Anst. 1907. (354 S.) 8° [F.]
(Kollektion Schottlaender.) [06. 10679

(B) – Die Herren v. Krischacken. 907. (KBL 34.) Ladenpr. aufgehoben.

Herzensirrungen. Roman von Cl[ara] Nast. Mit 3 Vollbild. Berlin: A. Weichert [1904]. (95 S.) 8° [F.]
= Wochen-Bibliothek, A. Weichert's. Bd 164. [05. 5319

– Käthchen Heydemann, s.: Weichert's Wochen-Bibliothek.

Jewsei der Lügner. Novelle von Cl[ara] Nast. *Berlin: O. Janke [1900].* (140 S.) 8° [F.]
(Collection Otto Janke.) [01. 365

– Irrwege der Liebe. Roman. 8. (324 S.) Ebd. (901). n. 4. —; ermäß. Pr. n. 2. —

– Pension Lustig. Eine Erzählg. f. junge Mädchen. Neueste Rechtschreibg. Mit (4 farb.) Autotypie-Vollbildern nach Originalen v. Max Wulff. (238 S.) 8. Ebd. (910). (Urspr. Pr. geb. 3. —)

– der Mann m. der eisernen Kette, s.: Weichert's Wochen-Bibliothek.

– ein falscher Märtyrer. Der tote Johannes, s.a. Kürschner's, Jos., Bücherschatz.

Ein falscher Märtyrer. Eine Erzählung aus Rußland. Der tote Johannes. Eine Dorfgeschichte aus Russisch-Litauen. Von C[lara] Nast. Mit Ill. von H. Binde. Berlin, Leipzig: H. Hillger [1906]. (111 S.) 8° [F.]
= Bücherschatz, Kürschners. No 528. [07. 15345

– Madame Narcisse, s.: Weichert's Wochen-Bibliothek.

– Schloß Rotenburg, s.: Weichert's Wochen-Bibliothek.

– die Sängerin u. andere litauische Erzählungen. (84 S.) 8. Berlin (903). O. Janke. n. — 50

– Unseres Aennchens Schuljahre. Erzählung f. jüngere Mädchen. Mit Aquarell- u. Federzeichngn. v. Heinr. Susemihl. Große Ausg. (248 S.) gr. 8. Ebd. (907). Geb. in Leinw. 6.—; kleine Ausg. (176 S.) Geb. 5. —

– die Schwalbe v. Naporow. — Potap der Werwolf, s.a. Weichert's Wochen-Bibliothek.

Die Schwalbe von Naporow. Potap der Werwolf. 2 Erzählungen von Clara Nast. Mit 3 Vollbildern. *Berlin: A. Weichert [1903].* (95 S.) 8° [F.]
= Wochen-Bibliothek, Weichert's. Bd 142. [03. 8949

– gefesselte Schwingen, s.: Weichert's Wochen-Bibliothek.

– Frau Strabs auf Sturmen, s.: Weichert's Wochen-Bibliothek.

– In der Sumpfkate, s.a. Kürschner's Bücherschatz.

In der Sumpfkate. Eine Erzählung aus Preußisch-Litauen von Cl[ara] Nast. Mit Ill. von W. Roegge. Berlin, Leipzig: H. Hillger [1907]. (90 S.) 8° [F.]
= Bücherschatz, Kürschners. No 588. [08. 12069

– Familie Swetzow. Kulturbilder aus Russisch-Polen. (224 S.) 8. Stuttgart 903. A. Bonz & Co. n. 2. 40; geb. in Leinw. n. 3. 60

– Erlkönigs Töchter. Erzählung. (79 S.) 8. Berlin (907). O. Janke. — 50

– Die Vagabundin, s.a. Weichert's Wochen-Bibliothek.

(F) Nast, C., Die Vagabundin. [Weicherts illustrierter Familienschatz. Bd. 241.] 8°. (ill. 96 S.) K —.30
Wien: Derflinger 1909.

Nast, Clara, was unserm Aennchen erblühte! Erzählgn. f. die reifere Mädchenwelt. Mit Vollbildern u. Federzeichngn. Große Ausg. (248 S.) 8. Berlin (908). A. Weichert. Geb. in Leinw. (Urspr. Pr. 6.—); kleine Ausg. (167 S.) Geb. (Urspr. Pr. 5.—)

Nast, Clara, wie es unserm Aennchen erging. Erzählungen f. jüngere Mädchen. Mit Aquarell- u. Federzeichngn. (4 Farbdr.) v. Heinr. Susemihl. (160 S.) 8. Berlin (906). A. Weichert. Geb. 5. —; große Ausg. (251 S. m. 5 Farbdr.) 6. —

– Windkindchen, s.: Weichert's Wochen-Bibliothek.

– Zigeunermischka u. andere Erzählungen, s.a. Kürschner's, Jos., Bücherschatz.

Zigeunermischka u. andere Erzählungen. Von Clara Nast. Mit Ill. von W. Roegge. Berlin, Eisenach, Leipzig: H. Hillger [1905]. (110 S.) 8° [F.]
= Bücherschatz, Kürschners. No 439. [05. 10784

Nast, L. L. G., Ueber die ἅπαξ λεγόμενα und seltenen poet. Wörter bei Aeschylus, soweit ihre Ueberlieferung in den Handschriften nicht feststeht. Pr. 1882. 22 S. 4°.

Nast, Leo, Referendar: Das **Chikaneverbot** im BGB. *Rostock 1903: C. Hinstorff.* (85 S.) 8°
Rostock, Jur. Diss. v. [27. Febr.] 1904

Nast, Leo (Hrsg.), s. Maklermerkbuch.

Nast, Leo., Maklermerkbuch, s.: Hoeniger, Frz.

Nast, Louis: Die Volkslieder der Litauer (Dainos) inhaltlich und musikalisch. Tilsit, gedr. bei O. v. Mauderode, 1893; Bl., 52 S. 4.
Tilsit, k. G, OP 1893 (10)

Nast, Louis Über die ἅπαξ λεγόμενα und seltenen poetischen Wörter bei Aeschylus, soweit sie in den Handschriften unsicher überliefert sind. (Teil 1 die Orestie umfassend.) 22 S.
Progr. G. *Gumbinnen* 1882.

Nast, M., Fuß- u. Metermaß. Theoretisch u. in prakt. Anwendg. Vollständiges Taschenbuch f. Flächen- u. Körperberechng. theoretisch-prakt. Rechnen u. geometr. Zeichnenbuch zur Bequemlichkeit wie zum Schul- u. Selbstunterrichte. [3 Thle.] Zum Gebrauche f. alle deutschen Staaten eingerichtet. 1. Thl. 7. sehr verm. Aufl. gr. 8. (XV, 152 S.) Straßburg 872. (Schneider.) n. 2. 40

Nast, M., Lehrbuch der Rechnenkunst für Schul- u. Selbstunterricht, hauptsächlich zum Gebrauche in den Zollvereins-Staaten bearb. 2. verm. Aufl. gr. 8. (Mit 4 lith. Taf.) Mannheim 843, Bensheimer. 1/3 ₰

Nast, M., vollständiges Taschenbuch für Flächen- und Körperberechnung zur Bequemlichkeit wie zum Selbstunterrichte. Zum Gebrauche für alle deutschen Staaten eingerichtet. 3 Thle. 5.—7. sehr verm. und verb. Aufl. gr. 8. Ebendas. 870. *

Inhalt:

Thl. 1. Flächen- und Körperberechnung. (X, 140 S.) * M 1,50.
„ 2. Theoretisch-praktisch-geometrisches Zeichnenbuch. (VI, 66 S. mit 5 Stnt.) * M 1.
„ 3. Ausführliche und leichtfaßliche Belehrung über die Rechnungsarten von den Decimalbrüchen und das Ausziehen der Quadrat- und Kubikwurzel. (48 S.) * 50 Pf.

Nast, Wilh. (Hrsg.), s. Apologete, Der christliche.

Nast, Wilhelm. Der 100-jhr Bestand des anischen Methodismus; ein Vortrag ... Cincinnati, 1866.

Nast, Wilh., christologische Betrachtungen nach Dr. van Oosterzee's „Bild Christi". Cincinnati u. Chicago 867. (Philadelphia, Schäfer & Koradi.) gr. 8. (275 S.) geb. n. 2 ₰ 15 ngr.

Nast, W., der größere Katechismus für die deutschen Gemeinden der bischöflichen Methodisten-Kirche. Mit Genehmigung der General-Conferenz hrsg. gr. 16. (156 S.) Cincinnati 868. (Philadelphia, Schäfer und Koradi.) geb. *

--Der größere Katechismus f d dten Gmden d bisch. Methodisten-Kirche. Cincinnati, 1869.

Nast, Wilh., kritisch-praktischer Commentar über das Neue Testament für die Bedürfnisse unserer Zeit. Nach den neueren exeget. Werken deutscher und engl. Theologen bearb. (In 30—36 Lfgn.) 1—10. Lfg. oder 1 Bd. gr. Lex.-8. (1. Bd. 672 S.) Bremen 860—62, Verlag des Tractathauses. à Lfg. * 12½ Ngr. *

--(ed). Das Leben u Werken des Johannes Wesley u seiner Haupt-Mitarbeiter. Cincinnati, 1852.

—— das Leben und Wirken des Johannes Wesley und seiner Haupt-Mitarbeiter. Bearb. nach den besten engl. Quellen. 8. (300 S. mit Portr. in Stahlst.) Cincinnati 855,60. (Philadelphia, Schäfer und Koradi.) geb. *

—— was ist und will der Methodismus? Beantwortet in einer Sammlung von Abhandlungen und Gesprächen. 8. (220 S.) Philadelphia 855,60, Schäfer und Koradi. geb. *

Nast-Kolb, Adolf, Referendar: Das **Recht** auf Ergänzung des Pflichtteils nach Bürgerlichem Gesetzbuch, verglichen mit der gemeinrechtlichen querela inofficiosae donationis. *Rostock 1902: C. Hinstorff.* (111 S.) 8°
Rostock, Jur. Diss. v. [25. Sept.] 1902

Nast-Kolb, Alban, approb. Arzt aus Rom: Zwei **Fälle** von retrouterinem subperitonealem Tumor. *Tübingen: F. Pietzcker 1899.* (16 S.) 8°
Tübingen, Med. Diss. v. 1899

Nast-Kolb, Alban, zwei Fälle v. retrouterinem subperitonealem Tumor. Diss. gr. 8. (16 S.) Tübingen 899. F. Pietzcker. n.n. — 60

Nasta, Alexander, dipl. Landwirt: Der Maisbau in Rumänien. Weida i. Th. 1909: Thomas & Hubert. 110 S. 8°
Leipzig, Phil. Diss. v. 28. Okt. 1909, Ref. Kirchner, Bücher
[Geb. 6. Okt. 80 Bukarest; Wohnort: Bukarest; Staatsangeh.: Rumänien; Vorbildung: Gymn. Bukarest Realabt. Reife Juni 05; Studium: Hohenheim Landw. Hochsch. 4, Leipzig 3 S.: Rig. 26. Mai 09.] [U 10. 3200

Nastasi, J. Deutsch-englisches u. englisch-deutsches Handlexikon, s. Handbibliothek d. gesammten Handelswissenschaften.

Nastasi, J., deutsch-englisches u. englisch-deutsches Handlexikon zu jeder englischen Handelskorrespondenz, s.: Rudow, W.

Nastasi, Johann: Katalog der Lehrerbibliothek. 10 S. Czernowitz, Gr. Or. R., Progr. 1897

Nastasi, Joh., die Lehre der Nebensätze im Cligés v. Chrestien de Troyes. Ein Beitrag zur histor. Syntax des Altfranzösischen. Progr. gr. 8. (52 S.) Linz 894. (V. Fink.) n. 1. —

— monographie sur Cligés de Chrestien de Troyes. gr. 8. (28 S.) Ebd. 893. n. — 80

Nastasi, Joh., Rumänisches Sprech- u. Lesebuch f. Mittelschulen. I. Thl. gr. 8. (132 S.) Czernowitz 898, R. Schally. Geb. in Leinw. n.n. 2. 25

Nastätten [Schlagwort]

Nastätten, s.: Preussen. Messtischblätter.

Nástěnná tabule pravěkých a předvěkých památek z říše Rakousko-Uherské. Z rozkazu vysokého c. k. ministerstva kultu a vyučování vydáno od c. k. centrální komise pro památky umělecké a historické. Verlag von Ed. Hölzel. Wien. (Min.-Erl. vom 20. Februar 1896, Z. 3772.) 1896.
Ausgabe I, sammt Text, unaufgespannt 1.20
Ausgabe II, s. Leinwand-Einfassung und Oesen 1.50
Ausgabe III, auf Leinwand gespannt mit Holzleisten 2.20

Nastesen

Die aethiopische Königsinschrift des Berliner Museums. Regierungsbericht d. Königs **Nastesen**, des Gegners d. Kambyses. Neu hrsg. u. erkl. von Heinrich Schäfer. Mit 4 Lichtdrucktaf. u. 1 Textabb. *Leipzig: E. C. Hinrichs 1901.* (VII, 136 S.) 4°
[Text autogr.] [01. 6387

Nastitsch, Geo., Finale ... 2. Aufl. 6.—10. Taus. (69 S. m. 2 fksm. Beilagen.) gr. 8. Sarajevo 908. D. A. Kajon. 1. —

— Wo ist die Wahrheit? Neue Daten u. Dokumente zur südslav. revolutionären Agitation. (57 S. m. 1 fksm. Beilage.) gr. 8. Ebd. 908. 1. —

Nastvogel, Oscar [aus Würzburg]: Über die Einwirkung der Hydrazine auf Dibrombrenztraubensäure .... Würzburg, Becker's Univ.-Buchdr., 1887; 24 S. 8°
Würzburg, Phil. Fak., Inaug.-Diss. v. 1887

Nastvogel, Oscar, über die Einwirkung der Hydrazine auf Dibrombrenztraubensäure. Diss. Würzburg 1887, Stahelsche Univ.-Buchh. 8°. 24 S.

Nasgot, (Paul Benj. Sonntag,) epigrammatum libri IV. 8. Constantiae 792.

Naszluhácz, Ludwig. Grundtheilungs-Tafeln zum Gebrauche für Geometer, Wirthschaftsbeamte, Gemeinden ꝛc. von — — (183 S. 4. 1 Taf. Fol.) 1857

N'At de Mons, s. Bernhardt, Wilhelm.

N'At de Mons, Werke, s.: Bibliothek, altfranzösische.

Nata u. Mary. Eine Pensionsgeschichte v. Klix u. Klax. gr. 8. (120 S. m. Jllustr.) St. Petersburg 889. Krug. geb. n. 3. 50

Natal [Schlagwort]

Natal, s.a. Afrika, Kaart.

Natal, s.a. Kriegsschauplatzkarten.

Natal, s.a. Transvaal.

Natal. 1,150,000. G. M. 1856.

Progr. Coburg de natali episcoporum. 1701. 4.

Natali Friderici II. Porussorum Regis Ode. Bresl. 1783. V: *Haugwitz, J. A. Graf von.* (Kat. d. Druckschr. üb. Breslau. Breslau 1903. S. 21.)

Progr. Helmst. de natali Invicti olim ad XXV. Dec. celebrato. 1733. 4.

Natali, G. B. Ruinen von Pozzuoli. (Kupferstiche.) Fol.

Natalia vom Verfasser der Novelle Carlo. Züllichau u. Freystadt 1802-04. V: *Kind, Friedrich.* (MGT) (GGr)
vgl. Natalie.

Natalia, (Charl. C. L. W. v. Ahlefeld,) Gedichte. 8. Berl. 808. (Reimer). 16 gr. Velinp. 1 Rthlr.

– Dasselbe, s.a. Ahlefeldt, Charlotte

Natalie. Ein Beitrag zur Geschichte des weibl. Herzens. v. Fanny, s. Bibliothek der Romane für Damen. 4te Lieferung.

Natalie; ein Drama; aus d. Französ. d. Mercier, (von Karl Aug. von Beulwitz). 8. Gotha. (Berl.) 778. Lange. (Reimer). 5 gr. s. auch Mercier.

— — dasselbe. 8. Gotha. Ettinger. 779.

Natalie, v. Verf. d. Novelle Carlo (Fr. Kind). 3 Bde. 8. Züllichau, Darnmann. 802—4. (I. 1 Thlr. 12 gr. II. III. à 1 Thlr. 20 gr.)

Natalie, (v. Fr. Kind). 3 Bde. 8. Züllichau 802—804. (Fr. Fleischer in Leipz.) 5 Rthlr. 4 gr.
vgl. Natalia.

Natalie, Gedichte. 8. 808. Jetzt Reimer in Berlin.

Natalie. Ein Beytrag zur Geschichte des weiblichen Herzens . . . Berlin 1812 [1811]. V: *Tarnow, Fanny.* (MGT)

Natalie von Bellozane. Frey nach d. Franz. Leipzig 1805. V: *Lindau, Wilhelm Adolph.* (Ky) (MGT) »Bellozone« (NN)

Natalie v. Bellozane; frei aus d. Französ. übers. (von W. A. Lindau). 2 Thle. 8. Leipz. 805. Kühn. 2 Rthlr.

Natalie und Delaide, von Jul. Graf v Soden. 8. Hildburghausen Kesselring. 820.

Natalie u. Dorothea, od. Glanz u. Häuslichkeit. 8. Hamb. ... (Herold jun.) 10 gr.

Natalie u. Dorothea, od. Glanz u. Häuslichkeit, von Frau v. Genlis. 8. Hamb. Vollmer. 803. Rthlr.

Natalie, s. Ahlefeldt, Charlotte Sophie Louise Wilhelmine. 1808.

Natalie, Königin v. Serbien, s.a. Memoiren.

NATALIE, Königin von Serbien. — Memoiren der Königin Natalie von Serbien. Autorisirte Übersetzung. Mit (gutem Holzschnitt =) Portrait der Königin. Berlin, Geo. E. Nagel, 1891. 8⁰. (Eleg. br. Mk. 3.—.)
172 S. (incl. Tit. u. 5 Bll. Vorr. des ungenannten Verfassers). Die „Anlagen" füllen nicht weniger als S. 25—172.
— — Dasselbe. 2. Auflage. Ebd. 1902. 8⁰. 172 S. (2 Mk. H. Hugendubel, München, 1905; 2 Mk. H. Streisand, Berlin, 1906.)

— — Aus dem Tagebuch der Königin Natalie. Nach authentischen Quellen mitgetheilt v. Heinr. Büttner. Berlin, Hermann Schmidt's Verlag, o. J. (189*). 8⁰. (Mk. 1—.)
Anzeige der Verlags-Firma.

Nataliens instruct. Clavierschule, in 2 gr. Tabb. Nürnb. 805. Endter. 6 gr.

Nataliens Unglück. (In russ. Sprache.) (27 S.) 8. Berlin (903). H. Steinitz. n. 1. —

Natalis oder Die Schreckensscene auf dem St. Gotthardt . . . Leipzig 1800. V: *Benkowitz, Carl Friedrich.* (MGT) (GGr) (Rotermund, Gel. Hannover. Bremen 1823.)

Natalis, od. die Schreckensscene auf d. St. Gotthard; e. Gesch. zur Beruhigung aller, denen Gewalt auf Erden verliehen ist, von C. F. Benkowitz. 8. Leipz. Gräff. 801. m. Kpfrn.

Natalis. Napoléonide ou l' Alma et Sébastopol par — —. Supplément à un livre nouveau. Vienne U. Klopf s. et Al. Eurich. (Paris, chez tous les libraires.) (9 Bog. 8) geh. 1855

NATALIS, Alexander, (ps.), Brustbild der heiligen Walpurga. 1810.

Natalis, Alex., (Psdn.), der heil. Walpurga Brustbild, od. das blutende Menschenherz. 8. Erfurt 811. Müller. (Leipz., Weygand). 20 gr

Natalis, Alexis, hist. ecclesiast. vet. et nov. testam. ed. C. Roncaglia. XVIII Tomi, c. Suppl. T. II. 4maj. Bingen 785—91. (Wesché in Frankf. a. M.) 33 ℔ 8 gr

— Ritter Hans v. Klauck. 8. Erf. 810. Müller. (Leipz., Weygand). 10 gr

— theologia dogmatico-moralis sec. ord. concilii Trident. X Tom. 8maj. Einsied. 768.

— theologia dogmatico-moralis sec. ord. concilii Trident. XII Tmi. 8. maj. Freib. Wagner. 782.

Natalis, Ant., de coelesti conversatione in terris a religioso viro instituenda. 8. Ingolst. 750. (Krüll). 14 gr

Natalis, Antonio. Das Paradies auf Erden. A. d. Ital. Augsburg 1840. Ü: *Stöger, Johann Nepomuk.* (Jes)

Natalis, Frdr., die selbsttätige Regulierung der elektr. Generatoren, s. a. Elektrotechnik in Einzeldarstellungen. 11. Heft.

Die selbstätige Regulierung der elektrischen Generation von Dr. ing. Friedr. **Natalis**. Mit 75 Abb. im Text u. auf 4 Taf. Braunschweig: F. Vieweg & Sohn 1908. (VIII, 112 S.) 8°
= **Elektrotechnik** in Einzel-Darstellungen. H. 11. [08. 18371 7

Natalis Janus, s.: Lieder u. Sprüche.

Natan, A. J. R., Facsimilés van handschriften van beroemde mannen, uit de verzameling van G. J. Beeldsnyder, Vrijheer v. Voshol en de Vrije-Ness, etc. Met histor. ophelderingen. — A. u. d. T.: Facsimiles v. Handschriften berühmter Männer, aus d. Samml. d. Frhrn. G. J. Beeldsnyder v. Voshol u. Brye-Neß. Mit geschichtl. Erläutern. (I.) gr. 4. (9 lith. Blätt. u. 2½ B. Text.) Utrecht 837, Natan. (?) *

[Hebr. u. Ant.] Abôt de-rabbi Nâtân [Babli]. Rabbi Nathans System der Ethik und Moral. Zum erstenmale übers. u. mit Anm. versehen von Kaim Pollak. Frankfurt a. M.: J. Kauffmann 1905. (143 S.) 8° [Umschlagt.] [05. 5567

Natangen [Schlagwort]

Natangen, s.: Ostpreussen. Sicker.

Natangen, E. v. (Pseud.), s. Batocki. Erminia Tortilowicz v.

Natani, Leop., die höhere Analysis. In 4 Abhandlungen. Mit Berücksichtigung der Theorie der complexen Grössen und anderer neuen Untersuchungen. Suppl. zu den Lehrbüchern der Differenzial- und Integral-Rechnung. Lex.-8. (VIII und 567 S. mit eingedr. Holzschn.) Berlin 866, Wiegandt und Hempel. *
Aus: Mathematisches Wörterbuch, besonders abgedruckt.

—— der Himmel und die Weltkörper. Eine Uebersicht der Astronomie und der Hülfswissenschaften derselben im populären Vortrage. 8. (XII und 347 S. mit in den Text gedr. Holzschn. und 3 Stnt. in gr. 4.) Berlin 862, [Wiegandt und Hempel.] cart. *

Natani, Leop., der Himmel u. die Weltkörper. Eine Uebersicht der Astronomie u. der Hülfswissenschaften derselben im populären Vortrage. Mit in den Text gedr. Holzschn. u. 3 lith. Taf. (in 4.) Berlin 863. Bosselmann. (Wiegandt & Hempel.) 8. (XII, 347 S.) n. 1 ℔ 20 ngr

Natani, Leop., der Himmel und die Weltkörper. Eine Uebersicht der Astronomie und der Hülfswissenschaften derselben im populären Vortrage. 1. Ausg. Berlin 1862. *M 5., und Neue Ausg. 8. (XII, 347 S. mit in den Text gedr. Holzschn. und 3 Stnt. in gr. 4.) Gera 873, Köhler.

Natani, L., Materie, Aether und lebendige Kraft. Physikalische Betrachtungen. gr. 8. (VI und 49 S.) Berlin 860, [Wiegandt und Hempel.] *

Natani, L., Methode der kleinsten Quadrate. Mit den Hülfssätzen aus der Analysis u. Wahrscheinlichkeitsrechng. nebst e. Anh. üb. die ballist. Linie. gr. 8. (42 S.) Berlin 875. Winckelmann & Söhne. n. 1. --

— Die Variationsrechnung. Anhang zur höheren Analysis. Berlin 1866. 8°.

—— die Variationsrechnung. Anhang zur höheren Analysis. gr. 8. (III und 55 S.) Berlin 867, Wiegandt und Hempel. *
Aus: Mathemathisches Wörterbuch, besonders abgedruckt.

Natanson, A., Beiträge zur Kenntniss d. Pyrogallolwirkung. Inaug.-Diss. gr. 8. (94 S.) Dorpat 888. (Karow.) n. 1. 50

— über Glaucom in aphakischen Augen. Inaug.-Diss. gr. 8. (76 S.) Ebd. 889. n. 1. 50

Natanson, Eduard [aus Warschau]: Ueber die Abkühlung der Kohlensäure bei ihrer Ausdehnung .... Leipzig, Druck v. Metzger & Wittig, 1887; 20 S. + 1 Bl. u. 1 Taf 8°.
Strassburg, Math.-Naturw. Fak., Inaug.-Diss. v 1887.

Natanson, Eduard, über die Abkühlung der Kohlensäure bei ihrer Ausdehnung. Diss. Strassburg i. Els. 1887, Trübners Buchh. u. Antiqu. (E. d'Oleire). 8°. 20 S. mit einer Taf.

Natanson, Gregor [aus Swenciany (Gouvernement Wilna)]: Ueber das Verhalten des Blutdruckes in den Capillaren nach Massenumschnürungen .... Königsberg i. Pr., gedr. bei E. Erlatis (1886); 4 + 41 S. 8°.
Königsberg, Med. Fak., Inaug.-Diss. v. 17. Apr. 1886.

Natanson, Gregor, über das Verhalten des Blutdruckes in den Capillaren nach Massenumschnürungen. Diss. Königsberg i. Pr. 1886, Gräfe & Unzer. 8°. 41 S.

Natanson, Jacob. Ueber das Acetylamin und seine Derivate. Dorpat, 1855.

Natanson, L. A. [wirkl. Name], s. Athis. Alfred [Pseud.]

Natanson, Ladislaus (Dorpat), Über die kinetische Theorie unvollkommener Gase. Diss. phys. Dorpat (C. Mattiesen) (7. XI.) 1887. 45 S. (3.—) 24553
Oppon.: F. Heerwagen, O. Staude, A. v. Oettingen.

Natanson, L., über die kinetische Theorie unvollkommener Gase. gr. 4. (45 S) Dorpat 887. Karow. n. 1. 50

— über die kinetische Theorie der Joule'schen Erscheinung. Inaug.-Diss. gr. 8. (28 S.) Ebd. 888. n. 1. —

Natanson, Michat, Untersuchungen über die Wirksamkeit der Thomasschlacke auf Mittelboden. Diss. Halle 1887, Lippertsche Buchh. 8°. 42 S.

Natanson, Michal [aus Warschau]: Untersuchungen über die Wirksamkeit der „Thomasschlacke" auf Mittelboden .... Halle a. S., Plötz'sche Buchdr. (R. Nietschmann), 1887; 42 S. + 1 Bl. 8°.
Halle, Phil. Fak., Inaug.-Diss. v. [13. Apr.] 1887.

Naetebus, Carl Gotthold [aus Berlin]: Die nicht-lyrischen Strophenformen des Altfranzösischen. Ein Verzeichnis. ... (Vollst. ersch. im Verl. v. S. Hirzel. Leipz. 1891; X, 228 S., 1 Tab.) Leipzig, Druck v. J. B. Hirschfeld, 1891; X, 45 S., 1 Bl., 1 Tab. 8°
Berlin, Phil. Fak., Inaug.-Diss. v. 2. Febr. 1891

Naetebus, Ghold., die nichtlyrischen Strophenformen d. Altfranzösischen. Ein Verzeichnis, zusammengestellt u. erläutert. gr. 8. (X, 228 S. m. 1 Tab.) Leipzig 891. S. Hirzel. n. 5.—

Nätebusch, E., Lesebuch f. d. preuß. Militairschulen, s. Lesebuch.

Nater, Johann

— Geschichte v. Aadorf u. Umgebung, umfass. d. evang. Kirchgemeinden Aadorf u. Wängi-Stettfurt als Filialen, Matzingen u. Aawangen, die kathol. Kirchgemeinden Aadorf u. Tänikon, sow. d. Kloster Tänikon u. d. umlieg. Burgen. Hrsg. v. d. Bürgergemeinde Aadorf. M. 47 Illustr. gr. 8. (XVI, 866 S.) Frauenfeld 898. (J. Huber.) Geb. in Leinw. n. 6.70

Nater, J., 20 dreistimmige Jugendlieder für Schule und Haus. qu. 4. (32 S.) Zürich 863, Gebr. Hug. *

Nater, J., 20 religiöse Lieder, f. d. gemischten Chor komponiert. Text v. A. Näf. 8. (63 S.) Zürich 894. Leipzig, Gebr. Hug & Co. n. —55

Naeter, Hans (Red.), s. Armee-Anzeiger u. Marine-Anzeiger.

Naterer, Franz Xaver. Beschreibung Der Mineral-Wässer, Des Leucker-Bades, Samt dessen Ursprung, Wirkungen, Und Gebrauch. Heraus gegeben Von F. X. N.... 8. Sitten im Wallis 1769.

Naterer, Franz Xaver. Description & analyse des eaux minérales des bains de Loeche en Valais.... Par François Xavier N.... Traduit de l'Allemand par Mr. [Frédéric-Salomon] Scholl .... [Avec 1 planche.] 8. Sion 1770.

Natge, Hans, deutsche Chronik. Wichtige Gedenktage aus der vaterländ. Geschichte vom 12. Jahrh. bis zur Gegenwart. Unter Mitarbeit v. Bruno Garlepp, Haase, Fed. v. Köppen etc. hrsg. gr. 8. (VIII, 259 S.) Berlin 901. W. Moeser. n. 3.30; geb. 4.30

Natge, Hans, neues Deklamatorium f. Krieger- u. Militärvereine. 8. (XII, 220 S.) Berlin 898. W. Moeser. Geb. n. 3.—

— Fahnenweihe. E. unentbehrl. Hilfsbuch f. alle deutschen Krieger- u. Militär-Vereine, welche e. Gesuch um Genehmigg. d. Fahnenführg. einreichen, e. Fahne anschaffen u. in würd. Weise Fahnenweihe feiern wollen. gr. 8. (102 S.) Ebd. 895. n. 2.—

Natge, Hans, üb. Francis Bacons Formenlehre. gr. 8. (82 S.) Leipzig 891. B. G. Teubner. n. 2.—

— zu Kaisers Geburtstag. Vortrags- u. Aufführungs-Material f. würd. Feier d. Allerhöchsten Geburtstages, bestimmt z. Gebrauche d. deutschen Krieger-, Militär-, Landwehr- u. Veteranen-Vereine. 8. (80 S.) Ebd. (894). n. 1.50

— „Kaisers Geburtstag". Prologe, Ansprachen u. Toaste, sowie Festspiele u. Lieder zur Feier des Allerhöchsten Geburtstages. 2., wesentl. verm. Aufl. gr. 8. (153 S.) Ebd. (900). n. 2.75

— „Ich bin e. Preuße!" Festmappe zur 200jahrfeier des Königr. Preußen (18. I. 1901) verbunden m. der Kaiser-Geburtstagsfeier in den deutschen Kriegervereinen u. anderen patriot. Vereiniggn., sowie in den Schulen der preuß. Monarchie. Lex.-8. (68 S.) Berlin (900). Dr. H. Natge. n. 2.50

Natge, Hans, Kaiser-Geburtstags-Feier in deutschen Kriegervereinen. Programm m. vollständ. Material. (24 S.) gr. 8. Berlin (906) Dr. H. Natge. n. 1.20

— unter Kameraden. Eine Sammlung v. Gelegenheitsreden, Ansprachen u. Trinksprüchen f. Krieger-, Militär- u. andere patriot. Vereine. In 3. Aufl. neu hrsg. 8. (VIII, 141 S.) Berlin 893. W. Moeser. n. 3.—
Frühere Auflagen v. J. Steinbeck.

— unter Kameraden. Eine Sammlg. von Reden, Ansprachen, Trinksprüchen u. Prologen f. Krieger-, Militär- u. Marine-Vereine. In 4. vollst. umgearb. u. reich verm. Aufl. hrsg. gr. 8. (VIII, 174 S.) Ebd. (900). n. 3.—

Natge, Hans (Hrsg.), s. Kriegerverein, Der.

— die Sedan-Feier im Krieger-Verein. Anleitung u. Festaufführungs-Material. gr. 8. (33 S.) Berlin 893. E. Bloch. n. 2.—

— das Stiftungsfest im Krieger- u. Militärverein. Anleitg. zur würd. Feier m. Prologen, Festreden aller Art, Gesängen u. Vorschlägen zu Aufführgn. gr. 8. (80 S.) Berlin (900). W. Moeser. n. 2.—

Nath, A., Deutsch-Russisch, s. Sammlung praktischer Sprachführer für Reisende.

Nath, E., auf hoher See. qu. gr. 8. (8 Farbdr.) Berlin 899. W. Schultz-Engelhard. 3.—

Nath, Frid. Guil. Reinhold [geb. Freienwalde a. O. 1830]: De pseudarthrosi ex fractura et resectione ossium. Berolini (1853). 37 S. 8°
Berlin, Med. Diss. v. 13. Mai 1853

van der Nath, Graf Leop., Gonzaloo von Kordova, od. die Eroberung v. Granada; ein histor. Schspl. in 5 Aufz. 8. Wien 807. Rehm. 1 ₰

Nath, Max, Dir. Prof. Dr.: Abschiedsworte an die Abiturienten. Nordhausen 1904: C. Kirchner. (S. 13—16.) 4°
Nordhausen, k. RG P 1904 (306)

—: Abschiedsworte an die Abiturienten (gesprochen bei den Entlassungsfeiern). I. (am 1. Oktober 1904). 2. (am 2. März 1905). S. 3 bis 9 der Schuln. 4. Progr. Kgl. Realgymn. *Nordhausen* 1905 (307).

Nath, (Max): Abschiedsworte gesprochen bei der Entlassung der Abiturienten und Abschiedsfeier am 28. Sept. 1907. Nordhausen 1908: Dr. d. Nordhäuser Allg. Zeitung. S. 3—7. 4°
Nordhausen, k. RG P 1908 (338) [S 08. 324

Nath, Max: Baubeschreibung des neuerrichteten, am 7. November eingeweihten Realgymnasiums zu Pankow. Pankow-Berlin 1908: Gießmann. S. 3—4. 4°
Pankow, RG P 1908 (130) [S 08. 325

Nath, Max, dio Bildungsaufgabe der Mathematik im Lehrplan der höheren Schulen. Vortrag, geh. am 27. V. 1904 auf der XIII. Hauptversammlung des Vereins zur Förderg. des Unterrichts in der Mathematik u. den Naturwissenschaften zu Halle a. S. (16 S.) Lex.-8. Berlin 904. O. Salle. n. — 80
Sonderabdruck aus: „Unterrichtsblätter für Mathematik u. Naturwiss."

Nath, Max, mathemat. Hauptsätze, s.: Bork, Heinr.

Nath, Max, Direktor Prof. Dr.: Lehrplan des Königl. Real-Gymnasiums zu Nordhausen a. Harz. Nach den Entwürfen des Lehrerkollegiums veröffentlicht. Nordhausen 1905: C. Kirchner. (52 S.) 8°
Nordhausen, k. RG P 1905 (307)

Nath, Max, Dr.: Lehrpläne und Prüfungs-Ordnungen im höheren Schulwesen Preussens seit Einführung des Abiturienten-Examens. *Berlin 1900: W. Pormetter.* (128 S.) 8°
Berlin, k. Luisen-G, OP 1900 (62)

Nath, Max, Lehrpläne u. Prüfungs-Ordnungen im höh. Schulwesen Preussens seit Einführung d. Abiturienten-Examens. gr. 8. (128 S. m. 6 Anlagen.) Berlin 900. (Mayer & Müller.) n. 3. —

— deutsches Lesebuch f. höh. Lehranstalten, s.: Lehmann, Rud.

— u. Joh. **Kleiber**, Physik f. die Oberstufe. Zum Gebrauch f. die Oberklassen höh. Lehranstalten. 4. Aufl. Mit besonderer Berücksicht. der Bedürfnisse norddeutscher Lehranstalten. Mit 661 Fig., zahlr. durchgerechneten Musterbeispielen u. Aufgaben samt Lösgn. (XI, 472 S.) 8. München 910. R. Oldenbourg. Geb. in Leinw. 4. 45

— die Prüfungs-Ordnung vom 12. IX. 1898 nebst Rückblicken auf die früheren seit 1810. Vortrag, im Berliner Gymnasiallehrer-Verein geh. u. im Auftrage desselben hrsg. gr. 8. (21 S.) Ebd. 899. n. — 80

Nath, Max Die Psychologie Hermann Lotzes in ihrem Verhältnis zu Herbart. 4 (37 S.). Ritter-Akad. *Brandenburg* 1887 (zu 66).
Progr.

Nath, Max, die Psychologie Hermann Lotzes in ihrem Verhältnis zu Herbart. gr. 4. (37 S.) Brandenburg 887. (Berlin, Mayer und Müller.) *

Nath, Max [Oberl. am Kgl. Luisen-Gymn. zu Berlin]: Die Psychologie Hermann Lotzes in ihrem Verhältnis zu Herbart ... Halle a. S., 1892; 1 Bl., 37 S. 4.
Halle, Phil. Fak., Inaug.-Diss. v. 26. Nov. 1892

Nath, Max, Dir. Prof. Dr.: Ueber J. G. Fichtes Reden an die Deutsche Nation. -- Eine Kaisergeburtstagsrede. Nordhausen 1904: C. Kirchner. (S. 1—12.) 4°
Nordhausen, k. RG P 1904 (306)

— Schülerverbindungen u. Schülervereine. Erfahrungen, Studien u. Gedanken. (VI, 136 S.) Lex.-8. Leipzig 906. B. G. Teubner. n. 2. 60; geb. n. 3. 20

Nath, Max: Zwei Schulreden. 1. Rede bei der Feier der hundertjährigen Wiederkehr von Friedrich Schillers Todestag am 9. Mai 1905. 2. Abschiedsworte an die Abiturienten. (Gesprochen bei der Entlassungsfeier am 22. März 1906.) S. 3—12. 4.
Progr. Kgl. Real-Gymn. *Nordhausen* 1906 (319).

Nath, Max: Zwei Schulreden. Pankow-Berlin 1908: Gießmann. S. 5—10. 4°
Pankow, RG P 1908 (130) [S 08. 326

Nath, R. D. Geburts- u. Sterblichk.-Verhältn. d. Kr. Oberbarnim 1876. Berl. 1878.

Nath, R., s. a. Generalbericht üb. d. öffentl. Gesundheitswesen im Reg.-Bez. Königsberg.

Nath, R., General-Bericht üb. das öffentliche Gesundheitswesen im Reg.-Bez. Königsberg f. die J. 1881 bis 1883. Mit 12 graph. Taf. u. 2 Karten. gr. 8. (VII, 340 S. m. 5 Tab.) Königsberg 885. Gräfe & Unzer. n. 6. —

Nath, R., General-Bericht üb. das öffentliche Gesundheitswesen im Reg.-Bez. Königsberg f. die J. 1883—1885. gr. 8. (V, 262 S.) Königsberg 887. Gräfe & Unzer. n. 3. —

Nath, R. 4. General-Bericht üb. das öffentliche Gesundheitswesen im Reg.-Bez. Königsberg f. die J. 1886 bis 1888. gr. 8. (V, 236 S.) Königsb. i. Pr. 891, Gräfe u. Unzer. * 3 —

Nath, R., zur Medicinal-Statistik. Die Geburts- u. Sterblichkeitsverhältnisse des Kreises Oberbarnim pro 1876 m. 29 Tabellen u. 11 graph. Tafeln, auf Grund amtl. Quellen bearb. Anh.: Practische Anleitung zur Gewinnung einer amtlich sicheren u. leicht ausführbaren Kreis-Sterblichkeits- resp. Erkrankungs-Statistik nach der im Kreise Oberbarnim bestehenden Organisation. gr. 8. (V, 92 S.) Berlin 878. G. Reimer. n. 4. —

— die neue Stellung der preußischen Hebeammen zum Staat u. zur Geburtshülfe. Auf Grund der neueren Gesetzgebung u. mit besonderer Berücksichtigung des neuen preußischen Hebeammen-Lehrbuchs für Aerzte, besonders Medicinal-Beamte, zum Gebrauch bei den gesetzl. Hebeammen-Nachprüfungen, sowie für Hebeammen zum Selbstunterricht in gedrängter Kürze bearb. gr. 8. (VIII, 96 S.) Stuttgart 879. Enke. n. 2. —

Nathalie, Mme. la Comtesse, la villa Galietta. Nouvelle. 16. (144 S.) Paris 856. (Leipzig, Gerhard.)

Nathan, der blutige, oder der Ueberfall im Indianerdorfe. Eine Hinterwäldlergeschichte. 8. (63 S.) Reutlingen 877. Enßlin & Laiblin. — 30

Nathan, der deutsche; od. Neider sind wahre Verschnittene. Schausp. von Reinete. 8. Prag, Schönfeld. 784.

Nathan, Dina, oder Liebe und Rache. Ein Trauerspiel in fünf Aufzügen ... [Augsb. 1815.] V: *Bonafont, Carl Phil.* (GGr)

Nathan, d. Prophet., der Segen Jakobs; e. Weissagung. Parallele desselben mit der beim Virgil. Uebersetzt u. mit neuen Aufschlüssen üb. das Alter, den Verfasser u. den ästhet. Werth dieser Dichtung begleit. v. J. C. Friedrich. gr. 8. Bresl. 811. J. F. Korn. 12 gr.

Nathan der Weise. Ein dramatisches Gedicht in fünf Aufzügen. Introite, nam et heic Dii sunt! Apvd Gellivm. 1779. Berlin [1869]. V: *Lessing, Gotthold Ephraim.* (Less 62)

Nathan, der Weise, dramat. Gedicht v. Lessing. 8. Berl. Voß. 812.

Nathan der Weise, Der travestirte. Posse in zwei Akten, mit Intermezzos, Chören, Tanz ... Das Nachspiel ist der travestirte Alarkos [von Frdr. Schlegel]. Berlin 1804. V: *Voss, Jul. v.* (BrMm) (GGr)

— der Weise, der travestirte,. Posse in 2 Akten, mit Intermezzo's, Chören, Tanz, gelehrten Zweykampf, Mord und Todtschlag, von Julius v. Voß, m. K. 8. Berlin, Schmidt. 804..

— — dasselbe, travestirt und modernisirt als Farce in 5 Akten. 8. Hamburg, Vollmer. 804.

— der Weise. Ein dram. Gedicht in 5 Aufz. von G. E. Lessing. 8. Berlin, Voß. 806.

Nathan der Weise, dramat. Gedicht in 5 Aufz. von G. E. Lessing. 6te Aufl. 8. Berlin, Voß. 819.

Nathan der Weise, Der travestirte. Posse in 2 Akten ... Stuttg. 1856. V: *Voss, Julius v.* (Ky)

Nathan, s.a. Aruch completum.

—— Aruch, talmudisch-rabbinisch-aramäisches Wörterbuch, nebst Benj. Mussafia's Musaf ha-aruch, Men-Lonsano's Maarich und Jes. Berlin's Additamenten. 2 Bde. (In hebr. Sprache.) gr. 8. (352; 336 S.) Berlin 875, Benzian. **

Nathan, filius Jechielis, Aruch completum sive Lexicon, vocabula et res, quae in libris targumicis, talmudicis et midraschicis continentur, explicans. Cum appendice ad discendum utili per Benj. Mussafiam, medicum, philosophum, philologum et physicum ad contextum Aruchinum adjuncta. Praelaudatum opus ex disciplinis contextus Aruchini Venetiis [anno 1531] editi et typis mandatorum optimi ita ex hujus cum editione princip. [ante 1480], nec non cum septem Aruchinis veteribus manuscriptis bono cum animo facta comparatione corrigit, explet, critice illustrat et edit Alex. Kohut. Auctoris, cui caes. scientiarum Academia Vindobonensis subvenit, impensis typis mandatum. Tom. I. 5 fasc., Tom. II, fasc. 1—3. hoch 4. (LXXII, 344 S.; S. 1—240.) Viennae 878,79. (Leipzig, Brockhaus' Sortiment und Antiq.) à fasc. ** *M* 4. **

Nathan, filius Jechielis, Aruch completum sive Lexicon, vocabula et res, quae in libris targumicis, talmudicis et midraschicis continentur, explicans. Cum appendice ad discendum utili per Benj. Mussafiam, medicum, philosophum, philologum et physicum ad contextum Aruchinum adjuncta. Praelaudatum opus ex disciplinis contextus Aruchini Venetiis [anno 1531] editi et typis mandatorum optimi ita ex hujus cum editione princip. [ante 1480], nec non cum septem Aruchinis veteribus manuscriptis bono cum animo facta comparatione corrigit, explet, critice illustrat et edit Alex. Kohut. Tom. II, fasc. 4 et 5, Tom. III et IV, à 5 fasc. und Tom. V, fasc. 1. hoch 4. (S. 241—392; 524 S. S. 1—368.) Viennae 880—84. (Leipzig, Brockhaus' Sortiment und Antiq.) à fasc. ** *M* 4. **
Tom. I (5 fasc.) und Tom. II, fasc. 1—3. (Ebendas.) 1878,79. à fasc. ** *M* 4.

Nathan, filius Jechielis, Aruch completum sive Lexicon, vocabula et res, quae in libris targumicis, talmudicis et midraschicis continentur, explicans. Cum appendice ad discentum utili per Benj. Mussafiam, medicum philosophum, philologum et physicum ad contextum Aruchinum adjuncta. Praelaudatum opus ex disciplinis contextus Aruchini Venetiis [anno 1531] editi et typis mandatorum optimi ita ex hujus cum editione princip. [ante 1840], nec non cum septem Aruchinis veteribus manuscriptis bono cum animo facta comparatione corrigit, explet, critice illustrat et edidit Alex. Kohut. Tom. V, fasc. 2—5 (Schluss von Tom. V). hoch 4. (S. 369—400.) Viennae 885—88. (Leipzig, Brockhaus' Sortiment und Antiq.) à fasc. ** *M* 4.—. **
Tom. I—IV (à 5 fasc.) und Tom. V, fasc. 1. (Ebendas.) 1878—84. à fasc. ** *M* 4.—.

Nathan, filius Jechielis. Aruch Completum, sive Lexicon vocabula et res, quae in libris Targumicis, Talmudicis et Midraschicis continentur, cum appendice ad discendum utili per Benjaminum Mussafiam, medicum, philosophum, philologum et physicum ad contextum Aruchinum adjuncta. Praelaudatum opus ex disciplinis contextus Aruchini Venetiis [anno 1531] editi et typis mandatorum optimi ita ex hujus cum editione princip. [ante 1480], nec non cum septem Aruchinis veteribus manuscriptis bono cum animo facta comparatione corrigit, explet, critice illustrat et edit Alex. Kohut. Tom. VI—VIII u. Suppl. Auctoris, cui caes. scientiarum Academia Vindobonensis subvenit, impensis typis mandatum. (In hebr. Sprache.) Lex.-8. Berl., [K. F. Koehler]. Calvary u. Comp. [VI. (VIII, S. 1—400.) 890. ** 20 —; VII. (S. 401—468 u. 316 S.) 891. ** 15 —; VIII. (302 S. u. Index 151, VII S.) 892. * 15 —; Suppl. Containing sources. Additional foreign words (especially from the Midrasch Haggadol) Corrections and explanations to the 8 vols. (LXXXI, 78 S.) 892. * 5. —.] ** 55 —
Tom. I—V. Ebd. 1885—88. * 100 —; compl. [** 155 —] * 65 —. Index allein * 5 —. — Tom. I—VIII. in Wien; Suppl. in New-York gedruckt.

Nathan, höchst wichtige Blicke in die Zukunft: gewonnen durch jahrelange Forschungen in der göttlichen Offenbarung St. Johannis des Theologen. Eine genaue Darlegung der erfüllten u. noch in Erfüllung gehenden Weissagungen Jesu Christi. 8. (VIII u. 38 S.) Lützen 849, Grimm. 1/6 *ß*

Nathan's, System der Ethik u. Moral. Zum erstenmale übers. u. m. Anmerkgn. versehen von Kaim Pollak. (143 S.) gr. 8. Budapest 905. (Frankfurt a/M., J. Kauffmann.) n. 3. —

Nathan, Adolf, Referendar in Hamburg: Die auf die Mangelhaftigkeit der Kaufsache bezüglichen Sondervorschriften der §§ 377 und 378 H.G.B. Borna-Leipzig 1908: R. Noske. (IX, 124 S.) 8° [𝔍.]
Leipzig, Jur. Fak., Diss. v. 20. März 1908
[Geb. 9. April 83 Hamburg; Wohnort: Hamburg; Staatsangeh.: Hamburg; Vorbildung: Wilhelm-Gymn. Hamburg Reife M. 02; Studium: München 3, Berlin 3 S.; Rig. 13. Juni 06.]

Nathan, Alfons, die Complication der Geburt mit Tumoren. Diss. Berlin 1886, Mayer & Müller. 8°. 43 S.

Nathan, Alfons [aus Posen]: Die Complication der Geburt mit Tumoren .... Berlin, Druck v. Wilhelm u. Brasch (1886); 43 S. 8°.
Berlin, Med. Fak., Inaug.-Diss. v. 19. Jul. 1886.

Nathan, Alfr., Chalomes. Klane Scherzlich. (V, 131 S.) 8. Fürth 905. (G. Rosenberg.) Geb. in Leinw. n. 2. —

— Ebbe u. Flut. Neue Gedichte. (XI, 203 S.) 8. Ebd. 906. Geb. in Leinw. n. 4. 50

Nathan, Alfr., von toten Herzen, s.: Pfeiffer, Karl.

— Flatternde Nebel. Gedichte. (247 S.) 8. München 907. R. Piper & Co. 3.—; geb. 4.—

Nathan, August, Referendar: Die Übertragung des Eigentums an beweglichen Sachen mittels constitutum possessorium zum Zwecke der Sicherung von Forderungen. Stuttgart: Metzler 1909. VII, 75 S. 8° ¶(Ersch. auch als Buch ebd.)
Tübingen, Jur. Diss. v. 21. Juni 1909, Ref. Heck
[Geb. 11. Nov. 84 Schloß Laupheim; Wohnort: Ulm; Staatsangeh.: Württemberg; Vorbildung: Gymn. Ulm Reife Juli 02; Studium: München 2, Berlin 2, Tübingen 2, Berlin 1, Tübingen 1 S.; Rig. 14. Jan. 09.] [U 09. 3913

Nathan, Bernh.: Die Preußische Gebührenordnung für Notare vom 25. Juni 1895 und das Preußische Stempelsteuergesetz vom 31. Juli 1895. Mit Erl. u. Tab. Leipzig [1899].

Nathan, Bernh., die preuß. Gebührenordng. f. Notare v. 25. VI. 1895 in der laut Bekanntmachung des Hrn. Justizministers v. 6. X. 1899 (Ges.-Sammlg. Nr. 32 pro 1899) gewählten Textänderg. u. das preuß. Stempelsteuergesetz v. 31. VII. 1895. Mit Erläutergn. u. Tab. (Handbuch für die Bureau-Vorsteher der Herren Rechtsanwälte u. Notare.) gr. 8. (III, 109 S.) Leipzig (900). J. A. Berger. n. 2.—; geb. in Leinw. n. 2.50

Nathan, **E., über Aether-Rausch, (Phrenopathia aetherea.) mit besond. Rücksicht auf die jüngsten Erfahrungen in England und Frankreich. gr. 8. (50 S.) Hamburg 847, Perthes-Besser und Mauke.** *

(Nathan, E. S.): „Denkwürdige Beispiele aus der Kirchengeschichte", Hamburg 1835. — Vorh.: Com. Bibl. Hamburg.

NATHAN, ELIAS SALOM., De febre intermittente traumatica diss. inaug. Kiliae. 1830. 4. P.

Nathan, Hermann [aus Bromberg]: Ein Fall von Sinusthrombose u. Meningitis im Anschluss an eitrige Mittelohrentzündung. . . . Würzburg, Druck d. Ferdinand Röhrl'schen Buchdr., 1880; 21 S. 8°
Würzburg, Med. Fak., Inaug.-Diss. v. 1880

BEYSSEL, A. (d. i. *Jacob Nathan*), Berliner Bauernfänger; oder: Die Geheimnisse der Residenz. Sittenbild aus Berlin's Neuzeit. Bd. 1: Berlin, o. J. (186*). **Bd.** 2—3: Dresden 1870. 8°. Zus. 952 S. (Mk. 6.—.) (2 Mk. Kühl, Berlin, c. 1882; 3 Mk. 50 Pfg. H. Hugendubel, München, 1905.)

Nathan, Joel, Deutscher Kinderfreund für israelitische Schulen. Nach der 39. Aufl. des Kinderfreundes von A. E. Preuß u. J. A. Vetter für die israelitische Jugend eingerichtet. Mit einem Vorworte von J. L. Saalschütz. 8. (VIII u. 312 S.) Königsberg 850, Bon. n. 1/4 ₰

— Vocabularium zum Pentateuch תורה nebst Biegungstabellen der hebr. Substantiva u. Verba. 2. verm. u. verb. Aufl. 12. (IV u. 130 S.) Berlin 851, Adolf & Co. n. 5/12 ₰

Nathan, Joel, Vocabularium zum Pentateuch תורה nebst Biegungstabellen der hebräischen Substantiva und Verba. Verm. u. verb. von Meisel. 3. Aufl. 856. — 4. (Titel-) Aufl. Berlin 858. Adolf u. Co. 8. (2 Bl., 147 S.) n. 12½ ngr.

Nathan, Joel, Vocabularium zum Pentateuch תורה nebst Biegungs-Tabellen der hebräischen Substantiva und Verba. Vermehrt und verb. von Meisel. 4. (Titel-)Aufl. (1856)58. und 5. Aufl. 8. (IV und 155 S.) Berlin 860, Adolf und Comp. Thlr. * -

Nathan, Joel, Vocabularium zum Pentateuch nebst Biegungs-Tabellen der hebräischen Substantiva und Verba. Verm. und verb. von Meisel. 6. Aufl. gr. 8. (IV und 155 S.) Berlin 864, Cohn. * —

Nathan, Joel, Vocabularium zum Pentateuch תורה **nebst Biegungs-Tabellen der hebräischen Substantiva u. Verba. Durchgesehen von Meisel. 7. verm. u. verb. Aufl. Berlin 869. Cohn. 8. (IV, 174 S.)** n. 12½ ngr.

Nathan, Joel, Vocabularium zum Pentateuch תורה nebst Biegungs-Tabellen der hebräischen Substantiva u. Verba. Durchgesehen v. Meisel. 8. verm. u. verb. Aufl. gr. 8. (174 S.) Berlin 873. A. Cohn. n. 1. 30 geb. n. 1. 50

Nathan, Joel, Vocabularium zum Pentateuch תורה, nebst Biegungs-Tabellen der hebräischen Substantiva u. Verba. Durchgesehen v. Meisel. 9., verm. u. verb. Aufl. 8. (IV, 174 S.) Berlin 878. Adolf Cohn. geb. n. 1. 50

Nathan, Joel, Vocabularium zum Pentateuch, nebst Biegungs-Tabellen der hebr. Substantiva u. Verba. Durchgesehen v. Meissel. 10. verb. Aufl. 8. (IV, 174 S.) Berlin 883. Adf. Cohn. geb. n. 1. 50

Nathan, J., Vokabularium zum Pentateuch תורה, nebst Biegungs-Tabellen der hebr. Substantiva und Verba. Durchgesehen v. Meisel. 11., verb. Aufl. 8. (IV, 174 S.) Frankfurt a/M. 889. Kauffmann. geb. n. 1. 50

Nathan, Joel, Vokabularium zum Pentateuch, nebst Biegungs-Tabellen d. hebräischen Substantiva u. Verba. Durchgesehen v. Meisel. 12. Aufl. 8. (IV, 174 S.) Frankfurt a/M. 898. J. Kauffmann. Geb. n. 1. 50

Nathan, Joel, Vokabularium zum Pentateuch תורה, nebst Biegungs-Tabellen der hebr. Substantiva u. Verba. Durchgesehen v. Meisel. 13. Aufl. (174 S.) 8. Frankfurt a/M. 904. J. Kauffmann. Geb. n. 1. 50

— Vocabularium zu den Psalmen תהלים und zu den wichtigsten Theilen des Gebetbuchs für Schulen und zum Privatgebrauch bearb. 2. verm. (Titel-)Aufl. Berlin (846.) 854. Adolf u. Co. 12. (124 S.) n. 10 ngr.

Nathan, Joel, Vocabularium zu den Psalmen תהלים und zu den wichtigsten Theilen des Gebetbuchs für Schulen und zum Privatgebrauch bearb. 2. Aufl. gr. 12. (124 S.) 1854. * 10 Ngr. und 3. Aufl. 8. (IV und 147 S.) Berlin 856, Adolf und Comp. Thlr. * -

NATHAN, Johannes S. (Ludgorzowitz/Schles.): Ueber das Vorkommen von Tuberkel-Bacillen bei Oterrhoeen.- Leipzig: Hirschfeld 1884. 2 Bl.,23 S.
6.3.1884 - Urk (Titel: De bacillis tuberculoseos in secreto otorrhoico ortis.); Chr 1883/84,14
Diss. Ingolst.-Landsh.-Mchn.

Nathan, Joseph: Die Influenza in ihren Beziehungen zum Gehörorgan. *Bingen a. Rh. 1897: Boryszewski & Polex.* (29 S.) 8°
Würzburg, Med. Diss. v. 1897

Nathan, Jul., Kants logische Ansichten und Leistungen. Inaugural-Dissertation. gr. 8. (134 S.) Jena 878, (Neuenhahn.)*

Nathan, Jul., Kant's logische Ansichten u. Leistungen. Abhandlung. gr. 8. (134 S.) Jena 879. (Berlin, Stuhr.) n.n. 2. 25

Nathan, Leopold, Referendar aus Berlin: Die juristische **Konstruktion** des Verlöbnisses nach dem Bürgerlichen Gesetzbuch. *Berlin: Stuhr 1902.* (X, 89 S.) 8°
Rostock, Jur. Diss. v. [5. März] 1902

Nathan, Martin Gustav, Referendar: Das mitwirkende Verschulden der Vertreter und Gehilfen des Beschädigten. (§ 254 Abs. 2 Satz 2 BGB.) Wiesbaden 1909: Schellenberg. VIII, 41 S. 8°
Heidelberg, Jur. Diss. v. 14. Febr. 1910, Ref. Heinsheimer
[Geb. 13. April 86 Breslau; Wohnort: Wiesbaden; Staatsangeh.: Preußen; Vorbildung: Gymn. Wiesbaden Reife O. 04; Studium: Berlin 3, Marburg 3 S.; Rig. 7. Dez. 09.] [U 10. 1954

Nathan, Nathan: Das lateinische Suffix-alis im Französischen .... Darmstadt, G. Otto's Hof-Buchdr., 1886; 2 Bl. + 49 S. 8°.
Strassburg, Phil. Fak., Inaug.-Diss. v. 1886.

Nathan, Nathan, das lateinische Suffix -alis im Französischen. Diss. Strassburg i. Els. 1886, Trübners Buchh. u. Antiqu. (E. d'Oleire). 8°. 49 S.

Nathan, Nathan Max

Nathan, N. M., über Juden u. Judentum, s.: Steinthal, H.

Nathan, Nathan Max, a. Emmerich: Ein anonymes Wörterbuch zur Mišna und Jad hahazaka. Berlin 1905: H. Itzkowski. (46 S.) 8°
Straßburg, Phil. Fak., Ref. Noeldeke, Landauer, Diss. v. 27. Apr. 1904
[Geb. 15. Juli 79 Emmerich a. Rh.; Wohnort: Emmerich; Staatsangeh.: Preußen; Vorbildung: Gymn. Emmerich Reife O. 98; Studium: Berlin 8, Bonn 1 S.; Rig. 25. Apr. 04.]

Nathan, N. M., ein anonymes Wörterbuch zur Mišna u. Jad Hahazaka. (46 S.) 8. Berlin 905. L. Lamm. n. 2.50

Nathan, Oscar, Referendar: Modus und Auflage im römischgemeinen und heutigen Obligationenrecht. Hamburg 1909: Berngruber & Henning. X, 127 S. 8°
Heidelberg, Jur. Diss. v. 23. Sept. 1909, Ref. Endemann
[Geb. 4. Dez. 85 Hamburg; Wohnort: Hamburg; Staatsangeh.: Hamburg; Vorbildung: Wilhelm-Gymn. Hamburg Reife M. 04; Studium: München 3, Kiel 3 S.; Rig. 27. Juli 09.] [U 10. 1955

Nathan, Paul (Hrsg.), s. Bamberger, Ludwig: Erinnerungen.

Nathan, Paul, der jüdische Blutmord u. der Freiherr v. Wackerbarth-Linderode, Mitglied d. preussischen Abgeordneten-Hauses. Ein antisemitisch-parlamentar. Kulturbild. [Sep.-Abdr. der Vorrede aus: „Der Prozess v. Tisza-Eszlár".] gr. 8. (37 S.) Berlin 892. F. Fontane & Co. n. —50

— der Prozess v. Tisza-Eszlár. Ein antisemit. Culturbild. gr. 8. (XL, 416 S. m. 1 Plan.) Ebd. 892. n. 6.—

Nathan, Paul. die Wohnungsfrage u. die Bestrebungen der Berliner Baugenossenschaft, s.a. Zeitfragen, volkswirthschaftliche.

Nathan, Paul: Die Wohnungsfrage und die Bestrebungen der Berliner Baugenossenschaft. Berlin 1890.

Nathan, Rudolf, aus Schweich: (Aus d. Bonner chir. Klinik.) Über complicierte Schädelfrakturen. *Bonn 1902: J. v. d. Wahle.* (44 S.) 8°
Bonn, Med. Diss. v. [1. März] 1902

Nathan, Salomon, ein Blick in die Ewigkeit. Festpredigt zur Seelenfeier, geh. am Passah-Feste [Ostern] 1879 — 5639 im Betsaale der Synagogen-Gemeinde zu Rostock. gr. 8. (14 S.) Rostock 879. (Werther.) — 40

Nathan, *Samson Philipp* [Dr.]: Die Tonzeichen in der Bibel. Hamburg, Druck v. S. Nissensohn, 1893; 3 42 S. 4.
Hamburg, Talmud Tora (R), P 1893 (738)

Nathan, Wilhelm [aus Berlin]: Ist bei Myomen während der Gravidität die supravaginale Uterusamputation indicirt? ... Würzburg, Druck d. Ferdinand Rohrl'schen Buchdr., 1888; 25 S. 8°
Würzburg, Med. Fak., Inaug.-Diss. v. 1888

Nathan, Wilhelm, ist bei Myomen während der Gravidität die supravaginale Uterusamputation indicirt? Diss. Würzburg 1888, Stahelsche Univ.-Buchh. 8°. 25 S.

Nathan, Wilhelm [aus St. Goarshausen a. Rh.]: Aus d. med. Klinik zu Bonn. Ueber das Verhalten der Muskelfasern in Bezug auf Vacuolenbildung und Hypertrophie nach Nervendurchschneidung. ... Bonn, Univ.-Buchdr. v. Carl Georgi, 1889; 27 + 1 S. 8°
Bonn, Med. Fak., Inaug.-Diss. v. [20. Jul.] 1889

Nathan, Rabbi Wolf Abraham, Grundsätze d. Jüd. Religion; aus d. heil. Büchern Talmud u. den vorzügl. Rabbinen. 8. Dessau 782. Gel. Buchh. 8 gr.

Nathan-David, D. C., comment. de princ., e quibus redit. Daniae administratio fluxit, Specim. I. 8. Götting. 823.

Nathanael, oder die ebenso gewisse als unermessliche Göttlichkeit des Christenthums ... Winterthur 1786. V: *Lavater, Joh. Casp.* (JL) (Adel) (AarK) (MGT)

Nathanael. Katholisch-kirchliches Volksblatt zur Belehrung u. Erbauung für Rheinland u. Westphalen. Herausg. von e. Vereine kathol. Geistlichen u. Pädagogen der Erzdiözese Köln, unter Mitwirkung des Caplans H. Stövelen redig. v. J. H. Schmittmann. 1. u. 2. Jahrg. 1845. u. 1846. à 12 Hefte. Lex.-8. Köln 845, 846, DuMont-Schauberg. à n. 2 rß

Nathanael. Kathol.-kirchl. Volksblatt zur Belehrung u. Erbauung. Unter Mitwirkung des H. Stövelen red. v. J. H. Schmittmann. 3 u. 4. Jahrg. 1847 u. 1848. à 12 Hfte. Lex. 8. Köln, Du Mont-Schauberg. à Jahrg. n. 2 rß

—— Kirchen- und Schulzeitung für das kathol. Deutschland. Redig. von Schmittmann. 5. Jahrg. Oktbr.—Decbr. 1849. 19 Nrn. (à ½—1 Bog.) Lex.-8. Bonn, (Marcus.) *

—— dass. — 6. Jahrg. 1850. 76 Nrn. (à ½—1 Bog.) Lex.-8. Ebds. *

Nathanael. Zeitschrift der Berliner Gesellschaft zur Beförderg. d. Christentums unter den Juden. Hrsg. v. Herm. L. Strack. 1. u. 2. Jahrg. 1885 u. 1886. à 6 Nrn. (2 B.) gr. 8. Karlsruhe, Reuther. à Jahrg. n. 1. 25

Nathanael. Zeitschrift f. die Arbeit der evangel. Kirche an Israel, hrsg. v. H. L. Strack. 3.—6. Jahrg. 1887—1890. à 6 Nrn. (2 B.) gr. 8. Berlin, Reuther. à Jahrg. n. 1. 25

Nathanael. Zeitschrift f. die Arbeit der evangel. Kirche an Israel, unter Mitwirkg. v. Gust. Dalman hrsg. v. Herm. L. Strack. 7. Jahrg. 1891. 6 Nrn. (2 Bog.) gr. 8. Berlin, Reuther & Reichard. n. 1. 25

— dasselbe. 8.—10. Jahrg. 1892—1894. à 6 Nrn. (2 Bog.) gr. 8. Berlin, Evangel. Vereins-Buchh. à Jahrg. n. 1. 25

Nathanael. Zeitschrift f. d. Arbeit d. evang. Kirche an Israel, unt. Mitwirkg. v. Gust. Dalman hrsg. v. Herm. L. Strack. 11.—14. Jahrg. 1895—1898. à 6 Nrn. (à ca. 2 Bog.) gr. 8. Berlin, Schriftenvertriebsanstalt. à Jahrg. n. 1.25

Nathanael. Zeitschrift f. die Arbeit der evangel. Kirche an Israel, unter Mitwirkung v. R. Bieling, Dalman u. J. de le Roi hrsg. v. Herm. L. Strack. 15.—18. Jahrg. 1899—1902. à 6 Nrn. gr. 8. (à ca. 32 S.) Berlin, Schriftenvertriebsanstalt. à Jahrg. n. 1.25

Nathanael. Zeitschrift f. die Arbeit der evangel. Kirche an Israel, unter Mitwirkg. von R. Bieling, Billerbeck u. J. de le Roi hrsg. v. Herm. L. Strack. 19.—22. Jahrg. 1903—1906. à 6 Nrn. (à 32 S.) gr. 8. Berlin, Schriftenvertriebsanstalt. à Jhrg. n. 1.25

Nathanael. Zeitschrift f. die Arbeit der evangel. Kirche an Israel. Hrsg. v. Herm. L. Strack. Red.: P. Billerbeck. 23.—26. Jahrg. Nebst Beilage: Der Messiasbote. Ein Nachrichtenblatt der Berliner Judenmission. Hrsg. von R. Bieling. 2.—5. Jahrg. 1907—1910. à 4 Hefte. (à ca. 32 u. 16 S.) Lex. 8. Berlin, Schriftenvertriebsanstalt. à Jahrg. 1.25

Nathanaeli, vero Israelito, in quo non est dolus ... [Helmstadt 1741.] V: *Hardt, Hermann von der.* (BrMm)

Nathanael's, eines Juden, Reise zu dem Messias nach Palästina. Eine Erzählung f. Personen jeden Standes u. Alters. Taschenf. Reutling. 822. Lit.-Compt. 2 𝔤𝔯

Nathanaël, Reflexiones circa coelibatum cleri catholici l. r. Smaj. (26 S.) Tirnaviae 848, Wachter.

Nathanblut, Julian, appr. Arzt, Assistenzarzt am Städt. Krankenhause Gitschinerstraße zu Berlin ⟨Prof. Dr. Litten⟩: Aus d. Städt. Krankenhause Gitschinerstraße 104/105 zu Berlin. ⟨Dir. Arzt Prof. Dr. Litten.⟩ Beitrag zur Klinik und pathologischen Anatomie der Pancreas-Carcinome. Leipzig 1906: B. Georgi. (47 S.) 8°
Leipzig, Med. Fak., Ref. Hoffmann, Diss. v. 11. Nov. 1906
[Geb. 7. März 77 St. Petersburg; Wohnort: Berlin; Staatsangeh.: Rußland; Vorbildung: Friedrichs-Werdersches Gymn. Berlin Reife M. 97; Studium: Freiburg i. B. 1, Berlin 8 S.; Coll. 26. Nov. 06; Approb. 1. Apr. 03.]

Nathansen, W., zur Geschichte der Hamburger Schützengilde. Culturhistorische Skizze. gr. 8. (43 S. m. Abbildgn.) Hamburg 890. O. Meißner's Verl. n. 1.—

Nathansen, W., aus Hamburgs alten Tagen. Ernste u. heitere Mittheilgn. 8. (136 S.) Hamburg 893. Jürgensen & Becker. 2.—

NATHANSEN, W., Aus Hamburgs alten Tagen. Ernste u. heitere Mittheilungen. Hamburg 1894. 8°. (Mk. 2—.) (1 Mk. 20 Pfg. C. Kirsten, Hamb., 1909.)

Nathansky, Alfred

—: Eduard von Bauernfeld. Der Graf von Gleichen. Romantische Oper in zwei Akten. Musik von Franz Schubert. Aus dem Manuskript zum erstenmal herausgegeben von A. N. 58 S. 8.
Progr. K. k. Staats-Gymn. *Triest* 1907

Nathansky, Alfr., Bauernfeld u. Schubert. Progr. (28 S.) gr. 8. Wien 906. C. Fromme. —50

Nathansky, Alfred: Zu Ibsens „Kronprätendenten". S. 7—22. 8.
Progr. K. k. I. Staatsgymn. *Czernowitz* 1901.

Nathansky, Alfred: Die Verwertung der hellenischen Philosophie im Gymnasial-Unterrichte. 8 (13 S.).
Progr. K. k. II. deutsches Staats-G. *Brünn* 1899.

Nathansohn, Alex., üb. die Bedeutung vertikaler Wasserbewegungen f. die Produktion des Planktons im Meere, s.a. **Abhandlungen der mathem.-phys. Klasse der königl. sächs. Gesellschaft der Wissenschaften. 29. V.**

Über die Bedeutung vertikaler Wasserbewegungen für die Produktion des **Planktons** im Meere. Von Alexander **Nathansohn.** Mit 1 Karte. Leipzig: B. G. Teubner 1906. (87 S.) 4°(8°)
— **Abhandlungen** d. K. Sächsischen Gesellsch. d. Wiss. Math.-Phys. Kl. Bd 29, No 5. (06. 819) 3

Nathansohn, Alexander, Dr. phil.: Ueber **Regulationserscheinungen** im Stoffaustausch. *Leipzig: [Gebr. Borntraeger] 1902.* (50 S.) 8° ¶ Aus: Jahrbücher f. wiss. Botanik, Bd 38, H. 2.
Leipzig, Phil. Hab.-Schr. v. 3. Nov. 1902

Nathansohn, Alex., der Stoffwechsel d. Pflanzen. (VIII, 472 S.) Lex. 8. Leipzig 910. Quelle & Meyer. 12.—: geb. in Leinw. 13.—

— **Tier- u. Pflanzenleben des Meeres,** s.a. **Wissenschaft u. Bildung.**

Tier- und Pflanzenleben des Meeres. Von Dr. Alexander **Nathansohn,** Prof. Leipzig: Quelle & Meyer 1910. 128 S. 8°
(Wissenschaft u. Bildung. 87.) (1c. 710)

Nathansohn, Alexander: Physiologische **Untersuchungen** über Amitotische Kerntheilung. Mit 2 Taf. *Leipzig: Gebr. Borntraeger 1900.* (32 S.) 8° ¶ Aus: Jahrbücher f. wissensch. Botanik, Bd 35, H. 1.
Leipzig, Phil. Diss. v. [20. Okt.] 1900

Nathansohn, Hugo, aus Beuthen, Bez. Liegnitz: Der Existenzbegriff Hume's. Berlin 1904: E. Ebering. (74 S.) 8°
Erlangen, Phil. Fak., Ref. Falckenberg, Diss. v. 22. Juli 1904
[Geb. 18. Okt. 81 Beuthen a. O.; Staatsangeh.; Preußen; Vorbildung: Gymn. Liegnitz Reife O. 00; Studium: Breslau 5, Berlin 2, Erlangen 1 S.; Rig. 22. Juli 04.]

Nathansohn, Joseph-Girscha, a. Charkoff ⟨Rußland⟩: Ueber die Methoden und Resultate der operativen Behandlung des Kryptorchismus. Berlin (1908): E. Ebering. (48 S.) 8°
Berlin, Med. Fak., Ref. Hildebrand, Diss. v. 7. Juli 1908
[Geb. 13. Aug. 83 Charkoff; Wohnort: Witebsk; Staatsangeh.: Rußland; Vorbildung: Gymn. Charkoff Reife O. 03; Studium: Berlin 10 S.; Rig. 29. Juni 08.]

NATHANSOHN, MORIS. Ueber Derivate und Reaktionen des Tetramethyldiamidobenzophenons. (Basel) Zürich, 1889.

Nathansohn, Paul, aus Hammerstein ⟨Westpr.⟩: **Beiträge zur** Cumaronsynthese. *Rostock 1900: C. Boldt.* (30 S.) 8°
Rostock, Phil. Diss. v. [26. Febr.] 1900

Nathansohn, Simon, aus Hammerstein W.Pr.: **Über Oxyphosphazo-Verbindungen und Ester der N-Oxychlorphosphine der aromatischen Reihe.** *Rostock 1898: C. Hinstorff.* (42 S.) 8°
Rostock, Phil. Diss. v. [8. Aug.] 1898

Nathanson, Arnold Ferdinand (Berlin), Beruht die nach Phosphorvergiftung eintretende Fettleber auf einer Fettinfiltration oder Fettmetamorphose? Diss. med.-chir. Berlin (G. Schade) 11. V. 1889. 31 S. u. Biogr. (M.: Ball.) (2.—) **24554**
Oppon.: Fr. von Liebermann, M. Rothmann, S. Türk. — Gew.: Seinem Vater (Ferdinand Nathanson).

Nathanson, Arnold Ferdinand [aus Berlin]: Beruht die nach Phosphorvergiftung eintretende Fettleber auf einer Fettinfiltration oder Fettmetamorphose? . . . Berlin, Buchdr. v. Gustav Schade (Otto Francke) (1889); 31 + 1 S. 8°
Berlin, Med. Fak., Inaug.-Diss. v. 11. Mai 1889

Nathanson, Felix [aus Berlin]: Zur Kenntnis der Derivate des Diketohydrinden . . . Berlin, A. W. Schade's Buchdr., 1893; 35 S., 1 Bl. 8.
Berlin, Phil. Fak., Inaug.-Diss. v. 26. Juli 1893

Nathanson, Ferd. (geb. Berlin 12. 12. 1827): De dyscrasia quadam affectionem cordis, strumam, exophthalmum efficiente. Berolini (1850). (30 S.) 8°
Berlin, Med. Diss. v. 4. Okt. 1850

Nathanson, Max [aus Weissenhöhe (Posen)]: Ueber centralen Zerfall eines Uterusmyoms. . . . Berlin, Druck d. H. Schmidt'schen Buchdr., 1890; 23 S. 8°
Erlangen, Med. Fak., Inaug.-Diss. v. 14. Dez. 1889

Nathanson, Mendel Levin.
Dänemarks Handel, Schifffahrt, Geld- und Finanz-Wesen . . . Kopenh. 1832. Ü: *Fries, Georg.* (Wa) (Ky)

Nathanson, M. L., Dännemarks Handel, Schifffahrt, Geld- und Finanz-Wesen von 1730 bis 1830. Historisch dargestellt u erläutert. (Aus d. Dänischen übersetzt von G. Fries.) 8. Kopenhagen 832. Reitzel. n. 2¼ ₰

Nathanson, M. L., Leben des Hofraths Dr. Anselm Meyer. Aus d. Dän. übers. gr. 8. Kopenh. 816. (Perthes u. B. in Hamb.) 1 ₰

Nathanson, M. L., Leben des Hofraths Dr. Anselm Meyer. A. d. Dän. übers. gr. 8. Copenhagen. (Schlesinger in Berlin.) 817.

Nathanson, M. L., Dännemark's National- u. Staats-Haushalt. Eine histor.-statist. Darstell. (Uebers. a. d. Dän.) (1. u. 2. Hft.) gr. 8. (6½ u. 4¾ B.) Schleswig 837, 38, Taubstummen-Institut. à ½ Thlr.

Plan zur allgemeinen Bewaffnung v. Mendel Levin Nathanson; a. d. Dän. übersetzt. Altona, im Januar 1844. 8°.

Nathanson M. L.: Vorschläge z. Verbesserung d. Pferdezucht in unserm Lande, nebst der neuesten Geschichte d. Pferdecultur bei uns, u. noch etwas. Altona 1843. 55 S. P.

Nathanson, M. L., wie ist eine Emancipation der Juden zur allseitigen Zufriedenheit zu vermitteln? 2. Aufl. gr. 8. Altona 843. (Hamburg, Hamburg-Altonaer Buchh.) ⅛ ₰

Nathanson, Rich., Schauspieler u. Theater im heutigen Italien. Erlebnisse u. Beobachtgn. aus 16 Jahren. 12. (212 S.) Berlin 893. H. Steinitz' Verl. n. 3.50

Nathe, Christoph

Nathe's malerische Wanderungen d. d. Riesengebirge in Schlesien, m. K. gr. 8. Weimar, Landes Industrie Compt.
Velinp.
m. d. Schlesischen Ansichten.

Nathe, Cph., († d. 10. Dec. 1806.) maler. Wanderungen durch d. Riesengebirge in Schlesien; hrsgg. v. Fr. J. Bertuch. Mit Kpf. gr. 8. Weim. 806. Ind.-Compt. 1 ₰ 12 gl Velp. 2 ₰ — 14 Schlesische Ansichten dazu 6 ₰

Nather, Ernst [Oberl. Dr.]: Etude sur l'étendue de l'influence classique dans la poésie de Mathurin Regnier. Breslau, Druck v. Graß, Barth u. Comp. (W. Friedrich), 1889; S. 3–29; 4°
Breslau, st. ev. G zu St. Maria-Magdalena, OP 1889 (167)

Nather, Ernestus (Johannes Alexander) *(geb. Breslau 11. 1. 1846)*: De vetusta Graecorum arte plastica. P. 1. Vratislaviae (1869). (57 S.) 8° *(Breslauer gekr. Preisschr.)*
Breslau, Phil. Diss. v. 20. Aug. 1869

Nather, W., Ueb. das Wesen des Ostracismus in Athen. Pr. 1872. 16 S.

Naether, der Kriegssanitätsdienst bei der Kavallerie. (6 S.) 8. Leipzig 909. B. Konegen. 1.—
Sonderabdruck aus: „Reichs-Medizinal-Anzeiger".

Naether, ein prognostisch wichtiges Symptom bei Lungenentzündung. (7 S.) 8. Leipzig 905. B. Konegen.
Sonderabdruck aus: „Reichs-Medizinal-Anzeiger". n. 1.—

Näther, Arthur

Näther, Arth., Bücherwart. Wegweiser durch die stenograph. Literatur. I. Bd. 1. Heft. (48 S.) kl. 8. Dresden 906. W. Reuter. n. —80

Näther, Arth., Bücherwart. Wegweiser durch die stenograph. Literatur, m. besond. Berücksicht. der Schule Gabelsbergers. I. Bd. 2. Heft. (S. 49—96 u. 25 S.) kl. 8. Dresden 907. W. Reuter. —60

Näther, A., der Kollm. Kurze Beschreibg. des Berges u. seiner Aussicht. 12. (47 S. m. 1 Karte.) Oschatz 901. (H. Hackarath.) n. —50

Näther, Arth., unsere Heimatstadt Oschatz. E. Anhang z. Lesebuch fürs 3. Schulj. Unt. Mitwirkg. e. sechsgliedr. Kommission verf. u. hrsg. gr. 8. (27 S.) Oschatz 898. F. Oldecop's Erben. n. —10

— **Stoffregister** zur Ausarbeitung v. Vorträgen u. Abhandlungen stenographischen Inhalts. 1.—3. Hft. 8. Dresden, Verl. d. königl. stenogr. Instituts. n. 1.60
1. (IV, 66 S.) 890. n. 1.25. — 2. (8 S.) 894. n. —10. — 3. (S. 9—28.) 894. n. —25.

Näther, Arth., über das Verhältniss der preussisch-bayerischen zur stenographischen Orthographie, s. Sammlung von Vorträgen aus dem Gebiete der Stenographie.

Näther, Arth. O. E., die Familie Näther vom J. 1362—1893 in Kamenz (Sachsen), Neukirch (Lausitz), Neukirch (Königsbrück), Elstra, Bautzen, Weifa, Roman (Rumänien), Oschatz (Sachsen), Radeburg etc., nebst den Nebenlinien Haberkorn, Jahn, Böuisch, Mücklich. gr. 4. (40 S.) Oschatz 893. Oberlehr. A. Näther. 3.—; m. Bildnis n. 4.—

Naether E. A: Cataloge über Kinderwagen und Holzwaaren. Zeitz 1896. 1900. 1902

Näther, Friedr., Triumph der Heilkunst aller venerischen Krankheiten! Der Führer im Kampfe der Sinnlichkeit mit dem Leben. Vermächtniß eines Arztes an Laien der Heilkunst sich gegen alle übeln Folgen des Geschlechtsgenusses zu schützen 2c. Nach den besten Quellen und eigenen Erfahrungen bearb. Mit einem Anhange, enth.: Vorbauungsmittel gegen Ansteckungen 2c. gr. 16. (X und 148 S.) Agram 849, Suppan. *

Näther, J. Zach., ganz neue Erfind. v. Pasigraphie od. Kunst zu schreiben u. zu drucken, daß es von allen Nationen 2c. gelesen werden kann 2c. in Form einer Sprachl. od. Grammatik. 8. Görlitz, Verfass. (Schöps in Zittau in Commiss.) 805.

Näther, (J. Z.,) neue Pasigraphie. Mit 20 pasigraph. Abhandll. 8. Görlitz, Zobel. 20 gr. Schreibpap.

Näther, Jh. Zach., Versuch e. ganz neuen Erfindung v. Pasigraphie, od. Kunst, so zu schreiben u. zu drucken, daß es von allen Nationen ꝛc. in allen Sprachen eben so leicht gelesen werden kann, als die Zahlcharakter 1, 2, 3, in Form e. Sprachlehre od. Grammatik. Nebst 3 halben Bogen mit 11 Kpft. 8. Görl 805. Verfass. (Zobel). 20 gr Schrbp. 1 ß

Näther, M., sächsisches Stenographiebuch nach dem System Gabelsberger. s.: Döring, C.

Nathing, A., Lehrbuch der Algebra, s.: Belikow, A.

— **Rechenbuch f. die unteren Klassen der mittleren Lehranstalten. I.—IV. Heft. 8. St. Petersburg, Eggers & Co.** Kart. à 1. 25
I. Die vier Spezies m. unbenannten Zahlen. (IV, 64 S.) 909.
II. Mehrfach benannte Zahlen. (V, 78 S.) 907.
III. Gemeine Brüche u. Dezimalbrüche. (III, 90 S.) 908.
IV. Die bürgerlichen Rechnungsarten. (III, 87 S.) 900.

Natho, A. W., Gedichte. 8. Leipz. 823. Magaz. f. Jnd. 12 gr Schrbp. 16 gr

Natho, Friedrich Erdmann (Zerbst / Anhalt), Commentatio qua variae demonstrationes pro exsistentia Dei proponuntur. Präs. Gotthelf Friedrich Oesfeld. Wittenberg (E. G. Eichsfeld) 1. VII. 1758. S. 1—42. (5.—) 24555
Gew.: Johann Gotthelf von Globig. — S. 43—68 siehe Weise, Christian Gotthold (Bautzen).

Nathorst, Alfred Gabriel

Nathorst, (Alfr. Gabr.), über die Anwendung v. Kollodiumabdrücken bei der Untersuchung fossiler Pflanzen. (8 S. m. 1 Doppeltaf.) 8. Uppsala 907. (Berlin, R. Friedländer & Sohn.) nn 1. —
Sonderabdruck aus: „Arkiv f. botanik".

Nathorst, A. G., Beiträge zur fossilen Flora Schwedens. Ueber einige rhätische Pflanzen v. Pålsjö in Schonen. Deutsche vom Verf. rev. Ausg. Mit 16 lith. Taf. gr. 4. (V, 34 S.) Stuttgart 878. Schweizerbart. cart. n. 24. —

Nathorst, A. G., Beiträge zur mesozoischen Flora Japans. [Aus: „Denkschriften d. k. Akad. d. Wiss."] Imp.-4. (20 S. m. 6 Taf. u. 1 Karte.) Wien 890. (Tompsky.) n. 5. 40

Nathorst, A. G., Beiträge zur Geologie der Bären-Insel, Spitzbergens und des König-Karl-Landes. Upsala. 1910. 155 S. mit 97 Abb. u. 2 Karten.

Nathorst, A. G., Beiträge zur Kenntnis einiger mesozoischen Cycadophyten. (28 S. m. 1 Fig. u. 3 Taf.) gr. 4. Stockholm 902. (Berlin, R. Friedländer & Sohn. n.n. 4. —
Sonderabdr. a.: „Svenska Vetenskaps-Akademiens Handlingar".

Beiträge zur Kenntnis einiger mesozoischen Cycadophyten von A[lfred] G[abriel] **Nathorst**. Mit 3 Taf. u. 1 Textfig. *Stockholm 1902: P. A. Norstedt & Söner.* (28 S.) 4°
= **Handlingar**, K. Svenska Vetenskaps-Akademiens. N.F. Bd 36. No 4. [03. 15986 4

—— Bemerkungen über Herrn v. Ettingshausen's Aufsatz „Zur Tertiärflora Japans". (Bihang Till K. Svenska Vet.-Akad. Handlingar, Band 9, No. 18.) Stockholm 1884. 8.

Nathorst, A. G., Bemerkungen über Clathropteris menisciodes Brongniart u. Rhizomopteris cruciata Nathorst. (Kungl. svenska vetenskapsakademiens handlingar. 41. Bd. Nr. 2.) (14 S. m. 3 Taf.) 4. Uppsala 906. Almqvist & Wiksell. (Nur direkt.) n.n. 1. 75

Über abweichend gebildete Blätter der Rotbuche ⟨Fagus silvatica L.⟩ von A[lfred] G[abriel] **Nathorst**. Mit 3 Taf. Uppsala & Stockholm 1907: Almqvist & Wicksell. (10 S.) 4°
= **Handlingar**, K. Svenska Vetenskapsakademiens. Bd 42, No 7. [07. 13419

— **über Dictyophyllum u. Camptopteris spiralis.** (Kungl. svenska vetenskapsakademiens handlingar. 41. Bd. Nr. 5.) (24 S. m. 4 Fig. u. 7 Taf.) 4. Uppsala, Almqvist & Wicksell. (Nur direkt.) (Berlin, R. Friedländer & Sohn.) n.n. 3. 60

Nathorst, A. G.: Die Entdeckung einer fossilen Glacialflora in Sachsen, am äussersten Rande des nordischen Diluviums von –.
Abdruck aus: Öfversigt af Kongl. Vetenskaps-Akademiens Förhandlingar, 1894. Nr. 10. Stockholm. (1894.) 8°

Nathorst, A. G., zur fossilen Flora Japans, s. a. **Abhandlungen, palaeontologische.**

—— Zur fossilen Flora Japans. (Paläontol. Abhandl., herausg. v. Dames und Kayser. Bd. 4. H. 3.) Berlin 1888. 4. Mit 14 Tafeln.

Nathorst, A. G., zur fossilen Flora der Polarländer. 1. Thl. 1. Lfg. Zur paläozoischen Flora der arkt. Zone, enth. die auf Spitzbergen, auf der Bären-Insel u. auf Novaja Zemlja v. den schwed. Expeditionen entdeckten paläozoischen Pflanzen. [Aus: „Svenska Vetenskaps-Akademiens Handlingar".] gr. 4. (80 S. m. Fig., 16 Taf. u. 16 Bl. Erklärgn.) Stockholm 894. (Berlin, R. Friedländer & Sohn.) n.n. 15. —
Bildet die Fortsetzung zu: Heer, Osw., flora fossilis arctica.

— **zur fossilen Flora der Polarländer. I. Tl. 2. u. 3. Lfg. gr. 4. Stockholm. (Berlin, R. Friedländer & Sohn.)** n.n. 17. —
I, 2. Zur mesozoischen Flora Spitzbergens. Gegründet auf die Sammlgn. der schwed. Expeditionen. Mit 6 Taf. (77 S. m. 6 Bl. Erklärgn.) 897. n.n. 8. —
3. Zur oberdevonischen Flora der Bären-Insel. (60 S. m. 5 Fig. u. 14 Taf.) 902. n.n. 9. —
Sonderabdr. a.: „Svenska Vetenskaps-Akademiens handlingar".

Nathorst, Alfred Gabriel: Zur mesozoischen Flora Spitzbergens. Gegründet auf d. Sammlungen d. Schwed. Expeditionen von –. Mit 6 Taf. Stockholm 1897: P. A. Norstedt & söner. (77 S.) 4°
= Handlingar, Kgl. Svenska Vetenskaps-Akademiens. Bd 30, No 1.

Zur oberdevonischen Flora der Bären-Insel von A[lfred] G[abriel] **Nathorst**. Mit 14 Taf. u. 5 Textfig. *Stockholm 1902: P. A. Norstedt & Söner.* (60 S.) 4°
= **Handlingar**, K. Svenska Vetenskaps-Akademiens. N. F. Bd 36 No 3. [03. 15985 4

Zur paläozoischen Flora der arktischen Zone, enth. die auf Spitzbergen, auf d. Bären-Insel u. auf Novaja Zemlja v. d. schwed. Expeditionen entdeckten paläozoischen Pflanzen. Von [Alfred] G[abriel] **Nathorst.** M. 16 Taf. ... *Stockholm: Boktr. P. A. Norstedt & söner 1894.* (80 S., 16 Taf. m. je 1 Erl.-Bl.) 4.
= **Handlingar**, K. Svenska Vetenskaps-Akademiens. N. F. Bd 26. No 4. [97. 1310

Nathorst, A. G.: Über neue Funde von fossilen Glacialpflanzen. 1880?

— **Carl v. Linné als Geolog**, s.: **Linné's, Carl v., Bedeutung als Naturforscher u. Arzt.**

Paläobotanische Mitteilungen 1 & 2 von A[lfred] G[abriel] **Nathorst.** Mit 3 Taf. Uppsala & Stockholm 1907: Almqvist & Wiksell. (14 S.) 4°
= **Handlingar**, K. Svenska Vetenskapsakademiens. Bd 42, No 5. [07. 13418

— Paläobotanische Mitteilungen 1—8. 31,5×25,5 cm. Ebd. nn 14. 40
1. 2. (Kungl. svenska vetenskapsakademiens handlingar. 42. Bd. Nr. 5.) (20 S. m. 3 Taf.) 907. nn 2. 50
3. (Kungl. svenska vetenskapsakademiens handlingar. 43. Bd. Nr. 3.) (12 S. m. 2 Taf.) 908. nn 2. —
4.—6. (32 S. m. 1 Fig u. 4 Taf.) 908. nn 3. —
7. (20 S. m. 12 Fig. u. 3 Taf.) 908. nn 2. 10
8. (38 S. m. 5 Fig. u. 8 Taf.) 909. nn 4. 80
Sonderabdrucke aus: „Kungl. svenska vetenskaps-akad. handlingar".

Nathorst, Alfred Gabriel: Über die Gattung Nilssonia Brongn. Mit besond. Berücks. schwedischer Arten. Von –. Mit 8 Doppeltaf. u. 3 Textfig. Uppsala & Stockholm 1909: Almqvist & Wiksell. 40 S. 4°
(K. Svenska Veterskapsakademiens Handlingar. Bd 43, Nr 12.)

— Über die Gattung Nilssonia Brongn. m. besond. Berücksicht. schwedischer Arten. (40 S. m. 3 Fig. u. 8 Doppeltaf.) 31,5×25,5 cm. Uppsala 909. Berlin, R. Friedländer & Sohn. nn 4. —
Sonderabdruck aus: „Kungl. svenska ventenskapsakademiens handlingar".

Ueber die Reste eines Brotfruchtbaumes. Artocarpus Dicksoni n. sp., aus den cenomanen Kreideablagerungen Grönlands. (Kongl. Svenska Vetenskaps-Akademiens Handlingar. Bd. 24. No. 1.) Stockholm 1890. 4. Mit 1 Tafel.

Ueber den gegenwärtigen Standpunkt unserer Kenntniss von dem Vorkommen fossiler Glacialpflanzen v. Alfred G. Nathorst. Mit 1 Karte. Bihang till K. Svenska Vet.-Akad. Handlingar. Bd. 17. Afd. 3. Nr. 5. Stockholm. 1892. 8°.

Nathorst, (Alfr. Gabr.), über Thaumatopteris Schenki Nath. (Kungl. svenska vetenskaps akademiens handlingar. 42. Bd. Nr. 3.) (9 S. m. 2 Taf.) 31,5×25,5 cm. Uppsala 907. Berlin, R. Friedländer & Sohn. nn 1. 60

— Uber Trias- u. Jurapflanzen v. der Insel Kotelny. (13 S. m. 2 Taf. u. 2 Bl. Erklärgn.) 33,5×25 cm. St. Petersbourg 907. (Leipzig, Voss' Sort.) 1. 20
Sonderabdruck aus: „Mémoires de l'acad. imp. des sciences de St. Pétersbourg".

— über das angebliche Vorkommen v. Geschieben des Hörsandsteins in den norddeutschen Diluvialablagerungen. [Aus: „Archiv d. Vereins d. Freunde d Naturgesch. in Mecklenburg".] gr. 8. (24 S. m. 1 Taf.) Güstrow 890. (Opitz & Co.) n. — 60

Nathrath, Joh[annes]: Ueber traumatische Hydro-Nephrose. *Bonn 1897: K. Drobnig.* (29 S.) 8°
Bonn, Med. Diss. v. [12. Okt.] 1897

Nathusius, Marie. Ein Lebensbild. In neuer Darstellg v. E. G. Mit e. Vorwort v. M. v. Nathusius. gr. 8. (VII, 226 S. m. Bildnis.) Gotha 894. F. A. Perthes. n. 4. —; geb. in Leinw. n. 5. —

Nathusius, Marie. Ein Gedenkblatt zu ihrem 50. Todestage am 22. XII. 1907. (32 S. m. 15 Abb.) 8. Barmen (907). Wuppertaler Traktat-Gesellschaft. — 20

Nathusius, Annemarie v., „Erika", s.a. Kürschner's Bücherschatz.

'Erika'. Erzählung von Annemarie v. Nathusius. Mit Ill. von H. Binde. Berlin, Leipzig: H. Hillger [1907]. (110 S.) 8° [F.]
= Bücherschatz, Kürschners. No 584. [08. 12038

— Das Heidehaus, s.: Weber's moderne Bibliothek.

— Um die Heimat. Roman. (366 S.) 8. Berlin (909). O. Janke. 4. —

Heimatklänge von Annemarie v. Nathusius. Berlin: O. Janke 1907. (202 S.) 8° [F.] [07. 17744

Nathusius, Annemarie v., die Herrin auf Bronkow. Roman (240 S.) 8. Berlin (906). [R. Taendler.] O. Janke. n. 3. —; geb. n. 4. —

Die Herrin auf Bronkow. Eine Gutsgeschichte von Annemarie v. Nathusius. 2. Aufl. Berlin: O. Janke 1907. (252 S.) 8° [F.] [07. 17745

Der stolze Lumpenkram. Roman von Annemarie v. Nathusius. Berlin: Janke 1910. 292 S. 8° [10. 14764

Nathusius, Annemarie v., Mann u. Weib. Geschichten u. Gedanken. 8. (142 S.) Berlin (901). R. Eckstein Nachf. n. 2. —; geb. n. 3. —

— freie Worte! Lieder u. Skizzen. Mit Buchschmuck v. Marcus Behmer. 8. (176 S. m. Bildnis.) Ebd. (902). n. 2. —; geb. n. 3. —

Nathusius, Christian Wilhelm (Lucca/Lausitz), Ex jure Germanico de ficta necessitate Scabinorum in causa criminali quae delegatur Commissariis Principis. Präs. Fried. Benedikt Carpzov. Wittenberg (Hake) 30. V. 1739. 24 S. (4.75) 24456

Nathusius, E. v., Erinnerungen an Johanne Nathusius, gesammelt. (IV, 250 S. m. 4 Taf.) 8. Halle (907). Gebauer-Schwetschke. 4. —; geb. 5. —

Nathusius, E. v., alte Märchen. Den Kindern neu erzählt. Bildschmuck v. Otto Fikentscher. (III, 90 S.) 8. Halle (903). Gebauer-Schwetschke. Kart. n. 1. 20

— Alte Märchen, den Kindern neu erzählt. Bildschmuck v. Hans v. Volkmann u. Otto Fikentscher. Neue, reich verm. Ausg. (VII, 148 S.) 8. Ebd. (906) Geb. 3. —

Nathusius, Frider. Guil., de erysipelate typhoso. Dissertatio inauguralis medica. 8maj. (56 S.) Berlin 856. (Springer's Verlag.) *

Nathusius, Hans: Beziehungen zwischen den magnetischen und anderen Eigenschaften des Gußeisens. (1905.) 34 S., 2 Taf. 4°. ¶ Ausz. in: Stahl u. Eisen. Jg. 25, Halbj. 1; Mitteilungen aus d. Eisenhüttenmänn. Institut d. Kgl. Techn. Hochschule Aachen. 1906 [Nr 99].
Aachen, Dr.-Ing.-Diss. v. 27. 7. 1905

Nathusius, Heinrich v.

Nathusius, Heinr. v., das schwere Arbeitspferd mit besond. Rücksicht auf den Clydesdale. Reiseeindrücke, Erfahrungen und Betrachtungen. Mit 1 Lichtdr.-Taf. und 28 Text-Abbild. nach Zeichnungen des Verf. gr. 8. (V, 188 S.) Berlin 882, Parey. *

Nathusius, [Althaldensleben], Heinr. v., üb. die Lage der Landespferdezucht in Preußen. gr. 8. (IV, 136 S.) Berlin 872. Wiegandt, Hempel & Parey. n. 3. —

Nathusius, Carolus Henricus Aemilius: De more humandi et concremandi mortuos apud Graecos usitato. Halis Saxonum [1863]: Ploetz. 33 S. 8°
Halle-Wittenberg, Phil. Diss. v. 30. Okt. [1863]
Geb. Köslin 13. 4. 1836. V.

—— das Tabacksmonopol nach der Vorlage der Regierung. 8. (14 S.) Neuhaldensleben 882, Eyraud. *

Nathusius, Heinr. v., über die Zucht schwerer Arbeitspferde und die Mittel zu ihrer Beförderung in Preussen. gr. 8. (107 S. mit 2 lithogr. Taf.) Berlin 885, Parey. *
Aus: Landwirthschaftliche Jahrbücher, besonders abgedruckt.

Nathusius, Hermann v.

— — Abbildungen v. Schweineschädeln. S. St. o. A. 5 Tvl. 24 S. Tv.-Fol.

Nathusius, Herm. v., Erfahrungen und Ansichten über die Zucht von Fleischschafen. Berlin 856. Bosselmann. gr. 8. (24 S.) n. 5 ngr.

—— und Ant. Krocker, s. Gestüt-Album, deutsches.

Nathusius, Herm. v., über Constanz in der Thierzucht. Zuerst erschienen in der Zeitschrift für deutsche Landwirthe. Berlin 860. Bosselmann. (Wiegandt & Hempel.) gr. 8. (XII, 164 S.) n. 16 ngr.

Nathusius, [Hundisburg], Herm. v., üb. die sogenannte Leporiden. Mit 4 lith. Taf. u. 7 (eingedr.) Holzschn. gr. 8. (74 S.) Berlin 876. Wiegandt, Hempel & Parey. n. 8. —

—— die Racen des Schweines. Eine zoolog. Kritik und Andeutungen über systemat. Behandlung der Hausthier-Racen. gr. 8. (91 S.) Berlin 860, [Wiegandt und Hempel.] *

—— s. Schnaebeli, H., Thier-Album.

—— über Shorthorn-Rindvieh. Mit einem Anhang über Inzucht. 1. Aufl. 1857. und 2. Aufl. gr. 8. (83 S. mit 1 Tab. in gr. 4. und 1 Stnt.) Berlin 861, [Wiegandt und Hempel.] *

Nathusius, Hermann von (Hrsg.), s. Tier-Album, Landwirtschaftliches, in Photographien.

— Vorstudien für Geschichte u. Zucht der Hausthiere zunächst am Schweineschädel. Mit 1 Atlas enth. 6 (lith.) Taf. Abbildungen u. (24 S.) Erläuterungen (in qu. Fol.) Berlin 864. Wiegandt & Hempel. Lex.-8. (XIV, 186 S. mit Holzschn.) n. 6 ₰ 20 ngr.

Nathusius H. v.: Vorträge üb. Schafzucht. Nach dem Tode d. Verf.s herausg. v. W. v. Nathusius. Berl. 1880. 468 S. Fig.
(=: Vorträge üb. Viehzucht u. Rassenkenntniss ... Th. 2; dette Fællestitelbl. mgl.). 421.

Nathusius [Hundisburg], Herm. v., Vorträge über Viehzucht und Raßenkenntniß. 1. Thl.: Allgemeines. gr. 8. (VII, 187 S. mit in den Text gedr. Holzschn.) Berlin 872, Wiegandt, Hempel und Parey. *

Nathusius (Hundisburg), Herm. v., Vorträge über Viehzucht u. Rassenkenntniß. 2. u. 3. Thl. Nach dem Tode des Verf. hrsg. v. Wilh. v. Nathusius [Königsborn]. gr. 8. Berlin 880. Parey. n. 18. — (cplt.: n. 21. –)
2. Vorträge über Schafzucht. Mit 102 in den Text gedruckten Holzschn. (XVI, 468 S.) n. 10. —
3. Suppl. Kleine Schriften u. Fragmente über Viehzucht. Mit in den Text gedr. Holzschn. (IX, 377 S.) n. 8. —

Nathusius-Hundisburg, H. v., Vorträge üb. Viehzucht u. Rassenkenntniß. 1. Thl. Allgemeines. 2., unveränd. Aufl. gr. 8. (IV, 187 S. m. eingedr. Holzschn.) Berlin 890. Parey. n. 3. —

Nathusius, Herm. v. (Hundisburg), s.a. Wandtafeln für den naturwissenschaftl. Unterricht.

—— Wandtafeln für den naturwissenschaftlichen Unterricht mit specieller Berücksicht. der Landwirthschaft. Unter Mitwirkung von Fachgenossen hrsg. 1. und 2. Serie. Imp.-Fol. Ebendas. à Bl. *M 2. *
Inhalt:
Serie 1. Viehzucht. (30 Stnt. und 27 S. Text in Lex.-8.) 871. In Mappe. *M 30.
„ 2. Wollkunde. (10 Stnt. und 20 S. Text in Lex.-8.) 873. In Mappe. *M 15.

— Johann August (Jüterbog), De loco vectigalibus sive oneribus publicis realibus et personalibus in concursu creditorum attribuendo. Präs. Ernst Gottfr. Christian Klügel. Wittenberg (Gerdes) 26. III. 1771. 32 S. (5.—) 24557

Nathusius, Jh. Geo., († d. 13. Sept. 1792.) Gedanken üb. d. Geschichte d. Griechen Joh. 12, 20—50. in d. Verbindung d. heil. Evangelisten. 4. Dresd. 771.

— Sadisdorfische Pfarrhistorie. gr. 4. Dresd. 774.

Nathusius, Johanne, die Blumenwelt nach ihren deutschen Namen, Sinn u. Deutung in Bilder geordnet. Mit 28 lith. Abbildgn. Leipzig 868. Arnold. gr. 8. (VII, 205 S.) n. 2 ₰

Nathusius, Johanne, die Blumenwelt nach ihren deutschen Namen ꝛc. 2. Aufl. Leipzig 869. Arnold. gr. 8. (VII, 205 S.) n. 1 ₰ 6 ngr.

Nathusius, Karl Heinrich Emil, s. Nathusius, Heinrich

Nathusius, Maria

— die dumme Anne. Christian der Vogelsteller. Die Gebirgsreise, s.a. Universal-Bibliothek f. die Jugend.

— die dumme Anne. Eine Erzählg. aus dem Harz. 4. Aufl. 8. (30 S.) Ebd. 893. — 15

— der Bankerott, s.a. Volksschriften.

— der Bankerott. Das Baregekleid. 2 Erzählungen. 4. [Min.-]Aufl. 12. (124 S.) Halle a/S. 890. Mühlmann's Verl. n. — 50; geb. m. Goldschn. n. 1. —

— der Bankerott u. andere Erzählungen. Bearb. von H. v. Wegern u. Adf. Martin. 12. (48 u. 62 S. m. 2 Bildern.) Leipzig 893. R. Werther. Kart. n. — 75

— dasselbe u. der Wolkenbruch, s.: Universal-Bibliothek f. die Jugend.

Nathusius, Maria, Bilder aus der Kinderwelt. Mit 6 (lith.) Bildern. gr. 16. (54 S.) Leipzig 848, Arnold. 1/2 ₰ — 2. (Titel-)Aufl. gr. 16. (54 S. m. 6 lith. Taf.) Ebd. (848) 853. n. 1/6 ₰

Nathusius, Maria, Bilder aus der Kinderwelt. 2. (Titel-) Aufl. 16. (54 S. mit 6 Stnt.) Leipzig 853, Arnoldische Buchh. *

Vgl.: Erzählungen von d. Verf. von Martha 2c. — Jungfer, die alte. — Langenstein und Boblingen. — Marie. Eine Dorfgeschichte. — Martha, die Stiefmutter. — Rückerinnerungen. — Tagebuch eines armen Fräuleins. — Vater, Sohn und Enkel.

— David Blume. Eine Erzählg. 4. Aufl. 8. (28 S.) Halle a/S. 893. R. Mühlmann's Verl. — 15

— d. Botenfrau. Die Kassette. 2 Erzählgn. 4. [Min.-]Aufl. 12. (122 S.) Halle a/S. 890. Mühlmann's Verl. n. — 50; geb. m. Goldschn. n. 1. —

— dasselbe. Die Sonntagsschule. Lorenz der Freigemeindler, s.a. Universal-Bibliothek f. die Jugend.

— dasselbe u. Wo wächst der Glücksbaum? 3 Erzählgn. 12. (186 S.) Herborn 889. Buchhandlg. d. Nassauischen Colportagevereins. n. — 75; geb. n. 1. —
Daraus einzeln: Die Botenfrau. (62 S.) n. — 25
Die Kassette. (40 S.) n. — 20
Wo wächst der Glücksbaum? (80 S.) n. — 30

— die Botenfrau. Eine Erzählg. 2. Aufl. 12. (55 S.) Herborn 893. Buchh. d. Nass. Colportagevereins. n. — 20

— dasselbe. Die Kassette. Der Sonntag, e. Schule des Himmels. Wo wächst der Glücksbaum? Vier Erzählgn. 2. Aufl. 12. (179 S.) Ebd. 893. n. — 60; geb. in Bibliotheksbd. n. — 90; eleg. geb. n. 1. —

— d. Botenfrau. D. Kassette. 2 Erzählgn. 12. (87 S.) Leipzig 895. Göttingen, F. Wunder. Kart. — 60; geb. in Leinw. m. Goldschnitt n. — 70

— die Botenfrau. Erzählung. 12. (64 S.) Konstanz (900). C. Hirsch. Kart. — 25

— dasselbe. Die Kassette. Zwei Erzählgn. 2. Aufl. 12. (80 S.) Berlin (901). L. Lewin. Kart. — 60

— Christian der Vogelsteller. Eine Erzählg. aus dem Harz. 4. Aufl. 8. (26 S.) Halle a/S. 893. R. Mühlmann's Verl. — 15

— Christian, d. Vogelsteller. Erzählg. 8. (24 S.) Bielefeld-Gadderbaum 895. Buchhandlung der Anstalt Bethel. n. — 10

— Eine Dienstmägdegeschichte. Das Baregekleid, s. Universal-Bibliothek f. d. Jugend

— Dorf- u. Stadtgeschichten. Nach der Verf. Heimgang gesammelt. Wohlf. Orig.-Ausg. 4. Aufl. 8. (V, 554 S.) Halle a/S. 890. Mühlmann's Verl. n. 2. —; geb. n. 2. 60

— Elisabeth, s.a. Elisabeth.

— dasselbe, s.a. Hausschatz f. die christliche Familie.

Nathusius, Marie, Elisabeth, s.a. Gesammelte Schriften 8. u. 9. Bd.

— dasselbe, s.a. Universal-Bibliothek.

(Nathusius, Maria)

Elisabeth. Eine Geschichte, die nicht mit der Heirath schließt. Von der Verf. des "Tagebuchs eines armen Fräuleins." 3. Aufl. Bd 1.2.
Halle: Fricke 1858. 8°

— Elisabeth. Eine Geschichte, die nicht mit der Heirath schließt. 2 Bde. 4—6. Aufl. 8. (VI und 716 S.) Halle 859—61, Fricke.

Nathusius, Marie, Elisabeth. Eine Geschichte, die nicht m. der Heirath schließt. 2 Bde. 10. Aufl. 8. (302 u. 413 S.) Halle 875. Fricke. n. 6. —

— Elisabeth. Eine Geschichte, die nicht mit der Heirath schließt. 2 Thle. in 1 Bd. 12. Aufl. 8. (303 u. 413 S.) Ebend. 881. 6. —

— Elisabeth. Eine Geschichte, die nicht m. der Heirat schließt. 8. (516 S.) Dresden 889. Brandner. n. 2. —; geb. n. 2. 75

— dasselbe. 3 Bde. 8. (223, 206 u. 254 S.) Leipzig 890. Fock. n. 2. 50; in 1 Bd. geb. n. 3. —

— Elisabeth. Eine Geschichte, die nicht m. der Heirat schließt. 2 Tle. in 1 Bd. 8. (211 u. 311 S.) Herborn 893. Buchh. d. Nass. Colportagevereins. n. 1. 20; geb. in Bibliotheksbd. n. 1. 50; eleg. geb. n. 2. —

— Elisabeth. Eine Geschichte, d. nicht m. d. Heirat schließt. 2. Aufl. 12. (678 S.) Herborn 896. Buchh. d. Nass. Colportage-Vereins. n. 1. 60; in Bibliotheksbd. n. 2. —; geb. in Leinw. n. 2. 40

Nathusius, Marie, Elisabeth. Eine Geschichte, die nicht m. der Heirat schließt. 3 Tle. in 1 Bde. (215, 197 u. 246 S.) 8. Leipzig (902). G. Fock Verl. Geb. in Leinw. 3. —

— dasselbe, s.a. Bibliothek der Gesamtliteratur.

Elisabeth. Eine Geschichte, die nicht mit d. Heirat schließt, von Marie (v.) **Nathusius**. Mit e. Vorbemerkung u. d. Bilde d. Dichterin. Halle a. S.: O. Hendel [1906]. (461 S.) 8° [F.]
(Bibliothek d. Gesamtliteratur d. In- u. Auslandes. No 1955—61.) [o6. 9303

Nathusius, Marie, Elisabeth. Eine Geschichte, die nicht m. der Heirat schließt. 3. Aufl. (563 S.) 8. Herborn 910. Buchh. des nass. Colportagevereins. 1.60; in Bibliotheksbd. 2.—; elegant geb. 2. 40

— Erzählungen, s.a. Erzählungen.

— ausgewählte Erzählungen. Wohlf. Ausg. 15 Lfgn. 8. (à 7—8 B.) Dresden 889. Brandner. à — 50

— dasselbe. 3 Bde. 8. Ebd. 889. à n. 2. 50; geb. à n. 3. 50
1. Der Vormund. Tagebuch eines armen Fräuleins. Die alte Jungfer. Langenstein u. Boblingen. (640 S.)
2. Elisabeth. (516 S.)
3. Christfried u. Julchen. Joachim v. Kamern. Bilderinnerungen aus e. Mädchenleben. (494 S.)

— ausgewählte Erzählungen. (Das Rektorat. Der Turmwart zu Weißlingen. Tante Sophie. Die beiden Tannenbäume. Christian der Vogelsteller.) 8. (110 S.) Leipzig 894. Greßner & Schramm. Kart. — 60

— ausgewählte Erzählungen. 2. Aufl. 12. (84 S.) Ebd. (901). Kart. — 60

— ausgewählte Erzählungen. Mit 4 Einschaltbildern v. F. Müller-Münster. 4 Tle. in 1 Bde. (III, 80, 91, 88 u. 88 S.) 8. Berlin (905). H. J. Meidinger. Geb. in Leinw. 3. —

— drei Erzählungen aus dem Harz. 6. Aufl. 12. (98 S.) Halle a/S. 893. R. Mühlmann's Verl. n. — 60; geb. in Leinw. m. Goldschn. n. 1. —

Marie Nathusius. Gesammelte Erzählungen in 10 Bden. Bd 1–10. Leipzig: G. Fock [1902]. 10 Bde 8° [F.]
1. Langenstein u. Boblingen. 2. Die Geschichten von Christfried u. Julchen. 3. Die alte Jungfer. 4. Rückerinnerungen aus e. Mädchenleben. 5–7. Elisabeth. Eine Geschichte, die nicht mit d. Heirat schließt. T. 1–3. 8. Joachim v. Kamern. Ein Lebenslauf. 9. Der Vormund. Eine Erzählung. 10. Tagebuch e. armen Fräuleins. [08. 8935 11]

— gesammelte Erzählungen in 10 Bdn. (288, 262; 198, 166; 215, 197, 246; 174, 156 u. 147 S.) kl. 8. Leipzig (902). G. Fock Verl. In 4 Leinw.-Bdn. 12. —

— Erzählungen einer Großmutter. Abdr. aus dem Töchter-Album. Glogau (858.) Flemming. 16. (108 S. u. 1 Lithogr.) 10 ngr.

—— Erzählungen einer Großmutter. 16. (108 S. mit 1 Stnt. in Tondr.) Glogau 859, Flemming's Verlag. *
Aus: Töchter-Album, besonders abgedruckt.

— Erzählungen einer Großmutter. 3. Aufl. (Abdr. aus dem Töchter-Album.) Glogau 864. Flemming. gr. 16. (110 S. u. 1 Lithogr.) n. 10 ngr.

Nathusius, Marie, Erzählungen e. Großmutter. Für junge Mädchen. 4. [Min.-]Aufl. 12. (108 S.) Halle a/S. 890. Mühlmann's Verl. n. — 50; geb. m. Goldschn. n. 1. —

— dasselbe. 12. (76 S.) Leipzig 895. Göttingen, F. Wunder. Kart. — 60; geb. in Leinw. m. Goldschn. n. — 70

— Erzählungen e. Großmutter. Für junge Mädchen. 6. (Min.-) Aufl. 12. (108 S.) Halle 899. R. Mühlmann's Verlag. n. — 50; geb. in Leinw. m. Goldschn. n. 1. —

— kleine Erzählungen. Wohlf. Orig.-Ausg. 2 Bde. 8. Ebd. 890. à n. 1. 60; geb. à n. 2. 20
1. 3. Aufl. (VI, 339 S.) — 2. 4. Aufl. (339 S.)

— kleine Erzählungen. 2. Bdchn. 12. (III, 175 S.) Herborn 893. Buchh. d. Nass. Colportagevereins. n. — 60; geb. n. — 80; eleg. geb. n. 1. —

— 6 Erzählungen f. d. Mädchenwelt. Illustr. v. Pet. Geh. gr. 8. (223 S.) Berlin 898. Frz. Schulze. Geb. 1. 50

— sechs Erzählungen f. die Mädchenwelt. Illustriert v. Pet. Geh. gr. 8. (223 S. m. 5 [3 farb.] Taf.) Berlin (902). R. Gahl. Geb. 3. —

— die Gebirgsreise u. Der kleine Kurrendejunge. Erzählungen. 12. (64 S.) Konstanz (900). C. Hirsch. Kart. — 25

— die Geschichten v. Christfried u. Julchen. Aus den kleinen Erzählungen zusammengestellt. 8. (220 S.) Dresden 889. Brandner. n. 1. —; geb. n. 1. 50

— dasselbe. 8. (262 S.) Leipzig 889. Fock. n. 1. 50; geb. n. 1. 80

— dasselbe. Wohlf. Orig.-Ausg. 5. Aufl. 8. (V, 286 S.) Halle a S. 890. Mühlmann's Verl. n. 1. —; geb. n. 1. 60

— dasselbe. 6. [Min.-]Aufl. 12. (359 S.) Ebd. 890. n. 1. —; geb. m. Goldschn. n. 1. 50

— die Geschichten v. Christfried u. Julchen. 7. (Min.-) Aufl. 12. (359 S.) Halle 901. R. Mühlmann's Verl. n. 1. —; geb. in Leinw. m. Goldschn. n. 1. 50

— die Geschichten v. Christfried u. Julchen. 8. (Min.-) [Titel-]Aufl. (359 S.) kl. 8. Halle [901] (905). R. Mühlmann's Verl. n. 1. —; geb. in Leinw. m. Goldschn. n. 1. 50

— 4 Geschichten aus Dorf u. Stadt. Mit (2) Vollbildern v. F. Müller-Münster. 2 Tle. in 1 Bde. (III, 88 u. 88 S.) 8. Berlin (907). Meidinger's Jugendschriften-Verlag. Geb. 2. —

—— die alte Jungfer, s.a. Jungfer, die alte.

(Nathusius, Maria)

Die alte Jungfer. Erzählung. Von der Verf. des "Tagebuchs eines armen Fräuleins." Aus dem Volksblatt für Stadt und Land, Jg. 1856, abgedruckt. 2. Aufl. Halle: Mühlmann 1858. 228 S. 8°

(—) die alte Jungfer. Eine Erzählung von der Verf. des „Tagebuchs eines armen Fräuleins". Aus dem Volksblatt für Stadt u. Land abgedruckt. 857. — 2. Aufl. Halle 858. Mühlmann. 8. (228 S.) 15 ngr.

—— Die alte Jungfer. Eine Erzählg. 8. (163 S.) [Dresd. 889.] Charlottenb., Brandner. * — 60; geb. * 1 —
—— dass. — 8. (198 S.) Lpz. 889, Fock. * 1 20; geb. * 1 50
—— dass. — Eine Erzählg. Wohlf. Orig.-Ausg. 6. Aufl. 8. (210 S.) Halle a. S. 891, Mühlmann's Verlag. * 1 —; geb. * 1 60
—— dass. — 7. [Min.-]Aufl. 12. (260 S.) Ebd. 890. * 1 — geb. m. Goldschn. * 1 50

— dasselbe, s.a. Universal-Bibliothek f. die Jugend.

—— Joachim v. Kamern, s.a. Collection of German Authors.

— dasselbe, s.a. Universal-Bibliothek f. die Jugend.

(—) Joachim v. Kamern. Ein Lebenslauf. Aus dem Volksblatte für Stadt u. Land abgedr. Halle 854. Mühlmann. 8. (1 Bl., 192 S.) 12 ngr.

— Joachim von Kamern. Ein Lebenslauf. (Aus dem Volksblatt für Stadt u. Land abgedr.) 3. Aufl. Halle 859. Mühlmann. 8. (184 S.) 12 ngr.

— dasselbe. Wohlf. Orig.-Ausg. 6. Aufl. 8. (184 S.) Halle a/S. 880. Mühlmann's Verl. n. — 80; geb. n. 1. 40

— Joachim v. Kamern. Ein Lebenslauf. 8. (138 S.) Dresden 889. Brandner. n. — 60; geb. n. 1. —

— dasselbe. 8. (174 S.) Leipzig 890. Fock. n. — 90; geb. n. 1. 20

— Joachim v. Kamern. Ein Lebenslauf. 8. (Min.-) Aufl. 12. (230 S.) Halle 895. R. Mühlmann's Verlag. n. 1. —; geb. in Leinw. m. Goldschn. n. 1. 50

— die Kammerjungfer. Eine Stadtgeschichte. 8. (143 S.) Halle 851, Mühlmann. 9 ngr.

— dasselbe, s.a. Universal-Bibliothek f. die Jugend.

— die Kammerjungfer. Eine Stadtgeschichte. 7. (Min.-) Aufl. 12. (167 S.) Halle a/S. 890. Mühlmann's Verl. n. — 50; geb. m. Goldschn. n. 1. —

— d. Kammerjungfer. E. Stadtgeschichte. 12. (116 S.) Leipzig 895. Göttingen, F. Wunder. Kart. — 60; geb. in Leinw. m. Goldschn. n. — 70

— die Kassette. Der Sonntag, e. Schule d. Himmels. Zwei Erzählgn. 2. Aufl. 12. (56 S.) Herborn 893. Buchh. d. Nass. Colportagevereins. n. — 20

— die Kassette u. Die beiden Tannenbäume. (Eine Weihnachtsgeschichte.) Erzählungen. 12. (61 S.) Ebd. (900). Kart. — 25

— der kleine Kurrendejunge. Eine wahre Geschichte. 4. Aufl. 8. (22 S.) Halle a/S. 893. R. Mühlmann's Verl. — 15

(—) Langenstein und Boblingen. Eine Erzählung. 855. — 2. Aufl. Halle 857. Mühlmann. 8. (336 S.) 27 ngr.

—— Langenstein und Boblingen, s.a. Hausschatz für die christliche Familie.

— dasselbe, s.a. Universal-Bibliothek f. die Jugend.

— Langenstein u. Boblingen. Eine Erzählung. 8. Aufl. 8. (304 S.) Halle 881. Mühlmann. 2. 40; geb. n. 3. —

— Langenstein u. Boblingen. Eine Erzählg. 8. (220 S.) Dresden 889. Brandner. n. 1. —; geb. n. 1. 50

— dasselbe. 8. (288 S.) Leipzig 889. Fock. n. 1. 50; geb. n. 1. 80.

— Langenstein u. Boblingen. Eine Erzählg. Wohlf. Orig.-Ausg. [Gesammelte Schriften, 6. Bd.] 11. Aufl. 8. (304 S.) Ebd. 891. n. — 75; geb. in Leinw. n. 1. 30

— dasselbe. 12. [Min.-]Aufl. 12. (375 S.) Ebd. 891. n. 1. 50; geb. in Leinw. m. Goldschn. n. 2. —

— dasselbe. 8. (221 S.) Herborn 893. Buchh. d. Nass. Colportagevereins. n. — 60; geb. in Bibliotheksbd. n. — 90; eleg. geb. n. 1. —

— Langenstein u. Boblingen. Eine Erzählg. 2. Aufl. (225 S.) 8. Herborn 903. Buchh. des nass. Colportagevereins. n. — 70; geb. in Bibliotheksbd. n. 1. —; in Leinw. n. 1. 20

— Lorenz der Freigemeindler. Marie. Zwei Dorfgeschichten. gr. 16. (72 S.) Leipzig 889. Fock. geb. m. Goldschn. n. 1. —

— dasselbe u. Ringet darnach, daß ihr stille seid u. das Eure schaffet. 2 Erzählgn. 7. (Min.-)Aufl. 12. (62 S.) Halle a/S. 890. Mühlmann's Verl. n. — 50; geb. m. Goldschn. n. 1. —

— Jungfer Lottchen. Eine Erzählg. 4. Aufl. 8. (24 S.) Halle a/S. 893. R. Mühlmann's Verl. — 15

— goldenes Mädchenbuch, s.: Gotthelf, Jerem.

— Goldenes Mädchenbuch, s.: Reinick, Rob.

— 4 Mädchen-Erzählungen. Mit (2) Vollbildern v. F. Müller-Münster. 2 Tle. in 1 Bde. (III, 80 u. 91 S.) 8. Berlin (907). Meidinger's Jugendschriften-Verlag. Geb. 2. —

— u. Christoph v. Schmid, für's Mädchenherz: Ausgew. Erzählgn. Mit (2) Vollbildern v. G. A. Stroedel. 2 Tle. in 1 Bde. (III, 83 u. 86 S.) 8. Berlin (907). Meidinger's Jugendschriften-Verlag. Geb. 2. —

— Martha, die Stiefmutter, s.a. Hausfreund, Hamburger.

— dasselbe, s.a. Universal-Bibliothek f. die Jugend.

— dasselbe u. Marie. 2 Dorfgeschichten. 7. (Min.-)Aufl. 12. (123 S.) Halle a/S. 889. Mühlmann's Verl. n. — 50; geb. m. Goldschn. n. 1. —

—— Martha, die Stiefmutter. Eine Dorfgeschichte, s.a. Hausfreund, Hamburger.

—— Martha, die Stiefmutter, s.a. Martha.

— Martha, die Stiefmutter; Marie, s.a. Volksschriften.

Nathusius, Marie, Martha, d. Stiefmutter. — Marie. Zwei Dorfgeschichten. 12. (87 S.) Leipzig 895. Göttingen, F. Wunder. Kart. — 60; geb. in Leinw. m. Goldschn. n. — 70

— Martha, d. Stiefmutter. — Marie. Zwei Dorfgeschichten. 9. (Min.-) Aufl. 12. (123 S.) Halle 899. R. Mühlmann's Verl. n. — 50; geb. in Leinw. m. Goldschn. n. 1. —

— Balster Meier bei den Franzosen. Eine Erzählg. 12. (48 S.) Herborn 893. Buchh. d. Nass. Colportagevereins. n. — 20

— Mutter u. Kind, s.: Hagen, Clara.

Nathusius, Marie, die beiden Pfarrhäuser. Eine Erzählung. Neue Ausg. (Aus dem „Volksblatt für Stadt u. Land" abgedr.) Berlin 859. Beck. 12. (48 S.) n. 3 ngr.

— dasselbe. Ringet danach, daß ihr stille seid. Das Rektorat, s.a. Universal-Bibliothek f. die Jugend.

— die beiden Pfarrhäuser. Eine Erzählung. 2. Aufl. Berlin 868. C. Beck. 8. (47 S.) n. 2½ ngr.

—— Die beiden Pfarrhäuser. Der neue Schulmeister. Zwei Dorfgeschichten. 12. (74 S.) Lpz. 889, Fock. geb. m. Goldschn. * 1 —

— die beiden Pfarrhäuser. Der neue Schulmeister. 2 Dorfgeschichten. 7. (Min.-)Aufl. 12. (90 S.) Ebd. 890. n. — 50; geb. m. Goldschn. n. 1. —

— die beiden Pfarrhäuser. Der kleine Kurrendejunge. Die dumme Anne. 3 Erzählgn. 8. (94 S.) Leipzig 894. Greßner & Schramm. Kart. — 60

— die beiden Pfarrhäuser. — Der neue Schulmeister. Zwei Dorfgeschichten. 8. (Min.=) Aufl. 12. (90 S.) Halle 899. R. Mühlmann's Verlag n. — 60; geb. in Leinw. m. Goldschn. n. 1. —

— die beiden Pfarrhäuser. Der kleine Kurrendejunge. Die dumme Anne. Drei Erzählgn. 2. Aufl. 12. (88 S.) Berlin (901). L. Lewin. Kart. — 60

— der kleine Regimentstrompeter. s.a. Universal-Bibliothek f. d. Jugend.
Der Turmwart v. Weißlingen. Balster
Meier bei den Franzosen,

— der kleine Regimentstrompeter. Eine Erzählg. 4. Aufl. 8. (34 S.) Halle a/S. 893. R. Mühlmann's Verl. — 15

— der kleine Regimentstrompeter. Eine Erzählg. — Ein treuer Konfirmand. Erzählg. von v. Bodelschwingh. 12. (30 S.) Bielefeld=Gadderbaum 894. Schriften=Niederlage der Anstalt Bethel. — 10

— das Rektorat. Eine Erzählg. 4. Aufl. 8. (28 S.) Halle a/S. 893. R. Mühlmann's Verl. — 15

—— Rückerinnerungen aus einem Mädchenleben, s.a. Rückerinnerungen.

— dasselbe, s.a. Universal=Bibliothek f. die Jugend.

(—) Rückerinnerungen aus einem Mädchenleben. Abdr. aus dem Volksblatt für Stadt u. Land. 855. — 2. Aufl. Halle 858. Mühlmann. 8. (189 S.) 12 ngr.

— Rückerinnerungen aus einem Mädchenleben. 5. Aufl. 8. (175 S.) Ebend. 881. 1. 20; geb. n. 1. 80

— Rückerinnerungen aus e. Mädchenleben. 8. (129 S.) Dresden 889. Brandner. n. — 60; geb. n. 1. —

— dasselbe. 8. (166 S.) Leipzig 889. Fock. n. 1. 20; geb. n. 1. 50

— dasselbe. Wohlf. Orig.=Ausg. 5. Aufl. 8. (175 S.) Halle a/S. 890. Mühlmann's Verl. n. — 80; geb. n. 1. 40

— s. Schillingsbücher des Rauhen Hauses Nr. 18: Lorenz der Freigemeindler.

—— Ausgewählte Schriften. Volks-Ausg. 25 Lfgn. 8. (à Lfg. 4—5 Bog.) Lpz. 889, Fock. à Lfg. * — 40; * 10 —
—— dass. — 10 Bde. 8. Ebd. 889. à Bd. 1 --; * 10 —
geb. in 4 Bde. * 12 —

1. Langenstein u. Boblingen. Eine Erzählg. (288 S.)
2. Die Geschichten v. Christfried u. Julchen. (262 S.)
3. Die alte Jungfer. Eine Erzählg. (198 S.)
4. Rückerinnerungen aus e. Mädchenleben. (166 S.)
5.—7. Elisabeth. Eine Geschichte, die nicht m. der Heirat schließt. 3 Tle. (223; 206; 254 S.)
8. Joachim v. Kamern. Ein Lebenslauf. (174 S.)
9. Der Vormund. Eine Erzählg. (156 S.)
10. Tagebuch e. armen Fräuleins. (147 S.)

— gesammelte Schriften. Halle 858. Mühlmann. 8.
1. Bd.: Dorf= und Stadtgeschichten. Nach der Verf. Heimgang zuerst gesammelt. (VI, 556 S.) 1 ℛ.
2. Bd.: Die Geschichte von Christfried und Julchen. Aus den kleinen Erzählungen zuerst zusammengestellt. (2 Bl., 287 S.) 24 ngr.

— gesammelte Schriften. 1—7. Bd. Halle, Mühlmann. 8.
1. Bd. Dorf= u. Stadtgeschichten. Nach der Verf. Heimgang gesammelt. 2. Aufl. 860. (VI, 554 S.) 1 ℛ
2. Bd.: Die Geschichten von Christfried u. Julchen. Aus den kleinen Erzählungen zusammengestellt. 2. Aufl. 863. (291 S.) 24 ngr.
3. 4. Bd.: Kleine Erzählungen. 2 Bde. 859. (IX, 674 S.) Jeder Bd. 24 ngr.
5. Bd.: Tagebuch eines armen Fräuleins. Joachim v. Kamern ein Lebenslauf. Rückerinnerungen aus einem Mädchenleben. 859. (512 S.) 1 ℛ
6. Bd.: Langenstein u. Boblingen. Eine Erzählung. 3. Aufl. 859. — 4. Aufl. 863. (312 S.) 24 ngr.
7. Bd.: Die alte Jungfer. Der Vormund. Zwei Erzählungen. 859. (380 S.) 24 ngr.

— — 8—11. Bd. Halle. Fricke. 8.
8. u. 9. Bd.: Elisabeth. Eine Geschichte, die nicht mit der Heirath schließt. 2 Bde. 4—7. Aufl. 859—63. (VI, 715 S.) 1 ℛ 21 ngr.
10. Bd.: Nachträge. 1. Bd. Tagebuch einer Reise nach der Provence, Italien u. der Schweiz. Aus dem Nachlasse. 860. (VIII, 370 S.) 27 ngr.
11. Bd.: Familien=Skizzen. Herr u. Kammerdiener. Zwei Jugend=Novellen. 861. (VII, 399 S.) 27 ngr.

Nathusius, Marie, gesammelte Schriften. 3—7. Bd. Halle 866—69. Mühlmann. n. 4 ℛ 12 ngr.; geb. n. 6 ℛ
3. 4. Bd. Kleine Erzählungen. 2 Bde. 2. Aufl. (VII, 339 S. u. IV, 334 S.) à n. 24 ngr.; geb. à n. 1 ℛ.
5. Bd. 1. Heft. Tagebuch eines armen Fräuleins. Abgedruckt zur Unterhaltung u. Belehrung für junge Mädchen. 11. Aufl. (III, 152 S.) n. 12 ngr.; geb. n. 18 ngr.
5. Bd. 2. Heft. Joachim v. Kamern. Ein Lebenslauf. 5. Aufl. (III, 184 S.) n. 12 ngr.; geb. n. 18 ngr.
5. Bd. 3. Heft. Rückerinnerungen aus einem Mädchenleben. 4. Aufl. (III, 175 S.) n. 12 ngr.; geb. n. 18 ngr.
6. Bd. Langenstein u. Boblingen. Eine Erzählung. 5. Aufl. (304 S.) n. 24 ngr.; geb. 1 ℛ.
7. Bd. 1. Heft. Die alte Jungfer. Eine Erzählung. 4. Aufl. (210 S.) n. 12 ngr.; geb. n. 18 ngr.
7. Bd. 2. Heft. Der Vormund. Eine Erzählung. 4. Aufl. (170 S.) n. 12 ngr.; geb. n. 18 ngr.

— — 8. 9. 11. Bd. Halle 866—70. Fricke. 8. 2 ℛ 18 ngr.
8. 9. Bd. Elisabeth. Eine Geschichte die nicht mit der Heirath schließt. 8. u. 9. Aufl. 2 Bde. (303 S. u. VI, 413 S.) 1 ℛ 21 ngr.
11. Bd. Familienskizzen. Herr u. Kammerdiener. Zwei Jugend=Novellen. (VI, 399 S.) 27 ngr.

—— dass. — 13.—15. Bd. Nachträge. 4.—6. Bd. A. u. d. T.: Lebensbild der heimgegangenen Marie Nathusius, geb. Scheele. Für ihre Freunde nah und fern. Samt Mittheilungen aus ihren noch übrigen Schriften. 3 Bde. 8. Halle, Fricke. à Bd. 1 Thlr. 21 Ngr. geb. à Bd. * 2 Thlr.

Inhalt:
Bd. 1. Mädchenzeit. (XXIV und 666 S. mit Portr. in Kpfrst.) 867.
» 2. Frauenleben in Althaldensleben. (VI und 723 S. mit 1 Kpfrst.) 868.
» 3. Frauenleben in Neinstedt. (VII und 639 S. mit Portr. in Kpfrst.) 868.

Bd. 1—7 (6 Thlr. 6 Ngr.) sind im Verlag von R. Mühlmann, Bd. 8—11, 13—15 (8 Thlr. 18 Ngr., geb. 10 Thlr. 12 Ngr.) im Verlag von J. Fricke erschienen. Bd. 12 ist noch nicht erschienen. — Vgl. XIII. Bd. 2. Abthl. S. 151.

—— dass. — Suppl.=Bd. A. u. d. T.: Hundert Lieder, geistlich und weltlich, ernsthaft und fröhlich, in Melodieen, und mit Clavierbegleitung. Hrsg. von Ludw. Erk und Phil. v. Nathusius. qu. 4. (VIII und 168 S.) Halle 865, Mühlmann.

Nathusius, Marie, gesammelte Schriften. 1.—7. Bd. 8. Halle, Mühlmann. ℳ 18,60.; geb. *

Inhalt:
Bd. 1. Dorf- und Stadtgeschichten. Nach der Verf. Heimgang gesammelt. I. Die beiden Pfarrhäuser. II. Martha die Stiefmutter. III. Vater, Sohn und Enkel. IV. Lorenz der Freigemeindler. V. Ringet darnach, daß ihr stille seid. VI. Die Kammerjungfer. VII. Die Sonntagsschule. VIII. Eine Dienstmägdegeschichte. IX. Der neue Schulmeister. X. Marie. 3. Aufl. (VI, 554 S.) 871. ℳ 3.; geb. * ℳ 3,75.
» 2. Die Geschichten von Christfried und Julchen. Aus den kleinen Erzählungen von Marie Nathusius zusammengestellt. I. Christfrieds erste Reise. II. Julchens Haushalt mit dem Wahlspruch: Was ich nicht hab, haben andere gute Leute. III. Christfrieds Schuljahre. IV. Christfrieds Harzreise. V. Christfried auf der Universität. VI. Christfried als Hauslehrer. VII. Julchen in der Residenz. 3. Aufl. (280 S.) 873. ℳ 2,40.; geb. * ℳ 3.

• 3. 4. Kleine Erzählungen. 1. Bd. I. Tante Sofie. II. Das Rectorat. III. Jungfer Lottchen. IV. David Blume. V. Die dumme Anne. VI. Der kleine Regimentstrompeter. VII. Der kleine Currendejunge. VIII. Der Thurmwart zu Weißlingen. IX. Die beiden Tannenbäume. X. Christian der Vogelsteller. XI. Wo wächst der Glücksbaum? — 2. Bd. XII. Das Baregekleid. XIII. Die Gebirgsreise. XIV. Der Bankerott. XV. Balster Meier bei den Franzosen. XVI. Der Wolkenbruch. XVII. Die Kassette. XVIII. Die Botenfrau. 2. Aufl. (VII, 339; IV, 434 S.) 868,69. à Bd. M 2,40.; geb. *M 3.

• 5. 1. Heft: Tagebuch eines armen Fräuleins. Abgedruckt zur Unterhaltung und Belehrung für junge Mädchen. 11. Aufl. (III, 152 S.) 868. — 2. Heft.: Rückerinnerungen aus einem Mädchenleben. 4. Aufl. (III, 175 S.) 868. — 3. Heft: Joachim v. Kamern. Ein Lebenslauf. 5. Aufl. (III, 184 S.) 868. à Heft M 1,20.; geb. à Heft *M 1,80.

• 6. Langenstein und Boblingen. Eine Erzählung. 6. Aufl. (304 S.) 871. M 2,40.; geb. *M 3.

Bd. 7. 1. Abthl.: Die alte Jungfer. Eine Erzählung. 4. Aufl. (210 S.) 869. — 2. Abthl.: Der Vormund. Eine Erzählung. 4. Aufl. (170 S.) 869. à Abthl. M 1,20.; geb. à Abthl. *M 1,80.

—— dass. — 8., 9. und 11. Bd. 8. Halle, Fricke. geb. *

Inhalt:

Bd. 8. 9. Elisabeth. Eine Geschichte, die nicht mit der Heirath schließt. 2 Bde. 9. Aufl. 1870. M 5,10., und 10. Aufl. 1874. (303; VI, 413 S.) *M 6.; geb. *M 7.

• 11. Familien-Skizzen. Herr und Kammerdiener. Zwei Jugend-Novellen. 2. Aufl. (VI, 399 S.) 868. M 2,70.; geb. *M 3,60.

10., 13.—15. Bd. Ebendas. 1860—68. M 18.; geb. *M 21,60.

Nathusius, Marie, gesammelte Schriften. 5. Bd. 3 Hefte und 6. Bd. 8. Halle, Mühlmann. M 6.; geb. *

Inhalt:

Bd. 5. Heft 1. Tagebuch eines armen Fräuleins. Abgedruckt zur Unterhaltung und Belehrung für junge Mädchen. 12. Aufl. (152 S.) 876. M 1,20.; geb. *M 1,80.

• 5. Heft 2. Joachim von Kamern. 6. Aufl. (III, 184 S.) 881. M 1,20.; geb. *M 1,80.

• 5. Heft 3. Rückerinnerungen aus einem Mädchenleben. 5. Aufl. (III, 175 S.) 881. M 1,20.; geb. *M 1,80.

• 6. Langenstein und Boblingen. Eine Erzählung. 7. Aufl. (303 S.) 876. M 2,40.; geb. *M 3.

1.—4. und 7. Bd. Ebendas. 1868—73. M 12,60.; geb. *M 16,35.

—— dass. — 8. und 9. Bd.: Elisabeth. Eine Geschichte, die nicht mit der Heirath schließt. 2 Bde. 11. Aufl. 8. (V, 302; VI, 413 S.) Halle 877, Fricke. M 6.; geb. *

Nathusius, Marie, gesammelte Schriften. 5. Bd. 1. Heft, 6. Bd. und 7. Bd. 2 Hefte. 8. Halle, Mühlmann. * geb. *

Inhalt:

Bd. 5. 1. Heft: Tagebuch eines armen Fräuleins. Abgedruckt zur Unterhaltung und Belehrung für junge Mädchen. 13. Aufl. (208 S.) 881. *M 1,80.; geb. *M 2,60.

• 6. Langenstein und Boblingen. Eine Erzählung. 8. Aufl. (304 S.) 881. *M 2,40.; geb. *M 3.

• 7. 1. Heft: Die alte Jungfer. Eine Erzählung. 5. Aufl. (210 S.) 883. *M 1,20.; geb. *M 1,80.

• 7. 2. Heft: Der Vormund. Eine Erzählung. 5. Aufl. (170 S.) 883. *M 1,20.; geb. *M 1,80.

1.—4. Bd. und 5. Bd. 2. und 3. Heft. Ebendas. 1868—81. *M 12,60.; geb. *M 16,35.

—— dass. — 8., 9. und 12.—15. Bd. 8. Halle, Fricke's Verlag. *M 14.; geb. *

Inhalt:

Bd. 8. 9. Elisabeth. Eine Geschichte, die nicht mit der Heirath schließt. 2 Bde. 12. Aufl. (303; 413 S.) 881. *M 6.; geb. *M 7.

• 12. Reisebriefe aus Frankreich, England und Schottland. (VIII, 203 S.) 882. *M 2.; geb. *M 2,75.

• 13—15. Lebensbild der heimgegangenen Marie Nathusius, geb. Scheele. Für ihre Freunde nah und fern. Sammt Mittheilungen aus ihren noch übrigen Schriften. 3 Bde. 2. verkürzte Aufl. (XXII, 359; IX, 362; II, 382 S.) 875—77. *M 6.; geb. *M 8.

10. und 11. Bd. Ebendas. 1860,68. *M 5.40.; geb. *M 8,20.

Nathusius, Marie, gesammelte Schriften. 2. Bd., 5. Bd. 1. Heft und 6. Bd. 8. Halle, Mühlmann's Verlag. * geb. **

Inhalt:

Bd. 2. Die Geschichten von Christfried und Julchen. Aus den kleinen Erzählungen zusammengestellt. 4. Aufl. (286 S.) 885. M 2.40.; geb. *M 3.—.

• 5. Heft 1. Tagebuch eines armen Fräuleins. 15. und 16. Aufl. (Wohlf. Ausg.) (155 S.) * 60 Pf; geb. *M 1.20.

Bd. 6. Langenstein und Boblingen. Eine Erzählung. 9. Aufl. (288 S.) 886. *M 2.40.; geb. *3.—.; 10. Aufl. (304 S.) 888. * 75 Pf.; geb. **M 1.30.

1., 3., 4., 5. Bd. 2. und 3. Heft und 7. Bd. Ebendas. 1868—83. *M 12.60.; geb. *M 16.95.

—— dass. — 8. und 9. Bd.: Elisabeth. Eine Geschichte, die nicht mit der Heirat schließt. 13. Aufl. (303 und 416 S.) 8. Halle 887, Fricke's Verlag. M 3.—.; geb. *

10.—15. Bd. Ebendas. 1860—82. *M 13.40.; geb. *M 16.95.

— dasselbe. Wohlf. Orig.-Ausg. 4. Aufl. 30 Lfgn. 8. (à 7 B.) Halle 889. Mühlmann's Verl. à — 30 (cplt. 9 Bde.: 9.—; geb. n. 13. 50)

— dasselbe. 10 Bde. 8. Ebd. 889. à Bd. n. 1. — (cplt. in 4 Bde. geb.: n. 12. —)

1. Langenstein u. Boblingen. Eine Erzählg. (288 S.)
2. Die Geschichten v. Christfried u. Julchen. (262 S.)
3. Die alte Jungfer. Eine Erzählg. (198 S.)
4. Rückerinnerungen aus e. Mädchenleben. (166 S.)

5—7. Elisabeth. Eine Geschichte, die nicht m. der Heirat schließt. 3 Thle. (223, 206 u. 251 S.)

8. Joachim v. Kamern. Ein Lebenslauf. (174 S.)
9. Der Vormund. Eine Erzählg. (156 S.)
10. Tagebuch e. armen Fräuleins. (147 S.)

Nathusius, Marie, gesammelte Schriften. Wohlf. Volks-Ausg. 3. Bd. 8. Halle a/S. 892. R. Mühlmann's Verl. n. 1. 60; geb. n. 2. 20

Kleine Erzählungen. (In 2 Bdn.) 1. Bd. 4. Aufl. (339 S.)

Nathusius, Marie, gesammelte Schriften. Wohlfeile Orig. Ausg. 5. Bds. 1.—3. Hft. 8. Halle, R. Mühlmann's Verl. n. 2. 20; geb. in Leinw. n. 4. —

1. Tagebuch e. armen Fräuleins. 17. Aufl. (155 S.) 899. n. — 60; geb. n. 1. 20
2. Joachim v. Kamern. Ein Lebenslauf. 7. Aufl. (186 S.) 895. n. — 80; geb. n. 1. 40
3. Rückerinnergn. aus e. Mädchenleben. 6. Aufl. (175 S.) 897. n. — 80; geb. n. 1. 40

Nathusius, Marie, gesammelte Schriften. Wohlf. Orig.-Ausg. 1. Bd. Dorf- u. Stadtgeschichten. Nach der Verf. Heimgang gesammelt. 5. Ausg. 8. (V, 554 S.) Halle 899. R. Mühlmann's Verl. n. 2. —; geb. n. 2. 60

Nathusius, Marie, Tante Sofie. Der kleine Currendejunge. 2 Weihnachtsgeschichten. 12. (47 S.) Herborn 889. Buchhandlg. d. Nassauischen Colportagevereins. n. — 20

— dasselbe. David Blume. Die beiden Tannenbäume. Jungfer Lottchen, s.: Universal-Bibliothek f. die Jugend.

— Tante Sofie. Eine Weihnachtsgeschichte. 4. Aufl. 8. (22 S.) Ebd. 893. — 15

— Tante Sofie. D. kleine Currendejunge. 2 Weihnachtsgeschichten. 2. Aufl. 12. (46 S.) Herborn 897. Buchh. d. Nass. Colportage-Vereins. n. — 20

— Tante Sophie (e. Weihnachtsgeschichte) u. Der kleine Regimentstrompeter. Erzählgn. 12. (64 S.) Konstanz (900). C. Hirsch. Kart. — 25

— der Sonntag, eine Schule des Himmels. Eine Erzählung. Barmen 865. (Berlin, E. Beck.) 8. (16 S.) ¾ ngr.

— der Sonntag e. Schule d. Himmels. Eine Erzählg. 3. Aufl. Hrsg. v. der Wupperthaler-Traktat-Gesellschaft. gr. 16. (16 S.) Barmen 874. Wiemann. n. — 10

Nathusius, Marie, die Sonntagsschule. Eine Dienstmägde-Geschichte, s.a. Volksschriften.

—— Die Sonntagsschule. Eine Dienstmägde-Geschichte. 2 Dorfgeschichten. 7. (Min.-)Aufl. 12. (110 S.) Halle a. S. 890, Mühlmann's Verlag. * — 50; geb. m. Goldschn. * 1 —

— Tagebuch e. armen Fräuleins, s.a. Bibliothek d. Gesamtliteratur.

— Aus dem Tagebuch e. armen Fräuleins, s.a. Hausbibliothek, christliche.

— dasselbe, s.a. Jugendbibliothek, illustrierte.

— dasselbe, s.a. Meyer's Volksbücher.

— dasselbe, s.a. Universal-Bibliothek.

— aus dem Tagebuch e. armen Fräuleins, s.a. Universal-Bibliothek f. das christliche Haus. Nr. 11.

– dasselbe, s.a. Universal-Bibliothek f. die Jugend.

— — eines armen Fräuleins (von *Marie Nathusius*). Halle 1853. 8°.
Anon.-Lex. V. p. 284 (nach hdschr. Mitthlg. von Fr. Müller-Kiel). — Zahm.
— — Dasselbe. 2. Auflage. Ebd. 1854. 8°.
§ — — Dasselbe. Ebd. 1857. 8°.

(—) Tagebuch eines armen Fräuleins. 2. Aufl. 854. — 3. Aufl. 855. — 4. Aufl. Halle 856. Mühlmann. 8. (168 S.) 11¼ ngr.

— Tagebuch eines armen Fräuleins. Abgedruckt zur Unterhaltung u. Belehrung für junge Mädchen. 6. Aufl. 859. (152 S.) 11¼ ngr. — 7. Aufl. Halle 860. Mühlmann. 16. (208 S.) 18 ngr.

— Tagebuch eines armen Fräuleins. Abgedruckt zur Unterhaltung u. Belehrung für junge Mädchen. 9. Aufl. Halle 866. Mühlmann. 16. (208 S.) 18 ngr.; geb. mit Goldschn. n. 26 ngr.

—— Tagebuch eines armen Fräuleins. Abgedruckt zur Unterhaltung und Belehrung für junge Mädchen. 10. Aufl. 16. (208 S.) Halle 872, Mühlmann. ℳ 1,80.; geb. *

— Tagebuch e. armen Fräuleins. Abgedruckt zur Unterhaltg. u. Belehrg. f. junge Mädchen. 11. Aufl. 16. (208 S.) Halle 876. Mühlmann. 1. 80; geb. n. 2. 60

— Tagebuch eines armen Fräuleins. Abgedr. zur Unterhaltung u. Belehrung für junge Mädchen. 13. Aufl. 16. (208 S.) Ebend. 881. 1. 80; geb. m. Goldschn. n. 2. 60

—— Tagebuch eines armen Fräuleins. Abgedruckt zur Unterhaltung und Belehrung für junge Mädchen. [Sep.-Ausg.] 14. Aufl. 16. (208 S.) Halle 886, Mühlmann. geb. mit Goldschn. *

—— dass. — Neu vervollständigte Ausg. Bevorwortet und mit einer Biographie der Verf. versehen von H. Sartorius. 12. (XVI, 192 S. mit Bild.) Leipzig 888, Siegismund und Volkening. ℳ 1.50.; geb. ℳ 1.80.; mit Goldschn.

— Tagebuch e. armen Fräuleins. 8. (122 S.) Dresden 889. Brandner. n. — 60; geb. n. 1. —

— dasselbe. Neu vervollständ. Ausg. Bevorwortet u. m. e. Biographie der Verf. versehen von H. Sartorius. 12. (XVI, 192 S. m. Bild.) Leipzig 889. Siegismund & Volkening. 1. 50; geb. 1. 80; m. Goldschn. 2. —

— dasselbe. Abgedruckt zur Unterhaltung u. Belehrg. für junge Mädchen. 15. [Min.-]Aufl. 12. (208 S.) Halle a/S. 890. Mühlmann's Verl. n. 1. —; geb. m. Goldschn. n. 1. 50

— dasselbe. 8. (147 S.) Leipzig 890. Fock. n. — 90; geb. n. 1. 20

— dasselbe. 12. (160 S.) Ebd. 889. geb. m. Goldschn. n. 1. —

— Tagebuch e. armen Fräuleins. Abgedruckt zur Unterhaltg. u. Belehrg. f. junge Mädchen. 16. (128 S.) Leipzig 892. W. Fiedler. Geb. m. Goldschn. n. — 75

— dasselbe. 16. (225 S.) Ebd. 894. Geb. in Damast m. Goldschn. 1. 50

— dasselbe. 12. (127 S.) Leipzig 894. Greßner & Schramm. Kart. — 60

— Tagebuch e. armen Fräuleins. (Min.-Ausg.) 12. (144 S.) Leipzig 895. G. Fock Verlag. Geb. in Leinw. m. Goldschn. 1. 20

— Tagebuch e. armen Fräuleins. Zur Unterhaltung u. Belehrg. f. junge Mädchen. 8. (192 S.) Dresden (899). M. Fischer. Geb. 3. —

— dasselbe. Abgedr. zur Unterhaltg. u. Belehrg. f. junge Mädchen. 18. (Min.-)Ausg. 12. (192 S.) Halle 899. R. Mühlmann's Verl. Geb. in Leinw. m. Goldschn. n. 1.50

Nathusius, Marie: Tagebuch eines armen Fräuleins von —. Mit e. Vorbemerkung u. d. Bilde d. Dichterin. Halle a. S.: Hendel [1908]. 130 S. 8°
(Bibliothek d. Gesamtliteratur d. In- u. Auslandes. Nr 2077-2078.)

Nathusius, Maria. Tagebuch einer Reise nach der Provence, Italien und der Schweiz. Aus dem Nachlasse von M' N'. 8. Halle 1860.

— die beiden Tannenbäume. Eine Weihnachtsgeschichte. 4. Aufl. 8. (24 S.) Halle a/S. 893. R. Mühlmann's Verl. — 15

— der Turmwart zu Weißlingen. Eine Erzählg. 4. Aufl. 8. (28 S.) Ebd. 893. — 15

— dasselbe. Der Wolkenbruch. Zwei Erzählgn. 12. (75 S.) Herborn 893. Buchh. d. Nass. Colportagevereins. n. — 20

(—) Vater, Sohn und Enkel. Eine Dorfgeschichte. 2. Aufl. Halle 857. Mühlmann. 8. (128 S.) 7½ ngr.

— dasselbe, s.a. Universal-Bibliothek f. die Jugend.

— s.a. Vater, Sohn u. Enkel.

— Vater, Sohn u. Enkel, s.a. Volksschriften.

— Vater, Sohn u. Enkel. Eine Dorfgeschichte. 7. (Min.-) Aufl. 12. (140 S.) Halle a/S. 890. Mühlmann's Verl. n. — 50; geb. m. Goldschn. n. 1. —

— dasselbe, u. andere Erzählgn. Bearb. v. Adf. Martin. 12. (63 u. 64 S. m. 2 Bildern.) Leipzig 893. R. Werther. Kart. n. — 75

— Vater, Sohn u. Enkel. Eine Dorfgeschichte. 12. (96 S.) Leipzig 895. Göttingen, F. Wunder. Kart. — 60; geb. in Leinw. m. Goldschn. n. — 70

— Vater, Sohn u. Enkel. Eine Dorfgeschichte. 2. Aufl. 12. (88 S.) Berlin (901). L. Lewin. Kart. — 60

— verloren u. wiedergefunden, s.: Fischer, Glieb.

(—) der Vormund. Halle 858. Mühlmann. 8. (184 S.) 12 ngr.

— dasselbe, s.a. Bergquell.

— dasselbe, s.a. Universal-Bibliothek f. die Jugend.

— der Vormund. Eine Erzählung. (Aus dem Volksblatt für Stadt u. Land abgedr.) 2. Aufl. Ebend. 859. 8. (172 S.) 12 ngr.

— dasselbe. 8. (130 S.) Dresden 889. Brandner. n. — 60; geb. n. 1. —

— der Vormund. Eine Erzählg. Wohlf. Orig.-Ausg. 5. Aufl. 8. (170 S.) Halle a/S. 890. Mühlmann's Verl. n. — 80; geb. n. 1. 40

— dasselbe. 6. (Min.-)Aufl. 12. (212 S.) Ebd. 890. n. 1. —; geb. m. Goldschn. n. 1. 50

— dasselbe. 8. (156 S.) Leipzig 890. Fock. n. — 90; geb. n. 1. 20

— der Vormund. Eine Erzählung. Neue Ausg. m. 4 Farbendr.-Bildern. 12. (143 S.) Berlin (900). Konstanz, C. Hirsch. Geb. — 75

– Der armen Witwe Weihnachtsreise, s. Fischer, Gottlieb

Nathusius, Maria

Gesammelte Werke. 12. Aufl. Bd 8.9. Halle: Fricke 1881. 8°

8.9. Elisabeth. Geschichte, die nicht mit der Hochzeit schließt. Bd 1.2.

— wo wächst der Glücksbaum? s.a. Universal-Bibliothek f. die Jugend. Die Kassette,

— wo wächst der Glücksbaum? Eine Erzählg. 5. Aufl. 12. (90 S.) Halle a/S. 893. R. Mühlmann's Verl. n. — 50; geb. in Leinw. m. Goldschn. n. 1. —

— dasselbe. 2. Aufl. 12. (71 S.) Herborn 893. Buchh. d. Nass. Colportagevereins. n. — 25

— dasselbe. Der kleine Regimentstrompeter. Jungfer Lottchen. 3 Erzählgn. 12. (116 S.) Leipzig 894. Greßner & Schramm. Kart. — 60

— wo wächst der Glücksbaum? Erzählg. 12. (62 S.) Konstanz (900). C. Hirsch. Kart. — 25

— d. Wolkenbruch, s.a. Bibliothek f. Alle, Nr. 23.

— der Wolkenbruch u. Christian der Vogelsteller. Erzählungen. 12. (62 S.) Konstanz (900). C. Hirsch. Kart. — 25

Nathusius, Mart. v., der Ausbau der praktischen Theologie zur systematischen Wissenschaft. Ein Beitrag zur Reform des theolog. Studiums. gr. 8. (50 S.) Leipzig 899. J. C. Hinrichs' Verl. n. — 90

Nathusius, Mart. v., über die Bedeutung christlicher Erkenntnis, s.a. Salz u. Licht. 5.

Ueber die Bedeutung christlicher Erkenntnis von M[artin] v. Nathusius, Prof. in Greifswald. *Barmen: Wuppert. Traktat-Ges. (1903).* (15 S.) 8° [F.]
= Salz u. Licht. 5. [03. 10310 5

— Bibel u. Frauenbewegg., s.a. Hefte der kirchlich-sozialen Konferenz.

Nathusius, [Martin] v.: Bibel und Frauenbewegung. Referat u. Diskussion. Aus d. Verhandlungen des Frauenkursus d. freien kirchlich-sozialen Konferenz zu Berlin am 13.–15. April 1899. — Berlin: Berliner Stadtmission 1899. 22 S. 8° (Hefte d. freien kirchlich-sozialen Konferenz. H. 5, [1.])

— u. Ghold. Knapp, Bibelfestpredigten, geh. am 10. Mai 1885 beim Fest der Wupperthaler Bibel-Gesellschaft. gr. 8. (30 S.) Barmen 885. (Wiemann.) n. — 50

Nathusius, M[artin] v., D.: Zur Charakteristik der Cirkumcellionen des 4. u. 5. Jahrhunderts in Afrika. *Greifswald 1900: J. Abel.* (38 S.) 8°
Greifswald, Beil. zum Verz. d. Vorl. f. d. WS 1900/1901

Nathusius, Martin von, Erwiderung, s.: Streitschriften, freundschaftliche.

— u. Ad. Stöcker, die Frauenfrage, s.a. Hefte der freien kirchlich-sozialen Konferenz.

Die Frauenfrage. Aus d. Verhandlungen d. 1. Hauptversamml. d. freien kirchl.-soz. Konferenz zu Berlin 1899. Referate von D. [Martin] v. Nathusius u. Ad[olf] Stöcker, u. Diskussion. *Berlin: Berl. Stadtmiss. 1899.* (50 S.) 8° [F.]
= Hefte d. freien kirchl.-sozialen Konferenz. H. 1. [00. 7197

Die Frauenfrage. Referate von D. [Martin] v. Nathusius u. Ad[olf] Stöcker, Hofpred. a. D., u. Diskussion. Berlin: Berliner Stadtmiss. 1899. (50 S.) 8° [F.]
= Verhandlungen d. Haupt-Versammlung d. freien kirchl.-soz. Konferenz. 4, [1.] [07. 8611

— die wissenschaftliche u. religiöse Gewißheit, s.a. Zeitfragen des christlichen Volkslebens. 208.

Nathusius, Martin v.: Über wissenschaftliche und religiöse Gewissheit. Von D. Martin v. Nathusius, Prof. in Greifswald. Stuttgart: Ch. Belser 1902. (36 S.) 8°
Zeitfragen d. christlichen Volkslebens. Bd 27, H. 8.

Handbuch des kirchlichen Unterrichts nach Ziel, Inhalt u. Form von Martin v. Nathusius, Prof., Greifswald. T. 1–3. Leipzig: J. C. Hinrichs 1903–04. 3 Bde 8° [F.]
1 — Das Ziel d. kirchl. Unterrichts od. d. Konfirmation in ihrer geschichtl. Entwicklung u. ihrer Gestaltung in d. Gegenwart. 1903.
2 — Die christl. Lehre nach Luthers kleinem Katechismus. 1904.
3 — Das pädagog.-didakt. Verfahren im kirchl. Unterricht. 1904. [07. 9964

Fünfzig Jahre innerer Mission. Festschrift z. Feier d. 50j. Bestehens d. Knabenrettungs- u. Brüderhauses auf d. Lindenhof zu Neinstedt am Harz von **Martin v. Nathusius**, Prof. in Greifswald. *Neinstedt: Lindenhof 1900.* (221 S.) 8° [F.] [00. 10014 3

Nathusius, Mart. v., d. christlich-socialen Ideen d. Reformationszeit, s.a. **Beiträge zur Förderg. christl. Theologie.**

[F.] Die Christlich-socialen Ideen der Reformationszeit und ihre Herkunft. Von D. Martin v. **Nathusius**, Prof. ... in Greifswald. *Gütersloh: C. Bertelsmann 1897.* (3 Bl., 167 S.) 1 Bd 8.
= **Beiträge** z. Förderung christl. Theologie. Jg. 1. H. 2. [97. 6685

-- d. Inspiration d. hl. Schrift u. d. histor. Kritik, s.: Zeitfragen d. christl. Volkslebens.

Nathusius, Mart. v., Katechismus-Predigten, nach der Ordnung des Kirchenjahres gehalten. 2 Thle. gr. 8. Leipzig, Hinrichs'sche Buchh. à Thl. *M 4,50. *
geb. à Thl. *M 5,50.

Inhalt:
Thl. 1. Vom 1. Advent bis Quasimodogeniti. (VII, 254 S.) 883.
" 2. Vom Sonntage Misericordias Domini bis 27. Sonntage nach Trinitatis. (VII, 312 S.) 884.

— Katechismuspredigten, nach d. Ordng. d. Kirchenjahres geh. in Quedlinburg. 2 Tle. 2. Ausg. gr. 8. (VII, 254 u. VII, 312 S.) Leipzig 889. Hinrichs' Verl. In 1 Bd. geb. n. 6.—

Nathusius, Mart. v., die Kernfrage im Kampf f. das Apostolikum gegen die Schule Ritschl's, s.: Zeitfragen d. christlichen Volkslebens.

Die christliche Lehre nach Luthers kleinem Katechismus von D. Martin v. **Nathusius**, Prof., Greifswald. Leipzig: J. C. Hinrichs 1904. (IV, 171 S.) 8° [Umschlagt. F.]
= **Nathusius**: Handbuch d. kirchl. Unterrichts. T. 2. [07. 9963

— christliche Liebe u. soziale Hilfe, s.a. **Hefte der freien kirchlich-sozialen Konferenz.**

Christliche Liebe und soziale Hilfe. Vortrag, geh. bei d. 7. Hauptvers. d. freien kirchlich-sozialen Konferenz zu Düsseldorf, 1902. Mit Diskussion und Preßstimmen. Von D. M[artin] v. **Nathusius**. *Berlin: Berliner Stadtmission 1902.* (51 S.) 8° [F.]
= **Hefte** d. freien kirchlich-sozialen Konferenz. H. 26. [03. n804

— die Mitarbeit der Kirche an der Lösung der sozialen Frage. 2 Bde. gr. 8. Leipzig, J. C. Hinrichs' Verl.
n. 12.50; geb. n. 14.50; in 1 Bd. geb. n. 14.—
1. Die soziale Frage. (VIII, 310 S.) 893. n. 5.—; geb. n. 6.—
2. Die Aufgabe der Kirche. (VIII, 470 S.) 894. n. 7.50; geb. n. 8.50

— die Mitarbeit d. Kirche an d. Lösg. d. sozialen Frage. Auf Grund e. kurzgef. Volkswirtschaftslehre u. e. Systems d. christl. Gesellschaftslehre (Sozialethik) dargest. 2., völlig neu bearb. Aufl. gr. 8. (XI, 563 S.) Leipzig 897. J. C. Hinrichs' Verl. n. 9.—; geb. n. 10.—

— die Mitarbeit der Kirche an der Lösung der sozialen Frage. Auf Grund e. kurzgefaßten Volkswirtschaftslehre u. e. Systems der christl. Gesellschaftslehre (Sozialethik) dargestellt. 3. [Titel-]Ausg. (VIII, 563 S.) gr. 8. Ebd. [897] 904. n. 5.—; geb. in Leinw. n. 6.—

— s.: Monatsschrift, allgemeine konservative.

— s.: Monatsschrift f. Stadt u. Land.

— Naturwissenschaft u. Philosophie, s.: Zeitfragen d. christlichen Volkslebens.

Nathusius, Mart. v., Predigt zur Sedanfeier geh. in der Marktkirche zu Quedlinburg am 2. Septbr. 1874. 8. (12 S.) Quedlinburg 874. Vieweg. n. — 25

— Predigt zum Todtenfeste 1882. Geh. in der St. Benedictikirche. gr. 8. (11 S.) Quedlinburg 882. (Vieweg.) n. — 25

-- s.: Studien, Greifswalder.

Nathusius, Martin v., Timotheus. Ein Rathgeber für junge Theologen in Bildern aus dem Leben. 8. (III, 123 S.) Leipzig 881. Hinrichs' Verl. n. 1. 50; geb. n. 2. 20

— Timotheus. Ein Rathgeber f. junge Theologen in Bildern aus dem Leben. 2. Aufl. 8. (VIII, 123 S.) Leipzig 883. Hinrichs' Verl. n. 1. 50; geb. n. 2. 20

—— unser Wandel ist im Himmel. Fünf Predigten aus der Pfingstzeit 1881. 8. (IV, 70 S.) Ebendas. 881. *
geb. *

— die Unsittlichkeit von Ludwig XIV. bis zur Gegenwart, s.a. **Zeitfragen des christlichen Volkslebens.** 179.

Nathusius, Dr. Mart. v. (Prof. d. Theol. in Greifswald), Die Unsittlichkeit von Ludwig XIV. bis zur Gegenwart. Stuttgart, Chr. Belser, 1899. Gr. 8°. 65 S. (Mk. 1—.) (1 Mk. Schaper, Hannover, 1906.)

Das pädagogisch-didaktische Verfahren im kirchlichen Unterricht von D. Martin v. **Nathusius**, Prof., Greifswald. Leipzig: J. C. Hinrichs 1904. (37 S.) 8° [Umschlagt. F.]
= **Nathusius**: Handbuch d. kirchl. Unterrichts. T. 3. [07. 9984

— die Verfassung der evangelischen Kirche u. die neuesten Versuche zu ihrer Verbesserung in Preußen, s.: Zeitfragen d. christlichen Volkslebens.

— was ist christlicher Sozialismus? Leitende Gesichtspunkte f. evang. Pfarrer u. solche, die es werden wollen. 2., unveränd. Abdr. gr. 8. (48 S.) Berlin 896. Reuther & Reichard. n. — 60

—— das Wesen der Wissenschaft und ihre Anwendung auf die Religion. Empirische Grundlegung für die theolog. Methodologie. gr. 8. (VIII, 446 S.) Leipzig 885, Hinrichs'sche Buchh., Verlag. *

Das Ziel des kirchlichen Unterrichts oder die Konfirmation in ihrer geschichtl. Entwicklung u. ihrer Gestaltung in d. Gegenwart von Martin v. **Nathusius**, Prof., Greifswald. *Leipzig: J. C. Hinrichs 1903.* (112 S.) 8° [Umschlagt. F.]
= **Nathusius**: Handbuch d. kirchl. Unterrichts. T. 1. [03. 6366 9

Nathusius, Ph., actenmäßige Darstellung des Processes wegen Verunglimpfung der Union, s. Darstellung.

Nathusius, Ph[ilipp] v.: Zur „Frauenfrage". — Halle: Mühlmann 1871. 159 S. 8°

v. Nathusius, Philipp. Jugenderinnerungen eines alten Mannes. Achter Abdruck. Berlin. 8°.

Nathusius, Philipp Engelhardt

— s. Beranger, hundert drei Lieder.

Nathusius, Phil. Engelhardt, funfzig Gedichte. Probe-Samml. gr. 12. (5½ B.) Braunschweig 839, Vieweg u. Sohn. *

Nathusius, Phil. Engelh., noch funfzig Gedichte. Der Probesammlung anderes Heft. 8. Magdeburg 841, Heinrichshofen. ⅔ Thlr. (1. bei Vieweg u. Sohn in Braunschweig. n. ½ Thlr.)

Nathusius, Ph., 30 schöne Lieder für Wehrmänner, s. Lieder.

Nathusius, Ph. E., Preußens Reichstag. Ein Gedicht den Mitgliedern der hohen Versammlung dargebracht. Als Anh.: Kron u. Scepter. Ein Gedicht von Matthias Claudius, an den Kronprinz-Mitregenten v. Dänemark, hergestellt in der ursprünglichen Gestalt von 1792. gr. 8. (26 S.) Berlin 847. (Ernst & Korn.) n. ⅓ Thlr.

—— Preußens Reichstag. Ein Gedicht den Mitgliedern der hohen Versammlung dargebracht. Als Anhang: Kron und Scepter. Ein Gedicht von Matthias Claudius, an den Kronprinz-Mitregenten von Dänemark, hergestellt in der ursprüngl. Gestalt von 1792. gr. 8. (26 S.) Berlin 847, (Reimarus.)*

— statistische Uebersichten üb. die Verhältnisse u. wichtigsten Abstimmungen beider Kurien u. über die künftigen ständischen Ausschüsse. Als Ergänzung zu allen Ausg. der Verhandlungen u. als Vorläufer zu einer Geschichte des ersten Reichstages in Preußen zusammengestellt. gr. 8. (116 S.) Berlin 847, Dümmler. n. 12 ngr.

— s. Volksblatt.

Nathusius, Sim. v., Atlas der Rassen u. Formen unserer Haustiere. Nach Orig.-Zeichngn. von Th. v. Nathusius. I.—IV. Serie. Stuttgart, E. Ulmer. In Leinw.-Mappe n. 25.—

I. Die Pferderassen. (24 Taf.) qu. gr. 4. Nebst Text. (26 S.) gr. 8. 904. In Mappe n. 6.—
II. Die Rinderrassen. (28 Taf.) qu. gr. 4. Nebst Text. (25 S.) gr. 8. 904. In Mappe n. 7.—
III. Die Schweine-, Schaf- u. Ziegenrassen. (24 Taf.) qu. gr. 4. Nebst Text. (21 S.) gr. 8. 904. In Mappe n. 6.50
IV. Verschiedenheiten der Formen, verursacht durch Variabilität, Gebrauchszweck, Aufzucht, Alter, Geschlecht u.s.w. (35 Taf.) qu. gr. 4. Mit Text. (27 S.) gr. 8. 906. In Mappe n. 6.50

Nathusius, Simon v., Aufgabe, Durchführung u. bisheriges Ergebnis v. Messungen am lebenden Pferde, s.a. Flugschrift, 6., der deutschen Gesellschaft f. Züchtungskunde.

Nathusius, Simon v.: Die wichtigsten Punkte für die Beurteilung des Pferdes. Taf. 1—4. Stuttgart o. J. quer-2°

1. Laufpferd <Gute Formen>.
2. Laufpferd <Fehler>.
3. Schrittpferd <Gute Formen>.
4. Schrittpferd <Fehler>.

von Nathusius, Simon [Dr.]: Einiges über den Einfluss der Oxalsäure in Futterstoffen. Nach Versuchen an Schafen ... Breslau, Dr. R. Galle's Buchdr., 1897; 1 Bl., 54 S., 1 Bl. 8.
Breslau, Phil. Fak., Hab.-Schr. v. 30. Apr. 1897

Nathusius, Sim v., einiges üb. d. Einfluss der Oxalsäure in Futterstoffen. Nach Versuchen an Schafen. Habilitationsschrift. gr. 8. (54 S.) Breslau 897. (Schlotter.) n. 1.—

Nathusius, Simon v., die Hengste der königl. preuß. Landgestüte 1896—1897, s.a. Arbeiten der deutschen Landwirtschafts-Gesellschaft.

Nathusius, Simon v.: Die Hengste der Königlich Preussischen Landgestüte 1896-1897. E. Beitr. z. Kunde d. Pferdeschläge in Deutschl. auf Grund vorgenomm. Messgn. u. Wägungen an 2448 Landbeschälern. Im Auftr. d. Deutschen Landwirtschafts-Gesellsch. bearb. v. Dr. Simon v. Nathusius, Privatdoz. an d. Univ. Breslau. Berlin: Dr. v. Gebr. Unger 1899. (3 Bl., 111 S.) 1 Bd. 8°
Arbeiten d. Deutschen Landwirtschafts-Gesellschaft. H. 43.

Nathusius, Sim. v., Messungen an Stuten, Hengsten u. Gebrauchspferden, s.: Arbeiten d. deutsch. Landwirtsch.-Gesellschaft. 112. Hft.

Nathusius, Simon v.: Messungen an Stuten, Hengsten und Gebrauchspferden. Ein Beitrag z. Kunde d. Pferdebeschläge. Im Auftrag d. Deutschen Landwirtsch.-Gesellschaft bearb. von Dr. Simon v. Nathusius, Prof. Berlin: Deutsche Landwirtsch.-Gesellschaft 1905. (VI, 234 S.) 8°
Arbeiten d. Deutschen Landwirtsch.-Gesellschaft. H. 112.

Nathusius S. v.: Die Pferderassen. Stuttg. 1904. 26 S. 24 Tvl.
(=: Atlas d. Rassen u. Formen unserer Haustiere. 1. Serie). 426.

— u. Fel. Hoesch, Pferde-Zucht, s.: Bücherei, landwirtschaftliche.

— Pferdezucht, s.: Schwarznecker.

— s.: Pferdezucht, deutsche.

— die Pferdezucht unter besond. Berücksicht. des betriebswirtschaftlichen Standpunktes. Leitfaden f. Züchter, Besitzer u. Freunde des Pferdes. gr. 8. (VII, 228 S. m. 12 Abb.) Stuttgart 902. E. Ulmer. n. 3.—; geb. n.n. 3.80

Nathusius, S[imon] v.: Aufgabe, Durchführung und bisheriges Ergebnis von Messungen am lebenden Pferd·. Berlin 1910. 14 S.
(Flugschrift d. Deutschen Gesellschaft für Züchtungskunde. No 6.)

Nathusius S. v.: Die Rinderrassen. Stuttg. 1904. 25 S. Text. 28 Tvl.
(=: Atlas d. Rassen u. Formen unserer Haustiere. 2. Serie). 426.

Nathusius S. v.: Die Schafrassen. Stuttg. 1904.
(=: Atlas d. Rassen u. Formen unserer Haustiere. 3. Serie). 426.

Nathusius S. v.: Die Schweinerassen. Stuttg. 1904.
(=: Atlas d. Rassen u. Formen unserer Haustiere. 3. Serie). 426.

von Nathusius, Simon (Johannes Engelhard) [aus Althaldensleben]: Unterschiede zwischen der morgen- und abendländischen Pferdegruppe am Skelett und am lebenden Pferd. Beitrag zur Rassenkunde unserer Haustiere. . . . (Ersch. vollst. im Verl. v. P. Parey in Berlin.) Langensalza, Druck v. H. Beyer & Söhne, 1891; 2 Bl., 80 S. 8°
Halle, Phil. Fak., Inaug.-Diss. v. 10. Jun. 1891

Nathusius, Simon v., Unterschiede zwischen der morgen- u. abendländischen Pferdegruppe am Skelett u. am lebenden Pferd. Beitrag zur Rassenkunde unserer Haustiere. gr. 8. (III, 161 S. m. Abbildgn.) Berlin 891. P. Parey. n. 5.—

Nathusius S. v.: Verschiedenheiten d. Formen, verursacht durch Variabilität, Gebrauchszweck, Aufzucht, Alter, Geschlecht u. s. w. Stuttg. 1906. 27 S. 35 Tvl.
(=: Atlas d. Rassen u. Formen unserer Haustiere. 4. Serie). 426.

— vier Wandtafeln zur Beurteilung des Pferdes, enth. die wichtigsten der dabei in Betracht komm. Punkte. qu. gr. Fol. Mit Text. (8 S.) gr. 8. Stuttgart 903. E. Ulmer. In Mappe n. 3.—

Nathusius S. v.: Die Ziegenrassen. Stuttg. 1904.
(=: Atlas d. Rassen u. Formen unserer Haustiere. 3. Serie). 426.

Nathusius, Thom. v., allerlei aus dem Skizzenbuch e. Waidmanns. Entworfen nach der Natur. (Neue Holzbrandvorlagen. Serie 14.) gr. Fol. (12 Taf.) Berlin 898. W. Schultz-Engelhard. n. 4. —

Nathusius auf Königsborn, W. v., Bemerkungen über die Gestalt u. die Dimensionen des Wollhaars der Schafe u. die Methoden sie zu bestimmen; nebst einem Nachtrag über Wollgewicht. Mit 5 (lith.) Taf. Abbildungen. (Abdr. aus der Zeitschrift des landwirthschaftl. Central-Vereins der Provinz Sachsen.) Halle 864. Hendel. gr. 8. (43 S.) 20 ngr.

Nathusius-Königsborn, Wilhelm v., die prohibitiven Körordnungen, ihre gesetzliche Zulässigkeit u. wirthschaftl. Bedeutung. gr. 8. (35 S.) Berlin 881. Parey. n. 1. —

Nathusius, W. v., Heinrich v. Nathusius. Ein Lebensbild. [Aus: „Landw. Jahrbb.“] Lex.-8. (24 S. m. Portr. Berlin 891. P. Parey. n. 1. 50

— **Hermann von Nathusius.** Rückerinnerungen aus seinem Leben. [Aus: „Landw. Jahrbb.“] gr. 8. (25 S.) Ebend. 880. n. 1. —

Nathusius-Königsborn, W. v., Untersuchungen über nicht celluläre Organismen, namentlich Crustaceen-Panzer, Mollusken-Schalen und Eihüllen. Imp.-4. (VII, 144 S. mit 16 lithogr. Taf.) Berlin 877, [Wiegand, Hempel und Parey.] Parey. *

Nathusius-Königsborn, W. v., üb. die Verwerthung der Wolle nach geschehener Fabrikwäsche. gr. 8. (27 S.) Halle 874. Buchh. d. Waisenh. n. 1. —

— Die Viehzucht. Mit 30 Taf. (57×79 cm.) Mit Text. Ebd. 71. M. 30. —

— die Vorgänge der Vererbung bei Hausthieren. [Aus: „Landw. Jahrbb.“] Lex.-8. (IV, 86 S. m. 4 Taf. u. 10 Textabbildgn.) Ebd. 891. n. 3. —

Nathusius-Königsborn, W. v., das Wollhaar des Schafes in histologischer u. technischer Beziehung mit vergleich. Berücksichtigung anderer Haare u. der Haut. Berlin 866. Wiegandt & Hempel. gr. Lex.-8. (VII, 200 S. mit 24 Steintaff.) n. 4 ℳ

— Die Wollkunde. Mit 10 Tafeln im Format 57×79 cm. Mit Text. Ebd. 73. M. 15. —

Nathusius-Ludom, Philipp v.

— ständische Gliederung u. Kreis-Ordnung. [Aus der Neuen Preuß. [Kreuz-]Zeitg. 8. (142 S.) Berlin 872. Heinicke. 1. 50

— conservative Partei u. Ministerium. gr. 8. (56 S.) Berlin 872. Puttkammer & Mühlbrecht. n. 1. 20

Nathusius-Ludom, Phpp. v., conservative Position. gr. 8. (46 S.) Berlin 876, Puttkammer und Mühlbrecht. *

Nathusius-Ludom, Ph. v., die Civilehe. Vortrag geh. auf der Berliner Pastoral-Conferenz den 30. Mai 1872. gr. 8. (36 S.) Berlin 872. Puttkammer & Mühlbrecht. n. — 80

Nathusius-Neinstedt, Heinrich v.

Beiträge zur Geschichte des Hauses Neufville seit der Einwanderung der Familie nach Deutschland bis auf die Neuzeit. 1558—1897. Zsgest. u. bearb. v. Dr. Heinrich v. **Nathusius**-Neinstedt u. Alfred v. Neufville. (Als Ms. gedr.) *Frankfurt a. M.: Typogr. Anst. A. Osterrieth 1897.* (VI, 73 S., 13 Taf., 1 Facs., 3 Portr.-Taf., 5 Stammtaf.) 1 Bd 4. [97. 7559

Beiträge zur Geschichte der Familie von Nathusius. Von Heinrich v. Nathusius-Reinstedt. Als Ms. gedr. H. 1. *Greifswald 1902: (J. Abel).* 8° [5.] [02. 451. 0

v. Nathusius-Neinstedt, Heinrich [aus Frankfurt a. M.]: Die Deutschmeister vor 1232 .... Marburg, 1888; 1 Bl. + 35 S. + 1 Bl. 8° Marburg, Phil. Fak., Inaug. Diss. v. [27. Apr.] 1888

Nathusius-Neinstedt, Heinrich von, die Deutschmeister von 1232. Diss. Marburg 1888, N. G. Elwert-sche Univ.-Buchh. 8°. 35 S.

Nathusius-Neinstedt, Heinr. v., das Münzenberger sogenannte Alt-Strahlenberger Erb- u. Frauenlehn zu Oberrad. gr. 4. (12 S. m. 1 Stammtaf.) Frankfurt a/M. 900. Gebr. Knauer. n. 3. —

Nathusius-Neinstedt, H. v., ritterbürtige Familien unter den Geschlechtern der deutschen Städte im Mittelalter. Vortrag. [Aus: „Korrespondenzbl. d. Gesammtvereins der deutschen Geschichts- u. Alterthumsvereine“.] 8. (22 S.) Berlin 889. (Mittler & Sohn.) n. — 50

Nathusius-Neinstedt, Heinr. v., Geschichte des uradligen Hauses Bary 1223—1903. Auf Grund der Vorarbeiten u. unter Mitwirkg. v. Frdr. Clemens Ebrard zusammengestellt. (VII, 303 S. m. 5 Stamm- u. 1 farb. Wappentaf.) 4. Frankfurt a/M. 904. (Gebr. Knauer.) Nicht im Handel. Geb. in Leinw.

Nathusius, H. v., u. Ant. **Kroeker,** deutsches Gestüt-Album. Photographien vorzügl. Pferde in den Gestüten Deutschlands. 1—20. Liefg. Berlin 868—70. Wiegandt & Hempel. qu. Fol. (96 Blatt.) n. 60 ℳ 18 ngr.
Vgl. auch: Gestüt-Album.

Nathusius-Neinstedt, H. v., e. Leibhusar im Kriege 1870/71. Erinnergn. aus großer Zeit. gr. 8. (VIII, 168 S.) Braunschweig 896. Berlin, O. Salle. n. 2. —; geb. n. 2. 75; Ausg. auf Kunstdr.-Pap., geh. n. 4. —

Natili, der Exmönch Dr. Peter. 8. (15 S. m. Bildnis.) München 900. O. Th. Scholl. — 20

— dasselbe. 2. erweit. Aufl. 8. (20 S. m. Bildnis.) Ebd. 900. — 20

Natili, Pet., ärztlicher Ratgeber der Electro-Physiopathie. 4., bereich. Aufl. 8. (218 S. m. 1 Taf.) München 892. Staegmeyr. n. 2. 50

Natio, Fida, Tirolensis Francisco I. imperatori liberatori suo ... Oeniponte 1816. V: *Mayr, Philipp Benitius Maria.* (Margr)

Nation: La Nation (Be)
① Journal démocratique et organe central des associations patriotiques suisses ⑤ 25. 12. 1850—décembre 1851 ⑥ in-2° ⑦ 6× par semaine ⑧ Berne: Rodolphe Jenni ⑪ Ferdinand Feusier ⑫ radical ⑬ BGSZ: 1 (no. 6404). 973 ⑭ Be: L.

Nation, die. Wochenschrift f. Politik, Volkswirthschaft u. Litteratur. Hrsg. v. Th. Barth. 1. Jahrg. Oktbr. 1883—Septbr. 1884. 52 Nrn. (à 1½—2 B.) gr. 4. Berlin. (H. J. Meidinger). n. 12. —

— dasselbe. 2. u. 3. Jahrg. Octbr. 1884—Septbr. 1886. à 52 Nrn. (à $1\frac{1}{2}$—2 B.) gr. 4. Berlin, (H. S. Hermann). à Jahrg. n. 15. —

Nation, die. Wochenschrift f. Politik, Volkswirthschaft u. Litteratur. Hrsg. v. Th. Barth. 5.—7. Jahrg. Octbr. 1887—Septbr. 1890. à 52 Nrn. (à $1\frac{1}{2}$—2 B.) gr. 4. Berlin, (H. S. Hermann). à Jahrg. n. 15. —

— die. Wochenschrift f. Politik, Volkswirthschaft u. Litteratur. Hrsg. v. Th. Barth. 8.—11. Jahrg. Oktbr. 1890—Septbr. 1894. à 52 Nrn. (à $1\frac{1}{2}$—2 Bog.) gr. 4. Berlin, (H. S. Hermann). à Jahrg. n. 15. —

Nation, die. Wochenschrift f. Politik, Volkswirtschaft u. Litteratur. Hrsg. v. Th. Barth. 12.—16. Jahrg. Oktbr. 1894—Septbr. 1899. à 52 Nrn. (à ca. 2 Bog.) gr. 4. Berlin (H. S. Hermann). à Jahrg. n. 15. —
Kann auch vierteljährlich bezogen werden.

Nation, die. Wochenschrift f. Politik, Volkswirthschaft u. Litteratur. Hrsg. v. Th. Barth. Red.: Otto Böhme. 17.—20. Jahrg. Oktbr. 1899—Septbr. 1903. à 52 Nrn. gr. 4. (à ca. 16 S.) Berlin, G. Reimer. à Jahrg. n. 15. —

Nation, die. Wochenschrift f. Politik, Volkswirtschaft u. Literatur. Hrsg. v. Th. Barth. Red.: Fr. Weinhausen. 21.—23. Jahrg. Oktbr. 1903—Septbr. 1906. à 52 Nrn. (à ca. 16 S.) gr. 4. Berlin, G. Reimer. à Jhrg. n. 15. —
Die „Zeit", Nationalsoz. Wochenschrift, wurde hiermit vereinigt.
— dasselbe. Red.: Rob. Schultze. 24. Jahrg. Oktbr. 1906 bis März 1907. 26 Nrn. (à ca. 16 S.) gr. 4. Ebd.
Erscheint nicht mehr. n. 7. 50

Nation, die. Eine Sammlg. ausgewählter Artikel v. Carl Aldenhoven, Ludw. Bamberger, Ludw. v. Bar rc. gr. 8. (V, 214 S.) Berlin 894. (H. S. Hermann.) 1. —

Nation, Die deutsche, und der rechte deutsche Kaiser. Freiburg i. Br. 1862. V: *Klopp, Onno.* (Emdener Jahrb. 16, 170) (Zeitschr. f. Büch. N. F. 15, 1923, S. 117)

Nation, die deutsche, u. der rechte deutsche Kaiser. Freiburg im Br., 862. Herder. 8. (16 S.) 3 ngr.

Nation, Die deutsche, und das Preussenthum. Von einem Staatsmann. Zürich 1893. V: *Rösler, Hermann.* (Berl 1915, S. 732)

-- die deutsche, u. das **Preußenthum** v. e. Staatsmann. gr. 8. (68 S.) Zürich 893. (C. Schmidt.) n. 1. 20

La nation française aux députés de la gauche à Berlin. Die Französische Nation — Gruß und Brüderschaft! Gedruckt bei J. Sittenfeld. 1 Bl. Fol.
Flugblatt. Berlin, 11. Sept. 1848.

Nation, Die glückliche, oder der Staat von Felicien ... A. d. Franz. Leipzig 1794. V: *Le Mercier de la Rivière, Pierre Franç. Joach. Henri.* (Stams)

Nation, die glückl., od. der Staat von Felizien, e. Muster d. vollkommenst. Freiheit rc. Mit 1 Kpf. 2 Thle. 8. Leipz. 794. Voß. 3 gr.

— an die Jüdische. 2 Thle. 8. Frankf. 776, 77. (J. F. Korn in Bresl.) 4 gr.

— an die Preußische, zur Beherzigung d. Freude d. Königs Geburtsfeier am 25. Sept. 1789. 8. Berl., Schöne. 3 gr.

National od. **International?** Ein Wort üb. die Parteien im deutschen Reichstage. gr. 8. (47 S.) Leipzig 881. Grunow. — 75

National-Anzeiger, allgem. Bayer., od. neuestes Bulletin f. Geschichte, Handlung, Industrie, Gewerbswesen u. Bekanntmachungen. Jahrg. 1829. 104 Nrn. gr. 4. Augsburg, Schlosser.

National-Archiv des Wissenswerthesten u. Unterhaltendsten. Red. v. E. Koch. 1. Bd. 12 Hfte. (à 2 B.) M. 12 Illustrationen. gr. 4. Sudenburg-Magdeburg 846. [Schönebeck,] Koch. Thlr.

Nationalbahn von einem fidelen **Kleeblatt.** Gedruckt in der Offizin der Nationalbahn, im ersten Jahr des Südbahn-Dammes v. O. & J. 44 Stn. 8. 1875

Sogenannte Nationalbahngarantieschuld. Bericht des Bundesrates, betreffend die Gesuche der Kantone Aargau und Zürich um Erlass. (Vom 29. April 1902.) 9 S. 8. [Bern, Stämpfli & Cie.,] 1902.

National-Bank, die österreichische. gr. 8. (30 S.) Wien 848, Gerold in Comm. n. n. 1/6 ℛ

Nationalbank, die österreichische, und ihr Einfluß auf die wirthschaftlichen Verhältnisse der Monarchie von Fidelius. gr. 8. (49 S.) Wien 875, Rosner. *

Nationalbank, Die oesterreichische, und ihr Verhältniss zum Staat. Ein Beitrag zur Beurtheilung der Bankfrage. Wien 1861. V: *Lucam, Wilhelm Ritter von.* (WFM)

Nationalbank, die österreichische, und ihr Verhältniss zu dem Staate. Ein Beitrag zur Beurtheilung der Bankfrage. gr. 4. (39 S. und 10 Tab. 41 S.) Wien 861, (Braumüller's Sortiment.) *

— die österreichische, u. ihre Zukunft. gr. 8. (32 S.) Frankfurt a. M. 850, Sauerländer. 7 ngr.

Schweizerische Nationalbank. Bundesgesetz vom 6. Oktober 1905. Vollziehungsverordnungen. Reglemente und Regulative. Geschäftsbedingungen. Gesammelt, mit einem alphabetischen Sachregister versehen und herausgegeben vom Generalsekretariat. Bern 1907.
Botschaft, betreffend Abänderung der Artikel 15, 16, 20 und 21 des Bundesgesetzes vom 6. Oktober 1905 über die schweizerische Nationalbank. (Vom 1. April 1911.)

Nationalbank, Die »wahre«. Von N. D. R. v. B., Gutsbesitzer in der Bukowina. Wien 1866. V: *Dobrowolski Ritter von Buchenthal, Nicolaus.* (EB)

Das Amerikanische Notenbankgesetz vom 30. Mai 1908 ⟨**Aldrich-Vreeland Act**⟩. Aus d. Engl. übertr. u. erl. Von Paul Marcuse. Stuttgart & Berlin: J. G. Cotta Nachf. 1908. (20 S.) 8°
= Bundesgesetz, Das, d. Ver. Staaten v. Amerika über d. Notenbankwesen ⟨The **National Bank Act**⟩. Erg. H. [08, 16023 8

Das Nationalbank-Gesetz der Vereinigten Staaten nebst den zugehörigen Veränderungen und Nachtrag-Gesetzen 1874–1875. Mit einem Vorwort von W. Joos. Bern 1881.

Nationalbank-Gesetz, das, der Vereinigten Staaten, nebst den zugehörigen Veränderungen und Nachtrag-Gesetzen 1874—1875. Mit einem Vorworte von Wilh. Joos. gr. 8. (74 S.) Bern 881, Haller. *

Das National-Banner : Jan. 1888 – 1921?

Weekly, 1888–1902; semi-monthly, 1903–21. Republican. Published in English and German. Sub-title: Ein Journal, herausgegeben im Interesse der amerikanischen Industrieen. Published weekly in the Interest of Protection to American Industries and American Homes. Title varies: Das Republikanische Banner, 1892?–1894? Circulation: 1905, 10,000; 1910, 9000; 1915, 7500. Edited & published by A. L. Miller, 1888–1902; by C. W. Westley, 1903–21.
New York, NY

Nationalbewaffnung, Die deutsche. Als Beitrag zur Lösung einer der wichtigsten Fragen . . . Stuttgart 1848. V: *Pönitz, Carl Eduard.* (Ky)

Nationalbewaffnung, die deutsche. Als Beitrag zur Lösung einer der wichtigsten Fragen in den Reformbestrebungen unseres deutschen Vaterlandes. Von Pz. (Carl Eduard Pönitz). [Aus der deutschen Vierteljahrsschrift abgedr.] gr. 8. (45 S.) Stuttgart 848, Cotta. 1/4 ₰

National-Bewaffnung, die deutsche, in Süd-Chile. gr. 8. (8 S.) Breslau 849, Schulz und Comp.

Nationalbewegung, die deutsche, u. die Kirche. Eine Rede an das deutsche Volk. Berlin 862. Janke. 8. (67 S.) n. 10 ngr.

Nationalbibliothek

National-Bibliothek, allgemeine. Neue Folge d. deutsch-österr. National-Bibliothek. Von H. Weichelt gegründ. im J. 1882. Nr. 85—90 u. 131—206. 8. Wien, C. Daberkow. à Nr. n. — 20

Inhaltsübersicht in alphabet. Ordnung:

Bachmayr, J. N., der Trank d. Vergessenheit. Volksdrama in 5 Aufzgn. (103 S.) 897. (Nr. 172. 173.)
Ciampoli, Domenico, Sylvanus. E. Novelle aus d. Abruzzen. Deutsch v. Rob. Hamerling. (40 S.) 896. (Nr. 144.)
Ebner-Eschenbach, Marie v., Bettelbriefe. Novelle. (28 S.) 898. (Nr. 200.)
— Oversberg. Aus d. Tagebuche d. Volontärs Ferdinand Binder. Novelle. (54 S.) 898. (Nr. 198. 199.)
Fercher v. Steinwand, Johannisfeuer. Gedichte. (142 S. m. Bildn.) 898. (Nr. 181—183.)
Grün, Anastasius, Pfaff vom Kahlenberg. Ländl. Gedicht. (Neudr. in österreich. Orthographie.) (164 S.) 897. (Nr. 87—90.)
Gutenbergbuch. E. Verherrlichg. d. Buchdruckerkunst. 2., veränd. Aufl. (40 S.) 898. (Nr. 201.)
Halm, Frdr. (Elig. Frz. Jos. Frhr. v. Münch-Bellinghausen), ausgew. Gedichte. (Neudr.) (76 S.) 896. (Nr. 85. 86.)
— Wildfeuer. Dramatisches Gedicht in 5 Acten. (84 S.) 897. (Nr. 150. 151.)
Hamerling, Rob., ungedruckte Briefe. 1. Thl. (92 S. m. Bildnis.) 897. (Nr. 163—165.)
— Dasselbe. 2. Thl. (98 S. m. Bildn.) 897. (Nr. 169—171.)
Hebbel, Frdr., Gyges u. s. Ring. E. Tragödie in 5 Acten. (72 S.) 897. (Nr. 152. 153.)
— Judith. Eine Tragödie in 5 Acten. (82 S.) 898. (Nr. 176. 177.)
— Maria Magdalena. E. bürgerl. Trauersp. in 3 Acten. (68 S. 897. (Nr. 167. 168.)
— die Nibelungen. E. deutsches Trauersp. in 3 Abthlgn. (198 S. 896. (Nr. 145—147.)
Jókai, Maurus, Geldtruhe, man wirbt um dich! Erzählg. M. Portr. (40 S.) 896. (Nr. 135.)
— Geschichten aus e. alten Schloss. (47 S.) 896. (Nr. 143.)
— die Töchter d. Wolfgang Petki. (52 S.) 897. (Nr. 174.)
Kaltenbrunner, Karl Adam, d. Stellvertreter. Erzählung aus d. oberösterreich. Volksleben. (65 S.) 898. (Nr. 194. 195.)
Korajac, Vilim, d. Pfahlbauern. Silhouetten aus slavon. Ursitzen. Frei verdeutscht v. Frdr. S. Krauss. (84 S.) 898. (Nr. 192. 193.)
Kürnberger, Ferd., d. Braut d. Gelehrten. Novelle. (34 S. m. Bildn.) 897. (Nr. 166.)
— Giovanna. Novelle. (38 S.) 896. (Nr. 142.)
— das Kind m. d. Briefe. Ein Wintermärchen. — Ein Brautpaar in Polen. Novelle. (80 S.) 896. (Nr. 148. 149.)
— heimlicher Reichthum. Novelle. (54 S.) 896. (Nr. 136.)
— Schulmädchen u. Hausfrau. Novelle. (17 S.) 896. (Nr. 132.)
— der Windfall. Novelle. (70 S.) 897. (Nr. 157. 158.)
Lenau, Nic., Savonarola. Ein Gedicht. (116 S.) 897. (Nr. 156. 162.)
Meßner, Jos., Greti unter d. Stauden. Erzählg. (48 S. m. Bildn.) 898. (Nr. 204.)
Müller-Guttenbrunn, Adam, Franz Grillparzer. (52 S. m. Bildn.) 898. (Nr. 175.)
Nestroy, Joh., zu ebener Erde u. im ersten Stock od. Die Launen d. Glücks. Localposse m. Gesang in 3 Aufzgn. (88 S.) 897. (Nr. 154. 155.)
— die verhängnisvolle Faschingsnacht. Posse m. Gesang in 3 Aufzgn. (80 S.) 896. (Nr. 137. 138.)
— Freiheit in Krähwinkel. Posse m. Gesang in 2 Abthlgn. u. 3 Acten. (72 S.) 898. (Nr. 178. 179.)
— d. böse Geist Lumpacivagabundus od. D. liederliche Kleeblatt. Zauberposse m. Gesang in 3 Aufzgn. (66 S.) 898. (Nr. 196. 197.)
— der Talisman. Posse m. Gesang in 3 Acten. (95 S.) 896. (Nr. 133. 134.)
— der Unbedeutende. Posse m. Gesang in 3 Aufzgn. (86 S.) 897. (Nr. 159. 160.)
— Unverhofft. Posse m. Gesang in 3 Acten. (74 S.) 896. (Nr. 139. 140.)
Paoli, Betty, d. Brüder. — Anna. 2 Erzählgn. (116 S.) 898. (Nr. 205. 206.)
Radics, P. v., Kaiser Franz Josef I. im Liede. Zur 50jähr. Feier s. Regierg. (82 S. m. 1 Bildn.) 898. Geb. n. 1. —. (Nr. 184. 185.)
Radler, Frdr. v., Prinzessin Pumphia u. d. tyrann. Tatar Kulikan. Eine Parodie in lächerl. Versen. — Das Amtsgeheimnis. Humorist. Erzählg. (48 S.) 897. (Nr. 161.)
Rauscher, Ernst, Hochwasser. Novelle. (58 S.) 898. (Nr. 202. 203.)
Senoa, Aug., der König v. Preußen. (VI, 40 S.) 896. (Nr. 141.)
Stifter, Adb., der Condor. M. Portr. u. e. biograph. Skizze. (44 S.) 896. (S. 131.)
— Feldblumen. (134 S.) 898. (Nr. 186. 187.)
— der Hochwald. (118 S.) 898. (Nr. 188. 189.)
— d. Narrenburg. (128 S.) 898. (Nr. 190. 191.)
Bértesi, Arnold, wegen zehntausend Gulden. (44 S.) 898. (Nr. 180.)

National-Bibliothek, allgemeine. Neue Folge der österr. National-Bibliothek. Von H. Weichelt gegründet im J. 1882. Nr. 207—317. 8. Wien, Th. Daberkow. à n. — 20

Inhaltsübersicht in alphabetischer Ordnung:

Aus Nestroy. Eine kleine Erinnerungsgabe. (Von Leop. Rosner.) 5. verm. Aufl. (58 S. m. 1 Bildnis.) (902.) (Nr. 315. 316.)
Baumann, Alex., das Versprechen hinterm Herd. Eine Scene aus den österreich. Alpen, m. Nationalgesängen (32 S.) (901.) (Nr. 277.)
Bienenstein, Karl, die Dialectdichtung der deutsch-österreich. Alpen. Ausgewählt u. hrsg. (352 S.) (899.) (Nr. 230—235.)
Braun v. Braunthal, Faust. Eine Tragödie. (94 S.) (901.) (Nr. 291. 292.)
Dell, Jakob Bácsy. Ein ungarisch-bosn. Roman. Aus dem Ung. übers. u. eingeleitet v. Ludw. Hevesi. (132 S.) (900.) (Nr. 241—243.)
Hamerling, Rob., ungedruckte Briefe. 3. Thl. (384 S. m. Abbildgn.) (900.) (Nr. 252—259.)
— dasselbe. 4. Thl. (448 S. m. Bildnis.) (901.) (Nr. 278—286.) (Kplt. in 1 Bd. geb. n. 5. —.)
Hebbel, Frdr., Genoveva. Tragödie in 5 Acten. (136 S.) (900.) (Nr. 250. 251.)
— Herodes u. Mariamne. Eine Tragödie in 5 Acten. (124 S.) (902.) (Nr. 307. 308.)
Jókai, Maurus, kleine Geschichten. Aus dem Ung. v. L. Rosner. (90 S.) (902.) (Nr. 305. 306.)
Kaltenbrunner, Karl Adam, Gedichte. Mitgetheilt u. eingeleitet von dessen Tochter Frau Hedw. v. Radics-Kaltenbrunner. (66 S.) (901.) (Nr. 274. 275.)
Kürnberger, Ferd., Aug u. Ohr. Novelle. (72 S.) (900.) (Nr. 264. 265.)
— Firdusi. Drama in 5 Aufzügen. (80 S.) (902.) (Nr. 301. 302.)
— die Kinder der Vornehmen. Novelle. (54 S.) (900.) (Nr. 263.)
— Quintin Messis. Schauspiel in 5 Aufzügen. (98 S.) (900.) (Nr. 260. 261.)
— das Pfand der Treue. Bürgerliches Schauspiel in 5 Aufzügen. (84 S.) (902.) (Nr. 303. 304.)
— die Sängerin v. Augsburg. Ein mittelalterl. Frauenbild. — Der Schulmeister Krachenberger. Novellette. (36 S.) (900.) (Nr. 262.)
— das Trauerspiel. Lustspiel in 3 Aufzügen. (86 S.) (902.) (Nr. 299. 300.)
Lenau, Nic., Faust. Ein Gedicht. (106 S.) (902.) (Nr. 272. 273.)
Meßner, Jos., Handwerksburschen. Bilder aus dem Volksleben. (138 S.) 899. (Nr. 209—211.)
Mosenthal, S. H., Deborah. Volks-Schauspiel in 4 Acten. (82 S.) 899. (Nr. 207. 208.)
Nestroy, Joh., Glück, Missbrauch u. Rückkehr od. Das Geheimnis des grauen Hauses. Posse in 5 Aufzügen. (88 S.) (901.) (Nr. 270. 271.)
— einen Jux will er sich machen. Posse in 4 Aufzügen. (98 S.) (901.) (Nr. 289. 290.)

Nestroy, Joh., das Mädl aus der Vorstadt oder Ehrlich währt am längsten. Posse m. Gesang in 3 Aufzügen. (92 S.) (901.) (Nr. 266. 267.)

— Theaterg'schichten durch Liebe, Intrigue, Geld u. Dummheit. Posse m. Gesang in 2 Acten. (82 S.) 899. (Nr. 236. 237.)

— der Zerrissene. Posse m. Gesang in 3 Aufzügen. (74 S.) (901.) (Nr. 268. 269.)

Radler, Frdr. v., auf der Nestroy-Insel. Festspiel. (26 S.) (900.) (Nr. 317.)

Rautenstrauch, Joh., Jurist u. Bauer. Lustspiel in 2 Aufzügen. (54 S.) (901.) (Nr. 276.)

Schlossar, Ant., ein Märtyrer des Lebens. Erzählung aus dem 17. Jahrh. (64 S. m. Bildnis.) 899. (Nr. 227.)

Stifter, Adb., Abdias. (114 S.) 899. (Nr. 223. 224.)

— Bilder aus Wien: Aussicht u. Betrachtgn. v. der Spitze des Stephansthurmes. — Ein Gang durch die Katakomben. — Der Prater. — Der Tandelmarkt. (82 S.) (899.) (Nr. 225. 226.)

— Brigitta. (70 S.) (900.) (Nr. 248. 249.)

— das Heidedorf. (38 S.) (899.) (Nr. 218.)

— der Kuss v. Sentze. (36 S.) (902.) (Nr. 311.)

— d. Mappe meines Urgroßvaters. (242 S.) (899.) (Nr. 213—217.)

— Nachkommenschaften. (78 S.) (901.) (Nr. 287. 288.)

— Prokopus. (76 S.) (902.) (Nr. 309. 310.)

— die drei Schmiede ihres Schicksals. (36 S.) (901.) (Nr. 293.)

— das alte Siegel. (70 S.) (900.) (Nr. 246. 247.)

— der fromme Spruch. (90 S.) (902.) (Nr. 313. 314.)

— bunte Steine. Bergkrystall. (64 S.) (900.) (Nr. 238. 239.)

— dasselbe. Bergmilch. (36 S.) (900.) (Nr. 240.)

— dasselbe. Granit. (54 S.) (899.) (Nr. 219.)

— dasselbe. Kalkstein. (76 S.) (899.) (Nr. 220. 221.)

— dasselbe. Katzensilber. (78 S.) (900.) (Nr. 244. 245.)

— dasselbe. Turmalin. (50 S.) (899.) (Nr. 222.)

— der Waldbrunnen. (48 S.) (901.) (Nr. 294.)

— aus dem bairischen Walde. (36 S.) (902.) (Nr. 298.)

— der Waldgänger. (114 S.) (902.) Nr. 295—297.)

Szabó-Nogáll, Janka v., die Flachsblume. Erzählung. (64 S.) 899. (Nr. 212.)

Vogl, Joh. Nep., Balladen u. andere Gedichte. In Auswahl hrsg. u. m. Biographie des Dichters eingeleitet. (88 S.) 899. (Nr. 228. 229.)

— Schnadahüpfln. (38 S.) (902.) (Nr. 312.)

National-Bibliothek, allgemeine. Neue Folge der d.-öst. National-Bibliothek. Von H. Weichelt gegründet im J. 1882. Nr. 318—391. kl. 8. Wien, Th. Daberkow. à n. —20

Fercher v. Steinwand's sämtliche Werke in 3 Bdn. Hrsg. von Jos. Fachbach, E. v. Lohnbach. Mit 2 Einleitgn. v. Frz. Christel u. Wolfg. Madjera. 1. Bd.: Deutsche Klänge aus Oesterreich (1. u. 2. Tl.). Johannisfeuer. Gräfin Seelenbrand. (190 S. m. Bildnis.) 905. (Nr. 346—350.)

— dasselbe. 2. Bd. Dramen. (94 S.) (904.) (Nr. 340. 341.)

— dasselbe. 3. Bd.: Der Geisterzögling. Epische Gedichte. Kryptofloren. Abhandlungen. Aphorismen. (36 S.) (905.) (Nr. 351.)

— Abhandlungen. (S. 251—457.) (905.) (Nr. 353—357.)

— Briefe. Hrsg. von Jos. Fachbach E. v. Lohnbach. (261 S. m. Bildnis.) (906.) (Nr. 370—373.)

— Drahomira. Trauerspiel in 5 Aufzügen. (S. 271—441.) (905.) (Nr. 360—364.)

— epische Gedichte. (S. 37—70.) (905.) (Nr. 352.)

— Johannisfeuer. 2. Ausg. (S. 241—366.) (905.) (Nr. 367—369.)

— deutsche Klänge aus Oesterreich. (2. Tl.) Neue Folge samt Nachtrag: Jugendblüten. (Aus dem Nachlasse.) (S. 193—240.) (904.) (Nr. 342.)

— Kryptofloren. Ein poet. Spruch- u. Tagebuch in 4 Tln. (S. 71—258.) (901.) (Nr. 335—339.)

— ein Prometheus. Trauerspiel in 3 Aufzügen. (S. 95—182.) (905.) (Nr. 358. 359.)

— Gräfin Seelenbrand. (S. 369—450.) (901.) (Nr. 343. 344.)

— der Thronwechsel. Trauerspiel in 3 Aufzügen. (S. 183—270.) (905.) (Nr. 365. 366.)

Grillparzer, Frz., die Ahnfrau. Trauerspiel in 5 Aufzügen. (110 S. m. Titelbild.) (903.) (Nr. 318.)

— ein treuer Diener seines Herrn. Trauerspiel in 5 Aufzügen (92 S. m. Titelbild.) (903.) (Nr. 323.)

— des Meeres u. der Liebe Wellen. Trauerspiel in 5 Aufzügen. (58 S. m. Titelbild.) (903.) (Nr. 324.)

— Melusina. Romantische Oper in 3 Aufzügen. (40 S. m. Titelbild.) (903.) (Nr. 326.)

— König Ottokars Glück u. Ende. Trauerspiel in 5 Aufzügen. (122 S. m. Titelbild.) (903.) (Nr. 322.)

— Sappho. Trauerspiel in 5 Aufzügen. (82 S. m. Titelbild.) (903.) (Nr. 319.)

— Der Traum e. Leben. Dramatisches Märchen in 4 Aufzügen. (98 S. m. Titelbild.) (903.) (Nr. 325.)

— das goldene Vließ. Dramatisches Gedicht in 3 Abtlgn. (188 S. m. Titelbild.) (903.) (Nr. 320. 321.)

— Weh dem, der lügt. Lustspiel in 5 Aufzügen. (80 S. m. Bildnis.) (903.) (Nr. 327.)

Halm, Frdr., die Freundinnen. Erzählung. (36 S.) (906.) (Nr. 388.)

— das Haus an der Veronabrücke. Erzählung. (128 S.) (906.) (Nr. 389—391.)

— die Marzipan-Liese. Erzählung. (56 S.) (906.) (Nr. 387.)

Kürnberger, Ferd., Catilina. Drama in 3 Aufzügen. (98 S.) (903.) (Nr. 330. 331.)

— 50 Feuilletons. Mit e. Präludium in Versen. (438 S. m. Bildnis.) (906.) (Nr. 374—381.)

Lenau, Nik., die Albigenser. Freie Dichtgn. (104 S.) (903.) (Nr. 328. 329.)

Misson, Jos., da Naz, a niederösterreichischer Bauernbul geht in d' Fremd. Gedicht in unterennsischer Mundart. (64 S. m. 1 Abbildg. u. Bildnis.) (906.) (Nr. 385. 386.)

Nestroy, Joh., Eulenspiegel od. Schabernack üb. Schabernack. Posse in 4 Aufzügen. (74 S.) (903.) (Nr. 332. 333.)

Nußknacker u. Mausekönig. Ein Weihnachtsspiel. Bearb. nach E. T. A. Hoffmanns gleichnamig. Erzählung. (20 S.) (904.) (Nr. 345.)

Saar, Ferd. v., österreichische Festdichtungen. (46 S. m. Bildnis.) (904.) (Nr. 334.)

Smolle, Leo, Friedrich Schiller. Sein Leben u. Wirken. (212 S. m. 5 Taf.) (906.) (Nr. 382—384.)

National-Bibliothek, allgemeine. Neue Folge der d.-öst. National-Bibliothek. Von H. Weichelt gegründet im J. 1882. Nr. 392—400. kl. 8. Wien, Th. Daberkow. à Nr. —20

Grillparzer, Frz., das Kloster bei Sendomir. Erzählung nach e. als wahr überlieferten Begebenheit. (38 S.) (908.) (Nr. 398.)

Halm, Frdr., das Auge Gottes. Erzählung. (110 S.) (907.) (Nr. 392. 393.)

— Die Marquise v. Querey. Bruchstück e. Erzählg. (74 S.) (907.) (Nr. 394. 395.)

Hamerling, Rob., Prosastücke. (91 S.) (908.) (Nr. 399. 400.)

Knorr, Josefine Freiin v., Abendgedanken. (25 S.) (907.) (Nr. 396.)

Körner, Thdr., Erzählungen. (40 S.) (908.) (Nr. 397.)

—— deutsche. Volksthümliche Bilder und Erzählungen aus Deutschlands Vergangenheit und Gegenwart. Neue (Titel-) Ausg. 10 Bde. gr. 8. Berlin (862—64)72, Henschel. [Hamburg, Glogau.] *

Inhalt:

Bd. 1. Weber, Geo., Germanien in den ersten Jahrhunderten seines geschichtlichen Lebens. (166 S.) *M. 2.
„ 2. Falke, Jac., die ritterliche Gesellschaft im Zeitalter des Frauencultus. (172 S.) *M. 2.
„ 3. Biedermann, Karl, Deutschlands trübste Zeit oder der dreißigjährige Krieg in seinen Folgen für das deutsche Culturleben. (215 S.) *M. 3.
„ 4. Waitz, Geo., deutsche Kaiser von Karl dem Großen bis Maximilian. (97 S.) *M. 1.
„ 5. Mayer, K. A., Kaiser Heinrich IV. (306 S.) *M. 3.
„ 6. Schottmüller, Adf., Luther. Ein deutsches Heldenleben. (267 S.) *M. 3.
„ 7. Kutzer, Jos., aus der Zeit des siebenjährigen Krieges. Umrisse und Bilder deutschen Landes, deutscher Thaten, Charaktere und Zustände. (262 S. mit 7 Kärtchen auf 1 Stnt. in Fol.) *M. 3.
„ 8. Falke, Joh., die Hansa als deutsche See- und Handelsmacht. (190 S.) *M. 2.
„ 9. Wachsmuth, Wilh., niedersächsische Geschichten. (204 S.) *M. 3.
„ 10. Klüpfel, Karl, Kaiser Maximilian I. (200 S.) *M. 2.

—— dass. — 2. Reihe. 1.—4. Bd. gr. 8. Ebendas. *

Inhalt:

Bd. 1. Pierson, William, der große Kurfürst. (262 S.) 873. *M. 3.
„ 2. Sugenheim, S., Deutschland im span. Erbfolge- und im großen nordischen Kriege [1700—1721]. (XVI, 265 S.) 873. *M. 3,60.
„ 3. 4. Schirrmacher, Friedr., Kaiser Friedrich II. und die letzten Hohenstaufen. 2 Thle. (263; 115 S.) 874. *M. 4,50.

National-Bibliothek, deutsche. Volksthümliche Bilder und Erzählungen aus Deutschlands Vergangenheit und Gegenwart. Hrsg. von Ferd. Schmidt. 13 Bde. 30 Lfgn. Mit Portr., Stnt. und lithogr. Karten. gr. 8. Berlin 862—64, [Kobligk.] à Lfg. * 6 Ngr. *

Inhalt:

Bd. 1. Weber, G., Germanien in den ersten Jahrhunderten seines geschichtlichen Lebens. (XXXII und 164 S.) 18 Ngr.
„ 2. Falke, Jacob, die ritterliche Gesellschaft im Zeitalter des Frauenkultus. (XXIV und 172 S.) 18 Ngr.
„ 3. Biedermann, Karl, Deutschlands trübste Zeit, oder der 30jähr. Krieg in seinen Folgen für das deutsche Culturleben. (LXXXVI und 215 S.) 27 Ngr.
„ 4. Voigt, Joh., Blicke in das kunst- und gewerbreiche Leben der Stadt Nürnberg im sechzehnten Jahrh. (XXIX und 64 S.) 9 Ngr.
„ 5. Waitz, Georg, deutsche Kaiser von Karl dem Großen bis Maximilian. (XXVI und 97 S.) 9 Ngr.

National-Bibliothek, deutsche. Volksthümliche Bilder u. Erzählgn. aus Deutschlands Vergangenheit u. Gegenwart. Neue Ausg. 1. Reihe. 10 Bde. u. 2. Reihe 1—3. Bd. gr. 8. Berlin 872—74. München, Th. Ackermann. n. 35. 10

I. 1. Germanien in den ersten Jahrhunderten seines geschichtl. Lebens. Von Geo. Weber. (166 S.) n. 2. —
2. Die ritterliche Gesellschaft im Zeitalter d. Frauencultus. Von Jac. Falke. (172 S.) n. 2. —
3. Deutschlands trübste Zeit od. der dreißigjähr. Krieg in seinen Folgen f. das deutsche Culturleben. Von Karl Biedermann. (215 S.) n. 3. —

4. Deutsche Kaiser von Karl dem Großen bis Maximilian Von Geo. Weiß. (97 S.) n. 1. —
5. Kaiser Heinrich IV. Von K. A. Mayer. (306 S.) n. 3. —
6. Luther. Ein deutsches Heldenleben. Von Adf. Schottmüller (267 S.) n. 3. —
7. Aus der Zeit d. siebenjährigen Krieges. Umrisse u. Bilder deutschen Landes, deutscher Thaten, Charaktere u. Zustände. Von Jos. Kutzen. Mit 7 Kärtchen (auf e. Steintaf. in Fol.) (262 S.) n. 3. —
8. Die Hansa als deutsche See- u. Handelsmacht. Von Joh. Falke. (190 S.) n. 2. —
9. Niedersächsische Geschichten. Von Wilh. Wachsmuth. (251 S.) n. 3. —
10. Kaiser Maximilian I. Von Karl Klüpfel. (202 S.) n. 2. —
II. 1. Der große Kurfürst v. William Pierson. (262 S.) n. 3. —
2. Deutschland im span. Erbfolge- u. im großen nord. Kriege. [1700—1721.] v. S. Sugenheim. (XVI, 265 S.) n. 3. 60
3. Kaiser Friedrich II. u. die letzten Hohenstaufen. Von Frdr. Schirrmacher. 2 Thle. (263 u. 115 S.) n. 4. 50

National-Bibliothek für alle Deutsche, s. Walhalla.

Deutsche Entomologische National-Bibliothek. Rundschau im Gebiete d. Insektenkunde m. besond. Berücks. d. Literatur. Hrsg. v. 'Deutschen Entomolog. National-Museum'. Red.: Camillo Schaufuß u. Sigmund Schenkling. Jg. 1, Nr 1. Berlin: Deutsches Entomolog. National-Museum 1910. 4° [1e. 151]

National-Bibliothek, deutsche, f. Russen. Mit russ. Interlinearübersetz. Red.: F. Booch-Arkossy u. F. A. Stroganoff. 1—12. Lfg. gr. 8. (448 S.) Leipzig 883. 84. Voss' Sort. à n. 1. —

— deutsch-österreichische. Hrsg. v. Herm. Weichelt. Nr. 1—47. 50. 51. 58. 59. 61. 63. u. 64. 8. Prag 885. 86. Weichelt. à n. — 20
1. Jakob Stainer. Novelle v. Johs. Schuler. 3. Aufl. (64 S.)
2. Die gefesselte Fantasie. Orig.-Zauberspiel v. Ferd. Raimund. (63 S.)
3. Das Engerl im See. Eine Hochlandsgeschichte v. Aug. Silberstein. (63 S.)
4. In der Einöd'. Ländliches Volksstück m. Gesang in 3 Akten v. Carl Gründorf. [Musik v. Jul. Hopp.] (48 S.)
5. 6. Don Juan de Austria. Heldenlied in 12 Gesängen v. Ludw. Aug. Frankl. (94 S.)
7. Der Hauskobold. Novelle aus den Glückstagen d. „Aufschwungs" v. Jos. Rank. (55 S.)
8. 9. Herzog Otto. Historische Erzählg. aus Tirol v. J. C. Maurer. (125 S.)
10. Jucunda. Dichtung in Prosa u. Vers v. Herm. Rollett. (80 S)
11. Moisasur's Zauberfluch. Zauberspiel in 2 Aufzügen v. Ferd. Raimund. (62 S.)
12. Das große u. das kleine Loos. Ein Lebensbild v. Ferd. Kürnberger. (64 S.)
13. 14. Lebensbilder. 2 Novellen von M. v. Weißenthurn. (104 S.)
15. In den schwarzen Bergen. Dramatisches Gedicht in 1 Aufzuge v. Heinr. Swoboda. (40 S.)
16. 17. Der letzte Ritter. Romanzenkranz v. Anastasius Grün. (104 S.)
18. Arnold Frank. Ein Lebensbild v. Steph. Milow. (55 S.)
19. Die Versuchungen der Armen. Novelle v. Ferd. Kürnberger. (48 S.)
20. 21. Der Sohn der Wildniß. Dramatisches Gedicht in 5 Acten v. Frdr. Halm. (94 S.)
22. Ernst u. Scherz. Kleine Geschichten v. M. Märzroth. (48 S.)
23. 24. Ein Vandale. Historisches Gemälde in 5 Aufzügen v. Heinr. Swoboda. (96 S.)
25. Der Drache. Novelle v. Ferd. Kürnberger. (48 S.)
26. 27. Ausgewählte poetische Erzählungen von Carl Egon R. v. Ebert. (88 S)
28. Spaziergänge e. Wiener Poeten. Von Anastasius Grün. (39 S.)
29. 30. Griseldis. Dramatisches Gedicht in 5 Acten v. Frdr. Halm. (88 S.)
31. Der arme Spielmann. Erzählung v. Frz. Grillparzer. (48 S.)
32. Todtenkränze. Canzone v. J. Chr. Frhrn. v. Zedlitz. (48 S.)
33. Onkel Forster. Eine Alltagsgeschichte v. Carl Herloßsohn. (48 S.)
34. Camoens. Dramatisches Gedicht in 1 Aufzuge v. Frdr. Halm. (40 S.)
35. 36. Garrick in Bristol. Lustspiel in 4 Aufzügen v. J. L. Deinhardstein. (80 S.)
37. Die Griechin. Novelle v. Adf. Foglar. (48 S.)
38. 39. Das Kloster. Idyllische Erzählg. in 5 Gesängen von Carl Egon R. v. Ebert. (79 S.)
40. Ein Landpfarrer. Erzählung v. Carl Herloßsohn. (68 S.)
41. 42. Brockmann. Schauspiel in 3 Aufzügen v. Fritz Pichler. (79 S.)
43. Ingvelde Schönwang. Altnordisches Bild in 3 Büchern von J. Chr. Frhrn. v. Zedlitz. (71 S.)
44. Eine Nacht in den Apenninen. Novelle v. Carl Herloßsohn. (36 S.)
45. 46. Ferd. Raimund's dramatische Werke. 7. Bdchn.: Die unheilbringende Krone. (86 S.)
47. Die Tage d. Teufels. Novelle v. Alfr. Meißner. (45 S.)
50. 51. Bruder Fritz. Eine Erzählg. v. C. Herloßsohn. (116 S.)
58. 59. Schutt. Dichtungen v. Anastasius Grün. (83 S.)
61. Agda Sjöström. Historisches Schauspiel in 4 Aufzügen v. Heinr. Swoboda. (63 S.)
63. 64. Der Fechter v. Ravenna. Trauerspiel in 5 Acten v. Frdr. Halm. (84 S.)
Bd. 48. 49. 52—57. 60. 62. sind noch nicht erschienen.

National-Bibliothek, deutsch-österreichische. Hrsg. v. Herm. Weichelt. Nr. 20, 21, 48, 49, 52—57, 60, 62 u. 65—92. 8. Reichenberg 888—890. Wien, Weichelt's Verl. à — 20
20. 21. Der Sohn der Wildnis. Dramatisches Gedicht in 5 Acten v. F. Halm. 2. Aufl. (80 S.)
48. 49. Brunoy. Schauspiel in 4 Acten m. e. Vorspiel v. C. E. R. v. Ebert. (80 S.)
52. 53. Waldfräulein. Ein Märchen in 18 Abenteuern von J. Chr. Frhrn. v. Zedlitz. (80 S.)
54. Nibelungen im Frack. Ein Gedicht v. A. Grün. (44 S.)
55. 56. Welche ist die Braut! Ein Lustspiel in 5 Aufzügen von Johanna Franul v. Weissenthurn. (79 S.)
57. Maler u. Kaufmann. Novelle v. C. Herloßsohn. (36 S.)
60. Der Barometermacher auf der Zauberinsel. Zauberposse v. F. Raimund. (51 S.)
62. Die Märtyrer der Phantasie. Novelle v. L. Foglar. (40 S.)
65—70. Wunderblumen. Volksmärchen f. Schule u. Haus. Gesammelt u. ausgewählt v. H. Weichelt. Volks-Ausg. Mit 5 Heliogravüren nach Orig.-Zeichngn. (160 S.)
71. 72. Ausgewählte Gedichte. Von A. Grün. (88 S.)
73. Der Hausball. Erzählung aus dem J. 1781 v. B***. (23 S.)
74. Christoforo Colombo. Episches Gedicht von L. A. Frankl. (48 S.)
75. Das gefährliche Lied. Novelle v. A. Foglar. (43 S.)
76. Der Müller vom Höft. Novelle v. A. Meißner. (56 S.)
77. 78. Der Adept. Trauerspiel v. F. Halm. (67 S.)
79. König Salomo. Epische Dichtg. v. L. A. Frankl. (56 S.)
80. 81. Hans Sachs. Dramatisches Gedicht in 4 Akten v. L. J. Deinhardstein. (72 S.)
82. Volks-Erzählungen v. L. Foglar. (40 S.)
83. Ausgewählte Gedichte v. L. Foglar. (48 S.)
84. Don Juan. Ein dramat. Gedicht v. N. Lenau. (30 S.)
85. 86. Ausgewählte Gedichte v. F. Halm. (80 S.)
87—90. Pfaff vom Kahlenberg. Ländliches Gedicht v. A. Grün. (164 S.)
91. Ausgewählte Gedichte v. N. Lenau. (64 S.)
92. Epische Dichtungen v. N. Lenau. (64 S.)

Nationalbibliothek, Deutsch-österreichische. Nr. 2, 11, 45—46, 60. 105. 112, 116, 118. (Inhalt: Ferdinand Raimund. Dramatische Werke.) 8. (500 S.) In Originalband Wien: Weichelt 1893.
Original-Einbanddecke apart —.20 mit 10%

National-Bibliothek, deutsch-österreichische. Nach Herm. Weichelt fortgeführt u. hrsg. v. Herm. Geo. Ludolph Weichelt. Nr. 20, 21, 28—30, 93—130. 8. Wien, Dr. H. Weichelt. à n. — 20

20. 21. Der Sohn der Wildnis. Dramatisches Gedicht in 5 Acten v. Frdr. Halm. 5., sorgfältig durchgeseh. Aufl. (76 S.) 893.
28. Spaziergänge e. Wiener Poeten v. Anastasius Grün. 2., sorgfältig durchgeseh. Aufl. m. Anmerkgn. (37 S.) 893.
29. 30. Griseldis. Dramatisches Gedicht in 5 Acten v. Frdr. Halm. 3. Aufl. (70 S.) 893.
93—95. Berthold Schwarz. Trauerspiel in 5 Aufzügen v. Joh. Anzengruber. Mit e. Vorbemerkg. v. Ant. Bettelheim. (127 S.) 891.
96. 97. Ein Märchen. Lustspiel in 3 Aufzügen v. Ant. Ohorn. (80 S.) 891.
98—100. Die Prairie am Jacinto. Von Charles Sealsfield. (Karl Postl.) 1. Thl.: Die Prairie. — Bob. (115 S.) 891.
101. — dasselbe. 2. Thl.: Die Erhebg. Texas'. — Bobs Ende. (50 S.) 891.
102. Das letzte Mittel. Lustspiel in 4 Aufzügen v. Johanna Franul v. Weißenthurn. (56 S.) 891.
103. 104. Ausgewählte Gedichte. Von J. Chr. Frhrn. v. Zedlitz. (76 S.) 891.
105. Der Alpenkönig u. der Menschenfeind. Romantisch-kom. Märchen in 3 Acten v. Ferd. Raimund. (62 S.) 891.
106. 107. Kunz v. Kaufung. Schauspiel in 5 Aufzügen v. Roderich Anschütz. (80 S.) 892.
108. 2 Tage aus dem Leben e. Fürsten. Lustspiel in 4 Acten v. L. F. Deinhardstein. (58 S.) 892.
109. Ausgewählte Gedichte. Von Ernst Frhrn. v. Feuchtersleben. 1. Folge. (38 S.) 892.
110. 111. Die Familie Wetter od. die Ehestifter. Lustspiel in 4 Acten v. Roderich Anschütz. (70 S.) 892.
112. Der Verschwender. Orig.-Zaubermärchen in 3 Aufzügen v. Ferd. Raimund. (65 S.) 892.
113. 114. Der Commandant vom Königstein. Lustspiel in 3 Aufzügen v. Ant. Ohorn. (55 S.) 892.
115. Kleine Geschichten v. Eug. Raaben. (Das Glücksmännle. Die Maschinenbraut. Das Annenheim.) (36 S.) 892.
116. Der Diamant des Geisterkönigs. Orig.-Zauberspiel in 2 Aufzügen v. Ferd. Raimund. (51 S.) 892.
117. Der Dilettant. Lustspiel in 1 Aufzuge v. Rob. Steinhauser. (31 S.) 892.
118. Das Mädchen aus der Feenwelt od. der Bauer als Millionär. Romantisches Orig.-Zaubermärchen m. Gesang in 3 Acten v. Ferd. Raimund. (54 S.) 893.
119. Der fliegende Holländer. Erzählende Dichtg. in 3 Gesängen v. Ant. Ohorn. 3. Aufl. (38 S.) 893.
120. Teufels Badstube v. Pet. Philipp. (46 S.) 893.
121—124. Fürstenbuch f. Österreich u. Steierland. Beschrieben durch Jansen Enikel. Erneuert v. Rich. Kralik. 2 Thle. (52 u. 62 S.) 893.
125. 126. Aus der Wiener Scholle. Heiteres u. Ernstes v. Ottokar Tann-Bergler. 1. Bd. 1. Sammlg. (61 S.) 894.
127. 128. Aus meinem Felleisen. Kreuz- u. Querzüge e. Wiener Zeitungsschreibers. Touristische Studien nach Wiener Anschaug. u. Empfindg. Von Frdr. Schlögl. 1. Bdchn.: A. Europäisches. I. Niederösterreich. a. Wien u. Umgebg. (62 S.) 894.
129. 130. Märchengeschichten aus dem Leben. Von Herm. Rollett. (61 S.)

—— der deutschen classischen Dichter. Wohlf. und vollständ. Ausg. ihrer Meisterwerke. [2. Subscription.] 1.—103. Lfg. gr. 16. Ebendas. 878,79. à Lfg. *

Inhalt:

Bürger, G. A., sämmtliche Gedichte. (VII, 292 S.) (Lfg. 31. 35.)

Chamisso's Werke. Nebst einer Biographie Chamisso's von G. Hesekiel. 1. Thl.: Biographie. Gedichte. (543 S.) — 2. Thl.: Peter Schlemihl. Adelbert's Fabel. (96 S.) (Lfg. 53. 57. 59. 61.)

Goethe's Werke. Nach den vorzüglichsten Quellen revidirt und mit Anmerkungen. Textrevision und ausführl. Namen-, Sach- u. a. Registern begleitet von W. Frhrn. v. Biedermann, Heinr. Düntzer, G. v. Loeper und Fr. Strehlke. Nebst der Biographie des Dichters von Fr. Förster, und drei Facs. von Goethe's Handschrift. 1.—3. Thl.: Biographie. Gedichte. 3 Thle. (CLXXXI, 304; XII, 496; XVI, 460 S.) (Lfg. 5. 7. 12. 14. 17. 21. 26. 30. 32.) — 4. Thl.: Westöstlicher Divan. (XLVIII, 397 S.) — 5. Thl.: Reineke Fuchs. Achilleïs. Gedichte, Nachlese. (339 S.) (Lfg. 42. 45. 46. 49. 50.) — 6. Thl.: Götz von Berlichingen. Clavigo. Die Geschwister. (216 S.) — 7. Thl.: Egmont. Iphigenie auf Tauris. Torquato Tasso. (304 S.) (Lfg. 56. 60. 62. 65.) — 8. Thl.: Die Laune des Verliebten. Die Mitschuldigen. Stella. Neueröffnetes Puppenspiel. Künstlers Apotheose. Das Neueste von Plundersweilern. Satyros. Hanswursts Hochzeit. Prolog zu den neuesten Offenbarungen Gottes. Götter, Helden und Wieland. Prometheus. Proserpina. Der Triumph der Empfindsamkeit. Die Vögel. Elpenor. (464 S.) — 9. Thl.: Erwin und Elmire. Klaudine von Villa Bella. Lila. Jery und Bätely. Die Fischerin. Scherz, List und Rache. Die ungleichen Hausgenossen. Der Zauberflöte zweiter Theil. Die Wette. (322 S.) (Lfg. 68. 71. 76. 78. 81. 85.) — 10. Thl.: Die natürliche Tochter. Der Großkophta. Der Bürgergeneral. Die Aufgeregten. Pandora. Mahomet. Tankred. Scene aus Cornelle's „Lügner". Anekdote zu den „Freuden Werther's". Nausikaa. Trauerspiel in der Christenheit. Chor zu „Romeo und Julia". (599 S.) (Lfg. 88. 91. 93. 94 S.) — 11. Thl. 1. Abthl.: Paläophron und Neoterpe. Was wir bringen. 1802. Vorspiel. 1807. Des Epimenides Erwachen. Theaterscenen und Theaterreden. Maskenzüge. Was wir bringen. 1814. Nachspiel zu den „Hagestolzen". (S. 1—144.) (Lfg. 100.)

Hoffmann's, E. T. A., Werke. 1. und 2. Thl.: Die Serapionsbrüder. (291 S.; S. 1—96.) (Lfg. 80. 86. 101.)

Immermann's, K., Werke. 1.—4. Thl.: Münchhausen. (LXXXVIII, 219; 172; 216; 152 S.) (Lfg. 1. 4. 6. 10. 18. 23.) — 5.—7. Thl.: Die Epigonen. (XVI, 223; 192; 259 S.) (Lfg. 64. 74. 82. 90. 96. 98.)

Körner's, Theodor, Werke. Vollständigste Ausgabe mit vielen bisher ungedruckten Gedichten und Briefen. Nebst einer Biographie des Dichters von Friedr. Förster. 1. und 2. Thl.: Gedichte. Leyer und Schwert. 2 Abthlgn. (144; 264 S.) — 3. Thl.: Dramatische Werke. 1. Thl.: Zriny. Die Sühne. Toni. Rosamunde. Hedwig. Joseph Heyderich. (264 S.) — 4. Thl.: Dramatische Werke. 2. Thl.: Der grüne Domino. Die Braut. Der Nachtwächter. Die Gouvernante. Der Vetter aus Bremen. Der vierjährige Posten. Der Kampf mit dem Drachen. Das Fischermädchen. Die Bergknappen. Alfred der Große. — Sagen und Erzählungen. — Anhang bisher ungedruckter Gedichte. (304 S.) (Lfg. 2. 9. 13. 15. 20. 25.)

Lessing's, Gotth. Ephr., Werke. Hrsg. unter Zugrundelegung der authentischen Drucke und vorhandenen Handschriften, und mit Anmerkungen und ausführl. Namen- und Sachregistern begleitet von R. Boxberger, Chr. Groß, Große, Rob. Pilger, Carl Chr. Redlich, Alfr. Schöne, Th. Vatke, Zimmermann u. A. Nebst einer Biographie des Dichters. 1. Thl.: Gedichte und Fabeln.) 256 S.) — 2. Thl.: Minna von Barnhelm. Miß Sara Sampson. Philotas. (199 S.) — 3. Thl.: Emilia Galotti. Nathan der Weise. (199 S.) (Lfg. 29. 33. 37. 43. 44.) — 4. Thl.: Der junge Gelehrte. Die Juden. Der Misogyn. (168 S.) — 5. Thl.: Der Freigeist. Der Schatz. Damon. Die alte Jungfer. (176 S.) — 6. Thl.: Laokoon. (327 S.) (Lfg. 48. 52. 58. 66. 69.) — 7. Thl.: Hamburgische Dramaturgie. (575 S.) (Lfg. 72. 75. 77. 79.) — 8. Thl.: Das Neueste aus dem Reiche des Witzes. Die kritischen Briefe von 1753. (312 S.) — 9. Thl.: Briefe, die neueste Literatur betreffend. (359 S.) — 10. Thl.: Abhandlungen über die Fabel. Anmerkungen über das Epigramm. (S. 1—64.) (Lfg. 84. 87. 92. 97. 102.)

Voß', Joh. Heinr., poetische Werke. 1. Thl.: Luise. (100 S.) — 2. Thl.: Idyllen. (112 S.) — 3. Thl.: Lieder. (120 S.) (Lfg. 3. 8.) — 4. Thl.: Homer's Ilias. (390 S.) — 5. Thl.: Homer's Odyssee. (298 S.) (Lfg. 19. 24. 27. 36. 38.)

Wieland's Werke. Nebst der Biographie Wieland's. 1.—3. Thl.: Agathon. 3 Thle. (216; 173; 224 S.) (Lfg. 11. 16. 22. 28.) — 4. Thl.: Musarion. Das Wintermärchen. Das Sommermärchen. Geron, der Adlige. Gandalin oder Liebe um Liebe. (230 S.) — 5. Thl.: Oberon. (196 S.) — 6. Thl.: Kleinere Jugend-Dichtungen. (100 S.) (Lfg. 34. 39. 40. 41.) — 7. und 8. Thl.: Die Abderiten. 2 Thle. (172; 148 S.) — 9. Thl.: Göttergespräche. Gespräche im Elysium. (160 S.) — 10. Thl.: Menander und Glycerion. Krates und Hipparchia. (168 S.) (Lfg. 47. 51. 54. 55.) — 11. Thl.: Kleinere Dichtungen: Nadine. Erdenglück. Celia an Damon. Komische Erzählungen. Bruchstücke von Psyche. Aspasia. Kombabus. Das Leben ein Traum. Die Grazien. Der verklagte Amor. (256 S.) — 12. Thl.: Kleinere Dichtungen: Die erste Liebe. Sixt und Clärchen. Schach Lolo. Pervonte. Der Vogelsang. Clelia und Sinibald. Hann und Gulpenheh. Wasserkufe &c. (267 S.) — 13. Thl.: Das Hexameron von Rosenhain. (142 S.) (Lfg. 63. 67. 70. 73.) — 14. und 15. Thl.: Die Abenteuer des Don Sylvio von Rosalva. 2 Thle. (176; 176 S.) — 16. Thl.: Idris und Zenide. (120 S.) — 17. Thl.: Der neue Amadis. (212 S.) (Lfg. 83. 89. 95. 99. 103.)

—— neuer deutscher Dichter. Wohlfeile Ausg. ihrer besten Werke in Poesie und Prosa. 1.—234. Lfg. 8. Berlin 870—74, Janke. à Lfg. *

Inhalt:

Lfg. 1—20. Gutzkow, Karl, die Ritter vom Geiste. Roman in 9 Büchern. 5. völlig umgearb. Aufl. 4 Bde. (408; IV, 408; IV, 368; IV, 435 S.)
„ 21—34. } „ 38—40. } Ludwig's, Otto, gesammelte Werke. Mit einer Einleitung von Gust. Freytag. 4 Bde. (XXVIII, 288; 272; 348; 214 S.)
„ 35—37. Ludwig, Otto, aus Reichenbach, Reden oder Schweigen. — Der Todte von St. Anna's Kapelle. Zwei Erzählungen. (220 S.)
„ 41—144. Spielhagen's, Friedr., sämmtl. Werke. 10 Bde. in 140 Lfgn. (559; 516; 608; 682; 504; 500; 468; 578; 424; 348 S.) [Ging in den Verlag von L. Staackmann in Leipzig über.]
„ 145—164. Rau, Heribert, Mozart. Ein Künstlerleben. 4. Aufl. 3 Bde. (312; 319; 308 S.)
„ 165—194. Gutzkow, Karl, der Zauberer von Rom. 4 Bde. (XVIII, 408; IV, 472; IV, 389; IV, 492 S.)
„ 195—234. Brachvogel, A. E., ausgewählte Werke. 4 Bde. (1.—3. Bd. 495; 518; 590 S.)

National-Bibliothek sämmtlicher deutschen Classiker. Erste wohlf. u. vollständ. Ausg. ihrer Meisterwerke. 1—15. Liefg. Berlin 868. Nicolai's Verlag. gr. 8. Jede Liefg. n. $2\frac{1}{2}$ ngr.

1—12. Liefg. Körner's, Thdr., sämmtliche Werke. Im Auftrage der Mutter des Dichters herg. u. mit einem Vorwort begleitet von Karl Streckfuß. Einzige rechtmäß. u. vollständ. Gesammt-Ausg. 4 Bde. (XLVIII, 1391 S. mit 2 Holzschntaff., wovon 1 in Tondr. u. Portr. in Stahlst.)
13. 14. Liefg. Mendelssohn's, Moses, Phädon oder über die Unsterblichkeit der Seele. 8. Aufl. 2 Liefgn. (148 S.)
15. Liefg. Möser, Justus. Herg. von seiner Tochter J. W. J. v. Voigts, geb. Möser. 1. Thl. Neue verm. Ausg. Nebst e. Abbildg. von Möser's Denkmal in Osnabrück. (VIII u. S. 1—120.)

National-Bibliothek sämmtlicher deutschen Classiker. Erste wohlfeile und vollständ. Ausg. ihrer Meisterwerke. 1.—453. Lfg. gr. 16. Berlin 868—75, Hempel. à Lfg. * 25 Pf. * geb. in 79 Bdn. **

Inhalt:

Bürger, G. A., sämmtliche Gedichte. (VII, 273 S.) (Lfg. 1. 6.)

Chamisso's Werke. Nebst einer Biographie Chamisso's von G. Hesekiel. 1. Thl.: Gedichte. — 2. Thl.: Peter Schlemihl. Adelbert's Fabel. (543 S.) (Lfg. 24. 61. 85. 88. 91. 99.)

Gellert, Chr. F., poetische und prosaische Werke. Nebst einer Biographie Gellert's von Alb. Lindner. 1. Thl.: Fabeln und Erzählungen. (208 S.) — 2. Thl.: Geistliche Oden und Lieder. Moralische Gedichte. (144 S.) (Lfg. 4. 105. 112.)

Goethe's Werke. Nach den vorzüglichsten Quellen revidirt und mit Anmerkungen, Textrevision und ausführl. Namen-, Sach- u. a. Registern begleitet von W. Frhrn. von Biedermann, Heinrich Düntzer, G. v. Loeper und Fr. Strehlke. Nebst der Biographie des Dichters von Fr. Förster, und drei Facs. von Goethe's Handschrift. 1. Abthl: Gedichte. 1.—3. Thl.: Gedichte. Nebst der Biographie des Dichters. (181; 304; XII, 496; XX, 460 S.) (Lfg. 33. 40. 44. 49. 54. 58. 69. 78. 95. 103. 109. 113.) — 4. Thl.: West-östlicher Divan. (XLVIII, 397 S.) — 5. Thl.: Reineke Fuchs. Achilleis. Nachlese der Gedichte. (339 S.) (Lfg. 279. 283. 287. 289. 293. 295. 311. 316.)

—— dass. — 2. Abthl.: Dramen. 6. Thl.: Götz von Berlichingen. Clavigo. Die Geschwister. (216 S.) — 7. Thl.: Egmont. Iphigenie auf Tauris. Torquato Tasso. (304 S.) (Lfg. 114. 119. 124. 127.) — 8. Thl.: Die Laune des Verliebten. Die Mitschuldigen. Stella. Neueröffnetes Puppenspiel. Künstlers Apotheose. Das Neueste von Plundersweilern. Satyros. Hanswursts Hochzeit. Prolog zu den neuesten Offenbarungen Gottes. Götter, Helden und Wieland. Prometheus. Proserpina. Der Triumph der Empfindsamkeit. Die Vögel. Elpenor. (464 S.) — 9. Thl.: Erwin und Elmire. Klaudine von Villa Bella. Lila. Jery und Bätely. Die Fischerin. Scherz, List und Rache. Die ungleichen Hausgenossen. Der Zauberflöte zweiter Theil. Die Wette. (322 S.) (Lfg. 202. 205. 207. 209. 211. 213. 215.) — 10. Thl.: Die natürliche Tochter. Der Großkophta. Der Bürgergeneral. Die Aufgeregten. Pandora. Mahomet. Tankred. Scene aus Corneille's „Lügner". Anekdote zu den „Freuden Werther's". Nausikaa. Trauerspiel in der Christenheit. Chor zu „Romeo und Julia". (599 S.) (Lfg. 220. 225. 227. 228. 229.) — 11. Thl.: Paläophron und Neoterpe. Was wir bringen. 1802. Vorspiel. 1807. Des Epimenides Erwachen. Theaterscenen und Theaterreden. Maskenzüge. Was wir bringen. 1814. Nachspiel zu den „Hagestolzen". Aeltere Gestalt von: Götz von Berlichingen. Erwin und Elmire. Klaudine von Villa Bella. Iphigenie auf Tauris. Bühnenbearbeitung des Götz von Berlichingen. (432 S.) (Lfg. 239. 242. 247. 249. 252. 253. 255. 259.) — 12. und 13. Thl.: Faust. 1. und 2. Thl. (LXIV, 174; LXXX, 272 S.) (Lfg. 154. 156. 158. 160. 170.)

Goethe's Werke. 3. Abthl.: Novellistisches. 14. Thl.: Leiden des jungen Werther's. (134 S.) — 15. Thl.: Die Wahlverwandtschaften. (254 S.) — 16. Thl.: Unterhaltungen der Ausgewanderten. Novelle. Die guten Weiber. Reise der Söhne Megaprazon's. Briefe aus der Schweiz. Der Römische Karneval. (351 S.) (Lfg. 133. 135. 138. 142. 146. 150.) — 17. Thl.: Wilhelm Meister's Lehrjahre. (600 S.) (Lfg. 171—173. 175. 176.) — 18. Thl.: Wilhelm Meister's Wanderjahre. (452 S.) — 19. Thl.: Sprüche in Prosa. (259 S.) (Lfg. 186. 188. 194. 197. 199. 200.)

—— dass. — 4. Abthl.: Biographisches. 20. und 21. Thl.: Dichtung und Wahrheit. 1. und 2. Thl. (368; 412 S.) (Lfg. 371. 372. 384. 391. 395. 401. 429. 432.)

—— dass. — 5. Abthl.: Aufsätze über Kunst und Literatur. 28. Thl.: Schriften und Aufsätze zur Kunst. (844 S.) (Lfg. 411. 412. 415. 416. 418 —423.) — 29. Thl.: Aufsätze zur Literatur. (XXXII, 896 S.) (Lfg. 319. 325. 329. 333. 335. 339. 347. 348. 351. 354.)

—— dass. — 6. Abthl.: Uebersetzungen ꝛc. 30. Thl.: Benvenuto Cellini. (XVI, 512 S.) — 31. Thl.: Rameau's Neffe. (168 S.) — 32. Thl.: Philipp Hackert. (208 S.) (Lfg. 354. 355. 358. 359. 362. 363. 366—369.)

Hauff, Wilh., prosaische und poetische Werke. Nebst einer Biographie des Dichters von A. Lindner. 1. Thl.: Gedichte. (68 S.) — 2. und 3. Thl.: Märchen. 2 Bdchn. (179; 138 S.) (Lfg. 93. 100. 106. 115.) — 4.—6. Thl.: Lichtenstein. 3 Bdchn. (107; 111; 126 S.) (Lfg. 115. 120. 126. 131.) — 7. und 8. Thl.: Memoiren des Satan. 2 Bdchn. (344 S.) (Lfg. 9. 12.) — 9. Thl.: Phantasien im Bremer Rathskeller. Skizzen. (107 S.) (Lfg. 35.) — 10. und 11. Thl.: Novellen. 2 Bdchn. (208; 183 S.) (Lfg. 136. 140. 145. 151.) — 12. Thl.: Der Mann im Mond. Controverspredigt. (216 S.) (Lfg. 157. 163.)

Herder's Werke. Nach den besten Quellen revidirte Ausgabe mit Anmerkungen. Nebst einer Biographie des Dichters von Heinr. Düntzer. 1. Thl.: Gedichte. (CXXXVI, 590 S.) (Lfg. 230. 237. 240. 244. 246. 248. 250.) — 2. und 3. Thl.: Legenden. Dramatische Stücke und Xenien. Prosaische Dichtungen. (302 S.) — Terpsichore. (376 S.) (Lfg. 280. 288. 291. 294. 297. 299. 301.) — 4. Thl.: Der Cid. (148 S.) — 5. Thl.: Stimmen der Völker. (XXXII, 384 S.) (Lfg. 137. 143. 147. 153. 159.) — 6.—8. Thl.: Morgenländische Literatur. (264 S.) — Griechische Literatur. (368 S.) — Römische Literatur. (144 S.) (Lfg. 309. 314. 317. 320. 322. 324. 326. 328.) — 9.—12. Thl.: Ideen zur Philosophie der Geschichte der Menschheit. 4 Thle. (200; 182; 208; 191 S.) (Lfg. 166. 169. 180. 183. 187. 190. 192.) — 13. Thl.: Briefe zur Beförderung der Humanität. (XXXI, 640 S.) (Lfg. 350. 352. 353. 364. 370. 373. 374.) — 14. Thl.: Adrastea. (XXXIX, 824 S.) (Lfg. 407. 426. 433. 436. 440. 444. 447. 449. 450.)

Jean Paul's Werke. Nebst einer Biographie Jean Paul's von Rudolph Gottschall. 1.—3. Thl.: Die unsichtbare Loge. 2 Thle. (47; 392 S.) — Leben des Quintus Fixlein. (223 S.) (Lfg. 94. 102. 108. 111. 117. 122.) — 4.—6. Thl.: Auswahl aus des Teufels Papieren. (VIII, 301 S.) — Biographische Belustigungen unter der Gehirnschale einer Riesin. (127 S.) — Der Jubelsenior. (133 S.) (Lfg. 141. 149. 155. 161. 164.) — 7.—10. Thl.: Hesperus. 4 Bdchn. (VIII, 652 S.) (Lfg. 22. 37. 51. 65. 74.) — 11.—14. Thl.: Blumen-, Frucht- und Dornenstücke; oder Ehestand, Tod und Hochzeit des Armen-Advokaten F. St. Siebenkäs. 4 Bdchn. (VIII, 494 S.) (Lfg. 2. 7. 11. 16.) — 15.—18. Thl.: Titan. 4 Bde. (VIII, 712 S.) (Lfg. 168. 178. 182. 184. 191. 195. 203.) — 19.—23. Thl.: Titan. Komischer Anhang. (VII, 196 S.) — Flegeljahre. 4 Bdchn. (VIII, 104; 105; 100; 100 S.) (Lfg. 217. 221. 224. 231. 235. 238.) — 24.—31. Thl.: Dr. Katzenberger's Badereise. 3 Bdchn. (248 S.) — Der Komet. 3 Bdchn. (415 S.) — Das heimliche Klaglied der jetzigen Männer, eine Stadtgeschichte; — und die wunderbare Gesellschaft in der Neujahrsnacht. (51 S.) — Des Feldpredigers Schmelzle Reise nach Flätz. (64 S.) (Lfg. 256. 262. 264. 266. 270. 272. 275. 278.) — 32.—38. Thl.: Leben Fibel's. (174 S.) — Freiheits-Büchlein. (63 S.) — Friedens-Predigt an Deutschland. Dämmerungen für Deutschland. (111 S.) — Mars' und Phöbus' Thronwechsel im Jahre 1814. (128 S.) — Politische Fastenpredigten. — Briefe und bevorstehender Lebenslauf. (329 S.) (Lfg. 290. 293. 303. 310. 315. 318. 321.) — 39.—44. Thl.: Das Kampaner Thal. (444 S.) — Grönländische Prozesse. 2 Thle. (200 S.) — Palingenesien. 2 Thle. (190 S.) — Museum. (182 S.) (Lfg. 343. 365. 375. 379. 381. 388. 390.) — 45.—47. Thl.: Herbst-Blumine. 3 Thle. (480 S.) (Lfg. 413. 417. 427. 428. 438.)

Kleist's, H. v., Werke. Nebst einer Biographie des Dichters von Adolf Wilbrandt. 1. und 2. Thl.: Die Familie Schroffenstein. Penthesilea. Amphitryon. (LXIV, 268 S.) — Prinz Friedrich von Homburg. Die Herrmannsschlacht. (160 S.) (Lfg. 46. 62. 64. 67. 72.) — 3.—5. Thl.: Das Käthchen von Heilbronn. Der zerbrochene Krug. (159 S.) — Erzählungen. (240 S.) — Vermischte Schriften. (116 S.) (Lfg. 21. 28. 43. 46. 76.)

Klopstock's Werke. Hrsg. und mit Anmerkungen begleitet, nebst der Biographie des Dichters, von Robert Boxberger. 1.—4. Thl.: Der Messias. 4 Thle. (Lfg. 267. 271. 274. 277. 281. 285. 307.)

Körner's, Theodor, Werke. Vollständigste Ausgabe mit vielen bisher ungedruckten Gedichten und Briefen. Nebst einer Biographie des Dichters von Friedrich Förster. 1. und 2. Thl.: Gedichte. 1. und 2. Abthl.: Leyer und Schwert. (408 S.) (Lfg. 39. 42. 47.) — 3. Thl.: Dramatische Werke. 1. Thl. (264 S.) — 4. Thl.: Dramatische Werke. 2. Thl. — Sagen und Erzählungen. — Anhang bisher ungedruckter Gedichte. (304 S.) (Lfg. 52. 57. 66. 71. 77.)

Lenau, Nicolaus, Gedichte. (Lfg. 23. 26.)

Lessing, Gotth. Ephr., Werke. Hrsg. unter Zugrundelegung der authentischen Drucke und vorhandenen Handschriften, und mit Anmerkungen und ausführl. Namen- und Sachregistern begleitet von R. Boxberger, Chr. Groß, Große, Rob. Pilger, Carl Chr. Redlich, Th. Vatke, Zimmermann u. A. Nebst der Biographie des Dichters. 1. Thl.: Gedichte und Fabeln. (256 S.) — 2. Thl.: Minna von Barnhelm. Miß Sara Sampson. Philotas. (199 S.) — 3. Thl.: Emilia Galotti. Nathan der Weise. (199 S.) (Lfg. 31. 36. 41. 50. 53.) — 4. Thl.: Der junge Gelehrte. Die Juden. Der Misogyn. (168 S.) — 5. Thl.: Der Freigeist. Der Schatz. Damon. Die alte Jungfer. (176 S.) — 6. Thl.: Laokoon. (327 S.) (Lfg. 82. 87. 90. 101. 129. 132.) — 7. Thl.: Hamburgische Dramaturgie. (575 S.) (Lfg. 201. 204. 206. 208. 210.) — 8. Thl.: Das Neueste aus dem Reiche des Witzes. Die kritischen Briefe von 1753. (312 S.) — 9. Thl.: Briefe, die neueste Literatur betr. (361 S.) — 10. Thl.: Abhandlungen über die Fabel. Anmerkungen über das Epigramm. (200 S.) (Lfg. 344. 346. 349. 356. 357. 360. 361. 382. 383.) — 11. Thl.: Kleinere Schriften zur dramatischen Poesie und zur Fabel. 1. Abthl. (XXIV, 952 S.) (Lfg. 410. 414. 425. 430. 435. 437. 439. 441. 443. 445.) — 12. Thl.: Kleinere Schriften zur modernen Literatur und Sprache. (S. 1—384.) (Lfg. 446. 448. 451. 453.) — 14. und 15. Thl.: Theologische Schriften. 1. Abthl. und 2. Abthl. I. (239; 439 S.) (Lfg. 305. 313. 327. 330. 332. 336. 337.) — 16. und 17. Thl.: Theologische Schriften. 2. Abthl. II. III. (232; 271 S.) — 18. Thl.: Philosophische Schriften. (384 S.) (Lfg. 386. 389. 393. 396. 399. 400. 402. 404. 409.)

Musäus, J. K. A., Volksmärchen der Deutschen. 4 Thle. Nebst Nachrichten über Musäus' Leben. (551 S.) (Lfg. 14. 19. 30. 32. 34.)

Reineke der Fuchs. Aus dem Urtexte übertragen von W. Soltau. (208 S.) (Lfg. 17. 27.)

Schiller's Werke. Nach den vorzüglichsten Quellen revid. Ausg. Hrsg. von Wendelin Frhr. v. Maltzahn u. A. Nebst einer Biographie des Dichters von H. J. Heller und einem Facs. der Handschrift Schiller's. 1. Thl.: Gedichte. (LXXXVI, 424 S.) (Lfg. 38. 56. 59.) — 2. Thl.: Die Räuber. Fiesko. (253 S.) — 3. Thl.: Kabale und Liebe. Don Karlos. (336 S. (Lfg. 84. 97. 107.) — 4. Thl.: Wallenstein. (244 S.) — 5. Thl.: Maria Stuart. Die Jungfrau von Orleans. Die Braut von Messina. (344 S.) (Lfg. 116. 123. 130.) — 6. Thl.: Wilhelm Tell. Semele. Die Huldigung der Künste. Der Menschenfeind. (176 S.) — 7. Thl.: Iphigenie in Aulis. Die Phönicierinnen. Macbeth. Phädra. (224 S.) — 8. Thl.: Turandot. Der Parasit. Der Neffe als Onkel. (199 S.) — 9. Thl.: Der Geisterseher. (132 S.) (Lfg. 162. 179. 189. 193. 198.) — 10. und 11. Thl.: Abfall der Niederlande. (196; 168 S.) — 12. und 13. Thl.: Der dreißigjährige Krieg. (175; 196 S.) (Lfg. 214. 218. 223. 226. 233.) — 14. Thl.: Kleinere prosaische Schriften. 1. Thl. (464 S.) (Lfg. 263. 269. 273. 276. 282. 284. 286.) — 15. Thl.: Kleinere prosaische Schriften. 2. Thl. (832 S.) (Lfg. 296. 298. 300. 302. 304. 306. 308. 312.) — 16. Thl.: Dramatische Entwürfe, Pläne und Fragmente aus Schiller's Nachlaß. Bühnenbearbeitungen: Die Christen. — Absalon. — Der Student von Nassau. — Cosmus von Medicis. — Der Jahrmarkt. — Friedrich Imhof. — Conradin von Schwaben. — Zweiter Theil der Räuber. — Timon von Athen. — Ein Drama mit einem Gespenst. — Operette. — Körner's Vormittag. — Oberon. — Julian der Abtrünnige. — Agamemnon. — Die Malteser. — Das Ereigniß zu Verona. — Narbonne oder die Kinder des Hauses. — Das Schiff. — Medea. — Thyest und Pelopia. — Martinuzzi. — Warbeck. — Der Hausvater. — Die Verschwörung gegen Venedig. — Sicilianische Vesper. — Agrippina. — Die Braut in Trauer. — Rosamund oder die Braut der Hölle. — Coriolanus. — Die Begebenheit zu Famagusta. — Ein Lustspiel. — Die Polizei. — Themistokles. — Gräfin von Flandern. — Gräfin von S. Geran. — Sacontala. — Die Flibustiers. — Henri IV. oder Biron. — Friedrich von Oestreich. — Oedipus. — Klopstock's Hermannsschlacht. — Rudolph von Habsburg. — Heinrich der Löwe. — Charlotte Corday. — Die Herzogin von Zelle. — Monaldeschi. — Attila. — Elfriede. — Racine's Britannicus. — Demetrius. — Goethe's Egmont. — Mahomet nach Voltaire. — Goethe's Iphigenie. — Lessing's Nathan der Weise. — Goethe's Stella, Laune des Verliebten, und Götz von Berlichingen. — Shakespeare's Othello. (681 S.) (Lfg. 376. 380. 387. 397. 403. 405. 406.)

Seume's, J. G., Werke. 1. Thl.: Mein Leben. (106 S.) — 2. und 3. Thl.: Spaziergang nach Syrakus im J. 1802. 2. Thle. (166; 176 S.) (Lfg. 3. 5. 10. 13.) — 4. Thl.: Mein Sommer 1805. (160 S.) — 5. Thl.: Gedichte. (252 S.) (Lfg. 18. 60. 70. 75.)

Voß', Joh. Heinr., poetische Werke. 1. Thl.: Luise. (100 S.) — 2. Thl.: Idyllen. (112 S.) — 3. Thl.: Lieder. (120 S.) (Lfg. 8. 15. 29.) — 4. Thl.: Homer's Ilias. (390 S.) — 5. Thl.: Homer's Odyssee (298 S.) (Lfg. 96. 104. 110. 118. 125. 128.)

Wieland's Werke. Nebst der Biographie Wieland's. 1.—3. Thl.: Agathon. 3 Thle. (216; 173; 224 S.) (Lfg. 45. 48. 55. 61. 63.) — 4. Thl.: Musarion. Das Wintermärchen. Das Sommermärchen. Geron, der Adlige. Gandalin oder Liebe um Liebe. (231 S.) — 5. Thl.: Oberon. (196 S.) — 6. Thl.: Kleinere Jugend-Dichtungen. (100 S.) (Lfg. 20. 25. 68. 73. 79.) — 7. und 8. Thl.: Die Abderiten. 2 Thle. (172; 148 S.) — 9. Thl.: Göttergespräche. Gespräche im Elysium. (160 S.) — 10. Thl.: Menander und Glycerion. Krates und Hipparchia. (168 S.) (Lfg. 80. 83. 86. 89. 92. 98.) — 11. und 12. Thl.: Kleinere Dichtungen. 2 Thle. (256; 267 S.) — 13. Thl.: Das Hexameron von Rosenhain. (142 S.) (Lfg. 121. 134. 139. 144. 148. 152.) — 14. und 15. Thl.: Die Abenteuer des Don Sylvio von Rosalva. 2 Thle. (176; 176 S.) — 16. Thl.: Idris und Zenide (120 S.) 17. Thl.: Der neue Amadis. (212 S.) (Lfg. 165. 167. 174. 177. 181. 185.) — 18. und 19. Thl.: Der goldne Spiegel. 2 Thle. (162; 188 S.) — 20. Thl.: Geschichte des weisen Danischmend. (215 S.) (Lfg. 196. 212. 216. 219. 222.) — 21. und 22. Thl.: Peregrinus Proteus. 2 Thle. (168; 108 S.) — 23. Thl.: Agathodämon. (243 S.) — 24. Thl.: Nachlaß des Diogenes von Sinope. (140 S.) (Lfg. 232. 234. 236. 241. 243. 245.) — 25.—28. Thl.: Aristipp. 4 Thle. (192; 196; 180; 162 S.) (Lfg. 251. 254. 257. 258. 260. 261. 265. 268.) — 29. Thl.: Singspiele. Lustspiele. Cantaten. Kleine Gedichte. (227 S.) — 30. Thl.: Feen- und Geistermärchen. (339 S.) — 31. Thl.: Beiträge zur geheimen Geschichte der Menschheit. (208 S.) (Lfg. 323. 331. 334. 338. 340—342. 345.) — 32. Thl.: Kleinere philosophische Schriften. (573 S.) (Lfg. 377. 378. 385. 392. 394. 398.) — 33. Thl.: Kleinere politische Schriften. (480 S.) — 34. Thl.: (S. 1—96.) (Lfg. 408. 424. 431. 434. 442. 452.)

National-Bibliothek sämmtlicher deutschen Classiker. Erste wohlfeile und vollständige Ausg. ihrer Meisterwerke. 454.—714. (Schluß-)Lfg. gr. 16. Berlin 876—79, Hempel. à Lfg. *

Inhalt:

Chamisso's Werke. Nebst einer Biographie Chamisso's von G. Hesekiel. 3. Thl.: Reise um die Welt. I. Tagebuch. (295 S.) — 4. Bd.: Reise um die Welt. II. Bemerkungen und Ansichten. Nachträge. (392 S.) (Lfg. 470. 475. 484. 492. 495. 498. 505.)

Goethe's Werke. Nach den vorzüglichsten Quellen revidirt und mit Anmerkungen, Textrevision und ausführl. Namen-, Sach- u. a. Registern begleitet von W. Frhrn. v. Biedermann, Heinrich Düntzer, G. v. Loeper und Fr. Strehlke. Nebst der Biographie des Dichters von Fr. Förster, und drei Facs. von Goethe's Handschrift. 4. Abthl.: Biographisches. 22. und 23. Thl.: Dichtung und Wahrheit. 3. und 4. Thl. (460; 256 S.) (Lfg. 485. 489. 493. 497. 516. 521. 550. 575—577.) — 24. Thl.: Die Italienische Reise. (XXXII, 1032 S.) (Lfg. 616—621. 624. 625. 627. 636. 644.) — 25. Thl.: Campagne in Frankreich 1792. Belagerung von Mainz. (304 S.) (Lfg. 466. 468. 472. 476.) — 26. Thl.: Reise in die Schweiz 1797. Reise am Rhein 1814 und 1815. (415 S.) (Lfg. 478. 481. 483. 485.) — 27. Thl. 1. Abthl.: Tag- und Jahreshefte (Annalen.) (XVI, 655 S.) Biograph. Einzelnheiten. 2. Abthl.: Amtliche und gesellschaftliche Vorträge. Geistliche Briefe. (112 S.) (Lfg. 534—541.)

—— dass. — 7. Abthl.: Naturwissenschaftliche Schriften. 33. Thl.: Zur Morphologie. (CLXXXIV, 576 S.) (Lfg. 577. 582. 588. 592. 595. 613—615.) — 34. Bd.: Meteorologie. (XVI, 296 S.) (Lfg. 645. 646. 649. 653.) — 35. Bd.: Optik. (LXIV, 616 S.) (Lfg. 655. 658. 659. 661. 667. 670. 672.) — 36. Bd.: Farbenlehre. Geschichte. (XIX, 764 S.) (Lfg. 672. 674. 680. 681. 685. 688. 697. 707. 708.)

Herder's Werke. Nach den besten Quellen revidirte Ausgabe mit Anmerkungen. Nebst einer Biographie des Dichters von Heinr. Düntzer. 15. Thl.: Zerstreute Blätter. (XXXII, 446 S.) — 16. Thl.: Schulreden nebst hodegetischen und pädagogischen Aufsätzen. (LXXVIII, 394 S.) (Lfg. 454. 457. 460. 464. 469. 474. 479. 487. 491.) — 17. Thl.: Gesammelte Abhandlungen, Aufsätze, Beurtheilungen und Vorreden aus der Weimarer Zeit. (XXXII, 736 S.) (Lfg. 501. 506. 510. 512. 513. 518. 520. 523.) — 18. Thl.: Gott. Einige Gespräche über Spinoza's System nebst Shaftesbury's Naturhymnus. Verstand und Erfahrung. Eine Metakritik zur Kritik der reinen Vernunft. Kalligone. (LXIV, 720 S.) (Lfg. 531. 542. 543. 545. 547—549. 551.) — 19. Thl.: Fragmente über die neuere deutsche Literatur. (XVI, 416 S.) — 20. Thl.: Kritische Wälder. Oder Betrachtungen, die Wissenschaft und Kunst des Schönen betreffend, nach Maaßgabe neuerer Schriften. (XXXII, 590 S.) (Lfg. 564. 569. 579. 583. 589. 596. 601. 602. 604. 605. 607.) — 21. Thl.: Kleinere Schriften aus der Vor-Weimarer Zeit. (XXVII, 276 S.) — 22. und 23. Thl.: Aus Zeitschriften und Sammelwerken vor der Weimarer Zeit. 2 Abthlgn. (XV, 112; XXXII, 336 S.) (Lfg. 666. 671. 676. 684. 687. 689. 691. 695. 698.) — 24. Thl.: Nachlaß der Vor-Weimarer Zeit. Nachträge. Register. (XVI, 688 S.) (Lfg. 698. 700. 701. 703. 705. 709. 713. 714.)

Jean Paul's Werke. Nebst einer Biographie Jean Paul's von Rud. Gottschall. 48. Thl.: Vermischte Aufsätze und Dichtungen aus Zeitschriften, Tagebüchern rc. und handschriftlichem Nachlaß. (XXII, 461 S.) (Lfg. 503. 515. 519. 526. 528.) — 49.—51. Thl: Vorschule der Aesthetik. 3 Thle. (XV, 495 S.) — 52. und 53. Thl.: Kleine Bücherschau. 2 Thle. (VIII, 215 S.) (Lfg. 553. 557. 560. 565. 572. 581. 591.) — 54. Thl.: Ueber die deutschen Doppelwörter. (XIV, 96 S.) — 55.—58. Thl.: Levana. 4 Thle. (XXIV, 336 S.) — 59. und 60. Thl.: Selina. 2 Thle. (VIII, 232 S.) (Lfg. 599. 610. 611. 628. 629. 641. 648. 651.)

Klopstock's Werke. Hrsg. und mit Anmerkungen begleitet, nebst der Biographie des Dichters von Robert Boxberger. 5. Thl.: Oden. Epigramme. (XXXII, 640 S.) (Lfg. 630. 631. 633. 637. 650. 654. 660.) — 6. Thl.: Dramen. Anhang: Verse. (575 S.) (Lfg. 662. 664. 668. 673. 677. 682.)

Lessing's, Gotth. Ephr., Werke. Hrsg. unter Zugrundelegung der authentischen Drucke und vorhandenen Handschriften, und mit Anmerkungen und ausführlichen Namen- und Sachregistern begleitet von R. Boxberger, Chr. Groß, Große, Rob. Pilger, Carl Chr. Redlich, Alfr. Schöne, Th. Patke, Zimmermann u. A. Nebst der Biographie des Dichters. 11. Thl.: Kleinere Schriften zur dramatischen Poesie und zur Fabel. 2. Abthl. (XV, 1044 S.) (Lfg. 471. 477. 482. 488. 490. 494. 499. 502. 508. 514. 517.) — 13. Thl.: Classische Literatur und bildende Kunst. 2 Abthlgn. (IV, 316; LXX, 568 S.) (Lfg. 587. 593. 594. 598. 603. 606. 608. 609. 639. 640.) — 19. Thl.: Geschichte, Gelehrtengeschichte und Vermischtes. (672 S.) (Lfg. 544. 554. 566. 567. 570. 573. 578. 580.) — 20. Thl. 1. Abthl.: Briefe von Lessing. (LV, 563 S.); 2. Abthl.: Briefe an Lessing. (VIII, 1048 S.) (Lfg. 657. 663. 665. 669. 675. 678. 679. 683. 686. 690. 692—694. 696. 699. 702. 704. 706. 710—712.)

Seume's, J. G., Werke. 6. Thl.: Das polnische Mädchen. Eine Geschichte aus dem letzten Kriege. Adelaide. Eine ländliche Erzählung. Die Beluleie. Eine einfache Erzählung. Miltiades. Ein Trauerspiel. Der Schatz. Eine theatralische Allegorie. (168 S.) — 7. Thl.: Obolen. Apokryphen. Bruchstück einer Predigt. Die Impertinenzen. (263 S.) — 8. Thl.: Pflichten- und Sittenbuch für Landleute. (127 S.) (Lfg. 467. 473. 480. 486. 496. 500.) — 9. Thl.: Einige Nachrichten über die Vorfälle in Polen im Jahre 1794. Zwei Briefe über die neuesten Veränderungen in Rußland seit der Thronbesteigung Paul's des Ersten. Ueber das Leben und den Charakter der Kaiserin von Rußland Katharina II. Anekdoten zur Charakterschilderung Suwarow's. (207 S.) — 10. Thl.: Die Belagerung, Eroberung und Zerstörung von Platää. Rede des Phliasiers Patrokles in Athen. Arma veterum cum nostris comparata. Ueber Bewaffnung. Praefatio ad fasciculum observationem et conjecturarum in locos Plutarchi Difficiliores nebst deutscher Uebersetzung. Vermischte kleinere Aufsätze. Ueber Prüfung und Bestimmung junger Leute zum Militär. Gedicht-Nachlese. (232 S.) (Lfg. 500. 504. 507. 509. 511.)

Wieland's Werke. Nebst der Biographie Wieland's. 35. Thl.: Kleinere Schriften zur Culturgeschichte. (430 S.) — 36 Thl.: Zur ausländischen Literatur. (336 S.) (Lfg. 522. 524. 525. 527. 529. 530. 532. 533.) — 37. Thl.: Zur Geschichte, Literatur und Kunst der Griechen und Römer. (XVI, 656 S.) (Lfg. 546. 552. 555. 556. 558. 559. 561.) — 38. Thl.: Zur deutschen Sprache, Dichtung und Literatur. (XVI, 716 S.) (Lfg. 562. 563. 568. 571. 574. 584—586.) — 39. Thl.: Die Natur der Dinge oder die vollkommenste Welt. (702 S.) (Lfg. 586. 590. 597. 600. 612. 622. 623. 626.) — 40. Bd.: Cyrus. Ein unvollendetes Heldengedicht. Araspes und Panthea. Erinnerungen an eine Freundin. Das Gesicht des Mirza. Timoklea. Platonische Betrachtungen über den Menschen. Gesicht von einer Welt unschuldiger Menschen. Theages über Schönheit und Liebe. Lady Johanna Gray, oder der Triumph der Religion. Klementine von Poretta. Nachträge. Register rc. rc. (IV, 366 S.) (Lfg. 632. 634. 635. 638. 642. 643. 647. 652. 656.)

—— dass. — 2. Sammlung. 1.—14. Lfg. gr. 16. Berlin 879, Hempel. à Lfg. *

Inhalt:

Hoffmann's, E. T. A., Werke. 1. und 2. Thl.: Die Serapionsbrüder. (291 S.; S. 1—272.) (Lfg. 3. 7. 10. 12. 14.)

Immermann's Werke. 5.—7. Thl.: Die Epigonen. 3 Thle. Mit einer Einleitung von Rob. Boxberger. (XVI, 223; 192 S.; S. 1—144.) (Lfg. 2. 5. 6. 9. 13.)

Des Knaben Wunderhorn. Alte deutsche Lieder gesammelt von Ludw. Achim v. Arnim und Clemens Brentano. 1. Thl. Mit Einleitung und Anmerkungen von Rob. Boxberger. (S. 1—432.) (Lfg. 1. 4. 8. 11.)

—— dass. — s. Stahlstich-Illustrationen.

—— sämmtlicher deutschen Classiker. 2. Sammlung. 15.—151. (Schluß-)Lfg. gr. 16. Berlin 879—82, Hempel. à Lfg. *

Inhalt:

Hoffmann's, E. T. A., Werke. Nach den vorzüglichsten Quellen revid. Ausg. Mit einer Biographie von Robert Boxberger. 2.—4. Thl.: Die Serapionsbrüder. (S. 273—300; 286; 288 S.) (Lfg. 25. 26. 28. 32. 34. 36. 40.) — 5. und 6. Thl.: Phantasiestücke. (VIII, 157; 232 S.) (Lfg. 40. 49. 53. 57. 61.) — 7. und 8. Thl.: Nachtstücke. (154; 188 S.) (Lfg. 61. 65. 68. 70.) — 9. und 10. Thl.: Die Elixiere des Teufels. (171; 168 S.) (Lfg. 75. 78. 81. 84.) — 11. und 12. Thl.: Kater Murr. (224; 223 S.) (Lfg. 84. 88. 92. 96. 100.) — 13. Thl.: Klein Zaches. Prinzessin Brambilla. (263 S.) (Lfg. 103. 108. 114.) — 14. Thl.: Meister Floh. Die Doppelgänger. Leiden eines Theaterdirektors. (342 S.) (Lfg. 114. 117. 121. 125. 130.) — 15. Thl.: Kleinere Schriften. (592 S.) (Lfg. 130. 132. 136. 139. 141. 143. 145.) Compl. 15 Thle. *ℳ 12.; geb. in 6 Bde. *ℳ 16.

Immermann's, Karl, Werke. Mit Einleitungen und Anmerkungen und einer Biographie von Robert Boxberger. 1.—4. Thl.: Münchhausen. (LXXXVIII, 219; 172; 216; 152 S.) (Lfg. 41. 43. 45. 48. 50. 52. 54. 56.) — 5.—7. Thl.: Die Epigonen. (S. 145—259.) (Lfg. 15. 16.) — 8. Thl.: Miscellen. (152 S.) — 9. Thl.: Die Papierfenster eines Eremiten. (155 S.) — 10. Thl.: Reisejournal. Blick ins Tirol. Ahr und Lahn. (272 S.) (Lfg. 16. 19. 20. 23. 24. 27.) — 11. Thl.: Gedichte. (XVI, 368 S.) — 12. Thl.: Tulifäntchen. (116 S.) — 13. Thl.: Tristan und Isolde. (287 S.) (Lfg. 29. 33. 37. 39. 60. 63. 66. 67.) — 14. Thl.: Lustspiele. (364 S.) — 15. Thl.: Dramen. (392 S.) (Lfg. 73. 77. 79. 85. 86. 91. 95. 99.) — 16. und 17. Thl.: Trauerspiele. (555; 531 S.) (Lfg. 101. 105. 110. 113. 116. 119. 122. 126. 128. 131. 134. 138.) — 18.—20. Thl.: Memorabilien. (222; 267; 215 S.) (Lfg. 138. 140. 142. 144. 147—150.) Compl. 20 Thle. *ℳ 18.; geb. in 8 Bde. *ℳ 24.

— sämmtlicher deutscher Classiker. 2. Sammlg. 151. Hft. 12. Berlin 883. Hempel. à n. — 30
Aug. Graf v. Platen's Werke. (3. Bd. VII u. S. 273—396.)

National-Bibliothek, russische. Unter Red. von Iwan Wasjomonow u. Wilh. Fischer hrsg. vom russisch-literar. Bureau in Leipzig. 1. u. 2. Jahrg. à 12 Hfte. (1½ B.) gr. 8. Leipzig 880. 81. Gerhard. à Jahrg. 10. —; einzelne Hfte. à 1. —

National-Bibliothek, russische. Hrsg. vom russ. literar. Bureau. Interlinear-Uebersetzg. Accentuirter Text. (2. Jahrg. 13. Hft.) 25. Hft. [Suppl.] gr. 8. (2. Bd. S. 289—317.) Leipzig 883. Gerhard. 1. —

National-Bibliothek, russische, m. durchweg accentuiertem Text u. wortgetreuer deutscher Interlinear-Übersetzung. 1. Bd. 3., v. Tkatsch neu durchgeseh. u. verb. Aufl. 12 Hfte. gr. 8. (1.—3. Hft. 80 S.) Leipzig 899. R. Gerhard. n. 10. —; einzelne Hfte. n. 1. —

— russische. III. Bd. Moderne Autoren, mit Akzenten, gegenübersteh. wörtl. Uebersetzg., Fragen u. Wörter-Verzeichnis hrsg. v. B. Thies. 1. u. 2. Heft. kl. 8. Leipzig, R. Gerhard. n. 1. 80

1. Zwei Tapfere. Humoristische Erzählg. Von Ant. Tschechow. Mit wortgetreuer Uebersetzung, Wiederholungsfragen u. Wörterverzeichnis hrsg. v. Bernh. Thies. Mit Autorisation v. Tschechows Erbin, Maria Pawlowna Tschechowa. 1. Tl.: Text mit Akzenten, Uebersetzung u. Wiederholungsfragen, (27 S.) 905. — 80; II. Tl.: Wörterverzeichnis. (Verben, Substantiva u. Adjektiva.) (15 S.) — 25
2. Das Chamäleon. Humorist. Erzählg. Von Ant. Tschechow. Mit Akzenten, wortgetreuer Uebersetzung, Wiederholungsfragen u. Wörterverzeichnis hrsg. von Bernh. Thies. Mit Autorisation v. Tschechows Erbin, Maria Pawlowna Tschechowa. 2 Tle. (24 u. 12 S.) 906. — 75

— Schweizerische Dichter u. Redner d. 18. u. 19. Jahrh., in sorgfält. Auswahl. Mit biographisch-krit. Einleitgn. hrsg. v. Rob. Weber. 1—16. Bdchn. 8. Aarau 884—86. Sauerländer. à n. — 50

1. Albr. v. Haller, Gedichte. 2. Abdr. (VI, 72 S.)
2. 3. A. E. Fröhlich, Lieder u. erzählende Dichtungen. (160 S.)
4. J. G. Zimmermann, vom Nationalstolze. (80 S.)

5. J. G. Zimmermann, üb. die Einsamkeit. Salomon Geßner, der erste Schiffer. (80 S.)
6. 7. Jak. Frey, der Alpenwald. Das Vaterhaus. Die Freiämter-Deputirten u. General Massena. Kindersegen. (162 S.)
8. Joh. Kasp. Lavater. Joh. Gaudenz v. Salis. (80 S.)
9. Salomon Tobler. Hrsg. v. Rob. Weber. (76 S.)
10. E. Döffekel. Hrsg. v. Rob. Weber. (80 S.)
11. 12. Hch. Pestalozzi, Lienhard u. Gertrud. Hrsg. v. Rob. Weber. (153 S.)
13. G. J. Kuhn. M. Usteri. J. R. Wyß. Gedichte. Hrsg. v. Rob. Weber. (76 S.) geb. n. — 80
14. Emil Zschokke. Hrsg. v. Rob. Weber. (73 S.)
15. 16. Ulrich Hegner. Hrsg. v. Rob. Weber. (155 S.)

National-Bibliothek. Schweizerische Dichter und Redner des 18. und 19. Jahrh., in sorgfältiger Auswahl. Mit biographisch-krit. Einleitungen hrsg. von Rob. Weber. 8.—25. Bdchn. 8. Aarau, Sauerländer's Verlag. à Bdchn. *

Inhalt:
Bdchn. 8. Joh. Kasp. Lavater. Joh. Gaudenz v. Salis. (80 S.) 885.
" 9. Salomon Tobler. Hrsg. von Rob. Weber. (76 S.) 885.
" 10. E. Döffekel. Hrsg. von Rob. Weber. (80 S.) 885.
" 11. 12. Heinr. Pestalozzi, Lienhard und Gertrud. Hrsg. von Rob. Weber. (153 S.) 886.
" 13. G. J. Kuhn. M. Usteri. J. R. Wyß. Gedichte. Hrsg. von Rob. Weber. (76 S.) 886. geb. * 80 Pf.
" 14. Emil Zschokke. Hrsg. von Rob. Weber. (73 S.) 886.
" 15. 16. Ulrich Hegner. Hrsg. von Rob. Weber. (155 S.) 886.
" 17. Heinr. Zschokke. Aus der Schweizergeschichte. (84 S.) 886.
" 18. Heinr. Zschokke. Aus der Selbstschau und den Stunden der Andacht. (79 S.) 887.
" 19. 20. Heinr. Zschokke. Aus den Novellen. 1. und 2. Bdchn. (144 S.) 888.
" 21. —— dass. — 3. Bdchn.: Abenteuer in der Neujahrsnacht. (74 S.) 888.
" 22—25. Hartmann, Alfr., Novellen. (160; 141 S.) 888.

National-Bibliothek, schweizerische. 17.—27. Bdchn. 8. Aarau 886—890. Sauerländer. à n. — 50
17. Hch. Zschokke. Aus der Schweizergeschichte. Hrsg. v. Rob. Weber. (84 S.)
18. — Aus der Selbstschau u. den Stunden der Andacht. Hrsg. v. Rob. Weber. (79 S.)
19—21. — Aus den Novellen. 3 Bdchn. (217 S.)
22—25. Alfr. Hartmann, Tannenbaum u. Dattelpalme. — Illusionen. Schweizerisches Soldatenleben. Der Heimatlose. Hrsg. v. Rob. Weber. (230 u. 66 S.)
26. 27. Jeremias Gotthelf, das Erdbeermareili. — Elsi, die seltsame Magd. — Des Großvaters Sonntag. Hrsg. v. Rob. Weber. (VII, 158 S.)

National-Bibliothek, schweizerische. 28.—30. Bdchn. (III. 9—11.) 8. Aarau, H. R. Sauerländer & Co. à n. — 50
28. 29. Jos. Joachim, 's Bäse-Nauggi. Mutter Lenen's Rache. Hrsg. v. Rob. Weber. (127 S.) 892.
30. Otto Sutermeister, Gedichte. Hrsg. v. Rob. Weber. (V, 73 S.) 894. Geb. in Leinw. n. 1. 40

National-Bilder, dargest. in Novellen u. Erzählungen, bearb. v. Ludw. Frei. 2 Thle. 8. (32¼ B.) Breslau 838, Leuckart.
Bd. 1. Das Trauerspiel im Hause. Gemälde a. d. engl. Familienleben. — Die Auferstandenen. Italien. Scene nach Méry. — Die lebendige Leiter. Erzählung nach J. Janin.
" 2. Die Spanierin. Erzähl. aus d. span. Freiheits-Kampf, v. d. Herzogin v. Abrantes. — Das unerwartete Zusammentreffen. Scene a. d. wirkl. Leben, nach de Balzac. — Antonio Gasperoni. Scene a. d. heutigen Italien. — Der Grisetten-Ball. Scene a. d. pariser Leben, v. Paul de Kock.

Nationalblatt

— e. Samml. d. neuest. Dekrete der Nationalversamml. 3 Bde. 8. Straßb. 790. Akad. Buchh. 1 ₰ 12 gr

Nationalblatt, baierisches, eine umfassende Wochenschrift. 1r — 3r Jahrg. gr. 4. (München, Fleischmann in Comm.) 818 — 820. à 2 Rthlr. 16 Gr.

Nationalblatt, bairisches, e. umfassende Wochenschrift. Jahrg. 1820, 21. gr. 4. (Münch., Fleischmann). (à 2 ₰ 16 gr) 5 ₰ 8 gr

— f. das Niederrhein. Departement. 3 Bde. 8. Straßb. 791. Akad. Buchh. 2 ₰

National-Blatt, Deutsches, herausg. von Prof. Dr. Schütz in Halle. 1r Jahrg. 1837. October — Dec. 13 Numm. (Bog.) Mit Abbildungen u. Mode-Blättern. gr. 4. Berlin, Rubach. (Magdeburg, Mazzucchi.) 7/12 ₰ — 2r Jahrg. 1838. 52 Numm. Mit 26 ill. Modebildern u. 26 schwarzen Abbildd. gr. 4. Ebd. 2 2/3 ₰

National- und Intelligenzblatt. – Wormser National- und Intelligenzblatt. –
13.XI.1794 – [Herbst] 1797.
Vorh. u. fortges. u.d.T.: Wormsisches Zeitungs- und Intelligenz-Manual.

Nationalblätter. – Preussische Nationalblätter, oder Magazin für die Erdbeschreibung, Geschichte und Statistik des Königreiches Preussen. Bd 1 (= St. 1. 2). Halle: Heller 1787. 8°
[Hrsgeg. v. Carl Ehregott Mangelsdorf.]

Nationalbühne, deutsche. Mitteilungen der „Allgemeinen deutschen Bühnengesellschaft", unter Mitwirkg. v. Heinr. Hart, Karl Lamprecht u. Adf. Grafen v. Westarp hrsg. v. Herm. Schreyer. 1.–3. Hft. gr. 8. (50, 48, 49 S.) Leipzig 893. 894. G. Kreysing. à n. 1. —

Nationalcalender, s. Nationalkalender.

§ Vom Nationalcharakter der Bayern. Eine kleine Skizze zu einem großen Buche; geschrieben von einem Einsiedler in der Einöde zu Thebaida. (Mit curioser Titelvign.) Berlin (München) 1784. Gr. 8°. 88 S. (incl. Tit.). Rar!

Nationalcharakter, von d., der Baiern, e. Skizze zu e. großen Buche, von e. Einsiedler. 8. Berl. 784. (Schneider u. W. in Nürnb.) 6 gr

— vom, der Bayern, eine Skizze v. e. Einsiedler. 8. Rnb. Schneider. 802.

— über den, der in Siebenburgen befindl. Nationen. 8. Wien 792. (Heubner). 3 gr

Nationalchronik der Deutschen. Jg. 1–9. Gmünd: Ritter 1801–09.
[Hrsgeg. von Joh. Gfr. Pahl.]
Forts. u.d.T.: Neue Nationalchronik der Teutschen. Ellwangen 1820ff.

Nationalchronik, neue, der Deutschen, s.a. J. G. Pahl.

Nationalchronik, neue, der Deutschen. Herausgeg. von J. G. Pahl. Jahrg. 1820. 1821. gr. 4. Gmünd, Ritter. à 3 Rthlr. Vorh.: u. d. T.: Nationalchronik der Deutschen.

National-Chronik, neue, d. Deutschen, herausgeg. v. J. G. Pahl. 3r u. 4r Jahrg. 822 u. 23. gr. 8. Gmünd, Ritter. à 3 Rthlr.

National-Colonisation, die deutsche. Als Beitrag zur Lösung einer der wichtigsten Fragen in den Reformbestrebungen unseres deutschen Vaterlandes. Von Pz. gr. 8. (45 S.) Stuttgart 848, Cotta'sche Buchh.
Aus: Deutsche Vierteljahrsschrift, besonders abgedruckt.

National-Colonisation, die deutsche, in Süd-Chile. gr. 8. (8 S.) Breslau 849, Schulz & Co. 1 ngr

Nationalconcilium, s. Nationalkonzilium.

National-Correspondent, allgem. Baierischer. 1r u. 2r Bd. Oct. 1830 bis März 1831. gr. 4. Augsb., (Rieger). 22 ℋ

National-Dank, der. Hrsg. vom Comitee der Veteranen zu Berlin. Redakt.: Lange. 1—5. Jahrg. 1852—56. à Jahrg. 21 Nrn. (Bog.) gr. 4. Berlin, C. Schultze's Buchdr. à Jahrg. *

National-Dank, der. Herausg. vom Curatorium der allgem. Landes-Stiftung zur Unterstützung vaterländ. Veteranen u. invaliden Krieger 2c. Red.: (Ed.) Lange. 2—5. Jahrg. 1853—56. à 24 Nrn. (à 1 Bgn.). Berlin, C. Schultze's Buchdr. gr. 4. Jeder Jahrg. n. 1 ℛ. 10 ngr.

— der. Allgemeiner Verwaltungs-Bericht über die amtliche Wirksamkeit des Kuratoriums und der Provinzial-Organe der Allgem. Landesstiftung zur Unterstützung der Veteranen u. invaliden Krieger. Herausg. vom Kuratorium der Stiftung. 1. u. 2. Jahrg. 1857 u. 58. à 12 Nrn. (à 1—1½ Bgn.). Potsdam, Schlesier in Comm. 4. Jeder Jahrg. n. 20 ngr.

National-Dank, der. Allgemeiner Verwaltungs-Bericht über die amtliche Wirksamkeit des Kuratoriums u. der Provinzial-Organe der Allgemeinen Landesstiftung zur Unterstützung der Veteranen u. invaliden Krieger. Herausg. vom Kuratorium der Stiftung. 3. Jahrg. 1859. 12 Nrn. (à 1—1½ Bgn.) Potsdam, Schlesier in Comm. 4. n. 20 ngr.

Der National Demokrat : 1852?—? Washington, DC

Der National Demokrat : July 9, 1853—?

Weekly. Sub-title: Ein politisches und literarisches Familienblatt. Published as a family paper, advocating Christian and Free Democratic principles, but largely intended for anti-slavery propaganda. First number, a prospectus, octavo, 8 pages; issue of July 23 also 8 pages. Edited by Friedrich Schmidt, & published by Buell & Blanchard. The *Manuscript List of the Harmony Society* indicates that the Society was a subscriber, with no. 1, July 9th.

Washington, DC

National Demokrat : Jahrgang 1—76, no. 18, Sept. 1857—July 14, 1932.

Weekly, 1857—99; semi-weekly, 1900—32. Democratic [Ayer], 1880—1932. Sub-title: Sheboygan Zeitung und Port Washington Zeitung [in 1921]. Inside pages called: PLYMOUTH CORRESPONDENT. Gewidmet den Interessen der Stadt Plymouth und Umgegend, 4 pages, in 1909. Follows SHEBOYGAN REPUBLIKANER. Absorbed SHEBOYGAN ZEITUNG. Absorbed PORT WASHINGTON ZEITUNG (Port Washington, Wis.). Title varies: NATIONAL DEMOKRAT UND PLYMOUTH CORRESPONDENT. 2) NATIONAL DEMOKRAT UND SHEBOYGAN ZEITUNG, Apr. 13, 1927—July 14, 1932. Merged with SHEBOYGAN AMERIKA. Circulation: 1870, 700 (est.); 1880, 1400; 1905, 3950; 1910, 2250; 1920, 3500. Edited & published by Karl Zillier, 1857—86; edited by Frank Gottsacker, 1887—1918; by William Gottsacker, 1918—27; by Oscar J. Huhn, 1928—32, published by Demokrat Printing Co., 1887—1927; by Sheboygan Publishing Co., Apr. 13, 1927—1932.

Sheboygane, WI

Der National Demokrat : May 1859—June 1860.

Democratic weekly. Sub-title: Organ der Demokratie. A prospectus, dated Apr. 20, 1859, in the form of a broadside, was issued. Edited & published by Christian Lohmann & Gustav Grahl.

Racine, WI

National-Demokrat : Feb. 1867—1875?

Democratic weekly. Circulation: 1870, 2500 (est.); 1875, 1000. Edited & published by E. Stephan, 1867—68?; by Carl Theodore Mayer, 1869?—1875.

Williamsport, PA

National-Demokrat : July 1876—1877?

Democratic daily, evening except Sunday. Continued from DIE CHICAGO UNION. For weekly edition, see WÖCHENTLICHER NATIONAL-DEMOKRAT. For Sunday edition, see SONNTAGSBLATT DES NATIONAL-DEMOKRAT. Circulation: 1877, 3000 (est.). Edited & published by George [illegible] and Koenig?

Chicago, IL

Sonntagsblatt des National-Demokrat : July 1876—1877? Chicago, IL

Sunday edition of NATIONAL-DEMOKRAT.

Wöchentlicher National-Demokrat : July? 1876—1877? Chicago, IL

Weekly edition of NATIONAL-DEMOKRAT. Circulation: 1877, 4500 (est.).

Nationaldemokratie. Von e. Aristokraten. 1.—5. Tausd. gr. 8. (24 S.) Berlin 896. U. Kracht. — 60

— dasselbe. 6.—10. Tausd. Volksausg. gr. 8. (24 S.) Ebd. 896. — 30

National-Denkmal, das, auf dem Kreuzberge bei Berlin. Mit dem vom Denkmal aus sichtbaren grossen Panorama v. Berlin in Farbendr. u. 12 Abbildgn. der Hauptfiguren, sowie e. Ansicht des Denkmals. 12. (32 u. 16 S.) Berlin (901). D. Reimer. n. — 50

National-Denkmal für Weiland Sr. Majestät den König Maximilian II. Schlussbericht des Vollziehungs-Ausschusses zur Errichtung desselben. München 1875. 8°. brosch.

Nationaldenkmal, Das, auf dem Niederwald ... Berlin 1875. V: *Fendler, Emil.* (Ky)

Nationaldenkmal, das, auf dem Niederwald v. Johs. Schilling. (Von Aem. Fendler.) gr. 4. (12 S. m. e. Holzschntaf. in Fol.) Berlin 875. A. Duncker. n. 1. —

Nationaldenkmal, das, auf dem Niederwald. Mit Text von F. Hey'l. [Neudruck-Ausg. der Festnummer der Leipziger Illustrirten Zeitung.] Fol. (3 S. mit 8 Holzschntaf.) Frankfurt a. M. 884, Gestewitz Verlag. *

Ausg. auf Kpfrdr.-Pap.

National-Directions-Tabellen, von Teutschland. Von der Hs. des Philo. O. O. u. J. V: *Knigge, Adolph Freiherr von.* (wolfstieg II, 971)

Nationale: Die Nationale

Ⓟ Als Hans Schwarz, nach dem Eingehen der »Nation« (Ende 1952), die Herausgabe eines neuen Wochenblattes erwog, waren nacheinander die folgenden beiden Zeitungstitel vorgesehen: »Die Neue« und »Die Nationale«. Beide Titel wurden dann zugunsten von »Schwarz auf weiß« fallen gelassen. v. »Luzerner Neueste Nachrichten« 1953, Nr. 46, und »Schwarz auf weiß« Nr. 1, vom 18. 3. 1953.

National-Encyclopädie. Alphabetische Darstellung des Wissenswürdigsten aus dem Gebiete des constitutionellen Staatslebens, der Gesetzkunde, Staatswirthschaft, Geschichte, Geographie, Statistik u. Naturbeschreibung, der Literatur u. Kunst des österreichischen Kaiserreiches, mit besonderer Berücksichtigung der Biographien denkwürdiger Männer jeden Faches, v. der ältesten bis auf die neueste Zeit. 2. durchaus umgearb. u. verm. Aufl., unter Mitwirkung zahlreicher Fachgelehrten besorgt durch Jos. Neumann, Adf. Schmidl, Mor. v. Stubenrauch. (In 5 Bdn. od. 25 Lfgn.) 1. Lfg. [A—Archiv.] Lex. 8. (1. Bd. S. 1—160.) Wien 850, Braumüller. n. ½ ℛ

National-Encyklopädie, Oesterreichische, oder alphabet. Darlegung der wissenswürdigsten Eigenthümlichkeiten des Oesterreich. Kaiserthumes, in Rücksicht auf Natur, Leben u. Institutionen, Industrie u. Commerz, öffentl. u. Privat-Anstalten, Bildung u. Wissenschaft, Literatur u. Kunst, Geographie und Statistik, Geschichte, Genealogie u. Biographie, so wie auf alle Hauptgegenstände seiner Civilisations-Verhältnisse. 24 Hefte oder 6 Bde. gr. 8. Wien 834—38. (Ignaz Klang.) 13⅓ ℛ, jetzt 6⅔ ℛ

National - Encyclopädie, Oesterreichische, oder alphabetische Darlegung der wissenswürdigsten Eigenthümlichkeiten des österreichischen Kaiserthums ... Wien 1835—37. V: *Graeffer, Franz & Johann Jacob Heinrich Czikann.* (Pk) (WBL) (BrMm)

— preußische, od. Wörterbuch alles Wissenswerthen aus d. preuß. Vaterlande in Hinsicht auf Natur, Leben, Gesch., Erdbeschreib., Gesetzgeb., Verfass., Cultur, Wissenschaft, Literatur, Kunst, Industrie, Handel u. Civilisation. 1—18. Lfg. od. 1—3. Bd. gr. 8. Berlin 837—43, Rubach. à

National - Encyclopaedie, Preussische; oder Wörterbuch alles Wissenswerthen aus dem Preussischen Vaterlande. Berlin 1838—44. H (Bd. 3. 4): *Hoffmann, B. O.* (BrMm)

National-Encyklopädie, Preußische, oder Wörterbuch alles Wissenswerthen aus d. Preuß. Vaterlande. 14.—24. (letzte) Liefg. gr. 8. Berlin 841—44, Expedition; Krause. (à) 1/3 ℔

National-Encyklopädie, preußische, od. Wörterbuch alles Wissenswerthen aus d. preuß. Vaterlande, in Hinsicht auf Natur, Leben, Gesch., Erdbeschreib., Gesetzgebung ꝛc. 19—21. Lfg. (4. B. 1—3. Lfg. bis Hartmannsdorf.) gr. 8. (21 B.) Berlin 843, 44, Expedition. (Rubach.) à *
1—18. Lfg. Ebendas. 1837—43. à Lfg. * 10 Ngr.

National-Encyklopädie, sächsische, od. Central-Wörterbuch d. gesammten, allseit. Eigenschaften, Schicksale u. Verhältnisse d. sächs. Vaterlandes, in Hinsicht auf Natur, Leben, Gesch., Geographie u. Statistik, Gesetzgeb., Verfass. u. Einrichtn., Cultur, Wissenschaft, Literatur u. Kunst, Industrie, Handel u. Civilisation. Im Lichte d. Vergangenheit u. Gegenwart, u. namentl. in prakt. Anwend. auf letztere. Mit e. Vorw. von Friedr. Alb. v. Langenn, hrsg. v. Herm. Meynert. 1. Bd. (20 Hfte. u. Ergänzungshft.) u. 2. Bd. 1. Hft. bearb. v. Wilh. Schäfer. (A—Ebersdorf.) gr. 8. Leipzig, [Dresden,] Meser. [1. (86 B.) 835—37. u. Ergänzh. (4 1/4 B.) 837. 3 3/4 Thlr., 2. 1. (4 B.) 838. 1/6 Thlr.] Thlr.

National Farmer: Jahrgang 1—31, no. 9, Feb. 4, 1902 - Nov. 15, 1924.
Fortnightly, 1902—11; weekly, 1912—17; semi-monthly, 1918—24. Sub-title [in last several years]: The Oldest German Agricultural Journal: A German Language Farm Publication of Quality and Circulation. For supplement, see FAMILIEN JOURNAL. Merged with FAMILIEN JOURNAL, to form NATIONAL FARMER UND FAMILIEN JOURNAL. Absorbed by DER HAUS- UND BAUERNFREUND. Large quarto, with slight variations, to small folio; each issue 12—24 pages; illus. Circulation: 1910, 31,589; 1915, 51,651; 1920, 47,538; 1924, 48,782. Edited by Andreas Simon, Feb. 4, 1902—1910; by Edward Selbmann, 1911—22; by Emil Leicht, 1922—Sept. 1923; by F. F. Matenaers, Oct. 1, 1923—Nov. 15, 1924. Published by Joseph Leicht, 1902—11; by National Farmer Publishing Co., 1912—22; by Westlicher Herold Publishing Co., 1923—24.
Winona, MN

Nationalfeste, deutsche. Mittheilgn. u. Schriften d. Ausschusses. Schriftleitg: Rolfs. 1. Bd. 12 Hfte. (à ca. 3 Bog.) gr. 8. München 897. R. Oldenbourg. n. 7.—; einz. Hfte. n. —70

Deutsche Nationalfeste. Mittheilungen und Schriften des Ausschusses. München & Leipzig.
1—7. 1897—98.

Nationalfestspiele, die ersten Weimarer, f. die deutsche Jugend. Berichte der führ. Lehrer, m. Einleitg. u. Schlußwort hrsg. v. Adf. Bartels. (III, 126 S.) 8. Weimar 909. A. Huschke's Nachf. 1.—

National-Freiheits-Liederhalle. Eine Sammlung der beliebtesten National-, Freiheits-, Vaterlands- und Wehrlieder für vierstimmigen Männergesang. 1. Heft. qu. 8. (32 S.) Eisleben 850, Kuhnt.

National-Galerie, die, in London. Vlämische, deutsche u. holländ. Schule. 4 Lfgn. Fol. (36 Lichtdr.-Taf. m. 37 Bl. Text.) Haarlem (899—901). H. Kleinmann & Co. 40.—; in Mappe 50.—

Nationalgardist. – Der österreichische Nationalgardist und konstitutionelle Staatsbürger. Wien: Sommer 1848.
[Hrsgeg. v. H. Wegner.]
Vorh. u.d.T.: Wiener allgemeine Damenzeitung. Wien 1848 (s. unter Frauenzeitschriften).

Nationalgarten, d. deutsche, in Beitrr. u. Beispielen, als Fortsetz. des Triumphs d. schönen Gartenkunst ꝛc. gr. 4. Leipz. 804. Joachim. 3 ℔

Nationalgeiste, von d. deutschen, (von F. K. v. Moser). 8. Frkf. a. M. 765. (Schäfer). 5 gr

— noch etwas von d. deutschen. 8. Lindau 766. Zimmermann. 8 gr

Nationalgesänge der Hebräer. s.a. Justi, K. W.

Nationalgesänge der Hebräer, neu übers. u. erläut. v. K. W. Justi. 1r Bd. 8. Marb. 803. 2r u. 3r Bd. 8. Leipz. 816 u. 18. Barth. 3 ℔

— d. Israeliten; aus d. Hebräischen von G. A. Horrer. 8. Leipz. 780. (W. Vogel). 10 gr

Nationalgesänge der Magyaren. I. Mit einem Anh.: Schlachtenklänge aus dem letzten Revolutionskriege. II u. III. Aus d. Ungar. übertr. v. Adf. Buchheim u. Oskar Falke. 12. (I: VIII u. 62 S. II: VI u. 60 S. III: VIII u. 75 S.) Kassel 850. 51, Raabé & Co. (à Hft. 1/4 ℔) 3/4 ℔

National-Geschichte d. Deutschen, s.a. v. Gagern.

Nationalgeschichte, Die, der Teutschen. Wien 1813. V: *Gagern, Hans Christoph Ernst Frhr. von.* (MGT) »1814« (Ky) (AarK)

National-Großloge. – Für und wider eine deutsche National-Großloge, s.a. Werlitz, Egon.

National-Grossloge, für und wider eine Deutsche –.
Zei Berichte über den Jenenser September-Aufruf aus der Loge zu den 3 Cedern, Or. Stuttgart.
Stuttgart: G. Hohl 1883. 45 S. 8°

National-Helden-Lieder, serbisch-dalmatin., mit histor. Erläutern., e. neuen Orthographie u. Vorr. Hrsg. v. W. G. Dunder. 2 Bde. (4 Thle.) (In d. Original-Sprache.) 8. (...) Wien 836, Wenedikt'sche Buchh.

Nationalheldin, die, der Juden u. das Purimfest. Vom Verf. des „Meister Josephus". gr. 8. (16 S.) Berlin 898. W. Giese. n. —10

National-History and Views of London with its Environs, s. Partington.

Nationalhoftheater, kaiserl. königl. 7 Bde. 8. Wien 778. Gräffer. (Heubner). 4 ℔ 16 gr

Nationalhoftheater, kais. königl., 7 Bde. 8. Wien, Kurzböck. 783–85.

Nationalist (The). gr.-8°. Boston. Nr. 1, Mai 1889. Nr. 4, Aug. 1889.

Nationalität u. Freiheit. Eine Widerlegung des Buches „Deutschland nach dem Kriege von 1866. Von Wilh. Emmanu. v. Ketteler, Bischof von Mainz." Landsberg a. d. W. 867. Schäffer & Co. gr. 8. (181 S.) n. 20 ngr.

Nationalitäten, Die, d. i. **Sprachenfrage in Oesterreich. Ein Vorschlag zu ihrer Lösung von einem Deutsch-Oesterreicher. gr. 8. (39 S.) geh. 50 kr.** Wien: Rosner 1881.

Nationalitätenfrage, die, in Oesterreich, s.a. Sprachen- und Nationalitätenfrage, die.

Nationalitäten-, d. i.: **Sprachenfrage,** die, in Oesterreich. Ein Vorschlag zu ihrer Lösung von einem Deutsch-Oesterreicher. gr. 8. (39 S.) Wien 881. Rosner. n. 1. —

Nationalitätenkarte [Schlagwort]

Nationalitätenkarte von Böhmen. 1 : 1 850 000. 1 Bl. mit begleitendem Text in einem Hefte.

Nationalitätenkarte [Schlagwort]

Nationalitätenkarte, s.a. Ostpreussen. Langhans.

– Langhans, Paul

— — Karte der Provv. Posen u. Westpreussen unter besond. Berücksicht. der Ansiedelungsgüter u. Ansiedelungen, Staatsdomänen u. Staatsforsten nach dem Stand vom 1. VII. 1905. (Nationalitäten- u. Ansiedlungskarte v. Westpreussen u. Posen [Tätigkeit der kgl. Ansiedlungs-Kommission 1886—1905].) **Auf Grund amtl. Angaben entworfen. Auf Vogels Karte des Deutschen Reiches in 1 : 500,000.** [Aus: „Deutsche Erde".] 8. (erweit.) Aufl. 84×58 cm. Farbdr. Ebd. (905). n. 2. —

Nationalitäten-Karte. Langhans, Paul, Nationalitäten-Karte der Prov. Schlesien. **Auf Grund amtl. Angaben entworfen. Auf Vogels Karte des Deutschen Reiches in 1 : 500,000.** Farbdr. [Aus: „Deut. Erde."] 50×80,5 cm. Gotha (906). J. Perthes. n. 2. —

(Briefe aus Schleswig-Holstein.) Der **Nationalitätenstreit** in Schleswig. (Leipzig. 1856.) 4⁰ k.

Nationalitäten- und Sprachenstreit in Oesterreich. Randbemerkungen zur gleichnamigen Broschüre des Grafen Rudolf Czernin. Von Heinrich Hradec. Prag. 1901. Řivnač. 76 S. K 1.40

Nationalitätsdünkel. Eine Studie für Mordspatrioten, Erbfeinde und sonstige Chauvinisten. 8⁰. Dresden, O. Klemich, 1877.

Nationalitätsfrage, die, der polnischen Bevölkerung unter preussischer Herrschaft v. e. westpreuss. Polen. gr. 8. (34 S.) Posen 875. (Leitgeber & Co.) n. — 50

Nationalitätskampf, der deutsche, in seiner Beziehung zu anderen Nationalitäten, erörtert von einem Nicht-Deutschen. 8. (46 S.) Kopenhagen 848, Bing & Sohn. (Leipzig, Rein.) 6 ngr

Nationalitäts- und Sprachverhältnisse, Die, des Herzogtums Schleswig bis zum Jahre 1864. **Itzehoe** 1908. V: *Schröder, Nis Ankjaer.* (Berl)

Nationalités, les. 8. (24 Photogr.) München 883, [Bruckmann's Verlag.] Verlagsanstalt für Kunst und Wissenschaft. In Leinw.-Mappe

Nationalkalender für 1846. (Von Held.) 8. Altenburg 846, Helbig. (Leipzig, Gebauer'sche B. in Berlin.) geb. n. 1/3 ℛℓ

National-Kalender für 1856. 8. (XL und 183 S. mit 8 Illustr. in Holzschn.) Berlin 855, Klaehr. * –

Nationalkalender für 1863. Jahrbuch für alle Völker Oesterreichs, redig. von Frz. Schuselka. gr. 8. (VIII und 158 S.) Wien, Bartelmus. *

National-Kalender für die J. 1871—1873 zur Unterhaltung und Belehrung für Jedermann. 47.—49. Jahrg. 8. Berlin, Böttcher. [47. Jahrg. (XLVIII, 160 S. mit 4 Orig.-Stahlst., vielen eingedr. Holzschn. und vergleichenden Tab. der neuen Maße und Gewichte.); 48. Jahrg. (224 S. mit Titelbild: Wilhelm, deutscher Kaiser, gezeichnet von Burger (Holzschntaf.); 49. Jahrg. (LXVI, 155 S. mit Titelbild: Friedrich Wilhelm, Kronprinz des deutschen Reiches und Kronprinz von Preußen, auf 1 Holzschntaf.)] à Jahrg. *

— dass. — für das Gemeinj. 1874. 50. Jahrg. 8. (LXXII, 143 S. mit 6 Orig.-Holzschn. und in den Text gedr. Bildern, als Titelbild: Die Kaiser-Königin Augusta und die Kronprinzessin des deutschen Reiches, Victoria, auf 1 Holzschntaf.) Berlin 873, Haack. *

— dass. — für 1875. 51. Jahrg. Mit Beiträgen von Geo. Hiltl, Aug. Kurs, Ad. Mützelburg, Karl Ruß und Ferd. Schmidt. 8. (LXXVIII, 144 S. nebst 2 Kunstfarbendruckbildern, 3 großen Orig.-Holzschn. und zahlr. in den Text gedr. Bildern.) Berlin 874, Haack. *

National-Kalender für das J. 1876 zur Unterhaltung und Belehrung für Jedermann. 52. Jahrg. Mit Beiträgen von Th. Fontane, Jenny Hirsch, Geo. Hiltl ꝛc., nebst 2 Kunstfarbendr.-Bildern, 7 großen Orig.-Holzschn. und zahlreichen in den Text eingedr. (Holzschn.-)Bildern. 8. (LXV, 190 S.) Berlin, Haack. *

— dass. — für 1877. 53. Jahrg. Mit Beiträgen von Geo. Hiltl, Auguste und Alice Kurs ꝛc., nebst 2 Kunstfarbendr.-Bildern, 5 großen Orig.-Holzschn. und zahlreichen in den Text gedr. (Holzschn.-)Bildern. 8. (LXX, 169 S.) Ebendas. *

National-Kalender für das J. 1878 zur Unterhaltung und Belehrung für Jedermann. 54. Jahrg. Mit Beiträgen von J. Albu, Jenny Hirsch, Alice und Auguste Kurs ꝛc., nebst 2 Kunstfarbendr.-Bildern, 4 großen Orig.-Holzschn. und zahlreichen in den Text gedr. (Holzschn.-)Bildern. 8. (72 und 136 S.) Berlin, Haack. *

— dass. — für 1879. 55. Jahrg. Mit Beiträgen von J. Albu, Hüttig, Alice Kurs ꝛc., nebst 2 Kunstfarbendr.-Bildern und zahlreichen in den Text gedr. (Holzschn.-)Bildern. 8. (72 und 147 S.) Ebendas. *

— dass. — für 1880. 56. Jahrg. Mit Beiträgen von Hüttig, E. Jäger, E. Klee, Auguste Kurs, F. Pflug u. A., nebst 2 Kunstfarbendr.-Bildern und zahlreichen in den Text gedr. großen Holzschn. 8. (206 S.) Ebendas. *

National-Kalender. 57. Jahrg. 1881. 4. (XVI, 72 S. m. eingedr. Holzschn., 1 Chromolith. u. 1 Wand-Kalender.) Berlin, Haack. n. — 50

Nationalkalender für 1896. Mit 366 photograph. Ansichten der Schweiz. (Abreisskalender auf Karton.) Gr. in-8⁰. Neuchâtel, Comptoir de Phototypie. 2 50

National-Kalender, allgem. Preuß., auf d. J. 1825—35. (od. 1—11. Jahrg.), z. Unterr. u. Vergnügen f. Geistliche u. Weltliche, Lehrer, Beamte, Bürger u. Landleute. Mit Abbild. 4. . . . Erfurt, Müller. [825—30. à 14 Gr., 31—35. à 10 Gr.] Thlr.

—— Beiwagen hierzu, f. d. J. 1828—35. (od. 1—8. Jahrg.) 4. Ebds. à J.

— Beiwagen hierzu. 4. Ebd. 833—41. à J. n. 1/3 ₰

— allgem. Preuß. 10r—17r Jahrg., auf d. Jahr 1834—1841, zum Unterricht u. Vergnügen für Geistliche u. Weltliche, Lehrer, Beamte, Bürger und Landleute. Für die Subscribenten mit 1 Steindruckblatt. (Mit Steindrücken.) 4. Erfurt 833—40. Müller. à n. 5/12 ₰

—— allgem. preußischer, auf d. J. 1836—42., zum Unterricht u. Vergnügen f. Geistliche u. Weltliche, Lehrer, Beamte, Bürger u. Landleute. gr. 4. Erfurt, Müller'sche Bh. à * 5/12 Thlr. *

—— Beiwagen hierzu, a. d. J. 1836—42. (9—15. Jahrg.) 4. Ebds. à J. *

—— allgemeiner preußischer, auf d. J. 1843—47. Mit Stnt., Karten rc. Nebst Beiwagen. 4. Erfurt, Müller'sche Buchh. à J. -

—— dass. ohne Beiwagen. à J. -

— allgemeiner Preußischer, auf d. Jahr 1845. 21. Jahrg. Mit 10 Lithogr., 1 Post- u. Eisenbahn-Karte u. 1 Stahlst. Nebst Beiwagen. 4. Erfurt, Müller'sche Buchh. 3/4 ₰ — ohne Beiwagen 5/12 ₰

Nationalkalender, Allgemeiner, für Tirol u. Vorarlberg f. d. J. . . . . 1821—1827.
Innsbruck. Goed. VIII, 103, 233.

— allgem., für Tirol u. Voralberg f. d. J. 1821—25. gr. 4. Insbr., Wagner. (à 1 ₰) 5 ₰

— allgemeiner, für Tirol u. Vorarlberg auf d. Jahr 1846. 8. Jahrg. Neue Folge 1. Jahrg. Mit 1 Flußkarte u. einem Vermerk-Buch der tägl. Einnahmen u. Ausgaben. 4. Innsbruck, Wagner'sche Buchh. n. 2/3 ₰

— allgem., für Tirol u. Vorarlberg auf d. J. 1847. 9. Jahrg. Neue Folge. 2. Jahrg. gr. 4. (l. u. 62 S.) Innsbruck, Wagner. n. 2/3 ₰

National-Kalender, Baierischer, f. 1821—33. gr. 4. Münch., Finsterlin. (à 6 gr) 3 ₰

National-Kalender, baierischer f. 1821. gr. 4. München, Thienemann. 820.

National-Kalender, Bayer., f. 1828—35. 4. (à 6 B.) München, Finsterlin. à 6 Gr., Schrbp. 9 Gr., Velnp. Jahrg. 1821—27. Ebendas. à 6 Gr., Schrbp. 9 Gr., Velnp. 16 Gr.

National-Kalender, Bayerischer, für d. J. 1834—1841. (14r—21r Jahrg.) 4. München 833—40. Finsterlin. à n. 1/4 ₰; Schreibp. à n. 3/8 ₰; Velinp. à n. 2/3 ₰

Nationalkalender, Bayerischer, für 1842—45. 22.—25. Jahrg. gr. 4. München, Finsterlin. à n. 1/4 ₰ — geb. à n. 3/8 ₰ — Wohlfeilere Ausg. à n. 1/8 ₰

National-Kalender, Bayerischer, f. 1846—1853. 26—33. Jahrg. 4. (26—28: à 48 S. m. 1 Stahlst. 29: 50 S. m. 1 Holzschn. 30: 50 S. 31: 62 S. 32: 64 S. 33: 66 S. m. 1 Stahlst.) München, Finsterlin. à n. 7 ngr

— Bayerischer, für 1854—59. 34—39. Jahrg. München, Finsterlin. 4. (à 52 S. u. 1 Stahlst.) Jeder Jahrg. n. 7 ngr; geb. n. 12 ngr

— bayerischer, für das Jahr 1860—65. 40—45. Jahrg. München, J. A. Finsterlin. 4. Jeder Jahrg. (à 48 S. u. 1 Stahlst.) n. 7 ngr

Nationalkalender, bayerischer, für die J. 1866—70. 46—50. Jahrg. München, J. A. Finsterlin. 4. (à ca. 48 S. mit 1 Stahlst.) Jeder Jahrg. n. 7 ngr; geb. Jeder Jahrg. n. 10 ngr

— von Böhmen, f. d. J. 1786. Mit Kpf. 16. Prag 786. Schönfeld. 12 gr

—— für d. kaiserl.-oesterreich.-erbländ. Königr. Böhmen u. alle and. k. k. Provinzen u. Länder d. Monarchie auf d. J. 1840 u. 41. Zum Nutzen u. Vergnügen f. Lehre u. Anwend. im Geschäfts- u. socialen Leben aller Stände. Unter Mitwirk. mehr. Schriftsteller hrsg. v. Carl Wilh. Medau. 1. u. 2. Jahrg. gr. 4. Prag, Medau. [840. (...), 41. (50 1/4 B. u. 5 Stnt.) à 1 1/2 Thlr.]

— für das kaiserlich-Oesterreich-erbländische Königreich Böhmen und alle andere k. k. Provinzen u. Länder der Monarchie auf das Jahr 1841 u. 1842. Zum Nutzen u. Vergnügen für Lehre u. Anwendung im Geschäfts- u. socialen Leben aller Stände. Unter Mitwirkung mehrer Schriftsteller herausgeg. von Carl Wilh. Medau. 1. u. 2. Jahrg. gr. 4. (Mit à 5 Lithogr.) Prag, Leitmeritz u. Teplitz, Medau. à 1 1/2 ₰

— f. d. deutschen Bundesstaaten, s.a. Chr. Karl André.

National-Kalender für die deutschen Bundesstaaten auf das Jahr... eingerichtet von Christian Carl André. Jg. 1:1823 - 6:1828. Stuttgart & Tübingen: Cotta 1823-28. 4°

[Nebent.:] Neuer Haus-und Volksfreund zur Belehrung und Unterhaltung für den deutschen Bürger und Landmann.

Jg 1: 1823. 1823.	Jg 4: 1826. 1826.
Jg 2: 1824. 1824.	Jg 5: 1827. 1827.
Jg 3: 1825. 1825.	Jg 6: 1828. 1828.

—— für d. deutschen Bundesstaaten auf d. J. 1828—30. Für Katholiken, Protestanten, Griechen, Russen (nach d. Stuttgarter Meridian) zum Unterr. u. Vergnügen f. Geistliche u. Weltliche, Lehrer, Beamte, Bürger u. Landleute faßl. eingericht. v. Chr. C. André. 6—8. Jahrg. — A. u. d. T.: Neuer Haus- u. Volksfreund zur Belehr. u. Unterhalt. f. d. deutsch. Bürger u. Landmann. gr. 4. Stuttgart, Cotta. [828. (30 1/2 B., 3 Stnt. u. 2 Musikbeil. gr. 4.), 29. (20 1/2 B. Drck.- u. 6 B. Schrbp., 2 Stnt. u. 2 Musikbeil.), 30. (22 1/2 B. Drck.- u. 6 B. Schrbp., 3 Stnt. u. 2 Musikbeil.) à 1 Thlr. 4 Gr.]

—— ders. auf d. J. 1833—35. Begründ. v. Chr. K. André, fortges. v. J. H. Meyer. 9—11. Jahrg. — A. u. d. T.: Neuer Haus- u. Volksfreund rc. gr. 4. Ebds. [833. (20 1/4 B. Drck.- u. 6 B. Schrbp., 1 Stnt., 2 Musikbeil. u. 1 Holzschn.), 34. (19 B. Drck.- u. 3 B Schrbp., 2 Stnt., 1 Musikbeil. u. Holzschn.), 35. (16 B. Drck.- u. 3 B. Schrbp., 2 Musikbeil. u. Holzschn.) à 20 Gr.]
1—5. Jahrg. 1823—27. Ebendas. à 1 Thlr. 4 Gr.

—— für d. deutschen Bundesstaaten a. d. J. 1836—39. Begründet v. Chrstn. Karl André, fortges. v. Joh. Heinr. Meyer. 12—15. Jahrg. — A. u. d. T.: Haus- u. Volksfreund z. Belehr. u. Unterhaltung f. d. deutschen Bürger u. Landmann f. 1836—39. Hrsg. v. J. Heinr. Meyer. gr. 4. Stuttgart u. Tübingen, Cotta'sche Buchh. [836. (17 1/2 B., 1 Musikbl., 1 Stnt. u. einige Holzsch.), 37. (17 B., 1 Musikbl. u. 1 Stnt.), 38. (15 B. u. 2 Stnt.), 39. (16 1/4 B. u. 2 Stnt.) à * 1/2 Thlr.] *

Nationalkalender, deutscher, s.a. Jahrbuch, deutsch-nationales.

Nationalkalender. – Deutscher Nationalkalender. Jg. 1. Berlin: Expedition 1891. 8°
Forts. u.d.T.: Deutschnationales Jahrbuch. Jg. 2. 1892.

National-Kalender, deutscher, f. 1891. Jahrbuch zur Pflege deutschen Volksthums. Hrsg. v. Karl Pröll. 8. (LXIV, 200 S.) Berlin, Lüstenöder. n. 1. —

National-Kalender, Deutscher, für das gemeine Jahr 1898, nebst einem landwirthschaftlichen Anhange. Herausgegeben vom Bunde der Deutschen in Böhmen. III. Jahrg. Kl.-4. (182 S.) Cart. Prag: Domenicus 1898. * —.50 mit 15%.

National-Kalender, deutscher, f. d. J. 1898, nebst e. landwirtschaftl. Anh. Hrsg. v. Bunde d. Deutschen in Böhmen. 3. Jahrg. Lex.-8. (182 S. m. Abb. u. Titelbild.) Prag (F. Ehrlich's Buchh.). Kart. n. 1.—

— Deutschlands, s. Taschenbuch des deutschen Reichs.

Teutschlands National = Kalender zur gründlichen Kenntniß des jetzigen Zustandes aller teutschen Staaten und Länder auf das Jahr...
Leipzig: Friedr. Goth. Jacobäer [1793]. 12°
1794: [1793.] VIII S., 13 Bl., 386 S., 1 Bl., 1 Titelkupf., 2 Tab., 1 kol. Kt.

Nationalcalender, Teutschlands, zur gründlichen Kenntniss des jetzigen Zustandes aller teutschen Staaten und Länder ... Leipzig 1795. V: *Hirsching, Friedrich Carl Gottlob.* (ML)

Teutschlands *National-Kalender* zur gründlichen Kenntiß des jetzigen Zustandes aller teutschen Staaten und Länder auf das Jahr ...
[Verf. v. Friedrich Carl Gottlob Hirsching.]
Leipzig: Jacobäer
1. Forts. 1796 enth. Mainz, Trier. Köln samt ihren Nebenländern.
2. Forts. 1798 enth. Baiern u. Sachsen samt ihren Nebenländern.

—— eidgenössischer, für das Schweizervolk auf die J. 1868—1875. 31.—38. Jahrg. oder des Schweizerboten-Kalender 44.—51. Jahrg. 4. (à 72—80 S. mit eingedr. Holzschn.) Aarau, Christen. à Jahrg.

—— eidgenössischer, für das Schweizervolk auf die J. 1876—1880. 39.—43. Jahrg. Oder des Schweizerboten-Kalender 52.—56. Jahrg. 4. (72; 69; 67; 67; 66 S. mit eingedr. Holzschn.) Aarau, Christen. à Jahrg. *

—— eidgenössischer, für das Schweizervolk auf die J. 1881—1885. 44.—48. Jahrg. Oder des Schweizerboten-Kalender 57.—61. Jahrg. 4. (à Jahrg. ca. 65 S.) Aarau, Christen. à Jahrg. *

National-Kalender, eidgenössischer, für das Schweizervolk auf die J. 1886—1889. 49.—52. Jahrg. oder des Schweizerboten-Kalender 62.—65. Jahrg. 4. (à Jahrg. 65—80 S. mit Bildern.) Aarau, Wirz-Christen. à Jahrg. *

—— eidgenössischer, f. das Schweizervolk auf d. J. 1889—1893. 53.—56. Jahrg. Oder d. Schweizerboten-Kalender. 66.—69. Jahrg. 4. (74 S. m. Bildern.) Aarau, J. J. Christen. * — 40

Nationalkalender, eidgen. für das Schweizervolk auf das Jahr 1894, 57. Jahrgang; oder des Schweizerboten-Kalender 70. Jahrg. In-4°. 92 S. Aarau, Emil Wirz. — 40

— eidgenössischer, f. das Schweizervolk auf d. J. 1895. 58. Jahrg. Oder des Schweizerboten-Kalender 71. Jahrg. 4. (68 S. m. Bildern.) Aarau, E. Wirz. n. — 40

Eidgenössischer, für das Schweizervolk auf das Schaltjahr 1896. 59. Jahrg. Oder des Schweizerboten-Kalender 72. Jahrg. Mit Bildern. In-4°. 92 S. Aarau, Emil Wirz. — 40

Nationalkalender, eidgenössischer, für das Schweizervolk auf das Jahr 1897. 60. Jahrgang. Oder des Schweizerboten-Kalender 73. Jahrg. Mit Titelbild (Generalansicht d. schweiz. Landesausstellung in Genf 1896). In-4°. 92 S. Aarau, Emil Wirz. — 40

National-Kalender, eidgenössischer, f. das Schweizervolk auf d. J. 1898. 61. Jahrg. Oder des Schweizerboten-Kalender 74. Jahrg. Gr. in-4°. 106 S. m. Abb. Aarau, Emil Wirz. — 40

— eidgenössischer, f. d. Schweizervolk auf d. J. 1899. 62. Jahrg. Oder d. Schweizerboten-Kalender 75. Jahrg. 4. (78 S. m. Abb.) Aarau, E. Wirz. n. — 40

National-Kalender, eidgenössischer, für das Schweizervolk auf das Jahr 1900. 63. Jahrgang od. des Schweizerboten-Kal. 76. Jahrg. 4°. 112 S. Aarau, Emil Wirz. — 40

Nationalkalender. Eidgenössischer National-Kalender für das Schweizervolk auf das Jahr 1901. Jahrg. 64. Oder des Schweizerboten-Kalender Jahrg. 77. [Illustriert.] 92 [+ 24] S. 4. Aarau, Emil Wirz. [fr. —. 40]

Nationalkalender. Eidgenössischer National-Kalender für das Schweizervolk auf das Jahr 1902. Jahrg. 65. Oder des Schweizerboten-Kalender Jahrg. 78. [Illustriert.] IV + 88 [+ 16] S. 4. Aarau, Emil Wirz. [fr. —. 40]

Nationalkalender. Eidgenössischer National-Kalender für das Schweizervolk auf das Jahr 1903. Jahrg. 66. Oder des Schweizerboten-Kalender Jahrg. 79. [Mit Illustrationen und 1 Tafel.] IV + 88 [+ 16] S. 4. Aarau, Emil Wirz. [fr. —. 40]

Nationalkalender. Eidgenössischer National-Kalender für das Schweizervolk auf das Jahr 1904. Jahrg. 67. Oder des Schweizerboten-Kalender Jahrg. 80. [Illustriert.] IV + 88 [+ 24] S. 4. Aarau, Emil Wirz. [fr. —. 40]

Nationalkalender. Eidgenössischer N'-K' für das Schweizervolk auf das Jahr 1905. Jahrg. 68. Oder des Schweizerboten-Kalender Jahrg. 81. [Mit Illustrationen und 1 Tafel.] IV + 88 [+ 24] S. 4. Aarau, Emil Wirz. [fr. —. 40]

Nationalkalender. Eidgenössischer N'-K' für das Schweizervolk auf das Jahr 1906. Jahrg. 69. Oder des Schweizerboten-Kalender Jahrg. 82. [Mit Illustrationen und 1 Porträt-Tafel.] IV + 86 [+ 26] S. 4. Aarau, Emil Wirz. [fr. —. 40]

National-Kalender, eidgenössischer, f. das Schweizervolk auf d. J. 1907. 70. Jahrg. Oder des Schweizerboten-Kalender 83. Jahrg. (82 S. m. Abbildgn. u. 1 Taf.) 8. Aarau, E. Wirz. n. — 40

Nationalkalender. Eidgenössischer N'-K' für das Schweizervolk auf das Jahr 1908. Jahrg. 71. Oder des Schweizerboten-Kalender Jahrg. 84. [Mit Illustrationen und 1 Tafel.] IV + 92 [+ 20] S. 4. Aarau, Emil Wirz. [fr. —. 50]

Nationalkalender. Eidgenössischer N'-K' für das Schweizervolk auf das Jahr 1909. Jahrg. 72. Oder des Schweizerboten-Kalender Jahrg. 85. [Mit Illustrationen und 1 Tafel.] IV + 95 [+ 17] S. 4. Aarau, Emil Wirz. [fr. —. 50]

Nationalkalender. Eidgenössischer N'-K' für das Schweizervolk auf das Jahr 1910. Jahrg. 86. [Mit Illustrationen und 1 Tafel.] IV + 91 [+ 21] S. 4. Aarau, Emil Wirz. [fr. —. 50]

Nationalkalender. Eidgenössischer N'-K' für das Schweizervolk auf das Jahr 1911. Jahrg. 87. [Illustriert.] IV + 88 S. + *Anzeigen*. 4. Aarau, Emil Wirz. [fr. —. 50]

National-Kalender, großer steiermärkischer — für Katholiken, Protestanten und Griechen auf das Jahr 1855 u. s. w. Mit dem Portraite des Kaisers Ferdinand I., 6 Portraits der in Deutschland regierenden ersten Kaiser und Könige, einer wohlgetroffenen Abbildung des Propheten Schamyl am Schlachtfelde. 39. Jahrgang. 4. (XVI, 128 und 56 S.) Gratz. Verleger und Herausgeber Josef Franz Kaiser. Druck von A. Leykam's Erben.

National-Kalender, Großer steiermärkischer — für Katholiken, Protestanten und Griechen auf das Schaltjahr 1856, nach der muthmaßlichen Witterung, dem Mondlaufe u. s. w. Mit 12 Porträts der in Deutschland regierenden ersten Kaiser und Könige, einer Landkarte über die Heerstraßen der Römer in Inneröstterreich und einer Uebersichts-Tabelle der steierischen Weine nach Gegend und Charakteristik, in beiläufiger Ordnung zusammengestellt von J. C. H. 40. Jahrgang. Gratz. Druck und Papier von A. Leykam's Erben. Verleger und Herausgeber J. F. Kaiser. Titelbild: Pelissier. (XV, 128 S., 56 S., VIII, 4 Bl. 4.)

National-Kalender, großer steiermärkischer für Katholiken, Protestanten und Griechen auf das gemeine Jahr 1857. Mit 12 Porträts der in Deutschland regierenden ersten Kaiser und Könige und einer Sammlung von Kaiser Napoleons I. Unterschriften aus verschiedenen Perioden seines Lebens. 41. Jahrgang.

— illustrirter, f. d. J. 1885. Mit e. prachtvollen Oeldr.-Bild. 8. (112 S.) Berlin, Teßmer. n. — 40

Nationalkalender, kleiner steiermärkischer — für Katholiken, Protestanten und Griechen auf das Jahr 1858 nebst der muthmaßlichen Witterung, dem Mondlaufe u. s. w. — Mit einer lithographirten Ansicht des Murthores in Gratz vor der Demolirung im Jahre 1837. Gratz. Verleger und Herausgeber: Josef Franz Kaiser. Dr. von C. Tanzer. (48 S. 4.)

National-Kalender für alle Kronländer der k. k. österreichischen Erbmonarchie auf das gemeine Jahr 1854. Zum Nutzen und Vergnügen, für Lehre und Anwendung im Geschäfts- und socialen Leben aller Stände. Herausgegeben von Karl Wilhelm Medau. Redigirt von Wendelin Hugo Landt. 15. Jahrgang. Mit 8 lithographirten Beilagen und 16 xylographirten Abbildungen. 4. (360 S.) Prag. Druck und Verlag von Karl. Wilhelm Medau.

National-Kalender für alle Kronländer der k. k. österreichischen Erbmonarchie. Auf das gemeine Jahr 1855. Zum Nutzen und Vergnügen für Lehre und Anwendung im Geschäfts- und socialen Leben aller Stände. — Herausgegeben von C. W. Medau. Redigirt von W. H. Landt. 16. Jahrg. Mit vielen lithograph. Beilagen. 4. (376 S. und 12 Blätter.) Prag und Leitmeritz. Druck und Verlag von C. W. Medau.

National-Kalender für alle Kronländer der österr. Monarchie. Herausgeg. von Carl Wilh. Medau. Redigirt von Franz Cserwénka. Zwanzigster Jahrg. Mit 26 lithogr. Abbildungen und einem Titelbilde. *Leitmeritz.* Druck und Verlag v. C. *Wilh. Medau.* 388 S., 9 Bl. 4°.

INHALT: Unser österr. Vaterland an sich und in seiner Stellung zu Deutschland und Europa. — Feldmarschall Graf Radetzky. Mit Illustration. — Georg Ritter von Toggenburg. Mit Porträt. — Ludwig Graf von Ficquelmont. Mit Porträt. † 1857 zu Venedig. — Karl Heinrich Scherzer. Geboren am 1. Mai 1821 zu Wien. — Wenzel Scholz, geboren am 28. März 1786 zu Innsbruck, † am 5. October 1857 zu Wien. — Friedrich Young. Geb. 1824 zu Ofen. — Bilder aus Ungarn. Von *Friedrich Gaudy.* Aus den von Karl Gutzkow herausgegebenen „Unterhaltungen am häuslichen Herd.“ — Aus der Alpenwelt. Von *F. v. Tschudy.* — Gedichte, Erzählungen, Novellen und Sagen. — Jahrbuch des vaterländischen Fortschrittes. (Einleitender Ueberblick bis zum Jahre 1858). — Mittheilungen aus dem Erfahrungsschatze eines vaterländischen Bauersmannes. — Ein freies Wort über die Vorurtheile gegen das Pferdefleisch-Essen. — Ein Kapitel über Thierquälerei und Thierschutzvereine. — Das allgem. bürgerliche Gesetzbuch in Grundsätzen. Mit Einschluss des kirchlichen Ehegesetzes. — Das k. k. Strafgesetz vom 27. Mai 1852 in einer Tabelle. — Münztabellen, Stempelgebühren, Zolltarife etc.

National-Kalender für alle Kronländer der Oesterr. Monarchie f. d. J. 1853. Von C. W. Medau und Wenz. Hugo Landt. Prag, C. W. Medau.

Nationalkalender für alle Kronländer der k. k. österr. Monarchie für das Gemeinjahr 1858. Zum Nutzen und Vergnügen, für Lehre und Anwendung im Geschäfts- und sozialen Leben aller Stände. Herausgegeben von Karl Wilh. Medau. Redigirt von Franz Cserwenka. 19. Jahrg. Mit 18 lithogr. Abbild. und einem Titelbilde. Leitmeritz. Dr. und Verlag von Karl Wilhelm Medau. (392 S. 7 Bl. 4.)

—— für alle Kronländer der k. k. österreichischen Monarchie auf das Gemeinjahr 1862. Hrsg. von Carl Wilhelm Medau. 23. Jahrg. 4. (348 S. mit 26 lithogr. Abbild. und 1 Titelbilde.) Leitmeritz 861, Medau.

— für alle Kronländer der k. k. österreichischen Monarchie auf das Gemein-Jahr 1863. Zum Nutzen u. Vergnügen, für Lehre u. Anwendung im Geschäfts- u. socialen Leben aller Stände. Hrsg. von Carl Wilh. Medau. 24. Jahrg. 4. (340 S. mit 1 Titelbilde u. 25 lith. Abbild.) Leitmeritz, Medau. cart. n. 1 ₰ 10 ngr.

— neuer, s. d. Oestreich. Monarchie ꝛc., s. Chr. Karl André.

—— neuer preußischer, auf die J. 1848—52., zum Unterricht und Vergnügen für Geistliche und Weltliche, Lehrer, Beamte, Bürger und Landleute. à Jahrg. mit 12 lithogr. Bildern. 4. Erfurt, Müller's Sortimentsb. à Jahrg. * -
Mit Beiwagen à Jahrg. * -

—— neuer preußischer, auf die J. 1852—56, zum Unterricht und Vergnügen für Geistliche und Weltliche, Lehrer, Beamte, Bürger und Landleute. 28—32. Jahrg. à Jahrg. mit 2 lithogr. Bildern. 4. Erfurt, Müller's Buchh. à Jahrg. * -
mit Beiwagen (80 S.) * -

—— dass. — 33. Jahrg. 4. (XVIII und 95 S. mit 8 lithogr. Bildern.) Erfurt 856(57,) Bartholomäus. * -
mit Beiwagen (72 S.) * -

—— neuester preußischer, f. d. J. 1841—47. 1—7. Jahrg. zur Belehrung u. Unterhaltung f. alle Stände. Mit e. Anhange: Beiwagen. 4. Danzig, Gerhard'sche Buchh. à J. * -

—— dass. ohne Beiwagen. à J. * -

— neuester preußischer, für das Schalt-Jahr 1844 zur Belehrung u. Unterhaltung für alle Stände. Mit einem Anhange: Beiwagen. 4. Danzig, Gerhard. n. 3/4 ß — ohne Anhang n. 5/12 ß — ders. f. d. J. 1845—1847. 4. Ebend. 844—46. à n. 5/12 ß. Mit Beiwagen à n. 3/4 ß

— neuester Preußischer, f. das J. 1850 u. 1851, zur Belehrung u. Unterhaltung f. alle Stände. 4. (1850: XL u. 84 S. m. 1 Lith. in Fol. als Prämie. 1851: XL u. 96 S. m. 1 Lith. in Fol. als Prämie) Berlin, Gerhard. à n. 5/12 ß — Mit Beiwagen. (92 u. 92 S.) à n. 3/4 ß 1851: m. Beiwagen u. 2 Lith. in Fol. als Prämie n. 1 1/12 ß — 1850 u. 1851. 8. (1850: 88 u. 148 S. 1851: LXXII u. 168 S. Mit 1 Lith. in Fol. als Prämie.) Ebd. à n. 5/12 ß

— preußischer, für die Jahre 1858—65 zur Unterhaltung u. Belehrung für Jedermann. Mit Beiträgen von Karl Wartenburg, R. Müldener, Henr. Davidis ꝛc. 34—41. Jahrg. Mit Stahlst. u. Holzschn. Erfurt, Bartholomäus. Lex.-8. Jeder Jahrg. (à ca. 9 Bgn.) n. 12 1/2 ngr.

Nationalkalender, preußischer, für die J. 1866—70. Zur Unterhaltung u. Belehrung für Jedermann. Mit Beiträgen von Max Rosen, Henr. v. Halle, Falidor ꝛc. 42—46. Jahrg. Mit 5 Orig.-Stahlst. Erfurt, Bartholomäus. 8. Jeder Jahrg. (ca. XX—XXXII, 130—180 S.) n. 12 1/2 ngr.

Nationalkalender. Schweizer National Kalender. [Illustrierter Abreisskalender. Jahrg. 7,] 1902. Éditeur: Comptoir de Phototypie, Neuchâtel (Suisse). III + 365 Bl. 8. [fr. 2. —]
Bis auf den Titel völlig = Calendrier National Suisse. *So unter deutschem Titel auch 1901 u. 1903 erschienen.*

Nationalcalender, Westphälischer historisch-geographischer, zum Nutzen und Vergnügen auf das Jahr 1800. Elberfeld 1800. H: *Weddigen, Peter Florenz.* (MGT)

Westphälischer (historisch-geographischer) *Nationalkalender* zum Nutzen und Vergnügen auf das Jahr*..
Mit Kupfern.
Hrsg.: Peter Florens Weddigen.
Elberfeld: Comptoir f. Litteratur [u. a.]
Jg. 1. 1800. 2. 1801.
1804–1806 [zugl.:] Westphälisches (historisch-geographisches) Jahrbuch zum Nutzen und Vergnügen.

— Westphälischer, histor.-geograph., zum Nutzen u. Vergnügen f. 1800 u. 1801, (von P. F. Weddigen). 2 Bde. 8. Elberf., Schönian. 2 ß — Ders. auf d. J. 1804. A. u. d. T.: Westphäl. Jahrbuch, (von P. F. Weddigen). Mit Kpf. 8. Paderb., Wesener. 1 ß Hbg. Pr. 6 gr

National-Kinderlieder für die Zürchersche Jugend. I. [bis XVII. und letztes] Stück. Zürich, gedruckt bey David Bürkli. 1784—1800. 136 S. einschließend 17 Titel mit schönen großen Kupfern von Johann Heinrich Meyer, Freudweiler und Schellenberg. Querkleinfolio. Pappbd. d. Z. 135.—
Schön ausgestattete, seltene Liedersammlung „der Zürcherschen Jugend zum Neujahrsgeschenk verehrt, von der Gesellschaft ab dem Musiksaal der deutschen Schule". Die Lieder mehrstimmig, teilw. mit Klavierbegleitung. — Schönes Exemplar, wenige Fleckchen.

Nationalkirche, Die, ein Wort an das Zürcher Volk über Kirchenverfassung. Winterthur 1847. V: *Angst, Eduard.* (zuwzür 1910)

Nationalkirche, die deutsche, s.a. Flugblätter, deutsche, der Zeitschrift „Der Kynast". Nr. 2.

Die deutsche Nationalkirche. *Oppeln & Leipzig: G. Maske 1899.* (9 S.) 8° [F.]
= Flugblätter, Deutsche, d. Zeitschr. 'Der Kynast.' No 2.

Nationalkirche, freie deutsche, hersg. von Joh s. Ronge. Jahrg. 1867—70. à Jahrg. 36 Nrn. (1/2 Bgn.) Mannheim, (Schneider.) gr. 4. Jeder Jahrg. n. 1 ß 10 ngr.

National-Kochbuch, baiersches, od. die gesammte Kochkunst, wie sie in Baiern ausgeübt wird. gr. 8. Münch. 824. Fleischmann. 1 ß 14 gr

Nationalkonzilium

— ein deutsches, d. höchste Bedürfniß f. d. deutsche kathol. Kirche u. Staaten. 8. Nürnb. 803. (Lindauer in Münch.) 8 gr

Nationalkonzilium, das, zu Paris, im Jahr 1811. 18 Heft. 8. Freiburg, Herder.

National-Krieg, der deutsche, 1870. In Bildern nach Orig.-Skizzen ausgeführt. Mit erläut. Text von Geo. Hiltl. qu. Fol. (6 Stnt. in Tondr. mit 2 S. Text.) Berlin 870, R. Lesser. à Blatt M 1.; in Carton. *

National-Krieg, der deutsche, 1870. In Bildern nach Orig.-Skizzen ausgeführt. Mit erläut. Text v. Geo. Hiltl. qu. Fol. (6 Steintaf. in Tondr. m. 2 S. Text.) Berlin 870. H. J. Meidinger. In Carton. n. 4. 50; einzelne Blätter 1. —

Nationalkrieg, der deutsche, 1870. 1—3. Heft. Leipzig 870. Quandt & Händel. 4. (S. 1—48 mit eingedr. Holzschn.) Jedes Heft n. 2 1/2 ngr.

— der deutsche, 1870. 4–6. Hft. 4. (S 49–96 m. eingedr. Holzschn.) Leipzig 870. Quandt & Händel. à n. — 25

Nationalkummer, Der, oder Gespräch zwischen zween jüdischen Studenten über die Kriegsdienste in den k. k. Staaten von einem Israeliten. Brünn 1789. V: *Fischhoff, Joseph.* (Czikann, Die lebenden Schriftsteller Mährens, S. 54) (Brünner Zeitung 1789, Beil. 71/648) (KY 4/210, (biblPort) S. a. III, 6549.

Nationalkummer, Der, oder **Gespräch zwischen zween jüdischen Studenten über die Kriegsdienste der Juden … Brünn 1789.** V: *Fischhof, Jos.* (MGT) (ADB)

Nationalkummer, der, oder Gespräch zwischen zween jüd. Studenten über die Kriegsdienste d. Juden in den k. k. Staaten, von e. Israeliten, (Jos. Fischhoff). 8. Brünn 789.

Nationallastern, von den, Wien, Doll. 789.

Nationalliberalen, die, u. die Hänelschen. Deren Verhältniß zur Socialdemokratie. gr. 8. (64 S.) München 877. Louis Finsterlin. n. 1. —

National-Liberalen, die sogenannten, Leipzigs unter dem Mikroscope der öffentl. Meinung. Leipzig 866. (J. C. Pönicke.) gr. 8. (7 S.) 1 ngr.

Nationalliberalismus. Von A. H. gr. 8. (52 S.) Achern 897. Eitler & Zundt. n. — 80

National- u. Freiheitslieder für's Volk. 32. (63 S.) Leipzig 848, O. Wigand. 1 ngr.

Nationallieder der Magyaren. Uebers. v. Vasfi u. Benkö. 16. (XXXVI u. 384 S.) Braunschweig 852, Jeger. n. 2 ngr.

Nationallieder, Neue, für **Bayerns Landwehrmänner … Passau 1836.** V: *Gemminger.* (Bücher-Samml. d. hist. Ver. v. u. f. Oberbayern. Münch. 1867.)

National-Lieder, politische, nach bekannten Melodieen von einem deutschen Leierkastenmann. 1. und 2. Aufl. 16. (IV und 72 S.) Leipzig 848, Leiner. Thlr.

Nationalliste

Union internationale des Amies de la jeune fille = Internationaler Verein der Freundinnen junger Mädchen. Schweizerische National-Liste Nationale Suisse. [N°] VIII. 158 p. 8. Berne, Büchler & Co., Novembre 1902.

National-Literatur, deutsche. Historisch-kritische Ausgabe. Unter Mitwirkung von Arnold, G. Balke, K. Bartsch ꝛc. hrsg. von Jos. Kürschner. 1—12. Lfg. 8. Stuttgart 882. Spemann. à n. — 50

1. 5. 10—12. Goethe's Werke, hrsg. von H. Düntzer. (12. Bd. 1. Tl. XXXVIII, 224 u. 2. Tl. XXIV, 307 S. m. 1 Steintaf.)
2. 6—8. Grimmelshausen's Werke. (1. Bd. LXVI u. S. 1—312.)
3. Schiller's Werke. (3. Bd. XXXII u. S. 1–80 m. 2 eingedr. Titelvignetten.)
4. Wieland's Werke. (2. Bd. VIII u. S. 1—96 m. 1 Fcsm.)
9. Kortum's Jobsiade. (XXIV u. S. 1—80 m eingedr. Holzschn.)

National-Litteratur, deutsche. Historisch-krit. Ausg. Unter Mitwirkg. v. Arnold, G. Balke, K. Bartsch ꝛc. hrsg. v. Jos. Kürschner. 13—353. Lfg. 8. Stuttgart 883—86. Spemann. à n. — 50; à Bd. n. 2 50

Abraham à S. Clara, Judas der Ertz-Schelm. (XIV, 368 S.) (Lfg. 118—121.)
Albertinus' Lucifers Königreich. (XXI, 379 S.) (Lfg. 113—116.)
Bürger's Gedichte. (LXXXII, 538 S.) (Lfg. 122—127.)
Dichterbund, Göttinger. (1. Bd. S. 1—304.) (Lfg. 195—197.)
Fabeldichter, Satiriker ꝛc. d. 18. Jahrh. (VI, 508 S.) (Lfg. 156—160.)
Flemming, Logau u. Olearius. (II, 292 S.) (Lfg. 240—242.)
Gegner, die, der zweiten schlesischen Schule. 2 Bde. (XXIX, 332 u. LXXX, 588 S.) (Lfg. 43—46 u. 103—108.)
Geßner's Werke, Auswahl. (XXXVI, 299 S.) (Lfg. 167–169.)
Goethe's Werke. (2. Bd. VII, 372; 3. Bd. 1. Thl. VIII, 312, 2. Thl. IV, 308; 5. Bd. 329; 7. Bd. XVIII, 454; 8. Bd. XXIX, 522 u. 33. Bd. XLVIII, 472 S.) (Lfg. 109—112. 117. 129. 132. 133. 161. 163—166. 180—182. 281—284. 288. 290. 292 294. 301.)
— Dramen. (1. Bd. XVI, 503 S. m. 1 Holzschntaf.) (Lfg. 68—67.)
— Gedichte. (1. Bd. XIV, 292 S.) (Lfg. 82—84.)
Gottsched, Bodmer u. Breitinger. (CI, 335 S.) (Lfg. 128. 130. 131. 135.)
Grimmelshausen's Werke. (2. Bd. 348 u. 3. Bd. XXIV, 353 S.) (Lfg. 21–26. 35—38.)
Gryphius' Werke. (1. Bd. XXVII, 410 S.) (Lfg. 51—54.)
Haller u. Salis-Seewis. (XLVIII, 371 S.) (Lfg. 175–177. 179.)
Hebel's Werke. (1. Bd. LIII, 175 u. 2. Bd. VIII, 472 S. m. Stahlst.-Portr.) (Lfg. 90—95, 98.)
Herder's Werke. (2. Bd. LXV, 468 S.) (Lfg. 249. 250. 258. 260–262.)
Jean Paul's Werke. (1. Bd. XCI, 312; 2. Bd. 364, 3. Bd. 277, 4. Bd. IX, 338 u. 5. Bd. 461 S.) (Lfg. 146—149. 265. 267. 268. 270. 275—277. 347—353.)
Kleist, Heinr. v., Werke. (4 Bde. XLVI, 354; XIV, 436; XVI, 384 u. XVIII, 384 S.) (Lfg. 202. 203. 223. 225—227. 233. 235. 236. 239. 251. 252. 257. 269. 272.)
Klopstock's Werke. (1. Bd. CXCIV, 313; 2. Bd. 458, 3. Bd. XXXV, 292 u. 4. Bd. XVIII, 388 S.) (Lfg. 136—145. 150—155. 162.)
Kortum's Jobsiade. (S. 81—409.) (Lfg. 16—18.)
Kudrun. (XIX, 267 S.) (Lfg. 207. 210. 211.)
Lessing's Werke. (1. Bd. XVI, 400; 2. Bd. XIX, 448; 3. Bd. 1. Abth. XXVIII, 257, 2. Abth. 316; 4. Bd. 1. Abth. VII, 288, 2. Abth. 243; 5. Bd. XII, 508; 9. Bd. 1. Abth. XLVIII, 548, 2. Abth. XLVIII, 276 S.) (Lfg. 19—22. 68—72. 96. 97. 99—102. 208. 209. 212. 213. 215. 287. 300. 302. 313. 328—331. 335—337. 344—346.)
Lessing's Jugendfreunde. (XV, 385 S.) (Lfg. 55—58.)

Lichtenberg, Hippel, Blumauer. (458 S.) (Lfg. 303—307.)
Liliencron, Rochus Frhr. v, deutsches Leben im Volkslied um 1520. (LXXV, 436 S.) (Lfg. 219. 220 224. 248. 253.)
Moscherosch' Geschichte Philanders v. Sittenwaldt. (XXIX, 404 S. m. eingedr. Illustr.) (Lfg. 59—62.)
Narrenbuch. (VII, 388 S.) (Lfg. 188. 190—192. 194.)
Piper, P., die älteste deutsche Litteratur bis um d. J. 1050. (320 S.) (Lfg. 243—247.)
Prosa, erzählende, der klassischen Periode. (1. Bd. IV, 452 u. 2. Bd. 532 S.) (Lfg. 295—299. 312. 314—316.)
Sachs, Hans, Werke. (1. Bd. LXXVIII, 396 u. 2. Bd. X, 465 S.) (Lfg. 178. 183—187. 189. 191. 193. 204.)
Schiller's Werke. (3. Bd. S. 81—406; 4. Bd. LXIII, 479; 7. Bd. 515, 8. Bd. III, 496; 10. Bd. 1. Abth. XVI, 372, 2. Abth. 249; 11. Bd. X, 383; 12. Bd. 1. Abth. V, 446 u. 2. Abth. 542 S.) (Lfg. 13—15. 73—77. 228. 229. 234. 237. 238. 273. 274. 280. 308—311. 319—322. 325. 332. 333. 338—343.)
Schicksalsdrama, das. (VII, 540 S.) (Lfg. 170. 173. 174.)
Schule, erste schlesische. (5. Bd. XVIII, 352 S.) (Lfg. 78—82.)
— zweite schlesische. (1. Bd. XXIV, 427 u. 2. Bd. VIII, 480 S.) (Lfg. 85—89. 263. 264. 266. 270.)
Stürmer u. Dränger. (1. Bd. XVI, 433; 2. Bd. XVI, 483 u. 3. Bd. XII, 436 S.) (Lfg. 31—34. 39—42. 47—50.)
Tieck's Werke. (1. Abth. XXIV, 322 u. 2. Abth. 436 S.) (Lfg. 214. 216. 218. 221. 222. 230—232.)
Tieck u. Wackenroder. (410 S.) (Lfg. 285. 286. 289. 291.)
Wieland's Werke. (2. Bd. S. 97—538, 3. Bd. XVII, 336; 4. Bd. XXII, 392 u. 5. Bd. 377 S.) (Lfg. 27—30. 198—201. 254—256. 259. 323. 324. 326. 327.)

National=Litteratur, deutsche. Historisch=krit. Ausg. Unter Mitwirkg. v. Arnold, G. Balke, K. Bartsch ꝛc. hrsg. v. Jos. Kürschner. 354.—634. Lfg. 8. Stuttgart 887—890. Union. à Lfg. n. — 50; in Bdn. à n. 2. 50; geb. à n. 3. 50

Alxinger, Musäus u. Müller v. Itzehoe. Hrsg. von H. Pröhle. (452 S.) (Lfg. 434, 436, 437, 442.)
Beiträge, Bremer, hrsg. v. F. Muncker. (1. Bd. XXXVIII, 282 S.; 2. Bd. 324 S.) (Lfg. 509, 510, 513, 514, 517—519, 527.)
Brant's, Sebast., Narrenschiff. (XXVI, 329 S. m. Illustr.) (Lfg. 545, 547, 549, 559.)
Dichterbund, der Göttinger. (1. Bd. CLXVI u. S. 305—363.) (Lfg. 377, 378.)
Dichtung, geistliche, des Mittelalters. Hrsg. v. Piper. (1. Bd. VI, 311 S.; 2. Bd. 388 S.) (Lfg. 458—460, 472, 492, 493, 530, 531.)
Dichtungen, erzählende, des späteren Mittelalters, hrsg. u. erläut. v. F. Bobertag. (II, 408 S.) (Lfg. 361—364.)
Didaktik aus der Zeit der Kreuzzüge, hrsg. v. Hildebrand. (V, 354 S.) (Lfg. 441, 443—445.)
Goethe's Werke. Hrsg. v. H. Düntzer, Schröer u. R. Steiner. (4. Bd. XXIV, 376 S.; 9. Bd. XXXVI, 394 S.; 10. Bd. VIII, 354 S.; 11. Bd. 1. Abth. S. 1—192; 13. Bd. XXII, 418 S.; 14. Bd. II, 276 S.; 15. Bd. 1. Abth. XXVII, 274 u. 2. Abth. 332 S.; 16. Bd. XXXIII, 446 S.; 21. Bd. 1. Abth. XXIII, 396 S.; 21. Bd. 2. Abth. 344 S.; 22. Bd. XI, 241 S.; 23. Bd. XXX, 345 S.; 34. Bd. LXXIV, 403 S.; 35. Bd. XXXII, 540 S. m. 2 Taf.) (Lfg. 354, 358—360, 365—368, 387—389, 394, 409—411, 431, 433, 435, 438—440, 447, 470, 471, 473, 485—487, 575, 578, 584, 587, 593, 594, 597, 605—610, 613, 614, 616—620, 623, 625, 627, 632—634.)
Gottfried v. Straßburg, Tristan u. Isolde u. Flore u. Blanscheflur. Hrsg. v. W. Golther. (1. Bd. XIX, 422 S.; 2. Bd. 476 S.) (Lfg. 466—468, 474, 488—491, 499.)
Grabbe, C. D., M. Beer u. E. v. Schenk. Hrsg. von F. Bobertag. (X, 510 S.) (Lfg. 563—566, 568.)
Heldenbuch, das deutsche. Auswahl m. verbind. Erzählung, hrsg. v. E. Henrici. (XXXII, 308 S.) (Lfg. 356—357.)
Herder's Werke. Hrsg. v. H. Lambel. (3. Bd. 1. Abth. LII, 381 S.; 3. Bd. 2. Abth. LXI, 395 S.) (Lfg. 544, 548, 550, 562, 576, 580, 595, 611, 612.)
Jean Paul's Werke. Hrsg. v. P. Nerrlich. (6. Bd. IV, 484 S.) (Lfg. 390—393, 398.)
Immermann's Werke. Hrsg. v. M. Koch. (1. Bd. 1. Abth. LVIII, XXXIX, 303 S.; 1. Bd. 2. Abth. 335 S.; 2. Bd. 1. Abth. XL, 404 S.; 2. Bd. 2. Abth. 374 S.) (Lfg. 369—376, 403—408, 476.)
Körner's Werke. Hrsg. v. A. Stern. (1. Bd. XXXII, 383 S. m. Portr.; 2. Bd. 1. Abth. X, 443 u. 2. Abth. VI, 402 S.) (Lfg. 528, 529, 567, 586, 589, 592, 596, 603, 615, 624, 626, 630.)
Lenau's Werke. Hrsg. v. M. Koch. (1. Bd. XLIX, 453 S.; 2. Bd. 543 S.) (Lfg. 446, 448—450, 456, 457, 461—463.)
Lessing's Werke. Hrsg. von R. Boxberger. (6. Bd. XXVI, 476 S.; 7. Bd. VIII, 447 S.; 8. Bd. V, 496 S.; 10. Bd. IX, 488 S.; 11. Bd. 1. Abth. XI, 309 S.; 11. Bd. 2. Abth. 386 S.; 12. Bd. XVIII, 488 S.; 13. Bd. IV, 488 S.; 14. Bd. IV, 572 S.) (Lfg. 412—415, 423, 425, 428, 430, 455—462, 464, 465, 469, 475, 477, 478, 497, 498, 501—508, 511, 512, 536—538, 540, 546, 551, 558, 572, 573.)
Litteratur, lehrhafte, d. 14. u. 15. Jahrh., hrsg. v. F. Vetter. (1. Bd. XIII, 500 S.; 2. Bd. VIII, 295 S.) (Lfg. 419—422, 432, 560, 561, 577.)
Murner, Thomas, u. Ulr. v. Hutten. Hrsg. von Balke. (LXXXIX, 306 S. m. Abbildgn.) (Lfg. 581—583, 585.)
Nibelungen, die, hrsg. v. Piper. (1. Bd. VI, 330 S. m. 5 Taf.; 2. Bd. S. 1—288.) (Lfg. 556, 570, 579, 599, 602, 622.)
Opitz, Martin. (LI, 384 S.) (Lfg. 494—496.)
Schauspiele der englischen Komödianten, hrsg. v. W. Creizenach. (CXVIII, 352 S.) (Lfg. 480—484.)
Schiller's Werke. Hrsg. v. R. Boxberger u. A. Birlinger. (1. Bd. LXXXI, 336 S.; 2. Bd. XXII, 231 S.; 5. Bd. 1. Abth. XVI, 349 S.; 5. Bd. 2. Abth. 369 S.; 6. Bd. 386 S.; 7. Bd. X, 283 S.; 9. Bd. XXXIV, 252 S.) (Lfg. 515, 516, 520—526, 541—543, 554, 555, 557, 569, 571, 574, 588, 590, 591, 598, 600, 601, 604.)
Schulze, Ernst Konr. Frdr., u. Ernst Theod. Wilh. (Amadeus) Hoffmann. (486 S. m. 1 Taf.) (Lfg. 532—535, 539.)
Schwänke, 400, aus dem 16. Jahrhundert, hrsg. v. F. Bobertag. (XXIV, 409 S.) (Lfg. 416—418.)
Spielmannsdichtung, deutsche. Hrsg. v. Piper. (1. Bd. VI, 328 S.; 2. Bd. 347 S.) (Lfg. 400—402, 424, 427, 429.)
Volksbücher. Hrsg. v. F. Bobertag. (IV, 452 S.) (Lfg. 395—397, 399.)
Wieland's Werke. Hrsg. v. H. Pröhle. (1. Bd. C, 360 S.; 6. Bd. XXXII, 338 S.) (Lfg. 379—386.)
Wolfram v. Eschenbach, hrsg. v. Paul Piper. (1. Bd. VI, 376 S.) (Lfg. 621, 628, 629, 631.)

National-Litteratur, deutsche. Historisch krit. Ausg. Unter Mitwirkg. v. Arnold, G. Balke, K. Bartsch ꝛc. hrsg. v. Jos. Kürschner. 635.—839. Lfg. 8. Stuttgart 891—894. Union. Subskr.=Pr. à Lfg. n. — 50; Einzelpr. à Bd. n. 2. 50; geb. n. 3. 50

Inhaltsübersicht in alphabetischer Ordnung:

Anakreontiker u. preußisch=patriotische Lyriker. Hrsg. v. Muncker. (1. Bd. S. 1—317 u. 2. Bd. S. 1—192.) (767., 823., 835., 836. Lfg.)
Arnim, Klem. u. Bettina Brentano, Jos. Görres, hrsg. v. Koch. (1. Bd. CLXIII, 220 u. 2. Bd. 519 S.) (639., 640., 645—647., 667.—670. Lfg.)
Borinski, Karl, s.: Geschichte der deutschen Literatur.
Chamisso's Werke. Hrsg. v. Osk. F. Walzel. (CXXII, 552 S. m. Bildnis.) (748., 753.—755., 764. Lfg.)
Dichterbund, der Göttinger. 2. Tl. L. H. Chr. Hölty u. J. M. Miller. Hrsg. v. Aug. Sauer. (XXII, 332 S.) (738., 814., 815. Lfg.)
Drama, das, d. Mittelalters, hrsg. v. R. Froning. 1. Tl. Die latein. Osterfeiern u. ihre Entwickelg. in Deutschland. Osterspiele. Passionsspiele. (VIII u. S. 1—324.) 2. Tl. Passionsspiele. (S. 325—672 m. 1 Bild) u. 3. Tl. Passionsspiele, Weihnachts= u. Dreikönigsspiele. Fastnachtsspiele. (S. 673—1008.) (656., 689., 701., 702., 724—727., 729., 731., 734. Lfg.)
— das, der Reformationszeit, hrsg. v. R. Froning. (S. 1—320.) (833., 834. Lfg.)
— das, der klassischen Periode, hrsg. v. Ad. Hauffen. 1. Bd. Jos. Aug. Frhr. v. Törring u. Jos. Marius Babo. (XXXIV, 399 S.) — Dasselbe. 2. Bd. 1. u. 2. Abtlg. v. Gemmingen, Schröder, Iffland, Kotzebue u. Collin. (397 u. 386 S.) (648., 649., 652.—655., 665., 666., 672.—674., 681. Lfg.)
Fischart's, Joh., Werke, hrsg. v. Ad. Hauffen. 2. Bd. (XXVIII, 466 S. m. Abbildgn.) (744., 746., 747., 749. Lfg.)
— dasselbe. 3. Bd. (LXX, 333 S. m. Abbildgn.) (816.—818. Lfg.)
Fouqué, Frdr. Baron de la Motte, u. Jos. Frhr. v. Eichendorff. Hrsg. v. Max Koch. (1. u. 2. Bd. XXVI, 270 u. 344 S.) (804.—809. Lfg.)
Geschichte der deutschen Litteratur. 1. Tl. Von den ersten Anfängen bis zum Ausgang d. Mittelalters. Von Wolfg. Golther. (IV, 443 S.) (739., 741., 742. Lfg.)
— dasselbe. 2. Tl. Seit dem Ausgang d. Mittelalters. Von Karl Borinski. (VIII, 402 S.) (796., 797., 799. Lfg.)
Golther, Wolfg., s.: Geschichte der deutschen Literatur.
Goethe's Werke. Hrsg. v. K. J. Schröer, R. Steiner, H. Düntzer, A. G. Meyer u. G. Witkowski. (11. Bd. 1. u. 2. Abtlg. X u. S. 193—564; 17. Bd. XLVIII, 264 S.; 18. Bd. 312 S.; 19. Bd. S. 1—160; 24. Bd. VI, 287 S.; 25. Bd. VIII, 319 S.; 26. Bd. VII, 356 S. m. Abbildgn.; 27. Bd. 396 S.; 28. Bd. LXXIV, 563 S.; 29. Bd. II, 276 S.; 31. Bd. XIX, 393 S. m. 2 Abbildgn.; 32. Bd. 421 S.; 36. Bd. 1. Abtlg. S. 1—240 m. Abbildgn.) (635.—638., 690.—692., 707., 717., 721., 733., 737., 740., 745., 752., 758.—759., 761., 783.—785., 788.—790., 794., 801., 826., 827., 830.—832., 837.—839. Lfg.)
Hauff's, Wilh., Werke, hrsg. v. F. Bobertag. (1. Bd. XXII, 352 S.; 2. Bd. 1. Abtlg. IV, 384 S. u. 2. Abtlg. V, 231 S.; 3. Bd. 1. Abtlg. 376 S. u. 2. Abtlg. 424 S.) (657., 658., 661., 663., 675., 677.—680., 683., 684., 703.—706., 722., 723., 735. Lfg.)

Herder's Werke, hrsg. v. H. Meyer u. Eug. Kühnemann. (1. Bd. 1. Abtlg. LXIII, 506 S.; 2. Abtlg. LXXXVII, 548 S.; 4. Bd. 3 Abtlgn. CLI, 561 S.; 5. Bd. 1. Abtlg. LI, 266 S. m. 1 Bild u. 2. Abtlg. S. 267—575 m. 1 Bild.) (687., 688., 693., 694., 699., 700., 708.—716., 718.—720., 810.—813., 819.—822., 829. Lfg.)

Hutten, Ulr. v., s.: Murner, Thomas.

Luther's Schriften. Hrsg. v. Eug. Wolff. (XV, 434 S. m. 2 Abbildgn. u. 2 Fksms.) (695.—698., 732. Lfg.)

Lyriker u. Epiker der klassischen Periode. Hrsg. v. Max Mendheim. (1.—3. Tl. XXXI, 428, 459 u. 430 S.) (765., 766., 768., 773., 778., 779., 786., 787., 793. Lfg.)

Thomas Murner. Die deutschen Dichtgn. v. Ulr. v. Hutten. Hrsg. v. Balke. (2. Abtlg. 335 S. m. Abbildgn.) (659., 660., 671. Lfg.)

Pfaff, Frdr., der Minnesang d. 12.—14. Jahrh. 1. Abtlg. Einleitung. Auswahl. (XXI, 291 S. m. 1 Bild.) (685., 750., 761. Lfg.)

— dasselbe. (2. Bd. S. 1—96.) (823. Lfg.)

Piper, Paul, Höfische Epik. (1. Tl. 363 S.; 2. Tl. [Hartmann v. Aue u. seine Nachahmer] 571 S.; 3. Tl. 768 S.) (760., 762., 763., 769.—771., 780.—782., 791., 792., 795., 825. Lfg.)

— die Nibelungen. 2. Tl. Der Nibelunge Not. (2. Bd. S. 289—574.) (643., 644., 656. Lfg.)

Schlegel, Aug. Wilh. u. Frdr. In Auswahl hrsg. v. Osk. F. Walzel. (LXXV, 422 S. m. Fksms.) (641., 642., 650., 651., 736 Lfg.)

Wolff, E., das deutsche Kirchenlied des 16. u. 17. Jahrh. (XXII, 497 S.) (772., 798., 800., 824. Lfg.)

— Reinke de vos u. satirisch-didaktische Dichtung. (XLIII, 540 S.) (774.—777. Lfg.)

Wolfram v. Eschenbach, bearb. v. Paul Piper. (2. Bd. 1. Abtlg. 335 S. u. 2. Abtlg. 309 S.; 3. Bd. II, 274 S.) (662., 664., 676., 682., 728., 730., 743., 802., 803. Lfg.)

National-Litteratur, deutsche. Historisch krit. Ausg. Unter Mitwirkg. v. Arnold, G. Balke, K. Bartsch 2c. hrsg. v. Jos. Kürschner. 197.—208. Bd. 8. Stuttgart, Union. à n. 2. 50; geb. à n. 3. 50

197. Höfische Epik. 2. Tl. Hartmann v. Aue u. seine Nachahmer. Bearb. v. Paul Piper. (571 S.) 893.
198. Geschichte der deutschen Litteratur. 2. Tl. Seit dem Ausgang d. Mittelalters. Von Karl Borinski. (VIII, 402 S.) 893.
199. Goethe's Werke. 25. Tl. Hrsg. v. H. Düntzer. (VIII, 319 S.) 893.
200. Wolfram v. Eschenbach. 3. Tl. Anh.: Die Gawanepisode. Bearb. v. Paul Piper. (II, 274 S.) 893.
201. 202. Frdr. Baron de la Motte Fouqué u. Jos. Frhr. v. Eichendorff. Hrsg. v. Max Koch. (XXVI, 270 S. m. Abbildgn. u. 344 S.) 893.
203. Der Göttinger Dichterbund. 2. Tl. L. H. Chr. Hölty u. J. M. Miller. Hrsg. v. Aug. Sauer. (XXII, 332 S.) 893.
204. Joh. Fischart's Werke. Hrsg. v. Adf. Hauffen. 3. Tl. (LXX, 333 S. m. Abbildgn.) 894.
205. Herder's Werke. 1. Tl. 2. Abtlg. Hrsg. v. Heinr. Meyer. (LXXXVII, 548 S.) 894.
206. Das deutsche Kirchenlied des 16. u. 17. Jahrh. Hrsg. v. Eug. Wolff. (XXII, 497 S.) 894.
207. Herder's Werke. 1. Tl. 1. Abtlg. Hrsg. v. Heinr. Meyer. (LXIII, 506 S. m. Bildnissen.) 894.
208. Goethe's Werke. 17. u. 18. Tl. Wahrheit u. Dichtg. 1. u. 2. Tl. Hrsg. v. H. Düntzer. (XLVIII, 264 u. 312 S. m. Abbildgn.) 894.

National-Litteratur, deutsche. Histor.-krit. Ausg. Unter Mitwirkg. v. Arnold, G. Balke, K. Bartsch 2c. hrsg. v. Jos. Kürschner. 209.—221. Bd. 8. Stuttgart 895—898. Union. à n. 2. 50; geb. à n.n. 3. 50

209. Goethe's Werke. 19. Tl. Wahrheit u. Dichtung. 3. Tl. Hrsg. v. H. Düntzer. (330 S. m. Bildn.) 895.
210. 211. Höfische Epik. 3. Tl. Nachahmer Wolframs u. Gotfrids. Kleinere Epen u. Chroniken. Bearb. v. Paul Piper. (900 S. m. 1 farb. Karte.) 895.
212. D. Minnesang d. 12.—14. Jahrh. Bearb. v. Frdr. Pfaff. 2. Abtlg. Walter v. der Vogelweide. Anfänge der Lieder u. Wörterbuch zu beiden Abtlgn. (XX, 201 S. m. 1 Abb.) 895.
213. Das Drama d. Reformationszeit. (Die Totenfresser d. Pamphilus Gengenbach. Der Ablaßkrämer d. Nik. Manuel. Der verlorene Sohn d. Burkard Waldis. Die Susanna d. Paul Rebhun. Der Pammachius d. Naogeorg. Der Vincentius Ladislaus des Herzogs Heinrich Julius v. Braunschweig.) Hrsg. v. R. Froning. (XXII, 426 S.) 895.
214. Goethe's Werke. 20. Tl. Wahrheit u. Dichtung. 4. Tl. Hrsg. v. H. Düntzer. (378 S. m. Abb.) 895.
215. Joh. Fischart's Werke. Eine Auswahl. 1. Tl. Hrsg. v. Adf. Hauffen. (LXXXIII, 439 S. m. Abb.) 895.
216. Anakreontiker u. preußisch-patriot. Lyriker. 2 Tle. in 1 Bde. Hagedorn. Gleim. Uz. Kleist. Ramler. Karschin. Hrsg. v. Frz. Muncker. (XIII, 343 S. m. Bildn. u. Fksms.) 895.
217. Goethe's Werke. 30. Tl. Hrsg. v. Alfr. Ghold. Meyer u. Geo. Witkowski. (LXXV, 828 S.) 895.
218. Der Göttinger Dichterbund. 3. Tl. Frdr. Leop. Graf zu Stolberg, Matthias Claudius. Hrsg. v. Aug. Sauer. (366 S.) 895.
219. Goethe's Werke. 36. Tl. 1. Abtlg. Hrsg. v. Rud. Steiner. (XVI, 341 S.) 897.
220. Dasselbe. 36. Tl. 2. Abtlg. (660 S. m. Fig. u. 4 Taf.) 897.
221. Piper, Paul, Nachträge zur älteren deutschen Litteratur v. Kürschners deutscher National-Litteratur. (386 S.) 898.

National-Litteratur, deutsche. Historisch-krit. Ausg. Unter Mitwirkg. v. Arnold, G. Balke, K. Bartsch 2c. hrsg. v. Jos. Kürschner. 840.—875. Lfg. 8. Stuttgart 895—898. Union. à Lfg. n. — 50

Anakreontiker u. preußisch-patriot. Lyriker, hrsg. v. Frz. Muncker. 2. Bd. 5. Lfg. (XIII u. S. 193—343.) (859. Lfg.)

Dichterbund, der Göttinger, hrsg. v. Sauer. 3. Tl. Frdr. Leop. Graf zu Stolberg. Matthias Claudius. (366 S.) (863., 864. Lfg.)

Drama, das, d. Reformationszeit. Hrsg. v. R. Froning. 3. Lfg. (32 S. u. S. 177—192, 321—426 u. XXII S. m. Abb.) (848. Lfg.)

Epik, höfische. 3. Tl. Nachahmer Wolframs u. Gotfrids. Kleinere Epen u. Chroniken. Bearb. v. Paul Piper. 7. Lfg. (S. 769—900 m. 1 farb. Karte.) (844. Lfg.)

Fischart's, Joh., Werke, hrsg. v. A. Hauffen. (1. Bd. LXXXIII, 439 S. m. Abb.) (842., 843., 846., 858. Lfg.)

Goethe's Werke. Hrsg. v. H. Düntzer, A. G. Meyer u. G. Witkowski. (19. Bd. S. 161—330 m. Abb. u. Bildn., 20. Bd. 378 S. u. 30. Bd. LXXV, 828 S.) (840., 849., 851.—857., 862. Lfg.)

Goethe's Werke, hrsg. v. R. Steiner. 36. Bd. 1. Abtlg. 3. Lfg. (XVI u. S. 225—341.), u. 2. Abtlg. 6 Lfgn. (660 S. m. 4 Taf.) (866.—872. Lfg.)

Kudrun. Bearb. v. Paul Piper. (CXL, 490 S. m. Abb.) (841., 845., 850., 860., 861. Lfg.)

Minnesang, der, d. 12. bis 14. Jahrh. Bearb. v. Frdr. Pfaff. 2. Abtlg. Walther v. d. Vogelweide, Anfänge d. Lieder u. Wörterbuch zu beiden Abtlgn. (XX u. S. 97—201.) (847. Lfg.)

Piper, Paul, Nachträge zur ält. deutschen Literatur v. Kürschners deutscher National-Litteratur. 3 Lfgn. (386 S.) (873.—875. Lfg.)

— dasselbe. 222. (Schluß-)Bd. Registerbd. 8. (288 S.) Ebd. 899. n. 2. 50; geb. in Halbfrz. n.n. 3. 50

National-Litteratur, deutsche. Historisch-krit. Ausg. Unter Mitwirkg. v. Arnold, G. Balke, O. Behaghel 2c. hrsg. Jos. Kürschner. 876—880. (Schluß-)Lfg. 8. (Registerbd. 288 S.) Stuttgart 898. 899. Union. à n. — 50

Nationallitteratur, Die neue deutsche, kritisch, humoristisch-satyrisch v. Verf. von Heinrich Heines Himmelsfahrt. Trier 1857—58. V: *Hallberg, Emma Emilie von*. (Meyer, Fr., H. Heine-Bibliothek. Leipzig 1905 S. 100.) (Ky) (Kn) (ADB)

Nationallitteratur, die neue deutsche, kritisch, humoristisch, satyrisch vom Verf. von Heinrich Heine's Himmelfahrt. (Von Emilie Emma v. Hallberg.) 1. Heft: H. Heine, N. Lenau, F. v. Sallet, Wolfg. Müller, R. Hocker, Alfr. Meißner, R. Prutz, G. Herwegh. Nebst einer Vorrede über einen Injurienprozeß. Trier 857. Troschel. 16. (112 S.) 15 ngr.

— — 2. Heft: F. Freiligrath, G. Kinkel, H. A. Hoffmann v. Fallersleben, W. Jordan, O. v. Redwitz, E. Geibel, M. v. Strachwitz, L. Uhland, Just. Kerner. Ebend. 858. 16. (S. 113—222.) 15 ngr.

National-Literatur, die, der Skandinavier. Eine pros. und poet. Anthologie aus den besten nord. Schriftstellern mit erläut., krit. und biograph. Notizen hrsg. von A. E. Wollheim, Chevalier da Fonseca. 1.—15. Lfg. Lex.-8. (1. Bd. VII, 504 S.; 2. Bd. S. 1—264, mit Illustr. in eingedr. Holzschn.) Berlin 874,75. Hempel. à Lfg. *M 1. *

National-Literatur, die, der Skandinavier. Eine prosaische und poetische Anthologie aus den besten nordischen Schriftstellern, mit erläut., krit. und biograph. Notizen. Hrsg. von A. E. Wollheim, Chevalier da Fonseca. Mit Illustr. 16.—30. (Schluß-)Lfg. oder 2. und 3. Bd. Lex.-8. Berlin 876,77. Hempel. à Lfg. *M 1. *

Inhalt:

Bd. 2. Die dänische und norwegische Literatur. (VIII, 683 S.)
" 3. Die schwedische Literatur. Nebst Namen- und mytholog. Register. (VIII, 262 S.)

1.—15. Lfg. (1. Bd.) Ebendas. 1874,75. à *M 1.

National=Literatur, die, der Skandinavier. Eine pros. u. poet. Anthologie aus den besten nord. Schriftstellern m. erläut., krit. u. biograph. Notizen hrsg. v. O. C. Wollheim, Chevalieur da Fonseca. Mit Illustr. (in eingedr. Holzschn.) 1—25. Lfg. Lex.-8. (1. Bd. VII, 504; 2. Bd. VIII, 683 S. u. 3. Bd. S. 1—48.) Berlin 874—76. Hempel. à n. 1. —

— die, der Skandinavier. Eine prosaische u. poetische Anthologie aus den besten nordischen Schriftstellern m. erläuternden, kritischen u. biographischen Notizen. Hrsg. von A. E. Wollheim da Fonseca. Mit Illustr. 26—30.(Schluß-)Lfg. Lex.-8. (3. Bd. VIII u. S. 49—262.) Berlin 877. Hempel. à n. 1. —

National=Magazin, das, f. Haus- u. Landwirthschaft, Nationalunterr., Statistik u. Reisen, neue Erfindn., National-Unternehmungen u. Verbreit. nützl. Kenntnisse. 1. Jahrg. 1834. 52 Nrn. (Bog.) mit ca. 300 Abbildn. gr. 4. Leipzig, [Brockhaus.] 2 Thlr., hrbgf. Pr.

„Nationalmagazin zur Unterhaltung und Belehrung, für Haus- und Landwirtschaft, Handel, Nationalökonomie und Nationalunterricht, Statistik und Reisen, neue Erfindungen und Nationalunternehmungen, Eisenbahnen, Dampfwagen, interessante Nachrichten aus Nordamerika, England, Frankreich etc.", Leipzig 1834 (Wigand).

National=Moden=Zeitung. (XV. Jahrg.) Herausgeber und verantwortl. Redakteur: F. Beilschütz. Druck von Karl Gerold's Sohn. 4. Erscheinen jährlich 10 Lieferungen à $1/2$ Bog. Text, mit kolor. Abbild. und Muster. Wien 1856.

Wiener National-Moden-Zeitung. (Neue Folge.) Mit deutschen, französischen und engl. Original-Modekupfern und Schnitt-Tafeln aus der europäischen Moden-Zeitung für Herrengarderobe, technischem Organ der allgem. deutschen Bekleidungs-Akademie, herausgegeben von *Müller & Klemm* in Dresden. XVII. Jhrg. Verantw. Herausg. u. Verl. *Franz Beilschütz*. Druck von *C. Gerold's S.* Erscheint in **Wien**, in den ersten Tag. jed. Mon., 1 Bog. in Fol. in 2 Ausg. 2-spalt. Prän.-Pr. Grosse Ausg. $1/2$-jähr. 3 fl. 30 kr., kleine 2 fl. 15 kr.

Nationalmuseum, das bayerische. gr. 16. (VIII, 382 S. mit Abbild. in eingedr. Holzschn. und 5 lithogr. Plänen in qu. 4.) München 868, Th. Ackermann. geb. **

Nationalmuseum, das bayerische, in München. 50 Orig.-Aufnahmen in Folioformat. München (903). Verlagsanstalt F. Bruckmann. In Mappe 50. —; einzelne Bl. 1. —; Album dazu 6. —

National=Museum, deutsches, zur Verbreitung gemeinnütziger Kenntnisse. 1r Jahrg. 1834. März 2c. 25 Lfrgg. (Bog.) Mit 150 Abbildd. schmal gr. 4. Dresden 834. Expedition. (Grimmer.) n. 1 $1/3$ ₰

Nationalmuseum, das germanische, s.a. Denkschriften des germanischen Nationalmuseums.

Nationalmuseum, Das germanische. Organismus und Sammlungen. Abth. 1. 2. Nürnberg 1856. Lex.-8.
A. u. d. T.: Denkschriften des german. Nat.-Mus. Bd 1. (D.)

Nationalmuseum, das germanische, und seine Sammlungen. Wegweiser für die Besuchenden. Mit Abbildungen und Plänen. gr. 8. (IV und 60 S. mit eingedr. Holzschn. und 1 Stnt. in Imp.-Fol.) Nürnberg 860, Literarisch-artistische Anstalt des germanischen Museums. *

Das germanische **Nationalmuseum** und seine Sammlungen. Wegweiser für die Besuchenden. Mit Abbildungen und Plänen. 2. Aufl. Nürnberg. 1861. 8°m.

National-Museum, Russlands. Riga 1820. V: *Wichmann, Burchard Heinrich von.* (Ky) (R-N)

National=Oekonom, der, Monatsschrift über Völkerreichthum, Finanzwesen u. Oekonomiepolizei. Für Geschäftsmänner und Theoretiker. Herausg. von Prof. Dr. Karl Ed. Morstadt. 1r Jahrg. 1834. 12 Hfte. Mit Portraits. gr. 8. Mannheim, Hoff. n. 4 $2/3$ ₰ — 2r u. 3r Jahrg. 1835 u. 1836. à 12 Hfte. In Verbindung mit Dr. Baumstark, Dr. Bülau, Dr. Morstadt 2c. herausg von Prof. Dr. Karl Ed. Morstadt. Mit Portraits. gr. 8. Ebd. à n. 4 $2/3$ ₰ (1r — 3r J. ungetrennt nur n. 6 ₰)

— ders. 37e Lfrg. Kann zu viel produzirt werden? Beantwortet von M. von Prittwitz. gr. 8. Ebd. 837. $1/3$ ₰

— ders. 38e Lfrg. A. u. d. T.: Ueber die zunehmende Wohlfeilheit der Produkte. Von M. von Prittwitz. gr. 8. Ebd. 837. $1/4$ ₰

— ders. 39e bis 42e Lfrg. (Schluß.) A. u. d. T.: Andeutungen über die Grenzen der Civilisation. Von M. v. Prittwitz. gr. 8. Ebd. 838. 1 $1/2$ ₰

National-Oekonom, der. Zeitschrift f. Volkswirthschaft u. Statistik. Hrsgbr.; B. Israel. 1.—5. Jahrg. 1888—92. à Jahrg. 36 Nrn. (à Nr. 1—2 Bog.) gr. 4. Wien, (Eisenstein u. Comp.).
1. u. 2. Jahrg. à ** 16 —; 3.—5. Jahrg. à ** 20 —

National-Oekonom, der. Zeitschrift f. Volkswirthschaft u. Statistik. Hrsg.: B. Israel. 2. Jahrg. 1889. 36 Nrn. (B.) gr. 4. Wien, (Eisenstein & Co.). n. 16. —

National-Oekonom, der. Zeitschrift f. Volkswirthschaft u. Statistik. Hrsg.: B. Israel. 3.—7. Jahrg. 1890—1894. à 36 Nrn. (Bog.) gr. 4. Wien, (J. Eisenstein & Co.). à Jahrg. n.n. 20. —

National-Oekonom, der. Zeitschrift f. Volkswirthschaft u. Statistik. Hrsg.: B. Israel. 8.—11. Jahrg. 1895—1898. à 36 Nrn. (Bog.) gr. 4. Wien (J. Eisenstein & Co.). à Jahrg. n. 20. —
Herausgeber d. 11. Jahrg. war Bernh. Iranyi.

National-Oekonom, der. Zeitschrift f. Volkswirthschaft u. Statistik. Nebst Beiblatt: Versicherungs-Rundschau. Hrsg. u. Red.: Bernh. Iráuyi. 12.—15. Jahrg. 1899—1902. à 36 Nrn. Fol. (à ca. 4 u. 8 S.) Wien (J. Eisenstein & Co.) à Jahrg. n. 20. —

National-Oekonom, der. Zeitschrift f. Volkswirtschaft u. Statistik. Nebst Beiblatt: Versicherungs-Rundschau. Hrsg. u. Red.: Bernh. Iráuyi. 16.—19. Jahrg. 1903—1906. à 36 Nrn. (à 4 u. 8 S.) Fol. Wien (J. Eisenstein & Co.). à Jhrg. n.n. 23. —
Nicht mehr im Buchhandel.

National-Oekonom, der. Zeitschr. f. Volkswirtschaft u. Statistik. Hrsg. Jrányi. 20. Jahrg. 1907. 36 Nos. 4. Wien, Eisenstein & Co. 23. —

National-Oekonom, der. Zeitschrift f. Volkswirtschaft u. Statistik. Hrsg. Jrányi. 21. Jahrg. 1908. 36 Nrn. 4. Selbstverlag, Wien, XIII/6, Feldmühlgasse 15. 23. —

National-Oekonom, der. Zeitschrift f. Volkswirtschaft u. Statistik. Hrsg. Jrányi. 22. Jahrg. 1909. 36 Nrn. 4. Wien, XIII/6, Feldmühlgasse 15, Selbstverlag. 23. —
— dasselbe. 23. Jahrg. 1910. 36 Nrn. 4. Ebd. 23. —

National-Oekonomen, die, der Franzosen u. Engländer. Herausgeg. von Max Stirner. 1.—8. Liefg. od. 1.—4. Bd. A. u. d. T.: Ausführliches Lehrbuch der prakt. polit. Oekonomie. Von J. B. Say. Deutsch mit Anmerk. von Max Stirner. 1.—4. Bd. gr. 8. Leipzig 845, 46, O. Wigand. à Liefg. $1/2$ ₰

— dies. 5. u. 6. Bd. od. 9.—11. Liefg. A. u. d. T.: Smith, Adm., Untersuchungen üb. den National-Reichthum. 1. u. 2. Bd. gr. 8. Ebend. 846. 2 ℛ

National-Oekonomen, die, der Franzosen u. Engländer. Hrsg. von Max Stirner. 12 u. 13. Lfg. oder 7—8. Bd. A. u. d. T.: Untersuchungen über das Wesen u. die Ursachen des Nationalreichthums. Von Adam Smith. 3 u. 4. Bd. gr. 8. (367 u. 334 S.) Leipzig 847, O. Wigand. — 14—16. Lfg. od. 9. Bd. 2 Lfgn. u. 10. Bd. A. u. d. T.: Die Widersprüche der National-Oekonomie oder die Philosophie d. Noth von P. J. Proudhon. Deutsch von W. Jordan. 1. Thl. 2 Lfgn. u. 2. Thl. gr. 8. (448 u. 487 S.) Ebd. 847. 12. Lfg. 1½ ℛ 13. Lfg. 1 ℛ 14 u. 15. Lfg. 1⅚ ℛ 16. Lfg. 1⅚ ℛ (1—16. Lfg. 10⅚ ℛ)

Nationalökonomik technischer Anlagen u. Einrichtgn. Ein Handbuch d. Nationalökonomik in ihrer Anwendg. auf d. Schöpfgn. d. modernen Technik, im Vereine m. Fachgenossen hrsg. v. Jos. Röttinger. I.—III. Bd. Lex.-8. Leipzig 898. J. J. Arnd. n. 18. —
I. Massivbau. u. Holzbau. E. Studie üb. d. nationalökonom. Bedeutung d. beiden Bauweisen im Hochbau. Von Jos. Röttinger. (XIV, 354 S.) n. 10. —
II. Realwerthe. E. Studie üb. Gut, Werth, Preis u. Geld im Allgemeinen u. d. Arten d. Realwerthe im Besond. Von Jos. Röttinger. (X, 70 S.) n. 3. —
III. Bonität u. Oekonomik v. Gebäude-Grundrissen. E. Studie üb. Gebäudegrundrisse u. d. f. ihre Anlage massgeb. nationalökonom. Momente. Von Jos. Röttinger. (XI, 132 S. m. 54 Abb.) n. 5. —

Nationalrat und Ständerat der Schweizerischen Eidgenossenschaft. Etat für die Session beginnend mit 18. März 1901.... — Conseil National et Conseil des États de la Confédération Suisse. Etat pour la session commençant le 18 mars 1901.... 11 S. 8. [Bern, K. J. Wyss, 1901.]

Nationalrathswahlen, Die, von 1860; eine Ansprache an das Züricher Volk. [Zürich 1860.] V: *Wille, Franz.* (Cat. d. Stadtbibl. Zürich. Zürich 1864—97.)

Nationalratswahlen. Zu den Nationalratswahlen vom 26. Oktober 1902. An das Berner Volk. ([Aufruf des] Centralkomitee der freisinnig-demokratischen Partei des Kantons Bern. — 1902 September.) 6 S. 8.

Nationalratswahlen. Zu den N'-W' vom 24./25. Oktober 1908. Warum und wen sollen wir wählen? An die Wählerschaft des Kantons Basel-Stadt gerichtet vom Komitee der Sozialdemokratischen Partei Basel. 16 S. 8. Basel, Genossenschafts-Buchdr., 1908.

Nationalrats-Wahlkreise von 1902 an. Vorschlag des Bundesrates. — Arrondissements pour l'élection du Conseil national depuis 1902. Proposition du Conseil fédéral. [Karte.] Massstab 1 : 1000000 [Hrg. vom] Eidg. topogr. Bureau. 251/351 mm. 1 Bl. fol. Bern, H. Kümmerly & Frey.

Nationalreichthum, Ungarns gegenwärtiger und zukünftiger. Ofen 1847. V: *Eötvös, Ignaz* oder: *Kis, Johann* [?]. (SZMJ)

National Relief Journal: 1872?—1876?
Monthly, published in English and German, by the National Relief Union. Place of publication varies: Frostburgh, Md., 1875—76. Circulation: 1875, 2700. Edited by Dr. J. Ruhl, 1872—76. Baltimore, MD

National-Sache, Die deutsche, im Kampfe mit democratischen und aristocratischen Theorien und in ihrer Stellung zum König- und Fürstenthume. Ein deutsches Wort aus dem Jahre 1831 ... Kassel 1848. V: *Elvers, Christian Friedrich.* (wen S. 3)

National-Sache, die deutsche, im Kampfe mit democratischen u. aristocratischen Theorien u. in ihrer Stellung zum König- u. Fürstenthum. Ein deutsches Wort aus d. J. 1831, für d. J. 1848 wieder abgedr. aus der allgem. Rechtszeitg. II. gr. 8. (8 S.) Kassel 848, Hotop. baar 1 ngℛ (I. siehe: Stellung, über die wahre, der Staatsgewalt.)

Nationalschatz, deutscher. Lessings, Schillers u. Goethe's sämmtliche lyrische, epische u. dramatische Werke, u. ihre vorzüglichsten prosaischen Schriften. 40 Liefgn. Teschen 868—69. Prochaska. Lex.-8. (1. Bd. 424 S., 2. Bd. 736 S., 3. Bd. VI, 1237 S. mit eingedr. Holzschn.) 4 ℛ

Nationalschuld, über die französische, (von A. G. Gebhardt). gr. 8. Frkf. u. Leipz. (Dresd.) 795. Walther. 6 gℛ

Nationalsinn, vom deutschen, e. deutsches Wort, von e. ehemal. Reichsbürger. 8. Leipz. 816. Franz. (Taubert). 18 gℛ

Nationalsozialen, die. 8. (30 S.) Berlin 898. Puttkammer & Mühlbrecht. — 30

Die **Nationalsozialen**. *Berlin: Centralbur. d. nationallib. Partei 1898.* (30 S.) 8° [F.]
= Flugschriften d. nationalliberalen Partei. H. 19. [03. 718

National- oder **Perlagg-Spiel**, das tiroler, erklärt von einigen Etschländern. 8. (46 S.) Innsbruck 853, Wagner'sche Buchh. *

Nationalspiele und Volksbelustigungen, 13 Bl., 8°.

Nationalstenograph, der. Organ des Bundes f. Nationalstenographie. Red. unter Mitwirkg. v. Paul Schönherr, Martin Pariser u. a. von Albr. v. Kunowski. Nebst Unterhaltungsbeilage: Stenographische Blätter. 2.—4. Jahrg. 1899—1901. à 12 Nrn. gr. 8. (à ca. 16 u. 8 autogr. S.) Breslau, Liegnitz, Dr. v. Kunowski. à Jahrg. n. 3. —

Nationalstenograph, der. Organ des Bundes f. Nationalstenographie. Red. unter Mitwirkg. hervorrag. Systemgenossen v. E. Mollenhauer. Nebst Beilage: Stenographische Blätter. 6.—9. Jahrg. 1903—1906. à 12 Nrn. (à ca. 16 u. 8 autogr. S.) gr. 8. Liegnitz, Dr. v. Kunowski. à Jhrg. n.n. 3. —; ohne Beilage n.n. 2. 50; Beilage allein n.n. 1. —

Nationalstenograph, der. Organ d. Bundes f. Nationalstenographie. Red. v. W. Wohlrabe. Nebst Beilage: Stenographische Blätter. 10.—13. Jahrg. 1907—1910. à 12 Nrn. (IV, 192; IV, 192; IV, 240 u. IV, 240 S.) gr. 8. Liegnitz, Dr. v. Kunowski. à Jahrg. nn 3; ohne Beilage nn 2.50; Beilage allein nn 1. —

National Stenographen Handbuch. T. 1. 2. Liegnitz: Verl. f. National-Stenogr. (1904). 2 Bde 8° [F.] [05. 5963 2

National-Stenographen-Handbuch. T. 1. Liegnitz: Verl. f. National-Stenogr. [1905]. 8° [F.] [06. 6295

National-Stenographen-Handbuch. 2 Tle. in 1 Bd. (56 u. 76 S.) kl. 8. Ebd. (906). In Leinw.-Tasche n.n. 1. —
Erschien früher u. d. T.:

National-Stenographen-Kalender 1902. 8. Jahrg. gr. 16. (124 S.) Tost O.-Schl. Liegnitz, Dr. v. Kunowsky. Geb. in Leinw. n. 1. —
Vergl.: Kalender f. National-Stenographen.

National-Stenographen-Kalender. Jg. 3. 1902. *Tost: Verl. f. Nationalstenogr. (1902).* 8° [F.]
Anf. s. u. d. T.: Jahrbuch f. National-Stenographen. [04. 4292

National-Stenographen-Kalender 1903. 4. Jahrg. (103 S.) gr. 16. Ebd. Geb. in Leinw. — 75

National-Telegraph: Allgemeiner National-Telegraph v. Der freie Entlebucher.

Nationaltheater, kaiserl. königl. 6 Bde. 8. Wien, Gräffer. 778.

Nationaltheater, k. k., od. Samml. aller daselbst aufgeführten Stücke. 6 Thle. gr. 8. Wien 778—82. Blumauer. 4 ß — Dass. v. 1783—85. 8. Ebd., Kurzbeck. 4 ß 16 gl

Nationaltracht, die; oder: fort mit dem Plunder nach Deutschland. Lustsp. von Keller. 8. Dessau, Gel. Handl. 783.

National-Trachten, Deutschlands Volksfeste u. charakteristische Beschäftigungen malerisch dargestellt, u. mit histor. Notizen begleitet, v. A. Schreiber. 12 Bl. qu. Fol. Freyburg, Herder. 10 Rthl. colorirt.

National-Trachten. Ein Postkarten-Malbuch. (12 [6 farb. perforierte] Bl.) Lex.8. Nürnberg (907). Th. Stroefer. 1. —

National-Trachten, Hamburger, mit Erklärung in französ. u. deutscher Sprache, v. Schütz. 4 Hfte. 8. Hamb. 802—3. Vollmer. (Herold jun.) 6 ß

National-Trachten, österreichisch-ungarische. Unter der Leitung des Malers Hrn. Frz. Gaul nach der Natur photogr. von J. Löwy. 6 Lfgn. gr. 4. (à 4 Lichtdr.) Wien 881. 82. Lechner's Sort. à n. 6. —; color. Ausg. à 10. — (cplt. in Leinw.-Mappe: 42. —; color. n. 66. —)

National-Trachten, österreichisch-ungarische. Unter der Leitg. d. Malers Frz. Gaul nach der Natur photogr. u. in Chromolichtdr. vervielfältigt v. J. Löwy. 2. Sammlg. 6 Lfgn. gr. 4. (à 4 Taf.) Wien 883—85. Lechner's Sort. à n. 10. — (cplt. in Leinw.-Mappe n. 66. —)

National-Trachten, österreich.-ungarische. Unter der Leitg. d. Hrn. Frz. Gaul nach der Natur photogr. u. in Chromolichtdr. vervielfältigt v. J. Löwy. 3. Sammlung. (In 6 Lfgn.) 1. Lfg. gr. 4. (4 Taf.) Wien 889. Lechner's Sort. n. 10. —

Nationaltrachten, österreich-ungarische. Unter der Leitung von Fr Gaul. 3. Sammlung. (24 kolorierte T) 4° Wien (1890)

Oesterreich's National-Trachten nach der Natur gezeichnet von Ranftl, Kalliwoda, Kollarz, ꝛc. Gedruckt bei J. Höfelich's Witwe. Verlag von F. Paterno in Wien. (kl. Fol.) 1855.

Nationaltrachten Oesterreichs — nach der Natur gezeichnet von Ranftl, Kaliwoda, Kollarz ꝛc. Druck von Reiffenstein und Rösch. Wien, 1856. Verlag von F. Paterno (kl. Fol.)

Nationaltrachten von Tirol und Vorarlberg, s. Schedler, Johann Georg

National-Trachten verschiedener Völkerschaften im Königreiche Dänemark und in den Herzogthümern Schleswig und Holstein, nach getreuen Abbildungen dargestellt. Heft 1, in 6 illum. Blättern. Hamburg. o. J. 8°.
Auch mit französischem Titel.

— verschied. Völkerschaften in Dänemark. 1s Hft. gr. 8. Hamb. 815. Gundermann. (Aue in Altona). 16 gl

National-Untugenden, Deutsche, oder weshalb kommt der Deutsche trotz seiner Fähigkeiten zu Nichts? Ein Wort an Väter, Mütter, Lehrer u. Erzieher. 4. Aufl. Leipzig 1887. 8.
Bl: Brennende Fragen. Nr. 1.

Nationalverein, der. Von B. K. H. v. P. Thorn 861. Lambeck. gr. 8. (39 S.) n. 3 ngr.

Nationalverein, Der, in seinem Entstehen und seinem Fortgange. Geschichtlicher Rückblick zur Würdigung seiner Bestrebungen. Emden 1860. V: *Metger, H.* (Priv.-Bibl. König v. Hannover. Hann. 1863.)

—— der, in seinem Entstehen und seinem Fortgange. Geschichtlicher Rückblick zur Würdigung seiner Bestrebungen. Von einem Ostfriesen. gr. 8. (IV und 72 S.) Emden 860, Woortmann. *

—— der, seine Entstehung und bisherige Wirksamkeit. Hrsg. im Auftrage des Vereins-Vorstandes vom Geschäftsführer. gr. 8. (III und 114 S.) Koburg 861, Expedition der Wochenschrift des Nationalvereins.

— der, seine Entstehung u. bisherige Wirksamkeit. Herausg. im Auftrage des Vereins-Vorstandes vom Geschäftsführer. Coburg 861. Streit. gr. 8. (2 Bl. 114 S.) 15 ngr.

—— der wahre deutsche. Aus dem conservativen Lager. 8. (15 S.) Rastatt 861, Hanemann. *

— der, in seinem Wirken. Zu Nutz u. Frommen des deutschen Volks. Leipzig 861. Kollmann. 16. (52 S.) 7½ ngr.

—— der, und Deutschland's Zukunft. gr. 16. (46 S.) Leipzig 860, Kollmann.

Nationalvermögen. — Das sächsische Nationalvermögen, s. Bedens von Scharberg, Josef Frhr.

Nationalversammlung, Die deutsche, und die Fürsten. Herzensergiessungen. Hamburg 1848. V: *Weber, Wilhelm Ernst.* (wen 168/9)

Nationalversammlung, Die deutsche, in Stuttgart. Ein Tagebuch... Hechingen 1849. V: *Rossmässler, Emil.* (Ky)

Nationalversammlung, die deutsche, in Stuttgart. Ein Tagebuch von einem Mitgliede derselben (Emil Roßmäßler). 8. (64 S.) Hechingen 849, Egersdorff. ⅓ ß

Die National-Versammlung hat in ihrer Abendsitzung vom 11. November Folgendes beschlossen: — Druck von F. Reichardt u. Co. 1 Bl. Fol.
Flugblatt. Berlin, 11. Nov. 1848.

Die National-Versammlung hat in ihrer Abendsitzung vom 12. den Belagerungszustand für ungesetzlich erklärt — Die National-Versammlung. Druck von F. Reichardt und Co. 1 Bl. Fol.
Flugblatt. Berlin, 12. Nov. 1848.

Die National-Versammlung hat in ihrer Abendsitzung am 15. November d. J. beschlossen, "die Steuern zu verweigern — Die National-Versammlung. Druckerei für die National-Versammlung. 1 Bl. Fol.
Flugblatt. Berlin, 15. Nov. 1848.

Die National-Versammlung und der König. (Extrablatt der Reform.) Gedruckt bei W. Fähndrich u. Comp. 1 Bl. Fol.
Flugblatt. Berlin, 7. Sept. 1848.

Nationalvorsichtskasse, die, in Bern und ihr Treiben. Kritische Beurtheilung der neuesten Beschlüsse derselben mit Beziehung auf die Frage ob die Einzahlung pro 1854 zu leisten sei. (Der „Appenzeller-Zeitung" entnommen.) 8. (31 S.) Herisau 854, Meisel's Buchh.

Nationalzeitschrift für Wissenschaft, Kunst und Gewerbe in den Preussischen Staaten. Berlin 1801. H: *Heinsius, Otto Frdr. Theodor* & *Heinr. Jul. Ludw. von Rohr.* (Ky)

Nationalzeitschrift f. Wissenschaft, Kunst u. Gewerbe in den Preuß. Staaten; (hrsgg. v. Th. Heinsius u. H. J. L. v. Rohr). 2 Bde. 8. Berl. 801. Braun. 5 ꝑ

Nationalzeitung (Be)
⑥ Einem Artikel im «Berner Volksfreund» vom 23. Dezember 1838 (Nr. 102) nach zu schließen, trug man sich um diese Zeit im Kt. Bern mit dem Gedanken der Gründung einer Zeitung unter obigem Titel.

National-Zeitung. –
Karlsruhe. – 1.VII.1841 – 30.XII.1841.
Vorh. u.d.T.: Badische Zeitung.

National-Zeitung: May 1843—1847?
Weekly. Started as DEUTSCHE NATIONAL-ZEITUNG April 26, 1843. Changed to NATIONAL-ZEITUNG Oct. 11, 1843. Edited by Alfred Schücking, 1843—46 & Karl Joseph Koch, 1846–47. DER WAHRE DEMOKRAT (Lancaster, Pa.), May 11, 1843, p. 3., states that the editor has received the paper, "a new German paper." See also *National intelligencer, April 7, May 5, 1843; July 1, 1846.* Extensive circulation.
Washington, DC

National-Zeitung. Vom 1. April 1848 bis 31. Dez. 1851. 12 Bde.

National-Zeitung. –
Berlin. – 1.IV.1848 – 8.II.1912.
Fortges. u.d.T.: Nationalzeitung.

National-Zeitung. Wien 1865—66. H: *Millinger, Georg.* (EB)

National-Zeitung (BS)
① Des Schweizer Volksfreund 28. Jahrgang. Anzeigeblatt der Stadt Basel (24. 6. 1888—Ende 1888). Schweizer Volksfreund. Anzeigeblatt der Stadt Basel (1889—24. 9. 1890). Gegründet im Jahre 1842. Anzeigeblatt der Stadt Basel (25. 9. 1890—1915) und Anzeigeblatt der Stadt Basel. Gegründet 1842 (1916—1917). Organ für Handel und Industrie. Anzeigeblatt der Stadt Basel 1918—16. 7. 1949) ② National Zeitung (ab 25. 7. 1953) ③ Schweizer Volksfreund und Anzeigeblatt der Stadt Basel ⑤ 24. 6. 1888 (cont.) ⑥ 2° ⑦ Tageszeitung· wöchentlich 6× (1888–1912); wöchentlich 7× (1913–29. 7. 1914); wöchentlich 18× (30. 7. 1914–31. 8. 1914, 20. 12. 1915–12. 11. 1917); wöchentlich 12× (1. 9. 1914—19. 12. 1915, 13. 12. 1917 cont.) ⑧ Basel: Franz Wittmer (1888—14. 9. 1890), Rotationsdruck der Nationalzeitung (16. 9. 1890—29. 4. 1919), Nationalzeitung AG (30. 4. 1919 cont.) ⑨ Sonntagsblatt (1888—1917; 4°; Wochenblatt; illustriert. Fortsetzung der Beilage des Schweizer Volksfreunds); Feierabend (Belletristische Beilage zur «Nationalzeitung» = 1888—1915; 4°; Wochenblatt; Fortsetzung der Beilage des Schweizer Volksfreunds). Das Reich der Frau (1913—Juni 1914: Modeseite). Der Basilisk (Literarische Beilage der Nationalzeitung: 6. 7. 1919 — 9. 2. 1930: 8°; 1919 — 1921; 4°; 1922 — 1930; Wochenblatt: Red.: Dr. Otto Kleiber). Sonntagsbeilage der Nationalzeitung (16. 2. 1930 — März 1948; 2°; Wochenbeilage; Red.: Dr. Otto Kleiber; Literaturbeilage). Sonntagsbeilage (April 1948 cont.; 2°; Wochenbeilage; Red.: Dr. Otto Kleiber; Literaturbeilage). Der kleine Nazi (Kinderbeilage der Nationalzeitung; 17. 3. 1926—November 1950; 4°; Wochenbeilage: Red.: Dr. Eduard Graeter, «der Getti»). dr glai Nazi (d'Kinderbylag vo dr Nazi-Zyttig; Dezember 1950 cont.; 4°; Wochenbeilage; Red.: Dr. Eduard Graeter, «der Getti»). Wirtschafts-Bilanz. Herausgegeben von der Handelsredaktion der National-Zeitung Basel (1. 1. 1928—1. 1. 1931, Jg. 1927—1930; 8°; Jahreshefte; Red.: Dr. Eugen Dietschi). Von der Frau und ihrer Arbeit (6. 7. 1928—15. 11. 1936, April 1948—17. 7. 1949; 2°; Wochenbeilage; Red.: Elisabeth Thommen). Die Seite der Frau (22. 11. 1936—März 1948, 24. 7. 1949 cont.; 2°; Wochenbeilage; Red.: Elisabeth Thommen). Film (2. 8. 1938 cont.; 2°; Wochenbeilage; Red.: F. R. Allemann v. 2. 8. 1938—August 1940, H. Kuhn v. September 1940—1950, Heinrich Burckhardt seit 1951). Forum der Woche (1948 cont.; 2°; Wochenbeilage). Aus Forschung und Technik (1948 cont.; 2°; Wochenbeilage; Red.: Dr. Hellmut Schnitter). Touristik und Verkehr (1948 cont.; 2°; Wochenbeilage). Bücherseite der National-Zeitung (1925 ?—März 1948; 2°; Wochenbeilage; Red.: Dr. Otto Kleiber). Bücherseite (April 1948—Juni 1949; 2°; Wochenbeilage; Red.: Dr. Otto Kleiber). Bücher (Juli 1949 cont.; 2°; alle 14 Tage; Red.: Dr. Otto Kleiber) ⑩ Alwin Schwabe (24. 6. 1888—14. 1. 1896), Fritz Amstein (15. 1. 1896—29. 9. 1909), Hugo Schwabes Erben (verantwortlich Dr. Rudolf Schwabe) (30. 9. 1909—20. 12. 1915), Dr. Rudolf Schwabe und Dr. Robert Witzinger (21. 12. 1915—29. 4. 1919), National-Zeitung AG (30. 4. 1919 cont.); Verantwortlich: Die Delegierten des Verwaltungsrats: Dr. Rudolf Schwabe und Dr. Robert Witzinger (30. 4. 1919—23. 7. 1926); Verantwortlich: Dr. Fritz Hagemann und Dr. Max Hagemann (1. 4. 1950 cont.) ⑪ Fritz Amstein (10. 12. 1878—21. 5. 1922), Fritz Brändlin (1883—1917), Hans Frei (1. 6. 1886—25. 8. 1914), Oberst Emil Frey (28. 6. 1888—Dezember 1890), Oskar Hagen (1893—1899), Dr. Wilhelm Degen (1. 7. 1899—30. 6. 1918), Johann Gisi (Bern) (1891—31. 3. 1917), Richard Amstein (1904—22. 7. 1950), H. Tschanz (7. 4. 1910—31. 3. 1916), Alfred Knüsel (30. 9. 1917—29. 4. 1926), Dr. Eduard Graeter (1. 9. 1918—31. 1. 1919), Dr. Edwin Strub (30. 9. 1917 cont.), Karl Soucoup (16. 8. 1919—30. 7. 1935), Dr. Hellmut Schnitter (16. 8. 1919 cont.), Dr. Eugen Dietschi (1. 4. 1921 cont.), Dr. Otto Kleiber (Feuilleton) (1. 5. 1920—1953), Peter Stähelin (1. 8. 1921—30. 9. 1947), Friedrich Jent (Sport) (8. 1. 1929 cont.), Dr. Hans Bauer (1. 2. 1932—Ende 1952), Dr. Heinrich Kuhn (1. 5. 1937 cont.), Otto Maag (8. 1. 1932 cont.), Willy Gaß (6. 8. 1935 cont.), H. Böschenstein (Bern) (1. 12. 1939—1950), Dr. Reto Caratsch (6. 3. 1944—30. 4. 1946), Fritz Matzinger (1. 7. 1945), Dr. Werner Gysin (1. 1. 1947 cont.), Dr. Walther Allgöwer (1. 1. 1950—1956), R. Eberhard (Bern) (1. 1. 1951 cont.), Dr. Werner Meyer (1953 cont.); Ständige Mitarbeiter: Albert Bauer, Dominik Müller, Th. Baerwart, J. B. Rusch, Franz Carl Endres, Peter Pee, Manfred George; Illustrationen: Niklaus Stöcklin, Lindi ⑫ freisinnig-demokratisch ⑬ BGSZ: 70 (p. 427—428), 335, 508, 544, 843, 952; «Nach 100 Jahren im neuen Haus» - Sondernummer der Nationalzeitung vom 18. 3. 1943; E. F. Knuchel: Tradition im Sonntagsblatt, «Festschrift Albert Oeri» (Basel 1945); p. 131—132; National-Zeitung, Sonder-Nr. v. 29. 10. 1956 ⑭ Bs: U (Beilagen unvollständig), SA (Beilagen unvollständig) ⑮ Seit 18. 7. 1949 der gesamte Text in Antiqua. Die im Ausland verkauften Nummern tragen seit dem 25. 7. 1953 den Titel «Basler National Zeitung».

National Zeitung: Sept. 14, 1891–1893.
Republican weekly. For daily edition, see TAGLICHE NATIONAL-ZEITUNG. Quarto, each issue 32 pages. Circulation: 1892, 3500. Edited by J. Brucker & P. Haedicke, 1891; by J. Brucker, 1892–93; published by German Republican Publishing Co., 1891–93.
Chicago, IL

National Zeitung: 1900?–1931?
Weekly edition of TAGEBLATT UND ZUSCHAUER. Sub-title: Eine treu-amerikanische Zeitung in deutscher Sprache für Wahrheit, Freiheit und Recht. Circulation: 1900, 4200; 1905, 4300.
Erie, PA

Nationalzeitung. National-Zeitung. Anzeigeblatt der Stadt Basel. Fastnachts-Nummer. Basel 1901. Nr. 47, Sonntag, den 24. Februar. [4 S.] fol.

National-Zeitung. Anzeigeblatt der Stadt Basel. Fastnacht-Nummer. Basilorin 1902. Nr. 40, Sonntag, den 16. Februar. [4 S.] fol.

National-Zeitung. – Deutsche National-Zeitung. –
Braunschweig. – 23.VIII.1831 – 1849.

National-Zeitung, Deutsche, aus Braunschweig u. Hannover. Redig. v. (K. H.) Hermes. 1831. Sept. — 1832. Aug. ca. 300 Nrn. Mit Beiln. Fol. Braunschweig, Vieweg.

Deutsche National-Zeitung: Jan. 1, 1838–1840?
Weekly. Prospectus published in DIE ALTE UND NEUE WELT, Dec. 16, 1837. Followed by DER DEUTSCH-AMERIKANER. Subscription held by Harmony Society, 1839–40. Edited by Dr. Konstantin Hering & Wilhelm Ferdinand Häussler. Published by Wilhelm J. L. Kiderlen & Konrad Stollmeyer.
Philadelphia, PA

National-Zeitung der Deutschen, s. Allgemeiner Anzeiger.

Nationalzeitung der Deutschen. Jahrg. 1796—1811. 1814—29; hrsgg. bis 1821 v. R. Z. Becker, u. von 1822—29 v. F. G. Becker. 4. Gotha, Becker. (1796—1821 à 1 ꝑ, 1822—29 à 2 ꝑ) 40 ꝑ (Wurde von 1830 an mit d. Allgem. Anzeiger vereinigt.)

National-Zeitung, Die, der Deutschen. Germantaun 1826. V: *Schäffer, Eduard.* (Seidensticker, German Printing in America. Philad. 1893.)

Die National-Zeitung der Deutschen: Sept. 4, 1826–1840?
Weekly. Edited by Dr. Daniel Christian Ludwig Lehmus, 1826–29; published by Eduard Schäfler, 1826–33. Listed also as publisher: Dr. Espich.
Germantown, OH

National-Zeitung d. Deutschen. Redig. v F. G. Becker. Jahrg. 1828 u. 29. à 12 Hfte. 4. Gotha, Becker. à J. Jahrg. 1796—1811 (12 u. 13. durfte nicht erscheinen), 14—21., hrsg. v. R. Z. Becker, zusamm. 16 Thlr., einzeln à J. 1 Thlr. — J. 1822—27., hrsg. v. F. G. Becker. à J. 2 Thlr. Ebendas. Fortsetzung, vgl. Anzeiger, allgem., u. Nationalzeitung.

Luxemburger National Zeitung: 1894–1899?
Weekly, published in English and German. Place of publication varies: Minneapolis, Minn., 1894—95. Circulation: 1896, 3000. Edited & published by François Martin, 1894—99.
Chicago, IL

National-Zeitung. – Mainzer National-Zeitung. –
1.XI.1792 – 17.IV.1793.
Vorh. u.d.T.: Mainzer Zeitung.
Fortges. u.d.T.: Privilegirte Mainzer Zeitung.

-- medicin., s. 1798, 99, s. Annalen, medicin., f. d. J. 1800.

— medicinische f. Deutsche auf 1798 - 99. gr. 4. Altenb. Litt. Comtoir. (à 4 Rthlr. 8 gr.)

Medizinische National- Zeitung für Deutschland und die mit selbigem zunächst verbundenen Staaten. Jg. 1.2. Altenburg: Comtoir der Med. National-Zeitung (1798 - 99). 8°

Jg. 1: 1798. (1798.)
Jg.2 : 1799. (1799.)

Forts. s. Annalen, Allgemeine medizinische. 1800 £

National-Zeitung. – Königlich Münchner privilegirte baierische National-Zeitung. –
1.I.1807 – 31.III.1820.

National-Zeitung. – Neue National-Zeitung. Jüdischpolitische Wochenschrift. Jg. 1-17? Wien: Administration 1899-1915? Hrsgeg. von Saul Rafael Landau.

Nationalzeitung von Scherb
v. Schweizerische **Nationalzeitung (Zh II).**

Schweizer Nationalzeitung
① Herausgegeben vom Wächter an der Aare (Nr. 1) ② Schweizer Nationalzeitung. für Fünfundzwanzig Batzen (Nr. 4. v. 30. 9.) ③ Die junge Schweiz - La jeune Suisse (Be) ⑤ Prospekt v. 6 8. 1836: 9. 9. 1836—Oktober (?) 1836 ⑥ 4° ⑦ wöchentlich 2× ⑧ Biel: »Buchdruckerei zu Biel« ⑩ »Der Wächter an der Aare«. eigentlich Peter Weber (Deckname für den aus Zürich geflüchteten Heinrich Meyer. vulgo Zottelmeyer, ⑪ »Weber und Komp.«. also wiederum Hch. Meyer ⑬ BGSZ: 959. 973; Münch: Studien zur Bernischen Presse 1830—1840. p. 117 f. ⑭ Be: L (Nr. 1. v. 9. 9. u. Nr. 4. v. 30. 9. 1836).

Schweizer Nationalzeitung, für Fünfundzwanzig Batzen
v. **Schweizer Nationalzeitung.**

Nationalzeitung: Schweizerische Nationalzeitung (Zh I)
① Jede Nummer führt ein Zitat ③ Allgemeine schweizerische Zeitung ⑤ 2. 9. 1803—26. 6. 1804 ⑥ 4° ⑦ wöchentlich 2× ⑧ Zürich: Ziegler & Ulrich (?) ⑩ Geßnersche Buchhandlung beim Schwanen, Zürich ⑫ neutral ⑭ Zh: Z; Lu: Z; Be: L.

National-Zeitung: Schweizerische National-Zeitung (BS)
① (Abendblatt) (23. 8. 1852—1855). Blätter für Politik. Industrie und Handel (Vereinigte Schweiz. National- und Basler Handelszeitung) (1. 7. 1856—27. 2. 1858) ② Basler Journal. Blätter für Politik. Industrie und Handel (Geplanter Titel vom Juli 1855 an. in der Abonnements-Einladung vom 24. 6. 1856. Nr. 148 der Schw. Nat. Ztg. und in anderen Organen) ③ Basler Handels-Zeitung (Fusion 1. 7. 1856) ④ Berner Zeitung (Fusion 1. 3. 1858) ⑤ 4. 1. 1842—27. 2. 1858 (Probeblatt 11. 12. 1841) ⑥ 4° (1842—1855); 2° (22. 12. 1855. 1856—27. 2. 1858) ⑦ wöchentlich 3× (1842—1846); Tagblatt (1847—27. 2. 1858) ⑧ Basel: Jakob Christian Schabelitz (1842—1850 und 23. 8. 1852—6. 10. 1852), J. W. Baur sel. Erben (1851—21. 8. 1852), Christian Krüsi (7. 10. 1852—30. 8. 1857), Karl Kohlrusch (2. 9. 1857). F. Wassermann (3. 9. 1857—27. 2. 1858) ⑨ Monatblatt für die schweizerischen Nationalvereine (1849: 4°). Central-Organ für die schweizerischen Nationalvereine (1850—1851: 4°) (diese beiden Zeitschriften sind die Organe des eidgenössischen Sängervereins, des Grütlivereins. der Helvetia und des schweizerischen Turnvereins: ständiger Mitarbeiter: J. M. Senn). Basler Preiscourant (1. 7. 1856—27. 2. 1858; wöchentlich 2×) ⑩ Ein »Verein von Vaterlandsfreunden«: Dr. J. Bossart, Dr. Carl Brenner. Dr. Daniel Ecklin. Achilles Lotz und Dr. Georg Scherb (1842), Dr. Carl Brenner (1843—1846). Jakob Christian Schabelitz (1847—1851. 29. 5.—6. 10. 1852). Jacques Schabelitz (Sohn) (2. 1.—28. 5. 1852). Christian Krüsi (7. 10. 1852—24. 5. 1857). Carl Kohlrusch (26. 5.—21. 9. 1857). Carl Kestenholz (22. 9. 1857—27. 2. 1858) ⑪ Emanuel Scherb (4. 1.—11. 6.. 4. 10.—31. 12. 1842). Dr. Carl Brenner (14. 6.—1. 10. 1842. 1843—31. 10. 1849). Johann Kaspar Wilhelm (1843—31. 10. 1849). Jacques Schabelitz (Sohn) (1849—6. 10. 1852), Dr. Peter Feddersen (21. 6. 1852—29. 6. 1856), Christian Krüsi (1. 7. 1856—24. 5. 1857). Carl Kohlrusch (26 5. 1857—27. 2. 1858); Mitarbeiter: Jakob Stämpfli (?), Rudolf Kölner (der Saure). Johann Jacob Speiser. Daniel Senn ⑫ radikal ⑬ BGSZ: 335; Paul Burckhardt: Die Geschichte der Stadt Basel von der Trennung des Kantons bis zur neuen Bundesverfassung 1833—1848. II. Teil (91. Neujahrsblatt hg. v. der Gesellschaft zur Beförderung des Guten und Gemeinnützigen. 1913). p. 53—71; Otto Zumstein: Beiträge zur Basler Parteigeschichte 1848—1910 (Basel 1936). p. 7—10. 30—31. National-Zeitung. Sondernummer 16. 3. 1934: »Nach hundert Jahren im neuen Haus«; p. 17: Nationalzeitung 1842—1942; p. 33—35: Gustav Steiner: Gründung und Programm der Schweizerischen National-Zeitung vor 100 Jahren; Heiner Gautschy: Die Schweizer Presse um die Mitte des 19. Jahrh. in ihrer Reaktion auf den Staatsstreich Louis Napoleon Bonapartes (Basler Beiträge zur Geschichtswissenschaft 33). p. 40—41. 97—100 ⑭ Bs: U (Jg. 1858 und die Beilagen fehlen); Be: L (unvollst.) ⑮ Nach der N.Z.Z. (23. 1. 1849) »das radikalste aller Blätter, die da vom Rheinstrom bis zum Rhodanusstrand erscheinen«. Emanuel Scherb hatte den Plan. die »Schweizerische Nationalzeitung« nach seinem Ausscheiden aus der Redaktion Anfang 1843 in Winterthur herauszugeben.

National-Zeitung: Schweizerische National-Zeitung (Zh II)
③ Schweizerische Nationalzeitung (Basel) ⑤ für 1844 vorgesehen ⑦ Wochenblatt ⑧ Winterthur: Hegner's Buchdruckerei (?) ⑩ Emanuel Scherb ⑪ Emanuel Scherb, Illustrationen von Martin Disteli ⑫ radikal ⑮ Vom ehemaligen Redaktor der »Schweizerischen Nationalzeitung« in Basel geplantes Konkurrenzblatt. – Ankündigung im »Landboten« 4. 1. 1844 (Inserat). Die »Wochen-Zeitung« (Zh) bringt in Nr. 1 (1844) einen Überblick über die Zürcher Presse und schreibt u. a.: »Die Schweizerische Nationalzeitung repräsentiert nach den bekannten Gesinnungen ihres Redaktors den prinzipiellen, aber mehr theoretischen als praktischen. sich sogar zum Kommunismus hinneigenden Radikalismus.« In Nr. 2 (1844) der gleichen Zeitung liest man: »Die Nationalzeitung von Scherb« ist bis heute noch nicht erschienen. Herr Scherb wird überhaupt kaum eine Niederlassungsbewilligung im Kanton erhalten, da er das gesetzliche Leumundszeugnis nicht scheint beibringen zu können.« Nr. 5 (1844) berichtet: »Scherbs Zeitung wird nun doch, nachdem er die vom Gesetz geforderten Ausweisschriften erhalten hat, unter dem veränderten Titel ‚die freie Schweiz' im literarischen Komptoir erscheinen.«

National-Zeitung: Schweizerische National-Zeitung (Ag)
③ Schweizer Zeitung (Ag) ④ wahrscheinlich Badener Anzeiger, der 1869 einsetzt ⑤ 1866—1868 ⑦ Tagblatt (1866); später wöchentlich 3× (1868) ⑧ Baden: J. Huwyler ⑩ wahrscheinlich der Drucker ⑪ wahrscheinlich der Drucker ⑫ »Verteidigung der Freiheit und des Rechts, Beförderung eines soliden volksbeglückenden Fortschritts« (Inserat im Badener Kalender 1867) ⑬ Haberbosch: Badener Zeitungen (1950) ⑮ Inserat im Badener Kalender 1866: »Allein nicht wie bisher unter dem Titel ‚Schweizer Zeitung' wird das tägliche Blatt in Zukunft erscheinen, sondern unter dem Titel ‚Schweizerische National-Zeitung'«.

Nationalzeitung: Schweizerische Nationalzeitung für die Landwirthschaft
v. **Zeitung für Landwirthschaft und Gewerbe.**

Tägliche National Zeitung : 18?? - 18?? Chicago, IL
Daily, morning, except Sunday, edition of National-Zeitung.

National-Zeitung. – Wormser National-Zeitung und Intelligenzblatt. –
28.XI.1792 – 22.VII.1793.
Vorh. u.d.T.: Wormsisches Zeitung- und Intelligenz-Manual.
Fortges. u.d.T.: Wormsisches Zeitungs- und Intelligenz-Manual.

Nationen, die drei; Lstspl. 8. Leipz. 795. (Andrä). 4 gl

Nationen die drey,. Lustsp. 8. Leipz. Bauer. 795.

Nationen, die d. Erde, ein Gesellschaftsspiel. Nürnberg, Campe. 802.

Nationen, die, der Erde in ihren Trachten u. Sitten; 40 (lithogr.) Blätter. qu. gr. 8. Bresl. 832. (Hentze). 1 ß ill, 2 ß

— die vorzügl., e. ABC= u. Lesebuch. Mit 28 ill. Kpf. 8. Nürnb. 823. Geh. 5 gl

Nationen aus allen Welttheilen. Ein neues Bilderbuch mit A.B.C., zur lehrreichen Unterhaltung für gute Kinder. 8. (8 S. und 7 ill. Stnt.) Nürnberg 849, Renner und Comp.

Nationen=Alphabet, das, (24 ill. Steindrücke). 16. Mainz 835. Rauch. 3/8 ß

— neues, (24 lithogr. u. illum. Abbildungen). 16. Fulda 835. (Müller'sche Buchh.) n. 3/8 ß

Nationen=Bilderbuch, od. bildl. Darstell. der merkwürd. europ. Völker, nach ihrer Denk= u. Handelsweise, so wie auch nach ihren Sitten, Gebräuchen u. Kleidertrachten. Mit 24 ill. Kpf. Meiß. 819. Uz. (Leipz., Mittler). 20 gl

Nationen=Bilderbuch, das, für die wißbegierige Jugend, mit 23 gemalten Abbildd. u. erklärender Beschreibung. 8. Reutlingen 835. Fleischhauer u. Spohn. 7/12 ß

Nationen=Bilderbuch, das, f. d. wißbegier. Jugend. 8. (3 B. u. 23 ill. Abbild.) Reutlingen 835, (Mäcken Sohn.)

Nationen-Bilderbuch, das, für die wißbegierige Jugend mit 23 gemalten Kupfern u. erklärender Beschreibung. 8. Reutlingen 845, Fleischhauer u. Spohn. geb. 7/12 ß

Nationen-Gallerie. Beschreibung aller Völker ... Bern 1797. V: *Heinzmann, Johann Georg.* (Ky) (MGT)

— Beschreib. aller Völker, für junge Leute, (von J. G. Heinzmann). Mit Kpf. 8. Bern 797.

Nationen-Gallerie, neueste, e. belehrend. Unterhaltungsbuch f. Kinder. Mit 17 col. Kpf. 8. Bresl. 820. W. G. Korn. 1 ₰ 12 gl

NATIONEN-GESPRACHE. Curieuse Discurse über die wichtigsten Begebenheiten. 32 Entrevues. O. O. 1727—33. 4°. (Heberle, Cöln, Cat. 74 K [1885] no. 14, Beibd. 2.) Cplt. sehr selten!

Nationengespräche, od. curieuse Discourse üb. d. jetz. Conjuncturen u. wicht. Begebenh. 31 Entrevüen. 4. Berlin, Haude u. Spener. 727-33.

Nationenspiel, das, zur Unterhalt. u. Belehr. junger Leute. Mit 24 Erklärungskärtchen. Nürnb. 810. Bieling. 16 gr

Natolie — Carte de l'Asie Mineure ou de la — et du Pont Exxim, tirée des Voyages et des Observations des Anciens et Modernes, et dressée suivant les principes d'une nouvelle Projection par le Sr. Has P. P. Nüremberg imprimée aux dépens des Héritiers de Homann. 1743. 1: 3,200,000. 1 Bl.

Natolien, Georgien ꝛc., s. a. Aegypten, 2e Fortsetz.

Natolien, Georgien, Armenien, Kurdistan Iran und Al-Dschesira ... Gera 1799. V: *Bergk, Johann Adam.* (MGT) (NN)

Natonek, Jos., Wissenschaft-Religion. Eine pro- u. contra-Beleuchtg. d. Materialismus, Darwin, Haeckel, Büchner etc. nach naturwissenschaftl. Grundsätzen der mos. Entstehungsgeschichte, nebst histor. Beweisführg. f. e. walt. göttl. Vorsehg. 8. (IV, 151 S.) Budapest 876. Tettey & Co. in Comm. n. 2. 40

Natorp, A., u. F. v. **Emperger,** Bauausführungen aus dem Hochbau u. Baugesetze. s.: **Handbuch f. Eisenbetonbau.**

Natorp, Adb., drei Blätter aus der Reformationsgeschichte Mährens, s. Bruderliebe, evangelische.

— Martin Butzer, der Reformator Straßburgs, s. Vorträge im Dienste christlicher Wahrheit und Liebe.

Natorp, Adb., unsere Choräle. Eine Festschrift zur Gedächtnißfeier d. 100jähr. Geburtstages d. B. C. L. Natorp. [Aus: „Düsselthaler Jugendblätter."] gr. 8. (64 S.) Düsseldorf 875. (Barmen, Wiemann.) — 75

— Adolf Clarenbach u. die evangelische Diaspora am Niederrhein, s.: Bruderliebe, evangelische.

Natorp, Adb., Festpredigt, gehalten bei der Jahresfeier des hamburg. Hauptvereins der Gustav-Adolf-Stiftung in der St. Jakobi-Kirche am 8. Novbr. 1880. 8. (16 S.) Hamburg 880, Nolte. *

— „Gedenket der Gefangenen." Bilder aus dem Leben der Gefangenen. [Mit 10 (eingedr.) Holzschn.] gr. 8. (III, 138 S.) Düsseldorf, Barmen 871. Klein in Comm. n. 1. —; cart. n. 1. 20

— Grundlinien zur Herstellung e. Gesangbuchs f. die evangelischen Gemeinden der Rheinprovinz u. der Prov. Westfalen auf Grundlage des bisherigen Provinzial-Gesangbuchs. Vortrag. gr. 8. (38 S.) Düsseldorf 887. Voß & Co. n. — 80

— der Gustav-Adolf-Verein im Gewande der Dichtung, s. Bruderliebe, evangelische.

Natorp, A., der Gustav-Adolf-Verein in Rheinland u. Westfalen, s.: Bruderliebe, evangelische.

— der Gustav-Adolf-Verein, e. Bannerträger d. evangelischen Volkes. Predigt am Jahresfeste d. lipp. Hauptvereins der Gustav-Adolf-Stiftg., Detmold, den 4. Octbr. 1871, üb. Psalm 110, 1—3. gr. 8. (16 S.) Detmold 872. Meyer. n. — 25

Natorp, Adelb., Kreuz u. Kerker. Die Arbeit der christl. Liebe an den Gefangenen u. aus dem Gefängniß Entlassenen, vorzüglich nach der Wirksamkeit der rheinisch-westfäl. Gefängniß-Gesellschaft dargestellt. Cöln 867. (Roemke & Co.) 8. (IV, 187 S.) n. 5 ngr.

— der Mann aus Macedonien. Pred. am Jahresfeste des nassauischen Hauptvereins der Gustav-Adolf-Stiftung zu Biebrich Mosbach, am 15. Juni 1870 gehalten. Wiesbaden 870. Rodrian & Röhr. 8. (15 S.) n. 4 ngr.

— Joachim Neander. Ein Lebensbild. Zur Feier des 200jähr. Todestages des Dichters, den 31. Mai 1880, dem evang. Christenvolke dargereicht. 8. (79 S.) Barmen 880, (Klein.) *

Natorp, Adb. „Non plus!" (Nicht mehr!), s. Für die Feste u. Freunde d. Gustav-Adolf-Vereins.

— Philadelphia. Das Werk der evangel. Bruderliebe im Gustav-Adolph-Verein, in einzelnen Bildern seines Wirkens dargestellt. Gekrönte Preisschrift. 3—5. Aufl. Düsseldorf 865,66. Gestewitz. gr. 8. (78 S. mit eingedr. Holzschn. u. 1 Holzschntaf.) n. 4 ngr.

— eine Rhein- und Schweizerreise. 8. (86 S.) Düsseldorf 875, Schaub'sche Buchh. *

— Sarons-Rosen. Gedichte. 8. (IX, 194 S.) Düsseldorf 888. Voß & Co. geb. m. Goldschn. 3. 60

— „Ein Schwert d. Herrn u. Gideon." Eine Schilderg. d. Gustav-Adolf-Vereins f. die evangel. Jugend. gr. 8. (95 S. m. eingedr. Holzschn. e. Holzschntaf.) Düsseldorf 870. (Barmen, Klein.) n.n. — 80

— Schwert und Palme. Eine Schilderung der 50jähr. Arbeit des Gustav-Adolf-Vereins. Zur Lutherfeier des J. 1883 dargeboten. 8. (IV, 68 S.) Düsseldorf 883. (Barmen, Klein.) *

— unter den Sioux-Indianern, s. Familien-Bibliothek für's deutsche Volk.

Natorp, Andr., Adolf Clarenbach, s.: Feierstunden.

Natorp, Andr., deine Rechte sind mein Lied. Gedichte. (VI, 183 S.) 8. Kassel 908. E. Röttger. Geb. 1.50; eleg. geb. n 3. —

Natorp, Andreas: Martin Luther. Ein Festspiel in 7 Abt. von —. Barmen: Selbstverl. d. Verf.; Kommissionsverl. d. Westdeutsch. Jünglingsbundes (1905). 106 S. 8°

Natorp, Andr., Martin Luther. Ein Festspiel in 7 Abtlgn. (106 S.) 8. Elberfeld (905). Barmen (Westdeutscher Jünglingsbund). n 1.—

Natorp, Bernhard Christoph Ludwig

Natorp, B. C. L., Abschiedspredigt v. d. luher. Gemeinde zu Essen am 2. Juli 1809. 8. Duisb. 809. Bädecker. 4 Gr.

— Anleit. z. Unterweisung im Singen f. Lehrer in Volksschulen. 8. Potsd. 813. (Horvath). 16 Gr.

— Anleit. zur Unterweisung im Singen f. Lehrer in Volksschulen. I. Leitfaden f. den 1n Curs. 1e Abtheil. Mit 5 Kpf. 4. Potsd. 813. 3e A. Duisb. u. Essen 818. 4e A. ... 5e A. 825. Bädecker. 20 Gr. — Dess. II. Leitfaden für den 2n Curs. 4. Essen 820. 1 Thlr. 6 Gr.

Natorp, B(ernh.). C(hrstn.). L(udw.)., Anleitung z. Unterweis. im Singen f. Lehrer in Volksschulen. II. Leitfaden f. d. zweyt. Cursus. 2. Aufl. 4. (18½ B.) Essen 834, Bädeker.
I. Leitfaden f. d. ersten Unterricht. 5. Aufl. Ebendas. 1825. 20 Gr.

— Beitrr. zur Veredlung unserer kirchl. u. häusl. Andachten. 1e Samml. Mit e. Vorrede von Dr. Hufnagel. 8. Crefeld 805. ter Meer. 14 Gr.

— Andr. Bell u. Lancaster. Bemerkk. über die von denselben eingeführte Schuleinrichtung, Schulzucht u. Lehrart. 8. Essen 817. Bädecker. 14 Gr. (Ist e. veränderte Ausg. v. Lancasters Schulmeister unter 1000 Kindern.)

Natorp, B. C. L., die kleine Bibel f. Freunde e. zweckmäß. Bibellektüre, od. kurz. Inbegriff der ganzen heil. Schrift. 2 Thle. 8. Duisb. 802. Bädecker. 20 Gr. 2e verb. Aufl. 2 Thle. Nebst 1 ill. Karte. 8. Ebd. 823. 20 Gr. Schrbp. 1 Thlr. 6 Gr.

— Briefwechsel einig. Schullehrer u. Schulfreunde. 3 Bde. gr. 8. Essen u. Duisb. 813—23. Bädecker. (1r Bd. 2e verb. A. 823. 1 Thlr. 4 Gr., 2r Bd. 1 Thlr. 4 Gr., 3r Bd. 1 Thlr. 4 Gr.) 3 Thlr. 12 Gr.

— s.a. Choral-Buch für evangel. Kirchen.

—— und Fr. Keßler, Choral-Buch f. evangel. Kirchen, kritisch bearb. Vierstimm. gesetzt u. mit Zwischenspielen vers. v. C. H. Rink. qu. gr. 4. (29 B.) Essen 829, Bädeker.

— Entwürfe zu Predigten. 2 Bde. 8. Duisb. 806—9. Bädecker. 3 Thlr. (1r Bd. Ueber die Sonn- u. Festtägl. Evangelien d. ganzen J. 1 Thlr. 12 Gr., 2r Bd. Ueber die Sonn- u. Festtägl. Episteln d. ganz. Jahres. 1 Thlr. 12 Gr.)

— Erinnerung üb. d. Zweck u. Einrichtung u. d. Gebrauch s. Bibelauszugs. 8. Duisb. 802. Bädecker. 3 Gr.

— Fibel od. Elementarbuch f. den ersten Unterricht in deutschen Schulen. 8. Duisb. ... N. A. 816. Bädecker. 8 Gr. Neue stereotyp. Ausg. 8. Ebd. 3 Gr.

— — Fibel, oder Elementarbuch fur den ersten Unterricht rc. Neue Ausg. 8. (Ebend. in Comm.) 819.

— — dieselbe. N. Aufl. 8. Potsdam, Horvath. 818.

Natorp, B. C. L. Ueber den Gesang in den Kirchen der Protestanten. Essen und Duisburg 1817.

— über den Gesang in d. Kirchen der Protestanten. Ein Beitr. zu den Vorarbeiten der Synode f. die Veredlung der Liturgie. 8. Essen 819. 1 Thlr. 4 Gr.

Natorp, B[ernhard] C[hristoph] L[udwig]: Grundriß zur Organisation allgemeiner Stadtschulen. — Duisburg u. Essen: Baedeker 1804. XII, 290 S. 8°

— d. Confirmationsfest mit d. evangel.-luther. Gemeinde zu Essen d. 23. April 1809. Duisb., Bädecker. 4 Gr.

— s. Jos. Lancaster, d. einzige Schulmeister unter 1000 Kindern.

— Lehrbüchlein der Singekunst f. die Jugend in Dorfschulen. 1r Curs. gr. 8. Essen ... 7e A. 832. Bädecker. 3 Gr. 2r Curs. gr. 8. Ebd. 820. 2e A. 827. Ebd. 3 Gr.

— Melodienbuch f. den Gemeindegesang in den evangel. Kirchen. gr. 8. Essen 822. Bädecker. 10 Gr.

—— über Rink's Präludien. Ein Beytr. z. Verständig. angeh. Organisten üb. kirchl. Orgelspiel. Lex.-8. (6½ B.) Essen 834, Bädeker.

— Predigten u. Reden an Festtagen u. bei besond. Gelegenheiten, s.a. Natorp: Religionsvorträge.

— Predigten u. Reden an Festtagen u. b. besond. Gelegenh. 2 Thle. 8. Düsseld. Schreiner. 803.

— Quartalschrift f. Religionslehrer. 1r—6r Jahrg. zu 4 Quartalen. gr. 8. Duisb. 804—9. Bädecker. (à 2 Thlr. 16 Gr.) 16 Thlr.

— christl. Religionsvorträge. 2 Sammll. (1e Samml. A. u. d. T.: Predigten u. Reden an Festtagen rc. 2e Samml. A. u. d. T.: Predigten üb. d. Buch Ruth.) 8. Düsseld. 803. Schreiner. 2 Thlr. 12 Gr.

— kleine Schulbibliothek. 8. Ebend. 809.

— kleine Schulbibliothek. Ein geordnetes Verzeichniß auserles. Schriften f. Lehrer an Elementar- und niedern Bürgerschulen, mit beigefügten Beurtheilungen. 4te verb. Aufl. 8. Duisb. Bädecker u. K. 811.

— kleine Schulbibliothek, ein literarischer Wegweiser für Lehrer in Volksschulen. 5te umgearb. Aufl. gr. 8. Ebend. 820.

— Verzeichniß einig. auserles. Schriften zu Anlegung e. kleinen Landschulbibliothek. 8. Duisb. 803. 4 Gr. 2e A. 806. 3e A. umgearb. unt. d. T.: kleine Schulbibliothek. 8. Ebd. 809. 12 Gr. 4e verb. A. 811. 5e umgearb. A. gr. 8. Ebd. 821. 14 Gr.

— üb. den Zweck, die Einrichtung u. den Gebrauch des Melodienbuchs f. den Gemeindegesang. Ein nöthiges Vorwort zu demselben. gr. 8. Essen 822. Bädecker. 3 Gr.

Natorp, C., Diss. inaug. de vi consuetudinis. 4. Götting. 808. Dieterich. 4 Gr.

Natorp, Carl Wilhelm, s. Natorp, Karl Wilhelm

Natorp

— **Ernst Otto Ludwig** (Grauenhag. / Mecklenburg). De spina bifida. Diss. med. Berlin (Friedlaender) 12. X. 1838. 36 S. mit Biogr. (M.: Gerschow.) (3.—) 24559
Oppon.: A. Bengelsdorf, H. Meyer, E. Halmann. — Gew.: Ad. Schroeder.

Natorp, G. A. L. Commentatio historica de rebus, quae inter Francos et Saxones a Chlodovaei aetate usque ad Pipinum mortuum intercesserunt. 16 S.
Dortmund, Progr. 1857

Natorp, G. B. Adb., Blüten vom Baume d. Lebens. Nachgelassene Gedichte. 8. (XII, 247 S. m. Bildnis in Photograv.) Bremen 892. C. E. Müller. n. 3. —; geb. n.n. 4. —

— s.: **Bruderliebe, evangelische.**

Natorp, G. B. Adb., Grundlinien zur Herstellung eines Gesangsbuchs für die evangelischen Gemeinden der Rheinprovinz und der Provinz Westfalen auf Grundlage des bisherigen Provinzial-Gesangbuchs. Ein Vortrag auf der Versammlung der niederrhein. Prediger-Konferenz zu Düsseldorf am 5. Mai 1887 gehalten. gr. 8. (38 S.) Düsseldorf 887, Voß und Comp. *

Natorp, Gustav

Natorp, G., der Ausstand der Bergarbeiter im niederrheinisch-westfälischen Industriebezirk. [Zum Thl. Sonderabdruck aus: „Glückauf".] gr. 8. (112 S.) Essen 889. Baedeker. n. 1. —

Natorp, Gust., Führer durch das südliche Westfalen. Ruhr u. Lenne. 2. Ausg. Nebst den Ansichten v. Schloß Altena u. der Grürmanns-Höhle (Holzschntaf.) sowie e. (lith.) Specialkarte (in Fol.) 8. (IV, 207 S.) Iserlohn 874. Baedeker. n. 2. 75

Natorp, Gust., die Grafschaft Mark. Denkschrift zur Feier des 250. Jahrestages ihrer Vereinigung mit der brandenburgisch-preußischen Monarchie. gr. 8. (IV und 67 S.) Iserlohn 859, Bädeker.

Natorp, Gust., Ruhr und Lenne. Eine Fahrt durch das südl. Westfalen. gr. 8. (IV, 267 S.) Iserlohn 871, Bädeker.

Natorp, Gust., Ruhr u. Lenne. Führer durch d. südl. Westfalen. 2., umgearb. Aufl. Mit 30 Ansichten (in eingedr. Holzschn.) u. (lith.) Special-Karte. 8. (VIII, 339 S.) Iserlohn 880. Bädeker. geb. n. 6. —

Natorp, G., Der niederrheinisch-westfälische Steinkohlenbergbau. Essen, 1880. 22 S.

Natorp, (Ern.) Julius (geb. Werdringen in Westf. 27. 9. 1825): De graviditatis spatio. Berolini (1849). (28 S.) 8°
Berlin, Med. Diss. v. 14. Apr. 1849

Natorp, Karl Wilhelm

Natorp, Car. Guil. (geb. Berlin 21. 5. 1812): Dissertatio sistens historiam morbi de melanosi cordis, hepatis totiusque telae cellulosae. Berolini (1836). (35 S.) 8°
Berlin, Med. Diss. v. 17. Febr. 1836

Natorp, Carl Wilhelm (Berlin). Historiam morbi de melanosi cordis, hepatis totiusque telae cellulosae. Diss. med. Berlin (Nietack) 17. II. 1836. 35 S. mit Biogr. (M.: W. Maurer.) (3.50) 24558
Oppon.: E. Jung, G. Kahle, J. Lilpop. — Gew.: J. L. Truestedt, H. F. Barez, seinem Vater (Carl Georg Natorp).

Natorp, O.

— Lehr- u. Uebungsbuch f. den Unterricht in der englischen Sprache auf Tertia der Real- u. Bürgerschule, sowie den entsprech. Classen anderer höherer Lehranstalten bearb. gr. 8. (VIII, 181 S.) Jena 874. Dufft. n. 1. 50

Natorp, O., Lehr- u. Übungsbuch f. den Unterricht in der englischen Sprache. 2 Tle. 8. Wiesbaden 885. Kunze's Nachf. à n. 1. 60
1. Für die untere Lehrstufe. (VII, 259 S.)
2. Für die obere Lehrstufe. (VII, 267 S.)

Natorp, O., B. Chr. Ludwig Natorp, Doktor der Theologie, Oberkonsistorialrat u. Vize-Generalsuperintendent zu Münster. Ein Lebens- u. Zeitbild aus der Geschichte des Niederganges u. der Wiederaufrichtg. Preußens in der ersten Hälfte dieses Jahrh. gr. 8. (VII, 259 S. m. Bildnis.) Essen 894. G. D. Baedeker. n. 2. 40; geb. in Leinw. n. 3. —

Natorp, Oskar

– s. Bürgerschule, die untere, zu Essen.

Natorp, O., Graf Eberhard vom Berge. Eine Erzählg. aus der alten westfäl. Zeit f. die Jugend. Mit 4 Bildern a. d. Xyl. Institut v. Ed. Ade. 8. (123 S.) Breslau 876. Trewendt. — 75

Natorp, O., gute Freunde, s.: Trewendt's Jugend-Bibliothek.

— geprüft u. bewährt. Eine Erzählung für die Jugend. Mit 4 Illustr. 8. (101 S.) Breslau 878. Trewendt. cart. —75

—— Lebrecht. Eine Erzählung für die Jugend. 8. (112 S. mit 4 Illustr.) Ebendas. 879. cart.

— durch dunkle Tage, s.: Trewendt's Jugendbibliothek.

—— Traugott. Eine Erzählung für die Jugend. 8. (124 S. mit 4 Bildern.) Breslau 880, Trewendt. cart.

Natorp, Otto, Assistenzarzt: Ein Fall von Aneurysma der Arteria coeliaca. Leipzig 1910: Lehmann. 43 S. 8°
Leipzig, Med. Diss. v. 10. März 1910, Ref. Curschmann
[Geb. 27. Mai 76 Bochum; Wohnort: Myslowitz; Staatsangeh.: Preußen; Vorbildung: Gymn. Pleß Reife O. 98; Studium: Breslau 2, Greifswald 4, Breslau 3 S.; Coll. 19. März 10; Approb. 30. Sept. 03.] [U 10. 3033

Natorp, Paul, gesammelte Abhandlungen zur Sozialpädagogik. 1. Abtlg.: Historisches. (VIII, 610 S.) gr. 8. Stuttgart 907. F. Frommann. n. 8. 50; geb. n. 9. 70

Natorp, Paul, s.a. **Arbeiten, philosophische.**

Natorp, Paul, s.: **Archiv f. Philosophie.**

Natorp, P., Aristipp in Platons Theätet. S.-A. 1890. 16 S.

Natorp, P., Aristoteles und die Eleaten. 2 Teile. S.-A. 1890. 16 u. 28 S.

Natorp, Paul. Gesammelte Aufsätze zur Sozialpädagogik. Abteilung 1: Historisches. VIII + 510 [+ *Verlagsverz.* 12] S. 8. Stuttgart, Fr. Frommann, 1907. (M. 8.50, geb. 9.70)
S. 57—343, Abhandlungen 3—7, *handeln über* [Johann Heinrich] Pestalozzi.

-- Demokrit, Spuren bei Platon. S.-A. 1890. 17 S.

Natorp, P., Einleitung in die Psychologie nach kritischer Methode. gr. 8. (III, 129 S.) Freiburg i/Br. 888. J. C. B. Mohr. n. 2.50

Natorp, Paul, Descartes' Erkenntnisstheorie. Eine Studie zur Vorgeschichte des Kriticismus. gr. 8. (VIII, 190 S.) Marburg 882. Elwert's Verl. n. 4. —

Natorp, Paul, die **Ethika** des Demokritos. Text u. Untersuchgn. gr. 8. (VII, 198 S.) Marburg 893. N. G. Elwert's Verl. n. 5. —

Natorp, Paul, Forschungen zur Geschichte d. Erkenntnissproblems im Alterthum. Protagoras, Demokrit, Epikur u. die Skepsis. gr. 8. (VIII, 315 S.) Berlin 884. Hertz. n. 7. —

— zum Gedächtnis **Kants.** 1804. 12. II. 1904. (23 S.) gr. 8. Leipzig 904. J. Klinkhardt. n. — 50
Sonderabdruck aus: „Deutsche Schule".

Geschichte der evangelisch-lutherischen Gemeinde Radevormwald. Eine Festschrift z. Feier d. 200jähr. Bestehens d. Gemeinde von Andreas **Natorp**. Radevormwald: Selbstverl. 1907. (124 S.) 8° [F.] [08. 1763 5

Natorp, P., Ueber Demokrits γνησίη γνώμη. S.-A. 1888. 9 S.

— Ueber Grundabsicht u. Entstehungszeit von Platons Gorgias. S.-A. 1889. 20 S.

— Die logischen Grundlagen der exakten Wissenschaften, s.a. **Wissenschaft u. Hypothese. XII.**

Die logischen Grundlagen der exakten Wissenschaften von Dr. Paul **Natorp**. Prof. Leipzig & Berlin: Teubner 1910. XX, 416 S. 8°
(Wissenschaft u. Hypothese. 12.) [10. 7735 4

Natorp, P., Neue Heraklit-Forschungen. S.-A. s. a. 15 S. —.75

— **Herbart,** Pestalozzi u. d. heutigen Aufgaben der Erziehungslehre. 8 Vorträge, geh. in Marburger Ferienkursen 1897 u. 1898. gr. 8. (V, 151 S.) Stuttgart 899. F. Frommann. n. 1.80

Natorp, Paul, **Pestalozzis** Ideen üb. Arbeiterbildung u. soziale Frage. Eine Rede. 8. (34 S.) Heilbronn 894. E. Salzer. n. — 40

— **Plato's** Ideenlehre. Eine Einführg. in den Idealismus. gr. 8. (VIII, 473 S.) Leipzig 903. Dürr'sche Buchh. n. 7.50

— **Jemand u. ich.** Ein Gespräch üb. Monismus, Ethik u. Christentum, den Metaphysikern des Bremer „Roland" gewidmet. (51 S.) gr. 8. Stuttgart 906. F. Frommann. n. 1. —

Natorp, Paul, Pestalozzi's Lehren über Arbeiterbildung und soziale Frage. Eine Rede. (S.-A. aus Deutsche Worte, Jhrg. 14, 1894.) 8°. Heilbronn, E. Salzer, 1894.

— **Logik** (Grundlegung u. log. Aufbau der Mathematik u. mathemat. Naturwissenschaft) in Leitsätzen zu akadem. Vorlesungen. (57 S.) 8. Marburg 904. N. G. Elwert's Verl. n. 1. —; kart. n. 1.20

— Ludwig **Natorp,** s.a. **Vorträge u. Aufsätze** aus d. Commenius-Gesellschaft.

Ludwig Natorp. E. Beitrag z. Gesch. d. Einführg Pestalozzischer Grundsätze in d. Volksschule Preussens v. Dr. Paul **Natorp.** *Berlin: Comenius-Ges. 1895.* (34 S.) 8.
— **Vorträge** u. Aufs. aus d. Comenius-Gesellschaft. Jg. 3. St. 2. [98. 849

— allgemeine **Pädagogik** in Leitsätzen zu akadem. Vorlesungen. (IV, 77 S.) gr. 8. Ebd. 905. n. 1.50; kart. n.n. 1.70

— **Johann Heinrich Pestalozzi,** s.a. **Greßler's Klassiker der Pädagogik. 28. Bd.**

Natorp, Paul. Johann Heinrich Pestalozzi. Bearb. von Dr. P' N', ... Marburg. 3 Teile. 8. Langensalza, Schulbuchh. von F. G. L. Gressler, 1905.
Teil 1: Pestalozzis Leben und Wirken. Mit einem Bildnis Pestalozzis [Tafel]. XXII + 421 S. [M. 5.50, geb. 6.20]
Teil 2 *u.* 3: Auswahl aus Pestalozzis Schriften. 2 Hälften. VI + 344 *u.* VI + 512 S. [M. 5. — *u.* 6. —, geb. 5.70 *u.* 6.70]
Gresslers Klassiker der Pädagogik. ⟨Begründet von Dr. Gustav Fröhlich⟩. Unter Mitwirkung ... Hrg. von Dr. Hans Zimmer. Band 23—25....

Natorp, Paul. (Johann Heinrich) Pestalozzi. Sein Leben und seine Ideen. Mit einem Bildnis und einem Brief-Faksimile [2 Tafeln]. IV + 134 S. 8. Leipzig, B. G. Teubner, 1909. (M. 1. —, geb. 1.25)
Aus Natur und Geisteswelt. Sammlung wissenschaftlich-gemeinverständlicher Darstellungen. Bändchen 250.

Natorp, Paul. Johann Heinrich Pestalozzi. Bearb. von Dr. P' N'.... Teil 1: Pestalozzis Leben und Wirken. Mit einem Bildnis Pestalozzis [Tafel]. 2., verbesserte und vermehrte Aufl. XXVIII + 467 S. 8. Langensalza, F. G. L. Gressler, 1910. [M. 5.50, geb. 6.20]
Gresslers Klassiker der Pädagogik. Band 23.

Natorp, Paul, ([Johann] Heinrich) Pestalozzi und die Frauenbildung. 48 S. 8. Leipzig, Dürr, 1905. [M. —.60]

-- **Pestalozzi, sein Leben u. seine Ideen,** s.: **Aus Natur u. Geisteswelt.**

— Platons Phädros. 2 Teile. I. Grundabsicht, II. Abfassungszeit. S.-A. s. a. 22 S. u. 46 S. 2.—

— **Philosophie** u. Pädagogik. Untersuchungen auf ihrem Grenzgebiet. (VI, 362 S.) gr. 8. Marburg 909. N. G. Elwert's Verl. 5.40; geb. 6.20

— Zur Philosophie u. Wissenschaft der Vorsokratiker. S.-A. 1889. 20 S.

Natorp, P., Ueber das Princip und die Kosmologie Anaximanders. S.-A. 1884. 32 S.

Philosophische Propädeutik ⟨Allgem. Einl. in d. Philosophie u. Anfangsgründe d. Logik, Ethik u. Psychologie⟩ in Leitsätzen zu akad. Vorlesungen von Paul **Natorp**, Prof., Marburg. *Marburg: N. G. Elwert 1903.* (68 S.) 8° [03. 9999

Philosophische Propädeutik. ⟨Allg. Einleitung in d. Philosophie u. Anfangsgründe d. Logik, Ethik u. Psychologie⟩ in Leitsätzen zu akad. Vorlesungen von Paul **Natorp**, Prof. 2. Aufl. Marburg: N.G. Elwert 1905. (68 S.) 8° [05. 9601 4

— Philosophische **Propädeutik** (Allgemeine Einleitg. in die Philosophie u. Anfangsgründe der Logik, Ethik u. Psychologie) in Leitsätzen zu akademischen Vorlesungen. 3. verb. Aufl. (70 S.) gr. 8. Ebd. 909. 1.50; kart. 1.80

Natorp, P., Protagoras und sein „Doppelgänger". S.-A. s. a. 26 S.

Allgemeine Psychologie in Leitsätzen zu akademischen Vorlesungen. Von Paul Natorp, Prof. Marburg: N. G. Elwert 1904. (63 S.) 8° [04. 5394

— Allgemeine Psychologie in Leitsätzen zu akadem. Vorlesungen. 2., verb. Aufl. (64 S.) 8. Ebd. 910. 1.20; geb. n 1.50

— pädagogische Psychologie in Leitsätzen zu Vorträgen, geh. im Kursus wissenschaftl. Vorlesgn. f. Lehrer und Lehrerinnen zu Marburg 1901. gr. 8. (19 S.) Marburg 901. N. G. Elwert's Verl. n. — 40

Natorp, Paul, quos auctores in ultimis belli Peloponnesiaci annis describendis secuti sint Diodorus, Plutarchus, Cornelius, Justinus. (Dissertatio inauguralis.) gr. 8. (58 S.) Strassburg 876. Trübner. n. 1. —

— Religion innerhalb der Grenzen der Humanität. Ein Kapitel zur Grundlegg. der Sozialpädagogik. 8. (VIII, 119 S.) Freiburg i/B. 894. J. C. B. Mohr. n. 1.50

— Religion innerhalb der Grenzen der Humanität. Ein Kapitel zur Grundlegg. der Sozialpädagogik. 2., durchgeseh. u. um e. Nachwort verm. Aufl. (VIII, 126 S.) gr. 8. Tübingen 908. J. C. B. Mohr. 3. —

— Schleiermacher u. die Volkserziehung, s.: Schleiermacher, der Philosoph des Glaubens.

— Neue Schriften zur Skepsis des Alterthums. S.-A. 1890. 15 S.

— wider die Schulvorlage. Vortrag, geh. in öffentl. Versammlg. zu Marburg am 19. I. 1906. (28 S.) gr. 8. Halle 906. Gebauer-Schwetschke. n. — 50

Natorp. P., Ueber Sokrates. S. A. 1894. 84 S.

— Sozialpädagogik. Theorie d. Willenserziehung auf der Grundlage der Gemeinschaft. gr. 8. (VIII, 352 S.) Stuttgart 899. F. Frommann. n. 6. —

— Sozialpädagogik. Theorie der Willenserziehung auf der Grundlage der Gemeinschaft. 2. verm. Aufl. (XXIV, 400 S.) gr. 8. Stuttgart 904. F. Frommann. n. 6. 80; geb. n.n. 7. 80

— Sozialpädagogik. Theorie der Willenserziehg. auf der Grundlage der Gemeinschaft. 3. verm. Aufl. (XXIV, 402 S.) gr. 8. Stuttgart 909. F. Frommann. 6.80; geb. 8. —

— Platos Staat u. d. Idee d. Sozialpädagogik. [Aus: „Archiv f. soz. Gesetzgebg. u. Statistik".] gr. 8. (34 S.) Berlin 895. C. Heymann's Verl. n. — 60

— Untersuchungen über Platos Phaedros u. Theaetet. 2 Teile. S.-A. 1898 u. 1899. 49 u. 27 S. 1.50

Natorp, P., Untersuch. üb. die Skepsis im Altertum. Aenesidem. S.-A. 1883. 64 S.

— Volk u. Schule Preußens vor 100 Jahren u. heute. Festrede, geh. auf der deutschen Lehrerversammlg. zu Dortmund, Pfingsten 1908. (31 S.) 8. Gießen 908. A. Töpelmann. — 50

— was uns die Griechen sind, s.a. Reden, Marburger akademische. 1901. 4.

Was uns die Griechen sind. Akad. Festrede z. Feier d. 200j. Bestehens d. Königr. Preussen geh. 1901 von Paul Natorp. Marburg: N. G. Elwert 1901. (26 S.) 8° [S.]
— Reden, Marburger akademische. 1901, No 4. [01. 2859

— ein Wort zum Schulantrag. (48 S.) gr. 8. Leipzig 905. J. Klinkhardt. n. — 50
Sonderabdruck aus: „Deutsche Schule".

Natorp, W., die Heilmittel Salzbrunns in ihrer Beschaffenheit, Wirkung und Anwendung. Nebst einer Darstellung der Einrichtungen und Umgebungen des Kurortes. Für Kurgäste und Aerzte bearb. (Mit 2 lithogr. Karten in qu. gr. 4.) Berlin 852, G. W. F. Müller. *

Natorp-Rinck's Choralbuch für evangelische Kirchen. 3., verb. und verm. Aufl. Die Choräle neu geordnet und historisch bestimmt von G. B. Abelb. Natorp, revidirt, mit meist neuen Zwischenspielen und mit Schlüssen versehen von Wilh. Greef. (In 8 Heften.) 1.—3. Heft. qu. 4. (S. 1—72.) Essen 867,68, Bädeker. à Heft * 12⅓ Ngr. *

Natorp-Rinck's Choralbuch für evangelische Kirchen. Die Choräle neu geordnet und historisch bestimmt von G. B. Adelb. Natorp, revid., mit meist neuen Zwischenspielen und mit Schlüssen versehen von Wilh. Greef. 9 Hefte. 3. verb. und verm. Aufl. qu. gr. 4. (VI, 218 S.) Essen 869, Bädeker. à Heft * *M 11,25.; geb. *

Natorp-Rinck's Choralbuch für evangelische Kirchen. 3., verb. u. verm. Aufl. Die Choräle neu geordnet u. historisch bestimmt von G. B. Adelb. Natorp, revidirt, mit meist neuen Zwischenspielen u. mit Schlüssen versehen von Wilh. Greef. Essen 867—70. Bädeker. qu. 4. (VI, 218 S.) n. 3 ℛ 22½ ngr.

Natorp-Rinck's Choralbuch für evangelische Kirchen. 4. verm. und verb. Aufl. Die Choräle neu geordnet und historisch bestimmt von G. B. Adb. Natorp, revid., mit meist neuen Zwischenspielen und mit Schlüssen versehen von Wilh. Greef. qu. gr. 4. (217 S.) Essen 885, Bädeker. * geb.

Natron, chemische Experimente zur Belehrung u. erheiternden Unterhaltung für Alle, die sich mit Chemie beschäftigen, besonders auch für die reifere Jugend. Gießen 859. Ricker. Lex.-8. (XX, 212 S. mit Holzschn.) n. 1 ℛ

Naetsch, E., Uebungsbuch zum Studium der höheren Analysis, s.: Schlömilch, Osk

Naetsch, Emil, Dr.: Untersuchungen über die Reduction und Integration von Picard'schen Differentialgleichungen. (1896.) 78 S. 8° ¶ Aus: Berichte über d. Verhandlungen d. Kgl. Sächs. Gesellschaft d. Wissenschaften zu Leipzig. Math.-phys. Cl. Bd 48.
Dresden Tc. II., Hab.-Schr. v. S.-S. 1896

Naetsch, Friedrich Wilhelm Emil: Zur Theorie der homogenen linearen Differentialgleichungen mit doppeltperiodischen Coefficienten ... Leipzig, Druck v. Breitkopf & Härtel, 1894; 3 Bl., 59 S. 8.
Leipzig, Phil. Fak., Inaug.-Diss. v. [21. Aug.] 1894

Natt, Hugo, appr. Arzt a. Frankfurt a. M.: Aus der Psychiatrischen Klinik in Gießen. Inwiefern können durch Hirntumoren functionelle Geisteskrankheiten vorgetäuscht werden? Frankfurt a. M. [1904]. (42 S.) 8°
Gießen, Med. Fak., Ref. Sommer, Diss. v. 1. Sept. 1904
[Geb. 18. April 81 Langenlonsheim; Wohnort: Frankfurt a. M.; Staatsangeh.: Preußen; Vorbildung: Kaiser Friedrichs-Gymn. Frankfurt a. M. Reife O. 99; Studium: Heidelberg 1, Leipzig 3, Gießen 6 S.; Coll. 2. Juli 04; Approb. 7. März 04.]

Nattanson, ..., (Jh. Bapt. Albert,) manuel, oder Samml. gewöhnl. fehlerhafter französ. Redensarten rc. gr. 12. Halle 807. Schwetschke u. S. 14 gl

Natter, Räuberhauptmann Christoph, s.: Felsen, Bilt.

Natter, militär. Festdekorationen. 24 Bl Handz. fol In Mappe. Ludwigsburg 1833-58.

Natter, Ed., s.: Zeitschrift, württembergische, f. Rechtspflege u. Verwaltung.

Natter, Edmund, Rechtsanwalt am Kgl. OLG. Stuttgart: Die teilweise Nichtigkeit der Rechtsgeschäfte BGB. § 139. Borna-Leipzig 1907: R. Noske. (118 S.) 8°
Tübingen, Jur. Fak., Ref. v. Rümelin, Diss. v. 19. März 1907
[Geb. 20. Nov. 77 Geislingen; Wohnort: Stuttgart; Staatsangeh.: Württemberg; Vorbildung: Seminare Schönthal u. Urach Reife M. 96; Studium: Tübingen 5, Leipzig 2, Tübingen 3 S.]

Natter, Hans, Dr. „Untersuchung der Quellen von Stephen Hawes' allegorischem Gedichte: Pastime of Pleasure". I. Teil. pg. 3—49. 8°. Buchdr.-A.-G. Passavia.
Passau, Progr. 1910/11

Natter, Hans Dr. „Untersuchung der Quellen" etc. II. Teil. pg. 3—43. 8°. Buchdr.-A.-G. Passavia.
Passau, Progr. 1911/12

Natter, Heinr., kleine Schriften. Mit e. Vorworte v. Ludw. Speidel. 8. (XXIII, 116 S. m. Bildnis.) Innsbruck 893. A. Edlinger. n. 2. —; geb. n. 3. 50

Natter, Jh. Jos., Andachtsbuch f. die Gebildeten unter dem weibl. Geschlecht. 8. Prag 819. Calve. 16 gl Holl. Pap. 1 ß

Natter, Jh. Jos., kathol. Andachtsbuch für die Gebildeten des weibl. Geschlechts. 2. verb. Originalaufl. 12. (Mit 1 Stahlst.) Prag 843, Calve'sche B. 1/2 ß — Druckvelinp. 3/4 ß — Schreibvelinp. 1 ß

— Fest- und Fasten-Predigten. 2 Thle. gr. 8. Prag, Widtmann. 803.

Natter, Joh. Jos., Fest- u. Fasten-Predigten. 2 Thle. 3., verb. Aufl. Hrsg. v. M. A. Nickel. gr. 8. (31½ B.) Mainz 834, Kirchheim, Schott u. Thielmann.

— s. Freundschaft, über die.

— — Gebetbuch. Neue Aufl. 8. Augsburg, Kranzfelder. 819.
Schreibpap.

—— kathol. Gebet- u. Andachtsbuch im Geiste d. Religion Jesu. 7., verb. u. verm., einzig rechtmäß. Orig.-Aufl. Mit Titlkpfr. gr. 12. (12½ B.) Prag 829, Calve. 15 Gr., Vlnp.

—— dass. 18. (292 Seit. u. Titlkpfr.) Ebds. 829. 9 Gr., Schrbp.

— kathol. Gebet- u. Erbauungsbuch. 8. Prag 800. 7e mit 14 Betrachtt. verm. A. Mit 1 Kpf. gr. 12. Ebd. 829. Calve. 15 gl, Velp. 21 gl, Ausg. in 18. Ebd. 8 gl, Schrbp. 15 gl Velinp. 21 gl

— kathol. Gebet- und Erbauungsbuch. 8. Prag, Calve. 804.
Vel. P.

Natter, J. J., kathol. Gebet- u. Erbauungsbuch im Geiste d. Religion Jesu. 5te Aufl. m. K. 12. Prag, Calve. 814.
Velinp.

— — dasselbe. 8.
Velinp.

— — kathol. Gebet- und Erbauungsbuch. 6te Aufl. 8. Ebend. 820.
Schreibpap.
Velinpap.

— — dasselbe in 12. Ebend. Druckp. 820.
Schreibpap.

— katholisches Gebet- u. Erbauungsbuch im Geiste der Religion Jesu. 8. verb. u. verm. einzig rechtmäß. Original-Aufl. (Mit 1 Stahlst. u. Titel in Stahlst.) gr. 12. Prag 843, Calve'sche Buchh. 1/2 ß — Velinp. 3/4 ß

— neues Gebetbuch im Geist der Religion Jesu rc. 8. Prag 802. Calve. 16 gl 4e A. Mit 5 Kpf. 8. Augsb. 824. Kranzfelder. 10 gl Schrbp. 16 gl

— — dass. m. K. 8. Augsb. Doll. 811.
ohne K.

— der Geist des Gebets rc. m. K. 8. Augsb. Kranzfelder. 806.
Schrbp.

— üb. die Kunst, bei den Uebeln u. Unfällen des Lebens seine Ruhe zu behaupten. Handbuch f. Trostbedürftige. gr. 8. Prag 812. Widtmann. 1 ß 8 gl

— Modły katolikom płci żeńskiéy poświęcone. (Natters Gebetbuch.) Mit 1 Titelkpf. 12. Bresl. 821. W. G. Korn. 1 ß

— Predigten üb. d. Lebensgeschichte Jesu. gr. 8. Prag 798. 3e A. 811. (Widtmann). 1 ß 12 gl

Natter, Jh. Jos., Predigten üb. christl. Lebensweisheit. 2 Thle. gr. 8. Prag 796, 97. 2e A. 803. 3e A. 811. Widtmann. 2 ß

—— Predigten üb. christl. Lebensweisheit, auf alle Sonntage d. Jahres. 2 Thle. 3., verb. Aufl. Hrsg. v. M. A. Nickel. gr. 8. (39¼ B.) Mainz 833, [Kirchheim, Schott u. Thielmann.]

— neue Predigten üb. die heil. Geschichte d. Leiden, des Todes, d. Auferstehung u. d. Himmelfahrt Jesu. gr. 8. Leipz. 822. Mit neuem Titel 824. (Brockhaus). 1 ß 16 gl Velinp. 2 ß

Natter, (J. J.,) neue Predigten üb. die heil. Geschichte d. Leiden, des Todes, d. Auferstehung u. d. Himmelfahrt Jesu. 2e Aufl. gr. 8. Leipz. 823, Gleditsch. Rthlr.

— neue Predigten bei verschied. Veranlassungen. gr. 8. Prag 802. Calve. 1 ß 8 gl

— Predigten üb. Tod, Unsterblichkeit u. Zukunft. gr. 8. Ebend. 815.

— Predigten über Tod u. Grab, Auferstehung u. Wiedersehen. gr. 8. Prag 817. Calve. 1 ß 8 gl Weiß Pap. 1 ß 16 gl

— populäres prakt. Religionshandbuch f. Katholiken. 8. Prag 811. Widtmann. 1 ß

— vollständ. Unterricht in der christkathol. Glaubens- u. Sittenlehre. 8. Prag 820. Calve. 12 gl Weiß Pap. 20 gl

— die Wege der Vorsehung in den Schicksalen des jüd. Volks. 8. Prag 812. Widtmann. 8 gl

Natter, J. J., Die Wege der Vorsehung in den Schicksalen des jüdischen Volkes. Prag, Calve, 1817. 8°.

Natter, Othmar, die Haftpflicht der österreichischen Post- u. Telegraphenanstalt. Eine Zusammenstellg. u. Erläuterg. der gesamten diesbezüglich gelt. Bestimmgn. (56 S.) gr. 8. Wien 905. Manz. n. — 85
Sonderabdruck aus: „Ztschr. f. Post u. Telegr."

Natter, Othmar, die Personalverhältnisse d. österreich. Postbediensteten. Ein Lehr- u. Lernbehelf f. sämtl. Fachkurse u. Fachprüfgn. (VI, 162 S.) gr. 8. Wien 907. Manz. 2. 60

Natter, Othmar, d. Postanstalt u. ihre Bediensteten, s.: Will, Rud.

Natterer, kurze Darstellung des preuss. Gesetzes betr. die ärztlichen Ehrengerichte, das Umlegerecht u. die Kassen der Ärztekammern v. 25. XI. 1899; giltig ab 1. IV. 1900. Nebst e. Auszug aus den Verordngn. üb.: Die ärztl. Standesvertretg. Mit erläut. Bemerkgn. gr. 8. (48 S.) Leipzig 902. J. A. Barth. n. — 80

Natterer, Agap., s. Scaramelli, Geistlehre.

Natterer, Frz. Xav., Beschreib. der Mineralwasser des Leucker Bades, sammt dessen Wirkung u. Gebrauch. 8. Sitten 769.

Natterer, J., s. Abhandlungen, zoologische, aus den Annalen d. Wiener Museums.

Natterer, J., kleine Menagerie f. Kinder, in 10 (lith.) Blätt. (mit Säugethieren od. Vögel, u. Erklär. in Versehen). 8. (¼ B.) Neuburg a. d. D. 838, Prechter. à

Natterer, J. A., poet. Funken f. Freunde erbaul. u. schuldloser Unterhaltung. 8. Kempt. 821. Kösel. 16 gr Hbg. Pr. 12 gr

Natterer Johann, Dr.: Gasverdichtungsversuche. 1. Mitteilung. S. 5. 351 . . . . —.66
— — 2. Mitteilung (mit 1 Taf.). S. 6. 557 . . . . vgr.
— — 3. Mitteilung. S. 12. 199 . . . . vgr.
Separatabdruck

Natterer, Joh., über Gasverdichtungsversuche. gr. 8. (14 S. und 1 Stnt. in gr. Fol.) (Wien 851, Braumüller.) *
Aus: Sitzungsberichte der mathemat.-naturwissenschaftl. Classe der k. Akademie der Wissenschaften Jahrg. 1851. des Mai-Heft, besonders abgedruckt.

Natterer, Konrad

— Über α γ-Dichlorkrotonaldehyd, ein Kondensationsprodukt des Monochloraldehyds. S. 88. II. 213 . . . . vgr.
Separatabdruck

— Über die Anlagerung von Chlorwasserstoff an α γ-Dichlorkrotonaldehyd. S. 90. II. 16 . . . . vgr
Separatabdruck

— Einige Beobachtungen über den Durchgang der Elektrizität durch Gase und Dämpfe (mit 2 Taf.). S. 98. IIa. 280 . . . . K —.30
Separatabdruck

Natterer, K., einige Beobachtungen über den Durchgang der Elektricität durch Gase u. Dämpfe. [Aus: „Sitzungsber. d. k. Akad. d. Wiss."] Lex.-8. (12 S. m. 2 Taf.) Wien 889. (Tempsky.) n. 1. —

— Über Bronzen aus Ephesus. S. 109. IIb. 135 . . . . vgr.
Separatabdruck

Natterer, Konr., zur Chemie d. Meeres. gr. 8. (81 S.) Wien 892. W. Braumüller. n. — 70

— Über die Einwirkung von Zinkäthyl auf α γ-Dichlorkrotonaldehyd. S. 90. II. 563 . vgr.
Separatabdruck

— Über einige von dem Botaniker Dr. Otto Stapf aus Persien mitgebrachte salzhaltige Erd- und Wasserproben und deren Beziehungen zu Meeresablagerungen. Mit einem Anhang, enthaltend die Analyse einer Wasserprobe aus dem Gaukbanesee, ausgeführt von Dr. Adolf Heider (7). S. 104. IIb. 46 . . . . vgr.
Separatabdruck

— Zur Kenntnis des Dichloräthers. S. 90. II. 350 . . . . vgr.
Separatabdruck

Natterer Konrad, Dr.: Über Monochloraldehyd. S. 86. II. 29 . . . . vgr.
Separatabdruck

— Notiz über Parachloraldehyd. S. 92. II. 264 . . . . vgr.
Separatabdruck

— Chemische Untersuchungen im östlichen Mittelmeer.
1. Reise S. M. Schiffes „Pola" im Jahre 1890. (Aus dem k. k. Universitäts-Laboratorium des Prof. Ad. Lieben) (mit 1 Karte).
2. Reise 1891 (mit 1 Karte).
3. Reise 1892 (mit 1 Karte).
4. Reise 1893 (Schlußbericht, mit 1 Karte).
Tiefseeforschungen im Marmarameer auf S. M. Schiff „Taurus" im Mai 1894 (mit 9 Taf.).
Siehe I. Abt. Berichte der Kommission für Erforschung des östlichen Mittelmeeres, 1., 2., 3. und 4. Reihe.
Chemische Untersuchungen (1. Expedition S. M. Schiff „Pola" in das Rote Meer) (mit 11 Taf.).
Chemische Untersuchung von Wasser- und Grundproben (2. Expedition S. M. Schiff „Pola" in das Rote Meer).
Siehe I. Abt. Berichte der Kommission für ozeanographische Forschungen, 6. und 7. Reihe.
Separatabdruck

Natterer, Martin, approb. Arzt aus Augsburg: Ueber Irradiationshallucinationen. *Freiburg i. B. 1899: E. Kuttruff.* (50 S.) 8°
Freiburg i. B., Med. Diss. v. 1899

Nattermann, Hermann: Über den Nachweis des Phosphors bei forensisch-chemischen Arbeiten. *München: E. Wolff 1897.* (17 S.) 4° (Aus den Forschungsberichten über Lebensmittel und ihre Beziehungen zur Hygiene ...)
München, Phil. Diss. v. 1897

Nattermüller, Otto, vollständiger Kalender der Obstkultur, e. Leitfaden zur rechtzeit. Ausführg. aller im Obstbau vorkomm. Arbeiten. 8. (96 S.) Worbis 884. Müller. geb. n. 2. —

— Obst- u. Gemüsebau. 8. (VII, 108 S. m. 70 Abbildgn.) Berlin 894. P. Parey. Geb. in Leinw. n. 1. 50

Nattermüller, Otto, Obst- u. Gemüsebau. (Landwirtsch. Unterrichtsbücher.) 2., verm. u. verb. Aufl. gr. 8. (VII, 135 S. m. 71 Abbildgn.) Berlin 900. P. Parey. Geb. in Leinw. n. 1. 60

Nattermüller, Otto, Obst- u. Gemüsebau. (Landwirtschaftl. Unterrichtsbücher.) 3., neubearb. Aufl. (VII, 136 S. m. 71 Abb.) 8. Berlin 905 P. Parey. Geb. in Leinw. n. 1. 60

— Obst- u. Gemüsebau. (Landwirtschaftliche Unterrichtsbücher.) 4. Aufl. Neubearb. v. Alex. Bode. (VII, 146 S. m. 76 Abbildgn.) 8. Berlin 909. P. Parey. Geb. in Leinw. 1. 60

Nattermüller, O., der Obstbau in den zwölf Kalendermonaten. Mit 42 Abbildgn. gr. 8. (XI, 129 S.) Frankfurt a/O. 887. Trowitzsch & Sohn. geb. n. 2. 40

Nattermüller, Otto, der Obstbau in den zwölf Kalendermonaten. Für den prakt. Gebrauch bearb. 3. Aufl. gr. 8. (IV, 135 S. m. 42 Abbildgn.) Frankfurt a/O. 892. Trowitzsch & Sohn. Geb. in Leinw. n. 2. 40

Nattermüller, Otto, d. Obstbau in den zwölf Kalendermonaten. Für d. prakt. Gebrauch bearb. 4. Aufl. M. 42 Abb. gr. 8. (IV, 141 S.) Frankfurt a/O. 897. Trowitzsch & Sohn. Geb. in Leinw. n. 2. 40

Obst- und Gemüsebau. Von Otto **Nattermüller**. 2., verm. u. verb. Aufl. Mit 71 Textabb. *Berlin: P. Parey 1900.* (VI, 135 S.) 8° [F.]
— **Unterrichtsbücher, Landwirtschaftliche.** [12.] (00. 5948

Obst- und Gemüsebau. Von Otto Nattermüller. 3., neubearb. Aufl. Mit 71 Textabb. Berlin: P. Parey 1905. (VI, 136 S.) 8° [J.]
== Unterrichtsbücher, Landwirtschaftliche. [12.] fos. 6068

Nattermüller, Otto, der Obstbau in den zwölf Kalendermonaten. Für den prakt. Gebrauch bearb. 5. Aufl. Durchgesehen u. neu bearb. v. E. Lesser. (IV, 139 S. m. 44 Abb.) gr. 8. Frankfurt a/O. 908. Trowitzsch & Sohn.
Geb. in Leinw. 2. 50

(Nattern. Die N'...) Njbl. s. [Schinz, Heinrich Rudolf].

Nattkemper, W., Rechenbuch f. Bergvorschulen, s.: Oldenburger, G.

Nattmann, Wilh., die Leitung der Mittelschulen durch die Behörden. Als Anhang die Beschlüsse der Versammlung in Königswinter über Unterrichtsfreiheit und einige Wünsche in Betreff der Universitäten. gr. 8. (16 S.) Cöln 848, J. und W. Boisserée.

Nattmann: De Thucydidis locis aliquot libri I. 21 S. –Emmerich, Progr. 1861

Nattmann, W(ilh.), de Platonis Protagora. 4maj. (39 S.) Embricae 854, Romen. **

Natt och Dag, Otto, Entwurf zu e. neuen Organisation des Schwedisch. Heeres. 8. Leipz. 816. (Frankf. a. M.) (Eichenberg). 7 gr

Aus der Natur, Die neuesten Entdeckungen auf dem Gebiete der Naturwissenschaften. Leipzig 1852—75. Bd. 1—66. 8°.

Aus der Natur. 1852–9. Ser. II. 1860. 8°.

Natur, die. Zeitung zur Verbreitung naturwissenschaftl. Kenntniß u. Naturanschauung für Leser aller Stände. Herausg. v. Otto Ule, in Verbindung m. Karl Müller, Emil Roßmäßler u. a. Freunden. 1. Jahrg. 1852. 52 Nrn. gr. 4. (IV u. 420 S. m. eingedr. Holzschn.) Halle, G. Schwetschke. n. 3⅓ ℛ

Natur, die. Zeitung zur Verbreitung naturwissenschaftlicher Kenntniß und Naturanschauung für Leser aller Stände. Herausg. von Otto Ule u. Karl Müller. 2—7. Jahrg. 1853—58. à 52 Nrn. (à 1 Bgn. mit Holzschn. im Text.) Nebst Beilage: Naturwissenschaftliches Literaturblatt. (à 12 Nrn. à 1 Bgn.). Halle, G. Schwetschke. gr. 4. Jeder Jahrg.
n. 3 ℛ. 10 ngr.;
Literaturblatt apart n. 24 ngr.

Natur, die. Zeitung zur Verbreitung naturwissenschaftlicher Kenntniß u. Naturanschauung für Leser aller Stände. Herausg. von Otto Ule u. Karl Müller. 8—13. Jahrg. 1859—64. à 52 Nrn. (à 1 Bgn. mit Holzschn.) Halle, G. Schwetschke. gr. 4. Jeder Jahrg. n. 3 ℛ 10 ngr.

Natur, die. Zeitung zur Verbreitung naturwissenschaftl. Kenntniß u. Naturanschauung für Leser aller Stände. Hersg. von Otto Ule u. Karl Müller. 14—19. Jahrg. 1865—70. à Jahrg. 52 Nrn. (Bgn. mit eingedr. Holzschn.) Halle, G. Schwetschke's Verlag. gr. 4. Jeder Jahrg.
n. 3 ℛ 10 ngr.

Natur, die. Zeitung zur Verbreitg. naturwissenschaftl. Kenntniß u. Naturanschaug. f. Leser aller Stände. Hrsg. v. Otto Ule u. Karl Müller. 20—23. Jahrg. 1871—1874 à 52 Nrn. (B. m. eingedr. Holzschn.) gr. 4. Halle Schwetschke. à Jahrg. n. 10. —

— — 1—4. Ergänzungs-Heft Ebend. 862, 63. gr. 4. Jedes Heft (à 2½—3 Bgn.) n. 10 ngr.

— — Ergänzungs-Hefte. 5—12. Heft. Ebend. 865—70. gr. 4. Jedes Heft (ca. 36—44 S. mit eingedr. Holzschn.)
n. 10 ngr.

—— dass. — Ergänzungshefte. 11.—13. Heft. gr. 4. (à III, 36 S.) Ebendas. 869,72. à Heft *ℳ 1. *

— dasselbe. Neue Folge. 1. u. 2. Jahrg. 1875 u. 1876 [Der Zeitg. 24. u. 25. Jahrg.] à 52 Nrn. (B. m. eingedr. Holzschn.) gr. 4. Ebend. à Jahrg. n. 12. —

Natur, die. Zeitung zur Verbreitung naturwissenschaftlicher Kenntniß u. Naturanschauung für Leser aller Stände. Organ des „deutschen Humboldt-Vereins". Begründet unter Hrsg. von Otto Ule u. Karl Müller. Hrsg. von Karl Müller. Neue Folge. 3—8. Jahrg. [Der Zeitung 26—31. Jahrg.] à 52 Nrn. (à 1—1½ B. m. eingedr. Holzschn.) gr. 4. Halle 877—82. Schwetschke.
à Jahrg. n. 16. —

Natur, die. Zeitung zur Verbreitg. naturwissenschaftl. Kenntniß u. Naturanschaug. f. Leser aller Stände. Organ d. „Deutschen Humboldt-Vereins". Begründet unter Hrsg. v. Otto Ule u. Karl Müller. Hrsg. v. Karl Müller. Neue Folge. 9—12. (der ganzen Reihe 32—35.) Jahrg. 1883—1886. à 52 Nrn. (à 1—2 B. m. Holzschn.) gr. 4. Halle, Schwetschke. à Jahrg. n. 16. —

Natur, die. Zeitung zur Verbreitg. naturwissenschaftlicher Kenntniß und Naturanschauung f. Leser aller Stände. Organ des „Deutschen Humboldt-Vereins". Begr. unter Hrsg. v. O. Ule u. K. Müller. Hrsg. v. K. Müller. Neue Folge. 13.—15. (der ganzen Reihe 36.—38.) Jahrg. 1887—1889. à 52 Nrn. (à 1—2 B. m. eingedr. Holzschn.) gr. 4. Halle, Schwetschke. à Jahrg. n. 16. —

— dasselbe. Neue Folge. 16. (der ganzen Reihe 39.) Jahrg. 1890. 52 Nrn. (à 1—2 B. m. eingedr. Holzschn.) gr. 4. Ebd. n. 14. 40

Natur, die. Zeitung zur Verbreitg. naturwissenschaftl. Kenntniß u. Naturanschaug. f. Leser aller Stände. Organ d. „Deutschen Humboldt-Vereins". Begründet unter Hrsg. v. Otto Ule u. Karl Müller. Hrsg. v. Karl Müller u. Hugo Roedel. 40.—43. Jahrg. 1891—1894. à 52 Nrn. (à 1—2 Bog. m. Abbildgn.) gr. 4. Halle a/S., G. Schwetschke. à Jahrg. n. 14. 40

Natur, die. Zeitg. zur Verbreitg. naturwissenschaftl. Kenntniß u. Naturanschaug. f. Leser aller Stände. Organ d. „Deutschen Humboldt-Vereins". Begründet unt. Hrsg. v. Otto Ule u. Karl Müller. Hrsg. v. Karl Müller. 44. Jahrg. 1895. 52 Nrn. (à ca. 12 S. m. Abb.) gr. 4. Halle, G. Schwetschke. n. 14. 40

Natur, die. Zeitg zur Verbreitg. naturwissenschaftl. Kenntniß u. Naturanschaug. f. Leser aller Stände. Hrsg. v. Otto Taschenberg. 45.—47. Jahrg. 1896—1898. à 52 Nrn. (à ca. 12 S. m. Abb.) gr. 4. Ebd.
à Jahrg. n. 14. 40; einz. Nrn. n. — 50
D. 1. Quartal d. 45. Jahrg. war noch von Karl Müller, d. 47. Jahrg. von Willi Ule redigiert. — Kann auch vierteljährlich bezogen werden.

Natur, die. Zeitung zur Verbreitg. naturwissenschaftlicher Kenntnis u. Naturanschaug. f. Leser aller Stände. Begründet v. Otto Ule u. Karl Müller. Hrsg. v. Heinr. Behrens. 48.—50. Jahrg. 1899—1901. à 52 Nrn. gr. 4. (à ca. 12 S. m. Abbildgn.) Halle, Gebauer-Schwetschke.
à Jahrg. n. 14. 40

— dasselbe. Organ zur Vermittlg. naturwissenschaftl. Erkenntnis u. ihrer Anwendg. im wirtschaftl. Leben u. in der Kunst. Begründet v. Otto Ule und Karl Müller. Hrsg. v. Heinr. Behrens. 51. Jahrg. 1. Viertelj. Jan.—März 1902. 13 Nrn. gr. 4. (à ca. 12 S. m. Abbildgn.) Ebd. n. 3.60
Seit 1. IV. 1902 mit „Naturwissensch. Wochenschrift" vereinigt.

Nach der **Natur**. Photogravüren nach Originalaufnahmen v. Amateurphotographien. (Album d. Internat. Ausstellg f. Amateur-Photogr., Berlin 1896. Hrsg. im Auftr. d. Dtsch. Gesellsch. v. Freunden d. Photogr. . . . v. Franz Goerke.) (Text v. Richard Stettiner.) *Berlin: Photogr. Gesellsch. [1897].* (10 Bl., 25 Taf. m. 32 Erl.-Bl.) 1 Bd gr. 2. 93.144

Natur. Aus der N'. Zeitschrift für alle Naturfreunde. Unter Mitwirkung von ... Prof. Dr. [Arnold] Lang-Zürich ..., Prof. Dr. [Hans] Schinz-Zürich, ... Prof. Dr. [Max] Standfuss-Zürich hrg. von Dr. W(alther) Schoenichen, Schöneberg-Berlin. Jahrg. 1, 1905. Heft 1. Ausgegeben am 1. April 1905. [Mit Illustrationen und 2 Tafeln.] IV + 32 S. 8. Stuttgart, Erwin Nägele. (jährlich 24 Hefte, *Abt.* M. 6. —; *viertelj.* 1.50)

Natur, die. Eine Sammlung naturwissenschaftl. Monographien, hrsg. v. W. Schoenichen. I. 8. Osterwieck 906. A. W. Zickfeldt. Kart. n. 2. —
Aus der Wiege des Lebens. Eine Einführg. in die Biologie der nied. Meerestiere. Von Walth. Schoenichen. Mit 8 farb. u. 1 schwarzen Taf. sowie zahlr. Textabbildgn. (130 S.)

— die. Eine Sammlg. naturwissenschaftl. Monographien, hrsg. v. W. Schoenichen. II.—VII. Bd. 8. Osterwieck, A. W. Zickfeldt. à 1.75; geb. à 2. —
Böse, Emil, die Erdbeben. (140 S. m. 53 Abbildgn. u. 7 Taf.) (910.) (Bd. VII.)
Diels, Ludw., die Orchideen. Mit 4 farb., 4 schwarzen Taf. sowie 30 Abbild. im Texte. (107 S.) (908.) Bd. IV.)
Frech, Frdr., aus dem Tierleben der Urzeit. Mit 9 Taf. u. 30 Abbildgn. im Texte. (116 S.) (908.) (Bd. V.)
Gothan, W., die Entwickelung der Pflanzenwelt im Laufe der geologischen Epochen. Mit 3 Doppeltaf. u. 62 Abbildgn. (127 S.) (909.) (Bd. VI.)
Knebel, Walth. v., der Vulkanismus. Mit 3 farb., 6 schwarzen Taf. u. Textabbildgn. (125 S.) (907.) (Bd. III.)
Köthner, P., aus der Chemie des Ungreifbaren. Ein Blick in die Werkstätten moderner Forschg. Mit 5 farb. u. 3 schwarzen Taf., sowie 8 Textabbildgn. (147 S.) (907.) (Bd. II.)

Natur. Zeitschrift der deutschen naturwissenschaftl. Gesellschaft. Hrsg. v. R. H. Francé. 1. u. 2. Jahrg. Oktbr. 1909—Septbr. 1911. à 24 Hefte. (1. Jahrg. VIII, 424 S. m. 210 Abbildgn. u. 13 farb. Taf.) Lex. 8. Leipzig, Th. Thomas Verl. à Jahrg. 6.—; m. geb. Buchbeilagen 8.—; à Jahrg. geb. m. geb. Buchbeilagen 10. —

Natur (Ueber die) der Abtragung der Staatsschulden und ihrer Zinsen, vorzüglich in den vom Feinde occupirten Reichslanden. 8°. Frankfurt a. M. 1801.

— u. **Bedeutung** aller Spiele oder die Kunst zu gewinnen. Mit Betrachtungen über den Spielhimmel u. die Spielhölle Wiesbadens. A. u. dem Umschlagstitel: Wiesbadens Spielhimmel u. Spielhölle ꝛc. Von Ludimagister. Neuwied 867. Heuser's Verlag. gr. 8. (37 S.) n. 5 ngr.

— Bestimmung u. Pflichten des Menschen, ein Lesebuch für Kinder. 8. Lpz. Leo. 804.

Natur, Bildung u. Ueberbildung. 2 Bde. 8. Berl. 810. (Rücker). 1 ℛ 20 ℊ (Hinrichs in Leipz.) 1 ℛ 12 ℊ

NATUR, Bildung und Überbildung. Ein Sittengemälde für Deutschlands Töchter. 2 Bdchn. Leipzig, C. Salfeld, 1810. 8°. ($2^1/_3$ Rthl.) (6 Mk. 50 Pfg., Südd. Antiqu., München, 1907.)
In Briefen. 206 u. 240 SS. Zahmen Inhalts.

* **Naturbildung u. Ueberbildung**, ist jetzt Verlag v. Achenwall in Berl.

Natur und Christentum. 4 Vorträge von Dr. [Adolf] Lasson, D. Lütgert, D. Schäder, D. Bornhäuser. Berlin: F. Zillessen 1907. (72 S.) 8° [ỹ.] (08.1133)

— die deutsche, in Monatsbildern. Ein Sammelwerk üb. unsere deutsche Tier- u. Pflanzenwelt. Unter Mitwirkg. v. G. Auburtin, Wilh. Bölsche, Horst Brehm u. a. hrsg. v. Hanns Fechner. Lex. 8. Leipzig, F. W. Grunow. Jedes Heft 2.50
Fischkalender. 1. Tl.: Fische unserer Flüsse u. Seen. Zur Einführg. in unser Süßwasserfischreich. Verf. v. Hanns Fechner u. Carl Paeske. Mit (farb.) Zeichngn. v. Berth. Clauß. (32 S.) (905.)
Francé, R. H., unsere Feldfrüchte. Eine erste Einführg. in das Leben der Pflanzen. Bilder v. A. Henseler. (28 S.) (909.)
Haarhaus, Jul. R., Wildkalender. 2. Tl.: Unser Federwild. (Farbige) Bilder v. A. Weczerzick. (30 S.) (909.)
Kleinschmidt, Otto, unsere Vögel II. Ein 2. Singvogelkalender. Mit Bildern v. Berth. Clauß. (28 S.) (909.)
Maier-Bode, Frdr., Ackerbau. Einführung in die Tätigkeit des deutschen Landwirts. (Farbige) Bilder v. E. Henseler. (30 S.) (909.)
Vogelkalender. Zur Einführg. in unsere heim. Vogelwelt. Hrsg. v. Hanns Fechner. Verf. v. Otto Kleinschmidt. Mit Steinzeichngn. v. Berth. Clauß. (30 S.) 32×21,5 cm. (907).
Waldkalender. (Verf. v. R. Schier. Mit (farb.) Bildern v. Berth. Clauß.) (32 S.) (908.)
Wildkalender. 1. Tl.: Unser Haarwild. Von Jul. R. Haarhaus. (Farbige) Bilder v. Karl Wagner. (30 S.) (908.)

— u. **Dichtung**. Deutsche Lieder mit Zeichnungen von Gust. Cloß. In Holz geschn. von Cloß u. Ruff. Stuttgart 869. Neff. Fol. (55 S. mit eingedr. Holzschn. u. 15 Holzschntaff. in Tondr.) In engl. Einb. n. 12 ℛ 15 ngr.

— u. **Dichtung**. Deutsche Lieder m. Zeichngn. v. G. Cloß. In Holz geschnitten v. A. Cloß. (Neue bill. Ausg.) gr. 4. (119 S.) Stuttgart 887. Neff. geb. m. Goldschn. n. 10. —

Natur, Die, der Dinge. Ein Lehrgedicht . . . Halle 1751. V: *Wieland, Christoph Martin.* (GGr) (EE) (Ky) »1752.« (Cat. d. Stadtbibl. Zürich. Zürich 1864-97.)

— die, der Dinge; e. Lehrgedicht in 6 Büchern, (von Cph. M. Wieland). Mit e. Vorrede von G. F. Meier. 8. Halle 751. Schwetschke u. S. 8 ℊ

Natur, Die, der Dinge nach einer neuen Theorie erklärt, oder allgemeine Physik. Hannov. 1773. V: *Münchhausen, Otto Frh. v.* (CBH)

Natur u. Erziehung. Monatschrift zur Verbreitg. u. Pflege der Naturwissenschaften in Schule u. Haus. Hrsg. v. Fr. Dannemann (allgemeiner Tl.) u. K. Smalian (Schülerbeilage). 1. Jahrg. Oktbr. 1909—Septbr. 1910. 12 Hefte. (VIII, 384 S. m. Abbildgn.) Lex. 8. Stuttgart, Franckh. 8. —

— die, d. Frau. E. zeitgemäße Studie. 12. (16 S.) Berlin 896. Verlag d. Akadem. Buchh. (E. Groß). n. —50

— Freyheit, Gerechtigkeit. 8. Königsb. Hartung. (Unzer.) 795.

Natur u. Freiheit, gemäß d. Schöpfungsgeschichte in den 3 ersten Kapiteln des 1sten Buchs Moses. Eine Ursage. gr. 8. Berlin 822, Reimer.

Natur u. Geist, eine Zeitschrift für heilige Naturforschung. Herausg. von Johs. N. Richers, im Verein mit mehreren Freunden. Juli 1860—Juni 1861. 6 Hefte. (à 2 Bgn.) Schreiberhau. Breslau, Dülfer. gr. 8. n. 20 ngr.

— — 2. Bd. (Jahrg.) Aug. 1861—Juli 1862. 6 Hefte. (à 2 Bgn.) Ebend. gr. 8. n. 20 ngr.

Natur und Geisteswelt, Aus. Sammlung wissenschaftlich-gemeinverständlicher Darstellungen aus allen Gebieten des Wissens. Leipzig

Bd 1. Buchner, H: 8 Vorträge aus der Gesundheitslehre. 2. Aufl. von M. Gruber. 1903
Bd 2. Maier, G: Soziale Bewegungen und Theorien bis zur modernen Arbeiterbewegung. 2. Aufl. 1902
Bd 3. Haacke, W: Bau und Leben des Tieres. 1899
Bd 4. Weise, O: Schrift- und Buchwesen in alter und neuer Zeit. 2. Aufl. 1903
Bd 5. Blochmann, R: Luft, Wasser, Licht und Wärme. 2. Aufl. 1903
Bd 6. Soden, H. v: Palästina und seine Geschichte. 1899
Bd 6. Soden, H. v: PalästinaundseineGeschichte. 2. Aufl. 1904
Bd 7. Bruinier, J. W: Das deutsche Volkslied. 1899
Bd 8. Matthaei, A: Deutsche Baukunst im Mittelalter. 1899
Bd 9. Matthaei, Adelbert: Deutsche Baukunst im Mittelalter. 4. Aufl.
Bd 10. Giesenhagen, K: Unserewichtigsten Kulturpflanzen. 1899
Bd 11. Borinski, K: Das Theater. Sein Wesen, seine Geschichte, seine Meister. 1899
Bd 12. Unold, J: Aufgaben und Ziele des Menschenlebens. 1899
Bd 13. Zander, R: Die Leibesübungen und ihre Bedeutung für die Gesundheit. 1900
— — 2. Aufl. 1904.
Bd 14. Otto, E: Das deutsche Handwerk in seiner kulturgeschichtlichen Entwickelung. 1900
Bd 15. Lotz, W: Verkehrsentwicklung in Deutschland. 1800—1900. 1900
Bd 15. Lotz, Walther: Verkehrsentwicklung in Deutschland seit 1800 (fortgeführt bis zur Gegenwart). 4. verb. Aufl. 1920
Bd 16. Weise, O: Die deutschen Volksstämme und Landschaften. 1903
Bd 17. Graetz, L: Das Licht und die Farben. 1900
Bd 17. Graetz, B: Das Licht und die Farben. 4. Aufl. 1916
Bd 18. Eckstein, K: Der Kampf zwischen Mensch und Tier. 1900
Bd 18. Eckstein, K: Die Schädlinge im Tier- und Pflanzenreich. 3. Aufl. 1917
Bd 19. Frentzel, J: Ernährung und Volksnahrungsmittel. 1900
Bd 19. Frentzel, J: Ernährung und Volksnahrungsmittel. Neubearb. von N. Zuntz. 2. Aufl. 1909
Bd 19. Zuntz, N: Ernährung und Nahrungsmittel. 3. Aufl. 1918
Bd 20. Wedding, H: Das Eisenhüttenwesen. 1900
Bd 20. Wedding, H: Das Eisenhüttenwesen, erl. in 8 Vorträgen. 2. Aufl. 1904
Bd 20. Wedding, H: Das Eisenhüttenwesen. 4. Aufl. von Friedrich Wilhelm Wedding. 1912
Bd 20. Wedding, H: Das Eisenhüttenwesen. 5. Aufl. von F. W. Wedding. 1918
Bd 20. Wedding, H: Das Eisenhüttenwesen. 6. Aufl. Von F. W. Wedding. 1921
Bd 20. Wedding, H: Das Eisenhüttenwesen. 7. Aufl. von Friedrich Wilhelm Wedding. 1927
Bd 21. Vater, R: Einführung in die Theorie und den Bau der neueren Wärmekraftmaschinen. 1900
Bd 21. Vater, R: Einführung in die Theorie und den Bau der neueren Wärmekraftmaschinen. (Gasmaschinen.) 2. Aufl. 1906
Bd 21. Vater, Richard: Die neueren Wärmekraftmaschinen. 1. Einführung in die Theorie und den Bau der Gasmaschinen. 5. Aufl. 1918
Bd 22. Bloch, L: Die ständischen und sozialen Kämpfe in der römischen Republik. 1900
Bd 23. Launhardt: Am sausenden Webstuhl der Zeit. 1900
Bd 24. Scheiner, J: Der Bau des Weltalls. 1901
Bd 25. Biernacki, E: Die moderne Heilwissenschaft, Wesen und Grenzen des ärztlichen Wissens. Deutsch von S. Ebel. 1901
Bd 26. Günther, S: Das Zeitalter der Entdeckungen. 1901
Bd 27. Kreibig, C. J: Die fünf Sinne des Menschen. 1901
Bd 28. Merckel, C: Schöpfungen der Jngenieurtechnik der Neuzeit. 1901
Bd 28. Geitel, Max: Schöpfungen der Jngenieurtechnik der Neuzeit. (FortsetzungdesgleichbetiteltenWerkes von Merckel.) 1914
Bd 28. Geitel, Max: Schöpfungen der Jngenieurtechnik der Neuzeit. 2. Aufl. 1922
Bd 29. Scheid, Karl: Die Metalle. 1901
Bd 29. Scheid, Karl: Die Metalle. 2. Aufl. 1907
Bd 29. Scheid, Karl: Die Metalle. 3. Aufl. 1914
Bd 30. Janson, O: Meeresforschung und Meeresleben. 1901
Bd 31. Kirchhoff, A: Mensch und Erde. 1901
Bd 32. Sachs, H: Bau und Tätigkeit des menschlichen Körpers. 1901
32. Sachs, H.: Bau und Tätigkeit des menschlichen Körpers. 2. Aufl. 1907.
Bd 33. Ziegler, Th: Allgemeine Pädagogik. 1901
Bd 34. Loening, E: Grundzüge der Verfassung des Deutschen Reichs. 1901
Bd 35. Scheffler, W: Das Mikroskop, seine Optik, Geschichte und Anwendung. 1902
Bd 36. Rehmke, J: Die Seele des Menschen. 1902
Bd 37. Schwemer, R: Restauration und Revolution. Skizzen zur Entwicklungsgeschichte der deutschen Einheit. 1902
Bd 38. Hassert, K: Die Polarforschung. 1902
Bd 39. Hesse, R: Abstammungslehre und Darwinismus. 1902
Bd 40. Auerbach, F: Die Grundbegriffe der modernen Naturlehre. 1902
Bd 40. Auerbach, F: Die Grundbegriffe der modernen Naturlehre. 4. Aufl. 1917
Bd 41. Külpe, O: Die Philosophie der Gegenwart in Deutschland 1902
Bd 42. Gruber, Ch: Deutsches Wirtschaftsleben. 1902
Bd 43. Heil, B: Die deutschen Städte im Mittelalter. 1903
Bd 44. Kautzsch, R: Die deutsche Jllustration. 1904
Bd 45. Otto, E: Deutsches Frauenleben im Wandel der Jahrhunderte. 1903
Bd 46. Weinel, H: Die Gleichnisse Jesu. Zugleich eine Anleitung zu einem quellenmäßigen Verständnis der Evangelien. 1904
Bd 47. Schumburg, W: Die Tuberkulose, ihr Wesen, ihre Verbreitung, Ursache, Verhütung und Heilung. 1903
Bd 47. Schumburg, Wilh.: Die Tuberkulose. 3. Aufl. 1919
Bd 48. Zander, R: Vom Nervensystem, seinem Bau und seiner Bedeutung für Leib und Seele im gesunden und kranken Zustande. 1903
Bd 49. Boehmer-Romundt, H: Die Jesuiten. 1904
Bd 50. Haushofer, M: Bevölkerungslehre. 1904
Bd 51. Witkowski, G: Das deutsche Drama des 19. Jahrhunderts in seiner Entwicklung. 1904
Bd 52. Giesebrecht, F: Die Grundzüge der israelitischen Religionsgeschichte. 1904
Bd 53. Weber, O: 1848. 6 Vorträge. 1904
Bd 54. Geffcken, J: Aus der Werdezeit des Christentums. 1904
Bd 55. Weber, L: Wind und Wetter. 5 Vorträge über die Grundlagen und wichtigeren Aufgaben der Meteorologie. 1904
Bd 56. Busse, L: Die Weltanschauungen der großen Philosophen der Neuzeit. 1904
Bd 57. Pohle, L: Die Entwicklung des deutschen Wirtschaftslebens im 19. Jahrhundert. 5 Vorträge. 1904
Bd 57. Pohle, Ludwig: Die Entwicklung des deutschen Wirtschaftslebens im letzten Jahrhundert. 4. Aufl. 1920
Bd 58. Mie, G: Moleküle, Atome, Weltäther. 1904
Bd 58. Mie, Gustav: Moleküle, Atome, Weltäther. 3. Aufl. 1911
Bd 59. Sothen, O. v: Vom Kriegswesen im 19. Jahrhundert. 1904
Bd 60. Merckel, C: Bilder aus der Jngenieurtechnik. 1904
Bd 61. Frech, F: Aus der Vorzeit der Erde. Vorträge über allgemeine Geologie. 1905
Bd 62. Heilborn, A: Der Mensch. 6 Vorlesungen aus dem Gebiete der Anthropologie. 1904
Bd 63. Vater, R: Dampf und Dampfmaschine. 1905
Bd 64. Börnstein, R., und W. Marckwald: Sichtbare und unsichtbare Strahlen. 1905
Bd 64. Börnstein, R.: Sichtbare und unsichtbare Strahlen. 3. neubearb. Aufl. von E. Regener. 1920
Bd 65. Martin, M: Die höhere Mädchenschule in Deutschland. 1905
Bd 66. Braasch, A. H: Die religiösen Strömungen der Gegenwart. 1905
Bd 67. Schirmacher, K: Die moderne Frauenbewegung. 1905
Bd 68. Volbehr, Th: Bau und Leben der bildenden Kunst. 1905
Bd 69. Wislicenus, W. F: Der Kalender in gemeinverständlicher Darstellung. 1905
Bd 70. Teichmann, E: Der Befruchtungsvorgang. 1905
Bd 71. Hahn, F: Die Eisenbahnen, ihre Entstehung und gegenwärtige Verbreitung. 1905
Bd 72. Rathgen, K: Die Japaner und ihre wirtschaftliche Entwickelung. 1905
Bd 73. Maennel, B: Vom Hilfsschulwesen. 6 Vorträge. 1905
Bd 74. Ziegler, Th: Schiller. 1905
Bd 75. Steinhausen, G: Germanische Kultur in der Urzeit. 1905
Bd 76. Abel, G: Chemie in Küche und Haus. 1905
Bd 76. Klein, Joseph: Chemie in Küche und Haus. 3. Aufl. [von: »Abel, Chemie in Küche und Haus«]. 1914
Bd 76. Klein, Joseph: Chemie in Küche und Haus. 4. Aufl. 1919
Bd 77. Bürkner, R: Kunstpflege in Haus und Heimat. 1905
Bd 78. Zwiedineck-Südenhorst, O. v: Arbeiterschutz und Arbeiterversicherung. 1905
Bd 79. Kraepelin, K: Die Beziehungen der Tiere zueinander und zur Pflanzenwelt. 1905
Bd 80. Hubrich, E: Deutsches Fürstentum und deutsches Verfassungswesen. 1905
Bd 81. Richert, H: Schopenhauer. Seine Persönlichkeit, seine Lehre, seine Bedeutung. 6 Vorträge. 1905
Bd 82. Portugall, A. v: Friedrich Fröbel, sein Leben und Wirken. 1905
Bd 83. Hansemann, D. v: Der Aberglaube in der Medizin und seine Gefahr für Gesundheit und Leben. 1905
Bd 84. Uhl, W: Entstehung und Entwicklung unserer Muttersprache. 1906
Bd 85. Knabe, K: Geschichte des deutschen Schulwesens. 1905
Bd 86. Vater, R: Neuere Fortschritte auf dem Gebiete der Wärmekraftmaschinen. 1906
Bd 86. Vater, R: Neuere Fortschritte auf dem Gebiete der Wärmekraftmaschinen. 2. Aufl. 1909
Bd 86. Vater, Richard: Die neueren Wärmekraftmaschinen. 2. Gaserzeuger, Großgasmaschinen, Dampf- und Gasturbinen. 3. Aufl. 1913
Bd 86. Vater, Richard: Die neueren Wärmekraftmaschinen. 2. Gaserzeuger, Großgasmaschinen, Dampf- und Gasturbinen. 4. Aufl. 1918
Bd 87. Graul, R: Ostasiatische Kunst und ihr Einfluß auf Europa. 1906
Bd 88. Rohr, M. v: Die optischen Jnstrumente. 1906
Bd 88. Rohr, Moritz von: Die optischen Jnstrumente. 2. verm. Aufl. 1911
Bd 89. Bonhoff, C: Jesus und seine Zeitgenossen. 1906
Bd 90. Franz, J: Der Mond. 1906
Bd 91. Luschin v. Ebengreuth, A: Die Münze als historisches Denkmal sowie ihre Bedeutung im Rechts- und Wirtschaftsleben. 1906

Bd 91. Luschin von Ebengreuth: Grundriß der Münzkunde. 2. Aufl. d. Bändchens: Die Münze.
1. Die Münze nach Wesen, Gebrauch und Bedeutung. 1918
Bd 92. Krebs, C: Haydn, Mozart, Beethoven. 1906
Bd 92. Krebs, Carl: Haydn. Mozart. Beethoven. 2. Aufl. 1913
Bd 93. Stein, L: Die Anfänge der menschlichen Kultur. Einführung in die Soziologie. 1906
Bd 94. Knauer, F: Die Ameisen. 1906
Bd 95. Negelein, J. v: Germanische Mythologie. (Königsberger Hochschulkurse, Bd 4.) 1906
Bd 96. Burgerstein, L: Schulhygiene. 1906
Bd 97. Wustmann, R: Albrecht Dürer. 1906
Bd 98. Heilborn, A: Die deutschen Kolonien (Land und Leute). 10 Vorlesungen. 1906
Bd 99. Maltzahn, C. v: Der Seekrieg, seine geschichtliche Entwickelung vom Zeitalter der Entdeckungen bis zur Gegenwart. 1906
Bd 100. Paulsen, F: Das deutsche Bildungswesen in seiner geschichtlichen Entwickelung. 1.—10. Tausend. 1906
Bd 101. Schwemer, R: Die Reaktion und die neue Ära. 1905
Bd 102. Schwemer, R: Vom Bund zum Reich. 1905
Bd 103—104. Der Alkoholismus. Hrsg. vom Zentralverband zur Bekämpfung des Alkoholismus in Berlin. 1906
T. 1. (Bd 103.) Weygand, W: Der Alkohol und das Kind.
Hartmann, M: Die Aufgaben der Schule im Kampf gegen den Alkoholismus.
Keferstein, G: Der Alkoholismus und der Arbeiterstand.
Münsterberg, E: Alkoholismus und Armenpflege.
T. 2. (Bd 104.) Strauß und Torney, v: Die wissenschaftlichen Kurse zum Studium des Alkoholismus.
Rubner, M: Einleitung.
Laehr, M: Alkoholismus und Nervosität.
Juliusburger, O: Alkohol und Geisteskrankheiten.
Rosenthal, O: Alkoholismus und Prostitution.
Terra, de: Alkohol und Verkehrswesen.
Bd 105. Manes, Alfred: Grundzüge des Versicherungswesens. 1906
Bd 105. Manes, Alfred: Grundzüge des Versicherungswesens. 2. Aufl. 1911
Bd 106. Wilbrandt, R: Die Frauenarbeit. 1906
Bd 107. Voges, E: Der Obstbau. 1906
Bd 108. Brüsch, W: Die Beleuchtungsarten der Gegenwart. 1906
Bd 109. Pischel, R: Leben und Lehre des Buddha. 1906
Bd 109. Pischel, Richard: Leben und Lehre des Buddha. 3. Aufl. von H. Lüders. 1917
Bd 110. Oppenheim, S: Das astronomische Weltbild im Wandel der Zeit. 1906
Bd 111. Tews, J: Schulkämpfe der Gegenwart. Vorträge. 1906
Bd 112. Küster, E: Vermehrung und Sexualität bei den Pflanzen. 1906
Bd 113. Boehmer, H: Luther im Lichte der neueren Forschung. 1906
Bd 114. Duhn, F. v: Pompeji, eine hellenische Stadt in Jtalien. 1906
Bd 115. Wahrmund, L: Ehe und Eherecht. 1906
Bd 116. Meringer, R: Das deutsche Haus und sein Hausrat. 1906
Bd 117. Erbe, A: Historische Städtebilder aus Holland und Niederdeutschland. 1906
Bd 118. Schmidt, M. G: Geschichte des Welthandels. 1906
Bd 118. Schmidt, Max Georg: Geschichte des Welthandels. 4. Aufl. 1922
Bd 119. Hennig, C. R: Einführung in das Wesen der Musik. 1906
Bd 120. Crantz, P: Arithmetik und Algebra zum Selbstunterricht. T. 1. 1906
Bd 121. Ranck, Chr: Kulturgeschichte des deutschen Bauernhauses. 1907
Bd 122. Gruber, Ch: Wirtschaftliche Erdkunde. 1906
Bd 123—124. Weber, O: Von Luther zu Bismarck. Zwölf Charakterbilder aus deutscher Geschichte. 1906. Bd 1. (Bd 123); Bd 2. (Bd 124.)
Bd 125. Bongardt, J: Die Naturwissenschaften im Haushalt. T. 1. 1906
Bd 126. Bongardt, J: Die Naturwissenschaften im Haushalt. T. 2. 1907
Bd 127. Laughlin, J. L: Aus dem amerikanischen Wirtschaftsleben. 1907
Bd 128. Kohler, J: Moderne Rechtsprobleme. 1907
Bd 129. Heigel, Th: Politische Hauptströmungen im 19. Jahrhundert. 1906
Bd 130. Miehe, H: Die Erscheinungen des Lebens. Grundprobleme der modernen Biologie. 1907
Bd 131. Ziebarth, E: Kulturbilder aus griechischen Städten. 1907
Bd 132. Wieler, A: Kaffee, Tee, Kakao und die übrigen narkotischen Aufgußgetränke. 1907
Bd 133. Petzold, J: Das Weltproblem von positivistischem Standpunkte aus. 1906
Bd 134. Pott, A: Der Text des Neuen Testaments nach seiner geschichtlichen Entwickelung. 1906
Bd 135. Hartwig, Th: Das Stereoskop und seine Anwendungen. 1907
Bd 136. Gerber, P. H: Die menschliche Stimme und ihre Hygiene. 1907
Bd 137. Mehlhorn, P: Wahrheit und Dichtung im Leben Jesu. 1906
Bd 138. Tolksdorf, B: Der gewerbliche Rechtsschutz in Deutschland. 1906
Bd 139. Maas, O: Lebensbedingungen und Verbreitung der Tiere. 1907
Bd 140. Pabst, A: Die Knabenhandarbeit in der heutigen Erziehung. 1907
Bd 141. Pfannkuche, A: Religion und Naturwissenschaft in Kampf und Frieden. 1906
Bd 142. Hennings, C: Tierkunde. 1907
Bd 143. Spiro, F: Geschichte der Musik. 1907
Bd 144. Biedermann, E: Die technische Entwicklung der Eisenbahnen der Gegenwart. 1907
Bd 144. Biedermann, E: Das Eisenbahnwesen. 2. Aufl. 1913
Bd 144. Biedermann, E: Das Eisenbahnwesen. 3. verb. Aufl. 1919
Bd 145. Alkoholismus, Der. Seine Wirkungen und seine Bekämpfung. T. 3. 1906
Bd 146. Külpe, O: Jmmanuel Kant. 1907
Bd 147. Daenell, E: Geschichte der Vereinigten Staaten von Amerika. 1907
Bd 148. Knauer, F: Zwiegestalt der Geschlechter in der Tierwelt (Dimorphismus). 1907
Bd 149. Abelsdorff, G: Das Auge des Menschen und seine Gesundheitspflege. 1907
Bd 150. Kuypers, F: Volksschule und Lehrerbildung der Vereinigten Staaten in ihren hervortretenden Zügen. 1907
Bd 151. Jlberg, G: Geisteskrankheiten. 1907
Bd 152. Leick, B: Krankenpflege. 1907
Bd 153. Hausrath, H: Der deutsche Wald. 1907
Bd 154. Kaupe, W: Der Säugling, seine Ernährung und seine Pflege. 1907
Bd 155. Richter, R: Einführung in die Philosophie. 1907
Bd 156. Zacharias, O: Das Süßwasser-Plankton. 1907
Bd 157. Fried, A. H: Die moderne Friedensbewegung. 1907
Bd 158. Schubring, P: Rembrandt. 1907
Bd 159. Tews, J: Moderne Erziehung in Haus und Schule. 1907
Bd 160. Goldschmidt, R: Die Tierwelt des Mikroskops (die Urtiere). 1907
Bd 161. Petersen, J: Die öffentliche Fürsorge für die hilfsbedürftige Jugend. 1907
Bd 162. Petersen, J: Die öffentliche Fürsorge für die sittlich gefährdete und die gewerblich tätige Jugend. 1907
Bd 163. Hassert, K: Die Städte, geographisch betrachtet. 1907
Bd 164. Flügel, O: Herbarts Lehren und Leben. 1907
Bd 165. Bruns, J: Das Postwesen, seine Entwickelung und Bedeutung. 1907
Bd 166. Blau, Karl: Das Automobil. 1907
Bd 166. Blau, Karl: Das Automobil. 2. Aufl. 1911
Bd 167. Thurn, H: Die Funkentelegraphie. 1907
Bd 167. Thurn, H: Die Funkentelegraphie. 2. Aufl. 1913
Bd 167. Thurn, H: Die Funkentelegraphie. 3. Aufl. 1915
Bd 167. Thurn, H: Die Funkentelegraphie. 4. Aufl. 1917
Bd 167. Thurn, H: Die Funkentelegraphie. 5. Aufl. 1918
Bd 168. Blochmann, R: Grundlagen der Elektrotechnik. 1907
Bd 169. Thieß, K: Deutsche Schiffahrt und Schiffahrtspolitik der Gegenwart. 1907
Bd 170. Ahrens, W: Mathematische Spiele. 1907
Bd 171. Sticker, R: Gesundheitslehre für Frauen. 1907
Bd 172. Börnstein, R: Lehre von der Wärme. 1907
Bd 172. Börnstein, R., Die Lehre von der Wärme. 2. durchges. Aufl. von A. Wigand. 1918
Bd 173. Gisevius, P: Das Werden und Vergehen der Pflanzen. 1907
Bd 174. Langenbeck, W: Englands Weltmacht in ihrer Entwicklung vom 17. Jahrhundert bis auf unsere Tage. 1907
Bd 175. Unger, A. W: Wie ein Buch entsteht. 1908
Bd 175. Unger, Arthur W: Wie ein Buch entsteht. 4. Aufl. 1917
Bd 176. Cohn, J: Führende Denker. 1907
Bd 177. Kirn, O: Sittliche Lebensanschauungen der Gegenwart. 1907
Bd 177. Kirn, Otto: Sittliche Lebensanschauungen der Gegenwart. 2. Aufl. 1911
Bd 178. Rietsch, H: Die Grundlagen der Tonkunst. 1907
Bd 179. Arndt, P: Deutschlands Stellung in der Weltwirtschaft. 1908
Bd 180. Hensel, P: Rousseau. 1907
Bd 181. Reukauf, E: Die Pflanzenwelt des Mikroskops. 1907
Bd 182. Das Buchgewerbe und die Kultur. Vorträge von R. Focke u. a. 1907
Bd 183. Bruns, J: Die Telegraphie in ihrer Entwickelung und Bedeutung. 1907
Bd 183. Sieblist, Otto: Das Telegraphen- und Fernsprechwesen. 2. Aufl. 1918
Bd 184. Tobler, F: Kolonialbotanik. 1907
Bd 185. Sieper, E: Shakespeare und seine Zeit. 1907
Bd 186. Richert, H: Philosophie. 1908
Bd 187. Bavink, B: Natürliche und künstliche Pflanzen- und Tierstoffe. 1908
Bd 187. Bavink, B: Einführung in die organische Chemie. (Natürliche und künstliche Pflanzen- und Tierstoffe.) 2. umgearb. Aufl. 1918
Bd 187. Bavink, B: Einführung in die organische Chemie. 3. Aufl. 1924
Bd 188. Möller, K: Deutsches Ringen nach Kraft und Schönheit. 1. Von Schiller bis Lange. 1907
Bd 190. Müller, S: Technische Hochschulen in Nordamerika. 1908
Bd 191. Müller, A: Bilder aus der chemischen Technik. 1908
Bd 192. Mielke, R: Das deutsche Dorf. 1907
Bd 194. Strauß, M: Die Miete nach dem Bürgerlichen Gesetzbuch. 1908.
Bd 195. Bitterauf, T: Napoleon I. 1908
Bd 196. Vater, R: Hebezeuge. 1908
Bd 196. Vater, Richard: Hebezeuge. 2. Aufl. 1918
Bd 197. Kowalewski, G: Einführung in die Jnfinitesimalrechnung mit einer historischen Übersicht. 1908
Bd 198. Haendcke, B: Deutsche Kunst im täglichen Leben bis zum Schlusse des 18. Jahrhunderts. 1908
Bd 199. Trömner, E: Hypnotismus und Suggestion. 1908
Bd 200. Verworn, M: Die Mechanik des Geisteslebens. 1907
Bd 201/204. Bardeleben, K. v: Die Anatomie des Menschen.
T. 1. Allgemeine Anatomie und Entwicklungsgeschichte. 1908
T. 2. Das Skelett. 1908
T. 3. Das Muskel- und Gefäßsystem. 1908
T. 4. Die Eingeweide. 1908
Bd 205. Crantz, P: Arithmetik und Algebra zum Selbstunterricht. T. 2. 1908
Bd 206. Perry, E. D: Die amerikanische Universität. 1908
Bd 207. Frech, Fritz: Aus der Vorzeit der Erde. 1. Vulkane einst und jetzt. 2. Aufl. 1910
Bd 208. Frech, Fritz: Aus der Vorzeit der Erde. 2. Gebirgsbau und Erdbeben. 2. Aufl. 1910
Bd 209. Frech, Fritz: Aus der Vorzeit der Erde. 3. Die Arbeit des fließenden Wassers. 2. Aufl. 1908

Bd 210. **Frech**, Fritz: Aus der Vorzeit der Erde. 4. Die Arbeit des Ozeans und die chemische Tätigkeit des Wassers im allgemeinen. 2. Aufl. 1909
Bd 211. **Frech**, Fritz: Aus der Vorzeit der Erde. 5. Steinkohle, Wüsten und Klima der Vorzeit. 2. Aufl. 1911
Bd 212. **Hellwig**, A: Verbrechen und Aberglaube. 1908
Bd 213. **Gaupp**, R: Psychologie des Kindes. 1908
Bd 214. **Rehm**, H. S: Deutsche Volksfeste und Volkssitten. 1908
Bd 215. **Claaßen**, W: Die deutsche Landwirtschaft. 1908
Bd 215. **Claaßen**, Walter: Die deutsche Landwirtschaft. 2. Aufl. 1917
Bd 216. **Bock**, H: Die Uhr. 1908
Bd 216. **Bock**, H: Die Uhr. Grundlagen und Technik der Zeitmessung. 2. umgearb. Aufl. 1917
Bd 217. **Lehmann**, E: Mystik im Heidentum und Christentum. 1908
Bd 218. **Eckardt**, Wilh. R: Vogelzug und Vogelschutz. 1910
Bd 219/220. **Bienengräber**, P: Die Jurisprudenz im häuslichen Leben.
T. 1. Die Familie. 1908
T. 2. Der Haushalt. 1908
Bd 221. **Voigt**, A: Deutsches Vogelleben. 1908
Bd 222. **Staudinger**, F: Die Konsumgenossenschaft. 1908
Bd 223. **Weinstein**, M. B: Entstehung der Welt und der Erde nach Sage und Wissenschaft. 1908
Bd 224. **Lay**, W. A: Experimentelle Pädagogik mit besonderer Rücksicht auf die Erziehung durch die Tat. 1908
Bd 225. **Kalweit**, P: Die Stellung der Religion im Geistesleben. 1908
Bd 226. **Fried**, A. H: Das internationale Leben der Gegenwart. 1908
Bd 227. **Kümmell**, G: Photochemie. 1908
Bd 227. **Kümmell**, G: Photochemie. 2. verb. Aufl. 1918
Bd 228. **Jhering**, A. v: Die Wasserkraftmaschinen und die Ausnutzung der Wasserkräfte. 1908
Bd 228. **Jhering**, Albrecht von: Die Wasserkraftmaschinen und die Ausnutzung der Wasserkräfte. 2. Aufl. 1914
Bd 229. **Jäger**, F: Das menschliche Gebiß, seine Erkrankung und Pflege. 1908
Bd 230. **Gaehde**, Ch: Das Theater, Schauspielhaus und Schauspielkunst vom griechischen Altertum bis auf die Gegenwart. 1908
Bd 231. **May**, W: Korallen und andere gesteinsbildende Tiere. 1909
Bd 232. **Walzel**, O. F: Deutsche Romantik. 1908
Bd 233. **Gutzeit**, E: Die Bakterien im Kreislauf des Stoffes in der Natur und im Haushalt des Menschen. 1909
Bd 234. **Arndt**, K: Elektrochemie. 1909
Bd 234. **Arndt**, Kurt: Elektrochemie und ihre Anwendungen. 2. Aufl. 1919
Bd 235. **Brick**, H: Die Telegraphen- und Fernsprechtechnik in ihrer Entwicklung. 1908
Bd 235. **Brick**, H: Die Telegraphen- und Fernsprechtechnik in ihrer Entwicklung. 2. Aufl. 1918
Bd 236. **Lampert**, K: Die Welt der Organismen. 1909
Bd 237. **Langenbeck**, W: Geschichte des deutschen Handels. 1909
Bd 238. **Schapire-Neurath**, A: Friedrich Hebbel. 1909
Bd 239. **Istel**, E: Die Blütezeit der musikalischen Romantik in Deutschland. 1909
Bd 240. **Peter**, B: Die Planeten. 1909
Bd 241. **Mayer**, J. E: Heizung und Lüftung. 1909
Bd 242. **Charmatz**, R: Österreichs innere Geschichte von 1848 bis 1907. 1. Die Vorherrschaft der Deutschen. 1909
Bd 243. **Charmatz**, R: Österreichs innere Geschichte von 1848 bis 1907. 2. Der Kampf der Nationen. 1909
Bd 244. **Dietrich**, K: Byzantinische Charakterköpfe. 1909
Bd 245. **Schwarze**, K: Herbert Spencer. 1909
Bd 246. **Bitterauf**, Th: Friedrich der Große. 6 Vorträge. 1909
Bd 247. **Sodeur**, G: Johann Calvin. 1909
Bd 248. **Pollitz**, P: Die Psychologie des Verbrechers. Kriminalpsychologie. 1909
Bd 249. **Poensgen**, O: Das Wahlrecht. 1909
Bd 250. **Natorp**, P: Pestalozzi. 1909
Bd 251. **Schumburg**: Die Geschlechtskrankheiten; ihr Wesen, ihre Verbreitung, Bekämpfung und Verhütung. 1909
Bd 252. **Keller**, C: Die Stammesgeschichte unserer Haustiere. 1909
Bd 253. **Goldschmidt**, R: Die Fortpflanzung der Tiere. 1909
Bd 254. **Spiero**, H: Geschichte der deutschen Lyrik seit Claudius. 1909
Bd 255. **Möller**, J: Nautik. 1909
Bd 255. **Möller**, Johannes: Nautik. 2. Aufl. 1919
Bd 256. **Schilling**, F: Das deutsche Fortbildungsschulwesen. 1909
Bd 257. **Stein**, A: Die Lehre von der Energie. 1909
Bd 258. **Neurath**, O: Antike Wirtschaftsgeschichte. 1909
Bd 259. **Kampffmeyer**, H: Die Gartenstadtbewegung. 1909
Bd 260. **Thomsen**, P: Palästina und seine Kultur in 5 Jahrtausenden. 1909
Bd 261. **Brenning**, A: Innere Kolonisation. 1909
Bd 262. **Böckel**: Die deutsche Volkssage. 1909
Bd 263. **Bardeleben**, K. v: Statik und Mechanik des menschlichen Körpers (der Körper in Ruhe und Bewegung). Der Anatomie des Menschen T. 5. 1909
Bd 264. **Löb**, W: Einführung in die chemische Wissenschaft. 1909
Bd 265. **Fürst**, M: Der Arzt. 1909
Bd 266. **Fritz**, G: Das moderne Volksbildungswesen. Bücher- und Lesehallen, Volkshochschulen und verwandte Bildungseinrichtungen in den wichtigsten Kulturländern in ihrer Entwicklung seit der Mitte des 19. Jahrhunderts. 1909
Bd 267. **Finck**, F. N: Die Sprachstämme des Erdkreises. 1909
Bd 268. **Finck**, F. N: Die Haupttypen des Sprachbaus. 1910
Bd 269. **Muckle**, F: Die Geschichte der sozialistischen Ideen im 19. Jahrhundert. T. 1. Der rationelle Sozialismus. 1909
Bd 270. **Muckle**, F: Die Geschichte der sozialistischen Ideen im 19. Jahrhundert. T. 2. Proudhon und der entwicklungsgeschichtliche Sozialismus. 1909
Bd 271. **Meyer**, A: Der Krieg im Zeitalter des Verkehrs und der Technik. 1909
Bd 272. **Wachtler**, H: Die Blütezeit der griechischen Kunst im Spiegel der Reliefsarkophage. Eine Einführung in die griechische Plastik. 1910
Bd 273. **Bruchmüller**, Wilhelm: Der Leipziger Student 1409—1909. 1909
Bd 274. **Ranck**, Chr: Geschichte der Gartenkunst. 1909
Bd 275. **Haimovici**, E: Der Eisenbetonbau. 1909
Bd 275. **Haimovici**, Emanuel: Der Eisenbetonbau. 2. Aufl. 1918
Bd 276. **Reishauer**, H: Die Alpen. 1909
Bd 277. **Banse**, E: Die Atlasländer (Orient 1). 1910
Bd 278. **Banse**, E: Der arabische Orient (Orient 2). 1910
Bd 279. **Banse**, E: Der arische Orient (Orient 3). 1910
Bd 281. **Lange**, Max: Das Schachspiel und seine strategischen Prinzipien. 1910
Bd 282. **Lubosch**, W: Vergleichende Anatomie der Sinnesorgane der Wirbeltiere. 1910
Bd 283. **Sulger-Gebing**, E: Gerhart Hauptmann. 1909
Bd 284. **Grebe**, L: Spektroskopie. 1910
Bd 284. **Grebe**, L: Spektroskopie. 2. Aufl. 1919
Bd 285. **Brick**, H: Drähte und Kabel, ihre Anfertigung und Anwendung in der Elektrotechnik. 2. Aufl. 1919
Bd 286. **Biedermann**, R: Die Sprengstoffe, ihre Chemie und Technologie. 1910
Bd 286. **Biedermann**, Rudolf: Die Sprengstoffe, ihre Chemie und Technologie. 2. Aufl. 1917
Bd 287. **Busse**, Bruno: Das Drama. 1. Von der Antike zum französischen Klassizismus. 1910
Bd 288. **Busse**, Bruno: Das Drama. 2. Von Versailles bis Weimar. 1911
Bd 289. **Busse**, Bruno: Das Drama.
3. Von der Romantik zur Gegenwart. 1914
Bd 290. **Barth**, Chr. G: Unsere Schutzgebiete nach ihren wirtschaftlichen Verhältnissen. 1910
Bd 291. **Anselmino**, O: Das Wasser. Experimentalvorträge. 1910
Bd 292. **Vedel**, Vald: Heldenleben. Mittelalterliche Kulturideale. 1. 1910
Bd 293. **Vedel**, Vald: Ritterromantik. Mittelalterliche Kulturideale. 2. Deutsch von Anna Grundtvig. 1911
Bd 296. **Bähnisch**, A: Die deutschen Personennamen. 1910
Bd 297. **Sell**, Karl: Christentum und Weltgeschichte bis zur Reformation. Die Entstehung des Christentums und seine Entwicklung als Kirche. 1910
Bd 298. **Sell**, Karl: Christentum und Weltgeschichte seit der Reformation. 1910
Bd 299. **Knabe**, K: Das deutsche Unterrichtswesen der Gegenwart. 1910
Bd 300. **Nimführ**, Raimund: Die Luftschiffahrt. Ihre wissenschaftlichen Grundlagen und technische Entwicklung. 1909
Bd 300. **Nimführ**, Raimund: Die Luftschiffahrt. 2. Aufl. 1910
Bd 301. **Vater**, Richard: Die Maschinenelemente. 1910
Bd 301. **Vater**, Richard: Die Maschinenelemente. 4. erw. Aufl. von Fritz Schmidt. 1921
Bd 301. **Vater**, Richard: Die Maschinenelemente. 5. erw. Aufl. bearb. von Fritz Schmidt. 1927
Bd 302. **Steinmann**, G: Die Eiszeit und der vorgeschichtliche Mensch. 1910
Bd 303. **Jhering**, Albrecht v: Die Mechanik der festen, flüssigen und gasförmigen Körper. T. 1. Die Mechanik der festen Körper. 1910
Bd 304. **Jhering**, Albrecht v: Die Mechanik der festen, flüssigen und gasförmigen Körper.
T. 2. Die Mechanik der flüssigen Körper. 1912
Bd 306. **Altmann**, S. P: Finanzwissenschaft. 1. bis 6. Tausend. 1910
Bd 307. **Loehlein**, M: Die krankheiterregenden Bakterien. Entstehung, Heilung und Bekämpfung der bakteriellen Infektionskrankheiten des Menschen. 1910
Bd 307. **Loehlein**, M: Die krankheiterregenden Bakterien. 2. verb. Aufl. 1919
Bd 308. **Volbach**, Fritz: Das moderne Orchester in seiner Entwickelung. 1910
Bd 309. **Vischer**, Eberhard: Der Apostel Paulus und sein Werk. 1910
Bd 310. **Geißler**, Ewald: Rhetorik. Richtlinien für die Kunst des Sprechens. 1910
Bd 311. **Alt**, H: Die Kälte, ihr Wesen, ihre Erzeugung und Verwertung. 1910
Bd 312. **Rosin**, Heinrich: Herz, Blutgefäße und Blut und deren Erkrankungen. 1910
Bd 313. **Kaiser**, Karl: Der Luftstickstoff und seine Verwertung. 1910
Bd 313. **Kaiser**, Karl: Der Luftstickstoff und seine Verwertung. 2. Aufl. 1919
Bd 314. **Krische**, Paul: Agrikulturchemie. 1911
Bd 314. **Krische**, Paul: Agrikulturchemie. 2. verb. Aufl. 1920
Bd 315. **Strauß**, Max: Zivilprozeßrecht. 1910
Bd 316. **Fischer**, Gustav: Landwirtschaftliche Maschinenkunde. 1911
Bd 316. **Fischer**, Gustav: Landwirtschaftliche Maschinenkunde. 3. Aufl. 1926
Bd 317. **Cohn-Wiener**, Ernst: Die Entwicklungsgeschichte der Stile in der bildenden Kunst. Bd 1. Vom Altertum bis zur Gotik. 1910
Bd 318. **Cohn-Wiener**, Ernst: Die Entwicklungsgeschichte der Stile in der bildenden Kunst. Bd 2. Von der Renaissance bis zur Gegenwart. 1910
Bd 319. **Butler**, Nicholas Murray: Die Amerikaner. Deutsch von Wilhelm Paszkowski. 1910
Bd 320. **Gerdes**, Heinrich: Geschichte des deutschen Bauernstandes. 1910
Bd 321. **David**, Max: Körperliche Verbildungen im Kindesalter und ihre Verhütungen. 1910

Bd 322. Liebmann, A: Die Klein- und Straßenbahnen. 1910
Bd 323. Pollitz, Paul: Strafe und Verbrechen. Geschichte und Organisation des Gefängniswesens. 1910
Bd 324. Schulze, F. A: Die großen Physiker und ihre Leistungen. 1910
Bd 324. Schulze, A: Große Physiker. 2. Aufl. 1917
Bd 325. Bie, Oskar: Klavier, Orgel und Harmonium. 1910
Bd 326. Matthaei, Adelbert: DeutscheBaukunst seit dem Mittelalter bis zum Ausgang des 18. Jahrhunderts. 1910
Bd 326. Matthaei, Adelbert: Deutsche Baukunst in der Renaissance- und Barockzeit. 2. Aufl. 1919
Bd 327. Tews, J: Großstadtpädagogik. 1911
Bd 328. Diez, Hermann: Das Zeitungswesen. 1910
Bd 329. Wundt, Max: Griechische Weltanschauung. 1910
Bd 330. Istel, Edgar: Das Kunstwerk Richard Wagners. 1910
Bd 331. Damm-Etienne, Paul: Das Hotelwesen. 1910
Bd 332. Schmitthenner, F: Weinbau und Weinbereitung. 1910

— u. **Glaube.** Naturwissenschaftl. Zeitschrift zur Belehrg. u. Unterhaltg. auf positiv gläub. Grundlage. Hrsg. v. J. E. Weiß. 1. u. 2. Jahrg. à 12 Nrn. (à ca. 2 Bog.) gr. 8. Freising 897—898. Passau, R. Abt. à Jahrg. 3. —

— u. **Glaube.** Naturwissenschaftliche Monatsschrift zur Belehrg. u. Unterhaltg. auf positiv-gläub. Grundlage. Hrsg. v. J. E. Weiß. 3.—5. Jahrg. 1900—1902. à 12 Nrn. gr. 8. (à ca. 32 S.) Leutkirch, J. Bernklau. à Jahrg. n. 3. —

— u. **Glaube.** Naturwissenschaftliche Monatsschrift zur Belehrg. u. Unterhaltg. f. alle Naturfreunde. Hrsg. v. J. E. Weiß. 6.—9. Jahrg. 1903—1906. à 12 Nrn. (à ca. 32 S. m. Abb.) 8. Leutkirch [J. Bernklau]. München, Verlag Natur u. Kultur. 1903 n. 3. —; 1904—06 à n. 4. —

— u. **Gnade,** Klänge aus der Einsamkeit. 12. (77 S.) Gnadau. (Elberfeld 882. Buchhandlung der Evangelischen Gesellschaft.) cart. n. — 80

Natur, Die, und die Gnade auf dem Throne oder Vienna und ihre Geschichte . . . 1765—90. Amberg 1874. V: *Donin, Ludwig.* (EB)

— und **Gott,** zum Unterr. u. z. Erbauung. 16 St. 8. Grottkau, Schulbuchh. 789.

Natur und Gott, oder hundert und zwanzig Übungen des Lesens, Denkens, Verstehens . . . Züllichau u. Freystadt 1790. V: *Günther, Carl Ehrenfried.* (MGT) (OL) »1791« (Ky)

— und **Gott,** oder 120 Uebungen des Lesens, Denkens rc. in der Naturkunde u. Gotteserkenntn. gr. 8. Züllichau. (Frommann in Jena.) 791.

— u. **Haus.** Illustr. Zeitschrift f. alle Liebhabereien im Reiche der Natur. Hrsg. v. Ludw. Staby u. Max Hesdörffer. 1. u. 2. Jahrg. Oktbr. 1892—Septbr. 1894. à 24 Hfte. (à ca. 2¼ Bog.) hoch 4. Berlin, R. Oppenheim. à Jahrg. n. 6. —

— — dasselbe. Illustr. Zeitschrift f. alle Naturfreunde. Hrsg. v. Ludw. Staby u. Max Hesdörffer. 3. Jahrg. Oktbr. 1894—Septbr. 1895. 24 Hfte. (à ca. 2¼ Bog.) hoch 4. Ebd. n. 6. —

— u. **Haus.** Illustr. Zeitschrift f. alle Naturfreunde. In Verbindg. m. K. Lampert u. P. Matschie hrsg. v. Max Hesdörffer. 4. u. 5. Jahrg. Oktbr. 1895—Septbr. 1897. à 24 Hfte. (à ca. 2 Bog. m. Farbdr.) hoch 4. Berlin, G. Schmidt. à Jahrg. n. 6. —

— dasselbe. 6. u. 7. Jahrg. Oktbr. 1897—Septbr. 1899. à 24 Hfte. (à ca. 2 Bog. m. Farbdr.) hoch 4. Ebd. à Jahrg. n. 8.
Kann auch vierteljährlich bezogen werden.

— u. **Haus.** Illustrierte Zeitschrift f. alle Naturfreunde. Hrsg. v. Max Hesdörffer. 8.—11. Jahrg. Oktbr. 1899 — Septbr. 1903. à 24 Hfte. hoch 4. (XII, 432; XII, 436; VIII, 384 u. VIII, 384 S. m. 4, 3, 3 u. 2 Taf.) Dresden, H. Schultze. à Jahrg. n. 8. —; geb. n. 10. —

— u. **Haus.** Illustr. Zeitschrift f. alle Naturfreunde. Hrsg. v. Max Hesdörffer. 12. u. 13. Jahrg. Oktbr. 1903 —Septbr. 1905. à 24 Hefte. (VIII, 384 S. m. 170 Abb. u. 3 Taf. u. X, 384 S. m. 187 Abb. u. 1 Taf.) hoch 4. Dresden [H. Schultze]. Stuttgart, Verlag f. Naturkunde. à Jhrg. n. 8. —

— — dasselbe. Seit 1. VII. 1905 verschmolzen m. der „Nerthus". Gegründet v. Max Hesdörffer. Unter Mitwirkung von E. E. Leonhardt hrsg. v. Mart. Braess. 14. u. 15. Jahrg. Oktbr. 1905—Septbr. 1907. à 24 Hefte. (VIII, 384 S. m. 169 Abb. u. 2 Taf. u. VIII, 384 S. m. 207 Abb. u. 1 Taf.) hoch 4. Ebd. à Jhrg. n. 8. —

— u. **Haus.** Illustrierte Zeitschrift f. alle Naturfreunde. Seit 1. VII. 1905 verschmolzen m. der „Nerthus". Gegründet v. Max Hesdörffer. Unter Mitwirkg. v. R. Mandée hrsg. v. E. E. Leonhardt. 16. Jahrg. Oktbr. 1907—Septbr. 1908. 24 Hefte. (384 S. m. 273 Abb. u. 2 farb. Taf.) Lex. 8. Stuttgart, Verlag f. Naturkunde. 10. —

— dasselbe. 17. Jahrg. Oktbr. 1908—Septbr. 1909. 24 Hefte. (VIII, 384 S. m. 133 Abb. u. 2 Taf.) Lex. 8. Stuttgart, F. Lehmann Verl.
Fortsetzg., s.: Blätter f. Aquarien- u. Terrarienkunde.

Natur, Die, und die Heiden über Steinbart . . . Leipzig 1782. V: *Obereit, Jacob Hermann.* (ML) (Ky) oder: *Obereit, Ludwig.* (MGT)

— die, u. die Heiden über Steinbart; in Gesprächen beim Promeniren. 2 Beitr. zu Steinbarts System (v. J. H. Obereit) 8. Leipz. 782, 83. (Knobloch). 1 rh 15 gr

— die, und der Heiden über **Steinbart,** in Gespr. b. Promeniren. 2 Beytr. zu Steinbarts System. 8. Lpz. Böhme. 783.

— u. **Herz.** Ein Album, sinn. Betrachtg. gewidmet. Mit 12 in Kpfr. rad. Compositionen v. W. Georgi hoch 4. (119 S.) Berlin 875. Guttentag. geb. m. Goldschn. 18. —

Natur und Herz. hoch 4. Berlin 875, H. W. Müller. geb. mit Goldschn. 18 —

— u. **Herz.** Ein Album, sinniger Betrachtung gewidmet. Mit 12 in Kpfr. radirten Compositionen von W. Georgy. 2. Aufl. Lex.-8. (119 S.) Berlin 878. H. W. Müller. geb. mit Goldschn. 15. —

Natur u. Herz. Ein Album, sinniger Betrachtg. gewidmet. Mit 15 Kpfr.-Radiergn. v. W. Georgy u. O. Schulz. 3. Aufl. gr. 8. (128 S.) Berlin 886. H. W. Müller. geb. m. Goldschn. n. 10. —

— über die, der Kometen, nach den neuesten Beobachtt. dieser räthselhaften Weltkörper in Beziehung auf den Enke'schen Kometen. 8. Wien 829. (Gerold). 4 gr

— u. **Kultur.** Schriftleiter u. Hrsg.: Frz. Jos. Völler, unter Mitwirkg. hervorrag. Fachmänner. 1.—4. Jahrg. Oktbr. 1903—Septbr. 1907. à 24 Hefte (IX, 768; VI, 764; VI, 764 u. VI, 764 S m. Abbildgn) Lex.-8. München, Verlag „Natur u. Kultur". à Jbrg. n. 8.—

— u. **Kultur.** Schriftleiter u. Hrsg.: Frz. Jos. Völler. 5.—7. Jahrg. Oktbr. 1907—Septbr. 1910. à 24 Hefte. (à ca. 32 S. m. Abbildgn.) Lex. 8. München, Isaria-Verlag, Abtlg.: „Natur u. Kultur". à Jahrg. 8.—

— u. **Kultur.** Ein psychologisch-eth. Versuch. Von Mehemed Emin Effendi (Pseudonym). (III, 120 S.) gr. 8. Leipzig 909. O. Gracklauer. 3.—

— u. Kunst, od. Täuschungen des Lebens, f. Sittenspiegel f. das weibl. Geschl. von A. Lafontaine 6r.

— u. Kunst, od. der Charakter d. Menschen gründet sich auf Erziehung. 8. Wien, Bauer. 12 gr

* **NATUR** und Kunst, Ein Garten-Gedicht. Nebst den Sendschreiben der Zärtlichkeit und der Sittsamkeit (an eine Braut, in Versen). Dreßden, 1740. 8°. Titel u. 32 S. (In Berlin: an Yk. 7321.)

— von der, u. Kunst; e. Danksagungsschreiben an d. Verfass. d. hermet. ABC. 8. Leipz. 781. N. A. 787. (Engbloch). 10 gr

— von der, und Kunst; ein Danksagungsschr. an d. Verf. d. hermet. A. B. C. 8. Lpz. Böhme. 787.

Natur u. Kunst, od. d. Gärten. Für Freunde d. schönen Gartenkunst. 8. Halberstadt. 1798. Neue Ausg. Leipzig, 1806. (Nauck.) 1.—

— u. Kunst; eine Gesch. v. Miß Inchbald, a. d. Engl. von Seidel. 8. Leipz. Hinrichs. 802. -

Natur und Kunst. Illustrirte Zeitschrift für allgemein verständliche und gemeinnützige Mittheilungen aus dem Gebiete der Naturwissenschaft mit besonderer Rücksicht auf ihre Anwendung für das Leben. Herausg. von C. H. Hassenstein. 1. u. 2. Jahrg. 1854 u. 55. à 52 Nrn. (à 1 Bgn. m. Holzschn. im Text). Langensalza, Schulbuchhandlung. gr. 4. Jeder Jahrg. n. 3 ℛ. 10 ngr.

— u. **Kunst.** Fortsetzung von Kunst u. Moral. Briefwechsel zwischen William Shakespeare u. Madame Gâches-Sarraute, Docteur en Médicine à Paris. Nach authent Quellen hrsg. v. H. B. (311 S.) 8. Zürich 904. [C. Schmidt.] Schweizer Druck- u. Verlagshaus. n. 3.75
Vergl: Kunst u. Moral.

— u. Kunst. 8. Jahrg. der Deutschen Alpenzeitg. Schriftleitung: Eduard Lankes u. H. A. Tanner. Mit der Beilage: Verkehr u. Sport. Schriftleitung: C. G. Luther. Für Österreich-Ungarn verantwortlich: Hanns Barth. April 1908—März 1909. 24 Hefte. (à ca. 32 u. 20 S. m. Abbildgn. u. Taf.) 30,5×22 cm. München, Verlag d. deutschen Alpenzeitung. 16.—
Vergl.: Alpenzeitung, deutsche.

— u. **Kunst.** Hrsg. v. der Vereinigg. deutscher Pestalozzi-Vereine. 1911. Abreißkalender. (208 Bl. m. Abbildgn.) gr. 8. Stuttgart, Holland & Josenhans. 2.—

Natur und Kunst in Bildern für die Jugend. gr. 4. (III und 12 S. mit 12 ill. Stnt. in Tondr.) Stuttgart 861, [Schill.]

— u. **Kunst** in Bildern für die Jugend. 36 von E. Dertinger gezeichnete Scenen in lith. Buntdr. nebst kindl. Reimen. 2. Aufl. Eßlingen 870. Schreiber. 4. geb. 21 ngr.

Natur und Kunst, Koeremon's, in Gemählden, Bildhauereyen, Gebäuden und Kupferstichen . . . Leipzig u. Wien 1770. V: *Scheyb, Frz Chph.* (ML)

— ländliche s. Marnezia.

Natur und Leben, Erinnerungen . . . Zürich u. Frauenf. 1843. V: *Bodenehr, J. C.* (Cat. d. Stadtbibl. Zürich. Zürich 1864—97.)

California Promotion Committee (San Fr). Cal, Natur u Leben an den Gestaden des Stillen Ozeans . . . Zu Ehren d . . . Mitglieder d Deutschen Landwirtschaft, 24.-31. Mai 1903 . . . Zusammengestellt v Ch. Bundschu. San Fr, 1903.

— Liebe u. Abenteuer; e. drollige Gesch. 8. Abdera. (Böse in Weißenf. Mitzky u. Comp. in Leipz.) 788. -

— Liebe u. Abentheuer, e. drollige Geschichte, (v. Ant. Chr. Hunnius). 8. Weißenf. 788. (Engelmann in Leipz.) 16 gr

Natur, Liebe und Abentheuer, eine drollige Geschichte, 8. Abdera, (Weißenfels) 1788. (Severin) 20 sgl.

Natur und Liebe im Streit. Trauerspiel in 5 A. Wien 1779. V: *Arién, Bernh. Chph d'.* (GGI)

— und Liebe im Streit. Trspl. in 5 A. 8. Wien, Wallishausser. 8 gr

Natur und Liebe im Streit. Schspl. 8. Leipz. 786. Sommer. (Nauck). 5 gr

— u. **Menschen** in bunter Reihe. Ein Belehrungs- u. Unterhaltungsbuch für Leser aller Stände. Stuttgart 865. Fischhaber. 8. (392 S. mit vielen Illustr. in Holzschn.) geb. 1 ℛ

Ueb. d. **Natur** des Menschen, se. Verhältnn. u. d. Bedingg. seines Wohlseins; e. Beitrag für d. Menschenkunde. *Tüb.*, Laupp. B. 826. gr 8° 16 gr

Abaldemus. Ueber d. Natur d. Menschengeschlechts; e. Vers., d. Frage: Was, wie u. warum sind wir? deutl. zu beantw. *Dresd.* u. *Lpz.*, Arnold. B. in C. 825. gr 8° 1 ℛ

Natur und Menschenleben, in Bildern für die Jugend. Leipzig 1796. V: *Fischer, Glieb Eusebius.* (MGT) (Ky)

— u. Menschenleben in Bildern f. d. Jugend, (v. G. E. Fischer). 18 Hft. 8. Leipz. 796. v. Kleefeld. (Andrä). 20 gr

Natur und Offenbarung. Organ zur Vermittlung zwischen Naturforschung und Glauben für Gebildete aller Stände. 1. Bd. 6 Hefte (à 3 Bgn. mit Holzschn. im Text). Münster 855. Aschendorff. gr. 8. n. 1 ℛ.

— — 2—4. Bd. à 12 Hefte (à 3 Bgn. m. Holzschn. im Text). Münster 856—58. Aschendorff. gr. 8. Jeder Bd. n. 2 ℛ.

Natur u. Offenbarung. Organ zur Vermittlung zwischen Naturforschung u. Glauben für Gebildete aller Stände. 5—10. Bd. (Jahrg. 1859—64.) à 12 Hefte. (à 3 Bgn. mit Holzschn.) Münster, Aschendorff. gr. 8. Jeder Jahrg. n. 2 ℛ

— u. Offenbarung. Organ zur Vermittlung zwischen Naturforschung u. Glauben für Gebildete aller Stände. 11—14. Bd. (Jahrg. 1865—68.) à Jahrg. 12 Hefte (à Heft ca. 48 S. mit eingedr. Holzschn.). Münster, Aschendorff'sche Buchh. gr. 8. Jeder Jahrg. n. 2 ℛ

— u. Offenbarung. Organ zur Vermittlg. zwischen Naturforschg. u. Glauben f. Gebildete aller Stände. 15—22. Bd. (Jahrg. 1869—1876.) à 12 Hfte. gr. 8. (à Hft. 48 S. m. 1 Steintaf.) Münster, Aschendorff. à Jahrg. n. 6. —

— u. Offenbarung. Organ zur Vermittelung zwischen Naturforschung u. Glauben für Gebildete aller Stände. 23—28. Bd. Jahrg. 1877—1882. à 12 Hfte. (à 3—4 B.) gr. 8. Münster, Aschendorff. à Jahrg. n. 8. —

— u. Offenbarung. Organ zur Vermittelg. zwischen Naturforschg. u. Glauben f. Gebildete aller Stände. 29—32. Bd. Jahrg. 1883—1886. à 12 Hfte. (4 B.) gr. 8. Münster, Aschendorff. à Jahrg. n. 8. —

— u. Offenbarung. Organ zur Vermittelung zwischen Naturforschung u. Glauben f. Gebildete aller Stände. 33.—36. Bd. Jahrg. 1887—1890. à 12 Hfte. (4 B.) gr. 8. Münster, Aschendorff. à Jahrg. n. 8. —

— u. Offenbarung. Organ zur Vermittelg. zwischen Naturforschg. u. Glauben f. Gebildete aller Stände. 37.—40. Bd. Jahrg. 1891—1894. à 12 Hfte. (4 Bog.) gr. 8. Münster i/W., Aschendorff. à Jahrg. n. 8. —

— u. Offenbarung. Organ zur Vermittelg. zwischen Naturforschung u. Glauben f. Gebildete aller Stände. 41.—44. Bd. Jahrg. 1895—1898. à 12 Hfte. (à ca. 4 Bog. m. Abb.) gr. 8. Münster, Aschendorff. à Jahrg. n. 8. —

— u. Offenbarung. Organ zur Vermittlg. zwischen Naturforschg. u. Glauben für Gebildete aller Stände. 45.—48. Bd. à 12 Hfte. gr. 8. (à Jahrg. IV, 776 S. m. Abb.) Münster 899—902. Aschendorff. à Jahrg. n. 8. —

— u. Offenbarung. Organ zur Vermittlg. zwischen Naturforschg. u. Glauben f. Gebildete aller Stände. Red.: C. Forch. 49.—52. Bd. à 12 Hefte. (à Bd. II, 776 S.) gr. 8. Münster 903—906. Aschendorff. à Bd. n. 8. —

— u. Offenbarung. Organ zur Vermittlg. zwischen Naturforschg. u. Glauben f. Gebildete aller Stände. Red.: Carl Forch. 53.—56. Bd. à 12 Hefte. (à Bd. 776 S.) gr. 8. Münster 907—10. Aschendorff. à Bd. 8. —
Erscheint nicht mehr.

— — Repertorium v. Leo. Ferd. Kuncze. 1. Bd. f. die Jahrgänge I—X. gr. 8. (VIII, 227 S.) Raab 875. (Wien, Mayer & Co.) n. 5. —

— — dasselbe. Repertorium von Leo Ferd. Kuncze, 2. Bd. für die Jahrgänge XI—XXV. Mit einem Anhang für alle 25 Bde. zur Erinnerung an das 1400jähr. Benediktiner-Jubiläum. gr. 8. (VIII, 196 S.) Gross-Kanizsa 880. (Münster, Aschendorff. — Wien, Mayer & Co.) n.n. 4. 50 (1. u. 2.: n.n. 9. 50)

— — dasselbe. Repertorium. Von Carl Forch. 3. Bd. Für die Jahrgänge 26—50. (VI, 196 S.) gr. 8. Ebd. 909. 8. —

— die rechtliche, d. Kurfürstlich Hessischen Familien-Fideikommisses. gr. 4. (16 S.) Cassel 873. (Württemberger.) — 75

Natur, Religion, Stärke. Berlin 1897. V: *Wehrmann, Karl Friedrich.* (wolfstieg II, 112)

Natur, Roman und Empfindung. Lübeck 1781. V: *Brockes, v. geb. Gräfin v. Eikstädt.* (schl) (MGT) (Ky)

— Roman u. Empfindung, (v. Frau v. Brockes). 8. Leipz. 781. Gleditsch. (Brockhaus). 12 ℊ

— Roman u. Empfindung. 8. Lübeck 781. Iversen. 12 ℊ

Natur, die, u. ihr Schöpfer, ein Lehrgedicht von e. Blinden. 8. Berl. N. Soc. Buchh. 813. —
Schreibp. —

— die, u. ihr Schöpfer; e. Lehrgedicht von e. Blinden. 8. Berl. 813. (Dresd. u. Arnold). 9 ℊ Schrbp. 12 ℊ

Natur, Die, und ihr Schöpfer. Lehrgedicht . . . Berlin 1814. V: *Burdach, Abraham.* (GGr)

— u. Schule. Zeitschrift f. den gesamten naturkundl. Unterricht aller Schulen. Hrsg. v. B. Landsberg, O. Schmeil, B. Schmid. 1. Bd. 1902. 8 Hfte. gr. 8. (à ca. 50 S. m. Abb.) Leipzig, B. G. Teubner. n. 12. —

— u. Schule. Zeitschrift f. den gesamten naturkundl. Unterricht aller Schulen. Hrsg. v. B. Landsberg, O. Schmeil, B. Schmid. 2.—6. Bd. 2. u. 3. Bd. à 8 u. 4.—6. Bd. à 12 Hefte. (2.—5. Bd. VIII, 504; VIII, 568; VIII, 568 u. VIII, 560 S. m. Abb.) gr. 8. Leipzig 903—907. B. G. Teubner. à Bd. n. 12. — ; geb n. 13. —

— u. Schule, Fortsetzg., s.: Monatshefte f. den naturwissenschaftlichen Unterricht.

— über die, der Seide, des Hanfes, des Flachses ꝛc. 8. Zwickau 806. Schumann. 20 ℊ

— u. Staat. Beiträge zur naturwissenschaftl. Gesellschaftslehre. Eine Sammlg. v. Preisschriften. Hrsg. v. H. E. Ziegler in Verbindg. mit Conrad u. Haeckel. 1.—8. Tl. gr. 8. Jena, G. Fischer. Subskr.-Pr. n. 25. 55; Einzelpr. n. 32. 50; Einbde. à n. 1. —
1. Einleitung zu dem Sammelwerke Natur u. Staat, Beiträge zur naturwissenschaftl. Gesellschaftslehre. Von Heinr. Ziegler. — Philosophie der Anpassung m. besond. Berücksicht. des Rechtes u. des Staates. Von Heinr. Matzat. (V, 24 u. XI, 323 S.) 903. Subskr.-Pr. n. 4. 50; Einzelpr. n. 6. —
2. Darwinismus u. Sozialwissenschaft. Von Arth. Ruppin. (VIII, 179 S.) 903. Subskr.-Pr. n. 2. 40; Einzelpr. n. 3. —
3. Vererbung u. Auslese im Lebenslauf der Völker. Eine staatswissenschaftl. Studie auf Grund der neueren Biologie. Von Wilh. Schallmeyer. (X, 386 S.) 903. Subskr.-Pr. n. 5. —; Einzelpr. n. 6. —
4. Natur u. Gesellschaft. Eine krit. Untersuchg. der Bedeutg. der Deszendenztheorie f. das soziale Leben. Von Alb. Hesse. (XI, 234 S.) 904. Subskr.-Pr. n. 3. —; Einzelpr. n. 4. —
5. Prinzipien der natürlichen u. sozialen Entwicklungsgeschichte des Menschen. Anthropologisch-ethnolog. Studien. Von Curt Michaelis. (XI, 211 S.) 904. Subskr.-Pr. n. 2. 80; Einzelpr. n. 3. 50

6. Soziologie. Von A. Eleutheropulos. (XIV, 198 S.) 904. Subskr.-Pr. n. 2.60; Einzelpr. n. 3.25
7. Der Wettkampf der Völker, m. besond. Bezugnahme auf Deutschland u. die Vereinigten Staaten v. Nordamerika. Von Emil Schalk. (X, 218 S.) 905. Subskr.-Pr. n. 3.—; Einzelpr. n. 4.—
8. Organismen u. Staaten. Eine Untersuchg. üb. die biolog. Grundlagen des Gesellschaftslebens u. Kulturlebens. Von Alfr. Methner. (X, 172 S.) 906. Subskr.-Pr. n. 2.25; Einzelpr. n. 2.75

— u. Staat. Beiträge zur naturwissenschaftl. Gesellschaftslehre. Eine Sammlg. v. Preisschriften. Hrsg. v. H. E. Ziegler in Verbindg. m. Conrad u. Haeckel. 9. Tl. gr. 8. Jena, G. Fischer. Subskr.-Pr. 4.—; Einzelpr. 5.—
Die ererbten Anlagen u. die Bemessung ihres Wertes f. das politische Leben. Von Walth. Haecker. (XII, 300 S.) 907.
1.—8. Tl. Ebd. 903—06. 25. 55.

Natur, Ursachen, und Resultate der französischen Revolution. Leipz. 1798. V: *Burke, Edmund.* (EB)

— Ursache und Resultate der franz. Revolution. Eine Fortsetzung des Werks: Frankr. monarch. Staatsverf. im Kampfe mit seiner Regier. herausgeg. v. J. G. Dyk. m. K. gr. 8. Leipz. Dyk. 798.

— die, in Verhältnißsätzen mathemat. Form, als Einigung ihrer allgemein sinnlichen u. übersinnlichen Gegensätze, nebst Ideenspiel u. Nachweisung, insbesondere in u. außer jener Form, von einem Dr. d. Philos. 8. Würzb. 824. (Etlinger.)

— die wahre, des Staats, od. die Pflichten des Fürsten u. Unterthans gegen einander. 8. Wien 784. Hörling. 6 gl.

NATUR. Die wahre – des Staats, oder die Pflichten des Fürsten und Unterthans gegen einander; nebst einem Anhange von einem Publizisten in h. römischen Reiche Sonnleithner. Wien 1784 1 vol. 144 S.

— u. Wesen der Ursubstanz in ihrer Bedeutung als einzige Ausgangsquelle alles Seins u. Lebens im Weltall. Freie Betrachtgn. v. Antimolek. gr. 8. (VI, 125 S.) Regensburg 892. W. Wunderling. n. 3.—

u. Wesen d. Ursubstanz in ihrer Bedeutung als einz. Ausgangsquelle alles Seins u. Lebens im Weltall. Freie Betrachtungen v. Antimolek. 2. (Titel-) Ausg. gr. 8. (VI, 125 S.) Regensburg (892) 895. W. Wunderling. n. 3.—

Natur, die, ihre Wunder u. Geheimnisse, od. d. Bridgewater-Bücher. A. d. Engl. v. Herm. Hauff u. Andern. 9 Bde. gr. 8. Stuttgart, Neff. 13½ Thlr., ungetrennt Thlr.
A. u. d. Titln.:
Bd. 1. Bell, Charl., die menschliche Hand u. ihre Eigenschaften. A. d. Engl. (Bridgew.-Bücher, Lfg. I. u. II.) (10½ B. u. 10 Stnt.) 836. 1 Thlr.
„ 2. Prout, Will., Chemie, Meteorologie u. verwandte Gegenstände, als Zeugnisse f. d. Herrlichkeit d. Schöpfers. A. d. Engl. v. Gust. Plieninger. (Bridgew.-Bücher, Lfg. III. u. VI.) (26¼ B.) 836. 2 Thlr.
„ 3., 4. Roget, P. M., die Erscheinungen u. Gesetze d. Lebens, od. populäre vergleich. Physiologie d. Pflanzen- u. Thierwelt. A. d. Engl. v. F. M. Duttenhofer. 2 Thle. (Bridgew.-Bücher, Lfg. VII—XII. XIV. XIX. XX. u. XXII.) (49¼ B. u. 27 Stnt.) 837. 3 Thlr.
„ 5. Buckland, W., die Urwelt u. ihre Wunder. A. d. Engl. v. Friedr. Werner. (Bridgew.-Bücher, Lfg. XIII. XVIII. u. XXI.) (27 B. u. Abbildn.) 837. 2 Thlr. 12 Gr.
„ 6. Whewell, Will., die Sternenwelt, als Zeugniß f. d. Herrlichkeit d. Schöpfers. A. d. Engl. v. Gust. Plieninger. (Bridgew.-Bücher, Lfg. XV—XVII.) (18 B.) 837. 1 Thlr. 12 Gr.
„ 7. Kirby, Will., die Thierwelt, als Zeugniß f. d. Herrlichkeit d. Schöpfers. Nach (d. Engl.) v. Fr. Oesterlen. (Bridgew.-Bücher, Lfg. XXIII—XXVI.) (27 B. u. 8 Stnt.) 838. 1 Thlr. 12 Gr.
„ 8. Kidd, John, der menschl. Körper in seinem Verhältnisse zur äußeren Natur. A. d. Engl. v. Gust. Plieninger. (Bridgew.-Bücher, Lfg. XXVII. u. XXVIII.) (12¾ B.) 838. 1 Thlr.
„ 9. Chalmers, Thom., die innere Welt. A. d. Engl. v. Gust. Plieninger. (Bridgew.-Bücher, Lfg. XXIX—XXXI.) (12¾ B.) 838. 1 Thlr.
Vgl. üb. d. Geschichte d. Bridgewater-Bücher: Conversations-Lex. d. Gegenwart, 1. Bd. S. 603.

De natura bonorum secularisatorum, in primis eorum, quae ad conventus pertinuerunt, vulgo Clostergüter, diss. Inserta est disquisitio de fisco et patrimonio principis. o. O. [1744?]

Comm. de natura cholericorum etc. Vienn. 8°. A. D. B. XXXIII, 131.
1776

de Natura cholericorum, s. de vita, sanitate, forma etc. illorum. 8. Wien 777. Blumauer. 20 gl. (W. Nauck in Leipz.) 12 gl.

Naturae Novitates. Bibliographie neuer Erscheinungen aller Länder auf dem Gebiete der Naturgeschichte u. der exacten Wissenschaften. 1—4. Jahrg. 1879—1882. à 26 Nrn. gr. 8. (à Nr. ca. 1½ B.) Berlin, Friedländer & Sohn. à Jahrg. n. 4.—

Naturae Novitates. Bibliographie neuer Erscheingn. aller Länder auf dem Gebiete der Naturgeschichte u. der exacten Wissenschaften. 5—8. Jahrg. 1883—1886. à 24 Nrn. gr. 4. (Nr. 1. 1 B.) Berlin, Friedländer & Sohn. à Jahrg. n. 4.—

Naturae Novitates. Bibliographie neuer Erscheinungen aller Länder auf dem Gebiete der Naturgeschichte u. der exacten Wissenschaften. 9. u. 10. Jahrg. 1887. 1888. à 25 Nrn. gr. 8. (à Nr. 2 B.) Berlin, Friedländer & Sohn. à Jahrg. n. 4.—

— dasselbe. 11. u. 12. Jahrg. 1889. 1890. à 26 Nrn. gr. 8. (à Nr. ca. 2 B.) Ebd. à Jahrg. n. 4.—

Naturae Novitates. Bibliographie neuer Erscheingn. aller Länder auf dem Gebiete der Naturgeschichte u. der exacten Wissenschaften. 13.—16. Jahrg. 1891—1894. à 26 Nrn. (à ca. 3 Bog.) gr. 8. Berlin, R. Friedländer & Sohn. à Jahrg. n. 4.—

Naturae Novitates. Bibliographie neuer Erscheingn. aller Länder auf d. Gebiete d. Naturgeschichte u. d. exacten Wissenschaften. 17.—20. Jahrg. 1895—1898 à 26 Nrn. (à ca. 4 Bog.) gr. 8. Berlin, R. Friedländer & Sohn. à Jahrg. n. 4.—

Naturae Novitates. Bibliographie neuer Erscheingn. aller Länder auf dem Gebiete der Naturgeschichte u. der exacten Wissenschaften. 21.—24. Jahrg. 1899—1902. à 26 Nrn. gr. 8. (II, 866; II, 670; II, 784 u. II, 779 S.) Berlin, R. Friedländer & Sohn. à Jahrg. n. 4.—

Naturae novitates. Bibliographie neuer Erscheingn. aller Länder auf dem Gebiete der Naturgeschichte u der exacten Wissenschaften. 25.—28. Jahrg 1903—1906. à 26 Nrn. (752, 772, 688 u. 722 S.) gr. 8. Berlin, R Friedländer & Sohn. à Jhrg. n. 4.—

Naturae novitates. Bibliographie neuer Erscheingn. aller Länder auf dem Gebiete der Naturgeschichte u. der exacten Wissenschaften. 29.—32. Jahrg. 1907—1910. à 26 Nrn. (29.—31. Jahrg. 684, 704 u. 660 S.) 8. Berlin, R. Friedländer & Sohn. à Jahrg. 4.—

Naturalienkabinet, auserlesenes, s. Deliciae naturae.

Naturalienkammer, merkw., od. Gazophylacium rerum naturalium. Fol. Leipz. 753.

Naturaliensammler, der,. Lustsp. von Weiße. 8. Leipz. Dyk.

Naturalismus

— über reinen, und positive, insonderheit christl. Religion und deren Verhältniß zur Volksreligion. gr. 8. Berlin, Akad. Buchh. 790.

Naturalismus, üb. den, und aufgeklärte Theologie ꝛc. 8. Lübeck, Niemann u. C. 786.

Naturalistik und naturgemässe Anschauung vom Welt-All. Görlitz 1875. V: *Wagner, Gust. Herm.* (EB)

Naturalitäts-System Preußens. gr. 8. Hamb. Hoffmann. 799.

— — Nachtrag hierzu. 8. Ebendas. 800.

Schleswig-holsteinischer **Natur-Allmanach** auf das Jahr ... Dem beygefügt einige merkwürdige Züge aus der neuesten Geschichte. Altona. 16°
1805 v. P. H. C. Brodhagen.
1806 v. F. P. Nuppnau.
Vom Titelblatt abgesehen identisch mit dem vorstehenden Schlesw.-holst. historischen Almanach.
Fortges. u. d. T.: A l l m a n a c h, Schleswigholsteinischer historischer.

Über die **Natural-Verpflegung** der Truppen im Frieden. (Mit) Nachtr. 1. Berlin 1837—38. 8°.
Dass. u. d. T.: Reglement über die Natural-Verpflegung der Truppen im Frieden. 1858.
Dass. 1882. 1888.
Dass. u. d. T.: Entwurf zu einer Verpflegungsvorschrift für das preuß. Heer im Frieden. 1898.
Dass. u. d. T.: Verpflegungsvorschrift für das preuß. Heer im Frieden. 1902.

Über die **Natural-Verpflegung** der Truppen im Frieden. Berlin 1844.

Naturam non facere saltum. Baruthi 1762. V: *Gräfenhahn, Wolfgang Ludwig.* (ML)

Natur-Andachten. Dichtungen aus dem Reiche der Natur und an ihre Freunde von Ign. Zwanziger, Anonymus, W. M. Nebel, Johs. Gistel, Joh. Eutner ꝛc. Hrsg. durch Johs. Gistel. gr. 8. (90 S.) Straubing 857, Schorner.
Aus: Vacuna. Hrsg. von J. Gistel. 2. Bd., besonders abgedruckt.

Die **Naturanschauung** und Naturphilosophie der Araber im zehnten Jahrhundert. Aus den Schriften der lautern Brüder übersetzt von Friedrich Dieterici. Berlin 1861. XVI. 216 S. 8°.

Naturarzt

— der, oder die vernunftgemäße Behandlung u. Heilung aller menschl. Krankheiten durch die einfachsten Hausmittel; nebst Belehrung über die Entstehungs-Ursachen u. Verhütung der meisten jetzigen Krankheiten, die hauptsächlich ihren Ursprung in falscher Anwendung der Arzneimittel u. dem dadurch hervorgeruf. Arznei-Siechthum haben. HerSg. von Dr. L. R...... Berlin 864. C. A. E. Meyer. 8. (VI, 147 S.) n. 15 ngr.

Naturarzt, der. Correspondenzblatt für Freunde naturgemäßer Heilmethoden. Herausg. von W. Meinert. 1. u. 2. Jahrg. 1862 u. 63. à 40 Nrn. (à 1 Bgn.) Dresden, Zeh in Comm. gr. 4. Jeder Jahrg. n. 2 Thlr.

— — 3. Jahrg. 1864. 40 Nrn. (à 1 Bgn.) Berlin, Th. Grieben. gr. 4. n. 2 Thlr.

Naturarzt, der. Correspondenzblatt für Freunde naturgemäßer Heilmethoden. Hersg. von W. Meinert. 4. u. 5. Jahrg. 1865 u. 66. à Jahrg. 40 Nrn. (Bgn.) Berlin, Grieben. gr. 4. Jeder Jahrg. n. 2 Thlr.

Naturarzt, der. Zeitschrift für naturgemäße Heil-, Lebens- u. Erziehungsweise. Hersg. von Thdr. Hahn. Jahrg. 1867—69. à Jahrg. 24 Nrn. (à 1—1½ Bgn.) Ebend. gr. 4. Jeder Jahrg. n. 2 Thlr.

— — Mit Beilage: Literarische Mittheilungen aus dem Gebiete der wissenschaftl. u. volksthüml. Heilkunde u. Gesundheitspflege u. Bücheranzeigen. Jahrg. 1870. 12 Nrn. (à 1—1½ Bgn.) Ebend. gr. 8. n. 1 Thlr.

Naturarzt, der. Zeitschrift f. naturgemäße Behandlung d. menschl. Körpers in gesunden u. kranken Tagen. Hrsg. v. Gust. Wolbold. 10. u. 11. Jahrg. 1871 u. 1872. à 12 Nrn. (à 1—1½ B.) gr. 8. Berlin, Grieben in Comm. à Jahrg. n. 3. —

— dasselbe. 12—14. Jahrg. 1873—1875. à 12 Nrn. (B.) gr. 8. Ebend. à Jahrg. n. 4. 50

Naturarzt, der. Zeitschrift f. naturgemäße Behandlung d. menschl. Körpers in gesunden u. kranken Tagen. Hrsg. v. Gust. Wolbold. 15. Jahrg. 1876. 12 Nrn. (B.) gr. 8. Berlin, Grieben in Comm. n. 5. —

Naturarzt, der. Zeitschrift für naturgemäße Behandlung des menschlichen Körpers in gesunden u. kranken Tagen. Hrsg. u. Red.: Gust. Wolbold. Mitred.: Thdr. Hahn. 16—21. Jahrg. 1877—1882. à 12 Nrn. (B.) gr. 8. Dresden, Wolbold's Selbstverlag. à Jahrg. n. 5. —

Naturarzt, der. Zeitschrift f. naturgemäße Behandlg. d. menschl. Körpers in gesunden u. kranken Tagen. Hrsg. u. Red.: Gust. Wolbold. 22—25. Jahrg. 1883—1886. à 12 Nrn. (B.) gr. 8. Oberlößnitz bei Dresden, Wolbold's Selbstverl. à Jahrg. n. 5 —

Naturarzt. Organ des „Central-Verbands" von über 100 Vereinen für naturgemäße Gesundheitspflege und Heilkunde. Zur Belehrung und Aufklärung des Publikums, unter Mitwirkung von Spohr, Frhr. v. Bistram, Graf v. Zedtwitz ꝛc., hrsg. und redig. von Schulze. 4. Jahrg. 1887. 12 Nrn. (Bog.) Lex.-8. Berlin. (Leipzig, Th. Grieben.) * 3 —
1.—3. Jahrg., s. Volksarzt, der.

—— dass. — Organ des „Central-Verbands" von 120 Vereinen für naturgemäße Gesundheitspflege und arzneilose Heilkunde. Zur Belehrung und Aufklärung des Publikums, unter Mitwirkung von Spohr, Frhr. v. Bistram, Graf v. Zedtwitz ꝛc., hrsg. und redig. von Schulze. 5. Jahrg. 1888. 12 Nrn. (Bog.) Lex.-8. (Ebendas.) * 3 —

— Zeitschrift d. Deutschen Bundes der Vereine f. Gesundheitspflege und arzneilose Heilkunde. Hrsg. unter Mitwirkung hervorrag. naturärztlicher Schriftsteller. Red.: J. Reinelt. 17. u. 18. Jahrg. 1889. 1890. à 12 Nrn. (B.) Lex.-8. Berlin, Ißleib. à Jahrg. n. 3. —
Frühere Jahrg. s.: Zeitschrift des deutschen Vereins f. volksverständl. Gesundheitspflege.

Naturarzt. Zeitschrift d. Deutschen Bundes der Vereine f. Gesundheitspflege u. f. arzneilose Heilweise. Hrsg. unter Mitwirkg. hervorrag. naturärztl. Schriftsteller. Red.: Johs. Reinelt (Philo vom Walde). 19. u. 20. Jahrg. 1891. 1892. à 12 Nrn. (à ca. 1½ Bog.) Lex.-8. Berlin, (G. Schuhr). à Jahrg. n. 3. —; geb. à n. 4. 50

— **dasselbe.** Red.: i. V. Heinr. Ehrlich. 21. Jahrg. 1893. 12 Nrn. (à ca. 1½ Bog.) gr. 8. Ebd. n. 2. —; geb. n. 3. 50

— **dasselbe.** Red.: Schulze. 22. Jahrg. 1894. 12 Nrn. (à ca. 1½ Bog.) gr. 8. Ebd. n. 2. —; geb. n. 3. 50

Naturarzt, der. Zeitschrift d. deutschen Bundes der Vereine f. Gesundheitspflege u. f. arzneilose Heilweise. Red.: Schulze. 23. Jahrg. 1895. 12 Nrn. (à ca. 40 S.) gr. 8. Berlin (W. Möller). 5. —

— dasselbe. Schriftleitg.: Adf. Damaschke. Red.: Schulze. 24. Jahrg. 1896. 12 Nrn. (à ca. 2 Bog.) gr. 8. Ebd. 2. —

— dasselbe. Red.: Schulze. 25.—27. Jahrg. 1897—1899. à 12 Nrn. (à ca. 2 Bog.) gr. 8. Ebd. à Jahrg 3. —
Der 27. Jahrg. war von Reinh. Gerling redigiert.

Naturarzt, der. Zeitschrift des deutschen Bundes der Vereine f. naturgemässe Lebens- u. Heilweise. Red.: Rhold. Gerling. 28.—30. Jahrg. 1900—1902. à 12 Nrn. gr. 8. (à ca. 28 S.) Berlin (W. Möller). à Jahrg. 3. —

Naturarzt, der. Zeitschrift des deutschen Bundes der Vereine f. naturgemässe Lebens- u. Heilweise (Naturheilkunde). Mit der Beilage: „Für unsere Frauen". Red.: Rhold. Gerling. 31.—34. Jahrg. 1903—1906. à 12 Nrn. (IV, 330 u. 48; IV, 312 u. 48; IV, 312 u. 64 u. IV, 330 u. 96 S. m. Abbildgn.) gr. 8. Berlin, Bundesvorstand d. Ver. f. naturgem. Lebens- u. Heilweise. à Jhrg. n. 3. —

Naturarzt, der. Zeitschrift des deutschen Bundes der Vereine f. naturgemässe Lebens- u. Heilweise (Naturheilkunde). Schriftleitung: Fr. Schönenberger u. Wilh. Siegert. 35.—38. Jahrg. 1907—1910. à 12 Nrn. (à Jahrg. ca. 350 S.) gr. 8. Berlin, Buchh. u. Verlag „Der Naturarzt". à Jahrg. 3. —; geb. 4. —

Naturarzt, der. 1904-07. Oranienburg 1904-07

Naturarzt, der. 1908-13. Berlin 1908-13

Der Deutsch-Amerikanische Naturarzt: Jahrgang 1–3, July 1898 – June 1900.
Medical monthly. Sub-title: Volksverständliche Zeitschrift für das gesamte Naturheilverfahren, für natürliche Selbstkenntnisse und naturgemäße Lebensweise, sowie für eine natürliche Erziehung und Entwicklung des ganzen Menschen. Advocates natural cure vs. drugs, and carries motto: „Kehren Sie zurück zur Natur." Octavo, each issue 26–30 pages; each volume paged continuously, 8 pages. Edited by Emil Gleistmann, BSMD. Naturarzt, published by Naturarzt Publishing Co.
Chicago, IL

Natur- u. Volksarzt, der. Zeitschrift f. naturgemäße, d. i. arzneilose, also giftfreie Behandlg. d. menschl. Körpers in gesunden und kranken Tagen. Hrsg. u. Leiter: G. Voigt. Unter Mitwirkg. v. C. Griebel, A. Kruhl, H. Dietmann u. A. 28. Jahrg. 1890. 12 Nrn. (B.) gr. 8. Plauen i/V. (Leipzig, Th. Grieben.) n. 4. —

Natur- u. Volksarzt. der. Rundschau auf dem Gebiete der [arzneilosen] Volks-Heilkunde, der privaten u. öffentl. Hygiene u. Verwandtem. Geleitet v. Frau Gust. Voigt. 29. u. 30. Jahrg. 1891. 1892. à 12 Nrn. (1½ Bog.) gr. 4. Leipzig, [Th. Grieben]. M. Voigt. à Jahrg. n. 4. —

— dasselbe. Illustr. Centralblatt f. die Gesamt-Interessen der arzneilosen Heilkunde. Red.: M. Voigt. 31. u. 32. Jahrg. 1893. 1894. à 12 Nrn. (1½ Bog.) gr. 4. Ebd. à Jahrg. n. 4. —

Natur- u. Volksarzt, der. Illustr. Centralblatt f. d. Gesamt-Interessen d. arzneilosen Heilkunde. Red.: M. Voigt. 33. Jahrg. 1895. 12 Nrn. (à ca. 16 S.) gr. 4. Leipzig M. Voigt. n. 4. —

— dasselbe. 34.—36. Jahrg. 1896—1898. à 12 Nrn (à ca. 16 S.) Fol. Ebd. à Jahrg. n. 4. —
Kann auch halbjährlich bezogen werden. — D. 36. Jahrg. war in Vertretg. v. Boden redigiert.

Natur- u. Volksarzt, der. Illustriertes Centralblatt f. die Gesamt-Interessen der arzneilosen Heilkunde. Verantwortlich: Boden. 37.—39. Jahrg. 1899—1901. à 12 Nrn. Fol. (à ca. 16 S.) Leipzig, M. Voigt. à Jahrg. n. 4. —
Fortsetzung s.: Blatt, freies hygienisches.

Naturarzt-Kalender. 1897. Illustr. Jahrbuch f. Freunde d. Naturheilkunde. Hrsg. unt. Mitwirkg. d. Bundesvorstandes d. deutschen Naturheilvereine v. Adf. Damaschke. gr. 8. (96 S. m. 7 Fig. u. 1 Bildnis.) Berlin, W. Möller. n. — 60

— Fortsetzg., s.: Volkskalender, hygien.

Naturaufnahmen, photographische, f. den Anschauungs-Unterricht. Hrsg. von der k. k. Hof- u. Staatsdruckerei in Wien. 1. u. 2. Lfg. (à 6 farb Taf.) 75 × 73 cm. Wien 905. 906. (Allgem. öst. Lehrmittel-Anstalt.) à 4. —; m. Leinw-Rand u. Oesen à 5. —; erh. Pr. à 5. —; bezw. 6. —

Natur-Begebenheiten, die großen, uns. Tage, erklärt aus d. Weissagungen d. heil. Schrift, od. d. Zeichen d. letzt. Zeit verglichen mit d. Zeichen uns. Zeit. Ein Wort an d. gesammte Christenheit. 1. Aufl. 830., 2—4., mit vielen Nachträgen bereich. A. (à 7 B.) gr. 8. Leipzig 831, Rein. à

Naturbeobachter, der, für Kinder, s. H. Sander, Natur u. Religion im Ausz.

Naturbeobachter für Kinder. Quedlinburg 1791. V: *Plato, Chn Carl.* (Ky)

Naturbeobachter, der, für Kinder, die ihren Schöpfer kennen lernen wollen. (a. unt. dem Tit.: Auszug a. Sanders Natur und Schönen in der Natur.) 2 Bdch. 8. Quedl. Ernst. 796.

Naturbeobachter, der, f. Kinder, die ihren Schöpfer kennen lernen wollen. 2 Bdchen. 2e unveränd. Ausg. 8. Quedlinb. 824, Ernst.

Naturbeschreibung für Elementarschulen. Mit besond. Berücksicht. des Lehrplanes von Schönen verf. von prakt. Schulmännern. 1. und 2. Aufl. 8. (88 S.) Köln 886,87, Theissing. * — 50
—— dass. — Von prakt. Schulmännern. 3. verm. und verb. Aufl. 8. (112 S. mit zahlreichen Abbild.) Ebendas. 888. cart. * — 60

Naturbeschreibung f. Elementarschulen. Von prakt. Schulmännern. 5., verm. u. verb. Aufl. 8. (112 S. m. 87 Abbildgn.) Köln 890. H. Theissing. cart. n. — 60

Naturbeschreibung f. Elementarschulen. Von prakt. Schulmännern. 7., verm. u. verb. Aufl. 8. (112 S. m. Abb.) Köln 893. H. Theissing. Kart. n. — 60

Naturbeschreibung f. Elementarschulen. Von prakt. Schulmännern. 11., verm. u. verb. Aufl. 8. (118 S. m. Abbildgn.) Köln (901). H. Theissing. Kart. n. — 60

Naturbeschreibung für Elementarschulen. Von prakt. Schulmännern. 12., verm. u. verb. Aufl. Mit zahlr. Abb.: *Köln: H. Theissing [1903].* (116 S.) 8° [F.]

Naturbeschreibung f. Elementarschulen. Von prakt. Schulmännern. 14., verm. u verb. Aufl. (118 S. m. Abbildgn) kl. 8. Köln (905). H. Theissing. Kart. n. — 60

Naturbeschreibung f. Elementarschulen. Von prakt. Schulmännern. 15., verm. u. verb. Aufl. (118 S. m. Abbild.) 8. Köln (907). H. Theissing. Kart. — 60

Natur-Bibliothek. Hrsg. v. R. H. Francé. Nr. 1—25. kl. 8. Leipzig, Th. Thomas Verlag. 6.25; geb. 12.50; die Serie v. 25 Nrn. 5. 50

Barth, H. v., aus den nördlichen Kalkalpen. Ersteigungen u. Erlebnisse. I. (Einleitung. — Die südl. Watzmannspitze. — Eine Nacht auf dem Hochvogel. — Schneesturm auf der Kaltwasserspitze.) Mit e. Einleitg. u. Anmerkgn. hrsg. v. R. H. Francé. (96 S. m. 5 Abbildgn. u. Karten.) (910.) (Nr. 20. 21.) — 50; geb. — 90

— dasselbe. II. (Verirrt im Vomperloch. — Der große Speckkarspitz.) Mit e. Einleitg. u. Anmerkgn. hrsg. v. R. H. Francé. (63 S.) (910.) (Nr. 22.) — 25; geb. — 65

Berlepsch, Herm. A. v., die Alpen in Natur- u. Lebensbildern. Ausgewählte Abschnitte aus: H. A. Berlepsch: Die Alpen in Natur- u. Lebensbildern. Mit e. Bild u. e. biograph. Skizze von F. v. Berlepsch-Valendas, hrsg. v. R. H. Francé. (78 S.) (910.) (Nr. 11.) — 25; geb. — 65

Berzelius, Jak., Versuche, die bestimmten u. einfachen Verhältnisse aufzufinden, nach welchen die Bestandteile der unorganischen Natur m. einander verbunden sind. Mit e. Einleitg. v. J. Haas. Hrsg. v. R. H. Francé. (122 S.) (910.) (Nr. 3. 4.) — 50; geb. — 90

Humboldt, Alex. v., Kosmos. I. (Über die Verschiedenartigkeit des Naturgenusses u. e. wissenschaftl. Ergründg. der Weltgesetze.) (Ausgewählte Abschn. aus A. v. Humboldts Kosmos I.) Mit e. Einleitg. v. R. H. Francé. (50 S.) (910.) (Nr. 14.) — 25; geb. — 65

— Kosmos. III. Die Entwicklg. der Naturbeschreibg. u. Landschaftsmalerei. (Ausgewählte Abschnitte aus A. v. Humboldts Kosmos m. Zusätzen u. e. Einleitg. v. R. H. Francé.) (117 S.) (910.) (Nr. 15. 16.) — 50; geb. — 90

— Reise in die Aequinoktial-Gegenden des neuen Continents. (Ausgewählte Abschnitte.) 2 Tle. Hrsg. u. eingeleitet v. R. H. Francé. (63 u. 64 S.) (910.) (Nr. 1. 2.) — 50; geb. 1. 30

Roßmäßler, E. A., der Frühling. (Roßmäßler: Die 4 Jahreszeiten.) 1. Tl. Mit e. Einleitg. u. Anmerkgn. hrsg. v. R. H. Francé. (128 S. m. 40 Abbildgn.) (910.) (Nr. 17—19.) — 75; geb. 1. 20

— Grundzüge der Meteorologie in gemeinverständlicher Darstellung. („Das Wasser". II. Teil., Das Wasser als Bestandteil des Luftmeeres.) Hrsg. u. m. Anmerkgn. versehen v. R. H. Francé. (64 S. m. 5 Abbild.) (910.) (Nr. 9.) — 25; geb. — 65

— Der Mensch u. das Weltmeer. („Das Wasser" I. Tl.) Hrsg. u. m. e. Einleitg. versehen v. R. H. Francé. (61 S.) (910.) (Nr. 8.) — 25; geb. — 65

— Der Sommer. (Roßmäßler: Die 4 Jahreszeiten. 2. Tl.) (160 S. m. 33 Abbild.) (910.) (Nr. 23—25.) — 75; geb. 1. 20

— Das Süßwasseraquarium. Eine Anleitg. zur Herstellg. u. Pflege desselben. Mit e. Einleitg. u. Anmerkgn. hrsg. v. R. H. Francé. (96 S. m. 50 Abbildgn.) (910.) (Nr. 6. 7.) — 50; geb. — 90

— Das Wasser als Regulator des Klimas. („Das Wasser". III. Tl. Grundzüge der Klimalehre.) Hrsg. u. m. Anmerkgn. versehen v. R. H. Francé. (45 S. m. 1 Abb.) (910.) (Nr. 10.) — 25; geb. — 65

Unger, F., die Pflanze als Erregungs- u. Betäubungs-Mittel. (Botanische Streifzüge auf dem Gebiet der Kulturgeschichte. II.) Eingeleitet u. m. Anmerkgn. hrsg. v. R. H. Francé. (92 S. m. 6 Abb.) (910.) (Nr. 12. 13.) — 50; geb. — 65

— Die Pflanze als Zaubermittel. (Botanische Streifzüge auf dem Gebiete der Kulturgeschichte. III.) Hrsg. v. R. H. Francé. (64 S. m. 3 Abb.) (910.) (Nr. 5.) — 25; geb. — 65

Naturbilder, ethische. Von B. M. G. 1. Centurie. Gratz 856. Ferstl. 16. (2 Bl., 36 S.) 6 ngr.

Naturbilder, ethische. Von B. M. G. 2. Centurie. 12. (38 S.) Brixen 866, Theologische Verlags-Anstalt. *

1. Centurie. Graz 1856, Ferstl'sche Buchh. * 6 Ngr.

Naturbuch, von der Fortpflanzung d. Menschen, od. physiolog.-diätet. Unterricht üb. Begattung, Erzeugung ꝛc. Mit Kpf. 8. Halle 809. Dietlein. 12 gr

Naturcalender, s. Naturkalender

Naturcatechismus, s. Naturkatechismus

Naturdenkmäler im Verwaltungsbereiche der Königlichen Klosterkammer zu Hannover. Hannover: B. Pokrantz 1907. (51 S.) 8° [F.] 07. 11685

Nature, la, et non l'église notre commune mère. Protestation contre les envahissements du cléricalisme. gr. 8. (104 S.) Rome 876. (Zürich, Meyer und Zeller.) *

Nature morte. Comédie en 1 acte par un Russe. 8. (39 S.) Wien 892. W. Frick. n. — 80

Naturelbüchlein, unterhalt., f. beiderlei Geschlechter. 16. Wien 785. Gerold. 2 gr

Naturen, rätselhafte. 1. u. 2. Bd. 8. Coethen, R. Schumann. n. 3. 50

1. Die Flagellanten. Beiträge zur Geschichte u. Psychologie des histor. Flagellantismus u. der Flagellomanie m. besond. Berücksicht. der Werke v. Giovanni Frusta u. des Abbé Boileau. Von Frz. Unger. (79 S.) 902. n. 2. —
2. Sünden, die man nicht verzeiht. Nach dem Franz. frei bearb. Von Frz. Unger. — Die Invaliden d. Geschlechtsverkehrs. Von Verus. — Die Frau u. der Flagellantismus. Nach Giov. Frusta. — Die Tanzwut des Mittelalters. Von J. F. C. Hecker. (64 S.) 902. n. 1. 50

Naturen, rätselhafte, Fortsetzg., s.: Collection „Rätselhafte Naturen".

Naturforscher, Der, eine physikalische Wochenschrift. Leipz. 1747-48. H: *Mylius, Christlob.* (ML) (MD)

„Der Naturforscher, eine physicalische Wochenschrift", 3 Teile, Leipzig 1749.

Naturforscher, Der. Halle 1774-1804. H: *Walch, Joh. Ernst Imman.* (Stück 14 ff.): *Schreber, Johann Christian Daniel von.* (BrMm) (EBHN) (ML)

— der, herausgeg. von Walch und a. Naturforsch. 30 Stück. gr. 8. Halle, Gebauer. 775—804. (1s—6s à 21 gr. 6s 1 Rthlr. 9 gr. 7s 8s à 1 Rthlr. 15 gr. 9s 2 Rthlr. 10s 1 Rthlr. 15 gr. 11s 1 Rthlr. 9 gr. 12s—15s à 2 Rthlr. 16s—18s à 1 Rthlr. 15 gr. 19s 2 Rthlr. 3 gr. 20s 1 Rthlr. 18 gr. 21s 1 Rthlr. 9 gr. 22s 2 Rthlr. 23s 1 Rthlr. 9 gr. 24s 1 Rthlr. 15 gr. 25s 1 Rthlr. 9 gr. 26s 1 Rthlr. 6 gr. 27s 1 Rthlr. 28s 2 Rthlr. 9 gr. 29s 2 Rthlr. 3 gr. 30s 9 gr.) 4

Naturforscher, Ein, Allerneueste und besondere Beobachtungen bey den Naturbegebenheiten und den Revolutionen der Erde unserer Zeit 1786.

Naturforscher, der, od. Abhandl. über ausgewählte Gegenstände aus d. Reiche d. Natur. 8. Görl. 795. Anton in Halle. 14 gr

— der, oder physikal. Spaziergänge eines Vaters mit seinen Kindern. 1s und 2s Bändch. mit Kupf. 8. Lpz. Mittler. 805.

Naturforscher, Der, oder Unterhaltungen aus dem Thier-, Pflanzen- und Mineralreich ... Berlin 1818. V: *Flittner, Chn Gfr.* (MGT)

Naturforscher, der. Wochenblatt zur Verbreitung der Fortschritte in den Naturwissenschaften. Für Gebildete aller Berufsklassen. Hersg. von Wilh. Sklarek. 1—3. Jahrg. 1868—70. à Jahrg. 52 Nrn. (Bgn.) Berlin, Dümmler's Verl. hoch 4. Jeder Jahrg. n. 4 ₰

Naturforscher, der. Wochenblatt zur Verbreitg. der Fortschritte in den Naturwissenschaften. Hrsg. v. Wilh. Sklareck. 4. u. 5. Jahrg. 1871 u. 1872. à 52 Nrn. (B.) hoch 4. Berlin, Dümmler's Verl. n. 12. — Ausg. in 12 Hftn. à Hft. n. 1. —; einzelne Nrn. — 30

— dasselbe. 6—9. Jahrg. 1873—1876. à 52 Nrn. (B.) hoch 4. Ebend. à Jahrg. n. 16. —

Naturforscher, der. Wochenblatt zur Verbreitung der Fortschritte in den Naturwissenschaften. Hrsg. von Wilh. Sklarek. 10—15. Jahrg. 1877—1882. à 52 Nrn. (1/2 B.) gr. 4. Berlin, Dümmler's Verl. à Jahrg. n. 16. —

Naturforscher, der. Wochenblatt zur Verbreitg. der Fortschritte in den Naturwissenschaften. Hrsg. v. Wilh. Sklarek. 16—18. Jahrg. 1883—1885. à 32 Nrn. (B.) gr. 4. Berlin, Dümmler's Verl. à Jahrg. n. 16. —

— dasselbe. Hrsg. v. Otto Schumann. 19. Jahrg. 1886. 52 Nrn. (B.) gr. 4. Tübingen, Laupp. n. 10. —

Naturforscher, der. Wochenblatt zur Verbreitung der Fortschritte in den Naturwissenschaften. Gegründet v. W. Sklarek. Hrsg. v. O. Schumann. 20. Jahrg. 1887. 52 Nrn. (B.) gr. 4. Tübingen, Laupp. n. 10. —

— dasselbe. 21. Jahrg. 1888. 39 Nrn. (Januar—Septbr.) Ebd. n. 7. 50
Hörte mit 1. Octbr. 1888 auf zu erscheinen und wurde mit Wochenschrift, naturwissenschaftl., vereinigt.

— der, zur angenehmen Belehrung f. jede Klasse von Lesern, vorzügl. f. die Jugend. 2 Thle. Mit 2 Kpf. 8. Berl. 805, 6. (Mittler). 2 ℳ 20 ₰

Deutsche Naturforscher und Aerzte, 51. Versammlung in Cassel, 1878. Tageblatt der —. Cassel 1878.

— 59. Versammlung in Berlin, 1886. Tageblatt der —. Berlin 1886.

— 62 Versammlung in Heidelberg, 1889. [Katalog der wissenschaftlichen Ausstellung]

— 63. Versammlung in Bremen, 1890. Festausgabe, den Theilnehmern der —. Bremen 1890.

Deutsche Naturforscher u. Aerzte. Tageblatt der 68. u. 69. Versammlung der — in Frankfurt a. M. vom 21.—28. September 1896. bezw. in Braunschweig vom 20.—25. September 1897. Frankfurt a. M. 1896. Braunschweig 1897.

Naturforscher, Der humoristische.

Album. Leipzig 1842. V: *Klencke, Philipp Frdr. Herm.* (Call)

Naturforscher, Die kleinen.

Berlin 18?? V: *Henrici, Joh. Carl Frdr.* (Ky)

— die kleinen, (v. J. K. F. Henrici). 8. Berl., Dieterici. 18 ₰

Naturforscher, die schwed., Karl Pet. Thunberg u. Joh. Wilh. Dalman. Aus d. Abhandln. d. Kgl. Akad. d. Wissenschn. zu Stockholm (übers. v. G. Mohnike.) 8. (5 B.) Stralsund 831, Struck.

Naturforschnng und Humanität. Versöhnungswort und Parteistimme eines Mediciners. gr. 8. (VII und 60 S.) Berlin 861, Asher und Comp. *

Naturfreund, der, od. Beiträge z. schles. Naturgeschichte. s. a. Endler.

Naturfreund, der, s. a. Reichenbach, H. G. L.

Naturfreund, der, s. a. Stadt- u. Landschule, 2. Bd.

Naturfreund, der. Illustrirte Zeitschrift für Pflanzenzucht im Zimmer, Pflege des Hausgartens, Vogel- und Aquariumkunde und verwandte naturwissenschaftl. Liebhabereien. Organ des Clubs für Pflanzenzucht im Zimmer in Wien. Hrsgbr. und Redact.: Otto Pfeiffer. 4. Jahrg. 1888. 12 Nrn. (Bog.) Lex.-8. Wien, (Teufen.) ** 4 —
1.—3. Jahrg., s. Zeitschrift, illustrirte, für Pflanzenzucht im Zimmer.

Naturfreund, der. Illustrirte Zeitschrift f. Pflanzenzucht im Zimmer, Pflege d. Hausgartens, Vogel- u. Aquariumkunde u. verwandte naturwissenschaftl. Liebhabereien. Organ d. Clubs für Pflanzenzucht im Zimmer in Wien. Hrsgbr. u. Redact.: Otto Pfeiffer. 5. u. 6. Jahrg. 1889 u. 1890. à 12 Nrn. (Bog.) Lex.-8. Wien, (Teufen). à Jahrg. ** 4 —
Folg. Jahrg. s. u. d. T.: Blätter, illustrirte nützliche.

—— Zeitschrift f. populäre Naturkunde u. naturwissenschaftl. Sammelwesen. Organ d. Vereins deutscher Naturfreunde zu Köln u. d. naturwissenschaftl. Vereines zu Gotha. Hrsg. v. Friedr. u. Karl Schneider. 1. u. 2. Jahrg. April 1890—März 1892. à Jahrg. 12 Nrn. (à Nr. 1 1/2 Bog. m. Taf.) gr. 8. Eschweiler, [Schneider]. Gebr. Thielen. 1. Jahrg. * 5 —; 2. Jahrg. * 4 —

Naturfreund, der. Zeitschrift f. Kauf u. Tausch v. Naturgegenständen u. Lehrmitteln, f. Zucht, Gartenbau u. das Sammelwesen. Hrsg.: Frz. Dörfler. 2. Jahrg. Mai 1895—April 1896. 6 Nrn. (Bog.) gr. 8. Wien. (Leipzig, H. Dege.) n.n. 1. 30

Naturfreund, der. Zeitschrift f. Kauf u. Tausch all. Naturalien f. Unterricht, Thierzucht, Gartenbau u. d. Sammelwesen. 3. Jahrg. Apr. 1896 März 1897. 6 Nrn. (Bog.) gr. 8. Ebd. n.n. 1. 30
Weiter nicht erschienen.

Naturfreund, der. Blätter f. Gesundheitspflege u. Naturheilkunde. Mitteilgn. d. Bundesgruppe d. westdeutschen Vereine f. Gesundheitspflege u. Naturheilkunde. Schriftleiter: Wilh. Fricke. 3. Jahrg. 1898. 12 Nrn. (Bog.) gr. 8. Bielefeld (A. Helmich). n. 1. 50

Naturfreund, der. Naturwissenschaftliche Halbmonatsschrift f. alle Stände. Hrsg. unter Mitwirkg. v. namhaften Gelehrten u. Naturfreunden v. Wilh. Lorch. 1. Jahrg. April 1902—März 1903. 24 Nrn. gr. 4. (à ca. 16 S.) Witten, W. Hoppstädter. n. 3. 70

Naturfreund, der. Naturwissenschaftliche Halbmonatsschrift f. alle Stände. Hrsg. unter Mitwirkg. v. namhaften Gelehrten u. Naturfreunden v. Wilh. Lorch. 2. Jahrg. April—Oktbr. 1903. 12 Nrn. (à ca. 8 S.) gr. 4. Witten (Ruhr), W. Hoppstädter. n. 2. —
Erscheint nicht mehr.

Der Naturfreund. Naturwiss. Halbmonatsschrift f. alle Stände. Hrsg. von Wilhelm Lorch. Nr 1–24. [Mehr nicht ersch.] Witten a. d. R.: Krüger in Komm. 1902–03. 4° Ho. 4511 6

Naturfreund. Der N'. Ein Wegweiser durch empfehlenswerte Erholungsinstitute. [Illustriert.] [IV + 12 S.] 4. (Bern, Steiger, [1904].)

Naturfreund, der, in abwechselnd. u. interess. Darstellungen aus d. gemalten Welt ꝛc. 3e A. gr. 8. Berl. 803. W. Oehmigke. 1 ℳ 12 ₰, 5e A. Mit 12 Kpf. 8. Ebd. 813. (Sander). 1 ℳ 12 ₰

Naturfreund, Der kleine,

ein Weihnachtsgeschenk für wissbegierige Kinder. Leipzig 1806. V: *Höpfner, Joh. Georg Christian.* (MGT) (Ky)

— der kleine, ein Weihnachtsgesch. mit illum. Kupf. 8. Lpz. Kummer. 806.

Naturfreund, Der — Ungarns. Redigirt und herausgegeben von Dr. Josef v. Nagy und Adolf Franz Lang. Neutra, 1856/57. Dr. von Gebrüder Siegler in Komorn. 1–3. Heft. (S. 1–69. und 9 lithogr. und kolorirte Taf. gr. 4.)

Naturfreund, der — Ungarns. Redigirt und herausgegeben von Dr. Josef v. Nagy und Adolf Franz Láng. 4. Heft. Neutra, 1857. Dr. der Gebrüder Siegler in Komorn. (S. 71–114 und eine kolorirte Abbild. 4.)

Naturfreund Ungarns, der — Red. u. herausg. v. *Jos. v. Nagy* und *Adolf Franz Láng*. I. Jhrg. V. u. VI. Heft. (Septemb. u. Nov.) *Neutra* 1857. *Komorn*, gedruckt bei *Gebr. Siegler*. S. 115–171, gr. 4°. Mit einer Tafel Abbildungen (Krustenthiere) und einem Landschaftbilde (Trentschin-Teplitzer Bad) in Fol. 6 Hefte 5 fl.

INHALT. **I. Jahrg. V. Heft.** Kurze Abhandl. über die Meteorologie und die Art der Beobachtung der Luftphänom. — **Reiseskizzen aus d.** nordwestl. Ungarn — Der Diamant. **Der Ackerboden.** Die künstliche Fischzucht. — **VI. Heft. Reiseskizzen aus dem** nordwestl. Ungarn. — Der Fleischsaft. — **Der Ackerboden.** — Aus der Insektenwelt.

Naturfreund, der — Ungarns. Redigirt und herausg. v. Dr. J. Nagy und Franz Ad. Láng in Neutra. *Komorn* 1858. *Gebr. Siegler*. II. Jhrg. 1. Heft. S. 1—23. Fol. 2-spalt.
Pränum.-Preis für 6 Hefte 5 fl.

INHALT. **Die Wärme von Prof. *A. Fuchs*. — Reiseskizzen aus der Sahara von Graf *Carl Forgách jun.* — Beitrag zur Kenntniss des Branchipus ferox** Edw. von *Corn. Chyzer* u. ***Alex. Tóth*. — Miszellen.**

Naturfreund, der — Ungarns. Red. u. herausgegeben von Dr. Jos. Nagy und Franz Adolf Láng in Neutra. *Comorn* 1858. Gebr. *Siegler*. II. Jahrg. 2. und 3. Heft. 17 und 37 S. fol. 2spaltig. Mit 1 Ansicht und 1 Taf.
Preis für 6 Hefte — 5 fl.

INHALT. 2. Heft. **Zur naturwissenschaftlichen Kenntniss** des Vaterlandes. (Nach Dr. *A. Kerner*.) — **Das Wasser und die** uft als Agentien **der Naturerscheinungen. Von Prof. Dr. *Lutter* in Schemnitz. — Reiseskizzen aus der Saharrah.** Vom **Grafen** *Carl* ***Forgách*, jun. (Forts.) (3. Heft.)** — 3. Heft. Dob**schau in geologischer und mineralogischer** Hinsicht. (Von **Dr. *A. Kiss*.) — Der Wein.**

Für **Naturfreunde**. Ill. Wochenblatt f. volkstüml. Naturkunde. Hrsg. von Dr. med. F[ritz] Sexauer u. Kgl. Seminarlehrer L. Busemann. Jg. 1, Nr. 1. Godesberg: Naturwiss. Verl. 1910. 4° [illegible]

Natur- u. Kunst-Gartenbuch. 8. Grätz 793. Miller. (Penz). 1 ß 4 gr Hdg. Pr. 16 gr

Naturgedanke, Der. Pacanow 1909. V: *Haller*, *Edmund*. (EB)

Naturgemälde, Deutsche. . . . Leipzig 1803. V: *Georgi*, *Wilhelm Gottlieb.* (Mitt. d. Ver. f. Hamb. Gesch. 9, 522 f.) (Zeitschr. f. Büch. 1923, S. 83)

Naturgemälde, deutsche, mit Abbildd. von Landhäusern u. Gartenanlagen. gr. 8. Leipz. 803. Tauchnitz. 1 ß 8 gr (A. u. d. T.: Erinnerungen an Hamburg in Briefen e. Reisenden ꝛc.)

Naturgemälde, deutsche, mit Abbildungen von Landhäusern u. Gartenanlagen. gr. 8. Leipz. Tauchnitz. 813.
Hat auch d. Titel:
Erinnerungen an Hamburg.

Natur- und Sittengemälde, Kleine. Zittau 1790—91. H: *Kretschmann*, *Carl Friedrich* & *Salomo Schorcht.* (MGT) (Adel) (Ky) (JL)

§ **NATUR**- und Sitten-Gemälde, Kleine. 2 Thle. Mit Titelvignetten. Zittau bey Johann David Schöps. 1790—91. 8°. 362 u. 358 S. (In München: P. o. germ. 1003.)

Natur- und Sittengemälde, S. M. Klinger's; aus dessen Schrift gezogen. Pesth 1819. B: *Michaelis*, *Christian Friedrich.* (Ky)

Naturgemälde der neuentdeckten Polar- und Tropenländer, oder Merkwürdigkeiten der neuen Welt. Brünn 1819. V: *Sartori*, *Franz.* (GGr) (WBL) (EngG) (Ky)

Naturgemählde der neu entdeckten Polar- und Tropenländer, oder Merkwürdigkeiten der neuen Welt, der Urbewohner, ihrer Beschaffenheit ꝛc. 2 Thle. 8. Brünn, Traßler. (Leipzig, Hartmann.) 819.

Natur- und Sittengemälde zum Vorlesen und Diktiren für Kinder. Erfurt 1826. V: *Lindemann*, *F. L. v.* (Ky)

Natur- u. Sittengemälde z. Vorlesen u. Diktiren f. Kinder. 8. Erfurt 826, Marina.

Natur- u. Sittengemälde z. Vorlesen u. Diktiren f. Kinder, (v. F. C. v. Lindemann). 8. Erf. 826. (Otto). 12 gr

Naturgeschichte

— das ist, faßl. Unterricht in Fragen u. Antworten, über alle Gegenstände d. Natur. Mit 100 Vign. 8. Münch. 831. Jaquet. 6 kr Weiß Pap. 8 kr

— die, in getreuen Abbildd. u. mit ausführl. Beschreib. derselben. 1e Abtheil. Säugethiere. 20 Hfte. Mit 145 ill. Steintaf. 4. Halberst. 829. Brüggemann. 4 ß 4 gr ill. 10 ß 2e Abtheil. Amphibien. 10 Hfte. Mit 76 Taf. Ebd. 2 ß 2 gr ill. 5 ß 3e Abtheil. Vögel, (v. Chr. A. A. Buhle). 16—106 Hft. Mit 76 Steintaf. Ebd. 2 ß 2 gr ill. 5 ß

Naturgeschichte, die, in getreuen Abbildungen u. mit ausführl. Beschreibung derselben, von C. A. Buhle, Th. Thon u. A. B. Reichenbach. (I.) Insekten. Von Th. Thon. 26 Hefte compl. Mit Steintaf. schmal gr. 4. Leipzig 835 — 38. Eisenach. (à 5 gr) 5 5/12 ß, ill. (à n. 1/2 ß) 13 ß

Naturgeschichte, die, in getreuen Abbildd. ꝛc. (II.) Säugethiere. 20 Hefte compl. Mit 147 Taf. Abbildd. schmal gr. 4. Ebd. ... (à 5 gr) 4 1/6 ß, ill. (à 1/2 ß) 10 ß

— dies. (III.) Fische. Von A. B. Reichenbach. 10 Hfte. (à 1 B. u. 6 Steintaf.) gr. 4. Ebd. 838 — 40. à 5 gl, ill. à n. 1/2 ß

— dies. (IV.) Vögel. 27 Hfte. Mit 184 Taf. Abbildd. gr. Lex.-8. Ebd. 833 — 35. 16 — 26s H. (à 5 gl, 27s H. 7 gl) 5 ß 17 gl; ill. 16 — 26s H. (à 1/2 ß, 27s H. 5/6 ß) 13 5/6 ß

Naturgeschichte, die, in getreuen Abbild. u. mit ausführl. Beschreib. derselben. — Pflanzenreich, VII Fasc. od. 70 Hefte. gr. Lex.-8. (M. Steintaf.) Leipzig 841—45, Eisenach. Fasc. I—V. à 2 1/2 ß — color. à n. 5 ß — Fasc. VI. VII. 4 1/12 ß — color. n. 8 1/3 ß (compl. 14 1/2 ß — color. n. 33 1/3 ß)

— dies. Würmer. Von A. B. Reichenbach. 11 Hefte. gr. Lex.-8. (Mit Steintafeln.) Ebend. 2 5/6 ß — Illum. n. 6 5/6 ß — Carton. A. u. d. T.: Conchilien rc. ders. Preis.

—— allgemeine, in getreuen Abbildungen, mit erläut. Text v. A. W. 1. Abthl. Hauptformen d. gesammt. Thierreichs. 1. u. 2. Hft. gr. 8. (32 lith. Abbild. u. 3 1/2 B. Text.) Berlin 829, Natorff u. Comp. à H.

— allgem., im Grundrisse. 8. Wien 814. Bauer u. D. 1 ß Hbg. Pr. 10 gl Schrbp. 1 ß 8 gl Hbg. Pr. 14 gl

— allgem. histor.-physiolog., der Gewächse, v. C. F. v. W. (Welling). Mit 36 Kpft. gr. 8. Gotha 791. Ettinger. 3 ß Mit ill. Kpf. 7 ß

— allgem. historisch-physiolog. d. Gewächse. D. Liebhabern d. Pflanzenbaues gewidmet. (Von Christ. Friedr. v. Welling.) Mit 36 Kpf. gr. 8. Gotha, 1791. (Halle, Heynemann.) 3. — ill. 7. —

— allgem., f. die Jugend. Mit 83 Kpf. Fol. Augsb. 781. (Ulm. J. Ebner). 20 gl

— allgem., aller 3 Reiche, mit beigefügt. französ. u. latein. Benennungen. 8 Thle. Mit 620 ill. Kpf. gr. 8. Augsb. 806, 7. Daisenberger. (Joachim in Leipz.) 20 ß (Einzeln auch unt. folg. Titeln: 1r u. 2r Thl. Naturgesch. des Thierreichs. 2 Bde. Mit 312 ill. Kpf. 6 ß 16 gl 3r, 4r u. 5r Thl. Naturgesch. d. Pflanzenreichs. 3 Bde. Mit 81 ill. Kpf. 6 ß 6 gl 6r Thl. Naturgesch. d. Mineralreichs. Mit 14 ill. Kpf. 2 ß 2 gl 7r u. 8r Thl. Naturgeschichte d. Menschen. 2 Bde. Mit 213 ill. Kpf. 5 ß).

Naturgeschichte und Theorie, Allgemeine, des Himmels. O. O. 1755. V: *Kant, Immanuel.* (ADB)

— allgem., u. Theorie des Himmels, nach Newtonischen Grundsätzen. 8. Königsb. 755. Hartung. 6 gl

Naturgeschichte, Allgemeine, der vierfüssigen Thiere. Göttingen 1832. V: *Riepenhausen, Franz.* (Ky)

—— allgemeine, d. vierfüss. Thiere. (Von F. Riepenhausen.) Pferde. 1. Hft. Schmal qu. gr. 4. (2 1/2 B., 8 Kpfr. u. 6 Vign.) Göttingen 832, Dieterich.

Naturgeschichte, Allgemeine, des Thier-, Pflanzen- und Mineralreiches. I. Abth. Nürnberg 1839. V: *Bruch, Carl L. W.* (Ky)

—— allgem., des Thier-, Pflanzen- u. Mineralreiches. (Von Bruch.) In 3 Abthln. — 1. Abthl. Das Thierreich. 1. u. 2. Lfg. Fol. (12 col. Kpfrt. u. 3 1/2 B. Text, gr. 8.) Nürnberg 839, Fr. Nap. Campe. à *

Naturgeschichte der Amphibien rc. s. a. Tiedemann, Fr.

—— der Amphibien, Fische, Weich- u. Schaalenthiere, Insekten, Würmer u. Strahlenthiere in Bildern treu n. d. Natur, theils n. d. ausgezeichn. zoolog. Bildersammln. gez., f. u. getreu col. z. Anschauungs-Unterr. f. d. Jugend in Schulen u. Familien. Nach d. Anordn. d. allgem. bekannten u. beliebten Lehrb. d. Naturgesch. f. Schulen v. G. H. v. Schubert. Mit erklär. Texte in deutscher u. franz. Sprache. Fol. (30 lith. Taf. u. 6 1/2 B.) Eßlingen 842, Schreiber. *

— der Amphibien, Fische, Weich- u. Schaalenthiere, Insekten, Würmer u. Strahlenthiere in Bildern treu nach der Natur, theils nach den ausgez. zoolog. Bildersammlungen gezeichnet, fein u. getreu colorirt zum Anschauungs-Unterricht für die Jugend in Schulen u. Familien, nach der Anordnung des allgemein bekannten u. beliebten Lehrbuchs d. Naturgeschichte für Schulen von G. H. v. Schubert. Mit erklär. Texte in deutscher u. französ. Sprache. Fol. (Mit 30 lith. Taf.) Eßlingen 845, Schreiber. n. 2 ß

Naturgeschichte der Amphibien, Fische, Weich- u. Schaalenthiere, Insekten, Würmer u. Strahlenthiere in Bildern, treu theils nach der Natur, theils nach den ausgezeichnetsten zoolog. Bildersammlungen gezeichnet, fein u. getreu color. zum Anschauungs-Unterricht für die Jugend in Schulen u. Familien nach der Anordnung des allgemein bekannten und beliebten Lehrbuchs der Naturgeschichte für Schulen von Dr. G. H. v. Schubert. Außerdem zu jedem Lehrbuche der Naturgeschichte passend, mit erklärendem Texte in deutscher u. französischer Sprache. Stuttgart 854. Schreiber u. Schill. Fol. (2 Bl., 24 S. u. 30 lith. Taf.) n. 2 ß.

Naturgeschichte der Amphibien, Fische, Weich- u. Schaalenthiere, Insekten, Würmer u. Strahlenthiere in Bildern, treu, theils nach der Natur, theils nach den ausgezeichnetsten zoolog. Bildersammlungen gezeichnet, fein u. getreu color. zum Anschauungs-Unterricht für die Jugend in Schulen u. Familien nach der Anordnung des allgemein bekannten u. beliebten Lehrbuchs der Naturgeschichte für Schulen von G. H. v. Schubert. (2. Aufl.) Eßlingen 865. Schreiber. Fol. (30 Steintaff. mit 25 S. Text in deutscher u. französischer Sprache.) cart. n. 2 ß

— der Amseln, Lerchen, Nachtigallen u. Wachteln. 8. Altona 779. Bechtold. 4 gl

— der Bäume; aus d. besten Schriftstellern. 1r Bd. Mit Kpf. Fol. Heilbr. 783. Cless. 1 ß 8 gl

— der in Deutschland einheim. Bäume rc., s. a. Darstell. einheim. Bäume rc.

Naturgeschichte der in Deutschland einheimischen Bäume, Sträucher, Küchengewächse, Oel-, Farbe- und anderen Kräuter, Kleine. Th. 1. 2. Mit ill. Abbild. Dresden 1811. 12.
A. u. d. T.: Darstellung einheim. Bäume u. Sträucher in 5? Abbildd.

NATURGESCHICHTE der Berlinerin von D*****. Berlin, o. J. 8°. (60 Pfg. R. Seligsberg, Bayreuth, 1896.)
— — Dasselbe. Von ***. 4. Auflage. Berlin 1885. 8°. 124 S. (Bibl. d. Vereins f. d. Geschichte Berlins.) (1 Mk. J. Taussig, Prag, c. 1901.)

Naturgeschichte der Berlinerin. 4. Aufl. Berlin [1885]. V: *Kohut, Adolph.* (stadtBiblBerlin XII, S. 193)

—— der Berlinerin. Von ***. 4.—7. Aufl. 12. (III, 124 S.) Berlin 885—88, Ißleib. * 1 50

— u. Beschreib. der Nelken, nebst e. Anh., wie man diese schöne Blume erziehen, warten, ordnen u. vor Krankheiten bewahren u. heilen soll. Mit ill. Kpf. 8. (Leipz., Joachim). 1 ß

— u. Beschreib. d. Nelken, nebst e. Anh., wie man diese schöne Blume erziehen, warten, ordnen u. v. Krankheiten bewahren u. heilen soll. Mit ill. Kpf. 8. Regensburg. 1810. Neue Ausg. 1817 u. 1826. (Leipzig, Melzer.) 1. —

Naturgeschichte, biblische. 16. (7 Chromolithogr. mit eingedr. Texte und 1 Bl. Text.) Wien 877, Erstes Wiener Depot evangelischer Druckschriften.) *

— biblische, für Schulen u. Familien. Mit (vielen) Abbildd. (in Holzschnitt). Herausg. von dem Calwer Verlags-Verein. gr. 12. Calw 836. (Stuttgart, Steinkopf.) n. 1/4 ß — 2e verb. Aufl. gr. 12. Ebd. 836. n. 1/3 ß

Naturgeschichte, Biblische,
für Schulen und Familien . . . 3. Aufl. Calw 1838. V: *Barth*, *Chn Glob.* (winer)

— biblische, für Schulen u. Familien. Herausgeg. von dem Calwer Verlags-Verein. 4. verm. u. verb. Aufl. (Mit vielen Holzschnitten.) gr. 12. Calw 842. (Stuttgart, J. F. Steinkopf.) n. 1/4 ß — 5. verm. Aufl. 12. Ebd. 846. n. 1/4 ß

Naturgeschichte, biblische, f. Schulen u. Familien. Hrsg. v. dem Calwer Verlagsverein. 8. umgearb. Aufl. 8. (IV, 308 S. m. eingedr. Holzschn.) Calw 874. Stuttgart 875. J. F. Steinkopf in Comm. n. 1. —

—— in Bildern, s. a. Strack, Fr.

— — in Bildern und monatl. Heften. Mit erklär. Text v. Fr. Strak. 18 bis 348 Heft. Steindruck. gr. 4. Düsseldorf, Arnz. 819 — 821. Jedes Heft schwarz à 7 Gr. illum. à 14 Gr.

Naturgeschichte in Bildern, 358—568 Heft, jedes mit 6 Steindrucktaf. 4. Düsseldorf 824, Arnz u. Comp. Jedes Heft 8 gr. illum. 16 gr. 7 Rthl. 8 gr. ill.

— — dieselbe in Lieferungen, v. Ebend. I. Liefer. Säugthiere. N. A. Mit 380 Abbild. gr. 4. Ebend. 819. schwarz.
illum.

— — dieselbe II. Liefg. Vögel. 72 Blatt. gr. 4. Ebend. 820. schwarz.
illum.

— — dieselbe III. Lief. Amphibien. Mit 36 Taf. gr. 4. Ebend 821. schwarz
illum.

— dies. mit erläut. Text v. Prof. Dr. Strack. 4e Lief. Fische. Mit 144 ill. Kpfr. gr. 4. Ebd. 824, Ebd.

— in Bildern. Mit erklär. Text, v. Fr. Strak. 1e Liefrg. Säugethiere. 84 Bl. Steindr. gr. 4. Düsseld. 819—26. Arnz. 4 ß 12 gl ill. 9 ß — 2e Liefrg. Vögel. 72 Bl. gr. 4 Ebd. 820. 3 ß 18 gl ill. 7 ß 12 gl — 3e Liefrg. Amphibien. Mit 36 Taf. gr. 4. Ebd. 821. 1 ß 21 gl ill. 3 ß 18 gl — 4e Liefrg. Fische. 144 Bl. 4. Ebd. 824. ill. 15 ß — N. Aufl. Säugethiere. 14 Hfte, jedes mit 6 Taf. gr. 4. Ebd. 828—30. (à 16 gl) 9 ß 8 gl — Vögel. 16—278 Hft. gr. 4. Ebd. 828—31. à Hft. 16 gl

— in Bildern. Mit erläut. Text von Fr. Strack. 288—398 Hft. (158—258 Hft. 3e Aufl. 839, 40.) (Vögel.) (à 6 ill. Steintaf. und 1 1/2 B. Text.) qu. gr. 4. Düsseldorf 832—34. Arnz u. Comp. (à 2/3 ß) 8 ß — 16—278 Hft. à 2/3 ß Vergl. Thl. IV. S. 211.

— dass. 3e Aufl. Säugethiere. 18—148 Hft. à 6 Steintaf. und 1/2 B. Text. gr. 4. Ebd. 835—38. (à 1/3 ß) 7 ß

— in Bildern, mit 188 Holzschnitten und erklär. Texte. 4. Bern 837. Jenni Sohn. 2 ß

Naturgeschichte in Bildern. gr. 8. (41 lith. Taf.) Gotha 850, Becker. n. 28 ngl

Naturlehre in Bildern. Gemeinfaßliche Darstellungen aus dem Gebiete der Naturlehre, enth. eine Beschreibung der allgemeinen Eigenschaften der Körper, die Gesetze des Gleichgewichts und der Bewegung fester, flüssiger und luftförmiger Körper rc. Mit mehr als 250 Bildern (auf 11 ill. Stnt.) und erläut. Text. 2. (Titel-) Aufl. gr. 4. (43 S.) Stuttgart (853)64, Nitzschke. In Mappe. *

—— bildliche, aller drei Reiche, mit vorzügl. Berücksicht. der für das allgem. Leben wichtigeren Naturproducte. Unter Mitwirkung von G. Bill, E. Fenzl, L. Fitzinger, J. Heckel hrsg. von V. Kollar. 1—3. Lfg. Lex.-8. Pesth. (Leipzig, Hartleben's Verlags-Expedition.)
Lfg. 1. Die Säugethiere. Mit 146 Abbildungen. (192 S. mit 32 ill. und 1 schw. Stnt. und lithogr. Titel.) 848. 3 Thlr.
» 2. Die Vögel. Mit 144 Abbildungen. (S. 193—364. mit 23 ill. und 1 schw. Stnt.) 848. 2 Thlr. 18 Ngr.
» 3. Die Amphibien und Fische. Mit 72 Abbildungen. (2. Bd. S. 1—166 und 11 ill. Stnt.) 850. 1 Thlr. 15 Ngr.

— bildliche, aller drei Reiche, mit vorzüglicher Berücksichtigung der für das allgemeine Leben wichtigeren Naturproducte. Unter Mitwirkung von G. Bill, E. Fenzl, L. Fitzinger, J. Heckel. Herausg. von V. Kollar. Wien 853. Hartleben. Lex.-8.
2. Bd.: Bildliche Naturgeschichte des Thierreiches. 2. Thl. Die Amphibien, die Fische und die wirbellosen Thiere. Bearb. von V. Kollar, L. Fitzinger und J. Heckel. Mit 457 Abbildgn. auf 31 Taf. 4. Liefg. Die ruckgratlosen, wirbellosen Thiere. Mit 20 (lith. u.) color. Taf. (S. 167—510.) 2 ß. 21 ngr
3. Bd.: Bildliche Naturgeschichte des Pflanzenreichs in Umrissen nach seinen wichtigsten Ordnungen dargestellt von Ed. Fenzl. 1. u. 2. Liefg. (2 Bl., X, S. 1—80 u. 5 lith. Taf.) 27 ngr

Naturgeschichte für Bürgerschulen, s. Rothe

Naturgeschichte der Elephanten nach Büffon u. A. 8. Nürnb. 799. Felßecker. 6 gl

— empfehlende, f. Kinder. 8. Altenb. 787. (Rauck in Lpz.) 6 gl

— des Fasans, nach Ausz. aus d. Schriften d. besten Naturforscher. gr. 8. Frkf. a. M. 780. Brönner. 3 gl

— — d. Fische, Amphibien und Insecten. 12. Nürnberg, Campe. 820.

— der Fische, Amphibien u. Insekten. Mit Kpf. 12. Nürnb. 821. Campe. 6 gl

NATURGESCHICHTE der galanten Frauen in Berlin. Mit (etw. freiem) Titelbild. Altona 1869. 12°. Nicht erot. (1 1/2 Mk. Unflad; 3 1/2 Mk. Bielefeld.)

—— des menschl. Geistes. (Von Ferd. v. Sommer.) 1. Thl. Die Lehre v. d. Formen d. Denkens u. d. Rede. gr. 8. (20 B.) Braunschweig 832, [Horneyer.]

Naturgeschichte des Geistes und Ursprung des Krieges. Leipzig 1780. V: *Lindemann, Johann Gottlieb.* (MGT) (Ky)

— des Geistes u. Ursprung des Krieges, (v. J. G. Lindemann). 8. Leipz. 780. Kummer. 8 gr

— der Giftpflanzen, die in der Oestreich. Pharmacopoe officional sind. Mit 60 ill. Kpft. gr. 8. Wien 807. (Barth in Lpz.) 6 ℛ 16 gr

Naturgeschichte Giftpflanzen Pharmakopie

Naturgeschichte der Giftpflanzen, die in der Oesterreichischen Pharmakopie officinäl sind. 220 S., gbd., 58 Taf.

Wien: von Reilly 1807

JB 1.235

— der Hausthiere, mit Hinsicht ihrer Benutzung in der Oekonomie u. Technologie, zur belehr. Unterhaltung für Kinder. 3e verm. Aufl. Mit 17 ill. Kpf. 8. Leipz. 822. (Cnobloch). 1 ℛ

— des Himmels. s. a. Kant.

Naturgeschichte mit Hinsicht auf Brauchbarkeit. Wien 1808. V: *Zappe, Joseph Rudolph.* (EBHN) (Ky)

Historisch-physiologische Naturgeschichte der Pflanzen. Gotha 1792. 8°.

— der vorzügl. bayersch. Holzarten, n. ihr. Gebr. in d. Landw., d. Gewerb. und in Officinen. 8. Münch. Lentner. 793. —

— der Hunde, nebst Stammtafel. 8. Leipz., (Nauck). 16 gr

Naturgeschichte d. Hunde nach ihren verschiedenen Arten, Erziehung u. Abrichtung nebst Anweisung, wie man die Krankheiten d. Hunde ... heilen soll u. wie man dieselben zu medicin., pharmacevt. u. anderm Gebrauch benutzen kann. Augsb. 1790. (16) 374 S.

— der Hunde. 8. Leipz. 794. P. Vogel. 6 gr

— illustrirte. I—IV. (Bd.). Leipzig 857. Schaefer. 16. Jeder Bd. mit 16 lith. u. color. Taf. n. 20 ngr.
I. (Bd.) Illustrirte Naturgeschichte der Säugethiere nach den Werken von Buffon, Lacépède, Cuvier, Latreille, Oken u. A. bearb. (VIII, 399 S.)
II. (Bd.) Illustrirte Naturgeschichte der Vögel 2c. (VI, 324 S.)
III. (Bd.) Illustrirte Naturgeschichte der Amphibien und Fische 2c. Nebst einer Beschreibung des Fischfangs, der künstlichen Vermehrung der Fische und Anleitung sich Süßwasser- u. Marine-Aquarien anzulegen. (VI, 305 S. m. Holzschn. im Text.)
IV. (Bd.) Illustrirte Naturgeschichte der wirbellosen Thiere 2c. (VII, 336 S.)

Naturgeschichte, Illustrirte, des Thierreichs. Leipzig 1847—48. V: *Pöppig, Eduard Friedrich.* (EB)

— illustrirte, des Thierreichs. Mit 4000 Abbild. (in Holzschn.) 1.—6. Liefg. gr. Fol. Leipzig 846, Weber. à n. 1/3 ℛ

— illustrirte, des Thierreichs. Anatomie, Physiologie u. Geschichte der Säugethiere, der Vögel, der Lurche, der Fische u. der wirbellosen Thiere. Mit 4000 Abbildgn. (Holzschn.) 7—34. Lfg. Fol. (1. Bd. Säugethiere. S. 201—312. 2. Bd. Vögel. VIII u. 288 S. 3. Bd. Lurche u. Reptilien. 150 S. 4. Bd. Wirbellose Thiere. XXX u. 296 S.) Leipzig 847—50, Weber. à n. 1/3 ℛ (cplt. n. 11 1/3 ℛ) (2 Ausg. s.: Pöppig, Ed.)

— der Insekten. 2 Thle. Mit Kpf. Fol. Heilbr. 778. Class. 3 ℛ

— — der Insekten f. d. Jugend. 12. Ebend. 820.

— der Insekten f. d. Jugend. Mit Kpf. 12. Nürnb. 821. Campe. 6 gr

Naturgeschichte d. Juden. gr. 16. (3 S.) Graz 895. Verlags-Comptoir „Minerva". n. -- 30

— f. die Jugend, Amphibien. Mit ill. Kpf. 8. Lpz. 790. (Nauck). 1 ℛ 12 gr

F. A. S., Naturgeschichte für die Jugend. 1. Th. Von den Säugethieren. 2. stark verm. Aufl. Altona und Lpz. 1795. — 5. Th. 1. Bd. Von den Käfern. Sm. St. 1796. — 2. Bd. Von den Schmetterlingen. Sm. St. 1799. (M. Tvl.). (O. m. T. Unterhaltungen in der Naturgeschichte zum nützlichen Gebrauch für die Jugend).

— f. die Jugend, Vögel. Mit ill. Kpf. 8. Leipz. 796. (Nauck). 1 ℛ 12 gr

— f. die Jugend, Amphibien, mit ill. K. 8. Lpz. Sommer. 799. 1

— f. die Jugend, Schmetterlinge. Mit ill. Kpf. 8. Leipz. 799. (Nauck). 3 ℛ 12 gr

— zum Gebr. der Jugend. gr. 8. Landsh. Marhagen. (B. Fleischer in Lpz.) 806. —

— zum Gebr. d. Jugend. gr. 8. Landsh. 806. (Storno). 10 gr

Naturgeschichte für die Jugend. Aus dem Lesebuche von Dr. Bumüller u. Dr. Schuster. 2. Aufl. Mit vielen Abbildungen (Holzschn.). Freiburg im Br. 861. Herder. 12. (236 S.) 9 ngr.

—— für die Jugend. 8. Aufl. 8. (224 S. mit vielen Abbild. in eingedr. Holzschn. und Holzschntaf.) Freiburg i. Br. 875, Herder'sche Verlagsh. * 60 Pf.; geb. *
Aus: Bumüller und Schuster, Lesebuch, besonders abgedruckt.

— für Kinder, mit K. 2 Thle. 8. Dresden, Hilscher. 815.

— für Kinder in möglichst vollständ. Abbildungen aus allen 3 Naturreichen mit Text. qu. Fol. (Mit 34 Steintaf.) Neu-Ruppin 845, Kühn. (Leipzig, Thomas.) geb. n. 1 1/3 ℛ

— für Kinder, in Beschreibungen u. Erzählungen. 1. Heft: Säugethiere. 12. Barmen 841, Steinhaus. geb. 2 ngr

—— die, für Kinder und Elementarschüler oder erster Unterricht über das Mineralreich, Pflanzenreich und Thierreich mit über 300 ill. Abbild. 8. (XVI und 204 S. mit 20 Stnt.) Stuttgart 855, Schreiber und Schill.

Kleine Naturgeschichte oder Beschreibung der in Deutschland einheimischen Bäume, Sträucher ... Dresden 1813. 2 Tl.

— kleine, für Anfänger. Mała historya naturalna dla zaczynajacych. (Von Rektor Krupski.) 2. Heft. Zoologie. 8. Rogasen 846, Alexander. n. 6 ngl

Naturgeschichte, kleine, d. in Deutschland einheim. Bäume, Sträucher, Küchengewächse etc. f. Kinder. A. u. d. T.: Gesellschafter f. d. Jugend etc. 1. Thl. mit 58 ill. Abb. Bäume u. Sträucher. 2. Thl. mit 74 ill. Abb. Küchenkräuter. 12. Dresden, 1811 u. 12. (Gottschalck.) 2. 20

— — s.: Darstellung, bildliche.

—— kleine und leicht faßliche, besonders auch zur Beförderung des religiösen Gefühls für Jugendlehrer und die liebe Jugend bearb. gr. 8. (IV und 108 S.) Freiburg im Br. 852, Wagner'sche Buchh. *.

—— und Naturlehre, kleine, f. d. Jugend, üb. alle Gegenstände d. Natur, wie sie auf d. Erde gefunden werden, wachsen, leben u. erfunden worden sind. M. 112 Holzschn. (u. 1 ill. Ttlkpfr.) 8. (14 B.) München 831, [Jaquet.]

—— kleine, nach dem natürl. System d. Prof. Oken, s. Thierwelt.

—— kleine, d. vierfüß. Thiere f. Kinder. — Petite Histoire naturelle des Quadrupèdes. — Enth. 48 ill. Bild. u. Erklärn. ders. in deutsch. u. franz. Sprache. gr. 8. (6 B.) Wien 828, Müller.

— kleine, des Thierreiches mit Bildern. 96 Taf. mit 480 Abbildungen in Farbendr. 16. (XIV, 140 S.) Basel 878. Spittler. n. 3. 20

—— kleine, des Thier-, Pflanzen- und Mineralreichs für die Jugend. 2. Aufl. 8. (XVI und 204 S. mit 460 ill. Abbild. auf 20 Stnt.) Eßlingen 866, Schreiber. cart.

— kleine, der Vögel f. Kinder. — Petite histoire naturelle des Oiseaux. — Enth. 48 ill. Bilder u. Erklärungen derselben in deutsch. u. französ. Sprache. gr. 8. Wien 828. Müller. 1 ℔

— kleine, f. die kleinen Vögelfreunde, s. Bilderbuch, ornithologisches.

— kleine, f. d. kleinen Vögelfreunde, oder: Unterhalt. üb. die vorzüglichsten Sing- und Stubenvögel Deutschlands ꝛc. mit illum. Kupf. 4. Breslau, Meyer. 808.

mit schw. K.

(hat a. den Tit. Ornitholog. Bilderbuch.)

— der Kohlraupe, sammt Mitteln zu ihrer Vertilgung. 8. Münch. 768. (Franz). 4 gl

Naturgeschichte, Kurze, doch hinreichende, für Bürger- und Landschulen. Erfurt 1806. V: *Dilthey, Carl.* (Ky)

— kurze, des Menschen, für junge Leute dargestellt. m. K. 8. Nürnb. Zeh. 792. —

illum. —

— kurze, des Thierreichs, mit moral. Anwend. 3 Thle. Mit 173 Kpft. 8. Nürnb. 789—91. Zeh. 4 ℔ Mit ill. Kpf. 6 ℔

—— kurzgefaßte, f. Schule gemeinnütz. Kenntnisse ꝛc.

Naturgeschichte, Kurzgefasste, der vorzüglichsten baierischen Holzarten nach ihrem verschiedenen Gebrauche in der Landwirthschaft ... München 1793. V: *Huber, Candidus.* (Ky) (Engoec) (MGT) (Call)

— kurzgefaßte, der vorzügl. Holzarten, nach ihrem verschied. Gebrauche in der Landwirthschaft bei Gewerben u. in Officinen, (v. ... Huber). 8. Münch. 793. Lentner. 12 gl (Weber in Landsh.) 9 gl

—— kurzgefaßte, f. Töchter aller Stände. 8. Kaschau 837. [Pesth, Heckenast.]

Naturgeschichte, Kurzgefasste, der schädlichsten Waldinsekten ... München 1800. V: *Berchtold, Leopold Graf von.* (BrMm)

Naturgeschichte nach Lebensgemeinschaften. Für die Volksschule bearb. v. mehreren Lehrern. 1.—7. Hft. 8. Langensalza, Schulbuchh. n. 2. 85

1. Haus u. Hof. 4. Aufl. (VI, 61 S.) 893. n. — 35
2. Die Flur. 4. Aufl. (IV, 60 S.) 894. n. — 40
3. Die Wiese. 3. Aufl. (IV, 58 S.) 893. n. — 40
4. Der Wald. 3. Aufl. (IV, 83 S.) 893. n. — 50
5. Auf fremder Erde. 2. Aufl. (IV, 59 S.) 894. n. — 40
6. Im Innern der Erde. (IV, 56 S.) 893. n. — 40
7. Der Mensch. (IV, 56 S.) 894. n. — 10

— nach Lebensgemeinschaften. Für die Volksschule bearb. v. mehr. Lehrern. 1. u. 3.—8. Hft. 12. Langensalza, Schulbuchh. n. 2. 85

1. Haus u. Hof. 5. Aufl. (VI, 62 S.) 895. n. — 35
3. Die Wiese. 4. Aufl. (IV, 60 S.) 895. n. — 40
4. Der Wald. 4. Aufl. (IV, 84 S.) 895. n. — 50
5. Auf fremder Erde. 3. Aufl. (IV, 59 S.) 898. n. — 40
6. Im Innern d. Erde. 2. Aufl. (IV, 56 S.) 895. n. — 40
7. Der Mensch. 2. Aufl. (IV, 56 S.) 895. n. — 40
8. D. Erde als Ganzes. (IV, 52 S.) 896. n. — 40

Naturgeschichte nach Lebensgemeinschaften. Für die Volksschule bearb. v. mehreren Lehrern. 1.—3. 6. 8. u. 9. Hft. 8. Langensalza, Schulbuchh. n. 4. 10

1. Haus, Hof u. Garten. 6. verb. Aufl. 8. (VI, 62 S.) 902. n. — 50
2. Die Flur. 5. Aufl. 12. (IV, 60 S.) (900.) n. — 40
3. Die Wiese. 5. Aufl. 12. (IV, 60 S.) (900.) n. — 40
6. Im Innern der Erde. 3. Aufl. 12. (IV, 56 S.) 901. n. — 40
8. Die Erde als Ganzes. 2. Aufl. 8. (IV, 52 S.) 902. n. — 40
9. Für die Volks- u. Mittelschule nach den einzelnen Schuljahren bearb. v. mehreren Lehrern. 8. (III, 203 S.) 901. Kart. n. 2. —

Naturgeschichte in Lebensgemeinschaften. Für die Volksschule bearb. v. mehreren Lehrern. 4., 5. u. 7. Heft. 8. Langensalza, Schulbuchh. n. 1. 60

4. Der Wald. 6. verb. Aufl. (IV, 84 S.) 903. n. — 60
5. Auf fremder Erde. 4. verb. Aufl. (IV, 59 S.) 903. n. — 50
7. Der Mensch. 3. verb. Aufl. (VI, 56 S.) 903. n. — 50

—— für Lehrer- und Lehrerinnen-Bildungsanstalten, von Ant. Bisching, Math. Wretschko und Wilh. Zenz, s. Bisching, Ant.

— lustige, in lammfrommen Versen u. Bildern. Schildert die Schöpfg., wie sie war vom Anfang, bis daß sie auf den Hund kam. Allen Naturfreunden zum Studium empfohlen v. B. Lämmchen. gr. 4. (56 S. m. Abbildgn.) Braunschweig (902). Verlag Hercynia. 1. 50

— meine populäre, s.: Humor, dem, eine Gasse.

— des Menschen, saunten: Naturgesch. aller 3 Reiche ꝛc.

— — des Menschen, enthaltend die Anatomie, die Physiologie, die Abbild. und Beschreibungen der verschiedenen Völker der Welt. 2 Bde. Mit Kupf. 8. Regensburg, Daisenberger.
Mit illum. Kpfrn.

— des Menschen, oder: Leichtfaßl. Darstellung des Baues des menschl. Körpers u. der physischen Verrichtungen desselben im gesunden Zustande. Bearb. von einem prakt. Arzte. gr. 8. Prag 844, Leitmeritz, Medau. 3/4 ₰

— des alpinen Menschen. Zwei humorist. Vorträge von L. P. 8. (31 S.) Stuttgart 887. (Lutz.) — 60

Naturgeschichte der alpinen Menschen. Zwei humoristische Vorträge von *L. P.* In-8°, 31 S. Stuttgart, H. Lindemanns Buchhandlung (P. Kurtz). 1887 — 80

—— der leipziger Messe und lebende Bilder aus Leipzig. 1. Heft. 8. (30 S. und 1 Ttlkpfr.) Leipzig 847, Glück's Separat-Conto.

Naturgeschichte des Mineral-, Pflanzen- u. Thierreichs. Ein Lehrbuch für Bürger- und Landschulen, sowie auch zur Selbstbelehrung für Erwachsene. In zweimal 42 Lectionen abgefaßt von einem Lehrervereine. Herausgeg. v. H. Kaiser. 8. Leipzig 843, Drobisch. 5/12 ₰

Naturgeschichte des Mönchthums. Mit naturhistorischen Abbildungen [4 Tafeln]. 2. Abdruck einer Ausg. die 1783… in Wien erschien, vermehrt mit zeitgemässen Zusätzen und Verbesserungen (°*Umschlag:* 2., vermehrte Ausg.). [Hrg. von Franz Sebastian Ammann.] 8. Bern 1841.

— des Mönchthums. Neue vermehrte u. verb. Aufl. Mit naturhistorischen Abbildungen. gr. 8. Mit 4 lith. Blättern. Bern 841. (Jenni, Sohn.) 1/4 ₰ — 2. Abdruck einer Ausgabe, die 1783 unter Kaiser Joseph in Wien erschien, vermehrt mit zeitgemäßen Zusätzen u. Verbesserungen. 2. verm. Ausg. 8. Ebend. 841. 1/4 ₰

Naturgeschichte u. Naturlehre. Zum Gebrauche für deutsche Schulen u. Institute, kurz zusammengezogen von J. H. 4., theilweis verm. u. verb. Aufl. München 869. (J. A. Finsterlin.) 8. (103 S.) cart. n. 6 ngr

Naturgeschichte und Naturlehre zur Dämpfung des Aberglaubens. Hamburg u. Kiel 1793. V: *Fischer, Hnr. Ludwig.* (StAt) (BrMm) (Ky) (MGT) (Rotermund, Gel. Hannover. Bremen 1823.) S. a. Nr. 6610.

— u. Naturlehre zur Dämpfung d. Aberglaubens, (v. H. C. Fischer). 8. Hamb. 793. Campe. 1 ₰ 8 gl.

Naturgeschichte, Neueste, des Mönchthums beschrieben im Geiste der Linnäischen Sammlungen. O. O. 1783. V: *Born, Ignaz Baron von.* (BGE)

— neueste, des Mönchthums, beschrieb. im Geiste d. Linnéischen Samml. Mit Kpf. gr. 8. Münch. 783. Strobl. 8 gl (Lindauer). 3 gl

[F.] Zur **Naturgeschichte** des Nörglers. Von *,* 2. Aufl. *Berlin: W. Issleib [1897].* (72 S.) 1 Bd 8. [97. 6169

— zum Nutzen u. Vergnügen, von d. Verfassern d. Archivs aller bürgerl. Wissenschaften. 1r Bd. Mit 2 Kpf. 8. Hamb., (Campe). 16 gl

— ökonom., d. häusl. Thiere für d. deutschen Landmann u. die Jugend. 8. Münch. 785. (Fleischmann). 8 gl

Naturgeschichte eines Papagei's (Karicatur-Abbildung desselben, halbseitig). . . . . München 1860. Druck der J. Deschler'schen Officin in der Vorstadt Au. Gr. 8°. Zahm.
7 S. (incl. Tit.). Mit 3 Text-Holzschnitten.

Naturgeschichte der vorzüglichsten und nutzbarsten einheimischen Pflanzen. Elbingen 1786. V: *Gleditsch, Johann Gottlieb.* (Ky)

— der vorzügl. u. nutzbarst. einheim. Pflanzen, (v. J. G. Gleditsch). Mit Kpf. gr. 8. Elbing. 786. Hartmann. 1 ₰ 8 gl, illum. 2 ₰ 8 gl

— d. vorzügl. nutzbarst. einheim. Pflanzen, für die Jugend, Gartenliebhaber, Gärtner und Landwirthe, mit ausgem. Abbildungen, nach der Natur. gr. 8. Gotha, Ettinger. 792.

— d. vorzügl. nutzbarsten einheim. Pflanzen, f. d. Jugend, Gartenliebhaber, Gärtner etc. (Von J. G. Gleditsch.) Mit Kpf. gr. 8. Elbing, 1786. Hartmann. 1. 8. ill. 2. 8
— — Dass. Gotha, 1792. (Halle, Heynemann.) 7. —

— des Pflanzenreichs, s. unten: Naturgesch. aller 3 Reiche.

— — d. Pflanzenreichs. 3 Bde. M. Abbild. gr. 8. Ebend.
Mit illum. Abbild.

—— des Pflanzen-Reichs. Großer Pflanzenatlas mit Text für Schule und Haus. 80 Großfoliotaf. mit mehr als 2000 fein kolor. Abbild. und 40 Bog. erläut. Text nebst zahlreichen Holzschn. Hrsg. von M. Fünfstück. 40 Lfgn. Fol. (à Lfg. 2 Taf. mit Text 148 S.) Stuttgart 885—87, Süddeutsches Verlagsinstitut, vorm. Hänselmann. à Lfg. * 50 Pf. * 20 —
compl. geb. * 25 —

— des Pflanzenreichs in Bildern. Nach der Anordnung des allgemein bekannten und beliebten Lehrbuchs der Naturgeschichte von Dr. G. H. v. Schubert. Unter Mitwirkung von Ch. F. Hochstetter. Stuttgart 854. Schreiber u. Schill. Fol. (49 S. deutscher u. 49 S. französ. Text u. 72 lith. u. color. Taf.) 5 ₰

— plastische, des Thierreichs, od. systemat. Beschreib. d. merkwürd. Thiere, u. ihre in Kupfer gestoch., illum. u. ausgeschnitt., z. Aufstellen eingericht. Abbildung. Zur nützl. u. lehrr. Unterhaltung für d. Jugend. Mit 8 Bog. Text. gr. 8. Wien 828. Müller. 1 ₰ 10 gl

Naturgeschichte, populäre, der drei Reiche. 2. Abtheil. Mineralogie und Geologie von F. S. Beudant. Aus dem Französischen von Ludwig Carl. Stuttgart. 1845. gr. 8.

— und Produkten-Geschichte von Sardinien v. Azuni. (ist ein besond. Tit. v. Azuni's Gemälde rc. 2r Bd.) gr. 8. Lpz. Junius. (Gleditsch.) 783.

—— der schädl. Raupen an Obstbäumen, mit d. Anweis., dies. zu vertilgen. Für Schullehrer u. Oekonomen. Von e. Freunde d. Obstbaumzucht (L. Dick). gr. 8. (2 1/4 B.) Bonn 840, (Habicht.)

Naturgeschichte der drei Reiche. Stuttgart. 8. — Inhalt:

Band 1: **Leuckart** (F. S.), Allgemeine Einleitung in die Naturgeschichte. Stuttgart 1832. 8.

Band 2: **Blum** (R.), Lehrbuch der Oryctognosie. Stuttgart 1833. 8.

Desgl. die 2. Aufl. Stuttgart 1845. 8.

Band 3: **Leonhard** (K. C. von), Lehrbuch der Geognosie und Geologie. Stuttgart 1835. 8.

Desgl. die 2. Aufl. Stuttgart 1852. 8.

Band 4. 5. 6: **Bischoff** (G. W.), Lehrbuch der Botanik. 2 Bände (Band 2 in 2 Abth.). Stuttgart 1834—40. 8. — Anhang zur Botanik. Stuttgart 1839. 8.

Band 7—12: **Voigt** (F. S.), Lehrbuch der Zoologie. 6 Bände. Stuttgart 1835—38. 8.

Band 13—15: **Brown**, Geschichte der Natur. 3 Bände. (Band 3 in 2 Abth., jede in 2 Hälften). Stuttgart 1841—49. 8.

Supplementband zum mineralogischen Theil: **Blum** (R.). Lithurgik der Mineralien und Felsarten systematisch abgehandelt. Stuttgart 1840. 8.

Atlas zum Lehrbuch der Zoologie. der Botanik, der Geologie und zur Geschichte der Natur. 1 Band. Stuttgart. 4.

—— der drei Reiche. Zur allgem. Belehr. bearb. v. G. W. Bischoff, J. R. Blum, H. G. Bronn, K. C. v. Leonhard, F. S. Leuckart u. F. S. Voigt. Mit Abbildn. 1—27. Lfg. gr. 8. Stuttgart, Schweizerbart. à

A. u. d. Ttln.:

Bischoff, Gtlo. Wilh., Lehrbuch d. Botanik. Mit Atlas. (1—7. Lfg. od.) 1. Bd. (32½ B.), u. 2. Bd. (B. 1—23.) 834, 35.

(Des Hauptwerks Lfg. 4. 9. 12. 15. 19. 21. 27.)

Blum, J. Reinh., Lehrbuch d. Oryktognosie. (4 Lfgn.) (32 B. u. 201 eingedr. Holzschn.) 833, apart 2 Thlr.

(Des Hauptwerks Lfg. 2. 3. 6. 8.)

Leonhard, Karl Cäs. v., Lehrbuch d. Geologie u. Geognosie. (7 Lfgn.) (55½ B., 8 lith. u. z. Thl. ill. Abbild. u. 6 Holzschn.) 833—36., apart 4 Thlr.

(Des Hauptwerks Lfg. 5. 7. 10. 14. 18. 22. 23.)

Leuckart, Friedr. Siegm., allgem. Einleitung in d. Naturgesch. (9 B.) 832.

(Des Hauptwerks Lfg. 1.)

Voigt, Friedr. Siegm., Lehrbuch d. Zoologie. Mit Atlas. (1—8. Lfg. od.) 1. Bd. (33 B.) u. 2. Bd. (B. 1—28.) 833—35.

(Des Hauptwerks Lfg. 11. 13. 16. 17. 20. 24—26.)

—— der drei Reiche. Zur allgem. Belehr. bearb. v. G. W. Bischoff, J. R. Blum, H. G. Bronn, K. C. v. Leonhard, F. S. Leuckart u. F. S. Voigt. 28—71. Lfg. Nebst Atlas. 4—6 Lfg. gr. 8. Stuttgart, Schweizerbart'sche Buchh. à Thlr.

A. u. d. Ttln.:

Bischoff, Gtlo. Wilh., Lehrbuch d. Botanik. [2. Bd. 1. Thl. (B. 24—34¼, u. 3 B. Erklärung d. Taf.) 836., 2. Thl. (53 B.) 836—39., 3. Bd. 1 Thl. (B. 1—34.) 839, 40., 2. Thl. (B. 35—82¼.) 840—42.

(Des Hauptwerks Lfg. 28. 29. 32. 35. 38. 41. 42. 44. 45. 52. 55. 56. 59. 60. 62. 63. 67—69.)

Blum, J. Reinha., Supplement zum mineralog. Theile. (2 Hälften.) — A. u. d. T.: Lithurgik od. Mineralien u. Felsarten nach ihrer Anwend. in ökonom., artist. u. techn. Hinsicht systemat. abgehand. v. J. Reinhard Blum. gr. 8. (31½ B., 3 Stahlst. u. 53 eingedr. Holzschn.) 839.

(Des Hauptwerks Lfg. 48. 49. 53. 54.)

Bronn, H. G., Geschichte d. Natur. 1. Bd. (28 B.), u. 2. Bd. (B. 1—19.) 842.

(Des Hauptwerks Lfg. 64—66. 70—72.)

Voigt, Friedr. Sigm., Lehrbuch d. Zoologie. 3. Bd. (36 B.) 837., 4. Bd. (29 B.) 838., 5. Bd. (29 B.), 6. Bd. (18¼ B.) 840.

(Des Hauptwerks Lfg. 30. 31. 33. 34. 36. 37. 39. 40. 43. 46. 47. 57. 58. 61.)

1—27. Lfg. u. Atlas Lfg. 1—3. Ebendas. 1834, 35. à L. 7½ Gr. — Der Atlas wird gratis geliefert. Die angegebenen Lfgn. des Atlasses bei den Schriften von Bischoff u. Voigt im 8. Bde. a. a. O., sind zu streichen.

—— der drei Reiche. Zur allgem. Belehrung bearb. v. G. W. Bischoff, J. R. Blum, H. G. Bronn, K. C. v. Leonhard, F. S. Leuckart u. F. S. Voigt. 72—80. Lfg. gr. 8. Stuttgart 843, Schweizerbart'sche Buchh. à Lfg. 9½ Ngr.;

A. u. d. Ttl.:

Bronn, H. G., Geschichte der Natur. 2. Bd. (Bog. 20—53¼. Schluß.) u. 3. Bd. (Bog. 1—32.)

Vgl. 9. Bd. 2. Abthl. S. 74. u. 10. Bd. Bronn, H. G. Handbuch.

—— die drei Reiche, von G. W. Bischoff, J. R. Blum, H. G. Bronn, K. C. v. Leonhard, F. S. Leuckart und F. S. Voigt. 81—96. (letzte) Lfg. gr. 8. Stuttgart 847—49, Schweizerbart'sche Vrlgsh. à Lfg. 9½ Ngr.

Auch unter dem Titel:

Bronn, H. G., Geschichte der Natur. 3. Bd. 2 Thle. (92 und 96 Bog.) Vgl. 10. Bd. 2. Abthl. S. 66. Der Preis des vollständ. Werkes ist 30 Thlr.

—— dass. 2. Bd. A. u. d. Ttl.: Lehrbuch der Oryktognosie von J. Reinhard Blum. Mit 390 krystallograph. Figuren. 2., verm. u. verb. Aufl. gr. 8. (45⅝ B.) Ebds. 845.

—— dass. 3. Bd. A. u. d. Ttl.: Lehrbuch d. Geognosie u. Geologie v. Carl Cäsar v. Leonhard. M. viel. lithograph. theils ill. Taf. u. Holzschn. 2., verm. u. verb. Aufl. 1—3. Lfg. gr. 8. (24 B., 3 ill. u. 1 schw. Stnt., 1 Stahlst. u. Holzschn.) Ebds. 846, 47. à Lfg. 18 Ngr.;

— der drei Reiche. bearb. v. G. W. Bischoff, J. R. Blum, H. G. Bronn, K. C. v. Leonhard, F. S. Leuckart u. F. S. Voigt. 3. Bd.: Lehrbuch der Geognosie u. Geologie von Carl Cäsar v. Leonhard. 2. verm. u. verb. Aufl. 2—8. Lfg. gr. 8. Mit 1 Stahlst. 2 (lith. u. col.) Taf. 4 (lith. u. col.) Profiltaf. (wovon 3 in gr. 4. u. 1 in qu. Fol.) u. eingedr. Holzschn. gr. 8. (S. XIII—XXII u. 128—1056.) Stuttgart 847—49, Schweizerbart. à 18 ngr (3. Bd. cmplt. 4 ℔ 24 ngr)

— dies. 15. Bd. A. u. d. T.: Handbuch einer Geschichte der Natur von Heinr. G. Bronn. 3. Bd. 1. Abth. 1. Hälfte. [3. Thl.: Organisches Leben Fortsetzung.] Index palaeontologicus bearb. unter Mitwirkung der HH. H. R. Göppert u. Herm. v. Meyer. A. Nomenclator palaeontologicus, in alphabetischer Ordnung. A—M. gr. 8. (LXXXIV u. 775 S.) Ebd. 849. 3 ℔ 9 ngr

—— der drei Reiche. Zur allgemeinen Belehrung bearb. von G. W. Bischoff, J. R. Blum, H. G. Bronn, C. C. v. Leonhard, F. S. Leuckart und F. S. Voigt. 7. Bd. 2. (Titel-)Ausg. A. u. d. T.: Lehrbuch der Zoologie von F. S. Voigt. Mit einem Atlas von 22 Taf. in 4. 2. (Titel-)Ausg. (In 6 Bdn. oder 22 Lfgn.) 1—3. Lfg. gr. 8. (1. Bd.: Allgemeine Zoologie. Specielle Zoologie, Säugethiere. S. 1—503.) Stuttgart 853, Schweizerbart'sche Vrlagsh. à Lfg. 9¾ Ngr. —

—— dass. — 8—12. Bd.: Spezielle Zoologie. 2. (Titel-)Ausg. A. u. d. T.: Lehrbuch der Zoologie von F. S. Voigt. Mit einem Atlas von 22 (Kpfr.-)Taf. in 4. 4—18. Lfg. oder 2—6. Bd. 2. (Titel-)Ausg. gr. 8. (2205 S. und 8 S. Erklärg. der Kpfrt. in gr. 4.) Ebds. 853. à Lfg. 9⅜ Ngr. 4

—— dass. — 2. Bd. A. u. d. T.: Lehrbuch der Oryktognosie von J. Reinhard Blum. Mit 333 krystallograph. Fig. (in eingedr. Holzschn.) 3., verm. und verb. Aufl. gr. 8. (XVIII und 674 S.) Eds. 854.

—— der drei Reiche. Zur allgemeinen Belehrung bearb. von G. W. Bischoff, J. R. Blum, H. G. Bronn, C. C. v. Leonhard, F. S. Leuckart und F. S. Voigt. Botanik (Anhang.) A. u. d. T.: Wörterbuch der beschreibenden Botanik oder die Kunstausdrücke, welche zum Verstehen der phytograph. Schriften nothwendig sind. Lateinisch-deutsch und deutsch-lateinisch bearb., alphabet. geordnet und erklärt von Glieb. Wilh. Bischoff. 2., verb. und verm. Aufl. mit Berücksicht. der neueren botan. Schriften bearb. von J. A. Schmidt. gr. 8. (VI und 231 S.) Stuttgart 857, Schweizerbart'sche Verlagsh.

Naturgeschichte, die, der 3 Reiche. Ein Handbüchlein für Schulen u. Familien. Hrsg. vom Calwer Verlags-Verein. 12. (VI u. 408 S.) Calw 847. Stuttgart, J. F. Steinkopf in Comm. n. ⅓ ℔

—— der drei Reiche. Ein Bilderbuch für artige Kinder. qu. gr. 4. (14 ill. Stnt.) Stuttgart 862, Thienemann. cart.

— der drei Reiche. Ein Bilderbuch für artige Kinder. Stuttgart 869. Thienemann. qu. gr. 4. (14 color. Holzschntaf.) cart. 18 ngr.

— der drei Reiche, m. 520 Abbildgn. u. beschreib. Text. Fol. (48 farb. Taf. m. Text auf der Rückseite u. I S. Text.) Stuttgart (901). G. Weise. Geb. 6. —

—— nach allen drei Reichen f. Schule u. Haus. In Verbind. mit J. F. Naumann ꝛc., bearb. v. H. Gräfe. 1—9. Hft. gr. 8. (45 B.) Eisleben 834, Reichardt. à

Naturgeschichte nach allen drei Reichen f. Schule u. Haus. In Verbind. mit J. F. Naumann bearb. v. Heinr. Gräfe. 3 Bde. (od. 29 Hfte.) gr. 8. Eisleben. [Berlin, Hermes.] à H. $1/6$ Thlr.

Bd. 1. Das Thierreich. (69 B.) 834—36.
" 2. Das Pflanzenreich. (45 B.) 836—38.
" 3. Das Mineralreich. ($24\frac{1}{2}$ B.) 837, 38.

Wird auch in 2 Bdn. (1. Thierreich, 2. Pflanzen- u. Mineralreich, 2 Abthln.) ausgegeben. Die Angabe im 8. Bde. ist zu streichen. — 2. Aufl. von obigem Werke, s. Gräfe, Heinr. — Atlas hierzu, s. Naumann, Jul.

— der Säugethiere in Bildern, für Kinder. Nebst kurzen Beschreibungen. 1s Heft: Hausthiere. 2s Heft: Jagdwild. (Mit 12 ill. Steindr.) 8. Siegen 840. Friedrich. (à $1/4$ Thlr) $1/2$ Thlr

—— der Säugethiere mit Bildern, treu theils nach der Natur, theils nach den ausgezeichnetsten zoolog. Bildersammlungen gezeichnet, fein und getreu color. zum Anschauungs-Unterricht für die Jugend in Schulen und Familien nach der Anordnung des allgemein bekannten rc. Lehrbuchs der Naturgeschichte für Schulen von G. H. v. Schubert. Außerdem zu jedem Lehrbuche der Naturgeschichte passend, mit erklär. Texte in deutscher und französ. Sprache. Fol. (16 S. mit 30 ill. Stnt.) Stuttgart 854, Schreiber und Schill. Thlr.

— der Säugethiere in Bildern, treu theils nach der Natur, theils nach den ausgezeichnetsten zoologischen Bildersammlungen gezeichnet, fein u. getreu color. zum Anschauungs-Unterricht für die Jugend in Schulen u. Familien nach der Anordnung des Lehrbuchs der Naturgeschichte für Schulen von Geh. Hofrath Prof. Dr. G. H. v. Schubert. Außerdem zu jedem Lehrbuche der Naturgeschichte passend, mit erklär. Texte in deutscher u. französ. Sprache. (Neue Ausg.) Stuttgart 860. Schreiber & Schill. Fol. (16 S. u. 30 lith. u. col. Taf.) n. 2 Thlr

— der Säugethiere in Bildern, treu, theils nach der Natur, theils nach den ausgezeichnetsten zoolog. Bildersammlungen gezeichnet, fein u. getreu color. zum Anschauungs-Unterrichte für die Jugend in Schulen u. Familien nach der Anordnung des allgemein bekannten u. beliebten Lehrbuchs der Naturgeschichte für Schulen von G. H. v. Schubert. (2. Aufl.) Eßlingen 865. Schreiber. Fol. (30 Steintaff. u. 16 S. Text in deutscher u. französischer Sprache.) n. 2 Thlr

Naturgeschichte der Säugethiere für Kinder. 1. Heft: Hausthiere. — 2. Heft: Jagdwild. Mit (lith. u.) gemalten Bildern. Neue (Titel-)Ausg. Wiesbaden (840.) 854. Friedrich. 12. Jedes Heft von 24 S. Text u. 12 Bildern 7 ngr.

— der Säugethiere u. Vögel in Bildern für Kinder. Nebst kurzen Beschreibungen. 4 Hefte, jedes mit 12 color. Bildern. ... Siegen 842, Friedrichs B. 16 ngr. Einz. à Heft $1/6$ Thlr

Naturgeschichte der vornehmst. Säugethiere; e. Spiel- u. Lesebuch f. Kinder. Mit Kart. u. 18 Kpf. 8. Bresl. 786. (Mittler in Leipz.); (a. Coppenrath in Münster). 10 gr — Erschien 1797 unter d. veränd. Titel: Schicksale d. merkw. Säugethiere. 8. Ebd. 12 gr

— der deutschen Schmetterlinge, f. die Jugend, mit e. Anweis. sie zu fangen u. zu erhalten. 8. Halberst. 805. (Vogler in Potsd.) 8 gr

Naturgeschichte aus den besten Schriftstellern . . . Heilbronn 1782—85. H: *Weber, Friedrich August.* (MGT)

Naturgeschichte für Schule und Haus. (16 T mit ungarischem Text) (Természetrajizi Abrák) qufol auf Pappe. Stuttgart, Pest 1873

Naturgeschichte für Schulen. Eisenach 1781. V: *Otto, Joh. Gfr.* (MGT)

Naturgeschichte der Spann- oder Blüthraupe . . . Arnstadt 1796. V: *Eberhard, Johann Carl.* (MGT) (Ky)

— der Spann- u. Blütraupe; nebst e. leichten u. sichern Mittel sie zu vertilgen, (v. J. K. Eberhard). 8. Arnstadt (796.)

—— des deutschen Studenten. Von † Plinius d. Jüngsten. M. 12 Federzeichn. v. Joh. Gtfr. Apelles. 1. Aufl. (14 B.) 841., 2. A. 8. ($14\frac{1}{2}$ B.) Leipzig 842, [Lorck.] à

Naturgeschichte des deutschen Studenten . . . Leipzig 1842. V: *Wolff, Oscar Ludwig Bernhard.* (EE)

— des deutschen Studenten. Von Plinius dem Jüngsten. Mit (12) Federzeichn. von Jh. Gfr. Apelles. 8. Leipzig 842, Weber. $1\frac{1}{3}$ Thlr

— des Deutschen Studenten. Von Plinius dem Jüngsten (O. L. B. Wolff). Mit 41 Illustr. von Apelles. 3. verm. u. verb. Aufl. 8. (VIII u. 208 S.) Leipzig 847, Lorck. n. $1\frac{1}{3}$ Thlr — 3. verm. u. verb. Aufl. Neue (Titel-) Ausg. 8. (XVI u. 208 S.) Leipzig 850, E. Kretzschmar. 1 Thlr

Naturgeschichte des Kremsmünsterer Studenten von einem ehemaligen Studiosus. 2. Aufl. Linz 1877. V: *Krakowizer, Ferd.* (Bibl.-Kat. d. Mus. Francisco-Carol. in Linz. Linz 1897.)

— der Thiere in Bildern, treu nach der Natur, theils nach den ausgezeichnetst. zoologischen Bildersammlungen gezeichnet, fein u. getreu colorirt zum Anschauungs-Unterricht für die Jugend in Schulen und Familien. Nach der Anordnung des allgemein bekannten u. beliebten Lehrbuchs der Naturgeschichte für Schulen von G. H. von Schubert. Außerdem zu jedem Lehrbuch der Naturgeschichte passend, mit erklär. Texte in deutscher u. franz. Sprache. 1e Lfrg. Säugethiere. 1s—3s Hft. (à 10 Steint.) Fol. Eßlingen 840. Schreiber. à n. $2/3$ Thlr

— der Thiere Deutschlands mit naturgetreuen Abbild. in lith. Buntdruck. 15 Liefg. (1. Bd.) Säugethiere. Mit 28 Taf. u. 2. Bd. Vögel. Liefg. 1—7. (16.—22. des ganzen Werkes.) Mit 15 Taf. Abbildung. gr. 8. Görlitz 845, 46, Sachse. à n. 6 ngr

— der Thiere Deutschlands. 2. Bd.: Vögel. 8—20. Lfg. gr. 8. (S. 59—162 m. 26 lithochrom. Taf.) Görlitz 847—48, Sachse. à n. $1/6$ Thlr

Naturgeschichte der vierfüssigen Thiere aus Büffon, Wurfbein, Rössel . . . zusammengetragen . . . Heilbronn 1773-74. V: *Decker, Joh. Math. & Frdr. August Weber.* (EBHN) (Ky)

— der vierfüß. Thiere, aus d. besten Schriftstellern zusammengetragen, (v. J. M. Decker u. F. A. Weber). Mit Merian. Kupferstichen. Naturgesch. d. vierfüß. Thiere. Mit Regist. 6 Thle. Fol. Heilbr. 773, 74. (Claß). 10 Thlr — Naturgesch. d. Vögel. 12 Thle. Fol. 775—86. Ebd. 16 Thlr 8 gr

— der vierfüß. Thiere, mit Fig., v. J. H. Meil, u. geschnitten (nebst Beschreibb.) v. J. L. Haf. 3 Stcke. 8. Berl. 793. Maurers B. 12 gr, illum. 1 Thlr

— — der vierfüßigen Thiere für die Jugend. Mit Kpfrn. 12. Nürnberg, Campe. 820.

— der vierfüß. Thiere f. die Jugend. Mit Kpf. 12. Nürnb. 821. Campe. 6 gl

—— des Thierreichs. Für d. Jugend u. ihre Freunde. 1—4. Bdchn. (N. d. Engl. bearb. v. G. W. Becker.) 16. Leipzig, Weber.

T. u. d. Ttln.:

Bdchn. 1. Die Insekten u. ihre Wohnungen. (19⅛ B. u. 48 Holzschn.) 835. 16 Gr.
" 2. Die Vögel u. ihre Nester. (... B. u. 63 Holzschn.) 835. 21 Gr.
" 3. Die Säugethiere u. d. Mensch. (20 B. u. 70 Holzschn.) 838. 1 Thlr. 6 Gr.
" 4. Die Fische. (20⅛ B. u. 48 Holzschn.) 839. 18 Gr.

Naturgeschichte des Tierreichs. Großer Bilderatlas mit Text für Schule und Haus. 80 Großfoliotaf. mit mehr als 1000 fein kolor. Abbild. und 40 Bog. erläut. Text, nebst zahlreichen Holzschn. Hrsg. von hervorragendsten Künstlern und Fachgelehrten. 40 Lfgn. gr. Fol. (198 S.) Stuttgart 884,85, Hänselmann's Verlag. à Lfg. 50 Pf. geb. *

—— des Tierreichs. Großer Bilderatlas mit Text für Schule und Haus. 80 Großfoliotaf. mit mehr als 1000 fein kolor. Abbild. und 40 Bog. erläut. Text, nebst zahlreichen Holzschn. Hrsg. von hervorragendsten Künstlern und Fachgelehrten. In 40 Lfgn. 2. und 3. Aufl. (50 Bog. Text.) Fol. Ebendas. 886. à Lfg. * 50 Pf. * 20 —
compl. geb. * 25 —

— des Tierreichs. Großer Bilderatlas m. Text f. Schule u. Haus. 80 Großfol.-Taf. m. mehr als 1000 fein kolor. Abbildgn. u. 50 Bogen erläut. Text, nebst zahlr. Holzschnitten. Mit e. allgemeinen Einleitg. v. C. B. Klunzinger. 4. Aufl. (In 40 Lfgn.) 1. Lfg. Fol. (8 S. m. 4 Taf.) Ebd. 890. n. — 50

— d. Tierreichs. Großer Bilderatlas m. Text f. Schule u. Haus. 80 Großfol.-Taf. m. mehr als 1000 fein kolor. Abbildgn. u. 50 Bog. erläut. Text, nebst zahlreichen Holzschn. Mit e. allgemeinen Einleitg. v. C. B. Klunzinger. 4. Aufl. 2.—40. Lfg. Fol. (S. 9—198.) Stuttgart 891. Süddeutsches Verlags-Institut. à n. — 50
(kplt. geb.: n. 25. —)

— des Tierreichs. Großer Bilderatlas m. Text f. Schule u. Haus. 80 Großfolitaf. m. mehr als 1000 fein kolor. Abbildgn. u. 50 Bog. erläut. Text nebst zahlr. Holzschn. Mit e. allgem. Einleitg. v. C. B. Klunzinger. 5. [Titel-] Aufl. (198 S.) Fol. Wien [891] (903). Szelinski & Co. Kart. n. 20. —

— des Thier-, Pflanzen- u. Mineralreichs in color. Bildern nebst erläut. Text. 1. Abth. Naturgeschichte des Thierreichs in 3 Thln. Mit 696 Abbildungen auf 90 (lith. u. color.) Taff. (in qu. gr. Fol.) Eßlingen 867—70. Schreiber. Fol. Jeder Thl. geb. n. 2 ℛ

1. Thl. Naturgeschichte der Säugethiere, mit 159 color. Abbildungen auf 30 Taff. Zum Anschauungs-Unterricht für die Jugend in Schulen u. Familien. Mit e. Vorrede von Gotth. Heinr. v. Schubert. 4—6. Aufl. (19 S. Text.)
2. Thl. Naturgeschichte der Vögel, mit 195 color. Abbildgn. auf 30 Taff. Zum Anschauungs-Unterricht für die Jugend in Schulen u. Familien. Mit e. Vorrede von Gotth. Heinr. v. Schubert. 4—8. Aufl. (11 S. Text.)
3. Thl. Naturgeschichte der Amphibien, Fische, Weich- u. Schalenthiere, Insekten, Würmer u. Strahlenthiere, mit 342 color. Abbildungen auf 30 Taff. Zum Anschauungs-Unterricht für die Jugend in Schulen u. Familien. Mit e. Vorrede von Gotth. Heinr. v. Schubert. 4—7. Aufl. (18 S. Text.)

Naturgeschichte des Thier-, Pflanzen- und Mineralreichs in color. Bildern nebst erläut. Text. 1. Abthl.: Naturgeschichte des Thierreichs in 3 Thln. Mit 696 Abbild. auf 90 (lithogr. und color.) Taf. (in qu. gr. Fol.). Fol. Eßlingen, Schreiber. à Thl. (*ℳ 6.) ℳ 6,50.; geb.

Inhalt:

Thl. 1. Naturgeschichte der Säugethiere. Zum Anschauungs-Unterricht für die Jugend in Schulen und Familien. Mit einer Vorrede von Gotth. Heinr. v. Schubert. 6. Aufl. 1870, und 7. Aufl. (19 S. mit 159 color. Abbild. auf 30 Taf.) 874.
" 2. Naturgeschichte der Vögel. Zum Anschauungs-Unterricht für die Jugend in Schulen und Familien. Mit einer Vorrede von Gotth. Heinr. v. Schubert. 6. Aufl. 1870, und 7. Aufl. (11 S. mit 195 color. Abbild. auf 30 Taf.) 874.
" 3. Naturgeschichte der Amphibien, Fische, Weich- und Schalenthiere, Insekten, Würmer und Strahlenthiere. Zum Anschauungs-Unterricht für die Jugend in Schulen und Familien. Mit einer Vorrede von Gotth. Heinr. v. Schubert. 7.—9. Aufl. (18 S. mit 342 Abbild. auf 30 Taf.) 870—75.

— — 2. Abth. Naturgeschichte des Pflanzenreichs mit 601 Abbildgn. auf 53 Taff. Nach G. H. v. Schubert's Lehrbuch der Naturgeschichte hersg. von M. Chr. F. Hochstetter. 3. Aufl., neu bearb. von Mor. Willkomm. Ebend. 869. Fol. (V, 64 S. Text.) geb. 4 ℛ 15 ngr

—— dass. — 3. Abthl.: Das Mineralreich in Bildern. Naturhistorisch-technische Beschreibung und Abbildung der wichtigsten Mineralien von J. G. v. Kurr. 2. Aufl. 1. Abdr. 1869. ℳ 9., und 2. Abdr. Fol. (VI, 63 S. mit 490 Abbild. auf 24 Stnt., wovon 23 color., und 12 Bl. Text.) Ebendas. 874. geb.

— dasselbe. 2. u. 3. Abtlg. Fol. Ebend. n. 23. 50

II. Naturgeschichte d. Pflanzenreichs m. 601 (kolor.) Abbildgn. nach G. H. v Schubert's Lehrbuch der Naturgeschichte hrsg. v. Fr. Hochstetter. Neu bearb. v. Mor. Willkomm. 3. Aufl. 8. Ster.-Abdr. (64 S.) 884. n. 13. 50; Einbd. n. n. — 75
III. Das Mineralreich in Bildern. Naturhistorisch-techn. Beschreibg. u. Abbildg. der wichtigsten Minerale von J. G. v. Kurr. 3. Aufl. 2. Ster.-Abdr. Neu bearb. v. A. Kenngott. (65 S. m. 490 kolor. Abbildgn. auf 24 Taf.) 884. n. 10. —; Einbd. n. n. — 50

—— des Tier-, Pflanzen- und Mineralreichs in kolor. Bildern nebst erläut. Text. 1. Abtl.: Naturgeschichte des Tierreichs. 91 (lithogr. und color.) Großfoliotaf. mit über 700 naturgetreuen Abbild. und 40 Bog. erläut. Text, nebst zahlreichen Holzschn. Hrsg. von verschiedenen namhaften Fachgelehrten und Tierzeichnern. Mit einem Vorwort von G. H. v. Schubert. 8. Aufl. (In 36 Lfgn.) Fol. (à Lfg. 4 S. mit 4 Taf.) Eßlingen 885, Schreiber. à Lfg. * 50 Pf. * 18 —

— des Tier-, Pflanzen- u. Mineralreichs in kolor. Bildern nebst erläuterndem Text. 1. Abtlg.: Naturgeschichte d. Tierreichs in 3 Tln. Mit 800 Abbildgn. auf 91 Taf. u. üb. 100 teilweise kolor. Textillustr. Hrsg. v. namhaften Fachgelehrten u. Tierzeichnern. Mit e. Vorrede v. G. H. v. Schubert. Fol. Eßlingen 887. Schreiber. In 1 Bd. geb. n. 20. —; in 3 Tln. cart. à n. 6. 50

1. Säugetiere. 10. Aufl. (IV, 25 S. m. 159 kolor. Abbildgn. auf 30 Taf. u. 15 Textillustr.)
2. Vögel. 9. Aufl. (IV, 24 S. m. 195 kolor. Abbildgn. auf 30 Taf. u. 46 Text-Illustr., worunter 32 kolor. Abbildgn. v. Vogeleiern.)
3. Reptilien, Amphibien, Fische, Insekten, Krebstiere, Würmer, Weichtiere, Stachelhäuter, Pflanzentiere u. Urtiere. 10. Aufl. (VI, 87 S. m. 479 kolor. Abbildgn. auf 30 Taf. u. 149 Text-Illustr.)

— des Tier-, Pflanzen- u. Mineralreichs in kolor. Bildern nebst erläut. Text f. Schule u. Haus. 2. Abtlg. Fol. Eßlingen 887. Schreiber. geb. n. 15. —

Naturgeschichte des Pflanzenreichs nach dem Linné'schen System. 54 fein kolor. Doppelfoliotaf. m. über 650 naturgetreuen Abbildgn. u. Text. Nach G. H. v. Schubert's Lehrbuch der Naturgeschichte neu bearb. v. M. Willkomm. Mit e. Vorrede von G. H. v. Schubert. 4., verm. Aufl. (VII, VII, 77 S.)

— dasselbe. 3. Abtlg. 2 Tle. Fol. Ebd. 888. geb. n. 15. —

1. Naturgeschichte des Mineralreichs f. Schule u. Haus. 1. Tl. Illustrierte Mineralogie. 24 Taf. m. 490 kolor. Abbildgn., nebst erläut. Text v. A. Kenngott. 4., verb. Aufl. (VIII, 78 S.) n. 9. —
2. — dasselbe. 2. Tl. Illustrierte Geologie und Paläontologie. 18 Taf. m. 193 kolor. Abbildgn. und 6 geolog. Landschaftsbildern, nebst erläut. Text von F. Rolle. (VIII, 43 S.) n. 6. —

—— unzerreißbare. Große Ausg. [A]. 3. Aufl. gr. 4. (20 Taf. mit mehr als 300 kolor. Abbild.) Stuttgart 885, Süddeutsches Verlags-Institut. geb. * 5 —

—— dass. — Kleine Ausg. [B]. 4. Aufl. gr. 4. (10 Taf. mit mehr als 178 kolor. Abbild.) Ebendas. 885. *ℳ 3.—. und * 3 50

— unzerreißbare, f. kleine Kinder. Fol. (15 Chromolith. auf Pappe.) Stuttgart 874. Thienemann. n. 5. —

— unzerreißbare, f. kleine Kinder. Ausg. A. 20 Großfoliotaf. m. mehr als 300 naturgetreu kolor. Abbildgn. Fol. Ebend. 884. geb. 5. —

— dasselbe. Ausg. B. 10 Taf. m. mehr als 178 kolor. Abbildgn. Fol. Ebend. 884. geb. 3. —

— dasselbe. Ausg. C. Leinwandbilderbuch m. 10 fein lackierten Taf. Fol. Ebend. 884. geb. 3. 50

— unzerreißbare f. kleine Kinder. 2. Aufl. gr. 4. (15 color. Steintaf.) Stuttgart 885. Thienemann. geb. n. 5. —

Naturgeschichte, unzerreißbare, für kleine Kinder. Ausg. A. B. C. Fol. Stuttg. 888. Fürth, Löwensohn. Ausg. A. * 5 —; B. * 3 —; C. * 3 50

— unzerreißbare, f. kleine Kinder. 20 Großfoliotaf. m. mehr als 300 naturgetreu kolor. Abbildgn. Fol. Stuttgart 888. Süddeutsches Verlags-Institut. geb. n. 5. —

— — der Vögel. Mit Kupf. 12. Nürnberg, Campe. 820.

— der Vögel. Mit Kpf. 12. Nürnb. 823. Campe. 6 gl

— der Vögel, (v. Chr. A. A. Buhle), s. oben: Naturgesch. in Abbildungen.

Naturgeschichte der Vögel. Halberstadt 1829. V: *Buhle, Christian Adam Adolph.* (Ky)

— der Vögel in Bildern, für Kinder. Nebst kurzen Beschreibungen. 1s Heft: Hausvögel. 2s Heft: Jagdgeflügel. (Mit 12 ill. Steindr.) 8. Siegen 840. Friedrich. (à 1/4 ₰) 1/2 ₰

— der Vögel in Bildern treu theils nach der Natur, theils nach den ausgezeichn. zoolog. Bildersammlungen gezeichnet, fein u. getreu colorirt zum Anschauungs-Unterricht für die Jugend in Schulen u. Familien, nach der Anordnung des allgem. bekannten u. beliebten Lehrbuchs der Naturgesch. für Schulen von G. H. v. Schubert in München. Außerdem zu jedem Lehrbuch der Naturgeschichte passend, mit erklär. Texte in deutscher u. franzöf. Sprache. Fol. (30 Taf.) Eßlingen 841, Schreiber. n. 2 ₰

— der Vögel in Bildern, treu theils nach den ausgezeichneten zoolog. Bildersammlungen gezeichnet, fein u. treu color. zum Anschauungsunterricht für die Jugend ꝛc. Ebend. (854.) Fol. (2 Bl., 14 S. u. 30 lith. Taf.) n. 2 ₰.

—— der Vögel. 3 Lfgn. Fol. (30 ill. Stnt. und 6 S. Text in deutscher und 6 S. Text. in französ. Sprache.) Stuttgart (861). [Schreiber.] geb. *

— der Vögel in Bildern, treu, theils nach der Natur, theils nach den ausgezeichnetsten zoolog. Bildersammlungen gezeichnet, fein u. getreu color. zum Anschauungs-Unterricht für die Jugend in Schulen u. Familien nach der Anordnung des allgemein bekannten u. beliebten Lehrbuchs der Naturgeschichte für Schulen von G. H. v. Schubert. (2. Aufl.) Eßlingen 865. Schreiber. Fol. (30 Steintaf. mit 15 S. Text in deutscher u. französischer Sprache.) cart. n. 2 ₰

— der Vögel, a. d. Büffon u. a. Naturforsch. Schriften zus. getr. m. K. 12 Thle. Fol. Heilbronn, Eckebrecht. (Claß.) 775—86. (1r u. 2r à 1 Thlr. 12 gr. 3r—6r à 1 Rthlr. 8 gr. 7r 20 gr. 8r—11r à 1 Rthlr. 4 gr. 12r 1 Rthlr. 12 gr.)

— der Vögel für Kinder. 1. Heft: Hausvögel. — 2. Heft: Jagdgeflügel. Mit (lith. u.) gemalten Bildern. Neue (Titel-) Ausg. Wiesbaden (840.) 854. Friedrich. 12. Jedes Heft von 24 S. Text u. 12 Bildern 7 ngr.

— der schönsten u. anmuthigsten Vögel. 8. Leipz. 779. (Wienbrack). 4 gl

— seltener Vögel. Mit Kpf. 8. Marb. 816. Krieger. 16 gl

Naturgeschichte für die kleinen Vögelfreunde. Kleine, oder: Unterhaltung über die vorzüglichsten Sing- und Stubenvögel Deutschlands. ... Mit illum. Kupf. Breslau 1808. 4.

— aus der, u. Völkerkunde f. Kinder. 8. Bresl. 789. Schöne. 8 ·'

— f. Volksschulen. Ein Lern- u. Wiederholungsbuch f. Schüler. Hrsg. v. Crefelder Lehrern. 8. (96 S.) Crefeld 891. Kramer & Baum. Kart. n. — 50

Naturgeschichte, Möglichst vollständige, für Bürger- und Landschulen. Erfurt 1806. V (2. Abth.): *Dilthey, Carl.* (Ky)

— mögl. vollständ., f. Bürger- u. Landschulen. 1r Bd, 1e u. 2e Abtheil. Mit 8 Kpf. 8. Erf. 806. Keyser. 18 gl ill. 1 ₰ 12 gl (2e Abtheil. A. u. d. T.: kurze, doch hinreich. Naturgeschichte f. Bürger- u. Landschulen, (v. K. Dilthey). Mit 11 ill. Abbildd. 806.)

— vollständ., der sogenannten Rapps-Made, nebst den Mitteln gegen ihre Verheerungen der Oelsaaten. 8. Neustrelitz u. Neubrandenburg 836. Dümmler'sche Hofbuchh. n. 1/6 ₰

— der schädl. Waldinsekten. Mit 1 Kpf. 8. Münch. 800. (Fleischmann). 9 gl

Naturgeschichte der schädlichen Waldinsekten. München 1801. 8.

— des Wildes, nebst e. Anh. Ein Beitr. zur Gesch. der Jägerei. 8. Berl. 801. Quien. (Brandenburg). (a. Taubert in Lpz.) 16 gl

* — des Wildes, nebst 1 Anhange, ist jetzt Verlag von Franz in Leipz.

Naturgeschichte-ABC-Buch. 4. (6 farb. Taf. m. Verschen auf der Rückseite.) Fürth 894. (Leipzig, W. Opetz.) — 50

Naturgeschichten, Potsdamer, für Liebhaber mikroskopischer Belustigungen. gr. 8. Berlin 848, L. Schlesinger. Verklebt. 3 ngl.

Natur-Geschichten des Schweizerlands. Zweyter Theil v. Seltsamer Naturgeschichten Des Schweitzer-Lands wochentliche Erzehlung.

Naturgeschichtsunterricht, der moderne. Beiträge z. Kritik u. Ausgestaltg. Von A. Ginzberger, P. Kammerer, F. Kossmat, W. A. Lay, L. v. Portheim, K. C. Rothe, A. Umlauft, E. Walther, F. Werner, hrsg. v. K. C. Rothe. (235 S. m. 12 Abb.) gr. 8. Wien 908. F. Tempsky. — Leipzig, G. Freytag. 5. —

Naturgesetz und Menschenwille. Hamburg 1871. V: *Schroot, A.* (Zeitschr. f. Büch. N. F. 15, 1923, S. 117)

Naturgesetz u. Menschenwille. gr. 8. (VIII, 71 S.) Hamburg 871. O. Meißner. — 75

Naturgesetze, neue. ca. 1880.

Natur-Heil-Anstalt, die, des Vincent Priesnitz zu Gräfenberg, s. Wasser-Kur.

Naturheilkraft, die, und die vereinfachte naturgemäße Heilmethode aller Entzündungen, Wunden und Geschwüre mittelst des Rosen-Balsam als sicheres, erprobtes Mittel gegen die Entzündung, Rothlauf, Verhärtung, Milchstockung 2c., nebst Angabe der Behandlung jeder einzelnen Krankheit. Mitgetheilt nach Chaussier. Tangermünde 858. Doeger. 8. (VIII, 68 S.) n. 8 ngr.

Naturheilkraft, die, u. die vereinfachte naturgemäße Heilmethode aller Entzündungen, Wunden u. Geschwüre mittelst des Rosen-Balsam als sicheres erprobtes Mittel gegen die Entzündung, Rothlauf, Verhärtung 2c. nebst Angabe der Behandlung jeder einzelnen Krankheit. Mitgetheilt nach Prof. Dr. Chaussier. 2—4. Aufl. Tangermünde 858, 59. Doeger. gr. 8. (VIII, 68 S.) n. 8 ngr.

Naturheilkunde, die. Illustrierte Halbmonatsschrift f. volkstüml. Gesundheitslehre u. Heilweise. Rundschau über hygiein. u. gemeinnütz. Reformen. Ärztlicher Ratgeber u. Frauenzeitg. Unter Mitwirkg. hervorrag. Fachschriftsteller. Hrsg. v. M. Canitz u. H. Stotz. 1. Jahrg. 1892. 24 Nrn. (Bog.) Lex.-8. Berlin, [Alb. Lehmann]. Verlag der „Naturheilkunde". n. 5. 25

— dasselbe. Fachred.: Max Canitz u. Heinr. Schmidt. 2. Jahrg. 1893. 24 Nrn. (Bog.) Lex.-8. Ebd. n. 4. —

— dasselbe. Illustr. Monatsschrift f. volkstüml. Gesundheitslehre u. Heilweise. Hrsg. u. Red.: Max Canitz. 3. Jahrg. 1894. 12 Nrn. (1½ Bog.) gr. 4. Ebd. n. 4. —

Naturheilkunde, die. Monatsschrift f. volkstüml. Gesundheitslehre u. Heilweise. Rundschau üb. hygiein. u. gemeinnütz. Reformen. Aerztl. Ratgeber u. Frauenzeitg. Hrsg. unter Mitwirkg. namhafter Fachschriftsteller v. Max Canitz. 4. Jahrg. 1895. 12 Nrn. (à ca. 1 Bog.) gr. 4. Berlin, Verlag d. Naturheilkunde. n. 4. —

[F.] Ueber **Natur-Heilkunde.** E. Auswahl empfehlenswerther Schriften aus d. Gebiete d. volksverständl. Gesundheitspflege u. arzneilosen Heilweise. M. Vorw.: Ueb. Naturheilkunde. Von Philo vom Walde [d. i.: Joh. Reinelt] u. Die Organisation d. deutschen Naturheilbewegg. Von Adolf Damaschke. (3. Aufl.) *Berlin: W. Möller [1896].* (56 S.) 1 Bd 8. [98. 4848

Natur- u. Volksheilkunde. Zeitschrift d. Verbandes der Vereine f. Natur- u. Volksheilkunde. Hrsg. unter Mitwirkg. von bedeut. naturärztl. Schriftstellern. Schriftleitung: Ferd. Koch. 1.—3. Jahrg. 1891—1893. à 12 Nrn. (Bog.) Lex.-8. Altenburg, (Schnuphase). à Jahrg. n.n. 2. 60

— dasselbe. Schriftleitung: R. Pöthig. 4. Jahrg. 1894. 12 Nrn. (Bog.) Lex.-8. Ebd. n.n. 2. 60

Natur- u. Volksheilkunde. Zeitschrift d. Verbandes der Vereine f. Natur- u. Volksheilkunde. Hrsg. unt. Mitwirkg. bedeut. naturärztl. Schriftsteller. Schriftleitung: E. Lanzendorf. 5.—8. Jahrg. 1895—1898. à 12 Nrn. (Bog. m. Abb.) Lex.-8. Altenburg, R. Hiller. à Jahrg. n. 2. —

Natur- u. Volksheilkunde. Zeitschrift des Verbandes der Vereine f. Natur- u. Volksheilkunde. Hrsg. unter Mitwirkg. bedeut. naturärztl. Schriftsteller. Hrsg. vom Verband der Vereine f. Natur- u. Volksheilkunde. Schriftleitung: E. Lanzendorf. 9.—12. Jahrg. 1899—1902. à 12 Nrn. Lex.-8. (à ca. 16 S. m. Abb.) Altenburg, R. Hiller. à Jahrg. n. 2. —

Natur- u. Volksheilkunde. Zeitschrift des Verbandes der Vereine f. Natur- u. Volksheilkunde. Hrsg. unter Mitwirkg. bedeut. naturärztl. Schriftsteller. Hrsg. vom Verband der Vereine f. Natur u. Volksheilkunde. Schriftleitung: E. Lanzendorf. 13.—16. Jahrg. 1903—1906. à 12 Nrn. (à Jhrg. IV, 192 S.) Lex.-8. Altenburg, R. Hiller. à Jhrg. n. 2. —

Natur- u. Volksheilkunde. Zeitschrift des Verbandes d. Vereine f. Natur- u. Volksheilkunde. Hrsg. unter Mitwirkg. bedeut. naturärztl. Schriftsteller. Hrsg. vom Verband d. Vereine f. Natur- u. Volksheilkunde. Schriftleitung: E. Lanzendorf. 17. Jahrg. 1907. 12 Nrn. (à ca. 16 S.) Mit der Vierteljahrsbeilage: Mutter u. Kind. Schriftleitung: A. Scholta. 1. Jahrg. 4 Nrn. (à ca. 16 S. m. Abb.) Lex. 8. Altenburg, R. Hiller. 2. —
Erscheint nicht mehr.

Naturheilmethode, Loh-Steinbacher'sche. 4. Bd. Die Magen- u. Unterleibs-Krankheiten, nebst den Hämorrhoidalleiden u. ihre Heilung nach physiatr. Grundsätzen. (Von J. A. Schilling.) 8. (VII, 140 S.) Leipzig 881. Grieben. n. 1. 80

Natur-Heilmethode, die Schroth'sche, in Sachsen eingeführt durch Ferd. Stolte u. von ihm u. Kadner nach rationellen u. wissenschaftlichen Principien weiter entwickelt. 8. (28 S.) Dresden 850, Kuntze. n. 4 ngr.

Naturheilverfahren, das, s.: Miniatur-Bibliothek.

Natur-Historie, Sachssen-Landes, oder Beschreibung der natürlichen Beschaffenheit und Vermögenheit der zu Sachssen gehörigen Provinzen. Pirna 1722. V: *Bucher, Urban Gottfried.* (Bein I, 1, S. 11)

Naturhistoriker, der, e. unterhalt. Buch f. die Jugend. gr. 8. Mit 115 Abbildd. 4e A. gr. 8. Halle 820. Gerlach. 18 gr

Naturhistoriker, der. Illustrierte Monatsschrift für die Schule und das Haus und Korrespondenzblatt der österreich. und deutschen Naturhistoriker. Hrsg. von Friedr. Knauer. 1.—6. Jahrg. 1879—1884. à Jahrg. 12 Hefte. (à Heft 4 Bog. mit Illustr.) gr. 8. Wien. (Leipzig, Leiner.) à Jahrg. *

Naturhistoriker, der. Illustrierte Monatsschrift für die Schule und das Haus und Korrespondenzblatt der österreich. und deutschen Naturhistoriker. Hrsg. von Friedr. Knauer. 7. Jahrg. April 1885—März 1886. 12 Hefte. (à Heft 4 Bog. mit Illustr.) gr. 8. Leipzig, Leiner. * 10 —
Die Fortsetzung erscheint im Selbstverlage von Dr. Fr. Knauer in Wien VIII, Schlüsselg. 2, Thür 4.

— **der kleine,** e. Bilderbuch f. Kinder. Mit Kpf. 8. Halle 810. Dietlein. 10 gr illum. 18 gr

— der kleine, od. Auswahl d. vorzüglichst. 4füß. Thiere u. Vögel, zur Belehrung f. Kinder. Mit 33 ill. Kpf. 8. Berl. 815. Fr. Pauli. 1 ₰

— der kleine, e. Unhaltungs- u. Leseübungsbuch aus d. Natur- u. Völkerkunde. N. Aufl. Mit Kpf. 8. Leipz. 818. Lauffer. 1 ₰ 8 gr

Naturhistoriker, der kleine, od. Naturgeschichte des Mineral-, Pflanzen- u. Thierreichs. Ein Lehrb. für Bürger- u. Landschulen ꝛc. In zweimal 42 Lectionen abgefaßt von einem Lehrervereine. Herausgeg. von H. Kaiser. 8. Penig, 844. (Leipzig, Kollmann.) 1/3 ₰

Natur- u. Kunst-Kabinet, od. gesammelte Nachrr. z. Beförder. d. Naturkunde, der Künste u. Manufakturen. 1s — 6s Stck. 8. Jena 755, 56. Hartung. 18 gr

Natur-, Welt- u. Zeitkabinet, neues, zur nähern Kenntniß der natürl. u. polit. Verfassung der Kirche u. Staaten der Erde, so wie alles dessen, was sich auf Natur u. bürgerl. Gesellschaften bezieht. 1s Hft. 8. Leipz. 818. Central-Büreau. 6 gr

Naturkalender, ewiger u. unveränderl., welcher die Witterung eines jeden Tages im Jahre anzeigt. 8. Wien 807. (Wimmer). 4 gr

Naturkalender, s. a. Fr. Unger.

Naturcalender zur Unterhaltung der heranwachsenden Jugend ... Berlin 1789. Ü: *Unger, Friederike Helene geb. von Rothenburg.* (schl) (MGT) »1798« (Ky)

— zur Unterhaltung der heranwachsenden Jugend, von d. Verfasserin der „Julchen Grünthal," (v. Frdke Helene Unger). 8. 8. Berl. 798. (Herbig). 12 gr

Naturkatechismus

Naturcatechismus für Kinder ... Augsburg 1811. V: *Menne, Edilb.* (schmal)

Naturkatechismus, kleiner, für Kinder. gr. 8. Augsburg, Doll. 803.

Naturkatechismus, kurzgefaßter, oder Unterricht, über alles, was sich von der Natur, dem Menschen und dem sittlichen Guten aus der Vernunft wissen läßt ꝛc. 8. Freyburg, Herder. 817.

Naturkenntnisse f. Kinder. 8. Landsh. 808. 8e Aufl. 825. Krüll. 6 gr

Naturkenntnisse f. Kinder. 4te Aufl. 8. Landshut, Krüll. 813.

Naturkenntnisse für Kinder. 7te Aufl. 8. Ulm, Ebner. 820.

Naturkenntnisse für Kinder. 10e Aufl. 8. Ingolstadt .. (Landshut, Krüll.) 1/4 ₰

Naturkenntnisse f. Kinder. 10. Aufl. 8. (7¼ B.) Ingolstadt 833. (Regensburg, Manz.)

Naturkenntnisse f. Kinder. 13., unveränd. Aufl. 8. (7⅛ B.) Ingolstadt 834. (Regensburg, Manz.)

Naturkenntnisse für Kinder. 12. unveränd. Aufl. 8. Ingolstadt 841. (Regensburg, Manz.) n. 8¾ ngr — 13. unveränd. Aufl. 8. Ebend. 843. 1/4 ₰

Naturkinder, die, wahre Geschichte. 8. Hamb. 784. (Leipz., Hinrichs). 12 gr

Natur-Kinder, die, eine wahre Geschichte aus diesem Jahrhundert, aus dem Franz. von J. V. O. mit 1 Kupf. 8. Hamburg, (Leipzig) 794 (Reinicke) 15 sgl.

Naturkinder. Regellose Gedichte aus Lust und Laune. Cob. 1870. V: *Ballheimer, G. H.* (Mitth. M. Grolig.)

Naturklänge aus dem Holstenlande. Eindrücke einer Radreise von Lübeck nach Kiel. 1—2. Ausschnitt aus: Kölnische Zeitung. Nr. 467, 17. Juni, 2. Beilage zur Sonntags-Ausgabe, und Nr. 474, 20. Juni, 2. Morgenausgabe. Köln. 1900. Fol., geb. in 4°.

Naturkräfte, die. 30 Bde. 8. München 869—80, Oldenbourg. geb. (* ℳ 124,80.) * 60 —

Naturkräfte, die. Eine naturwissenschaftl. Volksbibliothek. 32 Bde. 8. München 871—80. Leipzig, Fock. à Bd. * 3 —

Naturkräfte, die. Eine naturwissenschaftl. Volksbibliothek herg. von e. Anzahl von Gelehrten. (In ca. 30 Liefgn.) 1—12. Liefg. [1—4. Bd.] München 869—70. Oldenbourg. 8. Jede Liefg. n. 8 ngr

1—3. Die Lehre vom Schall. Gemeinfaßliche Darstellung der Akustik von R. Radau. [Deutsche Orig.-Ausg.] Mit 114 (eingedr. Holzschn.) (III, 388 S.)

4—6. Licht u. Farbe. Eine gemeinfaßl. Darstellg. der Optik. Von Fr. Jos. Pisko. Mit 130 im Texte aufgenommenen Holzschn. (XVI, 430 S.)

7—9. Die Wärme. Nach dem Franz. des Prof. Cazin deutsch bearb. Herg. durch Phil. Carl. Mit 93 im Texte aufgenommenen Holzschn. (VI, 205 S. mit 1 Chromolith.)

10—12. Das Wasser. Von Frdr. Pfaff. [Deutsche Orig.-Ausg.] Mit 57 (eingedr.) Holzschn. (VIII, 334 S.)

Naturkräfte, die. Eine naturwissenschaftl. Volksbibliothek. Hrsg. v. e. Anzahl v. Gelehrten. 1. 2. u. 5—19. Bd. 8. München 870—76. Oldenbourg. n. 51. 60

1. Die Lehre vom Schall. Gemeinfaßl. Darstellg. der Akustik v. R. Radau. 2. Aufl. Mit 108 (eingedr.) Holzschn. (290 S.) n. 3. —
2. Licht u. Farbe. Eine gemeinfaßl. Darstellg. der Optik. Von Fr. Jos. Pisko. 2. verm. Aufl. Mit 148 (eingedr.) Holzschn. (XVIII, 560 S.) n. 6. —
5. Himmel u. Erde. Eine gemeinfaßl. Beschreibg. d. Weltalls v. Zech. Mit 45 in den Text aufgenomm. Holzschn. u. 5 (lith.) Taf. (in 8. u. qu. 4.) (VI, 293 S.) n. 2. 40
6. Die elektrischen Naturkräfte, der Magnetismus, die Electricität u. der galvanische Strom m. ihren hauptsächlichsten Anwendgn. gemeinfaßlich dargestellt v. Carl. Mit 110 Holzschn. (eingedr. u. auf 3 Taf.) (IV, 314 S.) n. 2. 40
7. Die vulkanischen Erscheinungen. Von Frdr. Pfaff. Mit 97 (eingedr.) Holzschn. (VII, 321 S.) n. 2. 40

8. 9. Aus der Urzeit. Bilder aus der Schöpfungsgeschichte v. Karl A. Zittel. 2. verb. u. verm. Aufl. m. 183 (eingedr.) Holzschn. u. 5 (chromolith.) Kärtchen (in qu. gr. 4.) (XVI, 630 S.) n. 6. —

10. Wind u. Wetter. Gemeinfaßliche Darstellg. der Meteorologie v. C. Lommel. Mit 66 (eingedr.) Holzschn. (VII, 340 S.) n. 2. 40
11. Die Vorgeschichte d. europäischen Menschen. Von Frdr. Ratzel. Mit 92 (eingedr.) Holzschn. (300 S.) n. 3. —

12. Bau u. Leben der Pflanzen. Von O. W. Thomé. Mit 72 (eingedr.) Holzschn. (328 S.) n. 3. —
13. Mechanik d. menschlichen Körpers. Von J. Kollmann. Mit 69 (eingedr.) Holzschn. (IV, 288 S.) n. 3. —
14. Das Mikroskop u. seine Anwendung. Von Frdr. Merkel. Mit 132 (eingedr. Holzschn.) (XII, 324 S.) n. 3. —
15. Das Spektrum u. die Spektralanalyse. Von P. Zech. Mit 33 (eingedr.) Holzschn. u. 1 (chromolith.) Taf. (235 S.) n. 3. —
16. Darwinismus u. Thierproduktion. Von C. E. R. Hartmann. Mit 46 (eingedr.) Holzschn. (XII, 290 S.) n. 3. —
17. Fels u. Erdboden. Lehre v. der Entstehg. u. Natur d. Erdbodens v. Ferd. Senft. Mit 17 (eingedr.) Holzschn. (XVI, 392 S.) n. 3. —
18. Gesundheitslehre d. menschlichen Körpers v. P. Niemeyer. Mit 31 (eingedr.) Holzschn. (VIII, 291 S.) n. 3. —
19. Die Ernährung d. Menschen. Von Johs. Ranke. Mit e. Portr. Liebig's in Albertotypie. (VIII, 384 S.) n. 3. —

Naturkräfte, die. Eine naturwissenschaftliche Volksbibliothek. 3–6. 10. 20. 21. Bd., 22. Bd. 2 Thle., 23—30. Bd. 8. München 877—80. Oldenbourg. à Bd. n. 3. —
3. Die Wärme. Nach dem Franz. des Cazin in Paris deutsch bearb. Hrsg. durch Phil. Carl. 2., verb. u. verm. Aufl., m. 92 im Texte aufgenommenen Holzschn. (VI, 307 S.)
4. Das Wasser. Von Frdr. Pfaff. [Deutsche Orig.-Ausg.] 2. Aufl. Mit 57 (eingedr.) Holzschn. (VIII, 300 S.)
5. Himmel u. Erde. Eine gemeinfaßliche Beschreibung des Weltalls von Zech. Mit 45 in den Text aufgenommenen Holzschn. u. 5 (Holzschn.-)Taf (VI, 206 S.)
6. Die elektrischen Naturkräfte. der Magnetismus, die Elektricität u. der galvanische Strom mit ihren hauptsächlichsten Anwendungen gemeinfaßlich dargestellt von Phpp. Carl. Mit 113 (eingedr.) Holzschn. (XII, 276 S.)
10. Wind u. Wetter. Gemeinfaßliche Darstellung der Meteorologie von E. Lommel. 2. Aufl. Mit 66 (eingedr.) Holzschn. (VII, 344 S.)
20. Die Naturkräfte in ihrer Anwendung auf die Landwirthschaft. Von Wilh. v. Hamm. Mit 64 (eingedr.) Holzschn. (XII, 327 S.)
21. Die Insekten. Von Vitus Graber. 1. Thl. Der Organismus der Insekten. Mit 200 (eingedr.) Orig.-Holzschn. (VIII, 403 S.)
22. — dasselbe. 2. Thl. 2 Bde. (VIII, 603 S.)
23. Die Gesetzmäßigkeit im Gesellschaftsleben. Statistische Studien von Geo. Mayr. (XII, 354 S.)
24. Die Naturkräfte in den Alpen oder physikalische Geographie des Alpengebirges. Von Frdr. Pfaff. Mit 68 (eingedr.) Holzschn. (X, 281 S.)
25. Die Erhaltung der Energie als Grundlage der neueren Physik. Von G. Krebs. (212 S. mit 65 eingedr. Holzschn.)
26. 27. Die menschliche Arbeitskraft von Gust. Jäger. (VI, 536 S.)
28. Das Blut. Eine physiologische Skizze von Johs. Ranke. Mit 50 (eingedr.) Holzschn. (323 S.)
29. Wald, Klima u. Wasser. Von Jos. R. Ritter Lorenz v. Liburnau. Mit 25 (eingedr.) Holzschn. (VIII, 284 S.)
30. Die Schmarotzer mit besonderer Berücksichtigung der für den Menschen wichtigen. Von Arnold Heller. Mit 74 (eingedr.) Holzschn. u. e. Karte in Farbendr. (XVI, 230 S.)

Naturkunde, allgemeine. Das Leben der Erde u. ihrer Geschöpfe. [In 130 Hftn. od. 9 Bdn., mit üb. 4000 Textillustrationen, ca. 15 Karten u. üb. 120 Aquarelltaf.) 1.—127. Hft. — 1.—8. Bd. u. 9. Bd. 1.—10. Hft. Lex.-8. (à Hft. 3 B.) Leipzig, Bibliogr. Institut. à Hft. n. 1. —; à Bd. n. 14. —; geb. à n. 16. —
1. Bd.: Ratzel, Frdr., Völkerkunde. 1. Bd.: Die Naturvölker Afrikas. (X, 96, 660 S. m. 494 Abbildgn. im Text, 10 Aquarelltaf. u. 2 Karten von R. Buchta, Th. Gräß, G. Wimpel u. A.) 885.
4. Bd.: — dasselbe. 2. Bd.: Die Naturvölker Ozeaniens, Amerikas und Asiens. (X, 815 S. m. 391 Abbildgn. im Text, 11 Aquarelltaf. u. 2 Karten von R. Cronau, Th. Gräß, E. Heyne u. A.) 886.
8. Bd.: — dasselbe. 3. Bd.: Die Kulturvölker der alten u. neuen Welt. (VII, 779 S. m. 235 Abbildgn. im Text, 9 Aquarelltaf. u. 1 Karte v. R. Buchta, R. Cronau, Th. Gräß u. A.) 888.
2. Bd.: Ranke, Johs., der Mensch. 1. Bd.: Entwickelung, Bau u. Leben des menschl. Körpers. (XIV, 616 S. m. 583 Abbildgn. im Text u. 24 Aquarelltaf. v. E. Eyrich, G. Klepzig, G. Mützel, A. Walter u. A.) 886.
5. Bd.: — dasselbe. 2. Bd.: Die heutigen u. die vorgeschichtl. Menschenrassen. (X, 613 S. m. 408 Abbildungen im Text, 6 Karten u. 8 Aquarelltaf. von E. Heyn, G. Klepzig, H. Magnussen u. A.) 887.
3. Bd.: Neumayr, Melch., Erdgeschichte. 1. Bd.: Allgemeine Geologie. (XII, 653 S. m. 334 Abbildgn. im Text, 15 Aquarelltaf. u. 2 Karten von E. Heyn, O. Peters, K. Poschinger u. A.) 886.
6. Bd.: — dasselbe. 2. Bd.: Beschreibende Geologie. (879 S. m. 581 Abbildgn. im Text, 12 Aquarelltaf. u. 2 Karten v. Th. Alphons, E. Heyn, O. Peters u. A.) 887.
7. Bd.: Kerner v. Marilaun, Ant., Pflanzenleben. 1. Bd.: Gestalt u. Leben der Pflanze. (X, 734 S. m. 553 Abbildgn. im Text u. 20 Aquarelltaf. v. E. Heyn, H. v. Königsbrunn, E. v. Ransonnet u. A.) 887.
9. Bd.: — dasselbe. 2. Bd.: 1.—10. Hft. (S. 1—512.) 889. 890.

Naturkunde, allgemeine. Mit 4000 Textillustr., 15 Karten u. 129 Chromotaf. 128.—132. (Schluß-)Lfg. Lex.-8. Leipzig 891. Bibliograph. Institut. à n. 1. —
Pflanzenleben v. A. Kerner v. Marilaun. 2. Bd. Geschichte der Pflanzen. Mit 1547 Abbildgn. im Text u. 20 Aquarelltaf. v. E. Heyn, E. v. Ransonnet, J. Seelos u. a. 11.–15. Hft. (VIII u. S. 513—896.) (2. Bd. kplt. geb. in Halbfrz.: n.n. 16. —)

Naturkunde, faßl., f. Schulen ꝛc. 2 Thle. Mit Abbildd. 8. Jena 806. Etzdorf. 16 gr

Natur- u. Menschenkunde. 2 Stcke. Mit Kpf. 8. Sorau 787. Deinzer. 20 gr

Naturkunde, volksthümliche. Mit steter Beziehung auf d. bürgerl. Leben, die Gewerbe, Künste u. Handel. Hrsg. v. Geo. Blumenbach. 1. Bd. Der Körper des Menschen. Gemeinfaßlich dargestellt v. Ernst Ant. Quitzmann. 4 Lfgn. 8. (19⅛ B.) Karlsruhe 844. [Stuttgart, Müller's Verl.] à

Vgl.: Bürgerbibliothek.

Naturkunde, volksthümliche. Mit steter Beziehung auf das bürgerl. Leben, die Gewerbe, Künste u. Handel. (In 4 Bdn.) 1. Bd. Der Körper des Menschen. Gemeinfaßlich dargestellt von Er. Ant. Quitzmann. 4. Liefg. 8. Karlsruhe 844, Gutsch u. Rupp. à 5½ ngl

Naturkunde, volksthümliche. Herausg. von Geo. Blumenbach. (In 10—12 Bdn.) 1. Bd. Der Körper des Menschen nach seinem Bau u. seinen Verrichtungen, als Grundlage einer volksthüml. Menschenkunde. Von Ernst Anton Quitzmann. (2. Ausg.) 2 Lfgn. 8. (288 u. XVI S.) Stuttgart 847, J. B. Müller. — 2. Bd. Mineralogie oder Naturgeschichte des Steinreichs, volksfaßlich u. mit besonderer Beziehung auf bürgerliches Leben, Gewerbe u. Künste bearb. von K. C. v. Leonhard. 2 Lfgn. 8. (373 u. XX S.) Ebd. 847. (à Lfg. 10½ ngl) 1 ℛ 12 ngl

Naturkundige, Der fromme,
eine Wochenschrift in Versen. Danzig 1740. H: *Sendel, Christian.* (ML)

Naturkundiger der Frommen, in Versen. 40 Stck. 4. Danzig, 740.

Naturleben. Illustr. Monographien zur Naturkunde, hrsgv. v. Rud. Zimmermann. 1. u. 2. Bd. 8. Stuttgart, F. Lehmann. à 2.—; geb. à 3. —
Schoenichen, Walth., aus den Kinderstuben der Tiere. Eine Übersicht üb. die Brutpflegeerscheingn. d. Tierwelt. Mit 1 Tafelbild u. 79 Abb. im Text. (V, 165 S.) 909. (2. Bd.)
Zimmermann, Rud., der deutschen Heimat Kriechtiere u. Lurche. Mit 40 Abb. nach photogr. Naturaufnahmen des Verf. (auf 1 Taf. u. im Text). (191 S.) 908. (1. Bd.)

Natur- und Völkerleben, f. Völker- und Naturleben.

Naturleben, das, des Weibes. Dargestellt in Briefen an Gebildete v. einem Arzte u. Naturforscher, f. A. Klencke, P. F. Herm.

Naturleben, Das, des Weibes, Dargestellt in Briefen ... Kassel 1847. V: *Klencke, Phil. Frdr. Herm.* (BGG)

Naturleben, das, des Weibes. Dargestellt in Briefen an Gebildete von einem Arzte und Naturforscher. gr. 8. (IV und 140 S.) Cassel 847, Hotop.

Naturlehre, s. Hausbuch, 2. Abthl.

Naturlehre, die, ein Lehr- und Lesebuch s. Reiche der Natur ar Th.

— od. Beschreib. aller Hauptbestandtheile d. Welt. In Fragen u. Antworten. Mit 12 Vign. 8. Münch., Jaquet. 4 gr.

Naturlehre, die, in Bildern. Gemeinfaßliche Darstellungen aus dem Gebiete der Naturlehre, enthlt.: eine Beschreibung der allgemeinen Eigenschaften der Körper, die Gesetze des Gleichgewichts und der Bewegung fester, flüssiger und luftförmiger Körper, die Lehre vom Lichte, vom Schall, von der Electricität und dem Magnetismus, sodann einige Darstellungen aus dem Gebiete der Chemie. Mit mehr als 250 Bildern (auf 11 lith. u. color. Taf.) u. erläuterndem Text. Schw. Hall (853.) (Stuttgart,) Nitzschke. gr. 4. (29 S.) n. 2 ℛ 27 ngr.

Naturlehre in Bildern. Gemeinfaßliche Darstellungen aus dem Gebiete der Naturlehre, enth. eine Beschreibung der allgemeinen Eigenschaften der Körper, die Gesetze des Gleichgewichts u. der Bewegung fester, flüssiger u. luftförmiger Körper ꝛc. Mit mehr als 250 Bildern (auf 11 lith. u. color. Taf.) u. (43 S.) erläut. Text. 2. Aufl. Stuttgart 864. Nitzschke. gr. 4. n. 1 ℛ 24 ngr.

Naturlehre für Elementarschulen. Mit besond. Berücksicht. des Lehrplanes von Schoenen. Von prakt. Schulmännern. 8. (61 S. mit zahlreichen Abbild.) Köln 888, Theissing. cart. *

Naturlehre f. Elementarschulen. Von prakt. Schulmännern. 2., verm. u. verb. Aufl. 8. (64 S. m. 48 Abbildgn.) Köln 890. H. Theissing. cart. n. — 50

Naturlehre f. Elementarschulen. Von prakt. Schulmännern. 3., verm. Aufl. 8. (64 S. m. Abbildgn.) Köln 892. H. Theissing. Kart. n. — 50

Naturlehre für meine Elevin, s. a. Dassel, Chr. Conr. 1793.

— für meine Elevin. 8. Hamburg, Bohn. 793.

Naturlehre f. meine Elevin; e. Beitr. z. Bildung d. Verstandes junger Frauenzimmer, (v. Chr. K. Dassel). 8. Hamb. 793. (Campe). 16 gr.

— die geheime, der hermet. Wissenschaft, zur Verfertigung des Steins der Weisen. 8. Riga 770. Hartknoch. 3 gr.

Naturlehre mit Hinsicht auf die neuen Entdeckungen. Wien 1808. V: *Zappe, Joseph Maria Redenat.* (MGT) (Ky)

Naturlehre, die, als kurzer Inbegriff d. Sternkunde, der Physik sammt Chemie u. der Lehre von der Erdbildung. Für Schulen u. Familien. Herausg. von dem Calwer Verlags-Verein. 12. (VI u. 377 S.) Calw 847. Stuttgart, J. F. Steinkopf. n. 1/2 ℛ

Naturlehre f. die Jugend. 12. Nürnberg, Campe. 820. —

— f. die Jugend. 12. Nürnb. 821. Campe. 4 gr.

Naturlehre für die Jugend. Zur Beförderung des Beobachtungs- und Forschungsgeistes in den Geschäften des bürgerlichen Lebens. Mit 10 [gefalteten] Kupfertafeln ... Wien 1840. 190 S. Kl.-8°. Hldr. d. Z. 18.—
Ein Elementarbuch d. Physik etc. Mit Abbildungen physikal. Instrumente u. Experimente, Figuren z. Optik, Perspektive, Geometrie usw. Gutes Ex.

Naturlehre für die Jugend. 2. Aufl. (88 S.) 1871. * 50 Pf., und 3., neudurchgeseh. Aufl. 8. (104 S. mit vielen Abbild. in eingedr. Holzschn. und Holzschntaf.) Freiburg i. Br. 876, Herder'sche Verlagsh. * 30 Pf.; geb. *
Aus: Bumüller und Schuster, Lesebuch, besonders abgedruckt.

Naturlehre, Kleine, für Kinder und Kinderfreunde. Breslau 1820. 2. ... Aufl. 1822. V: *Schmalz, E. A. W.* (MGT)

— kleine, f. Kinder u. Kinderfreunde. 8. Bresl. 820. Schöne. 4 gr.

— kleine u. leicht faßliche, besonders auch zur Beförderung des religiösen Gefühls f. Jugendlehrer u. die liebe Jugend bearb. gr. 8. (IV u. 108 S.) Freiburg im Br. 852, Wagner. n. 1/4 ℛ

— kleine u. leichtfaßliche, besonders auch zur Beförderung des religiösen Gefühls für Jugendlehrer u. die Jugend bearb. 2. verb. Aufl. Mit 17 in den Text gedr. Holzschn. Freiburg im Br. 859. Wagner. gr. 8. (IV, 110 S.) n. 10 ngr.

Naturlehre und Naturgeschichte, Kleine, für Kinder ... Salzb. 1811. V: *Pillwein, Benedict.* (Hr)

Naturlehre, kleine, u. Naturgeschichte f. Kinder, von einem Freunde d. Jugend. 2te Auflage. 8. Salzburg, Duyle. 811.

Naturlehre, kleine, für Schulen, besonders zum Gebrauche beim Unterrichte nach den Hering'schen Apparaten (von J. G. Hering.) Meißen 868. Mosche. 8. (36 S.) 1 1/3 ngr.

Naturlehre, kurzgefaßte, s. Schule gemeinnütz. Kenntnisse.

Naturlehre. Landwirtschaftliche N' und Bodenkunde. Bearb. durch eine von den Herausgebern des «Fortbildungsschülers» bestellte Fachkommission. ([Illustriert.] 2. Beilage [zum] Fortbildungsschüler 1904/1905 [Jahrg. 25].) IV + 32 S. 8. Solothurn, C. Gassmann, [1905]. sep. im Buchh. fr. —. 50

— und Naturgeschichte, leichtfaßl. Oder die wissenswürdigsten Naturkenntnisse und Größe Gottes in seinen Werken. 3e umgearb. u. verm. Aufl. ... Zweibrücken 840. Ritter. 1/6 ℛ

— Meinauer, s.: Bibliothek d. litterar. Vereins in Stuttgart. 22.

— die, und Naturgeschichte, n. d. Cap. von der Seele d. Menschen a. Neccards Lehrbuch. 8. Berlin, Realschulbuchh. 781.

Naturlehre und Naturgeschichte zum Dämpfen des Aberglaubens. Hamb. u. Kiel 1793. V: *Fischer, Heinrich Ludwig.* (EBHN) S. a. Nr. 6592.

—— und Naturgeschichte f. d. Volksschulen. Od. d. wissenswürdigsten Naturkenntnisse u. Größe Gottes in seinen Werken. 3., umgearb. u. verm. Aufl. 16. (10 B. u. Holzschnn.) Zweibrücken 840, Ritter'sche Buchh.

—— für die Oberklasse der Volksschule. Nach der neuen Lehrordnung bearb. von einem pfälz. Lehrer. 1. Aufl. 1874. * 35 Pf., und 2. Aufl. gr. 16. (46 S.) Speyer 875, Kleeberger. *

— für die Oberklasse der Volksschule. Nach der neuen Lehrordnung. bearb. v. e. pfälz. Lehrer. 3. Aufl. gr. 16. (46 S.) Speyer 876. Kleeberger. n. — 20

— philosoph., od. einziger Weg, die Natur gänzl. zu enthüllen. gr. 8. Marb. 792. N. A. 798. Krieger. 16 gl

— die, der heil. Schrift, od. philosoph. Briefwechsel zw. Freunden; aus d. Französ. 8. Frkf. a. M. 771. Eßlinger. (Schäfer). 8 gl

Naturlehre für alle Stände. 8. Kaschau 837. (Pesth, Heckenast.) 1/4 ℛ

Naturlehre der Venus a. d. Franz. Coppenhagen 1747. V: *Maupertuis, Pierre Louis Moreau de.* (BGG)

Naturlehre, die, in der Volks- und Mittelschule. Ein Leitfaden für Lehrer zur Erleichterung der Vorbereitung auf den Unterricht. Bearb. von prakt. Schulmännern in Düsseldorf. 8. (91 S. mit eingedr. Holzschn.) Cöln und Neuß 874, Schwann's Verlag. *
—— dass. — Aufgabenbüchlein. 8. (23 S.) Ebendas. 874. *

— die, in der Volks- u. Mittelschule. Ein Leitfaden f. den Lehrer zur Erleichterg. der Vorbereitg. Bearb. v. prakt. Schulmännern in Düsseldorf. 3. Aufl. 8. (IV, 92 S. m. eingedr. Holzschn.) Köln & Neuß 876. Schwann. n. 1. —; Aufgabenbüchlein dazu 4. Aufl. (23 S.) n. — 15

Naturlehre, die, in der Volks- und Mittelschule. Ein Leitfaden für den Lehrer zur Erleichterung der Vorbereitung. Bearb. von prakt. Schulmännern in Düsseldorf. 4. Aufl. 8. (96 S. mit eingedr. Holzschn.) Düsseldorf 877, Schwann'sche Verlagsb. *

—— die, in der Volks- und Mittelschule. Bearb. von prakt. Schulmännern in Düsseldorf. 4. Aufl. 8. (III, 92 S. mit Abbild.) Düsseldorf 887, Schwann. *
Vgl.: Aufgabenbüchlein.

— die, in der Volks- u. Mittelschule. Bearb. v. prakt. Schulmännern in Düsseldorf. 5., verb. Aufl. 8. (96 S. m. 41 Fig.) Düsseldorf 890. Schwann. n. — 60

Naturlehre f. Volks-, Mittel- u. Fortbildungsschulen. Von prakt. Schulmännern. 6., verm. u. verb. Aufl. 8. (96 S. m. Abbildgn.) Köln (899). H. Theissing. Kart. n. — 50

Naturlehre für Volks-, Mittel- und Fortbildungsschulen. Von prakt. Schulmännern. 7., verm. u. verb. Aufl. Mit zahlr. Abb. *Coln: H. Theissing [1901].* (96 S.) 8° [J.]

Naturlehre f. Volks-, Mittel- u. Fortbildungsschulen. Von prakt. Schulmännern. 8., verm. u. verb. Aufl. (96 S. m. Abb.) kl. 8. Cöln (906). H. Theissing. Kart. n. — 50

Naturlehre f. Volks-, Mittel- u. Fortbildungsschulen. Von prakt. Schulmännern. 9., verm. u. verb. Aufl. (98 S. m. Abb.) kl. 8. Cöln (907). H. Theissing. Kart. — 50

Naturlehrer, Der; Unterhaltungen eines Vaters mit seinen Kindern über die . . . Elementarbegriffe der Physik. Hamb. 1792. 2. Aufl. 1795. V: *Schütz, Friedrich Wilhelm von.* (Kordes, Schlesw.-holst. u. eutin. Schriftst. Schleswig 1797.) (StAt) (MGT) (Ky)

Naturlehrer, der, Unterhaltungen e. Vaters mit seinen Kindern über die ersten Elementarbegriffe der Physik; e. Lehr- u. Lesebuch für d. Jugend, (von Fr. W. v. Schütz). Mit Kpf. 8. Hamb. . . . 2e Aufl. 795. Gundermann. (Aue in Altona). 12 gl

„Curieuses und Reales Natur-, Kunst-, Berg-, Gewerck- und Handlungs-Lexicon, Darinnen nicht nur die in der Philosophie, Physic, Medicin . . . . . gebräuchliche Termini technici oder Kunst-Wörter, nach alphabetischer Ordnung ausführlich beschrieben werden; Sondern auch alle in Handel und Wandel, Ingleichen in Jure und vor Gerichten vorfallende, und aus allerhand Sprachen genommene, unentbehrliche Wörter . . . . gründlich und deutlich erkläret, auch an vielen Orten nützliche Realien mit eingemischet seyn . . . Alles dergestalt eingerichtet, daß man dieses als einen andern (2.) Theil des Realen Staats-, Zeitungs- und Conversations-Lexicons (s. lfd. Nr. 1410) gebrauchen kann", Leipzig 1712. — 2. Auflage, „mit allem Fleiß verbessert und mit 2466 Articuln vermehret. Nebst einer ausführlichen Vorrede Herrn Johann Hübners. Zusamt einem Anhang, darinnen unter andern sonderlich allerhand solche Wörter, so bey den Music-Verständigen vorzukommen pflegen, enthalten sind wie auch einem nützlichen Register", Leipzig 1714.
Viele Neuauflagen: 6. verb. und verm. Auflage, Leipzig 1731, 7. verb. Auflage, Leipzig 1736, — Auflage von 1752 (Leipzig) mit einer Vorrede Dr. G. H. Zinckens. Aufs neue durchgehends verbessert und umgearbeitet Leipzig 1791 (Gleditsch).

Natürlichkeit . . . der schleswig-holsteinischen Empörung. Kopenh. 1850. V: *Lobedanz, Edm.* (Collin, Anonymer. Kiobenh. 1869.)

Natürlichkeit u. Unnatürlichkeit der Schleswig-Holsteinischen Empörung dargestellt v. einem deutschen Schleswiger. Hrsg. v. P. Hjort. gr. 8. (IV u. 19 S.) Kjöbenhavn 850, Reitzel 4 ngl

8* NATÜRLICHKEITEN der sinnlichen und empfindsamen Liebe, v. Freyherrn *Fr. Wilh. v. d. G.* Bd. I. O. O. 1798. Bd. 2. O. O. 1798. Bd. 3. Nebst *Anhang* (S. 190—222): Biogr. Nachrichten über den Freiherrn Fr. W. v. d. G. (einen Autor *Fr. W.* Frhr. [Baron] *v. d. Goltz* hat es nie gegeben). — Einige Briefe von *B. v. G.* und Hofrath *Wieland.* O. O. 1798. Bd. 4. Die Küsse des *Johannes Secundus (Jan d'Everard,* 1511—1534). O. O. 1798. 8°. (Bd. 2—4 auch in Warmbrunn; cplt. auch in Wien, Stadtbibl.: Secr. A 93.) (30 Mk., cplt., H. Hugendubel, 1904; 1—2: 60 Kr. Gilhofer & Ranschburg, 1909.)

Natürlichkeiten der sinnlichen und empfindsamen Liebe . . . Germanien [Berlin] 1798. V: *Scheffner, Johann Georg.* (EE) (MGT) (Ky) (Grisebach, Weltlitteraturkat. Berl. 1898-1900. I, 211.) »[Königsberg]« (GGr)

Natürlichkeiten der sinnl. u. empfindsamen Liebe, (angebl. v. J. G. Scheffner). 4 Thle. 8. Königsb. 798. (Leipz., Michelsen). 3 ℛ Schrbp. 6 ℛ (Der 2e Thl. a. u. d. T.: Die Küsse des Johannes Secundus. 16 gl) (Vergl. Johannes Secundus.)

„Gemeinnütziges Natur- und Kunstmagazin, oder Abhandlungen zur Beförderung der Naturkunde", Band 1 (= Stück 1—6), Band 2 (= Stück 1—3); (Band 1, Stück 2—6 u. d. T.: „Natur- und Kunst-Kabinet"); Berlin und Jena 1755—1764 (Hartung).

Naturmagazin

Gemeinnütziges Natur- und Kunstmagazin oder Abhandlungen zur Beförderung der Naturkunde, der Künste, Manufacturen und Fabriken. Th.(1.)-3. Berlin: Wever 1763-67. 8°

(Th.1 = St. [1.] - 6:) 1763.
Th.2: 1764.
[Sondert.:] [Wallerius, Johan Gottskalk]: Joh[ann] Gottschalk Wallerius Chymische Grundsätze des Ackerbaues aus d.Lat. übers. u.m. Anm. erl. von Jo[hann] Ge[org] Krünitz.
Th.3: 1767.

Naturmensch

— der, s. Gemälde d. menschl. Herzens v. A. Lafontaine 1r Bd.

Naturmensch, der, od. Geschichte des Hai Ebn Joktan; ein morgenländ. Roman des Abu Dschafar Ebn Tofail; aus d. Arab. übers. v. Jh. Gf. Eichhorn. 8. Berl. u. Stettin 782. Nicolai 16 gr

Naturmensch, der, oder Geschichte des Hai Ebn Joktan, ein morgenländischer Roman, aus dem arabischen übersetzt von J. G. Eichhorn, 8. Berlin, 783. Fr. Nicolai. 20 sgl.

— der, von Mercier, aus dem Franz. übersetzt von C. A. J. Brückmann, 8. Hamburg, 787. Matthiesen, 20 sgl.
Dasselbe Buch, 8. Leipzig, 789. Sommer. 15 sgl.

— der, von Miltenberg, (A. Lafontaine) 8. Halle, 792. Ruff. 1 Rthl.

Naturmerkwürdigkeiten, über, nebst ihren Abbildd. 8. Halle 797. Dreyßig. 16 gr

Natur-Mythen. [Zürich] 1865. V: *Wesendonck, Mathilde.* (Cat. d. Stadtbibl. Zürich. Zürich 1864—97.)

Der Naturopath und Gesundheits-Rathgeber: Jahrgang 1—12, Mar. 15, 1896—Dec. 1907. Semi-monthly, 1896–98; monthly, 1899–1907. Sub-title: 1) Organ der Kneipp-Vereine. Einzig authorisirte Ausgabe für Amerika, Mar. 15, 1896–1900?; 2) Organ der Naturopathie: Die Lehre der körperlichen und geistigen Regeneration. Ehemals Amerikanische Kneipp-Blätter, 1900?—1907. Title varies: Kneipp-Blätter, Jahrgang 1, no. 1—4, May 15—July 1, 1896; 2) Amerikanische Kneipp-Blätter, Jahrgang 1, no. 5—15, July 15—Dec. 15, 1896. German edition of The Naturopath, with which it merged. Octavo, each issue 16 pages; illustrated.
New York, NY

Natur- Kunst- Staats- und Sitten-Präsent. 4. Berlin. 798.

Naturprozesse, Weltordnung. Gott u. Mensch. Ketzereien e. Ungünstigen. gr. 8. (32 S.) Berlin 896. K. Siegismund. n. — 50

Naturrecht, das, in seinen wissenschaftl. Grundzügen. Mitgeth. v. W. Grafen v. Hohenthal-Städteln. gr. 8. (1½ B.) Leipzig 833, Hinrichs.

Natur- und Völkerrecht, entworfen von einem grossen Staatsminister. Wien u. Erlangen 1790. V: *Bartenstein, Joh. Chph Freih. von.* H: *Papst, Johann Georg Friedrich.* (Fiker) (Ky) (Oa)

Natur- u. Völkerrecht z. Unterr. Kaiser Josephs II., von e. groß Staatsminister (Frhrn. v. Bartenstein) entworfen; (hrsgg. v. J. G. F. Papst). 8. Erlang. u. Wien 790. Palm. 16 gr.

Natursagen. Eine Sammlung naturdeutender Sagen, Märchen, Fabeln u. Legenden. Mit Beiträgen v. V. Armhaus, M. Boehm, J. Bolte u. a. hrsg. v. Osk. Dähnhardt. I.—III. Bd. Lex. 8. Leipzig, B. G. Teubner. 31.—; geb. in Halbfrz. à n 39. —
I. Sagen zum Alten Testament. (XIV, 376 S.) 907. 8.—; geb. 10. 50
II. Sagen zum Neuen Testament. (XVI, 316 S.) 909. 8.—; geb. 10. 50
III. Tiersagen. 1. Tl. (XVI, 558 S.) 910. 15.—; geb. 18.—

Naturschönheiten, Helvetiens, oder das Schweizerland mit seinen berühmten Bergen, Thälern, Seen . . . Aarau 1856. V: *Kirchhofer, Joh.* (Bücherverz. d. Zentralbibl. d. D. u. Ö. A.-V. München 1906.) (Ky) (EngG) (Zuwachsverz. d. Bibliotheken in Zürich 1898 ff.)

Naturschönheiten u. Kunstanlagen der Stadt Baaden in Oestreich u. ihrer Umgebungen, (von Jos. Konr. Ed. Hofer). Mit Kpf. qu. 8. Wien 803. Geistinger. 6 gr in 4. 12 gr

Schleswig-holsteinische **Natur- und Vogelschutzblätter.** Zeitschrift des Natur- und Vogelschutzvereins für Schleswig-Holstein-Lauenburg (E. V.). Jg. 1—3, Nr. 1. Kiel. 1912—14. 8°

Naturschutzparke in Deutschland u. Österreich. Ein Mahnwort an das deutsche u. österr. Volk. Hrsg. vom Verein Naturschutzpark, Sitz Stuttgart. unter Mitwirkg. v. Max Kemmerich, Kurt Floericke, A. Metzroth u. a. (48 S. m. Abb.) Lex. 8. Stuttgart 910. Franckh. 1 —

NATUR- UND LIEBESSTIMMUNGEN DEUTSCHER DICHTER. Hrsg. von Ferd. Gregori. Buchschmuck von Fidus. Leipzig. o. J. 8°. (10 Mk., Origpgtbd. m. Perg.-Umschl. u. Perg.-Carton, tadellos, Schweitzer & Mohr, Berlin, 1910.)
Num. Ausg. — In 100 Ex. auf imit. Büttenpapier gedruckt.

Naturstudien f. Jedermann. 1.—7. Heft. kl. 8. Godesberg, Naturwissenschaftl. Verlag. à — 20
Dennert, E., die Zelle e. Wunderwert. Mit 20 Orig.-Zeichnungen des Verf. (31 S.) 909. (2. Heft.)
Gruner, P., Stoff u. Kraft. 1.—5. Tauf. (30 S.) 909. (1. Heft.)
Kny, L., die Schutzmittel der Pflanzen. 1.—5. Tauf. (32 S. m. 17 Abb.) 910. (6. Heft.)
Milarch, Ernst, die Luftschiffahrt. 1.—5. Tauf. (33 S. m. 14 Abb.) 910. (5. Heft.)
Riem, Joh., die Größe der Schöpfung. Mit 1 Taf. 6.—10. Tauf. (31 S.) 909. (3. Heft.)
Schmitt, Al., die Eiszeit u. ihr Mensch. 1.—5. Tauf. (38 S. m. 15 Abb.) 910. (7. Heft.)
Werner, Herm., die verzauberte Welt. Die Erklärbarkeit der Natur. 6.—10. Tauf. (37 S.) 909. (4. Heft.)

Naturstudien des Landwirths. Mit besond. Rücksicht auf die landwirthschaftl. Praxis und zur Belehrung für Landwirthe jeden Standes bearb. vom Verf. der „zwei Ernten in einem Jahre.“ 8. (VI und 268 S. mit eingedr. Holzschn. und 4 Holzschntaf.) Leipzig 864, Wilfferodt. *

Naturstudien des Landwirths. Mit besond. Rücksicht auf die landwirthschaftl. Praxis u. zur Belehrung f. Landwirthe jeden Standes bearb. vom Verf. der „zwei Ernten in e. Jahr." Mit Illustr. (in Holzschn. u. auf 4 Holzschntaff.) 2. verm. Aufl. Leipzig 869. Wilfferodt. gr. 16. (VI, 303 S.) n. 20 *ngr.*

Natursystem, allgem., des Mineralreichs. mit Kupf. 1r Bd. 8. Ollmütz, Privatges. 788.

Naturtrieb, der falsche; Lstspl. 8. Berl. 759. ... 2 *gl.*

Natur- u. Kunsttriebe d. Thiere, auf Thatsachen begründet, od. 150 höchst merkwürd. Anekdoten v. Thieren. 1r u. 2r Bd. 8. Wien 826. Schrämbl. (à 12 *gl.*) 1 *ß*

Der **Naturwein**. Gemeinverständl. Abhandlung von d. Vereinigten Weingutsbesitzern G. m. b. H. Coblenz. *[Koblenz]: Selbstverl. 1903.* (24 S.) 8° [F.] [03. 15720

Naturwirkung, die wahrscheinliche, des Schutzpocken-Impfens. Für Impfgönner wie für Impfgegner. Verf. von einem Naturbeobachter. 8. (20 S.) Bern 881. Haller in Comm. n. — 60

Naturwissenschaft u. Gesundheitswesen in Cöln. Festschrift f. die Teilnehmer an der 80. Versammlung der Gesellschaft deutscher Naturforscher u. Ärzte in Cöln. Im Auftrage der Stadt Cöln hrsg. v. Krautwig. (VIII, 548 S. m. Abb.) gr. 8. Cöln 908. (P. Neubner.) Geb. 5. —

Natur-Wissenschaft, illustrirte. Redact.: Herrm. Auerbach. Nr. 1—13. (Bog. mit eingedr. Holzschn.) gr. 4. Berlin 871, (Grieben.) *

Naturwissenschaft u. Technik in gemeinverständlichen Einzeldarstellungen. 1.—3. Bd. gr. 8. Stuttgart, Deutsche Verlags-Anstalt. Geb. in Leinw. n. 14. —
1. Die Physik des täglichen Lebens. Gemeinverständlich dargestellt. Von Leop. Pfaundler. Mit 466 Abbildgn. 2., verm. Aufl. (XVI, 424 S.) 906. Geb. n. 5. —
   1. Aufl. (XII, 420 S.) 904. Geb. n. 7. 50.
2. Unter dem Zeichen des Verkehrs. Von Otto Jentsch. Mit 160 Abbildgn. (VII, 283 S.) 904. Geb. n. 5. —
3. Im Reich der Lüfte. Von A. Santos-Dumont. Mit zahlr. Abbildgn. nach photograph. Aufnahmen u. Skizzen seiner Fahrzeuge. Autoris. Uebersetzg. v. Ludw. Holthof. (V, 176 S. m. Bildnis.) 905. Geb. n. 4. —

— u. **Technik in Lehre u. Forschung**. Eine Sammlg. v. Lehr- u. Handbüchern, hrsg. v. F. Doflein u. K. T. Fischer. gr. 8. Leipzig, B. G. Teubner.
Goebel, K., Einleitung in die experimentelle Morphologie der Pflanzen. Mit 135 Abb. (VIII, 260 S.) 908. Geb. in Leinw. 8. —
Hohenner, H., Geodäsie. Eine Anleitung zu geodät. Messgn. f. Anfänger m. Grundzügen der Hydrometrie u. der direkten (astronom.) Zeit- u. Ortsbestimmung. (XII, 347 S. m. 216 Fig.) 910. Geb. in Leinw. 12. —
Prowazek, S. v., Einführung in die Physiologie der Einzelligen (Protozoen). Mit 51 Abb. im Text. (VI, 172 S.) 910. Geb. in Leinw. 6. —
Steuer, Adf., Planktonkunde. (XV, 723 S. m. 365 Abb. u. 1 Taf.) 910. Geb. in Leinw. 28. —
Stromer v. Reichenbach, Ernst Frhr., Lehrbuch d. Paläozoologie. I. Tl.: Wirbellose Tiere. Mit 398 Abb. (X, 342 S.) 909. Geb. in Leinw. 10. —

Naturwissenschaft und Theologie. Zürich [1895]. V: *Straumann, Johann Jacob.* (Cat. d. Stadtbibl. Zürich. Zürich 1864—97.)

Naturwissenschaften, die gesammten. Für das Verständniß weiterer Kreise und auf wissenschaftliche Grundlage bearb. von Dippel, Gottlieb, Koppe, Lottner, Mädler, Masius, Moll, Nauck, Nöggerath, Quenstedt und v. Rußdorf. Eingeleitet von Herm. Masius. Mit zahlreichen in den Text eingedr. Abbildungen (in Holzschn.) 1. Lfg. Lex.-8. (1. Bd. XVI und S. 1—64.) Essen 856(57,) Bädeker.

Naturwissenschaften, die gesammten. Für das Verständniß weiterer Kreise und auf wissenschaftl. Grundlage bearb. von Dippel, Gottlieb, Koppe, Lottner, Mädler, Masius, Moll, Nauck, Nöggerath, Quenstedt und v. Rußdorf. Eingeleitet von Herm. Masius. Mit zahlreichen in den Text eingedr. Abbild. (in Holzschn.) (In 3 Bdn.) 2—30. (Schluß-)Lfg. Lex.-8. Essen 857—59, Bädeker. [1. Bd. (XVI und S. 65—580 mit Titelblatt in Holzschn.) 2. (616 S.) 3. (692 S. mit 3 Karten in Holzschn. in gr. 4. und qu. Fol.)] à Lfg. 10 Ngr.
1. Lfg. Ebendas. 1856. 10 Ngr.

—— dass. — 2., verb. und bereicherte Aufl. 3 Bde. Mit zahlreichen in den Text gedr. Holzschn. und 3 Sternkarten. gr. 8 Ebendas. 859—62. [1. Bd. (XVI und 624 S.) 1. Abthl. 1 Thlr., 2. und 3. Abthl. 2 Thlr. 10 Ngr.; 2. Bd. (670 S.) 1. und 2. Abthl. à 1 Thlr., 3. Abthl. 1 Thlr. 15 Ngr.; 3. Bd (VIII und 712 S.) 1. und 2. Abthl. à 1 Thlr., 3. und 4. Abthl 1 Thlr. 25 Ngr.]

Naturwissenschaften, die gesammten. Für das Verständniß weiterer Kreise u. auf wissenschaftl. Grundlage bearb. v. Dippel, Gottlieb, Gurlt etc. Eingeleitet v. Herm. Masius. 3. neubearb. u. bereich. Aufl. In 3 Bdn. Mit zahlreichen in den Text eingedr. Holzschn. u. 3 Sternkarten. 1—50. Lfg. gr. 8. (1. Bd. XXIII, 927, 2. Bd. 812 u. 3. Bd. S. 1—576.) Essen 873—76. Baedeker. à — 75

Naturwissenschaften, die gesammten, populär dargestellt von Dippel, Gottlieb, Gurlt etc. Eingeleitet von Herm. Masius. 3., neu bearb. u. bereicherte Aufl. Mit zahlreichen in den Text gedr. Holzschn. u. 3 Sternkarten. 51—60. (Schluß-)Lfg. gr. 8. (3. Bd. S. 1078—1120.) Essen 877. Baedeker. à — 75 (3 Bde. cplt.: 45. — ; geb. n. 51. —)

Naturwissenschaftler, der. Allgemein verständl. Wochenschrift für sämtl. Gebiete der Naturwissenschaften. Redact.: Carl Riemann. 1. Bd.: Oktbr. 1887—März 1888. 24 Nrn. (à Nr. $1\frac{1}{2}$ Bog.) gr. 4. Berlin, Riemann und Möller. *
Bildet eine Fortsetzung zu „Der Naturforscher", ist jedoch nicht weiter erschienen. An dessen Stelle ist getreten die „Naturwissenschaftliche Wochenschrift".

Naturwissenschaftliches u. Geschichtliches vom Seeberg. Hrsg. vom naturwissenschaftl. Verein zu Gotha. Mit 3 Text-, 3 Vollbildern u. 1 Karte des Seebergs. 1 : 12,500. gr. 8. (V, 146 u. XVI S.) Gotha 901. E. F. Thienemann. n.n. 3. —

Naturwissenschaftliches und **Geschichtliches** vom Seeberg. Hrsg. vom naturwiss. Ver. zu Gotha. Mit 3 Text-, 3 Vollbild. u. 1 Karte. (Vorr.: G[ustav] Zahn.) *Gotha: E. F. Thienemann 1901.* (146 S.) 8° [01. 4957

(F) Das freie **Naturzeichnen** oder freie bildliche Darstellung körperlicher Formen. Herausgegeben für den Schul- und Selbstunterricht von Alois Urthaler. Innsbruck. 1901. In Comm. Wagner. Gr.-8°. 39 S. mit 44 Tafeln Geb. K 3.—

Natus, Johann Gottfried (Lübbenau/Lausitz), Disput. IV Positiones de personis quae cambia dare possunt, vel non. Präs. Johann Christian Hedler. Wittenberg (Hake) 10. IV. 1751. 12 S. (4.—) 24560

Natus, Maximilian: Aus d. pathol.-anat. Anst. d. Stadt Magdeburg. Beiträge zur Lehre von der Stase nach Versuchen am Pankreas des lebenden Kaninchens. Berlin 1909: G. Reimer. 82 S. 8° ¶ (Aus: Virchows Archiv f. pathol. Anat. u. Physiol. Bd 199.)
Rostock, Med. Diss. v. 12. Jan. 1910, Ref. Schwalbe
[Geb. 22. Okt. 82 Lodz; Wohnort: Magdeburg; Staatsangeh.: Preußen; Vorbildung: Marien-Gymn. Stettin Reife M. 01; Studium: Berlin 1, Tübingen 2, Halle 2, Rostock 6 S.; Coll. 20. Dez. 07; Approb. 6. Febr. 09.] [U 10. 3918

Natusch, Emil: Beiträge zur Kenntnis des Schweinerotlaufs. Berlin 1910. 35 S.
Giessen, Vet.-med. Diss. v. 1910.

Rede gehalten in der Pilger Loge zu London, am 31ten Dez., 5812, vom Br. Friedr. Natusch. [London]: Selbstverl. d. Loge [1812]. 21 S. 8°
Selten. Üb. den hohen Wert der Mrei; kurzer Rückblick auf das vergangene Jahr.

Natzler, Adolf, a. Pritrzsd ⟨Ungarn⟩: Aus d. chirurg. Abteilung d. städt. Krankenhauses zu Posen. ⟨Dirigierender Arzt: Prof. Dr. Jaffé.⟩ Ueber Aktinomykose des Kehlkopfes. Leipzig 1908: B. Georgi. (44 S.) 8°
Leipzig, Med. Fak., Ref. Trendelenburg, Diss. v. 20. April 1908
[Geb. 13. Aug. 82 Pritrzsd (Ungarn); Wohnort: Regensburg; Staatsangeh.: Bayern; Vorbildung: Neues Gymn. Regensburg Reife Juli 01; Studium: München 6, Freiburg i. B. 1, München 4 S.; Coll. 9. Mai 08; Approb. 6. April 08.]

Natzmer

— s. a. **Nazmer.**

Natzmer, Anna v., „Gut bürgerlich". Kochbuch f. den tägl. Gebrauch m. leichtfaßl. Anleitg. zum Selbstkochen f. junge Frauen u. Mädchen. Mit 2 kolor. Pilztaf. u. 6 Taf. in Schwarzdr. 8. (LII, 485 S. m. 2 Bl. Erklärgn.) Dresden 901. [F. Jacobi.] Neudamm, J. Neumann. Geb. in Leinw. n. 3. —; erm. Pr. n. 2. 50

Gut bürgerlich. Kochbuch f. d. tägl. Gebrauch mit leichtfaßl. Anleitung z. Selbstkochen f. junge Frauen u. Mädchen von **Anna v. Natzmer**. Mit 2 Pilztaf. u. 6 Taf. *Neudamm: J. Neumann [1902].* (LII, 485 S.) 8° [J.] (o. Lein)

Natzmer, Anna v., illustr. **Germania-Kochbuch.** Deutsches Kochbuch f. d. gebild. Stände, insbes. f. die Töchter u. jungen Frauen d. Offiziers- u. Beamtenstandes. E. prakt. Hand- u. Lehrbuch zur sparsamen Herrichtg. d. einf. u. feinen Tisches. M. 2 kolor. Pilztaf. u. 6 Taf. in Schwarzdr., sowie e. 100 Seiten starken Notizbuch in eleganten u. zweckmäß. Register-Einteilg. 8. (LII, 485 S. m. farb. Titelbild.) Frankfurt a/O. 896. H. Andres & Co. Geb. in Leinw. n. 4. —

— illustr. **Germania-Kochbuch** f. alle Stände zur sparsamen Herstellung e. guten Hausmannskost, m. Berücksicht. auch der feinen Küche, nebst vielen Rezepten f. die Fein-Bäckerei, das Einmachen u. dergl., sowie Hausmittel aller Art. Mit 2 kolor. Pilztaf. u. 6 Taf. in Schwarzdr., sowie e. 100 Seiten starken Notizbuch in übersichtl. Register-Einteilg. 2. [Titel-]Aufl. 8. (LII, 485 S. m. 2 Bl. Erklärgn.) Ebd. (896.) 901. Geb. in Leinw. n. 4. —; erm. Pr. 3. —

Illustriertes Germania-Kochbuch für alle Stände z. sparsamen Herstellung e. guten Hausmannskost, mit Berücks. auch d. feinen Küche nebst vielen Rezepten f. d. Fein-Bäckerei, d. Einmachen u. dergl., sowie Hausmittel aller Art. Von **Anna v. Natzmer**. Mit 2 Pilztaf. u. 6 Taf. ... 2. Aufl. *Neudamm: J. Neumann [1902].* (LII, 485, 96 S.) 8° [J.] (o. Lein)

Natzmer, Carl..., s. Natzmer, Karl...

Natzmer, Dagmar v., **Bübchens Traum.** (20 S m. farb. Abb.) Lex. 8. Potsdam (909). Gronius. Geb. 3. —

Natzmer, Dubislav Gneomar v., **Memoiren.** Mit specieller Erlaubniß des Besitzers hrsg., bearb. u. mit Erläuterungen versehen von **Eufemia Gräfin Ballestrem.** gr. 8. (VII, 190 S. mit lith. Portr.) Leipzig 881. Grieben. n. 3. 60

Natzmer-Trebendorf, Gneomar v., die Notlage unserer Landespferdezucht u. Vorschläge zu deren Abhülfe. (23 S.) 8. Cottbus (904). (Berlin, R. C. Schmidt & Co.) n. — 50

Natzmer, Gneomar Ernst v., v. d. Heldenleben e. Reiterführers u. d. 8. Dragonern bei Nachod. gr. 8. (VIII, 86 S.) Gotha 895. F. A. Perthes. n. 1. 50

Natzmer, Gneomar Ernst v., unter den Hohenzollern. Denkwürdigkeiten aus dem Leben des Generals Oldwig v. Natzmer. Allen deutschen Patrioten gewidmet. 1.—4. Bd. gr. 8. Gotha, F. A. Perthes. à Bd. *ℳ 6.—. *

Inhalt:
Bd. 1. Aus der Zeit Friedrich Wilhelms III. 1. Tl.: 1820—1832. (XVI, 311 S.) 887.
„ 2. —— dass. — 2. Tl.: 1832—1639. (VII, 338 S.) 887.
„ 3. Aus der Zeit Friedrich Wilhelms IV. 1. Tl.: 1840—1848. (VIII, 288 S.) 888.
„ 4. —— dass. — 2. Tl.: 1848—1861. (XVII, 304 S.) 888.

Natzmer, Gneomar Ernst v., die **Jugend Zinzendorfs** im Lichte ganz neuer Quellen. gr. 8. (XII, 264 S.) Eisenach 894. M. Wilckens. n. 4. 60; geb. n.n. 5. 75

Ⓔ **Natzmer,** G. E. v., d. Jugend Zinzendorfs. 894. (KBL 28.) Jetzt: Leipzig, D. Gimin. Erm. Pr. 4.—; geb. 5.

— bei der **Landwehr,** vor Metz u. die Schlacht v. Beaune la Rolande. gr. 8. (XXXVI, 168 S. m. 3 Karten.) Gotha 894. F. A. Perthes. n. 4. —

Natzmer, Gneomyr Ernst v., aus dem Leben d. Generals Oldwig v. Natzmer. Ein Beitrag zur preuß. Geschichte. 1. Thl. Mit e. Einleitg. v. Thdr. **Bernhardi,** dem (phototyp.) Bildniß d. Generals u. e. kleinen (lith.) Karte (in 4.) gr. 8. (XIX, 309 S. m. 1 genealog. Tab. in qu. Fol.) Berlin 876. Mittler & Sohn. n. 6. —

— **Lebensbilder** aus dem Jahrhundert nach dem großen deutschen Kriege. gr. 8. (VIII, 504 S.) Ebd. 892. n. 7. —

Natzmer, Gneomar Ernst v., George Christoph v. Natzmer Chef der weißen Husaren. Ein Beitrag zur Geschichte der Armee Friedrichs II. Hannover 870. Hahn. gr. 8. (VI, 108 S.) n. 16 *ngr.*

— Kaiser **Wilhelm I.,** die Prinzeß Elise Radziwill u. die Kaiserin Augusta. Mit Briefen d. Prinzen Wilhelm. 8. (96 S.) Berlin 890. Gebr. Paetel. n. 1. 80; geb. n.n. 3. —

Natzmer, H. v., das kohlensaure Gas u. seine Anwendung zur Behandlung der Erkrankungen des männlichen u. weiblichen Harn- u. Geschlechts-Apparates sowie des Darmsystems, m. besond. Bezugnahme auf die amerikan. Gasdouche. gr. 8. (24 S.) Leipzig 899. A. Strauch. n. 1. —

Natzmer, H. v. Zwei merkwürdige Gebirgsübergänge: San Martin's Zug über die Cordilleren 1817 und Suwarof's Zug über die Alpen 1799. Berlin 1847. 8°. (Aus: Zeitschr. f. Kunst, Wissensch. u. Gesch. d. Krieges.)

Natzmer, H. v., Geographie d. preuß. Staates f. d. obern Klassen d. Real-Schulen u. f. junge Militairs, welche sich z. Officier-Examen vorbereiten. (Ein Kommentar zur Karte d. preuß. Staates von v. Benningsen-Förder.) gr. 8. (10½ B.) Berlin 840, E. Oehmigke.

Natzmer, H. v., Special-Karte der Umgegend von Liegnitz. 1 : 25,000. 4 Bl. Lithogr. Fol. Liegnitz 881, Kaulfuss'sche Buchh. In Futteral *ℳ 3,50.; auf Leinw. in Futteral * 5 —

Natzmer, Karl Friedrich v.

Natzmer, Carl Friedrich von (Pommersch. Adel), De observantia gentium circa praeliminaria pacis exercit. academ. Präs. Jo. Wilh. Hoffmann. Frankfurt/Oder (S. G. Alex) 7. VII. 1736. 53 S. (6.—) 24561
Gew.: Caspar von Wolde, Gerhard Heinrich von Wolde, Bogislav Ernst von Wolde. — Widm. v.: Jo. Wilh. Hoffmann.

Natzmer, Karl Oldwig v.

Natzmer, Carl Oldwig von, Referendar in Potsdam: Der volksschulmäßige Religionsunterricht von Kindern aus Mischehen im Gebiete des preußischen Landrechts unter Berücksichtigung der Rechtsprechung und Verwaltungspraxis. Borna-Leipzig 1908: R. Noske. (IX, 39 S.) 8° [J.]
Leipzig, Jur. Fak., Diss. v. 25. Juni 1908
[Geb. 26. Nov. 78 Berlin; Wohnort: Potsdam; Staatsangeh.: Preußen; Vorbildung: Gymn. Stolp Reife O. 98; Studium: Heidelberg 2, Göttingen 1, Halle 3 S.; Rig. 23. Juli 02.]

Natzmer, O. v., die Ausbildung einer Eskadron im Felddienst. gr. 8. (VIII, 78 S.) Berlin 882. Mittler & Sohn. n. 1. 50

Natzmer, O. v., die Ausbildung des Kavalleristen mit dem Kavallerie-Karabiner M/71. 1. Aufl. (39 S.) 1878; 2. Aufl. 8. (36 S.) Potsdam 879, Döring. *

Natzmer, Oldwig v.: Unter den Hohenzollern. Denkwürdigkeiten 1820—1861. (Hrsg. u. bearb.) von Gneomar E. v. Natzmer. 4 Bde. Gotha: Perthes 1887—89.

Natzohme, s. a.: Marcus, E.

— up Bruutschau off Thresken u. Bläßken, s.: Vereinstheater, neues.

— Aolle Döhnkes un niee Vertällsels, gesammelt u. erzählt. (120 S.) 8. Münster 910. Aschendorff. 1. —

— Jans Kraz off dat aolle Schamiesken, s.: Vereinstheater, neues.

Natzohme (E. Marcus), Hiärtens-Fennand off Buernsuohn un Küötterjunge, s.: Volksbühne, plattdeutsche. 2.

— de graute Kumeet of Weg met'n Dreck!, s.: Volksbühne, plattdeutsche. 1.

— Lünings Lena off mien Een un Alles, s.: Vereinstheater, neues. Nr. 46.

— Schnippsel vom Wege des Lebens. Gereimtes u. Ungereimtes in Hoch u. Platt. 8. (XII, 165 S. m. 2 Bildnissen.) Essen (902). Fredebeul & Koenen. n. 1. 50; geb. in Leinw. n. 2. —

Nau, Bernhard Sebastian

— kurz. histor. Abriß d. Ursprungs u. d. Fortschritte in d. Naturgeschichte, Chemie, Mathematik u. Physik. 8. Frankf. a. M. 792. Eichenberg. 1 ß 4 gr.

Nau, Bernh. Seb., Anleitung zur Bergwerkswissenschaft. gr. 8. Mainz, Univers. Handl. (Andreä in Frkf.) 790.

— Anleit. zur deutsch. Forstwissenschaft. 1r Bd. Mit Kpf. gr. 8. Mainz 790. 2e A. 807. (Andreä in Frankf.) 1 ß 8 gr.

— Anleit. zur Landwirthschaft. gr. 8. Frkf. a. M. ... 2e Aufl. 804. Andreä. 1 ß

Nau, Bernhard Sebastian (Hrsg.), s. a. Anweisung, Praktische, über den Weinbau.

Nau, Bernh. Seb., prakt. Anweis. üb. d. Weinbau nach d. Erfahr. d. Fäsj am Züricher- u. Bodensee, (Chr. W. J.) Gatterer's am Neckar, Nau z. Münster a. d. Nahe u. Schmitt am Rhein. 8. Mainz, 1792. (2. Aufl.) Frankfurt. 1804. (Andreä.) — 11¼

Nau, Bernhard Sebastian (Hrsg.). s. a. Anweisung, Praktische, gute Weingärten anzulegen, zu unterhalten und schlechte zu verbessern.

— praktische Anweisung gute Weingärten anzulegen rc. 8. Grätz, Ferstl. 791.

NAU, Bernhard Sebastian v.: Vermischte Aufsätze über Land- und Forstwissenschaft. - Mainz, Frankfurt 1804. 156 S., m. Tab.

— vermischte Aufsätze über Land- u. Forstwissenschaft. gr. 8. Frkf. a. M. 805. Andreä. 16 gr.

Nau, B. S. v., Beyträge zur Kenntniß und Beförderung des Handels rc. s. a. Beyträge.

— Beitrr. zur Kenntniß u. Beförder. d. Handels u. der Schifffahrt. 1r Bd, 6 Hfte, u. 2r Bd, 1s—4s Hft. gr. 4. Mainz 818, 19. (Kupferberg). 4 ß 3 gr.

Nau, Bernh. Sebast. von, Beiträge zur Kenntniss und Beförderung des Handels und der Schifffahrt. (Verhandlungen der Central-Commission zu Mainz in Betreff der Rhein-Schifffahrt.) Bd. 1—5. Bd. 5 nur unter dem Titel: Verhandlungen ... Abth. I. Mainz 1818—25. 4.

— Beitrr. z. Naturgesch. des Mainz. Landes, die Fische, Amphibien u. Vögel enthaltend. 2 Hefte. gr. 8. Mainz 787—88. 12 gr. Schrbp. 16 gr.

— neue Entdeck. u. Beobachtt. aus d. Physik, Naturgeschichte u. Oekonomie. 1r Bd. Mit 7 Kpf. gr. 8. Frankf. a. M. 791. Hermann. 2 ß

Bernhard Sebastian von Nau

Entwurf einer Polizeiverordnung gegen die weitere Verbreitung der westindischen Pest. Von B[ernhard] S[ebastian von] Nau. Frankfurt a.M.: Andreä 1805. XII,156 S. 8°

— etwas über den heutig. Zustand d. Fischerei in e. Gegenden Deutschlands. 8. Mainz 788.

— s. Fibig, J., Bibliothek.

— Geschichte d. Deutschen in Frankr. u. d. Franzosen in Deutschl. und angrenz. Ländern. 5 Bde. gr. 8. Frankfurt, Eßlinger. 794—96. (1r 2r 2 Rthlr. 16 gr. 3r—5r à 1 Rthl. 20 gr.)
Schreibp. (1r u. 2r 3 Rthlr. 16 gr. 3r—5r à 2 Rthlr. 12 gr.)

— Geschichte der Deutschen in Frankreich u. der Franzosen in Deutschland u. angränzend. Ländern. 5 Bde. gr. 8. Frkf. a. M. 794—96. (Schäfer). 8 ß 4 gr. Schrbp. 11 ß 4 gr.

— Grundsätze d. Völker-Seerechts. 8. Hamb. 802. (Campe). 1 ß 12 gr. Schrbp. 2 ß

— s. a. Handbuch f. Oekonomie.

— theor. prakt. Handbuch d. Oekonomie, Bergbaukunde, Technolog. und Thierarzneik. rc. 2 Bde. gr. 8. Zürich, Orell, Füßly und Comp. 791.

— erste Linie d. Kameralwissenschaft. gr. 8. Frankf. a. M. 791. Varrentrapp. 1 ß 4 gl

— s. Marquart ..., Beschreib. e. Reise.

– (Hrsg.), s. Mercur, Politischer.

— ökonom. Naturgeschichte d. Fische in d. Mainz. Lander. gr. 8. Frankf. a. M. 788. Varrentrapp. 9 gl

Nau, B. S. v. Notizen aus dem Gebiete der Artillerie-Wissenschaft. Mainz 1833. 24 S.

v. Nau, ..., Notizen aus dem Gebiete der Physik für Artilleristen im Kriege. 4. Mainz 829. ...

— Pflanzenabdrücke u. Versteinerungen aus d. Kohlenwerke St. Ingbert im baier. Rheinkreise rc. Mit 4 Kpf. gr. 4. Münch. 821. (Franz). 4 gl (Auch in d. Denkschriften d. Akad. d. W.)

v. Nau, Bhrd. Seb., üb. die Veränderung des wärmeren Klima im Norden unserer Erde. gr. 4. München 821. (G. Franz). 5 gl

Nau B. S.: Vorbereitungslehren z. besseren Erlernung d. Forstwissenschaft. Frankf. a. M. 1807. (14) 378 S. 2 Tvl.
(=: Anleitung z. Forstwissenschaft. Bd. 1. 2. sehr verm. Aufl.).

Nau, C. F., geistl. Lieder. 2 Samml. gr. 8. Riga, Hartknoch. 779.

Nau, Claude, Maria Stuart von der Ermordung Riccio's bis zur Flucht nach England [1566—1568]. Aufzeichnungen ihres Secretärs C. N. Nach der französ. Orig.-Ausg. d. J. Stevenson übers. u. erläutert v. H. Cardauns. gr. 8. (95 S.) Würzburg 885. Woerl. 1. 20

Nau, Gust., gesundheitsgem. Spazierengehen, s.a. Volkswohl-Schriften.

Nau, Gustav, Gesundheitsgemäßes Spazierengehen, E. Mittel z. Verhütung u. Heilung d. Lungenschwindsucht in d. durch d. Rauch- u. Dunstplage betroffenen Gebieten, Leipzig 1897, 26 S., 8°.

Nau, Hermann [app. Arzt aus Hilders, Kr. Gersfeld]: Die Geburten macerirter Früchte in der zweiten Hälfte der Schwangerschaft ... Marburg, Buchdr. v. J. Hamel, 1896; 38 S., 1 Bl. 8.
Marburg, Med. Fak., Inaug.-Diss. v. 23. Dez. 1896

Nau, Johann Baptist. Lidder a Gedichter. In Gonner, N.: Prairieblumer (Dubuque, Ia. 1883) 9-22.

Nau, John Antoine, die feindliche Kraft. Roman. Einzig autoris. Uebersetzg. aus dem Franz. v. Ellen Godwyn. Umschlag von Fritz v. Radler. 1.—3. Taus. (366 S.) kl. 8. Wien (904). Wiener Verlag. n. 3. —; geb. n.n. 4. 50

Naubereit, die Hirten auf dem Felde. Ein Weihnachtsfestspiel f. christl. Vereine u. das christl. Haus. 12. (16 S.) Insterburg 892. F. Roddewig. — 30

Naubereit, R., Geschichten aus dem fernen Osten. 3 Bde. 8. Königsberg 906. Ostpr. Druckerei u. Verlagsanstalt. à — 75; in 1 Bd. geb. 3. 50
1. Bilder aus Stadt u. Land. (V, 116 S.)
2. Bunte Reihe. (III, 111 S.)
3. Allerlei Gestalten. (III. 107 S.)

– (Hrsg.), s. Städte-Kalender, Ostpreußischer.

Naubert, Dr., s. Graham's Gesundheitslehre.

Naubert, Carl, s. Naubert, Karl

Naubert, Christiane Benedicte Eugenie

Naubert, Bened. (Christiane), († d. 12. Jan. 1819.) Alexis u. Louise; e. Badegeschichte. 8. Leipz. 819. Hinrichs. 1 ß

— s. Alf v. Dülmen. — Alme, oder ägypt. Mährchen. — Amtmännin von Hohenweiler. — Attilas Schwert. — Azaria — Begebenheiten d. Familie v. Wallis.

— s.a. Barbara Blomberg.

BLOMBERG, Barbara. — Barbara Blomberg, vorgebliche Maitresse Kaiser Karls des Fünften. Eine Originalgeschichte in 2 Theilen (von *Christiane Benedicte Naubert*, geb. *Hebenstreit*, geb. 13. Sept. 1756 in Leipzig, † das. 12. Jan. 1819). Leipzig 1790. 8°. (Im British Museum.) (1 1/2 Rthl. H. W. Schmidt, Halle, vor 1870; 80 Pfg. (!) Ferd. Schöningh, Osnabr., 1905.) Zahm.
Das Anon.-Lex. I. p. 248 hat die Jahrzahl „1789", Goedeke aber V, 497, 15, 13: „1790".

— s. Brunilde. — Bund, der, des armen Conrads. — Conradin von Schwaben. — Corelia, od. die Geheimnisse d. Grabes. — Edwy u. Elgiva.

EGINHARD und Emma. — Geschichte Emma's, Tochter Kayser Karls des Großen, und seines Geheimschreibers Eginhard. (Zahmer Roman von *Christiane Benedikte Eugenie Naubert*, geb. *Hebenstreit*.) 2 Bde. Mit interess. Titelkpf. Leipzig 1785. 8°.
413+319 S. Berühmte Liebesgeschichte. — Anon.-Lex. II. p. 199 (nach Kayser, Engelmann u. Meusel).

— s. Elfriede, od. das Opfer rc. — Elisabeth, Erbin v. Toggenburg.

Emma

— — und Eginhard. — Geschichte Emma's, Tochter Kayser Karl des Großen, u. seines Geheimschreibers Eginhard (von der *Benedikte Naubert* 2 Bde. Leipzig 1785. 8°. 413+319 S. Zahm. (6 Mk. H. Streisand, Berlin, 1908.)

— s. Emma's Tochter. — Eudocia — Conrad u. S. v. Feuchtwangen. — Fitzherbart u. seiner Freunde Geschichte.

FONTANGES, Mlle de (Maitresse Ludwig's XIV., geb. 1661, † 1681). — Fontanges, oder das Schicksal der Mutter und der Tochter. Eine Geschichte aus der Zeit Ludwig XIV. (von *Christiane Benedicte Naubert*, geb. *Hebenstreit*). Mit Titelkpf. von Penzel. Leipzig 1805. 8°. (3 Mk. 50 Pfg. M. Edelmann, 1906.) Zahm.
Das Anon.-Lex. II. p. 106 hat „1804" (?).

— Fontanges, od. d. Schicksal d. Mutter u. Tochter; eine Geschichte aus d. Zeiten Ludwig XIV. 8. Leipz. ... N. A. 823. Wienbrack. 1 ß (NB. Die 1e Aufl. s. Fontanges).

Naubert, (Benedikte,) Fontanges, od. das Schicksal d. Mutter u. der Tochter, eine Geschichte aus d. Zeiten Ludwigs XIV. Neue Ausgabe; mit 1 Kpfr. 8. Leipzig 824, Wienbrack.

— s.a. Miß Louise Fox.

FOX, Miss Louise, oder Reise einer jungen Engländerin durch einige Gegenden von Deutschland (von *Christiane Benedikte Eugenie Naubert*, geb. *Hebenstreit*). Leipzig 1792. 8°. Zahm. (2 Mk. I. St. Goar, Frankf. a. M., 1909.)
Anon.-Lex. II. p. 109 (nach Engelmann, Kayser, Meusel).

— s.a. Pauline Frankini.

FRANKINI, Pauline, oder Täuschungen der Leidenschaft und Freuden der Liebe. (Zahmer Roman von der *Benedicte Naubert*, geb. *Hebenstreit.*) Mit Titelkpf. Leipzig 1789. 8°. (2 Kr. Halm & Goldmann, 1904.)
Das Anon.-Lex. II. p. 117 hat „1788" (nach Engelmann u. Kayser).

— s. Friedrich der Siegreiche. — v. Frondsberg, die Gräfin. — Marie Fürst.

— s.a. Gebhardt v. Waldburg.

GEBHARD II (Truchsess) von Waldburg, Reichsfreiherr [geb. zu Cöln 1547, Erzbischof von Cöln seit 1577, heimlich vermählt am 2. Febr. 1583 mit seiner früheren Geliebten, Kanonissin Agnes Gräfin v. Mansfeld, excommunicirt durch Papst Gregor XIII., abgesetzt 28. Jan. 1584, † 1601 zu Straßburg]. Gebhard Truchses(!) von Waldburg, Churfürst von Cöln, oder die astrologischen Fürsten. (Zahmer Roman von *Christiane Benedikte Naubert*, geb. *Hebenstreit*, verw. gewesene *Holdenrieder*, geb. 13. Sept. 1757 zu Leipzig, † ebd. 12. Jan. 1819.) Mit Titelkpf. (Schubert del., A. Clar sc.). Leipzig, Weygand, 1791. Kl. 8°. (Im British Museum.)
596 S. (incl. Titkpf.). Anon.-Lex. II. p. 142 (nach Kayser, Meusel, Engelmann u. d. Cat. genannter Bibl.).
— — Dasselbe. (Nachdruck.) Frankfurt und Leipzig 1792. 8°. 280 + 280 S. (4 Mk. 75 Pfg. H. Streisand, Berlin, 1908.)

— s. Geschichte Emma's, Kaiser Karls Tochter. — Geschichte d. Gräfin Thekla v. Thurn — Geschichte Hnr. Courtlands. — Hatto, Bischof v. Mainz. — Herrmann v. Unna. — Lord Holland. — Ulr. Holzer. — Irrungen, ein Roman. — Elisabeth Leutau.

— s.a. Lucinde.

NAUBERT, Chr. B. Eug., geb. Hebenſtreit. Lucinde oder Herrn Simon Goodbergs mediziniſche Leiden. Nach dem Engliſchen. Hohenzollern (Wien, Wallishauſer) 1793. 202 S.
Seltener, unter dem Einfluſſe der Wertherſchriſten entſtandener gefühlvoller Roman. Preuß. Staatsb. y. w. 2167.

— der kurze Mantel u. Ottilie. Zwei Volksmährchen. 8. Wien 820. Armbruster. 16 gr

— s. Mathurin.

— s.a. W. v. Montbarry.

Walter von Montbarry, Grossmeister des Tempelordens. [Von Christiane Benedicte Eugenie Naubert.] Bd 1. 2. Leipzig: Weygand 1786. 8°
[1.] 504 S. 1 Kpfr.; [2.] 528 S.

[Dasselbe.] Th. 1. 2. Frankfurt u. Leipzig 1789—1792. 8° [Kupfertit.]
1. 1789. 490 S. 1 Kpfr.; 2. 1792. 511 S.

[Dasselbe.] Ebendas. 1809. 8°
1. 408 S. 1 Kpfr.; 2. 482 S. 1 Kpfr. (Bibliothek auserles. romantischer Geschichten d. Vorzeit. 23. 24.)
cf. f. Aufl. 1789—1792: °Allg. litt. Anz. 1797 S. 1211—1212; L. 23 (1864) S. 28; Goedeke, Grundriss der Gesch. der deutschen Dichtung. 2. Aufl. 5 (1893) S. 497.
Kl. 3056, Tt. 2664, TB. 49. Nach TB. auch in der „Sammlung der merkwürdigsten altdeutschen Geschichten" Bd 3 u. 4 erschienen.

— letzte Original-Romane. (Rosalba. — Alexis u. Louise, Turmalin u. Lazerta). 5 Bdchen. Mit 3 Kpf. Wohlf. Ausg. 8. Leipz. 827. Hinrichs. 2 rthlr 12 gr

— s. Philippe v Geldern. — Joseph Mendez Pinto. — Heinrich v. Plauen. — Reinhold u. Emmy. — Rosalba. — Graf v. Rosenberg. — Ruine, die. — Saint-Alme. — Sitten u. Launen. — Träume, heitere.

Naubert, Bened. (Christiane), Turmalin u. Lazerte. 2 Thle. 8. Leipz. 820. Hinrichs. 1 rthlr 14 gr

— s. Velleda.

Naubert, B., Volksmährchen d. Deutschen. 4 Bdchn. 2. Aufl. 8. (41¾ B.) Leipzig 839, Gebhardt u. Reisland. à ⅓ Thlr.

— dass. — Ausg. in 1 Bde. 8. (41¾ B.) Ebds. 840.

— s.a. Volksmährchen, neue, d. Deutschen.

(Naubert, Christiane Benedicte.) Neue Volksmärchen der Deutschen. Bd 1—5. Leipzig 1789—93. 8.
—, — Neue Ausg. Bd. 1—4. Leipzig (1860).

— s. Walter v. Stadion. — Wanderungen d. Phantasie. — Graf Werner v. Bernburg.

Naubert, Karl, s. A. Combé, die Gesetze der Verdauung.

Naubert, C., Land und Leute in Amerika, s.a. Notwörterbuch der englischen und deutschen Sprache.

Naubert C, Land und Leute in Amerika. 2. Aufl. v. H Kürschner. (Langenscheidt's Notwörterbuch IV) Berlin (1893)

Naubert, Carl, Land u. Leute in Amerika, s.a. Langenscheidt's Sachwörterbücher.

Methode Toussaint-Langenscheidt. Land und Leute in Amerika. Zsgest. von Carl **Naubert**, Geh. Rechn.R. In 2. Aufl. neu bearb. von Hugo Kuerschner. Verm. durch e. Anh.: Englisch-deutsches Ergänzungswörterbuch von F[elix] Baumann. 2. Bearb. Berlin-Schöneberg: Langenscheidt (copyr. 1909). XX, 516, 64 S. 8°
(Langenscheidts Sachwörterbücher.) A 12 803

— u. Eug. Oswald, Land u. Leute in England, s.a. Langenscheidt's Sachwörterbücher.

Land und Leute in England. Zsgst. von Geh.R. Dr. Carl **Naubert**. Neubearb. durch Dr. Eugen Oswald, London. 3. Bearb. 1906. Berlin-Schöneberg: Langenscheidt (1906). (XXII, 615 S.) 8°
Neubearb. von: Édouard Muret: Notwörterbuch d. engl. u. deutschen Sprache. T. 3. Sachwörterbuch. Zsgst. von C. Naubert.
(Langenscheidts Sachwörterbücher.) [07. 1900]

Nauheneggeer, B., Papsttum u. deutsches Kaisertum, oder die Infallibilität u. ihre Bedeutung für die deutschen Nationalinteressen. Paderborn, F. Schöningh, 1875, 8°, 80 S., 0,80 Mk.

Nauck, A.

— Analecta critica. S.-A. 1859. 26 S.

Nauck, A., Bemerkungen zu Georg Curtius „Das Verbum der griech. Sprache seinem Bau nach dargestellt". 2 Teile. S.-A. 1874 u. 1877. 89 u. 99 S. 2.50

Nauck, A., Bemerkgn. zu Kock, comicorum atticorum fragmenta. S.-A. 1892. 128 S. 4°.

Kritische Bemerkungen. IV. VI. VII. VIII. S.-A. 1865, 1871, 1875, 1880. (108, 138, 147, 152 S. à 2.—

— Ueber die Erwiderung des Herrn Georg Curtius. (Ueb. d. griech. Verbum). S.-A. 1875. 31 S.

Nauck, A., Nachlese zu den Fabeln des Phaedrus S.-A. 1888. 44 S.

Nauck, A., De scholiis in Sophoclis tragoedias a Petro N. Papageorgio editis. S.-A. 1890. 81 S. 4°.

Nauck, A., Zu Claudii Galeni Pergameni scripta minora, vol. I. (Lipsiae 1884.) S.-A. 1886. 26 S.

Nauck, Euripid. Studien. 2 Thle. St. Petersb. (1859 63).
Schul-/Univ.-Schrift

Nauck, A., Euripideische Studien. 2. Thl., s. Mémoires de l'académie impér. des sciences de St.-Pétersbourg. 7. Série, Tome V. Nr. 6.

Nauck, Johann August: De Aristophane Byzantio glossarum interprete.
Halle-Wittenberg, Phil. Diss. v. 14. Mai 1846
Geb. [Auerstedt bei Eckartsberga 18. 9. 1822]
Ms. fehlt. — Ersch. deutsch u. d. T.: Ueber die glossographischen Studien des Aristophanes von Byzanz. In: Rheinisches Museum f. Philologie. N. F. Jg. 6. Frankfurt a. M. 1848 S. 321—351, 480. Eine verwandte Schrift des Verf. war vorher ersch., vgl. Nr. 4786, und er liess bald folgen: Aristophanis Byzantii grammatici Alexandrini fragmenta. Collegit et disposuit Augustus Nauck. Accedit Rudolphi Schmidtii Commentatio de Callistrato Aristophaneo. Halis: Lippert & Schmidt 1848. VII, 337 S. 8°

Nauck, Aug., über eine neue Eigenschaft der Producte der regressiven Metamorphose der Eiweisskörper. Inaugural-Dissertation. gr. 8. (52 S.) Dorpat 886, (Karow.) *

Nauck, Johann August: Aristophanis Grammatici fragmentum Parisinum (περὶ λέξεων) illustravit. Halis 1845. 44 S. 8°

Nauck, Aug., tragicae dictionis index spectans ad tragicorum graecorum fragmenta ab Aug. Nauck edita. Lex.-8. (XXXII, 738 S.) Petropoli 892. (Leipzig, Voss' Sort.) n. 12. 25

Nauck, Aug. De tragicorum Graecorum fragmentis observationes criticae. 56 S.
Berlin, Joach. G., Progr. 1855

Nauck, Carl..., s. N a u c k , Karl...

Nauck, E[rnst]. Als die Inaug.-Schrift vertretend wurde angenommen des Verf. Druckschrift: Der Speckstein von Göpfersgrün. Aus: Annalen d. Physik u. Chemie. Bd 75. Leipzig 1848. S. 129—152, Taf. 1 (Karte u. Fig. 1—4). 8°
[Halle-Wittenberg, Phil. Diss. v. 6. Nov. 1849]
Geb. [Auerstedt (Kr. Eckartsberga) 14. 2. 1819]

Nauck, Fr., hydrograph. Karte v. Thale d. Weser. gr. Fol. Lüneb. 823. Herold u. W. 4 g/.

— Lieder u. Gedichte. 8. ... 817.

— Liturgie-Chöre aus alten Agenden und Missales der ersten Zeit der Reformation, metrisirt, in vierstimmige Harmonie gesetzt und als musikal. Beilage zu jeder neueren Agende der evangel. Kirche veröffentlicht. (Abdr. aus den „Altargesängen ꝛc.") Ebend. 854. gr. 4. (XII, 64 S.) 1 ₰.

— Pionierlieder. 8. Magdeb. 181 . . 2e Aufl. 816.

Nauck, Franz — Abhandlung über die harmonischen Proportionen auf der Oberfläche der Kugel. 20 S. Figt. . . .
Schleusingen, Progr. 1847

Nauck — Ueber die Entfernung der Mittelpunkte der Kreise, welche die Seiten eines ebenen Dreiecks oder Vierecks berühren, von dem Mittelpunkte des umgeschriebenen Kreises. (M. 1 Taf.) 14 S. . . . .
Schleusingen, Progr. 1840

Nauck, Franciscus Christianus: *Commentatio geometrica De proportionibus harmonicis in sphaerae superficiem transferendis. 18 Bl., 3 Taf. 8° (4°)
Halle-Wittenberg, Phil. Diss. v. 15. Dez. 1838
Geb. [Auerstedt (Kr. Eckartsberga) 16. 5. 1811]
Vom Verf. stark verwendet in seiner deutschen Abhandlung über die harmonischen Proportionen auf der Oberfläche der Kugel. Schleusingen 1847. 20 S., 1 Taf. 8° (4°) Gymn.-Progr.
Nach Anzeige des Prov.-Schul-Kolleg. v. 18. 1. 1856 war N. wegen einer Unterschlagung seines Amtes als Gymn.-Lehrer in Schleusingen u. seiner Würde als Dr. phil. verlustig geworden.

Nauck, Friedr., Bilderschau im Kaisersaal zu Frankfurt a. M. Leipzig 855. O. Wigand. 16. (95 S.) n. 5 ngr

— Georg (Lanke / Mittelmark), Ueber Gelbfieber. Diss. med.-chir. Berlin (G. Lange) 17. IV. 1880. 31 S. mit Biogr. (2.—) 24563
Oppon.: A. Wicke, O. Rothe, C. Peltzer. — Seiner Mutter gew.

Nauck, Hans: Ist man berechtigt, in der Odyssee einen zweiten Dichter anzunehmen? Ein Dialog. *Charlottenburg 1898: Buchdr. „Gutenberg".* (1—43 S.) 4°
Charlottenburg, k. Kaiserin Augusta-G, P 1898 (69)

Nauck, J. E., Rede bei d. Einweihung d. neu erbaut. Orgel zu Nackel bei Wusterhausen a. d. D. gr. 8. (1 B.) Berlin 828, Nauck.

Nauck, Karl Christian

Nauck, Carl Christian, Methodus tractandorum similium. Disput. philos.-pract. Präs. Carl Friedrich Rosenhahn. Wittenberg (Tzschiedrich) 15. X. 1793. (4.50) 24562

Nauck, Karl Hugo

Nauck [Oberbaurat]: Mitteilungen über den Neubau der Fürsten- und Landesschule in Grimma. Grimma, Druck v. J. Schiertz, 1892; 31—41 S. 4.
Grimma, Fürsten- u. Landes-S, P 1892 (536)

Nauck, Karl Wilhelm

Nauck: Verg. Aen. I. 1–405 erklärt. 22 S.–Koenigsberg i/N. Progr. 1862

Nauck: Verg. Aen. I., v. 406 - f. 17 S.– Königsberg i/D., Progr. 1869.

Nauck, C.W.: Beiträge zur Erklärung deutscher Gedichte. (1. das Siegesfest von Schiller, 2. Die Ideale von Schiller, 3. Lenore von Bürger, 4. der wilde Jäger von Bürger, 5. der König von Thule von Göthe, 6. der König im Norden von Chamisso.) 8 S. – Progr. Königsberg i.N. 1851.

Nauck, C. W., M. Tullii Ciceronis Laelius de amicitia. Gel. 1884. 79 S. 4°.

Nauck, Carolus Guilelmus: Commentatio philologa [!] de loco Marc. IX. 43—50. Halis (1837): Ploetz. 32 S. 8°
Halle-Wittenberg, Phil. Nostrifikations-Diss. v. 29. Sept. 1837
Geb. [Auerstedt (Kr. Eckartsberga) 21. 5. 1813]
Verf. war in Jena am 2. 5. 1837 bereits promoviert worden.

Nauck, C. Wlh., Mnemonikon. Mnemonische Zeittafeln der Weltgeschichte zunächst für Gymnasien u. höhere Lehranstalten überhaupt. 1. Heft: Die alte Geschichte. 4. Cottbus 845. (Meyer.) n. 1/3 ℔

Nauck, C. W. — Rede des Marcus Tullius Cicero für den Dichter Aulus Licinius Archias nach einer neuen Constitution des Textes übersetzt und erklärt. 38 S. . . . .
Cottbus, Progr. 1844

—— Reventlow u. die Mnemonik, u. die Mnemonik u. die Schule. 8. (3½ B.) Cottbus 844, Meyer. *

Nauck, C. Guil. — Specilegium philologicum. 17 S. [Herod. I, 75. — II, 12. Virg. Ecl. IV, 62. 63 und Quintil. IX, 3. 8. — Aen. I, 9. 22. — Aen. VI, 481. — über die Cäsur. — Horat. Carm. III, 12. — Cic. Tusc. I, 8. 15. — Patrocida und parricida. — Corn. Hannib. 5. 2. — Them. 7, 4. Attic. 6. 4. — Vell. I, 11. 4. — I. 11. 6. — Über den Ausdruck Roma urbs. — Über dignus c. Abl. — Über Αἴθωνα λέοντα.]
Cottbus, Progr. 1848

Nauck, C. W. — Das Vorwort zur Catilinarischen Verschwörung des Cajus Sallustius Crispus übersetzt und erklärt. 16 S.
Königsberg, Neum., Progr. 1850

Hannchen

— — und Caroline, oder zwei Liebhaberinnen und ein Liebhaber. Ein Lesebuch für Unverheyrathete (von *W. Nauck*). Mit TVign., gest. v. Kleine („Ey, ey!"). Leipzig, Sommer'sche Buchhandlg., 1804. 8°. 214 S. (10 Mk., unaufgeschn., Adolf Weigel, 1906.)
Einiges anstössig. Ziemlich selten. — Fehlt im Anon.-Lex.

Naucke, Karl

Naucke, K., Leitfaden f. Konkursgläubiger u. Gemeinschuldner, s.: Handbibliothek, juristische.

Naucke, Karl, Leitfaden f. Konkursverwalter, s.: Handbibliothek, juristische, 163. Bd.

Nauczyciel czyli: Przewodnik chrześciański wskazujący drogę do chrzesciańskiéj doskonałości etc. Z autora łacińskiego na język polski przełożony w Zgromadzeniu XX. Filipinów pod Gostyniem. gr. 12. (XIV u. 382 S.) Lissa 848, Günther. 5/6 ℔

Naudascher, Karl

Naudascher, Carl, Bilder aus dem Orient. Reiseschildergn. zur Zeit der Pilgerfahrt des deutschen Kaisers. 8. (80 S.) Stuttgart 899. (Süddeutsches Verlags-Institut.) n. — 50

Naudé, Alb., Friedrichs des Grossen Angriffspläne im 7jährigen Kriege. I. Thl. Der Feldzug v. 1757. (Progr.) gr. 4. (39 S.) Marburg 893. N. G. Elwert's Verl. n. 1. 60

Zur feierlichen Einführung des Neuen Rectors der Universität am 15. Oct. 1893 ... ladet ein der zeit. Rector Dr. Max Bauer O. Prof. d. Mineral. u. Petrogr. — Inhalt: Friedrichs des Grossen Angriffspläne gegen Oesterreich im siebenjährigen Kriege. Von Prof. Dr. Albert **Naudé**. Marburg, Univ.-Buchdr. v. J. A. Koch, 1893; 39 S., 1 Bl. 4.

Naudé, Alb., Beiträge zur Entstehungsgeschichte d. siebenjährigen Krieges. [Aus: „Forschgn. z. brandenb. u. preuß. Gesch."] 1. u. 2. Tl. gr. 8. Leipzig, Duncker & Humblot. n. 6. 80
1 (96 S.) 895. n. 2. —. — 2. (298 S.) 896. n. 4. 80.

Naudé, Albert. Die Einnahme von Berlin durch die Oesterreicher im Oktober 1757 und die Flucht der Königlichen Familie von Berlin nach Spandau. Separat-Abdruck aus: „Märkische Forschungen". XX. Band. 8. Berlin 1887.

Naudé, Albert (Heinr. Ferd.) (geb. Juterbog 13. 11. 1858): Die Fälschung der ältesten Reinhardsbrunner Urkunden. Halle a. S. 1883. (35 S.) 8°
* Vollst. ersch. Berlin: Weber 1883
Berlin, Phil. Diss. v. 2. Juni 1883

Naudé, Alb., die Fälschung der ältesten Reinhardtsbrunner Urkunden. gr. 8. (128 S. m. 12 Facsm.-Lichtdr.) Berlin 883. Weber. n. 3. —

— s.: Forschungen zur brandenburg. u. preuß. Geschichte.

Naudé, A. Der preuss. Staatsschatz unter Kg. Friedrich Wilhelm II. und seine Erschöpfung. (Aus Forschungen zur brandenburg. u. preuss. Geschichte.) 8°. Leipzig, Duncker u. Humblot, 1892.

Naude, Gabr., bibliographia politica. 8. Halae. 742.

ÜBER den Zauberglauben und andere Schwärmereien; oder Vertheidigung berühmter Männer, die von ihren Zeitgenossen für Zauberer gehalten worden. Aus d. Französ. (des *Gabriel Naudé*). Leipzig, Weygand, 1787. 8°. (2½ Mk. Th. Ackermann, München, 1887.)
Anon.-Lex. IV. p. 212 (nach Engel u. Heuer).
Orig.: Apologie pour les grands personnages faussement soupçonnez de Magie.... Paris 1625. 8°. u. öfter. — 1669. (1½ Mk. Scheible, 1884.)

Naudé, Jakob (Berlin), De parricidarum supplicio quam occasione art. CXXXI. C. C. C. in Regia Viadrina. Diss. jur. Präs. Jo. Samuel Friedrich Boehmer. Frankfurt / Oder (J. Chr. Winter) März 1761. 36 S. (4.—) 24564

Naude, Jh., s. Chr. F. Weiße, Schauspiele.

Naude, Phil., Gründe d. Meßkunst. 4. Berl. 706.

— Unters. d. mystisch. Theologie. 8. Zerbst. (Zimmermann in Wittenberg.) 713.

Naudé, Wilhelm

Naudé, W., deutsche städtische Getreidehandelspolitik vom 15.—17. Jahrh., s. a. Forschungen, staats- u. socialwissenschaftliche.

Naudé, Wilhelm [aus Potsdam]: Deutsche städtische Getreidehandelspolitik. . . . (Aus: Staats- u. socialwiss. Forsch. hrsg. v. G. Schmoller. Bd. 8 Hf. 5. *Altenburg, Pierer'sche Hofbuchdr. Stephan Geibel & Co* (1889): 1 Bl. + 32 S. + 1 Bl. 8°
Berlin, Phil. Fak., Inaug.-Diss. v. 9. März 1889

Naudé, W., u. G. Schmoller, die Getreidehandelspolitik u. Kriegsmagazinverwaltung Brandenburg-Preußens bis 1740, s.a. Acta borussica. II.

Die Getreidehandelspolitik und Kriegsmagazinverwaltung Brandenburg-Preussens bis 1740. Darstellung u. statist. Beilagen von W[ilhelm] **Naudé**. Acten bearb. von G[ustav] Schmoller u. W. Naudé. *Berlin: P. Parey 1901.* (XXII, 670 S.) 8° [F.]
= **Acta** Borussica. Die einzelnen Gebiete d. Verwaltung. Getreidehandelspolitik. Bd 2. (01. 13337 9

Naudé, W., s.: Getreidehandelspolitik, die, u. die Kriegsmagazinverwaltung Preußens.

-- d. Getreidehandelspolitik d. europ. Staaten v. 13. bis z. 18. Jahrh., s.a. Acta borussica, Bd. 1.

[F.] Die Getreidehandelspolitik der Europäischen Staaten vom 13. bis zum 18. Jahrhundert, als Einl. in die Preussische Getreidehandelspolitik. Darstellg v. W[ilh.] Naudé. *Berlin: P. Parey 1896.* (XVI, 443 S.) 1 Bd 4.(8.)
= Acta Borussica. Die einzelnen Gebiete d. Verwaltg. Getreidehandelspolitik. Bd 1. (96. 1700

Naudet, J., des changemens opérés dans toutes les parties de l'administration de l'empire romain, sous les règnes de Dioclétien etc. 2 Vol. in 8. Strasb. et Paris, Treuttel et W. 817.

Naudh, H. 1879 [Pseud.]
= Nordmann, H. G.

Naudh, H., Israel im Heere. [Aus: „Deutsche Wacht".] gr. 8. (19 S.) Berlin 879. Hentze. n. — 50

Naudh, H., Israel im Heere. 2. Aufl. gr. 8. (22 S.) Leipzig 893. H. Beyer. n. — 50

Naudh, H., Israel im Herrn. gr. 8. (19 S.) Berlin 879, Hentze.
Aus: Die deutsche Wacht, besonders abgedruckt.

Naudh, H., die Juden und der deutsche Staat. 11. verm. Aufl. gr. 8. (140 S.) [Chemnitz 883, Schmeitzner.] Leipzig, Th. Fritsch. *

Naudh, H. Die Juden u. der deutsche Staat. 12. verb. Aufl. gr. 8. (142 S.) Lpz. 892, H. Beyer. 1 —

— Minister Meybach und der „Giftbaum". 1.—3. Aufl. 8. (33 S.) Berlin 880, Hentze's Verlag. *

— Professoren über Israel v. Treitschke u. Bresslau. 8. (29 S.) Ebend. 880. n. — 50

Naudin, Joh. Jos., prakt. Handbuch d. Schönfärberei. Für Färber u. Fabrikbesitzer. 8. (9 B.) Quedlinburg 839, Basse.

—— prakt. Handbuch d. Tuchfabrikation, nach ihrem jetzigen Standpunkte. Für Tuchmacher u. Fabrikbesitzer. 8. (6 B.) Quedlinburg 838, Basse.

Chansons notées de la très vénérable confrérie des francs maçons; précédées de quelques pièces de poésie convenables au sujet et d'une marche. Le tout recueilli et mis en ordre par [Jean Jacques] **Naudot.** [Paris]: 1737. 40, 51 S. 4° [Kupfertit.]

[Dasselbe.] Berlin: Fromery [1746]. 36 S. 2 Kpfrtaf. 8°

°[Dasselbe.] Neue Ausg. Ebendas. 1751. 8°

Naue, August Wilhelm

Naue, A. W., Beitrag zur praehistorischen Terminologie. Gekrönte Preisschrift der Gesellschaft f. Erhaltg. der geschichtl. Denkmäler im Elsass. Gedr. mit Unterstützg. der Regierg. v. Elsass-Lothr. (S. XI—LXXXIII m. Abbildgn., 2 Karten u. 32 Taf.) Lex.-8. Strassburg 905. (München, Literarisch-artist. Anstalt.) n. 5. —
Sonderabdruck aus: „Die Denkmäler der vorröm. Metallzeit im Elsass".

Die Denkmäler der vorrömischen Metallzeit im Elsaß. Grabhügel u. Grabhügelfunde, Flachgräber mit Leichenbrand u. Bestattung ... Mit Benützung d. einschläg. Litt. u. auf Grund d. Sammlungen ... Zsgest. u. beschrieben von A. W. Naue. Mit Abb., 2 Karten u. 32 Taf. Straßburg: Straßb. Dr.- u. Verlagsanst. 1905. (LXXXVI, 529 S.) 4°(8°)

Naue, Fr., s. Naue, Joh. Fr.

Naue, Fritz, Kammergerichts-Ref.: Die angebliche Dinglichkeit der Miete nach dem Deutschen Bürgerlichen Gesetzbuch. *Berlin 1901: W. Röwer.* (89 S.) 8°
Göttingen, Jur. Diss. v. [10. Apr.] 1901

Naue, Fritz, die angebliche Dinglichkeit der Miete nach dem deutschen bürgerl. Gesetzbuch. Diss. gr. 8. (89 S.) Berlin 901. (Göttingen, Vandenhoeck & Ruprecht.) n. 2.20

Naue, *Aug.* Hugo [aus Oranienbaum in Anh.]: Über Bau und Entwicklung der Kiemen der Froschlarven. . . . (Aus: Zeitschr. f. Naturwiss. Bd. 63.) Leipzig, 1890; 1 Bl., 48 S., 1 Bl., 1 Taf. 8°
Leipzig, Phil. Fak., Inaug.-Diss. v. [10. Okt.] 1890

Naue, J. J., Mimisch-phrenologisches. Die Phrenologie im Verhältniss zur bildenden Kunst des Alterthums und der Jetztzeit. Mit 14 Abbild. 8. (43 S. mit 2 Stnt.) Cöthen 853, Schettler. *

Naue, Joh. Fr.

Naue, J. F., musikalische Agende. 2. Aufl. 1. u. 2. Lfg. gr. 4. Halle, Schwetschke u. Sohn. Thlr.
Lfg. 1. Liturg. Melodieen aus d. Zeit d. Reformation, nach Texten d. erneu. Agende f. d. evangel. Kirche in d. Kgl. Preuß. Landen neu bearb. u. z. kirchl. Gebr., so wie auch zu Singübungen f. Universitäten, Gymnasien 2c. eingerichtet. 1. Bearbeitung, f. Diskant, Alt, Tenor u. Baß. — 2. Bearb. f. 2 Tenore u. 2 Bässe. — 3. Bearb. f. 2 Diskante u. einen Alt. (à 6½ B.) 833. Jede Bearb. 20 Gr.
= 2. 92 fromme Sprüche, an d. verschied. Sonn- u. Festtagen zwischen d. Altargebete u. Vorlesungen einzulegen, nach Texten d. erneu. Agende f. d. evangel. Kirche in d. Kgl. Preuß. Landen compon. u. z. kirchl. Gebr. 2c. eingerichtet. 1. Bearb. f. Diskant, Alt, Tenor u. Baß. (12 B.) 834. 1 Thlr. 16 Gr.

Naue, F., Altargesänge, s. Altargesänge.

Naue, Fr., Altar-Gesänge älterer und neuerer Zeit mit beliebiger Orgelbegleitung. 2. mit einer Sammlung Liturgie-Chöre aus der ersten Zeit der Reformation verm. Aufl. Halle 854. Heynemann. gr. 4. (XVIII, 24, 204 S.) n. 2 ₰.

— Beitrr. zum evangel. Kirchengesange. 1e Abthl. Musikal. Agende. 2e Abtheil. 12 Kirchen-Musikstücke m. Texten v. Niemeyer u. Krummacher u. Maaß. qu. 4. Halle 819, 21.

Naue, Joh. Fr., über den sogenannten quantitirend-rhythmischen Choral. Eine unpartheiische Beleuchtung der Vorzüge u. Mängel desselben, u. der von seiner Einführung zu erwartenden Wirkung auf den Gemeindegesang. Als Anhang zu „D. G. Türk, v. den wichtigsten Pflichten eines Organisten." 8. (IV u. 112 S.) Halle 849, (Braunschweig) Schwetschke & Sohn. 1/2 ℛ

— allgem. evangel. Choralbuch in Melodieen, größtentheils aus den Urquellen berichtigt mit 4-stimmigen Harmonien. Erste Bearbeitung für Militär-Sing-Chöre, akadem. Sing-Vereine, Gymnasien, Seminarien ꝛc. 4. Halle 829. Anton. 1 ℛ 18 gℓ

—— Liturgie-Chöre aus alten Agenden und Missales der ersten Zeit der Reformation, metrisirt, in vierstimmiger Harmonie gesetzt und als musikal. Beilage zu jeder neueren Agende der evangel. Kirche veröffentlicht. gr. 4. (XII und 64 S.) Halle 854, Heynemann.
Aus des Verf. „Altar-Gesänge" ꝛc., besonders abgedruckt.

— 3 Melodien d. Vaterunser u. d. Einsetzungsworte mit beliebiger Orgelbegleit., aus dessen musik. Agende abgedr. gr. 4. Ebd. 819. 8 gℓ

Naue, F., musikalisches Taschenbuch f. d. Jahr 1816. 8. Halle, Renger. 815.

Naue, Fr., s. [illegible] Türk, Dn. Glo., Anweisung zum Generalbaßspielen.

— s. D. G. Türk, Pflichten eines Organisten.

Naue, Jh. Fr., Versuch e. musikal. Agende, od. Altargesänge z. Gebr. in protest. Kirchen. gr. 4. Halle 818. (Schwetschke u. S.) 1 ℛ 12 gℓ

Naue, Jul., s.: Blätter, prähistorische.

Naue, Jul., die Bronzezeit in Oberbayern. Ergebnisse der Ausgrabgn. u. Untersuchgn. v. Hügelgräbern der Bronzezeit zwischen Ammer- u. Staffelsee u. in der Nähe des Starnbergersees. Mit Unterstützg. des hohen königl. bayer. Staatsministeriums des Innern f. Kirchen- u. Schulangelegenheiten hrsg. Mit 163 Abbildgn. im Text u. 1 Album m. 1 Karte u. 49 Taf. gr. 4. (XV, 292 S.) München 894. Piloty & Loehle. Geh. u. in Mappe. 27.—

Naue, Jul., die Hügelgräber zwischen Ammer- und Staffelsee, geöffnet, untersucht und beschrieben. hoch 4. (VI, 227 S. mit 1 Karte und 59 Taf. Abbild., darunter 22 farb. Taf.) Stuttgart 887, Enke. cart. *

Naue, Julius. Die prähistorischen Schwerter. Lex.-8. Münch. 885, Bassermann. * 4 —

—— die prähistorischen Schwerter. Vortrag, gehalten in der anthropolog. Gesellschaft in München am 29. Febr. 1884. hoch 4. (24 S. mit 11 autogr. Taf.) München 885, Literarisch-artist. Anstalt. *
Aus: Beiträge zur Anthropologie, besonders abgedruckt.

Naue, Julius. Die vorrömischen Schwerter aus Kupfer, Bronze und Eisen. [2 Teile.] 4. München, Piloty & Loehle, 1903. [M. 15.—]
[1: Textband.] Mit einem Album, enthaltend 45 Tafeln Abbildungen. VIII + 126 S. — [2:] Album. [45 lithogr. Tafeln, in Mappe.]

— die silberne Schwertscheide v. Gutenstein (Grossh. Baden). [Aus: „Mittheilgn. d. anthropolog. Gesellsch. in Wien".] gr. 4. (7 S. m. 13 Textillustr.) Wien 889. (Hölder.) n. — 80

— Wandbilder aus vorgeschichtlichen Kulturperioden. (6 farb. Taf.) 111×79 cm. Nebst Erläutergn. (13 S. m. 6 Abbildgn.) 8. Ebd. 904. 20.—; auf Leinw. m. Stäben 30.—

— Worte u. Wirken von Moritz v. Schwind. Eine Erinnerg. seines Schülers. (Zur 100jähr. Geburtstagsfeier des Meisters.) (39 S. m. 1 Abb., 1 Bildnis u. 2 Taf.) gr. 8. Ebd. 904. n. 1.—

Nauen [Schlagwort]

Nauen, s: Berlin. Karte.

Nauen, s.: Deutschland. Kürschner-Peip.

– s. Preussen. Messtischblätter.

Nauen, s.: Wanderkarten.

Nauen [Verf.]

NAUEN, OTTO. Ueber die Einwirkung von Diazobenzol auf Meta-Oxybenzoësäure. Würzburg, 1880.

Nauen, Paul. Blumenkinder ... Berlin, Verlag von Franz Lipperheide [1884—1887]
Vortit., Tit., 1 Bl. Inhalt; 24 Taf. in kol. Holzschn. 8°.
Zuerst als Beilagen der Illustrirten Frauenzeitung veröffentlicht.

Nauenberg, Ernst, bacc. iur., Rel. a. Berlin: Die Wirkung des Aufgebots der Nachlassgläubiger. Berlin 1906: E. Ebering. (94 S.) 8°
Leipzig, Jur. Fak., Diss. v. 28. Mai 1900
[Geb. 17. Nov. 83 Berlin; Wohnort: Berlin; Staatsangeh.: Preußen; Vorbildung: Falk-Realgymn. Berlin Reife O. 03; Studium: Berlin 3, München 1, Berlin 4 S.; Rig. 10. Febr. 06.]

Nauenberg, Ernst, die Wirkung des Aufgebots der Nachlassgläubiger. (94 S.) gr. 8. Berlin 906. E. Ebering. n. 1. 80

Nauenberg, Julius, aus Berlin: Die konforme Abbildung eines Flächenstückes, das von einer algebraischen Kurve 2nter Ordnung begrenzt wird. Berlin 1904: Gst. Schade. (51 S.) 8°
Erlangen, Phil. Fak., Ref. Noether, Diss. v. 16. Nov. 1904
[Geb. 17. Apr. 57 Berlin; Staatsangeh.: Preußen; Vorbildung: Friedrich-Werder-Gymn. Berlin Reife 75; Studium: Berlin 8 S.; Rig. 16. Nov. 04.]

Nauenburg, Fritz [Apotheker aus Neu-Gersdorf, Sachsen]: Bakteriotherapie der Staphylomykosis. Bern 1900. 75 S. 8°.
Bern. Phil. Diss. 1899/1900.

Nauenburg, Gust., Ideen zu einer Reform der christl. Kirchenmusik, m. besond. Beziehung auf die neuesten kirchl. Verhältnisse. Ein Wort zur Beherzigung f. alle Verehrer des öffentl. Gottesdienstes. gr. 8. (1 B.) Halle 845, Schwetschke u. Sohn.

Nauenburg, Gust., der Lustwanderer im Harze. Ein Taschenbuch für Reisende. gr. 16. (VII und 124 S. mit einem neu entworfenen lithogr. Generalreiseplane in kartograph Form in qu. Fol.) Eisleben 857, Reichardt.

Nauendorff, Friedrich Gottlob von (Vogtländ. Adel), Meditationes de separatione feudi et allodii petenda et perficienda. Präs. August Gottlob Petermann. Leipzig (J. Chr. Langenheim) 21. V. 1733. 56 S. (6.—) 24565

Nauendorff, Heinrich v., Hauptm. des Generalstabes, etc. Die Kriegsmacht Oesterreichs. 1. Th. Der Organismus der österreichischen Kriegsmacht. 8. Wien 1871.
— 2. Aufl., nach den neuesten organischen Bestimmungen ergänzt von Christian Kirchner, Hauptm., Generalstabs Officier. 1. Th. Der Organismus der österreichischen Kriegsmacht. 2.—3. Th. Die Armee im Felde. (3 Bde.) 8. Wien 1875—1876.

— **Hermann Carl Ludwig von** (Meißn. Adel), De usu juris naturalis in actionibus principum conspicuo. Diss. polit.-jur. Präs. Christian Wildvogel. Jena (Muller) März 1714. 89 S. (6.—) 24566
Widm. v.: Christian Wildvogel, G. J. von Hackelberg, H. C. von Olthoff (dtsch., Pomm. Adel), Johann Scheller.

Nauer, Anton, prakt. Arzt von Schwyz: Über Progressive perniciöse Anämie nach Beobachtungen auf der medizinischen Klinik des Herrn Prof. Dr. H. Eichhorst. Zürich. Zür. Orell Füssli Dr. 1897. 172 S. 8°. Zürich, Med. Diss. [v. 16. März 1897].

Nauer, Bernhard Der Kampf zwischen Nominalismus und Realismus nach Entstehung und Entwicklung bis auf Descartes. 4 (S. 3—16). Progr. G. *Crefeld* 1887 (403).

Nauer, Heinrich Gottfried [Praes.], s. Seydel, Johann Gottlieb: Termini 1. 2. c. D. resc. vendit. Dissertatio.

Nauer, W., s.: Versicherungs-Zeitschrift, schweizer.

Nauer, Wilhelm: Das Gemeindewesen des Kantons Zürich. Zürich 1898. 107 S. 8°. Bern. Jur. Diss. 1898/99.

Bibliotheks-Katalog der ger. u. vollk. Johannisloge „Blücher von Wahlstadt" im Or. Charlottenburg. Nach der Aufnahme in den Ferien 1901 [zsgest. von Edm. Nauert]. Charlottenburg 1902: Gertz. IV, 52 S. 8° [Umschlagtit.]
Vorgedr.: Notizen z. Gesch. d. Bibliothek u. Bestimmungen f. d. Benutzung derselben.

Nauert, Frdr., Maler-Vorlagen. Vorbilder f. die Praxis. Eine Sammlg. von Dekorationsmalereien f. Plafonds, Wände, Fassaden, Oefen u. dgl. Entworfen zur stilvollen Ausschmückung aller Räume des Hauses. 36 Taf. in Licht-, Ton- u. Farbendr. Unter Mitwirkg. v. hervorrag. Künstlern u. Fachmännern hrsg. gr. Fol. (III, 8 S. Text.) München 899. (Leipzig, P. Schimmelwitz.) In Mappe n. 18.—

Nauert, Frdr., praktischer Ratgeber f. Maler, Anstreicher u. Lackierer. Mit e. Anh. üb. Glanz- u. Mattvergoldg. v. W. Arrenbrecht. gr. 16. (VIII, 96 u. 27 S.) München 893. G. D. W. Callwey. n. 2.—

Nauert, Frdr., prakt. Ratgeber f. Maler etc., 2. Bd., s.: Weischedel, Herm.

Naufrage; ou le royaume de la lune. Opéra comique, par Paradis de Tavannes. 8. Copenh. Proft. 763. ⅓ thlr.

— et aventures de M. P. Viaud, natif de Bordeaux. 8. Bern 770. Typ. 12 ℊ

Naufrage sur le grand Belt et Voyage dans les enfers Dec. 1819. Description en Vers et en Prose à Mr. le Cte de Hax..... 8. Kopenh. 824. Bonnier. 10 ℊ

***Naufrage*, le, des imigrés. Drame en 3 A. et en vers. gr. 8.** Berl., Quien. 8 ℊ

Naufrage des Isles flotfantes, ou Basiliade du célèbre Pilpay, Poëme héroïque. II Vol. 8. Francf. 753.

— le, du Paradis de Tavannes, ou le royaume de la Lune. 8. Kopenh. 763. (Bonnier). 6 ℊ

— le, du Paradis de Tavannes, ou le royaume de la Lune. 8. Copenh. Rothe. 763.

Naugard, s.: Geologische Karten. Karte (Preussen).

Nauhaus, Adressbuch der Vegetarianer, s. May, L.

Nauhaus, C., viererlei Äcker im Kondeland (Deutsch-Ostafrika). (8 S.) gr. 8. Berlin 909. Buchh. der Berliner ev. Missionsgesellschaft. nn —05
Sonderabdruck aus: „Mission u. Pfarramt".

Nauheim [sachl. OW]

Nauheim, Bad, s. a. Woerl's Reisehandbücher.

Bad Nauheim. Eisenbahnlinie Cassel-Frankfurt a. M. *Cassel* [1896]: *Weber & Weidemeyer.* (2 Bl.) 2° [Kopft.]

Nauheim, Bad, und seine Umgebung. Ein Führer für Fremde. Friedberg (855.) Bindernagel. 32. (48 S. und 1 lith. Karte in 4.) 5 ngr.

Nauheim, Bad, u. seine Umgebung. Ein Führer für Fremde. 2. Aufl. Friedberg 865. Bindernagel & Schimpff. 16. (48 S. mit 1 lith. Karte in 4.) 5 ngr.

— les bains de, et leurs environs, s.: Woerl, manuel de voyages.

Nauheim [Schlagwort]

Nauheim, s. a. Deutschland. Kürschner-Pelp.

Nauheim. Beckmann-Plan von Bad Nauheim. Mit Strassenverzeichnis an der Seite. 1 : 8,000. (Neudr.) 28×31 cm. Farbdr. Stuttgart (910). W. Seifert. —30

Nauheim. Krämer, Plan v. der Gemarkung Bad Nauheim. Zusammengestellt theils nach den Parzellenkarten, theils nach der Natur aufgenommen unter Berücksicht. des neuesten Standes im J. 1892. 36 × 44 cm. Lith. u. kolor. Bad Nauheim 893. E. Aletter. In Etui. —70

Nauheim [Verf.]

Nauheim, J. M., Katharina. Eine Erzählung aus Schwaben. 8. (153 S.) Augsburg 882. Brehß. n. 1.—

Nauheimer, Diss. de sectione venarum jugularium in quam plurimis morbis capitis prae caeteris phlebotomiis admodum salutari. Magunt. 4°.
1776

Nauheimer, Anne, Grundriss der französischen Litteraturgeschichte, in französ. Sprache aus Dictaten zusammengest. 8. (47 S.) Mainz 898. J. Diemer Verl. Kart. n. 1. —

Nauheimer, Bernhard (Mainz)
Ueber die Milch, insbesondere in medicinisch-polizeilicher Beziehung.
Giessen: Keller 1860. 64 S.
Diss. med. 24.8.1860. vorh. 26. 7. 11.

[Ant. u. F.] Chaussee-Karte der Provinz Ostpreussen bearb. v. Oscar Naujock. *Königsberg i. Pr.: (R. Leupold) 1898.* (1 Ktnbl.) 1 Bd S. [98. 595] 10

Chaussee-Karte der Provinz Ostpreussen bearb. von Oscar Naujock, Königsberg i. Pr. (3. verb. Aufl.) *(Königsberg i. Pr.: Selbstverl.) 1900.* (1 Kartenbl. 68×59 cm.) 8° [Ant. u. F.] [02. 12176] 10

Naujocks, W., s. Naujoks

Naujokas, Joannes: De causa finali apud Anaxagoram, Socratem et Platonem ratione habita Aristotelis Judicii. Friburgi Helvetiorum 1903. 140 p. 8°.
Freiburg. Phil. Diss. 1902/1903.

Naujokas, Johannes. De Causa finali apud Anaxagoram, Socratem et Platonem, ratione habita Aristotelis iudicii. Diss. Phil. Friburg. Helvetiorum proponebat Joannes Naujokas. VIII + 141 p. 8. Friburgi Helvetiorum, typis Consociationis Sancti Pauli, 1903.

Naujoks, August: Die Idee der Bildung bei Fichte. Giessen 1909: v. Münchow. 47 S. 8°
Gießen, Phil. Diss. v. 11. Mai 1909, Ref. Siebeck
[Geb. 29. Dez. 83 Frankfurt a. M.; Wohnort: Gießen; Staatsangeh.: Preußen; Vorbildung: Gymn. Hanau Reife O. 05; Studium: Gießen 3, Leipzig 1, Heidelberg 1, Gießen 2 S.; Rig. 15. Febr. 09.] [U 09. 1225

[F.] Hilfstafeln zur Berechnung des Taxwertes von Langnutzhölzern in Verbindg m. den Angaben v. 70°/₀ d. Taxe f. fehlerhafte Hölzer. Zsgest. v. W. Naujoks, Kgl. Hilfsjäger ... Kranichbruch i. Ostpr. *Neudamm: J. Neumann 1896.* (123 S.) 1 Bd 8. [96. 7573

Nauka chrześciańska. Obejmująca wykład prawd religijnych w dokładnym Katechiśmie z załaczeniem wypisów biblijnych w pytaniach i odpowiedziach z niemieckiego na język polski przełożona. 8. (IV u. 164 S.) Danzig 851, Kabus in Comm. n. 1/2 ℛ

Nauka chrzescianska czyli Katechizm za poswoleniem starszych do druku podana. 12. Breslau, Max et Comp. 818.

Nauka, Chrzescianska czyli Katechizm za pozwoleniem starszych do druku podana. Drugie Wydanie. 12. Bresl. 823. Max u. C.

— czytania polskiego litera gotická oraz z naprowadzeniem do pisania i do litery łacińskiej. (Z zadowolnieniem urzędów wyższych.) Teschen 853. Prochaska. 8. (45 S.) n. 4 ngr.

—— czytania i pisania. Wypracowana z polecenia towarzystwa pedagogicznego w Poznaniu. Wydanie 7. 8. (72 S.) Posen 851, (Heine.) **.

Nauka czytania dla szkół katolickich i ewanielickich. 2. część. 7. wydanie. Berlin 856. Mittler u. Sohn. 8. (172 S.) n. 4 ngr.

Nauka o kościele Chrystusowym. Pamiątka dla dzieci przystępujących do pierwszéj kommunii świętéj. Z dodatkiem: Mowa do dzieci po pierwszéj kommunii świętéj przez Ks. J. J. w Bydgoszczy. 8. (4 B.) Bydgoszcz (Bromberg) 846, Fischer.

—— o Kościele Chrystusowym. 8. (60 S.) Bromberg 847, Fischer.

—— czytania, nowa, dla małych dzieci. 18. (18 S.) Berlin 851. Adolf und Comp. *.

—— piérwsza, dla dzieci. 8. (VIII und 70S.) Posen 847, (Gebr. Scherk.) *

Nauka počtetni pro druhou a třetí třídu obecných a hlavních škol. 8. (288 S. 1 Bl.) V Vidni. Tiskem L. Grunda. 1851. (Rechenbuch für die zweite und dritte Klasse der Stadt- und Hauptschulen.) Gebunden in Leinwandrücken 16 kr. C. M.
Verlag der Schulbücher-Verschleiß-Administration.

Nauka pocitání z hlavy pro první třídu obecných škol v cis. král. zemich. 8. (92 S. 2 Bl.) V Vidni. Tiskem L. Grunda. 1851 (Anleitung zum Kopfrechnen für die erste Klasse der Stadtschulen.) Gebunden 8 kr. C. M.
Verlag der Schulbücher-Verschleiß-Administration.

— o Prawach dla Obywatélow Panst Pruswkich Zaniemieckiego na polski jezyk przelozona. gr. 8. Berl. 797. Nicolai 20 ℊ

Nauka rachowania z pamięci, na piérwszą klasę szkół ludowych w c. k. państwach. Przekład z niemieckiego. 8 (92 S. 1 Bl.) W Wiédniu. Wycisnięto u L. Grunda. 1850. (Anleitung zum Kopfrechnen für die erste Klasse in den Volksschulen im Kaiserthume Oesterreich. Uebersetzt aus dem Deutschen.) Ungebunden 6 kr., geb. 8 kr. C. M.
Verlag der Schulbücher-Verschleiß-Administration.

Nauka religii dla szkół normalnych i głównych. 8. (176 S.) W Wiédniu Wycisnięto u L. Grunda. 1854. (Religionsunterricht für die Normal- und Hauptschulen.) Gebunden 15 kr. C. M.
Verlag der Schulbücher-Verschleiß-Administration.

Nauke, Emil

Nauke, (Josephus) Aemilius *(geb. Wansen in Schles. 9. 10. 1838)*: Observationes criticae et grammaticae in Publium Papinium Statium. Vratislaviae (1863). (35 S.) 8°
Breslau, Phil. Diss. v. 19. Febr. 1863

Nauke-Lehmann, Frau, Fabrikarbeiterin Ricke, 3½ Monate „gnädige Frau". Eine prakt. Studie. 2. Aufl. 8. (86 S.) Berlin 893. Deutsche Schriftsteller-Genossenschaft. n. 1. —

Nauki

— dwie, przedślubne i po ślubie przydać się mogące. Berlin 853. Behr. 18. (35 S.) 6 ngr.

Nauki dla ludu o dziesięciu przykazaniach Bożych do tegoczesnych potrzeb zastósowane. Bielitz 854. Zamarski. 8. (182 S.) 18 ngr.

Nauki, Posebni, ino molitve za sbénsko mladóst. V' Zelóvzi, Leon, 1835. 74 S. — (Vor 1866.) 221 S. (Verf.: Anton Martin Slomšek.)

Nault, J. P. B., die Wahrheit des kathol. Glaubens dargestellt. Aus dem Französ. 18. (536 S.) Aachen 847, Cremer. 7/12 ₰

Naum v. Gyra. Das System der Aequivalente oder folgerechte Herleitung der Aequivalente der spezifischen Wärme u. s. w. Mit 1 Tab. Wien, K. Gerold u. Sohn 1852. 8.

Naum, Georg Demetrius (geb. Kastoria in Macedonien 7. 5. 1824). De aneurysmate cordis partiali adjectis microscopicis disquisitionibus. Berolini (1848). (40 S.) 4°
Berlin, Med. Diss. v. 8. Juli 1848

Naumann, Als was bewähret sich in unserer Zeit die wohlthuende Liebe gegen unsere Glaubensgenossen? Predigt über 1. Cor. 13, 13. gehalten bei der Jahresfeier des Freiberger Zweigvereines zur Gustav-Adolph-Stiftung den 7. August 1853 in Erbisdorf. Freiberg, Craz u. Gerlach in Comm. gr. 8. (14 S.) n. 2 ngr.

Naumann, Beyträge z. prakt. Geometrie. gr. 8. München, Lentner. 800.

Naumann, über Drillingsschicksal. (7 S. m. 1 Taf.) gr. 8. Leipzig 908. B. Konegen. 1. —
Sonderabdruck aus: „Der Frauenarzt".

Naumann (Schullehrer), s. Fibel, od. Büchlein zum Lesen u. Denken.

Naumann, Tiepke und Cuno, Fibel, oder Büchlein zum Lesen und Denken, für Schule, Haus und Spielplatz. 13. Aufl. 8. (80 S.) Magdeburg [und Leipzig 852, Gebr.] Baensch.

Naumann, Grundriss der Stadt Erfurt. Gezeichn. v. v. Stülpnagel. 3. Aufl. gr. Fol. Lith. Erfurt 849. (Körner.) 1/2 ₰

Naumann, s.: Jahrbuch, klinisches.

Naumann, Hauptm., der Infanterie-Zugführer im Felddienste. 2. umgearb. Aufl. gr. 8. (IV, 123 S. mit 36 Zeichnungen und 2 Taf.) Hannover 884, Helwing'sche Verlagsb. *
In Leinw. cart. *
1. Aufl., s. Anleitung zur Ausbildung der Infanterie-Zugführer im Felddienste.

Naumann, s.: Kirchengalerie, neue sächs. Die Ephorie Glauchau.

Naumann, Liter[illegible] Lessing's Nathan. Dresden.
Schul-/Univ.-Schrift 1867.

Naumann, Orts-Verzeichniss sämmtlicher zum Oberlandesgerichtsbezirk Posen gehörigen Ortschaften, enthaltend die sämmtl. Städte, Dörfer und Flecken der Prov. Posen und des Kreises Deutsch-Crone in alphabet. Ordnung, mit Angabe des Landgerichts, des Amtsgerichts, des Landrathsamts, des Districtsamts und der bestell. Postanstalt. Auf Grund der neuen Gerichtsorganisation nach amtl. Quellen zusammengestellt. gr. 8. (79 S.) Posen 880, Rehfeld. *

Naumann und von Stülpnagel. Plan der Stadt Erfurt. Erfurt 1871. 1 Bl. c. L.

Naumann, Prem.-Lieutn., das Regiments-Kriegsspiel. Versuch einer neuen Methode des Detachements-Kriegsspiels. gr. 8. (XI, 113 S. mit 4 Taf. in Steindr. und 4 Anlagen in Buchdr.) Berlin 877, Mittler und Sohn. *

Naumann, das Regiments-Kriegsspiel. Versuch einer neuen Methode des Detachements-Kriegsspiels. 2., veränd. Aufl. Mit 4 Taf. in Steindr. u. 3 Anlagen in Buchdr. gr. 8. (X, 96 S.) Berlin 881. Mittler & Sohn. n. 3. 40

Traurede des Hrn. Pfarrer Dr. Naumann geh. bei d. Trauung d. Hrn. Heinrich Wick mit Frl. Mathilde Kölle zu Giessen 1902. ([Marburg] 1902: [J. Hamel].) (2 Bl.) 4° [illegible]

Naumann, üb. die Untersuchung der Milch auf Fettgehalt m. dem von der Firma Carl Zeiß, Jena, hergestellten Wollnyschen Milchfett-Refraktometer. Eine eingeh. Beschreibg. der dazu nöt. Hilfsmittel u. Apparate, der Arbeitsweise u. der Zusammensetzung der nöt. chem. Reagentien. gr. 8. (24 S.) Leipzig (899). M. Heinsius Nachf. — 30
Sonderabdruck aus: „Milch-Zeitung".

Naumann: Ueber die Untersuchung der Milch auf Fettgehalt mit dem von der Firma Carl Zeiß, Jena, hergestellten Wollnyschen Milchfett-Refraktometer. Leipzig 1900

Naumann, was kann geschehen, um das Bibellesen in unserm Volke zu fördern? Vortrag, gehalten auf der kirchlichen Konferenz von Geistlichen u. Laien in Neubrandenburg am 5. Juni 1878. [Aus: „Mecklenb. Sonntagsbl."] 8. (20 S.) Stavenhagen 878. Beholtz. n. — 20

Naumann, der Civilprozeß, s.: Buch, das praktische.

Naumann, A., ein neuer Hamlet, s. Novellen aus der Theaterwelt.

Naumann, A., schuldig oder nicht schuldig? siehe: Volks-Bücher, neue.

Naumann, A., Spencer wider Kant. Eine Erörterg. der Gegensätze v. Realismus u. Kriticismus, m. besond. Rücksicht auf das egoist. Moralprincip. gr. 8. (36 S.) Hamburg 885. (H. J. Koch.) n. — 60

Naumann, A. F. H. Grundriss der Hochfürstl. Erzbischöflichen Haupt- und Residenz-Stadt Salzburg. 1789. 1 Bl. K.

Naumann, A. W. R., von d. Gottvertrauen, als d. bewährt. Mittel z. Siege üb. alle Anfechtungen uns. Kirche. Eine gekr. Preispred. üb. Psalm 46, 9—11, z. Gedächtniß des v. Gustav Adolph am 7. Sept. 1631 bei Leipzig errung. Sieges. gr. 8. (2 B.) Leipzig 851, Berger.

Naumann, Alex., technisch-thermochemische Berechnungen zur Heizung insbesondere m. gasförmigen Brennstoffen. Aufgaben m. ausführl. Lösgn. als Leitfaden f. Praktiker u. zur Übg. f. Studirende. 4. (IX, 113 S.) Braunschweig 893. F. Vieweg & Sohn. n. 6. —

Naumann, Alex., allgemeine u. physikalische Chemie, s.: Gmelin-Kraut's Handbuch der Chemie.

Naumann, Alex., die Chemikerprüfung als vielumstritt. Zeitfrage erört. m. Beziehg. auf Schäden d. Unterrichts, d. Prüfgn. u. d. Studentenschaft an deutschen Hochschulen. gr. 8. (63 S.) Giessen 897. J. Ricker. n. 1. —

Naumann, Alex., die Doctorpromotionen der Chemiker. Ein Vortrag. 8. (19 S.) Giessen 876. Ricker. n. — 50

— die Grundlehren der Chemie für den Studirenden kurz dargelegt. gr. 8. (VIII, 226 S.) Heidelberg 879. C. Winter. n. 6. —

Naumann, Alex., Grundriss der Thermochemie oder der Lehre von den Beziehungen zwischen Wärme u. chem. Erscheinungen vom Standpunkt der mechan. Wärmetheorie dargestellt. Braunschweig 869. Vieweg & Sohn. gr. 8. (VIII, 150 S.) n. 1 ₰

Naumann, A. Grundriss der Thermochemie. Braunschweig. 1869.
dgl. 3. Auflage. Ebend.. 1882.

Naumann, A: Handbuch der allgemeinen und physikalischen Chemie. Heidelberg 1877

— die Heizungsfrage, mit besonderer Rücksicht auf Wassergaserzeugung u. Wassergasheizung. Ein wissenschaftlicher Beitrag zur praktischen Umgestaltung des Heizungswesens, in thunlichst allgemeinverständlicher Erörterung. Mit eingeschalteten Tabellen zum technischen Gebrauch u. einem alphabetischen Sachregister. gr. 8. (IV, 98 S.) Giessen 881. Ricker. n. 2. —

Naumann, Alex., zur Jahrhundertfeier des Geburtstags Justus Liebigs am 12. V. 1903. Akademische Festrede u. eingeschaltete aktenmäss. Belege. (III, 72 S. 1 Bildnis.) gr. 8. Braunschweig 903. F. Vieweg & Sohn. n. 2. —

Naumann, Alex., Lehr- u. Handbuch der Thermochemie. gr. 8. (XI, 606 S.) Braunschweig 882. Vieweg u. Sohn. n. 15. —

— über Molekülverbindungen nach festen Verhältnissen. gr. 8. (III, 64 S.) Heidelberg 872, C. Winter's Universitäts-Buchh.

Naumann, Alexander Nikolaus Franz
Ueber Einwirkung von Brom auf Acetylchlorid, Eigenschaften des dabei sich bildenden Monobromacetylbromids und daraus sich ableitende Producte; als Beitrag zur Darstellung substituirter Anhydride.
Giessen 1864. 25 S.
Habil. phil. 2. April 1864. vorh. 26.11. Δ.

Kötzschenbroda: Die „Freie Vereinigung" der Brr Frmr zu Kötzschenbroda u. U. 1878—1903. [Von Alfred Naumann. Kötzschenbroda-Dresden 1903: Ziegner.] 36 S. 8°
Chronol. Darstellung der Vorkommnisse in der gedachten Vereinigung mit Angabe der gehaltenen Vorträge u. Verzeichn. der Mitgl.

Naumann, Anna, eine Schulrevision nach 50 Jahren, s.: Dilettantenbühne, katholische.

— Zwei Weihnachtsspiele f. Kinder, s.: Theater f. die weibliche Jugend.

Zwei Weihnachtsspiele für Kinder. Von Anna Naumann. Heiligabend. Weihnachtsfreude. Paderborn: F. Schöningh 1907. (24 S.) 8° [F.]
= Theater f. d. weibliche Jugend. 34. [08. 9040

Naumann, Arno, Aufgaben zum Geschäftsaufsatz, s.: Rasche, Emil.

Naumann, Arno: Zur Entwickelungsgeschichte der Palmenblätter .... (Sep.-Abdr. aus „Flora" Jhrg. 1887) Regensburg, Druck d. F. H. Neubauer'schen Buchdr. (F. Huber) 1887; 41 S. + 1 Bl. u. 2 Taf. 8°.
Leipzig, Phil. Fak., Inaug.-Diss. v. 30. Mai 1887.

Naumann, Arno, die Pilzkrankheiten gärtnerischer Kulturgewächse u. ihre Bekämpfung. I. Gemüse, Stauden, Annuelle, Kalt- u. Warmhauspflanzen. Für Gärtner, Gartenbauschulen u. Gartenliebhaber. Mit Orig.-Zeichngn. v. Johs. Hartmann. 3 Abbildungstaf. u. viele Textfig. (VIII, 156 S.) gr. 8. Dresden (907). C. Heinrich. 3. —; geb. 4. —

Naumann, August Friedrich (Lommatzsch), De ostitide. Diss. med. Präs. Johann Carl Friedrich Leunius. Leipzig (J. B. Hirschfeld) 16. III. 1818. 28 S. (3.—) 24567
Gew.: August Theophil Naumann (Vater).

— August Gottlob, De induratione hepatis. Diss. med. Präs. Carl Gottlob Kühn. Leipzig (J. B. Hirschfeld) 10. III. 1818. 26 S. (4.—) 24568
Gew.: Johann August Pabst.

Naumann, Bapt., d. aufricht. Leipziger Roßarzt. 8. Leipz. Schneider. 780.

– Dass., s.a. Naumann, Bernhard

Naumann, Benno [aus Pasewalk]: Über hereditäre Systemerkrankungen der Centralnervenorgane ... Erlangen, k. b. Hof- u. Univ.-Buchdr. v. F. Junge, 1892; 42 S. 8.
Erlangen, Med. Fak., Inaug.-Diss. v. 19. Febr. 1892

Naumann, Bernhard

— - Beschreibung der wohlappr. und weit berühmten Ross- und Vieh-Medikamenten. Leipzig 794. Ebd.

Naumann, Bernh., Die Küste der deutschen Nordsee mit Angabe der Seezeichen. Leucht-Feuer und Tiefen. 1:450000. 61×39 cm. Farbendr. Norden 1893. (1 M.

[Umschlagt.:] Die Küste der deutschen Nordsee. M. Angabe d. Seezeichen, Leucht-Feuer u. Tiefen. Gez. v. Bernhard Naumann. 4. verb. Aufl. Massst. 1:450000. *Norden & Norderney: H. Braams; (Lith. Anst. v. H. Keil, Gotha) 1896.* (1 Ktnbl.) 1 Bd 8. [96. 6317

[Umschlagt.:] Die Küste der deutschen Nord-See. Mit Angabe der Seezeichen, Leucht-Feuer und Tiefen. Gez. v. Bernhard Naumann. 5. verb. Aufl. Massstab 1:450000. *Norden & Norderney: H. Braams 1897.* 1 Ktnbl. gr. 2. () [97. [illegible]

[Umschlagt.:] Die Küste der deutschen Nordsee. M. Angabe d. Seezeichen, Leucht-Feuer u. Tiefen. Gez. v. Bernhard Naumann. 7. verb. Aufl. Maassst. 1:450,000. *Norden & Norderney: H. Braams 1899.* (1 Ktnbl.) 1 Bd 8. [98. 8377

Die Küste der deutschen Nord-See gez. von Bernhard Naumann. Massst. 1:450,000. 8. (u. 9.) Aufl. *Norden & Norderney: H. Braams (1899).* (1 Kartenbl. 41×60 cm.) 8° [illegible] 7

Die Küste der deutschen Nord-See gez. von Bernhard Naumann, Norden. Maßst. 1:450,000. [Mit 4 Nebenkarten.] 27. (u. 28.) Aufl. Norden & Norderney: H. Braams (1907; Kartogr. Anst. Hofbuchdr. Eisenach H. Kahle). (1 Kartenbl. 36×58 cm.) 8° [lith.] [kol.] [07. 12071

Die Küste der deutschen Nord-See gez. v. Bernhard Naumann. 1:450000. 29. Aufl. Norden & Norderney. 1908. 1 Bl. Fol 43/60 cm, zsgef. in Umschlag. 8° Farbendruck.

Naumann, Bernh., Der aufrichtige Leipziger Rossarzt. 8. (XII, 132 S.) Leipzig 762. Schneider. M. 1.20

Naumann, Bhrd., (†...) der aufrichtige Leipziger Roßarzt. 8. Leipz. 780. Schneider. 4 gl.

Naumann B.: Der aufrichtige Leipziger Rossarzt. [Leipz.] 1780. 101 S.

– Dass., s.a. Naumann, Baptist

Naumann, C., die Kunst, Erfindungen zu machen. Ein prakt. Ratgeber f. Jedermann. (47 S.) 8. Gr.-Lichterfelde-Berlin (909). E. Runge. 1.50

Naumann, C. A., Turners Wahlspruch, f. Männerchor komp. v. Johannes Bache, Leipzig u. Zürich, 7 S., 8°.

Naumann, Carl ..., s. Naumann, Karl ...

Naumann, Chrn., über die Strafrechtstheorie u. das Pönitentiarsystem. Aus d. Schwed. übers. u. mit einem bevorwortenden Schreiben v. C. N. David. gr. 8. (57 S.) Leipzig 850, Lorck. n. 1/3 ℳ

Naumann, Christian Nikolaus, s. Allerlei aus d. Gebiete d. Verstandes u. Witzes,
Dass. s. auch: Schriften aus d. Gebiete d. eig. Nachdenkens.

Naumann, Chr. Nik., (✝ d. 15. Febr. 1797.) Anmerkk. üb. Verstand u. Glück. 8. Erfurt. 753.

[NAUMANN, CHRIST. NIK. (?)] Die Einpfropfung der gesunden Vernunft. Aus dem Französischen [des JEAN SORET] übersetzt und mit dem zweiten Theil vermehret. London (= Gotha, Mevius) 1761. 8°. 94 S. Brosch.

H.-G. II. 121. Der von Holzmann-Bohatta und H.-G. nur mit „Naumann" angegebene Übersetzer dürfte mit Christian Nikolaus Naumann (geb. 1719 zu Bautzen, gest. 1797 in Görlitz) identisch sein, der als Verfasser von Liedern, Schäferspielen, satirischen Gedichten und „Sittlichen Schilderungen" bekannt ist (cf. G. III. 374, 108) und zu dessen Art diese satirische Gesellschaftskritik gut paßt. Der 2. Teil ist Originalschrift des Übersetzers und betrifft deutsche, vom Wurm der Narrheit angefressene Zustände: „Man mußte in jeder Stadt und in jedem Dorfe auf allgemeine Kosten ein öffentliches Siechhaus bauen und alle Einwoner vom Schulzen an bis auf den, der um Mitternacht ins Horn bläset, zwingen, sich der Wurmkur zu unterwerfen".

EMPFINDUNGEN für die Tugend in satyrischen Gedichten (von *Chrn. Nic. Naumann*, 1719—97). Frankfurt 1752. 8°. (In München: P. o. germ. 1003t) Rar!
Fehlt bei Goedeke III. 374. 108, oder identisch mit den dort citirten „Sittlichen Schilderungen". Ebd. 1752. 8°. ?

NAUMANNS, C(hristian) N(icolaus), (1719—97), Erfahrungsurtheile über den Unterscheid des Guten und des Bösen. 2 Thle. Erfurt, verlegts Joh. Heinr. Nonne. 1752. 8°.

Naumann, C. Nic., v. d. Erhabnen in d. Sitten. 8. Erfurt, Nonne. 751.

— Frianbisen d. Lebens u. d. Freude, wodurch d. Edle liebenswürdiger wird, u. d. Liebenswürdige edel. 12. Frkf. u. Leipz. 792.

— satyr. Gedichte. 8. Frankf. 751.

— s. Gedichte d. Herrn v. L***.

— d. Heldenruhm Friedrichs, Königs v. Schweden u. Landgrafen v. Hessen, e. Rede. 8. Marb. 752.

— Industrial- u. Commerzial-Topographie v. Kursachsen. 2 Hefte. 8. Leipz. (Lauban) 786.

LIEDER, Scherzhafte, nach dem Muster des Anakreon .... (von *Christian Nicolaus Naumann*). 1743.
Anon.-Lex. III. p. 73 (nach Meusel); Bibl. d. litt. Ver. Stuttg. 218, 463.

MARTIN(S)GANS, Die. Schäferspiel (von *Chrn. Nic. Naumann*). O. O. 1745. 8°.
Anon.-Lex. III. p. 118 (nach Goedeke u. Meusel). Vgl. Euphorion III. 514; Heitmüller, Uhlich. Holländ. Komöd. Hamb. 1894; Vierteljahrsschrift f. Lit.-Gesch. I, S. 1 f.

— Nachrr. v. d. Bergbaue in Görlitz. 8. Frkf. u. Leipz. 794.

— s.a. Nimrod: E. Heldengedicht.

— Nimrod, Heldenged. 8. Frankf. 753.

— s.a. Satyren.

SATIREN (von *Christian Nicolaus Naumann*). Magdeburg 1763.
Anon.-Lex. IV. p. 24 (nach Meuser). — Rar!

— sittliche Schilderungen n. d. Leben gezeichnet. 8. Erf. 752.

— s. Veränderungen, e. Monatsschrift.

— s. Vernünftler, Der.

— satyr. u. moral. Versuche. 8. Ebd. 752.

— s.a. Zärtlichkeit, Von der.

— der Zärtlichkeit (von *Georg Chrn. Nicolaus Naumann*): nebst *Seip's* Gedanken von der Zärtlichkeit in der Religion. Erfurt 1753.
Anon.-Lex. IV. p. 348 (nach Kayser, Otto, Meusel).

— v. d. Zärtlichkeit 2c. 8. Erfurt, Nonne. 753.

Naumann, Christoph: De lectione Thucydidis ..., s. Bauer, Karl Ludwig

Naumann, Dora, Gedichte. (120 S.) kl. 8. Berlin (910). Schweizer & Co. 2.—

Naumann, Dora, „Am Kirchsteig". Gesammelte Lieder. 8. (X, 147 S.) Leipzig 901. A. Deichert Nachf. n. 2. 50

Mr. E. Adf. **Naumann's** Vers. e. Beweises f. d. Unsterblichk. d. Seele, aus d. physiolog. Standp.; zugl. als Einleit. in d. Lehre v. d. sogen. Geisteskrankhh.; f. Aerzte u. Gebild. überhaupt. *Bonn*, Weber. 830. gr 8° 16 gGr

Naumann, Edm., üb. den Bau u. die Entstehung der japanischen Inseln. Begleitworte zu den v. der geolog. Aufnahme v. Japan f. den internationalen Geologen-Congress in Berlin bearb. topograph. u. geolog. Karten. gr. 8. (91 S.) Berlin 885. Friedländer & Sohn. n. 2. 40

Naumann, Edm., neue Beiträge zur Geologie u. Geographie Japans, s.a. Petermann's, A., Mitteilungen aus Just. Perthes' geographischer Anstalt.

Naumann, Edmund: Neue Beiträge zur Geologie und Geographie Japans. Mit drei Karten und zwei Skizzen im Text. Gotha 1893. (II), 46 S.
= Ergänzungsheft zu Petermann's Geographischen Mittheilungen. No. 108 8°.

—— fossile Elephantenreste von Mindanáo, Sumátra und Malakka, s.a. Abhandlungen und Berichte des zoologischen und anthropologisch-ethnograph. Museums zu Dresden 1886/87, hrsg. von A. B. Meyer, Nr. 6.

Naumann, E., fossile Elephantenreste v. Mindanáos, Sumátra u. Malakka. Mit 1 Lichtdr.-Taf. [Abhandlgn. u. Berichte d. zoolog. u. anthropologisch-ethnograph. Museums zu Dresden 1886/87, hrsg. v. A. B. Meyer, Nr. 6.] Imp.-4. (11 S.) Berlin 887. Friedländer & Sohn. n. 3.—

Naumann, Edmund [Dr., Ehem. Dir. d. topogr.-geolog. Aufnahme v. Japan]: Die Erscheinungen des Erdmagnetismus in ihrer Abhängigkeit vom Bau der Erdrinde .... Stuttgart, Verl. v. Ferd. Enke, 1887; 3 Bl. + 78 S. u. 1 Karte 8°.
München, Phil. Fak., Hab.-Schr. v. 1887.
(Nicht für den Austausch.)

Naumann, E., Fujisan. Mit 2 Taf. [Aus: „Jahresbericht der geograph. Gesellsch. in München f. 1887".] gr. 8. (32 S.) München 888. (Th. Ackermann Verl.) n. 1. —

— u. M. Neumayr, zur Geologie u. Paläontologie v. Japan. [Aus: „Denkschr. d. k. Akad. d. Wiss."] Imp.-4. (41 S. m. 14 Textfig. u. 5 Taf.) Wien 890. (Tempsky.) n. 7. —

— Macedonien u. seine neue Eisenbahn Salonik-Monastyr. Ein Reisebericht. gr. 8. (III, 58 S. m. 1 Kartenskizze.) Ebd. 894. n. 2. —

— vom Goldnen Horn zu den Quellen des Euphrat. Reisebriefe, Tagebuchblätter u. Studien üb. die asiat. Türkei u. die anatol. Bahn. Mit 140 Illustr. nach Orig.-Zeichngn. von v. Ottenfeld, v. Schrötter, C. Bader u. H. Nisle, sowie nach 2 Photogr., 2 Karten der anatol. Bahn, e. topograph. Skizze im Text u. 1 Uebersichtskarte v. Anatolien. hoch 4. (XV, 494 S.) München 893. R. Oldenbourg. Kart. n. 20. —

Naumann, Emil, Ludwig van Beethoven, s. a. Sammlung gemeinverständl. wissenschaftl. Vorträge.

Naumann E, Ludwig van Beethoven. Zur 100jährigen Geburtstagsfeier. (Sammlung gemeinverständlicher wissenschaftl. Vorträge 117) Berlin 1871

Naumann, Emil, Darstellung eines bisher unbekannt gebliebenen Stylgesetzes im Aufbau des classischen Fugenthemas. gr. 8. (69 S.) Berlin 878. Oppenheim. n. 1. 50

Naumann, Em., über Einführung des Psalmengesanges in die evangel. Kirche. Berlin 856. G. Reimer. gr. 8. (39 S.) 5 ngr.

— Deutschlands musikal. Heroen, s.a. Sammlung gemeinverständl. wissenschaftl. Vorträge.

Naumann, Emil, Deutschlands musikalische Heroen in ihrer Rückwirkung auf die Nation. Berlin 1873. 8.
Iat: Samml. gem.-verst. wiss. Vortr. Bd. 8. S. 47—81.

— die protestantische Kunst, s. a. Vorträge, protestantische.

Naumann E, die protestantische Kunst. (Vorträge, protestantische II, 8) Berlin 1871

— Wolfgang Mozart, s.: Sammlung musikalischer Vorträge.

— Musikdrama od. Oper? Eine Beleuchtg. der Bayreuther Bühnenfestspiele. gr. 8. (59 S.) Berlin 876. Oppenheim. n. 1. —

— illustrirte Musikgeschichte. Die Entwicklung der Tonkunst aus frühesten Anfängen bis auf die Gegenwart. (In ca. 28 Lfgn.) 1—18. Lfg. gr. 8. (S. 1—376 mit eingedr. Holzschn., Holzschntaf. u. Fcsm's.) Stuttgart 880—82. Spemann. à n. — 50

Naumann, Emil, illustrirte Musikgeschichte. Die Entwicklg. der Tonkunst aus frühesten Anfängen bis auf die Gegenwart. 19—36. (Schluß-)Lfg. gr. 8. (XIV u. S. 377—1128 m. eingedr. Holzschn., Holzschntaf., Chromolith. u. Fcsms.) Stuttgart 883—85. Spemann. à — 50 (cplt. n. 18. —; geb. n. 20. —)

Naumann, Emil, illustrierte Musikgeschichte. Vollständig neubearb. u. bis auf die Gegenwart fortgeführt v. Eug. Schmitz. Einleitung u. Vorgeschichte v. Leop. Schmidt. Mit 264 Textabbildgn., 30 Kunstbeilagen u. 32 Notenbeilagen. 2. Aufl. (VIII, 810 S.) gr. 8. Stuttgart 907. 908. Union. 15.—; geb. in Leinw. 18.—; auch in 30 Lfgn. à — 50

— Nachklänge. Eine Sammlung von Vorträgen und Gedenkblättern aus dem Musik-, Kunst- und Geistesleben unserer Tage. 8. (VIII, 344 S.) Berlin 872, Oppenheim. *

— deutsche Tondichter von Sebastian Bach bis auf die Gegenwart. Vorträge, geh. im Wintersemester v. 1870 auf 1871, an dem, unter dem Protectorat Ihrer k. k. Hoheit der Frau Kronprinzessin v. Deutschland steh. Victoria-Lyceum zu Berlin. gr. 8. (XI, 314 S. m. e. Stahlst.) Ebend. 871. n. 4. 50

— dasselbe. 2. Aufl. gr. 8. (XVI, 402 S.) Ebend. 875. n. 5. —

— dasselbe. 3. Aufl. Pracht-Ausg. m. 6 Photogr. gr. 8. (XXII, 402 S.) Ebend. 876. n. 12. —

— deutsche Tondichter von Sebastian Bach bis auf die Gegenwart. Vorträge, gehalten im Wintersemester von 1870 auf 1871, an dem, unter dem Protectorat Ihrer k. k. Hoh. der Frau Kronprinzessin von Deutschland stehenden Victoria-Lyceum zu Berlin. 4. Aufl. gr. 8. (XV, 377 S.) Berlin 879. Oppenheim. n. 5. —

Naumann, Emil, deutsche Tondichter von Sebastian Bach bis auf die Gegenwart. 5. [Volks-]Ausg. 8. (XV, 377 S.) Berlin 882, Oppenheim. *M 3.; geb. *

Naumann, Emil, deutsche Tondichter von Sebastian Bach bis Rich. Wagner. 6., umgearbeitete Aufl. 8. (V, 302 S.) Leipzig 896. List & Francke. n. 3. —; geb. n. 4. —

— italienische Tondichter von Palestrina bis auf die Gegenwart. Eine Reihe v. Vorträgen, geh. in den J. 1874 u. 1875. gr. 8. (XI, 570 S.) Ebend. 876. n. 8. —

— italienische Tondichter von Palestrina bis auf die Gegenwart. 2. Aufl. Prachtsausg. Mit 4 Photogr. gr. 8. (XV, 570 S.) Ebend. 877. n. 17. —

— italienische Tondichter von Palestrina bis auf die Gegenwart. Vorträge. 2. (Titel-)Aufl. gr. 8. (XI, 570 S.) Ebendas. 883. *

— die Tonkunst in der Culturgeschichte. (In 2 Bdn. oder 4 Abthlgn.) 1. Bd. 1. und 2. Hälfte. gr. 8. Berlin, Behr's Buchh. [1. Hälfte: Die Tonkunst in ihren Beziehungen zu den Formen und Entwicklungsgesetzen alles Geisteslebens. (S. 1—298.) 869. *M 4.; 2. Hälfte. (S. 399—772.) 870. *M 6.] *

— das goldene Zeitalter der Tonkunst in Venedig, s. a. Sammlung gemeinverständl. wissenschaftl. Vorträge.

Naumann E, das goldene Zeitalter der Tonkunst in Venedig. (Sammlung gemeinverständlicher wissenschaftlicher Vorträge 248) Berlin 1876

— der moderne musikalische Zopf. Eine Studie. gr. 8. (V, 176 S.) Ebendas. 880. *

— Zukunftsmusik u. die Musik der Zukunft, s. a. Zeit- u. Streitfragen, deutsche.

— Zukunftsmusik und die Musik der Zukunft. (Zeit- u Streitfragen 82) Berlin 1877

Naumann, Emil Wilhelm Robert

Naumann, Aemil. Guil. Rob., Catalogus librorum, s.a.Catalogus.

Naumann, Aemilius Guilelmus Robertus. Catalogus librorum manuscriptorum qui in [illegible] Senatoria civitatis Lipsiensis asservantur. Codices orientalium linguarum descripserunt Henricus Orthobius Fleischer et Franciscus Delitzsch. Grimae 1838.

—— Serapeum, s. Serapeum.

Naumann, Ernst (Hrsg.), s. Bach, Johann Sebastian: Suiten für Clavier

Naumann, Ernst, Beitrag zur Gliederung des mittleren Keupers im nördlichen Thüringen. (S. 549—580.) Lex. 8. Berlin (N. 4, Invalidenstr. 44) 907. Vertriebsstelle der kgl. geolog. Landesanstalt. nn 1. —

Naumann (E.), Beitrag zur Kenntnis der Thüringer Trias. s.a.Geologie, Schriften einz. Gegenden.

Naumann (E.), Beitrag zur Kenntnis der Thüringer Trias. Ber. üb. d. Aufnahmen auf d. Bl. Jena und Naumburg a. S.
Aus: Jahrbuch. d. Kgl. Preuss. Geol. Landesanstalt f. 1908, Bd 29, T. 2, H. 3.

Naumann, Ernst, Dir. Dr.: [Bericht über seine Einführung als Direktor der Anstalt.] *Rawitsch 1901: R. F. Frank.* (S. 20—23.) 4° [F.]
Rawitsch, k. G m. realem Ersatz-Unt., OP 1901 (170)

Naumann, [Ernst]: [Bericht über die Einweihungsfeier des neuen Schulgebäudes.] S. 22—26. 4.
Hohenzollernschule—Gymnasialabteil. Reformgymn. u. Reformrealgymn. *Schöneberg* 1910 (100).
Progr.

Naumann, Ernst: Bericht über die hundertjährige Jubelfeier der Anstalt. *Berlin (1898): A. W. Hayns Erben.* (3—28 S.) 4°
Berlin, k. Friedrich-Wilhelms-G, OP 1898 (55)

Naumann, Ernst [pr. Arzt in Limbach (Sachsen)]: Ueber Cervixrisse ... Jena, Druck v. B. Engau, 1894; 28 S. 8.
Jena, Med. Fak., Inaug.-Diss. v. [22. März] 1894

— Über e. präglaziale Fauna u. üb. die Äquivalente der Ablagerungen des jüngeren Eises im Saaletale bei Jena. (S. 167—183 m. 2 Fig.) Lex. 8. Ebd. 908. nn — 50

Cosel, Sigism. von: **Gedächtnisrede auf den am 2. September 1895 in den e. O. eingegangenen Br. Sigismund von Cosel, gehalten am 3. Oktober 1895 von Ernst Naumann. Berlin 1895: Mittler & Sohn. 26 S. 8°. [Umschlagtit.:] Der Erinnerung an Meister von Cosel geweiht.**
Vgl. W. 14564.

Naumann, Ernst, Dir. Dr.: Geschichte der Anstalt 1. *Rawitsch 1903: R. F. Frank.* (S. 5—34.) 4° [F.]
Rawitsch, k. G, Festschr. 1903**

Naumann, Ernst, Herder. Ein Gedenkblatt. Vortrag, geh. in der deutschen Gesellschaft f. Kunst u. Wissenschaft zu Rawitsch am 18. III. 1903. (15 S.) gr. 8. Rawitsch 903. R. F. Frank. n. — 30

Hoch auf die Schwestern, ausgebracht von Ernst Naumann am 13. Februar 1893 [in der Loge „Friedrich Wilhelm zur Morgenröte" in Berlin]. [Berlin 1893.] 2 Bl. 8°.

Naumann, Ernst: Aus Herders Jugenddichtung. 4 (S. 49—64).
Festschrift z. 100jähr. Jubelfeier des Kgl. Friedrich-Wilhelms-G. *Berlin* 1897.
Nicht im Tauschverkehr. Progr.

Naumann, Ern. (geb. Berlin [illegible] 1853): De Xenophontis libro qui Λακεδαιμονίων πολιτεία inscribitur. Berolini. W. Weber (1876). (62 S.) 8°
Berlin, Phil. Diss. v. 9. Febr. 1876

Naumann, Ernst, de Xenophontis libri qui *Λακεδαιμονίων πολιτεία* inscribitur. gr. 8. (62 S.) Berlin 876. Weber. n. 1. 20

— u. Edm. Picard, weitere Mitteilungen üb. das diluviale Flussnetz in Thüringen. (S. 566—588 m. 1 farb. Karte.) Lex. 8. Ebd. 908. nn 1. 20
Sonderabdr. aus: „Jahrb. d. kgl. preuss. geol. Landesanstalt."

[Rede.] Zur Hundertjahrfeier Kaiser Wilhelm des Grossen. Von Ernst Naumann. Berlin 1897: Mittler & S. 17 S. 8°
Aus: BZC. 26 (1897) S. 105—119.
Persönliche Stellung des Kaisers zu Lehre u. Aufgabe der Frmrei.

Naumann, Ernst, aus Jena: Tektonische Störungen der triadischen Schichten in der Umgebung von Kahla. *Berlin 1898: A. W. Schade.* (30 S.) 8° (Aus: Jahrb. d. Kgl. geol. Landesanstalt u. Bergakad., 1897.)
Jena, Phil. Diss. v. (27. Apr.) 1898

Naumann, Ernst Untersuchungen über Herders Stil. 32 S.
Progr. Fr. Wi. G. *Berlin* 1881.

Weiherede am Grabmal des [Br.] Sigism. v. Cosel am 2. Sept. 1896 gehalten von Ernst Naumann. Berlin 1896: Mittler & S. 7 S. 8°
[Umschlagtit.:] Dem Andenken an Sigism. v. Cosel geweiht.
Aus: BZC. 25 (1896) S. 175—179.

Naumann, F., s. Friedhofblumen.

—— der Tod in allen seinen Beziehungen, ein Warner, Tröster u. Lustigmacher. Als Beitrag z. Literaturgeschichte der Todtentänze. 12. (4½ B. u. 3 Taf. Abbild.) Dresden 844, (Grimm u. Comp.]

Naumann, F. H., Schwert und Schild. Ein Gebetbuch für christl. Kriegsleute. Aus Gottes Wort und guten christl. Schriften zusammengestellt. Mit einem Vorwort von Friedr. Ahlfeld 16. (VIII und 176 S.) Leipzig und Dresden 859, Naumann.

Naumann, Fel.: Der Kamera-Sport, s. Aarland, Geo.

Naumann, Fel., der Kamera-Sport, s.: Bibliothek f. Sport u. Spiel. (Aarland, Geo.)

— Die Technik des Platindruckes, s.a. Bücherschatz, photographischer. Bd. XIV.

Naumann, Felix: Die Technik des Platindruckes. Leipzig 1910. (Liesegang's Photogr. Bücherschatz, Bd 14)

Naumann, Ferdinand, Die Bezirksvereinigung und das 1. Bezirksfest der Turnvereine im Mittel-Weser-Kreise zu Hameln, 4.—6. 7. 1863, Hameln 1863, 101 S., 8°.

Naumann, Ferd., dies Büchlein gehört der Mutter u. ihrem guten Kinde, dem sie auf die leichteste u. einfachste Weise das Lesen lehren will. Mit 24 (lith. u.) color. Bildern. 8. (VI u. 74 S.) Dresden 851, Adler & Dietze. n. 1 ₰

Naumann, Ferd., Engel und Kinder. Ein Festgeschenk. 1. Ausg. 1853. und 2. Ausg. br. 8. (XII und 234 S.) Dresden 856, Meinhold und Söhne.

— die Flasche. Eine Erzählung in 8 Bildern. Mit Illustr. (in Holzschn.) v. Geo. Cruikshank. 3. Aufl. 16. (48 S.) Leipzig 851, Weber. 3 ngr

— die Flasche. Eine Erzählung in 8 Bildern. Mit Illustr. (Holzschn. im Text) von G. Cruikshank. 4. Aufl. (853.) 1½ ngr — 5. Aufl. Leipzig (855.) Weber. gr. 8. (16 S.) 2½ ngr

—— die Flasche. Eine Erzählung in 8 Bildern. Mit Illustr. (in eingedr. Holzschn.) von Geo. Cruikshank. 4. Aufl. 1853. 1½ Ngr. und 5. Aufl. gr. 8. (16 S.) Leipzig 856, Weber.

Naumann, Ferd., Gellertbuch, s. Gellertbuch.

—— Junges Grün. Dichtungen für die zarteste Jugend. br. 8. (VII und 104 S. mit 1 lithogr. und ill. Ttlbld.) Stuttgart 856(57,) Chelius.

Naumann, Ferd., Grundbegriffe der deutschen Grammatik in Uebungsstücken. Für die unteren u. mittleren Klassen höherer Lehranstalten. Dresden 864. Adler. 8. (VIII, 184 S.) n. 15 ngr

— Grundbegriffe der deutschen Grammatik in Uebungsstücken. Für die unteren u. mittleren Klassen höherer Lehranstalten. 2. Aufl. (VIII, 184 S.) 866. n. 15 ngr u. 3. Aufl. Dresden 869. Adler. gr. 8. (VI, 205 S.) n. 18 ngr;

Naumann, Ferd. (I.), Grundbegriffe der deutschen Grammatik in Uebungsstücken. Für die unteren und mittleren Klassen höherer Lehranstalten. 3. und 4. Aufl. 1869,71. *ℳ 1,80., und 5. Aufl. gr. 8. (VI, 205 S.) Dresden 873, Adler's Verlag. *

Naumann, Ferd., Grundbegriffe der deutchen Grammatik in Uebungsstücken. Für die unteren u. mittleren Klassen höherer Lehranstalten. 5. Aufl. gr. 8. (VI, 205 S.) Dresden 873. Huhle. n. 2. --

Naumann, Ferd., Grundbegriffe der deutschen Grammatik in Uebungsstücken. Für die unteren und mittleren Klassen höherer Lehranstalten. 6. verb. Aufl. gr. 8. (VI, 183 S.) Dresden 877, Huhle. *

Naumann, Ferd., Grundbegriffe der deutschen Grammatik in Übungsstücken. Für die unteren und mittleren Klassen höherer Lehranstalten. 7. und 8. verb. Aufl. [Neue Rechtschreibung.] gr. 8. (VIII, 184 S.) Dresden 881,84, Huhle. *

Naumann, Ferd., Grundbegriffe der deutschen Grammatik in Übungsstücken. Für die unteren u. mittleren Klassen höherer Lehranstalten. 9. Aufl. 8. (VIII, 184 S.) Dresden 886. Huhle. n. 1. 60

Naumann, F., Grundbegriffe der deutschen Grammatik in Übungsstücken. Für die unteren u. mittleren Klassen höherer Lehranstalten. 10. Aufl. gr. 8. (188 S.) Dresden 888. Huhle. n. 1. 60

Naumann, Ferd., Grundbegriffe der deutschen Grammatik in Übungsstücken. Für die unteren u. mittleren Klassen höherer Lehranstalten. 12., durchgeseh. Aufl. gr. 8. (IV, 188 S.) Dresden 892. A. Huhle. n. 1. 60

Naumann, (Christoph.) Ferd. (geb. Thal bei Ehrenbreitstein 6. 2. 1841): De cordis ictu. Berolini (1865). (31 S.) 8°
Berlin, Med. Diss. v. 21. März 1865

—— das Nibelungenlied. In Romanzen. 16. (VI und 315 S.) Leipzig 866, Brockhaus. *
geb. mit Goldschn. *

Naumann, Ferd. (II.), das Nibelungenlied. In Romanzen. 2. Aufl. 16. (VI, 315 S.) Wien 875, Rosner. *

—— des Ruprechts goldne Nüßlein. Eingesammelt und der heitern Kinderwelt dargebracht. 8. (137 S. mit 1 lithogr. und ill. Ttlbld. in Tondr.) Berlin 852, Winckelmann und Söhne. -

— die deutsche Rechtschreibung für den Schul- u. Privatgebrauch. Dresden 853. Arnold. 8. (4 Bl., 96 S.) 7½ ngr

— das Teleskop für die Jugend. Zum Schul- und Hausgebrauch. Mit 5 (lith.) Sterntaf. (in 4.) u. 1 Abbildung des Mondes. Dresden 854. Meinhold. 8. (IV, 220 S.) 24 ngr

Naumann, Ferd., Veilchen im Grün. Neue Dichtungen für di Jugend. 8. (VI und 95 S. mit chromolithogr. Titelbild. Leipzig 858, Friese.

Naumann, Fr., s. Naumann, Johann Friedrich

Naumann, Franz [cand. prob.]: De verborum cum praepositionibus compositorum usu Ammiani Marcellini. (Ersch. vollst. an anderem Orte.) Stendal, Druck v. Franzen & Grosse, 1891; 20 S. 4°
Stendal, G, OP 1891 (247

Naumann, Franz: De verborum cum praepositionibus compositorum usu Ammiani Marcellini ... (Forts. d. Gymn.-Progr. v. Stendal 1891.) Halle a. S., Plötz'sche Buchdr., 1892; 123 S. 8.
Erlangen, Phil. Fak., Inaug.-Diss. v. 1892

Naumann, Franz Leopold, appr. Arzt aus Neustadt b. Stolpen: Ueber das spectroskopische Verhalten der Blutfarbstoffe. *Leipzig 1902: B. Georgi.* (30 S.) 8°
Leipzig, Med. Diss. v. (26. Juli) 1902

Naumann, Frz. Otto, Gesellenstück e. Buchbinders, s.: Berufsaufsatz, der, in der Fortbildungsschule.

— Gesellenstück e. Schneiders, s.: Berufsaufsatz, der, in der Fortbildungsschule.

— Gesellenstück e. Tapezierers, s.: Berufsaufsatz, der, in der Fortbildungsschule.

— u. G. Krause, Meisterstück e. Tapezierers, s.: Berufsaufsatz, der, in der Fortbildungsschule.

— Friedmar Gotthelf (Dresden), De artis gymnasticae usu medico. Diss. med. Leipzig (Staritz) 13. IV. 1842. 23 S. (3.50) 24572
Gew.: Eduard Wilhelm Guentz.

Naumann, Frdr., s.: **Arbeiterbibliothek, Göttinger.**

Naumann, Friedr., Arbeiter-Katechismus oder der wahre Sozialismus. Seinen arbeitenden Brüdern dargeboten. 8. (68 S.) **Calw 888, Vereinsbuchhandlung.** *

—— Arbeiter-Predigt, gehalten beim 1. Jahres-Fest des evangel. Arbeiter-Vereins Wilkau-Niederhaßlau am 13. Mai 1888. gr. 8. (8 S.) Wilkau 888. (Leipzig, Buchh. des Vereinshauses.) **

Arbeitskammern. Eine Reichstagsrede v. Abgeordn. D. Fr[iedrich] **Naumann** geh. 1908. Nach d. amtl. Stenogramm. Berlin-Schöneberg: 'Hilfe' [1908]. 15 S. 8°
(Naumann: Reichstagsreden. 3.) A 12. 9006

Der Arbeitsnachweis der Kohlenherren. Eine Reichstagsrede v. Abgeordn. D. Fr[iedrich] **Naumann** geh. 1909. Nach d. amtl. Stenogramm. Berlin-Schöneberg: 'Hilfe' [um 1909]. 16 S. 8°
(Naumann: Reichstagsreden. 6.) A 12. 9069

— „Asia". — Athen, Konstantinopel, Baalbek, Damaskus, Nazaret, Jerusalem, Kairo, Neapel. gr. 8. (III, 166 S. m. 58 Abbildgn.) Berlin-Schöneberg 899. Verlag der „Hilfe". n. 3. —; geb. n. 4. —

'Asia'. Athen, Konstantinopel, Baalbek, Damaskus, Nazaret, Jerusalem, Kairo, Neapel. (2. Aufl.) Fr[iedr.] Naumann. *Berlin Schöneberg: Verl. d. 'Hilfe' 1899.* (166 S.) 8° [F.] 1899. 7185 4

Naumann, Frdr., „Asia". Eine Orientreise üb. Athen, Konstantinopel, Baalbek, Nazareth, Jerusalem, Kairo, Neapel. 7. unveränd. Aufl. (IV, 166 S. m. Abbildgn.) gr. 8. Berlin-Schöneberg 909. **Buchverlag der „Hilfe". Geb. in Leinw. 4. —**

Naumann, Frdr., die politischen Aufgaben im Industrie-Zeitalter. Nach e. in Straßburg am 24. X. 1904 auf Veranlassg. des „Liberalen Vereins" geh. Vortrage. (22 S.) 8. Straßburg 904. Schlesier & Schweikhardt. — 25

— Ausstellungsbriefe. (1.—10. Taus.) (213 S.) 8. Ebd. 909. 3.—; geb. 4.—; Luxusausg. 6. —

Bebel und Bernstein. Vortrag von Friedrich **Naumann**. Geh. zu Berlin. Schöneberg-Berlin: 'Hilfe' (1899). 16 S. 8° 1899. 16935

— d. sociale Bedeutg. d. christlichen Vereinswesens. Vortrag. gr. 8. (19 S.) Karlsruhe 895. (Göttingen, Vandenhoeck & Ruprecht.) n. — 40

— Briefe üb. Religion. Buchschmuck v. Fel. Schulze. (III, 55 S.) gr. 8. Berlin-Schöneberg 903. Verlag der „Hilfe". Kart. n. 1. 20

— dasselbe. 2., neu durchgeseh. Aufl. (86 S.) gr. 8. Ebd. (903). Kart. n. 1. 20

Briefe über Religion von D. Friedrich **Naumann**, Hrsg. d. 'Hilfe'. Buchschmuck von Felix Schulze, Leipzig. 3., neu durchges. Aufl. Berlin-Schöneberg: Hilfe (1904). (90 S.) 8° [F.] 1906. 5968

Briefe über Religion von D. Friedrich **Naumann**. Buchschmuck von Felix Schulze. 4., unveränd. Aufl. Berlin-Schöneberg: Hilfe [1908]. (90 S.) 8° [F.] 1908. 11667

— Briefe üb. Religion. 5. unveränd. Aufl. 13.—15. Taus. (95 S.) 8. Ebd. 910. 1. 50

— Sociale Briefe an reiche Leute. 8°. Göttingen, Vandenhoeck u. Ruprecht. 1894.

Naumann, Frdr., soziale Briefe an reiche Leute. 8. (58 S.) Göttingen 895. Vandenhoeck & Ruprecht. n. 1. —

Naumann, Fr. Christenthum u. Familie. Vortrag, geh. auf dem 3. evangelisch-socialen Kongreß zu Berlin am 20. u. 21. April 1892. gr. 8. (22 S.) Berl. 892, [Rehtwisch u. Seeler]. Rehtwisch u. Langewort. — 20

Demokratie und Kaisertum. Ein Handb. f. innere Politik von Fr[iedrich] **Naumann**. *Berlin-Schöneberg: Verl. d. 'Hilfe' 1900.* (231 S.) 8° [F.] 1900. 4358

— Demokratie u. Kaisertum. Ein Handbuch f. innere Politik. 2., durchgeseh. Aufl. gr. 8. (VIII, 231 S.) Ebd. 900. n. 2. —; geb. n. 3. —

— Demokratie u. Kaisertum. Ein Handbuch f. innere Politik. 3. u. 4. neubearb. Aufl. (à VIII, 231 S.) gr. 8. Ebd. 904. 1. 20; geb. in Leinw. 2. —

— Deutschland u. Oesterreich. Erweiterter Vortrag. Geh. in öffentl. Versammlg. in Berlin. gr. 8. (33 S.) Ebd. 900. n.n. — 50

— die Erneuerung des Liberalismus, s.: Barth, Thdr.

— die Erziehung zur Persönlichkeit im Zeitalter des Großbetriebes. Rede, geh. am 26. II. 1904 im Berliner Lehrerverein. (19 S.) gr. 8. Berlin-Schöneberg 904. Verlag der Hilfe. n.n — 25

Die Erziehung zur Persönlichkeit im Zeitalter des Grossbetriebes. Rede geh. 1904 von D. Fr[iedrich] **Naumann**. 2. Aufl. Berlin-Schöneberg: Hilfe 1904. (19 S.) 8° [F.] 1906. 5989

— Die Erziehung zur Persönlichkeit im Zeitalter des Großbetriebs. 4.—8. Taus. (47 S.) kl. 8. Ebd. 907. nn — 50

Fleischnot und agrarische Gefahr. Vorträge von Fr(iedrich) **Naumann** u. H[ellmuth] v. Gerlach mit Debatte. Geh. in öffentl. Versammlung zu Berlin 1902. *Berlin-Schöneberg: 'Hilfe' 1902.* (24 S.) 8° [F.] 1904. 4179

— Flotte u. Reaktion. Vortrag. Geh. in öffentl. Versammlg. zu Berlin. (Stenogramm.) gr. 8. (16 S.) Ebd. (899). — 15

— die wirtschaftlichen u. politischen Folgen der Bevölkerungsvermehrung. Vortrag, geh. am 17. XI. 1903 in München. (16 S.) gr. 8. München 904. [Freistatt-Verlag.] Berlin-Schöneberg, Verlag d. Hilfe. — 25

— Form u. Farbe. (1.—10. Taus.) (219 S.) 8. Ebd. 909. 2.—; geb. 3.—; ferh. Pr. 3.—; geb. 4.—; Luxusausg. 6.—

— die Frau im Maschinenzeitalter. Vortrag, geh. am 21. XI. 1903 in München. (15 S.) gr. 8. Ebd. (904). — 25

— s.: **Freiheit, protestantische.**

Naumann, Fr. Einige Gedanken über die Gründung christlich-sozialer Vereine. Entgegnung auf Professor Hiltys Schrift. In-8°. 37 S. Bern, A. Siebert. 1896 — 75

— ein. Gedanken üb. d. Gründg. christlich-socialer Vereine. Entgegng. auf Prof. Dr. Hilty's gleichnam. Vortrag. gr. 8. (37 S.) Bern 896. C. Sturzenegger. n. — 75

— Gegenwart u. Zukunft des deutschen Liberalismus, s.: Müller, Ernst.

Naumann, Frdr., der Geist im Hausgestühl, s.a. Flugschrift des Dürer-Bundes zur ästhetischen Kultur.

— der Geist im Hausgestühl. Ausstattungsbriefe. (35 S.) 8. Dresden (906). (Berlin-Schöneberg, Verlag der Hilfe.) n. — 40

— Der Geist im Hausgestühl. Ausstattungsbriefe. (6.—10. Taus.) (46 S.) kl. 8. Berlin-Schöneberg 909. Buchverlag der „Hilfe". — 50

Heitere Gesellen. Herz u. Welt. Dichtungen von Friedrich **Naumann.** Magdeburg: Wuttke [um 1900]. 64 S. 8° [Text stenogr.]
(Von allen Zweigen. Bd 1.) [09. 12505 3]

— Deutsche Gewerbekunst. Eine Arbeit üb. die Organisation des deutschen Werkbundes. (49 S.) kl. 8. Ebd. 908. — 80; geb. 1. 20

— Gotteshilfe. Gesammelte Andachten aus d. J. 1895. 8. (120 S.) Göttingen 896. Vandenhoeck & Ruprecht. Kart. n. 1. 35; geb. n. 1. 70

— dasselbe. 2., durchgeseh. Aufl. 8. (120 S.) Ebd. 898. Kart. n. 1. 30; geb. n. 1. 70

— dasselbe. 2. u. 3. Bd. Andachten aus d. J. 1896 u. 1897. [Aus: „Die Hilfe".] 8. (118 u. IV, 113 S.) Ebd. 897. 98. Kart. à n. 1. 35; geb. in Leinw. à n. 1. 70

— Gotteshilfe. Gesammelte Andachten. 1.—7. Bd. 8. Göttingen, Vandenhoeck & Ruprecht. Kart. à n. 1. 40; geb. in Leinw. à n. 1. 80

1. Andachten aus d. J. 1895. 3. durchges. Aufl. (120 S.) 902.
2. Andachten aus dem J. 1896. [Aus: „Die Hilfe".] 2. durchgeseh. Aufl. (116 S.) Ebd. 900.
3. Andachten aus d. J. 1897. 2. durchges. Aufl. (115 S.) 902.
4. Andachten aus d. J. 1898. (Mit 5 Andachten v. F. Zimmer.) (X, 102 S.) 899.
5. Andachten aus dem J. 1899. (VI, 106 S.) 900.
6. Andachten aus dem J. 1900. (IV, 104 S.) 901.
7. Andachten aus dem J. 1901. Mit e. Text- u. Sachregister. über alle 7 Bde. (IV, 116 S.) 902.

— dasselbe. Gesamtausg. der Andachten aus den J. 1895—1902, sachlich geordnet. gr. 8. (XII, 611 S.) Ebd. 902. Geb. in Leinw. n. 6. —

— Gotteshilfe. Gesammelte Andachten. 4. Bd.: Andachten aus dem J. 1898, einschließlich 5 Andachten v. F. Zimmer. Mit e. Vorwort: Religion u. Kunst. 2., durchgeseh. Aufl. (X, 102 S.) gr. 8. Göttingen 903. Vandenhoeck & Ruprecht. Kart. n. 1. 40; geb. in Leinw. n. 1. 80

— dasselbe. Gesamtausg. der Andachten aus den J. 1895—1902, sachlich geordnet. 2., unveränd. Aufl. 4.—6. Taus. (XII, 611 S.) gr. 8. Ebd. 904. Geb. in Leinw n. 6.—; 7. Ausg., feine Ausg., geb. in Halbfrz. n. 7. 80

— Gotteshilfe. Gesamtausg. der Andachten aus den J. 1895—1802, sachlich geordnet. 3. Aufl. 8.—10. Taus. (XII, 611 S.) gr. 8. Göttingen 907. Vandenhoeck & Ruprecht. Geb. in Leinw. 6. —

— die Grundlagen uns. Glaubens. Predigt üb. II. Korinther 13, 13, geh. am 23. I. 1898 im Saale d. ev. Vereins f. innere Mission Vereinshaus „Westend" zu Frankfurt am Main. gr. 8. (8 S.) Frankfurt a/M. 898. K. Brechert. — 20

— Gustav Adolf. Predigt zur 300jähr. Gedächtnißfeier d. Geburtstages Gustav Adolfs. gr. 8. (8 S.) Frankfurt a/M. 894. Heyder & Zimmer. — 20

Naumann, Frdr., Handelsverträge od. Brodwucher? Vortrag m. Debatte. Geh. in großer öffentl. Versammlung zu Berlin. (Stenogramm.) gr. 8. (28 S.) Schöneberg-Berlin 900. Verlag der „Hilfe". — 30

Hausindustrie. Eine Reichstagsrede v. Abgeordn. Fr[iedrich] **Naumann** geh. 1908. Nach d. amtl. Stenogramm. Berlin-Schöneberg: 'Hilfe' [1908]. 15 S. 8°
(Naumann: Reichstagsreden. 2.) A 12. 9005

— s.: Hilfe, die.

Naumann, Frdr., das Ideal der Freiheit. 1.—10. Taus. (40 S.) kl. 8. Berlin-Schöneberg 908. Buchverlag der Hilfe. — 50

— Jesus als Volksmann, s.a. Arbeiterbibliothek, Göttinger, I, 1.

[F.] Jesus als Volksmann v. Friedrich **Naumann**, Pfarrer in Frankfurt a. M. *Göttingen: Vandenhoeck & Ruprecht 1894.* (16 S.) 8.
= Arbeiterbibliothek, Göttinger. Bd 1. H. 1. 19. 110

— national-sozialer Katechismus. Erklärung der Grundlinien d. national-sozialen Vereins. 5.—8. Taus. 8. (36 S.) Berlin 897. E. Kundt. n. — 20

— national-sozialer Katechismus. Erklärung der Grundlinien des national-sozialen Vereins. 9.—13. Taus. 8. (36 S.) Schöneberg-Berlin (896). Verlag d. „Hilfe". n. — 20

— s.: Kirchen, die evangelischen, u. der Staat.

— Kunst u. Industrie (e. Vortrag). (12 S.) gr. 8. Ebd. (906). n. — 25
Sonderabdruck aus: „Kunstwart".

Kunst und Volk. Vortrag von Fr[iedrich] **Naumann.** Geh. in Neumünster 1902. *Berlin-Schöneberg: 'Hilfe' 1902.* (16 S.) 8° [F.] 03. 4777

— Kunst u. Volk. Vortrag. Geh. in Neumünster am 28. IX. 1902. gr. 8. (14 S.) Berlin-Schöneberg, Verlag der Zeit. n. — 10

Die Kunst im Zeitalter der Maschine. (Ein Vortrag.) Von D. Fr[iedrich] **Naumann.** Berlin-Schöneberg: 'Hilfe' 1904. 16 S. 8°
Aus: Kunstwart. 1904, H. 20. 10. 1004 7

— Die Kunst im Zeitalter der Maschine. (4.—8. Taus.) (36 S.) kl. 8. Ebd. 908. — 50

— zum sozialdemokratischen Landprogramm. [Aus: „Die Hilfe".] gr. 8. (36 S.) Frankfurt a/M. 895. (Göttingen, Vandenhoeck & Ruprecht.) n.n. — 10

Naumann, Liberalismus, s.a. Barth u. N.

— Liberalismus. Zentrum u. Sozialdemokratie. (Vortrag, geh. am 24. XI. 1903 in München.) (32 S.) gr. 8. München (904). [Freistatt=Verlag.] Berlin=Schöneberg, Verlag d. Hilfe. n. — 25

Liberalismus und Arbeiterfrage von Friedrich **Naumann** u. Arbeiter-Sekr. Fischer-Reutlingen. Berlin-Schöneberg: 'Hilfe' 1908. 16 S. 8° 109. 6739 4

Liberalismus und Blockpolitik von Friedrich **Naumann**. Berlin-Schöneberg: 'Hilfe' 1908. 12 S. 8° 109. 6740 4

Friedrich **Naumann**. Liberalismus, Zentrum und Sozialdemokratie. (Vortrag, geh. 1903 in München.) München: 'Freistatt' [1904]. 32 S. 8° 110. 4007 7

— die Mithilfe der Kirchengemeinden u. ihrer Organe zur Lösung der sozialen Frage. Vortrag, geh. auf der Konferenz der evang.=luth. Pfarrer v. Frankfurt a/M., 5. Novbr. 1890. gr. 8. (13 S.) Ebd. 891. n. — 20

— s.: Naumann-Buch.

— Die politischen Parteien. 1.—5. Taus. (4 Vorträge, im Jan. u. Febr. 1910 in der Philharmonie zu Berlin geh.) (111 S.) 8. Berlin-Schöneberg 910. Buchverlag der „Hilfe". 2. —

— s.: Patria.

— die Politik der Gegenwart. Wissenschaftliche Vorträge. Geh. in Hamburg u. Heidelberg. (59 S.) gr. 8. Berlin-Schöneberg 905. Verlag der „Hilfe". n. — 60

— die Politik Kaiser Wilhelms II. (Vortrag, geh. am 19. XI. 1903 in München.) (23 S.) gr. 8. München (904). [Freistatt-Verlag.] Berlin=Schöneberg, Verlag d. Hilfe. n. — 25

Naumann, Fr[iedrich]: Das national-soziale Programm. Rede. (Göttingen 1898.) *[Kopftit.]*
(National-soz. Partei. Flugblatt 3.)

— das soziale Programm der evangelischen Kirche. 8. (IV, 172 S.) Leipzig 891. Deichert Nachf. n. 2. —

Reichskanzler und Wahlrecht. Eine Reichstagsrede v. Abgeordn. D. Fr[iedrich] **Naumann** geh. 1908. Nach d. amtl. Stenogramm. Berlin-Schöneberg: 'Hilfe' [1908]. 14 S. 8°
(Naumann: Reichstagsreden. 4.) A 12. 9067

— Von der Reichsmarinefahrt (der Reichstagsabgeordneten). (Das Verkehrsschiff — Das Kriegsschiff — Die Werften — Küsten u. Kanal — Geldfragen.) (26 S.) gr. 8. Ebd. (910). — 50

— Die Reichsmarinefahrt (der Reichstagsabgeordneten). (38 S.) 8. Berlin-Schöneberg 910. Buchverlag der „Hilfe". — 50

D. Fr[iedrich] **Naumann**. [Reichstagsreden.] 1. Berlin-Schöneberg: 'Hilfe' [1907]. 8° A 12. 9063

—— arme Reisende. Vortrag. Mit einem Vorwort von M. Rade gr. 8. (20 S.) Neusalza 888, (Oeser.)

— Religion u. Darwinismus, s.: Philosophie, moderne.

– s. Schleiermacher, der Philosoph des Glaubens.

Friedrich **Naumann**. Gesammelte Schriften. Bd 1. Berlin-Schöneberg: Hilfe 1909. 8° A 12. 4172 5

— Sonnenfahrten. (Bretagne. Algier. Tunis. Venedig. Assisi. Florenz. Budapest. Tatra.) (1.—5. Taus.) (182 S.) 8. Schöneberg 909. Buchverlag der „Hilfe." Kart. 3.—; geb. in Leinw. 4.—; in Ldr. 6. —

— nationaler u. internationaler Sozialismus. Vortrag. Geh. in der Abteilg. f. Sozialwissenschaft der techn. Hochschule in Charlottenburg. (Stenogramm.) gr. 8. (15 S.) Berlin-Schöneberg 901. Verlag der „Hilfe". n. — 10

— nationale Sozialpolitik, s.a. Arbeiterbibliothek, Göttinger, II, 1.

[F.] Nationale Sozialpolitik v. Friedrich **Naumann** ... *Göttingen: Vandenhoeck & Ruprecht 1898.* (16 S.) 8.
= **Arbeiterbibliothek**, Göttinger. Bd 2. H. 1. 98. 2975

Sozialreform und Bundesrat. Eine Reichstagsrede v. Abgeordn. D. Fr[iedrich] **Naumann** geh. 1907. Nach d. amtl. Stenogramm. Berlin-Schöneberg: 'Hilfe' [1907]. 14 S. 8°
(Naumann: Reichstagsreden. 1.) A 12. 9064

— Staat u. Familie. Vortrag. Geh. in öffentl. Versammlg. in Detmold. gr. 8. (14 S.) Ebd. (899). — 15

— Die Stellung der Beamten im Haushalte des Staates. (Diese Rede wurde geh. auf der Tagg. des Bundes der Festbesoldeten in Berlin am 29. V. 1910.) (28 S.) 8. Ebd. 910. — 40

Die Stellung der Beamten im Haushalte des Staates. (Rede geh. in Berlin 1910.) Von Friedrich **Naumann**. Berlin-Schöneberg: Hilfe 1910. 32 S. 8°
(Der Liberalismus u. die Berufsstände. [e.]) A 12. 5767

— Die Stellung der Gebildeten im politischen Leben. (19 S.) 8. Ebd. (907). — 30

Die Stellung der Gebildeten im politischen Leben. Von D. Fr(iedrich) **Naumann**. Berlin-Schöneberg: Hilfe 1910. 24 S 8° 11. 17890 5

— Die Stellung des freien Protestantismus zur Sozialpolitik. Vortrag. (16 S.) 8. Berlin-Schöneberg 909. Verlag des Protestantenblattes. — 80
Sonderabdruck aus: „Protestantenblatt".

— der Streit der Konfession um die Schule. (59 S.) gr. 8. Berlin-Schöneberg 904. Verlag d. Hilfe. n. — 60

— d. Student im Verkehr m. d. verschied. Volkskreisen, s.a. An die deutschen Studenten.

— der Student im Verkehr m. den verschiedenen Volkskreisen, s.a. Bericht üb. die Verhandlungen des christlichen Studentenkongresses, Frankfurt a. M. 1894.

Der Student im Verkehr mit den verschiedenen Volkskreisen. Ein Vortrag von Fr(iedrich) Naumann, Pfarrer in Frankfurt a. M. *Göttingen: Vandenhoeck & Ruprecht 1895.* (20 S.) 8° [F.]
= Studenten, An die deutschen. Flugschriften im Zusammenhange m. d. Christl. Studentenkongress. H. 3. 1... 8647 11

— Die elsaß-lothringische Verfassungsfrage. Reichstagsrede, geh. am 14. III. 1910. Nach dem amtl. Stenogramm. (16 S.) kl. 8. Berlin-Schöneberg (910). Buchverlag der „Hilfe". — 15

— die kirchliche Versorgung der evangelischen Studenten, s. Zeitfragen des christlichen Volkslebens.

Naumann, Frdr., de ὡς particulae apud Aeschylum vi et usu. Dissertatio inauguralis. gr. 8. (36 S.) Leipzig 877. Barth. n. — 50

— Das Volk der Denker. Eine Ansprache auf dem sozialen Kongreß zu Heilbronn. (1.—5. Tausend.) (15 S.) 8. Ebd. 909. — 25

Das Volk der Denker. Eine Ansprache auf d. evang.-soz. Kongreß zu Heilbronn. Von Fr[iedrich] **Naumann**. 2. Aufl. Berlin-Schöneberg: Hilfe 1910. 14 S. 8°

— christliche Volkserholungen, s.: Zimmer's Handbibliothek der praktischen Theologie.

Volksschule und industrielle Entwicklung. Festvortrag (Pestalozzifeier d. Leipziger Lehrervereins) von Friedrich **Naumann**, Pfarrer a. D. *Berlin-Schöneberg: Die Hilfe [1903].* (15 S.) 8° [F.]

— was heißt Christlich-Sozial? Gesammelte Aufsätze. gr. 8. (IV, 98 S.) Leipzig 894. A. Deichert Nachf. n. 1. 40

— was heißt Christlich-Sozial? Gesammelte Aufsätze. 1. u. 2. Hft. gr. 8. Leipzig 896. A. Deichert Nachf. n. 3. 20
1. 2. Aufl. (IV, 98 S.) n. 1. 40. — 2. (IV, 122 S.) n. 1. 80.

— was kann die innere Mission zur Belebung der Gemeinden beitragen? Vortrag, geh. am 3. Febr. 1892. gr. 8. (12 S.) Karlsruhe 892. Evangel. Schriftenverein. n. — 20

— was thun wir gegen die glaubenslose Sozialdemokratie? Vortrag. 8. (38 S.) Leipzig 889. Böhme Nachf. n. — 40

Zum Weingesetz. Eine Reichstagsrede v. Abgeordn. D. Fr[iedrich] **Naumann** geh. 1908. Nach d. amtl. Stenogramm. Berlin-Schöneberg: 'Hilfe' [um 1908]. 8 S. 8°
(Naumann: Reichstagsreden. 5.)

Weltpolitik und Sozialreform. Oeffentl. Vortrag von Friedrich **Naumann**. (Geh. in Hamburg.) Schöneberg-Berlin: 'Hilfe' (1899). 16 S. 8°

— neudeutsche Wirtschaftspolitik. gr. 8. (113 S.) Ebd. 902. n. 1. —; geb. n.n. 1. 50

— neudeutsche Wirtschaftspolitik. (VIII, 431 S.) gr. 8. Ebd. 906. n. 4. —; geb. in Leinw. n. 5. —

— Neudeutsche Wirtschaftspolitik. (6.—8. Tausend.) (VIII, 430 S.) gr. 8. Ebd. 907. 4.—; geb. 5. —

Naumann, F., s. Wohnungsfrage.

— Wohnungsfrage u. Säuglingsfürsorge, s. a. Veröffentlichungen des Vereins f. Säuglingsfürsorge im Reg.-Bez. Düsseldorf.

Wohnungsfrage und Säuglingsfürsorge. Konferenzbericht. Reichstagsabgeordneter D. Friedrich **Naumann**-Berlin, Prof. Dr. W[ilhelm] Prausnitz, Graz, Dr. [Hermann] Luppe-Frankfurt a. M., Referenten. Berlin: Heymann 1909. 72 S. 8°
(Veröffentlichungen d. Vereins f. Säuglingsfürsorge im Reg.Bez. Düsseldorf. H. 4.)

— s. a. Wohnungsfrage u. Volkswohl.

Naumann, Frdr., Wohnungsfrage und Volkswohl. 8°. Göttingen, Vandenhoeck u. Ruprecht, 1905.

— die Wohnungsnot unserer Zeit, s. a. Flugschriften des deutschen Mieterverbandes. Nr. 3.

— Die Wohnungsnot unserer Zeit. Vortrag. gr. 8°. Berlin 1905. (Flugschriften d. deutschen Mieterverbandes, Nr. 3.)

— der Wucher u. seine Bekämpfung, s. a. Zimmer's Handbibliothek der praktischen Theologie.

Naumann, Friedr., Der Wucher und seine Bekämpfung. 8°. Gotha, F. A. Perthes, 1890. (Zimmers Handb. d. prakt. Theologie, 35.)

— s.: Zeit, die.

— **Friedrich August Wilhelm** (Döbeln), De labiorum pudendi excoriationibus per explorationem. Diss. med. Leipzig (W. Staritz) 19. VI. 1849. 16 S. mit Biogr. (M.: E. Doelitzsch.) (3.—) 24573
Gew.: Friedrich August Naumann (Vater). August Theophil Naumann (Oheim).

Naumann, G. H. J., gründl. Anweisung z. Fabrikation d. Siegellacks u. seiner verschied. Sorten. 8. (2½ B. u. 1 Stnt.) Quedlinburg 837, Basse.

Naumann, G. H. J., gründliche Anweisung z. Fabrikation des Siegellacks u. seiner verschied. Sorten. Nach den neuesten Verbesserungen dargestellt. 2. Aufl. 8. (2½ B. u. 1 Taf. Abbild.) Quedlinburg 842, Basse.

Naumann, Georg Christian Nikolaus,
s. Naumann, Christian Nikolaus

Naumann, Gottfr., die Wertschätzung des Wunders im Neuen Testament. Biblisch-theolog. Untersuchg. gr. 8. (V, 85 S.) Leipzig 903. Dürr'sche Buchh. n. 2. 60

Naumann, Gotthold, aus Berthelsdorf i. S., Assistenzarzt im K. S. 2. Gren.-Reg. No 101: Chirurgisch-casuistische **Beiträge** zur Kenntnis des acuten Darmverschlusses durch Meckel'sches Divertikel. *Leipzig 1901: B. Georgi.* (35 S.) 8°
Leipzig, Med. Diss. v. (25. Juli) 1901

Naumann, Glo., († d. 15. Aug. 1798.) s. Beitr. zur n. Staats- u. Kriegsgesch. 2c. Berl., u. setze hinzu: (hrsg. v. Glo. Naumann). — Feldzüge d. Preußen. — Gedichte e. Bautzners.

HIRTENGEDICHTE, Sieben .... (von *Gottlob Naumann*). O. O. 1743. Rar!
Anon.-Lex. II. p. 287 (nach Vierteljahrschrift f. Litteraturgeschichte II, 19).

— — Menalk in der Schäter-Stunde, geschildert von einem Hirten an der Leine. Ebd. 1763. 8°. 11 Bogen.

Naumann, Gottlob (chemaliger Regiments-Quartiermeister), Sammlung ungedruckter Nachrichten, so die Geschichte der Feldzüge der Preussen von 1740 bis 1779 erläutern. Dresden 1782. 8.

(Naumann, G.) Sammlung ungedruckter Nachrichten, so die Geschichte der Feldzüge der Preußen von 1740—1779 erläutern. T. 1—5. Dresden 1782—85. 8°.

Naumann, Gust., antimoralisches Bilderbuch. Ein Beitrag z. e. vergleich. Moralgeschichte. 8. (IV, 379 S.) Leipzig 898. H. Haessel. n. 5. —; geb. n. 6. —

Naumann, Gust., Geschlecht u. Kunst. Prolegomena zu e. physiolog. Aesthetik. 8. (V, 193 S.) Leipzig 899. H. Haessel, Verl. n. 3. —; geb. n. 4. —

Naumann, Gust., Hundejunge! Umschlagzeichnung v. Otto Friedrich. (150 S.) 8. Leipzig (907). [C. G. Naumann.] A. Kröner. 2. —; geb. in Leinw. 3. —

Naumann, Gust., üb. den Kropf u. dessen Behandlung. Autoris. Uebersetzg. aus dem Schwed. v. O. Reyher. gr. 8. (III, 191 S.) Lund 892. Hj. Möller's Univ.-Buchh. n. 4. —

Naumann, Gust., vom Lärm auf dunkeln Gassen. (394 S.) 8. Berlin 907. S. Fischer, Verl. n. 4. —; geb. n. 5. —

(B) — Vom Lärm auf dunklen Gassen. 906. (KVL 34.) Ladenpr. aufgehob.

— **Lotte.** Ein Bekenntnisbuch. 8. (304 S.) Leipzig (902). H. Seemann Nachf. n. 3. —

— **Otto der Ausreißer.** Bruchstücke aus e. Jungen-Tagebuch. Mit 6 Vignetten v. Ernst Geiger. (304 S.) 8. Leipzig 906. C. G. Naumann. n. 3. —; geb. in Leinw. n. 4. —

— Rom im Liede, s. a. Kennst du das Land?, 4. Bd.

[F.] Rom im Liede. E. Anthologie. Von **Gustav Naumann.** M. Vignetten v. M. Pörschmann. *Leipzig: C. G. Naumann 1896.* (XIII S., 1 Bl., 272 S.) 1 Bd 8.
= **Kennst** du d. Land? Bd IV. [97. 956

Tumbem Volke. Luthers **Thesen** neu angeschlagen. [Verf.: Gustav **Naumann.**] Leipzig: H. Haessel 1907. (13 Bl.) 8° [F.]
(Volksbelehrungs-Schriften.) [08. 6248

— **Wiederkunft.** [Aus: „Zarathustra-Commentar, 4. Thl."] gr. 8. (56 S.) Leipzig 901. H. Haessel Verl. n. — 75

— **Zarathustra-Commentar.** 4 Thle. gr. 8. Ebd. n. 13. —; geb. n. 17. —
1. (224 S. m. Titelbild.) 899. n. 3. —; geb. n. 4. —
2. (175 S.) 900. n. 3. —; geb. n. 4. —
3. (197 S.) 900. n. 3. —; geb. n. 4. —
4. (321 S.) 901. n. 4. —; geb. n. 5. —

Naumann, H., die Nonne v. Sevilla. Histor. Erzählg. 8. (191 S.) Dresden 900. E. Pierson. n. 3. —; geb. n. 4. —

Naumann, Hans, über die Anwendung des Stomasans bei Gallenstein-Erkrankungen. (4 S.) 8. Leipzig 905. B. Konegen. n. 1. —
Sonderabdruck aus: „Reichs-Medizinal-Anzeiger".

— **Hans (Landeshut / Schles.), Ein Beitrag zur Lehre von der erworbenen hämorrhagischen Diathese.** Diss. med.-chir. Berlin (G. Schade) 28. X. 1892. 28 S. u. Biogr. (2.—) 24574
Oppon.: W. Schönfeld, C. Mandowsky, A. Hammer. — Gew.: Adolf Prager.

Naumann, Hans, Erlösung. (III, 94 S.) 8. Dresden (908). Pierson. 1,50; geb. n 2,50

— **Herzleiden der Menopause, ihre Natur u. Behandlung. (4 S.) gr. 8. Ebd. 903.** n. 1. —
Sonderabdruck aus: „Der Frauenarzt".

Naumann, Hans, die Holzschnitte des Meisters vom Amsterdamer Kabinett zum Spiegel menschlicher Behaltnis, s. a. Studien zur deutschen Kunstgeschichte. 126. Heft.

Die Holzschnitte des Meisters vom Amsterdamer Kabinett zum Spiegel menschlicher Behaltnis (gedruckt zu Speier bei Peter Drach). Mit e. Einl. über ihre Vorgeschichte. Von Hans **Naumann.** Mit 274 Zinkätzungen. Strassburg: Heitz 1910. 79 S. 8°
(Studien z. deutschen Kunstgeschichte. H. 126.) [10. 12379

Naumann, Hans [Gerichts-Ass.]: Das Recht des Hypothekengläubigers an den Versicherungsgeldern ... Göttingen, Druck d. Univ.-Buchdr. v. W. F. Kästner, 1892; 30 S. 8.
Göttingen, Jur. Fak., Inaug.-Diss. v. [11. Jan.] 1893

Naumann, Hans, das Recht d. Hypothekengläubigers an den Versicherungsgeldern. Diss. gr. 8. (30 S.) Göttingen 892. (Vandenhoeck & Ruprecht.) n. — 60

Naumann, Hans, über Tuberkulin als diagnostisches Mittel. 8. (4 S.) Leipzig 902. B. Konegen. n. 1. —
Sonderabdruck aus: „Reichs-Medizinal-Anzeiger".

Naumann, Hans, Untersuchungen üb. meteorolog. Kollektivreihen, s. a. Jahrbuch, deutsches meteorolog. (Sachsen).

Naumann, Hans: Untersuchungen über meteorologische Kollektivreihen. Mit 2 Taf. Chemnitz 1908: Adam. 16 S. 4°
¶ (Aus: Meteorol. Jahrbuch d. Kgl. sächs. Landes-Wetterwarte. 1905.)
Leipzig, Phil. Diss. v. 12. Dez. 1908, Ref. Bruns, Wiener
[Geb. 27. Mai 83 Chemnitz; Wohnort: Chemnitz; Staatsangeh.: Sachsen; Vorbildung: Gymn. Chemnitz Reife O. 02; Studium: Dresden Techn. Hochsch. 1, Leipzig 11 S.; Rig. 4. Mai 08.] [U 09. 3033

Untersuchungen über meteorologische Kollektivreihen ... von Hans **Naumann** aus Chemnitz. Mit 2 Taf. Dresden: Landes-Wetterwarte; Brunner, Chemnitz, in Komm. 1909. 10 S., 2 Taf. 4°
Inaugural-Dissertation d. Univ. Leipzig 1908.
(Deutsches Meteorologisches Jahrbuch für 1905. Kgl. Sachsen. Vorarbeit.) [10. 3247

Naumann, Heinrich

— Du mein stilles Tal, s. a. Bücherschatz des deutschen Dorfboten. 4. Bd.

Du mein stilles Tal. Neue Geschichten v. Heimatacker. Von Heinrich **Naumann,** Nanzhausen. Berlin: Deutsche Landbuchh. 1908. 175 S. 8°
(Bücherschatz d. deutschen Dorfboten. Bd 4.) [09. 4112

Naumann, Heinr., vom Heimatacker, s. a. Bücherschatz des deutschen Dorfboten. 3. Bd.

Vom Heimatacker. Geschichten e. hessischen Bauersmanns. Von Heinrich **Naumann,** Nanzhausen. Berlin: Deutsche Landbuchh. 1906. (174 S.) 8° [F.]
— **Bücherschatz** d. Deutschen Dorfboten. Bd 3. [07. 8045

Naumann, Heinr., das Nobel-Lied! Geschrieben f. das Volk. — Das Dynamit. (III, 96 S.) 8. Dresden 903. E. Pierson. n. 2. —; geb. n. 3. —

— Mit Pflug u. Feder. Geschichten u. Gedanken e. Bauersmanns. Hrsg. vom hess. Volksschriften-Verein. (80 S. m. Bildnis.) 8. Darmstadt 911. Wartburgbuchh. p — 60

Naumann, Heinr., e. schlichter Strauß. Gedichte. Mit e. Zuschrift an u. v. Karl Gerok. 16. (XII, 178 S.) Stuttgart 886. Greiner & Pfeiffer. geb. n. 2. —

— **Heinrich Benjamin Ferdinand Wilhelm** (Seehausen), Quaestionum de gastromalacia infantium particula. Diss. med. Halle (Ploetz) 12. X. 1841. 27 S. u. Biogr. (M.: C. Bernhardy.) (3.—) 24575
Oppon.: C. Schwebes, C. Mantey. — Gew.: Seinem Vater (Heinrich Naumann).

Naumann, Herm., über die diluvialen Ablagerungen der Umgegend von Bautzen. Nebst einer Karte, gezeichnet u. autogr. von Leo Müller. hoch 4. (37 S.) Bautzen 878. (Rühl.) n. 1. 40

Naumann, Herm., Methodik der deutschen Rechtschreibung nach den Grundsätzen eines geordneten Anschauungsunterrichts aufgestellt. Leipzig 861. Wengler. gr. 16. (143 S.) n. 12 *ngr.*

Naumann, Herm., Methodik der deutschen Rechtschreibung nach den Grundsätzen eines geordneten Anschauungsunterrichtes, neu bearb. von C. F. Ed. Mangner. 2., verb. u. verm. Aufl. gr. 8. (IV, 81 S.) Leipzig 880. C. A. Koch's Verl. n. — 75

—— Wörterschatz. Leitfaden für den Unterricht der deutschen Rechtschreibung. br. 8. (72 S.) Leipzig 860, Wengler. *

Naumann, Herm., Wörterschatz. Leitfaden für den Unterricht in der deutschen Rechtschreibung. 2.—4., verm. und verb. Aufl. gr. 8. (IV und 76 S.) Leipzig 862—66, Wengler's Nachfolger. *

Naumann, Herm., Wörterschatz. Leitfaden für den Unterricht in der deutschen Rechtschreibung. 5., verm. und verb. Aufl. gr. 8. (IV, 76 S.) Leipzig 869, Wengler's Nachf. [Gotha, Sendelbach.] *

Naumann, Herm. (II.) Wörterschatz. Leitfaden für den Unterricht in der deutschen Rechtschreibung. 6. verm. und verb. Aufl. gr. 8. (IV, 76 S.) Leipzig 877, C. A. Koch's Verlag. geb. *

Naumann, *Alfred* Hugo [app. Arzt aus Meerane]: Aus d. patholog. Institute zu Kiel. Ueber die Häufigkeit der Bildungsanomalien der Nieren ... Kiel, Druck v. F. Peters, 1897; 53 S., 1 Bl. 8.
Kiel, Med. Fak., Inaug.-Diss. v. [13. Aug.] 1897

Naumann, J., theoretisch-praktische deutsche Sprachschule für Volks- u. Vorbereitungsschulen u. untere Gymnasialklassen. Gotha 860. Müller. 12. (XII, 99 S.) 7½ *ngr.*

Naumann, J., was thut der Staat f. die Elendesten des Volkes? Ein Kapitel aus der prakt. Liebesarbeit d. Königr. Sachsen. gr. 8. (23 S.) Leipzig 890. Akadem. Buchhandlg. (W. Faber). n. — 50

Maurersches[!] Dank-Lied an die Gr. v. S. ... und C. J. v. B. ... von [J. L.] N[eu]m[an]n [?] und [J. A.] N[au]m[an]n [?]. Im Nahmen [!] der beyden S. V. V. Logen zu den drey Schwerdtern und wahren Freunden in Dresden. [Dresden] 1786. 2 Bl. 1 Bl. Noten. 4⁰
Kl. 1760. Selten. „Wenn die Grosmuthvolle Schöne, . . .“

Naumann, J. C. v., architectura practica, od. d. tüchtige Baukunst. 4. Bautzen. 736.

Naumann, Jac., Nordamerika, sein Volksthum u. seine Institutionen. Nach mehrjähr. Erfahrungen, insbesondere zur Belehrung für Ansiedler geschildert. Mit einem einleit. Vorworte hrsg. von Frdr. Bülau. gr. 8. (VIII u. 414 S.) Leipzig 848, Hinrichs. 1½ *rf*

—— Reise nach den verein. Staaten von Nordamerika, siebenjähriger Aufenthalt in denselben und Rückkehr nach Deutschland. Mittheilung für Auswanderungslustige, mit besond. Beziehung auf Ackerbau, Handel und Gewerbe. Hrsg. von Friedr. Bülau. gr. 8. (VI und 390 S.) Leipzig 850, Hinrichssche Buchh.

Naumann, Jh. Andr., d. philos. Bauer, e. Naturlehre u. Anweis. z. Naturkunde rc. 8. Leipz. 791. Schwickert. 7 *gr.*

Naumann, Joh. Andr., der philosophische Bauer, od. Anleitg., die Natur durch Beobachtung u. Versuche zu erforschen. Neudr. nach der ersten Orig.-Ausg. v. 1791, besorgt u. hrsg. von Paul Leverkühn. (Beilage zu der ornitholog. Monatsschrift.) gr. 8. (IX, 88 S.) Gera-Untermhaus 900. (F. E. Köhler.) n. 2. —

— ausführl. Beschreib. aller Wald-, Feld- u. Wasservögel, welche sich in d. Anhalt. Fürstenth. u. umlieg. Gegend. aufhalten u. durchziehen. 27 Hefte. Mit Kpf. (A. u. d. Tit.: Naturgesch. d. Land- u. Wasservögel d. nordl. Deutschl.) gr. 8. Leipz., Halle u. Cöthen 795—811. N. Aufl. u. d. Tit.: Naturgeschichte d. Vögel Deutschl., n. eigenen Erfahrr. entworfen. Durchaus umgearb., verb. u. verm. hrsgg. v. Jh. Fr. Naumann. 5 Thle Mit 144 illum. u. 6 schwarz. Kpf. Lex.-8. Leipz. 820. Er. Fleischer. 81 *rf* — Der Text apart nebst 5 Titelkpf. Ebd. 18 *rf*

— Beschr. all. Wald-, Feld- und Wasservögel in d. Anhalt. Fürstenth. und uml. Geg. 22 Hefte. m. K. (a. unt. d. Tit. Nat. Gesch. d. Land- und Wasservögel d. nordl. Deutschl. rc.) gr. 8. Leipzig. (Aue, Cöthen.) 793—804. (à 1 Rthlr.) illum. (à 1 Rthlr. 16 gr.)

Johann Andreas Naumann

Naturgeschichte der Land- und Wasser-Vögel des nördlichen Deutschlands und angränzender Länder, nach eignen Erfahrungen entworfen, u. nach d. Leben gez. von Johann Andreas Naumann. Bd 1-4 [Neb. Taf.-Bde] Köthen: Verf., Aue in Komm. 1797-1803. 6 Bde 8⁰ u. 4⁰

Bd 1, H.1-6: Naumann: Ausführliche Beschreibung aller Wald- Feld- u. Wasser-Vögel, welche sich in den anhaltischen Fürstenthümern u. einigen umliegend. Gegenden aufhalten u. durchziehen. 1797.
Bd 2, H.1.2: 1799.
Bd 3, H.1-9: 1799-1802.
H.1.2: 1799.
H.3-5: 1800.
H.6.7: 1801.
H.8.9: 1802.
Bd 4, H.1-4: 1802-03.
H.1: 1802.
H.2-4: 1803.

Naumann, J. A., u. J. F., Naturgeschichte d. Land- u. Wasservögel des nördl. Deutschlands. 1s—27s Heft, jedes mit 8 K. gr. 8. Halle, Hemmerde u. Schw. (In Comm.) 805—11. (jed. Heft 1 Rthlr. 8 gr.) 5

—— Naturgeschichte der Land- und Wasservögel des nördlichen Deutschlands und der angränzenden Länder. Bd. 1—4. Mit ill. Kupfern. Cöthen 1798—1801. 8. Nachtrag 1—8. Mit ill. Kupfern. Halle 1805—17. 8.
Von 1805 in Verbindung mit dessen Sohn J. F. Naumann.

—— Neue Auflage bearb. von J. F. Naumann. Bd. 1—13. Mit ill. Kupfern. Leipzig u. Stuttgart 1820—60. 8. . . . . (b.)

Naumann, J. A., Naturgeschichte der Vögel Deutschlands, nach eigenen Erfahrungen entworfen. Durchaus umgearbeitete verb. und vermehrte Aufl. herausgeg. von J. F. Naumann. Mit Kupf. Ir Theil. 1s bis 7s Heft. gr. 8. Leipzig, G. Fleischer. 820.
(1s Heft 2 Rthlr. 2s bis 7s Heft. à 4 Rthlr.)
— — 2r Bd. 1s 2s Heft. Mit illum. Kupf. gr. 8. Ebend. 821. à 4 Rthlr.

Naumann, (J. A.,) Naturgeschichte d. Vögel Deutschlands. Aufs Neue herausgeg. von J. Fr. Naumann. 1r—5r Bd. Mit fein ill. Kupf. gr. Lexicon. 8. Leipz. 820—27, Ernst Fleischer. Mit 144 color. Kupfert.
— dass. d. Text apart mit 5 Titelkupf.

Naumann, Jh. Andr., Naturgeschichte der Vögel Deutschlands. Herausg. von dessen Sohne J. F. Naumann. 6r Thl. Mit 23 Kpfrn. Lex.-8. Leipzig 833, 34. E. Fleischer. n. 12 ℛ — 7r Thl. Mit 27 ill. u. 1 schwarz. Kpfr. Lex.-8. Ebd. 834. n. 14 ℛ — 8r Thl. Mit 27 ill. Kpfrn. Lex.-8. Ebd. 835, 36. n. 14 ℛ — 9r Thl. Mit 28 ill. u. 1 schwarzen Kpfr. Lex.-8. Ebd. 837. n. 16 ℛ — 10r Thl. 6 Hfte. Mit 30 ill. Kpfrn. Lex.-8. Ebd. 839. n. 16 ℛ — 1r—5r Thl. Mit 144 color. u. 6 schwarzen Kpfrn. 81 ℛ — Der Text apart, mit 5 Titelkpfrn., 18 ℛ — 6r—8r Bd. à 4 ℛ — 9r Bd. 5 ℛ — 10r Bd. n. $4\frac{1}{2}$ ℛ — n. $39\frac{1}{2}$ ℛ — 1r—10r Bd. mit allen Kpfrn. n. 153 ℛ, ill. n. 277 ℛ

Naumann's, Jh. Andr., Naturgeschichte der Vögel Deutschlands. Herausgeg. von dessen Sohne Jh. Fr. Naumann. 11. u. 12. Thl. à 6 Hefte. 13. Thl. 1. u. 2. Heft. Kupfertaf. 278—343, sauber colorirt. Lex.-8. Leipzig 841—46, E. Fleischer. (XI. 1. n. $2\frac{1}{2}$ ℛ 2. n. $3\frac{1}{6}$ ℛ 3. 4. 5. à n. $2\frac{1}{2}$ ℛ 6. n. $3\frac{5}{6}$ ℛ) n. 17 ℛ (XII. 1—4. à n. $2\frac{1}{2}$ ℛ 5. n. $3\frac{1}{2}$ ℛ 6. n. $4\frac{1}{2}$ ℛ) n. 18 ℛ (XIII. 1. n. $2\frac{2}{3}$ ℛ 2. n. 3 ℛ) n. 5 ℛ I—XIII. 1. 2. n. $193\frac{2}{3}$ ℛ — dass. I—XII. Bd. ohne Kupfer 49 ℛ

Naumann's, Joh. Andr., († d. 15. Mai 1826), Naturgeschichte der Vögel Deutschlands. Durchaus umgearb. u. aufs Neue herausg. von dessen Sohne Joh. Frdr. Naumann. XIII. Bd. 3—5. Hft. Lex. 8. (S. 193—370. m. Kpfr. Taf. 350—363.) Leipzig 851, E. Fleischer (jetzt: Stuttgart, Hoffmann). Verkl. 3 u. 4; à n. 2 ℛ 16 ngr 5; n. 2 ℛ 8 ngr

Naumann's, Joh. Andr., Naturgeschichte der Vögel Deutschlands. Durchaus umgearb. und aufs Neue hrsg. von dessen Sohne Joh. Friedr. Naumann. XIII. Thl. 6. und 7. Heft. Lex.-8. (Text S. 371—466 und Kpfr. Taf. 364—371.) Stuttgart 853—54, Hoffmann'sche Vrlgsh. à Heft 2 Thlr.

Naumann's, Joh. Andr., Naturgeschichte der Vögel Deutschland's. Durchaus umgearb. und auf's Neue hrsg. von dessen Sohne Joh. Friedr. Naumann. XIII. Thl. 8. Heft. Lex.-8. (S. 467—485 und Fortsetzung der Nachträge, Zusätze und Verbesserungen von J. H. Blasius, Ed. Baldamus und Fr. Sturm. 316 S. mit ill. Kpfrt. 372—391.) Stuttgart 860, Hoffmann'sche Verlagsbuchh.
Der Preis des vollständigen Werks ist 212 Thlr.

(Johann Andreas) Naumann, Naturgeschichte der Vögel Mitteleuropas. Neu bearb. von ... Hrsg. von Dr. Carl R. Hennicke in Gera. Mit Taf. Bd 1–12. (In 150 Lfgen.) Gera-Untermhaus: F. E. Köhler (1897)–1905.
12 Bde gr. 2°
1. ⟨Drosseln.⟩ 1905.
2. ⟨Grasmücken, Timalien u. Baumläufer.⟩ (1897.)
3. ⟨Lerchen, Stelzen, Waldsänger u. Finkenvögel.⟩ [1900.]
4. ⟨Stärlinge, Stare, Rabenvögel, Würger, Fliegenfänger, Schwalbenvögel, Segler, Tagschläfer, Spechte, Bienenfresser, Eisvögel, Racken, Hopfe, Kuckucke.⟩ [1900.]
5. ⟨Raubvögel.⟩ [1900.]
6. ⟨Taubenvögel, Hühnervögel, Reiher, Flamingos u. Störche.⟩ [1901.]
7. ⟨Ibisse, Flughühner, Trappen, Kraniche, Rallen.⟩ [1901.]
8. ⟨Regenpfeifer, Stelzenläufer, Wassertreter, Strandläufer.⟩ [1902.]
9. ⟨Wasserläufer, Schnepfen, Schwäne, Gänse.⟩ [1902.]
10. ⟨Enten.⟩ [1902.]
11. ⟨Pelikane, Fregattvögel, Tölpel, Fluß-Scharben, Tropikvögel, Möven.⟩ [1903.]
12. ⟨Sturmvögel, Steißfüße, Seetaucher, Flügeltaucher.⟩ Anh.: Über d. Haushalt d. nordischen Seevögel Europas. [1904.] fos. 578

Naumann's Naturgeschichte d. Vögel Deutschlands u. d. angrenz. Mittel-Europa's. Neu bearb. v. R. Blasius, W. Blasius, R. Buri etc. Hrsg. v. Carl R. Hennicke. Erste wohlf. Ausg. 1.—37. Lfg. Fol. (1. [Probe-] Lfg.) II, 26 S m. 4 farb. u. 2 schwarzen Taf.; II. Bd. [Grasmücken, Timalien, Meisen u. Baumläufer.] IV, 340 S. m. Abb. u. 31 Farbdr.; V. Bd. [Raubvögel.] IV, 334 S. m. Abb. u. 42 farb. Taf.; VI. Bd. [Taubenvögel, Hühnervögel, Reiher, Flamingos u. Störche.]

IV, 337 S. m. Abb. u. 32 [1 schwarze] Taf. u. VII. Bd. [Schreitvögel.] S. 1—16 m. Abb. u. 4 farb. Taf.) Gera-Untermhaus 895—898. F. E. Köhler. à Lfg. n. 1. — (Bd. II. n. 10. —; geb n. 16. —; Bd. V. n. 22. —; geb. n. 28. —; Bd. VI. n. 10. —; geb. n. 16. —)

Naumann, Naturgeschichte d. Vögel Mittel-Europa's. Neu bearb. v. R. Blasius, W. Blasius, R. Buri u. a. Hrsg. v. Carl R. Hennicke. (Erste wohlf. Ausg.) 38.—117. Lfg. Fol. (III. Bd. VI, 399 S. m. Abb. u. 48 farb. Taf.; IV. Bd. VI, 432 S. m. Abb. u. 49 farb. Taf.; VII. Bd. IV u. S. 17—207 m. Abb. u. 20 farb. Taf.; VIII. Bd. IV, 276 S. m. Abb. u. 28 farb. Taf.; IX. Bd. IV, 408 S. m. Abb. u. 34 farb. Taf. u. X. Bd. VI, 310 S. m. Abb. u. 29 farb. Taf.) Gera-Untermhaus (899—902). F. E. Köhler. à n. 1. —; (III. Bd. kplt. n. 16. —; IV. Bd. kplt. n. 16. —; VII. Bd. kplt. n. 6. —; VIII. Bd. kplt. n. 10. —; IX. Bd. kplt. n. 12. — u. X. Bd. kplt. n. 10. —)
— dasselbe. III., IV. u. VII.—X. Bd. Fol. Ebd. n. 70.—; geb. n. 105. —
III. Lerchen, Stelzen u. Finkenvögel. Mit 38 Chromotaf. (VI, 393 S.) (900.) n. 16. —; geb. n. 22. —
IV. Starvögel, Pirole, Rabenvögel, Würger, Fliegenschnäpper, Schwalben, Segler, Nachtschwalben, Spechte, Bienenfresser, Eisvögel, Racken, Hopfe, Kuckucke. Mit 49 Chromotaf. (VI, 432 S.) (901.) n. 16. —; geb. n. 22. —
VII. Ibisse, Flughühner, Trappen, Kraniche u. Rallen. Mit 20 Chromotaf. (IV, 207 S.) (899.) n. 6. —; geb. n. 11. —
VIII. Regenpfeifer, Triele, Schnepfenvögel I. Mit 28 Chromotaf. (IV, 276 S.) (902.) n. 10. —; geb. n. 16. —
IX. Schnepfenvögel II, Entenvögel I. Mit 34 Chromotaf. (IV, 408 S.) (902.) n. 12. —; geb. n. 18. —
X. Entenvögel II. Mit 29 Chromotaf. (IV, 307 S.) Ebd. (902). n. 10. —; geb. n. 16. —;

Naumann, Naturgeschichte der Vögel Mittel-Europa's. Neu bearb. v. R. Blasius, W. Blasius, R Buri u. a. Hrsg. v. Carl R. Hennicke. (Erste wohlfeile Ausg.) Lfg. 118—149, 149a u. b, 150 u 150a u. b. (Schluss.) (XII. Bd. IV, 274 S.; XI Bd. VI, 343 S.; I. Bd. XIII, XLVI, 1. Tl. 164 S. u. 2. Tl. 253 S m. Abbildgn. u. 103 [98 farb.] Taf.) Fol. Gera-Untermhaus (903. 904). F. E. Köhler. à n. 1. —
— dasselbe. I. XI. u. XII. Bd. Fol. Ebd. n. 33. —; geb. n. 51. — (Vollst. n. 155. —; geb n. 216. —)
I. (Drosseln.) Mit 30 Chromo- u. 2 Schwarztaf. (XLVI, 164 u. 253 S.) 905. n. 12. —; geb. n. 18. —
XI. (Pelikane, Fregattvögel, Tölpel, Fluss-Scharben, Tropikvögel, Möven.) Mit 42 Chromotaf. (VI, 343 S.) (903.) n. 12. —; geb. n. 18. —
XII. (Sturmvögel, Steissfüsse, Seetaucher, Flügeltaucher.) Anh.: Ueber den Haushalt der nord. Seevögel Europas. Mit 27 Chromo- u. 3 Schwarztaf. (IV, 274 S.) (903.) n. 9. —; geb. n. 15. —

Ⓡ Naumann, Naturgeschichte d. Vögel Mitteleuropas. 12 Bde. 900. 04. (KBL 32. 34.) Jetzt: Gera, A. E. Fischer.
Erm. Pr. 60.—; geb. in Halbleinw. 85.—; in Halbfrz. 115.—
Naumann's Naturgeschichte der Vögel Mitteleuropas. Jetzt: Gera, A. E. Fischer, Kunst- u. Werkdruckerei. Erm. Pr. vollst. 100. —; in Halbleinw. 130. —; in Halbfrz. 160. —.

— die Raubvögel Mitteleuropas, s.: Kleinschmidt, O.

NAUMANN, Johann Andreas: Der Vogelsteller, oder die Kunst, allerhand Arten von Vögeln, sowohl ohne als auch auf dem Vogelheerd bequem und in Menge zu fangen, nebst den dazu gehörigen Kupfern, und einer Naturgeschichte der bekannten und neuentdeckten Vögel. - Leipzig 1789. 206 S.

— d. Vogelsteller, od. d. Kunst, Vögel in Menge zu fangen. Mit Kpf. 8. Leipz. 789. Schwickert. 12 gr

Einige Freymäurer-Lieder. An die Hochedle Gesellschaft der Freymäurer, und Beschützer des Ordens, den 24. Junius von J[oh.] C. [Gottlieb] Naumann. Hamburg: 1800. 20 Bl. 8⁰ [Umschlagtit.]
Selten. 10 Liedertexte.

Naumann, Johann David

Naumann, J. D., tabellarisches Handbuch für d. Königl. Preuß. Zoll- und Steuer-Dienst. gr. 4. Berlin, Maurers Buchhdl. 820.

Naumann, Jh. Dav., tabellar. Handbuch f. d. Königl. Preuß. Zoll- u. Steuer-Dienst. gr. 4. Berl. 820. Maurers B. 2 ß Dass. n. Anleit. d. Abgabenerhebungsrolle v. 15. Oct. 1821. gr. 4. Leipz. 822. Rein. 16 ℊ

Naumann, Joh. Friedr.: Allgem. naturhistor. A t l a s, s. N a u m a n n, Johann Andreas

— u. Chr. Ad. Buhle, die Eier d. Vögel Deutschlands u. d. benachbarten Länder, in naturgetreuen Abbildungen u. Beschreibungen. 1s—3s Heft. Mit ill. Kupfertaf. gr. 4. Halle 819—26. Kümmel. à 2 Rthl.

——, und Chr. Adm. Ado. Buhle, die Eier d. Vögel Deutschlands u. d. benachbart. Länder, in naturgetr. Abbildn. u. Beschreibn.; nebst e. tabellar. Uebersicht d. Naturgesch. der hier vorkomm. Vögel. 4. u. 5. Hft. Jed. m. 2 ill. Kpfrt. Fol. (14½ B.) Halle 828, Kümmel. à
1—3. Hft. Ebendas. 1819—26. à 2 Thlr.

Naumann, Fr., allgem. Einleitung in die Naturgeschichte d. Vögel, s. B u h l e, Chr. Ad., Naturgeschichte d. domesticirten Thiere rc. 1. Heft.

Naumann, Jh. Fr., s. Gartenbau-Zeitung.

Naumann, Jh. Fr., üb. d. Haushalt d. nord. Seevögel Europa's; als Erläuter. zweier nach d. Natur gemalten Ansichten von e. Theil d. Dünen auf d. nördl. Spitze, der Insel Sylt, unweit der Westküste d. Halbinsel Jütland. Mit 2 Kpft. qu. Fol. Leipz. 824. Barth. 4 ß 15 ℊ

Naumann, (J. Fr.,) über den Haushalt d. nordischen Seevögel Europa's, als Erläuterung zweier nach der Natur gemalten Ansichten von einem Theil der Dünen auf d. nördl. Spitze, der Insel Sylt, unweit der Westküste d. Halbinsel Jütland. Mit 2 Kupfertaf. qu. Fol. Leipz. 824, Ernst Fleischer.

Naumann, Joh. Friedr., Naturgeschichte nach allen drei Reichen, s. N a t u r g e s c h i c h t e.

Naumann, Jh. Fr., Naturgeschichte d. Vögel Deutschlands, s. N a u m a n n, Jh. Andr.

— s. J. A. N a u m a n n, ausführl. Beschreibung.

– s. N a u m a n n, Jul.: Naturhistor. Atlas.

Naumann, J(ohann) Fr(iedrich): Taxidermie oder die Lehre, Thiere aller Klassen am einfachsten und zweckmässigsten für Naturaliensammlungen auszustopfen und aufzubewahren, praktisch bearbeitet. 2.umgearb.u.verm.Aufl. 218 S., gbd., 6 Taf.

Halle: Schwetschke 1848

JB 907

— Taxidermie, od. d. Lehre, Thiere aller Klassen am einfachsten u. zweckmäßigsten f. Kabinette auszustopfen u. aufzubewahren. Mit 5 Kpf. gr. 8. Halle 815. Schwetschke u. S. 18 ℊ

Naumann, Johann Georg

– Anleitung zur Kenntnis aller Seuchen, s.: Ribbe, J. C.

Naumann, J. G., Beschreibung des Condé, eines alten Leibreitpferdes Sr. Maj. Friedrich des Einzigen. Bildliche Darstellung. gr. Fol. Berlin, Flittner. schwarz illum.

Naumann, Jh. Geo., Beschreib. des Condé, eines alten Leibreitpferdes Sr. Maj. Friedrich d. Einzigen. Bildliche Darstellung. gr. Fol. Berl. (Sander). 1 ß ill. 3 ß

(Naumann): B e s c h r e i b u n g des Condé, eines alten Leibreitpferdes Se. Maj. Friedrichs des Einzigen. Bildl. Darstellung: nach d. Angabe des Verf. gez. u. gestochen von W o l f. Berlin 1798. VIII, 14 S.

Naumann, J. G.: C h a r a k t e r i s t i k u. Geschichte d. vorzüglichsten Hengste ..., s. H e l m b r e c h t, F. M.

Naumann, [Johann Georg]: Collegia über den Beschlag und Anatomie der Pferde. Hs.

Naumann, J. G., Lehrbuch d. Pferdekenntniß rc. 8. Berl. Himburg. 811.

— — Lehrbuch der Pferdekenntniß. 8. Berlin. 811. Jetzt Liebeskind in Leipzig.

Naumann, (J. G.,) Lehrbuch d. Pferdekenntniß. 2e Aufl. 8. Berlin 822, Duncker u. H.

— Lehrb. üb. die vorzügl. Theile d. Pferdewissenschaft. 2 Thle. Mit Kpf. gr. 8. Berl. 800, 802. 2e A. 815. 3e verm. A. 2 Thle. in 1 Bde. Mit 24 Kpf. gr. 8. Ebd. 828. Duncker u. H. 2 ß 16 ℊ

— s. J. C. R i b b e, Anleitung.

Fest-Gesang zum siebenzigjährigen maurerischen Jubiläum des Br. Marot am 14. Febr. 1860. [Gedichtet von Edu. Schüller. Komp. von Joh. Gottlieb Naumann.] Berlin 1860: C. Schultze. 2 Bl. 8⁰ [Umschlagtit.]
Ohne Noten: „Die Sieben, ein heil'ge Zahl, ..."

Vierzig Freymäurerlieder. In Musik gesetzt von [Joh. Gottlieb] Naumann. Zum Gebrauch der deutschen und französischen Tafellogen. [Hrsg. von Joh. Wilh. Bernh. Hymmen.] Berlin: Himburg 1782. 144 S. 8⁰ [Kupfertit.]

[Dasselbe.] 2. Aufl. Ebendas. 1784. 146 S. 8⁰
Recens. f. 2. Aufl.: WJ. 1, 4 (1784) S. 222. Kl. 1556, Tt. 2278. 30 deutsche u. 10 französische Lieder mit Noten.

Naumann, Joh. Gottlieb, Jugendgeschichte in sprechenden Zügen dargestellt; mit e. Vorr. v. Gotth. Heinr. v. Schubert. 12. (5½ B. u. 1 Stnt.) Dresden 844, Naumann.

Naumann's, des sächs. Kapellmeisters, Leben, in sprech. Zügen dargestellt. gr. 12. (17 B. u. N's. Bildn.) Dresden 841, Naumann. ¾ Thlr., Vlnp.

[Lied.] Dem Br. Marot zu seinem 92 [91?] sten Geburtstage am 11. Dec. 1861. [Am Ende:] Gedichtet von [Edu.] Schüller. Comp. von [Joh. Gottlieb] Naumann. [Berlin 1861: Büxenstein.] 2 Bl. 4⁰ [Umschlagtit.]
Ohne Noten: „Ein und neunzig Lebensjahre . . .“

Gottes Wege. Eine Cantate von [Joh. Gottlieb] Naumann. [Dresden: ca 1803.] 4 Bl. 8⁰ [Umschlagtit.]
Ohne Noten: „Herr, wenn ich nur dich habe, . . .“

Naumann, Joan. Henr. (geb. Elsterwerda 1824): Adnotationes quaedam de herniis incarceratis earumque diagnosi. Berolini (1849). (29 S.) 8⁰
Berlin, Med. Diss. v. 4. Juni 1849

* **SCHOCH** d. Jüng. (d. i. *Joh. Nicolaus Naumann* aus Bautzen). — Sieben Hirten-Gedichte, von *Schoch dem Jüngern* aus Sachsen. O. O. 1743. 8⁰. (In Berlin: an Yk 7321.)
Ueber diesem Titel steht die Vorr. in Versen. „Die Jugend rühre ja nicht diese Bogen an. Weil ihre Unschuld sich gar leichte ärgern kan." etc. — 36 SS. Inh.: Schäffer-Galanterien; die vexirte Dorimene; die schöne Blödigkeit; der leichtfertige Traum; die geküsste Chloris; der Fürwitz; die eyfersüchtige Lesbie. (Sämmtl. dialogisirt u. zieml. frei.) Höchst selten! — Wegen des Verfassers s. Wahl, Rost, S. 136.

Naumann, Johs., die verschiedenen Auffassungen Jesu in der evangelischen Kirche. Ein Versuch psycholog. Erklärg. u. Beurteilg. Vortrag, geh. am 29. IX. 1909 in der sächs. kirchl. Konferenz in Chemnitz. (26 S.) gr. 8. Halle 909. C. Marhold. — 75
Sonderabdruck aus: „Ztschr. f. Relig.-Psychol.“

Naumann, Johs., ist lebhaftes religiöses Empfinden ein Zeichen geistiger Krankheit od. Gesundheit? Vortrag, geh. am 18. IX. 1902 in Königslutter auf der 13. Versammlg. d. Verbandes deutscher evangel. Irrenseelsorger. (24 S.) gr. 8. Tübingen 903. J. C. B. Mohr. n.n. — 50

Naumann, Johs. Zur Kenntniss der Phosphor-Nekrose, s. a. Abhandlungen, Münchener medicinische.

Naumann, Johannes [cand. med. aus Ilmenau]: Zur Kenntniss der Phosphor-Nekrose ... München, J. F. Lehmann, 1892; 1 Bl., 31 S. 8.
München, Med. Fak., Inaug.-Diss. v. [18. März] 1892

Naumann, Johs., wer soll kaufmännische Fachwissenschaften lehren? Eine Berufs- u. Standesfrage. Vortrag üb. das Thema: Theorie u. Praxis in der kaufmänn. Buchführg. Eine Ergänzung zu dem kurz zuvor geh. Vortrage des Herrn Handelsk.-Sekr. Stein u. e. Beitrag zum Kapitel des kaufmänn. Standesbewußtseins. (19 S.) gr. 8. Duisburg (Am Buchenbaum 28), (903). Kaufmann J. Naumann. n. 1. —

Naumann, Josephine, der Beschützer aus dem Untersberge. Roman. 2 Thle. in 1 Bde. Neuhaus 862. Landfraß & Sohn. gr. 8. (350 S.) n. 1 *Thlr* 2 *ngr*

Naumann, Isaak [app. Arzt aus Unter-Sotzbach]: Ueber die operative Eröffnung des Warzenfortsatzes. . . . Freiburg i. B., Buchdr. H. Epstein, 1891; 36 S. 8⁰
Freiburg i. B., Med. Fak., Inaug.-Diss. v. 1891

Naumann, Jul., theoretisch-praktische Anleitung zur Abfassung deutscher Aufsätze für die oberen Klassen höherer Schulen. 8. (X, 192 S.) Leipzig 870, Teubner.
—— dass. — zur Abfassung deutscher Aufsätze in Regeln, Musterbeispielen und Dispositionen im Anschluß an die Lektüre klass. Werke für die oberen Klassen höherer Schulen. 2. Aufl. gr. 8. (VIII, 317 S.) Ebendas. 874.

Naumann, Jul., theoretisch-praktische Anleitung zur Abfassung deutscher Aufsätze in Regeln, Musterbeispielen und Dispositionen im Anschluß an die Lektüre klass. Werke für die oberen Klassen höherer Schulen. 3. Aufl. gr. 8. (XII, 346 S.) Leipzig 877, Teubner. *

Naumann, Jul., theoretisch-praktische Anleitung zur Abfassung deutscher Aufsätze in Regeln, Musterbeispielen u. Dispositionen im Anschluß an die Lektüre klassischer Werke für die oberen Klassen höherer Schulen. 4. Aufl. in der amtlich angeordneten Rechtschreibung. gr. 8. (XII, 351 S.) Leipzig 881. Teubner. n. 3. —

Naumann, J., theoretisch-praktische Anleitung zur Abfassung deutscher Aufsätze in Regeln, Musterbeispielen u. Dispositionen im Anschluß an die Lektüre klass. Werke f. die oberen Klassen höherer Schulen. 5. Aufl. 8. (XII, 398 S.) Leipzig 889. Teubner. n. 3. —

Naumann, Jul., theoret.-prakt. Anleitung zur Abfassung deutscher Aufsätze in Regeln, Musterbeispielen u. Dispositionen bes. im Anschluß an d. Lektüre klass. Werke, nebst Aufgaben zu Klassenarbeiten f. d. mittl. u. oberen Klassen höh. Schulen. 6. Aufl. gr. 8. (XVI, 548 S.) Leipzig 897. B. G. Teubner. n. 3. 60

Naumann, Jul., theoretisch-praktische Anleitung zur Besprechung u. Abfassung deutscher Aufsätze in Regeln, Beispielen, Entwürfen u. Stoffdarbietungen. Im Anschluß an die Lektüre klass. Werke, sowie die Natur u. das tägl. Leben f. die mittl. u. oberen Klassen höh. Schulen hrsg. 7. Aufl. 3 Tle. gr. 8. Leipzig 903. B. G. Teubner. Geb. n. 5. —; in 1 Leinw.-Bd. n. 4. 40
1. Einleitung. Historische Aufsätze. (XVI, 178 S.) n. 1. 50
2. Philosophie u. rhetorische Prosa. (XVI u. S. 179—356.) n. 1. 50
3. Vermischte Aufsatzstoffe u. Aufgaben. Register. (XVI u. S. 357—580.) n. 2. —

Naumann, Jul., theoretisch-prakt. Anleitung zur Besprechg. u. Abfassung deutscher Aufsätze in Regeln, Beispielen, Entwürfen u. Stoffdarbietungen f. höhere Schulen. 8. Aufl. (XVIII, 612 S.) 8. Leipzig 907. B. G. Teubner. Geb. in Leinw. 4. 80

Naumann, J[ulius], Dir. Dr.: [Drei **Ansprachen,** 1. beim Übertritt des Vorschullehrers A. Becker in den Ruhestand; 2. bei Eröffnung des Sommersemesters 1898; 3. beim 25j. Amtsjubiläum des Provinzialschulrats Dr. Haeckermann.] *Osterode a. H. 1899: Giebel & Oehlschlägel.* (S. 23—24, 24—25, 26—27.) 4⁰
Osterode a. H., RG, P 1899 (352)

Naumann, Jul., allgemeiner naturhistor. Atlas. Unter Mitwirkung seines Vaters J. F. Naumann gezeichnet, in Kupfer gestochen u. herausg. 6 Hfte. qu. gr. 4. Eisleben 835—840. Reichardt, jetzt Hermes in Berlin. (à 1/3 ℛ) 2 ℛ, color. (à 2/3 ℛ) 4 ℛ, geb. 4 1/2 ℛ

Naumann, Jul., allgem. naturhistor. Atlas. Zunächst zu Gräfe u. Naumann's Handb. d. Naturgesch. nach allen drei Reichen, aber auch bei jed. and. Naturgesch. brauchbar. Unter Mitwirk. J. F. Naumann's gez. u. in Kupfer gest. 6 Hfte. qu. gr. 4. (33 Taf. u. 3 B. Text.) Eisleben 839. [Berlin, Hermes.] à 1/3 Thlr., col. 2/3 Thlr. 2 Thlr., col.

Naumann, Jul., allgemeiner naturhistorischer Atlas. Unter Mitwirk. J. F. Naumanns herausgeg. 2. in Bezug auf Druck u. Papier sehr verb. Aufl. qu. gr. 4. (Mit 32 Kupfertaf.) Berlin 844, Hermes. In Leinw. geb. 2 1/2 ℛ

Naumann, Julius Über die Aufstellung eines Kanons der im Geschichtsunterricht zu erfordernden Jahreszahlen. 4 (S. 3—8). Kanon der zu memorierenden Geschichtszahlen für das Realgymnasium in Osterode a. H. 8 (43 S.)
Progr. Rg. *Osterode am Harz* 1887 (zu 311).

Naumann, Jul. Begehung des 400jährlichen Lutherjubiläums am 10. November 1883. Rede zur Lutherfeier. Welche Segnungen und Gaben liefs Gott in seiner Gnade dem deutschen Volke durch das Erstehen Luthers zu teil werden? 14 S.
Progr. *Osterode a. Harz* 1884.

[F.] **Naumann,** J*ulius* [Dir. Dr.]: Berechtigungen der Anstalt. Osterode a. H., gedr. bei Giebel & Oehlschlägel, 1893; 30—32 S. 4.
Osterode a. H., RG, P 1893 (330)

Naumann, Jul. Einführung und Antrittsrede. S. 3—7. *Osterode a/H.* 1876.
Progr.

—— **Geschichte des Reiches Gottes im Alten und Neuen Bunde und ihre Urkunden.** Ein Leitfaden zum Gebrauch in höheren Schulen und in Lehrer-Seminarien. 8. (X, 160 S. mit 1 Stnt.) Ebendas. 871.

Naumann, Julius, aus Osterode a. H.: Die **Geschmacksrichtungen** im englischen Drama bis zur Schliessung der Theater durch die Puritaner nach Theorie und Praxis der Dichter charakterisiert. *Rostock 1900: Adlers Erben.* (75 S.) 8°
Rostock, Phil. Diss. v. [2. Juni] 1900

Naumann, Jul., die Geschmacksrichtungen im englischen Drama bis zur Schliessung des Theaters durch die Puritaner, nach Theorie u. Praxis der Dichter charakterisiert. Diss. gr. 8. (75 S.) Rostock 900. (H. Warkentien.) n. 1. 20

Naumann, Jul., Grundriß der evangelisch-lutherischen Dogmatik nach der induktiven u. komparativen Methode. Ein Lernbuch f. die Schüler der oberen Klassen der Gymnasien u. Realgymnasien u. e. Repetitorium f. d. Kandidaten d. höheren Schulamtes. gr. 8. (VI, 74 S.) Leipzig 886. Teubner. cart. n. 1. —

— **Grundriß der Welt- u. Kirchengeschichte** nach den preuß. Lehrplänen v. 81. März 1892. E. Repetitorium u. Vademecum f. d. Klassenunterricht u. Reifeprüfgn. in Gymnasien u. Real-Lehranst. I. Tl.: Das Altertum. 2. Aufl. gr. 8. (IV, 68 S.) Osterode 884. H. Kaluza Nachf. Kart. n. — 75

Naumann, Jul., Grundriß der Welt- und Kirchengeschichte nach den preuß. Lehrplänen vom 31. März 1882. Ein Repetitorium und Vademecum für den Klassenunterricht und für Reifeprüfungen in Gymnasien und Real-Lehranstalten. 2. Tl.: Das Mittelalter. 2. Aufl. 8. (85 S.) Osterode a. H. 887, Wellers Nachf. cart. *

Naumann, Jul., Grundriß d. Welt- u. Kirchengeschichte. 3. Tl. u. d. T.: Grundriß d. Welt-, Literatur- u. Kirchengeschichte nach d. preuß. Lehrplänen v. 31. März 1892. Ein Repetit. u. Vademecum f. d. Selbst- u. Klassenunterr. sow. f. Reifeprüfgn. in Gymnasien u. Real-Lehranstalten. III. Tl.: D. neuere Zeit. gr. 8. (V, 121 S.) Osterode 885. H. Kaluza Nachf. Kart. n. 1. 50 (kplt.: n. 3. 25)

—— **Grundriß** der Welt-, Literatur- und Kirchengeschichte nach den preußischen Lehrplänen vom 31. März 1882. Ein Repetitorium und Vademecum für den Selbst- und Klassenunterricht, sowie für Reifeprüfungen in Gymnasien und Real-Lehranstalten. 3. Tl.: Die neuere Zeit. gr. 8. (V, 121 S.) Ebendas. 888. cart. *
1. Tl. Ebendas. 1884. * 75 Pf.

—— **Hilfsbuch** für den evangelischen Religionsunterricht in den mittleren und oberen Klassen höherer Schulen. 2 Tle. 8. Leipzig, Teubner. cart. *
Inhalt:
Tl. 1. Grundriß der Bibelkunde und Kirchengeschichte. Ein Lernbuch für Schüler der mittleren und oberen Klassen höherer Schulen und ein Repetitorium für Prüfungen nach den preußischen Lehrplänen vom 31. März 1882. (X, 138 S.) 887. cart. * ℳ 1.60.
" 2. Grundriß der evangelisch-lutherischen Dogmatik nach der induktiven und komparativen Methode. Ein Lernbuch für die Schüler der oberen Klassen der Gymnasien und Realgymnasien und ein Repetitorium für die Kandidaten des höheren Schulamtes. (VI, 74 S.) 886. cart. * ℳ 1.—.

—— Hilfsbuch f. den evangelischen Religionsunterricht in den mittleren u. oberen Klassen höherer Schulen. 3. Tl. 8. Ebd. 890. cart. * 1 —
Grundzüge der evangelischen Sittenlehre. Ein Lernbuch f. die Schüler der oberen Klassen höherer Schulen. (VIII, 50 S.)
1. u. 2. Tl. Ebd. 1886,87. cart. * 2 60.

—— **Hilfsbuch** für den deutschen Unterricht in den oberen Klassen höherer Schulanstalten. 1. Thl. Mit besond. Rücksicht auf Tertia und Secunda. 8. (XV, 192 S.) Elberfeld 868, Bädeker'sche Buchh. *
—— dass. — 2. Thl. 8. (VIII, 296 S.) Ebendas. 869. *

Naumann, Jul., Kanon der zu memorierenden Geschichtszahlen, für Gymnasien, Realgymnasien, Realschulen und höhere Bürgerschulen zusammengestellt. 2. Aufl. gr. 8. (IV, 55 S.) Leipzig 888, Teubner. cart. — 60

— Der neue Lehrplan der Vorschule und des Realgymnasiums mit vierteljährlichen Etappen. S. 15—46. *Osterode Harz* 1884.
Progr.

Naumann, Jul. Die Lehrverfassung der Realschule I. O. S. 8—23.
Progr. *Osterode Harz* 1876.

Naumann, Julius [Dir. Dr.]: Rede zum Gedächtnis Sr. hochseligen Majestät des Kaisers und Königs Friedrich III. Osterode a. H., gedr. bei Giebel & Oehlschlägel, 1889; S. 1—7; 4°
Osterode a. H., RG, OP 1889 (316)

— **Repetitorium** u. Examinatorium der Welt-, Literatur- u. Kirchengeschichte für Real- u. höhere Bürgerschulen, mit besonderer Rücksicht auf die Realschule I. Ordn. zu Osterode a. H. 1. Thl.: Alterthum u. Mittelalter. gr. 8. (III, 63 S.) Osterode 879. Dyes in Comm. n. — 80

Naumann, J(ulius), Dir. Dr.: **Rückblick** auf die Fortschritte des deutschen Staats- und Volkslebens im neuen deutschen Reich. Rede zum Geburtstag S. M. d. Kaisers u. Königs Wilhelm II. am 27. Jan. 1900. *Osterode a. H. 1900: Giebel & Oehlschlägel.* (S. 1—9.) 4° [Ant. u. F.]
Osterode a. H., RG, P 1900 (355)

Naumann, Jul. Schulreden und -Gebete. 20 S. *Osterode a/H.* 1878.
Progr.

— **25 Themata** mit ausführlichen Dispositionen zu deutschen Aufsätzen u. Stoffe zu freien Vorträgen für die oberen Klassen höherer Schulen. 8. (IV, 126 S.) Leipzig 882. Teubner. n. 1. 60

[Ant. u. F.] **Naumann,** *Julius* [Dr., Dir.]: Welche Belehrungen empfehlen sich für die höheren Schulen Deutschlands und insbesondere Preussens in Bezug auf die gesellschaftlichen und wirtschaftlichen Irrtümer unserer Zeit und in welcher Art? Osterode a. H., gedr. bei Giebel & Oehlschlägel, 1895; 1 15 S. 4.
Osterode a. H., RG, P 1895 (339)

Naumann, Julius *Worte bei der Einführung des Dr. F. Hildebrand.* 4 (S. 20). Rg. *Osterode a. Harz* 1893 (336).
Progr.

Naumann, J[ulius]: [Worte der Erinnerung an den technischen Lehrer Ferdinand Hübener.] *Osterode a. H. 1898: Giebel & Oehlschlägel.* (23—24 S.) 4° [F.]
Osterode a. H., st. RG m. K. Kompatronat, P 1898 (350)

Naumann, Julius: *Worte beim Übertritt des Vorschullehrers A. Becker in den Ruhestand.* 4 (S. 23—24). — *Ansprache bei der Eröffnung des Schuljahres 1898.* 4 (S. 24—25). — *Ansprache bei der Beglückwünschung des Provinzialschulrates Dr. Häckermann zum 25jährigen Amtsjubiläum.* 4 (S. 26—27).
Progr. Rg. *Osterode am Harz* 1899

Naumann, Just., Bilder-Saal der Zeugen u. Helden aus d. Reformationszeit, s. Bilder-Saal.

Naumann, K., s. Naumann, R.

Naumann, Karl

Naumann, Carl: Dampfdruck und Ebullioskopie des Jods. Weida i. Th. 1909: Thomas & Hubert. 73 S. 8°
Leipzig, Phil. Diss. v. 13. Aug. 1909, Ref. Beckmann, Hantzsch
[Geb. 20. Febr. 82 Sebnitz; Wohnort: Leipzig; Staatsangeh.: Sachsen; Vorbildung: Gewerbe-Akad. Chemnitz Reife M. 01; Studium: Leipzig 7 S.; Rig. 25. Juni 09.] [U 09. 3034

Naumann, Karl, Festschrift zum 16. Verbandsfeste hessischer freiwilliger Feuerwehren in Gießen am 18., 19. u. 20. Aug. 1894. Im Auftrag des Festausschusses verf. Mit dem Bildniß des Protectors des hess. Feuerwehrverbandes, 11 Illustr. u. 1 Plan v. Gießen. Zugleich offizielles Festprogramm. gr. 8. (VII, 106 S.) Gießen 894. (C. v. Münchow.) n. — 75

Naumann, Karl, s. Gebote Gottes, die zehn, 2c.

— die Johanneskirche zu Gießen. Festschrift zur Feier der Einweihg. am Donnerstag den 30. Novbr. 1893. Zugleich offizielles Festprogramm. 8. (VIII, 104 S. m. Abbildgn. u. Grundrissen.) Ebd. 893. n. 1. —

Naumann, Carl, geognostische Karte der Umgegend von Hainichen im Königr. Sachsen. Fol. Mit erläut. Text. (IV, 72 S. in 8.) Leipzig 871, Engelmann. * 6 —

Naumann, Karl, aus Attendorn i. Westf.: Zur **Constitution des Indigocarmins.** *Halle a. S. 1900: C. A. Kaemmerer & Co.* (27 S.) 8°
Halle, Phil. Diss. v. 1900

Naumann, Karl, Kammergerichtsrefer.: Die Rechte an eigener Aktie. Berlin: Bünger 1910. XV, 56 S. 8°
Rostock, Jur. Diss. v. 20. Juli 1910, Ref. Lehmann
[Geb. 1. Juli 86 Berlin; Wohnort: Lychen; Staatsangeh.: Preußen; Vorbildung: Gymn. Rawitsch Reife O. 05; Studium: Berlin 4, Göttingen 1, Berlin 2 S.; Rig. 15. März 10.] [U 10. 3869

Naumann, Karl Ernst

Naumann, Carl Ernst, über die verschiedenen Bestimmungen der Tonverhältnisse und die Bedeutung des Pythagoreischen oder reinen Quinten-Systems für unsere heutige Musik. gr. 4 (VI und 52 S.) Leipzig 858, Breitkopf und Härtel.

Naumann, Karl Friedrich

Naumann, Karl Fr., Andeutung zu e. Gesteinslehre, zunächst in Bezug auf d. Metall-Kieselreihe. 8. Lpz. 824. Wienbrack. 12 gr.

Naumann, Carl Friedr., Anfangsgründe d. Krystallographie. gr. 8. (19¾ B. u. 25 Stnt.) Dresden u. Leipzig 841, Arnoldische Buchh.

Naumann, Carl Friedr., Anfangsgründe der Krystallographie. 2. (Titel-)Ausg. gr. 8. (XII und 303 S. mit 25 Stnt.) Leipzig 850, Arnoldische Buchh.

Naumann, Carl Friedr., Anfangsgründe der Krystallographie. 2., verm. und verb. Aufl. gr. 8. (XVI und 292 S. mit 26 Stnt.) Leipzig 854, Arnoldische Buchh. *

— Beitr. z. Kenntniß Norwegens, gesamm. auf Wanderungen während d. Sommermonate d. J. 1821 u. 22. 1r u. 2r Thl. mit Profilen u. Karten. 8. Leipz. 824, Wienbrack.

Naumann, C. F., Dr., Einige Bemerkungen auf einer Wanderung uber Lang-Field und Dovre-Field nach Trondhiem in Norwegen. (Aus: Ann. d. Physik, B. 71, St. 2, J. 1822, St. 6.)

—— über die cyclocentrische **Conchospirale** und über das Windungsgesetz von Planorbis corneus. hoch 4. (27 S.) Leipzig 847, [Hirzel.] *
Aus: Abhandlungen der mathemat.-phys. Classe der k. sächs. Gesellschaft der Wissenschaften, besonders abgedruckt.

Naumann, C. F., über die cyclocentrische Conchospirale u. über das Windungsgesetz von Planorbis corneus. [Aus den Abhandlungen der mathematisch-physischen Classe der K. Sächs. Gesellschaft der Wissenschaften.] hoch 4. (27 S.) Leipzig 849, Weidmann (jetzt: Hirzel). n. ⅓ ℛ

— **Elemente** der theoretischen **Krystallographie.** Mit 86 Holzschn. (im Text). Leipzig 856. Engelmann. Lex.-8. (XVI, 383 S.) n. 3 ℛ.

Naumann, Carl Friedr., Elemente d. Mineralogie. Lex.-8. (28¾ B. u. 157 eingedr. Holzschn.) Leipzig 846, Wilh. Engelmann. Thlr. *

—— **Elemente der Mineralogie.** 2. Aufl. (XVI und 479 S. mit 362 Fig.) 1850. und 3., verm. und verb. Aufl. Lex.-8. (XVI und 448 S. mit 385 Fig. in eingedr. Holzschn.) Leipzig 852, Engelmann. *

— **Elemente der Mineralogie.** 4. verm. u. verb. Aufl. Mit 398 Fig. in Holzschn. (im Text). Leipzig 855. Engelmann. Lex.-8. (XVI, 479 S.) n. 3 ℛ.

Naumann, Carl Frdr., Elemente der Mineralogie. 5. Aufl. 859. — 6., verm. u. verb. Aufl. Mit 718 Fig. in Holzschn. Leipzig 864. Engelmann. Lex.-8. (XVI, 500 S.) n. 3 ℛ

Naumann, Carl Friedr., **Elemente** der Mineralogie. 7., verm. u. verb. Aufl. Leipzig 868. Engelmann. Lex.-8. (XVI, 566 S. mit 796 Fig. in Holzschn.) n. 3 ℛ

Naumann, Carl Frdr., **Elemente** der Mineralogie. 8., verm. u. verb. Aufl. Mit 356 (eingedr.) Fig. in Holzschn. gr. 8. (XVI, 606 S.) Leipzig 871. Engelmann. n. 10. —

— dasselbe. 9. verm. u. verb. Aufl. Mit 871 Fig. (in (eingedr.) Holzschn. gr. 8. (XVI, 654 S.) Ebend. 874. n. 12. —

Naumann, Carl Friedr., Elemente der Mineralogie. 10. gänzlich neubearb. Aufl. von Ferd. Zirkel. gr. 8. (XII, 714 S. mit 891 Fig. in Holzschn.) Leipzig 877, Engelmann. *

Naumann, Carl Frdr., Elemente der Mineralogie. 11., vollständig neubearb. u. ergänzte Auflage von Ferd. Zirkel. Mit 918 (eingedr.) Fig. in Holzschn. gr. 8. (XII, 735 S.) Leipzig 881. Engelmann. n. 14. —

Naumann, Carl Frdr., Elemente der Mineralogie, begründet v. C. F. N. 12. Aufl. v. Ferd. Zirkel. Mit 951 Fig. in Holzschn. gr. 8. (XII, 782 S.) Leipzig 885. Engelmann. n. 14. —

Naumann, Carl Frdr., Elemente d. Mineralogie, begründ. v. N. 13., vollst. umgearb. Aufl. v. Ferd. Zirkel. M. 1008 Fig. im Text. 2 Hlftn. gr. 8. Leipzig, W. Engelmann. n. 14. —; geb. n. 17. —
1. Allgem. Thl. (384 S. m. 273 Fig.) 897. n. 7. —
2. Specieller Thl. (XI u. S. 385—798.) 898. n. 7. —

Naumann, Carl Friedr., Elemente der Mineralogie. Begründet v. N. 14. neu bearb. u. ergänzte Aufl. von Ferd. Zirkel. Lex.-8. (XI, 807 S. m. 1086 Fig.) Leipzig 901. W. Engelmann. n. 14. —; geb. in Halbfrz. n. 17.—

Naumann, Carl Frdr., Elemente der Mineralogie. Begr. v. N. 15., neubearb. u. ergänzte Aufl. v. Ferd. Zirkel. (XI, 821 S. m. 1118 Fig.) Lex. 8. Leipzig 907. W. Engelmann. 14. —; geb. in Halbfrz. 17. —

— H. G. L. Reichenbach u. F. A. L. Thienemann, Encyklopädie d. speciellen Naturgesch. — 1r Bd. A. u. d. T.: Naumann, Lehrb. d. Mineralogie. Mit 1 Atlas v. 26 Taf. 8. Berl. 828. Rücker. 3 ℛ — 3r Bd. A. u. d. T.: Thienemann, Lehrbuch d. Zoologie. 8. Berl. 826. Rücker. 2 ℛ

—— dass. 3. Bd. — A. u. d. T.: Thienemann, Lehrbuch d. Zoologie. 8. (44 B.) Ebds. 823.
Der 2. Bd. wird noch erwartet.

— Entwurf d. Lithurgik od. ökonom. Mineralogie, ein Leitfaden f. Vorlesungen. gr. 8. Leipz. 826. Wienbrack. 1 ℛ 16 g

— Erläuterungen zu der geognost. Charte des Königreichs Sachsen.

Naumann, Karl Friedr., Erläuterungen zu der geognostischen Charte des Königreiches Sachsen und der angränz. Länderabtheilungen. Mit Genehmigung des hohen Finanz-Ministerii herausg. 1s Hft. A. u. d. T.: Erläuterungen zu Section XIV., oder: Geognost. Skizze der Gegend zwischen Taucha, Strehla, Bräunsdorf u. Altenburg. gr. 8. Dresden u. Leipzig 836. Arnoldische Buchh. 1 ℛ — 2s Hft. A. u. d. T.: Erläuterungen zu Section XV., oder geognost. Skizze der Gegend zwischen Gößnitz, Oederan, Sebastiansberg u. Auerbach. Mit 3 Steindrucktaf. gr. 8. Ebd. 838. 3 ℛ — 3s Hft. A. u. d. T.: Erläuterungen zu Section VI, oder: Geognost. Skizze der Gegend zwischen Neustadt, Bischofswerda, Wittichenau, Rothenburg, Görlitz, Ostritz, Rumburg u. Schluckenau. Bearb. von Dr. Bernh. Cotta. Mit 1 Steindrucktafel. gr. 8. Ebd. 839. 5/8 ℛ — 4s Hft. A. u. d. T.: Erläuterungen zu Sect. VII. der geognost. Charte des Königr. Sachsen rc., oder: Geognost. Skizze der Gegenden zwischen Schandau, Zittau, Kratzau, Gabel, Böhmisch Leipe, Wernstadtel u. Tetschen. Bearb. von Dr. Bernh. Cotta. Mit 2 Steindrucktaf. gr. 8. Ebd. 840. 7/8 ℛ

—— Erläuterungen zu der geognost. Charte des Königr. Sachsen u. der angrenz. Länderabtheilungen. A. u. d. T.: Geogn. Beschreibung des Königr. Sachsen u. der angrenz. Länderabtheilungen. 1—5. Hft. gr. 8. Dresden u. Leipzig 845, Arnoldische Buchh. *
A. u. d. Ttln.:
Hft. 1. Erläuterungen zu Section XIV. — Geognost. Skizze der Gegend zwischen Taucha, Strehla, Heinichen u. Altenburg. Von Naumann. 2., unveränd. Ausg. (12¼ B.) * 1 Thlr.
- 2. Erläuterungen zu Sect. XV. — Geogn. Skizze der Gegend zwischen Gössnitz, Oederan, Sebastiansberg u. Auerbach. Von Naumann. 2. Ausg. (32 B. u. 3 Stnt.) * 3 Thlr.
- 3., 4. Erläuterungen zu Sect. VI. u. VII. — Geogn. Skizze der Gegend zwischen Neustadt, Bischoffswerda, Wittichenau, Rothenburg, Görlitz, Ostritz, Rumburg, u. Schluckenau, Schandau, Zittau, Kratzau, Gabel, Böhmisch-Leipe, Wernstadtel u. Tetschen. Von Bernh. Cotta. 2. Ausg. (14 B. u. 3 Stnt.) * 1 Thlr. 15 Ngr.
- 5. Erläuterungen zu Sect. X. — Geogn. Skizze der Umgegend von Dresden u. Meissen. Bearb. v. Naumann u. Bernh. Cotta. (32¾ B. u. 3 Stnt.) * 3 Thlr.

Naumann, C. Fr. Erläuterungen zu der geognostischen Karte der Umgegend von Hainichen (Sachsen). Leipzig 1871.

— über die Fortschritte der Geognosie im Gebiete der Sedimentärformationen seit Werner's Tode. Vortrag gehalt. am Wernerfeste zu Freiberg den 25. Sept. 1850. gr. 8. (30 S.) Freiberg 851, Craz & Gerlach. n. 6 ngr

Naumann, C. F. Geognostische General-Karte des Königreichs Sachsen und der angrenzenden Länder-Abtheilungen. Dresden. 1845. Folio.

— über den Granit des Kreuzberges bei Carlsbad. [Aus: Neues Jahrbuch für Mineralogie etc.] Stuttgart 866. Fr. Schweizerbart. gr. 8. (36 S. mit 2 chromolithogr. Kartenskizzen.) n. 12 ngr.

Naumann, C. F. De granite juxta calcem transitoriam posito. Accedit theorematis de virium compositione demonstratio. Commentatio academica. Jenae. 1823. 4.

— Grundriß d. Krystallographie. Nebst 3 Kupfertaf. gr. 8. Lpz. 825. Barth.

— Grundriß d. Krystallographie. Nebst 3 Kpft. gr. 8. Leipz. 826. Barth. 2 ℛ

Naumann, Carl Friedr., Lehrbuch der Geognosie. Mit 150 Holzschn. und Charten. 1. Bd. (3 Abthlgn.) und 2. Bd. 1. und 2. Abthl. Lex.-8. Leipzig, W. Engelmann. [1. Bd. (XX und 1000 S.) 849—50. * 6 Thlr. 10 Ngr., 2. Bd. 1. und 2. Abthl. (S. 1—640 mit 70 Stnt. in gr. 4.) 851—52. * 13 Thlr.] Thlr. *

—— Lehrbuch der Geognosie. 2. Bd. Mit 40 Fig. in (eingedr.) Holzschn. und einem vollständ. Register über das ganze Werk. 3. Abthl. Lex.-8. (XIV und S. 641—1222.) Leipzig 854, Engelmann. *
1. Bd. und 2. Bd. 1. und 2. Abthl. Ebendas. 1849—50. * 19 Thlr. 10 Ngr.

Naumann, Carl Friedr., Lehrbuch der Geognosie. 2., verb und verm. Aufl. Mit 350 (eingedr.) Holzschn. 2 Bde à 2 Abthlgn. Lex.-8. Leipzig, Engelmann. [1. Bd. (XV und 960 S.) 1. Abthl. 857. * 3 Thlr., 2. Abthl. 858. * 3 Thlr 10 Ngr., 2. Bd. (XII und 1093 S.) 1. Abthl. 860. * 3 Thlr 20 Ngr., 2. Abthl. 862. * 3 Thlr. 10 Ngr.] *

— Lehrbuch der Geognosie. 2., verb. u. verm. Aufl. 3. Bd. 1. u. 2. Liefg. Leipzig 866,68. Engelmann. Lex.-8. (S. 1—352 mit eingedr. Holzschn.) [1. Liefg. n. 1 ℛ 7½ ngr., 2. Liefg. n. 1 ℛ] n. 2 ℛ 7½ ngr.

—— Lehrbuch der Geognosie. 3. Bd. 3. Lfg. 2. verb. und verm. Aufl. gr. 8. (S. 353—576 mit eingedr. Holzschn.) Leipzig 872, Engelmann. *
1. und 2. Bd., 3. Bd. 1. und 2. Lfg. Ebendas. 1857—68. * M 46,75.

Naumann, Carl Friedr., Lehrbuch d. reinen u. angewandt. Krystallographie. 2 Bde. gr. 8. Leipzig 830, Brockhaus. [1. (33½ B. u. 22 Kpfrt.), 2. (36 B. u. 17 Kpfrt.) à 3 Thlr. 12 Gr.]

Naumann (K. Fr.), Lehrbuch der Mineralogie. Berlin 1828. 8. Nebst Atlas in Folio. (Bildet den 1. Band von: Naumann, Reichenbach und Thienemann, Encyclopädie der speciellen Naturgeschichte).

— über die Hohburger Porphyrberge in Sachsen. gr. 8. (30 S. mit 1 eingedr. Holzschn. und 1 lithogr. Karte.) Stuttgart 874, Schweizerbart'sche Verlagsh.

— über den Quincunx als Grundgesetz der Blattstellung vieler Pflanzen. gr. 8. (5½ B. u. 1 Stnt.) Dresden u. Leipzig 845, Arnoldische Buchh. *

— über die Rationalität der Tangenten-Verhältnisse tautozonaler Krystallflächen. hoch 4. (24 S.) Leipzig 855, Hirzel. *
Aus: Abhandlungen der mathematisch-phys. Classe der k. sächs. Gesellschaft der Wissenschaften, besonders abgedruckt.

— siehe a. Specialcharte, geognost., des Königr. Sachsen.

Naumann, C. F. und Cotta, B. Geognostische Specialkarte des Königreichs Sachsen und der angrenzenden Länderabtheilungen. Dresden 1836—1845. Folio. Mit Erläuterung in 8.

— **Carl Friedrich** (Dresden), De hexagonali crystallinarum formarum systemate pars prior. Diss. jur. assumto a meridie socio **Carl Maier** (Gotha) Leipzig (Glueck) 5. II. 1825. 48 S. — Angebdn. Pars altera 9. II. 1825. S. 49—81, 1 Taf. (4.—) 24569

— de hexagonali crystallinarum formarum systemate. II Partes. Dissert. et comment. 8maj. Leipz. 825. Reclam. 16 gr

Naumann, C. F., Versuch einer neuen Interpretation der Turmalin-Analysen. Leipzig 1853.

Naumann, Karl Gottfried

Naumann, Carl Gfried., genealogische Geschichte der europäischen Staaten als Hülfsmittel bei histor. Studien und zum Gebrauch höherer Lehranstalten. Imp.-4. (VIII und 256 S.) Jena 855, Mauke. *

Naumann, Karl Otto

— **Carl Otto** (Königsberg), De bronchiectasia. Diss. med. Halle/Sachsen (Colbatzke) 20. III. 1847. 38 S. mit Biogr. (3.—) 24570
Adversar. part. suscep.: A. Bech, A. Magnus. — Gew.: Seinem Vater (Carl August Naumann).

Naumann, Karl W(ilhelm): Die Bedingungen für die Pigmentbildung durch Epicoccum purpurascens (Ehrenberg.) (Berlin 1910: Ebering.) 78 S. 8°
Berlin, Phil. Diss. v. 13. Aug. 1910, Ref. Schwendener
[Geb. 11. Okt. 86 Leipzig-Plagwitz; Wohnort: Charlottenburg; Staatsangeh.: Sachsen; Vorbildung: Thomassch. Leipzig Reife O. 05; Studium: Leipzig 1, München 5, Berlin 2 S.; Rig. 14. Juli 10] [U 10. 217

Naumann, Konrad, Gerichtsref. aus Königsberg i. Pr.: Über die Bedeutung und Wirkung der naturalis obligatio des Haussohnes aus einem Darlehen. *Berlin 1899: C. Stahl.* (40 S.) 8° [F. u. Ant.]
Erlangen, Jur. Diss. v. 30. Juli 1898

Naumann, Kurt, aus Plottendorf: 1. Über den Einfluß des Kathodenpotentials auf die elektrolytische Reduktion schwer reduzirbarer Substanzen. 2. Über die elektrolytische Reduktion des Strychnins und Brucins. *Würzburg 1904: C. J. Becker.* (78 S.) 8°
Würzburg, Phil. Diss. v. 1904

Naumann, Kurt, Referendar in Chemnitz: Das Recht des Handelsmäklers. *Borna-Leipzig 1903: R. Noske.* (VIII, 62 S.) 8° [F.]
Leipzig, Jur. Diss. v. 1903

Naumann, L. Der eiserne Bestand des Soldaten im Felde. 2. Aufl. Dresden 1877. 8°. (1. Aufl. 1877.)

Naumann, L., der eiserne Bestand des Soldaten im Felde. Vortrag, verbunden mit Kochexperimenten der verschiedenen Suppen-, Brod- und Bouillon-Conserven, gehalten am 15. Jan. 1877 in der Sanitätsofficiers-Gesellschaft zu Dresden. Mit einem Anhang: Referat der Zeitschrift „Neue Militär. Blätter". Ueber Dr. L. Naumann's Gewürzsalze und Gewürzextracte für den Armeegebrauch. 2. Aufl. gr. 8. (29 S.) Dresden 877, (Meinhold und Söhne.) *

Naumann, L., Systematik der Kochkunst. Internationales Koch-Lehrbuch für Haushaltungen aller Stände. Zur Benützung beim Ertheilen von Unterricht sowie zum Selbststudium, desgleichen zur Orientirung für Aerzte &c. 1. Aufl. (562 S. mit 89 Abbild.) 1886 und 2. verb. Aufl. gr. 8. (XX, 560 S. mit zahlreichen Abbild.) Dresden 887, G. Schönfeld's Verlag. geb. * 5 —

Naumann, L., Systematik der Kochkunst. Internationales Koch-Lehrbuch f. Haushaltgn. aller Stände. Zur Benützg. beim Ertheilen v. Unterricht sowie zum Selbststudium, desgleichen zur Orientirg. f. Aerzte &c. Mit 89 Abbildgn. 2. Aufl. gr. 8. (XX, 560 S.) Dresden 886. G. Schönfeld's Verl. geb. n. 5. —

Naumann, L., Systematik der Kochkunst. Internationales Koch-Lehrbuch f. Haushaltgn. aller Stände. Zur Benützg. beim Ertheilen v. Unterricht sowie zum Selbststudium, desgleichen zur Orientirg. f. Aerzte &c. 3. Aufl. gr. 8. (XX, 560 S. m. Abbildgn.) Dresden 900. Leipzig, G. Schönfeld. Geb. in Leinw. n. 5. —

(G) Naumann, L., Systematik d. Kochkunst. 900. (ABV 32.) Jetzt: Hannover, M. & H. Schaper.

Naumann, Dr. L. Welche Vorteile bieten konservierte Gewürze der Kochkunst? 1. Aufl. Dresden 1876. 76 S.

— welche Vortheile bieten conservirte Gewürze der Kochkunst? Vortrag mit prakt. Anleitungen. Geh. am 10. Novbr. 1876 im Dresdner Kochkunst-Verein. Nebst einem Anh.: Verwendung der conservirten Gewürze in der Küche. 1. Aufl. gr. 8. (76 S.) Ebend. 877. — 75

[Umschlagt.:] [F.] Beiträge zur Lokalgeschichte des Kreises Eckartsberga. Von L[ouis] Naumann ... H. 3.—7. *Eckartsberga: Eckartshaus 1885—97.* 8. [9b. 367 Ha

Lose Blätter zu einer Heimatskunde der Stadt und des Kreises Eckartsberga von L[ouis] **Naumann**, Superint. 2. Aufl. *Eckartsberga: Eckartshaus 1901.* (16 S.) 8° [F.] [o. 6310

Eckartsberga in der ersten Hälfte des 19. Jahrhunderts. Vortrag, geh. im Bürgerver. von Louis **Naumann**, Superint. *Eckartsberga: Eckarthaus 1895.* (32 S.) 8° [F.] [o4. 6310

Das Schloss Eckartsberge (Eckartsburg). Von Louis Naumann, Superint. 3. Aufl. Eckartsberga: Eckartshaus 1902. 48 S. 8°
(Beiträge z. Lokalgeschichte d. Kreises Eckartsberga. H. 4.)

[F.] Lokalgeschichte im Dienste kirchlicher Vereinsfeste. An Beispielen erl. v. L[ouis] **Naumann**, Superint. *Eckartsberga: Verl. d. Eckartshauses 1897.* (32 S.) 1 Bd 8 in 4. [98. 7164 Ha

[F.] Die Missionierung und Pastorierung der Finne. Von Louis **Naumann** ... *Eckartsberga. Verl. d. Buchdr. des Eckartshauses 1897.* (37 S.) 1 Bd 8.
= **Naumann**, L.: Beiträge z. Lokalgeschichte d. Kreises Eckartsberga. H. 7. [98. 6899 Ha

Ein verhängnisvoller Schuß. Eine Episode aus d. Gesch. d. Stadt Eckartsberga. Vortrag, geh. im Bürgerverein von Louis **Naumann**, Superint. *Eckartsberga: Eckartshaus 1895.* (10 S.) 8° [F.]
= **Naumann**: Beiträge z. Lokalgesch. d. Kr. Eckartsberga. H. 5. [o4. 6373

Naumann, L., Skizzen u. Bilder f. den Geschichtsunterricht der Volksschule. 1. Hft. Die Zeit Friedrich Wilhelms III. gr. 8. (IV, 127 S.) Merseburg 893. F. Stolberg's Verl. n. 1. 20

Naumann, L., Skizzen u. Bilder zu e. Heimatskunde des Kreises Eckartsberga. 1.—3. Hft. gr. 8. Eckartshaus bei Eckartsberga. (Leipzig, H. G. Wallmann.) n.n. 3. 50
1. (132 S.) 898. n.n. 1.—. — 2. (127 S. m. 2 Plänen.) 899. n.n. 1.50. — 3. (96 S.) 902. n.n. 1.—.

Naumann, L., Skizzen u. Bilder zu e. Heimatskunde des Kreises Eckartsberga. 4. u. 5. Heft. (160 S.) 8. Eckartshaus bei Eckartsberga 903. 904. (Leipzig, H. G. Wallmann). n.n. 3. 25
4. (124 S.) n.n. 1. 50. — 5. (160 S.) n.n. 1. 75.

Naumann, (L.), heimatkundliches Vademecum f. die Lehrer der Ephorie Eckartsberga. Unter Mitwirkg. v. Geistlichen u. Lehrern hrsg. 1.—4. Heft. gr. 8. Eckartsberga. (Leipzig, H. G. Wallmann.) nn 6.60; geb. in Leinw. 7. 80
1. (103 S. m. 1 Plan.) 907. nn 1.50; geb. nn 1. 80
2. (112 S. m. 1 eingedr. Karte.) 908. nn 1.70; geb. nn 2. —
3. (136 S.) 909. — 4. (131 S.) 910. à nn 1.70; geb. nn 2. —

Naumann, L., wie ich meinen Konfirmanden Kirchengeschichte m. besond. Berücksicht. der engeren Heimath erzähle. gr. 8. (32 S.) Eckartsberga 889. (Leipzig, Buchhandlg. d. Vereinshauses.) cart. n. — 60

Naumann, L. Wie ich meinen Konfirmanden Kirchengeschichte m. besond. Berücksicht. der engeren Heimath erzähle. gr. 8. (32 S.) Eckartsberga 889. (Lpz., Wallmann.) cart. * — 60

Naumann, L[udwig]: • Einige Chlor- und Cyansubstitutionsproducte der Nitrile; das Paramidobenzonitril und seine Verbindungen mit Säuren. 22 Bl. 2°
Halle-Wittenberg, Phil. Diss. v. 5. Aug. 1869
Geb. [Helfta (Seekr. Mansfeld) 20. 4. 1837]

Naumann, Lud. F., Gartenbautafeln. Nr. I u. II. Lith. u. color. Imp.-Fol. Mit Text. 8. Prag 882. (Neugebauer.) In Mappe. Subscr.-Pr. f. Taf. 1—10 n. 18. —; Einzelpr. à n. 2. —
I. Verschiedene Veredlungsarten. (10 S.)
II. Erziehung der Obstbäume. (8 S.)

Naumann, Ludw. F., Gartenbautafeln. Nr. 3—6. Lith. u. color. Imp.-Fol. Mit Text. 8. Prag, (Neugebauer). In Mappe. à n. 2. —
3. Die einzelnen Zweige d. Obstbaumes u. deren Behandlung. (10 S.) 882.
4. Cultur der Weinrebe. (16 S.) 883.
5. Erziehung der Bäume in künstl. Formen [à Cordone]. (10 S.) 885.
6. Freistehende künstl. Baumformen. Chromolith. (16 S.) 886.

Naumann, Lud. F., Gartenbau-Tafeln. VII. D. Erziehg. einfacher Palmetten. 54×70,5 cm. Farbdr. Prag 897. (G. Neugebauer.) In Mappe n. 2. —

Naumann, Ludwig F.: Cultur der Weinrebe. (1 Taf., nebst Textheft.) Prag: Liebich 1883. 16 S., 1 Taf. (Gartenbautafeln. Nr 4.) -- LKRhld. *

Naumann, M. Die Heizungsfrage. Giessen. 1881.

Naumann, M., s. „Schriften d. Hamb. Verbandes". Heft 1.

Naumann, Max, Referendar in Berlin: Der Erbeinsetzungsvertrag in seinen Beziehungen zum Noterbenrechte. *Berlin (1899): E. Ebering.* (46 S.) 8°
Erlangen, Jur. Diss. v. 1. Febr. 1899

Naumann, Maximilianus: De fontibus et fide Bruti Ciceronis. Halis Saxonum 1883: Karras. 36 S. 8°
Halle-Wittenberg, Phil. Diss. v. 15. Jan. 1883
Geb. Kalbe a. d. Saale 15. 1. 1860. V.

Naumann, Max Wolfgang Victor. Der Trödelvertrag. Diss. Jur. Freiburg ⟨Schweiz⟩. 65 S. 8. München, M. Ernst, 1902.

Naumann, Mor., Hie Bismarck! Eine Wahlparole f. alle national Gesinnten. 1. u. 2. Aufl. gr. 8. (32 S.) Berlin 893. H. Walther. n. — 50

Naumann, Mor., Kornzoll u. Volkswirtschaft. Eine Streitschrift. gr. 8. (VII, 60 S.) Leipzig 901. Duncker & Humblot. n. — 80

Naumann, Mor., die politische Lage u. die nationalen Parteien, s. a. Schriften des hamburgischen Verbandes zur Bekämpfung der Sozialdemokratie. 1. Heft.

Naumann, Mor., Die politische Lage und die nationalen Parteien. 8°. Hamburg, H. Seippel, 1908. (Schriften des Hamburgischen Verbandes zur Bekämpfung der Socialdemokratie, Heft 1.)

[F.] Naumann, Moriz: Die Lehre vom Wert ... Leipzig, Duncker & Humblot, 1893; 2 Bl., 74 S. 8.
Heidelberg, Phil. Fak., Inaug.-Diss. v. [8. Aug.] 1893

Solemnia natalitia ... Friderici Wilhelmi III d. III Aug. ... ab universitate Fridericia Wilhelmia Rhenana ... celebranda ... indicit D. Mauricius Naumann, ord. med. h. t. prodecanus. — Insunt de veterum medicorum Graecorum cognitione morborum uteri nonnulla. Bonnae, typ. C. Georgii 1838. 22, 21—24 S. 4.
Enth. zugleich d. Preisaufgaben f. d. J. 1838—39 und in einem später ausgegebenen Anhang (mit falscher Zählung S. 21—24; [Kopft.] Iudicia quinque ordinum ... de certaminis litt. eventu a. 1838 ...) d. Ergebnisse d. Preisbewerbung d. J. 1837—38

De pestibus nonnulla. Prolusio academica, qua ad audiendam orationem, quam pro aditu professorii muneris in facultate medica ordinarii recitaturus est d. XV Iulii ... academ. reg. Boruss. Rhenanae proceres doctores ... invitat Mauricius Naumann. Bonnae, (ex off. Thormanniana) 1828. 16 S. 4.

Q. F. F. F. Q. S. Viro amplissimo ... collegae carissimo Mavritio Navmann eivs diei, qvo ante hos L annos ab ordine med. Lipsiensi doctoris med. et chir. dignitas ... in evm collata est, non obliti ... congratvlantvr rector et senatvs vniversitatis Fridericiae Gvilelmiae Rhenanae ... d. XXV m. Avg. a. 1870. [Bonnae], form. C. Georgii (1870). 1 Bl. 2.

Naumann, Moritz Ernst Adolph

Naumann, M. E. A., Beiträge zur Vor- oder Anrede der 10. Aufl. der von Ludw. Büchner verf. Schrift: „Kraft u. Stoff." Bonn 869. Cohen & Sohn. gr. 8. (50 S.) n. 8 *ngr.*

— einige Bemerkk. üb. d. Gemein-Gefühl, im gesunden u. krankhaften Zustande. 8. Leipz. 824. Wienbrack. 18 *gr.*

Naumann, Mor. E. Ad., üb. das Bewegungsvermögen der Thiere. 8. Leipz. 824. Wienbrack. 16 *gr.*

Naumann, Mor. Ernst Ado., Elemente d. physiolog. Pathologie. gr. 8. (5 B.) Bonn 834, Marcus.

Naumann, Mor. Ernst Adph., Ergebnisse und Studien aus der medicinischen Klinik zu Bonn. 2 Bde. gr. 8. Leipzig, Engelmann. [1. Bd. (XXXI und 408 S.) 858. 2 Thlr. 15 Ngr., 2. (XXVIII und 646 S.) 860. 3 Thlr.]

— üb. die Gränzen zwischen Philosophie u. Naturwissenschaften. gr. 8. Leipz. 823. Wienbrack. 1 *rthlr.* 12 *gr.*

—— Grundzüge d. Contagienlehre. gr. 8. (5 B.) Bonn 833, Weber.

Naumann, Moritz Ernst Adolph: Handbuch der medicinischen Klinik. Bd 1 - 8, gbd.

Berlin: { Bd 1 - 6: Rücker 1829 - 1836
Bd 7 - 8: Rücker & Püchler 1837-1839

JB 2.492

—— Handbuch d. medicin. Klinik. 1—5. Bd. (od. 7 Abthl.) gr. 8. Berlin, Rücker. [1. (55¼ B.) 829., 2. (56 B.) 830., 3. 1. (57 B.) 831. à 4 Thlr. 12 Gr., 2. (39½ B.) 832. 3 Thlr. 8 Gr., 4. 1. (53¼ B.) 834. 4 Thlr. 4 Gr., 2. (30 B.) 2 Thlr. 12 Gr., 5. (41 B.) 835. 3 Thlr. 8 Gr.]
8. Bd. 1. Abthl. — A. u. d. T.: Darstellung d. wichtigst. acuten, epidem.-contag. Krankheiten, besond. d. septisch. u. typhös. Fieber (mit Berücksicht. d. oriental. Pest, d. gelben Fiebers u. d. ostind. Cholera), d. Blattern, d. Masern u. d. Scharlachs.

Naumann, Mor. Ernst Ado., Handbuch d. medicin. Klinik. 6—8. Bd. (od. d. ganz. Werkes 8—11. Bd.) gr. 8. Berlin, [Rücker u. Püchler.] [6. (44½ B.) 836. 3⅔ Thlr., 7. (51½ B.) 837. 4¼ Thlr., 8. 1. (47 B.) 838. 3 11/12 Thlr., 2. (20 B.) 839. 1⅔ Thlr.] Thlr.
1—5. Bd. Ebendas. 1829—35. 26 Thlr. 20 Gr.

Naumann, Mor. Ernst Adph., Handbuch der medicin. Klinik. 2., umgearb. Aufl. 1. Bd. gr. 8. (XVI und 899 S.) Berlin 847, Rücker und Püchler.

— Handbuch d. allgemeinen Semiotik. 8. Berl. 826. Hirschwald. 1 ₰ 16 gr

—— zur Lehre d. Entzündung. gr. 12. (1½ B.) Bonn 828, Habicht.

— zur Lehre d. Entzündung. gr. 12. Bonn 829. Habicht. 4 gr

— Metaphysisches in der Physiologie. gr. 8. (53 S.) Bonn 848, Weber. ⅓ ₰

— die Naturwissenschaften u. der Materialismus. Ebend. 869. gr. 8. (XIV, 322 S.) 1 ₰ 24 ngr.

— s. Organ f. d. gesammte Heilkunde.

—— Pathogenie. gr. 8. (45 B.) Berlin 840, Rücker u. Püchler.

—— dass. — 1. u. 2. Fortsetz. gr. 8. Ebds. [1. (10½ B.) 841. ⅞ Thlr., 2. (28 B.) 842. 2⅓ Thlr.]

Naumann, Mor. Ernst Ado., Pathogenie. 3. u. (letzte) Fortsetzung. gr. 8. (38 B.) Berlin 844, Rücker u. Püchler.
Die Pathogenie u. 1. u. 2. Fortsetz. Ebendas. 1840, 42. 6 Thlr. 28⅓ Ngr

—— allgemeine Pathologie und Therapie. 1. Thl. gr. 8. (XVI und 890 S.) Berlin 851, G. Reimer.

—— die Probleme d. Physiologie, od. d. Gegensatz v. Nervenmark u. Blut. gr. 8. (13 B.) Bonn 835, Weber.

—— vermischte Schriften physiolog. und psycholog. Inhalts. gr. 8. (XII und 405 S.) Bonn 850, Weber.

— **Moritz Adolph** (Dresden), De signis ex urina. Diss. med. Leipzig (Hirschfeld) 25. VIII. 1820. 100 S. (4.50) **24576**
Gew.: Carl August Wilhelm Berends.

— Skizzen aus d. allgem. Pathologie. 8. Leipz. 824. Wienbrack. 1 ₰ 8 gr

— Theorie d. prakt. Heilkunde. 8. Berl. 827. Hirschwald. 1 ₰

Naumann, Mor. E. Ad., kritische Untersuchung der allgem. Polaritätsgesetze. gr. 8. Leipz. 822. Wienbrack. 1 ₰ 4 gr

—— Versuch e. Beweises f. d. Unsterblichkeit d. Seele aus d. physiolog. Standpunkte. Zugleich als Einleit. in d. Lehre v. d. sogen. Geisteskrankheiten; f. Aerzte u. Gebildete überh. gr. 8. (9 B.) Bonn 830, Weber. Thlr.

Naumann, Nicolaus (Hrsg.), s. A l l e r l e y a.d. Reich des Verstandes.

Naumann, O., das 1. Buch der Bibel, nach seiner inneren Einheit u. Echtheit dargestellt. gr. 8. (VIII, 386 S.) Gütersloh 890. Bertelsmann. n. 5.—

Naumann, O., **Wellhausen's Methode, kritisch beleuchtet.** gr. 8. (166 S.) Leipzig 886. Hinrichs' Verl. n. 2.—

Naumann, Oskar Die Cäsuren im Trimeter der sophokleischen Elektra. 16 S. Progr. *Belgard* 1877.

Naumann, Oscarus: De Sophoclis Oedipo rege.
Halle-Wittenberg, Phil. Diss. v. 15. Mai 1869
Geb. [Köslin 30. 6. 1842]
Ms. fehlt.

Naumann, Osw., Beiträge zur Lehre vom Puls insbesond. vom doppelschlägigen. 8. (24 S. mit 5 eingedr. Holzschn.) Leipzig 863, C. F. Winter'sche Verlagsh. *

— **Oswald** (Knauthain bei Leipzig), **Oleum jecoris aselli ad membranas animalium affinitatem habere multo majorem quam alia pinguia. Diss. med. Moderat. Carl August Wunderlich. Leipzig (A. Edelmann) 16. III. 1858. 20 S. mit Biogr. (M.: M. Hermann.), 2 Taf. (2.50) 24577**

[F.] Das Deuteronomium: das prophetische Staatsgesetz d. theokratischen Königtums m. seinen Eingangs- u. Schlussworten, a. d. prophet. Gesch. u. Theologie erl. v. O[tto] Naumann, P. in Treuen. *Gütersloh: C. Bertelsmann 1897.* (XII, 252 S.) 1 Bd 8. [97. 3282

Naumann, Paul, s.a. M ö b e l und Zimmer.

Naumann, P., Möbel u. Zimmer der deutsch-nationalen Kunstgewerbe-Ausstellung München 1888. Photographische, in Lichtdr. vervielfältigte Aufnahmen nach Auswahl v. P. N. 5 Lfgn. Fol. (à 12 Taf.) Dresden 889. Gilbers' Verl. à n. 10.—

⑧ **Naumann,** P., Möbel u. Zimmer. 889. (KBL 26.) Erm. Pr. 30.—; d. Oefen. 889. (KBL 26.) Erm. Pr. 10.—.

Naumann, Paul, s.a. O e f e n der deutsch-nationalen Kunstgewerbe-Ausstellung München 1888.

— die Oefen der deutsch-nationalen Kunstgewerbe-Ausstellung München 1888 nach Auswahl v. P. N. Fol. (25 Lichtdr.-Taf.) Ebd. 889. In Leinw.-Mappe. n. 25.—

Naumann, Paul, s.: Schriften, moderne.

Naumann, Pauline, die kleine deutsche Köchin. Wohlgemeinte auf langjährige Erfahrung begründete Anweisung, eine dem Bürgerstande angemessene Küche zu führen ꝛc. Nebst einer Anleitung über das Einmachen der Früchte ꝛc. 32. (XVI u. 140 S.) Lütjenburg 840, Kems & Co. (Hamburg, Volksbuchh. in St. Pauli.) ⅙ ₰

Naumann, Pauline, die kleine deutsche Köchin. Wohlgemeinte auf langjähr. Erfahrung begründete Anweisung, eine dem Bürgerstande angemessene Küche zu führen ꝛc. Nebst einer Anleitung über das Einmachen der Früchte ꝛc. 32. (XVI und 140 S.) Lütjenburg 849. (Hamburg, Richter.)

—— die kleine holsteinische Köchin. Wohlgemeinte, auf langjähr. Erfahrung begründete Anweisung, eine dem Bürgerstande angemessene Küche zu führen ꝛc. Nebst einer Anleitung über das Einmachen der Früchte ꝛc. 32. (XVI und 140 S.) Lütjenburg 847, Kems und Comp. (Altona, Schlüter.) *

Naumann, Philipp: Thesen, an Stelle der später zu veröffentlichenden Dissertation: Ein Fall von Uterus biforis mit Verdopplung des obern Scheidentheils. (Nebst Lebenslauf.) Halle (1870): Plötz. 2 Bl. 8°

Halle-Wittenberg. Med. Thesen v. 23. Juli 1870

Geb. Langendorf (Kr. Weissenfels) 25. 1. 1847. V.

Die Diss. ist nicht ersch.

Naumann, R., die Rinderpest. Populärer Entwurf über die Statistik und das Auftreten dieser Krankheit für Landwirthe und Viehbesitzer zusammengestellt und herausg. Gnesen 856. Lange. 8. (53 S.) n. 5 ngr.

Naumann, Robert. Archiv für die zeichnenden Künste mit besonderer Beziehung auf Kupferstecher- und Holzschneidekunst und ihre Geschichte. Im Vereine mit Künstlern und Kunstfreunden herausgegeben. 16 Bde. Leipzig 1855—1870. 8°.

Naumann, Robert, a. Gießen in Hessen: Experimentelle Bestimmung und theoretische Berechnung kleiner Dampfdrucke von Jod und Metalljodiden. ([Gießen] 1907: v. Münchow.) (47 S.) 8°

Berlin, Phil. Fak., Ref. Nernst, Diss. v. 21. Dez. 1907

[Geb. 14. Juli 85 Gießen; Wohnort: Darmstadt; Staatsangeh.: Hessen; Vorbildung: Großh. Gymn. Gießen Reife O. 03; Studium: Gießen 6, Berlin 3 S.; Rig. 29. Juli 07.]

Das Grab. [Unterz.:] Rob. Naumann. Vorgetragen in der Trauerloge der Loge Balduin zur Linde [in Leipzig]. [Leipzig:] 1880. 2 Bl. 8°. [Kopftit.] [Lith.]

„Fürcht's Grab nicht . . .

Einladungsschrift zum Valedictionsacte einiger auf die Universität abgehenden Nicolaischüler am 18. Mai. Inhalt: Eine Abhandlung des Coll. IV. Dr. Robert Naumann, über einige Handschriften von Hans Sachs, nebst einigen ungedruckten Gedichten dieses Dichters. Leipzig, 1843. 8°.

Naumann, Rob., aus dem J. 1813. Mittheilungen den Mitgliedern des Vereins zur Feier des 19. Octbrs. in Leipzig gewidmet. Leipzig 869. T. O. Weigel. gr. 8. (118 S.) n. 16 ngr.

Naumann, Rob., die Malereien in den Handschriften der Stadtbibliothek zu Leipzig; beschrieben. (Abdr. aus dem Archiv der zeichnenden Künste.) Leipzig 855. R. Weigel. gr. 8. (4 Bl., 103 S.) n. 15 ngr.

—— zum 19. October 1864. Festschrift den Mitgliedern des vor 50 Jahren am 19. Octbr. 1814 gegründeten Vereines zur Feier des 19. Octobers gewidmet. br. 8. (103 S.) Leipzig 864, T. O. Weigel. *

Naumann, Robert: Narratio de Adamo Oleario, Conrectore quondam scholae Nicolaitanae Lipsiensis, celeberrimo saeculi XVII peregrinatore. (Programm des Nicolaigymnasiums in Leipzig. 1868.) Leipzig 1868. 22 S. 8°.

—— Rede und Gesänge bei dem Abschiede ehemaliger Schüler des Nicolaigymnasiums zu Leipzig vom alten Schulgebäude vor der Weihe des neuen Hauses am 15. April 1872. gr. 8. (15 S.) Leipzig 872, Hinrichs' Verlag. *

Naumann, Rob., s. Serapeum.

Naumann, Rob., die Völkerschlacht bei Leipzig. Nebst Nachrichten von Zeitgenossen u. Augenzeugen über dieselbe. Im Auftrage von dem Vereine zur Feier des 19. Octbr. in Leipzig herausg. Mit 1 (lith.) Karte des Schlachtfeldes u. 1 (lith.) Plane der Stadt Leipzig von 1813 (in 4. u. Fol.). Leipzig 863. T. O. Weigel. 8. (VIII, 437 S.) n. 1 ℛ 24 ngr.

Naumann, T., De verborum cum praepositionibus compositorum usu Ammiani Marc
Pr. 1891. 20 S. 4°.
— — Diss. 1892. 128 S.

Naumann, Ulrich [cand. med. aus Reichenbach i. V.]: '[Aus d. Medicin. Klinik zu Jena.]' Pankreasveränderung bei Diabetes ... Jena, Univ.-Buchdr. G. Neuenhahn, 1896; 50 S. 8.
Jena, Med. Fak., Inaug.-Diss. v. [30. Juli] 1896

Naumann, Vikt., s. Pilatus.

Naumann, Vikt., erlöst. Erzählgn. 8. (XI, 227 S.) Dresden-Blasewitz 896. H. Minden. n. 3. —; geb. n.n. 4. —

Naumann, Vict., himmlische u. irdische Liebe. Roman. 8. (250 S.) Dresden 894. H. Minden. n. 3. —

Naumann, Vict., himmlische u. irdische Liebe. Roman. 2. [Titel-]Aufl. 8. (250 S.) Dresden (894.) 899. H. Minden. n. 2. —

Naumann, Vikt., (Pilatus), s. a. Presse, die katholische.

Die katholische Presse. Eine krit. Studie von Pilatus (Dr. Viktor Naumann). 2. Aufl. Wiesbaden: H. Rauch 1907. (38 S.) 8° [F.] [07. 10330]

Quos ego! Fehdebriefe wider d. Grafen Paul Hoensbroech von Pilatus [d. i. Viktor Naumann]. Regensburg: G. J. Manz 1903. (VIII, 497 S.) 8° [F.] [07. 10331]

— Die deutschen Universitäten in ihrem Verhältnis zum Staat, ihre Verfassg. u. Verwaltg., ihre Statuten u. Disziplinar-Ordnungen. (VII, 73 S.) 8. Graz 908. Styria. 1. 20

— Die zweite Wahrmundbroschüre. Anmerkgn u. Ausstellgn. (VII, 41 S.) 8. Ebd. 908. — 70

Naumann, W., Album des jungen Künstlers. Vollständige Zeichnenschule in 54 (lithogr.) Blättern. qu. gr. 8. Halle 852. [Berlin,] Riese.

Naumann, W., de Jesu Chr., ab animi affectibus non immuni. Lips. 1839. 8.

Naumann, W., Landschafts-Studien nach der Natur gezeichnet und lithogr. 1. und 2. Heft. (à 8 Bl.) qu. 8. Merseburg 850. Leipzig, Klinkhardt. à Heft * 8 Ngr. *

—— systematische Zeichen-Schule in 6 Heften à 12 (lithogr.) Blatt. qu. 4. Merseburg 850. (Leipzig, Klinkhardt.) à Heft * 10 Ngr. *

Inhalt:
Heft 1. Anfangsgründe.
" 2. Bogenlinien.
" 3. Arabesken.
" 4. Landschaften, Blumen und Früchte.
" 5. Thiere in Contour und ausgeführt.
" 6. Figurstücke.

Naumann, W. J., 12 zweistimmige Kinderlieder v. W. Hey, G. Knak u. A. f. Schule u. Haus. In Musik gesetzt. 8. (1 B.) Berlin 813, Challier u. Comp.

Naumann, Walth., zur Wohnungsfrage im Königreich Sachsen, s. a. Abhandlungen, volkswirtschaftliche u. wirtschaftsgeschichtliche. 5.

Naumann, Walther: Zur Wohnungsfrage im Königreich Sachsen. *Leipzig 1902: B. Georgi.* (152 S.) 8° ¶ [= Volkswirtsch. u. wirtschaftsgesch. Abhandl., H. 5.]
Leipzig, Phil. Diss. v. [2. Aug.] 1902

Zur Wohnungsfrage im Königreich Sachsen. Von Dr. Walther Naumann. *Leipzig: Joh. & Schnuke 1902.* (152 S.) 8°
[illegible]
= Abhandlungen. Volkswirtschaftl. u. wirtschaftsgesch. H. 5. [illegible]

Naumann, Wilh., s. Blätter für häusliche Andacht.

Naumann, Wilh., die Geschmacksrichtung unserer Zeit. Ein Vortrag, gehalten am 29. Juni 1845 zur Johannisfeier in der Loge Minerva zu den drei Palmen in Leipzig. Manuscr. f. Brüder. gr. 8. (1 B.) Leipzig 845, Vogel.

Naumann, Wilhelm [aus Benndorf '(Prov. Sachsen)']: Über einige Hydrazone und Hydrazide des p.Bromphenylhydrazins und über das Drehungsvermögen einiger Hydrazone ... Wurzen, Buchdr. v. G. Jacob, 1892; 21 S. 8.
Würzburg, Phil. Fak., Inaug.-Diss. v. 1892

— **Wilhelm** (Freiberg), Meletemata ad fragmentum celsi ex libro III. digestorum cap. XXXVIII. pandectarum de rei vindicatione. Präs. Christian Gottlob Biener. Leipzig (Kindel) 29. III. 1790. 16 S. (4.50) 24578
Gew.: Georg Wilhelm Liebe. — Widm. v.: Christian Gottlob Biener.

Naumann, Wilh., das Nimmerveraltende. Predigt über den 23. Psalm, welcher, 1000 Jahr vor Christus gesungen, die Christen der Gegenwart empfinden läßt: „Wie das treue Festhalten an Jesus von einer Stufe des Heiles zu der andern führt"; gehalten Dom. Laetare 1844. gr. 8. (1 B.) Leipzig, Teubner.

Naumann, Wilhelm: Über die Oxydation von Chinaalkaloiden zu Ketonen. Jena 1909: Vopelius. 41 S. 8°
Jena, Phil. Diss. v. 1. Febr. 1909, Ref. Rabe
[Geb. 3. Jan. 81 Hohenmölsen; Wohnort: Naumburg a. S.; Staatsangeh.: Preußen; Vorbildung: Gymn. Jena Reife O. 03; Studium: München 1, Jena 9 S.; Rig. 14. Nov. 08.] [U 09. 2204

—— Paulus, die ersten Siege des Christenthums in Bildern aus der Apostelgeschichte. Mit viel. xylograph. Abbild. 2 Bde. 8. (23½ B. u. 21 Abbild.) Leipzig 844, Teubner.

—— dass. Wohlf. Ausg. (in 1 Bde.) gr. 16. (23½ B. u. 21 Abbild.) Ebds. 846.

Naumann, Wilh., des Deutschen Trost bei dem Zustande seines Volkes. Vier Predigten. Ein Beitrag zur Feier der Erinnerung an das J. 1552. gr. 8. (43 S.) Leipzig 852, Hinrichs'sche Buchh. Thlr.

Naumann-Simonssohn, Juda, od. freimüthige Aeußerungen über Religion u. Bürgerglück. gr. 8. Berl. 817. Mittler. 18 gl

Naumann-Buch. Eine Auswahl klass. Stücke aus Friedrich Naumanns Schriften, hrsg. v. Heinr. Meyer-Benfey. Mit Naumanns Bildnis. 1. u. 2. unveränd. Aufl. 1.—4. Taus. (à VIII, 187 S.) 8. Göttingen 903. Vandenhoeck & Ruprecht. Kart. n. 1. 75; geb. n. 2. 50

Naumann-Buch. Eine Auswahl klass. Stücke aus Friedrich Naumanns Schriften, hrsg. v. Heinr. Meyer-Benfey. Mit Naumanns Bildnis. 4. etwas veränd. Aufl. 7. u. 8. Taus. (X, 184 S.) kl. 8. Göttingen 907. Vandenhoeck & Ruprecht. 1.75; geb. 2. 50

Naumannia. Archiv f. die Ornithologie, vorzugsweise Europa's. Organ d. deutschen Ornithologen-Vereins, unter Mitwirkung vieler Ornithologen. Hrsg. von Ed. Baldamus. 1. Hft. gr. 8. (VIII u. 104 S.) Köthen 849. (Stuttgart, Hofbuchdruckerei zu Guttenberg.) n. ⅔ ℛ — I. Bd. 1. Hft. 2. Abdruck. 2—4. Hft. II. Bd. 1. Hft. Mit einer Abbildung des Balaeniceps rex (in Holzschn.) Lex. 8. (2: IV u. 104 S. 3: IV u. 96 S. m. 1 lith. u. col. Taf. 4: VI u. 90 S. II. 1: IV u. 108 S.) Stuttgart 850 - 52, Hofbuchdr. Zu Guttenberg. (à ⅔ ℛ) 3⅓ ℛ

— dass. II. Bd. 2. Hft. Mit 1 Abbildung: Fuligula Homeyeri. 3. Hft. Mit 1 Abbildung: Turdus [?] Lex. 8. (2: IV u. 124 S. m. 1 lith. u. color. Taf. 3: IV u. 92 S. m. 1 lith. u. color. Taf.) Stuttgart 852, Hoffmann. (à ¾ ℛ) 1½ ℛ

Naumannia. Archiv für die Ornithologie, vorzugsweise Europa's. Organ der deutschen Ornithologen-Gesellschaft. Herausg. von Ed. Baldamus. Jahrg. 1853 u. 54. à 4 Hefte (à 6—8 Bgn.). Mit (lith. u. color.) Abbildgn. Stuttgart, Hoffmann. Lex.-8. Jedes Heft 22½ ngr.

— — Jahrg. 1855. 4 Hefte (à 6—8 Bgn.). Mit lith., theilw. color. Taf. Dessau, Katz. Lex.-8. Jedes Heft n. 22½ ngr.

— — Jahrg. 1856. 6 Hefte (à 6—8 Bgn.). Mit lith., theilw. color. Taf. Ebend. Lex.-8. Jedes Heft n. 20 ngr.

Naumannia. Journal für die Ornithologie, vorzugsweise Europas. Organ der deutschen Ornithologen-Gesellschaft. Redig. von Ed. Baldamus. (7. und 8.) Jahrg. 1857 und 1858. à Jahrg. 6 Hefte. Lex.-8. (à Heft 96 S. mit 1 Stnt.) Leipzig, Voigt und Günther. à Heft * * 20 Ngr. à Jahrg. Thlr.
Ist nicht fortgesetzt worden.

Naumburg [Sachliches OW]

Naumburg, Der St. Joh. Loge z. d. 3 Hammern in Naumburg bei der Einweihung ihrer neuen Bauhütte am 29. Aug. 5852 dargebracht von der St. Joh. Loge Balduin z. Linde in Leipzig. 8. 2 Bl.

Naumburg an der Saale, Das itzt lebende, bey dem Friedens-Jubiläo 1755 Nebst einem historischen Vorbericht, wie diese Stadt angefangen habe zu florieren, und was sie zu diesem Flor, darinnen sie stehet, hauptsächlich gebracht. Naumburg 1756. V: *Faber, Heinrich.* (HH-ED IX, 154)

Naumburg a. S., Kösen, Freyburg a. U., Dürrenberg, Merseburg. Führer durch die Umgebung. (16 S. m. Abb. u. 1 farb. Karte.) kl. 8. Leipzig (910). O. Dietrich. — 25

Naumburg in den Tagen vor u. nach der Lützener Schlacht am 6. Nov. 1632. 8. Naumburg 1826.

Naumburg [Schlagwort]

Naumburg a. S., s.: **Preussen.** Messtischblätter.

Naumburg i. Hessen-Nassau, s.: **Preussen.** Messtischblätter.

Naumburg a. U., s.: **Deutschland.** Kürschner-Peip. — **Lauban.**

Naumburg a. S., s.a. **Deutschland.** Karte (Abt. Preussen).

Naumburg, s.a. Kreiskarten.

– s.a. Merseburg.

Naumburg a. S., s.a. **Preussen.** Messtischblätter.

– s.a. Radfahrerkarten, Ravenstein.

– s.a. Thüringen. Gräf.

Naumburg. Henze, F., Höhenschichtenkarte vom Kreis Naumburg u. dem angrenzenden Ländergebiete. 1 : 50,000. 59 × 71,5 cm. Farbdr. Naumburg 898. M. Schmidt. n. — 75; auf Leinw. n.n. 1. 50

Naumburgo-Citiensis — Chorographia Territorii — etc. exactissime designata a Joh. Georg. Schreibero. Edita curis et impensis Homannianorum Heredum. 1752. 1 : 92,000. 1 Bl.

Naumburg-Nürnberg, s.: Automobilkarten. Mittelbach.

Naumburg [Verfasser]

Naumburg's moderne Bibliothek. 1. u. 2. Bd. 8. Kindelbrück, K. Naumburg's Verl. (Nur direkt.) à n. 1. 50
1. Nemesis u. andere Novellen. Von Max v. Weissenthurn. (294 S.) (902.)
2. Nichts f. Backfische. Von Max Strack. (215 S.) (902.)

Naumburg's moderne Bibliothek. 3. u. 4. Bd. 8. Kindelbrück, K. Naumburg. à n. 1. 50
3. Kreuziget ihn! Geschichten u. Typen irr. Menschen. Von Alois Fiets. (235 S.) (903.)
4. Spiegelbilder. Von Matthias Blank. (123 S.) (903.)

Naumburg, B., Mährchen f. die reifere weibl. Jugend, s. Mährchen.

Naumburg, B., s. Maria, Mährchen für die reifere Jugend.

Naumburg, H. v., Herbstzeitlosen. Acht Novelletten. 8. (VII, 115 S.) Naumburg 893. H. Schmidt. n. 1. 25; geb. n. 1. 75

Naumburg, Jh. Sam., († d. 12 Mai 1799.) Abhandl. von Beinkrümmung; nebst e. Beschreib. d. Ehrmann. Fußmaschine nebst and. Beobachtt. Mit Kpf. 8. Leipz. 796. (W. Vogel). 1 ℛ

Naumburg, J. S., v. d. Beinkrümmung und and. Beobacht. m. K. 8. Leipz. Crusius. (F. C. W. Vogel.) 796.

Naumburg, Joh. Samuel, Delineationes Veronicae chamaedryos, dianthi Carthusianorum, lamii maculati et purpurei, Arabis Alpinae, violae grandiflorae, zanichelliae palustris ac polymorphi tremelloidis. Quas botanices et in specie florae Erfordiensis studiosis. Erfurt (I. C. Goerling) (1. VIII.) 1792. 32 S. (5.—) 24579
Gew.: Carl Theodor von Dalberg.

— **Johann Samuel** (Erfurt), Delineationes Veronicae chamaedryos, dianthi Carthusianorum, lamii maculati et purpurei, Arabis Alpinae, violae grandiflorae, zanichelliae palustris ac polymorphi tremelloidis. Diss. botan. Präs. Johann Friedrich Weissenborn. Erfurt (I. C. Goerling) 1. VIII. 1792. 32 S. (5.—) 24580
Gew.: Carl Theodor von Dalberg.

— Lehrbuch der reinen Botanik. 8. Hamburg, Vollmer. 798.

— Lehrbuch d. reinen Botanik, nach Principien d. krit. Philosophie. 8. Altona 798.

— vollständ. Lehrbuch d. Botanik. Ein prakt. Handb. f. Aerzte, Apotheker &c. Mit e. Vorrede v. Hofr. Medicus. 8. Hamb. 798. (Herold jun.) 1 ℛ 18 gr

Naumburg, L., erster Lese-Unterricht in der hebräischen Sprache. 1. Aufl. 1864. 6 Ngr. und 2., verb. Aufl. 8. (18 S.) Philadelphia 866, Schäfer und Koradi. geb.

Naumburg, L., erster Lese-Unterricht in der hebräischen Sprache. 5., verb. Aufl. 8. (18 S.) Philadelphia 877. Schäfer & Koradi. cart. — 50

Naumburg, P., s. Schultze-Naumburg, P.

Naundorf, B.

Naundorf, Prediger. Ist es ratsam, sich von alkoholischen Getränken zu enthalten? Hamburg 1890. 15 S. 8°.

Ist es ratsam, sich von alkoholischen Getränken zu enthalten? Vortrag v. ... B. **Naundorf,** ... geh. in Einbeck im Mai 1898 auf d. Konferenz d. Baptisten-Gemeinden d. Hannoverschen Vereinigg. u. auf Wunsch ders. gedr. (Hamburg: J. G. Oncken Nachf. 1898.) (15 S.) 1 Bd. 8°

Naundorf, C. M., Normal-Schreibebuch. 1e Abthl. 4 Hfte. (16 lithogr. B.) 4. Leipzig 835. Pönicke u. Sohn. n. 1/3 ℛ

Naundorf, Carl Friedrich, s. Naundorf, Karl Friedrich

In der Loge Archimedes zum flammenden Stern. Roman nach den hinterlassenen Papieren eines Freimaurers von E. v. **Naundorf.** Dresden: Steffens [1886]. 384 S. 8°
Recens: Bbl. 1 (1887) S. 150; °O. [12] (1887) S. 64; KfF. 29 (1889) S. 201.
cf. FZ. 41 (1887) S. 385—386.
TB. 414.

Naundorf, E. v., in der Loge Archimedes z. flammenden Stern. Roman nach d. hinterlass. Papieren e. Freimaurers. 2. (Titel-)Aufl. 12. (284 S.) Luzern (886) 891. Schweiz. Verlags-Anstalt. 3. —; geb. 4. —

Naundorf, Karl Friedrich

Naundorf, Carl Friedr. v., Witz über Witz, s. Witz über Witz.

DORNAU (d. i. *A. J. Naundorff*), Liebe und Rache. Ein Novellenkranz gewunden von —. Leipzig 1843. 8°. (1½ Rthl.) (1 Mk. 50 Pfg., geles. Expl., Südd. Antiqu., München, 1907.)

Naundorff, Andreas (Leipzig), De probatione laudemii per libros censuales et literas investiturae. Diss. jur. Präs. Augustin Leyser. Helmstedt (P. D. Schnorr) 8. XI. 1728. 34 S. (5.—) 24581

Naundorff, E. v., der grosse Distanz-Ritt Berlin-Wien im J. 1892. Nach den zuverlässigsten amtl. Quellen u. den persönl. Aufzeichngn. der einzelnen Theilnehmer, sowie der üb. denselben erschienenen Veröffentlichgn. Mit vielen Illustr. nach Orig.-Zeichngn. v. Geo. Koch, M. Ledeli, C. Becker, E. Köberle u. A. gr. 8. (200 S.) Breslau 893. (Dresden, Kunstdruckerei Union.) Geb. in Leinw. m. Goldschn. n. 5. —

Naundorff, E. v. (Hugo Elm), Dreyfus der Gefangene auf der Teufelsinsel. Schilderung des Falles Dreyfus in allen seinen Einzelheiten. 8. (160 S. m. Abbildgn.) Dresden (899). M. Fischer. 1. —

Naundorff, Ewald

Naundorff, E., Einführung in die wichtigsten Verfassungs- u. Verwaltungsgesetze des Deutschen Reichs u. des Königr. Sachsen, insbesondere f. die Bureaubeamten im Geschäftsbereiche des Ministeriums des Innern zur Vorbereitung f. die Assistenten- u. Sekretärprüfg. (XXIII, 452 S.) gr. 8. Leipzig 904. Roßberg'sche Verlagsbuchh. Geb. in Leinw. n. 10. —

Naundorff, E.: Gesetz betr. die Handels- und Gewerbekammern, s.a. Handbibliothek, Leipziger jurist.

Naundorff E, Gesetz betr. die Handels- und Gewerbekammern (für Sachsen) vom 4.8.00 nebst Ausführungsverordnung vom 15.8.00. (44 S) Leipzig 1900

Naundorff, E., Handb. f. die Gemeindevorstände d. Königr. Sachsen, 3. Aufl., bearb. v. G. Böhme, s.: Handbibliothek, juristische.

Naundorff, E., Handbuch d. Verfassung u. Verwaltg. d. Landgemeinden im Königr. Sachsen. gr. 8. (VIII, 278 S.) Leipzig 896. Roßberg. n. 4. 50; geb. n. 5. 50

•*Naundorff, E.* **Kommentar zum V. A. G. Leipzig 1902.**

— **Rechtsgrundsätze des kgl. sächs. Oberverwaltungsgerichts, s.a. Wachler, Paul.**

Rechtsgrundsätze des Kgl. Sächs. Oberverwaltungsgerichts. Bearb. von Dr. Paul **Wachler**, Senatspräs., u. Dr. E[wald] Naundorff. Bd 1. Leipzig: Roßberg 1905. 8° [F.]
= **Zeitschrift**, Fischers, f. Praxis u. Gesetzgebung d. Verwaltung. Bd 28, Beilageheft. 05. 8244

– Reichsgesetz üb. die privaten Versicherungsunternehmungen, s.a. Handbibliothek, Leipziger jurist.

Naundorff, E., Reichsgesetz über die Privaten Versicherungsunternehmungen vom 12. 5. 1901, u. Ausführungsverordnungen, m. erläut. Anmerk. auf Grund d. Gesetzesmaterialien, Leipzig 1902, 186 S., 8°.

Naundorff, E., Versichergsuntern, s. **Handbibliothek.**

— Jo. Friedrich (Leipzig), Disputatio de jure adcrescendi. Präs. Jo. August Bach. Leipzig (Stopffel) 26. IX. 1754. 26 S. (4.50) 24582
Widm. v.: Jo. August Bach.

— — Dasselbe. Leipzig (Stopffel) 26. IX. 1754. 26 S. (4.75) 24583
Gew.: Joh. Gottfried Bauer. — Widm. v.: Jo. August Bach.

Naundorff, Jul., unter dem rothen Kreuz. Fremde u. eigene Erfahrungen auf böhm. Erde u. den Schlachtfeldern der Neuzeit. Leipzig 867. Veit & Co. gr. 8. (XI, 520 S.) n. 1 Thlr 15 ngr.

Naunheim, Anton. Das «Morbicid technisch» als Desinfections- und Desodorisationsmittel in der Tierheilkunde. Diss. Vet.-Med. Bern. 39 S. 8. Hermeskeil, Lohmer-Philippi, 1909.

Naunhof [Sachliches OW]

Naunhof, Brandis, Altenhain, Eilenburg, Wurzen, Hohburger Berge. (6 S. m. Abb. u. 2 farb. Karten.) kl. 8. Leipzig (910). O. Dietrich. — 25

Naunhof [Schlagwort]

Naunhof, s.: Geologische Karten. Spezialkarte (Sachsen).

Naunhof, s.: Sachsen. Karte. Messtischblätter.

Naunin, die Kirchenordngn. d. Johannes Laski. (III S., S. 23—40, 195—236 u. 347—375.) 8. Lissa 910. O. Eulitz. 1. —
Sonderabdr. a.: „Deutsche Ztschr. f. Kirchenrecht".

Naunin, Otto, ev. Pfarrer [a.] Dt. Eylau, Westpr.: Zur Laski-Kontroverse in der Gegenwart. Dt. Eylau 1906: Dt. Eylauer Zeitung. (102 S.) 8° [F.]
Göttingen, Theol. Fak., Ref. Tschackert, Diss. v. 15. März 1907
[Geb. 17. Jan. 70 Karsebrack, Kr. Marienwerder, Westpr.; Wohnort: Dt. Eylau, Westpr.; Staatsangeh.: Preußen; Vorbildung: Gymn. Marienwerder Reife O. 91; Studium: Berlin 3, Königsberg 4 S.; Coll. 17. Nov. 06.]

Naunin, Otto, zur Laski-Kontroverse in der Gegenwart. (102 S.) 8. Dt. Eylau 906. (Göttingen, Vandenhoeck & Ruprecht.) 2. —

Naunyn, Bern. (geb. Berlin 2. 9. 1839): De echinococci evolutione. Berolini (1862). (35 S.) 8°
Berlin, Med. Diss. v. 23. Mai 1862

Gesammelte Abhandlungen von Prof. Dr. B[ernhard] **Naunyn.** 2 Bde. 1862–1908. Bd 1. 2. Würzburg 1909: Stürtz. 8° 09. 15744 10

Naunyn, (Bernh.), notwendigste Angaben f. die Kostordng. Diabetischer. Zum Handgebrauch d. Ärzte zusammengest. (18 S.) gr. 8. Jena 908. G. Fischer. — 60

Naunyn, B., s.: Archiv f. experiment. Pathologie u. Pharmakologie.

Naunyn, B, die diätetische Behandlung d. Diabetes mellitus, s.: Sammlung klinischer Vorträge.

— über die Beziehungen der arteriosklerotischen Hirnerkrankung zur Pseudosklerosis multiplex senescentium u. zur Abasia senestium, s.a. Sammlung klinischer Vorträge.

Über die Beziehungen der arteriosklerotischen Hirnerkrankung zur Pseudosklerosis multiplex senescentium und zur Abasia senes(cen)tium [!] von B[ernhard] **Naunyn**, Straßburg. Leipzig: Breitkopf & Härtel 1905. (16 S.) 4°(8°)
= **Sammlung** klinischer Vorträge. No 391. 05. 8438

— s.: Bibliotheca medica.

— der Diabetes melitus, s.a. Pathologie u. Therapie, specielle.

Der Diabetes melitus. Von Dr. B[ernhard] **Naunyn**, Prof. ... in Strassburg i. E. M. 1 Taf. *Wien: A. Hölder 1898.* (X, 526 S., 1 Taf.) 1 Bd 8.
= **Pathologie,** Specielle, u. Therapie. Bd VII. Th. VI. 98. 3876

— der Diabetes melitus. 2., umgearb. Aufl. Mit 2 Kurven auf Taf. u. 5 Abbildgn. im Texte. (XII, 562 S.) Lex.-8. Wien 906. A. Hölder. n. 12. 80

— die Entwickelung der inneren Medizin m. Hygiene u. Bakteriologie im 19. Jahrh. Centennialvortrag in der allgem. Sitzg. der 72. Naturforscher-Versammlg. in Aachen am 17. IX. 1900. gr. 8. (21 S.) Jena 900. G. Fischer. n. 1. —

— u. J. **Schreiber,** über Gehirndruck. Mit 7 (lith.) Curventaf. [Aus: „Archiv f. experim. Pathol. u. Pharmakol."] gr. 8. (112 S.) Leipzig 881. F. C. W. Vogel. n. 5. —

Naunyn: Handbuch der Intoxicationen, s. Boehm.

Naunyn, B., Handbuch der Intoxicationen, s.: Handbuch der speciellen Pathologie u. Therapie.

Naunyn, B., Klinik der Cholelithiasis. Mit 3 farb. u. 2 Lichtdr.-Taf. Lex.-8. (VIII, 187 S.) Leipzig 892. F. C. W. Vogel. n. 10. —

— moderne Kliniken u. Krankenhäuser. Rede zur Einweihg. des Neubaues der medizin. Klinik in Strassburg, 9. II. 1902. gr. 8. (12 S.) Ebd. 902. n. — 50

— kurzer Leitfaden f. die Punction der Pleura- u. Peritonealergüsse. gr. 8. (VII, 26 S.) Strassburg 889. Trübner, Verl. n. 1. —; geb. n. 1. 40

Naunyn, B., über die Localisation der Gehirnkrankheiten, s. Nothnagel, H.

— s.: Mitteilungen aus den Grenzgebieten der Medizin u. Chirurgie.

—— s. Mittheilungen aus der medicinischen Klinik zu Königsberg i. Pr.

— Die Berliner Schule vor 50 Jahren, s.a. Sammlung klin. Vorträge.

Die Berliner Schule vor 50 Jahren. Von Prof. Dr. B[ernhard] **Naunyn**, Straßburg. Leipzig: J. A. Barth 1908. (27 S.) 8° [Umschlagt.]
= **Sammlung** klinischer Vorträge. N. F. No 478. 08. 8634

—— zum derzeitigen Standpunkt der Lehre von den Schutzimpfungen. Rede, gehalten beim Prorectoratswechsel der Albertina zu Königsberg i. Pr. gr. 8. (18 S.) Leipzig 886, F. C. W. Vogel. * — 80

Nauracis, s. Lus.

— Skizzen aus der allgemeinen Pathologie. 8. Leipzig 824 Wienbrack.

— Theorie der prakt. Heilkunde. 8. Berlin 827, Hirschwald.

— kritische Untersuchung der allgem. Polaritätsgesetze. gr. 8 Leipz. 822, Wienbrack.

Naurath, Ludwig Julius Ernst von (Militsch/Schlesien), De manuum morphologia et physiologia. Diss. anatom.-phys. Berlin (A. W. Schade) 5. X. 1833. XII, 131 S. mit Biogr. (M.: C. von Reitzenstein.) (4.50) 24584
Oppon.: F. Büttner, O. Klatten, N. Lippmann. — Gew.: Carl Sigism. Franz Stein von Altenstein, Ch. G. Hufeland.

Naurath, L. J. de, de Manuum Morphologia et Physiologia. Disquisit. anatom.-physiologica. 8maj. (8¼ B.) Berolini 833, Bechtold et Hartje.

Naurath, Mart.: Discursus iur. de rationariis Von Berechneten Dienern. Ed 2. Francofurti et Lipsiae 1722.

Naurath, Mart., tractat. duo de rationariis, v. berechnet. Dienern et iure subditorum. 8. Ulm, Wohler. 727.

v. Naurath zu Kranenburg, Pauline, Freiin, die romantischen Sagen der Burg zu Militsch, aus dem 13n, 14n u. 16n Jahrh. 4 Thle. (Jadwiga Zaremba. — Die Belagerung. — Sigismund, Freiherr v. Kurzbach. — Der Zauberbecher u. die Perlenschnur.) 8. Breslau 837. (Aderholz.) 1⅚ ℛ

Naurouze, Jacques, les Bardeur-Carbansane. Histoire d'une famille pendant 100 ans. 1.—5. partie. 8. Leipzig, G. Freytag. Geb. in Leinw. u. geh. n. 7. 75; Wörterbücher n. 3. —

1. La mission de Philbert. Im Auszuge f. den Schulgebrauch hrsg. v. Thdr. Engwer. I. Tl.: Einleitung u. Text. II. Tl.: Anmerkungen. (VI, 166 S.) 900. n 1. 60; Wörterbuch (72 S.) n. — 70
2. Frères d'armes. Für den Schulgebrauch hrsg. von Karl Noller. I. Tl.: Einleitung u. Text. II. Tl.: Anmerkungen. Mit e. Übersichtskarte des Kampfgebietes um Philadelphia (1777/78.) (VI, 114 S.) 901. Geb. u. geh. n. 1. 20; Wörterbuch (51 S.) n. — 60
3. A travers la tourmente. Für den Schulgebrauch hrsg. von G. Balke. (IV, 112 S.) 902. n. 1.20; Wörterbuch (57 S.) n. — 50
4. L'otage. In gekürzter Fassg. f. den Schulgebrauch hrsg. v. Max Pfeffer. I. Tl.: Einleitung u. Text. II. Tl.: Anmerkungen. (VI, 162 S.) 900. Geb. in Leinw. u. geh. n. 1. 50; Wörterbuch (51 S.) n. — 60
5. Séverine 1814—1815. Für den Schulgebrauch hrsg. v. Aug. Müller. (III, 112 S.) 902. Geb. in Leinw. n. 1. 25; Wörterbuch (55 S.) n. — 60

Nauschütz, (Max): Die Einweihung des neuen Domschulgebäudes in Cammin. Cammin i. Pom. 1910: Formazin & Knauff. S. 23—31. 4°
Kammin i. Pom., st. Dom-S, R OP 1910 (217) [S 10. 305

Nause, L., Jahrbuch der Neuerungen und Fortschritte im Baugewerbe. 1. Jahrg. 1888—1889. 8. (191 S.) Berlin 888, Dressel's Verlag. * 1 50

Nausester, Walter

Nausester, W., Beiträge zur Lehre vom Deponens u. Passivum des Lateinischen. (34 S.) gr. 8. Halle 907. Buchh. des Waisenhauses. — 60
Sonderabdr. aus: „Novae symbolae Joachimicae".

Nausester, Walt., Denken, Sprechen u. Lehren. I. Die Grammatik. gr. 8. (195 S.) Berlin 901. Weidmann. n. 4.—

Nausester, Walt., Denken, Sprechen u. Lehren. II. Das Kind u. das Sprachideal. (VII, 246 S.) 8. Berlin 906. Weidmann. n. 5. — ; (I. u. II: n. 9. —)

— das Kind u. die Form der Sprache, s. Sammlung v. Abhandlungen aus dem Gebiete der pädagog. Psychologie u. Physiologie VII, 7.

Das Kind und die Form der Sprache von Dr. Walter Nausester, Oberl. u. Prof. *Berlin: Reuther & Reichard 1904.* (51 S.) 8°
= Sammlung von Abhandlungen aus d. Geb. d. pädag. Psychologie u. Physiologie. Bd. 7, H. 7. [04. 15536 2

Nausester, Walterus: *Quaestiones Propertianae. 72 S. 8° (4°)
Halle-Wittenberg, Phil. Diss. v. 23. Nov. 1876
Geb. [Magdeburg 4. 3. 1852]

Nausester, Walt. Der deutsche Unterricht in Tertia und Quarta. 24 S. Progr. Joach. *Berlin* 1883.

Nausikaa. Lustspiel in 4 Aufzügen, nach Homer's „Odyssee" metrisch frei bearb. von Arthur. Gedruckt als Mscr. gr. 8. (38 S.) Dresden 871, (Schöpff.) [Demuth.] *

Nauss, Carl Eberhard, s. Nauss, Karl Eberhard

Nauss, Ed., Anstalts-Inhalations-Heilverfahren gegen d. chron. (infectiösen) Erkrankgn. d. Athmungsorgane, bes. d. Lungenschwindsucht. 8. (21 S.) Freiburg i/B. 895. Lorenz & Waetzel. n. — 50

Nauss, Eduard [app. Arzt aus Stühlingen in Baden]: Heilung eines eitrigen Hydrocephalus acutus internus ... Karlsruhe, Buchdr. v. F. Thiergarten, 1892; 50 S. 8.
Würzburg, Med. Fak., Inaug.-Diss. v. 1892

Nauss, Ed., Konstitutionspathologie, die Pathologie der Zukunft. gr. 8. (IV, 97 S.) München 901. Verlag der ärztl. Rundschau. n. 2. —

— Tuberkulose-Immunserum u. Lungenschwindsucht. gr. 8. (75 S.) München 899. Seitz & Schauer. n. 1. —
Sonderabdruck aus: „Aerztl. Rundschau".

(8) **Nauss,** E., Tuberkulose-Immunserum. 899. (KBL 32.) Jetzt: München, Verlag d. ärztl. Rundschau.

Nauss, Eduard: Die Zellen- und Keimblätterlehre als pathologische und therapeutische Grundlagen von —. München 1899: Seitz & Schauer. (68 S.) 8° [Umschlagt.]
Aus: Aerztl. Rundschau. 1899.

Nauss, Karl Eberhard

Nauss, Carl Eberhard: Ueber Complication von Schwangerschaft, Geburt u. Wochenbett mit Myomen des Uterus. Halle (1872): Hendel. 35 S. 8°
Halle-Wittenberg. Med. Diss. v. 23. Nov. 1872
Geb. Bielefeld 23. 11. 1849. V.

Naufs, M. Der Stil des anglonormannischen Horn. Diss. Halle 1885. 56 S.

Nauss, Max, Dr.: Bemerkungen zum neusprachlichen Unterricht am humanistischen Gymnasium. Frankfurt a. O. 1905: Trowitzsch. (11 S.) 4°
Frankfurt-Oder, k. Friedrichs-G. OP 1905 (77)

Nauss, Oskar [aus Karlsruhe]:
I. Beitrag zur Kenntnis der Oxyanthrachinone.
II. Ueber β-Phenylchinolin. Karlsruhe 1896. 42 S. 8°.
Basel. Phil. Diss. 1896/97.

Nauss, Rud., ansteckende Krankheiten in der Schule. Aerztl. Winke zum Erkennen derselben. Für Lehrer und Väter. [In 15 Vorlesungen.] 12. (IV, 207 S.) Wien 886, Pichler's Wwe. und Sohn. * 1 60

Nauta, B. A., Annotatio in L. A. Senecae librum de providentia. Diss. 1828. 74 S.

Nauta, B. A., s. *Senecae*, liber de providentia.

Nauta, J S , geboren in Gorredijk, Tierarzt und Assistent an der Staatsveterinärschule in Utrecht: Physisch-chemische Untersuchungen des Fruchtwassers der Wiederkäuer in den verschiedenen Perioden der Trächtigkeit. Utrecht 1906. VIII + 109 S. 8°. [26. VII. 06.]
Bern. Vet.-med. Diss. 1906/1907.

Nauta, J[entje] S . Physisch-chemische Untersuchungen des Fruchtwassers der Wiederkäuer in den verschiedenen Perioden der Trächtigkeit. Diss. Vet.-Med. Bern. [Mit Figuren und 1 Tafel.] VIII + 109 S. 8. Utrecht, P. den Boer, 1906.

Nauthi, Bonaventura, der Kapaun, s.: Cuillerapot, Pierre.

Nauticus, s. a. Altes u. Neues zur Flottenfrage.

Altes und Neues zur Flottenfrage. Erläuterungen z. Flottenges. von **Nauticus**. (2 u. d. T.: Nauticus. Neue Beiträge z. Flottenfrage.) [1. 2.] *Berlin: E. S. Mittler & Sohn 1898.* 2 Bde 8° [F.]
[1.] 2. unveränd. Aufl.
— [Nauticus-Schriften. 1. 2.] [01. 11678

Nauticus, s. a. Beiträge zur Flotten-Novelle 1900.

Beiträge zur Flotten-Novelle 1900. Von **Nauticus**. *Berlin: E. S. Mittler & Sohn 1900.* (V, 252 S.) 8° [F.]
— [Nauticus-Schriften. 4.] [01. 11679

— s. a. Beiträge, neue, zur Flottenfrage.

Nauticus. Neue Beiträge zur Flottenfrage. Berlin 1898. 8°.

Nauticus, s.: Jahrbuch f. Deutschlands Seeinteressen.

Nauticus, s.: Méville, H. de.

Nautilus, s.: Schaum.

— s. a. Weisheit, billige.

Billige Weisheit. Antidoton gegen Rembrandt als Erzieher v. Nautilus [d. i. Artur Seemann]. 4. Aufl. Leipzig. 1890. 8°

Nauwerck, Carl, s. Nauwerck, Karl

Nauwerck, Cölestin, I. Assistent der medicinischen Klinik in Zürich [von Berlin]: Beiträge zur Pathologie des Gehirns. [S. A. aus: Deutsches Archiv für klinische Medicin, Bd 29, S. 1—76]. Leipz. J. B. Hirschfeld Dr. 1881. 1 Bl., 76 S. 8°.
Zürich, Med. Diss. [v. 18. Aug. 1880].

Nauwerck, C., Bericht über 20, in den J. 1882—1887 im pathologischen Institute zu Tübingen ausgearbeitete Dissertationen, s. Bericht zur pathologischen Anatomie und Physiologie.

Nauwerck, C., pathologisch-anatomische Mitteilungen XV. gr. 8. Königsberg i/Pr. 892. W. Koch. n. 2. —
Ueber den Bau u. die Ursachen d. Chalazion. Von Paul v. Wichert. (44 S. m. 1 farb. Taf.)
I—XIV sind zerstreut in Zeitschriften erschienen.

Nauwerck, C., üb. Muskelregeneration nach Verletzungen. Experimentelle Untersuchg. Mit 5 lith. Taf. gr. 8. (III, 58 S.) Jena 890. Fischer. n. 6. —

Organisation und Thätigkeit des Pressausschusses des ärztlichen Bezirksvereins Chemnitz-Stadt. Von Prof. Dr. [Cölestin] **Nauwerck**-Chemnitz. *(Leipzig [1902]: Ackermann & Glaser.)* (IV S.) 4° [Kopft.] [03. 13410

—— Rückenmarkserweichung, s. Beiträge zur pathologischen Anatomie und Physiologie.

— Sectionstechnik f. Studirende u. Aerzte. Lex.-8. (V, 127 S. m. 41 Abbildgn.) Jena 891. G. Fischer. n. 2. 50

— dasselbe. 2., verm. Aufl. gr. 8. (VII, 159 S. m. 51 Abbildgn.) Ebd. 894. n. 3. — ; geb. n. 3. 60

Nauwerk, C., Sectionstechnik für Studirende u. Aerzte. 3., verm. Aufl. Mit 62 theilweise farb. Abbildgn. gr. 8. (VIII, 244 S.) Jena 899. G. Fischer. n. 4. 50; geb. in Leinw. n. 5. 25

Nauwerck, C., Sektionstechnik f. Studierende u. Aerzte. 4., verm. Aufl. (X, 264 S. m. 69 z. Tl farb. Abbildgn.) Lex.- 8. Jena 905. G. Fischer. n. 5. — ; geb. n. 6. —

— Untersuchungen üb. die Möller-Barlow'sche Krankheit, s.: Schoedel, J.

Nauwerck, Gustav [aus Leimbach b. Mansfeld]: Studien über die Pharynx-Mucosa .... Halle a. S., Druck v. E. Karras, 1887; 29 + 1 S. + 1 Bl. 8°.
Halle, Med. Fak., Inaug.-Diss. v. 26. März 1887.

Nauwerck, Karl, ein Dutzend Artikel. (Neue Titel-Ausg.) gr. 12. (IV u. 47 S.) Bern 848, Jenni Sohn. 1/4 ₰

Nauwerck, Carl, berliner Blätter. Nr. 1—6. 12. (à 1 B.) Berlin 844, Springer. à * 2½ Ngr.; Thlr. *

—— dass. Schlußwort. 12. (½ Bog.) Ebds. 844.

—— Hauptergebnisse d. Landtags-Abschiede in Preußen, 1841, 1843, 1845. gr. 8. (6¼ B.) Berlin 846, Ferd. Bethge. *

—— der Hausfreund am Feierabend. 1. Lfg. Nathusius. 4. Aufl. gr. 8. (1½ B.) Leipzig 846, Vereins-Verlagsbuchh.

– s. Jouy: Die Kirche ...

—— zur Kunde der Hierarchie. 2 Hfte. Einheit u. Unfehlbarkeit der römischen Kirche. — Sündenvergebung u. Ablaß. gr. 8. (6½ B.) Leipzig 845, Otto Wigand.

– s. Monatsschrift f. Politik.

Nauwerck, Karl, Nathusius, siehe: Lebensbilder ausgezeichneter u. merkwürdiger Männer, 1. Hft.

Nauwerck, Karl, Notiz üb. d. arabische Buch: انوان الصفا تحفة d. h. Gabe d. aufricht. Freunde, nebst Proben desselb. Arabisch u. Deutsch. gr. 8. (10 B.) Berlin 837, Geo. Reimer. *

Nauwerck, Carolus: * Dissertatio philosophico-historica ... De progressibus generis humani. 64 S. 8° (4°)
Halle-Wittenberg, Phil. Diss. v. 5. Juli 1834
Geb. Salem (Sachs.-Lauenburg) [26. 3.] 1810. V.

—— das preußische Religionspatent vom 30. März 1847. gr. 8. (55 S.) Leipzig 847, G. Mayer. *

Nauwerck, C[arl]: De Stratone Lampsaceno philosopho disquisitio. Berolini 1836. (38 S.) 8°
[Berlin, Phil. Fak., Hab.-Schr. v. 23. Apr. 1836]

—— de Stratone Lampsaceno philosopho disquisitio. 8maj. (2½ B.) Berolini 836, Geo. Reimer.

—— der Streit zwischen Regierung u. Geistlichkeit im Kanton Waadt. gr. 8. (1 B.) Berlin 846, Ferd. Bethge.

—— die Thätigkeit der deutschen Bundesversammlung od. die wesentlichen Verhandlung. u. Beschlüsse d. Bundestages. 4 Hfte. gr. 8. Berlin 845, 46, Duncker u. Humblot. *

Hft. 1. 1816. 1817. (Nebst der deutschen Bundesakte u. der wiener Schlußakte.) (8 B.) * 15 Ngr.
" 2. 1818—1819. (Nebst Umrissen der deutschen Verfassungen.) (19¼ B.) * 1 Thlr. 10 Ngr.
" 3. 1820—24. (11½ B.) * 25 Ngr.
" 4. 1825—46. (Nebst den geheimen Beschlüssen v. 1834.) (7 B.) * 20 Ngr.

—— über die Theilnahme am Staate. gr. 8. (1½ B.) Leipzig 844, Otto Wigand.

—— Uebersicht der wichtigeren Abstimmungen der preuß. Provinziallandtage. 1841, 43 u. 45. Lex.-8. (2 B.) Berlin 845, Veit u. Comp.

—— die Verordnungen vom 3. Febr. 1847 über die ständischen Einrichtungen in Preußen beleuchtet. gr. 8. (103 S.) Leipzig 847, G. Mayer. *

—— ein Wort üb. freie Staatsverfassung. gr. 8. (1⅛ B.) Hamburg 841, Nestler u. Melle.

Nauwerck, Carl, statistisches Wörterbuch über die Vereinigten Staaten. gr. 8. (279 S.) Leipzig 853, O. Wigand. *

Nauwerck, Robert, aus Berlin: Zur Casuistik der Tumoren des Bulbus. Zür. J. Herzog Dr. 1866. 28 S. 8°.
Zürich, Med. Diss. v. 27. Juni 1866.

Nauwerk, Belehr. über Wetterlings Gedank. meteorolog. Bemerk. 8. Leipzig, Böhme. 789.

Nauwerk, Friedrich August (Dresden), De administratore jurisdictionis patrimonialis munere suo indicta caussa haud privando. Präs. Christian Daniel Erhard. Leipzig (C. Tauchnitz) 7. VII. 1801. 56 S. (3.50) 24587
Gew.: Georg Wilhelm von Hopfgarten. — Widm. v.: Christian Daniel Erhard.

Nauwerk, Karl, s. Nauwerck, Karl

Nauwerk, Ldw. Gli. Karl, Gelegenheitsgedichte. gr. 8. Neubrandenburg, L. Dümmler; (auch Fr. Fleischer in Leipz.) 16 gr

PSYCHE. Ein episches Gedicht. (10 Ges. in Hexametern von *Ludw. Gottlieb Carl Nauwerk*). Mit Kpf. Neustrelitz, Albanus, 1811. 12°. Zahm.
180 S. Unter d. Widmung: „An meine Schwester J. G. geb. N. 12. Mai 1808". — Engelmann 1837 hat irrig „1810" als Jahrz. auf d. Titel; Anon.-Lex. III. p. 320 (nach Goedeke).

Nava, A. v., das Sparcassenwesen in Oesterreich, s.: Wacek, F. v.

Navarete, A., gesühnt, s.: Weichert's Wochen-Bibliothek.

Navarini, Octavius von, k. k. Hauptmann. Kriegsgeschichtliche Notizen über die im Verordnungsblatte für das k. k. Heer pro 1872 — Normal-Verordnungen 31. Stück — enthaltenen 30 Fragepunkte. Zusammengestellt in 6 Theilen. (Litographiert.)
Fol. Salzburg 1873.

Navarra Regnum etc. Ex Mappis Dom. Tom. Lopez delineavit F. L. Güssefeld, et in lucem ederunt Homann. Haeredes Ao. 1798. 1 : 240,000. 1 Bl.

Navarra, Bruno

Navarra, B., China u. die Chinesen. Auf Grund e. 20jähr. Aufenthaltes im Lande der Mitte geschildert. Mit 5 bunten Kunstbeilagen nach chines. Aquarellen, 60 Bildertaf. nach Photogr., zahlr. Text-Illustr., sowie 1 Karte v. China nebst Nachbarstaaten. 24 Lfgn. gr. 8. (XXIV, 1184 S.) Bremen 901. M. Nößler. à n. — 60; kplt. (2 Bde.) n. 15. —; geb. n. 19. —; erm. Pr. n. 10. —; geb. n. 12. —; (1. Bd. n. 8. —; geb. n. 10. —; erm. Pr. n. 5.60; geb. n. 7. —; 2. Bd. n. 7. —; geb. n. 9. —; erm. Pr. n. 4.50; geb. n. 6. —)

Navarra, Bruno, chinesische Sinnsprüche. (VII, 79 S.) gr. 8. Heidelberg (905). C. Winter, Verl. n. 1.20

Navarres, T., Grammaire nouvelle française et allemande en forme d'entretiens précédé de deux méthodes enseignement. gr. 8. Nürnb. Stein. 815.

Navarro, C., s.a. Navarro, G.

Navarro, C., Poesie. 8. Kopenh. 819. Reitzel. 8 gr

— Rime. 8. Kopenh. 818. Reitzel. 6 gr

Navarro, Carlos, zwei Jahre am Rio de la Plata. Deutscher Orig.-Roman. 2 Thle. 8. (207 u. 262 S.) Berlin 881. Janke. n. 6. —

Navarro, G., s.a. Navarro, C.

Navarro, C., Poesie. 8. Kopenhagen, Reitzel. 819.

— — Rime. 8. Ibid. 818.

Navarro, J., Carmina Amicis. 8. Kopenh. 817. Reitzel. 6 gr

— Tentamen de Archytae Tarentini vita atque operibus. 4. Kopenh. 820. Reitzel. 9 gr

Navary, Raoul de. Der Klosterschatz. Novelle. Aus dem Franz. übers. v. F. Riotte. gr. 8. (III, 192 S.) Bonn 891, Hauptmann. * 2 —

Nave, Alfred, Referendar: Einzelklage und Erbschaftsanspruch. Borna-Leipzig 1908: Noske. VIII, 28 S. 8°
Breslau, Jur. Diss. v. 4. Jan. 1909, Ref. Schott-Leonhard
[Geb. 17. Dez. 82 Neurode; Wohnort: Waldenburg i. Schl.; Staatsangeh.: Preußen; Vorbildung: Gymn. Glatz Reife O. 03; Studium: Lausanne 1, Heidelberg 3, Breslau 2 S.; Rig. 31. Juli 06.] [U 09. 506

Nave, A[ugust], a. Breslau: Erbverträge und Erbverzichte zu Gunsten Dritter nach dem B.G.B. Berlin 1907: W. Pilz. (55 S.) 8° [F.]
Jena, Jur. Fak., Ref. Thon, Diss. v. 18. Aug. 1907
[Geb. 3. Jan. 81 Ziegenhals, Kr. Neiße; Wohnort: Berlin; Staatsangeh.: Preußen; Vorbildung: Gymn. Neiße Reife O. 02; Studium: Lausanne 1, München 1, Kiel 1, Berlin 1, Kiel 2, Breslau 2 S.; Rig. 2. Aug. 07.]

Nave, Franz *(geb. Eckersdorf in Schles. [18. 2. 1849])*: Die Ménière'sche Krankheit. Breslau 1877. (42 S.) 8°
Breslau, Med. Diss. v. 31. Juli 1877

Nave, J., Anleitung zum Einsammeln, Präpariren u. Untersuchen der Pflanzen mit besonderer Rücksicht auf die Kryptogamen. Im Anschluß an den Elementarcursus der Kryptogamenkunde von W. O. Helmert u. L. Rabenhorst. Mit einem Vorwort von L. Rabenhorst. Nebst 9 in den Text gedr. Holzschn. Dresden 864. Burdach. gr. 8. (VI, 94 S.) 12 ngr.

Naveau, Ioann[es] Ludov[icus] Theophil[us]: Dissertatio ... sistens experimenta quaedam circa urinae secretionem. [Praeses:] Fridericus Nasse. Halae (1818:) Grunert. 48 S. 8°
Halle-Wittenberg, Med. Diss. v. 16. Dez. 1818
Geb. Landsberg a. d. Warthe [18. 10. 1792]

Naveau, Marianne, und Thekla Naveau, Spiele, Lieder und Verse für Kindergarten, Elementarclasse und Familie. Gesammelt und nach Musik und Text überarb. 2. umgearb. und verm. Aufl. gr. 8. (XVI, 128 S.) Hamburg 873, Hoffmann und Campe. *

Naveau, Marianne, u. Thekla Naveau, Spiele, Lieder u. Verse für Kindergarten, Elementarclasse u. Familie. Gesammelt u. nach Musik u. Text überarb. u. geordnet. 3., verm. Aufl. gr. 8. (XVIII, 144 S.) Hamburg 878. Hoffmann & Campe Verl. n. 2. —

Naveau, M., & Th. Naveau: Spiele, Lieder und Verse für Kindergarten. 4. Aufl. Hamburg 1883. 144 S.

Naveau, Marianne, u. Thekla Naveau, Spiele, Lieder u. Verse f. Kindergarten, Elementarklasse u. Familie. Gesammelt u. nach Musik u. Text überarb. u. geordnet. 7. Aufl. gr. 8. (XVIII, 144 S.) Hamburg 894. Hoffmann & Campe's Verl. n. 2. —

Naveau, Marianne, u. Thekla Naveau, Spiele, Lieder u. Verse f. Kindergarten, Elementarclasse u. Familie. Gesammelt u. nach Musik u. Text überarbeitet u. geordnet. 10. Aufl. gr. 8. (XX, 144 S.) Hamburg (902). Hoffmann & Campe, Verl. n. 2. —

Naveau, Marianne, u. Thekla Naveau, 200 Spiele u. Lieder für Kindergarten, Elementarclasse u. Familie. Gesammelt u. nach Musik u. Text überarb. u. geordnet. Hamburg 864. Hoffmann & Campe. gr. 8. (XIV, 100 S.) 12 ngr.

Naveau, Thekla

—— Arbeitsmappe für erwachsene Mädchen. Ebendas.

—— Ausstechmappe für fleißige Kinder. 5 Hefte. Ebendas. à Heft 75 Pf.

Naveau, Thekla, das Bauen f. Familie u. Kindergarten. 4. u. 5. Stufe. gr. 8. Stuttgart 871. Hofmann & Hohl. à 2. 50

4. Stufe. (6 S. m. 3 Steintaf. in 4. u. e. Käſtchen m. Bauſteinen.)
5. Stufe. (4 S. m. 1 Steintaf. in 4. u. e. Käſtchen m. Bauſteinen.)

Naveau, Thekla, das Bauen mit Würfeln für Familie und Kindergarten. gr. 8. Stuttgart 871, Risch. [Hofmann und Hohl.]
—— dass. — mit Längetafeln. Für Familie und Kindergarten. Ebendas. 871.
—— dass. — mit Würfeln und Längetafeln. Für Familie und Kindergarten. Ebendas. 871.

Naveau, Thekla, Erzähl-Buch für Haus und Kinder-Garten. 1. Heft. gr. 16. (61 S. mit eingedr. Holzschn.) Gotha 860, Stollberg'sche Verlagsbuchh.

—— neues Erzählbuch für Haus und Kindergarten. 16. (VII, 72 S. mit 12 eingedr. Holzschn. von Ed. Ade.) Stuttgart 868, Gebr. Scheitlin. [Hofmann und Hohl.] cart.

— einfache Erzählungen aus dem Kinderleben. Für Kinder von 5 bis 8 Jahren. Mit (8 lith. u.) kolor. Bildern u. Holzschn. (im Text). Stuttgart 864. Chelius. 8. (133 S.) 1 ₰ 4 ngr.

—— einfache Erzählungen aus dem Kinderleben. Für Kinder von 7—8 Jahren. 2. Aufl. 8. (133 S. mit color., lithogr. Bildern und eingedr. Holzschn.) Leipzig 876, Berndt's Verlag. cart.

Naveau, Thekla, kleine Erzählungen für Kinder von 7 bis 10 Jahren. 2. Aufl. 8. (VI, 96 S. mit 6 lithogr. und color. Bildern.) [Stuttgart 878, Hoffmann und Hohl.] Eßlingen, Schreiber. cart. *

— kleinere Erzählungen für Kinder von 7 bis 10 Jahren. Mit 6 (lith. u.) color. Bildern. Ebend. 868. gr. 16. (IV, 92 S.) cart. 15 ngr.

—— Flechtmappe für fleißige Kinder. 5 Hefte. Ebendas. à Heft 75 Pf.

Naveau, Thekla, aus des Kindes Heimath. Stuttgart 865. Gebr. Scheitlin. gr. 4. (IV, 49 S. mit 12 lith. Bildern gezeichnet von Jul. Hoffmann.) cart. 1 ₰ 16 ngr.; color. n. 2 ₰

—— der Kindergarten und seine Erziehungsmittel für Jedermann faßlich dargestellt. 8. (28 S.) Stuttgart 868, Gebr. Scheitlin. [Hofmann und Hohl.]

NAVEAU, TH. *Frau Rosa's Kinderstube.* Ein praktisches Handbuch für Mütter und Lehrerinnen an Kleinkinderschulen enthaltend: bildende Beschäftigungen für Kinder von 3—6 Jahren in zwanzig lithographirten Mustertafeln und genauer Anleitung . . . von Thekla Naveau . . . Stuttgart. Gebrüder Scheitlin [1855]. 2 Bl. 40 S. Gr.-4°. Grüngrauer Or.-Karton m. Leinenrücken und reizendem farb. Deckelbild. 15.—

Interess. Sammlung, die auch viele Spiele mit Melodien enthält. A. d. Einband als 1. Band bezeichnet. — Hie u. da leichte Flecken, Einband unbedeut. benutzt.

— Frau Rosa's Kinderstube. Ein praktisches Handbuch für Mütter u. Lehrerinnen an Kleinkinderschulen enth.: bildende Beschäftigungen für Kinder von 3—6 Jahren in 20 lith. Mustertaf. u. genauer Anleitung zur Ausführung jeder einzelnen Beschäftigung, Beispielen zur Besprechung mit kleinen Kindern, Erzählungen, Liedchen u. Räthseln. Stuttgart 863. Gebr. Scheitlin. gr. 4. (2 Bl., 40 S.) 1 ₰

Naveau, Thekla, Frau Rosa's Kinderstube. Ein prakt. Handbuch für Mütter und Lehrerinnen an Kleinkinderschulen. 2. Thl. enth.: bildende Beschäftigungen für Kinder von 5—8 Jahren in 20 lithogr. Mustertaf. und einer Anleitung zum unterricht. Verkehr mit jüngern Kindern in Besprechung, Erzählung, Lied und Gedicht. gr. 4. (IV und 44 S.) Stuttgart 866, Gebr. Scheitlin. cart.
1. und 2. Thl. geb. in 1 Bd.

—— das Legen mit Dreiecken. Ebendas.

—— das Legen mit Gevierttafeln. Ebendas.

Naveau, Thekla, Lehrjahre. Ein nützl. Handbuch für Mütter und häusl. junge Mädchen. Mit Mustertaf. und Holzschn. 8 Hefte. 8. (273 S. mit 6 Stnt. und 4 Schnittmustern in hoch 4. und qu. gr. Fol.) Stuttgart 869, Gebr. Scheitlin. [Hofmann und Hohl.] à Lfg. 50 Pf.; cart. geb.

—— kleine Malschule für Kinder von 7—10 Jahren. (4 schwarze und 4 color. Taf. nebst Farben und Pinsel.) Ebendas.

—— Nähmappe für fleißige Kinder. 5 Hefte. Ebendas. à Heft 75 Pf.

Naveau, Thekla, u. Marianne Naveau, Spiele, Lieder u. Verse f. Kindergarten, Elementarklasse u. Familie. Gesammelt u. nach Musik u. Text überarb. 4. Aufl. gr. 8. (XVIII, 144 S.) Hamburg 883. Hoffmann & Campe's Verl. n. 2. —

—— das Stäbchenlegen. Ebendas.

— der Tannenhof. Eine Erzählg. f. Mädchen von 12 bis 15 Jahren. 8. (IV, 128 S. m. 6 Steintaf.) Stuttgart 872. Hofmann & Hohl. n. 2. 50

—— das Wissenswertheste aus der nordischen Mythologie. Für die deutsche Jugend bearb. gr. 16. (IV, 75 S. mit 4 Holzschntaf.) Ebendas. 871. *

— das Wissenswerteste aus der nordischen Mythologie. Für die deutsche Jugend bearb. 2. Aufl. gr. 16. (IV, 75 S. m. 4 Steintaf.) Ebend. 878. cart. 1. 20

—— das Wissenswerteste aus der nordischen Mythologie. Für die deutsche Jugend bearb. 2. Aufl. gr. 16. (IV, 75 S. mit 4 Stnt.) Ebendas. 879. cart.

—— und Friederike Janssen, Zeichenschule für die Kindergärten, und für die Familie. 1. Abthl. 8 Hefte. gr. 4. Ebendas. 867—69. [1. Heft. (5 Stnt. mit 4 S. Text.) 75 Pf.; 2. Heft. (9 Stnt. mit 2 S. Text.) ℳ 1,50.; 3. Heft. (12 Stnt. mit 2 S. Text.) 75 Pf.]

Naveaux, Franz. Mittheilungen über die badische Revolution. Frankfurt a. M., Rütten 1850. 134 S. 8.

Näver, A. G., Schönheiten und Flecken d. Alterthums. 8. Leipz. Weygand. 742.

Navery, Paul de, s.a. N a v e r y , Raoul de

Navery, Paul de, Bauer u. Advokat, s.a. Braun's Novellen- u. Roman-Sammlung. 6. Bd.

Navery, Paul de, Bauer u. Advokat. Novelle. Nach d. Franz. frei übers. v. Amalie Godin. 3. Aufl. 8. (246 S.) Leipzig 896. P. Braun. 1. 60

Navery, Paul de, der Engel des Bagno, s.: Braun's Novellen- u. Roman-Sammlung. 5. Bd.

— ein Frauenherz, s.: Braun's Novellen- u. Roman-Sammlung. 7. Bd.

—— das priesterliche Geheimniß und die Engländer auf der smaragdenen Insel, s. Zeitbilder in Erzählungen aus der Geschichte der christlichen Kirche.

—— die verborgene Hand, s. Bibliothek für christliche Leser.

Navery, Raoul de, s.a. N a v e r y , Paul de

Navery, Raoul de, Bauer u. Advokat, s.: Bibliothek f. christliche Leser.

Navery, R. de, der Engel des Bagno, s. Bibliothek für christl. Leser.

Navery, R. de,
—— ein Frauenherz, s. Bibliothek für christliche Leser.

— das priesterliche Geheimniß u. die Engländer auf der smaragdenen Insel, s.: Zeitbilder in Erzählungen aus der Geschichte der christlichen Kirche.

Navery, R. de,
— die verborgene Hand, s.: Bibliothek f. christl. Leser.

— Jeanne Marie, s. Unterhaltungsschriften, lehrreiche.

Navery, R. v., Pfarrer Marcel, s. Kammen, H. J.

Navet, Friedr., Nikolaus v. Damaskus. Sein Leben und seine Schriften nebst Uebersetzung der noch erhaltenen Bruchstücke. 8. (112 S.) Simmern 853. (Frankfurt a. M., Hermann-sche Buchh.) **

Naevi, s. N a e v i u s

Navicula Petri agitata ... Aug. 1712. S. l. V: *Kofler*, *Emm.* (Jes)

Navier, J. R., s. N a v i e r , Pierre Toussaint

Navier, Louis

Navier, Abhandlung über die Hängebrücken, im Auszuge rc. s. Dietlein.

Navier, Bericht an Hrn. Becquey, Staats-Rath u. General-Direktor d. Straßen-, Brücken- u. Berg-Baues, u. Abhandl. üb. d. (Ketten-)Hängbrücken. A. d. Franz. übers. v. J. G. Kutschera. Nebst e. Vorw. d. Uibersetzers. gr. 4. (30 B. u. 13 Stnt., qu. Imp.-Fol.) Lemberg 829. (Leipzig, Cnobloch.)

Navier, Ober-Ingenieur, die Grundsätze und Bedingungen der Bewegung der Locomotiven auf Eisenbahnen, für den Zweck, die absoluten Transportkosten von Waaren u. Passagieren mit Genauigkeit berechnen u. dann verschied. Eisenbahnlinien hinsichtlich der Vortheile, welche sie ihren Unternehmern und dem Publikum gewähren, mit einander vergleichen zu können. Mit Zusätzen versch. vom Civil-Ingenieur Macneill. Ins Deutsche übertragen von Chr. Heinr. Schmidt. gr. 8. Quedlinburg 839. Basse. $^1/_2$ ₰

Navier, Lehrbuch der Differential- und Integralrechnung. Mit Zusätzen von Lionville. Deutsch hrsg. und mit einer Abhandlung der Methode der kleinsten Quadrate begleitet von Theod. Wittstein. 2 Bde. gr. 8. Hannover, Hahn'sche Hofbuchh. [1. (VII und 376 S.) 848. 1 Thlr. 15 Ngr., 2. (XXI und 412 S.) 849. 1 Thlr. 25 Ngr.]

Navier, Louis, Lehrbuch der Differential- und Integralrechnung. Mit Zusätzen von Liouville. Deutsch hrsg., und mit einer Abhandlung der Methode der kleinsten Quadrate begleitet von Thdr. Wittstein. 2 Bde. 2., verm. Aufl. gr. 8. Hannover 854, Hahn'sche Hofbuchh. [1. (VIII und 403 S.) 1 Thlr. 20 Ngr., 2. (X und 446 S.) 1 Thlr. 25 Ngr.]

Navier, Louis, Lehrbuch der Differential- und Integralrechnung. Deutsch hrsg. von Thdr. Wittstein. Supplementbd. A. u. d. T.: Lehrbuch der höheren Mechanik. Deutsch bearb. von Ludw. Mejer. Mit einer Vorrede von Th. Wittstein. gr. 8. (XII und 459 S. mit eingedr. Holzschn.) . Hannover 858, Hahn'sche Hofbuchh.

Das Hauptwerk erschien in 2. Aufl. Ebendas. 1854 zum Preise von 3 Thlr. 15 Ngr.

Navier, Louis, Lehrbuch der Differential- u. Integralrechnung. Mit Zusätzen von Liouville. Deutsch herg. u. mit einer Abhandlung der Methode der kleinsten Quadrate begleitet von Thdr. Wittstein. 2 Bde. 3., verm. Aufl. Hannover 865. Hahn'sche Hofbuchh. gr. 8. (XIX, 889 S.) [1. Bd. 1 ₰ 20 ngr, 2. Bd. 1 ₰ 25 ngr] 3 ₰ 15 ngr.

Navier, Louis, Lehrbuch der Differential- und Integralrechnung. Mit Zusätzen von J. Liouville. Deutsch hrsg. und mit Anmerkungen und einer Abhandlung der Methode der kleinsten Quadrate verm. von Thdr. Wittstein. 2 Bde. 4. Aufl. gr. 8. (VIII, 360; X, 394 S.) Hannover 875, Hahn'sche Buchh. à Bd. ℳ 6.

— Mechanik der Baukunst [Ingenieur-Mechanik] oder Anwendung der Mechanik auf das Gleichgewicht von Bau-Constructionen. Aus d. Franz. übers. u. mit einem Anhang versehen v. G. Westphal. Mit einer Vorrede von M. Rühlmann. Mit vielen (eingedr.) Holzschn. gr. 8. (XXVI u. 408 S.) Hannover 851, Helwing. n. $1^5/_6$ ₰

Navier, Mechanik der Baukunst [Ingenieur-Mechanik] oder Anwendung der Mechanik auf das Gleichgewicht von Bau-Constructionen. Aus dem Französ. übers. und mit einem Anhang versehen von G. Westphal. Mit einer Vorrede von M. Rühlmann. 2. Aufl. der Uebersetzung nebst bedeutend erweit. Anhang. gr. 8. (XXIII, 589 S. mit vielen eingedr. Holzschn.) Hannover 878, Helwing'sche Verlagsh. *

Navier, Mechanik der Baukunst [Ingenieur-Mechanik] od. Anwendung der Mechanik auf das Gleichgewicht von Bau-Constructionen. Aus dem Franz. übers. u. mit einem Anhang versehen von G. Westphal. Mit einer Vorrede von M. Rühlmann. 2. Aufl. der Uebersetzung nebst bedeutend erweit. Anhang. Mit vielen (eingedr.) Holzschn. gr. 8. (XXIII, 509 S.) Hannover 879. Helwing's Verl. n. 12. —

Navier, Mechanik der Baukunst oder Anwendung der Mechanik auf das Gleichgewicht von Bau-Construktionen. Nebst einem Anhang, bearb. von G. Westphal und A. Foeppl. Uebersetzung aus dem Französ. von G. Westphal. Mit einer Vorrede von M. Rühlmann. 3. (Titel-)Aufl. der Uebersetzung. gr. 8. (XXIII, 589 S. mit vielen eingedr. Holzschn.) Hannover 881, Helwing'sche Verlagsh. *

Pierre Toussaint Navier

[Teilw. Deutsch] Peter Toussaint Navier, Gegengifte des Arseniks, ätzenden Sublimats, Spangrüns und Bleies; Nebst 3 Abhandlungen, unter der Aufschrift: 1.Medicinisch-chemische Forschungen, über verschiedenen Mittel, das Quecksilber aufzulösen etc. 2.Erörterung verschiedener Mittel, das Quecksilber mit dem Eisen zu verbinden etc. 3. Neue Wahrnehmungen über den Aether etc. Aus d.Franz. übers. u. mit Anm. von Christ[ian] Ehrenfr[ied] Weigel [1748-1831]. Bd 1.2. Greifswald: Röse 1782. 1 Bd 8°

Navier, Pet. Touss., Gegengifte des Arseniks ꝛc. A. d. Franz. v. G. E. Weigel. 2 Bde. 4. Greifswalde. 782. Jetzt Cnobloch in Leipzig.

Navigation, de la, du Rhin, considérée dans ses rapports avec le Royaume des Pays-Bas. Trad. de l'Allemand. gr. 8. Cologne 827. (Bachem). 1 ₰

Navigation, de la, du Rhin, considérée dans ses rapports avec le Royaume des Pays — Bas. Trad. de l'Allemand. gr. 8. Cologne 827, (Pappers et Kohnen.)

Navigation laws, the new, of Great Britain to come into operation from and after 1. january 1850 printed from the original, corrected by Wm. Carle. Lex. 8. (15 S.) Hamburg 849, Berendsohn. n. 6 ngr

Navigationsacte, Die englische. Protokolle des Zeugenverhörs, . . . Nach d. Engl. . . . Hamb. 1848. V: *Strong, Fred.* (CBH)

Navigationsacte, die Englische. Protokolle des Zeugenverhörs, welches vor der Specialcommission des Brittischen Unterhauses zur Untersuchung des Einflusses der Schiffahrtsgesetze auf Englands Handel, Rhederei u. Industrie im J. 1847 angestellt wurde. Nach d. Engl. im Auszuge bearb von F. S. gr. 8. (XXIV u. 227 S.) Hamburg 848, Perthes-Besser & Mauke. n. 2/3 ₰

Navigations-Acte, englische, vom 26. Junc 1849. (18 S.) Bremen 849, Schünemann's Vrlgsbh.

— — vom 26. Juni 1849. 2. Auflage. Bremen 1849

Navigators Inseln — Charte der — entworfen nach Mercators Projection im April 1824. Weimar bey W. Hoffmann 1830. 1 : 550,000. 1 Bl. a. d. W. „Neue Reise um die Welt von Otto v. Kotzebue."

Navigazione. La N' Interna nell' Alta Italia s. [Bernhardt, Robert].

Naville et Haas, Choix de fables, s. Choix.

Naville et **Haas**, choix de fables suivies de quelques autres poésies pour l'enfance. 2. édition, considérablement augmentée. gr. 16. (136 S.) Genève 849, Kessmann. 1/4 ₰

Naville et **Haas**, choix de fables et de poésies pour l'enfance. 4. édit. Genf 857. Kessmann. 12. (142 S. u. 1 Holzschn.) 7½ ngr

Naville et Haas, choix de fables et de poésies pour l'enfance. 4. Édit. 8. (144 S.) Genf 857, [Müller-Darier.]

Naville, Adrien. De la classification des sciences. Etude logique. In-8°, 47 p. Genève et Bâle, H. Georg. 1888 1 50
, Extrait de la „Critique philosophique".

Naville, Adrien. L'Economie dite politique et les sciences morales. Etude extraite de la Revue philosophique et précédée d'une lettre à M. Léon Walras. In-8°. 24 p. Genève et Bâle, Georg & Co. 1897 1 —

Naville, Eduard, Denkmäler aus Aegypten u. Aethiopien, s.: Lepsius, C. Rich.

Naville, Ed., s.: Lepsius, C. Rich., Denkmäler aus Aegypten u. Aethiopien.

Naville, Ed., la Litanie du Soleil. Inscriptions recueillies dans les tombeaux des Rois à Thèbes. Traduites et commentées. Avec un vol. de 49 (lith.) planches. gr. 4. (IV, 130 S.) Leipzig 875. Engelmann. n. 20. —

Naville, Ed., la littérature de l'ancienne Egypte. Séance donnée à l'Athenée le 14 Mars 1871. 35 pp. in-8. Genève et Bâle, H. Georg. 1. — 1871

Naville, Edouard, textes relatifs au mythe d'Horus recueillis dans le temple d'Edfou et précédés d'une introduction. Basel 870. Georg. gr. Fol. (27 S. mit 26 Steintaff. in gr. Fol. u. Imp.-Fol.) n.n. 13 ₰ 10 ngr

Naville, Edouard, das ägyptische Todtenbuch der XVIII. bis XX. Dynastie. Aus verschiedenen Urkunden zusammengestellt und hrsg. Mit Unterstützung des königl. preuss. Ministeriums der geistl., Unterrichts- und Medicinal-Angelegenheiten. 2 Bde. in Fol. Mit Einleitung. gr. 4. (Einleitung V, 204 S.; 1. Bd. VI S. mit 212 Stnt.; 2. Bd. VI und 448 lithogr. S.) Berlin 886, Asher und Comp. cart. ** 240 —

Die Transvaalfrage [La question du Transvaal]. Von Eduard Naville. Aus d. Franz. nach d. 5. Ausg. übers. *Genf: C. E. Moth 1900.* (31 S.) 8° [F.] [illegible] 11

Naville, Ed., die Transvaalfrage. Aus dem Franz. nach d. 5. Ausg. übers. (2. [Umschlag-]Aufl. 8. (31 S.) Genf 900. (Agence des journaux.) — 30

Die Transvaalfrage. Von Eduard Naville. Aus dem Franz. nach d. 5. Ausg. übers. (7. Aufl.) *Genf: C. E. Moth 1900.* (31 S.) 8° [F.] [illegible] 7

Naville, Ernst, über das Böse. Sieben Vorträge. Im Einverständniß des Verf. in's Deutsche übertragen von E. K. 2. Aufl. gr. 8. (IV, 265 S.) Jena 871, Fr. Mauke. *

Naville, Ernst, Christus. Sieben Reden. 8. (III, 236 S.) Leipzig 880, Haessel. *M 3.; geb. *

Naville, E. La définition de la philosophie. Gr. in-8°. 308 p. Genève et Bâle, Georg & Co. 5 — 1894

Naville, Ernest. La démocratie représentative. Mémoire présenté à l'Académie des sciences morales et politiques (Institut de France). In-8°, 28 p. Bâle, Genève et Lyon, H. Georg. 1 — 1881

Naville, Ernest, das Glaubensbekenntnis der Christen. (Le credo des chrétiens.) Eine religiöse Betrachtg. Autoris. Übersetzg. v. Sid. Gieseler. 8. (VII, 88 S.) Stuttgart 902. M. Kielmann. n. 1. — ; geb. n. 1.80

Naville, Ernst, das ewige Leben. Sieben Reden. Mit Genehmigung des Verf. ins Deutsche übertragen von Friederike Preffel. Leipzig 863. Haessel. 8. (VII, 240 S.) 1 ₰

Naville, Ernest. Le libre arbitre. Etude philosophique. 2e édition, revue et corrigée. In-8°. 311 p. Bâle et Genève, Georg & Co. 5 —
1898

Naville, Ernst, die Pflicht. Zwei Reden an die Frauen. Autorisirte Uebersetzg. Leipzig 869. Haessel. 16. (100 S.) n. 8 ngr; in engl. Einb. n. 12 ngr.

—— die Pflicht. Zwei Vorträge gehalten vor den Damen von Genf und Lausanne. Aus dem Franzöf. gr. 16. (100 S.) Augsburg 870, Kollmann'sche Buchh. [Regensburg, Manz.]

Naville, Ernest. Les philosophies négatives. In-8°. 263 p. Genève et Bâle, Georg & Co. 5 —
1900

— la question électorale en Europe et en Amérique. 2. Ed. considérablement augmentée. gr. 8. (XXII, 243 S.) Basel 871. Georg. n. 2. 50

Naville, Ern., Reforme électorale. Travaux de l'association reformiste de Genève. (1865—1871.) in-8. Genève & Bâle, H. Georg. 7.
1871

Naville, Ernest, voir: *Souvenirs de tante Claire.*

—— **Travaux de l'association réformiste de Genève [1865—1871].** br. 8. (XLI, 819 S.) Ebendas. 871. *

— der himmlische Vater. Sieben Reden. Ebend. 865. 8. (VII, 312 S.) 1 Thlr 15 ngr; geb. 1 Thlr 25 ngr.

Naville, Ernst. Der himmlische Vater. Sieben Reden. Leipzig 1867. Ü: *Meyer, Betsy & Conrad Ferd. Meyer.* (ADB 52, 348f.) (Zeitschr. f. Büch. N. F. 15, 1923, S. 117)

— die Wahlen in Genf. Eine Denkschrift dem hohen schweizerischen Bundesrathe u. dem Schweizer Volke gewidmet. Aus dem Französ. übers. Zürich 864. Schultheß. gr. 8. (63 S.) n. 8 ngr.

— die Wahlreform in Europa u. Amerika. Uebersetzt von Ulrich Wille. Zürich 868. (Meyer & Zeller's Verl.) gr. 8. (XVI, 74 S.) 15 ngr.

Naville, F. M. L.
— Vide: Armenwesen (Das) nach allen seinen Richtungen.

Naville, F. M. L., das Armenwesen etc., s. Duchatel, M. T.

Naevius, Abraham Carl, Diss. Jur. I. An Matrimonium ad Morgenaticam a Principibus, et Personis Illustribus tantum; an vero etiam a Nobilibus rite contrahi possit? II. An metus reverentialis conjunctus cum laesione in Personis Illustribus restitutionem in integrum, et contractus rescissionem operari valeat? III. An praescriptio XX. annorum in bigamia simultanea attendi debeat? IV. An contractus carcerati in favorem et commodum carcerantis initus jure nullus sit? Präs. Johann Carl Naevius. Wittenberg (Chr. Gerdes) Sept. 1702. (5.—) 24508

Naevius, August

— — De arbitrio judicis restricto. Diss. inaug. Präs. Johann Gottfried Kraus. Wittenberg (Schlomach) 10. VI. 1732. 92 S. (5.50) 24511
Gew.: Heinrich Friedrich von Frisen.

— **August** (Dresden/Meißen), De possessione hereditatis sine bona fide et justo titulo plane invalida. Disput. jur. Präs. Jo. Balthas. Wernher. Wittenberg (G. Gaeberdt) 24. XI. 1724. 52 S. (5.—) 24509
Widm. v.: Jo. Balthas. Wernher.

— — Dasselbe. Wittenberg (G. Gaeberdt) 24. XI. 1724. 52 S. (5.—) 24510
Gew.: Heinrich von Bunau. — Widm. v.: Jo. Balthas. Wernher.

Naevius, Cn., belli poenici quae supersunt, s. Enni, Q., carminum reliquiae.

Naevi, Cn., de bello punico reliquiae. Ex recens. Johannis Vahleni. Lipsiae 854. Teubner. gr. 4. (20 S.) 12 ngr.

Naevi, C., fabularum reliquiae, s. Livius Andronicus.

Naevii, Cn., poetae Romani vitam descripsit, carminum reliquias collegit, poesis rationem exposuit Ern. Klussmann. 8maj. (15 B.) Jenae 843, Hochhausen.

Naevius, J. A.: De communione sub una. (Viteb. 1739. 4°)

— **Joh. Balth.** (Wittenberg), De veteri et nova liberorum emancipatione, interdictione aquae et igni, deportatione, banno, condemnatione ad triremes, fustigatione cum perpetua relegatione, patriciatus dignitate, et aliis modis dissolvendi patriam potestatem, ex decreto ordinis inclyti jur. Diss. jur. Präs. Johann Carl Naevius (Vater). Wittenberg (Gerdes) Okt. 1705. (5.50) 24516

Naevius, Johann Karl [Praes.], s. Heyl, Johann Gottlob: De juribus foeminarum praecipuis in feudis.

— ius clericorum, od. d. Priesterrecht. 8. Wittenberg Zimmermann. 713.

NAEVIUS, CAR.: Jus clericorum od. d. Priester-Recht. Zum andern Mal herausgeg. Wittenb. 713. 8.

Naevius, Joh. Car.: Jus conjugum oder das Ehe-Recht . . . aus denen göttlichen, kayserlichen und canonischen Rechten . . . abgefasset. Chemnitz 1709.
— [Neue Ausg.] 1716.

NAEVIUS, JO. CAR.: Jus conjugum oder das Ehe-recht etc. aus denen göttlichen kayserl. u. canonischen Rechten, sowohl süchl. als auch statutarischen Gesetzen. *Chemnitz.* 716. 8.

— ius conjugum, od. d. Eherecht. 8. Chemn. Stößel. 716.

— ius feudale, oder Lehnrecht. 8. Leipz. Großschuff. 715.

NAEVIUS, J. C.: Jus Justitiariorum oder das Gerichts-Recht in den Städten, Aembtern u. auf dem Lande. *Wittenberg.* 713. 8.

— ius iustitiariorum, od. Gerichtsrecht in Städten, Aemtern etc. 8. Frankf. und Leipzig. 735.

Naevius, Joh. Car.: Jus patrum, Oder das Vater-Recht, und die daraus entstehende Schuldigkeit und Befugnüsse bey der Kinder Heyrath, Handel in- und ausserhalb Gerichts, Fruchtnüssung des Vaters von der Kinder Güthern. Chemnitz 1710.

— ius patrum, **od. Vaterrecht. 8. Chemnitz, Stößel. 717.**

Naevius, Joh. Car.: Tractatus de juramentis, et quidem illicitis, inofficiosis, temerariis: nec non licitis, promissoriis, confirmatoriis et assertoriis. Acc. diss. de juramento delato super facto famoso. Vitembergae 1710.

Naevi, I. C., de juramentis, iure reprobatis et approbatis. 4. Vitteb. Zimmermann. 710.

Naevius, Johann Karl [Praes.], s. Löscher, Friedrich Gottl.: De patria potestate.

Naevius, Johann Karl [Praes.], s. Naevius, Abraham Karl: Diss. Jur. I. An Matrimonium ad Morgenaticam a Principibus, et Personis Illustribus tantum; an vero etiam a Nobilibus rite contrahi possit? II. An metus reverentialis conjunctus cum laesione in Personis Illustribus restitutionem in integrum, et contractus rescissionem operari valeat? III. An praescriptio XX. annorum in bigamia simultanea attendi debeat? IV. An contractus carcerati in favorem et commodum carcerantis initus jure nullus sit?

Naevius, Johann Karl [Praes.], s. Naevius, Joh. Balth.: De veteri et nova liberorum emancipatione, interdictione aquae et igni, deportatione, banno, condemnatione ad triremes, fustigatione cum perpetua relegatione, patriciatus dignitate, et aliis modis dissolvendi patriam potestatem, ex decreto ordinis inclyti jur.

(—). — **Ordinis jur. in Academia Wittenberg decanus Joh. Carl Naevius,** Lectori Benevolo cultum studiaque offert. — Mit Biogr. v. Joh. Georg Boerner (Dresden) (M.: C. E. Geier). (Wittenberg 1. Adv. 1704. (3.—) 24519

(—). — **Ordinis jur. in Academia Wittenberg decanus Joh. Carl Naevius,** Benevolo Lectori. — Mit Biogr. v. Carl Otto Rechenberg (Leipzig) (M.: S. C. Spener). (Wittenberg (Gerdes) Dom. Trinit. 1710. (3.50) 24520

(—). — **Ordinis jur. in Academia Wittenberg decanus Joh. Carl Naevius, Benevolo Lectori.** — Mit Biogr. v. Christoph Heinrich Berger (Wittenberg). (M.: M. S. Jacobi.) (Wittenberg (Gerdes) Dom. XV. Trinit. 1710). (3.50) 24521

— **Johann Theodor** (Chemnitz), De commissariorum a principe datorum potestate subdelegandi. Diss. jur. Präs. Jo. Balthas. Wernher. Wittenberg (Schroeder) 7. IX. 1724. 34 S. (5.—) 24522
Gew.: Georg Gottlieb Ritter.

Naevius, Karl, s. Naevius, Johann Karl

Naevius, Karl August

— **Carl August** (Dresden), Receptam L. XV. in fin. de usufr. lectionem: Proprietatis dominus ne quidem consentiente fructuario servitutem imponere potest ab aliorum emendatione nec non vulgari explicatione et nota ab surditatis vindicatam. Präs. Johann Gottfried Bauer. Leipzig (Langenheim) 21. IX. 1736. 40 S. (5.—) 24512
Gew.: Christoph Beier, August Beier, Andreas Heinrich Beier, Friedrich Gottlob Beier, Carl Wilhelm Beier. — Widm. v.: Johann Gottfried Bauer.

Navne, L. S., Udtog af Breve til en Ven i Sjælland om det slesvigholsteenske Røre. Anden Samling. gr. 8. (81 S.) Kjøbenhavn 847, Reitzel. n. 9 ngl

Návod pro správu živostenských společenstev, jejich pomocnických hromad, rozhodčích výborův, ústavů pro sprostředkování práce, jakož i jednot společenstev živnostenských. Sestavilo c. k. ministerstvo obchodu. (Anleitung zur Administration der Gewerbegenossenschaften rc.) Br.-Lex.-8. (VI u. 202 S.) kart. * K 2.50
Wien: Hof- und Staatsdruckerei 1906.

Navon, Haim

Navon, H., Montaignes Lebensanschauung u. ihre Nachwirkung, s.a. Studien, Berner, zur Philosophie u. ihrer Geschichte.

Navon, H[aim]. (Michel de) Montaignes Lebensanschauung und Ihre Nachwirkung. 8. Bern, Scheitlin, Spring & Cie., 1908.
Ausg. A: Diss. Phil. Bern ... von H. N'. IV + 66 S.
Ausg. B: Von Dr. H. N'. II + 66 S. (fr. 1.50.) — Berner Studien zur Philosophie und ihrer Geschichte.... Band 64.

Návrat Victor: Das Gepräge der altböhmischen Alexandreis-Fragmente mit Rücksicht auf die substantivischen O-Stämme. 30. Proßnitz R. 97.

Návrat Viktor, Dr., Die Gesetze der diffusen Reflexion (mit 9 Textfiguren). S. 120. IIa. 122 . . . . 1.—
Separatabdruck

— Über die Grenzen der Anwendbarkeit von Polarisationsphotometern zur Untersuchung des von matten Oberflächen diffus reflektierten Lichtes (mit 1 Textfigur). S. 121. IIa. 129 . . . . —.40
Separatabdruck

Navratil, E., chirurgische Beiträge. Mit mehreren (eingedr.) Holzschn., 2 graph. u. einer chromolith. Taf. gr. 8. (IV, 126 S.) Stuttgart 882. Enke. n. 4. —

Navratil, E., Beiträge zur Hirn-Chirurgie. Mit 15 in den Text gedr. Holzschn. gr. 8. (III, 69 S.) Stuttgart 889. Enke. n. 1. 60

Navratil, Emerich, laryngologische Beiträge. Bericht üb. die Abtheilg. f. Kehlkopfkranke in St. Rochus-Spitale zu Pest umfass. die Krankenbewegg. vom 12. Mai 1868 bis 31. Decbr. 1870. Mit e. lith.- u. 2 chromolith. Taf. u. mehreren (eingedr.) Holzschn gr. 8. (III, 80 S.) Leipzig 871. Zechel. n. 3. —

Navrátil, F. Die Behandlung d. menschlichen Gesammtorganismus in chronischen Krankheiten m. besond. Beziehung zur Lungenphthise. 1. u. 2. Aufl. gr. 8. (72 S.) Lpz. 890,91, Verlag d. Reichs-Medicinal-Anzeigers. * 1 —

Navrátil, F., die Elemente d. psychischen Therapie. gr. 8. (38 S.) Wien 896. J. Šafář. n. — 80

Navratil, Frz., Gries bei Bozen als klimatischer Winter-Curort. 8. (VI, 53 S.) Wien 883, Braumüller. *

Navrátil, Frz., Gries bei Bozen als klimatischer Winter-Kurort. [Braumüller, Badebibliothek, Bd 43.] 2. verb. Aufl. 8. (V, 64 S.) Wien 885, Braumüller. * 1 —

—— Prof. Dr. Oertel's [München] Heilverfahren bei Herzkrankheiten, Wassersucht und Fettleibigkeit. Allgemein verständlich dargestellt. 1. und 2. Aufl. 8. (V, 36 S.) Ebendas. 885. * 1 —

Navratil, J., Beitrag zum Studium des slavischen Zeitwortes aller Dialekte insbesondere über den Gebrauch und die Bedeutung der Zeitformen in Vergleichung mit den classischen und modernen Sprachen (deutsch, italienisch, französisch u. englisch). Mit e. tabellar. Uebersicht in allen obigen Sprachen. Ein prakt. Handbuch beim Sprachstudium. Wien 856. (Braumüller.) gr. 8. (VIII, 136 S. u. 1 Tab. in Fol.) n. 1 ℛ.

Navratil, J. — Beitrag zum Studium des slavischen Zeitwortes aller Dialekte, insbesondere über den Gebrauch und die Bedeutung der Zeitformen in Vergleichung mit den klassischen und modernen Sprachen (Deutsch, Italienisch, Französisch u. Englisch.) Mit einer tabellarischen Uebersicht in allen obigen Sprachen. Ein praktisches Handbuch beim Sprachstudium. Von — —. Wien, 1856. Mechitharisten-Congreg.-Buchdr. (VIII. 135 S. 8.)

Nawarski, N. v., die Jagellonen-Kapolle am Dome zu Krakau besprochen von Karl Lind. Mit 14 (lith.) Zeichnungsblättern u. 3 Holzschn. [Aus: „Allgemeine Bauzeitung".] Fol. (4 S.) Wien 878. v. Waldheim. In Mappe. n. 7. —

Nawatzky, G., geistliche Reden, s. Gerlach, C. G.

[Arab.] Kitāb al-arba'īn fil-ḥadīṯ lil-imām ... Muḥjī-ad-Dīn Abī-Zakarijjā Jaḥjā Ibn-Šaraf an-**Nawawī** ... Petersburg 1316 h. [1898]: Maṭb. Iljās al-Būrāǧānī.
[Sammlung von 40 Traditionen.] [07. 12072

— — The Biographical Dictionary of illustrious men chiefly at the beginning of Islamism, by Abu Zakariya Yahya el-Nawawi ... edited ... by Ferdinand Wüstenfeld. Göttingen 1842—1847.

— — Liber concinnitatis nominum id est: Vitae illustrium virorum auctore Abu Zacarja Jahja en-Navavi ... Arabice edidit, Latine vertit, annotationes addidit Henricus Ferdinandus Wüstenfeld. Sectio prima, qua continentur praefatio et Mohammedis vita. Gottingae 1832.

Nawheimer, J. J.: De sobrietate ejusque insigni ad sanitatem vitamque in seros usque annos producendum emolumento. D. Erfordiae. 1741.

Nawiasky, Hans, die Frauen im österr. Staatsdienst, s.a. Studien, Wiener, staatswissensch. IV. 1.

Nawiasky, Hans, Die Frauen im österreichischen Staatsdienste. gr. 8⁰. Wien, F. Deuticke, 1902. (Wiener staatswiss. Studien, Bd. 4, Heft 1.)

Nawiasky, Hans, dtschs. u. österreich. Postrecht. Der Sachverkehr. Ein Beitrag zur Lehre v. den öffentl. Anstalten. 1. Tl.: Die allgem. Rechtsstellg. der Post. (XIII, 282 S.) gr. 8. Wien 909. Manz. 3.40; geb. n 4. 75

Nawiasky, Paul, aus Stuttgart: Über einige **Homologe** des Stickstofftrikarbonsäuretriäthylesters. Ein Beitrag zur Kenntnis tertiärer Stickstoffverbindungen. *(Berlin 1904: G. Schade.)* (38 S.) 8°
Berlin, Phil. Diss. v. 23. Juli 1904

Nawoženja ze schtyrjomi stami. Powjedanczko ze wsy. Z czěskeho zeserbsčził J. Čėsla. Bautzen 864. (Schmaler & Pech.) 8. (42 S.) 4 ngr.

Nawrath, einige Kapitel aus der neueren Geometrie f. den Unterricht auf Gymnasien u. Realschulen. Nebst 1 (lith.) Fig.-Taf. (in qu. 4.) gr. 8. (30 S.) Sagan 874. Schönborn. n.n. — 75

Nawrath, Hilarius [Oberl.]: Das Mittendreieck. Neisse, Druck v. F. Bär, 1890; S. 1-19, 8 Taf. 4°
Neisse, k. kath. G, OP 1890 (190)

Nawratil: Über die Metamorphosen der Thiere. 17 S.– Salzburg, Progr. 1858.

Nawratil, A., ein Jahr kommunaler Kinderschutz. Ein Rückblick auf die erste Jahrestätigkeit des städt. Kinderschutz-Amtes in Mähr.-Ostrau. (23 S.) 8. Mähr.-Ostrau (910). R. Papauschek. 1. —

NAWRATIL, Ant. G.: Darstellung des Vorganges bei der Potasche-Gewinnung in den Bukowinaer griech. -orth. Religionsfondsforsten. Verfaßt anlässlich der Wiener Weltausstellung 1873. - o. O. 1873. 8 S.

Nawratil, Franz, s.a. Navratil, Franz

Nawratil, Frz., formelle Führungsaufgaben im Zuge. (149 durchgeführte Uebgn.) (XI, 132 S. m. 114 Fig.) kl. 8. Beszterczе 905. (Wien, L. W. Seidel & Sohn.) In Leinw. kart. n. 2. —

Nawratil, F., Taschenbuch für Infanterie- und Jäger-Subalternofficiere. 8°. (VI, 143 S.) † K 1.—
Wien: Lechner (Müller) 1903.

— Tasohenbuoh f. Infanterie- u. Jägeroffiziere. 2. Aufl. (VI, 156 S.) Ebd. 904. Kart. n. 1. 50
1. Aufl. (VI, 143 S. m. Fig.) 903. Geb. n.n. 1. —

Nawratzki, Emil [pr. Arzt, aus Lippinken i. Westpr.]: Beitrag zur Statistik und Kasuistik der Harnröhrenverletzungen ... Berlin, C. Vogt's Buchdr., *1893*; 34 S., 1 Bl. 8.
Berlin, Med. Fak., Inaug.-Diss. v. 11. Apr. 1893

Nawrocki, Boleslaus von, prakt. Arzt a. Zabrze O.-S.: Aus der Universitäts-Frauenklinik zu Greifswald. Prof. Dr. Martin. Über den Einfluss von Herzfehlern auf die Schwangerschaft nebst Betrachtungen über die Therapie dieser Komplikationen. Greifswald 1906: H. Adler. (31 S.) 8°
Greifswald, Med. Fak., Ref. Martin, Diss. v. 15. Sept. 1906
[Geb. 30. Aug. 66 Urbanie (Prov. Posen); Wohnort: Zabrze; Staatsangeh.: Preußen; Vorbildung: Gymn. Posen Reife O. 87; Studium: Greifswald 10 S.; Coll. 30. Juli 06; Approb. 25. Juli 93.]

Nawrocki, Czeslaw [app. Arzt aus Nieczajna]: Aus d. physiolog. Institut zu Rostock. Ueber den Einfluss der Temperatur auf die Thätigkeit des Säugethierherzens ... Rostock, C. Hinstorffs Buchdr., 1896; 47 S. 8.
Rostock, Med. Fak., Inaug.-Diss. v. [4. Sept.] 1896

Nawrocki, Felix (Franciscus) *(geb. Tworki bei Warschau [8. 2.] 1838)*: De Claudii Bernardi methodo oxygenii copiam in sanguine determinandi. Vratislaviae (1863). (15 S.) 4°
Breslau, Med. Diss. v. 23. Jan. 1863

Nawrocki, G. W. v.: Butter- u. Käse bereitung ..., s. Brandt, J.

Nawrocki, G. W. v., deutsche Patente 1876, s. Brandt, J.

– (Hrsg.), s. Patentblatt, Illustriertes.

Nawrocki, M., s. Maciejowski, Slavische Rechtsgeschichte.

Nawrocki, Rud., conversations enfantines, s.: Echo de l'Allemand parlé.

Nawrocki, Rud., s. Écho de l'Allemand parlé. — Echo der deutschen Umgangssprache.

Nawrocki, Rud., das neue Geschlecht. Roman. (96 S.) gr. 8. Stuttgart 905. [Nationaler Verlag.] Berlin, J. Singer & Co. n. 1. 50; geb. 2. 25

Nawrocki, Rud., s.: Giegler', Echos d. neueren Sprachen. (Echo der deutschen Umgangssprache.)

Nawrocki, Rud., aus der Kinderwelt, s.: Echo der deutschen Umgangssprache.

Nawroth, P. Zur Ontogenese der Schweinemolaren. M. 1 Taf. In-8⁰. 29 S. Basel. These. 1894

Zahnärztliche Standesordnung, ein Angstprodukt des Konkurrenzneides und 'Aerztliche Reklame'. E. zeitgem. Betrachtg üb. e. unzeitgem. Einrichtg v. Dr. phil. Paul **Nawroth**, Zahnarzt, Breslau. Nach e. am 19. Dec. 1897 in d. Generalversamm. des 'Ver. schles. Zahnärzte' geh. Vortrage ... Hrsg. v. Vf. *Breslau: Dr. v. Th. Schatzky 1898.* (10 S.) 1 Bd 8. [98. 2976

Nawroth, Paul, zahnärztliche Standesordnung, o. Angstprodukt d. Konkurrenzneides u. „ärztl. Reklame". E. zeitgemässe Betrachtg. üb. e. unzeitgem. Einrichtg. Nach e. am 19. XII. 1897 in d. Generalversammlg. d. „Vereins schles. Zahnärzte" geh. Vortrage. Hrsg. v. Verf. gr. 8. (16 S.) Breslau 898. (P. Schweitzer.) n. — 50

Nawrotzki, Nicolai, über die Rectification der Peripherie des Kreises. gr. 8. (3/4 B. u. 1 Stnt.) Hamburg 846. (Nestler u. Melle.)

Naxagoras, Erhard, de, experientia, od. wahrer Proceß. 8. Frankf. 723.

Ehrd von Naxagoras

Ehrd von Naxagoras, Johann. Equitis abgetrungene und abgezwungene Urthels-Frage [Urteils-Frage], welche er der gantzen ehrbahren Welt zu einer rechtlichen Erkändtnus... darlegt ...nebst 153 Frage-Stücken... Giessen: Meyer & Hocker [1717] 77 S. 8°

— aureum vellus, oder güldenes Vließ, m. K. 8. Frankf. Stock. 733.

N[ay], A. Bilder der Zeit. Berlin. Com. Verlag v. Mecklenburg o. J. [um 1850]. 3 Taf. in Lithogr. 4°. Ser. 4. N.

Nay, H. [Pseud.], s. Hayn, Hugo

Nay, J[acob]. Der Junker von Faulenstein. Kulturhistorische Erzählung aus dem Bündnerland. Aus dem Romanischen übersetzt von S[imon] Mani. IV + 42 S. 8. Thusis, Buchdr. Th' (A. Roth). 1904. [fr. —. 50]

Nay, J[acob]. [1.] Pertgei e co dueigien nus cultivar il lungatg romontsch? Referat tenius tier l'occasiun della radunonza generala della scozietad reto-romontscha a Cuera, la primavera 1902. (— [2.] Il Toni de Chischlatsch.) [*Sep.-Abdr. aus:* Annalas della Società reto-romantscha. 17. Annada.] 34 p. 8. [Coira, Sprecher & Valer, 1903.]

Nay, Joh. (Hrsg.), s.a. Branntweinsteuergesetz.

Nay, Johs., Branntweinsteuergesetz v. 15. VII. 1909, s.a. Guttentag's Sammlung deutscher Reichsgesetze.

Nay, Johs, Branntweinsteuergesetz. V. 15. Juli 1909. Unt. Berücks. der f. d. Reich erlass. Ausführungsbestimm. M. Einl., Komm. u. Sachreg. Berlin 1910. 8°
(Guttentag'sche Sammlung Deutscher Reichsgesetze. Nr 96.)

Naz, Simche Bunem ben, Das Gan-Eden batáchataun. (Das Paradies hienieden.) A wunderliche unese Maisse, wie men is dergangen dem Weg zum Gan-Eden auf der Welt, un wie Menschen fohren ahin. (In hebräischen Lettern.) 8⁰. Warschau, Typographie ....., 1875.

Judas **Nazarei,** Vom alten und neuen Gott, Glauben und Lehre. '(1521.)' M. Abhandlg u. Komm. hrsg. v. Eduard Kück. *Halle a. S.: M. Niemeyer 1896.* (XIV, 134 S.) 1 Bd 8.
— Flugschriften aus d. Reformationszeit. [No] 12.
— Neudrucke deutscher Litteraturwerke d. XVI. u. XVII. Jhs. No 142. 143. [96. 7756

Nazareth [Sachliches OW]

Nazareth, Andachtsbuch f. christl. Mütter, die sich e. glückl. Geburt erbitten wollen. (3. Aufl.) 12. (VII, 120 S.) Würzburg 885. Bucher. — 75

Nazareth und Bethlehem oder die heil. Familie als ein Vorbild der Gnade, der Tugend und Heiligkeit für alle Stände. Ein vollständiges Betrachtungs- und Gebetbuch zur Verehrung und Nachfolge der heil. Familie. Nach den Betrachtungen der gottseligen Klosterfrau Anna Katharina Emmerich und den Schriften von Silbert rc. Gesammelt, bearb. und hrsg. vom Verf. von „Gethsemane und Golgatha." gr. 12. (VIII und 619 S. mit 8 feinen lithogr. Bildern.) Einsiedeln 855, Gebr. Benziger.

— dass. — gr. 18. (625 S. mit 8 lithogr. Bildern.) Ebds. 856.

Nazareth u. Bethlehem oder die heilige Familie als Vorbild der Gnade, der Tugend u. Heiligkeit für alle Stände. Ein vollständ. Betrachtungs- u. Gebetbuch zur Verehrung u. Nachfolge der heil. Familie. Nach den Betrachtungen der gottsel. Klosterfrau Anna Katharina Emmerich u. den Schriften von Silbert u. anderen Verehrern des Lebens der heil. Familie. Gesammelt, bearb. u. hrsg. vom Verf. von „Gethsemane u. Golgatha." 8. Aufl. Einsiedeln 866. Gebr. Benziger. 8. (624 S. mit 5 lith. feinen Bildern.) 20 ngr.

Nazareth und Bethlehem, oder die heilige Familie als Vorbild der Gnade, der Tugend u. Heiligkeit für alle Stände. Ein vollständiges Betrachtungs- und Gebetbuch. Ausg. N⁰ 2. 16⁰. Einsiedeln, Benziger.
1878

Nazareth u. **Bethlehem** od. die heil. Familie als Vorbild der Gnade, der Tugend u. Heiligkeit für alle Stände. Ein vollständiges Betrachtungs- u. Gebetbuch zur Verehrung u. Nachfolge der heil. Familie. Ausg. Nr. 2. 32. (573 S. m. 2 Lichtdr.) Einsiedeln 878. Benziger. 1. —

Nazareth und Bethlehem oder Die heilige Familie als Vorbild d. Gnade, d. Tugend u. Heiligkeit f. alle Stände. Ein vollst. Betrachtungs- u. Gebetbuch z. Verehrung u. Nachfolge d. heiligen Familie. Nach d. Betrachtungen d. gottseligen Klosterfrau Anna Katharina Emmerich u. d. Schriften von Silbert u. anderen Verehrern d. Lebens d. heil. Familie. Gesammelt, bearb. u. hrsg. v. Verf. von 'Gethsemane u. Golgatha'. Ausg. No 2 in kleinerem Dr. u. Format. 10. Aufl. *Einsiedeln, Köln: Benziger & Co. [um 1903].* (624 S.) 8° [F.] [03. 13844

Nazareth [Schlagwort]

Nazareth, Anstalt, s.: Bethel.

Nazareth [Verfasser]

Satan et Cie. Association universelle pour la destruction de l'ordre social. Révélations complètes et définitives de tous les secrets de la franc-maçonnerie par Paul Rosen [d. i. Moses L. Nazareth]. Paris: Casterman, Leipzig: Kittler [usw.] 1888. 408 S. 11 Taf. 8⁰
Üb. Zweck, Geschichte u. Lehre der Frmrei, wie Verf. sie sieht.

Nazareth-Kalender f. katholische Familien f. d. J. 1905. 7. Jahrg. Hrsg. v. Stephan. (181 u. 15 S. m. Abb.) gr. 8. Berlin, Verlag Leo-Hospiz. n. — 50

NAZARIUS, A S. GEORGIO: Rede auf den heiligen Josephus Calasanctius, Beichtiger und Stifter des Ordens der frommen Schulen, da Dessen Heiligsprechung in dem Gottes-Haus deren Hochwürdigen Vätern besagten Ordens in der Königl. Frey-Stadt Pest 1768 Durch drey Täge auf das feuerlichste begangen wurde, den 28. August-Monats. Fürgetragen und auf begehren in Druck gegeben von P. Nazarius a S. Georgio Aus dem Orden deren Brüdern. Pest 1768: Eizenbergerische Schriften. (2) 22 S. - 200 mm

Nazary, ebener und kurzer Fußsteig od. Evangel. Bußweg. 4. Brünn. (J. Wolf in Augsb.) 729.

Naze, Pfeffer u. Salz. Ein Kranz v. älteren u. neueren kom. Gedichten u. Aufsätzen in ächt schwäb. Mundart, gewunden f. Freunde d. Scherzes. 1. Lustfahrt. gr. 12. (3¼ B.) Blaubeuren 840, (Mangold'sche Buchh.)

— — Dasselbe, titulo: Schwabenspätzle. Komische Gedichte. 1841.
Weller, Lex. Ps. p. 380.

—— Schwabenspäzle. Kom. Gedichte in ächt schwäb. Mundart. 2., verm. Aufl. gr. 12. (4 B.) Blaubeuren 841, Mangold'sche Bh.

Nazianzeni, S., s. a. *Gregorii*.

Nazianzeni, S. G., binae orationes, graece et latine, c. C. F. Matthaei. 4. maj. Lips. Dyk. 780.

Nazionalblatt: Schweizerisches Nazionalblatt v. Zürcherischer Freitagsbote.

Nazional-Garde-Almanach f. d. Kgr. Bayern s. u.: Lipowsky.

Nazionalitätsfrage, die, in Oesterreich. gr. 8. (24 S.) Leipzig 856, O Wigand. *

Nazionalkirche, die. Ein Wort an das Zürcher Volk üb. Kirchenverfassung. gr. 8. (64 S.) Winterthur 847, Steiner. 1/3 Thlr

Nazl, der gescheidte, oder Schuster bleib bei deinem Leisten! Singspiel in 3 Akten. Zunächst für Gesellenvereine, dann für jede in christl. Sinne geleitete Bühne. Musik von P. Rampis. 8. (VIII und 112 S. mit 27 S. Noten in qu. 4.) Augsburg 860, Schmid'sche Verlagsbuchh. *

— dasselbe, s. a. **Dilettantenbühne**, katholische.

Nazl, der Gescheidte, od. Schuster, bleib bei deinem Leisten! Singspiel in 3 Akten. Zunächst für Gesellenvereine, dann für jede in christlichem Sinne geleitete kleinere Bühne. Musik von P. Rampis. 2. Aufl. 8. (VIII, 112 S. m. Musikbeilage 27 S. in qu. 4.) Augsburg 879. Schmid's Verl. n. 2. —

Nazl, der gescheidte, od. Schuster, bleib bei deinem Leisten! Singspiel in 3 Akten. Zunächst f. Gesellenvereine, dann f. jede in christl. Sinne geleitete kleinere Bühne. 3. Aufl. 12. (VIII, 117 S.) Augsburg 899. B. Schmid's Verl. n. — 90; Musik v. Pankratius Rampis. qu. gr. 8. (32 S.) 900. n. 1. 40

Nazmer

— s. a. **Natzmer**.

Nazmer, Karl Dubislaw v.

Nazmer, Carl Dubislav von (Pomm. Adel), De matrimoniis principum per procuratores. Diss. jur. publ. Präs. Johann Peter von Ludewig. Halle (J. Chr. Hilliger) 31. VII. 1724. 56 S. (5.50) 24591

— — Dasselbe. Halle (J. Chr. Hilliger) 31. VII. 1724. — Angebdn.: Adpendicula litterarum et narrationum in connubiis per procuratores contractis. 56 S., 40 Sp. (6.—) 24592
Widm. v.: Johann Peter von Ludewig.

— — Dasselbe. Halle (J. Chr. Hilliger) 31. VII. 1724. 1736. — Angebdn.: Joseph Vela de Orenna, De matrimonio contracto per procuratorem, cum decisionibus eius argumenti. Adpendicula litterarum et narrationum in connubiis per procuratores contractis. 140 S., 40 Sp. u. Index. (7.—) 24593
Widm. v.: Johann Peter von Ludewig. — 2. Titelbl.: Opusculum de matrimoniis principum per procuratores cum adpendicibus: I. de sapienti fastidio civilium ceremoniarum. II. Joseph Vela de Orenna libello connubii eiusdem. Halle / Saale (J. Chr. Hilliger) 1736.

Nazzius, Heinrich Theophil (Peterborough [England], De miraculis Christi typicis Von den vorbildlichen Wunden unsers Heilandes. Diss. Präs. Jo. Georg Walch. Jena (Schill) 29. IV. 1747. 93 S. (5.—) 24594
Widm. v.: Jo. Georg Walch.

Ne quid nimis! Drei Reformpunkte im Bereiche der deutschen Reichspostverwaltung. Auf Anregung kaufmänn. und gewerbl., sowie im Interesse postal. Kreise beleuchtet von einem Fachmanne. gr. 8. (30 S.) Dresden 880, (Huhle.) *

Neal, Dan., Gesch. d. Puritaner, od. protestant. Nonconformisten, a. d. Engl. 1r Thl. gr. 8. Hamburg, Trampe. (Hahn in Hannover.) 754.

Neal, Dn., Geschichte d. Puritaner, od. protestant. Nonconformisten; aus d. Engl. v. Sgm. Jak. Baumgarten. 1r Thl. gr. 8. Halle 757. (Hahn in Hannov.) 1 Thlr 4 gGr

Neal, Max

Neal, M., Graf **Arco**. Trauerspiel in 5 Aufzügen. 8. (115 S.) München 888. (Fritsch.) n. 1. 20

— u. Hans **Neis**, Ehescheu, s.: **Bloch's**, Eduard, Theater-Korrespondenz.

Neal, Max, das End' vom Lied. Psychologische Geschichten. Mit e. Geleitwort v. M. G. Conrad. 8. (VII, 168 S.) Leipzig 893. W. Friedrich. n. 3. —

— die **Reform** des Würzburger Stadt-Theaters. Eine Signalrakete zur komm. Saison. gr. 8. (44 S.) Würzburg 893. G. Dornauer. n. — 50

Neal, Max, d. Tugendprinz. Operette in 3 Akten (teilweise nach einer fremden Idee). Musik v. Wilh. Mauke. (Text der Gesänge.) (35 S.) 8. Berlin 910. E. Bloch. — 50

— Sebastiano **Ziani**. Schauspiel in 4 Aufzügen. 8. (114 S.) Berlin 889. Kracht. n.n. 1. 50

Neale, Prakt. Abhdl. üb. d. Nervenkrankheiten. A. d. Engl. 72 S. Brl. 1790. 8°.

1790

Neale, prakt. Abhandl. üb. d. **Nervenkrankheit**, a. d. Engl. 8. Berlin, Schöne. 793.

Neale, Werke des Glaubens. Erzählungen aus der Kirchengeschichte für die Jugend bearb. Aus dem Engl. übers. gr. 16. (IV und 194 S.) Berlin 856, (Friedr. Schulze.) *
fein Pap. *

Neale, Adam

Neale, A., Reisen durch einige Theile v. Deutschland, Polen, d. Moldau. Aus d. Engl. 2 Thle. 8. Pesth 820. Hartleben. 2 Thlr Hbg. Pr. 12 gGr

Neale, Rév. Corn., Allégories pour la jennesse, tirées de l'écriture sainte, de la nature et des arts. Trad. de l'Anglais. (Mit 4 Steindrücken.) 12. Paris et Strasbourg 837 Levrault. 5 fr

Neale, H. J., Pract. diss. on nervous complaints, and other diseases incident to the human body; with a historical investigation of their causes and cure, in which are interspersed some singular cases. 68 pp. A. d. Engl. 72 S., Brl. 1790. 8°. Salzb. Zeit. 1790, II, 155. A. D. B. XCVII, 100. A. L. Z. 1790, n. 94.

1788

Neale, John Mason

Neale, J. M., Glaubensstaten, s.: Zu Lehr u. Wehr. 4.

— die ägyptischen Wanderer. Eine Geschichte f. Kinder u. Erwachsene aus der Zeit der 10. großen Christenverfolgg. Aus dem Engl. übers. (194 S.) 8. Kassel 905. J. G. Oncken Nachf. n. 2. —; geb. in Leinw. n. 2. 50; m. Goldschn. n. 3. —

Neander, Aug., Erinnerungen an ihn, s.: Jacobi, J. L.

—— Ein Gedenkblatt v. Ludw. Schulze, s. Schriften des Institutum judaicum zu Leipzig.

Neander's, Aug., Leben, s.: Wiegand, A.

—— Rede auf ihn, s. Harnack, A.

Neander, Joachim, sein Leben und seine Lieder, s. Iken, J. Fr.

Neander, Die welthistor. Bedeut. d. IX. Buches in d. II. Enneade d. Plotinos od. seines Buchs gegen die Gnostiker. S.-A. 1848. 18 S. 4°. 1.—

Neander, kritische Beleuchtung des Spiritualismus und Materialismus vom Standpunct organisch-monistischer Welt- u. Menschenanschauung. Bremen 856. Geisler. 8. (36 S.) 10 ngr.

Neander: De meninge arachnoidea cerebri, s. Goelicke, Andreas Ottomar (Praes.)

BERLIN. — Tabellen von der gesammten Residenz-Stadt Berlin, worin alle Strassen u. Plätze u. Häuser, von *Neander II.* Mit Register der Haus-Eigenthümer u. Strassen u. Bezeichnung der Bewohner (z. B. „Gräfin Lichtenau"). Berlin 1799. 8°. (4 Mk. 50 Pfg. Max Harrwitz, Berlin, c. 1890.)

Neander, d. Zweyten, Beschr. e. Fuhrwerks z. leicht. Fortschaff. d. Wassertonnen bey Feuersgefahr. rc. m. K. gr. 4. Berlin, W. Oehmigke. 800,

v. Neander, d. Zweiten, Beschreib. eines Fuhrwerks z. bequemen u. leichten Fortschaffung d. Wassertonnen beim Feuerlöschen rc. Mit 1 Kpf. gr. 4. Berl. 800. (Sander). 8 gl

Neander. Erklärung der Operationskarte, welche die Feldzüge am Ober-Rhein unter Friedrich Wilhelm II., dem Herzog von Braunschweig, dem K. K. Feldm. Wurmser 1793 u. Feldm. Möllendorf 1794 darstellt. 8. Berlin 1798.

Neander, postlagernde Romantik. Lustspiel in 3 Akten. (91 S.) kl. 8. Wien 910. P. Knepler. 1. 50

(—). — Seiner Hochwürden dem Herrn A. Neander (Cölln an der Spree) bei seinem Scheiden ehrfurchtsvoll gewidmet von den Schülern des Gymnasiums. Merseburg (Fr. Kobitzsch) Okt. 1823. (3.—) 24595

Neander, Ad. Theoph. d. ältere, prakt. Hand- u. Unterrichtsbuch f. angehende Artilleristen, od. auf eigene Erfahrung gegründete Anweis., die Artilleriewissenschaft im ganzen Umfange kennen zu lernen. Mit 12 Kpf. 8. Leipz. 809. Hinrichs. 2 ₰ 16 gl Schrbp. 3 ₰ 8 gl Velinp. 4 ₰

Über die jährliche Parallaxe des Doppelsternsystemes 6 Cygni von Albin **Neander**. Uppsala & Stockholm 1907: Almqvist & Wiksell; (Berlin: R. Friedländer & Sohn). (28 S.) 4°
= Iakttagelser, Astronomiska, och undersökningar anstälda å Stockholms Observatorium. Bd 8, No 6. [07. 16360

Neander, August

Neander, Aug., († d. 14. Juli 1850), wissenschaftliche Abhandlungen. Herausg. von J. L. Jacobi. gr. 8. (IV u. 268 S.) Berlin 851. Wiegandt & Grieben. n. 1⅓ ₰

Neander, Jh. Aug. Wlh., Abschiedspredigt in d. Schloß- u. Domkirche zu Merseburg am 16. Sonntage nach d. Fest d. Dreieinigkeit. gr. 8. Halle 823. Kümmel. 3 gl

Neander, Jh. Aug. Wlh., Advents-Predigt, s. Ehrenberg, Fr.

Neander, (Joh.) Aug. (Wilh.,) das Alte u. Neue in d. Reiche Gottes, mit einigen Zügen aus d. Leben u. d. Wirksamkeit d. sel. Pastors Oberlin zu Waldbach, im Ban-de-la-Roche. Einlad. z. 21. Stiftungsfeier d. preuß. Haupt-Bibelgesellschaft zu Berlin. gr. 4. (2 B.) Berlin 835, (Eichler. ?) *

— Antignostikus, Geist d. Tertullianus u. Einleitung in dessen Schriften, mit archäolog. u. dogmen-histor. Untersuchungen. gr. 8. Berl. 825. Dümmler. 2 ₰ 4 gl

Neander, (A.) Antignostikus Geist des Tertullianus u. Einleitung in dessen Schriften, mit archäolog. u. dogmen-histor. Untersuchungen. gr. 8. Berl. 826, Dümmler.

— Antignostikus, Geist des Tertullianus u. Einleitung in dessen Schriften. Eine Monographie als Beitrag zur Geschichte der Glaubens- u. Sittenlehre in d. ersten Jahrhunderten. 2. zum Theil umgearb. Aufl. gr. 8. (XII u. 468 S.) Berlin 849, Dümmler. n. 2⅓ ₰

Neander, (Joh.) Aug. (Wilh.), Antwortschreiben an Mag. Edw. H. Dewar, zur Entgegnung auf dessen durch eine Recension der Schrift: „German Protestantism etc." in den Jahrbüchern f. wissenschaftl. Kritik, Oktbr. 1844" veranlaßtes Sendschreiben. gr. 8. (1½ B.) Berlin 845, (Lüderitz'sche Vrlgsh.) *

— Paskal's Auffassung des eigenthümlich Christlichen im Verhältniß zu der allgem. Weltbetrachtung u. dem Allgemeinen des religiösen Bewußtseins dargestellt. gr. 8. (32 S.) Berlin 847, C. G. Lüderitz. ¼ ₰

Neander, (Joh.) Aug. (Wilh.), Richard Baxter, e. Mann d. wahrhaft rechten Mitte, welche d. Evangelium allein zu offenbaren u. zu verleihen vermag. Worte d. Einladung z. Stiftungsfeste d. Preuß. Haupt-Bibelgesellschaft. gr. 4. (3 B.) Berlin 833, (Eichler.)

—— die Bedeutung des Thomas Arnold f. den Standpunkt d. kirchl. Gegenwart, nach den üb. sein Leben erschienenen Denkwürdigkeiten. gr. 8. (1½ B.) Berlin 846, Besser, Verl.*
Aus Jahrbücher f. wissenschaftl. Kritik besond. abgedruckt.

— über die geschichtliche Bedeutung der Pensées Pascal's für die Religionsphilosophie insbesondere. Ein in der öffentlichen Sitzung der Akad. am 16. Oktbr. 1846 gehalt. Vortrag. 2. unveränd. Abdr. gr. 8. (29 S.) Berlin 847, Bessers Verlagsbuchh. [Frz. Duncker.] 6 ngr

— von d. Bereitschaft evangel. Christen, sich üb. ihren Glauben zu rechtfertigen. Eine Predigt am 25. Juny 1830, als am 3. Säcularfeste d. Uebergabe d. Augsburg. Confession, in d. Hof- u. Domkirche zu Berlin gehalt. gr. 8. (1¼ B.) Berlin, Mittler.

– s. Berengarii Turonensis.

Neander, A., der heilige Bernhard u. sein Zeitalter, s. a. Bibliothek theologischer Klassiker.

Neander, A., der heilige Bernhard u. sein Zeitalter. gr. 8. Berl. Realschulbuchh. 813.

— der heil. Bernhard u. sein Zeitalter. gr. 8. Berl. 830. Reimer. 1 ₰ 18 g.

— der heilige Bernhard u. sein Zeitalter. Ein histor. Gemälde. 2. umgearb. Aufl. gr. 8. (XIV u. 523 S.) Hamburg u. Gotha 848, Fr. & A. Perthes. n. 2 ₰ 16 ngr

– s. Berthold, . . . , deutsche Predigten.

– s. Bibliotheca ecclesiastica.

– s. Bodinus, J.: Das Heptaplomeron.

Neander, Aug., der erste Brief Johannis, s. Schrift, die heilige. Hrsg. von K. F. Th. Schneider.

— der Brief Pauli an die Philipper. s.: Schrift, die heilige. Hrsg. v. K. F. Th. Schneider.

— der heilige Johannes Chrysostomus. 2 Bde. 3. verb. Aufl. gr. 8. (1: XII u. 372 S. 2: 260 S.) Berlin 848, Dümmler. n. 3⅓ ₰

Neander, Aug., der heilige Johannes Chrysostomus. 3. verb. Aufl. Neue (Titel-)Ausg. Berlin (848.) 858. Dümmler's Verlhdlg. gr. 8. (4 Bl., 372; 260 S.) n. 2 ₰.

— der heil. Johann Chrysostomus und die Kirche, besonders des Orients in dessen Zeitalter. 2 Bde. gr. 8. Berlin 821—22, Dümmler. (1r Bd. 1 Rthl. 20 gr. 2r Bd. 1 Rthl. 12 gr.)

— der heil. Joh. Chrysostomus u. d. Kirche, besond. d. Orients, in dess. Zeitalter. 1. Bd. 2., umgeänd. u. verb. Aufl. gr. 8. ... Berlin 832, Dümmler.
1. Bd. Ebendas. 1822. 1 Thlr. 12 Gr.

– s. Curtius, Ad.: De tempore.

— und (A. Tholuck,) Denkwürdigkeiten aus der Geschichte des Christenthums u. des christl. Lebens. 1r Bd. 2e Aufl. 825. 1 Rthl. 16 gr. 2r Bd. 2e Aufl. 826. 1 Rthl. 6 gr. 3r Bd. 2e Aufl. 827, 1 Rthl. 4 gr. gr. 8. Berlin, Dümmler.

— Denkwürdigkeiten aus d. Geschichte des christl. Lebens. 2 Bde. 3., verb. Aufl. gr. 8. Hamburg u. Gotha, Friedr. u. Andr. Perthes. [1. (26⅔ B.) 845. * 2 Thlr., 2. (19 B.) 46. * 1 Thlr. 14 Ngr.]

Neander's, Aug., Dogmatik, s.: Reuter's theologische Klassikerbibliothek.

— das Eine u. Mannichfaltige des christl. Lebens. Dargestellt in einer Reihe kleiner Gelegenheitsschriften, größtentheils biograph. Inhalts. gr. 8. Berlin 840, G. G. Lüderitz. 1½ ₰

— der glorreiche Einzug Christi in Jerusalem. Eine Palmsonntagbetrachtung. gr. 8. (21 S.) Berlin 848, Wiegandt & Grieben. n. ⅛ ₰

Neander, Jh. Aug. Wlh., genetische Entwickelung der vornehmsten gnostischen Systeme. gr. 8. Berl. 818. Dümmler. 2 ₰ 4 g.

Neander, August. Erinnerungen, s. Schaff, Ph.

— Erinnerungen an d. evangel. Gottesgelehrten William Chillingworth. 4. Ebd. 832. ⅙ ₰

— Erklärung in Beziehung auf einen ihn betreff. Artikel der Allgem. Zeitung, nebst dem auf höhere Veranlassung von ihm verfaßten Gutachten über das Buch des Dr. Strauß: „Leben Jesu." 8. Berlin 836. Haude u. Spener. ⅙ ₰

— Erklärung üb. seine Theilnahme an d. evangel. Kirchenzeitung, nebst rechtfertig. Erörterung d. ersteren. 1. Aufl. (1½ B.) 5 Gr., 2., mit Bemerkn. u. e. Anh. verm. A. (2½ B.) gr. 8. Berlin 830, Haude u. Spener.

— kleine Gelegenheitsschriften prakt.-christl., vornehml. histor. Inhalts. Zum Besten d. Missionswesen v. neuem hrsgg. gr. 8. Berl. 824. Dümmler, 16 g. 2e A. ... 3e veränderte u. mit e. Abhandl. verm. Aufl. gr. 8. Ebd. 829. (Oehmigke). 1 ₰ 8 g.

Neander, Jh. Aug. Wilh., kleine Gelegenheitsschriften. 3e Aufl. gr. 8. Berlin 829, ist jetzt Verlag von Lüderitz's Verlagsbuchhandlung.

– s. Gemberg, A. Fr. L.: Die Schott. Nationalkirche.

— allgem. Geschichte d. christl. Religion u. Kirche. 1—4. Bd. (od. 8 Abthln.) gr. 8. Hamburg, Fr. Perthes.
Bd. 1. Kirchengesch. d. 3 ersten Jahrhunderte. 3 Abthln.
1. Abthl., welche d. Einleit. u. d. beiden ersten Abschnitte enth. (27½ B.) 825. 2 Thlr.
2. " , welche d. Gesch. d. christl. Cultus, d. christl. Lebens u. ein. Theil d. Sektengesch. enth. (28½ B.) 826. 2 Thlr.
3. " , welche d. Gesch. d. Kirchenlehre u. d. Kirchenlehrer enth. (31½ B. u. 2 Tab. gr. Fol.) 827. 2 Thlr.
" 2. Kirchengesch. v. Constantin d. Gr. bis auf Gregor d. Gr. 3 Abthln.
1. Abthl., welche d. beiden ersten Abschnitte enth. (31¼ B.) 828. 2 Thlr.
2. " , welche d. Gesch. d. christl. Cultus u. Lebens enth. (30 B.) 829. 2 Thlr.
3. " , welche d. Gesch. d. Kirchenlehre vollendet. (43 B. u. 1 Tab. gr. Fol.) 831. 3 Thlr.
" 3. Kirchengesch. v. Gregor d. Gr. bis zum Tode Karl's d. Gr. (33½ B. u. 1 Tab. gr. Fol.) 834. 2 Thlr. 12 Gr.
" 4. Kirchengesch. v. Tode Karl's d. Gr. bis zu Gregor VII. (48 B. u. 1 Tab. gr. Fol.) 836. 3 Thlr. 12 Gr.

— dass. Wohlf. Ausg. 1r Thl. gr. 8. Hamb. 827, Fr. Perthes.

— dass. wohlfeile Ausgabe. 1—4. Bd. (od. 8 Abthln.) gr. 8. Ebds. [1. 1. (18½ B.) 826., 2. (19 B.), 3. (21 B. u. 2 Tab. gr. Fol.) 828., 2. 1. (21 B.) 829., 2. (20 B.) 830. à Abthl. 1 Thlr., 3. (30 B. u. 1 Tab. gr. Fol.) 831., 3. (27 B. u. 1 Tab. gr. Fol.) 834. à 1 Thlr. 12 Gr., 4. (33 B. u. 1 Tab. gr. Fol.) 836. 1 Thlr. 18 Gr.]
Der Inhalt aller einzelnen Abthln. dieser Ausg. ist mit dem der vorhergeh. gleich. — Nachtrag, vgl. oben dess. „Gesch d. Pflanzung" rc.

—— allgem. Geschichte d. christl. Religion u. Kirche. 1 Bd. 2., verb. Aufl. u. 5. Bd. 1. u. 2. Abthl. (od. 9. u. 10. Abthl. d. Ganzen.) gr. 8. Hamburg, Fr. Perthes. *

Bd. 1. Kirchengeschichte d. 3 ersten Jahrhunderte. 2 Abthln.

1. Abthl., welcher d. Einleitung u. d. 3 ersten Abschnitte enth. (38¼ B.) 842. * 2 Thlr. 12 Gr.

2. : , welcher d. 4. u. letzten Abschnitt d. 1. Abthl. enth. (47 B.) 843. * 3 Thlr. 12 Gr.

Diese neue Aufl. hat statt der Bezeichnung 1. Bd. 1. u. 2. Abthl. eigentlich die umgekehrte: 1. Abthl. 1. u. 2. Bd. u. umfaßt dasselbe, was die 1. Aufl. in 3 Abthln. enthält.

5. Kirchengeschichte v. Gregor VII. bis Bonafacius. 1. u. 2. Abthl.

1. Abthl., welche d. Gesch. d. Ausbreitung d. Christenthums u. d. Kirchenverfassung enth. (37 B.) 841. * 2 Thlr. 16 Gr.

2. : , welche d. christl. Leben u. d. christl. Kultus, so wie d. Gesch. d. Lehre enth. (47 B.) 845. * 3 Thlr. 18 Gr.

2—4. Bd. Ebendas. 1928—36. * 13 Thlr.

—— dass. — wohlfeile Ausgabe. 5. Bd. 1. u. 2. Abthl. (od. 9. u. 10. Abthl. d. Ganzen.) gr. 8. Ebds. [1. (25½ B.) 841. 1½ Thlr., 2. (33 B.) 845. 2 Thlr.]

1—4. Bd. Ebendas. 1826—36. 9 Thlr. 18 Gr. — Nachtrag, vgl. oben dess. „Gesch. d. Pflanzung" ꝛc.

—— allgem. Geschichte d. christl. Religion u. Kirche. 2., verb. Aufl. 2. Abthl., welche die Kirchengeschichte von Constantin d. G. bis auf Gregor d. G. enthält. 3. Bd., welcher die 3 ersten Abschnitte d. 2. Abthlg. enth. gr. 8. (42½ B.) Hamburg 846, Fr. Perthes. *

—— dass. 2., verb. Aufl. 4. Bd., welcher den 4. u. letzten Abschn. der 2. Abthl. enthält. gr. 8. (62¾ B.) Ebds. 847. *

1. u. 2. Bd. (2. Aufl.) Ebendas. 1842, 43. * 6 Thlr. Vgl. 9. Bd. 2. Abthl. S. 76.

—— allgemeine Geschichte der christlichen Religion und Kirche. 6. Bd., welcher die Kirchengeschichte von Bonifacius VIII. bis zum baseler Konzil enthält. (11. Thl. des ganzen Werkes.) Aus den hinterlass. Papieren hrsg. von K. F. Th. Schneider. gr. 8. (XXVIII und 556 S.) Hamburg 851(52,) Fr. Perthes. Feine Ausg.

Neander, Aug., allgemeine Geschichte der christlichen Religion u. Kirche. 3. Aufl. 2 Bde. à 2 Abthlgn. (Mit einer Vorrede von Ullmann.) Gotha 856. F. A. Perthes. Imp.-8. (1. Bd.: XXIV, XX, 816 S.; 2. Bd.: XIV, XX, 922 S.) n. 10 ℛ.

Inhalt: I. Bd.: 1. Abth.: Geschichte der christlichen Religion und Kirche in den drei ersten Jahrhunderten. 2. Abth.: Geschichte der christlichen Religion und Kirche von Constantin dem Großen bis auf Gregor den Großen. — II. Bd. 1. Abth.: Geschichte der christlichen Religion und Kirche von Gregor dem Großen bis zu Gregor VII. 2. Abth.: Geschichte der christlichen Religion und Kirche von Gregor VII. bis zum Baseler Concil 1439.

Neander, Dr. August. Allgemeine Geschichte der christlichen Religion und Kirche. 4. Aufl. I—II. Bd., welcher die Geschichte der christlichen Religion und Kirche in den 3 ersten Jahrhunderten enthält. III. Bd. Von Constantin dem Grossen bis auf Gregor dem Grossen. 1.—3. Abth. IV. Bd. Von Constantin dem Grossen bis auf Gregor dem Grossen. 4. und letzte Abth. V. Bd. Von Gregor dem Grossen bis zum Tode Karls des Grossen. 1.—4. Abth. VI. Bd. Vom Tode Karl des Grossen bis Gregor VII. 1.—4. Abth. VII. Bd. Von Gregor VII. bis Bonifacius VIII. 1. und 2. Abth. VIII. Bd. 3. und 4. Abth. IX. Bd. Von Bonifacius VIII. bis zum Baseler Concil (5 Bde.) 8. Gotha 1863—1865.

Neander, Aug. Geschichte der Pflanzung u. Leitung der christlichen Kirche durch die Apostel, s. a. Bibliothek theologischer Klassiker.

—— Geschichte d. Pflanzung u. Leitung d. christl. Kirche durch d. Apostel, als selbstständ. Nachtrag zu d. (dess.) „allgem. Geschichte d. christl. Religion u. Kirche." 2 Bde. gr. 8. Hamburg, Fr. Perthes. [1. (29 B.) 832., 2. (22¼ B. u. 1 Karte, gr. Fol.) 833. à 2 Thlr.]

—— dass. wohlf. Ausgabe. 2 Bde. gr. 8. Ebds. [1. (19 B.) 832. 1 Thlr., 2. (16 B. u. 1 Karte, gr. Fol.) 833. 1 Thlr. 8 Gr.]

—— Geschichte d. Pflanzung u. Leitung d. christl. Kirche durch d. Apostel, als selbstständ. Nachtr. zu d. allgem. Gesch. d. christl. Religion u. Kirche. 2 Bde. 2., verb. Aufl. (53¼ B. u. 1 Karte.) 838. * 3½ Thlr., 3., verb. Aufl. gr. 8. (57 B. u. 1 Karte.) Hamburg 841, Fr. Perthes. *

Ist zu beiden Ausgaben des nachsteh. Hauptwerkes passend.

— Geschichte der Pflanzung u. Leitung der christlichen Kirche durch die Apostel, als selbstständiger Nachtrag zu der allgemeinen Geschichte der christlichen Religion u. Kirche. 4. verb. u. verm. Aufl. 2 Bde. Mit 1 Karte. (2 Bl. in Fol.) (1. Bd. XXXII u. 552 S. 2. Bd. XXXII u. 936 S.) Hamburg 847, Fr. Perthes. n. 4 ℛ

Neander, Dr. August. Geschichte der Pflanzung und Leitung der christlichen Kirche durch die Apostel. Fünfte Aufl. Mit einer Karte des Schauplatzes. (Aus: „Neander's Werke". 1. Bd.) 8. Gotha 1862.

— de fidei gnoseosque idea, et ea, qua ad se invicem atque ad philosophiam referantur, ratione secundum mentem Clementis Alexandrini. 8. Heidelb. 811.

— s. Journal f. Prediger.

— üb. d. Kaiser Julianus u. sein Zeitalter. gr. 8. Heidelb. 812. (Hamb., Perthes u. B.) 20 ggr

— über den Kaiser Julianus u. sein Zeitalter. Ein historisches Gemälde. 2. Aufl. Gotha 867. F. A. Perthes. gr. 8. (III, 101 S.) n. 16 ngr.

— das Leben Jesu Christi, in seinem geschichtl. Zusammenhange und seiner geschichtl. Entwickelung dargestellt. gr. 8. Hamburg 837. Fr. Perthes. 3 ℛ — Neuer unveränd. Druck. gr. 8. Ebd. 837. 3 ℛ — 3e verb. Aufl. gr. 8. Ebd. 839. 3½ ℛ

—— das Leben Jesu Christi in seinem geschichtl. Zusammenhange u. seiner geschichtl. Entwickelung dargestellt. 4., verb. Aufl. gr. 8. (53 B.) Hamburg 845, Friedr. Perthes. *

Neander, Aug., das Leben Jesu Christi in seinem geschichtlichen Zusammenhange und seiner geschichtlichen Entwickelung dargestellt. 5. Aufl. gr. 8. (XLIV und 803 S.) Hamburg 852. [Gotha, F. A. Perthes.] Thlr. *

— das Leben Jesu Christi in seinem geschichtlichen Zusammenhange u. seiner geschichtlichen Entwickelung dargestellt. 7. Ausg. gr. 8. (XLVIII, 599 S.) Ebend. 873. n. 9.—

—— über das Leben des Joseph Blanco White. gr. 8. (2¾ B.) Berlin 846, Besser, Verl. *

Aus: Jahrbücher f. wissenschaftl. Kritik besond. abgedruckt.

— s. Mathesius, Jh.: Leben Dr. M. Luther's.

— s. Mayrhof, E. Th.: Johann Reuchlin.

— Nachricht v. d. Bildung d. Gesellsch. z. Beförder. d. evangel. Missionen unter d. Heiden. gr. 8. Berl. 825. Nicolai, 2 ggr

— s. Originis Opera.

— s. Pascal: Sämmtl. Schriften.

— Predigten üb. auserlesene Stellen d. heil. Schrift; im Jahr 1825, in d. Hof- u. Domkirche zu Berlin gehalten. 2 Thle. 8. Berl. 826. Mittler. à 1 ℛ 8 ggr 2 ℛ 16 ggr

—— Rede gehalt. bei d. akadem. Feier des 300jähr. Todestages Luther's am 18. Febr. 1846. gr. 8. (1 B.) Berlin, (J. A. Wohlgemuth, Verl.)

Neander, Aug., das Reich Christi, das Reich der wahren Freiheit u. Gleichheit. Worte der Einladung zur 35. Stiftungsfeier der Preuß. Haupt-Bibel-Gesellschaft. gr. 4. (16 S.) Berlin 849. (J. A. Wohlgemuth.) n. 1/6 ₰

—— **Theobald Thamer, d. Repräsentant u. Vorgängen moderner Geistesrichtung in dem Reformationszeitalter. Eine histor. Monographie. gr. 8. (3¾ B.) Berlin 842, (Lüderitz'sche Vrlgsb.)** -

– s. Tollin, E.: Versuch einer Entwickelung von Jesu Christi.

– s. Uhden, H. F.: Leben William Wilberforce.

Commentatio de Georgio Vicelio ejusque in ecclesiam evangelicam animo scripsit Augustus **Neander.** Programma, quo tertia ecclesiae evangelicae in Marchia institutae solemnia saecularia a Regia univ. . . . Berolinensi oratione Rectoris magnifici Cal. Nov. a. 1839 celebranda indicit ordo theologorum. Berolini (1839). (50 S.) 4°. * In einigen Exemplaren sind fälschlich „52" S. gezählt.

—— **Commentatio de Georgio Vicelio, ejusque in eccles. evangel. animo. Progr. quo tertia eccles. evangel. in Marchia institutae solemnia saecularia a regia Univers. liter. Frider. Guil. Berolinensi orat. etc. 4maj. (6¼ B. u. 2 Ttlvign.) Berlin 839, (Lüderitz'sche Vrlsbuchh.)** *

Neander, August s. Vitae quatuor reformatorum. Berolini 1841.

—— **theologische Vorlesungen. Hrsg. durch Dr. J. Müller. I. (Thl.) A. u. d. T.: Christliche Dogmengeschichte. Hrsg. von J. L. Jacobi. I. Thl. gr. 8. (XXX und 454 S.) Berlin 856(57,) Wiegandt und Grieben.** *

Neander's, A(ug.), theologische Vorlesungen. Hrsg. durch J. Müller. I. Abthl. (2. Thl.) A. u. d. T.: Christliche Dogmengeschichte. Hrsg. von J. L. Jacobi. 2. Thl. gr. 8. (XX und 312 S.) Berlin 857, Wiegandt und Grieben. *

—— **dass. — II. (Abthl.) (3. Thl.) A. u. d. T.: Auslegung der beiden Briefe an die Corinther. Hrsg. von Willib. Beyschlag. gr. 8. (VIII und 384 S.) Ebendas. 859.** *
1. Abthl. (1. Thl.) Ebendas. 1856. * 2 Thlr. 7½ Ngr.

Neander's, A., theologische Vorlesungen. Herausg. durch J. Müller. 3—5. Theil. Berlin 859—64. Wiegandt & Grieben. gr. 8.
3. Theil: Auslegung der beiden Briefe an die Corinther. Herausg. von Willib. Beyschlag. 859. (VIII, 384 S.) n. 1 ₰ 26 ngr.
4. Theil: Katholicismus u. Protestantismus. Herausg. von Herm. Meßner. 863. (X, 234 S.) n. 1 ₰ 5 ngr.
5. Theil: Vorlesungen über Geschichte der christlichen Ethik. Herausg. von Dav. Erdmann. 864. (XII, 304 S.) n. 1 ₰ 15 ngr.

– s. Wegener, H.: Geschichte der christl. Kirche.

— Werke. 1—7. Bd. Gotha 1862—64. F. A. Perthes. gr. 8. Subscr.-Pr. n. 12 ₰ 28 ngr.
1. Bd.: Geschichte der Pflanzung u. Leitung der christlichen Kirche durch die Apostel. 5. Aufl. Mit 2 (lith. u. color.) Karten des Schauplatzes (in Fol.). (LXVIII, 704 S.) einzeln n. 3 ₰ 10 ngr.
2. Bd.: Das Leben Jesu Christi in seinem geschichtlichen Zusammenhange u. seiner geschichtlichen Entwickelung dargestellt. 6. Aufl. (XLVIII, 600 S.) einzeln n. 2 ₰ 16 ngr.
3—7. Bd.: Allgemeine Geschichte der christlichen Religion u. Kirche. 4. Aufl. 1—5. Bd. (XII, 2313 S.) einzeln n. 8 ₰ 12 ngr.

—— dass. — s. a. Bibliothek, theologische, aus Perthes' Verlag.

Neander's, Aug., Werke. 8—13. Bd. Gotha 865—66. F. A. Perthes. gr. 8. n. 11 ₰ 16 ngr.
8—11. Allgemeine Geschichte der christlichen Religion u. Kirche. 4. Aufl. 6. Bd. (439 S.) 7. u. 8. Bd. (XXII, 834 S.) 9. Bd. (LV, 590 S.) n. 5 ₰ 16 ngr.
12. Der heilige Bernhard u. sein Zeitalter. Ein histor. Gemälde. 3. Aufl. (VIII, 392 S.) n. 2 ₰ 16 ngr.
13. Denkwürdigkeiten aus der Geschichte des christlichen Lebens. 4. Aufl. (XI, 548 S.) n. 3 ₰ 14 ngr.

— — Neue wohlfeile (Titel-)Ausg. 3 Bde. Berlin (859—64) 868. Wiegandt & Grieben gr. 8. Jeder Bd. n. 22½ ngr.
1. Auslegung der beiden Briefe an die Corinther. Herausg. von Willib. Beyschlag. (VII, 384 S.)
2. Katholicismus u. Protestantismus. Herausg. von Herm. Meßner. (X, 234 S.)
3. Vorlesungen über Geschichte der christlichen Ethik. Herausg. von David Erdmann. (XII, 304 S.)

Neander's, Aug., Werke. 14. Bd.: Ueber den Kaiser Julianus und sein Zeitalter. Ein histor. Gemälde. 2. Aufl. gr. 8. (104 S.) Gotha 875, F. A. Perthes. *
1.—13. Bd. Ebendas. 1862—66. * ℳ 64,40.

– s. Wilberforce: Familiengebete.

Neander, (Joh.) Aug. (Wilh.), Worte des Friedens unter den Gegensätzen. 8. (1 B.) Berlin 845, (Lüderitz'sche Vrlgsb.) Thlr.

—— das Wort Gottes im Verhältniß zu unserer Zeit. Einladungsschrift der preuß. Haupt-Bibel-Gesellschaft bei der 34. Stiftungsfeier. gr. 4. (20 S.) Berlin 848, (J. A. Wohlgemuth.) *

– s. Zur Verständigung in der Noth dieser Zeit.

v. Neander, C., Völkerschlacht bei Leipzig, d. 18. u. 19. Oct. 1813 auf 1 runden Plan mit deutl. Beschreib. 4. Berl. 813. (Haude u. Sp.) 6 gr

Den vortheilhaften Einfluss der christlichen Religion in die schönen Wissenschaften erweiset in einem Danksagungsschreiben an die Königliche deutsche Gesellschaft in Königsberg CHRISTOPH FRIEDRICH NEANDER, . . . 1752. den 6ten März. ib., gedruckt in der Königl. Hof- und Academischen Buchdruckerey. fol.

– s. Elisen's geistl. Lieder.

— — (Frankfurt/Mark), De eo, quod justum est circa inquisitionem in autorem rixae, si de occisore non constat. Diss. inaug. Präs. Heinrich Coccejus. Frankfurt/Oder (T. Schwartz) 11. VI. 1701. 30 S. (5.—) 24598
Gew.: Simon Christoph Ursin, Hieronymus Viesemeyer, Paul Kohlharth. — Widm. v.: J. C. Becmann, Heinrich Coccejus, Markus Rhode, Th. Siegfr. Ring, J. von Schulz Szulecki, Michael Rhode, Jo. Peter Thiele.

Neander, Christoph Erdmann, Introductio ad praxin criminalem, Quâ Processus Inquisitorii in Marchia inprimis usitati Forma compendiose demonstratur; Quaestiones tùm circa Formalia tum Materialia hujus Processus in Foro Criminali hactenus frequentiùs disceptatae breviter deciduntur, simulque Cautelae necessariae pro Inquisitoribus et Defensoribus suppeditantur; In gratiam atque utilitatem Jur. Praxeosq; Studiosorum facili Methodo ac Stylo congesta. Frankfurt / Oder (J. Schrey u. J. Chr. Hartmann) (22. VI.) 1711. 196 S. u. Index. (8.—) 24596
Gew.: Marquard Ludwig von Prinzen. — Widm. v.: H. von Coccejus.

— — Dasselbe. Frankfurt/Oder (J. Schrey u. J. Chr. Hartmann) (22. VI.) 1711. 196 S. u. Index. (8.—) 24597
Gew.: Marquard Ludwig von Prinzen. — Widm. v.: H. von Coccejus. — Titelbl. schwarz u. rot.

Neander, Chr. Erdm.: Introductio ad praxin criminalem. *Francof. ad Viadr.* 714. 4.

Neander, Cph. Fr., († d. 9. Juli oder 21. Juli neuen Styls 1802.) geistl. Lieder. 2 Thle. 8. Riga 766—74. (1r Thl. 2e A. 768. 3e A. 779). Hartknoch. 8 ℛ

Neander, Christoph Friedrich. Geistliche Lieder . . . Zürich 1768. H: *Lavater, Joh. Casp.* (AarK)

— neue Samml. christl. Gesänge. 8. Frankf. u. Leipz. 773. (W. Nauck). 12 ℛ

Neander, Cph. Fr., Scipio; ein Singspl. 8. Mitau 778.

Neander, Dan. Amad., von d. Bereitschaft evangel. Christen ꝛc. Predigt, s. Neander, Joh. Aug. Wilh.
Gehört Ersterem an und wurde Letzterem nur aus Versehen zugeschrieben.

—— Erklärung in Bezieh. auf ein. ihn betreff. Artikel d. Allgem. Zeitung, nebst d. auf höh. Veranlass. von ihm verfaßt. Gutachten üb. d. Buch d. Dr. Strauß: „Leben Jesu.“ 8. (1¼ B.) Berlin 836, Haude u. Spener'sche Buchh.

—— Erklärung üb. seine Theilnahme an d. evangel. Kirchenzeitung, s. Neander, Joh. Aug. Wilh.
Gehört Ersterem an und wurde Letzterem nur aus Versehen zugeschrieben.

—— und Goldhorn, Journal f. Prediger ꝛc., s. Journal.

— Weihe-Reden, s. Aug. Schröder, Abriß der Geschichte der Stifts- u. Domkirche ꝛc. zu Burg Brandenburg.

Neander, E., i.: Planeten-Kalender, neuer.

Neander, Ed., s. Neander, Fr. Ed.

Neander, Erwin von, aus Kurland i. Russl.: Ueber Chino-α-p-α-phenylchinolin-γ-carbonsäure nebst einem Anhang über die Chino-α-p-α-Methylchinolin-γ-carbonsäure. *Freiburg i. B.: Speyer & Kaerner 1900.* (71 S.) 8°
Freiburg i. B., Phil. Diss. v. 1900

Rote Astern. Ilse. Was die Möwe erzählte v. Felix Neander. Kiel. 1895. 8°

Neander, Fr. Ed.

Neander, F. Ed., gute Botschaft von Christo. Eine Samml. Predigten. 8. (22½ B.) Mitau 839. (Leipzig, Brockhaus.) *

Neander, Ed., gute Botschaft von Christo. Eine Samml. von Predigten. 8. Mitau 839, A. Neumann. ¾ ℛ

Neander, F. Ed., Predigt, bei Eröffnung d. kurländ. Landtages, d. 5. Jan. 1840 geh. gr. 8. (1 B.) Mitau, Lucas. Thlr. *

— Predigt bei Eröffnung des curländischen Landtages, den 5. Jan. 1840. gr. 8. Ebend. 840. ⅛ ℛ

Neander, Fr. Ed., der Sündenfall. Betrachtungen in der Passionszeit über 1. Mos. 2. u. 3. gr. 8. (108 S.) Mitau 851, Reyher. n. ⅔ ℛ

Neander, Friedrich: Das Geheimniss des Weinküfers. Eine bewährte Anweisung die Weine zu erhalten, zu pflegen und zu veredeln, sowie aus geringen Landweinen Spanische, Französische, Rhein- und Champagner-Weine durch die Kunst zu bereiten. Ein Handbuch für Weinhändler und Weinschenker. Elbing: Neumann-Hartmann & Levin 1839. VIII, 46 S. -- B 14°

Neander, Geo. Fr., s. Auszug aus d. Manifesten d. Ukasen ꝛc. in Kurland.

Neander, Gottfried: Als der weyland hoch-wohlgebohrner Herr . . . [Text zum Trauergesang auf Henrich von **Buchwald,** Erb-Herr auf Pronstorff u. Land-Rath, † 30. März 1717, beigesetzt am 14. Juli 1717.] — Plön (1717): Reuss. 2 Bl. 4°

Neander, Gottfried: Der trostlose Schutzengel . . . [Text zur Trauermusik auf Wolff Henrich von **Thienen,** Erbherr auf Wahlstorff, Güldenstein u. Schinckel, † 1708.] — Kiel 1708: Reuther. 3 Bl. 4°

Neander, I. C., Ontosophia s. sapientia entis, institutionibus metaphysicis proposita. 8. Starg. Ienisch. 707.

Neander, Joach, Bundeslieder und Dankpsalmen. 8. Zürich. 727.

— — dieselben. 8. Frankf. Andreä. 712.

Neander, Joach., auserlesene Gedichte, s. Bibliothek deutscher Dichter, 11r Bd.

Joachimi Neandri Vermehrte Glaub- und Liebes-Übung, Auffgemuntert durch einfältige Bundes-Lieder, Und Danck-Psalmen ... vermittelst dieses Siebenden Drucks, Nach durchgehends neu-componirten, verhoffentlich wohlkommenden Sing-Weisen eingerichtet ... Durch Georg Christoph Strattner, Capell-Meistern. Franckfurt und Leipzig, Druckts und verlegts Johann Philipp Andreä, Im Jahr 1700.

Joachimi Neandri Vermehrte Glaub- und Liebes-Übung, auffgemuntert durch einfältige Bundes-Lieder u Danck-Psalmen etc. Benebenst Anhang geistreicher etc. Himmels-Lieder durch G. Chr. Strattner. Frankf. u. Leipz. 1708. 8o. *Mit Melodieen.*
Gervinus IV. S. 37.

— geistl. Lieder. 2 Thle. gr. 8. Riga, Hartknoch. 772. 73.

— neue Samml. christl. Gesänge. 8. Leipz. Sommer.

Neander, Jh. Aug. Wilh., s. Neander, August

Neander, M., Differenztheorie u. Börsengeschäfte. Aus den Gesichtspunkten der Praxis beleuchtet auf Grund der gegenwärt. Rechtsprechg. des Reichsgerichts (Urtheile vom 4. I. u. 8. III. 1902). (Die beiden Urtheilen im Anh.) gr. 8. (III, 46 S.) Berlin 902. F. Siemenroth. n. 1. —

Neander, Mich., Bericht vom Closter Ilfeld. Ein Beitrag zur Geschichte d. XVI. Jahrhunderts. Nach den Handschriften d. Stiftsarchivs zu Ilfeld hrsg. v. R. Bouterwek. 4. (47 S.) Göttingen 873. Peppmüller. n. 1. 80

Neander, Mich., geistlicher Menschenspiegel, nebst Mornay Todesbetr. 8. Sorau, Hebold. 737.

Michael Neanders deutsche Sprichwörter. Herausgegeben und mit einem kritischen Nachwort begleitet von Friedrich Latendorf. Schwerin, 1864. 8°.
Nach der Ausgabe von 1590.

Neanders, Mich., deutsche Sprichwörter. Hrsg. und mit einem krit. Nachwort begleitet von Friedr. Latendorf. 12. (58 S.) Schwerin 864, (Stiller'sche Hofbuchh.) *

v. Neander, Pauline, Gelegenheits-Gedichte zu verschiedenen Familienfesten nebst einem Anhang von Gedichten vermischten Inhalts. 8. (X u. 182 S.) Berlin 847, E. Krause in Comm. n. 3/4 Thlr.

Neander, Rudolf [Einj. Freiw. Arzt aus Scharmbeck]: Akute Tuberkulose der Lungen und Hirnhäute nach Influenza. . . . München, Buchdr. v. M. Ernst (1890); 19 S. 8°
München, Med. Fak., Inaug.-Diss. v. 1890

Neander, Thdr., e. Ball e. Leben. Novelle aus weil. Dorpats Tagen. 1. u. 2. Aufl. gr. 8. (VII, 171 S.) Leipzig 894. Duncker & Humblot. n. 3. —

[Neander, Theodor]: Die dt. Universität Dorpat im Lichte der Geschichte und der Gegenwart. Eine historische Studie auf dem Gebiete östlicher Kulturkämpfe — Lpg: Brockhaus 1882. VIII, 161 S.

Neander, Thdr., die Keimbildung der Dorparter Landsmannschaften. Eine kritisch-histor. Untersuchg. gr. 8. (VIII, 159 S. m. 4 z. Thl. farb. Steintaf.) Mitau 884. Felsko. n. 4. —

— zum Schutz der baltischen Frauen. Verschiedene Stimmen üb. Frauenemancipation, Frauenberuf u. Frauenideal, gesammelt u. commentirt. gr. 8. (56 S.) Riga 893. Jonck & Poliewsky. n. 1. 60

Neander, Theoph., aufrichtiger Chymicus. 8. Dresden Lesch. 731.

Neander, Theophilus, ein Dialog, Dr. Schwalb's Vortrag und des Evangelischen Vereins Ketzergericht betr., aufgeschrieben Weihnachten 1879. 12. (42 S.) Bremen 880, [Kühtmann und Comp.] Norden, Fischer Nachf. *

Neander, Wolfg. Die Erhaltung u. Kräftigung der Stimme. Kurzgefasste Anleitg., die menschl. Stimm- u. Sprachwerkzeuge in richt. Weise anzuwenden u. auszubilden. 8. (28 S.) Hannov. 891, (Otto). * — 75

— Helden d. Glaubens. (Die Kirchengeschichte im Spiegel der Poesie.) gr. 8. (32 S.) (Ebd.) 892. * — 75

— Die Hohenzollern. (Die Geschichte der Zollern-Dynastie im Spiegel der Poesie.) gr. 8. (36 S.) (Ebd.) 892. * — 75

— Jesus v. Nazareth. Das Leben Jesu in Liedern deutscher Dichter, wie: Gerok, Sturm, Spitta u. A. gr. 8. (32 S.) Ebd. 892. n. — 75

— Martin Luther, der deutsche Reformator. Das Leben Luthers im Spiegel der deutschen Poesie. gr. 8. (32 S.) Ebd. 893. n. — 75

Neander von Petershaiden, J. F., Instruktions-Buch zur Bildung von Lehrern für den theoretischen Unterricht, sowie Offizier-Aspiranten, einjährige Freiwillige und zum Selbstunterricht. 1. Heft: Das Preußische Infanterie-Gewehr. Mit 108 eingedr. Fig. (Holzschn.) und 5 Steindrucktaf. Berlin 855. Mittler u. Sohn. gr. 8. (XVI, 188 S.) n. 1 Thlr.

Néant, Jacques [Autorname] = **Favez**, Aimé.

Neapel [Sachliches OW]

Neapel, das Königreich, s. Lord's Zeithefte.

Neapel u. die Lazzaroni, e. charakterist. Gemälde f. Liebhaber d. Zeitgeschichte. 8. Erf. 790. (Otto). 16 Ngr.

Neapel und die Lazzaroni, e. charakt. Gemälde f. Liebhaber d. Zeitgesch. 8. Erfurt, Beyer u. M. 799. Rthlr.

Neapel und Sizilien. Ein Auszug aus dem Werke: Voyage pittoresque . . . Gotha 1789—1806. V: *Keerl, Joh. Hnr.* (Kat. d. Bibl. d. Techn. Hochsch. Berlin 1900.)

Neapel u. Sizilien, e. Auszug aus de Non, Voyage pittoresque, de Naples etc. (v. J. H. Keerl). Mit Kpf. 12 Bde. (3r A. u. d. T.: Ueber die Ruinen Herkulanums u. Pompejis. 1 Thlr. 8 Ngr.) gr. 8. Gotha 789—800. Ettinger. 17 Thlr. 20 Ngr.

— u. Sicilien, e. Ausz. a. le Non, voyage pittoresque de Naples etc. m. K. 12 Bde. gr. 8. Gotha, Ettinger. 789—805. (1r—5r à 1 Rthlr. 8 gr. 6r—10r à 1 Rthlr. 12 gr. 11r 2 Rthlr. 12r 1 Rthlr. 16 gr.)

Neapel u. Umgebung, s.a. Projections-Vorträge, 38. Hft.

Neapel u. Umgebung, s.a. Woerl's Reisehandbücher.

Neapel und Umgebung. (Napoli e dintorni.) Hrsg. von der Militair-Geographischen Anstalt. 1 : 100 000. 1899. 1 Bl. L. Ff.

Neapel wie es ist. Aus dem Französischen. Leipzig 1827. V: *Becker, Gottfried Wilhelm.* (BGE V³, 344/345)

Neapel [Schlagwort]

Neapel — Atlas von dem Königreiche — in einer General und neunzehn Special-Karten mit der Stadt Neapel und der Gegend umher. Wien. 1799. Im von Reilly'schen geographischen Verschleiss-Komtoir. Verschied. M. 20 Bl.

Neapolis — Vrbis — cum praecipuis ejus aedificiis secundum planitiem exacta delineatio, edita a J. B. Homanni Herede. Norimbergae 1727. Perspektivisch. 1 Bl.

Neapel — Generalkarte von dem Königreiche — mit einem Theile von Sicilien und der ganzen Insel Malta, von Herrn Rizzi Zannoni. Zu finden in Wien bey Artaria et Comp. 1800. 1 : 400,000. 4 Bl.

Neapel. Pianta-Pharus della città di Napoli. 1 : 9000. 49,5×76,5 cm. Farbdr. Mit Strassenverzeichnis usw. (in italien., französ. u. deutscher Sprache). (14 S.) kl. 8. Berlin (908). (Rom, Frank & Co.) 1. 25

Neapolis — Novissima et exactissima totius regni — Tabula praesentis belli statvi accomodata et exhibita a Joanne Bapt. Homanno. Norimbergae. 1 : 1.100,000. 1 Bl.

Neapolis. Regnum quo continentur Aprutium Ulterius et Citerius Comitatus Molisius, Terra Laboris, Capitaniata, Principat: Ulterior et Citerior Barianus etc. Cura et caelo Matthaei Seutteri etc. Aug. Vind. 1 : 1,060,000. 1 Bl.

Neapolitaner, Der Unglückseelige, Oder das wunderbahre Leben des Seigneur Roselli . . . A. d. Franz. Hamb. 1710. V: *Olivier.* (BGE)

Neapolitanerin, Die schöne. Eine italienische Geschichte . . . Kreuznach 1808. V: *Meyer, Frdr. Wilh. Ludw.* (BGE)

• Neapolitanerin, die schöne. Eine italienische Geschichte, v. dem Verf. des Nedinghello, m. 1 K. 8. Kreuznach. (Leipz. Schmidt.) 808.

Neate, Charles, Gespräche politisch Todter. I. Guizot und Louis Blanc. 8. (IV und 76 S.) Grimma 850. [Wurzen,] Verlags-Comptoir.

Nebauer, J. B. J., s.: Libri quatuor de imitatione Christi.

Nebbien, C. F. (Hrsg.), s. Gutsherrenzeitung, Allgemeine.

Nebbien, C. H., naturgemäße Anlage, Behandl. u. Verbesser. d. Spargelbeete. Eine Anleit. z. schnellen u. sichern Erzeugung d. feinsten, stärksten u. gesündesten Spargels. 8. ($4\frac{1}{2}$ B. u. 1 Kpfrt.) Leipzig 838, Müller. Verklebt

—— neue, naturgemäße u. vortheilhafteste Anpflanzungs- u. Behandlungsweise d. Maulbeerbaumes. 8. (7 B. u. 1 Kpfrt.) Leipzig 838, Müller.

Nebbien, C. H., das Aufhelfungs-, Futter- u. Weidebuch f. kleinere u. größere Landwirthe, welche ihre Güter selbst bewirthschaften; insbesond. für selbstwirthschaftende Gutsbesitzer, Pächter, Wirthschaftsbeamte rc. Mit mehr als 150 Abbildd. (auf 3 lithogr. Taf.) der brauchbarsten Gräser u. Kräuter für die verbesserte Gründüngung, so wie für d. Futter- u. Weide-Bau. Nebst e. Anhang zur leichten u. schnellen Vergleichung u. Vereinigung der europäischen Maaße u. Gewichte in 5 Tabell. gr. 4. Leipzig 835. Müller. $2\frac{2}{3}$ ℛ

—— die Bewässerung aus d. Hand, od. transportable Bewässerungs-Maschinen f. d. Garten- u. Feldbau. gr. 12. ($8\frac{1}{2}$ B. u. 2 Kpfrt.) Leipzig 838, Müller.

—— die Bewegung d. Bodens, od. d. Vortheile u. Nachtheile d. Ablösungen u. Zusammenlegungen d. Felder nebst d. Abbaue d. Bodens, beleuchtet auf d. Naturbestehen d. Bodens, d. Pflanze, d. Thieres u. d. Menschen. gr. 8. ($18\frac{1}{8}$ B. u. 1 Stnt.) Leipzig 836, Müller.

—— prakt.-naturgemäße Bodenverbesserungskunde. gr. 8. ($17\frac{1}{2}$ B. u. 2 Kpfrt.) Leipzig 840, Müller.

—— neue, höchst wohlf. u. allen Früchten zuträgliche Düngererzeugungsweise, insbesond. f. d. Gartenbau. Nebst ihrer Anwend., um außerordentl. volltrag., feine Garten- u. Feldfrüchte v. d. vorzügl. Güte zu erzeugen. 8. (6 B.) Leipzig 838, Müller. Verklebt

Nebbien, C. H., Einrichtung d. Landgüter auf steigende Rente. Mit Vorrede u. Anmerkk. hrsgg. v. Fr. Pohl. (Aus d. Archive d. deutschen Landwirthschaft abgedr.) 8. Leipz. 830. Kollmann. 12 gr.

— die Einrichtung d. Landgüter auf fortwährendes Steigen der Bodenrente. In 3 Bden. Mit 6 Einrichtungskarten. gr. 8. Prag. 831. Calve. 6 ℛ 21 gr.

Nebbien, C. H., Einrichtungskunst d. Landgüter auf steigende Rente. Mit Vorr. u. Anmerkn. hrsg. v. Fr. Pohl. 8. (8 B.) Leipzig 830, Expedit. d. Archiv's. (Kollmann.)
Aus d. „Archiv f. deutschen Landwirthsch. hrsg. v. Fr. Pohl“ abgedr.

—— die Einrichtungskunst d. Landgüter, auf fortwähr. Steigen d. Bodenrente. Aus ein. 20jähr. Praxis, an mehr als 80 Gütern, in d. verschied. Ländern u. Klimaten Teutschlands, hiemit zu Grundriß u. System gebracht. 3 Bde. M. 6 erklär. Einrichtungskarten, 3 System- u. 9 Uebergangstabellen, verschied. Landgüter. (Lith. gr. Fol.) gr. 8. (71 B. u. 10 Tab. gr. 4. u. Fol.) Prag 831, Calve. Thlr.

— die Einrichtungskunst der Landgüter rc. 3 Bde. gr. 8. Prag 831. Ist jetzt Verlag von Ehrlich. $6\frac{3}{4}$ ℛ

Nebbien, (C. H.,) Freia, oder; Geist d. Landschaftsbildnerei. Ein Bildungswerk f. nationalen Wohlstand u. höchste Schönheit der Genässe. 1e Lieferung. Mit Kpfr. gr. 4. Weimar 822, Hoffmann.

Nebbien, C. H., der nützl.-schöne Hausgarten f. Stadt u. Land. 8. (8 B. u. 3 Kpfrt.) Leipzig 837, Müller. Thlr.

—— Jahrberichte üb. öffentl. Proben d. thier.-mineral.-bewässerten Gründüngerbaus. Für Land- u. Gartenwirthe u. z. Stiftung v. Gesellschaftsgütern d. gegenseit. Erwerbes d. Herren u. Leute. 1. Jahrg. 1839. gr. 8. ($5\frac{1}{2}$ B.) Lübeck 840, v. Rohden'sche Buchh.

—— die Kunst d. naturgemäßen Baumschnittes, z. Erzeugung vieler Früchte u. schöner Bäume u. in d. Anwend. f. geschmückte Obstparthien. 8. (3 B. u. 1 Kpfrt.) Leipzig 837, Müller.

—— das sicherste Mittel wider d. Auswanderung, so daß Amerika in Teutschland zu finden u. bei uns mehr als Amerika ist; od. d. Antheilswirthschaft alljährl. steigender Zinsung mittelst Gegenseitigkeit d. Erwerbes d. Herren u. Leute. 8. (11 B.) Leipzig 839, Müller.

—— der Schnellfutterbau. gr. 12. ($4\frac{1}{2}$ B.) Leipzig 839, Müller.

Nebbien, C. H.: „Ueber Segensnoth und Hungersnoth; oder warum ist unser Getreide so nachtheilig wohlfeil, und wie kann sein Preis zum allgemeinen Vortheil erhöht werden?“ Weimar 1822 (Hofmann).

Nebbien, C. H., der schuldenfreie Staat, od. landwirthschaftl. Ansichten u. Erfahrungen in Hinsicht auf allgem. Schuldentilgung, sowohl d. Landgüter, als d. Staaten. gr. 8. (13 B. u. $1\frac{1}{2}$ B. Tab.) Berlin 834, Reimer.

—— wie ist d. größte u. reinste Zuckergehalt in d. Runkelrübe landwirthschaftl. zu erzeugen? u. zugleich auch ihr größerer Reinertrag? gr. 8. ($5\frac{1}{2}$ B.) Leipzig 836, Otto Wigand. Verklebt

Nebbien, C. H., wie ist der größte u. reinste Zuckergehalt in der Runkelrübe landwirthschaftlich zu erzeugen? u. zugleich auch ihr größerer Reinertrag? 2. Aufl. gr. 8. (VI u. 84 S.) Leipzig 847, O. Wigand. n. $\frac{1}{3}$ ℛ

—— wie vielmal wohlfeiler kann d. Landwirth produziren? Und: Wie vielmal größer kann d. Ertrag d. Bodens werden? gr. 8. (11 B. incl. 1 Tab.) Prag 835, Calve'sche Buchh.

Nebe, August. – August Nebe.

— Rede auf ihn, s.: Harnack, A.

Nebe, s.: Bundespredigten, evangelische.

Nebe: Zur Geschichte d. evangelischen Kirche in Nassau. 4. Abth. 78 S. (1-3 Abth. 1863. 64. u. 66)–Herborn, Progr. 1867.

Nebe, Geschichte der Realschule zu Herborn. Herborn. Schul-/Univ.-Schrift 1867

Nebe: Nikolaus Herborn. 38 S.–Herborn, Progr. 1868

Nebe, ..., Synodalrede üb. 2 Corinth. 6, 4. gehalten d. 28. Juni 1814. 8. Essen 814. Bädecker 4 gr.

Nebe, August

Nebe, A., die Auferstehungsgeschichte unseres Herrn Jesu Christi, nach den vier Evangelien ausgelegt. gr. 8. Wiesbaden 881, Stuttgart, Greiner und Pfeiffer. * 6 — geb. * 7 20

Nebe, A., die Auferstehungsgeschichte unsers Herrn Jesu Christi nach den vier Evangelien ausgelegt. gr. 8. (V, 420 S.) Wiesbaden 882. Niedner. n. 6. —; geb. n. 7. 20

Nebe, Aug., der Bekenntnißstand der evangel. Kirche in Nassau. Ein Wort an seine Brüder im Amte u. an jeden Gebildeten in der Gemeinde. Darmstadt 867. (Wiesbaden, Feller & Gecks.) gr. 8. (19 S.) n. 3½ ngr.

Nebe, A.: Zwei berühmte Bilderbücher f. d. Unterr., s.a. Sammlung pädagog. Vorträge.

Zwei berühmte Bilderbücher für den Unterricht v. Dr. A[ugust] Nebe, Oberl. ... in Elberfeld. *Bonn. Berlin. Leipzig: F. Soennecken [1898].* (28 S.) 8.
= Sammlung pädagogischer Vorträge. Bd XI. H. 9. [98. 1191

Nebe, A., Comenius als Mensch, Pädagoge u. Christ, s.: Sammlung pädagogischer Vorträge.

Nebe, A., Dispositionen zu den epistolischen Perikopen des Kirchenjahres. Anhang zu den epistol. Perikopen des Kirchenjahres, wissenschaftlich und erbaulich ausgelegt. gr. 8. (IV, 148 S.) Wiesbaden 876, Niedner. · * geb. *

Nebe, A., Festpredigt am 3. Juni 1863 bei der Jahresversammlung des Nassauischen Hauptvereins der Gustav-Adolf-Stiftung zu Weilburg, gehalten. (Abdr. aus der „Sonntagsfeier.") Darmstadt 863. Zernin. gr. 8. (13 S.) n. 2⅓ ngr.

Nebe, Festpredigt. Geh. am 7. X. 1902 beim Festgottesdienst in der Lutherkirche zu Hagen i. W., anläßlich der XV. Generalversammlg. des evangel. Bundes. gr. 8. (14 S.) Leipzig 902. Buchh. des ev. Bundes v. C. Braun. n.n. — 10

Nebe, August: Geschichte des Johanneums zu Lüneburg, s.a. Görges, Wilhelm.

Nebe, August, Direktor Dr.: Geschichte des Johanneums 1806—1906. (Lüneburg 1907: v. Stern.) (Festschrift S. 75 bis 170.) 4°
Lüneburg, Johanneum OP 1907 (383)

— zur Geschichte der Predigt. Charakterbilder der bedeutendsten Kanzelredner. 8 Bde. gr. 8. Ebend. 879. à n. 4. —; geb. à n. 5. —
1. Vor der Reformation. Von Origenes bis Tauler. (XIII, 401 S.)
2. Von Luther bis Albertini. (305 S.)
3. Von Schleiermacher bis zur Gegenwart. (VIII, 447 S.)

Nebe, Aug. Der kleine Katechismus Luthers, ausgelegt aus Luthers Werken. gr. 8. (IX, 397 S.) Stuttg. 891, Greiner u. Pfeiffer. * 4 80; geb. in Hlbfrz. * 6 —

— die Kindheitsgeschichte unseres Herrn Jesu Christi, nach Matthäus u. Lukas ausgelegt. gr. 8. (VII, 424 S.) Ebd. 893. n. 6. —; geb. in Halbfrz. n. 7. 20

— die Leidensgeschichte unsers Herrn Jesu Christi nach den vier Evangelien ausgelegt. 1. u. 2. Bd. gr. 8. (XI, 403 u. III, 442 S.) Ebend. 877. à n. 6. —; geb. à n. 7. 20

—— die Leidensgeschichte unsers Herrn Jesu Christi nach den vier Evangelien ausgelegt. 2 Bde. gr. 8. (XI, 403; III, 442 S.) Ebendas. 881. à Bd. * ℳ 6. * geb. à Bd. * ℳ 7,20. *

Nebe, Aug., Luther als Seelsorger. gr. 8. (IX, 127 S.) Wiesbaden 883. Niedner. n. 2. —

– Philipp Melanchthon, d. Lehrer Deutschlands, s.a. Sammlung pädagog. Vorträge.

Philipp Melanchthon, der Lehrer Deutschlands. Von Dr. A[ugust] Nebe, Oberl. in Elberfeld. *Bielefeld: A. Helmich [1896].* (39 S.) 8.
= Sammlung pädagogischer Vorträge. Bd IX. H. 7. [97. 1495

— die evangelischen Perikopen des Kirchenjahres wissenschaftlich u. erbaulich ausgelegt. 2 Bde. Wiesbaden 869. Niedner. gr. 8. Jeder Bd. n. 2 ℛ𝓅
1. Bd. Einleitung in das Perikopensystem überhaupt u. Auslegung der Perikopen des Weihnachtskreises. (VIII, 486 S.)
2. Bd. Auslegung der Perikopen des Oster- u. Pfingstkreises. (VIII, 516 S.)

Nebe, A., die evangelischen u. epistolischen Perikopen d. Kirchenjahres wissenschaftlich u. erbaulich ausgelegt. 3—6. (Schluss-)Bd. gr. 8. Ebend. 870—75. n. 27. —; cplt.: n. 39.
3. Die evangelischen Perikopen. 3. Bd. Auslegung der Perikopen d. Halbjahres der Kirche. (IX, 465 S.) n. 6.
4. Die epistolischen Perikopen. 1. Bd. Einleitung u. Auslegg. der Episteln d. Weihnachts-Kreises. (VIII, 516 S.) n. 7.
5. – dasselbe. 2. Bd. Auslegung der Episteln d. Oster- u. Pfingst-Kreises. (506 S.) n. 7. —
6. – dasselbe. 3. Bd. Die epistol. Texte der Trinitatiszeit. (III, 528 S.) n. 7.

— dasselbe. 2. verb. Aufl. 1—3. Bd. A. u. T.: Die evangelischen Perikopen d. Kirchenjahres. 3 Bde. Lex.-8. Ebend. 875. à n. 7. —
I. Einleitung in das Perikopensystem überhaupt u. Auslegg. der Perikopen d. Weihnachtskreises. (XII, 516 S.)
II. Auslegung der Perikopen von Septuagesimä bis Trinitatisfest. (549 S.)
III. Auslegung der Perikopen d. Halbjahres der Kirche. (506 S.)

—— die evangelischen und epistolischen Perikopen des Kirchenjahres. Wissenschaftlich und erbaulich ausgelegt. 4.—6. Bd. A. u. d. T.: Die epistolischen Perikopen. 3 Bde. 2. verb. Aufl. gr. 8. Ebendas. 883. à Bd. * ℳ 8. *
Inhalt:
Bd. 4. Einleitung und Auslegung der Episteln des Weihnachts-Kreises. (VIII, 558 S.)
» 5. Auslegung der Episteln des Oster- und Pfingst-Kreises. (568 S.)
» 6. Die epistolischen Texte der Trinitatiszeit. (600 S.)
1.—3. Bd. Ebendas. 1875,76. à 7 ℳ.

— die evangelischen u. epistolischen **Perikopen** d. Kirchenjahres. Wissenschaftlich u. erbaulich ausgelegt. 1. Bd. Die evangel. Perikopen. 1. Bd. Einleitung in das Perikopensystem überhaupt u. Auslegg. der Perikopen d. Weihnachtskreises. 3. Aufl. gr. 8. (XII, 516 S.) Ebend. 886. n. 8. —

Nebe, A., die evangelischen u. epistolischen Perikopen d. Kirchenjahres. Wissenschaftlich u. erbaulich ausgelegt. 2. u. 3. Bd. Die evangel. Perikopen. 2. u. 3. Bd. 3., verb. Aufl. gr. 8. Wiesbaden 886. 887. Niedner. à n. 8. —
2. Auslegung der Perikopen von Septuagesimae bis Trinitatisfest. (558 S.)
3. Auslegung der Perikopen d. Halbjahres der Kirche. (512 S.)

Nebe, Augustus [Hasso-Nassoicus]: De mysteriorum Eleusiniorum tempore et administratione publica .... Halae Saxonum, form. descr. E. Karras, 1886; 28 S. + 1 Bl. 8°.
Halle, Phil. Fak., Inaug.-Diss. v. 30. Okt. 1886.

Nebe, Augustus, de misteriorum Eleusiniorum tempore et administratione publica. Diss. Halle 1886, Lippertsche Buchh. 8°. 28 S.

— **Union** oder Conföderation. Weisen die Zeichen der Zeit darauf hin in der evangel. Kirche Norddeutschlands an die Stelle der Union die Conföderation treten zu lassen? Vortrag gehalten auf der Pastoral-Conferenz in Neuwied den 25. April 1867. Hamburg 867. Cöln, Roemke & Co. 8. (40 S.) n. 3 *ngr.*

Nebe, A., die Versuchung des Herrn eine äußere Thatsache. Ein kritischer Versuch. Als „Denkschrift d. Herzogl. Nassauischen evang.-theolog. Seminars zu Herborn für das Jahr 1857." Wetzlar, Rathgeber. 4. (112 S.) 21 *ngr.*

Nebe, August [Hilfsl. Dr.]: Vives, Alsted, Comenius in ihrem Verhältnis zu einander. Elberfeld, gedr. bei S. Lucas, 1891; S. 2–36; 4°
Elberfeld, G, P 1891 (434)

—— **Wendelstein.** Vortrag am 18. Juni in der Litteraria gehalten. 8. (32 S.) Ebendas. 878. *

– Dass., s.a. Nebe, Th. A.

Nebe, Clara, s. Nebe, Klara

Nebe, Ewald, gesicherte Existenz, s.: Arbeiterbühne.

Nebe, F. L., Biblisches Spruchbuch, s. G. A. E. Hoffmann.

Nebe, Franciscus Jos. (geb. am 15 Sept. 1796 in Düsseldorf): De psychica dignitate cutis ... Bonnae, ex off. Thormanniana (1823). 1 Bl., 82 S., 3 Bl. 8.
Bonn, Med. Fak., Diss. v. Juli [nach d. Akten v. 20 Aug.] 1823 [30

Nebe, Franciscus Carolus (geb. Düsseldorf 3. 10. 1823): De gangraena pulmonum. Berolini (1846). (32 S.) 8°
Berlin, Med. Diss. v. 14. Okt. 1846

Festpredigt. Geh. 1902 zu Hagen i. W., anlässl. d. 15. Generalvers. d. Ev. Bundes von Gen.-Sup. D. [Gustav] **Nebe.** *Leipzig: C. Braun 1902.* (14 S.) 8° [F.] [03 1037]

Nebe, Gustav [aus Herborn]: Über Harnleiterscheidenfisteln. Halle a. S., Hofbuchdr. v. C. A. Kaemmerer & Co., 1890; 37 + 1 S. + 2 Bl. 8°
Halle, Med. Fak., Inaug.-Diss. v. 31. Jul. 1890

Nebe, G., d. Hausvater als Hauspriester, s.: Bausteine z. Aufbau des evangel. Gemeindelebens. 1, 2.

Nebe, G., die Kirchenvisitationen des Bisthums Halberstadt in den Jahren 1564 u. 1589, s.a. Geschichtsquellen der Provinz Sachsen u. angrenzender Gebiete.

Nebe, Gust., Die Kirchenvisitationen des Bisthums Halberstadt in den Jahren 1564 und 1589. Nebst e. Einl. enth. d. Gesch. d. Einführ. d. Reformation im Halberstädtischen. Hrsg. von d. Hist. Commiss. d. Prov. Sachsen. Nach d. Quellen bearb. M. 1 Karte. Halle 1880. 8°.
(Geschichtsquellen d. Prov. Sachsen u. angrenz. Gebiete. Bd 12.)

— Die evangelische Landeskirche u. die religiöse Krisis d. Gegenwart, s.: Kirchlich-positiv.

— Die Pflichten der Freunde der positiven Union gegen die Landeskirche in der Gegenwart. s.: Kirchlich-positiv.

Nebe, Gust., die Stellung der Kirche zur Arbeiterfrage. Ein Wort an Alle, denen die Lösg. der Frage am Herzen liegt Geschrieben im Auftrage d. Provinzial-Ausschusses f. innere Mission in der Provinz Sachsen. 8. (64 S.) Halle 872. Fricke. n. — 50

Nebe, G., die Zeugnisse d. neuen Testaments v. der Hoffnung. Zwölf Kapitel. Allen Bekümmerten dargeboten. 12. (62 S.) Leipzig 888. Fr. Richter. n. — 75

Nebe, Hans, Friedrich v. Hellwig. Ein Lebensbild aus stürm. Zeit. (108 S. m. 2 Vollbildern.) 8. Gotha 911. F. A. Perthes. 1. 20

[F.] **Nebe,** Hans (in d. Vita: Johannes) *Friedrich Hermann Arnold* [Referendar]: Die Sicherung des Verkäufers gegen die Nichterfüllung des Kaufvertrages durch den Käufer nach dem römischen, gemeinen und preussischen Privatrecht, sowie nach dem Bürgerlichen Gesetzbuch ... Wiehe i. Th., Druck v. O. Kirschbaum, 1897; 36 S., 1 Bl. 8.
Erlangen, Jur. Fak., Inaug.-Diss. v. 2. Febr. 1897

Nebe, Herm., Thüringer Burgfahrten. (VII, 79 S. m. 12 Abb.) 8. Eisenach (909). H. Brunner. 1. —

Nebe, H., Erlebnisse e. badischen Feldartilleristen im Feldzuge v. 1870/71. 8. (160 S. m. 1 Karte.) Karlsruhe 893. J. J. Reiff. n. 1. 20; geb. in Leinw. n. 1. 80

— dasselbe. 2. u. 3. Aufl. 8. (147 S. m. 1 Karte.) Ebd. 894. n. 1. 20

[F.] Erlebnisse eines badischen Feldartilleristen im Feldzuge v. 1870/71 v. H[ermann] **Nebe.** 3. Aufl. *Karlsruhe: J. J. Reiff [1895].* (1 Bl., 146 S., 1 Bl., 1 Kt.) 1 Bd 8.
— **Badener** im Feldzug 1870/71. Bd 4. [94. 3

— Lachende Lichter. Scherzhafte Geschichten. (166 S.) 8. Berlin (910). Zehlendorf, R. Eckstein Nachf. 2. —

Nebe, Jh. August

– s. Aussichten in d. gegenwärt. Zeitpunkt für Deutschland.

– s. Beleuchtung d. Uebertritts d. Grafen Stollberg ...

— durch welche Erinnerungen heiligen wir die Feier d. deutschen Gedächtnißtage. Eine Predigt am 18. Oct. 1815 gehalten. 8. Leipz., (Dyck). 3 gr.

— Feier d. in Anwesenheit d. Großherzogs vollzogenen Grundsteinlegung d. neuen Bürgerschule in der Stadt Eisenach den 16. Oct. 1823. Eisenach 823. (Bärecke).

— die Feier d. dritten evangel. Jubelfestes 1817 in Eisenach u. auf d. Wartburg. Beschreibung, Gebete, Lieder u. Reden. 8. Eisenach 818. Bärecke. 8 gr.

— drei Festpredigten an d. Vaterlandsfeste d. 18. Oct. 1816. u. Neujahr- u. Osterfeste 1817. 8. Eisenach. 817. Bärecke.

Nebe, Jh. Aug., Fragen an Kinder üb. Junkers bibl. Katechismus. Ein Hülfs- u. Handbuch d. katechet. Religions-Unterrichts f. Lehrer in Bürger- u. Landschulen. 3 Abtheill. gr. 8. Halle 802, 3. Waisenhaus-B. 1 ꝶ 18 gr 2e ganz umgearb. Aufl. unt. d. T.: Fragen an Kinder üb. d. bibl. Katechismus in Volksschulen, als Grundlage für d. katechet Unterricht der Jugend ꝛc. Auch noch mit d. T.: bibl. katechet. Handbuch f. Schullehrer ꝛc. 8. Halle 820, 21. Waisenhaus-B. 1 ꝶ 12 gr

— — die ächte Friedensfeyer. Eine Predigt am Friedensfeste d. 18. Januar 1816. 8. (Leipzig, Dyk in Comm.) 816.

— das Gebet Jesu Christi. Homilien f. christl. Leser aller Confessionen. gr. 8. Leipz. 802. Frind. (Taubert). 21 gr

— Gedächtnißfeier der f. die deutsche Freiheit Gefallenen. Eine Predigt, geh. d. 18. Oct. 1814. 8. Leipz., (Dyck). 3 gr

— üb. d. Gefahr, sich auszupredigen. Ideen, Winke u. Vorschläge f. jetzige u. künftige Prediger. 8. Leipz. 805. Reinecke. 16 gr Neue mit Zugabe verm. Ausg. 8. Halle 824. Reinecke. 16 gr Schrbp. 20 gr

Nebe, J. A., über die Gefahr, sich auszupredigen. 8. Leipzig, Reinicke. (Baumgärtner.) 809.

— — Gutachten über die würdige Feyer des 3ten evang. Jubelfestes. Nebst Aussichten und Wünschen für das neue Jahrhundert der evang. Kirche. 8. Eisenach, Bärecke. 817.

— — biblisch-katechetisches Handbuch für Schullehrer, oder vollständiger Unterricht in der christl. Glaubens- und Sittenlehre. 2 Theile. 2te Aufl. 8. Halle, Waisenhaus-Buchhdl, 820.

Auch unter dem Titel;

Fragen an Kinder über den bibl. Katechismus für Volksschulen.

– s. Homilien f. Landgemeinden.

Nebe, Jh. Aug., Jubelbüchlein f. die Schuljugend, enthaltend Geschichtstafel, Sprüche u. Lieder z. Gedächtniß d. evangel. Jubelfestes. Eisenach 817. (Bärecke).

– s.a. Lavater, Jh. Kasp.: Über ihn.

(N[ebe, Johann] A[ugust].) Johann Kaspar Lavater. Ueber ihn und seine Schriften. Mit Erinnerungen aus meiner Reise in die Schweiz im Sommer 1800. in Beziehung auf L' und seine letzten Tage. 8. Leipzig 1801.

— — drey Predigten. 8. Eisenach, Bärecke in Comm. 817.

— zwei Predigten z. Feier vaterländ. Feste. 1e am Gedächtnißtage d. Leipziger Rettungsschlacht d. 18. Oct. 1815. 2e am deutschen Friedensfeste d. 18. Jan. 1816. gr. 8. Jena 816. Cröker. 6 gr

— der Schullehrerberuf nach dessen gesammten Umfange in d. Schule u. Kirche. Grundlage einer prakt. Amtsvorschrift für Lehrer in Bürger- u. Landschulen. Nebst e. ausgewählten Litt. f. Volksschullehrer. 8. Eisenach 825. Bärecke. 2e verb. u. verm. Aufl. 8. Ebd. 827. 1 ꝶ 12 gr

– s. Trembley: Über K. Bonnet.

Nebe, (Johann) A(ugust Georg Ferdinand), Dir. Dr.: **Antrittsrede,** geh. am 8. April 1902. *Lüneburg 1903: v. Stern.* (S. 3—6.) 4°
Lüneburg, Johanneum, OP 1903 (361)

Nebe, K.: Schwimmen. Anl. zur Selbsterlernung. Leipzig um 1900. 29 S. (Miniatur-Bibl. 391.)

Nebe, Klara

Nebe, Clara, Potsdam. 4. (20 S.) Stuttgart 873, Grüninger.

Nebe, Th. A., Wendelstein. Vortrag am 13. Juni in der Litteraria geh. 8. (32 S.) Wiesbaden 878. Niedner. n. 1. —

– Dass., s.a. Nebe, August

Nebe, Theod., über Archivpraxis der Untergerichte. 8. (3½ B.) Dresden 843, Arnoldische Buchh.

Nebehay, Karl

[F.] Carl **Nebehay.** Aus dem Lande Carmens. Autor. Uebs. aus d. Span. ... (a. d. Umschl.: Erzählgn v. Don Juan Valera u. Narciso Campillo.) *Leipzig, Erfurt, Zürich: E. Moos 1897.* (4 Bl., 128 S.) 1 Bd 8. [98. 1849

Nebehay, Carl, aus d. Lande Carmens. Autor. Uebersetzg. aus d. Span. 2. Aufl. 8. (VI, 128 S.) Erfurt 898. Bonn, E. Moos. n. 2. —; geb. n. 3. —

Nebel, Der, von Chlum. Militärischer Beitrag als Schlaglicht auf die officielle . . . Darstellung des Feldzuges 1866 . . . Prag 1867. V: *Schuppansigh v. Frankenbach, Eman.* (KA)

Nebel, der, von Chlum. Militärischer Beitrag auf die officielle österreich. sowie preuß. Darstellung des Feldzuges 1866. Von Einem der Nord-Armee. 1—3., mit 1 Schlachtplan verm. u. verb. Aufl. Prag 867,68. Steinhauser. 8. (IX. 77 S. mit 1 Holzschntaf.) n. 12 ngr.

Nebel, wallende, u. Sonnenschein. s. Zu neuer Zeit.

Nebel: Bericht über die Reise nach Chicago. (Ms.) Mit Anlage. Berlin 1893

Nebel, Diss. de curis morborum sympatheticis. Heidelb. 4°. 1732

Nebel s. Kleemeyer.

Nebel, Adolf: Die ländlichen Arbeiterverhältniße [!] in Kurhessen. Fulda 1909: Fuldaer Aktiendr. 109, XXXIV S. 8°
Jena, Phil. Diss. v. 25. Mai 1909, Ref. Pierstorff
[Geb. 10. Nov. 82 Amöneburg; Wohnort: Amöneburg; Staatsangeh.: Preußen; Vorbildung: Gymn. Fulda Reife O. 04; Studium: Münster 1, Marburg 2, München 2, Jena 3 S.; Rig. 12. Dez. 08.] [U 09. 2205

Nebel, Arthur, approb. Arzt aus Oschatz: **Ueber Puerperalfieber und dessen Behandlung.** *Leipzig 1902: B. Georgi.* (57 S.) 8°
Leipzig, Med. Diss. v. (30. Apr.) 1902

Nebel, August [approb. Arzt aus Gross-Gerau]: Ueber die Aneurysmen der Aorta ascendens mit Durchbruch der Pulmonalarterie. Giessen, Druck v. C. v. Münchow, 1886; 31 S. 8°.
Giessen, Med. Fak., Inaug.-Diss. v. 12. Jul. 1886.

Nebel, Carl, s. Nebel, Karl

Nebel, Charl. Elis., geb. Rambach, († . . .) erbaul. Betrachtt. üb. mancherlei Wahrheiten unsers christl. Glaubens. 8. Frkf. 765. (Fr. Fleischer in Leipz.) 8 gr

— d. heilsame Gebrauch d. Leidens u. Sterbens Jesu Christi, auf die 24 Stunden d. Lebens angewendet 2c. Mit einer Vorrede v. H. C. Nebel. 8. Speyer 761. 2e verm. Ausg. 8. Frkf. u. Leipz. 763.

— sämmtliche Poesien, mit e. Vorrede v. d. geistl. Dichtkunst. 8. Frankf. 763. (Fr. Fleischer in Leipz.) 6 gr

Nebel, Cph. Ldw.., († d. 2. Juni 1782.) Abhandl. von der Schädlichkeit d. Mutterkorns; aus d. Latein. von J. S. L. (Lindemann.) Mit E. G. Baldingers Vorrede. 8. Frankf. u. Leipz. 772. Hartwig.

Nebel, Chr. Lud., Pr. dissertationem suam de secali cornuto ab onerariis et contumeliosis objectionibus D. D. *Schleyeri* indicat. 16 pp. Giss. 4°.

1772

Voigt, Joh. Karl [Präs.] u. Christoph Ludwig Nebel (Nidda) [Resp.]
Dissertatio inauguralis medico-chirurgica, de mola seu conceptu fatuo.
Giessae 12. Nov. 1761: Braun. 40 S. 4°
pro gradu doctoris more maiorum legitime obtinendo.

Nebel, Christoph Ludwig (Theatri anatomici Prosector)
Dissertatio physico-medica de secali cornuto ejusque noxis, experientiis atque experimentis chemicis nixa.
Giessae 3. Oct. 1771: J. J. Braun. (8), 40 S. 4°
pro adipiscenda facultate aperiendi collegia publiceque praesidendi.

Nebel, Conr. Dav., s. Nebel, Konrad David

Nebel, D. W., Diss. de cardialgia haemorrhoidali. Mannh. 4°. 1739

Nebel, Diss. de cardialgia haemorrhoidali. Mannh. 4°. 1769

Nebel, Dan., Diss. de gutta serena. Heidelb. 4°. 1715

Nebel, Dan. Wilh., Diss. Analecta de opio. Heidelb. 4°. 1797

Nebel, D. W., resp. M. J. W. **Steinbach**, De apoplexia ex abscessu cerebri lethali. 3 l. Heidelb. 4°. 1790

—, resp. F. H. **Schmitt,** Pr. ad nuper editam observationem de apoplexia ex abscessi cerebri lethali continuatio. II De abscessibus cerebri a caussa externa ortis. 3 l. Heidelb. 4°. 1790

Frkf. med. Wchbl. 91, Anh. p. 54. *Usteri*, Reg. 91 p. 398.

— **Descriptio atque sectio anatomica infantis trimestris sine vesica urinaria nati, c. 1 icon. gr. 4. Münch. '782. (G. Franz). 4 gr**

Nebel, Dn. Wlh., († **d. 3. Juli 1805.) Foetus ossei per quinquaginta quatuor annos extra uterum in abdomine detenti historia, c. VI icon. gr. 4 Münch. 767. (G. Franz). 8 gr**

Dissertatio inauguralis philosophica de magnete artificiali, quam . . . . . pro gradu doctoratus et magisterii summisque in philosophia et artibus liberalibus honoribus ac privilegiis rite et legitime consequendi publico examini subjicit *Daniel Wilh. Nebel*, Heidelbergae Palatinus. Trajecti ad Rhen. 8. nebst einem halben Bog. in 4.
1756.

Nebel, D. G., resp. F. J. **Schwarz,** Progr. de paralysi membrorum, tum superiorum, tum inferiorum, electricitatis ope sanata. 31 pp. Heidelb. 4°. 1778

Nebel, Dan. W., praes. F. J. de **Oberkamp,** De electricitatis usu medico. 58 pp. Heidelb. 4°. 1758

Nebel, Dan. Guil. Henr., Dissert. inaug. medica, exhibens observationem duorum Aneurysmatum rariorum, quorum alterum ex arcu aortae, alterum ex arteria corporis callosi ortum est. Acced. tab. V. lith. (qu. ½ gr. Fol.) 4 maj. (5½ B.) Heidelbergae 834, (Mohr.)

Nebel, Emil [app. Arzt aus Gross-Gerau (Hessen)]: Ueber Zwillinge nebst einem besondern Fall von Zwillingsgeburt. . . . Wurzburg, Anton Boegler'sche Buchdr., 1888; 31 S. 8°
Würzburg, Med. Fak., Inaug.-Diss. v. 1888

Nebel, Ernst Ludwig Wilhelm (Gießen) Sohn v. Chrph. Ludw. Nebel
Antiquitates morborum cutaneorum.
Giessae 12. Dez. 1793: J. W. Braun. 32 S. 4°
Doctoris in arte salutari provinciam ambiens.

Ern. Lud. Guil. Nebel antiquitates morborum cutaneorum. Giess. 1793. (1795.) 4.

Ern. Lud. Guil. Nebel progr. professorum qui medicinam in acad. Giessensi docuerunt conspectum sistens. Giess. 1802. 4.

Nebel E. L. W.: Historia artis veterinariae a rerum initio usque ad aevum Caroli V. Univ.-Progr. Giess. 1806. 35 S.

Nebel, Ernst Ludwig Wilhelm: Historia artis veterinariae a rerum initio usque ad aevum Caroli V. Giessae 1806. 44 S.
Giessen, Festschrift bei Gelegenheit von medizin. Promotionen.

— **Progr. Historiam artis veterinariae sistens. 4. Giessen 806.** (Tasché).

Nebel, E. L. W., Comment. historiam artis veterinariae sistens. 4. Giessen, Tasché. (in Comm.) 813.

Ern. Ludov. Guil. Nebel progr. medici unde dicantur gratiosi. Giess. 1824. 4.

Ern. Lud. Guil. Nebel de medicis longaevis, epist. grat. ad D. J. Chr. Hesse. Giess. 1827. 4.

Ern. Ludov. Wilh. Nebel epistola de morbis veterum obscuris sectio I. Giess. 1794. 8.

Nebel, Ernst Ldw., Ep. grat. ad *Thon*, de morbis veterum obscuris. Giess. 8°.

1794

— **de morbis veterum obscuris epistola. Giess. 794. 8. (47 S.)**

Nebel, Ernst Ludwig Wilhelm: De nosologia brutorum cum hominum morbis comparata. Giessae (1798). 80 S.
Giessen, Med. Antrittsvorlesung v. 1798.

***Nebel,* Er. Ldw. Wlh., Pr. aditiale specimen nosologiae brutorum cum hominum morbis comparatae sist. 8maj. Giessen 798. Stamm. (Heyer). 9 gr**

Nebel, E. L. G., Specimen Nosologiae Brutor. c. Homin. morbis comparatae. gr. 8. Giessen, Stamm. (Heyer.) 799.

(—). — Rector Academiae Ludovicianae **Ernst Ludw. Wilh. Nebel** successorem suum commendat eiusque inaugur. solemnia indicit atque seriem professorem in ordine jurisconsultorum Giessensium praemittit. Gießen (Schroeder) 29. IX. 1813. 32 S. mit Namen. (4.50) 24604

— theses med. diss. inaug., morborum cntaneorum antiquitates perlustrant., urae praemissae. 8. Giessen. 798.

— kurze Uebersicht e. Gesch. d. Universität Gießen. 12. Marb. 828. Garthe. 1 ℛ

— s. Vademecum, medicin.

Nebel, Ernst Ludw. Wilh., Zeitschrift f. Thierheilkunde u. Viehzucht, s. Zeitschrift.

Nebel, F., die königl. Militär-Turnanstalt. Zur Feier des 50jähr. Bestehens auf Befehl der Direktion bearb. gr. 8. (55 S. m. 9 Abbildgn. u. 8 Lichtdr.-Taf.) Berlin 902. E. S. Mittler & Sohn. n. 2. —; geb. in Leinw. n.n. 3.25

Nebel, F., die Muskeln, Knochen u. Bänder d. normalen menschlichen Körpers abgebildet u. beschrieben. 5 (lith.) Taf., u. 1 (lith.) Taf., anatomisch behandelte Antiken darstellend. gr. Fol. Mit Text. gr. 8. (VI u. 107 S.) Heidelberg 847, C. F. Winter. n. 8 ℛ

Nebel, F., die Muskeln, Knochen u. Bänder d. menschlischen Körpers, abgebildet. Vorwort, Revision u. Neuordng. d. Textes v. J. Herm. Baas. 5 anatom. Taf., nebst e. 6. Taf. anatomisch behandelter Antiken. 2. Aufl. gr. Fol. (7 Bl. Text.) Tübingen 885. Laupp. In Mappe. n. 20. —

Verdries, Johann Melchior [Präs.] u. Georg Henr. Nebel (Giessen) [Resp.]
Dissertatio inaug. de appetitu depravato, quem picam vulgo vocant.
Giessae [31.] Mai 1726: vidua Joh. Reinh. Vulpii. 36 S. 4°
pro licentia impetrandi summos in arte salutari honores

Nebel, Heinr. C., der Kampf ums Gold in Transvaal. Handelspolitische Betrachtgn. auf Grund eigener Beobachtg. (2. [Umschlag-]Aufl.) gr. 8. (39 S.) Leipzig 900. W. Fiedler. 1.—

— der südafrikanische **Krieg** u. seine handelspolitische Bedeutung f. Deutschland. 8. (16 S.) Berlin 900. Verlag der deutschen Export-Zeitg. n. — 40
Sonderabdr. a.: „Deutsche Export-Zeitg. (Handelsmuseum)."

Nebel, Heinr. C., die Transvaalsphinx. Bilder aus dem südafrikan. Leben. (309 S. m. Abbildgn.) gr. 8. Berlin 905. E. Nagel. Geb. in Leinw. n. 5. —

Nebel, Hnr. Cph., das theure Abendmahl unsers Herrn Jesu angepriesen. 8. Frankf. 764. (Fr. Fleischer in Leipz.) 1 ℛ

Nebel, H. C., das theure Abendmahl unsers Herrn Jesu angepriesen. 8. Frankf. (Benj. Fleischer in Leipz.) 766.

Nebel, Heinr. Chrph.: Exercitatio academica de aquilone Propertii. . ., s. Benner, Johann Hermann [Praes.]

Nebel, Heinrich Christoph (Ill. Paed. Giess. Coll.)
Adsertiones quaedam, inprimis de eo an fieri possit, ut ens simplex habeat extensionem.
Giessae 15. Okt. 1740: E. H. Lammers. 12 S. 4°
pro licentia aperiendi collegia et praesidendi

— Bestätigung d. Lehre v. Gott u. d. heil. Schr. wid. d. Lästerung d. frech. Geister. 8. Frankf. Hechtel. 749.

— Betracht. d. Allmacht Gottes unter d. Bilde d. Hand u. d. Arms; nebst e. herzl. Glückwunsch an sn. Vater rc. 4. Frkf. u. Leipz. 750.

Nebel, Heinr. Christoph [Präs.] u. Joh. Chrn Dietz (Paed. Giss. Coll.) [Auctor]
Dissertatio inauguralis de extensione universi corporei finita.
Giessae [2. Sept.] 1751: E. H. Lammers. 44 S. 4°
pro summis in philosophia honoribus rite consequendis.

— christl. Glaubenslehre aus d. heil. Schrift nützlich erwiesen u. z. weitern Betrachtung aufgesetzt. 8. Worms 755.

— Jesus, der armen Sünder Heiland. Aus dem Liede: Mein Heiland nimmt die Sünder an. 8. Frankf. 766. (Fr. Fleischer in Leipz.) 8 gr

— Jesu Liebe, Thränen, Wunden. 8. Frankfurt, Brönner. (a. Benj. Fleischer in Leipz.) 760.

— Jesu Liebe, Thränen u. Wunden. 8. Speyer 760. 2e A. 8. Speyer u. Frankf. . . . (Brönner). 5 gr

— Diatribe de militia Romana, monumentis A. Horatii Flacci illustrata. 4. Frankf. u. Leipz. 750.

— **Heinr. Christoph,** Diatribe de militia Romana monumentis Q. Horatii Flacci illustrata. Gießen (J. Ph. Krieger) 1750. 52 S. (5.—) 24605

Nebel, Heinrich Christoph: De pravis moribus corruptae etc., s. Benner, Johann Hermann [Praes.]

— s. Charl. CL. Nebel, d. heilsame Gebrauch.

— Preiß des Blutes Jesu. 8. Frankf. 766. (Fr. Fleischer in Leipz.) 5 gr

— Preiß des Namens Jesu. 8. Frankf. 763. (Fr. Fleischer in Leipz.) 4 gr

— Preiß d. Wunden Jesu aus d. Liede: Ich schließe mich zu allen Stunden rc. 758.

— großer Versöhnungstag z. Gebr. d. Leidens Christi. 8. Frankf. a. M. 766. 8 gr

Nebel, Herm. Die Behandlung mittelst Bewegungen u. Massage. Ihre Bedeutg., Handhabg. u. Indikationen. Nach e. im ärztl. Verein in Frankf. a. M. geh. Vortrage. gr. 8. (49 S. m. Curven.) Wiesb. 891, Bergmann. * 1 20

Nebel, Herm., die Behandlung der Rückgratsverkrümmungen, s. Sammlung klinischer Vorträge.

Nebel, H., Beiträge zur mechanischen Behandlung. Mit besond. Berücksicht. der schwed. Heilgymnastik, speciell der mechan. Gymnastik Gust. Zander's. gr. 8. (94 S.) Wiesbaden 888. Bergmann. n. 2. —

— Bewegungskuren mittelst schwedischer Heilgymnastik u. Massage m. besond. Berücksicht. der mechanischen Behandlung d. Dr. G. Zander. Mit 55 Abbildgn. im Texte u. 1 Taf. gr. 8. (XIV, 384 S.) Ebd. 889. n. 8. —; geb. n. 9. —

Nebel, Hermann (geb. am 24 Juli 1853 in Koblenz): Aus d. pathol. Institut zu Bonn. — Ueber die desmoiden und adenoiden Geschwülste der Mamma ... Bonn, Univ.-Buchdr. v. C. Georgi (1877). 26 S., 1 Bl. 8.
Bonn, Med. Fak., Diss. v. 13 Okt. 1877

—— über Heilgymnastik und Massage, s. a. Sammlung klinischer Vorträge.

Nebel, H.: Über Heilgymnastik und Massage. Leipzig 1886. 20 S. (Sammlung klinischer Vorträge. 286.)

Nebel, H., Merkbüchl. f. Nadelarbeits-Schülerinnen, s.: Steglich, J.

Nebel, Herm., die Redressirung d. Pott'schen Buckels im Schwebelagerungsapparat, s. a. Sammlung klin. Vorträge.

Die Redressirung des Pott'schen Buckels im Schwebelagerungsapparat v. Hermann Nebel (Frankfurt a. M.). *Leipzig: Breitkopf & Härtel 1891.* (12 S.) 8.
= Sammlung Klinischer Vorträge. N. F. No 191. [97. 5404

'Hunnenbrief.' Büttenmarsch d. Grossen Kölner Karnevalsgesellschaft. Hunnenmarsch. Musik von J. Nebel u. Dr. H. Blatzheim. Text von Dr. H. Blatzheim. *(Köln): F. Heyn [1901].* (3 S.) 4° [01. 6016

Nebel, J.: Der unabhängige Orden d. Gut-Templer, s. Kleemeyer, J.

Nebel, J. H., Mitteilungen üb. die Behörden, Lehrer u. sonst. Beamten u. d. Schüler d. fürstl. schönburgischen Lehrerseminars zu Waldenburg v. Eröffng. desselben bis z. Feier s. 50jähr. Bestehens (16. Juli 1844—Oktbr. 1895). gr. 8. (82 S.) Leipzig 895. (Glauchau, A. Peschke.) n.n. 1. 25

Verdries, Joh. Melchior [Präs.] u. Joh. Heinr. Nebel (Grünberg)
Physiologiae biblicae selecta quaedam capita breviter ac strictim illustrata.
Giessae Hassorum 13. Oct. 1711: vidua Joh. Reinh. Vulpii.(2), 34 S. 4°
publicae ventilationi

Nebel, Karl

Nebel, Carl, die wissenschaftlichen Grundlagen der christl. Weltanschauung. Ein Beitrag zur Lösg. der Zweifel u. Bedenken unserer Zeit. Für Prediger, Lehrer u. gebildete Leser. (51 S.) 8. Hannover 910. C. Meyer. — 80

Nebel, Carl, Dr., aus Celle: Vauvenargues' Moralphilosophie mit besonderer Berücksichtigung seiner Stellung zur französischen Philosophie seiner Zeit. Ein Beitrag zur Geschichte d. französ. Philosophie d. 18. Jhs. *Leipzig 1901: C. G. Naumann.* (70 S.) 8°
Erlangen, Phil. Diss. v. 24. Juli 1901

— Vauvenargues' Moralphilosophie mit besonderer Berücksicht. seiner Stellung zur französischen Philosophie seiner Zeit. Ein Beitrag zur Geschichte der französ. Philosophie des 18. Jahrh. (70 S.) 8. Leipzig 901. Thüring. Vorlagsanstalt. n. 1. 50

Vauvenargues' Moralphilosophie mit besond. Berücks. s. Stellung z. franz. Philosophie s. Zeit. Ein Beitrag z. Geschichte d. franz. Philosophie d. 18. Jhs von Dr. Carl Nebel. (2. Aufl.) Leipzig: Thüring. Verl.-Anst. 1907. (109 S.) 8° [07. 9986

Nebel, Carl, das Realseminar. Ein pädagog. Zukunftsbild. (32 S.) gr. 8. Osterwieck 903. A. W. Zickfeldt. n. — 60

Nebel, Konrad David

—, resp. A. B. **Heuser,** De apoplexia ex abscessu cerebri lethali. III. De abscessibus cerebri a causa externa ortis. 3 l. Hdlb. 1791. 4°.

Nebel, Conr. Dav., Commentatio in Hippocratis doctrinam semioticam de Spasmis atque Convulsionibus. Marburg/Hessen (Lit. n. typ. acad.) 1791. 40 S. (4.—) 24603
Gew.: Ernst Gottfried Baldinger.

Nebel, L., die Käfer des Herzogt. Anhalt. Beiträge zu ihrer geograph. Verbreitg. I. Cerambycidae. gr. 8. (23 S.) Dessau 894. R. Kahle. n. — 50

Nebel, Paul: Der evangelische Religionsunterricht auf den höheren Schulen des jetzigen Königreichs Sachsen im 16. Jahrhundert. *Leipzig 1898: Pöschel & Trepte.* (174 S.) 8°
Leipzig, Phil. Diss. v. [10. März] 1898

Nebel, Paul, der evang. Religionsunterricht auf d. höh. Schulen d. jetz. Königr. Sachsen im 16. Jahrh. Diss. gr. 8. (III, 174 S.) Leipzig 898. (Buchh. G. Fock.) n. 2. —

Nebel, Philipp Christian Gottfried (Worms)
Dissertatio inauguralis medica de asthmate et speciatim humoroso.
Giessae 31. Mai 1776: Joh. Jac. Braun. 32 S. 4°
ad summos in medicina honores legitime obtinendos.

Nebel, W., Präparationen f. den Unterricht in der Chemie. (352 S. m. Abb.) gr. 8. Leipzig 910. Dürr'sche Buchh. 4.60; geb. 5. 20

Nebel, Walther, appr. Arzt a. Hilden (Bez. Düsseldorf): Ein Fall von traumatisch entstandenem Angioma meningeale venosum des linken Stirnhirnes mit besonderer Berücksichtigung des Ausganges von Schädeltraumen in Geschwülste und in Porencephalie. Elberfeld 1905: A. Martini & Grüttefien. (35 S.) 8°
Freiburg i. B., Med. Fak., Ref. Ziegler, Diss. v. 1905
[Geb. 7. März 70 Hilden; Wohnort: Haan b. Solingen; Staatsangeh.: Preußen; Vorbildung: Gymn. Moers Reife O. 96; Studium: Erlangen 4, Genf 1, Freiburg i. B. 4 S.; Coll. 5. Mai 05.]

Wilhelm Bernhard Nebel

Wilhelmus Bernh[ardus] Nebel: De Paedarthrocace. [Resp.:] Joh(annes) Wilhelmus Schmitthenner. Heidelbergae (1745:) Haener. 19 S. 8°
Heidelberg, Med. Diss. v. Aug. 1745

Nebel, Wilhelm Bernhard [Praes.], s. Schmedes, Johann Matthias: De partu tredecimestri legitimo.

Nebel, Wilhelm Ludwig Friedrich (Darmstadt)
De mentis indole et morbis. Diss. inaug.
[lt. Dekanatsbuch nur handschriftlich eingereicht.]
Dr. med. Giessen 20.12.1832.

Nebel, Wilhelm Michael

Nebel, W. M., die Braut v. Jerusalem. Religiös-romant. Gedicht in zehn Gesängen. gr. 12. (8½ B.) Mannheim 837, 38, Loeffler.

—— des Hauses Ende. Trauersp. in 5 Aufz. Nebst e. Vorsp. in 1 Aufz., gen.: Die Scheidenden. gr. 12. (9 B.) Mannheim 837, 38, Loeffler.

Nebel, Wilh. Mich., der Pilger zum Kreuze, s. Pilger.

— der Seher von Venedig. Ein psycholog. Nachtgemälde menschl. Verirrungen in d. Labyrinthen d. Aberglaubens u. d. Mystik. Zur Warnung u. Belehr. d. Menschheit. Nach d. Skizzen e. ital. Gesch. d. 17. Jahrh. gr. 12. (16 B.) Mannheim 837, Loeffler.

— der natürl. Sohn. Psycholog. Nachtgemälde aus d. Papieren e. Todten. 2 Thle. gr. 12. (25½ B.) Mannheim 839, Loeffler.

§ SOHN, Der verlorne. Die Geschichte einer deutschen Familie (von *W. M. 'Nebel*). Augsburg 1834. 8°. Anon.-Lex. IV. p. 93 (nach Hayn).

— Worte e. Wiedergebornen, od.: Morgenroth u. Tag durch Moses u. Christus. gr. 12. (5 B.) Mannheim 839, Loeffler.

Nebelbilder, Schleswig-Holstein'sche, gezeigt u. erklärt von Prof. Nante. Mit col. Titelkupfer. 8. Leipzig 846, Jackowitz. 6 ngl

Schleswig-Holsteinsche Nebelbilder, gezeigt und erklärt v. Professor Nante. Mit 1 col. Titelkupfer v. Ch. Hucklenbroich. Leipzig. 1847. 8°.

Nebelbilder, schleswig-holstein'sche, gezeigt und erklärt von Prof. Nante. 8. (22 S. und 1 ill. Ttlkpfr.) Leipzig 847, Jackowitz.

Nebelbilder, Schleswig-holsteinische. Leipzig 1847. V: *Christern, Johann Wilhelm.* (schr) (A)

Nebelbilder aus der neuesten Weltgeschichte von 1846. Leipzig 1847. V: *Christern, Johann Wilhelm.* (schr) (A)

— aus der neuesten Weltgeschichte des Jahres 1846. Illustrirt durch Prof. Nante. 8. (32 S.) Leipzig 847, Jackowitz.

Nebelbriefe. Geheimer Briefsteller für vertraul. und dem Uneingeweihten unentdeckbare Correspondenz. In 90 verschiedenen Schreib- und Lesearten zu Briefen, Depeschen rc. in deutscher Sprache zur leichten Selbsterlernung zusammengestellt. gr. 16. (104 S.) Berlin 870, Langmann und Comp. [Leipzig, Moderne Antiquariats.] (**M 2.)

Nebelbriefe. Geheimer Briefsteller f. vertraul. u. dem Uneingeweihten unentdeckbare Correspondenz. In 90 verschied. Schreib- u. Lesearten zu Briefen, Depeschen rc. in deutscher Sprache zur leichten Selbsterlerng. zusammengestellt. gr. 16. (104 S.) Berlin 870. Deut. Verlags-Institut geb. m. Goldschn. n.n. 2. —

Nebelin, geb. Rambachin, Charl. Elisab., der große Versöhnungs-Tag, z. heils. Gebr. d. Leidens u. Sterbens uns. Herrn Jesu Christi. Auf die 24 Stunden e. jegl. Tages angewendet. Durchges. u. vervollständ. v. W. Köllner, nebst e. Vorw. v. Zaremba. 1. u. 2. Aufl. gr. 8. (à 9 B.) Basel 835, 38, [Bahnmaier's Buchh.] à

Nebelin, Charlotte Elisabethe, (geb. Rambach), der große Versöhnungs-Tag zum heilsamen Gebrauch des Leidens und Sterbens unsers Herrn Jesu Christi. Auf die 24 Stunden eines jegl. Tages angewendet. Durchgesehen und vervollständigt von W. Köllner, nebst einem Vorwort von Zaremba. 4. Aufl. 1863. und 5. Aufl. 8. (VIII und 165 S.) Basel 866, Spittler. *

Nebelitz, W., (fünf) Erzählungen. gr. 12. (13 B.) Leipzig 832, (Kayser.)

Nebelitz, W., (5) Erzählungen. gr. 12. Leipz. 832. Wolbrecht. 1 ß 6 gl

v. Nebelitz, W., Erzählungen; enthaltend: Entführungen. — Die Freier. — Die Freunde. — Der Räthselhafte u. d. Schwede. ... Leipzig ... (jetzt Melzer.) 1¼ ß

Nebel-Leben. Dichtungen und Erfahrungen von einem Bürger Weimars. 16. (XII und 314 S.) Weimar 857, Kühn.

Edith Nebelong. Maja Engell. Roman. (Autor. Übers. von Helene Klepetar.) Stuttgart: Juncker (1902). 260 S. 8° [10. 1104]

Nebelong, Edith, Maja Engell. Roman. (Autoris. Uebersetzg. v. Helene Klepetar.) (260 S. m. Bildnis.) 12. Stuttgart (903). A. Juncker. n. 3. —; geb. n. 4. —

— Madame Giocondo. Roman. (Deutsche Uebertragung v. Helene Klepetar.) (258 S. m. Bildnis.) 8. Ebd. (906). n. 3. 50

Nebelong, Edith, unfruchtbar. Roman. Deutsch v. Helene Klepetar. (169 S.) 8. Berlin (908). Concordia. 2. —; geb. 3. —

Nebelong, Edith, Mieze Wichmann. Aus dem Leben e. jungen Dame unserer Zeit. Einzig autoris. Übersetzg. 8. (135 S. m. Bildnis.) Berlin 901. Stuttgart, A. Juncker. n. 2. —; geb. n. 3. —

Nechelput, F., u. Ed. Heuten, Recueil de poèmes à l'usage de l'école allemande à Bruxelles. 1. partie. gr. 8. (VI, 75 S.) Leipzig 901. B. G. Teubner. Geb. n. 1. 40

Nebelscheuche, die. Von Maximus Casus, Oberlehrer zu Drunteuheim. Erste u. zweite Heliade. Berlin 869. Frank. gr. 16. Jede Heliade (48 S.) n. 5 ngr.

Nebelsieck, Heinr. Aus dem Leben e. spanischen Protestanten der Reformationszeit (Francisko de Enzinas), s. Für die Feste u. Freunde d. Gustav-Adolf-Vereins.

Nebelsieck, Heinr., Reformationsgeschichte der Stadt Mühlhausen i. Th. (V, 248 S.) Lex.-8. Magdeburg 905. Ev. Buchh. n. 3. —; geb. n. 4. —
Sonderabdruck aus: „Zeitschr. d. Vereins f. Kirchengesch. in der Prov. Sachsen".

Nebelsieck. *Heinrich* Zur Sedanfeier 1885. 4 (S. 11—19). Progr. G. *Dortmund* 1886 (328).

Nebelsieck, Oscar, Rechtsanw.: Die rechtliche Natur der Sammlungen für einen vorübergehenden wohltätigen Zweck nach deutschem Privatrecht. Borna-Leipzig 1909: Noske. VIII, 42 S. 8°
Leipzig, Jur. Diss. v. 8. April 1909
[Geb. 23. Okt. 78 Tuchlinnen; Wohnort: Berlin; Staatsangeh.: Preußen; Vorbildung: Gymn. Rastenburg Reife O. 98; Studium: München 1, Königsberg 4, Berlin 1 S.; Rig. 12. Jan. 07.] [U 09. 2617

Nebelsignale. Statistiken, Berichte, Berechnungen usw., betreffend Nebelsignale (Bülck), Leuchtfeuer, Syrenen, Windstärke, Fog-Signale. 1 Mappe. (o. O. u. 1860)

Nebelspalter: Der Nebelspalter
① Illustrierte humoristisch-politische Wochenschrift. Illustriertes humoristisch-satyrisches Wochenblatt (seit 1. 1. 1876) ⑤ 1. 1. 1875 (cont.) ⑥ 4° ⑦ Wochenblatt ⑧ Zürich: J. Herzog, Gebr. Frank, Jacques Bollmann, Jean Frey, W. Steffen & Cociffi; Rorschach: Ernst Löpfe-Benz (seit 1921), E. Löpfe-Benz AG (seit 1950) ⑨ Der Rorschacher Trichter (ab 13. 6. 1956; Red.: Werner Wollenberger) ⑩ Jean Nötzli († 1900), Gründer; J. F. Boscovits († 1918). Mitbegründer: E. Löpfe-Benz, Rorschach (seit 1922) ⑪ J. F. Boscovits, J. Nötzli, A. Beetschen, P. Altheer, Carl Böckli (Bö), Heiden ⑫ politisch unabhängig ⑬ Der Nebelspalter 1924, Nr. 1, 1935, Nr. 50, 1944, Nr. 41, 1949, Nr. 38 (Bö-Nr.), 1954, Nr. 40; Thürer Georg: Unser Nebelspalter. »Rorschacher Neujahrsblatt« 1957 ⑭ Zh: Z: Be: L ⑮ Seit dem Mai 1954 führen die Inlandhefte der Reisezeitschrift »Die Schweiz« eine Sonderbeilage »Der kleine Nebelspalter«, redigiert und gedruckt von der E. Löpfe-Benz AG in Rorschach.

Nebelspalter, der. Illustrirtes humoristisch-polit. Wochenblatt. Redact.: Jean Nötzli. 1. Jahrg. 1875. 52 Nrn. (Bog. mit eingedr. Holzschn.) Fol. Zürich, (Kompfe.) *
Nicht weiter erschienen.

Nebelspalter, der. Illustrirtes humoristisch-satyr. Wochenblatt. Redact.: Jean Nötzli. 2.—8. Jahrg. 1876—1882. à Jahrg. 52 Nrn. (à Nr. 1—1½ Bog. mit Illustr.) Fol. Zürich, (Schröter.) à Jahrg. *

Nebelspalter, der. Illustrirtes humoristisch-satyr. Wochenblatt. Red.: Jean Nötzli. 9. Jahrg. 1883. 52 Nrn. (à 1—1½ B. m. Illustr.) Fol. Stuttgart, Schröter & Meyer. n.n. 11. 20

— dasselbe. 10 u. 11. Jahrg. 1884 u. 1885. à 52 Nrn. (à 1—1½ B. m. Illustr.) Fol. Ebend. à Jahrg. n.n. 12. —

Nebelspalter, der. Illustrirtes humoristisch-satyr. Wochenblatt. Red.: J. Nötzli. 12. u. 13. Jahrg. 1886. 1887. à 52 Nrn. (à 1—1½ B. m. Illustr.) Fol. Zürich, (Schröter u. Meyer). à Jahrg. n. 12. —

— dasselbe. 14.—16. Jahrg. 1888—1890. à 52 Nrn. (à ca. 2 B.) Fol. Ebd. à Jahrg. n. 10. 80; halbjährlich n. 5. 60

Nebelspalter, der. Illustr. humoristisch-satyr. Wochenblatt. Red.: Jean Nötzli. 17.—20. Jahrg. 1891—1894. à 52 Nrn. (2 Bog.) Fol. Zürich, (Th. Schröter). à Jahrg. n. 10. —; halbjährlich n. 5. 60

Nebelspalter, der. Illustr. humoristisch-satyr. Wochenblatt. Red.: Jean Nötzli. 21. Jahrg. 1895. 52 Nrn. (à ca. 8 S.) Fol. Zürich (Th. Schröter). n. 10. 80

Nebelspalter: Der kleine Nebelspalter
v. Der Nebelspalter (sub 15).

Nebelspalter-Kalender auf die J. 1880—1882. 1.—3. Jahrg. Redact.: Jean Nötzli. Illustrirt von F. Boscovits und E. Graf. gr. 8. (à Jahrg. 80 S. mit chemityp. Illustr.) Zürich, (Schröter.) à Jahrg. *
Nicht weiter erschienen.

Nebelstein, Der, Seehöhe 1015 m 3211, von St—r. Horn [ca. 1866]. V: *Stammgassner, Heinrich.* (EB)

Nebel- und Lichtstreifen, von Fr. Ansarius. 8. Coburg. (Leipzig, Hinrichs in Comm.) 820.

Nebelthau, Eberh., Gehirndurchschnitte zur Erläuterg. des Faserverlaufes. 33 chromolith. Taf. m. ebensovielen Erklärungstaf. u. e. kurzen Text. gr. 4. (IX, 75 S. m. 3 Fig.) Wiesbaden 898. J. F. Bergmann. In Mappe n. 54. —

Nebelthau, Eberhard [aus Bremen]: Tritt nach der Ausschaltung der Leber beim Kaltblüter Milchsäure im Harn auf? ... Berlin, Buchdr. v. Gustav Schade (Otto Francke) (1888); 27 + 1 S. + 1 Bl. 8°
Berlin, Med. Fak., Inaug.-Diss. v. 8. März 1888

Nebelthau, Eberhard [Dr., Assistenzarzt an d. med. Klinik]: Calorimetrische Untersuchungen am hungernden Kaninchen im fieberfreien und fieberhaften Zustande ... München, Druck v. R. Oldenbourg, 1894; 73 S. 8.
Marburg, Med. Fak., Hab.-Schr. v. [20. Okt.] 1894

Nebelthau, Friedrich, aus Bettenhausen (Cassel) [von Marburg, Preussen]: Ueber die secundäre Base aus Carbodiphenylimid und Phenylhydrazin. Zür. (Marburg F. Sömmering Dr.) 1892. 82 S. 8°.
Zürich, Phil. Diss. [v. 28. Juli 1892].

Nebelthau, J. D., de origine, fundamento et finibus vicariatus germanici. 8. Rint. 791. (Jülicher in Lingen). 4 gr.

Nebelthau, Ludolf August [app. Arzt aus Mühlhausen i. Th.]: Aus d. patholog.-anatom. Institut zu Marburg. Über die Gallertgeschwülste am Clivus Blumenbachii ... Marburg, *Druck v. W. Engel, Schotten*, 1897; 51 S. 8.
Marburg, Med. Fak., Inaug.-Diss. v. 25. Jan. 1897

Nebeltöter
⑤ ?—1881—? ⑧ Genf: Falk (?) ⑫ anarchistisch ⑮ In dem Aufsatz von Eligio Pometta «La Loggia ‚Il Dovere' in Lugano a un agente austriaco nel 1881» (erschienen im «Archivio storico della Svizzera Italiana») lesen wir auf S. 62: ... G[iovanni] F[ilippo] B[ecker] mi ricevette ... con estrema sincerità e cordialità. Egli mi condusse alla tipografia Falk nella quale vengono stampate quasi tutte le pubblicazioni incendiarie rivoluzionarie. Colà feci la conoscenza del principe Krapotkin e ricevetti la copia di un giornale che s'intitola Nebeltäeter, e si dichiara rivista anarchica. [Nebeltäeter = Nebeltöter?]

Nebelung, A., sieben Schülerjahre im Pädagogium zum Kloster „Unserer Lieben Frauen" in Magdeburg (1820—1827). Erinnerungen e. alten Emeritus. [Aus: „Schülerzeitg."] 8. (49 S.) Leipzig 891. (M. Hesse.) n. 1. 20

— dasselbe. 2. (Titel-)Aufl. 8. (49 S.) Giessen 894. K. Krebs. — 60

Nebelung, C. J. F., Recueil de mots français et allemands rangés par ordre de matières. Französisch-deutscher Wörterschatz, stofflich geordnet. Zum Gebrauche für Schulen und Erziehungsanstalten beider Nationen. gr. 8. (III und 164 S.) Regensburg 857, [Coppenrath.]

Nebelung, C. J. F., französisch-deutscher Wörterschatz, stofflich geordnet. Zum Gebrauche für Schulen und Erziehungsanstalten beider Nationen. A. u. d. T.: Recueil de mots franç. et allem. rangés par ordre de matières etc. Regensburg 857. Coppenrath. gr. 8. (2 Bl., 164 S.) 15 ngr.

Nebelung, C. J. F., französisch-deutscher Wörtersatz nach Stoffen geordnet. Zum Gebrauch beider Nationen. — Recueil de mots français et allemands rangés par ordre de matières. — 2. Aufl. gr. 8. (164 S.) Regensburg 872. Coppenrath. 1. —

NEBELUNG, Ferdinand (Mtz): (Titel nicht festgestellt)
7.12.1872 - Chr 1872/73,16
Diss. Ingolst.-Landsh.-Mchn.

Nebelung, Hans Trigonometrie auf Flächen mit konstantem negativem Krümmungsmafse. 13 S. Progr. Gew. *Dortmund* 1881.

Nebelung, Henr. Otto (geb. Halberstadt 4. 9. 1831): De functionum perturbationibus per hemiplegiam nervorum systemati illatis et exemplo demonstratis. Berolini (1855). (28 S.) 8°
Berlin, Med. Diss. v. 14. Aug. 1855

Nebelung, M., u. Jak. Freund, neue Polterabend-Vorträge, Kranz- u. Schleiergedichte f. grüne, silb. u. gold. Hochzeiten. gr. 8. (V, 66 S.) Erfurt 895. F. Bartholomäus. — 75

Hinter der **Nebelwand**. Eine Erzählung f. Alt u. Jung. Von M. v. P. Mit Bild. *Barmen: Wupperthaler Trakt.-Ges. [1901]*. (60 S.) 8° [F.]
= Christblumen. Bdch. 13. [01. 133-5 6]

Neben, Fr., plattdütsche Schnurren. Gedichte heiteren Inhalts in mecklenburg. Mundart. Güstrow 869. Opitz & Co. in Comm. gr. 8. (VIII, 88 S.) n. 12½ ngr.

Nebenanzeige ad supplicam de praes. hodierno ... pro clementissime approbanda intentione de satisfaciendis aliquibus creditor. privilegiatis ... personis ... [Nördlingen] 1744. V: *Scheid, Gg Frdr.* (ML)

NEBEN-ARBEITEN. — *J. G. S.* Poetische Neben-Arbeiten, aus freyer Gemüths-Bewegung verfertiget. Leipzig, Friedrich Groschuff. 8°.
Frf. Fast. M. V. 1705. H 1 a. — Noch kein Expl. bekannt.

Nebenbeschäftigungen, Kleine, bey meinem Aufenthalt in Hamburg, den Hrn. Pastor Götze vorzüglich betreffend. Frankfurt a. M. 1785. V: *Cranz, August Friedrich.* (BGE III³, 40)

Nebenbuhler

— die,. Lustsp. 8. Ebend. (Schneider, a. Linke). 788.

Nebenbuhler, Der. Leipzig 1813. V: *Lindau, Wilh. Adolph.* (Ky)

Nebenbuhler, die, von Carol. Pichler. N. Aufl. 2 Bde. (Der sämmtl. Werke N. A. 821. 9r 10r Bd.) 8. Wien, Pichler. 821. (Liebeskind.)

Nebenbuhler, die, frei n. d. Französ. von Wilhelmine v. Alben. 8. (17 B.) Leipzig 838, Kollmann.

— die beiden; Lstspl.; aus d. Engl. in 5 A. 8. Hannov. 795. Hahn. 8 gr

— der, seines Herrn. Lustsp. von le Sage. 8. Frankf. u. Leipz. Eßlinger. 772.

Nebenbuhler von sich selbst. Schausp. in 1 Akt, von Frch. 8. Wien, Rehm. 805.

— die ungewöhnlichen; Lstspl. (v. Theod. Gli. v. Hippel). gr. 12. Königsb. 768. Denael. 4 gr

Nebenbuhler, die zwei; Schspl. 8. Wien 787. Hörling. 4 gr

Nebenbuhlerinnen, Die. Berl. 1806. V: *Silber, Benjamin.* (GGr)

Nebenbuhlerinnen, die, v. K. Sebald. 2 Thle. 8. Berlin, Sander. 806.
Velinpap.

Nebenbuhlerinnen, Die. Ein Roman... Lüneburg 1821. V: *Suhr, Agathe von geb. Nielsen.* (GGr)

Nebenbuhlerinnen, die, von Agathe S***. 8. Lüneb. 822. Herold u. W. 14 gr Fein Pap. 16 gr

Ein **Nebenerwerb** für Jedermann. 2. Aufl. *Königsberg i. Pr.: G. P. Schütz 1903.* (7 S.) 8° [F.]
[04. 388; 10

New Haven: **Neben-Gesetze** der Connecticut Rock-Loge No. 92 f. & a. m. zu New Haven, Connecticut. New Haven 1892: „Connecticut Republikaner". 17 S. 8°. [Nebst Mitglieder-Verzeichnis.]

Neben-Gesetze der Erwin-Loge No 121, alter freier u. angenommener Maurer. A. L. 5850, A. D. 1850. Rev. A. L. 5870, A. D. 1870. St. Louis, Mo. [1870]: Ruppelt. 20 S. 8°

Boston: **Neben-Gesetze** der Germania-Loge von freien und angenommenen Maurern, gegründet den 22. Jan. 1855, zu Boston, Mass. Rev. und angenommen 1898. Boston 1898: Schriftgiesser & Co. 45 S. 8°
[Umschlagtit.:] Germania-Loge 1855 bis 1898.
S. 23—45: Verzeichn. der Beamten u. Mitgl. v. J. 1855—1898.

Baltimore: **Neben-Gesetze** der Germania Loge No. 160, a. f. & a. m. in Baltimore, Maryland. Angenommen im Mai 1872. [Baltimore 1872]: Schnauffer & Co. 21 S. 8°
Deutsch u. engl.

Nebengesetze zum bürgerlichen Gesetzbuch. I. Grundbuchordnung. — II. Gesetz über die Zwangsversteigerg. u. die Zwangsverwaltg. III. Gesetz üb. die Angelegenheiten der freiwill. Gerichtsbarkeit. Textausg. m. alphabet. Sachregister. 12. (VI, 160 S.) München 900. C. H. Beck.
Geb. in Leinw. n. 1. —

Nebengesetze zum bürgerlichen Gesetzbuch. I. Grundbuchordnung. II. Gesetz über die Zwangsversteigerung u. die Zwangsverwaltg. III. Gesetz über die Angelegenheiten der freiwill. Gerichtsbarkeit. Textausg. m. alphabet. Sachregister. 2. Aufl. (VI, 160 S.) kl. 8. München 905. C. H. Beck.
Geb. in Leinw. n. 1. —

Cincinnati: **Nebengesetze** der Hanselmann Loge No 208. f. & a. m. Cincinnati Ohio. 1851.

[Dasselbe] beschlossen in der monatlichen Versammlung im April 1873 und genehmigt von der Gross-Loge des Staates Ohio in der regelmässigen jährlichen Versammlung im Monat Okt. 1873.

[Dasselbe.] Gedr. auf Verlangen der Loge. Cincinnati 1873: [Pioneer]. XIV, 15—55 S. 8°

[Dasselbe.] 1886.

Philadelphia: **Nebengesetze** der Hermans Loge, No 125, wie solche von der Grossen Loge von Pennsylvanien gebilligt sind. Philadelphia 1819: Zentler. 12 S. 8°

Neben-Gesetze der Humboldt-Loge Nr 274. Cincinnati 1860.
[Bh. 9 (1866) S. 313.]

[F.] **Nebengesetze** zum schweizerischen Obligationenrecht. Anh. z. Kommentar d. schweiz. Obligationenrechts v. Dr. A[lbert] Schneider, o. Prof. and. Univ. Zürich. Unter Benutzg d. Praxisbearb. v. Dr. A. Mackenroth ... Lfg 1. 2. *Zürich: F. Schulthess 1898.(99.)* 8.
(98. 11394

Deutscher Orden der Harugari, Colorado. Nebengesetze ... Denver, 1908.

Orden der Hermanns-Söhne. Nebengesetze ... San Francisco 1903.

Pittsburg: **Nebengesetze** der Salomon's Loge No. 231. Wie genehmigt durch die Grosse Loge von Pennsylvanien. Gegründet im April, 1848. Pittsburg 1848: Scriba & Co. 11 S. 8⁰

Newark: **Neben-Gesetze** der Schiller Loge No. 66, f. & a. m. Gegründet am 18. Januar 1865. Newark. Diese Neben-Gesetze traten gesetzlich in Kraft am 14. September 1905. [Newark] 1905: Heinz. 20 S. 8⁰. [Umschlagtit.]

[F.] Die strafrechtlichen **Nebengesetze** des Deutschen Reiches. Erl. v. Dr. [Melchior] Stenglein, Reichsgerichtsr., Dr. H[ugo] Appelius, Staatsanw., u. Dr. G[eorg] Kleinfeller, Prof. 2. verm. u. wesentl. veränd. Aufl. bearb. v. Dr. M. Stenglein ... (In 4 Lfgn.) [Nebst] Suppl. *Berlin: O. Liebmann 1895—98.* 2 Bde 4.(8.)
Nebengesetze. 1895. (XVI, 1041 S.) Suppl. 1898. (2 Bl., 133 S.)
= Kommentare zu den strafrechtlichen Nebengesetzen. 2. Aufl. Bd 1.
(98. 7389

Nebengesetze, Tagesordnung und Ordnungs-Regeln der Hohenzollern-Loge „zur Treue" Nr. 4 von Deutschland, F[reimaurer] O[rden] D[er] H[umanisten] in Berlin. Berlin [um 1893]: Friedländer. 16 S. 8⁰.

New-York: **Neben-Gesetze** der Trinity-Loge No 12, welche in einer regelmässigen Sitzung einstimmig angenommen wurden. New-York, Febr. 3, 5844. New York 1844: Deutsch. Schnellpost. 11 S. 8⁰

Neben-Gesetze der German Union-Loge No 54, gestiftet in New-York am 14ten April 5819, welche in einer regelmässigen Versammlung am 14ten Mai 5846 einstimmig angenommen wurden. New York 1846: Ludwig. 14 S. 8⁰

Deutsche Gesellschaft von Pennsylvanien.

--Nebengesetze d Unterstützung nothleidenden Dten im Staate P-ien beisteuernden Dten Gesell, nebst Acte zur Incorporirung derselben. Phila 1793. Text in G and Eng.

Landwirtschaftlich-technische **Nebengewerbe**. Unter Mitw. von ... hrsg. von Dr. Karl Steinbrück. Hannover: Jänecke 1909. Getr. Pag. 8°
(Handbuch d. gesamten Landwirtschaft. Erg.Bd.) (16. 9509 7

Nebeninstruction von der Stadt- und Amtsverwaltung zu N. in Würtemberg ... Stuttgart 1797. V: *Spittler, Ludwig Timotheus Freih. von.* (GGr)

Nebenius, Karl Friedrich

Nebenius, Frdr., Baden in seiner Stellung zur deutschen Frage. gr. 8. (VIII u. 56 S.) Karlsruhe 850, Braun. n. ½ ₰

Nebenius, Carl Friedrich: „Das Bedürfnis erhöhter Schutzzölle für einige Zweige der Vereinsindustrie" (Aus der „Deutschen Vierteljahrsschrift", 1842, Heft IV No. XX). Stuttgart 1842.

Nebenius, F. C.: „Bemerkungen über den Zustand Grossbritanniens in staatswirthschaftlicher Hinsicht. Nebst einer Worte über Deutschlands auswärtige Handelsverhältnisse" ... einer Uebersetzung der J. B. Say'schen Schrift: „Ueber England und die Engländer"), Karlsruhe 1818.

Nebenius, Karl Friedr., **Bericht** üb. Eisenbahnen in Baden, s. Bericht.

— s. Bericht des Comités für Eisenbahnen.

Nebenius. Bericht der Petitions-Commission über die Bitte der Stadt Boetten, die Herstellung einer Eisenbahn zur Verbindung mit Würtemberg. Carlsruhe. 1844. 4. ½ Thlr.

Nebenius, Carl Friedr., **Bericht** der Petitionscommission üb. die Bitte der Stadt Bretten, die Herstellung einer Eisenbahn zur Verbind. m. Württemberg u. die Berücksichtig. ihrer Interessen bei den hierauf bezügl. Verhandlungen betreffend. 4. (4½ B.) Carlsruhe 845, (Braun'sche Hofbuchh.) *

—— **Bericht** der Petitionscommission über die Bitte der Stadt Pforzheim, die Herstellung einer Eisenbahn zur Verbind. mit Württemberg u. die Berücksichtig. ihrer Interessen bei den hierauf bezügl. Verhandlungen betreffend. gr. 4. (3 B. u. 1 Karte.) Carlsruhe 844, (Braun'sche Hofbuchh.) *

— — Betrachtungen über den nationalökonom. Zustand Großbrittaniens mit vergleich. Rücksicht auf Deutschlands Handel und Industrie-Verhältnisse. Nebst einer Uebersetzung der Schrift von J. B. Say über England und die Engländer. gr. 8. Ebend. 818.

—— Denkschrift f. d. Beitritt Badens zu dem zwischen Preußen, Bayern, Würtemberg, den beiden Hessen u. mehren and. deutschen Staaten abgeschloss. Zollverein. gr. 8. (6¼ B.) Karlsruhe 833, Müller.

Nebenius, Friedrich Carl: „Das neue französische Douanensystem in seiner fortschreitenden Entwickelung", Karlsruhe 1822.

Nebenius, Carl Friedrich: „Ueber die Entstehung und Erweiterung des grossen deutschen Zollvereins" (Ausschnitt aus „Deutsche Vierteljahresschrift", 1838, Heft II). Stuttgart 1838.

Nebenius, C., Geschichte der Pfalz. gr. 8. (VIII, 193 S.) Heidelberg 874. C. Mohr. 3. —

Nebenius, C. Fr. Ueber die Herabsetzung der Zinsen der öffentlichen Schulden mit Rücksicht auf die Zeitverhältnisse und insbesondere auf die öffentlichen Verhandlungen über die Reduction der französ. Schuld. gr. 8⁰. Stuttgart, Tübingen, Cotta, 1837.

Nebenius, C. F., Karl Friedrich v. Baden. Aus dessen Nachlaß hersg. durch Fr. v. Weech. Karlsruhe 868. Müller. gr. 8. (XIV, 294 S.) n. 1 ₰ 16 ngr; in engl. Einb. n.n. 1 ₰ 28 ngr.

— Commissionsbericht, die über die Main- u. Neckar-Eisenbahn u. deren Betrieb geschlossenen Staatsverträge betreffend. gr. 4. (4 ⅓ B. u. 1 Karte.) Karlsruhe 844, (Braun'sche Hofbuchh.)

Nebenius, Fr., der öffentl. Credit, dargest. in d. Gesellschaft u. in d. Folgen d. Finanzoperationen d. großen europ. Staaten seit Herstellung d. allgem. Land- u. Seefriedens rc. gr. 8. Karlsr. 820. Marx. 3 ₰ 18 gl 2e Aufl. 1r allgem. Thl. A. u. d. T.: Ueber die Natur u. die Ursachen d. öffentl. Credits, Staatsanlehen, die Tilgung d. öffentl. Schulden, den Handel mit Staats-Papieren u. die Wechselwirkung zwischen d. Credit-Operationen d. Staaten u. d. ökonom. u. polit. Zustand d. Länder. gr. 8. Karlsr. 829. Marx. Velinp. 4 ₰ 3 gl

— über techn. Lehranstalten in ihrem Zusammenhange mit d. gesammt. Unterrichtswesen u. mit besond. Rücksicht auf d. polytechn. Schule zu Karlsruhe. (M. 1 Ansicht d. Hauptfaçade d. polytechn. Schule zu Karlsruhe.) gr. 8. (13/4 B.) Karlsruhe 833, Müller.

Nebenius, Fr., Ueber die Natur u. die Ursachen des öffentlichen Credits, Staatsanlehen, die Tilgung der öffentlichen Schulden, den Handel mit Staatspapieren etc. Karlsruhe 1829. 8°.

Nebenius, F.: „Ueber die Schwankungen des zirkulierenden Mediums in Europa und deren Einfluss auf die Geldpreise der Dinge in den letzten 5 Decennien" („Deutsche Vierteljahres-Schrift", Band 12), Stuttgart 1841.

Nebenius, Carl Friedrich: „Ueber die Wirkungen des großen deutschen Zollvereins und die Entwickelung seiner Gesetzgebung" (Ausschnitt aus „Deutsche Vierteljahresschrift", 1840, Heft I. Nr. IX), Stuttgart 1840.

— über die Zölle des deutschen Zollvereines zum Schutze der einheimischen Eisenproduction. gr. 8. (3¾ B.) Karlsruhe 842, Müller'sche Hofbuchh.

— der deutsche Zollverein, sein System u. seine Zukunft. gr. 8. (30¼ B.) Carlsruhe 835, Müller'sche Hofbuchh.

— die katholischen Zustände in Baden, mit steter Rücks. auf die im Jahre 1841 zu Regensburg erschien. Schrift unter gleichem Titel. gr. 8. (10⅓ B.) Carlsruhe 842, Müller'sche Hofbh.

Neben-Memorial, Nöthig befundenes, ad Comitia in völlig entschiedener Rechtssache . . . O. O. 1754. V: *Kestner*. (Holz)

Neben-Recess zu der Declaration [betreffend Religionsfreiheit] gehörig. Düsseldorf 1705. V: *Johann Wilhelm, Pfalzgraf.* (ZwZür)

Neben-Receß zwischen dem Durchl. Fürsten und Herrn Friederich Wilhelmen, Marggraffen zu Brandenburg . . . Und dem Durchl. Fürsten u. Herrn Philipp Wilhelmen Pfaltzgraffen bey Rhein . . . über den Punctum Religionis u. andere geistl. Sachen in denen Gülich-Clevischen u. angehörigen Landen. [Dat.:] Cleve am 9. Sept. 1666 [und] 17. Sept. 1666. o. O. 1666.

— Nach dem Exemplar v. J. 1666. [Nebst] Religions-Edicta de 26. 4. 1668, 14. 4. 1682, 1. 10. 1697. Düsseldorff 1735.

— [Desgl.] 1753.

Nebenschüsseln, s. Bricaire de La Dixmerie, Nicolas

Nebenschüsseln, v. Verfass. eines Weibes, wie ich es wünsche. 8. Bresl. 804. W. G. Korn. 12 gl

Nebenstecher, von den, eine Preisschrift. 8. München 767. (G. Franz.) ⅙ ₰

Nebenstunden, Academische, etlicher guten Freunde, darinnen allerhand obseruationes . . . enthalten sind. Jena 1717-20 [1723]. H: *Stolle, Gottlieb.* V (I. 1): *Gerhard, Ephr.*; (3): *Lingen, Hnr. Ulr. v.*; (4): *Kromayer, Joh. Hnr.*; (5): *Kaschube, Joh. Wenzel*; (II. 1): *Gerhard, Ephr.*; (2): *Koch, Lorenz*; (3): *Lingen, H.U.v.*; (4, 5): *Kaschube, J. W.*; (III. 1, IV. 2): *Leisticow, Dav. Friedr.*; (III. 2, 3, IV. 3): *Kromayer, J. H.*; (III. 7): *Glaser, Joh. Hnr.*; (IV. 4): *Ehrenberger, Bonif. Hnr.*; (IV. 7, V. 3, 4, VI. 1): *Krumholtz, Carl Frdr.*; (V. 1): *Olpe, Joh. Hnr.*; (V. 6): *Eichorn*; (VI. 2): *Buddeus, Carl Franz*; (VI. 3): *Wucherer, Joh. Frdr.*; (VI. 4—6): *Schwartz, Joh. Conrad*; der Rest: *Stolle, Gottlieb.* (Myl)

Nebenstunden, akademische. 6 Thle. 8. Jena. 724.

Nebenstunden des Berg- und Hüttenmannes, herausgegeben von C. E. v. Moll. Bd. I. Salzburg. 1797.

Nebenstunden, Bützowische, verschiedenen zur morgenländischen Gelehrsamkeit gehörigen Sachen gewidmet. Bützow 1766—69. V: *Tychsen, Olaus Gerh.* (Kordes, Schlesw.-holst. u. eutin. Schriftst. Schleswig 1797.) (MGT) (Ky)

Nebenstunden, Bützowische, morgenländ. Sachen gewidm. (v. O. G. Tychsen). 6 Stcke. 8. Wism. 766—69. Bödner. 12 gl

Nebenstunden, Dichterische, eines braunschweigischen Damastwebers . . . Braunschw. 1818. V: *Prüsse, Joh. Werner.* (GGr) (MGT)

Nebenstunden, dichterische, eines braunschweigischen Damastwebers, als ein Pendant zu den poetischen Blüthen eines Naturdichters im preuß. Staate. 8. Helmstädt, Fleckeisen. 818.

— dichterische, zweier Freunde. 1s Heft. 8. Braunschw. 794. Schulbuchhandl. 6 gl

Ergetzliche Neben-Stunden, besteh. in einigen Satyr. Relationen u. Gesprächen, üb. verschied. wunderbare u. curieuse Sachen d. eitelen Welt. Oßnabrug b. Mich. Andr. Fuhrmann. 8°.
So im Frf. u. Lpz. O. M. V. 1711. H 1 a.

Ergetzliche Neben-Stunden, bestehend aus Satyrischen Relationen und Erzehlungen, über verschiedene seltzame, thörigte, abgeschmackte, boshaffte Sachen der eiteln Geld- und gelehrtheit-süchtigen Welt. (Signet des Verlegers in Rothdruck.) B. R. E. M. E. N„ Verlegts Johann Andreas Grimm, 1723. 8°. (In Carlsruhe: Qb 1000.) (12 Mk. Adolf Weigel, c. 1910.)

Nebenstunden neuer teutscher Gedichte. Leipzig, Friedrich Lanckischens Erben. 8°.
Lpz. O. M. V. 1707. J 1a.

Neben=Stunden Unterschiedener Gedichte, Berlin (1700)
siehe Fr. Rud. Ludw. Freiherr von Canitz.

Nebenstunden Unterschiedlicher Gedichte. Berlin 1700. [Hsg. von Joach. Lange.] Berl. 1702. 3. 8. 12. 14. 15. 18. 19. V: *Canitz, Friedrich Rudolph Ludwig Freih. von.* (GGr) »Unterschiedener« (Bz) (Mn) (BrMm) (Dorn, Neukirch. Weim. 1897. S. 46.)

NEBEN-STUNDEN Unterschiedener Geistlicher Gedichte. 9. Aufl. Raab o. J.: Gregor Joh. Streibig. - 170 mm

— einiger Gelehrten in u. außerhalb Göttingen. 2 Jahrgg. gr. 8. Götting. 777, 78. (Vandenhöck u. R.) 2 ſ

Nebenstunden, Göttingische, eine Wochenschrift. Gött. 1777. H: *Wedekind, Rud.* (ML) V: *Jacobi, Joh. Frdr.* (Myl)

— Helmstädtische, curieuser Fragen. 6 Thle. 8. Helmst. 755—56.

Nebenstunden, Lehrreiche, für die Jugend beyderley Geschlechts; eine Wochenschrift. Berl. 1785-86. H: *Müchler, Carl Friedrich.* (MGT) (Ky)

— lehrreiche, f. die Jugend beiderlei Geschlechts; e. Wochenschr. (v. K. Müchler). 1r u. 2r Jahrg. 8. Berl. 785, 86.

— eines Ministers, s. d'Argenson.

— niederrhein., rechtswissenschaftl. Inhalts, (v. L. A. W. Köster). 8. Cöln 792.

M. J. E. E. Poetische Neben-Stunden, in Freuden- Schertz- u. Trauer-Gedichten bestehend.
So im Lpz. M. M. V. 1710. F 3a, sub lib. fut. nund. prod. — Wirklich erschienen?

Neben-Stunden, H. A. E. G. v. D. Poetische, bestehend in Satyrischen, Ehren- und vermischten Gedichten. Braunschweig 1721. V: *Eckhart, Hans Ackermann.* (BGE V[3], 347/8)

D., H. A. E. G. v., Poetische Neben=Stunden. Braunschweig, 1721.
siehe Johann Georg Eccard.

Nebenstunden, H. A. E. G. v. D. Poetische, bestehend in Satyrischen Ehren- und vermischten Gedichten. Braunschweig 1721. V: *Eccard, Joh. Gg.* (GGr)

Nebenstunden, Poetische, Berlin 1770. V: *Hymmen, Johann Wilhelm Bernhard von.* (GGr) (Degen) (Ky) (Verz. d. v. Meusebachschen Bibl. Berl. 1855. S. 95.)

— poetische. 8. Berl. 770. Eisfeld. 12 Gr.

— poetische, in vermischt. Gedichten, u. zweyfach. Aufl. rc. 8. Leipz. Jacobäer. 786.

Nebenstunden, poet., e. Samml. u. Auswahl ansprech. ernster, Liebes-, Scherz- u. Trinklieder. Hrsg. z. Unterhalt. u. Erheiterung in geschäftsfreien Stunden. 8. (6½ B.) Schleusingen 836. (Glaser.)

Nebenstunden, Niederrheinische, rechtswissenschaftlichen Inhalts. Cöln 1792. H: *Köster, Ludw. Albert Wilh.* (MGT) (Ky)

— Schlesische diplomat. (v. Jh. Gli. Drescher). 16 Stück. Mit Kpf. gr. 4. Bresl. 774. W. G. Korn. 10 Gr.

Nebenstunden eines Staatsmanns oder Versuche in Geschmack des Montaigne; a. d. Franz. Weissenfels u. Leipz. 1787. 2. Aufl. 1789. Ü: *Hammersdörfer, Carl.* (ML)

— eines Staatsmanns, od. Versuche im Geschmack des Montagne, a. d. Franz. 2 Thle. gr. 8. Weißenfels, Böse. (Witzky in Leipz.) 789.

— eines Staatsmannes, od. Versuche im Geschmack des Montagne; aus d. Französ. v. K. Hammerdörfer. 2 Thle. gr. 8. Weißenf. 789. 2e A. 811. (Engelmann in Leipz.) 12 Gr.

— vergnügte, in der Einsamkeit. 8. Augsb. 764. v. Jenisch u. St. 4 Gr.

Vergnügte Nebenstunden in der Einsamkeit. Eine moralische Schrift, aus d. Französ. übersetzt. (Typ. Ornam. u. Zierleiste.) Augsburg u. Memmingen, bey Conrad Heinrich Stage. 1764. 8°. (1 Mk. Ludw. Rosenthal, 1907.)
6 Bll. Vorst. u. 128 S.

Nebenstunden für Verlobte und Neuverehelichte . . . Leipzig 1822. H: *Hesse, Joh. Hnr. Glieb.* (Call)

Nebenstunden für Verlobte und Solche, die es noch werden wollen. Neue Aufl. Leipzig 1822. V: *Voigt, Christian Friedrich Traugott.* H: *Hesse, Joh. Heinrich Gottlieb.* (Ky)

— für Verlobte u. Neuverehelichte u. Solche, die es noch werden wollen, (v. Chr. Frd. Tr. Voigt). Neue durchgesehene u. verbess. Aufl. (v. J. H. Gli. Hesse). 8. Leipz. 822. Seeger. (1 ℳ) 3e Ausg. unt. d. T.: Heirathsgeschenk f. Neuverehelichte ꝛc. 8. Ebd. 828. Abel. 18 gl.

Wezlarische Nebenstunden, worinnen auserlesene beym höchstgerichtlichen Cammergericht entschiedene Rechtshändel zur Erläuterung u. Erweiterung der deuschen in Gerichten üblichen Rechtsgelehrsamkeit angewendet werden. Herausgegeben von *J. U. Freiherr v. Cramer.* Ulm 1755-73. (Wezl. N.)

Nebenthäler, die, d. Rheines, nebst Ausflügen in den Taunus, Bergstrasse u. Odenwald m. Frankfurt, Heidelberg u. Wiesbaden. gr. 16. (24 S.) Mainz 876. Lesimple. n. — 60

Nebentheater, s. J. G. Dyck, Theater.

Nebentheater. 7 Bde. 8. Leipz. Dyk. 785 — 797.

Nebentheater. Leipz. 1786-87. H: *Dyk, Johann Gottfried.* (MGT)

Nebenzahl, Adph., die Leibeigenen. Ein Bauern-Drama in 3 Akten. (IV, 109 S.) 8. Dresden 903. E. Pierson. n. 1. 50

Nebenzahl, Adph., d. Puppenjungs. Szenen aus d. dunklen Berlin in 5 Aufzügen. (III, 92 S.) 8. Dresden (907). E. Pierson. 2. —

Nebenzahl, Leop., s.a. Maimûni's Mischnah-Kommentar zum Traktat Kethuboth.

Nebenzahl, Leopold. Mose ben Maimûni's Mischnah-Kommentar zum Traktat Kethuboth ⟨Abschnitt 9—11⟩. Arabischer Urtext, auf Grund von zwei Handschriften zum ersten Male hrg. mit verbesserter hebräischer Uebersetzung, Einleitung, deutscher Ueb', nebst kritischen und erläuternden Anmerkungen. Diss. Phil. Bern. 35 + 20 S. 8. Berlin, H. Itzkowski, 1905.

Teil 2: Text, mit hebr. Titel: «... von Akiba Jehudah ... Nebenzahl».

Nebepirmas. Paveikslēlis iš moksleivių gyvenimo. Parašē B. Išl. iš aukų 'Vinco Kapso draugystēlēs' (Bitėnai) 1902: (Jankus). 23 S. 8° [Umschlagt.]
[Nicht der Erste. Erzählung aus d. Schülerleben.] (Naujienų Red.)

Nebershausen, Christian Friedrich (Plauen / Vogtland), **De juramento in litem, et inprimis quod pro pupillo mater ejus ad jurandum in litem etiam admittenda sit, contra Leg. 4. ff. de in Litem jurand. Diss. jur. Präs. Conr. Wilh. Streckers. Erfurt (Grosch) 13. XI. 1724. 16 S. (4.50)** **24606**
Gew.: Christoph Ignatius von Guden.

Nebert, *Karl Friedrich* Reinhold Die Abfassungszeit der Kaiserchronik. 4 (S. 105—117).
In: Festschrift z. 200jähr. Jubelfeier der Univ. Halle-Wittenb.
Progr. Lat. Hauptsch. *Halle a. S.* 1894.
Nicht im Tauschverkehr.

Nebert, *Carl Friedrich* Reinhold [aus Eilsleben]: Zur Geschichte der Speyrer Kanzleisprache. Ein Beitrag zur Lösung der Frage nach dem Bestehen einer mittelhochdeutschen Schriftsprache. . . . Halle a. S., Hofbuchdr. v. C. A. Kaemmerer & Co., 1891; 66 S., 1 Bl. 8°
Halle, Phil. Fak., Inaug.-Diss. v. 27. Mai 1891

Nebert, Rhold., zur Geschichte der Speyrer Kanzleisprache. Ein Beitrag zur Lösg. der Frage nach dem Bestehen e. mittelhochdeutschen Schriftsprache. Diss. gr. 8. (66 S.) Halle a/S. 891. (Leipzig, G. Fock.) n. 1. 25

Nebeski, Otmar, Beiträge zur Kenntniss der Amphipoden der Adria. Mit 4 (lith.) Taf. [Aus: „Arbeiten aus d. zoolog. Institute d. Univ. Wien".] gr. 8. (52 S.) Wien 880. Hölder. n. 7. 20

Nebesky, Geo., das Vermessen v. Grundstücken, s.: Wertblätter, landwirtschaftliche.

Nebesky, die Therapie an der Innsbrucker Universitäts-Frauenklinik, s.: Koch.

Nebesky, Osc., einige Betrachtgn. üb. Bauchhöhlenoperationen m. e. Rückblick auf 1100 ventrale Laparotomien an der Innsbrucker Universitätsfrauenklinik, s.a. Sammlung klin. Vorträge.

Einige Betrachtungen über Bauchhöhlenoperationen mit einem Rückblick auf 1100 ventrale Laparotomien an der Innsbrucker Universitätsfrauenklinik. Von Privatd. Dr. Oscar **Nebesky.** Leipzig: J. A. Barth 1910. 22 S. 8° [Umschlagt.]
(Sammlung Klinischer Vorträge. N. F. Nr 587.) [10. 11347

Nebeský, Václ., novořecké národní pisně. Prag 864. Dominicus. 16. (VIII, 152 S.) n. 12 ngr.

Nebesoff-Wassermann, Glykel (Katharina) aus Simferopol. Ueber pneumo-peritoneale Fisteln. Bern 1909. 26 S. 8°. [21. VII. 09.]
Bern, Med. Diss 1908/09

Nebesoff-Wassermann, Glykel ⟨**Katharina**⟩. Ueber pneumo-peritoneale Fisteln. Diss. Med. Bern. 26 S. 8. Bern, Unionsdruckerei, 1909.

Nebinger, J. H.: Die Geschwister, s.a. Volksbücher, Neue.

[F.] Die Geschwister. Erzählg v. J. H. **Nebinger.** M. 2 Ill. *Berlin: Schriftenvertriebsanst.; (Christl. Zeitschriftenver.) 1897.* (78 S., 1 Bl.) 1 Bd 8.
= **Volksbücher,** Neue. Bdch. 40. [97. 7655

– Nicht gewollt, s. Schillingsbücher.

– Ann v. der Glann, s.a. Volksbücher, Neue.

Ann von der Glann. Erzählung (Ruth. Erzählung) von J. H. **Nebinger.** Mit 4 Ill. *Berlin: Christl. Zeitschriftenver. 1897.* (94 S.) 8° [F.]
= **Volksbücher,** Neue. Bdch. 43. [03. 3573

– Nie zu spät, s.a. Volksbücher, Neue.

[F.] Nie zu spät. Erzählg v. J. H. **Nebinger.** M. 3 Ill. *Berlin: Schriftenvertriebsanst.; (Christl. Zeitschriftenver.) 1897.* (96 S.) 1 Bd 8.
= **Volksbücher,** Neue. Bdch. 41. [97. 7653

Nebinger, J. H. **Der Ring.** Eine Geschichte f. junge Mädchen. 8. **(136 S.) Basel 889, [Spittler.] Jaeger u. Kober. * 1 —; geb. ℳ 1 80**

– Nur e. Schnurrantenkind, s.a. Volksbücher, Neue.

[F.] Nur ein Schnurrantenkind. Erzählg v. A. Nebinger (Deckelt.: J. H. Nebinger). M. 3 Ill. *Berlin: Christl. Zeitschriftenver. 1897.* (93 S., 1 Bl.) 1 Bd 8.
= Volksbücher, Neue. Bdch. 38. [97. 7656

– Schuldbeladen, s.a. Volksbücher, Neue.

[F.] Schuldbeladen. Erzählg v. J. H. Nebinger. M. 2 Ill. *Berlin: Schriftenvertriebsanst.: (Christl. Zeitschriftenver.) 1897.* (90 S.) 1 Bd 8.
= Volksbücher, Neue. Bdch. 42. [97. 7660

– So war es, s.a. Volksbücher, Neue.

[F.] So war es. Erzählg v. J. H. Nebinger. M. 3 Ill. *Berlin: Schriftenvertriebsanst.; (Christl. Zeitschriftenver.) 1897.* (80 S.) 1 Bd 8.
= Volksbücher, Neue. Bdch. 39. [97. 7657

— viele Wasser löschen die Liebe nicht, s.: Schillingsbücher.

– Im Vorbehalt, s.a. Volksbücher, Neue.

[F.] Im Vorbehalt. Erzählg. v. J. H. Nebinger. M. 3 Ill. *Berlin: Schriftenvertriebsanst.; (Christl. Zeitschriftenver.) 1897.* (88 S.) 1 Bd 8.
= Volksbücher, Neue. Bdch. 37. [97. 7655

Nebinger, J. H., wird das nicht Freude sein?. s.: Schillingsbücher.

Nebinger, Johanna, der köstlichste Schmuck. Ein Märchen, mit einem Vorwort von A. N. Böhner. 8. (VII, 114 S.) Gotha 879. Gläser. n. 2. —; geb. m. Goldschn. n. 2. 80

Nebinger, K. H., in welcher Weise können die Mitglieder unserer Jünglingsvereine für das Reich Gottes thätig sein? Beantwortet als Referat auf der 32. Generalversammlung des Rheinisch-Westfälischen Jünglingsbundes. Hrsg. vom Komitee des Rheinisch-Westfäl. Jünglingsbundes. gr. 8. (14 S.) Elberfeld 882. (Buchh. der evangel. Gesellschaft.) n. — 20

Nebinger, Robert, Referendar: Der nichtrechtmäßige Pfandverkauf und seine Wirkungen. Stuttgart 1908: Kohlhammer. IV, 50 S. 8° ¶(Ersch. auch als Buch ebd.)
Tübingen, Jur. Diss. v. 16. Sept. 1908, Ref. Rietschel
[Geb. 28. Nov. 83 Stuttgart; Wohnort: Stuttgart; Staatsangeh.: Württemberg; Vorbildung: Gymn. Stuttgart Reife 03; Studium: Tübingen 3, Berlin 1, Leipzig 2, Tübingen 2 S.; Rig. 30. Juli 08.] [U 09. 3914

Nebler, Karl

Nebler, Carl *(geb. Pudewitz bei Posen 2. 12. 1856)*: Ueber Varicocele und deren chirurgische Behandlung. Breslau 1880. (43 S.) 8° *[Im Buchhandel 1880 bei Köhler in Breslau.]*
Breslau, Med. Diss. v. 29. Juli 1880

Nebling, R. Der Subjonctif bei Joinville. Diss. Kiel 1878. 30 S. 4.

Nebra [Schlagwort]

Nebra, s.: Preussen, Messtischblätter.

Der Nebraska Ansiedler: Jahrgang 1—2, no. 11, June 1878—Apr. 1880.
Monthly. Issued as supplement to HERALD OF TRUTH, and to DER HEROLD DER WAHRHEIT. Subtitle: Den Interessen der deutschen Bevölkerung des Westens gewidmet. Organ of The Mennonite Church. Published by the Mennonite Publishing Co., Elkhart, Ind., but edited at Lincoln, Nebr., as noted in mast-head; date-line Lincoln, Nebr.
Elkhart, IN

Nebraska Banner: 1891—1893?
Edited by Frederick F. Schnake. See WESTLICHER COURIER and NEBRASKA VORWÄRTS.
Omaha, NE

Nebraska Biene: Jahrgang 1—25, no. 6, May 1894—June 28, 1918.
Weekly. Republican, 1894—1908?; Democratic, 1908?—?; then Independent. Also numbered as "alter Jahrgang" and "neuer Jahrgang." Circulation: 1900, 1054; 1907, *1176*; 1910, 3200; 1917, 1200.
Edited & published by J. N. Kilian, 1894—July 22, 1898; by J. H. Johannes, July 29, 1898—Mar. 6, 1906; by Siems & Wilckens, Mar. 3—May 15, 1908; edited by Otto Kinder, Mar. 27, 1908—Feb. 3, 1911; by Henry Norenberg, Feb. 10—June 9, 1911; by Leopold Jaeggi, June 1911—1918; published by Nebraska Biene Publishing Co. [Henry Wilckens, business manager], May 22, 1908—July 23, 1909; by E. A. Harms, July 30, 1909—Jan. 17, 1913; by Leopold Jaeggi, Jan. 24, 1913—June 28, 1918. History reviewed in issues of May 15, 1914 and June 28, 1918.
Columbus, NE

Nebraska Courier: 1896?—1901?
Weekly. Republican, 1897—99; Independent Democratic, 1900—01. Circulation: 1900, *869*.
Edited & published by Henry Garn, 1896—99; edited by F. L. Brandt, & published by Neumann & Brandt, 1900—01.
Grand Island, NE

Nebraska Demokrat: 1892?—1895?
Democratic weekly. Circulation: 1895, 970. Edited by A. F. W. Geutzke, 1892—94; published by M. O. Geutzke, 1892—95.
Fremont, NE

Nebraska Deutsche Farmer-Zeitung: Jahrgang 1—13, no. 26, Dec. 1899—June 14, 1912?
Weekly. Democratic, 1899—1901; Independent, 1902—12. Place of publication varies: Spencer, Nebr., 1899—1901. Followed by DEUTSCHES JOURNAL. Circulation: 1905, 1050; 1910, 1100.
Edited & published by Joseph Tagwerker, 1899—1912.
Seward, NE

Nebraska Deutsche Zeitung: Apr. 4, 1861—1866.
Weekly. Followed by NEBRASKA STAATS-ZEITUNG. The List of Nebraska Historical Society states: "The first German paper published in Nebraska was published by Dr. Frederick Renner, Apr. 1861."
Nebraska City, NE

Nebraska Echo: 1880?—?
Daily. Edited & published by George Hein. Selzle & Kinder report that George Hein had come to Omaha from Grand Island, and here established a daily, which, however, he published only two weeks, then sold the materials to F. B. Festner.
Omaha, NE

Nebraska Echo: 1898?—July 1918.
Independent weekly. Title varies: DER PILGER, 1898—1909? Merged with OMAHA TRIBÜNE. Circulation: 1910, 4800; 1915, 8000.
Edited by Christ. Kuhl, 1898—1919; published by the Pilger Publishing Co., 1898—1909; by the Westliche Presse Publishing Co., 1909—19.
Lincoln, NE

Nebraska Freie Zeitung: 1877?—1878? Omaha, NE
Weekly. Edited & published by S. O. Blocque.

Nebraska Hermanns-Sohn: 1897?—1918?
Weekly, 1897—1912; monthly, 1913—18. Organ of Orden Der Hermanns-Söhne, Gross-Loge Nebraska. Place of publication varies: Bloomfield, Nebr., 1897?—1912; Nebraska City, 1913; Lincoln, 1914—15; Columbus, 1916—18.
Circulation: 1908, *2350*; 1910, 2000; 1915, 2800. Edited & published by J. H. Lohmann, 1905—09; by Carl Rohde, 1910—16; by Joseph Tagwerker, 1917—18.
Columbus, NE

Der Nebraska Hermanns-Sohn: 1900? — ? Omaha, NE
Publication of a German fraternity.

Nebraska Kinderfreund: 1906?—1922.?
Quarterly. Organ of the Deutsche Evangelisch-Lutherische Synode von Missouri, Ohio und anderen Staaten.
Fremont, NE

Nebraska Pionier: 1880?—1881? Fremont, NE
Weekly. Edited & published by F. Reichelt.

Die Nebraska Post: Mar. 1892—1917?
Independent weekly. Suspended 1898—1903. Title varies: BEATRICE POST, 1892—Mar. 25, 1897. Circulation: 1895, 950; 1917, 1250.
Edited by H. H. Fast, & published by German Publishing Co., 1892—97; by Emil Schultz, 1904—17.
Beatrice, NE

Der Nebraska Republikaner: 1871—1874.
Republican weekly. Circulation: 1874, 780. Edited by T. H. W. Remitz, & published by Nebraska City German Publishing Co., 1871—74.
Nebraska, NE

Nebraska Staats-Anzeiger: Jahrgang 1—21, no. 42, June 1881?—Mar. 7, 1901?
Weekly. Republican, 1881—92; Independent, 1893—1901. Merged with ANZEIGER UND HEROLD (Grand Island, Nebr.) to form NEBRASKA STAATS-ANZEIGER UND HEROLD, later GRAND ISLAND HERALD. For supplement, see DER SONNTAGSGAST. Circulation: 1880, 650; 1890, 2700; 1900, 2460. Edited & published by Peter Karberg, 1880—84?; by Henry Bruegmann, 1885?—1897?; by A. Esser & Henry Schaal, 1897?—1901.
Lincoln, NE

Nebraska Staats-Demokrat : Aug. 1888 -1899?

Democratic weekly. Circulation: 1890, 1632. Edited & published by Gottfried J. Bluehdorn, 1888 - 91.
Nebraska City, NE

Nebraska Staats-Zeitung : 1867—1876?

Republican weekly. Circulation: 1875, 1792. Edited & published by Dr. F. Renner, 1872?—1876.
Lincoln, NE

Nebraska Staats-Zeitung : Jahrgang 1 -44, no. 26, Aug. 1867 - Jan. 31, 1912.

Weekly. Republican, 1867 -92; Independent, 1893—1912. Suspended: Mar. 1871 —1880? The issue of Jan. 31, 1912, believed to be the last published, contains a notice, "An die Leser" by the publisher, Georg Maurer: He had bought the paper, Dec. 22, 1911, with two partners who soon withdrew; but, after a month, he found that he could not handle it and asked Val. J. Peter to absorb it into his Omaha paper.

Circulation: 1870, 600; 1880, 760; 1895, 1500, 1900, 1200; 1910, 1805.

Edited & published by O. H. Trisch & Dr. Renner, 1867 - 70; by Henzel & Renner, 1871; by German Publishing Co., 1880 -81; by Jung & Beutler, 1882 - 83; by Jacob Beutler, 1884 - 1907; edited by John Mattes, & published by the Beutler'sche Nachlassenschaft, June 1907 --1912. But *Ayer*, 1913 - 15, gives as editor, L. H. Rohmeyer, and publisher, German American Press. The issue of Dec. 29, 1911 states that Wilhelm Frye is the publisher. The issue of Jan. 5, 1912 gives Georg Maurer as publisher.
Nebraska City, NE

Nebraska Staats-Zeitung : 1877?—1879?

Weekly. Circulation: 1878, 400. Edited & published by C. F. Bayha, 1877—79.
West Point, NE

Nebraska Staats-Zeitung Tribüne : 1879?--1880?

Republican weekly. Title varies: NEBRASKA TRIBÜNE, 1879. Circulation: 1880, 850. Edited by Carl Grandpre, & published by Williams & Grandpre, 1879 - 80.
Grand Island, NE

Nebraska Tribüne : 1884—1931?

Weekly & daily, edited by F. Schnake. Reported as daily except Sunday by DABZ in July 1892.
Omaha, NE

Nebraska Volksblatt : Apr. 1865?—1869?

Democratic weekly, which became Republican when purchased by Herwig. Title varies: NEBRASKA STAATS-JOURNAL. Edited & published by Dr. Roeder, Vinzenz Burkley & Charles Connoyer, who purchased the materials of its unsuccessful predecessor, title unknown. They published it a very short time, and sold to C. C. Schäffer. In Sept. 1868, A. Schill was editor and publisher. Sub-title: Ein Organ des Fortschritts und der Unterhaltung.
Omaha, NE

Nebraska Volksblatt : Feb. 12, 1868 —1878.

Edited by C. Schäffer.
Nebraska City, NE

Nebraska Volksblatt : Jahrgang 1—37, no. 52, Jan. 1, 1879—Dec. 29, 1916.

Weekly. Democratic, 1879—1901; Non-partisan, 1902--16. Place of publication varies: Nebraska City, Nebr. Feb. 16, 1868—1878 published in Nebraska City. New start in West Point Jan. 1879. Circulation: 1880, 970; 1890, 1040; 1900, 1070; 1910, 1250; 1915, 1200. Edited & published by L. B. Schonlau, 1879—84; by F. Wiemann & M. O. Gentzke [with Gentzke as editor], Jan. 1— Mar. 6, 1885; by H. Schmoeger & M. O. Gentzke, Mar. 13—27, 1885; by M. O. Gentzke, Apr. 3, 1885—1903?; edited by L. B. Schonlau, & published by E. M. von Seggers, 1904?—1916.
West Point, NE

Nebraska Volksfreund : 1883?—1889?

Independent weekly. Circulation: 1886, 850; 1889, 850. Edited & published by W. Breed & Son, 1883--1889. Followed by NEBRASKA VOLKSFREUND.
Hastings, NE

Nebraska Volksfreund : Jahrgang 1—8, no. 3, Aug.? 1892--Mar. 3, 1899?

Independent weekly. Edited by Hugo Hoefer, & published by W. Breed.
Hastings, NE

Nebraska Volks-Zeitung : 1886?--1889? **Schuyler, NE**

Weekly. Edited & published by C. F. Cooper.

Nebraska Vorwärts : 1887—1898?

Daily, then weekly. Republican, 1889—90; Independent, 1891—97. Title varies: WESTLICHER COURIER, 1887—1890?; 2) NEBRASKA BANNER, 1891—1893?
Continued from DIE OMAHA POST. Circulation: 1890, 2100; 1895, 3500 (est.).
Edited & published by the Westlicher Courier Publishing Co. [A. Matschner, business manager, and Udo Brachvogel, editor], 1887—90; by Friedrich Schnake, 1891—93; by E. Benninghoven, 1893—98.
Omaha, NE

Nebreda, Hermenegildo, O. S. B., Ejercicios espirituales de Santa Gertrudis, virgen de la orden de San Benito. Vertidos al castellano. Va añadido un apéndice de oraciones. (XVII, 253 S. m. 1 Bildnis.) 16. Freiburg i. B. (907). Herder. 1.40; geb. in Leinw. 1. 88

Nebridius a Mündelheim, Libri duo de vita et virtutibus magni ecclesiae doctoris S. Augustini, Hipponensis episcopi, e sancti hujus praesulis genuinis operibus collecti, nunc in memoriam millies et quingenties reversi anniversarii conversionis S. Augustini recens oblati, emendati et amplificati, appendice „alimonta pietatis Augustinianae" por Berthold. A. Egger. 12. (XV, 395 S.) Graz 888. Styria. n. 2. —; geb. in Leinw. n. 3. —; ermäss. Pr. n. 1. 10; geb. n. 1. 80

Nebucadnezar, Der Bestürtzte und wieder Erhöhte, König zu Babylon, unter dem grossen Propheten Daniel. In einem Singe-Spiel . . . vorgestellet. O. O. 1704. V: *Hunold (Menantes), Christian Friedrich.* (Vogel, Hunold. Lucka [1898] S. 52.)

Die Inschriften **Nebukadnezars** II im Wâdi Brîsâ und am Nahr el-Kelb. Hrsg. u. übers. von F[ranz] H. Weissbach. Mit 40 Taf. in Autogr. u. 6 in Lichtdr., sowie 5 Abb. Leipzig: J. C. Hinrichs 1906. (IV, 44 S.) 2°(4°)
— **Veröffentlichungen,** Wissenschaftliche, d. Deutschen Orient-Gesellschaft. H. 5. [06. 8461]

Nebukadnezar, s. a. Mars regiert die Stunde.

Mars regiert die Stunde. Rede an d. Reichstag von Nebukaduezar. *Berlin-Charlottenburg: Continent [1901].* (72 S.) 8°
— Continent, Broschüren-Folge. No 5. [04. 14104]

Mars regiert die Stunde. Rede an d. Reichstag von **Nebukadnezar.** 2. Taus. Berlin: Continent [1905]. (72 S.) 8°
— **Continent,** Broschüren-Folge. No 5. [06. 9990 II]

Nec aspera terrent. Ein Wort der Verständigung an alle Hannoveraner. gr. 8. (8 S.) Hannover 863, Klindworth.

Nečas, Joh. Deutsch-böhmische juridische Terminologie. 8. (IX, 220 S.) Brünn 893. Winkler. geb. * 1 40

Über **Auffassung.** Eine Skizze aus d. Gebiete d. experimentellen pädag. Psychologie. Von A. Netschajeff [Aleksandr Petrovič Nečaev]. Dir. in St. Petersburg. *Berlin: Reuther & Reichard 1904.* (26 S.) 8°
— **Sammlung** von Abhandlungen aus d. Geb. d. pädagog. Psychologie u. Physiologie. Bd 7, H. 6. [04. 11634 2]

Nečcar, Cl., Seine Mutter. Preisgekrönter Original-Roman aus dem französischen Familienleben. Gr.-8. (465 S.) 3.60
Prag: Dominicus 1898.

Chemin de fer du Jura Bernois. Nécessité d'achever immédiatement le réseau des chemins de fer du Jura Bernois. Voies et moyens. P. Jolissaint. Berne, impr. Fischer. 28 pp. in-4.
1871

Nécessité d'un congrès pour pacifier l'Europe, par un homme d'état. — Nothwendigkeit eines Congresses, um in Europa den Frieden wieder herzustellen von einem Staatsmanne. Mit einem Nachwort. 8. (23 S.) Berlin 856, Behr's Buchh.

Нечаевъ, Н. П.

Formeln der chemischen Reaction nach dem Unitar-System für die bei der qualitativen Analyse häufiger vorkommenden Körper. Berlin, 1866. 4to.

Nechansky, Aug., Dichtungen. (185 S.) 8. Wien 906. F. Deuticke. n. 2. —

Adam Nechay erstes Jahrhundert der Krankenstiftung des Ordens der barmherzigen Brüder in der Stadt Teschen im Oesterreich. Schlesien am 30. November 1800 in deren Klosterkirche gefeiert. Wien 1800. 8.

Necheles Moriz: G. E. Schulzes Aenesidemus und seine Folgen. Eine Studie aus der Geschichte der kritischen Philosophie.
1884 **Diss.** Innsbruck, Univ. 1357

Recueil de poèmes à l'usage de l'école allemande à Bruxelles. Par F. **Nechelput** et Ed. Heuten. P. 1. *Leipzig & Berlin: B. G. Teubner 1901.* 8° [03. 11631

Nechelput, F., et. Ed. Heuten, Recueil de poèmes à l'usage de l'école allemande à Bruxelles. 2. partie (VI, 120 S.) gr. 8. Leipzig 904. B. G. Teubner. Geb. n. 2.—

Nedlin [Schlagwort]

Neehlin, s.: Geologische Karten. Preussen. 68.

NECHSCHEBI, Touti Nahmeh, eine Sammlung persischer Mährchen. . . . (übersetzt von Carl Jac. Ludwig Iken), mit e. Anhang von J. G. L. Kosegarten. Stuttgart, Cotta, 1822. 8⁰. (8 Mk. Ottmar Schönhuth, München, 1911.) Anon.-Lex. III. p. 205 (nach Kayser).
— — Dasselbe. Neudruck mit einer Einleitung von R. Schmidt. Leipzig, o. J. (1905). 8⁰. (Mk. 3—.) (2 Mk. der Vorige.)
— — Dasselbe. Uebersetzt von Georg Rosen. 2 Thle. Leipzig 1858. 8⁰. (4²/₃ Rthl.) (4 Mk., Hprgt. mit Orig.-Umschl., der Vorige.)

Neck, Jakob van (Purmerenda/Niederlande), Specimen historico-jur. inaug., quo inquiritur, quamdiu antiquitus apud Romanos obtinuerit jus necandi et exponendi infantes. Präs. Adrian van Royen. Leyden (A. Bonte) 4. X. 1770. 45 S. (6.—) 24607
Gew.: Wilhelm van Neck, Cornelius van Neck, Arnold Wilhelm von Laat.

Neck, Karl

Neck, Carl, appr. Arzt a. Karlsruhe i. B., Volontär an d. Univ.-Klinik f. Ohren-, Nasen- u. Halskrankheiten zu Leipzig: Aus d. Universitätsklinik f. Ohren-, Nasen- und Halskrankheiten zu Leipzig. Ueber Erkrankungen der oberen Luftwege und des Ohres bei Eisenbahnbeamten, ein Beitrag zur Frage der Gewerbekrankheiten. Leipzig 1905: B. Georgi. (38 S.) 8°
Leipzig, Med. Fak., Ref. Curschmann, Diss. v. 14. Juli 1905
[Geb. 11. Okt. 75 Karlsruhe i. B.; Wohnort: Leipzig; Staatsangeh.: Baden; Vorbildung: Gymn. Karlsruhe Reife Juli 95; Studium: Heidelberg 3, Tübingen 2, Berlin 2, Freiburg i. B. 2, Straßburg 2 S.; Coll. 26. Juli 05; Approb. 11. Nov. 02.]

Neck, Karl [app. Arzt aus Karlsruhe]: Ein Fall von Invaginatio Ileo-colica mit partieller Nekrose am Intussusceptum Tübingen, F. Pietzcker, 1895; 23 S., 2 Bl. 8.
Tübingen, Med. Fak., Inaug.-Diss. v. 1895

--- **Lambert van** (Haag/Niederlande), De reconventione. Diss. jur. Präs. Peter Burmann. o. O. 31. VIII. 1719. 37 S. (5.—) 24608
Gew.: Cornelius van Neck, Abraham van Neck, Gerhard van Neck, Johann Stael, Anton Schulting.

Neckam, Wilh., die Buchhaltung des Herrenschneiders, s.: Wallantschek, Karl.

Neckar-Bote. – Der Neckar-Bote. –
Heidelberg. – 3.I.1840 – 30.I.1843.
Vorh. u.d.T.: Der Bote vom Neckar. (Mosbach, sp. Heidelberg)
Fortges. u.d.T.: Der Neckarbote.

Neckarbote. – Der Neckarbote. –
Heidelberg. – 31.I.1843 – 22.VI.1845.
Vorh. u. fortges. u.d.T.: Der Neckar-Bote.

Neckar-Bote. – Der Neckar-Bote. –
Heidelberg. – 23.VI.1845 – 4.(?)V.1850.
Vorh. u.d.T.: Der Neckarbote.

Neckar-Echo. –
Heilbronn. – 1.III.1908 – 6.III.1933.
1.VIII.1949 – 30.VI.1967.
[NA seit 1949 von: Württembergische Allgemeine Abendzeitung, sp. Allgemeine Zeitung, Stuttgart (1949)]

Néckar-Fluss und Chaussées von Seckenheim bis Mannheim. Wegen der, durch den am Ende Jaenner abermals gewesenen hefftigen Eisgang erfolgten grossen Ueberschwemmung, Verderbung der Neckar-Ufern, der Chausseés und Feldern. Aufgenommen und geometrisch anhero verzeichnet im Februarii und Martii 1789. Durch F. F. Eifferth k. Pfälz. Hofkammer-Renovator. Von dem Original-Plan genau abgetragen durch Frey, Ing. Lieut. Mannheim den 18. Nov. 1792. 1:5200. 1 Bl. Handzeichnung.

Neckargebiet [Schlagwort]

Neckargebiet, s.: Rhein-Neckar-Gebiet.

Neckargemünd [Sachliches OW]

Neckargemünd u. seine Umgebung. Ein Führer für Fremde, Touristen, Wanderer u. Einheimische. Mit 1 (chromolith.) Karte u. 2 (lith.) Ansichten. 12. (52 S.) Heidelberg 882. C. Winter's Sort. geb. n.n. 1. 20

Neckargemünd [Schlagwort]

Neckargemünd, s.: Baden. Karte.

Neckargemünd, s.: Geolog. Karten, Spezialkarte (Baden).

Königreich Württemberg. **Neckarkreis.** (Maßst.: 1:200,000. Ausschnitt aus d. Generalkarte v. Kgr. Württemberg 1:200,000. [Stuttgart]: K. statist. Landesamt 1904.) (1 Kartenbl. 37×49 cm mit Legende.) [gestochen] [kol.] [05. 7064

Neckarquelle. – Die Neckarquelle. –
Schwenningen. – 2.V.1880 – 14.VII.1940.
Fortges. u.d.T.: Schwenninger Tagblatt.

Neckarsulm [Schlagwort]

Neckarsulm, s.: Geognostische Karten (Württemberg).

Neckarsulmer, Ernst, Gedichte. (68 S.) kl. 8, Stuttgart (907). Charlottenburg, A. Juncker Verl. 1. —

Irene. Geschichte e. Liebe von Ernst **Neckarsulmer.** Berlin-Leipzig: C. Wigand 1909. 159 S. 8° [09. 14850

Neckarsulmer, Ernst, aus dem Leben e. jungen Mannes. (117 S.) 8. Straßburg 905. J. Singer. n. 2. 50

Neckarsulmer, Ernst, Berliner Saison. Mädchentypen. gr.8. (71 S.) Berlin 902. R. Schröder. n. 2.—

Neckartal [Schlagwort]

Neckartal, s.a. Odenwald.

Neckarthal. Karte d. Neckarthals. 1 : 200,000. Lith. gr. Fol. Tübingen 889. Fues. n. 1.40; auf Leinw. n. 2.—

Neckarthal. Spezialkarte vom Neckarthal Cannstatt —Heidelberg u. Umgebung. 1 : 200,000. 2. rev. Aufl. 61×41 cm. Farbdr. Cannstatt 899. G. Hopf. —75; auf Leinw. n. 1. 25

Neckarthal, das, von Heidelberg bis Heilbronn u. seine Seitenthäler, s.: Woerl's Reisehandbücher.

Neckarzeitung. –
Stuttgart. – 1.I.1822 – 31.XII.1828.
Vorh. u.d.T.: Organ für den deutschen Handels- und Fabrikantenstand.
Fortges. u.d.T.: Neckar-Zeitung.

Neckar-Zeitung. –
Stuttgart. – 1.I.1829 – 18.(?)XI.1833.
Vorh. u.d.T.: Neckarzeitung.

Neckar-Zeitung. –
Heilbronn. – 1.VII.1861 – 28.II.(?)1934.
Vorh. u.d.T.: Heilbronner Tagblatt.

Necke, Max, deutsches Weihnachtsbuch. 1. u. 2. Bd. 8. Berlin-Schöneberg, Buchverlag der „Hilfe". Geb. à 1.—
1. Eine Sammlg. der wertvollsten poet. Weihnachtsdichtgn. f. die deutsche Jugend. Mit Zeichngn. v. Rich. Grimm. Hrsg. v. der literar. Vereinigg. des Berliner Lehrervereins. (90 S.) 909.
2. Erzählungen u. Märchen. Mit Zeichngn. v. Rich. Grimm. Hrsg. v. der literar. Vereinigg. des Berliner Lehrer-Vereins. (96 S.) (910.)

Neckebën, Jobs. Ein Vorblick auf das. J. 2000 od. e. Tag in e. Strafanstalt d. XXI. Jahrh. Ein gefängnisswissenschaftl. Zukunftstraum. 8. (V, 64 S.) Bresl. 891, Koebner. * 1 —

Neckel, Gust., Beiträge zur Eddaforschung. Mit Exkursen zur Heldensage. (VIII, 512 S.) gr. 8. Dortmund 908. F. W. Ruhfus. 16. —

Neckel, Gust., üb. die altgerman. relativsätze, s.a. Palaestra. V.

Über die altgermanischen relativsätze. Von Gustav **Neckel**. *Berlin: Mayer & Müller 1900.* (96 S.) 8°
— **Palaestra.** 5. [00. 7719

Neckel, Otto *Friedrich Emil* Ἀργειφόντης. 4 (S. 10—12).
In: Progr. z. 50jähr. Jubil. von A. Dühr G. *Friedland* 1886 (603).

Neckel, *Otto* [Dr.]: Christian Conrad, ein Friedländer Dichter. Friedland i. Meckl., Druck v. W. Walther, 1897; 1—32 S. 4.
Friedland, G, P 1897 (689)

Neckel [Dr.]: Das Ekkyklema. Friedland i. Meckl., Druck v. W. Walther, 1889 [sic!]; S. 1—22; 4°
Friedland, G, P 1890 (646)

Neckel, O., De nominibus Graecis compositis I. De casuum formis. Diss. 1882. 68 S.

Neckel, [Otto F. E.], Dr.: Zur Zusammensetzung der Nomina im Griechischen. *Friedland i. M. 1903: W. Walther.* (S. 1—17.) 4°
Friedland i. M., G, P 1903 (759)

Neckelmann, Fred. Skjold, Denkmäler der Renaissance in Dänemark. Ausgewählt von F. S. N., mit beschreibendem Text von F. Meldahl. Fol. (VIII, 19 S. mit 47 Lichtdr.-Taf.) Berlin 888, Wasmuth. In Mappe * 50 —

Neckelmann. Aus unserer Mappe, s. Hartel, Aug.

Neckelmann, Ferd. Skjold, ornamentale Phantasien. Fol. (20 Bl.) Berlin 880. Wasmuth. In Mappe. n. 25. —

—— decorative Skizzen. (In 5 Lfgn.) 1. und 2. Lfg. Fol. (à Lfg. 10 Lichtdr.-Taf.) [Leipzig 886,87, Hessling.] Berlin, Claesen und Comp. à Lfg. *ℳ 7.—. * 14 —
Nicht weiter erschienen.

Neckelmann, Skjöld

Neckelmann, S., d. kgl. württemberg. Landes-Gewerbemuseum in Stuttgart. gr. Fol. (24 Lichtdr.-Taf. m. 17 S. Text.) Berlin 898. E. Wasmuth. In Mappe n. 25. —

— s.: Studien, architekton.

Necker in Briefen, an Iselin in Basel, s. F. K. v. Moser.

Necker, in Briefen an Hrn Iselin in Basel 1782. H: *Moser, Friedrich Carl Freiherr von.* (ML) (stri) (Ky) (ADB 22, 779.)

Necker, in Briefen, an Iselin in Basel, (v. F. K. v. Moser). 8. Frankf. a. M. 782. Gebhardt u. K. 1 ℔

Neckers — Lauf des — von Heilbron bis Mannheim. Herausgegeben von I. L. C. Rheinwald. Mannh. 1798. Zusammengesetzt von C. P. G. Landm. P. Dewarat, gest. von B. F. Leizelt in Augsburg. 1 : 172,800. 1 Bl.

Necker, Denkschrift zur Halbjahrhundertfeier der gewerblichen Fortbildungsschule in Heilbronn 1854-1904. (29 S) 4° Heilbronn 1904

Necker. : Die Vulkane auf Java... s. Raffles

Necker, Adolf [app. Arzt]: Über den schnellenden Finger ... (Aus: Beitr. z. klin. Chir., Bd x Heft II.) Tübingen, H. Laupp'sche Buchh., 1893; 2 Bl., 23 S. 8.
Tübingen, Med. Fak., Inaug.-Diss. v. 1893

Necker, C., kurze Lebensgeschichte Herzogs Ulrich v. Würtemberg. Ein unterhalt. Lesebüchl. f. d. Volk. 12. (3 B. u. Ttlbild) Reutlingen 838, Kurtz'sche Buchh.

Necker, C. F., das Storchennest. Eine belehrende Erzählung für die Jugend. 12. (88 S. m. 1 color. Kpfr.) Ulm 847, F. Ebner. 6 ngl

Necker, Carl Friedrich, s. Necker, Karl Friedrich

Necker, Gthilf., durch Nacht zum Licht! Hinterlassene Gedichte. (IX, 81 S. m. Bildnis.) kl. 8. Stuttgart 910. M. Kielmann. Geb. in Leinw. 2. —

Necker, Ghilf., Frühlingsblumen. Gedichte. 8. (45 S.) Gruorn 877. (Reutlingen, Palm's Buchh.) **

Necker, Jacques

v. *Necker*, N. J., sur l'Administration, par lui-même. gr. 8. Bresl. 792. J. F. Korn. 1 ℛ

— le même. III Tom. gr. 8. Augsb. v. Jenisch u. Stage. 4 ℛ

— sur l'administration des finances. III Tom. 12. Bern 785. Typ. 2 ℛ

— le même. III Tom. gr. 12. Berl. 785. (Köchly). 2 ℛ.

— — le même l. 3 Tom. gr. 12. Berl. Lagarde. 785.

— de l'administration des finances de la France. III Vol. gr. 8. Genf 784. (Rommerskirchen in Cöln). 1 ℛ

— — le même. III Tom. gr. 8. Augsb. Stage. 784.

— Bemerkk. üb. Ludwigs Schicksale an d. französ. Nation; aus d. Französ. gr. 8. Passau 793. Ambrosi; (a. Mayr in Salzb.) 6 gℛ

— compte rendu au roi av. 2 cart. enlum. gr. 4. Basel 781. Serini. 18 gℛ — le même. 4. Basel 781. Thurneisen. 10 gℛ le même. gr. 8. Quedlinb. 781. Ernst 16 gℛ — le même. gr. 4. Wien, Trattner. 12 gℛ — Dass. deutsch. gr. 8. Quedlinb. 781. Ernst. 16 gℛ

— — le même. gr. 4. Vien. Tendler.

— Eloge de J. Baptiste Colbert. 8. Dresden 781. Walther. 8 gℛ

Necker, J. Von der vollziehenden Gewalt in grossen Staaten; a. d. Franz. Nürnberg 1793. Ü: *Pez von Lichtenhof, Georg Gustav Wilhelm.* (Ky)

Necker, Jacques: „Von der vollziehenden Gewalt in grossen Staaten; nach dem Französischen . . . ." I. (einzig erschienener) Teil, Nürnberg und Leipzig 1793.

— v. d. vollzieh. Gewalt in groß. Staaten, a. d. Französ. 2 Bde. 8. Nürnb. Bauer. (Schmidmer.) 793.

Necker, N. J., v. d. vollziehenden Gewalt in großen Staaten; aus d. Französ. (v. G. G. W. Pez.) 8. Nürnb. 793. Bauer. (Winter in Heidelb.) 2 ℛ

Necker, J. Über das Glück der Thoren; a. d. Franz. Dessau 1783. Ü: *Cäsar, Carl Adolph.* (MGT)

— de l'importance des opinions réligieuses. 8. Berl. 790. (Köchly). 18 gℛ

— de l'Importance des opinions religieuses. 8. Berl. Lagarde. 790.

Necker, N. J., de l'importance des opinions religieuses. 8. Berlin 799. (Fr. Fleischer in Leipzig.) 1/2 ℛ

— Lobrede auf Colbert, die d. Preis d. Königl. Academie 2c. zu Paris erhalten hat; aus d. Französ. gr. 8. Dresd. 781. Walther. 6 gℛ

— mémoire sur l'établissement des administrations provinciales, donné au roi. gr. 4. Basel 781. Serini. 12 gℛ

— le même. 8. Lausanne 781. Pott. 8 gℛ

— de la morale naturelle. 16. Basel 788. Serini. 10 gℛ

— üb. natürl. Moral; nebst e. Anh. v. Glück d. Narren. 8. Wien 788. Kl. Dell. 9 gℛ

— du pouvoir exécutif dans les grands états. II Vols. gr. 8. Strassb. 792. König. 3 ℛ (Ettinger in Gotha). 3 ℛ 4 gℛ

— — le même l. 2 Vol. gr. 8. Gotha, Ettinger. 792.

— — le même l. gr. 8. Bresl. I. F. Korn. 793.

Necker, [Jacques]. Predigt von Neker über Mord, Gewaltthätigkeit und Gleichgültigkeit für das Leben der Menschen. Aus Nekers Cours de morale réligieuse Tom. 1 ... übersetzt. 8. Zürich *o. J.* [ca. 1801].

Necker, J. Rechenschaft dem König abgelegt; a. d. Franz. Hamb. 1781. Ü: *Wittenberg, Albrecht.* (Ky)

— Rechenschaft d. König abgelegt; aus d. Französ. (v. A. Wittenberg). 8. Hamb. 781. (Schnuphase in Altenb.) 12 gℛ Schrbp. 16 gℛ

Necker, J. Rechenschaft dem König gegeben, im Jahr 1781. A. d. Franz.... Wien 1781. Ü: *Pacassi, Johann Freih. von* (MGT) (Ky)

— Rechenschaft, dem Könige abgelegt im Jahre 1781; aus d. Französ. mit Anmerkk. u. Zusätzen u. 2 Kart. (v. J. v. Pacassi). gr. 4. Wien 781. Trattner. 12 gℛ

Necker, J. Rechnung, dem König von Frankreich abgelegt; a. d. Franz. . . . Berlin 1781. Ü: *Mylius, Wilhelm Christhelf Siegmund.* (Ky) (MGT)

— Rechnung, d. König v. Frankreich abgelegt; aus d. Französ. (v. W. C. S. Mylius). Mit Vorr. u. Anmerkk. v. Dohm. gr. 8. Berl. 781. Voß 10 gℛ

— réflexions présentées à la nation franç. sur le procès intenté à Louis XVI. gr. 8. Braunschw. 793. Schulbuchhandl. 4 gℛ

— Reflexionen üb. Ursprung, Natur u. Administration d. Nationalreichthümer; aus d. Französ. gr. 8. Marb. 790. Krieger. 20 gℛ

Necker, Jacques: „Reflexionen über Ursprung, Natur und Administration der Nationalreichthümer. Aus dem Französischen (nach der Originalhandschrift von G. in Lübeck)", Weimar 1790.

— de la révolution française. IV Vols. 8. Strassb. 797. Levrault. 3 ℛ Schrbp. 3 ℛ 12 gℛ

— üb. d. französ. Staatsumwälzung; aus d. Französ. 2 Bde. zu 2 Abthll. gr. 8. Zürich 797. Orell. 2 *ℛ* 12 *gℛ*

Necker, J. Staatsverwaltung, von ihm selbst beschrieben; a. d. Franz. . . . Hildburghausen 1792. Ü: *Strasser, Ernst August Christian.* (MGT) (Ky)

— Staatsverwaltung. v. ihm selbst beschrieb.; aus d. Französ. mit Anmerkk. (v. E. A. C. Strasser.). gr. 8. Hildburgh. 782. (Cr. Fleischer in Leipz.; auch Taubert). 1 *ℛ* 4 *gℛ*

NECKER Jaques. Über das physiokratische System. Wien 1782.

— Versuch üb. d. Kornhandel u. üb. die Gesetze, dies. Gegenstände betr.; aus d. Französ. gr. 8. Dresd. 777. Walthersche Hofbuchh. 16 *gℛ*

Necker, Jacques. Die Verwaltung des Finanzwesens in Frankreich. A. d. Franz. Lübeck 1785. Ü: *Wittenberg, Albr.* (MGT) (Ky)

— v. d. Verwalt. des Finanzwesens in Frankr. 3 Thle. 8. Lübeck, Donatius (Niemann und R.) 785.

Was schwere Auflagen schwerer mache. [Jacques] Necker's Wort, mit einem Vorworte v. Adam Graf von Moltke. Kiel. 1818. 8°.

Necker, J. Über die Wichtigkeit der religiösen Meinungen; a. d. Franz. Stuttg. 1788. Ü: *Ströhlin, Friedrich Jacob.* (Ky)

— üb. die Wichtigkeit d. religiösen Meinungen; aus d. Französ. (v. F. J. Ströhlin). 8. Stuttg. 788. (Hoffmann). 1 *ℛ*

Necker, Karl *August Friedrich* [aus Berlin, z. Z. Assist. an d. v. Kuffner'schen Sternwarte in Wien-Ottakring]: Zur Ausgleichung von Massenbeobachtungen atmosphärischer Lichterscheinungen . . . *Wien, Druck v. J. N. Vernay, 1894;* 2 Bl., 31 S., 1 Bl. 4.
Berlin, Phil. Fak., Inaug.-Diss. v. 13. Aug. 1894

Necker, Karl Friedrich

Necker, Carl Friedr., angenehme u. lehrr. Aufgaben z. Uebersetzen in d. Latein., f. Knaben v. 9—14 Jahren. 1. u. 2., verb. Aufl. 8. (10½ B.) Ulm 836, 38, Ebner. à

Necker, Carl Fried.: Kurtzer aus denen eigentlichen rechten Quellen hergeleiteter Unterricht in dem Staats-Recht des H. R. R. Teutscher Nation. Nebst Joh. Ulr. Cramers Vorrede. Marburg 1741.

Necker, K. F., Unterr. in d. Staatsrecht des heil. röm. Reichs deutsch. Nation. 8. Marburg, Muller. (Hermann in Frankfurt.) 741.

— — dasselbe. 2 Thle. 8. Frankf. Gebhardt u. K. 741.

Necker, Mor., Marie v. Ebner-Eschenbach. Nach ihren Werken geschildert. 8. (XXXI, 268 S. m. Bildnis.) Berlin 900. [G. H. Meyer.] München, Geo. Müller. n. 3.—; geb. n. 4.—

Necker, Nanny im Rodamer Pfarrhause. Erzählung f. junge Mädchen. (230 S. m. Titelbild.) 8. Berlin (906). Globus Verlag. Geb. in Leinw. n.n.n. 1. 10

Necker, Nanny, Amtmanns Thilde. Erzählg. f. junge Mädchen. M. 8 Ton- u. 16 Textbild. v. M. Gutschmidt. 8. (VII, 229 S.) Stuttgart 896. F. Loewe. Geb. in Leinw. 4.—

Aus der Werdezeit. Ein Jahr aus d. Leben e. jungen Mädchens. Von Nanny **Necker.** Berlin: Globus-Verl. [1904]. (263 S.) 8° [J.]

Necker, N. J., s. Necker, Jacques

v. Necker, Natalis Jos., († d. 10. Nov. 1793.) considerations sur le système sexuel des végétaux du chevalier de Linné. gr. 4. Münch. 782. (G. Franz). 2 *gℛ*

— corollarium ad philosophiam botanicam Linnei spectans. 8maj. Strassb., (Mainz, Kupferberg). 1 *ℛ* 16 *gℛ*

Necker, Ios. de; corollarium ad philosophiam botanicam Linnei spectans. 8. Strasb. Levrault. Rtblr.

— Deliciae Gallo-Belgicae sylvestres, sive Tractatus generalis plantarum Gallo-Belgicarum, secund. principia Linnaei. T. I et II. 8maj. Strassb. 768.

— Eclaircissemens sur la propagation des Filicées en général. avec III pl. gr. 8. Münch. 771. (G. Franz). 8 *gℛ*

— elementa botanica, genuina genera, specim. natural. vegetab. omn. detector. III Tom. c. 63 tab. 8maj. Strassb. 791. (Levrault; auch List in Berl.) 7 *ℛ* 12 *gℛ*, III Vol. Edit. IIda. 8maj. ibid. 808. (Mainz, Kupferberg). 6 *ℛ*

Necker, N. Iac. de, elementa botanica, genuina genera, spec. natural. vegetab. omn. detector. V. Tom. c. tab. 8. maj. Strasb. König. (Levrault et Sommer, Leipz.) 791.

— Enumeratio stirpium Palatinarum annis 1768 et seq. collectarum. c. III icon. 4maj. Münch. 767. (G. Franz). 10 *gℛ*

— de muscorum et algarum generatione. 4maj. Münch. 767. (G. Franz). 4 *gℛ*

— Histoire naturelle du Tussilage et du Pétasite. gr. 4. Münch. 778. (G. Franz). 4 *gℛ*

— Mémoire sur les animalcules des infusions sur ceux de diverses eaux fraiches, avec des doutes sur l'irritabilité de végétaux. gr. 4. Münch. 787. (G. Franz). 2 *gℛ*

— Mémoire sur la fécondation, sur la semence, et sur quelques autres parties contenues dans la fructification des plantes. gr. 4. Münch. 782. (G. Franz). 6 *gℛ*

— Mémoire sur la gradation des formes dans les parties des végétaux. gr. 4. Münch. 787. (G. Franz). 2 *gℛ*

NECKER, Nat. Joh. de: Methodus Muscorum per classes, ordines, genera et species, cum synonymis, nominibus trivialibus, locis natalibus, observationibus. - Mannheim 1771. 18 Bg., 1 Taf.

— methodus muscorum per classes, ordines, genera ac species etc. c. fig. 8maj. Manh. 771, Löffler. 20 *gℛ*

NECKER, Nat. Joh. de: Physiologia Muscorum per examen analyticum de corporibus variis naturalibus inter se collatis continuitatem proximamve animalis cum vegetabili concatenationem indicantibus. - Mannhemii 1774. 296 S., 1 Taf.

— physiologia muscorum per examen analyticum de corporibus variis naturalibus inter se collatis, cum fig. 8maj. Manh. 774. Schwan u. G. 1 ß

— Phytozoologie philosophique. 8. Mainz, Kupferberg. 8 gr

v. Necker, Natalis Jos., traité sur la Mycitologie, ou Discours sur les Champignons en général etc. avec fig. 8. Manh. 788.

Suzanne Curchod Necker

(Hospice de charité.[Deutsch:]) Einrichtungen und Anstalten in dem Hospice de Charité zu Paris. [Verf.: Suzanne Curchod Necker.] Leipzig: Weidmann 1780. 48 S. 8

Necker, Th., Ausstattung eines Empfangzimmers, s. Mobilien-Entwürfe.

Necker de Saussure, Albertine Adrienne

NECKER, Mme., Bemerkung über die Ehescheidung. Veranlaßt durch das Decret der französ. Nationalversammlung, welches die Ehescheidung autorisirt. Offenbach 1795. Gr. 8°.

— üb. d. Charakter u. die Schriften d. Frau v. Stael. Uebers. von A. W. v. Schlegel. 8. Straßb. 820. Treuttel u. W. 1 ß 8 gr

Necker de Saussure, Madame, l'éducation progressive, ou étude du cours de la vie. Tome I. Etude de la première enfance. 2de édit. gr. in-8. Berne et Coire 839. Dalp. n. 2 ß

— le même. Etude de la vie des femmes. 3me édit. gr. in-8. le même 839. n. 2 ß

Necker de Saussure [Albertine Adrienne]: Die Erziehung des weiblichen Geschlechts. [L'étude de la vie des femmes; 1838.] Eine gekr. Preisschrift. Aus d. Franz. übersetzt v. L. Overbeck u. F. Smidt.

Necker von Saussure, Frau, die Erziehung des weiblichen Geschlechtes. Uebers. von Ed. Ad. Jacobi. 2. (Titel-) Ausg. gr. 8. (VIII, 408 S.) Leipzig (1839) 877. Siegismund & Volkening. 4. —

Necker de Saussure, Madam, die Erziehung des Menschen auf seinen verschied. Altersstufen. Uebersetzung des Werkes: De l'éducation progressive ou Etude du cours de la vie, von A. v. Hogguer u. K. v. Wangenheim, mit einigen Anmerkk. des Letzteren. 1r u. 2r Thl. gr. 8. Hamburg 836, 38. Fr. Perthes. (1r Thl. 2 ß, 2r Thl. 2¾ ß) 4¾ ß (Ein Anhang enthält: Ueber Gefühl u. Gefühlvermögen u. deren Bedeutung im Organismus der Seele, von v. Wangenheim.)

— dass. 3r Thl. A. u. d. T.: Die Erziehung des weibl. Geschlechtes. Aus d. Franz. übersetzt von Dr. Ed. Ad. Jacobi. 2 Abthll. gr. 8. Ebd. 839. 1⅞ ß

Necker de Saussure, Madame, die Erziehung des Menschen in seiner fortschreitenden Entwickelung. Eine gekrönte Preisschrift. Aus dem Französ. übersetzt von L. Overbeck u. F. Smidt. 1.—3. Thl. 1. u. 2. Lief. 16. Bielefeld 842, Velhagen u. Klasing. (à Lief. 1/3 ß) 2 ß

v. Necker, Frau. Fragmente. 2 Bde. 8. Gießen. 804. (Ferber). 2 ß 8 gr

Necker, Frau v., Fragmente, 2 Bdch. m. farb. Abdrücken, v. Gubitz. 8. Gießen, Tasché u. M. 804.

— Nachlaß, ein Bildungsbuch für Frauen. 8. Gießen 817. (Ferber). 1 ß 8 gr

— Nahrung f. Witz u. Gefühl, s. Nahrung.

Necker, née Saussure, Mad., notice sur le caractère et les écrits de Mad. de Staël. 8. Paris, Strasbourg, Treuttel et Würtz. 820.

— — le même ouvrage. 12. chez les mêmes.

— réflexions sur le Divorce. 8. Hamb. 795. (Herold u. W. in Lüneb.) 6 gr

§ **NECKEREIEN**. Ein Pendant zur Biene des Herrn v. Kotzebue. Bdchn. I. (einz.). (Enth. 5 Bücher Sinngedichte von *Beyer* u. Anhang von 4 weiteren Ged.). Königsberg u. Leipzig, in allen Buchhandlungen (Marburg, Krieger) 1810. 12°. (In München: L. eleg. m. 551 S.). (3 Mk. 50 Pfg. Eman. Mai, Berlin, 1899.)

Neckermann, A., der grüne Stein, s.: Weber's moderne Bibliothek.

Neckermann, Albin [app. Arzt aus Vilchband '(Baden)']: Zur Genese der freien Gelenkkörper ... Freiburg i. B., Univ.-Buchdr. v. Ch. Lehmann, 1892; 45 S., 1 Doppeltaf. 8.
Freiburg i. B., Med. Fak., Inaug.-Diss. v. 1892

Neckermann, Georg, Cooperator in Frontenhausen: **Geschichte des Simultaneum Religionis Exercitium im vormaligen Herzogthum Sulzbach.** *Regensburg: J. Habbel 1897.* (157 S.) 8° [F. u. Ant.]
München, Theol. Diss. v. 1896

Necker's Charakteristik u. hinterlassene Manuscripte, hrausgg. v. Mad. Stael; aus d. Französ. v. U. L. Gust. S. Kleffel. 2 Thle. 8. Rostock. 806. Stiller. 1 ß 16 gr

— Familiengeschichte. 8. Regensb. Montag und W. 789.

Neckheim, Hans. 222 echte Kärntnerlieder, gesammelt u. f. 4 Männerstimmen gesetzt. Unter Mitwirkg. v. Jos. Pommer hrsg. v. dem deutschen Volksgesang-Vereine in Wien. 1. Abtl., enth. 111 Lieder. 12. (XVI, 153 S.) Wien 891, (Rebay u. Robitschek). * 2 —; geb. * 2 50

Neckheim, Hans, 222 echte Kärntnerlieder, gesammelt u. f. 4 Männerstimmen gesetzt. Unt. Mitwirkg. v. Jos. Pommer hrsg. v. d. deutschen Volksgesang-Vereine in Wien. II. Abth.: enth. 111 Lieder (Nr. 112–222). 12. (VIII u. S. 155—322.) Wien (893). (Ad. Robitschek.) n. 2. —; geb. n. 2. 50

Neckheim, Hans. Compositionen für Pianoforte. Ländler. Klgft., (1889). Folio. 7 S.

Neckheim, Hans. Original-Kärntner Volkslieder. Klgft., Leon, (ca. 1885). Folio. 2 Hefte.

Neckräthselbuch. 1,234-567,890 minus 1,234-566,390 Räthselfragen und Volksräthsel zur Lust und Lehr' für das reifende, begreifende Jugend-Alter von 10 bis 1000 Jahren. Zusammengestellt durch Magister Franklin v. Ensfurt (Karl Enslin). Mit vielen unsichtbaren Stichen und Schnitten. Frankfurt a. M. 854. Brönner. 16. (VI, 208 S.) 7½ ngr.

—— von Dr. Franklin v. Ensfurt (Carl Enslin). Räthselfragen und Volksräthsel zur Lust und Lehr' für das reifende, begreifende Jugend-Alter von 10—1000 Jahren. Mit vielen unsichtbaren Stichen und Schnitten. 2., verm. und verb. Aufl. 8. (VIII und 218 S.) Frankfurt a. M. 855(56,) Brönner.

Necludow, M. B., l'insurrection polonaise devant l'Europe? — Nous le voulons bien. — Réponse à l'article de Mr. de Mazade: l'insurrection polonaise devant l'Europe. Revue des deux mondes du 15 mars 1863. gr. 8. (68 S.) Berlin 863, Behr's Buchh. *

Necludow, M. B. La question polonaise devant l'Europe? — Nous le voulons bien. (68.) 8. Berlin 1863. 1.20.

Necnyphil, Dr., die Lehre von der heiligen Liebe von Dr. Sartorius. 1. Abth. Von der ursprüngl. Liebe u. ihrem Gegensatz, kritisch beleuchtet. gr. 8. Braunsberg 841, Nodel. ½ ℛ

Necrolog, s. Nekrolog

NECROLOGIA GERMANIAE
I. Dioeceses Augustensis, Constantiensis, Curiensis. Pars 1. Berolini 1886. Apud Weidmannos. 4°.

Necrologium. Das alte N. von Reichenau. (Zürich 1848) s. Keller, Ferdinand.

Necrologium, das alte, von Reichenau, hrsg. v. F. Keller, s.: Mittheilungen d. antiquar. Gesellsch. in Zürich. VI. Bd. 2. Hft.

Necrologium Augiae majoris Brigantinae Ord. S. Benedicti a. MDCCXXVIII renovatum calamo Pauli Popelin ejusdem loci professi, quo die semet scribat nescii († 2. Junii 1768). Mit Einleitung, historisch-topograph. Anmerkungen und Erläuterungen, wie auch Personen-Verzeichnissen. — De monasterio Tubrensi. Hrsg. von Jos. Bergmann. gr. 4. (72 S.) Wien 853, (Gerold's Sohn.) *
Aus: Denkschriften der k. Akademie der Wissenschaften. 5. Bd., besonders abgedruckt.

Necrologium, das, des Klosters Clarenthal bei Wiesbaden, hrsg. v. F. Otto, s. a. Veröffentlichungen der historischen Commission f. Nassau. III.

Das **Necrologium** des Klosters Clarenthal bei Wiesbaden. Hrsg. von F. Otto (in Wiesbaden). *Wiesbaden: J. F. Bergmann 1901.* (X, 120 S.) 4° (8°) = Veröffentlichungen d. Histor. Kommission f. Nassau. 3. (01. 573)

Necrologium Cremifanense seu perscriptio religiosorum in monasterio Cremifanensi O. S. B. Austriae superioris ab anno 1600 usque 1857 defunctorum. *Viennae* 1858. Typ. *M. Auer.* 54 S., gr. 8°.

Necrologium Curiense... Cur 1867 s. a. Juvalt, Wolfgang von.

Necrologium Curiense, das ist: Die Jahrzeitbücher der Kirche zu Chur. Bearb. und hrsg. von Wolfg. von Juvalt. Lex.-8. (XV, 199 S. und 12 Taf.) Chur 867, Antiquariats-Buchh. * 6 —

Necrologium Domus Saxonicae coaevum, oder . . . Lebensgeschichte aller in diesem XVIIIten Jahrh. verstorbenen Herzoge von Sachsen . . . Leipzig 1728. V: *Ranft, Michael.* (ML)

Necrologium domus Saxonicae . . . Leipzig 1728. V: *Ranfft, Michael.* (Mitth. Geb. Oberreg.-Rat Dr. Adam-Stuttgart.)

Necrologium d. Kathedral-Capitels d. regul. Chorherren v. Gurk, s. Schroll, Beda.

Necrologium, oder Lebensbeschr. E. Eberhardt im 18ten Seculo. 8. Leipzig. 728. –

Nekrologium Monasterii S. Michaelis, s. Wedekind, A. C.

Necrologium, das, des Cluniacenser-Priorates Münchenwiler (Vilars-Les-Moines), hrsg. v. Gust. Schnürer, s. a. Collectanea Friburgensia. N. F. X.

Das **Necrologium** des Cluniacenser-Priorates Münchenwiler ⟨Villars-les-Moines⟩. Hrsg. von Gustav Schnürer. Mit 2 Faks. Freiburg ⟨Schweiz⟩: Univers.-Buchh. in Komm. 1909. XXXIV, 158 S. 4° (8°)
(Collectanea Friburgensia. N. F. Fasc. 10.) (09. 9888

NECSEI, EDUARD: Der H(ei)l(ige) Apostel Paulus in Philippi. Innsbruck o. J. Theol. Diss. (In Verlust geraten).

Neczásek, Joh.: Ueber das Studium der griech. Sprache an den k.k. österr. Gymnasien. 14 S.– Eger, Progr. 1851.

Ned, s. a. Ut mien Fohrenstied.

Ut mien Fohrenstied. Ton besten för de Sellschap tor Rettung Schippbruchiger herutg. van **Ned**. Bremen 1906: C. Schünemann. (79 S.) 8° [F.] (06. 10939

Ut mien Fohrenstied un Anners ... herutgeewen van **Ned**. 2. Upl. Bremen: C. Schünemann (in Komm.) 1908. (148 S.) 8° [F.] (08. 99,6 9

Nedbal, Franz Ignaz

Nedbál, Fr. Ig., kritische Bemerkungen zur Broschüre: Feldzug der Ungarischen Hauptarmee von Theoph. Lapinsky. 8. (133 S.) Hamburg 850, Nestler & Melle. n. 12 ngr

Nedden, Ad. zur, die Verderbniss der Zähne und ihre Behandlung. Allgemein verständlich dargestellt. Mit 3 lith. Taf. Erlangen 858. Enke. gr. 8. (48 S.) n. 10 ngr

Nedden, August zur

Nedden, zur, Geschichte des 1. hannov. Infanterie-Regiments Nr. 74 u. des vormaligen königl. hannov. 8. Infanterie-Regiments 1813—1903. Im Auftrage des Regiments bearb. Mit Abbildgn., Karten u. Skizzen. (X, 682 u. 70 S.) gr. 8. Berlin 903, E. S. Mittler & Sohn. n. 14.—; geb. n.n. 16.—

Nedden, Carl ..., s. Nedden, Karl ...

Nedden, F. zur, das praktische Jahr des Maschinenbau-Volontärs. Ein Leitfaden f. den Beginn der Ausbildg. zum Ingenieur. (IX, 234 S.) 8. Berlin 907. J. Springer. 4.—; geb. in Leinw. n 5. —

Nedden, Karl

Nedden, Carl, der Rosengarten des Herzens. (Gedichte.) gr. 12. (7 1/12 B.) Königsberg 844, Gräfe u. Unzer. -

Nedden, Karl Friedrich Lorenz

Nedden. Carl Friedrich Lorenz. Allgemeiner Schlachten-Kalender, oder chronologisches (und alphabetisches) Verzeichniss der vorzüglichsten Schlachten und Gefechte, welche in Europa und in den übrigen Welttheilen in Beziehung auf Europa, besonders aber in Deutschland (von 328 n. Chr. angefangen) und vorzüglich in den Freiheits-Kriegen von 1813, 1814 und 1815 geschlagen worden sind. (Ohne Beschreibung der Ereignisse.) 4. Parchim 1820.

Nedden, Rudolf, aus Hamm: Quellenstudien zu Gellerts Fabeln und Erzählungen. *(Leipzig-Reudnitz [1899]: Schmidt & Baumann.)* (81 S.) 8°
Leipzig, Phil. Diss. v. [20. Juli] 1899

Nedderhut, Wolfg., Führer durch Gerlach's Matteo Falcone. 8. (18 S. m. 1 Bildnis.) Hannover 899. L. Oertel. n. — 20

Nedderich, Friedrich

Nedderich, F., Geschichte der deutschen Landwirtschaft, s.: Michelsen, Ed.

Nedderich, Frdr., Katechismus d. deutschen Sprache, s.: Michelsen, Konr.
— Katechismus d. Stilistik,

Nedderich, Wilh., wirtschaftsgeograph. Verhältnisse, Ansiedlungen u. Bevölkerungsverteilung im ostfälischen Hügel- u. Tieflande, s.a. Forschungen zur deutsch. Landes- u. Volkskunde. XIV. 3.

Nedderich, Wilhelm, aus Moritzberg: Wirtschaftsgeographische Verhältnisse, Ansiedlungen und Bevölkerungsverteilung im ostfälischen Hügel- und Tieflande. Mit 2 Karten. *Stuttgart 1902: Union.* (63 S.) 8° ¶ (Aus: Forschungen zur deutschen Landes- u. Volkskunde, Bd 14, H. 3. — Erschien vollst. ebenda.)
Heidelberg, Phil. Diss. v. 1902

Wirtschaftsgeographische Verhältnisse, Ansiedlungen und Bevölkerungsverteilung im ostfälischen Hügel- und Tieflande. Von Dr. Wilhelm Nedderich, Oberl. in Hildesheim. Mit 2 Karten. *Stuttgart: J. Engelhorn 1902.* (S. 153–329.) 8°
= Forschungen z. deutschen Landes- u. Volkskunde. Bd 14, H. 3.

Neddermeyer, Franz Heinrich

Neddermeyer, F. H., zur Statistik u. Topographie der freien u. Hansestadt Hamburg u. deren Gebietes. 2 Hfte. gr. 8. (XVI u. 749 S.) Hamburg 847, Hoffmann & Campe. 4 ℛ

Neddermeyer, F. H., Topographie d. Freien u. Hanse-Stadt Hamburg. (M. 4 Plänen, gr. 4. u. Fol.) gr. 8. (24 1/4 B. u. Titelvign.) Hamburg 832, Hoffmann u. Campe.

Neddermeyer, Herm., Gedichte. (47 S.) 8. Leipzig-Gohlis 910. B. Volger. 1.50

Neddersen, Albrecht, aus Schirum (Ostfriesl.): Aus d. Pathol. Institut zu Kiel. Ein Fall von doppeltem Aortenbogen. *Kiel 1904: H. H. Peters.* (11 S.) 8°
Kiel, Med. Diss. v. [21. Apr.] 1904

Neddersen, Alwin, appr. Arzt a. Nienburg a. d. Weser: Über einen Fall von umfangreicher Thrombose der Pulmonalarterie. Gießen 1908: v. Münchow. (27 S.) 8°
Gießen, Med. Fak., Ref. Bostroem, Diss. v. 6. Juni 1908
[Geb. 19. Jan. 77 Nienburg; Wohnort: Gießen; Staatsangeh.: Preußen; Vorbildung: Städt. Lyzeum I Hannover Reife O. 97; Studium: Tübingen 1, Gießen 4, Greifswald 2, Gießen 11 S.; Coll. 1. März 06; Approb. 24. Febr. 06.

Neddersen, Meinhard

— s. Briefe e. Christen in Ostfriesland.

Neddersen, M., Briefe eines Christen in Ostfriesland, während d. 1756—763. fortges. Kriegcs. 8. Halle, Waisenhaus. 763. –

— Empfindd. u. Erfahrr. im Christenthum. 8. Halle 770. Waisenhaus-B. 5 gr.

— Gedanken v. Glauben an Jesum. 8. Halle ... 2e Aufl. 774. Waisenhaus-B. 2 gr.

Neddersen, Meinhard. Zwo Sammlungen erbaulicher Briefe . . . nebst desselben Betrachtung von der stündlichen Bereitschaft zum Tode . . . Halle 1773. H: *Smissen, Jacob Gysbert von der.* (MGT) (Kordes, Schlesw.-holst. u. eutin. Schriftst. Schleswig 1797.)

— zwei Sammll. erbaulicher Briefe, 8. Halle 773. Waisenhaus B. 4 gr.

— Versuch e. Beweises, daß die Lehre Jesu die allerhöchste u. seligste Wahrheit sey. 8. Halle ..., 2e Aufl. 774. Waisenhaus-B. 2 gr.

Neddersen, Meinh., († ...) Versuch e. Beweises, daß die Seele des Menschen nach der Trennung vom Leibe nicht schlafe, sondern sich bewußt sey. 8. Halle 775. Waisenhaus-B. 2 gr.

Nedeczky, Steph. Karl, Conturen der ungarischen Staatsverfassung vor dem J. 1847/48. Tyrnau 866. (Trenchin, Moeßner.) gr. 8. (IV, 73 S.) n. 16 ngr.

Nedel, Fr. Wih., neue Bemerkk. üb. Diarrhöa. 8. Magdeb. 806. (Lauffer in Leipz.) 6 gr.

— vom Durchfall. gr. 8. Leipz. 805. Hinrichs. 4 gr.

— Inbegriff aller anatom. u. chirurg. Wissenschaften. 8. Stett. 803. Kaffke. 1 ℛ 12 gr. Mit n. Titel. Berl. 816. Nicolai. Hrbg. Pr. 1 ℛ

Nedel, F. W., Inbegriff aller anatom. und chirurg. Wissenschaften zum Nutzen und Gebrauch derer, welche sich mit der Heilkunde befleißigen. Neue wohlf. Ausg. 8. Berlin, Nicolai. 816.

— d. Kuhpockenimpfung, in ein. Gespräch m. e. Landmanne. 8. Stett. 805. Kaffke. 3 gr.

— Vorschlag e. neuen Verfahrungsart, d. Ruptur d. Perinäi b. d. Geburt zu verhüten, u. d. erfolgte zu heilen. 8. Magdeb. 806. v. Schütz. (Lauffer in Leipz.) 9 gr.

Nedeljko, Fr., Adelsberg, dessen berühmte Grotten u. Umgebung. 12. (91 S. m. Abbildgn. u. 5 farb. Taf.) Laibach 901. (J. Giontini.) n. — 70

Nedelko, Ernest, List u. Dummheit od. E. Diener zweier Herren, s.: Theater, neues Wiener.

Nedelko, E., List und Dummheit, s. Theater-Repertoir, Wiener.

Nedelman, Joh. Georg (Assindia-Westphalus)
Disputatio juridica inauguralis, de substitutionibus directis.
Giessae Aug. 1724: vidua Joh. Reinh. Vulpii. 48 S. 4°
pro licentia summos in utroque jure honores rite ac legitime consequendi.

Nedelmann, Wilhelm

Nedelmann, W., Lieder f. d. Jugend mit leichter Pianoforte-Begleitung. 2 Hfte. 4. Essen 832, Bädeker.
Hft 1. 20 Lieder v. H. A. v. Kamp. (6 B.) 12 Gr.
- 2. 20 Lieder v. C. L. T. Lieth. (7 B.) 12 Gr.

Nedelmann, Wlh., vierstimmige Lieder für Männerstimmen u. die obern Klassen der höheren Schulen, in Musik gesetzt. 1s Hft. Partitur. qu. gr. 4. Essen 835. Bädeker. 2/3 ₰ — dass. 1s Hft. Die 4 einzelnen Stimmen. (à Stimme 2½ Bog) qu. 8. Ebd. 835. (à ¼ ₰) 1 ₰

—— Sammlung v. Jugend-Liedern in Frohsinn u. Ernst. Dreistimmig in Musik gesetzt. 1. Hft. Partitur. Lex.-8. (4½ B.) Essen 834, Bädeker.
Jede einzelne Stimme 4 Gr.

—— der jugendl. Sängerchor rc., s. Kamp, H. A. v.

Nedelmann, W., der jugendl. Sängerchor. 1s u. 2s Hft. Eine Auswahl aus H. A. v. Kamp Liedern für die Jugend, 3 u. 4stimmig in Musik gesetzt für die obern Klassen d. Elementarschulen rc. 830 à 8 gr. 3s Hft. Eine Auswahl aus C. A. T. Lieth, Kindergedichten f. d. zartere Alter, 3 u. 4stimm. in Musik gesetzt rc. 8 gr. gr. 8. Essen 830, 31. Bädecker 1 ₰

Neder, Emil, Beiträge zu der Geschichte Herrnskretschens. (57 S.) gr. 8. Tetschen (902). (O. Henckel.) n.n. 1.—

Nederhoff, des Dominicaners Jo., Cronica Tremoniensium. Im Auftrage des historischen Vereins für Dortmund u. die Grafschaft Mark hrsg. von Ed. Roese. gr. 8. (XXXI, 90 S.) Dortmund 880. Koeppen. n. 2. 25

Nederkorn, Wilhelm, aus Krefeld: Die Entdeckungs-, Besiedlungs- und Entwicklungsgeschichte Canadas und seiner Grenzgebiete. *(Bremen 1899: C. Schünemann.)* (34 S.) 8°
¶ (Erscheint vollst. in: Deutsche geogr. Blätter, Bd 22.)
Bonn, Phil. Diss. v. 4. März 1899

Nederland, Is, verdedigbar? (Mit 1 Karte.) 8. Berlin 1873.

De Nederlander in Duitschland. Jg. 1. M. Gladbach: Westdeutsche Landeszeitung 1909. 2°

Nedich, die Lehre von der Quantification des Prädicats in der englischen Logik, s. Studien, philosophische.

Nedich, Ljubomir [aus Belgrad]: Die Lehre von der Quantification des Prädicats in d. neueren englischen Logik .... Leipzig, W. Engelmann, 1885; 40 + 1 8. 8°.
Leipzig, Phil. Fak., Inaug.-Diss. v. 17. Nov. 1885.

Nédjmidin
s. Nagm-i-Din lop. 2651 5

Nédjmidin, Moustapha, a. Karlovo (Bulgarien): Völkerrechtliche Entwickelung Bulgariens seit dem Berliner Vertrage von 1878 bis zur Gegenwart. Bonn 1908: C. Georgi. (152 S.) 8°
Bonn, Jur. Fak., Ref. Zorn, Diss. v. 30. Mai 1908
[Geb. 20. Mai 82 Karlovo; Wohnort: Bonn; Staatsangeh.: Bulgarien; Vorbildung: Collège Français S. Augustin Philippopel Reife Juli 04; Studium: Bonn 8 S.; Rig. 21. Febr. 08.]

Nedkoff, Paul: Über die Metamorphose des Geschlechtsapparates bei Ascaris nigrovenosa. *Leipzig-R. 1897: O. Schmidt.* (34 S. mit Taf.) 8°
Leipzig, Phil. Diss. v. [11. Sept.] 1897

Nedlitz [Schlagwort]

Nedlitz, s.: Geologische Karten. Karte (Preussen).

Nedlitz, s.: Preussen. Messtischblätter.

Nebolitz, Giov, leichte und kurze Anfangsgründe d. Regeln d. ital. Sprache gründlich zu erlernen. Wien, Dichler. 802. —

Nedoma, Joh.

Nedoma, J., Einige Briefe Kaiser Ferdinands III. aus dem 30 jährigen Kriege. Gr.-8°. (35 S.) † K —.50

Nedoma, Joh., s.: Ferdinand III., Kaiser, einige Briefe aus dem dreissigjährigen Kriege.

Nedomansky, Franz

Nedomansky, Frz., kurz gefaßte Grundsätze der Rechtsphilosophie. gr. 8. (151 S.) Brünn 864, (Nitsch.) * *

— der Mensch u. die bürgerliche Gesellschaft in Beziehung zu Gott. Wien 870. Sartori in Comm. gr. 8. (15 S.) n. 5 ngr.

Nedomanský, Frz., der Rechtsbegriff. Pest 854. (Gratz, Hesse.) gr. 8. (31 S.) n. 6 ngr.

Nedomansky, Dr. Franz —. Der Rechtsbegriff. 8. (32 S.) Pesth. Gedruckt bei Landerer und Heckenast. 1854.

Nedomansky, Frz., Italiens Reorganisirung. Kremsier 868. Gusek. gr. 8. (23 S.) n. 4 ngr.

Nedopil Josef: Geschichte des dritten Entsatzversuches von Mantua im Jahre 1796.
II. 1906 PN 2014 Diss. Wien. Univ. 926

Nedopil, Leop., deutsche Adelsproben aus dem deutschen Ordens-Central-Archive. 3 Bde. gr. 8. (V, 648; 576; 242 S.) Wien 868, Braumüller. [Altmann.] (*M 20.) *

Nedopil, Leop., deutsche Adelsproben aus dem Deutschen Ordens-Central-Archive. Mit Genehmigung Sr. k. k. Hoh. des Hrn. Erzherzogs Wilhelm von Oesterreich, Hoch- u. Deutschmeisters, k. k. Feldzeugmeisters u. General-Artillerie-Inspectors. 4. Bd. Suppl. gr. 8. (295 S.) Wien 881. (Braumüller). n. 6. —
(1—4.: n. 26. —)

Nedopil, M., über tuberkulöse Erkrankungen der Zunge, s.: Klinik, Wiener, 1881.

Nedowik, J. Chryson., Dissertat. inaug. med.-pract. de morbo scrophuloso. 8 maj. (2½ B.) Vindobonae 833, (Rohrmann et Schweigerd.)

Nedswetzky, Ed., zur Mikrographie der Cholera. [Mit e. lith. Taf. (in qu. 4.)] gr. 8. (82 S.) Leipzig 871. K. F. Köhler. n.n. 1. 50

Nedwed, Emmerich Perikles. Ein Lebensbild des gröſsten Ministers des athenischen Reiches. Nach den Quellen geschildert. 8 (S. 3–21). **Progr** Staats-Oberg. *Iglau* 1889

Nedwig, P., Sammlung der f. die Stadt Aschersleben erlassenen Polizei-Verordnungen u. Orts-Statute. 12. (V, 134 u. 66 S.) Aschersleben 889. Siever. geb. n. 1. 50

Neeb, Christiaan Johan [Arts, Officier van Gezondheid 2e Kl. O. I. L. aus Solok. Sumatra]: Klinische Beobachtungen über Chloroform und Aethernarcosen in der Chirurgischen Klinik zu Groningen ... Groningen, Scholtens & Zoon, 1893; 2 Bl., 52 S., 3 Taf. auf 2 Bl. 8.
Freiburg i. B., Med. Fak., Inaug.-Diss. v. 1893

Neeb, Ernst

Neeb, E., der Dom zu Mainz. Ein kurzer Führer. Mit e. Grundriss u. 4 Kunstbeilagen. (14 S. m. 1 Abbildg.) 19,5×11 cm. Stuttgart (908). W. Seifert. — 35

Neeb, Ernst, Mainz u. Umgebung, s.: Beckmann-Führer.

— s.: Veröffentlichungen der Kunst unserer Heimat.

— Verzeichnis der Kunstdenkmäler der Stadt Mainz. I. Tl. (Privatbesitz.) (184 S. m. 5 Abbildgn. u. 21 Taf.) S. Mainz 905. (L. Wilckens.) 2. 40

Verzeichnis der Kunstdenkmäler der Stadt Mainz. Von E. **Neeb.** T. 1. Mainz: Altertumsver. 1905. 8°
= **Zeitschrift** d. Vereins z. Erforschung d. rhein. Gesch. u. Altertümer. Bd 4. H. 4. [2.] [07. 4831 4

NEEB, J.: Anweisung zu einer einträglichen Akazienpflanzung auf für den Ackerbau wenig ergiebigen Feldern. - Mainz 1829. 20 S., m. Anh.

Neeb, Joh.

Amtsrede zur Feier des Winter-Joh.-Festes 1831 vorgetr. i. d. ▭ „D. Vereinig[ten] Freunde" im Or.·. v. Mainz. [Von Joh.] Neeb. Mainz: Zabern 1831. 5 S.

Neeb, J., Brief üb. Freigeisterei d. heutigen Erziehung. gr. 8. Mainz, Kupferberg. 812.

— de dilectione inimicorum tentamen philosophicum morale. 8. (Mainz 789 od. 791?)

Maurisches Frauenlob. Eine Zeichnung, vorgetragen in der Tafelloge der vereinigten Freunde zu Mainz, am Johannesfeste, von Joh. **Neeb.** Mainz 1823: [v. Zabern]. 4 Bl. 8° [Umschlagtit.]

— üb. Freigeisterei d. heutigen Erziehung. gr. 8. Mainz. 812. Kupferberg. 2 gGr.

Neeb, Jh., üb. den, in verschied. Epochen d. Wissenschaften allgemein herrschend. Geist u. s. Einfluß auf dieselben. 8. Frkf. a. M. 795. Andreä. 12 gGr.

Zum Neuen Lichte. Maur. Zeichnung von dem Br.·.[Joh.] **Neeb** zur Verständigung der Aufschrift an der maur.·. Bauhütte zum neuen Lichte im M.·. von Alzey am St. Joh.·. Feste 5823. Mainz [1823]: v. Zabern. 4 Bl. 8°

Rede am Feste des M.·. Ordenspatrones des Apostels Johannes über die Analogieen des Christenthums und der Freimaurerei. Von [Joh.] Neeb. [Mainz] o. J.: [v. Zabern]. 4 Bl. 8° [Kopftit.]

Allgemeines: Rede, gehalten am Winter-Johannisfeste 5819 in der Loge der vereinigten Freunde im Or. zu Mainz von [Joh.] **Neeb.** [Mainz 1819: v. Zabern.] 2 Bl. 8° [Kopftit.]
Kl. 1214. Üb. Liebe; Mahnung zur Einigung der Mainzer Logen.

Rede am Pratonatsfeste 5836 in der Loge die vereinigten Freunde im Or. von Mainz, gehalten von [Joh.] Neeb. Mainz [1836]: v. Zabern. 8 S. 8° [Umschlagtit.]
Üb. das praktische Ideal des Mrtums.

Nahmer, v. der: Rede des Br.·. [Joh.] **Neeb,** vorgetragen bei Gelegenheit der dem heimgegangenen Br.·. v. der Nahmer am 17. Febr. 1834 gewidmeten Todtenfeier. Mainz [1834]: v. Zabern. 16 S. 8° [Umschlagtit.]
[Darin:] Rede des Br.·. S. Philippi, vorgetragen bei derselben Trauerfeier in der ger.·. und vollk.·. ▭.·. die vereinigten Freunde im Or.·. v. Mainz, am 17. Febr. 1834.

Wirkungen des Glaubens: Rede am Winter-Johannisfeste 5834 gehalten von [Joh.] **Neeb.** Mainz [1834]: v. Zabern. 16 S. 8° [Umschlagtit.]
Kl. 1214. Üb. den Frieden Gottes.

– s. Reisen von Paris nach St. Cloud.

— vermischte Schriften. 2 Thle. gr. 8. Frankf. a. M. 817, 821. Hermann. 2 Rthlr. 3r Thl. A. u. d. T.: Zerstreute Aufsätze. Ebd. 821. 1 Rthlr. 8 gGr. Hbg. Pr. aller 3 Thle. 1 Rthlr. 16 gGr.

— System d. krit. Philosophie auf d. Satz des Bewußtseyns gegründet. 2 Thle. gr. 8. Frankf. a. M. 795, 96. Andreä. 1 Rthlr. 20 gGr.

— üb. Kants Verdienste um d. Interesse d. philosoph. Vernunft. 8. Bonn 792. 2e A. 8. Frankf. a. M. 795. Andreä. 5 gGr.

— über das Verhältniß d. stoischen Philosophie zur Moral. 4. (Mainz 789? od. 791.)

Neeb, J., Verhältniſs der Stoischen Moral zur Religion. Mainz 791. 8.

— Vernunft gegen Vernunft, od. d. Rechtfertigung des Glaubens. 8. Frankf. a. M. 797 Andreä. 1 ℛ 4 ℊ

– s. Widerlegung d. Beweises.

(Neeb, J.,: Zeichnung am Trauerfeste Sr. K. Hoheit Ludwigs I. weiland durchl. Grossherzogs von Hessen und bei Rhein. Vorgetragen in der Loge der vereinigten Freunde zu Mainz. Mainz. Hofbuchdr. 1830. 8. 6 S.

Zeichnung am Trauerfeste Seiner Kôniglichen Hoheit Ludewigs I., weiland Durchlauchtesten Grossherzogs von Hessen und bei Rhein; vorgetragen in der L.·. der vereinigten Freunde im O.·. zu Mainz durch [Joh.] **Neeb.** [Mainz 1830: v. Zabern.] 4 Bl. 8° [Kopftit.]
Tt. 2138.

Maur.·. Zeichnung bei der Weihe des neuen Maurer-Tempels der vereinigten Freunde im Or. zu Mainz am 28. Sept. 5834, vorgetragen von [Joh.] Neeb. [Mainz 1834: v. Zabern.] 8 S. 8° [Umschlagtit.]
Von dem geistigen Tempel der Mrei u. dem Zwecke der Arbeit.

Zeichnung am Winter-Johannisfeste in der □.·. „Der Vereinigten Freunde", [in Mainz], vom B.·. [Joh.] Neeb. [Mainz] o. J. [v. Zabern]. 4 Bl. 8° [Kopftit.]
Üb. Verwandtschaft der mrischen u. christlichen Kirche.

Zeichnung am Winter-Johannisfeste 5828 in d[er] L.·. „D.·. Ver[einigten] Freunde" im Or.·. Mainz. Von [Joh.] Neeb. Mainz: v. Zabern 1828. 8 S.

Neeb, Johs., Gründe gegen d. Möglichkeit ein. allgem. Verbreit. d. Unglaubens. Eine Vorleſ., gehalt. auf d. Kgl. Rhein. Friedr.-Wilh.-Universität. gr. 8. (1¼ B.) Bonn 834, Weber.

Neeb, Johs., hinterlaſſene Schriften. (In 4—6 Hftn.) 1. Hft. gr. 8. (7½ B.) Mainz 845, Faber'ſche Buchh. * –

Neeb, Philipp (Hrsg.), s. A n t e i l , Der deutsche, des Bisthums Trient. Bd. 2

Neeb, Phpp., u. Karl Atz, der deutſche Antheil des Bisthums Trient. Topographiſch-hiſtoriſch-ſtatiſtiſch u. archeologiſch beſchrieben u. hrsg. Mit Abbildungen auf (lith.) Taf. 1. u. 2. Hft. Die Dekanate Klauſen, Kaſtelrut u. Sarnthal. 4. (109 S. m. 3 Steintaf.) Bozen 881. (Promperger.) n. 4. —

Neebauer, Aloys (Brenberg/Bayern), De examine aegri rite instituendo. Diss. med.-chir. Landshut (Fr. S. Storno) Nov. 1819. — Angebdn.: Positiones selectae ex universa Medicina et Chirurgia, quas pro obtinendis summis ex utraque honoribus. Präs. Heinrich von Leveling. Landshut (Fr. S. Storno) Nov. 1819. 16 S., 4 Bl. (3.50)
24611

Neebauer, Georg Wolfgang

— ſ. G. A. Dätzl, Methode.

Neebauer, Geo. Wolfg., d. Forſtweſen in Beziehung auf den Staat. gr. 8. Münch. 805. Lindauer. 12 ℊ

Neebauer, J. J.

— d. Reformation in d. Herrſchaft Waldeck. gr. 8. Ebendaſ. 805. –

Neebauer, J. J. v., kleine Schriften f. Polizei- und Gemeinwohl. 8. Ebendaſ. 808. –

Neebe, Konrad Henry

Neebe, Conrad Henry [prakt. Arzt aus Fauresmith]: Geistesstörung bei Tabes dorsalis .... Stuttgart, Greiner & Pfeiffer Hofbuchdr., 1885; 48 S. 8°.
Strassburg, Med. Fak., Inaug.-Diss. v. 1885.

Neebe, Conrad Henry, Geistesstörung bei Tabes dorsalis. Diss. Strassburg i. Els. 1885, Trübners Buchh. u. Antiqu. (E. d'Oleire). 8°. 48 S.

Needham, observations sur les hautours des Alpes. 4. Bern, Typ. 780. –

Needler, George Henry: Richard Coeur de Lion in literature. ... Leipzig, G. Fock, 1890; 75 S., 1 Bl. 8°
Leipzig, Phil. Fak., Inaug.-Diss. v. [17. Dez.] 1890

Needon, Karl Richard

Needon, Carl Rich. [aus Dresden]: Beiträge z. Geschichte Heinrich's V. ... Leipzig, 1885; 3+74+1 S. 8°.
Leipzig, Phil. Fak., Inaug. Diss. v. 22. Aug. 1885.

Needon, Kurt Ossian: Jacob Wimphelings pädagogische Ansichten im Zusammenhange dargestellt. *(Naumburg a. S. [1898]: G. Pätz.)* (VIII, 62 S.) 8°
Leipzig, Phil. Diss. v. [21. Juni] 1898

Needon, Kurt Ossian, Jacob Wimphelings pädagog. Ansichten im Zusammenhange dargest. gr. 8. (VIII, 62 S.) Dresden 898. Bleyl & Kaemmerer. n. 1.20

Needon, Rich., Beiträge zur Geschichte Heinrich's V. Die Anfänge seiner Regierg. 1105—1110. gr. 8. (74 S.) Leipzig 885. (Gräfe.) n. 1.20

Neef, Beitrag zur Geſchichte des Flöhatal-Turngaues im XIV. Turnkreiſe, 31 S., Kl.-8°.

Neef, Bapt., Tyromedicus in pathologiae principiis etc. instruct. 4. Ingolst. Krüll. 729. –

Neef, D. E.

– In der Gewalt der Apachen,
s. Volksbücher, Münchener.

Neef, D. E., die beiden Prairie-jäger, — unter Rothhäuten und Verräthern, s.: Volksbücher, Münchener.

Neef, D. E.: Tim, die „Bärenkralle", s. Volksbücher, Münchener.

Neef, Franz Anton (Altkirchen/Elsaß), Diss. jur. ad L. Si quis II. C. Depositi. Präs. Johann Heinrich Feltz. Straßburg (D. Maag) 24. IX. 1701. 20 S. (4.50) 24612

Neefe, Chr. Glo., († d. 26. Jan. 1798.), s.a. Dilettanterien.

NEEFE, C(hr.) G(ottlob), (der Lehrer Beethoven's, 1748—98), Dilettanterien. (Gedichte und prosaische Aufsätze.) O. O. (Bonn?) 1785. 8°. (In Bonn, Univ.-Bibl.)
Rar! Tit. u. 146 S., 4 Bll. Subscr.-Verz., 2 Bll. Reg. —

– s. Großmann, Karoline.

Neefe, Johann Wilhelm Christoph (Chemnitz), **Historia vicariatus S. R. Imperii inde a magno sic dicto interregno usque ad auream bullam juris Germanici publici commentatio. Präs. Johann Christian Knoetzschker. Leipzig (Loeper) 15. IX. 1792. 16 S. (4.50)** 24613
Gew.: Carl Wilhelm Muller, Adolph Christian Wendler. — Tl. I s. Knoetzschker, J. Chr. (Nr. 18653).

Neefe, Konr., d. Freimaurer-Institut (Lehr- u. Erziehungs-Anstalt f. Knaben, sow. öffentl. Realschule zu Dresden-Friedrichstadt) in s. geschichtl. Entwicklg. Auf Grund archival. Studien dargest. M. Genehmigg. d. v. Sr. Maj. d. Könige v. Sachsen allergnädigst bestät. Vorsteher veröffentl. gr. 8. (XII, 187 S. m. 11 Grundr. u. 1 Fksm.) Dresden 896. J. Urban. Geb. n. 3.—

Neefe, Konr., Schule u. Militär od. der Weg zum einjährig-freiwill. Militärdienst im steh. Heere d. Königr. Sachsen. Ein Ratgeber f. Eltern u. Vormünder sowie f. junge Leute v. Bildg. bearb. auf Grund gesetzl. Bestimmgn. u. amtl. wie fachmänn. Angaben. 8. (66 S.) Dresden 887. Pierson. n. — 75

Zettel-Katalog des 'Roland', Vereins zur Förderung der Stammkunde ... bearb. von Konrad Neefe. [1.] Papiermühle S. A. 1904: Gebr. Vogt. 8°

Neefe, M. (Hrsg.), s. Almanach, Statistischer, für das deutsche Reich.

Neefe, M. **Armen- u. Wohlthätigkeits-Anstalten in Breslau. Wegweiser f. Hilfsbedürftige u. deren Berather. gr. 8. (IV, 88 S.) Bresl. 891, Morgenstern's Verlag.** * 1 —

Neefe, M., die Beschlüsse der Konferenzen der Vorstände statistischer Aemter deutscher Städte, s.: Kiesoritzky, E.

Neefe, M., Ermittelungen üb. die Lohnverhältnisse in Breslau, s.a. Beiträge zur Socialstatistik.

Neefe, Ermittelgn. üb. d. Lohnverhältnisse in Breslau. Breslau 887.

Neefe, M., s.: Jahrbuch, statist., deutscher Städte.

Neefe, Regine, Giulio. — Eine Erzählung ohne Titel. — Elisabeth. — Drei Erzählungen. 12. (15⅟₂ B.) Deßau 844, Aue.

Neeff, Ueber einen neuen Magnet-Elektromotor. (Vorgetragen bei der Freiburger Naturforscher-Versammlung im September 1838.) [o. O.]

— Ueber das Verhaltniss der elektrischen Polarität zu Licht und Wärme. Frankfurt 1845.

Neeff, Adolf, Rechtsanw. in Vaihingen a. d. Enz: Der **Hausfrieden** in örtlicher Beziehung einst und jetzt. *Stuttgart 1900: J. F. Steinkopf.* (52 S.) 8° [J.]
Tübingen, Jur. Diss. v. 1900

Neeff, Adf., unter dem großen König, s.: Jugend- u. Volksbibliothek, deutsche.

Neeff, Adf., Ludw. Uhland, s.: Jugend- u. Volksbibliothek, deutsche. 198. Bdchn.

Neeff, G., s.: Zur Erinnerung an Ludwig Uhland.

Neeff, Gotthold August. Vom Lande des **Sternenbanners. Eine Blumenlese deutscher** Dichtungen **aus Amerika. [Mit Porträt-Tafel.] XXIV+240 S.** 8. Heidelberg, Carl Winter; Ellenville (NewYork), Neeff's German Authors Agency, 1905. [geb. M. 8. —]
Darin S. 53 u. 139/46: Gedichte von Ernst Franz Ludwig Gauss (1871/8 Geistlicher im Kanton Zürich) *u.* Gotthold August Neeff (aus Stuttgart *resp.* New York, *ehem.* Zögling des Basler Missionshauses): *s. auch S. Nf. 118. 197. 202ff.*

Neeff, Gtholb. A., Primula Veris. Gedichte. 12. (VIII, 162 S.) Dresden 897. E. Pierson. n. 3. —; geb. n. 4. —

Neehusen, A. A. J., theoretisch-praktische Elementargesanglehre für die Schule bearb. 1. Cursus. Hamburg 855. Schuberth u. Co. gr. 8. (VIII, 28 S.) n. 8 ngr.

— **— Liederheft dazu. 1. Cursus. Ebend. 855. 8. (32 S.)** 3 ngr.

Neel, Louis-Balthazard

Néel, L. B. Histoire de Maurice, Comte de Saxe, Maréchal général des camps. 3 v. 8. Mitau 1752. — 2 v. 8. Dresde 1752. — 2 v. 8. Paris 1768. — 2 v. 8. Dresde 1770.

(Néel, Louis-Balthazard.) Histoire de ....., maréchal général des camps et armées de Sa Majesté très chrétienne, duc élû de Curlande et de Sémigalle, chevalier des ordres de Pologne et de Saxe. Contenant toutes les particularités de sa vie, depuis sa naissance jusqu'à sa mort; avec des anecdotes curieuses et intéressantes, enrichie des plans des batailles de Fontenoy et de Lawfeldt. Tome I. (Mit 1 Portrait.) Tome II. (Mit 2 Plänen.) (2 Bde.) kl. 8. Dresde 1755.

Neelo, Adolf, Referendar aus Elberfeld: Die **lex commissoria** im römischen Recht und bürgerlichen Gesetzbuch. *Borna-Leipzig 1904: R. Noske.* (IX, 78 S.) 8° [J.]
Freiburg i. B., Rechts- u. staatswiss. Diss. v. 1904

Neele, Henry, romant. Erzählungen aus d. Gesch. Englands. Nach d. Engl. v. Ed. v. Bülow. 8. (21 B.) Leipzig 828, [Lehnhold.]

Neele, H., Romances and Tales, s. Library, English.

Neelmeier, Wilhelm, aus Landwehr, Hess.-Nass.: Über die **Verseifung** der Ester mehrbasischer Säuren. *Halle a. S. 1902: H. John.* (83 S.) 8°
Halle, Phil. Diss. v. 1902

Neelmeyer-Vukassowitsch, Heinr., Geh' nicht nach Amerika! Belehrung und Warnung für Europamüde. gr. 8. (114 S.) Leipzig 884, [F. Duncker.] Braun und Heynau. *
Aus: Die Vereinigten Staaten von Amerika, besonders abgedruckt.

Neelmeyer-Vukassowitsch, H., Grossbritannien u. Irland, s.: Bibliothek f. moderne Völkerkunde.

—— ist in Russland eine Konstitution möglich? 8. (44 S.) Leipzig 887, Verlag für moderne Völkerkunde (E. Heitmann). *

— Oesterreich-Ungarn, s.: Bibliothek f. moderne Völkerkunde.

— Russland, s.a.Bibliothek f. moderne Völkerkunde.

Neelmeyer-Vukassowitsch, H. Russland (europäisches und asiatisches Russland). Nach eigenen Beobachtungen geschildert. (Aus der „Bibliothek für moderne Völkerkunde". IV. Bd.) 8. Leipzig 1887.

—— das Russland der Gegenwart und Zukunft. Polit. und national-ökonom. Skizzen, gesammelt während meines langjähr. Aufenthaltes und auf vielen Reisen in dem grossen Reich. 2. (Titel-)Aufl. gr. 8. (VIII, 208 S.) Leipzig 886, [Unflad.] Bauer. *

Neelmeyer-Vukassowitsch, H. Das Russland der Gegenwart u. Zukunft. Politische u. national-ökonom. Skizzen, gesammelt während meines langjähr. Aufenthaltes u. auf vielen Reisen in dem grossen Reich. 2. Aufl. Neue (Titel-)Ausg. gr. 8. (VIII, 208 S.) Bremen 890, Marbes. * 3 —

— die Vereinigten Staaten v. Amerika, s.a.Bibliothek f. moderne Völkerkunde.

Neelmeyer-Vukassowitsch, die vereinigten Staaten von Amerika. gr. 8. Leipzig 884, Rich. Bauer. 3 —

— warum Krieg? 2. Aufl. 8. (16 S.) Leipzig 887. Verlag f. moderne Völkerkunde (E. Heitmann). Verklebt. n. — 50

— Welt-Taschenbücher. (1. Bdchn.) Oesterreich-Ungarn. 12. (III, 96 S.) Leipzig 885. Braun & Heynau. cart. — 50

Neels, H.

— u. E. Pleitner, deutsche Geschichte f. oldenburgische Schulen. (Mit e. Anh., das Wichtigste aus der alten Geschichte enth.) (III, 134 S.) 8. Delmenhorst 905. L. Horstmann & Sohn. Geb. n.n. — 85

Neels, H., das Reich Gottes auf Erden. In Einzelgeschichten f. die Hand der Schüler u. zur Auswahl f. den Unterricht auf den unteren Stufen bearb. (VI, 117 S.) 8. Delmenhorst 905. L. Horstmann & Sohn. Geb. n.n. — 50

Neels, H., u. J. Bruns, Übungsbuch f. den deutschen Sprachunterricht. gr. 8. (IV, 172 S.) Oldenburg 899. Schulze. n. 1.—

— u. J. Bruns, Uebungsbuch f. den deutschen Sprachunterricht. 3 Tle. gr. 8. Oldenburg, Schulze. Geb. à n. — 80
1. 3. Aufl. (IV, 96 S.) 903. — 2. 3. Aufl. (IV, 96 S.) 903. 3. (98 S.) 904.

Neelsen, F., Arbeiten aus dem Stadtkrankenhause zu Dresden, s. Beiträge zur pathologischen Anatomie und zur allgemeinen Pathologie.

—— Beiträge zur Pathologie und Therapie des chronischen Trippers, s. Oberländer.

Neelsen, F., unsere Freunde unter den niedern Pilzen, s.a. Sammlung gemeinverständlicher wissenschaftlicher Vorträge.

Neelsen F, unsere Freunde unter den niederen Pilzen. (Slg wiss. V. 428) Berlin 1884

Neelsen, F. Grundriss der pathologisch-anatomischen Technik. Für prakt. Ärzte u. Studierende. gr. 8. (VI, 94 S.) Stuttg. 892, Enke. * 2 40

— Lehrbuch der allgemeinen Pathologie, s.: Perls, M.

—— über spontane Ruptur des Herzens durch Verschluss der Coronararterie und hämorrhagischen Infarct des Herzmuskels, s. Beiträge zur pathologischen Anatomie und klinischen Medicin.

Neelsen, Fr., die christliche Lehre auf der Grundlage des kleinen Katechismus Lutheri. In der Konfirmanden-Vorbereitg. vorgetragen. gr. 8. (VII, 94 S.) Kiel 898. H. Eckardt. n. 1. 50

Neelsen, Fr., die christliche Lehre auf der Grundlage des kleinen Katechismus Lutheri. In der Konfirmanden-Vorbereitg. vorgetragen. (Neue [Titel-]Ausg.) gr. 8. (VII, 94 S.) Siegen [893.] (901). M. Liebscher. n. — 40

Neelsen, H. B., die bisherigen Bestrebungen im Kirchspiele Schenefeld, s. Lieb' Holstein, mußt mehr Kirchen bau'n!

Neelsen, Hans Friedrich

Neelsen, H. F., Gott ist unsere Hoffnung und Hülfe. Predigt über den 146sten Psalm. Am Landes-Bettage den 2. März 1864 gehalten. gr. 8. (15 S.) Kiel 864, Homann. *

Neelsen, H. F., Dr. Claus Harms als Seelsorger u. Freund. Briefe nebst 2 Reden von ihm, zum Säculartage seiner Geburt, 25. Mai 1878 hrsg. Mit einem Anh.: Die Leichenrede an Harms' Sarge von Hasselmann. gr. 8. (57 S.) Kiel 878. v. Maack. n. 1. 20

Neelsen, H. Fr., ein Oelkrüglein, den Confirmirten mitgegeben auf den Lebensweg, s. Oelkrüglein.

— siebenzehn Predigten über die Evangelien als 1. Abtheilung einer Hauspostille. Hamburg 863. (Perthes-Besser &) Mauke. gr. 8. (2 Bl., 196 S.) n. 15 ngr.

Neelsen, H. F., s. Rechenschaftsbericht.

⊙ Rede am Sarge des am 6. Septbr. 1811 zu Timmdorf geborenen, am 26. Januar 1875 daselbst gestorbenen Hufners Hinrich Christopher Sindt, geh. am Tage seines Begräbnisses. d. 1. Febr. 1875 v. [Hans Friedrich] Neelsen. Kiel. 1875. 8°

Neelsgar, Leop. G., s.: Otto's, H. W., internat. Artisten-Kalender.

Neendörp. Plattdüütsche Rymels ... Hamb. 1856. V: *Schön, Johann Matthias Albrecht.* (schr)

Das Freimaurer-Institut (Lehr- und Erziehungs-Anstalt für Knaben sowie öffentliche Realschule zu Dresden-Friedrichstadt) in seiner geschichtlichen Entwicklung. Auf Grund archivalischer Studien dargest. von Konr. Neep. Dresden: Urban 1896. XII, 187 S. 8°
cf. HL. 29 (1896) S. 2456—2457 (O. Meissner); Z. 26 (1896) S. 93—94; DrL. 25 (1895—1896) S. 2318 (A. Peuckert).
Die Beil. enthalten Ansichten u. Grundrisse, Stundenplan, Hausordnung usw. der Anstalt.

Neer, Aert van der, Mondscheinlandschaft, s.: Meisterbilder.

Neera [Autorname] = Radius nata Nene Zuccari, Anna [? Elena? Maddalena ?].

Neera, Addio, s.: Bibliothek der fremden Zungen.

Neera, (Frau Anna Radics). Das Amulett, s.: Deva-Roman-Sammlung.

Neera, das Buch meines Sohnes. Rathschläge e. Mutter. Einz. v. der Verf. autor. Uebersetzg. v. Catharina Brenning. 12. (102 S.) Dresden 897. C. Reißner. Geb. in Leinw. n. 2. —

Neera, Haus Crevalcore. Roman. Einzig autoris. Bearbeitg. Mit 10 Bildern v. Adf. Wald. (263 S.) 8. Berlin (908). A. Schall. 3.—; geb. 4. —

Neera, (Frau Anna Radics), die unverstandene Frau, s.: Bibliothek berühmter Autoren.

— Das schweigende Haus, s.: Universal-Bibliothek.

— nach der Hochzeit. Erzählung. 8. (142 S.) Stuttgart 893. Deutsche Verlags-Anstalt. n. 1. —; geb. n. 1.50

— dasselbe, s.a. Bibliothek der fremden Zungen.

— das galante Jahrhundert. Eine Studie über mehrere französ. Frauen des 18. Jahrh. Aus dem Ital. übers. von M. v. Berthof. (V, 202 S. m. 4 Bildnissen.) 8. Dresden 903. C. Reißner. n. 3. —; geb. n. 4. —

— eine Leidenschaft, s.: Deva-Roman-Sammlung.

— letzte Liebe u. andere Novellen, s.a. Kürschner's, Jos., Bücherschatz.

Letzte Liebe u. andere Novellen. Von Neera [d. i. Anna Radius]. (Vorr.: M[aximiliane] v. Weißenthurn.) Mit Ill. von R. Mauff. Berlin, Eisenach, Leipzig: H. Hillger [1904]. (112 S.) 8° [F.]
= Bücherschatz, Kürschners. No 428.

Neera, Lydia. Autoris. Uebersetzg. aus dem Ital. v. Marischa Müller. 8. (248 S.) Berlin 899. Schuster & Loeffler. 3.—; geb. 4.—

— ein Nest. Roman. Autor. Uebersetzg. aus d. Ital. v. Helene Katz. (Unterwegs u. Daheim.) schmal 8. (206 S.) Breslau 897. Schles. Buchdruckerei x. n. — 75; geb. n. 1.—

Neera, der Regenbogen. 7 ausgewählte Novellen und Erzählungen. Einzig autoris. Übersetzung aus dem Italien. von Mor. Smets. 8. (XII, 200 S.) Großenhain 888, Baumert und Ronge. *

— der Roman des Glückes. Roman. Einzig autoris. Bearbeitg. (372 S.) 8. Dresden 905. E. Pierson. n. 3. —; geb. n. 4. —

(B) — Der Roman des Glückes. 905. (KVL 34.) Jetzt: Berlin, Verlag Berlin-Wien.

Neera, einsame Seele. Autor. Übersetzg. aus dem Ital. v. Loth. Schmidt. 2. Tausf. 8. (VIII, 140 S.) Berlin 896. Schuster & Loeffler. 2.—; geb. n. 3. —

— Die Strafe, s.: Reclam's Novellen-Bibliothek.

— die Strafe, s.: Universal-Bibliothek.

— die Tabakspfeife des Onkel Bernhardt u. and. Erzählgn. Autor. Uebersetzg. aus d. Ital. v. Mor. Smets. 8. (XI, 200 S.) Großenhain 896. Baumert & Ronge. n. 1. —

— Theresa, s.: Universal-Bibliothek.

— im Traum u. and. Geschichten, s.a. Collection Moos.

[F.] Im Traum u. andere Geschichten v. Neera. Autoris. Uebs. a. d. Ital. v. Helene Katz. M. d. Portr. u. d. Faks. der Vfn. *Zürich, Erfurt [3] Leipzig: E. Moos 1897.* (4 Bl., 218 S., 1 Portr.) 1 Bd 8.
= Collection Moos. Ser. 1. Bd 1. [97. 1170]

— Vergeltung, s.: Viktoria-Bibliothek.

Neeres un Kobes, udder: De Kaventschaff. [Köln ca. 1872.] V: *Hönig, Fritz.* (stbKöln II, 36)

v. Neergaard, Advocat, s. Zeitung, landwirthschaftl., für Schleswig u. Holstein.

Neergaard, Brun., voyage en Suède. 8. Hamb. Vollmer.

Neergaard, C. B. v., die Demokratie, der Socialismus u. das Christenthum. Sind dies Gegensätze oder nicht? 1. u. 2. Aufl. Kiel 869. v. Maack. 8. (VI, 20 S.) 1½ ngr.

Neergaard, E.

—comment. anat. phys. sistens disquisitionem, an verum organor. digestioni inserv. discrimen inter animalia certivora, harniv. et omniv. reperiatur. c. III tabb. aen. 4maj. Gött. 805. Dieterich. 16 gl.

— s. Dolemiers Tagebuch e. Reise.

v. Neergaard, E., s. Hefte, landwirthschaftl.

Lieb' Holstein, musst mehr Kirchen bau'n!
Die bisherigen Bestrebungen im Kirchspiele Schenefeld, aus einer Gemeinde drei Gemeinden zu schaffen. Hrgg. für Jedermann v. H. B. N. [d. i.: Harald von Bruun-Neergaard]. Glückstadt 1856. 8°.

Neergaard J. Th.: Bemærkninger i Anledning af Hr. Forstcandidat Oldenburgs nye Bidrag til Belysning af Statsskovbruget. Flensborg 1862. 47 S. P.

Jens Veibel Neergaard

Vergleichende Anatomie und Physiologie der Verdauungswerkzeuge der Säugethiere und Vögel. Durchaus nach eigener Zergliederung und Beobachtung dargest. von Jens W[eibel] Neergaard. Nebst e.Vorr. von Joh[ann] Fr[iedrich] Blumenbach. Berlin: Realschulbuchh. 1806. LII,273 S. 8°

Neergaard, Jens Weibel, vergleich. Anatomie u. Physiologie d. Verdauungswerkzeuge d. Säugthiere u. Vögel. Mit e. Vorr. v. J. F. Blumenbach. Mit 6 Kpft. 8. Berl. 805. (Reimer). 2 ∥ 6 gr

Neergaard, Jens Veibel, Vergl. Anat. u. Physiol. der Zähne der Säugetiere (d. Menschen u. d. Pferde). Mit Kpf. 4°. Kopenhagen 14. Bonnier. M. 7.—

Neergaard, J. W., vergleichende Anatomie u. Physiologie, der Zähne d. Säugthiere überhaupt, u. besonders des Menschen u. d. Pferde, mit K. 4. Copenhagen, Bonnier. 815.

— Beitr. zur vergleich. Anatomie, Thierarzneikunde u. Naturgesch. Mit 2 Kpf. gr. 8. Götting. 806. Dieterich. 18 gr

— Beyträge z. vergleichenden Anatomie, Thierarzneykunde u. Naturgeschichte, gesammelt in Berlin. Götting. 1807. 152 S. 2 Tvl.

Jens Veibel Neergaard

Commentatio anatomico-physiologica sistens disquisitiones an verum organorum digestioni inservientium discrimen inter animalia herbivora carnivora et omnivora reperiatur. Auctore Jano Weibel Neergaard. Gottingae 1804: Dieterich. X,82 S. 8°

Neergaard, Jens Weibel, Naturbeschreib. d. Zähne des Pferdes, m. Rücksicht auf andere Thiere, nebst e. Anleit., das Alter d. Pferdes durch Hülfe äußerer Merkmale jahrweise zu bestimm. Mit 10 Kpft. in gr. Fol. 4. Kopenh. 816. N. A. 823. Bonnier. (Wienbrack in Leipz.) 2 ∥ 8 gr

— Naturbeschreibung d. Zähne d. Pferdes m. Rücks. auf andere Thiere. Nebst einer Anleitung das Alter d. Pferdes durch Hülfe äusserer Merkmahle jahrweise zu bestimmen. Kopenh. 1817. 75 S. Tvl. mgl. (Trykt og udg. uden Forf.s Vidende og Vilje).
— — Rechtmässige Ausg. (Tvl. særsk. i 1 Vol.). Sst. 1823. 81 S. 9 Tvl. 4°.

Neergard, (J. W.) Naturbeschreibung der Zähne des Pferdes, mit Rücksicht auf andere Thiere, nebst e. Anleit., das Alter des Pferdes durch Hülfe äußerer Merkmale jahrweise zu bestimmen. Mit 18 Kupfertaf. in gr. Fol. 4. Koppenh. 824, Bonnier.

NEERGAARD, [LUCIUS CARL JOS. ANDR. DE], Ueber die Verfassung und Verwaltung der Landgemeinden im Herzogthum Holstein. Kiel. 1837. P.

Neergard (Abgeordneter zur Holstein. Ständeversamml.), über die Verfassung u. Verwaltung der Landgemeinden im Herzogthum Holstein. gr. 8. Kiel 837. Universitäts-Buchh. n. 1/4 ∥

Neermann, [Karl], Dir.: [Bericht über die Feier des 25jährigen Bestehens der Schule.] *Berent 1901: H. Schmidt.* (S. 9—11.) 4°
Berent, k. PG, P 1901 (24)

Über ungeschickte Verwendung Homerischer Motive in der Aeneis. Von Karl Neermann. Ploen. 1882. 4°. Gymn.-Progr.

Neermoor [Schlagwort]

Neermoor, s.: Preussen. Messtischblätter.

Nees Jakob van der

Jakob van der Nees. Von der Verfasserin von Godwie-Castle. 1844

s. Paalzow, Henriette von [Verf.]

Nees, Jacob von der. Von der Verfasserin von Godwie-Castle. Breslau 1845. V: *Paalzow, Auguste v.* (EE) (BrMm)

Nees, Jacob von der. . . . Breslau 1845. V: *Paalzow, Henriette von.*

Nees, s. Rechtsprechung.

Kosmische- und Molekular-Bewegung nach dem Wahrscheinlichkeits-Calcül. Neue Theorie u. Ergebnisse von J. A. Nees, Hamburg, Ing. *(Hamburg) 1903: (A. Hirsch).* (Getr. Pag.) 8° [Umschlagt. J.] [03. 1304 4

Anregung zur Ausführung neuer vielversprechender Experimental- und theoret. Untersuchungen in Physik und Chemie vermittelst neu construirter Apparate u. neuer Methoden von Th. Nees, Ing. *Hamburg [1901]: A. Hirsch.* (28 S., 8 Taf.) 8° [Umschlagt.] [01. 916

Nees von Eisenbeck. Den Wählern als Handschrift überreicht. Gedruckt bei J. Sittenfeld. 2 Bl. 4.
Flugblatt. Berlin, 2. Januar 1849.

Nees von Esenbeeck, und A. Goldfuss, Die Prof. Hrn. Chr. G., vor dem Richterstuhle der öffentl. Meinung . . . Trier 1829. V: *Gall, F. A.* (EBHN) (Ky) (call)

— u. A. Goldfuß, die Herren Professoren, v. d. Richterstuhle d. öffentl. Meinung, in Beziehung auf d. Rechtlichkeit u. Moralität ihrer Handlungsweise b. den, zwischen ihnen u. d. Buchhändl. F. A. Gall gepflogenen Verhandll. wegen d. Herausg. e. deutsch. Büffon. (von F. A. Gall). 16 u. 26 Hft. gr. 8. Trier 829. Gall. (à 6 gr.) 12 gr

Nees von Esenbeck und Th. Hoferichter, Zwei politische Glaubensbekenntnisse. 8°. Breslau 1848.

—— Beobachtungen und Betrachtungen auf dem Gebiete des Lebens-Magnetismus oder Vitalismus, s. Tische, die wandernden magnetisirten.

— das Leben in der Religion. Rastenburg 853. Röhricht. 8. (VIII, 87 S.) n. 12 ngr.

— die Offenbarung der Vernunft im Christenthum des Verstandes u. ihre Verfolgung. Mit Beiträgen von Thdr. Hofferichter. 8. (XX u. 108 S.) Leipzig 851, Kollmann. 1/2 ∥

—— die Offenbarung der Vernunft im Christenthum des Verstandes und ihre Verfolgung. Mit Beiträgen von Thdr. Hofferichter. 8. (XX und 108 S.) Leipzig 852, Kollmann.

Nees v. Esenbeck, Volksschule und Volksziele. Eintrittsworte. gr. 8. (15 S.) Schleswig 868, Schulbuchh. [Bergas.] *

— die Wahrheit des positiven Christenthums im Christkatholicismus. Betrachtung u. Spekulation. gr. 8. (56 S.) Wohlau 848, Leuckart. (Leipzig. W. Engelmann.) 1/4 ∥

—— Würdigung d. Gall'schen Schrift, s. Würdigung.

Nees v. Esenbeck, Christian Gottfried

Nees, C. G. von, Esenbeck, s. a. Esenbeck.

Nees ab Esenbeck, C. G., agrostographia Capensis. Denuo impressa. Halae (841.) 853. Schmidt. gr. 8. (XX, 491 S.) 2 ₰.

Nees ab Esenbeck, Chrstn. Godofr., Agrostologia Brasiliensis, s. a. Martius, C. F. P. de, Flora Brasiliensis, Vol. II. Ps. I.

Nees von Esenbeck (C. G.). Agrostologia brasiliensis. Stuttg. 1829. 8°.

Nees v. Esenbeck, Christ. Gfr., die Algen des süßen Wassers nach ihren Entwickelungsstufen dargestellt. gr. 8. Bamberg 814, jetzt Dresd. 3/8 ₰

— die Algen des süßen Wassers nach ihren Entwickelungsstufen dargestellt, gr. 8. Bamb. 814. Kunz. 9 gl.

— u. A. Weihe, Beschreib. d. deutsch. Brombeerarten. 1s—10s Hft. Mit Abbildd. nach d. Natur. Mit deutschem u. latein. Text. gr. Fol. Bonn 822—27. Schönian in Elberf. (1s u. 2s Hft. à 2 ₰ 16 gl. 3s—10s H. à 2 ₰) 21 ₰ 8 gl.

— s. Bolton: Gesch. d. Gifte.

— s. Bravais: Über die geometrische Anordnung der Blätter ...

— s. Brown, R.: Botan. Schriften.

— s. o. Bryologia, germanica.

— Hornschuh u. Sturm, Bryologia germanica od. Beschreibung d. in Deutschland u. d. Schweiz wachsenden Laubmoose. 1r Thl. (Mit 12 Kpf.) gr. 8. Nürnb. 823, Sturm. (Leipz., Fr. Fleischer.) 4 Rthl. ill.

— dess. 2r Thl. 1e Abthlg. Mit 12 ill. Kpf. gr. 8. Eb. 3 Rthl. ill.

——, Fr. Hornschuch u. Jac. Sturm, Bryologia Germanica, od. Beschreib. der in Deutschland- u. in d. Schweiz wachs. Laubmoose. 2. Thl. 2. Abthl. gr. 8. (13 B. u. 19 Kpfrt.) Nürnberg 831. (Leipzig, Fr. Fleischer; Voss.) 3 Thlr. 12 Gr., ill.
1. Thl. u. 2. Thl. 1. Abthl. (m. 24 Kpfrt.) Ebendas. 1823, 27. 7 Thlr., ill. 7 Thlr. 16 Gr.

— (u. Th. Fr. L.,) de Cinnamomo Disputatio. A. m. d. Umschlag-Tit.: Amoenitates botanicae Bonnenses. fasc. I. — Cum VII. tab. iconograph. 4 maj. Bonnae 823, Weber.

Nees von Esenbeck (C. G.). Cyperaceae et Gramineae . . . in Guiana . . . lectae. Bonnae, 1843. 4°. & 8°.

— s. Endlicher, St., et Martius, flora Brasiliensis.

— K. G. C. Bischof u. Rothe, d. Entwickell. d. Pflanzensubstanz, physiologisch-chemisch u. mathemat. dargestellt. Mit combinator. Taf. der möglichen Pflanzenstoffe rc. gr. 4. Erlang. 819. Palm u. E. 2 ₰ 16 gl.

Christian Gottfried Nees von Esenbeck

Entwickelungsgeschichte des magnetischen Schlafs und Traums, in Vorlesungen von C[hristian] G[ottfried] Nees von Esenbeck. Bonn: Marcus 1820. 159 S. 8°

—— Enumeratio plantarum cryptogamicarum Javae et Insularum adjacentium, quas a Blumio et Reinwardtio collectas, describi edique curavit. Fasc. I. Hepaticas compl., ab editore illustr. 8 maj. (6 B.) Vratislaviae 830, Grass, Barth et Soc.

— Excursus de Solano Wightii, quem Arnottii collegae observat. etc. — Monographia generis Lepidagathis, s. Acta nova phys.-med. Acad. Caes. Leopold. Carol. XVIII.

Nees von Esenbeck (C. G.). Plantarum Laurinarum . . . expositio. Vratislaviae, 1833. 4°.
See Pritzel, Ed. 2. No. 6654.

Nees von Esenbeck, C. G., die allgemeine Formenlehre der Natur als Vorschule der Naturgeschichte. Mit 275 in d. Text gedr. Holzschn. u. 6 lith. Taf. (wovon 4 color.) Lex. 8. (XIV u. 182 S.) Breslau 852, Leuckart. n. 2⅔ ₰

Nees v. Esenbeck, C. G., die allgemeine Formenlehre der Natur als Vorschule der Naturgeschichte. Mit einem Vorworte von E. A. Roßmäßler. 2., billige (Titel-)Ausg. Lex.-8. (XVI und 182 S. mit 275 in den Text gedr. Holzschn. und 6 zum Theil ill. Stnt.) Breslau (852)61, Leuckart.

(—) genera plantarum florae germanicae iconibus et descriptionibus illustrata. Opus a Th. Nees ab Esenbeck, F. C. Spenner, Al. Putterlick adjuvante St. Endlicher et G. W. Bischof inchoatum et continuatum nunc conjunctis studiis plurium autorum persecutum. Bonn 859, 60. Cohen & Sohn. Gr. 8. Jedes Heft u. 1 ₰
Fasc. XXX. cont. genera plura Ericinearum et Oleinearum cum nonnullis aliarum familiarum auct. A. Schnitzlein nec non genera aliquot Papilionacearum auct. Diet. Brandis. (24 Bl. Text u. 20 lith. Taf.)
Fasc. XXXI. cont. genera plura familiae Caryophyllacearum cum nonnullis compositarum et Saxifragacearum auctore A. Schnitzlein. (25 Bl. Text u. 20 lith. Taf.)

— Genera et species Asterearum. Recensuit, descriptionibus et animadversionibus illustravit, synonyma emendavit. 8 maj. Mit 1 Tab. Nürnb. 833, (832). Schrag. 1 ₰ 18 gl (20¼ B. u. 1 Tab. qu. gr. Fol.)

Nees ab Esenbeck, Chr. Gfr., Genera et species Asterearum. Recensuit, descriptionibus et animadversionibus illustravit, synonyma emendavit. 8. maj. Norimbergae, 1833. (Leipz.) Schrag. (1. 22½)
— 10

C. G. Nees von Esenbeck und J. Noeggerath giebt Tacitus einen historischen Beweiss von vulkanischen Eruptionen am Niederrhein? (aus Nöggerath's Gebirge in Rheinland-Westphalen 3. Bd.) Bonn 1823. 8.

— u. J. Nöggerath, Giebt Tacitus einen histor. Beweis von vulkan. Eruptionen am Niederrhein, antiquarisch-naturhist. untersucht. (A. d. 3n Bde v. Nöggeraths Gebirge rc. abgedr.) gr. 8. Bonn 824, Weber.

Nees v. Esenbeck, (C. G.,) Handbuch d. Botanik, s. a. Schubert Handb. d. Naturgesch. 4r Thl.

Nees von Esenbeck, C(hristian) G(ottfried): Handbuch der Botanik. Bd 1 - 2, gbd.

Nürnberg: Schrag 1820 - 1821

JB 64

—— Handbuch d. Pflanzen-Pathologie u. Pflanzen-Teratologie. 2 Bde. gr. 8. Berlin, Haude u. Spenersche Buchh. à 2 Thlr.
Bd. 1. Pflanzen-Pathologie. Lehre v. d. kranken Leben u. Bilden d. Pflanzen, v. F. J. F. Meyen. N. d. Tode d. Verf. z. Druck besorgt v. Nees v. Esenbeck. (21½ B.) 841.
2. Pflanzen-Teratologie, Lehre v. d. regelwidr. Wachsen u. Bilden d. Pflanzen, v. A. Moquin-Tandon. A. d. Franz. mit Zusätzen v. Joh. Conr. Schauer. (25¾ B.) 842.

— Horae physicae Berolinenses etc., s. Horae physicae Berolinenses etc.

— Plantarum, in horto medico Bonnensi nutritarum icones selectae. Manip. I. Cum Wlh. Sinning animadvers. ad culturam harum plantarum spectant. (A. m. d. Umschlags-Titel: Amoenitates botanicae Bonnenses. Fasc. II.) 4maj. (Mit 6 illum. Kpft.) Bonn 824. (Weber). 2 ₰ 8 gГ

Nees ab Esenbeck, Chrst. Gtfr., Florae Africae australioris illustrationes monographicae. I. Gramineae. 8maj. (32 B.) Glogaviae 841. (Vratislaviae, G. P. Aderholz.)

— florae Africae Australioris illustr. Monographicae I Gramineae. gr. 8. Glogau 841. Prausnitz. n. 2 ₰

[Nees von Esenbeck (C. G.)?] Index seminum quae in horto bot. wratislaviense prostant. 1818. [Breslau, 1818.] 4°.

— s. Junghuhn, Fr.: Topograph. u. naturwissensch. Reisen durch Java.

— s. Jussieus: Pflanzensystem.

Nees v. Esenbeck, das Leben der Ehe in der vernünftigen Menschheit u. ihr Verhältniß zum Staat u. zur Kirche. gr. 8. (3 B.) Breslau 845, Trewendt.

— s. Lindley, Nixus plantarum.

— s. Meyen, Fr. Jul. Ferd.

— die demokratische Monarchie. Ein Gesetz-Vorschlag. Der National-Versammlung zu Berlin vorgelegt d. 1. Juli 1848. gr. 8. (26 S.) Berlin 848, Springer. n. ¹/₆ ₰

—— Hymenopterorum Ichneumonibus affinium, Monographiae, genera Europaea et species illustrantes. II Vol. 8maj. Stuttgartiae 834, Cotta.
Vol. I. Ichneumonidum Braconoideorum et Alysioideorum, tum evanialium monographias complectens. (20¼ B.) 1 Thlr. 12 Gr.
II. Pteromalinorum, Codrinorum et Dryinorum monographias complectens. (28¼ B.) 2 Thlr. 8 Gr.

— s. Moquin-Tandon.

Nees v. Esenbeck, Chrst. Gtfr., Naturgeschichte d. Europ. Lebermoose, mit besond. Beziehung auf Schlesien u. d. Oertlichkeiten d. Riesengebirgs. 1. Bdchn. — A. u. d. T.: Erinnerungen aus d. Riesengebirge. 1. Bdchn. M. 1 Kpfrt. (schmal gr. 4.) 8. (23 B.) Berlin 833, Rücker. Thlr.

—— Naturgeschichte d. europä. Lebermoose, mit besond. Bezieh. auf Schlesien u. d. Oertlichkeiten d. Riesengebirgs. 2. Bdchn. — A. u. d. T.: Erinnerungen aus d. Riesengebirge. 2. Bdchn. 8. (32 B.) Berlin 836, [Rücker u. Püchler.]

—— dass. — 3. u. 4. Bdchn. — A. u. d. T.: Erinnerungen a. d. Riesengebirge. 3. u. 4. Bdchn. 8. Breslau, Grass, Barth u. Comp. [3. (25 B.), 4. (25½ B. u. 1 Stnt.) 838. à 2 Thlr.]
1. Bdchn. Berlin 833, [Rücker u. Püchler.] 1 Thlr. 12 Gr.

Ch. Gf. Nees v. Esenbeck's Naturphilosophie. *Glog.*, Prausnitz. 841. gr 8° m. 7 Steint. 1 ₰ 18 gГ A. unt d. T.: d. Syst. d. speculat. Philos. 1r Bd.

—— Bischof und Rothe, die Pflanzensubstanz, physiologisch-chemisch und mathematisch dargestellt, mit combinator. Tafeln der mögl. Pflanzenstoffe ꝛc. gr. 4. Erlangen Palm und Enke. 819.

— über das organische Princip in der Erdatmosphäre und dessen Meteorische Erscheinungen. Mit 1 Steintafel. gr. 8. Schmalkalden 825. (Leipzig, A. Künzel.) ²/₃ ₰

— üb. das organische Princip in der Erdatmosphäre u. dessen meteorische Erscheinung. Mit 1 Steintaf. gr. 8. Schmalk. 825. (Schumann in Leipz.) 16 gГ

Nees v. Esenbeck, (C. G.,) üb. das organische Princip in der Erdatmosphäre u. dessen meteorische Erscheinungen. Mit 1 Steintaf. gr. 8. Schmalkalden 825, Varnhagen. Rthlr.

— Rubi Germanici, s. Weihe, Karl Ernst August

—— die Staatsheilkunde oder der Kampf gegen die Epidemieen. gr. 8. (22 S.) Wiesbaden 852, [Kreidel und Riedner.] *

Nees ab Esenbeck C. G.: Synopsis specierum generis asterum herbaccarum, praemissis nonnullis de asteribus in genere ... Erlang. 1818. 32 S.

Nees ab Esenbeck, Chrst. Gtfr., Synopsis Hepaticarum, s. Gottsche, C. M.

— synopsis specierum generis Asterum herbacearum; praemissis nonnullis de Asteribus in genere, eorum structura et evolutione naturali. (Progr.) 4. Erlang. 818.

—— das System d. speculat. Philosophie. 1. Bd. — A. u. d. T.: Naturphilosophie. gr. 8. (25 B., 7 Stnt. u. 1 Tab.) Glogau 841, Prausnitz.

— d. System d. Pilze u. Schwämme. Mit 46 nach d. Natur ausgemalten Kpft. u. Tabell. gr. 4. Würzb. 816. Stahel. 25 ₰

Nees von Esenbeck, C(hristian) G(ottfried): Das System der Pilze und Schwämme. 236 S., gbd., Abb.

Würzburg: Stahel 1817

JB 6.379

—— Systema Laurinarum. 8maj. (46 B. incl. 2 Tab.) Berolini 836, Veit et Soc. 3½ Thlr., Vlnp.

— Vergangenheit u. Zukunft der Kaiserl. Leopoldinisch-Carolinischen Akademie der Naturforscher. [Aus den: Nova Acta. Vol. XXIII. P. 1. abgedr.] gr. 4. (IV u. 74 S.) Breslau 851. (Hamburg, Perthes-Besser & Mauke.) n. ²/₃ ₰

— s. Weihe, A.

— s. Würdigung der Schmähschrift d. Hrn. Gall.

Nees v. Esenbeck, Friedr., die evangel. Gemeine zu Boppard u. die schlechte Presse. Eine abgenöthigte Erklärung. gr. 8. (3¼ B.) Frankfurt a. M. 845, Zimmer. *

Nees von Esenbeck, Fr., der christliche Gottesdienst nach dem Bekenntniß der evangel. Kirche für nachdenkende und andächtige Glieder der Gemeinde dargestellt. Kreuznach 854. Voigtländer. 16. (XXII, 259, XXXVI S.) n. 22½ ngr.

— der geistliche Tod und das geistliche Leben. Predigt über Eph. 2, 1—10. gehalten am 23. Sonntage nach Trin. 1843 in der evangelischen Kirche zu Meurs. gr. 8. Meurs 844, Dolle. ¹/₁₂ ₰

Nees v. Esenbeck, Theodor Friedrich Ludwig

Nees v. Esenbeck, Thdr. Fr. Ldw., üb. e. neues Arzneimittel: Cortex Alixiae aromaticae. (A. d. 4n Bde. des Archivs d. Apothekervereins abgedr.) 8. Schmalkalden 824. Varnhagen. 4 gГ

——, M. F. Weyhe, J. W. Wolter u. P. W. Funke, Beschreibung officinell. Pflanzen. Mit besond. Berücksichtig. d. Kgl. Preuss. Pharmacopoe. gr. Fol. (202½ B. ohne Pag.) Düsseldorf 829, Arnz u. Comp.
Bildet den Text zu dess. „vollst. Sammlung offizin. Pflanzen."

— Beschreib. zu d. Samml. officineller Pflanzen, s. *Herbarium pharmaceuticum*.

– s. Bolton, J.: Gesch. d. Gifte.

Nees v. Esenbeck, (Fr.,) Erklär. z. d. Samml. officineller Pflanzen, s. Herbarium pharmaceuticum.

— über die künstl. Färbung d. rothen Weine, u. d. Mittel, diese zu entdecken. Mit 1 Farbentaf. gr. 8. Düsseld. 826. Arnz u. C. 12 gr.

– s. Geiger, Ph. L.: Pharmaz. Botanik.

— s. Geiger, Ph. Lor., Handbuch d. Pharmacie.

Nees ab Esenbeck, (Th. Friedr. Ludw.), genera plantarum, s.a. Genera plantarum florae germanicae.

Nees von Esenbeck, Thdr Frdr. Ldwg. Genera plantarum Florae germanicae, iconibus et descriptionibus illustrata. Fasc. 1—31. Mit 622 Taff. Bonn 1833—60. 8.
Fasc. 17—21 von Frdr. Karl Leopold Spenner, 22—24 von Aloys Putterlick, 25, 28, 31 von Adlbt Schnizlein, 26 von Th. Wilh. Bischoff, 27 von Robert Caspary, 29—30 von Dietr. Brandis. (D.)

Nees ab Esenbeck, Theod. Frider. Ludov., Genera plantarum Florae germanicae iconibus et descriptionibus illustrata. Fasc. 1—VII. Lex.-8. (141 Stnt. u. 144 Bl. Text.) Bonn 833—35, Henry et Cohen. à

Nees ab Esenbeck, Theod. Frider. Ludov., Genera plantar. florae german., iconibus et descriptionibus illustrata. Fasc. VIII—XXI. Lex.-8. (281 Stnt. u. 203 Bl. Text.) Bonnae 835—41, Henry et Cohen. à *
Fasc. XVII—XXI. nach d. Tode d. Verf. hrsg. v. Friedr. Carl Leop. Spenner. — Fasc. I—VII. Ebendas. 1833—35. à * 1 Thlr.

Nees ab Esenbeck, Theod. Frid. Lud., Genera plantarum florae Germanicae iconibus et descriptionibus illustrata. Opus post auctoris mortem ab Al. Putterlick u. Steph. Endlicher continuatum. Fasc. XXII—XXIV. Lex.-8. (61 Stnt. u. 69 Bl. Text.) Bonnae 843—45, Henry u. Cohen. à * 1 Thlr. *
Fasc. I—XXI. Ibid. 1833—41. à * 1 Thlr.

Nees ab Esenbeck, Theod. Frid. Lud., Genera plantarum florae germanicae iconibus et descriptionibus illustrata. Opus inchoatum, deinde auctoribus Frid. Car. Leop. Spenner et Aloys. Putterlick dum vixerunt, adjuvante Steph. Endlicher continuatum, nunc conjunctis studiis plurium auctorum persecutum. Fasc. XXV. Continens Dipsacearum, Stellatarum, Gentianearum aliarumque genera plurima. Auctore Adalb. Schnizlein. 8maj. (20 Stnt. und 22 Bl. Text.) Bonnae 849, Henry et Cohen. *

—— id. — Fasc. XXVI. Continens Umbelliferarum Pars I. Auctore Theoph. Guil. Bischoff. 8maj. (20 Stnt. und 35 Bl. Text.) Ibid. 849. *

(Nees ab Esenbeck, Th. Fr. Ludw.,) genera plantarum florae germanicae iconibus et descriptionibus illustrata. Opus a Th. Fr. Lud. Nees ab Esenbeck inchoatum, deinde a Fred. Car. Leop. Spenner et Aloysio Putterlick adjuvante Steph. Endlicher dum vixerunt, et nunc conjunctis studiis plurium auctorum continuatum. Bonnae 853—56. Henry et Cohen. gr. 8. Jedes Heft n. 1 Thlr.
Fasc. XXVII. cont. cruciferarum, ranunculacearum, papaveracearum genera nonnulla, auct. Rob. Caspary. (38 Bl. Text u. 20 lith. Taf.)
Fasc. XXVIII. cont. campanulacearum, ericacearum, stellatarum aliarumque familiarum genera nonnulla, auctore Adalb. Schnizlein. (34 Bl. Text u. 20 lith. Taf.)
Fasc. XXIX. cont. papilionaceas, auctore Dieter. Brandis. (20 Bl. Text u. 20 lith. Taf.)

—— und C. H. Ebermaier, Handbuch d. medicin.-pharmaceut. Botanik. Nach d. natürl. Familien d. Gewächsreiches bearb. 3 Thle. gr. 8. Düsseldorf, Arnz u. Comp. [1. (25 B.) 830. 1 Thlr. 18 Gr., 2. (32 B.) 831. 2 Thlr. 6 Gr., 3. (38½ B.) 832. 2 Thlr. 18 Gr.]

– s. Henry, A.: Die Giftpflanzen Deutschlands.

— Naturgesch. d. Vögel, als Fortsetz. d. Säugethiere. 16—148 Hft. gr. 4. Düsseld., Arnz. (Eichst., Beyer). (à 16 gr.) 9 Thlr 8 gr.

– s. Oligschläger, F. W.: Calendarium.

Nees von Esenbeck (T. F. L.). Plantae officinales . . . Duesseldorf, 1821–33. fol.

— de muscorum propagatione, cum tab. aenea picta. 4. Bonn 820. Marcus. 12 gr.

— Radix Plantarum Mycetoidearum. Cum Tabula aeri incisa. 4. Bonn 820. Marcus. 18 gr.

Radix plantarum mycetoidearum commentatio botanica quam ob impetratam [d. XIII m. Nov. a. 1819] docendi licentiam in universitate litt. Borussica Rhenana scripsit et edidit Theodorus Fridericus Ludovicus Nees ab Esenbeck ... Cum Tab. aeri incisa. Bonnae, (typ. Kupferbergianis) 1819. VI S., 1 Bl., 19 S., 1 Taf. 4. ¶ Erschien 1820 selbständig bei Marcus in Bonn. — Muss wohl, nach d. Sonderausg. zu schliessen, als offizielle Hab.-Schrift angesehen werden (soll viell. oben impetrandam heissen), obwohl d. Druck dieser Arbeiten in Bonn nie obligatorisch war.

— u. W. Sinning, Sammlung schönblühender Gewächse rc., s.a. Sammlung.

— u. W. Sinning, Samml. schönblühender Gewächse f. Blumen- u. Gartenfreunde. Nach lebend. Exemplaren d. Königl. botan. Gartens zu Bonn gezeichnet u. mit genauen Anleit. zu ihrer Cultur begleitet. 1e Centurie 10 Hfte.. à 10 fein ill. Steintaf. in Roy.-Fol. Düsseld. 824—831. Arnz u. C. 25 Thlr.

—— vollständ. Sammlung offizinell. Pflanzen. 1—5. (letzt.) Suppl.-Hft. Roy.-Fol. (120 ill. Stnt. u. 45 B. lat. u. deutscher Text, gr. Fol.) Düsseldorf (829—34), Arnz u. Comp. à 4 Thlr.
Das Hauptwerk: Plantae medicinales, od. Sammlung etc. 2 Bde. (18 Lfgn.) (M. 438 Stnt.) Ebendas. 1821—28. 73 Thlr.
Text hierzu, vgl. unt. dems. „M. F. Weyhe, J. W. Wolter u. P. W. Funke, Beschreibung" etc.

— Supplemente z. d. Samml. officineller Pflanzen, s. *Herbarium pharmaceuticum*.

—— und A. Henry, das System d. Pilze. Durch Beschreibn. u. Abbildn. erläutert. 1. Abthl. gr. 8. (5¼ B., 11 col. u. 1 schw. Taf.) Bonn 837, Henry u. Cohen. *

—— und A. Henry, das System der Pilze. 2. Abthl. bearb. von Th. Bail. gr. 8. (IV und 111 S. nebst 26 Stnt. mit 160 zum grössten Theil ill. Gattungsbildern.) Bonn 858, [Cohen und Sohn.] *
1. Abthl. Ebendas. 1837. * 2 Thlr.

Neese, Aug., Blüthen von der rothen Erde. Gedichte. gr. 16. (46 S.) Dortmund 876. (Krüger.) — 50

Neese (Hrsg.), s. Rundschau, Freie, auf dem wirtschaftlich-, gesellschaftlich- u. ethischen Gebiete der Gegenwart.

Neese, C., s.: Erlebnisse e. deutschen Schulmannes in den Jahren von 1872—1888 als politischer Parteimann u. Mensch.

— sozialpolitische Exkursionen, m. besond. Berücksicht. d. Heimstättenwesens. gr. 8. (60 S.) Berlin 890. Brieger. n. — 80

Neese, C. Die Heimstättengründung. Ein Weg zu neuen Nahrungsquellen u. zur Einschränkg. der fortschreit. Massenverarmg. Praktische Vorschläge. gr. 8. (55 S.) Berl. 890, Brieger. * — 80

— die Schule in ihrem Verhältnis zu Staat u. Kirche. Kulturhistorisch-pädagog. Studie. gr. 8. (32 S.) Ebd. 889. — 50

Neese, C., der Vegetarismus u. die sociale Frage. Vortrag. gr. 8. (16 S.) Berlin 892. H. Brieger. — 25

— die preußisch-deutsche Volksschule, ihr Streben nach nationaler Selbständigkeit u. Einheit u. die Schulaufsichtsfrage seit 1807 bis zur Jetztzeit. 8. (IV, 72 S.) Ebd. 889. n. 1. —

—— Der Volksschulgesetz-Entwurf u. die preußische Volksschule. gr. 8. (IV, 40 S.) Ebd. 892. — 60

Neese, C. G., s. J. J. Engel, die Apotheke.

Neese, Nicolaus: Geschichte der Evangel.-Lutherischen Kirche und Gemeinde in Kiew. — Kiew 1882: Kehrer. 95 S. mit Abb., 1 Pl.

Neesen, Friedrich (geb. am 16 Aug. 1849 in Dortmund): Ueber die Abbildung von leuchtenden Objekten in einem nicht centrirten Linsensystem ... Bonn, Druck v. C. Georgi 1871. 31 S., 1 Bl. 8.
Bonn, Phil. Fak., Diss. v. 4 Dez. 1871

— Ueber Anziehung und Abstossung durch Licht- und Warmestrahlen. (Separ.-Abdr. aus Poggendorff's Ann., Bd. CLVI.) Berlin 1875.

Neesen, F: Bestimmung der charakteristischen Größen der Flugbahn auf photographischem Wege. Berlin 1906

Neesen, F: Die Blitzgefahr. Nr 2. Einfluß der Gas- und Wasserleitungen auf die Blitzgefahr. Berlin und München 1891

Neesen, F. Die Blitzgefahr. No. 2. Einfluß der Gas- und Wasserleitungen auf die Blitzgefahr. 2. Auflage. 1891.

Neesen, Friedr. Einfluß der Gas- u. Wasserleitungen auf die Blitzgefahr, s. Blitzgefahr, die.

Neesen: Die Erkennungszeichen für nicht zündende Blitzschäden. Merseburg 1908

Neesen, Frdr., Kathoden- u. Röntgenstrahlen, sowie die Strahlg. aktiver Körper, s. a. Bibliothek, elektrotechnische. 63 Bd.

Kathoden- und Röntgenstrahlen sowie die Strahlung aktiver Körper. Von Dr. Friedrich Neesen, Prof., Berlin. Mit 50 Abb. *Wien & Leipzig: A. Hartleben 1904.* (VIII, 240 S.) 8°
— Bibliothek, Elektrotechnische. Bd 63. [04. 8941 9]

Neesen F, Kathoden- und Röntgenstrahlen sowie die Strahlung aktiver Körper. (240 S) (Elektrotechnische Bibliothek 63) Wien 1905

— Ueber elastische Nachwirkung bei Torsion. (Auszug aus dem Monatsber. der kgl. Akad. der Wissensch. zu Berlin.) Berlin 1874.

Neesen, F: Die Pendelung der Geschosse. Vortrag. Braunschweig 1909

Neesen, Frdr., die Physik in gemeinfaßlicher Darstellung f. höh. Lehranstalten, Hochschulen u. zum Selbststudium. Mit 284 in den Text eingedr. Abbildgn. u. 1 Spektraltaf. gr. 8. (IX, 357 S.) Braunschweig 900. F. Vieweg & Sohn. n. 3.50; geb. in Leinw. n. 4. —

– die Physik in gemeinfaßlicher Darstellung f. höh. Lehranstalten, Hochschulen u. zum Selbststudium. 2. verm. Aufl. Mit 294 in den Text eingedr. Abbildgn. u. 1 (farb.) Spektraltaf. (IX, 384 S.) gr. 8. Braunschweig 905. F. Vieweg & Sohn. n. 4. —; geb in Leinw. n n. 4.50

Neesen, Frdr., hörbare, sichtbare, elektrische u. Röntgen-Strahlen, s. a. Wissenschaft u. Bildung.

Hörbare, sichtbare, elektrische und Röntgen-Strahlen von Dr. Friedrich Neesen.
Leipzig: Quelle & Meyer 1909. 132 S. 8°
(Wissenschaft u. Bildung. 43.)

Neesen, F: Die Schaltung der Blitzableiter und der Einfluß von Drosselspulen. Berlin 1905

Neesen, F: Über den Schutz von Faradayschen Käfigen insbesondere bei Blitzableitern. Braunschweig 1910

— die Sicherungen von Schwach- u. Starkstrom-Anlagen gegen die Gefahren der atmosphärischen Elektricität. gr. 8. (VIII, 120 S. m. 126 Abbildgn.) Ebd. 899. n. 5. —

Neesen, F: Vergleich verschiedener Starkstrom-Blitzableiter in bezug auf ihre Wirksamkeit. Berlin 1907

Neesen, F., Versuche mit dem Radiometer. (Sep.-Abdr. aus Poggendorff's Ann. der Physik und Chemie. Band CLX.) Leipzig [o. J.]

Neesen, F: Neue photographische Wiedergaben der Geschoßbahn. Vortrag. Braunschweig 1909

Neesen, Laur., theologia univ. II Tmi. fol. Antwerp. (I. Wolf, Augsb.) 720.

Neeser, Leonhard

Neeser, L., principatus Wirceburgens. incunabula. gr. 8. Bamb. Göbhard. 803.

Neeser, Lhrd., († d. 24. März 1810.) principatus Wirceburgens. incunabula. 8maj. Bamb. 803. (Wesché in Frkf., 4 fl.)

Neess, Johann Wilhelm (Seydens./Sachsen), De usu remedii contra aedificantem ad aemulationem. Diss. jur. Präs. Jo. Friedrich Weidler. Wittenberg (J. C. Gerdes) Aug. 1732. 40 S. (5.—) 24615

— — Dasselbe. Wittenberg (J. C. Gerdes) Aug. 1732. 40 S. u. Corollaria. (5.—) 24616

N[eethling-Murray], E . Fünfzehn Monate in den Konzentrationslagern. Erinnerungen einer Burenfrau aus ihrer Gefangenschaft. II + II + II + 83 S. 8. Bern, Buchdr. des Berner Tagblatt (*Umschlag:* Basel, Hans Lichtenhahn), 1903. (fr. —.50)

Neetze [Schlagwort]

Neetze. s.: Preussen. Messtischblätter.

Neetzke, Albert *Wilhelm Konstantin* [aus Schivelbein]: Ueber Arrosionsblutungen ... Greifswald, Druck v. J. Abel, 1892; 30 S. 8.
Greifswald, Med. Fak., Inaug.-Diss. v. 29. Juli 1892

Nef, Albert, a. St. Gallen: Das Lied in der deutschen Schweiz im letzten Drittel des 18. und am Anfang des 19. Jahrhunderts. (Berlin 1908: G. Schade.) (41 S.) 8° ¶ (Soll vollst. im Laufe des Jahres 1908 erscheinen.)
Berlin, Phil. Fak., Ref. Kretzschmar, Diss. v. 14. März 1908
[Geb. 30. Okt. 82 St. Gallen; Wohnort: Lübeck; Staatsangeh.: Schweiz; Vorbildung: St. Gallische Kantonssch., Gymnasial-Abt. Reife O. 02; Studium: Leipzig 5, Berlin 4 S.; Rig. 20. Dez. 06.]

Nef, Albert. Das Lied in der deutschen Schweiz, Ende des 18. und Anfang des 19. Jahrhunderts. [Mit Melodien.] Hrg. durch die Stiftung von Schnyder von Wartensee. VIII + 170 S. 8. Zürich, Komm. Gebrüder Hug & Co., 1909. (fr. 2. 50)

Nef, John Ulric [aus Cambridge, Massachusetts, U. S. A.]: Ueber Benzochinoncarbonsäuren ... München, *Druck v. Wilhelm Keller in Giessen*, 1886; 2 Bl. + 39 S. 8°.
München, Phil. Fak., Inaug.-Diss. v. 1886.

Nef, Karl [aus St. Gallen]: Die Collegia musica in der deutschen reformierten Schweiz von ihrer Entstehung bis zum Beginn des neunzehnten Jahrhunderts. M. e. Einleitg über d. reformierten Kirchengesang u. d. Pflege d. Profanmusik in d. Schweiz in d. frühern Zeiten ... St. Gallen, Zollikofer'sche Buchdr., 1896; VIII, 160 S., 1 Bl. 8.
Leipzig, Phil. Fak., Inaug.-Diss. v. [20. Nov.] 1896

Nef, Karl, d. Collegia musica in der deutsch. reform. Schweiz von ihrer Entstehg. bis z. Beginne des 19. Jahrh. 8. (VIII, 161 S.) St. Gallen. [Fehr.] Leipzig, Breitkopf & Härtel. n. 2. —

Nef, Carl. Die Collegia Musica in der deutschen reformierten Schweiz von ihrer Entstehung bis zum Beginn des neunzehnten Jahrhunderts. Mit einer Einleitung.... Von Dr. phil. Karl Nef. VIII + 161 S. 8. St. Gallen, Fehr, 1897.
[1. Ausg.]
[2., Titel-Ausg.] *mit Aufdruck:* Leipzig, Breitkopf & Härtel, [1902]. [M. 2. —]

Nef, Carl. Denkschrift zur Feier des 25-jährigen Bestehens des Concert-Vereins der Stadt St. Gallen. 1877—1902. Im Auftrag der Commission verfasst von Dr. Karl Nef. [Mit 5 Tabellen.] 45 S. 4. St. Gallen, Zollikofer, 1902.

Nef, Carl, s. Festschrift zum Zweiten Kongress der Internationalen Musikgesellschaft.

— zur Geschichte der deutschen Instrumentalmusik in der 2. Hälfte des 17. Jahrh., s. a. Publikationen der internat. Musikgesellschaft. 5. Hft.

Nef, Karl: Zur Geschichte der deutschen Instrumentalmusik in der II. Hälfte des XVII. Jahrhunderts. (Beihefte der Internationalen Musik-Gesellschaft Nr. 4.) Leipzig 1901. 46 S. mit Notenbeilagen. 8°.
Basel. Phil. Hab.-Schr. 1900/1901.
Keine offizielle Publikation.

Nef, Carl. Zur Geschichte der deutschen Instrumentalmusik in der zweiten Hälfte des 17. Jahrhunderts von Karl Nef. Mit einem Anhange: Notenbeispiele in Auswahl. VI + 79 S. 8. Leipzig, Breitkopf & Härtel, 1902. (M. 3. —)
Das vollständige Beispielmaterial in Handschrift kann von der Verlagshandlung besonders bezogen werden.
Publikationen der Internationalen Musikgesellschaft. Beihefte. Heft 5....

Ferdinand Fürchtegott Huber. E. Lebensbild v. Dr. Karl Nef. M. Portr. u. 1 Beil. Hrsg. v. Histor. Ver. in St. Gallen. *St. Gallen: Fehr 1898.* (78 S., 1 Bl., 1 Portr., 2 S. Mus.-Beil.) 1 Bd 4.
– Neujahrsblätter d. histor. Vereins in St. Gallen. 1898. 98. 851

Nef, Carl, s. Museum. Historisches M'Basel. Katalog No. 4 ...

Nef, Karl: Die Musik an der Universität Basel. o. O. [1910]. 39 S. 8° [Umschlagt.]
Aus: Festschrift z. Feier d. 450jähr. Bestehens d. Univ. Basel.

– (Hrsg.), s. Rosenmüller, Johann: Sonate da camera.

Nef, Karl, Schriften üb. **Musik u. Volksgesang,** s. a. Bibliographie der schweizer. **Landeskunde.**

Nef, Carl. Schriften über Musik und Volksgesang. Bearb. von Dr. K' Nef.... XII + 151 S. 8. Bern, K. J. Wyss, 1908.
Ausg. A mit deutschen Titeln. — Bibliographie der Schweizerischen Landeskunde.... Faszikel V 6 d.
Ausg. B mit französ. Titeln: Bibliographie de la Musique et du Chant populaire par le Dr. K' Nef.... Berne ... 1908. — Bibliographie nationale suisse.... Fascicule V 6 d.

Nef, Willi, d. Ästhetik als Wissenschaft d. anschaulichen Erkenntnis. E. Vorschlag üb. d. Gegenstand, d. Methoden u. Ziele e. exakt-wissenschaftl. Aesthetik. gr. 8. (52 S.) Leipzig 898. H. Haacke. n. 1. —

Nef, Willi [aus Herisau]: Die Lyrik als besondere Dichtungsgattung; ein Beitrag zur psychologischen Grundlegung der Ästhetik. Zürich 1898. 48 S. 8°.
Zürich. Phil. Diss. I. S. 1898/99.

Nef, W[illy]. Minister Arnold Roth. Ein Lebensbild. ([Mit Porträt-Tafel.] Separatabdruck aus den Appenzellischen Jahrbüchern. [4. Folge, Heft 2].) II + II + 116 S. 8. Trogen, U. Kübler, 1905. [fr. 1. 50]

Nefedow, Alexander. Zur Frage der frühzeitigen blutigen Eingriffe bei Fracturen, mit besonderer Berücksichtigung der para- u. intraarticulären Brüche. Diss. Med. Basel. [Mit Figuren.] 46 S. 8. Basel, Brin & Cie., 1909.

Neff. – Felix Neff.

— aus dessen Leben, s. Leben, aus dem, des Felix Neff.

Neff. Friedrich N' von Rümmingen (1821–1849) und sein letzter Brief, den er einige Stunden vor seiner standrechtlichen Hinrichtung an seine Mutter schrieb. 8. Birsfelden 1849.

Neff

— s. a. Neef.

Neff, Alfr., kurzer Leitfaden f. den Unterricht in der Wechsellehre. 2. Aufl. gr. 8. (III, 18 S.) Augsburg 900. M. Rieger. n. — 25

Neff, Alfr., kurzer Leitfaden f. den Unterricht in d. Wechsellehre. 3. Aufl. (24 S.) 8. Augsburg 908. M. Rieger. — 25

Neff, Carl ..., s. Neff, Karl ...

Neff, Felix, Unterredungen mit Kindern üb. Sünde u. Erlösung, nebst einem Abrisse von dessen Leben. Mit Titelvign. 16. Hamburg 838. Nestler u. Melle. n. 1/4 ꝛß

Neff, Felix, Unterredungen mit Kindern über Sünde u. Erlösung, nebst einem Abriß von dessen Leben. 12. (76 S.) Hamburg 847. (Gusdorff.) 6 ngr — 2. Aufl. 8. (78 S.) Frankfurt a. M. 848, Brönner. 6 ngr

Neff, Fr.

— der zweite republikanische Aufstand in Baden, siehe: Löwenfels, M. W.

Neff, Fr., Beiträge zur Bauern-Politik oder wie dem niedergetretenen Mittelstand wieder aufzuhelfen ist. gr. 8. (63 S.) Philadelphia 849. (Basel, Fischer.) n. 8 ngl

Neff, Fritz: Mirri-Marri, s. Groß, Rudolf.

Neff, G., Bijouterie-Bazar. 4. Jahrg. 12 Lfgn. (à 1 Stnt.) Stuttgart 872, Commissionsverlag. à Lfg. *ℳ 1,20. *

Neff, Geo., neue bürgerliche Wohnhäuser. Entwürfe zu freisteh. bürgerl. Einfamilien- u. Mietshäusern f. die prakt. Ausführg. in Stadt u. Land u. zum Gebrauch f. techn. Lehranstalten. 34 Taf., davon 4 in Farbendr. (VII S. Text.) Fol. Dresden (905). G. Kühtmann. In Mappe n. 20. —

Neff, J s. Grünewald, Th , und Neff, J .

Neff, J[acob]. Beiträge zur Kenntnis der Podotrochilitis des Pferdes. Diss. Vet.-Med. Univ. Zürich. Mit drei Tafeln. 68 S. 8. Zürich, Art. Institut Orell Füssli, 1903.

Neff, Johann: Propositionum et meditationum physico-medicarum sylloge. 28 S.,gbd.

Erlangae:(Walther) 1784
(Adversaria argumenti physico-medici, Fasc. 4,16)

JB 1.808

Neff, Joh. Heinrich, approb. Arzt: Zwei Fälle von Exophthalmus pulsans traumaticus. *Heidelberg 1902: J. Hörning.* (22 S.) 8°
Heidelberg, Med. Diss. v. 1902

Neff, Joseph, (Dir.): **Analekten zur Geschichte des deutschen Humanismus.** 1. (Aus d. Briefwechsel des Humanisten Michael Hummelberger mit Conrad Peutinger, Frh. Chr. zu Schwarzenberg u. K. Ursinus Velius.) *Tübingen 1900: H. Laupp jr.* (21 S.) 4°
Donaueschingen, grossh. PG, MP 1900 (649)**

Neff, Joseph, (Dir.): **Analekten zur Geschichte des deutschen Humanismus.** 2. Jo. Arnoldus Bergellanus, Encomion Chalcographiae. [Hrsg. u. erkl.] *Tübingen 1901: H. Laupp jr.* (22 S.) 4° ¶[Forts. d. P-Beil. 1900.]
Donaueschingen, grossh. PG, MP 1901 (662)**

Frequenz der Anstalt. S. 254. Die wissenschaftlichen Beilagen der Jahresberichte des Lyceums und des Gymnasiums. S. 255—256.
Progr.

Neff, Joseph [Dir.]: Philipp Engelbrecht '(Engentinus.)' E. Beitr. z. Geschichte d. Humanismus am Oberrhein. Tl 1. Donaueschingen, A. Willibaldsche Hofbuchdr., 1897; 20 S. 4.
Donaueschingen, grossh. PG, MP 1897 (628)

Neff, Joseph: Philipp Engelbrecht (Engentinus.) Ein Beitrag zur Geschichte des Humanismus am Oberrhein. T. 2. *Tübingen 1898: H. Laupp jr.* (20 S.) 4° ¶[Fortsetzung d. P-Beilage 1897.]
Donaueschingen, grossh. PG, MP 1898 (634)

Neff, Joseph, Dir.: Philipp Engelbrecht (Engentinus). Ein Beitrag zur Geschichte d. Humanismus am Oberrhein. T. 3. (Schluss.) *Tübingen 1899: H. Laupp jr.* (24 S.) 4° ¶[Schluss d. P-Beil. 1897 u. 1898.]
Donaueschingen, grossh. PG, MP 1899 (643)

Neff, Josef (Hrsg.), s. Hessus, Helius Eobanus: Noriberga illustrata ...

Neff, J[oseph]: Die Jahrhundertfeier [der Anstalt]. S. 3—12. 4.
Progr. Großherz. Ludwig-Wilhelm-Gymn. *Rastatt* 1909 (833).

Neff, Joseph: Leitung der Anstalt, Lehrkörper, Verwaltungsbehörde, Beirat. Verzeichnis d. Direktoren, Prof. ... Rastatt 1908: Greiser. S. 201—220. 4°
Rastatt, großh. G, in Festschr. z. Jahrhundertfeier, P 1908** [S 08. 327

Neff, Joseph, [u. a.]: Verzeichnis der Abiturienten seit 1850. Rastatt 1908: Greiser. S. 221—253. 4°
Rastatt, großh. G, in Festschr. z. Jahrhundertfeier, P 1908** [S 08. 328

Neff, Joseph [Prof.]: Udalricus Zasius. Ein Beitrag zur Geschichte des Humanismus am Oberrhein. I. Theil. Freiburg i. B., Univ.-Buchdr. v. C. Lehmann, 1890; 35 S. 4°
Freiburg i. B., grossh. G, MP 1890 (592)

Neff, Joseph [Prof.]: Udalricus Zasius. Ein Beitr. z. Geschichte d. Humanismus am Oberrhein. II. Tl. (Forts. d. P-Beil. 1890.) Freiburg i. B., Univ.-Buchdr. v. Ch. Lehmann, 1891; 35 S. 4°
Freiburg i. B., grossh. G, MP 1891 (607)

Neff, K., Geschichte des badischen Schwarzwald Turngaues. Geschrieben als Festschrift zum XIX. Gauturnfeste am 19. VIII. 1906 u. zum XXX. Gründungstage des bad. Schwarzwald-Turngaues. (23 S.) 8. Furtwangen (906). (Donaueschingen, O. Mory.) n. — 25

Neff, Karl

Neff, Karl [Dr.]: De Paulo Diacono Festi epitomatore. (= Inaug.-Diss. Leipzig 1891.) Kaiserslautern, *Druck d. Univ.-Buchdr. v. E. Th. Jacob in Erlangen,* 1891; 1 Bl., 54 S. 8°
Kaiserslautern, k. StA, P 1891 *

Neff, Carl (Bayreuth), De Paulo diacono festi epitomatore. Diss. Erlangen (E. Th. Jacob) 1891. 54 S. u. Biogr. (1.50) 24620
Gew.: Eduard Wölfflin, Ludwig Traube.

Neff, Karl, s.: Paulus Diaconus, Gedichte.

— Das pädagogische Seminar. Einführung der Kandidaten der Philologie in die pädagog. Praxis. (XIV, 296 S.) 8. München 908. C. H. Beck. Geb. in Leinw. 6. —

Neff, Karl, Rechtspraktikant aus Hofweier: **Welche Bedeutung ist dem Worte 'Absicht' im deutschen Reichsstrafgesetzbuch beizulegen?** *Freiburg i. B. 1902: H. M. Poppen & Sohn.* (43 S.) 8°
Freiburg i. B., Rechts- u. staatswiss. Diss. v. 1902

Neff, Karl Wilhelm Friedrich

— Carl Wilhelm Friedrich (Ludovicopol.), De notione tolerantiae religiosae civilis praesertim ex mente Art. V. J. P. O. Präs. Johann Christian Majer. Tübingen (Sigmund) März 1782. 36 S. (5.—) 24621

Neff, Landolin

Neff, L. Über die Abfassungszeit von Leibnizens Unvorgreiflichen Gedanken. 33 S. Progr. *Durlach* 1880.

Neff, L., Gottfried Wilhelm Leibniz als Sprachforscher u. Etymologe. 2 Thle. gr. 8. (IV, 49 u. 53 S.) Heidelberg 870. 71. (Tübingen, Fues.) n. 2. —

Neff, Paul, Albion, s. Albion.

Neff, Paul: Beiträge zur Lehre von der fraus legi facta in den Digesten ... Stuttgart, Hofbuchdr. v. Greiner & Pfeiffer, *1895;* x S., 1 Bl., 75 S., 2 Bl. 8.
Berlin, Jur. Fak., Inaug.-Diss. v. 28. Mai 1895

Neff, Paul, Beiträge z. Lehre v. d. fraus legi facta in d. Digesten. gr. 8. (X, 75 S.) Berlin 895. R. L. Prager. n. 1. 60

Neff, (Buchhändler) Paul, über die Eigenthumsrechte d. Schriftsteller u. Künstler u. ihrer Rechtsnachfolger. gr. 8. Stuttgart 838. Neff. 1/3 ℳ

Neff, *Friedrich Wilhelm Gustav* Paul [aus Wallau]: Ueber die Einwirkung von Anilin, p-Toluidin, β-Naphtylamin und o-, m-, p-Amidobenzoësäure auf Nitro-β-Naphtochinon ... Marburg, Buchdr. v. J. Hamel, 1895; 44 S., 1 Bl. 8.
Marburg, Phil. Fak., Inaug.-Diss. v. [1. Sept.] 1895

Verlags-Verzeichnis von Paul Neff Verlag (Max Schreiber) in Esslingen a. N. (Esslingen a. N.: Neff) 1907. 68 S. 8° 10

Neff, W., Geschichte d. Infanterie-Regiments v. Goeben [2. Rheinisches] Nr. 28. Im Auftrage d. Regiments verf. gr. 8. (XV, 383 u. 87 S. m. Abbildgn., Plänen u. Skizzen.) Berlin 890. Mittler & Sohn. n. 12. —

Neff, W. Die Heldenlaufbahn d. Generals der Infanterie August v. Goeben. Zur stetigen Erinnerg. f. die Mannschaften d. Infanterie-Regiments v. Goeben [2. Rhein.] Nr. 28. Auf Befehl d. Regimentskommandos dargestellt. 8. (40 S. m. 1 Portr. u. 6 Skizzen im Text.) Berl. 889. Mittler u. Sohn. cart. * — 60

Neff, W., Ludwig Wilhelm Markgraf v. Baden u. Hochberg, Landgraf zu Sausenberg, Graf zu Sponheim u. Eberstein, Herr zu Röteln, Badenweiler, Lohr u. Mahlberg, Reichs-Feldmarschall, kaiserl. Generallieutenant, Feldmarschall u. Gubernator zu Raab. Eine Lebensskizze, im Auftrage u. f. das Infanterie-Regiment Markgraf Ludwig Wilhelm (3. Badisches) Nr. 111 entworfen. 8. (IV, 48 S. m. 1 Bildnis, 1 Schlachtenbild u. 7 Textskizzen.) Berlin 892. E. S. Mittler & Sohn. n. — 75

Neff, Wilh.

— Beleuchtung der von dem Herrn Superint. K. W. Weizmann herausg. Schrift: „Ueber das Verhältniß der Volksschule zum Staat u. zur Kirche," nebst Angabe der wesentl. Bedingungen des Gedeihens der Volksschulen u. ihrer Lehrer. gr. 8. Essen 840. Bädeker. 5/12 ℳ

Neff, Wilh., Beurtheilung der Heckmann'schen Takt-, Schön- und Schnellschreib-Methode. Mit Berufung auf bewährte Pädagogen und Methodiker. Heidelberg 857. Rieger. 8. (14 S.) 3 ngr.

— Darlegung einiger Uebelstände, welche den Volksschullehrerstand im Allgemeinen noch drücken, nebst Angabe der Erfordernisse zur Hebung derselben. gr. 8. Ebd. 839. 1/6 ℳ

Gedanken über Burenkämpfe und Infanteriegefecht. Von [Wilhelm] Neff, Major. *Berlin: Liebel 1902.* (48 S.) 8° [F.]

Neff, Wilh., der denkende Rechtschreibschüler oder 86 systematisch geordnete Aufgaben zur Erlernung der deutschen Rechtschreibung für Schulen und zum Selbstunterrichte. 1. Aufl. 1852. und 2., unveränd. Aufl. 12. (60 S.) Heidelberg 853, Bangel und Schmitt. Thlr.

— der denkende Rechtschreibschüler oder 86 systematisch geordnete Aufgaben zur Erlernung der deutschen Rechtschreibung für Schulen u. zum Selbstunterrichte. 4., verm. x. Aufl. Heidelberg 858. Bangel u. Schmitt. 12. (72 S.) 4½ ngr.

Neff, Wilh., der denkende Rechtschreibschüler oder 86 stufenweise geordnete Aufgaben zur Erlernung der deutschen Rechtschreibung für Schulen u. zum Selbstunterrichte. 5. Aufl. 859. — 6. Aufl. 861. — 7. verm. u. verb. Aufl. Heidelberg 862. Bangel & Schmitt. 12. (VI, 65 S.) 4½ ngr.

Neff, Wilh., der denkende Rechtschreibschüler oder 86 stufenweise geordnete Aufgaben zur Erlernung der deutschen Rechtschreibung für Schulen u. zum Selbstunterrichte. 8—12., verm. u. verb. Aufl. Heidelberg 865—70. Bangel & Schmitt. 8. (74 S.) cart. 4½ ngr.

Neff, Wilh., der denkende Rechtschreibschüler oder 86 stufenweise geordn. Aufgaben zur Erlernung der deutschen Rechtschreibung für Schulen und zum Selbstunterrichte. 11.—13. Aufl. 1869—72. 45 Pf., und 14. verm. und verb. Aufl. gr. 8. (72 S.) Heidelberg 874, Bangel und Schmitt. cart.

— der denkende Rechtschreibschüler od. 86 stufenweise geordnete Aufgaben zur Erlerng. der deutschen Rechtschreibg. f. Schulen u. zum Selbstunterrichte. 14. verm. u. verb. Aufl. 8. (72 S.) Heidelberg 874. Bangel & Schmitt. — 60

Neff, Wilh., der denkende Rechtschreibschüler oder 86 stufenweise geordn. Aufgaben zur Erlernung der deutschen Rechtschreibung für Schulen und zum Selbstunterrichte. 15. Aufl. gr. 8. (72 S.) Leipzig 877, Fues's Verlag. cart.

Neff, Wilh., der denkende Rechtschreibschüler oder 86 stufenweise geordnete Aufgaben zur Erlernung der deutschen Rechtschreibung für Schulen u. zum Selbstunterrichte. 16., nach der neuen Rechtschreibung umgearb. Aufl. 8. (72 S.) Leipzig 881. Fues. cart. n. — 60

Neff, Wilh., der denkende Rechtschreibschüler od. 86 stufenweise geordnete Aufgaben zur Erlernung der deutschen Rechtschreibung f. Schulen u. zum Selbstunterrichte. 17., nach der neuen Rechtschreibg. umgearb. Aufl. 8. (72 S.) Leipzig 894. O. R. Reisland. Kart. n. — 60

— Sammlung von Uebungsaufgaben zum Unterricht in der Rechtschreibung in Verbindung mit d. Taktschreiben f. Volksschulen u. die untern Klassen höh. Lehranstalten, nebst einem Anhang der gebräuchlichsten Fremdwörter. 16. (79 S. m. 1 lith. Taf.) Heidelberg 848, Groos. n. 4 ngr.

— — deutsche Schulvorschriften. qu. 8. (16 Bl.) Heidelberg 847, Groos. *

— deutsche Schulvorschriften. Heidelberg (853.) J. Groos. qu. 8. (17 lith. Bl.) n. 5 ngr.

—— deutsche und englische Schulvorschriften. qu. 8. (13 lithogr. Bl.) Heidelberg 848, Groos. *

—— deutsche und englische Schulvorschriften. qu. gr. 8. (13 Stnt.) Heidelberg 853, J. Groos' Verlag.

—— englische Schulvorschriften. qu. 8. (16 Bl.) Heidelberg 847, Groos. *

—— englische Schulvorschriften. qu. gr. 8. (16 Stnt.) Heidelberg 853, J. Groos' Verlag. *

— englische Schulvorschriften. Ebend. (853.) qu. 8. (17 lith. Bl.) n. 5 ngr.

—— der deutsche Sprachschüler. Aufgaben zur Einübung des nackten und erweit. einfachen Satzes. gr. 16. (40 S.) Heidelberg 867, Bangel und Schmitt.

Neff, Wilh., Taktschreibemethode nach Schreuer. Mit e. Vorw. qu. 4. (2 B. u. 8 lith. Vorschriften.) Heidelberg 846, Groos.

Neffe, der, als Onkel. Lustsp. n. d. Franz. von Fr. Schiller. gr. 8. Tübing. Cotta. 808.

— der todte,. Lustsp. in 1 Akt, von A. v. Kotzebue. 8. Leipzig, Kummer. 804.

Neffgen, H., Grammatik der samoanischen Sprache, s.a. Kunst, die, der Polyglottie. 79. Tl.

Grammatik der Samoanischen Sprache nebst Lesestücken u. Wörterbuch. Von H. Neffgen. *Wien & Leipzig: A. Hartleben [1903].* (VIII, 167 S.) 8°
— Kunst d. Polyglottie. T. 79.
(Bibliothek d. Sprachenkunde.) [illegible]

Deutsch-samoanisches Konversationsbuch. 'O le tusi-fetalia'i fa'a-siamani ma fa'asamoa. Zsgest. von H. Neffgen. Leipzig: Ficker 1904. 03 S. 8° [illegible]

— der Veterinär-Papyrus v. Kahun. Ein Beitrag zur Geschichte der Tierheilkunde der alten Aegypter. (24 S. m. 1 Taf.) gr. 8. Berlin 904. (S. Calvary & Co.) n. 2. —

Neffgen, S: Die Kalksandziegelfabrikation. Mülheim a. Rh. 1896

Nefflen, Feld- u. Gartenzeitung, s. Feld- u. Gartenzeitung.

Nefflen, J., die Albbauern, s.: Flüggen, Chrn.

Nefflen's, Johs., schwäbischer Feierabend. Humoristische Erzählgn. u. satir. Briefe d. „Vetters aus Schwaben", nebst e. Auswahl seiner Gedichte. Gesammelt u. bearb. v. Aug. Holder. Zugleich Ergänzungsbd. der neuen Ausg. v. Nefflen's Werken [1888]. 8. (VIII, 152 S. m. 1 Bildnis.) Stuttg. 890, R. Lutz.
[* 1 20; geb. * 1 50] * — 75; geb. * 1 25
N.'s Werke. Ebd. 1888. [* 3 —; geb. * 3 50] * 3 —; geb. * 3 —.

Nefflen, Johs., Gedichte f. d. Volk. gr. 12. (14 B. u. N's. Bildn.) Stuttgart 841, Wachendorf's Vrlsbuchh.

— der Orgelmacher aus Freudenthal in seiner guten Kameradschaft mit dem Vetter aus Schwaben. Mit musikal. Zugaben. 8. Nördlingen 845, Beck'sche Buchh. n. 1 Thlr.

Nefflen, Johs., der Orgelmacher aus Freudenthal in seiner guten Kameradschaft mit dem Vetter aus Schwaben. Mit musikal. Zugaben. 2. Aufl. 8. (404 S.) Heilbronn 847, Landherr. n. 2/3 Thlr. — Neue (Titel-) Ausg. 8. (404 S.) Ebd. 850. 1/4 Thlr.

Nefflen, Johs., der krumme Philipp, oder sein Schatzkästlein f. lebensfrohe Weltkinder, zur erbaul. Unterhaltung. 1. Bdchn. gr. 12. (95 S.) Philadelphia 850. (Schäfer & Koradi.) n. 12 Ngr.

— der krumme Philipp, oder sein Schatzkästlein für lebensfrohe Weltkinder, zur erbaulichen Unterhaltung. 1. Bdchn. gr. 12. (95 S.) Philadelphia 851, (Schäfer und Koradi.) *

— der Coburger Sechser. Eine höchst schauerl. Begebenheit d. 19. Jahrh. gr. 8. (3 1/2 B.) Stuttgart 840, Wachendorf's Vrlsbh.

Nefflen, Joh. — Der Vetter aus Schwaben. Schwabenbräuch u. Schwabenstreich aus dem Leben gegriffen v. Schultheissen *Nefflen*, Abgeordneten von Marbach. Stuttgart 1837. 8⁰. XVI u. 362 S. (10 Mk. List & Francke, Lpz., 1908; 12 Mk. Adolf Weigel, 1907; 6 Mk. H. Streisand, Berlin, 1908.)

Nefflen, Johannes, der Vetter aus Schwaben. Schwabenbräuch u. Schwabenstreich aus dem Leben gegriffen. gr. 12. Stuttgart 837. Balz. 1/2 Thlr. — Neue verb. u. verm. Aufl. 8. Ulm 840. Stettin. 1 Thlr.

— der Vetter aus Schwaben. Schwabenbräuch u. Schwabenstreich aus d. Leben gegriffen. gr. 12. (15 1/2 B.) Stuttgart 837, [Becher's Verl.]

Nefflen, J., Der Vetter aus Schwaben oder Schwabenbräuche aus dem Leben gegriffen. Neue, bedeutend vermehrte Ausgabe. Ulm 1841. 8⁰. (10 Mk. Th Ackermann, München, 1913.)
U. a.: Erklär. d. schwäbischen Dialekts, Wörter etc.

— Dasselbe. 3. Ausgabe. New York (so!) u. Reutlingen, o. J. 8⁰. (2 Mk. 50 Pfg. A. Bielefeld, Carlsruhe, 1911.)

Nefflen, Johs., der Vetter aus Schwaben. Sittenbilder aus Altwürttemberg. Illustriert v. Emil Klein. 3 Tle. 8. Stuttgart (904). R. Lutz. à 1.20; in 1 Leinw.-Bd. n. 4.20
1. Schwabenstreiche. — Metzelsuppe. — Hauswäsche. — Taufschmaus. (126 S. m. Bildnis.) — 2. Ein Aufschneider. — Ein Gesell hilft dem andern. — Bare Zahlg. — Der Bauer im „König v. England". — Heimkunft v. der Kirche. — Weibersturm. (124 S.) — 3. Frauenvisite. — Anmeldung im Pfarrhaus. — Stiftungsrat. — Kirchenkonvent. (120 S.)

Nefflen's, J., Werke. Revidierte Ausg. seiner Volksbücher: „Der Vetter aus Schwaben" [2. Aufl. 1841] u. „Der Orgelmacher v. Freudenthal" [1845]. Mit dem Bildnis u. der Biographie Nefflen's. Anh.: Erklärung schwäb. Redensarten. Rechtmäßige Ausg. 8. (XVI, 316 S.) Stuttgart 888. Lutz. n. 3. —; geb. n. 3. 50

— kein Zehnten u. keine Ablösung. Ein Wort zu seiner Zeit für alle Zehntpflichtigen in Schwaben. 8. (76 S.) Stuttgart 849, Lubrecht & Co. n. 1/6 Thlr.

Nefflen, Louis Gust., die Topinambur als Stellvertreterin der kranken Kartoffel od. ihr Anbau, ihre mannichfaltige Verwendung u. ihre Vorzüge als Nahrungsmittel, leicht faßlich beschrieben f. den Landmann. 8. (VIII u. 60 S.) Stuttgart 848, Metzler. 1/3 Thlr. Mit 2 color. (lith. Taf.) Abbildgn. 1/2 Thlr.

Nefgen, Aug. [aus Lüneburg]: Beiträge zur Chemie des Schiefertheeres ... Bonn, Buchdr. v. K. Drobnig, 1897; 60 S., 1 Bl. 8.
Rostock, Phil. Fak., Inaug.-Diss. v. [15. März] 1897

Neft, Freida. Ein Beitrag zu den syphilitischen Psychosen. Diss. Med. (Bern). *Kopftitel:* Aus der psychiatrischen Universitätsklinik Bern. Direktor: Prof. Dr. [Wilhelm] v. Speyr. 29 S. 8. Bern, H. v. Kamp-Berger, 1908.

NEFZAUI, Cheikh. — Der duftende Garten des Scheik Nefzaui. Eine arabische Ars amatoria. (Etwa 1530 verfaßt.) Deutsche Bearbeitung von Heinrich Conrad. Privatdruck des Verlages „Der Spiegel" zu Leipzig (1905). (Auch titulo: Venus Orientalis. Beiträge zur erotischen Literatur der morgenländischen Völker, von Heinrich Conrad. Erster Band: Der duftende Garten.) 8⁰. Dunkelgrüner Orig.-Ldrb. m. Goldtit., unbeschn., ff. holl. Pap. (Br. Mk. 20—, in Leder 23—.) Vergriffen! (12 Mk., Origldrbd., Adolf Weigel, 1908; 24 Mk. Schaper, Hannover, 1905; 27 Kr. Halm & Goldmann, 1907; 30 Kr. Gilhofer & Ranschburg, 1908; 38 Mk. H. Streisand, Berlin, 1906.)

NEFZAUI. — Der duftende Garten des Scheikh Nefzaui. Eine arabische ars amatoria. Deutsche Bearbeitung von Heinrich Conrad. Leipzig 1905. 8⁰. Privatdruck des Verlages »Der Spiegel« 1000 numer. Expl.

Nega, Jul., ein Beitrag zur Frage der Elimination des Mercurs mit besonderer Berücksichtigung des Glycocoll-Quecksilbers. gr. 8. (50 S.) Strassburg 882. Trübner. n. 1. 20

Nega, Jul., vergleichende Untersuchungen üb. die Resorption u. Wirkung verschiedener zur cutanen Behandlung verwandter Quecksilberpräparate. gr. 8. (102 S.) Strassburg 884. Trübner. n. 2. —

Nega, Victor Julius: Beiträge zur Kenntniss der Funktion der Atrioventrikular-Klappen des Herzens, der Entstehung der Töne und Geräusche in demselben und deren Deutung. Breslau 1852. (42 S.) 4° *(Mit besond. Erlaubnis d. Ministeriums in deutscher Sprache erschienen.) [Im Buchhandel 1852 bei Hirt in Breslau.]*
Breslau, Med. Fak., Hab.-Schr. v. 10. Aug. 1852

Nega, Victor Julius *(geb. Poliwoda in Oberschles. 17.2.1816)*: De congenitis genitalium foemineorum deformitatibus. Vratislaviae (1838). (20 S., 1 Taf.) 4°
Breslau, Med. Diss. v. 28. Nov. 1838

Negbaur, Walter: Ueber die Potentialdifferenzen von Ketten mit trockenen festen Electrolyten ... Leipzig, J. A. Barth, 1892; 21 S. 8.
Erlangen, Phil. Fak., Inaug.-Diss. v. 1892

NEGDI, Mustafa el (Kairo): De ophthalmia aegyptiaca. (Titel nach der Urkunde)
26.11.1853 - Urk
Diss. Ingolst.-Landsh.-Mchn.

Negedly, Joh.

— Auszug aus d. prakt. böhmischen Grammatik f. Deutsche gr. 8. Preßb. 820. Landes 12 Gr.

Negedly, Jh., prakt. böhmische Grammatik, f. Deutsche. gr. 8. Prag 809. (Widtmann). 1 Thlr. 16 Gr. 3e Aufl. 821 (Haase, Söhne) 1 Thlr. 4 Gr. (a. Kronberger u. W. das.) 1 Thlr.

Negedly, Joh., Lehrbuch d. Böhm. Sprache f. Böhmen. 4., stark verm. Aufl. gr. 8. (26½ B. u. 2 Tab. gr. 4.) Prag 830, (Haase Söhne; Kronberger u. Weber.)

— böhmische Sprachlehre. 2 Thle. gr. 8. Prag 804, 5, 9. Widtmann. 1 Thlr. 16 Gr. 4e verm. Aufl. 830. (Kronberger u. W. das.) 1 Thlr. 4 Gr.

— Widerlegung d. sogenannt. analog.-orthograph. Neuerungen in d. böhm. Sprache. gr. 8. Prag 828. (Kronberger u. W. 4 Gr.

Negele, Gebh., Ergebnis d. Landtagswahlen in Württemberg vom Dez. 1906 u. Jan. 1907. (1 farb. Karte.) 28,5 × 21 cm. Ravensburg (907). H. Burger. p — 20

Negelein, A. v., Bahnen und Kanäle. gr. 8. (32 S. mit 1 chromolithogr. Karte.) Oldenburg 876, Schulze'sche Hofbuchh. *

Negelein, A. v., Haus Oldenburg in Sage u. Geschichte. 8. (VIII, 171 S.) Oldenburg 889. (Hintzen.) n. 1. 80; geb. n. 2. 50

Negelein, A. v., die Volksschule, ihre Ziele u. deren Grenzen. (26 S.) 8. Gotha (904). [C. Glaeser.] R. Wöpke. n. — 60

v. **Negelein**, C., kurzgefaßte geschichtliche Darstellung des Postwesens in Deutschland. Als Einleitung zur Beantwortung der Frage über die Bildung eines gemeinsamen deutschen Postwesens entworfen. 12. (11 S.) Breslau 848, Graß, Barth & Co. (Brieg, Ziegler.) n. 2 Gr.

Negelein, C. v., Entwurf der Grundzüge einer Verfassung der deutschen Posten und deren Centralisation. 12. (10 S.) Breslau 848. (Brieg, Ziegler.) Thlr. *

— die deutsche Reichspost. Beantwortung einer Zeitfrage. Der hohen National-Versammlung in Frankfurt a. M. gewidmet. 12. (22 S.) Breslau 848, Graß, Barth und Comp. (Brieg, Ziegler.) *

Negelein, Christoph Hieronymus von (Preuß. Adel), Selectarum quae ad usum fori spectant observationum sylloges. Diss. V. Präs. Jo. Wilhelm Hoffmann. Frankfurt/Oder (S. G. Alex) 16. VII. 1735. (4.50) 24622

— **Gustav Philipp** (Nürnberg), De vetusto quodam diptycho consulari et ecclesiastico. Diss. inaug. Präs. Christian Gottlieb Schwarz. Altdorf (J. A. Hessel) 23. VI. 1742. 48 S., 1 Taf. (6.—) 24625
Widm. v.: C. G. Schwarz, J. G. Bernhold (Oppon.), Joh. Chr. Lud. Esenbeck (Oppon.), Gottlieb Albrecht Spieß (Oppon., dtsch.), J. C. Feuerlein.

— — **De peste cui praemissa explicatio reliquiarii S. Sebastiano consecrati.** Diss. hist.-med. Präs. Lorenz Heister. Helmstedt (P. D. Schnorr) 10. XII. 1744. 37 S., 1 Taf. (5.50) 24626
Widm. v.: Lorenz Heister.

Negelein, Joachim

— Bedenken v. d. Kindertaufe. 4. Ebend. 716.

* **FLORANDO** (d. i. *Joachim Negelein*). — Betrüglicher Courtesie-Spiegel Des Galanten Academischen Frauenzimmers, Welcher die mancherley artigsten und lustigsten Avanturen ... derselben in einem Roman fürstellet. Herausgegeben von *Florando*. Franckfurt u. Leipzig 1714. 8°. (In Berlin: an Yv 801.)
TKpf. u. 320 SS. Einer der liederlichsten Studenten-Romane. — Aeusserst selten!

— Kern aller Gebete in der Litaney. 8. Ebend. 724.

Negelein, Joach., Kern und Mark der Apostelgesch. od. Entw. z. 28. Predigten üb. d. Apostgesch. 4. Nürnb. Felsecker. 731.

— Klugheit d. Gerechten, n. Anleit. d. Evangel. u. Augsb. Confession. 4. Ebend. 732.

Negelein, Joachim. Nürnberg als eine Zeugin und Bewahrerin der Wahrheit . . . A. d. Lat. . . . Nürnberg 1730. Ü: *Stoy, Paul Frdr.* (Bibliotheca Norica Williana. Altdorf 1772—78. I, 3, 66.)

— Ulysses literarius de novis quibusd. in orbe literato etc. 8. ibid. 726.

— **Johann Conrad** (Nürnberg), Commentatio praevia de jure muniendi liberarum S. R. J. civitatium cum primis Norimbergae. Altdors (J. P. Meyer) 19. IV. 1773. 60 S. (5.—) 24628
Widm. v.: Joh. Augustin Dietelmair, Jo. Bernhard Hoffer, Wolfgang Albert Spisius, Johann Andreas Mich. Nagel, Georg Andreas Willius, Georg Christoph Schwarz, Jo. Fried. Conr. Christ. Jacobi (Oppon.).

Aberglauben auf der Kurischen Nehrung. Von Julius v. **Negelein**. *Braunschweig 1902: F. Vieweg & Sohn; [Königsberg i. Pr.: Verl. von Gräfe & Unzer].* (24 S.) 8°
Aus: Globus. Bd 82, No 15. 18. [04. 6230 10

— germanische Mythologie, s. a. Aus Natur u. Geisteswelt.

Germanische Mythologie. Von Julius v. **Negelein**. Leipzig: B. G. Teubner 1906. (V, 135 S.) 8° [F.]
= Hochschulkurse, Königsberger. Bd 4.
= **Natur**, Aus, u. Geisteswelt. Bdch. 95. [06. 8869 10

Negelein, Jul. v., s.: **Parîśiṣṭas, the, of the Atharvaveda.**

— **das Pferd im arischen Altertum, s. a. Teutonia. 2. Hft.**

Das Pferd im arischen Altertum von Julius v. **Negelein**. *Königsberg i. Pr.: Gräfe & Unzer 1903.* (XXXVII, 178 S.) 8° [F.]
— **Teutonia.** H. 2. [03. 4778 10

Jeep, Ludovicus, ord. phil. h. t. decanus: **Lectiones cursorias, quas ... Julius de Negelein Phil. Dr. 'Das Rossopfer, seine Vollziehung und Bedeutung' ad docendi facultatem rite impetrandam die VIII. Julii ...** habebit, indicit. *Regimonti Bor. 1899: Hartung.* (1 Bl.) 4°

Negelein, Jul. v., z. Sprachgeschichte des Veda. D. Verbalsystem d. Atharva-Veda, sprachwissenschaftl. geordnet u. dargest. Gekrönte Preisschrift. gr. 8. (VII, 104 S.) Berlin 898. Mayer & Müller. n. 8. —

Negelein, Julius von: Das Verbalsystem des Atharvaveda. *Norden 1897: D. Soltau.* (48 S.) 8° ¶ (Theil 1 einer preisgekrönten Arbeit.)
Königsberg, Phil. Diss. v. 2. Okt. 1897

— das Verbalsystem d. Atharvaveda. Diss. gr. 8. (48 S.) Norden 897. (Königsberg, W. Koch.) n. 1.20

Negelein, Kurt von, Referendar: Die rechtliche Natur und die Ausgestaltung der Succession in Fideikommisse nach gemeinem und dem jetzigen Rechte der alten preußischen Provinzen, mit Hinblick auf den vorläufigen Entwurf eines Gesetzes über Familienfideikommisse von 1903. Berlin 1907: W. Pilz. (64 S.) 8° [F.]
Heidelberg, Jur. Fak., Ref. Endemann, Diss. v. 25. Febr. 1907
[Geb. 20. Juli 81 Neuenburg in Oldenburg; Wohnort: Celle; Staatsangeh.: Oldenburg; Vorbildung: Gymn. Oldenburg Reife O. 99; Studium: Freiburg i. B. 1, Heidelberg 2, München 1, Berlin 3, Göttingen 1 S.; Rig. 7. Dez. 06.]

Negelein, Kurt v., die rechtliche Natur u. die Ausgestaltung der Succession in Fideikommisse nach gemeinem u. dem jetzigen Rechte der alten preuß. Provinzen, m. Hinblick auf den „vorläufigen Entwurf e. Gesetzes üb. Familienfideikommisse" v. 1903. (Diss.) (62 S.) gr. 8. Berlin 907. Struppe & Windler. 1.60

Negenborn, Karl, der Deutsche als Staatsbürger. Betrachtungen üb. Politik. (57 S.) gr. 8. München 908. J. F. Lehmann's Verl. 1.20

Vaterländischer Schriftenverband (V. S. V.). (Verband z. Verbreitung vaterländ. Schriften.) Der Deutsche als Staatsbürger. Betrachtungen über nationale Erziehung von Dr. jur. Karl Negenborn, Reg.R. 6. Aufl. Berlin: Vaterländ. Schriftenverband (1909). 14 S. 8°
Aus: Negenborn: Der Deutsche als Staatsbürger. [11. 10490

Negenborn, Frau Marie, die Hausfrau u. ihre weiblichen Dienstboten. Eine Aufgabe der Frau auf dem Gebiete d. Allgemeinwohls. Aus den nachgelassenen Papieren. gr. 8. (IV, 64 S.) Gotha 888. F. A. Perthes. n. 1. —

Negenborn, Marie, Seelenkämpfe e. armen Landmädchens, s.: Familienbibliothek, Calwer.

— evangelische Trostworte f. Kranke u. Leidende v. der Mitgenossin an der Trübsal. 2. Aufl. 8. (VII, 232 S.) Gotha 891. F. A. Perthes. Geb. in Leinw. n. 3. 40

Negenborn, Otto (Paulus Ioach.) (geb. Kloschen in Ostpr. 1. 5. 1833): De rhachitidis natura. Berolini (1855). (29 S.) 8°
Berlin, Med. Diss. v. 10. März 1855

Negendank-Semlow, Ulrich Graf Behr, u. Jul. Frhr. v. Bohlen-Bohlendorf, die Personalien u. Leichen-Processionen der Herzoge von Pommern u. ihrer Angehörigen aus den Jahren 1560 bis 1663. Mit 5 in den Text gedr. Holzschn. [Statt Handschrift gedruckt.] Halle 869. (Buchh. des Waisenh.) gr. 4. (XIX, 648 S.) n. 6 ₰

Negentzoff, Christo. Das Prinzip der Selbsttätigkeit in der Pädagogik Fr[iedrich] Fröbels. Diss. Phil. I. Univ. Zürich. 103 S. 8. Zürich-Selnau, Gebr. Leemann & Co., 1908.

Neger, der, Oper von G. F. Treitschke. 8. Weimar, Degen. 804.

Neger, die, Oper von Treitschke. 8. Wien, Degen. 804. (Armbruster.)

Neger, der bekehrte. Eine wahre Geschichte, 8. Hamb. ,.. Schuberth u. N. 8 gr.

Neger, der bekehrte. 6. Aufl [Ster.-Ausg.] Hrsg. v. d. Wupperthaler Traktat-Gesellschaft. 8. (23 S.) Barmen 875. Wiemann. n. — 16

Neger, Die zwei. Schwank in 1 Aufz. A. d. Ital. . . . Paderborn 1894. V. *Blandini, Gaetano.* (Berl)

Neger, Albert [Cand. med. aus Nürnberg]: Beobachtungen über die Stickstoffausscheidung bei schweren Magenstörungen . . . München, Druck v. M. Ernst, 1889; 30 S. 8°
München, Med. Fak., Inaug.-Diss. v. 1889

Neger, Franz [aus Nürnberg, gepr. Lehramts-Kand. f. Naturwiss.]: Ueber Dehydracetcarbonsäure ... München, Druck v. V. Höfling, 1892; 46 S., 1 Bl. 8.
München, Phil. Fak., Inaug.-Diss. v. 1892

Neger, Franz Wilhelm

Neger, Franz W., Dr. phil.: **Beiträge** zur Biologie der Erysipheen (Mittheilung 2). Mit 27 Textfig. *München 1902: V. Höfling.* (54 S.) 8° ¶ Aus: Flora od. Allgem. Botan. Zeitung, 1902, Bd 90, H. 2. — (1 erschien in Bd 88, 1901.)
München, Phil. Hab.-Schr. v. 1902
(Nicht für den Austausch)

Neger, Franz Wilh., **Chilenisch-patagonische Charakterpflanzen,** s.: **Vegetationsbilder. VI, 8. (Dusén, P.)**

Neger, F. W., die Handelspflanzen Deutschlands, ihre Verbreitung, wirtschaftliche Bedeutung u. technische Verwendung. (VII, 184 S. m. 20 Abbildgn.) 8. Wien 904. A. Hartleben. n. 3. —; geb. n. 3 80

— In der Heimat der Araucarie u. der Araucaner. (55 S. m. 25 Abb. u. 1 eingedr. Kartenskizze.) Lex. 8. Leipzig (910). Quelle & Meyer. 1.20

— Mehltaupilze (Erysipheen), s.: **Wandtafeln,** pflanzenpathologische.

— Die Nadelhölzer (Koniferen) u. die übrigen Gymnospermen. s. a. Sammlung Göschen.

Die Nadelhölzer (Koniferen) und übrigen Gymnospermen von Dr. F. W. **Neger**. Mit 85 Abb., 5 Tab. u. 4 Kt.
Leipzig: Göschen 1907. 185 S. 8°
(Sammlung Göschen. 355.)

— u. L. Vanino, der Paraguay-Tee (Yerba Mate). Sein Vorkommen, seine Gewinng., seine Eigenschaften u. seine Bedeutg. als Genussmittel u. Handelsartikel. (III, 56 S. m. 22 Abbildgn.) gr. 8. Stuttgart 903. F. Grub. n. 2. —

Neger, F., Pilze, s. Hennings, P.

Neger, F. W. Dr. „Verzeichnis der in der Umgegend von Wunsiedel in den Jahren 1898/99 beobachteten Pilze und Schleimpilze". Ein Beitrag zur Pilzflora des Fichtelgebirges. pg. 1—10. 8°. A. Beer.
Wunsiedel, Progr. 1899/1900

Neger, Johs., Excursionsflora Deutschlands. Analytische Tabellen zum möglichst leichten und sicheren Bestimmen aller in Deutschland, Deutsch-Oesterreich und der Schweiz wildwachs. und häufiger cultiv. phanerogam. und kryptogam. Gefässpflanzen. 8. (XLIV, 443 S.) Nürnberg 871, Korn'sche Buchh. *

Neger, Johs., über einige neue Selencyan-Verbindungen. Inaugural-Dissertation. gr. 8. (32 S.) Göttingen 860, (Vandenhoeck und Ruprecht's Verlagsh.) * *

Der Negerfreund : Jahrgang 1—50, Jan. 1897—1947.
Quarterly. Place varies, Galveston, Texas. Roman Catholic. Quarto, each issue 16 pp. Religious illustrations. Published in the interest of religious and industrial education of Negro children. Established by Ph. L. Keller. In 1940 published by Rev. H. J. Patzelt.
Lafayette, LA

Der Negerfürst | oder: | der Schwur des Sohnes | am Grabe seiner Mutter. | (Fig.: *Dreimaster*, 30 × 42) | Motto: Der Mörder führt mit sich'rer Hand | Des Dolches blut'gen Stahl, | Allein der Rächer ungesehn, | Ereilt ihn jedes Mal. | Hamburg 1858.
o. J., 4 Bl. n. n., 185 × 113.
LBO Bänkelsängerlit. I, 36.
Ein anderer Druck (Dt. Vl.-Arch. Freiburg V 1. 1135,1) trägt den Vermerk: Druck von J. Kahlbrock Wwe., Grünersood No. 52. (um 1860).

Der | europäische Negerfürst | oder: | Bestimmung, Glück und Lohn. | (*Text*).
Kol.: Mügeln, mit K. S. Censur gedruckt bei G. Strahmer. (Zu haben bei C. A. Bornmann.).
o. J., 4 Bl. n. n., 185 × 120.
LBO Jahrmarktslit. R. c. 1, 11.

Neger-Gruppen. 1. Heft. kl. 8. Leipzig (904). Rauh & Pohle. n. 1.50
14 wirkungsvolle Gruppen in Negerkostümen u. zwar 5 Gruppen f. 2 Personen, 6 Gruppen f. 3 Personen, 3 Gruppen f. 4 Personen. Von G. Liebers. (14 Taf.)

Negerin, Die, oder Lilliput. Zweyter Theil. Ein Lustspiel in fünf Aufzügen. Berlin 1790. V: *Soden, Friedrich Jul. Heinrich Graf von.* (BrMm)

Negerin, die; oder Lilliput 2r Th. Lustsp. von Soden. 8. Berlin, Maurer. 790.

Negerin, die, von Guayana. Eine Gesch. aus d. nördl. Südamerika. Der gesammten edleren Lesewelt, besond. aber d. reif. Jugend erzählt v. d. Verf. d. „Beatushöhle." gr. 12. (7 B. u. 1 Stahlst.) Regensburg 841, Manz.

Negerin, die, in Guyana. Eine Geschichte aus dem nördl. Südamerika. Der gesammten edleren Lesewelt, besonders aber der reiferen Jugend dargereicht von dem Verf. der Beatushöhle (W. Bauberger). 4. Aufl. Mit (1) Stahlst. Regensburg 868. Manz. 8. (160 S.) 11¼ ngr.

Negerin, die, in Guayana. Eine Geschichte aus dem nördl. Südamerika. Der gesammten edleren Lesewelt, besonders aber der reiferen Jugend dargereicht von dem Verf. der Beatushöhle. 5. und 6. Aufl. Mit 2 Stahlst. nach Orig.-Zeichnungen von J. Leudner. 8. (160 S.) Regensburg 872,75, Manz.

Negerin, Die, von Guayana. Eine Geschichte aus dem nördlichen Südamerika. Der gesammten edleren Lesewelt, besonders aber der reiferen Jugend dargereicht von dem Verfasser der Beatushöhle. 7. Aufl. Regensburg 1880. V: *Bauberger, Wilhelm.* (Russell IX, 660)

Negerin, die, in Guayana. Eine Geschichte aus dem nördlichen Südamerika. Der gesammten edleren Lesewelt, besonders aber der reiferen Jugend dargereicht von dem Verf. der Beatushöhle. 7. Aufl. Mit 2 Stahlst. nach Orig.-Zeichnung von J. Leudner. 8. (160 S.) Regensburg 880. Manz. 1. 15

Negerin, die, von Guayana. Eine Geschichte aus dem nördlichen Südamerika. Der gesammten edleren Lesewelt, besonders aber der reiferen Jugend dargereicht von dem Verf. der Beatushöhle. (W. Bauberger.) 9. Aufl. 8. (160 S. mit 1 Stahlst.) Regensburg 887, Verlags-Anstalt. ℳ 1.15.; cart.

Das Heimatlose Negerkind : 1882--? Leavenworth, KS
Quarterly. Edited by Fr. Huhn.

Das Heimathlose Negerkind : 1882--1904.
Roman Catholic quarterly, published in the interests of negro orphans.
Independence, TX

Negerknabe, der, Cuff. Eine Erzählung für Christenkinder, vom Verfasser des „armen Heinrich" (Chr. G. Barth). 12. Stuttgart 841. Steinkopf. ⅙ ß

Negerknabe Cuff, der. Eine Erzählung für Christenkinder v. Verf. des „armen Heinrich." 12. Stuttgart 846, J. F. Steinkopf. n. ⅙ ß

Negerlein, die 12. (28 farb. S. m. Text.) 19,5×24 cm. Stuttgart (910). Loewe. Kart. 2.50; auf Pappe, kart. 3. —

Negerlein, C., s. Negelein, C.

Negermädchen, das —. Lustspiel für Kinder in einem Aufzuge von P. M. H. Wien. 1855. Druck und Verlag von M. Auer. (40 S. 8.)

Negersclav, der, Roman, von C. Hildebrand. 2 Theile. 8. Quedlinburg, Basse. 817.

Negersklaven, Die. Ein Lustspiel in einem Aufzuge. Prag u. Leipzig 1779. V: *Steinsberg, Carl Franz Guolfinger Ritter von.* (BiblPort) (Abgedruckt in Steinsberg, Kleine Opfer dem deutschen Theater dargebracht. Prag 1779)

Negerſclaven, die,. Trauerſp. von Reitzenſtein. 8. Wien, Schaumburg. 793.

— die,. Hiſtor. dramat. Gemälde von Kotzebue. 8. Leipz. Kummer. 796.

Negerſclaven, die, hiſtor. dramat. Gemälde von A. v. Kotzebue. Neue Aufl. 8. Leipzig, Kummer. 821.

Negges, Joh. Friedr.

Negges, J. F., franzöſiſcher Briefſteller. Anleitung zum vertraul. Style für Billete und Briefe mit erläut. Noten zum Gebrauch für Schulen. I. Thl. A. u. d. T.: Correspondance familière. Billets et lettres avec des notes à l'usage des écoles. Tome I. 8. (VIII und 48 S.) Nürnberg 848, (Riegel und Wießner.)

Negges, Joh. F., Elvira, od. Ehre u. Mutterliebe. Dramat. Gedicht in 5 Aufzügen. 8. (6 B.) Nürnberg 833, (Schneider u. Weigel.)

Negges, J. Friedr., Sultan Selim der Dritte oder: der Janitſcharen-Aufſtand. Ein hiſtor. Schauſpiel in 5 Akten. (Mſcr. für die Bühnen.) 8. (IV und 119 S.) Augsburg 855, (v. Jeniſch und Stage'ſche Buchh.) *

Negidius, Numerius, üb. d. preuß. Strafjuſtiz, ſ.: Agerius, Aulus.

Negle, Franz (Hrsg.), s. Sonntags-Blatt.

(——) der reiſende Teufel, ſ. Teufel.

—— der bayeriſche Volksfreund, ſ. Volksfreund.

Negligente, Il. Drama per Musica ... Der Nachlässige, eine musikalische Opera ... O. O. [17??]. Ü: *Soralli, Marcus.* (ML)

Nego, Gust., Momontaufnahmen jenseits dor Leitha. gr. 16. (III, 120 S.) Bremen 893. C. Schünemann. n. 1. 50; geb. in Leinw. n. 2. —

Négociant, Le, Anglais, ou traduction libre du livre intitulé: the british merchant. Dresde et Paris 1753. V: *King, C.* Ü: *Véron de Forbonnais, Fr.* (CBH)

Negocianten, Die illustre, oder hier und dar gewesene Kauff-Leute ... Frankf. u. Leipzig 1735. V: *Riederer, Joh. Friedrich.* (will)

Der wohl unterwieſene europäiſche Negotiant oder allgemeine theoretiſch - practiſche Anweiſung zu allen möglichen Waaren- und Wechſelrechnungen von J. Ph. Wilborn. — Erſter od. theoret. Theil, welcher eine allgemeine Anleitung zu den nöthigen Kaufmänniſchen Rechnungen enthält. 346 S. 2ter od. pract. Th. enthält eine allgemeine Wechſelreduktion über 46 der vornehmſten Handlungsplätze von Europa. 435 S. Ulm, Stettiniſche Buchhandlung. 4. 1788

(Negrelli, [Aloys].) Bericht des als eidgenössischer Experte in die durch die Ueberschwemmungen vom 15. Herbstmonat und 5. und 6. Weinmonat 1839 vorzüglich heimgesuchten Kantone Uri, Tessin und Wallis gesendeten Herrn Oberingenieur N' über die dortigen Verheerungen .... (Zürich, den 30. Dezember 1839.) 4. *o. O.*

Negrelli, Alois — Ritter von der Moldelbe. Die gegenwärtigen Transport- und Kommunikationsmittel Egyptens mit Beziehung auf die beantragte Durchſtechung der Landenge von Suez. Von — —. Abgedruckt aus der Wochenſchrift »Auſtria« Jahrg. 1856. 17. Heft. Aus der k. k. Hof- und Staatsdruckerei. (18 S. 8.)

Negrelli, L., Ausflug nach Frankreich, England u. Belgien, z. Beobacht. d. dort. Eiſenbahnen, mit e. Anh. üb. Anwend. v. Eiſenbahnen in Gebirgsländern. 8. (12½ B.) Frauenfeld 838, [Zürich,] Beyel.

Negrelli, L., die Eisenbahnen m. Anwendung der gewöhnl. Dampfwägen als bewegende Kraft über Anhöhen u. Wasserscheiden sind ausführbar. Ein auf Erfahrungen begründeter u. practisch dargestellter Vorschlag. gr. 4. (1¼ B. u. 2 Stnt.) Wien 842, (Beck'sche Universit.-Buchh.) *

Negrelli, L. Ueber Gebirgseisenbahnen. Wien 1842. 4

Negrelli, L. Gutachten über den Bau einer obern fahrbaren Brücke über die Limmat in Zürich, eines neuen Kornhauses und Hafens. 1834.

Negrelli, L. Die Münsterbrücke in Zürich. 1841. fol.

Negri, ... Anfangsgründe d. italien. Sprache. gr. 8. Hamb (Campe). 16 gr

Negri, Ada, Mutterſchaft. (Maternità.) Gedichte. Ins Deutſche übertr. v. Hedw. Jahn. Einzig berecht. deutſche Ausg. 2. Aufl. (VI, 150 S.) 8. Berlin 905. F. Fontane & Co. n. 3. —; geb. n. 4. —

Ⓑ Negri, Ada, Mutterſchaft. 905. (KVL 34.) Jetzt: Weimar, A. Duncker Verl.

Negri, Ada, Schickſal. [Fatalità.] Gedichte. In's Deutſche übertr. v. Hedw. Jahn. 8. (XII, 126 S.) Berlin 894. A. Duncker. Geb. in Leinw. m. Goldſchn. n. 4. —

Negri, Ada, Schickſal. (Fatalità.) Gedichte. In's Deutſche übertr. v. Hedwig Jahn. 4. Aufl. Einz. berecht. deutſche Ausg. 8. (XII, 127 S.) Berlin 897. A. Duncker. Geb. in Leinw. m. Goldſchn. n. 4. —

Negri, Ada, Schickſal. (Fatalità.) Gedichte. In's Deutſche übertr. v. Hedwig Jahn. 5. Aufl. Einzig berecht. deutſche Ausg. 8. (X, 127 S.) Berlin 900. A. Duncker. n. 3.—; geb. in Leinw. m. Goldſchn. n. 4. —

— Schickſal (Fatalità). Gedichte. Ins Deutſche übertr. v. Hedw. Jahn. 6. Aufl. (VIII, 131 S.) 8. Berlin 908. Weimar, A. Duncker Verl. 3.—; geb. in Leinw. 4. —

— dasſelbe. Stürme (Tempeste). Ins Deutſche übertr. v. Hedw. Jahn. Einzig berecht. deutſche Ausg. Volksausg. (269 S.) kl. 8. Ebd. 908. 2.—; geb. 3. —

[F. u. Ant.] Stürme. '[Tempeste.]' Gedichte v. Ada Negri. In's Deutsche übertr. v. Hedwig Jahn. Einzig berecht. deutsche Ausg. *Berlin: A. Duncker 1896.* (2 Bl., 134 S.) 1 Bd 8. [97. 258

— Stürme. (Tempeste.) Gedichte. In's Deutſche übertr. v. Hedwig Jahn. 2. Aufl. Einz. berecht. deutſche Ausg. 8. (IV, 134 S.) Ebd. 897. n. 3. —; geb. in Leinw. m. Goldſchn. n. 4. —

— Stürme. (Tempeste.) Gedichte. In's Deutsche übertr. v. Hedwig Jahn. 3. Aufl. Einzig berecht. deutsche Ausg. 8. (IV, 134 S.) Ebd. 902. n. 3. —; geb. in Leinw. m. Goldschn. n. 4. —

Negri, Cristofero, die politische Geschichte des Altertums verglichen mit der neuen. Autoris. deutsche Uebersetzung von Carl von Reinhardstoettner. (In 4 Lfgn.) 1. Lfg. gr. 8. (XII, 160 S.) Hamburg 882. Voss. n. 3. 60

Negri, N., Memorie storico-politiche sugli antichi Greci e Romani. 1864. 232 S.

Negri, Salomon. Memoria Negriana hoc est Salomonis Negri Damasceni Vita ... ab ipsomet conscripta ... Nec non eiusdem Tractatio critica qua suum aper... Guilielmi Seaman. Angli. versione N. Test. Turcica iudicium et de adornanda nova versione eorundem divinorum librorum Turcica consilium. Ex autographo auctoris edidit Gottlieb Anastasius Freylinghausen. Halae Salicae 1764.

Negri di St. Pietro, Jos. Ritter v., die Heiligen des Monates Mai im Dienste Mariens. Eine kurze Mai-Andacht. 16. (VIII, 176 S.) Wien 895. H. Kirsch. n. — 80

Negrier, General de, über den südafrikanischen Krieg. (In grossen Zügen aus der „Revue des deux Mondes" wiedergegeben von —ss—.) (Aus:) „Schweizerische Monatsschrift für Officiere aller Waffen." 14. Jhrg. Novemberheft. 8. Frauenfeld 1902.

Negrier, (Charles): Die Behandlung der Scrofeln mit Wallnussblättern. (Mémoire sur le traitement des affections scrofuleuses... Dt.) Übers.von M(artin) J(oseph) Kreutzwald, hrsg.von (Christian) Fr(iedrich) Nasse. 72 S., gbd.

Bonn: Marcus 1843

JB 1.576

Negrier, G., die Behandlung d. Scrofeln mit Wallnußblättern. Nach d. Franz., m. Beifüg. eigener Beobachtgn. v. M. J. Kreutzwald. Hrsg. v. Fr. Nasse. gr. 8. (4¾ B.) Bonn 843, Marcus. *

— Behandlung der Scropheln mit Wallnußblättern; als dem ersten u. vorzüglichsten Mittel, diese Krankheit schnell, sicher u. wohlfeil selbst heilen zu können. Aus dem Französ. u. mit Zusätzen vom Amtsphysikus Dr. Venus. 12. Sondershausen 843, F. A. Eupel. 5/12 ₰ — 2. Aufl. Ebend. 845. 5/12 ₰

— weitere Erfahrungen über den Nutzen der Wallnußblätter gegen die Scrofeln. Uebers. von M. J. Kreutzwald. gr. 8. Bonn 844, Marcus. n. 1/6 ₰

Negrioli, Albr., militärische Rechts-Anschauungen im 20. Jahrh. (67 S.) 8. Diessen 909. J. C. Huber. 1.50

Negrioli, Albrecht: Welche wirtschaftlichen Wirkungen hat die fortgeschrittene Technik in der Getreidemüllerei? Diessen ⟨Oberbayern⟩ 1909: Huber. 45 S. 8° ¶ (Nur Kap. 3—5.)
München, Staatswirtsch. Diss. v. 3. Dez. 1908, Ref. Sinzheimer, Brentano
[Geb. 2. Mai 64 Zweibrücken; Wohnort: München; Staatsangeh.: Bayern; Vorbildung: Gymn. Erlangen Reife Aug. 84; Studium: München 6 S.; Rig. 3. Dez. 08.] [U 09. 3209

Negro, C. del, Auf ewig gebunden. Roman. 3 Bde. in 2 Thln. 8. (167; 130; 212 S.) Leipzig 882, Wartig's Verlag. *

Negropontes, Miltiades, Zuständigkeit der Staaten f. die auf dem Meere begangenen Delicte. gr. 8. (VII, 62 S.) Berlin 894. R. L. Prager. n. 1. 60

Negruzzi, J., s.: Rudow, W., Geschichte d. rumänischen Schrifttums.

Negura, Nic. nobilis (geb. Husch in d. Moldau 30. 10. 1832): De febre Moldaviensi. Berolini (1856). (28 S.) 8°
Berlin, Med. Diss. v. 1. Okt. 1856

Negusanti, Anton, de pignoribus et hypothecis. 4. Cöln. 700. Mthlr.

Negwer, Jos., Konrad Wimpina, e. katholischer Theologe aus der Reformationszeit, s. Abhandlungen, kirchengeschichtliche. 7. Bd.

Negwer, Josef, Repetent am theologischen Konvikt: Conrad Wimpina, ein katholischer Theologe aus der Reformationszeit. 1460—1531. T. 1, Cap. 1 u. 2. Breslau 1907: R. Nischkowsky. (47 S.) 8° ¶ (Erscheint vollst. als: Kirchengeschichtl. Abhandlungen, hrsg. v. M. Sdralek, Bd 7.)
Breslau, Kath.-theol. Fak., Ref. Sdralek, Diss. v. 25. Okt. 1907
[Geb. 9. Aug. 82 Frankenstein (Schlesien); Wohnort: Breslau; Staatsangeh.: Preußen; Vorbildung: Gymn. Neiße Reife O. 02; Studium: Breslau 7 S.; Rig. 24. Okt. 07.]

Konrad Wimpina. Ein kath. Theologe aus d. Reformationszeit. Von Joseph **Negwer**. Breslau: Aderholz 1909. XVIII, 269 S. 8°
[Ein T. erschien als Inaug.-Diss. Breslau 1907.]
(Kirchengeschichtliche Abhandlungen. Bd 7.) [09. 2171

Nehab, Jul., der altenglische Cato. Eine Uebersetzung u. Bearbeitung der „Disticha Catonis". Dissertation. gr. 8. (74 S.) Berlin 879. (Göttingen, Vandenhoeck & Ruprecht.) n. 1. 60

Nehab, Wolf [aus Posen]: Beiträge zur Rosenbach'schen Reaktion... Würzburg, P. Scheiner's Buchdr., 1891; 14 S., 1 Bl. 8°
Würzburg, Med. Fak., Inaug.-Diss. v. 1891

Nehb, Georg: Der Anschauungsunterricht in der Elementarklasse der zweiklassigen Vorschule. (Bingen a. Rh., Druck v. O. Boryszewski, 1890); S. 23—24; 4°
Bingen a. Rhein, großh. R, P 1890 (622)

[F.] **Nehb,** Georg: Die Elemente der Heimatskunde als Grundlage des gesamten geographischen Unterrichts. *Bingen, Druck v. A. J. Pennrich, 1891;* S. 18—20; 4°
Bingen a. Rh., grossh. R, P 1891 (629)

Nehb, Georg, aus Worms a. Rh.: **Die Formen des Artikels in den französischen Mundarten.** *Berlin: W. Gronau 1901.* (70 S.) 8° ¶ (Aus: Zeitschrift f. französ. Sprache u. Litt., Bd 24. — Erscheint vollst. ebenda.)
Giessen, Phil. Diss. v. 1901

Nehbel, H., Brennerei u. Hefenfabrikation, s.: Uhland's, Wilh. Heinr., Handbuch f. den praktischen Maschinen-Konstrukteur. IV, 2.

C. H. S. Erste Ausgabe des neu erfundenen Neh- und Stick-Buches ... inventirt und gezeichnet von C. H. S. in Leipzig herausgegeben und zu finden in Nürnberg bey Christoph Weigel.
Tit., 2 S., 11 Bl. Kupferst. 8°.

Nehemia, oder das Bauen der Mauer. 8. (80 S.) Elberfeld 877. (Langewiesche.) n. — 40

Nehemia, od.: Das Bauen der Mauer. 8. (30 S.) Elberfeld 890. (Faßbender.) — 12

Nehemia od. Das Bauen der Mauer. 2. Aufl. 8. (31 S.) Elberfeld 897. R. Brockhaus (durch J. Faßbender). n. — 12

Nehemia oder: Das Bauen der Mauer. 3. Aufl. Elberfeld: R. Brockhaus 1906. (31 S.) 8° [F.]
— [**Schriften** z. Erbauung d. Gläubigen.] No 229. [07. 1597

Nehemiae libri, s. Libri Danielis, Ezrae et Nehemiae.

Nehemias, Sebald, der untrügliche Kartenprophet oder die Kunst aus den Karten zu wahrsagen und die Zukunft zu erkennen. Hamburg 841. 12.

Neher, Alfons, s.: **Almanach** f. die kathol. Geistlichen der Diöcese Rottenburg.

Neher, Alfons, die katholische u. evangelische Geistlichkeit Württembergs (1818—1901). Beitrag zu e. Sozialstatistik des geistl. Standes. (III, 81 S.) 8. Ravensburg 904. F. Alber. n. 1. 20

— sa. **Personal-Katalog** der seit 1845 ordinierten u. z. Zt. in der Seelsorge verwendeten geistlichen Kurse des Bist. Rottenburg.

Personal-Katalog der seit 1845 ordinierten und z. Zt. in der Seelsorge verwendeten geistlichen Kurse des Bistums Rottenburg nebst e. Sozialstatistik d. Landesgeistlichkeit. Von Alfons Neher, Kaplan. 4. Aufl.
Stuttgart: Deutsches Volksblatt 1909. VI, 316 S. 8°

— **Wirtschaftsleben der Gemeinde Schloßberg bei Bopfingen 1850—1909. Aus Anlaß des 60jähr. Bestehens der bürgerl. Gemeinde, an Hand der Statistik dargestellt.** (VIII, 84 S.) gr. 8. Stuttgart 910. W. Kohlhammer. 1. 50

Neher, Anton Otto

Neher, A., Otto, zur Lage der weibl. Dienstboten in Stuttgart. Auf Grund e. Enquete dargestellt. 2. Aufl. (19 S.) 8. Ellwangen 908. (F. Bucher.) —25

Neher, Anton Otto: Die geheime und öffentliche Prostitution in Alt-Stuttgart. München 1908: Buchdr. d. Ipf- u. Jagst-Zeitung, Ellwangen. 80 S. 8° ¶(Teildruck. Das Kap. über d. Ursachen u. d. Bekämpfung d. Prostitution in Stuttgart soll anderweitig gedr. werden.)
München, Staatswirtsch. Diss. v. 11. Juli 1908, Ref. v. Mayr
[Geb. 7. Juni 83 Rottweil; Wohnort: München; Staatsangeh.: Bayern; Vorbildung: Gymn. Rottweil Reife Juli 01; Studium: Theol. Würzburg 1, Phil. u. Theol. Dillingen Lyz. 7, Staatsw. München 6 S.; Rig. 11. Juli 08.]
[U 09. 3270

Neher, Arnold. Dialektszenen aus dem Nachlass von A' N'. Zeichnungen von Philipp Hössli. IV + 108 S. 8. Schaffhausen, Paul Schoch, 1909. [geb. fr. 2. 50]

Neher, Arnold. Schaffhuserdütsch. Lustspiele in Schaffhauser Mundart. ([Mit biographischem] Vorwort [von] Eduard Haug [und]) Zeichnungen [wovon 3 Tafeln] von R[eichard] Amsler. II + VIII + 222 S. 8. Schaffhausen, Paul Schoch, 1906. [geb. fr. 3. —]

Neher B, Fresken im Schiller- und Goethe-Zimmer des Grossherzoglichen Residenzschlosses zu Weimar. Text von W Lübke. (15 S 20 T) fol In Mappe Stuttgart

Neher, Bernh., Schiller's Lied von der Glocke in 40 Blättern bildlich dargestellt. Nach den Entwürfen des Meisters zu den Wandgemälden im großherzogl. Schlosse zu Weimar auf Holz gez. von H. Leutemann und geschn. von J. G. Flegel. Nebst einem Vorwort von Carl Vogel. Fol. (40 Holzschnt. und 2 Bl. Text.) Leipzig 855, R. Weigel. *

Neher, H., 110 neue Briefmuster zur Zergliederung, zum Auswendiglernen und zur Nachahmung für die Hand der Oberklassen, Fortbildungs- und Sonntagsschulen. 1. und 2. Aufl. 8. (48 S.) Ravensburg 883, Dorn'sche Buchh. *

Neher, H., 110 neue Briefmuster zur Zergliederung, zum Auswendiglernen u. zur Nachahmung f. die Hand der Oberklassen, Fortbildungs- u. Sonntagsschulen. 3. Aufl. gr. 8. (44 S.) Paderborn 885. F. Schöningh. n. — 20

Neher, H., Christus u. Maria. Ein Gebetbuch, besond. f. Marienverehrer u. Mitglieder der marian. Kongregation. (556 S. m. Abb. u. Titelbild.) 16 Mergentheim (909). C. Ohlinger. Geb. 2.20; in Ldr. m. Goldschn. 3.60; in Geschenkbd. 4. 50

—— neue Musterbeispiele, nebst log. und grammat. Übungen für alle Klassen kathol. Volksschulen, untere Gymnasial- und Realklassen. gr. 8. (III, 398 S.) Rottweil 883. (Ravensburg, Dorn'sche Buchh.) *

—— **neue Musterbeispiele, nebst log. und grammat. Übungen, für alle Klassen kathol. Volksschulen, untere Gymnasial- und Realklassen. 2. verm. und verb. Aufl. gr. 8. (X, 384 S.) Ebendas. 886.** *

—— **planmäßig geordnete Rechtschreib-, Sprach- und Aufsatzübungen. 3 Hefte. 8. Ebendas. 885. (1. Heft. 2. Aufl. (64 S.) * 18 Pf.; 2. Heft. (64 S.) * 18 Pf.; 3. Heft. (68 S.) * 20 Pf.]** *

Neher, Heinr., 40 neue Marien- u. Weihnachtslieder. Zweistimmige Ausg. f. Volksandachten, Weihnachtsspiele, Familien, Schulen, Pensionate u. Jungfrauenverine. 8. (32 S.) Regensburg 903. A. Coppenrath's Verl. n. — 40

Neher, J. B., U. L. Frau auf dem Roggenacker bei Flochberg i. Ries. Wallfahrtsbuch. 2. umgearb. Aufl. v. H. Neher. (IV, 373 S. m. Titelbild.) 16. Ebd. (908). Geb. in Leinw. nn 1.—; in Ldr. m. Goldschn. nn 1. 60

Neher, Ign., († ...) katechisirte acht Theile d. Rede, d. i. erste Grundsätze d. latein. Sprache 2c. 8. Ulm 778. 2e Aufl. 785 Wohler. 8 *K*

Neher, Johann Baptist

— **A. Schneiderhan, A. Merkt, die schriftl. Arbeiten in d. allgem. Fortbildungsschule. I. Schülerheft. 4. (II, 53 S. m. Lösch- u. Linienbl.) Ebd. 897.** n.n. — 30

— — — **dasselbe. Anleitg. zum I. Schülerheft. 8. (VI, 164 S. m. 4 Formularen.) Ebd. (897). Geb. n.n. 2. 50**

— — — **dasselbe. II. (Schüler-)Hft. gr. 4. (48 S. m. Lösch- u. Linienbl.) Ebd. 898.** n.n. — 33

— — — **dasselbe. Anleitg. zum II. Schüler-Heft. 8. (VIII, 251 S.) Ebd. 898. Geb. in Leinw. n.n. 3.20**

Neher, Joh. Bapt., d. Buchführung d. Landwirts, sow. auch d. Klein-Geschäftsmanns. Uebungsheft z. Gebrauche in Fortbildungsschulen. 4. (II, 48 S.) Horb 897. P. Christian. n.n. — 25

— **der schriftliche Gedankenausdruck in d. Praxis. E. m. Belehrgn. u. gesetzl. Bestimmgn. verseh. Anleitg. z. Entwurf v. Geschäfts-Urkunden u. Briefen. E. Hilfsbuch u. Ratgeber f. Elementar-Fortbildungs- u. Sonntagsschulen, sow. f. d. Haus. gr. 8. (II, 71 S.) Ebd. 895.** n.n. — 35

Neher, Steph. Jak., Altare privilegiatum. Praktische Abhandlung über den Ablaß des privilegirten Altars. Regensburg 861. Manz. gr. 8. (126 S.) 18 *ngr.*

Neher, Steph. Jac., die Bination nach ihrer geschichtlichen Entwickelung u. nach dem heutigen Recht. gr. 8. (164 S.) Regensburg 874. Manz. 2. 25

Neher, Steph. Jak., **conspectus hierarchiae catholicae in toto orbe terrarum. Kirchlich-statist. Tabellen üb. die ganze kathol. Welt. gr. 8. (VIII, 92 S.) Regensburg 895. A. Coppenrath's Verl.** n. 1. 50

Neher, Steph. Jak., kirchliche Geographie und Statistik. Oder: Darstellung des heut. Zustandes der kathol. Kirche mit steter

Rücksicht auf die früheren Zeiten und im Hinblick auf die anderen Religionsgemeinschaften. 1. Abthl. Die europ. Kirchenprovinzen. 2 Bde. gr. 8. Regensburg, Manz. à Bd. 2 Thlr. 15 Ngr.

Inhalt:

Bd. 1. Kirchliche Geographie und Statistik von Italien, Spanien, Portugal und Frankreich. (XV und 617 S.) 864.
" 2. Kirchliche Geographie und Statistik von Irland, Großbritannien, Niederlande, Schweiz, Deutschland und den angränzenden Staaten, Rußland, Türkei und Griechenland. (VIII und 578 S.) 865.

Neher, Steph. Jak., kirchliche Geographie und Statistik. 2. Abthl: Die außereuropäischen Kirchenprovinzen. 1. Bd.: Kirchliche Geographie und Statistik von Amerika. gr. 8. (XII und 587 S.) Ebendas. 868.

— vera idea ornatus ecclesiastici, seu regulae ecclesiasticae de materia, forma, mensura etc. praecipuarum rerum, cum ad ecclesiam rite decenterque exornandam, tum ad splendorem cultus divini omnino servientium, ad commodiorem sacerdotum usum ordine alphabetico congestae. Schaffhausen 860. Hurter. 8. (VIII, 226 S.) 18 ngr.

— der Missionsverein od. das Werk der Glaubensverbreitg., seine Gründg., Organisation u. Wirksamkeit. gr. 8. (VIII, 137 S. m. 1 farb. Karte.) Freiburg i/B. 894. Herder. n. 1. 20

Neher, St. J., Personal-Katalog der seit 1813 ordinierten u. in der Seelsorge verwendeten Geistlichen d. Bist. Rottenburg. 2. Aufl. gr. 8. (211 S.) Rottenburg a/N. 885. Bader. n. 1. 80

Neher, St. J., Personal-Katalog d. seit 1813 ordin. u. in d. Seelsorge verwend. Geistlichen d. Bisth. Rottenburg. 3., verm. Aufl. gr. 8. (V, 260 S.) Schw. Gmünd 895. J. Roth. n.n. 3. 50

Neher (-Moser, E[mma]). Grosspapa Moseis Leben (1805—1874). Zu seinem hundertsten Geburtstag für Kinder, Enkel und Urenkel erzählt von Grossmama Neher. [Mit 1 Vignette und 1 Porträt-Taf.] 32 S. 8. (Schaffhausen, K. Bachmann, [1908].)

Neblig, D. C., falsches u. echtes Gold, s.: Altes u. Neues.

– Hinaus in die Ferne!,
s. Volksschriften, Elsässische.

Neblig, D. C. Der Kinderengel. Gebetbüchlein f. Kinder. 2. Aufl. 16. (V, 53 S.) Straßb. i. E. 891, Heitz. * — 50

— Menschenpfade u. Gotteswege, s.: Volksschriften, elsässische.

– O du fröhliche, o du selige, gnadenbring. Weihnachtszeit,
s. Volksschriften, Elsässische.

— Weihnachtsfestspiel. 12. (16 S.) Straßburg 897. F. Bull. n. — 20

– Weihnachtsklänge,
s. Volksschriften, Elsässische.

Nehls, Armin. (geb. Berlin 10. 12. 1819): De arteriarum ossificatione. Berolini (1843). (29 S.) 8°
Berlin, Med. Diss. v. 20. Nov. 1843

Nehls, Chr., der einfache Balken auf zwei Endstützen unter ruhender u. bewegter Last. Eine allgemeine Theorie der äusseren Kräfte auf Grundlage der Methode der graph. Differentiation u. Integration. Lex.-8. (III, 191 S. m. 8 Steintaf.) Hamburg 885. (Jenichen.) n. 6. —

Nehls, Chr. Graphisch-mechanische Bestimmung des aequatorialen Trägheitsmoments. 1874. 4. Aut.

Nehls, Chr., u. J. F. Bubendey, die Elbe, Hamburgs Lebensader. Mit 1 Gesammtbild d. Hamburger Freihafens u. 14 Text-Illustr. [Aus: „Hamburgs Handel u. Verkehr".] gr. 8. (89 S.) Hamburg 892. Actien-Gesellschaft „Neue Börsen-Halle". n. 1. 50

Nehls, Chr., über graphische Integration u. ihre Anwendung in der graphischen Statik. Mit 13 (lith.) Fig.-Taf. (in qu. Fol.). gr. 8. (VIII, 223 S.) Hannover 877. Leipzig, Baumgärtner. n. 8. —

Nehls, Chr., über graphische Integration und ihre Anwendung in der graphischen Statik. gr. 8. (VIII, 223 S. mit 13 lithogr. Fig.-Taf. in qu. Fol.) Hannover 877, Rümpler. *

Nehls, Chr., über graphische Integration und ihre Anwendung in der graphischen Statik. Neue wohlf. (Titel-)Ausg. gr. 8. (VIII, 223 S. mit 13 Fig.-Taf.) [Leipzig (877)885, Baumgärtner's Buchh.] Dresden, Kühtmann. *

Nehls, Chr. Der Amsler'sche Integrator. 1872 fol.

Nehls, Chr., üb. den Amsler'schen Polar-Planimeter u. üb. graphisch-mechanisches Integriren im Allgemeinen. [Aus: „Civilingenieur."] Mit 5 (lith.) Taf. (in qu. Fol.) gr. 4. (56 Sp.) Leipzig 874. Felix. n. 3. —

Nehls, Chr., über graphische Rectification von Kreisbögen und verwandte Aufgaben. gr. 8. (37 S. mit 2 Stnt.) Hamburg 882, Jenichen. *

—— s. Stevenson, die Illumination der Leuchtthürme.

Nehls, Chr., Wasserbaudirektor in Hamburg, die Sturmfluthen vom 12. Febr. und vom 22.—23. Dezember 1894, sowie vom 5.—8. Dezember 1895. (Sonder-Abdr.) Magdeburg 1896.

Nehls, Hans, der Weg zur Sonne. Geschichten u. Märchen. (114 S.) 8. Leipzig 906. Modernes Verlagsbureau. 1. 75

Nehls, Paul, appr. Tierarzt a. Tilzow bei Bergen auf Rügen: ⟨Aus der Klinik für kleinere Haustiere. Kgl. Tierärztliche Hochschule zu Stuttgart.⟩ Vorstand: Prof. Dr. Uebele. Ueber Citarin. Berlin 1904: E. Ebering. (66 S.) 8°
Gießen, Verein. Med. Fak., Ref. Geppert, Diss. v. 15. Mai 1905
[Geb. 22. Febr. 79 Tilzow (Rügen); Wohnort: Preußen; Vorbildung: Realgymn. Stralsund, Reife O. 00; Studium: Berlin 4, Hannover 1, Berlin 3 S.; Rig. 3. Aug. 04.]

Nehlsen, Rudolf

Nehlsen, R., Dithmarscher Geschichte nach Quellen u. Urkunden. M. 1 Vollbild, 1 Karte d. alten Dithmarschen u. 1 Wappentaf. gr. 8. (XLVI, 639 S.) Hamburg (894). Verlagsanstalt u. Druckerei. n. 5. —; geb. n.n. 7. —

Nehlsen, Rud., Geschichte v. Dithmarschen, s.a. Studien, Tübinger, f. schwäbische u. deutsche Rechtsgeschichte. II, 2.

Geschichte von Dithmarschen. Von Rudolf Nehlsen. Tübingen: H. Laupp 1908. (X, 104 S.) 8°
= Studien, Tübinger, f. Schwäb. u. Deutsche Rechtsgesch. No 6 = Bd 2, H. 2. [08. 10590

Hamburgische Geschichte nach Quellen und Urkunden. Von R. Nehlsen. 1. 2. — Hamburg: Lafrentz (2: Verl. d. Hambg. Gesch.) 1896—97. 4°

Nehlsen, R., Hamburgische Geschichte nach Quellen u. Urkunden. Mit 165 Abbildgn. 2 Bde. gr. 8. (VII, 420 u. III, 544 S.) Hamburg (Steckelhörn 18) 897. G. C. J. Süßmilch. Geb. in Leinw. n. 20. —

Rehm, Wilh., Beleuchtung der v. d. Hrn. Superint. K. W. Weizmann hrsg. Schrift: „Ueber d. Verhältniß d. Volksschule zum Staat u. z. Kirche," nebst Angabe d. wesentl. Bedingungen d. Gedeihens d. Volksschulen u. ihrer Lehrer. gr. 8. (8¼ B.) Essen 840, Bädeker. Thlr.

—— Darlegung einiger Uebelstände, welche d. Volksschullehrerstand im Allgem. noch drücken, nebst Angabe d. Erfordernisse zur Hebung ders. gr. 8. (9½ B.) Essen 839, Bädeker.

—— method. Handbuch f. d. Unterr. in d. deutschen Stylübungen. Ein Leitfaden f. Lehrer in Elementar- u. Bürgerschulen. gr. 8. (28 B.) Essen 838, Bädeker.

Rehm, Wilh., method. Handbuch f. den Unterricht in den deutschen Stylübungen. Ein Leitfaden f. Lehrer an Elementar- u. Bürgerschulen. 2., verb. Aufl., besorgt durch Heinr. Aug. Reinbott. gr. 8. (23 B. u. 1 Stnt.) Essen 844, Bädeker.

Rehms, W., methodisches Handbuch für den Unterricht in den deutschen Stilübungen. Ein Leitfaden für Lehrer an Volks- und Bürgerschulen. 3., verb. Aufl., besorgt durch F. Strübing. Mit einem Vorwort von Otto und Hasse. gr. 8. (VIII und 223 S. mit 1 Stnt.) Essen 858, Bädeker.

Nehmer, Albert, aus Woltin, Kr. Greifenhagen (Pomm.): Beiträge zur Landeskunde des Eichsfeldes. *Halle a. S. 1903: Waisenhaus.* (68 S.) 8°
Halle, Phil. Diss. v. 1903

Nehmet wie Jesus an Alter, Weisheit u. Gnade vor Gott u. d. Menschen zu! Ein Gebeth- u. Erbauungsb. f. gute Kinder. 32. (134 Seit. u. Titlbild.) Linz 837, (Haslinger.)

Nehmeyer, *Wilhelm* [Prof. Dr.]: Syntaktische Bemerkungen zu Herodot. Darmstadt, Druck v. G. Otto's Hof-Buchdr., 1895; 1—24 S. 4.
Darmstadt, grossh. Neues G, P 1895 (054)

Nehmiz, Hugo

Nehmiz, H., die Betheiligung der weiblichen Jugend an der kirchlichen Diakonie. Referat. [Aus: „Evangel. Kirchenzeitg."] gr. 8. (23 S.) Berlin 890. Wiegandt & Grieben. n. — 40

Predigt bei der Feier des Evangelisch-kirchlichen Hilfsvereins am 22. Okt. 1902 in der Elisabetkirche zu Breslau geh. vom Generalsuperint. [Hugo] **Nehmiz**. *Breslau: Ev. Buchh. [1903].* (13 S.) 8° [F.] [04.3032]

Nehmiz, H., wie e. röm. Priester (Prof. Zillgenz) 1871 in Magdeburg den Weg zur evangelischen Kirche fand, s. a. Flugschriften des Evangel. Bundes.

Wie ein römischer Priester 1871 in Magdeburg den Weg zur evangelischen Kirche fand. Vortr. von Konsistorialrat H[ugo] **Nehmiz**, Dompred. in Magdeburg. *Leipzig: C. Braun 1900.* (14 S.) 8° [F.]
— **Flugschriften** d. Evangel. Bundes. 176. (Reihe 15, 8) [00.6038]

Nehmiz, Johannes, approb. Arzt aus Magdeburg: Ueber die chirurgische Behandlung der akuten Perityphlitis. *Leipzig 1902: B. Georgi.* (50 S.) 8°
Leipzig, Med. Diss. v. (23. Juli) 1902

Nehmiz, Prt. Fr., († d. 28. Juli 1806.) s. Magazin f. d. Gerechtsame des Adels.

Nehmt Euch der Kinder an! Eine herzl. Bitte des Provinzial-Ausschusses für Innere Mission in der Provinz Sachsen an die Freunde unserer evangel. Jugend. [Von Friedr. Palmié.] 8. (25 S.) Magdeburg 886, (Klotz.)

Nehmt euer Geld in acht!! Ein Wort über Börsenspeculationen und Loospapiere. Von K. S—r. 8. (11 S.) Löbau i. W. 880, Strzeczek. *

Nehmt's zu Herzen! Ein Ziehbilderbuch m. Verwandlgn. f. die liebe Jugend. 12 fein kolor. Bilder m. Versen. 5. Aufl. gr. 4. (6 S. Text.) Eßlingen 886. Schreiber. geb. n. 4. —

Gernsheim, Fritz: Begrüssung des Br.·. Fritz Gernsheim, beim Banket der Loge „Zum Wiedererbauten Tempel der Br.·. Liebe" im Or.·. Worms am 3. Nov. 1872, von [Anton] **Nehr.** Worms [1872]: Boeninger. 4 Bl. 8° [Umschlagtit.]
Toast. Üb. die Kunst der Mrei.

Unsern Liebsten, den Schwestern! Ein Trinkspruch zum Johannisfeste am 15. Juni 1873 im Or.·. „Zum Wiedererbauten Tempel der Bruderliebe" zu Worms. Von [Anton] **Nehr.** Worms [1873]: Boeninger. 2 Bl. 8° [Umschlagtit.]
In Versen: „Im frohen, lieben Bruderkreise . . ."

Nehr, Geo. Wilh., Wiederholungs-Büchlein f. Confirmanden, od. kurzgefaßter Unterr. in d. christl. Religion. 8. (4 B.) Neustadt a. d. Aisch 837. (Nürnberg, Korn'sche Buchh.) *

Nehr, verkehrte Alphabete für Schriftstecher, Lithographen etc. Carlsruhe (853.) Veith. gr. 4. (10 lith. Bl.) 22½ ngr

Nehr, J. J., Beschreib. d. mineral. Quellen zu Marienbad auf d. Stiftsherrschaft Tepl, nahe bei d. Dorfe Auschowitz. 8. Lpz 814. N. A. Mit Kpf. 817. Joachim. 18 gr

Nehr, J. J., Beschreibung der mineral. Heilquellen zu Marienbad auf der Stiftsherrschaft Tepl. Neue Aufl. 8. Leipzig, Central-Compt. 817.

— quare pleriq. moriuntur infantes, et eorum, qui adolescunt, quare pleriq. sunt morbosi? 8. Prag 778. Gerle. 4 gr.

— warum sterben die meisten Kinder, und warum werden so viele von denen, die groß sind, ungesund? 8. Mühlhausen, Müller. 788.

Nehr, Joh. Georg

Nehr, J. G., Ueber bürgerliche Freyheit und Gleichheit. 4°. Windsh. 1793.

— über d. Geist d. Preuß. Staatsökonomie, e. Rede am Geburtsfeste Friedrich Wilhelm III. König v. Preuß. gr. 8. Nürnb. 805. Stein. 4 gr

— kurze Gesch. d. Beichte. 8. (Rothenburg). 799.

Nehr, J. G., kurze Geschichte der Beichte. Windsh. 1799. 8.

Nehr, Jh. Geo., Geschichte d. Papstthums. 2 Thle. gr. 8 Leipz. 801, 2. Andrä. 4 gr

— — dies. 2 Thle. gr. 8. Leipz. Weygand. 801. (1r 1 Rthlr. 12 gr. 2r 2 Rthlr.)

Nehr, J. G., Geschichte des Pabstthums. 2 Thle. gr. 8. Leipzig, v. Kleefeld. (Bauer) 805.

— Kritik üb. d. metaphysischen Anfangsgründe der Kantschen Rechtslehre. gr. 8. Ebendas. 795.

— Kritik üb. die metaphys. Anfangsgründe d. Kant'schen Rechtslehre. gr. 8. Nürnb. 798. Stein. 9 gr.

— Logik für d. obern Klassen in gelehrten Schulen. 8. Nürnb 792. Stein. 7 gr.

— Progr. Zur ältern Geschichte d. Fränk. Kreises. 1r—5r Beitrag. gr. 8. Nürnb. 796—98.

— philosoph. Versuche üb. d. metaphys. Natur-, Seelen-, Welt u. Gotteslehre. 1r Thl. gr. 8. Nürnb. 795. Monath u. K. 1 rl.

— was gehört zu e. guten Schulbelehrung, in e. Rede. 4. Nürnb 788. Stein. 3 gr.

— was gehört z. e. guten Schulbelehrung, in e. Rede. 4. Ebend. 789.

Nohr, Karl, lateinische Messe, kurz und leicht ausführbar für 4 Männer-Stimmen. qu. gr. 4. (27 S.) Regensburg 863, Manz.

—— sechs leichte und kurze Motetten für Tenor I. und II., Bass I. und II. oder für Cantus, Altus, Tenor und Bassus. qu. gr. 4. (28 S.) Regensburg 863, Manz.

—— Officium defunctorum mit einem Anh. verschied., häufig vorkomm. Gesänge u. Responsorien. Ein Handbuch für Cantoren, Chorregenten und Lehrer. gr. 16. (IV und 156 S.) Regensburg 863, Manz.

Nehr, K., Officium defunctorum mit e. Anh. verschiedener häufig vorkomm. Gesänge u. Responsorien. Ein Handbuch f. Kantoren, Chorregenten u. Lehrer. 2. Aufl. 12. (IV, 132 S.) Regensburg 888. Verlags-Anstalt. 1 —; geb. 1. 50

Nehrhoff von Holderberg, M. H., s. Archiv für sächsische Juristen.

(—). — Ordinarius senior et reliqui assessores facult. jur. Lipsiensis scrutinium pro obtinendo in utroque jure baccalaureatu quod vir **Moritz Heinrich Nehrhoff von Holderberg** (Dobriluc.) gloriose superavit indicunt atq. testantur. Finis circa O. P. S. R. monendorum. (Leipzig (Saalbach)) 20. VIII. 1806. 16 S. mit Biogr. N.'s (M.: Ch. H. E. von Nitschwitz.) (3.—) 24629
Enthält: Circa Ordination. Recogn. Monendorum Medit. VIII. ad Tit. XLII.

Nehring, Alfred s. Nüesch, Jacob. Das Schweizersbild. Zürich 1897.

Nehring, Die Kartelle. 8⁰. Hamburg 1903.

Nehring, altpolnische Sprachdenkmäler. Systematische Übersicht, Würdigg. u. Texte. Ein Beitrag zur slav. Philologie. gr. 8. (VIII, 324 S.) Berlin 887. Weidmann. n. 8. —

Nehring, die Stätte der alten Harzburg u. ihre Geschichte. (64 S. m. Abbildgn.) kl. 8. Harzburg 905. Harzburger Altertum- u. Geschichtsverein. (Nur direkt.) n. — 60

Nehring, Alfred

Nehring, A., üb. Alactaga saliens fossilis Nehring (— Alactaga jaculus fossilis Nhrg.). gr. 8. (38 S. m. 2 Fig. u. 2 Taf.) Stuttgart 898. E. Schweizerbart. n. 1. 20
Sonderabdruck aus: „Neues Jahrb. f. Mineralogie etc."

Das geologische Alter des unteren Torflagers von Klinge bei Cotthus v. Alfred **Nehring.** Separat-Abdruck aus: Botan. Centralblatt. Jg. 16. Bd. 63. Nr. 4/5. Cassel. 1895. 8⁰.

Nehring, A., die geologischen Anschauungen d. Philosophen Seneca. 2 Thle. 4. (40 u. 25 S.) Wolfenbüttel 873—76. (Stichtenoth.) n. 2. —

Nehring, Alfred: Faunistische Beweise für die ehemalige Vergletscherung Norddeutschlands. ([S.-A.] Kosmos. Jahrg. 7. 1883. S. 173—185.) (Leipzig 1883.) 13 S. 8⁰.

Nehring, Alfred: Ueber den Charakter der Quartärfauna von Thiede bei Braunschweig. ([S.-A.] Neues Jahrbuch für Mineralogie, Geologie und Palaeontologie. Jahrg. 1889. Bd. 1. S. 66—98.) (Stuttgart 1888.) 33 S. 8⁰.

Eine diluviale Flora der Provinz Brandenburg. Vorläufige Mittheilung v. Alfred **Nehring.** Ausschnitt aus: Naturw. Wochenschrift. Bd. 7. Nr. 1. Berlin. 1892. 4⁰.

Nehring, Alfred. Die diluviale Fauna der Provinz Sachsen und der unmitteibar benachbarten Gebiete. (Vortrag.) (Tageblatt der Naturforscher-Versammlung in Mageburg. 1884. S. 157—164.) (Magdeburg 1884.) 6 S. 4⁰.

Nehring, Alfr., die quaternären Faunen von Thiede u. Westeregeln, nebst Spuren des vorgeschichtl. Menschen. [Aus: „Arch. f. Anthropol."] Mit 11 in den Text eingedr. Holzst. gr. 4. (64 S.) Braunschweig 878. (Wolfenbüttel, Zwissler.) n. 3. —

Die Flora des diluvialen Torflagers von Klinge bei Cotthus. Von Alfred **Nehring.** Ausschnitt aus: Naturw. Wochenschrift. Bd. 7. Nr. 45. Berlin. 1892. 4⁰.

Ueber einen neuen Fund von Cratopleura-Samen in dem Lauenburger Torflager. Von Alfred **Nehring.** Separat-Abdruck aus dem Neuen Jahrbuch für Mineralogie etc. 1895. Bd. 2. Stuttgart. 1895. 8⁰.

Nehring, Alfr., üb. die Gebissentwicklung der Schweine, insbesondere üb. Verfrühungen u. Verspätungen derselben, nebst Bemerkgn. üb. die Schädelform frühreifer u. spätreifer Schweine. Mit 15 Holzschnitten. [Aus: „Landw. Jahrbb."] gr. 8. (54 S.) Berlin 888. Parey. n. 1. —

— u. E. Schäff, Gebiß-Tafeln zur Altersbestimmung d. Reh-, Roth- u. Schwarzwildes. 8. (5 S. m. 3 Taf.) Berlin 889. Parey. n. — 40

Nehring, Alfredus: *De Gerundio et Gerundivo latinae linguae. 48 S. 4⁰ (2⁰)
Halle-Wittenberg, Phil. Diss. v. 13. Aug. 1867
Geb. [Gandersheim (Braunschw.) 30. 1. 1845]

Nehring, Alfr., über Herberstain u. Hirsfogel. Beiträge zur Kenntnis ihres Lebens u. ihrer Werke. gr. 8. (VIII, 100 S. m. 10 Abb.) Berlin 897. F. Dümmler's Verl. n. 3. —

Nehring, Alfr., Katalog der Säugethiere der zoologischen Sammlung der kgl. landwirthschaftlichen Hochschulen in Berlin. Mit 52 Textabbildgn. gr. 8. (VII, 100 S.) Berlin 886. Parey. n. 1. 50

Nr. 1. 1892. Sitzungs-Bericht der Gesellschaft naturforschender Freunde zu Berlin v. 19. Jan. 1892. Alfred **Nehring** gab neue Notizen über Cervus megaceros var. Ruffii Nhrg. und über das diluviale Torflager von Klinge bei Kottbus.

Nehring, Alfr., fossile Pferde aus deutschen Diluvial-Ablagerungen und ihre Beziehungen zu den lebenden Pferden. Ein Beitrag zur Geschichte des Hauspferdes. gr. 8. (82 S. mit 5 lithogr. Taf.) Berlin 884, Parey. *
Aus: Landwirthschaftliche Jahrbücher, besonders abgedruckt.

Nehring, Alfred: Ueber Rassebildung bei den Inca-Hunden aus den Gräbern von Ancon. Mit 3 Holzschnitten. ([S.-A.] Kosmos. 1884. Bd. 2. S. 94—111.) Stuttgart 1884. 18 S. 8°.

Nr. 8. 1891. Sitzungs-Bericht der Gesellschaft naturforschender Freunde zu Berlin v. 20. Oct. 1891. Alfred **Nehring:** Über eine besondere Riesenhirsch-Rasse aus der Gegend von Kottbus (Klinge), sowie über die Fundverhältnisse der betr. Reste. (Berlin. 1891.) 8°. Separatabzug.

— über das Skelet e. weiblichen Bos primigenius aus e. Torfmoore der Prov. Brandenburg. Mit 1 Holzschn. [Aus: „Sitzungsbericht der Gesellsch. naturforsch. Freunde".] gr. 8. (10 S.) Berlin 888. (Friedländer & Sohn.) n. — 80

— vorgeschichtliche Steininstrumente Norddeutschlands, nach den im städt. Museum zu Braunschweig und in der Privatsammlung des Verf. befindlichen Exemplaren besprochen und durch zwei Tafeln mit 19 Holzschn. erläutert. Hrsg. von dem Wolfenbüttler Ortsverein für Geschichte und Alterthumskunde. gr. 8. (40 S. mit 2 Stnt.) (Ebendas.) 874. *

Nehring, Alfred: Zur Steppenfrage. ([S.-A.] Globus. Bd. 65. No. 23.) (Braunschweig 1894.) 6 S. 4°.

Nehring, Alfr. Ueber Sus Celebensis u. Verwandte. (Abhandlungen u. Berichte d. k. zoolog. u. anthropologisch-ethnograph. Museums zu Dresden 1888/89. Hrsg. v. A. B. Meyer.) 4. (34 S. m. 15 Holzschn. u. 2 lithogr. Taf.) Berl. 889, Friedländer u. Sohn. * 6 —

Das diluviale Torflager von Klinge bei Cottbus. Von Alfred **Nehring.** Ausschnitt aus: Naturw. Wochenschrift. Bd. 7. Nr. 24 25. Berlin. 1892. 4°.

—— Ueber Tundren u. Steppen der Jetzt- u. Vorzeit, m. besond. Berücksicht. ihrer Fauna. gr. 8. (VIII, 257 S. m. 1 Abbild. im Text u. 1 Karte.) Berl. 890, Dümmler's Verlag. * 6 —

—— Uebersicht über 24 mitteleuropäische Quartär-Faunen, zusammengestellt und mit Bemerkungen versehen. gr. 8. (43 S. mit 1 Tab.) Berlin 880. (Wolfenbüttel, Stichtenoth.) **
Aus: Zeitschrift der deutschen geologischen Gesellschaft, besonders abgedruckt.

Nehring, Alfred: Die Ursachen der Steppenbildung in Europa. (Geographische Zeitschrift. Jahrg. 1. 1895. Heft 3 u. 4. S. 152—163.) (Leipzig 1895.) 12 S. 8°.

Nehring, Alfr., die geographische Verbreitung der Säugetiere in dem Tschernosem-Gebiete d. rechten Wolga-Ufers, sowie in den angrenzenden Gebieten. [Aus: „Zeitschr. der Gesellsch. f. Erdkde. zu Berlin".] gr. 8. (55 S. m. 1 lith. Karte.) Berlin 891. (R. Friedländer & Sohn.) n.n. 2. —

Nehring, Alfred: Die Verbreitung des Hamsters (Cricetus vulgaris) in Deutschland. (Archiv für Naturgeschichte. Jahrg. 1894. Bd. 1. Heft 1. S. 15—32.) (Berlin 1894.) 18 S. 8°.

— die kleineren Wirbeltiere v. Schweizersbild bei Schaffhausen. [Aus: „Denkschr. der schweiz. naturforsch. Gesellsch., 35. Bd.: Nüesch, das Schweizersbild".] gr. 4. (89 S. m. 2 Taf.) Zürich 896. (Basel. Georg & Co.) n.n. 1. 60

Nehring, Christian Heinr. (Resp.): De Precatione Christi pro avertendo calice . . . , s. Baumgarten, Siegm. Jakob

Nehring, J. C., neun Bücher sibyllin. Weissagungen. Essen 1702. 8.

Nehring, J. C., allgem. Historie des Alt. Test. 8. Halle, Kümmel. 717.

— allgem. geist.= und welt. Hist. d. ersten 800 Jahre nach Christi Geburt. 8. Halle, Renger. (u. Kümmel.) 719.

— Sybillinische Weissagungen u. Wertheid. ders. 8. Halle, Kümmel. 719.

— vollst. jurist., hist. und polit. Wörterbuch, n. e. siebenfach. Anh. 4. Frankfurt, Brönner. 772.

Nehring, Jo(hann) Christian (Ed.):

s.: Franck de Franckenau, Georg: De palingenesia sive resuscitatione artificiali plantarum, hominum et animalium...
Halae: 1717

JB 987

NEHRING, JOH. CHRISTIAN. Nochmalige Vertheydigung derer Sibyllinischen Propheceyungen gegen die Einwurffe Gelehrter Männer, welche solche für falsch und erdichtet ausgeben. Ebenda 1720. 174 S. 1 Bl.

[Nehring, Joh. Christoph], Jus Saxonicum discrepans, Hoc est: differentiae juris Saxonici electoralis et communis, aliorumque jur. particularium. Secundum ordinem constitutionum electoral. Saxonicarum digestae, Ex ipsis fontibus ordinationum, illarum Commentariis atque Praxi collectae, et necessariis allegatis, novisque praejud. illustratae, ita ut instar Compendii totius Jur. Saxonici haberi possit. Frankfurt u. Gotha (A. Boetius) 1682. 166 S. u. Index. (7.—) 24630

— — Dasselbe. Gotha (J. Mevius) 1724. 166 S. u. Index. (7.—) 24631

— ius Saxonicum discrepans, s. differentia iuris civil. et saxon. 4. Gotha, Mevius. (Dieterich, Götting.) 724.

Nehring, Johann Christoph: „Historisch-Politisch-Juristisches Lexicon, in welchem die Erklärung derer Juristischen und bey der Kauffmannschafft gebräuchlichen / auch anderer in denen Zeitungen vorkommende Redens-Arten / verschiedene die Religion / den Staat / die vier Haupt-Facultäten / nebst andern Disciplinen / Professionen und Künsten / insonderheit die Chymie, Mathesin, Astronomie, Historie, Politic und Music, die Schiffahrt / Bürgerliche und Kriegs-Bau-Kunst angehende und dieselbe erläuternde Kunst-Wörter; Nebst dem auch viele Biblische, Jüdische, Christliche, Heydnische, Griechische, Römische und alte Teutsche / wie auch andere so Europäische als auswärtige Nationes betreffende religiöse und politische Ceremonien, Rechte, Gebräuche, Antiquitäten und Gewohnheiten: Nicht weniger allerhand ausländische Müntzen / Gewichte und Edelgesteine / auch fremder Nationen Hoff- und Kriegs-Bedienungen und Chargen, in richtiger Alphabeths-Ordnung dargestellet und erkläret werden; nach des Authoris Ableben an unzehligen Orten / zumahlen bey dieser siebenden Aufflage mit vielen nützlichen und erbaulichen Passagen vermehrt und verbessert. Mit Königlich Pohln. und Churfürstlich Sächs. Privilegio", Gotha 1717.

— manuale notariorum, oder Handbuch der Notarien. 8. Eisenach, Wittekind. 754.

Nehring, Joa. Cph.: Manuale notariorum, Handbuch vor Notarien; verm. u. verbess. von Thom. Hayme. *Leipzig*. 754. 8.

Nehring, Johann Cyriacus

— — De privilegiis pastorum, Von denen Freyheiten der Pfarrer. Tractatio jur. Anno 1674. habita. Editio novissima. Halle/Magdeb. (Hendel) 1734. 28 S. (5.—) 24638

Nehring, Karl [Oberl.]: Der lateinische Aufsatz. Berlin, R. Gaertners Verlagsbuchh., 1890; 17 S. 4°
Berlin, Königst. G, OP 1890 (61)

Nehring, Karl. Der lateinische Aufsatz. gr. 4. (17 S.) Berl. 890, Gaertner. * 1 —

Nehring, L., Bilder aus der vaterländischen Geschichte. Ein Merk- u. Wiederholungsbuch f. einfache Schulen des Ostens der Monarchie. 8. Aufl. (40 S. m. 1 Bildnis.) 8. Breslau 906. H. Handel. n. — 20

Nehring, L., Bilder aus der vaterländischen Geschichte. Ein Merk- u. Wiederholungsbuch f. einfache Schulen d. Ostens der Monarchie. Mit 1 Karte zum deutsch-französ. Kriege. 7. Aufl. (40 S. m. 1 Bildnis.) 8. Breslau 909. H. Handel. — 20

— kleine Erdkunde. Ein Merk- u. Wiederholungsbuch f. einfache u. zweisprach. Volksschulen. (36 S. m. 2 eingedr. Karten.) 8. Ebd. 906. n. — 15

Kleine Erdkunde. Ein Merk- u. Wiederholungsbuch f. einfache u. zweisprachige Volksschulen. Von L. Nehring. 2. Aufl. Mit 2 Karten. Breslau: H. Handel 1906. (36 S.) 8° [Umschlagt. F.] [07. 9967 2

— Kleine Erdkunde. Ein Merk- u. Wiederholungsbuch f. einfache u. zweisprach. Volksschulen. 4. Aufl. (36 S. m. 2 eingedr. Karten.) 8. Ebd. 908. nn — 15

Vaterländische Geschichte. Ein Merk- u. Wiederholungbuch f. einfache u. zweisprachige Schulen. Von L. Nehring, Hauptl. 2. Aufl. Breslau: H. Handel 1901. (40 S.) 8° [Umschlagt. F.] [01. 1013 2

— vaterländische Geschichte. Ein Merk- u. Wiederholungsbuch f. einfache u. zweisprach. Schulen. 8. Aufl. (40 S. m. 1 Bildnis.) 8. Ebd. 904. n. — 20

— dasselbe. Ein Merk- u. Wiederholungsbuch f. die Volksschulen des Ostens der Monarchie. 2 Tle. 8. Ebd. — 35
I. Brandenburgisch-preuß. Geschichte. 4.—7. Aufl. (40 S. m. 1 Bildnis.) 906. n. — 20
II. Deutsche Geschichte. Mit e. Bilderanh. (32 S.) 904. n.n. — 15

— Vaterländische Geschichte. Ein Merk- u. Wiederholungsbuch f. die Volksschulen des Ostens d. Monarchie. 2 Tle. 8. Ebd. 909. nn — 35
1. Brandenburgisch-preußische Geschichte. Mit 1 Karte zum deutsch-französ. Kriege. 13. Aufl. (40 S. m. 1 Bildnis.) — 20
2. Deutsche Geschichte. Mit 1 Bilderanh. 6. Aufl. (32 S.) nn 15

Geschichtsstoff für die einfachsten Volksschulverhältnisse. Von L. Nehring, Hauptlehrer. 3. Aufl. Mit 8 Abb. Breslau: H. Handel 1904. (32 S.) 8° [Umschlagt. F.] [05. 9105 2

Nehring, L.: Geschichtsstoff für die einfachsten Volksschulverhältnisse. Von L. Nehring, Hauptl. 4. Auf. Mit 8 Abb. Breslau: H. Handel 1905. (32 S.) 8° [Umschlagt.]

— Geschichtsstoff f. die einfachsten Volksschulverhältnisse. 5. Aufl. (32 S. m. 8 Abb.) 8. Ebd. 906. n.n. — 15

— Geschichtsstoff f. die einfachsten Volksschulverhältnisse. 10. Aufl. (32 S. m. 8 Abb.) 8. Ebd. 909. nn — 15

— kurzgefaßte Landeskunde der Prov. Ostpreußen. Ein Merk- u. Wiederholungsbuch f. die Hand der Volksschüler. 2. verb. Aufl. (8 S.) 8. Braunsberg 906. E. Bender. n. — 10; m. farb. Karte n. — 15

Kurzgefaßte Landeskunde der Provinz Ostpreußen. Ein Merk- u. Wiederholungsbuch f. d. Hand d. Volksschüler. Von L. Nehring, Hauptlehrer. 4. verb. Aufl. Mit Karte. Braunsberg: E. Bender 1907. (8 S.) 8° [Umschlagt. F.] [07. 15131 10

— Kurzgefaßte Landeskunde der Prov. Ostpreußen. Ein Merk- u. Wiederholungsbuch f. die Hand d. Volksschüler. 5. verb. Aufl. (8 S.) 8. Braunsberg 908. E. Bender. — 10; m. farb. Karte — 15

— dasselbe der Prov. Pommern. (8 S.) 8. Stettin 906. J. Burmeister. n. — 10; m. Karte n. — 15

— dasselbe der Prov. Pommern. Ein Merk- u. Wiederholungsbuch f. die Hand der Volksschüler. 2. verb. Aufl. (8 S.) 8. Stettin 908. J. Burmeister. — 10; m. Karte — 15

Kurzgefaßte Landeskunde der Provinz Posen. Von L. Nehring, Hauptl. 4. Aufl. Breslau: H. Handel 1901. (8 S.) 8° [Umschlagt. F.] [01. 1012 2

— dasselbe der Prov. Posen. 8. Aufl. (8 S.) 8. Breslau 906. H. Handel. n. — 06; m. farb. Karte n. — 12

— dasselbe der Prov. Posen. 13. Aufl. (8 S.) 8. Breslau (909). H. Handel. — 06; m. farb. Karte — 12

— dasselbe der Prov. Schleswig-Holstein. Ein Merk- u. Wiederholungsbuch f. die Hand der Volksschüler. (8 S. m. 1 Karte.) gr. 8. Kiel 907. R. Cordes. nn — 15

Kurzgefaßte Landeskunde der Provinz Westpreußen. Von L. Nehring, Hauptlehrer. Breslau: H. Handel 1904. (8 S.) 8° [Umschlagt. F.] [04. 9900 2

— dasselbe der Prov. Westpreußen. 2. Aufl. (8 S.) 8. Ebd. 905. n. — 06; m. farb. Karte n. — 12

— dasselbe der Prov. Westpreußen. 6. Aufl. (8 S. m. 1 Karte.) 8. Breslau 910. H. Handel. — 08

Nehring, L., geographisches Merk- u. Wiederholungsbuch f. die Hand der Schüler in zweisprachigen Volksschulen. 1. Tl. I. Heimatskunde, II. Preußen, III. Deutschland. Nach der neuen Rechtschreibg. gr. 8. (32 S.) Breslau 903. H. Handel. n.n. — 15

Geographisches Merk- und Wiederholungsbuch für die Volksschulen des Ostens der Monarchie. Von L. Nehring, Hauptlehrer. 6. Aufl. T. 1. Breslau: H. Handel 1905. 8° [F.] [05. 15317 2

— geographisches Merk- u. Wiederholungsbuch f. die Volksschulen des Ostens der Monarchie. 2 Tle. 8. Ebd. 906. à n n. — 15
1. I. Heimatskunde. II. Preußen. III. Deutschland. 10. Aufl. (32 S.) 906
2. I. Europa (außer Deutschland). II. Die fremden Erdteile. III. Mathematische Geographie. 6. Aufl. (28 S.) 906.

— Geographisches Merk- u. Wiederholungsbuch f. die Volksschulen des Ostens der Monarchie. 2 Tle. 8. Ebd. 909. à nn — 15
1. I. Heimatkunde. II. Preußen. III. Deutschland. 15. Aufl. (32 S. m. 1 Karte.)
2. I. Europa (außer Deutschland). II. Die fremden Erdteile. III. Mathematische Geographie. 12. Aufl. (28 S. m. 1 Karte.)

— Naturgeschichte. Ein Merk- u. Wiederholungsbuch f. Volksschulen. (Nach biolog. Gesichtspunkten bearb.) (80 S.) 8. Ebd. 909. — 35

— Kleine deutsche Sprachlehre. Ein Merk- u. Uebungsbuch f. die Hand der Volksschüler. 2. Aufl. (40 S.) 8. Ebd. 906. n. — 20

— Kleine deutsche Sprachlehre. Ein Merk- u. Übungsbuch f. die Hand der Volksschüler. 6. Aufl. (40 S.) 8. Ebd. 909. — 20

Nehring, Oskar [aus Wolfenbüttel]: Ueber die Wärmeregulierung bei Muskelarbeit. Versuche an marschierenden Soldaten bei verschied. Belastg ... Berlin, C. Vogts Buchdr., *1896*; 40 S., 1 Bl., 1 Tab. 8.
Berlin, Med. Fak., Inaug.-Diss. v. 12. Juni 1896

Nehring, Paul [aus Lehre]: Ueber die Bestandtheile der Angosturarinde, der Rinde von Cusparia trifoliata Engler ... Helmstedt, Druck v. J. C. Schmidt, 1891; 47 S. 8.
Erlangen, Phil. Fak., Inaug.-Diss. v. 1892

[Umschlagt.:] [F.] Joseph Dobrowský. Rede geh. z. Antritt d. Rectoramtes d. 14. Oct. 1893 v. W[ladislaw] **Nehring,** Prof. ... *Breslau: J. Max & C. [1893].* (16 S.) 1 Bd 8. [96. 3791

Nehring, W., Grammatik d. polnischen Sprache, s.: Poplinski, J.

— s.: Psalterii Florianensis partem Polonicam ad fidem roc. etc.

Nehring, Wladisl., de Reinholdi Heidensteinii scriptis historicis. Posnaniae 857. Merzbach. gr. 8. (2 Bl., 43 S.) n. 10 ngr.

Nehring, Wladislaus (Ewar.) *(geb. Kletzko bei Gnesen 23. 10. 1830)*: De Polonicarum rerum seculi XVI. scriptoribus. P. 1: De Reinholdo Heidensteinio. Vratislaviae (1856). (43 S.) 8°
[Buchausg. 1857 unt. d. T.: „De Reinholdi Heidensteinii scriptis historicis" bei Merzbach in Posen; poln. Bearb. unt. d. T.: „O historykach polskich 16. wieku". 1. 1862 ebenda. T. 2 davon schon 1860 bei Żupański, 3 auch 1860 bei Merzbach in Posen erschienen.]
Breslau, Phil. Diss. v. 12. Juli 1856

— **Wladislaus Ewar.** (Posen), De Polonicarum rerum seculi XVI. scriptoribus. Pars prima: De Reinholdo Heidensteinio. Diss. histor.-crit. Breslau (Grass, Barth u. Soc.) 12. VII. 1856. 43 S. u. Biogr. (M.: B. Gostomscian.) (3.—) 24639
Contra advers.: Casimir Szulc, Nepom. Romanowski, Paf. Szulczewski. — Gew.: Roman. Moraczewski.

Nehrkorn, Leitfaden f. den Unterricht in der Krankenpflege, s.: Eichhoff, P. J.

Nehrkorn, Adph., Katalog der Eiersammlung nebst Beschreibgn. der aussereuropäischen Eier. Mit 4 Eiertaf. in farb. Steindr. gr. 8. (VII, 256 S. m. 4 Bl. Erklärgn.) Braunschweig 899. (A. Hafferburg.) Geb. in Leinw. n. 10. —

Nehrkorn, Adph., Katalog der Eiersammlung nebst Beschreibungen der aussereuropäischen Eier. 2. Aufl. Mit 4 Eiertaf. in farb. Steindr. (VII, 449 S. m. Bildnis u. 4 Bl. Erklärgn.) gr. 8. Berlin 910. R. Friedländer & Sohn. Geb. in Leinw. 10. —

Nehrkorn, Alex, Dr., Assist. d. chirurg. Universitätsklinik: **Histologische** und experimentelle **Beiträge** zur Frage der Schnittführung und Nahtmethode bei Laparotomien. *Tübingen 1902: H. Laupp jr.* (52 S.) 8° ¶ (Aus: Beiträge zur klinischen Chirurgie, Bd 34.)
Heidelberg, Med. Hab.-Schr. v. 1902

Nehrkorn, Alex [app. Arzt aus Riddagshausen]: Ein Fall von meningealer Perlgeschwulst ... Jena, G. Fischer, 1896; 2 Bl., 31 S., 1 Taf. 8.
Heidelberg, Med. Fak., Inaug.-Diss. v. [17. Juli] 1896

Nehrkorn, Hans, a. Bremen: Wilhelm Heinse und sein Einfluß auf die Romantik. Goslar 1904: F. A. Lattmann. (84 S.) 8°
Göttingen, Phil. Fak., Ref. Schröder, Diss. v. 12. Okt. 1904
[Geb. 22. Febr. 81 Hannover; Wohnort: Bremen; Staatsangeh.: Bremen; Vorbildung: Lyzeum 1 Hannover Reife O. 99; Studium: Heidelberg 2, Berlin 2, Göttingen 5 S.; Rig. 8. Juli 04.]

Nehrlich, C. G., die Gesangkunst, oder die Geheimnisse der großen italienischen u. deutschen Gesangmeister alter u. neuer Zeit vom physiolog., psycholog., ästhet. u. pädagogischen Standpuncte aus betrachtet, mit Berücksichtigung aller Erfordernisse, von denen die vollendete Ausbildung eines Sängers abhängig ist. Systematisch bearbeitet, durch anatom. Tafeln erklärt, nach eigenen Erfahrungen erweitert u. durch eine rationelle Basis zur Wissenschaft erhoben. gr. 8. (Mit 2 Steintaf.) Leipzig 841, Teubner. 1¾ ℛ︀

Nehrlich, C. G., die Gesangkunst physiologisch, psychologisch, ästhetisch u. pädagogisch dargestellt. Anleitung zur vollendeten Ausbildung im Gesange, so wie zur Behandlung u. Erhaltung des Stimmorgans u. zur Wiederbelebung einer verloren geglaubten Stimme. Mit Berücksichtigung der Theorien der grössten Italienischen u. Deutschen Gesangmeister u. nach eigenen Erfahrungen systematisch bearb. u. durch eine rationelle Basis zur Wissenschaft erhoben. 2. durchaus umgearb. u. sehr verm. Aufl. Mit anatom. Abbildgn. gr. 8. (XII u. 500 S. m. 2 lith. Taf. in qu. gr. 4.) Leipzig 853, Teubner. 2 ℛ︀ 24 ngr; in Engl. Einb. 3 ℛ︀ 9 ngr

Nehrlich, C. G., die Gesangkunst physiologisch, psychologisch, ästhetisch und pädagogisch dargestellt. Anleitung zur vollendeten Ausbildung im Gesange, so wie zur Behandlung und Erhaltung des Stimmorgans und zur Wiederbelebung einer verloren geglaubten Stimme. Mit Berücksicht. der Theorien der grössten italien. und deutschen Gesangmeister und nach eigenen Erfahrungen systematisch bearb. und durch eine rationelle Basis zur Wissenschaft erhoben. 2., durchaus umgearb. und verm. Aufl. Mit anatom. Abbildungen. gr. 8. (XI und 500 S. mit 2 Stnt. in qu. gr. 4.) Leipzig 853(56,) Teubner.

Nehrlich, C. G., die Gesangkunst physiologisch, psychologisch, ästhetisch und pädagogisch dargestellt. Anleitung zur vollendeten Ausbildung im Gesange, so wie zur Behandlung und Erhaltung des Stimmorgans etc. Mit Berücksichtigung der Theorien der grössten italienischen und deutschen Gesangmeister etc. 2. umgearb. u. verm. (Titel-) Aufl. Mit anatom. Abbildgn. Leipzig (853.) 857. Teubner. gr. 8. (XI, 500 S. u. 2 lith. Taf. in 4.) 2 ℛ︀ 20 ngr

Nehrlich, C. G., die Gesangkunst physiologisch, psychologisch, ästhetisch u. pädagogisch dargestellt. Anleitung zur vollendeten Ausbildung im Gesange, so wie zur Behandlung u. Erhaltung des Stimmorgans u. zur Wiederbelebung einer verloren geglaubten Stimme. Mit anatomischen Abbildungen. Neue wohlfeile Ausg. der 2. durchaus umgearb. u. sehr verm. Aufl. Leipzig 860. Teubner. gr. 8. (500 S. u. 2 lith. Taf. in 4.) n. 1 ℛ︀ 10 ngr

Nehrlich, C. G., Gesang-Schule f. gebildete Stände. Ein theoretisch-pract. Handbuch f. Alle, welche den höheren Gesang lieben, lernen oder lehren, zunächst als Leitfaden f. seine Schüler. Imp.-8. (32 B.) Berlin 844, (Logier.) **

— der Kunstgesang physiologisch, psychologisch, pädagogisch u. ästhetisch dargestellt. Eine Gesang-Schule für gebildete Stände. Theoretisch-praktisches Handbuch für Gesangstudirende, Künstler u. Kunstlehrer, u. Alle, welche den höheren Gesang lieben, lernen, ausüben u. lehren. 2., durchaus umgearb. Aufl. Stuttgart 859. Lanz. gr. 4. (X, 206 S.) n. 6 ℛ︀

—— der Kunstgesang physiologisch, psychologisch, pädagogisch und ästhetisch dargestellt. Eine Gesang-Schule für gebildete Stände. Theoretisch-prakt. Handbuch für Gesangstudirende, Künstler und Kunstlehrer, und Alle, welche den höheren Gesang lieben, lernen, ausüben und lehren. 2., durchaus umgearb. Aufl. Imp.-4. (X und 206 S.) Stuttgart 859. [Leipzig, Teubner.] *

Nehrlich, G. C., der Kunstgesang, physiologisch, psychologisch, pädagogisch u. ästhetisch dargestellt. Eine Gesangschule. Theoretisch-praktisches Handbuch für Gesangstudirende, Künstler, Kunstlehrer etc. 2., durchaus umgearb. Aufl. Neue (Titel-)Ausg. Heilbronn (859)868. Schmidt. Imp.-4. (X, 206 S.) 2 ℛ 15 ngr.

Nehrlich, C. G. Lieder des Treubundes für König und Vaterland. (Berlin 1849). 4 S. 8.

Nehrlich, Fr. A., 150 algebraische Aufgaben, von welchen 50 vollständig sowohl durch Raisonnement als Algebra aufgelöst sind. Eine Zugabe zu d. Lehrbüchern d. Mathematik. gr. 8. (7¼ B.) Karlsruhe 830, Braun.

Nehrlich, G. C., s. Nehrlich, C. G.

Nehrlich's, Gust., Zeichnungen nach Goethe's Faust. Mit erläuternden Worten von Heinr. Düntzer. 1. Liefg. Neuwied 864. Heuser. gr. Fol. (2 Stahlst. u. 2 Bl. Text.) n. 1 ℛ 5 ngr.

Nehrlich's, Gust., Zeichnungen nach Goethe's Faust. Mit erläut. Worten von Heinr. Düntzer. Grav. von Friedr. Schepperlen. (In 8 Liefgn.) 2—5. Liefg. Neuwied 865-67. Heuser's Verl. qu. Fol. Jede Liefg. (2 Stahlst. u. 2 S. Text.) n. 1 ℛ 5 ngr.

Nehrlich, Karl, s. Fichte's wahrer Gott.

Nehrlich, Karl, Gedichte. 1r Thl. 8. Hechingen. (Wittekind, Eisenach.) (a. Klüger in Rudolstadt.) 805.

Nehrlich, Karl, Schilly. 1r Bd. 8. Jena 798. Gleditsch in Leipz. 12 gr

— Zweihundert Gulden Pokal. 1r Thl. 8. Jena 798. Gleditsch in Leipz. 12 gr

Nehrling, Henry

Nehrling, H., die Amaryllis od. Rittersterne (Hippeastrum). Mit e. Vorwort v. Max Hesdörffer. (VI, 71 S. m. 16 Abb.) 8. Berlin 909. P. Parey. Kart. 1.20
Sonderabdruck aus: „Die Gartenwelt".

Nehrling, H., die nord-amerikanische Vogelwelt. Unter künstler. Mitwirkg. von R. Ridgway, A. Goering u. G. Mützel. [In 12 Hftn.] 1.—8. Hft. gr. 4. (S. 1—384 m. je 3 farb. Taf.) Milwaukee, Wis. 889. 890. (Leipzig, Brockhaus.) à n. 4. —

Nehrling, H., die nord-amerikanische Vogelwelt. Unter künstler. Mitwirkg. v. Rob. Ridgway, A. Goering u. Gust. Mützel. 9.—13. (Schluß-)Hft. gr. 4. (XXX u. S. 385—638 m. 12 farb. Taf.) Milwaukee, Wis. 891. 892. (Leipzig, F. A. Brockhaus.) à n. 4. — (kplt. geb. in Ldr. m. Goldschn.: n. 60.—)

Nehrling, Henry. Die N-anische Vogelwelt (1891); in English: Our native birds of song and beauty. 2v. Ill. Milw. 1893, 1896.

Nehrnig, J. Cph., s. Nehring

[Lied.] Dem Br. Menge zum 25jährigen Logenmeisterjubiläum am 23. Mai 1876 vom Br. **Nehry.** Halberstadt [1876]: Doelle & S. 2 Bl. 8° [Umschlagtit.]
Tt. 2550. Ohne Noten: „Was einet uns heut zur festlichen Stunde, . . ."

Nehry, Hans (Johannes), Über den Gebrauch des absoluten Casus obliquus des altfranzösischen Substantivs. Diss. Berlin (Berl. Buchdr. A.-G.) 11. VIII. 1882. 70 S. u. Biogr. (M.: A. Litzmann.) (2.—) 24640
Oppon.: W. Cloetta, O. Schultz, A. Schulze. — Gew.: Immanuel Schmidt.

Nehry, Hans, s. Citatenschatz.

Nehry, Hans, Citatenschatz. Geflügelte Worte u. and. denkwürd. Aussprüche aus Geschichte u. Litteratur. 2., verm. u. verb. Aufl. 8. (VII, 623 S.) Leipzig 895. F. W. Grunow. Geb. in Leinw. n. 6. —

Nehry, Julius

Nehry, J., Auszug aus der deutschen Literatur zusammengestellt. 8. (VIII, 29 S.) Aschersleben 875. Huch. n. — 50

— Auszug aus der Literatur, Kunstgeschichte u. Weltliteratur zusammengestellt. 8. (XI, 53 S.) Ebend. 875. n. — 80

Nehry, J., 80 Gedichte für höhere Töchterschulen zusammengestellt. 8. (X und 112 S.) Neu-Ruppin 863, Oehmigke und Riemschneider. *

—— deutsche Gedichte zum Deklamiren ausgewählt. 8. (XXVIII, 279 S.) Ebendas. 874. *

Nehry, *Julius* [Rekt.]: Aus den Jahresberichten. Aschersleben, Druck v. F. Hofmann, *1894;* 3—13 S. 8.
Aschersleben, st. HM, OP 1894**

Nehry, *Julius* [Rekt.]: Aus der Kunstgeschichte. Aschersleben, Druck v. F. Hofmann, *1891;* S. 3—81; 8°
Aschersleben, st. HM, OP 1891 **

Nehry, J., Memorandum. Englische Gedichte und Anekdoten zum Auswendiglernen ausgewählt. 8. (VIII, 103 S.) Aschersleben 876, Huch's Buchh. *

—— vereinfachte Rechtschreibung. Ein Wörterverzeichniss als Taschenbüchlein zusammengestellt. 16. (47 S.) Ebendas. 874. *

Nehry, *Julius* [Rekt.]: Fifteen translations. (Enth. englische Übersetzungen deutscher Gedichte.) Aschersleben, Druck v. F. Hofmann, *1893;* 3—21 S. 8.
Aschersleben, st. HM, OP 1893**

Nehry, *Julius* [Rekt.]: Aus der Weltlitoratur. Aschersleben, Druck v. F. Hofmann (1890); S. 3—27; 8°
Aschersleben, st. HM, OP 1890

Nehse, Albert. (Eduard. Henr.) (geb. Landsberg a. W. 12. 3. 1816): De melanosi. Berolini (1830). (20 S.) 8°
Berlin, Med. Diss. v. 30. Jan. 1839

Nehſe, C. E., der Brocken u. ſeine Merkwürdigkeiten, nebſt e. Samml. v. Gedichten üb. d. Brocken, entnommen aus d. Brocken-Stammbüchern v. 1805—38. gr. 12. (6 B., 1 Brocken-Panorama u. 1 Anſicht.) Sondershauſen 840, (Eupel.) •

Nehſe, C. E., Brocken-Stammbuch, ſ. Brocken-Stammbuch.

Nehse, Herm. (geb. Gennin bei Landsberg a. W. 18. 8. 1846): Ueber Transplantation. Berlin (1872). (30 S.) 8°
Berlin, Med. Diss. v. 3. Aug. 1872

Der Bettler. Lied f. e. Singstimme m. Klavierbegl. comp. v. Gustav Neibig. Op. 128. Ausg. f. Tenor ... *Berlin: A. Hoffmann [1895].* (5 S.) 1 Bd 4. [96. 348

Reichhart, Guſt., Spruchbuch nach dem Katechismus-Unterrichte, mit Citation der Fragen u. Hinweiſungen auf bibliſche Geſchichte, bibliſche Abſchnitte u. Liederverſe, nebſt mehreren Anhängen, enth.: geiſtliche Lieder, nach dem Kirchenjahre geordnet, Materialien zu Unterredungen über die Jahreszeiten u. Feſte ꝛc. Vorgedruckt ſind: Die Fragen 23, 71, 77, 92 u. 119 des Heidelberger Katechismus, die Hauptſtücke enth. Bern 859. (Blom.) gr. 16. (XXVIII, 231 S.) n. 16 *ngr*

Reichlin-Meldegg, K. Al., Die Grundſätze der hebräiſchen Formenbildung, nebſt einem Anhange, welcher den Verſuch einer Erklärung der moſaiſchen Dornbuſchgeſchichte enthält. Freiburg, 1831, 8°.

Neide, (Henricus) Augustus *(geb. Lublinitz in Oberschles. 30. 7. 1821)*: De haemorrhagiis uteri gravidi. Lublinitii (1845). (32 S.) 8°
Breslau, Med. Diss. v. [28.] Nov. 1845

Neide, E., ausgeführte Gartenanlagen. Hrsg. von H. Geitner. Fol. (10 Chromolithogr. und 6 Stnt. mit 8 S. Text.) Berlin 884, Parey. cart. *

Neide, E., s.: Wredow, Joh. Chr. Ludw.

Neide, Ernst, aus Siegburg: Botanische Beschreibung einiger sporenbildenden Bakterien. *Jena: G. Fischer 1904* [übergekl.: *Marburg 1904.*] (76 S.) 8° ¶ (Aus: Centralblatt f. Bakteriol., Parasitenkunde u. Infektionskrankh. Abt. 2, Bd 12. Ohne die Taf.)
Marburg, Phil. Diss. v. [4. Aug.] 1904

Neide, Fridericus Augustus: Dissertatio . . . sistens casum quendam memorabilem vitii cordis. Accedunt tabulae lithogr. IV. Halae (1830): Baentsch. 31 S. 8° (4°)
Halle-Wittenberg, Med. Diss. v. 22. Dez. 1830
Geb. Magdeburg 3. 2. 1806. V.
Die Tafeln fehlen im Ex. der UB Halle.

Neide, Friedrich Wilhelm

Neide, Fridericus Guilelmus: Kantii quae sit de notionis juris et ethico et methaphysico fundamento sententia. Halis Saxonum (1875): Karras. 122 S. 8°
Halle-Wittenberg, Phil. Diss. v. 24. Nov. 1875
Geb. Siegburg 17. 5. 1849. V.
Verf. erlebte die Diplomerneuerung 1925 als Pfarrer em. in Naumburg a. d. S., vgl. Anh. Nr. 697.

Neide, G. A., der Entwurf der Provinzial-Synodal-Ordnung. Worte zur Verſtändigung. I. Anträge an die Kreisſynode. Halle 867. Fricke. 8. (54 S.) n. 5 *ngr.*

Neide, G. A., die Kirchenzucht. Eine Denkſchrift zunächſt für Presbyterien in der rhein. Provinzial-Synode, verfaßt und herausg. im Auftrage der Kreisſynode Mülheim a. Rh. Siegburg 856. (Bonn, Marcus.) gr. 8. (VIII, 96 S.) n. 10 *ngr.*

Neide, Hans Ferdinand, Regierungsreferendar in Breslau: Das Akzept nach der allgemeinen deutschen Wechselordnung ein Vertrag oder ein einseitiger Akt? Borna-Leipzig 1907: R. Noske. (IX, 49 S.) 8°
Leipzig, Jur. Fak., Diss. v. 26. Nov. 1907
[Geb. 5. Aug. 83 Seschwitz, Kr. Breslau; Wohnort: Breslau; Staatsangeh.: Preußen; Vorbildung: Joachimsthalsches Gymn. Berlin Reife O. 02; Studium: Lausanne 1, München 3, Göttingen 2 S.; Rig. 27. Juli 05.]

— Joh. Christoph (Wittenberg), De tussi. Diss. med. Präs. Paul Gottfr. Sperling. Wittenberg (Gerdes) 28. III. 1708. (5.—) 24642

Neide, Joh. Georg Christoph

– s.a. Anthologie aus röm. Dichtern.

Neide, J. G. C., Anthologie a. röm. Dichtern, m. Anm. gr. 8. Leipzig, Schwickert. 793.

– s.a. Briefe f. Kinder üb. Werke d. Natur.

— Briefe f. Kinder üb. die Werke der Natur. 8. Ebendaſ. 783.

– s. Cicero, Tusculanarum.

Neide, Jh. Geo. Cph., *ΕΙΡΗΝΗ.* Drei griech. Fragmente z. Friedensfeſte d. 18. Jan. 1816. 4. Magdeb. 1816. Creutz. 6 *gr.*

– s. Luther, Mart.: Katechismus.

— über d. Redetheile, e. Verſuch. 8. Züllich. 797. Frommann in Jena. 3 *gr.*

— Sammlung einiger Schulreden, ſ. Sammlung.

— specimen novae Terentii editionis; praemittitur epistola ad Bremerum. 8. Magdeb. 781.

– s. Terenz: Lustspiele.

– s. Virgils Eklogen.

– s. Xenophon, Sokrates.

Neide, P[aul] S(iegfried): Die Kantsche Lehre vom Schematismus der reinen Verstandesbegriffe. Halle 1878: Schneider in Landsberg a. W. 35 S. 8°
Halle-Wittenberg, Phil. Diss. v. [21. Nov.] 1878
Geb. Siegburg (Siegkr.) [6. 5.] 1848. V.

Neide, Siegfried, Prof. Dr.: **Der Apotheker** in Goethes Hermann und Dorothea. Eine Charakteristik. *Landsberg a. d. W. 1902: Dermietzel & Schmidt.* (23 S.) 4°
Landsberg a. d. W., k. G nebst R, OP 1902 (87)

Neide, (**Siegfried**): Gottlob Heinrich Rapps 'Beschreibung des Gartens in Hohenheim' als schriftliche Quelle für Schillers 'Spaziergang'. Landsberg a. W. 1909: Dermietzel & Schmidt. S. 37—63. 8°
Landsberg a. W., k. G u. R, in Festschr. z. 50 j. Jubil. T. 2. OP 1909 (93)** [S 09. 339

— die Gefangennahme Napoleon's bei Sedan. [Nach Berichten v. Augenzeugen.] Vortrag. gr. 8. (42 S. m. 1 Karte.) Landsberg a/W. 889. (Schönrock's Nachf.) n. 1. 36

Neide, Siegfried [Dr.]: Wilhelm von Humboldt als Richter und Ratgeber bei Schillers lyrischen Gedichten. (Umschl.-Tit.: . . . I.) Landsberg a. W., Buch- u. Steindr. v. R. Schneider & Sohn (1890); S. 3–26; 4°
Landsberg a. W., k. G u. RG, OP 1890 (81)

Neide, Siegfr., Wilhelm v. Humboldt als Richter u. Ratgeber bei Schiller's lyr. Gedichten. I. gr. 4. (26 S.) Landsberg a/W. 890. (Leipzig, Fock.) n. 1. —

[F. u. Ant.] **Neide,** Siegfried [Oberl. Dr.]: Wilhelm von Humboldt als Richter und Ratgeber bei Schillers lyrischen Gedichten. I. (Schluss u. II. (Forts. d. P-Beil. 1890.) Frankfurt a. d. O., Druck d. K. Hofbuchdr. Trowitzsch u. Sohn, 1891; S. 1–23; 4°
Landsberg a. d. W., k. G u. RG, OP 1891 (82 statt 81)

Neide, Siegfr., Wilhelm v. Humboldt als Richter u. Ratgeber bei Schillers lyrischen Gedichten. I. [Schluß] u. II. gr. 4. (23 S.) Frankfurt a/O. 891. (Leipzig, G. Fock.) n. 1. — (I. II.: n. 2. —)

Neide, Siegfr., Dr. Martin Luther. Versuch einer Charakteristik. Festrede zur Lutherfeier, gehalten am 10. Novbr. 1883 in der Aula des Gymnasiums. gr. 8. (8 S.) Landsberg a. d. W. 884, (Schaeffer und Comp.) **

Neideck, Heinrich von

Neidek, Heinrich v., ein romant. Gemälde d. Mittelalters, von G. F. Rebmann. 8. Erlangen, Walther. (Breuning.) 791.
Schreibp.

Neideck, Heinrich von, ein romantisches Gemählde aus dem Mittelalter, neue Aufl. mit 1 Kupf. 8. Erlangen, 793. Walthers. 20 sgl.

v. Neideck, Heinrich; Ritterschspl. 8. Eisenach 794. (Bärecke). 8 gr.

Neideck, Heinr. v., Ritterschausp. 8. Eisenach, Krumbhaar. 794.

Neideck, Jh. Jak. Ludwig

Neideck, J. J. L., Gründe wie man die Wuth der tollen Hunde erkennen und behandeln soll. 4. Mannh. Löffler. 770.

— Ob, wann, u. wie das Experiment v. Obenschwimmung u. Untersinkung d. Lunge, u. im Kopfe vorfindliches extravasirte Geblüt ohne Anzeig äußerl. geschehener Gewaltthätigkeit &c. in rechtl. Folge zu beurtheilen sey? 4. Manh. 768. Löffler. 4 gr.

Neideck, (Nydeck), Jh. Jak. Ldw., Prüfung d. Isnardischen Gedanken, wegen vermuthl. Ertrunkenen. 8. Manh. 765. N. A. 768. Löffler. 2 gr.

Neidegg, L. v., zu spät erkannt. Roman. 2 Tle. 12. (247 S.) Einsiedeln 893. Benziger & Co. à n. — 40

Neidegg, L. v., aus bewegter Zeit. Roman. 8. (387 S.) Köln 895. J. P. Bachem. 3. 50; geb. n. 4. 75

Neidek, s. Neideck

Neidel, Carl Gottlieb, s. Neidel, Karl Gottlieb

Neidel, Emil, Bericht über den vorpommerschen Turngau (IIIa. Pommern), 1864–1889, Anklam 1889, 13 S., 8°.

Neidel, Erich, Geschichts-Tafeln f. Mittelschulen, gehobene Bürgerschulen, Töchterschulen u. Präparanden-Anstalten. 8. (72 S. m. 12 eingedr. Karten.) Hannover-Linden 890. Manz. n. — 50

Neidel, Erich. Geschichts-Tafeln f. Mittelschulen, gehobene Bürgerschulen, Töchterschulen u. Präparanden-Anstalten. Mit 12 Übersichtskarten. 2. Aufl. 8. (72 S.) Hannov.-Linden 891, Manz u. Lange. — 50

— XVIII. St. R.: Katalog der Lehrerbibl. 98. 00. v. Ferd. Neidel. 31. 28.
Progr.

Neidel Ferd.: Das erste Vierteljahrhundert der Währinger Realschule. 75. Wien XVIII. R. 04.
Progr.

Neidel, Carl Gottlieb (Breslau), Diss. phil.-theol. quod Graece epistolam ad Hebraeos Paulus exaraverit affirmans. Präs. Johann Salomon Semler. Halle/Magdeburg (J. Chr. Hendel) Juni 1761. 36 S. (5.—) 24643
Widm. v.: Joh. Salomon Semler, Joh. Aug. Noesselt.

Neidenburg [Schlagwort]

– s. a.: Allenstein, Reg.-Bez.

Neidenburg. s. a. Europa. Liebenow.

Neidenburg. Karte des Kreises Neidenburg im Reg.-Bez. Allenstein. Hrsg. v. der kartogr. Abteilg. der königl. preuss. Landesaufnahme 1906. Aufgenommen vom königl. preuss. Generalstab 1869/71. Einzelne Nachträge bis 1904. 1 : 100,000. 60×81 cm. Farbdr. Berlin (R. Eisenschmidt). n.n. 2. —; ermäss. Preis n.n. 1. 50

Neidenburg, Kreis. Spezialkarte d. Kreises Neidenburg. Rev. v. den zuständ. Behörden. 1 : 100,000. 58×71 cm. Farbdr. Lissa (910). O. Eulitz. — 75; auf Leinw. in Etui 1. 50

Neidenburg-Danzig, s.: Automobilkarten. Automobil-Tourenkarte.

Neider, Die, oder so rächt man sich an seinen Feinden. Ein Originallustspiel in fünf Aufzügen. Wien 1786. V: *Weidmann, Joseph.* (GGR V/330, Nr. 100/2) (BIBLPORT)

Neider, Die, oder So rächt man sich an seinen Feinden. Ein Originaltrauerspiel in fünf Aufzügen. Wien 1786. V: *Weidmann, Paul.* (Jahrb. d. Grillp.-Ges. XIII.)

Neider sind besser als Mitleider. 8. Manh. 796. Kaufmann. 2 gr.

Neider, Johann Christian (Meißen), De medicina morbos faciente. Präs. Anton Wilhelm Plaz. Leipzig (Langenheim) 6. IX. 1776. 36 S. (5.—) 24644
Gew.: Wilhelm Sigismund Julius Pflugk, August Ferdinand Pflugk.

Neider, Johann Christian: Quaestiones quasdam physicas ..., s. Birkholz, Adam Michael

Neidert, Emil [pract. Arzt aus Bamberg]: Über die Todesursachen bei Deformitäten der Wirbelsäule .... München, K. Hof- u. Univ.-Buchdr. v. Dr. C. Wolf & Sohn, 1886; 31 S. 8°.
München, Med. Fak., Inaug. Diss. v. 1886.

Neidhard, Friedr. Carl, Uebersicht d. Hauptmomente a. d. Gesch. d. Stadt Speyer, s. Uebersicht.

Neidhardt, F. Märsche u. Marschlieder, f. Posaunenchor bearb. u. komponiert. 12. (16 S.) Eckartsberga 892. (Bielef., Schriften-Niederlage der Anstalt Bethel.) * — 25

Neidhard, J. Geo., mathem. Abtheilungen des diatonisch-chromatisch-temperirten canonis monochordi. m. K. 4. Königsberg, Bielke. 734.

Neidhard, Jh. Andr., († 1787.) d. Leben e. großen Mannes, od. Nachr. aus d. Schrift u. Alterthum v. d. Person, Erziehung, Amt u. Tod Johannis d. Täufers, d. Vorläufers Christi. 8. Wertheim. 768.

— Pflichten d. Schullehrer u. Schüler ꝛc. 8. Frankf. a. M. 753. Hermann. 3 gr

Neidhard, Jh. Fr., († d. 27. Dec. 1785.) s. Gedanken üb. d. Revolution in Deutschland.

Neidhard, Karl, s. Magazin, Amerikanisches.

Neidhard's, Dichters u. Ritters mit der eisernen Stirn, Reise nach seiner Entlassung aus d. Dienste d. Themis in die Dienste d. Thalia. 8. Leipz. 798. Weygand. 1 ₰ 6 gr

Neidhardt, s.a. Neidhart

Neidhardt, A., der Nachlaß des kursächsischen Premierministers Reichsgrafen Heinrich v. Brühl, s. Mittheilungen des Vereins für Geschichte und Topographie Dresden. 8. Heft.

Neidhardt, A. M. Vide: Egeria.

Neidhardt, Adolf [approb. Arzt aus Heiligenhafen in Holstein]: Ein Beitrag zur Casuistik der nervösen Nacherkrankungen nach acuten Infektionskrankheiten. (Aus d. pädiatr. Poliklinik des ... Prof. Dr. H. Ranke.) ... München, Druck v. M. Ernst (vorm. G. Pollner), 1887; 44 S. 8°.
München, Med. Fak., Inaug.-Diss. v. 1887.

Neidhardt, Alex., Maiblätter. (Gedichte.) 8. (15½ B.) Gießen 839, Ricker'sche Buchh. *

Neidhardt, A., der Wald-Wegebau. Nach seinen Grundregeln kurz und practisch dargestellt. Biedenkopf 852. (Frankfurt a. M., Hermann.) gr. 8. (V, 67 S. u. 4 lith. Taf.) n. 10 ngr

Neidhardt, A., der Wald-Wegebau. Nach seinen Grundregeln kurz und practisch dargestellt. gr. 8. (V und 67 S. mit 4 Stnt.) Biedenkopf 853. (Frankfurt a. M., Hermann'sche Buchh.) *

Neidhardt, C. V., s. Neidhart, Karl Vollrat

Neidhardt, E.

— über Freidank's Bescheidenheit. Ein Vortrag. 8. (52 S.) Ebend. 885. n. — 80

Neidhardt, E., die Bildung des Willens. Der Begriff der Tapferkeit. 2 Festreden. 8. (60 S.) Berlin 885. Wiegandt & Grieben. n. — 80

Neidhardt, Emil [Prof. Dr.]: Moses Mendelssohns Anteil an den Briefen, die neueste Litteratur betreffend. Erfurt, Druck v. F. Bartholomäus, 1896; 1—36 S. 8.
Erfurt, k. G, Festschr. 1896**

Neidhardt, Aemilius: De Euripide poetarum maxime tragico. Halis Saxonum 1878: Karras. 39 S. 8°
Halle-Wittenberg, Phil. Diss. v. [29. Jan.] 1878
Geb. Teuditz (Kr. Merseburg) 7. 11. 1844. V.
Im Buchhandel Halle: Niemeyer 1878. u. in: Dissertationes philologicae Halenses. Vol. 3. Halis Saxonum 1878. S. 279—319.

Neidhardt, Aem., de Euripide poetarum maxime tragico. gr. 8. (39 S.) Halle 878. Niemeyer. n. 1. —

Neidhardt, Emil Quaestiones Aeschyleae. Particula I Eumenidum fabulae quae Delphis aguntur complectens. 4 (26 S.).
Progr. G. *Erfurt* 1888 (217).

Neidhardt, F., die Rinderpest, ihre Entstehung u. Verhütung nach eigenen Beobachtungen u. Erfahrungen. Für Landwirthe u. Thierärzte bearb. 2., verb. Aufl. Berlin 865. Plahn'sche Buchh. 8. (29 S.) n. 5 ngr

Neidhard, F. C., s. Uebersicht der Hauptmomente aus der Geschichte der Stadt Speyer.

Neidhardt, Ferdinand

Neidhardt, F., s.: Aus der deutschen Literatur.

Neidhardt, Ferd. (Ferd. Retouschek), Bauernblut. Der Drahtbinder, s. a. Bücherei f. die Jugend. 11. Bd.

Neidhardt, F., Bauernblut. Der Drahtbinder. 2. Aufl. [Ambros' Bücherei. Nr. 11.] 8°. (85 S.) geb. K 1.—
Wien: Pichler 1903.

Neidhardt, Ferd., s.: Bücherei f. die Jugend.

Neidhardt, Ferd. (Ferd. Retouschek), aus alten Chroniken, s. a. Ambros', Jos., Bücherei f. die Jugend. 18. Bd.

NEIDHARDT, Ferdinand
(F) Aus alten Chroniken. Geschichtliche Erzählungen von Ferdinand Neidhardt. (Ambros' Bücherei XVIII.) Wien. [1899.] Pichler. 8°. 75 S. mit 1 Tafel. Geb. fl. —.40

(F) **Neidhardt,** F., Aus alten Chroniken. 2. Aufl. [Ambros Bücherei. Bd. 18.] 8°. (80 S.) geb. K —.80
Wien: Pichler 1910.

— Geschichten aus den Bergen. s. a. Bücherei f. die Jugend. 29. Bdchn.

(F) **Neidhardt, F., Geschichten aus den Bergen. [Ambros' Bücherei 29.] 8°. (107 S.) geb. K —.80**
Wien: Pichler 1904.

(F) **Neidhardt,** F., Geschichte aus den Bergen. [Ambros' Bücherei. 29.] 8°. (107 S.) geb. K 1.—
Wien: Pichler 1908.

— Ich weiß etwas. s. a. Pichler's Jugendbücherei. 40. Bdchn.

(F) **Neidhardt,** F., Ich weiß etwas. [Pichlers Jugendbücherei. Bd. 40.] 8°. (81 S.) geb. K 1.—
Wien: Pichler 1907.

NEIDHARDT, Ferdinand
(F) Kunterbunt. Allerhand Geschichten von Ferdinand Neidhardt. (Ambros' Bücherei XX.) Wien. [1899.] Pichler. 8°. 67 S. mit 1 Tafel. Geb. fl. —.40

Neidhardt, F., Lese- u. Sprachheft, s.: Keller, M.

— Lese- u. Sprachheft in Schreibschrift, s.: Keller, M.

— ein Liederfürst, s.a. Bücherei f. die Jugend. Nr. 15.

(F) Neidhardt, F., Ein Liederfürst. Erzählung aus dem Leben Franz Schuberts. 2. Aufl. [Ambros' Bücherei. 15.] 8°. (71 S.) geb. K —.80
Wien: Pichler 1906.

— Segen ist der Mühe Preis, s.a. Ambros', Jos., Bücherei f. die Jugend. 8. Bd.

Neidhardt, Ferd.

— Segen ist d. Mühe Preis, s.a. Bücherei f. d. Jugend.

NEIDHARDT, Ferd.
(F) Segen ist der Mühe Preis. Erzählung von Ferd. Neidhardt. 2. Auflage. [Ambros' Bücherei, VIII.] Wien. [1900.] Pichler's W. & S. 8°. 92 S. mit 1 Tafel. Geb. K 1.—

(F) Neidhardt, F., Segen ist der Mühe Preis. 3. A... [Ambros Bücherei. 8.] 8°. (92 S. u. 1 Tafel) geb. K 1
Wien: Pichler 1910.

NEIDHARDT, Ferdinand
(F) Unter dem Tannenbaum. Weihnachtsgeschichten von Ferdinand Neidhardt. (Ambros' Bücherei XIX.) Wien. [1899.] Pichler. 8°. 70 S. mit 1 Tafel. Geb. fl. —.40

— In Wald u. Flur, s.a. Pichler's Jugendbücherei. 46. Bdchn.

(F) Neidhardt, F., In Wald und Flur. [Pichlers Jugendbücherei. Bd. 46.] 8°. (76 S.) geb. K 1.--
Wien: Pichler 1908.

Neidhardt, Fr. Ldw., de modo medicamentis regioni epigastr. appl. Smaj. Nürnb. 809. Lechner. (v. Ebner). 4 gl.

Katalog vortrefflicher Gemälde neuerer Meister. Sammlungen: G. **Neidhardt**, Hannover, J. Zimmermann, Köln etc. ... Versteigerung zu Köln durch J. M. Heberle (H. Lempertz' Söhne). *Köln 1901: M. Du Mont-Schauberg.* (28 S.) 4° [01. 1955 B

N(eidhardt), H. v. Bericht über die Kriegs-Operationen der russ. Truppen gegen die ungar. Rebellen im Jahre 1849. T. 1—3. Berlin 1851. 8°.

NEIDHARDT, Heinrich (München): De ano praeternaturali. (Titel nach der Urkunde)
30.6.1883 - Urk; Chr 1883/84,12
Diss. Ingolst.-Landsh.-Mchn.

Neidhardt, J., Märsche u. Marschlieder, f. Posaunenchor bearb. u. komponiert. 12. (16 S.) Eckartsberga 892. (Bielefeld, Schriften-Niederlage der Anstalt Bethel.) n. — 25

[Umschlagt.:] 2. unveränd. Aufl. Märsche und Marschlieder für Posaunenchor bearb. u. komp. v. J. **Neidhardt** ... *Eckartsberge: P. Neidhardt [1896].* (16 S.) 1 Bd 8. [96. 8110

Zwölf Märsche für Posaunenchor bearb. u. komp. von J. **Neidhardt**. 3. verm. Aufl. *Bielefeld: Bethel [1901].* (28 S.) 8° [Umschlagt.:] ...6

Neidhardt, J., was predigen uns Jerusalems Ruinen. (Predigt am 10. Sonnt. n. Trin. 1845 gehalten in der evangel. Gemeinde zu Passau. gr. 8. (1 B.) Passau 845, (Pustet'sche Buchh.)

Neidhardt, Johann Friedrich

— s. Antonini, Aurel: Moral. Gedanken.

(Ostern.) *Derselbe.* Beitrag zur Schulgeschichte der Stadt Wertheim, besonders in älteren Zeiten. 12 S. 4°. Wertheim, P 1790

— s. Briefe üb. d. Freiheit d. menschl. Seele.

Neidhardt. Jh. Fr. U., († d. 27. Febr. 1809.) Briefe üb. d. vorzügl. Gegenstände d. Religion. 8. Frankf. a. M. 803. Hermann. 20 gl.

- Dialogen f. studirende Jünglinge in d. obern Klassen rc. 8. Ebd. 804. Herrmann. 16 gl.

(Ostern.) *Idem.* Diatribe scholastica memoriae Huldrichi Buchneri A. Mag., poetae illustris, praeceptoris olim et cantoris de republ. Wertheimensi bene meriti, dedicata. 15 S. 8°. Wertheim, P 1800

(Ostern.) *Derselbe.* Die Ermahnungsrede des Isokrates an den jungen Demonicus, aus dem Griechischen übersetzt. Erste Hälfte. 8 unbezeichnete Seiten. Wertheim, P 1801

Derselbe. Die Ermahnungsrede des Isokrates an den jungen Demonicus. Zweite Hälfte. 8 S. ohne Zahlzeichen. 8°. Wertheim, P 1802

— s.a. Frühling am Rheinstrome.

Frühling

— —, Der angenehme, am Rheinstrom und im Rheingau (von *Johann Friedr. Neidhardt*). Wiesbaden 1775. Höchst selten!
Anon.-Lex. II. p. 129 (nach Meusel, Kayser u. Adelung).

(Herbst.) *Derselbe.* Moralische Gedanken, aus den Betrachtungen des Kaisers Marcus Aurelius Antoninus über sich selbst, herausgezogen und übersetzt. Erste Hälfte. 15 S., mit dem Programm der Redeübungen 16 S. 4°. Wertheim, P 1779

(Ostern.) *Derselbe.* Moralische Gedanken, aus den Betrachtungen des Kaisers Marcus Aurelius Antoninus. Zweite Hälfte. 15 S., mit d. Progr. d. Redeübungen 16 S. 4°. Wertheim, P 1789

(Ostern.) *Johann Friedrich Neidhart.* Der Geist aus den 6 ersten Büchern der Betrachtungen des Kaisers Marcus Aurelius Antoninus, über sich selbst gezogen. 19 S., mit dem Programm der Redeübungen 20 S. 4°. Wertheim, P 1810

— s.a. Geschichte Friedrich I.

(Ostern.) *Derselbe.* Kurzgefasste Geschichte des Kurfürsten Friedrichs des ersten von der Pfalz, mit dem Beinamen des Siegreichen und Stammvaters des Hohen Hauses Löwenstein-Wertheim. 15 S. 4°. Wertheim, P 1774

(Ostern.) *Derselbe.* Geschichte Ludwigs, Grafen von Löwenstein-Wertheim. 18 S., mit den Schuln. 15 S. 4°. Wertheim, P 1794

(Ostern.) *Johann Friedrich Neidhart.* Ein Gespräch von der guten Anwendung der Jugendjahre. 16 S. 4°. Wertheim, P 1772

(Herbst.) *Derselbe.* Das Leben des Cicero nach Plutarch. Erste Helfte. 16 S. 4°.
(Ostern.) *Derselbe.* Das Leben des Cicero nach Plutarch. Zwote Helfte. 22 S., mit dem Loktionsverzeichnis 24 S. 4°.
Wertheim, P 1775. 1777

(Ostern.) *Derselbe.* Das Leben des jüngeren Markus Kato, aus dem Griechischen des Plutarchus übersetzt; erste Abt. bis zur Niederlegung seiner Quaestur. 21 S. 4°.
(Ostern.) *Derselbe.* Das Leben des jüngeren Markus Kato etc.; zweite Abt. 16 S. 4°.
Derselbe. Das Leben des jüngeren Markus Kato etc.; dritte Abt. 16 S. 4°.
Derselbe. Das Leben des jüngeren Markus Kato; vierte und letzte Abt., mit Weglassung einzelner Stellen. 16 S. 4°. Wertheim, P 1804.

(Ostern.) *Idem.* Programma scholasticum, loca nonnulla delecta ex fabulis Terentii ad institutionem et formationem iuventutis pertinentia, illustrans. 9 S., mit dem Programm der Redeübungen 10 S. 4°. Wertheim, P 1799

Johann Friedrich Neidhart. Über einige Mängel der häuslichen Erziehung, besonders in Rücksicht ihres Einflusses auf die öffentlichen Bildungsanstalten. 18, bezw. 24 S. Wertheim, P 1813

— Topograph.-statist. Nachrichten v. d. Stadt Wertheim, in d. Grafsch. gleiches Namens. 8. Nürnb. 793.

(Ostern.) *Johann Friedrich Neidhart.* Historische Notizen zu der Lebens- und Regierungsgeschichte der Grafen von Wertheim aus der Vorzeit, nebst einer Zugabe von merkwürdigen Veränderungen und Ereignissen der Stadt und Grafschaft Wertheim, besonders in früherer Zeit. 30, bezw. 31 S. 4°. Wertheim, P 1816

(Ostern.) *Derselbe.* Von der Nothwendigkeit einer genauen Verbindung der Privaterziehung mit der öffentlichen. 14 S., mit dem Programm der Redeübungen 15 S. 4°. Wertheim, P 1784

(Ostern.) *Derselbe.* Luthers Verdienste um das Schul- und Erziehungswesen in Deutschland. 11 S., mit dem Programm der Redeübungen 12 S. 4°. Wertheim, P 1809

Neidhardt, Johann George. Beste und leichteste Temperatur des Monochordi. Jena 1706.

Neidhardt, Karl, Antritts-Predigt über 2. Cor. 3, 5, bei s. Einführg. in d. Amt e. 3. Pastors an St. Catharinen in Hamburg d. 26. Septbr. 1895 geh. gr. 8. (19 S.) Hamburg 895. H. Seippel. n. — 50

Neidhardt, Karl, Jesu Todesweg. Eine geschichtl. Studie. gr. 8. (39 S.) Hamburg 901. Grefe & Tiedemann. — 30
Sonderabdruck aus: „Ev. Gemeindebote f. Norddeutschland".

Neidhardt, Karl, was hoffen u. wünschen wir v. unserer Kirche? Vortrag, geh. am 19. III. 1906. Von Freunden des Entschlafenen in Druck gegeben. (24 S.) gr 8. Hamburg 906. C. Boysen. n. — 50

NEIDHARDT, Martin (Dillingen): Beiträge zur Behandlung des acuten Gelenkrheumatismus.- München: Wolf 1878. 22 S.
11.2.1878 - Urk (Titel: De rheumatismi acuti articulorum curatione.); Chr 1877/78,10
Diss.Ingolst.-Landsh.-Mchn.

Neidhardt, Robertus: De Justi Lipsi vita Jenensi orationibusque ab eo habitis. Passaviae, typ. expr. Passaviae consortium, 1893; 41 S. 8.
Passau, G, P 1893*

Über Zahlensymbolik der Griechen und Römer. I. Teil: Die Dreizahl und Neunzahl. — Von Theodor Neidhardt. — 1895, Fürth, L. Limpert. — S. 3—40.
Progr. Fürth, Kgl. Progymnasium

Über Zahlensymbolik der Griechen und Römer. II. Teil (Die Zwölf- und Siebenzahl). — Von Theodor Neidhardt. — 1896, Fürth, L. Limpert. — P. 3—32.
Progr. Fürth, Progymn.

Neidhart, s.a. Neidhardt

Neidhart, Benedikt

Neidhart, B., Unterricht üb. Hippologie. Mit 58 erläut. Abbildgn. gr. 8. (264 S.) Wien 887. (Seidel & Sohn.) n. 5. —

Neidhart, Benedikt, Oberthierarzt, Unterricht über Hippologie. Mit 104 erläuternden Abbildungen in 14 Tafeln. 2. vermehrte u. verbesserte Auflage. Gr.-8. (XIV. 285 S.) In Comm. *2.80
Wien: Seidel 1889.

Neidhart, Bened., Unterricht üb. Hippologie. 3., verm. u. verb. Aufl. gr. 8. (XVI, 303 S. m. 120 Abbildgn. auf 16 Taf.) Wien 894. (L. W. Seidel & Sohn.) n. 6. —

Neidhart, Bened., Unterricht üb. Hippologie. Mit 130 erläut. Abb. in 16 Taf. 4., verm. u. vielf. verb. Aufl. gr. 8. (XIX, 314 S.) Wien 898. (L. W. Seidel & Sohn.) n. 5. 60

Neidhart, Bened., Unterricht üb. Hippologie. Mit 130 erläut. Abbildgn. in 16 Taf. 5. umgearb. Aufl. (XII, 220 u. VIII S.) gr. 8. Wien 903. M. Perles. n. 3. 60

Neidhart, C. F., d. Buchhändler, od. erste prakt. Anleit. für junge Leute, d. sich dem Buchhandel widmen. Mit e. Anzahl erläut. Beispiele, Formulare u. Schemas v. Anweiss., Wechseln 2c., nebst e. beigegeb. Titular- u. Adreßbuch. gr. 8. Heidelb. 832. Reichard. 9 gr

Neidhart, Carl Vollr., s. Neidhart, Karl Vollr.

Neidhart, F. C., der Buchhändler, od. erste pract. Anleitung f. junge Leute, die sich d. Buchhandel widmen. Mit e. Anzahl erläut. Beispiele, Formulare u. Schemas v. Anweisungen, Wechseln, Rechnungsabschlüssen, Frachtbriefen, Quittungen, Avisbriefen 2c., nebst ein. beigegeb. Titular- u. Addreßbuch. gr. 8. (4 B.) Heidelberg 832, Reichard.

Neidhart, Felix, Gedichte und Erzählungen. gr. 8. (160 S.) Wien 887, (Amonesta.) *

NEIDHART, Franz Xaver (Dillingen): Das Eczema, dessen Wesen, Vorkommen und Behandlung.- Dillingen: Kränzle 1853. 32 S.
14.8.1852 - Urk (Titel: De eczemate ejusdemque genesi, aetiologia et curatione.); F 67
Diss. Ingolst.-Landsh.-Mchn.

Neidhart, Jh. Kor., Anleit. z. vernünftiger Erlern. d. amtl. Rechnungswesens. Mit 19 Tabell. 8. Stuttg. 801. Löflund. 20 gr

Neidhart, J. W., s. Neidhart, Johann Michael

Neidhart, Johann Friedrich, s. Neidhardt, Johann Friedrich

Neidhart, Johann Michael

— prakt. u. vollst. Auszug zur allgem. Bienenzucht, aus d. neuesten Bienenbüchern. 2c. 8. Nürnb. 774. Geh. 12 gr Zusätze u. Verbesserr.- Mit 2 Kpf. 8. Ebd. 778. 12 gr

Neidhart, Jh. Mich., († d. 27. Mai 803.) Bienenregeln. 8. Leipz. (Rauck). 2 gr

Neidhart, J. W., Bienenregeln. 8. Leipz. Sommer. -

— auf Vernunft u. Erfahr. gegründ. Gedanken, v. d. Zeugung u. Befruchtung d. Bienenkönigin. 8. Nürnb. 774.

Neidhart, K., die Influenza-Epidemie vom Winter 1889/90 im Grossherzogth. Hessen. Nach den Berichterstattungen der grossherzogl. Kreisgesundheitsämter bearb. gr. 8. (65 S.) Darmstadt 890. (Jonghaus.) n. 1. 50

Neidhart, K., Die maschinelle Kohlengewinnung im Abbau und bei der Vorrichtung im niederrheinischen Braunkohlenrevier. Berlin, 1910. 74 S. mit 16 Abb. u. 8 Taf.

Neidhart, Karl (Herbstein)
Ueber die Veränderungen der Zunge in Krankheiten.
Giessen: Keller 1860. 71 S. + 2 Bl. Thesen.
Diss. med. 7.1.1860. vorh. 26. 7. 11.Δ.

Neidhart, Carl, aus stürmischer Zeit. Erzählung aus dem Lehrerleben. 8. (IV, 172 S.) Jena 893. F. Mauke. n. 2. —

Neidhart, Karl Vollr., Herzens-Erleichterung e. Obstbaum-Pflanzers. Den Freunden d. Obstkultur z. Beherzigung. 8. Ellwang. 806. (Nördl. 824. Beck) 3 gr

Neidhart, Zeno [aus Ramsen (Kt. Schaffhausen)]: Beiträge zur Überführung der o-Oxychalkone in Flavonderivate. Berlin 1900. 43 S. 8°.
Bern. Phil. Diss. 1900/1901.

Neidhart v. Reuenthal

—— s. Bielschowsky, Alb. Geschichte d. deutschen Dorfpoesie im 13. Jahrh. I.

§* **NEIDHART** (= Nithart) von Reuenthal (baierischer Ritter auf Reuenthal bei Landshut, später in Melk in Oesterreich, lebte noch 1236 oder 1237), hrsg. von Moritz Haupt. Leipzig 1858. 8°. LVI. u. 264 S. (In München: P.o. germ. 1004 i.)

Neidhart von Reuenthal herausg. von Mor. Haupt. Leipzig 858. Hirzel. gr. 8. (LVI, 264 S.) n. 2 ℛ.

Neidhart's v. Reuenthal Lieder auf Grund v. M. Haupt's Herstellung zeitlich gruppirt, m. Erklärgn. u. e. Einleitung v. F. Keinz. Mit e. Titelbilde. gr. 8. (IV, 146 S.) Leipzig 889. Hirzel. n. 2. 80
s.: Keinz, Frdr.

Neidhart's v. Reuenthal Lieder. Auf Grund v. M. Haupts Herstellg., zeitlich gruppiert, m. Erklärgn. u. e. Einleitg. v. Frdr. Keinz. 2., verb. Aufl. (IV, 154 S. m. 1 Kartenskizze im Text u. 1 Titelbild.) gr. 8. Leipzig 910. S. Hirzel. 4.—; geb. 4. 75

Neidhöfer, Karl [pr. Arzt aus Hahnstätten]: Ectopie der Zähne, spez. in Beziehg z. Kiterg d. Antrum Highmori ... Marburg, Univ.-Buchdr. '(R. Friedrich)', 1895; 21 S., 1 Bl. 8.
Marburg, Med. Fak., Inaug.-Diss. v. 30. Sept. 1895

Neidig, Wilh., geologische Elemente enth. einen idealen Erddurchschnitt, sowie die Geschichte der Erde nach den 5 geologischen Entwicklungsperioden mit genauer Angabe der Eruptionen, Systeme u. Formationen, Charakteristik der Systeme u. Verzeichniss der organ. Ueberreste (Versteinerungen). Für Schulen u. zum Selbstunterrichte zusammengestellt. Chromolith. Heidelberg 868. C. Winter's Univ.-Buchh. gr. Fol. In Carton. n. 20 ngr.

Neidig, Wilh., geologische Elemente enth. einen idealen Erddurchschnitt sowie die Geschichte der Erde nach den fünf geolog. Entwickelungsperioden mit genauer Angabe der Eruptionen, Systeme und Formationen, Charakteristik der Systeme und Verzeichniss der organ. Ueberreste (Versteinerungen). Für Schulen und zum Selbstunterricht. 2. Aufl. Chromolithogr. Imp.-Fol. Heidelberg 873, C. Winter's Universitäts-Buchh. cart. *

Neidig, Wilh., geologische Elemente, enth. einen idealen Erddurchschnitt, sowie die Geschichte der Erde nach den 5 geolog. Entwicklungsperioden, m. genauer Angabe der Eruptionen, Systeme u. Formationen, Charakteristik der Systeme u. Verzeichniss der organ. Ueberreste [Versteinerungen]. Für Schulen u. zum Selbstunterricht zusammengestellt. 3. Aufl. qu. gr. Fol. (Chromolith. Tab.) Heidelberg 878. C. Winter. In Carton. n. 1. —

Neidinger, Anna, das berühmte u. wohlapprobirte Kochbuch, nach welchem in allem sicher zu gehen ꝛc. 8. Wien, Geistinger. (Leipz. Weygand.) 812.

Neidinger, Anna, d. berühmte u. wohlapprobirte Kochbuch, nach welchem in allem sicher zu gehen ꝛc. 8. Wien 812. (Gerold). 16 ℊ Hbd. Pr. 8 ℊ

Neidinger, (A., kaiserl. Hofköchin,) geprüftes Kochbuch. 8. Wien 823, Geistinger. (Landsh., Krüll.)

Neiditsch, Sara: Zur Frage der Kontagiosität des Krebses. Berlin 1910: Ebering. 38 S. 8°
Berlin, Med. Diss. v. 15. März 1910, Ref. His
[Geb. 15. Nov. 75 Pinsk; Wohnort: Pinsk; Staatsangeh.: Rußland; Studium: Halle 1, Bern 3, Zürich 6, Berlin 1 S.; Rig. 10. März 10.] [U 10. 75

NEIDL, J., Mein sanfter Heinrich. Eigentum und Verlag des Verfassers. Druck v. K. Fritz in Rudolfsheim.
In Oesterreich confiscirt.

Neidl, J., vollständiges Verzeichniß der im Jahre 1878 in Wien, Linz, Prag, Brünn, Graz, Ofen, Triest, Hermannstadt, Lemberg, Temesvar u. Innsbruck gehobenen Zahlen. Nebst Ersichtlichmachung aller seit längerer Zeit nicht gezogenen, daher ausständ. Zahlen. Zum Nachschlagen für Lottofreunde zusammengestellt u. hrsg. 8. (14 S.) Wien 879. Neidl. n. — 20

Neidl, Jos., theoretisch-praktischer Unterricht im Lesen u. Schreiben zunächst für Unteroffiziere u. Gendarmen. 2. verb. u. verm. Aufl. Neuburg a. D. 862. Prechter. 8. (VIII, 276 S. u. 8 lith. S.) n. 15 ngr.

Neidl, Julius. — Der Diamantring. Eine Erzählung in sieben Kapiteln für die Jugend. Von — —. Mit 8 illuminirten Kupfern. 8. (44 S.) Wien Druck von Anton Schweiger. Jos. Feichtenberger's Verlag. 1854.

Neidl, Jul., Erzählungen u. Anekdoten. Ein unterhaltendes Familienbuch zur Beförderung d. gesell. Vergnügens. 12. (5 B.) Wien 843, (Tauer u. Sohn.)

FLUCH, Der, der bösen That. Komisches Original-Intermezzo (von *Julius Neidl*). Wien, o. J. (1885).
Anon.-Lex. V. p. 111 (Eigenbericht).

JUNGFRAUEN, Die zwölf schlafenden. Höchst interessante Ritter- und Geister-Geschichte (von *Julius Neidl*). Wien, o. J. (c. 1900).
Anon.-Lex. V. p. 170 (Eigenbericht).

Neidl, Julius: Missverständniss, s. Bartl, Hans

MONTAG, Der blaue. Komische Scene (von *Julius Neidl*). Wien, o. J. (c. 1909).
Anon.-Lex. V. p. 210 (Eigenbericht).

OTHELLO, der weisse Mohr. Eine tragische Posse ohne Gesang, weil zum Schluss ein Mord vorkommt. (Vf.: *Julius Neidl.*) Wien, o. J. (1900).
Anon.-Lex. V. p. 225 (Eigenbericht).

SCHWIEGERMUTTER — Unterfutter! (von *Jul. Neidl*). Wien, o. J. (c. 1890).
Anon.-Lex. V. p. 266. (Eigenbericht.)

SPATZENPFIFF, Der. Wiener Volkslied (von *Julius Neidl*). Wien, o. J. (1855).
Anon.-Lex. V. p. 273. (Eigenbericht.)

Neidl, Michael (Hilpoltstein/Donaukreis), De ligandis arteriis laesis et dissectis. Diss. med. Landshut (J. Thomann) 1816. 42 S. (3.50) 24645

Neidlinger, ..., s. Ideen üb. uns. Erasmische Aussprache.

Neidlinger, Ideen über unsre Erasmische Aussprache des Altgriechischen. Wien 818. 8. 16 gr.

Neidlinger, Proben von den Leakischen fünf Classen des Schrift-Neugriechischen. Götting. 816. 8.

Neidlinger, Philipp (Freistadt/Schles.), De jurisdictione tam veteri quam hodierna imperatoris ac statuum Imperij. Ex t. t. D. et C. de Jurisd. et t. t. X. de for. comp. Disput. inaug. Präs. Cyriacus Herdes. o. O. (Hartmann) März 1622. (7.50) 24646

NEIDT, Katharina, Verführt und entehrt. (Kr. 1,20 = Mk. 1—.)
Offerirte Willy Schindler, Pressburg, 1910, ohne Orts- u. Jahrsangabe.

Neidt, Katharina, verführt u. entehrt. Die Presse im Dienste des Mädchenhandels? (72 S.) 8. Leipzig (904). H. Hedewig's Nachf. n. 1. —

Nejedli, Josef Johann

Nejedli: Elementäre Ableitung der Budar-Horner'schen Auflösungsmethode höherer Zahlengleichungen. 22 S. –Laibach, Progr. 1865

Nejedli: Ueber Euler's Auflösungsmethode unbestimmter Gleichungen der ersten Grades. 8 S.–Laibach, Progr. 1863

Jahresbericht des k. k. kath. Staats-Gymnasiums zu Leutschau am Schlusse des Studienjahres 1854. Veröffentlicht durch den prov. Direktor der Anstalt Ant. Ed. Siegl. 4. (26 S.) Leutschau. Gedruckt bei Johann Werthmüller und Sohn.
Inhalt: Ueber die Behandlung incommensurabler Raumgrößen, von Dr. Josef Johann Nejedli — Schulnachrichten.

Nejedli: Beitrag zur Zerlegung gebrochener rationaler Functionen im Partialbruche.15 S.–Laibach, Progr. 1868

Nejedli Dr. J.: Die Erfahrung als Problem der Philosophie. 22. Laibach 75. Progr.

Nejedli, J.: Note über die mehrfachen und willkürlichen Werte einiger bestimmten Integrale. 11 S. 8° – Laibach, OG., Progr. 1870.

Nejedli, J.: Die Philosophie in verschiedenen Schulen. 20 S. 8° – Laibach, OG., Progr. 1871.

Jahresbericht, siebenter, über das k. k. kath. Staats-Gymnasium zu Leutschau. *Kaschau* 1858. Gedruckt bei *Carl Werfer*, k. k. akadem. Buchdrucker. 34 S., 4°.
INHALT. Ueber das Potenziren und Radiziren von Polynomen nebst Anwendungen auf die Berechnung der Logarithmen. Von Dr. *J. J. Nejedli* (S. 3—18).

Nejedli, J. J.: Ueber philosophische Propädeutik. S. 13–35. 8° – Laibach, OG., Progr. 1873.

Nejedli, J.: Zur Theorie der Sinneswahrnehmung. 32 S. – Laibach, Progr. 1882.

Nejedlý, Jul. Der Advocaten-Tarif, s. a. Gesetze, Sep.-Ausg. der neuen oesterreichischen, Nr. 64.

Nejedlý, Jul., der Advocaten-Tarif. Gesetz vom 26. März 1890 u. die auf Grund desselben erlassene Justiz-Ministerial-Verordng. vom 25. Juni 1890, sammt den die Advocatengebüren betr. Gesetzesbestimmgn., nebst e. Anh., enth. den Notariats-Tarif. Erläutert u. m. Formularien versehen. 8. (81 S.) Prag 890. Höfer & Klouček. n. — 80

Nejedlý, Jul., die neue Bau-Ordnung für die königl. Hauptstadt Prag und deren Vororte, s. Gesetze für das Königr. Böhmen.

— die Executions-Novelle vom 10. Juni 1887, s. a. Gesetze, Separat-Ausg. der neuen österreichischen.

— die Executions-Novelle vom 10. Juni 1887, betr. die Abänderung u. Ergänzung einiger Bestimmungen d. österr. Executions-Verfahrens zur Hereinbringung von Geldforderungen. Mit allen einschläg. Gesetzen u. Verordngn. Zum allgem. Gebrauche m. besond. Rücksicht auf die Bedürfnisse der Praxis erläutert u. m. Formularien versehen. 8. (123 S.) Ebd. 887. n. 1. 60

Nejedlý, Viot. Em., Versuch zu einer leichtfasslichen Gesangschule für Musik-Anstalten u. zum Privatunterrichte. 8. (VIII, 94 S.) Prag 878. Mikuláš & Knapp. n. 1. 20

Nejedý, Zdeněk, das Verhältnis des hussitischen Gesanges zu der vorhussitischen Musik. Vorgetragen in der Festsitzg. der kön. böhm. Gesellschaft d. Wissenschaften am 30. I. 1904. (14 S.) Lex.-8. Prag 904. (F. Řivnáč) n. — 20

Neifeld, Ernst Jeremias

Neifeld, Ernst Jeremias: Physikalische Abhandlung von der Goldenen Ader, welche sowohl die Eigenschaften, Ursachen und Wirkungen als auch die Heilungsart derselben in sich faßt. 2.verm.Aufl. 137 S., gbd.

Züllichau: Frommann 1764

JB 3.025

Ernst Jeremias Neifeld

Ernst Jeremias Neifelds [Neifeld]Physikalische Abhandlung vom Altwasser Sauerbrunnen in Schlesien. Dessen Bestande, Wirkung u.Gebrauche... Züllichau: Dendeler 1752. 204 S. 8°

— ratio medendi morbis circuli sanguinei. 8maj. Bresl.773. (J. F. Korn). 1 ₰

— de secretione humorum in specie, specim. I et II. 8. Züllich. 757 u. 763. (Chr. Fr. Günther, Glog.) 12 ₰

— de secretione humorum in specie, specim. I. et II. 8. Züllich. (Frommann, Jena.) (Glogau, Günther.) 763. —

Neifen, Gottfr. v., Lieder, s. Lieder, die, Gottfrieds v. Neifen.

Neiff, G., Nürnberger Struwelpeter. Neuestes Bilderbuch f. brave Kinder von 3 bis 6 Jahren. 4. (17 farb. Bl. m. eingedr. Text.) Nürnberg 893. Heerdegen-Barbeck. Kart. n. 1. 80

Neigebauer, s. Neigebaur

Neigebaur

— s. auch Neugebauer.

Neigebaur, Johann Daniel Ferdinand

Neigebauer, Joh. Dan. Friedr.: Ansichten aus der Cavalierperspective im Jahre 1835, s. Ansichten.

— Beschreibung der Moldau u. Walachei. gr. 8. (X u. 386 S.) Leipzig 848, Bernh. Tauchnitz. 1¾ Thlr

Neigebaur, Joh. Dan. Ferd., Beschreibung der Moldau u. Walachei. 2. Theil. A. u. d. T.: Die Donau-Fürstenthümer. Gesammelte Skizzen geschichtlich-statistisch-politischen Inhalts. 2. Ausg. Breslau 859. Kern. gr. 8. (XVII, 327 S.) n. 1 Thlr

Neigebaur, J. F.: Beschreibung der Moldau und Walachei. Breslau: Kern 1853; 2. Aufl. 1854.

Neigebaur, J. F., Beschreibung der Moldau u. Walachei. 2. (Titel-)Aufl. Breslau (848.) 854. Kern. gr. 8. (X, 386 S.) n. 1 Thlr.

Neigebaur, Joh. Friedr., der italienische Bund und der deutsche Fürsten-Tag. gr. 8. (VII und 40 S.) Leipzig 863, Bergson-Sonenberg. [Mühlheim, v. Kamp.]

Neigebaur, Joh. Ferd., Dacien. Aus den Ueberresten des klassischen Alterthums, mit besonderer Rücksicht auf Siebenbürgen. Topographisch zusammengestellt. Nebst einer (lith.) Uebersichtskarte des Trajanischen Daciens. gr. 8. (XII u. 311 S.) Kronstadt 851. (Németh.) n. 2 Thlr

— geschichtl. Darstellung d. Veränderr. in d. Gesetzgebung u. Gerichtsverfassung, welche in den Ländern, die gegenwärtig d. Bezirk d. Kön. Ober-Landes-Gerichts zu Hamm bilden, in d. J. 1802—1820 Statt gefunden haben. Nebst e. Uebersicht d. jetzt in Preuß. besteh. Gesetzgebungen u. Gerichtsverfassungen. gr. 8. Hamm 822. (Wundermann). 20 gr. — Aus Obig. apart: Ueber d. Möglichkeit e. einfachen Hypotheken Ordnung b. d. fortschreit. Theilung d. Grundvermögens. gr. 8. Ebd. 822. 12 gr.

Neigebauer, Jh. Fd.: „Darstellung des Verfahrens im Kassen- und Rechnungs-Wesen bei der französischen Verwaltung", Breslau 1820.

— Darstell. d. Verfahrens im Kassen- u. Rechnungs-Wesen b. d. französ. Verwaltung. gr. 8. Hamm 826. Wundermann 1 Thlr

Neigebaur, Jh. Fd., Darstell. d. provisor. Verwaltung am Rhein v. J. 1813 bis 1819. Mit e. Vorr. v. Hofr. Dr. Luden. gr. 8. Cöln 821. Bachem. 1 Thlr 12 gr.

—— die Donau-Fürstenthümer. Gesammelte Skizzen geschichtlich-statistisch-politischen Inhalts. 1. Heft. gr. 8. (IV und 116 S. mit eingedr. Holzschn.) Breslau 854, Kern.

—— dass. — 2. Heft. A. u. d. T.: Die Moldau-Walachen oder Romanen und der russische Schutz. Nach dem französ. moldau-walach. Album von Billecocq. gr. 8. (VIII und 107 S.) Breslau 854(55,) Kern.

—— dass. — 3. Heft. A. u. d. T.: Die staatlichen Verhältnisse der Moldau und Walachei, in geschichtl. Zusammenstellung der auf das öffentl. Recht bezügl. Verträge. gr. 8. (V und 104 S.) Ebds. 856.

Neigebaur, Joh. Ferd., Dresden u. die sächsische Schweiz. 1. Ausg. (21⅝ B. m. Holzschn. u. Titbld.) 843. * 1 Thlr. 10 Ngr. u. 2. Ausg. m. 80 Illustrationen v. Gust. Schlick u. 1 Plan v. Jul. Löwenberg. 8. (22⅜ B.) Leipzig 845, Lorck.

— u. Müser, Formularhandbuch z. Preuß. Proceß-Ordnung gr. 8. Hamm 826. Schulz. 1 Thlr 16 gr.

Neigebaur, Joh. Ferd., neuestes Gemälde Italiens, s. a. Schütz, J. B., Erdkunde, 22. u. 23. Bd.

Neigebaur, Jh. Fd., neuestes Gemälde Italiens, der Jonischen Inseln u. Malta. 2 Bde. Mit 11 Kpfrn. gr. 8. Wien 834. Sammer. ist d. Pr. jetzt nur n 1¼ Thlr

—— neuestes Gemälde d. Königre. Niederlande u. Belgien, s. Schütz, J. B., Erdkunde, 17. Bd.

—— neuestes Gemälde v. Schweden, Norwegen u. Dänemark, s. Schütz, J. B., Erdkunde, 25. Bd.

—— neuestes Gemälde d. Schweiz, s. a. Schütz, J. B., Erdkunde, 21. Bd.

— neuestes Gemälde der Schweiz. Mit 5 Kpfrn. gr. 8. Ebd. 834. ist d. Pr. jetzt nur n. ⅔ Thlr

Neigebaur, Joh. Dan. Ferd., Geschichte der kaiserl. Leopoldino-Carolinischen deutschen Akademie der Naturforscher während des 2. Jahrh. ihres Bestehens. gr. 4. (VIII und 334 S. mit 2 Stahlst. und 1 Stnt.) Jena 860, Frommann. *

Neigebaur, J. F., das Glaubens-Bekenntniß der Italienischen Evangelischen Kirche. Nebst einer kurzen Nachricht über die neuesten religiösen Bewegungen in Italien. Magdeburg 855. Baensch. (Leipzig, Gräbner.) gr. 8. (3 Bl., 59 S.) 12 ngr.

Neigebaur, Joh. Ferd., † (Daniel,) die preuß. Gymnasien u. höh. Bürgerschulen. Eine Zusammenstell. d. Verordnn., welche d. höh. Unterr. in dies. Anstalten umfassen. gr. 8. (24 B.) Berlin 835, Mittler.

Neigebaur, [Joh. Dan. Ferd.]: Handbuch zur Ausübung der freiwilligen Gerichtsbarkeit oder Sammlung der den 2. Theil der Allgemeinen Preußischen Gerichts-Ordnung und das Notariat erläuternden Verordnungen. Hamm 1824.

Neigebaur, J. Frd.: Handbuch zur Ausübung d. freiwilligen Gerichtsbarkeit; od. Samml. der den 2n Thl. der Allgem. Preuss. Gerichts-Ordnung u. das Notariat erläut. Verordnungen, nebst den dabei vorkommenden Formularen. — A. u. d. T.: Formulare zu allen Arten von Verträgen. 2e stark verm. u. verb. Aufl. *Hamm*, Wundermann. 827. gr. 8. (2 Thl. 6 Gr.)

—— Handbuch f. Reisende in Deutschland. gr. 12. (28⅓ B.) Leipzig 843, [Mayer.] *

Neigebaur, Joh. Ferd., Handbuch f. Reisende in England. Lex.-8. (37 B.) Leipzig 829, Brockhaus. Thlr.

—— Handb. f. Reisende in Frankreich. gr. 8. (35 B.) Wien 832, [A. Doll sel. Witwe u. Sohn.]

—— Handbuch f. Reisende in Frankreich. 2., verb. Aufl. gr. 16. (31½ B.) Leipzig 842, [Renger'sche Buchh.] *

— Handbuch f. Reisende in Frankreich. 2. verb. Aufl. gr. 16. Leipzig 842, Volckmar. n. 2 Thlr

—— u. Ferd. Aldenhoven Handbuch f. Reisende in Griechenland. 2 Thle. gr. 12. (46½ B.) Leipzig 842, Brockhaus. *

—— und Ferd. Aldenhoven, Handbuch für Reisende in Griechenland. Neue (Titel-)Ausg. 2 Thle. gr. 12. (XVIII und 1085 S.) Leipzig (842)60, Brockhaus. *

— Handb. f. Reisende in Italien. gr. 8. Leipz. 826. 2e A. 833. Brockhaus. 2 Thlr. 16 gr

—— Handbuch f. Reisende in Italien. 3 Thle. 3., ganz umgearb., sehr verm. u. verb. Aufl. gr. 12. (35¾ B.) Leipzig 840, Brockhaus. *

—— Handbuch f. Reisende in d. Schweiz. Hrsg. v. Heinr. Berghaus. 1. Thl. Die allgem. Beschreib. d. Schweiz u. d. Anleit. z. Bereisen ders. enthalt. 8. (24 B.) Berlin 840, Geo. Reimer.

Neigebaur, J(oh.) F(riedr.), die Heirath des Markgrafen Carl von Brandenburg mit der Markgräfin Catharina von Balbiano. Nach Urkunden in dem königl. Archive und in Privatarchiven zu Turin zusammengestellt. (Zur Geschichte der europäischen Höfe seit der Reformation.) 8. (VIII und 196 S.) Breslau 855(56,) Kern. Thlr.

— die Heirath des Markgrafen Carl von Brandenburg mit der Markgräfin Catharina v. Balbiano. Nach Urkunden in dem Königl. Archive und in Privatarchiven zu Turin zusammengestellt. A. u. d. T.: Zur Geschichte der Europäischen Höfe seit der Reformation. Breslau 856. Kern. 8. (VIII, 196 S.) 1 Thlr.

Neigebauer: „Jahrbücher für die preussische Agricultur-Gesetzgebung, mit Genehmigung eines hohen Ministeriums des Innern herausgegeben", 1. (einziges) Heft, Breslau 1830 (Gosohorsky).

—— Jahrbücher f. d. preuß. Landes-Cultur-Gesetzgebung, s. Jahrbücher.

Neigebauer, Jl. Fd.: „Die angewandte Cameralwissenschaft, dargestellt in der Verwaltung des Generalgouverneurs Sack am Nieder- und Mittelrhein", Leipzig 1823.

Neigebauer, (Joh. Ferd.,) die angewandte Cameral-Wissenschaft, dargestellt, in der Verwaltung des Generalgouverneur Sack, am Nieder- u. Mittelrhein. gr. 8. Leipz. 824, Brockhaus.

Neigebauer, (Joh. Ferd.,) das Kassen- u. Rechnungswesen bei d. französ. Finanz-Verwaltung. 2e Aufl. gr. 8. Hamm 826, Wundermann.

CAVALIER, Der, auf Reisen im Jahre 1837. Vom Verf. der „Ansichten aus der Cavalierperspektive im J. 1835" (d. i. *Joh. Dan. Ferd. Neigebauer*). Leipzig: F. A. Brockhaus. 1838. 8°.

Dass Neigebauer (nicht Baron v. Vaerst) Verfasser, geht hervor aus: Vollständ. Verzeichnis der von der Firma F. A. Brockhaus in Leipzig .... verlegten Werke. Leipzig 1872—75. (Anon.-Lex. I. p. 312.) Kulturgeschichtl. interessant!

— die Krim nach Demidoff. Ein Auszug aus der Reise des Fürsten Anatol v. Demidoff nach dem südl. Rußland und der Krim, in 2 Bdn., deutsch herausg. Mit 16 Illustr. (Holzschn. im Text) nach Raffet. Breslau 855. Kern. gr. 8. (2 Bl., 95 S.) 15 Ngr; mit 1 (lith.) Special-Karte der Krim (in Fol.) 20 Ngr

Vgl.: Demidoff.

—— die Letzten der Familie Gonzaga als Herzoge von Mantua. Nach dem Italien. von Biondelli. 8. (VIII und 157 S.) Sondershausen [Thonberg] 863, Neuse.

—— u. E. A. Moriarty, London. Ein Handbuch f. Reisende. 8. (31 B.) Leipzig 843, [Lorck.] *

— u. E. A. Moriarty, London. Ein Handbuch für Reisende. 8. Leipzig 843, J. J. Weber. n. 2 Thlr.

Neigebaur: Ueber die Möglichkeit einer einfachen Hypotheken-Ordnung bei der fortschreitenden Theilung des Grund-Vermögens. Hamm 1821.

— Ueber die Möglichkeit einer einfachen Hypotheken-Ordnung bei der fortschreit. Theilung d. Grundvermögens. gr. 8. Ebd. 822.

Neigebaur, J. F. Die Moldau-Walachen oder Romanen und der russische Schutz. Nach dem französischen moldau-walachischen Album des General Consul Ritter Billecocq. 8. Breslau 1856.

—— Neu-Rußland, s. Demidoff.

Neigebaur, der alte Nettelbeck. Ein Unterhaltungsbuch, zunächst für die Preußische Jugend zur Beförderung wahrer Vaterlandsliebe. Neue, revidirte u. mit 7 Bildern nach Originalzeichnungen von Ramberg vermehrte Aufl. 16. Hamm 841; Crefeld, Funcke'sche Buchh. n. ⅔ Thlr.

—— der alte Nettelbeck. Ein Unterhaltungsb., zunächst f. d. preuß. Jugend z. Beförderung wahrer Vaterlandsliebe. Neue, revid. u. verm. Aufl. 16. (23¾ B. u. 7 Bild. nach Ramberg.) Hamm 841. [Bielefeld, Velhagen u. Klasing.] *

Neigebaur, der alte Nettelbeck. Ein Unterhaltungsbuch f. d. Jugend. Neue revid. u. m. 7 Bild. nach Originalzeichn. v. Ramberg verm. Aufl. 8. (22¾ B.) Bielefeld 846, Velhagen u. Klasing.

—— Eleonore d'Olbreuse, die Stammmutter der Königshäuser von England, Hannover und Preußen. Ermittlungen zur Geschichte ihrer Heirath mit dem Herzoge von Braunschweig-Celle und dermal. Zeit, in besond. Beziehung auf Ebenbürtigkeitsheirathen. 8. (IV und 220 S. mit dem Bildnisse der Herzogin Eleonore in Stahlst.) Braunschweig 859, Leibrock.

— der Papst u. sein Reich oder die weltliche u. geistliche Macht des heil. Stuhles. 2 Thle. in 1 Bd. gr. 8. (XII u. 410 S.) Leipzig 847, Verlagsbureau. n. 2 Thlr.

— d. gute Preuße. A. u. d. T.: d. alte Nettelbeck. Ein Unterhaltungsbuch f. d. preuß. Jugend z. Beförder. wahrer Vaterlandsliebe. 2 Bdchn. 12. Hamm. 824. Wundermann. 18 gr Feine Ausg. 1 Thlr.

[Neigebaur. Joh. Dan. Ferd.]: Der Preußische Prozeß ohne die ihm zum Vorwurf gemachten Mangel, und unter Aufnahme der Oeffentlichkeit der Rechtspflege. Auf Ersuchen mit e. Vorr. von Arn. Mallinckrodt. Jena 1819.

— Sammlung der auf den öffentl. Unterricht in den K. Preuß. Staaten sich beziehenden Gesetze u. Verordnungen. gr. 8. Hamm 826, Wundermann.

Neigebaur, Joh. Fd.: Samml. der auf d. öffentl. Unterricht in d. Königl. Preuss. Staaten sich beziehenden Gesetze u. Verordnn. *Hamm*, Wundermann. 828. gr. 8. (1 Thl. 8 Gr.)

— Samml. derjen. Gesetze u. Verordnn., welche d. Preuß. Criminal-Ordnung erläutern od. abändern. gr. 8. Hamm 824, Wundermann. 1 Thlr. 12 gr

— Samml. aller, d. Preuß. Deposital-Ordnung erläut. Verordnn. gr. 8. Hamm 823. Wundermann. 12 gr

NEIGEBAUR, J. Fd.: Samml. der Verordnungen, welche sich auf d. preuss. Hypothekenordn. u. das Hypothekenpatent f. d. verein. Provinzen beziehen; nebst einigen Bemerkk. üb. d. Möglichk. einer grössern Vereinfachung des Hypothekenwesens. — A. u. d. T.: Ueb. d. Möglichk. ein. einf. Hypothekenordn. bei der fortschreitend. Theilung des Grundvermögens. *Hamm*, Wundermann. 822. gr. 8. (1 Thl. 16 Gr.)

—— die Insel Sardinien. Geschichtliche Entwickelung der gegenwärt. Zustände derselben in ihrer Verbindung mit Italien. Hrsg. von Johs. Minckwitz. 1. Ausg. (X und 374 S.) 1853. 3 Thlr. und 2., verm. Ausg. gr. 8. (X und 382 S. mit 12 Kpfrn. und 1 lithogr. Karte von Sardinien in Fol.) Leipzig 856, Dyk'sche Buchh.

– s. Schilderung d. Provin. Limousin.

— allgem. Preuß. Schreib- u. Termin-Kalender f. Juristen ꝛc. auf 1823—27. 12. Hamm, Wundermann. Geb. à 16 gr.

—— allgem. Preuß. Schreib- u. Termin-Kalender, f. Juristen, Verwaltungs-Beamte u. alle Geschäftsmänner auf d. J. 1828—33. gr. 12. ... Hamm, Wundermann. [828—31. à 16 Gr., 32. 12 Gr., 33. 18 Gr.]
Jahrg. 1823—27. Ebendas. à 16 Gr.

– s. Schütz's Erdkunde.

—— Sicilien, dessen polit. Entwickelung und jetzigen Zustände. gr. 16. (VIII und 592 S.) Leipzig 848, Verlagsbureau.

— Sicilien, dessen politische Entwickelung u. jetzigen Zustände. [Zugleich ein Handbuch f. Reisende] gr. 16. (VIII u. 592 S.) Ebd. 848. — 2. Aufl. 2 Bde. [Mit dem Umschlagstitel: Italien. 1. Abth. 2 Bde.] 8. (VI u. 542 S.) Ebd. 848. 2 ß

Neigebaur, Joh. Ferd., die Süd-Slaven u. deren Länder in Beziehung auf Geschichte, Cultur u. Verfassung. gr. 8. (VIII u. 392 S.) Leipzig 851, Costenoble. n. 2½ ß

Neigebauer, [Joh. Dan. Ferd.]: Uebersicht der gegenwärtig in den Preußischen Staaten bestehenden Gesetzgebungen und Gerichts-Verfassungen. Mit bes. Bez. auf die neuen Provinzen. Hamm 1822.

[Nebentit.:] Geschichtliche Darstellung der Veränderungen in der Gesetzgebung und Gerichts-Verfassung, welche in den Ländertheilen, die gegenwärtig den Bezirk des Kgl. OLG. zu Hamm bilden, in den Jahren 1802—20 Statt gefunden haben.

— s. Umtriebe, aristokratische.

— s. der Untergang des Kurfürstenthums Mainz.

—— die Verfassung d. ionischen Inseln u. d. neuesten Bemühungen, e. Reform ders. herbeizuführen. gr. 8. (5½ B.) Leipzig 839, Focke.

— das Volks-Schulwesen in d. Preußischen Staaten. Eine Zusammenst. d. der Verordnungen, welche den Elementar-Unterricht d. Jugend betreffen. gr. 8. Berlin 834. Mittler. 1½ ß

—— die Kgl. Preuß. Vormundschafts-Ordnung, mit d. Erläuterungen ders. durch d. neuere Gesetzgebung. 4. (19 B.) Hamm 827, Wundermann.

Neigebaur, Johann Friedrich,
s. Neigebaur, Johann Daniel Friedrich

Neighbours, the water dale, s. Collection of British Authors.

Neiglick, zur Psychophysik des Lichtsinns, s. Studien, philosophische.

Neigung, der Kinder, s. Kinder, der, Neigung.

Neigung der Kinder. In 12 (lith. u. color.) Bildern (mit Text). Stuttgart (856.) Schreiber u. Schill. 4. 12 ngr.

Neigung der Kinder. 10 fein in Tondr. ausgeführte Bilder und sinn. Verse mit einem Anhang von Kinderliedern. 4. Eßlingen 872, Schreiber. geb. *

Neigung, v. der, zu Menschen, deren Wohlthäter man ward 8. Frankf. a. M. 791. Gebhardt u. K. 2 gr.

Neigungen, üb. die, als d. größten Triebrade d. freien menschl Handlungen. 8. Leipz. 790. (Nauck). 12 gr.

Neigungen, über die, als dem größten Triebrade der freyen menschlichen Handlungen. 8. Leipzig, Sommer. 790. –

Nejkardt, J. J., Zur bäuerlichen Bodenfrage. (In russ. Sprache.) 8⁰. St. Petersburg 1905.

— Zur Frage der Agrar- und Finanzreform in Russland. (In russ. Sprache.) 8⁰. St. Petersburg 1908.

Neikel, C. F., Museographia, od. Anleit. z. nützl. Anlegung der museorum od. Raritätenkammern. 4. Leipzig, Hubert. 727. –

Neikes, Hans, Gerichtsref.: Die Klage aus § 1007 des Bürgerlichen Gesetzbuches und ihre Grundlagen, unter besonderer Berücksichtigung der actio Publiciana. *Bonn 1903: C. Georgi.* (59 S.) 8°
Rostock, Jur. Diss. v. [4. Jan.] 1904

Neikes, Herm., der goldene Schnitt u. die „Geheimnisse der Cheopspyramide". (20 S. m. 1 Taf.) 8. Köln (907). M. Du Mont-Schauberg. 1.20

Neild, Joan. Cash (geb. Millington in Cheshire 12. 2. 1814): De pseudarthrosi quae ossium fracturas sequitur. Berolini (1839). (28 S.) 8°
Berlin, Med. Diss. v. 2. Dez. 1839

Neill. Patent-Bohrmaschine. Schladen, 1876.

Neill, William, s. Baird, R., Erinnerungen.

Neilos Doxapatres, s.: Nilos.

Neilreich, August

— über Schotts analecta botanica. [Aus d. Sitzungsber. der k. Akad. der Wiss.] Wien 869. (Gerold's Sohn.) Lex.-8. (23 S.) n. 4 ngr.

Neilreich, Aug., Aufzählung der in Ungarn u. Slavonien bisher beobachteten Gefässpflanzen nebst einer pflanzengeograf. Uebersicht. Wien 866. Braumüller. gr. 8. (XXIV, 504 S.) n. 3 ß 20 ngr.

Neilreich, Aug., Aufzählung der in Ungarn und Slavonien bisher beobachteten Gefässpflanzen. Nachträge und Verbesserungen. gr. 8. (XI, 111 S.) Wien 870, Braumüller. *

Hauptwerk. Ebendas. 1866. *ℳ 11.

— Diagnosen der in Ungarn u. Slavonien bisher beobachteten Gefässpflanzen, welche in Koch's Synopsis nicht enthalten sind. Herasg. von der k. k. zoolog.-botan. Gesellschaft zu Wien. Wien 867. (Leipzig, Brockhaus' Sort.) gr. 8. (VI, 153 S.) n. 20 ngr.

Neilreich, Aug., Flora von Nieder-Oesterreich. Eine Aufzählung und Beschreibung der im Erzherzogth. Oesterreich unter der Enns wild wachsenden oder in Grossem gebauten Gefässpflanzen, nebst einer pflanzengeograf. Schilderung dieses Landes. 9 Lfgn. Lex.-8. (CXXXIII und 1010 S.) Wien 857—59, Gerold's Sohn. à Lfg. * 1 Thlr. Thlr. *

—— Flora von Nieder-Oesterreich. Eine Aufzählung und Beschreibung der im Erzherzogth. Oesterreich unter der Enns wild wachs. oder in Grossem gebauten Gefässpflanzen, nebst einer pflanzengeograf. Schilderung dieses Landes. Nachträge. gr. 8. (VIII und 104 S.) Wien 866. (Leipzig, Brockhaus' Sortiment und Antiquarium.) *

Neilreich, Aug., Flora v. Wien. Eine Aufzählung der in den Umgebungen Wiens wild wachsenden od. im Grossen gebauten Gefässpflanzen, nebst e. pflanzengeographischen Uebersicht. gr. 8. (50 B.) Wien 846, Beck'sche Universit.-Buchh.

—— Nachträge zu Maly's enumeratio plantarum phanerogamicarum imperii austriaci universi. Hrsg. von der k. k. zoologisch-botan. Gesellschaft in Wien. gr. 8. (348 S.) Wien 861. Leipzig, Brockhaus' Sortiment und Antiquarium. *

Neilreich, Aug., Nachträge zur Flora von Wien nach einem erweiterten Gebiete mit Einbeziehung der benachbarten Alpen und der Leithagegend, nebst einer pflanzengeograf. Uebersicht. Lex.-8. (IV und 339 S.) Wien 851, Beck'sche Universitäts-Buchh.

Des Verf. Flora von Wien etc. erschien ebendas. 1846 und kostet 4 Thlr. 15 Ngr.

— die Vegetationsverhältnisse von Croatien. Herasg. von der k. k. zoologisch-botan. Gesellschaft in Wien. Wien 868. (Leipzig, Brockhaus' Sort.) gr. 8. (XLI, 288 S.) n. 1 ℛ 10 ngr.

—— kritische Zusammenstellung der in Oesterreich-Ungarn bisher beobachteten Arten, Formen und Bastarte der Gattung Hierocium. Lex.-8. (77 S.) Wien 871, (Gerold's Sohn.) *

Aus: Sitzungsberichte der k. Akademie der Wissenschaften, besonders abgedruckt.

Heinrich Ernst Neilson

Gedanken von der Schwere, eine Hypothese, wodurch die ganze Weltordnung und die wichtigsten Naturerscheinungen erkläret werden, den Naturkennern zur Prüfung vorgelegt von H[einrich] E[rnst] Neilson. Hannover: Hahn 1792. 56 S. 8°

Neimann, Ernst, a. Neidenburg: 1. Synthese von Diaminokorksäure und Diaminosebacinsäure. 2. Neue Synthese von Diaminen. 3. Ueber gelatinöse anorganische Baryumsalze. (Berlin 1905: L. Schumacher.) (38 S.) 8°

Berlin, Phil. Fak., Ref. Gabriel, Nernst, Diss. v. 8. Juli 1905

[Geb. 12. Dez. 81 Neidenburg in Ostpreußen; Heimatsort: Berlin; Staatsangeh.: Preußen; Vorbildung: Friedrichwerdersches Gymn. Berlin Reife O. 01; Studium: Freiburg i. B. 1, Berlin 1, Genf 1, Berlin 5 S.; Rig. 22. Juni 05.]

Neimann, Kurt, Referendar in Berlin: Der Satz „Kauf bricht nicht Miete" im neuen bürgerlichen Recht. Wittenberg, Bez. Halle, 1907: F. Wattrodt. (VII, 63 S.) 8° [℥.]

Leipzig, Jur. Fak., Diss. v. 20. Juni 1907

[Geb. 28. Dez. 77 Neidenburg O.-Pr.; Wohnort: Berlin-Halensee; Staatsangeh.: Preußen; Vorbildung: Köllnisches Gymn. Berlin Reife M. 99; Studium: Berlin 7 S.; Rig. 13. Dez. 04.]

Neimann, Wilh., Grundriss der Chemie. Für Studirende bearb (XX, 401 S.) 8. Berlin 905. A. Hirschwald. n. 7 —

Neimann, Wilhelm, aus Neidenburg: [1.] Zur Kenntnis der Glucuronsäure und über die Synthese 'gepaarter Glucuronsäuren'. [2.] Über eine Methode zur Isolierung von Aldehyden und Ketonen. *Berlin (1904): A. Großmann.* (42 S.) 8° ¶ (Enthält nur T. 1. — T. 2 erschien 1902 in: Berichte d. deutschen chemischen Ges., Jg. 35, Bd 2.)

Berlin, Phil. Diss. v. 16. Jan. 1904

— über e. in der Leber gebildetes stickstoffhältiges Kohlehydrat, s.: Seegen, J.

Neimbt, Johann Eberhard

Neimbt, J. C., Geneal. Tabelle der Herren von Bönninghausen gnt. Budberg, wie selbige aus Westphalen aus dem Hause Bönninghausen herstammen und wie sich diese Familie im Ausland und Lifland in verschiedenen Branchen und Linien ausgebreitet hat. 1871. 2 Bll. fol.

Neimbt, Geneal. Tabelle der Herren von Oelsen. 1771.

Neimbt, J. E., Geneal. Tabelle der alten adligen Familie von der Raab gnt. Thülen, aufgesetzt von E. J. von der Raab. 1768.

Neimbt, J. E., Geneal. Tabelle der Herren von Stempel. Mitau 1771. fol.

Neimbts, Jh. Eberh., († d. 17. Mai 1797.) Wappenbuch d Kurland. Adels. Mit 54 Kpft. gr. 4. Mitau 1793.

Neimeier, A[lfred]. Die badische Rinderzucht und der Grenzverkehr, unter besonderer Würdigung der Zollpolitik. Diss. Vet.-Med. Bern. 110 S. 8. Basel, Buchdr. Brenner, 1906.

Neimke, Philibertus [Nordhusanus]: Quaestiones Heliodoreae. . . . Halis Saxonum, typ. orphanotrophei. 1889; 2 Bl. + 57 + 1 S. 8°

Halle, Phil. Fak., Inaug.-Diss. v. [17. Apr.] 1889

Nein, erläuterndes, in Sachen d. neuen Preuß. Agende, od Briefe e. Pfarrers im Herzogthum Sachsen, der Nein! gesagt, an e. Amtsbruder, d. Ja! gesagt. gr. 8. Leipz. 824. (Klinkhardt). 3 gr

Nein wir brauchen keinen Schulvogt

① Wir wollen freie Schweizer sein – Und grüßen den modernen Geßler nicht (unter einem größeren Titelbild, das den Versuch darstellt, das Volk zu veranlassen, sich vor einem Hut mit einer Schreibfeder zu beugen) ⑤ 11. 11. 1882—25. 11. 1882 ⑥ 2° ⑧ Basel: Felix Schneider ⑩ Referendumscomité in Basel. Verantwortlich: Daniel Jacob Jenny-Ciola ⑪ Daniel Jacob Jenny-Giola ⑫ für das Referendum gegen das eidgenössische Schulgesetz; gegen die radikale Schulpolitik ⑭ Bes: SA.

* **NEINER** (Joh. Val.), — Vienne Demasquée Oder Wahrhaffter Entwurff, Einiger Heunt (!) zu Tage passirenten, und grassirenten Eitelkeiten Dess jetzo Lebenden Wienn. In einer couriosen Brieff-Wechslung, zwischen Zelydon und Gerontes . . . . beschrieben Von *J. Neiner* Erstes Send-Schreiben . . . . Uber die äusserliche Apparenz und eitle Schein-Heiligkeit der Menschen. Anno 1705. 4°. (In Berlin: Sb 7 4° 22.)

Neiner (Joh. Val.), Vienne Demasquée.... Andertes Send-Schreiben,.... Von dem Kleyder-Pracht, und Neüen Moden. O. O. Anno 1705. 4°. (In Berlin: Sb7 4° no. 22.)

Prosa. 4 eng bedruckte Bll.

Neiner, J. Val., neu ausgelegt. curieus. Tändelmarkt der jetzig. Welt. 2 Thle. 4. Wien. Kraus. 734—48.

Neu Ausgelegter Curioser Tändl-Marckt der jetzigen Welt In allerhand Waaren und Wahrheiten vorgestellet. Aus der Tändler-Butten Lustiger Einfäll heraus geklaubt ... Ein Werck, welches nicht allein zu einem Haus-Buch sehr nutzlich, sondern auch ... auf denen Cantzlen dienlich ... Von Hn. Joh. Valentin Neiner, Weltlichen Priester Austriaco Viennensi ... Wienn und Brünn, Zu finden bey Johann Paul Krausz ... 1734.

§ * **NEINER**, Joh. Val. („weltl. Priester, Auftriaco-Viennensis"), Neu ausgelegter curioser Tändel-Marckt der jetzigen Welt, in allerhand Waaren u. Wahrheiten vorgestellet, aus der Tändler-Butten lustiger Einfäll heraus geklaubt, und mit verschiedenen Realien und Moralien, Geschichten u. Gedichten, vielen Merkwürdigkeiten, wie auch poetischen Einfällen und gelehrten Gedanken unterspicket,

Darinnen solche Sachen,
Welche wohl würdig zu lachen.

Ein Werck, welches nicht allein zu einem Haus-Buch sehr nützlich, sondern auch wegen vielfältiger vermischten Biblischen Concepten u. Sitten-Lehren vielen Predigern auf denen Cantzlen dienlich. Mit sonderbahrem Fleiß zusammen getragen u. heraus gegeben von —.

Wer mich nicht lesen kan im Kauff,
Der setz der Nasen ein Sattel auf.

2 Thle. Mit 2 (einander gleichen unsign.) Titelkpfrn. Nürnberg, zu finden bey Joh. Paul Krauß, Buchhändlern in Wienn. An. 1748. 4°. (In Berlin Th. 1 mit d. Jahrz. „1749": an Yz. 4811; in München mit d. Jahrz. „1749": L. eleg. 140m., 1 vol.)

§ * **NEINER**, Joh. Val. („weltl. Priester, Austriaco-Viennens."), Neu ausgelegter curioser Tändel-Markt der jetzige Welt. Th. 2. Mit Titelkpfr. Nürnberg u. Wien, J. P. Krauß, 1749. 4°. (In Berlin: Yz 4811, Th. 2; in München: L. eleg. m. 140m, Th. 2.)

VIENNA curiosa et gratiosa, oder das anjetzo lebende Wien.... (Vf.: *Johannes Neiner.*) 3 Abthlgn. Wien 1720. 8°. (In Dresden: 8° Hist. urb. Germ. 3007.)

Anon.-Lex. IV. p. 326 (nach Feil). — Sehr rar!

Neinhaus, Wilh., Flora von Neuwied u. Umgegend. Neuwied 867. Strüder. 16. (197 S.) 7½ ngr.

Neinhöfer, Geo. Chr., die Conditorei auf der höchsten Stufe ihrer Vollkommenheit. Eine Gallerie, bestehend in meist gemalten Darstell. von Tafel- u. Laden-Confecturen rc. (In 3 Liefg.) 1. Lief. Taf. 1—7 mit Text. gr. 4. Heilbronn 846. Drechsler. 27 ngr

Neininger, P. C., de origine asyli ecclesiarum. Frib. 1788. 4.

Neininger, Th[eodor]: Ein Kapitel aus der Akustik und Optik in Theorie und Praxis. Zabrze 1905. Max Czech. (23 S.) 4°

Zaborze O.-S., G i. E. OP 1905 (254)

Neininger, Th[eodor]: Ein Kapitel aus der Akustik und Optik in Theorie und Praxis. 21 S. 4.

Progr. Gymn. i. E. Zaborze O.-S. 1905 (253 statt 254).

Neipperg, Leopold v.: Analyse et description d'une nouvelle machine nommée le Copiste secret, inventée à Naples par le comte de Neipperg. Moyennant quelle machine un chacun avec peu de peine, et sans le secours de sécretaire ou de copiste, peut redoubler, tripler, et augmenter de plus encore le nombre des exemplaires de tout ce qu'il écrit, et cela dans le meme tems qu'a peu près il en faut pour la formation d'un seul. Avec la méthode de s'en servir la plus commode et la plus aisée. Vienne, chez. Jean Thomas de Trattner. 11 Bogen Text 6 Kupf. in fol. 1764. 4°

Beschreibung der von dem Grafen Leopold von **Neipperg** erfundenen neuen Maschine, mittelst welcher man ohne Abschreiben sein eigner Copist wird, oder wodurch man mit weniger Mühe seine Briefe und Aufsätze auf einmal doppelt, und nach Belieben drey- und mehrfach, als so viele Urschriften mit bester Verwahrung des Geheimnisses und großen Zeitgewinn auf einmal zu Papier bringen kann. Nebst der Anweisung zum gemächlichen Gebrauche derselben. Wien, gedruckt beym Edlen von Trattner. 1764

v. Neipperg, Graf Leop., († d. 5. Jan. 1792.) Beschreib. d von ihm während sr. Gesandtschaft am Kön. Sicilian. Hofe seit d. J. 1762 erfund. neuen Maschine, benannt: jedermann geheimer Copist, mittelst welcher man ohne Abschreiben sein eigener Copist wird rc. Mit 6 Kpf. in Fol. 4. Wien 764.

— s. Gesch. u. Vergänge bei d. Unterhandl. d. zu Belgrad abgeschlossenen Friedens

Neisch, J. F. W., prakt. Anleitung zu den Hauptbetrachtungen, welche bey Entwürfen zur Tilgung öffentlicher Schulden vorkommen. gr. 8. (Potsdam, Horvath in Comm.) 817. —

Neisch, Wilh., Rechnungstafeln zur Kgl.-Preuß. Erhebungsrolle d. Ein-, Aus- u. Durchgangsabgaben v. 30. Oct. 1831. Nach Anweis. d. hohen Kgl. Finanzministeriums aufgestellt. Lex.-8. (2½ B.) Berlin 832, Eichler.

Neisch, Wilh., Rechnungstafeln f. d. k. preuß. Zoll-Erhebungs-Stellen; nebst Gewicht- u. Maß-Verwandlungs-Tafeln z. allgemein. Gebrauch. Nach Anweis. d. k. Finanz-Ministeriums aufgestellt. Schmal gr. 4. (6½ B.) Berlin 837, [Thome.] *

Neisch, Wlh., Rechnungstafeln für die Königl. Preußischen Zoll-Erhebungs-Stellen; nebst Gewicht- u. Maß-Verwandlungs-Tafeln zu allgemeinerem Gebrauch. Nach Anweisung des Hohen Königl. Finanz-Ministeriums aufgestellt. schmal gr. 4. Berlin 837. Eichler. n. 1/2 Rthlr — Dem vom 1. Jan. 1840 ab zur Anwendung kommenden Zoll-Tarif gemäß bearb. verm. 4e Ausg. gr. Lex.-8. Berlin 840. Besser. n. 3/4 Rthlr — 5e Ausg 840. n. 3/4 Rthlr

Neisch, W., Rechnungstafeln für die Königl. Preuß. Zoll-Erhebungs-Stellen nebst den nöthigen Gewicht-Reductionstafeln auf Zoll- u. Preuß. Gewicht. Nach Anweisung des Hohen K. Finanz-Ministeriums aufgestellt. Nach den neuesten Zuständen revid. 6. Ausg. gr. 4. (56 S.) Berlin 848, Besser's Verl. [Frz. Duncker.] baar n. 5/6 Rthlr

— u. Dr. Winkler, ausführl. Tabellen f. den Quartinhalt der Bottiche u. Fässer, so wie d. darin befindl. Flüssigkeit nebst deutl. Erklär., Gebrauchserklärung u. Anweisung, solche körperliche Räume, leicht u. richtig zu vermessen. Mit 1 Steindr. gr. 12. Halle ... 2e A. 830. Ruff. 1 Rthlr 6 Sgr 3. A. gr. 12. Berl. 831. Eichler. 1 Rthlr 16 Sgr

—— und Winckler, ausführl. Tabellen f. den Quartinhalt d. Bottiche u. Fässer, sowie der darin befindl. Flüssigkeit, nebst deutl. Gebrauchserklär. u. Anweisung, solche körperl. Räume leicht u. richtig zu vermessen, auch d. Dimensionen anzufertig. Bottiche v. gegeb. Quartinhalt zu bestimmen. 3., u. 4., sorgfält. revid. Ausg. Jede m. 1 Stndr. (qu. Fol.) (à 8 B.) gr. 12. Berlin 833, Eichler. à

Neisch, Wilh. u. Winckler, ausführl. Tabellen f. d. Quartinhalt d. Bottiche u. Fässer, sowie d. darin befindl. Flüssigkeit, nebst deutl. Gebrauchserklärung u. Anweisung, solche körperl. Räume leicht u. richtig zu vermessen, auch die Dimensionen anzufertig. Bottiche von gegeb. Quartinhalt zu bestimmen. 5., sorgf. revid. Ausg. gr. 12. (5⅓ B. u. 1 Stnt.) Berlin 837, [Thome.] Thlr. *

—— alphabet. Waaren-Verzeichniß in Bezug auf d. beigefügten Vereins-Zoll-Tarif od. d. Zoll-Erhebungs-Rolle f. d. J. 1837, 1838 u. 1839. N. d. in d. Staaten d. Deutschen Zoll-Vereins amtl. vorgeschrieb. Classification aufgestellt. Lex.-8. (6 B.) Berlin 837, [Thome.] *

— die Königl. Preuß. Zoll-Erhebungsrolle vom 30. Oct. 1831, wie dieselbe nach den durch die Allerhöchste Cabinetsorder vom 18. Nov. 1833 angeordneten Abänderungen vom 1. Jan. 1834 an zur Anwendung kommt. gr. 8. Berlin 834. Eichler, jetzt Thome. n. ¼ ℞

—— Rechnungstafeln hierzu. Nach Anweis. d. Hoh. Kgl. Finanzministeriums aufgest. gr. 8. (3 B.) Ebds. 834.

Neischl, Adalbert, Major u. Bataillonskommandeur im k. b. 19. Inf.-Reg. in Erlangen: Die **Höhlen** der fränkischen Schweiz und ihre Bedeutung für die Entstehung der dortigen Täler. Mit 24 Taf. *Erlangen 1903: K. Uebler, Nürnberg.* (95 S.) 8°
Erlangen, Phil. Diss. v. 14. Juli 1903

Neischl, Adalb., die Höhlen der fränkischen Schweiz u. ihre Bedeutung f. die Entstehung der dortigen Täler. (96 S. m. 24 Taf.) gr. 8. Nürnberg 904. J. L. Schrag. Geb. n. 6. —

Neischl, Adalb., **Wanderungen im nördlichen Frankenjura. Eine geographisch-geolog. Skizze. Mit 1 Profil-Taf. u. 9 Abb. im Text. 2. durchgeseh. u. verb. Aufl. (38 S.) gr. 8. Bamberg 908. Handels-Druckerei u. Verlagsh. 2. —**

Neise, Fr., die Perikopen in der Schule. Schulgemäße Erklärung der sonn- und hauptfesttägl. Evangelien des kathol. Kirchenjahres. 8. (IV, 125 S.) Breslau 887, Goerlich. *

Neise, Fr., die Perikopen in der Schule. Schulgemäße Erklärg. der sonn- u. hauptfesttägl. Evangelien des kathol. Kirchenjahres. 2. Aufl., besorgt durch F. Müller. gr. 8. (IV, 125 S.) Breslau (900). F. Goerlich. n. 1. 20; geb. n.n. 1. 40

Neiser, E., théorie élémentaire de la musique suivie d'exercices rhytmiques 4. (32 S.) Genf 879. Müller-Darier. n. — 80

Neison, Edm., der Mond und die Beschaffenheit und Gestaltung seiner Oberfläche. Autor. deutsche Orig.-Ausg. Nebst Anhang: Ueber einige neuere Veränderungen auf der Mondoberfläche von Herm. J. Klein. Nebst einem Atlas von 26 (lithogr.) Karten und 5 Taf. in Farbendr. gr. 8. (XIV, 426 S.) Braunschweig 878, Vieweg und Sohn. *

Neison, Edm., der Mond und die Beschaffenheit und Gestaltung seiner Oberfläche. Autoris. deutsche Orig.-Ausg. 2. Aufl., verm. mit einem Anhang, enthaltend die Untersuchungen des Verf. über die Neubildung Hyginus N auf dem Mond. Nebst einem Atlas von 26 (lithogr.) Karten und 5 Taf. in Farbendr. gr. 8. (XIV, 446 S.) Braunschweig 881, Vieweg und Sohn. *

Neiss, Fridericus Hubertus ⟨geb. am 24 Aug. 1792 in Andernach⟩: De fistula et polypo sacci lacrimalis . . . Bonnae, typ. Bueschlerianis (1822). 61 S., 1 Bl. 8.
Bonn, Med. Fak., Diss. v. [15] Juli 1822

Neiss, Karl August

Neiss, Car. Augustus (geb. Coln a. Rh. 25. 9. 1824): De morborum medullae spinalis symptomatibus. Berolini (1848). (31 S.) 8°
Berlin, Med. Diss. v. 22. Juli 1848

Neisse [Sachliches OW]

Neisse, s.a. Woorl's Reisehandbücher.

Neiße, vor u. während d. Belagerung; e. Skizze ꝛc. 8. Berl. 808. Mittler. 8 gr.

Neisse einst und jetzt. Ein Geleit- u. Gedenkbuch f. d. Teilnehmer d. 46. Gen.-Vers. d. Katholiken Deutschlands. 27. bis 31. Aug. 1899. Hrsg. vom Press-Ausschuss d. Lokalkomitees. *Neisse: F.J. Neise [1899].* (138 S.) 8° [00. 5129 2

Kreis Neisse nach Eintheilung seiner 36 Amtsbezirke, Einwohnerzahl und Geviert-Meilen. Neisse. 1 Bl. c. 1..

Neisse [Schlagwort]

Neisse, s.a. Europa. Liebenow.

– s.a. Kreiskarten.

Neisse, s.a. Oppeln, Reg.-Bez.

– s.a. Radfahrerkarten. Strassenprofilkarten.

Neisse. Karte des Kreises Neisse. 1 : 150,000. (2. Aufl.) 30 × 36,5 cm. Farbendr. Neisse (893). J. Graveur. n. — 75

Neisse. Mücke, J., Plan der Stadt Neisse. 1 : 8000. 23,5×25,5 cm. Farbdr. Freiwaldau (887). A. Blažek. — 15

Neisse [Verfasser]

Neiße, G. Der Minister-Präsident Otto Theodor von Manteuffel, wie er ist! Oder ein Mann des Königs und ein Mann des Volkes. 2. Aufl. Berlin 1854. 64 S. 8.

Neisse, R[udolf]. Über die Diazoreaktion und ihre prognostische Bedeutung bei der Lungentuberkulose. Separat-Abdruck aus der Zeitschrift für Tuberkulose.... Band 15. Heft 6. 1910. II S. + S. 543—553. gr.-8. Leipzig, Johann Ambrosius Barth.

Neisse, Rud., Erfahrungen der Berner medicinischen Klinik üb. die therapeutische interne Verwendung der Kresalole, nebst Bemerkgn. üb Behandlg. der Cholera m. Kresalolen, sowie üb. die therapeut. Wirkg. v. Orthoamidosalicylsäure u. salicylsulfonsauren Natron. Diss. gr. 8. (47 S. m. 1 Tab.) Bern 892. (H. Körber.) n. 1. —

Neisse, R., Gesamtregister, s.: Zeitschrift f. Tuberkulose.

Neisse, R[udolf]. Die traumatische Lungentuberkulose, mit besonderer Berücksichtigung der Unfallversicherung. Separat-Abdruck aus der Zeitschrift für Tuberkulose.... Band 12. Heft 4. 1908. II S. + S. 265—279. gr.-8. Leipzig, Johann Ambrosius Barth.

Neissen, Aegid., (✝ d. 5. Jan. 1789.) s. *Concilia* germanica.

Neissen, Franciscus Arnoldus (geb. am 25 Nov. 1801 in Berg bei Zülpich): De pulsuum cordis et arteriarum discrepantia, haud raro observata, ut signo . . . Bonnae, typ. Thormannianis (1825). 1 Bl., 26 S., 1 Bl. 4.

Bonn, Med. Fak., Diss. v. 24 März 1825

Neisser, Notizen über die Molken-, Brunnen- und Bade-Anstalt Charlottenbrunn, s. Beinert, C. C., Charlottenbrunn.

Neisser, Adolphus *(geb. Schweidnitz 4. 11. 1825)*: De statu mucosae intestinalis in cholera Indica. Vratislaviae (1849). (31 S.) 8° *[Verf. erlebte die Diplomerneuerung 1899 als Sanitätsrat in Berlin]*

Breslau, Med. Diss. v. 21. Juli 1849

Neisser, Albert

Neisser, A., s.: Archiv f. Dermatologie u. Syphilis.

Neisser, A., stereoscopischer medizinischer Atlas, hrsg. unter Mitwirkg. zahlreicher Fachgenossen. 1. Lfg. 8. (12 Taf. in Heliograv. m. 8 S. Vorwort u. Text.) Cassel 894. Th. G. Fischer & Co. In Karton. n. 4. —; einzelne Taf. à n. — 50; stereoscop. Apparat n.n. 4. 50; Sammelkasten n.n. 2. 50

1. Wucherndes Carcinom der Hand. Mitgetheilt v. A. Neisser. (2 S.)
2. Pemphigus neuroticus bei Syringomyelie. Mitgetheilt v. A. Neisser. (5 S.)
3. Artificiell durch Canthariden hervorgerufene Blasenbildung. (Simulirter Pemphigus.) Mitgetheilt v. A. Neisser u. J. Jadassohn. (2 S.)
4. Lupus der Hand. Multiple Caries der Armknochen. Mitgetheilt v. A. Neisser. (1 S.)
5. Lupus vulgaris faciei (et antibrachii sin. et surae sin.). Mitgetheilt v. A. Neisser. (2 S.)
6. Epithelialcarcinom auf Lupus. Mitgetheilt v. A. Neisser. (4 S.)
7. Hypertrophie beider seitlichen u. des mittleren Lappens der Prostata. Mitgetheilt v. E. Ponfick. (1 S.)
8. Syphilis der knöchernen Schädeldecke. (Caries sicca et necrotica.) Mitgetheilt v. E. Ponfick. (1 S.)
9. Sattelnase m. fehlendem Septum nach Lues. Mitgetheilt v. J. Mikulicz u. Tietze. (3 S.)
10. Tuberöses Syphilid der Fusssohle (zu gleicher Zeit Ulcus recti). Mitgetheilt v. A. Neisser. (5 S.)
11. Ulcus recti bei Lues. Mitgetheilt v. A. Neisser. (4 S.)
12. Serpigino-ulceröses Syphilid. Mitgetheilt v. A. Neisser. (2 S.)

— **stereoscop. medicinischer Atlas.** Sammlg. photograph. Bilder aus d. Gesammtgeb. d. klin. Medicin, d. Anatomie u. d. patholog. Anatomie etc. Hrsg. unter Mitwirkung zahlr. Fachgenossen. 2.—20. Lfg. 12. (à 12 Taf. m. Text.) Cassel. Leipzig. J. A. Barth. In Karton à Lfg. n. 4. —

2. (2. Folge d. Abth. Dermatologie u. Syphilidologie.) 13. 14. Lues gummosa exulcerans. Mitgetheilt v. P. J. Eichhoff. (3 S.) — 15. 16. Thierfellähnl. Naevus pigmentosus piliferus mollusciformis. Mitgetheilt v. P. J. Eichhoff. (2 S.) — 17. Seborrhoea sicca capitis et faciei. Mitgetheilt v. J. P. Eichhoff. (2 S.) — 18. 19. Die Behandlg. d. Variola in rothem Licht. Von Niels R. Finsen. (14 S.) — 20. Ein Fall v. schnell üb. den ganzen Körper ausgebreit. Rupia. Mitgetheilt v. Löhr. (3 S.) — 21. Gummöse Ulceration d. Nase. Mitgetheilt v. Jul. Heller. (3 S.) — 22. Grosspapulöses Syphilid. Von Gumprecht. (1 S.) — 23. Pemphigus neurotico-traumaticus. Mitgetheilt v. Jean Schäffer. (7 S.) — 24. Ulcus recti v. A. Neisser. 895.
3. (1. Folge d. Abth. Gynaekologie.) 25. Uterus m. Adnexa u. intramuralem, intraligamentaer entwickeltem Myom. Mitgetheilt v. O. Küstner. (1 S.) — 26. Uterus m. grossem, v. d. Cervix ausgeh., gänzlich intraligamentaer liegendem Myom, vom Abdomen aus m. Zurücklassg. e. minimalen Stumpfes exstirpirt. Mitgetheilt v. O. Küstner. (1 S.) — 27. Totaler Dammdefect m. Rectumspalt v. 4 cm Länge. Mitgetheilt v. O. Küstner. (1 S.) — 28. Mit Myomen durchsetzter Uterus nebst Eierstöcken u. Eileitern. Mitgetheilt v. O. Küstner. (1 S.) — 29. Totaler Prolaps d. Scheide. Mitgetheilt v. Loebinger. (1 S.) — 30. Elephantiasis vulvae. Mitgetheilt v. Loebinger. (1 S.) — 31. Vagina septa. Mitgetheilt v. Loebinger. (1 S.) — 32. Kraurosis vulvae. Mitgetheilt v. Loebinger. (2 S.) — 33 Oberflächl. Ovarialpapillom der rechten Seite. Mitgetheilt v. Scheunemann. (1 S.) — 34. Oberflächl. Ovarialpapillom d. linken Seite, dieselbe Kranke. Mitgetheilt v. Scheunemann. (2 S.) — 35. Papillaeres Cystadenom d. rechten Ovarium, invertierte Innenfläche. Mitgetheilt v. Scheunemann. (2 S.) — 36. Totale Scheideninversion, Inversion d. Blase nach Zerreissg. d. Vaginalwand, Uterusprolaps Mitgetheilt v. Scheunemann. (2 S.) 895.
4. (Aus der kgl. chirurg. Klinik in Breslau [J. Miculicz].) (Krankengeschichten v. Tietze u. Henle.) 37. Epithelialcarcinom d. Stirn u. d. oberen Augenlids. (2 S.) — 38. Osteom d. Stirnbeins. (3 S.) — 39. Hyperplasie d. Thränendrüsen m. gleichzeit. Erkrankg. der glandulae submaxillares u. d. Gaumendrüsen. (2 S.) — 40. Plattenepithelkrebs d. Nase. — Multiple carcinomatöse Geschwüre im Gesicht. (2 S.) — 41 Carcinom d. Unterlippe. (1 S.) 42. 43. Lymphangiom d. Unterlippe. (2 S.) — 44. Carcinom d. Unterlippe. (2 S.) — 45. Sarcom d. Unterkiefers. (2 S.) — 46. Musculäre Macroglossie. (1 S.) — 47. Noma. (4 S.) — 48. Abscess am Hinterhaupte, e. Tumor vortäuschend. (1 S.) 895.
5. (1. Folge d. Abth. Ophthalmologie.) Mitgetheilt v. Braunschweig. 49. Ptosis congenita. (1 S.) — 50. Ektropium d. Unterlider. (1 S.) — 51. Frische Plastik am Unterlide rechts. (1 S.) — 52. Ektasie d. Thränensacks links. (1 S.) — 53. Plexiformes Neurom d. Lider. (1 S.) — 54. Exophthalmus bei Empyem der Stirnhöhle. (1 S.) — 55. Pulsirender Exophthalmus. (1 S.) — 56. Exophthalmus. (1 S) — 57. Enopthalmus. (1 S.) — 58. Staphylom der Cornea. (1 S.) — 59. Pemphigus. (1 S.) — 60. Augen bei maligner Leukämie. (1 S.) 895.
6. (3. Folge der Abtheilung Dermatologie u. Syphilidologie.) 61. Condylomata acuminata. Mitgetheilt v. Buschke. (3 S.) — 62. Ichthyosis. Mitgeteilt v. A. Neisser. (2 S.) — 63. 64. Zwei Fälle v. Lepra. (Frische u. ält. Eruptionen.) Mitgetheilt v. Fr. Westberg. (10 S.) — 65. 66. Zwei Fälle v. Sycosis trichophytina. Mitgetheilt v. S. Golz. (3 S.) — 67. 68. Zwei Fälle v. tuberöser Brom-Eruption. Mitgetheilt v. Schäffer. (5 S.) — 69. 70. Eczema disseminat. chronic. recidiv. Mitgetheilt v. M. Müller. (3 S.) — 71. Psoriasis. Mitgetheilt v. A. Neisser. (3 S.) — 72. Dermatitis herpetiformis (Duhring). Mitgetheilt v. W. Halle. (3 S.) 895.
7. (4. Folge der Abtheilung Dermatologie u. Syphilidologie.) 73. 74. Ulcera tuberculosa cruris utriusque. Mitgetheilt v. Stachow. (2 S.) — 75. Lupus faciei. Mitgetheilt von Weinbrenner. (2 S.) — 76. Ulcera tuberculosa im Anschluss an Bubo suppurativus (nach ulcus molle). Mitgetheilt v. Stachow. (2 S.) — 77. 78. Mycosis fungoides. Mitgetheilt v. Weinbrenner. (4 S.) — 79. Sklerodaktylie. Mitgetheilt v. Wolters. (3 S.) — 80. Lupus mutilans. Von F. Lesser. (2 S.) — 81. Tumor der Orbita. Mitgetheilt v. H. Magnus u. F. Viertel. (2 S.) — 82. Papillome der glans penis. Mitgetheilt v. F. Viertel. (1 S.) — 83. 84. Clou de Biskra. Mitgetheilt v. Gumprecht u. Lieffring. (3 S.) 895.
8. (2. Folge der Abtheilg. Gynaekologie.) Mitgetheilt v. O. Küstner u. A. Keilmann. — 85. Die directe exacte Beckenmessg. an der Lebenden: Die Messg. der geraden Durchmesser. (2 S.) — 86. Desgleichen: Die Messg. der queren Durchmesser. (2 S.) — 87. Decidua menstrualis. (2 S.) — 88. Frisch puerperaler Uterus. (2 S.) — 89. Hint. Hälfte d. hochgraviden Uterus e. Primipara m. Placenta u. Eihäuten. (2 S.) — 90. Complete Uterusruptur. (2 S.) — 91. Rachitica, durch künstl. Frühgeburt entbunden. (2 S.) — 92. Schädeldach e. Doppelmissgeburt. (2 S.) — 93. Hämatom d. Vagina. (2 S.) — 94. Uterus im Beginn d. Nachgeburtsperiode (nach Sectio caesarea an der Todten). (3 S.) — 95. Placenta an e. Abortivei. (2 S.) — 96. Uterus m. Placenta duplex. (3 S.) 895.
9. (5. Folge der Abtheilung Dermatologie u. Syphilidologie.) 97. Traumat. Geschwür d. Zunge (Ulcus traumaticum linguae) v. C. Partsch. (1 S.) — 98. Schleimhautatrophie d. Zunge (Atrophia mucosae linguae) v. C. Partsch. (1 S.) — 99. 100. Faltenzunge (Lingua plicata) v. C. Partsch. (2 S.) — 101. 102. Landkartenzunge (Lingua geographica) v. C. Partsch. (2 S.) — 103. Ulcus tuberculosum linguae v. A. Henle. (2 S.) — 104. Leukoplakie u. Gumma der Zunge v. A. Neisser. (12 S.) — 105. Exulcerirtes Gumma der Zunge v. Schäffer. (3 S.) — 106. Glossitis interstitialis luetica v. Dreysel. (4 S.) — 107. Carcinom d. Zunge v. A. Buschke. (2 S.) — 108. Lupus linguae (et faciei) v. F. Münchheimer. (4 S.) 895.
10. (6. Folge der Abtheilung Dermatologie u. Syphilidologie.) 109. Syphilit. Primäraffekt der Unterlippe. Mitgetheilt v. V. Allgeyer. (2 S.) — 110. Spitze Condylome. Mitgetheilt v. V. Allgeyer. (1 S.) — 111. 112. Ichthyosis. Mitgetheilt v. S. Giovanni. (2 S.) — 113. Elephantiasis. Mitgetheilt v. V. Allgeyer. (2 S.) — 114. Chron. Eczem der vola manus. Mitgetheilt v. V. Allgeyer. (1 S.) — 115. Carcinom des praeputium clitoridis. Mitgetheilt v. F. Sprecher. (2 S.) — 116—118. Syphilit. Wirbelerkrankg. Mitgetheilt v. Alfr. Sternthal. (6 S.) — 119. Herpes tonsurans vesiculosus am Halse e. jungen Mädchens. Mitgetheilt v. Max Joseph. (3 S.) — 120. Impetigo contagiosa. Mitgetheilt v. A. Neisser. (3 S.) 895.
11. (2. Folge d. Abtheilg. Chirurgie.) Mitgetheilt v. C. Partsch. 121—123. Wurzelcysten d. Kiefer. (6 S.) — 124. Offener Biss. (2 S.) — 125. 126. Zahncaries. (2 S.) — 127. Zungenaktinomykose. (4 S.) — 128. Zahnfleischgeschwüre. (3 S.) — 129. 130. Scorbut. (3 S.) — 131. 132. Knochenschwund d. rechten Unterkiefers. (3 S.) 896.
12. (3. Folge d. Abtheilg. Chirurgie.) 133. Hypertrophia glandulae thyreoideae. (Hypertrophia parenchymatosa.) Mitgetheilt v. A. Henle. (2 S.) — 134. Struma parenchymatosa. (Hypertrophia parenchymatosa resp. gelatinosa.) Mitgetheilt v. A. Henle. (4 S.) — 135. Struma colloides. (Adenoma gelatinosum.) Mitgetheilt v. A. Henle. (2 S.) — 136. Struma colloides. (Adenomata gelatinosa.) Mitgetheilt v. A. Henle. (2 S.) — 137. Struma parenchymatosa colloides. (Adenoma gelatinosum.) Mitgetheilt v. A. Henle. (1 S.) — 138. Struma nodosa. (Adenomata gelatinosa.) Kretinismus. Mitgetheilt v. A. Henle. (2 S.) — 139. Struma nodosa. (Adenom m. hämorrhag. Infarcirg., e. Cyste vortäuschend.) Mitgetheilt v. A. Henle. (2 S.) — 140. Struma cystica. Mitgetheilt v. A. Henle. (1 S.) — 141. Struma parenchymatosa pendula. Mitgetheilt v. F. Hofmeister. (1 S.) — 142. Struma maligna. (Carcinom?) Mitgetheilt v. A. Henle. (2 S.) — 143. Morbus Basedowii. Mitgetheilt v. A. Henle. (3 S.) — 144. Echinococcus d. Schilddrüse. Mitgetheilt v. A. Henle. (4 S.) 895.

13. (4. Folge d. Abtheilg. Chirurgie.) Mitgetheilt v. F. Viertel. 145. Hypospadie 3. Grades. Mangelhafte Entwicklg. der Genitalien. (4. S.) — 146. Grosser Maulbeerstein aus der Blase e. 73jähr. Mannes. (1 S.) — 147. Stein im Zustand d. Selbstsprengung. Incrustirter Verweilkatheter. (2 S.) — 148. Verschluss d. Ureters m. nachfolg. Dilatation. (1 S.) — 149. Kystoskopisches Bild. (2 S.) — 150. 2 Blasentumoren. (2 S.) — 151. Hornkrebs des Hodensacks bei e. 64jähr. Schornsteinfegermeister. (2 S.) — Vorbemerkgn. zu 152—155. (6 S.) — 152. Klappenförm. Hypertrophie des mittl. Prostatalappens. (1 S.). — 153. Knopfförm. Tumor d. mittl. Prostatalappens. Zufälliger Sektionsbefund. (1 S.) — 154. Totale Hypertrophie d. Prostata. (3 S.) — 155. Steine zu Taf. 154. (1 S.) — 156. Gruppe von Blasensteinen. (2 S.) 896.

14. (7. Folge d. Abtheilg. Dermatologie u. Syphilidologie.) 157. E. Fall v. multiplen Keloiden m. narbenähnl. Atrophien. Mitgetheilt v. J. Jadassohn. (5 S.) — 158. E. Fall v. Keratom palmare et plantare hereditarium. Mitgeth. v. Jul. Raff. (5 S. m. 1 Schema.) — 159. Sclerodermia faciei et manuum. Mitgetheilt v. J. Jadassohn. (3 S.) — 160. Tuberculosis verrucosa cutis m. consecutiver Lymphangitis tuberculosa ectatica. Mitgetheilt v. Max Pinner. (3 S.) — 161. Cancroid im Anschluss an Tuberculose der Haut. Mitgetheilt v. Max Pinner. (3 S.) — 162. Cancroid m. centraler Abheilg. Mitgetheilt v. P. Oppler. (2 S.) — 163. Chancre géant (extragenitaler Primäraffect an d. Bauchwand.) Mitgetheilt v. Max Pinner. (2 S.) — 164. Syphilis cornea verrucosa plantaris (u. Syphilis cornea subungualis.) Mitgetheilt v. J. Jadassohn. (6 S.) — 165. Syphilis ulcerosa. Mitgetheilt v. Paul Oppler. (2 S.) — 166. Ein serpiginoulceröses Syphilid combinirt m. Carcinom. Mitgetheilt v. Frdr. Bohnstedt. (3 S.) — 167. Exulceriertes Gumma an d. Zunge m. Übergang in Carcinom. Mitgetheilt v. Pinner. (3 S.) — 168. Ulcus molle am Unterschenkel. Mitgetheilt v. J. Jadassohn. (3 S.) 896.

15. (8. Folge d. Abth. Dermatologie u. Syphilidologie.) (Aus d. kgl. dermatolog. Universitätsklinik in Bonn.) 169. Favus antibrachii v. Max Wolters. (2 S.) — 170. Ulcus tuberculosum ad anum v. Max Wolters. (2 S.) — 171—173. Naevus unius lateris (Schweissdrüsenadenome) v. Max Wolters. (3 S.) — 174. Impetigo contagiosa gyrata v. Max Wolters. (2 S.) — 175. Ulcus phagedaenicum ad anum v. Max Wolters. (2 S.) — 176. 177. Pityriasis rubra pilaris v. Doutrelepont. (4 S.) — 178. 179. Lues III (Rupia syphilitica) v. Max Wolters. (2 S.) — 180. Sycosis parasitaria v. H. Napp. (3 S.) 896.

16. (3. Folge d. Abth. Gynaekologie.) (Aus d. kgl. Frauenklinik zu Breslau.) (1 Bl. Text.) — 181. Osteomalacische Frau v. A. Keilmann. (3 S.) — 182. Submucöses, die Kapsel eben durchbrech. Myoma uteri v. A. Keilmann. (2 S.) — 183. Durch e. Mayer'schen Ring hindurchgewachs. Cervixpolyp v. F. Kühne. (2 S.) — 184. Pyometra v. Küstner. (3 S.) — 185. Carcinoma tubae von v. Chrzanowski. (2 S.) — Dermoid d. Ovariums v. W. Bertholdt. (1 S.) — 187. Grosser, spontan entstand. Riss in e. polycyst. Ovarialtumor v. Küstner. (2 S.) — 188. Spitze Condylome d. Vulva v. H. Kentmann. (1 S.) — 189. Cervicalpolypen v. H. Kentmann. (1 S.) — 190. Uterus myomatosus v. E. Opitz. (1 S.) — 191. Uterus m. Carcinom, Adenom u. Myom v. A. Wisselinck. (2 S.) — 192. Carcinoma corporis et cervicis uteri v. A. Wisselinck. (1 S.) 896.

17. (9. Folge d. Abth. Dermatologie u. Syphilidologie.) 193. Lichen ruber verrucosus v. Edm. Saalfeld. (3 S) — 194. Ein eigenthümlich angeordn. Syphilisexanthem v. Max Joseph. (4 S.) — 195. Lupus erythematosus discoides et disseminatus v. Alfr. Sternthal. (4 S.) — 196. Lepra tuberosa v. Max Joseph. (4 S.) — 197. 198. Hochgradig pigmentirtes syphilit. Exanthem. Ausgedehnte, breite Condylome b. e. 28jähr. Mädchen, bestehend seit 3 Monaten v. Uhlmann. (2 S.) — 199. Leukonychia v. Max Joseph. (2 S.) — 200. Syphilit. Primäraffekt der Unterlippe v. Alfr. Sternthal. (2 S.) — 201. Strichförm. Hauterkrankung (Eczem) d. rechten oberen Extremität v. Alfr. Sternthal. (4 S.) — 202—204. Tertiärluetische Zerstörungen d. harten u. weichen Gaumens v. J. Schäffer. (7 S.) 896.

18. (5. Folge d. Abth. Chirurgie.) (Aus d. Marienhospitale zu Bonn a. R., Witzel.) Mitgetheilt v. Schürhoff. 205. Subpectoraler Abscess. (2 S.) — 206. 207. Sarcom d. linken Unterkiefers. (2 S.) — 208. 209. Sarcom am Halse. (3 S.) — 210. Caries tubercul. ossis frontis. (2 S.) — 211. Lymphangit. Abscesse am linken Arm. (1 S.) — 212. Luxation d. sternalen Endes d. Clavicula nach vorne. (1 S.) — 213. Carcinoma mammae sin. Struma. (2 S.) — 214. Kiemengangshautauswuchs am Halse. (1 S.) — 215. 216. Gangräna diabetica. (1 S.) 897.

19. (4. Folge d. Abth. Gynaekologie.) (Aus d. Prov.-Hebammen-Lehranst. zu Köln a. Rh.) Mitgetheilt v. Fritz Frank. 217. Breite Verwachsg. d. missbild. Foetus m. der Placenta. Gastrochisis completa. (1 S.) — 218. Rückseite d. breiten Verwachsg. d. missbildeten Foetus m. d. Placenta etc. (1 S.) — 219. Inclusio foetalis submentalis. (1 S.) — 220. Amniotische Verwachsg. (1 S.) — 221. Thoracopagus tribrachus tripus. (1 S.) — 222. Thoracopagus. (1 S.) — 223. Eventeratio completa. (1 S.) — 224. Micromelie m. stark entwickeltem Schädel (Hydrocephalus) u. Thorax. (1 S.) — 225. Micromelus weibl. Geschlechts. (1 S.) — 226. Lymphangioma cutis permagnum. (1 S.) — 227. Amorphus. (1 S.) — 228. Nabelschnurbruchhernie m. d. Leber als Inhalt. (1 S.) 897.

20. (5. Folge d. Abth. Gynaekologie.) (Aus d. kgl. Frauenklinik zu Breslau.) (1 Bl. Text.) 229. In Stirnlage geborener Kopf v. A. Hahn. (2 S.) — 230. In Gesichtslage gebor. Kopf v. A. Wisselinck. (2 S.) — 231. Tiefe trichterförm. Impression auf d. linken Scheitelbein des nachfolg. Kopfes durch Promontorium erzeugt v. Otto Küstner. (2 S.) — 232. Durch enges Becken configur. Kindsschädel v. A. Keilmann. (2 S.) — 233. M. gedopp. Körper gebor. Frucht v. A. Keilmann. (2 S.) — 234. Decapitation m. d. Schultze'schen Stichelmesser v. Otto Küstner. (3 S.) — 235. Hydrocephalus v. E. Wagner. (2 S.) — 236. Sog. foetale Rhachitis (Chondrodystrophia foetalis) v. E. Kaufmann. (7 S.) — 237. Atresia ani vesicalis, Atresia urethrae, Dilatatio vesicae von v. Chrzanowski. (3 S.) — 238. Ectopie d. Blase m. zwei widernatürl. Aftern u. Invagination d. Ileum in d. einen derselben v. Otto Küstner. (2 S.) — 239. Steissteratom v. A. Keilmann. (2 S.) — 240. Syncephalus thoracopagus tetrabrachius v. A. Keilmann. (2 S.) 897.

Neisser, A., stereoscop. medicinischer Atlas. Sammlg. photograph. Bilder aus d. Gesammtgeb. d. klin. Medicin, d. Anatomie u. d. patholog. Anatomie etc. Hrsg. unter Mitwirkg. zahlr. Fachgenossen. 21.—25. Lfg. 12. (à 12 Taf.) Leipzig 898. J. A. Barth. In Karton à Lfg. n. 5.—

21. Chirurgie. 6. Folge. Red. v. J. Mikulicz u. C. Partsch. Aus d. chirurg. Abteilg. d. Allerheiligen-Hospitals zu Breslau. (O. Riegner.) (VIII, 25 S.)
22. Gerichtl. Medicin. 1. Folge. Red. v. A. Lesser. Zur Lehre vom Abort v. A. Lesser. (IV, 28 S.)
23. Dermatologie u. Syphilidologie. 10. Folge. Red. v. Alb. Neisser. Erkrankgn. d. Mundschleimhaut. Mitgetheilt v. J. Schäffer. (VIII, 23 u. 24 S.)
24. Gynäkologie. 6. Folge. Red. v. O. Küstner. Aus d. kgl. Frauenklinik zu Breslau. (XI, 22 S.)
25. Pathologische Anatomie. 1. Folge. Red. v. E. Ponfick. Aus d. patholog. Institut d. Dresdner Stadtkrankenhauses. Mitgetheilt v. Schmorl. (IV, 20 S.)

Jede Abteilung, sowie jede Lieferung ist einzeln käuflich, die Tafeln dagegen werden einzeln nicht mehr abgegeben.

Neisser, Alb., stereoscopischer medicinischer Atlas. 26.—47. Lfg. 12. (à 12 Taf.) Leipzig, J. A. Barth. In Karton à n. 5.—

26. Dermatologie u. Syphilidologie. 11. Folge. Red. v. Alb. Neisser. (32 S.) 898.
27. Gerichtliche Medicin. 2. Folge. Red. v. A. Lesser. Verletzungen durch Schuss, Schlag, Wurf v. B. Kenyeres. (17 S.) 898.
28. Dasselbe. 3. Folge. Zur Lehre v. den Kopfverletzungen Neugeborener v. A. Lesser. (IV, 36 S.) 899.
29. Gynäkologie. 7. Folge. Red. v. O. Küstner. (VI, 28 S.) 899.
30. 31. Dermatologie. 12. u. 13. Folge. Red. v. Alb. Neisser. Aus der dermatolog. Universitäts-Klinik zu Breslau. (VIII, 65 S.) 900.
32. Gerichtliche Medicin. 4. Folge. Red. v. A. Lesser. Erkrankungen, sowie prae- u. postmortale Verletzgn. des Halses v. A. Lesser. (II, 33 S.) 899.
33. Ophthalmologie. 2. Folge. Red. v. W. Uhthoff. Aus der ophthalmolog. Klinik der Universität zu Breslau. (II, 21 S.) 900.
34. Gynäkologie. 8. Folge. Red. v. Otto Küstner. Aus der gynäkolog. Klinik der Universität Breslau. (IV, 25 S.) 900.
35. Gerichtliche Medicin. 5. Folge. Red. v. A. Lesser. Während u. gleich nach der Geburt entstandene Kopfverletzungen, sowie einige Bildungsanomalien Neugeborener. Von A. Lesser. (46 S.) 900.
36. Pathologische Anatomie. 2. Folge. Red. v. E. Ponfick. Aus dem k. k. Kaiser Franz-Joseph-Spitale in Wien mitgetheilt v. R. Kretz. (22 S.) 900.
37. Dermatologie. 14. Folge. Red. v. Alb. Neisser. (39 S.) 900.
38. Otologie. Red. v. O. Brieger. 1. Folge. Erkrankung der Gehörknöchelchen. Mitgeteilt v. O. Brieger u. M. Görke. (XV S. u. 12 Bl.) 901.
39. Gynäkologie. Red. v. Otto Küstner, 9. Folge. Aus dem patholog. Institut des Dresdener Stadtkrankenhauses. Mitgetheilt v. Schmorl. (20 S.) 901.
40. Dermatologie. Red. v. Alb. Neisser. 15. Folge. (50 S.) 901.
41. Gerichtliche Medicin. 6. Folge. Red. v. A. Lesser. Verletzgn. einiger Unterleibsorgane sowie Schwangerschafts- u. Wochenbett-Veränderungen der Gebärmutter, von A. Lesser. (37 S.) 901.
42. Ophthalmologie. Red. v. W. Uhthoff. 3. Folge. Aus der Augenklinik der Universität zu Greifswald. Mitgetheilt v. O. Schirmer. (III, 14 S.) 901.
43. Gynäkologie. Red. v. O. Küstner. 10. Folge. Aus der Universitäts-Frauenklinik zu Kiel. (IV, 25 S.) 901.
44. Ophthalmologie. Red. v. W. Uhthoff. 4. Folge. Aus der Universitäts-Augenklinik zu Breslau. Mitgeteilt v. Heine. (V, 14 S.) 901.
45. Dasselbe. 5. Folge. Aus der ophthalmolog. 1. Universitätsklinik zu Wien. Mitgetheilt v. Elschnig. (29 S.) 902.
46. Dasselbe. 6. Folge. Aus der Universitäts-Augenklinik zu Breslau. Beiträge zur vergleich. u. entwicklungsgeschichtl. Hirntopographie. Zugleich e. stereo-photograph. Methode zur Lagebestimmung sich deck. Organe durch successive Aufnahme auf dieselbe Platte. Mitgetheilt von Heine. (20 S.) 902.
47. Dermatologie. Red. v. Alb. Neisser. 16. Folge. (30 S.) 903.

— stereoskopischer medizinischer Atlas. 48.—55. Lfg. 8. Leipzig, J. A. Barth. In Karton à n. 5.—
48. 49. Chirurgie. Red. v. J. Mikulicz u. C. Partsch. 7. u. 8. Folge. Aus der chirurg. Universitätspoliklinik in München Vorstand: Klaussner. (24 Taf. m. 48. Text) 903.
50. Dermatologie. Red. v. Alb. Neisser. 17. Folge. Aus der dermatolog. Universitätsklinik v. G. Riehl in Leipzig. Mitgeteilt v. E. Riecke. (12 Taf. m. 41 S. Text.) 903.
51. Ophthalmologie. Red. v. W. Uhthoff. 7. Folge. Aus der Universitäts-Augenklinik zu Breslau. Mitgeteilt v. Enslin. (12 Taf. m. 21 S. Text.) 903.
52. Gynaekologie. Red. v. Otto Küstner. 11. Folge. Aus der Universitäts-Frauenklinik zu Breslau. Gynäkologische Operationen v. O. Küstner u. A. Heyn. (12 Taf. u. VIII, 18 S. Text.) 904.
53. Ophthalmologie. Red. v. W. Uhthoff. 8. Folge. Aus der Universitäts-Augenklinik zu Breslau. Mitgeteilt v. Wernicke. (12 Taf. m. 18 S. Text.) 905.
54. Dasselbe. 9. Folge. Aus der Universitäts-Augenklinik zu Tübingen. (Vorstand: Schleich.) Mitgeteilt v. Wanner. (12 Taf. m. 12 S. Text.) 905.
55. Dasselbe. 10. Folge. Aus der Universitäts-Augenklinik zu Bern. Mitgeteilt v. Siegrist. (12 Taf. m. 15 S. Text.) 906.

— Stereoskopischer medizinischer Atlas. 56. Lfg. 8. Leipzig, J. A. Barth. In Karton 5.—
56. Ophthalmologie Red. v. W. Uhthoff. 11. Folge. Aus d. Universitäts-Augenklinik zu Breslau. (Dir.: Uhthoff.) Mitgeteilt v. G. Lenz. — Aus der Universitäts-Augenklinik zu Lemberg. (Dir.: Machek.) Mitgeteilt v. W. Reis. (12 Taf. m. 20 S. Text.) 908.

Deutsches Zentral-Komite zur Bekämpfung der Tuberkulose. — Über die Bedeutung der Lupuskrankheit und die Notwendigkeit ihrer Bekämpfung. Von Prof. Dr. NEISSER Breslau, Geheimer Medizinalrat. Berlin 1908. (o. Dr. o. V.) 8°.

— Über die Bedeutung der Lupuskrankheit u. die Notwendigkeit ihrer Bekämpfung. (Hrsg. v. deutschen Zentral-Komitee zur Bekämpfg. der Tuberkulose.) (18 S. m. 8 S. Abb.) gr. 8. Leipzig 908. Dr. W. Klinkhardt. — 60

— s.: Bibliotheca medica.

— Dürfen Geschlechtskranke heiraten?, s.a. Volksschriften der österreichischen Gesellschaft f. Gesundheitspflege. Nr. 21.

Neisser, Dürfen Geschlechtskranke heiraten? [Volksschriften der österr. Gesellschaft für Gesundheitspflege. Nr. 21.] 8°. (36 S.) K —.20
Wien: Perles 1908.

Neisser, Albert (geb. Schweidnitz 22. I. 1855): Die Echinococcen-Krankheit. Berlin (1877). (76 S.) 8° [Vollst. 1877 bei Hirschwald in Berlin.]
Breslau, Med. Diss. v. 15. [vielmehr 16.] Febr. 1877

— die Einreibungskur, s.a. Sammlung klin. Vorträge.

Die Einreibungskur v. A. Neisser, Breslau. *Leipzig: Breitkopf & Härtel 1897.* (32 S.) 8.
= Sammlung Klinischer Vorträge. N. F. No 199. [97. 8657

— Geschlechtskrankheiten u. Krankenkassen. Lex.-8. (9 S.) Berlin 901. Grunewald, Verlag der Arbeiter-Versorgg. A. Troschel. n. — 60
Sonderabdruck aus: „Arbeiter-Versorgung".

Neisser, A., Handbuch der Hautkrankheiten, s. Handbuch der speciellen Pathologie.

— s.a. Ikonographia dermatologica.

Neisser, A. und Jacobi, E., Ikonographia Dermatologica. Atlas seltener, neuer und diagnostisch unklarer Hautkrankheiten. Lex.-8°. erscheint in Lieferungen à K 9.60
Wien: Urban & Schwarzenberg 1906.

Neisser, A. und Jacobi, E., Ikonographia Dermatologica. Atlas seltener, neuer und diagnostisch unklarer Hautkrankheiten. I. Bd Gr.-8°. (ill. 223 S. mit 43 Tafeln) K 43.—, geb. K 54.—
Wien: Urban & Schwarzenberg 1910.

— die neue dermatologische Klinik in Breslau. Nebst Bemerkgn. üb. den Unterricht in Dermatologie u. Syphilidologie an den deutschen Universitäten. gr. 8. (29 S. m. 1 Lichtdr. u. 4 Plänen.) Wien 894. W. Braumüller. n. — 80

— s.: Krankheiten der Haut.

— für die Praxis wichtige Magistral-Formeln. I. Hautkrankheiten u. Syphilis. gr. 16. (14 S.) Leipzig 879. Kloz. n. — 20

— s.: Mitteilungen der deutschen Gesellschaft zur Bekämpfung der Geschlechtskrankheiten.

— s.: Musée, le, de l'Hôpital Saint-Louis.

NEISSER, A. Nach welcher Richtung läßt ſich die Reglementierung der Proſtitution reformieren? Referat. Leipzig 1903. Gr. 8°. 196 S. (S.-A.)

— s.: Nachprüfung des v. Neisser u. Sachs angegebenen Verfahrens zur forensischen Unterscheidung v. Menschen- u. Tierblut.

— die experimentelle Syphilisforschung nach ihrem gegenwärtigen Stande. (III, 114 S.) gr. 8. Berlin 906. J. Springer. n. 2. 40
Sonderabdruck aus: „Verhandlgn. d. deut. dermatolog. Gesellsch. 9. Kongress in Bern".

Neisser, A. Verhandlg. d. deutsch-dermatolog. Gesellschaft. 3. Congress, s. Archiv für Dermatologie u. Syphilis.

— s.: Verhandlungen der deutschen dermatol. Gesellschaft.

Neißer, Arthur, aus Berlin: Servio Tullio. Eine Oper aus d. Jahre 1685 von Agostino Steffani. *Leipzig 1902: C. G. Röder.* (161 S.) 8°
München, Phil. Diss. v. 1900

Neisser, Clemens, s. Neisser, Klemens

Neisser, Emil Hermann, approb. Arzt aus Breslau: Aus d. med. Abteil. d. Allerheiligen-Hospitals zu Breslau ⟨Primärarzt: Professor Dr. Buchwald.⟩ Verlauf zweier Fälle von Sublimatvergiftung per os. *Leipzig 1904: B. Georgi.* (29 S.) 8°
Leipzig, Med. Diss. v. 25. Juli 1904

... Lectiones cursorias, quas ... Ernestus Neisser Med. Dr. Über die gegenwärtige Bedeutung des Tierversuches für die Lehre von den Infektionskrankheiten. ad docendi facultatem rite impetrandam d. XXIV. m. Jan. ... habebit, indicit Rudolphus Dohrn Med. Dr. P. P. O. Ord. Med. h. t. Decanus. Regimonti Bor., typ. Liedtkianis, 1893; 1 Bl. 4.

Neisser, Ernst [aus Liegnitz]: Beiträge zur Kenntnis des Glykogens .... Berlin, Buchdr. v. Gustav Schade (Otto Francke) (1888); 28 S. + 1 Bl. 8°
Berlin, Med. Fak., Inaug.-Diss. v. 4. Apr. 1888

Neisser, Ernst, u. Kurt Pollack, Tuberkulosebüchlein des Stettiner städtischen Krankenhauses. (22 S. m. 2 Abbildgn. u. 8 Taf.) gr. 8. Jena 904. G. Fischer. n. 2. 50
Sonderabdruck aus: „Klin. Jahrb."

Neisser, Eugen J.

Neisser, E. J., Deutschland u. Canada. Eine handelspolit. Studie. Mit 1 Karte u. Diagrammen. (III, 108 S. m. 1 Taf.) gr. 8. Berlin 909. L. Simion Nf. 3.—

Neißer, E. J., die wirtschaftliche Entwicklung, Lage u. Leistungsfähigkeit v. Handel, Gewerbe u. Industrie im Bezirke der Handelskammer zu Potsdam (in seinem Umfange bis zum J. 1901). Mit 3 Kartogr. u. 8 Diagr. Bearb. im Auftrage der Handelskammer auf Grund amtl. u. privaten statist. Materials. (X, 82 u. 51 S.) Fol. Berlin 903. C. Heymann. n. 8. —

Neisser, E. J. Der Spezialhandel des deutschen Zollgebietes 1889—1900 in graphischer Darstellung. Potsdam 1901.

Neisser, E. J., internationale Übersicht üb. Gewerbehygiene nach den Berichten der Gewerbe-Inspektionen der Kulturländer, s. a. **Bibliothek** f. soziale Medizin usw. I.

Internationale Übersicht über Gewerbehygiene nach d. Berichten d. Gewerbe-Inspektionen d. Kulturländer bearb. von Dr. E[ugen] J. **Neisser**, Berlin. Berlin: Gutenberg (1907). XV, 352 S. 8°
(Bibliothek f. soz. Medizin, Hygiene u. Medizinalstatistik. Nr 1.) 109. 17391

Neisser, Gustav [Ger.-Ass.]: Der Vorbehalt des Zahlenden nach dem Allgemeinen Landrecht unter Berücksichtigung des Römischen und Gemeinen Rechtes. . . . Berlin, Verl. v. Franz Vahlen (1889); 4 Bl. + 32 S. 8°
Breslau, Jur. Fak., Inaug.-Diss. v. 21. Dez. 1889

Neisser, G., der Vorbehalt d. Zahlenden nach dem allgemeinen Landrecht unter Berücksicht. d. römischen u. gemeinen Rechts. Inaug.-Diss. gr. 8. (VII, 32 S.) Berlin 890. Vahlen. n. — 80

Neisser, Jos., die physiologische Diagnostik als Basis für rationelle Therapie. Systematisch bearb. gr. 8. (V, 68 S.) Berlin 879. Hirschwald. n. 1. 60

Neisser, J., die rationelle Diagnostik u. Therapie auf Basis der allgemeinen u. allgemeinsten Erfahrungsthatsachen des Krankenbettes. Im Gegensatz zur modernen localistischen Krankheitstheorie Virchow's. gr. 8. (VI, 90 S.) Wiesbaden 889. Bergmann. n. 2. 70

Neisser, Jos., die acute Entzündung der serösen Häute des Gehirns u. Rückenmarks. Nach eigenen Beobachtungen am Krankenbett geschrieben. gr. 8. (23¾ B.) Berlin 845, Aug. Hirschwald, Verl. *

Neisser, Josephus: Fundamenta generalia ad inflammationis, qua morbi generis, rationem et naturam spectantia. Vratislaviae (1849). (24 S.) 8°
Breslau, Med. Fak., Hab.-Schr. v. 22. Dez. 1849

Neisser, Josephus: Dissertatio ... sistens nonnulla de autocratia naturae. Halae (1836): Hendel. 26 S. 8°
Halle-Wittenberg, Med. Diss. v. 5. Febr. 1836
Geb. Katscher (Oberschlesien) 10. [hs. V.: 18.] 3. 1814. V.

Neisser, Jos., das Wesen der Entzündung vom theoret. u. pract. Standpunkt insbesondere in Rücksicht auf die Henle'sche Entzündungslehre untersucht. gr. 8. (39 S.) Berlin 849, Förstner. n. 1/3 ₰

— s.: **Zeitschrift** f. Bekämpfung der Geschlechtskrankheiten.

Neisser, Karl, die Entstehung d. Liebe. Zur Geschichte d. Seele. gr. 8. (VII, 100 S.) Wien 897. C. Konegen. n. 1. 70

Neisser, Karl, u. Otto Neisser, die Geschäftsordnung d. Abgeordnetenhauses d. Reichsrates. Ihre Geschichte u. ihre prakt. Handhabg. von 1861 bis 1909. Mit e. Geleitworte des Präsidenten des Abgeordnetenhauses Rob. Pattai. 2 Bde. u. 1 Beilage. gr. 8. Wien 909. W. Braumüller. 15. —
1. Geschichte u. Materialien. (XXV, 513 S.)
2. Praktische Handhabung. (IX, 514 S.)
Beilage: Geschäftsordnung f. d. Abgeordnetenhaus des Reichsrates. Beschlossen am 2. III. 1875. Mit den Änderg. vom 16. VII. 1908. (Nebst e. Anh.) (XIII, 151 S.)

Neisser, Karl, zur Geschichte d. § 14 d. Grundgesetzes üb. d. Reichsvertretung v. 21. XII. 1867. Verhandlgn. im Reichsrath u. and. Materialien. gr. 8. (VII, 216 S.) Wien 898. Manz. n. 3. 60

Neisser, Karl, Ptolemäus od. Kopernikus?, s. a. **Bibliothek** natur- u. kulturphilosophische. 7. Bd.

Ptolemäus oder Kopernikus? Eine Studie über d. Bewegung d. Erde u. über d. Begriff d. Bewegung. Von Dr. Karl **Neisser**. Leipzig: J. A. Barth 1907. (IV, 153 S.) 8°
— **Bibliothek**, Natur- u. kulturphilosophische. Bd 7. 107. 9968

Neisser Karl: Ueber den psychologischen Wert der Uebung.
1883 PN 299 **Diss.** Wien, Univ. 20

Neisser, Klemens

Neisser, Clem., die paralytischen Anfälle. Klinischer Vortrag. gr. 8. (40 S. m. 1 Taf.) Stuttgart 894. F. Enke. n. 1. 40

Neisser, Clem., über die Bettbehandlung der akuten Psychosen u. über die Veränderungen, welche ihre Einführung im Anstaltsorganismus mit sich bringt. gr. 8. (25 S.) München 900. Seitz & Schauer. n. 1.20
Sonderabdruck aus: „Zeitschrf. f. prakt. Aerzte".

Ⓑ **Neisser**, Clem., Bettbehandlg. der Psychosen. 900. (KBL 32.) Jetzt: München, Verl. d. ärztl. Rundschau.

Psychiatrische Gesichtspunkte in der Beurteilung und Behandlung der Fürsorgezöglinge. Vortrag, geh. auf d. Allgem. Fürsorge-Erziehungs-Tage in Breslau 1906 von Dr. med. Clemens **Neisser**, Bunzlau. Halle a. S.: C. Marhold (1906). (46 S.) 8° 107. 7111

— Psychiatrische Gesichtspunkte in der Beurteilung u. Behandlung der Fürsorgezöglinge. Vortrag, geh. auf dem Allgemeinen Fürsorge-Erziehungs-Tage in Breslau am 12. VI. 1906. (46 S.) gr. 8. Halle 907. C. Marhold. — 80

Neisser, Clem., Individualität u. Psychose. Vortrag, geh. in der allgemeinen Sitzg. der Gesellschaft deutscher Naturforscher u. Aerzte zu Meran am 29. IX. 1905. (32 S.) 8. Berlin 906. A. Hirschwald. n. — 60
Sonderabdruck aus: „Berl. klin. Wochenschr."

Neisser, Clemens, über die Katatonie. Ein Beitrag zur klin. Psychiatrie. gr. 8. (85 S. mit in den Text gedr. Holzschn. und 4 Taf.) Stuttgart 887, Enke. *

Neisser, M., s.: Beard, G. M., die Nervenschwäche.

Neißer, M., s.: Wohnungsfrage u. Volkswohl.

Neisser, Max, u. B. Heymann, Bericht üb. die 2jähr. Thätigkeit (26. VII. 1896—98) der Diphtherie-Untersuchungsstation des hygienischen Instituts zu Breslau, nebst Vergleichen m. der amtl. Diphtherie-Statistik. gr. 8. (34 S.) Jena 899. G. Fischer. n. 1. —
Sonderabdruck aus: „Klin. Jahrbuch".

Neisser, Max: ⟨Aus dem hygienischen Institut der Universität Breslau.⟩ Ueber Luftstaub-Infection. Ein Beitrag zum Studium der Infections-Wege. *Leipzig: Veit & C. 1898.* (30 S.) 8° ¶ (Aus: Zeitschrift für Hygiene und Infectionskrankheiten, Bd 27.)
Breslau, Med. Hab.-Schr. v. 14. März 1898

Neisser, Max [Arzt aus Liegnitz]: Ueber einen neuen Wasser-Vibrio, der die Nitrosoindol-Reaction liefert ... (Aus: Arch. f. Hyg., Bd. XIX.) München, Druck v. R. Oldenbourg, 1893; 24 S., 2 Bl., 1 Taf. 8.
Berlin, Med. Fak., Inaug.-Diss. v. 29. Sept. 1893

Neisser, Moritz

Neisser, Maur. (geb. Katscher 1820): De epidemia morbillosa in suburbio Berolinensi hieme anni h. s. XL. $\frac{m}{iv}$ observata. Berolini (1844). (35 S.) 8°
Berlin, Med. Diss. v. 28. März 1844

Neisser Otto: Absolute und relative Bewegung bei Kant.
II. 1900 PN 1335 **Diss.** Wien, Univ. 87

Neisser, Paul [aus Liegnitz]: Ein Fall von Traumatischem Aneurysma der Arteria poplitea .... Berlin, Buchdr. v. Gustav Schade (Otto Francke) (1887); 30 S. + 1 Bl. 8°
Berlin, Med. Fak., Inaug.-Diss. v. 17. Aug. 1887

Neisser, Walter, zur vedischen Verballehre. I. Inaugural-Dissertation. gr. 8. (35 S.) Göttingen 882, (Vandenhoeck und Ruprecht's Verlag.) *
Aus: Beiträge zur Kunde der indogermanischen Sprachen, besonders abgedruckt.

Neiffert, G., Otto u. Johanne. Ein Gemälde d. Tugend u. Liebe im Familienleben. gr. 12. (12½ B.) Magdeburg 838, (Heinrichshofen.) *

Neissetal [Schlagwort]

Neissetal, s.: Lausitzer Gebirge.

Neissl, Emil, s. Naisl

Neissner, Ernst, üb. das komische Element in den Satiren d. D. Junius Juvenalis. gr. 4. (14 S.) Dresden 876. (v. Zahn.) n. 1. —

Neißner, E., Lessings drei Bücher Fabeln, ins Altgriechische übersetzt. gr. 8. (78 S.) Leipzig 883. Reichardt. n. 1. 60

Neissner E, Horaz, Persius, Juvenal, die Hauptvertreter der römischen Satire. (Sammlung gemeinverständlicher wissenschaftlicher Vorträge 445) Berlin 1884

Neissner, E., der Kampf des Horaz für eine bessere Geschmacksrichtung in der römischen Poesie. Dresden. 49 p.
Schul-/Univ.-Schrift

Neistube, S., Die Krankheiten des Hausgeflügels und deren Heilung. Petersburg. (??)

Neith, Lord, und Lady Thompson; zwey platonisch Liebende . . . Leipzig 1793. V: *Baur, Samuel.* (MGT) (Ky)

Neith, Lord, u. Lady Thompson; zwei platon. Liebende, in engl. Manier (v. Sam. Baur). 8. Leipz. 793.

Neithard, Diss. de artuum tremore etc. Erf. 4°. (1. ed. Jen. 1692.) 1703

Neithard, Bernhard Albrecht (Wertheim), De asthmate consensuali. Diss. med. Altdorf (J. P. Meyer) 6. IV. 1797. 20 S. (4.—) 24619

Neithard, F., Religion. 8. Frankf. a. M. 803. Hermann. 20 K

Neithard, J. J., schweizerisches Familienbuch, s. Familienbuch.

Neithardt, Briefe üb. d. Unterstützung d. menschl. Seele. 164 S. Weimar. 8°.
1778

Neithardt (Red.), s. Zeitung, Tierärztliche.

Neithardt, Alfred [aus Carthaus '(Westpr.)']: Resultate nach Castration der Frauen bei Myomen des Uterus ... Berlin, Buchdr. v. G. Schade, *1893;* 31 S. 8.
Berlin, Med. Fak., Inaug.-Diss. v. 8. Aug. 1893

[F.] **Neithardt,** August [Rechtsanw. in München]: Ueber die Anrechnung der Untersuchungshaft '(§ 60 R.-St.-G.-B.)' ... München, kgl. Hof- u. Univ.-Buchdr. v. Dr. C. Wolf & Sohn, 1896; 2 Bl., 89 S. 8.
en, Jur. Fak., Inaug.-Diss. v. 1896

Neithardt, Aug., über die Anrechnung der Untersuchungshaft (§ 60 R.-St.-G.-B.). Diss. (III, 89 S.) gr. 8. München 904. (Tübingen, F. Fues.) n. 2. 40

Cantate zur Feier des St. Johannis-Festes. Musik von [Aug.] Neidhardt [recte: Neithardt]. Hamburg 1827: Nestler. 4 Bl. 8° [Umschlagtit.]
Ohne Noten: „Sanct Johannis-Fest kehrt wieder!"

Cantate zur Feier des Sanct Johannis-Tages in der hochw. Gr. Nat.-Mutter-Loge zu den drei Weltkugeln in Berlin. Gedichtet vom Br. J[oh.] D[aniel] Symansky [!]. In Musik gesetzt vom Br. A[ug.] Neithardt. Berlin o. J.: Petsch. 4 Bl. 8° [Umschlagtit.]
Ohne Noten: „Sanct Johannnis-Fest kehrt wieder!"

[Dasselbe.] Berlin 1824: Amelang. 4 Bl. 8°

[Dasselbe u. d. Tit.:]
Cantate zur St. Joh.- und Stiftungsfeier in der Gr. Nat.-Mutter-Loge der Freimaurer in den preussischen Staaten gen. Zu den drei Weltkugeln. [Text von Joh. Daniel Symanski. Musik von Aug. Neithardt. Berlin] o. J.: [Haebringer]. 2 Bl. 8° [Kopftit.]
Ohne Noten.

[Dasselbe.] [Berlin o. J.] 2 Bl. 8°
Ohne Noten.

Cantate zur maurerischen Jubelfeier des Br. F. Ph. Rosenstiel. [Unterz.:] Lebr[echt] Hartung. A[ug.] **Neithardt.** Berlin, den 10. Febr. 1831. [Berlin 1831]: Amelang. 4 Bl. 8⁰ [Umschlagtit.]
Ohne Noten.

Cantate für die Loge zur Verschwiegenheit. [Gedichtet von Joh. Daniel v. Symanski. Komp. von Aug. **Neithardt.**] [Berlin] o. J.: Denter & Nicolas. 1 Bl. 8⁰ [Kopftit.]
Ohne Noten.

Tilly, Friedr. Hans v.: **Cantate dem scheidenden Mstr. v. St. und innigst geliebten Br. F. H. v. Tilly. Die drei Seraphinen. Berlin, den 26. April 1829.** [Unterz.:] L. Hartung und A[ug.] **Neithardt.** [Berlin 1829]: Amelang. 2 Bl. 8⁰ [Umschlagtit.]
Ohne Noten: „Was ergreift uns heut so mächtig?“

Neithardt, August: Cantate zur St. Joh.- u. Stiftungsfeier in der Gr. Nat.-Mutterloge ... Zu den 3 Weltkugeln, s. Gährich, Wenzel.

Cantate zum Stiftungs-Feste der Loge zur Eintracht im Or. von Berlin. Gedichtet vom Br. J[oh.] D[aniel] Symanski. In Musik gesetzt vom Br. A[ug.] Neithardt. Berlin o. J.: Haarbringer. 2 Bl. 8⁰ [Umschlagtit.]
[Dasselbe.] am 9ten Dec. 1824. [Berlin 1824: Amelang.] 2 Bl. 8⁰

Cantate zum Stiftungs-Feste der Loge zur Verschwiegenheit. Gedichtet vom Br. J[oh.] D[aniel] Symanski und in Musik gesetzt vom Br. A[ug.] **Neithardt.** [Berlin] o. J. 2 Bl. 8⁰ [Umschlagtit.]
Ohne Noten: „Dir, die in diesem Tempel thronet, . . .“

Cantate zum Stiftungs-Feste der Loge zur Verschwiegenheit. Gedichtet vom Br. J[oh.] D[aniel] Symanski. In Musik gesetzt von A[ug.] **Neithardt.** [Berlin] o. J.: [Büxenstein]. 2 Bl. 8⁰ [Kopftit.]
Ohne Noten.

Neithardt, A., Choräle zum Kirchenbuch f. das K. Preuss. Kriegsheer. qu. Lex. 8. (62 S.) Berlin 850, G. Reimer. n. 1 ₰

[**Lieder.**] Zur Feier der Einweihung der St. Johannis-Loge Friedrich Wilhelm zu den drei Hammern i. O. Neustadt-Eberswalde am 18. Mai 1856 von [Wilh.] Waldaestel und [Aug.] **Neithardt** [Komp.]. [Neustadt-Eberswalde 1856: C. Müller.] 2 Bl. 8⁰ [Umschlagtit.]
2 Lieder ohne Noten.

Neithardt, A., Melodien zu A. Hartungs Liedersamml. f. Schulen. gr. 4. Berl. 823. Dümmler. 1 ₰

Melodien zu der von J[oh.] D[aniel] Symanski hrsg. Lieder-Tafel für Maurer, arrangirt von A[ug.] **Neithardt.** Berlin: Rücker [ca 1827]. IV, 204 S. quer 4⁰

— Melodien zu d. von J. D. Symansky herausgegebenen Liedertafel f. Maurer. gr. 4. Berl. 827. Rücker. 2 ₰ 12 gr

Neithardt, Aug.: Menschenwürde. o. O. u. J.
Lied für 1 Singstimme. „Umsonst suchst Du . . .“
[Brh. 1 (1904) S. 69.]

Sammlung der beliebtesten Freimaurer Gesänge nach den Orig. Melodien für eine Singstimme mit leichter Pianoforte-Begleitung eingerichtet von A[ug.] **Neithardt.** Op. 120. Nebst einem Textbuche. Halle: Knapp. o. J. 96 S. 4⁰ [Kupfertit.]
Textbuch. 52 S.
Ganz in Kpfr gestochen.

Textbuch zu der Sammlung beliebtester Freimaurer-Gesänge von A[ug.] **Neithardt.** [Berlin] o. J. 52 S. quer 4⁰ [Umschlagtit.]
82 Lieder ohne Noten.

Neithardt, F., die Heerden-Krankheiten der Schafe, ihre Erkennung, Entstehung, Heilung u. Verhütung, für Landwirthe, Schafzüchter u. Thierärzte bearb. Berlin 864. Plahn. gr. 8. (V, 96 S.) 15 ngr.

Neithardt, F., die Rinderpest nach eigenen Beobachtungen u. Erfahrungen im Kreise Schrimm (Großherzogth. Posen). Für Thierärzte und Landwirthe. Schrimm 856. (Breslau, Gosohorsky.) gr. 8. (16 S.) n. 3 ngr.

Neithardt, F., die Thierseuchen, welche in veterinär-polizeilichem Interesse zu beachten sind. Ihre Erkennung, Entstehung, Verhütung und Behandlung, sowie die dagegen zu ergreif. polizeil. Maßregeln. gr. 8. (IV, 116 S.) Berlin 868, Wiegandt, Hempel und Parey. *

Neithardt, O.

Neithardt, die Lehre vom Treffen beim Abteilungsfeuer d. Infanterie. Für militär. Lehranstalten u. zum Selbststudium unter Benutzg. amtl. Materials bearb. u. m. Genehmigg. des königl. preuß. Kriegsministeriums veröffentlicht. (III, 44 S. m. Fig. u. 9 Taf.) 8. Oldenburg (910). G. Stalling's Verl. 2.—; geb. in Leinw. 2. 75

Neithart, Ferd. (Henr.) (geb. Ebersdorf in Reuss 13. 4. 1826): De talipede varo. Berolini (1851). (20 S.) 4°
Berlin, Med. Diss. v. 30. Aug. 1851 [Diplom: 29. Aug.]

Neithart, Rich. (Henr.) (geb. Ebersdorf in Reuss 21. 12. 1824): De tetano traumatico. Berolini (1848). (31 S.) 8°
Berlin, Med. Diss. v. 22. Dez. 1848

Neitsch, O: Catalog für Eisenbahnen mit Seilbetrieb usw. Halle a. S. 1894

Neitsch, O: Katalog über Seileisenbahnen usw. Halle (Saale) 1895

Neitschütz, Geo. Chr., merkw. Reisen durch Europa, Asia und Amerika, m. K. 4. Magdeburg. 753. —

Neitz, Salom., ein Besuch auf der Eisenbahn nach der himmlischen Stadt. Nach dem Engl. verfaßt. 12. (60 S. mit 3 Holzschnt.) Philadelphia 853, Schäfer und Koradi.

Neitz, S.: Das Leben und Wirken des seeligen Johannes **Seybert**, ersten Bishofs der Evangelischen Gemeinschaft. *Verfasst von . . . Cleveland, O.: C. Hammer für die Evangelische Gemeinschaft 1862.* 471 S.

Neitz, S., das Leben u. Wirken d. sel. Johannes Seybert, 1. Bischofs der evangel. Gemeinschaft. 8. (471 S. m. Portr. Seybert's in Stahlst.) Cleveland, O. 862. (Philadelphia, Schaefer & Koradi.) geb. n. 8. —

Neitzel, Bruno, Cassel: George Peele's 'David and Bethsabe'. *Halle a. S. 1904: H. John.* (60 S.) 8°
Halle, Phil. Diss. v. 1904

Neitzel, Erich [aus Falkenburg]: Das Acetovanillon und seine Derivate. . . . Berlin, Druck v. Thormann & Goetsch, 1890; 40 S. + 2 Bl. 8°
Berlin, Phil. Fak., Inaug.-Diss. v. 28. Jun. 1890

Neizel, Georg, prakt. Arzt in Dt. Eylau: 37 Fälle von tödlicher Lungenembolie. *Leipzig 1904: B. Georgi.* (46 S.) 8°
Leipzig, Med. Diss. v. (6. Aug.) 1904

Neitzel, Otto

— u. Ludw. **Riemann,** musikästhetische Betrachtungen. Erläuterungen des Inhalts klass. u. moderner Kompositionen des Phonola- u. Dea-Künstlerrollen-Repertoirs. 3. Aufl. Hrsg. v. der Ludwig Hupfeld A.-G., Leipzig. (235 S.) kl. 8. Leipzig (909). Breitkopf & Härtel. 2. 50
2. Aufl. (104 S.) 907. 1. —

Neitzel, Otto (Bearb.), s. D e b u s s y , Claude: Pelleas u. Melisande.

Neitzel, O., der Führer durch die Oper d. Theaters der Gegenwart, Text, Musik u. Scene erläuternd. I. Bd. Deutsche Opern. 1. u. 2. Abth. gr. 8. (VII, 286; VI, 260 S.) Leipzig 890. Liebeskind. à n. 4. —; geb. à n. 5. 50

— der **Führer** durch die Oper des Theaters der Gegenwart, Text, Musik u. Scene erläuternd. I. Bd. Deutsche Opern. 3. Abth. gr. 8. (III, 332 S.) Leipzig 893. A. G. Liebeskind. n. 4. —; geb. in Halbfrz. n 6. —

Neitzel, Otto, d. Führer durch d. Oper d. Theaters d. Gegenwart, Text, Musik u. Scene erläuternd. I. Bd. Deutsche Opern. 3. Abth. 2. Aufl. 3. Taus. gr. 8. (III, 332 S.) Leipzig 898. Stuttgart, J. G. Cotta Nachf. n. 4. —; geb. in Halbfrz. n. 5. 50

Neitzel, Otto, der **Führer** d. die Oper des Theaters der Gegenwart, Text, Musik u. Szene erläuternd. I. Bd. Deutsche Opern. 3. Abtlg. Richard Wagners Opern. 3. Aufl. (V, 332 S.) 8. Stuttgart 904. J. G. Cotta Nachf. n. 4. —; geb. in Halbfrz. n. 6. —

Neitzel, Otto, der Führer durch die Oper des Theaters der Gegenwart, Text, Musik u. Szene erläuternd. I. Bd. Deutsche Opern. 3. Abtlg. Richard Wagners Opern. 4. Aufl. (V, 332 S.) 8. Stuttgart 908. J. G. Cotta Nachf. 4.—; geb. in Halbfrz. 6. —

— **Louise.** Musik-Roman in 4 Akten. Dichtung u. Musik v. Gust. Charpentier. Einführung in Text u. Musik. (20 S.) 8. Köln (902). A. Ahn. n. — 30

Richard Wagners Opern. In Text, Musik u. Szene erl. von Otto **Neitzel**. 3. Aufl. Stuttgart & Berlin: J. G. Cotta Nachf. 1904. (332 S.) 8°
— Neitzel: Der Führer durch d. Oper. Bd 1.

Richard Wagners O p e r n . In Text, Musik u. Szene erl. von Otto Neitzel. 4. Aufl. Stuttgart & Berlin: Cotta 1908. 332 S. 8°
(Neitzel: Der Führer durch d. Oper d. Theaters d. Gegenwart. Bd 1, Abt. 3.

Neitzel, Otto, Camille Saint-Saëns, s. a. **Musiker,** berühmte. VI.

Camille Saint-Saëns v. Otto Neitzel. *Berlin: 'Harmonie' 1899.* (5 Bl., 94 S., 1 Portr., 5 Taf., 1 Bl. Facs.) 1 Bd 4.(8.)
— Musiker, Berühmte. [Bd] VI.

Neitzel, Otto, Beethovens Symphonien, nach ihrem Stimmungsgehalt erläutert [m. zahlreichen Nebenbeispielen]. gr. 8. (101 S.) Köln 891. P. J. Tonger. n. 1. —; geb. in Leinw. n.n. 1. 50

— **Zinnober.** Humorist.-phantast. Handlg. in 3 Aufzügen. Nach E. T. A. Hoffmanns Erzählung. Klein Zaches, genannt Zinnober. Dichtung u. Musik von Siegmund v. Hausegger. Einführg. in Text u. Musik. 8. (16 S.) Köln (898). A. Ahn. — 20

Neitzert, Adolf Bemerkungen zur lateinischen Grammatik und zum grammatischen Unterricht des Lateinischen. 4 (15 S.).
Progr. Wilhelm-Ernstisch. G. *Weimar* 1886 (618).

Neitzert, A., lateinische Elementar-Grammatik. gr. 8. (IV, 146 S.) Neuwied 886. Heuser's Verl. n. 1. 80

Neitzert, Oskar, appr. Arzt: Zur Aetiologie und Therapie der [!] Unguis incarnatus mit besonderer Berücksichtigung der Rosenbach'schen Operation und ihrer Dauererfolge. *Bonn 1902: J. Trapp.* (32 S.) 8°
Bonn, Med. Diss. v. 30. Apr. 1902

Neitzert, Theodor: Aus d. chirurg. Klinik zu Bonn. Über Magenresection. . . . Bonn, Buchdr. Jos. Bach W'we., 1889; 17 + 1 S. + 8 Bl. 8°
Bonn, Med. Fak., Inaug.-Diss. v. 15. Febr. 1889

Neitzke, Ernst [app. Arzt aus Lauenburg i./Pom.]: Aus d. patholog. Institute zu Kiel. Beitrag zur Histologie der Krupmembran in der Trachea ... Kiel, Druck v. P. Wegehaupt, 1895; 18 S., 1 Bl. 8.
Kiel, Med. Fak., Inaug.-Diss. v. [11. März] 1895

Neitzsch, Wilhelm, appr. Arzt a. Igensdorf: Ueber Placenta praevia. Erlangen 1905: E. Th. Jacob. (55 S.) 8°
Erlangen, Med. Fak., Ref. Menge, Diss. v. 4. April 1906
[Geb. 21. Aug. 79 Igensdorf; Wohnort: Igensdorf; Staatsangeh.: Bayern; Vorbildung: Gymn. Erlangen Reife Juli 98; Studium: Erlangen 10 S.; Coll. 14. Dez. 05; Approb. 9. März 04.]

Neitzschütz, M. v., Studien zur Entwickelungs-Geschichte des Schafes. Ein Beitrag zur allgemeinen Culturgeschichte. Mit 2 lith. Karten (in Buntdr., in qu. 4.). Danzig 869. Kafemann. gr. 8. (VII, 190 S.) n. 1 *Thlr*

Neitzschütz, M. v., Studien zur Entwickelungs-Geschichte d. Schafes. Ein Beitrag zur allgemeinen Kulturgeschichte. 2–4. (Schluß-) Hft. gr. 8. (IV, 214, 512 u. 230 S.) Danzig 873–76. Kafemann. n. 14. —; cplt.: n. 17. —

Die Schöpfung. Eine poet. Darstellung d. Schöpfungswoche von E. N[eiweiser]. *Neusalz a. O.: G. Francke [1896].* (16 S.) 8° [Umschlagt. J.]

Die Schöpfung. Eine poet. Darstellung d. Schöpfungswoche von E. N[eiweiser]. 2. Aufl. *Bielefeld: O. Kotthaus [1901].* (16 S.) 8° [Umschlagt. J.]

Die Schöpfung. Eine poet. Darstellung d. Schöpfungswoche. (Verfasserin: E. Neiweiser.) 3. Aufl. *Bethel b. Bielefeld: Selbstverl. [1903].* (16 S.) 8° [Umschlagt. J.] 6

Neiz, J. H., s. Miricke, H., Reise v. Constantinopel n. Jerusalem.

Neizert, Karl

Neizert, Carl, a. Neuwied: Über die Beständigkeit komplexer Molybdän- u. Wolframverbindungen in wässrigen Lösungen. Bonn 1906: F. Eisele. (74 S.) 8°
Bonn, Phil. Fak., Ref. Anschütz, Diss. v. 25. Juli 1906
[Geb. 27. März 81 Neuwied; Wohnort: Neuwied; Staatsangeh.: Preußen; Vorbildung: Gymn. Neuwied Reife O. 99; Studium: Heidelberg 2, Bonn 1, Berlin 2, Bonn 2, Charlottenburg T.H. 1, Bonn 4 S.; Rig. 25. Juni 06.]

Nekaltybė. Augsztybė ir grażybė tos dorybės. Penktą kartą iszspausta. Tilżėje: O. v. Mauderode [1904]. (110 S.) 8°
[Die Unschuld. Die Hoheit u. Schönheit dieser Tugend. 5. Aufl.] 10

Nékám, L. A., über die leukaemischen Erkrankungen d. Haut, s. a. Monatshefte f. prakt. Dermatologie. 1899.

Über die Leukaemischen Erkrankungen der Haut von Dr. L. A. Nékám, Privatdoc. in Budapest. Mit 4 chromolith. u. 1 Lichtdr.-Taf. *Hamburg & Leipzig: L. Voss 1899.* (46 S.) 8°
= Monatshefte f. praktische Dermatologie. 1899. Ergänzgsh. 2.

Neker s. Necker.

Nekes, Frz., Beleuchtung der im Gregorius-Blatte erfolgten Besprechung der Witt'schen Messe in hon. santi Raphaelis Archangeli. Antikritik. 8. (24 S.) Regensburg 879, Pustet. *

Kyriale sive ordinarium missae. Missa pro defunctis. Toni communes missae ... juxta ed. vatic. a SS. D. N. Pio PP. x. evulgatam. Organum comitans auctore F(ranz) **Nekes**. Opus 46. Editio Schwann N. Duesseldorf: Schwann (1906). 112, 28, 28 S. quer-4° 5

Nekes, Frz., kleine Lateinschule für den Choralsänger. gr. 8. (IV, 71 S.) Aachen 888, (A. Jacobi und Comp.) *

Nekes, Franciscus, Missa in honorem sanctae Agnetis quatuor vocibus inaequalibus concinenda. Op. 15. Partitur. gr. 4. (12 S.) Aachen 880, Jacobi und Comp. *
Stimmen (à 4 S.) *

Missae in summis festis juxta editionem Vaticanam a SS. D. n. Pio PP. x. evulgatam. Organum comitans auctore F[rancisco] **Nekes**. Opus 46d. Duesseldorf: Schwann [1910]. 59 S. quer-8°

— Witt's Raphael's-Messe auf der 10. Generalversammlung des Diöcesan-Cäcilienvereins Köln. Eine Studie. 8. (15 S.) Regensburg 879. Pustet. n. — 20

Neklan, Alex., d. böhmische Frage. E. nüchternes, offenes Wort e. Czechen an alle Betheiligten. gr. 8. (X, 300 S.) Wachwitz-Dresden 895. M. Geissler. n. 4. —

NEKLAPIL, Franz: Die „Apostellehre" (Dogmengeschichtlich betrachtet). — (1905) 20 Bl. 4° (Handschr.) Diss. 783
Diss. Wien, Univ.

Neklapil, Franz: Über arisch-semitische Sprachbeziehungen. S. 3 bis 9. 8. S. 14—19. 8. **Progr.** K. k. Staatsgymn. *Iglau* 1908. 1909.

Neklapil, Franz: Zur Textgeschichte der Didache. S. 3—13. 8. **Progr.** K. k. Staatsgymn. *Iglau* 1906.

NEKOLA, Rudolf: Das Forstwesen auf der Triester Ausstellung im Jahre 1882. - Gmunden, Wien 1883. 45 S., 2 Taf.

Nekola, Rud., das Forstwesen auf der Triester Ausstellung im J. 1882. gr. 8. (45 S. m. 2 Steintaf.) Gmunden 883. (Wien, Gerold & Co.) n. 2. —

Nekola, Rud., die Holz- u. Spielwaaren-Industrie in der Viechtau bei Gmunden. Eine forst- u. volkswirthschaftliche Studie aus dem Salzkammergute. [Aus: „Berichte d. Forstvereins f. Oesterr. o. d. E."] gr. 8. (61 S. mit 5 Steintaf.) Gmunden 882. (Wien, Gerold & Co.) n. 2. 50

Nekrasov, Nikolaj Alekseevič

Nekrassow, N., Dichtungen, s. Tolstoi, Graf Alexei.

Nekrassow, N., Russische Frauen. In deutscher Uebertragg. von A. v. Timroth. 12. (VI, 88 S.) Dresd. 891, Pierson. * 1 —

Nekrassow, N. A., russische Frauen, s. a. Bibliothek der Gesamtlitteratur.

Russische Frauen. Grossmutter-Memoiren aus d. J. 1826 von N(ikolaj) A(leksėevič) Nekrassow [**Nokrasov**]. Aus d. Russ. übers. von Rudolf Seuberlich. Mit e. Vorbem. d. Übers. u. d. Bilde d. Dichters. *Halle a. S.: O. Hendel (1901).* (VIII, 67 S.) 8° [J.]
(Bibliothek d. Gesamtlitteratur d. In- u. Auslandes. No 1440.)

— Godichte, s.: Bibliothok, russische.

— Gedichte, s. Collection Manassewitsch.

— Gedichte, s.: Universal-Bibliothek.

Nekrasoff, N., Poésies. (En langue russe.) Leipzig 869. Gerhard. 8. (XVIII, 229 S.) In engl. Einb. mit Goldschn. 1 *Thlr*

Некрасовъ, Н., Стихотворенія. (Nekrassoff, N., Gedichte.) **Библіотека, русская.**

Некрасовъ, Н., Стихотворенія. Изданіе пополненное. (Nekrasoff, Gedichte.) 16. (V und 312 S.) Berlin 862, F. Schneider. [Behr's Buchh.] cart.

— Wer lebt glücklich in Rußland? s. Universal-Bibliothek, Nr. 2447—2449.

Nekrassow's, Nicolai Alexejewitsch, sämmtliche **Werke**, aus dem Russ. metrisch übertr. von Herm. Jurjewitsch Köcher. 1. und 2. Bd. gr. 8. Leipzig, Friedrich. [1. Bd. (189 S.) 885. *M 3.—.; 2. Bd. (399 S.) 888. *M 6.—.] * 9 —

Nekrine. Ein Prolog auf das Namensfest der Herzogin Franziska von Würtemberg. Stuttgard 1791. V: *Schubart, Christian Friedrich Daniel.* (GGr)

der **Nekrolog**, enthaltend Nachrichten von dem Leben merkwürdiger verstorbener Personen. Hersg. von Schlichtegroll. Jahrgänge 1790—1800, und Supplement für 1790—93. 8. Gotha 1790—1800.

Nekrolog Vering Gerhard

Nekrolog. Gerhard Ritter von Vering, Doctor der Heilkunde, k.k.Rath und Stabsfeldarzt... (nebst) Anhang. 15 S., gbd., Abb.

Wien: 1824

JB 5.834

Necrolog. Dem Andenken eines in Tirol allgemein verehrten und hochgeschätzten Mannes und Staatsdieners (Ferdinand Grafen von Bissingen-Nippenburg) von einem seiner Freunde und Verwandten gewidmet. [Innsbruck] 1832. V: *Kuenigl, Leopold Graf von.* (MARGR)

Nekrolog. o. O. [1888]. 2 Bl. 8⁰ [Kopftit.]

Harden, J. Heinr. W.: **Nekrolog.** Der am 27. April 1903 i. d. e. O. eingegangene Br. J. Heinr. W. Harden. o. O. [1903]. 1 Bl. 4⁰ [Kopftit.]

Necrolog zum Andenken des . . . Rectors M. Augustinus Magnus Kraft. [Jena 1841.] V: *Krabbe, Otto Carsten.* (schr)

Necrolog (K. W. Asher). Hamburg 1864. V: *Buek, Hnr. Wilh.* (Tt)

Necrolog auf Ludw. Barth. Berlin 1892. V: *Senhofer, Carl & Guido Goldschmid.* (Strakosch-Grassmann, Bibliogr. z. Gesch. d. österr. Unterrichts. Wien 1902, II, 52.)

Necrolog Br. Beer. Von Ernst v[om] g[uten] W[illen]. 2. Aufl. 1839. V: *Lützelberger, Bernh.* (wolfstieg I, 712)

Necrolog des Prof. J. M. G. Beseke. [Riga 1803.] V: *Recke, Joh. Frdr. von.* (R-N)

Nekrolog (des Josef Anton Bischof, k. k. Rath und gewesenen Bürgermeisters von Linz.) (Druck von J. Feichtingers Erben in Linz o. J. (1856.) 8. 1 Bogen.) (Geb. zu Kremsmünster am 21. August 1777, gest. zu Linz am 25. August 1855.)

Necrolog des Dr. Johann Heinrich Blumenthal. [Riga 1804.] V: *Recke, Johann Friedrich von.* (R-N)

Necrolog. Nekr' von Markus Boelger von Basel. (Geb. 10. August 1785, gest. 10. Oktober 1864.) 8. Zürich 1865.

Bubna. **Nekrolog** des kais. königl. Feldmarschall-Lieut. Grafen Ferdinand v. . . . . . Aus der „Oesterr. milit. Zeitschrift" 1826 5. Hft. besonders abgedruckt. kl. 8. Wien 1826.

Necrolog von Prof. L. Herkules Daverio, Redaktor der N. Z. Zeitung. [Zürich 1849.] V: *Snell, Ludwig.* (ZÜRKL)

Necrolog. Nekr' von Professor L[udwig] Herkules Daverio (geb. 1804). Redaktor der Neuen Zürcher-Zeitung. Beilage zur Neuen Zürcher-Zeitung Nr. 103 [Jahrg. 1849]. 8. [Zürich 1849.]

Necrolog von J(ohann) Conrad Fischer in Schaffhausen (1799—[1830]). [SA.] 8. [St. Gallen 1831.]

— von J. **Forrer**, Militärinspektor des Kantons St. Gallen. 8. St. Gallen 833. Huber u. Comp. 1½ gl

Necrolog für Freunde Teutscher Literatur . . . Helmstädt 1796-99. V: *Buchner, Christian Friedrich.* (MGT) (Ky)

— für Freunde deutscher Literatur. 4 Stcke., (v. C. F. Buchner). Mit e. Vorr. hrsgg. v. G. S. Rötger. gr. 8. Helmst. 796—99. Fleckeisen. 2 ₰ 20 gl

Nekrolog und Grabrede nach Dr. Karl Gorisupp, Badedirektor des ständischen Tobelbades nächst Gratz. Gratz. 1855. Druck von A. Leykam's Erben. (8 S. 8.) (Gebor. zu Gratz am 9. Oktober 1799, gestorb. im Tobelbade am 19. Mai 1852.)

Nekrolog des Generals der Infanterie v. Grolman. 4. Berlin 1843.

Necrolog des hochwürdigsten Bischofs von Paris . . . Carl Clemens von Gruben. Osnabrück 1827. V: *Lüpke, C. Anton.* (EB)

—— über d. am 11. Aug. 1834 gest. Prof. med. Hrn. Dr. D. E. **Günther**, Ritter rc., nebst den an seinem Grabe gehalt. Reden u. einigen bezügl. Gedichten. 8. (1½ B. u. G's. Portr.) Duisburg 833, (Schmachtenberg.)

Necrolog Hegels. Berlin 1831. V: *Gans, Eduard.* (Hauptkat. d. Univ.-Bibl. Tübingen. K. S. 99.)

Necrolog. Nekr' des seligen Herrn Johannes Hegetschweiler (geb. 1789), Dr. und Regierungsrath, von Stäfa am Zürichsee. (SA.) 8. Zürich 1839.

Nekrolog auf Christian Heimreich. 4 (S. 19–21). G. *Ploen* 1889 (272).
Progr.

Nekrolog auf Josef Hepp, München,
s. Baumgartner, Anton

— des Hofraths u. Profess. Dr. Carl Himly, Ritter des Königl. Guelphen-Ordens etc. (Besonders abgedruckt aus Holscher's Annalen für die gesammte Heilkunde. 2r Bd. 4s Hft.) gr. 8. Hannover 838. Helwing'sche Hof-Buchh. 1/12 Thlr

Necrolog von Herrn H(an)s Caspar Hirzel (1746–1827), gewesenen Standesseckelmeister. [SA.] 4. Zürich 1828.

Necrolog. Nekr' über Oberst Salomon Hirzel (1790–1844). SA. 8. Zürich 1844.

Hoffmann, Joh. Friedr.: **Nekrolog** des i. d. e. O. e. Br. J. F. Hoffmann. [Hamburg 1885: Tohmfor.] 13 S. 8⁰ [Umschlagtit.]

Nekrolog für das 19. Jahrhundert. 5 Bde 8. Gotha 1801–06.

Necrolog des k. k. Hofraths u. Prof. Jenull. Wien 1849. V: *Hye, Anton.* (Strakosch-Grassmann, Bibliogr. zur Gesch. d. österr. Unterrichtsw. Wien 1902. II, 14.)

Necrolog, Kurlands, oder Beiträge zu Biographien kurländischer Gelehrten. Mitau 1805. V: *Czarnewski (Zernewski), Joh. Georg Martin Frdr. Aug.* (GGr) (Ky) (MGT)

Necrolog Ludewigs I. Grossherzogs von Hessen. O. O. [ca. 1830]. V: *Wedekind, Gg Chn Glieb von.* (Kl)

Nekrolog des grossherzoglich hessischen Generalmajors und Generalquartiermeisters Ludwig Jakob Friedrich Wilhelm v. Lyncker. 8 Darmstadt 1844

Necrolog des Königlich Preussischen Wirklichen Geheimen Staats- und Finanzministers ... Georg Karl Maassen ... Berlin 1835. V: *Hoffmann, Johann Gottfried.* (StadtbiblBerlin XII, S. 174)

—— des k. p. wirkl. geh. Staats- u. Finanzministers etc., Karl Geo. Maassen, geb. zu Kleve am 23. Aug. 1769, gest. zu Berlin am 2. Nov. 1834. gr. 8. (2⅛ B.) Berlin 835, Hayn.
Aus: Allgem. preuß. Staats-Zeitung 1835, besond. abgedruckt.

Necrolog des Titl. Hochw. Wohlg. Herrn Joseph Nik. Marchner ... Salzburg 1830. V: *Hochmuth, Joh. Jac.* (Hr)

Nekrolog des königl. württembergischen Oberstudienrats Dr. Christian Heinrich v. Nagel. gr. 8. (18 S.) Tübingen 884, Fues. *
Aus: Correspondenzblatt für die Gelehrten- und Realschulen Württembergs, besonders abgedruckt.

Necrolog, Neuer, der Deutschen ... Ilmenau 1823-54. H (1826-44): *Voigt, Bernhard Friedrich.* (Ky) (AarK)

Nekrolog, neuer, d. Deutschen. Hrsgg. v. Fr. A. Schmidt. 1r—3r Jahrg. 1823—25. 8. Ilmenau, Voigt. 1r J. 3 Thlr 2r J. 4 Thlr 3r J. 5 Thlr 12 gr 4r—8r Jahrg. 1826—30 (hrsgg. v. B. Fr. Voigt.) à 2 Thle. Mit Bildn. 8. Ilmenau 825—32. Voigt. (à 4 Thlr) 20 Thlr

Nekrolog, neuer, der Deutschen. (Hrsg. v. B. F. Voigt.) 4—12. Jahrg. 1826—34. à 2 Thle. 8. Ilmenau, [Weimar,] Voigt. [4. (73 B. u. 2 Portr.) 828., 5. (76 B. u. 2 Portr.) 829., 6. (64 B. u. 1 Portr.) 830., 7. (65 B. u. 1 Portr.) 831., 8. (65 B. u. 3 Portr.) 832., 9. (81 B. u. 3 Portr.) 833., 10. (64½ B. u. 4 Portr.) 834., 11. (63½ B. u. 1 Portr.) 835., 12. (82¾ B. u. 2 Portr.) 836. à 4 Thlr.]
1—3. Jahrg. 1823—25. (Hrsg. v. Fr. A. Schmidt.) Ebendas. 1824—26. 12 Thlr. — 1—10. Jahrg. (20 Thle.), hrbges. Pr. 10 Thlr.

—— dass. — Registerband üb. d. 10 ersten Jahrg. d. neuen Nekrologs d. Deutschen. Nach alphabet. Folge I. d. Zu- u. Vornamen v. 10,364 v. 1823—1832 verstorb. Deutschen; II. der Staaten, Provinzen u. Ortschaften, wo sie gelebt haben, u. III. ihrer Zusammenstellung nach Rang, Stand, Beruf u. Würden. 8. (49 B.) Ebds. 836.

Nekrolog, neuer, der Deutschen. 13—18. Jahrg. 1835—40. (Hrsg. v. Bernh. Friedr. Voigt.) à 2 Thle. 8. Weimar, Voigt. [13. (83¾ B. u. 3 Portr.) 837., 14. (83 B. u. 2 Portr.) 838., 15. (83½ B. u. 2 Portr.) 839., 16. (76¾ B. u. 2 Portr.) 840., 17. (78¼ B. u. 3 Portr.) 841., 18. (92½ B. u. 1 Portr.) 842. à 4 Thlr.]
1—12. Jahrg. 1823—34. Ebendas. 1824—34. 18 Thlr.

Nekrolog, neuer, der Deutschen. 19—23. Jahrg. 1841—1845. à J. 2 Bde. (Hrsg. v. Bernh. Friedr. Voigt.) 8. Weimar, Voigt. [19. (90 B. u. 1 Portr.) 843., 20. (73¾ B.) 44., 21. (82¾ B. u. 1 Portr.) 45., 22. (68¾ B. u. 2 Portr.) 46., 23. (48½ B. u. 1 Portr.) 47. à J. 4 Thlr.]
Die ersten 20 Jahrge. zusammengenommen, hrbges. Pr. " 20 Thlr.

—— dass. Register über das 2. Decennium (die Jahrg. XI—XX.) 1833—1842. Nach alphabet. Folge I. der Zu- u. Vornamen von 15,416 von 1833—1842 verstorbenen Deutschen; II. der Staaten, Provinzen u. Ortschaften, wo sie gelebt haben. 8. (55 B.) Ebds. 845.

Nekrolog, neuer, der Deutschen. 24—28. Jahrg. 1846—50. à Jahrg. 2 Thle. 8. Weimar, Voigt. [24. (LVI und 1126 S. mit 1 lithogr. Portr.) 848., 25. (LVI und 982 S. mit 3 Portr. in Kpfrst.) 849., 26. (LVI und 1120 S. mit 2 lithogr. Portr.) 850., 27. (LXII und 1319 S. mit 2 lithogr. Portr.) 851., 28. (XLIV und 1058 S. mit 2 Portr. in Stahlst.) 852. à Jahrg. 4 Thlr.]

Nekrolog, neuer, der Deutschen. 29. und 30. Jahrg. 1851 und 1852. à 2 Thle. 8. Weimar, Voigt. [29. (XLVIII und 1286 S. mit 2 Portr. in Stahlst.) 853., 30. (XXXVI und 962 S. mit 1 Stnt.) 854. à 4 Thlr.]

— — Register über das 3. Decennium (die Jahrg. XXI—XXX.) 1843—1852 des Neuen Nekrologs der Deutschen. Nach alphabet. Folge I. der Zu- und Vornamen von 16,586 von 1843—1852 verstorbenen Deutschen; II. der Staaten, Provinzen und Ortschaften, wo sie gelebt haben. Weimar 856. Voigt. 8. (952 S.) 3 Thlr. 15 ngr.

Necrolog auf Johann Caspar von Orelli. [Zürich 1849.] V: *Schweizer, Heinrich.* (ZürKL)

— auf Joh. Casp. v. Orelli, geb. den 13. Febr. 1787, gest. den 6. Januar 1849. gr. 8. (12 S.) Zürich 849, Orell, Füßli & Co. 3 ngr

Necrolog. Nekr' auf Joh[ann] Caspar von Orelli, geboren den 13. Februar 1787, gestorben den 6. Januar 1849. (Extrabeilage zu Nro. 21 der Neuen Zürcher-Zeitung. [Jahrg. 29.]) 8. [Zürich 1849.]

—— auf Hrn. Conrad Ott, Privatdoc. an der zürcherischen Hochschule u. Redact. d. Neuen Zürcher-Zeitung. gr. 8. (1 B.) Zürich 842, Orell, Füßli u. Comp.

Necrolog von Dr. Louis Ott. [Aarau 1904.] V: *Eckinger, Theod.* (Zuwachsverz. d. Bibliotheken in Zürich 1898 ff. 8.)

Necrolog [des Pfarrers Franz Pöder zu Algund]. [Innsbruck 1826.] V: *Rapp, Josef.* (Margr)

Nekrolog. (Joh. Ant. Raimann, geb. 15. Jänner 1810, † 19. Oct. 1857.) *Wien.* Druck v. *C. Gerold's S.* 2 Bl. 8°.
Separat-Abdruck aus dem Wochenbl. der k. k. Gesellsch. der Aerzte in Wien.

Necrolog [des Bildhauers Franz Xaver Renn] S.-A. [Innsbruck 1876.] V: *Stolz, Michael.* (Margr) (BiblPort)

Necrolog Anton Ritter v. Schallhammer . . . Salzburg 1868. V: *Riedl, Johann.* (Hr)

Necrolog [des Claudius Martin von Scherer]. S.-A. Innsbruck [1834]. V: *Di Pauli, Andreas Alois von.* (Margr) (BiblPort)

Necrolog. Nekr' über Alt-Landseckelmeister Johann Heinrich Schläpfer von Rehetobel (geb. 1776). Dessen Freunden zum Andenken gewidmet von einem Freunde desselben. 8. *o. O.* 1858.

Nekrolog auf Dr. Eugen Schneider. gr. 8. (6 S.) München 874, J. A. Finsterlin. *

Necrolog des chirurgischen Instrumentenfabrikanten Joh. Casp. Schnetter in München. München 1860. V: *Beilhack, Joh. Georg.* (Bücher-Samml. d. hist. Ver. v. u. f. Oberbayern. Münch. 1867.)

Necrolog des k. k. Hofrathes Carl Ritter von Schreibers. Wien [ca. 1852]. V: *Marschall, August Friedrich Graf.* (WBL XXXI, 286 f.)

Necrolog (des Herrn Landrichters August v. Sievers). Dorpat 1823. V: *Löwis, Andreas von.* (R-N)

*Nekrolog. Ivo (Jakob) Sint †. S. 182—183. 8.
Progr. K. k. Gymn. *Brixen* 1909.

Nekrolog des Josef Freih. v. Smola, k. k. Generalmajors, (* im Nov. 1803, † 29. Juni 1856.) Dr. von M. Auer in Wien. (8 S. 8.)

Nekrolog des Brs Steinbeck, Berlin [1862]: Sittenfeld. 4 S. 4° [Kopftit.]
Abgedr. in: BstR. 1 (1881) S. 23—38.

Necrolog des weiland Dr. Johann Stieglitz. Hannover 1841. V: *Holscher, Georg Phil.* (Ky)

— des weil. Dr. Joh. Stieglitz (von G. P. Holscher, aus dess. hannov. Annalen d. gesammten Heilkunde V. Bd. 4. Heft, besond. abgedr.) gr. 8. Hannover 841, Helwings. n. 1/12 ₰

Necrolog Vincenz Maria Süss . . . Salzburg 1868. V: *Steinhauser, Adolph Ritter von.* (Hr)

Nekrolog der Teutschen für das XIX. Jahrhundert. 1.—5. Band. (1801—1806.) (28 Bde.) 8. Gotha 1791—1806.

Necrolog des am 24. Jan. 1862 verstorbenen August Fürst von Thurn und Taxis . . . München [1862]. V: *Hörmann, v.* (Bücher-Samml. d. hist. Ver. v. u. f. Oberbayern. Münch. 1867.)

— auf Jh. Gottfr. Tulla, gestorben in Paris am 27. März 1827. (Mit Tulla's lith. Bildn.) gr. 4. Karlsr. 830. (Münch., Weber). Velinp. 12 gr das Bildn. apart. 8 gr

Nekrolog des kgl. Oberstlieutenants a. D. Prof. Dr. Carl Daniel Turte. (16) 8. Berlin 1847. 0,25.

— des k. Obrist-Lieut. a. D., Prof. Dr. Carl Daniel Turte. 2. Aufl. gr. 8. (16 S.) Berlin 847, Moeser & Kühn. n. 1/12 ₰

Necrolog. Vorläufiger Nekrolog des sel. Herrn Antistes Hess s.a. [Hess, Heinrich].

Necrolog. Vorläufiger Nekr' des sel. Herrn Antistes (Johann Jakob) Hess (geb. 1741). 〈SA. mit kleinen Zusätzen.〉 8. ([Zürich] 1828.)

Nekrolog des Josef Weber, k. k. Rathes und dirigirenden Provisors der k. k. Militär Medikamenten-Regie-Direktion in Wien, Rektors der k. k. Feldapotheken-Branche. (A's Manuskript des Dr. F. A.) 8. (14 S.) Prag, Gottlieb Haase Söhne, 1853.

Nekrolog [des Br. Wehrmann]. o. O. [1899]. 2 S. 2° [Kopftit.]

Wernich, Christian Friedr. Gottlieb Benjamin: **Nekrolog** des [Br.] Christian Friedr. Gottlieb Benjamin Wernich, von seinem Freunde und Verehrer Kr. Danzig, im Aug. 1845. [Danzig 1845]: Gerhard. 18 S. 8° [Umschlagtit.]

—— der Großhrzgin Wilhelmine v. Hessen u. bei Rhein rc. geb. Prinzessin v. Baden. (Geb. am 10. Sept. 1788. Gest. am 27. Jan. 1836.) gr. 8. (1 1/4 B.) Darmstadt 836, Pabst.

Necrolog auf Rudolf Wolf. [Leipzig 1894.] V: *Wolfer, Alfred.* (Cat. d. Stadtbibl. Zürich. Zürich 1864—97.)

Necrolog. Nekr' auf Herrn Jakob Samuel Wyttenbach (geb. 1748), gewesenen Pfarrer... in Bern. 8. [Bern 1830.]

Necrolog des k. k. österreichischen Feldzeugmeister Anton Freiherrn v. Zach. Wien 1829. V: *Schels, Joh. Bapt.* (KA)

Necrologe. Nekrologe und Biographien verstorbener Mitglieder der Schweizer. Naturforschenden Gesellschaft und Verzeichnisse ihrer Publikationen hrg. von der Denkschriften-Kommission. — Necrologies et Biographies des membres décédés de la Société Helvétique des Sciences Naturelles et Listes de leurs Publications publiées par la Commission des Mémoires. II + XCVI S. 8. Zürich, (Typ. Zürcher & Furrer,) 1901.

Beilage zu den Verhandlungen der schweiz. naturforschenden Gesellschaft. 83. Jahresversammlung. Thusis 1900.

Necrologe. Nekrologe und Biographien verstorbener Mitglieder der Schweizer. Naturforschenden Gesellschaft und Verzeichnisse ihrer Publikationen, hrg. von der Denkschriften-Kommission. — Necrologies et Biographies des membres décédés de la Société Helvétique des Sciences Naturelles et Listes de leurs Publications, publiées par la Commission des Mémoires. II + CLVI S. 8. Zürich, (Zürcher & Furrer,) 1902.

Beilage zu den Verhandlungen der schweiz. naturforschenden Gesellschaft. 84. Jahresversammlung. Zofingen 1901.

Necrologe. Nekrologe und Biographien verstorbener Mitglieder der Schweizer. Naturforschenden Gesellschaft und Verzeichnisse ihrer Publikationen, hrg. von der Denkschriften-Kommission. Redaktion: Fräulein Fanny Custer in Aarau ... = Necrologies et Biographies des membres décédés de la Société Helvétique des Sciences Naturelles et Listes de leurs Publications.... II + CV S. 8. Zürich, [Zürcher & Furrer,] 1903.

Beilage zu den Verhandlungen der schweiz. naturforschenden Gesellschaft. 85. Jahresversammlung. Genf 1902.
Anhang zu denselben.

Necrologe. Nekrologe und Biographien verstorbener Mitglieder der Schweizer. Naturforschenden Gesellschaft und Verzeichnisse ihrer Publikationen, hrg. von der Denkschriften-Kommission. Redaktion: Fräulein Fanny Custer in Aarau ... = Nécrologies et Biographies des membres décédés de la Société Helvétique des Sciences Naturelles et Listes de leurs Publications.... [Mit 3 Porträt-Tafeln.] II + CXV S. 8. Zürich, [Zürcher & Furrer,] 1904.

Beilage zu den Verhandlungen der schweiz. naturforschenden Gesellschaft. 86. Jahresversammlung. Locarno 1903.
Anhang zu denselben.

Necrologe. Nekrologe und Biographien verstorbener Mitglieder der Schweizer. Naturforschenden Gesellschaft und Verzeichnisse ihrer Publikationen, hrg. von der Denkschriften-Kommission. Redaktion: Fräulein Fanny Custer in Aarau ... = Necrologies et Biographies des membres décédés de la Société Helvétique des Sciences Naturelles et Listes de leurs Publications.... [Mit 5 Porträt-Tafeln.] II + CLI S. 8. Zürich, 1905.

Beilage zu den Verhandlungen der schweiz. naturforschenden Gesellschaft. 87. Jahresversammlung. Winterthur 1904.
Anhang zu denselben.

Necrologe. Nekr' und Biographien verstorbener Mitglieder der Schweizer. Naturforschenden Gesellschaft und Verzeichnisse ihrer Publikationen, hrg. von der Denkschriften-Kommission. Redaktion: Fräulein Fanny Custer in Aarau... = Nécrologies et Biographies des membres décédés de la Société Helvétique des Sciences Naturelles et Listes de leurs Publications.... [Mit 9 Porträt-Tafeln.] II + CXLVII S. 8. Zürich, [Zürcher & Furrer,] 1906.

Beilage zu den Verhandlungen der schweiz. naturforschenden Gesellschaft. 88. Jahresversammlung. Luzern 1905.
Anhang zu denselben.

Necrologe. Nekr' und Biographien verstorbener Mitglieder der Schweizer. Naturforschenden Gesellschaft und Verzeichnisse ihrer Publikationen, hrg. von der Denkschriften-Kommission. Redaktion: Fräulein Fanny Custer in Aarau ... = Necrologies et Biographies des membres décédés de la Société Helvétique des Sciences Naturelles et Listes de leurs Publications .... [Mit 10 Porträt-Tafeln.] II + LCVIII S. 8. Zürich, [Zürcher & Furrer,] 1907.

Beilage zu den Verhandlungen der schweiz. naturforschenden Gesellschaft. 89. Jahresversammlung. St. Gallen 1906.
Anhang zu denselben.

Necrologe. Nekr' und Biographien verstorbener Mitglieder der Schweizer. Naturforschenden Gesellschaft und Verzeichnisse ihrer Publikationen, hrg. von der Denkschriften-Kommission. Redaktion: Fräulein Fanny Custer in Aarau ... = Necrologies et Biographies des membres décédés de la Société Helvétique des Sciences Naturelles et Listes de leurs Publications.... [Mit 11 Porträt-Tafeln.] II + CXII S. 8. Zürich, [Zürcher & Furrer,] 1908.

Beilage zu den [d. i. Band 2, Teil 2 der] Verhandlungen der schweiz. naturforschenden Gesellschaft. 90. Jahresversammlung. Freiburg 1907.

Necrologe. Nekr' und Biographien verstorbener Mitglieder der Schweizer. Naturforschenden Gesellschaft und Verzeichnisse ihrer Publikationen, hrg. von der Denkschriften-Kommission. Redaktion: Fräulein Fanny Custer in Aarau ... = Necrologies et Biographies des membres décédés de la Société Helvétique des Sciences Naturelles et Listes de leurs Publications.... [Mit 8 Porträt-Tafeln.] II + 111 S. 8. Zürich, [Zürcher & Furrer,] 1908.

Beilage zu den Verhandlungen der schweiz. naturforschenden Gesellschaft. 91. Jahresversammlung. Glarus 1908.

Necrologe. Nekr' und Biographien verstorbener Mitglieder der Schweizer. Naturforschenden Gesellschaft und Verzeichnisse ihrer Publikationen, hrg. von der Denkschriften-Kommission. Redaktion: Fräulein Fanny Custer in Aarau ... = Necrologies et Biographies des membres décédés de la Société Helvétique des Sciences Naturelles et Listes de leurs Publications.... [Mit 11 Porträt-Tafeln.] II + 133 S. 8. Zürich, (Zürcher & Furrer,) 1909.

Beilage zu den Verhandlungen der schweiz. naturforschenden Gesellschaft. 92. Jahresversammlung. Lausanne 1909.

Necrologe. Nekr' und Biographien verstorbener Mitglieder der Schweizer. Naturforschenden Gesellschaft und Verzeichnisse ihrer Publikationen, hrg. von der Denkschriften-Kommission. Redaktion: Fräulein Fanny Custer in Aarau ... = Necrologies et Biographies des membres décédés de la Société Helvétique des Sciences Naturelles et Listes de leurs Publications.... [Mit 5 Porträt-Tafeln.] II + 76 S. 8. Zürich, (Zürcher & Furrer,) 1910.

Beilage zu den Verhandlungen der schweiz. naturforschenden Gesellschaft. 93. Jahresversammlung. Basel 1910.

Nekrologe der Ehrenmitglieder und Mitglieder der Loge zu den drei Schwertern und Asträa zur grünenden Raute, die seit der am 30. Dec. 1895 stattgefundenen Trauerfeier in den e. O. eingegangen sind. [Dresden 1897 bis 1899 Pässler.] 4⁰ [Kopftit.] (Beil. zu DrL. Nr 237, 254.)

1895—[1897] 15 S. 1897; 1897—[1899] 23 S. 1899.

Nekrologe zum ehrenden Gedächtnis der in den Jahren 1906—1909 in den e. O. eingegangenen Schwerterbrüder. [Dresden 1907—1909: Ramming.] 4⁰ u. 8⁰ [Kopftit.]

1906 und 1907. (Trauerloge am 29. Dez. 1907.) 20 S. 4⁰
1908 und 1909. (Trauerloge am 29. Dez. 1909.) 31 S. 8⁰

Nekrologe der im Jahre 1890—1905 in den e. O. eingegangenen Mitglieder der Loge zum goldnen Apfel. [Dresden: Pässler 1890—1905.] 4⁰ [Kopftit.] (Beil. zu DrL. Nr 175, 184, 193, 202, 211, 220, 238, 247, 256, 265, 282, 291, 301, 309. 319.)

1890. 14 S.; 1891. 11 S.; 1892. 12 S.; 1893. 12 S.; 1894. 8 S.; 1895. 6 S.; ⁰1896; 1897. 6 S.; 1898. 7 S.; 1899. 9 S.; ⁰1900. 8 S.; ⁰1901; 1902. 7 S.; ⁰1903. 16 S.; ⁰1904. 14 S.; 1905. 17 S.; ⁰1906. 16 S.

Nekrologe [zum ehrenden Gedächtnis] der im Jahre 1907 [1912] in den e. O. eingegangenen Mitglieder [Brr.] der Loge Zum goldenen Apfel [im Or.] Dresden. [Dresden 1908 u. 1913: Pässler.] 8⁰. [Kopftit.]
1907. 19 S. [1908]; 1912. 20 S. [1913].
(Beilage zum Dresdner Logenblatt Nr. 329 und 374.)

Nekrologe denkwürdiger Schweizer, s. a. Verhandlungen d. schweiz. gemeinn. Gesellschaft, 21. Bericht 2. Abthl.

Nekrologe denkwürdiger Schweizer, P. Usteri, J. G. Ebel, H. Füßli u. J. K. Horner. 8. Zürich 837. Orell u. Comp. 1 ℛ

Nekrologe der in den Jahren 1892 bis 1895 in den e. O. eingegangenen Schwerterbrüder. Dresden: Pässler 1892 bis 1895. 4⁰ [Kopftit.] (Beil. zu DrL. Nr 201, 219.)
1892—1893. 22 S. 1893; ⁰1893—1894; 1894 bis 1895. 22 S. 1895.

Nekrologium, s. Necrologium

Nekromantist, der. 2 Thle. 8. Gießen 814. Müller. 2 ℛ

Nekromantus, Moses, s.: Traumdeuter u. Wahrsager, der morgenländische.

Nektar-Zeitung. Festnummer anläßlich d. hohen Niederstiegs der Olympier auf d. Jägerberg. [Nebst] Extra-Blatt. *Halle a. S. 1904: O. Thiele.* (8 S.) 4⁰ [F.] 1904. 3313

Nekwasil, Hermann, appr. Arzt zu Seyda, Bez. Halle: **Der maligne Furunkel nach den Fällen der Leipziger chirurgischen Klinik des Herrn Geheimrat Prof. Dr. Trendelenburg in den Jahren 1896—1904.** Leipzig 1905: B. Georgi. (29 S.) 8⁰
Leipzig, Med. Fak., Ref. Trendelenburg, Diss. v. 27. Febr. 1905
[Geb. 2. Juli 70 Burkersdorf b. Ostritz, Sachsen; Wohnort: Seyda b. Halle a. S.; Staatsangeh.: Sachsen; Vorbildung: Gymn. Bautzen Reife O. 92; Studium: Leipzig, Theol. u. Phil. 10, Med. 12 S.; Coll. 8. März 05; Approb. 10. Dez. 02.]

Nelarden, Leo, welkes Laub. Verse. (85 S.) kl. 8. Straßburg 904. J. Singer. n. 1.—

Nélaton, A., die Körperlage bei chirurgischen Krankheiten, nach ihrer diagnost. und therapeut. Bedeutung, ihrem Einflusse und ihrer rationellen Anwendung etc. In's Deutsche übertr. von Hugo Hartmann. 8. (IV und 127 S.) Grimma 852. [Wurzen,] Verlags-Comptoir. *

Nelisteros, K. E., Tagebuch e. Griechenfreundes. 8. Liegnitz 824. Leonhardt. 16 gGr.

Nelk, Theophil

— s. auch A. M. Veilch.

Nelk, Th., Afra v. Augsburg. Eine Erzählung f. Alle, besonders f. die Jugend. 12. Augsb. 827. 2e Aufl. 829. Kranzfelder 2 gGr.

† Nelk, Th., (Alois Adalb. Waibel,) Afra v. Augsburg. Eine Erzähl. f. Alle, besond. f. d. Jugend. 1. Aufl. (2½ B.) 829., 2., verb. A. (3 B.) 12. Augsburg 833, [Magazin f. kathol. Theologie.] à

Nelk, Theoph., (P. Waibel) Afra von Augsburg. Eine Erzählung für Alle, besonders für die Jugend. 2e verb. Aufl. 12. Augsburg 833. Kranzfelder; jetzt Kollmann. 2½ gGr.

† Nelk, Th., (Alois Adalb. Waibel,) das Altarblatt. Eine neue Erzähl., d. Jugend u. d. Jugendfreunden gewid. 8. (5½ B. u. Ttlkpfr.) Regensburg 836, Manz.

—— der Anker der Seele, od.: die Hoffnung d. Christen. Den Frommen gewid. 8. (10¼ B. u. 1 Ttlkpfr.) Würzburg 832, [Etlinger'sche Vrlsh.]

—— die Aepfel. Eine neue Erzähl. f. Kinder u. Kinderfreunde. 1. Aufl. 830., u. 2. A. (à 3 B. u. 1 Stndr.) 12. Nördlingen 831, Beck. à

—— die Aepfel. Eine neue Erzähl. f. Kinder u. Kinderfreunde. 3. u. 4. Aufl. 12. (à 3 B. u. Ttlkpfr.) Nördlingen 838, 41, Beck'sche Buchh. ù

† Nelk, Th. (Aloys Adalb. Waibel), eine Aurikel von hundert kleinen Erzählungen. Allen, vorzügl. d. Jugend u. Jugendfreunden gewidmet. 8. (11¼ B. u. Ttlkpfr.) Lindau 844, (Augsburg, Rieger'sche Buchh.) Thlr. -

Nelk, Theophil., (Alois Adalb. Waibel), eine Aurikel von 100 kleinen Erzählungen. Allen, vorzüglich der Jugend u. Jugendfreunden gewidmet. Mit 1 Stahlst. 2. (Titel-) Aufl. 8. (180 S.) Lindau (844) 851, Stettner. ¼ ℛ

— das Bildniß. Oder: Der Ursprung der Wallfahrt zu Maria-Steinbach in Ober-Schwaben. Allen Frommen zur Erbauung neu erzählt. Mit Titelkpfr. 12. Regensburg 836, Manz. 1/12 ℛ

—— die Bittschrift. Eine neue Erzählung. Sammt vier andern neuen Erzählungen. Der Jugend u. Jugendfreunden gewidmet. 8. (7½ B. u. Ttlkpfr.) Lindau 844. (Augsburg, Rieger'sche Buchh.)

—— die Bittschrift. Eine neue Erzählung. Sammt vier andern neuen Erzählungen. Der Jugend und Jugendfreunden gewidmet. 2. (Titel-)Aufl. 8. (120 S. und 1 Stahlst.) Lindau 851, Stettner.

† Nelk, Th, (Alois Adalb. Waibel,) bleibet in meiner Liebe. Ein Gebethb. f. gebild. kathol. Christen. 8. (19 B., Ttlkpfr. u. 15 Vign.) Würzburg 832, [Etlinger'sche Vrlsh.]
9 Gr., f. Schrbp. 12 Gr., Vlnp. Thlr. ·

—— bleibet in meiner Liebe. Ein Gebet- u. Andachtsbuch f. fromme kathol. Christen. 2. Aufl. (23 B. u. 4 Stahlst.) 843. 20 Ngr., Velinp. 25 Ngr., u. 3., verb. u. verm. Aufl. 8. (23 B., 3 Stahlst. u. gest. Ttl.) Würzburg 843, Etlingersche Vrlgsh.

— Bleibet in meiner Liebe. Ein Gebet- u. Andachtsbuch für fromme kathol. Christen. 2. verb. u. verm. Aufl. (Mit 4 Stahlst.) kl. 8. Würzburg 843, Etlinger'sche Verlagsh. ⅔ ℛ — feinst. Velinp. ⅚ ℛ — 3. Aufl. 8. Ebd. 844. ⅚ ℛ

—— Blumenbeet kl. lehrreicher Geschichten. Vorzügl. d. Jugend gewid. 16. (11 B. u. Ttlkpfr.) Würzburg 835, Etlinger'sche Vrlsh.

—— wunderbare Einweihung der Gottesmutter-Kirche zu Einsiedeln. Für alle Fromme neu erzählt. gr. 16. (2½ B. u. 1 Stahlst.) Regensburg 842, Manz.

—— Erzählungen f. Kinder u. Kinderfreunde. 1—6. Bdchn. gr. 12. (21 B.) Landshut [Regensburg] 834, 35, Manz. à

— neue Erzählungen f. Alle, vorzügl. f. die Jugend u. Jugendfreunde. 16 Bdchen. 8. Augsb. 828. Bolling. (Landsh., Krüll). 5 ℛ

†Nelk, Th., (Alois Adalb. Waibel,) neue Erzählungen f. Alle, vorzügl. f. d. Jugend u. Jugendfreunde. 1. Bdchn. 1. Aufl. 828., u. 2. A. (à 8 B.) 8. Augsburg 833, Doll. (Regensburg, Manz.) à Thlr.

— der Faden, od. die heil. Lioba v. Bischofsheim. Guten Christen zur Ermunterung neu erzählt. gr. 12. Augsb. 829. 2e A. 832. Bolling. (Landsh., Krüll). 1 ℛ

—— der Faden, od. d. heil. Lioba v. Bischofsheim. Guten Christen zur Ermunterung neu erzählt. 1. Aufl. 829., u. (2. Aufl.) (à 1½ B.) 12. Augsburg 832, Doll. (Regensburg, Manz.) à

—— die Fahne d. Aufruhrs. Od.: Vier merkwürd. Geschichten aus d. 7. Jahrh. Vorzügl. f. d. reif. Jugend neu erzählt. 8. (4½ B. u. Ttlkpfr.) Regensburg 835, Manz.

(——) Fidelis v. Sigmaringen, s. Fidelis.

—— die heil. Filomena, Jungfrau u. Märtyrin; die Wunderthäterin des 19. Jahrhunderts. Nebst Morgen-, Abend-, Meß-, Beicht-, Kommunion- u. mehreren and. Gebeten. 8. (11½ B. u. 1 Stahlst.) Regensburg 843, Manz.

Vgl. Bibliothek guter katholischer Bücher. 3. Reihenfolge.

Nelk, Th., die heilige Filomena, Jungfrau u. Martyrin, die Wunderthäterin d. 19. Jahrh. Für Alle in kurzer Erzählg. dargestellt. Nebst Morgen-, Abend-, Meß- rc. Gebeten. 2., neu bearb. u. m. e. neuntäg. Andacht zu Ehren der heil. Filomena verm. Aufl. Mit e. Stahlst. 8. (224 S.) Regensburg 871. Manz. — 75

Nelk, Th., die heilige Filomena, Jungfrau u. Märthrin, die Wunderthäterin d. 19. Jahrh. Für alle in kurzer Erzählung dargestellt. Nebst Morgen-, Abend-, Meß-, Beicht-, Kommunion- u. Besuchungsgebeten. 3., neu bearb. u. m. e. neuntäg. Andacht zu Ehren der heil. Filomena verm. Aufl. Mit 1 Titelbilde (in Stahlst.). 8. (234 S.) Regensburg 886. Verlags-Anstalt. — 75

Nelk, Th., die hl. Filomena, Jungfrau u. Märtyrin, d. Wunderthäterin des 19. Jahrh. Für alle in kurzer Erzählg. dargest. Nebst Morgen-, Abend-, Meß-, Beicht-, Kommunion- u. Besuchungsgebeten. 4., neu bearb. u. m. e. neuntäg. Andacht zu Ehren d. hl. Filomena verm. Aufl. 12. (222 S. m. 1 Stahlst.) Regensburg 894. Nationale Verlagsanstalt. — 75

Nelk, Th., die hl. Filomena, Jungfrau u. Märtyrin, die Wunderthäterin des 19. Jahrh. Die wunderbare Auffindg. ihrer Reliquien, die Verbreitg. ihrer Verehrg., ihre Wunder u. Offenbargn. Mit e. Anh. v. Morgen-, Abend-, Meß-, Beicht-, Kommunion- u. Besuchungsgebeten. 5., verb. Aufl. 8. (222 S. m. Titelbild.) Regensburg 901. Verlagsanstalt vorm. G. J. Manz. — 75

Nelk, Th., die hl. Filomena, Jungfrau u. Märtyrin, die Wundertäterin des 19. Jahrh. Die wunderbare Auffindg. ihrer Reliquien, die Verbreitg. ihrer Verehrg., ihre Wunder u. Offenbargn. Mit e. Anh. v. Morgen-, Abend-, Meß-, Beicht-, Kommunion- u. Besuchungsgebeten. 6. Aufl. (222 S. m. Titelbild.) 8. Regensburg 910. Verlagsanstalt vorm. G. J. Manz. — 75; geb. in Leinw. n 1.45

—— die Freude am Herrn. Ein Gebetb. f. d. kathol. Jugend. 16. (17 B. u. Ttlkpfr.) Würzburg 832, [Etlinger'sche Brlsbuchh.]

—— die Freude am Herrn. Ein Gebetb. f. d. kathol. Jugend. 2. verm. Aufl. 12. (11 B. u. Ttlkpfr.) Würzburg 840, Etlinger'sche Buchh.

—— die Freude am Herrn. Ein Gebetbuch f. die kathol. Jugend. 3., verb. Aufl. 16. (16½ B. u. 1 Stahlst.) Würzburg 843, Etlinger'sche Brlgsbuchh.

—— die Freude am Herrn. Ein Gebetbuch für die kathol. Jugend. 5., verb. Aufl. gr. 16. (240 S. mit 1 Stahlst. und Titel in Stahlst.) Würzburg 847, Etlinger'sche Brlgsh.

— die höchste Freude. Ein kleines Handbüchlein f. reine Seelen. 12. Münch. 828. Giel. (Leipz., Barth). 4 ℛ

—— frohlocket im Herrn! Ein Gebethb. f. gebild. kathol. Christen. gr. 12. (14 B. u. Ttlkpfr.) Kempten 834, Kösel.

—— der Geldbeutel. Eine neue Erzähl. f. Eltern u. Kinder. 1. Aufl 830. (Neue Ausg.) (à 3 B. u. Ttlkpfr.) 12. Augsburg 832, M. Rieger's sel. Brls.-Buchh. (Regensburg, Manz.) à

—— Geschichte d. Kirche Jesu Christi. Dem kathol. Volke, besond. auch d. Jugend gewid. gr. 8. (26½ B. u. N's. Portr.) Regensburg 836, Manz.

—— lehrreiche Geschichten aus früh. Jahrhn. Für edle Menschen, vorzügl. auch f. d. reif. Jugend neu erzählt. 8. (12½ B.) Augsburg 829, Doll. (Regensburg, Manz.)

Enth: Gratia, Königinn v. Tango. — Wereburge, Prinzessinn v. Mercia. — Itha, Gräfinn v. Toggenburg.

—— lehrr. Geschichten aus früh. Jahrhunderten. Für edle Menschen, vorzügl. auch f. d. reif. Jugend neu erzählt. 8. (12 B.) Augsburg 837. (Regensburg, Manz.)

Inh.: Gratia, Königinn v. Tango. — Wereburge, Prinzessinn v Mercia. — Itha, Gräfinn v. Toggenburg.

†Nelk, Th. (Alois Adalb. Waibel), lehrreiche Geschichten aus frühern Jahrhunderten. Für edle Menschen, vorzüglich auch für die reifere Jugend neu erzählt. 2. (Titel-)Aufl. 8. (192 S.) Augsburg (837)58, Doll'sche Buchh.

—— die drei seligen Geschwister Merboth, Diedo u. Ilga, vorzüglich im Bregenzerwalde hochgefeierten Andenkens. Sammt e. Anhang von Gebeten u. Andachtsübungen. 12. (3½ B.) Lindau 845, Stettner.

—— der Glanz d. Thrones, od.: Leben heil. Könige. Allen, vorzügl. d. reif. Jugend zur Erbauung. 8. (12 B. u. Ttlkpfr.) Augsburg 834, Kollmann.

—— 60 Gleichnisse in Erzählungen vorgetr., z. Unterhalt. f. schöne Seelen, die nach Weisheit u. Tugend streben. 1—3. Aufl. (à 4½ B.) 12. Augsburg 828, 30, 32, Doll. (Regensburg, Manz.) à

— 60 Gleichnisse in Erzähll. vorgetragen, zur Unterhaltung f. schöne Seelen, die nach Weisheit u. Tugend streben. 12. Augsb. 828. 2e A. 12. Ebd. 830. 3e A. 833. N. Doll. (Landsh., Krüll) 3 ℛ

—— 60 Gleichnisse in Erzähln. vorgetr., z. Unterhalt. f. schöne Seelen, die nach Weisheit u. Tugend streben. 4., verb. Orig.-Aufl. 12. (4½ B. u. Ttlkpfr.) Regensburg 840, Manz.

— 70 Gleichnisse in Erzähll. vorgetragen, zur Unterhaltung f. schöne Seelen, die nach Weisheit u. Tugend streben. gr. 12. Augsb. 829. Bolling. (Landsh., Krüll). 4 ℛ

—— 70 Gleichnisse in Erzähln. vorgetr., z. Unterhalt. f. schöne Seelen, die nach Weisheit u. Tugend streben. 1. Aufl. gr. 12. (5¼ B.) 829., 2., verb. A. 12. (5 B.) Augsburg 834, Doll. (Regensburg, Manz.) à

—70 Gleichnisse in Erzählungen vorgetragen, zur Unterhaltung für schöne Seelen. 2e verb. Aufl. 12. Augsburg 834. (Regensburg, Manz.) 1/6 ₰ — 4e Aufl. unt. d. T.: 60 Gleichnisse in Erzählungen vorgetragen, zur Unterhaltung ꝛc. Mit Titelkpfr. 12. Ebd. 840. 1/6 ₰

—— siebenzig Gleichnisse in Erzählungen vorgetragen, zur Unterhaltung für schöne Seelen, die nach Weisheit und Tugend streben. 3. (Titel-Aufl.) 12. (120 S.) Augsburg (834)57. 58, Doll'sche Buchh.

—— der Götze. Eine neue Erzählung f. Alle, besonders f. d. Jugend u. f. Jugendfreunde. 8. (5 B. u. 1 Stahlst.) Regensburg 842, Manz.

— Gratia, Königin v. Tango. Eine Erzählung f. Alle, besonders f. die reifere Jugend. 12. Augsb. 827, Doll. (Krüll in Landsh.)

——, Gratia, Königinn v. Tango. Eine Erzähl. f. Alle, besond. f. d. reif. Jugend. 2. Aufl. 12. (3½ B.) Augsburg 832, Doll. (Regensburg, Manz.)
Vgl. oben dess. „lehrr. Geschichten."

—— der selige Taglöhner Heinrich v. Botzen. Vorzügl. den Christen v. gem. Stande z. Erbauung dargest. 1. Aufl. 828., 2. A. 829., u. 3. A. (à 3 B. u. H's. Bildn.) 12. Augsburg 834, Doll. (Regensburg, Manz.) à

(——) Hirlanda, s. Hirlanda.

—— eine Hortensia v. hundert kleinen Erzählungen. Vorzügl. der reifern Jugend gewidmet. 8. (15 B. u. 1 Stahlst.) Regensburg 843, Manz. -

—der Hut. Eine neue Erzähl., f. Alle, besonders f. die reifere Jugend. Mit Titelkpf. gr. 12. Landsh. 831. 2e A. 832. Krüll. 4 ℊℊ

—— der Hut. Eine neue Erzähl., f. alle, besond. f. d. reif. Jugend. Mit Ttlkpfr. 1. Aufl. gr. 12. (5⅓ B.) 831., u. 2., verb. A. 12. (6 B.) Landshut 832. [Regensburg, Manz.] à

—— eine Hyacinthe von vier neuen Erzählungen. Allen, vorzügl. der Jugend u. Jugendfreunden gewidmet. 8. (6½ B.) Augsburg 844, Schmid'sche Buchh.

† Nelk, Th. (Alois Adalb. Waibel), eine Hyacinthe von vier neuen Erzählungen. Allen, vorzüglich der Jugend und Jugendfreunden gewidmet. 2. Aufl. 12. (132 S.) Augsburg 855, Schmid'sche Vrlasb.

(——) Itha, Gräfin v. Toggenburg, s. Itha.
Der a. a. O. genannte Verf. ist zu streichen. — Vgl. auch oben dess. „lehrr. Geschichten."

—— die Jungfrau v. Orleans. Eine d. schönsten Geschichten aus d. 15. Jahrh. Neu erzähl, u. vorzügl. d. reif. Jugend gewid. 8. (18 B. u. Ttlkpfr.) Regensburg 835, Manz.

Nelk, Theophilus, die Jungfrau v. Orleans. Eine der schönsten Geschichten aus dem 15. Jahrh. Neu erzählt u. vorzüglich der reiferen Jugend gewidmet. 2. Aufl. Mit 1 Stahlst. 8. (218 S.) Regensburg 886. Verlags-Anstalt. 1. 50

(——) der Käfig ꝛc., s. Käfig.

—— d. Katechismus als Andachtsbuch od. das nach d. Katechismus betende Kind. Ein Gebetbüchl. f. d. kathol. Schuljugend. 16. (16⅞ B. u. lith. Ttl.) Lindau 846, Stettner.

† Nelk, Theophil., (Alois Adalbert Waibel), Katechismus-Gebetbuch oder Gebete für die kathol. Schuljugend und überhaupt für jüngere kathol. Christen, nach und mit den Worten des Katechismus. In 2., gänzlich veränd. und sehr verm. Aufl. bearb. von Joh. Baptist Hafen. 16. (312 S. mit Stahlst.) Lindau 862, Stettner.

—— die heil. Katharina v. Schweden. Zur Erbauung, vorzügl. f. d. reif. Jugend neu erzählt. 2. Aufl. 12. (3 B.) Augsburg 832, Bolling. (Regensburg, Manz.)

—— das Kleinodien-Kästchen. Eine neue Erzähl. f. d. Jugend u. Jugendfreunde. 12. (3 B. u. Ttlkpfr.) Landshut 834. [Regensburg, Manz.]

(——) die Lampe, s. Lampe.

—— Lebensgeschichten heil. Dienstboten beiderlei Geschlechts. Ein Leseb. z. Belehr. u. Erbauung christl. Dienstboten. 1. Aufl. 828., u. 2. A. (à 15 B.) 8. Augsburg 834, Doll. (Regensburg, Manz.) à

—Lebensgeschichten heiliger Dienstboten beiderlei Geschlechts. Ein Lesebuch zur Belehrung und Erbauung christl. Dienstboten. 2e Aufl. 8. Augsburg 834. (Kollmann.) 1/3 ₰

—kurze Lebensgeschichten d. Heiligen Gottes, auf jeden Tag d. Jahres, f. alle kathol. Christen verf. Mit Titelkpf. 8. Augsb. 828. R. Doll. 18 ℊℊ

—— Lebensgesch. heil. Jungfrauen. Ein Leseb. z. Belehr. u. Erbauung christl. Jungfrauen. 1. Aufl. 828., 2. A. 831., u. 3. A. (à 12 B.) 8. Augsburg 835, Doll. (Regensburg, Manz.) à

Nelk, Theophil., (Alois Adalbert Waibel), Lebensgeschichten heiliger Jungfrauen. Zur Belehrung u. Erbauung christl. Jungfrauen erzählt. 3. (Titel-)Aufl. Lindau (831) 867. Stettner. 8. (II, 187 S.) 5 ngr

—Lebensgesch. heil. Jünglinge. Ein Lesebuch zur Belehr. u. Erbauung f. christl. Jünglinge. 8. Augsb. 827. 2e A. 831. Doll. (Krüll in Landsh.) 8 ℊℊ

—— Lebensgesch. heil. Jünglinge. Ein Leseb. z. Belehr. u. Erbauung christl. Jünglinge. 2. Aufl. 831., u. 3. A. (à 12 B.) 8. Augsburg 835, Doll. (Regensburg, Manz.) à

— Lebensgeschichten heiliger Jünglinge. Zur Belehrung u. Erbauung christl. Jünglinge erzählt. 3. (Titel-) Aufl. Ebend. (831)867. 8. (194 S.) 5 ngr

—— kurze Lebensgesch. d. Heiligen Gottes, auf jed. Tag d. Jahres. Für alle kathol. Christen verfasset. 8. (23 B. u. Ttlkpfr.) Augsburg 829, Doll. (Regensburg, Manz.)

—— Lichtstrahlen vom Felsen d. Kirche Jesu Christi, od.: Edle Züge aus d. Leben d. Päbste. Der reif. Jugend z. Belehr. u. Erbauung gewid. 8. (14 B. u. Ttlkpfr.) Landshut 834, [Regensburg,] Manz.

—— ein Lustgärtlein von 300 kurzen possierlichen Erzählungen. Für Alle u. sogar f. Kinder. 8. (6⅜ B.) Lindau 844. (Augsburg, Rieger'sche Buchh.)

—die heil. Margaretha, Königin v. Schottland. Neu erzählt. 12. Augsb. 828. 2e A. 832. Bolling. 2 ℊℊ

—— die heil. Margaretha, Königin v. Schottland. Neu erzählt. 2. Aufl. 12. (2½ B.) Augsburg 832, Bolling. (Regensburg, Manz.)

— die drei seligen Geschwister, Merboth, Diedo u. Ilga, vorzügl. im Bregenzerwalde hochgefeierten Andenkens. Sammt einem Anhang v. Gebeten u. Andachtsübungen. 12. Lindau 845, Stettner. 3 ngl

——, Oswald Mülser v. Schloßberg. Eine Geschichte aus d. 14. Jahrh.; f. Alle, vorzügl. f. d. reif. Jugend neu erzählt. 1. Aufl. 830., u. 2. A. (à 3 B.) 12. Augsburg 834, M. Riegers sel. Vrls.-Buchh. (Regensburg, Manz.) à

Nelk, (Th.,) Rothburge v. Rottenburg, s. wissenschaftl. Werke.

Nelk, (Th.,) Rothburge v. Rottenburg. Eine Erzählung. 2e Aufl. 12. Augsb. 827, Kranzfelder.

— Rothburge von Rottenburg. Eine Erzählung. 4e Aufl. 12. Augsburg 834. Banoni jun.; jetzt Kollmann. 2½ fl

——, Rothburga v. Rottenburg. Eine Erzähl. 4. Aufl. 12. (4½ B.) Augsburg 834, [Magazin f. kathol. Theologie.]

——, Herkulan Oberrauch. Eine merkwürd. Lebensgesch. 2., verb. Aufl. gr. 8. (8½ B. u. O's. Bildn.) München 834, Giel.

—— der strenge Oheim. Eine neue Erzähl. f. Alle, besond. f. d. reif. Jugend. 8. (1 B. u. Ttlkpfr.) Regensburg 836, Manz.

—— der Papagei. Eine neue Erzähl. ꝛc. 1—3. Aufl. (à 3 B. u. 1 Stndr.) 12. Nördlingen 830—33, Beck. à

—— der Papagei. Eine neue Erzählung f. Kinder u. Kinderfreunde. 4. Aufl. 12. (2½ B. u. 1 Stnt.) Nördlingen 843, Beck'sche Buchh.

Nelk, Th., (Alois Adalb. Waibel,) heilige Perlen-Schnur v. hundert kleinen Erzähln. aus d. Leben frommer, gottsel. u. heil. Personen. Allen, vorzügl. aber d. reif. Jugend gewid. 8. (7 B. u. Ttlkpfr.) Grätz 836, Ferstl'sche Buchh. Thlr.

—— le perroquet. Conte p. les enfants. Traduct. libre de l'allem. 12. (2⅔ B. u. Ttlbild.) Noerdlingen 837, Beck.

—— les pommes. Conte nouv. p. la jeunesse. Traduct. libre de l'allem. 12. (3 B. u. Ttlbild.) Noerdlingen 837, Beck.

—— der Regenbogen. Eine neue Erzählung. Sammt 5 andern neuen Erzählungen. Der Jugend und Jugendfreunden gewidmet. 12. (107 S.) Augsburg 847, Kollmann'sche Buchh.

—— der heil. Romedius v. Thauer. 1. Aufl. 829., u. 2. A. (à 2¾ B. u. 1 Stndr.) 12. Innsbruck 833, Wagner. (Regensburg, Manz.) à

— der heilige Romedius von Thauer. Mit 1 Steindruck. 12. Innsbruck 834. Wagner. 1/8 ß

—— das Rumpelkämmerlein. Eine neue Erzähl. f. d. Jugend u. Jugendfreunde. Mit Ttlkpfr. 12. (4 B.) Landshut 833. [Regensburg, Krüll.]

— das Rumpelkämmerlein. Eine neue Erzählung für die Jugend u. Jugendfreunde. Mit Titelkpfr. 12. Regensburg 833. Manz. 1/6 ß

—— le sansonnet. Conte nouv. p. la jeunesse. Traduct. libre de l'allem. 12. (4⅓ B. u. Ttlbild.) Noerdlingen 837, Beck.

—— Schatzkästlein. Schönen Seelen zur Ergötzung. (Religiöse Gedichte.) 8. (15½ B.) Kempten 830, Kösel.

— Die schöne Seele. Für Alle, vorzügl. f. die reifere Jugend neu erzählt. 12. Augsb. 829. Kranzfelder. 2 fl

—— die schöne Seele. Für Alle, vorzügl. f. d. reif. Jugend neu erzählt. 1. Aufl. 829., u. 2. A. (à 3 B.) 12. Augsburg 834, [Magazin f. kathol. Theologie.] à

— die schöne Seele. Für Alle, vorzüglich für die reifere Jugend. 2e Aufl. 12. Augsburg 834. jetzt Kollmann. 2½ fl

—— die Seligkeit im Himmel. Frommen zur Erquickung auf dem Wege zum Himmel. 12. (3½ B. u. 1 Stahlst.) Augsburg 843, Schmid'sche Buchh.

—— der Staar. Eine neue Erzähl. f. Eltern u. Kinder. 1. Aufl. 831., u. 2. A. (à 4 B. u. 1 Stndr.) 12. Nördlingen 833, Beck. à

—— der Staar. Eine neue Erzähl. f. Eltern u. Kinder. 3. Aufl. 12. (4 B. u. Ttlbild.) Nördlingen 841, Beck'sche Buchh.

— der Stern; od.: die heil. Johanna, Prinzessin v. Portugal. Ein Muster großmüth. Liebe, neu dargestellt. 12. Münch. 828. Giel. (Leipz., Barth). 2 fl

——, Maria Stuart, Königin v. Schottland. Eine wicht. Lebensgesch.; neu erzählt u. d. reif. Jugend u. allen Gebildeten gewid. 8. (14½ B. u. Ttlkpfr.) Regensburg 836, Manz.

— das Täfelchen. Eine Erzählung f. Alle, vorzügl. f. d. Jugend. 12. Augsb. 827, Doll. (Krüll in Ldsh.)

—— das Täfelchen. Eine Erzähl. f. Alle, vorzügl. f. d. Jugend u. Jugendfreunde. 4. Aufl. 881., u. 5. A. (à 4 B.) 12. Augsburg 834, Doll. (Regensburg, Manz.) à

——, Theophilus, das Bildniß. Od.: Der Ursprung d. Wallfahrt zu Maria-Steinbach in Ober-Schwaben. Allen Frommen z. Erbauung neu erzählt. 12. (2 B. u. Ttlkpfr.) Regensburg 836, Manz.

— der Thurmknopf. Eine Erzählung f. die Jugend u. Jugendfreunde. 2e Aufl. 12. Augsb. 828. 3e A. 829. 4e A. 832. N. Doll. 2 fl

—— der Thurmknopf. Eine Erzähl. f. d. Jugend u. Jugendfreunde. 2 – 4. Aufl. (à 3 B.) Augsburg 828—32, Doll. (Regensburg, Manz.) à

—— der Thurmknopf. Eine Erzähl. f. d. Jugend u. Jugendfreunde. 5., einzig rechtmäß. Orig.-Aufl. d. Einzelausg. 12. (3½ B. u. Ttlkpfr.) Regensburg 838, Manz.

—— der Traum, s. Traum.

— die Treue, e. Gesch. aus d. 5n christl. Jahrh., neu erzählt. 12. Augsb. 826, Doll. (Krüll in Ldsh.)

— die gesegnete Treue. Eine Gesch. aus d. 5n christl. Jahrh., neu erzählt. 12. Augsb. 826. 4e A. 831. N. Doll. (Landsh., Krüll). 2 fl

—— die gesegn. Treue. Eine Gesch. aus d. 5. christl. Jahrh., neu erzählt. 3. Aufl. (2½ B.) 828., 4. A. (2 B.) 831., u. 5. A. (3 B.) 12. Augsburg 834, Doll. (Regensburg, Manz.) à

—— eine Tulpe von sechs neuen Erzählungen. Der Jugend u. Jugendfreunden gewidmet. 16. (9½ B. u. 1 Stahlst.) Regensburg 843, Manz.

— der heil. Ulrich, Bischof v. Augsburg. Zur Erbauung f. Jung u. Alt. 12. Augsb 831. Doll. (Landsh., Krüll). 4 fl

—— der heil. Ulrich, Bischof v. Augsburg. Zur Erbauung f. Jung u. Alt. 12. (5 B. u. Ttlkpfr.) Augsburg 831, Doll. (Regensburg, Manz.)

—— ein Veilchen von 5 neuen Erzählungen. Der Jugend u. Jugendfreunden gewidmet. 8. (9 B. u. 1 Stahlst.) Regensburg 843, Manz.

—— das Vergißmeinnicht. Eine neuere Erzähl. f. d. reif. Jugend. Mit Ttlkpfr. 12. (5 B.) Landshut 832. [Regensburg, Manz.]

—— das Vergißmeinnicht. Eine neue Erzähl. f. d. reif. Jugend. 2., verb. Aufl. 12. (4½ B. u. Ttlkpfr.) Regensburg 836, Manz.

– s. Volks - Bilderbibel, Historische.

— die Waldhöhle. Eine Erzähl. f. d. Jugend. 12. Augsb.... 4e A. 829. 5e A. 832. Doll. 3 gl.

—— die Wald-Höhle. Eine Erzähl. f. d. Jugend u. Jugendfreunde. 5. Aufl. 12. (4 B.) Augsburg 832, Doll. (Regensburg, Manz.)

—— die Waldhöhle. Eine Erzähl. f. d. Jugend u. Jugendfreunde. 6., einzig rechtmäß. Orig.-Aufl. d. Einzelausg. 12. (4 B. u. Ttlkpfr.) Regensburg 838, Manz.

—— das Weih-Wasser. Abend-Erzähl. e. Vaters vor sein. Kindern. 12. (2 B.) Augsburg 829, Kranzfelder.

— das Weihwasser. Abend-Erzählung eines Vaters vor seinen Kindern, 2e Aufl, 12, Augsburg 836, Bavonl jun.; jetzt Kollmann. 2½ gl.

—— die Wiege. Eine Erzähl. f. Alle, vorzügl. f. d. reif. Jugend. 2. u. 3. Aufl. (à 3 B.) 829, 30. à 2 Gr., u. 4. A. (4 B. u. 1 Stndr.) 12. Augsburg 834, Doll. (Regensburg, Manz.)

—— die Zierde der Fürsten im 17. Jahrh.; od.: Die Tugenden Ferdinands II., röm. Kaisers. Allen z. Erbauung neu erzählt. Mit Ttlkpfr. 8. (6 B.) Landshut 834. [Regensburg, Manz.]

Nelke, Die verwelkte, Maria Theresia. Gesungen den 30sten Wintermondes von einem österreichischen Gärtner. Wien 1781. V: *Wiest.* (Hdschr. Mitth. von Gustav Gugitz, Wien) (BiblPort)

Nelke. [illegible] Bergheim.
Schul-/Univ.-Schrift 1863

Nelke, Heinrich. Ueber das Kalbefieber des Rindes, mit besonderer Berücksichtigung der Aetiologie und Pathogenese. Diss. Vet.-Med. Bern. [Mit 1 Tafel.] 48 S. 8. Neustadt a. Rbge., W. Sicius, 1909.

Nelke, J.: Untersuchungen über parenchymatöse und subkutane Alkoholinjektionen. D. 8°. Greifswald. 1880.

Nelke, Leo, Priester d. Dioec. Culm: Die Chronologie der Correspondenz Cyprians und der pseudocyprianischen Schriften Ad Novatianum und Liber de rebaptismate. *Thorn: Selbstverl. 1902.* (54 S.) 8° ¶ [Erscheint vollst. bei E. Lambeck in Thorn.]
Münster Kath.-theol. Diss. v. (10. Juni) 1902

Nelken, von A. Kuhn. 2 Bde. 8. Berlin, Kunst- u. Ind. Compt. 810.

Nelken, von A. Kuhn. 2 Bände. Neue Aufl. 8. Berlin, Schlesinger. 820.

Nelken, F., die Gemeindeordnung f. Elsaß-Lothringen v. 6. Juni 1895 u. d. in Gemäßheit derselben erlassene Wahlordng. v. 28. Dezbr. 1895, nebst d. Ausführungsbestimmgn. d. kaiserl. Ministeriums. M. Anmerkgn. u. Erläutergn. hrsg. gr. 8. (VIII, 190 S.) Zabern 896. A. Fuchs. n. 4. —; geb. n. 5. —

Nelken, F., das Gewerberecht in Preußen, s. a. Handbücher des preußischen Verwaltungsrechts. III.

Das Gewerberecht in Preußen. Von F. Nelken, Reg.R. Bd 1. Berlin: C. Heymann 1906. 8°
= Handbücher d. Preußischen Verwaltungsrechts. 3. [05. 1593] 9

Nelken, F., die deutschen Handwerker- u. Arbeiterschutz-Gesetze (Titel VI u. VII der Gewerbeordng. in der Fassg. der Bekanntmachg. v. 26. VII. 1900 R.-G.-Bl. S. 871) nebst reichsrechtl. Ausführungsbestimmgn. Mit Erläutergn. hrsg. gr. 8. (XX, 1176 S.) Berlin 901. J. Springer. n. 18. —; geb. in Leinw. n. 20. —

Nelken, F., die elsaß-lothring. Verwaltungsgesetze. 1. Tl. kl. 8. Zabern 909. A. Fuchs. Geb. in Leinw. 10. —
Die Gewerbeordnung f. das Deutsche Reich u. gewerbepolizeiliche Nebengesetze nebst den Ausführungsbestimmungen, f. Elsaß-Lothringen bearb. 2 Tle. in 1 Bde. (XXIII, 323 u. 539 S.)

Nelken, Fr. Aug., s. Saint Simons neue Glaubenslehre.

Nelken, Fritz: Über die Einwirkung des Grignardschen Reagens auf Ortho-Phtalaldehyd. Berlin 1909: G. Schade. 32 S. 8°
Münster, Phil. Diss. v. 31. Juli 1909, Ref. Salkowski
[Geb. 27. Okt. 83 Berlin; Wohnort: Berlin; Staatsangeh.: Preußen; Vorbildung: Luisenstädt. Oberrealsch. Berlin Reife O. 03; Studium: Berlin Techn. Hochsch. 6, Univ. 3, Freiburg i. B. 1 S.; Rig. 27. Mai 09.] [U 09. 3604

Nelken, Rich., der kleine Jurist. Practische Anleitg. zum Selbstverfassen v. Bagatell- u. Mahnklagen, sowie von Ladgn. zum Vergleichs-Versuche m. zahlreichen Beispielen. gr. 8. (47 S.) Mährisch-Neustadt 900. A. Reinelt. —90

Nelken, Thekla, die Wiener Köchin, s.: Kraft, Josefa.

Nelkenbau, d., dessen Schönheit u. Grundformen, nach d. Natur gemalt, als Beitrag z.: Behrs, d. Ganze d. Nelkenzucht. Mit 6 col. Kpf. 8. Leipzig, 1815. (Baumgärtner.) — 15

Nelkenbau, der, dessen Schönheit u. Grundform nach d. Natur gemalt, als Beitrag zu Behr's: das Ganze d. Nelkenzucht. Mit 6 color. K. 8. Leipz. 815. Magaz. f. Industrie. 16 gl. Hrbg. Pr. 12 gl.

Nelkenbeet, das, oder Moritz u. Elmire. Eine romantisch-moral. Erzählung; diktirt v. P. C. W. Morus. 8. Ansbach, Verf. (Erlangen, Breuning in Comm.) 813.

Nelkenbrecher der Jüngere (= T. F. Schrader): „Das Wichtigste der Wechselcourse, des Münzwesens und der Maasse und Gewichte", Leipzig 1840. — Viele Neuauflagen.

Nelkenbrecher d. Jüngere. Das Wichtigste d. Wechselcurse, d. Münzwesens u. d. Maasse u. Gewichte. Von e. ehemal. Kaufmanne (Friedr. Ernst Feller). 1., u. 2., verm. u. verb. Aufl. Lex.-8. (à 3½ B.) Leipzig 840, 41, Klinkhardt. à

Nelkenbrecher der Jüngere. Das Wichtigste der Wechselcourse, des Münzwesens u. der Maasse u. Gewichte. Von ein. chemal. Kaufmann (Friedr. Ernst Feller.) 3., verm. u. verb. Aufl. gr. 8. (4 B.) Leipzig 845, Klinkhardt.

Nelkenbrecher der Jüngere. Das Wichtigste der Wechselcourse, des Münzwesens und der Maasse und Gewichte. Von einem ehemaligen Kaufmanne. 4., verm. und verb. Aufl. gr. 8. (68 S.) Leipzig 851, Klinkhardt.

Nelkenbrecher der Jüngere. Das Wichtigste der Wechselcourse, des Münzwesens u. der Maasse u. Gewichte. Von einem ehemal. Kaufmanne. 5. Aufl. 854. — 6. sehr verm. u. verb. Aufl. Leipzig 856. Klinkhardt. gr. 8. (69 S.) 12 ngr.

Nelkenbrecher der Jüngere, das Wichtigste der Wechselcourse, des Münzwesens und der Maasse und Gewichte. Von einem ehemal. Kaufmanne. 7., verm. und verb. Aufl. gr. 8. (66 S.) Leipzig 859, Klinkhardt.

Nelkenbrecher der Jüngere. Das Wichtigste der Wechselcourse, des Münzwesens und der Maasse und Gewichte. Von einem ehemal. Kaufmanne. 8. Aufl. 1863. und 9. Aufl. mit Berücksichtigung alles Neueren verm. und verb. von C. D. Fort. gr. 8. (87 S.) Leipzig 867, Klinkhardt. cart.

Nelkenbrecher der Jüngere. Das Wichtigste der Wechselkurse, des Münzwesens und der Masse und Gewichte. Von einem ehemal. Kaufmanne. 10. Aufl. *M 1,50., und 11. Aufl. mit Berücksicht. alles Neueren verm. und verb. von Wilh. Treuber. gr. 8. (103 S.) Leipzig 874, Klinkhardt. cart. *

Johann Christian Nelkenbrechers, J. U. et Arithm. C. Logarithmische Tabellen zu Berechnung derer Wechselarbitragen, welche vor alle Handelsplätze in ganz Europa allgemein sind, und vermittelst derer man solche Aufgaben, welche sonst durch die Regle conjointe oder Kettenrechnung aufgelöset werden müssen, auf eine sehr leichte Art, nämlich durch blosses Addiren und Subtrahiren ganzer Zahlen, in gröster Geschwindigkeit berechnen, und das wahre Facit bis auf den Pfennig finden kann. Immassen darinnen alle Course anzutreffen, sie mögen in ganzen Zahlen, oder mit Brüchen von Halben, Vierteln, Achteln, Sechzehntheilen, Dritteln, Sechsteln und Zwölfteln vorkommen. Die Aufgaben mögen ohne, oder mit allerhand Spesen, als Provision, Courtagio, Interesse, Agio in und auf 100 begleitet seyn, welches die Berechnung doch nicht schwerer macht. Nebst einem kurzgefassten deutlichen Unterricht, wie dieselben bey allen vorkommenden Fällen anzuwenden. Leipziger Michaelmesse 1752. Im Verlage des Autoris. 4. 332 S.

Nelkenbrecher, Jh. Chr. († d. 5. Aug. 1760.) logarithm. Tabellen z. Berechn. der Wechselarbitragen. 4. Leipz. Mich. Messe 762. N. A. 4. Riga 762. Hartknoch in Leipz. 1 ℛ 16 gl.

— Taschenbuch, Fortsetzung, s. Reishammer.

— Taschenb. d. Münz-, Maaß- u. Gewichtskunde, f. Banquiers u. Kaufleute. 8. Berl. 762. 2e A. (verb. u. verm. v. M. R. B. Gerhardt.) 769. 3e A. 772. 4e A. 775. 5e A. 781. 6e A. 786. 7e A. 793. 8e A. 798. 9e A. 805. 10e A. v. J. S. G. Otto 810. 11e A. 815. 12e A. 817. 13e Aufl. verm. v. J. Ph. Schellenberg 820. 14e A. verm. v. K. H. D. Bock u. K. Crüger. 15e A. von dens. u. durchgesehen v. H. C. Kandelhardt. 8. Ebd. 832. Sander. 2 ℛ 6 gl — dass. in's Französ. übersetzt. Brüssel 830. Franck. 2 ℛ.

Nelkenbrecher, Johann Christian. Taschenbuch der Münz-, Maass- und Gewichtskunde . . . 2. Aufl. Berl. 1769. H: *Gerhardt*, *Mark Rud. Balth.* (Ky)

— Taschenbuch d. Münz-, Maaß- und Gewichtskunde für Banquiers und Kaufleute, v. J. S. G. Otto. 8. Berlin, Sander. 810.

— — dasselbe, für d. östreichischen Lande bearb. v. J. Hentschl. 8. Wien, Kupfer und W. 809.

Nelkenbrecher, J. C., allgemeines Taschenbuch d. Münz-, Maß- u. Gewichtskunde f. Banquiers und Kaufleute. 11te Aufl. umgearb. u. verb. von J. S. G. Otto. 8. Berl. Sander. 815.

— — dasselbe f. d. östreichischen Staaten von S. Gunz, s. a. Gunz.

— — Taschenbuch der neuesten Münz-, Maass- und Gewichts-Verfassung aller Länder und Oerter etc.; nach Wiener oder Nieder-Oesterr. Münz, Maass und Gewicht bearbeitet von S. Gunz. 3. Auflage. 8. Prag 1821.

Nelkenbrecher, J. C., Taschenbuch der Münz-, Maaß- und Gewichtskunde, für Banquiers und Kaufleute. Aufs Neue durchgesehen von J. G. Schellenberg. 14te Auflage. 8. Berlin, Sandersche Buchhandlung. 820.

Nelkenbrecher, (J. C.,) Taschenbuch d. Münz-, Maaß- u. Gewichtskunde rc. 14e Aufl. 8. Berl. 821, Sander.

Nelkenbrecher, Joh. Chrstn., allgem. Taschenbuch d. Münz-, Maß- u. Gewichtskunde f. Banquiers u. Kaufleute. 14. Aufl. (2 Abthln) (35 B.) 828., 15. A. (41 B.) 8. Berlin 832, Sander. à

Bei der 14. Aufl. heißt es nach d. Worte „Kaufleute": Auf's neu hrsg. u. mit vielen Handelsplätzen Amerika's, desgl. mit d. Usancen d. Staatspapiere verm. v. J. H. D. Bock u. C. Crüger, bei d. 15. A.: Hrsg. u. mit allen bekannten Handelsplätzen, so wie mit Usancen u. Staatspapieren verm. v. J. H. D. Bock, u. mit neuen Münz-Tabn. vers. v. H. C. Kandelhardt.

Nelkenbrecher, J. C., allgemeines Taschenbuch der Maaß-, Gewichts- u. Münzkunde, der Wechsel-, Geld- u. Fondscourse rc. f. Banquiers u. Kaufleute. Hrsg. v. F. Wolff, u. m. neuen Münz-Tabellen versehen v. H. C. Kandelhardt. 16. Aufl. 8. ($40\frac{1}{2}$ B. u. Titvign.) Berlin 842, Sander'sche Buchh. (G. Reimer.)

Nelkenbrecher's, J. C., allgemeines Taschenbuch der Münz-, Maaß- und Gewichtskunde, der Wechsel-, Geld- und Fondscourse u. s. w. für Banquiers und Kaufleute. Hrsg. von F. C. Feller und mit neuen Münztabellen von H. C. Kandelhardt. 17. Aufl. 8. (VIII und 206 S.) Berlin 848, G. Reimer.

Nelkenbrecher's, J. C, allgemeines Taschenbuch der Münz-, Maaß- und Gewichtskunde, der Wechsel-, Geld- und Fonds-Curse u. s. w. nebst alphabet. Verzeichniß der Actien-Gesellschaften. Bearb. von F. C. Feller und F. W. Grimm. Mit neuen Münz-Tabellen versehen von C. Neubauer. 18. Aufl. 8. (V und 795 S.) Berlin 858, G. Reimer.

Nelkenbrecher's, J. C., allgemeines Taschenbuch der Münz-, Maaß- und Gewichtskunde, der Wechsel-, Geld- und Fonds-Curse rc. Bearb. von H. Schwabe. 19. Aufl. 8. (IV, 595 S.) Berlin 871, G. Reimer.

Nelkenbrecher's, J. C., Taschenbuch f. Kaufleute. 20. Aufl. 1. Abth. Taschenbuch der Münz-, Maass- u. Gewichtskunde, der Wechsel-, Geld- u. Fondscurse u. s. w. Neu bearb. von Ernst Jerusalem. gr. 8. (VI, 871 S.) Berlin 890. G. Reimer. n. 8. —; geb. n. 9. —

Nelkenbrecher's, J. C., Taschenbuch für Kaufleute. 20. Aufl. 2. Abthl.: Münz-Tabelle oder tabellarische Uebersicht der Rechnungsmünzen, sowie der wirklich geprägten Münzen aller größeren Staaten nach ihrem Werthe und ihren Ausmünzungsverhältnissen unter Bezugnahme auf die gesetzl. Bestimmungen von C. Neubauer. gr. 8. (265 S.) Berlin 877, G. Reimer.

Nelkenflor, oder nach der Natur gemaltes Verzeichn. all. schön. und guten Sorten Nelken. 1s Heft. gr. 8. Meißen, Erbstein. 791.

Nelkenflor, od. nach d. Natur gemaltes Verzeichniss aller schönen u. guten Sorten-Nelken. 1. Hft. gr. 8. Meissen, 1791. Weimar, 1798. Land.-Ind.-Compt. 1. 17½

Nelken-, Hyacinthen-,Levkoyen-, Aurikel- u. Ranunkel-Gärtner. Aus d. Papieren e. erfahrenen u. berühmten Blumisten. (S. G. Pfeilschmidt.) Hrsg. v. Amad. Ziehnert u. Friedr. Holl. 16. Pirna, 1822. 2. Aufl. 1830. (Leipzig, Friese.) — 7½

Nelken-, Hyacinthen-, Levkoien-, Aurikel- und Ranunkel-Gärtner, Der, aus den Papieren eines erfahrenen berühmten Blumisten . . . 2. . . . Aufl. Pirna 1830. V: *Pfeilschmidt, Samuel Gottlob.* (EngOec) (Ky)

Nelkensystem, das Weißmantel'sche, nebst einer Culturanweisung der Nelken, neu herausg. von dem Thüringischen Nelkenisten-Verein. Stuttgart 859. (Hoffmann.) gr. 8. (22 S. u. 2 lith. Taf. in Farbendr.) 10 ngr.

Nelkenzucht rc. s. Behr.

Nell, Seid mäßig und nüchtern zum Gebet oder hütet euch vor dem Branntwein! Predigt über 1. Petri 4, Vers 8, gehalten in der Kirche zu Hottenstein am Sonntage Misericordias Domini, am 19. April 1885. gr. 8. (15 S.) Barmen 885, Wiemann. * — 20

Nell, A. M., Darstellung und Beschreibung der Mondfinsterniß am 27. Febr. und der Sonnenfinsterniß am 15. März 1858. gr. 8. (14 S. mit 1 Stnt. in qu. gr. 4.) Mainz 858, v. Zabern. *

—— und E. W. Kauffmann, Lehre von den Eisenbahncurven, s. a. Mäcken, Carl, technische Handbibliothek.

Nell u. **Kauffmann,** Lehre von den Eisenbahncurven und Ausweichgeleisen; theoret. u. prakt. dargestellt. Stuttgart 1861. Text 8°. Atlas von 17 Tfln. 4°.

— u. E. W. **Kauffmann,** Lehre von den Eisenbahncurven u. Ausweichgeleisen. Theoretisch u. praktisch dargestellt. Mit Atlas, enthltd.: 17 gravirte Steintaff. in qu. Fol. 2., wohlf. (Titel-)Ausg. Stuttgart (861) 868. Mäcken. gr. 8. (IV, 140 S.) 1 ℛ︁

—— und E. W. Kauffmann, Lehre von den Eisenbahncurven und Ausweichgeleisen. Theoretisch und practisch dargestellt. 3. (Titel-)Ausg. gr. 8. (IV, 140 S. mit Atlas von 17 lithogr. Taf. in Fol.) [Leipzig (868)882, Baumgärtner's Buchh.] Dresden, Kühtmann. * 3 —

Nell, A. M., fünfstellige Logarithmen der Zahlen u. der trigonometrischen Functionen nebst den Logarithmen für Summe u. Differenz zweier Zahlen, deren Logarithmen gegeben sind, sowie einigen anderen Tafeln, mit einer neuen, die Rechnung erleicht. Anordnung der Proportionaltheile. 1. Aufl. 866 u. 2. Aufl. Darmstadt 870. Diehl. Lex.-8. (XX, 104 S.) n. 24 ngr.

Nell, A. M., 5 stellige Logarithmen der Zahlen u. der trigonometrischen Functionen, nebst den Logarithmen f. Summe u. Differenz zweier Zahlen, deren Logarithmen gegeben sind, sowie einigen anderen Tafeln, m. e. neuen, die Rechng. erleicht. Anordng. der Proportionaltheile. 3. verb. Aufl. Lex.-8. (XX, 104 S.) Darmstadt 874. Diehl's Verl. n. 1. 50

Nell, A. M., fünfstellige Logarithmen der Zahlen und der trigonometrischen Functionen nebst den Logarithmen für Summe und Differenz zweier Zahlen, deren Logarithmen gegeben sind, sowie einigen anderen Tafeln, mit einer neuen, die Rechnung erleichternden Anordnung der Proportionaltheile. 4. Aufl. Lex.-8. (XIX, 104 S.) Darmstadt 878, Diehl's Verlag.

Nell, A. M., fünfstellige Logarithmen der Zahlen u. der trigonometrischen Functionen nebst den Logarithmen f. Summe u. Differenz zweier Zahlen, deren Logarithmen gegeben sind, sowie einigen anderen Tafeln, m. e. neuen, die Rechng. erleicht. Anordng. der Proportionalantheile. 5. Aufl. Lex.-8. (XIX, 104 S.) Darmstadt 883. Bergsträsser. 1. 50

Nell, A. M., fünfstellige Logarithmen der Zahlen u. der trigonometrischen Functionen, nebst den Logarithmen f. Summe u. Differenz zweier Zahlen, deren Logarithmen gegeben sind, sowie einigen anderen Tafeln, m. e. neuen, die Rechng. erleichternden Anordng. der Proportionaltheile. 6., verb. Aufl. gr. 8. (XX, 104 S.) Darmstadt 888. Bergstraesser. geb. n. 1. 80

Nell, A. M., fünfstellige Logarithmen der Zahlen u. der trigonometrischen Functionen, nebst den Logarithmen f. Summe u. Differenz zweier Zahlen, deren Logarithmen gegeben sind, sowie einigen anderen Tafeln, m. e. neuen, die Rechng. erleichternden Anordng. der Proportionaltheile. 7., verb. Aufl. gr. 8. (XX, 104 S.) Darmstadt 892. A. Bergsträsser Verl. Geb. n. 1. 80

Nell, A. M., fünfstellige Logarithmen d. Zahlen u. d. trigonometr. Functionen, nebst d. Logarithmen f. Summe u. Differenz zweier Zahlen, deren Logarithmen gegeben sind, sowie ein. and. Tafeln, m. e. neuen, d. Rechng. erleicht. Anordng. d. Proportionaltheile. 9., verb. Aufl. gr. 8. (XX, 104 S.) Darmstadt 898. A. Bergsträsser Hofbuchh. Geb. n. 1. 80

Nell, A. M., fünfstellige Logarithmen der Zahlen u. der trigonometr. Functionen, nebst den Logarithmen f. Summe u. Differenz zweier Zahlen, deren Logarithmen gegeben sind, sowie einigen anderen Tafeln, m. e. neuen, die Rechng. erleicht. Anordng. der Proportionaltheile. 11. Aufl. (XX, 104 S.) gr. 8. Darmstadt 904 A. Bergsträsser. Geb. in Leinw. n. 1. 80

Nell, A. M., fünfstellige Logarithmen der Zahlen u. der trigonometrischen Funktionen. 13. Aufl. in völliger Neubearbeitg. v. Ludw. Balser. (VI, 84 S. m. Fig. u. 1 Taf.) gr. 8. Giessen (909). E. Roth. Geb. 2. —

—— der Planetenlauf, eine graphische Darstellung der Bahnen der Planeten, um mit Leichtigkeit ihren jedesmaligen Ort unter den Gestirnen auf einer Reihe von Jahren voraus zu bestimmen. gr. 8. (VII und 48 S. mit 1 Atlas von 5 Taf. in Stahlst. und in gr. Fol.) Braunschweig 858, Vieweg und Sohn. *

—— die totale Sonnenfinsterniß am 18. Juli 1860. Erläutert und dargestellt. 1 Bog. mit eingedr. Holzschn. in gr. Fol. Mainz 860, Le Roux'sche Hofbuchh. *

—— Tafeln zur Berechnung neunstelliger Logarithmen etc., s. Gundelfinger, S.

Nell, A. M., Vorschlag zu einer neuen Chartenprojektion. Inauguralschrift. gr. 8. (32 S. mit 2 Stnt. in qu. Fol.) Mainz 852, Kupferberg. *

Nell, A. M. Wurfbewegung im widerstehenden Mittel. 1850?

Baphomet, Actenstücke zu dem durch Jos. v. Hammer Mysterium Baphometis revelatum wieder angeregten Prozesse gegen die Tempelherren; zur Ehrenrettung eines christlichen Ordens hrsg. durch Franz Maria v. Nell. Mit 2 Steintaf. Wien: Gräffer 1820. XIV, 132 S. 8°
Kl. 2279.

v. Nell, (F. M.) Herostratos. Tragödie in 4 Handlungen. 8. Wien 821, Gerold.

NELL, Franz Maria, Nachtfalter. Novellen. (Enth. nur: „Die Breterwelt" [so!].) (Engl. Motto aus Pope.) Wien, 1825. Bey Tendler und von Manstein. 8°.

v. Nell, Frz. M., Novellen. gr. 12. Wien 823. Tendler. 1 ₰
2r Bd. A. u. u. d. T.: Nachtfalter. gr. 12. Ebd. 825. 1 ₰

Nell, J. Ch., dieser Ball war schön! Dramat. Zwiegespräch. 8. (12 S.) Grüningen (901). J. Wirz. n. — 60

Nell, Joh. Peter, Postkarte durch Deutschland. Nürnberg 1774 [??] (FBA.; Br. Mus.; D.)

— Neuvermehrte Postkarte durch ganz Teutschland nach Italien, Franckreich, Niederland, Preussen, Polen und Ungarn ... von J. P. Nell ... inventirt A. 1707, als anjetzo vielvermehrt ... von J. B. Homann. Nürnberg 1714.
2 versch. Ausg. . . . . (FBA.)

Nell, Josef. Gasthof « Krone » Altdorf. Seinen werten Gästen gewidmet von J' N', Besitzer. ([Beschreibung, und Führer für] Altdorf und Umgegend; [mit Anhängen:] Notizen aus dem Fremdenbuch 1901/03 [und] Zeugnisse und Reisebeschreibungen von Gesellschaften, Vereinen und Schulen. [Illustriert.]) IV + 72 S. 8. Altdorf, Huber, 1904.

Nell, Otto, Friedenssucher. Tagebuchblätter, hrsg. v. N. (232 S.) 8. Brünn 908. F. Irrgang. 2.50; geb. 3. 50

Nell, Peter, a. Mayen: Studien über Diffusionsvorgänge wässeriger Lösungen in Gelatine. Bonn 1905: J. Trapp. (33 S.) 8°
Bonn, Phil. Fak., Ref. Kayser, Diss. v. 28. Juni 1905
[Geb. 14. Nov. 79 Mayen; Heimatsort: Mayen; Staatsangeh.: Preußen; Vorbildung: Kaiserin Augusta-Gymn. Coblenz Reife O. 01; Studium: Bonn 8 S.; Rig. 8. März 05.]

Nelle, die Aufgaben der inneren Mission der evangelischen Kirche in den socialen Kämpfen der Gegenwart. Vortrag, gehalten beim XXV. Congreß für innere Mission zu Cassel. gr. 8. (89 S.) Cassel 888, Röttger. * — 40
Aus: Verhandlungen des Congresses, besonders abgedruckt.

Stiftungsfeier der Hercynia [zum flammenden Stern] am 3. Nov. 1846. Gedicht v. H. Breust. Comp. v. A. Nelle. [Goslar 1846.] 1 Bl. 8° [Kopftit.]
2 Lieder ohne Noten.

Nelle, August

Nelle, A., Choral-Buch, enth. sämmtl. Melodien (154) zu dem Lehmann'schen sowie Böttger'schen Schulgesangbuche, den 80 Kirchenliedern der 3 preuß. Regulative und dem zeitzer Gesangbuche. 8. (64 S.) Zeitz 856, Webel. *

Nelle, A., dreistimmiges Choralbuch f. Sopran u. Altstimmen. 54 der gebräuchlichsten Choräle, nach dem neuen Choralmelodienbuche f. die Prov. Sachson umgearb. 8. (31 S.) Zeitz 890. Jubelt. n. — 50

Nelle, A., Choral-Buch für Schulen, enthltd. sämmtliche Melodien (154) zu dem Lehmann'schen sowie Böttger'schen Schulgesangbuche, den 80 Kirchenliedern der drei preuß. Regulative u. dem Zeitzer Gesangbuche. Zeitz 855. Webel. 8. (64 S.) n. 4 *ngr.*

Nelle, A., Choralbuch für Schulen. Enthltd. sämmtl. Melodien (155) zu dem Lehmann'schen Schulgesangbuche, den 80 Kirchenliedern der drei preuß. Regulative u. dem Zeitzer Kirchengesangbuche. 2. Aufl., mit untergelegten Texten. Zeitz 867. Weber. 8. (79 S.) n. 4 *ngr.*

Der Chorsänger. Method. Anleitung z. sicheren u. schnellen Ausbildung tüchtiger Chorsänger ... hrsg. von A[ugust] **Nelle**, Kantor. [Text &] 12 Wandtafeln. Leipzig: C. Merseburger 1892. 1 Bd 8°, 1 Bd 4° [07. 7704

Nelle, C., unsere alten Herren auf dem Turnplatze. Ein Handbuch f. Turnlehrer u. Turnwarte. (XI, 90 S.) kl. 8. Karlsruhe 907. G. Braun'sche Hofbuchdr. 1. —

Nelle, Paul, aus Berlin: Das **Wortspiel** im englischen Drama des 16. Jahrhunderts vor Shakspere. *Halle a. S. 1900: H. John.* (53 S.) 8° ¶ (Soll fortgesetzt werden.)
Halle, Phil. Diss. v. 4. Aug. 1900

Nelle, Wilh., Choralbuch zum evangel. Gesangbuche f. Rheinland u. Westfalen, s. a. Hollenberg, Wilh.

Nelle, Wilh., Choralbuch zum evangelischen Gesangbuche f. Rheinland u. Westfalen. Im Auftrage der vereinigten Gesangbuchskommissionen in 1. Aufl. in Verbindg. m. Wilh. Hollenberg hrsg. u. in 2. Aufl. neu bearb. 3. verb. u. verm. Aufl. (XLIII, 137 S.) 24×31,5 cm. Dortmund 910. W. Crüwell. 5.—; geb. n 6. —

Nelle, Wilh., Nikolaus Decius, Hermann Bonnus u. andere evangelischen Sänger plattdeutscher Zunge, s: Kirchenliederdichter, unsere. 21. Hft.

Nelle, Wilh., d. Festmelodieen d. Kirchenjahres charakterisiert. gr. 8. (84 S.) Gütersloh 895. C. Bertelsmann. n. 1. 20; geb. n. 1. 60

Die Festmelodien des Kirchenjahres charakterisiert von Wilhelm **Nelle**. 2., neu bearb. Aufl. *Gütersloh: C. Bertelsmann 1904.* (XI, 112 S.) 8° [F.]
= **Nelle**: Aus d. Evangelischen Melodienschatze. T. 1. [04. 3303

([Wilhelm **Nelle**: Paul Gerhardt. Bd] 1.) Hamburg: G. Schloeßmann 1907. 8° [F.] [07. 4032

Nelle, Wilh., das evangelische Gesangbuch, hrsg. nach den Beschlüssen der Synoden v. Jülich, Cleve, Berg u. v. der Grafsch. Mark [Elberfeld 1835], hymnologisch untersucht. gr. 8. (71 S.) Essen 883. Bädeker. n. 1. 20

Nelle, Wilh., das neue evangelische Gesangbuch f. Rheinland u. Westfalen u. die Gemeinde. Ein Wort zum Gesangbuchsentwurfe. gr. 8. (39 S.) Dortmund 890. Crüwell's Verl. n. — 50

— Geschichte des deutschen evangelischen Kirchenliedes, s. a. Schloeßmann's Bücherei f. das christliche Haus. 3. Bd.

Nelle, Wilhelm. Geschichte des deutschen evangelischen Kirchenliedes. [Mit Illustrationen und 1 Porträt-Tafel.] X + 234 S. 8. Hamburg, Gustav Schloessmann, 1904. ([geb.] M. 2. —)
Schloessmann's Bücherei für das christliche Haus. Band 3.

— Geschichte des deutschen evangelischen Kirchenliedes. 2. erweit. u. verb. Aufl. (4.—6. Taus.) (XII, 317 S. m. 79 Abb. u. Titelbild.) 8. Hamburg 909. G. Schloeßmann. Geb. in Leinw. 3. —

— Katechese, s.: Predigten. 7, geh. bei der 56. Hauptversammlung des evangel. Vereins der Gustav Adolf-Stiftung.

— Katechese, s.: Predigten, 5, bei der 61. Hauptversammlung des evangel. Vereins der Gustav Adolf-Stiftung.

— unser Kirchenlied u. seine Dichter. (20 S.) 8. Hamburg (904). G. Schloeßmann. n.n. — 10

— Fr. Gottl. Klopstock, s.: Kirchenliederdichter, unsere. 28. Hft.

— Lebensgeschichte G. Tersteegens u. s. Dichtg., s.: Tersteegen, G., geistl. Lieder.

— Liederbüchlein. 25 geistl. u. weltl. Lieder in 4 stimm. Satze. Lex.-8. (33 S.) Dortmund 892. W. Crüwell. 1.50; geb. 2.—

— Martin Luther, die Wittenbergische Nachtigall, s.: Kirchenliederdichter, unsere. I.

Aus dem Evangelischen Melodienschatze. Von Wilhelm Nelle. T. 1. *Gütersloh: C. Bertelsmann 1904.* 8° [F.] 1904. 7196

— aus dem evangelischen Melodienschatze. I. Tl. Die Festmelodien des Kirchenjahres, charakterisiert. 2., neu bearb. Aufl. (XII, 112 S.) gr. 8. Gütersloh 904. C. Bertelsmann. n. 1.60; geb. n. 2. —

— Musica sacra, Volksgesang u. innere Mission. gr. 8. (IV, 44 S.) Hamburg (901). Agentur des Rauhen Hauses. n. — 60
Sonderabdruck aus: „Fliea. Blätter aus dem Rauhen Hause".

— Joachim Neander, s.: Kirchenliederdichter, unsere. 25. Hft.

— Philipp Nicolai, der Dichter des Wächter- u. Morgensternliedes, s. a. Kirchenliederdichter, unsere. 12.

Philipp Nicolai, der Dichter des Wächter- und Morgensternliedes (Unna 1598). Festschrift zur Tagung d. 17. Deutschen Evang. Kirchengesangvereins 1902 in Hamm i. W. von Wilhelm Nelle. Berlin: Ostdeutscher Jünglingsbund 1902. (16 S.) 8° [Umschlagt. F.] [illegible]

— die Pflege des Gesanges in unseren Vereinen. [Aus: „Leitfaden f. weibl. Jugendpflege". Hrsg. v. Hasse.] gr. 8. (30 S.) Berlin 899. Buchh. des ostdeutschen Jünglingsbundes. n. — 50

— Martin Rinckart,
— fürstliche Sängerinnen,
— Johann Scheffler,
s.: Kirchenliederdichter, unsere.

— Philipp Spitta, der Sänger v. „Psalter u. Harfe". Ein Gedenkbüchlein zur 100. Wiederkehr seines Geburtstages am 1. VIII. 1901. gr. 8. (16 S. m. Abbildgn.) Ebd. 901. n.n. — 10

— dasselbe, s. a. Kirchenliederdichter, unsere. 10.

Nellen, Georg Ludw. Heinr. (Münster / Westfalen), Specimen inaug. med.-chir.-histor. de vulnerum quae sclopetis inferuntur curandorum methodis Präs. Justus Christian Loder. Halle (Bathe) 16. XI. 1804. 43 S. (4.50) 24654
Gew.: Jakob Heinrich Katzenberger, Franz Joseph Katzenberger.

Nellen, Heinrich, a. Velbert: Aus Karl Becks dichterischer Frühzeit. Leipzig 1908: Hoffmann. 97 S. 8°
Münster, Phil. Diss. v. 25. Febr. 1909, Ref. Schwering
[Geb. 11. Sept. 85 Tüschen; Wohnort: Münster i. W.; Staatsangeh.: Preußen; Vorbildung: Realgymn. Elberfeld Reife O. 04; Studium: Münster 2, München 1, Münster 7 S.; Rig. 27. Mai 08.] [U 09. 3605

Deutsche Aufsätze nebst Gliederung und Stoffangaben. Für höh. Lehranst., sowie z. Selbstunterr. Von M[aria] Nellen. *Paderborn: F. Schöningh 1899.* (XII, 350 S.) 8° [F.] [illegible]

Nellen, M., deutsche Aufsätze nebst Gliederungen u. Stoffangaben. Für höhere Lehranstalten, insbesondere f. höhere Mädchenschulen, sowie zum Selbstunterricht. 2. umgearb. u. verm. Aufl. (XVI, 380 S.) 8. Paderborn 908. F. Schöningh. 4. —

Nellen, Maria, poetische Knospen. gr. 8. (IX, 68 S.) Köln 894. J. Bacher. Geb. in Leinw. 3. —

Nellenburg, Roderich

Nellenburg, Rod., e. Abenteuer in Texas, s.: Bibliothek interessanter Erzählungen.

Nellenburg, R., e. Abenteuer in Texas, s.: Erzählungen aus Heimat u. Ferne.

† Nellenburg, R. [Karl Müller], an Bord der Cassiopeja, s. Volks-Erzählungen, kleine.

— Flinkfuß, der Späher, s. a. Bibliothek interessanter Erzählungen.

Nellenburg, Rod., Flinkfuß d. Späher. Erzählung. 8. (79 S. m. 2 Farbdr.) Mülheim a. d. R. 897. J. Bagel. Geb. n. — 60

Nellenburg, Rod., Flinkfuß, der Späher. Erzählg. (79 S.) kl. 8. Mülheim a/R. (905). J. Bagel. Kart. — 30

– In der Gefangenschaft der Shawnee-Indianer, s. Volks-Erzählungen, Kleine.

Nellenburg, R., im Indianergebiet, s.: Bibliothek interessanter Erzählungen.

Nellenburg, Roderich,

— aus dem Leben e. deutschen Walfischfängers, s.: Bibliothek interessanter Erzählungen.

—— die Meuterer an Bord der Seemöve, s. Bibliothek interessanter Erzählungen.

—— Mutterliebe, s. a. Volks-Erzählungen, kleine.

Nellenburg, Roderich, Mutterliebe oder der Kindesraub. Ein Seeabenteuer. gr. 16. (63 S.) Mülheim 876, Bagel's Verlagsh. *

—— der Opium-Schmuggler, s. Unterhaltungs-Bibliothek.

– Unter Piraten u. auf e. wüsten Insel, s. Volks-Erzählungen, Kleine.

— der Postwagenraub, s.: Volks-Erzählungen, kleine.

Nellenburg, Rob., s.: Volks-Erzählungen, kleine.

— auf den Wogen des Oceans, s.: Bibliothek interessanter Erzählungen.

– Die vertrocknete Cisterne, s. Volks-Erzählungen, Kleine.

Neller, Georg Christoph

Neller, G. C., de archidiaconis. Trev. 1771. 4.

Neller, Georg Christoph [Praes.], s. Fuchs, Johann Peter: Collectio methodica ss. canonum, & legum praecipuarum, ad libri I. decretal. titulum XLIII de arbitris pro ascesi gymnastica una cum thesibus parergis propos.

Neller, Georg Christoph [Praes.], s. Holten, Johann Bernhard: Crimen, matrimonii impedimentum, historice, canonice, & practice expositum, una cum subjunctis corollariis ex jure vario.

Neller, Georg Christoph [Praes.], s. Hügel, Maximilian Heinrich Ludwig: De episcoporum testamenti factione activa eorundemque testamentis sancte ordinandis.

Neller, Georg Christoph [Praes.], s. Linius, Joh. Jac.: De obligatione praesertim naturali.

NELLER, G. Ch.: Opuscc. omnia jur. eccl., publ. et civ., historica, chronolog. et numismatica — coll. a. G. Ph. Cp. LEUXNER. *Köln*, Imhoff. 787—90. 2 T. gr. 4. (4 Thl.)

— opuscula omnia juris ecclesiast. publ. et civil., diplom. ac numism. edid. G. P. C. Leuxner. Tom. I.—III. p. 1. 4. Trier 787—91. Imhoff. 6 ℛ 16 gℛ (T. I. p. 1. 2. bei Wesché in Frankf. 1 ℛ 16 gℛ)

— id. lib. ed. Leuxner. III Tmi. 4. Bamb. Göbhard. 787—788.

Neller, Georg Christoph [Praes.], s. Pidoll, Karl Kaspar von: De clericorum saecularium testamenti factione activa, eorundemque testamentis sancte ordinandis.

— Principia juris publ. cathol.

(NELLER, Geo. Cph.): Principia juris publici Ecclesiastici Catholicorum ad statum Germaniae accommodata in usum Tyronum. *Frcf.* et *Lips.*, Esslinger, (Schäfer.) (746. 4.) 769. 8. (8 Gr.)

Neller, [Ge. Chrph.]: Proëmium praelectionum . . . exhibens summam totius juris canonici. Franckofurti 1779.

Neller, G. Cph., themata historica duo contra Berg. 4. Frft. Esslinger. 773. –

Neller, Geo. Cph., († d. 31. Octob. 1783.) themata historica duo contra Berg. 4. Frankf. 773. (Schäfer). 9 gℛ

— kurzer Unterricht v. den altröm., Fränkischen, Trierischen, auch Gemein-Rheinländ. Pfennigen u. Hellern bis auf gegenwärtige Zeit. 4. Trier 763.

Neller, Georg Franz (Aubanus), Diatriba inaug. de jure dioecesano S. R. I. statuum protestantium. Präs. Johann Michael Dahm. Mainz (Haeffner, E. P. Bayer) März 1751. (5.—) 24655
Gew.: Melchior Friedrich von Schönborn, Eugen Erwin von Schönborn.

Nellessen, Hans [Dr. jur., Referendar in Aachen]: Rechtliche Natur des Eisenbahnfahrscheines. [o. O.], *1896*; 64 S. 8.
Erlangen, Jur. Fak., Inaug.-Diss. v. 1896

'Antiquitates Judaeorum'. Die Altertümer des Volkes Israel zur Erläuterung der biblischen Geschichte. Nebst Abb. Mit erkl. Texte hrsg. von J. **Nellessen**. (Aachen [nach 1896]: La Ruelle.) 15 S., 5 Taf. 8° [10. 6312

'Antiquitates Judaeorum.' Die Alterthümer des Volkes Israel z. Erläut. der bibl. Geschichte. Nebst vielfarb. Abb. in grossem Massst. . . . Mit erklär. Texte hrsg. von J. **Nellessen**, Oberlehrer . . . *(Aachen: Dr. d. La Ruelle'schen Dr. [1898].)* (15 S.) [Nur Text] 1 Bd 8. [98. 6900 Bo

Nellessen, J., Kommentar zur biblischen Geschichte, s.: Gils, Jak. van.

Nellessen, Johann: Casuistische Beiträge zur Kenntniss des Glioms der Netzhaut. Halle (1872): Plötz. 30 S., 1 Taf. 8°
Halle-Wittenberg, Med. Diss. v. 30. Dez. 1872
Geb. Eupen 18. 9. 1849. V.

Nellessen, L. Die heilige Mission während der Fastenzeit . . . Regensburg 1869. H: *Schneider, Joseph.* (Jes)

Nellessen, L., die heilige Mission während der Fastenzeit. 21 Fastenpredigten. Aus seinem Nachlasse hrsg. von einem seiner Verehrer. 2. Aufl. gr. 8. (VIII, 335 S. mit 1 Farbendr.) Regensburg 884, Pustet. *
1. Aufl. Mission, die heilige, während der Fastenzeit.

Nellessen, Leonhardt Aloys

Nellesen, Lhd. Alo., richtige Ansichten des christl. Ehevertrags u. der gesetzgebenden Gewalt der Kirche über denselben. gr. 8. Aachen 820. 2e A. 821. Mayer. 12 gℛ

— Beitrag zur Geschichte der Liberalität unserer Tage, od. seine abgenöthigte Vertheidigung 8. Düsseld. ... 2e verm. Aufl. v. A. J. Binterim. Ebd. 819. Schreiner. 4 gℛ

Nellesen, Lhd. Alo., die Bekenntnisse des heil. Augustins mit eingestr. Anwendungen auf unser Zeitalter, in fünf Fastenpredigten. gr. 8. Düsseld. 820. 2e A. 821. Schreiner. 14 gℛ

Nellesen, L. A., die Bekenntnisse des heiligen Augustins mit eingestr. Anwendungen auf unser Zeitalter, in fünf Fastenpredigten. 2te Aufl. gr. 8. Düsseldorf, Schreiner. 820.

— — die Göttlichkeit des kathol. Glaubens-Systems, bewiesen in 6 Predigten. gr. 8. Düsseldorf, Schreiner. 821.

— s. Geist des heil. Vinc. von Paul.

— die Göttlichkeit des kathol. Glaubens-Systems, bewiesen in 6 Predigten. gr. 8. Düsseld. 821. Schreiner. 8 gr

— die Monita secreta societatis Jesu, od. geheime Verhaltungsbefehle d. Jesuiten, ein Lügen-Machwerk; kurz bewiesen. gr. 8. Aachen 825. Mayer. 3 gr

— Predigt bei den feierl. Exequien für Se. Päpstl. Heiligkeit Pius VIII. in der Hauptpfarrkirche zum heil. Nikolaus in Aachen. 8. Aachen 831. Mayer. 3 gr

—— die Taufe ein. Juden-Familie. 8. (3¼ B.) Aachen 831, Cremer.

Nellessen, L. A., Trauerrede bei Gelegenheit d. feierl. Exequien f. d. Erzbischof v. Köln, Clemens August, Freiherrn von Droste zu Vischering. gr. 8. (1¼ B.) Aachen 815, Hensen u. C.

Nellessen, Leonhardt Aloys, Was ist Katholicismus? Veranlaßt durch den ungenannten katholischen Geistlichen in seiner „Rechtfertigung der gemischten Ehen zwischen Katholiken und Protestanten“ und seinen Vorwortsprecher Dr. Leander van Eß. Aachen, Mayer, 1822, 8°. 176 S.

Wird als eine vorzügliche Verteidigung des Katholicismus gerühmt. Vgl. Felder, Littztg 1822, Bd. 3, S. 251–79. Katholik 1822, Bd. 4, S. 7–26. Nellessen richtet sich gegen J. Chr. Multers Schrift: „Rechtfertigung der gem. Ehen zwischen Katholiken u. Protestanten in statistischer, kirchlicher u. moralischer Hinsicht von einem kath. Geistlichen.“ Köln, Bachem, 1821, 8°.

Nellie, s. Mutter u. Kind.

Nellie, eine liebliche Frucht der Mission in Kafferland. Berlin 1892. V: *Beste-Bethel*. (Berl)

Nellner, J. B., die Nordsee-Insel Spiekeroog. Ein Wegweiser für Badegäste. Mit 1 Plan der Insel und 1 Karte des nördl. Teiles von Ostfriesland, nebst Angabe der Reisewege. 12. (V, 68 S.) Emden 884, Haynel.

Nells, Mart., der Theologe. (31 S.) 8. Leipzig 909. (C. Beck.) 1. 20

Nelly, die kleine. Eine Erzählg. e. engl. Kinderfreundin. 16. (15 S.) Elberfeld 870. (Barmen, Klein.) n. — 30

Nelly, die junge Künstlerin, s. Bibliothek f. d. reifere Jugend, 7. Bd.

Nelly, die Lumpensammlerin. Eine Geschichte aus London. Deutsch v. E. Schlick. 16. (55 S.) Bresl. 891, Max u. Comp. [— 60] — 40

Nelly, poor, bearb. v. Bertha Mühry, s.: Schulbibliothek, englische u. französische. C. 6.

Nelly, St [Pseud.]
s. a. Stricker, Karoline [Wirkl. Name]

†Nelly, St., (Caroline Stricker, geb. Schütz,) Blüthen aus Tetschens goldenen Auen. 3 Thle. 8. (43 B.) Leipzig 843, Wienbrack. Thlr.

— s. Cleveland.

—— das Haus der Nichte. Novelle. 2 Bde. 8. (34¼ B.) Leipzig 845, Wienbrack.

Nelly, St., Jugendbilder. Herausgg. v. F. Tarnow. 2 Bde. 8. Leipz. 827, 28. Kollmann. 2 Thlr 12 gr

—— Schloß Lilienhof, od.: Die nordischen Flüchtlinge. 2 Bde. 8. (31½ B.) Leipzig 844, Wienbrack.

—— Lucilie od. d. Ring des Kaisers. 2 Bde. 8. (30¾ B.) Leipzig 846, Wienbrack.

Nelly, St., Novellen. Mit e. Vorwort von Th. Hell. Mit Titelbild. 8. Meißen 837. Goedsche. 1¼ Thlr — 2r Bd. Cesarini.

— Die Fahrt mit der Eilpost. 8. Leipzig 838. Meißner. 1½ Thlr

— 3r Bd. 8. Ebd. 838. 1½ Thlr

Nelly, St., Novellen. Die Reise nach Tetschen oder die Schäferwand. — Der Jäger und sein Liebchen. — Benno oder die Verwandschaften. 8. Leipzig 841. Meißner. 1½ Thlr

—— die Rückkehr ins Vaterhaus. 2 Bde. 8. (37½ B.) Leipzig 844, Wienbrack.

Nels, Ludov., (geb. Lannebach bei Trier 5. 8. 1826): De hebetudine visus. Berolini (1852). (26 S.) 8°
Berlin, Med. Diss. v. 3. Aug. 1852

Nelscher, Adf., Buchführung für Milchgeschäfte u. Privatmolkereien. Kurzgefaßte Anleitg. zu e. vollständ. Buchführg. f. Milchgeschäfte u. Privatmolkereien einschließlich Abschluß, gleichzeitig als Grundlage für die Steuererklärg. (IV, 28 S.) Lex.-8. Leipzig 906. M. Heinsius Nachf. n. — 75

— praktische Molkereibuchführung. Leitfaden zum Selbstunterricht in der Molkereibuchführung, erläutert durch einmonatl. Geschäftsgang einschl. Abschlüssen u. Geschäftsbericht, unter spezieller Berücksicht. städt. Betriebe. (IV, 122 S.) gr. 8. Ebd. 905. Geb. n. 4. —

Nelson [Sachliches OW]

— der Mis Henriette, Gesch., ist d. Lesecabinet z. Nutzen u. Vergnüg. 6r.

Nelson, Sophie, e. Geschichte nach d. Leben; aus d. Engl. 2 Bde. 8. Leipz. 788. Weygand. 1 Thlr 18 gr

Nelson, Sophie, eine angenehme und lehrreich unterhaltende Geschichte nach dem Leben, nach dem engl. Original in 2 Theilen, 8. Leipzig, 789. Weygand. 1 Rthl. 23 gl.

Nelson [Schlagwort]

Nelson — Geologische Uebersichtskarte der Provinz — (auf Neuseeland). 1,300,000. G. M. 1863.

Nelson [Verfasser]

Nelson, . . ., Anweis. ohne Stricknadeln zu stricken, mit vielen Mustern. 4. Jena 807. Voigt. 8 gr

Nelson, Christophe Colomb, s.: Sammlung französ. u. engl. Textausgaben z. Schulgebrauch.

Nelson. Die Russen und Engländer in Neapel. Leipzig 1800.

Nelson, Axel, die Hippokratische Schrift περὶ φυσῶν. Text u. Studien. Diss. (III, 119 S.) gr. 8. Upsala 909. (A.-B. Lundequistka Bokhandeln.) 4. —

Nelson, Dav., Ursache u. Heilung des Unglaubens nebst Erzählung wie der Verf. von seinem Unglauben errettet wurde. Aus d. Engl. 8. (VIII u. 356 S.) Karlsruhe 851, Groos. n. 1/2 ₰; in Engl. Einb. n. 18 ngr.

Nelson, David. Ursache und Heilung des Unglaubens, der grössten Krankheit unserer Zeit, ... A. d. Engl. 2. Ausg. Stuttgart 1854. Ü: *Mann, Carl.* (zu)

Nelson, Dav., Ursache und Heilung des Unglaubens, der größten Krankheit unserer Zeit, nebst Erzählung, wie der Verf. von seinem Unglauben errettet wurde. Aus dem Engl. 2. mit des Verf. Leben verm. Ausg. Stuttgart 854. Quack. gr. 8. (XVI, 303 S.) 15 ngr.

—— die Ursachen des Unglaubens und die Mittel dagegen; nebst einem Bericht von dem Unglauben des Verf. und den Mitteln seiner Rettung. Aus dem Engl. übers. gr. 12. (360 S.) New-York 851. (Philadelphia, Schäfer und Koradi.) *

Nelson, Erich, Kammergerichts-Referendar a. Berlin: Die Haftung des Erben eines Handelsgeschäftes für die früheren Geschäftsverbindlichkeiten ⟨§ 27 des Handelgesetzbuches⟩. Berlin 1906: A. Joachim. (91 S.) 8°
Jena, Jur. Fak., Ref. Rosenthal, Diss. v. 1. Aug. 1905
[Geb. 26. März 81 Berlin; Wohnort: Berlin; Staatsangeh.: Preußen; Vorbildung: Gymn. Königsberg i. d. Neumark Reife O. 00; Studium: Berlin 6 S.; Rig. 1. Aug 05.]

Nelson, Erich, die Haftung des Erben e. Handelsgeschäftes f. die früheren Geschäftsverbindlichkeiten (§ 27 des Handelsgesetzbuches). (Diss.) (89 S.) gr. 8. Berlin 906. Struppe & Winckler. n. 2. —

Nelson, Heinr. Zum Weltfrieden. gr. 8. (24 S.) Berl. 891, [Walther u. Apolant.] Walther. — 50

[Umschlagt.:] **Nelson,** Julius [Prof. Dr.]: Über die Behandlung der Kunstgeschichte im Gymnasialunterricht. Aachen, Druck v. C. H. Georgi, 1897; 3—32 S. 4.
Aachen, k. Kaiser-Wilhelms-G, P 1897 (438)

Nelson, Jul., Heinrich Schliemann u. seine homerische Welt, s.a. Volksbücher, biographische. Nr. 74/77.

Heinrich Schliemann und seine Homerische Welt. Von Dr. Julius **Nelson.** Mit 20 Abb. *Leipzig: R. Voigtländer 1900.* (125 S.) 8° [F.]
= **Volksbücher, Biographische.** 74–77.

Nelson, Leonard, s.: Abhandlungen der Fries'schen Schule.

— Über das sogen. Erkenntnisproblem. (427 S.) gr. 8. Göttingen 908. Vandenhoeck & Ruprecht. 10. —
Sonderabdruck aus: „Abhdlgn. d. Fries'schen Schule".

Nelson, Leonard, a. Berlin: Jakob Friedrich Fries und seine jüngsten Kritiker. Göttingen 1904: Dieterich. (84 S.) 8° ¶(Ersch. vollst. 1905 in: Abhandl. d. Fries'schen Schule, N. F. H. 2.)
Göttingen, Phil. Fak., Ref. Baumann, Diss. v. 1. Okt. 1904
[Geb. 11. Juli 82 Berlin; Wohnort: Berlin; Staatsangeh.: Preußen; Vorbildung: Französ. Gymn. Berlin Reife O. 01; Studium: Heidelberg 1, Berlin 4, Göttingen 2 S.; Rig. 29. Juli 04.]

— Die philosophischen Grundlagen des Liberalismus, s.: Was ist liberal?

— Ist metaphysikfreie Naturwissenschaft möglich? (S. 241—299.) gr. 8. Ebd. 908. 1. 60

— Kant u. die nicht-euklidische Geometrie, s.: Vorträge u. Abhandlungen, hrsg. v. der Zeitschrift „Das Weltall". 13. Heft.

— die kritische Methode u. das Verhältnis der Psychologie zur Philosophie. Ein Kapitel aus der Methodenlehre. (69 S. m. 1 Fig.) gr. 8. Göttingen 904. Vandenhoeck & Ruprecht. n. 1. 60; geb. n. 2. 40
Sonderabdruck aus: „Abhandlgn. d. Fries'schen Schule".

— Über wissenschaftliche u. ästhetische Naturbetrachtung. Ein Vortrag. (S. 335—359.) gr. 8. Göttingen 908. Vandenhoeck & Ruprecht. — 75

— Untersuchungen üb. d. Entwickelungsgeschichte der Kantischen Erkenntnistheorie. (64 S.) gr. 8. Ebd. 909. 2. —
Sonderabdr. aus: „Abhandlgn. d. Fries'schen Schule".

Nelson, L., s. Was ist liberal?

Nelson, Rob., Uebung der wahren Andacht. 8. Augsb. Merz. 721. —

— Unterricht von Fest- und Fasttagen. 4. Bremen, Sauermann. 715. —

— Was ist Katholicismus? gr. 8. Aachen 822, Mayer.

[F.] **Nelson,** Rudolf: Methodische Bemerkungen zum Unterricht in der Arithmetik. Magdeburg, Druck v. E. Baensch jun., 1896; 1 Bl., 16 S. 4.
Magdeburg, Guericke-S '(OR u. RG)', P 1896 (278)

'Miß Dudelsack'. Operette in 3 Akten von Fritz Grünbaum u. Heinz Reichert. Musik von Rudolph **Nelson.** [Textbuch.] Berlin: Harmonie (1909). 63 S. 8°

Nelson, Sam., d. antideistische Bibel Alt. u. Neuen Testaments, m. Anmerkk. u. Erklärr. aus d. Engl. v. G. W. Panzer. 8 Thle. gr. 4. Erlang. 766—78. (Heyder). 16 ₰ 16 gr. 1r — 7r Thl. Schrbp. 12 ₰ Holl. Pap. 10 ₰

Nelson, S., die antideistische Bibel alt. u. neuen Testam. mit Anm. u. Erklär. a. d. Engl. v. Panzer. 8 Thle. gr. 4. Erl. Walther. (Breuning.) 766—78.
Schrbp.
Holl. P.

Nelson, Siegfried, approb. Arzt aus Freiburg i. B.: Ueber zwei **Fälle** von Zungentuberculose. *Freiburg i. B. 1902: H. Epstein.* (32 S.) 8°
Freiburg i. B., Med. Diss. v. 1902

Nelson-Nummern hervorragender englischer illustrierter Zeitschriften zur ersten Jahrhundertfeier der Schlacht von Trafalgar. (Fing. Tit.) Bd 1. 2. London 1905. 8° u. 2°

Nelsons Sieg u. Tod. 8. Lüneb. 806. Herold u. W. 4 gr.

Nelte, F.W. (Red.). s. Abendstern, Der.

Nelte, Otto, Referendar: Beiträge zur Lehre von den Vorverträgen, in besonderer Berücksichtigung der Vorverträge zu formellen Verträgen. Borna-Leipzig 1909: Noske. VIII, 50 S. 8°
Heidelberg, Jur. Diss. v. 4. Nov. 1909, Ref. Heinsheimer
[Geb. 16. Febr. 87 Gerresheim; Wohnort: Frankfurt-Sachsenhausen; Staatsangeh.: Preußen; Vorbildung: Lessing-Gymn. Frankfurt a. M. Reife O. 06; Studium: Heidelberg 4, Bonn 2 S.; Rig. 21. Okt. 09.] [U 10. 1956

Nelten, Ludw., Dramaturgie der Neuzeit. Essays u. Studien üb. das moderne Theater. 1. u. 2. (Titel-) Aufl. gr. 8. (III, 152 S.) Halle 893. 894. H. Peter. n. 2. 40

Nelten, Ludw. Otto, moderne Theaterzustände. gr. 8. (37 S.) Dresden 888, Pierson's Verlag. * — 75

Nelting, R., der nautisch-astronomische u. Universal-Rechenstab zur mechan. Lösung aller mathematischen Probleme, unter Berücksicht. der terrestrischen u. astronom. Navigation. (IV, 67 S. m. Fig. u. 1 Taf.) Lex. 8. Hamburg 909. L. Friederichsen & Co. 4. —

Neltner, Julius, a. Weyersheim, U.-E.: Tuberkulose und Schwangerschaft. Straßburg i. E. 1907: C. Müh & Cie. (80 S.) 8°

Straßburg, Med. Fak., Ref. Fehling, Diss. v. 12. Okt. 1907

[Geb. 29. Mai 79 Weyersheim (U.-E.); Wohnort: Weyersheim; Staatsangeh.: Elsaß-Lothringen; Vorbildung: Gymn. Straßburg i. E., Schlettstadt Reife M. 01; Studium: Straßburg 10 S.; Coll. 25. Juli 07; Approb. 11. Jan. 07.]

Nelz, Joseph August (geb. Dingelstädt in Thür. 7. 2. 1841): De carcinomate ventriculi. Berolini 1866. (32 S.) 8°

Berlin, Med. Diss.

nachgeliefert v. dem am 18. Juni 1866 auf Grund gedruckter Thesen promov. Verf.

Nem, E. J., Berlin, wie es seyn wird. 16 u. letztes Heft. Keine Eckensteher. Mit 1 illum. Steindruck. 8. Berlin 833. Gröbenschütz u. Seiler. 1/4 ℛ

Nemanić, D., čakavisch-kroatische Studien. 1. Studie: Accentlehre. Lex.-8. (68 S.) Wien 883, (Gerold's Sohn.) *

—— dass. — 1. Studie: Accentlehre. [1. Fortsetzung.] Lex.-8. (70 S.) (Ebendas.) 884. *
Vorstehende Schrift aus: Sitzungsberichte der k. Akademie der Wissenschaften, besonders abgedruckt.

Nemanić, D., čakavisch-kroatische Studien. 1. Studie: Accentlehre. [II. Fortsetzung.] Lex.-8. (66 S.) Wien 885, (Tempsky.) * 1 —
Aus: Sitzungsberichte der k. Akademie der Wissenschaften, besonders abgedruckt.
1. Studie, und I. Fortsetzung. (Ebendas.) 883,84. à *ℳ 1.—.

Nemanić, Dav. De stoicorum romanorum primi Caesarum saeculi factione repugnante contra eam qua saeculum tenebatur rationem deque Taciti quod de eius factionis consiliis atque studiis de iisque qui ea sectabantur fecerit iudicio disputatio brevis. 26 S. 8. Progr. *Mitterburg* 1880.

Nemann, Julius (geb. Schwerin a. W. 8. 11. 1863): Beiträge zur Pathologie und Therapie der corticalen Sprachstörungen. Berlin (1884). (45 S.) 8°

Berlin, Med. Diss. v. 30. Mai 1884

Nemann, Mich. (geb. Lissa in Posen): Expositio neurologiae Galenicae. Berolini (1847). (28 S.) 8°

Berlin, Med. Diss. v. 24. Aug. 1847

Die historisch-geographischen Beweise der Hiung-nu — Hun Identität. Von Koloman **Némäti**. Budapest 1910: (Községi nyomda). 28 S. 8° (11. 2509 10

Nembach, A. Sichelhängen (Harvest home); lyrische Oper . . . Text von L. Roescher. Cinci, 1883.

Nemcova, Božena, Babica. Obrazi iz življenja na kmetih. Poslovenil France Cegnar. Klagenfurt 862. (Leon.) 16. (300 S.) nn. 25 ngr.

Němcová, Božena, grand' mère. Traduit du tchèque par Jos. Bož. Koppova. 12. (397 S.) Prag 880, (Kober.) *

Němcova, B., Großmutter, s. Universal-Bibliothek, Nr. 2057—2059.

Němec, s a.: Niemetz.

Němec, Anton

Němec, A., die Boden-Entwässerung in der Landwirthschaft m. besond. Berücksicht. der Drainage. Mit 18 Abbildungen im Texte. gr. 8. (III, 73 S.) Wien 882. Faesy. n. 2. —

Němec, Ant., das culturtechnische Bureau beim Landesculturrathe für das Königr. Böhmen, seine Bedeutung, Aufgabe, Einrichtung, seine bisherige Thätigkeit, nebst einem Musterstatut für Wassergenossenschaften, und dem Meliorationsgesetze vom 30. Juni 1884. Im Auftrage des Landesculturrathes veröffentl. Lex.-8. (84 S.) Prag 887, (Calve'sche Hof- und Universitäts-Buchh.) * 1 60

—— das Land und das fliessende Wasser, gekennzeichnet nach ihrer allgemeinen culturtechn. Bedeutung, sowie nach ihrem Zusammenwirken zur Häufung der Pflanzenproduction. Die wichtigsten diesbezügl. Culturverbesserungsmethoden, ihre Projectirung und Ausführung nach dem heut. Standpunkt der Culturtechnik. Eine culturtechn. Studie. 8. (66 S.) Teschen 881, Prochaska. *

Němec, Bohumil

— über Ausgabe ungelöster Körper in hautumkleideten Zellen. gr. 8. (15 S.) Ebd. 899. n. — 24

NĚMEC, Boh.

Ueber schuppenförmige Bildungen an den Wurzeln von Cardamine Amara. Von Dr. Boh. Němec. (Mit 21 Abbildungen im Texte.) Separatabdruck aus den Sitzungsberichten der königl. böhmischen Gesellschaft der Wissenschaften. In Comm. Řivnáč. Gr.-8°. 14 S. K —.40

— über den Einfluss niedriger Temperaturen auf meristematische Gewebe. gr. 8. (9 S. m. 2 Fig.) Ebd. 899. n. — 24

Zur Kenntniss der Diplopoden Böhmens. Von Dr. Bohumil Němec. *Prag: Kgl. böhm. Ges. d. Wiss. 1896.* (8 S., 1 Taf.) 8.
= Věstník Král. Č. Společnosti Náuk. Třída math.-přirodovědecká. 1896. [No] 44. (97. 8430

— üb. abnorme Kerntheilungen in d. Wurzelspitze v. Allium cepa. [Aus: „Sitzungsber. d. k. böhm. Gesellsch. d. Wiss."] gr. 8. (10 S. m. 1 Taf.) Ebd. 898. n. — 48

Němec, Boh., über ungeschlechtliche Kernverschmelzungen. (I.—IV. Mitteilg.) (6, 9, 11 u. 14 S.) gr. 8. Prag 903. 904. (F. Řivnáč.) à n. — 20
Sonderabdr. aus: „Sitzungsber. d. böhm. Gesellsch. d. Wiss."

Ueber experimentell erzielte Neubildung von Vacuolen in hautumkleideten Zellen. Von Dr. Bohumil Němec. Separatabdruck aus den Sitzungsberichten der kön. böhm. Gesellschaft der Wissenschaften in Prag. 1900. Prag. 1900. [In Comm. Řivnáč.] Gr.-8°. 8 S. K —.20

Němec, (Bohumil), das Problem der Befruchtungsvorgänge u. andere zytologische Fragen. (III, 532 S. m. 119 Abbildgn. u. 5 Taf.) Lex. 8. Berlin 910. Gebr. Borntraeger. 20. —

— die Reizleitung u. die reizleitenden Strukturen bei den Pflanzen. gr. 8. (III, 153 S. m. 10 Abbildgn. u. 3 Taf.) Jena 901. G. Fischer. n. 7. —

— Studien üb. die Regeneration. (III, 387 S. m. 180 Abb.) Lex.-8. Berlin 905. Gebr. Borntraeger. n. 9. 50

Nemec, Ferd., die christlich-sociale Partei u. d. Lehrerschaft, — d. Umsturz in d. Schule, s.: Bösbauer, Hans.

Némec, J, Několik výkladů z latinské skladby. Pr. 1898. 41 S.

Nemec, Valentin, Papst Alexander VI. Eine Rechtfertigung Alexanders VI. mit Benützung der älteren und neuesten Forschungen. gr. 8. (232 S.) Klagenfurt 879. (Linz, Ebenhöch'sche Buchh.)

Nemec, Valentin. Papst Alexander VI. Klgft., St. Hermagoras-Druck., 1879. 232 S.

Nemec, Valentin, die Pfarrconcurs-Prüfung. gr. 8. (76 S.) Klagenfurt 884, (Raunecker's Buchh.) *

Nemec, Valentin. Die Pfarrconcurs-Prüfung. Klgft., St. Hermagoras-Druck., 1884. 76 S.

Nemec, Valentin, die Pfarrconcurs-Prüfung. gr. 8. (76 S.) Klagenfurt 885. (Raunecker.) n. 1. 40

Němeček, A. Beaumarchais' Figaro. Eine cultur- und literarhistorische Skizze. 2 Teile. Marburg (Oesterr.). R., 1880 u. 1881. 60, 63 S. Progr.

Němeček August: Entwurf einer methodischen Entwicklung des französischen Schulunterrichtes. (37). 31. 32. Trautenau R. 97. 98. 99. Progr.

Němeček, Aug., Maturitäts-Prüfungen, od. keine? Ein Beitrag zur Wertschätzg. dieses Instituts, nach den dabei gemachten eignen u. theilweise auch fremden Erfahrgn. verf. gr. 8. (35 S.) Wien 882. (Klinkhardt.) n. — 80

Nemeček Ottokar: Die politischen und sozialen Verhältnisse Böhmens zur fränkischen Zeit.
II. 1904 PN 1700 Diss. Wien, Univ. 881

(NEMECSKAY, STEPHAN:) Geschichtliche Beweise, daß die römischen Päpste dem ungarischen Reiche zu allen Zeiten in jeder Noth und Gefahr mit Rath und That treulich beistanden. Gesammelt und herausgegeben von einem Vaterlandsfreunde. Tirnau 1842. Verlag von Felix Wachter. 30 S. - 8°
- Dass. Ungwar 1843. 32 S. - 8°

NEMECSKAY, STEF(AN): Kurze biblische Geschichte des alten und neuen Bundes für Kinder des Landvolkes in slavischer Sprache herausgegeben 1842. Ins Deutsche übersetzt 1847. Tirnau 1847. Gedr. bei Michael Spanraft. 48 S. - 8°

Némedy, Jozef. Die Belagerung der Festung Ofen in den Jahren 1686 und 1849. Nach authent. Berichten und Tagebüchern. Mit Fontana's und Juvigni's Plänen der alten und einem Situationsplan der neuen Belagerung. 8. (162 S.) Pesth, Gustav Emich, 1853.

Némedy, Jos., die Belagerungen der Festung Ofen in den Jahren 1686 u. 1849. Nach authentischen Berichten und Tagebüchern herausg. Mit Fontana's und Juvigni's Plänen (in Kupferst.) der alten und 1 (lith.) Situationsplane der neuen Belagerung (in gr. Fol.). Pest 853. (Pfeifer.) gr. 8. (3 Bl., 162 S.) n. 2 ₰. 20 ngr.

Nemeitz, Joachim Christoph

Nemeitz, J. C., vernünft. Gedanken üb. allerh. histor. krit. u. moral. Mater. 6 Thle. 8. Frankf. Andreä. 739—45. (à 4 gr.)

— —, Vernünfftige, über allerhand historische, critische und moralische Materien, nebst verschieden dahin gehörigen Anmerckungen, von *J. Chr. N.* (d. i. *Joach. Christoph Nemeitz*). Franckfurt a. M. 1739—45. 8°. (5 Mk., nur 1739—41, Max Jaeckel, Potsdam, 1910.)
Anon.-Lex. II. p. 156 (nach Meusel). Vgl. Litzmann, Liscow. Hamb. u. Lpz. 1883.

NEMEITZ, Joach. Chr., Vernünftige Gedancken über allerhand historische, kritische u. moralische Materien. 5 Thle. Franckf. 1739. 8°. (In Marburg Univ.-Bibl. I. C. 227. 5 voll.)

— fascic. inscriptionum, quas in itinere in Italiam facto reperit. 8. Lps. Gleditsch. 726.

(Nemeitz, Joach. Chr.) Mémoires concernant M. le comte de Stenbock, sénateur de Suède et généralissime des armées de S. M., savoir les campagnes de 1712—1713 de ce général, avec sa justification. 8. Francfort 1721. — 8. ib. 1745.

Nemeitz, J. C., Nachlese besondr. Nachrichten von Italien. 2 Thle. 8. Lpz. Gleditsch. 726. Rthlr.

Nemeitz, Joach. Cph., († d. 8. Juni 1753.) séjour de Paris, od. Anleit., wie Reisende sich in Paris zu verhalten haben. 8. Leipz. 717. 2e A. 722. 3e A. 725. 4e A. 8. Straßb. 750. (Varrentrapp in Frankf. a. M.) 16 gl

— Séjour de Paris, ou instructions fidèles p. les Voyageurs de condition durant leur séjour à Paris. 8. Lpz. (F. C. W. Vogel.) 727.

[Nemeitz, Joachim Christoph] & Alfred Franklin. La vie privee d'autrefois. Arts et métiers, modes, mœurs, usages des Parisiens du XIIe au XVIIIe siècle d'après des documents originaux ou inédits par Alfred Franklin. La vie de Paris sous la Régence. Paris. librairie Plon E. Plon, Nourrit et Cie . . . 1897 . . .
VIII – 347 S. m. 11 Abb. 8°.
Abdruck einer 1718 deutsch erschienenen Beschreibung von Paris von Joachim Christoph Nemeitz

Nemekházy, Josefine v., Feldblumen. (Gedichte.) Mit 16 Vignetten, gez. von Th. Alconiere; in Holz geschn. v. Bl. Höfel. gr. 8. (5 B. m. Einfass. u. Ttl. m. farbig gedruckt. Randverzierung.) Wien 842, Klang. (Leipzig, Herbig.)

Nemekházy, Josephine v., Novellen. 3 Thle. 8. (53 B.) Leipzig 837, Kollmann.

Nemenoff, Nison, a. Rußland: Über Gefäßverletzungen bei Luxatio humeri. Berlin (1905): E. Ebering. (39 S.) 8°
Berlin, Med. Fak., Ref. v. Bergmann, Diss. v. 20. Febr. 1905
[Geb. 16. (28.) Jan. 80 Witebsk, Rußland; Heimatsort: Witebsk; Staatsangeh.: Rußland; Vorbildung: Gymn. Pawlograd Reife O. 00; Studium: Berlin 9 S.; Rig. 13. Febr. 05.]

Neményi, Ambros

—— Journale und Journalisten der französischen Revolutionszeit, s. a. Sammlung gemeinverständlicher wissenschaftlicher Vorträge.

Neményi A, Journale und Journalisten der französischen Revolutionszeit. (Sammlung gemeinverständlicher wissenschaftlicher Vorträge 340-41) Berlin 1880

Neményi, Ambros, Hungaricae res. Ein Commentar zu dem Aufruf des „Allgemeinen Deutschen Schulvereins" in Angelegenheit der Unterdrückung der Deutschen in Ungarn und Siebenbürgen. gr. 8. (36 S.) Budapest 881, Kilian's Universitäts-Buchh.
Aus: Ungarische Revue, besonders abgedruckt.

Neményi, Ambros, hungaricae res. Ein Commentar zu dem Aufruf des „Allgemeinen Deutschen Schulvereins" in Angelegenheit der Unterdrückung der Deutschen in Ungarn u. Siebenbürgen. [Aus: „Ungar. Revue".] gr. 8. (36 S.) Budapest 882. Kilian. n. — 80

— dasselbe. 2., verm. Aufl. 8. (40 S.) Budapest 882. Aigner. n. — 60

Neményi, A., das moderne Ungarn, s.: Verein, allgemeiner, f. deutsche Literatur.

Neményi, Dr. A. Die Verstaatlichung der Eisenbahnen in Ungarn. gr. 8°. Leipzig, Duncker u. Humblot, 1889.

Neményi, A., die Verstaatlichung der Eisenbahnen in Ungarn. gr. 8. (VIII, 232 S.) Leipzig 890. Duncker & Humblot. n. 4. 80

Neményi, Elisab., Ellen Key, s. Essays, moderne. 32. Hft.

Neményi, Elisabeth: Ellen Key. — Berlin: Gose & Tetzlaff [1904]. 45 S. 8° (Moderne Essays. H. 32.)
— — 3. u. 4. Taus. [1906.] 55 S. 8°

Neményi, Gust., Ungarn u. die Konversion der einheitlichen Rente. Die Bezahlg. des dem ungar. Jahresbeitrage entsprech. Kapitals. (76 S.) Lex.-8. Budapest 904. Grill. n. 1. —

Nemenz, Rud., aus dem Leben der Gemeinde Groß-Ullisch, s.: Schuller, G. A.

Nemer, W. H. G.: Lehrbuch der polizeil.-gerichtl. Chemie. *Helmst.*, 803. Fleckeisen. 2e. Ausg. 812. 8. (2 Thl. 20 Gr.) 3e. Ausg. 2 Bde. 827. (4 Thl.)

a Nemes-Bikk, M. Fel., historia critica Biosophiae. Disquisitio. 8maj. Pest 818. Hartleben. 14 gr. Ubg. Pr. 6 gr.

Nemesianus, M. Aurelius Olympius

Nemesiani Bucolica, s.: Calpurnius.

Nemesiani, M. Aur. Olymp. eclogae IV et T. Calpurnii eclogae VII c. notis select. Titii, Martelli, Vlitii et Burmann. integris (cur. Jh. P. Schmidt). 8maj. Mitau 773. Hinz. 16 gr.

Nemesiani *Eclogae* et Calpurnii *Eclogae.* Cum variorum notis selectis et integris Burmanni. Ed. Küttner. Mitav. et Lips. 774. 8. 16 gr.

— eclogae quattuor. A. u. d. T.: Des M. A. Ol. Nemesianus vier Idyllen metrisch übersetzt v. R. Müller. 8. Leipz. 832. Frohberger. 12 gr.

— vergl. Gratii cynegeticon.

Nemesianus, des M. Aurel. Olymp., vier Jdyllen. — M. Aurel. Olymp. Nemesiani Eclogae IV. Metr. übers. v. R. Mueller. Mit gegenübersteh. Text. 1. Aufl. Leipzig 832. 12 Gr. Neue, wohlf. Ausg. (à 6¼ B.) 8. Zeitz 834. [Leipzig, Eisenach.]

Nemesis

— ein Journal, s. Luden, H.

Nemesis, Zeitschrift für Politik. s. Luden, H.

Nemesis, ein Oppositionsjournal. 1s Heft. 8. Neustrelitz, Albanus. 798.

Nemesis oder das befreyte Deutschland. Wien 1813. V: *Gräffer, Franz.* (GGr IX, 71)

Nemesis, (v. Frz. Gräffer). 8. Deutschl. (Wien) 814. Gräffer.

Nemesis. Göttingen 1814. V: *Saalfeld, Jac. Chph Frdr.* (MGT) (Ky) (NN)

— (v. A. F. W. Saalfeld). 8. Götting. 814. Vandenhöck u. R. 10 gr.

Nemesis, od. des Schicksals Rache. Eine Reihe v. Erzähln. merkwürd. u. schreckl. Todesarten v. Tyrannen, Gottesläugnern, Religionsspöttern, Scheinheiligen u. überh. v. Personen, welche den Pfad d. Tugend verlassen u. den Lastern gefröhnt haben. Ein Leseb. f. Jedermann, besond. aber f. d. Jugend. Nach dem „Recueil des morts funestes des Impies" bearb. u. mit and. interessant. Erzähln. verm. gr. 8. (9 B.) Leipzig 831, Rein.

Némésis: La Némésis
(5) mai 1814—1836 (7) irrégulièrement (8) Porrentruy (10) H.-J. Parrat (12) conservateur (13) BGSZ: 1 (no. 6488), 962, 973 (15) La feuille paraissait presque toujours sous forme manuscrite (Daucourt).

Nemesis, die. Ein Küstenroman. Aus d. Schwed. von Aler. Wachenhusen. 8. (282 S.) Cammin 847, Domine & Co. ½ ₰

Nemesis, die alte Frau, die auf ihrer Krämerwage, Scepter u. Schwert auswiegt. 8. Prag. (Leipz. J. G. B. Fleischer.) 815.

— — dass. (vom Prof. Salfeld.) 8. Götting. Vandenhöck u. R. 814.

Nemesius, Bischoff zu Emesa, von d. Natur d. Menschen, nach dem Urtheile der Gelehrten. Aus d. Griech. von D. Osterhammer. gr. 8. Salzburg, Duyle. 819.

Nemesius, Emesenus, de natura hominis; gr. et lat. ed. et animadvers. adj. Chr. Fr. Matthaei. 8maj. Halle 801. Gebauer. 3 ₰

Nemesii Emeseni libri περὶ φύσεως ἀνθρώπου versio latina. E libr. ms. nunc primum ed. et apparatu critico instruxit Carol. Holzinger. gr. 8. (XXXVII, 175 S.) Prag 887, Tempsky. — Leipzig, Freytag. * 6 —

(Nemesii Emeseni) περὶ φύσεως ἀνθρώπου liber a Burgundione in Latinum translatus. Nunc primum ex libris manu scriptis edidit et apparatu critico instruxit Carolus Immanuel Burkhard. Capitulum I., cui epistula Burgundionis ad Fredericum I. imperatorem et indices omnium capitulorum praemittuntur. (Umschlagtitel: . . . translatus. Cap. I. Nunc primum ed. C. J. B.) 8 (S. 3—26). Altera pars capitula II.—IV. continens. (Umschlagtitel: . . . Cap. II.—IV. Nunc primum ed. . . .) 8 (S. 3—36). Progr.
K. k. Staats-G. im XII. Bez. (Untermeidling) Wien 1891. 1892.

Gregorii Nysseni (Nemesii Emeseni) περὶ φύσεως ἀνθρώπου liber a Burgundione in Latinum translatus. Nunc primum ex libris manu scriptis edidit et apparatu critico instruxit Carolus Immanuel Burkhard. Tertia pars capitula V. XXV. continens. (Umschlagtitel: . . . translatus. Cap. V.—XXV. Nunc primum ed. C. J. B.) 8 (S. 3—31). Progr.
K. k. Staats-G. im XII. Bezirke von *Wien (Unter-Meidling)* 1896

Nemessány, Joh., Beleuchtung der Wirren u. Umtriebe, welche in einigen Theilen der evangel. Superintendenz A. B. diesseits der Donau stattfinden. Preßburg 862. Wigand. gr. 8. (32 S.) n. 6 ngr.

NÉMETH, Béla von
Geschichte der Grossgemeinde Német-Bóly. Populär dargestellt von Béla von Németh. (Eigenthum der Grossgemeinde.) Fünfkirchen. 1900. Litterarische und Buchdruckerei-Actien-Gesellschaft. Gr.-8°. 257, VIII S. mit 13 Tafeln. K 3.60

Németh, Béla v., Geschichte der Grossgemeinde Német-Bóly. Populär dargestellt. 8. (259 u. XI S. m. 13 Taf., 1 Kartenskizze u. 1 Plan.) Pécs 900. (Fünfkirchen, Franziskanergasse, Selbstverlag.) 3. —

Németh, Emerich v., Verzeichniss der Banken, Industrie-Aktien-Gesellschaften, Selbsthilfs-Vereine, Sparkassen und Versicherungs-Gesellschaften im Königr. Ungarn. Imp.-Fol. Budapest 875, Lauffer's Verlag. *

Der grosse Fermat'sche Lehrsatz. Von Johannes **Németh**. Aus d. Ungar. von Josef Éber. Budapest 1910: Stephaneum Buchdr. 23 S. 8° [11. 1003]

Németh, Jos. v., die Grundbesitzer Ungarns, s.: Baross de Bellus, Karl.

Nemeth, Susanna, neuestes u. geprüft. Kochbuch, od. d. bürgerl. Küche. Eine Sammlung v. 825 Vorschriften zur Bereit. d. besten, nahrhaft. u. schmackhaftesten Speisen rc. Nach vieljähr. Erfahr. hrsg. 1. Aufl. (16½ B.) 834., 2., verb. u. m. 175 Vorschriften verm. A. (19 B.) 8. Leipzig 835, G. Wigand. à

† Nemeth, Susanna, (G. Wigand,) neues vollständ. u. geprüftes Kochbuch. Eine Samml. v. tausend Vorschriften z. Bereitung d. besten, nahrhaftesten u. schmackhaftesten Speisen rc. Nach vieljähr. Erfahr. hrsg. 3—5. Stereotyp-Aufl. (Gleichlaut. mit d. 2—4 Ausg.) 8. (16⅛ B.) Leipzig 836—41. [Berlin, C. H. Schultze.]

Nemeth, Susanna, neues vollständiges u. geprüftes Kochbuch. Eine Sammlung von tausend Vorschriften zur Bereitung der besten, nahrhaftesten u. schmackhaftesten Speisen rc. Nach vieljähriger Erfahrung herausgegeben. 5. Stereotyp-Aufl. (Gleichlautend mit der 2. bis 4. Ausg.) Leipzig 841, Geo. Wigand's Verlag. ½ ℔

Nemeth, Susanna, neues vollständiges geprüftes Kochbuch. Eine Sammlung von tausend Vorschriften zur Bereitung der besten, nahrhaftesten u. schmackhaftesten Speisen u. s. w. Nach vieljähriger Erfahrung herausg. 5. Stereot.-Aufl. (Gleichlautend mit der 2. bis 4. Aufl.) Schw. Hall 854. Haspel. (Stuttgart, Fischhaber.) 8. (XVI, 242 S.) 18 ngr.

NÉMETHI, ANTONIUS: Drey billiche Ehren-Cronen. Eine höchst Würdige Der ewigen Gerechtigkeit, Eine Erhebliche der wahrhaften Schönheit, Eine pflichtmäßige Der sonderbaren Freude zu Ehren des glorwürdigsten Petri Regulati, Priesters und Erneuerers Des Heiligen Francisci Ordens so 1747. den 19 Martz als den Tag Seiner Heiligsprechung vorgetragen bey denen WW. EE. PP. Franziskanern zu Frauenkirchen. Raab o. J. (1747). Gedr. b. Greg. Joh. Streibig. 41, 1 S. - kl. 4°

Némethy, Emil, die endgültige Lösung des Flugproblems. Lex.-8. (23 S. m. 3 Abbildgn. u. 1 Fig.-Taf.) Leipzig 903. (J. J. Weber.) n. 2. —

Nemethy, Frz., das Schloß Friedland in Böhmen u. die Monumente in d. Friedländer Stadtkirche; nebst e. alten Urkunden u. eigenhänd. Briefen d. Herz. Waldstein. Mit 5 Kpf. u. 30 Facsim. 8. Prag 818.

Némethy, Frdr. v., die Formularien des Verfahrens außer Streitsachen. In prakt. Anwendg. gezeigt u. m. Materialien ausgestattet. gr. 8. (XVI, 267 S.) Wien 902. Manz. n. 5. 80; geb. n. 7. 20

Nemethy, Frdr. v., die Formularien des Verfahrens außer Streitsachen. In prakt. Anwendg. gezeigt u. m. Materialien ausgestattet. 2., verm. Aufl. (XVI, 304 S.) gr. 8. Wien 906. Manz. n. 5. 40; geb. n. 6. 60

— das österreichische Grundbuchs- u. Executionsrecht von 1848 bis 1898. Lex.-8. (117 S.) Wien 899. (M. Perles.) n. 3. —
Sonderabdruck aus: „Geschichte d. österr. Land- u. Forstwirtschaft u. ihrer Industrien 1848 bis 1898".

Némethy, Geyza, s.: Catonis dicta quae vulgo inscribitur Catonis disticha de moribus.

Némethy, Geyza, s.: Ciris.

— De epodo Horatii cataleptis Vergilii inserto. (36 S.) gr. 8. Budapest 908. (Verlagsbureau der ung. Akad. der Wissenschaften.) 1. —
Sonderabdruck aus: „Ungar. Akademieschriften".

Némethy, Geyza, de libris amorum Ovidianis. gr. 8. (27 S.) Budapest 898. R. Lampel. n. 1. —

Némethy, Geyza, de Ovidio elegiae in Messallam auctore. (23 S.) gr. 8. Budapest 909. (Verlagsbureau der ung. Akad. der Wissenschaften.) — 60
Sonderabdr. aus: „Sitzungsber. d. ungar. Akad. d. Wiss."

Némethy, G., quaestiones de Firmico Materno astrologo. gr. 8. (33 S.) Budapest 889. (Lampel.) n. — 60

Nemethy, J., s. Nemethy, Franz

NEMETHY, Julius: De cognitione Dei naturali et supranaturali deque utriusque relatione. — (1892) 149 S. 4° (Handschr.) Diss. 480
Diss. Wien, Univ.

NÉMETHY, LUDWIG: Festpredigt zur Feier des Priester-Jubileums Franz Falchtmaiers. o. O. 1871. o. Dr.

Nemethy, Wladimir. Ein Beitrag zur Laparotomie bei Schuss- u. Stichwunden d. Magens. Diss. gr. 8. (57 S.) Dorpat 889, (Karow). * 1 —

Nemetschek, Frz. Xav., Lebensbeschreib. des Kapellmeisters Wolfg. Amad. Mozart. 2e verm. Aufl. 8. Prag. 808. Herrl. (Joachim in Leipz.)

Nemetsy, Franz, s. Nemethy, Franz

Némety, Jos., Versuch e. Darstellung d. Lage u. Ausdehnung d. Hegyallyaer Weingebirges, d. Beschaffenheit d. dort. Weinbaues, dann d. Bereitungs- u. Behandlungsart d. Tokayer Ausbruches. gr. 12. (4¼ B.) Wien 835, Beck's Univ.-Buchh.

Nemetz, Ferd., Beiträge zur Methodik des naturkundlichen Unterrichtes, nebst 2 detaillierten Lehrplänen. Auf Grund der hohen Ministerial-Verordnung vom 18. Mai 1874, Z. 6549, für achtklassige Schulen bearb. [Aus: „Oesterr. Schulbote".] Wien 878. Pichler's Wwe. & Sohn. — 40

Nemetz, Jos. Jh. der Täufer, Vorrath neuer Beiträge z. Physik, Oekonomie, Mechanik u. Technologie. 1r Thl. gr. 8. Pesth. 784. Kagenberger. 6 gl.

Nemetz, J. J.: „Vorrath neuer Beyträge zur Physik, Oekonomie, Mechanik und Technologie", Pest 1785.

Nëmetz, W.: Über einige Aufgaben aus dem Gebiete der darstellenden Geometrie mit 10 Fig. 18 S. – Elbogen, Progr. 1878.

Nëmetz W.: Zur Behandlung der darstellenden Geometrie in der Real schule mit 2 Tafeln. 62. Elbogen 79.
Progr.

Nëmetz W.: Beitrag zur constructiven Lösung des Apollonischen Problems. 5 mit 3 Fig. Elbogen 77.
Progr.

Nëmetz, W.: Über einige Regeln zur directen Bestimmung von Punkten und Tangenten der Kegelschnittslinien. 38 S. u. 2 Taf. – Elbogen, Progr. 1880.

Nemičic, Dr. Milan, Ljekarski riečnik (Medicinisches Wörterbuch I. Deutsch-lateinisch-kroatischer Theil.) Heft 1., 2. Agram, *Leop. Hartmann's akad. Buchhandlung. à 50 kr.
1883

Nemirović-Dančenko, Vasilij Ivanowić

Nemirowitsch-Dantschenko, W. J., unter der Erde. Das Glück des Iwan Habsvergessen, s.: Universal-Bibliothek.

Nemirowitsch-Dantschenko, Wassily, die Fürsten der Börse. Roman. Autoris. Uebersetzg. aus dem Russ. v. A. Markow u. L. Stein. 8. (376 S.) Berlin 892. Bibliograph. Bureau n. 4. 50

— dasselbe. (Neue [Titel-]Ausg.) 8. (376 S.) Berlin 895. H. Steinitz' Verl. n. 3. 50

— gestohlenes Glück. Novelle. Autoris. deutsche Ausg. v. Alois Markow. 8. (140 S.) Berlin 889. Bibliograph. Bureau. n. — 60

— Irrlichter, s.: Bibliothek Tiefenbach. 18. Bd.

— Israel in Waffen. Unter den Juden Daghestans. 8. (III, 136 S.) Leipzig 893. Slav. Buchh. n. 1. —

— hinter den Kulissen. Roman. Mit Genehmigg. d. Verf. aus dem Russ. übers. v. Alexis Markow. 8. (IV, 237 S.) Berlin 891. Wilhelmi. n. 3. —

— hinter den Kulissen. (Neue [Titel-]Ausg.) (Strauch's Unterhaltungs-Bibliothek.) 8. (IV, 237 S.) Leipzig [891.] (899). A. Strauch. 1. —

[Vasilij Ivanovič] Nemirowitsch-Dantschenko [Nemirovič-Dančenko], Die nackte Statue. Berlin: Vita [1899]. (S. 90–102.) 8° [F.]
— Geschichten, Kurze. 1, 12, [4.] 05. 3335

Nemitz, C., De Philostratorum imaginibus. Diss. 1875. 58 S. 1.—

Nemirowsky, Jakob, a. Rußland: Aus der Königlichen Geburtshilflichen Klinik der Charité in Berlin. Direktor: Geh. Med.-Rat Prof. Dr. Bumm. Die prophylaktische Wendung bei engem Becken. Berlin (1905): E. Ebering. (34 S.) 8°
Berlin, Med. Fak., Ref. Bumm, Diss. v. 23. Dez. 1905
[Geb. 3. Nov. 79 Elisawetgrad; Wohnort: Elisawetgrad; Staatsangeh.: Rußland; Vorbildung: Gymn. Elisawetgrad Reife O. 00; Studium: Berlin 9 S.; R.-g. 22. Dez. 05.]

Nemitz, Herm., Gedichte. (IV, 84 S.) kl. 8. Dresden (909). E. Pierson. 1.50; geb. n 2. 50

Nemitz, Karl

Nemitz, Carolus (*geb. Frankenstein in Schles. 15. 7. 1852*): De Philostratorum imaginibus. Vratislaviae (1875). (53 S.) 8°
Breslau, Phil. Diss. v. 3. Juli 1875

Nemlinger, G., Betrachtungen über das Sendschreiben von Joh. Ronge. Von einem Pfarrer der Diöc. Trier. Koblenz, Reiff, 1845, 16°, 3. Aufl., 25 Bl.

Nemmersdorf, Franz von [Pseud.],
s.a. Reitzenstein, Franziska von

†**Nemmersdorf, Frz. v., [Franziska Freifrau v. Reitzenstein], Allein in der Welt. Roman in 4 Büchern. 3 Bde. 8. (586 S.) Berlin 868, Janke.**

Nemmersdorf, Frz. v., Doge und Papst. Historischer Roman aus dem 17. Jahrh. in 4 Büchern. 2 Bde. 8. (VI und 470 S.) Breslau 865, Trewendt.

Nemmersdorf, Frz. v., e. Ehestandsdrama. Roman. 4 Bde. 8. (220, 227, 229 u. 220 S.) Jena 876. Costenoble. 18. —

Nemmersdorf, Frz. v., gebt Raum. Roman. 3 Bde. 8. (228, 216 u. 224 S.) Dresden 880. Baensch. 12. —

—— ein Gentleman. Geschichte eines jungen Mannes. Roman in 4 Bdn. 8. (VII, 286; 235; 212; 223 S.) Jena 874, Costenoble.

—— moderne Gesellschaft. Roman in 12 Büchern. 4 Thle. 8. (1118 S.) Leipzig 863, Brockhaus. *

— zur Herrschaft geboren, s.: Reiselectüre.

Nemmersdorf, Frz. v., der Kampf der Geschlechter. Eine Studie aus dem Leben u. f. das Leben. 8. (VIII, 174 S.) Leipzig 891. M. Spohr. n. 2. 40

— dasselbe. 2. Aufl. gr. 8. (VIII, 189 S.) Ebd. 892. n. 2. 40

— die Masken d. Glückes, s.: Eisenbahn-Unterhaltungen.

— Ritter unserer Zeit. Roman in 6 Büchern. 3 Thle. 8. (297, 334 u. 347 S.) Nürnberg 873. Richter & Kappler. n. 6. —

Nemmersdorf, Frz. v., unter den Ruinen. Ein Roman aus Roms Gegenwart. 4 Thle. 8. (X und 831 S.) Leipzig (861)62, Brockhaus. *

— La Stella. Roman aus Venedigs Gegenwart. München 863. Fleischmann. 8. (306 S.) 1 Rthlr 12 ngr.

—— La Stella. Roman aus Venedigs Gegenwart. 8. (306 S.) München 863, [Merhoff's Verlag.]

Nemmersdorf, Frz. v., unter den Waffen. Roman in 6 Büchern. 3 Bde. Berlin 868. Janke. 8. (III, 234; III, 236 u. III, 224 S.) n. 2 Rthlr

—— **Unter den Waffen. Roman in 6 Büchern. 3 Bde. 8. (234; 236; 224 S.) Berlin 869, Janke.** *

Nemmersdorf, Frz., aus gärender Zeit. Eine Studie aus d. Leben. 8. (239 S.) Stuttgart 895. Druckerei u. Verlagshaus Stuttgart. n. 2. —; geb. n.n. 2. 75

(Fig.: *Porträt des Mörders*, 58 × 56) | Jean Taurisson | der | sechsfache Raubmörder | aus Frankreich. | Eine schreckliche Begebenheit der neuesten Zeit. | Herausgegeben und im Selbst-Verlag | von Joh. Nemmertz in Dahlen, R.-B. Düsseldorf.
Kol.: Druck von Carl Hermann Müller in Berlin, Münzstraße 3.
o. J., 4 Bl. n. n., 182 × 116.
LBO Bänkelsängerlit. II, 46.

Nemnich, Fritz, mein Briefsteller in allen Lebenslagen. (VIII, 88 S.) 8. Leipzig (906). S. Schnurpfeil. — 60

Nemnich, Fritz, Zimmer- u. Balkon-Gärtnerei m. Monatskalender. Leicht faßl. Ratgeber f. jedermann, sein Heim durch Blumen u. Ziergewächse zu e. schönen, wohnl. zu gestalten. (35 S. m. 1 Fig.) 8. Leipzig (909). S. Schnurpfeil. — 25

Nemnich, *Konrad Rudolf* Hermann [aus Herborn, Reg.-Bez. Wiesbaden]: Über den anatomischen Bau der Achse und die Entwicklungsgeschichte der Gefässbündel bei den Amarantaceen ... Erlangen, k. b. Hofbuchdr. v. A. Vollrath, 1894; 3 Bl., 36 S., 1 Bl., 1 Taf. 8.
Erlangen, Phil. Fak., Inaug.-Diss. v. [6. Juni] 1894

Nemnich, Philipp Andreas

Nemnich's Ankündigung eines Catholicon's oder Wörterbuchs der europäischen Sprachen. Halle 790. 4.

Nemnich, Phil. Andr., Archiv patriot. Wünsche u. Verschläge, bei Gelegenheit d. zu erneuernden Hamburg. Constitution. (A. u. d. T.: Hamburg. Archiv. 16—36 Stück). Hamb. 814. Nemnich. (Campe). 1 ℛ

— Beiträge z. Cigarrenkunde. gr. 8. Leipz. 808. (Brockhaus). 4 gℊ

— Beschreib. e. Reise im Jahre 1799. v. Hamburg nach England. 8. Tübing. 800. v. Cotta. 2 ℛ 12 gℊ

— Beschreibung v. Tönning. 8. Hamburg 805. (Heyse in Bremen). 2 gℊ

Nemnich, P. A., Catholicon, v. a. Catholicon.

— Catholicon, s. unten Polyglotten-Lexicon.

— Catholicon, oder allgem. Polyglotten-Lexicon d. Naturgeschichte. Mit erklärenden Anmerkk. 4 Bde. gr. 4. Hamb. u. Halle 793—95. (Reimer in Berl.); (a. W. Rauck in Leipz.) 20 ℛ — Das Wörterbuch d. Marine hiezu, s. J. H. Röding.

Nemnich, Philipp Andreas: „A commercial dictionary english and german, german and english", Hamburg 1816.

Nemnich, Phil. Andr., the spanish Dictionary of merchandise. 4. Leipz. 816. Kummer. 2 ℛ

Nemnich, Philipp Andreas: „An encyclopedia of merchandise, comprising all the exports and imports of Great-Britain, her colonies and America". Hamburg 1815.

— — das Leipziger Handwörterbuch der Handlungs-, Comptoir- und Waarenkunde rc. zergliedert und näher beleuchtet. gr. 8. Hamburg, Verfasser. (Leipzig, Kummer.) 819.

— Comptoir-Lexicon in 9 Sprachen, f. Geschäftsmänner. gr. 8. Hamb. 803, 805. Autor. 7 ℛ 12 gℊ (a. Schubothe in Koppenh.) 5 ℛ

Philipp Andreas Nemnich

Lexicon nosologicum polyglottom. (Lexicon nosologicum Latino Germanicum, Belgicum, Danicum, Suecicum, Anglicum, Gallicum, Italicum, Hispanicum, Lusitanicum.) Omnium morborum symptomatum vitiorumque naturae et affectionum propria nomina 10 diversis linguis explicata continens. Auctore Philippo Andrea Nemnich. Hamburgi: Verf. 1801; C. Müller; Lipsiae: Boehme in Komm. [usw.] 77 Bl. 4°

— Lexicon nosologicum polyglotton. Fol. Hamb. 801. Autor. (Joachim in Leipz.) 5 ℛ 12 gℊ

— Spanisch u. engl. Marine-Lexicon, in 4., jetzt Ebd.

— — Nachtrag zur britt. Waarenencyclopädie, gesammelt v. 1815 — 1820. 4. Ebend. 820.

Philipp Andreas Nemnich

Allgemeines Polyglotten-Lexikon der Naturgeschichte ... Von Philipp Andreas Nemnich. Lfg (1)–8. Hamburg: Verf.; Halle: Gebauer [in Komm.] (1794 ff.: Hamburg: Verf.; Leipzig: Böhme [in Komm.] 1793–98.) 4 Bde 4°

(Lfg 1: A – Cam 1793.)
Lfg 2: Cap–Fus (1794.)
Lfg 3: G – M (1794.)
Lfg 4: O – Z (1795.)
Lfg 5: 1) Deutsch. Wörterbuch der Naturgeschichte.
2) Engl. Wörterbuch der Naturgeschichte. (1796)
Lfg 6: 1) Nachtr. z. engl. Wörterbuch der Naturgesch.
2) Portug. Wörterbuch der Naturgeschichte.
[Nebent.:] Nemnich: Wörterbücher der Naturgeschichte in der deutsch., holl., dän., schwed., engl., franz., ital., span. u. portug. Sprache. [1798.]
Lfg 7: 1) Franz. Wörterbuch der Naturgeschichte.
2) Ital. Wörterbuch der Naturgeschichte. [1798.]
Lfg 8: 1) Span. Wörterbuch der Naturgeschichte. 2) Holl. Wörterbuch der Naturgeschichte. 3) Schwed. Wörterbuch der Naturgeschichte. 4) Dän., norweg. u. isländ. Wörterbuch der Naturgeschichte. 5) Einige Nachtr. (1798.)

— allgem. Polygotten-Lexikon der Naturgesch., naturhistor. Terminologie, Anatomie rc. mit erklärend. Anmerkungen. 4 Bände. gr. 4. Hamburg. (Sommer in Leipzig.) 793.

— — dasselbe. 4 Bände. m. Kupf. 4. Hamburg. (Gleditsch in Leipzig.)

— allgem. Polyglotten-Lexicon, 4 Bde. gr. 4. Hamb., jetzt Berl. v. Reimer in Berl.

— neueste Reise durch England, Schottland u. Irland, vorzügl. in Bezug auf Produkte, Fabriken u. Handlung. gr. 8. Tübing. 807. v. Cotta. 5 ℛ

Nemnich, Philipp Andr., Reise durch die Schweiz und verschiedene Gegenden Deutschlands . . . .

— s. Reck, Entdeckungsreise.

— Tagebuch e. der Kultur u. Industrie gewidmeten Reise. 8 Thle. 8. Tübing. 809—11. v. Cotta. 10 ℛ 4 gℊ (1r u. 2r Thl. Deutschland. 3 ℛ 4 gℊ 3r u. 4r Thl. A. u. d. T.: Original-Beiträge z. eigentl. Kenntniß v. Holland. 2 Thle. 809. 3 ℛ 4 gℊ 5r u. 6r Thl. A. u. d. T.: Original-Beiträge z. eigentl. Kenntniß v. Frankreich. 2 Thle. 810. 1 ℛ 12 gℊ 7r Thl. A. u. d. T.: Reise durch Italien v. Dec. 1809 bis dahin 1810. 1 ℛ 8r Thl. Die Schweiz. 1 ℛ 8 gℊ)

— Tagebuch einer d. Kultur u. Industrie gewidmeten Reise. 8r Thl. Reise durch die Schweiz. 8. Tübingen, Cotta. 811.

Nemnich, Philipp Andreas (Dillenburg)
Theses juris controversi.
Giessae 22. April 1786: Braun. 8 S. 4°
pro licentia summos in utroque jure honores capessendi.

— Universal-Lexicon d. engl. u. deutschen Handlungs-Correspondenz, enthalt. alle Wörter u. Redensarten des merkantilischen Briefstyls, des Buchhaltens, der Wechsel-Operationen, Waarenpreise, Zollwesen rc. 4. Hamb. 816 N. A. 832. Campe. 2 ℛ

Nemnich, Philipp Andreas: „Waaren-Encyclopädie" in 4 Abteilungen: 1. Französisches, 2. Britisches, 3. Spanisches Waaren-Lexicon in 3 Abteilungen (spanisch, deutsch und englisch; englisch und spanisch; deutsch und spanisch), 4. Portugiesisches Waaren-Lexikon in 3 Abteilungen (portugiesisch, deutsch und englissch; englisch und portugiesisch; deutsch und portugiesisch), Hamburg 1815—1817.

— brittische Waarenencyklopädie. 4. Hamb. Nemnich. 815.

— franz. Waarenencyklopädie. 4. Ebend. 815.

— — Dänisches Waaren-Lexicon, Island und Norwegen mit begriffen. 4. Ebend.

Nemnich, P. A., Italienisches Waaren-Lexicon. 4. Hamburg. (Leipzig, Kummer.) Rthlr.

— — Portugiesisches Waaren-Lexicon. 4. Ebend. 817.

— — Russisches Waaren-Lexicon. 4. Ebend.

— Waaren-Lexicon in 12 Sprachen. 3 Bde. gr. 8. Hamb. 797—801. Autor. 15 ℛ — Neues Waaren-Lexicon in 12 Sprachen. 3 Thle. 4. Ebd. 820. (A. Campe). 10 ℛ — Daraus einzeln: Britisches Waaren-Lexicon, mit e. Nachtrage. 4. Ebd. 815—20. 4 ℛ — Französisches Waaren-Lexicon. 4. Ebd. 815. 3 ℛ — Spanisches Waaren-Lexicon. 4. Ebd. 816. 2 ℛ — Portugiesisches Waaren-Lexicon. 4. Ebd. 815. 1 ℛ 12 ℊ — Dänisches Waaren-Lexicon. 4. Ebd. 821. 1 ℛ — Russisches Waaren-Lexicon. 4. Ebd. 821. 1 ℛ — Schwedisches Waaren-Lexicon. 4. Ebd. 821. 1 ℛ — Holländisches Waaren-Lexicon. 4. Ebd. 821. 1 ℛ — Italienisches Waaren-Lexicon. 4. Ebd. 821. 1 ℛ 12 ℊ

Nemnich, P. H., Zolltarif, s. Zolltarif.

Nemo [Pseud.], s. Mersch, Charles

Nemo, s.: Auch Eine.

Nemo. Unter der Friedenspalme. Ein Märchen. In-12°. 81 S. Zürich, Verlags-Magazin (J. Schabelitz). 1892 1 25

— Rabbi Jesua. Trauerspiel. 8. (190 S.) Budapest 893. (L. Kókai.) n. 2. —

Nemo, Captain, s.: Zwischen zwei Welten.

Nemo, D., das böse Gewissen, s.: Theater f. die katholische weibliche Jugend.

Nemo, G., s.: Zehnpfennig-Bibliothek.

NEMO, Helfgott Οὔτις (ps.), Anderer Berliner Musenalmanach für d. J. 1830, oder Geographie der neuentdeckten weltberühmten Musen-Erdkugel. — Ein schön kurzweil. Büchlein, fast lustig, nützlich u. überaus lehrreich zu lesen und mit einem Vorworte Apollo's, des Musengottes, von u. s. w. zusammengetragen. 99ste verb. Aufl. Landsberg a. d. W., Ende, 1830. 12. Rar!

Satyre auf das Jahr 1830. 2 Bog. mit 1 Holzschnitt. — A. G. Schmidt, Gallerie etc.

Nemo, J. (Frl. Joh. Theodora Connemann), der ungeschliffene Diamant, s.: Dilettantenbühne, kathol.

— Erlebtes u. Erdachtes, s.: Jugend-Bibliothek, kathol.

— d. verhängnißvolle Fragment, s.: Dilettantenbühne, kathol.

Nemo, J. (Frl. Johanna Theodora Connemann), der zerstreute Gelehrte, s.: Dilettantenbühne, katholische.

— Die Herrin v. Eltenham. Roman. Frei nach dem Engl. (458 S.) 8. Hamm (908). Breer & Thiemann. 4.50; geb. in Leinw. 5. 50

— das Loch in der Tischdecke, s.a. Theater f. die weibliche Jugend. 10.

Das Loch in der Tischdecke. Von J. Nemo. 2. Aufl. *Paderborn: F. Schöningh [1902].* (19 S.) 8° [F.]
= Theater f. d. weibliche Jugend. 10. [03. 8856]

— Tiefe Schatten. Orig.-Roman. (335 S.) 8. Ebd. (908). 3.50 —; geb. in Leinw. 4. 50

— nur keine Übertreibung, s.: Dilettantenbühne,
— Verloren u. Wiedergefunden, katholische.

— verrechnet, s.a. Theater f. die weibliche Jugend. IX.

Verrechnet von J. Nemo [d. i. Johanna Theodore Connemann]. 2. Aufl. Paderborn: F. Schöningh [1906]. (52 S.) 8° [F.]
— Theater f. d. weibliche Jugend. 9. [07. 14165]

Nemo, J. (Connemann), Gottes Wege. Novelle. Mit Illustr. v. Gust. Olms. (148 S.) kl. 8. Frankenstein 904. Neu-Weißensee, H. W. Th. Dieter. — 50

Nemo, J., Gottes Wege. Jetzt: Freiburg i/B., Geschäftsstelle des Charitasverbandes.

Nemo, Quidam, s. Zehnpfennig-Bibliothek Nr. 4.

Nemo Peregrinus [Pseudon.] s. Meglinger, Joseph.

Nemor, Fel., Hans Waldmann, s. Bibliothek vaterländischer Schauspiele.

Nemowa-Nemaja, Sarah. Radikaloperation der Hernien. Diss. Med. Bern. 31 S. 8. Bern, H. Spahr, 1910.

Nena Sahib od. die Revolution Indiens. (Von Sir John Retcliffe.) (802 S.) 8. Weißensee (906). E. Bartels. Geh. od. in 4 Leinw.-Bdn. 12. —

Nenadić, Georg, Forstpraktikant b. d. kgl. Landesregierung zu Agram: Ueber die Rentabilität der Eichen-Hoch- und Niederwaldwirtschaft in Kroatien und Slavonien unter besond. Berücksichtigung d. Broder- u. Peterwardeiner Vermögensgemeinde. München 1908: Kastner & Callwey. (64 S., 6 Taf.) 8°

München, Staatswirtsch. Fak., Ref. Endres, Diss. v. 11. Nov. 1907

[Geb. 24. April 76 Rudopolje (Kroatien-Slavonien); Wohnort: Agram; Staatsangeh.: Österreich-Ungarn; Vorbildung: Realgymn. Agram Reife Juni 98; Studium: Agram 6, München 4 S.; Rig. 11. Nov. 07.]

Nenadovics, L., die Herzkrankheiten. Ihre Ursachen u. kurörtl. Behandlg. (XII, 144 S.) 8. Franzensbad 908. E. A. Götz. 2. 50

Nenadowitsch, N., k. serb. Artill.-Hauptm. in Pension. Leben und Thaten des grossen Georg Petrowitsch, Kara-Georg, obersten Führer, Befreier und Regenten Serbiens, und das Leben seiner Heerführer und Krieger, als Material für die serbische Geschichte von 1804 bis 1813, und weiter. I. Buch. Mit 14 lithographirten Bildern. Bilder-Album hiezu (mit 24 Bildern). (2 Bde.) 8. Wien 1883.

Nencini, Flaminius, de Torontio ejusque fontibus. 8. (XII, 172 S.) Liburni 891. (Turin, H. Loescher's Sort.) n.n. 4. 80

NENCKE, K. C., Julchen Grünthal, oder die Folgen der Pensions-Anstalten und die Gefahr der grossen Stadt. Ein Schauspiel in 5 Akten. Berlin 1784. 8°. (8 Mk. E. Frensdorff.) Selten!

Nencke, Karl Christoph

§ **CORRESPONDENZ** mit und über eine Berlinische Lais (verfaßt von *Carl Christoph Nencke*, † 28. Aug. 1811, im Alter von 60 Jahren; nicht von Cranz), zugeeignet dem Verfasser des Versuchs einer Anleitung zur Sittenlehre für alle Menschen. O. O. (Berlin) 1783. 8°. (6 Mk. 50 Pfg., G. Priewe, Heringsdorf, c. 1890; 15 Mk. Frensdorff, c. 1906.)
166 S. (incl. XIX S. Tit. u. „Prolog"). Wichtig zur Berliner Bordell- u. Prostitutions-Litteratur. (S. 55—60 „Vorschlag zur Verbesserung der öffentlichen Häuser in grossen Städten".) Höchst selten!

Nencki, Kasimir v.

Nencki, K. v. Über die Kondensation von Ortho-Aldehydo-Säuren mit methylierten Chinolinen. In-8°. 42 S. Bern. These. 1897

Nencki, Leon v., u. Jos. v. **Jaworski,** Apolysin, e. neues Antipyreticum u. Analgeticum. Beiträge zur Lehre üb. d. Verhältnis zwischen d. pharmacodynam. Wirkung u. d. chem. Constitution einiger Körper d. aromat. Gruppe. [Aus: „Allg. med. Central-Zeitg."] gr. 8. (15 S.) Berlin 895. O. Coblentz. n. 1. —

Nencki, Leon [Arzt aus Bremgarten (Bern)]: Die Frequenz und Verteilung des Krebses in der Schweiz an Hand der Krebstodesfälle in den Jahren 1889—1898. Bern 1900. 30 S. 4°. (S.-A. aus Zeitschrift für schweizerische Statistik, 36. Jahrg. 1900.)
Bern. Med. Diss. 1900/1901.

Nencki, Leon. Das Methylmercaptan als Bestandtheil der menschlichen Darmgase. Lex.-8. (2 S.) Wien 889, (Tempsky). * * — 6
Aus: Sitzungsber. d. k. Akad. d. Wiss., besonders abgedruckt.

Nencki, Marcellus

Nencki, M., Beiträge zur Biologie der Spaltpilze. Mit 2 lith. Taf. [Aus: „Journ. f. prakt. Chemie".] gr. 8. (62 S.) Leipzig 880. Barth. n. 1. 50

— — Über die Bildung von Paramilchsäure durch Gärung des Zuckers. S. 98. IIb. 62. . vgr.
Separatabdruck

Nencki M. von: Leichte Darstellung der Leukobase des Malachitgrüns. S. 97. IIb. 80 . vgr.
Separatabdruck

— und Sieber N.: Über das Hämatoporphyrin (mit 1 Taf.). S. 97. IIb. . . . vgr

Nencki, M., e. eidgenössisches Hygieine-Institut oder Subvention der kantonalen Anstalten. Schreiben an den Präsidenten d. bern. kantonalen Ärztevereins Th. Kocher. gr. 8. (19 S.) Bern 890. (Schmid, Francke & Co.) n. — 80

Nencki, M. v., s.: **Jahresbericht üb. die Fortschritte der Thier-Chemie.**

— — Zur Kenntnis der bei der Eiweißgärung auftretenden Gase. S. 98. IIb. 67. . vgr.

— und Rotschy A.: Zur Kenntnis des Hämatoporphyrins und des Bilirubins. S. 98. IIb. 245 . . . . vgr.
Separatabdruck

Nencki, Marceli. M' N' Opera omnia. Gesammelte Arbeiten von Prof. M. N'. ([Hrg. von Frau] N[adeschda] Sieber [und] I[wan] Zaleski, St. Petersburg.) 2 Bände. gr.-8. Braunschweig, Vieweg, 1904 (**Umschlag:* 1905). [M. 45. —]
Band 1: 1869—1885. (Mit [Figuren, Biographie und Bibliographie, sowie] dem Porträt des Verfassers in Photogravüre, einem Facsimile und sieben Tafeln.) XLII + 840 S.
Band 2: 1886—1901. (Mit [Figuren und] acht Tafeln.) XIV + 894 S.
(*Enthält auch zahlreiche* Arbeiten von Schülern Prof. Nencki's. — N', 1871—1891 in Bern, † 1901.)

von Nencki, Marcellus (geb. Boczki in Polen 15. 1. 1847): Die Oxydation der aromatischen Verbindungen im Thierkörper. Berlin (1870). (28 S.) 8° * Aus: Archiv f. Anatomie, Physiol. u. wiss. Medicin 1870.
Berlin, Med. Diss. v. 2. Aug. 1870

Nencki, M. und W. Wyżnikiewicz, Untersuchungen über die Rinderpest. S.-A. a. C. f. B. Jena 98. Fischer.

— Untersuchungen über die Zersetzung des Eiweißes durch anaerobe Spaltpilze (mit 2 Textfiguren). S. 98. IIb. 3?? . . . . . vgr.
Separatabdruck

— Über die Verbindungen der flüssigen Fettsäuren mit Phenolen. S. 98. IIb. ?? . vgr.
Separatabdruck

— über die Zersetzung der Gelatine u. des Eiweisses bei der Fäulniss mit Pankreas. gr. 4. (39 S. m. 1 Steintaf.) Bern 876. Dalp in Comm. n. 1. 60

Nendel, H., f. Landschaften, angenehme.

Nendtvich, Károly Meximilian

Nendtvich, C. M., **Grundriss der allgemeinen technischen Chemie für Oberrealschulen und technische Lehranstalten.** In 3 Abthlgn. Pesth 854—58. Heckenast. 8. 3 ₰. 15 ngr.
1. Abth.: Metalloide. Mit 86 Holzschn. (im Text.) 854. (XIII, 370 S.) 1 ₰.
2. - Metalle. Mit 48 Holzschn. (im Text.) 855. (XIV, 490 S.) 1 ₰. 15 ngr.
3. - Organische Chemie. Mit 13 Holzschn. (im Text.) 858. (XVI, 408 S.) 1 ₰.

Nendtvich (C. M.). Grundriss der allgemeinen technischen Chemie in 3 Abtheilungen. (Metalloide. Metalle. Organische Chemie.) 2. Aufl. Pesth 1859. 8.

Nendtwich, C. M., Grundriss d. Stöchiometrie, nebst ein. geschichtl. Ueberblick ders., f. angeh. Chemiker u. Pharmaceuten entworfen. gr. 8. (4¼ B.) Ofen 839. (Pesth, Kilian u. Comp.) •

Nendtvich, Dr. C. M., Die Judenfrage in Oesterreich-Ungarn. Eine culturhistorische Studie. gr. 8. (VI. 138 S.) Budapest, Ludwig Aigner. 1 fl.
1885

Nendtwich, N.

Nendtwich, chemisch-technische Untersuchung der vorzüglicheren Steinkohlen-Lager Ungarns. [Aus den Sitzungsberichten 1851 d Kais. Akad. d. Wiss. abgedr.] gr. 8. (53 S.) Wien 851. (Braumüller.) n. 8 ngr

Nendtwich, chemisch-technische Untersuchung der vorzüglicheren Steinkohlen-Lager Ungarns. gr. 8. (53 S.) Wien 852, (Gerold's Sohn.) •
Aus: Sitzungsberichte der k. Akad. der Wissenschaften J. 1851, besonders abgedruckt.

Nenitescu, Joan [aus Romaenien]: Die Affectenlehre Spinoza's . . . . Leipzig, Druck v. Bär & Hermann, 1887; VI S. (+1 Bl.) + 132 S. 8°.
Leipzig, Phil. Fak., Inaug.-Diss. v. 23. Apr. 1887.

Nenitescu, Joan, die Affectenlehre Spinoza's. gr. 8. (VII, 130 S.) Leipzig 887, (C. F. Fleischer.) * 2 —

Nenke, Friedenspredigt f. Schlesien am 22. Nov. 1808. 8. Breslau, G. W. Korn. -

Nenke, Karl Christoph, s. Beobachter an der Oder.

Nenke, Karl Cph., († d. 28. Aug. 1811.) Breslau, e. Wegweiser f. Fremde u. Einheimische. Mit 1 Pl. 8. Bresl. 808. J. F. Korn. 1 ß 16 ℊ Der Plan apart auf Pappe. 12 ℊ Holl. Pap. 18 ℊ illum. 1 ß

Nenke, K. Cph., s. Bretonne, der verunglückte Bauer.

– s. Brühl, v.: Untersuchung.

– s. Bürgerfreund: Eine Wochenschrift.

– s. Büsten Berliner Gelehrten.

Nenke, Karl Cph., Carvallo, oder der Fluch der Eltern. Schspl. 8. Berl. 784. (Sander). 10 ℊ

— s. Grünthal, Julchen, rc.

– s. Knüppeln, J. F.

– s. Korrespondenz e. Berliner Lais.

— Noth- u. Hülfsbüchlein in polit. Rechtsangelegenheiten. 8. Berl. 794. Felisch. (Wienbrack in Leipz.) 8 ℊ

— Reise d. Preußen u. Litthauen, s. L. v. Baczko.

– s. Staatenjournal, Neues.

Nenke, K. Cph.: Allgem. Unterricht für die bürgerl. Verhältnisse des Lebens. Nach Anleitung d. A. G. O. *Berl.*, (Wienbrack in *Leipzig*.) 792. gr. 8. (16 Gr.)

— Unterricht v. den Pflichten der Kinder gegen Aeltern u. Vormünder. gr. 8. Berl. 792. Felisch. (Wienbrack in Lpz.) 5 ℊ

— Unterricht von rechtl. Willenserklärungen. gr. 8. Berl. 792. Felisch. (Wienbrack in Leipz.) 12 ℊ

— dass. nebst sn. drei übrigen Schr. hat d. T.: allgem. Unterr. über d. bürgerl. Verhältnisse. gr. 8. Leipz. 793. (Wienbrack). 1 ß 12 ℊ

NENKE, J. C., Unterricht über die Verhältnisse des bürgerlichen Lebens und die allgemeinen Pflichten und Rechte der ältern Ehegatten. Mit besonderer Hinsicht auf das kgl. preußische Gesetzbuch. Berlin 1792.
Ehestandsalmanach I. p. 260, ohne Formatsangabe.

— über Verbrechen u. Strafen, nach Anleit. d. allgem. Gesetzbücher f. sämmtl. Preuß. Staaten. gr. 8. Berl. 792. Felisch. (Wienbrack in Leipz.) 3 ℊ

— über die Verhältnisse des bürgerl. Lebens. gr. 8. Berl. 793. Felisch. (Wienbrack in Leipz.) 16 ℊ

Nenke, Karl Christoph (Herausgeber): „Der Bürgerfreund. Eine Wochenschrift für Fabrikanten, Manufakturisten, Handwerker und Bürger", Stück 1—24, Berlin 1784 (Wever in Komm.). — Vorh.: Preußische Staatsbibliothek Berlin. — Signatur: Ad. 159.

Nennewitz, Osc., der geistige Fortschritt u. seine Bekämpfer. Ein Hinweis auf den Obscurantismus im heutigen Culturkampfe sowie auf den socialen Standpunkt der Wissenschaft u. deren Zusammenhang mit dem Ideale des Heilandes. gr. 8. (31 S.) Chemnitz 880. Schmeitzner. n. 1. 20

NENNFALL, Nominativus (ps.), Der sonderbare Nutzen und die Vortrefflichkeit der prästabilirten Harmonie in dem Ehestande wurde bey Gelegenheit einer gewissen Hochzeit entworfen von — --. Gedruckt zu Allerheiligen-Stadt 1739. 4°. Rar!
8. SS. Satyrisches Gedicht, angebl. Pamphlet gegen die Wolffianer. (Kühl, Berlin, Cat. 11 no. 657: Beibd.)

NENNING, Ernst (Schongau): Über Magen- und Bauchdeckenfisteln bei Magenkarzinom. (Titel nach der Urkunde)
13.3.1894 – Urk; Chr 1893/94,14
Diss. Ingolst.-Landsh.-Mchn.

Nenning, Stephan

Nenning, St. R., die Fische des Bodensees nach ihrer äußern Erscheinung. gr. 8. Constanz 834. Glükher. 1/6 ß

Nenning: Ueber ein den Weintrauben höchst schädliches vorzüglich auf der Insel Reichenau bei Constanz einheimisches Insekt. Nebst Beschreibung noch einiger dem Rebstock schädlicher Insekten. 2. Aufl. Constanz: Glükher 1840. 16 S., mit Abb. -- 100*
--- Dass. 1. Aufl. [Nenning]: Ueber ein den Weintrauben .... Konstanz 1811. -- [Zit. nach dem Realkatalog der DSB; dazu Anmerkung: '1. Aufl. erschien anonym'] Anmerkung bei BJ: 'Dieses Werk wird vielfach unter dem Namen Renning zitiert, da besonders auf der ersten Auflage N und R nach der Buchstabenform kaum unterscheidbar sind'. -- Bibliotheca oeconomica: Üb. ein den Weintrauben höchst schädliches Insect. ... Zum Druck befördert (von St. V. Nenning). -- Dochnahl: Nenning, St. V.: Üb. e.d. Weintrauben höchst schädliches Insekt. Konstanz 1811. -- Simon: Bibliotheca vinaria: Renning: Über ein dem Weinbau .... Constanz 1811. - Nenning: Ueber e.d. Weintrauben höchst schädliches Insekt. 2. ed. 1840. -- Weber: Ueber ein dem Weinbau höchst schädliches Insect .... Constanz 1812.

— über ein den Weintrauben höchst schädliches vorzüglich auf der Insel Reichenau bei Constanz einheimisches Insekt. Nebst Beschreibung noch einiger dem Rebstock schädl. Insekten. 2e Aufl. Mit (ill.) Abbildd. gr. 8. Constanz 840. Glükher. 1/6 ß

— über ein den Weintrauben höchst schädl. vorzügl., auf d. Insel Reichenau bei Constanz einheim. Insekt. Nebst Beschreib. noch einiger d. Rebstock schädl. Insekten. 2. Aufl. gr. 8. (1½ B. u. 2 ill. Taf.) Constanz 840, [Meck.]

— Lehrbuch der gesammten Naturlehre. gr. 8. Winterthur 828. Steiner. 1 ß 16 ℊ

Nenning, St. V., Leitfaden d. Naturgeschichte, zum Gebr. auf Mittelschulen. 2 Bdchen. Mit vielen Tabb. 8. Constanz 825. Wallis. 1 ß 10 ℊ

— Leitfaden d. Naturgeschichte rc. 2 Bde. 8. Constanz 825, jetzt Verlag von Glükher. 1 5/12 ß

Nenning. St[ephan]. Das Luxburger Mineral-Wasser im Canton Thurgau. 8. Constanz 1821.

Dr. Stephan Nenning. Über die Naturgeschichte unserer Gegend. 15 S. Konstanz, P 1835

— über die Naturgeschichte der Umgegend von Constanz. gr. 8. Constanz 835. Glükher. 1/12 ß

Nenning, über d. Naturgeschichte d. Umgegend v. Constanz. gr. 8. (1 B.) Constanz 835, [Meck.]

Nenninger, ..., s. Gesangbuch, Hildburghaus.

Nenninger, Oscar [aus Eisfeld]: Über Poliomyelitis acuta anterior atrophica adultorum. ... Berlin, Buchdr. v. Gustav Schade (Otto Francke) (1890); 81 + 1 S. + 1 Bl. 8°
Berlin, Med. Fak.; Inaug.-Diss. v. 28. Febr. 1890

Nennius und Gildas ex recens. Stevenson. Herausgeg. von San-Marte (A. Schulz). gr. 8. Berlin 844, Röse. 1 ₰

Nennius u. Gildas ex recens. Stevenson. Hrsg. v. †San-Marte (A. Schulz). gr. 8. (12½ B.) Berlin 844, [A. Schultz.]

NENNY, Petr. Marc.: Vindiciae luculentae juris ac privilegii in Indias atque Africam navigandi ibique commercia colendi, Belgii Austriae incolis novissime concessi s. solida confutatio argumentorum quae Batavorum resp. etc. adjecta dissert. de jure quod competit societati privilegiatae foederati Belgii ad navig. et commerc. Indiarum etc. *Lips.* 724. 4. (Mit deutscher Uebers. z. Seite.)

Nenter, G. C., theoria hominis aegroti, s. pathologia medica. 8. Strasb. Beck. 716. Rthlr. –

— theoria hominis sani, s. physiologia medica. 8. ibid. 726. –

NENTER, GEORG PHILIPP.

* Bericht von der Alchemie. Darinnen von derselben Ursprung, Fortgang und besten scriptoribus gehandelt, auf alle Einwürffe der adversariorum geantwortet und klar bewiesen wird, dass wahrhafftig durch die Alchemie der rechte Lapis Philosophorum als eine Universal Medicin könne bereitet werden. Zum Druck befördert durch Friederich Roth-Scholtzen. Nürnberg, 1727. pp. 147–218 [following Buddeus' Untersuchung]. 12mo.

The first chapter discusses the origin of alchemy, the second contains a list of 21 authors and some of their works.

See in Section VI, Roth-Scholtz: Deutsches Theatrum Chemicum.

Nenter, Geo. Phil., fundamenta medicinae theoretico-practicae secund. Stahlii potiss. aliorumque placita etc. II Tmi. 4. Strasb. Treuttel. 750.

Nentwig, A., s.: Bericht üb. den X. Blindenlehrer-Kongress.

NENTWIG, Albert (Regensburg): Experimentelle Studien zur Galvanisation des Rückenmarkes.- München: Wolf 1879. 22 S.
15.3.1879 - Urk (Titel: De medullae spinalis galvanisatione.); Chr 1878/79,11
Diss.Ingolst.-Landsh.-Mchn.

Nentwig, Carl, s. Nentwig, Karl

Nentwig, Ferdinand Amand.

Nentwig, Ferdinandus Amandus *(geb. Albendorf bei Glatz [2. 8.] 1800)*: Dissertatio ... sistens casus post amputationem artuum majorum secundarios. Vratislaviae (1825). (VI, 37 S.) 8°

Breslau, Med. Diss. v. 3. [vielmehr 4.] Jan. 1825

Nentwig, Ferd. A., Cudowa und seine Heilquellen. Breslau 861. Gosohorsky. 8. (IV, 136 S.) n. 15 ngr.

Nentwig, Ferd. A., Cudowa u. seine Mineralquellen. 2. Aufl. Breslau 868. (Gosohorsky.) gr. 8. (IV, 136 S.) n.n. 15 ngr.

Nentwig, (Ferd. Amand), die neueste chemische Untersuchung der Mineralquellen zu Cudowa in der Grafschaft Glatz. gr. 8. (16 S.) Breslau 851, Gosohorsky. n. 3 ngr

Nentwig, G., Pater Azmann, der Wildschütz d. Klosters Gruhlich od. Jägerrock u. Mönchskutte. Roman. 31 Hfte. gr. 8. (231 S.) m. je 1 color. Steintaf.) Neusalza 876. Oeser. à — 30

Nentwig, G., Derwisch-Pascha, der Renegat von Serajewo, oder der Kampf des Halbmondes gegen das Kreuz. Zeit-Roman vom orientalischen Kriegsschauplatze. 1—30. Hft. gr. 8. (S. 1—1396 m. je 1 color. Steintaf.) Neusalza 877. 78. Oeser. à — 30

— der Flüchtling, Roßhändler u. Renegat Roman Stilasch, oder: der Held der Geheimnisse vom goldenen Horn u. schwarzen Meere. Zeitroman. 44 Hfte. gr. 8. (1404 S. m. je 1 Chromolith.) Ebend. 878. 79. à — 20

Nentwig, G. Kurzer Führer durch d. Sudeten, s. Städtebilder u. Landschaften.

Nentwig, G., Maryanka, die schöne Polin. Kriminal-Roman. (224 S.) 8. Neuweißensee (905). E. Bartels. 1.50

— das Waldgespenst der amerikanischen Indianerstämme oder der Auswanderer, Goldsucher, Thierbändiger, Buschklepper rc. Karl Junker, der Spießgeselle des Wildschützen vom Kloster Gruhlich. Social-Roman. 41 Hfte. gr. 8. (1. Bd. 442, 2. Bd. 504 u. 3. Bd. 712 S. m. je 1 color. Steintaf.) Ebend. 878—80. à — 20

— der Wildschütz von Gruhlich u. die rothe Bande. Neuester Sensations-Roman. 38 Hfte. gr. 8. (1229 S. m. je 1 Chromolith.) Ebend. 880. 81. à — 20

Nentwig, Gust., die Jungfrau am Glatzer Bergsee. Märchendichtung aus der Urzeit der Sudeten. 8. (III, 60 S.) Breslau 888, Köhler. * 1 —

—— **Reisebilder** aus der Grafschaft Glatz. 8. (129 S. mit verschiedenen Abbild.) Schweidnitz 885, Brieger. * 1 —

2. Aufl. u. d. T.:

—— **Reisebilder.** Ein Führer durch die Grafschaft Glatz. 2. verb. und verm. Aufl. 8. (III, 134 S. mit zahlreichen Illustr. und einer Uebersichts-Karte.) Ebendas. 885. * 1 —

Nentwig, Heinrich

— Beitrag zur Geschichte des Krieges 1806—1807 im Kreise Hirschberg. gr. 8. (26 S.) Breslau 898. Ebd. n. — 60

Nentwig, Heinr., das ältere Buchwesen in Braunschweig, s.a. Centralblatt f. Bibliothekswesen. 25. Beiheft.

Das ältere Buchwesen in Braunschweig. Beitr. z. Gesch. d. Stadtbibliothek. Nach archival. Quellen u. anderen Urkunden bearb. von Heinrich Nentwig. *Leipzig: O. Harrassowitz 1901.* (63 S.) 8°
= Centralblatt f. Bibliothekswesen. Beih. 25. [01. 8261

— Geschichte des reichsgräfl. Theaters zu Warmbrunn, s.a. Mitteilungen aus dem reichsgräfl. Schaffgottsch'schen Archive.

[F.] Geschichte des Reichsgräfl. Theaters zu Warmbrunn. Von Dr. Heinrich Nentwig. M. 1 Holzschn. d. Theaters nach e. photogr. Aufnahme d. Vfs u. 5 Rissen. *Warmbrunn: E. Gruhn's Buchdr. 1896.* (4 Bl., 112 S., 6 Taf.) 8.
= Mittheilungen aus d. Reichsgräfl. Schaffgotsch'schen Archive. II. 1. [97. 6423 Ur

— Schaffgotsch'sche Gotteshäuser u. Denkmäler im Riesen- u. Isergebirge, s.a. Mitteilungen aus d. reichsgräfl. Schaffgotsch'schen Archive.

[F.] Schaffgotsch'sche Gotteshäuser und Denkmäler im Riesen- und Isergebirge. Von Dr. Heinrich Nentwig. M. 8 Abb. *Warmbrunn: Dr. r. E. Gruhn; In Komm. bei G. P. Aderholz in Breslau 1898.* (5 Bl., 188 S., 2 Taf.) 1 Bd 8.
= Mittheilungen aus d. Reichsgräfl. Schaffgotsch'schen Archive. II. 2. [98. 10784

Nentwig, Heinr., die mittelalterlichen Handschriften in der Stadtbibliothek zu Braunschweig, im Auftrage der städt. Behörden bearb. gr. 8. (VII, 202 S.) Wolfenbüttel 893. J. Zwissler. n. 6. —; auf Büttenpap. n. 8. —

— die mittelalterlichen Handschriften u. die Wiegendrucke in der Stadtbibliothek zu Hildesheim, beschrieben v. H. N. [Aus: „Centralbl. f. Bibliothekswesen".] gr. 8. (27 S.) Leipzig 894. O. Harrassowitz. n. 1. 50

— die Kapelle des hl. Laurentius auf der Schneekoppe. [Aus: „Mittheilgn. aus d. reichsgräfl. Schaffgotsch'schen Archive: Schaffgotsch'sche Gotteshäuser u. Denkmäler".] 8. (44 S. m. 2 Taf.) Warmbrunn 898. (M. Leipelt.) n. — 50

— Kunigunde v. Kynast u. and. Kynastsagen. 8. (25 S. m. 4 Ansichten u. 1 Grundriß.) Ebd. 896. n. — 40

Nentwig, Heinr., Kunigunde vom Kynast u. andere Kynastsagen. 2. verm. Aufl. (28 S. m. 5 Taf.) 8. Warmbrunn (905). M. Leipelt. n. — 40

Nentwig, Heinr., Kunigunde vom Kynast u. andere Kynastsagen. 3. verm. Aufl. (28 S. m. 4 Taf. u. 1 Plan.) 8. Warmbrunn (910). M. Leipelt. — 40

Nentwig, Heinrich: Literatur d. Landes- u. Volkskunde d. Prov. Schlesien, s. o Jahresbericht d. schles. Gesellschaft f. vaterländ. Kultur. Erg.-H. z. 81 u. 84. Jahresbericht.

— Literatur der Landes- u. Volkskunde der Prov. Schlesien, umfassend die J. 1900—1903. Ergänzungsheft zum 81. Jahresberichte der schles. Gesellschaft f. vaterländ. Cultur. (VIII, 162 S.) gr. 8. Breslau 904. G. P. Aderholz. n. 2. 50

— Literatur der Landes- u. Volkskunde der Prov. Schlesien, umfassend die J. 1904—1906. Ergänzungsheft zum 84. Jahresberichte der schles. Gesellschaft f. vaterländ. Cultur. (VII, 186 S.) gr. 8. Breslau 907. G. P. Aderholz. 3. —

— das königl. meteorologische Observatorium auf der Schneekoppe. Zur Eröffng. am 5. VII. 1900. 8. (30 S. m. 1 Abbildg. u. 3 Taf.) Warmbrunn 900. (M. Leipelt.) n. — 60
Sonderabdruck aus: „Schles. Volkszeitung".

— Der gräfl. Schaffgott'sche Orden der Ritter u. Damen v. der Alten Hacke, s. a. Mitteilungen aus dem reichsgräfl. Schaffgott'schen Archive. 4. Heft.

Der gräflich Schaffgotsch'sche Orden der Ritter und Damen von der Alten Hacke. Von Prof. Dr. Heinrich **Nentwig**. Warmbrunn: Selbstverl. 1908. (56 S.) 8° [F.]
= **Mitteilungen** aus d. Reichsgräfl. Schaffgotschschen Archive. H. 4. (08.8230

Nentwig, Heinrich [aus Bertholdsdorf in Schles.]: Die Physik an der Universität Helmstedt von 1700 - 1810 (Vollst. ersch. im Verl. v. Zwißler in Wolfenbüttel, 1891.) Wolfenbüttel, Druck v. O. Wollermann, 1891; 46 S. 8°
Erlangen, Phil. Fak., Inaug.-Diss. v. 1891

Nentwig, Heinr., d. St. Annakapelle bei Seidorf. [Aus: „Mittheilgn. aus dem reichsgräfl. Schaffgotsch'schen Archive: Schaffgotsch'sche Gotteshäuser u. Denkmäler".] 8. (20 S. m. 2 Taf.) Warmbrunn 898. (M. Leipelt.) n. — 30

Nentwig, Heinrich: Schaffgotschiana in der reichsgräflich Schaffgotsch'schen Majoratsbibliothek zu Warmbrunn. Zsgest. v. –. Leipzig: In Comm. b. O. Harrassowitz; Gedr. v. E. Gruhn in Warmbrunn 1899. (VI S., 1 Bl., 64 S.) 1 Bd 8°

— Schoff II. Gotsch genannt, Fundator, s. a. Mitteilungen aus dem reichsgräfl. Schaffgotsch'schen Archive. 3. Hft.

Schoff II. Gotsch genannt, Fundator. (c. 1346–1420.) Von Dr. Heinrich **Nentwig**. *Warmbrunn: M. Leipelt in Komm. 1904.* (30 S.) 8° [F.]
= **Mitteilungen** aus d. Reichsgräflich Schaffgotsch'schen Archive. H. 3. (04. 3081

— Silesiaca in der reichsgräflich Schaffgotsch'schen Majoratsbibliothek zu Warmbrunn. 2 Hfte. gr. 8. (XI, 576 S. m. 1 Taf.) Ebd. 901. 902. n.n. 20. —

— der Tallsackmarkt am Palmsonntage in Warmbrunn. Aktenmäßig bearb. 8. (22 S.) Hirschberg 901. (Warmbrunn, M. Leipelt.) n. — 40
Sonderabdruck aus: „Der Wanderer im Riesengebirge".

Nentwig, Heinr., die Wiegendrucke in der Stadtbibliothek zu Braunschweig. Im Auftrage der städt Behörden bearb. gr. 8. (IX, 246 S.) Wolfenbüttel 891. J. Zwissler. n. 7. 50; auf Handpap. n. 10. —

— die katholische deutsche Studentenverbindung Winfridia in Breslau 1881—1906. (VIII, 242 S.) gr. 8. Breslau 906. F. Goerlich. Geb. in Leinw. n.n. 4. —

Nentwig, Karl

Nentwig, Carl, s.: Holtei's, Carl v., Reise ins Riesengebirge.

Nentwig, R., sieh: Deutsche Badezeitung. 1868—71.
Union. Reise- u. Verkehrs-Nachrichten. Deutsche Bade-Zeitung 1872—73.

Nentwig, R., die Feier der Einführung des ersten Pfarrers Hrn. Rob. Brauner in d. deutsch-kathol. Gemeinde zu Berlin am 18. Mai 1845, nebst vollständ. Liturgie, den Reden u. Predigten der HH. Ronge, Brauner, Müller u. Fleischinger. 8. (2½ B.) Berlin 845, [C. H. Schultze.]

Nentwig, R., die Feier der Einführung des ersten Pfarrers Hrn. Rob. Brauner in d. deutsch-kathol. Gemeinde zu Berlin am 18. Mai 1845, nebst vollständ. Liturgie, den Reden u. Predigten der HH. Ronge, Brauner, Müller u. Fleischinger. 8. Berlin 845, Wolff. 1/6 Rthlr.

— die Glaubensbekenntnisse oder welcher ist der ächt-christliche Glaube? Ein Vortrag rc. 8. (1 B.) Berlin 845, [C. H. Schultze.]

Nentwig, Sigm. Konst., Kirchenlieder. gr. 8 (III, 54 S.) Wien 894. Manz. n. — 60

Nentwig, Siegm. Konst., Kirchenlieder. 2. Aufl. gr. 8. (55 S.) Wien 900. Manz. n. — 60

Nentwig, Sigm., Liedersammlung f. österr. Mittelschulen m. besond. Berücksicht. d. österr. patriot. Liedes. 2. Thl. qu. Lex.-8. (56 S.) Wien 896. Manz. n. — 56
Der 1. Thl. ist von M. Bauer bearbeitet.

Nentwig, Siegm., Liedersammlung f. österreich. Mittelschulen, m. besond. Berücksicht. des österreich. patriot. Liedes. 2. Aufl. (56 S.) qu. gr. 8. Wien 904. Manz. n. 1.—

Nenwert-Nowaczyński, A., Affenspiegel, s.: Novellen-Bibliothek, internationale. Nr. 8.

Nenz, Paulus: Quaestiones Deliacae. Halis Saxonum 1885: Karras. 41 S. 8°
Halle-Wittenberg, Phil. Diss. v. [19. März] 1885
Geb. Wittenberg 3. 6. 1860. V.

Neoburgus, Ferdinand = (Joh. Keilhacker). Curiöser Hofmeister . . . Leipz. 1717. H: *Berger, Theodor.* (ML)

Neoburg, Ferd., kurieus. Hofmeister z. allen herrschenden Staaten in der Welt. 2 Theile. 8. Frankfurt, Stock. 731.

Neocorus, Chronik v. Dithmarschen, s. Jh. Adolfi.

Neocorus, Chronik v. Dithmarschen, in sächs. Sprache zum erstenmale herausgg. v. Dahlmann. Mit Abbildd. u. 1 Charte. 2 Bde. gr. 8. Kiel 827, (Universitäts-Buchh.) 9 Rthl. — Schreib-P. Rthlr.

Neoglottia. Krit. Rundschau auf d. Gebiete d. neueren Sprachen u. Litteraturen m. Berücksicht. d. Schulwissenschaften. Unt. Mitwirkung zahlr. Gelehrter u. Schulmänner hrsg. v. Adf. Krossner. 1. Jahrg. Oktbr. 1897—Septbr. 1898. 24 Nrn. (Bog.) hoch 4. Leipzig, Renger. n. 10. —
Kann auch halbjährlich bezogen werden.

Neokosmos-Sprachbücher. Serie Brd. Broschüren. Nr. 1. gr. 8. München, Neokosmos-Verlag. n. — 50
Wie lernt man Sprachen? Mit e. Anh.: Wie lernt man Französisch? — Italienisch? — Spanisch? — Englisch? Praktische Winke für Jedermann, der Sprachen lernt. Von Carlo di Domizio. (16 S.) (901.)

— dasselbe. Serie Lb. Lehrbücher Nr. 1—3. 8. Ebd. à n. 1. 50
1. Italienisch f. Anfänger m. Anleitung zum Selbstunterricht (Leitfaden). Von Carlo di Domizio. (Neokosmos-Methode.) (105 u. 40 S.) 901.
2. Französisch f. Anfänger, m. Anleitung zum Selbstunterricht (Leitfaden). Von Carlo di Domizio. (Neokosmos-Methode.) (109 S. u. 34 S. in 12.) 901.
3. Englisch f. Anfänger, m. Anleitung zum Selbstunterricht (Leitfaden). Von Carlo di Domizio. (Neokosmos-Methode.) (109 S. u. 34 S. in 12.) 901.

— dasselbe. Serie Sfd. Sprachführer. Nr. 1—4. 8. Ebd. à n. 1. 50
1. Nach Mailand, Genua, Rom, Neapel einsteigen! - Sprachführer durch Italien. Von Carlo di Domizio. (97 S.) (901.)
2. Nach Brüssel, Paris, Lyon, Nizza einsteigen! Sprachführer durch Frankreich. Von Carlo di Domizio u. M. Henry. (103 S.) (901.)
3. Nach Dover, London, Southampton, New York einsteigen! Sprachführer durch England u. Amerika. Von Carla di Domizio u. Charles M. Smith. (99 S.) (901.)
4. Nach Barcelona, Madrid, Sevilla einsteigen! Sprachführer durch Spanien u. Süd-Amerika. Von Carlo di Domizio u. Emilio Romacla y Campos. (37 S.) 901.

Neologie, Französische. O. O. [1793]. V: *Gebhardt, Adam Glieb.* (MGT)

Néologie, über die heutige u. künftige, von einem protestantischen Theologen. 8. Jena, Akademische Buchhandl. 792. —

Neologie, über die heutige u. zukünftige, von e. protestant. Geistlichen. 8. Jena 792. (Hennings in Neisse). 6 gr.

Neologiste, Le, Français, ou Vocabulaire portatif des mots les plus nouveaux de la langue Française . . . Nürnberg 1796. V: *Reinhard, Charles Fréd.* (MGT)

le Néologiste français, ou vocabulaire portatif des mots les plus nouv. de la langue française, (par ... Reinhard 8. Nürnb. 796. (Eichhorn). 1 fl 4 gr.

Néologiste, le, fr., ou Vocabulaire portat. des mots les plus nouv. de la langue franç. 8. Nürnb. Grattenauer. 796.

Neomar, Johann (Goslar/Sachsen), M. Th. Sagittarii Quaestionum illustrium centuriae prima Decuria III. et IV. o. O. u. J. (3.50) 24660

Neomarchicus, Angelus

— Ut 'n Hangbuttenstrukh, s. Ut 'n Hangbuttenstrukh.

Neomarchicus, A., Aus dem Schlehenbusch, s. Aus dem Schlehenbusch.

Neophron, Paidotrophes, (Psdn.), Reise in die Residenz; e. satyr. Roman. 8. Bamb. 823. Kunz. 20 Kr

Neoptolems, eines Sohnes des Achilles, Begebenheiten, in deutsche Verse übers. 8. Breslau. 749.

Neoterpe a. d. J. . . . . Hg.: J. L. Stoll.
1819.
Leipzig.

Tafeln zum Gebrauch bei stereometrischen Wägungen von Arvid Neovius. *(Helsingforsiæ: Soc. litter. fennica 1893.)* (28 S.) 4°
— Acta Societatis scientiarum Fennicae. T. 19, No 16. [o]. 1335

Neovius, E. R., Anwendung der Theorie der elliptischen Functionen auf eine die Krümmungslinien eines Ellipsoids betr. Aufgabe. [Aus: „Acta Societatis Scientiarum Fennicae, Tom. XV."] 4. (24 S. m. 1 Taf.) Helsingfors 885. (Edlund's Buchh.) n. 1. 50

—— Darstellung einiger von isotheramischen Curven gebildeten Curvenschaaren. Autographie von F. Tilgmann. 4. (4 S. mit 9 Taf.) (Ebendas.) 887. * 2 —

— über Minimalflächenstücke, deren Begrenzung von drei geradlinigen Theilen gebildet wird. [Aus: „Acta Societatis Scientiarum Fennicae, Tom. XVI."] 4. (29 S. m. 1 Taf.) Ebd. 888. n. 1. 50

—— Untersuchung einiger Singularitaten, welche im Innern und auf der Begrenzung von Minimalflächenstücken auftreten können, deren Begrenzung von geradlinigen Strecken gebildet wird. 4. (25 S. mit 2 Taf.) (Ebendas.) 888. * 1 50
Vorstehende Schrift aus: Acta Societatis Scientiarum Fennicae, Tom. XVI, besonders abgedruckt.

Neovius, Werner: I. Versuche zur Darstellung von Diphtaloylcarbazolen. II. Ueber zwei neue Reduktionsprodukte des Flavanthrens. 1908. VIII, 51 S. 8° ¶ Vgl. Berichte d. Deutschen Chem. Gesellschaft. Jg. 41.
Karlsruhe, Dr.-Ing.-Diss. v. 13. 12. 1907

Nepefuy, Benedikt: Firmungs-Unterricht, s. Handbibliothek, Katechetische, 4. Bdchn.

Nepefuy, Bened., die siebenfache Gnadenquelle, s.: Handbibliothek, katechetische. 38. Bdch.

Nepefnu, Bened., f.: Handbibliothek, katechet., 23. Bdchn.

— d. übernatürl. Leben. Katechet. Vorträge üb. d. göttl. Gnade,

– Die letzte Ölung, s. Handbibliothek, Katechetische.

— das katholische Priestertum, f.: Handbibliothek, katechetische. 43. Bdch.

— die hl. Taufe, f.: Handbibliothek, katechetische. 37. Bdch.

— Worterklärungen zum Deharbe'schen Katechismus in alphabetischer Ordnung, f. Handbibliothek, katechetische.

Nepel, Frz. Karl, die Blinddarmentzündung. Im Lichte der modernen Wissenschaft kurz u. gemeinverständl. dargestellt. (7 S. m. 1 Abbildg.) gr. 8. Graz 907. F. Pechel. — 40

Nepenthéa. Erheiterungsmittel, Sorgenbrecher für jeden Tag des Jahres. Ein Vademecum und Quodlibet der artigsten, fröhlichsten und witzigsten Gedichte, Erzählungen, Anekdoten 2c. aus den besten älteren und neuesten Klassikern, Zeitschriften 2c. hrsg. von J. v. Kaler. 1. Bd. 1847. 18 Lfgn. (Bog.) 4. Innsbruck 847, (Wagner'sche Buchh.)

Nepers, Karl

Nepers, Carl, die Schule u. die sozialen Bestrebungen u. Gedanken üb. die Reform der Schule, insbesondere der Volksschulen. gr. 8. (59 S.) Hamburg 891. Verlagsanstalt u. Druckerei, A.-G. n. 1. 20

Nephelin in Dolerit am Katzenbuckel. Heidelberg 1822. V: *Leonhard, Casp. Caesar v.* & *Leopold Gmelin.* (Ky)

Nephelin in Dolerit am Katzenbuckel, (von K. C. v. Leonhard u. Gmelin). 8. Heidelb. 822. Mohr. 8 gr.

Nephrologia nova et curiosa... Francof. ad M. 1709. V: *Tiling, Matthias.* (Barbier)

Nephtali, oder die Macht des Glaubens, Oper in 3 Aufzügen. Nach dem Franz. bearbeitet von J. N. v. Seyfried. 8. Wien, Wallishauser, 813.

Nephuna ben Jehuda, des Rabbiners, Schreiben u. Aufforderung an alle Juden, sich aufzumachen u. das heil. Land zu erobern. gr. 8. Münch. 819. (Fleischmann). 2 gr.

Nephut: [illegible] Konsumvereine. Darmstadt 1875. DGK

Nephut, Adolph (Hrsg.), s. Touristen-Zeitung. Allgemeine deutsche.

Nepilly, Carl, s. Nepilly, Karl

Nepilly, Georg [Volontärarzt an d. Kgl. med. Univ.-Klinik]: Aus d. Klinik d. Hrn Geheimr. Prof. Kast, Breslau. Über den Einfluss künstlicher Temperatursteigerung auf das Verhalten der Leukocyten ... Breslau, Druck d. Bresl. Gen.-Buchdr., 1896; 29 S., 1 Bl. 8.
Breslau, Med. Fak., Inaug.-Diss. v. 2. Nov. 1896

Nepilly, Geo., üb. d. Einfluss künstlicher Temperatursteigerung auf d. Verhalten d. Leukocyten. Diss. gr. 8. (30 S.) Breslau 896. Oppeln, G. Masko. n. — 60

Nepilly, Karl

Nepilly, Carl (geb. [illegible] 1838): Die Blasenscheidenfistel und ihre Operation. Breslau (1868). (30 S.) 8°
Breslau, Med. Diss. v. 7. Nov. 1868

Neplujeff, N. N., Arbeits-Brüdergemeinde. Kann sie die Kirche u. der christl. Staat länger entbehren u. wie kann sie verwirklicht werden? gr. 8. (24 S.) Leipzig 893. (Berlin, Stuhr.) n. — 80

Nepokojtschjzky. Der Krieg in Siebenbürgen im Jahre 1849. Nebst Karten und Plänen. (In russischer Sprache.) 8. Petersburg 1858.

Nepomuceneidos lib. VIII. magno Bohemiae tutelari eucharistica pietati dicati. gr. 8. Prag. (Göbhard, Bamberg.) —

Nepomuceneidos lib. VIII, magno Bohemiae tutelari eucharistica pietate dicati. 8maj. Prag, (Wesché in Frkf. a. M.) 9 gr.

Nepomuk, Johann von, eine d. schönsten u. rührendsten Geschichten d. christl. Märtyrthums. Neu erzählt v. e. kathol. Geistlichen. 2., verb. Aufl. 8. (5½ B. u. Titlkpfr.) Augsburg 836, (Kollmann'sche Buchh.)

JOHANNES VON NEPOMUK. Johannaeischer Ehren- und christlicher Seelenschatz oder Gebet-Büchlein, in sich enthaltend auserlesene Gebeter, Tagzeiten, Litaney, und die Weis der neuntägigen Andacht, Beicht-, Communion- und Mess-Gebeter; dadurch den Heiligen Joannem Nepomucenum sonderbaren Beschützer der Ehre und Patron in allen Anliegen zu verehren, seiner Hülf, und Fürbitt sich theilhaftig zu machen. Zur Ehre und Vermehrung der Andacht in der Neutitscheiner Pfarr-Kirchen gegen diesen Heiligen zusammen getragen. Tyrnau 1758. Gedruckt in der academischen Buchdruck. 180 S. - 12°

Nepomutzky, Adf., die Exequien. Nach dem Rituale Romano-Salisburgense bearb. und zum bequemeren Gebrauche eingerichtet für Priester, Lehrer und Kantoren. Lex.-8. (119 S.) Klagenfurt 859, Leon'sche Buchh.

Nepos, Cornelius, s.a. Cornelius Nepos.

Cornelius Nepos. Auswahl der wichtigsten Lebensbeschreibungen. Für d. Schulgebr. hrsg. von Karl Hoeber, Oberl. in Strassburg i. E. 1. 2. *Münster i. W.: Aschendorff 1896–97.* 2 Bde 8°
1. Text. [illegible]
[illegible] Klassiker. [illegible]

Cornelius Nepos. Auswahl für den Schulgebrauch hrsg. u. ergänzt durch eine Vita Alexandri Magni von Hermann Knauth. Mit 1 Karte. *Halle a. S.: Waisenhaus 1900.* (VI, 100 S.) 8° [illegible]

—— Biographieen ausgezeichneter Feldherren, f. Universal-Bibliothek Nr. 994; 995.

—— das Buch von den ausgezeichneten Heerführern fremder Nationen. Wortgetreu übers. von Alb. Grau. 7 Hefte. 32. (215 S.) Aschersleben 876, Schnock's Buchh. à Heft * 10 Pf.

– Liber de excellentibus ducibus exterarum gentium.

—— ex recensione Caroli Halmii. Mit einem Wörterbuch für den Schulgebrauch hrsg. von H. Haacke. 4. und 5. verb. Aufl. 8. (118, VIII, 197 S.) Ebendas. 875,78. Wörterbuch allein *

Nepotis, Cornelii, liber de excellentibus ducibus exterarum gentium in usum scholarum dispositus et emendatus ex Justino, Cicerone, Frontino aliisque scriptoribus romanis suppletus et Curti Rufi historiae Alexandri Magni in breviorem narrationem coactae. Edidit J. Lattmann. [Abdr. aus Lattmanns lateinischem Lesebuche 5. verb. Aufl.] gr. 8. (VIII, 284 S.) Göttingen 876, Vandenhoeck und Ruprecht's Verlag. *

—— gruppirt nach den Casusregeln der Grammatik von Ellendt-Seyffert von Herm. Kloppe. 8. (VIII, 127 S.) Leipzig 876, (Siegismund und Volkening.) *

—— Für Schüler mit erläut. und eine richt. Uebersetzung fördernden Anmerkungen versehen von Johs. Siebelis. 9. Aufl., besorgt von Max Jancovius. gr. 8. (XVI, 196 S.) Leipzig 877, Teubner.

—— qui extat liber de excellentibus ducibus exterarum gentium. Accedit eiusdem vita Attici. Ad historiae fidem recognovit et usui scholarum accomodavit Ed. Ortmann. Edit. II. emendatior. gr. 8. (VII, 96 S.) Leipzig 878, Teubner. *

—— erklärt von Karl Nipperdey. Der grösseren Ausg. 2. Aufl., besorgt von Bernh. Lupus. gr. 8. (XLII, 262 S.) Berlin 879, Weidmann'sche Buchh. *

—— dass. — Kleinere Ausg. 7. Aufl., besorgt von Bernh. Lupus. gr. 8. (180 S.) Ebendas. 878.

—— de excellentibus ducibus exterarum gentium liber. Zum Schulgebrauch aus Herodot, Thucydides, Plutarch u. a. Schriftstellern berichtigt und ergänzt von Karl Christ. Konr. Völker. 3. teilweise umgearb. Ausg., besorgt von W. Crecelius. gr. 8. (120 S.) Elberfeld 886, Fassbender's Buchh. * 1 —

—— qui exstat liber de excellentibus ducibus exterarum gentium. Accedit eiusdem vita Attici. Ad historiae fidem recognovit et usui scholarum accommodavit Ed. Ortmann. Ed. IV. novis curis perpolita. gr. 8. (VII, 95 S.) Leipzig 886, Teubner. * 1 —

Nepotis, Cornelii liber de excellentibus ducibus exterarum gentium, in usum scholarum dispositus et emendatus ex Justino, Cicerone, Frontino aliisque scriptoribus romanis suppletus et Curtii Rufi historiae Alexandri Magni in breviorem narrationem coactae. Ed. J. Lattmann. 8. verb. Aufl. [Des latein. Lesebuchs 2. Tl.] gr. 8. (IV, 220 S. m. 3 Karten.) Gött. 889, Vandenhoeck u. Ruprecht's Verlag. * 2 —; geb. ** 2 30
—— dass. — Anmerkungen. 2. gänzlich umgearb. Aufl. gr. 8. (67 S.) Ebd. 889. * — 60
Hierzu eine erläuternde Vorrede für den Lehrer gratis. — Vgl.: Lattmann, J.

—— qui exstat liber de excellentibus ducibus exterarum gentium. Accedit eiusdem vita Attici. In historiae fidem recognovit et usui scholarum accomodavit Ed. Ortmann. Ed. V. gr. 8. (VII, 96 S.) Lpz. 892, Teubner. * 1 —

—— dass. — Zum Schulgebrauch aus Herodot, Thucydides, Plutarch u. a. Schriftstellern berichtigt u. ergänzt v. Karl Völker u. W. Crecelius. 4. verb. Aufl., besorgt v. W. Heraeus. gr. 8. (IV, 116 S.) Lpz. 892, Voigtländer. geb. * 1 30
—— dass. — Wörterbuch. 3. Aufl. 8. (80 S.) Ebd. 893. geb. * 1 —
Text u. Wörterbuch zusammen geb. * 2 —.

Cornelius Nepos. Gesamtausgabe. Z. Gebr. f. d. Schüler bearb. v. Dr. P[eter] Doetsch, Dir. ... zu Euskirchen. Text. *Bielefeld & Leipzig: Velhagen & Klasing 1896.* 8.
(Sammlung latein. u. griech. Schulausgaben.) [96. 7806

—— Kommentar, s. Schüler-Kommentare zu griechischen und lateinischen Klassikern.

Cornelius Nepos. Leben ausgezeichneter Feldherren, übersetzt von Johann Dehlinger. Stuttgart 1827. 8°.

Nepos, C. Das Leben berühmter Feldherrn neu übersetzt. Hamb. 1813. Ü: *Prätzel, Carl Gottlieb.* (Schr)

Nepos, C. Leben grosser Helden a. d. Lat. übers. . . . Magdeb. u. Köthen 1776. Ü: *Otto, Joh. Andr.* (Degen)

Nepos, C. Leben und Thaten verschiedener berühmter Feldherren, nebst dem Leben des M. Porcius Cato . . . A. d. Lat. Frankf. u. Leipzig 1766. Ü: *Erath, Frl. von.* (ML) (Degen)

– Lebensbeschreibungen.

—— dass. — Übers. von R. Zwirnmann, s. Collection Spemann.

Lebensbeschreibungen [Excellentium imperatorum vitae] des Cornelius **Nepos** von Johannes Siebelis. Berlin-Schöneberg: Mentor-Verl. [1906]. (162 S.) 8° [F.]
= **Mentor-Bibliothek.** No 1. [06. 13688

Des Cornelius **Nepos** Lebensbeschreibungen in Auswahl [Excellentium imperatorum vitae]. Bearb. u. verm. durch eine vita Alexandri Magni von Dr. Franz Fügner, Oberl. zu Hannover. Text. Hilfsheft. Kommentar. *Leipzig & Berlin: B. G. Teubner 1900–03.* 3 Bde 8°
Text. 4. Aufl. Mit 3 Karten. 1901. Hilfsheft. 4. Aufl. 1902. Kommentar. 3. Aufl. 1900.
(B. G. Teubners Schülerausgaben griech. u. lat. Schriftsteller.) [03. 14711

Des Cornelius **Nepos** Lebensbeschreibungen [Excellentium imperatorum vitae] in Auswahl. Bearb. u. verm. durch eine vita Alexandri Magni von Dr. Franz Fügner, Prof. zu Hannover. 5. Aufl. Text. Leipzig & Berlin: B. G. Teubner 1905. 8°
(B. G. Teubners Schülerausgaben griech. u. lat. Schriftsteller.) [05. 11171

—— Lebensläufe hervorragender Feldherren. Wortgetreu aus dem Latein. übers. von H. R. Mecklenburg. 6 Hefte. 32. (306 S.) Berlin 877, H. R. Mecklenburg. à Heft * 25 Pf.

—— s. Martens, W., alphabetisch-etymologisches Vocabular.

– Cornelius Nepos.

—— Verdeutscht v. Joh. Siebelis, s. Bibliothek, Langenscheidt'sche, sämmtl. griech. u. röm. Klass.

—— dass. — Deutsch von Johs. Siebelis. 5. Aufl. 3 Lfgn. 8. (162 S.) [Stuttgart 882, Werther.] Berlin, Langenscheidt'sche Verlagsb. à Lfg. * 35 Pf. * 1 5

Nepos, Cornelius. Lipsiae 1711. H: *Schöttgen, Christian.* (ML)

— — Übers. mit Anmerk. von Büchling. Leipz. 796. 8. 16 gr.

—— erklärt von Karl Nipperdey. 9. Aufl. von Bernh. Lupus. gr. 8. (190 S.) Berlin 885, Weidmann'sche Buchh. 1 20

Nepos, Cornelius. Mit Anmerkungen und einem vollständ. Wörterbuche von F. W. Hinzpeter. 7. Aufl. gr. 8. (IV, 228 S.) Bielefeld 885, Velhagen und Klasing. 1 25

—— Für Schüler mit Erläuterungen und eine richtige Übersetzung fördernden Anmerkungen versehen von Johs. Siebelis. 11. Aufl., besorgt von Max Jancovius. gr. 8. (VIII, 196 S.) Leipzig 886, Teubner. 1 20

—— liber. Für den Schulgebrauch mit sachl. Anmerkungen, einem Sachregister und einem Wörterbuch hrsg. von Karl Erbe. gr. 8. (VIII, 208 S. mit 152 Illustr. in Farbendr., 1 Karte der Mittelmeerländer, mehreren Nebenkarten, Schlacht- und Städte-Plänen. Stuttgart 887, Neff. *ℳ 2.70.; geb. ** 3 10

Nepos, Cornelius. Post Carolum Halmium recognovit Alfr. Fleckeisen. Mit e. Wörterbuch f. den Schulgebrauch hrsg. v. H. Haacke. 11. verb. Aufl. 8. (VII, 118 u. Wörterbuch X, 200 S.) Lpz. 891, Teubner. 1 20; Wörterbuch allein * 1 —

– Opera ed. El. Johanneau et J. Mangeart. Lipsiae 1837. 8°

—— Präparation, s. Freund's Schüler-Bibliothek.

—— Präparationen, s. Krafft und Ranke.

—— Schulwörterbuch, s. Eichert, O.

Nepos, C. De Vita Excellentium Imperatorum, welcher in die reine Teutsche Sprache übersetzet . . . ist . . . Halle 1717. Ü: *Gottschling, Casp.* (Degen)

– Vitae.

—— dass. — Post Carolum Halmium recognovit Alfr. Fleckeisen. 8. (VII, 118 S.) Leipzig 884, Teubner. — 30

—— dass. — In usum scholarum rec. et verborum indicem addidit Mich. Gitlbauer. Edit. II. 12. (VIII, 189 S.) Freiburg i. Br. 885, Herder'sche Verlagsh. *ℳ 1.—; geb. ** 1 30

—— dass. — ed. Gust. Gemss. 8. (111 S.) Paderborn 885, F. Schöningh. 40 Pf.; geb. ** — 65

Nepos, Cornelius. Vitae. Ausg. b. Text und Kommentar getrennt in 2 Hftn. gr. 8. (IV, 94; 94 S.) Gotha 886, F. A Perthes.

—— Vitae. Scholarum in usum recensuit et emendavit Andr. Weidner. Ed. II. correctior. 8. (IV, 90 S.) Leipzig 887, Freytag. * 60 Pf.; geb. ** — 80

—— vitae. In usum scholarum rec. et verborum indicem addidit Mich. Gitlbauer. Ed. III. denuo recognita. 8. (VIII, 189 S.) Freib. i. Br. 889, Herder. * 1 —; geb. ** 1 30

—— dass. — Für d. Schulgebrauch bearb. v. Andreas Weidner. 3. Aufl. Mit Einleitg., Namensverzeichnis u. Anh. versehen v. Joh. Schmidt. Mit 21 Abbildgn. u. 3 Karten. 8. (XIX, 157 S.) Prag 890, Tempsky. — Lpz., Freytag. * 1 —; geb. ** 1 25

—— dass. — Für den Schulgebrauch m. sachl. Anmerkgn., vielen Abbildgn. in Farbendr., 1 Karte der Mittelmeerländer, mehreren Nebenkarten, Schlachten- u. Städte-Plänen, e. Wörterbuche u. e. Sachverzeichnisse hrsg. v. Karl Erbe. 2. verb. u. verm. Aufl. gr. 8. (XVI, 207 S.) Stuttg. 892, Neff. * 2 70; geb. ** 3 10

Cornelii Nepotis vitae. Für den Schulgebrauch bearbeitet von A. Weidner. Mit Einleitung, Namensverzeichniß und Anhang versehen von J. Schmidt. Mit 25 Abbildungen und 6 Karten. 4. verbesserte Auflage. Wien und Prag 1895. Tempsky. (Min.-Erl. vom 22. Januar 1896, Z. 1291.) Geh. —.60, geb. —.80

Cornelii Nepotis vitae. Für den Schulgebrauch bearbeitet von Andreas Weidner. Mit Einleitung, Namenverzeichnis und Anhang versehen von Johann Schmidt. Mit 28 Textabbildungen und 3 Karten in Farbendruck. Wien 1903. F. Tempsky. Preis, geheftet 1 K 30 h. gebunden 1 K 80 h.
5. Aufl.

Nepos, C. Vitae excellentium Imperatorum. Cum animadversionibus J. A. Bosii . . . Lipsiae 1806. H: *Harles, Theoph. Christoph.* (Jes) (Gi) »ed. usui scholarum . . . Darmstadii et Gissae 1812. H: *Storck, Joh. Justus.*« (Hs)

—— dass. — In usum scholarum dispositus et emendatus, ex Justino, Cicerone, Frontino aliisque scriptoribus romanis suppletus et Curtii Rufi historiae Alexandri Magni in breviorem narrationem coactae. Edidit J. Lattmann. 6. und 7. verb. Aufl. Mit 3 (chromolithogr.) Karten. [Des latein. Lesebuchs von Lattmann 2. Tl.] gr. 8. (VIII, 224 S.) Göttingen 878,83, Vandenhoeck und Ruprecht's Verlag. *
Anmerkungen für die Präparation und für den Unterricht zu Obigem. (29 S.) *

Nepos, Cornelius. Vitae excellentium imperatorum. Wortgetreue Uebersetzung von C. G. Rosse. 7 Hefte. 16. (288 S.) [Aschersleben 880, Schlegel.] Minden, Köhler.
à Heft * — 20
compl. * 1 —

—— dass. — Mit Anmerkungen und einem vollständ. Wörterbuche von F. W. Hinzpeter. 6. Aufl. gr. 8. (IV, 228 S.) Bielefeld 880, Velhagen und Klasing.

—— dass. — Ad optimarum editionum fidem in usum scholarum edidit O. Eichert. Edit. VII. Accedit lexicon. Edit. X. gr. 8. (80 S.; Wörterbuch 278 Sp.) Breslau 880, Kern's Verlag.
Ohne Wörterbuch
Wörterbuch allein

—— dass. — Ex recensione Caroli Halmii. Mit einem Wörterbuch für den Schulgebrauch hrsg. von H. Haacke. 6. verb. Aufl. 8. (118 S.; Wörterbuch VIII, 197 S.) Leipzig 880, Teubner.
Wörterbuch allein *

—— dass. — Usui scholarum accommodavit Franc. Patočka. Edit. II. 8. (III, 80 S.) Prag 880, Kober. *

—— dass. — Erklärt von Karl Nipperdey. 8. Aufl. von Bernh. Lupus. gr. 8. (190 S.) Berlin 881, Weidmann'sche Buchh.

—— dass. — In usum scholarum textum constituit C. G. Cobet. 8. (XII, 141 S.) Leiden 881, Brill. **

—— dass. — Für Schüler mit erläut. und eine richtige Übersetzung fördernden Anmerkungen versehen von Johs. Siebelis. 10. Aufl., besorgt von Max Jancovius. gr. 8. (XV, 196 S.) Leipzig 881, Teubner.

Nepos, Cornelius, Vitae excellentium imperatorum. Mit Anmerkungen für Schüler von L. Englmann. gr. 8. München 881. Bamberg, Buchner'sche Buchh. *ℳ 1.—.; geb. * 1 20

—— dass. — Mit Anmerkungen für Schüler von L. Englmann. gr. 8. (108 S.) München 881, Englmann. *
geb. *

—— dass. — Accedit eiusdem vita Attici. Ad historiae fidem recognovit et usui scholarum accommodavit Ed. Ortmann. Edit. III. novis curis perpolita. gr. 8. (VII, 96 S.) Leipzig 882, Teubner. *

—— dass. — In usum scholarum rec. et verborum indicem addidit Mich. Gitlbauer. 8. (VII, 189 S.) Freiburg i. Br. 883, Herder'sche Verlagsh. *

—— dass. — In usum scholarum rec. et verborum indicem (cum translatione anglica) addidit Mich. Gitlbauer. 8. (192 S.) Ebendas. 884. *

—— dass. — Zum Schulgebrauch aus Herodot, Thucydides, Plutarch und anderen Schriftstellern berichtigt und ergänzt von Karl Christ. Konr. Völker. 2. teilweise umgearb. Aufl. besorgt von W. Crecelius. gr. 8. (120 S.) Elberfeld 884, Fassbender's Buchh. *

—— dass. — Scholarum in usum rec. et emendavit Andr. Weidner. 8. (IV, 104 S.) Leipzig 884, Freytag. *

—— dass. — Für den Schulgebrauch mit erklärenden Anmerkungen hrsg. von Gust. Gemss. gr. 8. (XII, 197 S.) Paderborn 884, F. Schöningh. *

Nepos, Cornelius, Vitae excellentium imperatorum. Edidit Geo. Andresen. 8. (XIII, 95 S.) Prag 884, Tempsky. — Leipzig, Freytag. *

—— vitae excellentium imperatorum. Mit einem Wörterbuche zum Schulgebrauch von R. M. Horstig. 4. verb. Aufl. Hrsg. von F. Aug. Eckstein. 8. (IV, 104 und Wörterbuch 156 S.) Leipzig 888, Reichenbach.
Text allein * 50 Pf.; Wörterbuch allein *

Cornelii Nepotis Vitae excellentium imperatorum. Latein. Lesebuch f. d. Schüler d. Quarta bearb. von Dr. Fr[iedr.] Holzweissig. 2. durchges. Aufl. *Hannover: O. Goedel 1900.* (VIII, 126 S.) 8° [F. u. Ant.] [...] 7

—— vitae selectae. Praemissae sunt breviores narrationes. Scholarum in usum ed. Adb. Meingast. 8. (47 S.) Wien 887, Manz'sche Hof-Verlags- und Universitäts-Buchh. * — 60

Cornelii Nepotis vitae selectae. In usum scholarum edidit Rudolphus Bitschofsky. Adjecta et tabula. 8. (VIII, 106 S.) Cart.
Wien: Gerold's Sohn 1889. —.40

—— Vite. Pubblicate per le scuole da Andrea Weidner, e ridotte ad uso dei ginnasi italiani da Antonio Zernitz. Secondo la terza ed. tedesca. 8. (XVIII, 156 S. m. 21 Holzschn. u. 1 Karte.) Prag 890, Tempsky. — Lpz., Freytag. * 1 —

—— Wörterbuch, s. Eichert, Otto. — Haacke, C. — Schäfer, Ernst.
Vgl.: Eymer, W. Latein. Uebungssätze. — Lutsch, Otto. Lat. Lehr- u. Übungsbuch. — Mayer, K. Uebungen b. lateinischen Stils.

—— Wörterbuch dazu, s. Gemss, G. — Haacke, H. — Jahr, K. — Koch, G. A. — Völker, K. und W. Crecelius. — Weidner, A.

Nepotiani, s. a. Januarii, Epitoma.

Nepotiani, Januarii, Epitoma librorum Valerii Maximi edita ab A. Majo. Acced. excerpta e Julii Paridis epitoma eorund. librorum. Edit. in Germania prima. 4. (5 B.) Cellae 831, Schulze.

Neppenbacher, Karl

Neppenbacher, Carl, Rechtspraktikant a. Würzburg: Bedingte Verurteilung und bedingte Begnadigung. Würzburg 1906: C. J. Becker. (79 S.) 8°
Würzburg, Jur. Fak., Ref. Oetker, Diss. v. 25. Febr. 1907
[Geb. 29. Nov. 80 Würzburg; Wohnort: Würzburg; Staatsangeh.: Bayern; Vorbildung: Gymn. Würzburg Reife Juli 99; Studium: Würzburg 8, Berlin 1, München 1 S.; Rig. 29. Okt. 06.]

Nepper's Rechenstäbchen, als Hülfsmittel bei d. Multiplication u. Division d. Zahlen- u. Decimalbrüche; hrsgg. v. F. A. Netto. Mit 100 Rechenstäbchen. Dresd. 815. Arnold. 18 gl.

Nepper, Dominique Marie
Pseud.: D. von der Arensburg, D. M. van der Layh, M. von der Obersauer.

Nepper, D(ominik) M(aria): Die landwirtschaftliche Benutzung des Grund und Bodens in dem Großherzogtum Luxemburg. *Bonn 1904: C. Georgi.* (IX, 195 S.) 8° ¶ (T. 2 d. eingereichten Arbeit: Die gesamten landw. Verhältnisse d. Grh. Luxemburg.)
Bonn, Phil. Diss. v. 12. Aug. 1904

Nepper, Dominique Marie: Geld oder Ehre. Novelle aus dem Leben von D. von der Arensburg.
Luxemburg: St. Paul-Ges. 1893. 113 S. 8°

Nepper, Dominique Marie: Staatsackerbauschule von Ettelbrück. Pensionat St. Joseph an der Staatsackerbauschule zu Ettelbrück (Grossherzogthum Luxemburg.) Prospektus.
Luxemburg: M. Huss [1900]. 4 S. 4°

Nepper, Dominique Marie: Der Schatz des Piraten. Erzählung aus der Gegenwart. Von M. von der Obersauer.
Luxemburg: St. Paul-Ges. 1893. 276 S. 8°

Nepper, Dominique Marie: Sieg der Wahrheit, Strafe der Bosheit. Historische Erzählung aus dem Ende des dreizehnten Jahrhunderts. – Der Lohn der guten That. Eine Erzählung aus dem Alltagsleben. Von W(ecker) K(aplan).
Luxemburg: St. Paul-Ges. 1894. 54,31 S. 8°

Neppi Valeria: Adriatische Hydromedusen (mit 4 Taf. und 2 Textfiguren). S. 121. 1. 76 . . 1.80
Separatabdruck

Neptun oder der schwarze Bettler von Paris. Sittenbild. Uebers. von G. und B. Dom. gr. 16. (71 S.) Urfahr-Linz 877, Kraußlich.

Neptun in Paderborn. Betrachtungen u. Reminiscenzen eines Uckern. Paderborn 865. Junfermann'sche Buchh. 8. (12 S.) n. 1 ngr.

Neptunus. –
Cuxhaven. – 6.VIII.1831 – 31.XII.1836.
Fortges. u.d.T.: Zeitung für das Amt Ritzebüttel, dessen Haven und Umgebung.

Gemoll, W., Nepualii fragmentum περὶ τῶν κατὰ ἀντιπάθειαν καὶ συμπάθειαν e Democriti περὶ συμπαθειῶν καὶ ἀντιπαθειῶν recensuit. adnotationes et prolegomena adiecit W. G. Pr. 1884. 22 S. 4°.

Nepveu, François

Nepueu, Franc., Considerationes per singulos anni dies. 4 Partes. 8. Ingolst. Krüll. 757. —

Nepven, Frz., Geist des Christenthums, s.a. Bibliothek, ascetische.

Nepven, Frz., Geist des Christenthums oder Nachfolge Christi. Nach der neuesten Aufl. des französischen Orig. frei bearb. von einem Priester der Diözese Münster. gr. 16 (VII, 316 S.) Freiburg i/Br. 879. Herder. 1. 80

Nepveu, Frz., Geist d. Christenthums od. Nachfolge Christi. Nach der neuesten Aufl. d. französ. Originals frei bearb. v. J. van Bebber. Neue (Titel-)Ausg. 12. (XII, 316 S. m. Titelbild.) Freiburg i/B. 894. Herder. Geb. in Leinw. 2. —

NEPVEU, FRANZ: Neu bearbeiteter und vielvermehrter goldener Maria-Zeller Himmelschlüssel zur Pforte der ewigen Seligkeit. In drei Hauptthellen: I. Lehrreiche Lesungen und Betrachtungen als Anleitung zu einem frommen christlichen Lebenswandel, zum wahren Gott gefälligen Gottesdienste und zur Erlangung der ewigen Seligkeit, nebst Abhandlungen über das Fegfeuer. II. Kräftige, heilsame und trostreiche Andachtsübungen, Gebete und Litaneien für die Morgen-, Abend-, Mess-, Beicht-, Communion-, Vesper und andere Andachten beim vor- und nachmittägigen Gottesdienste u.s.w. III. Öffentliche Kirchengesänge und Gebete, wie diese bei dem kindlichen Gottesdienste in den k. k. österreichischen deutschen Staaten eingeführt sind. Zum Gebrauche für Junge und Alte, Geistliche und Weltliche . . . jedoch ganz neu umgearbeitet, verbessert und vermehrt mit einem heil. Kreuzweg v. Pater Franz Nepveu. Pest o. J.: Gustav Heckenast. 45 Bogen. - 8°

Nepveu, Pater Franz — Neu bearbeiteter und viel vermehrter goldener Maria-Zeller Himmels-Schlüssel zur Pforte der ewigen Seligkeit. In drei Haupttheilen. Auf alle Werk-, Sonn- und Gedächtniß-Festtage, die im menschlichen Leben vorkommen, bei verschiedenen Zeiten und Gelegenheiten. Zum Gebrauche für Junge und Alte, Geistliche und Weltliche u. s. w. ganz neu umgearbeitet, verbessert und vermehrt mit einem heiligen Kreuzweg, dann mit besondern Lesungen und Betrachtungen. Von — —. Mit Genehmigung der k. k. Censur. Maria-Zell, 1856. Gedr. bei E. Tanzer. Im Verlag und allein zu haben bei Ludwig Emler. (672 S. 8.)

Nepveu, Frz., Jesus, Maria u. Joseph. Neue, z. tägl. Gebr, eingericht. Andachtsübungen f. Verehrer d. heiligst. Familie, mit sehr schönen u. kräftig. Morgen-, Abend-, Meß-, Vesper-, Beicht- u. Communion-Andachten, Gebete ꝛc. sammt e. kurzen Anleit. zu ein. frommen christl. Lebenswandel, aus d. Franz. 1. Aufl. (23 B. grobe Schrift u. Ttlkpfr.) 833., 2., verb. A. (22½ B. gr. Schrift.) 8. Augsburg 835. (Regensburg, Manz.) à

Nepveu, P. F. Frz., Jesus, Maria und Joseph. Neue zum tägl. Gebrauche eingerichtete Andachtsübungen für Verehrer der heiligsten Familie, mit sehr schönen u. kräftigen Morgen-, Abend-, Meß-, Vesper-, Beicht- u. Communion-Andachten, Gebete ꝛc., sammt einer kurzen Anleitung zu einem frommen christl. Lebenswandel. Aus d. Franz. (Grobe Schrift u. Titelkpfr.) 8. Augsburg 833. 2e Aufl. 835. L. Doll'sche Buchh. ½ fl — 3e verb. A. Mit Titelkpfr. 8. Ebd. 839. (Regensb., Manz.) ½ fl

Nepveu, Frz., Jesus, Maria u. Joseph. Neue, zum tägl. Gebr eingericht. Andachtsübungen f. Verehrer d. heiligsten Familie Sammt e. kurzen Anleit. zu e. frommen christl. Lebenswandel A. d. Franz. 3. u. 4., verb. Aufl. 8. (22½ B. grobe Schrift u. Ttlkpfr.) Augsburg 838, 40. (Regensburg, Manz.) à Thlr

Nepveu, F., das Kirchenjahr des katholischen Christen, geheiligt durch sehr schöne Gebete, Andachtsübungen und Litaneien. Ein vollständ. Gebetbuch für kathol. Christen jedes Standes. Nebst einem kurzen Anhang von den Pflichten des Christen in allen seinen Verhältnissen. Aus den heil. Schriften und denen der heil. Väter gezogen. Nach dem Französ. 3. Aufl. gr. 16. (515 S. mit 1 Stahlst.) Augsburg 860, Schmid'sche Verlagsbuchh. Thlr.

— von der Liebe Jesu Christi. 8. München, Lentner. 788. —

Nepveu, Franzisk., von der Liebe unsers Herrn Jesu Christi. Aus d. Französ. v. Wolfg. Reithmeier. 8. (6¾ B.) Straubing 845, Schorner.

Nepveu, Frz., geistliche Uebungen f. Geistliche nach dem Geiste u. der Anleitung des heil. Ignatius. Uebers. aus d. Franz. v. Domin. Schelkle. 12. (XII u. 966 S.) Augsburg 852, Kollmann. 12 ngr

Nepveu, François, S. J., warum sollen wir Jesus lieben? Autoris. Ausg. (76 S. m. Titelbild.) 16. Regensburg 907. A. Coppenrath's Verl. n. — 60

—— Wegweiser zum Himmel, od. christl. Beherzigungen üb. d. Eine Nothwendige, auf jed. einzelnen Tag d. Jahres. A. d. Franz. Neue Uebersetz. v. J. P. Silbert. 4 Bde. gr. 12. (56 B.) Wien 829, Grund. (Leipzig, Fr. Fleischer.)

Der Wegweiser zum Himmel. Nach P. [Francois] Nepveu, aus d. Ges. Jesu. Paderborn: Bonifacius-Dr. 1898. (92 S.) 8°
= Hausschatz, Geistlicher, für kath. Christen. Jg. 20, H. 2.

Nepveu, J. J. D., s. Aurora. Jaarsboekje voor 1840.

Nepveur, M. Endors-toi. Berceuse pour Piano et Violon. 3+3 p. 4. Neuchâtel, W. Sandoz [Edition No. 822]; Bruxelles...; Leipzig...; Paris..., [1906]. [fr. 1. —]

Nequis s.a. Uber den Synkretismus.

Über den Synkretismus. Aphorismen z. kirchl. Frage von Nequis. Gütersloh: C. Bertelsmann 1902. (37 S.) 8° [Z. u. Ant.]

Nera, s.a. Lutze, Arthur.

Nera, Arthur Lutze vor dem Herzog Heinrich von Cöthen. Ein Gedicht. gr. 8. (1 B.) Sondershausen 846, Eupel.

Nerad, Josef, Hauptmann des Pionnier-Baons Nr. 8 zugetheilt dem k. u. k. technischen Militär-Comité. Die Angriffsbatterie nach dienstlichen Behelfen zusammengestellt. (1 Tafel in 1 Schuber.) (Lithographiert.) 8. Wien 1901.

Nerb, Frz. Xav., Predigt über die Brandversicherungsanstalt u. d. Pflicht christl. Unterthanen, selbiger beizutreten. 8. Münch. 800. Lentner. (Fleischmann). 3 kr

— Predigt über die Geringschätzung der Geistlichkeit in uns. Tagen. 8. Salzb. 801. Oberer. 2 kr

— Rede am 15. Aug. 1806, als am Geburtstage Napoleon's d. Großen vorgetragen. Französ. u. deutsch. 4. Straubing. 806.

Nerbeau, C., drunter und drüber! Neue Original-Polterabendscherze, Hochzeitslieder und Festsprüche. 8. (VIII und 232 S.) Pasewalk 860, Braune. **

Nerbeau, C., Drunter und Drüber. Neue Original-Polterabendscherze. Hochzeitslieder und Festsprüche. 2. Aufl. 8. (VIII und 232 S.) Pasewalk 865, Schnurr.

Nerbeau, C., Drunter und Drüber! Neue Orig.-Polterabendscherze, Hochzeitslieder und Festsprüche. 3. Aufl. 8. (VIII, 232 S.) Pasewalk 870, Schnurr.

—— Glück und Segen. Geburtstags-, Neujahrs- und Jubelfest-Wünsche. 8. (VIII und 231 S.) Pasewalk 861, Braune. * *

— **Glück u. Segen!** Geburtstags-, Neujahrs- u. Jubelfest-Wünsche. 2. Aufl. Ebend. 865. 8. (VIII, 231 S.)

Nerbeau, C., Glück u. Segen! Geburtstags-, Neujahrs- u. Jubelfest-Wünsche. 3. Aufl. 8. (VIII, 231 S.) Pasewalk 873. Schnurr. 1. 50

Nerciat, Andréa de

— — Les Aphrodites. Thali-priapëifche Fragmente. Beiträge zur Gefchichte des Liebesgenuffes von Andréa de Nerciat. Zum erften Male ins Deutfche übertragen von E. D. Loty. Erfter (und zweiter) Band. Gedruckt im Jahre 1908 in der Kaiferlich franzöfifchen Hofdruckerei. 2 Bände in einem Band. Gr. 8°. Bd. I: 3 Titelblätter, 193 S., 1 S. weiß; Bd. II: 2 Titelbl., 167 S., 5 S. Anzeigen erotifcher Bücher.
Privatdruck in 300 numer. Expl. Außerdem nur 10 Expl. Luxusausgabe auf echtem Büttenpapier, beide Bände in einem reichen dunkelgrauen Ganzlederband mit innerem Goldfchmuck und Seitenvorfatz, Kopfgoldfchnitt, Seiten unbefchnitten. Rarität in diefer Luxusausgabe.

— — Liebesfrühling. Blätter aus dem Tagebuch der Marquise von Montrevers. Korinth im Jahre 5861. (c. 1908.) 8°. (Ldr. Mk. 20—.) Vergriffen! (15 Mk., Orig.-Ldrbd., 1909; 16 Mk., Orig.-Ldr. in Etui, Paul Graupe, Berlin, 1908.)

— — Mutter, Die würdige. Aus d. Französischen, nach dem Ritter *von Nerciat*, umgearbeitet von A. F. Gr. v. B. (d. i. Alois Friedr. Graf v. Brühl). Dresden 1790. 8°. (Im British Museum.) (16 Sgr. Scheible, 1872; jetzt theuer!)
Anon.-Lex. III. p. 172. — Rar!

— — Mein Noviziat. (Aus d. Französ. des *Andréa de Nerciat.*) Mit erot. Titelvignette. Rom. Bei Seraph Cazzovulva (Berlin, Himburg), o. J. (1797). (Priapische Romane, Bd. 3.) 8°. (In Wien, Stadtbibl., secretirt.) (4 Rthl. Scheible, 1872; jetzt viel theurer!)

— — Dasselbe, tit.: Mein Noviziat. 3 Bde. Boston. Bei Reginald Chesterfield, o. J. (Altona, Verlags-Anstalt, 1863.) 16°. (Antiqu.-Pr. jetzt 20—30 Mk.)
160, 161—320, 321—432 S. (cplt.). Vernichtung im J. 1865 angeordnet. — Längst vergriffen u. selten! (Gravüren hierzu 10 Mk. eine böhmische Firma, 1901.)

— — Mein Noviziat. Priapifcher Roman. 1. [2. und 3.] Band. Bofton, bei Reginald Chefterfield (um 1870). Kl. 8°. 128 S. und 131—256, 259—368 S.

— — Dasselbe, titulo: Pandaemonium. (Le diable au corps.) Übersetzt von Heinrich Conradt. 6 Bde. Mit den 12 Gravüren von Félicien Rops. (c. 1908.) 8°.

NERCIAT. — Der Teufel im Leibe. Von André de Nerciat (Dr. Cazzone), Mitglied der außerordentlichen und heitern phallo-coiro-pygo-glottonomifchen Fakultät. Zum erften Male ins Deutfche übertragen von Dr. Georg Cordesmühl [pf.] O. O. (Wiener Verlag, Fritz Freund), 1906. 8°. 479 S. 500 numer. Expl. [B. V, 362.]

Nerée, A. v., die Militär-Dampfküche u. Bade-Anstalt. Mit 24 (eingedr.) Holzschn. u. 1 Taf. in Steindr. gr. 8. (VI, 68 S.) Berlin 880. Mittler & Sohn. n. 2. 20

Nerei, Ödön, Gedanken üb. die Kindererziehg. vor der Zeit der Empfängnis. (14 S.) 8. Leipzig (908). O. Mutze. — 20

Nerejul [Schlagwort]

Nerejul, s.: **Oesterreich-Ungarn.** Spezialkarte.

Nerepka, W: Die Verwendung von Spezialträgern oder Greyträgern. Vortrag. Aachen 1905

Nerese, H. (Pseud.), s.a. Wietholz, H.

— **„Holt fast!"** Erzählungen in Reuterscher Mundart. 1. u. 2. Aufl. 8. (à VII, 117 S.) Anklam 898. H. Wolter, Verl. à n. 1. 60; geb. in Leinw. à n.n. 2. 25

Nerese, H. (H. Wietholz), allerlei Tiergeschichten u. and. Erzähign. f. klein. Kinder. 1. u. 2. Hft. gr. 8. (à 16 S. m. Abb.) Berlin 898. Deutsche Sonntagsschulbuchh. à n. — 10

Nerese, Margarete (Pseud.), s.a. Wietholz, Margarete

Nerese, Margarete (Frl. Marg. Wietholtz), bi mi tau Hus, s.: Aus Pommern. 3. Bd.

Nerese, Marg. (Marg. Wietholz),
Kinnerstreek, s.: Aus Pommern.
— ut ollen Tiden,

Neresheim [Sachliches OW]

Neresheim, Reichsstift. Eine kurze Geschichte dieser Benediktinerabtey in Schwaben . . . Neresheim 1792. V: *Nack, Carl Alois.* (Heyd) (MGT)

Neresheim, Reichsstift. (Würtemberg, unweit d. bayer. Grenze u. d. Stadt Nördlingen.) Eine kurze Geschichte dieser Benediktinerabtey in Schwaben, u. Beschreibung ihrer im Jahre 1792 eingeweihten neuen Kirche. Hrsg. bey Gelegenheit dieser Einweihung. Mit TKpf. (qu.-Fol., del. et sc. P. *Jo. Er. Reiter*, prof. o. S. B., p. t. geometra). Gedrukt (!), u. im Verlage im Reichsstifte Neresheim, durch Bernard Kälin, Faktor. 1792. 8°. Ppb. (aus Roming's Bibl.).
TK., Tit. in Einf., 3 Bll. Vorr. n. S. 9—144. Mit 1 Tabelle bei S. 116: „Verzeichniss der im Reichs-Stifte N. wirklich lebenden Geistlichen (Michael, Prälat, regierender Abt etc., geb. 1730, etc. etc.)" Selten!
Das Kloster soll um 777 von Herzog Thassilo II. gestiftet worden sein.

Neresheim [Schlagwort]

Neresheim, s.: **Alb, schwäbische.** Karte.

[F.] **Neresheimer,** August [Rechtspraktikant]: Das kaufmännische Zurückbehaltungsrecht. E. Beitr. z. Interpretation der Art. 313—316 H.G.B. . . . München, J. Schweitzer, 1895; 63 S. 8.
Erlangen, Jur. Fak., Inaug.-Diss. v. 1895

E. Neresheimer, Zur Fortpflanzung eines parasitischen Infusors (Ichthyophthirius).
Sitz.-Ber. Ges. Morph. Phys., München, **23.**
München 1907

Neresheimer, Eug., Copepoda, Ostracoda, Malacostraca, s.: **Süsswasserfauna, die, Deutschlands. 11. Heft.** (Douwe, C. van.)

NERESHEIMER, E., Die Komödie der Liebe. Ein wunderliches Gedicht und Anderes. München, o. J. (c. 1890). 8°. 89 S. Orig.-Umschl. (1 Mk. 30 Pfg., Oskar Rauthe, Friedenau,

Neresheimer, Eug., die Komödie der Liebe. Ein wunderl. Gedicht u. Anderes. 8. (III, 89 S.) München 899. A. Schupp. n. 1. 50

— Der Tierkörper. s. a. Wissenschaft u. Bildung. 49. Bd.

Der Tierkörper. Seine Form u. s. Bau unter d. Einfluß d. äußeren Daseinsbedingungen. Von Dr. Eugen **Neresheimer**. Leipzig: Quelle & Meyer 1909. 139 S. 8°
(Wissenschaft u. Bildung. 49.) [09. 8937

Neresheimer, Eugen Robert, aus Amsterdam: Über die **Höhe** histologischer Differenzierung bei heterotrichen Ciliaten. *Jena: G. Fischer 1903.* (21 S.) 8°
München, Phil. Diss. v. 1903

Neresheimer, H(ans), appr. Arzt aus München: Ueber einen **Fall** von Sublimatvergiftung. *München 1904: Kastner & Callwey.* (38 S.) 8°
München, Med. Diss. v. 1904

Neresheimer, Heinrich, a. Amsterdam (Niederl.): Über Ozonide hydroromatischer Verbindungen und Terpenkörper. Kiel 1907: Lüdtke & Martens. (38 S.) 8°
Kiel, Phil. Fak., Ref. Harries, Diss. v. 24. April 1907
[Geb. 26. Febr. 82 Amsterdam; Wohnort: Kiel; Staatsangeh.: Niederlande; Vorbildung: Realgymn. München Reife M. 01; Studium: München 4, Genf 2, Kiel 3 S.; Rig. 29. Juni 06.]

Neresheimer, Julius: Über neue Derivate der Malonsäure. München 1908: Wolf. 55 S. 8°
München, Phil. Diss. v. 3. Juni 1908, Ref. v. Baeyer
[Geb. 6. Sept. 80 Starnberg; Wohnort: Amsterdam; Staatsangeh.: Niederlande; Vorbildung: Maximilians-Gymn. München Reife Juli 99; Studium: München 16 S.; Rig. 3. Juni 08.] [U 09. 3492

Neresheimer, Max, appr. Arzt a. München: Ueber einen Fall von Echinococcus multilocularis der Leber. München 1904: Kastner & Callwey. (24 S.) 8°
München, Med. Fak., Ref. v. Bollinger, Diss. v. 27. Febr. 1905
[Geb. 29. Juli 79 München; Wohnort: München; Staatsangeh.: Bayern; Vorbildung: Luitpoldgymn. München Reife Juli 98; Studium: München 4, Erlangen 1, München 5 S.; Coll. 22. Dez. 04; Approb. 3. Juni 04.]

Nerge, Jo. Herm. Gottfried (Rinteln), De foederibus prima exhibens foedus naturae et operum. Diss. theol. Präs. Wigand Kahler. Rinteln (Enax) 28. VI. 1731. 34 S. (5.50) 24661
Gew.: Johann Engelh. Steuber, Philipp Casselmann, Dav. Daniel Pestel, Christian Phil. Schroeter, Herm. Casp. Koenig.

Nerger, Bruno, appr. Arzt a. Rostock i. M.: Aus der Königl. Universitätsklinik für Hautkrankheiten zu Kiel. (Direktor: Prof. Dr. Klingmüller.) Beiträge zur Kenntnis des Xeroderma pigmentosum. Kiel 1906: Schmidt & Klaunig. (24 S.) 8°
Kiel, Med. Fak., Ref. Quincke, Diss. v. 4. Aug. 1906
[Geb. 23. Juli 78 Rostock; Wohnort: Kiel; Staatsangeh.: Mecklenburg-Schwerin; Vorbildung: Gymn. Rostock Reife O. 96; Studium: Rostock 1, Berlin 9 S.; Coll. 27. Juli 06; Approb. 9. Juni 06.]

Nerger, Emil, die goldene Bulle nach ihrem Ursprung u. reichsrechtlichen Inhalt. Inaugural-Dissertation. gr. 8. (52 S.) Prenzlau 877. (Göttingen, Vandenhoeck & Ruprecht.) n. 1. —

Nerger, Joachim [Praes.], s. Hofeman, Michael: De vicariis Romano-Germanici Imperii. Disput. ex c. V. Aureae Bullae.

Nerger, Jo. Gthrd., († 1766.) Grundriß der Europäischen Staatsgeschichte bis zum Aachner Frieden 1748, in kurzen Sätzen 2c. entworfen, nebst Fortsetzung. 8. Frkf. a. d. O. 754 u. 59. Kleyb, 4 gr.

Nerger, Karl Dat Bökeken van deme Repo des Mag. Nicolaus Rutze van Rostock. (M. Nic. Rus.) Nach der Incunabel (F. m. 64) der Rostocker Universitätsbibliothek herausgegeben und erläutert von K. N. 4 (1 Bl., 16 S.).
Progr G. u. Rg. *Rostock* 1886 (594).

Nerger, Karl, deutsche Grammatik f. Ausländer, s.: Krause, Karl.

Nerger, Karl, Grammatik des mecklenburgischen Dialektes älterer u. neuerer Zeit. Laut- u. Flexionslehre. Gekrönte Preisschrift. Leipzig 869. Brockhaus. 8. (XII, 195 S.) n. 28 ngr.

Nerger, Karl. Wörterbuch, s. Eggers, Friedr. u. Karl Eggers, Tremsen.

Neri, der hl. Philipp, s.: Blumen, eucharistische.

Neri, Philipp., Lehren und Denksprüche. Aus dem Italien. Augsburg 860. Kollmann. 18. (72 S.) 3 ngr.

Neriosengh Dhaval, the book of the Mainyo-i-khard, s.: Mainyo-i-khard.

Neriosengh's Sanskrit-Uebersetzung des Yaçna. Herausg. u. erlautert von Frdr. Spiegel. Leipzig 861. Engelmann. gr. 8. (242 S.) n. 2 *rf* 20 ngr.

Givenimo džiaugsmai. Pagal sera Džona Lebboką [John Lubbock Lord Avebury]. Sutaisė P. **N[ėris]**. Tilžeje 1902: O. Mauderode. (68 S.) 8°
[Die Lebensfreuden. Nach Sir John Lubbock, zsgest. von P. N.] [03. 11399 10

Trumpa geometrija. P. **N[eris]**. Tilžeje: (Selbstverl.) 1900. 73 S. 8°
[Kurze Geometrie.] [10. 11047 10

Apie Joną Gutenbergą ir apie tai, kaip žmonės rašyti ir spausti išmoka P. **N[ėris]**. Tilžeje: Selbstverl. 1900. 38 S. 8°
[Über J. Gutenberg u. wie die Menschen schreiben u. drucken lernten.] [10. 9973 10

Trumpa Visotina Istorija. Sutaisė P. **N[ėris]**. Dalis 1. Tilžėje: [Selbstverl.] 1903. 8°
[Kurze Allgemeine Geschichte.] [03. 11684 10

Kam, kada ir kaip reikia atbūti karumenė (vaiskas)? P. **Nėrio** išleidimas. Tilžė: (Saunus) 1904. 37 S. 8°
[Wo, wann u. wie muß man der Militärpflicht genügen?] [10. 13381 10

Trys Pamokslai apie Gaspadorystę dėl Gaspadorių Sodiečių. Parašyta P. **N(ėris)**. Antra Laida. Tilžeje: [Selbstverl.] 1900. (35 S.) 8°
[3 Belehrungen über Landwirtschaft betr. d. landwirtschaftl. Ackerbestellung. Geschrieben v. P. Nėris). 2. Aufl. Tilsit.] [03. 3763 10

Żaibas ir griaustinis. P. **N[eris]**. Tilžeje: (Selbstverl.) 1900. 40 S. 8°
[Blitz u. Donner.] [10. 14650 10

Nerita — Charte von der Gegend des Mittelländischen Meeres, worin die durch einen Vulcan neu entstandene Insel liegt, welche von vier deutschen Naturforschern am 24. Juli 1831 beobachtet, nach ihrer Lage vorläufig bestimmt und mit dem Namen — benannt worden. Nach einem hierüber von Professor Hofmann aus Halle erstattetem Bericht entworfen. Verlag von S. Schropp et Comp. in Berlin. 1:1,600,000. 1 Bl.

Nerita. Karte von der Gegend des mittelländischen Meeres, worin die durch einen Vulkan neu entstandene Insel liegt, welche mit dem Namen Nerita benannt wurde. Berlin. 1831. Fol.

Nerium s. Rododaphne veterum et recentiorum ... Norimbergae 1716. V: *Lochner von Hummelstein, Michael Friedrich.* (will)

Norking, Joseph [aus Darmstadt]: Ueber Chloride und Ester aromatischer Säuren ... Heidelberg, Univ.-Buchdr. v. J. Hörning, 1895; 54 S., 1 Bl., 6 Taf. 8.
Heidelberg, Naturw.-math. Fak., Inaug.-Diss. v. [17. Aug.] 1895

Norking, Joseph, Dr. phil., a. Darmstadt: Die Schilddrüse und ihre Einwirkung auf die Entwicklung des Embryos. Bonn 1905: E. Eisele. (34 S.) 8°
Bonn, Med. Fak., Ref. Binz, Diss. v. 4. Aug. 1905
[Geb. 6. Okt. 71 Darmstadt; Heimatsort: Bonn; Staatsangeh.: Hessen; Vorbildung: Realgymn. Darmstadt Reife O. 89; Studium: München, Leipzig, Heidelberg (1895: Dr. phil.), dann Med.: Bonn 9 S.; Coll. 4. Aug. 05; Approb. 10. Juni 05.]

Norli, Fil. de, Commentari dei fatti civili occorsi dentro la città di Firenze dall' anno 1215 al 1537. 2 Voll. 8. (XIX und 517 S.) Triest 859, Coen.

Norlich, Ed., die Polizei-Verordnungen für die Stadt u. den Regierungsbezirk Posen nebst einer Auswahl der in das Polizei-Gebiet einschlag. allgemein gesetzl. Bestimmungen. Im Auftrage des königl. Polizei-Präsidenten Herrn v. Bärensprung systematisch zusammengestellt u. hrsg. Posen 865. Merzbach. 4. (XV, 507 S.) n. 2 ₰

Norlich, Paul *Adolf* [Hilfsarzt an d. vereinigten Kg. Sächs. Landesanst. zu Hubertusburg]: Ein Beitrag zur Lehre vom Kopftetanus ... (Aus: Arch. f. Psychiatrie, Bd. XXIII.) Berlin, gedr. bei L. Schumacher, 1892; 34 S., 1 Bl., 1 Taf. 8.
Halle, Med. Fak., Inaug.-Diss. v. [23. Febr.] 1892

Norlich, Robert August, prakt. Arzt in Breslau: Aus dem physiologischen Institut zu Breslau. Untersuchungen über Bau und Funktion der Langerhans'schen Inseln. Breslau 1906: A. Stenzel. (24 S.) 8°
Breslau, Med. Fak., Ref. Hürthle, Diss. v. 31. Juli 1906
[Geb. 9. März 74 Lowen, Kr. Brieg; Wohnort: Breslau; Staatsangeh.: Preußen; Vorbildung: Matthias-Gymn. Breslau Reife O. 96; Studium: Breslau 9 S.; Coll. 18. Juli 06; Approb. 7. Aug. 01.]

Nerling, A., Civilact oder Trauung. Ein Synodalvortrag. 8. (29 S.) Hermannsburg 879. Missionshausdruckerei. — 30

Nerling, F., die Bibel als die Heilsoffenbarung Gottes ist auch f. den Einzelnen Gnadenmittel u. Quelle d. Glaubens. Ein Wort an die Gemeinde. gr. 8. (IV, 68 S.) Reval 886. (Wassermann.) n. 1. —

Nerling, F., der Blutbann d. Duells vor dem Richterstuhle d. Gewissens u. der Vernunft. gr. 8. (55 S.) Dorpat 883. Schnakenburg. n. 1. —

Nerling, F., zur Duellfrage. Eine Erwiderg. auf den Artikel des Militär-Wochenblatts", 1896, Nr. 37: „Der Zweikampf". gr. 8. (23 S.) Cottbus 900. Sagan (Gotthold-Expedition.) n. — 40

Nerling, F., Glaubensgewißheit od. Erfahrungsgewißheit? Bibelglaube od. Erfahrungsglaube? [Aus: „Mittheilgn. u. Nachrichten f. die evangel. Kirche in Rußl."] gr. 8. (30 S.) Riga 892. L. Hoerschelmann. n. — 60

Nerling, F., üb. die Prädestinationslehre Missouris. Gibt dieselbe wirklich den Trost, dessen sie sich rühmt, den Trost unzweifelhafter Seligkeitsgewißheit? 8. (III, 59 S.) Nördlingen 886. Beck. n. 1. 20

Nerling, F. J., dürfen unsere lutherischen Landeskirchen sich in Wahrheit dessen rühmen, daß sie schriftgemäß sind? gr. 8. (136 S.) Dresden 876. H. J. Naumann. n. 1. 60

Nerling, F. J., für die Selbstcommunion der Geistlichen. [Aus: „Mittheilgn. u. Nachrichten f. die evangel. Kirche in Rußland".] gr. 8. (28 S.) Dresden 881. H. J. Naumann. n. — 40

Nerling, Frz., Wesen u. Form des Abendmahl-Konsekrationsaktes nach Schrift u. Bekenntnis. (65 S.) gr. 8. Riga 904. (Jonck & Poliewsky.) n. 1. 20
Sonderabdruck aus: „Mitth. u. Nachrichten f. die ev. Kirche in Rußland".

Nerling, N. E., Merkbüchlein für den Rechenunterricht in den unteren Klassen des Gymnasiums. 8. (IV, 88 S.) St. Petersburg 875. (Deubner.) cart. n. 1. 50

Nerling, Nikolai. Der Rechenunterricht in Gymnasien u. anderen mittleren Lehranstalten. Ein Hilfsbuch f. den Schüler. gr. 8. (IV, 114 S.) St. Petersb. 890, (Hoenniger). cart. * 2 —

Nerling, Nicolai, Versuch einer nosotopographischen Skizze der Stadt Dorpat. Diss. Dorpat. 8°. 50 pp. mit 1 Plan von Dorpat. 1866

Nerling, W., Auflösungen der Beispiele u. Aufgaben aus der Buchstabenrechnung u. Algebra. 2. Aufl. Dorpat 865. Gläser's Verlag. gr. 8. (68 S.) n. 15 ngr.

— Auflösungen der Beispiele und Aufgaben aus der Buchstabenrechnung und Algebra. 3. Aufl. gr. 8. (67 S.) Ebendas. 872. geb. *

Nerling, W., Lehrbuch der allgemeinen Arithmetik nebst Beispielen und Aufgaben, zum Gebrauch bei dem Unterrichte in Gymnasien und höheren Unterrichtsanstalten. gr. 8. (136 S.) Dorpat 857, (Hoppe.) *

— Lehrbuch der allgemeinen Arithmetik nebst Beispielen und Aufgaben, zum Gebrauch bei dem Unterrichte in Gymnasien und höheren Unterrichtsanstalten. 2., umgearb. Aufl. gr. 8. (XII und 152 S.) Dorpat 866, Gläser's Verlag. *

Nerling, W., Lehrbuch der ebenen Geometrie zum Gebrauch bei dem Unterrichte in Gymnasien u. höheren Unterrichtsanstalten. 8. (VIII u. 59 S. m. eingedr. Holzschn.) Mitau 848, Reyher. ¾ ₰

— Lehrbuch der ebenen Geometrie, zum Gebrauch bei dem Unterrichte in Gymnasien und höheren Unterrichtsanstalten. 2. Aufl. gr. 8. (VIII und 95 S. mit eingedr. Holzschn.) Dorpat 864, Gläser's Verlag. *

Nerling, W., Lehrbuch der ebenen Geometrie zum Gebrauch bei dem Unterrichte in Gymnasien und höheren Unterrichtsanstalten. 3. verb. Aufl. 8. (VIII, 94 S. mit eingedr. Holzschn.). Dorpat 879, Schnakenburg's Verlag. cart. *

— Lehrbuch der Stereometrie, zum Gebrauch bei dem Unterrichte in Gymnasien und höheren Unterrichtsanstalten. gr. 8. (VI und 80 S. mit eingedr. Holzschn.) Dorpat 865, Gläser's Verlag. *

— Lehrbuch der ebenen Trigonometrie zum Gebrauch bei dem Unterrichte in Gymnasien u. höheren Unterrichtsanstalten. 2., verb. Aufl. 8. (72 S. m. eingedr. Holzschn.) Ebend. 879. n. 2. —

— mathematische Miscellen. gr. 4. (22 S. mit eingedr. Holzschn.) Dorpat 864, (Gläser's Verlag.) *

— Sammlung von Beispielen und Aufgaben aus der Buchstabenrechnung und Algebra. gr. 8. (100 S.) Dorpat 857, (Hoppe.) *

— Auflösungen dazu. gr. 8. (76 S.) Ebendas. 857. *

— Sammlung von Beispielen und Aufgaben aus der Buchstabenrechnung und Algebra. 2. Aufl. gr. 8. (118 S.) Dorpat 864, Gläser's Verlag. *

Nerling, W., Sammlung von Beispielen und Aufgaben aus der Buchstabenberechnung und Algebra. 3. Aufl. gr. 8. (118 S.) Dorpat 871, Gläser. [Schnakenburg.] geb. *

— dasselbe. Auflösungen. 3. Aufl. gr. 8. (67 S.) Ebend. 872. geb. n. 1. 80

— Sammlung von Beispielen u. Aufgaben aus der Buchstabenrechnung u. Algebra. 5. Aufl. 8. (III, 136 S.) Ebend. 878. cart. n. 2. 10

État du Château de Thann en Alsace au XVe siècle. (Extr. de la Bibliothèque de l'Ec. d. chartes, t. 59.) Suivi de Les Revenus du Duc de Bourgogne à Thann à la fin du XVe s. p. Ch(arles) Nerlinger, ... Attaché à la Bibl. Nat. *Strasbourg: F. Staat 1899.* (1 Bl., 18, 15 S.) 1 Bd 8. (Collection Alsacienne.) 98. 11620

Nerlinger, Charles, Daniel Martin ou la vie à Strasbourg au commencement du XVIIe siècle. gr. 8. (333 S.) Strassburg 900. J. Noiriel. n. 5. —

— le surnom de Maiselooker donné aux Strasbourgeois. Avec un dessin de A. Touchemolin. (Collection alsacienne.) gr. 8. (12 S.) Ebd. 898. n. — 60

— Nicolas Wolff et la défense des Vosges 1814—1815. (Petite Collection Alsacienne.) 12. (40 S.) Ebd. 897. n. — 40

— Henri de Wurtemberg et Etienne Gruoker. (Collection alsacienne.) gr. 8. (26 S.) Ebd. (899). n. — 80

Nerlinger, Hermann [Assistenzarzt an d. Gr. Heil- u. Pflegeanst. Pforzheim]: Über die Epilepsie und das Fortpflanzungsgeschäft des Weibes in ihren gegenseitigen Beziehungen. Eine historisch-kritische und klinische Untersuchung. ... Heidelberg, Carl Winter's Universitätsbuchh., 1889; VIII + 144 S. u. 1 Tab. 8°
Strassburg. Med. Fak., Inaug.-Diss. v. 1889

Nerlinger, Thdr., u. Carl Bach, der landwirthschaftliche Obstbau. Allgemeine Grundzüge zu rationellem Betrieb desselben f. Landwirte, Baumzüchter, Seminaristen, Obstbauschüler, landw. Winter- u. Fortbildungsschüler u. s. f. Mit 27 Holzschn. gr. 8. (VI, 158 S.) Stuttgart 885. Ulmer. n. 2. —

—— dass. — Allgemeine Grundzüge zu rationellem Betrieb desselben für Landwirte, Baumzüchter, Seminaristen, Obstbauschulen, landwirtschaftl. Winter- und Fortbildungsschüler u. s. f. 2. wesentlich verm. Aufl. gr. 8. (VIII, 228 S. mit 75 in den Text gedr. Holzschn.) Ebendas. 888. *ℳ 2.80.; geb.

Nerlinger, Th., u. Karl Bach, der landwirtschaftliche Obstbau. Allgemeine Grundzüge zu rationellem Betrieb desselben f. Landwirte, Baumzüchter, Seminaristen, Obstbauschüler, landw. Winter- u. Fortbildungsschüler u. s. f. 3., verb. Aufl. v. Karl Bach. gr. 8. (VIII, 240 S. m. 84 Holzschn.) Stuttgart 893. E. Ulmer. n. 2. 80; geb. n.n. 3. 5

Nerlinger, Th., u. Karl Bach, der landwirtschaftliche Obstbau. Allgem. Grundzüge zu ration. Betriebe desselben f. Landwirte, Baumzüchter, Seminaristen, Obstbauschüler, landw. Winter- u. Fortbildungsschulen u. s. f. 4., wesentlich verb. Aufl. v. Karl Bach. gr. 8. (VIII, 244 S. m. 97 Holzschn.) Stuttgart 897. E. Ulmer. n. 2. 60; geb. n.n. 2. 85

Nerlinger, Th., u. Karl Bach, der landwirtschaftliche Obstbau. Allgem. Grundzüge zu ration. Betriebe desselben f. Landwirte, Baumzüchter, Seminaristen, Obstbauschüler, landw. Winter- u. Fortbildungsschulen u. s. f. 5., verb. Aufl. v. Karl Bach. gr. 8. (VIII, 246 S. m. 99 Holzschn.) Stuttgart 901. E. Ulmer. Geb. n. 2. 85

Nerlinger, Th., u. Karl Bach, der landwirtsch. Obstbau. Allgem. Grundzüge zu ration. Betriebe desselben f. Landwirte, Baumzüchter, Seminaristen, Obstbauschüler, landw. Winter- u. Fortbildungsschüler u. s. f. 6. verb. Aufl. v. Karl Bach. (IV, 255 S. m. 108 Abbildgn.) 8. Stuttgart 905. E. Ulmer. Geb. n. 2. 85

Nerlinger, Th., u. Karl Bach, der landwirtschaftliche Obstbau. Allgemeine Grundzüge zu rationellem Betrieb desselben f. Landwirte, Baumzüchter, Seminaristen, Obstbauschüler, landw. Winter- u. Fortbildungsschüler u. s. f. 7., verb. Aufl. v. Karl Bach. (XII, 252 S. m. 124 Abb.) 8. Stuttgart 910. E. Ulmer. Geb. 2. 85

Nernst zu Tilsit, Ober-Postdirector, über die Brochüre von O. M.: „Die Vollbluts-Frage" betreffend. Mit e. Vorwort des Herausgebers der Hippologischen Blätter (Graf v. Holmer). gr. 8. Kiel 838. (Hamburg, Perthes, Besser u. Mauke.) 1/2 ₰

Nernst, H., s. Lebenslauf, mein.

Nernst, Herm., Allerlei zum Brennen u. Ätzen,	s.: Vorlagen f. Brandmalerei.
— Marine- u. Landschaftsbilder,	
— Möbeldekorationen,	
— Vorlagen,	

Nernst, Karl

Nernst, K., schwed. Museum, s. Museum.

Nernst, Karl, Wanderungen durch Rügen; hrsgg. v. Ldw. Th. Kosegarten. Mit 1 Titelkpf. 8. Düsseld. 800. Dänzer. 1 ₰ 8 gr.

Experimental and theoretical applications of thermodynamics to chemistry by Dr. Walther Nernst, Prof., Berlin. New York: Ch. Scribner's Sons 1907. (X, 123 S.) 8°
(Silliman Memorial Lectures.) 07. 10332 3

Nernst, Walth., über die Bedeutung elektrischer Methoden u. Theorieen f. die Chemie. Vortrag, geh. am 27. IX. 1901 auf der 73. Naturforscherversammlg. zu Hamburg. gr. 8. (26 S.) Göttingen 901. Vandenhoeck & Ruprecht. n. — 80

Nernst, Walth., über die Berechnung elektromotor. Kräfte aus thermischen Grössen. (S. 247—267.) Lex. 8. Berlin 909. G. Reimer. 1. —

Nernst, Walt., physikalisch-chemische Betrachtungen üb. den Verbrennungsprozess in den Gasmotoren. Vortrag, geh. in der 46. Hauptversammlg. des Vereines deutscher Ingenieure zu Magdeburg. (36 S. m. Fig.) 8. Berlin 905. J. Springer. n. 1. —
Sonderabdruck aus: „Ztschr. d. Ver. deut. Ingenieure".

— Über die Beziehungen zwischen Wärmeentwicklg. u. maximaler Arbeit bei kondensierten Systemen. (8 S.) Lex. 8. Ebd. 906. — 50
Sonderabdr. aus: „Sitzungsber. d. preuss. Akad. d. Wiss."

Nernst, W., theoretische Chemie vom Standpunkte der Avogadro'schen Regel u. der Thermodynamik. gr. 8. (XIV, 589 S. m. 26 Holzschn.) Stuttgart 893. F. Enke. n. 13. —

Nernst, Walth., Theoretische Chemie vom Standpunkte der Avogadro'schen Regel u. d. Thermodynamik. 2. Aufl. gr. 8. (XVI, 703 S. m 36 Abb.) Stuttgart 898. F. Enke. n. 10. —

— theoretische Chemie vom Standpunkte der Avogardo'schen Regel der Thermodynamik. 3. Aufl. gr. 8. (XIV, 710 S. m. 36 Abbildgn.) Stuttgart 900. F. Enke. n. 16. —; geb. in Leinw. n. 17. 20

— theoretische Chemie vom Standpunkte der Avogadroschen Regel u. der Thermodynamik. 4. Aufl. (XIV, 750 S. m. 36 Abbildgn.) gr. 8. Stuttgart 903. F. Enke. n. 16. —; geb. in Leinw. n. 17. 60

— dasselbe. 5. Aufl. 1. Hälfte. (S. 1—430 m. 32 Abbildgn.) Lex.-8. Ebd. 906. n. 10. —

— Theoretische Chemie vom Standpunkte der Avogadroschen Regel u. der Thermodynamik. 6. Aufl. (XVI, 794 S. m. 50 Abbildgn.) Lex. 8. Stuttgart 909. F. Enke. 20.—; geb. in Leinw. n 21. 40
5. Aufl. (XVI, 784 S. m. Abb.) 907. 18.60; geb. 20. —

Nernst (W.) und Schönflies (A.), Einführung in die mathematische Behandlung der Naturwissenschaften München und Leipzig 1875. 8.

— u. A. **Schönflies**, Einführung in d. mathemat. Behandlg. d. Naturwissenschaften. Kurzgef. Lehrbuch d. Differential- u. Integralrechng. m. bes. Berücksicht. d. Chemie. gr. 8. (XI, 309 S. m. 61 Fig.) München 895. Dr. E. Wolff. n. 8. 60; geb. n.n. 10. —

— dasselbe. 2., vorm. u. verb. Aufl. gr. 8. (XII, 339 S. m. 68 Fig.) Ebd. 898. n. 9. —; geb. n.n. 10. 50

— u. A. **Schönflies**, Einführung in die mathematische Behandlung der Naturwissenschaften. Kurzgefasstes Lehrbuch der Differential- u. Integralrechng. m. besond. Berücksicht. der Chemie. 3. Aufl. gr. 8. (XII, 340 S. m. 68 Fig.) München 901. R. Oldenbourg. n. 10. —; geb. n. 11. 50

— u. A. **Schönflies**, Einführung in die mathematische Behandlung der Naturwissenschaften. Kurzgefasstes Lehrbuch der Differential- u. Integralrechng m. besond. Berücksicht. der Chemie. 4. Aufl (XII, 370 S. m. 69 Fig.) Lex.-8. München 904. R. Oldenbourg. n. 11. —; geb. n. 12. 50

Einführung in die mathematische Behandlung der Naturwissenschaften Kurzgefaßtes Lehrbuch d. Differential- u. Integralrechnung mit besond. Berücks. d. Chemie. Von W[alther] **Nernst** [&] A[rthur] Schoenflies. Mit 69 Fig. 5. Aufl. München & Berlin: Oldenbourg 1907. XII, 371 S. 8 [illegible]

— u. A. **Schoenflies**, Einführung in die mathemat. Behandlung der Naturwissenschaften. Kurzgefasstes Lehrbuch der Differential- u. Integralrechng. m. besond. Berücksicht. der Chemie. 6. verm. u. verb. Aufl. (XII, 442 S. m. 84 Fig.) gr. 8. München 910. R. Oldenbourg. Geb. in Leinw. 14. —
5. Aufl. (XII, 371 S. m. 69 Fig.) 907. 11.—; geb. 12. 50

— s.: Jahrbuch der Elektrochemie usw.

Nernst, Walther [aus Graudenz]: Über die elektromotorischen Kräfte welche durch den Magnetismus in von einem Wärmestrome durchflossenen Metallplatten geweckt werden. . . . Leipzig, Druck v. Metzger & Wittig, 1887; 32 S. u. 1 Taf. 8°.
Würzburg, Phil. Fak., Inaug.-Diss. v. 1887.

— Über das Hall'sche Phänomen, s. Ettingshausen, A. v.

— u. A. **Hesse**, Siede- u. Schmelzpunkt, ihre Theorie u. prakt. Verwerthg. m. besond. Berücksicht. organ. Verbindgn. 8. (VII, 122 S. m. 11 Abbildgn.) Braunschweig 893. F. Vieweg & Sohn. n. 2. —; geb. n. 2. 40

— Zur Theorie der galvanischen Polarisation; Anwendung zur Berechnung der Reizwirkungen elektr. Ströme. (11 S.) Lex. 8. Berlin 908. G. Reimer. — 50
Sonderabdr. aus: „Sitzungsber. d. preuss. Akad. d. Wiss."

— Zur Theorie des elektr. Reizes. (S. 275—314 m. 3 Fig.) gr. 8. Bonn 908. M. Hager. 1. 60
Sonderabdruck aus: „Archiv f. d. ges. Physiol."

— F. **Koref** u. F. A. **Lindemann**, Untersuchungen üb. die spezifische Wärme bei tiefen Temperaturen I. — Dasselbe II. Von W. (S. 247—282.) Lex. 8. Berlin 910. G. Reimer. 2. —
Sonderabdr. aus: „Sitzungsber. d. preuss. Akad. d. Wiss."

Nernst, W.,

— üb. das thermische und galvanische Verhalten einiger Wismuth-Zinn-Legirungen im magnetischen Felde, s.: Ettingshausen, A. v.

Nernst, Walther [Dr.]: Die elektromotorische Wirksamkeit der Jonen. . . . (Aus: Zeitschr. f. phys. Chem. IV. Bd. 2. H.) Leipzig, Wilhelm Engelmann, 1889; 1 Bl. + 53 S. + 1 Bl. 8°
Leipzig, Phil. Fak., Hab.-Schr. v. 23. Okt. 1889

— s.: Zeitschrift f. Elektrochemie.

— d. Ziele d. physikal. Chemie. Festrede, geh. am 2. Juni 1896 zur Einweihg. d. Instituts f. physikal. Chemie u. Elektrochemie der Georgia Augusta zu Göttingen. gr. 8. (18 S.) Göttingen 896. Vandenhoeck & Ruprecht n. — 60

Nero. Musicalisches Trauerspiel. Hamburg 1705. V: *Feustking*, *Friedrich Christian*. (schr)

Nero; ein histor. Gemälde v. Franz Horn, m. K. 8. Leipz. Hinrichs. 810.
Wesinn.

MADAME NERO. Erzählung aus dem Plantagenleben in Brasilien. Von R. B. Privatdruck. (190*). 8°.
Beschlagnahmt: Z. f. B. 1914, Beibl. S. 386.

NERO, Madame. Erzählung aus dem Plantagenleben in Brasilien. Von R. B. (Um 1910.) 8°.
Verb. d. Ldg. Wiesbaden 5 J. 1489/11.

Nero, der wachsame. (Ausgestanzt.) 12. (8 z. Tl. farb. S.) Weimar 893. A. Karrer. — 10

NERO (ps.), Robinsonette. (Deutsch?) London (190*).

Nero, Angelo del, s.: Gemälde, berühmte, d. Welt.

Nerodolik, Arth. v., freud- u. leidbewegt. Novellen. gr. 8. (VII, 132 S.) Wien 878. (Seidel & Sohn.) n. 2. 60

Chronik der Familie **Flor**. Zsgest. v. Ocke Christian Nerong. (Dollerup.) 1887. 8⁰.

Dirck **Cramer** und dessen Vermögen v. Ocke Christian Nerong. Wyk a. Föhr. 1903. Fol. geb. in 8⁰.

Maria Christine **Erken** aus Nieblum v. O. C. Nerong. o. O. u. J. 1 Bl. Fol., geb. in 4⁰ [Kopft.]

Föhr früher und jetzt. Für seine Landsleute in der Nähe und in der Ferne, sowie auch für die Kurgäste geschrieben von **O. C. Nerong.** Wyk (auf Föhr). (1885.) 8⁰.

Die Insel Föhr v. Ocke Christian **Nerong.** Dollerup. 1903. 8⁰.

Führer in dem Nordseebad Wyk auf Föhr. Für Kurgäste geschrieben v. Ocke Christian **Nerong.** (1. Aufl.) Dollerup. 1886. 8⁰.
—— 2. Aufl. Wyk auf Föhr. 1894. 8⁰.

Das Kirchspiel Grundhof. Hist. u. topogr. beschrieben von O. C. **Nerong**, Lehrer in Dollerup. *[Dollerup:] Selbstverl. 1895.* (272 S.) 8⁰

Ueber Haus- und Viehmarken auf der Insel Föhr v. Ocke Christian **Nerong.** (Sonderdruck aus der Föhrer Zeitung.) o. O. (1903.) 1 Bl. Fol. geb. in 8⁰.
Nebst 4 Bl. mit Marken. Lithographie.

Karte der Insel Föhr und der nordfriesischen Inseln gez. v. Ocke Christian **Nerong.** Flensburg. (1903.) 2 Bl. 8⁰.

Die Grundhofer Kirche. Nebst einem Verzeichnis der Prediger, Organisten, Lehrer, Gutsbesitzer und Kirchenbohlsbesitzer des Kirchspiels Grundhof, zum Theil von der Reformation an v. Ocke Christian **Nerong.** (Dollerup.) 1888. 8⁰.

Die Kirchhöfe Föhrs v. Ocke Christian **Nerong.** (Dollerup.) 1897. 8⁰.

Die Kirchhöfe Föhrs. Von O[cke] C[hristian] **Nerong.** 2. Aufl. *[Dollerup]: Selbstverl. 1902.* (32 S.) 8⁰

Die Kirchhöfe Föhrs v. Ocke Chr. **Nerong.** 3. mit vielen Abb. versehene Aufl. (Dollerup.) 1909. 8⁰

Die Verdienste des Propstes Philipp Ernst Lüders in Glücksburg um die Landwirtschaft v. Ocke Christian **Nerong.** (Kiel. 1907.) 4⁰ Ausschnitt aus: Landwirtschaftliches Wochenblatt für Schleswig-Holstein. Jg. 57, Nr. 39.

Nerong, O. C., Willkürsbrief u. Dorfsbeliebungen aus dem Kreise Flensburg. gr. 8. (152 S. m. 1 Fksm.) Dollerup 900. (Hamburg, C. Kirsten.) Geb. in Leinw. 2. 50

Das Dorf Wrixum. Hist. u. topogr. beschrieben von O. C. **Nerong**, Lehrer in Dollerup. *[Dollerup:] Selbstverl. 1898.* (138 S.) 8⁰

Nerreter, David

Der Wunderwürdige Juden- und Heiden-Tempel, Darinn derselben Gottes- und Götzen-Dinst eröffnet und gezeiget wird. Anfangs vom Alexander Roszen in Englischer Sprach beschrieben, Nunmehro aber verbessert, und ... vermehret ... von David Nerreter. Samt dessen Bericht Vom Ursprung der Abgötterey ... Wodurch der Daifel, als Gottes Aff mit seiner List und Verführung vorgestellt ... wird. Nürnberg, In Verlegung Wolfgang Moritz Endters Gedruckt bey Johann Ernst Adelbulner. An. 17ol

— Der Wunderwürdige Juden- und Heiden-Tempel, Darinn derselben Gottes- und Götzen-Dinst eröffnet und gezeigt wird. Anfangs vom ALEXANDER ROSSEN in Englischer Sprach beschrieben, Nunmehro aber verbessert, und, mit vielem Zusatz vermehret . . . Samt dessen [= Nerreters] Bericht Vom Ursprung der Abgötterey, wie auch von denen Poetischen Fabeln, und deren Bedeutung. Wodurch der Daifel, als Gottes Aff, mit seiner List und Verführung vorgestellt, und alles gründlich untersucht wird. Nürnberg, Wolfg. M. Endter, 1701. 8⁰. 6 Bl. 1195 S. 41 Bl. *Mit doppelseitigem Kupfertitel und 70 Kupfertafeln, davon 10 doppelblattgroß.* Ld. d. Z. (etwas berieben, Kanten u. Ecken bestoßen).

FdF. 587. Originalausgabe in dieser Form. Der „Juden- und Heidentempel" ist neben der Koranübersetzung N's bekanntestes Werk: eine Übersetzung und Bearbeitung von Ross' „View of all religions" ergänzt durch seinen eigenen ausführlichen Bericht vom Ursprung der Abgötterey.

Der wunder-würdige *Juden- u. Heiden-Tempel*, darinn derselben Gottes- u. Götzendienst, eröffnet u. gezeigt wird. Anfangs vom *Alexander Rossen* in engl. Sprach beschrieb., nunmehro aber verbess., u., mit vielem Zusatz vermehret, ausgeführt von *Dav. Nerreter.* Samt dessen Bericht vom Ursprung der Abgötterey, wie auch von denen poet. Fabeln, u. deren Bedeutung. Wodurch der *Daifel* (!), als GOttes Aff, mit s. List u. Verführung vorgestellt, u. alles gründlich untersucht wird. Nürnberg, in Verlegung Wolfg. Mor. Endters. Gedr. bey Joh. Ernst Adelbulnern. An. M.DCC.XVII. (1717.) (Nebst doppelblattgr. Kpftit.) 8⁰. Pgmtb.

6 Bll., 1105 S. (1039 ff. d. Anhang), 83 unbez. S. Reg. — Die Zuschrift an 6 vornehme Nürnb. Rathsmitgl. ist dat.: „Gegeb. in d. Nürnbergischen Vorstadt u. Markt Wehrd A. 1701. d. 1. Märzen." — Ed. I. ibid. 1701. Kl. 8⁰.

NERRETER, DAVID. Neu eröffnete Mahometanische Moschea, worinn nach Anleitung . . . ALEXANDER ROSSENS, Erstlich Der Mahometanischen Religion Anfang, Ausbreitung, Secten, Regierungen, mancherley Gebräuch, und vermuthlicher Untergang, Fürs andre, Der völlige Alkoran Nach der besten Edition LUDOVICI MARRACCII, verteutscht, und kürtzlich widerlegt wird. Nürnberg, Joh. Ernst Adelbulner für W. M. Endter, 1703. Kl. 8⁰. 8 Bl. 1222 S. 25 Bl. *Mit 15 Kupfern.* Leicht fleck. Pgt. d. Z.

Zenker I. 1395. Ebert I. 917. Dies ist die erste gute deutsche Ausgabe des Koran, auf Grund des Urtextes und Marraccis latein. Version übersetzt. Die frühere deutsche Bearbeitung Salomon Schweiggers — ebenfalls bei Endter in Nürnberg erschienen — ging auf eine schlechte italien. Übersetzung zurück und war fehler- und lückenhaft. Nerreter gibt in s. Vorrede ausführliche Nachrichten über alle früheren Ausgaben und Bearbeitungen des Korans; er befleißigt sich möglichster Objektivität und Wörtlichkeit u. gibt seine „Widerlegungen" und theolog. Kritik in den Anmerkungen zu d. einzelnen Suren, sowie im ersten Teil des Buches, der eine sehr erweiterte Bearbeitung der den Islam betreffenden Ausführungen in Ross' „View of all Religions" darstellt.

Nerreter, Dav., († d. 5. Juli 1726.) die Muhamedan. Religion ꝛc., s. **Religion**, über die Muhamedanische ꝛc.

Nerreter, David, Schauplatz d. streitenden christlichen Kirche, m. K. 8. Nürnb. Stein. 707.

Nerrlich (Hrsg.), s. Ruge: Briefwechsel u. Tagebuchblätter aus d. J. 1825-1880.

Nerrlich, P., De Jove Homerico. I. De Jove qualis sit in Odyssea. Diss. 1871. 61 S. 4⁰. 1.—

Nerrlich, Paul, das Dogma vom klassischen Altertum in seiner geschichtlichen Entwicklung. gr. 8. (XIV, 400 S.) Leipzig 894. C. L. Hirschfeld. n. 7. 50

— ein Nachwort zum Dogma vom klassischen Altertum. 9 Briefe an Julius Schvarcz. gr. 8. (76 S.) Leipzig 899. C. L. Hirschfeld. n. 2. —
Hauptwerk Ebd. 894. n. 7. 50.

Nerrlich, Paul [Oberl. Dr.]: Zu Jean Paul. Berlin, R. Gaertners Verlagsbuchh. H. Heyfelder, 1889; 24 S. 4⁰
Berlin, Askanisches G, OP 1889 (60)

Nerrlich, P., Jean Paul. Sein Leben u. seine Werke. gr. 8. (XI, 655 S.) Berlin 889. Weidmann. n. 10.—

Nerrlich, Paul, s.: Jean Paul's Briefwechsel m. seiner Frau u. Christian Otto.

Nerrlich, Paul, Jean Paul u. seine Zeitgenossen. gr. 8. (IX, 374 S.) Berlin 876. Weidmann. n. 6. —

— ein Reformator als exakter Forscher. Ein Vademecum f. den Hrn. Pfarrer Dr. Josef Müller in Pasing bei München. gr. 8. (16 S.) Berlin 901. Gose & Tetzlaff. n. — 60

— Herr von Treitschke und das junge Deutschland. 1.—3. Aufl. gr. 8. (84 S.) Berlin 890. Rosenbaum & Hart. n. 1. —

Nerses (IV) Klaiensis

Claiense, S. Nierses —. Gebete vom Patriarchen der Armenier — — verfaßt. Vierte Auflage. Wien. 1855 Mechitharisten-Buchdruckerei (22 S. 8.)

Nerthus. Wochenschrift f. Pflanzen- u. Blumenfreunde, Terrarien-, Aquarien- u. Vogelliebhaber. Mittheilungen aus Kreisen v. Fachleuten u. fachkund. Laien. Red.: Karl Götze. 1. Jahrg. April—Dezbr. 1899. 39 Nrn. gr. 8. (à ca. 16 S. m. Abbildgn.) Altona, Verlag d. Nerthus. n. 4. 50

— Illustrierte Wochenschrift f. Tier- u. Pflanzenfreunde, f. Sammler u. Liebhaber aller naturwissenschaftlichen Zweige. Organ des Verbandes der Aquarien- u. Terrarien-Freunde u. vieler anderen Vereine. Red.: Herm. Bolau. Hrsg.: G. Kriele u. H. Adolff. 2. u. 3. Jahrg. 1900 u. 1901. à 52 Nrn. gr. 8. (à ca. 20 S.) Ebd. à Jahrg. n. 6. —

— dasselbe. 4. Jahrg. 1902. 52 Nrn. gr. 8. (à ca. 20 S.) Altona-Ottensen, Ch. Adolff. n.n. 8. —

Nerthus. Illustrierte Wochenschrift für Freunde aller Zweige der biolog. Naturwissenschaften, f. Liebhaber v. Zimmer- u. Gartenpflanzen, Stubenvögeln, Aquarien u. Terrarien, f. Sammler aller naturwissenschaftl. Objekte. Red.: Heinr. Barfod. 5. Jahrg. 1903. 52 Nrn. (à ca. 16 S. m. 1 Taf.) gr. 8. Altona-Ottensen, Ch. Adolff. n. 8. —

— dasselbe. 6. Jahrg. 1904. 26 Hefte. (à ca. 32 S. m. farb. Taf.) gr. 8. Ebd. n n. 5. —

— dasselbe. Illustr. Zeitschrift f. volkstüml. Naturkunde u. Naturliebhabereien aller Art. Red.: Heinr. Barfod. 7. Jahrg. Jan.—Juni 1905. 18 Hefte. Nebst Beilagen: Naturkundliches Literaturblatt. 1. Jahrg. 9 Nrn. u. Internationale Naturalienbörse. 1. Jahrg. (à ca. 24, 8 u. 4 S. m. z. Tl. farb. Taf.) gr. 8. Ebd. n. 3. —
Mit „Natur u. Haus" verschmolzen.

Neruda, Jan, Genrebilder, s. Universal-Bibliothek Nr. 1759, 1893.

Neruda, J., Kleinseitner Geschichten, s. Universal-Bibliothek Nr. 1976—1978.

Neruda, Jan, Hřbitovní kvítí. Prag 858. Bellmann. 16. (2 Bl., 64 S.) n. 8 ngr.

—— kosmische Lieder. Aus dem Böhm. übers. von Gust. Pawikovski. 12. (IX, 48 S.) Leipzig 881, Friedrich. * 1 20
geb. * 2 20

Nerulos, f.a.Rizo.

Nerulos, Jakovaky Rizo. Geschichte des neuern Griechenlands seit der Zeit des Befreiungskrieges. Aus dem Französischen übersetzt durch Professor Dr. H. F. Eisenbach. 8. Leipzig 1830.

NERUZZO VON NERIIS, Tasso (Athen): De aquis adelaidis ad Heilbrunn Bavariae superioris. (Titel nach der Urkunde)
31.5.1851 - Urk; F 67
Diss. Ingolst.-Landsh.-Mchn.

Nerval, Gérard de, Aurelia od. Der Traum u. das Leben. Deutsch v. Hedw. Kubin. Mit 57 Zeichngn. v. Alfr. Kubin. (V, IV, 147 S.) gr. 8. München 910. G. Müller. 6.50; geb. 9. —

Nerval, Gérard de, la Bohème galante. La reine des poissons. Nouvelle éd. 12. (136 S.) Berlin 890. Neufeld & Henius. n. 1. 20

Nerval, Gérard de, der Fürst der Narren, s.a. Liebhaber-Bibliothek, kulturhistorische. 27. Bd.

NERVAL, Gérard de, Der Fürst der Narren. Roman. Deutsch von Hedda Moeller-Bruck. Mit einer Vorrede von Louis Ulbach. Berlin und Leipzig [1905], Magazin-Verlag Jacques Hegner. Kl. 8⁰. 361 S.
Kulturhistorische Liebhaberbibliothek Bd. 27.

Nervander, J. J., Ueber das Vorkommen einer bisher übersehenen Undulation im Gange der täglichen Temperaturcurve. (Auszug aus den Acten der Finnländischen Societät der Wissenschaften, T. 1.)

Nervegna, Jos., de institutis votorum simplicium religiosorum et monialium. (86 S.) gr. 8. Rom 904. (Desclée, Lefebvre & Co.) n. 2. —

Nervegna, Jos., de jure practico regularium. gr. 8. (248 S.) Romae 900. Regensburg, F. Pustet. n.n. 4. 80

Nervegno, Fritz [aus Berncastel '(Mosel)']: Aus d. geburtshilfl. Univ.-Klinik in Bonn. Über die in der geburtshilflichen Universitäts-Klinik und Poliklinik zu Bonn vom 1. Januar 1885 bis zum 1. Januar 1895 stattgehabten Zwillingsgeburten Bonn, Buchdr. v. A. Henry, 1895; 29 S., 1 Bl. 8.
Bonn, Med. Fak., Inaug.-Diss. v. [8. März] 1895

Nervenheilmethode ohne Arznei. Für Kranke und Gesunde. Nördlingen 864. Beck. 16. (XII, 48 S.) 9 ngr.

Nervenheilmethode ohne Arznei. Für Kranke u. Gesunde. 2., durchgeseh. Aufl. Nördlingen 867. Beck'sche Buchh. 16. (XII, 48 S.) 9 ngr.

Nervenheilmethode ohne Arznei. Für Kranke u. Gesunde. 3. neu durchgeseh. Aufl. 12. (XIV, 48 S.) Münch. 890, Beck. * — 90

Nervenkrank f.: Flugschriften, hygienische. 2. Hft.

Nervenkrankheiten, die wichtigsten, in Einzeldarstellungen, f. den praktischen Arzt hrsg. v. Geo. Flatau. 1.—7. Heft. 8. Leipzig, B. Konegen. n. 7. 40
1. Die Ischias. Von Geo. Flatau. (48 S. m. 1 Abbildg.) 904. n. 1. —
2. Die Tabes dorsalis. Von Geo. Flatau. Mit 2 Abbildgn. (65 S.) 904. n. 1. 40
3. Die multiple Sklerose. Von R. Cassirer. Mit 6 Abbildgn. (43 S.) 905. n. — 90
4. Die Chorea (Veitstanz). Von Geo. Flatau. (32 S.) 905. n. — 50
5. Die Poliomyelitis anterior acuta. (Spinale Kinderlähmg.) Von Geo. Flatau. Mit 5 Autotyp. auf 4 Taf. (26 S.) 906. n. 1. —
6. Die progressive Paralyse. Von Max Neumann. (54 S.) 906. n. 1. 20
7. Die Epilepsie. Von Geo. Buschan. (62 S.) 906. n. 1. 40

Nervenkrankheiten, die wichtigsten, in Einzeldarstellungen f. den prakt. Arzt, unter Mitwirkg. v. G. Buschan, R. Cassirer, Toby Cohn u. a. hrsg. v. Geo. Flatau. 8.—10. Heft. 8. Leipzig, B. Konegen. 7.30; (I. Bd. vollst. 15.—; geb. in Leinw. 16.30)
Cohn, Toby, Muskelatrophien. Mit 3 Fig. im Text u. 3 Taf. (VII, 73 S.) 910. (Heft 10.) 2.—
Flatau, Geo., Erkrankgn. der peripherischen Nerven. (82 S. m. 7 Abb. u. 4 Taf.) 909. (Heft 9.) 2.50
Trömner, E., die Neurasthenie. (115 S.) 907. (Heft 8.) 2.80

Nervenleiden s. a. Volks- u. Hausarzt, deutscher.

Nervenleiden, (Neurasthenie, Hypochondrie, Hysterie, Krämpfe u. s. w.). Ihre Entstehung, Verhütung ... Bielefeld 1902. V: *Wähling, Wilhelm B.* (Berl)

Nervenschwäche, Die. Welches sind die Ursachen dieser jetzt so häufigen Krankheit ... Quedlinburg 1823. V: *Westphal, Carl.* (MGT) (Ky) (EngM)

Nervenschwäche, die, welches sind die Ursachen dieser jetzt so häufigen Krankheit, u. wie kann man sie verhüten u. sicher heilen? (v. C. Westphal.) 8. Quedl. 823, Basse.

Nervenschwäche, die überhandnehmende, in unsern Tagen, als Folge der weichl. u. vernachlässigten Erziehung, u. die vorzügl. Heilmittel dagegen. 12. Frkf. a. M. 820. Bock. (J. Müller in Leipz.) 8 gr.

Nervosität und Nervenleiden. Wesen, Verhütung u. Heilung. Ein Rat- u. Mahnwort f. Gebildete von e. Nervenarzt. Mit bes. Berücks. d. Wasserkur u. Hypnose. *Goslar: C. Behrmann & E. Jaenecke 1900.* (95 S.) 8° [01. 5733 7

Nerz, F: Beleuchtung von Räumen mit Bogenlicht. (Nürnberg 1897)

Nerz, F, Scheinwerfer u. Fernbeleuchtg., s. a. Sammlung elektrotechn. Vorträge.

Nerz, F., Scheinwerfer und Fernbeleuchtung. (Sammlung elektrotechnischer Vorträge, I. Prof. Dr. Ernst Voit.) Stuttgart 1899.

Nerz, F*idelis* [Prof.]: Perfectum und Imperfectum respektive Passé défini und Imparfait. Nürnberg, gedr. bei U. E. Sebald, 1895; 31 S. 8.
Nürnberg, k. Altes G, P 1895*

van Nes, A. L., Worte brüderlicher Belehrung u. Warnung. Ein Beitrag z. Beförderung d. Mäßigkeits-Vereine. 2. verb. Aufl. 8. Lingen 841, Jülicher. 2 ngr

Nes, Wilh. van, Anweisung zum katechetischen Gebrauche des Heidelberger Katechismus. Göttingen 867. Vandenhoeck & Ruprecht's Verlag. gr. 8. (VIII, 176 S.) n. 24 ngr.

—— der Heidelberger Katechismus. Auf Veranlassung des Kurfürsten Friedrich III. von der Pfalz verf. von den Gottesgelehrten Zachar. Ursinus und Kasp. Olevianus. Zu einem Lernbuche zugerichtet. 8. (IV und 110 S.) Göttingen 867, Vandenhoeck und Ruprecht's Verlag. *

Nesbeda, Jos. Eine resolute Frau, s. Volkstheater, Wiener.

Das rote Haus [The red house]. Roman von E. **Nesbit** [d. i. Mrs. Hubert Bland]. Genehm. Uebertr. aus d. Engl. von H[elene] Lobedan. Mit 7 Einschaltbild. von A. J. Keller. Köln a. Rh.: J. P. Bachem [1907]. (291 S.) 8° [F.] [08. 11541

Nesbit, J. C., der Dünger, das Düngen, das Drainiren und die Brache landwirthschaftlich-chemisch betrachtet. Worte zur Zeit und für die Zeit gesprochen. Ein Vortrag, gehalten vor dem Farmer Club. Uebers. u. mit e. Vorwort und Bemerkungen begleitet von Gumprecht. Berlin 854. Nesselmann u. Co. gr. 8. (36 S.) n. 10 ngr.

— der Peruvianische Guano, seine Geschichte, Zusammensetzung und befruchtenden Eigenschaften, sowie die zweckmäßigste Art seiner Anwendung zur Verbesserung des Bodens. Aus dem Engl. 14. Aufl. Magdeburg 853. Baensch. (Leipzig, Gräbner.) gr. 8. (46 S.) 10 ngr.

— der peruanische Guano, seine Geschichte, seine Zusammensetzung und Prüfung, seine befruchtenden Eigenschaften, verglichen mit den wirksamsten bisher bekannten Düngemitteln, wie Knochenmehl rc., und endlich die beste Art seiner Anwendung in der Landwirthschaft. Nach der 14. Aufl. und mehrern werthvollen engl., französ. u. deutschen Materialien frei bearb. von Chrn. Heinr. Schmidt. Mit 1 (lith.) Figurentaf. Weimar 853. Voigt. gr. 8. (2 Bl., 70 S.) 12½ ngr.

Nesbitt, Robert: Osteogenie oder Abhandlung von Erzeugung der Knochen im menschlichen Körper in zween Vorlesungen erklärt, die auf dem anatomischen Theater der Wundärzte in London...im Jahr 1731 gehalten worden. (Human Osteogeny explained in two lectures... Dt.) Übers. von Johann Ernst Greding. 104 S., gbd., 6 Taf.

Altenburg: Richter 1753 JB 1.248

Nesbit, Rob., Osteogenie, od. Abhandl. v. Erzeugung d. Knochen im menschl. Körper; aus d. Engl. Mit e. Vorrede von Chr. G. Ludwig. Mit Kpf. gr. 4. Altenb. 753. (Hennings in Neisse). 1 ₰

Nesbit, Rob., Osteogenie, od. Abhandl. von Erzeugung der Knochen im menschl. Körper, a. d. Engl. m. K. gr. 4. Altenburg, Richter. (Akadem. Handl. in Jena.) 753.

Nescher: Ha-Nescher (Der Adler) (Ag)
① Wochenblatt für die Juden in der Schweiz, Süddeutschland und Elsaß, zur Belehrung und Unterhaltung ⑤ 5. 6. 1868—1869 ⑥ 2° ⑦ Wochenblatt ⑧ Schöftland: J. C. Hirzel ⑩ Gründer: Isaac Wyler, Schöftland ⑪ Dr. M. Kayserling ⑬ Israelitisches Wochenblatt 1941, Nr. 1 ⑭ Cincinnati (Ohio): Hebrew Union College Library ⑮ Vor Nr. 1 muß noch eine Probe-Nummer erschienen sein (v. Abonnements-Einladung in Nr. 1).

Nescher: Hanescher (Der Adler) (Zh)
⑮ Kisch (Israelitisches Wochenblatt für die Schweiz, 1901, Nr. 1) schreibt: «Mein seliger Freund, Lehrer G. Dreyfuß in Zürich, ... hatte beabsichtigt, eine jüdische Zeitung — ‚ha Nescher' sollte ihr Titel sein, später aber in ‚Israelitische Wochenchronik' abgeändert — in Zürich erscheinen zu lassen und zu diesem Zwecke sich mit der Buchdruckerei Schiller & Cie. wegen des Verlages in Verbindung gesetzt. Am 31. März 1874 wurde ein Prospekt versendet ... Das Ergebnis war ein klägliches.»

Die dem freien Verkehre überlassenen Arzneimittel zum Gebrauche für Krankenkassen, Aerzte u. sonstige Interessenten zsgest. v. Sanitätsrath Dr. [Franz] **Nesemann**, Bezirksphysikus in Breslau. *Breslau: Preuss & Jünger 1898.* (16 S.) 1 Bd 8. [98. 7163

[F.] Ein Denkmal des Johann Amos Comenius in Lissa zum dreihundertundfünfzigj. Jubiläum d. Unität am 26. August 1898. E. geschichtl. Rückblick v. Prof. Dr. [Franz] **Nesemann** in Lissa ... *Lissa i. P.: F. Ebbecke 1898.* (39 S.) 1 Bd 8. [99. 1100

[F.] Die deutsche Drogisten-Bewegung. E. krit. Besprechg der Verhältnisse u. Bestrebgn d. deutschen Drogistenstandes v. Dr. med. Franz **Nesemann**, Bezirksphys. in Breslau. *Breslau: Maruschke & Berendt 1896.* (28 S.) 1 Bd 8. [96. 8012

Nesemann, Franz [Prof. Dr.]: Comenii Lesnae excidium und Vindicationis famae et conscientiae calumniae tertia et quarta hrsg. Lissa i. P., Buchdr. v. O. Eisermann, 1894; 1 Bl., IV, 32 S. 4.
Lissa i. P., k. G, OP 1894 (158)

Nesemann: Zur formalen Gliederung der altattischen Komödie. 1. Th. Der Prolog. 28 S. – Lissa, Progr. 1868

Nesemann, Fr.: Zur formalen G l i e d e r u n g der altattischen Komödie. 2. Theil. Der Prolog. 34 S. – Lissa, Progr. 1870

Nesemann, Franz: Ueber subcutane Carbolsäure-Injectionen bei Polyarthritis rheumatica. Halle a/S. 1879: Plötz. 28 S. 8°
Halle-Wittenberg, Med. Diss. v. 29. Dez. 1879
Geb. Mewe a. d. Weichsel 10. 5. 1848. V.

Nesemann, Franz [Prof. Dr.]: Comenii Panegyricus Carolo Gustavo hrsg. Lissa i. P., Buchdr. v. O. Eisermann, 1896; 1 Bl., II, 17 S. 4.
Lissa i. P., k. G, OP 1896 (161)

Nesemann, Franz [Prof. Dr., Oberl.]: Exegetische Studien zu Caesar und Tacitus im Anschluss an die Frage vom Wesen der ältesten deutschen Staatenbildung. Lissa, Buchdr. v. O. Ludwig, 1890; 28 S. 4°
Lissa i. P., k. G, OP 1890 (150)

Nesemann, Fr. Zur Textkritik des Brutus und Orator. 16 S. *Lissa* 1882. Progr.

Der Verkehr mit Arzneimitteln und Giften ausserhalb der Apotheken. Auf Grund d. gesetzl. Bestimmgn z. Gebr. f. Medizinalbeamte, Apotheker, Drogisten, Aerzte, Verwaltgs- u. Gerichtsbehörden erl. v. Dr. Franz **Nesemann,** Bezirksphysikus in Breslau. *Berlin: J. Springer 1897.* (IX, 175 S.) 1 Bd 8. (97. 1374)

Nesemann, Johannes [pr. Arzt aus Goczalkowo bei Gnesen]: Zur Casuistik der Erkrankungen der prävesicalen Gegend. (Cavum praeperitoneale Retzii.) . . . Berlin, Buchdr. v. Gustav Schade (Otto Francke) (1889); 29 + 1 S. + 1 Bl. 8°
Berlin, Med. Fak., Inaug.-Diss. v. 6. Apr. 1889

Nesemann, Ludwig

— u. L. **Wolter,** 80 Bibelabschnitte zum Zwecke d. Bibellesens ausführlich disponiert, erklärt u. m. Anmerkgn. versehen. 8. (VIII, 316 S.) Gütersloh 886. Bertelsmann. n. 3. 60

Nesemann, L. u. A. **Wolter.** Sittlich-religiöse Epistel-Erklärung, e. Handreichg. zur fruchtbaren Behandlg. der Sonntagsepisteln f. den Lehrer u. zur erbaul. Betrachtg. f. das Haus. 8. (VIII, 368 S.) Gütersl. 890, Bertelsmann. * 3 60

— u. A. **Wolter,** sittlich-religiöse Evangelien-Erklärung, e. Handreichg. zur fruchtbaren Behandlung der Sonntags-Evangelien f. den Lehrer u. zur erbaul. Betrachtung für das Haus. 8. (VIII, 315 S.) Ebd. 888. n. 3. 60

Nesemann, Ludw., Halt deinen Luther fest! Zwei Predigten zum Andenken an das 400jähr. Luther-Jubiläum. gr. 8. (26 S.) Berlin 884, Deutsche Evangelische Buch- und Tractat-Gesellschaft. — 30

Nesemann, L., das evangelische Kirchenlied f. Schule, Seminar u. Konfirmanden-Unterricht ausgewählt, erklärt u. disponiert, nebst e. Anh.: Kurzer Abriß der Geschichte d. Kirchenliedes. 8. (IV, 416 S.) Gütersloh 887. Bertelsmann. n. 4. 50

Nesemann, (Aemilius) Reinholdus *(geb. Bahrendorf bei Magdeburg 2. 11. 1833)*: De terebratione cranii in laesionibus capitis adhibenda. Vratislaviae (1858). (30 S.) 8°
Breslau, Med. Diss. v. 29. März 1858

Nesemann, Wilhelm Franc. Emil

Nesemann, Guil. Franc. Aem. (geb. Bahrendorf bei Magdeburg 28. 11. 1836): De episodiis Aristophaneis. Berolini (1862). (62 S.) 8°
Berlin, Phil. Diss. v. 5. Juli 1862

Nesen, Christian Siegfried (Zittau), De natura statutorum, quae in civitatibus provincialibus conduntur eorumque obligandi principiis. Diss. inaug. Präs. Justus Henning Böhmer. Halle / Magdeburg (J. Grunert) 18. I. 1721. 24 S. (4.50) 24668

— — Dasselbe. Halle/Magdeburg (J. Grunert) 18. I. 1721. 24 S. u. Corrolaria. (4.50) 24669

— — Dasselbe. Halle/Magdeburg (J. Fr. Grunert) 18. I. 1721. 1739. 24 S. (4.50) 24670

— — Dasselbe. Halle/Magdeburg (J. Fr. Grunert) 18. I. 1721. Rec. 1760. 24 S. (4.50) 24671

Nesen, Johann Konrad

— — De rerum differentiis, intuitu juris Germanici privati. Diss. jur. Präs. Christian Thomasius. Halle/Magdeburg (Salfeld) 31. III. 1721. 22 S. (4.50) 24673

— — Dasselbe. Halle/Magdeburg (Salfeld) 31. III. 1721. Rec. 1727. 22 S. (4.50) 24674

— — Dasselbe. Halle/Magdeburg (Kitler) 31. III. 1721. Rec. 1741. 32 S. (4.50) 24675

— **Johann Conrad** (Zittau/Laus.), Exercitatio prima quae de verborum in jure Germanico ac Saxonico significatione nec non antiquis eorum jurium regulis generatim agit. Präs. Christian Gottfried **Hoffmann.** Leipzig (Breitkopf) 15. III. 1721. 27 S. (4.50) 24672
Widm. v.: Christian Gottfried Hoffmann.

Nesmelow, W.: U n t e r s u c h u n g e n d. Butter d. Baltischen u. Nordwestgebietes Russlands, s. H a p p i c h , C.

Nesmüller, A., Goldelse, s. Goldelse.

Nesmüller, Josef Ferdinand

Nesmüller, J., der wilde Feldwebel. Liederspiel in 1 Akt aus den österr. Alpen. Musik v. Frz. Müller. 8. (24 S.) Wiesbaden 893. R. Bechtold & Co. — 80

Nesmüller, Ferd., Freigesprochen, s. Universal-Bibliothek Nr. 1806.

Nesmüller's, (J.) Ferd., Theater. 1. Bd.: Eine Soldaten-Familie. Die Pflegekinder. Die Frau Tante. Der Gnome und sein Narr. Die Zillerthaler. gr. 8. (XI und 288 S. mit Portr. in Stahlst.) Dresden 862, Türk's Verlag. *

—— dass. — Neue wohlf. (Titel-)Ausg. gr. 8. (XI und 288 S. mit Portr. in Stahlst.) Dresden 864, Kuntze.

Nesmüller, Ferd., die wilde Toni. Liederspiel in 1 Act, nebst Musik. 8. (34 S.) Leipzig 882. Pfau. n. — 50

Nesmüller, Jos. Ferd., die wilde Toni, s. a. Thalia.

Die wilde Toni. Liederspiel in 1 Akt von Josef Ferdinand **Nesmüller.** *Mühlhausen i. Th.: G. Danner [1901].* (40 S.) 8° [J.]
= Thalia. No 88. (01. 826)

Nesmüller's, (J.) Ferd., die Zillerthaler, s. Bloch's, E., Dilettanten-Bühne.

— die Zillerthaler, s. Breitkopf und Härtel's Text-Bibliothek Nr. 153.

Nesnan, D. (Pseud.) Maso. Erzählung vom Gestade des Wörther-Sees in Kärnten. Glanfurt, Schlick in St. Veit a. d. Glan. 1894. 179 S. (Verf.: David Koller.)

Nesper, Carlo, Briefe, die er überreichte, s. a. Geschichten, intime.

Briefe, die er überreichte. Von Carlo **Nesper**. Prag: A. Synek [1904]. (48 S.) 8° [F.]
= **Geschichten**, Intime. 22. [05. 7484

— Herr u. Frau Professor, s. a. Geschichten, intime.

Herr und Frau Professor. Eine moderne Hochstapler-Geschichte von Carlo **Nesper**. Berlin: Berliner Roman-Verl. [1904]. (48 S.) 8° [F.]
= **Geschichten**, Intime. 32. [05. 7494

Nesper, E., Anleitung zur physischen Erziehung der Jugend von der Geburt bis zu den Jahren der Mannbarkeit. Für Eltern u. als Leitfaden bei seinen Vorlesungen für Lehrer u. Erzieher. 2. Aufl. Leipzig 858. Kollmann in Comm. gr. 8. (144 S.) n. 16 ngr.

Nesper, E., prakt. Anleitung zur Bereitung und Prüfung der Reinheit der chemischen Reagentien, für Kreisärzte und Kreiswundärzte rc. Mit 1 Tabelle. gr. 8. Wien 839. Braumüller u. Seidel. 3/4 ₰

— Grundsätze zur physischen Erziehung d. Kindes in seiner ersten Lebensperiode. (Von der Geburt bis zum Durchbruch der ersten Zähne.) Mit besond. Rücksicht auf gewöhnliche häusliche Verhältnisse. 8. Wien 840. Braumüller u. Seidel. 2/3 ₰

Nesper, E., Grundsätze zur physischen Erziehung des Kindes in seiner zweyten Lebensperiode. (Vom Durchbruche der ersten Zähne bis zu ihrem Ausfallen.) M. besond. Rücks. auf gewöhnliche häusl. Verhältnisse. Liebenden Müttern der gebildeteren Klassen geweiht. 8. (12½ B.) Wien 842, [Pfautsch u. Voß.]

Nesper E.: Umriss der Elegie u. jambisch. Poesie der Griechen. 44. Braunau. 77. **Progr.**

Nesper, Eug., die Frequenzmesser u. Dämpfungsmesser der Strahlentelegraphie. (X, 250 S. m. 197 Fig.) gr. 8. Leipzig 907. Veit & Co. 11. —

Nesper, Eugen, Dipl.-Ing. aus Berlin: Strahlung von Spulen. *Rostock 1904: C. Boldt.* (59 S.) 8°
Rostock, Phil. Diss. v. [5. März] 1904

Nesper, Eug., die drahtlose Telegraphie u. ihr Einfluss auf den Wirtschaftsverkehr unter besond. Berücksicht. des Systems „Telefunken". Mit e. Verzeichnis der Patente u. Literaturangaben üb. drahtlose Telegraphie. (VIII, 157 S. m. 29 Fig.) 8. Berlin 905. J. Springer. n. 3. —

Nespital, Rob., Sansara. Gedichte des Pessimismus. (77 S.) kl. 8. Hannover (906). F. Rechtmeyer. n. 2. —

Nespital, Rob., Sansara. Gedichte d. Pessimismus. (77 S.) kl. 8. Hannover (907). F. Rechtmeyer. 2. —

Sansara. Gedichte d. Pessimismus. Von Robert **Nespital**. Hannover: F. Rechtmeyer [1908]. (77 S.) 8° [F.] [08. 11872 7

Nespor, Gust., über die Untersuchg. der Tauglichkeit v. Aspiranten f. Unterseebote. (7 S.) gr. 8. Pola (908). (Schrinner.) — 80
Sonderabdr. aus: „Mitteilgn. a. d. Geb. d. Seewesens".

van Neß, ein neues Heilverfahren gegen Leberleiden und Wassersucht, dessen Wirkung garantirt wird. 863. — 2. Aufl. Altona 864. Verlags-Büreau. 8. (51 S.) n. 10 ngr.

Neß, van, ein neues Heilverfahren gegen Leberleiden und Wassersucht, dessen Wirkung garantirt wird. 1. und 2. Aufl. 8. (51 S.) Altona 864, Verlags-Büreau. *

— Leberkrankheiten zu ihrer Heilung geführt. 8. (54 S.) Altona 863, Verlags-Büreau.

Ness, Franciscus Josephus (geb. am 7 März 1795 in Siegburg): De nexu speciali organorum excernentium cum medicaminibus similibusque corpori ingestis ... Bonnae, typ. Thormannianis (1822). 38 S. 8.
Bonn, Med. Fak., Diss. v. 17 Aug. 1822

Ness, Frits, Referendar: Natur und Inhalt des Verlöbnisvertrages. Bonn: Georgi 1909. 71 S. 8°
Heidelberg, Jur. Diss. v. 6. Aug. 1909, Ref. Schröder
[Geb. 24. Juli 86 Rheinbach; Wohnort: Bonn; Staatsangeh.: Preußen; Vorbildung: Gymn. Essen Reife O. 05; Studium: Genf 1, Bonn 4, München 1 S.; Rig. 25. Juni 09.] [U 09. 1863

Neß, Karl, Aufgaben zum Uebersetzen ins Lateinische f. die 4. u. 5. Klasse [Unter- u. Obertertia] d. humanistischen Gymnasiums u. den 1. u. 2. Kurs d. Realgymnasiums. gr. 8. Erlangen 891. F. Junge. n. 3. —
4. (Untertertia) bez. 1. Kurs. (V, 181 S.) n. 1. 60
5. (Obertertia) bez. 2. Kurs. (III, 150 S.) n. 1. 40

Neß, Karl, Aufgaben z. Uebersetzen ins Lateinische f. d. 4. Gymnasialklasse. 2., umgearb. Aufl. gr. 8. (IV, 209 S.) Erlangen 898. F. Junge. n. 1. 60

— dasselbe f. d. 5. Gymnasialklasse. 2., umgearb. Aufl. gr. 8. (IV, 130 S.) Ebd. 896. n. 1. 40

— häusliche Uebungen. Uebersetzungsaufgaben zur Wiederholg. u. Einübg. d. latein. Pensums d. 4. u. 5. Gymnasialklasse, f. Selbstunterr. m. separat gedruckter latein. Uebersetzg. gr. 8. (III, 80 S.) Ebd. 896. n. 1. —

— dasselbe, latein. Uebersetzg. gr. 8. (47 S.) Ebd. 896. n. 1. —

Neß, Karl, häusliche Übungen zur Wiederholung u. Befestigung der griechischen Formenlehre. I. u. II. Tl. m. Uebersetzg. gr. 8. Erlangen 899. F. Junge. n. 3. 60
I. (4. Gymnasialklasse.) (74 S.) n. 1. —; Uebersetzg. (35 S.) n. — 80
II. (5. Gymnasialklasse.) (77 S.) n. 1. —; Uebersetzg. (43 S.) n. — 80

Hilfsbuch für Proviant-Ämter ... Unter Benutz. amtl. Quellen zsgest. von [Leopold] Neß, Kgl. Proviantamtsinsp. Breslau 1910: Schles. Dr.-Genossensch.; [Hirt]. 470 S. 8° [11. 6033

Der Naturalienverkauf an die Proviantämter. Auf Grund amtl. Materials zsgest. von L[eopold] **Neß**, Kgl. Proviantamts-Rend. Breslau 1910: Schles. Dr.-Genossensch.; [Hirt]. 150 S. 8° [11. 6034

Nesse, Carl, s. Nesse, Karl

Nesse, Chr. v., Haus u. Schule. Vortrag beim Sommerfeste des Gewerbevereins in Saalfeld am 15. Juni 1879 geh. gr. 8. (15 S.) Saalfeld 879. Wiedemann. n.n. — 25

Nesse, Emil, approb. Arzt aus Halle a. S.: Über die Aetiologie und Histologie gutartiger Neubildungen des Kehlkopfes. *Halle a. S. 1904: C. A. Kaemmerer & Co.* (42 S.). 8°
Halle, Med. Diss. v. 6. Aug. 1904

Nesse, Karl

Nesse, Carl, approb. Arzt aus Halle a. S.: Ueber die **Behandlung der Orchitis- und Epididymitis tuberculosa.** *Halle a. S. 1901: Kreibohm & Heilig.* (60 S.) 8°
Halle, Med. Diss. v. 3. Aug. 1901

Die **Nessel.** Von Nr. 12 an mit dem Zusatz: Wochenblatt für Schleswig-Holstein und Hamburg. Red. unter Verantwortlichkeit des Verlegers Isaac Salomon Meyer. (Jg. 1). Nr. 3—16. Hamburg. 1863. Fol.
Jg. 2. Nr. 1—15. ebd. 1864. Fol.
—— Verlegt u. red. v. Wilhelm Marr.
Jg. 2. Nr. 16—110. ebd. 1864. Fol.

Nessel, Räuberhauptmann Gustav, s.: **Fels, Guido v.**

Nessel, civilprozeßrechtliche Erörterungen im Anschlusse an die Schriften des Prof. v. Bülow. gr. 8. (110 S.) Berlin 886, Vahlen. *
Aus: Gruchot's Beiträge, besonders abgedruckt.

Nessel, A. „Für Wahrheit und Recht." Unpolitische Herzensergüsse eines unverbesserlichen Idealisten. In-12°. 97 S. Zürich, Verlags-Magazin (J. Schabelitz). 1890 1 25

Nessel, Franz: Handbuch der Zahnheilkunde. 320 S., gbd., 10 Taf.

Prag: Calve 1840

JB 4.385

— Handbuch der Zahnheilkunde. 2. wohlf. (Titel-)Ausg. Wien (840.) 855. Braumüller. 8. (IX, 320 S. u. 10 lith. Taf. in 4.) n. 1 Thlr. 10 ngr.

Nessel, Frz., Compendium der Zahnheilkunde. Lex.-8. (IV und 228 S. mit 71 eingedr. Holzschn.) Wien 855(56,) Braumüller. *

Nessel, Frz., über die Pflege der Zähne. 12. (1½ B.) Prag 843, Calve'sche Vrlgsh.

Nessel, Frz., Vorschlag eines Mittels zur Vorbeugung der Rinderpest. Prag 860. Calve in Comm. 8. (23 S.) n. 6 ngr.

Nessel, Gottfried [Pseud.], s.a. Steffan, Emil

Nessel, Gfr., Elsbeth. Eine Erzählg. 8. (184 S.) Jena 875. Costenoble. 2. 50

Nessel, Gfried., Elsbeth. Eine Erzählung. 2. (Titel-)Aufl. Wohlfeile Volks-Ausg. 8. (184 S.) Jena (1875) 880. Costenoble. 1. 50

Nessel, Gfried., Leokadie. Bilder aus der Gesellschaft. Leipzig 868. J. Naumann. gr. 8. (472 S.) 1 Thlr. 15 ngr.; geb. 2 Thlr.

Nessel, Thdr., die Antragsberechtigungen d. deutschen Reichsstrafgesetzbuchs insbesondere vom Standpunkte d. altpreuss. Strafprocesses aus systematisch u. kritisch beleuchtet. gr. 8. (92 S.) Berlin 873. Springer's Verl. n. 2. —

Nessel, Thdr., praktisches Handbuch für das Verfahren der Polizei-Behörden und Beamten als Organe der Strafrechtspflege im preuß. Staate mit Ausschluß der Rheinprovinz; nebst einem Commentare der Strafgesetze und einer allgemeinen Darstellung des neuen Verfahrens, zugleich als Anleitung für Polizei-Anwälte, angehende Juristen, Justiz- und Verwaltungs-Subaltern-Beamte. gr. 8. (XI und 116 S.) Breslau 856, Aderholz.

Nessel, Thdr., erster Nachtrag zu dem praktischen Handbuche für das Verfahren der Polizei-Behörden u. -Beamten als Organe der Strafrechtspflege. Breslau 856. Aderholz. gr. 8. (34 S.) 4 ngr.

Nessel, Thdr., das Pfändungspfandrecht u. d. Interventionsprozeß nach preuß. Recht, unt. Berücksicht. d. gemein. u. rhein. Rechts systematisch u. kritisch erörtert. gr. 8. (101 S.) Berlin 897. F. Vahlen. n. 2. —

Nessel, Thdr., das Preuß. Straf-Prozeß-Gesetz vom 17. Juli 1846 u. dessen Zukunft im Vergleich mit dem Rhein. Strafverfahren systemat. u. krit. entwickelt. gr. 8. (X u. 262 S.) Berlin 848, C. Heymann. 1 Thlr. 6 ngr.

Programm, drittes — des k. k. Gymnasiums zu Brüx, veröffentlicht am Schlusse des Schuljahres 1853. 4. (22 S.) Brüx. Gedruckt bei Ferdinand v. Schönfeld und Komp.
Inhalt: Ueber den geschichtlichen Charakter der wichtigsten Völker der Neuzeit. Von W. Z. Nessel. — Schulnachrichten.

Nessel W. Zachar. Geschichte der neuesten Zeit ... Lief. 7. Wien, J. F. Greß 1852. 8.

Nessel W. Zacharias. Geschichte der neuesten Zeit für gebildete Leser. Lief. 8. 8. (S. 273—320 und 1—32.) Wien, Greß 1852. (199.)

Nessel. Geschichte der neuesten Zeit für gebildete Leser. 8. Liefg. 9 u. 10. (VIII. S. 33—208.) Wien, J. F. Greß 1853. (751.)

Nessel, Zach. Allgemeine Geschichte der neuesten Zeit für gebildete Leser. Lfg. 11. (III. Bd. S. 209 bis 294, Schluß). 8. Wien, Greß 1853. (1352.).

Nessel v. Löwenfeld, Joh. Chr., venetianischer Oberst, ermordete 1687 seine schwangere Frau. Abbildung desselben, ganze Figur. (Im Hintergrunde 4 Scenen, betreffend die Ermordung.) Sehr seltenes Flugblatt. Fol. (5 Mk., beschnitten, L. Rosenthal, 1893.)

Nesselblätter. I. **Sammlung: Sturmglocken. Lausanne 1847. V:** ***Nessler.*** **(Cat. d. Stadtbibl. Zürich. Zürich 1864-79.)**

Nesselblätter, politische. 12. (5 B.) Leipzig 845, Phil. Reclam jun.

Nessel-Hans. Drei Bilder aus dem Dorfleben. Allen zur Lehre und Warnung dargestellt. Breslau o. J. V: *Plaskuda, Pastor.* (Russell III, 461)

Nessel-Hans; drei Bilder aus dem Dorfleben, Allen zur Lehre u. Warnung dargestellt v. einem Dörfler. 12. (36 S.) Schreiberhau 852. (Breslau, Dülfer & Geiser.) n. 2 ngr.

Nesselhauf, G., e. Wort üb. die dringend nothwendige Neugestaltung d. Schulwesens. Dem deutschen Volke u. seinen Vertretern gewidmet. gr. 8. (36 S.) Berlin 875. Nicolai's Verl. n.n. — 50

Nesselhiebe von Rante II. (Theater-Anekdoten.) 16. (1½ B.) Leipzig 842, Phil. Reclam jun. *

Nesselmann, Alfr., historische u. moderne Wagen des grossherzogl. Hofes zu Weimar. qu. gr. 8. (39 Taf. m. IV, 28 S. Text.) Berlin 899. Laubsch & Everth. In Leinw.-Mappe n. 16. —

Nesselmann, Dr. G. H. F., Die Algebra der Griechen. Nach den Quellen bearb. Berlin 1842. 8°.

Nesselmann, G. H. F., s. **Amba.**

Donaleitis. Nesselmann. G. H. F., [Anzeige von: Christian Donaleitis litauische Dichtungen. Erste vollständige Ausgabe mit Glossar. von Aug. Schleicher. [Altpreussische Monatsschrift. Band III. o. O. u. J.

—— s. **'Attar, Ferid-eddin, Pendnâmeh.**

— s. **Beha-eddin ben Alhossain,** Moham.

Nesselmann, G. H. F., Nummorum Orientalium, qui in Nummophylacio Academico Regimontano asservantur, Definitio et Explicatio. Königsberg/Preußen (E. J. Dalkowski) 2. XI. 1846. VI, 49 S. (3.50) 24679

—— s. **Donalitius, Chrn., littauische Dichtungen.**

von Bohlen. Nesselmann. G. H. F., Erinnerungen an den Professor v. Bohlen. [Aus den Provinzial-Blättern, andere Folge. 1852. Bd. I abgedruckt. Königsberg 1852.

— — Forschungen auf dem Gebiete der preussischen Sprache. 1. 2. 3. Beitrag. (SA aus der Altpreussischen Monatsschrift Band VII. VIII. Königsberg 1870 187.

Freimaurer-Reden gehalten in der Loge zum Todtenkopf und Phönix [in Königsberg] von G. H. F. **Nesselmann.** Königsberg 1849: Dalkowski. 47 S. 8°
8 Reden, 2 Gedichte.

Nesselmann, G. H. F., Zur Geographie der Thiernamen, s.a. **Unterhaltungen, königsberger, naturwissenschaftliche.**

Nesselmann. G. H. F., Zur Geographie der Thiernamen. Gelesen in der physikalisch-ökonomischen Gesellschaft zu Königsberg am 28. September 1855. [SA.]

Nesselmann, G. H. F., actenmäßige Geschichte der Schillerfeier und der Gründung einer Schillerstiftung in Königsberg. gr. 8. (IV und 34 S.) Königsberg 860, Theile's Buchh. * *

Nesselmann. G. H. F., Zur Kritik des littauischen Volksliedes. [SA. aus den Neuen Preussischen Provinzial-Blättern 1851. Band XII., Königsberg 1851.

— — Kufische Münzen. Aus den Neuen Preussischen Provinzial-Blättern a. F. Bd. VI. Hft. 6 abgedruckt. Königsberg 1854.

Nesselmann, G. H. F., die orientalischen Münzen des akadem. Münzcabinets in Königsberg beschrieben. Leipzig 858. Brockhaus. gr. 8. (XVIII, 175 S.) n. 2 *rß*.

Nesselmann. G. H. F., Ein Münzfund bei Putzig. Aus den Neuen Preussischen Provinzial-Blättern a. F. Bd. IV. 1853 abgedruckt. Königsberg 1853.

Donaleitis. Nesselmann. G. H. F., Noch einmal Donalitius-Schleicher. [Altpreussische Monatsschrift Band IV.] o. O. u. J.

Nesselmann. G. H. F., Über altpreussische Ortsnamen. [SA. aus den Neuen Preussischen Provinzialblättern 1848. Band V.]

Nesselmann, G. H. F., die Sprache d. alten Preußen an ihren Ueberresten erläutert. gr. 8. (12⅓ B.) Berlin 845, G. Reimer.

Nesselmann, G. H. F., thesaurus linguae prussicae. Der preuss. Vocabelvorrath, soweit derselbe bis jetzt ermittelt worden ist, nebst Zugabe e. Sammlg. urkundlich beglaub. Localnamen. Lex.-8. (VII, 222 S.) Berlin 873. Dümmler's Verl. n. 6. —

—— Versuch einer kritischen Geschichte der Algebra. Nach den Quellen bearb. 1. Thl. — A. u. d. Ttl.: Die Algebra der Griechen. gr. 8. (32⅓ B.) Berlin 842, G. Reimer.

Nesselmann, G. H. F., ein deutsch-preußisches Vocabularium aus dem Anfange des 15. Jahrhunderts. Nach e. Elbinger Handschrift mit Erläuterungen hrsg. Königsberg 868. Theile. gr. 8. (III, 56 S.) n. 15 *ngr.*

—— littauische Volkslieder, s. **Volkslieder, littauische.**

Vortrag bei Gelegenheit der Beförderung dreier Brüder der Loge zum Todtenkopf und Phönix [in Königsberg] in den Meistergrad, am 26. Jan. 1849 gehalten von G. H. F. **Nesselmann.** Königsberg i. Pr. 1849: Böhmer. 7 S. 8° [Umschlagtit.]
Üb. den Tod u. den Unsterblichkeitsglauben.

Nesselmann, G. H. F., Wörterbuch der Littauischen Sprache. 3 Lfgn. Lex. 8. (556 S.) Königsberg 850, Gebr. Bornträger. (1 u. 2. Lfg. à n. 1 *rß* 2 *ngr.* 3. Lfg. n. 1 *rß* 18 *ngr.*) n. 3 *rß* 22 *ngr.*

Nesselmann, R., Buch der Predigten, s. **Buch der Predigten.**

Nesselmann, R., **Buch der Predigten,** oder 100 Predigten und Reden aus den verschiedenen Zeiten, Ländern und Confessionen, zu einem Jahrgange geordnet. Neue Ausg. Elbing 862. Neumann-Hartmann. gr. 8. (IV, 763 S.) 1 *rß* 15 *ngr.*

— **das Christenthum,** e. Neugeburt der Menschheit. Predigt am 2. Trinitatissonntage 1874 geh. gr. 8. (14 S.) Elbing 874. Saunier. n. — 30

Nesselmann, R., die **Augsburg'sche** Confession erläutert. 8. (IV, 206 S.) Eisleben 876. Christl. Verein. geb. — 90

—— **Glaubenslieder.** 16. (XII und 243 S.) Elbing 859, Neumann-Hartmann.

— **Haus- u. Predigtbuch.** Christl. Predigten auf alle

Sonn- u. Festtage d. Jahres. (In ca. 20 Hftn.) 1—3. Hft. gr. 8. (S. 1—160.) Königsberg 876. Akadem. Buchh. à — 50

—— **Haus- und Predigtbuch.** Christliche Predigten auf alle Sonn- und Festtage des Jahres. 2 Abthlgn. gr. 8. Königsberg, Akadem. Buchh. [1. Abthl. (S. 1—528.) 878. *ℳ 5.; 2. Abthl. (X, S. 529—805.) 879. *ℳ 1.] *
geb. *

Nesselmann, R., **Haus- und Predigtbuch.** Christliche Predigten auf alle Sonn- u. Festtage d. Jahres. Neue (Titel-)Ausg. gr. 8. (X, 805 S.) Leipzig 887. Strübig. 4. —; geb. n.n. 5. —

Nesselmann, R., Luther's Katechismus für Schule und Kirche ausgelegt. 8. (95 S.) Elbing 856, Neumann-Hartmann. *

—— Luther's Katechismus für Schule und Kirche ausgelegt. 2. Aufl. 1858. und 3., verb. und verm. Aufl. 8. (IV und 96 S.) Elbing 861, Neumann-Hartmann. *

Nesselmann, R., Luther's Katechismus für Schule u. Kirche ausgelegt. 4., verb. Aufl. Elbing 867. Neumann-Hartmann. 8. (IV, 96 S.) n. 4 ngr.

Nesselmann, R., Luther's Katechismus f. Schule u. Kirche ausgelegt. 5. verb. Aufl. 8. (96 S.) Elbing 873. Neumann-Hartmann's Verl. geb. n. — 40

—— Luther's Katechismus für Schule und Kirche ausgelegt. 6. und 7. verb. Aufl. 8. (IV, 96 S.) Elbing 877,79, Neumann-Hartmann's Verlag. * 40 Pf.; geb. *

Nesselmann, R., Luthers Katechismus f. Schule u. Kirche ausgelegt. 8. verb. Aufl. 8. (IV, 89 S.) Leipzig 884. Reichardt. n. — 40; geb. — 60

— Luther's Katechismus, f. Schule u. Haus ausgelegt. Durchgesehen von Carl Alfr. v. Hase. 10., verb. Aufl. gr. 8. (101 S.) Leipzig 890. Reichardt. geb. n. — 55

Nesselmann, R., Luthers Katechismus, f. Schule u. Kirche ausgelegt. Durchges. von Carl Alfr. v. Hase. 11. Aufl. gr. 8. (101 S.) Leipzig 895. G. Reichardt. Geb. n. — 55

Nesselmann, R., Luthers Katechismus f. Schule u. Kirche, ausgelegt. Durchgesehen von Carl Alfr. v. Hase. 12. Aufl. 8. (101 S.) Leipzig 902. G. Reichardt. Geb. n. — 55

Nesselmann, R., Luthers Katechismus f. Schule u. Kirche, ausgelegt. Durchgesehen von Carl Alfr. v. Hase. 13. Aufl. (101 S.) 8. Leipzig 903. G. Reichardt. Geb. n. — 55

—— die Kennzeichen der Gläubigen. 8. (38 S.) Berlin 864, (Beck.) *

Nesselmann, R., Kern der heil. Schrift, od. biblische Gedichte z. Erbauung f. alle Bibelfreunde. 8. (17 B.) Elbing 845, Neumann-Hartmann. -

Nesselmann, R., f.: Konfession, die augsburgische.

— die Pfingstsprache d. heiligen Geistes. Pfingstpredigt. gr. 8. (12 S.) Elbing 872. Saunier. n. — 25

— Predigt, f.: Reinicke.

—— christliche Predigten. gr. 8. (VIII und 367 S.) Elbing 866, (Neumann-Hartmann.) *

—— über Priester- und Prophetenthum in ihrer Bedeutung für die christliche Kirche. Vorlesung, gehalten im Gewerbehause zu Danzig am 6. März 1860. gr. 8. (37 S.) Elbing 860, Neumann-Hartmann.

—— Uebersicht über die Entwickelungsgeschichte der christlichen Predigt. Neue Ausg. gr. 8. (96 S.) Elbing 862, Neumann-Hartmann.

—— f. Uhlenbeck, C. C. Die drei catechismen.

—— kurzer Unterricht im Predigen. gr. 8. (50 S.) Elbing 863, Neumann-Hartmann. *

— wie dünket euch um Christus? Abendpredigt auf dem 16. evangel. Kirchentage in der Domkirche zu Halle geh. gr. 8. (14 S.) Halle 872. Fricke. — 25

Nesseln

— e. Wochenblatt f. Freunde des Scherzes u. heiterer Laune. 16 u. 26 Bündel. 4. Nürnb. 817. Zeh. (à 10 Kr.) 20 Kr.

Nesseln von Falkenhayn. 8. Berlin, Hartmann. 798.

Nesseln v. Falkenhain. 8. Berl. 798. Maurers. B. 14 Kr

Nesseln auf Gräber. O. O. 1795.
V: *Gleim, Johann Wilhelm Ludwig.* (GGr) (Ky) (Gleim-Uz, Briefwechsel. Stuttgart 1899. S. 523.)

Nesseln auf Gräber, (v. Gleim). 8. Halberst. 795. Vogler. 4 Kr

Nesselrode, F. G. Freiherr v., s. Ahnenstolze, Der.

— Minervens Ankunft bei den Musen. Singspl. 8. Regenb. 780. Montag u. W. 2 Kr

v. Nesselrode, Frhr. F. G., Dirimel u. Laurg: Ein Melodram in 1 Aufz. 8. Münch. 784. (Fleischmann). 3 Kr

– s. Großmuth u. Tugend. ...

– s. Julie, oder die dankbare Tochter.

— Karoline, od. das unschuldige Opfer der Bosheit. Trspl. 8. Offenb. 778. Brede. 5 Kr

– s. Kindesliebe.

v. Nesselrode zu Hugenboet, Frhrr. C. F., Condolenzschreiben an die großen Geister Deutschlands, Lessing, Goethe u. ihre Kameraden, bei d. Tode d. Emilie Galotti, d. Minna v. Barnhelm u. d. Götz v. Berlichingen rc. 8. Frankf. a. M. 777.

v. Nesselrode zu Hugenboett, Frhrr. F. G., f. Leiden d. jungen Fanni.

— Jan v. Leiden, od. d. Belagerung v. Münster. Trspl. 8. Münster 786. Coppenrath. 8 Kr

Nesselrode, Graf, Selbstbiographie. Deutsch von Karl Klevesahl. Berlin 866. Mittler & Sohn. gr. 8. (V, 76 S.) n. 12 ngr.

– s. Tagelohner, Der adliche.

— die Vertauschung, od. d. glücklich gewordene Waise. Singspl. 8. Offenb. 778. Brede. 6 Kr

Weiber

— —, Die plaudernden, ein Lustspiel in drei Aufzügen (von *F. G. Frhrn. v. Nesselrode*). O. O. u. J. (1772?).
Anon.-Lex. IV. p. 383 (nach Minor, Weisse. Innsbr. 1880. S. 120); Goedeke hat: „Lustspiel in drei A. Wien 1771" und nennt *Joh. Heinr. Friedr. Müller (= Schröter)* als Verfasser.

– s. Wer hätte das gedacht?

— Zamor u. Zoraide. Schspl. 8. Offenb. 778. Brede. 6 Kr

E. v. **Nesselrot** [d. i. Frau E. v. Tyszka]. Das Fräulein von Beer. Roman. Berlin: F. Fontane & Co. 1905. (289 S.) 8° [F.] [07. 8047

— Ilse Salm. Roman. (448 S.) 8. Ebd. 904. n. 5. —; geb. n. 6. 50

Nessenius. Strassenbau, s. Handbuch der Baukunde.

Nessényi, Karl

Nessényi, Carl, die Registraturen der herrschaftlichen Landgüter. gr. 8. (XXII und 61 S.) Prag 861, (Dominicus.)

Nessi, Ernesto, Alta-Lombardia. Carta stradale ed alpina. 1 : 380,000. Chromolithogr. qu. gr. Fol. Como und Zürich 888, Meyer und Zeller. In Leinw.-Carton * 2 —

Nessi, Josef

Nessi, Giuseppe. Unterricht in der Wundarzneikunst. Leipzig 1790. Ü: *Spohr, Carl Heinrich.* (EngM)

Nessi, Jh., Unterr. in der Wundarzneikunst; aus d. Italien. von K. H. Spohr. 2 Bde. gr. 8. Leipz. 790. (Brockhaus). 2 ℛ 6 g

Nessi, Jos., Unterricht in der Wundarzneykunst, a. d. Ital. 2 Bde. gr. 8. Lpz. Junius. (Eurich.) 790.

Nessig, Wilhelm Robert [Dr.]: Geologische Exkursionen in der Umgegend von Dresden. I. Tl. Dresden, Druck v. B. G. Teubner, 1897; 42 S., 2 Kt. 4.
Dresden-Neustadt, Drei-König-S '(RG)', OP 1897 (574)

Nessig, Wilhelm Robert: Geologische Exkursionen in der Umgegend von Dresden. II. T. Exkursionen links der Elbe. *Dresden (1898): C. Heinrich.* (3—28 S.) 4° * [Fortsetzung d. P-Beilage 1897.]
Dresden-Neustadt, Drei-König-S (RG), OP 1898 (578)

Nessig, Wilh. Rob., geologische Exkursionen in d. Umgegend v. Dresden. gr. 8. (VIII, 169 S. m. 2 lith. Taf.) Dresden 898. C. Heinrich. n. 3. —; geb. n. 3. 60

Nessir u. Zulima; eine Erzähl. nach Raphael, m. K. gr. 8. Berlin, Decker. (Rottmann.) 782.

Neßl, Erik: Mein Onkel Hammelmeier, s. Theater-Repertoir, Wiener.

– Brennende Herzen, s. Theater-Repertoir, Wiener.

– Ein Schnitzel mit Hindernissen, s.a. Theater-Repertoir, Wiener.

Neßl, Erik, ein Schnitzel mit Hindernissen, s.a. Theater, neues Wiener. Nr. 155.

NESSL, Erik
(F) Ein Schnitzel mit Hindernissen. Scherz in einem Aufzuge von Erik Nessl. (Nach einer Französischen Idee). (Neues Wiener Theater Nr. 155 W. Th. R. 238.) Den Bühnen gegenüber als Manuscript gedruckt. Wien. [1900.] Künast. 8°. 27 S. K 1.20

– Ein Schwiegervater für Alles, s. Theater-Repertoir, Wiener.

– Turandot, s. Theater-Repertoir, Wiener.

– Vaterfreude, s. Theater-Repertoir, Wiener.

Neßlauer, Josef, Rechtsprakt.: Die Simulationsehe. Nürnberg 1909: Sebald. 66 S. 8°
Erlangen, Jur. Diss. v. 14. Mai 1909, Ref. Sehling
[Geb. 13. März 84 Ergoldsbach; Wohnort: Nürnberg; Staatsangeh.: Bayern; Vorbildung: Gymn. Metten Reife 03; Studium: Regensburg Lyzeum 1, München 6, Erlangen 1 S.; Rig. 5. März 09.] [U 09. 731

Nessler: De virgine, chlorosi et gutta screna laborante, s. Kaltschmied, Karl Friedrich (Präs.)

Nessler, Anton [app. Arzt aus Wehingen]: Über die nach Verletzungen der Hinterhauptslappen auftretenden Störungen ... Strassburg i. E., Buchdr. C. Goeller, 1891; 50 S., 1 Bl. 8.
Strassburg, Med. Fak., Inaug.-Diss. v. 1891

NESSLER, BERNHARD. Synthesen von Oxyxanthonen. (Bern) Bucarest, 1892.

Nessler, Carl, s. Nessler, Karl

Nessler, Christian Alexander Leopold

Nessler, Ch. A. L., de Fideicommissis Familiae observationes practicae. 4maj. Berl. 806. List. 6 g

Nessler, Christian Alexander Leopold (Schweinitz), De fideicommissis familiae observationes practicae. Präs. Christian Daniel Erhard. Leipzig (J. Sommer) 22. VII. 1806. 24 S. (3.50) 24680
Gew.: Christian Andreas Panzer, Samuel Albert Duerisch. — Widm. v.: Christian Daniel Erhard.

Nessler, Fréd., et Rob. **Sperber,** exercices pratiques de conversation Allemande, à l'usage de jeunes élèves qui parlent la langue Française. Recueil de matériaux pour former leur jugement et pour leur apprendre à parler et à écrire en Allemand. Composé d'après un nouveau plan. A. u. d. T.: Deutsche Sprechschule. Stoff zum Denken, Sprechen u. Schreiben, für den Unterricht in deutscher Sprache. Nach einem neuen Plane für die franz. Jugend bearb. 8. (IV u. 81 S.) Genf 850, Keßmann. 8 ngr

Nessler, Fr., Lectures allemandes à l'usage des Collèges et des Gymnases de la Suisse française. I. partie, destinée à servir d'application à un cours de grammaire. A. u. d. T.: Deutsches Lesebuch für Bürgerschulen u. Gymnasien insbesondere der französ. Schweiz. 1. Thl. Zum Behufe eines grammatischen Cursus. gr. in-12. Genève 844, Kessmann. 2/3 ℛ — Tom. II. 1ère partie. Style narratif et dramatique. A. u. d. T.: Deutsches Lesebuch rc. 2. Thl. Erzählender u. dramatischer Styl. Ebend. 845. 1 ℛ

Neßler, Frdr., Niklaus v. der Flüe, s.a. Bibliothek vaterländischer Schauspiele. 88.

Neßler, Frdr., Niklaus v. der Flüe. 12. (149 S.) Glarus 872. J. Vogel. 2. —

Nessler, Friedrich. Niklaus von der Flüe (und der ewige Bund). [Dramatisches Gedicht.] Neue [Titel-]Ausgabe. IV S. + S. 3—149. 8. Aarau, H. R. Sauerländer & Co., [1906]. [fr. 1.50]
Bibliothek vaterländischer Schauspiele. (Bändchen) 88.
Original-Ausg.: Glarus 1872.

Niklaus von der Flüe. Von Friedrich **Neßler.** Neue Ausg. Aarau: Sauerländer [1907]. 149 S. 8°
(Bibliothek vaterländischer Schauspiele. 88.) [11. 6:60

Neßler, Friedr. Wilh., erbauliches Andenken an Dr. Mart. Luthers seliges Lebensende. Predigt zur 300jähr. Gedächtnißfeier des Todestages Luthers gehalt. am Sonntage Seragesimä den 14. Febr. 1846. 8. (1½ B.) Eisleben, Reichardt.

Neßler, Friedr. Wilh., Dein Reich komme! Tägliche Andachten in Lied, Schrift und Gebet nach Ordnung des christl. Kirchenjahrs in den Sonn- und Festtags-Evangelien. Schrift ausgelegt durch Schrift. 12 Hefte. gr. 8. (XX, 873 S.) Leipzig 869,70, Hinrichs' Verlag. à Heft * 50 Pf. * geb. *

Neßler, Friedr. Wilh., Dein Reich komme! Tägliche Andachten in Lied, Schrift und Gebet nach Ordnung des christl. Kirchenjahres in den Sonn- und Festtags-Evangelien. Schrift ausgelegt durch Schrift. Die Gebete theils nach gesalbten ältern und neuern Gebeten, theils nach Kernstellen anerkannt guter Erbauungsschriften. Neue (Titel-)Ausg. 12 Hefte. gr. 8. (VI, 818 S.) Leipzig (870)79,80, Hinrichs'sche Buchh. à Heft
compl. geb. in Leinw. *
geb. in Leinw. mit Goldschn. *
Mit Familienchronik (56 S.) geb. in Halbfrzbd. *

Neßler, Frdr. Wilh., Dein Reich komme! Tägliche Andachten in Lied, Schrift u. Gebet nach Ordng. d. christl. Kirchenjahrs. Schrift ausgelegt durch Schrift. 3. wohlf. Ausg. m. Familien-Chronik. gr. 8. (XX, 873 u. 56 S.) Leipzig 884. Hinrichs' Verl. geb. n. 6. —

Nessler, Fr., dem Gedächtnisse des Reformators Dr. Mart. Luther, an seinem Todestage nach 3 Jahrh. 18. Febr. 1846. 4. (2 B.) Lausanne 846. (Berlin, Springer.) *

Neßler, Fr. W., die sittl. Gefahren unserer Zeit. Predigt über die Epistel am Sonntag Oculi, Ephes. 5. 1—9. Zum Besten der Abgebrannten in Frankenhausen. gr. 8. Zeitz 833. (Webel). 2 gl.

—— der Herr mein Psalm u. mein Heil. Christliche Lieder f. kirchl. u. häusliche Andacht. 8. (12½ B.) Leipzig 843, Friese. –

— s. Porchat, J. J., Winkelried.

Nessler, Gustav, aus Munzenheim: Untersuchungen über die wichtigsten Versuche einer Metaphysik des Sittlichen. Hauptteil 1: Geschichtliche Untersuchung. *Berlin 1898: J. Sittenfeld.* (VI, 86 S.) 8°
Erlangen, Phil. Diss. v. 27. Juli 1868

Nessler, Julius

Nessler, J. Die Behandlung des Weines. Regensburg 1872.

Neßler, J., die Behandlung des Weines, insbesondere auch Verhütung und Beseitigung von Weinkrankheiten in vier gemeinfaßl. Vorträgen; mit einem Anhang: Verbessern des zu sauern Mostes und Weines und Bereitung von Trester- und Hefenwein. 1. Aufl. (VIII, 184 S.) 1871. *ℳ 2,40., und 2. verm. Aufl. gr. 8. (VIII, 215 S. mit 11 in den Text eingedr. Holzschn.) Ravensburg [Stuttgart] 873, Ulmer. *

Neßler, J., die Behandlung des Weines, insbesondere auch Verhütung u. Beseitigung von Weinkrankheiten in 5 gemeinfaßlichen Vorträgen; mit einem Anh.: Erkennen fremder Zusätze zum Traubensaft u. zum Wein. 3., wesentlich verm. Aufl. Mit 12 in den Text eingedr. Holzschn. gr. 8. (VIII, 268 S.) Stuttgart 878. Ulmer. n. 4. —

Neßler, J., die Bereitung, Pflege und Untersuchung des Weines, besonders für Winzer, Weinhändler und Wirte. 4. gänzlich umgearb. und wesentlich verm. Aufl. des Buches: „Die Behandlung des Weines". gr. 8. (VIII, 336 S. mit 33 in den Text gedr. Holzschn.) Stuttgart 885, Ulmer. *

Neßler, J., die Bereitung, Pflege u. Untersuchung des Weines besonders für Winzer, Weinhändler und Wirte. 5., verm. Aufl., m. e. Anh.: Grundsätze f. die Behandlg. d. Obstweines u. Weinessigs. Mit 33 in den Text gedr. Holzschn. gr. 8. (VIII, 428 S.) Stuttgart 889. Ulmer. n. 5. 50; geb. n.n. 6. 30

Neßler, J., die Bereitung, Pflege u. Untersuchung des Weines, besonders f. Winzer, Weinhändler u. Wirte. 6., verm. Aufl. m. e. Anh.: Grundsätze f. die Behandlg. d. Obstweines u. Weinessigs. gr. 8. (VIII, 470 S. m. 36 Holzschn.) Stuttgart 894. E. Ulmer. n. 6. —; geb. in Halbfrz. n.n. 7. 30

Neßler, J., die Bereitg., Pflege u. Untersuchg. d. Weines bes. f. Winzer, Weinhändler u. Wirte. 7., verm. Aufl. m. e. Anh.: Grundsätze f. d. Behandlg. d. Obstweines u. Weinessigs. gr. 8. (VIII, 483 S. m. 52 Holzschn.) Stuttgart 898. E. Ulmer. n. 6. —; geb. in Halbfrz. n. 7. 30

Neßler, J., die Bereitg., Pflege u. Untersuchg. des Weines. 8. Aufl., neu bearb. v. Karl Windisch. (XII, 508 S. m. 134 Abb.) gr. 8. Stuttgart 908. E. Ulmer.
Geb. in Leinw. 11. —

Nessler, J. Bericht über die Arbeiten der Versuchsstation Karlsruhe. Karlsruhe 1870.

NESSLER, J., und CARL LINTNER.
Berichte über die Bereitung des Weines und des Bieres auf der Wiener Ausstellung. Braunschweig, 1877. 8vo.

Neßler, J., Dünger-Lehre, hersg. von der chemischen Fabrik von Geo. Karl Zimmer, vormals C. Clemm-Lennig in Mannheim. 1. u. 2. Aufl. Mannheim 866. Schneider. gr. 8. (56 S.) 7½ ngr.

Neßler, J., Düngerlehre f. Landwirtschafts- u. ländl. Fortbildungsschulen, sow. z. Selbstunterr. gr. 8. (48 S.) Bühl 897. Konkordia. n. — 30

— Düngung d. Wiesen, Felder u. Weiden. [Aus: „Landwirthschaftl. Wochenbl."] hoch 4. (27 S. m. 1 Abb.) Karlsruhe 895. (G. Braun'sche Hofbuchdruckerei u. Verl.) n. — 35

— über den Farbstoff d. Rothweines. [Aus: „Annalen d. Oenol." gr. 8. (10 S.) Heidelberg 876. C. Winter. n. — 40

Nessler, J. Gutachten über die Frage der Weinfabrication. 1870. fol.

Neßler, J., naturwissenschaftlicher Leitfaden für Landwirthe und Gärtner. Zum Gebrauch an Landwirthschaftsschulen, sowie zum Selbstunterricht bearb. 1. Thl.: Luft, Wasser, Boden, Dünger und Pflanzen. gr. 8. (VIII, 176 S.) Berlin 880, [Wiegandt, Hempel und Parey.] Parey. * 2 —

— naturwissenschaftlicher Leitfaden für Landwirte und Gärtner. Zum Gebrauch an Landwirtschaftsschulen, sowie zum Selbstunterricht bearb. 2., erweit. Aufl. gr. 8. (VIII, 332 S.) Berlin 888. Parey. n. 3. 50

— naturwissenschaftl. Leitfaden f. Landwirte, Winzer u. Gärtner. Zum Gebrauch an Landwirtschaftsschulen, sow. z. Selbstunterr. bearb. 3., erweit. Aufl. gr. 8. (VIII, 392 S.) Berlin 896. P. Parey. Geb. in Leinw. n. 5. —

— die Rebwurzellaus, ihr Vorkommen bei Genf u. in Südfrankreich, ihr etwaiges Auftreten auch in Deutschland u. die Mittel sie zu bekämpfen. Bericht am großherzogl. bad. Handels-Ministerium. gr. 8. (28 S.) Stuttgart 875. Ulmer. n. — 50

—— der Tabak, seine Bestandtheile und seine Behandlung. Einwirkung der Art des Düngens, Trocknens, Fermentirens ꝛc. auf die Güte des Tabakes, ferner Angabe von Mitteln, die Verbrennlichkeit des Tabakes zu erhöhen. Untersuchungen und Versuche der landwirthschaftl. Versuchsstation zu Karlsruhe. gr. 8. (151 S. mit 1 Tab. in gr. 4.) Mannheim 867, Schneider. *

NESSLER, JULIUS. Ueber das Verhalten des Jodquecksilbers und der Quecksilberverbindungen überhaupt zu Ammoniak und über eine neue Reaction auf Ammoniak. Freiburg im Breisgau, 1856.

-- der Wein, seine Bestandtheile u. seine Behandlung nebst Anh. über Düngung der Reben u. über Untersuchungsmethoden der Weine. Untersuchungen u. Versuche der landwirthschaftlichen Versuchsstation Karlsruhe. 1. Aufl. 865. u. 2., unveränd. Aufl. Chemnitz 866. Focke. gr. 8. (IV, 110 S.) n. 15 *ngr.*

NESSLER, J.
Der Wein, seine Bestandtheile und seine Behandlung, nebst Anhang über Düngung der Reben und über Untersuchungsmethoden der Weine. Untersuchungen und Versuche der landwirthschaftlichen Versuchsstation zu Karlsruhe. Karlsruhe, 1865. 8vo.
Zweite Auflage. Chemnitz, 1866. 8vo.
Dritte Auflage. Stuttgart, 1878. 8vo. Ill.
Vierte Auflage. Stuttgart, 1885. 8vo. Ill.
Fünfte Auflage. Stuttgart, 1889. 8vo. Ill.
Bereitung (Die), Pflege und Untersuchung des Weines, besonders für Winzer, Weinhändler und Wirte. Sechste vermehrte Auflage. Stuttgart, 1894. 8vo. Ill.
Siebente vermehrte Auflage. Stuttgart, 1898. 8vo. Ill.

Neßler, Julius: Die Weine Badens nebst Beurtheilung der Weine überhaupt und für Kranke und Wiedergenesende im Besonderen und Behandlung derselben im Privat- und Wirthskeller. [Nebst] Nachtrag. Karlsruhe: Braun 1887. 42, 10 S. -- 31*
--- Dass. Ebd. 1894. 41 S. -- 17*
--- Dass. Ebd. 1896. 45 S., 1 Kt. -- 107.121*

Nessler, Karl (Hrsg.), s.a. Festschrift des Hanauer Geschichtsvereins.

FESTSCHRIFT des Hanauer Geschichtsvereins zum 600jährigen Jubiläum der Erhebung Alt-Hanaus zur Stadt. (Herausgegeben von CARL NESSLER.) (Mit Tafeln.) Hanau 1903. Im Selbstverlag des Vereins. 4°.

Nessler, Carl, Festschrift zur 300jähr. Jubelfeier d. wallon. Gemeinde zu Hanau. Im Auftr. d. grossen Consistoriums verf. M. 25 Lichtdr.-Taf., 2 Autotypien u. 2 Zinkätzgn. gr. 4. (VIII, 123 S.) Hanau 897. (G. M. Alberti.) n. 8. —

Festschrift zur 300jährigen Jubelfeier der Wallonischen Gemeinde zu Hanau. Im Auftr. d. Grossen Consistoriums vf. v. Carl Nessler, Pfarrer d. Wallon. Gemeinde. M. 25 Lichtdrucktaf., 2 Autotypien u. 2 Zinkätzgn. *Hanau: Gedr. v. J. C. Kittsteiner 1897.* (VIII, 123 S., 25 Taf.) 1 Bd 4. [97. 4227

Neßler, N[ikolaus]: Ästhetische Bildung an unseren Mittelschulen
Progr.

*Neßler, Nikolaus: Dramaturgie der Jesuiten Pontanus, Donatus und Masenius. Ein Beitrag zur Technik des Schuldramas. S. 3 bis 48. 8. (Fortsetzung und Schluß.) S. 3–37. 8.
Progr. K. k. Gymn. *Brixen* 1905. 1906.

— die Vorbedingung und Grundlage der ästhetischen Bildung des Volkes. XI S. 4. **Progr.** K. k. Staats-Gymn. *Bregenz* 1910.

Nessler Dr. Nikolaus: Zum Wesen des Volksliedes. (48). Brixen 98.
Progr.

Neßler, V. J., der Trompeter v. Säkkingen, s.: Bunge, R.

Neßler, Vict. E., der wilde Jäger. Romantische Oper in 4 Akten. Text, nach Jul. Wolff's gleichnamiger Waidmannsmär, [mit Bewilligung des Dichters] von Fdr. Hofmann. 8. (61 S.) Leipzig 882. Schuberth & Co. n. — 50

—— der Trompeter von Säkkingen, s. Bunge, R.

Nessling, Konrad

Nessling, Conradus [Darmstadtiensis]: De seviris Augustalibus. . . . Gissae, *G. Otto's Hof-Buchdr. in Darmstadt,* 1891; 2 Bl., 51 S., 1 Bl. 8°
Giessen, Phil. Fak., Inaug.-Diss. v. 1891

Nessling, Conr. De seviris Augustalibus. Diss. gr. 8. (51 S.) Giessen 891, (Trenckmann). * 1 50

Neßmann, Victor. 1850—1908. (159 S. m. Bildnis u. 1 eingedr. Fksm.) 8. Straßburg 909. C. A. Bomhoff. 2. 50

Neßmann, F., Spruchbuch zum kleinen lutherischen Katechismus. Im Auftrage der Geistlichen und Lehrer der Ephorie Lobenstein-Ebersdorf hrsg. von Ad. Meyer. Nebst einem Anhang, enth. einen Lehrgang für den Unterricht in der bibl. Geschichte mit Bibelsprüchen und Liederversen. 8. (75 S.) Greiz 873, Teich. cart. *

Neßmann, J. C. F., zur Revision der deutschen Gewerbeordnung. Bemerkungen zu den Fragen der vom Bundesrath angeordneten gewerbl. Enquête. 8. (50 S.) Hamburg 875. O. Meißner. n. — 80

Nessmann, J. C. F., Vorstand des statistischen Bureaus der Steuerdeputation in Hamburg, etc. Die Statistik der Wanderungen. Denkschrift zur Vorbereitung der internationalen vergleichenden Statistik. hoch 4. Hamburg 1876.

Nest. Ein N' voll Antistrau-sen-Eier, gelegt, gebrütet und dargeboten in den Monaten Februar, März, April 1839. Eine Sammlung von Anekdoten aus den Kriegszügen Antistrauss, des Ritters ohne Furcht und Tadel, Heerführer der Gläubigen. Mit einem Titelkupfer [Tafel. Hrg. von Johann Heinrich Tschudi]. 8. *o. O.* [1840].

Nest, Ein gantzes, voll ausgeheckte Grillen über der Monarchie Spanien. O. O. 1701. 1 Bl., 46 S. 4°. — Das zweyte Nest ausgeheckter Grillen. O. O. 1701. 1 Bl., 46 S. 4°. In einem Bd. Kart. 15.—
2×6 Gespräche über den Spanischen Erbfolgekrieg zwischen den Angehörigen verschiedener Völker. Richelieu, Mazarin, Macchiavelli, Jacob II. v. England, Ludwig XIV., Jean Barth u. a.

NEST, Adalbert (Augsburg): Die Necrose.- München 1881.
6.12.1881 - Urk (Titel: De necrosi.); Chr 1881/82,7
Diss.Ingolst.-Landsh.-Mchn

Nest, John S. van: Beiträge zur Kenntnis der Quecksilberhalogenide. München 1909: Straub. 50 S. 8°
München, Phil. Diss. v. 19. Juli 1909, Ref. v. Groth
[Geb. 21. Juli 73 Princeton, New Jersey; Wohnort: Princeton; Staatsangeh.: Vereinigte Staaten; Vorbildung: Lawrenceville School N. J. Reife Juni 93; Studium: Berlin 1, München 7 S.; Rig. 19. Juli 09.] [U 10. 3682

Nest, Michael

Nestius, Mich., Buß- u. Ermahnungspredigten zu Kriegszeiten. 8. Rostock, Röse. 764. —

Nest oder Nestius, Mich., (✝ ...) Buß- u. Ermunterungspredd. zu Kriegszeiten. 8. Rostock 764. (Knobloch in Lpz.) 20 ℛ

Nest, Michael (Bergen/Rügen), Disquisitio theol.-philos. ex attributis, quae rebus quibuslibet hoc universum constituentibus communia sunt, demonstrans, non esse necessarias, sed ab ante necessarie creatas. Berlin (G. A. Lange) 1794. 48 S. (5.—) 24681

— das Gebet des Herrn, erklärt u. angewandt. 8. Rostock 765 (Knobloch in Leipz.) 6 ℛ

— das Gebet des Herrn, erklärt u. angewandt. 8. Rostock. Röse. 765. —

— lassen sich Zorn u. Gnade in Gott nach den Redensarten der heil. Schrift mit Vernunft denken? 8. Greifsw. 765. (Knoblech in Leipz.) 2 gr.

Neste, Fritz [aus Berlin]: Die subcutane traumatische Ruptur am Musc. biceps brachii ... Berlin, gedr. bei Dobrzynski & Walter, 1896; 26 S., 3 Bl. 8.
Berlin, Med. Fak., Inaug.-Diss. v. 6. Okt. 1896

Neste, K., die englische Baumwollen-Manufactur der neuesten Zeit. Beschreibung der für die Spinnerei u. Weberei angewendeten Maschinen u. ihrer Fabrikate. Nach prakt. Erfahrungen bearb. Heidelberg 865. Bassermann'sche Verlagsh. gr. 8. (VIII, 164 S. mit 18 Steintaff. in gr. 8. u. qu. 4.) n. 2 Thlr

Nesteke, Bernhard Ignat. (Paderb./Westf.), De factorum indole in tacitis renunciationibus. Diss. inaug. Präs. Gottfried Ludwig Mencken. Helmstedt (P. D. Schnorr) 15. VI. 1751. 36 S. (5.—) 24682
Widm. v.: Gottfried Ludwig Mencken.

Nestel, Zwanzig Jahre aus dem Leben der gemütlichen Vereinigung „Muskel", z. Erinnerung an d. 20jähr. Stiftungsf., Stuttgart, 1883, 16 S., 8°.

Nestel's Rosengarten. Illustrirte Zeitschrift für Rosenfreunde u. Rosengärtner als Beitrag zur Hebung der Rosenkultur in Deutschland hrsg. von H. Nestel. Jahrg. 1866—68. à Jahrg. 2 Liefgn. (à ca. 8 S. u. 4 Chromolith. mit 4 Blatt Erklärungen.) Stuttgart, Fr. Schweizerbart. gr. 4. Jede Liefg. n. 1 Thlr 6 ngr.

— — Jahrg. 1869. 2 Liefgn. (à ca. 8 S. mit 4 Chromolith. u. 4 Blatt Erklärungen.) Ebend. gr. 4. Jede Liefg. n. 1 Thlr 15 ngr.

Nestel, Adolf. Beiträge zur Kenntnis der Stengel- & Blattanatomie der Umbelliferen. Diss. Phil. [II.] Univ. Zürich. [Mit 2 Tafeln.] *Kopftitel:* Mitteilungen aus dem Botanischen Museum der Universität Zürich. [Heft] 24. IV + 126 S. 8. Tübingen, H. Laupp jr., 1905.

Nestel, Friedrich Heinrich (Stuttgart), Die academische Lection welche von dem wahren Begrif des Worts Staat der damalige Rector Gottfried Daniel Hoffmann den 30. X. 1767 gehalten, gedenket nun unter desselben Vorsiz als eine academ. Streitschr. zu vertheidigen. Tübingen (Fues) Nov. 1767. 24 S. (4.50) 24683
In deutscher Sprache.

Nestel, H., die Riviera, s.: Kaden, W.

Nester, die u. Eier der Vögel, s. Oken, L.

Nesthäkchens Bilderlust. 2 Nrn. 4. (à 6 Chromolith. m. 8 S. Text.) Düsseldorf 884. A. Bagel. cart. à — 60

Nesthäkchens Zeitvertreib, s.: Mohn, V. P., u. G. Ch. Dieffenbach.

Nestius, Michael, s. Nest, Michael

Nestle, Eberh., meine Antwort an die württembergische Zentrumspresse („Deutsches Volksblatt", „Ipf", „Katholisches Sonntagsblatt") in Sachen der Fronleichnams-Prozession. 2. verm. Aufl. gr. 8. (24 S.) Ulm 895. H. Kerler. n. — 15

Nestle, Eberh., Bengel als Gelehrter. Ein Bild f. unsere Tage. Mit neuen Mitteilgn. aus seinem handschriftl. Nachlass. [Aus: „Marginalien u. Materialien".] gr. 8. (143 S.) Tübingen 893. J. J. Heckenhauer. n. 3. —

— veteris testamenti graeci codices Vaticanus et Sinaiticus cum textu recepto collati. Supplementum editionum quae Sixtinam sequuntur omnium, in primis Tischendorfianarum. gr. 8. (V, 187 S.) Leipzig 881. Brockhaus. n. 5. —

—— veteris testamenti graeci codices vaticanus et sinaiticus cum textu recepto collati. Supplementum editionum, quae sixtinam sequuntur omnium, in primis Tischendorfianarum. Edit. II. recognita et aucta. gr. 8. (I, 203 S.) Leipzig 887, Brockhaus. *
Vgl.: Testamentum, vetus, graece.

Nestle, Eberh. De sancta cruce. Ein Beitrag z. christl. Legendengeschichte. gr. 8. (VIII, 128 S.) Berl. 889, Reuther u. Reichard. * 4 —

Nestle, Eberh., die israelitischen Eigennamen nach ihrer religionsgeschichtlichen Bedeutung. Ein Versuch. Von der Teyler'schen Gesellschaft gekrönte Preisschrift. gr. 8. (VIII, 215 S.) Haarlem 876. (Leipzig, Harrassowitz.) cart. n. 3. 60

Nestle, Eberh., Einführg. in das griechische Neue Testament. Mit 8 Handschriften-Taf. gr. 8. (129 S.) Göttingen 897. Vandenhoeck & Ruprecht. n. 2. 80; geb. n. 3. 40

— Einführung in das griechische Neue Testament. 2., verm. u. verb. Aufl. Mit 10 Handschriften-Taf. gr. 8. (288 S.) Göttingen 899. Vandenhoeck & Ruprecht. n. 4. 40; geb. in Leinw. n. 5. 20

Nestle, Eberh., Einführung in das griechische Neue Testament. 3., umgearb. Aufl. Mit 12 Handschriften-Taf. (VIII, 298 S.) gr. 8. Göttingen 909. Vandenhoeck & Ruprecht. 4. 80; geb. 5. 60

Nestle, E., El, Elohim, Eloah. [S.A. aus Theol. Studien aus Würtemberg III. Jahrgang.]

— s.: Eusebius, des, Kirchengeschichte.

Nestle, Eberh., Syriac grammar with bibliography, chrestomathy and glossary, s. Porta linguarum orientalium.

— brevis linguae syriacae grammatica, litteratura, chrestomathia cum glossario, s. a. Porta linguarum orientalium.

Nestle, Eberhardus, Brevis linguae Syriacae grammatica, litteratura, chrestomathia cum glossario. Carolsruhae et Lipsiae 1881. [= Porta linguarum orientalium. Pars V.]

– Syrische Grammatik, s.a. Porta linguarum orientalium

Nestle, Eberhard, Syrische Grammatik mit Litteratur, Chrestomathie und Glossar. Zweite Auflage der Brevis linguae Syriacae grammatica. [= Porta linguarum orientalium Pars V.] Berlin 1888.

Ein Jubiläum der lateinischen Bibel. Zum 9. Nov. 1892. (Verf.: E[berhard] N[estle].) *Tübingen: J. J. Heckenhauer 1892.* (27 S.) 8° [c4. 11656 2

— Die zwei Namen Kapernaum u. Kaiphas, s.: Studien, theologische.

— Paul de Lagarde. gr. 8. (13 S.) Leipzig 902. J. C. Hinrichs' Verl. n. — 20
Ergänzter Sonderabdruck aus „Realencyklopädie f. protestant. Theologie u. Kirche“.

— litteratura syriaca. Sonderabdr. des bibliograph. Verzeichnisses aus der 2. [deutschen] Aufl. der brevis linguae syriacae grammatica. 8. (IV, 66 S.) Berlin 888. Reuther. n. 2. —

— Marginalien u. Materialien. gr. 8. (XI, 94; 83, 35, 143 u. 27 S.) Ebd. 893. n. 10. —

— Nigri, Böhm u. Pellican. Ein Beitrag zur Anfangsgeschichte d. hebräischen Sprachstudiums in Deutschland. [Verm. Sonderabdr. aus: „Marginalien u. Materialien“.] gr. 8. (35 S. u. 39 fksm. S.) Ebd. 893. n. 3. —

— philologia sacra. Bemerkgn. üb. d. Urgestalt d. Evangelien u. Apostelgeschichte. gr. 8. (59 S.) Berlin 896. Maulbronn, Prof. Eb. Nestle. n. 1. 60; orm. Pr. n. 1. —
Mit „de sancta cruce“ (1889) zusammen bezogen 1. 50.

Philologica sacra. Bemerkgn üb. d. Urgestalt d. Evangelien u. Apostelgesch. v. Eberhard Nestle. *Berlin: Reuther & Reichard 1896.* (2 Bl., 59 S.) 1 Bd 8. [96. 8013

Nestle, Eberh., s.: Psalterium tetraglottum graece, syriace, chaldaice, latine.

Nestle, *Eberhard* Septuagintastudien. Zur Geschichte der Sixtina. (Umschlagtitel: Septuagintastudien.) 4 (19 S.). G. *Ulm* 1886 (547). Progr.

Nestle, Eberhard [Prof. D. th. u. ph.]: Septuagintastudien II. (Forts. d. P-Beil. 1886.) Ulm, Wagnersche Buchdr., 1896; 1 Bl., 22 S., 1 Bl. 4.
Ulm, k. G, P 1896 (666)

Nestle, Eberhard, Prof. D. th. u. ph.: Septuagintastudien. 3. *Stuttgart 1899: Stuttgarter Vereins-Buchdr.* (36 S.) 4° ¶ [Forts. d. P-Beil. d. Gymn. Ulm 1886 u. 1896.]
Maulbronn, k. ev.-theol. Sm, P 1899 (618)

Nestle, Eberhard, Prof. D. th. & ph.: Septuagintastudien IV. *Stuttgart 1903: Stuttgarter Vereins-Buchdr.* (24 S.) 4° ¶ [Forts. d. P-Beil. Ulm 1886 u. 1896 u. Maulbronn 1899.]
Maulbronn, k. württemb. ev.-theol. Seminar, P 1903 (668)

Nestle, Eberhard, Prof. Dr.: Septuagintastudien [T.] 5. Stuttgart 1907: Stuttgarter Vereins-Buchdruckerei. (24 S.) 4° ¶ (Forts. d. P-Beil. d. G Ulm 1886 u. 1896, d. Sm Maulbronn 1899 u. 1903.)
Maulbronn, k. württemberg. ev. theol. Sm P 1907 (733)

Novi Testamenti Graeci supplementum editionibus de Gebhardt-Tischendorfianis adcommodavit Eberhardus Nestle. Insunt cod. Cantabrig. collatio, evangeliorum deperdit. fragmenta, dicta Salvatoris agrapha, alia. *Lipsiae: B. Tauchnitz 1896.* (95 S.) 1 Bd 8. [96. 8011

— s.: Testamentum, novum, graece et germanice.

Nestle, Eberh., vom Textus receptus des griechischen Neuen Testaments, s.a. Salz u. Licht. 8.

Vom Textus receptus des Griechischen Neuen Testaments. Ein erw. Vortrag von Eberhard Nestle. *Barmen: Wuppertal. Traktat-Ges. 1903.* (55 S.) 8° [Ant. u. Z.]
— Salz u. Licht. 8. [04. 13350 5

— Untersuchungen üb. die philosophischen Quellen des Euripides. gr. 8. (100 S.) Leipzig 902. Dieterich. n. 3. —
Sonderabdruck aus: „Philologus, Ergänzungsbd.“

Nestle, Eberh., die dem Epiphanius zugeschriebenen Vitae prophetarum in doppelter griechischer Rezension, m. Anmerkgn. u. e. Anh.: Einiges üb. Zahl u. Namen der Weisen aus dem Morgenland. [Aus: „Marginalien u. Materialien“.] gr. 8. (83 S.) Tübingen 893. J. J. Heckenhauer. n. 3. —

Werke von Paul de Lagarde. [Verzeichnis seiner Schriften mit den Signaturen der Tübinger Univ.-Bibliothek.] ... 11. 1. 92. E[berhard] N[estle]. *o. O. (1892).* 1 Bl. 4. [97. 18361

Nestle, P., Lehrbuch der prakt. Geometrie, s.: Doll, M.

Nestle, Paul, s.: Vorlagen f. den Fachzeichenunterricht der Tiefbautechniker.

Nestle, Ulr., Armenien. Land u. Leute, Greueltaten der Muhammedaner u. Liebeswerk der Christen. (47 S. m. 1 Karte.) 8. Stuttgart (905). Buchh. des deutschen Philadelphia-Vereins. n. — 30

Nestle, Wilhelm

Nestle, W., Die Entwicklung d. griech. Aufklärung bis auf Sokrates. S.-A. 1899. 27 S. 1.—

Nestle, Wilh., Euripides, der Dichter d. griechischen Aufklärung. gr. 8. (XIII, 594 S. m. 1 Bildnis.) Stuttgart 901. W. Kohlhammer. n. 15. —

Nestle, Wilh., Funde antiker Münzen im Königreich Württemberg. Hrsg. v. der württemb. Kommission f. Landesgeschichte. gr. 8. (IV, 115 S.) Stuttgart 893. W. Kohlhammer. n. 1. 50

Nestle, W[ilhelm]: Herodots Verhältnis zur Philosophie und Sophistik. (Stuttgart 1908): Stuttg. Vereinsbuchdr. 37 S. 4°
Schöntal, ev.-theol. Sm P 1908 (766) [S 08. 329

Nestle, Wilh., s.a. Vorsokratiker, die.

Die Vorsokratiker in Auswahl übers. u. hrsg. von Wilhelm Nestle. Jena: E. Diederichs 1908. (IV, 244 S.) 8° [08. 6918

Nestlehner, Alph., das Seitenstettener Evangeliarium des XII. Jahrh. Mit 8 lith. Taf. u. 2 Taf. in Gold- u. Farbendr. Fol. (2 S.) Berlin 882. Prüfer. n. 5. —

Nestlen, Paul [app. Arzt aus Wasseralfingen (Württemb.)]: Beitrag zur Kenntniss der pathologisch-anatomischen Verhältnisse der unvereinigten Fracturen ... Ellwangen, Druck d. G. Bäuerle'schen Buchdr., 1896; 19 S. 8.
Würzburg, Med. Fak., Inaug.-Diss. v. 1896

Nestler, Anton

Nestler, A., städtische Anlagen u. Stadtluft, s.a. Sammlung gemeinnütziger Vorträge. 326. 327.

(F) Nestler, A., Städtische Anlagen und Stadtluft. [Sammlung gemeinnütziger Vorträge. Nr. 326/327.] 8°. (ill. Pag. 154 bis 175.) † K —.50
Prag: Calve 1905.

Nestler, A., die Ausscheidg. v. Wassertropfen an d. Blättern d. Malvaceen u. and. Pflanzen. [Aus: „Sitzungsber. d. k. Akad. d. Wiss.“] gr. 8. (20 S. m. 1 Taf.) Wien 897. (C. Gerold's Sohn.) n. — 60

Nestler, A., der anatomische Bau der Laubblätter der Helleboreen. [Aus: „Nova Acta d. ksl. Leop.-Carol. deutschen Akad. d. Naturforscher“.] gr. 4. (44 S. m. 3 Taf.) Halle a/S. 893. (Leipzig, W. Engelmann.) n. 4. —

Der anatomische Bau der Laubblätter der Gattung Ranunculus. Von Dr. Anton **Nestler**. M. 3 Taf. ... *Halle: In Comm. bei W. Engelmann in Leipzig; Dr. v. E. Blochmann & Sohn in Dresden 1891.* (281—310 S., 3 Taf.) 4.
= **Acta**, Nova, Academiae Caes. Leopoldino-Carolinae Germ. naturae curiosorum. T. 63. No 2. [97. 6172

— u. V. **Schiffner**, e. neuer Beitrag zur Erklärung der „Zwangsdrehungen". [Aus: „Nova Acta d. ksl. Leop.-Carol. deutschen Akad. d. Naturforscher".] gr. 4. (16 S. m. 1 Taf.) Halle a/S. 892. (Leipzig, W. Engelmann.) n. 2. —

— über d. durch Wundreiz bewirkten Bewegungserscheinungen d. Zellkernes u. d. Protoplasmas. (M. Unterstützg. d. Gesellschaft zur Förderg. deutscher Wissenschaft, Literatur u. Kunst in Böhmen.) [Aus: „Sitzungsber. d. k. Akad. d. Wiss."] gr. 8. (23 S. m. 1 Taf.) Wien 898. (C. Gerold's Sohn.) n. — 80

Nestler, A., das Färben d. Nahrungs- u. Genußmittel, s.a. Sammlung gemeinnütziger Vorträge.

(F) **Nestler**, A., Das Färben der Nahrungs- und Genußmittel. [Sammlung gemeinnütziger Vorträge. Nr. 373.] 8°. †
Prag: Calve 1909. K — .20

— abnormal gebaute Gefässbündel im primären Blattstiel v. Cimicifuga foetida L. [Aus: „Nova Acta d. ksl. Leop.-Carol. deutschen Akad. d. Naturforscher".] gr. 4. (7 S. m. 1 Taf.) Ebd. 892. n. 1. —

— zur Kenntnis der Symbiose eines Pilzes m. dem Taumellolch. (18 S. m. 1 Taf.) gr. 8. Wien 904. (A. Hölder.) n. — 60

NESTLER, A.
Zur Kenntniss der Wasserausscheidung an den Blättern von Phaseolus multiflorus Willd. und Boehmeria von Dr. A. Nestler. (Mit 1 Tafel.) (Aus den Sitzungsberichten der kaiserl. Akademie der Wissenschaften in Wien. Mathem.-naturw. Classe; Bd. CVIII. Abth. 1. November 1899.) Wien. 1899. In Comm. Gerold's Sohn. Gr. 8°. 21 S. fl. —.30

— Myelin u. Eiweisskristalle in der Frucht v. Capsicum annuum L. (16 S. m. 1 Taf.) gr. 8. Ebd. 906. n. — 70
Sonderabdruck aus: „Sitzungsber. d. k. Akad. d. Wiss."

— hautreizende Primeln. Untersuchungen über Entstehg., Eigenschaften u. Wirkgn. des Primelhautgiftes. (47 S. m. 4 Taf.) Lex.-8. Berlin 904. Gebr. Borntraeger. n.n. 3. 50

— üb. Ringfasciation. [Aus: „Sitzungsber. d. k. Akad. d. Wiss."] Lex.-8. (16 S. m. 2 Taf.) Wien 894. (F. Tempsky.) n. — 70

— das Secret der Drüsenhaare der Gattung Primula m. besond. Berücksicht. seiner hautreizenden Wirkung. gr. 8. (23 S. m. 1 Taf.) Ebd. 902. n. — 60
Sonderabdruck aus: „Sitzungsber. d. k. Akad. d. Wiss."

— Untersuchgn. üb. d. Ausscheidg. v. Wassertropfen an d. Blättern. [Aus: „Sitzungsber. d. k. Akad. d. Wiss."] gr. 8. (31 S. m. 2 Taf.) Wien 896. (C. Gerold's Sohn.) n. 1. —

Kritische Untersuchungen über die sogenannten Wasserspalten. Von Dr. Anton **Nestler**. M. 2 Taf. ... *Halle: In Comm. bei W. Engelmann in Leipzig; Druck v. E. Blochmann & Sohn in Dresden 1894.* (139—176 S., 2 Taf.) 4.
= **Acta**, Nova, Academiae Caes. Leopoldino-Carolinae Germ. naturae curiosorum. T. 64. No 3. [97. 6173

— die Verfälschungen der Nahrungs- u. Genußmittel aus dem Pflanzenreich, s.a. Sammlung gemeinnütz. Vortr.

(F) **Nestler**, A., Die Verfälschungen der Nahrungs- und Genussmittel aus dem Pflanzenreiche. [Sammlung gemeinnütziger Vorträge. Nr. 287.) 8°. (ill. 16 S.) † K —.20
Prag: Calve 1902.

— Giftige Zimmerpflanzen, s.a. Sammlung gemeinnütz. Vorträge.

(F) **Nestler**, A., Giftige Zimmerpflanzen. [Sammlung gemeinnütziger Vorträge. Nr. 345.] 8°. (Pag. 78 87. K —.20

Nestler, Bruno, Abwehr d. Angriffe auf d. Eckertschen Schul-Atlas. — Eckert, Max, statist. Material u. offener Brief an Dr. Haack (Gotha). gr. 8. (32 S.) Leipzig 899. Grasmay & Co. — 80

Nestler, Bruno, Landschaftliches aus dem Zschopau-Thale. gr. 8. (VI, 110 S. m. 51 Abbildgn. u. 1 Karte.) Dresden (901). (Annaberg, Graser.) 3. —;
erm. Pr. n. 2. 50

Nestler, Bruno, aus Griesbach: Das **Zschopautal**. T. 1—5 einer Monographie. *Dresden: (H. Graser, Annaberg) 1903.* (Getr. Pag.) 8° [Umschlagt.] ¶ [Mit Sondertiteln.]
Leipzig, Phil. Diss. v. [16. Juli] 1903

Nestler, Bruno, das Zschopauthal. I—V. gr. 8. Annaberg 903. Graser's Verlag. n.n. 5. —
I. Lage u. geologischer Aufbau. (51 S.) n.n. 1. 50. — II. Oberflächenformen. (32 S.) n.n. 1. —. — III. Klima. (36 S.) n.n. 1. —. — IV. Bewässerung. (15 S.) n.n. — 50. — V. Das Pflanzenkleid. Im wesentlichen bearb. nach O. Drude, der hercyn. Florenbezirk. (32 S.) n.n. 1. —.

Nestler, C. G.

— Monographia de Potentilla, praemissis nonnullis observationibus circa familiam Rossacearum. Mit 12 Kpft. 4. Paris u. Strassb. 816. (Treuttel u. W.) 2 ß

Nestler, C. G., († 1833.) stirpes cryptogamae Vogeso-Rhenanae, s. *Mougeot.*

Nestler, Carl ..., s. Nestler, Karl ...

Nestler, Curt, s. Nestler, Kurt

— **Ernst Adolph** (Merseburg), De principe imperii in promissis usurarum privato factis ad quantitatem lege determinatam servandam non obstricto. Präs. Gottfr. Ludw. Mencken. Wittenberg (G. Gaeberdt) 29. XI. 1725. 32 S. (5.50) 24688

Nestler F.: Quo tempore Horatii tres priores carminum libri publici iuris facti sint quaesivit. 14. Smichow 79.
Progr.

Nestler, Frdr., Dichtungen. 12. (IX, 105 S.) Hamburg 903. Herold. Geb. in Leinw. m. Goldschn. n. 2. 50

Nestler, Hermann: Studien über die Messiade des Juvencus. Passau 1910: Passavia. 72 S. 8° ¶ (Ersch. auch als Gymn.-Progr. Passau 1910.)
München, Phil. Diss. v. 13. Juni 1910, Ref. Weyman, Crusius
[Geb. 7. März 79 Dingolfing; Wohnort: Passau; Staatsangeh.: Bayern; Vorbildung: Ludwigs-Gymn. München Reife Juli 98; Studium: München 8 S.; Rig. 13. Juni 10.] [U 10. 3683

Nestler, Hermann: Studien über die Messiade des Juvencus. Passau 1910: Passavia. 72 S. 8° ¶ (Ersch. auch als Münchener phil. Diss. v. 1910.)
Passau, k. G. P 1910° [S 10. 306

Nestler, Joh. Karl, Amts-Bericht d. Vorstandes üb. d. vierte zu Brünn v. 20—28. Sept. 1840 abgeh. Versamml. d. deutschen Land- u. Forstwirthe. Lex.-8. (39¼ B. u. Titlvign.) Olmütz 841. (Brünn, Winiker.)

— Johann Caspar (Freiberg / Hermund.), De reo contumace, ad legitima usque impedimenta condemnando. Diss. jur. Präs. Jo. Gottfried Kraus. Wittenberg (Gerdes) 10. IV. 1711. 38 S. (4.50) 24689

— — Dasselbe. Wittenberg (Gerdes) 10. IV. 1711. 38 S. (4.50) 24690
Widm. v.: Jo. Gottfried Kraus.

Nestler, Jul., 12 Aufmärsche, s.: Gasch, R.

Nestler, Julius: Die Latinität des Fulgentius. 27 S. 8.
(Fortsetzung.) 27 S. 8.
Progr. K. k. Staats-Obergymn. *Böhm.-Leipa* 1905. 1906.

Nestler, Jul., Lehrbuch der Chiromantie. (IV, 195 S. m. Abbildgn.) gr. 8. Leipzig 908. M. Altmann. 4.—; geb. 5.—

Nestler, Karl [Realschuloberl. in Leipzig-Reudnitz]: **Beiträge zur Anatomie und Entwicklungsgeschichte von Petromyzon Planeri. . . .** (Aus: Arch. f. Naturgesch. 1890.) Berlin, Nicolaische Verl.-Buchh. R. Stricker, 1890; 34 S. + 1 Bl. u. 1 Taf. 8°
Leipzig, Phil. Fak., Inaug.-Diss. v. 4. Jun. 1890

Nestler, Karl Christoph

Nestler, Carl Christoph (Bautzen), *ΕΠΙΕΙΚΕΙΑΝ* **in Novo Testamento commemoratam disputat. Bautzen (Scholz) Dom. Misericord. (Mai) 1778. 26 S. (4.50)** 24687
Gratulationsschrift f. Johann Friedrich Rehkopf.

Nestler, Karl Friedrich

Nestler, C[arl Friedrich]. Das Tierleben der Alpenseen nach den neueren Forschungen dargestellt von Dr. K. Nestler. Wissenschaftliche Beilage zum Jahresberichte der II. städtischen Realschule zu Leipzig für das Schuljahr Ostern 1901 bis Ostern 1902. IV + 56 S. 4. Leipzig, Bruno Zechel. [M. 1. 50]
1902. Programm Nr. 635.

Nestler, Kurt

Nestler, Curt, Heimatklänge aus dem Erzgebirge. (108 S.) 8. Annaberg (906). (A. Wallisch.) Geb. n n. 1. 25

Nestler, Curt, Strafe muß sein, s.: Barthel's, Karl, Theater-Bühne. Nr. 1.

Nestler, L. W., praktische Anweisung, die verschiedenartigsten Sorten von Cigarren auf die leichtausführlichste u. wohlfeilste Weise zu fertigen. Auf langjähr. Erfahrung gegründet. 8. (3½ B.) Leipzig 842, Wöller. Thlr. —

Nestler, M., s.: Polterabend-Scherze u. Hochzeitsfest-Dichtungen, 100 reizende.

Nestler, M. J., Körnerberg u. Schillerhaus in Loschwitz bei Dresden. Chronikartig geschildert u. als e. Beitrag zur Lokalgeschichte der unmittelbaren Umgebg. v. Dresden hrsg. 8. (42 S. m. 3 Bildern.) Dresden 891. G. Goldstein. n. 1. —

Nestler, M. J., der kursächsische Kapellmeister Naumann aus Blasewitz. Eine Darstellg. seiner Lebensschicksale. Mit 2 Portr. u. 4 Abbildgn. gr. 8. (208 S.) Dresden 901. R. Zinke. n. 2. 50; geb. n. 3. 50

Nestler, Oskar: Ein Entwurf der geometrischen Elemente bis zu den Parallelen m. e. Vorwort u. 15 angeschlossenen Fig. [o. O.], *1896;* 20 S., 1 Taf. 4.
Meerane i. S., R u. PG, OP 1896 (584)

Nestler, Otto, Aufgaben f. d. Rechnen in d. Bäcker-Fachklasse. Für d. Hand d. Schüler in Fortbildungsschulen u. Innungsschulen. Nach Sachgebieten zusammengest. gr. 8. (39 S.) Wittenberg 898. R. Herrosé. n. — 40

Aufgaben für das Rechnen in der Bäcker-Fachklasse. Zsgest. von Otto **Nestler**, Lehrer, Leipzig. 2. Aufl. *Wittenberg: R. Herrosé 1903.* (38 S.) 8° [F.] [04. 3083 3

Nestler, Otto, Aufgaben f. das Rechnen in der Bäcker-Fachklasse. Für die Hand der Schüler in Fortbildungsschulen u. Innungsfachschulen. Nach Sachgebieten zusammengestellt. 3. Aufl. (54 S.) 8. Wittenberg 906. R. Herrosé. n. — 50

Nestler, Otto, Aufgaben f. das Rechnen in der Bäcker-Fachklasse. Für die Hand der Schüler in Fortbildungsschulen u. Innungsfachschulen. Nach Sachgebieten zusammengestellt. 4. Aufl. (54 S.) 8. Wittenberg 909. R. Herrosé. — 50

Nestler, Walth., dar vermaledeite Waldwag, s. a. Sammlung volkstüml. Theaterstücke. Nr. 1.

Dar vermaledeite Waldwag. Schwank in 1 Aufz. in erzgebirg. Mundart von Walther **Nestler**. Oederan: Schlesinger 1910. 20 S. 8°
(Sammlung volkstümlicher Theaterstücke. Nr 1.) [10. 12173

Nestmann, C. H., Ueber Entstehung und Zusammenhang der Erdbeben, Feuerkugeln, Nordlichter, Seuchen (Cholera morbus etc.), magnetische Abweichung u. s. w.

Nestmann, C. H., Wie lässt sich vermittelst meteorologischer Instrumente auf eine zuverlässige Weise, auf kurze Zeiten, die Witterung vorherbestimmen?

Nestmann, F., die Kettenrechnung, s. Greßler's, F. G. L., Rechenbuch.

Nestonoff, Elsa. 1902 [wirkl. Name]
sa**Asenijeff,** Elsa [Pseud.] [09. 6845

ASENIJEFF (d. i. Nestonoff), Elsa. Im Vorfrühling des Treibhausflieders. 77 Gesänge auf feinstem weißem Büttenpapier mit den charakteristischen Zügen der Dichterin geschrieben. In eleg. Hoch-8°-Format. Lilafarbiger Seidenband mit stilvoller Stickerei in einem mit grüner Seide gefütterten Karton. [Manuskript.]
Die Dichtung ist bezeichnet als »Die Liebeslieder einer Toten«. — »Sei ihr die Erde leicht! Sie war ein Weib gleich mir. Elsa Asenijeff«, so schließt die Vorrede. Das reizvolle Stück, das seinesgleichen nicht hat, atmet Grazie und Sinnlichkeit einer alleinstehenden Frau, flammende Naturerotik in die Auserlesenheit reinen Hochdeutsches gegossen. Die Dichtung entstand bereits im Jahre 1898 und blieb bis jetzt selbst dem engsten Freundeskreise verborgen. In einem beigegebenen Briefe wendet sich die Dichterin »an den einsamen Leser«, dem sie nur allein ihre Gedanken mitteilen will.

Nestor

— Russische Annalen in ihrer Slavon. Grundsprache verglichen, übers. u. erklärt von A. L. Schlözer. 4 Thle. gr. 8. Götting. 802—5. Dieterich. 3 ₰ 16 ℊ — 5r Thl. gr. 8. Ebd. 809. Vandenhoeck u. R. 1 ₰

Nestoris chronica. Textum russico-slovenicum versionem latinam glossarium edid. Fr. Miklosich, s. a. Miklosich.

Nestoris chronica. Textum russico-slovenicum, versionem latinam, glossarium edid. Fr. Miklosich. Vol. I., textum continens. gr. 8. (XIX und 223 S.) Wien 860, Braumüller's Sortiment.

Nestor, (des heiligen), älteste Jahrbücher der Russischen Geschichte vom J. 858—1203; aus d. Russ. übers. von J. B. Scherer. gr. 4. Leipz. 774. Breitkopf u. H. 1 ℳ 12 gℓ

Nestor, Ernst, eine Marsgeschichte. Phantastische Träumereien. (82 S. m. Bildnis.) 8. Dresden 903. E. Pierson. n. 1.50; geb. n. 2.50

Nestori, Herm., Wan-li-tschang-tschöng. (Die chines. Mauer.) E. Beitrag zur Frauenfrage m. Beziehg. auf Monod, Wildenbruch u. Schopenhauer. gr. 8. (170 S.) Wolfenbüttel 896. J. Zwißler. 1.50

Nestoriana. Die Fragmente des **Nestorius** gesammelt, untersucht u. hrsg. von Dr. Friedrich Loofs. Mit Beiträgen von Stanley A[rthur] Cook und Dr. Georg Kampffmeyer. Halle a. S.: M. Niemeyer 1905. (X, 407 S.) 8° [05. 5530 ●

Nestorius, le livre d'Heraclide de Damas. Édité par Paul Bedjan, P. D. L. M. (Lazariste). Avec plusieurs appendices. (In syr. Sprache.) (XL, 684 S.) 8. Paris 910. Leipzig. O. Harrassowitz. nn 22. 50

Nestorovits, [illegible], Kleiner Beitrag zur großen Frage [illegible] Tabak-handel und Tabakfabrikation [illegible] betreiben zu können. 1867. 8. (16 S.) Pest, Wien [illegible]. 10 kr.
1868

Nestriepke, S(iegfried), a. Bremen: Beiträge zur Kenntnis Schubarts als Dichter. (Teildr.) Marburg 1909: Schneider, Pössneck. 48 S. 8° ¶(Ersch. vollst. als Buch b. Feigenspan, Pößneck, u. d. T.: Schubart als Dichter.)
Marburg, Phil. Diss. v. 25. Dez. 1909, Ref. Elster
[Geb. 17. Dez. 85 Bartenstein Opr.; Wohnort: Cöln; Staatsangeh.: Bremen; Vorbildung: Gymn. Bremen Reife M. 05; Studium: Berlin 4, Marburg 4 S.; Rig. 4. Aug. 09.] [U 10. 3377

Nestriepke, S., Schubart als Dichter. Ein Beitrag zur Kenntnis Christian Friedrich Daniel Schubarts. (III, 239 S.) 8. Pössneck 910. B. Feigenspan. nn 5. —

Nestriepke, Siegfr., der Student, s.: **Miniatur-Bibliothek.**

Nestroy, Joh., s. a.: Aus Nestroy.

Aus Nestroy. Eine kleine Erinnerungsgabe. Mit e. biogr. Vorwort. 3., verm. Aufl. 8. (60 S.) Wien, L. Rosner. 60 kr. 1884 3546

Aus Nestroy. Eine kleine Erinnerungsgabe. Mit e. biogr. Vorwort. 4. verm. Aufl. 8. (X u. 60 S.) Wien. L. Rosner. 60 kr. 184
1885.

(F) Aus Nestroy. Eine kleine Erinnerungsgabe. 5., vermehrte Auflage. Wien. [1901.] Daberkow. 8°. 58 S. mit 1 Tafel. Geb. K 1.20

Nestroy, Joh.: Zu ebener Erde u. im ersten Stock od.: D. Launen d. Glücks,
s.a. National-Bibliothek, Allgemeine.

Nestroy, Joh.: Zu ebener Erde u. 1. Stockwerk od. die Launen d. Glücks, s.a. Universal-Bibliothek.

Nestroy, Joh., zur ebenen Erde u. erster Stock, od.: Die Launen d. Glückes. Local-Posse m. Ges. in 3 Aufz. gr. 8 (5⅛ B. u. 1 ill. Titelbild.) Wien 838, Wallishausser.

Nestroy, J., Eulenspiegel, s. a. **Theater-Repertoir, Wiener.**

– Eulenspiegel od. Schabernack üb. Schabernack, s.a. Universal-Bibliothek.

Nestroy, Jh., Eulenspiegel, oder: Schabernack über Schabernack. Posse mit Gesang in 4 Akten. Mit 1 allegor. illum. Bilde. Musik von Ad. Müller. (Einzeln aus der Wiener Volksbühne.) gr. 12. Wien 841, Wallishausser. n. ½ ℳ

— **Eulenspiegel oder Schabernack über Schabernack,** s. a. **National-Bibliothek,** allgemeine. Nr. 332. 333.

(F) Nestroy, J., Eulenspiegel. [Allg. National-Bibliothek. 332—333.] 8°. (71 S.) K —.20
Wien: Daberkow 1903.

– Die verhängnisvolle Faschingsnacht,
s.a. National-Bibliothek, Allgemeine.

—— **die verhängnißvolle Faschingsnacht.** Posse m. Ges. in 3 Aufz. Musik v. Ad. Müller. gr. 12. (6⅓ B. u. 1 ill. Bild.) Wien 811, Wallishausser.

– Die Freiheit in Krähwinkel,
s.a. National-Bibliothek, Allgemeine.

Nestroy, Joh., Freiheit in Krähwinkel. Posse mit Gesang in 2 Abthlgn. u. 3 Akten. 1. Abth.: Die Revolution. 2. Abth.: Die Reaktion. Mit 3 allegor. color. Bildern (in qu. 4.) 8. (120 S.) Wien 849, Wallishausser. n. 24 ngℓ

Nestroy, Joh., Glück, Mißbrauch u. Rückkehr, od.: Das Geheimniß des grauen Hauses. Posse in 5 Aufz. 12. (7 B.) Wien 845, Wallishausser.

NESTROY, Johann
(F) Glück, Missbrauch und Rückkehr oder das Geheimnis des grauen Hauses. Posse in fünf Aufzügen von Johann Nestroy. [Allgemeine Nationalbibliothek. 270—271] Wien. [1901.] Daberkow. 8°. 88 S. K —.20

— Hinüber—Herüber, bearb. v. M. Gründer, s.: **Dilettantenbühne,** katholische.

– Hinüber – herüber,
s. National-Bibliothek, Allgemeine.

– Hinüber – herüber, s. Universal-Bibliothek,

– Judith u. Holofernes,
s. Universal-Bibliothek.

Nestroy, J., einen Jux will er sich machen, s. a. **Theater-Repertoir, Wiener.**

– Einem Jux will er sich machen,
s.a. Universal-Bibliothek.

—— **einen Jux will er sich machen.** Posse m. Gesang in 4 Aufz. Musik v. Ad. Müller. 12. (8⅓ B.) Wien 844, Wallishausser.

Nestroy, das liederliche Kleeblatt, s. **Theater-Bibliothek für Seminarien und Gesellenvereine.**

– Der böse Geist Lumpazivagabundus

— **dasselbe,** s. a. **National-Bibliothek,** allgem.

Nestroy, Joh., der böse Geist Lumpazivagabundus, s.a. Theater-Repertoir, wiener.

– Der böse Geist Lumpacivagabundus, s.a. Universal - Bibliothek.

— Lumpazi-Vagabundus, s.a. Wermann, A.

—— der böse Geist Lumpacivagabundus, od.: Das liederl. Kleeblatt. Zauberposse m. Ges. in 3 Aufz. Musik v. Ad. Müller. 1. Aufl. (5⅙ B. u. 1 ill. Kpfr.) 835., 2., verb. A. gr. 12. (5⅙ B. u. 2 ill. Bild.) Wien 838, Wallishausser. à

— dasselbe. Zauberposse m. Gesang in 3 Akten. 6. Aufl. gr. 8. (32 S.) Stuttgart (897). A. Bonz & Co. n. — 20

— der böse Geist Lumpazi-Vagabundus od. d. liederliche Kleeblatt. Zauberposse in 3 Aufzgn. 4. (103 S.) München (898). Rubinverlag. n. 3. —

— der böse Geist Lumpaci-Vagabundus od. Das liederliche Kleeblatt. s.a. Bibliothek der Gesamtlitteratur.

Der böse Geist Lumpacivagabundus oder Das liederliche Kleeblatt. Zauberposse mit Gesang in 3 Akten von Johann Nestroy. Für d. Bühnengebr. eingerichtet u. mit Extempores versehen von Demetrius Schrutz. *Halle a. d. S.: O. Hendel (1899).* (67 S.) 8° [F.]
= Bibliothek d. Gesamtlitteratur d. In- u. Auslandes. No 1253. [99. 9730]

—— das Mädl aus der Vorstadt, od.: Ehrlich währt am längsten. Posse in 3 Aufz. 12. (7 B.) Wien 845, Wallishausser. *

— s.a. National-Bibliothek, allgemeine.

NESTROY, Johann
(F) Das Mädel aus der Vorstadt oder Ehrlich währt am längsten. Posse mit Gesang in drei Aufzügen von Johann Nestroy. [Allgemeine National - Bibliothek. 266—267.] Wien. [1901.] Daberkow. 8°. 92 S. K —.20

— Zwei unbekannte Stücke. Aus den Manuskripten hrsg. u. eingeleitet v. Fritz Brukner. (96 S. m. Bildnis.) 8. Wien 910. P. Knepler. 2. 50

– Der Talisman, s.a. Universal - Bibliothek.

—— der Talisman. Posse m. Gesang in 3 Acten. 8. (9¼ B. u. 1 ill. Bild.) Wien 843, Wallishausser.

— Tannhäuser, s.: Universal-Bibliothek.

[F.] Theater um jeden Preis. Posse in 1 Akt. Nach Johann Nestroy. *Münster i. W.: A. Russell [1896].* (16 S.) 1 Bd 8. [96. 4261]

NESTROY, Johann
(F) Theaterg'schichten durch Liebe, Intrigue, Geld u. Dummheit. Posse mit Gesang in zwei Acten. Von Johann Nestroy. [Allgemeine National-Bibliothek. No. 236—237.] Wien. [1899.] Daberkow. 8°. 82 S. fl. —.20

839.

– Der Unbedeutende, s.a. National - Bibliothek, Allgemeine.

—— der Unbedeutende. Posse mit Gesang in 3 Akten. 8. (151 S. und 1 allegor. ill. Bild in Kpfrst.) Wien 849, Wallishausser. *

– Unverhofft, s.a. National - Bibliothek, Allgemeine.

Nestroy, Joh., unverhofft. Posse mit Gesang in 3 Akten. gr. 12. (125 S. und 1 Stnt. in qu. 4.) Wien 849, Wallishausser. Thlr. *

— frühere Verhältnisse, s.: Universal-Bibliothek.

— wenn man Hausknecht war, s.: Böhm, Mart.

Nestroy's, Joh., Werke. Hrsg. v. Ludw. Gottsleben. 18 Bdchn. 8. Berlin 893. Wiener. à — 20; kplt. in 1 Leinwbd. geb. (m. VIII S. Vorrede). n. 3. —
1. Nagerl u. Handschuh od. die Familie Maxenpfutsch. Posse in 3 Akten u. 5 Bildern. (48 S.)
2. Der böse Geist Lumpazivagabundus od. das liederliche Kleeblatt. Zauberposse m. Gesang in 3 Akten. (56 S.)
3. Die Familien Zwirn, Knieriem u. Leim od. der Weltuntergangstag. (2. Thl. d. Lumpazivagabundus.) Zauberspiel in 2 Aufzügen. (62 S.)
4. Eulenspiegel od. Schabernack üb. Schabernack. Posse m. Gesang in 4 Akten (64 S.)
5. Zu ebener Erde u. erster Stock od. die Launen d. Glücks. Lokales Singspiel in 3 Akten. (96 S.)
6. Glück, Mißbrauch u. Rückkehr od. das Geheimniß d. grauen Hauses. Posse in 5 Aufzügen. (74 S.)
7. Die verhängnisvolle Faschingsnacht. Posse m. Gesang in 3 Aufzügen. (64 S.)
8. Der Färber u. sein Zwillingsbruder. Posse m. Gesang in 3 Akten. (60 S.)
9. Das Mädel aus der Vorstadt od. ehrlich währt am längsten. Posse in 3 Aufzügen. (74 S.)
10. Einen Jux will er sich machen. Posse m. Gesang in 4 Aufzügen. (80 S.)
11. Eisenbahnheirathen od. Wien, Neustadt, Brünn. Posse m. Gesang in 3 Akten. (60 S.)
12. Der Zerrissene. Posse m. Gesang in 3 Akten. (64 S.)
13. Der Unbedeutende. Posse m. Gesang in 3 Akten. (72 S.)
14. Freiheit in Krähwinkel. Posse m. Gesang in 2 Abtheilgn. u. 3 Akten. (62 S.)
15. Kampl od. das Mädchen m. Millionen u. die Nähterin. Posse m. Gesang in 4 Akten. (104 S.)
16. Die schlimmen Buben. Burleske in 1 Akt. (103 S.)
17. 18. Nestroy-Lexikon. Eine Auslese der sarkastischsten Stellen, Aussprüche, Witze u. Bonmots aus Nestroy's Werken. Mit Quellen-Angabe. (52 S.)

Nestroy's, Joh., Werke. 19 Thle. in 2 Bdn. Eingeleitet v. Leop. Rosner. Mit e. Anh.: Nestroy-Lexikon. Eine Auslese der sarkastischsten Stellen, Aussprüche, Witze u. Bonmots aus Nestroy's Werken. Mit Quellen-Angabe. (XII, 48, 56, 62, 64, 96, 74, 64, 60, 74 u. IV, 80, 64, 60, 72, 60, 104, 30, 60, 103 u. 44 S.) 8. Berlin (903). Th. Knaur Nachf. Geb. in Leinw. 3. 50

Nestroy's, Joh., Werke, s.a. Klassiker-Bibliothek, goldene.

(Johann) Nestroys Werke. Auswahl in 2 Tlen. Hrsg., mit Einl. u. Anm. versehen von Otto Rommel. T. 1. 2 [in 1 Bd]. Berlin, Leipzig, Wien, Stuttgart: Bong [1908]. 8°
1. Volksstücke u. Possen. Mit e. Lebensbild versehen.
2. Parodie. Polit. Komödie. Sittenstücke.
(Goldene Klassiker-Bibliothek.) [09. 2352]

— Ausgewählte Werke, s.a. Klassiker-Bibliothek, deutsch-österr.

Nestroy, J.: Ausgewählte Werke. Herausgegeben von Dr. Otto Ronnuel. [Deutsch-österr. Klassikerbibliothek. Bd. 18.] (176 S.) 8°
Teschen: Prochaska 1910.

Nestroy's, Joh., gesammelte Werke. Hrsg. v. Vinc. Chiavacci u. Ludw. Ganghofer. (12 Bde. in 48 Lfgn.) 1.—14. Lfg. Lex.-8. (1. Bd. 250, 2. Bd. 344, 3. Bd. 257 S. u. 4. Bd. S. 1—128.) Stuttgart 890. Bonz & Co. à — 75 (1. u. 2. Bd.: à n. 3. —; geb. in 1 Bd. n. 7. 50)

Nestroy's, Joh., gesammelte Werke. Hrsg. v. Vinc. Chiavacci u. Ludw. Ganghofer. 15.—48. (Schluß-) Lfg. Lex.-8. (4. Bd. S. 129—283, 5. Bd. 299, 6. Bd. 306, 7. Bd. 298, 8. Bd. 246, 9. Bd. 287, 10. Bd. 221, 11. Bd. 258 u. 12. Bd. 218 S.) Stuttgart 891. A. Bonz & Co. à — 75 (in Bdn. à n. 3. —; je 2 Bde. in 1 Bd. geb. à n. 7. 50)

— dasselbe. Hrsg. v. Vinc. Chiavacci u. Ludw. Ganghofer. Einzel-Ausg. 63 Hfte. Lex.-8. Ebd. à n. — 20
1. Zu ebener Erde u. im ersten Stock, od. die Launen d. Glücks. Posse m. Gesang in 3 Akten. (62 S.) 890.
2. Der böse Geist Lumpazivagabundus od. das liederl. Kleeblatt. Zauberposse m. Gesang in 3 Akten. (46 S.) 890.
3. Die Familien Zwirn, Knieriem u. Leim od. der Welt-Untergangs-Tag. Zauberspiel in 2 Akten. (48 S.) 890.
4. Einen Jux will er sich machen. Posse m. Gesang in 4 Aufzügen. (64 S.) 890.
5. Die schlimmen Buben in der Schule. Burleske m. Gesang in 1 Akt. (30 S.) 890.
6. Die Papiere d. Teufels od. der Zufall. Posse m. Gesang in 3 Akten u. 1 Vorspiel. (64 S.) 890.
7. Der Talisman. Posse m. Gesang in 3 Akten. (60 S.) 890
8. Verwickelte Geschichte. Posse m. Gesang in 2 Akten. (30 S. 890.
9. Die verhängnisvolle Faschingsnacht. Posse m. Gesang in 3 Akten. (52 S.) 890.
10. Kampl. Posse m. Gesang in 4 Akten. (75 S.) 890.
11. Das Mädel aus der Vorstadt, od.: Ehrlich währt am längsten Posse in 3 Akten. (60 S.) 890.
12. Eulenspiegel, od. Schabernack üb. Schabernack. Posse m. Gesang in 4 Akten. (54 S.) 890.
13. Höllenangst. Posse m. Gesang in 4 Akten. (52 S.) 890.
14. Der Zerrissene. Posse m. Gesang in 3 Akten. (48 S.) 890
15. Die Gleichheit der Jahre. Posse in 4 Abthlgn. (50 S.) 890
16. Der Färber u. sein Zwillingsbruder. Posse m. Gesang in 3 Akten. (53 S.) 890.
17. Freiheit in Krähwinkel. Posse m. Gesang in 2 Abthlgn. u 3 Akten. (53 S.) 890.
18. Unverhofft. Posse m. Gesang in 3 Akten. (50 S.) 890.
19. Mein Freund. Posse m. Gesang in 3 Akten u. 1 Vorspiele (68 S.) 890.
20. Der Unbedeutende. Posse m. Gesang in 3 Akten. (51 S.) 890.
21. Die Anverwandten. Posse m. Gesang in 5 Akten. (57 S.) 890
22. Der Treulose, od. Saat u. Ernte. Dramatisches Gemälde in 2 Abthlgn. (74 S.) 891.
23. Der Affe u. der Bräutigam. Posse m. Gesang in 3 Akten. (17 S.) 891.
24. Zwei ewige Juden u. keiner. Burleske m. Gesang in 2 Akten. (50 S.) 891.
25. Karikaturen-Charivari m. Heiratszweck. Posse m. Gesang in 3 Akten. (50 S) 891.
26. Umsonst! Posse m. Gesang u. Tanz in 3 Akten. (77 S.) 891.
27. Heimliches Geld, heimliche Liebe. Posse m. Gesang in 3 Akten. (64 S.) 891.
28. Der Schützling. Posse m. Gesang in 4 Akten. (68 S.) 891.
29. Hinüber . . . herüber. Intermezzo nach e. Anekdote. (16 S.) 891.
30. Der holländische Bauer od. „Sie sollen ihn nicht haben". Posse m. Gesang in 2 Akten. (51 S.) 891.
31. Lady u. Schneider. Posse m. Gesang in 2 Akten. (54 S.) 891.
32. Alles will den Propheten sehen. Posse m. Gesang in 3 Akten. (52 S.) 891.
33. Tritschtratsch. Posse m. Gesang in 1 Akt. (29 S.) 891.
34. Die Fahrt m. dem Dampfwagen. Vorspiel in 1 Akt. (13 S.) 891.
35. Die Eisenbahnheiraten, od. Wien, Neustadt u. Brünn. Posse m. Gesang in 3 Akten. (48 S.) 891.
36. Der Erbschleicher. Posse m. Gesang in 4 Akten. (55 S.) 891.
37. Die beiden Nachtwandler, od. das Notwendige u. das Überflüssige. Posse m. Gesang in 2 Akten. (46 S.) 891.
38. Gewürzkrämerkleeblatt. Posse m. Gesang in 3 Akten. (50 S.) 891.
39. Liebesgeschichten u. Heiratssachen. Posse m. Gesang in 3 Akten. (54 S.) 891.
40. Die beiden Herrn Söhne. Posse m. Gesang in 4 Akten. (56 S.) 891.
41. Gegen Thorheit giebt es kein Mittel. Ein lust. Trauerspiel in 3 Abthlgn. (60 S.) 891.
42. Müller, Kohlenbrenner u. Sesselträger, od. die Träume v. Schale u. Kern. Zauberposse m. Gesang in 3 Abthlgn. (51 S.) 891.
43. Eine Wohnung zu vermieten in der Stadt, e. Wohnung zu vermieten in der Vorstadt, e. Wohnung m. Garten ist zu haben in Hietzing. Posse m. Gesang in 3 Akten. (54 S.) 891.
44. Frühere Verhältnisse. Posse m. Gesang in 1 Akt. (24 S.) 891.
45. Glück, Mißbrauch u. Rückkehr, od. das Geheimnis d. grauen Hauses. Lustspiel in 5 Akten. (63 S.) 891.
46. Zampa, der Tagdieb, od. die Braut v. Gips. Zauberposse in 3 Akten. (50 S.) 891.
47. Robert der Teuxel. Parodierende Zauberposse in 3 Akten. (37 S.) 891.
48. Weder Lorbeerbaum noch Bettelstab. Parodierende Posse m. Gesang in 3 Abthlgn. (44 S.) 891.
49. Martha, od. die Mischmonder-Markt-Mägde-Mietung. Parodierende Posse m. Gesang in 3 Akten. (40 S.) 891.
50. Judith u. Holofernes. Travestie in 1 Akt. (23 S.) 891.
51. Der gemütliche Teufel od. die Geschichte vom Bauer u. von der Bäuerin. Zauberspiel m. Gesang u. Tanz in 1 Akt nach e. Volkssage. (27 S.) 891.
52. Der gefühlvolle Kerkermeister, od. Adelheid, die verfolgte Witwe. Zauberposse in 3 Akten. (44 S.) 891.
53. Die Verbannung aus dem Zauberreiche, od. 30 Jahre aus dem Leben e. Lumpen. Zauberspiel m. Gesang in 2 Akten. (46 S.) 891.
54. Nagerl u. Handschuh, od. die Schicksale der Familie Maxenpfutsch. Zauberposse m. Gesang in 3 Akten. (44 S.) 891.
55. Der konfuse Zauberer, od. Treue u. Flatterhaftigkeit. Zauberposse m. Gesang in 3 Akten. (45 S.) 891.
56. Der Kobold od. Staberl im Feendienst. Parodierende Zauberposse m. Gesang in 3 Akten. (39 S.) 891.
57. Die Zauberreise in der Ritterzeit, od. die Übermütigen. Orig.-Zauberposse in 2 Akten, m. e. Vorspiele: Gegenwart u. Vergangenheit. (45 S.) 891.
58. Der Zauberer Sulphurelectrimagneticophosphoratus u. die Fee Walburgiblocksbergiseptemtrionalis, od. d. ungeratenen Herrn Sohnes Leben, Thaten u. Meingn., wie auch dessen Bestrafg. in der Sklaverei u. was sich alldort ferneres m. ihm begab. Zauberposse m. Gesang in 3 Akten. (44 S.) 891.
59. Lohengrin. Parodie in 4 Bildern. (22 S.) 891.
60. Der alte Mann m. der jungen Frau. Volksstück m. Gesang in 4 Akten. (Fragment.) (58 S.) 891.
61. Das Haus der Temperamente. Posse m. Gesang in 2 Akten. (88 S.) 891.
62. Zeitvertreib. Posse in 1 Akt. (32 S.) 891.
63. Nur Ruhe! Posse m. Gesang in 3 Akten. (57 S.) 891.

— die Wette, freie Bearbeitg., s.: Hohnerlein, Max.

— der Zerrissene, s.a. Universal-Bibliothek.

—— der Zerrissene. Posse m. Gesang in 3 Acten. 8. (5⅔ B. u. 1 Ttlkpfr.) Wien 845, Wallishausser. *

NESTROY, Johann

(F) Der Zerrissene. Posse mit Gesang in drei Aufzügen von Johann Nestroy. (Allgemeine National-Bibliothek. 268—269.) Wien. [1901]. Daberkow. 8°. 74 S. K —.20

Nesweda, Rich., Vademecum des 2. Thls. des Dienst-Reglements f. das k. u. k. Heer. (2. Aufl. des Reglements vom J. 1874.) Wörterbuch u. General-Register des Reglements. Mit 4 Tab. u. 1 Beilage. 8. (VI, 236 S.) Brünn 893. (Wien, L. W. Seidel & Sohn.) n. 2. 40

Neswadba, Albin, die k. k. Sicherheitswache in Wien 1869—1894. Jubiläumsschrift. gr. 8. (V, 310 S.) Wien 894. (J. Eisenstein & Co.) n. 2. —

Neszényi, Karl

Neszényi, Carl [aus Prag]: Beiträge zur Keimungsgeschichte von Cichorium intybus L. ... *Selbstv., Druck v. C. Bellmann in Prag, 1892;* 55 S., 2 Taf. 8.
Leipzig, Phil. Fak., Inaug.-Diss. v. [2. Dez.] 1892

Neteler, Bernh., Abriß der alttestamentlichen Litteraturgeschichte. Münster, Theissing, 1879, gr. 8°. 82 S., 2 Mk.

Neteler, B., Anfang der hebräischen Metrik der Psalmen. gr. 8. (20 S.) München 871. Niemann. n. — 25

Neteler, B., Beitrag zur Untersuchung der Geschichte des alttestamentlichen Kanons. gr. 8. (32 S.) Münster 900. Theissing. n. — 50

Neteler, B., das 3. u. das 4. Buch der Könige der Vulgata u. des Urtextes übers. u. erklärt. gr. 8. (VIII, 338 S.) Münster 899. Theissing. n. 6. —

— das Buch der Richter der Vulgata u. des hebräischen Textes übers. u. erklärt. gr. 8. (VI, 134 S.) Ebd. 900. n. 2. 40

— die Bücher der biblischen Chronik, s.a. Schriften, die Heiligen, d. Alten Testamentes.

Neteler, Bernh., Die Bücher der biblischen Chronik übersetzt u. erklärt. Auch u. d. T.: Die hl. Schriften des A. T. nach kath. Principien übersetzt und erklärt von einem Verein befreundeter Fachgenossen. Fünfte Abteil.: Die nachexilischen Geschichtsbücher. 1. Die Chronik. Münster, Coppenrath, 1872, 8°, 334 S., 3 Mk.
Recens. von Bürgel, (Wiener) Allgem. Litt.-Ztg. 1873, Nro 1.

— die Bücher der Chronik der Vulgata u. des hebräischen Textes, übers. u. erklärt. gr. 8. (III, 349 S.) Ebd. 899. n. 6. —

— die Bücher Esdras, Nehemias u. Esther, aus dem Urtexte übersetzt u. erklärt. gr. 8. (VIII, 256 S.) Ebend. 877. n. 4. —

Neteler, B., die Bücher Esdras u. Nehemias der Vulgata u. des hebräischen Textes, übers. u. erklärt. (VI, 105 S.) gr. 8. Münster 907. Theissing. 1. 80

Neteler, B., das Buch Genesis der Vulgata u. des hebräischen Textes, übers. u. erklärt. (VII, 261 S.) gr. 8. Münster 905. Theissing. n. 5. —

— die Gliederung der Apokalypse als Grundlage der Erklärung derselben. gr. 8. (60 S.) Münster 871. Theissing. n. — 80

Neteler, B., die Gliederung des Buches Daniels als Grundlage der Erklärung desselben. Münster 870. Niemann. gr. 8. (100 S.) n. 17½ ngr.

— die Gliederung des Buches Ezechiels als Grundlage der Erklärung desselben. Ebend. 870. gr. 8. (144 S.) n. 25 ngr.

— die Gliederung des Buches Jeremias als Grundlage der Erklärung desselben. Ebend. 870. gr. 8. (137 S.) n. 25 ngr.

— die Gliederung des Buches Isaias als Grundlage seiner Erklärung u. insbesond. der Auslegung einer für die Zukunft wichtigen Weissagung. Ebend. 870. gr. 8. (141 S.) n. 22½ ngr.

— die Gliederung d. Buches der zwölf Propheten als Grundlage der Erklärung desselben. gr. 8. (119 S.) Ebend. 871. n. 1. 80

Neteler, Grundgesetze der geschichtlichen Entwickelung des Menschengeschlechtes. Münster 856. Regensberg in Comm. gr. 8. (60 S.) n. 10 ngr.

— Grundlage des christlichen Glaubens. Münster 866. Regensberg. 8. (V, 82 S.) 7½ ngr.

— Grundzüge der hebräischen Metrik der Psalmen. gr. 8. (24 S.) Ebend. 879. n. — 50

— das Buch Jesaias aus dem Urtext übersetzt u. m. Berücksicht. seiner Gliederg. u. der auf seinen Inhalt sich bezieh. assyr. Inschriften erklärt. gr. 8. (320 S.) Münster 876. Theissing. n. 5. —

— socialpolitisches Märchen für die Propheten der gothaischen Schule. Münster 867. Krick. gr. 8. (32 S.)

Neteler, Bernh., Über Offenbarung u. Natur in den elf ersten Kapiteln der Genesis. Münster, Theissing, 1869, gr. 8°, 80 S., 80 Pf.

—— s. Rohrbacher's Universalgeschichte der kathol. Kirche.

— die Bücher Samuel, der Vulgata u. des hebräischen Textes, übers. u. erklärt. (VII, 285 S.) gr. 8. Ebd. 903. n. 5. 40

Neteler, B., assyriologische Schwierigkeiten assyrisch-alttestamentlicher Gleichzeitigkeiten des Zeitraums von Manahem bis zum Ende des Reiches Israel. Ein im 10. internationalen Orientalistenkongress in Genf geh. Vortrag. gr. 8. (16 S.) Münster 894. Theissing. n. — 50

— Stellung der alttestamentlichen Zeitrechnung in der altorientalischen Geschichte. 1—6. gr. 8. Ebd. à n. — 50

1. Untersuchung der assyrisch-alttestamentlichen Gleichzeitigkeiten. (25 S.) 892.
2. Untersuchung der Zeiträume v. Salomo bis Noe. (23 S.) 892.
3. Untersuchung der Zeiträume der 70 Jahrwochen. (19 S.) 893.
4. Untersuchung urgeschichtlicher Zeitverhältnisse der Genesis. (21 S.) 893.
5. Untersuchung der Zeitverhältnisse d. babylonischen Exils. (19 S.) 894.
6. Untersuchung der Berichte der Genesis üb. die Urzeiten der Menschheit. (35 S.) 894.

— Studien über die Echtheit des Pentateuchs. 1. Thl. Untersuchung der Ergänzungshypothesen. Münster 867. Regensberg. gr. 8. (VIII, 162 S.) n. 20 ngr.

— Studien üb. die Echtheit des Pentateuchs. 2. Thl. Ueber Gliederg., Zusammenhang m. der Profangeschichte u. tiefere Bedeutung d. Pentateuchs. gr. 8. (58 S.) Münster 872. Regensberg. n. 1. — (1. u. 2.: n. 3. —)

Neteler, B., Untersuchung der geschichtlichen u. der kanonischen Geltung d. Buches Judith. gr. 8. (37 S.) Münster 886. Theissing. n. — 50

Neteler, B., Untersuchg. pentateuchisch-ägyptischer Gleichzeitigkeiten. gr. 8. (17 S.) Münster 895. Theissing. n. — 50

— Untersuchung neutestamentlicher Zeitverhältnisse. gr. 8. (39 S.) Ebd. 894. n. — 50

— d. Zeitstellg. d. israelit. Auszugs in d. ägypt. Geschichte, aus ägypt. Quellen bewiesen. gr. 8. (16 S.) Ebd. 895. n. — 50

—— Zusammenhang der alttestamentlichen Zeitrechnung mit der Profangeschichte. gr. 8. (82 S.) Ebendas. 879. *

—— Zusammenhang der alttestamentlichen Zeitrechnung mit der Profangeschichte. 2. und 3. Heft. gr. 8. Ebendas. à Heft *

Inhalt:
Heft 2. Lösung der assyriologisch-alttestamentl. Schwierigkeiten. (38 S.) 885.
» 3. Der Zeitraum vom Auszuge aus Aegypten bis zum salomon. Tempelbau. (33 S.) 886.
[1. Heft.] Ebendas. 1879. *ℳ 2.—.

Neter, Eug., die Bedeutg. der chron. Stuhlverstopfung im Kindesalter, s. a. Beiträge zur Kinderforschg. u. Heilerziehg. 14. Hft.

Die Bedeutung der chronischen Stuhlverstopfung im Kindesalter. Von Dr. Eugen **Neter**, Kinderarzt. Langensalza: H. Beyer & Söhne 1906. (27 S.) 8°
— **Beiträge** z. Kinderforschung. H. 14. 106. 6431 3

— eine eigentümliche Begleiterscheinung der chronischen Stuhlverstopfung im Kindesalter. (4 S.) gr. 8. Leipzig 904. B. Konegen. n. 1. —
Sonderabdruck aus: „Der Kinder-Arzt".

Neter, Eug., die Behandlung der straffälligen Jugend, s. a. Arzt, der, als Erzieher. 30. Heft.

Neter, Eug., Die Behandlung der straffälligen Jugend. München 1903. 8°.
(D. Arzt als Erzieher. H. 30.)

Neter, Eugen: Die **Behandlung** der Rachitis mit Nebennierensubstanz. *Berlin: S. Karger 1900.* (27 S.) 8° ¶ (Aus: Jahrbuch f. Kinderheilkunde, N. F. Bd 52.)
Heidelberg, Med. Diss. v. 1900

— die hämorrhagischen Erkrankungen im Kindesalter, s.: Abhandlungen, Würzburger, aus dem Gesamtgebiet der prakt. Medizin. V. 4.

— u. Hanns Roeder, über die Hautkrankheiten im Säuglingsalter u. ihre Behandlung, s. c. Klinik, Berliner. 189. Hft.

Über die Hautkrankheiten im Säuglingsalter und ihre Behandlung. Von Dr. Eugen **Neter** & Dr. Hanns Roeder. *Berlin: Fischer 1904.* (33 S.) 8°
— **Klinik**, Berliner. H. 189.

— s.: Kind, das.

— das einzige Kind u. seine Erziehung, s.: Arzt, der, als Erzieher. 25. Hft.

— Mutterpflicht u. Kindesrecht, s.: Arzt, der, als Erzieher. 20.

— Muttersorgen u. Mutterfreuden. Wie erhalten wir unsere kleinen Kinder gesund? Ratschläge f. die junge Frau. (77 S.) gr. 8. München 907. Verlag der ärztl. Rundschau. n 1. 20

— Der Selbstmord im kindl. u. jugendl. Alter, s.a. Beiträge zur Kinderforschg. u. Heilerziehg.

Neter, Eugen: Der Selbstmord im kindlichen und jugendlichen Alter. Von Dr. med. –. Langensalza: Beyer 1910. 22 S. 8° (Beiträge z. Kinderforschung u. Heilerziehung. H. 70.)

— Sorgen u. Fragen in der Kinderpflege. (91 S.) 8. München 910. Verl. der ärztl. Rundschau. 1. —

— die chron. Stuhlverstopfung im Kindesalter, s.: Abhandlungen, Würzburger, aus dem Gesamtgebiet der prakt. Medizin. IV, 12.

— s.: Zeitschrift f. Kinderpflege.

Neth, Jos., Handbuch zur Verwaltung d. Priesteramtes. gr. 8. (XV, 404 S.) Regensburg 885. Verlags-Anstalt. 5. —

—— dass. — 2. bedeutend verm. und verb. Aufl. gr. 8. (XX, 490 S.) Ebendas. 888.

— Handbüchlein des Ritus bei der heil. Messe und anderen kirchlichen Funktionen. 12. (VIII, 269 S.) Ebd. 887. 1. 80

Neth, Jos. Handbüchlein d. Ritus bei der heiligen Messe u. anderen kirchlichen Funktionen. 2. verm. u. verb. Aufl. 8. (VIII, 288 S.) Regensb. 890, Verlags-Anstalt. * 2 —

Neth, Jos., Handbüchlein d. Ritus bei d. hl. Messe u. anderen kirchl. Funktionen. 3., verb. Aufl. 8. (VIII, 306 S.) Regensburg 896. Nationale Verlagsanstalt. n. 2. 40

Neth, Jos., Katechismus der christlichen Erziehung für Eltern. 16. (55 S.) Regensburg 881. Manz. n.n. — 25

— kleines liturgisches Repertorium. gr. 8. (VIII, 128 S.) Ebend. 882. 1. 65

— Vademecum für Beichtväter. 8. (VIII, 192 S.) Ebend. 882. 1. 65

Nethe, Joan. Theod. (geb. Tangermünde 24. 6. 1817): De stricturis urethrae. Berolini (1841). (31 S.) 8°
Berlin. Med. Diss. v. 19. Nov. 1841

Nethe, Wilh., Lebenserinnerungen. Beiträge zur Geschichte der Stadt Burg. (V, 92 S. m. Bildnis.) Lex.-8. Burg 906. A. Hopfer. n. 1. 50

Netiw Mirosecho. כתיב מצותיך Abhandlungen religiösen und moralischen Inhaltes, (zum Theile auch kabbalistisch) von Jizčhak, Jehuda Jechiel. Gedruckt bei *M. F. Poremba.* 1858. In 2 Theilen. I. Th. 108 S., II. Th. 56 S. 4°.

Netkatschew, Gr., eine neue psycholog. Behandlungsmethode des Stotterns. (IV, 84 S.) Lex. 8. Moskau 909. (A. Lang. — Sutthoff.) 1. 20

Netley, das Kloster; e. Geschichte aus d. Mittelalter, (v. Ldw. Tiek). 8. Berl. u. Leipz. 796. (Nauck). 15 gr.

NETLEY, Das Kloſter. Eine Geſchichte aus dem Mittelalter. (Runde Kupfervignette, einen ſchleichenden Mann mit Dolch und Licht vor einer Tür darſtellend. Gezeichnet W. Jury del. et sc. — Motto: ein vierzeiliges Zitat aus Macbeth: »Hinweg aus meinen Augen ...« uſw.) Berlin und Leipzig, bey Carl Auguſt Nicolai, 1796. 8°. Titel, ein Vortitel: »Das Kloſter Netley«. Erſtes Buch. (S. 105/106 iſt unpaginiert als neuer Zwiſchentitel: »Das Kloſter Netley«. Zweytes Buch.) 202 S. Ein gleiches Expl. der Münchener Univerſitätsbibliothek (D. D. 1281) mit dem vorgehefteten Vortitel von »Johann Ludwig Tiecks Sämtliche Schriften, Neunter Band, Berlin und Leipzig, Bey Karl Auguſt Nicolai Sohn 1799«.
[B. V, 365.]
Überſetzer iſt nicht Tieck, ſondern Wilh. Heinr. Wackenroder; vgl. C. G. von Maaßen in »Der grundgeſcheute Antiquarius«, München 1920—1922, S. 157—159.

Netley, das Kloster, eine Gesch. a. d. Mittelalter, von L. Tiek, m. K. 8. Berlin. (Sommer in Lpz.) 796.

Netlitz, Eugen, Graz ohne Dach. Orig.-Roman aus dem Grazer socialen Leben. 1. Bdchn. Bürger u. Proletarier. Gratz 863. Settelle. 8. (175 S.) n. 20 ngr.

Netobstop, der Landtag d. Thiere, s. Landtag.

Netoliczka, August, Hauptm. Geschichte des k. k. 9. L.-Inft.-Reg. Graf Hartmann-Clarstein von der Errichtung 1725 bis zum Schlusse des Jahres 1863. Im Auftrage des Reg. (Nach authentischen Quellen.) 8. Komorn 1866.

Netoliczka, Eugen

Netolička, Eug., Anfangsgründe der fisischen Geografie mit einer Einleitung aus der Himmelskunde für die erste Klasse der Unter-Gimnasien u. Unter-Realschulen, so wie zum ersten Selbstunterrichte. Mit 10 Holzschn. im Texte. Wien 858. Mayer u. Co. gr. 8. (143 S.) 12 ngr.

—— und Aug. Decker, Anfangsgründe der Stereometrie, s. Decker, Aug.

Netoliczka, Eug., physikalische Aufgaben nebst ihrer Auflösung. Zum Gebrauche an Unter-Realschulen u. Unter-Gymnasien. Wien 867. Hartleben's Verlag. gr. 8. (VIII, 88 S. mit in den Text gedr. Holzschn.) n. 10 ngr.

Netoliczka, Eug., Auge und Brille. Vom physikal. und hygien. Standpunkte für weitere Kreise dargestellt. gr. 8. (IV, 148 S. mit 29 Holzschn.) Wien 888, Pichler's Wwe. und Sohn. *

Netoliczka, Eug., Bilder aus der Geschichte der Physik. Für Freunde der Naturwissenschaften u. für Studierende an höheren Schulen. Nach d. Verf. Tode fortgesetzt u. durchgesehen v. A. Wachlowski. gr. 8. (IV, 263 S.) Wien 891. A. Pichler's Wwe. & Sohn. n. 3. 60

— Blicke in die Geheimnisse des Mondes. Eine populäre Darstellung seiner kosmischen Verhältnisse, physischen Beschaffenheit und seiner Wechselbeziehungen zur Erde. Mit 1 Mondkarte (Kpfrst. in Fol.) und mehreren Zeichngn. (Holzschn. im Text.) Graz 857. Damian u. Sorge. gr. 8. (IV, 107 S.) n. 16 ngr.

Netoliczka, Eug., der österreichische Einjährig-Freiwillige. Encyclopädie der zur Prüfung für den einjährig Freiwilligendienst nöth. Wissenschaften, umfass. Physik, Chemie, Naturgeschichte, Elementar-Mathematik rc. 15 Lfgn. gr. 8. (IV, 468 S. mit 8 lithogr. Taf. in 8. und qu. Fol. und eingedr. Holzschn.) Graz 869,70, Leykam-Josefsthal. à Lfg. * 50 Pf. *

— Elemente der Pflanzenphysiologie mit den Grundbegriffen der Anatomie, Chemie und Geographie der Pflanzen für Schulen und zum Selbstunterricht bearb. Brünn 855. Buschak u. Irrgang. gr. 8. (149 S.) n. 24 ngr.

Netoliczka, Eug., Erdbeben u. Vulkane, s. a. Volks- u. Jugend-Bibliothek.

— über Erdbeben und Vulkane. Für Leser aller Stände. gr. 8. (IV und 64 S. mit 3 Abbild. in eingedr. Holzschn.) Wien 858, Sommer. (F. Klemm.) *

— Experimentierkunde. Anleitg. zu physikal. u. chem. Versuchen in der Volks- u. Bürgerschule. 2., umgearb. u. verm. Aufl. v. Konr. Kraus. gr. 8. (VI, 196 S. m. 180 Abbildgn.) Ebd. 893. n. 2. 40

Netoliczka, Eug., über Farbenblindheit in der Schule u. über systematische Bildung des Farbensinnes. Vortrag für Lehrer, Lehrerinnen u. Kindergärtnerinnen, gehalten in einer Versammlung des Grazer Lehrervereines. [Aus: „Oesterr. Schulbote".] gr. 8. (19 S.) Wien 879. Pichler's Wwe. & Sohn. — 40

Netoliczka, Dr. Eugen —. Ein Fürstenherz. Schauspiel in 1 Akt. Zur Feier des Geburtsfestes Sr. k. k. Apost. Majestät Franz Joseph I., am 18. August 1853. 8. (32 S.) Brünn. Gedruckt bei Fr. Gastl. Im Selbstverlage des Verfassers. 1853.

Netoliczka: Geschichte der Elektrizität bis zur Entdeckung des Galvanismus. 26 S. – Graz OR., Progr. 1868.

— illustrierte Geschichte der Elektricität von den ältesten Zeiten bis auf unsere Tage. Für weitere Kreise bearbeitet. gr. 8. (VIII, 288 S.) Wien 886. Pichler's Wwe. & Sohn. n. 3. —

Netoliczka, Prof. Dr. Eugen, Kurzgefaßte Geschichte des Herzogthums Steiermark für das Volk und für untere Lehranstalten bearbeitet. 8. [illegible] 25 kr.
1868

— kurzgefaßte Geschichte des Herzogth. Steiermark für das Volk und für untere Lehranstalten. 2. Aufl. 8. (60 S.) Ebendas. 870. *

— kurzgefaßte Geschichte d. Herzogth. Steiermark f. das Volk u. f. untere Lehranstalten. 4. Aufl. 8. (60 S.) Graz 883. Leykam. n. — 50

Netoliczka, Eug., Geschichte der deutschen Literatur f. mittlere Lehranstalten, besonders f. Töchterschulen. 8. (IV, 66 S.) Wien 873. Pichler's Wwe. & Sohn. n. — 60

Netoliczka, Eug., Geschichte der deutschen Literatur für mittlere Lehranstalten, besonders für Töchterschulen. 2. verm. Aufl. gr. 8. (III, 64 S.) Wien 881, Pichler's Wwe. und Sohn. * — 60

— Geschichte der deutschen Literatur f. mittlere Lehranstalten, besonders für Töchterschulen. 3. Aufl. gr. 8. (III, 64 S.) Ebend. 886. n. — 60

— Geschichte der deutschen Literatur f. mittlere Lehranstalten, besonders f. Töchterschulen. 4. Aufl. gr. 8. (III, 64 S.) Ebd. 889. * — 60

Netoliczka, Eug., Geschichte d. deutschen Literatur f. mittl. Lehranst., bes. f. Töchterschulen. 6. Aufl. gr. 8. (III, 64 S.) Wien 896. A. Pichler's Wwe. & Sohn. Kart. n. — 80

Netoliczka, Eug., Geschichte der deutschen Literatur für mittlere Lehranstalten, besonders f. Töchterschulen. 7. Aufl. gr. 8. (III, 64 S.) Wien 901. A. Pichler's Wwe. & Sohn. Kart. n. — 80

Netoliczka, Eug., Geschichte der deutschen Literatur f. mittlere Lehranstalten, besonders f. Töchterschulen. 8., verb. Aufl. (75 S.) 8. Wien 905. A. Pichler's Wwe. & Sohn. Kart. n. — 80

— Geschichte der österreichisch-ungarischen Monarchie von den ältesten Zeiten bis auf unsere Tage für Volks-, Bürger- und Töchterschulen. 1.—3. Aufl. gr. 8. (68 S.) Ebendas. 872—74. *

— Geschichte der österreichisch-ungarischen Monarchie von den ältesten Zeiten bis auf unsere Tage für die Oberklassen der Volks- und Bürgerschulen. 4. — 7. unveränd. Aufl. gr. 8. (IV, 68 S.) Ebendas. 875—78.

— Geschichte der österreichisch-ungarischen Monarchie von den ältesten Zeiten bis auf unsere Tage für die Oberclassen der Volks- und Bürgerschulen. 8. — 12. unveränd. Aufl. gr. 8. (IV, 68 S.) Ebendas. 879—84. * — 60
geb. * — 75

— Geschichte der österreichisch-ungarischen Monarchie von den ältesten Zeiten bis auf unsere Tage für die Oberclassen der Volks- und Bürgerschulen. 13.—15. unveränd. Aufl. gr. 8. (IV, 68 S.) Ebendas. 885—87. *

— dass. — 16. unveränd. Aufl. 8. (IV, 68 S.) Ebendas. 888. cart. *

— Geschichte d. österreichisch-ungarischen Monarchie von den ältesten Zeiten bis auf unsere Tage f. die Oberclassen der Volks- u. Bürgerschulen. 18. unveränd. Aufl. gr. 8. (IV, 68 S.) Ebd. 890. cart. * — 74

— Geschichte der österreichisch-ungarischen Monarchie v. den ältesten Zeiten bis auf unsere Tage f. die Oberclassen der Volks- u. Bürgerschulen. 20. unveränd. Aufl. 8. (IV, 68 S.) Ebd. 894. Kart. n. — 74

— — Geschichte der österr.-ungar. Monarchie von den ältesten Zeiten bis auf unsere Tage für die Oberclassen der Volks- und Bürgerschulen. 21. unveränderte Auflage. 8. (68 S.) Geb. — .40
Wien: Pichler 1896.

— Geschichte d. österreichisch-ungar. Monarchie v. d. ältesten Zeiten bis auf uns. Tage f. d. Oberclassen d. Volks- u. Bürgerschulen. 22., unveränd. Aufl. 8. (IV, 68 S.) Ebd. 898. Kart. n. — 80

— Geschichte der österreichisch-ungarischen Monarchie von d. ältesten Zeiten bis auf unsere Tage f. die Oberclassen der Volks- u. Bürgerschulen. 24. unveränd. Aufl. 8. (IV, 68 S.) Ebd. 901. Kart. n. — 80

Netoliczka, Eug., Geschichte der österreichisch-ungarischen Monarchie von den ältesten Zeiten bis auf unsere Tage f. die Oberklassen der Volks- u. Bürgerschulen. 25., nach der neuen Rechtschreibg. verb. Aufl. (IV, 68 S.) 8. Wien 905. A. Pichler's Wwe. & Sohn. Kart. n. — 80

(F) **Netoliczka,** E., Geschichte der österreichisch-ungarischen Monarchie von den ältesten Zeiten bis auf unsere Tage für die Oberklassen der Volks- und Bürgerschulen. 26. Aufl. 8°. (68 S.) K —.80 1907

Netoliczka, Eug., Geschichte der österreichisch-ungarischen Monarchie von den ältesten Zeiten bis auf unsere Tage f. die Oberklassen der Volks- u. Bürgerschulen. 27. Aufl. (IV, 68 S.) 8. Wien 910. A. Pichler's Wwe. & Sohn. Geb. — 80

Netoliczka: Zur Geschichte der Physik. Über die ältesten Bestrebungen in der Akustik. 8 S. – Graz OR., Progr. 1865.

— Geschichte des Herzogth. Steiermark für das Volk u. für untere Lehranstalten. 1. u. 2. Aufl. Graz 868, 70. Pock. 8. (59 S.) 5 ngr.

— kleine Haushaltungskunde für Schule u. Haus. Ebend. 870. 8. (VIII, 110 S.) n. 6 ngr.

— Heimatskunde des Herzogth. Steiermark. Für Volks-, Bürger- und Töchterschulen. 1. Aufl. 1871, und 2. verb. Aufl. 8. (IV, 88 S. mit 1 chromolithogr. Karte von Steiermark.) Wien 872, Hölzel. *

— Heimatskunde des Herzogthums Steiermark. 3., verb. Aufl. Mit einer (lith. u. color.) Karte von Steiermark (in qu. gr. 4.). gr. 8. (IV, 98 S.) Wien 877. Hölzel. n. — 80

— Katechismus der Naturgeschichte. 8. (221 S. mit 70 Abbild. auf 15 Holzschnt.) Brünn 859, Buschak und Irrgang. *

— Katechismus der Welt-Geschichte. Examinatorium für Mittelschulen zugleich als Lehrbuch für höhere Töchterschulen. Pest 867. Heckenast's Verlag. 8. (212 S.) 15 ngr.

— Kometen und Feuermeteore, s. Volks- und Jugend-Bibliothek, österreichische.

Netoliczka: Ueber Kometenerscheinungen. 17 S. –Graz OR., Progr. 1863

— über Kurzsichtigkeit in der Schule u. über Erhaltung der Sehkraft. Eine populäre Abhandlung für Eltern, Lehrer u. Lehrerinnen. gr. 8. (25 S.) Wien 879. Pichler's Wwe. & Sohn. — 40

— Lehrbuch der Botanik, mit besonderer Rücksicht auf das prakt. Leben für einen auf Anschauung gegründeten und auf Verstandesbildung gerichteten Unterricht an unteren Lehranstalten bearbeitet. Mit vielen in den Text eingedr. Abbildgn. (Holzschn.) Brünn 855. Buschak u. Irrgang. gr. 8. (IV, 116 S.) n. 10 ngr.

— Lehrbuch der Botanik, mit besond. Rücksicht auf das prakt. Leben für die unteren Klassen von Gymnasien und Realschulen bearb. 2., verb., verm. Aufl. gr. 8. (126 S. mit eingedr. Holzschn.) Brünn 864, Buschak und Irrgang's Verlag. *

— Lehrbuch der Geographie nebst histor. Skizzen für Bürgerschulen, die Oberklassen der Volksschulen, sowie für Töchterschulen. gr. 8. (177 S. mit 24 Holzschn. im Text.) Wien 873, Pichler's Wwe. und Sohn *

— Lehrbuch der Geographie, nebst histor. Skizzen, für Bürgerschulen, sowie die Oberklassen der Volksschulen. 2.—6. umgearb. Aufl. gr. 8. (220 S. mit 48 Holzschn. im Texte.) Ebendas. 875—79.

— Lehrbuch der Geographie nebst historischen Skizzen, für Bürgerschulen, sowie für die Oberklassen der Volksschulen. 7. umgearb. Aufl. gr. 8. (220 S. mit 48 Holzschn. im Text.) Wien 881, Pichler's Wwe. und Sohn. * 1 60
geb. * 1 80

— Lehrbuch der Mineralogie mit besonderer Rücksicht auf das prakt. Leben für einen auf Anschauung gegründeten u. auf Verstandesbildung gerichteten Unterricht an unteren Lehranstalten bearb. Mit vielen in den Text eingedr. Abbildgn. (Holzschn.) Brünn 857. Buschak u. Irrgang. gr. 8. (VIII, 67 S.) n. 7½ ngr.

— Lehrbuch der Physik und Chemie für Bürgerschulen und die Oberklassen der Volksschulen in 3 concentr. Kreisen bearb. 1.—3. Stufe. 2. unveränd. Aufl. gr. 8. Wien 876, Pichler's Wwe und Sohn. à Stufe 80 Pf.

Inhalt:
Stufe 1. Für die 6. Klasse. (IV, 90 S. mit 75 eingedr. Holzschn.)
" 2. Für die 7. Klasse. (96 S. mit 78 eingedr. Holzschn.)
" 3. Für die 8. Klasse. (91 S. mit 49 eingedr. Holzschn.)

— Lehrbuch der Physik und Chemie für die Bürgerschulen und die Oberklassen der Volksschulen in drei concentr. Kreisen bearb. 3 Stufen. gr. 8. Ebendas. 877—79.

Inhalt:
Stufe 1. Für die 6. Klasse der Volks- und Bürgerschulen. 3.—9. Aufl. (87 S. mit 75 in den Text gedr. Holzschn.) 60 Pf.
" 2. Für die 7. Klasse der Volks- und Bürgerschulen. 3.—9. Aufl. (IV, 90 S. mit 78 in den Text gedr. Holzschn.) 70 Pf.
" 3. Für die 8. Klasse der Volks- und Bürgerschulen. 3.—6. Aufl. (IV, 89 S. mit 49 in den Text gedr. Holzschn.) 70 Pf.

— Lehrbuch der Physik und Chemie, für Bürgerschulen und die Oberclassen der Volksschulen in drei concentrischen Kreisen bearb. 3 Stufen. gr. 8. Wien 880—83, Pichler's Wwe. und Sohn. à Stufe * 50 Pf. * 1 50
geb. à Stufe * 65 Pf. * 1 95

Inhalt:
Stufe 1. Für die 6. Classe der Volks- und Bürgerschulen. 10.—28. Aufl. (88 S. mit 75 in den Text gedr. Holzschn.)
" 2. Für die 7. Classe der Volks- und Bürgerschulen. 10.—19. Aufl. (IV, 90 S. mit 81 in den Text gedr. Holzschn.)
" 3. Für die 8. Classe der Volks- und Bürgerschulen. 7.—10. Aufl. (IV, 89 S. mit 49 in den Text gedr. Holzschn.)

Netoliczka, Eug., Lehrbuch d. Physik u. Chemie, f. Bürgerschulen u. die Oberclassen der Volksschulen in 3 concentr. Kreisen bearb. 3 Stufen. gr. 8. Wien, Pichler's Wwe. & Sohn. à n. — 50
1. Für die 6. Classe der Volks- u. Bürgerschulen. Mit 75 in den Text gedr. Holzschn. 28. Aufl. (88 S.) 883.
2. Für die 7. Classe der Volks- u. Bürgerschulen. Mit 81 in den Text gedr. Holzschn. 39. Aufl. (IV, 90 S.) 884.
3. Für die 8. Classe der Volks- u. Bürgerschulen. Mit 49 in den Text gedr. Holzschn. 10. Aufl. (IV, 89 S.) 885

— dasselbe. 3. Stufe. Für die 3. Classe der Bürgerschulen u. die Oberclassen der allgemeinen Volksschulen. Mit 51 in den Text gedr. Holzschn. 10. Aufl. gr. 8. (112 S.) Ebend. 885. n. — 64

— Lehrbuch der Physik und Chemie für Bürgerschulen. In 3 concentr. Kreisen bearb. 3 Stufen. 8. Ebendas. 884—88. cart. **

Stufe 1. Für die 1. Classe der Bürgerschulen. 29.—40. Aufl. (100 S. mit 69 Holzschn.) ** 64 Pf.
" 2. Für die 2. Classe der Bürgerschulen. 20.—26. Aufl. (128 S. mit 77 in den Text gedr. Holzschn.) ** 80 Pf.
" 3. Für die 3. Classe der Bürgerschulen. 11.—14. Aufl. (112 S. mit 51 in den Text gedr. Holzschn.) ** 80 Pf.

— Lehrbuch der Physik u. Chemie f. Bürgerschulen. In 3 concentr. Kreisen bearb. 3 Stufen. gr. 8. Ebd. 890. cart. * 2 24
1. Für die 1. Classe. Mit 69 Holzschn. 43. Aufl. (100 S.) * — 64.
2. Für die 2. Classe. Mit 77 Holzschn. 28. Aufl. (128 S.) * — 80.
3. Für die 3. Classe. Mit 51 Holzschn. 16. Aufl. (112 S.) * — 80.

— Lehrbuch d. Physik u. Chemie f. Bürgerschulen. In 3 concentr. Kreisen bearb. 2. u. 3. Stufe. gr. 8. Wien 895. A. Pichler's Wwe & Sohn. Kart. à n. — 80
2. F. d. 2. Classe. 35. Aufl. (128 S. m. 77 Holzschn.)
3. F. d. 3. Classe. 2[illegible]. Aufl. (112 S. m. 51 Holzschn.)

Lehrbuch der Physik und Chemie f. Bürgerschulen. In drei concentrischen Kreisen nach modernen Grundsätzen neu bearbeitet von Josef Steigl, Dr. Emil Kohl und Karl Bichler. 1. Stufe. Für die erste Classe der Mädchen-Bürgerschulen. Mit 98 Abbildungen. 49. Aufl. Gr. 8. (IV, 99 S.) In Lnwd geb. * —.50
Wien: Pichler 1897.

— Lehrbuch der Physik, Chemie u. Mechanik zum Selbstunterrichte für Offiziere u. zum Gebrauche an Truppen-Divisions-Schulen. Mit 406 in den Text eingedr. Holzschn. Brünn 869. Buschak & Irrgang. gr. 8. (X, 423 S.) n. 1 ₰ 20 ngr.

—— Lehrbuch der Physik zum Gebrauche an Unter- Real- und Gewerbeschulen. 7., verm. und verb. Aufl. 8. (128 S.) Brünn 860, Buschak und Irrgang.

—— Lehrbuch der Physik zum Gebrauche an Unter-Real- und Gewerbeschulen. 8., verm. und verb. Aufl. gr. 8. (IV, 324 S. mit 346 Holzschn.) Brünn 869, Buschak und Irrgang. *

— Lehrbuch der Zoologie, mit besonderer Rücksicht auf das praktische Leben für einen auf Anschauung gegründeten, und auf Verstandesbildung gerichteten Unterricht an unteren Lehranstalten bearbeitet. Mit vielen in den Text eingedr. Abbildgn. (Holzschn.) Brünn 854. Buschak u. Irrgang. gr. 8. (VI, 185 S.) n. 20 ngr.

—— Lehrbuch der Zoologie mit besond. Rücksicht auf das prakt. Leben für die unteren Klassen von Gymnasien und Realschulen bearb. 2., verb., mit 145 Abbild. (in eingedr. Holzschn.) verm. Aufl. gr. 8. (IV und 215 S.) Brünn 863, Buschak und Irrgang's Verlag. *

—— Lehrbuch der Zoologie, mit besond. Rücksicht auf das prakt. Leben für die unteren Klassen von Gymnasien und Realschulen. 3. verb. und verm. Aufl. gr. 8. (XVI, 184 S. mit vielen Abbild. in eingedr. Holzschn.) Brünn 869, Buschak und Irrgang. *

— Leitfaden beim ersten Unterrichte in der Geographie. Auf Grundlage der neuesten Veränderungen u. mit besond. Berücksichtigung des Kaiserth. Oesterreich für Töchter-Schulen bearb. 1. u. 2. Aufl. Wien 867, 70. Pichler's Wwe. & Sohn. 8. (IV, 140 S.) 10 ngr.

—— dass. — und mit besond. Berücksicht. der österreichisch-ungar. Monarchie für Volks- und Mädchen-Schulen bearb. 3., umgearb., 4. und 5. Aufl. 8. (103 S.) Ebendas. 871—74.
—— dass. — für die Oberklassen der Volksschulen. 6. verb. Aufl. (83 S.) 1874, und 7. Aufl. gr. 8. (V, 89 S. mit 17 eingedr. Holzschn.) Ebendas. 875.

—— Leitfaden beim Unterrichte in der Geographie. Auf Grundlage der neuesten Veränderungen und mit besond. Berücksicht. der österreichisch-ungar. Monarchie für die Oberclassen der Volksschulen bearb. 8.—16. Aufl. gr. 8. (V, 89 S. mit 17 eingedr. Holzschn.) Ebendas. 876—78.

—— Leitfaden beim Unterrichte in der Geographie. Auf Grundlage der neuesten Veränderungen und mit besond. Berücksicht. der österreichisch-ungar. Monarchie für die Oberclassen der Volksschulen bearb. 17.—24. verb. Aufl. gr. 8. (V, 89 S. mit 17 Holzschn.) Ebendas. 879—83. * — 60
geb. * — 75

—— Leitfaden beim Unterrichte in der Geographie. Auf Grundlage der neuesten Veränderungen und mit besond. Berücksicht. der österreich.-ungar. Monarchie für die Oberclassen der Volksschulen. 25.—27. verb. Aufl. gr. 8. (V, 89 S. mit 17 Holzschn.) Ebendas. 885—87. *

Netoliczka, Eug., Leitfaden beim Unterrichte in der Geographie. Auf Grundlage der neuesten Veränderungen und mit besond. Berücksicht. der österreich.-ungar. Monarchie für die Oberklassen bearb. 28. Aufl. 8. (V, 89 S. mit 17 Holzschn.) Wien 888, Pichler's Wwe. und Sohn. cart. ** — 74

Netoliczka, Eug. Leitfaden beim Unterrichte in der Geographie. Auf Grundlage der neuesten Verändergn. u. m. besond. Berücksicht. d. österreichisch-ungar. Monarchie f. die Oberclassen d. allgemeinen Volksschulen bearb. 30. Aufl. gr. 8. (V, 89 S. m. 17 Holzschn.) Wien 890, Pichler's Wwe u. Sohn. cart. * — 74

— Leitfaden beim Unterricht in der Geographie. Auf Grundlage der neuesten Verändergn. u. m. besond. Berücksicht. der österreichisch-ungar. Monarchie f. die Oberclassen der allgemeinen Volksschulen bearb. 34. Aufl. 8. (93 S. m. 17 Holzschn.) Ebd. 896. Kart. n. — 74

— Leitfaden b. Unterricht in d. Geographie. Auf Grundlage d. neuesten Verändergn. u. m. bes. Berücksicht. der österr.-ungar. Monarchie f. die Oberclassen der allgem. Volksschulen bearb. 36. Aufl. 8. (93 S. m. 16 Holzschn.) Ebd. 896. Kart. n. — 80

— Leitfaden beim Unterricht in der Geographie. Auf Grundlage der neuesten Verändergn. u. m. besond. Berücksicht. der österreichisch-ungar. Monarchie f. die Oberklassen der allgemeinen Volksschulen bearb. 37., in Zahlen u. nach der neuen Rechtschreibg. bericht. Aufl. gr. 8. (106 S. m. 16 Holzschn.) Ebd. 903. Kart. n. — 80

— Leitfaden beim Unterricht in der Geographie. Auf Grundlage der neuesten Verändergn. u. m. besond. Berücksicht. der österr.-ungar. Monarchie f. die Oberklassen der allgem. Volksschulen bearb. 38. Aufl. (106 S. m. 16 Holzschn.) 8. Ebd. 905. Kart. n. — 80

— Leitfaden beim Unterricht in der Geographie. Auf Grundlage der neuesten Verändergn. u. m. besond. Berücksicht. der österr.-ungar. Monarchie f. die Oberklassen der allgem. Volksschulen bearb. 39. Aufl. (106 S. m. 16 Holzschn.) 8. Ebd. 910. Geb. — 80

Netoliczka, Eug., Leitfaden beim ersten Unterrichte in d. Physik. Zum Gebrauche in unteren Lehranstalten bearb. Mit (3 lith.) Zeichnungen (in qu. Fol.) gr. 8. (224 S.) Brünn 851, Winiker in Comm. n. ⅚ ₰

— Leitfaden beim ersten Unterricht in der Physik. Zum Gebrauche in unteren Lehranstalten bearb. Mit 3 (lith.) Figurentaf. (in Fol.) 2. durchges. Aufl. 853. (219 S.) — 3. verb. u. verm. Aufl. Brünn 854. Buschak u. Irrgang. gr. 8. (VIII, 224 S.) n. 20 ngr.

Netolicka, Eugen — Leitfaden beim ersten Unterricht in der Physik für Unterrealschulen, bearbeitet von — — Vierte verbesserte Auflage. (Mit vielen Holzschnitten.) Wien. 1855. Druck von L. C. Zamarski. Brunn. Verlag von Buschak und Irrgang (1 Bl. 244 S. 8.) geh.

—— Leitfaden beim ersten Unterricht in der Fisik für Unterrealschulen. 6., verb. Aufl. gr. 8. (VI und 256 S. mit 108 eingedr. Holzschn.) Brünn 858, Buschak und Irrgang. *

Netoliczka Prof. Dr. Eugen, Leitfaden beim ersten Unterricht in der Weltgeschichte. In chronologisch geordneten Erzählungen und Biographien für untere Lehranstalten und Töchterschulen bearbeitet. 1869. kl. 8. (156 S.) Wien, Pichler's Witwe & Sohn. 60 kr.

— Leitfaden beim ersten Unterricht in der Weltgeschichte für Volks- und Mädchen-Schulen bearb. 2. und 3. Aufl. 1869,70. *M. 1., und 4. und 5. theilweise umgearb. Aufl. gr. 8. (IV, 119 S.) Ebendas. 872,73. *

— Leitfaden beim ersten Unterrichte in der Weltgeschichte für die Oberklassen der Volks- und Bürgerschulen. 6.—15. Aufl. gr. 8. (IV, 119 S.) Ebendas. 875—78. *

— Leitfaden beim ersten Unterrichte in der Weltgeschichte für die Oberclassen der Volks- und Bürgerschulen. 16.—21. Aufl. gr. 8. (IV, 119 S.) Ebendas. 879—83. * — 80
geb. * — 95

— Leitfaden beim ersten Unterrichte in der Weltgeschichte für die Oberklassen der Volks- und Bürgerschulen. 22. und 23. Aufl. gr. 8. (IV, 119 S.) Ebendas. 884,85. * — 80

— Leitfaden beim ersten Unterrichte in der Weltgeschichte, für die Oberclassen der Volks- u. Bürgerschulen bearb. 28. Aufl. gr. 8. (IV, 119 S.) Ebd. 890. cart. n. — 96

— Leitfaden b. ersten Unterrichte in d. Weltgeschichte f. d. Oberclassen d. Volks- u. Bürgerschulen. 33. Aufl. gr. 8. (IV, 119 S.) Ebd. 896. Kart. n. 1. —

— Leitfaden beim ersten Unterrichte in der Weltgeschichte f. die Oberclassen der Volks- u. Bürgerschulen. 34. Aufl. gr. 8. (IV, 119 S.) Ebd. 898. Kart. n. 1. —

(F) Netoliczka, E., Leitfaden beim ersten Unterrichte in der Weltgeschichte für die Oberklassen der Volks- und Bürgerschulen. 35. Aufl. Gr.-8°. (119 S.) geb. K 1 —
Wien: Pichler 1903.

— Leitfaden der Weltgeschichte f. die Oberklassen der Volksschulen u. f. Bürgerschulen. 36. verb. Aufl. (IV, 133 S.) 8. Ebd. 906. Kart. n. 1. 20

Netoliczka, Eug., u. Konr. Kraus, Methodik d. Naturlehre, s. a. Handbuch d. spec. Methodik.

Netoliczka, Prof. Dr. Eugen, Methodik der Naturlehre. 2. umgearbeitete Auflage von Konrad Kraus. (Handbuch der speciellen Methodik. VI. Theil.) 8. (IX, 165 S.) 1.20, in Leinwand gebunden 1.40
Wien: Pichler 1894.

— kurzgefaßte Mythologie der Griechen u. Römer. Für Bürger- u. Töchterschulen. Mit 35 (eingedr.) Holzschn. gr. 8. (VIII, 95 S.) Ebend. 874. 1. —

— kurzgefaßte Mythologie der Griechen u. Römer. Für Bürger- u. Töchterschulen. Mit 35 Holzschn. 2. Aufl. gr. 8. (VIII, 102 S.) Wien 884. Pichler's Wwe. & Sohn. n. 1. —

Netoliczka, Eug. Kurzgefaßte Mythologie der Griechen u. Römer. Für Bürger- und Töchterschulen bearb. Mit 35 Holzschn. 3. Aufl. gr. 8. (VIII, 102 S.) Wien 891. Pichler's Wwe u. Sohn. * 1 —

— kurzgefaßte Mythologie d. Griechen u. Römer. Für Bürger- u. Töchterschulen. 4. Aufl. gr. 8. (VIII, 102 S. m. 35 Holzschn.) Ebd. 895. Kart. n. 1. 16

— kurzgefaßte Mythologie der Griechen u. Römer. Für Bürger- u. Töchterschulen. 5. Aufl. (VIII, 102 S. m. 35 Abbildgn.) gr. 8. Ebd. 903. Kart. n. 1. 20

— Kurzgefaßte Mythologie der Griechen u. Römer. Für Bürger- u. Töchterschulen. 6. Aufl. (VIII, 102 S. m. 35 Holzschn.) 8. Ebd. 907. Kart. 1. 20

— kleine illustrirte Naturgeschichte für Volksschulen und für den ersten Unterricht an Töchterschulen. 1.—5. Aufl. gr. 8. (IV, 147 S. mit eingedr. Holzschn.) Brünn 869—75, Buschak und Irrgang.

— die Naturlehre f. den Unterricht in den höhern Klassen der Volksschulen bearb. Mit 91 in den Text gedr. Holzschn. gr. 8. (IV, 82 S.) Wien 873. Pichler's Wwe. & Sohn. n. — 80

Netoliczka, Eug., Naturlehre für den Unterricht in den Oberklassen der Volksschulen. 2.—6. unveränd. Aufl. (V, 129 S. mit 106 in den Text gedr. Holzschn.) 1875—77; 7. verb. Aufl. gr. 8. (136 S. mit 103 in den Text gedr. Holzschn.) Wien 878, Pichler's Wwe. und Sohn.

— Naturlehre, für den Unterricht in den Oberclassen der Volksschulen bearb. 8.—11. Aufl. (136 S. mit 103 in den Text gedr. Holzschn.) 1880—82; 12. Aufl. gr. 8. (136 S. mit 104 in den Text gedr. Holzschn.) Ebendas. 883. — 80
geb. * — 95

— Naturlehre für den Unterricht in den Oberclassen der Volksschulen. 13.—17. Aufl. gr. 8. (136 S. mit 104 in den Text gedr. Holzschn.) Wien 884—88, Pichler's Wwe. und Sohn. * 80 Pf.; cart. ** — 96

— Naturlehre f. d. Unterricht in d. Oberclassen d. Volksschulen. 24. Aufl. gr. 8. (136 S. m. 104 Holzschn.) Ebd. 897. Kart. n. 1. —

— Naturlehre f. den Unterricht in den Oberclassen der Volksschulen. 25. Aufl. gr. 8. (136 S. m. 104 Holzschn.) Ebd. 899. Kart. n. 1. —

Netoliczka u. St. Wolf: Naturhistorisches aus Homer. 16 S.–Brünn, Progr. 1855

Netoliczka's Physik und Chemie für Bürgerschulen. In drei concentrischen Kreisen nach modernen Grundsätzen neu bearbeitet von Josef Steigl, Dr. Emil Kohl und Karl Bichler. Erste Stufe. Für die 1. Classe der Knaben-Bürgerschulen. 48. Auflage. Wien 1895. Verlag von A. Pichler's Witwe und Sohn. (Min.-Erl. v. 23. Nov. 1895, Z. 18731.) Gebunden —.50

— Physik u. Chemie f. Bürgerschulen. In 3 concentr. Kreisen nach modernen Grundsätzen neu bearb. v. Jos. Steigl, Emil Kohl u. Karl Bichler. 2. u. 3. Stufe. gr. 8. Ebd. Geb. in Leinw. n. 2. 30
2. F. d. 2. Classe d. Bürgerschulen. 34. Aufl. (III, 132 S. m. 113 Abb.) 896. n. 1. 20
3. F. d. 3. Classe d. Bürgerschulen. 21. Aufl. (IV, 112 S. m. 78 Abb.) 897. n. 1. 10

— dasselbe. 1. Stufe. Für die 1. Classe der Knaben-Bürgerschulen. 50. Aufl. gr. 8. (IV, 100 S. m. 101 Abb.) Ebd. 898. Geb. in Leinw. n. 1. —

— Physik u. Chemie f. Bürgerschulen. In 3 konzentr. Kreisen nach modernen Grundsätzen neu bearb. v. Jos. Steigl, Emil Kohl u. Karl Bichler. 1. u. 3. Stufe. gr. 8. Ebd. Geb. in Leinw. n. 2. 20

1. Für die 1. Klasse der Knaben-Bürgerschulen. 51. Aufl. Nach der neuen Rechtschreibg. bericht., sonst unveränd. Abdr. der 50. Aufl. (IV, 100 S. m. 101 Abbildgn.) 902. n. 1.—
3. Für die 3. Classe der Knabenbürgerschulen. Mit 78 Abbildgn. 22. Aufl. Unveränd. Abdr. der 21. Aufl. (IV, 112 S.) 901. n. 1. 10

— Physik u. Chemie f. Bürgerschulen. In 3 konzentr. Kreisen nach modernen Grundsätzen neu bearb. v. Jos. Steigl, Emil Kohl u. Karl Bichler. 1. u. 2. Stufe. gr. 8. Ebd. Geb. n. 2. 20

1. Für die 1. Klasse der Knaben-Bürgerschulen. 52. Aufl. Unveränd. Abdr. der 51. Aufl. (IV, 100 S. m. 101 Abbildgn.) 905. n. 1.—
2. Für die 2. Klasse der Knaben-Bürgerschulen. 35. Aufl. Nach der neuen Rechtschreibg bericht., sonst unveränd. Abdr. der 31. Aufl. (III, 132 S. m. 113 Abbildgn.) 903. n. 1. 20

(F) Netoliczkas Physik und Chemie für Bürgerschulen. 1. Stufe. Für die erste Klasse der Knabenbürgerschulen. 53. Aufl. Gr.-8°. (ill. IV, 100 S.) geb. K 1.—
Wien: Pichler 1907.

Netoliczkas Physik und Chemie für Bürgerschulen. 2. Stufe. 37. Aufl. Gr.-8°. (ill. 128 S.) K 1 [illegible]
Wien: Pichler 1903.

(F) Netoliczkas Physik und Chemie für Bürgerschulen. 3. Stufe. Für die 3. Klasse der Knaben-Bürgerschulen. 23. Aufl. Gr.-8°. (ill. 112 S.) geb. K 1 [illegible]
1907

— dasselbe. 3 Stufen. Für Mädchenbürgerschulen. gr. 8. Ebd. Geb. in Leinw. n. 3. 50

1. F. d. 1. Classe. M. 98 Abb. 49. Aufl. (IV, 99 S.) 896. n. 1.—
2. F. d. 2. Classe. M. 109 Abb. 35. Aufl. (III, 128 S.) 897. n. 1. 20
3. F. d. 3. Classe. M. 62 Abb. 22. Aufl. (IV, 108 S.) 898. n. 1. 10

— dasselbe. 1.—3. Stufe. gr. 8. Ebd. Geb. in Leinw. n. 3. 30

1. Für die 1. Classe der Mädchenbürgerschulen. Mit 98 Abbildgn. 51. Aufl. Unveränd. Abdr. der 49. Aufl. (IV, 99 S.) 900. n. 1.—
2. Für die 2. Classe der Mädchenbürgerschulen. Mit 109 Abbildgn. 36. Aufl. Unveränd. Abdr. der 35. Aufl. (III, 128 S.) 900. n. 1. 20
3. Für die 3. Classe der Mädchenbürgerschulen. 23. Aufl. (IV, 108 S. m. 62 Abbildgn.) 902. n. 1. 10

— dasselbe f. Mädchenbürgerschulen. 1. u. 2. Stufe. gr. 8. Ebd. Geb. in Leinw. n. 2. 20

1. Für die 1. Klasse. 53. Aufl. Unveränd. Abdr. der 52. Aufl. (IV, 99 S. m. 98 Abbildgn.) 905. n. 1.—
2. Für die 2. Klasse. Mit 109 Abbildgn. 37. Aufl. Nach der neuen Rechtschreibg. bericht., sonst unveränd. Abdr. der 35. Aufl. (III, 128 S.) 903. n. 1. 20

— dasselbe. Ausg. f. Mädchenbürgerschulen. 2. Stufe. Für die 2. Klasse. 38. Aufl. Unveränd. Abdr. der 37. Aufl. (III, 128 S. m. 109 Abb.) gr. 8. Ebd. 906. Geb. 1. 20

— Physik u. Chemie f. Bürgerschulen. In 3 konzentr. Kreisen auf Grund der neuen Normallehrpläne vom J. 1907 bearb. v. Jos. Steigl u. Karl Bichler. I.—III. Stufe. 8. Wien, A. Pichler's Wwe. & Sohn. Geb. 4.—

I. (IV, 111 S. m. 95 Abb.) 909. Geb. 1. 20
II. Für die 2. Klasse der Bürgerschulen. (138 S. m. 105 Abbild.) 910. Geb. 1. 50
III. Für die 3. Klasse der Bürgerschulen. (IV, 119 S. m. 81 Abb.) 910. Geb. 1. 30

—— Physik für Damen, zugleich als Lehrbuch für höhere Töchterschulen. 16. (VI und 194 S. mit vielen Holzschn. im Text.) Brünn 860, Buschak und Irrgang. 21 Ngr.; geb.

—— kleine Physik für Volksschulen in Gesprächsform. Mit Angabe von vielen überall leicht und ohne Apparate zu bewerkstellig. Versuchen. 1. und 2. Aufl. 1869,71. * 40 Pf., und 3. Aufl. 8. (64 S. mit vielen Holzschn. im Texte.) Graz 873, Verlag Leykam-Josefsthal. *

—— kleine Physik für Volksschulen in Gesprächsform. Mit Angabe von vielen überall leicht und ohne Apparate zu bewerkstelligenden Versuchen. 5. Aufl. 8. (64 S. mit vielen Holzschn. im Texte.) Graz 880, Verlagsh. „Leykam". * — 50

—— die Physik in der Volks- und Bürgerschule. Anleitung zur Behandlung des ersten Unterrichtes in der Physik und Chemie. Für Lehrer und Lehramtskandidaten bearb. 2 Bde. gr. 8. Ebendas. 879. à Bd. ℳ 2.

Inhalt:

Bd. 1. Methodik des physikalischen Unterrichtes an Volks- und Bürgerschulen. (183 S.)
„ 2. Experimentirkunde. Anleitung zur physikal. und chem. Versuchen in der Volks- und Bürgerschule. (164 S. mit eingedr. Holzschn.)

— Repetitorium der mathematischen Physik f. Candidaten der Maturitäts-Prüfg. Mit 120 (eingedr.) Holzschn. gr. 8. (IV, 187 S.) Ebend. 872. n. 3. 60

—— Repetitorium der mathematischen Physik für Candidaten der Maturitäts-Prüfung. 2. (Titel-)Ausg. gr. 8. (IV, 187 S. mit 120 eingedr. Holzschn.) Graz 880, Verlagsh. „Leykam". *

Netolicka, Dr. Eugen —. Physikalische Schulstunden. Lesebüchlein für Volksschulen zur Weckung der geistigen Kräfte und Beförderung des religiösen Gefühls. Mit Angabe von überall leicht zu bewerkstelligenden Versuchen von — —. (79 S.) Brünn. Buschak und Irrgang. 1853.

Netoliczka, E., über [illegible] Telegraphenkabel. Graz 4. [illegible] 1 Teil.
Schul-/Univ.-Schrift 1869

Netoliczka, Eug. Untersuchungen über Farbenblindheit und Kurzsichtigkeit. I. II. S. 17—42, 32 S. 8. III. siehe S. 6.
Progr. LOR. *Graz* 1879. 1880.

Netoliczka, Eugen Untersuchungen über Farbenblindheit und Kurzsichtigkeit. III. Teil: Untersuchungen über Kurzsichtigkeit an den Grazer Mittelschulen. 16 S. 8. Progr. LOR. *Graz* 1881.

Netolicka, Dr. Eugen —. Welchen Einfluß übt ein gründliches Studium der Physik auf die Geistesrichtung und Charakterbildung der Jugend aus, und warum ist es von solcher Wichtigkeit, daß mit dem Unterrichte in dieser Wissenschaft je früher desto besser begonnen werde? Beantwortet von — —. 8. (20 S.) Brünn. Druck aus Franz Gastl's typogr. Anstalt. Verlag von Buschak und Irrgang. 1854.

— Wie sieht es auf dem Monde aus? Für die reifere Jugend beantwortet. Wien 867. Pichler's Wwe. & Sohn. 8. (IV, 61 S.) 10 ngr.

Netoliczka, Michael (Hrsg.), s. H ü b n e r , Anton: Denkwürdigkeiten der kgl. Stadt Znaim.

Netoliczka, Osk. Zu Heines Balladen u. Romanzen. 4. (31 S.) Kronstadt 891. (Lpz., Fock.) * 1 —

Netoliczka, Oskar: Goethe und die Antike. Festrede, gehalten bei der Goethefeier des Honterusgymnasiums am 22. Dezember 1899 (Umschlagtitel: ... Antike.) 4 (S. 41—55).
Progr. Ev. G. A. B. u. verbund. Lehranstalten *Kronstadt* 1900.

Netoliczka, O[skar]: Der Gottesdienstbesuch der Schuljugend. Brassó ⟨Kronstadt⟩ '07. S. 35—47. 4° Kronstadt, Honterus-G., P. 1906/07.

Netoliczka, O.: H a n d k a t a l o g der Lehrerbibliothek des Honterus-Gymnasiums u. d. damit verbundenen Lehranstalten, s. K a m n e r , Gustav

— Johannes Honterus, s.a. H o n t e r u s u. d. H o n t e r u s - F e s t w o c h e im Aug. 1898 in Kronstadt.

Netoliczka, Osk., J o h a n n e s H o n t e r u s. Ein Gedenkbüchlein zur Feier seiner Geburt. 2., durchgeseh. Ausg. gr. 8. (V, 41 S.) Kronstadt 898. W. Hiemesch. n. — 25

Netoliczka, Osk., J n d i v i d u a l i t ä t u. Persönlichkeit. Vortrag, am 26. IV. u. 3. V. 1907 in Kronstadt, am 22. I. 1908 in Hermannstadt geh. (III, 23 S.) 8. Hermannstadt 908. W. Krafft. nn — 65

— L e h r b u c h d. K i r c h e n g e s c h i c h t e. 4., völlig umgearb. Aufl. v. F. Lohmanns Lehrbuch d. Kirchengeschichte. D. Neubearbeitg. 2., verb. u. verm. Aufl. gr. 8. (VIII, 188 S.) Göttingen 897. Vandenhoeck & Ruprecht. n. 2. —; geb. n. 2. 30

Netoliczka, Osk., Lehrbuch der Kirchengeschichte. 5., völlig umgearb. Aufl. v. F. Lohmanns Lehrbuch der Kirchengeschichte. Der Neubearbeitg. 3. verb. Aufl. gr. 8. (VIII, 183 S.) Göttingen 899. Vandenhoeck & Ruprecht. n. 1. 90; geb. n. 2. 20

Lehrbuch der Kirchengeschichte von Oskar **Netoliczka**. 6. völlig umgearb. Aufl. von F[riedrich] L o h m a n n s Lehrbuch d. Kirchengesch. Der Neubearbeitung 4. z. Teil umgearb. u. erw. Aufl. *Göttingen: Vandenhoeck & Ruprecht 1903.* (X, 206 S.) 8° [F.] [03. 1466] 7

Netoliczka, Osk., L e h r b u c h der Kirchengeschichte. 7., völlig umgearb. Aufl. v. F. Lohmanns Lehrbuch der Kirchengeschichte. Der Neubearbeitg. 5., zum Tl. umgearb. u. erweit. Aufl. Mit 6 Abbildgn. zur Geschichte der kirchl. Baukunst. 22.—27. Tausd. (X, 218 S.) gr. 8. Göttingen 906. Vandenhoeck & Ruprecht. n. 1. 80; geb. n. 2. 20

— Lehrbuch der K i r c h e n g e s c h i c h t e. 8., völlig umgearb. Aufl. v. F. Lohmanns Lehrbuch der Kirchengeschichte. Der Neubearbeitg. 6., zum Tl. umgearb. u. erweit. Aufl. Mit 6 Abb. zur Geschichte der kirchl. Baukunst. 28.—35. Tausd. (VI, 226 S.) gr. 8. Göttingen 908. Vandenhoeck & Ruprecht. Geb. 2. 20

— dasselbe. 36.—38. Tausd. Ausg. B f. Österreich. Mit e. Anh.: Geschichte des Protestantismus in Österreich-Ungarn v. Geo. Loesche. (VI, 246 S.) gr. 8. Ebd. 910. 2.10; geb. in Leinw. 2.40; Anh. allein — 35

— u. Hans Wolff, d e u t s c h e s L e s e b u c h f. Mittelschulen. 2. Tl. 2. Klasse. gr. 8. (XI, 326 S.) Hermannstadt 895. W. Krafft. Geb. in Halbleinw. n.n. 3. 20

— — dasselbe. 3. Tl. 3. u. 4. Klasse. gr. 8. (X, 500 S.) Ebd. 896. Geb. in Halbleinw. n.n. 4. 40 (1.—3.: n.n. 10. —)

— u. Hans Wolff, deutsches Lesebuch f. Mittelschulen. 4. Tl. 5. bis 8. Klasse. gr. 8. (XIX, 1076 S.) Nagyszeben (Hermannstadt) 902. W. Krafft. Geb. in Halbleinw. n.n. 8. 50

— — dasselbe. 1. Klasse. Ergänzungsbd. zum II. Tl. (79 S.) 8. Ebd. 904. Geb. n.n. 1. 20

— u. Hans Wolff, deutsches Lesebuch f. Mittelschulen. I. u. II. Tl. 1. u. 2. Klasse. 2., umgearb. u. verm. Aufl. des bisher. 2. Tls. (XII, 415 S.) 8. Nagyszeben (Hermannstadt) 906. W. Krafft. Geb. n.n. 3. 50

Netoliczka, O[skar]: Aus der Praxis des deutschen Unterrichts. Bemerkungen zum Aufsatz in den letzten Klassen. S. 3—17. 4. Progr. Honterus-Gymn. u. verb. Lehranstalten *Brassó (Kronstadt)* 1908

—: Aus der Praxis des deutschen Unterrichts. S. 27—61. 4. Progr. Honterus-Gymn. u. verb Lehranstalten *Brassó (Kronstadt)* 1909.

Die deutsche Reformation, ihr Ursprung und ihre Wirkungen. Vortrag von Dr. Oskar **Netoliczka**, Gymn.Prof. Kronstadt 1898: Schlandt. (40 S.) 8° [Umschlagt. F.] [Aus: Aus d. Zeit d. Reformation. Festschrift z. Honterusfeier. 1898.] [07. 3700 10

Netoliczka, Oskar [aus Kronstadt in Siebenbürgen]: Schäferdichtung und Poetik im 18. Jahrhundert. . . . (Aus d. Vierteljahrschr. f. Litteraturgesch. II. Bd.) Weimar, Druck d. Hof-Buchdr., 1889; 2 Bl. + 61 S. 8°
Jena, Phil. Fak., Inaug.-Diss. v. 1889

Netoliczka, *Oskar*: Eine Schulreise nach Venedig. 4 (S. 33—59, 17 eingedr. Fig.) Ev. G. A. B. u. verbund. Lehranstalten *Kronstadt* 1897 Progr.

– (Bearb.), s. T r a u s c h , Josef Franz: Handschriften-Katalog.

— was S c h i l l e r uns sein kann. Festrede bei der Schillerfeier im Konzerthause zu Kronstadt: 9. V. 1905. (10 S. m. 1 Taf.) gr. 8. Kronstadt 905. H. Zeidner. n.n. — 42

NETOLICZKA-BALDERSHOFEN, Annie: Zur griechischen archaisierenden Plastik. — 1910. 131 Bl. Diss. Graz, Univ.

NETOLICZKA-BALDERSHOFEN, Ada: Studien zur griechischen Tracht. — 1910. III, 138 Bl. Diss. Graz, Univ.

Netolitzky, Aug., Handbuch der Schulhygiene, s.: Burgerstein, Leo.

— Hygiene d. Textilindustrie, s.a. H a n d b u c h d. Hygiene, 31. Lfg.

. . . Hygiene der Textilindustrie. Bearb. v. Dr. A. **Netolitzky**, Sekr. . . . zu Wien. M. 51 Abb. im Text. *Jena: G. Fischer 1897.* (XVI, 224 S.) 8.
= Handbuch d. H y g i e n e. Bd 8. Lfg 6. [97. 1313

– R e c h t e u. Pflichten d. Sanitätspersonales, s. V e r w a l t u n g , Sociale, in Oesterreich. II.

Österreichische Sanitätsgesetze. Von Dr. August **Netolitzky**. Ärztliche Sachverständigen-Tätigkeit auf d. Geb. d. Veterinär-Medizin von Prof. Hermann D e x l e r. (Mit 28 Abb.) Wien & Leipzig: W. Braumüller 1907. (VII, 932 S.) 8°
= Handbuch d. ärztl. Sachverständigen-Tätigkeit. Bd 10, T. 1. [07. 12730

— dasselbe, s.a. H a n d b u c h der ärztlichen Sachverständigen-Tätigkeit. X. 1.

— s.: S a n i t ä t s w e s e n, d. österreichische.

– Der gegenwärt. S t a n d d. Schulgesundheitspflege in Oesterreich, s. V e r w a l t u n g , Sociale, in Oesterreich. II.

Netolitzky, F., u. K. **Helle**, die Arbeitsstoffe im Bäckergewerbe. Nach den in Kursen f. Bäcker geh. Vorträgen. (Hrsg. vom steiermärk. Gewerbeförderungs-Institut Graz.) (44 S.) 8. Graz 910. Steiermärk. Gewerbeförderungs-Institut. — 40

Netolitzky, Fritz, Bestimmungsschlüssel u. Anatomie der einheimischen Dikotyledonenblätter. Kennzeichen der Gruppe II: Drusenkristalle. Hrsg. m. Unterstützg. der Gesellschaft zur Förderg. deutscher Wissenschaft, Kunst u. Literatur in Böhmen. (XVI, 263 S.) gr. 8. Wien 908. M. Perles. 7.—

Netolitzky, Fritz, Bestimmungsschlüssel u. mikroskopische Beschreibung der einheimischen Dikotyledonenblätter. — Kennzeichen der Gruppe: Raphidenkristalle. (52 S.) gr. 8. Wien 905. M. Perles. n. 1.50

— die Vegetabilien in den Fäces. Eine mikroskopisch-forens. Studie. (100 S. m. 39 Abbildgn.) gr. 8. Ebd. 906. n. 2.40

Netopil, Frz., Kriegsnoth u. Bürgertreue. E. Erzählg. aus d. Zeit d. 30jähr. Krieges. D. vaterländ. Jugend gewidmet. gr. 8. (206 S. m. 20 Abb.) Znaim 896. Fournier & Haberler. Geb. in Leinw. n. 3.—

Netopil, Frz., Vater Pestalozzi. Sein Lebensbild, erzählt dem deutschen Volke. Preisgekrönt v. dem Kuratorium der Wiener Pestalozzi-Stiftg. (III, 167 S. m. Abb. u. 1 Taf.) 8. Wien (908). K. Graeser & Co. Geb. in Leinw. 2.20

Netopil, Frz., der Pfalz-Erzherzog. Erzählung aus der ersten Zeit des Habsburger. Mit Abbildgn. nach Originalen v. M. Ränike. (206 S.) gr. 8. Berlin (903). H. J. Meidinger. Geb. in Leinw. n. 4.—

Netopil J.: Das Karbolineum als Pflanzenschutzmittel. Chemische Untersuchungen. Wien 1909. 32 S. (Saertr.). P.

Netouschek, Ferd., s.: Neidhardt, Ferd.

Der Nachtwächter. Kom. Oper in 1 Aufz. Nach dem gleichnamigen Lustspiel von Koerner. Text u. Musik von Ernst Netrok. Elberfeld: S. Lucas [1896]. (10 S.) 8° [R.]
= Operntexte. Lucas'. Serie II, B. [illegible]

Netsch, Adolf Benjamin

Netsch, A., Jugendspiele d. Mädchen. Vortrag, geh. bei Gelegenheit d. Ausstellg. v Erzeugnissen f. Kinderpflege, Ernährg. u. Erziehg. in Dresden Sommer 1895. [Aus: „Für Haus u. Schule".] gr. 8. (23 S.) Dresden 895. A. Köhler. — 50

Netsch, Adf. B., e. Reigen f. Erwachsene (Die Bauernhochzeit), s.: Reigen f. das Turnen der Knaben, der Mädchen u. der Erwachsenen.

— Reigen m. Rohrstäben (Rohrreifen) f. Mädchen, s.: Reigen f. d. Turnen d. Knaben, d. Mädchen u. d. Erwachsenen.

— Spielbuch f. Mädchen im Alter von 6—16 Jahren. Auswahl v. Lauf-, Sing- u. Ruhespielen f. Schule, Volksspielplatz u. Familie. Gesammelt u. beschrieben. M. e. Vorworte v. Euler. 12. (XVI, 190 S. m. 29 Fig.) Hannover 895. C. Meyer. Geb. n. 1.50

— dasselbe. Auswahl v. Lauf-, Gerät-, Sing- u. Ruhespielen f. Schule, Volksspielplatz u. Familie. Ges. u. beschrieben. 2., verm. u. verb. Aufl. M. e. Vorwort v. Euler. 8. (XVI, 291 S. m. 45 Fig.) Ebd. 899. n.n. 2.10; geb. n. 2.50

Netsch, A., Spielbuch f. Mädchen im Alter von 6—16 Jahren. Eine Sammlg. v. Lauf-, Gerät-, Sing- u. Ruhespielen. 3. Aufl., besorgt v. A. Böttcher. (XVI, 299 S. m. 47 Fig.) kl. 8. Hannover 906. C. Meyer. n. 2.10; geb. n. 2.50

Netsch, Adolf B(enjamin), aus Oberkunnersdorf b. Löbau i. S.: GutsMuths' pädagogisches Verdienst um die Pädagogik, die Geographie und das Turnen. *Hof a. S.: R. Lion 1901.* (IV, 112 S.) 8°
Leipzig, Phil. Diss. v. [20. Sept.] 1901

Netschajeff, A., über Auffassung, s.: Sammlung v. Abhandlungen aus dem Gebiete der pädagog. Psychologie. VII. 6.

Netschajeff, A., üb. Memorieren, s.a. Sammlung von Abhandlungen aus dem Gebiete der pädagog. Psychologie u. Physiologie. V. 5.

Über Memorieren. Eine Skizze aus d. Geb. der experiment. pädag. Psychologie von A. Netschajeff in Petersburg [Aleksandr Petrovič Nečaev]. *Berlin: Reuther & Reichard 1902.* (39 S.) 8°
= Sammlung von Abhandlungen aus d. Geb. d. pädag. Psychologie u. Physiologie. Bd 5, H. 5. [illegible] 2

Netschajeff, N., Formeln der chemischen Reactionen nach dem Unitar-System für die bei der qualitativen Analyse häufiger vorkommenden Körper. Berlin 866. (Cohn.) gr. 4. (IV, 45 S.) n. 25 *ngr.*

Netscher, Hans, a. Mannheim: Beiträge zur Kenntnis der Oximidoverbindungen. Weida i. Th. 1906: Thomas & Hubert. (50 S.) 8°
Leipzig, Phil. Fak., Ref. Beckmann-Hantzsch, Diss. v. 17. Dez. 1906
[Geb. 26. Sept. 79 Mannheim; Wohnort: Wiesbaden; Staatsangeh.: Preußen; Vorbildung: Realgymn. Wiesbaden Reife O. 99; Studium: München 6, Berlin 1, München 3, Leipzig 4 S.; Rig. 27. Nov. 06.]

Netscher, J. T., Disput. iurid. lit. de orat. pro Lic. Archia poeta. Diss. 1808. 65 S.

Netscher's, Kasp., Biographie und Charakteristik, s. Lemcke, C.

Nett, Bartholomäus, von Chur [Kt. Graubünden]: Die actio Pauliana und das Interdictum fraudatorium in ihrem Verhältnisse zu einander, sowie zur altrömischen Executions- und Concursordnung betrachtet. Zür. Orell Füssli Cie Dr. 1861. 58 S., 1 Bl. 8°.
Zürich, Jur. Diss. v. 13. Febr. 1861.

Nett, Maximilianus: Quaestiones Curtianae. *Bayreuth 1900: E. Mühl* (aufgestemp.: *Grau'sche Buchh.).* (54 S.) 8°
Bayreuth, k. humanist. G, P 1900*

Nettchen oder das Mädchen aus Thüringen. Ein Gemählde nach der Natur gezeichnet von C. H. L. H—ll. Leipzig 1799. V: ***Hussell, Chph. Hch. Ludw.*** (BGE V², 365)

Nettchen, od. d. Mädchen aus Thüringen, (v. Chr. H. L. Hußell). 8. Leipz. 799. H. Richter. 1 ₰

Nettchen oder das Findelkind. Roman. Neue Aufl. Berlin 1808. V: ***Schmit, Friedrich.*** (EB)

§ NETTCHEN, oder die Geheimnisse eines Boudoirs. München, Verlags-Expedition. O. J. (1871). 12°. 56 SS. — Illustr. Umschlag-Titel: Nettchen oder die erste Liebe. (8 Sgr. Scheible, vor 1875; jetzt theurer!)
Gay V. p. 185 hat „1871".

Nettchen von Neu-Diettendorf, oder Unglück aus Schwärmerey ... Coburg 1803. V: *Arnold, Ignaz Ferdinand (Theodor Ferdinand Cajetan).* (MGT) »1802-3« (KY)

— v. Neudietendorf, od. Unglück aus Schwärmerei, (v. Th. F. K. Arnold). 2 Thle. 8. Coburg 802, 3. (Riemann). 1 ℛ 6 gr.

— von Neudietendorf, od. Unglück aus Schwärmerey; e. Gemälde des menschl. Herzens. 2 Thle. 8. Coburg, Ahl. 802—3.

Nettchen's Entführung aus d. Serail. 8. Wien 802. Wallishausser. 16 gr.

— 5a Franken, nach d. Franz. d. Ducray-Dumenil, von K. L. M. Müller. 2 Thle. 8. Leipz. Martini. 800.

— Hochzeit, von Cramer. 8. Rudolst. Klüger. 805.

Nette, Karl

Nette, Carolus: De pleuritide exudativa acuta. Halis Saxonum (1864): Ploetz. 30 S. 8°
Halle-Wittenberg, Med. Diss. v. 26. Nov. 1864
Geb. Schwittersdorf (Seekr. Mansfeld) 23. 11. 1837. V.

Nette, Kurt

Nette, Curt [pr. Arzt]: Ist Leukaemie eine Infectionskrankheit? ... Greifswald, Druck v. J. Abel, 1880; 32 S. 8°
Greifswald, Med. Fak., Inaug.-Diss. v. 16. Dez. 1890

Nettebrock, Hans, Assistenzarzt im 2. Westf. Feldartillerie-Reg. No 22: Aus der chirurgischen Klinik zu Kiel. Zur Casuistik der Blutungen nach Tonsillotomie und ihre Behandlung. Kiel 1906: Schmidt & Klaunig. (17 S.) 8°
Kiel, Med. Fak., Ref. Helferich, Diss. v. 20. Mai 1906
[Geb. 19. Juni 75 Warendorf i. W.; Wohnort: Münster i. W.; Staatsangeh.: Preußen; Vorbildung: Gymn. Warendorf Reife O. 95; Studium: Kiel 1, Berlin 4, Freiburg i. B. 1, Kiel 4 S.; Coll. 11. Mai 06; Approb. 5. Juli 64.]

Nettekoven, A., u. E. Geinitz, die Salzlagerstätte v. Jessenitz in Mecklenburg, s.: Mitteilungen aus der grossh. mecklenb. geolog. Landesanstalt. XVIII.

Nettekoven, Michael Joseph (Bonn), De morbis senii nonnulla. Diss. med. Berlin (Nietack) 24. VIII. 1835. 32 S. mit Biogr. (M.: A. M. Arck.) (3.50) 24691
Oppon.: Heinr. Feldmann, Wilh. Hellmann, Heinr. Rappard. — Gew.: Johann Arck (Oheim).

Nettel, Rudolf, aus Tiefenbach i. Böhm.: Über einige **Kondensationsprodukte** des Bernsteinsäureesters und Diphenylitaconsäureesters mit dem Salicylaldehydäthyläther und Anisaldehyd. *Roßwein i. S. 1903: A. Hauboldt.* (54 S.) 8°
Leipzig. Phil. Diss. v. [24. Juli] 1903

Nettelbeck, d. Bürger, während d. Belagerung der Festung Colberg im Jahr 1807. 8. Berlin, Kunst- und Ind. Comt. 808.

— — der Bürger, während der Belagerung der Festung Colberg im Jahr 1807. 8. Berlin. 808. Jetzt Schlesinger.

Joachim **Nettelbeck**, oder Hoch klingst du, Lied vom braven Mann! Kaiserswerth: Diakonissen-Anst. [1904]. (36 S.) 8° [F.]
= **Geschichten u. Bilder fürs deutsche Volk.** No 43–45. [05. 1700

— Jugendjahre, s.: Jugendbücherei, deutsche.

Nettelbeck's Joach., Lebensbeschreibung, s. a. Collection Spemann.

Aus dem Leben [Lebensbeschreibung] Joachim **Nettelbecks**. Gekürzt u. z. Gebr. in Fortbildungsschulen eingerichtet von Dr. Fritz Jonas, Schulinsp. in Berlin. 2. Aufl. *Berlin: L. Oehmigke 1899.* (107 S.) 8° [A.]
= **Volksschriften.** Neu hrsg. von F. Jonas. II. 6. [02. 0860 II

— Lebensgeschichte, s. a. Schicksal u. Abenteuer. II. Bd. (Mann, e.)

Ein Mann. Des Seefahrers und aufrechten Bürgers Joachim **Nettelbeck** wundersame Lebensgeschichte von ihm selbst erzählt. Ebenhausen: Langewiesche-Brandt 1910. 458 S. 8°
(Lebensdokumente vergangener Jahrhunderte. 2.) [10. 14607 B

Nettelbeck, Joachim, Bürger zu Colberg

— dasselbe, hrsg. v. Max Schmitt-Hartlieb, s. a. Charakterköpfe, deutsche. IV.

Nettelbeck, Joachim, Bürger zu Colberg, s. a. Neigebaur.

— dasselbe, s. a. Schaffstein's Volksbücher f. die Jugend.

Nettelbeck, Joachim, Bürger zu Colberg, s. a. Universal-Bibliothek.

Nettelbeck, Joach., s. a. Volks-Bibliothek.

Nettelbeck, Joachim, Bürger zu Colberg. Eine Lebensbeschreibung ... Halle 1821—23. V: ***Haken, Joh. Christian Ludwig.*** (BRVV)

Nettelbeck, Joach., Bürger zu Kolberg. Eine Lebensbeschreib., von ihm selbst aufgezeichnet. Mit 1 Kupfer. 8. 1r und 2r Bd. (Halle, Renger in Comm.) 821.

Nettelbeck, Joach., Bürger zu Kolberg. Eine Lebensbeschreib., von ihm selbst aufgezeichnet; hrsgg. v. Jh. Chr. Ldw. Haken. 3 Bde. Mit Nettelbecks Bildn. u. 1 Pl. 8. Leipz. 821—23. Brockhaus. 3 ℛ

Nettelbeck, Joachim, Bürger zu Kolberg. Eine Lebensbeschreibung von ihm selbst aufgezeichnet, herausgeg von J. C. L. Haken. 8. Mit 1 Plan. Leipzig 1821—23. — 2. Ausg. 8. M. 1 Pl. ib. 1845. — 3. Ausg. (XXVI. 468) 8. M. 1 Pl. ib. 1863. 3,00. — 4. Ausg. mit einem Anhange: Briefwechsel zwischen Nettelbeck und Gneisenau. 2 T. (XIX. 236; VII. 232) 8. M. 1 Pl. ib. 1878. 3,00.

Nettelbeck, Joachim, Bürger zu Kolberg. Eine Lebensbeschreibung von ihm selbst aufgezeichnet, herausg. von J. C. L. Haken. Mit 1 Plane der Gegend um Kolberg (in Kpfrst.) und einem Anhang: Briefwechsel zwischen Nettelbeck und Gneisenau. 2 Thle. 3. Aufl. Leipzig 863. Brockhaus. 8. (XXVI, 468 S.) n. 1 ℛ

Nettelbeck, Joachim, Bürger zu Kolberg. Eine Lebensbeschreibung, von ihm selbst aufgezeichnet, hrsg. von J. C. L. Haken. Mit einem (lith.) Plane der Gegend um Kolberg u. einem Anhang: Briefwechsel zwischen Nettelbeck u. Gneisenau. 4. Aufl. 2 Thle. 8. (XIX, 236 u. VII, 232 S.) Leipzig 878. Brockhaus. n. 3. —; in 1 Bd. geb. n. 4. —

Nettelbeck, Joachim, Bürger zu Kolberg. Eine Lebensbeschreibg., v. ihm selbst aufgezeichnet. Gekürzte Fassg. v. Otto Zimmermann. (311 S. m. Bildnis u. 1 Plan.) 8. Leipzig (906). O. Spamer. n. 1. 50; geb. in Leinw. n. 2. —

Nettelbeck, Joachim, Bürger z. Kolberg. Eine Lebensbeschrbg., v. ihm selbst aufgezeichn. Gekürzte Fassg. v. Otto Zimmermann. 2. [Titel-]Aufl. (311 S. m. Bildnis u. 1 Plan.) 8. Leipzig [906] (909). O. Spamer. 1.50; geb. in Leinw. 2. —

Betrachtungen über die in der to der Horstschen Sache herausgekommenen Schriften v. Ignatz Nettelbeck. Schleswig. 1825. 8°.

(Frhr. v. Nettelbla, Ch.): Abgeforderter Bericht v. Ursprunge, Beschaffenheit, Umständen u. Verrichtt. derer Kaiserl. Reichskammergerichtl. Visitationen. *Leipz.* u. *Freiburg*, Winkler. 767. 4. (1 Thl. 18 Gr.)

– s. Bericht von d. Reichskammergerichtl. Visitationen.

– s.a. Greinir or Iceim.

Nettelbla, Ch. a.: Greinir etc. od. Nachlese v. alten u. neuen, fremden u. eigenen, einheim. u. ausländ Abhandll., Anmerkk., ungedr. u. seltenen gedr. Sachen, Urkunden u. actis publ., welche d. Röm., Päpstl., Lehn-, Statuten- u. Staats-Recht, wie auch d. Ansprüche grosser Herrn, d. Reichs-Cammergerichts-Ordn. u. Verfass., die Gesch. u. gel. Wissensch. betr. *Stockh.* (*Frcf. a. M.*) 763—65. 3 St. 4.

v. Nettelbla, auch Nettelsbladt, Frhrr. Chr., († im Aug. 1775.) Nachr. von d. Klöstern d. heil. Brigitte, besonders in Deutschland; hrsgg. v. K. F. W. v. Nettelbladt. 4. Ulm 766. Wohler. 20 gr.

– s. Nexus Pommeraniae.

– s.a. Thesaurus jur. provincialis.

a Nettelbla, Ch.: Thesaur. juris provinc. et statutarii illustrati Germ. od. Samml. zur Erläut. d. Provinzial- u. statutar. Rechte Deutschlands. *Giessen u. Frkf. a. M.*, 756—57. 2 Th. 4. (5 Thl. 12 Gr.)

Nettelbladt, Christian [Praes.], s. Aeminga, Siegfried Coeso: De eclesia sanguinem non sitiente.

Nettelbladt, C. de, Anecdota Curlandiae etc. oder Sammlung verschiedn. Urkunden v. Territorio u. Bischofthum Pilten. 4. Greifsw. Loffler. 736.

Lubbert, S., (Frcft. 1672. 4.) Nettelbladt, C., (Gryph. 1734. 4.) de solis cultu.

— — Programma ad. inaug. diss. de ecclesia sanguinem non sitiente von Siegfried Coeso Aeminga (Mollena/Mecklenburg) . . . . insimulque de influxu doctrinae: ecclesia non sitit sanguinem, in jure publ. Imp. Rom. German. disserit. Greifswald (Struck) 18. IV. 1741. Mit Biogr. Ae.'s (M.: C. M. Voss.) (4.—) 24693

— — Dasselbe. Greifswald (Struck) 18. IV. 1741. 16 S. mit Biogr. Aeminga's (M.: C. M. Voss). (4.—) 24694

— de forma regiminis regni Sueciae. 4. ibid. 729.

Nettelbladt, C., de variis mortuos sepeliendi modis. Rost. 1728. 4.

Nettelbladt, Christian [Praes.], s. Psilander, Gustav: De militari veste, potissimum Secundum LL. Svec. et Rom. Specimen jur. extemporaneum.

— fascic. rerum Curlandicarum etc. 4. Rostock, Loeffler. 729.

— Selecta iuris Suecici, imprimis processualia. 4. Ienae, Bielke. 736.

Nettelbladt, Christian, Themis Romano-Svecica seu fasciculus primus disputat. jur. Upsaliensium. Greifswald (J. Loefler) (25. 4.) 1729. 35, 304 S. u. Index. (8.50) 24692
Gew.: Thomas Fehman. — Enthält: 6 Diss. d. Univ. Upsala, Präs. Carl Lund. Welt, Lorenz, De legibus hyperboreis. 1687. — Forel, Daniel (Norköping/Ostgoten), De obligatione civis Svionici. 16. X. 1686. — Herlin, Johann (Stockholm), De justitia et jure Sveonum. 14. III. 1703. — Reftel, Johann, De judiciis. 23. IV. 1687. — Salan, Johann (Nic.-Fil. Westmanland), Solennes rei jure judicioque convincendi modos. 1693. — Gavel, Nikolaus N. (O-Bothnis Fenno), De modo in judiciis per Svioniam procedendi. 1689.

Nettelbladt, Christian Karl Friedrich Wilhelm

Nettelblad, Chr. Carl Friedr. Wilh. von (Hrsg.), s. Archiv f.d. Rechtsgelahrtheit.

Nettelbladt, K. F. W. v., Archiv f. d. Rechtsgelahrth. in Mecklenb. Landen. 3 Bde. gr. 8. Schwer. Bödner. 803–10. (1r u. 2r 4 Rthlr. 5 gr. 3r 1 Rthlr. 12 gr.)

• Nettelbladt, K. F. W. von, Archiv f. die Rechtsgelehrsamkeit, ist in Commission bei Stiller in Rostock.

Nettelbladt, C. C., Bemerkungen üb. einige Gegenstände des Mecklenburger Concurs-Prozesses. 8. Ebendas. 809.

— Bemerkk. über e. Gegenstände d. Mecklenburg. Concurs-Prozesses. 8. Rostock 810. Stiller. 16 gr.

Actenmässige Darstellung der Streitigkeit der Loge Tempel der Wahrheit in Rostock mit dem abgesetzten und excludirten M. v. St. Sam. Gottlieb Lange. [Von Christian Karl Friedr. Wilh. Frh. v. Nettelbladt.] Hrsg. von Sam. Gottlieb [v.] Vogel. Ms. f. Brdr. Abth. 1. [Rostock] 1808. 52 S. 8° [Umschlagtit.]

Kl. 2964. Abt. 2 erschien nicht im Druck, sondern liegt als Ms. im Archiv der Loge.

v. Nettelbladt, Frhrr. Chr. Karl Fr. Wlh., systemat. Entwickelung der Lehre von Prälegaten, nach d. Grundsätzen d. Römischen Rechts. 8. Rostock 802. Stiller. 6 gr.

Nettelbladt, Chrstn. Carl Friedr. Wilh. Frhr. v., Erkenntnisse d. götting. u. heidelberg. Juristenfakultäten rc., sa Rechtssprüche d. Ob.-Appellat.-Gerichts zu Parchim, 6. Bd.

v. Nettelbladt, Chr, Karl Fr. Wlh., Erkenntnisse der Göttinger u. Heidelberger Juristen-Fakultäten u, des Oberappellations-Gerichts zu Parchim gegen den Tischler Carl Ludwig Wendt, den Lehrburschen Christian Herser u. den Gesellen Anton Sael zu Rostock, wegen angeschuldigten Giftmordes, Brandstiftung, Diebstahls u, Betrügerei. Besonders abgedr. aus d. 6n Bde. d. Rechtssprüche. gr. 4. Parchim u. Ludwigslust 839. Hinstorff'sche Buchh. n. 2 ₰

Geschichte der Angriffe und Verfolgungen gegen den Bund der Freimaurer. Vorlesung geh. in einer Lehrlings-Loge. Vom [Christian Karl Friedr. Wilh. Frhrn] v. **Nettelbladt.** Parchim: Zimmermann [1830]. 31 S. 8⁰ [Umschlagtit.]

Abgedr. in: Kalender f. d. Prov.-Loge v. Mecklenburg. 7 (1830) S. 94—122; 8 (1831) S. 39—91; 10 (1834) S. 25—59.

Kl. 2859. Selten. Aufzählung d. wichtigsten gegen d. Frmrei gericht. Schriften.

Geschichte des Eclectischen Bundes. [Von Christian Karl Friedr. Wilh. Frh. v. **Nettelbladt.**]

in: [Nettelbladt, Chr. K. F. W. Frh. v.]: Histor. Instructionen [für die GrLL.]. 4 (ca 1836) S. 187—194.

Kommt zu dem Ergebnis, dass die Idee des Eklekt. Bundes verfehlt sei.

Geschichte der Freimaurerei in England. [Von Christian Karl Friedr. Wilh. Frh. v. **Nettelbladt.**] o. O. [ca 1836]. 80 S. 4⁰

([Nettelbladt, Chr. K. F. W. Frh. v.]: Histor. Instructionen [für die GrLL.] 1.)

Geschichte der Freimaurerey in Frankreich. [Von Christian Karl Friedr. Wilh. Frh. v. **Nettelbladt.**] o. O. [ca 1836?] 60 S. 4⁰

([Nettelbladt, Chr. K. F. W. Frh. v.]: Histor. Instructionen [für die GrLL.] 2.)

Geschichte und System der Nat.-Mutter-Loge zu den 3 Weltkugeln. [Von Christian Karl Friedr. Wilh. Frh. v. **Nettelbladt.**] o. O. [ca 1836]. 39 S. 4⁰

([Nettelbladt, Chr. K. F. W. Frh. v.]: Histor. Instructionen [für die Gr.LL.] 3.)

Geschichte einzelner neuer, in Deutschland gebildeter Systeme in der Freimaurerei. [Von Christian Karl Friedr. Wilh. Frh. v. **Nettelbladt.**] [Abt. 1. 2.] o. O. [ca 1836]. 4⁰

([Nettelbladt, Chr. K. F. W. Frh. v.]: Histor. Instructionen [für die GrLL.]. 8.)

[1.] 52 S; [2.] 30 S.

Geschichte freimaurerischer Systeme in England, Frankreich und Deutschland. Vornehmlich auf Grund der Archivalien der Gr. Landesloge der Freimaurer von Deutschland [in Berlin] bearb. von Frh. C[hristian] C[arl] F[riedrich] W[ilh.] v. **Nettelbladt.** Als Ms. f. Brr hrsg. von der Redaction der Zirkel-Correspondenz (A[dolf] Widmann u. F[el.] Possart). M. e. Haupt-Plan f. d. gegenwärtige Decennium. Nach Uebereinstimmung der Brr d. Gold-Rosen Kreuzes bei d. gewöhnlichen Ordens-Reformation errichtet im Jahre des Herrn 1777. Berlin: Mittler & S. 1879. XVI 834, S. 8⁰

cf. BZC. 3 (1879) S. 1—4; FZ. (Wien) 6 (1879) S. 151 (C. v. Gagern), abgedr. in: Hn. 7 (1880) S. 50—51; Hn. 6 (1879) S. 62; ML. 7 (1878—1879) S. 136 (F. Krüger); L. 2 (1880) S. 26—28 (B. Cramer); ML. 8 (1879—1880) S. 121—123 (F. Possart), abgedr. in: L. 3 (1880) S. 73—75; Fr. 13 (1880) S. 152; NL. 3 (1883—1884) S. 128 (G. Grosse).

Tt. 401a. Mit kurzer Biographie des Verf.

Geschichte des Systems der Gold- und Rosenkreuzer. [Von Christian Karl Friedr. Wilh. Frh. v. **Nettelbladt.**] o. O. [ca 1836]. 40 S. 1 Taf. 4⁰

(Nettelbladt, Chr. K. F. W. v.]: Histor. Instructionen [für die GrLL]. 6.)

Geschichte der Gr. Loge Royal Yorck [!]. [Von Christian Karl Friedr. Wilh. Frh. v. **Nettelbladt.**] o. O. [ca 1836]. 30 S. 4⁰

([Nettelbladt, Chr. K. F. W. Frh. v.:] Histor. Instructionen [für die GrLL.]. 8, [2].)

Historische Instructionen [für die Grosse Landesloge der Freimaurer von Deutschland in Berlin. Von Christian Karl Friedr. Wilh. Frh. v. **Nettelbladt.**]. Nro 1—8. o. O. [ca 1836?] 4⁰

1. Geschichte d. Frmrei i. England. 80 S.
2. Geschichte d. Frmrey i. Frankreich. 60 S.
3. Geschichte u. System d. National-Mutter-Loge z. d. 3 Weltkugeln. 39 S.
4. Geschichte d. Systems d. stricten Observanz. [H. 1. 2.] 194 S.
5. Geschichte d. Systems d. African. Bauherren. 11 S.
6. Geschichte d. Systems d. Gold- u. Rosenkreuzer. 40 S., 1 Taf.
7.
8. Geschichte einzelner neuer in Deutschland gebildeter Systeme i. d. Frmrei. [Abt. 1. 2.] [ca 1836.]

[1.] 52 S. [2.] 30 S.

— Instructions-Vorträge z. Erläuter. verschied. Stellen d. Acten. Mspt. f. Brbr. Fr. Mr. 8. (8¾ B.) Parchim 836, (Hinstorff'sche Hofbuchh.)

Instructions-Vorträge, zur Erläuterung verschiedener Stellen der Acten gehalten von [Christian Karl Friedr. Wilh. Frh.] v. Nettelbladt. Ms. f. Brbr Fr. Mr. Parchim 1836: Zimmermann's Erben. 135 S. 8⁰
Recens: Neueste ZfFr. 1888 S. 102—119. Kl. 2075. Selten. 8 Vorträge.

v. Nettelbladt, Karl Fr. Wilh., († d. 30. Juli 1818.) f. Chr. v. Nettelbla, Nachrr.

– s. N e x u s , Pomeraniae

— (a. R e c h t s s p r ü c h e d. Ober-Appellations-Gerichts zu Parchim.

Rechtssprüche d. Ober-Appellat.-Gerichts zu Parchim. Hrsg. v. Chr. C. Fr. W. Frhr. v. Nettelbladt. 4 Bde. *Berlin*, Rücker u. Püchler. 821. 24. 30. 34. 4. (7 Thl. 12 Gr.)

Nettelbladt, Daniel

— Abhandl. über die rechte Einrichtung e. Lehrbuchs der Staatsrechtsgelahrtheit der Deutschen. 4. Halle 784. Renger. 3 ggr.

— Abhandl. von d. wahren Grunde des protestant. Kirchenrechts rc., d. Kirchengewalt d. evangel. Landesherren in Ansehung ihrer evangel. Unterthanen rc. gr. 8. Halle 783. Renger. 8 ggr.

Nettelbladt, Dn., Abhandl. von der prakt. Rechtsgelahrtheit überhaupt rc. 8. Halle 764. Renger. 2 ggr.

NETTELBLADT, Dn.: Abh. v. d. ganzen Umfange d. natürl. u. d. in Deutschl. übl. pos. gem. Rechtsgelahrth. *Halle*, Renger. B. 772. 4. (3 Gr.)

— Anfangsgründe der natürl. Rechtsgelehrsamkeit, übers. u. mit Anmerkk. v. Heineccius. gr. 8. Halle 779. Renger. 1 rthl.

Nettelbladt, Daniel [Praes.], s. B a r t h , Chn. Heinr.: De pollicitatione inprimis in specie dicta.

Nettelbladt, Daniel [Praes.], s. B a t h e , Johann Christoph: Exceptionem Scti Macedoniani etiam fidejussori pro filiofamilias competere.

– s.a. B e i t r ä g e , Hallische, zur Gelehrtenhistorie.

NETTELBLADT, Dn.: Hall. Beytrr. z. Gelehrten-Gesch. *Halle*, Renger. B. 755-62. 12 St. in 3 Bd. m. Reg. 8. (2. Thl. 12 Gr.)

Nettelbladt, Daniel [Praes.], s. B i e d e r m a n n , Karl Christian Lorenz: De usu geradae inter illustres dissertatio.

Nettelbladt, Daniel [Praes.], s. B o e h m , Christian Gotthelf: De differentia matrimonii juris naturalis et civilis.

Nettelbladt, Daniel [Praes.], s. B r a n d , Joachim Friedrich: De successione in exspectativam feudalem.

Nettelbladt, Daniel [Praes.], s. B r ü c k n e r , Heinr. Jac. Christ.: De successione exspectativariorum in feudum apertum.

Nettelbladt, Dan.: Schematicus c o n s p e c t u s sistens novam introductionem in jurisprudentiam positivam Germanorum communem. Halae Magdeb. 1778. 2⁰

— schemat. conspect. in jurisprudent. positiv. Fol. Halle 778. Waisenhaus-B. 8 ggr.

— schematicus conspect. univ. i u r i s positivi. fol. ibid. 750.

(NETTELBLADT, Dan.): Schematicus conspectus jurisprudentiae publicae Imp. Rom. Germ. *Schmaussiano* compendio juris publici S. R. J. accommodatus. *Halae.* 753. 8. (5 Gr.)

– Nachher u. d. T.: Schemat. conspect. jurisprudent. feudalis etc. Halle: Renger 1755.

Dass der Entschluss ein Freymäurer zu werden vernünftig und weise seyn könne, ward in einer Rede erwiesen, welche im Jahre 1745 am Johannsfeste [!] in der rechten und vollk. Versammlung zu den drey güldenen Schlüsseln in Halle gehalten worden von dem Redner derselben [Dan. Nettelbladt]. Halle 1746. 18 S. 4⁰ [Kupfertit.]
cf. BZC. 35 (1906) S. 564—567 (F. K n e i s n e r). Kl. 803. Sehr selten.

Nettelbladt, Dn., († d. 4. Sept. 1791.) de deposito irregulari. 4. Halle 750. Renger. 6 ggr.

— über die rechte Einricht. e. L e h r b u c h s der Staatsrechtsgelahrtheit der Deutschen. 4. Ebend. 784.

Nettelbladt, Daniel [Praes.], s. E i s e n b e r g , Fried. Johann Emanuel: De forma litterarum credentialium legatorum.

NETTELBLADT, Dn.: Erörterungen einiger einz. Lehren d. deutschen Staatsr. *Halle*, Renger. B. 772. gr. 8. (20 Gr.)

— Erörterung einig. einzelnen Lehren d. deutschen Staatsrechts. gr. 8. Halle 773. Renger. 20 ggr.

Nettelbladt, Dan.: Exercitationes acad. varii argumenti de annis 1739—1779. Fasciculus 31 diss. cont. Halae Sal. 1783.

— exercitationes academicae varii argum. de annis 1734—79. Fascicul. XXX Dissertationes cont. 4. Halle 783. Renger. 1 rthl. 6 ggr.

– s. F l e i s c h e r , L.: Einleitung.

— **Daniel (Rostock), Paullianae actionis verum fundamentum obiectum ut et eius durationem demonstrat. Präs. Heinrich Nettelbladt. Halle (Hendel), 21. III. 1739. 62 S. (5.—)** **24696**
Gew.: Christian Nettelbladt, Ernst Jo. Fried. Mantzel. — Widm. v.: Ernst Jo. Fried. Mantzel.

— — **Dasselbe. Rostock (Adler) 21. III. 1739. 56 S. (5.—)** **24697**
Gew.: Christian Nettelbladt, Ernst. Jo. Fried. Mantzel. — Widm. v.: Ernst Jo. Fried. Mantzel.

Nettelbladt, Daniel [Praes.], s. Gans zu Putlitz, Gebhard: De clericorum evangelicorum in feuda secularia successione.

Nettelbladt, Dan.: Vernünftige Gedanken von rechter Einrichtung des mündlichen Vortrages eines Lehrers der Rechte. Progr. Halle 1744.

Nettelbladt, Daniel [Praes.], s. Geier, Christoph Johann: De sententia condemnatoria sine praevia inquisitione speciali.

Nettelbladt, Daniel [Praes.], s. Glaentzer, Christ. Georg Eberhard: De homicidio ex intentione indirecta commisso.

— Diss. de habitu urbium ad rempubl. sec. jus publ. univers. 4. Halle 766. Beyer. 3 gr.

Nettelbladt, Daniel [Praes.], s. Hagen, Friedrich Wilhelm Freiherr von: De rusticorum juribus et obligationibus singularibus falso vel merito suspectis.

Nettelbladt, Daniel [Praes.], s. Hoffmann, Jo. Gottl. Leberecht: Theoriam generalem de causis justitiae et potestate judiciaria.

— initia historiae litt. juridicae universalis. 8maj. Halle 764. Ed. II. auct. et emend. 774. Renger. 1 rf 8 gr.

— introductio in jurisprudentiam positiv. Germanor. communem. 8. Halle 761. Ed. II. legitima, hoc titulo: Praecognita specialia jurisprud. privatae communis Rom.-Germ.-Forensis. 780. Ed. III. 790. Renger. 4 gr.

— introduct. in iurisprud. pos. germanor. communem. 8. Halae, Renger. 768.

Nettelbladt, Dan.: Nova introductio in jurisprudentiam positivam Germanorum communem, sistens 1. praecognita iurisprudentiae positivae generalia. 2. historiam iurium quibus in Germania utimur. 3. historiam litterariam iurid. universalem. 4. iurisprudentiam positivam generalem. Halae Magdeb. 1772.

— nova introductio in jurisprudent. positivam Germanor. commun. 8. Halle 772. Renger. 1 rf 4 gr.

— — **De jure imperatoris, vicariorum imperii, electorum, et reliquorum statuum imperii circa quaestionem an? In electione regis Romanorum. Halle/Magdeburg (J. Chr. Hilliger) (28. II.) März 1744. 54 S. (5.—)** **24698**
Gew.: Christian Wolf. — Widm. v.: Christian Wolf.

— — **Opusculum de jure imperatoris vicariorum imperii electorum et reliquorum statuum imperii circa quaestionem an? In electione regis Romanorum. Halle/Magdeburg (J. Chr. Hilliger) 17. III. 1744. Jam denuo editum. 1753. 49 S. (5.—)** **24699**
Gew.: Christian Wolf. — Widm. v.: Christian Wolf.

— — **Dasselbe. Halle/Saale (Hendel) 17. III. 1744. Jam denuo editum 1753. et rec. 1777. 49 S. (5.—)** **24700**
Gew.: Christian Wolf. — Widm. v.: Christian Wolf.

– s. Karo, Rabbi Joseph: Sententiae Rabbinicae.

Nettelbladt, Daniel [Praes.], s. Kayser, Joh. Gottfr.: De decisione casuum secundum analogiam.

Nettelbladt, Daniel [Praes.], s. Koelbele, Johann Balthasar: Quaestionem an et quatenus matrimonium ad morganaticam pacto tale licitum sit? in genere.

Nettelbladt, Daniel [Praes.], s. Kretzschmer, Andreas: De successore ex pacto et providentia majorum ad facta ultimi defuncti licet ejus heres sit praestanda non obligato.

Nettelbladt, Daniel [Praes.], s. Lesser, Joh. Wilh.: De expensarum et pretii restitutione in retrovenditione.

Nettelbladt, Daniel [Praes.], s. Lübben, Heinrich Wilhelm: De coronatione eiusque effectu inter gentes.

Nettelbladt, Daniel [Praes.], s. Madihn, Georg Samuel: De imperii sacri statuum protestantium imp. Rom. Germ. vera natura et indole.

Nettelbladt, Daniel [Praes.], s. Menike, Ferdinand Joachim Ludwig: De eo, qui de jure disputavit, haud indigno ad L.V.§.1. et L.XXIV. D. de his quae ut indign.

— Nachr. von seinem Leben u. Schriften. 8. Halle 759.

Nettelbladt, Daniel [Praes.], s. Nettelbladt, Johann Jakob: De habitu urbium ad rempublicam secundum jus publicum universale.

Nettelbladt, Daniel [Praes.], s. Neumann, Jo. Friedrich: De necessitate eiusque in jure effectu.

NETTELBLADT, Dn.: Observatt. jur. eccles. *Halle.* Renger. B. 783. gr. 8. (10 Gr.)

– s. Pandectae Schaumburgianae.

— praecognita eruditionis generalia auditorum usibus destinata. 8. Halle 755.

— praecognita universae eruditionis generalia et in specie iurisprudentiae natural. 8. ibid. 747.

— praecognita jurisprudent. positivae generalia. 8. Halle 759. Renger. 3 gr.

— praecognita special. jurisprudent., s. oben: *introductio.*

— praecognita spec. jurisprud. priv. Romano-Germ.-Forensis, in usum praelect. in pandect. et jus German. privat. 8maj. Halle 773. Renger. 3 gr.

Nettelbladt. Dan.: Praecognita specialia iurisprudentiae privatae communis Romano-Germanico forensis. In usum praelectionum. Ed. 2. Halae 1779.

— praecogn. special. iurisprud. privatae commun. rom.-german. forensis. ibid. 790.

Nettelbladt, Daniel [Praes.], s. Raesfeld, Johann von: De legato dotis constituendae.

Nettelbladt, Daniel [Praes.], s. Reuter, Johann Hartwich: De doli incidentis et caussam dantis in contractibus effectu.

Nettelbladt, Daniel [Praes.], s. Salomo, Johann Gottfried: De oblatione feudi in subfeudum absque consensu domini invalida.

— Samml. kl. jurist. Abhandll., nebst d. Leben u. Verzeichniß seiner Schriften. gr. 8. Halle 792. Renger. 1 rthl 8 gr.

— kleine Schriften. gr. 8. Ebend. 792.

Nettelbladt, Daniel [Praes.], s. Schüler, Christian Michael: De testamento nuncupativo in scripturam redacto.

— systema elementare doctrinarum propaedeuticar. jurisprudentiae posit. German. communis etc. 8maj. Halle 781. Renger. 12 gr.

— systema element. jurisprud. posit. German. commun. generalis. 8. Halle 781. Renger. 1 rthl 8 gr.

Nettelbladt, Dan.: Syst. elementare jurispr. positivae Germanorum communis generalis. *ibid.* 787. 8. (1 Thl. 8 Gr.)

— systema elementare universae jurisprudentiae naturalis. 749. Ed. II. Ptes III. 757—62. Ed. III. 767. Ed. IV. 777. Ed. V. 8. Halle 785. Renger. 1 rthl 12 gr.

Nettelbladt, Dan.: Systema elementare universae jurisprudentiae naturalis. P. 2. 3. Halae Magdeb. 1758. 62. 2 Bde

— Ed. 3. [mit d. Zusatz:] in usum praelectionum academicarum adornatum. 1767.

Nettelbladt, Dan.: Systema elementare universae jurisprudentiae naturalis, usui systematis jurisprudentiae positivae accommodatum. *Hal.* 749. 8. ed. III. *ib.* 767. ed. IV. 774. ed. V. 785. 8. (1 Thl. 12 Gr.)

— systema elementare univers. jurisprud. positivae Imp. Rom. communis. 8. Halle 749. Ed. II. III Pts. 757, 58. 62, 89. Renger. 1 rthl 8 gr.

Nettelbladt, Dan.: Systema elementare universalis jurisprudentiae positivae communis Imp. Romano-Germanici, usui fori accommodatum. Nova edit. *Hal.*, Renger. (749.) 789. 8. (1 Thl. 8 Gr.)

Nettelbladt, Dn.: Systema univers. jurispr. posit. comm. Imp. Rom.-Germ. usui fori accommod., in us. praelect. adorn. *Halle*, Renger. B. (762) 781. 8. (1 Thl. 8 Gr.)

Nettelbladt, Daniel [Praes.], s. Thym, Rudolph Johann Wilhelm: De genuina sponsalium de praesenti et de futuro notione.

— von dem ganzen Umfange d. natürl. und in Deutschland übl. positiven gemein. Rechtsgelahrheit. 4. Ebendas. 772.

Nettelbladt, Daniel [Praes.], s. Ursinus, Theodor Theophil: De refusione debitorum feudalium solutorum.

Nettelbladt, Dn.: Vers. einer Anleit. zu d. aussergerichtl. prakt. Rechtsgelahrth. *Halle*, Renger. B. 765. 8. (12 Gr.)

— Versuch e. Anleit. zur ganzen prakt. Rechtsgelehrsamkeit. gr. 8. Halle 767. 2e A. 775. 3e A. 784. Renger. 1 rthl 16 gr.

— Versuch e. neuen Erklärung d. sogenannten constitutiones de eligendo Rege Romanorum, insoweit solche die Rechte d. Kurfürsten, Fürsten u. übrigen Stände bei der röm. Königswahl bestimmen. 4. Halle 753. Renger. 2 gr.

— polit. Vorschläge zur Verbesserung der jurist. Vorlesungen auf Universitäten. 8. Halle 750. Renger. 3 gr.

Nettelbladt, Daniel [Praes.], s. Warneyer, Jo. Karl August: De legato rei alienae quae est res tertii.

— s. Weidlich, Cph.: Nachrichten.

Nettelbladt, Daniel [Praes.], s. Werner, Christian Lukas: De variis casus in foro obvios decidendi modis in genere.

Nettelbladt, Daniel [Praes.], s. Westphal, Ernst Christian: De effectu feloniae vasalli quoad successores feudales legitimos innocentes.

Nettelbladt, Daniel [Praes.], s. Zangen, Erdmann Gustav: De sumptibus concursus creditorum.

Nettelbladt, Daniel [Praes.], s. Zangen, Traugott Wilhelm: De decisione casuum quae fit pro auctoritate.

Nettelbladt, Daniel [Praes.], s. Zepernick, Karl Friedrich: Historia iuris civilis de legitima portione parentum.

— vom Zustande der bürgerl. und natürl. Rechtsgelahrheit in Deutschland rc. 8. Ebend. 749.

Nettelbladt, F., s. Archiv f. d. Rechtsgelahrtheit.

— s. Rechtssprüche.

Nettelbladt, F. Frhr. v., Suaheli-Dragoman. Gespräche, Wörterbuch u. prakt. Anleitgn. zum Verkehr m. den Eingeborenen in Deutsch-Ostafrika. Mit e. Vorwort von C. Frhr. v. Gravenreuth. Mit 1 (farb.) Karte v. Deutsch-Ostafrika. 8. (XII, 256 S.) Leipzig 891. F. A. Brockhaus. n. 5. —; geb. n. 6. —

Nettelbladt, F. C. de, recensio rituum et ceremoniarum, quibus paschatos festum celebravere vett. Christiani. Gryph. 1737. 4.

Nettelbladt, Fr. Frz. Freiherr v. [aus Schwerin i. M.]: Der Strafvertrag nach gemeinem Rechte .... Ludwigslust, Buchdr. v. C. Kober, 1886; XII + 70 S. 8°.
Rostock, Jur. Fak., Inaug.-Diss. v. 18. Jan. 1886.

Nettelbladt, Frhr. v., der Strafvertrag nach gemeinem Rechte. Eine civilrechtl. Abhandlg. gr. 8. (XII, 70 S.) Ludwigslust 886. (Hinstorff.) n.n. 1. 50

Nettelbladt, Heinrich

— s. Abhandl. v. Ursprung d. Stadt Rostock

— **Heinrich** (Rostock), De dotalitio e legibus et moribus Germanorum speciatim Megapolensium libellus singularis. Rostock u. Wismar (J. A. Berger) (Aug.) 1746. 96 S. u. Mantissa. (6.50) 24701

Nettelbladt, H., de dotalitio. 4. Rostock. Boedner. 746. -

— memoria rediviva viror. erud. IV Pts. 8. Rost. Loeffler. 728. -

Nettelbladt, Heinrich [Praes.], s. Nettelbladt, Daniel: Paullianae actionis verum fundamentum obiectum ut et eius durationem demonstrat.

— nexus Pomeraniae, od. Verbindlichk. pommerischer Lande. gr. 4. Frankf. Hermann (u. Gebhard u. K.) 766. -

— succincta notitia scriptorum tum editor. tum anecdotor. ducat. Megapolitani. 4. Rost. Bödner. 745. -

Nettelbladt, Hnr., († d. 26. März 1761.) Verzeichniß aller Schriften zur Gesch. v. Rostock. 4. Rostock 760. Koppe. 10 gl.

Nettelbladt, Johann Jakob

— — De decisione causarum feudalium secundum jus curiae. Diss. inaug. Präs. Georg Ludwig Boehmer. Göttingen (Schulz, F. A. Rosenbusch) 10. IX. 1768. 32 S. (5.—) 24704
Widm. v.: Georg Ludwig Boehmer.

— **Johann Jakob** (Rostock), De habitu urbium ad rempublicam secundum jus publicum universale. Präs. Daniel Nettelbladt (Vater). Halle (Hendel) 5. IV. 1766. 40 S. (5.—) 24702

— — Dasselbe. Halle (Beyer) 5. IV. 1766. 40 S. (5.25) 24703
Gew.: Daniel Nettelbladt (Vater).

v. Nettelbladt, Frhr. Karl, s. Montaldo, Graf.

Nettelbladt, Karl Friedrich Wilhelm,
s. Nettelbladt, Christian Karl Friedrich Wilhelm

Nettelblatt, Freyh. v., und J. A. Wachenhusen Archiv f. Rechtsgelahrtheit ꝛc. s. Archiv.

Nettels, Ganne, 'ne lüttge Vertellig v. B. T. Osterwieck 1884. V: *Topp, Bernh.* Vgl. Nd. Jahrb. 22 (1897), S. 118. (DARP)

Nettels, Ganne. 'ne lüttge Vertellig v. B. T. gr. 8. (17 S.) Osterwieck 884. Zickfeldt. n. -- 25

Nettement, Alfr., Memoiren d. Herzogin v. Berri, s. Memoiren.

Nettenheim, Fr. Geschichte der Stadt u. des Amtes Geldern. I. Aussere Geschichte von der ältesten bis auf die neueste Zeit. (XV. 682) 8. M. 7 Taf. Crefeld 1863 9,00.

Netter, A., de l'intuition dans les découvertes et inventions, ses rapports avec le positivisme et le Darwinisme. gr. 8. (116 S.) Strassburg 879. Treuttel & Würtz. n. 2. 60

Netter C.L. die Errichtung einer Metallbörse in Berlin und ihre Bedeutung fur die deutsche elektrotechnische Industrie. (24 S) Berlin 1907

Netter, Carl Emil, s. Netter, Karl Emil

Netter, Hermann [pr. Arzt aus Pforzheim]: Zur Geschichte der Lehre vom Kniephänomen bei Geisteskranken nebst Beobachtgn über diesen Gegenstand aus d. Freiburger psychiatr. Klinik ... Freiburg i. B., Buchdr. H. Epstein, 1897; 116, XXI S. 8.
Freiburg i. B., Med. Fak., Inaug.-Diss. v. 1897

Netter, Joseph: Ueber Erweiterung der Speiseröhre im unteren Abschnitt. *Berlin: S. Karger 1898.* (25 S.) 8°
Heidelberg, Med. Diss. v. [4. Juni] 1897

Netter, Karl Emil

Netter, Carl Emil [aus Crossen a.O.]: Über die Phosphornekrose der Kieferknochen ... Halle a. S., Druck v. Wischan & Wettengel, 1894; 34 S., 2 Bl. 8.
Halle, Med. Fak., Inaug.-Diss. v. 22. Juni 1894

Netter, Nathan [cand. phil.]: Die Geschichte Noahs und der Sündflut. Eine Uebersetzung und kritische Behandlung des Midrasch Rabbah: Genes. Par. 25, 2; 26, 1; 26, 3 und Par. 29 -36; nebst Anhang. . . . Strassburg, Univ.-Buchdr. v. J. H. E. Heitz, 1891; 2 Bl., 132 S. 8°
Strassburg, Phil. Fak., Inaug.-Diss. v. 1891

Netter, Oscar, aus Mannheim: Das Prinzip der Vervollkommnung als Grundlage des Strafrechts. Eine rechtsphilos. Untersuchung. *Berlin: O. Liebmann 1900.* (73 S.) 8° ¶ (Auszug aus einer im gleichen Verlag erschienenen grösseren Arbeit.)
Strassburg, Rechts- u. staatswiss. Diss. v. 1900

Netter, O., Registerband, s.: Darstellung, vergleichende, des deutschen u. ausländischen Strafrechts.

Netter, O., Schiffahrtsabgaben nach deutschem Verfassungsrecht. Denkschrift. bearb. im Auftrage der Aeltesten der Kaufmannschaft v. Berlin. (VIII, 85 S.) 8. Berlin, C. Heymann. 1. —
1907.

Netter, V., Schiffahrtsabgaben nach deutschem Verfassungsrecht. Denkschrift, bearb. im Auftrage der Aeltesten der Kaufmannschaft v. Berlin. (VIII, 85 S.) 8. Berlin 907. C. Heymann. 1. —

Nettesheim, s. Agrippa.

Nettesheim, Agr. v.

Nettesheim, A. v., das Ganze der Taschenspielerkunst, ohne groß. Apparat und Kosten ꝛc. nach Eckartshausen, Guyot und Pinetti. mit Kupf. 8. Lpz. Gräff. 805. -

Nettesheim, Agr. von, das Ganze der Taschenspielerkunst, ohne großen Apparat und Kosten ꝛc. 3te Aufl. 8. Leipzig, Wienbrack. 820.

Nettesheim, C., dä Schähl als Detektiv!, s. a. Theaterbibliothek.

Dä Schähl als Detektiv! Posse in plattkolner Mundart in 2 Akten von C. **Nettesheim**. Bonn: Heidelmann [1910]. 22 S. 8°
(Theaterbibliothek. 315.) [10. 17784 9

Nettesheim, Frdr., Geschichte der Stadt und des Amtes Geldern mit Berücksichtigung der Landesgeschichte meist nach archivalischen Quellen. 1. Bd. Aeußere Geschichte von den ältesten bis auf die neueste Zeit. Mit 1 Titelbl. in Farbendr. u. 7 lith. Taf. (in gr. 8. u. 4.) Crefeld, Kühler in Comm. gr. 8. (XV, 682 S.) n. 3 ℳ

Nettesheim, Friedr., Geschichte der Stadt und des Amtes Geldern mit Berücksichtigung der Landesgeschichte meist nach archival. Quellen. 1. Bd. Aeußere Geschichte von der ältesten bis auf die neueste Zeit. gr. 8. (XV und 682 S. mit 1 Titelbl. in Farbendr. und 7 Stnt., wovon 1 ill., in gr. 8. und gr. 4.) Crefeld 863, (Kühler.) *

NETT'L, Die schöne, oder wie Nettchen Frau Majorin wurde. Eine Ehescheidungsgeschichte. Wien 1870. 8°. 80 S. (1 Mk. Gust. Apitzsch, Lpz., 1885; 1 Mk. 20 Pfg. Taussig, Prag, 1904.)

Nettl, Ant. S., Grundriss der unorganischen Chemie nach den neuesten Ansichten der Wissenschaft. Mit in den Text eingedr. Holzschn. gr. 8. (IV, 388 S.) Frankenberg 876. Rossberg. n. 5. 50

Michael Bakunin. Eine biogr. Skizze von Dr. Max **Nettlau**. Mit Auszügen auss. Schriften u. Nachw. von Gustav Landauer. Berlin: P. Pawlowitsch 1901. (64 S.) 8° [07. 14416

Nettlau, Max [aus Neuwaldegg in Niederosterreich]: Beiträge zur cymrischen grammatik. (einleitung und vocalismus.) . . . Leipzig, Druck v. Konig & Freter, 1887; 80 S. 8°.
Leipzig, Phil. Fak., Inaug.-Diss. v. 9. Apr. 1887.

— Vide: Ist Netchaev ein politischer Verbrecher?

— Vide a. Londoner Kongress.

Londoner Kongress (Der). Zur Beleuchtung der Vorgänge auf demselben (von M. Nettlau). Sep.-Abdr. aus dem „Socialist". 8°. Berlin 1896.

Nettleship, H., Maurice Haupt. 1879. 20 S. —.70

Nettleton, W. A., s.: Konversations-Handbuch, kaufmännisches.

Nettmann, Bruno (Bremen), Specimine sollenni med. variolas, earumque differentias. Mod. Georg Daniel Coschwitz. Halle/Magdeburg (J. Chr. Hilliger) Mai 1727. 84 S. (6.—) 24705

— **Gustav Friedrich Oskar** (Groening./Halberstadt), Nonnulla de pathologia strumae. Diss. med.-chir. Berlin (Nietack) 11. III. 1837. 30 S. u. Biogr. (M.: A. Fahrenholz.) (3.50) 24706
Oppon.: H. Baerensprung, D. Meyer, J. Heller. — Gew.: Friedrich Christian Nettmann (Vater).

Jo. Frid. Nettmann specimen sistens sectionis caesareae historiam. Hal. 1805. 8. (Auct. Curt. Sprengel.)

Netto sechsundfunfzig Ahnen. Lustsp. von Seidel. 8. Leipzig, Fleischer. 789.

Netto fünf Vögel! Ein Wintermärchen als Stoll krank war. O. O. 1787. V: *Eyerel, Joseph.* (BiblPort)

Netto fünf Vögel; ein Wintermährchen als Stoll krank war. 8. Wien, Wucherer. 787.

Netto, A. W.: Die Glasdruckkunst oder Hyalotypie. Quedlinburg und Leipzig 1840

Netto, August

— neueste Muster der Perlstrickerei. Mit ill. Kpf. Dresd., (Hilscher). 1 ℛ 8 gℊ

Netto, Aug., neue Original-Dessins f. die neuerfundenen Stricknadeln, zu Kleidern, Shawls, Tüchern ꝛc. 16 Hft. Mit color. Kpf. Dresd., (Hilscher). 2 ℛ Mit schw. Kpf. 1 ℛ 8 gℊ

— neue Original-, Zeichen-, Stick-, Strick- u. Wäsch-Muster. 4. Dresd. 811. (Weygand in Leipz.) 18 gℊ

Netto, Curt, s. Netto, Kurt

Netto, E., Natur u. Kunst od. Der Schweinehirt. Scherzspiel m. Gesang u. Tanz in 1 Aufzuge unter ergebenster Verarbeitg. des sel. Andersen. gr. 8. (24 S.) Gießen 900. J. Ricker. n. — 50

Netto, E. F. C., s. Rich. Jones, Freundschaft mit Gott.

Netto, Eug., elementare Algebra. Akademische Vorlesgn. f. Studierende der ersten Semester. (VIII, 200 S. m. 19 Fig.) gr. 8. Leipzig 904. B. G. Teubner. Geb. in Leinw. n. 4. 40

Netto, Eug., Aufgaben zur Differential- u. Integralrechnung, s.: Dölp, H.

Netto, Eug., die Determinanten, s. a. Schriften, mathematisch-physikalische, f. Ingenieure u. Studierende. 9.

Die Determinanten. Von Dr. Eugen **Netto**, Prof., Giessen. Leipzig & Berlin: Teubner 1910. VI, 128 S. 8°
(Math.-physik. Schriften f. Ingenieure u. Studierende. 9.) [10. 12495

Netto, Eugen, Rektor Dr., Prof. d. Mathem.: Über die **Grundlagen** und die **Anwendungen** der **Mathematik**. (Enthält ausserdem: Chronik der Universität für 1899/1900 sowie: Ergebnis der letzten Preisbewerbungen und die für 1900/1901 gestellten Preisaufgaben.) *Giessen 1900: v. Münchow.* (S. 1—15.) 4°
Giessen, Rede zur Feier d. Jahresfestes 1900

— Grundzüge u. Aufgaben der Differential- u. Integralrechnung, s.: Dölp, H.

— Gruppen- u. Substitutionentheorie, s. a. Sammlung Schubert.

Gruppen- und Substitutionentheorie von Dr. Eugen **Netto**, Prof., Gießen. Leipzig: Göschen 1908. VIII, 175 S. 8°
(Sammlung Schubert. 55.) A 12. 7215 8

— Kombinatorik. Wahrscheinlichkeitsrechnung. Reihen. Imaginäres, s.: Vorlesungen üb. Geschichte der Mathematik.

Netto, Eug., Lehrbuch d. Combinatorik, s. a. Teubner's, B. G., Sammlg. v. Lehrbüchern auf dem Gebiete der mathematischen Wissenschaften. VII.

Lehrbuch der Combinatorik. Von Dr. **Eugen Netto**, Prof. in Giessen. *Leipzig: B. G. Teubner 1901.* (VIII, 260 S.) 8°
— Sammlung, B. G. Teubner's, von Lehrbüchern auf d. Geb. d. math. Wiss. Bd 7. [illegible]

Netto, Eug., Substitutionentheorie u. ihre Anwendung auf die Algebra. gr. 8. (VIII, 290 S.) Leipzig 882. Teubner. n. 6. 80

Netto, Eugen (geb. Halle a. S. 30. 6. 1846): De transformatione aequationis $y^n = R(x)$, designante $R(x)$ functionem integram rationalem variabilis x, in aequationem $\eta^2 = R_1(\xi)$. Berolini (1870). (20 S.) 4°
Berlin, Phil. Diss. v. 2. Nov. 1870

— Vorlesungen üb. Algebra. (In 2 Bdn.) I. Bd. u. II. Bd. 1. Lfg. gr. 8. Leipzig, B. G. Teubner. n. 18. —
I. (X, 388 S. m. Holzschn.) 896. n. 12. —
II, 1. (192 S. m. Holzschn.) 898. n. 6. —

— Vorlesgn. üb. Algebra. 2. Bd. 2. Lfg. gr. 8. (XII u. S. 193—519 m. Holzschn.) Leipzig 900. B. G. Teubner. n. 10. —; 2. Bd. kplt. n. 16. —; (kplt. n. 28. —)

Netto, Frdr., die Briefmarkensprache in ihrer geschichtlichen Entwickelung. (40 S.) 8. Neuweißensee (905). E. Bartels. 1. —

Netto, Frdr., u. Frdr. **Backschat**, die lange Brücke zu Potsdam. Ein Stück Hohenzollern- u. Stadtgeschichte. (Zur Enthüllung des brandenburg. Prov.-Denkmals Kaiser Wilhelms des Großen 1901.) gr. 4. (64 S. m. Abbildgn.) Berlin 901. A. W. Hayn's Erben. n. 1. —

— Bunzelwitz. Ein preuß. Soldaten-Festspiel v. 1761. (Für 1 Dame u. 5 Herren.) (15 S.) 8. Ebd. 1. —

Netto, Friedrich: Die Entwickelung des Gehörorgans beim Axolotl. (Ein Beitrag zur Embryologie des Amphibienohrs.) *Berlin (1898): E. Bartels.* (56 S. mit Taf.) 8°
Berlin, Med. Diss. v. 29. Juli 1898

— die holländische Erbschaft. Kriminal-Roman. (96 S.) 8. Ebd. 1. —

— drei alte Husaren. Ein Soldatenfestspiel. (Theater-Allerlei.) (23 S.) 8. Ebd. (906). 1. —

— der Kampf um Port Arthur. Kurze Darstellg. des Verlaufes der Belagerg. u. Schilderg. der beiderseit. Helden u. ihrer Kämpfe. (40 S. m. Abb.) 8. Ebd. (905). — 50

— das rote Kreuz. Festspiel. (Theater-Allerlei.) (16 S.) 8. Ebd. (906). 1. —

Netto, Frdr., Königin Luise. Vaterländisches Schauspiel in 5 Aufzügen. (V, 155 S.) 8. Potsdam 910. Berlin, A. W. Hayn's Erben. 1. 50

— Mukden. Bilder aus den Riesenkämpfen in Ostasien zwischen Japanern u. Russen. (32 S. m. Abbildgn.) 8. Ebd. (905). — 50

— Postkarten-Grüße. Kurze Reime. (32 S.) 16. Ebd. (905). — 25

— 200 neue Postkarten-Grüße in poetischer Form. Für alle Lagen des modernen Lebens vers. (32 S.) 8. Ebd. (905). — 75

— Am bunten Rock, s.: Bilder, lebende.

— Louis Schneider. Ein Lebensbild zu seinem 100. Geburtstage am 29. IV. 1905. Verf. u. vorgetragen in der 200. Sitzg. des Potsdamer Geschichts-Vereins am 25. IV. 1905. (21 S. m. Abbildgn.) Lex.-8. Berlin (905.) A. W. Hayn's Erben. n. — 50

— Volldampf voraus! Eine Liedersammlg. f. den deutschen Seemann. (160 S.) 16. Neuweißensee. E. Bartels. — 75

— Auf Weihnachtswache, s.: Theaterbibliothek.

Netto, Friedr. Aug. Wilh., Anweisung z. Anfertigung eines Badeschrankes f. Dampf-, Sturz-, Regen-, Spritz- u. Douche-Bäder. M. einer genauen Abbild. des Apparats. gr. 8. (½ B.) Quedlinburg 843, Basse.

—— Anweisung z. Anfertigung d. Wachs- u. Harzfrüchte, Papiermasse-Atrapen u. d. Relief-Charten, Relief-Globen u. Terrain-Modelle aus Papiermasse. Nach d. prakt. Erfahrn. seines Vaters Joh. Friedr. Netto, Zeichnenmeister ꝛc. zu Leipzig, u. eig. Forschungen bearb. — A. u. d. T.: Die Kunst d. Stereoplastik ꝛc. gr. 8. (3 B. u. 1 Stnt.) Quedlinburg 841, Basse. Thlr.

— Anweis. zum Bergzeichnen. Mit 10 Kupfrn. gr. 8. Berlin 822, Rücker.

—— deutl. Anweisung z. Fabrikation d. Larven u. Puppenköpfe, sowie and. Gegenstände mehr. Aus eigner Erfahr. gr. 8. (1 B.) Quedlinburg 840, Basse.

—— Anweisung z. Galvanoplastik. Nach Spencer, Jacobi u. v. Kobell mitgeth., u. mit eigenen Erweiterungen, Zusätzen u. Erläutern. vers. Lex.-8. (4 B. u. 2 Stnt.) Quedlinburg 840, Basse.

— Anweisung zur Galvanoplastik. Oder die Kunst, auf kaltem Wege aus Kupferauflösungen festes metallisches Kupfer, in Platten oder Formen, zu Copieen, Formen, Stereotypen, Facsimiles, Abdrücken oder Abgüssen von Kupferdruckplatten, Tuschzeichnungen, Holzschnitten, Schrift-Columnen, von Verzierungen u. dgl. auf leichte Weise anzuwenden und Metalle kalt zu löthen u. zu plattiren. Nach Spencer, Jacobi u. v. Kobell mitgetheilt, und mit eigenen Erweiterungen, Zusätzen und Erläuterungen versehen. gr. 8. Quedlinburg 841. Basse. ½ ℳ

— Anweis. z. orthograph. Horizontal-Projection d. Unebenheiten der Erdoberfläche od. zum Bergzeichnen. Nach einer neu entwickelten Theorie. Mit 3, zur Theorie gehörigen Kupfert. u. nebst. systemat. geordn. Reihe von 7 Musterblättern. gr. 8. Berlin 822, Rücker.

—— Anweisung z. Polir- u. Lackirkunst, sowie zur Transparent-Malerei. Aus eigener prakt. Erfahrung mitgetheilt. Lex.-8. (2½ B. u. 4 Taf. Abbild.) Quedlinburg 842, Basse.

— prakt. Anweis., d. Wasserwägen od. Nivelliren in den bei Kultivirung des Landes gewöhnl. vorkommend. Fällen anzuwenden. Ein nach d. jetzigen Zustande d. Wissenschaft eingerichtetes u. mit d. neuesten Erfindd. bereich. unentbehrl. Hülfsbuch f. Feld- u. Forst-Messer ꝛc. Mit 8 Kpft. 8. Berl. 826. Th. Enslin. 1 ℳ

Netto, Fr. Wlh., prakt. Anweis. zur ökonom. Meßkunst u. Feldertheilung, mit den darüber vorhand., gehörig. Orts eingeschalt. Reglements, Verordnn., Rescripten, Verfügungen ꝛc., auch Beschreib. u. Abbild. einer, die Winkel 15 Mal genauer bestimmenden, neuerfund. Boussole. Mit 4 Kpft. 8. Berl. 826. Pauli. 1 ℳ 12 ℔

— prakt. Anweisung zur ökonom. Meßkunst und Feldertheilung ꝛc. Mit 4 Kpfr. 8. Berlin 826. 1½ ℳ jetzt Bethge. ½ ℳ

Netto, F. A., Anweis. zur Selbsterlernung d. Radir= u. Aetz=kunst in Kupfer. Mit 1 Kpft. 8. Dresd. 815. Arnold. 10 Gr.

Netto, Friedr. Aug. Wilh., vollständ. Anweisung z. ökonom. Aufnehmen ꝛc., s. a. Bibliothek, kleine, f. prakt. Landwirthe, 8. u. 9. Lfg.

— vollständ. Anweis. z. ökonom. Aufnehmen u. Separiren ohne künstl. Werkzeuge. Mit den dazu nöthigen Tabb. u. 6 Kpft. 8. Berl. 822. Maurers B. (Heinemann in Stolp.) 1 Thlr.

—— vollständ. Anweisung z. Fabrikation d. französ. durchsicht., verschiedenfarb. Siegel=Oblaten, der Abdrücke v. Münzen ꝛc. u. Verfertig. durchsicht. Kugeln z. Einschließung übelschmeck. Medicamente. Nach eigner Erfahr. bearb. 8. (1 B.) Quedlinburg 840, Basse.

— vollständ. Anweisung zur Verfertigung Daguerre'scher Lichtbilder auf Papier, Malertuch u. Metallplatten durch Bedeckung oder durch die Cameraobscura und durch das Sonnenmicroscop. Mit Beschreibung u. Abbildung der dazu brauchbaren Cameraobscura. Nach eigenen Versuchen. Mit 1 Kpfrtaf. 2e Aufl. 8. Halle 839. Knapp. Verklebt n. $^{1}/_{3}$ Thlr. — Vgl. Daguerre.

— s. T. Appel, Beschreibung.

Netto, Fr. Wlh., Arlequin u. Polichinell auf Reisen. Ein neues, interessant. Original=Contre=Spiel. Mit illum. Plan. Berl., Stuhr. 16 Gr.

—— Arlequin u. Polichinell auf Reisen. Ein Original=Contre=Spiel mit Würfeln. 8. (4 S. u. 1 B. in Fol.) Berlin 846. Stuhr'sche Buchh. *

— das Aufnehmen zu Pferde, od. die Kunst nach Lehmann's Methode mit dem Meßtische, vom Pferde aus, Gegenden militairisch oder Forsten ökonomisch u. zwar völlig genau aufzunehmen, nebst Beschreib. des hierzu erforderl. neu erfundenen Apparats. Mit 4 v. Wolf sauber gestoch. Kpfrn. 8. Berl. 826, Boicke.

— das Aufnehmen zu Pferde, od. die Kunst, nach Lehmanns Methode mit dem Meschtische, vom Pferde aus, Gegenden militär. u. Forsten ökonom. u. zwar völlig genau aufzunehmen, nebst Beschreib. des hierzu erforderl. neuerfundenen Apparats. Mit 4 Kpf. 8. Berl. 826. (Reimer). 1 Thlr. 8 Gr.

Netto, Fr. A. W., die belustigende Baukunst, od. die Zusammensetzung von e. Menge Gebäuden, Monumenten, Brücken ꝛc. Ein neues chinesisches Puzzle=Spiel in verschied. Ebenen nach Allizeau. 1s Hft. Mit 1 Spiel Kästchen u. 8 Kpft. Berl. 826. Mittler. 1 Thlr. 18 Gr. — 2s u. 3s Hft, jedes mit 8 Kpft. (à 12 Gr.) 1 Thlr. — Alle 3 Hefte zusammen 2 Thlr. 18 Gr.

—— Beschreibung u. Abbildung einer wohlf. Blase=Vorrichtung f. atmosphärische Luft, Knallgas u. zum Oxy=Hydrogen=Gas=Mikroskop, nebst Anweis. z. Anfertigung v. Caoutchouk=Ballons. gr. 8. (1 B. u. 2 Taf. Abbild.) Quedlinburg 843, Basse.

Netto, Friedr. Aug. Wilh., Beschreibung u. Abbildung e. neuerfund., einfachen u. höchst wohlf. Dampf=Lampe, z. Glühen, Anlassen, Härten, ꝛc. bei vielen Gewerben, u. z. Schnellkochen in Haushaltungen ꝛc. M. 1 gen. Abbild. in natürl. Größe. 1 versieg. Couvert in qu. gr. 8. Halle 835, [Knapp.]

— Beschreibung und Abbildung einer neuerfundenen, einfachen und höchst wohlfeilen Dampf=Lampe, zum Glühen, Anlassen, Härten, Schmelzen, Glasblasen, Löthen ꝛc. bei vielen Gewerben, und zum Schnellkochen in Haushaltungen, Heilanstalten. Mit 1 genauen Abbild. in natürl. Größe. 1 versiegelt. Couvert in qu. gr. 8. Halle 835. Kümmel. $^{1}/_{2}$ Thlr.

—— über d. zweckmäßigste Einrichtung d. Sonntagsschulen f. Gewerbtreibende d. Künstler= u. Handwerksstandes ꝛc. Aus 30jähr. Erfahr. abgeleitet. 8. (2 B.) Quedlinburg 839, Basse.

— Etui=Wegweiser f. Einheimische u. Fremde in Berlin. Mit einem fein illum. v. C. F. Wolf gestoch. Grundrisse d. Stadt. 16. Berl. 826, Burchhardt.

— Etui=Wegweiser f. Einheimische u. Fremde in Berlin. Mit e. fein illum. v. C. F. Wolf gestoch. Grundrisse d. Stadt. 16. Berl. 826. (Krause). 1 Thlr. 8 Gr. Hbg. Pr. 16 Gr.
(NB. Die Angaben über F. A. W. u. F. W. Netto (Vater u. Sohn) fand ich allerwärts so unzuverlässig, daß es mir unmöglich wurde, sie gehörig zu ordnen; einer Berichtigung würde ich daher gern entgegen sehen.)

Netto, Dr. F. A. W. Die Farben und ihre Mischungen, oder das Ein mal Eins der Farben. Besonders für Gewerbetreibende und Coloristen, synoptisch dargestellt. (1 Bd. Text u. 1 Tafel im Schuber.) (Donation Liechtenstein.) 8. Halle 1836.

—— die Farben u. ihre Mischungen, od. d. Ein mal Eins d. Farben. Besond. f. Gewerbtreibende u. Coloristen synopt. dargest. (M. 1 ill. Farbentab., Fol.) 8. Halle 838, [Knapp.] Versiegelt

— die Farben und ihre Mischungen, oder das Ein mal Eins der Farben. Besonders für Gewerbtreibende u. Coloristen synoptisch dargestellt. Mit 1 illum. Farbentaf. 8. Halle 838. Kümmel. Versiegelt $^{3}/_{4}$ Thlr.

—— das Geheimniß d. Oelbilder=Drucks, erfund. v. Maler Liepmann in Berlin u. nach eigenen Versuchen u. Erfahrn. mitgeth. gr. 8. ($1^{1}/_{4}$ B. u. 1 Stnt.) Quedlinburg 840, Basse.

—— neueste Geheimnisse u. Erfindungen f. Buchbinder, Papparbeiter u. Mechaniker. 8. (3 B. u. 21 Abbild. auf 2 Taf.) Quedlinburg 845, Ernst'sche Buchh.

—— die Glasdruckkunst od. Hyalotypie, durch welche, ohne Abnutzung d. Formen, Millionen Abdrücke v. Zeichnungen, einfarb. Gemälden u. Schriften aller Art wohlfeiler u. leichter als durch Buch=, Kupfer= od. Steindruck angefertigt werden können. Eine noch unbekannte Erfind. z. allgem. Gebr. f. Jedermann. gr. 8. (1 B.) Quedlinburg 840, Basse.

— — Handbuch der gesammten Vermessungskunde, die neuesten Erfindungen und Entdecknugen in derselben zugleich enthaltend, oder vollst. Anleit. zur Meßkunst für Offiziere und Forstbediente u. s. w. 1r Th. mit Kupf. 8. Berlin, Amelang. 820.

— Handbuch d. gesammten Vermessungskunde, die neuesten Erfindungen u. Entdeckungen in derselben zugleich enthaltend. 1r u. 2r Thl. in gr. 12. Mit 11 Kupfert. u. e. Beispiele d. Anordnung u. Berechnung eines trigonometr. Dreiecksnetzes in 4. Mit 1 Kupfert. Berlin 825, Amelang.

—— Handbuch d. Zuschneidekunst f. Gewerbtreibende u. Gewerbschulen, insbesond. f. Klempner, Schlosser, ꝛc., od. Anweis. z. Zuschneiden aller Arten v. Mustern u. Modellen. gr. 4. ($4^{1}/_{2}$ B. u. 50 Mustertaf. auf 8 B. gr. Fol.) Quedlinburg 840, Basse.

Netto, Friedr. Aug. Wilh., Handbuch der Zuschneidekunst für Gewerbtreibende und Gewerbschulen, insbesondere für Klempner, Schlosser, Pfannenschmiede ꝛc., oder Anweisung zum Zuschneiden aller Arten von Mustern und Modellen, namentlich der Kasten, Büchsen, Schachteln, Kegel, Lampenschirme, Kugeln, Thurmknöpfe, Thurmkuppeln, Trichter, Postamente, Teller, Näpfe, Schalen, Becher, Vasen, Bilderrahmen, Körbe, ovalen Geuven, Gesimse, Pokale, Blumengefäße, Rohre, Kniestücke, Schneckenrohre, Luftbälle, Sphäroiden, mathemat. Modelle und der Modelle zur Krystallographie, nebst vielen andern mehr. Erläutert durch 50 sauber gezeichnete (lithogr.) Mustertaf. (Neue Aufl.) qu. gr. 4. (III, 31 S.) Quedlinburg 884, Basse. *

—— das Kaleidotyp. Oder katadioptrisch-chemische Maschine, um für alle Gewerbtreibende eine unberechenbare Anzahl von Mustern jeder Art zu erfinden u. zu bilden, welche sich von selbst erzeugen u. von selbst auf dem Papier abbilden. gr. 8. (2½ B. u. 3 Stnt.) Quedlinburg 843, Basse.

NETTO, Friedrich August Wilhelm: Der Kartograph, ein neu erfundenes wohlfeiles Werkzeug zum Abstecken, Krokiren (Entwerfen eines Plans) und Höhenmessen und Anleitung zu dessen Gebrauche für den Artilleristen, den Ingenieur und Ingenieurgeographen. - Berlin 1828

Netto, Friedr. Aug. Wilh., Katechismus d. Seifenbereitung, od. Anweis. zur Anfertigung d. gem. Wasch-, Soda-, Venetian., Marseiller, weichen od. grünen, der Fisch-, Woll-, Knochen-, Ammoniak-, wohlriech. od. Toiletten- u. and. Seifen, der Seifenkugeln, des Seifenpulvers, des Seifenspiritus, der Sparseifen u. Seifensurrogate f. Seifensiedereien u. Haushaltungen. gr. 12. (4½ B.) Leipzig 834, Baumgärtner.

—— der Kathetograph, ein neu erfund. wohlf. Werkzeug z. Abstecken, Krockiren u. Höhenmessen, u. Anleitung zu dess. Gebr. f. den Artilleristen, den Ingenieur u. Ingenieur-Geographen. M. 5 Kpfr. 8. (5 B.) Berlin 828, Natorff u. Comp. Thlr.

—— 110 geometr. Constructions-Exempel-Tafeln, als erste Vorüb. z. Gewerbzeichenkunst, f. Bürger-, Sonntags- u. Gewerb-Schulen u. z. Selbstbelehr. — A. u. d. T.: Synoptische Wand-Tafel d. Constructionen d. ebenen Geometrie. 8. (2⅛ B. u. 14 lith. B., Fol.) Halle 836, [Knapp.]

— 110 geometrische Constructions-Exempel-Tafeln, als erste Vorübung zur Gewerbzeichenkunst. A. u. d. T.: Synoptische Wand-Tafel der Constructionen der ebenen Geometrie. Mit 14 lithogr. Bogen. 8. Halle 836. Kümmel. 1½ ℛ

— die Kunst über gepreßtes Papier, gepreßte Visitenkarten rc. auf eine leichte Art Metallformen zu gießen. Für Buchbinder, Futteralmacher, Papparbeiter u. Galanteriewaaren-Verfertiger. gr. 8. Leipzig 837. Pönicke u. Sohn. Verkl. n. ½ ℛ

—— die Kunst in Metall zu graviren. Zur Selbstbelehr. f. Künstler, Gewerbtreibende u. Dilettanten. gr. 8. (5 B. u. 3 Stnt.) Quedlinburg 840, Basse.

—— die Kunst, guillochirte Muster ohne Maschine zu Kupfer-, Stein-, Typen-, Kattun-, Tapeten- u. a. Druck-Mustern hervorzubringen u. dadurch in wenigen Minuten d. geschmackvollsten Verzierungen f. viele Gewerbsgegenstände zu erzeugen, nebst Beschreib. u. Abbild. e. neu erfund., sehr wohlf. Universal-Liniirmaschine f. alle Arten v. Linien. gr. 8. (1¼ B. u. 3 Stnt.) Quedlinburg 840, Basse.

Zehn Kupfertafeln zu F. A. W. Netto's Anweisung zum Bergzeichnen. Berlin. o. J. Fol.

Netto, F. W., Lehrbuch des Aufnehmens mit dem Meßtische, zunächst für Preußens Militair-Lehranstalten, überhaupt aber für Offiziere, Feldmesser, Forstbediente und Bergleute. Nebst Anleit. z. Aufl. trigonom. Aufg. ohne logarithm. trigonom. Tafeln. Mit 4 Kupfert. 8. Berlin, Duncker und H. 821.

Netto F. W.: Lehrbuch d. Aufnehmens mit dem Messtische ... u. Anleitung z. Lösung trigonometrischer Aufgaben ohne logarithm.-trigonometr. Tafeln. Berl. 1822. 243 S. 4 Tvl.

— Lehrbuch d. Geostereoplastik, od. deutl. u. systemat. Anweis. zur geo-, oro- u. topograph. Erdbildkunde. Mit 3 Kpft. 8. Berl. 826. L. Oehmigke. 1 ℛ

Netto, Friedr. Aug. Wilh., Magazin d. neuesten Erfindungen, s. Magazin rc. Neueste Folge.

— geheim gehaltene, bisher unbekannt gebliebene Methode geometrische, architektonische, geographische u. a. Zeichnungen der Gewerbkunde ohne unmittelbaren Gebrauch von Maßstab, Zirkel, Eintheilung, Dreiecken od. Quadraten auf leichte Weise in jedem belieb. Verhältnisse zum Originale verkleinert od. vergrößert, rechts oder links, viel geschwinder als sonst zu copiren und auch nach Erfordern zu vervielfältigen. Mit 1 Kpfr. 8. Leipzig 834. Franke; jetzt Melzer. 1 ℛ

— Musterblätter zu Verzierungen für Gewerbtreibende. 1s Heft: 41 Original-Borduren u. 10 Original-Rosetten und Eckstücke in gothischem Geschmack, welche bloß aus geraden Linien u. Kreisbogen gebildet sind. (6 lithogr. ½ Folioblätter u. 1 B. Text.) Leipzig 834. G. Wigand. ⅚ ℛ

—— Musterblätter zu Verzierungen f. Gewerbtreibende. 1. Hft.: 41 Orig.-Borduren u. 10 Orig.-Rosetten u. Eckstücke in goth. Geschmack, welche bloß aus geraden Linien u. Kreisbogen gebildet sind. (6 lith. ½ Folbl. u. 1 B. Text, Fol.) Leipzig (834), [Zirges.]

—— gemeinnütz. Nachrichten v. d. neuesten Erfindungen rc., s. Nachrichten.

—— der Phisionograph, e. Instrument z. Portrait-, Panoramen-, Landschafts- u. Maschinen-Zeichnen n. d. Natur, u. z. Copiren aller Arten v. Zeichnn. (Nebst 2 Stnt., Fol.) gr. 8. Leipzig 837, Pönicke u. Sohn. Verklebt.

—— die kalotypische Portraitirkunst. Oder: Anweisung, nicht nur die Portraits von Personen, sondern überhaupt Gegenstände aller Art, Gegenden, Bauwerke rc. in wenigen Minuten, selbst ohne alle Kenntnisse des Zeichnens u. Malens höchst naturgetreu u. sehr ausgeführt, mit geringen Kosten abzubilden. 1. Aufl. (2¼ B. u. 3 Taf. Abbild.) 842. u. 2. u. 3. Aufl. 8. (à 2 B.) Quedlinburg 843, 47, Basse. à —

Netto, F. A. W., die kalotypische Portraitirkunst. Oder: Anweisung, nicht nur die Portraits von Personen, sondern überhaupt Gegenstände aller Art, Gegenden, Bauwerke rc. in wenigen Minuten, selbst ohne alle Kenntnisse des Zeichnens und Malens, höchst naturgetreu und sehr ausgeführt, mit geringen Kosten abzubilden. Für Zeichner, Maler, Kupferstecher, Graveurs rc. Mit Abbildungen. 5. Aufl. 8. (32 S. mit 3 Stnt. in qu. 4.) Quedlinburg 856, Basse. —

Netto, Frid[ericus] Aug[ustus] Guilielmus: *De Principiis geometricis, quibus nititur Structura Semicirculi ref[l]ectentis a Howard Douglas, Anglo, inventi et de hujus instrumenti usu in definiendis et describendis terrestribus triangulis quartae magnitudinis, quod negotium ad Geodaesiam pertinet. 6 Bl. 8° (4°)

Halle-Wittenberg, Phil. Diss. v. 11. Juli 1818

Geb. [Leipzig 9. 6. 1783]

— Samml. neuer mathemat. Aufgaben aus der Zahlenrechnung, Buchstabenrechnung, Algebra, Geometrie, Trigonometrie rc. Mit 14 Kpf. gr. 8. Berl. 822. Maurers B. (Heinemann in Stolp.) 1 ℛ 16 gl

—— die Schablonir-Kunst. Mit den Abbildungen aller nöthigen Werkzeuge, u. m. Schablonen u. Mustern auf 4 schwarz. u. ill. Taf. Lex.-8. (2 B.) Quedlinburg 842, Basse.

— das Schachspiel unter Zweien, u. dessen Geheimnisse. Ferner das Courierspiel, Rundschach, des Tamerlan u. d. Kriegsspiel. Aus d. seltensten literar. Quellen bearb. Mit 1 Kpf. gr. 8. Berl. 827. Pauli. 1 ℛ 4 gl

—— die Schnell-Copirkunst d. Gewerbs-Risse u. Zeichnungen, n. d. neuesten, vortheilhaftesten u. geschwindesten Methoden u. aus 30jähr. Erfahr. 8. (1½ B. u. 1 Stnt.) Quedlinburg 840, Basse.

—— wohlfeiler Sicherheits- u. Allarm-Apparat gegen diebische Einbrüche in Städten u. auf dem Lande. gr. 8. (½ B. u. 2 Taf. Abbild.) Quedlinburg 843, Basse.

—— Tafeln z. Verwandlung d. Maaße, Gewichte u. Münzen des ein. Ortes in die eines andern; f. d. wichtigst. europ. Handelsplätze. gr. 4. (2¼ B.) Leipzig 838, Nauck.

— Taschenbuch z. Selbstbelehrung im Situationszeichnen in v. Müfflingscher u. Lehmannscher Manier. Mit 8 Kupfrt. gr. 12. Berlin 827, Herbig.

— 12 Uebungsblätter in d. Situationszeichenkunst. gr. Fol. Berl. 823. Maurers B. 2 ß

— Berlinische Vorlegeblätter, f. den Unterricht in d. freien Handzeichenkunst, nach d. besten Meistern u. Antiken, f. Gymnasien ꝛc. Mit e. Anweis. zum richtigen Gebr. derselben. 4. Berl., Amelang. 1 ß

Netto, Vorlegeblätter zur Lehre der Situations-Zeichnung von Lehmann. 2. Aufl. Dresden 1817. 8.

Netto, F. W. Praktischer Wegweiser zur Selbsterlernung des regelmäßigen milit. Aufnehmens und des Krokierens auf dem Felde selbst. Mit Taf. Berlin 1825. 182 S.

— prakt. Wegweiser zur Selbsterlernung des regelmäß. militär. Aufnehmens u. des Krokirens auf d. Felde selbst, sowohl mit dem Meßtische, als mit Reflektoren u. der Patent-Boussole. Mit 5 Kpft. 8. Berl. 826. Rücker. 1 ß 6 gr.

— I) Wie werden die Dorn'schen Lehmdächer völlig dauerhaft u. wasserdicht angefertigt? Aus den bei dem Baue eines solchen Daches gemachten Erfahrungen vollständig mitgetheilt. II) Die Harzplatten-Dachdeckung des Bauinspectors Sachs; und III) Die neue wohlfeile feuer- u. wasserfeste Dachdeckung mit Pechpappe. 8. Leipzig 838. Franke. ⅓ ß

—— I. Wie werden die Dorn'schen Lehmdächer völlig dauerhaft u. wasserdicht angefertigt? Aus den bei d. Baue e. solchen Daches gemachten Erfahrn. vollständ. mitgetheilt. II. Die Harzplatten-Dachdeckung d. Bauinspectors Sachs, u. III. Die neue wohlf. feuer- u. wasserfeste Dachdeckung mit Pechpappe. 8. (2 B.) Leipzig 838, [Voigt u. Fernau.]

Netto, Friedrich Wilhelm,
s. Netto, Friedrich August Wilhelm

Netto, H., Bibliotheca Homerica. Gel. 1887. — Uebersicht erläuternder Schriften zu Homers Werken. Gel. 1888. 6 u. 15 S. 4°. 1.—

Netto, (Heinr.,) Formenlehre d. griech. Zeitwortes. Nebst einem Anhang homerischer Formen. 8. Leipz. 825, Hartmann. Rthlr.

Netto, Hnr., Formenlehre d. griech. Zeitwortes. Nebst e. Anh. homerischer Formen. 8. Leipz. 825. (Lehnhold). 8 gr

Verzeichniss der Bibliothek der Loge zu den drei Degen im Or. von Halle. [Zsgest. von Heinr. Netto.] Festgabe zu der ersten Säcularfeier der Loge am 13. und 14. Dec. 1843. Halle 1843: Gebauer. VIII, 142 S. 8°
Kl. 13c, Tt. 64.

Netto, Johann Friedrich

— et Lehmann; l'art de tricoter, développé dans toute son étendue, av. XXV planch. gr. Fol. Lpz. 802. Voss. 10 ß

— u. Lehmann, die Kunst zu stricken, in ihrem ganzen Umfange ꝛc. Fol. Leipz. ... Neue verm. Ausg. Mit 50 schw. u. illum. Kpf. Fol. Ebd. 804. Voß. 10 ß

— die neueste Kunststickerei. Mit 6 Kpf. gr. 4. Leipz. 805. Voß. 1 ß 8 gr

— neueste Mode-Muster z. Zeichnen, Malen u. Sticken ꝛc., als Anh. zu dessen größ. Maler- u. Stickbuch. Mit Text u. illum. qu. Fol. Leipz. 802. Hinrichs. 4 ß

— Muster d. neuesten Mode zum Zeichnen, Malen u. Sticken; zur Selbstbeschäftigung f. Damen ꝛc. Als Fortsetz. d. Zeichen-, Maler- u. Stickerbuchs. Neue mit 8 Kpf. verm. Ausg. qu. Fol. Leipz. 803. N. A. ... Hinrichs. 1 ß

— Muster der neuesten Mode z. Zeichnen, Malen und Sticken ꝛc. als Anh. zu dess. groß. Maler- und Stick-Buch. Fol. Lpz. Hinrichs. 804.

— Muster, französ. Aermel, Hemdekragen ꝛc. zu nähen. Mit 6 Kpft. 4. Leipz. 798. Voß. 16 gr

Netto, Jh. Fr., († d. 6. Jan. 1810.) Original-Desseins zur Stickerei nach d. neuesten Geschmack. 1s Hft. gr. 4. Leipz. 799. Voß. 2 ß 6 gr — Dies. f. die neue Stickerei in Petinet ꝛc. Mit Kpf. qu. 4. Ebd. 805. 20 gr

— Taschenbuch der Strick- Näh- und and. weibl. Arbeiten, oder Anweis. zu künstl. Strickereyen, Steppen und a. Mode-Näharbeiten ꝛc. 5 Bde mit schw. u. color. Kupf. 4. Lpz. Hinrichs. 804—11. (à 2 Rthlr. 12 gr.) 1

— Taschenbuch f. Strick-, Stick-, Näh- u. a. weibl. Arbeiten. (1r Jahrg.) 2e Aufl. Mit 33 Kpf. qu. 4. Leipz. 807. Hinrichs. 1 ß — 2r Thl. f. 1804. Mit 15 Kpf. qu. 4. Ebd. 1 ß — 3r Thl. f. 1807. Mit 38 Kpft. qu. 4. Ebd. 1 ß — 4r Thl. f. 1810. Mit 30 Kpf. qu. 4. Ebd. 1 ß — 5r u. 6r Thl., f. Toilettengeschenk.

Netto, J. F., u. F. L. Lehmann, neuestes Toilettengeschenk, f. Toilettengeschenk.

— Wäsch-, Bleich-, Platt- u. Näh-Buch. Mit 12 Kpft. Fol. Leipz. 796. 2e A. 799. Voß. 3 ß 12 gr

— Zeichen-, Maler- u. Stickerbuch. 3 Thle. qu. Fol. Lpz. 794—800. (1r Thl. 2e A. 799.) Voß. 19 ß — 3r Thl. 1s Hft. (A. u. d. T.: Original-Desseins zur Stickerei ꝛc.) — Dass. mit gesticktem Modell-Tuche. 27 ß

Netto, Kurt

Netto, C., u. G. **Wagener,** japanischer Humor. Mit 257 Abbildgn., darunter 5 Chromotaf. hoch 4. (X, 283 S.) Leipzig 901. F. A. Brockhaus. Kart. n. 15. —

Netto, C., Papier-Schmetterlinge aus Japan. Nach Skizzen d. Verf. illustrirt v. Paul Bender. Imp.-4. (XIII, 266 S. m. 145 Textabbildgn., 2 Farbendr., 3 rad. u. 13 Lichtdr.-Vollbildern, 1 Vollbilde in Buchdr. u. farb. Umschlage.) Leipzig 888. [T. O. Weigel.] Giesecke & Devrient. cart. n. 75. —; geb. n. 90. —

Nettobrüder, die; Lstspl. 8. Frankf. 796. Diez. 4 gr.

Nettobruder, die,. Lustsp. 8. Frankf. Zeßler. 796.

Nettstraeter, Car. Franc. Joseph. August. (geb. Cochem an d. Mosel 20. 7. 1839): De ileo. Berolini (1863). (32 S.) 8°
Berlin. Med. Diss. v. 8. Okt. 1863

Der Konvertit Albert Hetsch auf seinem Entwicklungsgange vom Pantheismus zum Lichte der Wahrheit. Eine Apologie des Glaubens für Gebildete. Mit dem Bildnis von Hetsch. Neue Ausgabe. Freiburg, Herder, 1893, gr. 8°, XXXVI, 508 S., 3 Mk.
1. Ausg. u. d. T.: Albert Hetsch. [Von Madame Netty du Boys.] Mit einer Einl. von Bischof Perraud von Autun. Autoris. Übersetzung aus dem Französ. Das. 1886, 5 Mk. Auszüglich in dem Aufsatze: Albert Hetsch. Katholik 1886, Bd. 1 S. 316—25. Vgl. L'abbé Hetsch par l'auteur des derniers jours de Msgr. Dupanloup, avec l'introduction de Msgr. Perraud, évêque d'Autun. Paris, Poussielgue frères, 1885, XXX, 646 p., 8°. Dazu Hist. pol. Bl. Bd. 95, S. 705—9. Über Hetsch, geb. zu Biberach (Württemberg) 16. Sept. 1812, Konvertit seit 16. April 1847, vgl. auch Rosenthal I. 2, 407—8.

Netuschil, Barbara, Philippine u. ihre Hofmeisterin, e. Gespräch zur Belehrung u. Unterhaltung f. die weibl. Jugend u. zur Uebung in der französ. Sprache rc., übers. von Jan. J. L. Liezenmayer v. Hochstett. (Nebst d. französ. Text zur Seite.) gr. 8. Wien 819. Grund. 12 gr.

Netuschil, Fr. Barb., Aphorismen für Mädchen. Zur Erweiterung des Nachdenkens und zur Veredlung des Herzens. Beym Unterrichte, zu Vorschriften und zum Dictiren geeignet. 12. Wien, Gerold. 817. •

Netuschil, Frz., Aphorismen f. Mädchen. Zur Erweiterung des Nachdenkens u. zur Veredlung des Herzens. Beim Unterrichte, zu Vorschriften u. zum Dictiren geeignet. 12. Wien 817. Gerold. 8 gr.

Netuschil, Frz., kleine Begebenheiten aus d. Gebiete d. weibl. Jugend. Ein neues unterhalt. Haus- u. Lesebüchl. f. kleine Mädchen. 12. (3⅓ B. u. Titkpfr.) Wien 839, Mausberger.

Netuschil, Frz., Gabriele oder die gute Tochter. Eine Original-Geschichte für deutsche Fräulein und Mädchen von reiferem Alter. Mit Titelkpfr. gr. 12. Wien 831, Mausberger. (Leipzig, Hunger.) ⅔ ℛ

Netuschil, (Frz.) Uebungsbeispiele zur Anwendung d. Regeln d. deusch. Rechtschreibung. In 670 Beispielen, nebst einem alphabet. Anhange von 30 kurzgefaßt. Moral. Sätzen. gr. 12. Wien 826, Tendler.

NETUSCHILL, Franz
Die astronomischen Gradmessungsarbeiten des k. u. k. militär-geographischen Institutes. Von Franz Netuschill. Separat-Abdruck aus den „Mittheilungen des k. u. k. militär-geographischen Institutes". XIX. Bd. Wien. 1900. Verlag des k. u. k. militär-geographischen Institutes. In Comm. R. Lechner (Wilh. Müller). Gr.-8°. Paginirt: 146—165. K —.80

NETUSCHILL, Franz
Die astronomischen Gradmessungsarbeiten des k. u. k. militär-geographischen Institutes. Die Breiten- oder Polhöhen-Bestimmungen. Von Franz Netuschill. Separat-Abdruck aus den „Mittheilungen des k. u. k. militär-geographischen Institutes", XX. Bd. Wien. 1901. Verlag des k. u. k. militär-geographischen Institutes. In Comm. R. Lechner (Wilh. Müller). Gr.-8°. Pag. 40 bis 63 S. K —.80

Netwald, Joseph

Netwald, J., systemat. Darstellung der chemischen Heilmittel. 4 Lfrgn. gr. 8. Wien 840. Braumüller u. Seidel. n. 2⅔ ℛ

Netwald, Jos., systematische Darstellung der chemischen Heilmittel, mit vorzüglicher Rücksicht auf die k. k. österr. Landes-Pharmacopöe vom Jahre 1836; nebst Angabe der bei den chem. Heilmitteln häufiger vorkommenden Verunreinigungen, Verfälschungen u. Verwechslungen, u. einer Uebersicht der wichtigeren chem. Reagentien auf sechs Placattabellen. Als Handbuch für angehende u. ausüb. Aerzte, Apotheker u. Chemiker. gr. 8. Wien 842. (Braumüller u. Seidel.) n. 2⅔ ℛ

Netwald, Josef — Hall in Oberösterreich und seine brom- und jodhältigen Soolquellen. Zum Gebrauche für Kurgäste von — —, Eigenthum des Verfassers. Steyr, 1857. Aus der Michael Haas'schen Buchh. (3 Bl. 168 S. 8.) (Mit einer Tabelle und einem Titelbild: Ständische Badeanstalt.)

Netwald, Jos., Hall in Oberösterreich und seine brom- und jodhältigen Soolquellen. Zum Gebrauche für Curgäste. Wien 857. (Pfautsch u. Voß.) 8. (3 Bl., 168 S., 1 Holzschn. u. 1 Tab. in 4.) n. 16 ngr.

Netwald, Jos., Hall in Oberösterreich und seine brom- und jodreichen Soolquellen. Für Besucher des Kurorts beschrieben. 2., verm. Aufl. 8. (VIII und 191 S. mit 1 Tab. in qu. Fol.) Wien 862, Typographisch-literarisch-artistische Anstalt. *

Netwald, Jos., Notice sur les eaux minérales (chlorosodiques, bromurées, jodurées froides) de Hall en Haute-Autriche. 2. édit. avec 1 carte itinéraire (lith. in 4.). Linz 865. Danner. gr. 8. (22 S.) 6 ngr.

— chemische Untersuchung des jod- und bromhältigen Mineralwassers zu Hall bei Kremsmünster, im Auftrage des hochlöbl. o. d. e. Landes-Collegiums ausgeführt im Jahre 1853. Linz, Fink. gr. 8. (44 S. u. 1 Tab. in 4.) n. 10 ngr.

Netwald, Jos., chemische Untersuchung des jod- und bromhältigen Mineralwassers zu Hall bei Kremsmünster, im Auftrage des hochlöbl. o. d. e. Landes-Collegiums ausgeführt im J. 1853. gr. 8. (43 S. mit 1 Tab. in qu. gr. 4.) Linz 851. (Leipzig, Hübner.) *

v. Netz, Fräulein ..., s. Briefe e. Schles. Fräuleins.

§ * **TEUFELS**, Des, Netz. Satirisch-didaktisches Gedicht aus der ersten Hälfte des fünfzehnten Jahrhunderts, herausgegeben von K. A. Barack. Stuttgart. 70. Publ. des literarischen Vereins, 1863. Gr. 8°. 467 S. (In Berlin: Yg 5117.) (4 Mk. Heberle, Cöln, c. 1872.)
Kam nicht in den Handel. — Goedeke[2] I, 302, 50:

Trigonometrisches Netz der Bukowina. Hrsg. v. k. u. k. Militärgeogr. Inst. (1:144.000.) Wien (o.J.).

Netz, trigonometrisches, zur topographischen Karte des Kts. Aargau.

Netz, Carl, s. Netz, Karl

Netz, E. Die Zerstörung der Schlösser d. Hausberges bei Jena. Eine geschichtl. Studie. gr. 8. (28 S.) Jena 890, Mauke. * * — 50

Netz, Ed., Anleitung z. Gebr. d. Denkfreundes. N. Graser's Elementar-Unterrichtsmethode bearb. Nebst e. Vorw. v. Heinr. Gräfe. 8. (8 B. u. 2 Stnt.) Leipzig 837. [Braunschweig, Westermann.]

Netz, Ed., Blumen u. Blüthen. A.B.C.- u. Leseb. z. Aufmunterung u. Belohn. f. gute u. fleiß. Mädchen. gr. 8. (2 B., 24 ill. Abbild. u. ill. Ttlbl.) Jena 839, (Hochhausen) Thlr. *

—— der Denkfreund. Erstes Lehr- u. Lesebuch, enth. d. ersten Zeichnen-, Schreibend-, Lese- u. Sprach-Unterricht. N. Graser's Grundsätzen bearb. 8. (3⅛ lith. u. 4½ gedr. B.) Leipzig 837. [Braunschweig, Westermann.]

—— dass. — Zweites Lehr- u. Leseb., enth. d. Aelternhaus od. d. ersten Lebens-Unterricht. 8. (13 B.) Ebds. 837.

Netz, Ed., Farbenblindheit od. Farbenkenntnis? Pädagogische Studie e. farbenblinden Lehrers. Mit 2 Farbentaf. 8. (72 S.) Jena 886. Bufleb. n. 1. 20

Netz, Ed., das entlarvte Kartoffelgespenst. Erfahrungen, Beobachtungen und Versuche über die Ursachen der Kartoffelkrankheit. Vorschläge zu ihrer Verhütung. Jena 853. Frommann. gr. 8. (VIII, 37 S.) 7½ ngr.

Netz, Erich: Über das p-Bromphenyl⟨1⟩methyl⟨3⟩pyrazolon ⟨5⟩ und seine Derivate. Jena 1906: G. Neuenhahn. (36 S.) 8°
Jena, Phil. Fak., Ref. Knorr, Diss. v. 19. Sept. 1906
[Geb. 24. Okt. 82 Jena; Wohnort: Jena; Staatsangeh.: Sachsen-Weimar; Vorbildung: Gymn. Jena Reife O. 02; Studium: Würzburg 5, Jena 3 S.; Rig. 11. Juli 06.]

Netz, Friedr., wie schützen wir unsere Gesundheit im Kriege? Nach einem Vortrage. gr. 8. (20 S.) Karlsruhe 887. (A. Bielefeld's Hofbuch.) ** — 50

Netz, Geo. Levis, an introduction to the german language. Part. I. The elements of german grammar. Die Anfangsgründe d. deutsch. Sprachlehre. gr. 8. (6 B.) Darmstadt 839, Jonghaus.

Netz, Karl

Netz, Carl, Anleitung zur Zucht der Seidenraupen. Mit einer großen ill. Taf. in gr. Fol., den ganzen Lebenslauf der Seidenraupe und 2 kleineren lithogr. Taf. in qu. Fol., Zeichnungen einiger zur Zucht erforderl. Geräthschaften darstellend. gr. 8. (XII und 96 S.) Darmstadt 855, (Jonghaus'sche Hofbuchh.) *

Netz, Karl, Deutschland und Rom. Poetische Völkerbilder aus dem Heldenleben der Deutschen. Heidelberg 862. Weiß. gr. 8. (IV, 244 S.) 1 ℛ 9 ngr.

Netz, Karl, die Kirchen des europäischen Abendlandes in ihrem gegenwärtigen Verhältnisse, ihrem Kampfe, ihrer Annäherung u. Entfernung von einander. 1. Bd. gr. 8. (XII u. 490 S.) Frankfurt a. M. 847, Sauerländer. 2 ℛ

Netz, Karl Ludw., Deutschlands Kampf u. Sieg. Ein Heldenlied. 8. (144 S.) Beerfelden 873. (Heidelberg, Weiß.) n. 2. —

Netz, Paul, Bettel-Fritz, od.: Menschenliebe u. Dankbarkeit. Für Kinder u. Kinderfreunde. 16. (4½ B.) Chemnitz 838, [Warburg,] Billig. (?) *

Netz, Paul, Preciosa. Neues deutsches Volksbuch. 16. (3¾ B. u. 1 Illustrat.) Mittweida 845, (Billig.) *

——, Rolf d. Scandinavier-Häuptling, das Schrecken an Nordlands Küsten u. auf d. Gewässern. — Und: der todte Schacht. Zwei Erzähln. 12. (9 B.) Chemnitz 839, [Warburg,] Billig. (?)

—— die Stiefbrüder, od. Frevelthat u. Gewissenspein. Erzähl. f. d. Jugend u. f. Erwachsene. 16. (9 B.) Chemnitz 840, [Warburg,] Billig. (?)

Netz, Paul, Volksbücher. No. 1. Preciosa. Mit 1 Illustr. 16. Mittweyda 845. (Verlagsexpedition.) n. 2 ngr.

Netz, Th., Luftgas-Anlagen, s.: Handwerker-Bibliothek. 6. Bd.

Netz, Wilh., der japanische u. der chinesische Eichen-Seidenspinner [Attacus Jama-Mái u. Bombyx Pernyi] als die naturgemäßen Seidenspinner f. Deutschland, ihr Leben u. ihre Züchtung. 8. (28 S.) Neuwied 883. Heuser's Verl. n. — 50

Netzdistrikt, der, Bilder aus der Vergangenheit u. Gegenwart. Bromberg 868. (Mittler.) 4. (104 S. mit eingedr. Holzschn.) n. 1 ℛ 10 ngr.

Netze, geographische, zu Hansers Schul-Atlas. qu. gr. 4. (21 lith. Bl.) Regensburg 847, Manz. n. ¼ ℛ

Netze, geographische, zu Stielers Schul-Atlas. 26 Bl. gr. 4. Schweinfurt 845, Kleinknecht's Kunst-Verlag. n. ½ ℛ

Netze zu den beiden Planigloben. Ein Hülfsmittel für Schüler. 2 Blatt. Brandenburg ... Müller. ⅙ ℛ

*Netzel, Ge. Fr., der Sechs Tage Werke dieser Welt geheime Bedeutung im Spiegel der uhralten und mosaischen Philosophie entdecket — nebst einem Bericht von den unsichtbaren Creaturen, Feuer-, Luft-, Wasser- und Erd-Geistern. Blank. 722. 8.

Netzhammer, Raymund

Netzhammer, R., siehe: *Jahresbericht d. Benediktiner-Stiftes Maria-Einsiedeln.*

Jahresbericht über die Lehr- und Erziehungs-Anstalt des Benediktiner-Stiftes Maria-Einsiedeln im Studienjahre 1889/90. Mit Programm: Ueber schweizer. Landesvermessung, von *R. Netzhammer.* Mit 5 Taf. u. 11 Fig. Gr. in-4°. 54 S. Einsiedeln, Benziger & Co. 3 —

Netzhammer, Raym., O. S. B., das griechische Kolleg in Rom. (53 S.) gr. 8. Salzburg 905. A. Pustet. — 70
Sonderabdruck aus: „Kathol. Kirchenzeitg."

Netzhammer, P. Raymund. Über schweizerische Landesvermessung. [Mit Figuren und 5 Tafeln.] Progr. 4. Einsiedeln ... 1890.

Netzhammer, Raymund, die Landkarten, s.: Benziger's naturwissenschaftliche Bibliothek. Nr. 15.

Netzhammer, Raymund. Die Landkarten. Entstehung und Gebrauch. Mit 70 Textillustrationen und mehrfarbigem Titelbild [Tafel]. VIII + 141 S. 8. Einsiedeln ..., Benziger & Co. A. G., 1910. (geb. M. 1.50)
(Benzigers Naturwissenschaftliche Bibliothek. No. 15.)

Netzhammer, R., Lehrbuch der ebenen u. sphärischen Trigonometrie, nebst e. Sammlg. v. Übungsaufgaben zum Gebrauche an Gymnasien. gr. 8. (VI, 211 S. m. 100 Textfig. u. 5 Taf.) Paderborn 889. F. Schöningh. n. 2. 80

Netzhammer, P. Raymund. Theophrastus Paracelsus († 1541). Das Wissenswerteste über Leben, Lehre und Schriften des berühmten Einsiedler Arztes. Nach seinen Schriften und den neuesten Paracelsus-Forschungen. [Illustriert.] (Progr.) 4. Einsiedeln 1900.

Netzhammer, Raymund. Theophrastus Paracelsus. Das Wissenswerteste über dessen Leben, Lehre und Schriften. Nach seinen Schriften und den neuesten Paracelsus-Forschungen. Von P. Raymund Netzhammer, O.S.B. .... [Mit Illustrationen und 3 Tafeln.] 174 S. 8. Einsiedeln *etc.*, Benziger & Co. A. G., 1901. [fr. 5. —]

(Buchausgabe der wissenschaftl. Beilage zum Jahresbericht der Lehr- und Erziehungsanstalt Maria-Einsiedeln [1899/1900].)

Ⓑ — Theophrastus Paracelsus. 901. (LBL 82.) Jetzt: Salzburg, A. H. Huber. Ladenpr. aufgeh.

— Aus Rumänien. Streifzüge durch das Land u. seine Geschichte. Mit dem Bilde des Verf., 108 Illustr. im Text u. 8 Karten. (432 S.) 8. Einsiedeln 909. Verlagsanstalt Benziger & Co. 6.—; geb. in Leinw. 7. —

Netzhammer, Raymund. Unsere Stellung zur griechisch-orthodoxen Kirche. Von P. R' Netzhammer, O. S. B. ⟨Einsiedeln⟩. Separatabdruck aus der «Kathol. Kirchenzeitung» [Jahrg. 43, 1903]. 18 S. 8. Salzburg, Anton Markl, 1903.

Netzkarte des Deutschen Reichs, enthaltend die gegenwärtige Eintheilung nach Kreisen (Verwaltungsbezirken). M. 1:3000000. Berlin 1893. . . . . (D.)

Netzker u. Rademann, deutsch-lateinisches Übungsbuch f. Quarta im Anschluß an die Lektüre d. Cornelius Nepos. gr. 8. (VIII, 244 S.) Gotha 889. F. A. Perthes. n. 2. 40

Netzker, Herm., Hermagoras, Cicero, Cornificius, quae docuerint de „statibus". Dissertatio. gr. 4. (51 S. m. 1 Tab.) Kiel 879. Lipsius & Tischer. n. 2. —

Psychologische Betrachtungen. — Von Aug. Netzle, G. P. — 1877. Hof, ibid. — S. 3—21⁸.
Progr. Hof. K. Gymn.

Netzle, A., II. u. III. Satire des Persius. Pr. 1878. 14 S. 4°. 1.25

Netzsch, Adolf B., Jugendspiele der Mädchen, Vortr., Dresden 1895, 23 S., 8°.

Netzsch, Julius, Bayr. Forstamtsassessor an der Bot. Abt. d. Forstl. Versuchsanst.: Die Bedeutung der Fluorverbindungen für die Holzkonservierung. München 1909: Kastner & Callwey. 192 S. 8° ¶ (Gekr. Preisschr.)

München, Staatswirtsch. Diss. v. 29. Nov. 1909, Ref. v. Tubeuf, Ramann

[Geb. 2. Juli 79 Euerdorf; Wohnort: München; Staatsangeh.: Bayern; Vorbildung: Gymn. Speier Reife Juli 98; Studium: Aschaffenburg Forstl. Hochsch. 4, München 7 S.; Rig. 29. Nov. 09.] [U 10. 3459

Netzschkau [Schlagwort]

Netzschkau. Plan von Netzschkau. Gezeichnet v. Hugo Burkhardt. 1 : 5,000. 29,5×40,5 cm. Farbdr. Netzschkau 897. A. Stein. — 25

Die Netzstickerei. Gr.-8°. (34 S. mit 20 Tafeln.) † K —.60
Wien: Gerold 1904.

Netzzeichnenbuch zu Arbeitsschule I. und VII. 9. Aufl. 4. (48 S.) Weimar 873, Böhlau. **

Netzzeichner, der. Vorlagen f. kleine Schiefertafelkünstler. 8. (8 Vorlagen m. 1 Pergamentpapier-Taf.) Leipzig 889. Fr. Pfau. In Mappe. n. — 50

Neu, Sedanfeier, s. Fröhlich, G.

Neu, Carl, s. Neu, Karl

Neu, Frz., zur Geschichte des Franziskanerklosters, der Kirche und Pfarre zum heil. Nikolaus in Aachen. gr. 8. (124 S. mit 4 photolithogr. Abbild. auf 2 Taf.) Aachen 881, (Jacobi und Comp.) **

Neu, G., ein Bahnbrecher der Missionsarbeit in Baden. Ein Gedenkblatt zum 100jähr. Geburtstag des D. Ernst Frdr. Fink. (16 S. m. Abbildgn.) 8. Hamburg (906). Agentur des Rauhen Hauses. n. — 15

Neu, Geo., Betty, die Gläubige. Roman. 8. (22 B.) Nürnberg 836, [Bauer u. Raspe.]

Neu, Geo., Betty, die Gläubige. Roman. 8. Nürnberg 836. Schneider u. Weigel. (Merz.) $1^2/_3$ ₰

Neu, Hans. All Heil! od. die Ritter v. Rad, s. Universal-Bibliothek Nr. 2777.

Neu, Heinr., Geschichte der evangelischen Kirche in der Grafsch. Wertheim. gr. 8. (IV, 130 S.) Heidelberg 903. C. Winter, Verl. n. 4. —

Geschichte des Marktfleckens Wenkheim. Eine Festgabe z. 100jähr. Gedenktag d. Einweihung d. evang. Kirche daselbst. Von Heinrich Neu, Pfarrer. Wertheim a. M. 1893: Bechstein. 86 S. 8° [Umschlagt.] (11. 7351

Neu, Heinr., aus d. christl. Kinderpflege. Die Vorgeschichte der Anstalt für Kleinkinderpflege zu Nonnenweier, s.: Schriften, kleine.

Neu, Heinrich [aus Essen]: Aus d. Klinik f. Hautkrankheiten u. Syphilis. Syphilis hereditaria tarda. . . . Bonn, Univ.-Buchdr. v. Carl Georgi, 1889: 28 S. 1 Bl. 8°
Bonn, Med. Fak., Inaug.-Diss. v. 7. Jun. 1889

Neu, Heinr., wenn die Not am größten, ist Gott am nächsten, s.: Vereinsbühne.

— aus alter Zeit. Erzählg. aus d. Zeit d. Christianisierg. Unterfrankens. 12. (107 S.) Karlsruhe 897. J. J. Reiff. Kart. n. — 75

Neu, J. F., die Teichwirthschaft, die Teichfischerei und der Teichbau. Nach praktischen Erfahrungen in der Oberlausitz zusammengestellt. Bautzen 859. Helfer in Comm. gr. 8. (VIII, 48 S.) n. 10 *ngr.*

Neu, Joh. Chr. Dissertatio de breviario Augusti. 4 Tubingae 1709.

Neu, J. C., de equite S. Georgio. Tubing. 1716. 4.

Neu, Joh. Chr. Themata de Henrico II., Germanorum imperatore. 4. Tubingae 1707.

Neu, Joh. Chr. Themata quaedam selectiora de Henrico III., Nigro dicto. 4. Tubingae 1718.

Neu, Jh. Fr. Wlh., Diss. inaug. med. exhib. observationes medico-pract. et chirurg. 4. Götting. 776. Dieterich. 2 gl

(Neu, J. P.) Die Helden und Bürger und Bauern am Niederrhein in den letzten sechs Jahren des vorigen Jahrhunderts. Von Montanus. (Pseud.) Opladen 1870. 8°.

Neu, Karl

Neu, Carl (Gnesen), De asylis. Diss. phil. Göttingen (Dieterich) 1837. 34 S. u. Biogr. (M.: E. Netzel.) (3.—) 24708
Gew.: Leon Przyluski.

Neu, Karl, aus Strassburg i. E.: Complikationen bei Masern. Beobachtungen an d. Kinderklinik zu Strassburg. *Strassburg i. E. 1901: C. & J. Goeller.* (37 S.) 8°
Strassburg, Med. Diss. v. 1901

Neu, Karl, s. J. Lelewel, kleinere Schriften.

Neu, Karl, approb. Arzt aus Bonn: Aus d. chirurg. Klinik zu Bonn. Ueber cirkuläre Resektion der Speiseröhre. *Bonn a. Rh. 1904: S. Foppen.* (42 S.) 8°
Bonn, Med. Diss. v. 8. Juni 1904

Neu, L., Uebungs- u. Dienstbuch für freiwillige Feuerwehren. 12. (IV, 79 S.) Lohr 881. Liebe. n.n. — 50

Neu, M., Uebungsbuch f. den Unterricht in der deutschen Rechtschreibung, s.: Hopstein, Bet.

v. Neu, M. W., über die Ursachen u. Nachtheile des gegenwärt. Unwerths der liegenden Güter u. die Mittel dagegen. gr. 8. Nürnb. 825. Monath u. K. 8 gr.

— **Martin Wilhelm von (Nürnberg),** De transmissione actorum ad impartiales in vim revisionis ex constitutionibus imperii ac praesertim ex moribus reipublicae Norimbergensis. Altdorf (J. P. Meyer) 13. IX. 1790. 32 S. (5.—) 24709

Neu, Maximilian, aus Freinsheim, bayr. Rheinpfalz: Experimentelle und klinische Blutdruck-Untersuchungen mit Gärtner's Tonometer. *Heidelberg: C. Winter 1902.* (155 S.) 8°
¶(Aus: Verhandl. d. Naturhist.-Med. Vereins zu Heidelberg, N.F. Bd 7. — Gekr. Preisschr.)
Heidelberg, Med. Diss. v. 1902

Neu, Maximilian, Dr., Assistent an der Universitäts-Frauenklinik: Untersuchungen über die Bedeutung des Suprarenins für die Geburtshülfe. Eine experimentelle u. klin. Studie. Mit 3 Taf. Berlin 1908: L. Schumacher. (95 S.) 8° ¶(Aus: Archiv f. Gynäkologie Bd 85 H. 3.)
Mit: Einladung zur ... Probe-Vorlesung ... d. 2. März 1908 ... Thema: Physiologie und pathologische Physiologie der postpartalen Hämostase. Heidelberg (1908): J. Hörning (1 Bl.) 8°
Heidelberg, Med. Fak., Hab.-Schrift v. 1908

Neu, Max, Untersuchungen üb. die Bedeutg. des Suprarenins f. die Geburtshülfe. Eine experimentelle u. klin. Studie. (V, 95 S. m. 3 Taf.) gr. 8. Berlin 908. A. Hirschwald. 3. —
Sonderabdruck aus: „Archiv f. Gynäkol."

Neu, Peter *Theodor* [aus Crefeld]: Aus d. med. Klinik zu Bonn. Ueber sarcomatöse Neubildungen im Herzen ... Bonn, Druck v. J. F. Carthaus, 1893; 25 S., 1 Bl. 8.
Bonn, Med. Fak., Inaug.-Diss. v. [22. Juli] 1893

Neu, Peter, Gerichts-Ref. aus Völklingen a. d. Saar: Der Ususfructus nominis, nach Gemeinem Recht und Bürgerlichem Gesetzbuch. *Köln [1898]: R. Pusch & Zörnsch.* (67 S.) 8° [F. u. Ant.]
Erlangen, Jur. Diss. v. 10. Okt. 1897

Neu, W. M. von: „Ueber die Ursachen und Nachtheile des gegenwärtigen Unwerths der liegenden Gründe und die Mittel, wodurch solche wieder zu höherm Werth gebracht werden können", Nürnberg 1825 (Monath).

Neu, Wilhelm [Prof.]: Apparate und Versuche zur induktiven Behandlung der Statik. Augsburg, Druck d. Literar. Instit. v. Haas & Grabherr, 1894; 42 S., 1 Bl. 8.
Augsburg, k. RG., P 1894

Neu, Wilhelm „Beiträge zur induktiven Behandlung der Elementar-Mechanik", pg. 3—47. 8°. Mit Textfiguren. Grießmayer'sche Buchdr.
Neuburg a. D., Progr. 1887/88

Neu, Wilhelm „Die Brennlinien durch Reflexion und Refraction für den Kreis, nebst einem Beitrage zur Theorie des Regenbogens". III/IV und pg. 1—91 und 1 Bl. 8°. Mit 2 Tafeln. J. P. Himmer'sche Buchd.
Augsburg, Progr. 1878/79

Neuanschaffungen in der Bibliothek des K[aufmännischen] V[ereins Luzern]. ... Supplement zum Bibl'-Katalog [= Katalog der Bibl' des K' V' L'] vom 1. August 1902. 8. [Luzern.]
N'.... Vereinsjahr 1902/1903. 1. Suppl'.... 6 S. [1903.]
N'... in den Jahren 1902/3 bis 1904/5. 1., 2. und 3. Suppl'... 11 S. [1905.]
N'.... Vereinsjahr 1905/1906. 4. Suppl'.... 23 S. [1906.]
N'.... Vereinsjahr 1906/1907. 5. Suppl'.... 7 S. [1907.]

Neu-Arenberg [Schlagwort]

Neu-Arenberg, s.: Preussen. Messtischblätter.

Neu-Ausgaben, Stuttgarter illustrierte. 1. gr. 8. Stuttgart (910). K. A. E. Müller. Geb. 1. 25
Märchen u. Fabeln m. Bildern v. Mor. v. Schwind. (82 S.)

Neuausgaben u. Uebersetzungen älterer freimaurerischer Werke. 1. Bd. 4. Wiesbaden 900. C. Ritter. Geb. n. 6. —
Constitutionenbuch, das, v. 1723. (The constitutions of the Free-Masons. Containing the history, charges, regulations, &c. of that most ancient and right worshipful fraternity. For the use of the lodges. London 1723.) (VIII, 92 S. m. Titelbild.)

Neuausgaben und Uebersetzungen aelterer freimaurerischer Werke. [Hrsg. von der] □ Plato zur beständigen Einigkeit in Wiesbaden. Bd 1. 2. Wiesbaden: Ritter 1900—1902. 4°
1. Das Constitutionenbuch von 1723. 91 S. 1900.
2. Das Constitutionenbuch von 1723. Deutsche Uebers. XI, 88 S. 1902. 23. 25a.

Aus der Vergangenheit der Pfarrei Achtelsbach (1500–1800). Nach d. Akten d. Pfarr-Archivs von Hermann **Neubach**, Pfarrer. Selbstverl. (übergekl.: Birkenfeld: Fillmann) [um 1910]. 63 S. 8° 10. 1604

Neubach, Herm., aus der Vergangenheit d. Pfarrei Achtelsbach (1500—1800). Nach den Akten des Pfarr-Archivs. (63 S.) 8. Oberstein (910). (Birkenfeld, A. Fillmann.) — 80

Neubahrt's Handkalender, s. Neubarth, Johann

Neu-Bamberg, Die Colonie, im Staate Tennessee in Nord-Amerika. Bamberg 1846. V: *Mark, L.* (BMarsch 1184)

Neubart, Jul., Vorschlag, wie bei gewöhnl. Stufenöfen d. Gefahr, Kohlendämpfe in d. geheizte Zimmer zu bekommen, auf e. wohlf. Weise ohne bedeut. Wärmeverlust sicher zu begegnen sein dürfte. 16. (1½ B. u. 1 Stnt.) Berlin 839. (Burmeister u. Stange. ?)

Neubarth's, Joh., Hand-Kalender auf d. J. Christi 1872 und 1873. 64. (30 S.) Berlin, Trowitzsch und Sohn. cart. mit Goldschn. à Jahrg. *

Neubarth's, Joh., Hand-Kalender auf d. J. Christi 1873, welches ein Gemeinj. v. 365 Tagen ist. 64. (30 S.) Berlin, Trowitzsch & Sohn. cart. m. Goldschn. n. — 40

Neubarth's, Joh., fortgesetzter astronomisch-historischer und Schreib-Kalender auf das J. 1856. Zum Gebrauch der Lande Schlesien, Lausitz rc. Hierzu 1 Stahlst. Berlin, Trowitzsch. 4. (28 Bl.) n. 9 ngr.

—— fortgesetzter astronomisch-historischer und Schreib-Kalender auf d. J. nach der Geburt Jesu Christi 1872 und 1873. Zum Gebrauch der Lande Schlesien, Posen und anderer benachbarter Gegenden. 4. (64 S. mit 1 Illustr., Holzschntaf.) Ebendas. à Jahrg. * 85 Pf.; geh. *

Neubarth's, Johann, fortgesetzter astronomisch-historischer und Schreib-Kalender auf die J. 1886—1889. Zum Gebrauch der Lande Schlesien, Posen und anderer benachbarter Gegenden. 4. (à Jahrg. 60 S. mit je 1 Illustr.) Berlin, Trowitzsch und Sohn. à Jahrg.
Erscheint seit 1819 in demselben Verlage, früher im Verlage der Akademie der Wissenschaften.

Neubarth's, Joh., fortgesetzter astronomisch-historischer und Schreib-Kalender auf d. J. 1890—1893. Zum Gebrauch der Lande Schlesien, Posen u. anderer benachbarter Gegenden. 4. (58 S. m. 1 Holzschntaf.; 51; 60 S. m. Illustr.; 63 S. m. Illustr. u. 1 Wandkalender.) Berl., Trowitzsch u. Sohn. Jahrg. 1890 1 —; Jahrg. 1891—93 à * — 90

Neubarth's, Joh., fortgesetzter astronomisch-historischer u. Schreib-Kalender auf d. J. 1895. Zum Gebrauch der Lande Schlesien, Posen u. anderer benachbarter Gegenden. 4. (67 S. m. Illustr. u. 1 Wandkalender.) Berlin, Trowitzsch & Sohn. n. — 90

Neubarth's, Joh., fortgesetzter astronomisch-historischer u. Schreib-Kalender auf d. J. 1899. Zum Gebrauch d. Lande Schlesien, Posen u. and. benachbarter Gegenden. 4. (84 S. m. Abb. u. 1 Wandkal.) Berlin, Trowitzsch & Sohn. n. — 90

Neubarth's, Joh., fortgesetzter astronomisch-historischer u. Schreib-Kalender auf das Jahr 1903. Zum Gebrauch der Lande Schlesien, Posen u. anderer benachbarter Gegenden. 4. (77 S. m. Abbildgn., Titelbild u. Wandkalender.) Berlin, Trowitzsch & Sohn. — 50

Neubarth's, Joh., fortgesetzter astronomisch-historischer u. Schreib-Kalender auf d. J. 1907. Zum Gebrauch der Lande Schlesien, Posen u. anderer benachbarter Gegenden. (96 S. m. Abbildgn., 1 Farbdr. u. Wandkalender.) Lex.-8. Berlin, Trowitzsch & Sohn. — 50

Neubarth's, Joh., fortgesetzter astronomisch-historischer u. Schreib-Kalender auf d. J. 1911. Zum Gebrauch der Lande Schlesien, Posen u. anderer benachbarter Gegenden. (Umschlag: Kalender, schlesischer.) (112 S. m. Abb., 1 Farbdr. u. Wandkalender.) Lex. 8. Berlin, Trowitzsch & Sohn. — 40

Neubau, der. Ratgeber bei der Ausstattg., Einrichtg. u. Instandhaltg. der Bauten, bei der Beschaffg., Ausbesserg. u. Erneuerg. der Anlagen f. Beleuchtg., Heizg., Wasserleitg., Küchen- u. Badeeinrichtg., Ventilation, Blitzableitung, Haustelegraphie usw., sowie f. die Ausstattg. der Decken, Wände u. Fußböden, der Thüren u. Fenster, der Treppen, Balkone, Gärten usw. 1. u. 2. Jahrg. Juli 1891—Oktbr. 1893. à 24 Nrn. (1½ Bog.) gr. 4. Dresden, Kunstwart-Verlag à Jahrg. n. 2. —

Der **Neubau** der Anstalt und seine innere Einrichtung. Die Feier der Einweihung. Suhl 1904: A. Kaufmann. (S. 1—25.) 4° [J.]
Suhl, k. R P 1904 (323)

Neubau der Bürgergesellschaft zu Köln. Festschrift zum 16. Januar 1901 . . . [Köln 1901.] V: *Klinkenberg, Joseph.* (stBKöln II, 61)

Neubau, der, die Feuercassengelder, u. der Expropriationsplan. gr. 8. (1½ B.) Hamburg 842, Nestler u. Melle.
Aus: Neue hamburgische Blätter Nr. 21, 22 besond. abgedruckt.

Neubau, Der, für die Königliche Gemälde-Gallerie in Dresden . . . Leipzig 1847. V: *Wiettersheim, Eduard Carl August Wilhelm.* (BrVV)

Neubau, der, für die k. Gemäldegallerie in Dresden. Von ....m. 8. (32 S.) Leipzig 847, Brockhaus. *

Der Neubau der Innsbrucker Handelsakademie. Gr.-8°. (8 S.) Innsbruck: Wagner 1906. K —.50

Hamburg's Neubau. Sammlung sämmtlicher Façaden an den neuebauten Strassen. 12 Hefte. Hamburg. 1844—1848. à Heft. Ord. Pap. 15 Sgr. Chin. pap. 1 Thlr.

Neubau, der, der technischen Hochschule in Berlin und die Feier der Einweihung am 2. Novbr. 1884. Imp.-4. (12 S. mit Illustr.) Berlin 884, Ernst und Korn. *
Aus: Centralblatt der Bauverwaltung, besonders abgedruckt.

Neubau, Der, der k. k. Hof- und Staats-Druckerei in Wien. [Wien 1893.] V: *Träger, Theod. v.* (WFM)

Neubau, der, einer Kaserne und die Kasernirung einer grösseren Truppenzahl im Schloss Pleissenburg zu Leipzig vom hygieinischen Standpunkte aus beleuchtet. Eine vom ärztl. Zweigverein zu Leipzig dem königl. sächs. Gesammt-Ministerium übergebene Denkschrift. [Als Mscr. gedr.] gr. 8. (22 S.) Leipzig 869, O. Wigand. *

Neubau, der, e. Mädchenschulhauses zu Biberach. Erbaut in den J. 1906 u. 1907 f. Zwecke der evangel. u. kathol. Volksschulen u. der höheren Mädchenschule. Mit 1 Titelbild, 1 graph. Darstellg. u. 6 Abb. im Text, sowie 7 Planbeilagen. (25 S.) Lex. 8. Biberach (907). (Dorn.) 1. —

Neubau, der, der Musterschule (Reform-Realgymnasium) in Frankfurt am Main. Mit 14 Abbildgn. u. Plänen. (23 S.) gr. 8. Frankfurt a/M. 903. M. Diesterweg. — 60

Neubau, Der, des bayerischen Nationalmuseums in München . . . München 1902. V: *Seidl, Gabriel von.* (Berl)

Neubau, der, des bayerischen Nationalmuseums in München. Hrsg. m. Genehmigg. des königl. Staatsministeriums des Innern f. Kirchen- u. Schulangelegenheiten. gr. Fol. (XI, 88 S. m. Abbildgn. u. 82 Taf.) München 902. Verlagsanstalt F. Bruckmann. Geb. in Leinw. n. 70. —

Der **Neubau** der Oberrealschule zu Cassel und die Feier der Einweihung. *Cassel 1899: L. Döll.* (26 S.) 4° [Umschlagt.] Cassel, OR, OP 1899 (437)

Neubau eines chirurgischen Pavillons in der kantonalen Krankenanstalt in Aarau. (Vorlage des Regierungsrates des Kantons Aargau an den hohen Grossen Rat [März 1906, nebst] Bericht der Direktion der kant' Kr', Dr. [Heinrich] Bircher, [und 2] Expertengutachten, 1905 September — 1906 Januar 28.) Mit [2] Plänen. II + 24 S. 8. Aarau, H. R. Sauerländer & Co.

Der **Neubau** des **Realgymnasiums zu Elberfeld** und die Feier der Einweihung. Beigegeben sind 10 Taf. *Elberfeld 1900: J. H. Born.* (50 S.) 4°
Elberfeld, RG, OP 1900 (513)

Neubau, Der, eines Schlachthofes in Rostock. Rostock 1886. V: *Quittenbaum.* (Bachmann, Mecklenburg. Güstrow 1889 S. 278.)

Neubau. – Der Neubau des Physikalischen Vereins und seine Eröffnungsfeier am 11. Jan. 1908. Frankfurt a. M. (1908): Naumann. 141 S. 8°

Neubauer, Anzeige eines theolog. Pasquills unter d. Tit.: duo verba ct. conditiones Stattlerianas. 8. Münch. Lentner. 780.

Neubauer: La chrestamathie ou l'auteur? Question de philologie moderne. 21 S.– Halle R., Progr. 1860.

Neubauer, Geschichte der französ.-reform. Gemeinde zu Zweibrücken, s.: Geschichtsblätter des deutsch. Hugenotten-Vereins. IX. 6. 7.

Neubauer. Drei französische Lehrstunden in der höheren Bürgerschule. Erfurt, H. B., 1888. 7 S. 4. Progr.

Neubauer: Der höhere allgemeine Schulunterricht in Frankreich. Erfurt 1865.
Schul-/Univ.-Schrift

Waldstein (Wallenstein), Albrecht, Herzog zu Meklenburg, Friedland und Sagan. — Neubauer. — ..... und die Stadt Magdeburg. (1625—1630.) — Magdeburg 1891.

Neubauer, A. u. M. Stern. Hebräische Berichte üb. die Judenverfolgungen während der Kreuzzüge, s. Quellen zur Geschichte der Juden in Deutschland.

Neubauer, A., s. Chapter, the 53rd, of Isaiah according to the Jewish Interpreters.

Regesten des ehemaligen Benediktiner-Klosters Hornbach. Bearb. von A. Neubauer, Pfarrer zu Hornbach. (Speier 1904: H. Gilardone.) (XIX, 358 S.) 8°
= Mitteilungen d. historischen Vereins d. Pfalz. 27. [05. 4443]

Neubauer, A., die Schule zu Hornbach, s.a. **Mitteilungen des historischen Vereins der Mediomatriker f. die Westpfalz in Zweibrücken. V.**

Neubauer, Adf., aus der Petersburger Bibliothek. Beiträge und Documente zur Geschichte des Karäerthums und der karäischen Literatur. gr. 8. (XII und 214 S.) Leipzig 866, Leiner. *

Neubauer, Ad. Petite grammaire hébraique provenante de Jemen. Texte arabe, publié d'après les manuscrits connus. 8. (39 S.) Lpz. 891, Harrassowitz. ** 4 50

Neubauer, Andreas
Die Schule zu Hornbach, ihre Entstehung u. ihr erstes Jahr. Eine Jubiläumsgabe f. d. Gymn. Zweibrücken (1559–1909). Aktenmäßig bearb. von A(ndreas) Neubauer. Zweibrücken: Lehmann in Komm. 1909. VII, 112 S. 8°
(Mitteilungen d. Hist. Vereins d. Mediomatriker f. d. Westpfalz in Zweibrücken. 5.) [09. 13588]

Nekrolog auf P. Joachim Stumfall. (Beigabe zur Chronik der Anstalt.) — Von P. Anselm Neubauer, O. S. B., I. Präf. — 1897, Freising, Dr. Fr. P. Datterer. — P. 23–24.
Progr. Scheyern, Privatlateinschule

Seminar und Studienanstalt im Benediktinerstifte in Scheyern. Geschichtl. u. statist. dargest. von P. Anselm Neubauer, O.S.B. Kempten 1904: Kösel. VI, 180 S. 8° [09. 16199]

Seminar- und Studienanstalt im Benediktinerstifte Scheyern. (Geschichtlich und statistisch dargestellt. Mit geographischer Frequenztabelle. — Von P. Anselm Neubauer, O. S. B., Dir. — 1904, Pfaffenhofen a. Jlm, Anton Udart. — P. 3—71.
Progr. Scheyern, Privatlateinschule

Neubauer, (C. H.,) einsilbiges Lesebuch f. Anfänger im Lesen. 18. Annaberg 827, Hasper.

— s. auch Neupauer.

Neubauer, C. Paul, der Mädchenhändler, s.: Geschichten, intime.

Neubauer, C. Paul, was der alte Ahrinam erzählte. (121 S.) kl. 8. Leipzig 907. Verlag f. Literatur, Kunst u. Musik. 2.50; geb. n 3. 50

Neubauer, Carl, s. Neubauer, Karl

Neubauer, E., die künstlichen Dünger, s. Fresenius, R.

Neubauer, E., Der Aristotelische Formbegriff. Diss. 1909. 68 S.

KATALOG der Bibliothek des Vereins für Geschichte und Altertumskunde des Herzogtums und Erzstifts Magdeburg. Abgeschlossen im Juni 1892. Nebst einem alphabetischen Register. Im Auftrage des Vorstandes angefertigt von E. NEUBAUER. Magdeburg 1892. Kommissionsverlag von Walther Niemann. 8°.

Neubauer, E., lateinisches Übungsbuch f. die erste Classe der Gymnasien im Anschlusse an die Schulgrammatik v. Karl Schmidt. 7. Aufl. gr. 8. (V, 112 S.) Wien 890. Hölder. n. 1. 12; geb. n. 1. 52

Neubauer, E. Wallenstein u. die Stadt Magdeburg. gr. 8. (VI, 246 S.) Magdeb. 891, Rathke. * 3 —

Neubauer, E. F., de angelo mortis. Hal. 1732. 4.

Neubauer, E. F., de columnis ecclesiae etc. memoriae I. Iac. Rambach. 4. Giess. 736.

Neubauer, E. F., fortges. Lexikon, od. Nachr. von d. jetztlebenden Theologen in Deutschland. 2 Thle. 4. Züllich. 764. Frommann in Jena. 1 ₰ 20 ℊ

Neubauer, E.F.: de Michaële archangelo, s. Bernhold, J.B.

Neubauer, E. F., de missionariis Christi. Hal. 1729. 4.

— primitiae sacrae Giessenses. 4. Giess. 746.

Neubauer, Ernst Friedrich [Praes.], s. Schwarz, Johann Christoph: De reformatione a Luthero aliisque disputationibus incepta ac propagata, nec non de disputationibus ob Augustanam confessionem, tum ipsis in comitiis, tum alibi, habitis, variis observationibus illustrata.

Neubauer Eng.: Über die Anwendung der γραφὴ παρανόμων bei den Athenern zur Abschaffung von Gesetzen. (9.) Marburg 80.
Progr.

Neubauer, Engelb., Sammlung v. Übungsstücken z. Übersetzen aus d. Deutschen ins Latein., s.: Hintner, Val.

Neubauer, Engelbert, lateinisches Übungsbuch f. die 1. Classe der Gymnasien. Nach den im hohen k. k. Ministerial-Erlasse vom 1. Juli 1887, Zahl 13.276, aufgestellten Grundsätzen unter Berücksicht. der Grammatiken v. Goldbacher, Schmidt u. der kleinen lat. Sprachlehre v. Schultz. gr. 8. (VI, 119 S.) Wien 889. A. Hölder. Geb. in Leinw. n.n. 1. 50

— dasselbe. Im Anschlusse an die Schulgrammatik v. Karl Schmidt, 7. Aufl. gr. 8 (V, 112 S.) Ebd. 890. Geb. in Leinw. n.n. 1. 50

— dasselbe f. die 2. Classe der Gymnasien im Anschlusse an die Schulgrammatik v. Karl Schmidt, 7. Aufl. Nach den im hohen k. k. Ministerial-Erlasse vom 1. Juli 1887, Zahl 13.276, aufgestellten Grundsätzen ausgearb. gr. 8. (VI, 165 S.) Wien 891. A. Hölder. n. 1.60; geb. in Leinw. n.n. 2. —; alphabet. Wörterverzeichnis (53 S.) n. — 60

Neubauer, Erich: Der Aristotelische Formbegriff. Heidelberg 1909: Geier. 68 S. 8°
Heidelberg, Phil. Diss. v. 7. April 1909, Ref. Windelband
[Geb. 25. Aug. 86 Magdeburg; Wohnort: Hamburg; Staatsangeh.: Preußen; Vorbildung: Klostersch Ilfeld Reife O. 05; Studium: Leipzig 1, München 2, Berlin 1, Marburg 1, Heidelberg 3 S.; Rig. 20. Febr. 09.] [U 09. 2010

[F.] Geschichte der Zerbster Schützengesellschaft. Festschrift z. Feier d. 500jähr. Jubiläums. Bearb. unt. Mitw. v. Oberschützenmeister Wilhelm Elster durch Dr. phil. Ernst **Neubauer,** Stadtarchivar. *Zerbst: Kommv. v. F. Gast 1897.* (161 S., 1 Bl.) 1 Bd 8. [97. 5403

Katalog der Städtischen Bücherei in der Rötgerstraße zu Magdeburg. Bearb. von Stadtbibliothekar Dr. [Ernst] Neubauer. [1.] Magdeburg 1901: R. Zacharias. 8° [F.]

Katalog der Städtischen Bücherei in Sudenburg-Magdeburg. Bearb. von Stadtbibliothekar Dr. [Ernst] Neubauer. 1. Magdeburg 1905: R. Zacharias. 8° [F.]

2. Katalog der Städtischen Bücherei in Sudenburg-Magdeburg. Bearb. von Stadtbibliothekar Dr. Ernst **Neubauer.** Magdeburg 1906: R. Zacharias. (49 S.) 8° [F.] [07. 7793

Katalog der Städtischen Bücherei in Wilhelmstadt-Magdeburg. Bearb. von Stadtbibliothekar Dr. [Ernst] Neubauer. 1. Magdeburg 1904: R. Zacharias. 8° [F.]

2. **Katalog** der Städtischen Bücherei in Wilhelmstadt-Magdeburg. Bearb. von Stadtbibliothekar Dr. [Ernst] **Neubauer** u. Bibliothekarin Kl. Bohtz. Magdeburg 1905: R. Zacharias. (IV, 75 S.) 8° [F.] [07. 1901

Katalog der Städtischen Haupt-Bücherei in Magdeburg. Aufgest. von Stadtbibliothekar Dr. [Ernst] **Neubauer.** 3. Ausg. Bd 1–4. Magdeburg 1905: R. Zacharias. 4 Bde 8° [F.]
1. Wiegendrucke, Sammelwerke, Literatur, Literatur- u. Kunst-Geschichte.
2. Geschichte.
3. Erd- u. Naturkunde, Technik u. Gewerbe, Philosophie, Volkswirtschaft.
4. Rechts- u. Religionskunde. [05. 9606

Katalog der Magistratsbibliothek der Stadt Magdeburg. [Bearb. von Dr. Ernst Neubauer.] Magdeburg 1901: R. Zacharias. (87 S.) 8° [F.] [02. 6742

Katalog der Städtischen Nordfront-Bücherei. Bearb. von E[rnst] **Neubauer.** 2. Aufl. 1. Magdeburg 1905: R. Zacharias. 8° [F.] [05. 15308

Geschichtliche Nachrichten von denen von Haldensleben im Mittelalter ⟨1160–1504⟩. Von Dr. phil. E[rnst] **Neubauer.** Als Ms. gedr. *Magdeburg 1893: E. Baensch jun.* (63 S.) 8° [F.] [00. 6996

Neubauer, Ernst, u. Rich. **Siebert,** das älteste Schöffenbuch der Stadt Zerbst. gr. 8. (546 S.) Zerbst 900. (F. Gast.) n.n. 6. —
Sonderabdruck aus: „Mitteilgn. d. Ver. f. anhalt. Geschichte".

Neubauer, Ernst [aus Magdeburg]: Peter Meyers Tagebuch über die Geschichte der Stadt Magdeburg im Jahre 1626. . . . Halle a. d. Saale (Buchdr. v. Th. Wulfert in Schönebeck) 1889; 30 S. + 1 Bl. 8°
Halle, Phil. Fak., Inaug.-Diss. v. 6. Nov. 1889

Verzeichnis der in den städtischen Bücherausgabestellen Wilhelmstadt und Sudenburg vorhandenen Bücher. Aufgest. von Stadtbibl. Dr. [Ernst] Neubauer. Magdeburg 1903: R. Zacharias. (19 S.) 8° [F.] [03. 4798

Neubauer, Ernst Friedrich [Präs.] u. Joh. Ludov. Gönner (Kirtorf) [Resp.]
Biga observationum philologico-criticarum: I. emendatio et interpretatio vocum difficillimarum מריען Meria sis, quibus de Metatrone sive Messia usus est liber quidam Rabbinicus Berith Menucha.
II. Defensio versionis Syriacae Rom. I, 31 omissionis vocis ἀσυνέτους a viris doctissimis immerito accusatae.
Gissae [16.] Juni 1739: E. H. Lammers. 24 S. 4°
pro summis in philosophia honoribus ... capessendis

Neubauer, Ernst Friedrich [Präs.] u. Joh. Gerh. Lindheimer (Frankfurt a. M.) [Resp.]
Cogitationes extemporales inaugurales de cogitationibus malis ex corde prodeuntibus, seu de influxu voluntatis corruptae in intellectum, ad verba Christi Matth. XV, 19. coll. Marc. VII, 21.
Gissae [18.] Dez. 1745: Lammers. 52 S. 4°
pro adipiscendis in philos. honoribus summis.

Neubauer, Ernst Friedrich [Präs.] u. Joh. Henr. Heuser (Stipend. Maj.) [Resp.]
Defensio lectionis vulgaris in Diogene Laertio et Suida de Chaldaeis in Persia, à Democrito auditis, adversus clariss. Criticorum correctionem, qua occasione de Chaldaeorum nomine philosophis tributo non nihil agitur, ac Dan. II, 2.4.5. Jo. IV, 4. V, 7.11. lux adfunditur.
Gissae [25.] Febr. 1745: E. H. Lammers. 40 S. 4°
pro summis in philosophia honoribus.

Neubauer, Ernst Friedrich [Präs.] u. Conrad Friedr. Berchelmann (Darmst.)
Dissertatio philologica ex antiquitate Judaica, qua Michaelem Messiam esse ipsis Judaeorum testimoniis comprobatur, variis observationibus illustrata ad Dan. X, 13. 21. XII, 1. Judae epist. v. 9. Apoc. XII, 7.
Gissae [15.] Okt. 1733: Joh. Müller. 46 S. 4°

— Ernst Fried., Idea theologi Paullina sive oratio inaug. imaginem veri falsique theologi a Paullo in epistola ad Romanos propositam repraesentans. Gießen 5. I. 1736. (5.75) 24711

Neubauer, Ernst Friedrich [Präs.] u. Frider. Andr. Walther (Frankf. a. M.) [Resp.]
Dissertatio inauguralis de vera origine phrasium sacrarum: videre et gustare mortem, ex lapsus historia Gen. II, 16. 17. III, 6. 7. derivata et a diversis objectionibus vindicata, ad varia Novi Test. loca explicanda Matth. XVI, 28. etc.
Gissae Aug. 1745: Lammers. 51 S. 4°
pro consequendis summis in philosophia honoribus.

Neubauer, Ernst Friedrich [Präs.] u. (A.) Joh. Ludw. Gönner (Kirtorf) [Resp.
Diss. de Paulo jurante.
Giessae 1739. 4°

Neubauer, Ernst Friedrich [Präs.] u. Christian Jac. Panzerbieter (Darmstadt) [Resp.]
Dissertatio philologica inauguralis de phrasibus sacris: videre et gustare mortem, novam simul de origine earum sententiam sistens, ad varia Novi Test. loca explicanda, Matth. XVI, 28. Marc. IX, 1. Luc. II, 26. IX, 27. Jo. VIII, 51. 52. Ebr. II, 9. XI, 5. coll. Ps. LXXXIX, 49 et Es. XXV, 8.
Gissae Juli 1745: Lammers. 56 S. 4°
pro supremis in philosophia honoribus rite consequendis.

Neubauer, Ernst Friedr. [Präs.] u. Joh. Chrn Boehm (Straßburg) [Resp.]
Dissertatio philologica inauguralis de Mosis prae reliquo prophetarum choro praerogativis singularibus ad diversa utriusque foederis loca praecipue Num. XII. 6. 7. 8. Deut. XXXIV. 10. 11. 12. illustranda.
Gissae Okt. 1734: Eberh. Henr. Lammers. 68 S. 4°
pro summis in philosophia honoribus ac privilegiis.

— — Recensus rectorum Ludovicianae omnium exhibitus quum ad celebranda academiae solemnia permutationi rectoralis dignitatis sacra. Gießen (E. H. Lammers) (6. I.) 1747. 31 S. (6.—) 24712

— Ernst Friedrich (Gießen), De primo academiae Gissensis rectore disserit tres eruditorum sententias recenset unam falsitatis convincit duas reliquas inter se conciliat et ad anniversarium solemnemque legum academicarum praelectionem . . . . invitat. Gießen (E. H. Lammers) (26. VI.) Juli 1746. 20 S. (5.50) 24713

Neubauer, Ernst Friedrich [Präs.] u. Joh. Petrus Snell (Braubach) [Auctor et Resp.]
Dissertatio inauguralis de Συνειδήσει κεκαυτηριασμένη sive conscientia cauterio notata, ad denominationem divi Apostolici I. Tim. IV, 2. ex antiquitatibus illustrandam.
Gissae 12. Aug. 1745: Lammers. 32 S. 4°
pro summis in philosophia honoribus rite consequendis.

Neubauer, Ernst Friedrich u. Joh. Henr. Leidenfrost (Stolberg) [Resp.]
Dissertatio theologica inauguralis sistens vindicias universae Theologiae christianae ejusque Mosaicae, depravationibus famosissimi Interpretis Pentateuchi Werthemiensis, per singulos fidei christianae articulos oppositas
Gissae [20.] Juni 1737: E. H. Lammers. 52 S. 4°
pro summis in theologia honoribus ... rite consequendis.

Neubauer, Ernst Rudolf

Neubauer E. R.: Basedow und seine Gedanken über das Schulwesen. 14. Radautz. 79.
Progr.

Neubauer E. R.: Fürst Constantin Brancowan (Wojwode der Walachei von 1688—1714. röm. deutscher Reichsfürst s. 1695.) 26. Radautz 79.
Progr.

Neubauer, Ernst Rudolf: Grundzüge zur Geschichte von Serethland. Radautz: Selbstverl. 1874.

Neubauer E. R.: Das Gudrunlied. 20. Radautz 77.
Progr.

Neubauer, Ernst Rudolf —. Die vier Himmelsgegenden der Ehe. Gedichte an Amalie. Von — — 16. (64 S.) Wien, 1855. Druck von Friedr. Manz.

Neubauer, Ernst Rud., die Ideonen. Ein Gedicht in 50 Liedern. 8. (243 S.) Hamburg 882, J. F. Richter. *

Neubauer, Ernst Rud., Lieder aus der Bukowina. Wien 855. Manz in Comm. 8. (2 Bl., 143 S.) n. 28 ngr.

Neubauer, Ernst Rudolf, in memoriam. Im Buchwald. Czernowitz 1890. V: *Zachar, A.* (Polek, Rep. der landesk. Literatur d. Bukowina. Czern. 1892. S. 25.)

Neubauer, Ernst Rud., Rogaia od. die Steppenschlacht. Ein Gedenklied aus Seretland. gr. 16. (113 S.) Radautz 875. Kirner. n. 1. 20

Neubauer, E.R.: Ueber die Theilnahme normännischer Fürsten am 1. Kreuzzuge und die von manchen Historikern angeführten ‚Folgen' dieser Theilnahme für die normannischen Staaten. 38 S. 8° – Czernowitz, OG., Progr. 1872.

Neubauer E. R.: A. v. Teos. Sein Leben u. Dichten, Literatur seiner erhaltenen Lieder von dem Erscheinen der ersten gedruckten Ausgabe ders. durch H. Stephanus in Paris i. J. 1554 bis aufs Jahr 1876. 29. Radautz 76.
Progr.

Neubauer E. R.: Über Gottfr. v. Str. „Tristan." 13 Radautz 77.
Progr.

Neubauer, E.R.: Versuch einer Darstellung nach Quellen für die Beziehungen zwischen Polen und Oesterreich zur Zeit Kaiser Maximilians II. und seines Sohnes Maximilian des Deutschmeisters. 66 S. 8° – Czernowitz, OG., Progr. 1870.

Neubauer, F., entdeckte Geheimnisse, alle Sorten der feinsten Breslauer, Danziger rc. Liqueure selbst zu verfertigen. 8. Nordhaus. 805. Nitzsche. 6 gr.

Neubauer, F. L., Anweis. schön u. zierlich zu schreiben. 12. Leipz. Benj. Fleischer. 793.

Neubauer, F. X., s. Neupauer, F. X.

Neubauer, Fr. Chr., Fernando und Yarika. Ein Schspl. mit Gesang von Eckartshausen; in Musik gesetzt. Fol. Zürich 788. Orell. 4 rtl. 8 gr.

Neubauer, Friedericus: Atheniensium reipublicae quaenam Romanorum temporibus fuerit condicio. Halis Saxonum 1882: Schlesinger. 46 S. 8°
Halle-Wittenberg, Phil. Diss. v. 1. Apr. 1882
Geb. Erfurt 26.2.1861. V.
Verf. erlebte die Diplomerneuerung 1932 als Geheimer Studienrat. Oberstudiendirektor a. D. in Kassel-Kirchditmold, vgl. Anh. Nr. 744.

Neubauer, Frdr., kurze Darstellung der deutschen Geschichte, s.: Kohlrausch, Frdr.

Preußens Fall und Erhebung, 1806–1815. Von Dr. Friedrich Neubauer, Dir. in Frankfurt a. M. Mit zahlr. Abb., 19 Karten u. 14 Beil. (Abt. 1–3.) Berlin: E. S. Mittler & Sohn 1908. (XVI, 585 S.) 4°(8°) [F.] [08. 2488

— Preußens Fall u. Erhebung 1806—1815. 2. Aufl. Mit zahlr. Abbildgn. im Text, 19 Karten u. 14 Beilagen. (XVI, 585 S.) Lex. 8. Berlin (909). E. S. Mittler & Sohn. Geb. in Leinw. 12.—; in Halbfrz. 14.—

Neubauer, Frdr., d. Geschichtsunterricht auf höheren Schulen. [Aus: „Encyklop. Handbuch d. Pädagogik"] Lex.-8. (39 S.) Langensalza 896. H. Beyer & Söhne. n. 1.—

Neubauer, Frdr., Kanon geschichtlicher Jahreszahlen. gr. 8. (30 S.) Halle 902. Buchh. des Waisenhauses. n. —30

Kanon geschichtlicher Jahreszahlen. Von Dr. Friedrich Neubauer, Dir. zu Landsberg a. W. 3. Aufl. *Halle a. S.: Waisenhaus 1903.* (30 S.) 8° [F.] [03. 15799

Kanon geschichtlicher Jahreszahlen. Von Dr. Friedrich Neubauer, Dir., Landsberg. 4. Aufl. *Halle a. S.: Waisenhaus 1903.* (30 S.) 8° [F.] [04. 15813 S

— Kanon geschichtlicher Jahreszahlen. 7. Aufl. (13.—16. Taus.) (30 S.) 8. Ebd. 906. n. —30

— Kanon geschichtlicher Jahreszahlen. 9. Aufl. (21.—25. Taus.) (30 S.) 8. Ebd. 908. —30

— Lehrbuch der Geschichte f. die oberen Klassen höherer Lehranst. 3 Tle. gr. 8. Halle, Buchh. d. Waisenhauses. à n. 1.60; geb. à n.n. 1.90
1. Geschichte d. Altertums. (IV, 168 S.) 897.
2. Deutsche Geschichte bis z. westfäl. Frieden. (IV, 188 S.) 898.
3. Vom westfäl. Frieden bis auf uns. Zeit. (IV, 221 S.) 898.

Neubauer, Frdr., Lehrbuch der Geschichte f. höh. Lehranstalten. Bilderanh., s.a. Seyfert, Bernh., Bilder zur Geschichte.

[F.] Lehrbuch der Geschichte f. d. ob. Klassen höh. Lehranst. Von Dr. Friedrich **Neubauer,** Oberl. ... Tl I.—III. *Halle a. S.: Waisenhaus 1897. 98.* 3 Bde 8.
I. 1897. (IV, 168 S.) II. 1898. (IV, 188 S.) III. 1898. (IV, 221 S.) [96. 5369

Lehrbuch der Geschichte für höhere Lehranstalten. Von Dr. Friedrich **Neubauer,** Oberl. an d. Franckeschen Stiftungen. T. 1–5. *Halle a. S.: Waisenhaus 1899–1901.* 5 Bde 8° [F.]
1. Gesch. d. Altertums f. Quarta. 1899.
2. Deutsche Gesch. f. d. mittl. Klassen 1900.
3. Gesch. d. Altertums f. Obersekunda. 2. Aufl. 1901.
4. Deutsche Gesch. bis z. westfäl. Frieden. (Unterprima.) 2. Aufl. 1901.
5. Vom westfäl. Frieden bis auf unsere Zeit. (Oberprima.) 2. Aufl. 1901 [01. 9560

Neubauer, Friedrich: Lehrbuch der Geschichte für höhere Lehranstalten. Von Dr. Friedrich Neubauer, Oberl. zu Halle. T. 1-5. Halle a. S.: Waisenhaus 1902. 5 Bde. 8°
1. Gesch. d. Altertums f. Quarta. 2. Aufl.
2. Deutsche Gesch. f. d. mittl. Klassen. 3. Aufl.
3. Gesch. d. Altertums f. Obersekunda. 3. Aufl.
4. Deutsche Gesch. bis z. westfäl. Frieden f. Unterprima. 3. Aufl.
5. Vom westfäl. Frieden bis auf unsere Zeit. (Oberprima.) 3. Aufl.

Lehrbuch der Geschichte für höhere Lehranstalten. Von Friedrich **Neubauer,** Dir., Landsberg a. W. T. 1–5 [nebst] Atlas. *Halle a. S.: Waisenhaus 1903.* 6 Bde 8° [F.]
1. Gesch. d. Altertums f. Quarta. 4. Aufl.
2. Deutsche Gesch. f. d. mittl. Klassen. 5. Aufl.
3. Gesch. d. Altertums f. Obersekunda. 4. Aufl.
4. Deutsche Gesch. bis z. westfäl. Frieden (Unterprima). 4. Aufl.
5. Vom westfäl. Frieden bis auf unsere Zeit (Oberprima). 4. Aufl.
6. Atlas [u. d. T.:] Geschichts-Atlas zu d. Lehrbuch ... [1. Aufl.] [03. 10990 8

Lehrbuch der Geschichte für höhere Lehranstalten. Von Friedrich **Neubauer,** Dir., Landsberg a. W. T. 1–5 [nebst] Atlas. *Halle a. S.: Waisenhaus 1903.* 6 Bde 8° [F.]
1. Gesch. d. Altertums f. Quarta. 4. Aufl.
2. Deutsche Gesch. f. d. mittl. Klassen. 5. Aufl.
3. Gesch. d. Altertums f. Obersekunda. 5. Aufl.
4. Deutsche Gesch. bis z. westfäl. Frieden (Unterprima) 4. Aufl.
5. Vom westfäl. Frieden bis auf unsere Zeit (Oberprima) 4. Aufl.
6. Atlas [u. d. T.:] Geschichts-Atlas zu d. Lehrbuch ... [1. Aufl.] [04. 911

Lehrbuch der Geschichte für höhere Lehranstalten. Von Dr. Friedrich **Neubauer,** Dir. zu Landsberg a. W. T. 1–5. *Halle a. S.: Waisenhaus 1904–05.* 5 Bde 8° [F.]
1. Geschichte d. Altertums f. Quarta. 7. Aufl. 1904.
2. Deutsche Geschichte f. d. mittleren Klassen. 8. Aufl. 1904.
3. Geschichte d. Altertums f. Obersekunda. 6. Aufl. 1904.
4. Deutsche Geschichte bis z. westfäl. Frieden (Unterprima) 5. Aufl. 1904.
5. Vom westfäl. Frieden bis auf unsere Zeit (Oberprima) 6. Aufl. 1905. [04 14644

— **Lehrbuch der Geschichte f. höhere Lehranstalten.** 5 Tle. 8. Ebd. Geb. n. 11. —
1. Geschichte des Altertums f. Quarta. 9. Aufl. (30.—39. Taus.) (VII, 130 S.) 906. n. 1. 60
2. Deutsche Geschichte f. die mittleren Klassen. 10. Aufl. (31.—40. Taus.) (VIII, 354 S.) 906. n. 3. —
3. Geschichte des Altertums f. Obersekunda. 9. Aufl. (23.—25. Taus.) (VIII, 160 S.) 906. n. 2. —
4. Deutsche Geschichte bis zum westfälischen Frieden (Unterprima). 8. Aufl. (20.—22. Taus.) (VIII, 205 S.) 906. n. 2. —
5. Vom westfälischen Frieden bis auf unsere Zeit (Oberprima). 7. Aufl. (16.—19. Taus.) (VII, 228 S.) 906. n. 2. 40

— dasselbe. Bilderanh., unter Berücksicht. der Kultur- u. Kunstgeschichte f. die Belehrg. in Schule u. Haus hrsg. v. B. Seyfert. 370 Abbildgn. m. erläut. Text. (160 S.) Lex.-8. Ebd. 906. n. 2. 50; geb. n. 3. —

— **Lehrbuch der Geschichte f. höh. Lehranstalten.** 5 Tle. gr. 8. Ebd. Geb. in Leinw. 11. —
I. Geschichte des Altertums f. Quarta. 14. Aufl. (58.—71. Taus.) (VII, 130 S.) 909. Geb. 1. 60
II. Deutsche Geschichte f. die mittleren Klassen. 14. Aufl. (65.—79. Taus.) (VIII, 354 S.) 909. Geb. 3. —
III. Geschichte des Altertums f. Obersekunda. 13. u. 14. Aufl. (38.—42. resp. 43.—45. Taus.) (VIII, 164 S.) 909. Geb. 2. —
IV. Deutsche Geschichte bis zum westfälischen Frieden (Unterprima). 12. Aufl. (32.—37. Taus.) (VIII, 205 S.) 909. Geb. 2. —
V. Vom westfälischen Frieden bis auf unsere Zeit (Oberprima). 10. Aufl. (28.—31. Taus.) (VII, 230 S.) 909. Geb. 2. 40

Neubauer, Frdr., u. Ferd. Rösiger, Lehrbuch der Geschichte f. die höheren Lehranstalten in Südwestdeutschland. I. Tl. gr. 8. Halle 906. Buchh. des Waisenhauses. Geb. n. 1. 60
Geschichte des Altertums für Quarta. Von Frdr. Neubauer. 8. Aufl. (20.—29. Taus.) (VII, 130 S.)

— u. Ferd. Rösiger, Lehrbuch der Geschichte f. die höheren Lehranstalten in Südwestdeutschland. III.—V. Tl. gr. 8. Ebd. Geb. 7. 10
III. Geschichte des Altertums f. Obersekunda v. Frdr. Neubauer. 12. Aufl. (35. bis 37. Taus.) (VIII, 164 S.) 908. Geb. 2. —
IV. Deutsche Geschichte bis zum westfälischen Frieden (Unterprima). (Der Gesamtausg. 12. Aufl.) (VIII, 217 S.) 908. Geb. 2. 40
V. Vom westfälischen Frieden bis auf unsere Zeit (Oberprima). (Der Gesamtausg. 10. Aufl.) (VIII, 200 S.) 908. Geb. 2. 70

— u. Bernh. Seyfert, Lehrbuch der Geschichte f. sächsische Realschulen u. verwandte Lehranstalten. I. u. II. Tl. gr. 8. Ebd. Geb. in Leinw. n. 5. 60
I. Griechische u. römische Geschichte. Deutsche Geschichte bis zum Ende des Mittelalters. Mit 87 Abbildgn. u. 8 Karten. (VIII, 162 u. 24 S.) 905. Geb. n. 2. 40
II. Deutsche Geschichte der Neuzeit. (V, 236 u. 32 S. m. 51 Abbildgn. u. 6 farb. Karten.) 906. Geb. n. 3. 20

Lehrbuch der Geschichte für sächsische Realschulen und verwandte Lehranstalten von Dr. Friedrich **Neubauer,** Dir., Frankfurt a. M., u. Dr. Bernhard Seyfert, Oberl., Leipzig. 2. Aufl. T. 1. Halle a. S.: Waisenhaus 1907. 8° [F.] [07. 9970 3

— u. Bernh. Seyfert, Lehrbuch der Geschichte f. sächsische Realschulen u. verwandte Lehranstalten. 2 Tle. gr. 8. Ebd. Geb. 5. 80
I. Griechische u. römische Geschichte. Deutsche Geschichte bis zum Ende des Mittelalters. Mit 64 Abbild. u. 8 Karten. 3. Aufl. (7.—9. Taus.) (VIII, 170 u. Bilderanh. 32 S.) 909. Geb. 2. 40
II. Deutsche Geschichte der Neuzeit. Mit 57 Abbild. u. 6 Karten. 2. Aufl. (4.—6. Taus.) (VI, 256 u. 32 S.) 908. Geb. 3. 40

Geschichtliches Lehrbuch für höhere Mädchenschulen. Von Dr. Friedrich **Neubauer,** Dir. zu Landsberg a. W. Mit Karten u. Abb. 2. Aufl. T. 1. 2. *Halle a. S.: Waisenhaus 1904.* 2 Bde 8° [F.]
1. Geschichte d. Altertums. 2. Deutsche Geschichte. [04. 13915

— geschichtliches Lehrbuch f. höh. Mädchenschulen. 2 Tle. 3. Aufl. (6.—8. Taus.) gr. 8. Ebd. 906. Geb. n. 4. 80
1. Geschichte des Altertums. Mit 4 Karten. (VI, 110 S.) n. 1. 80
2. Deutsche Geschichte. Mit 6 Karten. (VIII, 302 S.) n. 3. —

— dasselbe. Vorstufe, nach dem Normallehrplan für die Klassen 6 u. 5 bearb. v. Just. Baltzer. (IV, 96 S. m. 17 Bildnissen.) gr. 8. Ebd. 905. Geb. in Leinw. n. 1. 40

— **Geschichtliches Lehrbuch f. höh. Mädchenschulen.** Ausg. A. 2 Tle. gr. 8. Halle 909. Buchh. des Waisenhauses. Geb. 4. 80
I. Geschichte des Altertums. 5. Aufl. Unveränd. Neudr. (12. u. 13. Taus.) Mit 4 (farb.) Karten. (VI, 112 S.) Geb. 1. 80
II. Deutsche Geschichte. 5. Aufl. Unveränd. Neudr. (14. u. 15. Taus.) Mit 6 (farb.) Karten. (VIII, 302 S.) Geb. 3. —

— dasselbe. Ausg. B. 1. u. 2. Tl. gr. 8. Ebd. 909. Geb. 3. 20
I. Für die Klassen 7 u. 6 bearb. v. Just. Baltzer. Mit 19 Abb. 3. u. 4., nach den Lehrplänen vom 12. XII. 1908 umgestaltete Aufl. (152 S.) Geb. 1. 60
II. Griechische u. römische Geschichte f. die 5. Klasse. Mit 34 Abb. 5., nach den Lehrplänen vom 12. XII. 1908 umgestalt. Aufl. 12.—16. Taus. (VIII, 112 u. 20 S.) Geb. 1. 60

— dasselbe. Vorstufe, nach dem Normallehrplan für die Klassen 6 u. 5 bearb. v. Just. Baltzer. 2., durchgeseh. Aufl. (102 S. m. 17 Bildnissen.) gr. 8. Ebd. 907. Geb. 1. 40

— Deutsches Lesebuch f. höhere Mädchenschulen, s.: Kalt, Wilh.

— **Geschichtliches Lesebuch f. höhere Lehranstalten.** (V, 119 S.) gr. 8. Halle 909. Buchh. des Waisenhauses. 1. 20; geb. 1. 60

— dasselbe f. höhere Mädchenschulen. Ausg. B. 5 Tle. gr. 8. Ebd. 909. Geb. 8. 20

1. Für die Klassen 7 u. 6, bearb. v. Just. Balzer. 4., nach den Lehrplänen vom 12. XII. 1902 umgestalt. Aufl. 10.—12. Taus. (152 S. m. 19 Abbildgn.) Geb. 1. 60
2. Griechische u. römische Geschichte f. die 5. Klasse. 5., nach den Lehrplänen vom 12. XII. 1908 umgestalt. Aufl. 12.—16. Taus. (VIII, 112 u. 20 S. m. 81 Abbildgn.) Geb. 1. 60
3. Deutsche Geschichte im Mittelalter. 6., nach den Lehrplänen vom 12. XII. 1908 umgestalt. Aufl. 16.—20. Taus. (VI, 99 u. 16 S. m. 30 Abbildgn.) Geb. 1. 60
4. Deutsche Geschichte vom 16. bis zum 18. Jahrh. f. die 3. Klasse. 6. nach den Lehrplänen vom 12. XII. 1908 umgestalt. Aufl. 16.—20. Taus. (IV, 104 u. 18 S. m. 28 Abb.) Geb. 1. 60
5. Deutsche Geschichte v. der französischen Revolution ab f. die 2. u. 1. Klasse. 6., nach den Lehrplänen vom 12. XII. 1908 umgestalt. Aufl. 16.—20. Taus. (VI, 128 u. 12 S. m. 15 Abbildgn.) Geb. 1. 80

— Quellenbuch zur Geschichte des 19. Jahrh. f. höhere Lehranstalten. (IX, 169 S.) gr. 8. Halle 910. Buchh. des Waisenhauses. 2. —

— Kleine Staatslehre f. höhere Lehranstalten. (44 S.) 8. Ebd. 909. — 50

Neubauer, Friedrich: Stein und Bismarck. *Halle a. S. 1898: Waisenhaus.* (51—65 S.) 4°
Halle, Latein. Haupt-S, Festschr. 1898

Der Unterricht in der Geschichte. Von Dr. Friedrich **Neubauer**, Dir. zu Landsberg a. d. W. *Halle a. S.: Waisenhaus 1904.* (23 S.) 8° [F.]
Aus: Reform d. höheren Schulwesens in Preußen. [04. 13946

Neubauer, Friedrich [Dr.]: Volkswirtschaftliches im Geschichtsunterricht. Halle a. S., Druck d. Buchdr. d. Waisenhauses, 1894; 30 S. 4.
Halle, Latein. Haupt-S, OP 1894 (230)

Neubauer, Frdr., was ist deutsch? Eine Kaisergeburtstagsrede. (30 S.) 8. Halle 903. Buchh. des Waisenhauses. n. — 40

Neubauer, Frdr., Was ist Deutsch? Eine Kaisergeburtstagsrede. 2., unveränd. Aufl. (30 S.) 8. Halle 908. Buchh. des Waisenhauses. — 50

Die Zukunft des Gymnasiums. Von Dr. Friedrich **Neubauer**, Oberl. in Halle. *Halle a. S.: Waisenhaus 1900.* (31 S.) 8° [F.] [01. 138

Neubauer, G. Ed., die Cultur der Oelgewächse. Nebst Belehrungen, wie Traubenkerne, Fliederbeerkerne, Senfsamen u. verschied. andere Sämereien u. Forstprodukte auf Oel zu benutzen sind. 8. Quedlinburg 843, Basse. 1/2 ₰

Neubauer, Heinr., Calderon. Eine Würdigung. Zwei Vorträge. 8. (62 S.) Leipzig 892. G. Fock. n. 1. —

Neubauer, H., zur Erinnerung an Gustav Freytag. Vortrag, geh. in d. ordentl. Sitzg. d. kgl. Akademie gemeinnütz. Wissenschaften zu Erfurt am 29. V. 1895. [Aus: „Jahrbb. d. k. Akad. gemeinnütz. Wissenschaften zu Erfurt".] gr. 8. (23 S.) Erfurt 896. C. Villaret. n. — 60

Neubauer, Heinrich *Berthold* [aus Barnim]: Ein Fall von Myoklonie ... Greifswald, Druck v. J. Abel, 1891; 27 S. 8.
Greifswald, Med. Fak., Inaug.-Diss. v. 24. Okt. 1891

Neubauer, Heinr., Gymnasium und Realschule. Wider herrn director Jäger. gr. 8. (20 S.) Langensalza 871, Beyer und Söhne. *

Neubauer, *Heinrich* Drei französische Lehrstunden, gehalten in der höheren Bürgerschule im August 1887. (Umschlagtitel: ... Lehrstunden in der höheren Bürgerschule.) 4 (S. 3—7).
Progr. Höh. Bürgersch. *Erfurt* 1888 (256).

—— die deutsche Literatur im Elsass. br. 8. (IV, 105 S.) Darmstadt 871, Zernin. *

Neubauer, H., die Reformbewegung auf dem Gebiete d. Sprachunterrichts u. die höhere Bürgerschule. gr. 8. (44 S.) Erfurt 887. Otto. n. — 60

—— Schulandachten u. Ansprachen. 8. (82 S.) Erfurt 891, Günther. * 1 —

Neubauer, Hugo

Neubauer, H., das landwirtschaftliche Versuchswesen u. die Tätigkeit der landwirtschaftlichen Versuchsstationen Preussens in den J. 1901—1905, s.a. Jahrbücher, landwirtschaftliche. Erg.-Bd.

Das landwirtschaftliche Versuchswesen und die Tätigkeit der landwirtschaftlichen Versuchsstationen Preussens in den Jahren 1901—1905. Im Auftr. d. Ministers f. Landwirtschaft ... bearb. von H[ugo] **Neubauer** unter Mitw. von G. Ellrodt [u. a.] Berlin 1908: Unger. XI, 287 S. 4°(8°) [10. 760 5

Neubauer, Hugo [Assist. an d. agriculturchem. Versuchsstat. Pommritz]: Über die Zuverlässigkeit der Phosphorsäurebestimmung als Magnesiumpyrophosphat, insbes. nach d. Molybdänmethode ... '(Hamburg, L. Voss)', 1893; 26 S. 8.
Rostock, Phil. Fak., Inaug.-Diss. v. [11. März] 1893

Neubauer, J., s.: Charitas-Kalender.

Neubauer, J. die katholische Dichtung in der deutschen Literatur seit der Reformation bis zur Gegenwart. Literaturgeschichtliche Studie. Mit charakterisir. Proben d. hervorragendern Schriftsteller. 8. (184 S.) Prag 874. Calve in Comm. n. 1. 20

Neubauer, J., allerneuestes Kochbuch, welches lehret, wie man auf die delikateste u. sparsamste Art arbeiten, die Speisen machen u. heutiges Tages serviren soll ꝛc. 8. Münch. 779. N. A. 804. Lentner; (a. v. Mösle in Wien). 1 ₰

Neubauer, J., deutsches Lesebuch f. bayer. höhere Töchterschulen, s.: Kennerknecht, D.

Neubauer, Jac., M'lechet ha Schir. Hebräische Verskunst aus Handschriften gesammelt und hrsg. 8. (VI und 65 S.) Breslau 865, Schletter'sche Buchh. *

Neubauer, Ign., († ...) de actibus humanis, beatitudine et angelis. 8maj. Würzb. 768. Stahel. 16 gr.

— influxus astrorum in sublunaria. 8. Heidelb. 763.

— mentis humanae intellectus, voluntas et memoria. Dissertat. psycholog. illustrata. 8. Heidelb. 763.

— de legibus. 8. maj. ibid. 766.

Neubauer, Ignat., ספר תהלים sive psalmodiae Davidicae exegesis Hebraica. Unacum exercitatione hermeneutico-dogmatico-polemica in 150 psalmos. Würzburg, Nitribitt, 1771, 8°.
Erklärung der Psalmen nach dem hebr. Urtext.

Neubauer, Ignatius, Vera religio vindicata contra omnis generis incredulos. Wirceburgi, Stahel, 1771, 8°.

— de religione. 8. maj. ibid. 771.

— systema recentius philosophiae eclecticae. Fol. Heidelb. 763.

— de virtutibus moralibus, praesertim de religione contra aevi nostri incredulos vindicata. 8. Würzb. 770.

Neubauer Johann: Der Egerländer Bauernhof und seine Einrichtung. (16. 18). Elbogen R. 93. 94. Progr.

Neubauer, J.: Über das Fremdwort im Egerlande. 4 S. – Elbogen, R., Progr. 1888.

Neubauer, Joh., s.: Graeser's Schulausgaben class. Werke.

— s.: **Jahrbuch d. höh. Unterrichtswesens in Österreich.**

Neubauer J.: Altdeutsche Idiotismen der Egerländer Mundart. 58. 55. Elbogen R. 86. 87. Progr.

Altdeutsche Idiotismen der Egerländer Mundart. Mit e. kurzen Darstellg d. Lautverhältnisse dieser Mundart. E. Beitr. zu e. Egerländer Wörterbuche. Von Johann **Neubauer** ... 2. Aufl. *Wien: C. Graeser 1898.* (115 S.) 1 Bd 4.

— **altdeutsche Idiotismen d. egerländer Mundart. Mit e. kurzen Darstellung d. Lautverhältnisse dieser Mundart. E. Beitrag zu e. egerländer Wörterbuche. 2. [Titel-] Aufl. Lex.-8. (115 S.) Wien (887) 898. (C. Graeser.)** n. 2. —

Neubauer, Joh.: Katalog der Lehrerbibliothek. 30; 27 S.
Elbogen, St. R., Progr. 1899 – 1900

Neubauer J.: Die deutsche Literatur in Böhmen bis zum XVIII. Jahrh. 24. Elbogen 76. Progr.

Neubauer J.: Die deutsche Literatur in Böhmen im XVIII. und XIX. Jahrh. 21 Elbogen 77 s. auch S. 4. Progr.

Neubauer, Johann Ernst

Iohannes Ernestus Neubauer: Descriptio anatomica arteriae innominatae et thyroideae imae. [Resp.:] Augustus Christianus Erdmann. Ienae 1772: Strauss. 54 S. 4°
Jena, Med.Diss.v. 12. Okt. 1772
2. Ex.: Mx 2 (7)
3. Ex.: Mx 126 (5)
4. Ex.: Mx 245 (27)

Neubauer, Jh. Er., (+ d. 30. Jan. 1777.) descriptio anatom. arteriae innominatae et Thyroideae imae, c. fig. 4. Frkf. 773. 9 gr

Neubauer, I. C., descriptio anatom. arteriae innominatae. c. fig. 4. Frcf. (B. Fleischer, Lips.) 773. Rthlr.

Neubauer, Johann Ernst: Descriptio anatomica nervorum cardiacorum. Sectio prima de nervo intercostali cervicali. 230 S., gbd., 3 Taf.

Francofurti et Lipsiae: Fleischer } 1772
Lipsiae et Ienae: Hartung

JB 815

— descript. anatom. rarissimi peritonaei conceptaculi tenuia intestina. c. tab. 4. maj. ibid. 767.

Johannes Ernestus Neubauer: Descriptio anatomica rarissimi peritonaei conceptaculi tenuia intestina a reliquis abdominis visceribus seclusa tenentis. Francofurti & Lipsiae 1776: Fleischer. 34 S. 4°
Jena, Univ.-Schr.v. 1775

— **Johann Ernst,** De epiploo-oscheocele cuius receptaculum peritonaei mentiebatur processum testem et epididymidem simul continentem. Observat. anatom.-chir. Jena (J. W. Hartung) 1770. 24 S., 1 Taf. (5.50) **24714**

Neubauer, Joh. Ernst (Giessen)
Dissertatio inauguralis anatomica de tunicis vaginalibus testis et funiculi spermatici.
Giessae [23.] Dez. 1767: Braun. 48 S., 1 Taf. 4°
pro gradu doctoris

— **observat. anatomico-chirurg. de epiploo-oscheocele. 4. Frankf. 770. (Fr. Fleischer in Leipz.) 6 gr**

— — idem lib. 4. Marb. Krieger. 770.

Ioann[es] Ernest[us] Neubauer, Observatio anatomica rariora de triplici nympharum ordine. Ienae 1774: Strauss. 16 S. 4°
[Einladungsschrift zur Dr. med.- Promotion von Michael Sonntag, Jena, 16. Juli 1774.]

Observatio anatomico- chirurgica de epiploo-oscheocele, cuius receptaculum peritonaei mentiebatur processum testem et epididymidem simul continens. Ienae: Hartung 1770. 23 S. 8°
Jena, Univ.- Schr. v. 1770
2. Ex.: Mx 61 (11)
3. Ex.: Mx 269 (8)

— observat. anatom. rarior. de triplici nympharum ordine, c. tab. 4maj. Frankf. 774. (Fr. Fleischer in Lpz.) 8 gr

— observat. anat. rarior. de triplici nympharum ordine. c. tab. 4. maj. ibid. 776.

— — idem lib. 4. Marburg, Krieger. 774.

— opera anatomica collecta, cur. C. G. Hinderer. c. fig. 4. Francf. (Pett, Lausanne) 786.

— opera omnia med. anatomica, c. I fig. 4. Frkf. 786. Krieger in Cassel. 1 # 8 gr Schrbp. 2 # 8 gr

— opera omnia med. anatom. c. fig. 4. Marburg, Krieger. 786.
Schr. P.

— de tunicis vaginalibus testis et funiculi spermatici, c. fig. 4. Giessen 767. Krieger. 4 gr

— de tunicis vaginalibus testis et funiculi spermatici. c. fig. 4. Marb. Krieger. 767.

Neubauer, Joh. Jac., prakt. Handbuch f. kathol. Seelsorger am Kranken- u. Sterbebette, nach d. besten Hülfsmitteln bearb. 8. (10¾ B.) Braunsberg 835. (Leipzig, Fr. Fleischer.) *

Neubauer, Jos., s.: Arbeiter-Kalender.

Neubauer, Josef. Ueber anaërobe Bakterien im Rinderdarm. Diss. Vet.-Med. Bern. (Sonder-Abdruck aus dem Archiv f. wissensch. u. prakt. Tierheilk. Bd. 31. 1905.) *Kopftitel:* Aus dem Königl. Hygienischen Institute in Posen. 28 S. 8. Berlin, L. Schumacher, 1905.

NEUBAUER, Joseph (Donauwörth): Ueber den Hunger-Typhus.- München: Stahl 1868. 16 S.
6.6.1868 - Urk (Titel: De typho petechiali.); F 72; Chr 1867/68,13
Diss. Ingolst.-Landsh.-Mchn.

Neubauer, Karl

Neubauer, C. u. Vogel, Dr. J., Analyse d. Harns etc. Mit 3 lith. Tfln., 1 Farbtfl. u. 38 Holzschn. 7. verb. u. verm. Aufl. Wiesbaden 1876. 8⁰.

Neubauer, Carl, Anleitung zur qualitativen und quantitativen Analyse des Harns. Enthaltend die Lehre von den Eigenschaften und dem Verhalten der im Harn vorkommenden Bestandtheile zu Reagentien und unter dem Microscop, sowie Anleitung zur qualitativen und quantitativen chem. Untersuchung des normalen wie abnormen Harns. Zum Gebrauch für Mediciner und Pharmaceuten bearb. Bevorwortet von R. Fresenius. Lex.-8. (X und 138 S. mit 3 Stnt. und 20 eingedr. Holzschn.) Wiesbaden 854, Kreidel und Niedner. *
Die 2. Aufl. erschien unter dem Titel:

Neubauer, C. (H.), und J. Vogel, Anleitung zur qualitativen und quantitativen Analyse des Harns, sowie zur Beurtheilung der Veränderungen dieses Secrets mit besond. Rücksicht auf die Zwecke des prakt. Arztes. Zum Gebrauche für Mediciner und Pharmaceuten bearb. Bevorwortet von Fresenius. 3., sehr verm. und verb. Aufl. Lex.-8. (XX und 372 S. mit 3 Stnt., 1 chromolithogr. Farbentabelle und 24 eingedr. Holzschn.) Wiesbaden 858, Kreidel's Verlag. *

—— und J. Vogel, Anleitung zur qualitativen und quantitativen Analyse des Harns, sowie zur Beurtheilung der Veränderungen dieses Secrets mit besond. Rücksicht auf die Zwecke des prakt. Arztes. Zum Gebrauche für Mediciner und Pharmaceuten bearb. Bevorwortet von R. Fresenius. 2. Aufl. gr. 8. (XX und 294 S. mit 3 Stnt., wovon 1 chromolithogr. in gr. Fol. und 21 eingedr. Holzschn.) Ebds. 856. *
Hieraus wurde besonders abgedruckt:

Neubauer, C., und J. Vogel, Anleitung zur qualitativen und quantitativen Analyse des Harns, sowie zur Beurtheilung der Veränderungen dieses Secrets mit besonderer Rücksicht auf die Zwecke des praktischen Arztes. Zum Gebrauche für Mediciner und Pharmaceuten bearb. Mit 3 (lith.) Taf., 1 (lith.) Farbentab. u. 28 Holzschn. (im Text). Bevorw. von R. Fresenius. 4. sehr verm. u. verb. Aufl. Wiesbaden 863. Kreidel. Lex.-8. (XV, 360 S.) n. 2 ℛ𝓅 12 ngr.

— u. J. Vogel, Anleitung zur qualitativen u. quantitativen Analyse des Harns, sowie zur Beurtheilung der Veränderungen dieses Secrets mit besond. Rücksicht auf die Zwecke des prakt. Arztes. Zum Gebrauche für Mediziner, Chemiker u. Pharmaceuten. Bevorwortet von R. Fresenius. 5., verm. u. verb. Aufl. Wiesbaden 867. Kreidel's Verlag. gr. 8. (XII, 363 S. mit 3 Steintaff., 1 Farbentab. u. 31 eingedr. Holzschn.) n. 2 ℛ𝓅 16 ngr.

—— und J. Vogel, Anleitung zur qualitativen und quantitativen Analyse des Harns, sowie zur Beurtheilung der Veränderungen dieses Secrets mit besond. Rücksicht auf die Zwecke des prakt. Arztes. Zum Gebrauch für Mediciner, Chemiker und Pharmaceuten bearb. Bevorwortet von R. Fresenius. 6. verm. und verb. Aufl. gr. 8. (XV, 392 S. mit 3 lithogr. Taf., 1 Farbentaf. und 33 eingedr. Holzschn.) Wiesbaden 872, Kreidel's Verlag. *

Neubauer, C. (H.), und J. Vogel, Anleitung zur qualitativen und quantitativen Analyse des Harns, sowie zur Beurtheilung der Veränderungen dieses Secrets mit besond. Rücksicht auf die Zwecke des prakt. Arztes. Zum Gebrauche für Mediciner, Chemiker und Pharmaceuten bearb. Bevorwortet von R. Fresenius. 7. verm. und verb. Aufl. gr. 8. (X, 436 S. mit 3 lithogr. Taf., 1 Farbentaf. und 38 eingedr. Holzschn.) Wiesbaden 876, Kreidel's Verlag. *

— u. Jul. Vogel, Anleitung zur qualitativen u. quantitativen Analyse des Harns, sowie zur Beurtheilung der Veränderungen dieses Secrets mit besonderer Rücksicht auf die Zwecke des prakt. Arztes. Zum Gebrauche für Mediciner, Chemiker u. Pharmaceuten. 8., umgearb. u. verm. Aufl. Mit Vorwort von R. Fresenius. 1. Abth.: Analytischer Thl. bearb. von H. Huppert. M. 3 lith. Taf. u. 39 (eingedr.) Holzschn. gr. 8. (XVII, 348 S.) Wiesbaden 881. Kreidel. n. 7. 60

— — dasselbe. 2. Abth.: Semiotischer Thl., bearb. von L. Thomas. 1. Hälfte. Mit 1 Farbentaf. gr. 8. (S. 349—444.) Ebend. 882. n. 1. 60

Neubauer, C., u. Jul. Vogel, Anleitung zur qualitativen u. quantitativen Analyse d. Harns sowie zur Veränderg. dieses Secrets m. besond. Rücksicht auf die Zwecke d. prakt. Arztes. Zum Gebrauche f. Mediciner, Chemiker u. Pharmaceuten. 8. Aufl. Mit Vorwort v. R. Fresenius. 2. Abth.: Semiotischer Thl., bearb. v. L. Thomas. 2. Hälfte. gr. 8. (VIII u. S. 445—584.) Wiesbaden 885. Kreidel. n. 2. 80
(cplt.: n. 12. —)

Neubauer, C., u. J. Vogel, Anleitung zur qualitativen u. quantitativen Analyse des Harns, sowie zur Beurtheilg. der Verändergn. dieses Secrets, m. besond. Rücksicht auf die Zwecke d. prakt. Arztes. Zum Gebrauche für Mediciner, Chemiker u. Pharmaceuten. 9., umgearb. Aufl. v. H. Huppert u. L. Thomas. 2 Abthlgn. gr. 8. Wiesbaden 890. Kreidel. n. 15. 20; geb. in 1 Bd. n. 16. 60
1. Analytischer Thl., bearb. v. H. Huppert. Mit 3 lith. Taf. u. 48 Holzschn. (X, 581 S.) n. 11. 20
2. Semiotischer Thl., bearb. v. L. Thomas. (VI, 288 S.) n. 4. —

Neubauer u. Vogel, Anleitg. zur qualitativen u. quantitativen Analyse d. Harns. Zum Gebrauche f. Mediciner, Chemiker u. Pharmaceuten. 10., umgearb. u. verm. Aufl. Analyt. Thl. Qualitat. Abth. In 3. Aufl. bearb. v. H. Huppert. M. 4 lith. Taf. u. 55 Holzschn. gr. 8. (VII, 884 S. m. 4 Bl. Erklärgn.) Wiesbaden 898. C. W. Kreidel. n. 17. 65; geb. n. 22. —

Neubauer, Karl: Anleitung z. qualitat. u. quantit. Analyse d. Harns. 11. Aufl. 1910
s. **Analyse** d. Harns. Bearb. von A. Ellinger. [10. 16767

Die rheinischen Auslesweine vor dem Richterstuhle der Chemie. Wiesbaden. 1876.

Neubauer, C., der jährliche Bedarf e. Morgens Riesling-Weinberg an Mineralstoffen. [Aus: „Annalen der Oenologie."] gr. 8. (47 S. m. 2 eingedr. Holzschn.) Heidelberg 875. C. Winter. n. 1. 60

—— Beiträge zur Analyse des Weinlaubs und des im Frühjahr aus den Reben ausfliessenden Saftes [Rebthränen]. gr. 8. (16 S.) Ebendas. 875. *

Neubauer, Carl: Die nachweisbaren Besitzungen des Klosters St. Paul in Kärnten und Steiermark in den Jahren 1091–1269. 46 S. – Marburg, Progr. 1883.

— s.: Charitas-Kalender f. die Katholiken deutsch. Zunge.

Neubauer, C., über die Chemie des Weines. Drei Vorträge gehalten Winter 1869—70 in Mainz, Oppenheim u. Oestrich a. Rh. Wiesbaden 870. Kreidel. 8. (III, 138 S.) n. 16 ngr.

– und Julius Vogel

(— —) Farbentabelle für den Urin. Abgedr. aus der Anleitung zur Analyse des Harns. Wiesbaden, Kreidel u. Niedner. (1 lith. Taf. in Farbendr. in gr. Fol. u. 2 S. Text in gr. 8.) n. 15 ngr.

—— —— Farbentabelle für den Urin. 1 chromolithogr. Taf. in gr. Fol. (2 S. Text in gr. 8.) Ebds. 856. *

—— —— Farbentabelle für den Urin. gr. 8. (2 S. Text mit 1 Chromolithogr. in Fol.) Ebendas. 872. In Etui. *

Neubauer C., Feinbuch nebst Anleitung zur Feinberechnung bei tausendtheiligen Gehalts-Angaben u. 2 Tabellen zur Vergleichung der Gehalts-Angaben in Lothen, Karaten und Gränen mit denen in Tausendtheilen. Berlin 857. Decker. 12. (168 S.) 22½ ngr.

NEUBAUER, C.
Ueber die Fortschritte der Chemie in den letzten Decennien. Rede zur Feier des 25 jährigen Bestehens des chemischen Laboratoriums zu Wiesbaden am 3. Mai, 1873. Wiesbaden, 1873. pp. 18, 8vo.

Neubauer, Carl, systematischer Gang der qualitativen u. quantitativen Analyse des Harns. 8. Aufl., bearb. von E. Borgmann. gr. 8. (23 S.) Wiesbaden 882. Kreidel. n. — 40

Neubauer, C., systematischer Gang der qualitativen u. quantitativen Analyse d. Harns. 9. Aufl., bearb. von E. Borgmann. gr. 8. (30 S.) Wiesbaden 890. Kreidel. cart. n. — 80

Neubauer, Carl, Gedichte. (VIII, 120 S.) 8. Dresden 903. E. Pierson. n. 2. —; geb. n. 3. —

Neubauer, C.: Geschichte der Zerbster Schützengesellschaft. Festschrift zur Feier des 500jährigen Jubiläums. Zerbst, 1897, 162 S.

— Lüftungs-Versuche. [Aus: „Annalen d. Oenol."] gr. 8. (9 S.) Ebend. 875. n. — 40

Neubauer, C. (I.), Münz-Tabellen, s. Nelkenbrecher's, J. C., Taschenbuch für Kaufleute.

Neubauer Karl Dr.: Die Quelle von „Cardenio und Celinde".
II. 1902 PN 1468 Diss. Wien Univ. 110

—— die Salicylsäure in ihren verschiedenen Wirkungen, s. Kolbe, H.

Neubauer Carl: Das Kloster St. Paul im Lavantthale in den Jahren 1091—1159. 35. Marburg R. 82.
Progr.

— die Schälung der Eichenrinden, s.: Wohmann, W.

NEUBAUER, CARL. Ueber intramoleculare Umlagerungen der Aether einiger Isoaldoxime. Leipzig, 1896.

—— Untersuchung einiger Traubenzucker des Handels. gr. 8. (15 S.) Heidelberg 875, C. Winter's Universitäts-Buchh. *
Aus: Annalen der Oenologie, besonders abgedruckt.

—— über die gährungshemmende Wirkung der Salicylsäure. 2. und 3. Abhandlung. gr. 8. (à 19 S.) Leipzig 875,76, Barth. à Abhandl. * 40 Pf. *
Aus: Journal für praktische Chemie, besonders abgedruckt.
1. Abhandl. vgl.: Meyer, E. v., und H. Kolbe.

Neubauer, Carl Georg Gustav (Wiesbaden), Über intramolekulare Umlagerung der Äther einiger Isoaldoxime. Diss. Leipzig (O. Schmidt) 1896. 35 S. u. Biogr. (1.—) 24710
Gew.: R. Behrend. — Seiner Mutter gew.

Neubauer, Konr., Lebensbeute. Heisere Lieder e. marodier. Landsknechts. (IV, 95 S.) kl. 8. Giessen (909). E. Roth. 1.—;
Elzevierausg., geb. in Perg. m. Goldschn. 1.50

— **Laur. Wilhelm** (Nürnberg), De conventibus circularibus. Diss. inaug. Präs. Joh. Wilhelm Goebel. Helmstedt (Hamm) 1723. 80 S. (6.—) 24715

— — Dasselbe. Helmstedt (Hamm) (10.) II. 1723. 80 S. (6.—) 24716
Widm. v.: J. W. Goebel.

— — Dasselbe. Febr. 1723. Editio nova. Helmstedt 1746. 80 S. (8.—) 24717

Neubauer, Lud., Sammlung d. Medicinal-Gesetze u. Verordnn. f. d. Regierungs-Bezirk Düsseldorf. Mit e. Vorr. v. C. H. Ebermaier. 8. (34¾ B.) Solingen 836, (Pfeiffer.)

Neubauer Luise: De choro Euripideo.
H. 1907 PN 2297 Diss. Wien, Univ. 1622

Neubauer, Max, approb. Arzt aus Berlin: Über die Blutungen bei Placenta praevia. *Berlin 1902: B. Paul.* (67 S.) 8°
Straßburg, Med. Diss. v. 1902

NEUBAUER, Max (München): Der Typhus und seine Behandlung.- München: Deschler 1841. 20 S.
28.8.1841 - Urk (Titel: De typho.); F 65
Diss. Ingolst.-Landsh.-Mchn.

NEUBAUER, Max F. (Hamburg): Ein Fall von Empyem.- München: Schreiber 1875. 59 S.
23.3.1875 - Urk (Titel: De casu quodam empyematis.); Chr 1872/73,16
Diss. Ingolst.-Landsh.-Mchn.

Neubauer, Otto, Dr., Assist. am med.-klin. Inst.: Über den Abbau der Aminosäuren im gesunden und kranken Organismus. Leipzig: Vogel 1908. 46 S. 8° (Aus: Deutsches Archiv f. klin. Medizin. Bd 96.)
München, Med. Hab.-Schr. v. 1909
(Nicht für den Austausch) [U 09. 3537

Neubauer, Otto [aus Wiesbaden]: Über die Einwirkung von Natriumaethylat auf Essigaether und Phenylessigsäureaethylester. . . . Leipzig-Reudnitz, Druck v. Max Hoffmann, 1889; 25 S. + 1 Bl. 8°
Leipzig, Phil. Fak., Inaug.-Diss. v. 8. Jul. 1889

Neubauer, P., Wienerisches Kochbuch, od. Unterr., wie man alle Arten v. Fastenspeisen, Backereien, Fluß- u. Meerfische ec. zurichten soll. Neue verb. u. mit e. Register versch. Ausg. 8. Wien 791. N. Aufl. 810, 12. v. Mösle. 1 ₰ 8 gr (Centner in Münch.) 1 ₰ 8 gr

Neubauer, P: Die deutschen Reichspostdampferlinien nach Ostasien und Australien in zwanzigjährigem Betriebe. Berlin 1906

Neubauer, Paul: Hydroxyde des Fischbeins
Diss., Prag 1908/1909

Neubauer, Dr. Paul. Der Norddte Lloyd. 50 Jahre d Entw 1857-1907. 2v. Text u Ill. Lpz. 1907.

Die Stellung Chinas im Welthandel im Jahre 1900. Von Dr. Paul Neubauer. *Berlin: [W. Süsserott] 1901.* (54 S.) 8° [01. 700

Neubauer, R., Der angebliche Aphroditetempel zu Golgoi u. die daselbst gefund. schriften in Kyprischer Schrift. S.-A. s. a. 28 S. 4°.

Neubauer, R., der Arbeitsmarkt in der Presse zu Frankfurt a. M., s.a. Probleme der Fürsorge. I.

Der Arbeitsmarkt in der Presse zu Frankfurt a. M. vom 1. Oktober 1900 bis zum 30. September 1901 nebst e. Erhebung über d. gleichzeitige Tätigkeit d. privaten u. gemeinnützigen Institute f. Arbeitsvermittlung von R. Neubauer. Dresden: O. V. Böhmert 1905. (VIII, 130, 67 S.) 4°(8°) [5.]
= Probleme d. Fürsorge. Bd 1. [05. 11085

Neubauer, Reinhardus [Halberstadiensis]: De coniunctionum causalium apud Gellium usu. . . . Magdeburgii, typ. C. Friese, 1890; 46 S. 8°
Erlangen, Phil. Fak., Inaug.-Diss. v. 1890

Neubauer, R., de coniunctionum causalium apud Gellium usu. Diss. inaug. gr. 8. (46 S.) Magdeburgii 890. (Leipzig, Fock.) n. 1. —

Neubauer, Reinhard, Dr.: De interpolatione Heraclidarum fabulae Euripideae. *Nordhausen 1902: Eberhardt.* (S. 3—13.) 4°
Nordhausen, k. G, OP 1902 (271)

Neubauer, Richard

Neubauer, R., Blätter der Erinnerung an Deutschlands großen Kaiser Wilhelm I. Gedenkblätter an die Trauertage d. März 1888; Berichte, Nachrufe u. Betrachtgn., Dichtgn. u. Gedächtnißreden; amtl. Verkündiggn. u. kaiserl. Erlasse, Kundgebgn. d. In- u. Auslandes; Charakterzüge, Aussprüche u. letztwill. Aufzeichngn. Kaiser Wilhelm's I. Für das deutsche Volk zur bleib. Erinnerg. zusammengestellt. gr. 8. (XIV, 240 S.) Berlin 888. Bahlen. n. 3. —; geb. n. 4. —

Neubauer, Ricard.: Commentatio epigraphica. Berolini 1868 (33 S.).

Neubauer, Ricard., commentationes epigraphicae. Adjectae sunt tabulae quatuor (in qu. Fol.). Berlin 869. Calvary & Co. gr. 8. (III, 176 S.) n. 2 ℛ 20 ngr.

Neubauer, R.: Curae epigraphicae. 23 S. – Berlin gr. Kl., Progr. 1872.

Festschrift über die Lichteinbringung, der unter Verfassung der Grossen Loge von Pruessen, genannt Royal York zur Freundschaft eingesetzten Johannisloge: „Luise zur gekrönten Schönheit" im Or. Charlottenburg am 16. Okt. 1910. Nur für Br. Freimaurer bearbeitet von Richard Neubauer. [Charlottenburg 1910]: Assmuss. 39 S. 8°. [Umschlagtit.] 21.

Neubauer, Rich., s.: Luther, Martin, Auswahl aus seinen Schriften.

—— über eine jüngst gefundene attische Pachturkunde aus Olymp. 120. 1. Text nebst Ergänzung und Erläuterungen. gr. 8. (44 S.) Berlin 874, Weidmann'sche Buchh. *
Aus: Festschrift zur 3. Säcularfeier des Berliner Gymnasiums zum grauen Kloster, besonders abgedruckt.

Neubauer, S., Jahrzeit-Gedenkblatt f. Verstorbene jüdischen Bekenntnisses, m. Tabellen zur Umrechnung der jüd. in christl. Zeitrechnung. Lith. Fol. Zittau 890. (Fiedler.) Ausg. A. auf Schreibpap. n. 2. —; Ausg. B. auf Carton n. 3. —; Ausg. C. (Doppelblatt) auf Schreibpapier n. 3. —; Ausg. D. dasselbe auf Carton n. 4. —

Neubauer, Wilhelm

Neubauer, W., das in Deutschland geltende Erbrecht m. Ausschluß d. Erbrechtes der Ehegatten. Das Rechtsverhältniß der unehel. Kinder. gr. 8. (70 S.) Berlin 890. H. W. Müller. n. 1. 50

Neubauer, W., Erläuterungen zur Grundbuch-Ordnung vom 5. Mai 1872 f. das m. Grundbuchsachen befaßte Publikum. 8. (58 S. m. 1 Tab. in qu. 4.) Berlin 874. Guttentag. n. 1. —

Neubauer, [W.], das in Deutschland geltende eheliche Güterrecht, unter Benutzung amtl. Materialien zusammengestellt. 4. (VI, 169 S.) Berlin 879, v. Decker's Verlag. *

Neubauer, das eheliche Güterrecht des Auslandes, nebst Mittheilungen über das in den Vereinigten Staaten von Nord-Amerika geltende Erbrecht, zusammengestellt. 4. (VI, 108 S.) Berlin 882. v. Decker. n.n. 2. 70

Neubauer, das in Deutschland geltende eheliche Güterrecht, nach amtl. Materialien zusammengestellt. 2., verb. Aufl. gr. 8. (VII, 274 S.) Berlin 889. v. Decker. n. 6. —

Neubauer, W.: Controversen aus dem Preußischen Grundbuchrecht nach den Gesetzen vom 5. Mai 1872 u. Bem. zur Anwendung dieser Gesetze. Berlin 1874.

—— Der nichtkaufmännische Maklervertrag in der Praxis, insbesondere nach preußischem allgemeinen Landrecht. gr. 8. (IV, 58 S.) Berl. 892, C. Heymann. * 1 —
Aus: Archiv f. bürgerl. Recht, besonders abgedruckt.

Neubauer, Guil. (geb. Dramburg 1826): De cutis regeneratione observationes nonnullae. Berolini (1851). (20 S.) 8°
Berlin, Med. Diss. v. 29. Nov. 1851

NEUBAUER, Wilhelm: Die Reinertragsfrage der Forstwirtschaft in ihrer volkswirtschaftlichen Bedeutung. - Wien 1910. 103 S., 1 graph. Darst. (Hdschr.) - Diss. Hochsch. f. Bodenkultur

Neubauer, W., 50 zweistimmige Schullieder. 2., verb. Aufl. qu. 8. (4 B.) Berlin 844, Challier u. Comp. Thlr. *

— Zusammenstellungen des in Deutschland geltenden Rechts, betr. Stammgüter, Familienfideikommisse, Familienstiftungen, bäuerliches Recht, Reallasten 2c., Lehnrecht, unter Benutzung amtlicher Materialien. 4. (IV, 92 S.) Ebend. 879. n. 2. 20

— Zusammenstellungen des in Deutschland geltenden Rechts betr. verschiedene Rechtsmaterien [Expropriation, Forstrecht, Jagdrecht, Fischereirecht, Deich- u. Sielrecht, Näherrecht, Gesinderecht] unter Benutzung amtlicher Materialien. 4. (VII, 196 S.) Ebend. 880. n. 4. 40

— Zusammenstellung des in Deutschland geltenden Wasserrechts, einschließlich des Mühlen-, Flößerei- u. Flößrechts u. Nachträge zu den Zusammenstellungen von 1879 u. 1880 über verschiedene Rechtsmaterien unter Benutzung amtlicher Materialien. 4. (VI, 103 S.) Berlin 881. v. Decker. n. 2. 20

Neubauer-Huppert, Lehrbuch der Harnanalyse, 11. Aufl., s.: Analyse des Harns.

Neubaur, Beiträge zu einer Geschichte d. römischen Christengemeinde in den beiden ersten Jahrhunderten. Pr. 1886. 43 S. 4°. 1

Neubaur, ..., s. Jahresbericht, erster, des Halleschen landwirthschaftl. Vereines.

Neubaur, Ernst [cand. med. aus Berent W./Pr.]: Zur Casuistik über „Pseudomyxoma peritonei" (Werth). . . . Erlangen, Druck d. Univ.-Buchdr. v. E. Th. Jacob, 1888; 29 + 1 S. + 1 Bl. 8°
Erlangen, Med. Fak., Inaug.-Diss. v. 1888

Neubaur, Ferd., Reductor zur Umwandlung des rheinischen Fußmaßes in Metermaß. Lith. u. color. Berlin 870. Seehagen. qu. 4. 2½ ngr.

Neubaur, Frz., der Faun. Verslustspiel in 1 Akt. gr. 8. (37 S.) Hirschberg (900). (Leipzig, G. Wittrin.) n. 1. —

— Phrasien. Komödie in 3 Akten. 8. (XV, 118 S.) Leipzig 901. R. Wöpke. n. 2. —; geb. n. 3. —

Die Taubenjagd. Ein Minnespiel in 3 Aufz. von Franz **Neubaur.** Neu-Ruppin 1902: Märkische Zeitung. (83 S.) 8° [F.] [07. 6133]

Neubaur, Heinrich Otto, s. N e u b a u r , Otto

Neubaur, Karl, der Suez-Kanal, s.: **Meereskunde**. IV, 9.

Neubaur, Karl Leonhard, s. N e u b a u r , Leonhard.

Neubaur, Leonhard

Neubaur, Carolus **Leonardus**: *De Hermae „Pastoris" aetate dissertatio historica. 37 S. 4° (2°)
Halle-Wittenberg. Phil. Diss. v. 13. Mai 1875
Geb. [Danzkehmen (Kr. Stallupönen) 6. 11. 1847]

Neubaur, Karl Leonhard:
Beiträge zur älteren Geschichte des Gymnasiums zu Elbing.
4 (34 S.).
In Verwandlung in eine Oberrsch. begriff. städt. Rg. *Elbing* 1899
Progr.

Neubaur, Karl Leonhard: B e i t r ä g e zu einer Geschichte der römischen Christengemeinde in den ersten beiden Jahrh. 43 S. Rg. Elbing 1880. Progr.

Neubaur, L[eonhard], Prof. Dr.: **Beiträge** zur älteren Geschichte des Gymnasiums zu Elbing. *Elbing 1899: R. Kühn.* (34 S.) 4° ¶(Ergänzung d. P-Beil. 1897: Aus d. Geschichte d. Elbinger Gymnasiums.)
Elbing, st. RG, P 1899 (45)

Neubaur, *Leonhard* [Prof. Dr.]: Aus der Geschichte des Elbinger Gymnasiums. Elbing, Buchdr. R. Kühn, 1897; 75 S. 4.
Elbing, st. RG, OP 1897 (45)

Neubaur, L., s.: **Katalog d. Stadtbibliothek zu Elbing.**

N e u b a u r, L., Neue Mitteilungen über die Sage vom ewigen Juden. Leipzig (1893), L. Hinrichs, III, 24 S.

Neubaur, L., die Sage vom ewigen Juden, untersucht. gr. 8. (VII, 132 S.) Leipzig 884, Hinrichs'sche Buchh. *

Neubaur, L., die Sage vom ewigen Juden. Untersucht v. L. N. 2., durch neue Mitteilgn. verm. Ausg. gr. 8. (VI, 132 u. III, 24 S.) Leipzig 893. J. C. Hinrichs' Verl. n. 3. —; neue Mitteilgn. allein (III, 24 S.) n. — 60

Neubaur, Lina, Schule d. Damenschneiderei, s.: B u s c h, W.

Neubaur, (Henr.) Otto (geb. Charlottenburg 22. 7. 1823): De paralysi nervi facialis et de myotomia in casibus inveteratis. Berolini (1848). (31 S.) 8°
Berlin, Med. Diss. v. 30. März 1848

Neubaur, Paul, d. g r ö ß e r e D e u t s c h l a n d u. d. Wahrg. f. Interessen. gr. 8. (64 S.) Berlin 896. Deutscher Verlag. n. — 75

Neubaur, Paul, s.: **Jahrbuch des Norddeutschen Lloyd.**

Neubaur, Paul: H e i n r i c h L a n z , [L a n d m a s c h i n e n f a b r i k , M a n n h e i m]. 50 Jahre des Wirkens in Landwirtschaft u. Industrie. 1859—1909. Textbd u. Ill. Bd. Berlin: Parey [1909]. 8° (Ill. Bd 2°)

— **Heinrich L a n z. 50 Jahre des Wirkens in Landwirtschaft u. Industrie 1859—1909. (Die farb. Vignetten nach Ölgemälden v. Rud. Eichstaedt.) 2 Bde. (VII, 514 S. u. 50 z. Tl. farb. Taf. u. Doppeltaf. m. III S. Text in 45×35,5 cm.) gr. 8. Berlin (910). P. Parey. Geb. in Leinw. 100. —**

— **Der Norddeutsche L l o y d. 50 Jahre der Entwicklg. 1857—1907. 2 Bde. Text u. e. Illustrationsbd. Leipzig 907. F. W. Grunow. Geb. in Leinw. 50. —**
Text. (VI, 748 S. m. farb. Vignetten.) gr. 8. — Illustrationsband. (41 Taf., 12 Taf. graph. Darstellgn. u. 3 farb. Karten m. IV S. Text.) 45,5×34,5 cm.

Neubaur, Paul, die deutschen Reichspostdampferlinien nach Ostasien u. Australien in 20jährigem Betriebe. Eine wirtschaftspolit. Studie. (VI, 235 S. m. 11 Taf. u. 3 Karten.) Lex.-8. Berlin 906. E. S. Mittler & Sohn. n. 3. 50; geb. n. 4. 50

Neubaur, Paul, aus Lissa, Prov. Posen: Die **Stellung** Chinas im Welthandel im Jahre 1900. *Berlin 1901: Buchdr. Deutscher Verlag.* (54 S.) 8°
Würzburg, Phil. Diss. v. 1901

Neubaur, Paul, die Stellung Chinas im Welthandel im J. 1900. gr. 8. (55 S.) Berlin 901. (W. Süsserott.) 1.50

Neubaur, Paul: M a t h i a s S t i n n e s und sein Haus. Ein Jahrhundert der Entwickelung. 1808—1908. Ein Textbd u. ein Ill. Bd. Mülheim a. d. Ruhr 1908: Bagel. 8° (Ill. Bd: quer-4°)

— **Mathias S t i n n e s u. sein Haus. Ein Jahrhundert der Entwickelg. 1808—1908. (Die Originale d. Illustr. sind v. Otto Bollhagen u. Fritz Jacobsen unter Mitbenutzg. vorhandener Abb.) Text- u. Illustrationsbd. Mülheim-Ruhr (909). (J. Bagel.) Geb. in Leinw. 45. —**
Textbd. (IV, 431 S.) gr. 8. — Illustrationsbd. (16 [4 farb.] Taf. m. IV S. Text.) 28,5×41,5 cm.

Der Suez-Kanal. Seine Entstehung u. Entwicklung. Von Dr. Paul **Neubaur**. Berlin: Mittler 1910. 36 S. 8° [Umschlagt.]
(Meereskunde. Jg. 4, H. 9.) [11. 3067

Als Ms. f. Vorträge gedr. Warum und mit welchem Rechte bedarf Deutschland eines Ausbaues seiner Flotte? Im Auftr. d. Deutschen Kolonialgesellschaft verf. von Dr. P[aul] **Neubaur**. (Berlin [um 1898]: Sittenfeld.) 25 gez. Bl. 4° [Kopft.] [09. 8498 :3

Neubaur, Rudolf: Die Fauna K r o s i g k s . Zoolog. Forschungen aus d. Jahren 1903-1908. Von –. Göttingen 1908: Kaestner. 60 S. 8°

Neubaur, W., die wichtigsten Magenkrankheiten. (Magenkrebs u. Magengeschwür.) (Schumann's medizin. Volksbücher.) (117 S. m. 8 Fig.) kl. 8. Leipzig 903. [W. Schumann Nachf.] Ulm, J. Ebner. Geb. in Leinw. 1. 50

Neubaur, Walter [Arzt]: Über den Krebs des Eierstocks ... Leipzig, G. Fock, 1894; 39 S. 8.
Leipzig, Med. Fak., Inaug.-Diss. v. 22. Sept. 1894

Neubauten. Leipzig: E. A. Seemann 1894-(1902). 8°
Hrsgeg. v. A. Neumeister.

Neubauten, belgische, hrsg. v. der Société centrale d'architecture de Belgique. 50 Taf. (In 6 Lfgn.) 1. Lfg. Fol. (10 Photolith.) Berlin 886. Claesen & Co. In Mappe. n. 8. —

Neubauten, belgische, hrsg. von der Société centrale d'architecture de Belgique. 50 Taf. In 5 Lfgn. Fol. Berlin 886. Claesen & Co. In Mappe. à Lfg. n. 8. —

Neubauten in Berlin, s.a. **Städtebilder**, moderne. 6.

N e u b a u t e n in Berlin. (40 T) (Moderne Städtebilder 6) fol Berlin 1901

N e u b a u t e n in Brüssel. (37 T) fol (Städtebilder, Moderne I) Berlin 1900

Neubauten, B u d a p e s t e r. Façaden, Details, Tore, Vestibüle u. Höfe. Photographische Aufnahmen auf 65 Lichtdr.-Taf. (III S. Text.) 41×31,5 cm. Wien (908). A. Schroll & Co. In Mappe 40. —

N e u b a u t e n , Einfache. Eine Sammlung von Villen, Wohnhäusern etc. Herausgegeben von W Kick. Serie I. (102 T) fol Stuttgart (1899)

Neubauten zu Frankfurt am Main. Hrsg. unter Mitwirkung des Frankfurter Architekten- und Ingenieur-Vereins. Redig. von Fr. Sauerwein. Photograph. Aufnahmen von C. Hertel in Mainz, Lichtdruck von Ant. Maier in München und Brauneck & Maier in Mainz. 1.—4. Lfg. gr. Fol. (11 lithogr. und 13 phototyp. Taf.) Frankfurt a. M. 878, Keller. à Lfg. * ℳ 6. *

Neubauten zu Frankfurt a. M. Hrsg. unter Mitwirkung des Frankfurter Architekten- und Ingenieur-Vereins. Redig. von Friedr. Sauerwein. Photogr. Aufnahmen von C. Hertel in Mainz, Lichtdr. von Ant. Maier in München und Brauneck und Maier in Mainz. (1. Serie.) 5.—10. (Schluss-)Lfg. gr. Fol. (11 lithogr. und 25 phototyp. Taf.) Frankfurt a. M. 880, Keller. à Lfg. * ℳ 6. *
1.—4. Lfg. Ebendas. 1878. à * ℳ 6.

— zu Frankfurt am Main. Hrsg. v. Frdr. Sauerwein. 2. Serie. Photogr. Aufnahmen v. Webe-Wehl in Frankfurt a/M., Lichtdr. v. A. Naumann & Schröder in Leipzig. 6 Lfgn. Fol. (à 6 Bl.) Frankfurt a/M. 884. Keller. à n. 6. —

Neubauten in Grossbritannien, s.a. **Jaffé, Frz.**

Neubauten in Grossbritannien. (In 3—4 Lfgn.) 1. und 2. Lfg. gr. Fol. (à Lfg. 25 Lichtdr.-Taf.) Berl. 891,92, Wasmuth. In Mappe à Lfg. * 25 —; * 50 —

Die Neubauten der Königlich Sächsischen Technischen Hochschule zu Dresden. 1905. 56 S., 1 Taf. 4⁰ ¶ Teil A. Baubeschreibung. Erw. aus: Deutsche Bauzeitung. Jg. 39. — Teil B. Innere Einrichtung. Aus: Zeitschrift d. Vereines deutscher Ingenieure. Bd 49, Halbj. 1. — Anh. [Hubert Engels:] Die Anstalt zur Prüfung von Schiffswiderständen und hydrometrischen Instrumenten in Dresden-Uebigau. Aus: Zentralblatt d. Bauverwaltung. Jg. 25.

Die Neubauten der Königlich Sächsischen Technischen Hochschule zu Dresden. — (Berlin) 1905: (Schade). 56 S. 4° 1.

Neubauten in Holland. (Amsterdam — Haag — Rotterdam) (37 T) fol (Städtebilder, Moderne II) Berlin 1900

— u. Concurrenzen. Architektonische Monatshefte. Red.: Hans Dwořak. 5. Jahrg. 1899. 12 Hfte. gr. 4 (à ca. 4 S. m. Abbildgn. u. 8 Taf.) Wien. [F. Wolfrum & Co.] Stuttgart, J. Engelhorn. n. 20. —; einzelne Hfte. n. 1. 75
Fortsetzung s.: Monatshefte, architektonische.

— u. Concurrenzen in Oesterreich u. Ungarn. Organ f. das Hochbaufach u. seine Interessenten. Red. v. Osk. Marmorek. 1. Jahrg. 1895. 12 Hfte. gr. 4. (1. Hft. 16 S. m. Abbildgn. u. 9 Taf.) Wien, M. Perles. n. 20. —; einzelne Hfte. n. 2. —

— u. Concurrenzen in Oesterreich u. Ungarn. Organ f. d. Hochbaufach u. s. Interessenten. Red. v. Osk. Marmorek. 2. Jahrg. 1896. 12 Hfte. (à ca. 8 S. m. Abb. u. Taf.) gr. 4. Wien, M. Perles. n. 20. —; einzelne Hfte. n. 2. —
Fortsetzg. erschien u. d. T.:

— — Organ f. d. Hochbaufach u. s. Interessenten. Red. v. Emil Bressler. 3. Jahrg. 1897. 12 Hfte. (à ca. 8 S. m. Abb. u. Taf.) gr. 4. Ebd. n. 20. —; einz. Hfte. n. 2. —

— — Architekton. Monatshefte. Hrsg. u. red. v. Emil Bressler. 4. Jahrg. 1898. 12 Hfte. (à ca. 4 S. m. Abb. u. Taf.) gr. 4. Wien, F. Wolfrum & Co. n. 20. —; einz. Hfte. n. 1. 70

Neubauten d. Landesirrenanstalt zu Teupitz 1905—1908. Berlin 1909. 8⁰ (4⁰)

Neubauten in London. (35 T) fol (Städtebilder, Moderne III) Berlin 1900

— Moderne. Herausg. von W Kick. Jahrg. 1-3. (Je 100 T) fol Stuttgart 1895-99

Neubauten in München. (36 T) fol (Städtebilder, Moderne 5) Berlin 1900

Neubauten, Münchener. Sammlg. d. hervorragendsten modernen Architecturen. gr. Fol. (50 Taf. in Photogr. u. Lichtdr.) München 896. Jos. Albert. In Mappe 30. —

— in Nordamerika. Hrsg. v. der Schriftleitung der Blätter f. Architektur u. Kunsthandwerk, Paul Graef. 100 Lichtdr.-Taf. m. Grundrissen u. erläut. Text. M. e. Vorwort v. K. Hinckeldeyn. 1.—4. Lfg. Imp.-4. (40 Taf. u. 4 Bl. Grundrisse m. Text S. 1—4.) Berlin 897. 98. J. Becker. à Lfg. n. 6. —; f. d. Abonnenten d. „Blätter f. Architektur" à n. 5. —

— in Nordamerika. Hrsg. von der Schriftleitg. der Blätter f. Architektur u. Kunsthandwerk, Paul Graef. 150 Lichtdr.-Taf. m. Grundrissen u. erläut. Text. Mit e. Vorwort v. K. Hinckeldeyn. 5.—10. Lfg. Imp.-4. (60 Taf. u. 6 Bl. Grundrisse.) Berlin (899). [M. Oldenbourg.] M. Spielmeyer. à Lfg. n. 6. —

— dasselbe. Neue Folge. 1. u. 2. Hft. 11. u. 12. Hft. der ganzen Sammlg. Imp.-4. (20 Taf. u. 2 Bl. Grundrisse.) Ebd. (900—902.) à Hft. n. 6. —

— in Nordamerika. Hrsg. von der Schriftleitg. der Blätter f. Architektur u. Kunsthandwerk, Paul Graef. 165 Lichtdr.-Taf. m. Grundrissen u. erläut. Text. Mit e. Vorwort v. K. Hinckeldeyn. II. Serie. 3.—6. (Schluss-) Heft. (13.—16. Heft der ganzen Sammlg.) (45 Taf. m. 7 S. Text,) Imp.-4. Berlin (902—905). M. Spielmeyer. n. 27. — (Vollständig in 2 Mappen: 100. —)

— Nürnberger. 50 Taf. Photogr. u. Lichtdr. v. Jos. Albert, München. gr. Fol. München 896. Jos. Albert. In Leinw.-Mappe 30. —

— in Oesterreich. Façaden, Details, Haustore, Vestibule etc. etc. I.—III. Serie. 41,5×82 cm. Ebd. In Mappe à 40. —
I. 78 photograph. Aufnahmen auf 65 Blättern. (907.)
II. Modernes Barock etc. 73 photograph. Aufnahmen auf 65 Blättern. (908.)
III. 98 photograph. Aufnahmen auf 64 Blättern. (910.)

— Prager. Façaden, Details, Hausthore, Vestibule. 68 photograph. Aufnahmen auf 64 Blätter Lichtdr. (III S. Text.) Fol. Wien 906. A. Schroll & Co. In Mappe n. 40. —

Neubauten in Wien. (37 T) fol (Städtebilder, Moderne 4) Berlin 1900

Neubauten in Wien, Prag, Budapest. Fassaden, Details, Haustore, Vestibüle. Fol. (65 Tafeln) Wien: Schroll 1904.

Neubauten, Wiener. Unter Mitwirkg. der Architecten H. v. Ferstel, E. u. H. v. Förster, Th. v. Hansen etc. hrsg. von C. v. Lützow u. Ludw. Tischler. Gestochen unter Leitg. v. Ed. Obermayer. (In 12 Hften.) 1—11. Hft. gr. Fol. (18 S. u. 94 Kpfrtaf.) Wien 874—76. Lehmann & Wentzel. In Mappe. à n. 8. —

— Wiener. Unter Mitwirkung von H. v. Ferstel, E. u. H. v. Förster, Th. v. Hansen etc. hrsg. von C. v. Lützow u. Ludw. Tischler. Gestochen unter Leitung von Ed. Obermayer. 1. Bd. 12. Hft. u. 2. Bd. 12 Hfte. Fol. Wien 877—81. Lehmann. à n. 8. — (1. u. 2. Bd. cplt. in Mappe à n. 100. —)
I. 12. (6 Kpfrtaf. m. 10 Bl. Text.)
II. 12 Hfte. (à 8 Kpfrtaf. m. 1 Bl. Text.)

— dasselbe. Serie B. Wiener Monumental-Bauten. 1. Bd. Hof-Opernhaus von van der Nüll u. v. Sicardsburg. Justizpalast von A. v. Wielemans. (In 20 Lfgn.) 1—10. Lfg. gr. Fol. (à 6 Kpfrtaf. u. 1 Bl. Text.) Ebend. 881. 82. à n. 12. —; Prachtausg. in Mappe à n. 20. —

Neubauten, Wiener. Serie A. Privat-Bauten. 3. Bd. Hrsg. v. Ludw. Tischler. 1—5. Lfg. Fol. (à 8 Kpfrtaf.) Wien 886. A. Lehmann. à n. 8. —

— dasselbe. 3. Aufl. 4 Viertelbde. Fol. (96 Taf.) Ebend. 883. In Mappe. à n. 24. —

— dasselbe. Serie B. Wiener Monumental-Bauten. 1. Bd. Hof-Opernhaus v. van der Nüll u. v. Sicardsburg. Justizpalast von A. v. Wielemans. 11—20. (Schluss-)Lfg. gr. Fol. (à 6—7 Kpfrtaf. m. Text.) Ebend. 883—86. à n. 12. —; Prachtausg. à n. 20. — (Hofopernhaus cplt. in Mappe n. 200. —; Justizpalast cplt. in Mappe n. 100. —)

— dasselbe. 2. Bd. 1—3. Lfg. Fol. Ebend. 886. à n. 12. —; Prachtausg. à n. 20. —
Die k. k. Universität. Von H. v. Ferstel. Das k. k. Reichsrathsgebäude von Th. v. Hansen. Die Votivkirche von H. v. Ferstel. 1—3. Lfg. (à 6 Kpfrtaf.)

— Wiener. Serie A. Privatbauten. 3. Bd. Hrsg. von Ludw. Tischler. 6.—10. Lfg. Fol. (à 7—8 Kpfrtaf.) Wien 887—889. A. Lehmann. à Lfg. n. 8. —

— dasselbe. Serie B. Wiener Monumental-Bauten. 2. Bd. 4.—15. Lfg. gr. Fol. Ebd. 887—890. à Lfg. n. 12. —; Pracht-Ausg. à n. 20. —
Die k. k. Universität von H. v. Ferstel. Das k. k. Reichsrathsgebäude von Th. v. Hansen. Die Votivkirche von H. v. Ferstel. 4.—15. Lfg. (à 6 Kpfrtaf.)

— dasselbe. Serie B. Wiener Monumental-Bauten. 2. Ausg. 1.—21. Lfg. Fol. Ebd. 889. 890. à n. 12. —; Pracht-Ausg. à n. 20. —; englische Ausg. zu gleichen Preisen.
Die k. k. Universität von H. v. Ferstel. Das k. k. Reichsrathsgebäude von Th. v. Hansen. Die Votivkirche von H. v. Ferstel. 1.—21. Lfg. (à 6—10 Kpfrtaf.)

— Wiener. Serie A. Privat-Bauten. 3. Bd. Hrsg. v. Ludw. Tischler. 11. u. 12. (Schluss-)Lfg. gr. Fol. (15 Kpfrtaf. m. 8 S. Text.) Wien 891. A. Lehmann. à n. 8. —; Mappe zum 3. Bd. n. 4. —

Neubauten, Wiener. Serie B. Wiener Monumental-Bauten. 2. Ausg. 22.—25. (Schluss-)Lfg. Fol. Wien 891. 892. A. Lehmann. à n. 12. —; Pracht-Ausg. à n. 20. —; engl. u. französ. Ausg. zu gleichen Preisen.
Die k. k. Universität. Von H. v. Ferstel. Das k. k. Reichsrathsgebäude. Von Th. v. Hansen. Die Votivkirche von H. v. Ferstel. 22.—25. Lfg. (34 Kpfrtaf. m. 17 Bl. Text.)

— dasselbe. Unter Mitwirkg. von H. v. Ferstel, E. u. H. v. Förster, Th. v. Hansen u. a. hrsg. von C. v. Lützow u. Ludw. Tischler. Gestochen unter Leitg. v. Ed. Obermayer u. H. Bültemeyer. Serie A. Privat-Bauten. 5. Aufl. (Jubiläums-Ausg.) (In 75 Lfgn.) 1.—14. Lfg. gr. Fol. (57 Stahlst.-Taf.) Ebd. 893. 894. à 4. — (1. Halbbd. [1.—12. Lfg.] in Mappe: n. 48. —)

— dasselbe. Serie B. Wiener Monumental-Bauten. 2. Bd. 16.—20. Lfg. gr. Fol. Ebd. 891. 892. à n. 12. —; Pracht-Ausg. à n. 20. —; 2 Mappen dazu n. 6. — (kplt. 2 Bde.: n. 500. —; Pracht-Ausg. n. 800. —)
Die k. k. Universität. Von H. v. Ferstel. Das k. k. Reichsrathsgebäude. Von Th. v. Hansen. Die Votivkirche. Von H. v. Ferstel. 16.—20. Lfg. (29 Kpfrtaf. m. 26 Bl. Text.)

— Wiener. Unt. Mitwirkg. von H. v. Ferstel, E. u. H. v. Förster, Th. v. Hansen u. a. hrsg. von C. v. Lützow u. Ludw. Tischler. Gestochen unt. Leitg. v. Ed. Obermayer u. H. Bültemeyer. Serie A. Privat-Bauten. 5. Aufl. (Jubiläums-Ausg.) 15.—75. (Schluss-)Lfg. gr. Fol. (230 Stahlst.-Taf. m. 20, 19 u. VI, 8 S. Text u. 3 Mappen.) Wien 895—897. A. Lehmann. à Lfg. n. 4. —

— Wiener, im Style der Secession. Façaden, Details, Hausthore, Vestibule. 68 photograph. Aufnahmen u. 5 Orig.-Zeichngn. auf 65 Blättern. gr. Fol. Wien 902. A. Schroll & Co. In Mappe n. 40. —

— Wiener, im Style der Secession. 2. Serie. Façaden, Details, Hausthore, Vestibule. 77 photograph. Aufnahmen u. 2 Orig.-Zeichngn. auf 65 Blättern. gr. Fol. Ebd. 904. In Mappe n. 40. —

— dasselbe. 3. Serie. Façaden, Details, Hausthore, Vestibule. Photographische Naturaufnahmen auf 64 Blättern. gr. Fol. Ebd. 906. In Mappe n. 40. —

— Wiener, im Style der Secession u. anderen modern. Stylarten. 4. Serie. Façaden, Details, Hausthore, Vestibule. 73 photograph. Naturaufnahmen auf 65 Blättern. 41,5×31,5 cm. Ebd. 908. In Mappe 40. —

Neubeck, die Familie, od. die Irrgänge d. menschl. Lebens. 2 Thle. 8. Prag 802. Widtmann. 2 ℛ

Neubeck, Arminius: De dicephalo dibrachio. Accedunt tabulae tres. Halis Saxonum (1866): Schmidt. 20 S., 3 Taf. 4°
Halle-Wittenberg, Med. Diss. v. 29. Dez. 1866
Geb. Goldberg (Schlesien) 27. 6. 1833. V.

Neubeck, Carl, s. Neubeck, Karl

Neubeck, Friedrich [aus Gemmrigheim a. Neckar]: Ueber Molekularvolumina aromatischer Verbindungen . . . . Tübingen, Druck v. Heinrich Laupp jr., 1887; 31 S. u. 1 Taf. 8°
Tübingen, Naturw. Fak., Inaug.-Diss. v. 1887

Neubeck, Hans, Gerichts-Assessor a. Schwerin i. Meckl.: Die Anzeige des Gläubigers an den Schuldner von der Abtretung der Forderung. (§ 409 des Bürgerlichen Gesetzbuches.) Schwerin i. M. 1904: Bärensprung. (66 S.) 8° [J.]
Rostock, Jur. Fak., Ref. Bernhöft, Diss. v. 2. Jan. 1905
[Geb. 29. Dez. 76 Schwerin; Wohnort: Schwerin; Staatsangeh.: Mecklenburg-Schw.; Vorbildung: Gymn. Fridericianum Schwerin Reife M. 95; Studium: München, Berlin, Heidelberg, Rostock; Rig. 4. Nov. 04.]

Neubeck, Karl

Neubeck, Carl: Ueber das 5-Phenylpyrazol. Ein Beitrag zur Tautomeriefrage des Pyrazols. *Jena 1898: Frommann.* (28 S.) 8°
Jena, Phil. Diss. v. [2. Juli] 1897

Neubeck, Rudolf [aus Katzhütte]: Zur Casuistik der Exartikulation von Humerus und Scapula wegen maligner Neubildung . . . Berlin, Buchdr. v. G. Schade, *1892;* 37 S., Bl. 8.
Berlin, Med. Fak., Inaug.-Diss. v. 30. Juli 1892

Neubeck, Val. Wlh., Gedichte. 16 Bdchen. 8. Liegnitz 792. Siegert. 16 gr

— die Gesundbrunnen; e. Gedicht in 4 Gesängen. 8. Bresl. 796. J. F. Korn. 20 gr 2e Aufl. 4. Leipz. 809. Göschen. 20 gr Velinp. 1 ℛ 20 gr — Dass. mit 5 Kpf. Fol. Ebd. 799. Velinp. Prachtausg. 10 ℛ Die Kpf. z. Prachtausg. besond. 3 ℛ 16 gr

— s. J. Sayers, Skizzen.

— die Zerstörung d. Erde nach dem Gerichte; e. Manuscript f. meine Freunde. 8. Liegnitz 785.

Neubeck, Guil. Ferd. Gust. (geb. Steinau in Schles. 1. 8. 1797): De lacte. Berolini (1825). (34 S.) 8°
Berlin, Med. Diss. v. 24. Aug. 1825

Neubecker, Friedrich Karl, s. Almén Tore: Das skandinavische Kaufrecht.

Neubecker, Frdr. Karl, Haftung f. Wort u. Werk, s.a. Festgabe der **Berliner juristischen Fakultät f. Otto Gierke.**

Neubecker, Friedr. Karl: Haftung für Wort und Werk. Eine rechtsvergl. Studie. Breslau 1910.
(In: Festgabe d. Berliner jur. Fak. f. Gierke. Bd 3.)

— **Die Mitgift in rechtsvergleichender Darstellung. (VI, 251 S.) gr. 8. Leipzig 909. A. Deichert Nachf. 5. 60**

Neubecker, Friedrich Karl: Russisches Recht. Vormundschaftrecht, Patentlizenz, Rücktritt, Vertragsstrafe. Ein Gutachten von Dr. –. Stuttgart 1908: Union (141 S.) 8°

Neubecker, Friedrich Karl: Thronfolgerecht und fremde Staatsangehörigkeit. Ist d. Zugehörigkeit eines regierendeu [!] deutschen Fürsten zu e. fremden Staatsverband vereinbar m. d. Normen d. Staats- u. Völkerrechts? ... Berlin, C. Fromholz Buchdr., *1897;* 2 Bl., 84 S., 2 Bl. 8.
Berlin, Jur. Fak., Inaug.-Diss. v. 22. Juli 1897

Die Tuberkulose nach ihren juristischen Beziehungen in rechtsvergleichender Darstellung. Vortrag geh. auf d. 6. internat. Tuberkulose-Konferenz 1907 in Wien von Dr. F[riedrich] K[arl] **Neubecker,** Privatd., Berlin. Leipzig: A. Deichert Nachf. 1908. (36 S.) 8° [07. 13132

— **Vereine ohne Rechtsfähigkeit. I. Tl.: Grundbegriffe u. geschichtl. Überblick. (VI, 115 S.) gr. 8. Ebd. 908. 2. 80**

Neubecker, Frdr. Karl, der abstrakte Vertrag in seinen historischen u. dogmatischen Grundzügen. (VII, 69 S.) gr. 8. Berlin 903. C. Heymann. n. 2. —
Sonderabdruck aus: „Archiv f. bürgerl. Recht".

— s.: Wechselordnung, russische.

— **Wesen des Mitgiftversprechens. Vortrag, geh. in der jurist. Gesellschaft zu Berlin am 17. X. 1908. (32 S.) 8. Ebd. 909. — 60**

Zwang und Notstand in rechtsvergleichender Darstellung von Dr. F[riedrich] K[arl] **Neubecker,** Univ.Prof. Bd 1. Leipzig: Deichert 1910. 8° [10. 14763

Neubecker, Oskar: Bothriocephalusanämie ohne Bothriocephalen. *Königsberg i. Pr. 1898: H. Jaeger.* (32 S.) 8°
Königsberg, Med. Diss. v. 6. Aug. 1898

Neubecker, Osk., Bothriocephalusanämie ohne Bothriocephalen. Diss. gr. 8. (32 S.) Königsberg 898. (W. Koch.) n. 1. —

Neubefestigung, Die, von Paris. Wien 1874. V: *Molnár, H. v.* (Pr)

Neubefestigung, Die, der Ostgrenze Frankreichs. Wien 1875. V: *Molnár, H. v.* (Pr)

Neubegierde, die unglückliche, Trauersp. 8. Hamburg, Herold. 761.

Neubekehrte, od. Anfänger in Zions Wegen. Aus dem Engl. 16. (136 S.) Cleveland, O. 879. (Philadelphia, Schäfer & Koradi.) geb. n. 1. —

Neubelastung, die, der österreichischen Industrie durch den elfstündigen Arbeitstag, an dem Beispiele der Baumwollspinnerei dargestellt u. Sr. Exc. dem Hrn. Handelsminister Olivier Marquis de Bacquehem ehrfurchtsvoll unterbreitet vom Verein der österreich. Baumwollspinner. gr. 8. (48 S.) Wien 888. (Gerold's Sohn.) n. 1. 20

Neubelt, Hanns, approb. Arzt aus Wollstein: Aus d. chirurg. Klinik zu Kiel. Beitrag zur Kenntnis der Muskelgummata und ihrer Beziehung zu Traumen. *Kiel 1900: H. Fiencke.* (30 S.) 8°
Kiel, Med. Diss. v. [28. Nov.] 1900

Neuber, P., Jakchos u. seine Bedeutung besonders in den eleusinischen Geheimnissen. Komotau 1868, 8°, 15 S., Progr. des Obergymn.

Neuber, letzte Predigt, s.: Reden, drei, geh. zum Gedächtniß v. Pfarrer Neuber.

Neuber, ..., Uebersicht d. Verfassung herrschaftl. Wirthschaftsmänner rc. in Oestreich unt. d. Ens. 8. Wien 813. Mösle, Wwe. 3 ℛ

Neuber, Uebersicht d. Verfassung herrschaftl. Wirthschaftsmänner rc. in Oestreich unt. d. Ens. 8. Ebend. 815.

Neuber, Vorschläge zum Entwurf der Schießvorschrift f. die Infanterie v. 1905, s.: Militär-Wochenblatt 1907. 7. Beiheft.

Neuber, A. W., der christkathol. Familien-Vater als Hauspriester, od.: gemeins. Haus-Andachtsübungen f. Katholiken. (3 Thle.) gr. 12. (15⅙ B. u. 1 Stahlst.) Wiesensteig 839, Schmid'sche Buchh.

Neuber, August. Wissenschaftliche Charakteristik und Terminologie der Bodengestalten der Erdoberfläche. XII + 647 S. 8. Wien und Leipzig, Wilhelm Braumüller, 1901. [M. 10. —]
Darin S. 525—573: Die Gletscher, *u. s. w. betr. die Schweiz.*

Neuber, August (Bearb.), s. Streffleur, Valentin: Allgemeine Terrainlehre.

Neuber, Aug., Topographie. 1. Tl. (VII, 792 S. m. Abb. u. 2 Taf.) Lex. 8. Wien 909. W. Braumüller. 20. —

Neuber, Aug. Wilh., Zur Abwendung der morgenländischen Brechruhr, Cholera morbus orientalis. Erster Auszug aus einer grössern Arbeit über die genannte Krankheit. Apenrade. 1831.

Neuber, Aug. Wilh., zur Abwendung, z. Heilung d. morgenländ. Brechruhr, Cholera morbus orientalis. 2 Hfte. gr. 8. (1¾ B.) Hamburg 831, Nestler u. Melle.

— Der Name Apenrade. Apenrade. 1840. P.

— Kurze Beleuchtung der Ansicht des Hrn. Pastor Harms in der Sprachsache nebst einer Nachschrift. Apenrade. 1840. P.

Neuber, (A. W.,) Beobachtt. üb. d. Wirksamkeit des Apenrader Seebades. 16 Bdchen. gr. 8. Schlesw. 822, Taubst.-Inst.

— allgem. Darstell. der Grundvermögen der menschl. Seele, nebst 2 Taf. in Steindr. 8. Altona 821. Hammerich. 20 ℊℊ

Sämmtliche Dichtungen v. August Wilhelm Neuber. o. O. (1822.) 8°

Ueber die Entstehung, Einrichtung und vorzügliche Wirksamkeit des Seebades zu Apenrade. ... Von A[ugust] W[ilhelm] Neuber. Hamburg 1819: Hermann. 16 S. 8°

Neuber, Aug. Wlh., Gedichte. 4 Thle. gr. 8. Schlesw. 822—23. Taubst. Inst. 4 ℛ

— Zur Heilung der morgenländischen Brechruhr, Cholera morbus orientalis. Hamburg. 1831.

— s. Hirtenbrief der hohen Geistlichkeit in Dänemark.

Lied zur Einweihung des Gesellschaftshauses, Friederichsluat, bei der Seebadeanstalt zu Apenrade den 11. Julii 1820. [Verf.: August Wilhelm Neuber.] Hadersleben (1820:) Seneberg. 4 Bl. 8°

Ueber die Materie und den Urstoff in seinem vierfachen chemischen Grundverhältniss und seiner fünffachen Erscheinungsform. Hamburg, 1830. 8vo.

Neuber, A. G., de natura acidorum ac basium placitor. Winterli etc. 8. Kiel, Academ. Buchh. 809. Schrbp.

— de natura acidorum ac basium placitor. Winterli etc. 8. Kiel 809. Hesse. 8 gr Schrbp. 10 gr

Neuber, A. G., de natura acidorum ac basium placidorum Winterli disquisitio etc. 8. Kiel, Academ. Buchhandl. 811.

— Religion u. Sittlichkeit, auf Veranlassung der gegenwärtigen Glaubensstreitigkeiten geschrieben. gr. 8. Altona 818. Hammerich. 14 gr

—— Sammlung v. christl. Legenden in poet. Gewande. Für alle christl. Stände. gr. 12. (7 B. u. 1 Stahlst.) Wiesensteig 839, Schmid'sche Buchh.

— Veiviser for Landmanden til muligst at afvende den østerlandske Cholera. Apenrade. 1831. P. U. Titelblad.

Worte an das vaterländische Publicum, gesprochen bei der Einweihung von Friederichsluet zum Gesellschaftshause für das Apenrader Seebad, den 11. Juli 1820. [Verf.: August Wilhelm Neuber.] Hadersleben (1820:) Seneberg. 8 S. 8°

Neuber, Augustin (Grunau/Meißen), De necessaria legum civilium universalitate, et in ea adhibenda aequitate. Diss. jur. Präs. Ernst Tenzel. Erfurt (J. H. Grosch) 3. VII. 1719. 27 S. (5.—) 24719
Gew.: Georg Rudolph von Kayn.

Neuber, C., kurzgefaßte Geschichte der Stadt Berlin. [Vorgetragen im Beamten-Verein zu Cassel.] [Aus: „Berlin. Fremdenblatt".] 12. (70 S.) Berlin 881. v. Decker. — 50

Neuber, C. A., Turenne als Kriegstheoretiker u. Feldherr. (Bruchstück eines größeren Werkes über die Kriegswissenschaft.) Wien 869. Gerold's Sohn. gr. 8. (V, 365 S.) n. 2 ℛ

Neuber, C. C., s. Neuber, Christian Ludwig

Neuber, Christian Ludwig

Neuber, Chr. Ludw., Anton Augustin u. sein civilist. Nachlass. Eine Erinnerung an ihn wie an seine Verdienste um d. Civilrecht. gr. 8. (7 B.) Berlin 832, Fröhlich u. Comp.

Neuber, Chr. Ldw., Anton Augustin u. sein civilister Nachlaß rc. gr. 8. Berlin 832. jetzt Heymann, u. d. Pr. 1/2 ℛ

Neuber, Ch. Lud. Bibliotheca Ungeriana seu catalogus librorum, manuscriptorum et impressorum, maximam partem rarissimorum, quos collegit Jo. Frid. Unger. Berlin 1806. 8°.

Neuber, C. C., die juristischen Classiker. 1r Th. 8. Berlin. 805. Jetzt Reimer.

Neuber, Ch. L.: Die jurist. Classiker; ein Beytr. z. civilist. Biographie; nebst einer vorläuf. Abhandl. über die Quellen der Pandect. *Berlin*, Lange. 1r Theil. 806. 8. (1 Thl. 4 Gr.)

— der jurist. Klassiker. Ein Beitr. zur civilist. Biographie. Nebst e. Abhandl. über die Quellen der Pandekten. 1r Thl. 8. Berl. 806. (Reimer). 1 ℛ 4 gr

— s. Register.

— **Christian Ludwig** (Weimar), De usufructuario ad tributa belli modica tantum obligato. Diss. jur. Jena (Etzdorf u. Soc.) 15. VI. 1799. 20 S. (4.—) 24720

Neuber, D. A. W., allgemeine Darstellung der Grundvermögen der menschlichen Seele, nebst 2 Tafeln in Steindruck. 8. Altona, Hammerich. 821.

— — Religion und Sittlichkeit, auf Veranlassung der gegenwärt. Glaubensstreitigkeiten geschrieben. gr. 8. Ebend. 818.

Neuber, Eugen. Beiträge zur vergleichenden Anatomie der Wurzeln vorwiegend offizineller Pflanzen, mit besonderer Berücksichtigung der Heterorhizie der Dicotylen. Diss. Phil. Bern. [Mit Figuren.] 71 S. 8. Breslau, Adolf Stenzel, 1904.

Vorschläge zum Entwurf der Schießvorschrift für die Infanterie von 1905. Von [Ferdinand] Neuber, Oberst. ((Mit Abb.)) Berlin: E. S. Mittler & Sohn 1907. (S. 225–258.) 8° [Umschlagt. F.]
= Militär-Wochenblatt. 1907, Beih. 7. 07. 10. 20

Neuber, Fr. A.

Dr. F. A. Neuber. Einige Abschnitte aus der Encyklopädie der Philosophie und aus der Hodegetik als Teilen der philosophischen Propaedeutik. 30 S. Wertheim, P 1842

Dr. F. A. Neuber. Über die Frage, in welcher Ausdehnung sollen die Naturwissenschaften Gegenstand des Gymnasialunterrichts sein? S. 1—36 des Programms. Wertheim, P 1837

Dr. F. A. Neuber. Die Wertheimer Mittelschule unter der Leitung von Dr. J. G. E. Föhlisch. Zur Erinnerung an den 5. August, den Ehrentag seines fünfzigjährigen Wirkens. 64 S. Wertheim, P 1852

Neuber, Fr. A., über d. Unterschied u. d. Uebereinstimmung d. christl. Glaubens u. d. Philosophie. Inauguraldissertat. gr. 4. (3 B.) Heidelberg 830, Winter.

Neuber, Gustav

Neuber, G., e. neue Amputationsmethode; Ueberosmiumsäure-Injectionen bei peripheren Neuralgien, s.: Mittheilungen aus der chirurgischen Klinik zu Kiel.

— Anleitung zur Technik der antiseptischen Wundbehandlung u. d. Dauerverbandes. Mit zahlreichen Abbildgn. im Text. gr. 8. (VIII, 134 S.) Kiel 883. Lipsius & Tischer. n. 5. —

Neuber, G., kurze Beschreibung der aseptischen Wundbehandlung. gr. 8. (31 S. m. Abbildgn.) Kiel 892. Lipsius & Tischer. n. 1. —

— Vorschläge zur Beseitigung der Drainage f. alle frischen Wunden, s.: Mittheilungen aus der chirurgischen Klinik zu Kiel.

Neuber, Gust., Untersuchungen u. Erfahrungen über die künstliche Blutleere. Abhandlung. gr. 4. (30 S. m. 4 Steintaf.) Kiel 878. Schwers. n. 1. —

— die aseptische Wundbehandlung in meinen chirurgischen Privat-Hospitälern. gr. 8. (86 S. m. Fig.) Kiel 886. Lipsius & Tischer. n. 1. 60

Neuber, Heinrich Kants transscendentale Ideen. I. Ihre erkenntnistheoretische Ableitung. 25 S. Progr. G. *Essen* 1884.

Neuber, H[einrich], Direktor Prof.: Die dreihundertjährige Jubelfeier des Gymnasiums am 17., 18. und 19. Oktober 1904. St. Johann 1905: Saardruckerei. (S. 3—30.) 4°
Saarbrücken, Ludwigs-G P 1905 (553)

Neuber, Heinrich [Oberl.]: Zur Schillerlektüre. Ein Beitrag zur Behandlung des Dichters auf der höheren Schule. Wetzlar, Druck v. F. Schnitzler, 1889; S. 1—35; 4°
Wetzlar, k. G, OP 1889 (437)

Neuber, H., Struwwelpeter auf Reisen, — die Struwwelsuse, } s.: Hertwig, Rob.

Neuber, Johann August

— — De dote omnium bonorum. Occas. Leg. 4. C. de Jur. Dot. Leipzig (Titius) 20. XII. 1714. 48 S. (4.75) 24723

— Joh. August (Leipzig), De fortuna populi Romani. Präs. Philipp Olearius. Leipzig (J. Titius) 14. I. 1713. 36 S. (5.—) 24721
Gew.: Woldemar von Loewendal.

Neuber, Johann August [Praes.], s. Reinhardt, August Heinrich: De fure nocturno impune occidendo.

— — De rei vindicatione non competente alteri cuius pecunia res acquisita fuit Occassione L. VI. C. d. R. V. Diss. jur. Präs. Jo. Friedr. Olearius. Leipzig (Kruger) 12. IV. 1714. 30 S. (4.75) 24722

— **Johann Friedrich** (Leipzig), Reliqua conclusiones feudales fori cumprimis Saxonici selectas. Disput. inaug. Präs. Gebhard Christian Bastineller. Wittenberg (Gerdes) 19. III. 1717. 32 S. (4.50) 24724
Widm. v.: Gebhard Christian Bastineller.

— — Dasselbe. Wittenberg (Gerdes) 19. III. 1717. 32 S. (4.50) 24725
Gew.: Georg Friedrich Schroeer. — Widm. v.: Gebhard Christian Bastineller.

— **Jo. Gottfried** (Leipzig), Praecipua juris patronatus ecclesiarum protestantium vulgaris capita. Präs. Christian Thomasius. Halle / Magdeburg (Chr. A. Zeitler) 29. IV. 1715. 32 S. (4.75) 24726

— **Johann Gottfried** (Leipzig), Dasselbe. Diss. jur. Präs. Christian Thomasius. Halle/Magdeburg (J. Chr. Hilliger) 29. IV. 1715. 1737. 35 S. (5.—) 24727

Neuberg [Schlagwort]

Neuberg, s. a. Woerl's Reisehandbücher.

Neuberg. Umgebung von Neuberg. Vom k. k. General-Quartiermeisterstab. Wien. 1863. Folio.

Neuberg [Verfasser]

Neuberg, Missionsanfänge in Muhanga unter den Wahehe in Deutsch-Ostafrika, s.: Missionsschriften, neue, f. Kinder.

Neuberg, Adf., toxikologische Studien üb. einige organische Säuren. Diss. gr. 8. (102 S.) Jurjew (Dorpat) 893. (E. J. Karow.) n. 2. 40

Neuberg, Arth., s.: Pastoralblätter f. Homiletik rc.

— u. Zenker, was wollte Jesus? Was hat Jesus erreicht? 2 Vorträge, geh. im evangel. Vereinshause zu Dresden. (17 u. 20 S.) 8. Dresden 907. C. L. Ungelenk. — 40
Sonderabdruck aus: „Pastoralblätter f. Homiletik".

Neuberg, Carl, s. Neuberg, Karl

Neuberg, Ernst, s.: Gasmotorentechnik, die.

— s.: Jahrbuch der Automobil- u. Motorboot-Industrie.

— Statistik der Gasmotoren. (19 S.) gr. 4. Berlin (904). S. Calvary & Co. n. 1. —

— dasselbe. (7 S.) gr. 4. Berlin (906). Boll & Pickardt. n. — 50
2 Sonderabdrucke aus: „Die Gasmotorentechnik".

Der Wirkungsgrad des Calciumcarbids. Von Ernst Neuberg. *München 1900: R. Oldenbourg.* (18 S.) 4° [Kopft.]
Aus: Schillings Journal f. Gasbeleuchtung u. Wasserversorgung. 1900. (ov. 4845 9

Neuberg, F., die verrätherische Uhr, s. Familien-Bibliothek.

Neuberg, Frz. v., Kaiser Josef II., der Wohlthäter seines Volkes, oder getreue Darstellung seines Lebens u. seiner Reformbestrebungen, nebst den interessantesten Aufschlüssen über die damaligen Zeitbegebenheiten. Mit 6 (eingedr. Holzschn.-)Illustr. nach Originalen der besten Meister. 8. (IV, 160 S.) Wien 882. Stock. 1. —; cart. 1. 30

Neuberg, Herm., Herb. Biedermann u. Fritz Stern, das große Buch der komischen Vorträge. (128, 128 u. 127 S.) 8. Dresden (907). M. Fischer. Geb. in Leinw. 7. 50

Neuberg, J., Beiträge zum Evangelium der Arbeit. Aus den Schriften Thom. Carlyle's mitgetheilt u. eingeleitet. 8. (LXIV u. 207 S.) Berlin 851, G. Reimer. 1 ℳ

Neuberg, Johannes

Neuberg, J., der internationale gewerbliche Rechtsschutz, s.a. Sammlung Göschen.

Der internationale gewerbliche Rechtsschutz von J[ohannes] **Neuberg**, Reg.R. Leipzig: Göschen 1905. 133 S. 8°
(Sammlung Göschen. 271.) A 12.1215 11

Neuberg, J., die Verfassung des Deutschen Reiches, s.a. Bücher des Wissens.

Die Verfassung des Deutschen Reiches von Reg.R. J. **Neuberg**. Berlin & Leipzig: Hillger [1910]. 95 S. 8°
(Bücher d. Wissens. Bd 141.) [10. 17226

— **Die Verfassung u. Verwaltung des preuß. Staates,** s.a. Bücher des Wissens.

Die Verfassung und Verwaltung des preußischen Staates von Reg.R. J. **Neuberg**. Berlin & Leipzig: Hillger [1910]. 96 S. 8°
(Bücher d. Wissens. Bd 144.) [10. 17225

— **Das Warenzeichenrecht**, s.a. Sammlung Göschen.

Neuberg, J., Das Warenzeichenrecht. Nach dem Gesetz zum Schutz der Warenbezeichngn. vom 12. V. 1894. (143 S.) kl. 8. Leipzig, J. Göschen. 1908
„Sammlung Göschen." Bd. 360.

Neuberg, Johs., Zusammenstellung sämtlicher Reichsgesetze strafrechtlichen Inhalts (m. Ausnahme des Strafgesetzbuches), nebst Anführg. der dazu ergangenen Entscheidgn. des Reichsgerichts. 8. (XV, 448 S.) Leipzig 902. Dieterich. Geb. in Leinw. n. 6.—

Neuberg, Karl

Neuberg, (Carl), die Entstehg. des Erdöls. (Künstliche Darstellg. v. optisch aktivem Petroleum.) (5 S.) Lex. 8. Berlin 907. G. Reimer. —50
Sonderabdr. aus: „Sitzungsber. d. preuss. Akad. d. Wiss."

Neuberg, Carl, aus Hannover: [I.] Zur Kenntnis des Acroleïns und Glycerinaldehyds. — [II.] Ueber saure Ester der Borsäure. — [III.] Ueber die Reinigung der Osazone und zur Bestimmung ihrer optischen Drehungsrichtung. *Berlin (1900): E. Ebering.* (57 S.) 8° ¶ (III erschien nur in: Berichte d. deutschen chemischen Gesellschaft, Bd 32.)
Berlin, Phil. Diss. v. 21. Juli 1900

Neuberg, Carl, Physiologie u. Pathologie des Mineralstoffwechsels, s.: Albu, Alb.

— s.: **Zeitschrift, biochemische.**

Neuberg, Mart. Johs., Post-, Telegraphen- u. Fernsprechgesetzgebg., unter Berücksicht. der Rechtsprechg. des Reichsgerichts hrsg. (VI, 312 S.) 8. Leipzig 903. Dieterich. Kart. n. 3. 60

Neuberg, Oskar [aus Hannover]: I. Eine Synthese des Dehydrothiotoluidins. II. Über die Einwirkung von Säurechloriden auf Phenoläther.... Hannover, Buchdr. v. A. Weichelt, 1890; 54 S., 1 Bl. 8°
Heidelberg, Phil. Fak., Inaug.-Diss. v. [7. Aug.] 1890

Neuberg, Salomon: Aus der geburtshilflichen Klinik zu Bonn. Statistik der geburtshülflichen Station der kgl. Universitäts-Frauenklinik zu Bonn. 1. Okt. 1893—1. April 1898. *Bonn 1898: J. Trapp.* (48 S.) 8°
Bonn, Med. Diss. v. [23.] Juli 1898

Neuberg, Walther, a. Hannover: Über den Geburtsverlauf bei engem Becken. Hannover 1906: F. Culemann. (80 S.) 8°
Freiburg i. B., Med. Fak., Ref. Krönig, Diss. v. 4. März 1906
[Geb. 8. Juli 81 Sarstedt b. Hannover; Wohnort: Hannover; Staatsangeh.: Preußen; Vorbildung: Lyzeum II Hannover; Coll. 7. Juli 05.]

Neuberger, ..., (Jos. Mar. Weissegger v. Weisseneck,) Ankunft u. Aufenthalt Pius VII. in Wien; e. Beitr. für künftige Geschichtschreiber. Wien 782.

Neuberger: Über den Säuferwahnsinn. D. Erlangen. 1843.

Neuberger, J. [Dr. med. aus Bremen]: Die Ausräumung der Achselhöhle bei Mamma-Carcinom mit Berücksichtigung der anatomisch-topographischen Verhältnisse.... Würzburg, J. M. Richter's Buchdr., 1888; 22 S. 8°
Würzburg, Med. Fak., Inaug.-Diss. v. 1888

Neuberger, J., Flora v. Freiburg im Breisgau. (Südl. Schwarzwald, Rheinebene, Kaiserstuhl.) 12. (XXIII, 266 S. m. 69 Abb.) Freiburg i/B. 898. Herder. n. 2. 75; Einbd. in Leinw. n.n.n. — 25

Neuberger, Johann Georg

Neuberger, J. G., (Pt. v. Osterwald): Abh. v. d. Einkünften d. Klöster u. d. Amortisations-Gesetze. *München*, Crätz. 767. 2 Thle. 8. (20 Gr.)

Neuberger, Joh. Geo., jur. utr. Lic. (d. i. Peter v. Osterwald, geb. 1718, † 1778), *Abhandlung von den Einkünften der Klöster u. dem Amortisationsgesetze* (sic). 2 Thle. Mit 1 TVign. (von *Söckler*). München, bey Jos. Aloys Crätz, 1768. Im Tit. von Thiereckischen Hause in der Kaufinger-Gasse. (Mit Autogr. des Frhrn. v. Thon-Dittmer auf den Titeln.) 8°. Hfrzbde.
I: 168 S. II: 316 S. (incl. Urkunden S. 203 ff.).

Neuberger, J. G., Abhandlung von den Einkünften der Klöster und der Amortisationsgesetze, n. Abfertigung des Erinnerers. 2 Thle. 8. Münch. Crätz (a. Trattner in Wien). 768.

Neuberger, J. G., (Pt. v. Osterwald), Abhandl. v. den Einkünften der Klöster u. der Amortisationsgesetze, n. Abfertigung des Erinnerers. 2 Thle. 8. Münch. 768. Lindauer; (auch Trattner in Wien). 20 gr

Neuberger, Jos., Flora v. Freiburg im Breisgau. (Südl. Schwarzwald, Rheinebene, Kaiserstuhl.) 2. verm. Aufl. (XXIV, 274 S. m. 80 Abbildgn.) 12. Freiburg i/B. 903. Herder. Geb. in Leinw. n. 3. —

Ⓢ **Neuberger, J.,** Geschlechtskrankheiten. 904. (KBL 34.) Jetzt: München, Verlag der ärztl. Rundschau.

Neuberger, J., über unschuldig erworbene Geschlechtskrankheiten. Vortrag, geh. im Verein f. öffentl. Gesundheitspflege in Nürnberg. (19 S.) 8. München (904). Seitz & Schauer. n. — 30

Neuberger, Jos., Schulflora v. Baden. (XXIV, 278 S. m. 113 Abbildgn.) kl. 8. Freiburg i/B. 905. Herder. Geb. in Leinw. n. 2. 50

Neuberger, Jos., Schulflora v. Baden. 2., verb. Aufl. (XXIV, 278 S. m. 113 Abb.) kl. 8. Freiburg i/B. 910. Herder. Geb. in Leinw. 2. 50

— **die Verhütung der Geschlechts-Krankheiten**, s.a. Veröffentlichungen des deutschen Vereins f. Volks-Hygiene. 6. Hft.

Die Verhütung der Geschlechts-Krankheiten. Im Auftr. d. Ver. f. öffentl. Gesundheitspflege zu Nürnberg bearb. von Dr. [Josef] **Neuberger**, Nürnberg. 1. Aufl. *München & Berlin: R. Oldenbourg 1904.* (46 S.) 8° [F.]
Veröffentlichungen d. Deutschen Vereins f. Volks-Hygiene. H. 6. [04. 6231

Die Verhütung der Geschlechts-Krankheiten. Im Auftr. d. Ver. f. öffentl. Gesundheitspflege zu Nürnberg bearb. von Dr. [Josef] **Neuberger**, Nürnberg. 2. Aufl. München & Berlin: R. Oldenbourg 1905. (46 S.) 8° [F.]
= **Veröffentlichungen** d. Deutschen Vereins f. Volks-Hygiene. H. 6. [05 6416

Neuberger, Julius [App. Arzt aus Frankfurt a. M.]: Ueber schwere vom Nervensystem ausgehende Complicationen beim Keuchhusten ... Berlin, C. Vogts Buchdr., *1896;* 32 S. 8.
Leipzig, Med. Fak., Inaug.-Diss. v. [9. Juli] 1896

Neuberger Margarete: Das Suffix-aticum im Französischen
H. 1908 PN 2478 Diss. Wien, Univ. 2287

Neuberger, Th., neues Gebetbuch f. alle Zeiten u. Stände. 8. Frkf. a. M. 790. Brönner. 7 gl

Neuberger, Thdr, die Cholera-Epidemie in der Irrenanstalt Friedrichsberg. [Aus: „Jahrbb. d. hamburg. Staatskrankenanstalten" 3. Bd.] gr. 8. (12 S.) Hamburg 894. L. Voss. n. – 75

Neuberger, Theodor [app. Arzt aus Camberg in Nassau]: Über Veränderungen in den Lungen bei Gehirnerkrankungen. . . . **Mainz,** Druck v. Joh. Falk III., 1889; 32 S. 8°
Strassburg. Med. Fak., Inaug.-Diss. v. 1889

Neuberger, Theoph., Ausleg. der sonntägl. Evangel. 4. Cassel, Ingebr. 704.

— Gebetbuch. 2 Thle. 8. Lemgo. 742.

NEUBERGER, Walther: Versuche zur Darstellung des Naphthopyranthrons. — 1909. II, 54 Bl. Diss. Graz, Univ.

Neuberin, Friederica Carolina, e. deutsches Vorspiel, s.a.: **Litteraturdenkmale, deutsche, d. 18. u. 19. Jahrh.**

Ein deutsches Vorspiel verfertiget v. Friederica Carolina **Neuberin** '(1734)'. Z. Feier ihres 200j. Geburtstags 9. März 1897 m. e. Verz. ihrer Dichtgn hrsg. v. Arthur Richter. *Leipzig: G. J. Göschen 1897.* (XVI, 28 S.) 1 Bd 8.
= **Litteraturdenkmale,** Deutsche, d. 18. u. 19. Jahrhunderts. No 63.
[97. 1314

Neubert, vom bedrängten Bruderstamm. Bilder aus den deutsch-russ. Ostseeprovinzen. (44 S.) 8. Berlin (SW. 11, Dessauerstr. 80), (Hilfsausschuß f. die notleid. Deutschen Rußlands). n. — 50

Neubert's deutsches Garten-Magazin. 35. Jahrg. Neue Folge: Illustrierte Monatshefte für die Gesamt-Interessen des Gartenbaues. Hrsg. von Max Kolb u. J. E. Weiss. 1. Jahrg. 1882. 12 Hfte. (2 B. m. eingedr. Holzschn. u. 1 Chromolith.) Lex.-8. Stuttgart, G. Weise. n. 9. —; einzelne Hfte. à n. — 80
cf.: **Magazin, deutsches, für Garten- u. Blumenkunde.**

Neubert's deutsches Garten-Magazin. 36—38. Jahrg. Neue Folge: Illustrierte Monatshefte f. die Gesamt-Interessen d. Gartenbaues. Hrsg. v. Max Kolb u. J. E. Weiss. 2—4. Jahrg. 1883-1885. à 12 Hfte. (2 B. m. Holzschn. u. 1. Chromolith.) Lex.-8. Stuttgart, G. Weise. à Jahrg. 9. —; einzelne Hfte. à n. — 80
cf.: **Monatshefte, illustrierte, f. die Gesammt-Interessen d. Gartenbaues.**

Neubert's Garten-Magazin. Illustr. Wochenschrift f. die Gesamt-Interessen d. Gartenbaues. Red.: M. Kolb, J. E. Weiss, M. Lebl, Frz. Buchner. Jahrg. 1894. 52 Nrn. (à ca. 1 Bog. m. Farbendr.) Lex.-8. München, M. Schorss. n. 10. —
s.: **Monatshefte, illustr., f. die Gesamt-Interessen des Gartenbaues.**

Neubert's, W., Garten-Magazin. Illustr. Wochenschrift f. d. Gesamt-Interessen d. Gartenbaues. Red.: M. Kolb, J. E. Weiss, M. Lebl, Frz. Buchner. Jahrg. 1895. 52 Nrn. (Bog. m. Farbendr.) Lex.-8. München, V. Höfling. n. 10. —

— dasselbe. Unter Mitwirkg. der bedeutendsten Fachmänner v. M. Kolb, Frz. Buchner, E. Pfyffer v. Altishofen, M. Lebl hrsg. v. J. E. Weiss. 49. Jahrg. 1896. 24 Nrn. (à ca. 2 Bog. m. Abb. u. Taf.) Lex.-8. Ebd. n. 8. —

— dasselbe. 50. Jahrg. 1897. 24 Hfte. (à ca. 2 Bog. m. Farbdr.) gr. 8. Ebd. n. 10. —

Neubert's, W., Garten-Magazin. Illustr. Zeitschrift f. die Gesamt-Interessen des Garten-, Obst- u. Weinbaues, der Land- u. Forstwirtschaft. Organ der bayer. Gartenbaugesellschaft u. vieler Vereine. Unter Mitwirkg. v. Max Kolb, Herm. Ross, M. Lebl, hrsg. v. J. E. Weiss. 52. Jahrg. 1899. 24 Hfte. gr. 8. (à ca. 24 S. m. 1 Farbdr.) München, V. Höfling. n. 8. —

— dasselbe, neue Folge, s.: Gartenfreund, der.

Neubert's Jahrbuch der gesamten Braunkohlen-Industrie, Fortsetzg., s.a. **Jahrbuch der deutschen Braunkohlen- u. Steinkohlen-Industrie.**

Neubert's Jahrbuch der gesamten Braunkohlen-Industrie. Neues Verzeichnis der im Deutschen Reiche belegenen, im Betriebe befindl. Braunkohlengruben, Naßpressen, Brikettfabriken, Schwälereien, Mineralölfabriken, Ziegeleien u. sonst. Nebenbetriebe. Hrsg. unter Mitwirkg. des deutschen Braunkohlen-Industrie-Vereins. Lex.-8. (V, 129 u. 123 S.) Halle 902. A. Neubert. Geb. in Leinw. n. 6. —

Neubert, Albert (Hrsg.), s. Universitäts-Kalender, Hallescher.

Neubert, Albin, Natur u. Kunst im Zeichenunterricht, s.: Schwarzburger, G.

Neubert, Alfred [aus Crimmitschau]: **Zur Kenntniss einiger Derivate des Phenaethylamins .... Berlin, Druck v. Julius Feiertag (1887); 32 S. 8°.**
Berlin, Phil. Fak., Inaug.-Diss. v. 19. März 1887.

Neubert, Armin (Lützen), De struma. Diss. med. Halle/Sachsen (Gebauer-Schwetschke) 19. IV. 1853. 14 S. u. Biogr. (M.: Th. Laun.) (3.50) 24730
Advers. part. suscep.: E. Hensche, J. Samter. — Gew.: Armin Neubert.

NEUBERT, ARTHUR. Beiträge zur Kenntnis der Benzylidenverbindungen. (Basel) Dresden, 1896.

Neubert, Aug., die Arten der deutschen Farbentauben u. ihre Zucht. Mit e. Anh.: Die Trommeltauben. 8. (III, 56 S.) Leipzig 893. Exped. der „Geflügel-Börse" (R. Freese). n. 1. —

Neubert, Aug., die Arten d. deutschen Farbentauben u. ihre Zucht. M. e. Anh.: D. Trommeltauben. 2. Aufl. gr. 8. (III, 80 S.) Leipzig 897. Exped. d. Geflügel-Börse. 1. —

Neubert, Carl, s. Neubert, Karl

Neubert, Carl August, s. Neubert, Karl August

Neubert, Carl Heinrich, s. Neubert, Karl Heinrich

Neubert, Christ., wie bereitet man reinen, wohlschmeckenden u. gesunden Jamaika-Rum mit 50% Nutzen ꝛc. 7. Aufl. 8. Grimma 846, Verlags-Comptoir.

Neubert, Chrn. Frdr. Ernst, Denkmal freundschaftlicher Pietät u. Liebe. (Zur Erinnerung an die heimgegangene Frau Rentbeamtenwittwe Anna Schleizer, geb. Zahn.) gr. 8. (20 S.) Hemhofen 880. (Nürnberg, Raw.) n. — 50

Neubert, Chrn. Frdr. Ernst, der Engel d. Trostes am Krankenbette. Ein prakt. Führer f. junge Geistliche, die zum ersten Male im Amte am Krankenbette stehen, u. in dieser Beziehung e. prakt. Beitrag zur Pastoral-Theologie. Zugleich e. Trost- u. Erbauungsbuch f. Kranke. 2., m. 10 Krankenbesuchen u. e. Fürbitte verm. Aufl. 8. (XV, 88 S.) Leipzig 872. Teubner. 1. 20

— Festpredigt bei dem feierlichen Dankgottesdienste f. die aus der Schlacht glücklich heimgekehrten Krieger in Hemhofen in der freiherrlich v. Winklerischen Schloßkapelle geh. u. auf allgemeines, ausdrückl. Verlangen dem Drucke übergeben. gr. 8. (12 S.) Hemhofen 871. (Barmen, Klein.) n. — 30

— Sieges- u. Friedens-Denkmal. Anleitung zur Feier d. Nationalfestes in Kirche, Schule u. Haus, nebst e. Vorwort von Fed. v. Rappard. gr. 8. (48 S.) Nürnberg 873. Zeiser. — 75

Neubert, Chr. Fr. Ernst, Sieges- u. Friedens-Denkmal. Anleitung zur Feier des National-Festes in Kirche, Schule u. Haus. Mit e. Vorwort von Fed. v. Rappard. 2. (Titel-)Aufl. gr. 8. (48 S.) Nürnberg 893. J. Ph. Raw. n. — 75

Neubert, Chrstn. Frid. Jul., de Hydrocephalo congenito ejusque in cerebrum vi. Dissert. inaug. patholog.-anatom. et psycholog.-physiolog. 8maj. (2½ B.) Heidelbergae 838, Groos. *

Neubert, Christ. Rud., der vollkommene Tinten- u. Siegellack-Fabrikant; oder getreue Anweisung alle Sorten, so wie auch sympathetische Tinten; ferner: alle Gattungen Siegellacke u. Siegelwachsarten leicht u. wohlfeil selbst anzufertigen. 16. (IV u. 68 S.) Erfurt 847, Hennings u. Hopf. ⅙ ß

Neubert, Curt, s. Neubert, Kurt

Neubert, Curt Friedrich, s. Neubert, Kurt Friedrich

Neubert, Curt Julius, s. Neubert, Kurt Julius

Neubert, E., die Hausindustrie im nördlichen Thüringen, s.: Lehmann, H.

Neubert, E.: Marie dans le dogme de l'Eglise anténicéenne. Paris 1908. XVI + 164 S. 8°.
Freiburg i. Schw. Theol. Diss. 1907/08.

Neubert, E. W., Stammbaum über die Aufbereitung der Erzmassen von den Gängen der kiesigen Bleiformation. Freiberg 868. Craz & Gerlach. gr. Fol. (Lith. u. color.) In Umschlag. n. 9 ngr.

Neubert, Erich. Die Ursache des Ikterus bei der Brustseuche der Pferde. Aus der medizinischen Klinik der Königl. Tierärztlichen Hochschule zu Hannover .... Diss. Vet.-Med. Bern. [Mit 1 Tafel.] II + 39 S. 8. Bernburg, C. Burckhardt, 1910.

Neubert, Fr. Jul., Darstellung d. ärztl. Bildung d. Militärärzte d. Königl. Sächs. Armee, zugleich als Erwiderung auf die von dem Herrn Hofr. Prof. Dr. Jörg gegen dieselben gerichteten Angriffe in dessen Schrift: Welche Reform der Medicinalverfassung d. Königr. Sachsen fordern die Humanität u. der jetzige Standpunkt der Wissenschaft? gr. 8. Dresden u. Leipzig 846, Arnoldische Buchh. n. 4 ngl

Neubert, Frz., Goethe-Bilderbuch f. das deutsche Volk. (IV, 182 S. m. Abbildgn.) 4. Leipzig (906). Schulze & Co. Geb. n. 8. —

— s.: Zeitgenossenlexikon, deutsches.

Neubert

— Fried. Herrm. (Frohndorf/Thüringen), De prosopalgia. Diss. med. Berlin (A. Petsch) 10. XII. 1825. 36 S. mit Biogr. (M.: Ch.Wutig.) (3.50) 24734
Oppon.: O. Otto, R. Kaiser, H. Petermann. — Gew.: Th. Neubert (Vater).

Neubert, G., e. Beitrag zur Blutuntersuchung speciell bei der Phthisis pulmonum u. dem Carcinom. Inaug.-Diss. gr. 8. (95 S.) Dorpat 889. (Karow.) n. 2. —

Neubert, G., der prakt. Branntweinbrenner od. Hinweisung auf mehrere wichtige Erfahrungen, wodurch einzig u. allein nur eine wirklich vermehrte Ausbeute an reinschmeck. Branntwein, sowie auch eine nahrhafte Schlempe für das Vieh erzielt werden kann. 8. (2 B.) Adorf 843, Verlags-Bureau.

Neubert, Heinr. Mor., Melanchthon und die Stadt Dresden. Localgeschichtliche Skizze. Leipzig 860. (Dresden,) Bock. gr. 8. (80 S.) n. 12 ngr.

Neubert, Heinz, die Sünde. Drama in 3 Akten. (III, 89 S.) 8. Dresden 906. E. Pierson. n. 2. —

Jo. Ottwald Neubert comment. de adversis medicorum fatis apud Romanos. Jen. 1756. 4.

Neubert, Joh., einträgl. Bienenstock f. Jedermann. 8. (2½ B. u. 1 Bl. Abbild.) Neu-Ruppin 837, Oehmigke u. Riemschneider.

—— Sammlung 1-, 2-, 3- u. 4stimm. Lieder, nebst Andeutn., worin gezeigt ist, daß d. Liedersammt. auch beim Sprach- u. Religionsunterr. benutzt werden könne. Zur Förderung d. Gesanges in Volksschulen u. im Hause hrsg. qu. 4. (18½ B. u. 1 Hft. Melod. 1½ B.) Neu-Ruppin 838, Oehmigke u. Riemschneider. *

Neubert, Jul. Ludw.: Handbuch des Injurien-Prozesses nach d. gem. u. sächs. Rechte. *Leipzig*, Serig. 834. 8. (16 Gr.)

Neubert, Jul. Ludw.: Handbuch des im Königr. Sachsen mit Einschluss d. in d. Ober-Lausitz geltenden Kirchen-, Ehe- u. Schulrechts, für Staats-, Kirchen- u. Schul-Beamte. 3 Thle. *Leipzig*, Serig. 837. gr. 8. (4 Thl.)

Neubert, Jul. Ludw.: Spiel-Vertrag. Lotterie. Ausspielgeschäft. Nach gem. u. sächs. Rechte dargestellt. 2e verm. Aufl. *Lpz.*, Serig. 838. 8. (10 Gr.)

Neubert, K. H., im Banne Moskaus. Die evangelisch-luther. Kirche in den russ. Ostseeprovinzen. [Aus: „Ev.-luth. Gemeindebl."] 12. (108 S.) Barmen 888. Klein. n. 1. —

— dasselbe, s.: Für die Feste u. Freunde d. Gustav-Adolf-Vereins.

Neubert, (K. H.): Vom bedrängten Bruderstamm. Bilder aus d. dt.-russ. Ostseeprovinzen. (Dresden) '06. 44 S.

Neubert, K. H., ihr Glockensprüchlein, tönt darein u. läutet hell Palmsonntag ein! Confirmationsrede über die Inschriften der neuen Kreuzkirchenglocken, geh. in der Kreuzinterimskirche zu Dresden am Palmsonntage, den 8. IV. 1900. gr. 8. (16 S. m. 3 Abbildgn.) Dresden (900). Fr. Richter. n. — 30

Neubert, Karl

— s. Becquerel, A., der Urin.

Neubert, Karl, Chrestomathia medica. Auctorum, qui de re medica latine scripserunt, selecta capita contulit, ad normam disciplinae digessit, brevi adnot. indicibusque instruxit. Part I. 8maj. Lipsiae 839. Voss. 2/3 ₰

s. H. Davy's Denkwürdigkeiten.

NEUBERT, CARL. Denkwürdigkeiten aus dem Leben Sir Humphry Davy herausgegeben von seinem Bruder John Davy, Deutsch bearbeitet von C. N. Eingeleitet von Rudolph Wagner. Leipzig, 1840. 2 vols., 12mo. Vol. I, pp. xxvi–368. Vol. II, pp. 266.

Neubert, Carl, approb. Arzt aus Bernburg: Über Elephantiasis unter Anführung eines im S.-S. 1901 in der Königlich-chirurgischen Universitätsklinik zu Halle a. S. beobachteten Falles von Elephantiasis cruris sinistri lymphorrhagica. *Torgau 1902: Buchdr. d. Torgauer Bank.* (56 S.) 8° Halle, Med. Diss. v. 26. Aug. 1902

Neubert, Karl (Übers.):

s.: Gendrin, A(ugustin) N(icolas): System der praktischen Heilkunde. (Traité philosophique de médecine pratique. Dt.) Leipzig: 1839 - 1840

JB 2.526

Neubert, Karl, die Hauptpunkte der allgemeinen Pathologie u. Therapie. Zur ersten Anleitung für Studirende u. als Grundlage akademischer Vorträge dargestellt. gr. 8. Leipzig 841, Breitkopf u. Härtel. 1 ₰

Neubert, Carl, die Kunst, passende und fehlerfreie Pferde zu kaufen. Roßwein 854. (Leipzig, Hunger.) 8. (23 S.) nn. 3 ngr.

— **Carl,** De viis ac modis quibus sanguis ex vasis capillaribus sponte profluat dubitationes et meditationes. Diss. med. Leipzig (F. A. Brockhaus) 12. IX. 1843. 48 S. (3.—) 24731

Neubert, Karl August

— **Carl August** (Leipzig), De morborum epidemiorum notione et causis. Diss. med. Leipzig (L. Voss) 23. VI. 1835. VI, 58 S. (3.—) 24732

Neubert, Karl Heinrich

— Philippus Melanchthons Beziehgn. zu Dresden. E. Beitrag zur 400jähr. Wiederkehr s. Geburtstages am 16. II. 8. (46 S.) Dresden 897. J. Naumann. n. — 30

Neubert, Karl Heinr., dennoch — Gott f. uns! s.: Kölßsch.

Neubert, Kurt

Neubert, Curt, prakt. Arzt aus Dresden: Lokalisation, Perforation und Diagnose der perityphlitischen Abscesse. *Leipzig 1904: B. Georgi.* (35 S.) 8° Leipzig, Med. Diss. v. (3. Mai) 1904

Neubert, Kurt Friedrich

Neubert, Curt Friedrich: Beiträge zur Kenntniss der Hydrazobenzoesäuren, der Azo- und Hydrazobenzylalkohole ... Leipzig-R., Druck v. O. Schmidt, 1893; 30 S., 1 Bl. 8. Leipzig, Phil. Fak., Inaug.-Diss. v. [28. Dez.] 1893

Neubert, Kurt Julius

— **Curt Julius** (Dresden), Ein Fall von primärem doppelseitigen Nierenkrebs. Diss. med. Leipzig (G. Kreysing) 18. IV. 1868. 18 S., 1 Taf. u. Biogr. (2.50) 24733
Gew.: Graupner. — Oppon.: Wimmer, Klemm, Hirsch.

— **Ludwig Julius** (Frohndorf/Thüringen), De clausula cambiali. Diss. jur. Leipzig (Melzer) 5. VI. 1821. 30 S. (3.—) 24735
Gew.: Johann Christian Neubert (Vater), Fried. Christ. Gottlob Hasper, Ernst Samuel Kreysig.

Neubert, Ludw. Jul., Handbuch d. Injurien-Prozesses nach d. gem. u. sächs. Rechte. gr. 8. (9 B.) Leipzig 834, Serig.

Neubert, Ludw. Jul., Handbuch des Injurien-Processes nach dem gemeinen deutschen u. sächsischen Recht. 2., m. Zusätzen verm. Ausg. gr. 8. (13¼ B.) Leipzig 842, Serigsche Buchh.

—— Ergänzungen u. Zusätze hieraus. gr. 8. (4 B.) Ebds. 842.

Neubert, Ludw. Jul., Handbuch d. im Königr. Sachsen mit Einschluß d. Ober-Lausitz gelt. Kirchen-, Ehe- u. Schulrechts f. Staats-, Kirchen- u. Schulbeamte. 3 Thle. gr. 8. (72½ B.) Leipzig 837, Serig'sche Buchh.

—— Spiel-Vertrag. Lotterie. Ausspielgeschäft. Nach gem. u. sächs. Rechte dargest. 2., verm. u. verb. Aufl. gr. 8. (5½ B.) Leipzig 838, Serig'sche Buchh.

Post-, Telegraphen- und Fernsprechgesetzgebung, unter Berücks. d. Rechtsprechung d. Reichsgerichts hrsg. von Martin Johannes Neubert, Landrichter. *Leipzig: Dieterich 1903.* (312 S.) 8° [J.] [03. 1903]

Neubert, Max [aus Elbing]: Ueber das m. Nitrobenzenylamidin und die Einwirkung salpetriger Säure auf dasselbe. . . . Königsberg, Hartungsche Buchdr., 1890; 1 Bl. + 30 S. + 1 Bl. 8° Königsberg, Phil. Fak., Inaug.-Diss. v. 6. Aug. 1890

Neubert, Max, üb. das m. Nitrobenzenylamidin u. die Einwirkung salpetriger Säure auf dasselbe. Inaug.-Diss. gr. 8. (39 S.) Königsberg i/Pr. 890. (Koch.) n. — 80

Neubert, Otto, aus Halberstadt: Die Mietsverhältnisse verschiedener Berufsklassen in Halle a. S. am Ende des 19. Jahrhunderts. *Halle a. S. 1903: Wischan & Wettengel.* (107 S.) 8°
Halle, Phil. Diss. v. 1903

Neubert, O., s.: Versuche üb. die Verdaulichkeit der Weizenkleie etc.

Neubert, P., Gesetz-Entwurf zu e. allgemeinen Alters- u. Invalidenversorgung im Deutschen Reich. gr. 8. (15 S.) Glauchau 888. Peschke. n. — 40

Neubert, R., de Taabn bärn! Schwank in e. Aufzug. Nach Moinaux-Wittmann. Monologfrei in die voigtländ. Mundart übertr. (Erinnerungs-Blätter an das 19. mitteld. Bundes-Schießen in Zwickau v. 7.—14. VII. 1901.) gr. 8. (42 S.) Zwickau (901). (C. R. Moeckel). n. — 75

Neubert, R., De Xenophontis Anabasi et Diodori, quae est de Cyri expeditione, parte bibliothecae (lib. XIV cap. 19—31). quaestiones duae. Diss. 1881. 48 S. 1.—

Neubert, Richard, aus Oberstützengrün: Untersuchungen über die Nutationskrümmungen des Keimblattes von Allium. *Leipzig: Gebr. Borntraeger 1902.* (27 S.) 8° [Aus: Jahrbücher für wiss. Botanik, Bd 38.]
Leipzig, Phil. Diss. v. [7. Okt.] 1902

Neubert, Rob., Anleitung zur Erlernung der Gravierkunst, s.: Hanff, Paul.

Neubert, Rob., der praktische Graveur, s.: Fachbibliothek des Edelmetall-Gewerbes. 9.

Neubert, Rob., neues Monogramm-Album. Entwürfe u. Zeichngn. (In 20 Lfgn.) 1.—7. Lfg. gr. 4. (à 5 Taf. m. 1 Bl. Text.) Leipzig (900). H. Schlag Nachf. à 2.—

Neubert, Rud., Denkschrift üb. die systematische Erschließung der deutschen Schutzgebiete mittels befestigter Militärbahnen u. üb. die Anlage v. Wasserreservoiren in Deutsch-Südwest-Afrika. gr. 8. (17 S.) Zwickau 893. Bachstr. 28 I, Rud. Neubert's Selbstverl. — 30

Neubert, Rudolf [Dr., Oberl.]: Spuren selbständiger Thätigkeit bei Diodor. Bautzen, Druck v. E. M. Monse (1890); 1 Bl., 26 S. 4°
Bautzen, G, OP 1890

Neubert, W., die Modepflanzen unf. Zeit. 1. u. 2. Bdchn. 8. Stuttgart u. Tübingen, Cotta'sche Buchh. à Thlr.
A. u. d. Tteln.:
(Bdchn. 1.) Die Modepflanzen uns. Zeit, Camellia u. Cactus. Anleit. z. Cultur u. Vermehr. ders. Ein gemeinnütz. Handb., mit besond. Rücksicht f. d. Privatliebhaber hrsg. (7½ B.) 839.
(" 2.) Die Rosen. Ihre Beschreib., Cultur u. Vermehr. Mit besond. Rücksicht f. Privatliebhaber hrsg. (7 B.) 842.

Neubert, Walter, appr. Arzt a. Leipzig: Aus dem Diakonissenkrankenhause zu Flensburg. Ein Fall von diffuser Sklerodermie mit Raynaud'schem Symptomenkomplex und Muskelatrophien nebst Beobachtungen über Gelenk- und Knochenveränderungen mit Hilfe von Röntgenstrahlen. Kiel 1905: Schmidt & Klaunig. (92 S.) 8°
Kiel, Med. Fak., Ref. Helferich, Diss. v. 24. Okt. 1905
[Geb. 9. Dez. 79 Leipzig; Wohnort: Leipzig; Staatsangeh.: Sachsen; Vorbildung: Thomasgymn. Leipzig Reife O. 99; Studium: Leipzig 4, Kiel 1, Berlin 2, Leipzig 2 S.; Coll. 3. Aug. 05; Approb. 27. April 05.]

Neubert, Walter, Referendar a. Bernburg: Die Voraussetzungen des Vorlegungsanspruches der §§ 809, 810 des B.G.B. im Verhältnis zu den gemeinrechtlichen. Borna-Leipzig 1907: R. Noske. (VIII, 55 S.) 8° [J.]
Leipzig, Jur. Fak., Diss. v. 8. Jan. 1907
[Geb. 26. Nov. 81 Gröbzig, Anhalt; Wohnort: Bernburg; Staatsangeh.: Anhalt; Vorbildung: Karls-Gymn. Bernburg Reife O. 01; Studium: Halle 4, Kiel 4 S.; Rig. 26. Juli 06.]

Neubert, Wilh., Betrachtungen der Pflanzen nebst ihrer einzelnen Theile. gr. 8. (58 S. mit 10 Stnt. Abbild.) Stuttgart 865, G. Weise.

Neubert, Wilh., Schlüssel zur bildenden Gartenkunst. Eine Anleitung zur Anlegung oder Verschönerung von Gärten verschiedener Größe für Gärtner und Privatliebhaber. Mit 32 color. Kpfrtaf. (in 8., 4. u. Fol.) Stuttgart 853. Hoffmann. gr. 8. (3 Bl., 154 S.) 1 ₰. 15 ngr.

Neubert-Drobisch, Walth., Moritz Wilhelm Drobisch. Ein Gelehrtenleben. gr. 8. (VIII, 131 S. m. 1 Bildnis u. 1 Taf.) Leipzig 902. Dieterich. n. 2. 80; geb. n. 3. 50

Neubert-Drobisch, Walth., Erlebtes u. Erdachtes. Gedichte. 1. u. 2. Aufl. (à VIII, 119 S.) 8. Halle 905. Tausch & Grosse. Kart. n. 2. —

Neubert-Drobisch, Walth., Heimatklänge. Balladen, Romanzen u. Stimmungsbilder. (VIII, 113 S. m. Bildnis.) 8. Halle 907. C. Rietschmann. 2.—; geb. m. Goldschn. 3. —

— s.: Luginsland.

— Saul. Trauersp. in 5 Aufzügen. (66 S.) gr. 8. Halle 907. C. Rietschmann. 1.20; erh. Pr. 1. 60

— Verschuldet. Ein Ehedrama in 3 Akten. (31 S.) 8. Ebd. 909. — 60

Neuberth, Carl Friedrich, s. Neuberth, Karl Friedrich

Neuberth, C., die Urbarmachung der Heide. Eine Ergänzg. zum Unterrichte in der Ackerbaulehre f. landwirtschaft. Schulen. (16 S.) 8. Hildesheim 904. H. Olms. n.n. — 20

Neuberth, E. (Red.), s. Zeitung, Hannoversche Land- und forstwirtschaftliche.

Neuberth. F.: Dissertatio inauguralis exhibens delirii trementis pathologiam et therapiam. 4°. Jenae. 1829.

Neuberth, Julius. Antwort auf „Preußens Todtenmesse". Berlin, E. Mai 1848. 4 S. 8.
Flugblatt. Berlin, 1848/49.

—— o Haupt! Die Ahnungs- und Warnungsstimme von der blutigen Katastrophe zu Berlin. (Gedicht.) gr. 8. (8 S.) Berlin 848, (Mai.)

Neuberth, Jul., die Heilkraft der menschlichen Hand. Ein Beitrag z. Lehre u. richtigen Anwendung d. Heilkräfte des Lebens-Magnetismus. 12. (4 B.) Grimma 843, Verlags-Comptoir.

Neuberth, Jul., Original-Beiträge z. Gesch. d. Somnambulismus. gr. 8. (8½ B.) Leipzig 841, Otto Wigand.

Neuberth, Karl Friedrich

Neuberth, Carl Friedrich (Kleinschmalkalden/Gotha), Diss. med. exhibens delirii trementis pathologiam et therapiam. Jena (Schlotter) 8. X. 1829. 8 S. (3.—) 24736
Gew.: Carl Wilhelm Stark.

Neubeuern [Schlagwort]

Neubeuern, s.: Bayern. Karte.

Zur Geschichte des Elbschwanenordens v. L. Neubeur. Separat-Abdruck a. d. Altpreuss. Monatsschrift Bd. 47, H. 1. Elbing. 1910. 8°

Neubich, A.: „Berechnung des Altentheils oder Auszuges". Bayreuth 1828 (Grau).

Dr. Johann Heinrich Abicht, Prof. der Philosophie zuerst in Erlangen, zuletzt in Wilna, Einer der tiefsten Denker Teutschlands. Denkmal der Dankbarkeit, Lieb- und Verehrung, welches zur hundertjährigen Jubelfeier der Friedrich Alexanders-Universität setzet u. s. w. Dr. Andreas Neubig, L. P. — 1843. B., Birner. — S. 3—16.
Progr. Bayreuth

Neubig, Andr., Anfangsgründe der mathemat. Analysis oder Algebra, Differential- u. Integralrechnung. Mit 1 Kpf. gr. 8. Nürnb. 817. Zeh. 20 gl

— Anfangsgr. d. reinen Geometrie u. ebenen Trigonometrie nach philosoph.-euklid. Ansichten abgefaßt u. mit e. doppelten Anh. von d. Buchstabenrechnung u. d. Logarith. versehen. Mit 6 Kpft. gr. 8. Erlang. 812. Palm. 16 gl

— gründl. Anweis. zur Rechenkunst, zum Gebr. auf Gymnas. u. Bürgerschulen. 3e Aufl. 8. Erlangen 823, Heyder.

Neubig, Andr., gründl. Anweisung z. Rechenkunst. Zum Gebr. in latein. u. in Gewerbschulen. 4., verm. Aufl. 8. (12 B.) Erlangen 834, Heyder.

Neubig, Andr., gründliche Anweisung zur Rechenkunst. Zum Gebrauch in latein. u. in Gewerbschulen. 5. sehr verm. Aufl. 8. (VIII u. 191 S.) Erlangen 848, Heyder. — 6. verm. Aufl. 8. (VIII u. 192 S.) Erlangen 851, (Frankfurt a. M.), Heyder & Zimmer. ¼ ℛ

— kurze u. gründl. Anweis. zur Rechenkunst d. gemeinen Lebens. 8. Regensb. 814. 2e A. 8. Erlang. 819. 3e A. 822. Heyder. 4 gl

— s. Aeschylus Prometheus.

Neubig, Andr., 800 Aufgaben aus d. rechnenden Geometrie u. Trigonometrie, so wie üb. Zinseszins, Renten, Wittwenkassen, Sparkassen, Waldberechnung rc., f. polytechn. Schulen u. Gymnasien. 8. (10½ B. u. 2 Figtaf.) Erlangen 840, Heyder.

Neue Begründung der Differentialrechnung. Von Dr. Andr. Neubig, L. P. — 1833. B., Birner. — S. 3—14.
Progr. Bayreuth

Neubig, Andr., Bemerkungen über eine Stelle in Cicero's Schrift von den Pflichten de officiis lib. III. c. 33. §. 119. gr. 8. (15 S.) Bayreuth 855, (Grausche Buchh.) *

—— das Christenthum als Weltreligion betrachtet. gr. 8. (13⅛ B.) Regensburg 839, Reitmayr.

Erläuterung einer Aufgabe aus der staatswirthschaftlichen Rechenkunst. Von Dr. Andr. Neubig, L. P. — 1825. Baireuth, Birner. — S. 3—24.
Progr. Bayreuth

— Einladungsschrift, enthalt. Bruchstücke aus d. Philosophie d. Dichtkunst. 8. Erlang. 812.

— s. C. P. Engelmann, neueste Geographie.

Neubig, (A.,) grammatisches Erklärungsbuch üb. die ersten Stücke in Gesenius hebr. Lesebuche, mit beständig. Hinweis. auf dessen Grammatik. gr. 8. Nürnb. 823, Zeh.

—— **grammatisches Erklärungsbuch über die 3 ersten Kapitel des ersten Buch's Mosis. 2. Ausg. gr. 8. (4⅓ B.) Nürnberg 843, [Lotzbeck.]**

Neubig, Andr., grammatisches Erklärungsbuch über die 3 ersten Kapitel des ersten Buchs Mosis. 2. Ausg. gr. 8. Nürnberg 843, Zeh'sche Buchh. ¼ ℛ

—— Erläuterung ein. Aufgabe aus d. staatswirthschaftl. Rechenkunst. Programm. 4. (4¼ B.) Bayreuth 828, Grau.

—— die Gefühllehre. 8. (8 B.) Bayreuth 829, Grau.

—— neueste Geographie v. Europa rc., s. Engelmann, Eug. Bernh.

—— die philosoph. u. christl. Gotteslehre in ihrem Einklange dargestellt. gr. 8. (23½ B.) Nürnberg 831, Zeh.

—— die Grundlage d. Philosophie. 8. (12½ B.) Bayreuth 830, Grau.

— Grundriß der reinen Mathematik, mit einer kurzen Anweisung zum Feldmessen. Für Gymnasien, polytechnische und Gewerbschulen. 3e verm. Aufl. Mit 6 Tafeln. gr. 8. Bayreuth 834, Grau. n. ⅔ ℛ

—— Grundriß d. reinen Mathematik. 2., verm. Ausg. (14 B. u. 5 Taf.) 828. 1 Thlr. 4 Gr., 3., verm. A. (15½ B. u. 6 Taf. 4.) gr. 8. Bayreuth 835, Grau.
Die 3. Ausg. hat hinter „Mathematik" d. Zusatz: „mit ein. kurzen Anweis. z. Feldmessen. Für Gymnas., polytech. u. Gewerb-Schulen."

Neubig, Andr., Grundriß d. reinen Mathematik m. e. kurzen Anweisung zum Feldmessen. — Elemente der descriptiven Geometrie v. K. W. Fischer. 4., mit mehr denn 1000 neuen Uebungsaufgaben versehene Aufl. gr. 8. (19 B. u. 8 Taf.) Bayreuth 846, Grausche Buchh. *

Ueber das Interesse an ästhetischen Gegenständen oder an Kunstwerken, von Dr. Andr. Neubig, L. P. — 1840. B., Hoereth. — S. 3—15.
Progr. Bayreuth

—— ist Jesus Christus mit vollem Rechte d. Tod e. Verbrechers gestorben? Eine Abhandl. aus d. höhern Staats- u. Kirchen-Recht f. Juristen u. Theologen, sowie f. jeden Gebildeten. gr. 8. (5 B.) Erlangen 836, Heyder.

—— Lehrbuch d. mathemat. u. phys. Erdbeschreibung f. Gymnasien u. polytechn. Schulen. 8. (8½ B.) Erlangen 836, Heyder.

Die Parallelen-Theorie. Von Dr. Andr. Neubig, L. P. — 1827. Bayreuth, Birner. — S. 3 — 8 mit 1 Fig. Taf.
Progr. Bayreuth

—— die Parallelen-Theorie. Programm. 4. (2 B.) Bayreuth 827, Grau.

— s. G. F. Seiler, das größere bibl. Erbauungsbuch.

Neubig, Andr., offenes Sendschreiben an Herrn Prof. Dr. M. J. Schleiden über Raum und Zeit. Nürnberg 860. Zeh. gr. 8. (24 S.) n. 5 ngr

Soll die Philosophie ein Unterrichtsgegenstand auf Gymnasien sein? Eine Abhandlung, womit dem k. Gymnasium zu Hof zu seiner dreihundertjährigen Einweihungsfeier 1846 im Namen des k. Gym. zu Baireuth die aufrichtigsten und herzlichsten Glückwünsche darbringt Dr. Andreas Neubig L. P. — 1846. B., Höreth. — S. 3—16.
Progr. Bayreuth

—— die rechtswidrige Todesstrafe u. d. rechtmäß. Hinrichtung. 8. (10½ B.) Nürnberg 833, Zeh.

—— die rechtwidrige Todesstrafe und die rechtmäßige Hinrichtung. 2. (Titel-)Ausg. 8. (XXIV und 144 S.) Nürnberg 850, Lotzbeck.

—— die philosoph. Unsterblichkeitslehre. 8. (9 B.) Nürnberg 834, Zeh.

—— das sittliche Verdienst im Lichte d. Philosophie u. d. Christenthums betrachtet. 8. (9½ B.) Bayreuth 832, Grau.

—— neuer Versuch über die ptolemäische Stadt Mönosgada in Oberfranken. (Abgedr. aus dem Archiv für Geschichte und Alterthumskunde von Oberfranken. 5. Bd. 1. Heft.) gr. 8. (21 S.) Bayreuth 851, (Grau'sche Buchh.) *

—Diss. exhibens vindicias Euclidis. P. I. et II. 8. Erlang. 811.

Neubig, Carl, s. Neubig, Karl

Neubig, Jh. Bapt., s. Musen, Bavaria's.

Neubig, Johannes (Übers.u.Comm.):

s.: Balde, Jakob: Medizinische Satyren. (Medicinae gloria per satyras XXII asserta. Dt.) Th.1 - 2. München: 1833

JB 5.565

Neubig, Johannes (Übers.):

s.: Balde, Jakob: Trost für Podagraisten. (Solatium podagricorum. Dt.) München: 1833

Neubig, Karl

Neubig, Carl, mir ist bange, doch ich zage nicht. Antrittspredigt am 17. Sonntag nach Trinitatis üb. 2. Cor. 4, 8 geh. in der protest. Stadtpfarrkirche zu Würzburg. gr. 8. (10 S.) Würzburg 876. Stuber. n. — 80

Neubig, Carl, der deutsche Sieges- und Friedenstag. Predigt gehalten am Friedensfeste 1871 in der protestant. Stadtpfarrkirche zu Würzburg. 8. (10 S.) Würzburg 871, Stuber. *

Ueber die Neubildung der vaterländischen Landesvertheidigung. Vorschläge und Bemerkungen eines Tiroler Schützen. gr. 8. (71 S.) Innsbruck. Wagner. 1860 78 kr.

Neubner, Alfr., mißachtete Shakespeare-Dramen, s.a. Shakespeare-Bühne. neue. III.

Mißachtete Shakespeare-Dramen. Eine literarhist.-krit. Untersuchung von Alfred Neubner. Berlin: O. Elsner 1907. (XI, 197 S.) 8°
— Shakespeare-Bühne, Neue. 3. [07. 6334

Neubner, Ed., Beiträge zur Kenntnis der Calicieen. Inaugural-Dissertation. gr. 8. (21 S. mit 3 Chromolithogr.) Regensburg 883. (Köln, Neubner.) *
Aus: Flora, besonders abgedruckt.

Neubner, Eduard [Dr.]: Untersuchungen über den Thallus und die Fruchtanfänge der Calycieen. E. Beitr. z. Kenntnis d. krustig-staubartigen Flechten. M. e. kolor. Taf. Plauen i. V., gedr. bei M. Wieprecht, 1893; 1 Bl., 12 S., 1 Taf. 4.
Plauen i. V., k. G, OP 1893 (542)

Neubner, Ed., Untersuchungen üb. den Thallus u. die Fruchtanfänge der Calycieen. Ein Beitrag zur Kenntnis der krustig-staubart. Flechten. Progr. gr. 4. (12 S. m. 1 farb. Taf.) Plauen i/V. 893. (Köln, P. Neubner.) n. 3. —

Neubner, F., lateinisches Lesebuch f. Lehrerseminare, s.: Gebhardt, Herm.

Neubner, Felix [Budissinus]: Apologi graeci antiquissimi historia critica . . . Coloniae, typ. I. P. Bachemii, 1889; 2 Bl. + 86 S. + 1 Bl. 8°
Leipzig, Phil. Fak., Inaug.-Diss. v. 29. März 1889

Neubner, F., apologi graeci antiquissimi historia critica. Diss. inaug. gr. 8. (86 S.) Coloniae 889. (Leipzig, Fock.) n. 2. —

Neuhaus, Georg (Hrsg.), s. Statistik, Königsberger.

Neubner, Gust. E., s.: Marlaschein u. Umgebung.

Neubner, Ottomar

Frauengestalten aus Deutschlands Vergangenheit. Ein patriot. Festspiel (Deklamation, Gesang, lebende Bilder u. Reigen) f. höh. Mädchenschulen von Dr. Heinrich Drees, Prof. zu Wernigerode. Musikal. Bearbeitung von Ottomar Neubuer [vielm. Neubner]. Textbuch. *Kassel: O. Kuprions Nachf. [1900].* (20 S.) 8° [F.] [03. 4 4

Hoch Hohenzollern! Cantate mit eingelegter Deklamation z. Aufführung in höh. Knabenschulen an Kaisers Geburtstag von Johannes Weber. Für gem. Chor mit Klavierbegl. comp. von Ottomar Neubner. Op. 89. [Textbuch.] *Kassel: O. Kuprions Nachf. [1900].* (12 S.) 8° [F.] [03. 4

Weihnacht. Dichtung von Johannes Weber. Eine Folge von 1- u. 3stimmigen Frauenchören (2 Soprane 1 Alt) mit verbindendem Text f. höh. Mädchenschulen. Comp. von Ottomar Neubner. (op. 35.) Textbuch. *Kassel: O. Kuprions Nachf. [1900].* (12 S.) 8° [F.] [03. 4

Neuborn, J. G., die Urreligion der Menschheit, eine Offenbarung der Natur von einem wesenhaften Gott u. der Fortdauer der Seele durch Neugestaltung, ihr Verlust u. ihr Ersatz. 8. (III, 231 S.) Dinkelsbühl 882. Graf. n. 2. —

Neubour, Friedrich Christoph (Braunschweig/Lüneburg), Theses inaug. de moralite atque utilitate legum sumtuariarum. Göttingen (A. Vandenhoeck) 12. IX. 1737. 8 S. (4.25) 24737

Neubourg, E., Bensberg u. sein Cadettenhaus. Zum 50jähr. Stiftungsfeste d. Cadettenhauses zusammengestellt. gr. 8. (VI, 113 S. m. 1 Abbildg. in Lichtdr.) Berlin 890. Mittler & Sohn. n. 2. —

Neubourg, H., die Örtlichkeit der Varusschlacht m. e. vollständigen Verzeichnisse der im Fürstent. Lippe gefundenen römischen Münzen. gr. 8. (VI, 70 S.) Detmold 887. Meyer. n. 1. 20

Neubrand, J. G., die Gerbrinde mit besond. Beziehung auf die Eichenschälwald-Wirthschaft für Forstwirthe, Waldbesitzer u. Gerber. Neue Bearbeitung einer von der k. Akademie Hohenheim im Herbst 1867 gekrönten Preisschrift. Mit zahlreichen Illustr. (in Holzschn.) Frankfurt a. M. 869. Sauerländer. gr. 8. (XI, 241 S.) n. 1 ₰ 10 ngr.

Neubrandenburg [Schlagwort]

Neubrandenburg, s.a. Deutschland. Uebersichtskarte.

— s. a.: Deutschland. Kürschner-Peip.

Neubrandenburg. Verkehrskarte von Neubrandenburg m. seiner weiteren Umgebung. 25,5×33,5 cm. Farbdr. Nebst Abgangs- u. Ankunftszeiten der in Neubrandenburg abfahr. u. ankomm. Züge. 12. (2 S.) Neubrandenburg (900). C. Brünslow. — 20

Neubrandenburg [Sachliches OW]

Neubrandenburg u. Umgebung. 12. (10 Lichtdr.-Taf.) Neubrandenburg 892. C. Brünslow. In Leinw.-Decke. n. 2. 50

Neubreisach [Schlagwort]

Neubreisach — Situationsplan über die Batterien etc. vor — i. Oct. 1870. Aufgen. durch das Pers. des bad. mil. top. Bureau. 20,000. 1 Bl.

Neu-Britannien [Schlagwort]

Neu-Britannien, s.: Kolonien. — Südsee.

Neubronn (Hrsg.), s. Gesetz, Das badische, vom 25. Februar 1879. ...

Neubronn, F. Frhr. v., das allgemeine deutsche Handelsgesetzbuch u. die allgemeine deutsche Wechselordnung &c., — die Strafprozeßordnung für das deutsche Reich, } s.: Justizgesetze für das Großherzogthum Baden.

Neubronn, Frdr. Frhr. v., Einlagebogen zum 2. Bd. der Justizgesetze f. das Großherzogth. Baden, enth. die durch das Gesetz, betr. die Kommanditgesellschaften auf Aktien u. die Aktiengesellschaften, vom 18. Juli 1884, eingetretenen Aendergn. d. Handelsgesetzbuchs. gr. 8. (72 S.) Mannheim 884. Bensheimer's Verl. n. — 80; Schreibpap. n. 1. 20

Neubronner, v., Geschichte des Dragoner-Regiments König (2. württ.) Nr. 26. Auf Befehl des kgl. Regiments neu bearb. (VI, 206 S. m. 21 [9 farb.] Taf. u. 2 Karten.) gr. 8. Stuttgart (905). (H. Enderlen). Geb. in Leinw. n. 11. —

Neubronner, Carl, s. Neubronner, Karl

Neubronner, Jul., die Brieftaube im Dienst der leidenden Menschheit. Ein Beitrag zum Kapitel: „Die rasche Arzneimittel-Versorgg." Den deutschen Landärzten gewidmet. gr. 8. (17 S. m. Abbildgn. u. Bildnis.) Frankfurt a/M. 902. Gebr. Knauer. n. — 60

Neubronner, Jul., die Brieftaubenphotographie u. ihre Bedeutung f. die Kriegskunst, als Doppelsport, f. die Wissensch. u. im Dienste der Presse. Nebst e. Anh.: „Die Kritik des Auslandes". (55 S. m. Abb. u. 1 Taf.) gr. 8. Dresden 909. W. Baensch. 1. —

— Brieftaubensport, s.: Oelze, F. W.

Neubronner, Karl

Neubronner, Carl, der lustige Declamator. Eine Auswahl humorist. Vorträge in Poesie u. Prosa. 1. Bdchn. 12. (96 S.) Reutlingen (900). R. Bardtenschlager. — 45

Neubrunn Adolf: Casimir Ullrich Boehlendorffs Leben und dramatische Tätigkeit.
II. 1906 PN 2081 **Diss.** Wien, Univ. 192

Neubrunn, Jakobine, mein Receptbuch. Ein Schatz von 600 Recepten für die Kochkunst und das Einmachen. Aus Privatquellen und durch persönl. Erfahrung gesammelt. 12. (XIX und 185 S.) Weimar 862, Voigt.

Neuestes | Komplimentir-Buch. | Eine ; unentbehrliche Unterweisung | in allen Regeln | der | Bildung, Anstand und feinen Sitte; | enthaltend: | Ansprachen und Beantwortungen, Glückwünsche bei Geburten, | Kindstaufen, Neujahrs-, Geburtstags-, Namens- und Hoch- | zeitsfesten, bei Beförderungen etc.; Liebes-Erklärungen, Hei- | rathsanträge, Condolenzen; Einladungen; Anreden bei Bällen | und in Gesellschaften, und viele andere Komplimente mit | den darauf passenden Antworten und Anzeigen für öffent- | liche Blätter | nebst | Polterabendscherzen | und | auf festliche Gelegenheiten passende Toaste, Gedichte etc. | Entworfen von | Carl Neubrunner. | Druck und Verlag von Rob. Bardtenschlager, Reutlingen. (= *Serie A*, 633).
o. J., 96 S., 172 × 116, kol. U.-Fig.: *Damen und Herren bei einer Gesellschaft*, 160 × 105.
LBS d. D. oct K 3510.
Eine andere Auflage (ebenda 3508) mit ähnlichem Titel trägt die Reihennummer 161. Der Name des Autors fehlt.

Neubuer, Ottomar, s. Neubner.

Neubukow [Schlagwort]

Neubukow, s.: Deutschland. Kürschner-Peip.

Neubur, Friedrich Christoph. APOCOLOCYNTOSIS // oder des // Lucius Annäus Seneca // Spott-Gedichte // oder Satyre // Uber den // Tod und die Vergötterung // Des // Käysers Claudius. // Verdeutschet und erläutert // durch // Friedrich Christoff Neubur. // Leipzig, // bey Bernhard Christoff Breitkopf // 1729. - 2 Blatt (nicht paginiert) Titelblatt und Widmung. - 155 S.
Auf dem Vorblatt steht die Widmung:
Tennem hunc libellum
Bibliothecae illustr. Soci-
etatis Teutonicae conse
crat
Autor
KNeubour. Praetor
Reg. op. Gottingensee.
B. S. T. 8°.658.

Neubur, Geo. Ph. Ant., Beitrr. zur Geschichte des 30jähr. Kriegs. 16 Stck. 4. (Hamb.) 774. Buchenröder. 1 ℔ 12 gr

Neubur (Neubour), Georg Philipp Anton (Göttingen), Diss. qua regis Italiae Gothici Athalarici edictum de eligendo papa Romae in tabula marmorea ante Atrium S. Petri omnium oculis expositum illustratur. Präs. Christoph August Heumann. Göttingen (J. Fr. Hager) Juli 1740. 36 S. (4.50) 24738
Gew.: Gerlach Adolph von Munchhausen. — Widm. v.: Christoph August Heumann.

Neuburg [Schlagwort]

Neuburg, s.a. Bayern. Wenng.

Neuburg, s.a. Deutschland. Kürschner-Peip.

Neuburg, s. a.: Schwaben, Reg.-Bez.

Neuburg — General-Carte des aus zwölf Landgerichten und vierzehn Rentämtern bestehenden oberen Theil der ehemaligen Königl. bayern'schen Provinz — Aufgenommen und gezeichnet zum Behufe des topographischen Theils des Neuburgischen Provincial-Taschenbuchs durch den Königl. Bayer. Oberförster P. Reber in Eichstädt. F. X. Hutter sc. A. V. 1808. 1: 260,000. 1 Bl.

Neuburg im Jahre 1817. Vom k. Steuerkataster. 1: 2500. 1 Bl.

Neuburg — Maut Karte von — Entwurf des Herzogthums Neuburg in Rücksicht Deren verschiedenen Gränzen, nebst Bemerkung inhaltenter Chausseen. Haupt. Wehr. und Büchsen Mauthen, wie selbe im Jahre 1787 errichtet worden. Ausgezogen aus verschiedenen Karten. und Amtsbemerkungen durch Franz Freyherrn von Reigersberg, Hofbauamts Director hieoben. Cop. v. Flad. 1: 185,000. 1 Bl. Handzeichnung..

Neuburg — Plan der Affaire bei — am 27. Juni 1800. A coup-d'oil aufgen. von Major G. v Seidewitz. Handzeichnung. 1 Bl.

Neuburg am Rhein — Plan der Umgebung von — Zaech. Ing. Lieut. 1: 14,400. 2 Bl. Handzeichnung auf Oelpapier.

Neuburg [Sachliches OW]

Neuburg, Preußisches, und dess. Gerechtsame.

Neuburg [Verfasser]

Neuburg, Hausindustrie, s.a. Armansperg, Max Graf von, Hausindustrie.

Neuburg, C., s.: Festgaben f. Wilhelm Lexis.

Neuburg, C., polit. Oekonomie, s.: Lehr, J.

Neuburg, C., s.: Schriften d. Vereins f. Socialpolitik, 41. Bd.

Neuburg, C., Zunftgerichtsbarkeit u. Zunftverfassung in der Zeit vom 13. bis 16. Jahrh. Ein Beitrag zur ökonomischen Geschichte des Mittelalters. gr. 8. (IV, 311 S.) Jena 880. Fischer. n. 7. —

Neuburg, Caj. Mar. von, lux evangel. **oder Sonntagspred. 4. Augsb. Schlüter. 709.**

Neuburg, Clamor

Neuburg, C., Goslars Bergbau bis 1552. Ein Beitrag zur Wirthschafts- u. Verfassungsgeschichte d. Mittelalters gr. 8. (IX, 365 S.) Hannover 892. Hahn. n. 6. —

Neuburg, Clamor, der Einfluss des Bergbaus auf die erste Entwicklung der Forstwirtschaft in Deutschland. gr. 8. (36 S.) Leipzig 901. A. Deichert Nachf. n. 1.20
Sonderabdruck aus: „Festschrift d. Univ. Erlangen f. Prinzregent Luitpold".

Neuburg, C., Untersuchungen zur Geschichte des römischen Bergbaus. Tübingen, 1900. 289 S.

Neuburg, K., Der Zusammenhang zwischen römischem und deutschem Bergbau. Jena, 1907. 32 S.

(Neuburg, J.) Gebrauchs-Anweisung zum Deutschen Sprachgebäude für Volksschulen, das ist ein einfaches (lith.) Tableau in architekton. Form (in Fol.), welches in einer geistbildenden, jedoch ganz populären Anschauungsweise eine Uibersicht der Grammatik in der Volksschule gewährt. Grammatikalisch entw. u. bearb. von J. Neuburg, nach dessen Tode, dem neuen Lehrplane entsprechend, umgearb. von Karl Czernický und gezeichnet von E. Preisler. Leitmeritz 853. (Wien, Lechner.) 8. (19 S.) n. 20 ngr.

Neuburg, J., deutsches Sprachgebäude (für Volksschulen, d. i. ein einfaches lithogr. Tableau in Imp.-Fol. in architekton. Form, welches in einer geistbildenden, jedoch ganz populären Anschauungsweise eine Uibersicht der Grammatik in der Volksschule gewährt.) Grammatikalisch entw. und bearb. nach dessen Tode, dem neuen Lehrplane entsprechend, umgearb. von Carl Czernický und gez. von Ernest Preisler. Mit: Gebrauchsanweisung. 8. (19 S.) Leitmeritz 853. (Wien, Lechner's Universitäts-Buchh.) Thlr. *

Neuburg, J. G., klinische Bemerkk. üb. einige chronische Krankheiten. 8. Frankf. 814. Varrentrapp. 16 gr.

Neuburg, Rud. Phil., prakt. Unterweisung in der Porcellan-, Glas- u. Wachsmalerei, nebst einer getreuen Angabe zur vortheilhaften Fabrication des Porcellans, d. Fayence u. verschied. anderer dahin gehörigen Artikel. 8. (4 1/2 B.) Erfurt 840. Bartholomäus.

Neuburg, Simon (Frankfurt), De acrimonia urinosa in corpore humano retenta. Diss. med. Göttingen (J. A. Barmeier) 28. X. 1783. 32 S. (4.75) 24739
Widm. v.: J. Marx.

Neuburger, Trauer-Rede wegen des Ablebens Ihr. Majestät der höchstsel. Königin-Wittwe Karoline von Bayern. gr. 8. (1/4 B.) Aschaffenburg 842, Pergay.

Neuburger, A., s.: Automobilen-Industrie, die.

Neuburger, A., s.: Kalender f. Elektrochemiker.

— s.: Technik, die.

Neuburger, A., s.: Zeitschrift, elektrochemische.

Neuburger, Alb., anorganische Chemie, s.a. **Hillger's illustr. Volksbücher. 19. Bd.**

Anorganische Chemie von Dr. Albert **Neuburger**. Mit 18 Ill. Berlin, Leipzig: H. Hillger [1905]. (90 S.) 8° [J.]
— **Volksbücher,** Hillgers illustrierte. Bd 19. [05.10077

Neuburger, Alb., die synthetischen Edelsteine, s.: Grossmann, Herm.

— Ergötzliches Experimentierbuch. Ein Buch f. Jung u. Alt zur Ausführung lehrreicher u. unterhalt. Versuche sowie zur Selbstanfertigg. sämtl. dazugehör. Apparate u. Einrichtgn. (495 S. m. etwa 500 Abbild.) gr. 8. Berlin 911. Ullstein & Co. Geb. in Leinw. 6. —

— Handbuch der praktischen Elektrometallurgie, s.a. **Oldenbourg's technische Handbibliothek.**

Handbuch der Praktischen Elektrometallurgie ⟨Die Gewinnung d. Metalle mit Hilfe d. elektr. Stroms⟩. Von Dr. Albert **Neuburger**. Mit 119 Abb. München & Berlin: R. Oldenbourg 1907. (XX, 466 S.) 8°
— **Handbibliothek,** Oldenbourgs Technische. Bd 9. [06. 1626

— s.: Kalender f. Elektrochemiker.

Neuburger, Albert [aus Bayreuth]: Über m-Amidophenyldihydrochinazolin.... Erlangen, k. b. Hof- u. Univ.-Buchdr. v. F. Junge, 1890; 35 S. 8°
Erlangen, Phil. Fak., Inaug.-Diss. v. 1890

— s.: Zeitschrift, elektrochemische.

Neuburger, Carl, s. Neuburger, Karl

Neuburger, Eugen, Justizref. in Stuttgart: **Eigentumserwerb** durch Anspruchsabtretung. ⟨B. G. B. § 931.⟩ *Stuttgart 1901: A. Bonz' Erben.* (71 S.) 8°
Tübingen, Jur. Diss. v. 1901

NEUBURGER, Jakob (Fischbach): Ueber das Schielen und die Operation desselben.- München: Franz 1847. 19 S.
17.8.1846 - Urk (Tit-1: De strabismo.); F 66
Diss. Ingolst.-Landsh.-Mchn.

Neuburger, Karl

Neuburger, Carl, Wechselcourstabelle, vermittelst welcher jeder Courszettel leicht zu verstehen und jeder vorkommende Wechsel leicht zu berechnen ist. Lithgr. Imp.-Fol. Nördlingen 854, Beck'sche Buchh.

Neuburger, Leopold, aus Nürnberg, Rechtspraktikant am Kgl. Landgericht Nürnberg: **Die rechtliche Natur der Arbeitsordnung.** Borna-Leipzig 1905: R. Noske. (60 S.) 8° [J.]
Erlangen, Jur. Fak., Ref. Oertmann, Diss. v. 24. Mai 1905
[Geb. Nürnberg; Wohnort: Nürnberg; Staatsangeh.: Bayern; Rig. 24. Mai 05.]

Neuburger, Leop., Die rechtliche Natur der Arbeitsordnung. Diss. 8⁰. Erlangen 1907.

[J.] **Neuburger,** *Leopold* [gepr. Rechtspraktikant in Nürnberg]: Das fortgesetzte Verbrechen nach der Rechtsprechung des Deutschen Reichsgerichtes ... Erlangen, Druck d. Univ.-Buchdr. v. E. Th. Jacob, 1896; 34 S. 8.
Erlangen, Jur. Fak., Inaug.-Diss. v. 1896

Neuburger, L., d. fortgesetzte Verbrechen nach d. Rechtsprechg. des deutschen Reichsgerichtes. gr. 8. (34 S.) Nürnberg 896. (Heerdegen-Barbeck.) n. — 80

Neuburger, Max, s.: **Abhandlungen** zur Geschichte der Medicin.

— die **Anschauungen** üb. den Mechanismus der specifischen Ernährung. (Das Problem der Wahlanziehg.) gr. 8. (XII, 105 S.) Wien 900. F. Deuticke. n. 4. —

— **Schillers** Beziehgn. zur Medizin. (40 S.) 8. Wien 905. W. Braumüller. n. 1. —
Sonderabdruck aus: „Wiener klin. Wochenschrift".

Neuburger, Max [aus Hartha bei Greiffenberg i. Schl.]: Die mykotischen Embolieen im Gehirn. . . . Berlin, Buchdr. v. Gustav Schade (Otto Francke) (1889); 31 + 1 S. 8°
Berlin, Med. Fak., Inaug.-Diss. v. 14. Nov. 1889

Die historische Entwicklung der experimentellen Gehirn- und Rückenmarksphysiologie vor Flourens. Von Dr. Max **Neuburger.** *Stuttgart: F. Enke 1897.* (XXVI, 361 S.) 1 Bd 8. [97. 3617]

— der Arzt Ernst Freiherr v. **Feuchtersleben.** Gedenkrede, geh. in der feierl. Jahressitzg. der k. k. Gesellschaft der Aerzte, am 23. III. 1906. (42 S.) 8. Wien 906. W. Braumüller. n. — 80
Sonderabdruck aus: „Wiener klin. Wochenschr."

— **Geschichte** der Medizin. (In 2 Bdn.) 1. Bd. (VIII, 408 S.) Lex.-8. Stuttgart 906. F. Enke. n. 9. —; geb. in Leinw. n.n. 10. 40

Neuburger, Max, Geschichte der Medizin. II. Bd. 1. Hälfte. (229 S.) Lex. 8. Stuttgart 908. F. Enke. 5. 40
I. Bd. Ebd. 906. 9.—; geb. 10.40.

— s.: **Handbuch** der Geschichte der Medicin.

— s.: **Mitteilungen** zur Geschichte der Medizin u. der Naturwissenschaften.

Neuburger, M.: Ludwig Türcks gesammelte neurologische Schriften. Wien: Deuticke 1910. (194 S. mit 3 Taf.) 8⁰

— die **Vorgeschichte** der antitoxischen Therapie der acuten Infectionskrankheiten. Vortrag, geh. auf der 73. Versammlg. deutscher Naturforscher u. Ärzte zu Hamburg. In erweit. Form hrsg. gr. 8. (67 S.) Stuttgart 901. F. Enke. n. 1. 60

Neuburger, Minna, ich kann wirtschaften. Das Buch v. der billigen, prakt. u. gesunden Führung des Hauswesens. Hrsg. unter Mitarbeit v. Geo. Bernhard, Rob. Breuer, Marie Gerbrandt u. a. (477 S. m. Abb.) gr. 8. Berlin 910. Ullstein & Co. Geb. in Leinw. 3. —

Franz Josef-Stollen, Der, in Bleiberg. Klgft., v. Kleinmayr, 1911. 89 S. (Verf.: Otto Neuburger.)

Neuburger, Otto, d. **elektrische Kraftübertragung** in Bleiberg. [Aus: „Öst. Zeitschr. f. Berg- u. Hüttenwesen".] gr. 8. (39 S. m. Abb. u. 3 Taf.) Wien 897. (Freiberg, Craz & Gerlach.) n. 2. —

Neuburger, Paul, aus Aschaffenburg: **Der Schutz des gutgläubigen Pfandrechtserwerbs.** *Leipzig: G. Fock 1904.* (118 S.) 8°
Würzburg, Jur. Diss. v. 1904

Neuburger, Rud., ein Mädchen aus dem Volke. Sitten-Roman aus dem modernen Leben. gr. 16. (447 S.) Berlin (861)62, Janke.

Neuburger, Siegfr., nordafrikanische Reise-Skizzen. 1. Lfg. 8. (64 S. mit 1 Stnt. in Tondr.) München 868, Merhoff's Verlag.
Nicht weiter erschienen.

Neuburger, Sigmund [app. Arzt aus Nürnberg]: Ueber Sarkom der Wirbelsäule ... München, Buchdr. v. M. Ernst, 1891; 35 S. 8.
München, Med. Fak., Inaug.-Diss. v. [25. Juli] 1891

Neuburger, Wilh., Etiquettenliste (Sammlungsverzeichniss) der Grossschmetterlinge v. Europa incl. Transcaucasien, Armenien u. angrenzendem Gebiete nebst sämmtlichen Variationen, Aberrationen u. nothwendigen Synonymen, sowie der übr. hauptsächlich f. den Sammler in Betracht komm. Formen der palaearct. Macrolepidopteren-Fauna, zusammengestellt nach dem „Catalog der Lepidopteren des palaearct. Faunengebietes v. O. Staudinger u. H. Rebel". gr. 8. (28 S.) Berlin (901). (R. Friedländer & Sohn.) n. 2. —

Neubürger, Albert, aus Fürth, Rechtsprakt. am kgl. Amtsgericht zu Fürth: **Die Notverordnung nach bayrischem Staatsverwaltungsrecht.** Borna-Leipzig 1905: R. Noske. (VIII, 56 S.) 8°
Erlangen, Jur. Fak., Diss. v. 6. Nov. 1904
[Geb. Fürth; Wohnort: Fürth; Staatsangeh.: Bayern; Rig. 6. Nov. 04.]

Neubürger, Carl, s. Neubürger, Karl

Neubürger, Emil

Neubürger, E., einige Blätter zur Erinnerung an Herrn. Hilliger. Frankfurt a. M. 866. Auffarth. gr. 8. (10 S.) n.n. 2½ ngr.

—— einige Blätter zur Erinnerung an Konr. Schwenk. gr. 8. (22 S.) Frankfurt a. M. 867, Auffarth. *

Neubürger, E., aus der Reichsstadt Frankfurt. Erzählungen u. Charakteristiken. 8. (V, 230 S.) Frankfurt a/M. 889. Mahlau & Waldschmidt. geb. n. 4. —

Neubürger, Emil, Gedichte. Frankfurt a. M. 855. Auffarth. 16. (160 S.) n. 18 ngr.

Neubürger's, E., gesammelte Gedichte. 8. (VI, 391 S.) Stuttgart 879. Metzler's Verl. n. 2. 40; geb. n. 3. 20

Neubürger, Emil, Goethe's Jugendfreund Friedrich Maximilian Klinger. gr. 8. (35 S.) Frankfurt a/M. 899. Mahlau & Waldschmidt. n. — 60

Neubürger, E., Lyrisches und Satyrisches. Frankfurt a. M. 862. Bechhold. 18. (IV, 180 S.) 20 ngr.

Neubürger, Emil. Edle Menschen u. Thaten. gr. 8. (VIII, 332 S.) Frankf. a. M. 890, Mahlau u. Waldschmidt. [* 4 20; geb. * 5 —] * 3 —; geb. * 4 —

Nachklänge von Emil **Neubürger**. [Frankfurt a. M.]: Mahlau 1900. 342 S. 8° [o9. 1787: 10

Neubürger, E., L. Geiger's populäre Schriften. gr. 8. (32 S.) Frankfurt a. M. 872. Auffarth. n. — 50

Neubürger, Ferdinand

Neubürger, F: Der Farbendruck auf der Steindruckpresse. Berlin (1867)

Neubürger, Ferd., der Farbendruck auf der Steindruckpresse. Chromolithographie. 4 Lfgn. gr. 8. (VIII und 151 S. mit 21 Stnt. in Tondr. und 21 Stnt. und Farbendr.) Berlin 868, Boettcher. à Lfg. * 10 Ngr. *

Neubürger, Ferd., die Geschichten d. sechs Ehrenfesten. Nacherzählt v. N. M. Bild. v. Hans Strösc u. a. 8. (147 S.) Dessau 896. P. Baumann. n. 2. 50; geb. n. 3. —

Neubürger, Ferd., der Meister in Wien. Eine Episode aus Richard Wagners Leben. Charakterbild in 3 Aufzügen. (XVI, 79 S.) 8. Berlin (903). H. Steinitz. n. 2. —; geb. n. 3. —

—— Muster-Alphabete für Kalligraphen, Lithographen, Holzschneider etc. 3 Hefte. qu. 8. (23 Stnt.) Berlin 866, (Kastner.) à Heft * 5 Ngr. *

Neubürger, Ferd., der Reichskanzler in Kissingen. Roman in 3 Büchern. 2. [Titel-]Aufl. 8. (XII, 543 S. m. 1 Bildnis.) Berlin [899.] (901). A. Schall. n. 3. —; geb. n. 4. —

— dasselbe, s.a. Veröffentlichungen des Vereins der Bücherfreunde. IX. 1.

Neubürger, Ferd., Rußland unt. Kaiser Alexander III., sow. Politik u. Aufgaben Nikolai's II. gr. 8. (VIII, 97 S.) Berlin 895. M. Driesner. n. 2. 50

— dasselbe. Organ d. bayer. Gartenbaugesellschaft u. vieler Vereine. 51. Jahrg. 1898. 24 Hfte. (à ca. 2 Bog. m. Farbdr.) gr. 8. Ebd. n. 8. —
Kann auch vierteljährlich bezogen werden.

Das Sonderrecht der gemeinen Judenschaft zu Fürth und in dessen Amt im achtzehnten Jahrhundert. Hist.-dogm. dargest. von Dr. jur. Friedrich **Noubürger**. 1. *Fürth-Nürnberg: G. Rosenberg in Komm. 1902.* 8° [o3. 2830

Neubürger, Ferd., in Einer Stunde. Charakter-Lustspiel in 1 Aufzuge. Mit Benützg. e. älteren Novellenstoffs. 8 (81 S.) Dessau 894. R. Kahle. n. 1. —; geb. n. 2. —

Neubürger, Ferd. Ludw., Laroche. Trauerspiel in 5 Aufzügen. 8. (V, 101 S.) Frankfurt a/M. 882. Jügel's Nachf. n. 2. —

Neubürger, Frdr., das Sonderrecht der gemeinen Judenschaft zu Fürth u. in dessen Amt im 18. Jahrh. I. Das Verfassungsrecht. Historisch-dogmatisch dargestellt. gr. 8. (III, 48 S.) Fürth 902. (G. Rosenberg.) n. — 90

Neubürger, Friedrich, aus Fürth: **Verfassungsrecht** der gemeinen Judenschaft zu Fürth und in dessen Amt im achtzehnten Jahrhundert. *Fürth: G. Rosenberg in Comm. 1902.* (48 S.) 8°
Erlangen, Jur. Diss. v. 24. Juli 1901

Neubürger, H., allgemeines Adreßbuch für Handel u. Gewerbe der Herzogl. Haupt- u. Residenzstadt Dessau, s. Adreßbuch.

Neubürger, Herm., Encyklopädie der Buchdruckerkunst. 1.2.3. Liefg. gr. 8. 843, 44. (Leipzig, Friese.) (1. 2. à $1/2$ ß 3. $3/4$ ß) compl. $1\,3/4$ ß

Neubürger, Herm., prakt. Handbuch d. Buchdruckerkunst. gr. 8. (18 B., 19 Kpfrt. u. 5 farb. gedr. Beil.) Leipzig 841, Hunger.

—— der Korrektor. Eine Anleitung f. Alle, welche Korrekturen richtig lesen u. d. darin aufgefundenen Fehler verständlich anzeichnen wollen. M. einer kurzgefaßten Terminologie d. Buchdruckerkunst. 2., verb. Aufl. 8. ($5\,1/4$ B. u. 1 Kpfr.) Leipzig 846, (47,) Hunger.

Neubürger, Herm., d. Korrektor. E. Anleitg. f. Alle, welche Korrekturen richtig lesen u. deren Fehler verständl. anzeichnen lernen wollen. 3., gänzl. umgearb. Aufl. Hrsg. v. Ferd. Neubürger. 12. (VIII, 104 S. m. Bildn.) Dessau 896. P. Baumann. 1. 50

—— Leitfaden f. Schriftsetzer-Lehrlinge. gr. 8. (6 B. u. 1 Taf. Abbild.) Dessau 842, Aue'sche Buchh. —

Neubürger, [Iacobus]: * De Rabbi 'Aqîbhaho ben Iôçeph. 64 S. 2°
Halle-Wittenberg, Phil. Diss. v. 4. Aug. 1868
Geb. [Oettingen (Bayern) 12. 4. 1847]

Neuburger, Karl

Neubürger, Carl, Wechselcourstabelle, vermittelst welcher jeder Courszettel leicht zu verstehen und jeder vorkommende Wechsel leicht zu berechnen ist. Nördlingen (854.) Beck. (1 lith. Bgn. in Fol.) 12 ngr.

[J.] Gesammelte Werke v. Ludwig Ferdinand **Neubürger**. [Bd] I. II. *Dresden & Leipzig: E. Pierson 1898.* 2 Bde 8.
I. (3 Bl., 399 S., 1 Portr.) II. (3 Bl., 244 S.) [97. 8103

Neubürger, Otto [aus Frankfurt a/M.]: Ueber Halsrippen und ein bei diesen noch nicht beobachtetes Verhalten der Arteria subclavia .... Würzburg, Paul Scheiner's Buchdr., 1887; 24 S. u. 3 Taf. 8°.
Würzburg, Med. Fak., Inaug.-Diss. v. 1887.

Neubürger, Otto, über Halsrippen und ein bei diesen noch nicht beobachtetes Verhalten der Arteria subclavia. Diss. Würzburg 1887, Stahelsche Univ.-Buchh. 8°. 24 S. mit 3 Taf.

Neubürger, S., u. W. **Obermeier**, die deutschen Bundesstaaten. Eine geograph.-statist. Tabelle (in Imp.-Fol.). Nördlingen 843, Beck. 2/3 ℛ

Neubuerger, Theod.(geb. Düsseldorf 18. 10. 1830): Disquisitiones physiologicae. Berolini (1853). (30 S.) 8°
Berlin, Med. Diss. v. 20. Aug. 1853

Neubüser, F., Lehrbuch der Anatomie u. Physiologie d. Menschen. Zur Fortbildg. f. Seminaristen u. Lehrer sowie fürs Selbststudium dargestellt. gr. 8. (224 S. m. 86 Abbildgn.) Breslau 893. F. Hirt. n. 3. 60

— Lehrbuch d. Grundrechnungsarten, s.: Frömter, A.

Neubüser, Frz., heimatkundl. Lesestücke aus Pommern, s.: Hirt's, Ferd., deutsches Lesebuch.

Neu-Caledonien [Schlagwort]

Neu-Caledonien, s.: Kolonien.

Neucastle, W., neueste Lehrart, die Pferde zu dressiren. m. K. 8. Nrnb. Lochner. 729.

v. Neucastle, Herzog W., neueröffn. Reitbahn od. vollkomm. Stallmeister rc.; aus d. Engl. mit Solleisel's Anmerkk. u. Zusätzen ins Deutsche übers. v. J. P. F. Frhrrn. v. Pernauer. Mit Kpf. gr. Fol. Nürnb. ... 2e A. 772. Bauer u. R. 5 ℛ

Neuchâteau, François de, Institution des enfans, voyez Muret.

Neuchâtel [Schlagwort], s.a. Neufchâtel.

Neuchâtel, s.a. Schweiz. Atlas.

Neuchâtel. Plan de Neuchâtel. 1:10,000. 34,5×50 cm. Farbdr. Avec nomenclature des rues. (2 S.) 21×10,5 cm. Zürich (907). Art. Institut Orell Füssli. — 50

Neuchâtel [Sachliches OW], s.a. Neufchâtel.

Neuchâtel et ses environs. D'après A[uguste] Bachelin. Avec 23 illustrations [dont 3 planches] par J[ohann] Weber et F[ritz] Huguenin-L[assauguette] et un plan. (L'Europe illustrée. № 28. 28 a.) 8. Zurich ([18]90).

Neuchâtel et environs. [Transport lithographique des feuilles 132, 133, 308 et 309 de l'Atlas topographique Siegfried.] Echelle de 1:25000. [Publié par le] Service topographique fédéral, Berne. Report sur pierre 1903. 516/732 mm. 1 feuille fol-obl. fr. 2. — [collé sur toile 3. —]

Neuckrantz, Joh. Heinr. Magdeb. / Sachsen), Die dem Recht der Natur zuwiederlauffende Heirath mit einer ungläubigen Person. Sive matrimonium cum infideli contradicens juri naturae. Diss. acad. Präs. Georg Nikol. Ockell. Rostock (J. Weppling) 4. XII. 1706. (5.—) 24740
Widm. v.: J. C. Hildebrandt, Joh. Joach. Weidener, G. N. Ockell (dtsch.), Joh. Joach. Tielcke (dtsch.), Johann Wolff (dtsch.).

— s. a. **Neukrantz.**

Neuda: Über die Bedeutung des Deutsch- und Christenthums im heimischen Ufer-Noricum. 19. Krems 88.
Progr.

Neuda, Fanny, geb. Schmiedl. Jugend-Erzählungen aus dem israelitischen Familienleben. 2. bedeutend verm. u. verb. Aufl. 8. (III, 215 S. m. 5 Farbendr.) Prag 890, Brandeis. cart. * 2 20

Neuda, Fanny, (geb. Schmiedl), Noami. Erzählung. 2. Aufl. Prag 867. (Leipzig, Leiner.) gr. 8. (IV, 137 S.) n. 10 ngr.

Neuda, Fanny, geb. Schmiedl, Stunden der Andacht. Ein Gebet- und Erbauungsbuch für Israels Frauen und Jungfrauen, zur öffentl. und häusl. Andacht, so wie für alle Verhältnisse des weiblichen Lebens. 8. (XX und 142 S.) Prag 855. (Leipzig, C. L. Fritzsche.) *

Neuda, Fanny — geb Schmiedl Stunden der Andacht. Ein Gebet- und Erbauungsbuch für Israels Frauen und Jungfrauen, zur öffentlichen und häuslichen Andacht, so wie für alle Verhältnisse des weiblichen Lebens. Von — —. Prag. 1855 Verlag und Eigenthum von Wolf Pascheles. Dessau. Druck von Gebrüder Katz. Leipzig, bei C. L. Fritsche. Frankfurt a. M., bei J. Kaufmann. (XX, 142 S. 8.) geh

Neuda, Fanny, geb. Schmiedl, Stunden der Andacht. Ein Gebet- und Erbauungsbuch für Israels Frauen und Jungfrauen, zur öffentl. und häusl. Andacht, so wie für alle Verhältnisse des weibl. Lebens. 2—4., verm. und verb. Aufl. gr. 8. (XII und 152 S.) Prag 858—61. Leipzig, C. L. Fritzsche. *.

—— Stunden der Andacht. Ein Gebet- und Erbauungsbuch für Israels Frauen und Jungfrauen zur öffentl. und häusl. Andacht, sowie für alle Verhältnisse des weibl. Lebens. 6. Aufl. 8. (XII und 152 S.) Prag 866. (Leipzig, Hunger. — C. F. Schmidt.) * 12 Ngr.; geb. *

Neuda, Fanny, geb. Schmiedl, Stunden der Andacht. Ein Gebet- und Erbauungs-Buch für Israels Frauen und Jungfrauen zur öffentl. und häusl. Andacht, so wie für alle Verhältnisse des weibl. Lebens. 7. Aufl. 8. (VIII, 152 S.) Prag 870. (Leipzig, C. F. Schmidt.) geb. und in Carton. *

—— dass. — Gebetbuch für Mädchen und junge Frauen israelit. Glaubens. Neue Folge. 8. (VIII, 156 S.) Breslau 870, Skutsch.

Neuda, Fanny, geb. **Schmiedl**, Stunden der Andacht. Gebetbuch für Mädchen u. junge Frauen israelitischen Glaubens. Neue Folge. 2., verb. Aufl. 8. (153 S.) Breslau 881. Koebner. geb. m. Goldschn. n. 1. 75; eleg. geb. n. 2. 40

—— Stunden der Andacht. Ein Gebet- und Erbauungs-Buch für Israels Frauen und Jungfrauen zur öffentl. und häusl. Andacht, sowie für alle Verhältnisse des weibl. Lebens. 10. bedeutend verm. Aufl. 8. (VIII, 156 S.) Prag 883, Brandeis.
geb. in Halbleinw. mit Goldschn. *
geb. in Leinw. mit Goldschn. **

Neuda, Fanny, geb. Schmiedl, Stunden der Andacht. Ein Gebet- u. Erbauungsbuch f. Israels Frauen u. Jungfrauen zur öffentl. u. häusl. Andacht, so wie f. alle Verhältnisse d. weibl. Lebens. 11. Aufl. 8. (VIII, 156 S.) Prag 886. Brandeis. geb. m. Goldschn. 1. —

— dasselbe. Neue Folge. 3., verb. Aufl. 8. (VI, 191 S.) Breslau 890. Koebner. n. 1. 50; geb. n. 2. —; m. Goldschn. n. 2. 50

Neuda, Fanny, geb. Schmiedl, Stunden der Andacht. Ein Gebet- u. Erbauungs-Buch f. Israels Frauen u. Jungfrauen zur öffentl. u. häusl. Andacht, sowie f. alle Verhältnisse d. weibl. Lebens. 13., verm. Aufl. 12. (VIII, 157 S.) Prag 890. J. B. Brandeis. 1. —; geb. in Halbleinw. 1. 60; m. Goldschn. 2. 60

— dasselbe. 14., verm. Aufl. Ausg. f. Deutschland. 12. (VIII, 164 S.) Ebd. 893. Geb. 1. —; in Leinw. 1. 60; eleg. Leinw. m. Goldschn. 2. 80; in Ldr. m. Goldschn. n.n. 3. —; in Seidensammt m. versilb. Beschlägen n. 7.—

Neuda, Fanny, geb. Schmiedl, Stunden der Andacht. E. Gebet- u. Erbauungsbuch f. Israels Frauen u. Jungfrauen zur öffentl. u. häusl. Andacht, sow. f. alle Verhältnisse des weibl. Lebens. 16., verb. Aufl. Ausg. f. Deutschland. 8. (VIII, 175 S.) Prag 897. J. B. Brandeis. Geb. m. Goldschn. 1. —; in Leinw. 1. 60; eleg. in Leinw. m. Goldschn. n. 2. 20

Neuda, Fanny, geb. Schmiedl, Stunden der Andacht. Ein Gebet- u. Erbauungsbuch f. Israels Frauen u. Jungfrauen zur öffentl. u. häusl. Andacht, sowie f. alle Verhältnisse des weibl. Lebens. 20. Aufl. (VIII, 175 S.) kl. 8. Prag 905. J. B. Brandeis. Geb. m. Goldschn. n. 1.—

Neuda, Herm.: A l b r e c h t I. und die Entstehung der schweizer. Eidgenossenschaft mit Berücksichtigung der Ueberlieferung v. Aegidius und Tschudi. Krems 1874.

Neuda, Hermann Ueber die Ausbreitung des Deutsch- und Christenthums im heimischen Ufernoricum. 8 (21 S.). **Progr.** K. k. Ober-G. *Krems* 1888.

Neuda, Herm., Über die politischen Beziehungen zwischen Rom und Ägypten bis zur Thronbesteigung der Königin Kleopatra. Krems, 1881, 8°, 22 S., Gymnas.-Progr.

Neuda, Lili, Erdenstunden. (III, 144 S.) 8. Wien 908. H. Heller & Co. 2. 50

Neuda, Max

Neuda, M., das französische Barreau, s.a. Sammlung öffentlicher Vorträge u. Reden.

Neuda, Dr. Max, Das französische Barreau. Vortrag gehalten im niederösterreichischen Concipientenvereine am 13. April 1889. (Nach stenographischen Aufnahmen.) (Sammlung öffentlicher Vorträge und Reden X.) 8. (36 S.) —.40
Wien: Perles 1889.

Neuda, Max, das Gerichtsverfahren im modernen Drama. Vortrag, geh. im Verein der Literaturfreunde zu Wien. gr. 8. (34 S.) Wien 892. M. Breitenstein. n. — 90

Neuda, Max, aus der Mappe eines Vertheidigers, s. Sammlung öffentlicher Vorträge und Reden.

Jos. v. Sonnenfels. Ein Lebensbild für Freimaurer. Festrede vorgetragen in der am 3. Juli 1881 abgehaltenen 16. Quartalsversammlung der Johannis-Grossloge von Ungarn vom Br. **Max Neuda.** [Budapest 1881: Fanda.] 8 S. 4° [Kopftit.]
(O. 7 1881. Ausserordentl. Beil. 2 zu No 7.)

Neudamm [Schlagwort]

Neudamm, s.: Geologische Karten. Karte (Preussen).

Neudeck, Nelson. Schauspiel in 5 Akten. (III, 129 S.) 8. Dresden 903. E. Pierson. n. 2. —

Neudeck, unsere Zeit. Roman. 8. (298 S.) Dresden 903. E. Pierson. n. 4. —; geb. n. 5. —

von Neudeck, Fritz [aus Stuttgart]: Beiträge zur Kenntnis der Saccharomyceten ... Stuttgart, kgl. Hofbuchdr. C. Liebich, 1895; 44 S. 8.
Erlangen, Phil. Fak., Inaug.-Diss. v. 14. Nov. 1894

Neudeck, Geo., u. Heinr. **Schröder,** d. kleine Buch v. d. Marine. E. Handbuch alles Wissenswerten üb. d. deutsche Flotte, nebst vergleich. Darstellg. d. Seestreitkräfte d. Auslandes. 8. (VIII, 347 S. m. 644 Abb. u. 1 Karte.) Kiel 899. Lipsius & Tischer. Geb. in Leinw. n. 2. —

Neudeck, Geo., u. Heinr. **Schröder,** das kleine Buch v. der Marine. Ein Handbuch alles Wissenswerten üb. die deutsche Flotte, nebst vergleich. Darstellung der Seestreitkräfte des Auslandes. 26.—35. Taus. 8. (VIII, 351 u. Nachtrag 13 S. m. 646 Abbildgn. u. 1 Karte.) Kiel 899. Lipsius & Tischer. Geb. in Leinw. n. 2. —

—— Nachtrag. Ausgg. am 14. Jan. 1901. Mit 11 Porträts. ebd. 1901. 8°.

— — dasselbe. Mit 4 Karten, üb. 850 Abbildgn. u. 4 farb. Flaggentaf. Neue verb. u. stark verm. Aufl. 36.—45. Taus. 8. (VII, 480 S.) Ebd. 902. Geb. in Leinw. n. 2. —

Das kleine Buch von der Marine. Ein Handbuch alles Wissenswerten über d. deutsche Flotte ... von Georg **Neudeck** u. Dr. Heinrich Schröder, ehem. Lehrer an d. Kais. Deckoffizier-Schule. Mit 4 Karten, über 870 Abb. u. 4 Flaggentaf. Neue wiederum verb. u. verm. Aufl. Kiel & Leipzig: Lipsius & Tischer 1904. (VIII, 508 S.) 8° [illegible]

Neudeck, G. u. H. Schröder. Das kleine Buch von der Marine. Handbuch alles Wissenswerten über die deutsche Flotte. N. Aufl. Kiel 1904. 8°. (1. Aufl. 1898.)

Das kleine Buch der Technik. Ein Handbuch über d. Entwicklung u. d. Stand d. Technik, nebst Angaben über techn. Schulen u. Laufbahnen von G[eorg] **Neudeck**. Der Text d. Buches ist durch 363 Abb. erl. Stuttgart, Berlin, Leipzig: Union [1905]. (530 S.) 8° [illegible]

— u. Heinr. Schröder, das kleine Buch v. d. Marine. Ein Handbuch alles Wissenswerten üb. die deutsche Flotte, nebst vergleich. Darstellg. der Seestreitkräfte des Auslandes. Mit 4 Karten, üb. 870 Abbildgn. u. 4 farb. Flaggentaf. Neue wiederum verb. u. verm Aufl. 51. bis 55. Taus. (VIII, 562 S.) 8. Kiel 906. Lipsius & Tischer. Geb. in Leinw. n 2 50

— u. Heinr. Schröder, das kleine Buch v. der Marine. Ein Handbuch alles Wissenswerten üb. die deutsche Flotte, nebst vergleich. Darstellg. der Seestreitkräfte des Auslandes. Mit 4 Karten, 798 Abbildg. u. 4 farb. Flaggentaf. Neue wiederum verb. u. verm. Aufl. 56. bis 60. Taus. (VII, 572 S.) 8. Kiel 907. Lipsius & Tischer. Geb. in Leinw. 3. —

Neudeck, Geo., das kleine Buch der Technik. Ein Handbuch üb. die Entwicklg. u. den Stand der Technik, nebst Angaben üb. techn. Schulen u. Laufbahnen. 8. Aufl. (IV, 531 S. m. 363 Abbildgn.) 8. Stuttgart (905). Union. Geb. in Leinw. n. 4. 80

Neudeck, Geo., das kleine Buch der Technik. Ein Handbuch üb. die Entwicklg. u. den Stand der Technik, nebst Angaben üb. techn. Schulen u. Laufbahnen. 6. Aufl. (V, 538 S. m. 366 Abb.) 8. Stuttgart (907). Union. Geb. in Leinw. 4. 80

— die Dampfturbine. (V, 89 S. m. 42 Abbildgn.) gr. 8. Kiel 904. Univ-Buchh. n. 2. 80; geb. n. 3. —

— um die Erde in Kriegs- u. Friedenszeiten. (VI, 226 S.) gr. 8. Ebd. 904. 5. —; geb. in Leinw. 6. —
Ladenpreis aufgehoben.

Leitfaden für den Unterricht im Schiffbau. (Verf.: [Georg] Neudeck, Marine-Baumeister, Kiel.) Hrsg. von d. Insp. d. Bildungswesens d. Marine. T. 1 u. 2. *Berlin: E. S. Mittler & Sohn 1902.* 8° [F.] [02. 8731]

Leitfaden für den Unterricht im Schiffbau. (Verf.: [Georg] Neudeck.) Hrsg. von d. Insp. d. Bildungswesens d. Marine. 2. Aufl. Text. Atl. Berlin: E. S. Mittler & Sohn 1908. 2 Bde 8° [F.] [08. 1370]

— B. Schulz, R. Blochmann, der moderne Schiffbau. 2. Tl. Kessel u. Hauptmaschine. Ihre geschichtl. Entwicklg., Theorie, Bauausführg. sowie Behandlg. in u. ausser Betrieb. (XII, 530 S. m. 330 Abbild.) gr. 8. Leipzig 910. B. G. Teubner. 14.—; geb. in Leinw. 15. —

Zur See. Der Roman eines Schiffs-Ingenieurs von Georg Neudeck. Berlin: Schall [1908]. 304 S. 8°
(Verein d. Bücherfreunde. [Jg. 17, 4.]) [09. 1835]

— unsere Zeit. Antisozialdemokratischer Roman aus der Gegenwart. (298 S.) 8. Göttingen (906). Stettin, H. Peters. n. 3. —

Neudeck, Julius, ehemaliger Offizier des österreichischen Pionnier-Corps. Germanische Befestigungen des oberen Waagthales in Ungarn. Mit 5 Tafeln. (Separat-Abdruck aus Nr. 1—3, Band IX, der „Mittheilungen der anthropolog. Gesellschaft in Wien.") 8. Wien 1879.

Neudecker: Über die Erziehung in Alumnaten. 32 S.– Posen Fr.W., Progr. 1853.

Neudecker, Anna Maria, s. Neudecker, Maria Anna

Neudecker, C., de conversione latronis. Ronneb. 1731. 4.

Neudecker, C., poet. Ehrenbezeigungen. 8. Jena, Cröcker. 727.

— Nov. Testam. graec. II Tml. Halle. 733.

— Vers. einer Anweisung z. meditatione homiletica. 8. Ebend. 726.

Neudecker, Chr. Gtho., merkwürd. Aktenstücke aus d. Zeitalter d. Reformation, mit Anmerkn. 1. u. 2. Abthl. gr. 8. Nürnberg 838. [Bockenheim, J. B. Levy.] [1. (20⅓ B.) 1⅔ Thlr., 2. (29½ B.) 2¼ Thlr.] 3 11/12 Thlr., hrbgs. Pr. *

Neudecker, Ch. Gotthold, merkwürdige Aktenstücke aus dem Zeitalter der Reformation, mit Anmerkungen. 1e u. 2e Abthl. Mit 4 Bl. Facs. gr. 8. Nürnberg 838. F. N. Campe. 3 11/12 ₰

Neudecker, Ch. Gotthold (Hrsg.), s.a. Beiträge, Neue, zur Geschichte der Reformation...

— neue Beiträge zur Geschichte der Reformation, mit hist.-kritischen Anmerkungen. 2 Bde. Mit 1 lith. Tafel, den Schlüssel zur Chifferschrift des Joh. von Lasko enthaltend. gr. 8. Leipzig 841, Fr. Fleischer. 3 ₰

— die christl. Dogmengeschichte, s. Wlh. Münscher.

— —, Poetische // Ehren-Bezeigung // Oder // Sammlung // Einiger Gratulations, Condolenz // und anderer // Teutscher Gedichte, // Theils auf dem Salinischen Helicon, theils // anderweit verfertiget, // Und // Nebst einer Vorrede, // Darinnen von der Nothwendigkeit der natürlichen teutschen // Construction in einem Gedichte, wie auch von demjenigen, // so man den Geist in selbigen zu nennen pflegt, // kürtzlich gehandelt wird, // herausgegeben // von // Christian Neudeckern. // JENA, // Verlegts Ernst Claude Bailliar, 1727. - 4 Blatt (nicht paginiert) Titelblatt, Widmung und Vorrede. - 152 S.
B. S. T. 8°. 480.

—— die handschriftliche Geschichte Ratzeberger's über Luther, s. Ratzeberger.

Neudecker, Chr. Gthld., Geschichte des evangel. Protestantismus in Deutschland für denkende u. prüfende Christen. 2 Thle. gr. 8. Leipzig, [Köhler'sche Vrlgsh.] à * 1 Thlr. 15 Ngr. *
Thl. 1. Vom Eintritte der Reformation bis zum Ausbruche des 30jährigen Krieges. (36¼ B.) 844.
" 2. Vom Ausbruche des 30jähr. Krieges bis auf unsere Tage. (48 B.) 846.

Neudecker, Chr. Ghold., Geschichte des evangelischen Protestantismus in Deutschland für denkende und prüfende Christen. 2 Thle. Wohlf. (Titel-)Ausg. gr. 8. Leipzig 850, Winter.
Inhalt:
Thl. 1. Vom Eintritte der Reformation bis zum Ausbruche des 30jähr. Krieges. (XVI und 721 S.)
" 2. Vom Ausbruche des 30jähr. Krieges bis auf unsere Tage. (XVIII und 748 S.)

—— Geschichte der deutschen Reformation v. 1517—1532, wissenschaftl. nach den älteren u. neuesten Quellen bearbeitet. Mit Luther's Portr., nach e. Originalgemälde des Hans Holbein, Stahlst. gr. 8. (38 B.) Leipzig 842, Baumgärtners Bh.

—— die Hauptversuche zur Pacification der evangel.-protest. Kirche Deutschlands von der Reformation bis auf unsere Tage. gr. 8. (15 B.) Leipzig 846, [Brandstetter.]

— die Hauptversuche zur Pacification der evangel.-protest. Kirche Deutschlands von d. Reformation bis auf unsere Tage. gr. 8. Leipzig 846, Einhorn's Verl.-Exped. 24 ngl

Neudecker, Chr. Gthld., die christl. Kirchengeschichte der neuesten Zeit v. Riffel, od. das neueste Schmählibell auf Luther u. die protestant. Kirche, wissenschaftl. beleuchtet u. widerlegt. 8. (18 B.) Darmstadt 843, Leske. Thlr. -
Aus: Allgemeine Kirchenzeitung 2c., besond. abgedruckt.

—— Lehrbuch d. histor.-krit. Einleitung in d. neue Testam., mit Belegen aus d. Quellenschriften u. Citaten aus d. älteren u. neuen Literatur. gr. 8. (49 B.) Leipzig 840, Breitkopf u. Härtel.

Neudecker, Ch. Gtho., allgem. Lexicon d. Religions- u. christl. Kirchengeschichte f. alle Confessionen. Nach d. Quellen bearb. 4 Bde. gr. 8. (206½ B.) Ilmenau 834, 35, [Weimar,] Voigt. Thlr.

—— allgem. Lexicon d. Religions- u. christl. Kirchengesch. f. alle Confessionen. N. d. Quellen bearb. Supplembd. A—Z. gr. 8. (30 B.) Weimar 837, Voigt.
Hauptwerk. 4 Bde. Ebendas. 1834, 35. 18 Thlr.

— s.a. Urkunden aus der Reformationszeit.

—— Urkunden aus d. Reformationszeit. gr. 8. (55½ B.) Cassel 836, Kriegersche Buchh.

—— Weltgeschichte für Töchterschulen, s. Oeser.

NEUDECKER, Christian, A. G. A., Der Teutschen Poesie Gewiedmete Schul-Neben-Stunden, Oder Sammlung Unterschiedener Gedichte, Welche Bey gehabter Andacht, bey Neuen-Jahrs- Geburths- und Nahmens-Tägen, wie auch Hochzeit- Trauer- und etlichen merckwürdigen Fällen, und andern Gelegenheiten, verfertiget worden. RONNEBURG, Druckts und verlegts Gottfried Winter, 1721. 8°. (In Leipzig, Stadtbibl.) Sehr selten! 1 Bog. Vorst. (incl. roth u. schwarz gedr. Titel), 142 Seiten.

Neudecker, Geo., der deutsche Aufsatzunterricht auf der Oberstufe der Gymnasien. Grundzüge e. Methodik. gr. 8. (VI, 67 S.) München 899. R. Oldenbourg. n.n. 1. —

Neudecker, Geo., der Philosoph Deutinger u. ultramontane Sophistik. Polemischer Beitrag zu seiner Würdigung. gr. 8. (16 S.) Würzburg 877. Stahel. — 30

Neudecker, G., Grammatik od. Logik, „Klassisch" od. Deutsch? Ein krit. Wort an seine Kritiker. 8. (28 S.) Würzburg 890. (Stahel, Verl.) n. — 60

— Grundlegung der reinen Logik. Ein Beitrag zur Lösung der logischen Frage. gr. 8. (V, 80 S.) Würzburg 882. Stuber's Verl. n. 2. 40

— das Grundproblem der Erkenntnisstheorie. Eine philosophische Studie. gr. 8. (62 S.) Nördlingen 881. Beck. n. 1. 40

Neudecker, G., die eigentliche Hauptfrage im gegenwärtigen Mittelschulstreit. gr. 8. (16 S.) Würzburg 883. Stuber's Verl. n. — 50

Neudecker, Geo., die innere Komposition in Goethes epischer Dichtg. „Hermann u. Dorothea". Zur ersten Zentennarfeier ihrer Entstehung. Progr. gr. 8. (40 S.) Würzburg 896. Stahel'sche Verlagsanst. n. — 80

Die philosophische Propädeutik an Gymnasien. — Von Dr. Georg Neudecker, St.-L. und Priv.-Doz. — 1880, Würzburg, Stahel. — S. 1—23.
Progr. Würzburg, Realgymn.

— pädagogischer Schriften. Hrsg. v. Alb. Richter. XV. 8. Leipzig 896. F. Brandstetter. n. — 80
(I.—XV.: n. 12. 80)
Die allgem. Schulordng. d. Kaiserin Maria Theresia u. J. J. Felbigers Fordergn. an Schulmeister u. Lehrer. Hrsg. v. Ant. Weiss. (79 S.)

Neudecker, Geo., die gegenwärtige Stellung der Lehrer an den bayerischen Mittelschulen. gr. 8. (25 S.) Würzburg 885, (Stuber's Verlagsh.) *

— Studien zur Geschichte der deutschen Aesthetik seit Kant. gr. 8. (V, 136 S.) Würzburg 878. Stahel. n. 4. —

Neudecker, G., Studien zur Geschichte der deutschen Aesthetik seit Kant. gr. 8. Würzburg 878, Stuber's Verlagsh. *

— der klassische Unterricht u. die Erziehung zu wissenschaftlichem Denken. Eine krit. Untersuchg. 8. (39 S.) Würzburg 890. Stuber's Verl. n. — 60

Neudecker, Geo., Untersuchungen über die Erkenntniß-Principien. 8. (IV, 52 S.) Würzburg 874, Stuber. *

Der Widerspruch in Goethes Iphigenie. — Von Dr. Georg Neudecker, G.-P. — 1903, Würzburg, H. Stürtz. — P. 3—26.
Progr. Würzburg, Realgymn.

Neudecker, K. J., Das Doctrinale des Alexander de Villa-Dei u. der latein. Unter während des späteren Mittelalters in Deutschland. Diss. 1885. 36 S. 4°.

Neudecker, Karl Das Doctrinale des Alexander de Villa-Dei und der lateinische Unterricht während des Mittelalters in Deutschland. 36 S. Progr. *Pirna* 1885.

Neudecker, L., naturwissenschaftl.-pädagogische Zeitfragen. (24 S.) 8. Wunsiedel (910). G. Kohler. — 60

Neudecker, Maria Anna

Neudecker geb. Ertel, M. A.: „Oekonomische Handgriffe, oder erfahrungsmäßige Belehrungen in den wichtigsten weiblichen Wirthschaftsgeschäften, wie diese in verschiedenen Ländern und Provinzen betrieben werden; für junge Mädchen und angehende Hausfrauen", Leipzig 1827 (Centr. Compt. in Komm.).

— ökonom. Handgriffe, od. erfahrungsmäßige Belehrungen in d. wichtigst. weibl. Wirthschaftsgeschäften 2c. gr. 8. Lpz. 827. (Centr.-Cpt. in Leipz.); (a. Mayr in Salzb.) 12 gr. (Kronberger u. W. in Prag). 10 gr.

Neudecker, geb. Ertl, Anna Maria, allerneuestes allgem. Kochbuch, od. gründl. Anweisung alle mögl. nahrhaften u. geschmackvollen Speisen u. Getränke auf d. wohlf. Art, ohne Nachtheil d. Gesundheit zu bereit. gr. 8. ... Prag 831, Kronberger u. Weber.

(— —) homöopath. Kochbuch, s. Kochbuch

Neudecker, Maria Anna, d. Baierische Köchin in Böhmen 2c. gr. 8. Salzburg, Mayr. 810.

Neudecker, M. A., die baierische Köchin in Böhmen. 4te Aufl. gr. 8. Salzburg, Mayer. 820.

Neudecker, (geb. Ertl, A. M.,) die baierische Köchinn in Böhmen. Ein Buch, das sowohl für Herrschafts- als auch f. gemeine Küchen eingerichtet ist, u. mit besonderen Nutzen gebraucht werden kann. 5e vermehrte Aufl. 8. Salzburg 825, Mayr.

— die baiersche Köchin in Böhmen. Ein Buch, das sowohl f. Herrschafts- als auch f. gemeine Küchen eingerichtet ist, u. mit besond. Nutzen gebraucht werden kann. gr. 8. Salzb. 806. 6e Aufl. 832. Mayr; (a. Enders in Prag). 1 th 16 gr.

—— die baier. Köchin in Böhmen als Hausfrau u. Wirthschafterin. Ein unentbehrl. Anh. zu d. beliebten u. bewährten Kochbuche: Die baier. Köchin in Böhmen, v. ders. Verfin. gr. 8. (11 B.) Prag 835, [Kronberger u. Rziwnatz.]

Neudecker, geb. Ertl, Maria Anna, die baier. Köchin in Böhmen. Ein Buch, das sowohl f. Herrschafts- als auch f. gemeine Küchen eingerichtet ist, u. mit besond. Nutzen gebraucht werden kann. 7., verb. Aufl., verm. m. 12 neuen Speise-Zetteln, m. 1 lith. Auftragtafel (8 Bl.), u. m. d. neuesten einfachsten, faßlichsten Tranchirkunst. gr. 8. (33 B.) Prag 838, [Kronberger u. Rziwnatz.]

Neudecker, Maria Anna, geb. Ertl, die bayerische Köchin in Böhmen. Mit Speise-Zetteln, einer lithogr. Auftragtafel u. einem Unterricht in der Tranchirkunst. 8., verm. Aufl. gr. 8. (31 B. u. 1 Kpfr.) München 846, Fleischmann.

Neudecker, Maria Anna, geb. Ertl, die bayerische Köchin in Böhmen. Ein Kochbuch, das sowohl für Herrschafts- als auch für gemeine Küchen eingerichtet ist, und mit besonderem Nutzen gebraucht werden kann. Mit Speise-Zetteln, 8 lith. Auftrag-Tafeln und einem Unterrichte in der neuesten, einfachsten und faßlichsten Tranchirkunst. 9. mit mehreren nützl. Recepten verm. Aufl. 853. — 10. unveränd. Aufl. München 856. Fleischmann. 8. (XXII, 477 S.) 1 th. 6 ngr.

Neudecker, Maria Anna, (geb. Ertl), die bayerische Köchin. Ein Kochbuch, das sowohl für Herrschafts-, als auch für gemeine Küchen eingerichtet ist u. mit besonderem Nutzen gebraucht werden kann. Mit Speise-Zetteln, 8 Auftrag-Taff. (in Holzschn.) u. einem Unterrichte in der neuesten, einfachsten u. faßlichsten Tranchirkunst. 12. Aufl. München 867. Fleischmann's Buchh. gr. 8. (XXII, 477 S.)
1 *ℛ* 6 *ngr.*

Neudecker, Maria Anna, geb. Ertl, die bayerische Köchin in Böhmen, Salzburg, Tirol und Schwaben. Ein süddeutsches Kochbuch, das sowohl für Herrschafts-, als auch für gewöhnl. Küchen eingerichtet ist, und mit besond. Nutzen gebraucht werden kann. Mit Berücksicht. des neuen Maaßes und Gewichtes. Mit Speise-Zettel, 8 (lithogr.) Auftrag-Taf. und einem Unterrichte in der neuesten, einfachsten und faßlichsten Tranchirkunst. 14. Aufl. gr. 8. (478 S.) München 872, Fleischmann. [Regensburg, Coppenrath.] geb.

Neudecker's, Sigm., Geistesschule f. Ordensleute. Neubearb. u. hrsg. v. Angelus Zeilner, O. S. F. 2 Tle. 8. München, J. J. Lentner. n. 6.40
1. (XI, 368 S.) 902. 2.40. — 2. (XVI, 562 S.) 904. 4. —

Neudecker, Siegm., geistl. Lehrschule. 2 Thle. 4. Ingolst. Krüll. 789.

Neudecker-Bortniker, Cäcilie, ein Wort zur Zeit (Frauenbildung), s.: Schkljarewsky, A. v., d. Unterscheidungs-Merkmale d. männl. u. weibl. Typen etc.

v. Neudegg, Fel. Freisauff, s. Freisauff.

Neudegg, R. v., s.: Freisauff v. Neudegg, R.

Neudegg, Rudolf Freisauff von, s. Salzkammergut, Das, Salzburg, Oberbayern und Tirol.

NEUDECKER, Julius August (Burglengenfeld): De natura rerum electrica.- Monachii: Giesser 1837. 16 S.
8.8.1836 - Urk; F 63
Diss. Ingolst.-Landsh.-**Mchn.**

Neudegger, Max: Die Gesellschaft des Bürgerlichen Gesetzbuches im Grundbuchrecht. Berlin 1909: Sittenfeld. VI, 70 S. 8° ¶ (Aus: Archiv f. bürgerl. Recht. Bd 34.)
Würzburg, Jur. Diss. v. 8. Nov. 1909, Ref. Mendelssohn-Bartholdy
[Geb. 8. März 84 München; Wohnort: München; Staatsangeh.: Bayern; Vorbildung: Gymn. München Reife Juli 03; Rig. 9. Dez. 08.] [U 10. 4318

Neudegger, Max, die Gesellschaft des bürgerlichen Gesetzbuches im Grundbuchrecht. (VI, 76 S.) gr. 8. Berlin 909. C. Heymann. 2. —

Neudegger, Max Josef

Bayerische Archivrepertorien und Urkundenregister im Reichsarchiv zu München von 1314–1812. Mit Abhandlung: System u. Systematisierung d. Papst-, Kaiser- u. Landes-Reg., auch Inventare, Bücher u. Akten. Ein Beitrag z. Lehre v. Urkunden-, Kanzlei- u. Behördenwesen. Von M[ax] J[osef] **Neudegger.** *München: Th. Ackermann in Comm. 1899/1900.* (VI, 243 S.) 4°(8°)
= **Neudegger:** Geschichte d. Bayer. Archive. 3b. [04. 136.1

Neudegger, Max Jos. Beiträge zur Geschichte der Behörden-Organisationen d. Raths- u. Beamtenwesens. I.—III. gr. 8. Münch., Th. Ackermann's Verlag. * 13 50
I. Kanzlei- und Gerichtsordnung des Kurfürsten Friedrich II. d. Weisen von der Pfalz, als Regierender zu Amberg v. J. 1525. Mit staatsgeschichtl. Erörtergn. u. e. Exkurs: Ueber Monumenta Germaniae Regiminalia u. Erhöhg. der Anforderg. an die Landesgeschichtschreibg. (60 S.) 888. * 1 50.
II. Amts-Ordnungen d. Kurfürsten Friedrich III. v. der Pfalz aus den J. 1561 u. 1566. Aus dem Manual d. Kanzlers zu Bamberg. Mit e. Aufruf zur Herausgabe v. Monumenta Germaniae Regiminalia. (86 S.) 889. * 2 —.
III. Die Hof- u. Staats-Personaletats d. Wittelsbacher in Bayern, vornehmlich im 16. Jahrh. u. die Aufstellg. dieser Etats. Mit begleit. Aktenstücken u. Erörtergn. zur Gesch. d. bayer. Behörden-, Raths- u. Beamtenwesens. 1. Abthl.: Bis Herzog Wilhelm V. [1579.] (333 S.) 889. * 10 —.
II. ist aus: Verhandlgn. d. histor. Vereins der Oberpfalz u. v. Regensburg, III. aus: Verhandlgn. des Histor. Vereins von Niederbayern, besonders abgedruckt.

Neudegger, Max Jos., Beiträge zur Geschichte der Behörden-Organisationen, des Raths- u. Beamtenwesens. (Quellen u. Forschgn.) VI. gr. 8. München 898. Th. Ackermann. n.n. 1. 60 (I.—III. u. VI.: n.n. 15. —)
Geheime Raths- u. Hofexpeditions-Reformation in Österreich (1611—1615) unt. Kaiser Mathias. (Geheimer Rath II.) (66 S.)

— zwischen Berlin u. Petersburg. E. Reise-Abenteuer. 12. (44 S.) Kissingen 895. F. Weinberger. n. — 80

Neudegger, Max Jos., Geschichte der bayerischen Archive neuerer Zeit bis zur Hauptorganisation vom J. 1799. 2 Hefte. gr. 8. (145 S.) München 881,82, (Th. Ackermann.) *
Aus: Archivalische Zeitschrift, besonders abgedruckt.

— Geschichte der bayerischen u. pfalzbayerischen Archive der Wittelsbacher. IV. gr. 8. Ebd. 890. n. 1. 20
Heidelberg — Mannheim [m. Düsseldorf]. [Aus: „Archival. Zeitschr."] (IV, 49 S.)

Neudegger, Max Jos., Geschichte der bayerischen u. der pfalz-bayerischen Archive der Wittelsbacher. [Aus: „Archival. Zeitschr."] IV. 2. Abth. Lex.-8. München 890/94. Th. Ackermann. n. 10. 80
(I—IV.: n. 16. 50)
Geschichte der pfalz-bayerischen Archive der Wittelsbacher. (I.) Heidelberg-Mannheim (m. Düsseldorf). (IV, III u. S. 51—279 m. 1 Taf. u. 2 farb. Karten.)

— Geschichte d. bayerischen u. Pfalz-bayerischen Archive d. Wittelsbacher. V. D. herzogl. Archiv zu Zweybrücken m. s. Neben-Archiven Veldenz, Sponheim u. Rappoltstein. gr. 8. (VIII, 116 S. m. 1 farb. Karte u. 1 Taf.) Ebd. 896. n.n. 3. 50 (I.—V.: n.n. 20. —)

Neudegger, M. J., Geschichte der bayerischen Archive. IIIb. Bayerische Archivrepertorien u. Urkundenregister im Reichsarchiv zu München von 1314—1812. Mit Abhandlg.: System u. Systematisierg. der Papst-, Kaiser- u. Landes-Register, auch Inventare, Bücher u. Akten. Ein Beitrag zur Lehre vom Urkunden-, Kanzlei- u. Behördenwesen. gr. 8. (VI, 243 S. m. 1 Taf.) München 899. 900. (Th. Ackermann.) n.n. 7. —;
(I—V u. IIIb n.n. 27. —)

Neudegger, Max J., Geschichte d. bayerischen Archive. IIIa. Die organ. Umgestaltg. der drei Haupt-Archive in München seit 1799. (IV u. S. 147—238 m. 1 Taf.) Lex.-8. München 904. (Th. Ackermann). n n. 3. —

[F.] Geheime Raths- und Hofexpeditions-Reformation in Oesterreich '(1611—1615)' unter Kaiser Mathias. '(Geheimer Rath II)'. Von Max Josef **Neudegger.** *München: Th. Ackermann 1898.* (2 Bl., 63 S., 1 Bl.) 1 Bd 8.
= **Beiträge** z. Geschichte d. Behörden-Organisation d. Raths- u. Beamtenwesens. '(Quellen u. Forschgn.)' [No] VI. [98. 6091

Die Organische Umgestaltung der drei Haupt-Archive in München seit 1799. Von Max J[osef] **Neudegger** (Reichsarchivrat). *München: Th. Ackermann in Comm. 1904.* (IV S., S. 148–238.) 4°(8°)
= **Neudegger:** Geschichte d. Bayer. Archive. 3a. [04. 131 5

Neudietendorf [Schlagwort]

Neudietendorf, s.: Preussen. Messtischblätter.

Neudorf [Schlagwort]

Neudorf, s.: Sachsen. Karte.

Neudorf, s.: Sachsen. Messtischblätter.

Neuderfel, J. B., Theoretisch-praktische Chorgesangschule. 8. 8. (VI. 130 S.) Graz, Kober. 1864 84 kr.

Neudörfer, F., Australien bis zum J. 1854. Eine Schilderung der dortigen Zustände und zugleich ein Leitfaden und Rathgeber zur Auswanderung für Deutsche aller Stände, mit besond. Notizen für den Handwerker- und Bauernstand. Nach eigener Anschauung beschrieben. 8. (X und 214 S.) Leipzig 854(55,) Magazin für Literatur.

Neudörfer, Ignaz, der hydrostatische Apparat in der Chirurgie. Lex.-8. (43 S. mit eingedr. Holzschn. und 3 Stnt. in 4u. gr. 4.) Wien 857, (Gerold's Sohn.) *
Aus: Sitzungsberichte der k. Akademie der Wissenschaften, Jahrg. 1857 besonders abgedruckt.

— die allgemeine u. locale Behandlung der Tuberculose mittelst Spirotherapie, s.a. Klinik, Wiener.

Neudörfer, D. chirurg. Behandlg d. Wunden im Kriege. Wien 1880.

Neudörfer, J. A. d. feldärztl. Ber. üb. d. Verwundeten i. Schleswig. Berlin 1864.

Neudörfer, Ign., die moderne Chirurgie in ihrer Theorie u. Praxis. gr. 8. (XV, 642 S.) Wien 885. Braumüller. n. 12. —

Neudörfer. Üb. Desinfektion i. Kriege. (S.-A.) Wien 1880.

— Entstehung u. Behandlung der Aneurysmen, s.: Zeit- u. Streitfragen, klinische.

Neudörfer, J., d. Gebrauchsfähigkeit d. wegen Anchylose, Verletzungen u. Krankheiten resecirten Ellbogengelenkes. [Aus: „Allg. med. Centralzeitg."] gr. 8. (41 S.) Berlin 896. O. Coblentz. n. 2. —

Neudörfer, J., Gegenwart u. Zukunft der Antiseptik u. ihr Verhältniss zur Bakteriologie, s.: Zeit- u. Streitfragen, klinische.

Neudörfer, J., Handbuch der Kriegschirurgie, ein Vademecum für Feldärzte nach eigenen Erfahrungen bearb. 1. Hälfte. Allgemeiner Theil. gr. 8. (XXX und 441 S.) Leipzig 864, Vogel. *

Neudörfer, J., Handbuch der Kriegschirurgie, ein Vademecum für Feldärzte nach eigenen Erfahrungen bearb. 1. Hälfte. Allgemeiner Theil. Anhang, den Fortschritt der behandelnden u. operativen Chirurgie darstellend. Leipzig 867. F. C. W. Vogel. gr. 8. (XV, 366 S. mit eingedr. Holzschn.) n. 2 ₰

— — 2. Hälfte. Specieller Theil. 1—3. Heft. Ebend. 867, 69. gr. 8. [1. Heft. (S. 1—132.) n. 20 ngr., 2. Heft. (S. 133—552, mit eingedr. Holzschn.) n. 2 ₰ 15 ngr., 3. Heft. (S. 553—1108, mit eingedr. Holzschn.) n. 3 ₰ 16 ngr.] n. 6 ₰ 21 ngr.

Neudörfer, J., Handbuch der Kriegschirurgie und der Operationslehre. 2. Hälfte: Specieller Thl. 3. und 4. Heft. Mit Holzschn. im Text. gr. 8. Leipzig, F. C. W. Vogel. [3. Heft. (S. 553—1108.) 869. *ℳ 10,60.; 4. Heft. (XIV, S. 1109—1779.) 872. *ℳ 12.] *
1. Hälfte. Ebendas. 1864,67. *ℳ 13.; 2. Hälfte. 1. und 2. Heft. 1867. *ℳ 9,50. — Vollständig 2 Bde. in 3 Abthlgn. *ℳ 45.

Neudörfer, Ign., aus der chirurgischen Klinik für Militär-Aerzte. Mit 9 lith. Taf. u. 30 (eingedr.) Holzschn. gr. 8. (XX, 429 S. m. 8 Bl. Tafelerklärungen.) Wien 879. Braumüller. n. 11. —

Neudörfer, Ignaz, *Dr.* Mittheilungen aus der chirurgischen Klinik in Olmütz. *Wien* 1858. Typ.-lit.-art. Anst. *(L. C. Zamarski, C. Dittmarsch & C.)* 60 S. 8°.
Separatabdr. aus der „Oesterr. Zeitschrift für practische Heilkunde".

— Rückblick auf e. Vierteljahrhundert Antiseptik, s. Zeit- und Streitfragen, Klinische.

— Studien zur Heilkunde. I. Haemoballie. Wien 855. Leo. (Selch.) gr. 8. (92 S.) n. 20 ngr.

Neudörfer, J., von der Antiseptik zur Aseptik, s.: Zeit- u. Streitfragen, klinische.

Neudörfer, Johann, s. Neudörffer.

Neudörfer, J., Nachrichten v. Künstlern u. Werkleuten zu Nürnberg, s.: Quellenschriften f. Kunstgeschichte u. Kunsttechnik d. Mittelalters.

Neudörfer, Otto, Skizzen aus der Entwicklungsgeschichte d. Genossenschaftsgedankens. (Sep.-Abdr. aus der „Oesterr. landwirtschaftl. Genossenschaftspresse".) 8°. Wien, Verlag d. Allgem. Verb. landwirtsch. Genossenschaften in Oesterreich, 1910.

Neudörffer, Alfred [aus Braunsbach (Württemberg)]: Über Typhus abdominalis, mit Beschreibung eines Falles von Typhus abdominalis mit Eiterbildung in den mesenterialen Lymphdrüsen. . . . Tübingen, Druck d. L. Fr. Fues'schen Buchdr. (W. Armbruster & O. Riecker), 1889; 58 S. 8°
Würzburg, Med. Fak., Inaug.-Diss. v. 1889

Neudörffer, E., Gesetz, betr. die militärische Einquartirung und ähnliche Leistungen für die königlichen Truppen vom 18. Juni 1864. Handausgabe mit Erläuterungen. Nebst Inhaltsübersicht u. Sachregister. Stuttgart 864. Nitzschke. gr. 8. (XII, 96 S.) n. 12 ngr.

Neudörffer, Johann. Nachrichten von den vornehmsten Künstlern und Werkleuten so innerhalb hundert Jahren in Nürnberg gelebt haben . . . Nürnberg 1828. H: *Campe, Friedrich.* (Mn) (EngMt) (Ky)

Neudörffer, Joh., Nachrichten v. d. vornehmsten Künstlern u. Werkleuten, so innerhalb hundert Jahren in Nürnberg gelebt haben 1546, nebst d. Fortsetz. v. And. Gulden 1660. Abgedr. nach e. alten Handschrift in d. Campeschen Sammlung. (Hrsg. v. Fr. Campe.) Schmal 12. (4½ B. u. 3 Bildn.) Nürnberg 828, Campe.

Neudörffer, Robert, Assistenzarzt: Dementia paralytica. Tod durch Suffokation. État criblé. Cystöse Degeneration. Meningitis tuberculosa. (Aus d. Psychiatr. Klinik zu Freiburg i. B.) (Mit 2 Taf.) *München 1898: Kastner & Lossen.* (63 S.) 8°
München, Med. Diss. v. 1898

Neudörfl, J. Vénc., theoretisch-praktische Chorgesang-Schule. Auf Grundlage Anderer verf. Prag 865. Kober. br. 8. (VIII, 233 S.) n. 17 ngr.
Dasselbe in böhmischer Sprache zu gleichem Preise.

Neudrucke, Berliner. Hrsg. v. L. Geiger, B. A. Wagner u. G. Ellinger. I. Serie. 6 Bde. 8. Berlin 888. 889. Gebr. Paetel. à Bd. n. 3. —; f. die I. Serie v. 6 Bdn. n. 12. —
1. Friedrich Nicolai's kleyner feyner Almanach. 1777 u. 1778. 1. Jahrg. Hrsg. v. Geo. Ellinger. (XXXVI, 64 S.)
2. — dasselbe. 2. Jahrg. (XII, 86 S.)
3. Nic. Peucker's wolklingende Paucke [1650—1675] u. drei Singspiele Chrn. Reuter's [1703 u. 1710]. Hrsg. v. Geo. Ellinger. (XXIV, 71 S.)
4. Musen u. Grazien in der Mark. [Gedichte v. J. W. A. Schmidt.] Hrsg. v. Ludw. Geiger. (XXIV, 71 S.)
5. 6. Von gelehrten Sachen. Im Jahrgang 1751 der Berlinischen Privil. Zeitung. Hrsg. v. B. A. Wagner. 1. u. 2. Thl. (95 u. VII, 102 S.)

Neudrucke, Berliner. Hrsg. v. L. Geiger, B. A. Wagner u. G. Ellinger. II. Serie. 1.—3. Bd. gr. 8. Berlin 889. 890. Gebr. Paetel. n. 13. —
1. Musenalmanach auf d. J. 1806. Hrsg. von L. A. v. Chamisso u. K. A. Varnhagen. 3. Jahrg. Hrsg. v. L. Geiger. (XXXI, 122 S.) 889. n. 4.
2. Faust. Trauerspiel m. Gesang u. Tanz. Von J. v. Sok. Hrsg. v. G. Ellinger. (XXXVI, 85 S.) n. 3. —
3. Berliner Gedichte. 1763—1806. Gesammelt u. hrsg. v. L. Geiger. (LVI, 197 S.) n. 6. —

Neudrucke, Berliner. Hrsg. v. Ludw. Geiger, B. A. Wagner u. Geo. Ellinger. 2. Serie. 4. Bd. gr. 8. Berlin 890. Gebr. Paetel. n. 2. 50
Joh. Joach. Ewald's Sinngedichte. Abdr. der 1. Ausg. v. 1755. Hrsg. v. Geo. Ellinger. (XXII, 52 S.)

— dasselbe. Hrsg. v. Ludw. Geiger u. Geo. Ellinger. 3. Serie. 1. u. 2. Bd. 8. Ebd. n. 9. —
1. Ludw. Achim v. Arnim. Unbekannte Aufsätze u. Gedichte. Mit e. Anh. v. Clem. Brentano. Hrsg. v. Ludw. Geiger. (XVI, 136 S.) 892. n. 4. —
2. Frdr. Nicolai's Briefe üb. den itzigen Zustand der schönen Wissenschaften in Deutschland. (1755.) Hrsg. v. Geo. Ellinger. (XXVIII, 153 S.) 894. n. 5. —

— zur Erforschg. des deutschen Volksliedes in Mähren u. Schlesien. 1. Tl. 8. Brünn, (C. Winiker). nn 5. —
Alte teutsche Volkslieder in der Mundart des Kuhländchens. Von Jos. George Meinert. Hrsg. u. erläutert. 1. Bd. Wien u. Hamburg 1817. Unveränd. Neudruck, hrsg. vom deutschen Volkslied-Ausschuß f. Mähren u. Schlesien. Mit Bildschmuck u. e. biograph. Einleitung nebst Vorwort zum Neudr. v. Jos. Götz. (XXVI, XXXII, 320 S. m. 4 Taf.) 909.

— frühneuenglischer Grammatiken. Hrsg. von R. Brotanek. I. 8. Ebd. 905. n. 4. —
Grammaire angloise. Par George Mason. Nach den Drucken v. 1622 u. 1633 hrsg. v. Rud. Brotanek. (IV, LII, 118 S.)

Neudrucke frühneuenglischer Grammatiken. Hrsg. v. R. Brotanek. Bd. II, III u. IV, 1. 8. Halle, M. Niemeyer. 32. —
Butler's Charles, English grammar (1634). Hrsg. v. A. Eichler. (Gedruckt m. Unterstützg. der kaiserl. Akad. der Wissenschaften in Wien.) (XIX, XII, 134 S.) 910. (Bd. 4, 1.) 7. —
Daine's, Simon, Orthoepia anglicana (1640). Hrsg. v. M. Rösler u. R. Brotanek. Mit e. Einleitg. u. Darstellg. des Lautbestandes der „Orthoepia" v. R. Brotanek. Gedruckt m. Unterstützg. der kaiserl. Akademie der Wissenschaften in Wien. (VIII, LXXXVIII, XII, 115 S.) 906. (Bd. 3.) 7. —
Jones's, John, practical phonography (1701), ed. by Eilert Ekwall. Gedruckt m. Unterstützg. der kaiserl. Akademie der Wissenschaften in Wien. (VII, CCCV, VI, 202 S.) 907. (Bd. 2.) 18. —

Neudrucke, Leipziger. Hrsg. v. G. Wustmann. 1. Bdchn. 8. Leipzig 897. J. C. Hinrichs' Verl. n. 1. —; geb. n. 2. 40
Student, d. Leipziger, vor hundert Jahren. Neudruck aus den Wanderungen u. Kreuzzügen durch e. Teil Deutschlands von Anselmus Rabiosus d. Jüngern. (112 S.)

Neudrucke, Leipziger. Hrsg. v. G. Wustmann. 2. u. 3. Bdchn. 8. Leipzig, J. C. Hinrichs' Verl. n. 2. 70
2. Kreuchauf's, Frz. Wilh., Schriften zur Leipziger Kunst 1768—1782. (120 S.) 899. n. 1. 20
3. [Heidecke, Benj.], Tableau v. Leipzig im J. 1783. Eine Skizze. (IV, 156 S.) 902. n. 1. 50

Neudrucke deutscher Literaturwerke d. 16. u. 17. Jahrh. Nr. 1—3. 8. Halle 876. Lippert'sche Buchh. à n. — 60
1. Buch v. der deutschen Poeterei v. Mart. Opitz. Abdr. der 1. Ausg. [1624.] (IV, 60 S.)
2. Aller Praktik Grossmutter v. Joh. Fischart. Abdr. der 1. Bearbeitg. [1572.] (VI, 32 S.)
3. Horribilicribrifax. Scherzspiel v. Andr. Gryphius. Abdr. der 1. Ausg. (VI, 91 S.)

Neudrucke deutscher Literaturwerke des 16. u. 17. Jahrh. Nr. 4—36 u. Ergänzungshft. 8. Halle 877—82. Niemeyer. à n. — 60
4. An den christlichen Adel deutscher Nation von des christlichen Standes Besserung von Martin Luther. [1520.] (V, 80 S.)
5. Der Flöhhaz von Joh. Fischart. Abdr. der 1. Ausg. [1573]. (X, 72 S.)
6. Peter Squenz. Schimpfspiel von Andr. Gryphius. [Abdr. der Ausg. von 1663.] (VI, 42 S.)
7. 8. Das Volksbuch vom Doctor Faust. Abdruck der 1. Ausg. [1587]. (XXI, 140 S.)
9. Der Freund in der Not von Joh. Balthasar Schupp. Abdruck der 1. Ausg. [1657]. (VII, 63 S.)
10. 11. Delitiae historicae et poeticae, das ist: Historische u. poetische Kurzweil von Laz. Sandrub. Abdruck der einzigen Ausg. [1618]. (IV, 155 S.)
12—14. Die drei ärgsten Erznarren in der ganzen Welt. Roman von Chrn. Weise. Abdruck der Ausg. von 1673. (XVI, 228 S.)
15. Auserlesene Gedichte deutscher Poeten, gesammelt von Jul. Wilh. Zinkgref. 1624. (XII, 65 S.)
16. 17. Niederdeutsche Scherzgedichte von Joh. Lauremberg. 1652. Mit Einleitung, Anmerkungen u. Glossar von Wilh. Braune. (XXII, 120 S.)
18. Sendbrief an Papst Leo X. Von der Freiheit eines Christenmenschen. Warum der Papst u. seiner Jünger Bücher von D. Martino Luther verbrannt seien. Drei Reformationsschriften aus dem Jahre 1520 von Mart. Luther. (XII, 54 S.)
19—25. Der abenteuerliche Simplicissimus von H. J. Chr. von Grimmelshausen. Abdr. der ältesten Orig.-Ausg. 1669. (XXXII, 591 S.)
26. 27. Sämmtliche Fastnachtsspiele von Hans Sachs. In chronologischer Ordnung nach den Originalen hrsg. von Edm. Goetze. 1. Bdchn. 12 Fastnachtsspiele aus den Jahren 1518—1539. (XIV, 159 S.)
28. Wider Hans Worst von Martin Luther. Abdr. der 1. Ausg. [1541]. (VI, 75 S.)
29. Der hürnen Seufried. Tragoedie in 7 Acten von Hans Sachs. Zum 1. Male nach der Handschrift des Dichters hrsg. (VIII, 42 S.)
30. Der verlorene Sohn, ein Fastnachtspiel von Burkard Waldis. [1527.] (X, 76 S.)
31. 32. Dreizehn Fastnachtspiele aus den Jahren 1539—1550 von Hans Sachs. Hrsg. von Edm. Goetze. (XIII, 152 S.)
33. Hans Clawerts werckliche Historien v. Barthol. Krüger. Abdruck der 1. Ausg. [1587]. (XXIV, 70 S.)
34. 35. Frdr. Dedekind's Grobianus, verdeutscht v. Kasp. Scheidt. Abdr. der 1. Ausg. [1551]. (XXXIII, 143 S.)
36. Hans Pfriem oder Meister Kecks. Komödie v. Mart. Hayneccius. Abdr. der 1. Ausg. [1582]. (VIII, 85 S.)
Ergänzungsheft. Burkard Waldis. Nebst einem Anh.: Ein Lobspruch der alten Deutschen von Burkard Waldis, von Gust. Milchsack. (60 S.)

Neudrucke deutscher Literaturwerke des 16. u. 17. Jahrh. Nr. 1. 8. Halle 882. Niemeyer. n. — 60
Buch v. der deutschen Poeterei v. Mart. Opitz. Abdr. der 1. Ausg. [1624]. [2. Druck.] (IV, 60 S.)

Neudrucke deutscher Litteraturwerke d. XVI. u. XVII. Jahrh. Nr. 37—61. 8. Halle 883—86. Niemeyer. à n. — 60

37. 38. Sonn- u. Feiertags-Sonette v. Andr. Gryphius. Abdr. der 1. Ausg. [1639] m. den Abweichgn. der Ausg. letzter Hand [1663], besorgt durch Heinr. Welti. (XX, 114 S.)
39. 40. Sämmtliche Fastnachtsspiele v. Hans Sachs. In chronolog. Ordng. nach den Originalen hrsg. v. Edm. Goetze. 3. Bdchn. A. u. d. T.: Elf Fastnachtsspiele aus den J. 1550 u. 1551. (XX, 145 S.)
41. Das Endinger Judenspiel. Zum 1. Mal hrsg. von Karl v. Amira. (103 S.)
42. 43. Sämmtliche Fastnachtsspiele v. Hans Sachs. In chronolog. Ordng. nach den Originalen hrsg. v. Edm. Götze. 4. Bdchn. 11 Fastnachtspiele aus den J. 1552 u. 1553. (XXIII, 149 S.)
44. 45. Gedichte d. Königsberger Dichterkreises, aus Heinr. Alberts Arien u. musical. Kürbshütte hrsg. v. L. H. Fischer. 1. Hälfte. (176 S.)
46. 47. Gedichte d. Königsberger Dichterkreises, aus Heinr. Alberts Arien u. musicalischer Kürbshütte [1638—1650] hrsg. v. L. H. Fischer. 2. Hälfte. (XLVIII u. S. 177—303.)
48. Heinr. Albert, Musik-Beilagen zu den Gedichten d. Königsberger Dichterkreises. Hrsg. v. Rob. Eitner. (III, 20 S.)
49. Streitgedichte gegen Herzog Heinrich den Jüngern v. Braunschweig v. Burkard Waldis [1542]. Hrsg. v. Frdr. Koldewey. (XVI, 46 S.)
50. Von der Winkelmesse u. Pfaffenweihe v. Martin Luther. Abdr. der 1. Ausg. [1533.] (X, 77 S.)
51. 52. Sämmtliche Fastnachtspiele v. Hans Sachs. In chronolog Ordng. nach den Originalen hrsg. v. Edm. Goetze. 5. Bdchn. 11 Fastnachtspiele aus den J. 1553 u. 1554. (XVI, 151 S.)
53. 54. Der Eislebische Christliche Ritter. Ein Reformationsspiel v. Mart. Rinckhardt. 1613. (XVI, 108 S.)
55. 56. Till Eulenspiegel. Abdr. d. Ausg. vom J. 1515. (XXIII, 145 S.)
57. 58. Schelmuffsky v. Chrn. Reuter. Abdr. der vollständ. Ausg. 1696. 1697. (XIV, 129 S.)
59. Schelmuffsky v. Chrn. Reuter. Abdruck der 1. Fassg. 1696. (IV, 57 S.)
60. 61. Sämmtliche Fastnachtspiele v. Hans Sachs. In chronolog. Ordng. nach den Originalen hrsg. v. Edm. Goetze. 6. Bdchn. 12 Fastnachtspiele aus den J. 1554 bis 1556. (XV, 164 S.)

— deutscher Litteraturwerke d. XVI. u. XVII. Jahrh. Nr. 62—91. 8. Halle 886—891. Niemeyer. à n. — 60

62. Ein schöner Dialogus v. Martino Luther u. der geschickten Botschaft aus der Hölle. 1523. (IV, 29 S.)
63. 64. Sämmtliche Fastnachtsspiele v. Hans Sachs. In chronolog. Ordng. nach den Originalen hrsg. v. Edm. Goetze. 7. (letztes) Bdchn. 11 Fastnachtsspiele aus den J. 1557—1560. (XVI, 168 S.)
65—67. Joh. Fischart's Geschichtklitterung [Gargantua]. Hrsg. v. A. Alsleben. 1. Hälfte. (242 S.)
68—71. — dasselbe. 2. Hälfte. (XVIII, 2 S. u. S. 243—460.)
72. Geo. Thym's Gedicht Thedel v. Wallmoden. Hrsg. v. Paul Zimmermann. (XVI, 68 S.)
73. Adam Puschman, gründlicher Bericht d. deutschen Meistergesanges. 1. Aufl. [1571]. Hrsg. v. Rich. Jonas. (X, 47 S.)
74. 75. Jac. Schwieger, geharnschte Venus. 1660. Hrsg. v. Th. Raehse. (XVIII, 154 S.)
76. Luther's Fabeln, nach seiner wiedergefundenen Handschrift hrsg. u. eingeleitet v. Ernst Thiele. Mit 1 Fcsm. (XVI, 19 S.)
77. 78. Flugschriften aus der Reformationszeit. VII. Restitution rechter u. gesunder christlicher Lehre. Eine Wiedertäuferschrift v. Bernh. Rotmann. [Münster 1534.] (XII, 114 S.)
79. 80. Speculum vitae humanae. Ein Drama v. Erzherzog Ferdinand II. v. Tirol 1584. Nebst e. Einleitg. in das Drama d. XVI. Jahrh., hrsg. v. Jac. Minor. (LII, 65 S.)
81. 82. Das Lied vom Hürnen Seyfrid, nach der Druckredaction d. XVI. Jahrh. Mit e. Anh.: Das Volksbuch vom gehörnten Siegfried nach der ältesten Ausg. (1726), hrsg. v. W. Golther. (XXXVII, 95 S.)
83. 84. Flugschriften aus der Reformationszeit. VIII. Luther u. Emser. Ihre Streitschriften aus dem J. 1521, hrsg. v. L. Enders. 1. Bd. (VIII, 152 S.)
85. Thomas Murner's Schelmenzunft. Nach den beiden ältesten Drucken hrsg. v. Ernst Matthias. (XII, 78 S.)
86-89. Venus-Gärtlein. Ein Liederbuch d. XVII. Jahrh. Nach dem Drucke v. 1656 hrsg. v. Max Frhrn. v. Waldberg. (XLVI, 220 S.)
90. 91. Die ehrliche Frau, nebst Harlequins Hochzeit- u. Kindbetterinschmaus. — Der ehrlichen Frau Schlampampe Krankheit u. Tod. Lustspiele v. Chrn. Reuter. 1695. 1696. Hrsg. v. Geo. Ellinger. (XXII, 142 S.)

— deutscher Litteraturwerke des XVI. u. XVII. Jahrh. Nr. 92—134. 8. Halle, M. Niemeyer. à n. — 60

92. Zwei älteste Katechismen der lutherischen Reformation (v. P. Schultz u. Chr. Hegendorf). Neu hrsg. v. G. Kawerau. (60 S.) 891.
93. 94. D. Mart. Luther, v. den guten Werken. [1520.] Aus der Orig.-Handschrift hrsg. v. Nic. Müller. (XII, 111 S.) 891.
95. Somnium vitae humanae. Ein Drama v. Ludw. Hollonius. 1605. Hrsg. v. Fr. Spengler. (VI, 73 S.) 891.
96—98. Flugschriften aus der Reformationszeit. IX. Luther u. Emser. Ihre Streitschriften aus dem J. 1521, hrsg. v. Ludw. Enders. 2. Bd. (XII, 223 S.) 891.
99. 100. Bergreihen. Ein Liederbuch d. XVI. Jahrh. Nach den 4 ältesten Drucken v. 1531, 1533, 1536 u. 1537 hrsg. v. John Meyer. (XVI, 122 S.) 892.
101. 102. Das Weinspiel. Fastnachtsspiel v. Hans Rud. Manuel. 1548. Hrsg. v. Thdr. Odinga. (VIII, 131 S.) 892.
103. D. Martin Luther, e. Urteil der Theologen zu Paris üb. die Lehre D. Luthers. Ein Gegenurteil D. Luthers. Schutzrede Phpp. Melanchthons wider dasselbe Parisische Urteil f. D. Luther. (1521.) Aus der Orig.-Handschr. hrsg. v. Nic. Müller. (XVIII, 67 S.) 892.
104—107. Die Fabeln d. Erasmus Alberus. Abdr. der Ausg. v. 1550 m. den Abweichgn. der ursprüngl. Fassg. hrsg. v. Wilh. Braune. (LXXII, 216 S.) 892.
108. 109. Insomnis cura parentum. Von Hans Michel Moscherosch. Abdr. der 1. Ausg. (1643). Hrsg. v. Ludw. Pariser. (VIII, 139 S.) 893.
110—117. Sämtliche Fabeln u. Schwänke v. Hans Sachs. In chronolog. Ordng. nach den Originalen hrsg. v. Edm. Goetze. 1. Bd. (XV, 594 S.)
118. Flugschriften aus der Reformationszeit. X. Aus dem Kampf der Schwärmer gegen Luther. Drei Flugschriften (1524. 1525). Hrsg. v. Ludw. Enders. (XVIII, 55 S.) 894.
119—124. Thomas Murner's Narrenbeschwörung. (Text u. Bilder der 1. Ausg.) Mit Einleitg., Anmerkgn. u. Glossar v. M. Spanier. (XXVI, 371 S.) 894.
125. Andr. Musculus, vom Hosenteufel. (1555.) Hrsg. v. Max Osborn. (XXX, 27 S.) 894.
126—134. Sämtliche Fabeln u. Schwänke v. Hans Sachs. In chronolog. Ordng. nach den Originalen hrsg. v. Edm. Goetze. 2. Bd. (XXXI, 640 S.) 894.

— deutscher Litteraturwerke d. XVI. u. XVII. Jahrh. Nr. 4 u. 135—156. 8 Halle, M. Niemeyer. à n. — 60

4. Flugschriften aus d. Reformationszeit. I. Luther, Mart., an d. christl. Adel deutscher Nation v. d. christl. Standes Besserg. (1520.) Hrsg. v. Wilh. Braeme. 2. Aufl. (VIII, 80 S.) 897.
135—138. Angelus Silesius, cherubin. Wandersmann (geistreiche Sinn- u. Schlussreime). Abdruck d. 1. Ausg. v. 1657. M. Hinzufügg. d. 6. Buches nach d. 2. Ausg. v. 1675. Hrsg. v. Geo. Ellinger. (LXXX, 174 S. m. 1 Abb.) 895.
139—141. Flugschriften aus d. Reformationszeit. XI. Joh. Eberlin v. Günzburg, ausgew. Schriften. 1. Bd. Hrsg. v. Ludw. Enders. (VII, 2?8 S.) 896.
142. 143. Dasselbe. XII. Judas Nazarei, v. alten u. neuen Gott, Glauben u. Lehre. (1521.) M. Abhandlg. u. Kommentar hrsg. v. Ed. Kück. (XIV, 134 S.) 896.
144—148. Die Psalmenübersetzg. d. Paul Schede Melissus (1572). Hrsg. v. Max Herm. Jellinek. (CLX, 203 S.) 896.
149—152. Sachs, d. Hans, Gemerkbüchlein (1555—1561), nebst e. Anh.: D. Nürnberger Meistersinger-Protocolle v. 1595—1605. Hrsg. v. Karl Drescher. (VIII, 239 S.) 898.
153. Flugschriften aus der Reformationszeit. XIII. Murner, Thom., an den großmächtigsten u. durchlauchtigsten Adel deutscher Nation. 1520. Hrsg. v. Ernst Voß. (IV, 57 S. m. 2 Fksms.) 899.
154—156. Dasselbe. XIV. Cronberg, Hartmuth v., Schriften. Hrsg. v. Ed. Kück. (LIX. 160 S.) 899.

Neudrucke deutscher Litteraturwerke des XVI. u. XVII. Jahrh. Nr. 157—192. 8. Halle, M. Niemeyer. à n. — 60

157—159. Schönes Blumenfeld. Von Theobald Hock. Abdr. der Ausg. v. 1601. Hrsg. v. Max Koch. (LXII, 144 S.) 899.
160—163. Adriatische Rosemund 1645. Von Phpp. v. Zesen. Hrsg. v. Herm. Jellinek. (L, 270 S.) 899.
164—169. Sämtliche Fabeln u. Schwänke. Von Hans Sachs. 3. Bd. Die Fabeln u. Schwänke in den Meistergesängen, hrsg. v. Edm. Goetze u. Carl Drescher. (XXX, 435 S.) 900.
170—172. Flugschriften aus der Reformationszeit. XV. Eberlin v. Günzburg, Joh., Sämtliche Schriften. 2. Bd. Hrsg. v. Ludw. Enders. (IV, 192 S.) 900.
173. Dasselbe XVI. Von Freiheit der Speisen. Eine Reformationsschrift. 1522. Von Huldrich Zwingli. Hrsg. v. Otto Walther. (XII, 42 S.) 900.
174. Dasselbe XVII. Ein heimlich Gespräch v. der Tragedia Johannis Hussen. 1538. Von Joh. (Cochlaeus) Vogelgesang. Hrsg. v. Hugo Holstein. (VIII, 36 S.) 900.
175. Friedens Sieg. Ein Freudenspiel. 1648. Von Just. Geo. Schottelius. Hrsg. v. Frdr. E. Koldewey. (V, 78 S.) 900.

176. Das Büchlein vom Zutrinken. Von Joh. v. Schwarzenberg. Hrsg. v. Willy Scheel. (XIII, 44 S.) 900.
177—181. Heilige Seelenlust od. geistliche Hirtenlieder der in ihren Jesum verliebten Psyche. 1657. (1668.) Von Angelus Silesius. Hrsg. v. Geo. Ellinger. (XXXVII, 312 S.) 901.
182. Das glückhafte Schiff v. Zürich. (1577.) Von Joh. Fischart. Hrsg. v. Geo. Baesecke. (XXV, 60 S.) 901.
183—188. Flugschriften aus der Reformationszeit. XVIII. Eberlin v. Günzburg, Joh., Sämtliche Schriften. 3. Bd. Hrsg. v. Ludw. Enders. (XXXVI, 402 S.) 902.
189—192. Teutsche Poemata. Von Mart. Opitz. Abdr. der Ausg. v. 1624 m. den Varianten der Einzeldrucke u. der späteren Ausgaben. Hrsg. v. Geo. Witkowski. (XLVI, 248 S.) 902.

Neudrucke deutscher Literaturwerke des XVI. u. XVII. Jahrh. Nr. 193—211. 8. Halle, M. Niemeyer. à n. — 60

193—199. Sämtliche Fabeln u. Schwänke von Hans Sachs. 4. Bd. Die Fabeln u. Schwänke in den Meistergesängen, hrsg. v. Edm. Goetze u. Carl Drescher. (XXXI, 526 S.) 903.
200—202. Satyrische Gedichte. Von Joach. Rachel. Nach den Ausgaben von 1664 u. 1677 hrsg. von Karl Drescher. (XL, 147 S.) 903.
203—206. Frische teutsche Liedlein in 5 Tln. Von Geo. Forster. Abdr. nach den ersten Ausgaben 1539, 1540, 1549, 1556 m. den Abweichgn. der späteren Drucke. Hrsg. v. M. Elizab. Marriage. (XX, 278 S.) 903.
207—211. Sämtliche Fabeln u. Schwänke von Hans Sachs. 5. Bd. Die Fabeln u. Schwänke in den Meistergesängen, hrsg. v. Edm. Goetze u. Carl Drescher. (962 S.) 904.

Neudrucke deutscher Literaturwerke des 16. u. 17. Jahrh. Nr. 212—224. 8. Halle, M. Niemeyer. à — 60

Geschichte, die, des Pfarrers vom Kalenberg, hrsg. v. Vikt. Dollmayr. (LXXXII, 104 S.) 906. (Nr. 212—214.)
Probst, Pet., dramatische Werke. (1553—1556.) Eingeleitet u. hrsg. v. Emil Kreisler. (XVIII, 141 S.) 907. (Nr. 219—221.)
Schupp, Joh. Balth., Streitschriften. 1. Tl. Abdruck der jeweils ältesten Ausg. m. den Varianten der Einzeldrucke u. der ältesten Gesamtausg. der deutschen Schriften. Hrsg. v. Carl Vogt. (XXVIII, 138 S. m. Bildnis.) 910. (Nr. 222—224.)
Schwarzenberg, Joh. v., Trostspruch um abgestorb. Freunde. (Kummertrost.) Hrsg. v. Willy Scheel. (XVI, 58 S.) 907. (Nr. 215.)
Weise, Christian, Masaniello. Trauerspiel (1683). Hrsg. v. Rob. Petsch. (XXXVII, 184 S.) 907. (Nr. 216—218.)

— v. Schriften u. Karten üb. Meteorologie u. Erdmagnetismus, hrsg. v. G. Hellmann. Nr. 1—3. 4. Berlin, A. Asher & Co. n.n. 12. —

1. L. Reynman, Wetterbüchlein. Von wahrer Erkenntnis des Wetters. 1510. Fcsm.-Druck m. e. Einleitg. (41 u. 14 S.) 893. n.n. 6. —
2. Blaise Pascal, Récit de la grande Expérience de l'Équilibre des Liqueurs. Paris 1648. Fcsm.-Druck m. e. Einleitg. (9 u. 20 S.) 893. n.n. 3. —
3. Luke Howard, on the modifications of clouds. London 1803. Mit e. Einleitg. u. 3 Taf. Wolkenbilder in Fcsm. (9 u. 32 S.) 894. n.n. 3. —

— v. Schriften u. Karten üb. Meteorologie u. Erdmagnetismus. Hrsg. v. G. Hellmann. Nr. 4—11. gr. 4. Berlin, A. Asher & Co. n.n. 41. 50 (1.—11.: n.n. 53. 50)

4. E. Halley, W. Whiston, J. C. Wilcke, A. v. Humboldt, C. Hansteen. D. ältesten Karten d. Isogonen, Isoklinen, Isodynamen. 1701, 1721, 1768, 1804, 1825, 1826. 7 Karten in Lichtdr. m. e. Einleitg. (25 S.) 895. n.n. 5. —
5. D. Bauern-Praktik. 1508. Fcsm.-Druck m. e. Einleitg. (72 S. m. 1 Holzschn. u. 6 Bl.) 896. n.n. 7. —
6. George Hadley. Concerning the Cause of the General-Trade-Winds. London 1735. Fcsm.-Druck m. e. Einleitg. (16 S. u. 3 Bl.) 896. n.n. 2. —
7. Torricelli, Evangelista, Esperianza dell' orgento vivo. Accademia del Cimento. Instrumenti per conoscer l'alterazioni dell' aria. Mit e. Einleitg. (22 u. 17 S. m. Abb.) 897. n. 3. —
8. Halley, E., A. v. Humboldt, E. Loomis, U. J. Le Verrier, E. Renou. Meteorolog. Karten 1688, 1817, 1846, 1863, 1864. 6 Taf. in Lichtdr. m. e. Einleitg. (13 S.) 897. n. 3. —
9. Gellibrand, Henry, A discourse mathematical on the variation of the magneticall needle. London 1635. Fcsm.-Druck m. e. Einleitg. (7 u. 22 S. m. Fig.) 897. n. 3. —
10. Magnetica, rara. 1269—1599. P. de Maricourt. F. Falero. P. Nunes. J. de Castro. G. Hartmann. M. Cortés. G. Mercator. R. Norman. W. Borough. S. Stevin. Mit e. Einleitg. (26, 12, 6, 2, 16, 2, 2, 13, 23, 59 u. 8 S. m. Fig. u. 1 Fksm., 4 S. in Lichtdr., Fol.) 898. n.n. 15. —
11. Winkler, J. H., B. Franklin, T. F. Dalibard, L. G. Le Monnier, über Luftelektricität. 1746—1753. M. e. Einleitg. (8, 10, 16, 6 u. 9 S. m. 1 Fig.) 898. n.n. 3. 50

— von Schriften u. Karten üb. Meteorologie u. Erdmagnetismus, hrsg. v. G. Hellmann. Nr. 12—14. 4. Berlin, A. Asher & Co. n.n. 49. —

12. Wetterprognosen u. Wetterberichte des XV. u. XVI. Jahrh. Facsimiledrucke m. e. Einleitg. (33 S., 23¼ Bog. in 4. u. 1 Bog. in 16. m. 4 Taf.) 899. n.n. 20. —
13. Beobachtungen, meteorologische, vom XIV. bis XVII. Jahrh. Mit e. Einleitung. (78 u. 128 S. m. 4 Taf.) 901. n.n. 18. —
14. Optik, meteorologische. 1000—1836. Theodoricus Teutonicus, R. Descartes, I. Newton, G. B. Airy, A. de Ulloa, P. Bouguer, J. Hevel, T. Lowitz, J. Fraunhofer, G. Monge, W. Scoresby, Alhazen, J. de Mairan. Mit e. Einleitg. (Veröffentlicht m. Unterstützg. der deutschen meteorolog. Gesellschaft.) (14, 107 S. m. Fig. u. 6 Taf.) 902. n.n. 11. —

Nr. 1—11. Ebd. 893—98. n.n. 53. 50.

— von Schriften u. Karten üb. Meteorologie u. Erdmagnetismus, hrsg. v. G. Hellmann. Nr. 15. (Schlussheft.) Lex.-8. Berlin, Behrend & Co. n.n. 28 — (Vollständig: n.n. 130. 50)

Denkmäler mitttelalterlicher Meteorologie. Mit e. Einleitg. u. e. Anh., enth. Ergänzgn. u. Berichtiggn. zu früheren Nummern. (46, 269 u. 12 S.) 904.

— pädagogischer Schriften. Hrsg. v. Alb. Richter. 1. u. 2. Hft. 8. Leipzig 890. R. Richter. à n. — 80

1. Geschichte meiner Schulen v. Frdr. Eberh. v. Rochow. (72 S.)
2. Gregorius Schlaghart od. die Dorfschule zu Langenhausen. Von Joh. Ferd. Schlez. (80 S. m. Bild.)

— pädagogischer Schriften. Hrsg. v. Alb. Richter. III.—XIV. 8. Leipzig, R. Richter. n. 10. 40 (I—XIV.: n. 12. —)

III. Der deutsche Lehrmeister v. Joh. Balthasar Schupp Mit e. Einleitg. u. Anmerkgn. hrsg. v. Paul Stötzner. (61 S. m. 1 Bild.) 891. n. — 80
IV. Kursächsische Volksschulordnungen. Mit e. Einleitg. v. Alb. Richter. (95 S.) 891. n. — 80
V. Almansor, der Kinder Schulspiegel v. Mart. Haynecoius. Mit e. Einleitg. hrsg. v. Otto Haupt. (131 S.) 891. n. — 80
VI. J. G. Schummel, Fritzens Reise nach Dessau, u. F. E. v. Rochow, authentische Nachricht v. der zu Dessau auf dem Philanthropin den 13.—15. May 1776 angestellten öffentlichen Prüfung. Mit Einleitg. u. Anmerkgn. hrsg. v. Alb. Richter. (76 S.) 891. n. — 80
VII. J. B. Schupp, vom Schulwesen. Mit Einleitg. u. Anmerkgn. hrsg. v. Paul Stötzner. (106 S.) 891. n. — 80
VIII. J. A. Comenius, Mutterschule. Mit e. Einleitg. hrsg. v. Alb. Richter. (86 S.) 891. n. — 80
IX. Ratichianische Schriften. I. Mit e. Einleitg. hrsg. v. Paul Stötzner. (88 S.) 892. n. — 80
X. Aug. Herm. Francke, kurzer u. einfältiger Unterricht. Mit e. Einleitg. hrsg. v. Alb. Richter. (87 S.) 892. n. — 80
XI. Joh. Gfr. Zeidler, sieben böse Geister, welche heutiges Tages guten Theils die Küster od. sogenandte Dorff-Schulmeister regieren. Mit e. Einleitg. hrsg. v. Alb. Richter. (196 S. m. 1 Titelbild.) 892. n. 1. 20
XII. Ratichianische Schriften. II. Mit Einleitg. u. Anmerkgn. hrsg. v. Paul Stötzner. (164 S.) 893. n. 1. 20
XIII. Bernard Overberg, v. der Schulzucht. Mit e. Einleitg. hrsg. v. Alb. Richter. (91 S.) 893. n. — 80
XIV. J. B. Basedow, Vorstellung an Menschenfreunde. Mit Einleitg. u. Anmerkgn. hrsg. v. Herm. Lorenz. (120 S.) 893. n. — 80

— pädagogischer Schriften. Hrsg. v. Alb. Richter. XV. 8. Leipzig 896. F. Brandstetter. n. — 80 (I.—XV.: n. 12. 80)

Die allgem. Schulordng. d. Kaiserin Maria Theresia u. J. J. Felbigers Fordergn. an Schulmeister u. Lehrer. Hrsg. v. Ant. Weiss. (79 S.)

— pädagogischer Schriften. VIII, XVI u. XVII. 8. Leipzig, F. Brandstetter. n. 2. 80

VIII. Comenius', J. A., Mutterschule. Mit e. Einleitg. hrsg. v. Alb. Richter. 2. Aufl. (86 S.) 901. n. — 80
XVI. Herder's Abhandlung üb. den Ursprung der Sprache. Hrsg. u. m. e. Einleitg. u. Anmerkgn. versehen v. Thdr. Matthias. (158 S.) 901. n. 1. 20
XVII. Kinderfragen, die: Der erste deutsche Katechismus. M. D. XXI. Hrsg. u. m. e. Einleitg. u. e. Abriss der Brüdergeschichte versehen v. Alex. Kästner. (VIII, 77 S.) 902. n. — 80

I—VII u. IX—XV. Ebd. 890—896. n. 12. —.

— pädagogischer Schriften. VIII. 8. Leipzig 910. F. Brandstetter. — 80

Mutterschule. Von J. A. Comenius. Mit e. Einleitung hrsg. v. Alb. Richter. 3. Aufl. (86 S.)

— litterar-historischer Seltenheiten. Hrsg. von Fed. Zobeltitz. Nr. 1—9. 8. Berlin, E. Frensdorff. n. 31. —
1. Ehestands-Geschichte. Von Gottfried August Bürger. Berlin u. Leipzig 1812. (Neudruck.) (258 S.) (904.) n. 3. —; geb. in Halbleinw. n. 4. 50; Luxus-Ausg. n. 6. —
2. Geschichte, meine, eh' ich gebohren wurde. (Eine anständ. Posse vom Mann im grauen Rocke.) Berlin 1795. Neudruck, hrsg. u. m. e. Einleitg. versehen v. G. Rahmer. (XII, 306 S.) (904.) n. 4. —; geb. in Halbleinw. n. 5. 50
3. Jungfrau, die, v. Orleans. Ein heroisch-kom. Gedicht in 16 Gesängen nach Voltaire. Berlin u. Leipzig 1809. (Neudr.) Mit e. Vorbemerkg. versehen u. hrsg. von Fed. v. Zobeltitz. (XVII, IV, 434 S.) (905.) n. 4. —; geb. in Halbleinw. n. 5. 50
4. Höllenfahrt von Heinrich Heine. (Von Wolfg. Müller v. Königswinter.) Hrsg., kommentiert u. eingeleitet v. Siegfr. Aschner. (CXLIV, IV, 197 S.) (905.) n. 4. —; geb. in Halbleinw. n. 5. 50
5. Anthologie auf d. J. 1782. Gedruckt in der Buchdruckerei zu Tobolsko. Hrsg. u. m. e. Nachwort versehen von Fed. v. Zobeltitz. (XII, 271 u. 28 S.) (905.) n. 4. —; geb. in Halbleinw. n. 5. 50
6. Faust. Ein dramat. Gedicht in 3 Abschnitten. Von F. Marlow (Ludw. Herm. Wolfram.) [Leipzig 1839.] Neu hrsg. u. m. e. biograph. Einleitg. versehen v. Otto Neurath. Nebst drei Registern, e. Faksim. Brief u. e. Stammtafel. 2 Tle. in 1 Bde. (VI, 8, 518 u. XX, 218 S.) (906.) n. 4. —; geb. in Halbleinw. n. 5. 50
7. Der Philister vor, in u. nach der Geschichte. Scherzhafte Abhandlg. Von Clem. Brentano. Faksim.-Dr. des in Berlin im J. 1811 erschienenen Originals, m. e. Vorwort v. Paul Müller. (II, 30 S. m. 1 Taf.) (906.) n. 3. —
8. Geschichte des deutschen Theaters (1767) u. Flugschriften üb. das Hamburger Nationaltheater (1766 u. 1767). Von Joh. Frdr. Löwen. Im Neudr. m. Einleitung u. Erläutergn. hrsg. v. Heinr. Stümcke. (XL, 104 S.) (905.) n. 2. —; geb. n. 3. —
9. Jugendgedichte. Vermehrt durch ungedr. Gedichte aus dem handschriftl. Nachlaß. Von Jos. v. Eichendorff u. Wilh. v. Eichendorff. Hrsg. u. eingeleitet v. R. Pissin. (XVI, 180 S.) (906.) n. 3. —; geb. in Halbleinw. n. 4. 50

— sozialistische. I.—IV. 8. Berlin, Buchh. Vorwärts. 7. —; geb. in Leinw. 9. —
Engels, Frdr., der deutsche Bauernkrieg. Mit Einleitg. u. Anmerkgn. hrsg. v. Fr. Mehring. 3. Abdr. (124 S.) 908. (Bd. I.) 1.50; geb. 2. —.
Lange, F. A., die Arbeiterfrage. Mit Einleitg. u. Anmerkgn. hrsg. v. Fr. Mehring. (176 S. m. Bildnis.) 910. (Bd. IV.) 1.50; geb. 2. —
Weitling, Wilh., Garantien der Harmonie u. Freiheit. Jubiläums-Ausg. Mit e. biograph. Einleitg. u. Anmerkgn. hrsg. v. Fr. Mehring. (LII, 266 S. m. Bildnis.) (908.) (Bd. II.) 2.50; geb. 3. —
Wolff, Wilh., gesammelte Schriften. Nebst e. Biographie Wolffs v. Frdr. Engels: Mit Einleitg. u. Anmerkgn. hrsg. v. Fr. Mehring. Jubiläums-Ausg. (127 S. m. Bildnis.) 909. (Bd. III.) 1.50; geb. 2. —

NEUDRUCKE SELTENER PHILOSOPHISCHER WERKE. Herausgegeben von der Kantgesellschaft.
Bd. I. Berlin 1911. Verlag von Reuther & Reichard. — A. u. d. T.: Aenesidemus oder über die Fundamente der von dem Herrn Professor Reinhold in Jena gelieferten Elementar-Philosophie von GOTTLOB ERNST SCHULZE. Besorgt von Dr. ARTHUR LIEBERT. ib. 1911. — 8°.
Bd. II. ib. 1912. — A. u. d. T.: Kant und die Epigonen. Eine kritische Abhandlung von OTTO LIEBMANN. Besorgt von BRUNO BAUCH. ib. 1912. —
Bd. III. ib. 1912. — A. u. d. T.: Versuch einer neuen Logik oder Theorie des Denkens. Nebst angehängten Briefen des Philaletes an Aenesidemus von SALOMON MAIMON. (Mit einem Bildnis von Salomon Maimon.) Besorgt von BERNHARD CARL ENGEL. ib. 1912. —
Bd. IV. ib. 1913. — A. u. d. T.: Über die allgemeine speculativische Philosophie. Philosophische Versuche über die menschliche Natur und ihre Entwickelung. Bd. 1 von JOHANN NICOLAS TETENS. Besorgt von WILHELM UEBELE. Mit einem Bildnis. ib. 1913. —

Neudrucke, Wiener. Nr. 1—11. 8. Wien 883—86. Konegen. n. 24. 20
1. Auf, auf ihr Christen v. Abraham a Sancta Clara. 1683. (XIV, 135 S.) n. 1. 20
2. Prinzessin Pumphia v. Jos. Kurz. (VII, 59 S.) n. — 80
3. Der Hausball. Eine Erzählung. 1781. (XII, 24 S.) n. — 60
4. Der auf den Parnass versetzte grüne Hut v. Chr. G. Klemm. 1767. (63 S.) n. — 80
5. Samuel u. Saul v. Wolfg. Schmeltzl. 1551. (V, 44 S.) n. — 80
6. Der Wiener Hanswurst. Stranitzkys u. seiner Nachfolger ausgewählte Schriften, hrsg. v. R. W. Werner. 1. Bdchn.: Lustige Reiss-Beschreibung aus Saltzburg in verschiedene Länder v. J. A. Stranitzky. (XXXII, 54 S.) n. 1. 20
7. Briefe üb. die Wienerische Schaubühne von J. v. Sonnenfels. 1768. (XIX, 353 S.) n. 4. —
8. Vier dramatische Spiele üb. die zweite Türkenbelagerung aus den J. 1683—1685. (VII, 85 S.) n. — 80
9. Sterzinger Spiele, nach Aufzeichngn. v. Vigil Raber, hrsg. v. Oswald Zingerle. 1. Bdchen. 15 Fastnachts-Spiele aus den J. 1510 u. 1511. (XII, 295 S.) n. 4. —
11. Dasselbe. 2. Bdchen. 11 Fastnachts-Spiele aus den J. 1512—1535. (V, 263 S.) n. 4. —
10. Ollapatrida d. durchgetriebenen Fuchsmundi v. J. A. Stranitzky. [1711.] (CXXVIII, 384 S.) n. 6. —

Neue: Die Neue (Be)
⑤ Als Hans Schwarz, nach dem Eingehen der «Nation» (Ende 1952), die Herausgabe eines neuen Wochenblattes erwog, waren nacheinander die folgenden beiden Zeitungstitel vorgesehen: «Die Neue» und «Die Nationale». Beide Titel wurden dann zugunsten von «Schwarz auf weiß» fallen gelassen. v. «Luzerner Neueste Nachrichten» 1953, Nr. 46, und «Schwarz auf weiß» Nr. 1, vom 18. 3. 1953.

Neue, das, aus dem Exerzier-Reglement f. die Feld-Artillerie. Vom 26. 3. 1907. (40 S.) kl. 8. Oldenburg (907). G. Stalling's Verl. — 40

Neue, das, aus dem Exerzier-Reglement f. die Infanterie vom 29. V. 1906. Von ***. (55 S.) kl. 8. Oldenburg (906). G. Stalling's Verl. n. — 50
Sonderabdruck aus: „Deutsches Offizierbl."

— das, in dem Exerzier-Reglement f. d. Kavallerie v. 3. IV. 1909. (68 S.) kl. 8. Ebd. (909). — 75

— das, aus d. Felddienst-Ordnung v. 22. III. 1908. (62 S.) kl. 8. Ebd. (908). — 60

— das, aus der Schießvorschrift f. die Feldartillerie. Vom 15. V. 1907. (29 S.) kl. 8. Ebd. (907). — 40

Das Neue aus der Schießvorschrift für die Infanterie vom 21. Oktober 1909. Oldenburg i. Gr.: Stalling (1909). 28 S. 8°

Neue, Christian. Frid.: In Bacchylidis fragmenta commentarius. Berolini 1822 (78 S.).

Neue, Chr. Fr., Sapphonis Mytilenaeae fragmenta, specimen operae in omnibus artis graecorum lyricae reliquiis excepto Pindaro collocandae proposuit. 4 maj. (13½ B.) Berolini 827, Nauck.

Neue, F., Observationum ad Tacitum spec. I. Pr. 1836. 12 S. 4°.

Neue, F., De Praxillae Sicyoniae reliquiis. Pr. 1844. 15 S. 4°.

Neue, F., De Telesillae Argivae reliquiis. Pr. 1848. 15 S. 4°.

Neue, Frdr., Formenlehre der lateinischen Sprache. 2. Thl. Mitau 861. Reyher. Lex.-8. (VI, 575 S.) n. 2 ₰ 8 ngr.
1. Thl. ist noch nicht erschienen.

Neue, Friedr., Formenlehre der lateinischen Sprache. 1. Thl. gr. 8. (IV und 722 S.) Stuttgart 866. [Berlin, Calvary und Comp.] *
2. Thl. Mitau. [Ebendas.] 1861. * 2 Thlr. 8 Ngr.

Neue, Friedr., Formenlehre der lateinischen Sprache. 1. und 2. Thl. 2. gänzlich umgearb. und erweit. Aufl. in 5 Lfgn. 2 Bde. Lex.-8. (692; 820 S.) Berlin 874—76, Calvary und Comp. (Subscr.-Pr. à Thl. *M 15.) à Thl. *M 18. *

Neue, Friedr., Formenlehre der lateinischen Sprache. 1. Thl.: Das Substantivum. 2. erweit. Aufl. 5 Lfgn. gr. 8. (IV, 692 S.) Berlin 876,77, Calvary und Comp.
Subscr.-Pr. à Lfg. *M 3. *
Ladenpr. à Lfg. *M 3,60. *

— dasselbe. Register. 3 Lfgn. gr. 8. (1. Lfg. 64 S.) Ebend. 877. Subscr.-Pr. n. 9. —; Ladenpr. n. 10. —

Formenlehre der lateinischen Sprache von Friedrich Neue. 3. sehr verm. Aufl. Hrsg. von C[arl] Wagener. Bd 1–4. Leipzig: O. R. Reisland (2. 3: Berlin: S. Calvary & Co.) (1888)–1905. 4 Bde 8°
1. Das Substantivum. 1901.
2. Adjectiva, Numeralia, Pronomina, Adverbia, Präpositionen, Konjunktionen, Interjektionen. (In 16 Lfgen.) 18(88–)92.
3. Das Verbum. (In 11 Lfgen.) 18(94–)97.
4. Register mit Zusätzen u. Verbesserungen. 1905. [05. 3463

Neue, Friedr., Formenlehre der lateinischen Sprache. 2. Bd.: Adjectiva, Numeralia, Pronomina, Adverbia, Präpositionen, Conjunctionen, Interjectionen. 3. gänzlich neu bearb. Aufl. von C. Wagner. 1.—4. Lfg. gr. 8. (S. 1—256.) Berlin 888, Calvary und Comp. Subscr.-Pr. à Lfg. *M 1.50. *
Ladenpr. à Lfg. *
1. Bd. 2. Aufl. Ebendas. 1876,77. *M 18.—.

Neue, Friedr. Formenlehre der lateinischen Sprache. 2. Bd.: Adjectiva, Numeralia, Pronomina, Adverbia, Präpositionen, Conjunctionen, Interjectionen. 3. gänzlich neu bearb. Aufl. v. C. Wagener. 5.—16. (Schluss-)Lfg. gr. 8. (XII, 999 S.) Berl. 889–92, Calvary u. Comp. Subscr.-Pr. à Lfg. * 1 50
Ladenpr. à Lfg. * 2 —; * 24 —
1. Bd. 2. Aufl. 1876,77. [* 18 —] * 32 —; 2. Bd. 1.—4. Lfg. Ebd. 1888. [* 6 —] * 8 —.

— dasselbe. 3. Bd.: Das Verbum. 3., sehr verm. Aufl. v. C. Wagener. 1.—3. Lfg. gr. 8. (S. 1—192.) Ebd. 894. Subskr.-Pr. à n. 1. 60; Ladenpr. à n. 2. —

Neue, Frdr., Formenlehre d. latein. Sprache. 3. Bd.: Das Verbum. 3., sehr verm. Aufl. v. C. Wagener. 4.—11. (Schluss-) Lfg. gr. 8. (II u. S. 193—664.) Berlin 894—897. Leipzig, O. R. Reisland.
Subskr.-Pr. n. 11. 40; Ladenpr. n. 15. 20
(3. Bd. kplt.: n. 21. —)

Neue, Frdr., Formenlehre der lateinischen Sprache. 1. Bd. Das Substantivum. 3., sehr verm. Aufl. v. C. Wagener. gr. 8. (VI, 1019 S.) Leipzig 902. O. R. Reisland. n. 32. —

Neue, Frdr., Formenlehre der lateinischen Sprache. 4. Bd.: Register m. Zusätzen u. Verbessergn. 3. Aufl. v. C. Wagener. (397 S.) gr. 8. Leipzig 905. O. R. Reisland. n. 16. —; geb. n. 18. —
(Vollständig: 101. —; geb. 109. 80)

Neue, Heinr., über Herzrupturen. Kasuistischer Beitrag zur Lehre v. den traumat. Herzrupturen. (Diss.) (54 S.) 8. Berlin 911. E. Ebering. nn 1. 30

Neu-Ebenezer [Schlagwort]

Neu-Ebenezer — Plan von — verlegt von Matth. Seutter Kayserl. Geogr. in Augsburg. 1 : 2,800. Auf demselben Blatte: Ein Theil von Süd-Karolina und Georgien. 1 : 1,200,000. und die grosse St. Simons Insel. 1 : 190,000. 1 Bl.

Neue Blatt-Kalender, der. 1901. Ein humorist. Hausfreund f. alle Kreise. 2. Jahrg. gr. 4. (28 u. 80 S. m. Abbildgn.) Leipzig, A. H. Payne. — 75

Neue Einsiedler Kalender für 1896. 31. Jahrg. M. vielen Holzschn. u. 1 Farbendruckbild. In-4°. Einsiedeln, Eberle, Kälin & Co. — 40

Neuefeind, H., der Franziskusjünger. Handbüchlein f. die Mitglieder des 3. Ordens des hl. Franziskus. (124 S. m. Titelbild.) 16. Essen 907. Fredebeul & Koenen.
Geb. in Leinw. — 50

Neue Hebriden [Schlagwort]

Neue Hebriden, s.: Kolonien.

Neueinführung, die, öffentlicher Fronleichnamsprozessionen in überwiegend protestantischen Orten. Materialien zur Beurteilg. dieser Angelegenheit, gesammelt v. e. bayer. Theologen. gr. 8. (IV, 59 S.) Nördlingen 901. C. H. Beck. n. 1. —

Betrifft Neueinteilung der Kieler Kirchengemeinde. (Kiel. 1907.) 8°

Neue Mühle [Schlagwort]

Neue Mühle, s.: Wanderkarten.

Neuen, Cornelius (geb. Stürzelberg im Rheinl. 5. 2. 1830): De pneumothorace. Berolini (1855). (29 S.) 8°
Berlin, Med. Diss. v. 20. Aug. 1855

Neuenaar, Ludw. v., Gräfin Isolde. Schauspiel in 5 Aufzügen. 8. (86 S.) München 888, Mangelsdorf. *

Bad Neuenahr und das Ahrthal. Die Vulkan. Eifel. Prakt. Wegweiser. 3. Aufl. M. 1 Kt. *Berlin: O. Goldschmidt 1898.* (IV, 58 S., 1 Kt.) 1 Bd 8.
= Reisebücher, Griebens. Bd 32. [98. 9877

Bad Neuenahr und das Ahrtal. Prakt. Wegweiser. 5., neu bearb. Aufl. Mit 2 Karten. Berlin: A. Goldschmidt 1908–09. (53 S.) 8° [F. u. Ant.]
= Reiseführer, Griebens. Bd 32. [08. 1557

Bad Neuenahr, das Ahrtal und die östliche Eifel. Prakt. Wegweiser. 4., neu bearb. Aufl. Mit 2 Karten. Berlin: A. Goldschmidt 1904–05. (IV, 50 S.) 8° [F. u. Ant.]
= Reiseführer, Griebens. Bd 32. [04. 5303

Bad Neuenahr und das Ahrtal. Prakt. Reiseführer. Mit 2 Kt. 6., neu bearb. Aufl. Berlin: Goldschmidt 1910–11. 54 S. 8°
(Griebens Reiseführer. Bd 32.) A 12. 5773

Neuenborn, Robert [cand. med.]: Beiträge zur Histologie der Larynxpolypen. . . . Königsberg i. Pr., Druck v. M. Liedtke, 1891; 33 S., 1 Bl. 8°
Königsberg, Med. Fak., Inaug.-Diss. v. 30. Mai 1891

Neuenborn, Rob., Beiträge zur Histologie der Larynxpolypen. Diss. gr. 8. (32 S.) Königsberg i/Pr. 891. (W. Koch.) n. — 80

Neuenburg [Sachliches OW]

Neuenburg. Seine Geschichte, seine heutige Lage und seine Beziehungen zu Preussen. Als Manuscript gedruckt. 8. Berlin 1849.

Neuenburg. Canton N'. Geschichte und Politik.
Druckblätter, 8. u. 4, in Mappe.
Druckblätter, fol., in Sammelband.

Neuenburg, die Schweiz und Preuszen. Beantwortung der Scheidler'schen „Beleuchtung". Von einem ehemaligen Schüler des Hrn. Prof. [Carl Hermann] Scheidler. SA. 4. Basel (1856).

Neuenburg [Schlagwort]

Neuenburg, s.: Geologische Karten, Preussen. 86.

Neuenbürg i. O., s.: Preussen. Messtischblätter.

Neuenburg i. Westpr., s.: Preussen. Messtischblätter.

Neuenburg [Verfasser]

Neuenburg, s. Depeschen, illustrirte.

Neuenburg, Moritz: Der L e b e r e c h i n o c o c c u s und seine operative Behandlung. Berlin (1877). (31 S.) 8°
Berlin, Med. Diss. v. 1. Sept. 1877

Neuenburg, R., aus goldener Burschenzeit, s.: Bücherschatz, neuer, s. Daheim u. die Reise.

— der lahme Stuhlschreiber, s.: Schriften des sächsischen Volksschriften-Verlags.

Neuenbürg [Schlagwort]

Neuenbürg, s.: Touristenkarten.

Neuenbürg, s.: Württemberg. Höhenkurvenkarte.

Neuenburgerfrage. Zur N'. Bern 1856 *s.* [Lommel, Georg].

Neuenburgerfrage 1856 57. Eidgenossische amtliche Acten, die N' betreffend; deutsch. französisch und italienisch. (1856–1860.) 8.

Neuenburgerfrage. Die N' F'. Bemerkungen eines bejahrten Deutschen zunächst für seine unbefangenen Landsleute. 8. Basel und Zürich 1857.

Neuenburgerfrage. Zur N' F'. Historische und rechtliche Andeutungen. – Das schweizerische Memorial. 8. Berlin 1857.

Neuendahl, Caspar Georg von (Mecklenburg. Adel), De usufructus parentum in bonis liberorum tam de jure Romano quam Germanico genuino fundamento. Diss. jur. Präs. Carl Adolph Braun. Jena (J. Fr. Ritter) April 1743. 152 S. (6.—) 24741

— — De usufructus parentum in bonis liberorum tam de jure Romano quam Germanico genuino fundamento. Comment. jur. Präs. Carl Adolph Braun. Jena (Ritter) 1743. 152 S. (6.—) 24742
Widm. v.: B. G. v. Wickede (dtsch.), J. L. H. Bünsow (dtsch.).

Das Vorkommen des Petroleums in Galizien und dessen Gewinnung. Vortrag von L. von **Neuendahl.** — Wien: Gründungs-Comité **1865**. 11 S. 8°

Neuendorf [Schlagwort]

Neuendorf, s.: Usedom.

Neuendorf [Verfasser]

— s. auch Neundorf.

Neuendorf. De l'influence opérée par Malherbe sur la poésie et sur la langue françaises. Marburg, H. B., 1871. 22 S. 4. Progr.
vgl. Neuendorff.

Neuendorf, J. G., die Stiftsländer d. ehemal. Bisthums Ratzeburg, topograph. u. geschichtl. dargestellt, mit e. Vorr. v. Norrmann; nebst e. illum. Karte. gr. 8. Rost. 832. Stiller. 1 ℔ 16 gl

K. Gf. **Neuendorf** üb. d. Anlagen d. Menschen u. d. Gang seiner Ausbild. *Lpz.*, Barth. 805. 8° 6gl

Neuendorf, Karl Gf., (✝ d. 10. Oct. 1798.) kurze Beleuchtung üb. bürgerl. Freiheit u. Gleichheit. 8. Dessau 792.

Neuendorf, K. Gli.: Verm. Abhandll. üb. Gegenstände d. Gesetzgeb. u. Rechtsgel. ***Ulm,*** **Stettin. 805. 8. (16 Gr.)**

Neuendorf K. Gli.: Erörtt. ein. Materien d. **Civilrechts v. pract. Wichtigkeit.** ***Tübingen***, **Heerbrandt (Osiander). 807. 8. (14 Gr.)**

— s. Fibel f. d. ersten Unterricht

— s. Nachr. v. d. Verfassung d. Erziehungsinstitute.

— s. Theodicee u. Menschenglück.

— s.a Versuch üb. die Lage d. Menschen.

— Versuch üb. d. Anlagen und Würdigung der Menschen und den Gang seiner Ausbildung. 8. Leipz. Barth. (in Commiss.) 804.

Neuendorff: De l'influence operee par Malherbe sur la poesie et sur la langue francaise. 22 S.– Marburg i/H. h. Bürg., Progr. 1871.
vgl. Neuendorf.

Neuendorff, Bernhard: **Entstehungsgeschichte** von Goldsmiths Vicar of Wakefield. *Berlin 1903: H. John, Halle a. S.* (IV, 107 S.) 8° ¶ [Gekr. Preisschr. — Soll fortgesetzt werden.]
Berlin, Phil. Diss. v. 19. Dez. 1903

Entstehungsgeschichte von Goldsmiths Vicar of Wakefield von Bernhard **Neuendorff,** Dr. phil. *Berlin: Mayer & Müller 1903.* (IV, 107 S.) 8° [Ant. u. F.]
[Erschien auch als Inaug.-Diss. Berlin 1903.] [04. 13947

Neuendorff, B., die englische Volksbühne im Zeitalter Shakespeares nach den Bühnenanweisungen, s.a. Forschungen, literarhistorische. 43. Heft.

Die Englische Volksbühne im Zeitalter Shakespeares nach den Bühnenanweisungen von Dr. B[ernhard] **Neuendorff.** Berlin: Felber 1910. VIII, 230 S. 8°
(Literarhistorische Forschungen. H. 43.) [10. 9341 2

Neuendorff, Carl Theodor Albert, s. Neuendorff, Karl Theodor Albert

Handbuch für Leiter und Leiterinnen von Frauenturnabteilungen. Von Dr. Edmund **Neuendorff.** Mit 76 Abb. Leipzig & Berlin: B. G. Teubner 1909. (196 S.) 8° [F.] [08. . :.

Neuendorff, Edmund, Handbuch für Leiter und Leiterinnen von Frauenabteilungen, m. Abb., 1. u. 3. Aufl., Leipzig u. Berlin 1909 u. 1913, 8°. 2 Bde.

Neuendorff, Edm., Handbuch f. Leiter, Leiterinnen und Vorturnerinnen v. Frauenturnabteilungen. 2., neu bearb. Aufl. (VIII, 208 S. m. 85 Abbildgn.) kl. 8. Leipzig 910. B. G. Teubner. Kart. 2.80

— Hinaus in die Ferne! 2 Wanderfahrten deutscher Jungen durch deutsche Lande. Mit Buchschmuck v. Karl Mühlmeister. (VIII, 235 S.) 8. Ebd. 911. Kart. 3. —

— s.: Monatsschrift f. das Turnwesen.

Neuendorff, Edmund, (Direktor) Dr.: Moderne pädagogische Strömungen und ihre Wurzeln im geistigen Leben der Zeit. Haspe 1907: Harke & Hemmer. (80 S.) 8°
Haspe i. W., st. R OP 1907 (472)

Neuendorff, Edmund, Turnen, Spiel u. Sport f. dtsch. Knaben, m. Abb. (Samml. belehrend. Unterhaltungsschr. f. d. dtsch. Jugend, begr. u. hrsg. v. Hans Vollmer, Bd. 35), Berlin, 143 S., 8°.

Neuendorff, Edm., die Turnlehrer an den höh. Lehranstalten Preußens u. d. Geist d. Turnlehreramtes. (III, 131 S.) gr. 8. Berlin 905. Weidmann. n. 2. 40

Neuendorff, Edmund: Das Verhältnis der Kantischen Ethik zum Eudämonismus, dargestellt nach ihrem Entwicklungsgange bis zum Erscheinen der Grundlegung der Metaphysik der Sitten. I. T. *Berlin (1897): E. Ebering.* (40 S.) 8°
Greifswald, Phil. Diss. v. 4. Okt. 1897

Neuendorff, F. W., komische Vorträge z. Erheiterung f. jede Gesellschaft. (Gedichte.) gr. 12. (11 B.) Berlin 840, Plahn'sche Bh.

Neuendorff, F. W., komische Vorträge zur Erheiterung für jede Gesellschaft. Gesammelt und hrsg. 2., wohlf. (Titel-) Ausg. gr. 12. (IX und 254 S.) Berlin 850, Nitze.

Neuendorff, *Hans* Friedrich [aus Berlin]: Zur Frage von dem Vorkommen einer specifisch gonorrhoischen Pyelitis ... Berlin, Buchdr. v. G. Schade, *1892*; 33 S., 1 Bl. 8.
Berlin, Med. Fak., Inaug.-Diss. v. 23. Juli 1892

Neuendorff, Geo. Hellmuth, der bunte Baum. Ein Skizzenbuch. (V, 80 S.) kl. 8. Dresden 910. E. Pierson. 1.50; geb. n 2. 50

Neuendorff, Joach. Heinr., die Stiftsländer d. ehemal. Bisth. Ratzeburg, topograph. u. geschichtlich dargest. Mit e. Vorr. v. Norrmann. Nebst e. neuen, vollständ. Karte (entworf. v. D. J. v. Oertzen. Lith. u. ill., gr. Fol.). gr. 8. (11¼ B.) Rostock 832, Stiller.

Neuendorff, Johannes (geb. am 24 Nov. 1857 in Linz a. Rh.): Mittheilungen über das Carcinoma mammae nach Beobachtungen in der Bonner chirurgischen Klinik während der Jahre 1875—1885 ... Bonn, Univ.-Buchdr. v. C. Georgi 1885. 74 S., 1 Bl. 8.
Bonn, Med. Fak., Diss. v. 4 Apr. 1885

Neuendorff, Karl Theodor Albert

C(arolus) T(heodorus) A(lbertus) Neuendorff: De spinae bifidae Curatione radicali. Halae (1820:) Grunert. 34 S. 8°
Halle, Med. Diss. v. 18. Nov. 1820

Neuendorff. C. F. A., de Spinae Bifidae curatione radicali. 8. Berl. 820. Oehmigke. 4 gl

Neuendorff, R., Gedenktafel. 3. verb. Aufl. 74,5×60 cm. Lissa 902. F. Ebbecke. n. — 75; auf Leinw. m. Stäben n. 2.—

Neuendorff, R., kurzgefaßtes Lehrbuch der Stolze'schen Stenographie. Nach e. neuen Prinzip der Einzeiligkeit bearb 8. (24 autogr. S.) Wriezen 888. (Kreuzburg, O. Praetorius.) n. — 50

Neuendorff, R., Vademekum f. Lehrer an Volksschulen im Reg.-Bez. Oppeln d. i. kurzgef. Anweisg. zur vorschriftsmäß. Verwaltg. des Schulamts u. erprobte Ratschläge zur Erzielg. guter Revisionsprotokolle. 8. (60 S.) Kreuzburg OS. 897. E. Thielmann. n. — 40

— Vademekum f. Lehrer an Volksschulen im Reg.-Bez. Bromberg, d. i. kurz gefaßte Anweisg. zur vorschriftsmäß. Verwaltg. des Schulamts u. erprobte Ratschläge zur Erzielg. guter Revisionsergebnisse. 8. (100 S.) Ebd. 901. n. 1. —

— dasselbe im Reg.-Bez. Posen, d. i. Kurzgefaßte Anweisg. zur vorschriftsmäß. Verwaltung des Schulamts u. erprobte Ratschläge zur Erzielg. guter Revisionsergebnisse. 8. (96 S.) Ebd. 900. n. 1. —

Neuendorff, R., Wegweiser für die neue Rechtschreibung. (1 Bl.) Fol. Lissa (908). F. Ebbecke. n. — 25; auf Pappe od. auf Leinw. m. Rand u. Oesen n. — 75

Neuendorff, Richard: Über Kreispunktpolarkurven. Leipzig 1908: Teubner. 30 S. 8°
Kiel, Phil. Diss. v. 25. Aug. 1908, Ref. Heffter
[Geb. 23. Jan. 77 Berlin; Wohnort: Kiel; Staatsangeh.: Preußen; Vorbildung: Sophien-Realgymn. Berlin Reife M. 95; Studium: Berlin 7 S.; Rig. 20. Juni 08.] [U 09. 2329

Neuendorff, Rich. (geb. Berlin 2. 9. 1847): Eine Ruptur der Arteria profunda femoris durch Quetschung. Berlin [o. J.] (32 S.) 8°
Berlin, Med. Diss.
nachgeliefert v. dem am 3. Aug. 1870 auf Grund gedruckter Thesen promov. Verf.

Neueneggfeier. Druckblätter und Zeitungsnummern, die Schlacht bei Neuenegg, 1798, und ihre Jahrhundertfeier, 1898, betreffend. (1898.) 8. *u.* fol., *in Sammelband* fol.

Neuenfeldt, Otto, ist die Conventionalstrafe ihrem Grundprincipe nach Strafe od. Ersatzleistung? Eine civilist. Abhandlg. gr. 8. (VII, 61 S.) Berlin 885. Puttkammer & Mühlbrecht. n. 1. 60

Neuengamme u. seine brennende Gasquelle. Von e. Einheimischen. (13 S. m. 1 Fig.) kl. 8. Bergedorf (910). Köster & Wobbe. — 15

Der Neu England Demokrat : Oct. 20, 1857--? Boston, MA
Weekly.

Neu-Engländer, die, oder Skizzen von Charakteren u. Sitten in Neu-England. Aus d. Engl. übers. v. Johann Wall. 2 Thle. 8. Bremen 827, Schünemann.

Neu-England Journal : 1872--1876?
Republican weekly. Title varies: BOSTONER VOLKSBLATT, 1872--75? Circulation: 1873, 675; 1876, 500 (est.). Edited & published by Otto Kunze, 1872--75?; edited by E. Leonard, & published by Neu-England Journal Co. 1875?--1876.
Boston, MA

Neu England Rundschau : Jan. 1, 1883--1930?
Independent weekly. An edition printed for Springfield, Mass., 1890--97. Merged with DIE RUNDSCHAU. Circulation: 1890, 1100; 1900, 1480. Edited by F. Paul & C. Deichmann, 1883—90; by August Lehmann, 1891--92; by Charles Kraft, 1893—1903; published by Thieme & Paulig, 1883--90; by German-American Publishing Co., 1891—1903.
Holyoke, MA

Neu-England Zeitung : July 1, 1846--1853. Boston, MA

Neuenhagen, Eduard, prakt. Arzt aus Gimbsheim: **Über symptomlos verlaufene Perikarditis mit Lebercirrhose.** *Berlin (1899): G. Schade.* (28 S.) 8°
Berlin, Med. Diss. v. 7. Febr. 1899

Neuenhagen, Fr. Gli., neue französ. Grammatik, besonders f. diejenigen, welche Latein lernen od. gelernt haben. 8. Eisleben. 811.

— s. Mythologie d. nord. Völker.

Neuenhagen, Wilh. Henr. Charl., s. Graurock, der.

– s.a. Laura's Briefwechsel.

LAURA'S Briefwechsel mit ihren Zöglingen .... (verfaßt von *Wilhelmine Henriette Dorothea Neuenhagen*, geb. *Wenzel*). Leipzig 1799. Zahm.
Anon.-Lex. III. p. 278 (nach Kayser u. v. Schindel).

Neuenhahn, G., Sammlg. v. Ortsgesetzen, Statuten u. Verordngn. d. Universitäts- u. Residenzstadt Jena. 1. Bd. gr. 8. (VII, 167 S.) Jena 897. G. Neuenhahn. n.n. 1. 50

Neuenhahn, G., Sammlung der Ortsgesetze u. wichtigeren Verordnungen f. die Universitäts- u. Residenzstadt Jena. 2. Bd. (XII, 388 S.) 8. Jena 909. G. Neuenhahn. nn 2. 50
1. Bd. Ebd. 897. nn 1. 50.

Neuenhahn, Karl Chr. Ad.

Neuenhahn, E. C. A.: „Anleitung zum landwirthschaftlichen Handel oder über den mancherley Gebrauch, die Aufbewahrung und den Handel ökonomischer und anderer Produkte der Erde, für Land- und Stadtwirthe", 1. Band Erfurt 1806 (Kayser); 2. Band in 2 Abteilungen, fortgesetzt von J. L. G. Leopold, ebenda 1808 bis 1810.

— Anleit. zum landwirthschaftl. Handel rc. gr. 8. Erf. Keyser. 806.

— — dess. 2n Bds 1r u. 2r Th. fortges. von J. L. Günther Leopold. gr. 8. Ebend. 808—10. (1r 1 Rthlr. 8 gr. 2r 1 Rthl. 4 gr.)

Neuenhahn d. jüng., Karl Chr. Ad., († d. 9. Juli 1807.) Annalen d. Gärtnerei. 12 Stücke. 8. Erfurt 796—97. Keyser. (à 6 gr.) 3 ß

Neuenhahn, Carl Chr. Ad., Annalen d. Gärtnerei. 12 Stke. 8. Erfurt, 1795—1800. (Winkler.) à — 7½ 3. —

— üb. d. Aurikel-Systeme; nebst e. ganz neuen Classifikation d. Aurikeln. 8. Frankenhausen, 1791. — 2¼

— über die Aurikelsysteme. 8. Nordhausen, Groß. 792.

— Beitr. zur Branntweinbrennerei in Br. an Westrumb. 8. Erf. 793. Keyser. 5 gr

– s. Bestimmung des Werthes d. r. Münzen.

— der Blumenzwiebelgärtner oder Beschreib. v. allen auf der Erde bekannten Lilienarten, Gewächsen rc. 2 Bde. gr. 8. Lpz. 804. Kummer. 3 ß 8 gr

Neuenhahn, Carl Christian Adolph: Die Branntweinbrennerey nach theoretischen und practischen Grundsätzen nebst der dazu erforderlichen Viehzucht und Mastung auch Beschreibung eines neuen holzersparenden Ofens und Rostes. 2., verm. u. ganz umgearb. Aufl. Mit Kupfern und Figuren. Erfurt: Keyser 1791. X, 647 S. -- 12°.23°
--- Dass. 1. Aufl. Ebd. 1789. -- [Zit. nach Kayser]
Heinsius: Die Branntweinbrennerey .... Erfurt: Keyser 1789.
--- Dass. 3., verm. und abermals ganz umgearb. Aufl. Bd 1.2. Ebd. 1802-04. -- 3°.23°
Bd 2 erschien auch u.d.T.: Neuenhahn: Das Ganze der Branntweinbrennerey nach praktischen Grundsätzen, ... 1804. -- s. Nr 5375.

— die Branntweinbrennerei nach theoret. u. prakt. Grundsätzen. 3e Aufl. 1r Bd. Mit Kpf. gr. 8. Erf. 802. 4e A. 811. Keyser. 2 ß 12 gr (Vergl. Branntweinbrennerei).

— Dass. 2r Bd. A. u. d. T.: das Ganze d. Branntweinbrennerei nach prakt. Grundsätzen. Mit 9 Kpft. gr. 8. Lpz. (803.) Baumgärtner. 5 ß

--- Ders.: Das Ganze der Branntweinbrennerey nach praktischen Grundsätzen, nebst der dazu erforderlichen Mastung, mit Beschreibung eines holzersparenden Blasenheerds, und einer Rauchmalzdarre, ... 3., verm. u. abermals ganz umgearb. Aufl. Mit Kupfern und Figuren. Leipzig: Baumgärtner in Comm. 1804. XXII, 858 S. -- 12°.34°. Lb 1°
Dass. erschien auch u. d. T.: Neuenhahn: Die Branntweinbrennerey .... 3. Aufl. Bd 2.1804. -- s. Nr 5374.

— Handbuch f. Gartenfreunde u. angehende Botaniker, od. systemat. Verzeichniß v. 2261 Arten Saamen u. Pflanzen rc. 8. Frankenhausen 788. 2e Aufl. unt. d. T.: Handbuch üb. alle bekannte Pflanzen d. Welt. 2 Bde. gr. 8. Leipz. 803, 4. Kummer. 2 ß

— üb. die Helme d. Branntweinblasen, wie auch e. Rauchmalzdarre. Mit Kpf. 8. Erf. 795. Keyser. 8 gr

— Contorist s. Contorist.

— üb. ein neues Produkt, das ohne Kosten gewonnen wird, u. das vollkommen anstatt d. Kienrußes gebraucht werden kann. 8. Erf. 795.

— Verzeichniß, s. Verzeichniß.

Neuenhahn, Karl Ludwig

— vermischte Anmerkk. üb. einige auserlesene Materien zur Beförderung nützl. Wissenschaften. 4 Thle. 8. Leipz. 754—56. Hilscher. 1 ß 8 gr

Neuenhahn, Carl Ludwig (Hrsg.), s.a. Bibliothek, Vermischte.

Neuenhahn, Karl Edw., († ...) vermischte Bibliothek, oder Auszüge z. Arzneigelehrtheit, Chymie rc. 2 Thle. 8. Braunschw. 758—60. Schulbuchhandl. 1 ß

— s. J. C. Ebel, Abhandl. v. deutschen Indig, u. setze hinzu: Aus d. Latein. v. K. Neuenhahn.

Neuenhaus, A. S., Auswahl guter Lesestücke. 8. (20½ B.) Halle 841, Anton.

Neuenhaus, A. S., Bemerkungen zu der Schrift des Pfarrers G. A. Wislicenus: „Ob Schrift? Ob Geist?" gr. 8. (4½ B.) Leipzig 845, Barth. *

Neuenhaus, A. S., die Gevattersleute. 8. (32 S.) Halle 847, Mühlmann. *

—— an den Herrn Diaconus F. W. Hildebrandt in Halle. Offenes Schreiben. 8. (11 S.) Halle 847, Mühlmann. *

—— Predigten z. Erkenntniß christl. Glaubens. 8. (20 B.) Halle 844, Mühlmann. *

Neuenhaus, H., über e. neue Helicide — Archaeoxesta pelecystoma — sowie einige Funde aus den Diluvialsanden v. Biebrich. (S. 63—67 m. 5 Abbildgn.) gr. 8. Wiesbaden 909. J. F. Bergmann. — 40
Sonderabdruck aus: „Jahrbb. d. nass. Ver. f. Naturkde."

Neuenhaus, Hans Heinrich (München), Über ein neues Thioderivat des Desoxybenzoïns, das Dicarbotrithio-bis-Desoxybenzoïn. Diss. Leipzig (Metzger u. Wittig) 1899. 59 S. u. Biogr. 24743
Seinen Pflegeeltern gew. (J. Neuenhaus).

Neuenhaus, J., s.: Calvinstudien.

Neuenhaus, J., das Wort Gottes und die Gemeinden. Eine Studie, Amtsbrüdern und Freunden der evangel. Kirche dargeboten. gr. 8. (III, 92 S.) Halle 885, Niemeyer. *

Neuenhaus, Johs., Jesu Schweigen u. Zeugen vor Caiphas. Predigt üb. Marc. 14, 60—62, geh. am Sonntag Okuli, den 20. März 1892. gr. 8. (7 S.) Elberfeld 892. Reformirter Schriftenverein. n. —20

Neuenheuser, Peter, aus Düsseldorf: Untersuchungen über Martin Opitz im Hinblick auf seine Behandlung der Natur. *Bonn 1904: C. Georgi.* (102 S.) 8°
Bonn, Phil. Diss. v. 2. März 1904

Neuenhof, Heinz, Dilettanten, s.a. Liebhaber-Theater.

[F.] Dilettanten. Schwank in 1 Akt v. Heinz **Neuenhof**. *Mülheim a. d. Ruhr: J. Bagel [1896].* (39 S.) 1 Bd 8.
= **Liebhaber-Theater.** Bdch. 61. [98. 11591

Neuenhof, Heinz, die Einbrecher, s.: Lustspiele.

Neuenhof, Heinz, die Höllenmaschine, s.a. Liebhaber-Theater. 76.

Die Höllenmaschine. Schwank in 1 Aufzug von Heinz **Neuenhof**. *Mülheim a. d. Ruhr: J. Bagel [1899].* (47 S.) 8° [F.]
= **Liebhaber-Theater.** Bdch. 70. [00. 11677

– Lucretia, s. Liebhaber-Theater.

[F.] Lucretia. Schwank in 1 Aufzuge v. Heinz **Neuenhof**. *Mülheim a. d. Ruhr: J. Bagel [1896].* (40 S.) 1 Bd 8.
= **Liebhaber-Theater.** Bdch. 62. [98. 11592

— ein **Rendezvous**, s.a. Liebhaber-Theater. 87.

Ein Rendez-vous. Schwank in 1 Akt von Heinz **Neuenhof**. Mülheim a. d. Ruhr: J. Bagel [1902]. (32 S.) 8° [F.]
= **Liebhaber-Theater.** Bdch. 87. [06. 3067

Neuenhof, Heinz, der Smyrnateppich, s.a. Liebhaber-Theater.

Der Smyrnateppich. Schwank in 1 Akt von Heinz **Neuenhof**. Mülheim a. d. Ruhr: J. Bagel [1903]. (48 S.) 8° [F.]
= **Liebhaber-Theater.** Bdch. 92. [06. 3070

— **Ein Versuchsballon**, s.: Lustspiele.

Neuenhofer, Karl: Der Kettenfadenwächter am mechanischen Webstuhle. Leipzig: Martins Textil-Verl. [1909]. 35 S. 4°
¶ Aus: Leipziger Monatsschrift f. Textil-Industrie. Jg. 25. 1910.
Hannover, Dr.-Ing.-Diss. v. 24. 7. 1909

Neuenhöfer, Jh. Fr., († 1791.) Versuch e. Beitrags z. Erklärung des hohen Liedes Salomonis. 8. Bremen 775. Förster. 16 gr

— Versuch e. gemeinnütz. Uebersetzung des Prediger Salomonis, nach d. Grundtexte ꝛc. 8. Weißenf. 786. (Weygand in Leipz.) 6 gr

Neuenhöfer, J. F., Versuch einer gemeinnütz. Anw. d. Pr. Salamo's nach d. Grundtext ꝛc. 8. Weißenfels, Böse. 787.

Neuenkirchen [Schlagwort]

Neuenkirchen i. L., s.: Preussen. **Messtischblätter.**

Neuenkirchen [Verfasser]

Neuenkirchen, E., üb. die Verwerthbarkeit d. spec. Gewichts u. d. Eiweissgehalts pathologischer Trans- u. Exsudate zur klinischen Beurtheilung derselben. Inaug.-Diss. gr. 8. (88 S.) Dorpat 888. (Karow.) n. 1. 50

Neuens, Nikolaus

Neuens, N., Fortschritte Priessnitzens, Kneipps Rückschritte im Aufbau u. Ausbau der Naturheilmethode. Authentisch dargestellt. Zugleich geschichtl. u. sachl. Widerlegg. der Kritik des Dr. Baumgarten betreffs der Systeme Priessnitz u. Kneipp. Mit Priessnitzens Bildnis u. Fksm. des einzigen von ihm geschriebenen Briefes. (XV, 897 S.) gr. 8. Diekirch 903. Bollendorf (Trier, Naturheilanstalt), Direktor Nauens. n. 4. —

Fortschritte Prießnitzens, Kneipps Rückschritte im Aufbau und Ausbau der Naturheilmethode. Authentisch dargest. von N(ikolaus) **Neuens**. Zugleich geschichtl. u. sachl. Widerlegung d. Kritik des Dr. Baumgarten betr. d. Systeme Prießnitz u. Kneipp. Mit Prießnitzens Bildn. u. d. Facs. d. einzigen von ihm geschriebenen Briefes. *Diekirch (Luxemburg) 1903: J. Schroell.* (XV, 397 S.) 8° [04. 3083

Neuens, Nicolas: Handbuch zur Erklärung und nützlichen Anwendung der Kneipp'schen Heilmethode. Luxemburg: St. Paul.-Druck 1892. 62 S. 8°

Neuens, N., manuel pratique et raisonné du système hydrothérapique de M. l'abbé S. Kneipp, curé de Woerishofen. Précédé d'une attestation de M. l'abbé Kneipp. Éd. française seule autorisée. 8. (II, 155 S. m. Abbildgn.) Paris 892. Kempten, J. Kösel. n. 1. 20

— das Naturheilsystem, wissenschaftlich begründet. 2 Bde. gr. 8. Ebd. 901. n. 10. —; in 1 Leinw.-Bd. n. 12. —
1. Geschichte, Grundprinzipien, Heilfaktoren, Verfahren, Ergebnisse, naturgemäße Ernährung. (VIII, 533 S.)
2. Kräuterlehre, Gesundheitspflege, Kinderpflege, Anatomie, Physiologie, Diagnose, Pathologie, Therapie. (VIII, 364 und XX S. m. 8 Taf.)

Neuens, Nik., der wahre Kneipp bedeutet weder e. neue Erfindung noch e. prinzipiellen Fortschritt im Wasserheilverfahren. Beleuchtung der Untersuchg. u. Kritik des Dr. Baumgarten betreffs der Systeme Prießnitz u. Kneipp. [Aus: „Naturheilsystem".] gr. 8. (24 S.) München 901. [R. Abt.] J. J. Lentner. n. —10

Neuens, Nicolas: Die Wasserkur. Kneipp's System erläutert und mit einer Heilkräuterlehre vermehrt. Trier 1894. 496 S. 8°

Neuens, O., Kneipp's Wasserkur. Erläutert u. verb. v. N. 8. (496 S.) Trier 894. Paulinus-Druckerei. n. 2. 80; kart. n. 3. 20; geb. n. 3. 50

Neuenstein, Karl Frh. v.

Neuenstein, K. Frhr. v., s.: Amman, J., das churpfälzische Fürstenhaus.

Die Grafen von Eberstein in Schwaben hrsg. v. Karl Frh. v. Neuenstein. M. Abb. vieler Wappen, Siegel u. Denkmäler. (Bd 1.) *Karlsruhe: G. Braun 1897.* 8. [98. 1874

Neuenstein, Karl Frhr. v., d. Grafen v. Eberstein in Schwaben. M. Abb. vieler Wappen, Siegel u. Denkmäler. (1. Bd.) gr. 8. (VII, 187 S. m. 9 Taf.) Karlsruhe 897. G. Braun'sche Hofbuchdruckerei u. Verlag. n. 5. —

Neuenstein, Karl Frhr. v., das Wappen d. grossherzogl. Hauses Baden in seiner geschichtlichen Entwickelung, verbunden m. genealog. Notizen, bearb., entworfen u. gemalt. gr. 4. (68 S. m. 12 [z. Tl. farb.] Taf. u. 1 Stammtaf.) Karlsruhe 892. O. Nemnich. n. 20. —; geb. n. 35. —

Neuenstein, Karl Frhr. v., s.: Wappenkunde.

Neuenzeit gen. **Nigetiet**, Fritz *(geb. Neuwerk bei Werl in Westf. 29. 1. 1848)*: Beitrag zur Kenntniss der Becken mit multiplen Exostosen. Breslau (1872). (33 S.) 8°

Breslau, Med. Diss. v. 3. Aug. 1872

Neuenzeit, Conradus Guilelmus *(geb. Werl in Westf. 16.4.1831)*: De struma. Vratislaviae (1855). (34 S.) 8°

Breslau, Med. Diss. v. 17. Aug. 1855

Neuer, A., Für Deutschthum in Gesetz und Sitte! Darstellung des Verhaltens der Deutsch-Conservativen gegenüber dem Socialistengesetz. 2. Aufl. 8°. Berlin 1879.

Neuer Alexander: Das Prinzip der schöpferischen Synthese in Wundts Psychologie.
II. 1909 PN 2734 Diss. Wien, Univ. 136

Neuer, Minna. Am Wege gepflückt, Gedichte. Washington, D.C.: Waldecker, 1889. GSP

Neuer, Minna. Gedichte. New York, 1893. UC

Neuerburg [Schlagwort]

Neuerburg, s.: Dasburg. — Preussen. Messtischblätter.

Neuerburg, s.: Rheinprovinz, Liebenow, W.

Neuerburg [Verfasser]

Neuerburg, Maschinenfabrik A.-G: Specialliste für Aufbereitung der Erze und Kohlen. Köln a. Rh. (1901)

Neuerburg, Karl Wilhelm: Die Exterritorialität im Strafrecht und Strafprozess. Heidelberg 1910: Zöller. 76 S. 8°
Heidelberg, Jur. Diss. v. 21. Febr. 1910, Ref. v. Lilienthal
[Geb. 22. März 85 Linz a. Rh.; Wohnort: Linz; Staatsangeh.: Preußen; Vorbildung: Gymn. Hildesheim Reife O. 04; Studium: Innsbruck 1, Göttingen 1, Leipzig 1, Kiel 2, Heidelberg 2 S.; Rig. 15. Jan. 10.] [U 10. 1957

Neuerburg-Jacobs, Mathilde, Anleitung zur Kunst-Stickerei für Schule und Haus. Enthaltend die verschiedenartigsten Muster zu Toilette- und Haushaltgegenständen, sowie eine reiche Muster-Sammlung von schönen und eleganten Kirchen-Arbeiten. 1. Heft. 4. (III, 31 S. mit eingedr. Holzschn.) Düsseldorf 881, Schwann'sche Verlagsh. *
Nicht weiter erschienen.

Neuerer (ps.), Die fremde Buhlerinn, eingeführt in die Alpen im Jahre 1814. 1832.
Betrifft Frau von Krüdener. — Weller, Lex. Ps. p. 383.

Neuerscheinungen. Neu-Erscheinungen aus dem Akademischen Verlag für Sociale Wissenschaften (Dr. John Edelheim) zu Berlin [und Bern] 1900/1901. [14 S.] quer-8.

Neuert, E. Skizzen über Tunnelbau. Hannover, 1800.

Neuert, Fritz, des Sängers Berater. Eine leicht faßl. Darstellg. des Wichtigsten aus der allgemeinen Musik- u. Gesanglehre für jeden Chorsänger und solche, die es werden wollen. 8. (37 S.) Pforzheim (Turnstr. 8) 902. Ernst Birkner. n. — 40; geb. n. 1. —

Neuert, Fritz, des Sängers Berater. Eine leicht faßl. Darstellg. des Wichtigsten aus der allgem. Musik- u. Gesangslehre f. jeden Chorsänger u. solche, die es werden wollen. 2. Aufl. (37 S.) 8. Pforzheim (903). R. Neumann. n. — 40

Des Sängers Berater. Eine leicht faßliche Darstellung d. Wichtigsten aus d. allgem. Musik- u. Gesanglehre f. jeden Chorsänger ... Verf. u. hrsg. von Fritz **Neuert**. 3. Aufl. Heidelberg: K. Hochstein (1906). (35 S.) 8° [F.] [06. 7570

— **Evangelisches Religionsbuch.** Zum Gebrauche an Taubstummenanstalten, Hilfsschulen rc. bearb. u. hrsg. (VII, 112 S.) 8. Leipzig-R. (909). H. Dube. Geb. 1. 60

— **neues deutsches Schulliederbuch.** Sammlung deutscher Volkslieder u. volkstüml. Gesänge. 3 Tle. gr. 8. Pforzheim (899). R. Neumann. Kart. n. 1. 85
1. (Ein- u. zweistimmig.) (VIII, 80 S.) n. — 50
2. (Dreistimmig.) (VIII, 128 S.) n. — 60
3 A. (Vierstimmig.) (VI, 76 S.) n. — 75

Neuert, Fritz, neues deutsches Schulliederbuch. Sammlung deutscher Volkslieder u. volkstüml. Gesänge. I. u. II. Tl. 8. Weinheim, F. Ackermann. 1. 35
I. (Ein- u. zweistimmig.) 3. Aufl. (14.—19. Tauf.) (VIII, 88 S.) (908.) Kart. — 60
II. (3 stimmig.) 3. Aufl. (14.—19. Tauf.) (VII, 128 S.) (909.) Geb. — 75

Neuert, Geo., über Begabung u. Gehörsgrad der Zöglinge der badischen Taubstummenanstalten Gerlachsheim u. Meersburg, s.a. Monographien, pädagogische. IV.

Über Begabung und Gehörsgrad der Zöglinge der badischen Taubstummenanstalten Gerlachsheim und Meersburg. Eine statist. Studie, zugleich als Beitrag z. Trennungsfrage, von Georg **Neuert**. Leipzig: O. Nemnich 1907. (VI, 168 S.) 8°
— **Monographien**, Pädagogische. Bd 4. [07. 16436

Neuert, Geo., die Taubstummheit im Grossherzogt. Baden, ihre Ursachen u. Verhütg. Ein Beitrag zur Statistik d. Taubstummheit. gr. 8. (X, 209 S.) Tauberbischofsheim 896. Karlsruhe, J. Lang. n. 3. —

Neuert, Geo., Verzeichnis der Abhandlungen u. wichtigeren Artikel des „Organ f. Taubstummenanstalten" seit seinem Erscheinen (1855). (III, 87 S.) 8. Friedberg 904. (C. Bindernagel.) n. 1. —

Neuert, Hans, Almenrausch und Edelweiß. Oberbayrisches Charaktergemälde mit Gesang und Tanz in 5 Aufzügen mit theilweiser Benützung der Erzählung Herm. v. Schmid's. 1. und 2. Aufl. 8. (82 S.) Augsburg 886,88, Schmid'sche Verlagsh. *

Neuert, Hans. Almenrausch u. Edelweiß. Oberbayerisches Charaktergemälde m. Gesang u. Tanz in 5 Aufzügen m. theilw. Benutzg. der Erzählg. v. Herm. v. Schmid. 3. Aufl. 8. (80 S.) Augsb. 890, Schmid's Verlag. * 1 —

Neuert, Hans, **Almenrausch u. Edelweiß**. Oberbayerisches Charaktergemälde m. Gesang u. Tanz in 5 Aufzügen, m. teilweiser Benützg. der Erzählg. v. Herm. v. Schmid. 4. Aufl. gr. 8. (80 S.) Augsburg 902. B. Schmid's Verl. n. 1.—

—— im **Austragsstüberl**. Ländliches Volksstück mit Gesang und Tanz in 4 Akten. Musik von C. Horak. 1. und 2. Aufl. 8. (69 S.) Ebendas 885. *
3. Aufl. u. d. T.:

—— und Max Schmidt, im Austragsstüberl. Ländliches Volksstück mit Gesang und Tanz in 4 Akten. Musik von C. Horak. 3. Aufl. 8. (68 S.) Ebendas. 888. *

—— u. Max. Schmidt. Im Austragstüberl. Ländliches Volksstück m. Gesang u. Tanz in 4 Akten. Musik v. C. Horak. 4. Aufl. 8. (68 S.) Ebd. 889. * 1 —

— u. Max. **Schmidt**, im **Austragstüberl**. Ländl. Volksstück m. Gesang u. Tanz in 4 Akten. Musik v. C. Horak. 5. Aufl. 8. (68 S.) Augsburg 898. B. Schmid's Verl. n. 1.—

— 's **Christl vom Staffelberg**. Oberbayerisches Volksstück m. Gesang in 4 Aufzügen nach der Erzählg. „Der Wurzengraber" v. Th. Messerer, f. die Bühne bearb. 8. (77 S.) Ebend. 885. n. 1. —

— **d'Edelweiß-Broni v. Tegernsee**. Volksstück in 4 Akten. 8. (63 S.) Ebd. 902. n. 1.—

Neuert, Hans, der Herr Expositus, s.: **Husterer, J. G.**

— der Tiroler Franzl, s.: **Universal-Bibliothek**.

— der **Geigenmacher** v. Mitten- s.: **Ganghofer, L.** wald,

– der Georgi-Thaler, s.: **Schmidt, Max**.

—— Der Georgi-Thaler, s. Theater-Bibliothek, Münchener.

— der Herrgottschnitzer v. Ammergau, s.: **Ganghofer**, Ludw.

— **z'wegen der Liab** Volksstück m. Gesang in 4 Akten. Mit teilweiser Benützg. e. Erzählg. v. G. Höcker. 16. (119 S.) München (898). Rubinverlag. n. 1.—

— **'s Liserl v. Schliersee od. die Brautschau**. Ländliches Gemälde m. Gesang u. Tanz in 4 Akten, nach e. Erzählg. v. Herm. v. Schmid f. die Bühne eingerichtet. Musik v. Frz. Voith. 8. (84 S.) Augsburg 892. B. Schmid's Verl. n. 1.—

Neuert, Hans, 's Liserl v. Schliersee od.: Die Brautschau. Ländliches Gemälde m. Gesang u. Tanz in 4 Akten, nach e. Erzählg. von Hermann v. Schmid f. die Bühne eingerichtet. Musik v. Frz. Voith. 2. Aufl. (84 S.) gr. 8. Augsburg 902. B. Schmid's Verl. n. 1.—

— der Loder v. Boarischzell, s.: **Schmidt, M.**

— **der Prozeßhansl**, s. **Ganghofer, L.**

Neuert, Hans, **der Schlagring**. Volksstück aus den bayer. Bergen mit Gesang in 4 Akten, nach der gleichnamigen Erzählung von Th. Messerer für die Bühne bearb. 8. (69 S.) Augsburg 882. Schmid's Verl. n. 1.—

— **der Schuß im Nebel**. Volksstück in 5 Akten. Nach e. vorhand. Skizze eingerichtet u. neu bearb. 16. (81 S.) München (898). Rubinverlag. n. 1.—

— **'s Schwalberl**. Volksstück m. Gesang in 5 Akten, nach H. v. Schmid's Erzählg. Musik v. Herm. Müller. 4. (162 autogr. S.) Ebd. 898. n. 2.50

— 's Schwalberl oder die Waise vom Rauchensteinerhof. Volksstück mit Gesang, in 5 Akten u. 7 Bildern, nach der Erzählung des Herm. v. Schmid für die Bühne bearb. Musik von Herm. Müller. gr. 16. (96 S.) München 878. (Fritsch.) n. 1.—

— **die Zwiderwurz'n**. Ländl. Charakterbild m. Gesang u. Tanz in 4 Akten nach d. gleichnam. Erzählg. v. H. Schmid. Neu inscenlert u. eingerichtet. 16. (87 S.) Ebd. 898. n. 1.—

* **POST**-Reuter. Poetischer (von *Joh. Gottfr. Neuert*). Staffette 1—6. O. O. u. J. (Leipzig, Bauch, 1724.) 4°. (In Berlin: Yk 3461, 1 vol.)
Sehr rar! Enth. frivole Klatschereien in Prosa u. Versen. Die Reime wie Prosa gedruckt. 48 fortl. bez. SS. (St. 1—5: $1^1/_2$ Mk. Heberle, Cöln; jetzt viel theurer!)
6 Stücke sind auch nur citirt in: Hamburgische Auszüge aus neuen Büchern .... Th. 2. Hamb. 1728. 8°. S. 142. Anon.-Lex. VI. p. 271 (nach Erman & Horn I.).

Neuerungen

Neuerungen (Drei wesentliche) im Buchdruckertarif von 1906, oder die falsche Bahn, in die der deutsche Buchdruckertarif geleitet ist. 8°. Berlin, F. Zillessen, 1911. (Schriften des Arbeitgeberverbandes f. d. Buchdruckgewerbe, Nr. 7.)

— u. **Fortschritte in der Photographie**, s.: **Miniatur-Bibliothek**.

Neuerungen auf dem Gebiete der elektrisch betriebenen Hauptschacht-Förderanlagen Brown, Boveri & Co. A.-G. (24 S. m. Abbildgn.) Lex. 8. Baden (Schweiz) 910. (Berlin, J. Springer.) 2.40

Ueber **Neuerungen** auf dem Gebiete des **landwirtschaftlichen Maschinenwesens**. Eine Sammlung von Sonderabdr. aus 'Fühlings landw. Zeitung'. Unter Mitw. von ... hrsg. von A[lwin] Nachtweh, Prof., Halle a. S. H. 1. *Stuttgart: E. Ulmer 1903.* 4° [F.] (04. 267) 3

Neuerungen, die, der neuen deutschen Rechtschreibung, neue Ausg., s.a. **Abermals** e. neue Orthographie in Sicht!

Neuerungen, die, der neuen „deutschen Rechtschreibung". Eine Kritik derselben u. ein Protest gegen dieselbe. gr. 8. (128 S.) Celle 882. Literar. Anstalt. n. 2.50

Neuerungen in der Technik des Handwerks. 1. Folge. Unter Mitwirkg. v. Paul Adam, H. Altendorf, C. Deiters u. a. zusammengestellt u. bearb. von Walth. Bucerius. (IV, 342 S. m. Abbildgn. u. 1 Taf.) 8. Karlsruhe 905. G. Braun'sche Hofbuchdr. n. 2.40
Sonderabdruck aus: „Bad. Gewerbeztg."

Neuerungen, Die **wesentlichen** d. zweiten (1886er) Auflage d. Dienst-Reglements für das k. k. Heer. I. Thl. 8° Prag: Bellmann 1886.

Neuerungen, Die wesentlichen, der 1886er Aufl. des Dienst-Reglements für das kaiserlich-königliche Heer (von Kirchhammer, Alex., Oberstlieut. des Generalstabs-Corps). (1. Th.) Textuale Parallele der Ausgaben 1873 und 1886. 8. Wien 1886.

Sonderausstellung im Kgl. Kunst-Gewerbe-Museum. Febr.-März 1908.
Neuerwerbungen des Kgl. Museums für Völkerkunde. Berlin 1908: Gebr. Unger. (31 S.) 8° [o8. 6498

Neuerwerbungen der Stadtbibliothek zu Essen-Ruhr. Liste 1 u. 2 (1908). Essen-Ruhr, 1908. [Hektographiert.]

Neues, allerhand. 8. (6 farb. Taf. m. Verschen.) Düsseldorf 894. A. Bagel. n. — 10; auf Pappe (2 Bl. Text), geb. — 30

Neues, allerlei, v. alten Bekannten. 2 Sorten. 4. (à 8 farb. Taf. m. eingedr. u. 4 S. Text.) Leipzig 889. Fr. Pfau. à n. — 25

Neues: Allerlei Neues nicht Politisches
⑤ 1801—1802 ⑥ 4° ⑧ Bern ⑬ BGSZ: 107, 973 ⑭ Be: S ⑮ Gelegenheitsblatt während der Dauer der schweizerischen Tagsatzung in Bern.

Neues zum Alten. Eine Sammlung von Predigten ... Berlin 1856. H: *Raethjen*, *C.* (zu) (Ky)

— zum Alten, eine Sammlung von Predigten auf solche kirchliche Festtage, für welche die alten Postillen gewöhnlich Nichts bieten, von Pastoren der ev. luth. Kirche. (Herausg. von C. Raethjen.) Berlin 856. W. Schultze. 8. (VIII, 211 S.) 20 ngr.

„Neues u. Altes." [Matth. 13, 52.] Ein Büchlein f. die Jugend. 1.—4. Bdchn. Hrsg. v. N. B. u. D. 12. Elberfeld, (Faßbender). cart. à n. — 50
1. (112 S. m. Abbildgn.) 883. — 2. (116 S. m. Abbildgn.) 884. — 3. (112 S. m. Abbildgn.) 885. — 4. (112 S. m. Abbildgn.) 887.

— u. **Altes.** (Matth. 13, 52.) Ein Büchlein f. d. Jugend. 5.—8. Bdchn. Hrsg. v. N. B. u. D. gr. 16. (112, 116, 120 u. 120 S.) Elberfeld 889. 93. 94. 95. R. Brockhaus (durch J. Faßbender). Kart. à n. — 50

„— u. **Altes**" (Matth. 13, 52.) Ein Büchlein f. d. Jugend. 9.—13. Bdchn. Hrsg. v. N. B. & D. (120, 128, 132, 132 u. 128 S.) Elberfeld 897—902. R. Brockhaus (durch J. Faßbender). Kart. à n. — 50

„**Neues u. Altes**". (Matth. 13, 52.) Ein Büchlein f. die Jugend. 14. u. 15. Bdchn. (128 u. 124 S. m. Abbildgn.) kl. 8. Elberfeld 903. 904. R. Brockhaus (durch J. Faßbender). Kart. à n. — 50

Neues u. Altes von denen Schwedischen Belager- u. Eroberungen der Stadt Leipzig u. der Festung Pleissenburg. 4. Leipzig 1707.

— und Altes für wenig Geld; Keiner, Gott walt' es, wird d'rum geprellt. Für Feld und Haus, für Land und Stadt und Jeden, der Sinn für's Gute hat. Sonn- und Festtags-Hefte, im Verein mit katholischen Geistlichen und Laien herausg. von dem Verf. des Andachtsbuches „So sollet ihr beten!" 1. Bd. 12 Hefte (à 2 Bgn.). Münster 856. Deiters. 12. n. 10 ngr.; einzelne Hefte à n. 1 ngr.

Neues und Altes für die Jugend. In Verbindung mit Mehreren herausg. von einem Kinderfreunde. 1—3. Jahrg. Ludwigsburg 857, 58. Riehm. gr. 8. (1: VI, 208 S. u. 6 color. Lithogr.; 2.: VI, 208 S. u. 6 color. Lithogr.; 3.: VI, 192 S.) 1. u. 2.: à 18 ngr.; 3.: n. 12 ngr.

Neues und Altes für die Jugend. In Verbindung mit Mehreren herausg. von einem Kinderfreunde. Mit einem Vorwort von Karl Stöber. Neue wohlfeile Ausg. 3 Thle. in 1 Bd. Ludwigsburg 860. Balmer & Riehm. gr. 8. (XVI, 608 S.) n. 24 ngr.

Neues u. Altes f. Lutheraner. Hrsg. v. e. Vereine luther. Glaubensgenossen. 1. Bd. 1. u. 2. Hft. gr. 8. Leipzig, Fr. Fleischer. [1. (4 ⅓ B. u. Luther's Bildn.) 835., 2. (5 B.) 836. à * ⅙ Thlr.] *

Neues, Etwas, oder Retirade der Lutherischen Orthodoxie. O. O. 1733. V: *Dippel*, *Joh. Conr.* (Collin, Anonymer. Kiobenh. 1869.)

Etwas *Neues* u. sehr Nützliches f. alle Liebhaber d. Land- u. Stadt-Wirthschaft. Herausg. v. einem wohlerfahrnen Landwirthe. Nürnb. 1861. 32 S. P.

Neues aus der Felddienstordnung. Von *.*. gr. 8. (36 S.) Oldenburg 900. G. Stalling's Verl. n. — 45

Neues aus der Geographie, Kartographie u. Statistik Europa's, s. a. Registrande der geogr.-statist. Abthlg. etc.

Neues aus der Geographie, Kartographie und Statistik Europa's und seiner Kolonien. Jhg. 1—12. Berlin 1869—92. 8. Sieh: Registrande des Gr. Generalstabes.

Neues über Holz-Trockenanlagen. Berlin 1900

— aus der Märchenwelt. Märchen u. Erzählgn. v. Frida Heuer, Frida Kronoff, B. Leporin, Klara Reichner, Klara Schott, Ferd. Goebel, Adf. Klietsch, Emil Oekinghaus, Alfr. Steuer u. Karl Zastrow. Mit 5 feinen Farbendr. nach Aquarellen v. Fritz Bergen. gr. 8. (192 S.) Wesel 890. Düms. geb. 2. —

— **aus der Märchenwelt.** Märchen u. Erzählgn. von F. Heuer, F. v. Kronoff, B. Leporin ꝛc. gr. 8. (192 S. m. 5 farb. Bildern.) Wesel 892. W. Düms. Geb. in Leinw. 3. —

Neues vom Feldmarschall Neithardt v. Gneisenau, s.: Geschichten u. Bilder fürs deutsche Volk, Nr. 2.

Neues. – Nichts Neues, aber doch manches Brauchbare. Eine Wochenschrift. Bdch 1. 2. Dresden: Harpeter 1778-79.

Neues und Nutzbares aus dem Gebiete der Haus- und Landwirthschaft ... Weimar 1824-30. V: *Weissenborn*, *W.* (Ky)

Neues u. Nutzbares aus d. Gebiete d. Haus- u. Landwirthschaft, u. d. dieselben fördernden Natur- u. Gewerbskunde. 1r — 4r Bd. gr. 4. Weimar 824 — 27, Indust.-Compt. à Bd. 2 Rthl.

Weissenborn, W. (Herausgeber): „Neues und Nutzbares aus dem Gebiete der Land- und Hauswirthschaft und der dieselbe fördernde Natur- und Gewerbkunde; eine Zeitschrift in zwanglosen Heften", 7 Bände, je 22—24 Nummern, Weimar 1824 bis 1831 (Industrie-Compt.).

Neues u. Nutzbares aus d. Gebiete d. Haus- u. Landwirthschaft, u. der dies. fördernden Natur- u. Gewerbskunde. (Redig. v. W. Weißenborn.) 5. u. 6. Bd. à 22 Nrn. u. Register. Mit Holzschn. u. Stndrn. gr. 4. Weimar 829, Landes-Ind.-Compt. à
Jede Nr. einzeln à 3 Gr.
1—4. Bd. Ebendas 1824—27. à 2 Thlr.

Neues vom Sport
v. Der Landschäftler (I).

— **aus dem Zauberlande.** Märchen f. Knaben u. Mädchen v. Ferd. Goebel, Frida Heuer, Frida v. Kronoff ꝛc. 12. (128 S. m. 5 farb. Bildern v. W. Schäfer.) Ebd. 891. Geb. — 75

— aus dem Zauberlande. Märchen f. Knaben u. Mädchen v. Ferd. Goebel, Frida Heuer, Frida v. Kronoff, Klara Reichner, Alfr. Steuer, Karl Zastrow u. Willy Zühlke. Mit 6 feinen Farbendr.-Bildern nach Aquarellen v. W. Schäfer. 22.—23. Taus. 12. (128 S.) Wesel (899). W. Düms. Geb. — 75

Neueste und Ausführbarste, Das, in der Feuerpolizei und Feuerbaukunst . . . Züllichau 1824. V: *Bekker, J. Ch.* (WA)

Neueste, das, u. ausführbarste in der Feuerpolizei u. Feuerbaukunst zur Anwendung u. schnellsten, sichersten Rettung bei Feuersbrünsten. 8. Züllichau 824. Darnemann.

Neueste: Das Neueste im Bilde v. Emmenthaler Nachrichten.

Neueste, Das, aus Danzig, oder Antwortschreiben des reisenden Weltbürgers an seinen Elbingischen Korrespondenten . . . 1784. V: *Glave, Carl Georg Gottfried* (?). (Altpreuss. Monatsschr. 51, 1914, 163) (Zeitschr. f. Büch. N. F. 15, 1923, S. 117)

Neueste, Das, von den Salzburgischen Emigrations Actis. Frankf. u. Leipzig [Ulm] 1732-33. V: *Moser, Joh. Jac.* (weber) (Myl) (ABJP)

—das, aus England, f. A. H. D. v. Bülow.

Neueste, Das, aus der anmuthigen Gelehrsamkeit. Leipzig 1751-63. H: *Gottsched, Joh. Christoph.* (ML) »1751-62« (JL)

Neueste, das, aus d. anmuth. Gelehrsamkeit d. Jahre 1751—62. 12 Bde. 8. Leipz., Breitkopf u. H. 12 ℛ

Neueste, das, vom Gersten-, Hopfen- und Runkelrüben-Bau. Ein auf Erfahrung gegründ. Unterricht, gehaltvollere Gerste, bessern Hopfen, ergiebigere Runkelrüben als seither, zu erbauen u. den höchstmöglichen Ertrag davon zu beziehen. Nebst einer Anweisung zum Malzen des Getreides um gute Biere daraus zu bereiten, ingleichen Vorschriften zur Anlegung eines sogenannten Eiskellers zum Aufbewahren der Biere, nebst einer Abbildung desselben. 8. Leipzig 839. Melzer. 1/2 ℛ

Neueste, das, vom Gersten-, Hopfen- u. Runkelrüben-Bau. Ein auf Erfahr. gegründ. Unterr., gehaltvollere Gerste, bessern Hopfen, ergiebigere Runkelrüben als seither, zu erbauen u. d. höchst möglichen Ertrag davon zu beziehen. Nebst e. Anweis. z. Malzen d. Getreides um gute Biere daraus zu bereiten, ingl. Vorschriften z. Anleg. e. sogen. Eiskellers z. Aufbewahren d. Biere. 8. (7 3/4 B. u. 1 Abbild.) Leipzig 839. [Braunschweig, Westermann.]

Neueste u. Geschmackvollste, das, f. Bau- u. Möbeltischler. In zwanglosen Heften. 16—48 Heft. Mit Steindr. gr. 4. Gotha (832.) (Müller). 16 gℛ

Neueste, Das, von Leipzig, anlangend Die Reformations-Jubel-Feyer des 1717ten Jahres . . . O. O. V: *Sicul, Christoph Ernst.* (Erman & Horn, Bibliogr. d. dtsch. Universitäten. 2. Leipzig u. Berlin 1904.)

Das Neueste der Litteratur Oberteutschlands. St. 1-12. Salzburg 1784. 4°
Jg. 2. u. d. T.: Salzburger Gelehrte Zeitung. Salzburg 1785.
Hrsgeg.: Lorenz Hübner

Neueste, das, u. Nützlichste aus der Chemie rc., s.a. Zeitung, polytechnische.

„Das Neueste und Nützlichste aus der Chemie, Fabrikwissenschaft, Apothekerkunst, Oekonomie und Warenkenntniss . . .“, 5 Bände (= Auszüge aus der Nürnberger Handelszeitung, von Hildt), Nürnberg 1798—1802.

Neueste u. Nützlichste, das, in d. Chemie, Fabrikwissensch., Apothekerkunst, Oekonomie rc. 12 Bde. a. d. J. 1798—810. 8. Nürb. Exped. d. Verkünd. (à 20 gr.)
(dass. Werk hat den neuen Tit.: Handbuch für Fabrikanten, Künstler, Handwerker u. Oekonomen.)

— u. Nützlichste, das, in d. Chemie, Fabrikwissenschaft, Apothekerkunst, Oekonomie rc. Mit 30 Kpf. u. einem vollständ. Register. 24 Bde. a. d. Jahre 1798—831. 8. Nürnb., Leuchs. 34 ℛ 12 gℛ (A. u. d. T.: Handbuch f. Fabrikanten, Künstler, Handwerker u. Oekonomen. (Von mehrern Bden sind neue Aufl. erschienen).

— — und Nützlichste, das, der Erfindungen rc. Wohlf. Ausg., s. Encyklopädie, technologische.

Neueste, das, und Nützlichste der Erfindungen rc. aus dem J. 1847, s. Zeitung, allgemeine polytechnische.

Neueste (Das) und Nüzlichste der Erfindungen, Entdeckungen und Beobachtungen, besonders der Engländer, Franzosen und Deutschen in der Chemie, Fabrikwissenschaft, Apothekerkunst, Oekonomie und Warenkenntniss. Nürnberg, 1794–1828. 24 vols.

Leuchs, Johann Michael (Herausgeber): „Das Neueste und Nützlichste der Erfindungen, Entdeckungen und Beobachtungen in der Chemie, Fabrikwissenschaft, Apothekerkunst, Oekonomie und Waarenkenntniss“, Nürnberg 1798—1812. Fortsetzung, herausgegeben von Johann Karl Leuchs, u. d. T.: „Neues Handbuch für Fabrikanten, Künstler und Oekonomen“, Nürnberg bis 1820. — — Vorh.: Bayerische Landesgewerbeanstalt Nürnberg.

Neueste u. Nützlichste, das, der Erfindungen, Entdeckungen u. Beobachtungen in d. Chemie, Fabrikwissenschaft, Apothekerkunst, Oekonomie rc. 13r u. 14r Bd.
Auch unter dem Titel:
Handbuch f. Fabrikanten, Künstler, Handwerker u. Oekonomen. 8. Nürnb. Allgemeine Handlungszeitung. 812 u. 15.

Neueste und Nützlichste, das, der Erfindungen, Entdeckungen und Beobachtungen, bes. der Engländer, Franzosen und Deutschen, in der Chemie, Fabrikwissenschaft, Waarenkenntniß rc. 15r Bd.
Auch unter dem Titel:
Leuchs, J. C., neues Handbuch für Fabrikanten, Künstler, Handwerker und Oekonomen. 3r Bd. M. 1 Kupf. 2te Aufl. gr. 8. Nürnberg, Compt. d. Handl. Zeit. 821.

— — dessen 16r — 18r Bd. Mit 18 Kupf. gr. 8. Ebend. 816 — 19. à 1 Rthlr. 3 Gr.
16r Bd. auch unter dem Titel:
Leuchs, J. C., neues Handbuch für Fabrikanten und Künstler. 4r Bd. N. A. 821.

— das, u. Nützlichste, d. Erfindungen, Entdeckungen ꝛc. 1r Bd. 4e Aufl. gr. 8. Nürnb. 825, Compt. d. Hondl.-Zeitg.

— dess. 19r—22r Bd. Mit Holzschn. gr. 8. Nürnb. 824, Cpt. d. Hdlgs-Ztg. à 2 Rthl.
(1r bis 17r Bd. à 1 Rthl. 3 gr. 18r bis 21r Bd. à 2 Rthl.)

— der 13e u. folg. Theile. A. u. d. T.: neues Handbuch f. Fabrikanten, Künstler, Handwerker ꝛc. 1r — 10r Thl.

Neueste u. Nützlichste, das, der Erfindungen, Entdeckungen u. Beobachtungen, besond. d. Engländer, Franzosen u. Deutschen, in d. Chemie, Fabrikwissenschaft, Apothekerkunst, Oekonomie u. Waarenkenntniß, hauptsächl. f. Kaufleute, Fabrikanten ꝛc. 23. u. 24. Bd. — A. u. d. T.: Neuestes Handbuch f. Fabrikanten, Künstler ꝛc., v. J. C. Leuchs. 11. u. 12. Bd. gr. 8. Nürnberg, Contor d. allgem. Handlungs-Ztg. [23. (29 B.) 828., 24. (26½ B.) 831. à 2 Thlr.]
1—22 Bd. Ebendas. 1798—1824. 30 Thlr. 12 Gr. — 24 Bde. vollst., hrbgs. Pr. 24 Thlr. — Mehrere Bde. erschienen in neuen Auflagen.

Neueste u. Nützlichste, das, der Erfindungen, Entdeckungen u. Beobachtungen in d. Chemie, Fabrikwissenschaft u. d. techn. Gewerbszweigen a. d. Jahren 1836/37., 1838/39. u. 1840/41. — Wohlf. Gesammtausg. v. J. C. Leuchs allgem. Polytechnischen Zeitung 1836/37., 1838/39. u. 1840/41. gr. 4. Nürnberg, Leuchs u. Comp. [836/37. (62 B., 2 Bl. Abbildn. u. Holzschn. 838., 838/39. (65 B.) 840., 840/41. (64½ B.) 842. à 2 Thlr.] Thlr.

—— und Nützlichste, das, der Erfindungen, Entdeckungen und Beobachtungen in den techn. Gewerbzweigen aus dem J. 1848. Wohlf. Ausg. von J. C. Leuchs allgem. polytechn. Zeitung. gr. 4. (216 S.) Nürnberg 849, Leuchs und Comp.

Neueste, das, der Preßhefen-Fabrikation. Zum 1. Male veröffentlicht von einem bewährten u. erfahrenen Preßhefen-Fabrikanten. Genaueste u. gewissenhafteste Mittheilungen zur Einrichtung u. rationellstem Betriebe einer Preßhefen-Fabrik in schon bestehenden Brennereien. Ein practischer, kurzgefaßter, den steueramtlichen Vorschriften des Deutschen Reiches entsprechender Leitfaden, unentbehrlich für jeden Brennereibesitzer oder Verwalter, Landwirth ꝛc. gr. 8. (16 S.) Görlitz 879. Neumeister in Comm. Verklebt. n. 5. —

Neueste, Das, über die Runen. Kopenhagen 1821. V: *Nyerup, Rasmus.* (Hauptkat. d. Univ.-Bibl. Tübingen. C. S. 275.)

Das Neueste von historischen und politischen Sachen, bestehend in unterschiedenen Urteilen über die jetzigen Staats-, Kriegs- u. andere Affairen. St. 1-24. Frankfurt: Sand 1711-14. 8°

Neueste, Das, aus der Europäischen Staatengeschichte. Zittau 1778—99. H: *Kretschmar, Benjamin Glieb.* (OL) (Ky)

— das, aus d. europ. Staatengeschichte (v. B. G. Kretschmar), f. d. J. 1778, 79. 8. Zittau 778, 79. à Jahrg. 52 Numm. (¼ Bog.)

Neueste Nachrichten Kalender für die J. 1884—1889. 1.—6. Jahrg. kl. Fol. (à Jahrg. ca. 60—70 S.) Elberfeld, Born. à Jahrg.

Neuestes

Leuchs, J. M. (Herausgeber): „Neuestes und Nützlichstes der Erfindungen etc. in Chemie, Fabrikwissenschaft, Oekonomie . . .", Wohlfelle Ausgabe in 8 Bänden, Nürnberg 1835 (Handlungszeitung); a. u. d. T.: „Technologische Encyclopädie in 1012 Abhandlungen über die Fabrikation der vorzüglichsten Gegenstände . . .". — Dasselbe aus den Jahren 1836—1839; (= wohlfeile Gesamtausgabe von Joh. Karl Leuchs' „Allgemeiner polytechnischer Zeitung", Jahrgänge 1836—1839) Nürnberg 1838—1840 (Leuchs & Co.).

— und Nützlichste, das, der Erfindungen, Entdeckungen und Beobachtungen in d. Chemie, Fabrikwissenschaft u. den technischen Gewerbszweigen, Fortsetzung, ist die polytechnische Zeitung.

Neue Welt-Kalender, illustrirter, für die J. 1883—1885. (1.—3. Jahrg.) 4. (à Jahrg. 80 S. mit eingedr. Holzschn., 1 Chromolithogr. und 1 Wandkalender.) Stuttgart, Dietz. à Jahrg.

Neue Welt-Kalender, illustrirter für die J. 1886—1889. 10.—13. Jahrg. 4. (à Jahrg. 80 S. mit Illustr. und 1 Wandkalender.) Stuttgart, Dietz. à Jahrg.

Neue-Welt-Kalender, illustrirter, f. d. J. 1890—1893. 4. (à Jahrg. 80 S. m. 1 Farbendr. u. Wandkal.) Stuttg., Dietz. à Jahrg. — 50

Neue-Welt-Kalender, illustr., f. d. J. 1896. 4. (80 S. m. 4 Taf., 1 Farbendr. u. 1 Wandkalender.) Hamburg. (Stuttgart, J. H. W. Dietz.) — 50

Neue-Welt-Kalender, illustr., f. d. J. 1899. 23. Jahrg. 4. (80 S. m. 4 Taf., 1 Farbdr. u. 1 Wandkal.) Hamburg. (Stuttgart, J. H. W. Dietz Nachf.) n. — 40

Neue-Welt-Kalender, illustrirter, f. d. J. 1903. 27. Jahrg. 4. (80 S. m. 5 Taf. u. 1 Wandkalender.) Hamburg. (Stuttgart, J. H. W. Dietz Nachf.). n. — 40

Neue-Welt-Kalender, illustrirter, f. d. J. 1907. 31. Jahrg. (80 S. m. 5 [2 farb.] Taf. u. Wandkalender.) Lex.-8. Hamburg. (Stuttgart, P. Singer.) n. — 40

Neue-Welt-Kalender, illustrirter, f. d. J. 1911. 35. Jahrg. (80 S. m. 5 [1 farb.] Taf. u. Wandkalender.) Lex. 8. Hamburg. (Stuttgart, P. Singer.) — 40

Neue-Welt-Novellen. I. 8. Leipzig 881. Stuttgart, Dietz. n. 5. —; geb. n. 6. 50
Stefan vom Grillenhof. Roman von M. Kautsky. 2 Thle. (V, 283 u. 296 S.)

Neufahrwasser [Schlagwort]

Neufahrwasser, s.: Geologische Karten. Preussen. 107.

Neufchâtel [Sachliches OW], s.a. Neuchâtel.

Neufchatel. 8. Königsberg 801. (Leipzig, Künzel.) ¼ ß

Neufchatel, über. 16. Königsb. Nicolovius. 807.

Neufchatel, über. 16. Königsb. 807. (Vornträger). Schreibpap. 6 gr

Neufchâtel [Schlagwort], s.a. Neuchâtel.

Neufchatel — Charte vom Fürstenthum — und Valangin, gezeichnet v. Merveilleux, verbessert von De l'Isle und vermehrt herausgegeben v. Homanns Erben. Nürnberg 1806. 1 : 100,000. 1 Bl.

Neufeind, Hans: Die Handhabung der sittenpolizeilichen Aufsicht ohne Reglementierung und Kasernierung. — Berlin: Deutsche Sittlichkeitsvereine 1908. 8 S. 8° (Zeit- u. Streitschriften z. Sittlichkeitsfrage. N. F. 2.)

Neufeld, Adolf: **Adolf Neufeld seinen lieben Kindern Helene und Wilhelm Netke zur Hochzeitsfeier. Freiburg i. B. 14. September 1897.** (Pr. Holland 1897: Weberstädt.) 4 Bl. 8°. [Umschlagtit.]
Freimaurerische Trauungs-Rede. 21.

Neufeld's Kikeriki-Kollection, s. a. Makart-Bouquet.

Neufeld's Kikeriki-Kollection. 7.—12. Bd. (2. Serie.) 12. Berlin 891. Neufeld & Henius. à n. 1. —
7. Im Traume geküßt. Von St. Hilaire. Ins Deutsche übertr. v. Fritz Wohlfahrt. (211 S.)
8. Leben u. Lieben. In Liebe u. Pein. Ein Drama im Nebel. Cenerentola mia. Von Guy de Maupassant. Ins Deutsche übertr. v. Fritz Wohlfahrt. (189 S.)
9. Liebeleien im Zickzack. Das blaue Kätzchen. Zwei Erzählgn. f. junge Eheleute. Von Daniel Darc. Ins Deutsche übertr. v. Fritz Wohlfahrt. (158 S.)
10. Ein Kammerkätzchen. Abenteuer e. galanten Katers. Das Maison de santé. Von Frédéric Soulié. Ins Deutsche übertr. v. M. Rese. (139 S.)
11. Memoiren e. Kusses. Alt u. doch ewig neu. Von Jules Noriac. Ins Deutsche übertr. v. Fritz Wohlfahrt. (129 S.)
12. Ein schwaches Herz. Die Legende vom heiligen Julien, dem Hospitaliten. Die Rache d. Toten. Von Gust. Flaubert. Ins Deutsche übertr. v. Fritz Wohlfahrt. (186 S.)
s. in Bd. XXV: Collection Kikeriki.
Neue (Titel-)Aufl. s.: Makart-Bouquet.

Neufeld's Reisebibliothek. Nr. 10—16 u. 25—40. 8. Berlin, Neufeld & Henius. à n. — 50

Inhaltsübersicht in alphabet. Ordnung:

Balzac, H. de, ein Evastöchterlein. Geschichte aus d. Privatleben. Deutsch v. Fritz Wohlfahrt. 2. Aufl. (158 S.) 897. (Nr. 36.)
Belot, Adolphe, d. Taubenhaus u. and. Novellen. Deutsch v. Fritz Wohlfahrt. 2. Aufl. (162 S.) 898. (Nr. 38.)
Bernhard, Charles de, die Frau v. 40 Jahren. Deutsch v. Fritz Wohlfahrt. 2. Aufl. (163 S.) 898. (Nr. 40.)
Csiky, Greg., d. Töchter d. Herrn v. Zokoli. Autoris. Uebersetzg. v. Osk. v. Krücken. (159 S.) 897. (Nr. 32.)
Espenhahn, L., Artilleristenstreiche. Feldzugsgeschichten. 2. Aufl. (142 S.) 896. (Nr. 31.)
Laverrenz, Vict., „auf der Back ist alles wohl!“ Marine-Humoresken. (140 S.) 896. (Nr. 26.)
— Einjährigen-Liebe. Militär. Humoresken. 4. Aufl. M. viel. Illustr. v. H. Albrecht u. G. Brand. (148 S.) 898. (Nr. 11.)
— frei weg! Militärische Humoresken. (154 S.) 896. (Nr. 25.)
— Infanterie u. Kavallerie. Militär-Humoresken. (151 S.) 896. (Nr. 30.)
— Reserve hat Ruh!? Erinnergn. e. Eingezogenen. 3. Aufl. (131 S.) 898. (Nr. 10.)
— Ulanenstreiche. Kriegs- u. Friedensbilder aus dem Ulanenleben. 2. Aufl. (144 S.) 896. (Nr. 12.)
— „Volldampf voraus!“ Marine-Humoresken. (138 S.) 896. (Nr. 27.)
— vor d. Wind! Marine-Humoresken. (144 S.) 896. (Nr. 29.)
Maupassant, Guy de, Madame Baptiste u. and. Novellen. (118 S.) 896. (Nr. 28.)
— Leben u. Lieben u. and. Novellen. Deutsch v. Fritz Wohlfahrt. 2. Aufl. (152 S.) 898. (Nr. 39.)
Musset, Alfr. de, zwei Maitressen. Deutsch v. Fritz Wohlfahrt. 3. Aufl. (131 S.) 897. (Nr. 33.)
Noriac, Jules, Memoiren e. Kusses. Deutsch v. Fritz Wohlfahrt. 2. Aufl. (154 S.) 897. (Nr. 34.)
Sacher-Masoch, vom Baume d. Schweigens. Tag u. Nacht in d. Steppe. 2 galiz. Novellen. 3. Aufl. (148 S.) 898. (Nr. 16.)
— Eudoxia die Sängerin u. and. galiz. Geschichten. 3. Aufl. (166 S.) 897. (Nr. 13.)
— fahr. Komödianten u. and. Novellen. 4. Aufl. (142 S.) 898. (Nr. 15.)
— Magaß, d. Räuber, u. and. Novellen. 4. Aufl. (127 S.) 898. (Nr. 14.)
Soulié, Frédéric, ein Kammerkätzchen. Deutsch von M. Roese. 2. Aufl. (134 S.) 897. (Nr. 35.)
— der verliebte Löwe. Deutsch v. M. Roese. 2. Aufl. (137 S.) 898. (Nr. 37.)
Bisher unter d. Einzeltiteln aufgenommen.

Neufeld's Reisebibliothek. 25. Bd. 8. Berlin, Schreiter. 1. —
Frei weg! Militärische Humoresken. Von Vict. Laverrenz. 2. Aufl. (154 S.) (900.)

Neufeld's Sprachführer f. Haus u. Reise. Englisch. Enthält: e. reiche Sammlg. v. nützl. Gesprächen, nebst eingeordnetem systemat. Vokabular. Von Bernh. Klein. 12. (VIII, 242 S.) Berlin 890. Neufeld & Henius. geb. n. 1. 50

— dasselbe. Französisch. Enth.: Eine reiche Sammlung v. nützl. Gesprächen, nebst eingeordnetem systemat. Vokabular. Von Bernh. Klein. 16. (VIII, 242 S.) Ebd. 890. geb. n. 1. 50

— Sprachführer f. Haus u. Reise. Italienisch. Enth. e. reiche Sammlg. v. nützl. Gesprächen, nebst eingeordnetem systemat. Vokabular. Von Bernh. Klein. 16. (VIII, 240 S.) Ebd. 891. n. 1. —; geb. n. 1. 50

— dasselbe. Englisch. Enth. e. kurzgefaßte Grammatik, sowie e. reiche Sammlg. v. nützl. Gesprächen, nebst eingeordnetem systemat. Vokabular u. durchweg beigefügter Aussprachebezeichng. 2., verm. Aufl., besorgt v. G. Glanz. gr. 16. (VIII, XV, 275 S.) Ebd. 894. n. 1. —; geb. n. 1. 50

Neufeld's Sprachführer f. Haus u. Reise. Englisch. Enth. e. kurzgef. Grammatik, sow. e. reiche Sammlg. v. nützl. Gesprächen, nebst eingeordn. systemat. Vokabular u. durchweg beigefügter Aussprachebezeichng. 4., verm. u. verb. Aufl., besorgt v. G. Glanz. gr. 16. (VIII, XV, 275 S.) Berlin 897. Neufeld & Henius. n. 1. —; geb. n. 1. 50

— dasselbe. Französisch. Enthält die Hauptregeln der Aussprache u. französ. Grammatik, sow. e. reiche Sammlg. v. nützl. Gesprächen nebst eingeordn. systemat. Vokabular. 5., verm. u. verb. Aufl., besorgt v. G. Glanz. gr. 16. (XII, XXXII, 242 S.) Ebd. 898. 1. —; geb. 1. 50

— dasselbe. Italienisch. Enth. e. kurzgef. Grammatik, sow. e. reiche Sammlg. v. nützl. Gesprächen, nebst eingeordn. systemat. Vokabular. 4., verm. u. verb. Aufl., besorgt v. H. Roskoschny. gr. 16. (XXXIX, 240 S.) Ebd. 897. n. 1. —; geb. n. 1. 50

— Sprachführer f. Haus u. Reise. Englisch. Enth. e. kurzgefaßte Grammatik, sowie e. reiche Sammlg. v. nützl. Gesprächen, nebst eingeordnetem systemat. Vokabular u. durchweg beigefügter Aussprachebezeichng. 7. verm. u. verb. Aufl., besorgt v. G. Glanz. gr. 16. (VIII, XV, 275 S.) Berlin (901). Neufeld & Henius. 1. —; geb. in Leinw. 1. 50

— dasselbe. Französisch. Enthält die Hauptregeln der Aussprache u. französische Grammatik, sowie e. reiche Sammlung v. nützl. Gesprächen nebst eingeordnetem systemat. Vokabular. 10. verm. u. verb. Aufl. besorgt v. G. Glanz. gr. 16. (XII, XXXII, 242 S.) Ebd. (902). 1. —; geb. 1. 50

— dasselbe. Italienisch. Enth. e. kurzgefaßte Grammatik, sowie e. reiche Sammlg. v. nützl. Gesprächen, nebst eingeordnetem systemat. Vokabular. 7. verm. u. verb. Aufl., besorgt v. H. Roskoschny. gr. 16. (XXXIX, 240 S.) Ebd. (902). Geb. in Leinw. 1. 50

— neue fremdsprachliche Taschenwörterbücher. Französisch-Deutsch u. Deutsch-Französisch. Von Bernh. Klein. 2 Tle. 16. (VI, XXXII S. u. 566 u. 612 Sp.) Ebd. 890. geb. 2. 40; geb. in 1 Bd. n. 2. —

— dasselbe. Italienisch-Deutsch u. Deutsch-Italienisch. Für den Privat-, Kontor- u. Schulgebrauch. Von Bernh. Klein. 2 Tle. 16. (V, 694 u. 606 Sp.) Ebd. 890. 2. 40; in 1 Bd. geb. n. 2. —

s.: Klein, Bernh.

Neufeld's Sprachführer f. Haus u. Reise. 16. Berlin, Neufeld & Henius. à 1. —; geb. in Leinw. à 1. 50

Böhmisch. Enth. e. kurzgefaßte Grammatik, sowie e. reiche Sammlg. v. nützl. Gesprächen, nebst eingeordnetem systemat. Vokabular. Von Paul Váša. (VIII, 241 S.) (905.)

Englisch. Nebst durchweg beigefügter Aussprachebezeichng. 11. verm. u. verb. Aufl., besorgt v. G. Glanz. (VIII, XV, 275 S.) (905.)

Französisch. Enth. die Hauptregeln der Aussprache u. französ. Grammatik, sowie e. reiche Sammlg. v. nützl. Gesprächen nebst eingeordnetem systemat. Vokabular. 12. verm. u. verb. Aufl., besorgt v. G. Glanz. (XII, XXXII, 242 S) (905)

Italienisch. Enth. e.. kurzgefaßte Grammatik, sowie e. reiche Sammlg. v. nützl. Gesprächen, nebst eingeordnetem systemat. Vokabular. 9. verm. u. verb. Aufl., besorgt v. H. Roskoschny. (XXXIX, 240 S.) (905.)

Polnisch. Enth. e. kurzgefaßte Grammatik m. Bezeichng. der Aussprache, sowie e. reiche Sammlg. v. nützl. Gesprächen, nebst eingeordnetem systemat. Vokabular. Von Steph. Roskoschny. (VIII, 234 S.) (905.)

Russisch. Enth. e. kurzgefaßte Grammatik sowie e. reiche Sammlung v. nützl. Gesprächen nebst eingeordnetem Vokabular u. durchweg beigefügter Aussprachebezeichng. Von F. W. Malyscheff. (VII, 302 S) (906.)

Ungarisch. Enth. e. kurzgefaßte Grammatik, e. Anzahl Uebgn. zu den einzelnen Wortarten sowie e. reiche Sammlg. v. nützl. Gesprächen, nebst eingeordnetem systemat. Vokabular. Von Max Hoffmann. (VIII, 240 S.) (905.)

Neufeld's Sprachführer f. Haus u. Reise. 16. Berlin, Neufeld & Henius. à 1.—; geb. in Leinw. à 1. 50

Böhmisch. Enth. e. kurzgefaßte Grammatik, sowie e. reiche Sammlg. v. nützl. Gesprächen, nebst eingeordnetem systemat. Vokabular. Von Paul Váša. 2. Aufl. 6.—10. Taus. (VIII, 241 S.) (909.)

Englisch. Enth. e. kurzgefaßte Grammatik, sowie e. reiche Sammlg. v. nützl. Gesprächen, nebst eingeordnetem systemat. Vokabular u. durchweg beigefügter Aussprachebezeichng. Neue Rechtschreibg. 15. verm. u. verb. Aufl. 52.—61. Taus. Gänzlich neu bearb. m. durchwegs beigefügter Aussprache-Bezeichng. v. G. Glanz. (VIII, XV, 275 S.) (910.)

Französisch. Eine reiche Sammlg. der üblichsten Gespräche u. Redensarten m. durchweg beigefügter Aussprachebezeichng. sowie systemat. Vokabular u. kurzgefaßter Grammatik. Vollständig neu bearb. v. G. Glanz. (14. verm. u. verb. Aufl.) 40.—44. Taus. (XXIV, 298 S.) (908.)

Italienisch. Enth. e. reiche Sammlg. v. nützl. Gesprächen m. Aussprachebezeichng. nebst eingeordnetem systemat. Vokabular u. kurzgefaßter Grammatik. Von H. Roskoschny, in vollständig neuer Bearbeitg. v. Pietro Stoppani. 14. Aufl. 44.—53. Taus. (XXXII, 224 S.) (910.)

Polnisch. Enth. e. kurzgefaßte Grammatik m. Bezeichng. der Aussprache sowie e. reiche Sammlg. v. nützl. Gesprächen, nebst eingeordnetem systematischen Vokabular. Von Steph. Roskoschny. 2. Aufl. 6.—10. Taus. (VIII, 234 S.) (910.)

—— neue fremdsprachl. Taschenwörterbücher. Englisch-Deutsch u. Deutsch-Englisch. Mit Bezeichng. der Aussprache in beiden Tln. Von Bernh. Klein. 2 Tle. 16. (IV, 684; 660 Sp.) Ebd. 889. geb. in 1 Bd. * 2 —

—— desgl. — Französisch-Deutsch u. Deutsch-Französisch. 2 Tle. 16. (VI, XXXII S. u. 566, 612 Sp.) Ebd. 890. geb. in 1 Bd. * 2 —

—— desgl. — Italienisch-Deutsch u. Deutsch-Italienisch. 2 Tle. 16. (V, 694; 606 Sp.) Ebd. 890. 2 40; geb. in 1 Bd. * 2 —

—— desgl, — Spanisch-Deutsch u. Deutsch-Spanisch. 2 Tle. in 1 Bde. 16. (838; 700 Sp.) Ebd. 891. geb. * 3 —

—— desgl. — Russisch-Deutsch u. Deutsch-Russisch. Mit Bezeichng. der Aussprache in beiden Teilen. Von Herm. Roskoschny. 2 Tle. in 1 Bd. 16. (VI, 664; 640 Sp.) Ebd. 892. geb. * 3 —

— neue fremdsprachliche Taschenwörterbücher. Englisch-Deutsch u. Deutsch-Englisch. Mit Bezeichnung der Aussprache in beiden Tln. Für den Privat-, Kontor- u. Schulgebrauch. Von Bernh. Klein. 2 Tle. in 1 Bde. 4. Aufl. 16. (IV S., 684 u. 660 Sp.) Ebd. 894. Geb. n. 2. —

— dasselbe. Französisch-Deutsch u. Deutsch-Französisch. Für den Privat-, Kontor- u. Schulgebrauch. Von Bernh. Klein. 2 Tle. in 1 Bd. 4. Aufl. gr. 16. (566 u. 612 Sp.) Ebd. 894. Geb. in Leinw. n. 2. —

— dasselbe. Russisch-Deutsch u. Deutsch-Russisch. Mit Bezeichng. der Aussprache in beiden Tln. Für den Privat-, Kontor- u. Schulgebrauch. Von Herm. Roskoschny. 2 Tle. in 1 Bd. 16. (VI, 664 u. 640 Sp.) Ebd. 892. Geb. in Leinw. n. 3. —

— dasselbe. Spanisch-Deutsch u. Deutsch-Spanisch. Für den Privat-, Kontor- u. Schulgebrauch. Von Bernh. Klein. 2 Thle. in 1 Bde. 16. (838 u. 700 Sp.) Ebd. 891. Geb. in Leinw. n. 3.—

— neue fremdsprachl. Taschenwörterbücher. Englisch-Deutsch u. Deutsch-Englisch. M. Bezeichng. der Aussprache in beiden Teilen. Für den Privat-, Kontor- u. Schulgebrauch. Von Bernh. Klein. 8. Aufl. gr. 16. (IV S., 684 u. 660 Sp.) Ebd. 898. Geb. in Leinw. n. 2. —

— dasselbe. Französisch-Deutsch u. Deutsch-Französisch. Für d. Privat-, Kontor- u. Schulgebrauch. Von Bernh. Klein. 2 Tle. in 1 Bd. 8. Aufl. gr. 16. (566 u. 612 Sp.) Ebd. 897. Geb. in Leinw. n. 2. —

— dasselbe. Italienisch-Deutsch u. Deutsch-Italienisch. F. d. Privat-, Kontor- u. Schulgebrauch. Von Bernh. Klein. 2 Tle. in 1 Bd. 3. Aufl. 16. (V S., 694 u. 606 Sp.) Ebd. 896. In 1 Leinwbd. n. 2. —

— neue fremdsprachliche Taschenwörterbücher. Englisch-Deutsch u. Deutsch-Englisch. Mit Bezeichng. der Aussprache in beiden Teilen. Für den Privat-, Kontor- u. Schulgebrauch. Von Bernh. Klein. 13. Aufl. gr. 16. (IV S., 684 Sp. u. 319 S.) Ebd. (902). Geb. in Leinw. 2. —

— dasselbe. Französisch-Deutsch u. Deutsch-Französisch. Für den Privat-, Kontor- u. Schulgebrauch. Von Bernh. Klein. 2 Tle. in 1 Bd. 14. Aufl. gr. 16. (566 u. 612 Sp.) Ebd. (902). Geb. in Leinw. 2. —

— dasselbe. Italienisch-Deutsch u. Deutsch-Italienisch. Für den Privat-, Kontor- u. Schulgebrauch. Von Bernh. Klein. 6. Aufl. gr. 16. (V S., 694 u. 606 Sp.) Ebd. (902). Geb. in Leinw. 2. —

— dasselbe. Russisch-Deutsch u. Deutsch-Russisch. Mit Bezeichng. der Aussprache in beiden Teilen. Für den Privat-, Kontor- u. Schulgebrauch. Von Herm. Roskoschny. Mit e. Anh.: Terminologie des Kriegswesens. 2. Aufl. gr. 16. (VI S., 664 u. 628 Sp.) Ebd. (902). Je 1 Leinw.-Bd. 3. —

— fremdsprachliche Taschenwörterbücher. 16. Ebd. Geb. in Leinw.

Böhmisch-deutsches u. deutsch-böhm. Taschenwörterbuch. Für den Privat-, Kontor- u. Schulgebrauch v. Ant. Kunz. Neu bearb. v. Paul Váša. Neue Rechtschreibg. 14. Aufl. 2 Tle. in 1 Bde. (VIII, 289 u. 327 S.) 906. Geb. 3. —

Englisch-Deutsch u. Deutsch-Englisch. Mit Bezeichng. der Aussprache in beiden Teilen. Für den Privat-, Kontor- u. Schulgebrauch. 17., völlig umgearb. Aufl. Von G. Glanz. Neue Rechtschreibg. 2 Tle. in 1 Bde. (IV, 321 u. 319 S.) (906.) Geb. 2. —

Französisch-Deutsch u. Deutsch-Französisch. Für den Privat-, Kontor- u. Schulgebrauch. Neue Rechtschreibg. Von G. Glanz. 18., völlig umgearb. Aufl. 2 Tle. in 1 Bde. (IV, XL, 232 u. 258 S.) (905.) Geb. 2. —

Italienisch-Deutsch u. Deutsch-Italienisch. Für den Privat-, Kontor- u. Schulgebrauch. Von Bernh. Klein. 8. Aufl. 2 Tle. in 1 Bde. (V S., 694 u. 606 Sp.) 906. Geb. 2. —

Russisch-Deutsch u. Deutsch-Russisch. Mit Bezeichng. der Aussprache in beiden Teilen. Für den Privat-, Kontor- u. Schulgebrauch. Von Herm. Koskoschny. Mit e. Anh.: Terminologie des Kriegswesens. 3. Aufl. (VI S., 664 u. 628 Sp.) (905). Geb. 3. —
Spanisch-Deutsch u. Deutsch-Spanisch. Für den Privat-, Kontor- u. Schulgebrauch v Bernh. Klein. 2. Aufl (838 u. 700 Sp.) (905.) Geb. 3. —

— fremdsprachliche Taschenwörterbücher. 16. Ebd. Geb. in Leinw. 2. —
Böhmisch-deutsches u. deutsch-böhm. Taschenwörterbuch. Für den Privat-, Kontor- u. Schulgebrauch v. Ant. Kunz. Neu bearb. v. Paul Váša. Neue Rechtschreibg. 17. Aufl. 2 Tle. in 1 Bde. (VIII, 269 u. 327 S.) Berlin 909. Neufeld & Henius. — Prag, Höfer & Klouček. Geb. 3. —
Englisch-Deutsch u. Deutsch-Englisch. Mit Bezeichng. der Aussprache in beiden Teilen. Für den Privat-, Kontor- u. Schulgebrauch. 18., völlig umgearb. Aufl. Von G. Glanz. Neue Rechtschreibg. 2 Tle. in 1 Bde. (IV, 321 u. 319 S.) (907.) Geb. 2. —
Französisch-Deutsch u. Deutsch-Französisch. Für den Privat-, Kontor- u. Schulgebrauch. Neue Rechtschreibg. Von G. Glanz. 20. Aufl. (70.—79. Taus.) 2 Tle. in 1 Bde. (IV, XL, 232 u. 258 S.) (910.) Geb. 2. —
Italienisch-Deutsch u. Deutsch-Italienisch. Für den Privat-, Kontor- u. Schulgebrauch. Von Bernh. Klein. 10. Aufl. 2 Tle. in 1 Bde. (V S., 694 u. 606 Sp.) (908.) Geb. 2. —
Russisch-Deutsch u. Deutsch-Russisch. Mit Bezeichng. der Aussprache in beiden Teilen. Für den Privat-, Kontor- u. Schulgebrauch. Von Herm. Koskoschny. Mit e. Anh.: Terminologie des Kriegswesens. 4. Aufl. (VI S., 664 u. 628 Sp.) (907.) Geb. 2. —

Neufeld's Unterrichtsbriefe f. d. Selbststudium. Englisch. Die engl. Umgangs- u. Geschäftssprache schnell schreiben, lesen u. sprechen zu lernen. 15 Unterrichtsbriefe v. F. H. Brendel. 5. verm. u. verb. Aufl. gr. 8. (253 S.) Berlin (901). Neufeld & Henius. 7. 50

— dasselbe. Französisch. Die französ. Umgangs- u. Geschäftssprache schnell schreiben, lesen u. sprechen zu lernen. Von G. Glanz. 2. Aufl. gr. 8. (263 S.) Ebd. (902). 7. 50; geb. in Leinw. 8. 50

— dasselbe. Italienisch. Die italien. Umgangs- u. Geschäftssprache schnell schreiben, lesen u. sprechen zu lernen. Von Gildo Zordan. gr. 8. (225 S.) Ebd. (901). 7.50; geb. 8.50

— dasselbe. Rechnen. Die Theorie u. Praxis des Rechnens, m. zahlreichen gelösten Beispielen unter Zugrundelegung bewährter Vorteile des Schnellrechnens nach e. prakt. u. faßl. Methode leicht u. schnell zu lernen, f. Kaufleute, Gewerbetreibende, Fabrikanten, Beamte, sowie überhaupt f. jeden, der sich ohne Hülfe des Lehrers zu e. tücht. Rechner heranbilden will. Bearb. u. hrsg. v. A. Fr. Heilig. 2., neubearb. Aufl. gr. 8. (256 S.) Ebd. (902). 7. 50; geb. 8. 50

Neufeld's Unterrichtsbriefe f. das Selbststudium. Lex.-8. Berlin, Neufeld & Henius. à 7. 50; geb. in Leinw à 8. 50
Böhmisch. Die böhm. Umgangs- u. Verkehrssprache schnell schreiben, lesen u. sprechen zu lernen. Von Paul Váša u. Čeněk Syrowý. Neue Rechtschreibg. (253 S.) (904.)
Deutsch. Die deutsche Umgangs- u. Verkehrssprache schnell richtig schreiben u. sprechen zu lernen. Von G. Glanz. Neue Rechtschreibg. (III, 252 S.) 903.
Deutsche Handelskorrespondenz. Instruktive Anleitg. aller im Handelsverkehr vorkomm. Korrespondenzen, veranschaulicht durch e. reiche Anzahl von kaufmänn. Musterbriefen üb. die mannigfaltigsten Vorkommnisse des kaufmänn. Verkehrs, nebst e. erklär., alphab. geord. Verzeichnis der im Handelsverkehr gebräuchl. Fremdwörter u. techn. Ausdrücke. Bearb. u. hrsg. v. A. Fr. Heilig. (215 S.) (906.)
Englisch. Die engl. Umgangs- u. Geschäftssprache schnell schreiben, lesen u. sprechen zu lernen. 15 Unterrichtsbriefe v. F. H. Brendel. 7. verm. u. verb. Aufl. (253 S.) (905.)
Französisch. Die französ. Umgangs- u. Geschäftssprache schnell schreiben, lesen u. sprechen zu lernen. Von G. Glanz. 3. Aufl. (263 S.) (905.)
Italienisch. Die Umgangs- u. Geschäftssprache schnell schreiben, lesen u. sprechen zu lernen. Von Gildo Zordan. 2. Aufl. (255 S.) (904.)
Polnisch. Die poln. Umgangs- u. Verkehrssprache schnell schreiben, lesen u. sprechen zu lernen. Von C. Pistory. Neue Rechtschreibg. (248 S.) (905.)

— Unterrichtsbriefe f. das Selbststudium. Lex. 8. Ebd. à 2.50; geb. 3. 50
Böhmisch. Die böhm. Umgangs- u. Verkehrssprache schnell schreiben, lesen u. sprechen zu lernen. Von Paul Váša u. Čeněk Syrový. Neue Rechtschreibg. 3. Aufl. (254 S.) (910.)
Buchführung. Die einfache u. doppelte Buchführg. nach e. prakt. u. bewährten Methode f. Kaufleute, Gewerbetreibende, Fabrikanten u. a. schnell zu lernen. In 15 Briefen bearb. u. hrsg. v. A. Fr. Heilig. 5., neubearb. Aufl. (256 S.) (909.)
Deutsch. Die deutsche Umgangs- u. Verkehrssprache schnell richtig schreiben u. sprechen zu lernen. Von G. Glanz. Neue Rechtschreibg. 2. Aufl. (III, 252 S.) (907.)
Englisch. Die engl. Umgangs- u. Geschäftssprache schnell schreiben, lesen u. sprechen zu lernen. Von F. H. Brendel. In neuer, vollständ. Umarbeitg. v. G. Glanz. 10. verm. u. verb. Aufl. Neue Rechtschreibg. (IV, 251 S.) (910.)
Französisch. Die französ. Umgangs- u. Geschäftssprache schnell schreiben, lesen u. sprechen zu lernen. Von G. Glanz. 4. Aufl. (263 S.) Lex. 8. (907.)
Italienisch. Die italien. Umgangs- u. Geschäftssprache schnell schreiben, lesen u. sprechen zu lernen. Von Gildo Zordan. 3. Aufl. (255 S.) (907.)
Kontor-Praxis, die kaufmänn., umfassend Wechsellehre, Bankrechnen, italien. Buchführg. u. kaufmänn. Jurisprudenz v. A. Fr. Heilig. (IV, 200 S.) (908.)
Polnisch. Die poln. Umgangs- u. Verkehrssprache schnell schreiben, lesen u. sprechen zu lernen. Von C. Pistory. 2. Aufl. (248 S.) (910.)
Rechnen. Die Theorie u. Praxis des Rechnens, m. zahlreichen gelösten Beispielen unter Zugrundelegg. bewährter Vorteile des Schnellrechnens nach e. prakt. u. faßl. Methode leicht u. schnell zu lernen, f. Kaufleute, Gewerbetreibende, Fabrikanten, Beamte, sowie überhaupt f. jeden, der sich ohne Hülfe des Lehrers zu e. tücht. Rechner heranbilden will. Bearb. u. hrsg. v. A. Fr. Heilig. 3., neubearb. Aufl. (256 S.) (907.)
Russisch. Die russ. Umgangs- u. Verkehrssprache schnell schreiben, lesen u. sprechen zu lernen. Von O. Pirrsk. Neue Rechtschreibg. (VI, 255 S.) (907.)
Spanisch. Lehrbuch der span. Sprache f. den Selbstunterricht auf Grund der Grammatik der königl. span. Akademie v. Th. Stromer. (VIII, 240 S.) 910.

Neufeld, A., Die Chortitzer Centralschule 1842—1892. Berdjansk 1893

Neufeld, Abraham, aus Lodz: Die führenden **Nationalexportämter**. Ein Beitrag zur Frage d. Errichtung einer Reichshandelsstelle. *Berlin 1903: C. Salewski.* (38 S.) 8° ¶ (Enthält nur Kap. 1 u. 2 d. eingereichten Arbeit.)
Berlin, Phil. Diss. v. 15. Aug. 1903

Neufeld, A., die führenden Nationalexportämter. Ein Beitrag zur Frage der Errichtg. e. Reichshandelsstelle. (VIII, 244 S.) gr. 8. Berlin 905. F. Siemenroth. n. 5. —; geb. n. 6. —

Neufeld, Albert [aus Iserlohn]: Ueber die Halogenderivate des Phenylhydrazins. . . . Würzburg, k. Universitätsdr. v. H. Stürtz, 1888; 24 S. 8°
Würzburg, Phil. Fak., Inaug.-Diss. v. 1888

Neufeld, Arminius *(geb. Marienau bei Danzig [6. 8.] 1841)*: De veneno, quod ex Antiari toxicaria paratur. Vratislaviae (1864). (27 S.) 8°
Breslau, Med. Diss. v. 30. Juli 1864

Neufeld, C.: Zur Handhabung des Gesetzes, betreffend den Verkehr mit künstlichen Süßstoffen vom 6. Juni 1898. Sep.-Abdr. Berlin. 1900.

Neufeld, C. A., illustr. Führer durch Bosnien u. die Hercegovina, ergänzt v. Jul. Pojman, s. a. Hartleben's, A., illustr. Führer.

Neufeld, C. A.: Illustrierter Führer durch Bosnien und die Herzegowina, s. a. Pojman, J.

Illustrierter Führer durch Bosnien und die Hercegovina von Dr. C. A Neufeld-Munchen. Mit 31 Abb. u. 1 Karte. *Wien, Pest, Leipzig: A. Hartleben 1903.* (VIII, 96 S.) 8°
= Führer, Hartleben's Illustrirter. No 56.

Neufeld, C. A., der Nahrungsmittelchemiker als Sachverständiger. Anleitung z. Begutachtg. der Nahrungsmittel, Genussmittel u. Gebrauchsgegenstände nach den gesetzl. Bestimmgn. Mit prakt. Beispielen. (XX, 477 S.) gr. 8. Berlin 907. J. Springer. 10.—; geb. in Leinw. n 11. 50

— das Trainieren zum Sport, s.: Hoole, Henry.

Neufeld, C. A: Die Weine der Hercegovina. Berlin 1901

Neufeld, Conrad, s. N e u f e l d , Konrad

Neufeld, F., u. Hüne, Untersuchungen üb. baktericide Immunität u. Phagocytose nebst Beiträgen zur Frage der Komplementablenkung. (41 S.) Lex. 8. Ebd. 907. 2. —
Sonderabdr. aus: „Arbeiten a. d. kaiserl. Gesundheitsamte".

Neufeld, Fred [app. Arzt]: Beiträge zur Kasuistik der angeborenen Schädelgeschwülste ... (Aus: Beitr. z. klin. Chir., Bd XIII Heft III.) Tübingen, H. Laupp, 1895; 1 Bl., 30 S. 8.
Heidelberg, Med. Fak., Inaug.-Diss. v. [15. März] 1895

Neufeld, Hugo, aus Posen: Zur Pathologischen Anatomie und Pathogenese des Schichtstaares. *Würzburg 1903: F. Staudenraus.* (26 S.) 8°
Würzburg, Med. Diss. v. 1903

Neufeld, J., d. Desinfection durch Dampf, s.: Klinik, Wiener, 1895.

Neufeld, Karl, unter der Herrschaft des Rebellen. Eine Erzählg. f. die reifere Jugend. Mit Bildern v. Charles Sheldon. (V, 850 S.) 8. Leipzig (905). Schmidt & Spring. Geb. in Leinw. n. 3. —

(S) Neufeld, Karl, unter der Herrschaft des Rebellen. 905. (KBL 34.) Erm. Pr. 2. 25

Neufeld, Karl, in Ketten des Kalifen. 12 Jahre Gefangenschaft in Omdurman. gr. 8. (316 S. m. Abbildgn. u. Taf.) Berlin (899). Stuttgart, W. Spemann. n. 8. —; geb. in Leinw. n. 10. —; auch in 16 Hftn. à n. — 50

— In Ketten des Kalifen. 12 Jahre Gefangenschaft in Omdurman. 3. Aufl. (VII, 288 S. m. Abbild. u. eingedr. Bildnis.) gr. 8. Stuttgart 910. W. Spemann. Kart. 3. —

Neufeld, Konrad

Neufeld, Conr., Staatsangelegenheit od. Privatsache? Ein Beitrag zur Lösg. der religiösen Frage. (16 S.) 8. Berlin 903. W. Buchholz. n. — 25

Staatsangelegenheit oder Privatsache. Ein Beitrag z. Lösung d. religiösen Frage von Conrad **Neufeld**. *Berlin: W. Buchholz 1904.* (16 S.) 8° [Umschlagt. F.]

Neufeld, Ludwig, approb. Arzt aus Posen: Ueber einen Fall von intermittierendem Gelenkhydrops. *Freiburg i. B.: Speyer & Kaerner 1899.* (38 S.) 8°
Freiburg i. B., Med. Diss. v. 1899

Neufeldt, Adph. H., junge Träume e. alten Mannes. (51 S. m. 1 Taf.) 8. Neuwied, Heuser's Verl. Geb. in Leinw. 1.50

Junge Träume eines alten Mannes von Adolph H. Neufeldt. Neuwied & Leipzig: Heuser 1909. 49 S. 8°

Neufeldt, Ernst, a. Elbing: Zur Sprache des Urkundenbuches von Westminster ⟨Cotton Faustina A III⟩. (Berlin: Mayer & Müller 1907.) (103 S.) 8°
Rostock, Phil. Fak., Ref. Lindner, Diss. v. 22. Dez. 1906
[Geb. 1. Sept. 80 Elbing; Wohnort: Charlottenburg; Staatsangeh.: Preußen; Vorbildung: Oberrealsch. Freiburg i. B. bis M. 98, Erg.-Prüfung Gymn. Baden-Baden M. 99; Studium: Freiburg i. B. 2, Berlin 7, Straßburg 1, Königsberg 1 S.; Rig. 20. Dez. 06.]

Neufeldt, Heinr. Aug., „Es geht mir wunderbar gut!" Gedächtnißpredigt auf Ihre Königl. Hoh. die Großherzogin Mathilde zu Hessen gehalten am 2. Pfingstfeiertage den 9. Juni in der Menoniten-Kirche zu Ibersheim in Rheinhessen. Darmstadt 862. Würtz. gr. 8. (14 S.) n. 2 ngr.

Neufeldt, Paul, Arzt: Aus d. Kgl. med. Universitäts-Klinik zu Königsberg i. Pr. Zur Behandlung der Aneurysmen der Aorta mittels subcutaner Gelatine-Injectionen. *Königsberg i. Pr. 1901: H. Jaeger.* (52 S.) 8°
Königsberg, Med. Diss. v. 1. Aug. 1901

Neufert, H. und **Bendix,** B., Die Charlottenburger Waldschule im ersten Jahre ihres Bestehens. (Gr.-8°. (ill. 48 S.) K 1.80
Feldkirch: Unterberger 1906.

Neufert, H., u. B. Bendix, die Charlottenburger Waldschule im ersten Jahre ihres Bestehens. (48 S. m. 6 Abb.) gr. 8. Wien 906. Urban & Schwarzenberg. n. 1.50

Neufert, Hermann *(geb. Altstadt bei Lüben in Schles. [6. 7. 1858]):* Die schlesischen Erwerbungen des Markgrafen Georg von Brandenburg. Breslau (1883). (54 S.) 8° [F. u. Ant.] *[Im Buchhandel 1883 bei Köhler in Breslau.]*
Breslau, Phil. Diss. v. 9. März 1883

[F.] **Neufert,** Hermann [Dr.]: Der Weg der Nibelungen. Charlottenburg, Buchdr. v. A. Gertz, *1892;* 32 S. 4.
Charlottenburg, st. HB, OP 1892 (116)

Franciscus Neuff. Theses ex logica et ontologia, quas praeside Francisco Neuff aa. ll. et philosophiae magistro eiusdemque in principali Athenaeo Marchio-Badensi professore publico et ordinario propugnabit ingenuus ac eruditus Jacobus Prinz, Ettlinganus, philosophiae auditor.
Badenae in aula principalis Athenaei die ... Julii anno MDCCLXI. Horis ante et post meridiem consuetis.
Rastadii typis C. A. Schell, typogr. aul. 8 S. Rastatt, P 1761

Neuff, Frz. Ant., († 1779.) religionis revelatae contra divers. illius hostes defensio, ordine scholis apto disposita. 8maj. Bamb. 777. Dederich; (auch Wesché in Frankf. a. M.) 16 gr.

Neuff, F. A., religionis revelatae contra divers. illius hostes defensio, ordine scholis apte disposita. 8. maj. Bamberg, Dederich. (Göbhard) 779.

Neuff, Franc. Ant., Diuturna Rom. Pontificum supremae in ecclesia christiana auctoritatis possessio ab erroris suspicione purgata. Bamberg 1772. 4°. 60 S. (mit Thesen).

Neuffer, C., s. N e u f f e r , Christian Ludwig

Neuffer, Christian Ludwig

Neuffer, (Chrstn.) Ludw., Altarrede vor d. Sarge Herzogs Heinrich v. Württemberg, geh. am 1. Aug. 1838. gr. 8. (...) Ulm, Nübling.

Neuffer, C., Anleit. zum Aufbau der Galvan. Säulen z. Anwend. derselb. a. versch. Krankh. 8. Ulm, Becker. 802.

Neuffer, C., Anleitung z. Aufbau d. Galvanischen Säule; ist jetzt Verlag v. Jak. Ebner in Ulm.

— der Christ an d. Gräbern seiner Vollendeten. Eine Samml. v. Leichengesängen, z. Gebr. f. Chöre jeder Art. In Musik ges. v. Conr. Kocher. 4. (8 B.) Stuttgart 837, Hallberger'sche Vrlsh.

— s. Dichter, röm., 16—18 Bdchn.

— kleine epische Dichtungen und Idyllen. Mit Titelkpfr. gr. 8. Stuttgart 835. Scheible; jetzt Gaul u. Tonger. $2^1/_4$ ₰

Neuffer, Chr. Ldw., Erato f. die Freunde d. bessern Eros. 12. Zürich 818. Orell. Mit 1 Vign. 20 gl 2e Aufl. unt. d. T.: Gesänge d. Liebe u. Treue aus d. schönen Tagen d. Jugend. 8. Ebd. 827. 20 gl

— s. J. Fordyce, Weihgeschenk.

Neuffer, (Chrs̈n.) Ludw., das Gebet des Herrn. Eine Gabe (in Gedichten). 8. (2 B.) Stuttgart 832, Steinkopf.

Neuffer, Christian Ludwig.
Das Gebet des Herrn. Eine Dichtergabe ...
Leipz. 1892. H: *Semmig, Herm.* (Ky)

Neuffer, Chrn. Ludw., das Gebet d. Herrn. Eine Dichtergabe zu ernster Zeit. (Hrsg. v. Herm. Semmig.) 8. (74 S.) Leipzig 892. Th. Rother. n. 1. —

Neuffer, C. Lud., Gedichte. 8. Stuttgart, Steinkopf. 805.
Velinp.

— auserlesene lyrische Gedichte. gr. 8. Stuttg. 816. Hopfer. (Metzler). 21 gl Schrbp. 1 ß

Neuffer, C. L., lyrische Gedichte. gr. 8. Stuttgart, Metzler in Comm. 816.
Schreibpap.

— vermischte Gedichte. 8. Stuttg. 805. Steinkopf 1 ß Velinp. 1 ß 12 gl

— Gesänge d. Liebe u. Treue, s. a. oben Erato.

Neuffer, (Ludw.) Gesänge d. Liebe u. Treue aus d. schönen Tagen d. Jugend. Mit 1 Vign. 8. Zürich 827, Orell.

— Günther, od. Schicksal u. Gemüth, ein episches Gedicht. Mit 1 Titelkpf. 8. Reutlingen 816. Mäken. 20 gl Velinp. 1 ß 10 gl (Oswald in Heidelb.) 1 ß Velinp. 1 ß 12 gl

— Günther, oder Schicksal und Gemüth, ein episches Gedicht. 8. Heidelberg, Oswald. 817.
Velinpapier

— die Herbstfeier, ein Sittengemälde in 9 Gesängen. Ein Taschenbuch auf d. Jahr 1802. gr. 16. Stuttg. 802. Steinkopf. 16 gl

— s. Monatsschrift f. Geistes- u. Herzensbildung d. Frauenzimmer.

— Predigten üb. einige wichtige Gegenstände d. Religion u. Moral. Augsb. 803. Gerstle.

— s. Sallust, Werke.

— poetische Schriften. 1r Bd. (Lyrische Gedichte.) 8. Leipzig 827, L. Voß.

—— poet. Schriften. 2. Bd. — A. u. d. T.: Die Herbstfeier. Eine Idylle in 8 Gesängen. (Ausg. letzt. Hand.) 8. (17½ B.) Leipzig 828, Voß.

—— dass. 3. Bd. — A. u. d. T.: Der Tag auf dem Lande. Eine Idylle in 10 Gesängen. (Ausg. letzt. Hand.) 8. (19 B.) Ebds. 828.
1. Bd. Lyrische Gedichte. Ebendas. 1827. 1 Thlr. 12 Gr.

— der Tag auf d. Lande. Idylle in 10 Gesängen. N. umgearb. Aufl. (Die erste Aufl. bei Sommer in Leipzig erschien ohne d. Verfassers Namen u. ein Nachdruck mit d. Beisatz auf d. T.: v. Jh. H. Voß. Leipz. 1802). 8. Reutlingen 805. (Mäken). 2e A. 815. 20 gl Schrbp. 1 ß

— der Tag auf dem Lande. Idylle in 10 Gesängen. Neueste umgearb. Aufl. 8. Bremen. (Leipzig, Hartmann.) 815.
Schreibpap.

— Taschenbuch d. Donau rc., s. a. Taschenbuch.

— Taschenbuch v. d. Donau. 1r u. 2r Jahrg. auf d. Jahr 1824, 25. Mit Kpf. 16. Ulm, Stettini (à 2 ß) 4 ß

— s. Taschenbuch für Frauenzimmer f. 1799, 1800.

— kleiner Taschenkalender f. 1804. Mit 6 Kpf. 32. Stuttgart, Löflund. 8 gl

—— gründl. Unterricht f. Lackirer, Zimmermaler, rc., nach eigenen Erfahrn. u. bereich. mit d. neuesten Entdeckn. d. Engländer u. Franzosen. 16. (4 B.) Stuttgart 840, Sonnewald'sche Bh. *

— christl. Urania, oder Gesänge für Freunde der Religion und eines heitern Christenthums. 8. Leipzig, G. Fleischer. 820.

—— Vermächtniß f. christlich gesinnte Söhne u. Töchter. Zur weitern Belehr. u. Beherzig. bei ihrem Eintritt in d. reifern Jugendjahre. 8. (23½ B.) Ulm 834, Ebner.

—— Vermächtniß f. christl. gesinnte Söhne u. Töchter. Zur weitern Belehr. u. Beherzig. bei ihrem Eintritt in d. reif. Jugendjahre. 2. Ausg. 8. (25½ B. u. Ttlbild.) Ulm 836, Ebner.

— Virgils Aeneis verdeutscht, s. Virgil.

—— über d. Zerfall d. Kultus. gr. 8. (2¾ B.) Ulm 837, Rübling.
Aus: Annalen d. gesammt. Theol. u. christl. Kirche, besond. abgedruckt.

Neuffer, Christoph Friedrich

— — De anima legum. Diss. moral. Präs. Johann Gottlieb Fabro. Tübingen (Erhardt) 9. X. 1752. 24 S. (5.—) 24745

Neuffer, Christoph Friedrich (Stuttgart), De corporum naturalium cohaerentia. Diss. acad. Präs. Georg Wolffgang Krafft. Tüb. (Schramm) Sept. 1752. 16 S., 1 Taf. (5.—) 24744

Neuffer, Ernst, neuester illustrirter Donau-Führer von Passau bis Sulina. Ein Handbuch für Touristen und Geschäftsleute, nebst vollständ. Fremdenführer von Wien und Budapest, sowie 6 (chromolithogr.) Karten des Donau-Gebietes. 12. (178 S.) Wien 880, Huber und Lahme. geb. *

Neuffer, Ernst, neuester illustrirter Donau-Führer von Passau bis Sulina. Ein Handbuch für Touristen u. Geschäftsleute, nebst vollständ. Fremdenführer von Wien u. Budapest, sowie 6 (chromolith.) Karten des Donau-Gebietes u. einer (lith.) Übersichtskarte. 12. (180 S. mit Abbildungen.) Wien 882. Huber & Lahme. geb. n. 2. —

Neuffer, E., neuester illustrirter Donau-Führer von Passau bis Sulina. Ein Handbuch für Touristen nebst vollständ. Fremdenführer von Wien u. Budapest. kl. 8. (178 S. m. 6 Karten des Donaugebietes u. Abbildgn.) Wien 887. (Budapest, Grill.) geb. n. 2. —

Neuffer, Ernst, neuer Führer durch Wien und Umgebung mit besond. Rücksicht auf die Weltausstellung. Nebst Plan von Wien mit einem Theil der neuen Donaustadt und dem Weltausstellungs-Gebäude. 8. Wien 873, v. Waldheim. cart. *

Neuffer, (E[ugen]), Rekt.: Elementare ebene **Oerter**. *Ulm 1902: Gebr. Nübling.* (IV, 64 S.) 4° ¶(Vgl. P-Beil. 1896: Behandlung d. geom. Oerter im Elementarunterricht d. analyt. Geometrie.)
Ulm, k. RG u. k. RA, P 1902 (674)

Neuffer [Eugen], Rektor: Elementare Untersuchungen über die räumlichen Örter. Ulm 1907: Gebr. Nübling. (54 S.) 8°
Ulm, k. RG u. k. OR P 1907 (759)

Neuffer, *Eug. Nathan.* [Rektor]: Ueber die Behandlung der geometrischen Oerter im Elementarunterricht der analytischen Geometrie. Ulm, gedr. bei Gebr. Nübling, 1896; 2 Bl., 39 S. 4.
Ulm, k. RG u. k. RA, P 1896 (612)

Neuffer, Franz [pr. Arzt aus Pfullingen]: Ueber den Einfluss der Heredität und der Consanguinität der Eltern in der Aetiologie der Retinitis pigmentosa ... Strassburg i. E., Buchdr. Gebr. Riedel, 1893; 1 Bl., 32 S. 8.
Strassburg, Med. Fak., Inaug.-Diss. v. 1893

Neuffer, Frz. Bernh., die gefährl. Philosophie; e. satyr.-moral. Gedicht z. Ehre d. christl. Religion ꝛc. 4. Konstanz 791.

Neuffer, G. H., neue Anweisung zum Lesenlernen mit einer noch nie so beachteten Stufenfolge und Behandlung der Wörter. 1ste Abth. Darstell. der Lehrart. 2te Abth. Namenbuch. 3te Sätze und Erzählungen. 8. Stuttgart, Metzler. 818.

Neuffer, Gf. Hnr., s. Eus. Freune.

Neuffer, Glieb., gründliche Anweisung für Schreiner und Lackirer, um die bei ihren Geschäften vorkomm. Polituren, Oel- und Lackfirnisse mit dem besten Erfolge selbst zu bereiten. 8. Stuttgart 840. Etzel. 1/3 Rthlr.

Neuffer, Gtli., gründl. Anweisung f. Schreiner u. Lackirer, um die bei ihren Geschäften vorkomm. Polituren, Oel- u. Lackfirnisse mit d. besten Erfolge selbst zu bereiten. 8. (1 B.) Stuttgart 840, [Rommelsbacher.]

—— gründl. Unterricht f. Lackirer, Zimmermaler, ꝛc., nach eigenen Erfahrn. u. berich. mit d. neuesten Entdeckn. d. Engländer u. Franzosen. 16. (4 B.) Stuttgart 840, Sonnewald'sche Bh. *

Neuffer, Glieb., gründl. Unterricht für Lackirer, Zimmermaler, Vergolder u. Schreiner, zur Herstellung der schönsten weißen Anstriche, Glanzweiß zu verfertigen, Möbel auf verschied. Weise anzustreichen ꝛc. Quedlinburg 866. Ernst'sche Buchh. gr. 16. (VI, 58 S.) n. 10 ngr.

Neuffer, Jh Chr., († h. 28. Mai 1777.) Abhandl. v. d. Einigkeit d. göttl. Wesens; mit e. Vorrede v. Gf. Ploucquet. 4. Tübing. 772.

— **Johann Rudolph** (Stuttgart), Observationes juridicae miscellae. Mod. Christoph Friedrich Harpprecht. Tübingen (Schramm) 30. IV. 1736. 40 S. (5.50) 24746

Neuffer, Karl, Anleit. z. Aufbau d. Galvan. Säulen z. Anwend. derselb. auf verschied. Krankheiten. Mit 1 Kpft. 8. Ulm 802. (Ebner). 8 gr.

Neuffer, Karl Heinr., die neuesten Düngungs-Fragen. gr. 8. (160 S.) Heilbronn 901. (Dr. J. Determann.) n. 2. —

Neuffer, Karl Heinr., langjährige Erfahrungen im Düngerwesen, nebst Rathschlägen f. die Zukunft. gr. 8. (131 S.) Stuttgart 885. (Kohlhammer.) n. 2. —

— das Kalksteinmehl im Dienste der Landwirtschaft, nebst einigen anderen wichtigen Düngerfragen. gr. 8. (68 S.) Ebd. 898. n. 1.50

Neuffer, Carl Th., neuestes Räthsel- u. Charaden-Buch. 12. (III, 140 S.) Cannstadt 884. Stehn. n. 1.50

Neuffer, L., Erato für die Freunde des bessern Eros. 12. Zürch, Orell. 818.

Neuffer, L., s. Virgil's Werke.

Neuffer, Leopold, aus Heilbronn a. N.: Aus d. pharmakol. Institut d. Universität Würzburg. Ueber das Verschwinden von Salpetersäure im Stoffwechsel. *Würzburg 1898: A. Boegler.* (21 S.) 8°
Würzburg, Med. Diss. v. 1898

Neuffer, Ludwig, s. Neuffer, Christian Ludwig

Neuffer, M., s. Schatten u. Licht.

Neuffer, M. L., Stammtafel der wohl renommirten Neufferischen Familie. Ludwigsburg 1735.

NEUFFER, Richard (Regensburg): Über Darmstenose durch chronische Peritonitis. (Titel nach der Urkunde)
3.10.1906 - Urk; Chr 1906/07,23
Diss. Ingolst.-Landsh.-Mchn.

Neuffer, Thdr., Gesundheitsregeln für das Militair. 2. Aufl. Stuttgart 859. Beck. (Cammerer.) 32. (30 S.) n. 2 ngr.

Neuffer, Wilh. v., Entwurf zu e. neuen deutschen Zolltarif m. Rücksicht auf nationale Arbeit. gr. 8. (IV, 104 S.) Regensburg 876. Wunderling. n. 1. —

Neuffer, Wilh. v., Entwurf zu einem neuen deutschen Zolltarif mit Rücksicht auf nationale Arbeit. 2., mit einem Vorwort verseh. (Titel-)Aufl. gr. 8. (VI, 104 S.) Regensburg (1876) 879. Wunderling. n. 1. —

— **Wilhelm** (Stuttgart), De jurisdictione academiarum privilegiaria in causis criminalibus. Diss. inaug. [Präs.] Ludwig Conrad Smalcalder. Tübingen (Bauhof u. Franck) 12. XI. 1746. 50 S. (5.—) 24747

Neuffer, Wilh., einige Worte über den preußisch-französischen Handelsvertrag, gesprochen am 31. März 1863 in der Versammlung des Reformvereins zu Regensburg. Regensburg 863. Manz. gr. 8. (20 S.) n. 1⅙ ngr.

Neuffer-Stavenhagen, Hildegard, Märchenfäden, s.: Märchenbücher, neue. I.

von [*Vita*: Baron de] **Neufforge**, Joseph M[athias] ⟨geb. am 19 [nicht 18] Juni 1839 [nicht 1840] in Neuerburg bei Trier⟩: Pathologie und Pathogenese des miliaren Tubercels nebst einem Beitrag zur Statistik der Tuberculose nach den Ergebnissen von 141 Leichen-eröffnungen ... Bonn, gedr. bei J. F. Carthaus (1870). 2 Bl., 42 S., 1 Bl., 2 Taf. 8.
Bonn, Med. Fak., Diss. v. 24 Juni 1870

Neufliess, Max, approb. Arzt aus Fraustadt: Aus d. Frauenklinik von Dr. Ludwig Fraenkel in Breslau. Beitrag zur Aetiologie und zum klinischen Ausgang der Extrauteringravidität. *Leipzig 1902: B. Georgi.* (25 S.) 8°
Leipzig, Med. Diss. v. (7. Mai) 1902

v. Neuforn, s.a. **Stokar.**

de **Neuforn**, J.C.Stockar, Diss. de usu cantharidum interno. Gott. 4°. 1781

Neufsoll, O. Ueber die altfranzösischen, mittelhochdeutschen und mittelenglischen Bearbeitungen der Sage von Gregorius. Diss. Halle 1886. 54 S.

Neufville s.a. Neuville.

de Neufville. Franç., s. Chr. L. Seebaß, Anleitung.

Neufville, Friedrich von (Frankfurt/Main), De corpore delicti. Diss. jur. Marburg/Hessen (Ph. C. Muller) 1. V. 1732. 27 S. (5.—) 24748

Neufville, Geo. v., kurze Geschichte des Grenadier-Regts. zu Pferde Freiherr v. Derfflinger (neumärk.) Nr. 3, nach der v. Hagenschen Regimentsgeschichte u. der Geschichte der brandenburg-preuß. Reiterei von v. Pelet-Narbonne zusammengestellt u. bis zur Gegenwart ergänzt. (27 S. m. 3 Vollbildern.) 8. Berlin 908. E. S. Mittler & Sohn. — 50

v. Neufville, Jh. Noe, († 1777.) nöthige Erläuterung d. unverfängl. Vorschläge zu Errichtung e. dauerhaften Münzwesens in Deutschland. 8. Hanau 766. Schulz. 6 gr

— — **Johann Noachus von** (Frankfurt/Main), De justitia et prudentia poenarum in sanctione poenali novissima utriusque circuli Rhenani. Präs. Franz Justus Kortholt. Gießen (E. H. Lammers) Dez. 1751. 70 S. (—.—) 21719
Gew.: Jo. Noachus von Neufville.

— s.a. Vorschläge zu Errichtung e. dauerhaften Münzwesens rc.

(Neufville, J. N. de): „Unverfängliche Vorschläge zur Errichtung eines dauerhaften Münzwesens in Teutschland", Frankfurt a. M. und Leipzig 1766.

Neufville, M. W. de, s. Neufville, Wilhelm Karl de

de Neufville, Matth. Wilh., Diss. de indole morborum periodica ex labe qualicunque viscerum hypochondriacorum. 4. Götting. 784. Dieterich. 4 gr
42 pp.

— Versuch u. Grundriß e. prakt. Abhandl. v. der Sympathie d. Verdauungssystems rc. 8. Götting. 786. Dieterich. 5 gr

v. Neufville, Rob., († 1789 od. 1790.) s. W. Hoy, die Häßlichkeit.

de **Neufville**, Rudolf [aus Frankfurt a/M. Assist. am mineralog. Inst. d. Univ. zu München]: Ueber das 1. 2. 3. Diphenyltriketon. . . . München, akad. Buchdr. v. F. Straub, 1890; 37 S. 8°
München, Phil. Fak., Inaug.-Diss. v. 1890

Neufville, W. de, zur Verständigung in der deutschen Frage. Frankfurt a. M. 863. Auffarth. gr. 8. (46 S.) n. 7½ ngr.

Neufville, Wilhelm Karl de

Neufville WCde, Lebensdauer und Todesursachen 22 verschiedener Stände und Gewerbe nebst vergleichender Statistik der christlichen und israelitischen Bevölkerung Frankfurts. Frankfurt a. M. 1855

Neufville, W. C. de, Lebensdauer und Todesursachen zwei und zwanzig verschiedener Stände und Gewerbe nebst vergleichender Statistik der christl. und israelit. Bevölkerung Frankfurts. Nach zuverlässigen Quellen bearb. gr. 8. (IV und 116 S. mit 23 statist. Tabellen, wovon 2 in qu. gr. Fol.) Frankfurt a. M. 856, Sauerländer's Verlag. *

Neufville, W. C. de, die tödtlichen Verletzungen nach den Grundsätzen der neueren deutschen Strafgesetzgebungen bearb. gr. 8. (126 S.) Erlangen 851, Palm und Enke. Thlr. *
Aus: Henke, Zeitschrift für die Staatsarzneikunde etc., besonders abgedruckt.

Neugart, Trudpert, Codex diplom. Allemanniae et Burgundiae Trans-Juranae intra fines dioeces. Constant. II Tmi. 4. St. Blasii 791—95. (Ulm, Wohler); (a. Groos in Heidelb.)

— — idem liber. II Tmi. 4. Freyburg, Herder. 795. (à 3 Rthlr.)

— doctrina de sacram. poenitentiae episcopor., epistolis pastoralib. etc. expl. et asserta. 4maj. St. Blasii 778. (Wohler, Ulm). 1 Rthlr 8 gr (Freiburg, Herder). 16 gr

Neugart, Trudpert, episcopatus Constantiensis Allemannicus sub metropol. Moguntina etc. chronolog. et diplomat. illustr. P. I. T. I. 4maj. St. Blasii 803. (Herder in Freiburg). 3 Rthlr (v. Cotta in Stuttg.) 3 Rthlr 8 gr

— Episcopat. Constantin. Alemannic. sub metropol. Moguntina etc. chronol. et diplomat. illustr. P. I. T. I. 4. maj. St. Blasii. (Wohler, Ulm.) 803.

Neugart, Trudpertus, episcopatus Constantiensis alemannicus sub metropoli Moguntina chronologice et diplomatice illustratus. Pars I. Tomus II. cont. Annales tam profanos quam ecclesiasticos cum statu literarum ab a. 1101 ad a. 1308. Freiburg im Br. 862. Herder. 4. (XX, 814 S.) n. 6 Rthlr

Neugart, Trudpertus, historia monasterii ord. S. Benedicti ad S. Paulum in valle inferioris Carinthiae Lavantinae. gr. 8. (IV u. 109 S. m. 1 Tab. in Fol.) Clagenfurti 848, Leon. ⅔ Rthlr

Neugart, Trudpert., Historia monasterii ord. S. Benedicti ad S. Paulum in vale inferioris Carinthiae Lavantina. Pars II.: Series abbatum. 8maj. (III und 128 S. mit 1 Stahlst.) Clagenfurti 854, libr. Leon. *
Pars I. Ibid. 1848. * 20 Ngr.

Neugart, Trudpertus, historia monasterii Ord. S. Benedicti ad S. Paulum in valle inferioris Carinthiae Lavantina. Pars II. Series abbatum. Clagenfurti 854. (Leon.) gr. 8. (2 Bl., 136 S. u. 1 Stahlst.) n. 20 ngr.

Neugart, Trudpertus. Libellus Majores maternos Rudolfi I., R. R. in Gottfrido duce Alemaniae proavo Hildegardae conjugis Caroli M. subsistentes exhibens. Fol. Valle Lavantina Carinthiae 1816.

Neugart, Trudpert. Libellus majores maternos Rudolfi I. R. R. in Gottfrido Duce Alemaniae subsistentes exhibens. Clagenfurti, Leon, 1850. Quart. 22 S.

— **libellus majores maternos Rudolfi I. R. r. in Gottfrido duce Alemaniae proavo Hildegardae conjugis Caroli M. subsistentes exhibens. (Klagenfurt 853. Leon.) 4. (XXII S. u. 1 Tab. in Fol.)** n. 20 ngr.

— precum quotidianarum specimen etc. 18. Freiburg, Herder. 5 Sgr.

Neugebauer, vgl. Neigebauer.

Neugebauer, Geschichte des Bürger-Geschlechts Schöngarth in Breslau. Breslau 1863. 8.

Neugebauer, Schatzkästlein für den Bürger- und Landmann. Eine Sammlung von 547 erprobten Rathschlägen und Recepten. 1.—10. verm. und verb. Aufl. gr. 16. (XVI, 186 S.) Glogau 877, Flemming. geb. *

(Neugebauer, Geh. Justizrath.) Schill's Zug nach Stralsund und sein Ende. Tagebuch eines seiner Vertrauten. kl. 8. Quedlinburg u. Leipzig 1831.

Neugebauer, Aloisius (Ferdinand Aloisius) (Neiße), De delirio potatorum, adiecta morbi historia. Diss. med. Berlin (Schlesinger) 29. IX. 1837. 26 S. u. Biogr. (M.: Th. Ledermann.) (3.—) 24750
Oppon.: A. Mueller, G. Gross, C. Sauermann. -- Seinen Eltern gew. (Vater: Franz Neugebauer).

Neugebauer, *Anton* F. [pr. Arzt]: Über einen Fall von Parametritis et Paravaginitis puerperalis abscedens. Zugl. e. Beitr. z. operativen Behandlg hochsitzender Mastdarm-Scheidenfisteln ... Neurode i. Schl., Druck v. W. W. '(E.)' Klambt, *1893;* 34 S., 1 Bl. 8.
Breslau, Med. Fak., Inaug.-Diss. v. 18. Mai 1893

Neugebauer, A. F., üb. e. Fall v. Parametritis et Paravaginitis puerperalis abscedens. Zugleich e. Beitrag zur operativen Behandlg. hochsitz. Mastdarm-Scheidenfisteln. Diss. gr. 8. (34 S.) Neurode 893. (Breslau, L. Köhler.) n. 1. —

Neugebauer, Bruno [pr. Arzt]: Aus d. Ambulatorium d. Privatdoc. Hrn Dr. Kafemann zu Königsberg i. Pr. Über Messungen des weichen Gaumens m. Darstellg e. neuen Messungsmethode ... Königsberg i. Pr., Druck v. M. Liedtke, 1896; 2 Bl., 36 S., 3 Bl. 8.
Königsberg, Med. Fak., Inaug.-Diss. v. 15. Febr. 1896

Neugebauer, Bruno, üb. Messgn. d. weichen Gaumens m. Darstellg. e. neuen Messungsmethode. Diss. gr. 8. (37 S.) Königsberg 896. (W. Koch.) n. 1. —

Heimatkunde des Kreises Gnesen von E. **Neugebauer,** Rektor. Lissa i. P.: F. Ebbecke 1905. (24 S.) 8° [F.] [07. 9971]

Neugebauer, Eberhard, Referendar b. d. Kgl. Landgericht zu Breslau: Die Auflage bei Schenkungen und letztwilligen Verfügungen nach dem Bürgerlichen Gesetzbuch. Breslau 1904: Breslauer Genossenschafts-Buchdr. (113 S.) 8°
Breslau, Jur. Fak., Ref. Jörs, Diss. v. 4. Nov. 1904
[Geb. 20. Okt. 80 Breslau; Heimatsort: Breslau; Staatsangeh.: Preußen; Vorbildung: St. Matthias Gymn. Breslau Reife O. 00; Studium: Breslau 6 S.; Rig. 23. Juni 03.]

Neugebauer, Edmund Ludwig. Ueber den Aethylester und das Amid der Normal-Gamma-Oxyvaleriansäure. Würzburg, 1883.

Neugebauer Emil: Über die Transformation und Reduction vielfacher Integrale durch simultane Substitutionen. (42). Linz R. 90.
Progr.

Neugebauer, Franz von

Neugebauer, Frz. v., 103 Beobachtungen v. mehr weniger hochgradiger Entwickelung e. Uterus beim Manne (Pseudohermaphroditismus masculinus internus), nebst Zusammenstellg. der Beobachtgn. v. period. regelmäss. Genitalblutgn., Menstruation, vikariierender Menstruation, Pseudomenstruation, Molimina menstrualia u. s. w. bei Scheinzwittern. (S. 217—326.) 8. Leipzig 904. M. Spohr. n. 3. —
S.-A. aus: Jahrbuch f. sexuelle Zwischenstufen.

Neugebauer, Frz., interessante Beobachtungen aus dem Gebiete d. Scheinzwittertumes. Eine synop. Zusammenstellg. aus der Kasuistik. gr. 8. (176 S. m. Abbildgn.) Groitzsch (902). (Leipzig, Buchh. G. Fock.) n. 6. —
Sonderabdruck aus: „Jahrbuch f. sexuelle Zwischenstufen".

Neugebauer Franz: Das Goldbergwerk Schellgaden. 16. Korneuburg 04.
Progr.

— **chirurgische Ueberraschungen auf dem Gebiete des Scheinzwittertums. Kasuistik v. 134 Beobachtgn. m. 54 Fällen irrtüml. Geschlechtsbestimmg., grösstenteils durch das Skalpell des Chirurgen erwiesen. (220 S. m. Abb.) gr. 8. Leipzig 903 Buchh. G. Fock.** n. 6 —
Sonderabdruck aus: „Jahrb. f. sexuelle Zwischenstufen".

Welchen Wert hat die Kenntnis des Hermaphroditismus für den praktischen Arzt? Von Franz v. **Neugebauer,** Warschau. Leipzig: Breitkopf & Härtel 1905. (29 S.) 4°(8°)
= Sammlung klinischer Vorträge. No 393.

Neugebauer, Frz., einige Worte üb. d. sematolog. u. diagnost. Bedeutg. d. menschl. Gangspuren od. Ichnogramme, s.: Sammlung klin. Vorträge.

— **Zusammenstellung der Literatur üb. Hermaphroditismus beim Menschen. (S. 473—670.) 8. Leipzig 905. M. Spohr.** n. 4. —

— **dasselbe. (S. 685—700) 8. Ebd. 906.** n. — 60
2 Sonderabdrucke aus: „Jahrb. f. sex. Zwischenstufen".

Neugebauer, Franz Ludwig

Neugebauer [Sohn], F. L., Audiatur et altera pars! Worte der Nothwehr gegen seine Excellenz den Kaiserl. Russ. Geheimen Rath Prof. Dr. Wilhelm Duszan Lambl. gr. 8. (78 S.) Warschau 890. (Leipzig, K. F. Koehler.) n. 1. 50

Neugebauer, Frz. Ludw., zur Entwickelungsgeschichte des spondylolisthetischen Beckens und seiner Diagnose [mit Berücksicht. von Körperhaltung und Gangspur]. Casuistisch-krit. Monographie. gr. 8. (V, 294 S. mit 97 Holzschn. im Texte und 1 Tab.) Halle 882, Niemeyer. — Dorpat, Krüger. *

Die Fremdkörper des Uterus. Zusammenstellg v. 550 Beobachtgn aus d. Literatur u. Praxis. Dem vn. Congress d. Deutschen Ges. f. Gynaekologie gewidmet v. Dr. med. Franz Ludwig **Neugebauer,** Vorstand d. gynaekol. Klinik ... in Warschau ... *Breslau: Preuss & Jünger 1897.* (2 Bl., 144 S.) 1 Bd 8. [97. 8658]

— **dasselbe. 2. [Titel-] Ausg. gr. 8. (144 S.) Berlin (897) 898. S. Karger.** n. 4. —

Die Fremdkörper des Uterus. Zusammenstellung von 550 Beobachtungen aus d. Literatur u. Praxis. Von Dr. Franz L[udwig] **Neugebauer** in Warschau. 2. Ausg. *Berlin: S. Karger 1899.* (144 S.) 4°(8°) [01. 139 11

Neugebauer, Franz Ludwig von: H e r m a p h r o d i t i s m u s beim Menschen. Leipzig: Klinkhardt 1908. VII, 748 S. 4°(8°) (Bibliothek medizinischer Monographien. Bd 2.)

— zur Lehre d. angebor. u. erworb. Verwachsungen u. Verengergn. d. Scheide, sow. d. angebor. Scheidenmangels m. Ausschluss d. Doppelbildgn. gr. 8. (IV, 223 S.) Berlin 895. S. Karger. n. 6. —

Zur Lehre von der Zwillingsschwangerschaft mit heterotopem Sitz der Früchte, das eine Ei in cavo uteri, das andere extrauterin gelagert. Kasuistik von 171 Fällen nebst 2 eigenen Beobachtungen, mitgeteilt von Fr(anz Ludwig) v. **Neugebauer**, Warschau. Leipzig: W. Klinkhardt 1907. (168 S.) 8° [07. 3378

— Zur Lehre v. der Zwillingschwangerschaft m. heterotopem Sitz d. Früchte, s. Bibliothek medizin. Monographien. I.

Neugebauer, Frz. Ludw., üb. die Rehabilitation der Schamfugentrennung od. Symphyseotomie durch die geburtshülfliche Schule in Neapel. I. Thl. Die Geschichte des Schamfugenschnittes u. die bisher. Casuistik v. 437 Operationen von 1777 bis Ende Juni 1893. Nebst Litteraturverzeichniss. gr. 8. (313 S.) Leipzig 893. O. Wigand. n. 6. —

Sündenregister der Scheidenpessarien v. Fr[anz] L[udwig] Neugebauer. *Leipzig: Breitkopf & Härtel 1897.* (42 S.) 8. = Sammlung klinischer Vorträge. N. F. No 198. [97. 7337

Neugebauer, Gustav, a. Langenbielau: Aus der Augenklinik zu Jena. Über einen Fall von doppelter Perforation des Augapfels durch Schrotschußverletzung. Jena 1906: A. Kämpfe. (36 S.) 8°

Jena, Med. Fak., Ref. Wagenmann, Diss. v. 9. Okt. 1906

[Geb. 27. Marz 79 Langenbielau; Wohnort: Langenbielau; Staatsangeh.: Preußen; Vorbildung: Friedrichs-Gymn. Breslau Reife O. 99; Studium: Breslau 5, Jena 3, Breslau 1, Jena 4 S.; Coll. 31. Juli 06; Approb. 8. Aug. 07.]

Neugebauer, Hans, a. Magdeburg: Die Fleischversorgung der Stadt Magdeburg. Magdeburg 1906: E. Baensch jun. (102 S.) 8°

Heidelberg, Phil. Fak., Ref. Rathgen, Diss. v. 1. Okt. 1906

[Geb. 1. Sept. 81 Magdeburg; Wohnort: Magdeburg; Staatsangeh.: Preußen; Vorbildung: Gymn. Magdeburg Reife O. 00; Studium: Leipzig 4, Heidelberg 2 S.; Rig. 24. Febr. 06.]

Neugebauer, Hermann

Neugebauer, H., das Isergebirge u. insbesondere der Kurort Flinsberg in demselben. Für Kurgäste u. Touristen. 12. (IV, 62 S.) Görlitz 880. Vierling. n. — 60; mit Karte n. — 75

Neugebauer, Herm., das Isergebirge u. insbesondere der Kurort Flinsberg in demselben. Zur Orientirg. f. Kurgäste u. Touristen. Mit e. (lith.) Karte d. Isergebirges. 2. Aufl. 16. (X, 93 S.) Görlitz 884. Vierling's Verl. n. 1. —

Neugebauer, H., das Isergebirge u. insbesondere der Kurort Flinsberg in demselben. Zur Orientirg. f. Kurgäste u. Touristen. Mit Karte d. Isergebirges u. Plan v. Flinsberg. 3., verm. Aufl. 12. (VII, 120 S.) Görlitz 887. Vierling. n. 1. —

Neugebauer, Herm., das Isergebirge u. insbesondere der Kurort Flinsberg in demselben. Zur Orientirg. f. Kurgäste u. Touristen. 4., verm. Aufl. 12. (XI, 185 S. m. Karte u. Plan.) Görlitz 892. O. Vierling Nachf., Verl. n. 1. 60

[J.] H[ermann] **Neugebauer's** Führer ins Isergebirge m. bes. Berücks. d. Kurorte Flinsberg u. Schwarzbach. 5. Aufl., neubearb. u. vielf. zeitgem. verm. v. Dr (W[ald.]) Adam, 1. Gräfl. Bade-Arzt. M. Spez.-Kt. d. Isergebirges. *Görlitz: Vierling 1896.* (2 Bl., V S., 2 Bl., 142 S., 1 Kt.) 1 Bd 8. [96. 8222

Neugebauer, J., Spiritusfabrication u. ihre land- u. volkswirthschaftl. Consequenzen f. Oesterreich u. Ungarn. gr. 8. (36 S.) Wien 871. Gerold's Sohn in Comm. n. 1. 20

Neugebauer, J., die Wiener Vieh- u. Fleischmarktfrage. Volkswirthschaftlich beleuchtet. gr. 8. (20 S.) Wien 884. Gerold's Sohn. n. — 80

Neugebauer, J. G., hydrographischer Atlas der Hauptflußbauten Deutschlands. 6 Blatt. 4. Luxemburg 845. (G. Michaelis.) n. 3 ℛ

Neugebauer, J. G., Fluß- u. Höhenkarte Deutschlands. Fol. Luxemburg 842. (G. Michaelis.) n. 5/6 ℛ

Neugebauer, J. G., Fluss- und Hoehen-Skizze von Deutschland und einigen angrenzenden Laendern. Zum Gebrauche beim Studium der physischen Geographie. M. 1 : 1650000. Lithogr. Nebst 1 Blatt Bemerkungen in gr. 8. Luxemburg, Michaelis. Mainz. J. Lehnhardt. 1838. Imp.-Fol.

Neugebauer, J. G., Fluß- u. Höhen-Skizze von Deutschland u. einigen angrenz. Ländern, zum Gebrauche beim Studium der physischen Geographie. Lithogr. Imp.-Fol. Mainz 839. Kupferberg. n. 1 ℛ

— Gewässerkarte von Deutschland und einigen angrenzenden Ländern, schwarz u. col. Fol. Ebend. 844. n. 2/3 ℛ

— Gewässerkarte von Frankreich, mit zwei oryktognost. Durchschnitten. Fol. Ebend. 844. n. 5/6 ℛ

Neugebauer, J. G.: U e b e r s i c h t s - K a r t e von dem Grossherzogthum Luxemburg nach dem Tractat vom 15. November 1831, mit Bezeichnung der Gerichts-Sprengel, der Bezirks- und Friedensgerichte, laut Königlich-Grossherzoglicher Verordnung vom 12. Oktober 1841. Luxemburg: Lith. Konen. 1 Bl. 2°

— militair.-histor.-phys. Uebersichtkarte der iber. Halbinsel mit Gebirgsdurchschnitten. Fol. Ebend. 844. 1 ℛ

Neugebauer, J. G., geographische Vorschule. Nach neuen Ansichten und als sichere Grundlage für den Gebrauch beim Unterricht in der Geographie bearb. gr. 4. (33 lithogr. Bl. in Fol. und 4. mit 8 S. Text.) Mainz 847, Kunze. *

Neugebauer, J(oannes) *(geb. Sauerwitz bei Leobschütz 28. 12. 1839)*: De pede retrorsum luxato et subluxato. Vratislaviae 1866. (23 S.) 8°

Breslau, Med. Diss., nachgeliefert von dem am (8. Juni) 1866 auf Thesen [mit Diplom v. 30. Juni] promovierten Verf.

Neugebauer, Johannes [aus Breslau]: Studien über das Meta-ana-dinitro-ortho-oxy-Chinolin und seine Derivate ... Breslau, Druck v. Grass, Barth & C., 1897; 32 S., 1 Bl. 8.
Freiburg i. B., Phil. Fak., Inaug.-Diss. v. 1897

Supplement, Achtes — zum Haupt-Katalog der öffentlichen Leih-Bibliothek von Joh. Neugebauer in Olmütz. (Ausgegeben im November 1854.) 8. (24 S.) Olmütz. Anton Halauska's k. k. Univers. Buchdruckerei. 1854.

Supplement, neuntes — zum Hauptkatalog der öffentlichen Leihbibliothek von Johann Neugebauer in Olmütz. (Ausgegeben im November 1855.) Olmütz, 1855. Anton Halauska's Universitäts-Buchdruckerei. (24 S. 8.)

Neugebauer, Josef

Neugebauer, Jos., organische Darstellung der gesammten finanziellen Staatsverwaltung u. des Controllwesens, dann d. Cassen-Einrichtungen in den k. k. Staaten, in Verbindung mit der Erklärung der Cassa-Verwaltungs- u. Verrechnungsgrundsätze, so wie der Verrechnungsformen, dann der allgem. u. besond. Controllmaßregeln. gr. 8. (18 B.) Wien 845, Gerold, Verl.

Neugebauer, Darstell. d. Verfahrens im Cassen- und Rechnungswesen bey der franz. Verwaltung. gr. 8. Breslau, Holäufer. 820.

Neugebauer, Josephus *(geb. Oppersdorf in Oberschles. 26. 3. 1817)*: De functione lienis. Vratislaviae (1843). (31 S.) 8° *[Diplomerneuerung am 13. 3. 1896 beim 50jähr. Jubiläum als Arzt; Verf war damals Sanitätsrat zu Friedland in Oberschles.]*

Breslau, Med. Diss. v. 17. Nov. 1843

—— Wegweiser zur Anlage u. Führung der Cassen- u. Rechnungsbücher. gr. 8. (3 B.) Breslau 845, Scholz.

Neugebauer, Jul., Beitrag zur Geschichte v. Weidenau in Österr.-Schlesien. gr. 8. (40 S.) Weidenau 874. (Wien, Pichler's Wwe. & Sohn.) n. — 90

Neugebauer, Julius: Katalog der Lehrerbibliothek. (Umschlagtitel: . . . I.) 8 (S. 3—18). . . . (Fortsetzung.) (Umschlagtitel: . . . II.) 8 (S. 3—18).

Progr. K. k. Staats-Oberg. *Weidenau* 1898. 1899.

Neugebauer, Julius: Katalog der Lehrerbibliothek. (Fortsetzung.) (Umschlagtitel: . . . thek III.) S. 3—16. 8. IV. (Schluß.) S. 3—12. 8.

Progr. K. k. Staats-Gymn. *Weidenau* 1901. 1902.

Neugebauer, Julius: Professor Emil Skomal †. Ein Nachruf. 8 (S. 23—24). **Progr.** K. k. Staats-G. *Weidenau* 1900.

Neugebauer, Julius: Der Zwinger und die Kaufmännische Zwingerschützen-Brüderschaft, nebst einer hist. Einl. über die ehemalige Bürgermiliz und die Bürgerschützen-Brüderschaft. Breslau, 1876, 148 S.

NEUGEBAUER, Karl: Ueber Gallertkrebs der Eierstöcke.- München: Kastner & Lossen 189?. 30 S. 24.1.1898 - Chr 1897/98,19; Jv 1897/98,216

Diss. Ingolst.-Landsh.-Mchn.

Neugebauer, Kurt: Ueber Endresultate der Kniegelenks-Resectionen. Aus d. chirurg. Klinik in Strassburg i. E. . . . Leipzig: Druck v. J. B. Hirschfeld, 1889; 1 Bl. + 32 S. 8°

Strassburg, Med. Fak., Inaug.-Diss. v. 1889

Neugebauer, Ludovicus Adolphus *(geb. Dojutrow bei Kalisch in Pol. 6. 5. 1821)*: De calore plantarum. Vratislaviae (1845). (55 S.) 8°

Breslau, Med. Diss. v. 9. Dez. 1845

Neugebauer, L. A., und K. J. W. P. Remer, die asiatische Cholera, s. Remer.

Neugebauer, Ludw. Adph., Duplicität des grössten Theiles des Körpers beobachtet bei einem jungen Hasen (Lepus timidus). Mit 1 Steindrucktaf. (Aus d. Nova Acta Acad. Caes. Leop.-Carol.) Bonn 854. Weber. gr. 4. (33 S.) n. 15 ngr.

Neugebauer, Ludw. Adph., Morphologie der menschlichen Nabelschnur. Lex.-8. (III und 80 S. mit 2 lithogr. theilweise ill. Taf. Abbild. in qu. gr. 4.) Breslau 858, Korn. *

Neugebauer, Ludw. Ad., systema venosum avium cum eo mammalium et inprimis hominis collatum, siehe: Actorum, novor., acad. caes. Leopold.-Carol., vol. XXI, pars 2.

(Neugebauer, Mart.) **Vertrautes** Schreiben eines vornehmen Deutschen Officiers von den jetzigen Conjuncturen in Moscow. 4. 1704.

Neugebauer, Paul *(geb. Breslau 22. 9. 1848)*: Ueber den Cometen des Jahres 1684. Breslau (1874). (40 S., 2 Taf.) 8° *[Im Buchhandel 1874 bei Max & Ko. in Breslau.]*

Breslau, Phil. Diss. v. 21. Apr. 1874

Neugebauer, Paul, üb. den Cometen d. J. 1684 u. seine Erd-Proximität. [Mit 2 lith. Taf. (in qu. 4.)] gr. 8. (40 S.) Breslau 874. Max & Co. n. 1. —

Neugebauer, P., genäherte Oppositions-Ephemeriden, s.: Bauschinger, J.

Neugebauer, Paul Victor: Ein **Beitrag** zur Theorie der speciellen Störungen mit Anwendung auf eine Verbesserung der Bahn des Planeten (196) Philomela. *Breslau (1901): Grass, Barth & Co.* (48 S.) 4°

Breslau, Phil. Diss. v. 5. Jan. 1901

Neugebauer, P. V., genäherte Oppositions-Ephemeriden v. kleinen Planeten, s.: Veröffentlichungen des kgl. astronom. Rechen-Instituts zu Berlin.

Neugebauer, P. V.,
— Tabellen zur Geschichte u. Statistik der kleinen Planeten, } **s.: Bauschinger, Jul.**

Abgekürzte Tafeln des Mondes nebst Tafeln zur Berechnung der täglichen Auf- und Untergänge der Gestirne von Dr. P[aul] V. **Neugebauer.** Berlin: F. Dümmler in Komm. 1905. (25 S.) 8°
=**Veröffentlichungen** d. Kgl. Astron. Rechen-Inst. zu Berlin. No 27. (05.9307)

Abgekürzte Tafeln der Sonne und der großen Planeten von Dr. P[aul] V. **Neugebauer.** Berlin: F. Dümmler in Komm. 1904. (24 S.) 8°
= **Veröffentlichungen** d. kgl. Astron. Rechen-Instituts zu Berlin. No 25.

Neugebauer, Petr., praes. J. F. **Cartheuser,** De tetano. Frcf. ad V. 4°. 1774

Neugebauer R.: **Der Prologos der Antigone nach M. Schmidt.** 19 Waidhofen a./Th. 86.
Progr.

Neugebauer, Rudolf u. Julius Orendi: Handbuch der orientalischen Teppichkunde. Mit e. Einführung von Richard Graul. Mit 152 Textabb., 1 Titelbild, 16 Taf., 12 Motivbl., 1 Kt. Leipzig: Hiersemann 1909. XII, 246 S. 8°
(Hiersemanns Handbücher. Bd 4.)

Neugebauer, Rud., u. Jul. Orendi, Handbuch der orient. Teppichkunde, s. a. Hiersemann's Handbücher. IV.

Neugebauer Theodor: Das französische Suffix ade. H. 1910 PN 3022 **Diss.** Innsbruck, Univ.

Neugebauer, W., Taschen-Fremdwörterbuch, enth. die Erklärung und Verdeutschung von 6500 in der heutigen deutschen Schrift- und Umgangssprache, sowie in gerichtl. Angelegenheiten vorkommenden fremden Wörter, Redensarten und Abkürzungen. 16. (133 S.) Glogau 851, Flemming's Verlag.

Neugebauer, W., Taschen-Fremdwörterbuch, enthaltend die Erklärung und Verdeutschung von 6500 in der heutigen deutschen Schrift- und Umgangssprache, sowie in gerichtlichen Angelegenheiten vorkommenden fremden Wörtern, Redensarten und Abkürzungen. Glogau 859. Flemming. 16. (133 S.) 6 ngr.

Neugebauer, Walter, Referendar: Was ist in § 130 B.G.B. unter 'Zugehen' zu verstehen? Unter Berücks. d. geschichtl. Entwicklung u. der durchs Reichsgericht entschiedenen Fälle. Breslau 1908: Schles. Volkszeitung. 51 S. 8°

Breslau, Jur. Diss. v. 23. Nov. 1908, Ref. Schott-Leonhard
[Geb. 4. Aug. 84 Kattowitz; Wohnort: Greiffenberg i. Schl.: Staatsangeh.: Preußen; Vorbildung: Gymn. Lauban Reife M. 03; Studium: Breslau 8 S.; Rig. 21. Mai 08.] [U 09. 507

Neugebauer, Wlh. Ehrfrd., († ...) Fabeln d. Fuchses, nebst einigen Todtengespr. 8. Glogau 761. Chr. Fr. Günther. 4 gr.

Neugebauer, Wilhelm Ehrenfried, s. v. F o r b o n n a i s, Sätze.

Neugebohrn, Karl: Untersuchungen über die Änderung des Selbstinduktionskoeffizienten im Magnetfelde. 1904. 20 S., 3 Taf. 4⁰
Braunschweig, Dr.-Ing.-Diss. v. 28. 7. 1904

Neugeboren: Versuch eines Leitfadens für die Vorlesungen über die Logik in der 3. Klasse des Ober-G. –
Kronstadt ev., Progr. 1857.

Neugeboren, Emil: Ein Mann aus eigener Kraft. (Kommerzienrat Martin *Copony*.) Hermannstadt '10. 15 S. Aus: Kalender d. Siebenb. Volksfreundes. 1910.

Neugeboren, H., Johannes Honterus, der Reformator der Sachsen in Siebenbürgen, s.: Für die Feste u. Freunde d. Gustav-Adolf-Vereins.

– J. N. Systematisches Verzeichniss der in d. Straten b. Bujtur auf Unter-Pesteser Dorf-Gebiet unweit Vajda Hunyad vorkommenden fossilen Tertiär-Mollusken-Gehäuse. (Aus den Verh. und Mittheil. des siebenb. Vereins.) Hermannstadt. 1860. 8.

Neugeboren, Johann Ludwig

– – Beiträge zur Kenntniss der Tertiär-Mollusken aus dem Tegelgebilde von Ober-Lapugy. (Aus d. Verh. und Mittheil. des siebenb. Vereins für Naturwiss. zu Hermannstadt. Jahrg. 1853, 1854 u. 1855.) Hermannstadt. 8.

Neugeboren, Johann Ludwig: B e r i c h t einer wissenschaftlichen Reise nach den Ablagerungen vorweltlicher Conchylien in den Gegenden von Dobra und Vajda-Hunyad.
(Aus d. Arch. d. Ver. f. siebenb. Landesk. Vol. IV.)1850. 8⁰

Neugeboren Johann Ludwig. Über die Foraminiferen aus der Ordnung der Stichostegier von Ober-Lapugy in Siebenbürgen. (Auszug.) S 19 ... vgr.
— — mit 5 Taf. ... 1812 II. 5 ... vgr.
Separatabdruck

Neugeboren, J. Ludw., die Foraminiferen aus der Ordnung der Stichostegier von Ober-Lapugy in Siebenbürgen. gr. 4. (44 S. mit 5 Stnt.) Wien 856, (Gerold's Sohn.) Thlr. *
Aus: Denkschriften der k. Akademie der Wissenschaften, besonders abgedruckt.

Neugeboren, J. L., die Foraminiferen aus der Ordnung der Stichostegier von Ober-Lapugy in Siebenbürgen. Mit 5 (lith.) Taf. Aus d. Denkschr. d. k. Akad. d. W. abgedr. Wien 857. Gerold in Comm. gr. 4. (44 S.) n. 1 Thlr. 10 ngr.

Neugeboren. J. L. Geschichtliches über die Siebenbürgische Paläontologie und die Literatur derselben. (Aus dem Archiv für Landeskunde in Siebenbürgen.) Hermannstadt. 1858. 8.

Neugeboren. J. L. Die vorweltlichen Squaliden-Zähne aus dem Grobkalke von Portsesd am Altflusse unweit Talmatsch. (Aus dem 4. Vol. des Archivs des Vereins für siebenb. Landeskunde.) Hermannstadt. 1851. 8.

Neugeboren, Jul. Emil, Zwangsgenossenschaften u. freie Gewerbe-Kammern, als kritische Erläuterungen zum Beschlusspunkte I des 2. ungarischen Gewerbetages. 2 Vorträge, gehalten am 26. Jan. u. 9. Febr. 1880 im Bürger- u. Gewerbe-Verein zu Hermannstadt. gr. 8. (III, 46 S.) Hermannstadt 880. (Schmiedicke.) n. — 60

Neugeboren, Carl. H a n d b u c h der Geschichte S i e b e n b ü r g e n s. 8. Hermannstadt 1836.

Neugeboren, Karl, s. Lesebuch, erstes.

N e u g e b o r e n, Karl, Transilvania, s. T r a n s i l v a n i a.

Kochbuch von Dr. Ziegelroth's Sanatorium. Zsgest. von Luise **Neugeboren**. Berlin: M. Richter [1906]. (XII, 206 S.) 8°

Dr. Bernhard Foersters Kolonie **Neu-Germania** in Paraguay. — Bln: A.-G. „Pionier" 1891. VIII, 175 S. mit Abb. und Kt.

Die **Neugestaltung** der russischen Armee nach dem Kriege gegen Japan. Dresden: Major Edm. v. Witzleben 1910. 40 S. 8° [Umschlagt.]
(Internationale Revue über d. gesamten Armeen u. Flotten. Beih. 123.) 10. 16456

Neugestaltung, die, D e u t s c h l a n d s in kirchlicher Beziehung. Ein freies Wort. Brandenburg 866. Wiesike. 8. (12 S.) 2½ ngr.

N e u g e s t a l t u n g. Die N' von Deutschland und die Schweiz. Zürich 1867 s.a. [B l u n t s c h l i, Johann Caspar].

— die, von D e u t s c h l a n d u. die Schweiz. Zürich 867. Orell, Füßli & Co. Lex.-8. (III, 59 S.) n. 12 ngr.

Neugestaltung, die, der baltischen G u t s w i r t s c h a f t e n. Eine Zukunftsbetrachtung v. e. prakt. Landwirt. gr. 8. (56 S.) Reval 899. F. Kluge. n. 1. 40

Die **Neugestaltung** der deutschen H a n d e l s p o l i t i k. Denkschr. der Aeltesten d. Kaufmannschaft von Berlin. Sonder-Abdr. *Berlin: L. Simion 1901.* (94 S.) 8°
— Zeitfragen, V o l k s w i r t s c h a f t l i c h e. H. 179/81. fol. 6020

Neugestaltung, die, der österreichischen Nationalbank. Leipzig 860. O. Wigand. gr. 8. (31 S.) 6 ngr.

N e u g e s t a l t u n g, die politische, von Norddeutschland im J. 1866. 4. (8 S. mit 3 chromolithogr. Karten in 4. und qu. Fol.) Gotha 866, J. Perthes. *
Aus: Geographische Mittheilungen, besonders abgedruckt.

Neugestaltung, Die, der österreichischen Universitäten, über Allerhöchsten Befehl dargestellt ... Wien 1853. V: *Flir, Alois.* (Erman & Horn, Bibliogr. d. dtsch. Universitäten. 1. Leipz. u. Berl. 1904. S. 129.) (Strakosch-Grassmann, Bibl. zur Gesch. d. österr. Unterrichswesens. Wien 1902. II, 7.)

— die, des Volksschulwesens in Baden. Eine Denkschrift. 2., durch einen Anhang verm. Aufl. Heidelberg 861. Emmerling'sche Univ.-Buchhdlg. (Weiß.) gr. 8. (35 S.) n. 2½ ngr.

Neugestaltung, die, der Wasserversorgung der Stadt Stuttgart. Im Auftrag der bürgerl. Kollegien verf. vom Bauamt der städt. Wasserwerke. Stuttgart, im April 1909. (120 S. m. 1 Taf. u. 1 farb. Karte.) 31 × 22 cm. Stuttgart (909). (K. Wittwer.) Geb. in Leinw. 3. —

Die **Neugestaltung** der Wasserversorgung der Stadt Stuttgart. Im Auftr. d. bürgerl. Kollegien verf. v. Bauamt d. städt. Wasserwerke. Stuttgart, im April 1909. Stuttgart (1909): Deutsche Verl.-Anst. 120 S. 4°(8°)

Neugierde, Die bestrafte, oder Wo man sehen soll, sieht man nicht. Ein Lustspiel in fünf Aufzügen. O. O. u. J. V: *Stephanie, Gottlieb d. J.* (F. Raab: Joh. Jos. Felix von Kurz. Frankfurt a. M. 1899. S. 181) (BiblPort)

— die bestrafte; oder: wo man sehen soll, sieht man nicht. Lustsp. 8. Leipz. Barth. 772.

Neugierde, die bestrafte; oder: der Geburtstag. Lustsp. 8. Lüneburg, Lemke. 783.

Neugierde, über die, eines Weltbürgers. gr. 8. Prag 784. Gerle. (W. Vogel in Leipz.) 6 ℊ

NEUGIERDEN eines Weltbürgers, oder Zweifel und Anfragen eines Menschenfreundes. O. O. 1782. 8°. (80 Pfg., L. St. Goar, Frf. a. M., Cat. 43; jetzt theurer!) Selten!

Neugierige, Die, Lustspiel in 4 Aufz. Wien 1783. V: *Müller (recte Schroeter), Joh. Heinrich Frdr.* (GGr)

Neugierige, die; Lstspl. 8. Wien 784. Kurzböck.

Neugierige, die,. Lustsp. von Stephani. gr. 8. Leipz. Rein. 795.

NEUGIERIGE, Der. Komische Soloscene (von *Julius Neidl*). Wien, o. J. (1885).
Anon.-Lex. V. p. 219 (Eigenbericht).

Neugierigen, die,. Lustsp. in 3 Aufz. von Schmidt. 8. Hamburg Vollmer.

Neu-Globsow, s.: Mark.

Neugrabia, s.: Preussen. Messtischblätter.

Neugründung, die, der Straßburger Bibliothek u. die Göthe-Feier am 9. Aug. 1871. Lex.-8. (26 S.) Straßburg 871. Schmidt. n. 1. —

Neugschwender, Albert: Ein neues Verfahren zum Verstärken und Tonen von Photographien. (Würzburg 1910: Richter.) 15 S. 8°
Lohr a. M., k. G P 1910*

Neugschwender, Albert, Gymnasialassist.: **Versuche über** einen elektrolytischen Kohärer nebst einer Einleitung über elektrische Wellen. *Dillingen (1900): J. Keller.* (30 S.) 8°
Dillingen, k. humanist. G, P 1900*

Neu-Guinea, s.: Kolonien. — Seekarten. — Südsee.

Neuhahn, A. W., theoret.-prakt. Anweisung z. Destillation, od. d. Kunst, alle einfache u. doppelte Branntweine u. Liqueure, besond. e. guten Rum u. Conjac od. Franzbranntwein auf eigenthüml. Art zu fertigen, so wie Spiritus zu reinigen, auch auf kaltem Wege durch Oel u. Extracte Branntweine herzustellen, wie auch Essenzen, Pommaden u. dergl. Parfümerien u. Hausmittel verschied. Art zu fertigen. N. 32jähr. prakt. Erfahr. bearb. 8. (7 B.) Chemnitz 840, Kretzschmar.

Neuhahn, Moritz: Ueber Weichtheilsarkome der Extremitäten. Ein Beitrag zur Aetiologie der Geschwülste ... Würzburg, Anton Boegler'sche Buchdr., 1889, 41 S. 8°
Würzburg, Med. Fak., Inaug.-Diss. v. 1889,

Neuhaldensleben [Schlagwort]

Neuhaldensleben, s.: Deutschland Grundkarte. Karte (Abt. Preussen).

— s. a.: Magdeburg, Reg.-Bez.

Neuhaldensleben. Bomsdorff's, Th. v., Spezial-Karte des Kreises Neuhaldensleben. 1:150,000. 34,5 × 36 cm. Farbdr. Magdeburg 898. A. Rathke. n. 1. —

Neuhann, Heinrich, approb. Arzt aus Daseburg i. W.: **Beitrag** zur Kenntnis der Hornhautkarzinome. *Borna-Leipzig 1904: R. Noske.* (39 S.) 8°
Leipzig, Med. Diss. v. (18. Mai) 1904

Neu-Hannover, s.: Kolonien.

Neuhaus [Sachliches OW]

Neuhaus, Schultheiss. Zürich 1846. V: *Gonzenbach, A. v.* (BBullSchw 4, 1904) (Stadtbibl. Bern. S. 55.)

Neuhaus [Schlagwort]

Neuhaus a. Inn, s.: Deutschland. Karte (Abt. Bayern). Übersichtskarte.

Neuhaus [Verfasser]

Neuhaus. Die Gefahren der sexuellen od. Geschlechtskrankheiten. Wesen, Behandlg. u. Schutz vor denselben, gemeinverständl. geschildert. gr. 8. (149 S.) Münch. 891, Merhoff. * 2 —

Neuhaus, s.: Verkehr, der schriftliche, u. die Redekunst in jeder Lebenslage.

Neuhaus, A., Feld-Blumen. Gedichte. Colditz 861. (Grimma, Herina.) 8. (41 S.) n. 10 ngr.

Neuhaus, A., Gesellschaftskunde in der jüd. Schule. Ein Vortrag v. allgemeinem Interesse, geh. auf der 39. Jahresversammlg. der israelit. Lehrer-Konferenz Hessens. (16 S.) gr. 8. Berlin 907. L. Lamm. — 50

Neuhaus, Adolf, Gerichtsassessor a. Dortmund: Eine und dieselbe Handlung oder mehrere selbständige Handlungen? §§ 73, 74 RStGB. Leitende Gesichtspunkte für die Entscheidung der Frage. (Berlin) 1908: (O. v. Holten.) (38 S.) 8° [J.]
Bonn, Jur. Fak., Ref. Landsberg, Diss. v. 1. Aug. 1908
[Geb. 14. Juni 79 Berlin; Wohnort: Buir; Staatsangeh.: Preußen; Vorbildung: Realgymn. Schalke, Dortmund Reife O. 97; Studium: Freiburg i. B., Munchen, Berlin, Bonn, zus. 8 S.; Rig. 24. Juli 07.]

Familie Neuhaus. (Verf.: Albert **Neuhaus,** Fabrikbes., Glasgow, u. Charles Arnold Neuhaus, Fabrikbes., Elberfeld.) Elberfeld 1903: (Lucas). 46 S. 4°

Neuhaus, August: Otto V. von Wittelsbach Markgraf von Brandenburg. ⟨Sein Lebenslauf.⟩ Aschaffenburg 1909: Werbrun. 156 S. 8°
München, Phil. Diss. v. 16. Juli 1908, Ref. Grauert, v. Heigel
[Geb. 18. Juni 81 Geseke; Wohnort: Geseke; Staatsangeh.: Preußen; Vorbildung: Gymn. Brilon Reife O. 01; Studium: Münster 2, München 6 S.; Rig. 16. Juli 08.]
[U 09. 3493

Bernhard Neuhaus

De Vulneribus eorumque curatione. Duisburgi (1817:) Kräzer. 41 S. 8°

Duisburg, Med. Diss. v. 1. Aug. 1817

[F.] **Neuhaus,** Bertie [Referendar]: (Die Konventionalstrafe nach dem Bürgerlichen Gesetzbuch für das Deutsche Reich. Das gemeine Recht als Grundlage und zur Vergleichung.) ... Elberfeld, Druck v. R. L. Friderichs & C., 1897; 48 S. 8.
Erlangen, Jur. Fak., Inaug.-Diss. v. Febr. 1897

Neuhaus, Carl, s. Neuhaus, Karl.

Neuhaus, Charles Arnold: Familie Neuhaus, s. Neuhaus, Albert.

Neuhaus, Conrad, s. Neuhaus, Konrad.

Neuhaus, Erich, die Flottenfrage unter den wirtschaftspolitischen u. technischen Voraussetzungen der Gegenwart dargestellt. (V, 59 S.) gr. 8. Leipzig 904. Fel. Dietrich. n. 1. —

Neuhaus, Erich, in Wilmersdorf b. Berlin: Die Fridericianische Colonisation im Netze und Warthebruch. (Abschn. 1. und 2.) Landsberg a. W.: Fr. Schaeffer & Co. i. Komm. (1905.) (XI, 42 S.) 8° [F.] ¶ (Erscheint vollst. in den Schriften des Vereins für Geschichte der Neumark.)
Berlin, Phil. Fak., Ref. Sering, Diss. v. 23. Dez. 1905
[Geb. 24. Dez. 81 Berlin; Wohnort: Wilmersdorf b. Berlin; Staatsangeh.: Preußen; Vorbildung: Gymn. Steglitz Reife O. 01; Studium: Marburg 1, München 2, Berlin 7 S.; Rig. 17. Juli 05.]

Die Fridericianische Kolonisation im Warthe- und Netzebruch. Nach archival. Quellen dargest. Mit Zeichn., Abb. u. 1 Karte d. Warthebruchs. Von Dr. Erich **Neuhaus**. Landsberg a. W.: F. Schaeffer & Co. in Komm. 1906. (X, 304 S.) 8° [F.]
= **Schriften** d. Vereins f. Geschichte d. Neumark. H. 18.

Neuhaus, Erich: Die Unverletzlichkeit des Eigentums. Berlin 1909: Marschner. VIII, 108 S. 8°
Ersch. auch als Buch b. Kern, Breslau.)
Jena, Jur. Diss. v. 27. April 1909. Ref. Niedner

Neuhaus, Erich, die Unverletzlichkeit des Eigentums. (Diss.) (VIII, 108 S.) gr. 8. Breslau 909. J. U. Kern.

Neuhaus, Ernst [app. Arzt aus Lütgendortmund in Westfalen]: Aus d. patholog. Institute zu Kiel. Ein seltener Fall von Aplasie der Hoden. ... Kiel, Druck v. Schmidt & Klaunig, 1890: 15 + 1 S. u. 1 Taf. 8°
Kiel, Med. Fak., Inaug.-Diss. v. 19. März 1890

Neuhaus, E., e. seltener Fall v. Aplasie der Hoden. Aus dem patholog. Institute zu Kiel. Inaug.-Diss. gr. 8. (16 S. m. 1 Taf.) Kiel 890. (Lipsius & Tischer.) n. 1. —

Neuhaus, Ernst [app. Arzt aus Welschenennest '(Westf.)']: Ueber intranasale Synechien ... Heidelberg, Univ.-Buchdr. v. J. Hörning, 1894; 37 S., 1 Bl. 8.
Heidelberg, Med. Fak., Inaug.-Diss. v. [7. Aug.] 1894

Neuhaus, Ernst, was muß man vom deutschen Staatsrecht wissen? Allgemeinverständlich dargestellt. gr. 8. (78 S.) Berlin (901). H. Steinitz. n. 1. —

Neuhaus, F. B., Tieranatomie f. Künstler. Pferd — Rind — Hund. 30 Zeichngn. m. anatom. Erklärgn. 2. Aufl. (51 S.) Lex. 8. München (910). Hans Sachs-Verlag. 4.—; geb. 4.60

Neuhaus, Ferdinand

Neuhaus, F., Tractatus de Dysenteria. 8. Berlin, Dümmler. 817.

Tractatus de dysenteria,...submittit Ferdinandus Neuhaus. Berolini 1817: Starck. 34 S. 8°

Neuhaus, Franz

Neuhaus, Frz., dogmat. Abhandlung üb. d. Gebet. 8. (4½ B.) Münster 831, Theissing.

Neuhaus, Prof., Leben u. Wirken des verstorb. Prof. J. H. Kistemaker. 8. Münster 834. Deiters. 1/6 Rthlr

— de partibus theologiae. **Doctoris oratio,** quam constitutus in munere professoris in Facultate theolog. Monast. die 5. Nov. 1823 habuit. 4. Münster, Theysing. 3 gGr

Neuhaus, Franc., De partibus theologiae doctoris. Oratio. quam constitutus in munere professoris in facultate theolog. Monasteriensi die V. Nov. 1823 habuit. Münster, 1823.

— Sermo synodalis die 16. Oct. 1827 in eccles. Cath. Monaster. habitus. 8 maj. (10 Seit.) Monasterii 828, Coppenrath.

Neuhaus, Friedrich Franz

Neuhaus, Frdr. Frz., Chronik des Kirchspiels Uentrop. 8. (79 S.) Uentrop 880. (Hamm, Eyring.) n. 1. —

Neuhaus, G., Arbeitslohn und Arbeitsleistung der Arbeiter im Steinkohlenbergbau Preußens von 1891 bis 1905. M. Gladbach, 1907. 22 S.

Neuhaus, G. H., Diptera marchica. Systematisches Verzeichniss der Zweiflügler [Mücken u. Fliegen] der Mark Brandenburg. Mit kurzer Beschreibg. u. analyt. Bestimmungs-Tabellen. Mit 6 lith. Taf. u. 3 Holzschn. gr. 8. (IV, XVI, 371 S.) Berlin 886. Nicolai's Verl. n. 12. —

Neuhaus, Georg, Die Frauenarbeit in der Berliner Textil-Hausindustrie. Schriften d. Vereins f. Socialpol., Bd. 85. gr. 8°. Leipzig 1899.

Die Gemeindebetriebe der Stadt Königsberg i. Pr. Von Dr. Georg **Neuhaus.** Hrsg. von Carl Johannes Fuchs. Mit 1 Stadtpl. Leipzig: Duncker & Humblot 1910. VIII, 142 S. 8°
(Gemeindebetriebe. Bd 2, T. 9.)
(Schriften d. Vereins f. Socialpolitik. Bd 129, T. 9.) 10. 3279

Neuhaus, Georg: Die Gewerbegerichte. *Danzig 1898: F. Kaczkiewicz.* (38 S.) 8°
Greifswald, Phil. Diss. v. 1898

Neuhaus, Geo., die Handwerkskammer, ihre Organisation u. ihre Aufgaben. (Dr. Ludw. Huberti's prakt. gewerbl. Bibliothek.) gr. 8. (VIII, 104 S.) Leipzig 902. H. Klasing. Geb. in Leinw. n. 3. —

— **Innungen u. Innungsausschüsse. (Dr. Ludw. Huberti's prakt. gewerbl. Bibliothek.) gr. 8. (VIII, 143 S.) Ebd. 902.** Geb. in Leinw. n. 3. —

— Die Kostüm- u. Weisswarenkonfektion in Berlin. Schriften d. Vereins f. Socialpol., Bd. 85. gr. 8°. Leipzig 1899.

Neuhaus, G., Deutsche Wirtschaftsgeschichte im 19. Jahrh. (VIII, 182 S.) kl. 8. Kempten, J. Kösel. 1907. Geb. in Leinw. 1. —
„Sammlung Kösel". Bd. 12.

— Deutsche Wirtschaftsgeschichte im 19. Jahrh., s.a. Sammlung Kösel.

Neuhaus, Gust., 300 Preußische Knackmandeln oder Frage- und Antworte-Buch für alte und junge Preußen. Mohrungen 863. Rautenberg. 8. (32 S.) 3 ngr.

Neuhaus, Gust., der deutsche Krieg des Jahres 1866 u. seine Folgen. Ein unterhalt. u. belehr. Frage- u. Antworte-Büchlein. Mohrungen 867. (Leipzig, Opetz.) 8. (30 S.) 3 ngr.

Neuhaus, Gust., das Pianoforte mit konkav-radiärer Klaviatur und konzentrischer Anschlagslinie. Vorgeschlagen und dargestellt. gr. 8. (16 S. mit 4 eingedr. Holzschn.) Berlin 882, Walther und Apolant. *

Neuhaus, Gustav [Referendar]: Die Skontration, ihre historische Entwickelung, juristische Natur u. volkswirtschaftliche Bedeutung ... Dar-es-Salaam, Druck, Greven & Bechtold, Köln, 1892; 56 S. 8.
Erlangen, Jur. Fak., Inaug.-Diss. v. 1892.

Suaheli-Manuskripte in photo-lithographirten Originalen. F. d. Bibliothek d. Sem. f. oriental. Spr. ges. u. erl. v. Dr. G[ustav] **Neuhaus**, Lehrer am Sem. f. or. Spr. *Berlin: Gedr. in d. Reichsdr. 1896.* (VIII, 39 S., 31 Bl. Facs.) 1 Bd 8. [97. 1875

Neuhaus, Heinrich, med. pract. aus Biel [Kt. Bern]: Aus dem pathologischen Institut der Universität Zürich. Ueber Einen Fall von Tuberkulose des Hodens bei einem neunmonatlichen Kinde. Zür. Zürcher u. Furrer Dr. 1895. 30 S., 1 Bl. 8°.
Zürich. Med. Diss. [v. 24. April 1895].

Neuhaus, Hugo [aus Mülheim a. d. Ruhr (Rheinprovinz)]: Zur Pathologie der Höhlenbildung im Rückenmark. . . . Berlin, Buchdr. v. Gustav Schade (Otto Francke) (1889): 62 S. + 1 Bl. 8°
Berlin, Med. Fak., Inaug.-Diss. v. 1. Aug. 1889

Neuhaus, Hugo [aus Annen (Reg.-Bez. Arnsberg)]: Über flüssige medicinische Seifen. . . . Berlin, Buchdr. v. G. Schade, *1891;* 29 S., 1 Bl. 8°
Berlin, Med. Fak., Inaug.-Diss. v. 8. Aug. 1891

Neuhaus, Hugo v. Czettritz u.
s. Czettritz u. Neuhaus. A12.1,072

Neuhaus, J., die wichtigsten Momente meines amtl. Lebens. Gelegenheitspredigten bei verschied. amtl. u. festl. Veranlassungen. verfaßt u. vorgetragen. 8. ... Znaim (828). (Wien, Beck.)

Neuhaus, J. C.

Neuhaus: Eine Luxemburger Frage vor 175 J. Grossentheils nach ungedruckten Gesandtschafts-Berichten und Sitzungs-Protokollen dargestellt. 25 S. – Rössel, Progr. 1872.

Neuhaus, J. C., e. Luxemburger Frage vor hundert fünf u. siebenzig Jahren. Größtentheils nach ungedruckten Gesandtschafts-Berichten u. Sitzungs-Protokollen dargestellt. [Separatabdr.] gr. 4. (25 S.) Leipzig 872. Peter in Comm. n. 1. —

— der Friede von Ryswick u. die Abtretung Straßburgs an Frankreich 1697. Größtentheils nach ungedruckten Gesandtschafts-Berichten u. Sitzungs-Protokollen dargestellt. gr. 8. (VI, 328 S.) Freiburg i/Br. 874. Herder. n. 2. 40

Methode Gaspey–Otto–Sauer. Kleine finnische Sprachlehre nebst e. Wörterverzeichnis d. finn.-indoeurop. Entlehnungen von Johannes **Neuhaus**, Lektor, Berlin. Heidelberg: J. Groos 1908. (IV, 165 S.) 8° [K.] [08. 10863

Neuhaus, Johann Christ.

Neuhaus, J. C., kleine Lebensbilder berühmter Männer f. den geschichtlichen Unterricht in den beiden unteren Klassen der höheren Lehranstalten. gr. 8. (IV, 158 S.) Düsseldorf 886. Schwann. n. 1. 20

Neuhaus, Joh. Christ., die Sagen von den Göttern u. Helden der Griechen u. Römer. Ein mytholog. Handbüchlein für die Schüler der unteren u. mittleren Klassen höherer Lehranstalten. Cöln u. Neuß 867. Schwann'sche Verlagsh. gr. 8. (X, 158 S. mit 14 in den Text gedr. Abbild. in Holzschn.) n. 15 ngr.

Neuhaus, Joh. Christ., Die Sagen von den Göttern u. Helden der Griechen u. Römer. Ein mythologisches Handbüchlein für die Schüler der untern u. mittlern Klassen höherer Lehranstalten. Mit 14 in den Text gedruckten Abbildungen. Köln u. Neuß, Schwann, 1873, 8°, 2. Ausg., IX, 158 S., 1,50 Mk.
1. Aufl. 1867. (Wiener) Allg. Littztg 1867, S. 260. Litt. Rundsch. 1888, S. 30.

Neuhaus, J. C., die Sagen v. den Göttern u. Heroen der Griechen u. Römer. Ein mytholog. Handbüchlein f. die Schüler der unteren u. mittleren Klassen höherer Lehranstalten. Mit 25 in den Text gedr. Abbildgn. 2., verb. Aufl. gr. 8. (VIII, 140 S.) Düsseldorf 887. Schwann. n. 1. 50; geb. n. 2. 25

Neuhaus, Joh. Franz (Sahlhausen) [Auctor et Resp.]
Dissertatio inauguralis medica de arthritide vaga in ducatu Westphaliae endemia.
Giessae 21. Sept. 1752: Eberh. Heinr. Lammers. (2), 38 S. 4°
pro supremis in arte salutari honoribus et privilegiis doctoralibus more majorum rite capessendis.

— **Johann Gottlob** (Leipzig), De collatione bonorum. Exercit. jur. civil. Präs. Gottfried Mascov. Leipzig (Langenheim) 22. XI. 1742. 68 S. (4.75) 24758

Neuhaus, Johann Wendelin

— — **Ad legem petilliam de obaeratis debitoribus. Diss. jur. Leipzig (Langenheim) 24. IX. 1739. 52 S. (4.75) 24760**

Neuhaus, Carl, das Dulwicher Adgar-Fragment. gr. 8. (24 S.) Heilbronn 887. [Gebr. Henninger.] n. — 80

Neuhaus, K. Der in Platons Phaedon aus der Idee des Lebens geführte Beweis für die Unsterblichkeit der Seele. 27 S. HB. *Hamburg* 1885.
Progr.

Neuhaus, [Carl]. Discours sur les dépêches diplomatiques de l'Angleterre et de la France, prononcé dans la séance de la Diète extraordinaire du 19 mars 1845, ⟨Discussion sur l'affaire des corps-francs⟩, par M. l'Avoyer N'.... Publié par Gonzalve Petitpierre .... 8.
Ed. A. Zurich 1845. – *Ed. B.* Bern 1845.

Neuhaus, Carl, aus Claswipper ⟨Rheinl.⟩: Die postembryonale Entwickelung der Rhabditis nigrovenosa. Mit 3 Taf. u. 1 Fig. im Text. *Jena: G. Fischer 1903.* (38 S.) 8°
Rostock, Phil. Diss. v. [31. Okt.] 1902

Neuhaus, Karl: Humes Lehre von den Prinzipien der Ethik, ihre Grundlagen, ihre historische Stellung und philosophische Bedeutung. T. 1. Die Grundlagen d. prakt. Philos. Humes. Leipzig: Eckardt 1908. 53 S. 8°
Göttingen, Phil. Diss. v. 13. Febr. 1909, Ref. Husserl
[Geb. 7. Jan. 83 Cöln; Wohnort: Berlin; Staatsangeb.: Preußen; Vorbildung: Kaiserin-Augusta-Gymn. Charlottenburg Reife O. 02; Studium: Freiburg i. B. Jura 1, Phil. 2, Göttingen 11 S.; Rig. 26. Febr. 08.] [U 09. 1387

Neuhaus, (C[arl]). Minderheitsantrag des Herrn Schultheissen N', Präsidenten der Tagsatzung, über die Aargauische Kloster-Angelegenheit. 2. Aufl. 4. Bern 1841.

Neuhaus, (C[arl]). Opinion de minorité de l'avoyer N', président de la Diète, dans l'affaire des couvents d'Argovie. 4. Berne 1841.

Neuhaus, [illegible] De [illegible] Berolini [illegible] 8°
Berlin, Med. Diss. v. 8. Mai 1840

Neuhaus, C[arl]. Le Docteur (J[ean-]F[rançois-]X[avier]) Pugnet (1765–1846). [Biographie. Avec portrait hors texte.] 8. Berne, Zurich 1847.

Neuhaus, C., **le docteur Pugnet. gr. 8. (109 S. und Portr.) Berne 847. Zurich, Schulthess.**

Neuhaus, Carolus: * De argumentandi ratione Lucretiana quaestio grammatica (sic instituta, ut et particulae et verborum formulae quam quaeque vim habeant demostretur). 133 S. 4° (2°)
Halle-Wittenberg. Phil. Diss. v. 17. Dez. 1874
Geb. [Langerfeld (Kr. Schwelm, Westf.) 2. 10. 1843]

Neuhaus, C. Die Quellen zu **Adgars Marienlegenden. Diss.** Erlangen 1882. 64 S.

Neuhaus, [Carl]. Rede über die diplomatischen Depeschen von England und Frankreich, gehalten in der Sitzung der ausserordentlichen Tagsatzung vom 19. März 1845 von Hrn. Schultheiss N' .... SA. 8. Zürich 1845.

Neuhaus, Car. (Frid. Guil.) (geb. Stargard in Pomm. 2. 10. 1828): De vinctura gypsea. Berolini (1855). (32 S.) 8°
Berlin, Med. Diss. v. 17. Jan 1855

Neuhaus, Carl, die lateinischen Vorlagen zu den alt-französischen Adgar'schen Marien-Legenden, zum ersten Male gesammelt u. hrsg. 1. Hft. gr. 8. (28 S. m. 1 Tab.) Heilbronn 886. (Henninger.) n. — 80

— die lateinischen Vorlagen zu den alt-französischen Adgar'schen Marien-Legenden, zum ersten Male gesammelt u. hrsg. 2. u. 3. (Schluss-)Hft. gr. 8. (S. 29—70.) Ebd. 887. n. 1.20 (cplt.: n. 2.—)
Gingen an den Verfasser zurück.

Neuhaus, [Carl]. Voto de réplique [sur l'] Affaire des Jésuites émis par M. l'Avoyer N' ... dans la séance [de la] Diète fédérale du 5 août 1845. Publié par Gonzalve Petitpierre .... 8. Zurich 1845.

Neuhaus, Konrad —. Kleine Chronik der Stadt und Herrschaft Teplitz seit Auffindung der Heilquellen. Von — —. 8. (32 pag.) Teplitz. Druck und Verlag von Alex. Helm. 1853.

Neuhaus C., und A. Arno, Teplana, s. Arno.

Neuhaus, Leopold [Cand. med. aus Göttingen]: **Die Gefährdung der Schwangerschaft unter dem Einfluss der akuten Infektionskrankheiten.** ... Göttingen, Druck d. Dieterichschen Univ.-Buchdr. W. Fr. Kaestner, 1890; 46 S. 8°
Göttingen, Med. Fak., Inaug.-Diss. v. 14. Dez. 1889

Neuhaus, Leop. Die Gefährdung der Schwangerschaft unter dem Einfluss der akuten Infektionskrankheiten. Diss. gr. 8. (46 S.) Gött. 890, (Vandenhoeck u. Ruprecht). * 1 —

Neuhaus, Leopold, aus Rotenburg a. d. Fulda: Die **Reichsverweserschaft** und Politik des Grafen Heinrich von **Anjou**, des **zweiten** Kaisers im Lateinerreiche zu Byzanz. *Rostock 1904: C. Hinstorff.* (50 S.) 8°
Rostock, Phil. Diss. v. [11. März] 1904

Neuhaus, Leop., die Reichsverweserschaft u. Politik des Grafen Heinrich v. Anjou, des zweiten Kaisers im Lateinerreiche zu Byzanz. (Diss.) (51 S.) 8, Leipzig 904. Buchh. G. Fock. n. 1. 20

Neuhaus, Martin: Plötzliche Todesfälle im kalten Bade.
Berlin. Med. F., Diss. 1909

Neuhaus, Max [aus Hoerde '(Kr. Hoerde)']: Über Abscesse nach Heinrich von Mondeville ... Berlin, Buchdr. v. G. Schade, *1897;* 30 S., 1 Bl. 8.
Berlin, Med. Fak., Inaug.-Diss. v. 13. Juli 1897

Neuhaus Max: Antonio Draghi. **Diss.** Wien. Univ.
D: Studien zur Musikwissenschaft. Beihefte der Denkmäler der Tonkunst in Oest., Bd. 1, Wien, 1913.
1903 PN 1636

Ergebnisse funktioneller Magenuntersuchungen bei Gastroenterostomierten hinsichtlich der Früh- und Spätresultate. Von Stabsarzt Dr. [Max] **Neuhaus**, Berlin. Leipzig: J. A. Barth 1908. (33 S.) 8° [Umschlagt.]
— **Sammlung** klinischer Vorträge. N. F. No 480. 08. 5591

Neuhaus, Otto, Geheimnisse des Schnellrechnens. Rechnen e. Vergnügen. Ein Nußknacker f. gute u. böse Rechner. gr. 8. (22 S.) Papiermühle b. Roda 902. Gebr. Vogt. n. 1.—

Neuhaus, Otto, Geheimnisse des Schnellrechnens. Rechnen e. Vergnügen. Ein Nußknacker f. gute u. böse Rechner. Mit Moment-Kalender. 3. unveränd. Aufl. 16. Taus. (30 S.) 8. Papiermühle b. Roda 903. Gebr. Vogt. n. 1.—

Neuhaus, Otto, Geheimnisse des Schnellrechnens. Rechnen e. Vergnügen. Ein Nußknacker f. gute u. böse Rechner. Mit Moment-Kalender u. Moment-Mondtafel. 4. Aufl. 22. Taus. (30 u. VIII S.) 8. Papiermühle 909. Gebr. Vogt. 1.—

Neuhaus, O., de Sophoclis Antigonae initio, s. Friedel, O., de Hippiae sophistae studiis Homericis.

Neuhaus, Otto Die Quellen des Trogus Pompeius in der persischen Geschichte. 2 Teile. 21, 26 SS. *Hohenstein* 1882. 1884.
Progr.

Neuhaus, *Otto* Die Quellen des Trogus Pompejus in der persischen Geschichte. (Fortsetzung). (Umschlagtitel: ... Geschichte.) 4 29 S.). G. *Hohenstein in Ostpr.* 1886 (5).
Progr.

Neuhaus, Otto Die Quellen des Trogus Pompeius in der persischen Geschichte. IV. Teil. 4 (25 S.).
Progr. Kgl. G. *Hohenstein i. Ostpr.* 1891 (5).

Neuhaus, Otto [Prof.]: Die Quellen des Pompejus Trogus in der persischen Geschichte. '(Tl v)'. (Forts. d. P-Beil. Hohenstein 1882. 84. 86. 91.) Königsberg Pr., Hartungsche Buchdr., 1896; 3—36 S. 4.
Königsberg Pr., k. Friedrichs-K, P 1896 (6)

Neuhaus, Otto [Prof.]: **Die Quellen des Pompejus Trogus in der persischen Geschichte. '(Tl VI.)' [Forts. d. P-Beil. Hohenstein 1882. 84. 86. 91. Königsberg, Friedrichs-K 1896.] Königsberg Pr., Hartungsche Buchdr., 1897; 3—30 S. 4.**
Königsberg Pr., k. Friedrichs-K, P 1897 (6)

Neuhaus, Otto, Prof.: Die **Quellen** des Pompejus Trogus in der persischen Geschichte. T. 7. *Königsberg Pr. 1900. Hartung.* (44 S.) 4° ¶[Forts. d. P-Beil. Hohenstein, G 1882: 84. 86. 91 u. Königsberg, Friedrichs-K 1896. 97.]
Königsberg Pr., k. Friedrichs-K, P 1900 (6)

— **Rechenkünste u. Zahlenspiele zum Vortrage im Salon. Eine Sammlg. von Kunststücken u. Unterhaltgn. aus der Zahlenwelt, verbunden m. Gedächtniskunst.** (IV, 93 S. m. Fig.) 8. Leipzig (903). Ernst. 1.—

Neuhaus, P. K., die Bestimmung d. Gelehrten, 4. Wien 807. v. Mösle. 8 gr. Hbg. Pr. 3 gr.

Neuhaus, Paul: Das preussische Eisenbahnnetz im Osten der Weichsel. Ein Beitrag zur Verkehrsgeschichte und Statistik der deutschen Nordostmark. ([S.-A.] Altpreussische Monatsschrift. Bd. 26. Heft 1 u. 2.) Königsberg i. Pr. 1889. 58 S. 8°.

Neuhaus, Rhardt., Diana u. Renata. Ein romant. Schauspiel in 5 Akten. 8. (94 S.) Barmen 884. Inderau. n. 1. 50

Neuhaus, Reinhard, Gedichte. 2. verm. Aufl. 16. (VIII, 206 S.) Leipzig 875. Hartung & Sohn. geb. m. Goldschn. 5. 50

Neuhaus, R., Mary Morton. Ein Trauerspiel in 5 Akten. gr. 8. (108 S.) Leipzig 890. Danz. n. 1. 50

Neuhaus, Richard, s. Neuhauss, Richard.

SEVERINUS (d. i. *Samuel Neuhaus*). — Des durchlauchtigsten Philanders und anderer Hohen Persohnen merckwürdige Begebenheiten der heutigen curieusen Welt Zu einer erlaubten Gemüths-Ergötzung und Anleitung Wie man bey den besondern Glücks- und Unglücks-Fällen reflectiren soll in einem so genannten Roman vorgestellet von *Seuerino.* Mit Titelkpfr. Franckfurt und Leipzig Bey Johann Albrecht. Anno 1733. 8. (Im Besitze Prof. Dr. Ullrich's.)
Titel (roth u. schwarz), 10 S. Vorr. in Versen, 260 S. — Weller, Lex. Ps. p. 516.

Neuhaus, *Theodor* [Kgl. Regierungs-Baumeister]: Baubeschreibung. Marburg, Univ.-Buchdr. '(R. Friedrich)', 1897; 3—6 S., 1 Taf., 1 Pl. 4.
Marburg, k. G, P 1897 (411)

Neuhaus, Theodor: Über Empfindlichkeit der Barretter und die Zuverlässigkeit der mit ihnen ausgeführten Messungen. Halle a. S. 1909: Kaemmerer. 42 S. 4° ¶(Mitteilungen d. physik. Versuchs-Station Halle-Cröllwitz. No 14.)
Halle, Phil. Diss. v. 16. Aug. 1909, Ref. Dorn
[Geb. 27. Dez. 83 Webrstedt; Wohnort: Gröningen b. Halberstadt; Staatsangeh.: Preußen; Vorbildung: Realgymn. Halberstadt Reife O. 03; Studium: Heidelberg 4, Halle 5 S.; Rig. 3. Febr. 09.] [U 10. 1779

Neuhaus, Thusnelda

Neuhaus, Th., bis zum Abgrund, s.: Familien-Bibliothek für's deutsche Volk.

NEUHAUS, TH. *Vier Erzählungen* aus dem Leben, für Kinder von 6 bis 8 Jahren von Th. Neuhaus. Mit vier colorirten [lithogr.] Bildern. Berlin, Winckelmann und Söhne [c. 1855]. 107 S. Kl.-8°. Farbiger Or.-Karton. 20.—
Reizende unsign. Illustrationen in Hosemannstil. Einbd. etw. bestoßen.

— vier Erzählungen aus dem Leben f. Kinder von 6 bis 8 Jahren. Mit 4 color. (lith.) Bildern. 8. (107 S.) Berlin 874. Winckelmann & Söhne. 1. 80

Neuhaus, Thusnelda, Hanna, s.: Familien-Bibliothek für's deutsche Volk.

Neuhaus, Thusnelda, Heimat und Poesie. Novelle. Mit 3 Bildern von C. Koenemann, in Lichtdr. ausgeführt von F. Bruckmann's Kunst-Institut in München. gr. 8. (48 S.) Barmen 882, Klein. cart. mit Goldschn. * geb. mit Goldschn. *

—— verschiedene Wege. Erzählung. gr. 16. (77 S.) Barmen 877, Klein. cart. *

Neuhaus, Wendelin, († d. 31. Oct. 1775.) s. *Bibliotheca Horatiana.*

Neuhaus, Wilhelm

Neuhaus, W., Enger, die Wittekindsstadt, in Wort u. Bild. (28 S.) gr. 8. Enger 906. H. Kuhlmann. (Leipzig, F. Schneider.) n. — 60

Neuhaus, Wilh., die Gründung der Abtei Hersfeld u. ihre Vorgeschichte. (41 S. m. Titelbild.) kl. 8. Hersfeld (909). C. Vietor. — 50

Wilh. **Neuhaus.** Die Gründung der Abtei Hersfeld und ihre Vorgeschichte. Hersfeld: Westphal (1909). 41 S. 8° [Umschlagt.]

Neuhaus, Wilh., De homine liber, in quo mentis et corporis adtributa aliaque curiosa distincte traduntur. Susati. 8°. *Haller,* Bibl. II, 102.
1715

Neuhaus, Wilh., aus einem Lenz u. Sommer. Gedichte. (64 S.) kl. 8. Enger 908. H. Kuhlmann. 1. 25

Neuhaus-Ducart, C. F. Alkoholismus u. Nationalökonomie. Bern 1884. 5 8.

Neuhausen [Schlagwort]

Neuhausen a. d. F., s.: Württemberg. Höhenkurvenkarte.

Neuhausen [Verfasser]

Neuhausen, J. (Übers.u.Bearb.):
s.: Guépin, A(nge): Studien auf dem Gebiete der Augenheilkunde. (Études d'oculistique. Dt.) Crefeld: 1847

Neuhausen, J., über urämische Intoxikation nach suppressio urinae. Düsseldorf 870. (Gestewitz.) gr. 8. (15 S.) n. 10 ngr.

— s. v. Onsenoort, A. G., Handbuch d. Krankh. d. Auges.

Neuhausen, J., tabellarische Uebersicht der vorzügl. Mineralquellen Europa's zu Trinkkuren. (2 Bl.) Fol. Meurs 846. (Leipzig, Brauns.) n. 2/3 ₰

Neuhauser, F.

— Anfangsgründe d. Zeichenkunst. qu. Fol. Herrmanstadt 823. Thierry. 1 ₰

— Anleit. z. Thierzeichnung. 3 Hefte. 4. Herrmannstadt 823. Thierry. 2 ₰ 4 gr

— Ansichten v. Siebenbürgen. Für seine Zeichnungsschüler. kl. qu. Fol. Wien, Geistinger. 1 ₰ illum. 2 ₰

— Blumenbuch f. d. Jugend. 2 Hfte. Fol. Herrmanstadt 823. Thierry. 6 ß

— Gegenden u. Alterthümer aus Siebenbürgen, nach d. Natur gezeichnet u. gestochen. qu. Fol. Wien, Geistinger. (Landsh., Krüll). 1 ß

Neuhauser, F., Lehre v. Licht u. Schatten, verbunden mit d. nothwendigsten Grundregeln z. freien Handzeichnung. Mit 10 lithogr. Blätt. 8. Herrmanst. 821. Thierry. 14 kr.

Neuhauser, Franz von: Kreisschreiben des k.k. galizischen Landesguberniums. Womit die allerhöchst genehmigte neue Pest-Polizei-Ordnung für die k.k.österr.Staaten kund gemacht wird. (Dt.u.Poln.) Lemberg: 1837

s.: Ferdinand Erzherzog von Oesterreich-Este

NEUHAUSER, FRANC: Lux inaccessibilis. Das von Menschlicher Vernunft Unzugängliche Liecht. Oder Jährlich schuldigst-gewidmets Lob- und Ehren-Rede in welcher das unbegreifliche Geheimnuss Der Allerhöchsten Drey-einigen Gottheit, Dem eingeschränkten Menschlichen Gemüths-Aug im duncklen Schatten vorgestellet und in Klein Maria-Zell zu Alt-Ofen abgeredet hat Franc. Neuhauser, Schüler Grammatikklasse des Trinitarier-Ordens zu Ofen. Ofen 1742. Gedr. bey Veronica Nottensteinin. 6 f. - kl.4°

Neuhauser, Franz Anton

— Anfangsgründe d. Griech. Sprache zum Gebrauch d. Schulen d. G. J. 2 Werkchen. 8. Münch. 770. 2e A. 774. Lentner. 9 kr. Neue Ausg. unt. d. T.: Anleit. z. griech. Sprache f. alle Anfänger. 8. Ebd. 799. J. Lindauer. 12 kr. Hbg. Pr. 8 kr.

— Anfangsgründe der griech. Sprache. 8. Münch. Lentner. 796.

Neuhauser, Franz Anton, geistl. Anreden, dem Canon. Braun gewidmet. gr. 8. München, Crätz. (Lindauer.) 778.

— Anzeige e. theolog. Pasquills unt. d. T.: Duo verba contra conditiones Stattlerianas. gr. 8. Münch. 780. Lentner. 12 kr.

— Brief üb. d. Theater u. d. Schauspieler. 8. Münch. 777. Lindauer. 2 kr.

Neuhauser, Franz Anton, s.a. Casanuova, F. H. G.: Was hindert die Ausbreitung d. Wissenschaften?

— Casannova, was hindert die Aufnahme und Ausbreitung der Wissenschaften. 8. München, Lindauer. 778.

— Samml. d. kurbaier. Schulen der G. J. 8. ... 770.

— Samml. griech. Stellen. 8. Ebend. 771.

Neuhauser, Josef

Neuhauser, J.: Kaiser Maximilians I. Beziehungen zu Ungarn. 43 S. 8° – Waidhofen a/Y., UR., Progr. 1865.

Neuhauser, Jos., Geschichte der österreichisch-ungarischen Monarchie. Ein Lehrbuch zum Schul- und Privatgebrauch. 3. verb. und verm. Aufl., besorgt durch Gust. Herr. gr. 8. (IV, 168 S.) Wien 878, Graeser. *
Die 2. Aufl. erschien 1872.

Neuhauser, Jos., Geschichte der österreichisch-ungarischen Monarchie. Ein Lehrbuch zum Schul- und Privatgebrauch. 4. verb. und verm. Aufl., besorgt durch Gust. Herr. gr. 8. (IV, 185 S.) Wien 884, Graeser. *

Neuhauser, Jos., Handbuch der Geografie und Statistik des Kaiserthums Oesterreich zum Gebrauche an den oberen Klassen von Mittelschulen. (In 2 Liefgn.) Wien 864. Sallmayer & Co. in Komm. gr. 8. (1. Liefg.: S. 1—120.) n. 1 Thlr. 4 ngr.

Neuhauser, Jos., Lehrbuch der Geografie u. Statistik des Kaiserth. Oesterreich für Untergymnasien. Wien 865. Sallmayer & Co. 8. (III, 79 S.) n. 14 ngr.

—— Lehrbuch der Geschichte Oesterreichs für Mittelschulen. 8. (VI und 210 S.) Wien 864, Sallmayer und Comp. *

Neuhauser, Jos., Versuch üb. das siebenbürg. Costüm (mit dessen Beschreibung.) 16 Heft. Mit 6 Kpf. Herrmanstadt 807.

Ostseebad Neuhäusor und Umgegend von Fischhausen bis Pillau. *Berlin: W. Greve (1900).* (1 Kartenbl. 21 × 17 cm.) 8° [Umschlagt. J.] [01. 8503] 10

Ostseebad Neuhäuser an der Westküste des Samlandes, 42 km von Königsberg i. Pr. Karte von Neuhäuser u. Umgegend. Aufgenommen im Herbst 1900. Maassstab 1:25,000. *Berlin: W. Greve (1900).* (1 Kartenbl. 74 × 56 cm.) gr. 2° [01. 8504] 10

Neuhaeuser, Gottfried Dionysius (Ober-Türckheim/Württemb.), De spuriis eorumque jure respectu illorum, qui cum ipsorum matre concubuerunt. Diss. jur. Präs. Jo. Theodor Scheffer. Tübingen (Schramm) 14. IX. 1734. 54 S. (5.75) 24751

Neuhäuser, Hugo, approb. Arzt aus Idar (Oldenb.): **Beiträge zur Lehre vom Descensus der Keimdrüsen.** T. 1: Die Beckendrehung. *Stuttgart: E. Nägele 1901.* (S. 221—238.) 8° ¶(Aus: Zeitschrift f. Morphologie u. Anthropologie, Bd 3.) Strassburg, Med. Diss. v. 1901

Neuhaeuser, Jos., Anaximander Milesius sive vetustissima quaedam rerum universitatis conceptio restituta. Cum 1 tab. (lith.). gr. 8. (XVI, 428 S.) Bonn 883. Cohen & Sohn. n. 14. —

Neuhaeuser, Jos., Cadmillus sive de Cabirorum cultu ac mysteriis antiquissimaeque Graecorum religionis ingenio atque origine. Leipzig 857. T. O. Weigel. gr. 8. (3 Bl., 154 S.) n. 1 Thlr.

Neuhaeuser, Ios., Cadmilus seu de Cabirorum cultu ac mysteriis antiquissimaeque Graecorum religionis ingenio et origine. Leipzig, Weigel, 1859.
Recens. (Wiener) Kath. Litztg 1860, Nr. 16.

Neuhaeuser, Joseph, geb. Kukelheim in Westf. 1823. De Graecorum daemonibus particula prior. Berolini (1857). (42 S.) 8°
Berlin, Phil. Diss. v. 8. Apr. 1857

Neuhaeuser, J., Aristoteles' Lehre von dem sinnlichen Erkenntnissvermögen u. seinen Organen. gr. 8. (134 S.) Heidelberg 876. Weiss. n. 2. —

Neuhaeuser, J., Aristoteles' Lehre von dem sinnlichen Erkenntnissvermögen und seinen Organen. gr. 8. (134 S.) Leipzig 878, Koschny. *

Sacram memoriam ... Friderici Gvilelmi III vniversitatis Fridericiae Gvilelmiae Rhenanae conditoris ... ab eadem vniversitate d. III m. Avg. a. 1879 ... recolendam victorvmqve renvntiationem e litt. certaminibvs prodevntivm indicit Iosephvs **Nevhaevser,** ord. phil. h. a. decanvs. — Inest eivsdem dissertatio de Anaximandri Milesii natvra infinita. Part. prior. Bonnae, form. C. Georgi (1879). 34 S., 1 Bl. 4. ¶ Erschien vollständig in des Verf. Anaximander Milesius 1883.

Neuhauslied. Das N. Bei Anlass des Notensturmes im Anfang des Jahrs 1846. 8. *o. O.*

Neuhauß, A., Anfangsgründe d. griech. Sprache. 8. Brsl. Grass. B. u. C. 12 %

Neuhauß, Heinrich Gottlieb (Schleiz/Reuß), De juramento testium praepostero Vom Verkehrten Zeugen-Eyde. Diss. jur. Präs. Jo. Friedrich Hertel. Jena (Ritter) 11. V. 1737. 30 S. (5.—) 24761
Widm. v.: Jo. Friedrich Hertel.

— — Dasselbe. Jena (Ritter) 11. V. 1737. 30 S. (5.—) 24762
Gew.: Johann Christian von Hennicke. — Widm. v.: Jo. Friedrich Hertel.

— — Dasselbe. Jena (Ritter) 11. V. 1737. 36 S. (5.—) 24763
Widm. v.: Jo. Friedrich Hertel.

— — Dasselbe. Jena (Ritter) 11. V. 1737. 36 S. (5.—) **24764**
Gew.: Johann Christian von Hennicke. — Widm. v.: Jo. Friedrich Hertel.

Neuhauss, R[ichard]: Anleitung zur Mikrophotographie für Aerzte, Botaniker ... 2. Aufl. Berlin 1888. 32 S.

Anleitung zur Mikrophotographie. Von Dr. med. R[ichard] **Neuhauss**. Mit 6 Abb. 2., umgearb. Aufl. Halle a. S.: W. Knapp 1907. (38 S.) 8°
= **Encyklopädie** d. Photographie. H. 8. [07. 1980r 3

Neuhauss, R[ichard]: Anleitung zur Mikrophotographie. Mit 6 in d. Text gedr. Abb. 2. umgearb. Aufl. Halle a. S. 1908. 38 S.
(Encyklopädie d. Photographie. H. 8.)

Neuhauss, Rich., Anleitung zur Mikrophotographie, s. a. Encyklopädie der Photographie.

— lebende Bilder, gestellt vom Zufall. 8 in Heliogr. ausgeführte Moment-Aufnahmen. gr. 8. Berlin (896). (E. H. Schroeder.) In Mappe 3. —

Die Farbenphotographie nach Lippmann's Verfahren. Neue Untersuchungen u. Ergebnisse. Von Dr. med. R. **Neuhauss**. M. 3 Textb. u. 1 Taf. in Lichtdr. *Halle a. S.: W. Knapp 1898.* (4 Bl., 72 S., 1 Taf.) 1 Bd 8.
= **Encyklopädie** d. Photographie. II. 33. [98. 5618

Neuhauss R, die Hawaii-Inseln. (Slg wissenschaftl. Vortr. N F I, 9) Berlin 1886

Neuhauß, Rich., die Hawaii-Inseln, s. a. Sammlung gemeinverständlicher wissenschaftlicher Vorträge.

Neuhauss, Rich., Lehrbuch der Mikrophotographie. Mit 61 Abbildgn. in Holzschn., 4 Autotyp., 2 Taf. in Lichtdr. u. 1 Photograv. gr. 8. (XI, 272 S.) Braunschweig 890. H. Bruhn. n. 8. —; geb. n. 9. —

Lehrbuch der Mikrophotographie v. Dr. med. Richard **Neuhauss**, Prakt. Arzt in Berlin. M. 62 Abb. in Holzschn., 2 Autotyp., 1 Taf. in Lichtdr. u. 1 Heliogr. 2., umgearb. Aufl. *Braunschweig: H. Bruhn 1898.* (XV, 266 S., 2 Taf.) 1 Bd 8. [98. 6902 Bc

Lehrbuch der Mikrophotographie von Dr. Richard **Neuhauss**, Arzt. Mit 63 Abb., 1 Autotypietaf., 1 Taf. in Lichtdr. u. 1 Heliograv. 3., umgearb. Aufl. Leipzig: S. Hirzel 1907. (XVI, 288 S.) 8° [07. 7437

Lehrbuch der Projektion von R[ichard] **Neuhauss**. Mit 66 Abb. *Halle a. S.: W. Knapp 1901.* (VIII, 124 S.) 4°(8°) [01. 2237 3

Lehrbuch der Projektion von Dr. R[ichard] **Neuhauss**. Mit 71 Abb. 2. umgearb. Aufl. Halle: W. Knapp 1908. (VIII, 141 S.) 4°(8°) [08. 7481 3

Neuhauss, R., die Mikrophotographie u. die Projection, — die Photographie auf Forschungsreisen u. die Wolkenphotographie, } s. Encyklopädie der Photographie.

Neuhauß, R.: Die Photographie auf Forschungsreisen und die Wolkenphotographie. Halle a. S. 1894 (Encyklopädie d. Photographie, H. 5)

Neuhauss, Rich., s.: Rundschau, photograph.

Neuhaus, Richard, Dr. med., Meteorologische Untersuchungen auf einer Reise um die Erde sowie Beobachtungen über Dämmerungs-Erscheinungen und Zodiakallicht. (Archiv der D. Seew, No. 4, 1884.) Hamburg 1885.

Neuhauß-Selchow, [G.], über Edelzucht auf Leistung nach Wahrnehmungen in der Praxis. Vortrag, gehalten im Klub der Landwirthe zu Berlin am 24. Jan. 1888. 8. (34 S. mit 4 Chromolithogr. und 1 Tab.) Berlin 888, Parey. *
Aus: Nachrichten aus dem Klub der Landwirthe zu Berlin, besonders abgedruckt.

Neuhauß-Selchow, G., unsere Landwirthschaft u. die amerikanische Concurrenz. Reisebetrachtungen. gr. 8. (82 S.) Berlin 884. Parey. n. 1. —

— Selchow contra Lupitz. Auch e. Wort der Erfahrg. an seine Berufsgenossen üb. Wirthschaftsbetrieb auf leichtem Boden. gr. 8. (64 S.) Ebend. 883. n. 1. —

Neuhauß-Selchow, G., Selchow contra Lupitz. Auch e. Wort der Erfahrg. an seine Berufsgenossen über Wirtschaftsbetrieb auf leichtem Boden. 2. Aufl. gr. 8. (64 S.) Berlin 891. P. Parey. n. 1. —

Neuhauß-Selchow, G., Sonst u. Jetzt in der Landwirtschaft auf dem leichten Boden der Umgegend v. Berlin. gr. 8. (100 S.) Berlin 894. P. Parey. n. 1. 50

Neuhäusser, Hans: Über einige Umsetzungen der Diazobenzolcarbonsäuren. 1904. 55 S. 8°
Dresden, Dr.-Ing.-Diss. v. 17. 12. 1904

Neuhäusser, Max Bernhard, aus Schneeberg i. S.: Über die Darstellung des Mono- und Dibenzoylmalonsäureesters und über die Einwirkung von Phenylhydrazin auf diese Ester. *Leipzig 1899: E. Polz.* (30 S.) 8°
Leipzig, Phil. Diss. v. [20. Okt.] 1899

Neuheiten, Graphische. Karten, Vignetten, Buchschmuck usw. Ser. I, 1-4. fol Wien (1905-07)

— graphische. Karten, Vignetten, Buchschmuck, Etiketten, Monogramme, Initialen, Zierleisten, Kalender, Plakate. I. Serie. 48 Taf. Orig.-Entwürfe in Farben- u. Lichtdr. Fol. Wien (906). F. Wolfrum & Co. In Mappe n. 50. —

Neuheiten, graphische. Karten, Vignetten, Umrahmgn., Buchschmuck, Etiketten, Monogramme, Initialen, Zierleisten, Kalender, Plakate. II. Serie. 48 Taf. Orig.-Entwürfe in Farben- u. Lichtdr. (III S. Text.) 45×34 cm. Wien (907). F. Wolfrum & Co. In Mappe 50. —
I. Serie. Ebd. 906. In Mappe 50.—.

Neuheiten, kaufmännische Zeitschrift f. den Detail-, Engros- u. Exporthandel. Mit dem Beiblatte Eisenwaren-, Haus- u. Küchengeräte-Zeitg., sowie Rundschau über Kurz-, Galanterie- u. Spielwaren. Hrsg.: C. König. Red.: Emil Fried. 8. Jahrg. 1905. 12 Nrn. (à ca. 16 S.) Lex.-8. Wien (3/2). Verlag der „Neuheiten". Postfrei n. 2. —
Fortsetzung, s.: Blatt, das, des Kaufmanns Neuheiten.

Neuheiten: Monatliche politische Neuheiten aus der Schweiz
v. Monatliche Nachrichten einicher Merkwürdigkeiten, gesammlet und herausgegeben in Zürich.

Neuheiten, photographische. Schriftleitung: R. Talbot. Jahrg. 1890. 12 Nrn. (1¼ B.) gr. 8. Berlin, Talbot. n. 3. —

—— in Photographie, Lichtdruck u. Metallätzung, sowie in der Optik, Feinmechanik, Mikroskopie, Elektrizität, Projektion, Lehrmittel, Kunstwerken u. ä. Schriftleitung: Rob. Talbot. 2. Jahrg. 1891. 12 Nrn. (à Nr. ¾—1 Bog. m. Abbildgn.); 3. Jahrg. 1892. 12 Nrn. in 6 Doppelheften. gr. 8. (à Doppelheft 24 S. m. Abbildgn. u. 1 Heliograv.) Ebd. à Jahrg. * 3 —
Vom 4. Jahrg. an u. d. T.: Talbot's monatl. Neuheiten etc.

— therapeutische, m. besond. Berücksicht. der prakt. Medikation unter ständ. Mitwirkg. v. Conr. Stich hrsg. v. Paul Streffer. 1. Jahrg. 1906. 12 Hefte. (à ca. 32 S.) 8. Leipzig, J. A. Barth. n. 5. —

— therapeutische, mit besond. Berücksicht. der prakt. Medikation, jetzt unter ständ. Mitwirkg. v. Ferd. Bruhn hrsg. v. Johs. Linke. 2.—5. Jahrg. 1907—1910. à 12 Hefte. (à ca. 32 S.) 8. Leipzig, J. A. Barth. à Jahrg. 5. —

Neuheiten-Anzeiger f. Chemie u. Technik, Fortsetzg., s.: Praxis, offizielle.

Neuheiten- u. Patent-Anzeiger, internationaler technischer. Hrsg. vom Patent-Bureau J. Fischer. 1. u. 2. Jahrg. Mai 1891—April 1893. à 12 Nrn. (Bog. m. Abbildgn.) gr. 4. Wien. (Leipzig, Literar. Anstalt A. Schulze.) à Jahrg. n. 8. —

Neuheiten- u. Patent-Berichte, holzindustrielle. Beilage zur illustr. Tischlerzeitg. „Wohnungskunst u. Holzarchitektur". Hrsg. u. red. v. Alfr. Busch. Jahrg. 1910. 6 Nrn. (à ca. 8 S. m. Abbildgn.) 32,5×23 cm. Berlin (N. 65. Malplaquetstr. 65). Allg. Verl.-Anstalt. Erscheint nicht mehr. 4. —

NEUHIERL, Rupert (Walderbach): De compromisso et arbitrio recepto. (Titel nach der Urkunde) 25.6.1868 – Urk; F 49
Diss. Ingolst.-Landsh.-Mchn.

Neuhof, ..., s. Bonaparte's Rede.

Neuhof, Benjamin Eduard (Annaberg), Morbi arcuati singularis historiam sistens. Diss. med. Leipzig (A. Deutrich) 23. VI. 1826. 28 S. (3.—) 24765
Gew.: Johann Christian Elsenstuck, Jakob Bernhard Limburger.

Neuhof, Elias, Nachr. v. d. Alterthümern in d. Gegend u. auf d. Gebirge bei Homburg v. d. Höhe. 8. Hanau. 777. 2e A. mit 1 Karte 780. (Andreä in Frankf. a. M.) 8 gr.

Neuhof, El., Nachricht von den Alterthümern in der Gegend und auf dem Gebirge bei Homburg vor der Höhe. Homb. 780. 8. 8 gr.

Neuhof, Lebrecht, Gedichte. 8. (X u. 106 S.) Leipzig 848, Brockhaus. n. ⅔ Rthlr.

Neuhof, Theodor Benjamin. Kurzgefasste Beschreibung des Wiesenbades . . . 2. Ausg. Annaberg [1823]. H: *Müller.* (ABJP)

Neuhof, (T. B.,) kurzgefaßte Beschreibung des Wiesenbades, nebst Anweisung zum Gebrauch desselben. 2e verm. Ausg. Mit 1 Steindr. 8. Annaberg 824, (Leipz., Leich.)

Neuhof, Thdr. Benj., († d. 16. Dec. 1820.) Kuhpockentafel, od. tabellar. Unterricht z. Kenntn. u. Impfung d. Schutzblattern. Fol. Leipz. 802. Hertel. 2 gr.

— **Theodor Benjamin** (Lissa/Meißen), De virium medicamentorum maxime probabili partitione. Diss. med. Präs. Christian Friedrich Ludwig. Leipzig (Klaubarth) 17. III. 1797. 34 S. (4.—) 24766

— medicin. Taschenbuch f. Reisende. (A. u. d. T.: Neuer allgemeiner Taschenarzt f. Reisende). 12. Leipz. 797. P. Vogel. 10 gr.

Neuhof, Wilh., Bilder u. Skizzen aus d. Kriegs- u. Soldatenleben. 8. (7 B.) Suhl 845. (Erfurt, Müller'sche Buchh.) *

Neuhof, Wlh., n. Blumensprache. Der Liebe und Freundschaft gew. 12. Arnstadt 824. (Leipzig, Melzer.) ¼ Rthlr. u. 1829. ⅙ Rthlr.

Neuhof, W., neueste Blumensprache. Der Liebe u. Freundschaft gewidmet. 12. (1 B.) Arnstadt 829, [Ohlenroth.]

— Blumensträuße nach ihrer Bedeutung. Der Liebe u. Freundschaft gewidmet. (Fortsetz. d. Blumenspr.) 12. Arnstadt 828 2e A. 832. Mirus. 6 gr.

—— Blumensträuße nach ihrer Bedeutung. Der Liebe u. Freundschaft gewid. (1. Gabe.) 1. Aufl. (2¼ B.) 828., 2. A. (2¼ B. u. 1 ill. Titkpfr.) Arnstadt 832, [Ohlenroth.] à

—— dass. 2. Gabe. 16. (3½ B. u. 1 ill. u. 1 schw. Stnt.) Erfurt 830, Müller.

Neuhof, Wilh., histor.-romant. Erzählungen aus Preußens Vorzeit. 2 Bde. gr. 12. (12 u. 11 B.) Erfurt 837, Müller'sche Bh.
Der 2. Bd. a. u. d. T.:
Die Mordnacht auf d. Lenzenburg. — Bürgerrache.

Neuhof, Wilh., Magazin für Jäger rc., s. Magazin.

Neuhof, Wilh., Plauderstübchen für Jäger u. Jagdfreunde. 1. Bd. 8. (48 S. m. 1 Lith.) Suhl 847. (Erfurt, Müller'sche Sort.-Buchhandlung.) n. $^{1}/_{12}$ Rthlr.

—— deutsche Sagen. Dem Volke erzählt. 1. Bdchn. 8. (5⅛ B.) Suhl 845. (Erfurt, Müller'sche Buchh.) *

Neuhof-Anstalt, die, während ihres fünfundzwanzigjährigen Bestehens. gr. 8. (36 S.) Straßburg 850, (Kraeuter.) *

Neuhofer, Geo., († d. 3. Jan. 1800.) Diss. de morbosa catameniorum suppressione. 4. Leyden 750.

Neuhofer, Georg, s. Jaquin: Abhandl. von d. Gesundheit.

– s. Mead, R.: V. Pocken.

Neuhofer, G., allgemein = nützliche Prüfung der neuangehen= den Apotheker und ihre Provisoren. 8. Linz, Haßlinger. (a. Wolf in Augsb.) 784.

—Schilderung d. wahren u. falschen Arztes. Augsb. 771.

– s. Störk, A.: Daß d. Stechapfel ...

—die bei d. Wahl d. Aerzte herrschenden Vorurtheile, in ge= bund. Schreibart bestritten. 1e u. 2e Aufl. 4. u. 8. Augs burg 771.

Neuhofer, Gerhard Adam

Neuhofer, Grhrd. Adm., (†d. 12. Dec. 1816.) Abendbetracht. auf alle Tage d. Jahres. 2 Bde in 12 Hften. 8. Augsb. 809 2e A. (814.) Rollwagen. (Krüll in Landsh.) 2 ₰ 6 ℊ

Neuhofer, Gerh. Adam, Abendbetrachtungen auf alle Tage des Jahres, 2 Bde. (Jan. bis Juni. — Juli bis Decbr.) Neuste (Titel-)Aufl. gr. 8. (IV und 766 S. mit gest. Titel.) Augsburg 853, v. Jenisch und Stage'sche Buchh. •

Neuhofer, G. A., bete Gott im Geist u. in der Wahrheit an, siehe: Christlieb, D. A.

—Betrachtt. auf besondere Zeiten u. Fälle. Ein Nachtrag zu d Morgen= u. Abendbetracht. 2 Bde (in 14 Hften.) Mit 1 Kpf 8. Ebd. 810.

Gerhard Adam Neuhofer de Diis salutiferis apud veteres Graecos atque Romanos. Altorfii 1793. 4.

—Erzähll. z. angenehmen u. nützl. Unterhaltung. Mit 1 Kpf 8. Augsb. 805. v. Jenisch u. St. 1 ₰

—Gedichte. 2 Thle. Mit 1 Kpf. 8. Leipz. 804. (v. Jenisch u St. in Augsb.) 1 ₰ 10 ℊ Velinp. 2 ₰

Neuhofer, Gerhard Adam, s. Gesangbuch, Christl.

—christl. Gesänge u. Lieder. gr. 8. Zürich 808. Orell. 20 ℊ

– s. Kalender, Deutsch-französ.

– s. Klio u. Euterpe.

Neuhofer, Gerh. Adam., Morgen= und Abendbetrachtungen auf alle Tage des Jahres. 4 Bde. Januar — December. 4e Aufl. gr. 8. Augsburg 834. (Regensburg, Manz.) n. 4½ ₰

— — Original=Ausg. mit e. Vorrede. 2 Bde. (à 2 Abthlgn.) Neueste (Titel=)Aufl. Augsburg (834.) 852. v. Jenisch u. Stage in Comm. gr. 8. (1. Bd.: 383, 383 S., Titel u. Portr. in Kpfrst.; 2. Bd.: 393, 383 S. u. Titel in Kpfrst.) Jeder Bd. n. 1 ₰ 2 ngr

— Morgen= und Abend=Betrachtungen auf alle Tage des Jahres. 2 Bde. Neue Ausg. gr. 8. (1. Bd.: Morgen= betrachtungen. VII und 483 S.) Ulm 853, Gebr. Nübling.

—Morgenbetracht. auf alle Tage des Jahres. 2 Thle. in 12 Heften. 8. Augsb. 808. 2e Aufl. 8. Ebd. (810.) Rollwagen (Krüll in Landsh.) 2 ₰ 6 ℊ

— Morgenbetrachtungen auf alle Tage des Jahres. 2 Bde. (Jan. bis Juni. — Juli bis Decbr.) Neueste (Titel=)Aufl. gr. 8. (IV und 766 S. mit 1 Stahlst. und gest. Titel.) Augsburg 853, (v. Jenisch und Stage'sche Buchh.) •

—Predigten üb. die gewöhnl. Evangelien u. Episteln an den Sonn= u. Festtagen. 2 Bde (in 24 Heften.) 8. Augsb. 812. Rollwagen.

– s. Sauer, J. G.: Vorlesungen.

– s. Taschenbuch d. Geschichte u. Unterhaltung.

– s. Toilettengeschenk z. Unterhaltung.

– s. Wilhelm, Unterhaltungen, 4.–6. Bd.

—Worte d. Freundschaft am Grabe d. Herrn Dr. Jh. Geo. Breiting. 8. Zürich 809.

Neuhöfer, M[ichael]: Zum Akkusativ. S. 3–22. 8. Progr. K. k. Staatsgymn. *Eger* (*Böhmen*) 1904.

NEUHÖFER, Moritz (München): Ueber die angeborene Halsfistel. Mit 1 Abb.- München: Wolf 1847. 32 S. 26.8.1846 - Urk (Titel: De fistula colli congenita.); f 66
Diss. Ingolst.-Landsh.-Mchn.

Neuhöfer, Rudolf: Quaestiones de carminibus, quae Catalepton inscribuntur. Phil. Diss., Prag 1898/99.

NEUHOFF, A. E. Ueber isomere Dichlortoluole. Göttingen, 1867.

Neuhoff, E. G., u. H. Brunn, Elisama, s.: Brunn, H.

Neuhoff, Ed. Mathias Grünewald ([gegen] 1480–[nach] 1529). [Kunsthistorische Studie. Mit 1 Illustration.] Diss. Phil. Bern. 8. Leipzig *o. J.* [1881 82].

Neuhoff, G., über Derivate des Phenanthren's. Diss. Freiburg i. B. 1885, Fr. Wagnersche Univ.-Buchh. 8°. 35 S.

Neuhoff, Gust., Flächenverzierung in historischen Stilarten sowie in neuzeitlichem Geschmacke. Motive f. Gewebe, Stickereien, Tapeten u. dekorative Malerei. Entworfen u. gezeichnet. (30 Taf.) Fol. Berlin (906). B. Hessling. In Mappe n. 24.—; geb. n. 30.—; auch in 3 Lfgn. à n. 8.—

Neuhoff, Gust., neue Ornamente. Motive f. Textilkunst u. Zimmer-Schmuck im modernen Stil u. unter Berücksicht. v. Empire u. Louis XVI. (25 Taf.) 35×25 cm. Dresden (907). G. Kühtmann. In Mappe 20.—

Neuhoff, Heinrich

Neuhoff, H. Position de Rabelais vis-à-vis de son temps. Eisleben, G., 1880. 25 S. 4. Progr.

Neuhoff, Heinr. Ado., Geschichte d. sächs. Volkes, zunächst f. Töchterschulen u. d. unt. Klassen an Knabenschulen bearb. gr. 12. (7⅚ B.) Grimma 837, Verlags=Comptoir. •

— geograph. Schulbedarf, e. kurzgefaßtes Lehrbuch d. Geogra= phie f. Volksschulen. gr. 12. (1⅔ B. u. 6 Kart. auf 1 Bl.) Grimma 837, Verlags=Comptoir.

Neuhoff, J., das Stottern u. andere Sprachfehler. ([Stammeln, Lispeln, Stolpern, Stimmfehler usw.] Ihre Beseitigg. u. Verhütg. Anh.: Die Kunst des festen Willens [speziell zur Beseitigg. körperl. Gebrechen u. Sprachfehler].) (35 S.) 8. Leipzig (908). E. Marré. 1.—

Neuhoff, Johann Gottfried (Zörbig/Meißen), De enemate uterino. Diss. med. Präs. Carl Friedrich Hundertmark. Leipzig (Langenheim) 24. X. 1755. 35 S. (4.75) 24767
Gew.: Christian Heinrich Haenel. — Widm. v.: Carl Friedrich Hundertmark.

Neuhoff, Otto, aus Danzig: Adiabatische Zustandsänderungen feuchter Luft und deren rechnerische und graphische Bestimmung. *Berlin 1900: (A. W. Schade).* (35 S.) 4° ¶(Aus: Abhandlungen d. Kgl. Preuss. Meteorol. Instituts, 1, 6.)
Berlin, Phil. Diss. v. 8. Aug. 1900

Adiabatische Zustandsänderungen feuchter Luft u. deren rechnerische u. graphische Bestimmung. Von Dr. Otto Neuhoff. *Berlin: A. Asher & Co. 1900.* (35 S.) 4°
= Abhandlungen d. Kgl. Preuss. Meteorol. Instituts. Bd 1, No 6. [02. 1218]

Neuhoff, Wilh., der Kaffee und Thee, wie deren sämmtliche Surrogate oder Ersatz- und Ergänzungsmittel. Ausführliche Darlegung der verschiedenen Erkennungsweisen und Merkmale von gutem, geschädigtem und verfälschtem Kaffee und Thee; Mittheilung vieler, bis jetzt geheim gehaltener Verfahren, um Kaffee und Thee auf die wohlschmeckendste Weise zu bereiten rc. Für Fabrikanten, Kaufleute, Gastgeber rc. 8. (VIII und 115 S.) Weimar 861, Voigt.

Neuhoff, Wilh., der Kaffee u. Thee, wie deren sämmtliche Surrogate oder Ersatz- u. Ergänzungsmittel. Ausführl. Darlegung der verschied. Erkennungsweisen u. Merkmale von gutem, geschädigtem u. verfälschtem Kaffee u. Thee; Mittheilung vieler, bis jetzt geheim gehaltener Verfahren, um Kaffee u. Thee auf die wohlschmeckendste Weise zu bereiten rc. Für Fabrikanten, Kaufleute, Gastgeber rc. 2., unveränd. (Titel-)Aufl. Weimar (861) 866. B. F. Voigt. 8. (VIII, 115 S.) n. 10 ngr.

[F. u. Ant.] **Neuhöffer**, Rudolf [Hilfsl.]: Schiller als Übersetzer des Vergil. Warendorf, gedr. in der J. Schnell'schen Buchdr., 1893; 1—41 S. 4.
Warendorf, k. G Laurentianum, P 1893 (367)

Neuhold, C.J.: Versuch einer Darstellung der besonderen Rücksichten, welche bei juridischer Zurechnung der in der medicinischen Praxis vorkommenden Fehler gefordert werden. Nebst einem Anhange zur Erörterung der Frage, in wiefern der Arzt einen Kranken zur Heilung zu übernehmen schuldig sei. 104 S., gbd.

Wien: Wallishausser 1834

Vgl. Neuhold, L.J.

Neuhold, Eduard

Neuhold, Ed., über die bücherliche Behandlung v. Eisenbahn-Grundstücken vor ihrer Eintragung in das Eisenbahnbuch. 8. (27 S.) Graz 902. U. Moser. n. — 50

Neuhold, Eduard, Compendio di diritto tavolare austriaco, s.: Collezione di opere giuridiche. I.

— Erläuterungen zum Verfahren der Bezirksgerichte bei Ermittlung von Eisenbahn-Grundstücken. 2. Aufl. (27 S.) 8. Graz 904. U. Moser. n. — 50

NEUHOLD, Eduard
Formularienbuch für Grundbuchssachen. Von Dr. Eduard Neuhold Beschlüsse. Wien 1900. Manz. Gr.-8°. XIX, 96 S. K 3.—

NEUHOLD, Eduard
Formularienbuch für Grundbuchssachen. Von Dr. Eduard Neuhold. 2. Theil. Lustra, Eintragungen und Bestätigungen. Wien. 1900. Manz. Gr.-8°. VII, 182 S. K 3.60

— das österreichische Grundbuchswesen in gedrängter Darstellung. (VIII, 335 S.) gr. 8. Ebd. 904. n. 5. —; geb. n. 6. —

— die Vorschriften betr. die Uebereinstimmung zwischen Grundbuch u. Kataster. Mit Erläutergn. u. Beispielen. 2. durchgeseh. Aufl. (VIII, 135 S.) 8. Ebd. 903. n. 1. 80

Neuhold, Franz

Neuhold, Frz., Frauenberg bei Leibnitz. Geschichte u. Beschreibg. der Wallfahrtskirche anläßlich des 300jähr. Weihejubiläums. 4 Illustr. nach photograph. Aufnahmen v. Florian Hofer. (28 S.) 16. Graz 909. Styria. — 20

— Mein erstes Gebetbuch. Im Anschlusse an den österr. Katechismus zusammengestellt. (129 S.) 11,8×8 cm. Ebd. 909. Kart. — 40

Neuhold, Frz., Meßerklärung in Fragen u. Antworten. Eine Fleißaufgabe zu den Fragen 529 bis 533 des österreich. mittleren Katechismus. (25 S. m. 8 Abb.) 16. Graz 906. Styria. n.n. — 10

NEUHOLD, Franz: **Die Kirchliche Vermögensverwaltung in der Diöcese Seckau. — 1902. 167 S. Diss. Graz, Univ.**

Neuhold, Jo. Jakob (Oedenburg/Ung.), De lienis genuino usu. Diss. med. Präs. August Quirin Rivinus. Leipzig (J. Titius) 23. XII. 1722. 36 S. (4.75) Widm. v.: Samuel Némethi. 24768

Neuhold, Johann Nepomuk

— das Verfahren, aus d. Stengeln d. Mais (türk. Waitzen) nach reif gewordener Frucht d. Saft zu pressen, u. auf Syrup- u. Zuckererzeugung zu verwenden. Mit 1 Kpftaf. 8. Grätz. 811. Miller. 8 gr.

— Versuch e. prakt. Einleit. z. allgem. seit d. 1. Mai 1782 in allen österr. u. böhm. Erblanden gleichförmig eingeführten Verfahrungsart in Rechtssachen. 3 Abthll. gr. 8. Grätz 783. 2e Ausg. 2 Bde. 785. 3e A. ... 4e A. 787. Ferstl. 1 ℔

NEUHOLD Joh(ann) Nep(omuk) Versuch einer praktischen Einleitung zur allgemeinen in allen k. k. deutsch- und böheimisch-österreichischen Erblanden gleichförmig bestehenden Verfahrungsart in Rechtssachen. Miller, Gratz 1784.

NEUHOLD, J. Np.: Prakt. Einleit. z. allgem., in allen k. k. deutsh-böhmisch- u. polnisch-österr. Erbland. gleichförmig besteh. Verfahren in Rechtssachen. ***Salzburg,*** **Mayr. 785. 2 Bde. 8. (2 Thl. 16 Gr.)**

Neuhold, Jh. Np., prakt. Einleit. z. Verfahren in Rechtssachen. 2 Thle. gr. 8. Salzb. ... 4e A. 787. (Ferstl in Grätz). 1 ℔ 16 gr. (Miller das.) 1 ℔

NEUHOLD, L. J.: Versuch einer Darstellung der besond. Rücksichten, welche bei jurid. Zurechnung der in der medicin. Praxis vorkomm. Fehler gefordert werden. Nebst e. Anh. z. Erörter. der Frage, in wiefern d. Arzt einen Kranken z. Heilung zu übernehmen schuldig sei. ***Wien,*** **Wallishausser. 834. gr. 8. (16 Gr.)**

Vgl. Neuhold, C.J.

Neu-Holland, nach d. zuverlässigsten Quellen. gr. 8. Crefelt 809. ter Meer. 1 ℔ 8 gr.

Neujahr. Ein Spiegel d. Zeit v. ***. 8. (66 S.) Dresden 896. E. Pierson. n. 1. —

Neujahr, glückliches, s.: Familienfreund.

Neujahr im Olymp. Travestie nach Lucian's, des „ollen Jriechen", Göttergesprächen. (16 S.) 8. Wiesbaden 906. (Moritz & Münzel.) n. — 30

Neujahrs-Album der Sport-Zeitung, s.a.Sport-Zeitung, allgemeine.

Neujahrs-Album der Allgemeinen Sport-Zeitung. Den Abonnenten u. Lesern gewidmet v. Vict. Silberer. X.—XIII. Jahrg. 1889—1892. Fol. (68; 52; 52; 52 S. m. Illustr.) Wien, Verlag d. Allgem. Sport-Zeitung. à Jahrg. * 2 —

Neujahrs-Album der „Allgemeinen Sportzeitung", den Abonnenten und Lesern gewidmet von Victor Silberer. 1893. Folio. (64 S. mit zahlreichen Illustrationen)
Wien: Vlg.d.Allgem.Sportzeitung.

Neujahrs-Album der „Allgemeinen Sportzeitung" den Abonnenten und Lesern gewidmet von Victor Silberer, 1894. Mit zahlreichen Porträts. Folio. (60 S) Ebda.

Neujahrs-Album der „Allgem. Sportzeitung", den Abonnenten und Lesern der Sportzeitung gewidmet von Victor Silberer. 1895. Mit vielen Abbildungen. Folio. (68 S.) Ebda.

Neujahrs-Allegorien, Vier, für die Weltchronik und Staats-Courier auf die Jahre 1796—99. [Leipzig und Zittau] 1796—99. H: *May, Chn Glieb.* (OL)

Neujahrs-Almanach für Untertanen und Knechte. Leipzig. E. O. Weller. 1850. II. 40 S. 8°.

Neujahrs-Almanach, Wiener, 1895. 16. (166 S.) Wien (C. Konegen). Geb. in Leinw. n. 2. —

Neujahrs-Almanach, Wiener, 1899. 16. (157 S.) In Comm. In Lnwd. geb. 1.—
Wien: Konegen 1898.

NEUJAHRSANGEBINDE für Damen (hrsg. von Martin Assmus). O. O. (Dorpat) 1816—18.
Anon.-Lex. III. p. 208 (nach Goedeke u. Recke-Napiersky); Kayser hat „1816—20". — Selten!

Neujahrsblatt, herausg. von der Künstlergesellschaft Basel. 1864. 4°

Neujahrsblatt, Basler, s. Neujahrsblatt, hrsg. von der Gesellschaft zur Beförderung des Guten ...

— der litterarischen Gesellschaft Bern auf d. J. 1891—1894. gr. 4. Bern, K. J. Wyß. à n. 1. 20
1891. Beiträge zur Bernischen Kulturgeschichte d. XVIII. Jahrh. Von Karl Geiser. (42 S.) 891.
1892. Das Berner Festspiel u. die attische Komödie. Von Geo. Finsler. (30 S.) 892.
1893. Meister Johannes Bäll u. die Reliquienerwerbungen der Stadt Bern in den J. 1463 u. 1464. Von Heinr. Türler. (34 S.) 893.
1894. Zwei vergessene Berner Gelehrte aus dem 18. Jahrh. (Samuel Schmidt u. Friedrich Samuel Schmidt.) Von Heinr. Dübi. (44 S.) 894.

— d. litterarischen Gesellschaft Bern auf d. J. 1895, 1896, 1897, 1898. gr. 4. Bern, K. J. Wyß. n. 7. —
1895. Beat Ludwig Muralt. M. Auszgn. aus s. Schriften. Von Otto v. Greyerz. (77 S. m. Bildn.) 894. n. 2. —
1896. Vincenz Bernhard Tscharner (1728—1778). Von Gust. Tobler (65 S. m. 1 Bildn.) 896. n. 2. —
1897. Franz Rudolf v. Weiß (1751—1818). Von Joh. Strickler. (98 S. m. 1 Bildn.) 896. n. 2. —
1898. Land u. Leute bei Jeremias Gotthelf. Von Karl Geiser. (55 S.) 897. n. 1. —

— der litterarischen Gesellschaft Bern auf d. J. 1899—1902. gr. 4. Bern, K. J. Wyß. n. 7. 60
1899. Karl Viktor v. Bonstetten (1745—1832). Eine litterarisch-psycholog. Skizze. Von Rud. Willy. (68 S. m. 1 Bildnis.) 898. n. 2. —
1900. Balthasar Anton Dunker, ein schweizerischer Künstler des 18. Jahrh., 1746—1807. Von Hans Herzog. (47 S. m. 1 Abbildg.) 899. n. 2. —
1901. Dörfer u. Einzelhöfe zwischen Jura u. Alpen im Kanton Bern. Von Herm. Walser. (46 S. m. 1 Skizze.) 900. n. 1.60
1902. Der Alpensinn in der Litteratur u. Kunst der Berner von 1537—1839. Eine Studie. Von Heinr. Dübi. (63 S. m. 2 Taf.) 901. n. 2. —

Neujahrsblatt. Neujahrs-Blatt der Litterarischen Gesellschaft Bern auf das Jahr 1901. 4. Bern. K. J. Wyss, 1900. [fr. 2.—]
s.a.Walser, Hermann.

Neujahrs-Blatt der Litterarischen Gesellschaft Bern auf das Jahr 1902. 4. Bern, K. J. Wyss, 1901. [fr. 2. 50]
s.a.Dübi, Heinrich.

Neujahrsblatt der litterarischen Gesellschaft Bern auf d. J. 1903—1906. gr. 4. Bern, K. J. Wyß. à n. 2. —
1903. Johann Georg Altmann (1695—1758). Von Rud. Ischer. Die Deutsche Gesellschaft u. die moral. Wochenschriften in Bern. (104 S. m. 1 Bildnis) 902.
1904. Henzi u. Lessing. Eine historisch-litterar. Studie. Von Maria Krebs. (57 S. m. 1 Taf.) 903.
1905. Die Staldenschule. Ein Beitrag zur Geschichte der stadtbern. Primarschulen. Von Paul Meyer. (72 S. m. 1 Taf. u. 1 Bl. Erklärgn.) 901.
1906. Die Verdienste der helvetischen Gesellschaft um die vaterländische Geschichte. Von Karl Geiser. (40 S. m. 1 Bildnis.) 906.

Neujahrs-Blatt der Litterarischen Gesellschaft Bern auf das Jahr 1903. 4. Bern, K. J. Wyss, 1902. [fr. 2. 50]
s.a.Ischer, Rudolf.

Neujahrs-Blatt der Litterarischen Gesellschaft Bern auf das Jahr 1904. 4. Bern, K. J. Wyss, 1903. [fr. 2. 50]
s.a.Krebs, Maria.

Neujahrs-Blatt der Literarischen Gesellschaft Bern auf das Jahr 1905. 4. Bern, K. J. Wyss, 1904. [fr. 2. 50]
s.a.Meyer, Paul.

Neujahrs-Blatt der Literarischen Gesellschaft Bern auf das Jahr 1906. 4. Bern, K. J. Wyss, 1906. [fr. 2. 50]
s.a.Geiser, Carl.

Neujahrsblatt der literarischen Gesellschaft Bern auf d. J. 1907—1910. Lex. 8. Bern, K. J. Wyß. 10. —
1907. Jeremias Gotthelf u. die Schule. Von Gust. Tobler. (68 S. m. 2 Taf.) 906. 2. —
1908. Zur politischen Dichtung in der deutschen Schweiz 1830—1848. Von Werner Gutermeister. (80 S.) 907. 2. —
1909. Die deutschen Siedelungen in Palästina. Ihre Vorgeschichte, Gründg. u. Entwicklg. Von Hans Brugger. Mit den Bildnissen von Chr. Hoffmann u. G. D. Hardegg u. 2 Ansichten der Siedelg. Haifa. (104 S.) 908. 3. —
1910. Der Volksdichter Gottlieb Jakob Kuhn 1775—1849. Von Heinr. Stickelberger. Mit 1 Bildnis des Dichters, 2 Titelbildern v. König u. Löhrer u. 1 Landschaft v. Lory. (95 S.) 909. 3. —

Neujahrs-Blatt der Litterarischen Gesellschaft Bern auf das Jahr 1907. 4. Bern, K. J. Wyss, 1906. [fr. 2.50]
s.a.Tobler, Gustav.

Neujahrs-Blatt der Litterarischen Gesellschaft Bern auf das Jahr 1908. 4. Bern, K. J. Wyss, 1907. [fr. 2.50]
s.a.Sutermeister, Werner.

Neujahrs-Blatt der Literarischen Gesellschaft Bern auf das Jahr 1909. 4. Bern, K. J. Wyss, 1908. [fr. 3. 50]
s:Brugger, Hans.

Neujahrs-Blatt der Literarischen Gesellschaft Bern auf das Jahr 1910.
s.Stickelberger, Heinrich.

36. Neujahrsblatt zum Besten des Waisenhauses in Zürich f. 1873. Mit Portr. 37 Stn. 4. Zürich, Druck von J. J. Ulrich. 1. 20
Inhalt: Bürgermeister Joh. Caspar Escher (1678 bis 1762).

— — An die lernbegierige Zürcherische Jugend auf das J. 1875 Zum Besten des Waisenhauses von einer Gesellschaft herausgegeben. 38. Stück. Als Fortsetzung der Neujahrsblätter der Chorherrenstube Nr. 97. Mit 1 Abbildung. 25 Stn. 4. Zürich, gedruckt bei J. J. Ulrich.
Inh.: Aus einer Zürcherischen Familienchronik. Erste Abtheilung.
NB. Ausführliche Besprechung in der „Neuen Zürcher Zeitung."

— 46., zum Besten des Waisenhauses in Zürich (als Fortsetzung der Neujahrsblätter der Chorherrenstube N° 105). In-4°, 40 S. nebst 1 Photographie. Druck von J. J. Ulrich. 1883.
** Enthält: Dr. Hch. Escher, Prof. 2. Theil. Von Oberschreiber *L. Tobler.*

— 49., zum Besten des Waisenhauses in Zürich für 1886. Enthaltend ein Lebensbild von J. H. Landolt, a. Stadtrat. Druck von Ulrich & Cie.

Neujahrsblatt auf das J. 1889. Zum Besten des Waisenhauses in Zürich von einer Gesellschaft hrsg. 52. Stück. Als Fortsetzung der Neujahrsblätter der Chorherrenstube Nr. 111: Die schweizer Städte im Mittelalter. 4. (49 S. mit 1 Taf. Zürich, (Höhr.) **

— 52. u. 53., zum Besten d. Waisenhauses in Zürich f. 1889. 1890. 4. Ebd. à n.n. 2. 20
1889. Die Schweizer Städte im Mittelalter. (49 S. m. eingedr. Bildern u. 1 Taf.)
1890. Lebensskizze des Prof. Dr. Thdr. Hug. [1830—1889.] — Briefe von Johann Kaspar Orelli [1787—1849] aus seinem 20. Lebensjahre. (26 S. m. e. Portr. in Lichtdr.)

— 54.—56., zum Besten d. Waisenhauses in Zürich f. 1891—1893. gr. 4. Ebd. à n.n. 2. 20
54. Briefe v. Joh. Kasp. Orelli [1787—1849] aus seinem 20. Lebensjahre [Schluß]. — Lebensskizze v. August Heinr. Wirz [1787 1834], weil. Pfr. an der französ. Kirche, m. dem Bilde desselben. (S. 27—40.) 891.
55. Johann Konrad Meyer-Hoffmeister. (41 S. m. 1 Lichtdr.-Bildnis.) 892.
56. Leonhard v. Muralt. (38 S. m. Lichtdr.-Bildnis.) 893.

— dasselbe. 57. Stück. Als Fortsetzg. der Neujahrsblätter der Chorherrenstube. Nr. 116. gr. 4. Ebd. 894. n.n. 2. 20
Geschichte des Zürcher Staatsarchives. Von P. Schweizer. (40 S. m. 1 Taf.)

— auf d. J. 1895, 1896, 1897. Zum Besten d. Waisenhauses in Zürich v. e. Gesellschaft hrsg. 58.—61. Stück. Als Fortsetzg. der Neujahrsblätter d. Chorherrenstube. Nr. 117—120. gr. 4. Ebd. n.n. 13. 50
58. Lebensbild d. Professors Georg v. Wyß (gest. 1893.) 1. Thl. (85 S. m. 1 Bildn.) 895. n.n. 5. 30
59. Dasselbe. 2. Thl. (Von G. Meyer v. Knonau.) (124 S. m. 1 Bildn.) 896. n.n. 4. 20
60. Lebensbild d. Pfarrer Joh. Rud. Zimmermann. (1792—1867.) (15 S. m. 1 Bildn.) 897. n.n. 2. 40
61. Lavaters Beziehgn. zu Paris in d. Revolutionsjahren 1789—1795. Von G. Finsler. (27 u. 76 S. m. 1 Bildn.) 898. n.n. 3. 60

— auf d. J. 1899—1902. Zum Besten d. Waisenhauses in Zürich v. e. Gesellschaft hrsg. 62.—65. Stück. Als Fortsetzg. der Neujahrsblätter der Chorherrenstube No. 121—124. Ebd. à n.n. 3. —
62. Jerusalem- u. Sinaipilger, e., aus Zürich im 15. Jahrh. Der Predigermönch Felix Schmid. (FFF. Frater Felix Fabri.) (Von K. Furrer.) gr. 4. (61 S. m. Abbildgn.) 899.
63. Heinrich Zeller-Horner als Erforscher u. Darsteller d. schweiz. Gebirgswelt. Von E. Walder. gr. 4. (43 S. m. 1 farb. Taf.) 900.
64. Lebensbild v. Stadtpräsident Dr. Melchior Römer, zugleich e. Beitrag zur Vorgeschichte der Stadtvereinigg. v. 1893. Von Paul Usteri. gr. 8. (34 S. m. 1 Bildnis u. 1 Taf.) (901.)
65. Eine Studie zur Schlacht bei Sempach, 9. VI. 1386. Von Alex. Schweizer. gr. 8. (21 S. m. 1 Taf. u. 1 Karte.) 902.

Neujahrsblatt auf das Jahr 1901. Zum Besten des Waisenhauses in Zürich von einer Gesellschaft hrg. Stück 64. Als Fortsetzung der Neujahrsblätter der Chorherrenstube No. 123 (* *Umschlag:* 64. Neujahrsblatt zum Besten des Waisenhauses in Zürich für 1901). 4. Zürich. Berichthaus. Komm. Fäsi & Beer, 1901. [fr. 2. 50]
s.Usteri, Paul.

Neujahrsblatt auf das Jahr 1902. Zum Besten des Waisenhauses in Zürich von einer Gesellschaft hrg. Stück 65. Als Fortsetzung der Neujahrsblätter der Chorherrenstube No. 124 (* *Umschlag:* 65. Neujahrsblatt zum Besten des Waisenhauses in Zürich für 1902). 4. Zürich, Berichthaus, Komm. Fäsi & Beer, 1902. [fr. 2. 50]
s.Schweizer, Alex[ander].

— auf d. J. 1903 – 1906. Zum Besten des Waisenhauses in Zürich v. e. Gesellschaft hrsg. 66.—69. Stück Als Fortsetzung der Neujahrsblätter der Chorherrenstube Nr. 125—128. gr. 8. Ebd. n.n. 12. 60
66. Frau Barbara Schultheß zum Schönenhof, die Freundin Lavaters u. Goethes. Von G. v. Schultheß-Rechberg. (76 S. m. Abbildgn. u. Bildnis.) 903. n.n. 3. —
67. Das Steuerwesen der Stadt Zürich im XIII., XIV. u. XV. Jahrh. Ein Beitrag zur mittelalterl. Wirtschaftsgeschichte Zürichs. Von C. Keller-Escher. (85 S. m. 3 Taf.) 904. n.n. 3. —
68. Lebensbild v. Dr. Arnold Bürkli-Ziegler. Von Jak. Escher-Bürkli. Mit e. Uebersichtsplane der Stadt Zürich v. W. Burkhard-Streuli. (32 S. m. 3 Bildnissen) 905. n.n. 3. —
69. Ueber russische Volkslieder. Von Thdr. Vetter. (31 S. m. 1 Taf.) 906. n.n. 3. 60

Neujahrsblatt auf das Jahr 1903. Zum Besten des Waisenhauses in Zürich von einer Gesellschaft hrg. Stück 66. Als Fortsetzung der Neujahrsblätter der Chorherrenstube No. 125 (* *Umschlag:* 66. Neujahrsblatt zum Besten des Waisenhauses in Zürich für 1903). 4. Zürich, Berichthaus, Komm. Fäsi & Beer, 1903. [fr. 3. —]
s.Schulthess-Rechberg, G[ustav] von.

Neujahrsblatt auf das Jahr 1904. Zum Besten des Waisenhauses in Zürich von einer Gesellschaft hrg. Stück 67. Als Fortsetzung der Neujahrsblätter der Chorherrenstube No. 126 (* *Umschlag:* 67. Neujahrsblatt zum B' des W' in Z' für 1904). 4. Zürich, Berichthaus, Komm. Fäsi & Beer, 1904. [fr. 3. —]
s.Keller-Escher, C[arl].

Neujahrsblatt auf das Jahr 1905. Zum Besten des Waisenhauses in Zürich von einer Gesellschaft hrg. Stück 68. Als Fortsetzung der Neujahrsblätter der Chorherrenstube No. 127 (* *Umschlag:* 68. Neujahrsblatt zum B' des W' in Z' für 1905). 4. Zürich, Berichthaus, Komm. Fäsi & Beer, 1905. [fr. 3. —]
s.Escher-Bürkli, Jacob.

Neujahrsblatt auf das Jahr 1906. Zum Besten des Waisenhauses in Zürich von einer Gesellschaft hrg. Stück 69. Als Fortsetzung der Neujahrsblätter der Chorherrenstube No. 128 (*Umschlag: 69. Neujahrsblatt zum B' des W' in Z' für 1906). 4. Zürich, Berichthaus, Komm. Fäsi & Beer, 1906. [fr. 3. —]

s↗Vetter, Theodor.

— auf d. J. 1907—1910. Zum Besten des Waisenhauses in Zürich hrsg. v. der gelehrten Gesellschaft (ehemal. Gesellschaft der Gelehrten auf der Chorherren). 70.—73. Stück. Als Fortsetzg. der Neujahrsblätter der Chorherrenstube. Nr. 129—132. Lex. 8. Zürich, Beer & Co. nn 13. 80

70. Der Durchzug der Alliierten durch die Schweiz im J. 1813/14. Von Wilh. Oechsli. I. (60 S. m. 1 Textskizze, 1 Taf. u. 1 Karte.) 907.) nn 3. —
71. Dasselbe. II. (56 S. m. 1 Abb. u. 1 Taf.) 908. nn 3. 60
72. Die Entwicklung der elektr. Schwachstromtechnik in der Schweiz. Von A. Tobler. (55 S. m. 1 Taf.) 909. nn 3. 60
73. Jugenderinnerungen e. alten Zürchers (1833—1842). Von F. Meyer. (47 S. m. Abb. u. 1 Taf.) 910. nn 3. 60

Neujahrsblatt auf das Jahr 1907. Zum Besten des Waisenhauses in Zürich von einer Gesellschaft hrg. Stück 70. Als Fortsetzung der Neujahrsblätter der Chorherrenstube No. 129 (*Umschlag: 70. Neujahrsblatt zum B' des W' in Z' für 1907). 4. Zürich, Berichthaus, Komm. Fäsi & Beer, 1907. [fr. 3. —]

s↗Oechsli, Wilhelm.

Neujahrsblatt auf das Jahr 1908. Zum Besten des Waisenhauses in Zürich von einer Gesellschaft hrg. Stück 71. Als Fortsetzung der Neujahrsblätter der Chorherrenstube No. 130 (*Umschlag: 71. Neujahrsblatt zum B' des W' in Z' für 1908). 4. Zürich, Berichthaus, Komm. Fäsi & Beer, 1908. [fr. 3.60]

s↗Oechsli, Wilhelm.

Neujahrsblatt auf das Jahr 1909. Zum Besten des Waisenhauses in Zürich hrg. von der Gelehrten Gesellschaft (ehemalige G' der Gelehrten auf der Chorherren). Stück 72. Als Fortsetzung der Neujahrsblätter der Chorherrenstube No. 131 (*Umschlag: 72. Neujahrsblatt zum B' des W' in Z' für 1909). 4. Zürich, Berichthaus, Komm. Fäsi & Beer, 1909. [fr. 3. 60]

s↗Tobler, A[dolf].

Neujahrsblatt auf das Jahr 1910. Zum Besten des Waisenhauses in Zürich hrg. von der Gelehrten Gesellschaft (ehemalige G' der Gelehrten auf der Chorherren). Stück 73. Als Fortsetzung der Neujahrsblätter der Chorherrenstube No. 132 (*Umschlag: 73. Neujahrsblatt zum B' des W' in Z' für 1910). 4. Zürich, Berichthaus, Komm. Fäsi & Beer, 1910.

s↗Meyer, F(ritz).

Neujahrsblatt. Bieler N' 1908—1910.... Hrg. vom Historischen (*1909: hist') Verein. 8. Biel, A. Rüfenacht, 1907—1909.

... 1908, mit einem Lichtdruck: Biel im Jahre 1624 [Tafel]. ([Jahrg.] 1.) 72 S. 1907. (fr. 1. 50, geb. 2. 25)
... 1909, mit einem Kunstblatt in L': Das Untertor in Biel im Jahre 1827 [Tafel]. ([Jahrg.] 2.) 88 S. 1908. (fr. 1. 50. geb. 2. 25)
... 1910, mit e' K' in L': Das Obertor «Der Fuchs» in Biel [Tafel]. ([Jahrg.] 3.) 70 S. 1909. [fr. 1. 50, geb. 2. 25]

Neujahrsblatt. Bieler N' 1911, mit einem Kunstblatt in Lichtdruck: Ansicht der Stadt Biel um 1820 [Tafel, sowie 1 Vignette]. Hrg. vom Historischen Verein. ([Jahrg.] 4.) 66 S. 8. Biel, A. Rüfenacht, 1910. [fr. 1. 50, geb. 2. 25]

Neujahrsblatt für Bülach 1856.

Neujahrsblatt von der Chorherrenstube (später zu Gunsten des Waisenhauses) auf 1779-1896. Zürich: 1811-40. 4°
Forts. s.: Neujahrsblatt zum Besten d. Waisenhauses in Zürich von einer Gesellsch. hrsgg.

Neujahrsblatt für ältere und jüngere Christen, deren Geistesübung Gottseligkeit zum Zwecke hat. Stuttgart 1813. V: *Rieger*, *Glieb Hnr.* (Ky)

Neujahrsblatt f. ältere u. jüngere Christen, deren Geistesübung Gottseligkeit z. Zwecke hat. 8. Stuttg. Steinkopf. 813.

Neujahrsblatt herausg. von der Feuerwerker-Gesellschaft in Zürich auf 1906 – Zürich. 4.

Neujahrsblatt, XXXVI., hrsg. von d. Feuerwerker-Gesellschaft in Zürich auf d. J. 1841. (Fortsetz. d. burgund. Krieges v. 1. Jenner bis z. 2. Merz 1476. Die Schlacht bei Grandson.) 4. (3 B., 1 Schlachtplan u. 1 Vign.) Zürich, (Orell, Füßli u. Comp.)

Vgl. Kriege, die burgundischen.

Neujahrsblatt, XLV., hrsg. von der Feuerwerker-Gesellschaft in Zürich, siehe: Geschichte der Zürcherischen Artillerie.

Neujahrsblatt, L., hrsg. von der Feuerwerker-Gesellschaft in Zürich, s. Geschichte der zürcherischen Artillerie.

— Feuerwerkgesellschaft: Die Schweizer in Diensten der holländisch-ostindischen Kompagnie; im Anhang: Chronolog. Uebersicht der histor. wichtigen Momente der Artillerie mit Einführung der gezogenen Geschütze. gr. 4°. 20 S. 1879

Neujahrsblatt, 84., der Feuerwerker-Gesellschaft [Artillerie-Collegium] in Zürich auf d. J. 1889. gr. 4. Zürich, (Höhr). n.n. 2. 20

Lebensbild von Johann Ulrich v. Orell, preuß. Husaren-Rittmeister u. nachher. neapolitan. Brigade-General [1747—1799] v. A. Bürkli. Chronik der schweizer. Artillerie f. d. J. 1886 u. 1887, Fortsetzg. d. Neujahrsblattes v. 1887, v. H. Pestalozzi. (22 S. m. 1 Lichtdr.-Bild.)

— **dasselbe**, 85., auf d. J. 1890. gr. 4. Ebd. n.n. 2. 20

Biographie von Nikolaus Emmanuel Friedrich v. Gounoens, Oberst im Niederländischen Generalstab [1790—1832] von A. Bürkli. (16 S. m. 1 chromolith. Karte.)

— 86.—89., der Feuerwerker-Gesellschaft (Artillerie-Collegium) in Zürich auf d. J. 1891, 1892, 1893, 1894. gr. 4. Zürich, (Fäsi & Beer). à n.n. 2. 20

86. Militärisch-politische Beiträge zur Geschichte d. Untergangs der XIII örtigen Eidgenossenschaft v. Ulr. Meister. (28 S. m. farb. Bildnis.) 891.
87. — dasselbe. [Fortsetzung u. Schluß.] (26 S. m. 1 Bildnis.) 892.
88. Das Schweizerregiment v. Roll in englischem Dienste 1795 bis 1816 v. Adf. Bürkli. Chronik der schweizerischen Artillerie von 1888 bis 1891 (Fortsetzung d. Neujahrsblattes v. 1889) v. Hans Pestalozzi. (45 S. m. 1 farb. Karte.) 893.
89. Das Schweizerregiment v. Wattenwyl in englischem Dienste 1801 bis 1816 v. Adf. Bürkli. (36 S.) 894.

Neujahrsblatt, 90.—93., d. Feuerwerker-Gesellschaft (Artillerie-Collegium) in Zürich auf d. J. 1895, 1896, 1897, 1898. gr. 4. Zürich (Fäsi & Beer). n.n. 12. 75

90. Karl Johann Herzog, General u. eidg. Waffenchef der Artillerie, v. F. C. Bluntschli. (44 S. m. 1 Bildn.) 895. n.n. 2. 75
91. D. Zürcher Truppen im Sonderbunds-Feldzug 1847. Tagebuch d. Artillerie-Oberlieutenants Adolf Bürkli i. 7/er-Batterie Nr. 1 Scheller. Von Ulr. Meister. 1. Thl. (36 S. m. 1 Bildn.) 896. n.n. 3. —
92. Dasselbe. 2. Thl. (39 S. m. 1 Bildn. u. 1 Plan.) 897. n.n. 3. —
93. Aus d. Feldzuge in Thessalien 1897. Erinnergn. u. Studien. Von Rob. Weber. (54 S. m. 1 Taf. u. 3 Karten.) 897. n.n. 4. —

Neujahrsblatt, 94.—97., der Feuerwerker-Gesellschaft (Artillerie-Collegium) in Zürich auf d. J. 1899—1902. gr. 4. Zürich (Fäsi & Beer). à n.n. 3. —

94. Der Kanton Zürich im J. 1799. Von U. Meister u. P. Nüsche. (52 S. m. 1 Bildnis.) 899.
95. Hans Rudolf Werdmüller als venetianischer Generallieutenant der Artillerie in der Levante, 1644—1667, nach dessen hinterlassenen Papieren auf der Stadtbibliothek in Zürich zusammengestellt. Von Hrch. Zeller-Werdmüller. — Chronik der schweizerischen Artillerie, von 1892—1898. (Fortsetzung des

Neujahrsblattes v. 1892.) Von Hans Pestalozzi. (55 S. m. Abbildgn. u. 1 farb. Plan.) 900.
96. Der Kriegszug der Berner, Zürcher u. Graubündner nach dem Veltlin im Aug. u. Septbr. 1620. Von Conr. Escher. (42 S. m. 1 Portr. u. 1 Karte.) (901.)
97. Die Entwicklung der schweizerischen Wehrverfassungen m. besond. Berücksicht. des eidgen. Militärreglementes von 1817. Von U. Meister. (48 S. m. 1 Taf.) (902.)

Neujahrsblatt. 96. Neujahrsblatt der Feuerwerker-Gesellschaft ⟨Artillerie-Kollegium⟩ in Zürich auf das Jahr 1901. 4. Zürich. Fäsi & Beer. [fr. 2. 50]
s. Escher, Conrad.

Neujahrsblatt. 97. Neujahrsblatt der Feuerwerker-Gesellschaft ⟨Artillerie-Kollegium⟩ in Zürich auf das Jahr 1902. 4. Zürich, Komm. Fäsi & Beer, Druckerei der Neuen Zürcher Zeitung. [fr. 3.—]
s. Meister, U(lrich).

Neujahrsblatt, 98.—101., der Feuerwerker-Gesellschaft (Artillerie-Kollegium) in Zürich auf d. J. 1903 bis 1906. Lex.-8. Zürich (Fäsi & Beer). n.n. 11. 40
98. Die Entwicklung der Manöver in unserer schweizerischen Milizarmee. Von Ulr. Wille. (35 S. m. 1 Taf.) (903) n.n. 2. 40
99. Der Kriegszug der Eidgenossen nach Mülhausen i. J. 1587 (Finningerhandel). Von Conr. Escher. (23 S. m. 1 eingedr. Plan u. 1 Taf.) (904.) n.n. 3. —
100. Das schweizerische Fußvolk im 15. u. im Anfang des 16. Jahrh. Von Herm. Escher. (1. Tl.) (47 S. m. 1 Taf.) (905.) n.n. 3. —
101. Dasselbe. (2. Tl.) (45 S. m. 1 Taf.) (906.) n.n. 3. —

Neujahrsblatt. 98. Neujahrsblatt der Feuerwerker-Gesellschaft ⟨Artillerie-Kollegium⟩ in Zürich auf das Jahr 1903. 4. Zürich. Komm. Fäsi & Beer, Druckerei der Neuen Zürcher Zeitung. [fr. 3. —]
s. Wille, Ulrich.

Neujahrsblatt. 99. N' der Feuerwerker-Gesellschaft ⟨Artillerie-Kollegium⟩ in Zürich auf das Jahr 1904. 4. Zürich, Komm. Fäsi & Beer, Druckerei d. N. Z. Ztg. [fr. 3. —]
s. Escher, Conrad.

Neujahrsblatt. 100. N' der Feuerwerker-Gesellschaft ⟨Artillerie-Kollegium⟩ in Zürich auf das Jahr 1905. 4. Zürich, Komm. Fäsi & Beer, Druckerei der N. Z. Ztg. [fr. 3. —]
s. Escher, Hermann.

Neujahrsblatt. 101. N' der Feuerwerker-Gesellschaft ⟨Artillerie-Kollegium⟩ in Zürich auf das Jahr 1906. 4. Zürich, Komm. Fäsi & Beer, Druckerei der N. Z. Ztg. [fr. 3. —]
s. Escher, Hermann.

— 102.—105., der Feuerwerker-Gesellschaft (Artillerie-Kollegium) in Zürich auf d. J. 1907—1910. Lex. 8. Zürich, Beer & Co. nn 12. 60
102. Das schweizerische Fußvolk im 15. u. im Anfang des 16. Jahrh. Von Herm. Escher. (Schluß.) — Chronik der schweizerischen Artillerie von 1889—1906. Von D. Schindler. (Fortsetzung des Neujahrsblattes v. 1890.) (54 S. m. 1 Bildnis.) (907.) nn 3. —
103. Eine schweizerische Garnison zur Beschützung der Neutralität der Reichsstadt Straßburg in den J. 1673—1679. Von Conr. Escher-Ziegler. (41 S. m. Abb. u. 3 Taf.) (908.) nn 3. —
104. Die schweiz. Feld- u. Positionsartillerie in der 2. Hälfte des 19. Jahrh. Von J. Lichti. (47 S. m. 4 Taf.) (909.) nn 3. —
105. Die Schweizertruppen in der Schlacht bei Ceresole. Von E. Leupold. (55 S. m. 1 Taf. u. 1 Plan.) (910.) nn 3. 60

Neujahrsblatt. 102. N' der Feuerwerker-Gesellschaft ⟨Artillerie-Kollegium⟩ in Zürich auf das Jahr 1907. [Mit 1 Porträt-Tafel.] IV + 54 S. 4. Zürich, Komm. Fäsi & Beer, Druckerei der Neuen Zürcher Zeitung. [fr. 3. —]
s. Escher, Hermann — Schindler, D[ietrich].

Neujahrsblatt. 103. N' der Feuerwerker-Gesellschaft ⟨Artillerie-Kollegium⟩ in Zürich auf das Jahr 1908. 4. Zürich, Komm. Fäsi & Beer, Druckerei der Neuen Zürcher Zeitung. [fr. 3. —]
s. Escher, Conrad.

Neujahrsblatt. 104. N' der Feuerwerker-Gesellschaft ⟨Artillerie-Kollegium⟩ in Zürich auf das Jahr 1909. 4. Zürich, Komm. Fäsi & Beer, Druckerei der Neuen Zürcher Zeitung. [fr. 3. —]
s. Lichti, J[acob].

Neujahrsblatt. 105. N' der Feuerwerker-Gesellschaft ⟨Artillerie-Kollegium⟩ in Zürich auf das Jahr 1910.
s. Leupold, E[dward].

— 55., der Antiquarischen Gesellschaft in Zürich für das Jahr 1892: Heinrich Bullinger's Beschreibung des Klosters Kappel und sein heutiger Bestand. Mit 2 Taf. In-4⁰. 41 S. Zürich, Comm.-Verlag von S. Höhr. 3 —

Neujahrsblatt der antiquarischen Gesellschaft in Zürich f. 1893, s.: Mittheilungen der antiquarischen Gesellschaft in Zürich, 23. Bd. 5. Hft.

Neujahrsblatt, (Basler), hrsg. von d. Gesellsch. z. Beförderung des Guten u. Gemeinnützigen, Jg. 1 ff., s. Neujahrsblatt f. Basels Jugend.

Neujahrsblatt, Basler, für 1879. Hrsg. von Dr. C. Wieland. In-4⁰, m. 1 Bild. Basel (Detloff). 1 50
*** Enthält: Die vier Schweizer-Regimenter in Diensten Napoleons I.

Neujahrsblatt, 63. (Basler), hrsg. von der Gesellschaft d. Guten u. Gemeinnützigen, 1885. Enth.: Wie Basel die Landschaft erwarb. Von *Heinr. Boos.* In-4⁰, 32 S. Druck von Ferd. Riehm.

Neujahrsblatt, herausgegeben von der Gesellschaft zur Beförderung des Guten und Gemeinnützigen, 1888. Gr. in-4⁰, 41 S. mit 1 Lichtdruck. Basel, Druck von J. G. Baur. 1887.
*** **Inhalt:** Die Einrichtungen deutscher Stämme auf dem Boden Helvetiens, von *M. Birmann.*

69. Neujahrsblatt hrsg. von der Gesellschaft zur Beförderung des Guten u. Gemeinnützigen, 1891: Die Entstehung des ewigen Bundes der Eidgenossen, von *A. Bernoulli.* Mit 1 Lichtdr. Gr. in-4⁰. 44 S. Basel, Druck von J. G. Baur. 1890

— 72., hrsg. v. der Gesellschaft zur Beförderung des Guten u. Gemeinnützigen 1894. gr. 4. Basel 893. (R. Reich.) n. 1. 40
Johann Rudolf Wettstein. Ein Zeit- u. Lebensbild. 1. Tl. Von Frz. Fäh. Zur Säkularerinnerg. (53 S. m. 1 Abbildg. u. 1 Bildnis.)

— 73.—76., hrsg. v. d. Gesellschaft zur Beförderung des Guten u. Gemeinnützigen 1895—1898. gr. 4. Basel (R. Reich). n. 5. 55
73. Johann Rudolf Wettstein. Ein Zeit- u. Lebensbild. 2. Tl. Von Frz. Fäh. Zur Säkularerinnerg. (80 S. m. 1 Abb. u. 1 Taf.) 894. n. 1. 40
74. Basler Mundart u. Basler Dichter. Von Adf. Socin. (63 S. m. 1 Lichtdr.) 895. n. 1. 35
75. Die Refugianten in Basel. Von Aug. Huber. (55 S. m. 1 Lichtdr.) 896. n. 1. 40
76. Basels Antheil am Burgunderkriege. Von Aug. Bernoulli. 1. Thl. 1474—1475. (56 S. m. Abb., Titelbild u. 1 Karte.) 897. n. 1. 40

— 77.—80., hrsg. v. der Gesellschaft zur Beförderung des Guten u. Gemeinnützigen 1899—1902. gr. 4. Basel (Helbing & Lichtenhahn). à n. 1.40
77. Basels Antheil am Burgunderkriege. Von Aug. Bernoulli. II. Die Schlacht bei Grandson. (35 S. m. 1 Taf. u. 1 Karte.) 898.
78. Dasselbe. III. Murten u. Nancy. (51 S. m. 1 Taf. u. 2 Karten.) 899.
79. Basels Eintritt in den Schweizerbund 1501. Von Paul Burckhardt. (33 S. m. 1 Abbildg. u. 1 Taf.) 901.
80. Die Basler in den Hugenottenkriegen. Von Ferd. Holzach. (48 S. m. 1 Taf.) 902.

Neujahrsblatt. 79. Neujahrsblatt hrg. von der Gesellschaft zur Beförderung des Guten und Gemeinnützigen 1901. 4. Basel, R. Reich, 1901. [fr. 1.—]
s.a. Burckhardt, Paul.

Neujahrsblatt. 80. Neujahrsblatt der Gesellschaft des Guten und Gemeinnützigen. 1902. 4. u. 8. (Basel,) Komm. R. Reich (Buchdr. Emil Birkhäuser). [je fr. 1.—]
s.a. Holzach, Ferdinand.

— 81.—84., hrsg. v. der Gesellschaft zur Beförderung des Guten u. Gemeinnützigen 1903—1906. Lex.-8. Basel (Helbing & Lichtenhahn). à n. 1.40
81. Basel während der ersten Jahre der Mediation. Von Hans Buser. 1803—1806. (47 S. m. Abbildgn. u. 1 Taf.)
82. Dasselbe. 1807—1813. (50 S. m. 1 Taf.) 904.
83. Basel in der Zeit der Restauration. 1814—1830. Von Wilh. Vischer. I. Die Jahre 1814 u. 1815. (63 S. m. 1 Bildnis.) 905.
84. Dasselbe. II. Die Zeit von 1815 bis 1830. (59 S. m. Abbildgn. u. 1 Taf.) 906.

Neujahrsblatt. 81. Neujahrsblatt hrg. von der Gesellschaft zur Beförderung des Guten und Gemeinnützigen. 1903. 4. Basel, Komm. R. Reich. [fr. 1.—]
s.a. Buser, Hans.

Neujahrsblatt. 82. Neujahrsblatt hrg. von der Gesellschaft zur Beförderung des Guten und Gemeinnützigen. 1904. 4. Basel, Komm. Helbing & Lichtenhahn. [fr. 1.—]
s.a. Buser, Hans.

Neujahrsblatt. 83. N' hrg. von der Gesellschaft zur Beförderung des Guten und Gemeinnützigen. 1905. 4. Basel, Komm. Helbing & Lichtenhahn. [fr. 1.—]
s.a. Vischer, Wilhelm.

Neujahrsblatt. 84. N' hrg. von der Gesellschaft des Guten und Gemeinnützigen. 1906. 4. Basel, Komm. Helbing & Lichtenhahn. [fr. 1.—]
s.a. Vischer, Wilhelm.

Neujahrsblatt, 85.—88., hrsg. v. der Gesellschaft zur Beförderung des Guten u. Gemeinnützigen 1907—1910. Lex. 8. Basel, Helbing & Lichtenhahn. à 1.40
85. Basel in den Dreißigerwirren. Von Aug. Bernoulli. I. Die Revolution bis zur neuen Verfassg. vom Febr. 1831. (79 S. m. 4 Abb. u. 1 Taf.)
86. Dasselbe. II. Die zweite Revolution bis zur teilweisen Trennung im März 1832. (83 S. m. eingedr. Bildnissen u. 1 Taf.)
87. Dasselbe. III. Von der teilweisen Trennung im März bis zur Anerkenng. des Kantons Basellandschaft im Oktbr. 1832. (66 S. m. 1 Taf.)
88. Dasselbe. IV. Von der Anerkenng. des Kantons Basellandschaft bis zur gänzlichen Trenng. v. 1833. (56 S. m. 1 farb. Karte.)

Neujahrsblatt. 85. N' hrg. von der Gesellschaft zur Beförderung des Guten und Gemeinnützigen. 1907. 4. Basel, Komm. Helbing & Lichtenhahn. [fr. 1.—]
s.a. Bernoulli, August.

Neujahrsblatt. 86. N' hrg. von der Gesellschaft zur Beförderung des Guten und Gemeinnützigen. 1908. 4. Basel, Komm. Helbing & Lichtenhahn. [fr. 1.—]
s.a. Bernoulli, August.

Neujahrsblatt. 87. N' hrg. von der Gesellschaft zur Beförderung des Guten und Gemeinnützigen. 1909. 4. Basel, Komm. Helbing & Lichtenhahn. [fr. 1.—]
s.a. Bernoulli, August.

Neujahrsblatt. 88. N' hrg. von der Gesellschaft des Guten und Gemeinnützigen. 1910. 4. Basel, Komm. Helbing & Lichtenhahn. [fr. 1.—]
s.a. Bernoulli, August.

Neujahrsblatt von der Gesellschaft der Constafler (und Feuerwerkeren) im Zeughause in Zürich auf 1689-1798. Zürich. q. fol.

Neujahrsblatt von der Gesellschaft auf dem Schwarzen Garten auf 1789—98. Zürich. 4.

Neujahrsblatt von der neu errichteten Gesellschaft auf dem Schwarzen Garten auf 1808—32. Zürich. 4.

Neujahrsblatt von der militarischen Gesellschaft der Pförtneren) in Zürich (militar. Collegio) auf 1744—98. Zürich. q. fol.

Neujahrsblatt der naturforschenden Gesellschaft d. Kt. Glarus. Heft 1. Gr. 8°. 99 S. Glarus, Baeschlins Buchh. 1898. 1 50

— der naturforschenden Gesellschaft des Kantons Glarus. 2. Heft. (III, 50 S.) gr. 8. Glarus 907. (Baeschlin.) 1.—

Neujahrsblatt der naturforschenden Gesellschaft in Zürich auf 1799-1910. Zürich. 4°

—— der naturforschenden Gesellschaft in Zürich, s.a. Heusser, Ch.

— hrsg. v. der naturforschenden Gesellschaft auf d. J. 1889. 1890. XCI. XCII. gr. 4. Ebd. n.n. 3.90
1889. Ueber Bau u. Wachsthum d. Gras- u. Getreidehalmes v. C. Cramer. Mit 1 Taf. (16 S.) n.n. 1.70
1890. Das Zuckerrohr, seine Heimat, Kultur u. Geschichte. Von Ed. Schär. (39 S. m. 1 lith. Taf.) n. 2.20

— hrsg. v. der naturforschenden Gesellschaft auf d. J. 1891—1894. XCIII—XCVI. 4. Ebd. n.n. 8.30
93. Die Geschichte d. Zürichsee. Vortrag, geh. im Rathhause Zürich den 8. Novbr. 1883 v. Alb. Heim. (16 S. m. 1 farb. Karte.) 891. n.n. 1.70
94. Geschichte der Mammutfunde. Ein Stück Geschichte der Paläontologie, nebst e. Bericht üb. den schweizer. Mammutfund in Niederweningen 1890/91. Von Arnold Lang. Mit Beiträgen v. A. Heim, C. Schröter u. J. Früh. (36 S. m. 1 Taf. Abbildgn.) 892. n.n. 2.20
95. Die Nester der Ameisen. Von Aug. Forel. (37 S. m. 2 Lichtdr.-Taf.) 893. n.n. 2.20
96. Die Blutbuche zu Buch am Irchel. Von J. Jäggi. (32 S.) 894. n.n. 2.20

— hrsg. v. d. naturforschenden Gesellschaft auf d. J. 1895, 1896, 1897, 1898. XCVII—C. 4. Ebd. n.n. 12.40
XCVII. Hermann v. Helmholtz 31. Aug. 1821—8. Septbr. 1894. E. Nachruf v. J. Pernet. (36 S. m. 1 Bildn.) 894. n.n. 2.20
XCVIII. Die Gletscherlawine an d. Altels am 11. Septbr. 1895. Im Auftr. d. Gletscherkommission d. schweizer. naturforsch. Gesellschaft bearb. unt. Mitwirkg. v. Léon du Pasquier u. F. A. Forel v. Alb. Heim. (63 S. m. 1 Abb. u. 1 Karte.) 896. n.n. 3.60
XCIX. Die Schwebeflora uns. Seen (Das Phytoplankton) v. C. Schröter. (59 S. m. 1 Tab. u. 1 Taf.) 897. n.n. 3.—
C. I. Zum 100. Neujahrsblatt d. naturforsch. Gesellschaft v. Ferd. Rudio. — II. Das Opium als Genussmittel v. Carl Hartwich. (55 S. m. Abb. u. 1 Taf.) 898. n.n. 3.60
Nr. XCVIII erschien u. d. T.: Neujahrsblatt d. Zürich. naturforsch. Gesellschaft.

— hrsg. von der naturforschenden Gesellschaft auf d. J. 1899—1902. 101.—104. Stück. gr. 4. Zürich (Fäsi & Beer). n.n. 10.80
101. Ueber die Rutilnadeln einschliessenden Bergkrystalle vom Piz Aul im Bündneroberland. Von Ulr. Grubenmann. (13 S. m. 1 farb. Taf.) 899. n.n. 2.40
102. Beleuchtung sonst, jetzt u. einst. Von G. Lunge. (21 S. m. 2 Taf.) 900. n.n. 2.40
103. Die Palmen u. ihre Bedeutung für die Tropenbewohner. Von C. Schröter. Mit 2 Doppeltaf. (35 S.) (901.) n.n. 3.—
104. Sepia officinalis L. Der gemeine Tintenfisch. Ein Beispiel der Untersuchg. e. Tieres auf vergleichend-anatom. Grundlage. Von Karl Hescheler. Mit 2 Taf. u. 11 Fig. im Text. (40 S.) (902.) n.n. 3.—

Neujahrsblatt der Naturforschenden Gesellschaft in Zürich (*Umschlag: hrg. von der Naturforschenden Gesellschaft) auf das Jahr 1901. Stück 103. 4. Zürich. Zürcher & Furrer, Komm. Fäsi & Beer, (1901). [fr. 2. 50]
s. Schröter, C[arl].

Neujahrsblatt der Naturforschenden Gesellschaft in Zürich (*Umschlag: hrg. von der Naturforschenden Gesellschaft) auf das Jahr 1902. Stück 104. 4. Zürich, Zürcher & Furrer, Komm. Fäsi & Beer, (1902). [fr. 2. 50]
s. Hescheler, Carl.

— hrsg. von der naturforschenden Gesellschaft in Zürich auf d. J. 1903—1906. 105—108. Stück. gr. 4. Zürich (Fäsi & Beer). n.n. 13. 20
105. Die elektrischen Wellen u. ihre Anwendung zur drahtlosen Strahlentelegraphie nach Marconi. Von A. Weilenmann. Mit 1 Lichtdruck-Taf. u. 8 Fig. im Texte. (35 S.) (903.) n.n. 3. —
106. Schweizerische Afrikareisende u der Anteil der Schweiz an der Erschliessung u. Erforschung Afrikas überhaupt. Von Hans Schinz. Mit 1 (farb.) Karte. (51 S.) (904.) n.n. 3 60
107. Neuseeland. 2 Vorträge. Von Alb. Heim. Mit 10 Illustr. u. 1 Taf. (42 S.) (905.) n.n. 3 60
108. Zur Geschichte des Wolfes in der Schweiz. Von K. Bretscher. Mit 1 Taf. u. 4 Illustr. (39 S.) (906.) n.n. 3. —

Neujahrsblatt der Naturforschenden Gesellschaft in Zürich (*Umschlag: hrg. von der Naturforschenden Gesellschaft) auf das Jahr 1903. Stück 105. 4. Zürich, Zürcher & Furrer, Komm. Fäsi & Beer, (1903). [fr. 3. —]
s. Weilenmann, A[ugust].

Neujahrsblatt der Naturforschenden Gesellschaft in Zürich (*Umschlag: hrg. von der N' G') auf das Jahr 1904. Stück 106. 4. Zürich, Zürcher & Furrer, Komm. Fäsi & Beer, (1904). [fr. 3. 60]
s. Schinz, Hans.

Neujahrsblatt der Naturforschenden Gesellschaft in Zürich (*Umschlag: hrg. von der N' G') auf das Jahr 1905. Stück 107. 4. Zürich, Zürcher & Furrer, Komm. Fäsi & Beer, (1905). [fr. 3. 60]
s. Heim, Alb[ert].

Neujahrsblatt der Naturforschenden Gesellschaft in Zürich (*Umschlag: hrg. von der N' G') auf das Jahr 1906. Stück 108. 4. Zürich, Zürcher & Furrer; Komm. Fäsi & Beer, (1906). [fr. 3. 60]
s. Bretscher, C[onrad].

— hrsg. v. der naturforschenden Gesellschaft in Zürich auf d. J. 1907—1910. 109.—112. Stück. Zürich, Beer & Co. nn 12. 60
109. Kultur- u. Naturbilder v. der span. Riviera. Von M. Rikli. (46 S. m. 1 Abb. u. 6 Taf.) (907.) nn 3. 60
110. Der Bau der Schweizeralpen. Vortrag, geh. im Rathause Zürich den 24. I. 1907. Von Alb. Heim. (26 S. m. 9 Abb. u. 2 Taf.) (908.) nn 3. —
111. Der Riesenhirsch. Von Karl Hescheler. Mit photograph. Aufnahmen v. Arnold Heim. (41 S. m. 1 eingedr. Karte u. 2 Taf.) (909.) nn 3. —
112. Reisebilder aus Ost-Bolivia. Von Th. Herzog. (37 S. m. 6 Taf.) (910.) nn 3. —

Neujahrsblatt der Naturforschenden Gesellschaft in Zürich (*Umschlag: hrg. von der N' G') auf das Jahr 1907. Stück 109. 4. Zürich, Zürcher & Furrer, Komm. Fäsi & Beer, (1907). [fr. 3. 60]
s. Rikli, M[artin].

Neujahrsblatt der Naturforschenden Gesellschaft in Zürich (*Umschlag: hrg. von der N' G') auf das Jahr 1908. Stück 110. 4. Zürich, Zürcher & Furrer, Komm. Fäsi & Beer, (1908). [fr. 3. —]
s. Heim, Alb[ert].

Neujahrsblatt der Naturforschenden Gesellschaft in Zürich (*Umschlag: hrg. von der N' G') auf das Jahr 1909. Stück 111. 4. Zürich, Zürcher & Furrer, Komm. Fäsi & Beer, (1909). [fr. 3. —]
s. Hescheler, Carl.

Neujahrsblatt der Naturforschenden Gesellschaft in Zürich (*Umschlag: hrg. von der N' G') auf das Jahr 1910. Stück 112. 4. Zürich, Zürcher & Furrer, Komm. Beer & Cie., (1910).
s. Herzog, Th[eodor].

Neujahrsblatt des Kunstvereins Glarus. [Jahrg. 1.] 4. Schwanden, Buchdr. Sch', 1905 [d. i. 1906].
s. Heer, J[ohann] Heinr[ich].

Neujahrsblatt der Hülfsgesellschaft von Winterthur, hrsg. für die reifere Jugend. 1864. 1865. II. und III.: Zur Biographie Heinrich Pestalozzi's. 1. Hälfte und 2. Hälfte. 1. Thl. Lex.-8. (X und 160 S. mit 2 Stnt. und 3 Tab.) Winterthur, (Hegner's Buchh.) *

— der Hülfsgesellschaft von Winterthur. Hrsg. zum Besten der hiesigen Waisenanstalt. 1893. (31. Jahrg.) Volksbildung und Volksschule in geschichtlicher Beleuchtung. In-8⁰. 88 S. Winterthur, M. Kieschke. 1893. 2 20

— der Hülfsgesellschaft von Winterthur, hrsg. zum Besten der hiesigen Waisenanstalt 1901 u. 1902. XXXIX u. XL. gr. 8. Winterthur (M. Kieschke). à n. 2. —
XXXIX. Das Sondersiechenhaus zu St. Georg bei Winterthur 1287—1828. Von K. Hauser. (64 S. m. Titelbild.) 901.
XL. 1798 u. 1799. Mitteilungen aus den Memoiren Rektor Trolls. Von A. Isler. (50 S.) 902.

Neujahrsblatt. Neujahrs-Blatt der Hülfsgesellschaft von Winterthur hrg. zum Besten der hiesigen Waisenanstalt 1901. [Stück] 39. 8. Winterthur, Geschw. Ziegler. 1901.
s. Hauser, C[aspar].

Neujahrs-Blatt der Hülfsgesellschaft von Winterthur hrg. zum Besten der hiesigen Waisenanstalt 1902. [Stück] 40. 8. Winterthur, Buchdr. Winterthur, 1902.
s. Isler, A[lexander].

— der Hülfsgesellschaft in Winterthur, hrsg. zum Besten der hiesigen Waisenanstalt. 1903—1906. XLI—XLIV. gr. 8. Winterthur (M. Kieschke Nachf.) à n. 2. —
XLI. Bilder aus der Geschichte des Klosters Töß. Von Heinr. Sulzer. (67 S. m. 1 Taf) 903.
XLII. Dr. Heinr. Morf. Von E. Walter. 1. Tl. (60 S. m. 1 Bildnis.) 904.
XLIII. Dasselbe. 2. Tl. Seminardirektor in Münchenbuchsee. (108 S.) 905.
XLIV. Dr. Thomas John Barnardo, der Vater der verlassenen Kinder. Von O. Herold. (47 S. m. 1 Bildnis.) 906.

Neujahrs-Blatt der Hülfsgesellschaft in Winterthur hrg. zum Besten der hiesigen Waisenanstalt. 1903. [Stück] 41. 8. Winterthur, Geschwister Ziegler, 1903.
s. Sulzer, Heinrich.

Neujahrsblatt der Hülfsgesellschaft von Winterthur hrg. zum Besten der hiesigen Waisenanstalt. 1904. [Stück] 42. 8. Töss, Walter & Gremminger, 1904.
s. Walter, E[mil].

Neujahrsblatt der Hülfsgesellschaft von Winterthur hrg. zum Besten der hiesigen Waisenanstalt. 1905. [Stück] 43. 8. Töss, Walter & Gremminger, 1905.
s. Walter, E[mil].

Neujahrs-Blatt der Hülfsgesellschaft in Winterthur, hrg. zum Besten der hiesigen Waisenanstalt. 1906. [Stück] 44. 8. Winterthur, Geschwister Ziegler, 1906.
s. Herold, O[tto].

— der Hülfsgesellschaft in Winterthur, hrsg. zum Besten der hiesigen Waisenanstalt 1908. XLV. gr. 8. Winterthur (J. Meier-Merhart). 2. —
Die Winterthurer Stadtkirche. Von A. Isler. (64 S.) 908.

Neujahrs-Blatt der Hülfsgesellschaft von Winterthur, hrg. zum Besten der hiesigen Waisenanstalt. 1908. [Stück] 45. 8. Winterthur, Buchdr. W', 1908.
s. Isler, A[lexander]. — *1907 ist kein N'-B' ... erschienen.*

Neujahrs-Blatt der Hülfsgesellschaft von Winterthur, hrg. zum Besten der hiesigen Waisenanstalt. 1909. [Stück] 46. 8. Winterthur, Geschwister Ziegler, 1908.
s. Bachmann, G[ottlieb].

Neujahrsblatt der Hülfsgesellschaft von Winterthur, hrg. zum Besten der hiesigen Waisenanstalt. 1910. [Stück] 47.
s. Zimmermann, Alfred.

86. Neujahrsblatt, herausg. von der Hülfsgesellschaft in Zürich auf das J. 1886, enthaltend: die wohltätigen Anstalten Genfs. I. Theil. Die amtlichen Anstalten. Druck d. Schulthess'schen Offizin.

— 89. u. 90., hrsg. v. der Hülfsgesellschaft in Zürich auf d. J. 1889. 1890. 4. Zürich, (Höhr). à n.n. 1. 70
89. Die wohlthätigen Anstalten Genfs. II. Die Privatanstalten. 2. Abschn. Bewahrungs- u. Rettungs-Anstalten. 4. u. 5. Kap. (43 S.)
90. — dasselbe. 6. u. 7. Kapitel. (35 S. m. 1 Stahlst.)

— 91.—94., hrsg. v. der Hülfsgesellschaft in Zürich auf d. J. 1891—1894. 4. Zürich, (Fäsi & Beer). à n.n. 1. 70
91. Die öffentlichen u. privaten Wohlthätigkeits-Anstalten d. Kantons Zug. Von A. Weber. (35 S. m. 1 Abbildg.) 891.
92. Die öffentlichen u. privaten Wohlthätigkeits-Anstalten d. Kantons Zug. Von A. Weber. (47 S. m. 2 Taf. Abbildgn.) 892.
93. Wie sorgt das Land Unterwalden (ob u. nid dem Kernwald) f. seine Armen u. Kranken? (32 S. m. 1 Lichtdr.) 893.
94. Die hervorragenden Werke der Wohlthätigkeit im Kanton Uri. Von Gust. Muheim. (48 S. m. 2 Taf.) 894.

— 95.—98., hrsg. v. d. Hülfsgesellschaft in Zürich auf d. J. 1895, 1896, 1897, 1898. 4. Zürich (Fäsi & Beer). n.n. 7. 10
95. Lebensbild d. Professor Melchior Ulrich, 1802—1893. (16 S. m. 1 Bildn.) 895. n.n. 1. 70
96. D. Blindenbildg. u. d. Taubstummenbildg. im allgemeinen u. insbes. im Kanton Zürich. Von Gthlf. Kull. (70 S. m. 2 Taf.) 896. n.n. 1. 80
97. Die Werke d. Wohlthätigkeit im Kanton Schwyz. Von Gabriel Meier. (38 S.) 897. n.n. 1. 20
98. Städt. Jugend u. Jugendhorte. Horte in Zürich u. d. übrig. Schweizerstädten. Von Alb. Fisler. (46 S. m. 2 Lichtdr.) 898. n.n. 2. 40

— 99.—102., der Hülfsgesellschaft in Zürich auf die J. 1899—1902. 4. Zürich (Fäsi & Beer). n.n. 9. 60
99. Geschichte der Zürcherischen Hülfsgesellschaft 1799—1899. Zu Ehren ihres 100jähr. Bestehens geschildert. Von G. Finsler. (95 S. m. 1 Stahlst.-Bildnis.) 899. n.n. 3. 60
100. Anstalten, die wohltätigen, der Stadt u. des Kantons Freiburg. (29 S. m. 2 Taf.) 900. n.n. 1. 80
101. Die Werke der Wohltätigkeit im Kanton Wallis. Von Imesch. (52 S. m. 1 Taf.) (901.) n.n. 1. 80
102. Aus den Erfahrungen e. städt. Armensekretärs. Von Max Staub. (81 S. m. 1 Taf.) (902.) n.n. 2. 40

Neujahrsblatt. Einhundertunderstes Neujahrsblatt der Zürcherischen Hülfsgesellschaft. Auf (* *Umschlag:* hrg. von der Hülfsgesellschaft in Zürich auf) das Jahr 1901. 4. (Zürich.) Schulthess (Komm. Fäsi & Beer, 1901). [fr. 1. 50]
s. Imesch, [Dionys].

Neujahrsblatt. Einhundertundzweites Neujahrsblatt der Zürcherischen Hülfsgesellschaft. Auf (* *Umschlag:* hrg. von der Hülfsgesellschaft in Zürich auf) das Jahr 1902. 4. (Zürich,) Schulthess (& Co., Komm. Fäsi & Beer, 1902). [fr. 2. —]
s. Staub, Max.

— 103.—106., der Zürcherischen Hülfsgesellschaft. Auf d. J. 1903—1906. 4. Zürich (Fäsi & Beer.) n.n. 9. 90
103. Caspar Appenzeller. Lebensbild e. zürcher. Kaufmanns u. Armenfreundes. Im Auftrage der zürcher. Hülfsgesellschaft dargestellt. Von Heinr. Walder-Appenzeller. (103 S. m. 1 Bildnis.) (903.) n.n. 2. 40
104. Die Fürsorge f. die Kriegsverwundeten einst u. jetzt. Im Auftrage der zürcher. Hülfsgesellschaft verf. Von A. v. Schulthess-Schindler. (89 S.) (904.) n.n. 2. 50
105. Aus den Tagebüchern v. Georg Geßner. Im Auftrage der zürcher. Hülfsgesellschaft verf. v. R. Finsler. (71 S. m. 1 Bildnis.) (905.) n.n. 2. 50
106. Aus dem Leben der Landärzte. Im Auftrage der Zürcher Hülfsgesellschaft verf. Von Wilh. Meyer. (43 S. m. 1 Taf.) (906.) n.n. 2. 50

Neujahrsblatt. Einhundertunddrittes Neujahrsblatt der Zürcherischen Hülfsgesellschaft. Auf (* *Umschlag:* hrg. von der Hülfsgesellschaft in Zürich auf) das Jahr 1903. 4. Zürich, Schulthess & Co. (Komm. Fäsi & Beer, 1903). [fr. 2. 40]
s. Walder-Appenzeller, Heinrich.

Neujahrsblatt. Einhundertundviertes N' der Zürcherischen Hülfsgesellschaft (* *Umschlag:* hrg. von der H' in Zürich) auf das Jahr 1904. 4. Zürich, Schulthess & Co. (Komm. Fäsi & Beer, 1904). [fr. 2. 50]
s. Schulthess[-Rechberg], A[nton] v[on].

Neujahrsblatt. Einhundertundfünftes N' der Zürcherischen Hülfsgesellschaft (* *Umschlag:* hrg. von der H' in Zürich) auf das Jahr 1905. 4. Zürich, Schulthess & Co. (Komm. Fäsi & Beer, 1905). [fr. 2. 50]
s. Finsler, R[udolf].

Neujahrsblatt. Einhundertundsechstes N' der Zürcherischen Hülfsgesellschaft (* *Umschlag:* hrg. von der H' in Zürich) auf das Jahr 1906. 4. Zürich, Schulthess & Co. (Komm. Fäsi & Beer, 1906). [fr. 2. 50]
s. Meyer, Wilh[elm].

— 107.—110., der Zürcherischen Hülfsgesellschaft auf d. J. 1907—1910. gr. 8. Zürich, (Beer & Co.). à nn 2. 50
107. Friedrich Kölle, Direktor der schweizer. Anstalt f. Epileptische in Zürich, im Auftrage der Zürcher Hülfsgesellschaft verf. von Adf. Ritter, m. e. Einleitg.: Epilepsie u. Fürsorge f. Epileptische v. A. Ulrich. (55 S. m. 3 Taf.) (907.)
108. Aus den Erfahrungen e. Strafhauspfarrers. Verf. im Auftrage der Zürcher. Hülfsgesellschaft von W. Kupferschmid. (63 S. m. 1 Taf.) 908.
109. Bilder aus dem Lazarettleben im deutsch-französ. Krieg 1870. Nach dem Tagebuch der Elise Rellstab v. Wädenswil verf. im Auftrage der Zürcher. Hülfsgesellschaft von Kont. Escher. (63 S. m. 3 Taf.) 909.
110. Die geschichtliche Entwicklung der Blindenbildung u. Blindenfürsorge im Kanton Zürich u. ihr Einfluß auf andere Kantone. Denkschrift zur Feier des 100jähr. Bestandes der Blindenanstalt Zürich 1809—1909 von Gthilf. Kull. (IV, 51 S. m. 3 Bildnissen.) 910.

Neujahrsblatt. Einhundertundsiebtes N' der Zürcherischen Hülfsgesellschaft (* *Umschlag:* hrg. von der H' in Zürich) auf das Jahr 1907. kl.-4. Zürich, Schulthess & Co. (Komm. Fäsi & Beer, 1907). [fr. 2. 50]
s. Ritter, Adolf.

Neujahrsblatt. Einhundertundachtes N' der Zürcherischen Hülfsgesellschaft (* *Umschlag:* hrg. von der H' in Zürich) auf das Jahr 1908. kl.-4. Zürich, Schulthess & Co. (Komm. Fäsi & Beer), 1908 [fr. 2. 50]
s. Kupferschmid, W[ilhelm].

Neujahrsblatt. Einhundertundneuntes N' der Zürcherischen Hülfsgesellschaft (* *Umschlag:* hrg. von der H' in Zürich) auf das Jahr 1909. kl.-4. Zürich, Schulthess & Co. (Komm. Fäsi & Beer), 1909. [fr. 2. 50]
s. Escher, Conrad.

Neujahrsblatt. Einhundertzehntes N' der Zürcherischen Hülfsgesellschaft (* *Umschlag:* hrg. von der H' in Zürich) auf das Jahr 1910.
s. Kull, Gotthilf.

— 1.—4. historisches, hrsg. v. d. Gesellschaft f. Geschichte u. Altherthümer d. Kantons Uri auf d. J. 1895, 1896, 1897 u. 1898. 4. Altdorf, Buchdr. Gisler. n.n. 5. 10
1. Der Landschreiber Valentin Compar v. Uri u. s. Streit m. Zwingli. Geschichtl. Abhandlg. Von K. J. Kluser. (39 S.) 895. n.n. 1. 20
2. Kunstmaler Felix Maria Diog. Sein Leben u. Wirken. Von Jos. Müller. — Die Buchdruckerei im Lande Uri v. ihren Anfängen bis in d. Gegenwart. Histor. Skizze. Von Frz. Jos. Schiffmann. — Die Tellfrage. Versuch ihrer Geschichte u. Lösg. v. Dr. Anton Gisler, Prof. in Chur. Recensiert v. B. Furrer. (41 S.) 896. n.n. 1. 20
3. Geschichtl. Notizen üb. d. Pfarrgemeinde Unterschächen. Von Jak. Ant. Arnold. — Das ehemalige Siechenhaus in Uri. Histor. Skizze. Von Jos. Gisler. — Die Schulberichte aus d. Kanton Uri v. 1799. (Aus d. Bundes-Archiv.) (62 S.) 897. n.n. 1. 20
4. Geschichte d. Pfarrgemeinde Wassen. Von Ant. Baumann — Heini Wolleb, Hauptman d. Urner, Held zu Frastenz, im Schwabenkriege gefallen d. 20. IV. 1499 daselbst. Von Jos. Müller. (69 S.) 898. n.n. 1. 50

Neujahrsblatt, V. Historisches, hrsg. vom Verein für Geschichte u. Altertümer von Uri auf das Jahr 1899 (Denkschrift an die Ereignisse im Lande Uri vor 100 Jahren). 4°. M. 3 Plänen. Altdorf, Buchdruck. Gisler & Cie. 4 —

⁎ *Hoppeler, Rob.*, Der Anteil des Urner Contingents an den Kämpfen der Berner in den Märztagen 1798. 29 S. — *Ders.*, Der Untergang des alten Fleckens Altdorf am 5. April 1799. 35 S. m. 1 Plan. — *Segesser, von*, Kampf der Urner gegen die Franzosen anno 1799. 40 S. M. 1 Plan. — *Muheim, G.*, Verzeichnis der Personen, die teils im Kampfe, teils infolge dess. ums Leben gekommen sind. 12 S. — Tagebuch des Klosters Seedorf a. d. sog. Franzosenzeit, geführt von der ehrw. Chorfrau M. Klara Isab. Fornaro. 21 S.

Neujahrs-Blatt, VI. Historisches, herausgegeben vom Verein für Geschichte und Alterthümer von Uri auf das Jahr 1900. 4°. Altdorf, Buchdruckerei Gisler & Co. 3 50

⁎ *Gisler, A.*, Prof. Der Doktor Stadler-Handel, ein Stück Kulturkampf im alten Uri. 61 S. m. Portrait. — *Hoppeler, Rob.* Urseren im Kriegsjahr 1799. 15 S. — Die geistlichen Berichte aus dem Kanton Uri von 1799, 1800 und 1801 an das helvetische Ministerium. 65 S.

— 5.—8. Historisches, hrsg. vom Verein f. Geschichte u. Alterthümer von Uri auf die J. 1899—1902. Altdorf, Buchdr. Gisler & Co. (Nur direkt.) n. 11. 75

5. gr. 8. (II, 29, 35, 50, 12 u. 24 S. m. 2 Taf. u. 1 Karte.) 899. n. 2. 75
6. gr. 8. (61, 15 u. 65 S. m. 1 Bildnis.) 900. n.n. 3. —
7. Ueber einige Ortsnamen des Landes Uri. Von Mart. Wanner. — Geschichtliche Notizen üb. die Pfarr-Gemeinde Spiringen. Von Jos. Müller. 4. (73 S.) 901. 3. —
8. Erinnerungen an die Eisenbahn-Bauzeit in Wassen (1880—82). Von Ant. Baumann. — Ein alter Bittgang auf Ennetmärcht. Historische Skizze. Von Jos. Müller. 4. (73 S.) 901. 3.—

Neujahrsblatt. 7.—9. Historisches Neujahrsblatt hrg. vom Verein für Geschichte und Alterthümer (*1903: u. Altertümer) von Uri auf das Jahr 1901—1903. kl.-4. Altdorf, Gisler & Cie., 1901—1902.

1901. IV + 73 S. [fr. 2. 50] s. Müller, Joseph — Wanner, Martin.
1902. IV + 73 S. [fr. 2. 50] s. Baumann, Anton — Müller, Joseph.
1903. ([Mit 5 Tafeln und] Anhang: Verzeichnis der Mitglieder des Vereins....) IV + 108 S. [fr. 3. —] s. Liebenau, Thodor von.

— 9.—12., Historisches, hrsg. v. Verein f. Geschichte u. Altertümer v. Uri auf die J. 1903—1906. 4. Altdorf (Kt. Uri), Buchdr. M. Gisler. (Nur direkt.) n. 10. 50

9. Landammann u. Oberst Peter a Pro. Ein Lebensbild aus d. 16. Jahrh. Im Auftrage der Verwaltung der a Pro'schen Fideikommiß-Stiftg. verf. von Thdr. v. Liebenau. Anh. Verzeichnis der Mitglieder des Vereins f. Geschichte u. Altertümer v. Uri. (108 S. m. 5 Taf.) 902. n. 3. —
10. Sebastian v. Beroldingens Bibliothek, nebst e. Anh. über die Bücher-Zensur im Lande Uri. Von Gabr. Meier. — Geschichte der hl. Märtyrer Felix u. Regula, der Patrone Zürichs, u. der Uebertragung ihrer Häupter nach Urseren. Von Jos. Müller. — Das erste Jahrzehnt unseres Vereins. Von Gust. Muheim. (50 S.) 904. n. 2. —
11. Fastnachts- u. Kirchweihfahrten von u. nach Uri im 15. u. 16. Jahrh. m. besond. Berücksicht. des Besuches der Zürcher in Altdorf im J. 1487. Von Ernst Gahn. — Inventarium des Zeughauses zu Ury. So in beysein des Herrn Zeugherren Haubtmann Konradt Emanuel v. Rollen gemacht, vnd Ihme also, wie hernach folget, ist übergeben worden. — Uri-Rheinau. Ein Beitrag zur Geschichte der Felix u. Regula-Verehrg. Von Ed. Wymann. (100 S. m. Abbildgn. u. 2 Taf.) 904. n. 2. 50
12. Die Gnadenkapelle unserer lieben Frau in Jagdmatt zu Erstfeld. Von Gedeon Furrer. (117 S. m. Abbildgn. u. 3 Taf.) 905. n. 3. —

Neujahrsblatt. 12. Historisches N'-B'. Hrg. vom Verein für Geschichte und Altertümer von Uri auf das Jahr 1906. kl.-4. Altdorf, M. Gisler, 1905. [fr. 3. —]

s. Furrer, Gedeon).

— 13. Historisches, hrsg. vom Verein f. Geschichte u. Altertümer v. Uri auf d. J. 1907. gr. 8. Altdorf (Kt. Uri), M. Gisler. (Nur direkt.) 11.70

13. Das Testament des Grafen Franz Sebastian v. Crivelli. Von Eduard Wymann. — Die Bruderschaft St. Antoni zum Regenbogen in Altdorf. Von B. Imhof. — Die Urner'schen Konventualen im Stifte Maria Einsiedeln. Von Joach. Gisler. — Eröffnungsfeier des neuen historischen Museums v. Uri, den 12. VII. 1906. Von J. Zurfluh. (67 S. m. 2 Taf.) 906. 2. 40

Neujahrsblatt. 14. Historisches N'-B' hrg. vom Verein für Geschichte u. Altertümer von Uri auf das Jahr 1908. [Mit 1 Vignette und 2 Porträt-Tafeln.] II + II + 102 S. kl.-4. Altdorf, Gisler. [fr. 3. —]

Neujahrsblatt. 15. Historisches N'-B' hrg. vom Verein für Geschichte u. Altertümer von Uri auf das Jahr 1909. II + II + 99 S. kl.-4. Altdorf, Gisler. [fr. 2. 50]

Neujahrsblatt. 16. Histor. N' hrg. vom Verein für Geschichte und Altertümer von Uri. Hrg. auf das Jahr 1910 (*Umschlag: 16. Historisches N' hrg. auf's Jahr 1910. Veröffentlicht vom V' für G' und A' von Uri). kl.-4. Altdorf, Gisler, 1909. [fr. 3.—]

s. Muheim, G[ustav].

Neujahrsblatt, der aargauischen Jugend geweiht von der Brugger Bezirksgesellschaft für vaterländische Cultur. 1819-21, 26. 4°

Neujahrsblatt der Aargauischen Jugend geweiht von der Brugger Bezirksgesellschaft . . . O. O. 1829. V: *Schuler, Johann Melchior.* (EngG)

Neujahrs-Blatt, I—XVIII., für Basels Jugend, herausg. von der Gesellschaft zur Beförderung des Guten und Gemeinnützigen. 1821—1840. Mit Steindr. 4. Basel, (Spittler u. Comp. (I—XV. à n. 5 ngr. XVI—XVIII. à n. 1/3 ₰) 7 1/3 ₰ (XIII. Enth.: Landvogt Peter v. Hagenbach. XVIII. Enth.: Die ersten Buchdrucker in Basel.)

Neujahrsblatt f. Basels Jugend, hrsg. v. d. Gesellschaft zu Beförder. d. Guten u. Gemeinnützigen. 1828. A. u. d. T.: Beyträge z. Leben u. d. Charakteristik J. L. Burckhardts aus Basel, gen. Scheik Ibrahim. Gröstenth. aus bisher noch unbenützt. Familien-Nachrichten. Nebst Bildn. gr. 4. (3 B.) Basel, (Neukirch.) Thlr.

Neujahrsblatt für Basels Jugend. No. XIX. (1841): Das Erdbeben in Basel 1356, mit Zeichn. von Heß. 4. Basel 841, Spittler u. Co. n. 1/3 ₰

— dass. No. XX., herausgeg. von der Gesellschaft zu Beförderung des Guten u. Gemeinnützigen. 1842. (Hans Holbein d. Jüngere von Basel. Mit Bildniß.) 4. Basel 842. (Bahnmaier'sche Buchh.) n. 8 3/4 ngr

— XXVIII., für Basels Jugend, hrsg. von der Gesellschaft zur Beförderung des Guten u. Gemeinnützigen. 1850. (Der Münster zu Basel.) gr. 4. (48 S. m. 1 Lith.) Basel, (Bahnmaier.) n. 16 ngr

Neujahrsblatt, XXXIII—XXXVI, für Basels Jugend, herausg. von der Gesellschaft zur Beförderung des Guten und Gemeinnützigen. 855—58. Basel. (Bahnmaier.) gr. 4. Jeder Jahrg. n. 8 ngr

XXXIII.: Die Bettelorden in Basel. (26 S. u. 1 Lithogr.)
XXXIV.: Die Zünfte u. der Rheinische Städte-Bund. (20 S. u. 1 Lithogr.)
XXXV.: Rudolf von Habsburg u. die Basler. (26 S. u. 1 Lithogr.)
XXXVI.: Ritter- u. Dichterleben Basels im Mittelalter. (32 S. u. 1 Lithogr.)

— XXXVII—XXXIX., XLI u. XLII. für Basels Jugend herausg. von der Gesellschaft des Guten u. Gemeinnützigen. 1859 —1861, 1863 u. 64. Basel, (Bahnmaier.) gr. 4.
Inhalt: XXXVII. Basel vom Tode König Rudolfs bis zum Regierungsantritte Karls IV. (28 S. u. 1 Lithogr.) n. 14 ngr.
XXXVIII. Basel vom großen Sterben bis zur Erwerbung der Landschaft. 1349—1400. (28 S. u. 1 Lithogr.) n. 14 ngr.
XXXIX. Basel im Kampfe mit Oesterreich und dem Adel. 1400—1430. (34 S. u. 1 Lithogr.) n. 10 ngr.
XLI. Basels Schulwesen im Mittelalter. Gründung der Universität. Anfänge der Buchdruckerkunst. (32 S. u. 1 Lithogr.) n. 12 ngr.
XLII. Basel im Burgunderkriege. 1473—1479. (34 S. u. 1 Lithogr.) n. 12 ngr.

Neujahrsblatt, XLIII—XLVII., für Basels Jugend, herSg. von der Gesellschaft zur Beförderung des Guten u. Gemeinnützigen. Basel 865—69. (Bahnmaier's Verl.) gr. 4. Jede Nr. n. 12 ngr.
XLIII. Der Schwabenkrieg u. die Stadt Basel 1499. (42 S. mit 1 Steintaf. in Imp.-Fol.) 865.
XLIV. Basel's Eintritt in den Schweizerbund. 1501. (32 S. mit 1 Steintaf.) 866.
XLV. Die Theilnahme der Basler an den italienischen Feldzügen 1503—1525. (26 S. mit 1 Steintaf.) 867.
XLVI. Johann Oekolampad u. die Reformation in Basel. (48 S. mit 1 Steintaf.) 868.
XLVII. Schweizerische Feste im 15. u. 16. Jahrh. Von Meisner. (29 S. mit 1 Steintaf.) 869.

Neujahrsblatt für Basels Jugend. Hrsg. von der Gesellschaft zur Beförderung des Guten und Gemeinnützigen. XLVII—XLIX. gr. 4. Basel, (Bahnmaier's Buchh.) à *
mit Goldschn. à *
Inhalt:
XLVII. Meisner, schweizerische Feste im 15. und 16. Jahrh. (29 S. mit 1 Stnt.) 869.
XLVIII. XLIX. Wieland, Carl, die kriegerischen Ereignisse in der Schweiz während der J. 1798 und 1799. 2 Thle. 870,71.

Forts.s.:Neujahrsblatt,(Basler),hrsg. v.d.Gesellschaft zur Beförderung des Guten...

Neujahrsblatt, der bernischen Jugend gewidmet auf 1808, 1818, 32, 45. Bern. 4⁰

—— für die bernische Jugend. 1858: Der ehemalige sogenannte äußere Stand der Stadt und Republik Bern. Von B. Hidber. gr. 4. (34 S. mit 1 ill. Stnt.) Bern 858, Huber und Comp. *-

Neujahrsblatt für die bernische Jugend. 1859. Herausg. unter Mitwirkung der bernischen Künstlergesellschaft vom histor. Verein des Kantons Bern. Bern, Blom. gr. 4. (36 S. u. 1 Lithogr.) n. 12 ngr.
Inhalt: Adrian von Bubenberg. Lebens- u. Charakterbild eines bernischen Helden aus dem 15. Jahrhundert, mit Rücksicht auf Kultur u. Sitten jener Zeit von B. Hidber.

— für die bernische Jugend. 1860.: Die Schweizer in Italien und der bernische Feldhauptmann Albrecht vom Stein. Ein Zeit- und Charakterbild aus dem Anfange des 16. Jahrh. Von B. Hidber. Bern, Blom. gr. 4. (48 S. u. 1 Lithogr.) n. 12 ngr.

Neujahrsblatt an die lernbegierige Jugend (an die jungen Bürger) des Kts. Säntis (des Kts. St. Gallen) auf 1801-2, 1805-14. Von dem Erziehungsrathe. 4⁰

Neujahrsblatt an die lernbegierige Züricherische Jugend, s. Neujahrsblatt zum Besten d. Waisenhauses in Zürich von einer Gesellschaft hrsgg.

Neujahrsblatt einer Kunst und Tugend liebenden Jugend in Zürich ab dem Musiksaal daselbst auf 1685-1812 (unter wechselnden Titeln). Zürich. 4⁰
(Vgl. Neujahrsgeschenk ab dem Musiksaal ...)

Neujahrsblatt für die Jugend des Kts. Schaffhausen 1825—26, 1829—31. Schaffhausen. 4.

Neujahrsblatt für die zürcherische Jugend von der Musikgesellschaft auf der teutschen Schul in Zürich auf 1713-1812 (unter wechselnden Titeln). Zürich. 4⁰

Neujahrsblatt herausg. v. d. Künstlergesellschaft in Zürich auf 1805-1910. Zürich. 4⁰
(Vgl. Neujahrsstück ...)

Neujahrsblatt der Künstlergesellschaft in Zürich für 1873. Der neuen Reihenfolge XXXIII. Mit 1 Portr. u. 1 Abbildung. 16 Stn. 4. Zürich, Druck v. J. J. Ulrich. 2. 50
Inhalt: Maximilien de Meuron. — Friedrich Meyer-Schulthess, Landschaftsmaler.

Neujahrsblatt der Künstlergesellschaft in Zürich für 1876. Der neuen Reihenfolge 36. Mit 1 Portrait und 1 Tafel. 14 Stn. gr. 4. Zürich, Typ. J. J. Ulrich.
Inh.: Joh. Friedr. Dietler, Maler, von Solothurn. Traugott Schiess, Landschaftsmaler, von Herisau, Kanton Appenzell

Neujahrsblatt der Künstlergesellschaft in Zürich enthaltend „Personalien von Casp. Hch. Merz aus St. Gallen, zusammengestellt von Carl v. Gonzenbach, Kupferstecher in München. Lebensskizze der Künstlergesellschaft von Zürich. (Von Professor R. Hofmeister). N. F. Nr. 37. Zürich, J. J. Ulrich. gr. 4. 16 Stn. Mit 1 Kupfer. 1877.

Neujahrsblatt der *Künstlergesellschaft in Zürich*. Der neuen R. N⁰ 44. Erinnerungen a. d. Landesausstellung 1883 in Zürich. Gr. in-4⁰, 34 S. mit 1 Photographie. Zürich, Druck v. J. J. Ulrich.

46. Neujahrsblatt der Künstlergesellschaft in Zürich für 1886, enthaltend: Jost Josef Nikl. Schiffmann. Druck von Ulrich & Cie.

— der Künstlergesellschaft in Zürich f. 1889. 1890. Der neuen Reihenfolge 49. 50. gr. 4. Ebd. à n.n. 2. 75
1889. Aus dem Briefwechsel des Berner Kunstfreundes Sigmund v. Wagner m. David Hess. I. Thl. 1803—1813. (44 S. m. 2 Bildern.)
1890. — dasselbe. II. Thl. 1814—1835. (48 S. m. 1 Bild.)

— der Künstlergesellschaft in Zürich f. 1891—1894. Der neuen Reihenfolge LI—LIV. gr. 4. Ebd. à n.n. 2. 75
1891. Louis August Veillon. (26 S. m. 1 Bildnis u. 1 Lichtdruck-Taf.) 891.
1892. François Bocion. — Otto Frölicher. (20 S. m. 2 Bildnissen u. 2 Lichtdr.-Taf.) 892.
1893. Leben d. Malers u. Schriftstellers Auguste Bachelin. (33 S. m. Bildnis in Holzschn. u. 1 Lichtdr.) 893.
1894. Aloys Fellmann, Kunstmaler. (Von Schnyder.) (27 S. m. 3 Taf.) 894.

— d. Künstlergesellschaft in Zürich f. 1895 u. 1896. D. neuen Reihenfolge LV u. LVI. gr. 4. Ebd. n.n. 7. —
LV. „Erinnergn. an meinen Vater u. Bruder" (Salomon u. Arnold Corrodi) v. H. Corrodi. (43 S. m. 2 Bildn. u. 10 Taf.) 895. n.n. 4. —
LVI. Das Leben d. Malers Raphael Ritz v. Niederwald. Von L. L. v. Roten. (35 S. m. 1 Bildn. u. 1 Taf.) 896. n.n. 3. —

Neujahrsblatt der Kunstgesellschaft in Zürich f. 1897 u. 1898. gr. 4. Zürich (Fäsi & Beer.) à n.n. 8. —
1897. Gustav Castan. Von C. G. Diodati. — Alfred Dumont. Von Alph. Revilliod. (16 S. m. 4 Lichtdr.-Taf.) 897.
1898. Professor Ernst Gladbach. Von W. L. Lehmann. (23 S. m. 5 Abb., 2 Taf. u. Bildn.) 898.

— der Kunstgesellschaft in Zürich f. 1899—1902. Zürich (Fäsi & Beer). à n.n. 3. —
1899. Professor Antonio Ciseri. Von J. Hardmeyer. gr. 4. (32 S. m. Abbildgn. u. 3 Taf.) 899.
1900. August Weckesser in seinem Leben u. Schaffen. Allen Freunden u. Verehrern des Meisters gewidmet. Von Otto Waser. gr. 4. (91 S. m. 3 Taf.) 900.
1901. Auguste Baud-Bovy in seinen Briefen. Von Dan. Baud-Bovy. gr. 8. (40 S. m. 1 Bildnis u. 5 Taf.) (901.)
1902. Arnold Böcklin in Zürich. Von Adf. Frey. gr. 8. (32 S. m. Abbildgn., 2 Taf. u. 1 Bildnis.) (902.)

Neujahrsblatt der Kunstgesellschaft in Zürich für (*Umschlag: der Zürcher Kunstgesellschaft) 1901. 4. (Zürich,) Berichthaus. [fr. 2. 50]
s.a. Baud-Bovy, Auguste.

Neujahrsblatt der Kunstgesellschaft in Zürich für (*Umschlag: der Zürcher Kunstgesellschaft) 1902. 4. (Zürich,) Berichthaus. [fr. 2. 50]
s.a. (Frey, Adolf).

— der Kunstgesellschaft in Zürich f. 1903 - 1906. gr. 8. Ebd. à n.n. 3. —
1903. Adolf Stäbli. Von W. L. Lehmann. (37 S. m. Abbildgn. u. 2 Taf.)
1904. Hans Sandreuter. Von Hans Trog. (45 S. m. Abbildgn. u. 1 Bildnis.)
1905. Konrad Grob. Von W. L. Lehmann. (39 S. m. Abbildgn. u. 2 Taf.)
1906. Albert Lüthi, Architekt, Maler, Glasmaler. Von Karl Moser. (12 S. m. Abbildgn. u. Bildnis.)

Neujahrsblatt der Kunstgesellschaft in Zürich für (*Umschlag: der Zürcher Kunstgesellschaft 1903. 4. (Zürich,) Berichthaus (Komm. Fäsi & Beer). [fr. 3. —]
s.a. (Lehmann, W[ilhelm] L[udwig]).

Neujahrsblatt der Kunstgesellschaft in Zürich für (*Umschlag: der Zürcher K') 1904. 4. (Zürich,) Berichthaus (Komm. Fäsi & Beer). [fr. 3. —]
s.a. (Trog, Hans).

Neujahrsblatt der Kunstgesellschaft in Zürich für (*Umschlag: der Zürcher K') 1905. 4. (Zürich,) Berichthaus (Komm. Fäsi & Beer). [fr. 3. —]
s.a. (Lehmann, W[ilhelm] L[udwig]).

Neujahrsblatt 1906 der Zürcher Kunstgesellschaft. 4. [Zürich, Berichthaus, Komm. Fäsi & Beer.] [fr. 3. —]
s.a. (Moser, Carl).

— der Zürcher Kunstgesellschaft f. 1907—1910. Lex. 8. Ebd. nn 13. —
1907. Prof. Julius Stadler v. Zürich. Von Gust. Gull. Mitteilgn. aus seinem Nachlass. (58 S. m. Abb., 1 Bildnis u. 1 Taf.) (907.) nn 3. —
1908. Rudolf Koller. Von W. L. Lehmann. (52 S. m. Abb. u. 4 Taf.) 908. nn 3. —
1909. Johann Gottfried Steffan, Landschaftsmaler. Von R. Steffan. (46 S. m. Abb. u. 7 Taf.) (909.) nn 3. —
1910. Der Landschaftsmaler Robert Zünd. Von Jules Coulin. (1827—1909.) (36 S. m. Abb. u. 9 Taf.) (910.) nn 4. —

Neujahrsblatt der Zürcher Kunstgesellschaft für 1907. 4. (Zürich,) Berichthaus (Komm. Fäsi & Beer). [fr. 3. —]
s.a. (Gull, Gustav).

Neujahrsblatt für 1908 der Zürcher Kunstgesellschaft. 4. Zürich, Berichthaus (Komm. Fäsi & Beer). [fr. 3. —]
s.a. Lehmann, W[ilhelm] L[udwig].

Neujahrsblatt für 1909 der Zürcher Kunstgesellschaft. 4. Zürich, Berichthaus (Komm. Fäsi & Beer). [fr. 3. —]
s.a. Steffan, R[udolf].

Neujahrsblatt für 1910 der Zürcher Kunstgesellschaft. 4. Zürich, Berichthaus (Komm. Beer & Cie).
s.a. Coulin, Jules.

— des Kunstvereins in St. Gallen. I. 1878. gr. 4. St. Gallen 877. Scheitlin & Zollikofer in Comm. n. 1. 60
Gottlieb Bion von St. Gallen, Lehrer u. Landschaftsmaler. Lebensumriß, entworfen von Sebast. Buff. Mit dem Bildniß des Verstorbenen nach einer photogr. Aufnahme gestochen von seinem Freunde Carl von Gonzenbach. (20 S.)

— des Kunst-Vereins in Schaffhausen für 1879, enth.: Schaffhauser Glasmaler des XVI. und XVII. Jahrh. I., von J. H. Baeschlin. gr. 4. (19 S. mit 1 Lichtdr.) Schaffhausen 879, (Schoch.) *

— des Kunst-Vereins in Schaffhausen für 1880: Schaffhauser Glasmaler des XVI. und XVII. Jahrh. II. Von J. H. Baeschlin. gr. 4. (17 S. mit 1 Kpfrt.) Schaffhausen, (Schoch.) *
Nicht weiter erschienen.

Neujahrsblatt des Kunstvereins u. des Historisch-antiquar. Vereins zu Schaffhausen. 1892.: Der Bildhauer Alex. Trippel aus Schaffhausen, von *C. H. Vogler*. 1. Hälfte: Die Lebensgeschichte. Mit Portr. u. 1 Vign. Gr. in-4°. 50 S. Schaffhausen, Comm.-Verlag von Carl Schoch. 3 60

Neujahrsblatt d. Kunstvereins u. d. histor. antiquar. Vereins zu Schaffhausen, 1893. (Vogler, C. H., Der Bildhauer Alexander Trippel aus Schaffhausen. II. Hälfte: Die Werke u. die Beurteilung Trippels. Mit 4 Taf. Gr. in-4°. Schaffhausen, C. Schoch. 2 50

— des Kunstvereins u. d. historisch-antiquarischen Vereins zu Schaffhausen 1892, 1893, s. a. Vogler, C. H., der Bildhauer Alexander Trippel aus Schaffhausen.

— VIII, d. Kunstvereins u. d. historisch-antiquar. Vereins zu Schaffhausen. 1898. gr. 4. Schaffhausen (897). Kunstverein. n. 2. 40
Der Künstler u. Naturforscher Lorenz Spengler aus Schaffhausen. Von C. H. Vogler. 1. Hälfte: D. Lebenslauf. M. d. Portr. u. 1 Taf. m. Abb. v. Werken Spenglers. (28 S.)

Neujahrsblatt, IX., des Kunstvereins u. des histor.-antiquarischen Vereins zu Schaffhausen. 1899. gr. 4. Schaffhausen, Historisch-antiquar. Verein. 2. 40
Der Künstler u. Naturforscher Lorenz Spengler aus Schaffhausen. Von C. H. Vogler. 2. Hälfte: Der Künstler u. Naturforscher. Mit 2 Taf., Abbildgn. von Werken Lorenz Spenglers. (S. 29—58.) 899.
Fortsetzg. s.: Neujahrsblatt des histor.-antiquar. Vereins etc. zu Schaffhausen.

— 13. u. 14., des Kunstvereins u. des historisch-antiquarischen Vereins Schaffhausen 1905 u. 1906. 4. Schaffhausen, Kunstverein u. historisch-antiquar. Verein (zu beziehen durch Dr. Rob. Lang, Frauengasse 17). à n. 2. 40
13. Der Maler u. Bildhauer Joh. Jakob Oechslin aus Schaffhausen. Von C. H. Vogler. 1. Hälfte. Mit 5 Taf. in Lichtdr. u. 17 Abbildgn. im Text. (20 S.) (904.)
14. Dasselbe. 2. Hälfte. Mit 7 Lichtdr.-Taf. u. 38 Abbildgn. im Text. (S. 21—48.) (906.)
Vergl.: Neujahrsblatt des historisch-antiquar. Vereins u. des Kunstvereins des Stadt Schaffhausen.

Neujahrsblatt. 13. N' des Kunstvereins und des Historisch-antiquarischen Vereins Schaffhausen 1905. 4. Schaffhausen, Selbstverlag der Herausgeber, Zu beziehen durch Dr. Robert Lang. fr. 2. —
s.a. Vogler, C[arl] H[einrich].

Neujahrsblatt. 14. N' des Kunstvereins und des Historisch-antiquarischen Vereins Schaffhausen 1906. 4. Schaffhausen, Selbstverlag der Herausgeber, Zu beziehen durch Dr. Robert Lang. fr. 2. —
s.a. Vogler, C[arl] H[einrich].

— dasselbe, s. a.: Neujahrsblatt d. historisch-antiquar. Vereins etc.

Neujahrsblatt der Kunstgesellschaft Luzern für 1901. 4. Luzern, J. Burkhardt, 1902. [fr. 2. 80]
s. Schnyder, M[ichael].

Neujahrsblatt d. allgem. Musikgesellschaft in Zürich, vgl. Neujahrsstück ...

Neujahrsblatt der allgem. Musikgesellschaft in Zürich auf das Jahr 1879: Das Leben und Wirken des bekannten Liedercomponisten „Friedrich Silcher". 23 S. 4⁰

74. Neujahrsblatt der allg. Musikgesellschaft in Zürich auf das Jahr 1886, enthaltend: eine biographische Skizze über Franz Abt. Druck von Orell Füssli & Cie.

Neujahrsblatt LXXVII., der allgemeinen Musikgesellschaft in Zürich auf das J. 1889. [Ueber den evangelischen Kirchengesang.] 4. (26 S. mit 1 Notenbeilage.) Zürich, (Höhr.) ** 1 70

—— 78.—80., der allgemeinen Musik-Gesellschaft in Zürich auf d. J. 1890—1892. gr. 4. Zür., (Höhr u. Fäsi). à Ausg. ** 1 70
78. Die Geschichte der Oper in Deutschland. (25 S. m. 2 Bildern.)
79. Die Vorläufer v. Joh. Sebastian Bach. (20 S. m. 1 Bildniss u. 2 Musikbeilagen.)
80. Lüning, O. Friedrich Chopin. Ein Künstlerbildniss. (29 S. m. Bildnis.)

Neujahrsblatt, 79.—82., der allgemeinen Musikgesellschaft in Zürich 1891—1894. 4. Zürich, (Fäsi & Beer). n.n. 7. 30
79. Die Vorläufer v. Joh. Sebastian Bach. (20 S. m. 1 Bildnis u. 2 Musikbeilagen.) 891. n.n. 1. 70
80. Friedrich Chopin. Ein Künstlerbildniss. Von O. Lüning. (29 S. m. Bildnis.) 892. n.n. 1. 70
81. Hector Berlioz. Ein Pionier der Tonkunst. Von O. Lüning. (26 S. m. Bildnis in Holzschn.) 893. n.n. 2. 20
82. — dasselbe. 2. Tl. (24 S. m. 1 Taf.) 894. n.n. 1. 70

— 83.—86., d. allgem. Musikgesellschaft in Zürich auf d. J. 1895, 1896, 1897, 1898. 4. Zürich (Fäsi & Beer). n.n. 11. 70
1895. Adolf Jensen. E. biograph.-krit. Essay v. A. Niggli. (27 S. m. 1 Bildn.) 895. n. 2. 20
1896. Franz Liszt. Ein Apostel d. Idealen v. O. Lüning. (25 S. m. 1 Bildn.) 896. n.n. 3. —
1897. Karl Löwe, d. Meister d. Ballade. Ein Gedenkblatt zur 100. Wiederkehr s. Geburtstages, 30. XI. 1896 v. A. Niggli. (31 S. m. 1 Bildn.) 897. n.n. 3. —
1898. Johannes Brahms v. A. Steiner. I. Tl. (38 S. m. 1 Bildn.) 898. n.n. 3. 50

— 87.—90., der allgem. Musikgesellschaft in Zürich 1899—1902. gr. 4. Zürich (Gebr. Hug & Co.) n.n. 11.—
87. Johannes Brahms. Von A. Steiner. 2. Tl. (47 S. m. 1 Bildnis.) (898) n.n. 3. 60
88. R. Wagner als Dichter u. Denker. Von O. Lüning. (39 S. m. 1 Bildnis.) (899.) n. 2.—
89. Richard Wagner in Zürich. Von A. Steiner. 1. Tl. (1849—1852.) (52 S. m. 1 Bildnis.) 900. n. 3.—
90. Dasselbe. 2. Tl. (1852—1855.) (3C S. m. 1 Bildnis u. 6 Fksms.) 901. n. 2. 40

Neujahrsblatt. Neunundachtzigstes Neujahrsblatt der Allgemeinen Musikgesellschaft in Zürich (*Umschlag:* auf das Jahr) 1901. 4. Zürich, Art. Institut Orell Füssli (Komm. Gebr. Hug & Co., Zürich und Leipzig). [fr. 3. —]
s.A(Steiner, A[dolf]).

Neujahrsblatt. Neunzigstes Neujahrsblatt der Allgemeinen Musikgesellschaft in Zürich (*Umschlag:* auf das Jahr) 1902. 4. Zürich. Art. Institut Orell Füssli (Komm. Gebrüder Hug & Co., Zürich u. Leipzig). [fr. 2.50]
s.A(Steiner, A[dolf]).

— 91.—94., der allgemeinen Musikgesellschaft in Zürich 1903—1906. gr. 4. Zürich (Hug & Co.) n.n. 9.70
91. Richard Wagner in Zürich. Von A. Steiner. 3. Tl. (1855—1858.) (34 S. m. 2 Bildnistaf.) 903. n.n. 2. 50
92. Aus dem zürcherischen Konzertleben der 2 Hälfte des vergangenen Jahrhunderts. I. Tl. (1855—1877.) (Von G Weber u. A. Steiner.) (42 S. m. 1 Taf.) 904. n.n. 2. 40
93. Dasselbe. II. Tl. (1878—1895). (Von A. Steiner.) (34 S. m. 1 Bildnis.) 905. n.n. 2. 40
94. Bülow, Hans v. (Von A. Steiner.) (35 S. m. 1 Bildnis.) 906. n n 2. 40

Neujahrsblatt. Einundneunzigstes Neujahrsblatt der Allgemeinen Musikgesellschaft in Zürich (*Umschlag:* auf das Jahr) 1903. 4. Zürich, Art. Institut Orell Füssli (Komm. Gebrüder Hug & Co., Zürich u. Leipzig). [fr. 3. 50]
s.A(Steiner, A[dolf]).

Neujahrsblatt. 92. N' der Allgemeinen Musikgesellschaft in Zürich (auf das Jahr) 1904. 4. Zürich, Orell Füssli (Komm. Gebrüder Hug & Co., Zürich u. Leipzig). [fr. 2. 50]
s.A(Steiner, A[dolf].)

Neujahrsblatt. 93. N' der Allgemeinen Musikgesellschaft in Zürich (auf das Jahr) 1905. 4. Zürich, Orell Füssli (Komm. Gebrüder Hug & Co., Zürich u. Leipzig). [fr. 3. —]
s.A(Steiner, A[dolf].)

Neujahrsblatt. 94. N' der Allgemeinen Musikgesellschaft in Zürich (auf das Jahr) 1906. 4. Zürich, Orell Füssli (Komm. Gebrüder Hug & Co., Zürich u. Leipzig). [fr. 3. —]
s.A(Steiner, A[dolf]).

— 95.—98., der allgemeinen Musikgesellschaft in Zürich 1907—1910. Lex. 8. Zürich, (Hug & Co.). à nn 2. 40
95. Goetz, Hermann. (Von A. Steiner.) (39 S. m. 1 Bildnis u. 1 fksm. Taf.) (907.)
96. Joseph Joachim. (Von Hans Joach. Moser.) (51 S. m. 2 Bildnis-Taf.) (908.)
97. Curti, Franz. (Von Hans Jelmoli.) (36 S. m. 1 Bildnis.) (909.)
98. Weber, Gustav. (Von A. Steiner.) (36 S. m. 1 Bildnis.) (910.)

Neujahrsblatt. Fünfundneunzigstes N' der Allgemeinen Musikgesellschaft in Zürich 1907. 4. Zürich, Orell Füssli (Komm. Hug & Co., Z' u. Leipzig). [fr. 2. 50]
s.A(Steiner, A[dolf]).

Neujahrsblatt. Sechsundneunzigstes N' der Allgemeinen Musikgesellschaft in Zürich 1908. 4. Zürich, Orell Füssli (Komm. Hug & Co., Z' u. Leipzig). [fr. 3. —]
s.A(Moser, Hans Joachim).

Neujahrsblatt. Siebenundneunzigstes N' der Allgemeinen Musikgesellschaft in Zürich 1909. 4. Zürich, Orell Füssli (Komm. Hug & Co., Z' u. Leipzig). [fr. 3. —]
s.A(Jelmoli, Hans.)

Neujahrsblatt. Achtundneunzigstes N' der Allgemeinen Musikgesellschaft in Zürich 1910.
s.A(Steiner, A[dolf].)

Neujahrsblatt der Vortrags-Gesellschaft Olten, für das Jahr 1884. In-4⁰, 19 S. Olten, Schweizer. Vereinssortim. in Comm. 1 —
*** Inhalt: Ildefons von Arx, der Geschichtsschreiber von Olten, von Ed. Zingg, Rector

Neujahrsblatt, St. Galler, für 1881. *Obervögte,* die St. Gallischen, auf Rosenberg bei Bernegg. Herausgegeben vom Historischen Verein in St. Gallen. Mit 1 Tafel. 4⁰. 33 S. St. Gallen, Huber & Cie.

— St. Gallisches. Hrsg. vom histor. Verein in St. Gallen. 1891—1893. gr. 4. St. Gallen, Huber & Co. à n. 2. —
1891. Mariaberg bei Rorschach. Von Aug. Hardegger. (63 S. m. Abbildgn. u. 2 Taf.) 891.
1892. Rapperswil u. sein Übergang an die Eidgenossenschaft. Von Johs. Dierauer. (41 S. m. 1 farb. Taf.) 892.
1893. Die Cistercienserinnen zu Maggenau. Von Aug. Hardegger. (67 S. m. 1 Lichtdr.-Taf.) 893.
Vgl.Neujahrsblatt d.histor.Vereins in St.Gallen.

Neujahrsblatt, Schaffhauser, s. Neujahrsblatt des Historisch-antiquarischen Vereins u. d. Kunstvereins d. Stadt Schaffhausen.

Neujahrsblatt für die Luzernische Schuljugend auf 1827. Luzern. 4°

Neujahrsblatt 1911. [Jahrg. 1.] Hrg. vom Ortsverein Schwarzenburg. IV + 28 S. + *Inserate*. 8. Schwarzenburg, H. & P. Gerber, 1910.

Neujahrsblatt von der Stadtbibliothek (Bürgerbibliothek) zu Winterthur auf 1826-37, 39-45, 47-1911. Winterthur. 4°

Neujahrsblatt von der Stadtbibliothek in Winterthur auf das Jahr 1883. In-4°, 16 S. und 1 Tafel in Lichtdruck. 1882. Winterthur, Buchdruckerei Bleuler Hausheer & Cie.
*** Enthält: Hafner, A. Dr. Die amtlichen Siegel der Stadt Winterthur.

Neujahrsblatt von der Stadtbibliothek Winterthur auf das Jahr 1888. Gr. in-4°, Winterthur, Buchdruckerei von Geschwister Ziegler.

Neujahrs-Blatt der Stadtbibliothek in Winterthur auf 1899 u. 1900. 4°. 41 S. m. farb. Bild auf dem Titelblatt u. m. Abbildungen. Winterthur, Geschw. Ziegler. 1 50
Inh.: *Hauser, K.*, Die Wellenberg zu Pfungen.

— der Stadtbibliothek in Winterthur auf d. J. 1901 u. 1902. 237. u. 238. Stück. 4. Winterthur (M. Kieschke). à n. 2.—
237. Aufzeichnungen aus Winterthurs Revolutionstagen. Von Ulr. Hegner. (21 S. m. Bildnis.) 900.
238. Aus Joh. Rud. Schellenbergs handschriftlichem Nachlaß. Von C. Biedermann. (27 S. m. 1 Bildnis.) (902.)

Neujahrsblatt. Neujahrs-Blatt der Stadtbibliothek in Winterthur auf das Jahr 1901. Stück 237. 4. Winterthur, Geschw. Ziegler, 1900.
s.Hegner, Ulrich.

Neujahrsblatt der Stadtbibliothek Winterthur auf das Jahr 1902 u. für 1903 und 1904. Stück 238 u. Stück 239. 4. Winterthur, Geschwister Ziegler, [1901] u. 1903. [*je* fr. 1.—]
s.Barth, Hans — Schellenberg, Joh[ann] Rud(olf).

— der Stadtbibliothek Winterthur f. 1903/1904 u. 1905. 239. u. 240. Stück. Lex.-8. Winterthur (J. Meier-Merhart.) à n. 2. —
239. Johannes Randegger. Ein Lebensbild, nach Aufzeichngn. u. Mitteilgn. bearb. Von Hans Barth. (17 S. m. 1 Bildnis.) 903.
240. Friedrich Ludwig Imhoof-Hotze. Ein Lebensbild, nach seinen Aufzeichngn. u. Briefen bearb. Von Hans Barth. (36 S. m. 1 Bildnis.) 904.

Neujahrsblatt der Stadtbibliothek Winterthur für 1905. Stück 240. 4. Winterthur, Geschwister Ziegler, 1904. [fr. 1. —]
s.Barth, Hans.

— der Stadtbibliothek Winterthur. 1906—1909. 241.—244. Stück. Lex. 8. Winterthur. (Leipzig, C. Beck.) nn 9. 70
241. Winterthurs Lage im Winter 1799/1800. Von Alfr. Ziegler. (48 S.) 905. 2.—; erh. Pr. nn 2. 40
242. 1. Die Sammlg. in Winterthur (1260—1523). — 2. Das Augustinerkloster Mariazell auf dem Beerenberge bei Winterthur (1355—1525). Von Kasp. Hauser. (64 S. m. 1 Abb. u. 1 Taf.) 906. 2.—; erh. Pr. nn 2. 40
243. Das Augustiner Chorherrenstift Heiligenberg b. Winterthur (1225—1525). Von Kasp. Hauser. (80 S. m. 1 Taf.) 907. 2. 50
244. Die geograph. u. topograph. Namen v. Winterthur. Von Alfr. Ziegler. (68 S.) 908. nn 2. 40

Neujahrsblatt der Stadtbibliothek Winterthur für 1906. Stück 241. 4. Winterthur, Geschwister Ziegler, 1905. [fr. 1. —]
s.Ziegler, Alfred.

Neujahrsblatt der Stadtbibliothek Winterthur für 1907. Stück 242. 4. Wintherthur, Geschwister Ziegler, 1906. [fr. 1. —]
s.Hauser, Caspar.

Neujahrsblatt der Stadtbibliothek Winterthur 1908. Stück 243. 4. Winterthur, Geschwister Ziegler, 1907. [fr. 2. —]
s.Hauser, Caspar.

Neujahrsblatt der Stadtbibliothek Winterthur 1909. Stück 244. 4. Winterthur, Geschwister Ziegler, 1908. [fr. 2. —]
s.Ziegler, Alfred.

Neujahrsblatt der Stadtbibliothek Winterthur 1910. Stück 245.
s. Stauber, Emil.

Neujahrsblatt der Stadtbibliothek Winterthur 1911. Stück 246. 4. Winterthur, Geschwister Ziegler, 1910.
s. Stauber, Emil.

Neujahrsblatt der Stadtbibliothek in Zürich auf 1645-1910. Vollständig seit 1723. Zürich. 4°

Neujahrsblatt, hsg. von der Stadtbibliothek in Zürich auf das Jahr 1841. Zürich. V: *Horner, J. Jac.* (cb)

Neujahrsblatt herausgegeben von der Stadtbibliothek in Zurich auf das Jahr 1867. Das Freischießen von 1504. Zurich 1867. Orell Füssli u. Comp
31 S. 3 Taf. 4

Neujahrsblatt der Stadtbibliothek in Zürich f. 1874. Mit Abbildung. 18 Stn. 4. Zürich, Druck v. Orell, Füssli & Co. 1. 20
*** Inhalt: Die Legende des heil. Eligius.

— Herausgegeben von der Stadtbibliothek in Zürich. In-4°, 34 S. nebst 1 Lith. Druck von Orell Füssli & Cie. (NB. auch Exemplare mit color. Lith.) 1883.
*** Enthält: Die Glasgemälde aus der Stiftsprobstei, von der Chorherrenstube und aus dem Pfarrhause zum Grossmünster. Von Prof. *Sal. Vögelin.* — Von demselben Institute als Nachtrag und Generaltitel zu den Neujahrsblättern von 1879-82: Die Holzschneidekunst in Zürich im XVI. Jahrhundert. Von *Sal. Vögelin.* Zusätze u. Verbesserungen. Inhaltsübersicht. 4. S.

Neujahrsblatt, herausgegeben von der Stadtbibliothek in Zürich, auf das Jahr 1885. Lebensabriss von Salomon Vögelin, Pfarrer und Kirchenrath (Schluss). S. 35—74, mit einer Abbild. des alten Seidenhofes. Zürich, Druck von Orell Füssli & Cie.

Neujahrsblatt, herausg. von der Stadtbibliothek in Zürich auf das J. 1886, enthaltend: einen Lebensabriss von A. Sal. Vögelin. Druck von Orell Füssli & Cie.

—— hrsg. von der Stadtbibliothek in Zürich auf das J. 1888, enth.: Goethe's Beziehungen zu Zürich und zu Bewohnern der Stadt und Landschaft Zürich. Von Ludw. Hirzel. gr. 4. (56 S. mit 1 Stahlst.) Zürich 888. (Leipzig, Hirzel.) * 1 60

— hrsg. von der Stadtbibliothek in Zürich auf d. J. 1889. 1890. gr. 4. Ebd. n. 3. 80

1889. Die eigenhändige Handschrift der eidgenössischen Chronik d. Aegidius Tschudi in der Stadtbibliothek Zürich. (20 S. m. 2 Lichtdr.-Taf.) n. 1. 40

1890. Johs. Stumpf's Lobsprüche auf die 13 Orte, nebst e. Beitrag zu seiner Biographie. (16 S. m. 14 Lichtdr.-Taf.) n. 2. 40

— hrsg. v. der Stadtbibliothek in Zürich auf d. J. 1891—1894. gr. 4. Zürich, (Fäsi & Beer). n. 9. 80

1891. J. J. Bodmer als Geschichtschreiber. Von G. Tobler. (49 S. m. 1 Bildnis.) n.n. 2. 40

1892. Das Reichsland Uri in den J. 1218—1309. Ein Nachtrag zum 1. u. 2. Aug. 1891. (15 S. m. 2 Taf. Abbildgn.) n.n. 2. 20

1893. Englische Flüchtlinge in Zürich während der 1. Hälfte d. 16. Jahrh. Von Thdr. Vetter. (23 S. m. 1 Lichtdr.) n.n. 2. 20

1894. Gottfried Keller als Maler. Von Carl Brun. (31 S. m. Bildnis u. 6 Taf.) n.n. 3. —

— hrsg. v. d. Stadtbibliothek in Zürich auf d. J. 1895, 1896, 1897, 1898. gr. 4. Zürich (Fäsi & Beer). n.n. 10 —

1895. Die Wick'sche Sammlg. v. Flugblättern u. Zeitungsnachrichten in d. Stadtbibliothek Zürich. Von Ricarda Huch. (20 S. m. 3 Taf.) 895. n. 2. 20

1896. Joh. Martin Usteri's dichter. u. künstler. Nachlaß. Von Conr. Escher. (48 S. m. 4 Taf.) 896. n.n. 3. —

1897. Zürcher Briefe a. d. Franzosenzeit v. 1798 u. 1799. Mitgeteilt aus d. Papieren v. alt Rathsherr J. C. Werdmüller-Ott. Von H. Zeller-Werdmüller. (36 S. m. 1 farb. Taf.) 897. n.n. 2. 40

1898. Johann Heinrich Waser, Diakon in Winterthur (1713—1777), e. Vermittler englischer Litteratur. Von Thdr. Vetter. (31 S. m. 1 Abb. u. 1 Bildn.) 898. n.n. 2. 40

— hrsg. v. der Stadtbibliothek in Zürich auf die J. 1899—1902. Zürich (Fäsi & Beer). à n.n. 3. —

1899. Der „Ueberfall v. Nidwalden" (9. IX. 1798), bearb. nach älteren handschriftl. Aufzeichngn. Von Conr. Escher. gr. 4. (61 S. m. Abbildgn. u. 1 Taf.) 899.

1900. Johann Heinrich Füßli als Privatmann, Schriftsteller u. Gelehrter. Freier Auszug aus dem Mskr. seines Biographen Wilh. Füßli. gr. 4. (36 S. m. 1 Bildnis.) 900.

1901. (Nr. 257.) Die Zürcher Familie Schwend c. 1250—1536. Von Ernst Diener. (53 S. m. Abbildgn., 1 Taf. u. 1 Stammtaf.) (901.)

1902. (Nr. 258.) Johann Jakob Heidegger, e. Mitarbeiter G. F. Händels. (29 S. m. 1 Bildnis.) (902.)

Neujahrsblatt hrg. von der Stadtbibliothek Zürich auf das Jahr 1901. Nr. 257. 4. Zürich, Art. Institut Orell Füssli. [fr. 2. 50]
s.a. Diener, Ernst.

Neujahrsblatt hrg. von der Stadtbibliothek Zürich auf das Jahr 1902. Nr. 258. 4. Zürich, Art. Institut Orell Füssli (Komm. Fäsi & Beer). [fr. 3. —]
s.a. Vetter, Theodor.

— hrsg. von der Stadtbibliothek in Zürich auf d. J. 1903—1906. Nr. 259—262. gr. 8. Zürich (Fäsi & Beer). n.n. 11. 40

259. Johann Heinrich Schinz, ein zürcher. Staatsmann u. Geschichtskenner im XVIII. Jahrh. Von Gerold Meyer v. Knonau. (39 S. m Abbildgn. u. 1 Bildnis.) (903.) n.n. 3 —

260. Der Zürcherische Hülfsverein für die Griechen 1821—1828 Von Alfr. Stern. (21 S. m. 2 Taf) (904.) n.n. 2. 40

261. Heinrich Thomann, Landvogt u. Seckelmeister (1520—1592) Von Conr. Escher. (40 S. m. 1 Bildnis.) (905.) n.n. 3. —

262. Briefe aus der Fremde v. e. Zürcher Studenten der Medizin (Dr. Georg Keller) 1550—1558. Von T. Schieß. (38 S. m. 1 Taf.) (906.) n.n. 3. —

Neujahrsblatt hrg. von der Stadtbibliothek Zürich auf das Jahr 1903. Nr. 259. 4. Zürich, Art. Institut Orell Füssli (Komm. Fäsi & Beer). [fr. 3. —]
s.a. Meyer von Knonau, Gerold.

Neujahrsblatt hrg. von der Stadtbibliothek Zürich auf das Jahr 1904. Nr. 260. 4. Zürich, Orell Füssli. [fr. 2. 40]
s.a. Stern, Alfred.

Neujahrsblatt hrg. von der Stadtbibliothek Zürich auf das Jahr 1905. Nr. 261. 4. Zürich, Komm. Fäsi & Beer. [fr. 3. —]
s.a. Escher, Conrad.

Neujahrsblatt hrg. von der Stadtbibliothek Zürich auf das Jahr 1906. Nr. 262. 4. [Zürich,] Komm. Fäsi & Beer. [fr. 3. —]
s.a. Schiess, T[raugott].

— hrsg. v. der Stadtbibliothek Zürich auf d. J. 1907—1910. Nr. 263—266. Lex. 8. Zürich, Beer & Co. à nn 3. —

263. Schinz, Joh. Heinr., aus den eigenhändigen Aufzeichngn. des Sch. Als Ergänzg. zum Neujahrsblatt Nr. 259 hrsg. durch Gerold Meyer v. Knonau. (33 S. m. 1 Taf.) (907.)

264. Die Staatsgefangenen auf Aarburg im Winter 1802/03. Aus den Aufzeichngn. des Seckelmeisters Joh. Caspar Hirzel. Von Herm. Escher. (48 S. m. 1 Abb. u. 1 Taf.) (908.)

265. Aus den Unterhaltungen der Staatsgefangenen auf Aarburg. Nach dem Tagebuch Joh. Caspar Hirzels. Von Herm. Escher. (44 S. m. Abb. u. 2 Taf.) (909.)

266. Dr. jur. Jakob-Bodmer, gew. Oberrichter. (1818—1909.) Von Conr. Escher. (49 S. m. Abb. u. 1 Bildnis.) (910.)

Neujahrsblatt hrg. von der Stadtbibliothek Zürich auf das Jahr 1907. Nr. 263. 4. [Zürich,] Komm. Fäsi & Beer. [fr. 3. —]
s.a. Meyer von Knonau, Gerold.

Neujahrsblatt hrg. von der Stadtbibliothek Zürich auf das Jahr 1908. Nr. 264. 4. [Zürich,] Komm. Fäsi & Beer. [fr. 3. —]
s.a. Escher, Hermann.

Neujahrsblatt hrg. von der Stadtbibliothek Zürich auf das Jahr 1909. Nr. 265. 4. [Zürich,] Komm. Fäsi & Beer. [fr. 3. —]
s.a. Escher, Hermann.

Neujahrsblatt hrg. von der Stadtbibliothek Zürich auf das Jahr 1910. Nr. 266.
s.a. Escher, Conrad.

Neujahrsblatt, thurgauisches, der Jugend gewidmet von der Gesellschaft zur Beförderung des Guten und Gemeinnützigen im Cant. Thurgau, auf 1832-34, 36, 40, 41. Frauenfeld. 4°

Neujahrsblatt der solothurnischen Töpfergesellschaft für 1883. Solothurn 1883. 4°

Neujahrsblatt d. Solothurnischen Töpfergesellschaft für das Jahr 1885. Die Einsiedelei u. die Steinbrüche bei Solothurn. Von Dr. Fr. Lang, Prof. In-4°, 35 S. Solothurn, Accidenz-Druckerei J. Gassmann.

Neujahrsblatt der Gemeinde Unterstrass 1877: Näf, A. Pfr., unsere Kirchen. 1. Grossmünster. — 2. Predigern. — 3. St. Leonhard. — 4. St. Moritz. 40 Stn. gr. 8. Zürich, Druck und Verlag von Fr. Schulthess. . 80

Neujahrsblatt aus der Urschweiz. Luzern 1857—58. H: *Liebenau, Herm. v.* (BSchwLk I, b)

NEUJAHRS-BLATT, DEN MITGLIEDERN DES VEREINS FÜR GESCHICHTE UND ALTERTHUMSKUNDE ZU FRANKFURT AM MAIN dargebracht

am 1. Januar 1859. (Mit Tafeln.) Frankfurt am Main. 1859. Druck von August Osterrieth. A. u. d. T.: LUDWIG HEINRICH EULER, Dorf und Schloss Rödelheim. Beiträge zu der Geschichte derselben. Mit einer Abbildung des Schlosses und einer Siegeltafel. ib. 1859. — 4°.

im Januar 1860. (Mit 1 Tafel.) ib. 1860. — A. u. d. T.: EDUARD HEYDEN, Der Frankfurter Chronist Achilles August v. Lersner. Mit dem Bildnisse v. Lersners. ib. 1860. Im Selbst-Verlage des Vereins.

am 1. Januar 1861. (Mit 1 Tafel.) ib. 1861. Druck von August Osterrieth. A. u. d. T.: GEORG EDUARD STEITZ, Die Melanchthons- und Luthersherbergen zu Frankfurt am Main: Claus Brommen Haus, Lisa's von Rückingen Haus, Wolf Parente's Haus. Eine Untersuchung zur topographischen Geschichte der alten Reichsstadt, mit urkundlichen Beilagen und einem Excurs über die chronologische Reihenfolge der Wormser Reichstagsverhandlungen in Luthers Sache. Mit der Abbildung eines noch erhaltenen Zimmers in Claus Brommen Haus. ib. 1861. Im Selbstverlage des Vereins.

im Januar 1862. (Mit 1 Tafel.) ib. 1862. Druck von August Osterrieth. A. u. d. T.: WILHELM STRICKER, Samuel Thomas von Soemmerring, der Heilkunde Doctor, Königlich Baierischer Geheimerath, ... nach seinem Leben und Wirken geschildert. (Mit einem Portrait Sömmerring's in Steindruck nach dem Oelgemälde von Thelott.) ib. 1862. Im Selbstverlage des Vereins.

am 1. Januar 1863. (Mit Tafeln.) ib. 1862. Druck von Carl Kruthoffer. A. u. d. T.: JACOB BECKER, Drei römische Votivhände aus den Rheinlanden mit den übrigen Bronzen verwandter Art zusammengestellt nebst einem Excurse über Thonbilder des Zeus Sabazios. Mit 2 lithographirten Tafeln und 2 in den Text eingedruckten Holzschnitten. ib. 1862. Im Selbstverlage des Vereins.

im Januar 1864. (Mit Tafeln.) ib. 1864. Druck von August Osterrieth. A. u. d. T.: ADOLPH CORNILL, Johann David Passavant. Ein Lebensbild. Abth. 1. nebst Passavant's Mittheilungen über seine Familie. (Mit dem Portrait Passavant's und einer Abbildung der Burg Passavant.) ib. 1864. Im Selbst-Verlag des Vereins für Geschichte und Alterthumskunde.

im Januar 1865. ib. 1865. Druck von August Osterrieth. A. u. d. T.: ADOLPH CORNILL, Johann David Passavant. Ein Lebensbild. Abth. 2. ib. 1865. Im Selbst-Verlag des Vereins für Geschichte und Alterthumskunde.

(im Jahr 1866) u. d. T.: FRIEDRICH SCHARFF, Die deutsche Schrift im Mittelalter, ihre Entwickelung, ihr Verfall, mit besonderer Rücksicht auf Frankfurt und seine Umgegend. Mit 8 Tafeln. ib. 1866.

(im Jahr 1867) u. d. T.: SEBASTIAN ALEXANDER SCHEIDEL, Geschichte der Dr. Senckenberg'schen Stiftshäuser. Mit 5 Tafeln. ib. 1867. —

am 1. Januar 1868. (Mit Tafeln.) ib. 1868. Druckerei von Carl Kruthoffer. A. u. d. T.: JACOB BECKER, Grabschrift eines römischen Panzerreiterofficiers aus Rödelheim bei Frankfurt a. M. Mit 2 lithographirten Tafeln. ib. 1868. Im Selbstverlage des Vereins.

am 1. Januar 1869. (Mit 1 Tafel.) ib. 1869. Druckerei von Carl Kruthoffer. A. u. d. T.: GEORG EDUARD STEITZ, Der Staatsrath Georg Steitz und der Fürst Primas Karl von Dalberg. Ein Blatt aus Frankfurt's Geschichte im Anfange des XIX. Jahrhunderts mit urkundlichen Beilagen. (Mit 1 Portrait.) ib. 1869. Im Selbstverlage des Vereins.

am 1. Januar 1870. (Mit 1 Tafel.) ib. 1870. Druck von Mahlau & Waldschmidt. A. u. d. T.: WILHELM STRICKER, Die Baugeschichte der Paulskirche (Barfüsserkirche) zu Frankfurt am Main. 1782—1813. Nach den Acten bearbeitet. Mit 1 Lithographie und 10 Holzschnitten. ib. 1870. Selbstverlag des Vereins.

Neujahrs-Blatt, den Mitgliedern des Vereins für Geschichte und Alterthumskunde zu Frankfurt a. M. dargebracht im Jahr 1859. Frankfurt a. M., (Völcker.) gr. 4. (41 S.) n. 24 ngr.

Inhalt: Dorf und Schloss Rödelheim. Beiträge zu der Geschichte derselben von Ludw. Heinr. Euler. Mit 1 (lith.) Abbildg. des Schlosses u. 1 (lith.) Siegeltaf.

—— dass. — Dargebracht im Jan. 1860 und 1861. gr. 4. Frankfurt a. M. 861, (Sauerländer's Sortiment.)

Inhalt:

1860. Heyden, Ed., der frankfurter Chronist Achilles August v. Lersner. Mit dem (lithogr.) Bildnisse v. Lersners. (17 S.) * 18 Ngr.

1861. Steitz, Geo. Ed., die Melanchthons- und Luthersherbergen zu Frankfurt a. M.: Claus Brommen Haus, Lisa's v. Rückingen Haus, Wolf Parente's Haus. Eine Untersuchung zur topograph. Geschichte der alten Reichsstadt, mit urkundl. Beilagen und einem Excurse über die chronolog. Reihenfolge der wormser Reichstagsverhandlungen in Luthers Sache. Mit der (chromolithogr.) Abbild. eines noch erhaltenen Zimmers in Claus Brommen Haus. (VIII und 65 S.) * 1 Thlr. 5 Ngr.

—— den Mitgliedern des Vereins für Geschichte und Alterthumskunde zu Frankfurt a. M. dargebracht in 1862—68. gr. 4. Frankfurt a. M., (Alt.)

Inhalt:

1862. Stricker, Wilh., Samuel Thomas v. Soemmering, der Heilkunde Doctor, Königl. Bayer. Geheimrath etc. nach seinem Leben und Wirken geschildert. (VI und 24 S. mit 1 Portr. Sömmering's in Stndr.) * 17½ Ngr.

1863. Becker, Jac., drei römische Votivhände aus den Rheinlanden mit den übrigen Bronzen verwandter Art zusammengestellt nebst einem Excurse über Thonbilder des Zeus Sabazios. (32 S. mit in den Text gedr. Holzschn. und 2 Stnt.) * 24 Ngr.

1864. Cornill, A., Johann David Passavant. Ein Lebensbild. 1. Abthl. nebst Passavant's Mittheilungen über seine Familie. (II und 78 S. mit lithogr. Portr. und 1 Stnt.) * 1 Thlr. 2 Ngr.

1865. —— dass. — 2. Abthl. (II und 112 S.) * 1 Thlr. 2 Ngr.

1866. Scharff, Friedr., die deutsche Schrift im Mittelalter, ihre Entwickelung, ihr Verfall, mit besonderer Rücksicht auf Frankfurt und seine Umgegend. (III und 17 S. mit 8 Stnt.) * 20 Ngr.

1867. Scheidel, Seb. Alex., Geschichte der Dr. Senckenberg'schen Stiftshäuser. (VI und 120 S. mit 5 Stnt.) * 1 Thlr. 20 Ngr.

1868. Becker, Jac., Grabschrift eines römischen Panzerreiterofficiers aus Rödelheim bei Frankfurt a. M. erläutert. (45 S. mit 2 Stnt.) * 24 Ngr.

Vgl.: Mittheilungen.

— des Vereins f. Geschichte u. Alterthumskunde zu Frankfurt a. M. f. die Jahre 1871—1876. gr. 4. Frankfurt a. M. 871—76. Alt. n. 22. —

1871 Jacob Heller u. Albrecht Dürer. Ein Beitrag zur Sitten- u. Kunst-Geschichte d. alten Frankfurt a. M. um 1500 v. Otto Cornill. Mit 2 Abbildgn. u. 4 in den Text eingedr. Holzschn. (VIII, 54 S. m. 1 Photolith.) 3. —

1872. Das erste städtische Theater zu Frankfurt a. M. Ein Beitrag zur äusseren Geschichte d. Frankfurter Theaters. 1751—1872. Nach den Acten bearb. von A. H. E. v. Oven. Mit e. Ansicht d. Junghofs u. d. dort. Theatersaals. (VIII, 120 S.) n. 6. —

1873. Mittheilungen aus dem Frankfurter Stadt-Archive. Urkunden u. Schreiben betr. den Zug der Armagnaken [1439—1444]. Hrsg. v. Ernst Wülcker. (58 S.) n. 3. —

1874. Zur Rechtsgeschichte der Reichstadt Gelnhausen v. Ludw. Heinr. Euler. Mit e. (lith.) Siegeltaf. (38 S.) n. 3. —

1875. Das Aufruhrbuch der ehemaligen Reichsstadt Frankfurt a. M. vom J. 1525. Zum ersten Male hrsg. v. Geo. Ed. Steitz. (XII, 52 S.) n. 3. —

1876. Frankfurter Concert-Chronik von 1713—1780. Zusammengestellt v. Carl Israël. (74 S.) n. 4. —

Neujahrs-Blatt des Vereins für Geschichte u. Alterthumskunde zu Frankfurt a/M. für das Jahr 1877—1878. gr. 4. Frankfurt a/M. 877—78. Voelcker in Comm. n. 11. 20

1877. Mittheilungen aus dem Frankfurter Stadt-Archive. Urkunden u. Acten betr. die Belagerung der Stadt Neuss am Rheine [1474—75]. Hrsg. von Ernst Wülcker. (111 S.) n. 5. —

1878. Beiträge zur Kenntniss der in Frankfurt begütert gewesenen Adelsfamilien von Gust. Frhr. Schenk zu Schweinsberg. Mit 2 (lith.) Taf. Abbildungen. (V, 18 S.) n. 3. —

—— den Mitgliedern des Vereins für Geschichte und Alterthumskunde zu Frankfurt a. M. dargebracht im J. 1879. gr. 4. (Ebendas.) *

Inhalt:

Die Entwicklung der Gesellschaft zur Beförderung nützlicher Künste und deren Hülfswissenschaften [Polytechnische Gesellschaft] in Frankfurt a. M. Zwei Vorträge, gehalten zur Einweihungsfeier des neuen Gesellschaftshauses des genannten Vereins am 15. Juni 1879. [1. Einweihungsworte des Präs. v. Oven. 2. Historischer Ueberblick über die Bestrebungen der Gesellschaft von L. Oelsner. (21 S. mit 1 Stnt. und 1 Lichtdr.)

Neujahrs-Blatt, den Mitgliedern des Vereines für Geschichte und Alterthumskunde zu Frankfurt am Main dargebracht im J. 1880 (Schlussheft): Die Kapelle der h. Katharina auf der Mainbrücke zu Frankfurt mit gleichartigen Stiftungen des christlichen Mittelalters zusammengestellt von v. Oven und Becker. gr. 4. (V, 25 S. mit 1 lithogr. Plan und 1 Lichtdr.) Frankfurt a. M. 880, Völcker's Verlag. *

NEUJAHRSBLATT DES VEREINS FÜR GESCHICHTE UND ALTERTHUMSKUNDE ZU FRANKFURT AM MAIN.

für 1883 u. d. T.: Die Furt am unteren Neckar. Von FRIEDRICH SCHARFF. Nach dem Tode des Verfassers herausgegeben und anstatt eines Neujahrsblattes für 1883 seinen Mitgliedern dargebracht vom Verein für Geschichte und Alterthumskunde zu Frankfurt a. M. Frankfurt a. M. 1886. K. Th. Völcker's Verlag. 4°.

Neujahrsblatt des Historisch-antiquarischen Vereins u. d. Kunstvereins in Schaffahsuen, s.a. Neujahrsblatt des Kunstvereins u. d. hist.-ant. Vereins zu Schaffhausen.

— des historisch-antiquarischen Vereins u. des Kunstvereins in Schaffhausen f. 1889. gr. 4. Schaffhausen, (Schoch). n. 2. 80

Das Kloster Allerheiligen zu Schaffhausen v. K. Henking. I. Die Entwicklg. u. Baugeschichte v. Allerheiligen bis zur Uebergabe d. Klosters an die Stadt. Mit 4 Taf. in Lichtdr. (20 S.)

— des historischen Vereins u. des Kunstvereins in Schaffhausen f. 1890 u. 1891. gr. 4. (Mit Text-Abbildgn. u. je 3 Lichtdr.-Taf.) Schaffhausen, (C. Schoch). à n. 2. 80
1890. Das Kloster Allerheiligen zu Schaffhausen v. K. Henking. II. Baugeschichte [Schluss]. Umbauten seit der Reformation. Beschreibung der ältesten baul. Anlagen. (18 S.) 1890.
1891. — dasselbe. III. Baubeschreibung [Schluss]. (19 S.) 891. (kplt.: n. 5. 40)
s.: Neujahrsblatt des Kunstvereins u. d. historisch-antiquarischen Vereins zu Schaffhausen.

— d. historisch-antiquarischen Vereins u. d. Kunstvereins in Schaffhausen f. 1896 u. 1897. gr. 4. Schaffhausen (C. Schoch). à n. 2. 40
1896. Lebenserinnergn. d. Bürgermeisters Franz Anselm v. Meyenburg-Rausch. (1785—1859.) I. Hälfte. (II, 51 S. m. Bildn.) 896.
1897. Dasselbe. II. Hälfte. (II, 34 S. m. 2 Lichtdr.-Bildn.) 897.
Für 1894 u. 1895 ist kein Neujahrsblatt erschienen.

— dasselbe, Fortsetzg., s.: Neujahrsblatt, VIII, des Kunstvereins etc.

— 10. u. 11., des historisch-antiquarischen Vereins u. des Kunstvereins der Stadt Schaffhausen. 1900 u. 1901. gr. 4. Schaffhausen, Histor.-antiquar. Verein. 5. 40
10. Der Kanton Schaffhausen im Kriegsj. 1799. Von Rob. Lang. Mit 1 Taf. u. 18 Abbildgn. im Text nach Zeichngn. v. Geo. Ott u. Thom. Weber. (IV, 96 S.) (899.) 3. —
11. Die Schicksale des Kantons Schaffhausen in den J. 1800 u. 1801. Von Rob. Lang. Mit 2 Taf. u. 16 Abbildgn. im Text nach Originalen v. Geo. Ott. (III, 106 S.) 901. 2. 40
9. s.: Neujahrsblatt d. Kunstvereins etc. zu Schaffhausen.

Neujahrsblatt. Schaffhauser Neujahrsblatt (*Umschlag:* 11. Neujahrsblatt des Historisch-antiquarischen Vereins und des Kunstvereins der Stadt Schaffhausen) 1901. 4. Schaffhausen, historisch-antiquar. Verein und Kunstverein (*Umschlag:* Selbstverlag der Herausgeber). 1901. (fr. 2. —)
s.Lang, Robert.

Neujahrsblatt, 12., des historisch-antiquarischen Vereins u. des Kunstvereins der Stadt Schaffhausen. 1903. gr. 4. Schaffhausen, Historisch-antiquar. Verein (zu beziehen durch Dr. Rob. Lang, Frauengasse 17). n. 2. 40
Der Kanton Schaffhausen im Revolutionsjahr 1798. Von Rob. Lang. Mit e. Taf. nach e. Original v. Geo. Ott. — Die Schicksale des Kantons Schaffhausen in den J. 1802 u. 1803 bis zur Mediation. Von Rob. Lang. — Mit e. Anh. v. C. H. Vogler: Der Bataillenmaler Johann Georg Ott aus Schaffhausen. Mit 2 Taf. u. 5 Abbildgn. im Text nach Originalen v. Geo Ott. (49 u. 50 S.)
Fortsetzung, s.: Neujahrsblatt d. Kunstvereins etc.

Neujahrsblatt. Schaffhauser Neujahrsblatt (*Umschlag:* 12. Neujahrsblatt des Historisch-antiquarischen Vereins und des Kunstvereins der Stadt Schaffhausen) 1903. 4. Schaffhausen, historisch-antiquar. Verein und Kunstverein (zu beziehen durch Dr. Robert Lang), 1903. (fr. 2. —)
s.Lang, Robert.

— 15. u. 16., des historisch-antiquarischen Vereins u. des Kunstvereins Schaffhausen 1908 u. 1909/10. 31×23 cm. Schaffhausen, Historisch-antiquar. Verein (zu beziehen durch Dr. Rob. Lang, Frauengasse 17). 6. 60
15. Festschrift zur Erinnerung an das 100jährige Jubiläum des kanton. Offizier-Vereins Schaffhausen 9. XI. 1907. I. Walter, G., das Militärwesen im alten Schaffhausen. II. Bollinger, H., Geschichte des kantonalen Offizier-Vereins Schaffhausen. Mit 4 Taf. u. 18 Abb. im Text. (III, 57 S.) (907.) 3. —
16. Der Unot zu Schaffhausen. Geschichte seiner Entstehg. u. Erhaltg. Von Rob. Lang. Mit 4 Taf. u. 40 Abb. im Text. (V, 63 S.) (908.) 3. 60

Neujahrsblatt. 15. N' des Historisch-antiquarischen Vereins und des Kunstvereins Schaffhausen 1908. 4. Schaffhausen, Selbstverlag der Herausgeber, Zu beziehen durch Dr. Robert Lang.
s.Walter, G[ottfried, und] Bollinger, H[einrich].

Neujahrsblatt. 16. N' des Historisch-antiquarischen Vereins und des Kunstvereins Schaffhausen 1909/10. 4. Schaffhausen, Selbstverlag der Herausgeber, Zu beziehen durch Dr. Robert Lang. fr. 4. 50
s.Lang, Robert.

Neujahrsblatt des histor. Vereins des Kts. Bern. 1856, 59, 62. Bern. 4°

— des historischen Vereins v. Bern auf d. J. 1894. (Neue Folge.) gr. 4. Bern 893. K. J. Wyss. n. 2. —
Ritter Caspar v. Müllnen. Von Wolfg. Frdr. v. Mülinen. (14 S. m. 1 Bildnis.)

— Hrsg. v. histor. Verein d. Kantons Bern f. 1895, 1896, 1897, 1898. gr. 4. Bern, K. J. Wyss. n. 6. 70
1895. Bernhard Friedrich Kuhn, e. bern. Staatsmann zur Zeit d. Helvetik, v. E. Bloesch. (81 S. m. Bildn.) 894. n. 2. —
1896. Mittheilgn. üb. d. Thuner Handfeste. Nach e. in d. Hauptversammlg. d. bern. histor. Vereins am 23. Juni 1895 geh. Vortrage v. Alb. Zeerleder. (18 S. m. 1 Taf.) 896. n.n. 1. 50
1897. Cristoph v. Graffenried, Landgraf v. Carolina, Gründer v. Neu-Bern. Zumeist nach Familienpapieren u. Copien s. amtl. Berichte von Wolfg. Frdr. v. Mülinen. (43 S. m. 1 Plan.) 896. n. 2. —
1898. Die Sendg. d. Dr. jur. Samuel Friedrich Lüthardt nach Paris im Frühjahr 1798. Vortrag, geh. an d. Jahresversammlg. d. bern. histor. Vereins in Oberburg, den 20. VI. 1897 v. J. Sterchi. (20 S. m. 1 Taf.) 897. n. 1. 20

— des historischen Vereins v. Bern auf d. J. 1899—1902. (Neue Folge.) gr. 4. Bern, K. J. Wyss. à n. 2. —
1899. Ringier's, des Stadtschreibers J. R. aus Zofingen, Berichte aus der Abgeordneten-Versammlung zu Bern vom 1. II. bis 16. III. 1798. Hrsg. v. Frz. Zimmerlin. (44 S. m. Bildnis.) 898.
1900. Niklaus Emanuel Tscharner. Ein Lebensbild. Von Gust. Tobler. (46 S. m. 1 Bildnis.) 899.
1901. Daniel Fellenberg u. die patriotische Gesellschaft in Bern. Von W. F. v. Mülinen. (57 S. m. 1 Bildnis.) 900.
1902. Benedikt Marti (Aretius). Ein bern. Gelehrter u. Forscher des XVI. Jahrh. Von Alb. Haller. Mit dem Bildnis des Aretius. (56 S.) 901.

Neujahrsblatt hrg. vom Historischen Verein des Kantons Bern für 1901. 4. Bern, K. J. Wyss, 1900. [fr. 2. 50]
s.Mülinen, W[olfgang] F[riedrich] von.

Neujahrsblatt hrg. vom Historischen Verein des Kantons Bern für 1902. 4. Bern, K. J. Wyss, 1901. [fr. 2. 50]
s.Haller, Albert.

— hrsg. vom historischen Verein des Kantons Bern f. 1903, 1904 u. 1905/06. gr. 4. Bern, K. J. Wyss. n. 4. 80
1903. Edmund v. Fellenberg. Ein Lebensbild. Von Theophil. Studer. (19 S. m Abbildgn. u. 1 Bildnis.) 902. n. 1. 20
1904. Niklaus Manuel. Drama. Von Heinr. Weber. (XII, 57 S.) 903. n. 2. —
1905/06. Aus Karl Mathys Schweizerzeit. Von Gust. Tobler. Mit dem Bildnis v. Karl Mathy. (88 S.) 906. n. 1. 60

Neujahrsblatt hrg. vom Historischen Verein des Kantons Bern für 1903. 4. Bern, K. J. Wyss, 1902. [fr. 1. 50]
s.Studer, Theophil.

Neujahrsblatt hrg. vom Historischen Verein des Kantons Bern für 1904. 4. Bern, K. J. Wyss, 1903. [fr. 2. 50]
s.Weber, Heinrich.

Neujahrsblatt hrg. vom Historischen Verein des Kantons Bern für 1905/6. 4. Bern, Gustav Grunau, 1906. [fr. 2. —]
s.Tobler, Gustav.
Auf Neujahr 1905 erschien kein N', hrg. vom H' V' des K' B'.

— hrsg. vom historischen Verein des Kantons Bern f. 1907 u. 1908. Lex. 8. Bern, G. Grunau. 5. 30
1907. Die obersimmentalische Herrschaft Mannenberg. Von L. v. Tscharner. (66 S. m. 1 Abb. u. 1 Taf.) 907. 2. 50
1908. Kulturbilder aus der Refugientenzeit in Bern. (1685—1699.) Von E. Bähler. (98 S.) 908. 2. 80

Neujahrsblatt hrg. vom Historischen Verein des Kantons Bern für 1907. 4. Bern, Gustav Grunau, 1907. [fr. 2. 50]
s.Tscharner, L[udwig] von.

Neujahrsblatt hrg. vom Historischen Verein des Kantons Bern für 1908. 4. Bern, Gustav Grunau, 1908. [fr. 2. 80]
s.Bähler, E[duard].

Neujahrsblatt. Hersg. vom historischen Verein in St. Gallen. 1—9. Heft. St. Gallen, Scheitlin & Zollikofer. gr. 4. Jedes Heft n. 12 ngr.
1. Heft. Aus der Urzeit des Schweizerlandes. (16 S. mit 3 Steintaff. Abbild.) 861.
2. Heft. Die Schweiz unter den Römern. (16 S. mit 2 Steintaff. Abbild.) 862.
3. u. 4. Heft. Das Kloster St. Gallen. I. u. II. (38 S. mit 3 Steintaff. Abbild., wovon 2 in Ton- u. 1 in Buntdr.) 863,64.
5. Heft. Die Grafen von Toggenburg. (22 S. mit 1 Steintaf. Abbild. in Gold- u. Farbendr.) 865.
6. Heft. Zwei St. Gallische Minnesänger. I. Ulrich v. Singenberg, der Truchsess. II. Konrad v. Landegg, der Schenk. (18 S. mit 1 Steintaf. Abbild. in Buntdr.) 866.
7. Heft. Das alte St. Gallen. (16 S. mit 1 lith. Plan.) 867.
8. Heft. Die Feldnonnen bei St. Leonhard. (30 S. mit 1 Steintaf.) 868.
9. Heft. St. Gallen vor 100 Jahren. (22 S. mit 1 Steintaf.) 869.

Neujahrsblatt, XIII, des historischen Vereins von St. Gallen. 4. St. Gallen, Huber & Co. 1873. 1. 20
Inhalt: Lebensbild des Bürgermeisters Joachim von Watt (Vadian.)

— Der Kanton St. Gallen in der Restaurationszeit. Hrsg. vom **Historischen Verein in St. Gallen.** Mit 1 Tafel. St. Gallen, Huber & Cie. 4°. 21 Seiten. 1878.

—— des historischen Vereins in St. Gallen. 1891 u. 1892. gr. 4. St. Gallen, Huber u. Comp. à * 2 —; * 4 —
1891. Hardegger, Aug. Mariaberg bei Rorschach. (63 S. m. Illustr. u. 2 Taf.)
1892. Dierauer, Joh. Rapperswil u. sein Übergang an die Eidgenossenschaft. (41 S. m. 1 farb. Taf.)
Jahrg. 1889, s. Götzinger, Ernst. Der arme Mann in Toggenburg, u. Jahrg. 1890, s. Götzinger, Ernst. Statthalter Bernold von Walenstadt. — Beide Schriften erschienen im Verlage von Huber u. Comp. in St. Gallen u. nicht, wie irriger Weise angegeben, im Verlage von Körber.

Vgl. Neujahrsblatt, S[ank]t Gallisches.

— des historischen Vereins in St. Gallen f. 1894, s.: Bütler, Placid, Abt Berchtold v. Falkenstein.

Neujahrsblatt des historischen Vereins in St. Gallen für 1897. Ernst Götzinger. Ein Lebensbild von *Joh. Dierauer.* Mit Bildnis in Heliogravüre. In-4°. 90 S. St. Gallen, Fehr'sche Buchhandlung. 2 40

(Neujahrsblatt.) Hrg. vom Historischen Verein in (**Umschlag:* des Kantons) St. Gallen. 4. St. Gallen, Fehr, 1901. [fr. 2. 40]
s. Tobler, Alfred.

(Neujahrsblatt.) Hrg. vom Historischen Verein in (**Umschlag:* des Kantons) St. Gallen. 4. St. Gallen, Fehr, 1902. (fr. 2. 40)
s. Dierauer, Johannes.

(Neujahrsblatt.) Hrg. vom Historischen Verein des Kantons St. Gallen. 4. St. Gallen, Zollikofer, 1903. [fr. 2. 40]
s. Scheiwiler, [Johann Alois].

(Neujahrsblatt.) Hrg. vom Historischen Verein des Kantons St. Gallen. 4. St. Gallen, Zollikofer, 1904. [fr. 2. 40]
s. (W[artmann], H[ermann]).

(Neujahrsblatt.) Hrg. vom Historischen Verein des Kantons St. Gallen. 4. St. Gallen, Fehr, 1905. [fr. 2. 40]
s. (Arbenz, E[mil]).

(Neujahrsblatt.) Hrg. vom Historischen Verein des Kantons St. Gallen. 4. St. Gallen, Fehr, 1906. [fr. 2. 40]
s. Schiess, Traugott.

(Neujahrsblatt. Hrg. vom Historischen Verein des Kantons St. Gallen.) 4. St. Gallen, Fehr, 1907. [fr. 3. —]
s. Felder, Gottlieb.

(Neujahrsblatt.) Hrg. vom Historischen Verein des Kantons St. Gallen. 4. St. Gallen, Zollikofer & Cie., 1908 u. 1909. (fr. 2. 40) u. [3. —]
s. Hardegger, August — Schlatter, S[alomon].

(Neujahrsblatt.) Hrg. vom Historischen Verein des Kantons St. Gallen. 4. St. Gallen, Zollikofer & Cie., 1910.
s. Arbenz, Emil.

— des historischen Vereines f. Steiermark. Hrsg. v. dessen Ausschuss, red. v. A. Kapper. (Nr. 1. 1908.) (4 S. m. 2 Abbildgn.) 32×24 cm. Graz, (Leuschner & Lubensky). — 60

Neujahrsblatt der Stadtbibliothek Winterthur, s. Neujahrsblatt der Stadtbibliothek in Winterthur.

Neujahrsblatt. Zofinger N' 1905. Hrg. von Freunden der Heimat. (Heft 1.) [Mit illustriertem Umschlag und 1 Tafel.] II + 78 S. 8. [Zofingen,] Joh. Fehlmann. fr. —. 60

Neujahrsblatt. Zofinger N' 1906. Hrg. von Freunden der Heimat. Jahrg. 2. [Mit illustriertem Umschlag und 1 Porträt.] IV + IV + 72 S. 8. Zofingen, Joh. Fehlmann, 1905. (fr. —. 60)

Neujahrsblatt. Zofinger N' 1907. Hrg. von Freunden der Heimat. Jahrg. 3. [Mit 4 Tafeln.] 103 S. 8. Zofingen, Joh. Fehlmann, 1907. (fr. —. 60)

Neujahrsblatt. Zofinger N' 1908. Hrg. von Freunden der Heimat. Jahrg. 4. [Mit 1 Vignette und 2 Tafeln.] 95 S. 8. (Zofingen,) Joh. Fehlmann, 1907. (fr. —. 60)

Neujahrsblatt, zugerisches, für d. Jugend u. Freunde der Geschichte, für das Jahr 1882. In-4°, 27 S., mit 1 Tafel. Zug. W. Anderwert. 1 50

— — für das Jahr 1883. In-4°, 31 S., mit 1 Tfl. Zug, W. Anderwert. 1 50

Neujahrsblatt, Zugerisches, für die Jugend und Freunde der Geschichte für das Jahr 1884. In-4°, 27 S. mit 1 Tafel. Zug, W. Anderwert (in Comm.) 1 50

Zugerisches Neujahrsblatt, für d. Jugend u. Freunde der Geschichte, für das Jahr 1885. In-4°, 32 S. Zug, Anderwert.

Neujahrsblatt, Zugerisches, für die Jugend und Freunde der Geschichte für das Jahr 1886. In-4°, 32 S. Mit einer Abbild. in Holzschn. Zug, W. Anderwert.

Zugerisches Neujahrsblatt für die Jugend u. Freunde der Geschichte für das Jahr 1887. In-4°, 26 S. und 1 Karte in-fol. Zug, W. Anderwert.

Zugerisches Neujahrsblatt für die Jugend und Freunde der Geschichte für das Jahr 1888. In-4°, 32 S., mit 1 Tafel. Zug, Verlag von W. Anderwert.

Neujahrsblatt, Zugerisches, für die Jugend und Freunde der Geschichte für das Jahr 1891. In-4°. 27 S. Zug, W. Anderwert. 1 50
Inhalt: Aus der Geschichte des zuger. Schützenwesens, von *A. Wickart*. Mit 1 Holzschn. Die alte Münz und ihre Bewohner, von *M. A. Wyss*. Mit 2 Lichtdr. Chronik des Kantons Zug für das Jahr 1888.

— Zugerisches, für die Jugend und Freunde der Geschichte für das Jahr 1892: Der Tschurrimurri- oder Vogthandel, 1700—1703, von *Keiser*; Die Weissenbach- oder St. Karls-Pfrund, von *M. A. Wyss*. Mit Lichtdr. In-4°. 24 S. Zug, W. Anderwert. 1 —

— Zuger, f. d. J. 1893, 1894. Hrsg. v. der gemeinnütz. Gesellschaft des Kantons Zug. gr. 4. (36 S. m. 1 Taf., 45 S. m. 2 Taf.) Zug 893. 894. W. Anderwert. à n. 1. —

— Zuger, für das Jahr 1893. Hrsg. von der Gemeinnütz. Gesellschaft: Über Volksernährung, von *C. Arnold*. — Goldenes Buch. — *J. Hunziker*, Das Waldmannhaus zu Blickenstorf bei Baar. — Chronik des Kanton Zug f. 1889/1890.

— Zug., für das Jahr 1895. Herausgeg. von der gemeinnützigen Gesellschaft des Kanton Zug. In-4°. 47 S. Zug, W. Anderwert. 1 50
Ein Denkmal am Morgarten, von *K. Bürkli*. — Nachtlied. — Da fiel der erste Schnee. — Vor Gericht. — 8 Gedichte, von *J. Kaiser*. — Über den Alkohol und seine Folgen, von *J. Hürlimann*. — Über die Mittel zur Bekämpfung des Alkoholismus, von *C. Arnold*. — Goldenes Buch.

— dasselbe, f. d. J. 1896, 1897, 1898. gr. 4. Ebd. 896—898. à n.n. 1. —
1896. (63 S. m. 1 Bildn.) — 1897. (VIII, 52 S. m. 1 Abb.) — 1898. (44 u. IX S. m. 1 Lichtdr.)

— Zuger, f. d. J. 1899—1902. Hrsg. v. der gemeinnütz. Gesellschaft des Kantons Zug. gr. 4. Zug, W. Anderwert. n.n. 4. 20
1899. (56 u. IX S. m. 1 Bildnis.) 899. n.n. 1. —
1900. (37 u. VII S. m. 1 Bildnis.) 900. n.n. 1. —
1901. (44 u. VII S.) 901. n.n. 1. 20
1902. (42 S. m. 1 farb. Karte.) 902. n.n. 1. —

Neujahrsblatt. Zuger. Neujahrsblatt für das Jahr 1903. Hrg. von der Gemeinnützigen Gesellschaft des Kantons Zug. [Mit Porträt-Tafel.] II + 56 S. 4. Zug, Buchdr. Rey & Kalt (**Umschlag:* Verlag W. Anderwert), 1903. [fr. 1. 25]

Neujahrsblatt. Zuger. Neujahrsblatt für das Jahr 1904. Hrg. von der Gemeinnützigen Gesellschaft des Kantons Zug. [Mit 4 Figuren und 2 Tafeln.] 66 S. 4. Zug, Buchdr. Rey & Kalt (**Umschlag:* Verlag W. Anderwert), 1904. [fr. 2. —]

Neujahrsblatt. Zuger. N' für das Jahr 1905. Hrg. von der Gemeinnützigen Gesellschaft des Kantons Zug. [Mit 3 Tafeln.] 65 S. 4. Zug, Buchdr. Rey & Kalt (*Umschlag:* Verlag W. Anderwert), 1905. [fr. 1. 50]

Neujahrsblatt. Zuger N' für das Jahr 1906. Hrg. von der Gemeinnützigen Gesellschaft des Kantons Zug. [Mit 1 Karte.] II + 68 + VI S. 4. Zug, Buchdr. Rey & Kalt (**Umschlag:* Verlag W. Anderwert), 1906. [fr. 1. 50]

Neujahrsblatt. Zuger N' für das Jahr 1907. Hrg. von der Gemeinnützigen Gesellschaft des Kantons Zug. [Mit 2 Tafeln.] II + 44 + VIII S. 4. Zug, Buchdr. Rey & Kalt (**Umschlag:* Verlag W. Anderwert), 1907. [fr. 1. 50]

Neujahrsblatt. Zuger N' für das Jahr 1908. Hrg. von der Gemeinnützigen Gesellschaft des Kantons Zug. [Mit 1 Vignette und 2 Tafeln.] II + 63 S. 4. Zug, Buchdr. Rey & Kalt (**Umschlag:* Verlag W. Anderwert), 1908. [fr. 1. 50]

Neujahrsblatt. Zuger N' 1909. Hrg. von der Gemeinnützigen Gesellschaft des Kantons Zug. [Mit 1 Vignette und 2 Tafeln.] II + 66 S. 4. Zug, Buchdr. Rey & Kalt (**Umschlag:* Verlag W. Anderwert), 1909. [fr. 1. 50]

Neujahrsblatt. Zuger N' 1910. Hrg. von der Gemeinnützigen Gesellschaft des Kantons Zug. [Mit Illustrationen und 4 Tafeln.] II + 52 S. 4. Zug, Buchdr. Rey & Kalt (**Umschlag:* Verlag W. Anderwert), 1910. [fr. 1. 50]

Neujahrsblatt herausg. v. d. Knabengesellschaft Zürich. 1860.

Neujahrsblatt der Stadtbibliothek Zürich,
s. Neujahsblatt der Stadtbibliothek in Zürich.

Neujahrsblätter. Aarauer N' 1910. Hrg. im Auftrage der Literarischen Gesellschaft Aarau von Freunden der Heimat. Jahrg. 1. [Mit 6 Tafeln.] IV + 56 S. 8. Aarau, Emil Wirz. fr. —. 50

Neujahrsblätter, altdeutsche, für 1874: Mittel- und niederdeutsche Dialektproben. Hrsg. von Ant. Birlinger und Wilh. Crecelius. gr. 4. (VI, 147 S.) Wiesbaden 874, Killinger. [Frankfurt a. M., Ludw. St. Goar.] (*M.* 3,60.)

Neujahrsblätter aus Anhalt. Hrsg. v. Herm. Wäschke. 1—3 gr. 8. Dessau [P. Baumann's Verl.]. C. Dünnhaupt. à n. 1. —
1. Anhalt vor 100 Jahren. Von H. Wäschke. (82 S.) 904.
2. Nicolaus Hausmann u. die Reformation in Dessau. Von F. Bobbe. (32 S.) 905.
3. Des alten Dessauers Jugendzeit. Von (H.) Wäschke. (31 S.) Ballenstedt 906.

Neujahrsblätter, badische, hrsg. v. der bad. histor. Kommission. 1.-5. Blatt. 1891—1895. gr. 8. Karlsruhe, G. Braun. à n. 1. —
1. Bilder aus der Urgeschichte d. badischen Landes v. Karl Bissinger. Mit 25 in den Text gedr. Abbildgn. (60 S.) 891.
2. Badische Truppen in Spanien 1810—1813, nach den Aufzeichngn. e. bad. Offiziers von Frdr. v. Weech. (59 S. m. 1 Karte.) 892.
3. Das badische Oberland im J. 1785. Reisebericht e. österreich. Kameralisten, mitgeteilt v. Bernh. Erdmannsdörffer. (VI, 86 S.) 893.
4. Die Territorien des Seekreises 1800 v. Frz. Ludw. Baumann. (64 S. m. 1 farb. Karte.) 894.
5. Bilder aus der Kulturgeschichte der Pfalz nach dem 30jähr. Kriege v. Eberh. Gothein. (63 S.) 895.

Neujahrsblätter, badische, hrsg. v. d. bad. histor. Kommission. 6. u. 7. Blatt. 1896—1897. gr. 8. Karlsruhe, G. Braun'sche Hofbuchdruckerei & Verlag. à n. 1. —
6. Markgraf Bernhard I. u. d. Anfänge d. badischen Territorialstaates v. Rich. Fester. (IV, 138 S.)
7. 1897. Bruchsal. Bilder aus e. geistl. Staat im 18. Jahrh Von J. Wille. (99 S. m. 6 Abb.)
Fortsetzg. erschien u. d. T.:
Neujahrsblätter d.badischen hist. Kommission. Neue Folge.

– der Bibliothek u. des Archivs der Stadt Leipzig. I. u. II. 1905 u. 1906. Lex.-8. Leipzig, J. B. Hirschfeld. n. 9. 90
I. Geschichte der heimlichen Calvinisten (Kryptocalvinisten) in Leipzig. 1574—1593. Von Gust. Wustmann. — Hieronymus Lotter der Jüngere u. die Fürstenbildnisse im Leipziger Rathause. Von Gust. Wustmann. (112 S. m. 4 Abbildgn. u. 1 Taf.) 905. 3. 50
II. Geschichte der Leipziger Stadtbibliothek. Von Gust. Wustmann. 1. Hälfte. 1677—1801. — Aus Briefen Friederike Oesers. Mit 14 Abbildgn. (162 S.) 906. n. 6. 40

— der Bibliothek u. des Archivs der Stadt Leipzig. III u. IV. 1907 u. 1908. Lex. 8. Leipzig, J. B. Hirschfeld. à 4. —
III. Der Leipziger Kupferstich im 16., 17. u. 18. Jahrh. Von Gust. Wustmann. Mit e. Abb. (V, 112 S.) 907.
IV. Beiträge zur Geschichte der Stadt Leipzig im Reformationszeitalter. Von Ernst Kroker. (IV, 134 S.) 908.
Erscheinen nicht weiter.

— Brugger, für Jung u. Alt. Hrsg. im Auftrag der Lehrerkonferenz u. m. Unterstützg. der Kultur-Gesellschaft des Bez. Brugg. 15.—17. Jahrg. (75, 48 u. 56 S. m. Abbildgn.) 8. Brugg 904—906. Buchdruckerei Brugger Zeitungsverein. à n.n. — 25
Bisher u. d. T.: Neujahrsblätter f. Jung u. Alt.

Neujahrsblätter. Brugger N'-B' für Jung und Alt. Jahrg. 18. Hrg. im Auftrag der Lehrerkonferenz und mit Unterstützung der Kulturgesellschaft des Bezirks Brugg. 1907. [Mit Illustrationen und 4 Tafeln.] IV + 52 S. 8. Brugg, Buchdr. «Brugger Zeitungsverein». (fr. —. 30)

— Brugger, f. Jung u. Alt. Hrsg. im Auftrag d. Lehrerkonferenz u. m. Unterstützg. der Kultur-Gesellschaft des Bez. Brugg. 18. Jahrg. (52 S. m. Abb. u. 4 Taf.) 8. Brugg (Effingerhof).
Nicht im Buchhandel.

Neujahrsblätter. Brugger N'-B' für Jung und Alt. Jahrg. 19. Hrg. im Auftrage der Lehrerkonferenz und mit Unterstützung der Kultur-Gesellschaft des Bezirks Brugg. 1908. [Mit Illustrationen und 4 Tafeln.] IV + 36 S. 8. Brugg, «Effingerhof A.-G.» (fr. —. 40)

Neujahrsblätter. Brugger N'-B' für Jung und Alt. Jahrg. 20. Hrg. im Auftrage der Lehrerkonferenz und mit Unterstützung der Kultur-Gesellschaft des Bezirks Brugg. 1909. [Illustriert.] IV + 48 S. 8. Brugg, «Effingerhof A.-G.» (fr. —. 40)

Neujahrsblätter. Brugger N'-B' für Jung und Alt. Jahrg. 21. Hrg. im Auftrage der Lehrerkonferenz und mit Unterstützung der Kultur-Gesellschaft des Bezirks Brugg. 1910. [Mit Illustrationen und 1 Porträt-Tafel.] IV + 48 S. 8. Brugg, «Effingerhof A.-G.» (fr. —. 40)

Neujahrsblätter, Elsässische für 1843. Im Verein mit ihren Freunden herausgeg. von Aug. Stöber u. Fr. Otte. gr. 8. (Mit Pfeffels Portr.) Straßburg 843, Schuler. (Heidelberg, C. F. Winter.) n. 1⅙ ₰ — für 1844, 1845 u. 1846. Mit à 1 Portr. gr. 8. Basel, Schweighauser's Buchh. à n. 1 ₰

— dass. f. 1844—47. (2—5. Jahrg.) Hrsg. v. Dens. gr. 8. Ebds. [2. (15⅝ B. u. G. D. Arnold's Portr.) 3. (18¾ B. u. Aug. Lamey's Portr.) 4. (20¼ B. u. Ehrenfr. Stöber's Portr.) 5. (20¼ B. u. Dan. Specklin's Portr.) à * 1 Thlr.] *

Neujahrsblätter, elsässische, für 1848. Im Verein mit ihren Freunden hrsg. von Aug. Stöber und Friedr. Otte. gr. 8. (IV und 292 S. mit dem lithogr. Portr. Ludw. Heinr. v. Nicolay.) Basel, Schweighauser'sche Vrlgsb. *

Neujahrsblätter, evangel.-christliche. f. Blätter.

Neujahrsblätter,

— Hrsg. von der Gesellschaft f. fränkische Geschichte. I. gr. 8. Würzburg, H. Stürtz. n. 2. 50
Franken u. die Kreisverfassung. Von Rich. Fester. (VI, 79 S. m. 1 farb. Karte.) 906.

— Hrsg. v. d. Gesellschaft f. fränkische Geschichte. II—V. gr. 8. Würzburg, H. Stürtz. 9. 50
Gleichen-Rußwurm, Alex. v., aus den Wanderjahren e. fränkischen Edelmannes. (VII, 61 S. m. 1 Bildnis.) 907. (II.) 2. —
Helmes, Herm., aus der Geschichte der Würzburger Truppen (1628—1802). (VI, 109 S.) 909. (IV.) 2. 50
Schottenloher, Karl, die Entwickelung der Buchdruckerkunst in Franken bis 1530. (VIII, 97 S. m. 5 Taf.) 910. (V.) 2. 50
Schrötter, Geo., die Nürnberger Malerakademie u. Zeichenschule im Zusammenhang m. dem Kunstleben der Reichsstadt von der Mitte des 17. Jahrh. bis 1821. Nach literar. u. archival. Quellen dargestellt. (94 S.) 908. (III.) 2. 50

— für Jung u. Alt. Hrsg. v. d. Lehrerkonferenz d. Bezirks Brugg. 1.—4. Jahrg. 8. (40, 48, 48 u. 48 S. m. Abb.) Brugg 1890—93. (Fisch, Wild & Co.) à n. — 25

— dasselbe. Hrsg. im Auftr. der Lehrerkonferenz u. m. Unterstützg. der Kulturgesellschaft des Bezirks Brugg. 5.—9. Jahrg. 8. (48, 48, 48, 48 u. 64 S. m. Abb.) Ebd. 894—898. à n. — 25

Neujahrsblätter f. Jung u. Alt. Hrsg. im Auftrag d. Lehrerkonferenz u. m. Unterstützg. der Kulturgesellschaft des Bez. Brugg. 10.—12. Jahrg. 8. Brugg (Effingerhof). n.n.n. 1. 25
10. (48 S. m. Abb.) 899. n. — 25
11. (64 S. m. Abb. u. 2 Taf.) 900. n. — 50
12. (52 S. m. Abb.) 901. n.n.n. — 25
Nicht mehr im Buchhandel.

— für Jung u. Alt. Hrsg. im Auftrag der Lehrerkonferenz u. m. Unterstützg. der Kulturgesellschaft des Bez. Brugg. 13. u. 14. Jahrg. (60 u. 64 S. m. Abbildgn.) 8. Brugg 903. 904. Buchdruckerei Brugger Zeitungsverein. à n.n. — 25
Fortsetzung, f.: Neujahrsblätter, Brugger.

— d. badischen histor. Kommission. N. F. 1. 1898. Röm. Prälaten am deutschen Rhein. 1761—1764. Von Frdr. v. Weech. gr. 8. (80 S.) Heidelberg 898. C. Winter. n. 1. 20

Vorh.unt.d.T.:Badische Neujahrsblätter.

Neujahrsblätter der badischen historischen Kommission. Neue Folge. 2—5. 1899—1902. gr. 8. Heidelberg, C. Winter. à n. 1. 20
2. Johann Georg Schlosser als badischer Beamter. Von Eberh. Gothein. (100 S.) 899.
3. Konstanz im 30jährigen Kriege. Schicksale der Stadt bis zur Aufhebg. der Belagerg. durch die Schweden. 1628—1633. Von Konr. Beyerle. (84 S.) 900.
4. Baden zwischen Neckar u. Main in den J. 1803—6. Von Pet. P. Albert. (91 S.) 901.
5. Ausgewählte Gedichte. Von Sam. Frdr. Sauter. Eingeleitet u. hrsg. v. Eug. Kilian. Mit 2 Bildern. (XXXI, 78 S.) 902.

Neujahrsblätter der badischen historischen Kommission. Neue Folge. 6—9. 1903—1906. gr. 8. Heidelberg, C. Winter Verl. à n. 1. 20
6. Bilder vom Konstanzer Konzil. Von Heinr. Finke. (98 S.) 903.
7. Deutsche Heldensage im Breisgau. Von Frdr. Panzer. (90 S.) 904.
8. Die Besitznahme Badens durch die Römer. Von Ernst Fabricius. Mit 1 Karte. (88 S.) 905.
9. Rupprecht der Kavalier. Pfalzgraf bei Rhein (1619—1682). Von Karl Hauck. (117 S.) 906.

Neujahrsblätter der Badischen Historischen Kommission. Neue Folge (Heft) 6. 1903. 8. Heidelberg, Carl Winter, 1903. (M. 1. 20)
s.A. Finke, Heinrich.

Neujahrsblätter der Badischen Historischen Kommission. Neue Folge (Heft) 7. 1904. 8. Heidelberg, Carl Winter, 1904. (M. 1. 20)
s.A. Panzer, Friedrich.

Neujahrsblätter der Badischen Historischen Kommission. Neue Folge (Heft) 8. 1905. 8. Heidelberg, Carl Winter, 1905. (M. 1. 20)
s.A. Fabricius, Ernst.

— der badischen historischen Kommission. Neue Folge. 10—13. 1907—1910. gr. 8. Heidelberg, Carl Winter. à 1.20

10. Der Breisgau unt. Maria Theresia u. Joseph II. Von Eberh. Gothein. (III, 130 S.) 907.
11. Der Minnesang im Lande Baden. Von Frdr. Pfaff. (XXIII, 71 S.) 908.
12. Mittelalterliche Gesundheitspflege im heutigen Baden. Von Karl Baas. (III, 84 S.) 909.
13. Die badischen Markgrafschaften im 16. Jahrh. Von Eberh. Gothein. (III, 91 S.) 910.

Neujahrsblätter der Badischen Historischen Kommission. Neue Folge (Heft) 10. 1907. 8. Heidelberg, Carl Winter, 1907. (M. 1.20)
s. Gothein, Eberhard.

Neujahrsblätter der Badischen Historischen Kommission. Neue Folge [Heft] 11. 1908. 8. Heidelberg, Carl Winter, 1908. [M. 1.20]
s. Pfaff, Fridrich.

Neujahrsblätter. Hrsg. von der historischen Commission der Provinz Sachsen. I—VI. gr. 8. Halle 877—81. Pfeffer in Comm. n. 6. 20

1. Wallenstein u. die Stadt Halle 1625—1627. Von Jul. Otto Opel. (35 S.) n. — 80
2. Cardinal Albrecht von Mainz u. die Erfurter Kirchenreformation. [1514—1533.] Von Wilh. Schum. (50 S.) n. 1. 20
3. Der Brocken in Geschichte u. Sage. Von Ed. Jacobs. (52 S.) n. 1. 20
4. Die Halberstädter Schicht im Novbr. 1423. Von Gust. Schmidt. (35 S.) n. 1. —
5. Die Reformation in Nordhausen. 1522—1525. Von Thdr. Perschmann. (39 S.) n. 1. —
6. Löbejün u. Cönnern während des dreißigjährigen Krieges. Von Gust. Hertzberg. (31 S.) n. 1. —

Neujahrsblätter. Hrsg. v. der Historischen Commission der Prov. Sachsen. 7—10. Hft. gr. 8. Halle, Pfeffer. à n. 1. —

7. Die Einführung d. Christenthums in die nordthüringischen Gaue Friesenfeld u. Hassengau. Von Herm. Größler. (37 S.) 883.
8. Martin Luther, der deutsche Reformator. Von Jul. Köstlin. Mit dem Bilde Luthers in Lichtdr. nach e. Zeichng. von Schnorr v. Carolsfeld. (VII, 77 S.) 884.
9. Bad Lauchstädt. Von Otto Nasemann. (52 S.) 885.
10. Die Gegenreformation in Magdeburg. Von Gust. Hertel. (38 S.) 886.

Neujahrsblätter. Hrsg. v. der histor. Commission d. Prov. Sachsen. 11.—14. gr. 8. Halle, (Pfeffer). 887—890. à n. 1. —

11. Erfurts Unterwerfung unter die Mainzische Landeshoheit. [1648—1664.] Von W. Frhrn. v. Tettau. (56 S.)
12. Pforte in seiner kulturgeschichtlichen Bedeutung während des 12. u. 13. Jahrh. Von P. Böhme. (47 S.)
13. Luther in Torgau. Von E. Schild. (43 S.)
14. Bischof Thietmar von Merseburg u. seine Chronik. Von J. Kurze. (42 S.)

— hrsg. v. der histor. Kommission der Prov. Sachsen. 15.—19. Hft. gr. 8. Halle a/S., (O. Hendel). à n. 1. —

15. Entwickelungsgang der Stadt Halle a. d. S. vom Mittelalter bis zur Gegenwart. Von Gust. Hertzberg. (43 S.) 891.
16. Aus dem Reisetagebuch e. jungen Zürichers (Joh. Heinr. Landolt) in den J. 1782 bis 1784. Hrsg. v. Ernst Dümmler. (46 S.) 892.
17. Geschichte der Stadt Erfurt bis zur Unterwerfung unter die Mainzische Landeshoheit im J. 1664. Von Carl Beyer. (52 S.) 893.
18. Eberhard Weidensee u. die Reformation in Magdeburg. Von Wald. Kawerau. (42 S.) 893.
19. Die historische Bedeutung des Saalethales v. Gust. Hertzberg. (55 S.) 895.

— Hrsg. v. der histor. Kommission der Prov. Sachsen. 20.—23. gr. 8. Halle, O. Hendel. à n. 1. —

20. Altheil. Steine in d. Prov. Sachsen. Von Herm. Größler. (61 S.) 896.
21. Rosengarten im deutschen Lied, Land u. Brauch m. besond. Beziehg. auf d. thüringisch-sächs. Provinz v. Ed. Jacobs. (92 S.) 897.
22. Die Universität Erfurt u. Dalberg. (44 S.) 898.
23. Schiller in Lauchstädt im J. 1803. Unt. Benutzg. e. v. L. E. Seidel hinterlass. Mskr. dargest. v. Alb. Pick. (48 S.) 899.

— Hrsg. v. der histor. Kommission der Prov. Sachsen. 24.—26. Hft. Lex.-8. Halle, O. Hendel. à n. 1. —

24. Alt-Quedlinburg. Seine Einrichtgn. u. Bürgersitten unter albertin. Schutzherrschaft (1485—1698), nach d. Baurgedingen geschildert. Von Herm. Lorenz. (71 S.) 900.
25. Hof- u. Haushaltung der letzten Grafen v. Henneberg. Von E. Ausfeld. (48 S.) 901.
26. Luthers Rückkehr von der Wartburg nach Wittenberg. Von Gust. Kawerau. (68 S.) 902.

— Hrsg. v. der histor. Kommission der Prov. Sachsen u. des Herzogt. Anhalt. 27.—30. Lex.-8. Halle, O. Hendel. à n. 1. —

27. Die Dessauer Elbbrücke. Von H. Wäschke. (34 S.) 903.
28. Archäologische Probleme in der Prov. Sachsen. Von P. Höfer. (31 S.) 904.
29. Die mittelalterlichen Siechenhäuser der Prov. Sachsen. Von G. Liebe. (36 S.) 905.
30. Das Zerbster Bier. Von H. Wäschke. (48 S.) 906.

— Hrsg. v. der histor. Kommission f. die Prov. Sachsen u. d. Herzogt. Anhalt. 31—34. Lex. 8. Halle, O. Hendel. à 1. —

Größler, Herm., vom Einzelhof zum Stadtkreis. Ein Blick auf die Entwickelg. der Stadt Eisleben. (34 S.) 910. (34.)
Heldmann, Karl, mittelalterliche Volksspiele in d. thüringisch sächsischen Landen. (58 S.) 908. (32.)
Herzberg, Gust., die Kämpfe in u. bei der Stadt Halle a. S. am 17. X. 1806. (32 S.) 907. (31.)
Voigt, H. G., Brun v. Querfurt u. seine Zeit. (42 S.) 909. (33.)

Neujahrsblätter v. St. Gallen, auf d. J. 1827—33. Hrsg. v. d. wissenschaftl. Verein in St. Gallen. Jeder Jahrg. m. 1 Kpfr. gr. 4. ... St. Gallen, Huber u. Comp. à J.

A. u. d. Titln:
1827. Ritterzeit d. Kantons St. Gallen.
1828. Der Bezirk St. Gallen.
1829. Der Bezirk Rorschach.
1830. Der Bezirk Gossau.
1831. Der Bezirk Mosnang.
1832. Die Bezirke Neu- u. Obertoggenburg.
1833. Die Bezirke Gaster u. Seebezirk.

Neujahrsblätter v. St. Gallen, a. d. J. 1834, 1836 u. 37. Hrsg. v. d. wissenschaftl. Vereine in St. Gallen. Jed. m. 1 Kpfr. 4. St. Gallen, (Huber u. Comp.) à * 1/3 Thlr. •

Enth.: 1834. Ober- u. Unterrheinthal.
1835 erschien nicht.
1836. Die Bezirke Werdenberg u. Sargans.
1837. Karl Müller v. Friedberg, gewes. Landammann d. Kantons St. Gallen.

Neujahrsblätter, württembergische. Unter Mitwirkg. v. Beckh, Heyd, Klaiber ꝛc. hrsg. v. J. Hartmann. 1. u. 2. Blatt. gr. 8. Stuttgart, Gundert. à n. 1. —

1. Eberhard im Bart. Von Gust. Bossert. (64 S. m. 1 Holzschn.-Portr.) 884.
2. Schiller u. Schwaben. Von Paul Lang. (50 S. m. Illustr.) 885.

Neujahrsblätter, württembergische. Unter Mitwirkg. v. Beckh, Heyd, Klaiber ꝛc. hrsg. von J. Hartmann. 3.—7. Blatt. 1886—1890. gr. 8. Stuttgart, Gundert. à n. 1. —

3. Auf dem Bussen. Eine kulturgeschichtl. Rundschau. Von M. R. Buck. Mit 1 Panorama v. Oberschwaben. (48 S.)
4. Ludwig Uhland. Zum 100. Gedenktage seiner Geburt. Von A. Rümelin. Mit Bild u. Facsm. (48 S.)
5. Württemberg u. die Franzosen im J. 1688. Von Th. Schott. Mit 2 Abbildgn. (52 S.)
6. Der 30jährige Krieg in Schwaben. Nach ungedruckten Aufzeichnungen v. Zeitgenossen in Ulm u. auf der Ulmer Alb. Mit 1 Karte u. 1 Bild. (48 S.)
7. Aus den Zeiten des Königs Friedrich. Von H. Beckh. (48 S. m. 1 Bild.)

Neujahrsblätter, württembergische. Unter Mitwirkg. v. Beckh, Heyd, Paulus ꝛc. Hrsg. v. J. Hartmann. 8.—12. Blatt. 1891—1895. gr. 8. Stuttgart, D. Gundert. à n. 1. —

8. Das Kunstleben der Staufenzeit in Schwaben. Von Eug. Gradmann. (64 S. m. 9 Abbildgn.)
9. Johannes Kepler. Ein Lebensbild v. Jul. Schall. (48 S. m. 1 Bildnis.)
10. Schwaben in Amerika seit der Entdeckung d. Weltteils. Von Paul Kapff. (48 S. m. 2 Bildern.)
11. Die Besiedlung Württembergs von der Urzeit bis zur Gegenwart, übersichtlich dargestellt v. Jul. Hartmann. (48 S. m. 3 Bildern.)
12. Drei Schwaben in fremden Kriegsdiensten. Graf Harrsch. Herwarth v. Bittenfeld. Joh. Jak. Wunsch. Von Alb. Pfister. (56 S. m. 3 Bildnissen.) 895.

— württembergische. Neue Folge. Blatt 1—4. 12. Stuttgart, D. Gundert. Kart. à n. 1. —
1. Aus den Lehr- u. Wandertagen uns. Väter. Nach Gedrucktem u. Ungedrucktem. Von Jul. Hartmann. (96 S. m. 6 Bildn.) 896.
2. Oberamtmann Schäffer v. Sulz. E. Zeit- u. Lebensbild aus d. Ende d. vor. Jahrhunderts v. Ed. Eggert. (95 S. m. 1 Bildn.) 897.
3. D. Reichsstadt Eßlingen u. ihr Bürgermeister Georg Wagner in d. Zeiten d. 30jähr. Krieges v. K. H. E. Pfaff. Mit 2 Bildern. (96 S.) 898.
4. Die Staatsgefangenen v. Hohenasperg. Von Thdr. Schön. (96 S. m. 2 Abb.) 899.

— württembergische. Neue Folge. 5.—8. Blatt. 8. Stuttgart, D. Gundert. Kart. à n. 1. —
5. Württemberg im J. 1800. Auf d. J. 1900 geschildert. Von J. Hartmann. Mit 1 (farb.) Karte: Württemberg im J. 1801. (100 S.) 900.
6. Schwabenspiegel aus alter u. neuer Zeit. Von Jul. Hartmann. (111 S.) 901.
7. Der Bauer im heutigen Württemberg nach seinen Rechtsverhältnissen v. 16. bis ins 19. Jahrh. Von Thdr. Knapp. (104 S.) 902.
8. Schwäbliche Selbstbeleuchtung in alter u. neuer Zeit. Des Schwabenspiegels 2. Tl. Von Jul. Hartmann. (95 S.) 903.

Neujahrs-Bote, christlicher. 5.—10. Jahrg. 1880—1885. 4. (à Jahrg. ca. 72 S.) Winterberg, Steinbrener's Verlag. à Jahrg. *

Neujahrs-Bote, christlicher. Kalender auf die J. 1886—1889. Mit Illustr. 4. (108; 72; 72; 108 S.) Winterberg, Steinbrener's Verlag. à Jahrg. * — 50

Neujahrsbote, Christlicher. Kalender auf das gemeine Jahr 1890. 4. (104 S.) —.30
Winterberg: Steinbrener.

Neujahrs-Bote, christlicher. Kalender auf d. J. 1891. 4. (72 u. 32 S. m. Text-Abbildgn. u. 2 Chemiegraph.) Winterberg, Steinbrener. n. — 60

Neujahrsbote, Christlicher. Kalender auf das Schaltjahr 1892. 4. (72 S. und Jahrmärkte-Verzeichniß) Ebda. —.30

Neujahrsbote, Christlicher. Kalender auf das Jahr 1893. 4. (72 S. u. Jahrmärkte-Verzeichniß) —.30
Ebda.

Neujahrsbote, Christlicher. Kalender auf das Jahr 1894. 4. (72 S. u. Jahrmärkte-Verzeichniß) —.30
Ebda.

Neujahrsbote, Christlicher. Kalender auf das Jahr 1895. 4. (72 S. u. Jahrmärkte-Verzeichniß) —.30
Ebda.

Neujahrs-Bote, christlicher. Kalender auf d. J. 1896. 4. (72, XX u. XVI S. m. Abb. u. 1 Chemigr.) Winterberg, J. Steinbrener. n. — 60

Neujahrsbote, Christlicher. Kalender auf das Jahr 1897. 4. (72 S. u. Jahrmärkte-Verzeichniß) —.30
Ebda.

Neujahrsbote, Christlicher. Kalender auf das Jahr 1898. 4. (72 S. u. Jahrmärkte-Verzeichniß —.30
Ebda.

Neujahrsbote, Christlicher. Kalender auf das Jahr 1899. 4. (72 S. u. Jahrmärkte-Verzeichniß) —.30
Ebda.

(F) Christlicher Neujahrs-Bote. Kalender auf das Jahr 1900. Winterberg. Steinbrener. Gr.-8°. 71 S. mit 2 Tafeln. K —.30

(F) Christlicher Neujahrsbote. Kalender für das Jahr 1906. Gr.-8°. (72 S.) Ebda. K —.60

Neujahrs-Bote, christlicher, f. d. J. 1907. (72, XVI u. XVI S. m. Abbildgn. u. 1 Taf.) gr. 8. Winterberg, J. Steinbrener. — 40

(F) Christlicher Neujahrsbote. Kalender für das Jahr 1908. Gr.-8°. Ebda. K —.60

Neujahrs-Bote, christl. Kalender f. d. J. 1911. 36. Jahrg. (II, 72, XVI u. XVI S. m. Abb. u. 1 Taf.) gr. 8. Winterberg, J. Steinbrener. — 50

NEUJAHRSBREEF, Een vertuliger (!), an eenen nederdütschen Fründ b'ver dat nymodige Glockwünschen, der Taufredenheit, Fründschapp, Ehrlevve, en Hofmaneeren der hütigen Welt, vom synem abwäsenden Landsmann in'm Ryke. Dessau, 1782, in der Buchh. der Gelehrten. 8°. Höchst selten!
So im Magaz. d. Buch- u. Kunst-Handels. Jahrg. 1782. Lpz. gr. 8°. S. 607.

Neujahrsbriefe, od. Glückwünsche z. neuen Jahre f. Kinder an Eltern, Großeltern, Verwandte, Verpfleger u. Gönner. 8. (2¼ B.) Crefeld 831, Schüller.

Neujahrsbüchlein, Aachener, f. d. Jugend. 1—8. Jahrg. 1829—36. 8. (à 2 B.) Aachen 836, [Düsseldorf,] Roschütz u. Cp. à

— Aachener, für die Jugend. 1r—7r Jahrg. 8. Aachen —837. Ressel'sche Buchh. (Roschütz u. Comp.) à 1/12 ß

Neujahrsbüchlein f. das Arbeitskästchen holder Frauen u. Jungfrauen. f. a. Zophthalmos.

Neujahrsbüchlein für das Arbeitskästchen holder Frauen und Jungfrauen. Brünn 1820. V: *Haug, Johann Christoph Friedrich.* (EE)

Neujahrsbüchlein f. d. Arbeits-Kästchen holder Frauen u. Jungfrauen. Hg.: Fr. Hophtholmos. (Haug.)
(1822). 258 S. M. 1 Kpf.
Leipzig. Goed. VIII, 105, 242.

Neujahrsbüchlein von Vetter Daniel. Strassburg 1818. V: *Stöhr, Daniel Ehrenfried.* (GGr) (MGT) (NN)

Neujahrsbüchlein, enthaltend Erzählungen, Gedichte, Fabeln, Merkwürdigkeiten aus der Länderkunde ꝛc. 1r—7r Jahrg. 8. Elberfeld 831—37. Becker. (à Jahrg. 1 gl) 7 gl

— für Kinder. 8. Crefeld, Schüller. Das Dutzend ½ ß (Erscheint jährlich.)

Neujahrsbüchlein für die größeren Kinder. 1—4. Jahrg. 12. (à Jahrg. 24 S. mit eingedr. Holzschn.) Köln und Neuß 858—61, Schwann'sche Verlagsh. 12 Stück *

Neujahrsbüchlein für die größeren Kinder. 5. und 6. Jahrg. 12. (à Jahrg. 24 S. mit eingedr. Holzschn.) Cöln und Neuß 862,63, Schwann'sche Verlagsh. 12 Stück *

Neujahrsbüchlein für größere Kinder. 7.—18. Jahrg. gr. 16. (24 S. mit eingedr. Holzschn.) Köln und Neuß 864—75, Schwann's Verlag. à Dutzend *
— dass. — für kleinere Kinder. 7.—18. Jahrg. gr. 16. (24 S. mit eingedr. Holzschn.) Ebendas. 864—75. à Dutzend *

— dass. — Für die kleineren Kinder. 1—4. Jahrg. 12. (à Jahrg. 24 S. mit eingedr. Holzschn.) Ebendas. 858—61. 12 Stück *

— dass. — für die kleineren Kinder. 5. und 6. Jahrg. 12. (à Jahrg. 24 S. mit eingedr. Holzschn.) Ebendas. 862,63. 12 Stück *

— — für kleinere Kinder. 13. Jahrg. Ebend. 870. gr. 16. (24 S. mit eingedr. Holzschn.) 12 Stück n. 10 ngr.

— dasselbe f. kleinere Kinder. 17. u. 18. Jahrg. 8. (26 S. m. eingedr. Holzschn.) Ebend. 874. 75. pro Dutzend n. 1. —

Neujahrsbüchlein für Lehrer. Elberfeld 1819. V: *Wilberg, Joh. Frdr.* (Ky)

Neujahrsbüchlein für Lehrer. (von Wilberg.) 8. Elberfeld, Büschler.) 819. *

Neujahrs-Büchlein für lustige Leute. Eine Weihnachts- u. Neujahrsgabe. Mit Illustr. (Neue Titel-Ausg. v.: Fallstaff's närrischer Fest- u. Sonntags-Kalender f. 1850.) 16. (176 S.) Grimma 851, Verlags-Comptoir. 3 ngr

— des Pilgers aus Sachsen f. 1841. 4. (5¾ B.) Dresden, Naumann. *
Aus dem Anh. d. „christl. Volkskalenders," besond. abgedruckt.

Neujahrsbüchlein. Politisches N-B' auf das Jahr 1831, oder ein Blick vom Galandaberg herab auf die Welthändel .... 8. Chur (1831).

NEUJAHRSERZÄHLUNGEN, oder lächerliche Lebensgeschichte eines lustigen Bruders von Holzhausen beym Brandwein-Glas gebürtig. Nebst seinem Leibs-Lied Grambambuli du mein Ergötzen. O. O. (Nürnberg). 1785. 8°. 4 S. (80 Pfg. B. Seligsberg, Bayreuth, 1906; jetzt theurer!)

Neujahrsgabe. Eltern und ihren erwachsenen Kindern gewidmet . . . Halberstadt 1796. V: *Hollman, Johannes Franciscus Christianus (Friedrich).* (Schr) (GGr) (Ky)

Neujahrsgabe, Eltern u. ihren erwachsenen Kindern gewidmet (v. Fr. Hollmann). 8. Halberst. 796.

Neujahrsgabe, Dramatische, f. . . . . Hg.: Lembert. (1827). 195 S. Wien. Goed. VIII, 132, 34.

Neujahrsgabe eines begnadigten Sünders f. seine im Sündenschlamme versunkenen, armen Mitbrüder. 12. (½ B.) Culm 844. (Berlin, J. A. Wohlgemuth, Berl.)

Neujahrsgabe von †Xanthippus [Franz Sandvoß]. 8. (24 S.) Berlin 886, Bohne. * — 75

Neujahrsgedanken vom Titul: Excellenz . . . Leipzig 1720. V: *Glafey, Adam Friedrich.* (Oa)

Neujahrsgedichte auf den 1. Jänner 1788 dem Herrn Carl Gruber von Grubenfels zugeeignet. Ofen 1788. V: *Halitzky, Andr.* (Pk)

Neujahrsgesang über den Zustand unserer Zeiten . . . Nürnberg 1771. V: *Kalteis, Johann Leonhard.* (Ml.) (Will)

Neujahrsgeschenk,

— das,. Lustsp. in 2 Akten. 8. Wien, Gerold. 781.

Neujahrsgeschenk, das,. Eine Gelegenheitsposse in 1 Akt, von A. J. v. Guttenberg. 8. Leipz. (Stage in Augsburg). 804.

Neujahrsgeschenk, Das, oder die Büchse der Pandora. Ein Beitrag zur neuesten Geschichte der Staatsverwaltung eines großen deutschen Landes. Von einem Enclavenbewohner. O. O. 1819. V: *Marées, Ludwig de.* (HHBD Anhaltina I, 74)

Neujahrsgeschenk, das, oder die Büchse der Pandora. Ein Beytrag zur neuesten Geschichte der Staatsverwalt. eines großen deutschen Landes. 8. Dessau, Ackermann. 819.

Neujahrsgeschenk, Das. (Aus den Tagebüchern des armen Pfarr-Vikars von Wiltshire:) Der Sammler. Wien 1819. Nr. 26/35. (Ausserdem öfter anderwärts nachgedruckt.) V (bezw. B): *Zschokke, Johann Heinr. Daniel.* Wiederholt in dessen Ausgew. Schriften 15 (1825), S. 276 ff. (DARP)

Neujahrsgeschenk, 1837 u. 38. 8. (12¼ u. 13¼ B.) Wien, Mechitaristen-Congreg.-Buchh. à ½ Thlr.

Neujahrsgeschenk, Angenehmes und lehrreiches, für Kinder von reiferem Alter zur Bildung . . . für das Jahr 1784[—87]. Lüneburg. V: *Michaelsen, Ludolf Chn.* (Ky)

— angenehm. u. lehrreiches, f. Kinder v. reiferem Alter z. Bildung ꝛc. (v. L. Chr. Michaelsen,) f. d. J. 1784—87. 8. Lüneb., Lemke. 1 ℛ 8 gl.

Neujahrs-Geschenk, Ein, für die Herren Wiener Autoren. Von einem Schwaben. O. O. 1785. V: ***Weimar, Johann Martin.*** MV: ***Wucherer, Georg Philipp.*** MV: ***Fezer, Johann Jacob*** (?) (Der österreichische Parnass verspottet in Wort und Bild. Mit einer Einleitung von Richard Maria Werner. Wiener Bibliophilen-Gesellschaft 1912, S. 7) (Gustav Gugitz. In: Grillparzer-Jahrbuch XVI, S. 187, Anm. 3) (Briefe über den gegenw. Zustand der Litteratur 1788, S. 96) (BiblPort)

Neujahrsgeschenk für Wiens Autoren. 8. Wien, Wucherer. 3 ₰.

—— zur Belehrung u. Unterhalt. d. Jugend. Eine Samml. v. Erzähln., Gedichten, Räthseln u. Charaden, von e. Jugendfreunde. 16. (3¼ B.) Aachen 835, Hensen u. Comp.

Neujahrsgeschenk für katholische Christen. Mainz 1818. V: *Wolf, Lorenz.* (Ky) (Schmal)

— — für kathol. Christen. 8. (Mainz, Müller.) 818.

— für junge Damen und Herren. 8. Dresden, Hilscher.

Neujahrsgeschenk für Dienstboten auf das Jahr 1793. Münster 1793. V: *Brockmann, Joh. Hnr.* (MGT) (Ky)

Neujahrs=Geschenck für Jagd= und Forstliebhaber auf das Jahr… (hrsg. v. L[udwig] C[arl] E[berhard] H[einrich] F[riedrich] von Wildungen. [Mit Kupf. v.] L[udwig Karl Eberhard Heinrich Friedrich] de Wildungen, [Johann Georg] Pforr [u. August Wilhelm Graf] Mellin, [gest. v.] G[ottlieb] Boettger sen.) Jg. 1–6.
Marburg: Neue academ. Buchh. [1794—1798]. 16°
[Kupfert.]
1795 ff. [u. d. T.]: Neujahrs=Geschenk für Forst= und Jagdliebhaber.

1794: Neue Aufl. [1794.] VIII, 144 S., 1 Titelkupf., 6 kol. Kupfertaf.
1795: 2. Aufl. [1795.] IV, 148 S., 1 Titelkupf., 6 kol. Taf.
1796: 2. Aufl. [1796.] 2 Bl., 156 S., 1 Titelkupf., 6 kol. Kupfertaf., 1 Tab.
1797: (1796.) 6 S., 7 Bl., 180 S., 3 Bl., 1 Titelkupf., 6 kol. Kupfertaf., 2 Tab.
1798: [1797.] 6 S., 1 Bl., 180 S., 1 Titelkupf., 7 Kupfertaf. davon 6 kol., 3 Tab.
1799: [1798.] X S., 7 Bl., 163 S., 2 Bl., 1 Titelkupf., 6 kol. Kupfertaf.
Forts. s. Taschenbuch für Forst- und Jagdfreunde. 1800 ff.

— f. Frauenzimmer s. a. Taschenbuch.

NEUJAHRSGESCHENK für Frauenzimmer auf das Jahr 1779. Berlin. 12°. 138 u. 181 S. (1 Mk. 50 Pfg., Titel unrein, M. Edelmann, Nürnb., 1907.)

Neujahrsgeschenk fürs Frauenzimmer auf das Jahr 1782.
[Mit Titelkupfer v. Johann Heinrich Meil.]
Berlin: Lange

Neujahrsgeschenk an meine Freunde für das Jahr 1782. Königsberg. V: *Keyserling, Hnr. Christian Reichsgraf v.* (ML) (R-N)

Neujahrsgeschenk für das schöne Geschlecht, für die Jahre 1764 u. 1765 . . . Berlin. V: *Nicolai, Chph Frdr.* (JL) (MGT) (Ky)

— f. das schöne Geschlecht f. d. J. 1764, 65. (v. Fr. Nicolai.) Mit 29 kl. Bildn. deutscher Dichter. Berl. … Nicolai.

Neujahrsgeschenk eines Hofmeisters an seine Eltern, zur Verfeinerung des moralischen Gefühls. Stendal 1782. V: *Tutenberg, Joh. Carl.* (Ky)

— eines Hofmeisters an seine Eleven, z. Verfeinerung d. moral. Gefühls, (von J. C. Tutenberg.) 2 Thle. 8. Stendal 782. Franzen u. G. 20 ₰. Schrbp. 1 ₰

Neujahrs=Geschenck für Jagd= und Forstliebhaber auf das Jahr… (hrsg. v. L[udwig] C[arl] E[berhard] H[einrich] F[riedrich] von Wildungen. [Mit Kupf. v.] L[udwig Karl Eberhard Heinrich Friedrich] de Wildungen, [Johann Georg] Pforr [u. August Wilhelm Graf] Mellin, [gest. v.] G[ottlieb] Boettger sen.) Jg. 1–6.
Marburg: Neue academ. Buchh. [1794—1798]. 16°
[Kupfert.]
1795 ff. [u. d. T.]: Neujahrs=Geschenk für Forst= und Jagdliebhaber.

1794: Neue Aufl. [1794.] VIII, 144 S., 1 Titelkupf., 6 kol. Kupfertaf.
1795: 2. Aufl. [1795.] IV, 148 S., 1 Titelkupf., 6 kol. Taf.
1796: 2. Aufl. [1796.] 2 Bl., 156 S., 1 Titelkupf., 6 kol. Kupfertaf., 1 Tab.
1797: (1796.) 6 S., 7 Bl., 180 S., 3 Bl., 1 Titelkupf., 6 kol. Kupfertaf., 2 Tab.
1798: [1797.] 6 S., 1 Bl., 180 S., 1 Titelkupf., 7 Kupfertaf. davon 6 kol., 3 Tab.
1799: [1798.] X S., 7 Bl., 163 S., 2 Bl., 1 Titelkupf., 6 kol. Kupfertaf.
Forts. s. Taschenbuch für Forst- und Jagdfreunde. 1800 ff.

Neujahrsgeschenk aus Jamaika in Westindien, für ein Kind in Europa. Göttingen 1780. V: *Schlözer, Aug. Ludwig.* (MGT) (MS) (Ky) (EngG)

— aus Jamaika in Westindien f. e. Kind in Europa, (v. Schlözer). 12. Götting. 780. Vandenhöck u. R.

— a. Jamaika in Westindien f. ein Kind in Europa. 8. Cöln, Fabricius. 783.

Neujahrsgeschenk f. d. gebildetere Jugend, vorzügl. d. preuß. Staats. 8. (2 B.) Hamm 831, Wundermann.

—— für d. lernbegier. Jugend, f. d. J. 1825—32. 8. (à 1½ B.) Zürich, Schultheß.

Neujahrsgeschenk der Luzernerischen Jugend gewidmet. St. 1—6. Luzern 1779—84. V: *Balthasar, Jos. Ant. Felix v.* (Cat. d. Stadtbibl. Zürich. Zürich 1864—97.)

Neujahrsgeschenk an Jünglinge, die sich der Handelschaft widmen. O.O. 1788. V. *Heinzmann, Joh. Gg.* (MGT) (Ky)

Neujahrsgeschenk für Kinder von einem Kinderfreunde für 1778-83. Francfurt. V: *Seybold, David Chph.* (Ky) (MGT)

—f. Kinder, v. e. Kinderfreunde (D. Cph. Seybold,) f. 1778—83. 8. Frankf.. Keßler. 2 ℔

Neujahrsgeschenk für fleissige Kinder, welche im Briefschreiben . . . Unterricht verlangen. O. O. 1790. V: *Lebrecht, Michael.* (SZMJ)

Neujahrsgeschenk für gute Kinder; ein Lesebuch. Bern 1799. V: *Heinzmann, Johann Georg.* (MGT) (Ky)

—f. gute Kinder, in e. Samml. moral. Lieder. 8. St. Gallen 2e A. 807. Huber u. C. 9 gl.

—an gute u. fleißige Kinder. 12. Warschau 796. Wilke. 6 gl.

—f. gute Kinder, enthalt. Gesundheitslehren, Geschichte, Erzählungen rc. Hamb. 803. Kratsch. 6 gl.

—f. Kinder auf dem Lande. Erzählungen. 8. Münch. 817. Lentner. 4 gl.

Neujahrsgeschenk. Kleines N° für die helvetische Jugend. (Oder, belehrendes Fragstüklein über die helvetische Konstitution.) 2. Aufl. [Mit 2 Vignetten und 1 Tafel.] Zürich, Im 2. Jahr der schweizerischen Einheit (*Umschlag*: 1799). 8. Zürich (1799).

Neujahrsgeschenk für drey Kreutzer . . . 1800. V: *Witschel, Johann Heinrich Wilhelm.* (MGT)

Neujahrsgeschenk von dem Künstlerverein in Bern für 1835 . . . [Bern.] V: *Hegi, Frz.* (AarK)

Neujahrsgeschenk für Leckermäuler . . . Weimar 1812. V: *Goulon, Friedrich.* (MGT)

— für junge Leute, v. einem zärtlichen Vater. 8. Hamb. 777. Ritter. 4 gl.

—f. junge Leute, z. Bildung d. Herzens u. Verstandes. 8. Lübeck 776. Donatius. 12 gl. Schrbp. 16 gl.

Neujahrsgeschenk, Milmars, für liebende Jünglinge und Mädchen. Ein Gedicht . . . Baireuth 1789. V: *Menzel (Mencelius), Joh. Frdr. Leonhard.* (Fiker) (MGT) (Adel)

Neujahrsgeschenk für seine Mitbürger bey diesen kriegerischen Zeiten, worinnen die weise Führung Gottes erwiesen wird. Berlin o. J. V: *Ortmann, A. D.* (BiblPort)

Neujahrsgeschenk, Moralisches. Zürich 1769. V: *Lavater, Johann Caspar.* (Cat. d. Stadtbibl. Zürich. Zürich 1864—97.)

Neujahrsgeschenk ab dem Musiksaal an die Zürcherische Jugend aufs Jahr 1778(—1783). Schweizerscenen. Zürich 1778—83. V: *Lavater, Johann Kaspar.* (schstr S. 115)

Vgl. N e u j a h r s b l a t t einer Kunst ...liebenden Jugend in Zürich ab dem Musiksaal...

Neujahrsgeschenk für die kaiserl. königl. Officiere. Mannheim 1797. V: *Le Pique, Joh. Philipp.* (MGT) (Ky) (Adel)

—f. k. k. Officiere, (v. J. P. Le Pique). (A. u. d. T.: Papiere aus d. Nachlasse e. kaiserl. Officiers.) 12. Manh. 797. (Nauck in Leipz) 16 gl.

Neujahrsgeschenk für Patrioten, in 2 Liedern. Berl. 1814. V: *Köhler, Ludwig August.* (Ky) (MGT)

Neujahrsgeschenk für edle Seelen. Wien u. Prag 1783. Prag 1785. V: *Hoffmann, Leopold Alois.* (H. W. Behrisch, Die Wiener Autoren. Pressb. 1784. S. 105) (Realzeitung 1785, S. 330) (BiblPort)

—f. Hessens Töchter. Mit Kpf. Marb. 798. Krieger. 8 gl.

Neujahrsgeschenk v. e. Urgroßmutter. Für Kinder u. Jugend, Erwachsene u. Alter. (55 S.) 8. Straßburg 909. (C. A. Bomhoff.) 1.—

— eines vernünftigen Vaters an seine Tochter, a. d. Engl. 8. Wien, Camesina. 764.

Neujahrsgeschenk f. das Volk. Vorrede zu einem Werke, welches die ganze Welt als Mitarbeiterin sucht. Verfaßt v. einem schlichten Bürger. 8. (24 S.) Leipzig 852, O. Wigand. n. 1/6 ℔

NeuJahrs=Geschenk aus Westfalen für einen deutschen Knaben. Stück I. Geschichte des Schneider= und Schwärmer=Königs, Jan von Leyden, in Münster: A. 1535. [Von August Ludwig Schlözer.] [*Mehr nicht ersch.*] Göttingen: Vandenhoek 1784. 1 Bl., VIII, 146 S. 12°

Neujahrsgeschenk für Zeitungsliebhaber auf das Jahr 1787. Wien. V: *Eckert.* (Prov.-Nachr. 1787, I, 32, 41) (Ky 4/226) (BiblPort)

— für Zeitungsliebhaber auf d. Jahr 1787. 8. Wien, Wucherer. 3 ß

Neujahrsgeschenkchen, Ein: Ermahnungen an die Jugend der reformierten Gemeinde Lichtensteig ... O. O. 1800. V: *Meili.* (Cat. d. Stadtbibl. Zürich. Zürich 1864—97.)

Neujahrsgeschenke für die Bürgerbibliothek zu Zürich. Zürich 1759—180? H: *Hirzel, Salomon.* (MGT)

Warschauer *Neu-Jahrs-Geschenke* auf das Jahr ...
Warschau: Zu haben bei den Priestern der Frommen Schulen
1762.

NEU JAHRS GESPRÄCH zwischen einem Chapeau und einer Dame. Allerhand zum neuen Jahr. Nürnberg 1780. Fol. (9 Mk. Jaques Rosenthal, München, c. 1903.) Flugblatt. Gereimter Typentext.

NEUJAHRS-GESPRÄCH zwischen zween Freunden uber die jetzige Welt und ihre Sitten. O. O. 1771. 8⁰. (1 Mk. 50 Pfg., M. Edelmann, c. 1905.)

NEUJAHRSGESPRÄCH nach Nürnb. Munda(rt) zwischen einer Bäurin und Burgersfra (!). O. O. 1780. Fol. 2 Bll. (1 Mk., M. Edelmann, Nürnberg, 1907.)

NEUJAHRSGESPRÄCH, Scherzhaftes, zwischen Hannes u. Stoffel, nach nürnb. Mundart. 1810. 8⁰. 2 Bll. (60 Pfg. B. Seligsberg, 1906.)

Neujahrs- u. Geburtstags-Glückwünsche als Beigabe zu den vom Thüringer Lehrerverein hrsg. Vorlegeblättern zum Zeichnen u. Schreiben. 4. (4 lith. Bl.) Langensalza 851, Schulbuchhandlung des Thüringer Lehrer-Vereins. 3 ngr.

Neujahrs-Gratulation, Allerunterth., an I. Kön. Majestät, nebst ganzem Königl. Hause ... 1746. Copenh. V: *Hüsseman, H. H.* (Bruun, Bibl. Danica III, 364.)

Neujahrs-Gratulation an I. Königl. Maj. nebst Allerhöchsten gantzen Königl. Hause ... 1745. Copenhagen. V: *Hüsseman, H. H.* (Bruun, Bibl. Danica III, 362.) *Husman* (Collin, Anonymer. Kiobenh. 1869.)

Neujahrsgruss! Arbeiter Berlins. Flugblatt mit den Eingangsworten: „Das vergangene Jahr war für die Berliner Sozialdemokratie ein Jahr der Sammlung" etc. und mit den Schlussworten: „Hoch die internationale revolutionäre Sozialdemokratie.". 8⁰. Hottingen-Zürich, Schweiz. Genoss.-Buchdr., s. a.

Neujahrsgruss! Flugblatt mit der Unterschrift: „Deutschland am Neujahrstage 1881."

Neujahrsgruss. »Gerne bringe ich Euch den herzlichsten Glückwunsch zum Neujahr ...« O. O. [1901]. V: ***Andriessen, Gustav.*** (wolfstieg II, 841)

Neujahrsgruss an die Arbeiter Brandenburgs-Westhavelland. Flugblatt mit dem Schluss: „Hoch die Sozialdemokratie." 8⁰. Brandenburg, Otto Stage, s. a.

NEUJAHRS GRUSS im pegnesischen Blumenorden 1870. Als Manuscript für Freunde gedruckt. Nürnberg. Druck von Jacob Sichling. 8⁰.

Neujahrsgruss. Christfreundlicher N.-G. an Obrigkeit und Volk. Ein Wort zur Beherzigung beim Eintritt in das Jahr 1832. 8. Schaffhausen.

Neujahrsgruss der Fraumünsterkirche an ihre Freunde. [Zürich 1851.] V: *Wolf, Wilh.* (Cat. d. Stadtbibl. Zürich. Zürich 1864—97.)

Neujahrsgruss an die Genossen Berlins. Flugblatt. 8⁰. Hottingen-Zürich, Genoss.-Buchdr., s. a.

Neujahrsgruss zum 1. Januar 1894. [Zürich 1894.] V: *Wenger, Rudolph.* (Cat. d. Stadtbibl. Zürich. Zürich 1864—97.)

Neujahrsgruß, ein, aus Mecklenburg an Deutschland. Hamburg 853. Hoffmann u. Campe. 8. (4 Bl., 264 S.) 25 ngr.

Neujahrsgruß, ein, zu 1860 an Louis Napoleon von einem Deutschen (A. Widmann). Jena 860. Döbereiner. gr. 8. (31 S.) 5 ngr.

Neujahrsgruss, Ein, zu 1860 an Louis Napoleon ... Jena 1860. V: *Widmann, Adolph.* (KA) (Ky)

Neujahrs-Gruss aus Nürnberg. qu. gr. 16. (20 Lichtdrucke.) Nürnberg 898. J. Ph. Raw's Verl. — 15

Neujahrsgruss der Orgelschilling-Büchse auf Neujahr 1852 ... [Zürich.] V: *Wolf, Wilh.* (Cat. d. Stadtbibl. Zürich. Zürich 1864—97.)

Neujahrsgruß der (Wupperthaler) Traktatgesellschaft an ihre lieben Freunde. o. O. u. J. [1821?] 8⁰

Neujahrsgruss der 3 Thurmwächter des St. Petersthurmes auf d. J. 1842. (7 achtzeil. Str.) 4 S. m. Vign. 8⁰. – Angeheftet: Die Thürmer der Frauenkirche den hochgeehrten Bewohnern von München zum neuen Jahre 1842. (5 sechszeil. Str.) 1 Bl. m. Vign. u. Einfass. 4⁰. Cart.

Neujahrs-Lied. 1796. Ppr. »Sey neues Jahr, uns sehr willkommen ... Hamburg 1796. V: *Pepper, Peter Otto Heinr.* (wolfstieg II, 841)

Neujahrs-Lied. [Hamburg: ca 1814.] 1 Bl. 8° [Kopftit.]
Ohne Noten: „Bekränzt der Freude Hochaltar . . .“ 193.

Neujahrslied eines Invaliden beym Tode der seligen Kaiserin. Wien 1781. V: *König*, *Justus Chn Glieb.* (ML)

NEUJAHRSLIED, Munteres, des Nachtwächters von Tarnate (?). Zu Nutz und Frommen Gelehrter und Ungelehrter an das Licht gestellt. Mit Titelvignette.. Gedruckt in diesem Jahr (ca. 1800). 8°. (2 Mk. Gust. Fock, Lpz., 1907.)

Neujahrs-Lied eines humorisirenden Nachtwächters im deutschen Norden. gr. 8. (1 B.) Danzig 832, [Gerhard'sche Bh.]

Neujahrsnacht, e., s.: O du fröhliche usw. Weihnachtszeit. 8. Hft.

Neujahrsnacht, Die, ein komisches Heldengedicht. Reutlingen 1784. V: *Bührer*, *Victor Matthaeus.* (BGE) (Ky)

Neujahrsnacht, Die. In vier Rapsodien . . . [Tübingen 1784.] V: *Bührer*, *Victor Matthäus.* (Erman & Horn, Bibliogr. d. dtsch. Universitäten. 2. Leipz. u. Berl. 1904.)

Neujahrsnacht, Die. Eine Erzählung. Danzig 1834. V: *Bresler*, *Carl Hnr.* (Ky)

Neujahrs-Nacht, die, eine Erzählung. (Von Bresler.) 8. (2¼ B.) Danzig 834, Gerhard.

Neujahrspatent, Ein, für Ofen und Pest. Auf das Jahr 1802. Pesth 1802. V: *Brandscheid*, *J. Wilh.* (KU) (Pk)

Neujahrs-Programm f. d. religiöse Deutschland. Ein Vorschlag zu e. Religions-Annäherung zwischen Katholiken u. Protestanten von K. v. S. gr. 8. (1 B.) Heidelberg 836. [Mannheim, Bensheimer.]

Neujahrs-Programm für das religiöse Deutschland. Ein Vorschlag zu einer Religions-Annäherung zwischen Katholiken u. Protestanten, v. K. v. S. gr. 8. Heidelb. 836. Oswald. 1/12 ℛ

Neujahrs- und Polterabendscherze, sowie Hochzeitsgedichte u. Stammbuchaufsätze. Hamburg 860. (Altona, Verlags-Bureau.) 8. (32 S.) n. 4 ngr.

Neujahrsschilde, in Versen, ausgehängt im Jenner 1775. Augsb. 1775. V: *Schubart*, *Chn Frdr. Daniel.* (GGr) (ML)

Neujahrs-Stollen auf 1850. Herausg. von Aug. Stöber. gr. 8. (104 S.) Mülhausen im Elsaß, Rißler. n. ⅓ ℛ

Neujahrsstück, Sechsundzwanzigstes, hsg. von der Künstler-Gesellschaft in Zürich auf das Jahr 1830. [Enthaltend das Leben . . . Johann Martin Usteris . . . Zürich [1829]. V: *Hess*, *David.* (GGr)

Neujahrsstück, 26., d. allgem. Musik-Gesellschaft in Zürich 1838. Biographie v. Hans Geo. Nägeli. 4. (2¼ B. u. Bildn.) Zürich, Orell, Füßli u. Comp.
1—25. Neujahrst. Ebendas. 1813—37. (?)

Vgl. Neujahrsblatt...

Neujahrsstücke, Bernische, hrsg. v. S. Wagner u. E. Stierlin. Jahrg. 1808—34. ... Bern, [Jenni, Sohn.]
Hft. 1. Der Neujahrstag v. 1308, od. d. Stiftung d. alten Schweizerischen Freiheit. M. 2 Kpfr., gest. v. König. 4. 808. 7½ Gr.
: 2. Beschreibung der Schlacht bei Morgarten. M. 2 Kpfr. v. König 4 809. 7½ Gr.
3. Beschreibung der Schlacht bei Laupen. M. 1 Kpfr. v König. 4 810. 6 Gr.
: 4. Beschreibung der Schlacht bei Sempach M. 1 Kpfr. v. König. 4 811 6 Gr.
: 5. Beschreibung der Schlacht bei Murten. M. 1 Kpfr. v. König. 4 812 6 Gr.
: 6. Biographie des Bruders Niklaus von der Flüe. M. 1 Kpfr. v König 4 813 6 Gr.
: 7. Die Erbauung der Stadt Bern. M. 1 Kpfr. v. König. 4. 814. 7½ Gr.
: 8. Die Erbauung der Brücke beim untern Thor in Bern. M. 1 Kpfr. v. König. 4. 815. 7½ Gr.
: 9. Die Belagerung der Stadt Bern. M. 1 Kpfr. v. Lips. 4. 816. 9 Gr.
: 10. Die Schlacht in der Schloßhalde (bei Bern). M. 1 Kpfr. v. Lips. 4. 817. 9 Gr.
: 11. Die Schlacht im Jammerthal (zwischen Bern u. Freiburg im Uechtland). M. 1 Kpfr. v. Eßlinger. 4. 818. 9 Gr.
: 12. Kaiser Heinrich VII. zu Bern. M. 1 Kpfr. v. Eßlinger. 4. 819. 9 Gr.
: 13. Die Belagerung v. Landeron. M. 1 Kpfr. v. Eßlinger. 4. 820. 9 Gr.
: 14. Die Landschaft Hasli kommt an Bern. M. 1 Kpfr. v. Eßlinger. 4. 821. 9 Gr.
: 15. Die Zeiten des Laupenkriegs. M. 1 Kpfr. v. Eßlinger. 4. 822. 9 Gr.
: 16. Die Berner am Laubeckstalden. M. 1 Kpfr. v. Lips. 4. 823. 9 Gr.
: 17. Rückkehr d. Schultheissen v. Bubenberg nach Bern. M. 1 Kpfr. v. Lips. 4. 824. 9 Gr.
: 18. Der Frh. v. Ringgenberg wird gefangen. M. 1 Kpfr. v. Lips. 4. 825. 9 Gr.
: 19. Die Schlacht zu Fraubrunnen. M. 1 Kpfr. v. Lips. 4. 826. 9 Gr.
: 20. Die Stadt Burgdorf kommt an Bern. M. 1 Kpfr. v. Lips. 4. 827. 9 Gr.
: 21. Die Berner belagern Nydau. M. 1 Kpfr. v. Lips. 4. 828. 9 Gr.
: 22. Der große Brand zu Bern. M. 1 Kpfr. v. Lips. 4. 829. 9 Gr.
: 23. Die Zerstörung der Burg Oltingen. M. 1 Kpfr. v. Lips. gr. 4. 830. 9 Gr.
: 24. Die Eroberung des Aargaus. M. 1 Kpfr. v. Lips. gr. 4. 831. 9 Gr.
: 25. Die Berner im Wallis. M. 1 Kpfr. v. Lips. gr. 4. 832. 9 Gr.
: 26. Erbauung d. großen Münsters in Bern. M. 1 Kpfr. v. Lips. gr. 4. 833. 9 Gr.
: 27. Erster Zug d. Berner nach Italien. M. 1 Kpfr. v. Suter. gr. 4. 834. 9 Gr.

Neujahrsstücke. Die N° der frühern Musikgesellschaften bis 1812 .... Njbl. Zürich s. a. [Stierlin, Leonhard].

Die Neujahrstücke der frühern Musikgesellschaften bis 1812, mit biographischen Notizen über die zürcherischen Komponisten Schmidli und Egli. (45. Neujahrstück der allgem. Musik-Gesellschaft in Zürich 1857.) Zürich.

Neujahrstag, Der. Nachspiel für Kinder in 1 A. Leipzig 1779. V: *Trützschler*, *Frdr. Carl Adolph von.* (GGr)

— der, Nachspiel f. Kinder. 8. Leipz. Bohme. 779.

Neujahrstag, der; Nachspl. für Kinder in 1 A. 8. Leipz. 779. (Snobloch). 5 gr

Neujahrstag, der, Eine Posse von Seyfried. 8. Berlin, Realschule. 790.

Neujahrstag, der, e. Erzählung f. Kinder. A. d. Engl. Hrsg. v. Adelb. Graf v. d. Recke-Volmarstein. 16. (4 B. u. 1 Stndr.) Düsselthal 832. (Barmen, Weise. ?)

Neujahrstag. Der N' in Arau, ein Traumgesicht. (So geschehen im Jenner 1798.) [Dramatische Scene.] 8. *o. O.* 1799.

Neujahrstag, Der, von 1308, oder die Stiftung der alten schweizerischen Freiheit. Bern 1808. 2. Aufl. 1823. V: *Wagner, Siegmund von.* (Cat. d. Stadtbibl. Zürich. Zürich 1864—97.)

Neujahrstag. Der N' von 1308.... Bern 1808 *u.* 1823 *s. s.* W[agner], S[igmund] v[on] *u.* [Wagner, Sigmund von].

Neujahrs-Taschenbuch von Weimar.
Hrsg v. [Franz Karl Leopold Frhr. von] Seckendorf[f-Aberdar].
Weimar: Gädicke
1801.
Auch ersch. u. d. T.: Kleine Schriften, größtentheils von Weimarischen Gelehrten, aus d. ersten Jahre des Neunzehnten Jahrhunderts. Bd 1.
Weimar: Gädicke 1801.

Neujahrsvision an General Bouwinghausen 1791. O. O. V: *Schubart, Christian Friedrich Daniel.* (schstr S. 261)

Neujahrswunsch, Der; ein Lustspiel in fünf Aufzügen. [Schloss Oberpahlen 175?] V: *Lilienfeld, Jac. Heinrich von.* (Ky) (R-N)

Neujahrswunsch, der. Ein Märchen für gutherz. Kinder. 16. (32 S.) Paderborn 895. Bonifacius-Druckerei. —10

Neujahrswunsch, Aufrichtiger, an seine liebe Mitbürger zu Heidelberg. Heidelberg 1797. V: *May, Franz Anton.* (MGT)

Neujahrswunsch von dem allgemeinen Pesterischen Briefträger, welcher hoffet, dass er in mehreren Gnaden und Zufriedenheit wird aufgenommen werden, als verflossenes Jahr man verstehe mich im Jahre 1780. Gedruckt in diesem Jahr. V: *Zeckert, Johann.* (BiblPort)

Neujahrs-Wunsch von dem Briefträger der k. k. Postdirektion zu Innsbruck ꝛc., dargebracht am 1. Jänner 1854. 8. (16 S.) Innsbruck. Gedruckt bei Felizian Rauch.

Neujahrs-Wunsch von dem Briefträger der k. k. Postdirektion zu Innsbruck: Johann Füsselberger, seinen hohen und verehrungswürdigen Gönnern dargebracht am 1. Jänner 1856. Innsbruck, gedruckt bei Felician Rauch. (16 S. 8.)

Neujahrswunsch an den König Friderich V. wie auch an das gantze hohe Königl. Haus. Ao. 1760. O. O. V: *Fromm, Chn Frdr.* (Bruun, Bibl. Danica III, 414.)

Neujahrswunsch, Komischer, des Wiener Nachtwächters. Wien 1795. V: *Richter, Joseph.* (Neue Annalen der Litteratur. Wien 1811. I, S. 322) (BiblPort)

NEUJAHRS-WUNSCH nebst Liebs-Rezept einer alten, bis zum Sterben verliebten Jungfer. Zum Gebrauch aller verliebten Stubenmädchen, Köchinnen etc., O. J. (ca. 1775). Einblattdruck. 4⁰. (80 Pfg. B. Seligsberg, 1906; jetzt theurer!)
Anon.-Lex. III. p. 209 (nach Baader u. Meusel).

Neujahrswunsch meinen grossgünstigen Mäcenaten beiderlei Geschlechts ehrfurchtsvoll geweiht. Prag 1817. Ü: *Dambeck, Joh. Hnr. Matthias* [?]. (GGr)

Neujahrswunsch, an Ihro Königl. Maj. zu Dännemarck . . . Copenh. [1718]. V: *Gülich, Paul.* (Bruun, Bibl. Danica III, 308.)

Neujahrswunsch des Nachtwächters von Ternako. O. O. 1800. V: *Claudius, Georg Carl.* (MGT)

NEUJAHRSWUNSCH, Der possierliche, auf das Jahr 1788. Mit 1 Holzschnitte nebst (humorist.) Frag- und Anzeige-Nachrichten für 1788. Dopp.-Fol.-Einblattdruck. (80 Pfg. B. Seligsberg. Bayreuth, 1906; jetzt theurer!)

Neujahrwunsch an die fahrenden Ritter aus dem dreyzehnten Jahrhunderte von ihrem Castellan. In modernes Teutsch übers. Leipzig, den 1. Jan. 1779. 4 Bl. 8⁰
in: [Charles] Pater zum Neuenjahre 1770; Lommer, J. G.: Den Eichenkranz wünscht allen Ehrw. Mrbrrn. 1779.

Neujahrswunsch eines Seelsorgers an seine Gemeinde in einer Predigt. Landshut 1829. V: *Dedler, Frz. Seraph.* (Ky)

Neujahrswunsch ein. Seelsorgers an seine Gemeinde, in ein. Predigt am 1. Jän. 1829. (Von J. S. Dedler.) 8. (1 B.) Landshut, Thomann.

Neujahrswunsch gesprochen im Stadt-Theater am 1. Januar 1816. [Hamb. 1816.] V: *Schmidt, Frdr. Ludw.* (schr)

[J.] Ihrem allergnädigsten Landesvater Wilhelm II., Kaiser von Deutschland u. König von Preussen, sowie dem ganzen Kaiserlichen u. Königlichen Hause stattet hierdurch ihren ehrfurchtsvollen **Neujahrswunsch** ab die sämmtliche Salzwirker-Brüderschaft im Thale zu Halle. Am 1. Jan. 1892. *Halle: Dr. v. O. Hendel [1892].* 2 Bl. 2.

Neujahrswünsche. O. O. u. J. V: *Ziegler, Joh. Rud.* (Cat. d. Stadtbibl. Zürich. Zürich 1864—97.)

Neujahrswünsche, üb. die, (v. Jh. Geo. Fr. Franz). 8. Lpz. 772.

Neujahrs-Wünsche, christliche. Neue Folge. 16. (6 Chromolithogr.) Leipzig 880, Böhme.

Neujahr- u. Geburtstagswünsche, christliche. 12 Bibelsprüche m. Liederversen. Mit Initialen in Farbendr. Hrsg. v. J. R. qu. 16. (12 Bl.) Leipzig 872. Bredt in Comm. n. — 60

— christliche, in Poesie. 16. (4 chromolithogr. Blumenkarten.) Lpz.: Böhme 1882. *

Neujahrwünsche, gesammelte, besteh. in Neujahrspred. 2 Thle. 8. Hannover, Helwing. 726-32. Rthlr.

Neujahrswünsche auf das Jahr 1771. Stuttgart [1770]. V: *Schubart, Christian Friedrich Daniel.* (schstr S. 244)

Neujahrswünsche für das Jahr 1788. Stuttgart [1787]. V: *Schubart, Christian Friedrich Daniel.* (schstr S. 258)

Neujahrs-Wünsche an uns. himml. Vater u. an uns. Mutter Maria. 32. (16 S.) München 897. R. Abt. — 05

Neujahrszeitung des Kladderadatsch, s. Sylvester- und Neujahrszeitung.

Neuigkeiten, 3 Stück. 8. Tübing. 756. v. Cotta. 9 gr.

Neuigkeiten. Beilage zu den hannöv. Landesblättern. Jahrg. 1846. 104 Numm. 4. Hannover 846, Pockwitz. n. 1⅓ ₰

Neuigkeiten. Hrsg. von H. Grote. (Beilage zu den hannöv. Landesblättern.) 1847. (2. Jahrg.) 104 Nrn. 4. (½ Bog.) Hannover, Pockwitz. n. 1⅓ ₰

Neuigkeiten mit den Beiblättern Omnibus und Merkur. (Montags- und Donnerstagsbeilagen.) Redakteur Ferd. Buschak. Verleger Buschak und Irrgang. Schnellpressendruck von Franz Gastl. 4. 3spaltig. Täglich. Für Brünn: Neuigkeiten mit Omnibus 30 kr. monatlich, Merkur 10 kr. monatlich. Für Auswärtige: Neuigkeiten mit Omnibus 2 fl. 24 kr. vierteljährig, Merkur 40 kr. viertelj. Brünn 1854.

Neuigkeiten. V. Jahrgang. Verleger: Buschak und Irrgang. Verantwortl. Redakteur: Ferd. Buschak. Druck von Franz Gastl. Fol. 2spaltig. Täglich. 30 und 36 kr. monatlich. Brünn 1855.

Neuigkeiten. (VI. Jahrg.) Verantwortl. Redakteur: Ferdinand Buschak. Verleger Buschak und Irrgang. Schnellpressendruck von Franz Gastl. Fol. 3spaltig. Erscheinen täglich. Brünn 1856.

Neuigkeiten. VIII. Jahrg. Verant. Red. *Ferd. Buschak.* Verlag und Druck von *Buschak & Irrgang.* Erscheint in **Brünn**, tägl. 1 Bog. in Fol. 3-spalt. Pränum. monatl. 48 kr.; pr. Post 1 fl. 6 kr.

Neuigkeiten von der Königl. Preussischen Armee im Herbst 1756. 4. (2 Bl.)

Brünner Neuigkeiten mit den Beiblättern „Omnibus" und „Merkur." Ferd. Buschak, Redakteur. Buschak u. Irrgang Verleger. Frz. Gastl. Druck. 4. 3spaltig. Täglich. 36 kr. monatlich.

Neuigkeiten, Denkwürdige, für die Jugend. Leipz. 1795-96. V: *Fischer, Glieb Euseb.* (Ky)

— denkwürdige, f. die Jugend, (od. Jugend-Zeitung (v. G. E. Fischer.)) 12 Hefte. 4. Leipz. 795, 96. Leo. 3 ₰

— — Fortsetzung derselben, f. Niederlausitzer Denkwürdigkeiten.

Neuigkeiten, Denkwürdige, jüngst vergangener und gegenwärtiger Zeiten ... Halberst. 1813 [1814]. V: *Niemeyer, Joh. Chn Ludwig.* (MGT) (Ky) (ErschDL)

Neuigkeiten, denkwürdige, jüngstvergang. u. gegenwärt. Zeiten. 16—66 Heft. 8. Halberst. Büreau f. Literat. u. Kunst. 814. (à Heft 8 gr.)

— denkwürdige, jüngstvergangener u. gegenwärt. Zeiten, (v. Jh. Chr. L. Niemeyer.) 16—66 Heft. 8. Halberst. 814. (Vogler in Potsd.) (à Heft 8 gr.) 2 ₰

Neuigkeiten, Gelehrte. [Lauban 1750.] V: *Meisner, Chn Gfr.* (ML)

— gelehrte, 1r u. 2r Bd. 8. Hamb. 751, 52. 4 ₰
Jan.-Aug. 1749 unt. d. T.: Neue Hamburgische gelehrte Zeitungen.

Neuigkeiten, Gelehrte, aus alten Nachrichten gezogene, womit allerhand nützliche und curieuse ... Sachen, aus ... Urkunden communiciret werden. Nürnberg 1737. H: *Jungendres, Sebastian Jacob.* (BB) (ML)

Neuigkeiten, Gelehrte, Schlesiens, in welchen so wohl, was von Hohen und andern Schulen ... als auch von gelehrten Anmerckungen ... zu erforschen gewesen, ... mitgetheilt wird. Schweidnitz 1734-40. H: *Scharff, Gfr. Balth. & Casp. Glieb Lindner.* (Nent) (Myl)

— Schlesiens, Gelehrte, auf das Jahr 1734-42. 8. Liegn. Siegert.

Neuigkeiten, hauswirthschaftl., e. Zeitschr. z. Belehrung üb. hauswirthschaftl. Gegenstände u. Angelegenheiten. Hrsg. v. F. Pohl. (1—6. Jahrg.) 1829—34. à 4 Hfte. 8. Leipzig, Expedit. d. Archivs d. Landwirthschaft. (Kollmann.) à 3. Thlr.

Neuigkeiten: Helvetische Neuigkeiten
③ Helvetische Nachrichten ④ Helvetischer Zuschauer ⑤ 24. 4. 1799—23. 3. 1800 ⑥ 4° ⑦ halbwöchentlich ⑧ Bern (Joh. Anton Ochs: Verleger) ⑩ Em. Zeender ⑪ Em. Zeender, zuerst evtl. Dr. A. Höpfner ⑫ Oppositionsblatt mit zunehmend ablehnender Haltung gegenüber der Helvetik ⑬ BGSZ: 107, 973 ⑭ Be: L, S, St; Lu: Z ⑮ Das Blatt wurde von der Regierung unterdrückt.

Neuigkeiten des deutschen Kunsthandels, nebst den wichtigsten Erscheingn. des Auslandes. Monatliches Verzeichnis, bearb. v. deutschen Buchgewerbeverein. Jahrg. 1907—1910. à 12 Nrn. u. Jahresregister. (1908 bis 10: 176, 192 u. 37 u. 164 S.) gr. 8. Leipzig, Geschäftsstelle des Börsenvereins der deutschen Buchhändler. à Jahrg. 2. —

Neuigkeiten, Mathematische, oder die Elementar-, Triangular- und Formular-Arithmetik und Geometrie. Wien 1804. 4.

— mathematische, od. d. Elementar- Triangular- u. Formular-Arithmetik und Geometrie. 4. Wien, Schaumburg. 805.

Neuigkeiten aus der Medizin, Chirurgie und Geburtshülfe. Im Verein mit mehreren Aerzten herausg. von Th. Auerbach. Jahrg. 1860. April—December. 39 Nrn. (à ½ Bgn.) Berlin, Hempel. 4. n. 1 ℳ

— dass. — Jahrg. 1861. 52 Nrn. (½ Bog.) 4. Ebendas. *

Neuigkeiten aus der Medizin, Chirurgie und Geburtshülfe. Im Verein mit mehreren Aerzten hrsg. von Th. Auerbach. Jahrg. 1862 und 1863. à Jahrg. 52 Nrn. (½ Bog.) 4. Berlin, Hempel. à Jahrg. *

— dass. — 5. Jahrg. 1864. 52 Nrn. (½ Bog.) gr. 4. Berlin, Mylius. [Schweigger'sche Hofbuchh.] *

Neuigkeiten, medizinische. Ein Intelligenz-Blatt für prakt. Aerzte. Hrsg. von Kastner. 1. und 2. Jahrg. 1851 und 1852. à Jahrg. 52 Nrn. (Bog.) 4. Erlangen, Palm und Enke. à Jahrg. *

Neuigkeiten, medizinische, ein Intelligenz-Blatt für praktische Aerzte. Wöchentliche Mittheilungen von Tagesneuigkeiten, wissenschaftl. u. literar. Neuigkeiten etc. Red.: Wintrich. 3—8. Jahrg. 1853—58. à 52 Nrn. (à 1 Bgn.) Erlangen, Palm u. Enke. 4. Jeder Jahrg. n. 2 ℳ. 20 ngr.

— medizinische, für praktische Ärzte. Red.: Wintrich. 9—14. Jahrg. 1859—64. à 52 Nrn. (à 1 Bgn.) Erlangen, Palm & Enke. 4. Jeder Jahrg. n. 2 ℳ 20 ngr.

Neuigkeiten medizinische, für praktische Aerzte. Red.: Wintrich. 15—20. Jahrg. 1865—70. à Jahrg. 52 Nrn. (Bgn.) Erlangen, Palm & Enke. 4. Jeder Jahrg. n. 2 ℳ 20 ngr.

Neuigkeiten, medizinische, f. praktische Aerzte. Red.: Wintrich. 21—26. Jahrg. 1871—1876 à 52 Nrn. (B.) 4. Erlangen, Palm & Enke. à Jahrg. n. 8. —

Neuigkeiten, medizinische, für praktische Aerzte. Red.: Wintrich. 27—32. Jahrg. 1877—1882. à 52 Nrn. (B.) 4. Erlangen, Palm & Enke. à Jahrg. n. 8. —

Neuigkeiten, medizinische, f. praktische Aerzte. Hrsg. v. Aloys Martin. 33—36. Jahrg. 1883—1886. à 52 Nrn. (B.) gr. 4. Erlangen, Palm & Enke. à Jahrg. n. 8. —

Neuigkeiten, medicinische, f. praktische Aerzte. Hrsg. v. A. Martin. 37.—40. Jahrg. 1887—1890. à 52 Nrn. (B.) gr. 4. Erlangen, Palm & Enke. à Jahrg. n. 8. —

Neuigkeiten, medicinische, f. praktische Aerzte. Hrsg. v. Aloys Martin. 41. Jahrg. 1891. 52 Nrn. (Bog.) gr. 4. München, J. A. Finsterlin's Verl. n. 8. —

— dasselbe. Red.: J. Sendtner. 42.—44. Jahrg. 1892—1894. à 52 Nrn. (Bog.) gr. 4. Ebd. à Jahrg. n. 8. —

Neuigkeiten, medicinische, f. prakt. Aerzte. 45. u. 46. Jahrg. 1895—1896. à 52 Nrn. (Bog.) gr. 4. Fischhausen-Schliersee, A. Finsterlin. à Jahrg. n. 8. —

— dasselbe. Red.: A. Küstermann. 47. Jahrg. 1897. 52 Nrn. (Bog.) gr. 4. Schliersee, A. Finsterlin. n. 8. —

— dasselbe. 48. Jahrg. 1898. 1. Sem. Jan.—Juli. 29 Nrn. (Bog.) gr. 4. Ebd. n. 4. —

— dasselbe. Centralblatt f. d. Fortschritte d. gesamten modizin. Wissenschaften. Red.: L. Jankau. 48. Jahrg. 2. Sem. Aug.—Dezbr. 1898. 23 Nrn. (Bog.) 4. München, Seitz & Schauer. n. 4. —
Mit „Deutsche Praxis" verschmolzen, Jahrg. 1895—1898 ist vergriffen.

— musikalische, f. Freunde d. Gesanges. 1s—[illegible] Hft. Fol. Bresl. 811. Barth. 2 [illegible] 8 Gr.?

NEUIGKEITEN zum Nachdenken u. Vergnügen. (Typ. Ornam.-Vign.) Amsterdam. Gedruckt in diesem Jahr (c. 1760). 8°.

Neuigkeiten, Niederelbische, oder: des neuen Wandsbecker Boten . . . Ankündigung wöchentlicher Rapporte . . . O. O. [1786]. V: *Kühl, Glob Timoth. Mich.* (Arch. f. Litt. VIII, 213.)

— u. Verhandlungen, ökonom. Zeitschrift f. alle Zweige d. Land- u. Hauswirthschaft, des Forst- u. Jagdwesens im östreich. Kaiserthum. Herausgeg. von Chr. Karl André. 1r—5r Jahrg. à 12 Hfte. mit Kupf. gr. 4. Prag, Calve. 811—15. (à 5 Rthlr.)

Neuigkeiten und Verhandlungen, ökonomische, Zeitschrift für alle Zweige der Land- und Hauswirthschaft, des Forst- und Jagdwesens im österr. Kaiserthum. Herausgegeben von Chr. Carl André. 6r — 10r Jahrg. 1816 — 20. à Jahrg. 12 Hefte mit Kupf. gr. 4. Prag, Calve. (6r Jahrg. 5 Rthlr. 15 Gr. 7r und 8r Jahrg. à 5 Rthlr. 15 Gr. 9r und 10r Jahrg. à 6 Rthlr.)

— — dessen 11r Jahrg. oder 21 und 22r Bd. für 1821. à Band 6 Hefte 3 Rthlr. 9 Gr.

Neuigkeiten u. Verhandlungen, ökonomische; Zeitschrift f. alle Zweige d. Land- u. Hauswirthschaft rc. Herausgg. v. Ch. C. André. 12r—17r Jahrg. 1822—27. Mit Kupf. u. Tab. gr. 4. Prag, Calve. à 6 Rthl. Rthlr.

—— und Verhandlungen, ökonom., Zeitschr. f. alle Zweige d. Land- u. Hauswirthschaft, d. Forst- u. Jagdwesens im österr. Kaiserthume u. d. ganzen Teutschland. 18 -- 25. Jahrg. 1828—35. à 2 Bde. od. 96 Nrn. (Bog.) Mit Abbildn. u. Tabn. gr. 4. Prag, Calve. à J.

Der 18. Jahrg. wurde v. C. C. André, d. 19—21. J. v. demf. u. J. G. Elsner, d. 22. J. v. letzterm u. C. André, u. d. 23—25. J. v. C. André allein hrsg. — Seit 1832 zerfällt jeder Jahrg. in 2 Abthln., wovon 80 Nrn. die landwirthschaftl. u. 16 Nrn. die forstliche Abthl. bilden, letztere kostet apart à J. 1 Thlr. 12 Gr. — Einzelne Hfte. à 12 Gr., Nrn. à 2 Gr.

1—17. Jahrh. 1811—27., hrsg. v. C. C. André. Ebendas. à 6 Thlr. — Vollständig zu verhältnißmäßig hrbgs. Pr., einzeln à J. 4 Thlr. — J. 1816 ist nicht apart zu haben.

Neuigkeiten u. Verhandlungen, ökonom., Zeitschr. f. alle Zweige d. Land- u. Hauswirthschaft, des Forst- u. Jagdwesens im österreich. Kaiserthume u. dem ganzen Teutschland. Hrsg. v. Emil André. 26—32. Jahrg. 1836—42. [836. 96 Nrn. (Bog.) * 6 Thlr., 837—42. à 120 Nrn. (Bog.) à * 8 Thlr.] Mit Abbildn. u. Tabn. gr. 4. Prag, Calve'sche Buchh. *

Seit 1837 zerfällt jeder Jahrg. in 3 Abthln.:

a) die landwirthschaftl. Abthl. à J. 80 Nrn. (wird nicht apart gegeben).

b) das landwirthschaftl. Literaturblatt (kam 1837 hinzu). à J. 24 Nrn. apart * 2 Thlr.

c) die Forst- u. Jagd-Abthl. à J. 16 Nrn. apart * 1 Thlr. 8 Gr.

Einzelne Hfte. à * 12 Gr., einzelne Nrn. à * 1½ Gr.

—— u. Verhandlungen, ökonomische, Zeitschrift f. alle Zweige d. Land- u. Hauswirthschaft, des Forst- u. Jagdwesens im österr. Kaiserthum u. dem ganzen Teutschland, begründet v. C. C. André. 33—37. Jahrg. 1843—47. à 120 Nrn. (Bog.) Mit Kpfrn., Tabellen rc. gr. 4. Prag, Calve'sche Vrlgsh. à J. *

Jahrg. 1843—45. redig. v. Emil André.
" 1846 u. 1847. redig. v. Frz. X. Hlubeck.
Die Forst- u. Jagd-Abthlg. à J. 16 Nrn. (Bog.) apart à J. * 1 Thlr. 10 Ngr.
Einzelne Nrn. à * 2 Ngr.

—— und Verhandlungen, ökonomische. Redig. von F. X. Hlubek. Jahrg. 1848—50. à Jahrg. 120 Nrn. (Bog.) Mit Abbildungen. gr. 4. Prag, Calve'sche Vrlgsh. à Jahrg. *

Neuigkeiten und Verhandlungen, öconomische. Herausg. v. Ch. C. und E. André. Prag. – Als Fortsetzung: Neue öconomische Zeitschrift, herausg. von E. André. Wien 1846. 4.

— in Photographie, Lichtdruck u. Metallätzung etc., s.: Talbot.

Neuigkeiten. – Politische Neuigkeiten. – Wismar. – 4.VIII.1795 – 2.I.1797.
Fortges. u.d.T.: Wismarsche Politische Neuigkeiten.

NEUIGKEITEN aus dem Reiche des Genies u. der Satyre. Mit origineller Titelvign. im Barockstyl (J. B. Strachowsky sc. Vratisl.). Francktfurt u. Leipzig, 1773. 8⁰. (Im Besitze des Herrn Verlagsbuchh. Rudolf Hofmann in Berlin-Grunewald.)

Titel, 2 Bll. Vorr., 284 S., 2 Bll. Inh. — Sehr selten u. interessant!

— aus dem Reiche des Genies und der Satyre. 8. Leipzig, Hilscher. (Comt. f. Litt.) 773.

— technische. Litterarisch-techn. Monatsbericht u. Central-Anzeiger f. Kunst- u. Baugewerbe, Maschinen- u. Metall-Industrie, Ingenieur-Wissenschaften, Elektrotechnik, chem. Technologie, Bergbau, Hüttenwesen u. verwandte Fächer. Red.: Chrn. Knauer. 1. Jahrg. Mai-Decbr. 1891. 8 Nrn. (Bog.) hoch 4. Frankfurt a/M., Gebr. Knauer. n. — 60

— dasselbe. 2. u. 3. Jahrg. 1892. 1893. à 12 Nrn. (Bog.) hoch 4. Ebd. à Jahrg. n. — 60

Neuigkeiten, Theatralische.

[Leipzig 1775.] V: *Schmid, Christian Heinrich.* (ML) (MGT)

Vorschiedene Neuigkeiten, den Jetzigen Krieg betreffend So bestehen In einer Prophezeyhung Auf den König in Preussen, Einer Unterredung des Französischen Prinzen Clermont mit einem gefangenen Preussischen Husaren. Dann drey andern schönen Gedichten. Freyburg. 1748. 4. 2 Bl. (Die Jahreszahl muss 1758 lauten.)

1) Teutschland das sonsten noch, recht keusch und züchtig lebte.
2) Ein Preussischer Husar fiel in Franzosen Hände.
3) Pandur ein Wiener Renomiste. 1 Str.
4) Ein Land bisher geschreckt, und noch mit Angst umringt.
5) Zurück Germanien! Entwaffne deine Krieger!
Erkenne das gebeugte Recht. 3 Str.

NEUIGKEITEN, Verschiedene neue. 1. Ein Brief eines reisenden Arabers, von dem jetzigen Krieg in Deutschland an seinen Bruder Abon-Hassan nach Bagdad. 2. Von der Kunst die Gemüther der Menschen zu erkennen, und ob sie unbetrüglich sey. 3. Ein Brief eines Deutsch-Frantzosen von der Oesterreichischen Armee an seinen Freund. 4. Ein besonderes Schreiben eines gewissen Officiers an seinen König nebst der Antwort. 5. Ein geheimes Tage-Register eines jungen Frauenzimmers. 6. Unterschiedliche lustige und sinnreiche Erzehlungen. 7. Schreiben eines Juden nach Amsterdam von der Belagerung Prags. (Mit 1 Tafel und Anmerkungen.) Francksfurt und Leipzig 1758. 4⁰. 60 S. Höchst selten!

Baumgart, Litt. über Friedrich d. Gr. p. 143; auch im Wiener Cat. (1774) verbotener Bücher.

Neuigkeiten, verschiedene neue, e. Brief eines reisenden Arabers rc. von d. jetzigen Kriege in Deutschland. 4. Frankf. 758. (Junius in Leipz.) 4 gl

Neuigkeiten. – Wismarsche Politische Neuigkeiten. – 3.I.1797 – 29.IX.1801.
Vorh. u.d.T.: Politische Neuigkeiten.
Fortges. u.d.T.: Wismarsche Zeitung oder politische Neuigkeiten.

Neuigkeitsblatt, Wiener. Red. M. Dangelmaier, Druck J. P. Sollingers Witwe. 3. Jahrgang. 4. 2spltg. Täglich excl. Montag. 4 fl. jährlich. Wien 1853.

Neuigkeits-Blatt, Wiener —. (IV. Jahrgang.) Redakteur M. Dangelmaier. Druck und Verlag von J. P. Sollinger's Witwe. Fol. 2spaltig. Täglich excl. Montag. 1 fl. und 2 fl. vierteljährig Wien 1854.

Wiener Neuigkeits-Blatt. (5. Jahrgang.) Verantwortlicher Redakteur: M. Dangelmaier. Druck von L. C. Zamarski. Fol. 2spaltig. Täglich, mit Ausnahme des Montags. 4 und 8 fl. jährlich. Wien 1855.

Wiener Neuigkeitsblatt. (VI. Jahrg.) Verantw. Redakteur und Herausgeber: M. Dangelmaier. Schnellpressendruck von L. C. Zamarski (vormals J. P. Sollinger.) Fol. 2spaltig. Erscheint täglich mit Ausnahme Montags. Wien 1856.

Wiener Neuigkeits-Blatt. VIII. Jahrg. Verantw. Red. u. Herausg. *M. Dangelmaier*. Druck d. *typ.-lit.-art. Anstalt (L. C. Zamarski, Dittmarsch & C.)*

Erscheint in **Wien**, tägl. mit Ausnahme Montags und der Feiertage, 1 Bog. in Fol. 2-spalt. Präñ.-Pr. ¼-jähr. 1 fl. 15 kr.; pr. Post 2 fl. 15 kr. Einzelne Blätt. 1 kr.

Neuigkeits-Bote, berliner, f. Belehr. u. Unterhalt. d. gebild. Stände. Redig. v. Karl Müchler. 1—4. Jahrg. 1837—40. à 156 Nrn. (½ Bog.) Mit artist. Beiln., Beiblatt u. Intelligenz-Anzeiger. 4. Berlin, [Liepmann u. Comp.] à J. *

—— dass. — redig. v. dems. 5. u. 6. Jahrg. 1841 u. 42. à 156 Nrn. (1/2 Bog.) Jed. m. 12 Stahlst. gr. 4. Berlin, Burmeister. (?) [841. * 2 2/3 Thlr., 42. * 3 Thlr.]

Neuigkeits-Bote, der, eine Zeitschrift belehrenden u. unterhaltenden Inhalts. Mit den neuesten Nachrichten aus allen Ländern u. Städten über Literatur, Kunst, Industrie, Theater, geistiges, sittl. u. gesell. Leben. Redakt.: Karl Müchler u. Schnitzer. 5.—9. Jahrg. 1841—1845 à 156 Numm. (1/2 Bogen.) Nebst à 12 Stahlst. gr. 4. Berlin 841—45, Burmeister. 5. Jahrg. n. 2 2/3 ℳ 6.—8. Jahrg. à n. 3 ℳ 9. Jahrg. n. 2 ℳ

Neuigkeitskrämer, Der, oder der Telegraphe, ein Lustspiel mit Gesängen in zwey Aufzügen vom Verfasser der Modesitten. [Aufgeführt 12. V. 1802 im Wiedner Theater.] Wien 1802. V: *Gewey, Franz* (?). (Chronologisches Verzeichniss aller Schauspiele. Wien 1807. S. 90) V: *Kringsteiner* (*Kriegsteiner? Kriegstein?*). (GGr V/341, Nr. 156)

Neuigkeitskrämer, der; oder: der Telegraphe. Lustsp. in 2 Akten. 8. Wien, Wallishausser. 802.

Berliner Neuigkeitskrämer. Zur Unterhaltung für Jedermann. 1850. Nr. 1. November. Hrsg. von Dr. C. Lindow. 8.

Neuigkeitsträger, Der monatliche, überbringt die neuesten in- und ausländischen Zeit-Begebenheiten. Zittau 1804—5. H: *Venus, Carl Aug. Ferdinand.* (MGT) (Ky)

Neu-Irland [Schlagwort]

Neu-Irland, s.: Kolonien. — Seekarten. — Südsee.

Neu-Isenburg [Schlagwort]

Neu-Isenburg, s.: Hessen, Höhenschichtenkarte.

Neu-Isenburg, Die französische Colonie. Neu-Isenburg 1861. V: *Weyell, P.* (Access.-Kat. d. Hofbibl. Darmstadt 1874.)

Neu-Judäa. Entwurf zum Wiederaufbau e. selbstständ. jüd. Reiches v. C. L. K. gr. 8. (2 1/2 B.) Berlin 840, Hayn.

Neu-Judäa. Entwurf z. Wiederaufbau e. selbstständigen jüd. Reiches von C. L. K. 2. Aufl. Als Beitrag z. Vorgeschichte d. Zionismus hrsg. von Heinrich Loewe. *Berlin: Jüd. Rundschau 1903.* (VIII, 23 S.) 8° [Aus: Israel. Rundschau. 1902.]

Neu-Kalen [Schlagwort]

Neu-Kalen, s.: Deutschland. Kürschner-Peip.

Neukam, Karl: Studien im Adrenalingebiet. Würzburg 1908: Staudenraus. 92 S. 8°
Würzburg, Phil. Diss. v. 28. Okt. 1908, Ref. Tafel
[Geb. 22. Jan. 83 Nürnberg; Wohnort: Nürnberg; Staatsangeh.: Bayern; Vorbildung: Industriesch. Nürnberg Reife Juli 01; Studium: Würzburg 13 S.; Rig. 23. Juni 08.] [U 09. 4171

Neukamp, Ernst. Entwicklungsgeschichte des Rechts. 1. Bd.: Einleitg. gr. 8. (XXII, 192 S.) Berlin 895. C. Heymann's Verl. n. 5. —

Neukamp, Ernst, der Entwurf der neuesten Gewerbeordnung-Novelle. Kritisch beleuchtet. Mit dem Abdr. d. Wortlautes d. Entwurfs e. Gesetzes betr. Abänderg. der Gewerbeordng. [Aus: „Zeitschrift f. die gesamte Staatswissenschaft".] gr. 8. (94 S.) Tübingen 891. Laupp. n. 1. —

Neukamp, Ernst, Gesetz betr. Kinderarbeit in gewerbl. Betrieben, s.: Gesetzsammlung. 17. Bd.

Die Gesetzgebung der Staaten des Erdballs über das gewerbliche Eigentum in tabellarischer Übersicht nebst e. vergleich. Zusammenstellung über d. Beteiligung Deutschlands, Englands u. Nordamerikas an d. gewerbl. Rechtsschutz in d. Hauptkulturstaaten von Oberl.Ger.R. Dr. [Ernst] **Neukamp.** (Als Ms. gedr.) Cöln: P. Neubner 1905. (18 Bl.) 4° [07. 1683

Neukamp, Ernst, das Gewerbegerichtsgesetz in seiner jetzt geltenden Fassg. Erläutert v. N. (XII, 97 S.) kl. 8. Tübingen 901. J. C. B. Mohr. 1.50; kart. 1. 80

Neukamp, E., Das Gewerbegerichtsgesetz in seiner jetzt geltenden Fassung. Erläutert v. N. (XII, 97 S.) kl. 8. Tübingen, J. C. B. Mohr. 1. 50; kart. 1. 80. 1907.

Neukamp, Ernst, die Gewerbeordnung f. das Deutsche Reich, s. a. Gesetzsammlung. 6. Bd.

— dasselbe, s. a. Hirschfeld's Taschen-Gesetzsammlung Nr. 1.

—— Die Gewerbeordnung für das Deutsche Reich in ihrer neuesten Gestalt nebst Ausführungsvorschriften u. d. Gesetz betr. Kinderarbeit in gewerbl. Betrieben. Erl. 7. durchgearb. Aufl. Leipzig 1906. 8°. *[1. Aufl. 1892.]*
(Hirschfeld's Taschen-Gesetzsamml. f. Justiz u. Verwalt. Nr 1.)

Neukamp, E, Die Gewerbeordnung f. das Deutsche Reich in ihrer neuesten Gestalt nebst Ausführungsvorschriften u. das Gesetz betr. Kinderarbeit in gewerblichen Betrieben. Erläutert v. N. 7. durchgearb. Aufl. (Neue [Titel-] Ausg.) (XVIII, 750 S.) kl. 8. Tübingen '07, J. C. B. Mohr. 5. 30; geb. 6. —

— Die Gewerbeordnung f. d. Deutsche Reich in ihrer neuesten Gestalt, nebst Ausführungsvorschriften u. das Gesetz betr. Kinderarbeit in gewerbl. Betrieben. Unter Mitwirkg. v. Hellmuth Lehmann erläutert. 8., durchgearb. Aufl. (XVI, 684 S.) 8. Ebd. 910. Geb. in Leinw. 6. —

Neukamp, E., Die deutsche Gewerbegesetzgebung m. Erläuterungen. 1. Bd.: Die Gewerbeordng. f. das Deutsche Reich in ihrer neuesten Gestalt, nebst Ausführungsvorschriften. Erläutert. 9., veränd. u. durchgearb. Aufl. (XX, 810 S.) 8. Tübingen, J. C. B. Mohr. 1910. Geb. in Leinw. 7. —

— das Gewerbesteuer-Gesetz f. die preußische Monarchie vom 24. Juni 1891. Textausg. m. Einleitg., Anmerkgn. u. Sachregister, nebst e. Anh., enth. die Gesetze betr. die Besteuerg. d. Gewerbe-Betriebes im Umherziehen, d. Wanderlager-Betriebes u. wegen Beseitigg. der Doppelbesteuerg., sowie e. Uebersicht der zuläss. Gewerbesteuer-Sätze. 12. (VI, 168 S.) Essen 891. G. D. Baedeker. Kart. n. 1. 20

— Handkommentar zur Civilprozeßordnung in der am 1. I. 1900 in Kraft getretenen Fassung, nebst dem Einführungsgesetze. 3 Tle. gr. 8. (XV, 987 S.) Göttingen 899. 900. Vandenhoeck & Ruprecht. n. 16. 50; geb. in Halbfrz. n. 18. 50

Handkommentar zur Zivilprozeßordnung nebst dem Einführungsgesetze. Unter Mitw. von ... hrsg. von Dr. Ernst **Neukamp**, Reichsger.R. 2. umgearb. Aufl. (In 4 Lfgen.) Leipzig: Hirschfeld 19(10-)11. XIV, 1228 S. 8°

Neukamp. Inwieweit steht Art. 2 der Reichsverfassung einer landesrechtlichen Regelung der Dauer der Arbeitszeit in den Bergwerken entgegen? Berlin, o. J. 18 S.

[F.] **Neukamp,** Ernst [Amtsrichter in Göttingen]: Ist nach dem preussischen Gesetze vom 13. Juli 1893 '(G.S. S. 131)' betr. die Zwangsvollstreckung in das unbewegliche Vermögen der Erlass des Einleitungsbeschlusses zulässig, ehe dem Vollstreckungsgericht die Zustellung des vollstreckbaren Schuldtitels nachgewiesen ist? ... Göttingen, Druck d. Dieterich'schen Univ.-Buchdr., 1893; 45 S. 8.
Göttingen, Jur. Fak., Inaug.-Diss. v. [8. Mai] 1893

— ist nach dem preußischen Gesetze vom 13. Juli 1883 (G. S. S. 131) betr. die Zwangsvollstreckung in das unbewegliche Vermögen der Erlaß des Einleitungsbeschlusses zulässig, ehe dem Vollstreckungsgericht die Zustellung des vollstreckbaren Schuldtitels nachgewiesen ist? Diss. gr. 8. (45 S.) Göttingen 893. (Vandenhoeck & Ruprecht.) n. 1. —

Neukamp, Ernst, s.: Kommentar zum Börsengesetz.

— Die Novelle zur Gewerbeordnung v. 28. XII. 1908 in ihrer rechtl. u. wirtschaftl. Bedeutung. Vortrag, geh. am 14. I. 1910 in der Leipziger Ortsgruppe der Gesellschaft f. soziale Reform. (32 S.) gr. 8. Leipzig 910. C. L. Hirschfeld. — 50

— das Reichsgesetz betr. die Gesellschaften m. beschränkter Haftung, s. a. Taschen-Gesetzsammlung.

Neukamp, Ernst. Das Reichsgesetz betr. die Gesellschaften mit beschränkter Haftung vom 20. April 1892 in der Fass. d. Bekanntmach. vom 20. Mai 1898. 3. u. 4. durchgearb. u. verm. Aufl. Berlin 1907. 8°.
(Taschen-Gesetzsammlung. 7.)

— die Reichsgewerbeordnung, s. a. Gesetzsammlung.

—— Die Reichsgewerbeordnung in ihrer neuesten Gestalt, nebst Ausführungsvorschriften. Textausg. m. Anmerkgn. u. Sachregister. 16. (XV, 306 S.) Berl. 892, Siemenroth u. Worms. cart. * 2 50

Neukamp, E., die Staats- u. Selbstverwaltg. d. Rheinprovinz. Systematische Darstellg. d. neuen Verwaltgs.-Rechts d. Rheinprovinz. gr. 8. (X, 235 S. m. 1 Tab.) Essen 888. Baedeker. n. 4. —; geb. n. 5. —

— die Staats- u. Selbstverwaltung Westfalens. Ein Wegweiser zur Einführung in die neuen Verwaltungsgesetze Westfalens. 8. (VIII, 146 S. m. 6 Zuständigkeits-Tab.) Bochum 887. Stumpf. geb. n. 4. —

Neukamp, Hugo, aus Soest: Aus d. chirurg. Klinik zu Bonn. Ueber 3 Fälle von Verletzungen motorischer Rindencentren. *Bonn 1898: J. Trapp.* (27 S.) 8°
Bonn, Med. Diss. v. [27. Juli] 1898

Quartett. Zum Fest Joh. d. Evang. in der ▭ mit Begleitung von 4 Hörner oder Forte Piano comp. und Sr. Hochfürstlichen Durchlaucht dem Hochw. Landgrafen Christian von Hessen unterthänigst gewidmet von F. Neukaeufler. [Nebst 4 Bl. Beil.] Mainz: Schott. o. J. 2 Bl. 8° [Lithogr.] [Umschlagtit.]
„Zur Liebe lad't Johannes ein . . .“ 430.

Neukirch [Schlagwort]
Neukirch, s.: **Württemberg, Höhenkurvenkarte.**

Neukirch [Verfasser]

Neukirch: Bewässerungsanlage für das Oberblockland mit Kreiselpumpen Patent Neukirch. (o. O.) 1882. Fol.

Neukirch, Albert: Kreisverfassung und niedersächsischer Kreis in den Kriegsrüstungen gegen die Türken 1522 bis 1532. Göttingen 1909: (Schmidt, Leipzig). 39 S. 8° ¶(Ersch. vollst. u. d. T.: Der niedersächs. Kreis u. d. Kreisverfassung bis 1542, als: Quellen u. Darstellungen aus d. Geschichte d. Reformationsjahrh. Bd 10.)
Göttingen, Phil. Diss. v. 29. Mai 1909, Ref. Lehmann
[Geb. 7. Jan. 84 Holzminden; Wohnort: Holzminden; Staatsangeh.: Braunschweig; Vorbildung: Gymn. Holzminden Reife O. 03; Studium: Jena 5, Göttingen 5 S.; Rig. 26. Juni 08.] [U 09. 1388

Neukirch, Albert: Der niedersächsische Kreis und die Kreisverfassung bis 1542. Leipzig: Heinsius 1909. XI, 226 S. 8°
(Quellen u. Darstellungen aus d. Geschichte d. Reformationsjhs. Bd 10.)

Neukirch, (Franz) Arnold, (geb. Delbrück in Westf. 24. 8. 1829): De cirrhosi hepatis. Berolini (1852). (37 S.) 8°
Berlin, Med. Diss. v. 1. Okt. 1852

Neukirch, Benjamin, benjamin Neukirchs // Anweisung // zu // Teutschen // Briefen. // Leipzig /// bey Thomas Fritschen, 1709. - 10 Blatt (nicht paginiert) Titelkupfer, Titelblatt, Widmung und Vorrede. - 950 S. und 11 Blatt (nicht paginiert) Register.

Benjamin Neukirchs Anweisung zu Teutschen Briefen. Leipzig, verlegts Thomas Fritsch, 1727.

Neukirch, Benjamin. Anweisung zu deutschen Briefen. Neunte Auflage. Nürnberg, Raspische Buchhandlung, 1760. 8°. *Titelkupfer*, Titel *mit gestoch. Vignette*, 5 Bl. 670 S. 10 Bl.

Neukirch, Begebenheiten des Prinzen von Ithaca, siehe Fenelon.

Die Begebenheiten Des Prinzen von Ithaca, Oder Der seinen Vater Ulysses, suchende Telemach Aus dem Französischen des Herrn von Fenelon, In Deutsche Verse gebracht, Und Mit Mythologisch-Geographisch-Historisch- und Moralischen Anmerckungen erläutert, von Benjamin Neukirch ... Erster (-Dritter) Theil ... Onolzbach, Gedruckt und zu finden, bey Johann Valentin Lüders, Hoch-Fürstl. privil. Hof- und Cantzley-Buchdrucker. 1727. (Pts. 2-3:) Anspach, Bey dem Hof-Buchführer Rönnagel in Commiszion, auch in Franckfurt und Leipzig zu finden. 1739. Roth, Gedruckt bey Georg Ruthoffer, Hoch Fürstl. privil Buchdrucker.

-- Die Begebenheiten Des Prinzen von Ithaca, Oder: Der seinen Vater Ulysses, suchende Telemach, Aus dem Französischen des Herrn von Fenelon, In Deutsche Verse gebracht, Und Mit Mythologisch-Geographisch-Historisch- und Moralischen Anmerckungen erläutert. 3 Theile in 2 Bänden. Onolzbach, V. Lüders, 1727 und Ausbach, Rönnagel, 1739. Kl. fol. *Frontispiz*, 8 Bl. 500 S. 9 Bl.; 6 Bl. 472 S.; 3 Bl., 304 S. 5 Bl. und *24 schöne Kupfertafeln von Winter nach Sperling und Leclerc, das Frontispiz ist von Cochin gestochen.* Bestoßenes und lädiertes Ld. d. Z. mit Rsch.
„Ohnstreitig eines der angenehmsten [Bücher] so je in gebundener deutscher Sprache zum Vorschein gekommen". C. III. 319, 11; A. Fromm 8423. FdF. 1602. Die wegen ihrer hervorragenden Ausstattung berühmte Originalausgabe dieser ersten deutschen Versübersetzung. „... prosperity ... and 17... made it possible to issue a de luxe edition, splendidly printed, nobly illustrated, and fit to be placed ... in every ante-chamber" (FJI.)

-- -- Dasselbe Werk, dieselbe Ausgabe (auf großem Papier). 2 Bde. *Frontispiz*, 8 Bl. 500 S. 9 Bl.; 6 Bl. 472 S.; 1 Bl. 304 S. 3 Bl. und *24 Kupfertafeln*. Bestoßene und stellenweise etwas beschädigte Ldbde. d. Z.
Ein Exemplar der „mageren" Variante. Es enthält nicht die beiden Bll. der Widmung nach dem Titel des 3. Teils und ebensowenig die 2 Bll. mit der Subskriptionsliste am Ende des 3. Teils. diese insges. 4 Bll. fanden sich auch in anderen von uns eingesehenen Ex. nicht. —
Dieses Exemplar ist in seiner Zusammensetzung komplett, doch könnte im letzten oder vorletzten Teil ein Blatt mit Druckfehlerverzeichnis fehlen, wie sich ein solches am Ende des ersten Teils findet; ein Vergleich mit 2 anderen Exr. ergab aber, daß auch diese kein solches Blatt aufwiesen. Unser Ex. auf „großem Papier" ist innen gut und sauber, doch sind die Einbände bestoßen und berieben und haben kleinere Wurmspuren in den Deckeln.

— — [Dasselbe Werk]. Dritte und verbesserte Auflage, durchaus mit vielen Kupfern gezieret. 3 Teile in 2 Bdn. Nürnberg, Endterische Consorten & Witwe Engelbrecht, 1751. 8°. 448 S. 16 Bl.; 1 Bl. 352 S.; 224 S. 7 Bl. *Mit 1 Porträt Neukirchs, gestochen v. G. Lichtensteger nach J. C. Sperling und 23 (statt 24) Kupfern von Nunzer.* Etwas benutzte HPgtbde. d. Z.

G. III. 349, 13: 3. FdF. 1603. Die zweite Oktavausgabe.

— — [Dasselbe Werk]. Vierdte und verbesserte Auflage. 3 Tle. in 2 Bdn. Nürnberg, W. Schwarzkopf, 1762. 8°. *Mit Porträt Neukirchs J. C. Sperling pinx., G. Lichtensteger sc. u. 24 Kupfern.* Ld. d. Z. mit reicher Rv. u. grünen u. roten Rsch.

Die dritte Oktavausgabe, mit der Biographie Neukirchs.

Neukirch, Benj., († d. 11. Aug. 1729.) deutsche Briefe. N. Aufl. 8. Nürnb. 760. Bauer u. Raspe. 12 gr.

- - , Galante Briefe,
siehe Christian Juncker,
Wohlunterwiesener Briefsteller, Leipzig (1732).

- - , Gedancken über der Gottseligen Preußischen Königin
Sophie Charlotte Ableben,
siehe Des Todes Tempel.

Neukirch, Benj., auserl. Gedichte, s. Bibliothek d. Dichter. XIV.

Herrn von Hoffmannswaldau und andrer Deutschen auserlesener und bißher ungedruckter Gedichte erster theil nebenst einer vorrede von der deutschen poesie ... Leipzig, Bey Thomas Fritsch 1697.
———anderer Theil ... Leipzig, bey Thomas Fritsch. 1697.
———dritter Theil ... Leipzig, bey Thomas Fritschen 1703.
——— auserlesener und bißher noch nie zusammen-gedruckter Gedichte Vierdter Theil. Glückstadt und Leipzig, Verlegts Gotthilff Lehmann, Königl. privil. Buchhändler. 1706.
———auserlesener und bißher ungedruckter Gedichte fünffter theil ... Leipzig, Bey Thomas Fritsch, 1710.
———sechster Theil, nebenst einer Vorrede wider die Schmeichler und Tadler der Poesie ... Leipzig, bey Thomas Fritsch, 1709.

NEUKIRCH, BENJAMIN. Auserlesene Gedichte aus verschiedenen poetischen Schriften gesammlet und mit einer Vorrede von dem Leben des Dichters begleitet von Joh. Christoph Gottschedius. Regensburg, Zunkels Gebrüder, 1744. 8°. *Schönes Kupferportrat*, 27 Bl. 312 S. 3 Bl. (das letzte leer). HPgt. d. Z.

G. III. 349, 13 : 4.

Neukirch, Benjamin: Weinender P e t r u s , s. A n d a c h t s - ü b u n g zur Kirchenmusik.

— — S a t y r e n und p o e t i s c h e B r i e f e (hrsg. von Joh. Christoph R a s c h e). Franckfurt und Leipzig, 1732. 8°.

— — Dasselbe. Ebd., bey J. A. Raspe, 1757. 8°. (In München: P. o. germ. 1008.)

Herausgeber genannt im Anon.-Lex. III. p. 209 (nach Kayser).

Neukirch, Chr.

Neukirch, C., Anleitung wie sich Kinder zur heil. Beichte vorbereiten sollen, s. Felbiger, Katechismus.

Neukirch, Chr., ein Vorwort üb. d. Kinderbeicht, u. e. Anleitung, wie sich Kinder hiezu vorbereiten sollen. 12. (1 B.) Coblenz 832, Hergt.

Neukirch, F. X., 's Pfiffel vum e Meiselocker. Gedichtle. Mit 60 Zeichnunge vun L. Blumer, P. Braunagel, L. Hornecker u. a. Deckezeichnung vun H. Loux. (156 S.) 8. Strassburg 904. Schlesier & Schweikhardt. n. 2. 80

Fritz Reuter in d'r Schlupfkapp. Parodist. Uewwertrauungen nooch Fritz Reuter von F. X. **Neukirch**. Strassburg i. E.: C. A. Vomhoff 1908. (62 S.) 8° [F.] [08. 2140

Neukirch, Ferdinandus: De hydrocele. Halae Saxonum (1827): Baentsch. 30 S. 8°

Halle-Wittenberg, Med. Diss. v. 31. Dez. 1827

Geb. Attendorn (Westf.) 9. 10. 1804. V.

Verf. erlebte die Diplomerneuerung 1877 als praktischer Arzt in Mechernich (Kr. Schleiden/Eifel, Rheinprov.).

[F.] Neukirch, *Franz Friedrich Karl* [Dr.]: **Ergänzungen und Berichtigungen zum Album. [Nachtr. zu P-Beil. 1894.] Holzminden, Druck v. J. H. Stocks Buchdr.,** 1895; 31—34 S. 4.

Holzminden, herz. G, OP 1895 (721)

Neukirch, F., Geschichtstabellen. gr. 8. (IV, 78 S.) **Holzminden 885. Müller. geb.** n.n. 1. 30

Neukirch, Frz., das Leben d. Petrus Damiani [Teil 1: Bis zur Ostersynode 1059], nebst e. Anh.: Damianis Schriften chronologisch geordnet. gr. 8. (119 S.) Göttingen 875. Peppmüller. n. 2. 80

Neukirch, Heinrich, aus Mülhausen: Ueber Actinomyceten. *Straßburg: L. Beust 1902.* (IV, 72 S.) 8°

Straßburg, Math.-naturw. Diss. v. 1902

Neukirch, H., über Strahlenpilze. (Actinomyceten.) 2. Folge. gr. 8. (IV, 72 S. m. 1 Taf.) Strassburg 902. L. Boust. n. 2. 40

I unt. d. T.: V. Lachner-Sandoval, über Strahlenpilze. Ebd. 898. n. 1. 80.

Neukirch, J., Gedächtnißrede für des Königs Friedrich Wilhelm III. am 19. Juli 1840, als am Todestage der Königin Luise gehalten. gr. 8. Liegnitz 840. Kuhlmey. 1/12 rf

Neukirch, (Erzpriester,) Rede am Jahresschlusse 1840. Auf Verlangen in Druck gegeben. gr. 8. Liegnitz 841, Kuhlmey. 1/12 rf

NEUKIRCH, J.: Der Villinger Stadtwald. - Villingen 1908. 44 S.

Neukirch, J. Chr. L., Naturbilder aus dem Insektenleben. Ein auf naturhistorischem Grunde ruhendes, belehrendes Unterhaltungsbuch für die Jugend. Leipzig 863. Schlicke. gr. 16. (VIII, 215 S. m. Holzschn.) n. 1 rf 5 ngr.

Neukirch, J. Chr. L., Naturbilder aus dem Insektenleben. Ein auf naturhistor. Grunde ruhendes, belehr. Unterhaltungsbuch für die Jugend. 1. Aufl. 1862. und 2. Aufl. br. 8. (VIII und 215 S. mit eingedr. Holzschn.) Leipzig 867, Schlicke. cart.

Neukirch, J. Chr. L., praktischer Stilbildungsfreund für Schule und Haus. 1. u. 2. Bdchn. Hannover 858. Hahn. gr. 8. (XVI, 124; VI, 165 S.) 1.: 9 ngr.; 2.: 12 ngr.

— der Thierfreund. Erzählungen aus der Thierwelt zur bildenden Unterhaltung für die Jugend. Mit 28 Illustr. (Holzschn.) nach Orig.-Zeichnungen von C. Sachße. Leipzig 862. Klinkhardt. Lex.-8. (VIII, 160 S.) 25 ngr.

Neukirch, J. Chr. L., der Thierfreund. Erzählungen aus der Thierwelt, zur bildenden Unterhaltung für die Jugend hrsg. Mit 28 (eingedr. Holzschn.-)Illustr. nach Orig.-Zeichnungen von C. Sachße. 2. Aufl. gr. 8. (VIII, 160 S.) Leipzig 879, Klinkhardt. geb. *

Neukirch, Johann Georg

— akadem. Anfangsgründe zur deutschen W o h l r e d e n h e i t, n. d. 2ten Thle. v. d. Staatslehre, Historie des deutschen Reichs. 8. Braunschweig, Renger. 729-31.

Neukirch, Johann Georg, Anfangs-Gründe // zur // Reinen // Teutschen // POESIE // Itziger Zeit /// Welche der // Studierenden Jugend // Zum Besten // und // Zum Gebrauch seines // AUDITORII // In // Zulänglichen Regeln und deutlichen Exempeln // entworffen // Johann George Neukirch // Philosoph. Magist. & J. U. C. // Halle im Magdeb. An. MDCCXXIV. // Zu finden in der Rengerischen Buchhandlung. - 8 Blatt (nicht paginiert) Titelkupfer, Titelblatt und Vorrede. - 906 S. und noch 3 Blatt (nicht paginiert) Register.

Neukirch, J. G., auserl. Briefe in Form e. Antw. a. d. Br. des Menantes. 2 Thle. 8. Halle, Renger. (auch Waisenh.) 728.

— das alte und mittlere Deutschland. 8. Frft. 741.

— Fundamente zu deutschen Briefen. 8. Halle, Renger. 730.

— politisch-moralische Maximen in Conversation wohl zu reden und wohl zu leben. 8. Braunschweig, Renger. 726.

— gewissenh. Politikus. 8. Frft. 742.

— nützlicher Vorrath neuer Briefe. 8. Leipzig, Gleditsch. 731.

Neukirch, Johann Heinrich

Neukirch, Joh. Heinr., Dichterkanon. Ein Versuch, die vollendetsten Werke der Dichtkunst aller Zeiten und Nationen auszuzeichnen, nebst gedrängter Vorbereitung auf das Lesen der aufgeführten Schriften und Angabe der gewandtesten deutschen Uebersetzungen. Kiew 853. (Leipzig, F. C. Fleischer.) gr. 8. (XXIV, 544 S.) n. 2 ₰. 20 ngr.

Neukirch, Io. Henr., de fabula togata Romanorum. Acced. fabularum togatarum reliquiae. 8maj. (20 B.) Lipsiae 833, Weidmann.

Neukirch, J. H., De fabula togata Romanorum; acced. fabularum togatarum reliquiae 1833. 806 S.

Neukirch, J. H., De indicativo et coniunctivo modo in utenda „quum" particula I. Diss. 1837 56 S. 2.—

—— in Platonis Politiam quaestionum philologicarum Partic. I. 8maj. (4 B.) Lipsiae 834, Weidmann.

Neukirch, Jos. Henr., historiae litterarum graecarum summarium. Kiew 863. (Riga, Kymmel.) gr. 8. (65 S) n. 15 ngr.

— Josef (Attendorn / Westfalen), Ueber Lupus an der Hand. Diss. med.-chir. Berlin (G. Schade) 30. VII. 1885. 29 S. u. Biogr. (—.—) 24775
Oppon : J. Soreth, F. Seemann, Th. Geisthövel. — Seinem Vater gew.

Neukirch, Jos., Predigt bei der Weihe der renovirten Pfarrkirche zu St. Adalbert am 11. Novbr. 1855 gehalten. Breslau 855. Aderholz. gr. 8. (16 S.) n. 2 ngr.

Neukirch, Carl, Referendar a. Frankfurt a. Main: Der Erwerb des Eigentums an beweglichen Sachen vom Nichtberechtigten auf Grund guten Glaubens. Frankfurt a. M. 1904: R. Mahlau. (66 S.) 8°
Marburg, Jur. Fak., Ref. Leonhard, Diss. v. 9. Jan. 1905
[Geb. 25. Dez. 79 Frankfurt a. M.; Wohnort: Frankfurt a. M.: Staatsangeh.: Preußen; Vorbildung: Gymn. Frankfurt a. M. Reife O. 98; Studium: Heidelberg 1, München 1, Berlin 2, Marburg 2 S.; Rig. 13. Juli 01.]

Neukirch, C., das bürgerliche Gesetzbuch, s.: Wolf, B.

Kommentar zum Gesetz über den Verkehr mit Kraftfahrzeugen vom 3. Mai 1909 u. d. Bundesratsverordnung vom 3. Febr. 1910. Von Dr. C[arl] Neukirch u. Dr. A[rthur] Rosenmeyer. Halle a. S.: Waisenhaus 1910. VI, 351 S. 8° [10. 12607

— d. Reichsgewerbeordnung, s.: Gesetzsammlung.

Neukirch, Karl [aus Braunschweig]: Studien über die Darstellbarkeit der Volksdichte m. bes. Rücksichtnahme auf d. elsäss. Wasgau. M. statist. Tabellen, e. Volksdichtekarte d. elsäss. Wasgau im Massstabe 1:250000 u. Litteraturverzeichnissen ... Braunschweig, W. Scholz, 1897; 4 Bl., 116 S., 1 Bl., 1 Kt. 8.
Freiburg i. B., Phil. Fak., Inaug.-Diss. v. 1897

Neukirch, Const., der praktische Kaufmann. Ein Unterrichts- u. Nachschlagewerk des gesamten kaufmänn. Wissens. Für Kontor u. Haus bearb. 3 Bde. Lex. 8. Essen, Literatur-Verlag. à 9.—; geb. in Lw. à 10.—; in Halbfrz. à 11.50; auch in 48 Lfgn. à — 60
I. 1. Tl. Buchführung (VIII, 481 S.) 909. 10.
II. 2. u. 3. Tl. Handelskorrespondenz u. Wechsellehre. — Gesetzeskunde. (XII, 524 S.) 910.
III. 4. Tl. Rechenkunde. (VIII, 537 S.) 910.

— Rechenkönig. Populäres Rechenwerk in 12 einzeln in sich abgeschlossenen Briefen. 1. Brief. (39 S.) gr. 8. Berlin 907. G. Koenig. 1.—

Neukirch, O. Frhr. v., s. Zedlitz

Neukirchen [Schlagwort]

Neukirchen i. Hessen-Nassau, s.: Preussen. Messtischblätter.

Neukirchen [Verfasser]

Neukirchen, Adolf: Ein Fall von doppelseitiger kortikaler Hemianopsie verbunden mit tatktiler Aphasie und Orientirungsstörungen. Mit 3 Taf. Marburg 1900. (55 S.) 8°
Marburg, Med. Diss. v. 21. Jan. 1900

Neukirchen, Ant. v., Specielle Würdigung des Systems der Zeitpachte, mit besond. Rücksicht auf die ökonomischen Verhältnisse Böhmens. 8°. Prag, Enders, 1833.

Neukirchen, Frz. Ant., die Dombau-Sache, betrachtet aus dem reinkirchl. Gesichtspunkte in einer am Jahresfeste der Metropolitan-Kirchweihe gehaltenen Predigt. gr. 8. (2 B.) Aachen 843, Boisserée's Buchh.

Neukirchen, *Walther Leonhard* Gustav: Beiträge zur Frage der internen Antiseptik.... Bonn, Druck v. P. Neusser, 1891; 32 S., 1 Bl. 8°
Bonn, Med. Fak., Inaug.-Diss. v. [14.] März 1891

Neukirchen, W. A., s. Polizei- u. Verwaltungs-Beamte, der.

Das Neukirchenblatt : 1886? -1912?
Swedenborgian monthly. Organ of the New Jerusalem Church in the U.S., German Synod. Large quarto, each issue 8 pages. Edited & published by the Rev. Louis H. Tafel.
Lancaster, PA

Neukirchenblätter. Red.: J. G. Mittnacht. 1. u. 2. Reihe 1875 u. 1876 à 36 Nrn. (B.) gr. 8. Stuttgart, neukirchl. Buchh. à Reihe n. 5. —

Neukirchenblätter. Red.: J. G. Mittnacht. 3—5. Reihe. 1877—1879. à 36 Nrn. (B.) gr. 8. Stuttgart, Neukirchl. Buchh. à Jahrg. n. 5. —

— dasselbe. 2. Folge. 1—3. Bd. Jahrg. 1880—1882. à 24 Nrn. (B.) gr. 8. Ebend. à Jahrg. n. 3. —

Neukirchenblätter. Red.: J. G. Mittnacht. 2. Folge. 4. Bd. Jahrg. 1883. 24 Nrn. (B.) gr. 8. Frankfurt a/M., Mittnacht. n. 3. —
Erscheint nicht mehr.

Neukom, Dionys, († d. 3. Jan. 1806.) der Christ am Krankenbette, od. christl. Vorbereit. zu e. seligen Ende. 8. Brünn 796. Gastl. 12 gr. (Leipz. 799. Rein).

—Fastenpredigten üb. die Hindernisse d. Heils 2c. 3 Jahrgg. 8. Brünn 800. Gastl. 1 rf 12 gr.

Neukomm, Dav., († 1805.) s. Materialien zu Vorschriften.

Neukomm, Georg Mich.: Dissertatio inauguralis medica de marasmo senili sive marcore naturali.
Basel; med. Diss. 1743.

Neukomm, Jakob: Nachweisung der Gallensäuren und Umwandlung derselben in der Blutbahn. Zürich 1860.

Neukomm, Jacob, von Ratz [Kt. Zürich]: Ueber das Vorkommen von Leucin, Tyrosin und anderer Umsatzstoffe im menschlichen Körper bei Krankheiten. Zür. Orell Füssli Cie Dr. 1859. 48 S., 1 Bl. 8°.
Zürich, Med. Diss. v. 12. Febr. 1859.

[Neukomm, Martin.] Andermatt ‹St-Gothard.› Hotel & Pension Bellevue. Station d'hiver et d'été.... [Avec 2 planches.] 8. Zurich ([18]88).

Neukomm, Martin, Andermatt als Winter-Kurort. Eine klimatologisch-medicin. Skizze. gr. 8. (40 S.) Zürich 887, Orell, Füssli und Comp., Verlag. * 1 —

Neukomm, M[artin]. Les bains de Heustrich ‹Oberland Bernois›. Ses moyens curatifs et ses indications. 8. Berne 1888.

(Neukomm, Martin.) Hotel & Kurhaus Bellevue in Andermatt am St. Gotthard. Luftkurort für Sommer und Winter.... [Mit 2 Tafeln.] 8. Zürich ([18]87).

Neukomm, Mart., die epidemische Diphtherie im Canton Zürich u. deren Beziehungen zum Luftröhrenschnitt. Eine statistisch-klin. Untersuchg. in 2 Thln. m. 4 graph. Taf. u. 1 Karte d. Cantons Zürich. [Der 1. Thl. aus: „Zeitschr. f. schweiz. Statistik".] gr. 4. (V. 127 S.) Leipzig 886. F. C. W. Vogel. n. 6. —

Neukomm, Martin, Dr. Bad Heustrich am Niesen (Berner Oberland). Seine Heilmittel und Indicationen. Gr. in-8°, 55 S., mit 2 Ansichten u. 1 Karte. Bern, K. J. Wyss. 1888.

Neukomm, Martin. Bad Heustrich im Berner Oberland. Seine Heilquelle und sonstigen Kurmittel und seine Umgebung. Balneologische Skizze. [Mit 1 Tafel und 1 Karte.] 8. Thun 1897.

Neukomm, Martin. Bad Heustrich im Berner Oberland. Seine Heilquelle und sonstigen Kurmittel und seine Umgebung. Balneologische Skizze. [Illustriert.] 76 S. quer-8. Bern, Hubacher & Cie., 1902.

Neukomm, Sigismund Ritter von: Gesänge u. Lieder zu Tiedge's Tiedge's Aennchen u. Robert. 2 Hfte. qu. Fol. Haue 1822. (Fr. Ruff).

NEUKOMM, SIGMUND: Christi Grablegung. Oratorium aus Klopstock's Messias entnommen und in Musik gesetzt von Sigmund Neukomm. Pressburg 1860: C. F. Wigand. 8 S. - gr. 8°

Neukomm, S., der Ostermorgen, s. Breitkopf und Härtel's Text-Bibliothek Nr. 41.

Buchdruckerei Neukomm & Zimmermann, Bern. Setz-Maschine Typograph ([und] Satzproben von Maschinen-Schriften). II + 24 S. kl.-4. [1901.]

Neukrantz, Amandus Ferdinand

Neukrantz, A. F. Ausführlicher Bericht über die große allgemeine Gewerbeausstellung in Berlin im Jahre 1844. 14 Lieferungen. Berlin 1844/45.

Neukrantz, Amand. Fd., s. a. Bericht über die große allgem. deutsche Gewerbe-Ausstellung in Berlin. — Gewerbe-Industrie- u. Handelsblatt, Berliner.

Neukrantz, A. F. und Metzke, F. A. (Herausgeber): „Berliner Gewerbe-, Industrie- und Handelsblatt", Berlin 1842 ff.

Neukranz, A. F., s. a. Werkzeichnungen.

Neukranz: Werkzeichnungen. s. a. Mendelsohn

Neukrantz, Bernhard Friedrich (Güstrow), De jurisprudentia salutis civium aeternae rationem habente. Diss. circul. Präs. Ernst Joh. Fried. Mantzel. Rostock (J. J. Adler) 29. I. 1735. 16 S. (4.—) 24776
Gew.: Paul Bernhard Neukrantz (Vater). — Widm. v.: Ernst Joh. Fried. Mantzel.

Neukranz, Walter [aus Salzwedel]: Ueber Methyl-p-cymylketon und die Darstellung von Ketonen aus Chlor- und Brom-toluol. . . . Freiburg i. B., Buchdr. v. Chr. Ströcker, 1891; 51 S., 1 Bl. 8°
Freiburg i. B., Phil. Fak., Inaug.-Diss. v. 1891

Neukuhren [Schlagwort]

-- s. a.: Preussen. Messtischblätter.

Neukuhren. Karte vom Ostseebad Neukuhren nebst Umgebung. Hrsg. vom Verschönerungsverein Neukuhren. 1 : 12,500. 38×53,5 cm. Farbdr. Königsberg (907). Gräfe & Unzer. nn — 50

Ostseebad Neukuhren. Königsberg i. Pr.: Ostpr. Dr. & Verlagsanst. [1908]. 40 S. 8° [09. 1430 10

Neul, Johann. Weltfrieden und ein neuer Zukunftsstaat. Wie können die blutigen Kriege mit ihren schrecklichen Folgen, der bewaffnete Frieden mit seinen entsetzlichen Kosten beseitigt werden? Eine Lösung der sozialen Frage, wie einfach, schnell und sicher die Armut beseitigt, der Wohlstand für alle Menschen ermöglicht wird. IV + 65 S. 8. Im Selbstverlage des Verfassers; Erhältlich in der Grütlibuchh. in Zürich..., 1906. fr. —.75

Neuland [Sachliches OW]

Neuland. Deutsch-nationale Wochenschrift f. sociales Leben, Politik, Wissenschaft, Kunst u. Literatur, hrsg. v. Erwin Bauer. 1. Jahrg. 1894. 46 Hfte. (à ca. 3 Bog.) gr. 8. Leipzig, R. Werther. Febr. u. März 1894 (7 Hfte.) n. 1. 50; vierteljährlich n. 3. —; einzelne Hfte. n. — 50

Neuland. Hrsg. u. Red.: Joh. Sassenbach. 1. u. 2. Jahrg. Octbr. 1896—Septbr. 1898. à 12 Hfte. (à ca. 5 Bog.) gr. 8. Berlin, J. Sassenbach. à Jahrg. 5. —; einz. Hfte. — 50
Kann auch halbjährlich für 2. 50 u. vierteljährlich für 1. 30 bezogen werden.

Neuland. Monatsblätter f. deutsche Dichtg. Hrsg.: Rich. O. Koppin u. Geo. Kowalczyk. 1. Jahrg. April—Dezbr. 1901. 9 Nrn. gr. 8. (à ca. 16 S.) Groß-Lichterfelde-Berlin (Marienstr. 15), Neuland-Verlag. n. 1.—
Erscheint nicht mehr.

Neuland. Monatsblätter zur geist. u. ökonom. Kultur Russlands u. des fernen Ostens. Hrsg. v. Jos. Melnik. 1. Jahrg. März—Mai 1908. 3 Hefte. (à ca. 112 S.) Lex. 8. Berlin, H. Bondy. 3. —
Erscheint nicht weiter.

Neuland des Wissens. Monatsblätter f. Natur u. Geistesleben. Begründet 1903 v. Hans K. E. Buhmann. Schriftleitung: W. v. Schnehen. 2. Jahrg. April 1904 bis März 1905. 12 Nrn. (à ca 32 S.) gr. 8. Eisenach, Leipzig, Thüring. Verlagsanstalt. 4 —
Erscheint nicht mehr

— des Wissens. Illustrierte Halbmonatsschrift üb. d. Fortschritte d. Wissenschaft. Unter Mitwirkg. v. G. Buschan, H. Greinacher, K. Guenchen u. a. hrsg. v. Herm. Loele. 1. Jahrg. Oktbr 1909—Septbr. 1910. 24 Nrn. (à ca. 32 S.) gr. 8. Leipzig, H. Loele. 5. —

Neuland [Verfasser]

Neuland, A., der Weg zur Universität. Ratschläge f. Volksschullehrer, die sich dem Universitätsstudium widmen wollen. (VIII, 105 S.) 8. Aachen 905 H. Köster. n. 2.—

Neuland, A., der Weg zur Universität. Ratschläge f. Volksschullehrer, die sich dem Universitätsstudium widmen wollen. 2. Aufl. (VIII, 105 S,) 8. Aachen 907. H. Köster. 2. —

Neuland, E., u. Holtgrade, F., Deutscher Jugendfreund, Bremen 1905, Quer-8°.
1. Anweisungen f. Trommler- u. Pfeiferkorps n. einer Sammlung v. beliebten Bewegungsspielen.
2. Flötenschule.
3. Trommelschule.
4. Marsch-Album.

Neuland, Johs., die Religion der Gebildeten. Harnacks „Wesen des Christenthums" beleuchtet. gr. 8. (60 S.) Riga 902. Jonck & Poliewsky. n. 1. 20

Neuland, Carl (aus Ratingen): Ein Beitrag zur Kenntniss der Histologie und Physiologie der Generationsorgane des Regenwurmes.... Bonn, Univ.-Buchdr. v. C. Georgi, 1886; 24 S. u. 1 Taf. 8°.
Bonn, Phil. Fak., Inaug.-Diss. v. 31. Jul. 1886.

Neuland, Carl, ein Beitrag zur Kenntniss der Histologie und Physiologie der Generationsorgane des Regenwurmes. Diss. Bonn 1886, Emil Strauss. 8°. 24 S. mit einer Taf.

Neuland's, Wilh. (W. Klingelhöfer), Theater. Eine polit. Begebenheit gegen Ende des 19. Jahrh. 3. Schrift. gr. 8. (39 S.) Leipzig 900. R. Uhlig. n. — 50

Neulaender, F[abian] L[udwig] *(geb. Cosel in Oberschles. 1800)*: Analecta ad semioticen labiorum, gingivarum et dentium spectantia. Vratislaviae (1825). (45 S.) 8° *[Verf. führte nach seiner Taufe den Familiennamen: Reinhard.]*
Breslau, Med. Diss. v. 14. Dez. 1825

Neu-Langenberg, s.: Kolonialkarten.

Neu-Lauenburg, s.: Seekarten.

Neulen, *Emil* Wilhelm *Hubert* [aus Alsdorf '(Rheinl.)']: Zur Pathogenese des Enophthalmus traumaticus ... Greifswald, Druck v. J. Abel, 1897; 44 S. 8.
Greifswald, Med. Fak., Inaug.-Diss. v. 10. März 1897

Neulengbach, s.: Geologische Karten. Spezialkarte. (Oesterreich-Ungarn.)

Neulerchenfeld. Daguerrotypirt von einem frohsinnigen Wiener zum Besten der Kinderbewahranstalt daselbst. 8. (20 pag.) Wien. Gedruckt bei A. Pichler's Witwe und Sohn. 1853.

Neulerchenfeld. Statistischer Bericht über die wichtigsten demographischen Verhältnisse. Verfasst vom Bürgermeisteramte in Neulerchenfeld. Lex.-8. (38 S.) Wien 887, Gerold's Sohn. * 1 20
Aus: Städtebuch, österreichisches, besonders abgedruckt.

Neu-Lewin, s.: Geologische Karten. Karte (Preussen).

Neuling, 3 Jahre Gallensteinchirurgie, s.: Kehr, Hans.

Neuling, F., praktische Elementar-Naturlehre. Oder das Wissenswertheste aus der Physik und Chemie, mit besonderer Beziehung auf das prakt. Leben für den Unterricht in gehobenen Mittel-Schulen, Fortbildungs-Anstalten und zur Selbstbelehrung. Methodisch bearb. Mit 122 in den Text gedr. Holzschn. und 2 lith. Taf. Wiesbaden 855. Kreidel u. Niedner. gr. 8. (XII, 232 S.) n. 22½ ngr.

Neuling, F., u. H. Schoppe, Lehrbuch der praktischen Geometrie für Schulen. 3 Thle. gr. 8. 1. Thl.: Planimetrie: Die Lehre vom Messen der Linien u. ihrer Winkel. Mit mehr als 300 Constructions- u. geometr. Rechnenaufgaben rc. (VI u. 60 S. m. 1 lith. Taf. in 4.) — 2. Thl.: Planimetrie: Das Messen der Ebenen. Mit 3 (lith.) Fig.-Taf. u. mehr als 250 Constructions- u. geometr. Rechnenaufgaben. (VI u. 64 S.) — 3. Thl.: Stereometrie. Das Messen der Körper. Nebst einem Anhang: Geometrische Technik. Mit 3 (lith.) Fig.-Taf., ca. 230 Constructions-, Modellir- u. geometr. Rechnenaufgaben f. Stereometrie rc. (VI u. 74 S.) Magdeburg 852, Baensch. (1 : 6 ngr. 2 : ¼ rf. 3 : 8¾ ngr.) 22¼ ngr.

Neuling, Herm., Schlesiens ältere Kirchen u. kirchliche Stiftungen nach ihren frühesten urkundlichen Erwähnungen. Ein Beitrag zur schles. Kirchengeschichte. Namens d. Vereins f. Geschichte u. Alterthum Schlesiens zusammengestellt. gr. 8. (VII, 164 S.) Breslau 884. Max & Co. n. 2. —

Neuling, Herm., Schlesiens Kirchorte u. ihre kirchlichen Stiftungen bis zum Ausgange des Mittelalters. Namens des Vereins f. Geschichte u. Alterthum Schlesiens hrsg. 2. Ausg. gr. 8. (V, 380 S.) Breslau 902. E. Wohlfarth. n. 6. —

Neuling, Johann

Neuling. J., De belli Punici primi scriptorum fontibus. Diss. 1878. 58 S.

Neuling, Joh. De belli Punici primi scriptorum fontibus. (58) 8. Gottingae 1874.

Neuling, Otto, aus Bremen, approb. Arzt, Unterarzt im Gren.-Reg. König Friedrich d. Gr. (3. Ostpreuß.) No 4: Über Hypertrophie des supravaginalen und vaginalen Teiles des Collum uteri während der Schwangerschaft. *Berlin (1903): G. Schade.* (40 S.) 8°
Berlin, Med. Diss. v. 24. Apr. 1903

Neulinger, E. v., Oesterreich-Ungarn, s.: Briefmarken-Album, permanentes.

Neumagen, s.: Geologische Karten. Preussen. 79.

Neumagen, s.: Preussen. Messtischblätter.

Neumaier, Alex. Der Lanzelet des Ulrich von Zatzikhoven. 42, 26 SS. 8. G. *Troppau* 1883. 1884.

Progr.

NEUMAIER, Eginhard (München): De irritatione cerebri infantum.- München: Weiss 1867. 18 S.
7.7.1866 - Urk; F 71
Diss. Ingolst.-Landsh.-Mchn.

Neumaier, G.A.F.

s.: Neumair, G.A.F.

Neumaier, Hans [cand. med. aus Biburg]: Zur Kenntnis des Zwergwuchses nebst Beschreibg e. neuen Falles v. Zwergwuchs beim Menschen ... Erlangen, Druck d. Univ.-Buchdr. v. E. Th. Jacob, 1894; 31 S. 8.
Erlangen, Med. Fak., Inaug.-Diss. v. [21. Dez.] 1893

Neumaier, Johann

Abhandlung über Wesen und Ursprung der Kindergärten. S. 43—60. Ettlingen, P 1871

Neumaier. Antrittsrede, gehalten am 10. Oktober 1868, gedr. 1869. S. 41—51 des Programms. Ettlingen, P 1869

Festrede zur Eröffnung des neuen Schulgebäudes am 24. Oktober 1875, mitgeteilt im Programm 1876. S. 39—48. Ettlingen, P 1876

Neumaier, J., Firmungsbüchlein oder katechet. Unterricht über das heil. Sacrament der Firmung, nebst einem Anhang von Gebeten vor und nach Empfang der heil. Firmung. 12. (32 S.) **Freiburg im Br. 861, Herder'sche Verlagsh.** *

Neumaier, J., Firmungsbüchlein oder katechet. Unterricht über das heil. Sacrament der Firmung, nebst einem Anh. von Gebeten vor und nach Empfang der heil. Firmung. Neue Ster.-Aufl. 8. (23 S.) Freiburg im Br. 862, Herder'sche Verlagsh.

Neumaier, Joh., Geschichte der christlichen Kunst, der Poesie, Tonkunst, Malerei, Architektur und Sculptur; von der ältesten bis auf die neueste Zeit. 2 Bde. Schaffhausen 856. Hurter. gr. 8. (X, 414 S. u. 2 lith. Bl.; VIII, 311 S.)
1.: 1 Thlr. 18 ngr; 2.: 1 Thlr. 6 ngr

Neumaier, J., Grabreden. Nebst einem Anhange trostreicher Sentenzen und Inschriften für Grabsteine. gr. 8. (VI und 120 S.) Regensburg 847, Manz. Thlr. -

Neumaier, J., Grabreden. Nebst e. Anh. trostreicher Sentenzen. 2., **vielfach verb. Aufl., besorgt v. Leop. Willimski,** S. J. (IV, 106 S.) gr. 8. **Regensburg 907. Verlagsanst.** vorm. G. J. Manz. 1.50

Neumaier, Joh., die Kindergärten, ihr Ursprung u. Wesen. 8. (29 S.) Karlsruhe 871. (Braun.) n. — 50

— Leitfaden f. den Unterricht in der Pädagogik, die Geschichte der deutschen Volksschule u. m. ihr verwandter Bildungsanstalten, die Erziehungs- u. Unterrichtslehre m. Katechetik enth. Für Schulseminarien u. zum Selbstunterricht bearb. gr. 8. (VIII, 225 S.) Tauberbischofsheim 875. Lang. n. 2. 60

Neumaier, Joh., Leitfaden für den Unterricht in der Pädagogik, die Geschichte der deutschen Volksschule und mit ihr verwandter Bildungsanstalten, die Erziehungs- und Unterrichtslehre mit Katechetik enth. Für Schulseminarien und zum Selbstunterricht bearb. (VIII, 225 S.) 1875. *ℳ 2,60.; 2. verm. und verb. Aufl. gr. 8. (XI, 253 S.) Tauberbischofsheim 876, Lang. *

Neumaier, Joh., Leitfaden für den Unterricht in der Pädagogik, die Geschichte der deutschen Volksschule und mit ihr verwandter Bildungsanstalten, die Erziehungs- und Unterrichtslehre mit Katechetik enthaltend. Für Schullehrerseminarien und zum Selbstunterricht bearb. 3. verm. und verb. Aufl. gr. 8. (X, 272 S.) Tauberbischofsheim 880, Lang. *

— Missionsunterrichtsbüchlein, siehe Bibliothek, wohlfeile, guter katholischer Bücher, 3. Samml. 5. Bd.

Neumaier, J., Missionsunterrichtsbüchlein. Katechetischer Unterricht üb. Ursprung, Wirksamkeit u. Unterstützung d. kathol. Missionen z. Beförderung d. Theilnahme an d. Missionsbruderschaft. 8. (3½ B.) Regensburg 846, Manz. Thlr.

—— Predigten f. sämmtl. Festtage des Kirchenjahres, nebst zwei Predigten über die kathol. Missionen. gr. 8. (17 B.) Regensburg 844, Manz.

—— Predigten über das heilige Sakrament der Firmung. gr. 8. (24 S.) Freiburg im Br. 860, Herdersche Verlagsh.

—— Predigten auf alle Sonntage des Kirchenjahrs. 2 Thle. gr. 8. (34 B.) Regensburg 846, 47, Manz.

Rede über den geistigen Entwicklungsgang der Menschheit. S. 47—55 Ettlingen, P 1870

Die Reformatoren der deutschen Volksschule, Rochow und Felbiger. S. 43 bis 59. Ettlingen, P 1872

Die deutsche Volksschule vor der Reformation. S. 45—55. Ettlingen, P 1873

Neumaier, Karl: Bona fides als Erfordernis des Eigentumserwerbs durch Spezifikation ... *Leipzig, Th. Hentzschel*, 1896; 52 S. 8.
Würzburg, Jur. Fak., Inaug.-Diss. v. 1896

NEUMAIER, Max (Kirchberg): Ueber Pathologie und Therapie veralteter Luxationen.- München: Wolf 1882. 38 S.
5.5.1882 - Urk (Titel: De pathologia et therapia luxationum inveteratarum.); Chr 1881/82,8
Diss.Ingolst.-Landsh.-Mchn.

Neumair, G. A. F.

— u. J. F. Zwinger, die sichersten Mittel wider alle Augen-, Ohren- u. Schleimkrankheiten d. Menschen. gr. 8. Regensb. 822. Daisenberger. 1 Thlr.

— u. J. F. Zwinger, die sichersten Mittel wider alle Augen, Ohren u. Schleimkrankheiten d. Menschen. gr. 8. Regensb. 822, (Leipz., Sühring.)

— die sichersten Mittel ein hohes Alter zu erreichen ꝛc. 8. Regensb. 821. Daisenberger. 16 gr.

— die sichersten Mittel ein hohes Alter zu erreichen ꝛc. 8. Regensb. 821, (Leipz., Sühring.)

Neumair, G.A.F.: Die sichersten Mittel ein sehr hohes Alter zu erreichen. Mit mehr als 7000 Beispielen von Personen, die 90 bis 360 Jahre alt geworden sind. 194 S., gbd.

Leipzig: Sühring
Regensburg: Daisenberger } 1822
Wien: Tendler u.von Manstein

Neumair, G. D. sicherst. Mittel ein hoh. Alter zu erreich. 3. Aufl. Leipzig 1827.

— die sichersten Mittel wider die Hämorrhoiden. 3e Aufl. 8. Regensb. 821, Daisenberger (Leipzig, Sühring.)

— die sichersten Mittel wider alle Kopf- u. Zahnschmerzen. 8. Regensb. 821. Daisenberger. 18 gr.

— die sichersten Mittel wider alle Kopf- u. Zahnschmerzen 8. Regensb. 821, (Leipz., Sühring)

Neumaier, G. A. F., d. sichersten Mittel wider Magenkrampf u. Magenschwäche, welche oft v. d. schlimmsten Folgen sind, u. schon im Anfange Mangel an Appetit, Schwindel ꝛc. veranlassen. gr. 8. Augsb. ... 4e A. 812. Daisenberger. (Leipz., Sühring). 1 Thlr. 6 gr.

Neumair, G.A.F.: Die sichersten Mittel wider Magenkrampf und Magenschwäche, welche oft von den schlimmsten Folgen sind, und schon im Anfange, Mangel an Appetit, Schwindel, Herzklopfen, kalte Füße, Kopfwehe, unruhigen Schlaf, blasse Gesichtsfarbe etc.veranlaßen. 190 S., gbd.

Leipzig: Sühring 1821

Neuman, die Arbeiterversicherg. in Luxemburg, s.: Zacher, die Arbeiterversicherung im Ausland.

Neuman, *Albert* Der Mythus von der Geburt der Athene und seine bildliche Darstellung. 8 (S. 74—87).
In: II. Abschnitt der Festschrift z. 50 jähr. Jubiläumsfeier des Rg. am Zwinger zu *Breslau* 1886.
Nicht im Tauschverkehr.
Progr.

Neuman, Albertus *(geb. Breslau 28. 11. 1842)*: De notione „*μοίρας*" in carminibus Homericis. Vratislaviae (1867). (39 S.) 8°
Breslau, Phil. Diss. v. 19. Juli 1867

Neuman, Alex., der forensisch-chemische Nachweis d. Santonin u. sein Verhalten im Thierkörper. gr. 8. (56 S.) Dorpat 883. (Schnakenburg.) n. 1. —

– Dass., s.a. Neumann

F. A. Neuman, Eschweiler 2 <vormals Aachen>, Eisenkonstruktions-Werkstätten. Speciallitäten: Gas- u. Wasserbehälter, Eisenkonstruktionen zu feuersichern Fabrikbauten . . . — Aachen 1897: Georgi. 95 Bl. 4°

Neuman, Henri: Offene Antwort an Herrn Fritz Lürmann auf seinen Artikel in der Zeitschrift „Stahl und Eisen", vom 1. April 1895. Luxemburg: Th. Schroell [1895]. 23 S. 8°

Neuman, Joseph: Kritische Studien über Hydrolyse der Cellulose und des Holzes. Dresden: Holze & Pahl 1910. 80 S. 8°
Dresden, Dr.-Ing.-Diss. v. 15. 7. 1910

Neuman, Paulus *(geb. Breslau 21. 11. 1845)*: De locis Aegyptiacis in operibus Platonicis. Vratislaviae (1874). (32 S.) 8°
[Im Diplom fälschlich: Neumann.]
Breslau, Phil. Diss. v. 18. Febr. 1874

Neumann, Elisabeth, siehe: Zeitbilder, neue deutsche.

Neumann, v., die wichtigsten Angaben üb. die Handfeuerwaffen aller Länder. Zur Beurtheilg. ihrer Leistg. zusammengestellt u. erläutert. Fol. (4 S.) Kassel 876. Kay. n. — 80

Neumann, Hauptm. v., die wichtigsten Angaben über die Handfeuerwaffen aller Länder. Zur Beurtheilung ihrer Leistung zusammengestellt und erläutert. 2. verb. und 3. neudurchgeseh. Aufl. Tab. in Imp.-Fol. Kassel 877,78, Kay. *

Neumann, von. Anleitung zur Bestimmung der Pulverkraft in Geschützrohren und der Gesetze ihrer Entwickelung. [o. O. u. J.]

Neumann u. Thomas, der Kurort Badenweiler im Badischen Schwarzwald, s.: Bruckmann's illustrierte Reiseführer.

Neumann: Die Bruchdivision. Perleberg 1865. 19 S. Schul-/Univ.-Schrift

Neumann (I.), das Buch vom guten Ton. Ein Begleiter für junge Leute beiderlei Geschlechts bei ihrem Eintritte in die Welt, um sich in allen Vorkommnissen des gesellschaftl. Lebens mit vollkommenem Anstande benehmen zu können. 8. (136 S.) Wien 885, Neidl. * 1 —

Neumann. An die Bürgerwehr des fünften Bataillons. 1 Bl. Fol.
Flugblatt. Berlin, 12. Aug. 1848.

Neumann. Direktiven für das Festungs-Kriegs-Spiel. Mit Taf. Berlin 1872. 24 S.

Neumann, die Eroberung v. Schlettstadt u. Breisach im J. 1870. Im Auftrage der königl. General-Inspection der Artillerie, unter besond. Berücksicht. der artillerist. Verhältnisse u. m. Benutzg. dienst. Quellen bearb. Mit 20 Anlagen u. e. Mappe (in Imp.-4.), enth. 14 (lith., zum Thl. color.) Blatt Karten, Pläne, Zeichngn, Skizzen etc. (in Fol., gr. Fol. u. Imp.-Fol.) gr. 8. (VI, 372 S. m. 3 Tab. in qu. Fol.) Berlin 876. Voss. n. 20. —

Neumann, Major im niederschlesischen Fuss-Artill.-Reg. Nr. 5 und Artill.-Officier vom Platz in Posen. Die Eroberung von Schlettstadt und Neu-Breisach im Jahre 1870. Im Auftrage der königl. General-Inspection der Artillerie, unter besonderer Berücksichtigung der artilleristischen Verhältnisse und mit Benutzung dienstlicher Quellen bearbeitet. Mit 20 Anlagen und 1 Mappe, enthaltend 14 Blatt Karten, Pläne, Zeichnungen, Skizzen etc. Text in 8. Mappe in gr. 4. (Hievon 3 Anlagen nicht paginirt.) (2 Bde.)
Berlin 1876.

Neumann u. Partsch, physikal. Geographie v. Griechenland m. bes. Rücksicht auf d. Alterthum. Breslau 885.

Neumann, Gesch. der Land-Stände d. Markgrafenth. Niederlausitz u. deren Verfassg. I. (einziger) Thl. Lübben 843.

Neumann, v., Geschichte des Niederschlesischen Pionier-Bataillons Nr. 5. 1813—1886. Bearb. auf Befehl der Königl. General-Inspektion. ll. 8. (VI, 66 S. mit 1 Portr. und 1 Uebersichtskarte.) Berlin 887, Mittler und Sohn. — —
Nicht im Buchhandel.

Neumann-Herford, landwirtschaftl. Gesellschaftsreise durch d. Schweiz, s.a. Arbeiten der deutschen Landwirtschafts-Gesellschaft.

Landwirtschaftliche Gesellschaftsreise durch die Schweiz. Reisebericht von Dr. **Neumann**-Herford. Mit Abb. Berlin: Deutsche Landwirtsch.-Gesellsch. 1909. 80 S., 18 Taf. 8°
(Arbeiten d. Deutschen Landwirtsch.-Gesellschaft. H. 159.) 09. 10456

Neumann, üb. Gewerbefreiheit u. die Grenzen im Staat. Berlin 837.

— die Grenzen des Lebens. Eine Studie. (30 S.) gr. 8. München (906). Seitz & Schauer. n. 1. 50

Neumann, d. Heimarbeit in Oesterreich. Wien 899.

Neumann, das Hôtel-Adressbuch fürs Deutsche Reich, s.: Poppe.

— das Infanterie-Gewehr M/71 in Bezug auf seine Ballistik u. Verwendung. Eine Erläuterung zur Schieß-Instruktion für die Infanterie. Besonderer u. zum Theil umgearb. Abdr. aus desselben Verfasser's „Leitfaden zum Unterricht in der Waffenlehre". Mit 93 (eingedr. Holzschn.-)Abbildungen. Lex.-8. (IV, 61 S.) Berlin 879. Mittler & Sohn. n. 1. 60

Neumann, Institutiones physicae. Tom. I et II. c. fig. 8. maj. Graetz, Ferst. 808–10.

Neumann, Bad Königsdorf-Jastrzemb oder die 3 Elisen. Bade-Novelle. Ratibor 863. Wichura in Comm. 8. (2 Bl., 288 S.) 1 ₰

Neumann. Spez. Krankenversorgung b. Landheer i. Kriege. (S.-A.) 1899.

Neumann (III.), ein Lebensbild Friedrich Strehlke's, s. Schriften der naturforschenden Gesellschaft in Danzig.

Neumann's Lehrbuch der Gerichtskanzlei. 4 Thle. gr. 8. Olmütz (Niederring 47) 897. L. Kullil. n. 9. 30
1. Einführungsgesetz zur Jurisdictionsnorm. (313 S.) — 2. Das Grundbuchwesen. (341 S.) — 3. Nr. 1. Einführungsgesetz zur Executionsordnung. (331 S.) — 4. Geschäftsordnung f. die Gerichte 1. u. 2. Instanz. (450 S.)

—— Leitfaden für den Unterricht in der Waffenlehre an den königl. Kriegsschulen. Auf Befehl der General-Inspection des Militär-Erziehungs- und Bildungs-Wesens ausgearb. 4. (IV, 265 S. mit 389 eingedr. Holzschn.-Fig. und 2 Stnt.) Ebendas. 879. *

Neumann, Hauptm. v., Leitfaden für den Unterricht in der Waffenlehre an den königl. Kriegsschulen. Auf Befehl der General-Inspektion des Militär-Erziehungs- und Bildungs-Wesens ausgearb. 2. Aufl. 4. (VI, 244 S. mit 371 Fig.) Berlin 881, Mittler und Sohn. *

Neumann, v., Leitfaden f. den Unterricht in der Waffenlehre an den königl. Kriegsschulen. Auf Befehl der General-Inspektion d. Militär-Erziehungs- u. Bildungs-Wesens ausgearb. 3. Aufl. Mit 425 Abbildgn. 4. (VI, 252 S. m. 3 Tab.) Berlin 883. Mittler & Sohn. n. 9. 40

—— Leitfaden für den Unterricht in der Waffenlehre an den Königl. Kriegsschulen. Auf Befehl der General-Inspektion des Militär-Erziehungs- und Bildungs-Wesens ausgearb. 4. Aufl. 4. (VI, 219 S. mit 265 Abbild.) Ebendas. 886. * 8 —
cart. und durchsch. * 10 —

Neumann, v. Leitfaden für den Unterricht in der Waffenlehre an den Kriegsschulen. 2. Aufl. Mit Abb. Berlin 1881. 244 S. 4°
— — 3. Aufl. 1883. — 4. Aufl. 1886.
— — 5. Aufl. 1888. — Berichtigter Neuabdr. z. 5. Aufl. 1890. — 6. Aufl. 1891.
— — 7. Aufl. 1894.

Neumann, der amtliche religiöse Lernstoff an Kirchenliedern u. Sprüchen. s.: Decke, Julius

Die internationalen Luftschiffe 1910. Ihre Bauart u. Eigenschaften nach d. Stande vom Febr. 1910. Nach authent. Quellen bearb. von Neumann, Oberleutn. u. Dir. der Luftschiffer-Schule in Friedrichshafen. Oldenburg i. Gr.: Stalling (1910). VIII, 102 S. 4°(8°) [illegible] 7

Neumann, die internationalen Luftschiffe 1910. Ihre Bauart u. Eigenschaften nach d. Stande v. Febr. 1910. Nach authent. Quellen bearb. 1. u. 2. Aufl. (VIII, 103 bezw. VIII, 104 S. m. Abb. u. 1 Tab.) Lex. 8. Oldenburg (910). G. Stalling's Verl. 3.50; geb. 4.50

Neumann, die Mieths- und Dienstverhältnisse der ländlichen Wirthschafts-Beamten und Arbeiter aller Art. Ein prakt., mit einem ausführl. Sachregister versehener Leitfaden für Gutsbesitzer, Gutsverwalter, Wirthschafts- und Polizei-Beamte und ländl. Ortsvorsteher. Dargestellt auf Grund der darüber bestehenden Gesetze, Verordnungen und Entscheidungen, auch mit Rücksicht auf die wirthschaftl. und socialen Zustände. 2. (Titel-)Aufl. gr. 8. (326 S.) Berlin (856)59, Th. Grieben. *

— Die Militär-Luftschiffahrt der Gegenwart. Mit 3 Bildern auf 1 Taf. (19 S.) gr. 8. Berlin 908. E. S. Mittler & Sohn. — 60
Sonderabdr. a.: „v. Löbell's Jahresber."

Neumann: Natur und Offenbarung in ihren gegenseitigen Uebereinstimmungen. 13 S.–Troppau. Progr. 1856.

Neumann, Dr., Der Personalkredit des ländlichen Kleingrundbesitzes in Schleswig-Holstein, Fürstentum Lübeck. Schriften d. Vereins f. Sozialpol., Bd. 74. gr. 8°. Leipzig 1896.

Neumann, die Pflanzung des Christenthums im Innern von China. Wie ist sie möglich, u. wie ist sie zu beginnen? Eine Denkschrift. Herausg. von dem Pommerschen Haupt-Verein zur Evangelisirung Chinas. Stettin 856. (Graßmann.) 8. (24 S.) 3 ngr.

Neumann von, Plan von Palästina und vom See Genezareth. 2 Blatt. München, Lentner, 1,20 Mk.

Neumann, de Platone [illegible]
Schul-/Univ.-Schrift

— Die Verwendbarkeit v. Ballon. u. Motorluftschiff in der Marine. (39 S. m. 5 Abb. u. 1 Taf.) gr. 8. Ebd. 908. 1. —
Sonderabdr. a.: „Marine-Rundschau".

Neumann, A. (II.). Zur Behandlung der Diphtherie, s. Klinik, Berliner.

Neumann, A., die Fabrication der künstlichen Mineralwässer nebst Beschreibung der hierzu nöthigen Apparate. Querfurt 859. Schmid. 16. (20 S.) 8 ngr.

Führer durch die Städte Nancy, Lille, Caen, Tours, Montpellier, Grenoble, Besançon f. Studirende, Lehrer u. Lehrerinnen von A. Neumann. *Marburg: N. G. Elwert 1901.* (111 S.) 8° [01. 7956 4

— Handbuch der allgemeinen u. physikalischen Chemie. Mit ausführlichem Sachregister. Mit Abbildungen in Holzschn. und 1 Tafel in Farbendruck. Heidelberg 1877. 8°.

Neumann, A., the english Interpreter. — Dolmetscher d. engl. Sprache, od. prakt. Anweis., sich auf d. kürzeste u. leicht. Art die zur Conversation u. zum Geschäftsleben nöth. Kenntnisse in d. engl. Sprache, mit besond. Berücksichtig. auf ihre Aussprache, zu verschaffen. Auf mehrjähr. Erfahr. gegründet. gr. 8. (10½ B.) Breslau 834, Schletter.

Neumann, A. Lehrbuch der Leibesübungen in Bezug auf Heilorganik, Turnen, Diätetik. M. 131 Holzschn. Berlin 1856.

— engl. Lesebuch für Anfänger rc. 8. Berlin 832, jetzt Schröder, u. d. Pr. nur ⅓ ₰

Neumann, A., neues, engl. Lesebuch f. Anfänger, nebst Wörterbuch u. Sprachlehre. 8. Bresl. 821. Lüderitz in Berl. 1 ₰ Hbg. Pr. 12 gr.

—— neues engl. Lesebuch f. Anfänger, nebst Wörterbuch u. Sprachlehre. 8. (14½ B.) Breslau 831. [Berlin, Schröder.]
Die vorhergeh. Schrift ist aus dieser entstanden.

—— neues engl. Lesebuch f. Anfänger, nebst engl.-deutsch-französ. Wörterbuche. 8. (10¼ B.) Berlin 832, [Schröder.]

Neumann, A., De notione μοίρας in carminibus Homericis, s. Neuman, Albert

Neumann, A., der rationelle Obstbau. Ein Wort an den „Klein-Grundbesitzer". 8. (33 S. m. 1 Taf.) Wesel 887. Fincke & Mallinckrodt. n. — 40

Neumann A.: Über Phosphorescens durch Insolation und Wärme und deren Verhältnis zur Fluorescens. 16. Wien U.-R. II. 78.
Pregl.

— kurzgefaßte engl. Sprachlehre f. Anfänger. 8. Berl. 832. Lüderitz. 12 ℊ

— kurzgefaßte engl. Sprachlehre für Anfänger. 8. Berlin 833. Lüderitz'sche Buchh. (Schröder.) 1/2 ß jetzt 1/3 ß

Neumann A.: Untersuchung üb. das Verhältnis d. Grundsteuerreinertrages z. Taxtwerte d. Güter, dargestellt nach Abschätzungen d. ostpreussischen Landschaft. Diss. (Jena). Königsb. i P. 1894. 89 S. 8°

Neumann, A. C., kurzer Abriss der Odlehre nach Reichenbach, so wie nach eigenen Beobachtungen u. Erfahrungen. (Abdr. aus „die Heilgymnastik" etc. 2. Aufl.) Mit 1 (lith.) Taf. Abbildgn. Leipzig 857. Förstner. gr. 8. (20 S.) 7½ ngr

Neumann, A. C., die Athmungskunst des Menschen in Bezug auf Anatomie, Physiologie, Pathologie, Diagnostik, [Auscultation, Percussion], Therapie, [Heilorganik, Diätetik]. Mit 60 in den Text gedr. Holzschn. Leipzig 859. Amelang. 8. (XII, 227 S.) n. 1 ß 10 ngr

Neumann, A. C., kurze Darstellung des Wesens d. schwedischen Heil-Gymnastik u. ihrer Anwendung in d. meisten chronischen Krankheiten, namentlich in Brust- u. Unterleibs-Leiden, Verkrümmungen, Lähmungen u. s. w. Für gebildete Nicht-Ärzte. Ein Anhang zu der Schrift desselben Verf.: „Die Heil-Gymnastik, od.: Die Kunst der Leibesübungen." gr. 8. (39 S.) Berlin 852, Förstner. n. 12 ngr

— der Heilkunde Duldung, den Aerzten Duldsamkeit! Offenes Sendschreiben an S. Exc. den Geh. Staats-Minister etc. Dr. v. Bethmann-Hollweg in Berlin. 860. (20 S.) — 2. verm. Aufl. Berlin 861. Schroeder. gr. 8. (31 S.) n. 5 ngr

Neumann, A. C., Grundzüge einer vergleichenden Therapie. Beitrag zur wissenschaftl. Kritik der gebräuchl. Heilmethoden. gr. 8. (VIII und 159 S.) Berlin 863, Schroeder's Verlag. *

Neumann, A. C., Handbuch d. gerichtl. Anatomie f. Rechtsgelehrte, Polizeibeamte u. Studirende, die an d. Universitäten med. forensis hören, so wie überh. f. Jeden, welcher d. wichtigen Bau d. Menschen ohne Beihülfe v. Leichen u. anatom. Abbildn. gründl. kennen lernen will. Nebst e. Wörterbuche, welches gegen 5000 d. gebräuchl. anatom. Ausdrücke erklärt. gr. 8. (20 B.) Berlin 841, A. Hirschwald.

— Haus-Gymnastik. Eine Anweisung durch diätetische, täglich anzustellende, in jeder Stube leicht ausführbare Gliederbewegungen und Athmungsübungen sich bis in's Alter an Leib und Seele gesund zu erhalten, und von vielen Krankheiten zu heilen. Mit 102 in den Text gedr. Holzschn. Leipzig 859. Amelang. gr. 8. (VI, 98 S.) n. 15 ngr

— die Heil-Gymnastik oder die Kunst der Leibesübungen, angewandt zur Heilung von Krankheiten nach dem Systeme des Schweden Ling und seiner Schüler Branting, Georgii und de Ron, sowie nach eigenen Ansichten und Erfahrungen. Ein Bericht nach einer auf Kosten des preuss. Staates und im Auftrage des Hrn. Minister der Medicinal-Angelegenheiten unternommenen Reise nach Stockholm, London und St. Petersburg. gr. 8. (XVI und 432 S. mit 5 Kpfrt. in 4. und Fol.) Berlin 852. [Leipzig,] Förstner'sche Buchh. *

— die Heilgymnastik oder die Kunst der Leibesübung, angewandt zur Heilung von Krankheiten, der grossen Idee des Schweden Ling gemäss nach eigenen Ansichten u. Erfahrungen geordnet. 2., vollkommen umgearb. Aufl. A. u. d. T.: Therapie der chronischen Krankheiten vom heilorganischen Standpunkte. Mit 131 in den Text gedr. Holzschn. u. 1 (lith.) Taf. Abbildgn. Leipzig 857. Förstner. gr. 8. (VIII, 391 S.) n. 2 ß 25 ngr

Neumann, Kritik der Broschüre: Ueber d. Existenz d. Luft- u. Wasserdrucks. Von R. Sachs; od.: Sind die Einwürfe d. Hrn. v. Drieberg gegen die Existenz des Luft- u. Wasserdrucks durch Hrn. S. Sachs wirklich „beseitigt?" gr. 8. (2 B.) Berlin 846, Trautwein u. Comp.

— Lehrbuch der Leibesübung des Menschen in Bezug auf Heilorganik, Turnen u. Diätetik. (2 Bde.) 1. Bd.: Allgemeine Bewegungs- u. Körper-Stellungslehre. Mit 131 in den Text eingedr. Holzschn. — 2. Bd.: Besondere Bewegungslehre des Menschenleibes. Berlin 856. Schroeder. gr. 8. (XX, 284 S.; 2. Bl., 320 S.) Jeder Bd. n. 1 ß. 20 ngr

— das Muskelleben des Menschen in Beziehung auf Heilgymnastik und Turnen. Berlin 855. Schroeder. gr. 8. (VIII, 255 S.) n. 1 ß. 10 ngr

Neumann, A. C., u. R. **Tanna,** richtig atmen! Das beste System tägl. Atemgymnastik zur Erlangg. körperl. Vollkraft, zur Verhütg. u. Heilg. aller durch schlechtes Atmen erzeugten Leiden u. Krankheiten, zum Freimachen des Kopfes bei allen Geistesarbeiten sowie zur Erhaltg. u. Pflege der Stimme. (87 S. m. Abb.) 8. Leipzig (909). Modern-medizin. Verlag 1.80

— und Dan. Glieb. Mor. Schreber, Streitfragen der deutschen und schwedischen Heilgymnastik, s. Schreber, Dan. Glieb. Mor.

Neumann, Adolf

Analyse und Antidote der für den Arzt wichtigsten Gifte v. A. Neumann, Apotheker ... *Berlin, Leipzig, Neuwied: Heuser 1896.* (4 Bl., 61 S.) 1 Bd 8. [96. 3793

Neumann A., Analyse u. Antidote der f. den Arzt wicht. Gifte. 8. (VII, 61 S.) Neuwied 896. Leipzig, E. Fiedler. n. 1. 25

Neumann, A., Analyse u. Antidote der für d. Arzt wichtigsten Gifte. 8. (VII, 61 S.) Neuwied 896. Leipzig, M. Spohr. n. 1. 25

Neumann, A., Analyse u. Antidote der f. den Arzt wichtigsten Gifte. (Neue [Titel-] Ausg.) (VII, 61 S.) 8. Berlin [896] (903). Berlin. Verlagsanstalt. n. 1.25

Neumann, A., Analyse u. Antidote der f. d. Arzt wichtigsten Gifte. (VII, 62 S.) 8. Berlin (910). Berlinische Verlagsanstalt. 1.25

Querfurt: Erinnerung an die am 21. April 1877 durch die Hochw. Grosse Landes-Loge der Freimaurer von Deutschland erfolgte Stiftung der St. Johannis-Loge gen. Minerva zu den drei Lichtern in Querfurt von A[dolf] **Neumann.** Als Ms. f. Brr. gedr. Querfurt 1877: Schneider. 17 S. 8°
Festbericht mit Verzeichn. der zur Feier anwesenden Brr.

Neumann, Adph., die Erkennung des Blutes bei gerichtlichen Untersuchungen. Für Beamte der Justiz u. die von derselben zugezogenen Sachverständigen. Mit 23 color. mikroskopischen Abbild. (in Holzschn.) Leipzig 869. Weber. gr. 8. (16 S. Text.) n. 2 ß

Neumann, Adf., s.: Jahrbuch d. Kaufmannsgerichts Berlin.

[F.] **Neumann,** Adolf [Landwirtschaftslehrer an d. Grossh. S. Carl Friedrich-Ackerbauschule zu Zwätzen bei Jena]: Untersuchung über das Verhältnis des Grundsteuerreinertrages zum Taxwerte der Güter, dargest. nach Abschätzgn d. ostpreuss. Landschaft ... Königsberg i. Pr., Druck v. E. Rautenberg, 1894; 89 S. 8.
Jena, Phil. Fak., Inaug.-Diss. v. 1894

Neumann, Adolf. Guil.: Theses theologicae. Berolini (1848). (2 Bl.) 4°
Berlin, Theol. Thes. v. 14. Aug. 1848

Neumann, Al.: Ueber einige Glossen in der Monseer u. Salzburger Sammlung. 11 S. 8°–Wien M., Progr. 1867

Neumann, Al.: Ueber die Nominalstämme der in der Monseer- u. Salzburger-Sammlung abweichenden Glossenpaare. 24 S. 8°–Wien M, Progr. 1869

Neumann, Al.: Die Stellung des Attributs ohne Flexion in der Kudrun. 22 S. 8°
Wien M., Progr. 1866

Neumann, Alb., Heilübungsbuch f. Stotternde u. Stammelnde etc. Für Lehrer, Eltern u. Erzieher, sowie zum Gebrauche f. Erwachsene. gr. 8. (108 S.) Graz 893. A. Neumann's Verl. n. 6. —; m. dem Buch über Sprachstörgn. bezogen n. 8. —

— der Schreibekrampf (Schreibstottern) u. seine verwandten Krankheitsformen. Vorbeugung u. Heilung. M. e. Vorwort v. Frz. Schrübl [Aus: „N., üb. Sprachstörgn."] gr. 8. (23 S.) Ebd. 893. n. 1. 50

— über Sprachstörungen, Stottern, Stammeln u. sonstige Sprachgebrechen, sowie üb. Stottern beim Schreiben (Schreibekrampf), Stottern beim Clavier- u. Violinspielen etc. Für Eltern u. Erzieher, sowie zum Gebrauche f. Erwachsene. Mit e. Vorwort v. Frz. Schrübl u. e. Anh. üb. die Entstehg. u. Entwicklg. der Schrift u. des gesprochenen Wortes. gr. 8. (71, 19 u. 5 S.) Ebd. 893. n. 5. —

— Stottern! Meine Curerfolge. Belehrende Worte üb. Wesen, Ursache u. Heilg. des Stotterns u. Stammelns etc. Mit 20 Curberichten u. e. Vorwort v. Frz. Schrübl. [Aus: „N., üb. Sprachstörgn."] gr. 8. (29 S.) Ebd. 893. n. 1. 50

Neumann, Alb., über das Stottern. Vortrag, geh. am 8. Oktbr. 1896 im Verein d. Aerzte d. Altenburger Ostkreises zu Altenburg (S.-A.) gr. 8. (23 S.) Leipzig, Alb. Neumann. 1. —

— die Vortheile beim Schreiben. Das Ganze der Schreibwissenschaft in gedrängter Darstellg. Mit in den Text gedr. Abbildgn. u. Schriftmustern, sowie e. Anleitg. zu e. rationellen Unterrichte im Schönschreiben auf hygien. Grundlage. Im Anh.: Der Schreibekrampf u. seine verwandten Krankheitsformen. Für Comptoir, Canzlei u. Schule. gr. 8. (41 S. m. 7 Taf.) Ebd. 894. n. 5. —

Neumann, Alb., Wesen u. Ursprung der Sternschnuppen, s.: Lehrer-Prüfungs- u. Informations-Arbeiten. 33. Heft.

Neumann, Albert [aus Pyritz in Pommern]: Über einige neue substituierte Phtalimide und deren Überführung in die entsprechenden primären Amine. . . . Berlin, Druck v. Martin Oldenbourg, 1890; 38 S. + 1 Bl. 8°
Berlin, Phil. Fak., Inaug.-Diss. v. 12. März 1890

Neumann, Albert. (Phil. Theod. (geb. 1797): De inflammatione telae mucosae. (Berolini 1820.) (31 S.) 8°
Berlin, Med. Diss. v. 27. Juli 1820

Neumann, C. G., de Inflammatione telae mucosae. 8. Berlin, Dümmler. 821.

Neumann, (A. P. T.,) Dissert. de Inflammatione telae mucosae. gr. 8. Berlin 822, Dümmler.

Neumann, Alexander, a. Zempelburg ⟨Westpr.⟩: Zur pathologischen Anatomie und Symptomatologie der posttraumatischen Demenz. Würzburg 1906: F. Freudenberger. (26 S.) 8°
Würzburg, Med. Fak., Ref. Rieger, Diss. v. 28. März 1907
[Geb. 28. Jan. 80 Zempelburg; Wohnort: Saargemünd; Staatsangeh.: Preußen; Vorbildung: Gymn. Bromberg Reife O. 00; Studium: Würzburg 7, Königsberg 1, Würzburg 2 S.; Coll. 12. Nov. 06; Approb. 16. Mai 05.]

Neumann, Alex., der forensisch-chemische Nachweis des Santonin und sein Verhalten im Thierkörper. Inaugural-Dissertation. gr. 8. (56 S.) Dorpat 883, (Schnakenburg's Verlag.) * 1 —

– Dass., s.a. Neuman

Neumann, [Alf.]: Kann das Grundbuch den durch Alluvion u. dergl. veränderten Besitzverhältnissen folgen? Liebenwerda 1898.

Neumann, Alf., die Verbindung d. Grundbuchs m. dem Steuerbuch. gr. 8. (IV, 129 S.) Berlin 893. F. Vahlen. n. 3. —

Neumann, Alfred, Gerichtsref. aus Grochwitz, Kreis Frankenstein in Schl.: Auslegung der Stelle Cels. l. 71 § 1. 2 Dig. de sol. 46,3. *Breslau 1898: J. Hoferdt & Co.* (48 S.) 8°
Erlangen, Jur. Diss. v. 3. Febr. 1898

Neumann, Alfr., s.a. Bahnen, amerikanische.

Amerikanische Bahnen. 20 Jahre Uebersicht über höchste u. niedrigste Kurse ... 1890–1910. (Verf.: Alfred **Neumann**. Berlin: Neumann) 1910. V, 74 S. 8° [10. 13624

Neumann, Alfred, prakt. Arzt aus Grossenhain: Aus d. Kgl. Med. Klinik zu Breslau. Beitrag zur Pathologie des Ductus thoracicus und zu den chylösen Ergüssen. *Breslau 1902: Bresl. Genoss.-Buchdr.* (30 S.) 8°
Breslau, Med. Diss. v. 28. Febr. 1902

Neumann's, Alfr., Bilanz-Tabellen. 1901. 1. Jahrg. Tabellarische Zusammenstellung der drei letzten Bilanzen aller an der Berliner Börse gehandelten Bank- u. Industrie-Werte nebst höchsten u. niedrigsten Coursen des lauf. Jahres sowie des Vorjahres. Einnahme- u. Betriebs-Ausweise. Coursaufstellung Londoner Minen- u. Eisenbahnwerte. 1. Tl. Bilanzen der Banken u. Brauereien. gr. 8. (51 S.) Berlin, A. Neumann. Geb. n.n. 2. —

— dasselbe. 2. Tl. Bilanzen der Banken, Brauereien, Bergwerks- u. Hütten-Gesellschaften, Maschinen-, Metallwaren- u. Eisenbahnbedarf-Fabriken, Textilfabriken, Zuckerfabriken. gr. 8. (69 S.) Ebd. n. 2. —

— dasselbe. Tabellarische Zusammenstellung der vier letzten Bilanzen aller an der Berliner Börse gehandelten Bank- u. Industrie-Werte nebst höchste u. niedrigste Course des lauf. u. letzten Jahres m. Termins-Angabe der Dividenden-Auszahlgn. Coursaufstellg. Londoner Minen- u. Eisenbahnwerte. Einnahme- u. Betriebs-Ausweise. Beteiligungsziffern der Aktien-Gesellschaften im rheinisch-westfäl. Kohlen-Syndikat bezw. westfäl. Koks-Syndikat. 3. Tl. Bilanzen der Banken, Brauereien, Bergwerks- u. Hütten-Gesellschaften, Cement- u. Chamotte-Fabriken, chem. Fabri-

ken, Elektrizitäts-Gesellschaften, Gas- u. Wasseranlagen, Gummi- u. Guttapercha-Fabriken, Maschinen-, Metallwaren- u. Eisenbahnbedarf-Fabriken, Mühlen-, Papier-, Pappen- u. Cellulose-Fabriken, Porzellan-, Steingut- u. Glas-Fabriken, Transport-Gesellschaften, Terrain-, Immobilien- u. Baugesellschaften, Textilfabriken, Zuckerfabriken, diverse Industrie-Gesellschaften. Oktbr. 1901. gr. 8. (102 S.) Ebd. n. 3. —

Neumann's, Alfr., Bilanz-Tabellen. Tabellarische Zusammenstellg. der acht letzten Bilanzen aller an der Berliner Börse gehandelten Aktien-Gesellschaften. 6. Jahrg. 1906. (3 S., Doppels. 4—112 u. S. 113 bis 123.) Lex.-8. Berlin, A. Neumann. Geb. n.n. 4. 50

— Bilanz-Tabellen. Tabellarische Zusammenstellg. der 9. letzten Bilanzen aller an der Berliner Börse gehandelten Aktien-Gesellschaften. 7. Jahrg. 1907. (3 S., Doppels. 4—129 u. S. 130—140.) Lex. 8. Berlin, Finanzverlag A. Neumann. Geb. nn 5. —

— Börsen-Tabellen (Bilanz-Tabellen). 1902. 1. Tl. 2. Jahrg. Tabellarische Zusammenstellung der vier letzten Bilanzen aller an der Berliner Börse gehandelten Bank- u. Industrie-Werte nebst deren höchsten u. niedrigsten Coursen des lauf. u. letzten Jahres m. Angabe der Dividenden-Auszahlungs-Termine. Eisenbahn-Einnahmen u. Bergwerk-Betriebs-Ausweise. hoch 4. (110 S.) Ebd. Geb. n. 4. —

Neumann, Alfred [aus Steinau a. O.]: Ueber den Einfluss von Giften auf die Grösse der Leberzellen .... Berlin, Buchdr. v. Gustav Schade (Otto Francke) (1888); 30 S. + 1 Bl. 8°
Berlin, Med. Fak., Inaug.-Diss. v. 28. Jul. 1888

Neumann, Alfred *Willibald* [app. Arzt aus Deetz '(Brandenb.)']: Aus d. patholog. Institute zu Kiel. Ein Fall von Aortenaneurysma mit Durchbruch in den linken Ventrikel ... Berlin, C. Vogts Buchdr., 1896; 15 S., 1 Bl. 8.
Kiel, Med. Fak., Inaug.-Diss. v. [15. Febr.] 1897

Neumann, Alfred, approb. Arzt aus Gleiwitz: Ueber einen **Fall** von Implantation der Ureteren in den Darm bei congenitaler Blasenspalte. *Leipzig 1902: B. Georgi.* (34 S.) 8°
Leipzig, Med. Diss. v. (8. Nov.) 1902

Neumann, Alfr., Geschichtszahlen zum Auswendiglernen. Für die Schüler des kgl. Realgymnasiums in Zittau im Anschluß an das Lehrbuch v. F. Neubauer zusammengestellt. 2. Tl. Obertertia—Oberprima. (19 S.) 8. Zittau 904. E. Oliva. — 40
Der 1. Tl. ist nicht im Handel.

Neumann, Alfr., f. Haus u. Reise. Aerztlicher Rathgeber 16. (84 S.) Guben 892. A. Koenig. — 30

— höchste u. niedrigste Course nebst Dividenden u. Ausbeuten v. Actien der Minen- u. Land-Gesellschaften, &c., f. die letzten 6 Jahre, m. Angabe der Lage des Besitzes, Capitals, &c. (Umschlag: Minenhandbuch: über 6 Jahres-Course, Dividenden, &c. an der Londoner-Börse gehandelter Actien.) 1902. schmal 12. (119 S.) Ebd. (902). n. 1. —

Neumann's Kurs-Tabellen der Berliner Fonds-Börse. Zusammenstellung der monatlichen und jährlichen höchsten, niedrigsten und letzten (im 1. Jahrgang: Durchschnitts-) Kurse von allen an der Berliner Börse gehandelten Wertpapieren, Sorten und Wechseln. Rostock (Jahrgang 1 u. 2). Berlin. 1. Jahrgang (1889) ff.

Neumann, A. (I.). Cours-Tabellen der Berliner Fonds-Börse. 1891. 3. Jahrg. Zusammenstellung der monatl. u. jährl. höchsten, niedrigsten u. letzten Course v. allen an der Berliner Börse gehandelten Werthpapieren, Sorten u. Wechseln, sowie der hauptsächlichsten Ultimo-Liquidations-Course nebst Notizen üb. Capital- u. Nominalbeträge, Zinstermine, Emissionscourse, Steuerabzüge, Staatsgarantien, Verloosgn., vier letztjähr. Dividenden etc. gr. 8. (II, 76 Doppel-S.) Berl. 892, (Haude u. Spener). geb. in Leinw. ** 3 —
Erscheint alljährlich. Der 1. Jahrg. erschien im Commissionsverlage von Wessel in Rostock.

Neumann, Alfr., Cours-Tabellen der Berliner Fonds-Börse 1893. 5. Jahrg. Zusammenstellung der monatl. u. jährl. höchsten, niedrigsten u. letzten Course v. allen an der Berliner Börse gehandelten Werthpapieren, Sorten u. Wechseln, sowie der hauptsächlichsten Ultimo-Liquidations-Course, nebst Notizen üb. Capital- u. Nominalbeträge, Zinstermine, Steuerabzüge, Staatsgarantien, Verloosgn., Auszahlgn., Dividenden der letzten 9 Jahre etc. gr. 8. (77 Doppel-S.) Berlin 894. (Haude & Spener.) Geb. in Leinw. n.n. 3. 50

Neumann, Alfr., Cours-Tabellen d. Berliner Fonds-Börse. 1897. 9. Jahrg. Zusammenstellg. d. monatl. u. jährl. höchsten, niedrigsten u. letzten Course v. allen an d. Berliner Börse gehand. Werthpapieren, Sorten u. Wechseln, sow. d. hauptsächlichsten Ultimo-Liquidations-Course u. Eisenbahn-Einnahmen, nebst Notizen üb. Capital- u. Nominal-Betriebe, Zinstermine, Steuerabzüge, Staatsgarantieen, Verloosgn., Auszahlgn. u. Dividenden der letzten 9 Jahre etc. gr. 8. (107 Doppel-S.) Berlin 898. (Haude & Spener.) Geb. in Leinw. n.n. 3. 50

— Cours-Tabellen der Berliner Fonds-Börse. 1898 u. 1899. 10. u. 11. Jahrg. Zusammenstellung der monatl. u. jährl. höchsten, niedrigsten u. letzten Course von allen an der Berliner Börse gehandelten Werthpapieren, Sorten u. Wechseln, sowie der hauptsächlichsten Ultimo-Liquidations-Course u. Eisenbahn-Einnahmen, nebst Notizen üb. Capital- u. Nominal-Betriebe, Zinstermine, Steuerabzüge, Staatsgarantieen, Verloosgn., Auszahlgn. u. Dividenden der letzten 9 Jahre etc. gr. 8. (111 u. 124 Doppel-S.) Berlin 899. 900. (Haude & Spener.) Geb. in Leinw. à n.n. 3.50

— dasselbe. 1900. 12. Jahrg. Nebst Notizen üb. Capital, Zinsen u. Dividenden etc., sowie e. Anh. über die wichtigsten Minen- u. Eisenbahn-Werthe der Londoner Börse. gr. 8. (138 Doppel-S.) Berlin 901. (Haude & Spener.) Geb. in Leinw. n.n. 3. 50

— dasselbe. 1901. 13. Jahrg. Anmerkungen üb. Kapital, Reserven, Zinsen u. Dividenden. Eisenbahn-Einnahmen u. Bergwerks-Betriebs-Ausweise. Cours-Aufstellung der an der Londoner Börse gehandelten wichtigsten Minen- u. Eisenbahn-Werte, nebst deren Ausbeute u. Einnahmen. hoch 4. (132 Doppels. u. S. 133—135.) Berlin, A. Neumann. Geb. in Leinw. n. 4. 50

— Cours-Tabellen der Berliner Fonds-Börse. 1905. 17. Jahrg. Zusammenstellung der monatl. u. jährl. höchsten, niedrigsten u. letzten Course v. allen an der Berliner Börse gehandelten Wertpapieren, Sorten u. Wechseln, sowie der Ultimo-Liquidations-Course. Anmerkungen üb. Kapital, Reserven, Zinsen u. Dividenden. Eisenbahn-Einnahmen u. Bergwerks-Betriebs-Ausweise. Anh. üb. die Londoner Börse. (137 Doppels., S. 138 u. 11 S.) Lex.-8. Ebd. 906. Geb. in Leinw. n.n. 5. —

— **Kurs-Tabellen der Berliner Fonds-Börse.** Zusammenstellung d. monatl. u. jährl. höchsten, niedrigsten u. letzten Kurse innerhalb der letzten 6 Jahre v. allen an d. Berliner Börse gehandelten Wertpapieren, Sorten u. Wechseln, sowie der Ultimo-Liquidations-Kurse. Anmerkungen üb. Kapital, Reserven, Zinsen u. Dividenden. Eisenbahn-Einnahmen u. Bergwerks-Betriebs-Ausweise. Anh. üb. die Londoner Börse. 18.—21. Jahrg. 1906—1909. (141 Doppels., S. 142, 12 u. I S.; 143 Doppels., 144, III, 12 u. I S.; 147 Doppels., III, 12 u. 53 S. u. 155 Doppels., IV, 12 u. 67 S.) Lex. 8. Berlin 907—10. Verlag f. Börsen- u. Finanzliteratur. Geb. in Leinw. à 5. 50

Neumann, Alfred [aus Leutersdorf]: Das Leben und die Gedichte des Minnesingers Steinmar . . . . Leipzig. Druck v. Metzger u. Wittig. 1885: 106 + 1 S. 8°.
Leipzig, Phil. Fak., Inaug. Diss. v. 28. Dez. 1885.

Neumann, Alfr., über das Leben und die Gedichte des Minnesingers Steinmar. Untersuchungen. gr. 8. (106 S.) Leipzig 886, Fock. * 2 —

— **Minen-Handbuch.** Jan. 1906. 5. Jahrg. Höchste & niedrigste Course nebst Dividenden u. Ausbeuten v. Actien der Minen- & Land-Gesellschaften, &c., f. die letzten 6 Jahre, m. Angabe üb. die Lage des Besitztums, Capitals, &c. (IV, 108 S.) schmal kl. 8. Ebd. n. 1.—

Neumann, A., Minen-Handbuch. Höchste und niedrigste Kurse nebst Dividenden und Ausbeuten von Aktien der Minen- und Land Gesellschaften usw. für die letzten sechs Jahre mit Angaben über die Lage des Besitztums, Kapital usw. Jg. 6 (1907). Berlin. 1907. 108 S.

— **Minen-Handbuch.** 9. Jahrg. 1910. (108 S. in engl. Sprache.) 16,5×8,8 cm. Berlin, Finanz-Verlag A. Neumann. 1. 20

— **Monats-Course der Berliner Fonds-Börse** (nach amtlichen Feststellungen) f. December 1903. 1. Heft. (98 S.) schmal gr. 8. Ebd. n.n. 1. 30
Fortsetzung erscheint nicht.

— **Monats-Kurstabelle d. Londoner Börse.** Höchste u. niedrigste Kurse des vergangenen Jahres, höchste, niedrigste u. letzte Kurse des lauf. Jahres, der in London gehandelten hauptsächlichsten, Staats-Anleihen, amerikan. Eisenbahn-Aktien u. Obligationen, Goldminen-Aktien, &c. m. Angaben üb. Kapital, Zinsfuss, Dividenden u. Rentabilität, &c. Septbr. 1909—Aug. 1910. 12 Nrn. (324 S.) gr. 8. Ebd. 6. —

— u. Frz. **Staeble,** das photograph. Objektiv, s. a. Bücherschatz, photographischer. VIII.

Neumann, A., und F. **Staeble:** Das photographische Objektiv. Leipzig 1909 (Liesegang's photogr. Bücherschatz, Bd 8)

Neumann, Alfr. Sicherer Schutz gegen Cholera u. die Verhütung der ansteckenden Krankheiten im Allgemeinen. Mit e. Anh.: Instructionen zur Verhütg. der Cholera. 16. (39; IX S. m. 1 Tab.) Guben 892, König. * — 40

Neumann, Alfr., über die ultramikroskopischen Teilchen der Milch, s.: **Kreidl,** Alois.

Neumann, Alfred, Dr.: Aus Friedrich Hebbels **Werdezeit.** *Zittau 1899: M. Böhme.* (S. 1—26.) 4°
Zittau, k. RG m. höh. Handels-S, OP 1899 (587)

Neumann, Alfr., aus Friedrich Hebbels Werdezeit. Progr. gr. 4. (26 S.) Zittau 899. (Leipzig, Buchh. G. Fock.) n. 1.—

Neumann, Alfr. Car. Severus (geb. Glogau 3. 4. 1841): De effectibus et signis vitiorum valvularium cordis sinistri. Berolini (1865). (32 S.) 8°
Berlin, Med. Diss. v. 25. März 1865

Neumann, Alfred Willibald, s. Neumann, Alfred

Neumann, Alfried: Über quadratische Verwandtschaften in Ebene und Raum insbesondere Kreis- und Kugelverwandtschaft. Leipzig 1908: Hoffmann. 82 S. 8°
Königsberg, Phil. Diss. v. 25. Okt. 1908, Ref. Meyer, Schönflies
[Geb. 24. März 84 Alt-Marsau; Wohnort: Königsberg i. P.; Staatsangeh.: Preußen; Vorbildung: Oberrealsch. Graudenz Reife O. 03; Studium: Königsberg 2, Heidelberg 1, Berlin 1, Königsberg 6 S.; Rig. 21. Juli 08.] [U 09. 2408

Neumann, Aline, s.: **Breckheyde,** C. v.

Neumann, Alois

— und Otto Gehlen, deutsches Lesebuch für die 1. und 2. Classe der Gymnasien und verwandter Anstalten, mit sachl. und sprachl. Erklärungen. 2 Bde. 1.—3. Aufl. 1868—71, à Bd. *M. 1,60.; 4. verb. Aufl. 1873, und 5. unveränd. Aufl. gr. 8. (278; 300 S.) Wien 874, Meyer. [Bermann und Altmann.] à Bd. *M. 2. *

Neumann, Alois, **deutsches Lesebuch** für die 3. Klasse der Gymnasien u. verwandter Anstalten, mit sachlichen u. sprachlichen Erklärungen. Unter Mitwirkung von Otto Gehlen hersg. 2. Bd. 1. Thl. Wien 869. Beck'sche Univ.-Buchh. gr. 8. (X, 320 S.) n. 15 *ngr.*

— — dass. — für die 3. Classe der Gymnasien und verwandter Anstalten mit sachl. und sprachl. Erklärungen. 2. Bd. 1. Thl. gr. 8. (X, 320 S.) Wien 869, Hölder. *

— — dass. — 3. Thl. 2. Aufl. 1873. *M. 2,20., und 3. verb. Aufl. gr. 8. (IV, 315 S.) Ebendas. 875. *

— — dass. — für die 4. Classe der Gymnasien ꝛc. 2. Bd. 2. Thl. gr. 8. (VI, 314 S.) Ebendas. 869. *

— — dass. — für die 4. Classe der Gymnasien ꝛc. 3. und 4. Thl. gr. 8. Ebendas. [3. Thl. 4. Aufl. (VII, 310 S.) 875.; 4. Thl. 3. Aufl. (VI, 314 S.) 876.] à Thl. *M. 2,40. *

Neumann, Alois, und Otto **Gehlen,** deutsches Lesebuch für die erste Classe der Gymnasien und verwandter Anstalten mit sachl. und sprachl. Erklärungen. 6. Aufl. gr. 8. (277 S.) Wien 876, Bermann und Altmann. *
— dass. — für die zweite Classe. 6. Aufl. gr. 8. (304 S.) Ebendas. 876. *
— dass. — für die dritte Classe der Gymnasien und verwandter Anstalten mit sachl. und sprachl. Erklärungen. Unter Mitwirkung von Otto Gehlen hrsg. 3. Thl. 4. Aufl. (VI, 314 S.) 1876; 5. Aufl. gr. 8. (VIII, 308 S.) Wien 878, Hölder. *
— dass. — für die vierte Classe der Gymnasien und verwandter Anstalten mit sachl. und sprachl. Erklärungen. Unter Mitwirkung von Otto Gehlen hrsg. 4. Thl. 4. Aufl. gr. 8. (VII, 318 S.) Ebendas. 876. *

Neumann, Alois, und Otto **Gehlen,** deutsches Lesebuch für die erste Classe der Gymnasien und verwandter Anstalten mit sachlichen und sprachlichen Erklärungen. 7. und 8. Aufl. gr. 8. (260 S.) Wien 880,83, Bermann und Altmann. * 1 80
— — dass. — Für die zweite Classe der Gymnasien und verwandter Anstalten mit sachlichen und sprachlichen Erklärungen. 7. Aufl. gr. 8. (288 S.) Ebendas. 880. * 2 —
— — dass. — 8. Aufl. [Unverändert, bis auf Anwendung der im „Regeln- und Wörterverzeichnis" behördlich festgestellten Orthographie.] gr. 8. (288 S.) Ebendas. 884. geb. * 2 28
— — dass. — Für die dritte Classe der Gymnasien und verwandter Anstalten mit sachl. und sprachl. Erklärungen. Unter Mitwirkung von Otto Gehlen hrsg. 3. Thl. 6. und 7. Aufl. gr. 8. (VIII, 288 S.) Wien 881,83, Hölder. * 2 24

—— —— dass. — Für die vierte Classe der Gymnasien und verwandter Anstalten mit sachl. und sprachl. Erklärungen. Unter Mitwirkung von Otto Gehlen hrsg. 4. Thl. 5. und 6. Aufl. gr. 8. (VII, 318 S.) Ebendas. 881,83. * 2 40
Hierzu gratis: Neumann, Alois, aus der griechischen und römischen, nordischen und deutschen Mythologie. (64 S.)

Neumann, Alois, und Otto Gehlen, deutsches Lesebuch für die 1. Classe der Gymnasien und verwandter Anstalten mit sachlichen und sprachlichen Erläuterungen. 9. Aufl. gr. 8. (263 S.) Wien 885, Bermann und Altmann. * 1 80
geb. ** 2 12
—— dass. — für die 4. Classe. 7. Aufl. gr. 8. (VI, 319 S.) Ebendas. 887. * 2 40
—— dass. — für die 2. und 3. Classe. Ebendas. 1883,84. * M 4.52.

Neumann, A., deutsches Lesebuch für Gymnasien u. verwandte Anstalten. 1.—4. Bd. gr. 8. Wien 889. Gerold's Sohn. geb. n. 7. 40
1. I. Classe. 10., umgearb. Aufl. (IX, 186 S.) n. 1. 70. —
2. II. Classe. 10., umgearb. Aufl. (VI, 204 S.) n. 1. 80. —
3. III. Classe. 8., umgearb. Aufl. (VII, 216 S.) n. 1. 90. —
4. IV. Classe. 8., umgearb. Aufl. (VIII, 236 S.) n. 2.—.

Neumann, Alois, deutsches Lesebuch f. die Gymnasien u. verwandte Anstalten. 1.—4. Bd. gr. 8. Wien 892. C. Gerold's Sohn. Geb. in Leinw. n. 7. 40
1. 1. Classe. 11. unveränd. Aufl. (IX, 186 S.) n. 1. 70
2. 2. Classe. 11. unveränd. Aufl. (VII, 204 S.) n. 1. 80
3. 3. Classe. 9. unveränd. Aufl. (VII, 216 S.) n. 1. 90
4. 4. Classe. 9. unveränd. Aufl. (VII, 236 S.) n. 2.—

Neumann, Alois, mittelhochdeutsches Lesebuch mit einleit. und erklär. Bemerkungen und einem Glossar. gr. 8. (VI, 264 S.) Wien 870, Hölder. *

Neumann, Ambrosius Conrad, s. Neumann, Konrad

Neumann, Angelo, Erinnerungen an Richard Wagner. Mit 4 Kunstblättern u. 2 Faksms. 1. u. 2. Aufl. (IV, 341 S.) gr. 8. Leipzig 907. L. Staackmann. 6.—; geb. in Leinw. 7.50

Erinnerungen an Richard Wagner von Angelo Neumann. Mit 4 Kunstblättern u. 2 Facs. 3. Aufl. Leipzig: L. Staackmann 1907. (341 S.) 8° [F.]
[07. 10

Neumann, Anton [pract. Arzt aus Westpreussen]: Ueber drei Fälle von Sarcom am Unterkiefer.... Greifswald, Druck v. Julius Abel, 1886; 23 S. 8°.
Greifswald, Med. Fak., Inaug.-Diss. v. 19. Aug. 1886.

Neumann, Ant., Lehrbuch der Arithmetik, s.: Močnik, Frz. Ritter v.

Neumann, Ant., Lehrbuch der Arithmetik u. Algebra, s.: Močnik, Frz. Ritter v.

Neumann, Ant., Lehrbuch der Arithmetik f. Unter-Gymnasien, s.: Močnik.

— Lehr- u. Übungsbuch der Arithmetik, s.: Močnik, Frz. Ritter v.

— Lehr- u. Übungsbuch der Arithmetik f. die unteren Klassen der Realschulen, s.: Močnik.

— Resultate zur Aufgabensammlung in Močniks Lehrbuch der Arithmetik u. Algebra f. die oberen Klassen der Gymnasien. (85 S.) 8. Wien 906. F. Tempsky. Kart. n. 1. 20

Neumann, Ant., von Bethania nach Golgatha. Sieben Predigten über einzelne Begebenheiten aus der Leidensgeschichte des Herrn mit ausgedehnten Anwendungen auf die religiösen Bedürfnisse der Gegenwart, vorgetragen während der heil. Fastenzeit des J. 1876 in der Pfarrkirche zu Mariä-Himmelfahrt zu Troppau. gr. 8. (80 S.) Troppau 876. (Wien, Kirsch.) *

Neumann, Arno [Predigtamtskand. aus Weimar]: Grundlagen und Grundzüge der Weltanschauung von R. A. Lipsius. E. Beitr. z. Geschichte d. neuesten Religionsphilosophie ... Braunschweig, Druck v. E. Appelhans & C., 1896; VI S., 1 Bl., 80 S. 8.
Jena, Phil. Fak., Inaug.-Diss. v. [21. Dez.] 1895

Grundlagen und Grundzüge der Weltanschauung von R. A. Lipsius. E. Beitr. z. Gesch. d. neuesten Religionsphilosophie v. Dr. Arno Neumann. (Vorr.: D. P[aul] Schmiedel.) *Braunschweig: C. A. Schwetschke & Sohn 1896.* (VIII S., 1 Bl., 80 S.) 1 Bd 8.
[96.

Neumann, Arno, Grundlagen u. Grundzüge d. Weltanschauung v. R. A. Lipsius. E. Beitrag zur Geschichte d. neuesten Religionsphilosophie. gr. 8. (X, 80 S.) Braunschweig 896. Berlin, C. A. Schwetschke & Sohn. n. 1. 50

Neumann, Arno, Jesus, wer er geschichtlich war, s.: Pfade, neue, zum alten Gott. 4. Bd.

Neumann, Arnold, humoristische Karte von Europa im J. 1870. (Durch die deutsche Brille gesehen.) Fol. Ebendas. 870. * — 50

Neumann, Arthur

Neumann, *Gottfried Wilhelm* Arthur [app. Arzt aus Danzig]: Ueber Leptomeningitis haemorrhagica bei Milzbrand ... Leipzig, Druck v. E. Freter, *1895;* 23 S. 8.
Leipzig, Med. Fak., Inaug.-Diss. v. 28. Dez. 1895

Neumann, Arth., Lieder des Herzens. 8. (IV, 76 S.) Dresden 901. E. Pierson. n. 1. 50; geb. n. 2. 50

Neumann, Arthur: Aus der psychiatrischen Universitäts-klinik zu Königsberg. Ueber Psychosen nach Schreck. *Königsberg i. Pr. 1898: M. Liedtke.* (42 S.) 8°
Königsberg, Med. Diss. v. 15. Febr. 1898

Neumann, Arth., üb. Psychosen nach Schreck. Diss. gr. 8. (42 S.) Königsberg 898. (W. Koch.) n. 1.—

Neumann, Aug., die Bleichkunst in ihrem ganzen Umfange. — Anh.: Die Wachsbleichkunst. Theoret. u. prakt. dargestellt. 8. (10 B. u. 1 Zeichn.) Helmstedt 838, Fleckeisensche Buchh.

Neumann, B. [Rhold. Scheffel], vom Gebirge her. Dorfgeschichten. Mit e. (fcsm.) Vorwort v. L. Anzengruber. 8. (VII, 279 S.) Wien 890. Hartleben. n. 3. 60; geb. n. 5.—

Neumann (B.), Der Elektrostahlofen System Nathusius. (Düsseldorf) 1910. 8 S.
Aus: Stahl u. Eisen 1910, No 33.

Neumann, B.: Pyrometrie. Braunschweig 1908. 36 S. mit 24 Abb.

Neumann, Balthasar [Baumeister des XVIII. Jahrh.], das Ornament in Barock und Rococo. Photographien nach ausgeführten Arbeiten (in Würzburg). [In 9 Lfgn.] 1. und 2. Lfg. Fol. (à Lfg. 12 Taf. in Photogr.) Berlin (888), Claesen und Comp. à Lfg. in Mappe * M 16.—. * 32 —

Neumann, Balthasar. Das Ornament in Barock u. Rococo. Photographien nach ausgeführten Arbeiten. 3. Lfg. Fol. (12 Lichtdr.-Taf.) Berl. 888, Hessling u. Spielmeyer. * 16 —
1. u. 2. Lfg. Ebd. 1888. * 32 —.

Neumann, Benjamin (Danzig), De pontifice novi testamenti, Ex Hebr. VII, 26. 27. Präs. Jo. Georg Neumann. Wittenberg (Chr. Kreusig) 5. V. 1699. (5.50) 24783

— — Dasselbe. Wittenberg (J. G. Meyer) 5. V. 1699. 1705. 32 S. (5.50) 24784

Neumann, *Benignus*: Die Aufgaben der Schule auf dem Gebiete der körperlichen Erziehung. Festrede zur Kaisergeburtstagsfeier am 27. Januar im Saale des Königlichen Gymnasiums zu Wongrowitz (Prov. Posen) gehalten. (Umschlagtitel: Rede zur Kaisergeburtstagsfeier 1899: Die ... Erziehung.) 4 (S. 3—14).
Progr. Kgl. G. *Wongrowitz* 1899

Neumann, B[enignus]: Die **Aufgaben** der Schule auf dem Gebiete der körperlichen Erziehung. Festrede zur Kaisergeburtstagsfeier am 27. Jan. 1899. *Wongrowitz 1899: P. Schwarz.* (S. 3—14.) 4°
Wongrowitz, k. G, P 1899 (178)

Neumann, Bernh., chemisch-technische Analyse, s.: Post.

Neumann, B., Chemisch-technische Analyse der Metalle. Braunschweig, 1908. 182 S. mit 18 Abb.

Neumann, B., Chemisch-technische Analyse der Rauch-, Heiz- und Kraftgase. Braunschweig, 1908. 72 S. mit 39 Abb.

Neumann, Bhd. Analytische Elektrolyse der Metalle. Halle a/S., 1897.

Neumann, B: Die Elektrolyse als Hülfsmittel in der analytischen Chemie. Halle a. S. 1895 (Oldenbourgs Techn. Handbibliothek Bd 7)

Neumann, Bernh., d. Elektrolyse als Hülfsmittel in d. analyt. Chemie, s.a. Encyklopädie d. Elektrochemie.

Die Elektrolyse als Hülfsmittel in der analytischen Chemie. Von Dr. Bernhard **Neumann**, Stolberg. *Halle a. S.: W. Knapp 1895* (a. d. Umschl.: *1896*). (3 Bl., 41 S.) 1 Bd 8.
= **Encyklopädie** d. Electrochemie. Bd 7. (96. 2 30

— Elektrometallurgie des Eisens, s.a. Monographien üb. angewandte Elektrochemie. 26. Bd.

Elektrometallurgie des Eisens. Von Dr. Bernhard **Neumann**, Prof. zu Darmstadt. Mit 89 Fig. Halle: W. Knapp 1907. (x, 176 S.) 8°
= **Monographien** über angewandte Elektrochemie. Bd 26. (07. 6655 3

Neumann, Bernh., es wird immer toller! od. Die verflixten Visitenkarten, s.a. Dilettanten-Theater. N. F. 10.

Es wird immer toller! oder Die verflixten Visitenkarten. Lustspiel in 2 Akten von Bernhard **Neumann**. Paderborn: F. Schöningh [1905]. (23 S.) 8° [S.]
= **Dilettanten-Theater.** N. F. 10. (07. 11334

Neumann, Bernh., Gasanalyse u. Gasvolumetrie. Zum Gebrauch im chem.-techn. Praktikum u. zum Selbststudium f. Chemiker, Berg- u. Hüttenleute, Hygieniker u. Bakteriologen. gr. 8. (X, 168 S. m. 116 Abbildgn.) Leipzig 901. S. Hirzel. n. 4. —; geb. n. 5. —

Neumann, B., kurzgefaßte Geographie für deutsche Elementarschulen Nord-Amerika's. gr. 16. (81 S.) St. Louis, Mo. 860. (Philadelphia, Schäfer und Koradi.) *

Neumann, Bernh., kurzgefaßte Geographie für deutsche Schulen Nordamerika's. 3. verm. und durchaus umgearb. Aufl. 8. (167 S. mit 1 Stnt.) Freiburg i. Br. 874, Herder'sche Verlagsh. *

— **zur Geschichte des Weingeistes. gr. 8. (9 S.) Berlin (900). J. Springer. n.n. — 50**
Sonderabdruck aus: „Pharmaceut. Centralhalle".

Die pendelnde Liebe. Lustspiel in 1 Aufz. von Bernhard **Neumann**, Rektor. Kempen (Rhein): Thomasdr. [1909]. 21 S. 8°
(Theater-Bibliothek. H. 50.) (10. 4692

— die Metalle. Geschichte, Vorkommen u. Gewinng. nebst ausführl. Produktions- u. Preis-Statistik. Vom „Verein zur Beförderg. des Gewerbefleisses" preisgekrönte Arbeit. Mit zahlr. Tab. u. 26 farb. Taf. (VIII, 421 S.) gr. 8. Halle 904. W. Knapp. n. 16. —

Neumann, *Heinrich* Bernhard: Über das Potential des Wasserstoffs und einiger Metalle ... (Aus: Zeitschr. f. physik. Chem., Bd XIV Heft 2. 1894.) Leipzig, W. Engelmann, 1894; 42 S., 1 Bl. 8.
Leipzig, Phil. Fak., Inaug.-Diss. v. [19. Juni] 1894

— **Die Sonnenbrüder, s.: Heidelmann's, A., Theaterbibliothek.**

Neumann, Bernh., die heilige Stadt u. deren Bewohner in ihren naturhistorischen, culturgeschichtlichen, socialen u. medicinischen Verhältnissen geschildert. gr. 8. (XVI, 512 S.) Hamburg 877. (Berlin, Adf. Cohn.) n. 14. —

— Tafeln zur Metallstatistik. Taf. I bis III: Gold — Kupfer — Eisen. Je 97×66,5 cm. Farbdr. Mit Erläutergn. (7 S.) gr. 8. Ebd. 904. n. 7. 50; einz. Taf. n. 3. —

Theorie und Praxis der Analytischen Elektrolyse der Metalle. Von Dr. phil. Bernhard **Neumann**, Assistent f. Hüttenkunde ... zu Aachen. M. 65 in d. Text gedr. Abb. *Halle a. S.: W. Knapp 1897.* (VIII, 224 S.) 1 Bd 8. (97. 6389

— Onkel Watzel zum Vergnügen in der Residenzstadt, s.: Heidelmann's, A., Theaterbibliothek.

Neumann, Bruno

Neumann, *Gustav* Bruno [aus Königsberg i. Pr.]: ... Studien über den Bau der Strombetten und das Baersche Gesetz ... Königsberg in Pr., Buchdr. v. R. Leupold, 1893; 2 Bl., 96 S., 1 Bl., 1 Taf. 8.
Königsberg, Phil. Fak., Inaug.-Diss. v. 18. Febr. 1893

Neumann, Bruno, Studien üb. den Bau der Strombetten u. das Baer'sche Gesetz. Diss. gr. 8. (96 S. m. 1 Taf.) Königsberg i/Pr. 893. (Gräfe & Unzer, Verl.) n.n. 2. —

Neumann, Bruno Th. Satori-
s. Satori-Neumann. A 12. 10030

Neumann, C., s.a. Neumann, Karl

Neumann, C., s.a. Neumann, Karl E. O.

Neumann, C., s.a. Neumann, Kaspar

Neumann, C.: Anleitung zur Buchführung von Spar- und Darlehnskassen. Darmstadt: Verl. des Verbandes der hessischen landw. Genossenschaften 1904.

Neumann, C. Beiträge zur mathematischen Physik. Leipzig, 1893.

Neumann, C., zur Berichtigung einiger der auffallendsten Unrichtigkeiten in der Broschüre: „Zur Emancipationsfrage des russischen Volkes" rc., s. Zur Berichtigung.

— über die nach Kreis-, Kugel- u. Cylinder-Functionen fortschreitenden Entwickelungen, unter durchgängiger Anwendung des Du Bois-Reymond'schen Mittelwerthsatzes. gr. 4. (VII, 140 S.) Leipzig 881. Teubner. n. 7. 20

Neumann, C.: Mathematisches Formelbuch. Dresden 1893.

Neumann, C., das deutsche landwirtsch. Genossenschaftswesen, s.a. Genossenschaftsbibliothek, deutsche landwirtsch.

Das deutsche landwirtschaftliche Genossenschaftswesen. Leitfaden f. d. Unterricht in mittl. u. niederen landwirtsch. Lehranstalten ... bearb. von Dr. C. Neumann, Gen.Sekr. d. Verbands d hess. landw. Genossenschaften. Mit 1 Abb. Stuttgart: Ulmer 1903. VIII, 82 S. 8°
(Deutsche landwirtschaftliche Genossenschaftsbibliothek. Bd 5.) 09. 13191

Neumann C.: Das landwirthschaftliche Genossenschaftwesen in Deutschland. Stuttg. 1901. 222 S.
(Des Landmanns Winterabende. 16).

— das landwirtschaftliche Genossenschaftswesen in Deutschland. 12. (VIII, 222 S.) Stuttgart 901. E. Ulmer. Kart. n. 1. 50

— d. Getreideverkaufsgenossenschaften, s.: Maier-Bode, Fr.

Neumann, C. Die Hagelversicherung in Deutschland in den Jahren 1901 und 1900. Berlin 1902.

Neumann, C. (Hrsg.), s. Hausgesangbuch. – Vollständiges Hauß- u. Kirchengesangbuch ...

Neumann, C., s.: Jahrbuch f. das Versicherungswesen im Deutschen Reiche.

Neumann, C., über die peripolaren Coordinaten. [Aus: „Abhandlgn. d. k. sächs. Gesellsch. d. Wiss."] Lex.-8. (86 S. m. eingedr. Holzschn.) Leipzig 880. Hirzel. n. 1. 50

Neumann, C., üb. die Kugelfunctionen P_n u. Q_n, insbesondere üb. die Entwicklung der Ausdrücke P_n $(zz_1 + \sqrt{1-z^2}\sqrt{1-z_1^2}\cos\Phi)$ u. Q_n $(zz_1 + \sqrt{1-z^2}\sqrt{1-z_1^2}\cos\Phi)$ nach den Cosinus der Vielfachen v. Φ. Lex.-8. (76 S.) Leipzig 886. Hirzel. n. 2. 40

Neumann, C., üb. die Methode d. arithmetischen Mittels. 1. Abhandlg. [Aus: „Abhandlgn. d. k. sächs. Gesellsch. d. Wiss."] Lex.-8. (116 S. m. 11 Holzschn.) Leipzig 887. Hirzel. n. 3. 20

— dasselbe. 2. Abhandlg. Mit 19 Holzschn. Lex.-8. (164 S.) Ebd. 888. n. 6. —

**Neumann, C.* Die rechtliche Natur des sog. Unteragenten einer Privatversicherungsgesellschaft auf Grund der Versicherungsbedingungen und der Agenturinstruktionen. Götting. D. Berlin 1891.

Neumann, C. Der Prinz von Preußen und die Bürger Berlins. Ein Gedicht. O. O. u. J.
Flugblatt. Berlin, 1848/49.

**Neumann, C.* Textausgabe des V. A. G. mit Anmerkungen. Berlin 1901.

**Neumann, C.* Textausgabe des V. V. G. mit Anmerkungen. Berlin 1908.

— hydrodynamische Untersuchungen, nebst e. Anh. üb. die Probleme der Elektrostatik u. der magnet. Induction. gr. 8. (XL, 320 S.) Leipzig 883. Teubner. n. 11. 20

—— Untersuchungen über das logarithmische und Newton'sche Potential. gr. 8. (XV, 368 S.) Ebendas. 877. *

Neumann, C. (Dresden): Über die möglichen Ursachen der Corona und Protuberanzen während einer totalen Sonnenfinsterniss. Dresden 1861.

**Neumann, C.* Die Volksversicherung. Berlin 1910.

——— Vorlesungen über die Theorie des Magnetismus. Leipzig 1881. 8.

Neumann, C. F., s.a. Neumann, Karl Fr.

Neumann, C. F., de Ictero (v. Beireis). 4. Helmst. ... Fleckeisen. 4 gr.

Neumann, C. F., Physiologie und Naturgeschichte der Liebe und Ehe. Mit einem Anhang: der Hausarzt, nebst Haus- u. Reise-Apotheke. Hamburg 865. Jsert. 8. (48 S.) 10 ngr.

Neumann, C. Fr.

— s. Aristoteles rerum publicarum etc.

Neumann, (Lehrer) C. Fr., Uebungen z. Uebersetzen v. Deutschen ins Griechische, nach d. Paragraphen d. Buttmann'schen Grammatik. 8. Heidelb. 824. Oswald. 12 gr.

— histor. Versuche. 1s Heft. gr. 8. Heidelb. 825. Oswald. 12 gr.

Neumann, C. G., s.a. Neumann, Karl Georg

– De inflammatione telae mucosae, s. Neumann, Albert Philipp Theodor

Neumann, C. G., Palmenzweige. Geistliche Lieder. 16. (220 S.) Jüterbog 851. Berlin, Wohlgemuth's Buchhandlung. [W. Schultze.] n. 8 ngr.

– (Hrsg.), s. Platner, Ernst: Opuscula academica.

Neumann, C. G. N., Tabellen zur bequemen Zählung der 3, 7, und 17 Kreuzer. 8. Lpz. Reinicke. 803.

Neumann, C. G. N., Tabellen z. bequemen Zählung d. 3, 7 u. 17 Kreuzer. 8. Leipz. 808. Reinicke. 4 gr.

C. G. TH. NEUMANN, Geschichte der Oberlausitzischen Gesellschaft der Wissenschaften in den ersten 50 Jahren. Eine Jubelschrift zur dritten Säkularfeier derselben am 16. August 1854. (Aus dem Neuen Laus. Magazine besonders abgedruckt.) Görlitz. 1854. Druck von Julius Köhler. 8o.

Neumann, C. G. Theod., Geschichte von Görlitz in 4 Büchern nebst einem Wegweiser durch Görlitz. Mit 1 (lith.) Ansicht u. einem (lith. u. color.) Situationsplane der Stadt (in Fol.) 5 Lfgn. 8. (XIV u. 730 S.) Görlitz 850, Heyn in Comm. (Subscr. Pr. à n. 1/3 thlr) Ladenpr. cmplt. n. 2 thlr

— die Grundzüge der zugesicherten Preuß. Constitution erläut. f. den Bürger u. Landmann. 8. (16 S.) Görlitz 848, Heinze & Co. 1 1/2 ngr.

— Wegweiser durch Görlitz u. Umgegend. [Mit 1 Situations-Plane der Stadt in Buntdruck.] br. 8. (IV u. 98 S.) Görlitz 849, Heyn. n. 1/3 thlr

—— Wegweiser durch Görlitz und Umgegend. br. 8. (IV und 98 S. mit 1 Situat.-Plane der Stadt in Buntdruck.) Görlitz 850, (Heyn'sche Buchh.) *

— siehe: Weisthümer, Magdeburger.

Neumann, C. J.

— Kaiser Julian's Bücher gegen die Christen, übersetzt. 1880. 52 S.

Neumann, C. J., Prolegomena in Juliani imperatoris libros quibus impugnavit christianos. Diss. 1880. 33 S. 2.—

Neumann, C. T., Urne statt Sarg. Die Leichen-Verbrennung als die einzig denkbare Bestattungsart der Zukunft. Vom ästhet., sanitären u. staats-ökonom. Standpunkte aus betrachtet. Nebst e. histor. Rückblick auf die Bestattungsarten der meisten Völker d. Alterthums. 16. (76 S. m. 1 Holzschntaf. in 4.) Wien 874. Wenedikt. — 90

Neumann, C. W., s. Neumann, Karl Woldemar

Neumann, Carl ..., s. Neumann, Karl ...

Neumann, Casimir Fd., s. Neumann, Kasimir Fd.

Neumann, Caspar, s. Neumann, Kaspar

Neumann, Ch. Ernst

Neumann, Ch. Er., († d. 30. Jan. 1791.) Plan z. Erfindung u. Verfertigung derjen. Maschine, welche in d. Mechanik d. Perpetuum mobile genannt wird. Mit 1 Kpf. 4. Lübeck 767. Donatius. 3 ℊ

— d. Welt, eine Maschine, bey erübrigten Nebenstunden verfertigt, m. K. 4. Lübeck, Donatius. (Niemann und N.) 768

Neumann, Chr. Gli, († 1791.) Gottfried v. Bouillon. Schspl. nach Tasso. 8. Halle 788. (Laue in Berl.) 8 ℊ

— Kunz v. Kaufungen, oder der sächs. Prinzenraub. Schspl. 8. Köthen 790. (Göthe in Leipz.) 6 ℊ

— die Ueberraschung; ein Vorspl. 8. Jena 786.

— s. Wilby und Amalie.

Neumann, Christian *Paul Oswald* [app. Arzt aus Zwickau]: Ein Fall von spontaner Herzruptur ... Leipzig, Druck v. A. Edelmann Univ.-Buchdr., *1896*; 67 S. 8.
Leipzig, Med. Fak., Inaug.-Diss. v. 27. Juli 1896

— **Christian Wilhelm** (Oberschaar / Freiberg / Erzgebirge), De paronychia. Diss. anatom.-chir. Präs. Traugott Carl August Vogt. Wittenberg (A. Chr. Charisius) 4. VIII. 1803. 28 S. (4.—) 24791
Gew.: Johann Gottfried Leonhard.

Neumann, Clemens, s. Neumann, Klemens

Neumann, Conrad, s. Neumann, Konrad

Neumann, Constantin, s. Neumann, Konstantin

Neumann, Curt, s. Neumann, Kurt

Neumann, Dan., Nathanael, od. Betracht. über Tugend und Laster. 8. Danzig, Knoch. 744.

Ode, der glorreichen Gruft einer Königlichen Mutter gewidmet von DAVID NEUMANN. 1757. den 27ten Julii. ib. — 4°.

Neumann, Detleff, Kindersport. Körperübungen f. das frühe Kindesalter. Mit Vorworten eingeführt v. Heubner u. Klapp. (79 S. m. Abb.) 8. Berlin 910. Herm. Walther. 2.—

Neumann, E., s.: Amerika beim Erziehen.

Neumann, E. Aufruf z. Sicher. bürgerl. Existenz u. Wahrung erworben. Rechte an d. Wundärzte 2. Kl. Breslau 1848.

Neumann, E., ein Beitrag zur Kenntniss des normalen Zahnbein- u. Knochengewebes. Leipzig 863. Vogel. gr. 8. (2 Bl., 58 S.) n. 12 ngr.

— s.: Bull, John, beim Erziehen.

Neumann, E., u. O. M. Kirsch, unsere gefiederten Freunde aus Wald u. Flur, s.: Singer's volkstümliche Bücherei.

Neumann, E., über myelogene Leukämie. [Aus: „Berl. klin. Wochenschr."] gr. 8. (51 S.) Berlin 878. Hirschwald. n. 1. —

Neumann, E. Über die häufiger kultivierten Lupinenarten. 22 S.
Progr. *Neuruppin* 1882.

Neumann, E., in der Marmorvilla. Novelle. (196 S.) 8. Prenzlau (903). (C. Vincent.) Geb. in Leinw. n. 3. —

Neumann, E., d. Komikers Schatzkästlein. Eine Blütenlese durchschlag. Vorträge u. Soloscenen f. Deklamations- u. Gesangshumoristen. 12. (93 S.) Köln 890. Püttmann n. — 50

Neumann, E., eine Tasse Thee, s. Kühlings, A., Album für Liebhaber-Bühnen.

Neumann, E., s.: Untersuchungen, chem. u. medic.

Neumann, E., Wert, Maß u. Behandlung der Hausaufgaben der Schule, s. a. Für die Schule aus der Schule.

Wert, Maß und Behandlung der Hausaufgaben der Schule. Von E. Neumann. *Neuwied, Leipzig: Heuser (1902).* (18 S.) 8° [F.]
= Schule. Für die, aus der Schule. H. 97.

Neumann, E. A. O.: Über die Pachymeningitis bei der chronischen Alkoholvergiftung. Inaug.-D. 36 S. Königsberg. 1869.

Neumann, E. G., landwirthschaftl. Bauten, od. Anweis. f. d. Landwirth, wie er dauerhaft u. zweckmäßig bauen, Landgüter anlegen, Gärten u. Felder eintheilen soll; mit Rücksicht auf d. jetz. Standpunkt d. landwirthschaftl. Gewerbes, in Begleit. einiger hierauf Bezug habenden Bemerkn. Als Beförderungsmittel z. Hebung d. National-Wohlstandes ausgearb. gr. 4. (12 B. u. 18 Stnt.) Eisleben 839, (Reichardt.) Thlr.

Neumann, Ed., Gedichte. Leipzig 863. Brockhaus. 16. (VIII, 294 S.) n. 1 ₰

Neumann, Edgar, aus London: Zur Isomerie der Fenchenderivate. *Göttingen 1900: E. A. Huth.* (63 S.) 8°
Göttingen, Phil. Diss. v. [25. Okt.] 1900

Neumann, Edg., zur Isomerie der Fenchenderivate. Diss. gr. 8. (63 S.) Göttingen 900. (Vandenhoeck & Ruprecht.) n. 1. 60

Neumann, Eduard, Marietta. Romanze. (95 S.) 8. Dresden (906). E. Pierson. n. 1.50; geb. n. 2.50

Neumann, Elsa, aus Berlin: Über die Polarisationscapacität umkehrbarer Elektroden. *(Leipzig: J. A. Barth 1899.)* (42 S.) 8°
Berlin, Phil. Diss. v. 18. Febr. 1899

Neumann, Eman., Hilfsbuch f. d. evangelischen Religionsunterricht, s.: Hartmann, Ernst.

Neumann, Emil (II.), Leitfaden für den Vorgang beim Unterrichte über das Karten- und Plan-Lesen in den Unterofficiers-Schulen. Im Sinne des § 5 der Instruction für die Truppenschulen des k. k. Heeres, 1. Thl., bearb. 8. (87 S. mit dem neuesten Zeichenschlüssel und 63 Fig. im Texte.) Wien 888, Perles. *

Neumann, Aemilius *(geb. Gollin bei Deutsch-Krone 16.12.1843)*: De Ottone de Nordheim. P. 1. Vratislaviae (1871). (39 S.) 8°
[Im Buchhandel 1871 bei Maruschke & Berendt in Breslau. — Forts. 1875 unt. d. T.: „Der Hochverratsprocess Ottos von Nordheim, des Herzogs von Bayern, im Jahre 1070" als Progr. d. höh. Bürgerschule I zu Breslau.]
Breslau, Phil. Diss. v. 16. Juni 1871

Neumann, Aemil., de Ottone de Nordheim. Pars I. Dissertatio inauguralis. gr. 8. (41 S.) Breslau 871. (Maruschke & Berendt) n. 1. —

Neumann, Emil, Sein u. Schein. E. Selbstkritik auf eig. Denken begründ. E. naturwissenschaftl. Studie, empfohlen d. philosoph. gesinnten Menschheit. gr. 8. (XV, 408 S.) Leipzig 895. (Greßner & Schramm.) n. 3. —

Neumann, Emil, das Testament des Onkels. Lustspiel in 3 Akten. Nach dem Französ. (Den Bühnen gegenüber Mscr.) gr. 8. (56 S.) Berlin 860, (Lassar's Buchh.) *

Neumann, Emil: Untersuchungen über die Parallelfläche des Ellipsoides. Halle 1878: (Buchbinder in Neu-Ruppin). 31 S. 8°
Halle-Wittenberg. Phil. Diss. v. [11. März] 1878
Geb. Berlin 14. 9. 1847. V.

[F.] Der Urgrund des Daseins oder die Abstimmung des Absoluten. E. auf log. u. mathemat. Gründe gestützte Naturbetrachtg ... Hrsg. v. Emil Neumann in Beresow.... *Leipzig: Dr. u. Komm.-Verl. v. Gressner & Schramm 1897.* (2 Bl., 556 S.) 1 Bd 8. 97. 3737

— der Urgrund d. Daseins od. d. Abstimmg. d. Absoluten. E. auf log. u. mathemat. Grunde gestützte Naturbetrachtg. Gewidmet d. denklieb. Menschheit zur Aufklärg. ihres Daseins. gr. 8. (III, 556 S.) Ebd. 897. n. 5. —

Neumann, Emil (I.), de compositorum a dis [di] incipientium apud priscos scriptores vi et usu. Dissertatio inauguralis. gr. 8. (36 S.) Jena 885, (Neuenhahn.)

Neumann, Emil Gottlieb, s. Neumann, Gottlieb

Neumann, Emma, im Kampfe gegen Bibel-Babel. Ein Beitrag zur Mythen- u. Jugendgeschichte nach der Keilschrift-Literatur im alten Orient. (67 S.) 8. Lichtenstein-Callnberg (909). M. Doerffeldt. 1.25

Neumann, Erich, Referendar in Leipzig: Der Wechselbereicherungsanspruch. Borna-Leipzig 1908: R. Noske. (VIII, 41 S.) 8° [F.]
Leipzig, Jur. Fak., Diss. v. 24. Febr. 1908
[Geb. 8. Mai 83 Kamenz; Wohnort: Leipzig-Lindenau; Staatsangeh.: Sachsen; Vorbildung: König-Albert-Gymn. Leipzig Reife O. 02; Studium: Leipzig 6 S.; Rig. 11. Juli 05.]

Neumann, Ernst, Dr. phil.: Über die Anwendung eines eigentümlichen Reduktionsverfahrens auf elektrostatische Probleme. *Halle a. S. 1899: Waisenhaus.* (23 S.) 4°
Halle, Einladungsschr. zur Antrittsvorlesung am 3. Aug. 1899

Neumann, Ernst, Tennor Aguila, s.: Gerstäcker, Frdr.

Q. D. B. V. Lectiones cursorias quas ... Oscar Samter med. Dr. Ueber die Bedeutung der Aktinomykose für die Gesundheitspflege ad docendi facultatem rite impetrandam d. XIII m. Mart. ... habebit indicit Ernestus Neumann med. Dr. P. P. O. ord. med. h. t. Decanus. Regimonti Borussorum, typ. Liedtkianis, 1891; 1 Bl. 4°

Neumann, Ernst, approb. Arzt aus Aschersleben: Beiträge zur Behandlung der Appendicitis. *Halle a. S. 1900: C. A. Kaemmerer & Co.* (31 S.) 8°
Halle, Med. Diss. v. 5. Mai 1900

Neumann, Ernst, der Bienen-Hannes oder Der Wohlthäter v. Sulzbach, s. a. Woywod's Volks- u. Jugend-Bibliothek. 21.

Der Bienen-Hannes oder Der Wohltäter von Sulzbach. Erzählung f. d. Jugend u. d. Volk von Ernst Neumann. *Breslau: M. Woywod 1902.* (103 S.) 8° [F.]
— Volks- u. Jugend-Bibliothek. Woywods. Bd 21. 03. 5020

Neumann, Ernst, Bilder aus der Irrenanstalt. Vortrag, geh. am 10. II. 1901 zu Kreuzlingen. 1.—2. Taus. dieser Ausg. 8. (20 S.) Basel (901). Schriftstelle des Alkoholgegnerbundes (durch F. Reinhardt). n. — 08

Neumann, Ernst. Bilder aus der Irrenanstalt. Vortrag gehalten am 10. Februar 1901 zu Kreuzlingen. (2.—3. Tausend dieser Ausgabe.) IV + 20 S. 8. Basel, Schriftstelle des Alkoholgegnerbundes (Fr. Reinhardt, [1903]). fr. —. 10
(Alkoholgegnerbund. ⟨Internationaler Verein zur Bekämpfung des Alkoholgenusses.⟩ [Flugschriften.] Nr. 37.)

Neumann, Ernst, Bilder aus der Irrenanstalt. Vortrag. 7. u. 8. Taus. (20 S.) 8. Basel (909). Schriftstelle d. Alkoholgegnerbundes. — 10

— Im Busch, s.: Gerstäcker, Frdr.

Neumann, Ernst: Der rechtliche Charakter des Staatsdienstes in Preussen. *Berlin: Comm. v. T. Trautwein.* (VI, 50 S.) 8°
Erlangen, Jur. Diss. v. 20. Juli 1897

— ein treues Chinesenmädchen, s.: Jugend-Bibliothek.

— Drahtbinder-Franz, s. a. Woywod's Volks- u. Jugend-Bibliothek. 16.

Drahtbinder-Franz. Eine Erzählung v. Hunsrück f. d. Jugend u. d. Volk von Ernst Neumann. *Breslau: M. Woywod 1900.* (100 S.) 8° [F.]
— Volks- u. Jugend-Bibliothek. Woywods. Bd 16. 01. 4092

— der Eseltreiber von San Remo od. Gottes Wege sind wunderbar, s.: Spiegelbilder aus dem Leben. 52.

Neumann, Ernst, appr. Arzt a. Kalk b. Köln a. Rh.: Aus der Eisenbahnheilstätte „Stadtwald" b. Melsungen. Chefarzt Dr. Röpke. Ueber einen Fall von Dextrokardie. Ein Beitrag zur Lehre des Situs transversus partialis. Marburg (1906): (F. Lenz & Co., Berlin). (24 S.) 8°
Marburg, Med. Fak., Ref. Brauer, Diss. v. 16. Aug. 1906
[Geb. 11. Sept. 79 Kalk b. Cöln; Wohnort: Melsungen; Staatsangeh.: Preußen; Vorbildung: Gymn. Mülheim a. d. Ruhr Reife O. 00; Studium: Bonn 1, Marburg 4, Bonn 2, Marburg 3 S.; Coll. 23. Mai 06; Approb. 25. Mai 06.]

— auf der Flucht vor den Chinesen. Eine Geschichte aus Schantung u. Deutsch-China, der Jugend erzählt. Mit (4 [1 farb.]) Bildern v. Walt. Zweigle. 8. (III, 189 S.) Leipzig (899). Schmidt & Spring. Geb. 1.50

— die Flüchtlinge von Kiautschou u. Kulturgeschichtliches aus China. Für die reifere Jugend erzählt. gr. 8. (208 S. m. Abbildgn. u. 3 Farbdr.-Bildern.) Stuttgart (900). Reutlingen, R. Bardtenschlager. Geb. in Leinw. 4.50

Neumann, Ernst, die Flußpiraten des Mississippi, s.: Gerstäcker, Fr.

— General Franco, s.: Gerstäcker, Frdr.

Neumann, Ernst, deutsches Frauenleben f. die reifere weibliche Jugend. gr. 8. (IX, 223 S.) Kreuznach 891. (Leipzig, Gebr. Reinecke.) n. 2.40; geb. n. 3.—

— Um Freiheit u. Vaterland, s. Oehmigke's Jugendbibliothek.

— um Freiheit u. Vaterland (aus dem Lande der Buren), s.: Spiegelbilder aus dem Leben. 53.

— Gänse-Lieschen. Eine Erzählg. Neue Ster.-Ausg. 12. (120 S. m. Titelbild.) Reutlingen (900). Enßlin & Laiblin. Geb. — 50; m. farb. Umschlagbild — 60

— der Mutter Gebet. Erzählung aus der Gegenwart. Ster.-Ausg. 8. (116 S. m. Titelbild.) Ebd. (899). Kart. — 60

— der Gefangene des Sultans. Eine Erzählg. aus dem dunkelsten Afrika. Für d. reif. Jugend. (216 S. m. 4 Farbdr.) gr. 8. Reutlingen (903). Enßlin & Laiblin. Geb. n. 2.50

Neumann, E., vaterländische Geschichte f. evangel. Schulen. Ein Hülfsbuch zur Förderung d. vaterländ. Geschichtsunterrichts f. die Hand der Schüler. 8. (VI, 150 S.) Kreuznach 890. Schmithals' Verl. cart. n. — 80

— vaterländische Geschichte f. evangelische Schulen. Ein Hilfsbuch zur Förderg. d. vaterländ. Geschichtsunterrichts f. die Hand der Schüler. 2. Aufl., bearb. nach den Erlassen Sr. Maj. d. Kaisers. gr. 8. (VIII, 120 S. m. 1 Bildnis.) Kreuznach 891. Schmithals' Verl. Kart. n. — 80

— Gold, s.: Gerstäcker, Frdr.

— die Heilung der Nervosität durch intelligente Leibeszucht u. rationelle Lebenshaltung. gr. 8. (62 S.) Leipzig 901. (O. Borggold.) n. 1.20

Neumann, Ernst, die Heilung der Nervosität durch intelligente Leibeszucht u. rationelle Lebenshaltung. (Umschlag: 8.—10. Tausend.) (59 S.) gr. 8. Leipzig (906). O. Borggold. n. 1.20

— Im Kampfe m. China. Eine Darstellg. der Chinesen-Wirren nach ihren Ursachen, Kämpfen u. Zielen, sowie die Niederwerfg. des Aufstandes durch die Mächte. Für die reifere Jugend. gr. 8. (208 S. m. 4 Farbdr.) Ebd. (901). Geb. 2.50

— der Invalide v. Suna. Das geraubte Kind. 2 Erzählgn. Neue Ster.-Ausg. 12. (107 S. m. Titelbild.) Ebd. (902). Geb. — 60

Neumann, Ernst, Piet Joubert, der Generalkommandant v. Transvaal. Eine Erzählg. aus den Kämpfen der südafrikan. Republik gegen England, nebst eingestreuten Schilderungen. v. Land u. Leuten. Für die reifere Jugend. gr. 8. (197 S. m. 4 Farbdr.) Reutlingen (900). Enßlin & Laiblin. Geb. 2.50

— ist der biblische Geschichts-Unterricht reformbedürftig? 1. u. 2. Aufl. gr. 8. (36 S.) Minden 891. A. Hufeland. n. — 60

— Kreuz u. Götzenbild. Eine Erzählg. aus der Wendenzeit. Ster.-Ausg. 12. (110 S. m. Titelbild.) Ebd. (901). Geb. — 60

Neumann, Ernst. Kultur und Alkohol. Ein Vortrag. 1.—3. Tausend. IV + 20 S. 8. Basel, Schriftstelle des Alkoholgegnerbundes, ([19]09). fr. —. 10
[Alcoholgegnerbund.... Flugschriften.] Nr. 48.

Neumann, Ernst, Liuba, s.: Volkserzählungen, neue.

— Lohn d. Barmherzigkeit od. Wohlthun bringt Zinsen. Eine Erzählung. Ster.-Ausg. 8. (122 S. m. 1 Bild.) Reutlingen 898. Enßlin & Laiblin. Kart. — 50; m. Bunttitel — 60

Neumann, Ernst, über e. Mass des Verdachtes auf systematische Fehler, s.: Richarz. Frz.

Neumann, Ernst, Probelehrer u. Vicar am Realgymn. zu Zwickau: Die **Methode** des arithmetischen Mittels in ihrer Anwendung auf die reciproke Curve der Ellipse. *Zwickau 1902: R. Zückler.* (27 S.) 4°
Leipzig, Phil. Diss. v. [8. März] 1902

— d. Missionär am Volta. D. Sklavenbefreier. August Hermann Francke. 3 Erzählungen f. jung u. alt. Neue Ster.-Ausg. 8. (112 S. m. Titelbild.) Ebd. 897. Kart. — 50

— Mississippi-Bilder, s.: Gerstäcker, Frdr.

— über den Nordpol hinaus. Eine Erzählg. f. die reifere Jugend u. das Volk. (212 S. m. 8 Vollbildern.) 8. Reutlingen (904). Enßlin & Laiblin. Geb. in Leinw. 2.50

— Über den Nordpol hinaus. Eine Erzählg. f. die reifere Jugend u. das Volk. 7.—11. Tausend. (212 S. m. 8 Farbdr.) 8. Reutlingen (909). Enßlin & Laiblin. Geb. in Leinw. 2.50

— s. Oehmigke's Jugendbibliothek.

— unter den Beduinen, s.: Gerstäcker, Frdr.

— die Regulatoren in Arkansas, s.: Gerstäcker, Frdr.

— aus dem Reiche der Mitte. Für die reifere Jugend erzählt. gr. 8. (208 S. m. Abbildgn. u. 3 Farbdr.) Stuttgart (899). Ebd. Geb. 4.50

— Samoa-Fahrten. Erlebnisse e. deutschen Pflanzers auf Samoa und andern Inseln der Südsee, nebst Schilderungen. v. Land u. Leuten. Für die Jugend erzählt. Neue Ster.-Ausg. gr. 8. (189 S. m. 4 Farbdr.) Reutlingen (900). Enßlin & Laiblin. Geb. 2.—

Neumann, Ernst, a. Cassel: Der Söldner (soudoyer) im Mittelalter, nach den französichen (und provenzalischen) Heldenepen. Marburg 1905: Gebr. Schönhoven, Cassel. (102 S.) 8°
Marburg, Phil. Fak., Ref. Kissner, Diss. v. 22. Sept. 1905
[Geb. 3. Jan. 83 Cassel; Wohnort: Cassel; Staatsangeh.: Preußen; Vorbildung: Oberrealsch. Cassel Reife O. 01; Studium: Göttingen 4, Grenoble 1, Marburg 4 S.; Rig. 19. Juli 05.]

— der kleine Stiefelputzer am Brandenburger Thore, s. a. Woywod's Volks- u. Jugend-Bibliothek. 19.

Der kleine Stiefelputzer am Brandenburger Thore. Erzählung f. d. Jugend u. d. Volk von Ernst **Neumann**. *Breslau: M. Woywod 1901.* (105 S.) 8° [F.]
— Volks- u. Jugend-Bibliothek, Woywods. Bd 19. [03. 1908]

— Die beiden Sträflinge, s.: Gerstäcker, Frdr.

— Streif- u. Jagdzüge durch die Vereinigten Staaten Amerikas, s.: Gerstäcker, Frdr.

Neumann, Ernst, aus Königsberg i. Pr.: Zur Poisson'schen Theorie der Elektrostatik. (Th. 1.) *Berlin 1899: G. Reimer.* (39 S.) 4°
Leipzig, Phil. Diss. v. [14. Jan.] 1899

Neumann, Ernst, Variété-Sterne. Ein Künstlerheft. (16 S. m. z. Tl. farb. Abb.) 34×25,5 cm. Berlin (910). Verlag der Lust. Blätter. — 50

— s.: Volks- u. Jugend-Erzählungen.

— s.: Volks-Erzählungen, kleine.

— Vorgetan u. nachbedacht, hat manchem schon groß Leid gebracht, s.a. Woywod's Volks- u. Jugendbibliothek.

Vorgetan und nachbedacht hat manchem schon groß Leid gebracht. Eine Erzählung ... von Ernst **Neumann.** Breslau: M. Woywod 1907. (90 S.) 8° [F.]
— **Volks**- u. Jugendbibliothek, Woywods. Bd 30. (08. 7067 2

— Weltentdecker u. Weltumsegler. Für die reifere Jugend bearb. (287 S. m. Abbildgn. u. 8 Farbdr.) 8. Stuttgart (904). Reutlingen, R. Bardtenschlager. Geb. in Leinw. 4. 50

— Christian De Wet, der Heldengeneral im südafrikan. Guerilla-Kriege. Für die reifere Jugend. gr. 8. (205 S. m. 4 Farbdr.) Reutlingen (902). Enßlin & Laiblin. Geb. 2. 50

Neumann, Ernst Ferd., Leben. Gedichte. (VII, 144 S.) 8. Dresden (909). O. & R. Becker. Geb. in Leinw. 3. —; m. Abb. (VII, 189 S.) 5. —

Neumann, Ernst Rich., Studien üb. die Methoden v. C. Neumann u. G. Robin zur Lösung der beiden Randwertaufgaben der Potentialtheorie, s.a. Preisschriften, gekrönt u. hrsg. von der Fürstl. Jablonowski'schen Gesellschaft. XXXVII.

Studien über die Methoden von C. Neumann und G. Robin zur Lösung der beiden Randwertaufgaben der Potentialtheorie von Ernst Richard **Neumann.** Mit 9 Fig. Leipzig: B.G. Teubner 1905. (XXIII, 194 S.) 4° (8°)
— **Preisschriften** d. Fürstl. Jablonowski'schen Gesellschaft zu Leipzig. Math.-nat. Section. 15. (05. 7840

Neumann, Eugen: Die Bildung der Personalpronomina im Rumänischen. *Leipzig: J. A. Barth 1900.* (75 S.) 8° ¶ (Aus: Jahresbericht 7 d. Instituts f. rumän. Sprache zu Leipzig.)
Leipzig, Phil. Diss. v. [18. Jan.] 1900

Neumann, Eugen: Darstellung und Untersuchung regulinischen Zirkoniums. 1909. 42 S., 3 Taf. 8° ¶ Etwas gekürzt in: Zeitschrift f. anorgan. Chemie. Bd 65. 1910.
München, Dr.-Ing.-Diss. v. 28. 2. 1909

Neumann, Eugen, appr. Arzt a. Königsberg i. Pr.: Ein Fall von subchordalem Gumma. München 1894: Kastner & Callwey. (44 S.) 8°
München, Med. Fak., Ref. v. Ziemssen, Diss. v. 13. Juli 1894
[Geb. 17. Mai 67 Königsberg i. Pr.: Wohnort: Wilcaunia, Neu Süd-Wales, Australien; Staatsangeh.: Preußen; Vorbildung: Altst. Gymn. Königsberg Reife O. 87; Studium: Königsberg 8, München 7 S.; Coll. 13. Juli 94; Approb. 21. Mai 93.]

Neumann, F.: Beiträge zur Theorie der Kugelfunktionen, s. Neumann, Franz Ernst

Neumann F.: Die dunkle Bevölkerung Afrikas. (Culturskizze) 26. Pilsen R. 79.
Progr.

Pilsen.
— St.-R.: Das erste Decennium der k. k. deutschen St.-R. v. F. Neumann. 26. 1883.
Progr.

Neumann, F. Zum pikard. Dialekte s. S. 48. Progr.

Neumann: Ueber Entrepôts und Waarenhäuser. 31 S. 8°
–Wien H., Progr. 1865

— Die Grundsätze der Bewegung der Körper und ihre Anwendung auf das Schiessen. (35. Jahrg., LXX. Bd., und 37. Jahrg., LXXIII. Bd.)

Neumann F.: Christoph Jaksch, k. k. Director †. 3. Pilsen R. 88.
Progr.

Neumann, F: Unsere Kenntnisse von Atmung, Zuckerverlust und Haltbarkeit der Zuckerrüben während der Zeit der Aufbewahrung, in geschichtlicher Entwicklung. Berlin 1907

Neumann, F.: Über den abenteuerlichen Simplicissimus und die Simplicianischen Schriften v. Hans Jak. Christ. v. Grimmelshausen. Pilsen R. 1888. 30 S.
Progr.

Neumann, v. Untersuchungen über die Entwickelung der Pulverkraft oder Gasspannung in den Geschützrohren ꝛc. Berlin 1869. 58 S.

— von, Untersuchungen über die Entwickelung der Pulverkraft oder Gasspannung in den Geschützrohren, behufs Gewinnung einer Grundlage zur Beurtheilung der grösseren oder geringeren Geeignetheit verschiedener Pulverarten zu ihrem wirklichen Gebrauche in Geschützrohren verschiedenen Kalibers, etc. (Berlin, den 4. Jan. 1869.)

Neumann, F., Verzeichnis der auf Aussprache und Rechtschreibung bezügl. Eigentümlikeiten in den Inschriften aus Gallia Narbonensis. Pr. 1898. 27 S.

Neumann, F. J. v., Die Aktien- und ähnlichen Gesellschaften als Rechts- und als Steuersubjekte. München, 1905. 69 S.

Neumann FJ. deutsche Gesetzgebung. Jena 1873-74

**Neumann, F. J.* Die Gestaltung der Lebensdauer in Preußen seit 1816 in bezug auf das Wachstum des Wohlstandes. D. Königsberg 1865.

Neumann, F. J., zeichnende Raumlehre f. die Volksschule. gr. 8. (26 S. m. 4 Steintaf. in qu. gr. 4.) Bielefeld 874. (Leipzig, Siegismund & Volkening.) n. — 50; Auflösungen. gr. 4. (31 S., wovon 27 lith.) n. 1. 50

Neumann, Felix [app. Arzt aus Forst '(Preussen)']: Ein Fall von primärer combinierter Systemerkrankung des Rückenmarkes ... Leipzig-Reudnitz, Druck v. M. Hoffmann, 1893; 22 S., 1 Taf. 8.
München, Med. Fak., Inaug.-Diss. v. 1893

Neumann, Felix (geb. am 14 Jan. 1848 in Neuss): Ueber Hernien mit specieller Berücksichtigung der Einklemmungen ... Bonn, Druck v. J. F. Carthaus [1871]. 2 Bl., 27 S. 8.
Bonn, Med. Fak., nachträgl. erschienene Diss. v. 25 Juli 1870

Neumann, Felix [Arzt aus Leobschutz (Schlesien)]: Ueber Rhinoplastik .... Bonn, Univ.- Buchdr. v. Carl Georgi, 1888; 41 + 1 S. + 1 Bl. 8°
Bonn, Med. Fak., Inaug.-Diss. v. 28. Jul. 1888

Neumann, Ferd.

— kurze Anweis. Kinder in spätestens 3 Wochen richtig u. mit Wohllaut lesen zu lehren, nebst Lesetafeln ꝛc. 8. Berl. 815. Maurer's B. 3 ℊ

Neumann, (Ferd.,) Bericht üb. die Königl. Taubstummenanstalt z. Königsberg. gr. 8. Königsb. 823, (Unzer.)

Neumann, Ferd., Briefsteller, s.: Starke, Aug.

Neumann, Ferd. (I.), die Evangelien, ein Cyclus v. sonntägl. Erbauungen f. (insbesond. taubstumme) Confirmanden; aus seinem Nachlasse vervollständ. hrsg. v. C. W. Sägert. gr. 8. (10 B.) Magdeburg 810, Rubachsche Buchh. *

Neumann, Ferd., die Familie der Amaryllideen mit den Synonymen der einzelnen Species. 8. (11½ B.) Weißensee 844, Großmann. -

—— die bibl. Geschichten d. alt. u. neu. Testam. f. d. ersten Religionsunterr. d. Taubstummen; aus seinem Nachlasse vervollständ. hrsg. v. C. W. Sägert. gr. 8. (1⅛ B.) Magdeburg 810, Rubachsche Buchh. *

— „Hoch soll er leben"!, s.: Fröhlich, Fritz.

Neumann, Ferd. (II.), die Cultur d. Georginen in Deutschland, mit besond. Rücksicht auf Erfurt. 8. (4¾ B. u. 1 Stnt.) Weißensee 841, Großmann.

— Schnaka aus 'm Riesengebirge. Sammlung humorist. Erzählgn., Gedichte u. Scherze im schlä'schen Dialekt. 8. (VI, 88 S.) Landeshut (900). P. Schultze. n. — 80

Neumann, Ferd., Schnaka aus 'm Riesengebirge. Sammlung humorist. Erzählgn.. Gedichte u. Scherze im schlä'schen Dialekt. (VI, 88 S.) 8. Hermsdorf (906). (Schweidnitz, G. Brieger.) n. — 40

— s. P. Simons, Johann de Witt.

— die Taubstummen-Anstalt zu Paris im Jahre 1822. Ein histor.-pädagog. Skizze. gr. 8. Königsb. 827, Unzer.

Neumann, Fr., Beobachtungen üb. Schädelbrüche, Gehirnerschütterung u. Shok. [Aus: „Illenau. Festschrift zum 50jähr. Jubiläum".] Lex.-8. (22 S. m. 1 Taf.) Heidelberg 892. C. Winter. n. 1. —

— dasselbe, s.a. Illenau. Festschrift etc.

— Entw. z. e. Lehre von den Menschen, ein Versuch die philos. Wissensch. gemeinnütziger zu machen. 8. Schwerin, Bödner. 780.

— Grundlage zur Verbesserung des Religionssystems. gr. 8. Ebend. 782.

Neumann, Fr., Philipine, d. Burgfräulein v. Rabenau. Histor. Roman. 70 Lfgn. gr. 8. (2162 S. m. 70 Vollbild.) Dresden 895. 96. A. Wolf. à Lfg. — 10

Neumann, Fr., die romanische Philologie. Ein Grundriß. [Aus: „Schmid's Encyklopädie."] gr. 8. (96 S.) Leipzig 886. Fues. n. 2. —

Neumann, Dr. Fr., Taschenbuch f. junge verheirathete Frauenzimmer, od. die sich verheirathen wollen. 8. Quedlinb. 811. Basse. 1 ♯ 8 gr. X. unt. folg. 3 Tit.: 1) Der prakt. Kinderarzt od. Darstell. aller Kinderkrankheiten. 6 gr. 2) Rathgeber f. schwangere Frauen rc. 12 gr. 3) Ueber die Erziehung der Kinder in d. ersten Lebensjahren. 12 gr.

— höchstnöthiges Taschenbuch f. verheirathete u. unverheirathete Mannspersonen rc. 12 Quedlinb. 810. Basse. 12 gr.

— Untersuchung des Wunderbeweises f. d. Wahrh. der christl. Relig. gr. 8. Butzow. (Schwerin, Bödner.) 779.

Neumann, Fr., Wegweiser zum Leben, für die Hebräer. 8. Augsb. Wolf. 790.

– Neudeutsche Wirtschaftspolitik. Berlin-Schöneberg: Verlag der „Hilfe" 1906 (VIII, 431 S.) 8°

Neumann, Fr. J.: De media hominum aetate quae fuerit in Borussia inde ab a. 1816 usque adhuc. 42 S. Regimonti Pr., Schul-/Univ.-Schrift 1865

Neumann, Franz, s.a. Neumann, Franz Ernst

Ach, ich kannte keine Klage. Arie aus d. Oper Assarpaï v. Franz Neumann ... *Charlottenburg: K. Köhler [1895?].* (7 S.) 1 Bd 4. [96. 3116

Neumann jr., Frz., die Barockbauten Wiens. Eine Sammlung der hervorragendsten Profan- u. Kirchenbauten aus dem 17. u. 18. Jahrh. 1—4. Lfg. Fol. (à 6 Bl. in Lichtdr. m. 1 Bl. Text.) Wien 880. 81. Perles. à n. 6. —

Neumann, Franz [(Dr.) aus Bauerwitz '(Oberschles.)']: Über Behandlung der Gesichtslagen ... Amberg, Druck v. H. Böes, *1897*; 51 S. 8.
Erlangen, Med. Fak., Inaug.-Diss. v. 8. März 1897

... Bouquet de Souvenir. Vier Stücke f. d. Pianof. comp. v. Franz Neumann. Op. 43. No 1—4. *Berlin: L. Weber* (aufgest.: *Charlottenburg: K. Köhler [1895?]*). (18 S.) 1 Bd 4. [96. 3217

Karl, Grossherzog von Frankfurt: [Gedicht.] Zur Feier des Namens-Festes des Durchlauchtigsten Grosherzogen [!] Carl, am 4ten des IX. 5812 gewidmet der ger. u. vollk. □ zum Frieden im Or. von Fulda von Franz **Neumann**. [Fulda] 1812. 2 Bl. 4⁰ [Umschlagtit.]
Selten. „Allmächt'ger Bauherr blicke nieder . . ." Üb. Dalberg s. Allgem. Deutsche Biographie Bd 4 1876 S. 703—708 (Bockenheimer); Darmstaedter: Das Grossherzogtum Frankfurt 1901.

—— die Geheimmittel und die Heilschwindler, s. Schnetzler, Karl.

Neumann, F., die medicinischen Geheimmittel, s.: Schnetzler, Karl

Neumann, Frz., Oesterreichs Handelspolitik in der Vergangenheit, Gegenwart u. Zukunft. Wien 864. Gerold. gr. 8. (VII, 111 S.) n. 24 ngr.

Idalka. Oper in 1 Aufzug. Dichtg v. Vittorio di Dio. Musik v. Franz Neumann. Clavierauszug m. Text vom Componisten. Revidirt v. Franz Roscher ... *Berlin: L. Weber* (Aufgestempelt: *Charlottenburg: W. Köhler) [1895?].* (115 S.) 1 Bd 4. [96. 3006

Neumann Franz: Index grammaticus ad titulos Latinos Galliae Narbonensis.
1889 PN 589 Diss. Wien, Univ. 1489

Neumann, Franz, u. Karl Marek: Katalog der Lehrerbibliothek. 28 S.
Pilsen, d. R., Progr. 1898

Neumann, Frz., unsere Kenntnisse v. Atmung, Zuckerverlust u. Haltbarkeit der Zuckerrüben während der Zeit d. Aufbewahrung in geschichtlicher Entwicklung. (53 S.) Lex. 8. Berlin 907. P. Parey. 2. 50

Neumann, Frz. (II.), deutsches Lesebuch für die unteren und mittleren Classen der Realschulen. Mit besond. Rücksicht auf mündl. und schriftl. Übungen hrsg. 4 Thle. gr. 8. Wien, Graeser. [1. und 2. Thl. (XIV, 210; XV, 232 S.) 879; 2. verb. Aufl. (XII, 207; VIII, 232 S.) 880; 3. revid. Aufl. (200 S.) 884. à * ℳ 1,92.; 3. und 4. Thl. (VIII, 229; VIII, 268 S.) 882. à * ℳ 2.] * 7 84

Neumann, Frz. (II.), deutsches Lesebuch für die unteren und mittleren Classen der Realschulen. [In 4 Thln.] Mit besond. Rücksicht auf mündl. und schriftl. Übungen hrsg. 2. Thl. [Für die 2. Classe.] 3. Aufl. gr. 8. (VIII, 232 S.) Wien 886, Graeser. cart. *

1., 3. und 4. Thl. Ebendas. 1882—84. * ℳ 5.92.

Neumann, Frz., deutsches Lesebuch f. die unteren u. mittleren Classen der Realschulen. Mit besond. Rücksicht auf mündl. u. schriftl. Übgn. hrsg. 4 Thle. gr. 8. Wien 894. Manz. n. 6. 80; Einbde. in Halbleinw. à n. — 20

1. Für die 1. Classe. 4., verb. Aufl. (215 S.) n. 1. 60
2. Für die 2. Classe. 4., verb. Aufl. (VII, 251 S.) n. 1. 60
3. Für die 3. Classe. 2., verb. Aufl. (VIII, 235 S.) n. 1. 80
4. Für die 4. Classe. 2., verb. Aufl. (VIII, 272 S.) n. 1. 80

Neumann, Frz., deutsches Lesebuch f. die unteren u. mittleren Klassen der Realschulen. Mit besond. Rücksicht auf mündl. u. schriftl. Uebgn. hrsg. 4 Tle. 8. Wien, Manz. Geb. in Leinw. n. 8. 50

1. (Für die 1. Klasse.) 5. Aufl. Inhaltlich unveränd. Abdr. der 4. verb. Aufl. (III, 216 S.) 904. n. 2. 10
2. (Für die 2. Klasse.) 5. Aufl. Inhaltlich unveränd. Abdr. der 4. verb. Aufl. (VIII, 260 S.) 904. n. 2. 10
3. (Für die 3. Klasse.) 3. Aufl. Inhaltlich unveränd. Abdr. der 2. verb. Aufl. (VII, 235 S.) 904. n. 2. 30
4. (Für die 4. Klasse.) 3. Aufl. Unveränderter nach der neuen Rechtschreibg. hergestellter Abdr. der 2. verb. Aufl. (VII, 283 S.) 906. n. 2. —

L i e b e l e i . Oper in 3 Akten von Franz Neumann. Text nach d. gleichnam. Schauspiel von Arthur Schnitzler. [Textbuch.] Berlin: S. Fischer; Mainz: Schott (1910). 77 S. 8°

Neumann, Franciscus. Populorum et regum numi veteres inediti. 2 Theile in 1 Bde. Vindobonae 1779—1783. 4°.

Neumann, Fr., Populorum et regum numi veteres inediti. Acc. Romanorum numi anecdoti et animadversiones in universum opus Pellerini. Cum 14 tab. Vienn. 779. 84. 2 Part. 4. 5 rthl. 4 gr.

Neumann, Frz., populorum et regum nummi veteres inediti collecti ac illustr. II Prts. 4maj. Wien 779—84. (Berl., List). 5 ℔ 4 gℓ, Hbg. Pr. 2 ℔ 18 gℓ

— Oesterreich und der Zollverein in den letzten 25 Jahren. Wien 864. Seidel & Sohn in Comm. gr. 8. (33 S.) 3 ngr.

— Franz (Böhmisch-Krukich), De pleuritide dorsali. Diss. med. O. O. (Kaliwod) Mai 1772. 32 Seiten. (4.—) 24793

Quartett C dur f. 2 Violinen, Viola u. Violoncello v. Franz Neumann. Partitur u. Stimmen ... *Berlin: L. Weber* (Aufgestemp: *Charlottenburg: K. Köhler) [1895?]*. (32, 11, 11, 11, 11 S.) 5 Bde 4. 156. 3007

Neumann Franz: Adalbert S t i f t e r. Beitrag zu seiner Biographie. 33. Pilsen R. 93. Progr.

Neumann, Frz., zuverlässige Tabellen zur Umwandlung des alten Sächsischen Gewichts ins neue Sächsische Gewicht. Nach Centnern, Pfunden und Lothen. Nebst Berechnung nach Thalern, Neugroschen und Pfennigen. Für das Königreich Sachsen und die sächsischen Herzogthümer bearb. Leipzig 858. Schäfer. gr. 8. (47 S.) n. 8 ngr.

[F. u. Ant.] Trio Es dur f. Pianoforte, Violine u. Violoncello v. Franz Neumann ... [Part. u. Stimmen.] *Berlin: L. Weber* (Aufgestemp.: *Charlottenburg: K. Köhler) [1895?]*. (39, 10, 10 S.) 3 Bde 4. 96. 3008

Neumann, Franz [aus Breslau]: Über Verbindungen der Carvacrol- und Thymol-Reihe ... Göttingen, Druck v. L. Hofer, 1895; 43 S., 1 Bl. 8.
Göttingen, Phil. Fak., Inaug.-Diss. v. [6. Aug.] 1895

Neumann, Franz: Verzeichnis der auf Aussprache und Rechtschreibung bezüglichen Eigenthümlichkeiten in den Inschriften aus Gallia Narbonensis. 8 (S. 3 25). (Fortsetzung.) (Umschlagtitel: ... Narbonensis.) 8 (S. 3 27). Progr. K. k. Staats-G. *Pola* 1897. 1898.

Neumann, Frz., zu den Waffen! Weck- u. Mahn-Ruf an die deutschen Demokraten. (21 S.) kl. 8. Berlin (908). Charlottenburg, H. Rau. — 60
Firma erloschen.

Neumann, Franz Ernst

Neumann, Auszug aus der eigenen Abhandlung: Allgemeine Gesetze der inducirten elektrischen Ströme.

Neumann, F. E., Beitrr. z. Krystallonomie. 1s Heft. Mit 12 Taf. in Sammet. gr. 8. Berl. 823. Mittler. 1 ℔ 16 gℓ

Neumann, F., Beiträge zur Theorie der Kugelfunctionen. 1. u. 2. Abth. gr. 4. (156 S.) Leipzig 878. Teubner. n. 8. —

Neumann, F. E., über d. Einfluss d. Krystallflächen bei d. Reflexion d. Lichtes, u. üb. d. Intensität d. gewöhnl. u. ungewöhnl. Strahls. gr. 4. (20¾ B. u. 1 Kpfrt.) Berlin 837, (Dümmler.) *
Aus: Abhandlungen d. Akad. d. Wissensch. zu Berlin, besond. abgedruckt.

Neumann, Frz., Einleitung in die theoretische Physik. Vorlesungen, geh. an der Universität zu Königsberg. Hrsg. v. C. Pape. Mit Fig. gr. 8. (X, 291 S.) Leipzig 883. Teubner. n. 8. —

— Commentatio de emendanda formula, per quam calores corporum specifici ex experimentis methodo mixtionis institutis computantur. Regiomonti 1834. (S. 5367)

— Allgemeine Gesetze der inducirten elektrischen Ströme.

Neumann, F. E., die Gesetze d. Doppelbrechung des Lichts, s. A b h a n d l u n g e n der Akademie der Wissensch. zu Berlin.

– Die mathematischen G e s e t z e der inductiven elektrischen Ströme, s.a. K l a s s i k e r der exakten Wissenschaften.

N e u m a n n F, die mathematischen Gesetze der induzierten elektrischen Ströme. (Ostwald's Klassiker 10) Leipzig 1889

Neumann, F., die mathematischen Gesetze der inducirten elektrischen Ströme, s.a. O s t w a l d's Klassiker der exacten Wissenschaften.

—— die mathematischen Gesetze der inducirten elektrischen Ströme. Vorgelesen in d. berl. Akademie d. Wissensch. am 27. Oct. 1845. gr. 4. (11 B.) Berlin 846, G. Reimer. *

– Das K r y s t a l l - S y s t e m des Albites und der ihm verwandten Gattungen. (Aus den Abhandl. der Berliner Akad.) Berlin 1830. 4°

Neumann, F. E.: Über das K r y s t a l l s y s t e m des Axinits. (Aus Poggendorf's Annalen Vol. IV.) Leipzig 1825. 4°

— F. E., Ueber das Krystallsystem des Axinits. (Aus Ann. der Physik, Bd. 80, St. 1, Jahrg. 1825, St. 5.)

— **Franz Ernst** (Uckermark), De lege zonarum principio evolutionis systematum crystallinorum. Pars prior. Diss. inaug. Berlin (Acad. Reg. Scient.) 16. III. 1826. 24 S. (3.—) 24794
Oppon.: Carl Reuter, Herm. Franke.

Neumann, F. E., über ein allgem. Princip der mathemat. Theorie inducirter elektrischer Ströme. Vorgelesen in d. Berliner Akademie der Wissensch. am 9. Aug. 1847. Mit 1 Kpfrtaf. gr. 4. (71 S.) Berlin 848, G. Reimer. n. 1 ⁄₆ ₰

Neumann, Frz., üb. e. allgemeines Princip der mathematischen Theorie inducirter elektrischer Ströme, s.a. Ostwald's Klassiker der exakten Wissenschaften.

Ueber ein allgemeines Princip der mathematischen Theorie inducirter elektrischer Ströme. Von Franz Neumann. '(1847.)' Hrsg. v. C[arl] Neumann. M. 10 Fig. im Text. *Leipzig: W. Engelmann 1892.* (96 S.) 1 Bd 8.
— Klassiker, Ostwald's, d. exakten Wissenschaften. No 36.

— Mehrphasige elektr. Ströme und Wechselstrommotoren. Deutsch von K Strecker. (250 S 2 T) Halle 1896

Neumann, F. E., Theorie der dopp. Strahlenbrechung, abgeleitet aus d. Gleichungen d. Mechanik, s.a. Ostwald's, W., Klassiker der exakten Wissenschaften.

Theorie der doppelten Strahlenbrechung, abgeleitet aus d. Gleichgn. d. Mechanik v. F[ranz] E[rnst] Neumann in Königsberg i. Pr. '(1832.)' Hrsg. v. A[lbert] Wangerin.
Leipzig: W. Engelmann 1896. (52 S.) 1 Bd 8°
(Klassiker, Ostwald's, d. exakten Wissenschaften. No 76.)

Neumann, Franz: Theoretische Untersuchung der Gesetze der Reflexion und Refraction. 1835. 4°

Neumann, F. E.: Untersuchung über die specifische Wärme der Mineralien. (Aus Poggendorf's Ann.)
Leipzig 1831. 8°

Neumann, Frz. (I.), Vorlesungen über theoretische Optik, gehalten an der Universität zu Königsberg. Hrsg. von E. Dorn. gr. 8. (VIII, 310 S. mit Lichtdr.-Portr. des Verf. und Fig. im Text.) Leipzig 885, Teubner. *

Neumann, Franz: Vorlesungen über math. Physik, herausgeg. von seinen Schülern. Bd. 1-7. Leipzig 1881-94.

Neumann, F: Vorlesungen über mathematische Physik. Leipzig
2. Einleitung in die theoretische Physik. Hrsg. von C. Pape. 1883
3. Vorlesungen über elektrische Ströme. Hsg. von K. Vondermühll. 1884
4. Vorlesungen über theoretische Optik. Hrsg. von E. Dorn. 1885
5. Vorlesungen über die Theorie der Elastizität der festen Körper und des Lichtäthers. Hrsg. von O. E. Meyer. 1885
6. Vorlesungen über die Theorie des Potentials und der Kugelfunktionen. Hrsg. von C. Neumann. 1887
7. Vorlesungen über die Theorie der Capillarität. Hrsg. von A. Wangerin. 1894

— Vorlesungen üb. elektrische Ströme. Geh. an der Universität zu Königsberg. Hrsg. v. K. Vondermühll. Mit in den Text gedr. Fig. gr. 8. (X, 308 S.) Ebend. 884. n. 9. 60

— Vorlesungen üb. die Theorie der Elasticität der festen Körper u. d. Lichtäthers. Geh. an der Universität Königsberg. Hrsg. v. Osk. Emil Meyer. Mit Fig. im Text. gr. 8. (XIII, 374 S.) Ebend. 885. n. 11. 60

— Vorlesungen üb. die Theorie der Capillarität. Hrsg. v. A. Wangerin. Vorlesungen üb. mathematische Physik, geh. an der Universität Königsberg. Hrsg. v. seinen Schülern. VII. Hft. gr. 8. (X, 234 S. m. Fig.) Leipzig 894. B. G. Teubner. n. 8. —

—— Vorlesungen über die Theorie des Magnetismus, namentlich über die Theorie der magnet. Induktion. gr. 8. (VIII, 116 S.) Ebendas. 881. * 3 60

Neumann, Frz., Vorlesungen üb. die Theorie d. Potentials u. der Kugelfunctionen. Geh. an der Universität Königsberg. Hrsg. v. C. Neumann. Mit Fig. im Text. gr. 8. (XVI, 364 S.) Leipzig 887. Teubner. n. 12. —

Neumann's, Frz., gesammelte Werke. 2. Bd. Hrsg. v. seinen Schülern. Mit 1 Bildnis Franz Neumanns aus dem 86. Lebensj. in Heliograv. (XVI, 620 S.) Lex.-8. Leipzig 906. B. G. Teubner. n. 36. —
Der 1. Bd. ist noch nicht erschienen.

Neumann, Franciscus Josephus *(geb. Heudorf bei Landeck in Schles. 13. 11. 1850)*: De Charone Lampsaceno ejusque fragmentis commentatio. Vratislaviae (1880). (68 S.) 8° *[Im Buchhandel 1880 bei Koebner in Breslau.]*
Breslau, Phil. Diss. v. 24. Sept. 1880

Neumann, Frz. Jos., de Charone Lampsaceno ejusque fragmentis commentatio. Dissertatio inauguralis philologica. gr. 8. (68 S.) Breslau 880, (Koebner.) * 1 —

Neumann, Franz Xaver

Neumann, Fr. Xav., die Ernten u. der Wohlstand in Oesterreich-Ungarn. Eine statist. Studie. gr. 8. (85 S.) Berlin 874. Habel. n. 2. —

— die letzte Hungersnoth in Indien [1873—1874.] Ein Beitrag zur Theuerungspolitik. [Aus: „Hildebrand's Jahrbb. f. Nat.-Oek. u. Stat."] gr. 8. (47 S.) Jena 875. Mauke. n. 1. —

Neumann, Prof. Dr. Frz. Xav., Der landwirthschaftliche Credit in Oesterreich. (S.-A. aus Oesterr. Revue, $1864_{2, 3, 4}$.) 8°. Wien, Gerold, 1864.

— die Kunst in der Wissenschaft. Zwei Vorträge, geh. im k. k. Museum f. Kunst u. Industrie. 8. (61 S.) Wien 873. Gerold's Sohn. n. 1. 60

— die Theuerung d. Lebensmittel, s.a. Zeit- u. Streitfragen, deutsche.

Neumann FX, die Teuerung der Lebensmittel. (Zeit- u Streitfragen 38) Berlin 1874

—— das heutige Verkehrswesen nach den Ergebnissen der Pariser Ausstellung, s. Flugblätter hrsg. vom Verein für volkswirthschaftl. Fortschritt.

—— Volkswirthschaft und Heereswesen. gr. 8. (40 S.) Wien 869, Braumüller. *

—— Volkswirthschafts-Lehre mit besond. Anwendung auf Heerwesen und Militärverwaltung. 2 Abthlgn. gr. 8. Wien 873, Gerold's Sohn. *
Inhalt:
Abthl. 1. Die Grundlagen der Volkswirthschafts-Lehre. (S. 1—215.) *M 4,80.
» 2. Die angewandte Volkswirthschafts-Lehre. (XVI, S. 216—436.) *M 5,20.

Neumann, Fr. Xav., die Civilisation und der wirthschaftl. Fortschritt, s. Bericht über die Welt-Ausstellung zu Paris.

Neumann, Friedr., die stationären und lokomobilen Dampfmaschinen und Dampfkessel, } s.a. Schauplatz, neuer, der Künste und Handwerke.

Neumann, **Fr.**, Die stationären u. locomobilen Dampfmaschinen u. Dampfkessel. Beschreibung, Wartung, Reparatur u. Führung derselben sowie Berechnung ihrer Leistungsfähigkeit etc. Weimar 1869. Text 8⁰. Atlas v. 15 Tfln. 4⁰.

Neumann. Die stationären und locomobilen Dampfmaschinen und Dampfkessel. Mit Atlas. Weimar, 1875.

Neumann F, die Dampimaschinen und Dampikessel. 1. und 2. Auflage. Mit Atlas. (Schauplatz der Künste und Handwerke 224) Weimar 1869. 75

Neumann, Frdr., üb. dio Entwickelung der Kudrundichtung. gr. 4. (27 S.) Berlin 888. Gaertuer. n. 1. —

Neumann, Friedr., der Führer des Technikers zu den wichtigsten Resultaten der Mathematik, Mechanik, Maschinenlehre und Technologie. Für den prakt. Gebrauch des Maschinenbauers, Ingenieurs, Fabrikanten rc. 4. Aufl. von „Templeton, des Mühlen- und Maschinenbauers hülfreicher Begleiter". 12. (XVI und 480 S. mit 7 Stnt. Abbild. in qu. Fol. und einem Verzeichnisse techn. Ausdrücke in deutscher, französ. und engl. Sprache.) Weimar 867, Voigt.

Neumann, Frdr., der Führer d. Technikers zu den wichtigsten Resultaten der Mathematik, Mechanik, Maschinentechnik u. Technologie. Für den prakt. Gebrauch d. Maschinenbauers, Ingenieurs, Fabrikanten u. Gewerbtreibenden bearb. 5. verb. Aufl. Mit 10 (lith.) Fig.-Taf. (in qu. 4.) u. 99 in den Text eingedr. Holzschn. 8. (XX, 471 S.) Weimar 875. B. F. Voigt. 7. 50

Neumann, Friedr., Handbuch der Metalldreherei, s. a. Schauplatz, neuer, der Künste und Handwerke.

Neumann, Frdr., Handbuch der Metalldreherei. Enth. Angaben üb. das Material; Werkzeuge zur Dreharbeit, Drehbankkonstruktionen mit Hand-, Fuß- u. Maschinenbetrieb; Einrichtung der Drehbank zum Schraubenschneiden, Bohren, Fräsen u. Drücken, Oval- u. Passigdrehen, Schleifen u. Polieren; Arbeitsleistung, Betriebskraft u. Gewicht der Drehbänke. Nebst einem Nachweis der hierher gehörigen Litteratur. 4. Aufl. von Hartmanns Handbuch der Metalldreherei, in vollständiger Neubearbeitung, hrsg. Mit einem Atlas, enth. 29 (lith.) Foliotaf. gr. 8. (XII, 165 S.) Weimar 882. B. F. Voigt. 8. 25

Neumann, Fridericus: De interpolationibus Lucretianis. Halis Saxonum (1875): o. Dr. 52 S. 8⁰

Halle-Wittenberg, Phil. Diss. v. 25. März 1875

Geb. Koblenz 13. 9. 1852. V.

Im Buchhandel Halis Sax. (Berlin: Mayer & Müller) 1875. 54 S.

Neumann, Kalk, Gips, Cement, s.: Böhmer.

— Kalk, Gyps u. Cement, s. **Schauplatz**, neuer, der Künste rc.

Neumann, Friedrich: Kugelkreise auf Mercators Seekarte, in elementarer Darstellung. Halberstadt 1906: C. Doelle & S. (S. 3—15, 2 Taf.) 4⁰
Halberstadt, k. Dom-G OP 1906 (291)

Neumann, Frdr., der verbesserte Lebenswecker. Ein praktischer und unentbehrlicher Rathgeber und Helfer für Jedermann in den meisten Krankheitsfällen. Mit 4 (lith.) Taf. Abbildgn. Bonn 861. Matz. 8. (XII, 37 S.) n. 10 ngr.

— — Nebst Anh.: der künstliche Hülfsblutegel. Allen Zahnleidenden u. namentlich auf Seeschiffen zu empfehlen. Mit 6 (lith.) Taf. Abbildgn. 4. veränd. Aufl. Ebend. 862. 8. (XV, 78 S.) n. 20 ngr.

—— der Mahlmühlenbetrieb, s. a. Schauplatz, neuer, der Künste und Handwerke. 265. Bd.

— **Fr.**, Der Mahlmühlenbetrieb, dargestellt durch Zeichnungen u. Beschreibungen vollständiger Mühleneinrichtungen sowie einzelner Maschinen u. Betriebstheile zur Fabrikation von Mehl, Gries, Graupen u. Reis. Mit Berücksichtigung bewährter prakt. Anlagen u. der neuesten Construct. Weimar 1864. Text 8⁰. Atlas von 44 Tfln. mit 350 Abbild. 4⁰.

Neumann, Frdr., der Mahlmühlenbetrieb, dargestellt durch Zeichngn. u. Beschreibgn. vollständ. Mühleneinrichtgn., sowie einzelner Maschinen u. Betriebsteile zur Fabrikation v. Mehl, Gries, Graupen u. Reis. Mit Berücksicht. bewährter, prakt. Anlagen u. der neuesten Konstruktionen. 2. gänzlich umgearb. u. verb. Aufl. Mit e. Atlas v. 39 (lith.) Foliotaf. (m. 4 S. Text) u. 17 Holzschn. gr. 8. (XVI, 228 S.) Weimar 885. B. F. Voigt. 13. 50

Neumann, Frdr., der Mahlmühlenbetrieb, dargestellt durch Zeichngn. u. Beschreibgn. vollständ. Mühleneinrichtgn., sowie einzelner Maschinen u. Betriebsteile zur Fabrikation v. Mehl, Gries, Graupen u. Reis. 3. (Titel-)Aufl. Mit e. Atlas v. 39 (lith.) Foliotaf. (m. 4 S. Text) u. 17 in den Text eingedr. Holzschn. gr. 8. (XVI, 228 S.) Weimar 890. B. F. Voigt. 8. —

—— Maschinen-Anschläge. Angabe der Dimensionen, Leistungen, Gewichte, Preise von Materialien, Maschinen, techn. Apparaten, Eisenbauconstructionen und Fabrikanlagen. 2 Bde. gr. 8. (VIII, S. 1—256 mit eingedr. Holzschn. und Atlas von 7 Stnt. in qu. Fol.; VIII, S. 257—576 mit 1 Atlas von 18 Stnt. in qu. Fol.) [Halle 875.] Leipzig, Knapp. *

Neumann, Fr., Maschinen-Anschläge. 2 Bde. gr. 8. Halle 875. Leipzig, Spohr. 21 —

Neumann, Frdr., die Metalldreherei. Eine ausführl. Darstellg. sämtl. auf der Drehbank auszuführ. metallotechn. Arbeiten, einschließlich des Schraubenschneidens, Schleifens u. Polierens der Metalle, sowie e. übersichtl. Beschreibg. der hierbei in Frage komm. wicht. Drehbanksysteme. 6. vollst. neubearb. Aufl., hrsg. v. Greg. Lukasiewicz. (VIII, 224 S. m. 520 Abbildgn.) Lex.-8. Leipzig 906. B. F. Voigt. 8. —; geb. 9. 60

– Hydraulische Motoren, s.a. Schauplatz, Neuer, der Künste und Handwerke.

Neumann F, hydraulische Motoren. Turbinen, Wasserräder und Wassersäulenmaschinen. Mit Atlas. (Schauplatz der Künste und Handwerke 286) Weimar 1868

Neumann, Fr., Hydraulische Motoren. Bau u. Anlage der wichtigsten vom Wasser getriebenen Maschinen etc. Turbinen, Wasserräder u. Wassersäulenmaschinen. Mit 25 Holzschn. im Text. 8⁰. Weimar 1868. Atlas von 26 Foliotafeln 4⁰.

Neumann, Fr., hydraulische Motoren, 2. Aufl., s. a. **Henne, Heinr., die Wasserräder u. Turbinen.**

Neumann, F. Hydraulische Motoren. Mit Atlas. Weimar, 1868.
dgl. 2. Auflage. Gänzlich neu bearbeitet von H. Henne. Mit Atlas. Ebend., 1898.

– Der praktische Mühlenbauer, s. Schauplatz, Neuer, der Künste und Handwerke. 99. Bd.

Neumann, Friedrich, Rigenser. Experimentelle Untersuchungen über das Verhalten der insensiblen Ausgabe im Fieber. Diss. Dorpat. 8⁰. 67 pp. 1873.

Neumann, Friedrich: Eine Verallgemeinerung der Cylinderfunktionen. Halberstadt (1909): Doelle. S. 3—25., 4⁰
Halberstadt, k. Dom-G OP 1909 (324) [S 09. 340

—— die Vergasung erdiger Braunkohle zum Betriebe der Schmelz- und Brenn-Oefen, Dampfkessel, Retortenfeuerungen, Abdampf-Pfannen. gr. 4. (III, 20 S. mit 5 Stnt. in qu. Fol.) Halle [Leipzig] 878, Knapp's Verlag. *

Neumann, Frdr., wie bewähren sich die gegenwärtig f. den Vieh- u. Fleischtransport in Verwendung stehenden Waggons, die Ein- u. Ausladesysteme u. sonst. Verkehrseinrichtgn. bei diesen Transporten? (Internationaler land- u. forstwirthschaftl. Congress zu Wien 1890, 112. Hft.) gr. 8. (14 S.) Wien 890. (Frick.) n. — 80

Neumann, F: Die Wasserräder und Turbinen. 2. Aufl. von »Hydraulische Motoren«. Hrsg. von H. Henne. Mit Atlas. Weimar 1898

— die **Windkraftmaschinen.** Beschreibung, Konstruktion u. Berechnung der Windmühlen, Windturbinen u. Windräder zum Betriebe von Mahlgängen, Holzsägen u. landwirtschaftl. Maschinen, zur Ent- u. Bewässerg. mittels Pumpen, Schnecken od. Wurfräder. 3. vollst. umgearb. Aufl. Hrsg. v. Mart. Conrad. (VI, 174 S. m 208 Textabbildgn. u. Taf.) gr. 8. Ebd. 907. 6. 75

– Die Windmotoren, s.a. Schauplatz, Neuer, der Künste und Handwerke.

Neumann, Frdr., die Windmotoren. Beschreibung, Konstruktion u. Berechnung der Windflügel, Windturbinen u. Windräder zum Betriebe von Mahlgängen, Holzsägen, landwirthschaftlichen Maschinen u. zur Wasserförderung mit Pumpen od. Wurfrädern. 2., verb. u. verm. Aufl. der „Windmühlen". Mit einem Atlas, enth. 28 (lith.) Foliotaf. gr. 8. (XII, 102 S.) Weimar 881. B. F. Voigt. 6. 75

– Die Windmühlen, s.a. Schauplatz, Neuer, der Künste und Handwerke. 263. Bd.

Neumann, F: Die Windmühlen. Mit Atlas. Weimar 1864

Neumann, Fr., Die Ziegelfabrikation. Handbuch bei Anlage u. Betrieb der Ziegeleien, zur Herstellung aller Arten von Mauer- u. Dachziegeln, Hohlsteinen u. Drainröhren. 6. Aufl. Weimar 1866. Text 8°. Atlas von 20 Foliotafeln q. Form.

– Die Ziegelfabrikation, s.a. Schauplatz, Neuer, der Künste und Handwerke. 34. Bd.

Neumann F, d. Ziegelfabrikation. 6. u 7. A. Mit Atlas. (Schaupl. d. K. 34) Weimar 1866. 74

Neumann, Fr., Ziegelfabrikation, 8. Aufl., s.: Bock, Otto, die Ziegelfabrikation.

Neumann, Frdr. Jul., s.: **Beiträge** zur Geschichte der Bevölkerg. in Deutschland.

Neumann, Fr. Jul., die progressive Einkommensteuer im Handels- u. Gemeinde-Haushalt, s.: Schriften d. Vereins f. Socialpolitik.

— die progressive Einkommensteuer im Staats- u. Gemeinde-Haushalt, s.a. Schriften des Vereins f. Socialpolitik. VIII.

Fr. J. Neumann, Die progressive Einkommensteuer im Staats- u. Gemeinde-Haushalt. Gutachten üb. Personal-Besteuerung, auf Veranlassung des Vereins f. Socialpolitik abgegeben. Heft 8. Schriften des Vereins für Socialpolitik (Leipzig, 1874.

Fr. J. Neumann, Die progressive Einkommensteuer im Staats- u. Gemeinde-Haushalt. (VII, 238 S.) 8. Hft. der „Schriften des Vereins für Socialpolitik." Leipzig. 1874. gr. 8.

Neumann, Friedr. Jul., Ertragssteuern oder persönliche Steuern vom Einkommen und Vermögen? Ein Wort zur Steuerreform. gr. 8. (VII, 130 S.) Freiburg i. Br. 876, Wagner'sche Buchh. *

— die deutsche **Fabrikgesetzgebung** u. die betreffs derselben zu veranstaltende Enquête. gr. 8. (IV, 130 S.) Jena 873. Mauke. n. 2. 50

Neumann, Frdr. Jul., zur **Gemeindesteuerreform** in Deutschland. M. bes. Beziehg. auf sächs. Verhältnisse. gr. 8. (X, 303 S.) Tübingen 895. H. Laupp. n. 6. —

Neumann, Friedr. Jul. Grundlagen der Volkswirthschaftslehre. 1. Abtl. gr. 8. (X, 258 S.) Tüb. 889, Laupp. * 5 —

— Gutachten über Betheiligung der Arbeiter am Unternehmergewinn, s.: Schriften d. Vereins f. Socialpolitik.

— zur Reform deutscher Fabrikgesetzgebung. Vortrag geh. zu Eisenach im Verein f. Socialpolitik am 12. Octbr. 1873. gr. 8. (IV, 23 S.) Leipzig 874. Duncker & Humblot. n. — 80

Neumann, Fr. J., die Steuer. 1. Bd. A. u. d. T.: Die Steuer und das öffentliche Interesse. Eine Untersuchung über das Wesen der Steuer und die Gliederung der Staats- und Gemeinde-Einnahmen. 8. (IX, 562 S.) Leipzig 887, Duncker und Humblot. *

Die persönlichen Steuern vom Einkommen, verbunden mit Ertrags- oder mit Vermögenssteuern m. bes. Beziehg auf württemb. Verhältn. v. Friedrich Julius **Neumann.** *Tübingen: H. Laupp 1896.* (IV S., 1 Bl., 277 S.) 1 Bd 8. [97. 833

Vermögenssteuern und Wertzuwachssteuern als Ergänzung der Einkommensteuer, insbesond. in Württemberg. Von F[riedrich] J[ulius] **Neumann.** Tübingen: Laupp 1910. III, 81 S. 8° [11. 14965 4

—— Volk und Nation. Eine Studie. 8. (XV, 164 S.) Ebendas. 888. *

Vortrag über Communalbesteuerung. Geh. in Meißen 1894 von Prof. Dr. [Friedrich Julius] **Neumann** in Tübingen. Meißen 1894: C. E. Klinkicht & Sohn. (34 S.) 8° [F.] [07. 2049 11

Neumann, Friedr. Wilh., Jugendspiele mit Liedern und Pfand-Einlösungen. Zu Sr. Maj. unsers allergnädigsten Königs und Herrn Geburtstage der Jugend zum Vergnügen gewidmet. 8. (44 S.) Grünberg 856, Weiß.

Neumann, Fritz, die germanischen elemente in der provenzalischen u. französischen sprache ihren lautlichen verhältnissen nach behandelt. I. Die einfachen vocale u. diphthonge. [Inaugural-Dissertation.] gr. 8. (X, 69 S.) Heidelberg 876. (Berlin, Mayer & Müller.) n. 1. 50

Neumann, Fritz *Heinrich Karl* [aus Schlawe '(Pomm.)']: Ein Fall von Inactivitätsparese der Kehlkopfmuskeln nach Tracheotomie mit Lipothymia laryngea ... Greifswald, Druck v. J. Abel, 1893; 22 S. 8.
Greifswald, Med. Fak., Inaug.-Diss. v. 11. Aug. 1893

Neumann, Fritz, Ref. in Dresden: Das Konkurrenzverbot für den Handlungsgehilfen nach dem Handelsgesetzbuch vom 10. Mai 1897. Borna-Leipzig 1906: R. Noske. (IX, 50 S.) 8°
Leipzig, Jur. Fak., Diss. v. 26. Jan. 1900
[Geb. 19. Juli 81 Lommatzsch; Wohnort: Dresden; Staatsangeh.: Sachsen; Vorbildung: Drei-König-Schule Dresden Reife O. 01, Ergänzungsprüf. Gymn. Bruchsal Juni 02; Studium: Leipzig 6 S.; Rig. 24. Jan. 05.]

—— zur Laut- und Flexions-Lehre des Altfranzösischen hauptsächlich aus pikardischen Urkunden von Vermandois. gr. 8. (122 S.) Heidelberg 878, Gebr. Henninger. *

Neumann, Fritz, s.: Litteraturblatt f. germanische u. romanische Philologie.

Neumann, Fritz, Referendar in Breslau: Die Verweigerung der kirchlichen Trauung durch einen Ehegatten. Borna-Leipzig 1908: R. Noske. (VIII, 63 S.) 8° [J.]
Breslau, Jur. Fak., Ref. Fischer-Brie, Diss. v. 7. März 1908
[Geb. 8. Sept. 78 Sarne, Kr. Rawitsch; Wohnort: Breslau; Staatsangeh.: Preußen; Vorbildung: Realgymn. Rawitsch, Gymn. Wohlau Reife M. 99; Studium: Breslau 3, Bonn 1, Breslau 5 S.; Rig. 11. März 07.]

Neumann, Fritz, die Zentrifugalpumpen m. besonderer Berücksicht. der Schaufelschnitte. (VIII, 197 S. m. 135 Fig. u. 7 lith. Taf.) gr. 8. Berlin 906. J. Springer. Geb. in Leinw. n. 8. —

Neumann, Fritz Steph., s.a. Neumann, Stephan

Neumann, Fritz Stef., die Reichstagssession 1900/3, s.: Bibliothek f. Politik u. Volkswirtschaft. Hft. 9.

Neumann, F. S., Die Sozialdemokratie als Arbeitgeberin u. Unternehmerin für den deutschen Arbeiter u. Bürger zusammengestellt. (110 S.) 8. Berlin, O. Ebner. 1909. 1. 20.

Neumann, Fritz Steph., die Sozialdemokratie als Arbeitgeberin u. Unternehmerin. Für den deutschen Arbeiter u. Bürger zusammengestellt. (110 S.) 8. Berlin 909. O. Elsner. 1. 20

— Sozial- u. Gewerbepolitik in der Reichstagssession 1900/1903, s.: Bibliothek f. Politik u. Volkswirtschaft. 8. Hft.

Neumann, Fritz, a. Danzig: Streikpolitik und Organisation der gemeinnützigen paritätischen Arbeitsnachweise in Deutschland. ⟨Kap. 5—8.⟩ (Jena: G. Fischer 1906.) (50 S.) 8° (Erschien vollst. 1906 im gleichen Verlage.)
Berlin, Phil. Fak., Ref. Sering, Diss. v. 19. Mai 1906
[Geb. 1. März 73 Danzig; Wohnort Friedenau b. Berlin; Staatsangeh.: Preußen; Vorbildung: Gymn. Danzig Reife O. 91; Studium: Berlin: Kaiser Wilh.-Akad., 1. Berlin Univ. 1, Breslau 5, Berlin 4 S.; Rig. 20. Febr. 05.]

— Streikpolitik u. Organisation der gemeinnützigen paritätischen Arbeitsnachweise in Deutschland. (III, 73 S.) gr. 8. Jena 906. G. Fischer. n. 2. —

Neumann, G.

— Über die a-Orthozinnsäure. S. 100. IIb. 396 . . . . . vgr.
Separatabdruck

Neumann, G., Amor. Das Buch der Liebe od. die entschleierten Geheimnisse der Liebe u. Ehe. Ein Buch zur Belehrung. 8. (64 S.) Hamburg 877. Kramer. n. — 50

— Quantitative Analyse von Schwermetallen durch Titrieren mit Natriumsulfid. S. 103. IIb. 374 . . . . . vgr.
Separatabdruck

Neumann, G., Beiträge zur Biologie anaërobiotisch wachsend. gasbildend. Bacterienarten. [Aus: „Sitzungsber. d. k. Akad. d. Wiss.“] Lex.-8. (10 S. m. 1 Taf.) Wien 893. (F. Tempsky.) n. — 50

Neumann G., Dr.: Beiträge zur Biologie anaërobiotisch wachsender gasbildender Bakterienarten (mit 1 Taf.). S. 102. III. 217 . . . . . —.50
Separatabdruck

Neumann, G., s.: **Bronn's, H. G., Klassen u. Ordnungen des Tier-Reichs.**

— Einwirkung von Jodwasserstoffsäure auf Cinchonidin. S. 101. IIb. 530 . . . . . vgr.
Separatabdruck

Neumann, G., Gedächtnißrede auf Se. Hochsel. Maj. Friedrich Wilhelm III. König v. Preußen. — Allen Verehrern d. Unvergeßl. als Erinnerungsgabe z. 7. Juni gewid. gr. 8. (1½ B.) Liegnitz 841, (Reisner.) *

Neumann G.: Die Halogenquecksilbersäuren. S. 98. IIb. 224 . . . . . vgr.
Separatabdruck

Neumann, G., die Krankheiten der Nieren u. der Blase, ihre Erscheingn. u. ihre Behandlg. Bright'sche Nierenkrankheit (Nierenentzündg., Schrumpfniere), Stauungsniere, Urämie, Nierenstein u. s. w.; Blasenkatarrh, Blasensteine, Blasenkrampf, Blasenlähmg., Blasenblutgn., Bettnässen, Blasenschwäche. Allgemeinverständlich dargestellt. gr. 8. (75 S.) Berlin 902. H. Steinitz. n. 2. —

— Mangantrichlorid und Chlorokupfersäuren. S. 103. IIb. 398 . . . . . vgr.
Separatabdruck

— Über den Nachweis des Aluminiums im qualitativen Gang. S. 102. IIb. 749 . . . . . vgr.
Separatabdruck

— Das Verhalten des Kupfers und der Edelmetalle zu einigen Gasen und Dämpfen. S. 101. IIb. 46 . . . . . vgr.
Separatabdruck

— und Streintz F.: Das Verhalten des Wasserstoffes zu Blei und anderen Metallen (mit 2 Textfiguren). S. 100. IIb. 618 . . . . . vgr.
Separatabdruck

Neumann, G. A., eine Studie üb. böhmische Brauwässer, s.: **Berichte der Versuchsanstalt f. Brauindustrie in Böhmen. II. 1.**

Neumann, G. Frdr. Wilh., der Flüchtling. Episches Gedicht. Leipzig 859. Hübner. 16. (3 Bl., 63 S.) 25 ngr

Neumann, G. J. W., Handbuch zur Belehrung für Rechtsunkundige &c. gr. 8. Berlin 824, jetzt Schultze. n. 2/3 ₰

Neumann, G. J. W.: Handbuch zur Belehrung f. Rechtsunkundige, u. 11 Instructionen in Justiz-Sachen für Dorfgerichte. *Guhrau.* (Kahle in *Berl.*) 824. (1 Thl. Herabges. P. 16 Gr.)

Neumann, G. J. W., Handbuch z. Belehrung f. Rechtsunkundige, u. 11 Instructionen in Justiz-Sachen f. Dorfgerichte. gr. 8. (11½ B.) Guhrau 824. (Berlin, Plahn.) 1 Thlr., hrbgs. Pr.

Neumann, G. J. W., Handbuch z. Belehrung f. Rechtsunkundige u. eilf Instructionen in Justizsachen f. Dorfgerichte. gr. 8. Guhrau 825. Verf. (Bresl., Leuckart). 1 ₰ Berl., Plahn. 16 ₰

Neumann, G. R., die **Grundregeln** des Schachspiels mit Erläuterungen. Berlin 867. Springer's Verlag. Lex.-8. (III, 47.) n. 8 *ngr*

—— Leitfaden für Anfänger im Schachspiel. Lex.-8. (IV und 96 S.) Berlin 864, Springer's Verlag.

Neumann, G. R., Leitfaden für Anfänger im Schachspiel. 2. verm. und verb. Aufl. Lex.-8. (VIII, 100 S.) Berlin 873, Springer's Verlag. *

Neumann, G. R., Leitfaden für Anfänger im Schachspiel. 3., verm. u. verb. Aufl. von A. v. d. Linde. gr. 8. (VIII, 109 S. m. eingedr. Diagrammen.) Berlin 879. Springer. n. 2. —

—— das Schachspiel und seine Abarten. Lex.-8. (VI und 127 S.) Berlin 867, Springer's Verlag.

—— und B. Suhle, die neueste Theorie und Praxis des Schachspiels, s. Suhle, B.

Neumann, G. S., die Eisengallustinten, s.: Schluttig, Osw.

Neumann, G. W., die preuß. Gesetzgebung üb. d. Heranziehung d. Staatsdiener zu d. Gemeinde-Lasten; od. d. Gesetz v. 12. Juli 1822 mit sämmtl. Erläutern. u. Ergänzn. Für Justiz-, Verwaltungs- u. Kommunal-Behörden sowie f. Beamte aller Art. gr. 8. (4¾ B.) Berlin 840, [Trautwein u. Comp.]

Neumann, Geo., der christl. Altar, s. Heideloff, C.

Neumann, Geo., Beobachtungen üb. Nitrophenole. gr. 8. (31 S.) Berlin 883. (Göttingen, Vandenhoeck & Ruprecht.) n. — 80

Neumann, Georg, approb. Arzt aus Wollin (Pomm.): Aus d. Freiburger Universitäts-Augenklinik. Direktor: Prof. Dr. Axenfeld. Über die plastische Deckung der Augenhöhle, besonders die Küster'sche Methode. *Freiburg i. B.: Speyer & Kaerner 1902.* (37 S.) 8°
Freiburg i. B., Med. Diss. v. 1902

Neumann, Geo., über die plastische Deckg. der Augenhöhle, besonders die Küster'sche Methode. Diss. gr. 8. (36 S. m. 2 Abbildgn.) Freiburg i/B. 902. Speyer & Kaerner. n. 1. 20

Neumann, Geo., Ende gut, alles gut, s.: Lustspiele, turnerische.

Neumann, Georg, Erinnerungen an die fränkische Schweiz. Gedichte. 8. (6¾ B. u. 1 Kpfr.) Nürnberg 842, Riegel u. Wießner. Thlr.

Neumann, Geo., die Executions-Ordnung. Systematisch dargestellt. Register v. Frz. Tampier. gr. 8. (XII, 531 S.) Wien 900. Manz. n. 9. 80; geb. n. 11. —

Neumann, Ge.: Die Executions-Ordnung. System. dargest. [Nebst] Reg. Wien 1900.
— 2. Aufl. [u. d. Tit.:] Kommentar zur Exekutionsordnung vom 27. Mai 1896, RGBl. Nr 79. 1909. 10.

— Kommentar zur Exekutionsordng. (In etwa 12 Lfgn.) 1.—3. Lfg. gr. 8. (S. 1—240.) Ebd. 902. à n. 1. 50

Neumann, Geo., Kommentar zur Exekutionsordnung vom 27. V. 1896, R.G.Bl. Nr. 79. Unter Mitwirkg. v. Mich. Heller. (XXIII, 1254 S.) gr. 8. Wien 903—906. Manz. n. 20. 40; geb. n. 23. —

Neumann, Geo., Kommentar zur Exekutionsordnung vom 27. V. 1896, RGBl. Nr. 79. 2., neubearb. Aufl. (XV, 1332 S.) gr. 8. Wien 909. 10. Manz. 23.10; geb. n 26.30; auch in 17 Lfgn.

Neumann, Geo., Commentar zu den Civilproceßgesetzen v. 1. VIII. 1895. (1. Einführungsgesetz zur Civilprozeßordng., 2. Civilprozeßordng., 3. Einführungsgesetz z. Jurisdictionsnorm, 4. Jurisdictionsnorm.) gr. 8. (XVII, 1323 S.) Wien 897. 98. Manz. n. 25. —; geb. n. 27. 40
Erschien auch in 17 Lfgn.

— Kommentar zu den Zivilprozeßgesetzen v. 1. VIII. 1895. 2. umgearb. Aufl. 1. Einführungsgesetz zur Jurisdiktionsnorm. 2. Jurisdiktionsnorm. 3. Einführungsgesetz zur Zivilprozeßordng. 2 Bde. 4. Zivilprozeßordng. (XIV, 1491 S.) Lex. 8. Ebd. 907. 08. 26.—; geb. n 31.—; auch in 19 Lfgn.

—— die Nachbarskinder, oder die Wege Gottes. Eine Erzählung f. d. erwachsene Jugend. 8. (7½ B. u. 5 ill. Abbild.) Nürnberg 843, Renner u. Comp.

Neumann, Georgius) De nominibus Boeotorum propriis. Regimonti 1908: Hartung. 61 S. 8°
Königsberg, Phil. Diss. v. 5. Sept. 1908, Ref. Ludwich, Jeep, Wünsch
[Geb. 17. Mai 86 Königsberg i. P.; Wohnort: Königsberg; Staatsangeh.: Preußen; Vorbildung: Friedrichs-Koll. Königsberg Reife O. 04; Studium: Königsberg 8 S.; Rig. 26. Mai 08.] [U 09. 2409

Neumann, Geo., der 18. Oktbr. ein Sieg vom Herrn. Predigt bei dem Festgottesdienste zur 50 jähr. Erinnerung an die Schlacht bei Leipzig den 20. Sonntag nach Trinit. in der St. Johannis-Kirche zu Lauf gehalten. gr. 8. (15 S.) Nürnberg 863, (Riegel und Wießner'sche Buchh.) *

Neumann, Georg, aus Cassel: Die Orthographie der Paston Letters von 1422—1461. Ein Beitrag zur Geschichte d. engl. Orthographie. Unvollst. Abdruck. *Marburg 1903: R. Friedrich.* (32 S.) 8° ¶ (Erscheint vollst. in: Marburger Studien zur engl. Philol., H. 7.)
Marburg, Phil. Diss. v. [18. Dez.] 1903

Neumann, Geo., die Orthographie der Paston letters von 1422 bis 1461, s. a. Studien, Marburger, zur englischen Philologie. 7. Hft.

Die Orthographie der Paston Letters von 1422—1461. Ein Beitrag z. Geschichte d. engl. Orthographie. Von Georg Neumann, Dr. phil. *Marburg: N. G. Elwert 1904.* (126 S.) 8°
[Ein T. erschien als Inaug.-Diss. Marburg. 1903.]
— Studien, Marburger, z. engl. Philologie. H. 7. [04. 9039

—— zwölf Predigten üb. apostol. Texte. gr. 8. (15 B.) Nürnberg 840, [Bauer u. Raspe.]

Neumann, Geo., zwölf Predigten über apostolische Texte. gr. 8. Nürnberg 840. Schneider u. Weigel. ⅔ ß

Neumann, Georg: Ueber fötale Rachitis und ihre Beziehungen zum Cretinismus. Halle a. S. 1881: Gebauer-Schwetschke. 30 S. 8°
Halle-Wittenberg, Med. Diss. v. 19. Dez. 1881
Geb. Sommerfeld (Krossen, Kr. Brandenburg) 14. 12. 1856. V.

Neumann, Geo., soll die Staatsgebühr f. Patente nach dem daraus erzielten Gewinn berechnet werden, u. ist die Patentdauer üb. 15 Jahre hinaus zu verlängern? Vorschläge zur Aenderung des Patentgesetzes. (VIII, 47 S.) 8. Berlin 905. G. Siemens. n. 1. 20

Neumann, Dr. Georg, Das Verfahren nach der Civilproceß-Ordnung vom 1. August 1895, an Rechtsfällen dargestellt. Gr.-8. (IV, 150 S.) 1 50
In Ganzlnwd. geb. Wien: Manz 1896. 1.80

— das Verfahren nach d. Civilproceßordng. v. 1. VIII. 1895, an Rechtsfällen dargest. 2. Aufl. gr. 8. (V, 150 S.) Ebd. 898. n. 3. —

Neumann, Georg [Praes.], s. Wernsdorf, Gottlieb: Disputatio solennis, qua nexum et discrimen donorum gratiae, ex tabulis vocationis Paulinae Act. XXVI, 17, 18. sistet ...

Neumann, Georg Friedrich

— — Epistola de Bibliotheca Halensi ad virum clar. Heinrich August Groschupf. Halle/Magdeburg (J. Grunert) (9. V.) 1710. 16 S. (—.—) 24799

— Georg Friedrich (Stolberg/Meißen), **De eruditis, qui patriam suam nonnumquam obscuram nobilitarunt, ad virum Jo. Friedrich Hoeckner (Stolberg/Meißen) in Academia Lipsiensi renunciaretur. Leipzig (Brandenburger) 3. XI. 1707. (5.—) 24798**

Neumann, Georg Karl

— Georg Carl (Meißen), Diss. phys. sistens Rationem inter nervorum vires et imponderabilium indolem. Berlin (A. W. Schade) 2. V. 1828. 26 S. mit Biogr. (M.: Krehl). (3.—) 24797
Oppon.: J. J. Behrend, C. L. Rahts, C. G. Schlegnitz. — Gew.: Johann von Wiebel, Carl Georg Neumann (Vater).

Neumann, Georg Sigismund [Assistent a. d. K. techn. Hochschule zu Dresden]: Schwefelsäure als Jodüberträger .... Jena, *Druck v. Wilh. Keller in Giessen*, 1887; 61 S. 8°.
Jena, Phil. Fak., Inaug.-Diss. v. 1886.

Neumann, Georg Sigismund, Schwefelsäure als Jodüberträger. Diss. Jena 1887, G. Neuenhahn. 8°. 61 S.

Entgegnung auf ein vom preussischen Cultusminister verlangtes Gutachten über meine Schrift „Antrag zur Errichtung einer Hochschule der Musik für Blinde ..." v. George **Neumann.** Königsberg 1885. Siehe in: Der Blindenfreund. Jg. 5. Nr. 1-2. Beilage. 8°

Neumann, Gerhard, appr. Arzt a. Berlin, Assistenzarzt im Kaiser Franz Garde-Gr.-Rgt. No. 2, kommandiert zur Aeuß. Station des Garnison-Lazaretts II, Berlin: Die traumatischen Kniegelenksergüsse und ihre Behandlung. ⟨Ein Beitrag aus dem Garnison-Lazarett II, Berlin.⟩ Leipzig 1907: B. Georgi. (38 S.) 8°
Leipzig, Med. Fak., Ref. Trendelenburg, Diss. v. 4. Juni 1907
[Geb. 13. Nov. 78 Kriescht; Wohnort: Berlin; Staatsangeh.: Preußen; Vorbildung: Wilhelms-Gymn. Höxter Reife O. 99; Studium: Berlin K. W. A. 9 S.; Coll. 22. Juni 07; Approb. 29. Apr. 05.]

Neumann, Gottfried Wilhelm Arthur,
s. Neumann, Arthur

Neumann, Gottlieb

Neumann, *Emil* Gottlieb [aus Köln a. Rh.]: Papillo-Retinitis bei Chlorose ... Berlin, Buchdr. v. G. Schade, *1897;* 30 S., 1 Bl. 8.
Berlin, Med. Fak., Inaug.-Diss. v. 27. Juli 1897

(**Neumann,** Gottlob, ehemaliger Regiments-Quartiermeister.) Sammlung ungedruckter Nachrichten, so die Geschichte der Feldzüge der Preussen von 1740 bis 1779 erläutern. (4 Bde.)
8. Dresden 1782—1783.

Neumann, Günter, a. Gehren in Schwarzburg-Sondershausen: Experimentelle Beiträge zur Lehre von der Ökonomie und Technik des Lernens. Göttingen 1906: Dieterich. (60 S.) 8°
Kiel, Phil. Fak., Ref. Martius, Diss. v. 26. Mai 1906
[Geb. 21. Febr. 74 Gehren in Schwarzburg-Sondershausen; Wohnort: Hamburg; Staatsangeh.: Preußen; Vorbildung: Fürstl. Gymn. Sondershausen Reife M. 93; Studium: Erlangen 3, Berlin 5, Kiel 4 S.; Rig. 26. Mai 06.]

Neumann, Günther, a. Seifhennersdorf i. S.: Beiträge zum Generationswechsel von Doliolum. Mit 9 Tafeln und 14 Zinkographien im Text. Jena: G. Fischer 1905. (87 S.) 4° ¶(Aus: Wissenschaftl. Ergebnisse der Deutschen Tiefsee-Expedition auf dem Dampfer „Valdivia" 1898 bis 1899. Bd 12.)
Leipzig, Phil. Fak., Ref. Chun, Pfeffer, Diss. v. 11. Jan. 1906
[Geb. 24. Sept. 77 Seifhennersdorf, Sachsen; Wohnort: Bautzen; Staatsangeh.: Sachsen; Vorbildung: Seminar Bautzen Wahlfähigkeitszeugnis 1b Nov. 00; Studium: Leipzig 2, Kiel 1, Leipzig 3 S.; Rig. 6. Juni 05.]

Neumann, Günth., Doliolum, s. a. Ergebnisse, wissenschaftliche, der deutschen Tiefsee-Expedition.

Doliolum. Von Dr. Günther **Neumann.** Mit Taf. 11–24, 1 Karte u. 20 Abb. (Jena: G. Fischer 1906.) (S. 95–243.) 4°
— **Ergebnisse,** Wissenschaftl., d. deutschen Tiefsee-Expedition auf d. Dampfer Valdivia 1898–1899. Bd 12, Lfg 2. [06. 1068]

Neumann, Gustav: Ueber die Anzeigen zum künstlichen Sprengen der Eihäute. Halle (1869): Plötz. 31 S. 8°
Halle-Wittenberg, Med. Diss. v. 13. Mai 1869
Geb. Genthin (Kr. Jerichow II) 4. 10. 1843. V.

—— die Entwickelung der russischen Litteratur und Alex. Puschkin. 8. (28 S.) Ebendas. 886. *
Aus: 33. Bericht der wissenschaftlichen Gesellschaft Philomathie in Neisse, besonders abgedruckt.

Neumann, Gust., kleine Erdbeschreibung mit Berücksichtigg. des preuß. Staates. 9., völlig umgearb. Aufl. Leipzig 865. H. Schultze. 8. (VIII, 142 S.) n. 5 *ngr.*

Neumann, Gust., kleine Erdbeschreibung m. Berücksicht. d. preuß. Staates. Neu bearb. v. A. P. Sönksen. 10. Aufl. 8. (VIII, 149 S.) Leipzig 878. H. Schultze.
n. — 75

— Geographie des preußischen Staates. Ein Handbuch für Jedermann. 4 Liefgn. Neustadt-Eberswalde 866,68. Lemme. gr. 8. (818 S.) Subscr.-Pr. n. 2 *a𝔭*;
Ladenpr. n. 2 *a𝔭* 20 *ngr.*

— — Im Anhang die übrigen Staaten des norddeutsch. Bundes u. die Ergebnisse der Volkszählung vom 3. Decbr. 1867. Ein Handbuch für Jedermann. Suppl.-Heft. Ebend. 869. (35 S.) gr. 8. Subscr.-Pr. n. 6 *ngr.*; Ladenpr. n. 10 *ngr.*

—— kleine Heimathskunde der Provinz Pommern, mit einer Kreiskarte. 8. Aufl. 8. Berlin 878, G. W. F. Müller. *
Kreiskarte allein *

Neumann, Gust., kleine Heimathskunde der Provinz Pommern. Mit 1 Kreiskarte der Provinz. 4. und 5. Aufl. 8. (31 S.) Berlin 876,79, G. W. F. Müller. *
Kreiskarte allein *

Neumann, Gust. (I.), kleine Heimatskunde der Prov. Pommern. Mit einem Anhang: Übersicht des deutschen Reiches. 6. Aufl. gr. 8. (32 S. mit 1 Kreiskarte der Provinz.) Berlin 884, G. W. F. Müller. *

Neumann, Gust. (III.). Kleine Heimatskunde der Prov. Pommern. Durchgesehen v. L. Fritze. Mit e. Kreiskarte der Provinz. 7. Aufl. gr. 8. (32 S.) Berl. 889, G. W. F. Müller. * — 50
Karte allein ** — 15

—— kleine Heimathskunde der Provinz Preußen, mit einer Kreiskarte. 3. Aufl. 8. Ebendas. 878. *
Kreiskarte allein *

—— kleine Heimathskunde der Provinz Preußen. Mit 1 Kreiskarte der Provinz. 4. Aufl. 8. (32 S.) Ebendas. 876. *
Kreiskarte allein *

—— kleine Heimathskunde der Provinz Schlesien. 8. Ebendas. 878. *

Neumann, Gust., Karte von Deutschland mit Angabe der Staats- und Regierungsbezirks-Grenzen, der Standquartiere der Armeecorps und der Divisions-Commandos zur Anfertigung von Garnison-Karten, für die königl. Kriegsschulen entworfen. Lithogr. Imp.-Fol. Neisse 884, Graveur's Verlag. * — 40

Neumann's geographisches Lexikon des Deutschen Reichs. Mit Ravenstein's Specialatlas von Deutschland (10 Bl. cart.), vielen Städteplänen, statistischen Karten u. mehreren hundert Abbildungen deutscher Staaten- u. Städtewappen. (In 40 Lfgn.) 1—14. Lfg. 8. (S. 1—608 m. je 1 chromolith. Stadtplan.) Leipzig 882. Bibliograph. Institut.
à n. — 50

Neumann's geographisches Lexikon d. Deutschen Reichs. Mit Ravenstein's Spezialatlas v. Deutschland (10 Bl. cart.), vielen Städteplänen, statist. Karten u. mehreren Hundert Abbildgn. deutscher Staaten- u. Städtewappen. (22 Holzschntaf. m. 4 S. Text.) 17—40. (Schluß-)Lfg. 8. (LXXVIII u. S. 609—1413.) Leipzig 883. Bibliograph. Institut. à n. — 50 (cplt. geb. in 2 Halbleinw.-Bde.: n. 23. —; in 1 Halbfrzbd. n. 25. —)

—— dass. — Mit den Plänen der 30 größten Städte, vielen statist. Tabellen und mit mehreren 100 Abbild. deutscher Staaten- und Städtewappen. 2. Text-Ausg. 40 Lfgn. 8. (LXXVIII, 1413 S.) Ebendas. 884.
à Lfg. * 25 Pf.; geb. in 2 Leinwdbde. *

Neumann, Gust. (II.), Adam Mickiewicz und seine Bedeutung für die polnische Literatur. 8. (20 S.) Neisse 882, Graveur's Verlag. *
Aus: 21. Bericht der wissenschaftlichen Gesellschaft Philomathie in Neisse, besonders abgedruckt.

Neumann, Gustav: Orts-Lexikon des Deutschen Reichs. 45.000 Wohnplätze nebst Angabe der geographischen Lage, der Garnisonen, Verkehrsanstalten ... Alle auf Deutschland bezüglichen topographischen Namen sowie sämtliche Staaten und Verwaltungsbezirke. Leipzig (o. J.) (nach 1880). VI. 1416 S. 8°.

Neumann's Orts-Lexikon des Deutschen Reichs. Ein geographisch-statist. Nachschlagebuch f. deutsche Landeskunde. 3., neubearb. u. verm. Aufl. v. W. Keil. (Mit e. geographisch-statist. Skizze, 1 Übersichtskarte, 2 statist. Karten, 31 Städteplänen u. 275 Wappenbildern.) 26 Hfte. gr. 8. (XLII, 1034 S.) Leipzig 893. 894. Bibliograph. Institut. à n. — 50 (kplt. geb. in Halbldr.: n. 15. —)

[Gustav] Neumanns Orts-Lexikon des Deutschen Reichs. Ein geogr.-statist. Nachschlagebuch. 3., neu bearb. u. verm. Aufl. von Wilhelm Keil. Neuer Abdr. *Leipzig & Wien: Bibl. Inst. 1894.* (VI, XLII, 1035 S.) 8° [F.] [01. 10309

Neumann's Orts- u. Verkehrs-Lexikon des Deutschen Reichs. 4., neubearb. u. verm. Aufl., hrsg. v. Max Broesike u. Wilh. Keil. Mit 40 Städteplänen, 1 polit. Uebersichtskarte u. 1 Verkehrskarte. (VIII, 1255 S.) Lex.-8. Leipzig 904. 905. Bibliograph. Institut. 16. 50; geb. in Halbldr. 18. 50; in 2 Leinw.-Bdn. à n.n. 9. 50
Erschien auch in 33 Heften à — 50.

[Gustav] Neumanns Orts- und Verkehrs-Lexikon des Deutschen Reichs. 4., neubearb. u. verm. Aufl., hrsg. von Dr. M[ax] Broesike u. Dir. W[ilhelm] Keil. T. 1. 2. Leipzig & Wien: Bibliogr. Inst. 1905. 2 Bde 4°(8°)
1. A bis L. Mit 1 Übersichtskarte d. Deutschen Reichs u. 29 Stadtpl.
2. M bis Z. Mit 11 Stadtpl. u. 1 Verkehrskarte von Deutschland. [05. 10857

Neumann, Gust., der Rathgeber in Grundbuchssachen. Anleitung zur Verfasig. v. Kauf-, Tausch-, Übergabs- u. Leibrentenverträgen, Schuldscheinen, Cessionen, Quittgn. u. sonst. Verträgen u. Erklärgn. aller Art, v. Gesuchen u. Eingaben in Grundbuchsangelegenheiten. Enth. 83 Formularien. gr. 8. (XI, 226 S.) Graz 892. Leykam. n. 3. —

— das deutsche Reich in geographischer, statistischer u. topographischer Beziehung. 2. Aufl. der „Geographie d. preuß. Staates." 1. Bd. u. 2. Bd. 1. Lfg. gr. 8. (1. Bd. 128 S. u. 2. Bd. S. 1—64.) Berlin 872. G. W. F. Müller.
n. 3. —

—— das Deutsche Reich in geographisch-statistischer und topographischer Beziehung. 2. Aufl. der „Geographie des preuß. Staates". 1. Bd. 3.—14. Lfg. und 2. Bd. 2.—11. (Schluß-)Lfg. und Nachtrag: Definitive Volkszählung vom 1. Decbr. 1875 für das Deutsche Reich. gr. 8. Ebendas. [1. Bd. (S. 129—906.) 872,73. * M. 14.; 2. Bd. (S. 65—697 und Nachtrag 22 S.) 872—78. * M. 11.] *
Nachtrag allein *
1. Bd. 1. und 2. Lfg. und 2. Bd. 1. Lfg. Ebendas. 1872. * M. 3.

Neumann, Gust., das Deutsche Reich in geographischer, statistischer u. topographischer Beziehung: Wohlf. Ausg. mit Nachtrag. Definitive Volkszählung vom 1. Decbr. 1875 für das Deutsche Reich. 2. Aufl. der Geographie des preuß. Staates. 2 Bde. (IV, 906 u. 697 u. Nachtr. 22 S.) Berlin 878. G. W. F. Müller. n. 15. —

—— Schul-Geographie. 1. und 2. Aufl. 8. (128 S.) Neustadt-Eberswalde 870, Lemme. *

—— dass. — 3. Aufl. 1871. * 50 Pf., und 4. und 5. Aufl. 8. (110 S.) Berlin 873,75, G. W. F. Müller. * 60 Pf.; geb. *

Neumann, Gust., Schul-Geographie. 7.—10. Aufl. 8. (110 S.) Berlin 876—79, G. W. F. Müller. * 60 Pf.; geb. *

Neumann, Gust., Schul-Geographie. 11. Aufl. 8. (112 S.) Berlin 882, G. W. F. Müller. * — 60
geb. * — 75

—— Schul-Geographie. Nach dem Tode des Verf. durchgesehen von H. Damm. 12.—14. Aufl. gr. 8. (112 S.) Ebendas. 883—86. * 60 Pf.; geb. *

Neumann, Gust., Schul-Geographie. Nach dem Tode d. Verf. durchgesehen v. H. Damm. 13. Aufl. 8. (112 S.) Berlin 886. G. W. F. Müller. n. — 60; geb. n. — 75

— Schulgeographie. Nach dem Tode d. Verf. durchgesehen v. H. Damm. 15. Aufl. gr. 8. (112 S.) Ebd. 890. n. — 60; geb. n. — 75

Neumann, Gust., Schul-Geographie. Nach d. Tode d. Verf. durchges. v. H. Damm. 16. Aufl. gr. 8. (112 S.) Berlin 897. G. W. F. Müller. n. — 65

Neumann, Gust. (II.). Neuester Stempel- u. Gebühren-Anzeiger. Mit Berücksicht. aller bis Ende 1889 erflossenen Gesetze, Normalien u. Entscheidgn. d. hohen k. k. Verwaltungsgerichtshofes. 1.—3. Aufl. 12. (V, 46 S.) Klagenf. 890, v. Kleinmayr. cart. * — 72
als Tabelle in qu.-Imp. * 1 —

Neumann, Gust. Fr. Ldw., Brennenbuch, od. Beschreibung der königl. preuß. Provinz Brandenburg. Wohlf., mit Zusätzen versehene Ausg. Mit 1 Tabelle. 8. Berlin 834. Plahn. (Schultze.) 1/4 ℛ

— kleine Erdbeschreibung, mit Berücksichtigung d. preuß. Staates, insbesondere der Provinzen Brandenburg und Pommern und deren Gränzländer. Nebst einer kurzen Beschreibung von Palästina. 6e umgearb. u. verm. Aufl. 8. Berlin 834. Plahn. (Schultze.) n. 1/6 ℛ — 7e umgearb. u. verm. Aufl. Ebd. 838. Schultze. n. 1/6 ℛ

Neumann, Gst. Fr. Ldw., kleine Erdbeschreibung mit Berücksichtigung des preuß. Staates, insbesondere der Provinzen Brandenburg u. Pommern u. deren Grenzländern. Nebst einer kurzen Beschreibung von Palästina. 8. verb. Aufl. 8. (VIII u. 152 S.) Berlin 847, Herm. Schultze. n. 1/6 ℛ

— Lesebuch für den Elementarunterricht, mit vielen ausgewählten und stufenmäßig geordneten Uebungsstücken einer kleinen Auswahl von Gedichten, Gebeten u. Liedern, Luthers kleinem Katechismus ꝛc. 8. Berlin 837. Plahn. (Nitze.) n. 1/8 ℛ

—— Uebersicht d. Wissenswerthesten aus d. Erdbeschreib. mit besond. Rücksicht auf d. preuß. Staat, vornehmlich auf d. Provinzen Brandenburg u. Pommern, ingl. auf Palästina. 5. Aufl. 8. (2½ B.) Berlin 829, Plahn.

—— Uebersicht d. Wissenswerthesten aus d. Erdbeschreibung, mit Berücksichtig. d. preuß. Staates, insbesond. d. Prov. Brandenburg u. Pommern. 6., verb. Aufl. 8. (2¼ B.) Berlin 839, Herm. Schultze. *

Neumann, G. F. L., Uebersicht des Wissenswerthesten aus der Erdbeschreibung, m. Berücksichtig. des preuß. Staates, insbesond. der Provinzen Brandenburg u. Pommern. 7. verb. Aufl. 8. (2¼ B.) Berlin 843, Herm. Schultze. *

Neumann, G. F. L., Uebersicht des Wissenswerthesten aus der Erdbeschreibung, mit Berücksichtigung des preuß. Staates insbesondere der Provinzen Brandenburg u. Pommern. 8. verb. Aufl. Leipzig 853. H. Schultze. 8. (36 S.) n. 2½ ngr

Neumann, Gust. Fr. Ldw., Uebersicht d. Wissenswürdigsten aus d. Erdbeschreibung. 3e Aufl. Schwedt. 825. 5e A. 829. (Berl., L. Oehmigke). 2 gGr

— kleine Weltkunde, oder das Wissenswertheste aus der Erdkunde, Geschichte, Naturbeschreibung, Naturlehre, Gewerb-, Himmels- und Menschenkunde als Ein Unterrichtsgegenstand. Ein Lehr- u. Lesebuch für den ersten Realunterricht. 1s Bdchn. Für d. Schüler. 8. Berlin 833. 3e A. 837. Schultze. n. 1/6 Thlr — 2s Bdchn. Für d. Lehrer. Mit 1 Steintaf. 8. Ebd. 833. 2e Aufl. 834. n. 1/6 Thlr — 3s Bdchn. A. u. d. T.: Ausführlichere Darstellungen aus der Weltkunde, insbesond. aus der Erdkunde, Geschichte u. Naturbeschreibung. 8. Ebd. 836. C. F. Plahn. (Schultze.) n. 2/3 Thlr

—— kleine Weltkunde, oder: Das Wissenswertheste aus der Erdkunde, Geschichte, Naturbeschreibung, Naturlehre, Gewerb-, Himmels- und Menschenkunde als Ein Unterrichtsgegenstand. Ein Lehr- und Lesebuch für den ersten Realunterricht. I. Bdchn. Für den Schüler. 4., verb. Aufl. 8. (VIII und 188 S.) Berlin 848, Herm. Schultze. *

— d. Wissenswertheste, das, aus der deutschen Sprachlehre.

—— das Wissenswertheste aus d. deutschen Sprachlehre. 1. Aufl. (2 B.) 837. u. 2., verb. Aufl. 8. (1¾ B.) Berlin 840, Plahn'sche Buchh. à *

Neumann, Gust. Friedr., Andeutungen, wie eine Fibel od. erstes Lesebuch f. Kinder abgefaßt u. gedruckt sein müsse, damit arme, dabei unfähige Kinder, welche während d. Sommerhälfte d. Jahres d. Schule nicht besuchen können, lesen lernen, mit Lust zur Schule gehen, zweckmäßig beschäft. u. auf diese Weise wirklich sittlich gebildet werden. gr. 8. ... Berlin 833, (Oehmigke.)

— neue Anleit. z. zweckmäß. Gebrauch meiner Wandfibel u. meines Kinderbuches vermittelst d. Wandtafel; od. meine jetzigen Ansichten üb. ein naturgemäßes Lesenlehren durch Anwendung eines vereinfachten Buchstabirens. 8. Schwedt 822. (Berl., L. Oehmigke). 4 gGr

— d. Anweisung z. deutschen Rechtschreibekunst.

Neumann, G. F., Anweisung zur deutschen Rechtschreibekunst, nebst Aufgaben u. Uebungen, wie auch einer Auswahl kurzer Denksprüche rc. 2 Thle. 8. Quedlinburg, Ernst, 818 u. 820.

Neumann, Gust. Friedr., erstes Buch f. d. Lese-Unterr., besond. f. solche Kinder, v. denen man glaubt, daß es ihnen an Fähigkeiten fehle. Strenge vom Einfachsten zum Schwereren fortschreitend. 2., völlig umgearb. u. abgekürzte Aufl. d. „Kinderbuches." 8. (13 B. u. 1 Stndr.) Berlin 831, Oehmigke. Thlr.

— u. Gust. Fr. Ldw., kl. Erdbeschreibung, mit besond. Rücksicht auf d. preuß. Staat. 3e verb. u. mit Regist. versehene Aufl. 8. Schwedt 804. (Berl., L. Oehmigke) 4 gGr

Neumann, (G. Fr.) kleine Erdbeschreibung, mit besond. Rücksicht auf den Preuß. Staat. 3e verbess. u. mit Register vers. Aufl. 8. Schwedt 824, (Berlin, L. Oehmigke.)

— die größte Erleichterung d. Lesenlehrens durch Anwendung zwölf beweg. u. mit Zeichen u. Buchstaben versehener Stäbchen, faßl. u. vollständ. f. Jedermann, mit Rücksicht auf alle bei diesem Unterrichte eintret. Schwierigkk. beschrieben. Mit 1 Abbild. d. beiden Lesekästchen. 8. Berl. 826. N. Aufl. 830. (Oehmigke). 12 gGr

— neues, v. Leichten z. Schweren fortschreit. Kinderbuch z. ersten Uebung im Lesen u. Denken, nach dem Elementarunterricht rc. Mit 1 Wandfibel, 2 Thle. 8. Halle 813. (Waisenhaus-B.) 9 gGr Schrbp. 12 gGr
(Vgl. Neumann: Erstes Buch.)

—— die deutsche Rechtschreibung, nebst orthograph. Fragen zur Wiederholung, u. e. Auswahl angemess. Dictirübungen. (Neue Ausg. v. 1818.) 8. (22¼ B.) Quedlinburg 833, Ernst.

— Versuch e. verbess. Lesemethode, od. die Kunst, das Lesen rc. in kurzer Zeit zu lehren, z. Gebr. d. obigen Kinderbuchs, 8. Berl. 813. (L. Oehmigke). 2 gGr

— Wandfibel. Fol. Berl. 813. (L. Oehmigke). 8 gGr Schrbp. 10 gGr

—— neueste Wandfibel mit Rücksicht auf vorsteh. Buch. 14 Taf. (Bog.) Fol. Berlin 831, Oehmigke.

—— was thut d. Elementarschulen noch sehr noth, damit es in dens. bald besser sei, u. dadurch wirklich Sittlichkeit beförd. werde? Od.: Freimüth., dabei f. Jedermann faßl. Darstellung d. Eigenthümlichkeiten d. Lese-Lehrart d. Verf. Nebst 1 Bog. mit dreifacher großer Schrift, zur Prüfung beigefügt. 8. ... Berlin 833, (Oehmigke.)

— — **Gustav Hermann** (Neuoberschaar [Sachsen]), De haesitantia linguae. Diss. med. Leipzig (Staritz) 4. IV. 1834. 23 S. (3.—) 24800
Gew.: Johann Gottlob Neumann (Vater).

Neumann, H., Auswahl von Musterstücken aus der deutschen Litteratur. gr. 8. Jena 878. Hamburg, O. Meißner's Verlag. * 2 50
Wörterbuch dazu * — 80

Neumann, H., Auswahl von Musterstücken aus der deutschen Literatur. Zum Uebersetzen ins Englische eingerichtet u. mit einem Wörterbuch versehen. gr. 8. (IX, 220 S.) Jena 879. Fischer. n. 2. 50;
Wörterbuch dazu (III, 120 S.) n. — 80

Neumann, H., Auswahl v. Musterstücken aus der deutschen Litteratur, nebst „Hilfsmittel" zum Uebersetzen ins Englische. 1. Tl. 2. Aufl. 8. (X, 136 u. VI, 79 S.) Hamburg 892. L. Gräfe & Sillem. Kart. n. 2. 50

Neumann, H., Beiträge zur Anatomie der Taubstummheit. s.: Anatomie, die, d. Taubstummheit. 6. Lfg. (Alexander, G.)

Neumann, H.: Das Börsensteuergesetz (Tarifnummer 4 des Reichsstempelgesetzes) für die prakt. Anwendung dargest. 2. Aufl. Berlin 1885.

Neumann, H., das Börsensteuergesetz [Tarifnummer 4 des Reichsstempelgesetzes], für die prakt. Anwendung dargestellt. 3. unveränd. Aufl. gr. 8. (V, 144 S. mit 1 Tab.) Berlin 885, Siemenroth und Worms. *
geb. *

Neumann, H., Erhebung des Geistes ist uns nöthig, eine Rede. 8. Berlin, Dieterici. 808.

— extracts from classical german works, translated into english and so arranged as to form a progressive course of instruction. Key to the German: Auswahl von Musterstücken aus der deutschen Literatur. Zum Uebersetzen ins Englische eingerichtet u. mit einem Wörterbuch versehen. gr. 8. (VIII, 252 S.) Ebend. 879. n. 3. —

Neumann, H. Handb. d. Heil-, Pflege- u. Kuranstalten. Berlin 1901, 03. 2 Bde

Karte der Grafschaft Glatz. Hrsg. v. Centralvorstand des Glatzer Gebirgsver. Maassst. 1:100000. Gez. v. H. Neumann, Habelschwerdt. *Leipzig: Lith. v. A. Kürth* (A. d. Umschl. aufgekl.: *Glatz: J. Hirschberg) [1896].* (1 Ktnbl.) 1 Bd 8.

Neumann, H., Katechismus der gerichtlichen Psychiatrie in Fragen u. Antworten. Mit e. Anh. v. Mustergutachten. 8. (70 S.) Breslau 884. Preuss & Jünger. n. 1. 50

— öffentl. Kinderschutz, s.: Handbuch d. Hygiene, VII.

Neumann, H., Leitfaden der Psychiatrie für Mediciner und Juristen. gr. 8. (VIII, 143 S.) Breslau 883, Preuss und Jünger. *ℳ 3.; geb. *

Neumann, H. Der Scheck- und Postscheckverkehr. Ein Hilfsbuch für Postbeamte, Teilnehmer am Postscheckverkehr und alle, die sich über die Einrichtungen unterrichten wollen. Erfurt 1909.

Neumann, H., Jürgen Wullenweber, der kühne Demagoge. Gedicht. 8. (10 B.) Leipzig 846, Vereins-Verlagsbuchh.

Neumann, H. F. Maximilian: Zur Casuistik der Perforationen der Magencarzinome durch Fremdkörper. *Heidelberg 1897: Ph. Wiese.* (25 S.) 8°
München, Med. Diss. v. 1897

Familien Neumann af H. H. Neumann. Med 30 portr. *Kristiania: Aschehoug 1903.* (56 S.) 8°

Neumann, H. K., s. Neumann, Herm.

Neumann, H. L.

—— die Onanie oder Selbstbefleckung, ihre Erkenntniß, Folgen, Vorbauungsmittel und gründl. Heilung. Ein Asyl für Alle, welche diesem verderbl. Laster nachhängen. 1. Aufl. 1847. und 2. Aufl. 16. (43 S.) Berlin 849, J. Rocca.

Neumann, H. L., Amor's u. Hymens Paradies od. Mysterien d. Liebe u. Ehe. Ein ärztlicher Rathgeber in der ganzen Sphäre der Geschlechtsmenschen f. Liebende, Eheleute rc. Nebst einer Anweisung, gesunde, geistreiche u. schöne Kinder zu zeugen u. männliche Impotenz, weibliche Unfruchtbarkeit u. Neigung zu Fehlgeburten zu heben rc. 8. (6 B. u. 1 Abbild.) Berlin 846, Schepeler.

Neumann, H. L., Amor's u. Hymen's Paradies od. Mysterien der Liebe u. Ehe. Ein ärztl. Rathgeber in der ganzen Sphäre des Geschlechtsmenschen für Liebende, Eheleute rc. Nebst einer Anweisung gesunde, geistreiche u. schöne Kinder zu zeugen u. Impotenz rc. zu heben. 2. (Titel-) Aufl. 8. (IV u. 89 S. m. 1 Lith.) Berlin (846) 849, J. Rocca. 1/3 ℛ

Neumann, H. S., die moderne Anlage des Gartens am Hause und der städtischen Villa. Ein praktisches Handbuch für Gartenbesitzer, Bauunternehmer, Architecten u. Gärtner, erläutert an 24 color. Gartenplänen nebst Detailzeichnungen nach bereits existirenden Grundstücken und Verhältnissen verschiedenen Charakters u. räumlichen Umfangs unter Aufführung und Schilderung der empfehlenswerthesten Ziergehölze und Obstarten. 1. Heft. Dresden 864. Schrag'sche Verl.-Anstalt. Lex.-8. (S. 1—112 u. 8 lith. u. color. Taf.) 1 ℛ

Neumann, H. S., die moderne Anlage des Gartens am Hause u. der städtischen Villa. Ein prakt. Handbuch für Gartenbesitzer, Bauunternehmer, Architecten u. Gärtner, erläutert an 24 color. Gartenplänen nebst Detailzeichnungen nach bereits existir. Grundstücken u. Verhältnissen versch. Charakters u. räuml. Umfangs unter Aufführung u. Schilderung der empfehlenswerthesten Ziergehölze u. Obstsorten. 3 Hefte. Dresden 865. Schrag's Verlags-Anstalt. Lex.-8. (VIII, 257 S. mit eingedr. Holzschn. u. 24 color. Steintaff.) Jedes Heft 3 ℛ

Neumann, H. S., Anleitung zu Garten-Anlagen am Hause u. der städtischen Villa. Mit 10 (lith. u. color.) Gartenplänen u. zahlreichen (eingedr.) Holzschn. gr. 8. (253 S.) Berlin 873. Wiegandt, Hempel & Parey. n. 3. —

Die Familie von Britzke. Auf Grund d. Vorarbeiten d. Generalmajor Curt v. Britzke u. eigener Sammlungen bearb. von Pastor [Hans] Neumann in Bensdorf. *Berlin: Eigentum d. Familie 1900.* (189 S.) 8°

Die Entwicklung des Post- und Telegraphenwesens in Pommern. Von H[ans] Neumann, Ober-Postprakt. Stettin 1910: Grassmann. 99 S. 8°

Neumann, Hans, appr. Arzt a. Leipzig: Carcinom des Larynx und Grawitzsche Tumoren der Nieren. Ein Beitrag zur Multiplicität der Geschwülste. München 1905: C. Wolf. (17 S.) 8°
München, Med. Fak., Ref. v. Bollinger, Diss. v. 8. Juni 1905
[Geb. 10. April 78 Leipzig; Wohnort: Dresden; Staatsangeh.: Sachsen; Vorbildung: Realgymn. Dresden Reife M. 98, Nachprüf. Gymn. Chemnitz M. 00; Studium: Leipzig 4, Jena 1, Kiel 1, Berlin 1, München 2, Jena 2 S.; Coll. 8. Juni 05; Approb. Jena 1. Dez. 04.]

Neumann, H., Die Verbrennungskraftmaschinen in der Praxis. Handbuch für die Anlage, Wartung und den Betrieb der modernen Verbrennungskraftmaschinen. Hannover, 1906. 320 S. mit 137 Abb.

Neumann, Hans, die Verbrennungskraftmaschinen in der Praxis, s. Bibliothek der gesamten Technik, 9. Bd.

Die Verbrennungskraftmaschine in der Praxis. Von Hans **Neumann.** Mit 137 Abb. Hannover: M. Jänecke 1900. (320 S.) 8°
— **Bibliothek** d. gesamten Technik. Bd 9.

Neumann, Heinr., der Arzt u. die Blödsinnigkeits-Erklärung. gr. 8. (VI u. 88 S.) Breslau 847, Gosohorsky. 12 ℊℊ

Neumann, Heinr., Dichterworte. Aussprüche bedeut. Geister aller Nationen, ausgewählt v. H. N. 8. (III, 232 S.) Breslau 893. W. Koebner. Geb. in Leinw. n. 2. —

— Gedanken über die Zukunft der schles. Irrenanstalten. [Als Manuscr. gedr.] 8. (27 S.) Wohlau 849. (Breslau, Gosohorsky.) 4 ℊℊ

Neumann, (Philippus Julius) Henricus (*geb. Breslau 17. 1. 1814*): De hydrargyro muriatico miti ad enteritidem curandam adhibendo. Vratislaviae (1836). (29 S.) 8°
Breslau, Med. Diss. v. 27. Aug. 1836

Neumann, Heinr. (I.), die Irrenanstalt zu Pöpelwitz bei Breslau im ersten Decennium ihrer Wirksamkeit. Medicinisch-statist. Bericht nebst Bemerkungen über Irrengesetzgebung, Irrenstatistik und psychiatr. Unterricht. gr. 8. (56 S.) Erlangen 862, Enke's Verlag. *

Aus d. k. k. Univ.-Ohrenklinik zu Wien. Der otitische Kleinhirnabszess. Von Dr. Heinrich **Neumann,** Assist. Leipzig & Wien: F. Deuticke 1907. (118 S.) 8°

Neumann, Heinr., der Process Kullmann. Gerichtsärztl. Reflexionen. gr. 8. (47 S.) Berlin 875. Hirschwald. n. 1. —

Neumann, Heinr., über Lear u. Ophelia. Ein Vortrag. Gehalten im Musiksaale der Universität zu Breslau am 11. März 1866. Breslau 866. Korn. gr. 8. (15 S.) 3 ℊℊ

Neumann, Heinr., Lehrbuch der Psychiatrie. Lex.-8. (IV und 242 S.) Erlangen 859, Enke's Verlagsbuchh. *

—— die analytische Medicin. Ein Versuch. gr. 8. (68 S.) Breslau 847, Gosohorsky's Buchh.

Neumann, Heinr., psychologische Reflexionen über das preußische Strafgesetzbuch u. den Entwurf zu einem Strafgesetzbuche für den norddeutschen Bund. Oppeln 870. Clar. gr. 8. (VI, 38 S.) 7⅓ ngr.

Neumann, Heinr., s.: Reichsrecht, das.

Neumann, Heinrich, Referendar aus Greifswald: Die rechtliche Stellung desjenigen, dem der Nießbraucher die Ausübung des Nießbrauchs übertragen hat. Nach gemeinem Rechte u. dem Rechte d. Bürgerl. Gesetzbuchs f. d. Deutsche Reich. *Greifswald 1903: H. Adler.* (VI, 73 S.) 8° [J.] Greifswald, Jur. Diss. v. [23. Dez.] 1903

— das Strafrecht, s.: Buch, das praktische.

—— die Theorie und Praxis der Blödsinnigkeitserklärung nach preußischem Gesetze. Ein Leitfaden für Aerzte und Juristen. gr. 8. (V und 97 S.) Erlangen 860, Enke's Verlagsbuchh. *

Neumann, Heinr., Wie studirt man Medicin? gr. 8. (1½ B.) Breslau 842, Schulz u. Comp.

Citatenschatz. Aussprüche bedeutender Größen aller Nationen. Ausgew. von Heinrich Neumann. *Breslau: W. Koebner [um 1893].* (232 S.) 8° [J.] Ien. 8145 10

Neumann, Heinrich. Citatenschatz. Aussprüche bedeutender Grossen aller Nationen. 8. Breslau (1903).

Neumann, Heinrich Bernhard, s. Neumann, Bernhard

Neumann, Herbert, approb. Arzt aus Oldenburg: Ein Beitrag zur Kenntnis des induzierten Irreseins. *Tübingen: F. Pietzcker 1903.* (30 S.) 8° Tübingen, Med. Diss. v. 1903

Neumann, Herb., ein Beitrag zur Kenntnis des induzierten Irreseins. Diss. (32 S.) gr. 8. Tübingen 903. F. Pietzcker. n.n. — 70

Neumann, Herm., die Atheisten. Canzonen allen Satzungsgläubigen mit u. ohne Brevier geweiht. Breslau 869. Gebhardi. 16. (X, 61 S.) n. 10 ngr.

Neumann, Herm., die Auferstehung. Eine dramat. Scene. gr. 16. (78 S.) Breslau 870. Gebhardi. n. 1. —

—— Dichtungen. Erstes u. zweites Dichterjahr (in 3 Abthln.) — 2. u. 3. Abthl. a. u. d. Ttln.: Die Frühlingsfeier d. Elfen. Dramat. Mährchen in 4 Aufz. — Althäa u. Aithone. Trauersp. in 5 Aufz. 8. (42½ B.) Düsseldorf 838. [Leipzig, Fr. Fleischer.] [1. 1½ Thlr., 2. 1. 1½ Thlr., 3. ⅔ Thlr.]

— Dichtungen. Erstes u. zweites Dichterjahr (in 3 Abthll.) — (2e u. 3e Abthl.) auch u. d. T.: Die Frühlingsfeier d. Elfen. Dramat. Mährchen in 4 Aufz. — Althäa u. Aithone. Trauerspiel in 5 Aufz. 8. Düsseldorf 838. Schreiner. (I. 1½ ₰ II. 1. 1⅓ ₰ II. 2. ⅔ ₰) 3⅔ ₰

Neumann's, H(erm.), gesammelte Dichtungen. gr. 16. (400 S.) Neisse 856(57), Graveur. *

— Dinonhy. Gedicht in drei Gesängen. Leipzig 865. Brockhaus. 16. (107 S.) cart. mit Goldschn. n. 20 ngr.

Neumann, Herm., Erz u. Marmor. (Drei vaterl. Dichtungen.) 16. (7½ B. u. Ttlvign.) Wesel 837, Becker'sche Buchh. Thlr.

Neumann, Herm., eine Gabe f. die Abgebrannten in Dahme. — Nur Jehan. Gedicht in 4 Gesängen. gr. 8. (6 B.) Torgau 843. (Leipzig, Herm. Fritsche.)

—— eine Gabe f. die verarmten Spinner u. Weber im schlesischen Gebirge. — Das letzte Menschenpaar. Gedicht. gr. 8. (10¼ B.) Torgau 844. (Aschersleben, Laue.) *

Neumann, Herm., die Herstellung der Drehergewebe in der mechanischen Weberei, in leicht verständl. u. kurz gefaßter Form bearb. (42 S. m. Abbildgn.) gr. 8. Hof 909. R. Lion. Kart. 2. —

Neumann, Herm., des Dichters Herz. (Romant. Gedicht in 3 Gesängen.) gr. 8. (4 B.) Wesel 836, Klönne. *

Neumann, Herm., des Dichters Herz. 3. Aufl. Neisse 859. Graveur. 16. (64 S.) 15 ngr.

—— Herzenslieder. 8. (192 S. mit chromolithogr. Titelbl.) Leipzig 870, Bach. [Gera, Griesbach's Verlag.] geb. mit Goldschn. (* ℳ 4.) *

Neumann, Herm., die Judenjagd u. die deutsche Meute. Ein Nachtrag zu den Judenflinten. Mit e. Einleitg. v. Herm. Ahlwardt. gr. 8. (33 S.) Berlin 892. G. A. Dewald. n. — 40

—— Krieg dem Kriege. Canzonen. gr. 16. (63 S.) Breslau 871, Gebhardi.

—— Lazarus. Trost und Rath für Leidende. Sonettenkranz. 16. (189 S.) Neisse 858, Graveur. geb. *

Neumann, Herm., de Plinii dubii sermonis libris Charisii et Prisciani fontibus. gr. 8. (61 S.) Kiel 881. Lipsius & Tischer. n. 2. —

Neumann, H. R., nur Jehan, s. Universal-Bibliothek.

Neumann, Herm., Nur Jehan. Gedicht in vier Gesängen. [2. (Min.-)Ausg.] 16. (91 S.) Breslau 852, Trewendt & Granier. cart. m. Goldschn. ½ ₰

Neumann, Herm., die Quintessenz der einfachen u. doppelten Buchführung. [Laien als Ersatz für den mündlichen Unterricht.] Nebst einem Anh.: Gesetzliche Vorschriften, die Handelsbücher betr. gr. 8. (VIII, 235 S.) Leipzig 882. Gloeckner. n. 2. 50; geb. n. 3. —

Neumann, Herm., die Quintessenz der einfachen und doppelten Buchhaltung. (Laien als Ersatz für den mündl. Unterricht.) Nebst einem Anhang: Gesetzliche Vorschriften, die Handelsbücher betreffend. [2. Abdr.] gr. 8. (VIII, 235 S.) Leipzig 887, Gloeckner. * ℳ 2.50.; geb. *

Neumann, H., die Quintessenz der einfachen u. doppelten Buchhaltung. [Laien als Ersatz f. den mündl. Unterricht.] Nebst e. Anh.: Gesetzliche Vorschriften, die Handelsbücher betr. (Neue Titel-Ausg.) gr. 8. (VIII, 235 S.) Leipzig 890. Gloeckner. n. 2. 50; geb. n. 3. —

Neumann, Herm., d. Quintessenz d. einfachen u. doppelten Buchhaltung. (Laien als Ersatz f. d. mündl. Unterricht.) Nebst e. Anh.: Gesetzl. Vorschriften, d. Handelsbücher betr. 2. Aufl. gr. 8. (VIII, 236 S.) Leipzig 896. G. A. Gloeckner. n. 2. 50; geb. in Leinw. n. 3. —

Neumann, Herm., die Quintessenz der einfachen u. doppelten Buchhaltg. (Laien als Ersatz f. den mündl. Unterricht.) Nebst e. Anh.: Gesetzl. Vorschriften, die Handelsbücher betr. 3. Aufl. gr. 8. (VIII, 236 S.) Leipzig 903. G. A. Gloeckner. n. 2. 50; geb. n. 3. —

— deutsches Schwert u. Lied. 16. (IV, 45 S.) Ebend. 871. — 75

— geharnischte Sonette für 1859. gr. 16. (16 S.) Neisse 859, (Graveur.)

Neumann, Herm., Taler de dansk? (Norsk?), s.: Koch's Sprachführer. (Thomsen, R.)

Neumann, Herm. (geb. Nicolai in Schles. 17. 6. 1859): Die diuretische Wirkung des Wernarzer Brunnens in Brückenau. Berlin (1884). (23 S.) 8°

Berlin, Med. Diss. v. 4. Aug. 1884

Lebensrunen. Gedichte hochdeutsch-niederdeutsch von Hermann Fritz **Neumann**. Dresden & Leipzig: C. A. Koch 1907. (XI, 156 S.) 8° [F.] [07. 15958

Neumann, Herm. Kunibert, Gedichte. (XXII, 238 S.) 8. Dresden (904). H. Minden. n. 3. —; geb. n.n. 4. —

Neumann, Herm. Kunib., das Hohelied. 8. (X, 179 S.) Dresden (901). (H. Minden.) n. 2. —; geb. n.n. 3. —

— das letzte Menschenpaar. 2. Aufl. (196 S. m. Bildnis.) 8. Leipzig 906. H. Lautenschläger. n. 2. 50

— Saul. Ein Epos. 8. (V, 91 S.) Leipzig (902). H. Lautenschläger. n. 1. 50

Neumann, Hub., Choix de lectures techniques. (XI, 319 S. m. Abbildgn.) gr. 8. Wilhelmshaven 908. C. Lohse Nachf. Geb. in Leinw. 5. —

— A. technical reader, especially adapted for use in technical schools, containing extracts form technical journals and works. (XII, 323 S.) 8. Wilhelmshaven 908. F. Schmidt. 5. —

Neumann, Hubert, aus Rosenberg i. Westpr.: Die kopulative und asyndetische Verbindung von Worten und Sätzen im Rolandslied und in den ältesten Texten. *Greifswald 1900: F. W. Kunike.* (44 S.) 8°

Greifswald, Phil. Diss. v. 11. Aug. 1900

— English-German-French vocabulary to a technical reader. (91 S.) 8. Wilhelmshaven 910. C. Lohse's Nachf. Geb. in Leinw. 1. 50

Neumann, Hugo, s. a. Revel, Hugo Alphonse.

Aerztliche Anweisungen für die Mütter kranker Kinder. Von Dr. H[ugo] **Neumann**, Privatdoc. in Berlin ... *Berlin: O. Coblentz 1895.* (53 Bl.) 1 Bd 4. [96. 5371

— üb. d. Behandlg. d. Kinderkrankheiten. Briefe an e. jungen Arzt. gr. 8. (VI, 285 S.) Ebd. 899. n. 7. —

Neumann, H., über die Behandlung der Kinderkrankheiten. Briefe an e. jungen Arzt. 2., durchgeseh. u. erweit. Aufl. gr. 8. (VII, 373 S.) Berlin 900. O. Coblentz. n. 8. —; geb. n. 9. 25

— dasselbe. 3. durchgeseh. u. erweit. Aufl. gr. 8. (VII, 452 S.) Ebd. 903. n. 9. —

Neumann, H., über die Behandlung der Kinderkrankheiten. Briefe an e. jungen Arzt. 5. Aufl. (Abdr. der 3. durchgeseh. u. erweit. Aufl.) (VII, 452 S.) gr. 8. Berlin 905. O. Coblentz. n. 9. —; geb. n. 10. 50

— üb. d. Beziehgn. d. Krankheiten d. Kindesalters zu den Zahnkrankheiten, s. a. Sammlung klin. Vorträge.

Über die Beziehungen der Krankheiten des Kindesalters zu den Zahnkrankheiten. Von H[ugo] **Neumann** (Berlin). *Leipzig: Breitkopf & Härtel 1897.* (47 S.) 8.
= Sammlung Klinischer Vorträge. N. F. No 172. [97. 1313

Neumann, Hugo, s.: Festgabe der Rechtsanwaltschaft des Kammergerichts f. Dr. Rich. Wilke.

Zur Geschichte der Juristischen Gesellschaft zu Berlin. Von Dr. Hugo **Neumann**, Rechtsanw. in Berlin. *(Berlin: O. Liebmann 1903.)* (36 S.) 8° [Kopft.]
Aus: Festgabe d. Jurist. Gesellsch. zu Berlin z. 50jähr. Dienstjubiläum des Wirkl. Geh. R. Dr. Richard Koch. [03. 15390

— das bürgerliche Gesetzbuch, s.: Wilke, Rich.

Neumann, Hugo, Handausgabe d. bürgerlichen Gesetzbuchs f. d. Deutsche Reich nebst Einführungsgesetz, unt. ausführl. Berücksicht. d. m. d. BGB. im Zusammenhang steh. Reichsgesetze f. Studium u. Praxis bearb. 1.—4. Lfg. gr. 8. (560 S.) Berlin 898. F. Vahlen. n. 7. 50

— Handausgabe des bürgerlichen Gesetzbuchs f. das Deutsche Reich unter Berücksicht. der sonstigen Reichsgesetze, nebst e. Anh. betr. die preuß. Ausführungsgesetzgebg. f. Studium u. Praxis bearb. 5.—9. Lfg. gr. 8. (1. Bd. XLIV u. S. 561—700 u. 2. Bd. VIII, XXXII u. S. 701—1330.) Berlin 899. F. Vahlen. n. 10. 50

— dasselbe unter Berücksicht. der sonst. Reichsgesetze, sowie d. Ausführungsgesetzgebg. v. Preußen, Bayern, Sachsen, Württemberg u. Baden f. Studium u. Praxis bearb. 3 Bde. gr. 8. Ebd. 900. n. 24. —; geb. n.n. 28. 50
1. (I.—III. Buch.) 2. verm. u. verb. Aufl. (XLIV, 700 S. u. S. 700a—e.) n. 9. 50; geb. n.n. 11. —
2. (IV.—V. Buch.) 2. verm. u. verb. Aufl. (XXVIII u. S. 701—1330.) n. 8. 50; geb. n.n. 10. —
3. 1. u. 2. Aufl. (X u. S. 1331—1812.) n. 6. —; geb. n. 7. 50

— dasselbe, unter Berücksicht. der sonst. Reichsgesetze u. der Gesetzgebgn. aller Bundesstaaten, insbesondere Preußens, f. Studium u. Praxis bearb. 3 Bde. 3. verm. u. verb. Aufl. (XL, 860; XXIX, 675 u. IX, 562 S.) Ebd. 903. n. 26. —; geb. in Halbfrz. n.n. 31. —

— Handausgabe des bürgerlichen Gesetzbuches für das Deutsche Reich, unter Berücksicht. der sonst. Reichsgesetze u. der Gesetzgebungen aller Bundesstaaten insbesondere Preußens f. Studium u. Praxis bearb. 3 Bde. 4. verm. u. verb. Aufl. (XXVIII, 891; XXIX, 668 u. X, 721 S.) gr. 8. Berlin 905. F. Vahlen. n. 30. —; geb. in Halbfrz. n.n. 36. —

Neumann, Hugo, Handausgabe des bürgerlichen Gesetzbuchs für das Deutsche Reich, unter Berücksicht. der sonst. Reichsgesetze u. der Gesetzgebgn. aller Bundesstaaten insbesondere Preußens f. Studium u. Praxis bearb. 3 Bde. 5. verm. u. verb. Aufl. (XXXIX, 981; XXIX, 683 u. XI, 806 S.) gr. 8. Berlin 909. F. Vahlen. 35. —; geb. in Halbfrz. n 42. —

— s.: Jahrbuch des deutschen Rechtes.

— die unehelichen Kinder in Berlin. gr. 8. (VI, 78 S.) Jena 900. G. Fischer. n. 2. —

[Ant. u. F.] Hugo Alphonse Revel [d. i. Hugo **Neumann**]. Frau Lüge. *Berlin: H. Steinitz (1898).* (175 S.) 1 Bd 8.
= Bibliothek, Naturalistische. Bd 17. [98. 3191

[F.] Die eigentümliche Prinzess. Zwei Novellen v. Hugo Alphonse Revel [d. i. Hugo **Neumann**]. M. 3 Vollbild. *Berlin: A. Weichert [1898].* (95 S., 3 Taf.) 1 Bd 8.
= Wochen-Bibliothek, Weichert's. Bd 40. [99. 1101

Internationales Privatrecht in Form eines Gesetzentwurfs nebst Motiven und Materialien. E. Beitr. z. Kodification d. Deutschen bürgerl. Rechts. Von Dr. Hugo **Neumann**, Rechtsanw. ... zu Berlin. Bearbeitg seiner v. d. jurist. Ges. zu Berlin gekrönten Preisschrift. *Berlin: F. Vahlen 1896.* (XVI, 284 S.) 1 Bd 8. [96. 204

— s.: Rechtsprechung, die, des Reichsgerichts in Zivilsachen.

Neumann, Hugo, s.: Revue, internationale medicinische.

Neumann, H[ugo]. Der Säugling im Hochgebirge. Sonderabdruck aus der Deutschen Medizinischen Wochenschrift. ... [Jahrg.] 1909. No. 49. II + 10 S. 8. Leipzig, Georg Thieme.

— Aus der Berliner Säuglingsfürsorge. Nebst e. Anh.: Die ärztl. Schweigepflicht bei Syphilis v. Jul. Thiersch, s.a. Ergebnisse der Säuglingsfürsorge. 5. Heft.

Neumann, H., Aus der Berliner Säuglingsfürsorge. [Ergebnisse der Säuglingsfürsorge, Heft 5.] Gr.-8°. (100 S.) K 4.20
Wien: Deuticke 1910.

— Öffentliche Säuglings- u. Kinderfürsorge, s.o. Bibliothek f. soziale Medizin. No. 2.

Öffentliche Säuglings- und Kinderfürsorge von Prof. Dr. H[ugo] Neumann, Berlin. Berlin: Allg. Med. Verlagsanst. 1909. 40 S. 8°
(Bibliothek f. Soz. Medizin, Hygiene u. Medizinalstatistik. Nr. 2.) (09. 16676

— die Säuglingsfürsorgestelle I der Stadt Berlin, s.: Japha, A.

An: Siel und andere Grossstadtgeschichten. Von Hugo Alphonse Revel [d. i. Hugo Neumann]. *Berlin: R. Eckstein Nachf. [1900].* (125 S.) 8° [F.]
= Reisebibliothek, Eckstein's. No 197.

Neumann, Hugo, Referendar: Die öffentlich-rechtliche Stellung der Aerzte. *Berlin 1904: W. Pilz.* (X, 138 S.) 8°
Heidelberg, Jur. Diss. v. 1904

Neumann, Hugo, die öffentlich-rechtliche Stellung der Aerzte. (X, 138 S.) gr. 8. Berlin 904. Struppe & Winckler. n. 3. —

Neumann, Hugo: Studie über Rechtshandlung und Rechtsgeschäft. Berlin 1900.

(in: Festgabe der Rechtsanwaltschaft d. Kammergerichts f. Wilke.)

Neumann, Hugo [aus Breslau]: Untersuchungen über das Vorkommen reducierender Substanzen im Urin von Kindern.... Breslau, Buchdr. v. Th. Schatzky, *1890;* 37 S., 1 Bl. 8°
Berlin, Med. Fak., Inaug.-Diss. v. 1. Okt. 1890

— s.: Vorträge üb. Säuglingspflege u. Säuglingsernährung.

Neumann, Hyacinthus [Silesius]: De futuri in priscorum Latinorum vulgari vel cotidiano sermone vi et usu. Particula I.... Vratislaviae, typ. L. Lindneri (1888); 1 Bl. + 61 S. + 1 Bl. 8°
Breslau, Phil. Fak., Inaug.-Diss. v. 17. Mai 1888

Neumann, Hyacinth, de futuri in priscorum Latinorum vulgari vel cotidiano sermone vi et usu. Particula I. Dissertatio inauguralis philologica. gr. 8. (61 S.) Breslau 888, (Köhler.) *

Neumann, J., Anweisung, Kinder in spätestens drei Wochen richtig lesen zu lehren. 8. Berl. Maurer. 814.

NEUMANN, J.
See Allgemeiner Anzeiger für den deutschen Arznei-Handel.

Neumann, J., Auskunftsbuch f. d. internat. Eisenbahn-Güter-Versand. Enth. d. wichtigsten Bestimmgn. bei Versendg. v. Gütern nach d. Auslande, die damit im Zusammenhange steh. Zoll-, Steuer- u. polizeil. Vorschriften u. d. bei d. Ausfuhr v. Versender zu beacht. Bestimmgn. d. Reichsgesetzes f. d. Statistik d. Waarenverkehrs. Nebst Anh.: Muster d. sämtl. v. Versender zu benutz. Formulare sow. e. dreifaches Register hervorrag. Firmen u. deren Ankündiggn. Zum Gebrauch f. Spediteure, Kaufleute u. alle Gewerbetreibende übersichtl. zusammengest. Lex.-8. (IV, 71 u. 32 S.) Berlin 897. F. Lenz & Co. 1. 50

[F.] Auskunftsbuch für den Internationalen Eisenbahn-Güter-Versand. Enth. d. wichtigsten Bestimmgn bei Versendg v. Gütern nach dem Auslande ... Nebst Anh.: Muster der sämtl. vom Versender zu benutzenden Formulare ... Z. Gebr. f. Spediteure, Kaufl. u. alle Gewerbetreibende übersichtl. zsgst. v. J. Neumann, Kgl. Güter-Expedient. *Berlin: F. Lenz & C. 1897.* (2 Bl., 70 S., 1 Bl., 16 Bl. Formul., 7 Bl.) 1 Bd 4. (97. 6434

Neumann, J., s.: Bechor Schor, Jos., Pentateuch-Commentar zum Buche Numeri.

Neumann, J. W., neue Beitr. z. prakt. Geometrie; nebst e. Anh. Mit 8 Kpft. 8. Münch. 800. Lentner. 1 ℳ

Neumann, J., Bemerkungen für die Aufhebung der Mahl- u. Schlacht-Steuer u. Einführung einer Einkommen-Steuer. Den beiden Hohen Preuß. Kammern gewidmet rc. gr. 8. (29 S.) Berlin 849, Hofmann & Co. n. 4 ngl.

Neumann's, J., gärtnerische Büchersammlung. VIII. u. IX. Bd. gr. 8. Neudamm 894. J. Neumann. Kart. n. 2. 70
VIII. Trüffeln u. Morcheln. Beschreibung, natürl. u. künstl. Gewinng. u. Verwertg. Die neuesten wissenschaftl. u. prakt. Erfahrgn. berücksichtigend. Von Ernst Wendisch. (67 S. m. 15 Abbildgn.) n. 1. 50
IX. Die Gurke, ihre Kultur im freien Lande u. unter Glas, sowie die Verwertung ihrer Früchte. Von Jos. Barfuß. (88 S. m. 20 Abbildgn.) n. 1. 20
Bis zum VII. Bde. u. d. T.: Büchersammlung, gärtnerische.

Neumann's, J., gärtnerische Büchersammlung. 5., 6. u. 10.—14. Bd. gr. 8. Neudamm, J. Neumann. Kart n. 13. 50
5. Anleitg. zur Anlage, Pflege u. Benutzg. lebender Hecken. Von Alex. v. Lengerke. 4., sehr verm. u. völlig umgearb. Aufl. v. Bernh. Graf. Mit 31 v. Bearbeiter entworfenen Skizzen. (IV, 107 S.) 896. n. 1. 60
6. Die Champignonskultur in ihrem ganzen Umfange. Die neuesten wissenschaftl. u. prakt. Erfahrgn. berücksicht. Den Züchtern gewidmet. Von Ernst Wendisch. Aus d. Praxis geschöpft. F. d. Erfolg berechnet. 2., wesentl. verm. Aufl. m. 94 Abb. (IV, 163 S.) 893. n. 3. —
10. Prakt. Anleitg. zum Spargelbau nach d. neuesten Erfahrgn. aufgest. v. Ernst Wendisch. (IV, 144 S. m. 59 Abb.) 895. n. 2. 50
11. Die Melone, Tomate u. d. Speisekürbis. Ihre Kultur im freien Lande unt. Anwendg. v. Schutzmitteln u. unt. Glas, sow. d. Verwertg. ihrer Früchte. Von Jos. Barfuß. (112 S. m. 46 Abb.) 896. n. 1. 60
12. Der Weinstock im Hausgarten. Prakt. Anleitg. zur erfolgreichen Kultur reblauswiderständ. Weinreben. Von Walth. Siehe. (94 S. m. 25 Abb.) 896. n. 1. 60
13. D. Baumpflanzungen in Straßen d. Städte, ihre Vorbereitg. u. Anordng. Von C. Heicke. (III, 92 S. m. 14 Abb.) 896. n. 2. —
14. D. Treiben d. Gehölze u. ihre Verwendg. f. d. Winterflor. Von Johs. Schomerus. (VIII, 78 S.) 898. n. 1. 20

Neumann, J., allgemeines Depeschen-Tarif-Buch für die gesammte telegraph. Correspondenz. Ein unentbehrl. Handbuch für Telegraphen-Beamte, Banquiers, Fabrikanten etc. Nach amtl. Quellen bearb. 1. Ausg. *ℳ 4., und wohlf. (Titel-)Ausg. Lex.-8. (III, 184 S.) Berlin 869, Schotte und Comp. *

Fürsorge und Vorsorge bei Trunkgefährdeten. Von J. NEUMANN. Sonderabdruck aus: „Der Alkoholismus, seine Wirkungen und seine Bekämpfung", herausgegeben vom Berliner Zentralverband zur Bekämpfung des Alkoholismus, Sechster Teil (Neue Folge). Berlin 1909. Mässigkeits-Verlag des Deutschen Vereins gegen den Missbrauch geistiger Getränke. 8°.

Neumann, J., Fürsorge u. Vorsorge bei Trunkgefährdeten. (22 S.) 8. Berlin 909. Mäßigkeits-Verlag. — 40
Sonderabdruck aus: „Der Alkoholismus".

(Neumann, J., k. k. Major.) Grundzüge der Strategie. Ein Leitfaden für das Studium der Kriegsgeschichte. Zum Vortrage am k. k. Central-Cavallerie-Curs. (Mit 7 Uebersichtskarten.)
8. Wien 1870.

Neumann, J. III., historia primatus Lundensis. 8maj. Kopenh. 799. Brummer 12 gl

Neumann, J., s.: Jahrbuch d. Berliner Börse.

— —. Kritisches Jahrbuch der Berliner Börse 1910/11. Band I und II. Berlin. 1911/12. Band I.

Neumann, J., s.: Jahrbuch f. das deutsche Versicherungswesen.

— Jahrbuch f. das Versicherungswesen im Deutschen Reiche. 1904. (1. Bd.: Lebens-, Renten-, Unfall- u. Haftpflicht-Versicherung. 2. Bd.: Hagelversicherung.) Hrsg. v. C. Neumann. 1. Bd. (IX, 736 S. m. 2 Tab.) 12. Berlin (E. S. Mittler & Sohn). Geb. in Leinw. n. 10. — Fortsetzung, s.: Jahrbuch.

Neumann's, [J.], Jahrbuch für Zuckerfabriken. Verzeichniss der Rübenzuckerfabriken, Raffinerien und Candis-Fabriken im Deutschen Reiche, sowie in Oesterreich-Ungarn, Russland, Belgien, Holland, Dänemark, Schweden, England, Italien, Spanien und Amerika. Nebst einem Adressbuch der Bezugsquellen von Bedarfs-Artikeln für Zuckerfabriken und Empfehlungsanzeiger einer Anzahl Firmen, welche mit der Zuckerfabrikation in Verbindung stehen. Neu bearb. und zusammengestellt von J. Neumann. Ausg. für das Betriebsj. 1888/89. gr. 8. (112 S.) Magdeburg 888, J. Neumann. cart. * Erscheint jährlich seit 1886.

Neumann's (I.) Jahrbuch f. Zuckerfabriken. Verzeichniss der Rübenzuckerfabriken, Raffinerien u. Candis-Fabriken im Deutschen Reiche, sowie in Oesterreich-Ungarn, Russland, Belgien, Holland, Dänemark, Schweden, England, Italien, Spanien u. Amerika. Nebst e. Adressbuch der Bezugsquellen v. Bedarfs-Artikeln. Ausg. f. d. Betriebsj. 1890/91 u. 1892/93. gr. 8. (à Ausg. 128 S.) Magdeb., Neumann. cart. à Ausg. * 3 —

— Kalender f. d. prakt. Landwirtin auf das J. 1898. 2. Jahrg. 12. (249 S.) Ebd. Geb. in Leinw. n. 1. 50

— die Kriegs-Versicherung der Lebens-Versicherungs-Gesellschaften im Deutschen Reiche. Nebst 4 Anh.: Die Versorgg. der Hinterbliebenen im Kriege Gefallener (Gesetz vom 27. Juni 1871). Bestimmungen üb. die Wehrpflicht-Angehörigen d. Deutschen Reiches. Bestimmungen üb. die Wehrpflicht-Angehörigen der österreichisch-ungar. Monarchie. Verzeichniss der in der „Zeitschrift f. Versicherungswesen" im Wortlaut veröffentlichten Kriegs-Versicherungs-Regulative. 2. Ausg. 16. (124 S.) Berlin 892. E. S. Mittler & Sohn. Geb. n. 1. —

* *Neumann, J.* Die Kriegsversicherung bei den Lebensversicherungs-Gesellschaften des Deutschen Reiches und bei den ausländischen, in Preußen konzessionierten Lebensversicherungsgesellschaften. 3. Auflage. Berlin 1896.

Neumann, J., Ueber das Lehrlingswesen. 8°. Bonn 1876.

Reichs-Eisenbahnen! Materialien zur Beurtheilung der deutschen Eisenbahnfrage, zusammengestellt von der Red. d. „Berliner Actionair: J. Neumann, E. Freystadt. gr. 8°. Berlin, Verl. d. „Berl. Actionair" 1876.

Neumann, J. I., Tabelle f. Weinhändler. 4. Wien 808. (Wimmer). 14 Xr

Neumann, J. II., Tabellen d. Primzahlen u. d. Faktoren d. Zahlen, welche unter 100.000, u. durch 2, 3 u. 5 nicht theilbar sind. gr. 4. Dessau 785. (Barth in Leipz.) 1 ₰

— vergleich. Tabellen d. Prämien deutscher Lebens-Versicherungs-Gesellschaften. 1898. 16. (70 S.) Berlin (897). E. S. Mittler & Sohn. n.n. — 50

— dasselbe, s. a. Jahrbuch f. d. deutsche Versicherungswesen.

— Tabellen für Weinhändler. 4. Wien, Kupfer und W. 808.

Neumann, J.: Tabellen f. jeden Weinhändler u. Inhabers eines Weinlagers, welcher ohne weitere Berechnung augenblicklich wissen will, zu welchen Preisen nähmlich selbiger die angeschafften Weine nach d. verschiedenen Jahrgängen zu verkaufen hat, wenn bei ordentlicher u. guter Behandlung der Weine derselbe sein angelegtes Kapital zu 5, 10, 15, 20 u. mehreren p. C. genießen will. Wien: Wimmer 1808. -- [Zit. nach Bibliotheca oeconomica]

— Taschenbuch u. Notiz-Kalender f. d. Landwirt auf d. J. 1899. 12. (236 S.) Ebd. Geb. in Segelleinw. n. 1. 20

Neumann's, J., Taschenbuch u. Notiz-Kalender f. den Landwirt auf d. J. 1903. Schwache Ausg. A mit viertelseit. Tageanordng. im Notizkalender. 12. (246 S.) Neudamm, J. Neumann. Geb. in Segelleinw. n. 1. 20; stärkere Ausg. B m. halbseit. Tageanordng. im Notizkalender. (326 S.) n. 1. 60

Neumann's, J., Taschenbuch u. Notiz-Kalender f. den Landwirt auf d. J. 1907. Schwache Ausg. A m. viertelseit. Tageanordng. im Notizkalender. (252 S. m. 1 Karte.) kl. 8. Neudamm, J. Neumann. Geb. in Segelleinw. n. 1. 20 stärkere Ausg. B. m. halbseit. Tageanordnung im Notizkalender. (332 S. m. 1 Karte.) n. 1. 60

Neumann's, J., Taschenbuch u. Notiz-Kalender f. den Landwirt auf d. J. 1911. Schwache Ausg. A m. viertelseit. Tageanordng. im Notizkalender. (265 S. m. 1 Karte.) kl. 8. Neudamm, J. Neumann. Geb. in Segellw. 1. 20; stärkere Ausg. B m. halbseit. Tageanordng. im Notizkaldr. (348 S. m. 1 Karte.) Geb. in Segelleinw. u. geh. 1. 60

Neumann, J., Unterricht in der Kunst der Tourentänze, m. e. reichhalt. Sammlg. v. leicht ausführbaren Cotillon-Touren. 16. (16 S.) Reutlingen 883. Bardtenschlager. — 15

Neumann, J.: Experimentelle Untersuchungen über die Wirkungen der Borsäure. Dorpat 1879. 38 S. Dorpat, Vet.-med. Diss. v. 1879.

Neumann, J., Venus-Spiegel, oder Darstellung aller Krankheiten, welche unter dem Namen der Lustseuche beim männlichen u. weiblichen Geschlechte vorkommen. Nebst einem Anhang über die Natur u. Heilung der venerischen Krankheit bei kleinen Kindern. 2. (Titel-) Aufl. 16. (IV u. 137 S.) Berlin (847) 849, J. Rocca. 1/3 ₰

Neumann, J. (II.), neuer Venus-Spiegel, oder: Gründliche Darstellung aller Krankheiten, welche unter dem Namen der Lustseuche beim männl. und weibl. Geschlechte vorkommen, und zuverlässiger Rathgeber, sich vor jeder Ansteckung zu sichern und alle vener. Krankheiten sicher und schnell zu heilen. Nebst Angabe zur unfehlbaren Wiederherstellung des geschwächten männl. Vermögens. Mit anatom. Abbildungen. 2. Aufl. 1849. und 3. Aufl. 16. Berlin 850, J. Rocca.

— s.: Vereinsblatt f. deutsches Versicherungswesen.

Neumann, J., Vereinsrecht und Vereinsgesetz. Vortrag gehalten im Vereine der Berliner Stadtbezirke 41—44. Berlin 862. (A. Jonas.) 8. (45 S.) 2½ ngr

— d. Versicherung m. Gewinn-Antheil bei d. Lebensversicherungs-Gesellschaften des Deutschen Reiches, nebst tabellar. Uebersichten des Vermögens- u. Geschäfts-Standes Ende 1896, sowie der Prämien f. die wichtigsten Versicherungsformen. 16. (VI, 233 S. m. 2 Tab.) Berlin 898. E. S. Mittler & Sohn. Geb. in Leinw. n. 2. —

— die Versicherung m. Gewinn-Antheil bei den Lebensversicherungs-Gesellschaften des Deutschen Reiches, nebst tabellar. Uebersichten des Vermögens- u. Geschäfts-Standes Ende 1899, sowie der Prämien f. die wichtigsten Versicherungsformen. 12. (V, 233 S. m. 2 Tab.) Berlin 901. E. S. Mittler & Sohn. Geb. in Leinw. n. 2. —

— die Versicherung mit Gewinn-Antheil bei den Lebensversichergs.-Gesellschaften des Deutschen Reiches, nebst tabellar. Uebersichten zur Vergleichg. des Vermögens- u. Geschäfts-Standes Ende 1901, sowie der Prämien f. die wichtigsten Versicherungsformen. (V, 231 S. m. 2 Tab.) 12. Ebd. 903.
Geb. in Leinw. n. 2. —

Neumann, J. Wie werden die Interessen der Landwirtschaft bei der Mobiliar-Feuervers. am zweckmäßigsten gewahrt? Berlin 1877.

Neumann, I., E. Freystadt, Zahlen beweisen! Statistische Materialien zur Beurtheilung der Deutschen Eisenzollfrage. Zusammengestellt von der Redaction des »Berliner Actionair«. Berlin 1875. 4. . . . . (D.)

— s.: Zeitschrift f. Versicherungswesen.

Neumann, J.D.: De baptismo *ὑπὲρ τῶν νεκρῶν*. – Jena. 1740.

Neumann, J. D., Hausarzt bey Feld- und Gartenbaue. 8. Passau. (Doll in Wien) 798.

Neumann, J. F. W., s.a. Neumann, Johann Friedrich Wilhelm von

Neumann, J. F. W., Anweis. u. Rath f. Küster u. Schullehrer auf d. Lande u. alle die es werden wollen, z. getreuen Erfüllung ihrer Amtspflichten. 8. Berl. 820. Stuhr. 6 gl.

Neumann, J. G., s.a. Neumann, Johann Georg

Neumann, J. G., Aufgaben z. Uebung im Tafelrechnen. Für Volksschulen. 1. Hftchn. Die Grundrechnungsarten mit ganzen u. gleichbenannt. Zahlen. 8. (3¼ B.) Breslau 834, Pelz.
Auflösungen hierzu (10 Seit.), 6 Pf.

Neumann, K. A. Ueber die Auffindung fossilen Eisens bei Chotzen in Böhmen; — Neumann, J. G. Bemerkungen über das Eisen von Chotzen. (Aus dem Jahrb. der geol. Reichsanst.) Wien. 1857. 8.

Neumann, J. H. A., Uebersicht und Bemerk. der Herrschaft Wiesenberg rc. 8. Brünn, Gastl.

Neumann, J. J., neues praktisches Gartenbuch. Ein Handbuch zum Selbstunterricht in allen Zweigen des Gartenbaues, der Obstbaum- und Blumenzucht, mit besond. Berücksicht. des Weinbaues. Nach den neuesten Erfahrungen dargestellt. 2. (Titel-)Aufl. Mit 1 lith. Taf. (in Fol.) Berlin 859. Adolf u. Co. Lex.-8. (VI, 176 S.) 22½ ngr.

Neumann, J. M., Taschenliederbuch zunächst für Schüler höherer Lehranstalten. Eine Auswahl der schönsten Vaterlands- und Volkslieder, als Anhang einige Turn-, Wander- und Gesellschaftslieder. Münster 864. Theissing. 8. (64 S.) 5 ngr.

Neumann, J. M., Ein Wort zu seiner Zeit, die neuern Ansichten des Pentateuchs betreffend. [Gymnasialprogramm.] Breslau 1812.

Neumann, J. W.

— J W, die Klassensteuer u d. klassifizierte Einkommensteuer in Preussen. Erfurt 1858

— neglectus emeticorum per observ. practicor. vindicatus. 8. maj. Prag. Gerle. (W. Vogel in Leipz.) 781.

Neumann, J. W., der Schmied v. Aachen. Historischer Roman. Mit 6 Illustr. v. P. Guntermann. (190 S.) Lex. 8. Aachen (909.10). A. Jacobi & Co. 1.20; geb. in Leinw. 2. —; auch in 6 Lfgn. à — 20

Neumann, J. W., Vertheidigung der Brechmittel, a. d. Lat. 8. Schwerin, Bödner. 786.

Neumann, J. Wilh., Beiträge z. Gesch. u. Alterthumskunde d. Nieder-Lausitz, s. Beiträge.

—— über Gewerbe-Freiheit u. deren Gränzen im Staate. Ein staatswissenschaftl. Versuch. gr. 8. (7¼ B.) Berlin 837, [Mittler, Brlgh.]

Neumann, J. Wilh.: Ueber die Nothwendigkeit der Abschaffung der Todesstrafe u. Entfernung des § 8 in dem neuesten Entwurfe des Preuß. Straf-Gesetzbuches. Berlin 1848.

Neumann, J. Wilh., über die Nothwendigkeit der Abschaffung der Todesstrafe und §. 8. in dem neuesten Entwurfe des preuß. Straf-Gesetzbuches. gr. 8. (19 S.) Berlin 848, Deckersche geheime Ober-Hofbuchdr.

—— über d. Nothwendigkeit e. Abstellung d. Latein-Schreibens u. Redens auf Schulen u. Universitäten, u. d. ausschließl. Gebrauches d. Muttersprache f. alle wissenschaftl. Gegenstände. gr. 8. (5⅛ B.) Berlin 839, (Bechtold u. Hartje. ?) *

—— die Patrimonial-Gerichtsbarkeit im Lichte uns. Zeit. gr. 8. (4 B.) Leipzig 836, Hartknoch.

—— das Provinzial-Recht des Markgrafenth. Niederlausitz. 2 Abthln., nebst e. Darstell. d. frühern niederlausitz. Verfassung, als Einleitung. gr. 8. (33¼ B.) Frankfurt a. d. O. 837, Trowitzsch u. Sohn.

—— die Verhältnisse d. niederlausitz. Landbewohner u. ihrer Güter von d. frühesten bis auf d. neuesten Zeiten. Ein Beitr. z. niederlausitz. Provinzial-Rechte. gr. 8. (5¼ B.) Lübben 835, [Winckler.]

Neumann, J. Wilh., Versuch e. Geschichte d. Niederlausitz. Land-Vögte. Mit mehr. Urkunden. (1. u. 2. Thl.) gr. 8. Lübben, Gotsch. [1. (13 B.) 831. 20 Gr., 2. (25¾ B.) 832. 1 Thlr. 8 Gr.]

Neumann, Jakob, aus Pr.-Friedland, Westpr.: Der Pentateuch-Commentar des Joseph Bechor Schor zum Buche Numeri nach d. Ms. No 52 d. Kgl. Hof- u. Staatsbibliothek in München hrsg., sowie mit Quellenangaben u. Anmerkungen versehen. T. 1. *Breslau 1899: Th. Schatzky.* (VIII, 36 S.) 8°
Strassburg, Phil. Diss. v. 1898

Neumann, Jac., populäre Vorträge über das norddeutsche Maaßsystem, gehalten im Novbr. 1869. Bonn 870. Cohen & Sohn. gr. 8. (60 S.) n. 6 ngr.

Neumann, Jean: Das sechzigjährige Dienst-Jubiläum Seiner Excellenz des Königlich-Preussischen General der Cavallerie, General-Adjutanten S. M. des Königs, Militair-Gouverneur der Bundesfestung Luxemburg, Leopold Heinrich von Wedell, gefeiert am 15. April 1856 zu Luxemburg. Luxemburg: V. Bück 1856. 60 S. 12°

Neumann, Jenny, von aner eigenen Rass'. Wiener Bilder. Mit e. Vorworte v. V. Chiavacci. 8. (XVI, 224 S.) Wien 889. Hartleben. n. 2. —; geb. n. 3. —

Neumann, Ign., Anleitung zur neuesten und kürzesten Berechnung von Annuitäten. Wien 860. Manz & Co. Lex.-8. (IV, 63 S.) n. 20 ngr.

Neumann, Ignaz, Berechnung d. Werthes der steuerfreien Jahre auf Häuser in Wien. gr. 8. (23 S.) Wien 871. Manz' Verl. n. 1. —

Neumann, Ign., Berechnung des Werthes der steuerfreien Jahre auf Häuser in Wien. 2. Aufl. (24 S.) 1871. *M 1.; 8. verm. und verb. Aufl. gr. 8. (48 S.) Wien 880, Manz'sche Hofverlagsh. *

Neumann, Ign., Berechng. d. Werthes d. steuerfreien Jahre auf Häuser in Wien. 4., d. heut. Verhältnissen entsprech. umgearb., verm. u. verb. Aufl. gr. 8. (40 S.) Wien 895. Manz. n. 1. —

Durchführung von Zinseszinsen-, Renten- und Amortisations-Rechnungen auf gewöhnlichem Rechnungswege durch ganz neue Anwendung der Zahlen aus den Zinseszinsen-Tabellen. Von Ignaz **Neumann**, (Wien). Wien: C. Gerold's Sohn 1893. (XI, 255 S.) 8° [08. 1774

— Durchführung von Zinseszinsen-, Renten- u. Amortisations-Rechnungen auf gewöhnl. Rechnungswege durch ganz neue Anwendg. d. Zahlen aus d. Zinseszinsen-Tabellen. 2., durchgeseh. u. verb. Aufl. gr. 8. (IX, 255 S.) Wien 895. C. Gerold's Sohn. 4. —

—— neuester Gratulant. 3. Ausg. Deutsch und ungarisch. Pest 860, Lauffer und Stolp.

Neumann, Ignaz, die heutigen Jagd-, Scheiben- u. Schutz-Waffen in der Hand d. Jägers, Schützen u. Waffenliebhabers. 8. (X, 99 S.) Weimar 872. B. F. Voigt. 1. 50

Neumann, Ign., die heutigen Jagd-, Scheiben- und Schutz-Waffen in der Hand des Jägers, Schützen u. Waffenliebhabers. (X, 99 S.) kl. 8. Leipzig 889. Berlin, Neufeld & Henius. 1. 50

Neumann, Ign., das Wesen der Hinterladungs-Gewehre. Uebersichtliche und allgemein verständl. Darlegung aller Hinterladungs-Gewehre bis auf die neuesten Erfindungen. gr. 8. (VIII und 70 S. mit 27 Stnt. nach Zeichnungen des Verf.) Weimar 867, Voigt.

Neumann, Ign., Zinses-Zinsen-Tabellen m. zeitgemässen neuen zum ersten Male publicirten Zinsfüssen, anzuwenden auf die Berechnung v. Amortisationsplänen etc. gr. 8. (78 S.) Wien 886. Gerold's Sohn. n. 2. —

Neumann. Immanuel Moritz. Beytrag zur Charakteristik des Buches Hiob und Bestimmung seines Zeitalters. [I.] II. Stück. Schulprogramme.] 2 voll. Breslau 1816. 1817.

Neumann, Joh., s.a. N e u m a n n , Jh. Geo. Josias

Joh. Neumann, Wirtschaftliche und rechtliche Abhandlungen von dem Hopfen.
Verf. Prof. der Rechte an der Nürnbergischen Univ. Altdorf. „Ein Buch, das in jener fernen Zeit schon eine erstaunliche Gelehrsamkeit entwickelt" (B r a u n g a r t).
Nürnberg 1759

Neumann, Joh., Beitrag zur Kenntnis der Assimilation anorganischer Nährstoffe im Tierkörper. Königsberg 94. Koch. M. 1.--

NEUMANN, JOHANN. Gott-liebender Seelen Geistliche Nachlese . . . In ungezwungenen Teutschen Versen abgefasset. Leipzig, J. C. Martini, 1715. Kl.-8°. *Gestoch. Frontispiz.* 7 Bl. 240 S. 2 Bl. Pgt. d. Z.
G. III. 295. 49 : 1.

Neumann, Joan. (Jac.) (geb. Berlin 1822): Nonnulla de hypertrophia cordis. Berolini (1846). (31 S.) 8°
Berlin, Med. Diss. v. 1 Okt. 1846

Neumann, Johann und Kaspar, Herrn M. Caspar Neumanns /// der Kirchen und Schulen weyland hoch=ver= //dienten INSPECTORIS in Breßlau /// Seufftzer der Heiligen /// Zu allen Zeiten / in allen Ständen /// in allem Anliegen /// Und demnach statt eines // Morgen= und Abend=Seegens /// Kirchen= und anderer Gebeth=Andachten // zu gebrauchen; // nebst // Einem andächtigen Soliloquio // oder heiligen Seelen=Gespräch // auf alle Sonn= und Festtage /// in // ungezwungenen teutschen Versen // abgefaßt und als // Ein Kleinod und Schmuck // vor Jung= und Alte // dargestellt von // Johann Neumann. // Leipzig / zu finden beym Autore, // in Herrn Caspar Jacob Eyssels Behausung/ // auf der Nicolai-Strasse. - 212 Seiten. Zwischen Titelblatt und Seite (3) sind 2 Blatt (nicht paginiert) eingelegt mit der Widmung d.d. 22. Januarii 1721.
B. S. T. 12°. 105.

— **Johann August**, De homine cive nonnulla. Leipzig (Langenheim) 21. II. 1760. 18 S. (4.75) 24806
Gew.: Gottlob Eck.

— — Rhapsodiae supplementa. Präs. Carl Ferdinand Hommel. Leipzig (Langenheim) 26. VII. 1770. 30 S. (5.—) 24807

— **Johann Benjamin** (Hamburg), De secundis nuptiis, comparatione juris Romani cum statutario Hamburgensi nec non codice Francogallorum civili facta. Diss. Göttingen (J. C. Baier) 1814. 46 S. (4.75) 24808

Die Empfindungen eines Christen bey dem Tode des Erlösers, vorgestellt in der Königlichen deutschen Gesellschaft am Charfreytage, von JOHANN DAVID NEUMANN, ... Im April 1767. Königsberg, gedruckt bey Daniel Christoph Kanter. fol.

Neumann, Jh. Dav., († d. 23. Oct. 1803.) katechet. Unterricht in d. Religion, f. diejenigen, die z. Ablegung ihres Glaubensbekenntnisses vorbereitet werden. 8. Königsb. 779. Hartung. 6 gr.

Erlebnisse der verhafteten Kammergerichts- u. Regierungsräte auf der Festung Spandau im Jahre 1780. Auszüge aus dem Tagebuche des Rats [Joh. Ernst] **Neumann**. ⟨Ein Beitrag zum Müller Arnold Prozess.⟩ Als Ms. gedr. Berlin: E. Frensdorff [1904]. (V, 29 S.) 8° [F.] [05. 379

E r l e b n i s s e der verhafteten Kammergerichts- u. Regierungsräte auf der Festung Spandau im Jahre 1780. Auszüge aus dem Tagebuch des Rats [Joh. Ernst] **Neumann.** ⟨Ein Beitrag zum Müller Arnold Prozeß.⟩ H. [1.] 2. Als Ms. gedr.
Berlin: E. Frensdorff [1904 - 05]. 2 Bde. 8°
2. Mit 1 Silhouette u. 1 Faksim.

Aus der Festungszeit preußischer Kammergerichts- und Regierungsräte auf Spandau 1780. Tagebuch des Regierungsrates (Joh. Ernst) **Neumann**, geschrieben während d. von Friedrich d. Großen über d. Richter im Müller Arnold-Prozeß verhängten Festungshaft. Mit Erl., Anm., e. Personenverzeichn. sowie e. ausführl. Geschichte d. Müller Arnold-Prozesses. Mit d. Bildnissen d. Eheleute Arnold nach sehr seltenen Originalen. Als Ms. gedr. (Hrsg.: Adolf F i s c h e r, Rechtsanwalt.) Berlin: Selbstverl. 1910. (V, 273 S. 8°
[10. 3757

Neumann, Jh. Fr.

— Beweis, n. Discours üb. s. Beweis, von dem jetz. schlechten K o r n b a u, dessen mögliche Verbesserung ꝛc. 8. Ebend. 749.

Neumann J. F.: Discours üb. seinen Beweiss v. dem itzigen ungemein schlechtem Korn-Baue, dessen mögliche Verbesserung u. was dazu erfordert werde. Berl. 1748. 53 S.

— nähere Erklärung d. Begriffs v. d. wilden Erde, nebst Gedanken v. Mistmachen. 4. Berl. 751. Lange. 5 gr.

— Hoffnungsvolle Gedanken u. Vorschläge z. wirklichen Verbesserung d. Ackerbaues u. Vermehrung d. Körner im Grossen ohne Unkosten u. Künsteleyen. Nebst e. dreyfachen Anh. ... Brandenb. u. Leipz. 1765. (12) 230 S.

Neumann, Jh. Fr., († im Jan. 1784.) Gedanken u. Vorschläge z. Verbesser. d. Ackerbaues. 4. Brandenb. 765. Halle. 14 gr.

Neumann J. F.: Vorläufiger u. ohnmassgeblicher Vorschlag wie die mögliche Verbesserung d. Acker-Baues im Grossen wahr u. würcklich zu machen sey ... Berl. 1749. 31 S.

N e u m a n n, J., Vorschl., wie d. mögl. Verbesser. d. Ackerbaues im Großen wirklich zu machen sey ꝛc. 4. Berlin, Haude. 749.

Neumann, Johann Friedrich

— — Von der rechten Aufmerksamkeit auf unser Zeit-Alter. Zur Anzeige des Lob- und Dank-Actus oder der so genannten Gregorius-Feyerlichkeit welche im Gymnasio wird gehalten werden. Görlitz (J. Fr. Fickelscherer) 29. XII. 1786. 16 S. mit Namen. (4.—) 24818

— — Orationes anniversarias Sylverstainianas in Gymnasio. — Prolusionis loco Proponitur de Bibliotheca Milichiana Gymn. Aug. Gorl. Publica repetitarum commentationum. Partic. VI. Görlitz (Fickelscherer) 11. V. 1792. 10 S. mit Namen. (4.—) 24820

— — Orationes anniversarias Sylverstainianas in Gymnasio. — Prolusionis loco proponitur de Bibliotheca Milichiana repetitarum commentationum Part. VIII. Görlitz (Unger) 29. IV. 1796. 10 S. mit Namen. (4.—) 24824

— — **Ad Caroli Gehleri memoriam in Gymnasio recolendam invitat et prolusionis loco lectionum privatarum consilium et rationem exponit.** Görlitz (Fickelscherer) 10. XII. 1777. 12 S. mit Namen. (4.—) 24812

— — **Ad Caroli Gehleri memoriam in Gymnasio recolendam invitat.** — Praemittitur de Jo. Aug. Ernestio ejusque meritis, cum in humanitatis litteras, tum in earum in scholis disciplinam: orationis, quae Superiori anno habita est, Part. I. Görlitz (Fickelscherer) 4. XII. 1782. 8 S. mit Namen. (4.—) 24816

— — Ad Caroli Gehleri memoriam in Gymnasio recolendam invitat. — Prolusio habet alteram partem et postremam narrationis de Jo. Aug. Ernestio ejusque meritis, cum in humanitatis litteras, tum in earum in scholis disciplinam. Görlitz (Fickelscherer) 10. XII. 1783. 8 S. mit Namen. (4.—) 24817

— — Prolusiono I. quaestionis de legitimo doctrinae scholasticae habitu ad ea artis ac sollertiae specimina, quae in curiis ecclesiasticis et civilibus requiruntur a juvenibus litteratis, rerum gerendarum curae admovendis. — Ad examen vernum in classe I. Gymnasii instituendum senatum invitat. Görlitz (Fickelscherer) 22. III. 1793. 10 S. (4.—) 24821

— — Ad examen vernum in classe I. Gymnasii instituendum senatum invitat. — Prolusio habet dissertationis, de cultioris vitae incrementis et commodis, e nostrae aetatis doctrina populari paratis, part. I. Görlitz (Unger) 15. III. 1799. 10 S. (4.—) 24826

— — Orationes Sylverstainianas in Gymnasio. Görlitz (Fickelscherer) 23. V. 1794. 10 S. mit Namen. (4.—) 24823
De majorum meritis, in posteritatis cura, agnoscendis, rite aestimandis atque imitandis. Oratio in solennibus Sylverstainianis habita 9. V. 1792.

— **Jo. Friedrich** (Magdeburg), De necessitate eiusque in jure effectu. Diss. jur. Präs. Daniel Nettelbladt. Halle/Saale (Chr. P. Franck) Juli 1752. 26 S. (5.—) 24827
Gew.: Samuel von Coccejus. — Widm. v.: Daniel Nettelbladt, Georg Samuel Madinn (Oppon.), Jo. Heinr. Nising (Oppon.).

— — Dasselbe. Halle (Hendel) Juli 1752. Editio secunda. 24 S. (5.—) 24828
Widm. v.: Daniel Nettelbladt.

— **Johann Friedrich** (Görlitz), Ad memoriam Gehlerianam in Gymnasio recolendam invitat et de pervulgato quorundam nostrae aetatis philosophorum placito: evertenda prius sunt antiqua doctrinae aedificia quam nova exstruenda. Görlitz (Fickelscherer) 14. XII. 1774. 8 S. mit Namen. (4.—) 24810

— **Johann Friedrich** (Görlitz), Memoriam Caroli Gehleri dynastae in Leschwitz et Girbigsdorf solemni ritu crastino die recolendam indicit et orationi, de praeceptore futuri de se judicii haud ignaro, habendae commentatione de discipulis post aliquot annos scholae magistrorum judicibus proludit. Görlitz (Fickelscherer) (11. XII. 1770.) 10 S. (4.—) 24809

— — Ad Caroli Gehleri dynastae in Leschwitz et Girbigsdorf memoriam in Gymnasio recolendam invitat et de quaestione ad dijudicandum praesentem rei scholasticae statum nuper proposita disserit. Görlitz (Fickelscher) 13. XII. 1775. 10 S. mit Namen. (4.—) 24811

— — Ad Caroli Gehleri memoriam in Gymnasio recolendam invitat. — Prolusionis loco adjecta est altera commentatio de scholis graecis, Quae persequitur nonnullas observationes et cautelas in tradendis graecae linguae elementis. Görlitz (Fickelscherer) 15. XII. 1779. 8 S. mit Namen. (4.—) 24813

— — Ad Caroli Gehleri memoriam in Gymnasio recolendam invitat. — Prolusio habet tertiam commentationem de scholis graecis, Quae versatur in scriptorum delectu apte commodeque instituendo. Görlitz (Fickelscherer) 13. XII. 1780. 8 S. mit Namen. (4.—) 24814

— — Ad Caroli Gehleri memoriam in Gymnasio recolendam invitat. — Prolusio habet quartam commentationem de scholis graecis, Quae versatur in exponenda scriptorum legendorum atque interpretandorum ratione. Görlitz (Fickelscherer) 12. XII. 1781. 8 S. mit Namen. (4.—) 24815

— — Ad examen vernum in classe I. Gymnasii instituendum senatum invitat. — In prolusione disseritur de statu rei scholasticae in Gymnasiis et Lyceis difficili et molesto, in quem ea nostris diebus adducta est. Görlitz (Fickelscherer) 11. IV. 1794. 12 S. (4.—) 24822

— — Orationes anniversarias Sylverstainianas in Gymnasio. — In prolusione disseritur: de Studio discendi docentibus non remittendo. Görlitz (Fickelscherer) 27. V. 1791. 8 S. mit Namen. (4.—) 24819

— — Versuch einer Prüfung des Satzes: Es muß jetzt in der Welt immer besser werden. Zur Anzeige des Lob- und Dank-Aktus oder der sogenannten Gregorius-Feyerlichkeit welche im Gymnasio wird gehalten werden. Görlitz (J. R. Unger) 30. XII. 1796. 18 S. mit Namen. (4.—) 24825

Neumann, Johann Friedrich Wilhelm von

Neumann, I. F. W. de, institutiones juris principium privati. 4. Frft. Esslinger et Brönner. 747.

de Neumann, J. F. Guil.: Meditatt. jur. principum privati, de jure personarum illustr. earumque ministris. *Frkf. a. M.*, Brönner. 751—56. 9 T. 4. (7 Thl.)

— — idem lib. IX Tom. 4. Frft. Brönner. (et Varrentrapp et W.) 751-56.

Neumann, Joan. Frid. Guil. (geb. Lübben 6. 12. 1820): Nonnulla de cordis vasorumque majorum morbis organicis. Berolini (1844). (31 S.) 8°
Berlin, Med. Diss. v. 27. Juni 1844

— (a)Principia processus judicii imp.

Principia processus judicii imperialis aulici hodierni brevissime delineata, indicatis simul differentiis processus cameralis a J. F. W. de N. de W. (J. Fr. W. de Neumann de Wolfsfeld.) *Francof.* et *Lips.* 744. 4.

— principia processus judicii imper. aulici, nebst Formularbuch des heutigen Reichsprocesses. 4. Frft. Eßlinger (auch Brönner) 747.

Dass. nebst e. vollständ. Formularbuch. d. heut. Reichs-Processes u. s. w. 2te Ausg. 5 Thle. *Ebend.* (747.) 755. (Schäfer.) 4. (1 Thl. 4 Gr.)

Neumann, Joh. G., über die krystallinische Structur des Meteoreisens von Braunau, s.a. Abhandlungen, naturwissenschaftl., hrsg. v. W. Haidinger, III. Bd.

Neumann, J. G.: Über die krystallinische Structur des Meteoreisens von Braunau. (Aus den Abhandl. d. Freunde der Naturw.) Wien 1848. 4°

Neumann, Johann Georg

Neumann, J. G., de ἀποκαθάρσει animae ante et post mortem. Viteb. 1707. 4.

Neumann, Johann Georg [Praes.], s. Avenarius, Johann: Disp. theolog. qua status controversiae in hypothesi: de termino salutis peremptorio, evolvitur, et orthodoxa assertio.

Neumann, Johann Georg. Curieuse Betrachtungen des sogenannten D. Faustens. A. d. Lat. Dressden u. Leipzig 1702. Ü: *Meister, Johann Gottlieb* oder *Molitor, Marcus* [?]. (Engel, Bibliotheca Faustiana. 2. Aufl. Oldenb. 1885.)

Neumann, I. Geo., chiliasmus subtilissim. 4. Viteberg. Mayer. 715.

Neumann, J. G., de conditoribus symboli apost. Viteb. 1694; rec. 1711. 4.

Francke

— **M. Wilhelm** (Freib. Misn.), De descensu Christi ad inferos, ex I. Petr. III, vers. 18. 19. Disp. theol. Präs. Joh. Georg Neumann, April 1694. Wittbg. 1702. 16 Bl. (5.—) 9338

(—). — Facultatis theologicae, in Academia Wittenbergensi, Decanus, **Jo. Georg Neumann**, benevolo lectori sal. pl. dicit, et B. D. Salomonis Gesneri exemplum, SS. theol. candidato, ad imitandum proponit. O. O. Jubilate 1704. (4.—) 24833
Mit Biogr. Gesners.

Q.D.B.V. Disquisitio Historica de Fausto Praestigiatore, quam in alma hac Leucorea Publico examini committunt Praeses M. Joh. Georg. Neumann Belt. Saxo, et Carol. Christianus Kirchner Preza Saxo. Autor Respondens. H.L.Q.C.A.O.R. 1683. D. 23 Maji. [Wittenberg.] Typis Matthaei Henckelii, Acad. Typogr.

Engel, *Faust-Schriften*, no. 47; Eberhard David Hauber, *Zauberbibliothek*, 2, no. 22. 20 cm. 12 leaves.

... Disquisitio Historica De Fausto Praestigiatore, quam in alma ... examini committunt Praeses M. Joh. Georg. Neumann Belt. Saxo, et Carol. Christianus Kirchner ... Autor Respondens ... A.O.R.M. 1683. D. XXIII. Maji. [Wittenberg.] Literis Meyeranis, 1711.

20/16 cm. 12 leaves.

... Disquisitio Historica, De Fausto Praestigiatore Vulgo von Doct. Faust, quam in Alma Hac Leucorea Publico Examini committit Praeses M. Joh. Georgius Neumann et Respondens Car. Christianus Kirchnerus ... Die XXIII. Maji, Anno 1683. ... Vitembergae ... 1712.

20/16 cm. 12 leaves.

Neumann, M. Joh. Georg., Q. D. B. V. disquisitio historica de Fausto praestigiatore vulgo Doctor Faust, quam in alma hac Leucorea publico examini committunt Praeses —, et Respondens Carol. Christ. **Kirchner**, Preza Saxo, die XXIII. Mai H. L. Q. C. Witteb. *683. 4. recus. ann. *MDCXCIII. 4. 712. 4. *713. 4.

Neumann, Johann Georg [Praes.], s. Gander, Jo. Gotthard: De parallelismo sacrae scripturae.

Neumann, Johann Georg [Praes.], s. Klepperbein, Florianus: De peccato sub spe veniae commisso, ad Rom. VI.

(—). — Facultatis theologicae, in Academia Wittenbergensi, Decanus **Jo. Georg Neumann**, Benevolo Lectori. O. O. Dom. III. post Epiphan. 1700. (4.—) 24832
Mit Biogr. von Georg Sigismund Green (Lucc./Lausitz) (M.: U. D. Reinhardt.)

Neumann, Johann Georg [Praes.], s. Moehring, Gottfr. Viktor: De canone S. Scripturae obsignato.

Neumann, Johann Georg [Praes.], s. Neumann, Benjamin: De pontifice novi testamenti, Ex Hebr. VII, 26. 27.

Hill, M. David Ludwig (Stolp/Pomm.), De passione Christi cruenta vicaria, ex oraculo Petrino, epist. I. cap. I. v. 18. & 19. Disp. theol. Präs. Jo. Georg Neumann. 20. III. 1696. Wittbg. (Johann Goffried Meyer) 1716. 16 Bl. (6.80) 15148

Neumann, J. G., Petrus a Petro alienus. Viteb. 1697; rec. 1711. 4.

— primitiae dissertat. acad. hist. et philol.. 8. Viteberg. Zimmermann. 716.

— programmata acad. 4. Viteberg. Knoch. 722.

Neumann, Johann Georg [Praes.], s. S c h o e n i n g , Gottfried: De apotheosei fanaticorum.

Neumann, Jh. Geo., († ...) theologia aphoristica c. praef. J. S. Weickhmann. 8. Wittenb. 763. Zimmermann. 16 gr.

Neumann, Joa. Geo., oratio de tumulo D. Lutheri adhoc inviolato, a. 1707, habita; unacum appendice eiusdem argumenti. Ed. noviter impressa. 8. (12 S.) München 883. (Kaiser.) n. — 50

Neumann, Johann Georg [Praes.], s. W e i c h m a n n , Joachim: De palma ab angelicis non intervertenda, ex Col. II. 18.

Neumann, Johann Georg [Praes.], s. Z e i b i c h , Christoph Heinrich: De poenitentia solenni.

Neumann, Jh. Geo. Josias, allgem. Grundsätze d. peinlichen Rechts. (Russ.) Ins Deutsche übers. v. Fr. v. Essen, unt. d. T.: Abriß d. russ. peinl. Rechts. Mit Anmerkk. hrsgg. vom Verf. 8. Dorpat 814. (Riga, Meinshausen). 12 gr.

— Principien d. Philosophie u. Moral. 8. Leipz. 814. (Riga, Meinshausen). 12 gr.

— Principien d. Politik. 8. Dorpat 814. (Riga, Meinshausen). 12 gr.

Neumann, Johann Gottfried

— — (Bautzen/Lausitz), De probatione per testes caute instituenda. Disput. inaug. Präs. Casp. Heinrich Horn. Wittenberg (J. G. Meyer) 6. X. 1704. 40 S. (5.50) 24835

— — Dasselbe. Wittenberg (J. G. Meyer) 6. X. 1704. Rec. 1713. 40 S. (5.—) 24836

— — Dasselbe. Wittenberg (J. G. Meyer) 6. X. 1704. Rec. 1721. 40 S. (5.50) 24837

— — Dasselbe. O. O. 6. X. 1704. Rec. 1741. 40 S. (5.50) 24838

— **Johann Gottfried** (Merseburg), De reditibus pastorum ecclesiae. Diss. jur. Leipzig (Langenheim) 13. III. 1738. 48 S. (5.50) 24840
Gew.: Christian Wilhelm von Burckersroda, Johann August Neubert.

— — De reditibus pastorum ecclesiae Von Einkünfften derer Prediger. Diss. jur. Leipzig (Langenheim) 13. III. 1738. 48 S. (5.50) 24841
Gew.: Christian Wilhelm von Burckersroda, Johann August Neubert.

— Jo. Gottfried (Merseburg), De retentione ususfructus eiusque effectu. Disput. jur. Präs. Andreas Florenz Rivinus. Leipzig (Breitkopf) 17. VIII. 1730. 28 S. (5.—) 24839
Gew.: Ludwig Adolph von Zech.

— Johann Gottfried, Rhapsodiae supplementa. Präs. Carl Ferdinand Hommel. Leipzig (Langenheim) 27. I. 1774. 24 S. (5.—) 24834

Neumann, Jh. Gotthrdt., einige Nachrr. v. d. in Görlitz lebenden Negerin, in d. heil. Taufe: Marie Fr. W. Dioppo genannt, nebst d. Taufactus. gr. 8. Görlitz 826. Jobel. 3 gr.

Neumann, Jh. Gthlf., Anweis. z. guten u. richtigen Ausdruck in d. deutschen Sprache, so wie z. Bildung d. Styls ꝛc. gr. 8. Leipz. 803. P. F. Vogel. 1 Thlr.

N e u m a n n , J. Gotthelf, Anweisung z. richtigen und guten Ausdruck in der deutschen Sprache ꝛc. gr. 8. Lpz. P. F. Vogel. 803.

— s. B i b l i o t h e k d. Oberlausitz. Gesellschaft.

—— neues Lausitzisches Magazin ꝛc., s. M a g a z i n.

— Johann Gottlieb (Zittau/Lausitz), De purgatione copiosa et nimia. Diss. med. Präs. Johann Heinrich Schulze. Halle/Magdeburg (J. Chr. Hilliger) Okt. 1736. 32 S. (5.—) **24842**

Neumann, Joh. Jac. Nathanael, s.a. A u g u s t e und Friederike

AUGUSTE u n d F r i e d r i k e (!), o d e r d i e z w o K u s i n e n. Ein Bilderbuch für alle Stände. Nach der Zeichnung eines pommerschen Junkers (verfasst von *Joh. Jac. Nathanael Neumann*, 1749—1804). 2 Thle. Mit 2 (einander gleichen) Signet-Titelvign. Küstrin, bey Ferd. Oehmigcke. 1786. 8°. (2 Mk. 50 Pfg. Jos. Jolowicz, Posen, 1889; jetzt theurer!)
I: Tit. u. 245 S. II: Tit. u. 297 S. — Besonders Theil 2 (in Briefen) ist zum Theil anstößig und ein merkwürdiges Beispiel von Überspanntheit u. üppigem Schwulst.

Neumann, Jh. Jak. Nath., († d. 28. Nov. 1803.) freimüth. Betrachtt. über das Predigtwesen. 8. Frankf. a. d. O. 794. (Wienbrack in Leipz.) 8 gr.

N e u m a n n , J. J. N., Betracht. über das Predigtwesen. 8. Frft. Apitz. 794.

– s.a. F i e c k c h e n , Mamsell ...

FIEKCHEN, M a m s e l l , u n d i h r V i e l g e t r e u e r. Ein Erbauungsbüchlein für gefühlvolle Mädchen (von *Joh. Jac. Nathanael Neumann*). Küstrin, bei Ferd. Oehmigke. 1785. 8°. (1 Mk. 80 Pfg. A. Bielefeld, c. 1885.)
1 Bl., 208 S. Ziemlich zahm.

— — Dasselbe. tit.: G e s c h i c h t e M a m s e l l F i e c k c h e n s , oder W a r n u n g s b ü c h l e i n. Ebd. 1788. 12°.
Meusel V, 410—11; Kayser 38.

— s.a. G e d i c h t e von J. J. N. N.

– G e d i c h t e

— — von *J. J. N. N.* (d. i. *Joh. Jac. Nath. Neumann*). Hamburg und Leipzig 1772. 8°.
Anon.-Lex. II. p. 159 (nach Adelung); p. 161 (nach Kayser).

– s. J u l i e von Rosenfeld.

– s. L e b e n meiner Tochter Therese von Silberbach.

LEBENSLAUF m e i n e r T o c h t e r T h e r e s e v o n S i l b e r b a c h. Teutschlands edelsten Töchtern gewidmet. (Stellenw. derber Familienroman von *Joh. Jac. Nathanael Neumann*, 1749—1804). 2 Bde. Mit 2 TKpfrn. (von E. H e n n e u. C. C. G l e i s s b a c h sen.). Berlin, bei Frdr. Maurer, 1782—83. 8°.
I: 2 Bll., 267 S., 1 S. Err. II: 1 Bl., 270 S.
— — Dasselbe. Neue Auflage. Ebd. 1788. 8°. (Citirt Kayser.)

– s.a. R e i s e n auf die Heirath.

REISEN a u f d i e H e i r a t h (von *Joh. Jac. Nathanael Neumann*). Mit 1 Kpfr. (bei S. 204). Leipzig und Frankfurt a. d. O., Apitz, 1794. 8°.
Tit. u. 278 S. Zahm. — Anon.-Lex. III. p. 364 (nach Adelung, Kayser u. Meusel).

ROSENFELD, Julie von. Eine (stellenw. derbe) Familiengeschichte in lauter kleinen Kapitelchen. Eigne Handschrift des Fräuleins. Hrsg. vom Verfasser des Lebenslaufs meiner Tochter Therese von Silberbach *(Joh. Jac. Nathanael 'Neumann)*. Mit Titelkpf. nach Chodowiecki gestoch. v. L. Berger. Berlin, bey Friedrich Maurer, 1784. 8°. (8 Mk. Max Harrwitz, Berlin, 1891: „Köstliche Satire".)

Titel u. 274 S. — Einige Kapitelchen (!)-Ueberschriften: Die junge Pachterwittwe tritt ihr Aemtchen an. — Venus und Adonis. — Offenherziges Geständniß meiner Jugendsünden. — Der Herr Adjutant verzweifelt ein wenig; aber nicht auf Werthers Manier. — Beitrag zur geheimen Geschichte der Misogyne. — Viel fehlte nicht, so erblikte (!) man hin und wieder Bruchstücke von Gruppen aus Cytherens Tempel. — Madam Wandelstern wie sie leibt und lebt. (Mehr als drastisch.)

– s. Urbanus Rhegius d. Zweite.

– s.a. Visiten.

VISITEN (von *Joh. Jac. 'Nathanael Neumann*, geb. 6. Febr. 1750 zu Frankfurt a. d. O., † 28. Nov. 1803 als Prediger zu Lossow b. Frankf. a. d. O.)
Berlin u. Leipzig (Rottmann in Berlin) 1782. 8°. 284 S. (incl. Tit.) (4 Mk. Jos. Jolowicz, Posen, 1889; 6 Mk. J. Halle, München, c. 1905; 20 Mk. Adolf Weigel, 1910.)

Anon.-Lex. IV. p. 330 (nach Adelung, Kayser, Meusel).

Neumann, Johann Carl. aus Curland, Ueber den vorzugsweise wirksamen Bestandtheil des schwarzen Pfeffers. Diss. Dorpat. 8°. 29 pp.

(Neumann, Joh. Carl Aug.) s.a. + Sebaldo.

SEBALDO (d. i. *Joh. Carl Aug. 'Neumann*), Kriegerische Abentheuer und Züge aus dem bürgerlichen Leben. Leipzig, Fest'sche Verlagsbuchhdlg., 1835. 8°. 7½ Bog.

* — — Kleine historische Konterfeis zur Kurzweil. Nordhausen, Fürst, 1829. 8°. (In Berlin: Pa 8488.) (4 Mk. 50 Pfg., unbeschn., Edm. Meyer, Berlin, 1908.)

— — Dasselbe. Neue wohlf. Ausgabe. Ebd. 1832. 8°. 12 Bog.

— — Des Lebens Licht und Schatten, in launigen und ernsten Erzählungen. 2 Thle. Leipzig 1826—27. 8°. (2½ Rthl.)

Theil 2. hat auch d. Titel: Panorama launiger u. ernster Erzählungen.

Nur Th. 1 lag vor: 1. Die Glacière. 2. Der Carbonaro-Mantel. 3. Blätter aus dem Tagebuche eines Soufleurs. 4. Eifersucht und Rache. 5. Die Walpurgisnacht. 6. Die Ueberraschung. 7. Der Schreibfehler. 8. Dankbarkeit und Treue. 9. Der Schlaftrunk. 10. Der Ueberfall. 11. Meine Abentheuer auf der Leipziger Messe.

Neumann, Johann Karl August

Siegmund, Wildgraf von Roßburg, Letzter Großmeister der Todtenritter. Eine abenteuerliche Erzählung aus den Zeiten Kaiser Heinrichs des Vierten. Von Sebaldo [d.i. Johann Karl August Neumann].
Leipzig: (Hunger) 1834. 244 S. 8°

Titelbl. fehlt.

— — Siegmund, Wildgraf von Roßburg, letzter Großmeister der Todtenritter. Eine abenteuerliche Erzählung aus den Zeiten Kaiser Heinrichs des Vierten. Leipzig, Magazin für Industrie etc., 1834. 8°. 15½ Bog. (1⅙ Rthl. (4 Mk. Edm. Meyer, 1908.)

— — Sommerfrüchte. Erzählungen aus alter und neuer Zeit. Von *Sebaldo*. Verf. von: Leipzigs Vorzeit. 2. Aufl. Leipzig. Kollmann, 1827. 8°. IV—258 S.

— — Wahrheit u. Phantasie in ernsten u. launigen Erzählungen. Leipzig 1828. 8°. (5 Mk. 50 Pfg., cart., unbeschn., Edm. Meyer, 1908.)

Neumann, Joh. Nep., katholischer Katechismus 10. Aufl. 12. (180 S.) Baltimore 855(57). (Philadelphia, Schäfer und Korabi.) *

Neumann, Jh. Nep. Thom., († ...) Wegweiser z. Leben f. d. Hebräer. 8. Augsb. 790.

Neumann, Joh. Peter, Sendschreiben eines kathol. Priesters an Johannes Ronge. Zugleich eine seelsorgliche Belehrung für d. kathol. Volk. 8. (1 B.) Mainz 844, Kirchheim, Schott u. Thielmann.

Aus: Der Katholik rc. besonders abgedruckt.

– Dass., s.a. Neumann, Jos. Pet.

Neumann, Jh. Ph., Handbuch (Lehrbuch) der Physik. 2r Bd. 2e bedeutend geänd. u. verm. Aufl. Mit 12 Kpfrtaf. gr. 8. Wien 835. Gerold. 4 ℛ

Neumann, Joh. Ph., Handbuch der Physik für Unterricht u. Selbstbelehrung, m. immerwähr. Beziehung auf Anwendung. 1. Bd. 3., zu einem durchaus neuen Werke umgestaltete Aufl. gr. 8. (33 B. u. 7 Kpfrt.) Wien 842, Gerold, Verl.

Neumann, Jh. Ph., od. auch: Jos. Ph., Compendiaria physicae institutio, quam in usum tironum conscripsit hu jusque scientiae statui recentissimo accommodavit. II Tomi. Cum fig. 8maj. Grätz 808—12. Ferstl. 1 ℛ 16 ℊ

— Lehrbuch d. Physik. 2 Bde. Mit 27 Kpft. gr. 8. Wien 818—20. Gerold. 7 ℛ 12 ℊ 1r Bd. 2e Aufl. Mit 7 Kpf. gr. 8. Ebd. 830. 3 ℛ 8 ℊ

—— Lehrbuch d. Physik. 2 Bde. 2., bedeut. geänd. u. verm. Aufl. gr. 8. Wien, Gerold. [1. (35 B. u. 7 Kpfrt. gr. 4.) 830. 3 Thlr. 12 Gr., 2. (48 B. u. 12 Kpfrt. gr. 4.) 835. 4 Thlr]

Neumann (J. P.), Lehrbuch der Physik. 2 Thle. Wien 1818—20. 8.
Desgl. 2. Aufl. 2 Thle. Ebendas. 1830—35. 8.
Desgl. 3. Aufl. Thl. 1. Ebendas. 1842. 8.

Neumann, Joh. Phil., Ernst, Frohsinn u. Scherz. In Dichtungen mannigfach. Inhalts. gr. 12. (10½ B.) Wien 830, Gerold.

Neumann, Jh. Sam. Benj.

— üb. Beschaffenheit d. Getreidearten, s. zwei Preisschriften.

Neumann, Jh. Sam. Benj., die Erziehung d. gemeinen Bürger- u. Soldatensöhne. 8. Berl. 791. Petit. (Schöne). 8 ℊ

— über die Fieber. 8. Berlin, ~~Maurer~~. 801. Kuhr.

— üb. die Fieber u. Fieberkuren in chem. Hinsicht. 8. Berl. 801. Maurers B. 4 ℊ

— üb. die Natur d. Dinge; ein astronom., chem., physikal. u. philosoph. Versuch. gr. 8. Berl. 803. W. Oehmigke. (Sander). 12 ℊ

Neumann, J. S. B.: Zwei Preisschriften ..., s. Schrader, J. C. C.

— üb. die Stände, in näherer Beziehung auf Brandenburg. 8. Berl. 793. Schöne. 16 ℊ

— üb. die bürgerl. Verhältnisse u. Stände. gr. 8. Stendal 795. Franzen u. G. 12 ℊ

Neumann, J. V. B.: „Vorschläge zur Beförderung bürgerlichen Wohlstandes im gemeinen Militär, hauptsächlich in Hinsicht auf Verpflegung der Soldatenkinder und Versorgung der Invaliden", Berlin 1790. — Vorh.: Preuß. Staatsbibl. Berlin.

— Vorschläge z. Beförder. bürgerl. Wohlstandes im gemeinen Militair. 8. Berl. 790. Schöne. 8 ℊ

— üb. Wittwen- u. Waisen-Verpflegungsgesellschaften rc. 8. Stendal 796. Franzen u. G. 7 ℊ

Neumann, Joh. Wilh., Geschichte der Land-Stände d. Markgrafthums Niederlausitz u. deren Verfassung. 1. Abthl. gr. 8. (16½ B.) Lübben 843, Winkler. *

Neumann, Johanna, geb. Hiepe, s. a. J. Satori.

Neumann, J., s. a. Satori-Neumann.

Neumann, Johanna, geb. Kühlbrand, Mährchen u. Geschichten. 4. (71 S.) Rogasen 870. Alexander. geb. n. 1. 20

Neumann, Johanna, geb. Kühlbrand, Märchen u. Geschichten. 2. Aufl. 8. (91 S. m. 1 color. Steintaf.) Löbau Westpr. 881. Skrzeczek. cart. n. 1. —

SATORI, J. (d. i. *Johanna Neumann*), Die Nonne.) Ein (zahmer) Roman. 2 Bde. Danzig 1847. 8°. (3 Mk. Schaper, Hannover, 1904.)

[F.] **Neumann,** Johannes [aus Königsberg]: ... Beitrag zur Kenntnis der Assimilation anorganischer Nährstoffe im Tierkörper ... Königsberg i. Pr., Buchdr. v. E. Rautenberg, *1893;* 54 S. 8.
Königsberg, Phil. Fak., Inaug.-Diss. v. 9. Aug. 1893

Neumann, Johs., Beitrag zur Kenntnis der Assimilation anorganischer Nährstoffe im Tierkörper. Diss. gr. 8. (51 S.) Königsberg i/Pr. 893. (W. Koch.) n. 1. —

Die Landwirtschaft der Provinz Pommern u. die für ihre Förderung u. Vertretung besteh. Einrichtungen. Im Auftr. d. Landwirtschaftskammer hrsg. von Johannes **Neumann,** Dr. phil., Gen.-Sekr. *Stettin 1904: Pommersche Reichspost.* (219 S.) 8° [F.] [04. 6032 9

Neumann, Ioannes *Carolus Rudolfus* [Colbergensis]: De quinquennalibus coloniarum et municipiorum ... Lipsiae, *Frommannsche Buchdr. in Jena,* 1892; 75 S., 1 Bl. 8.
Leipzig, Phil. Fak., Inaug.-Diss. v. [12. Mai] 1892

Neumann, Johs., de quinquennalibus coloniarum et municipiorum. Diss. gr. 8. (76 S.) Leipzig. (Jena, H. Pohle.) n. 1. 20

Landwirtschaftskammer f. d. Prov. Pommern. Die Verhältnisse der Landwirtschaft in Pommern. Bearb. von Dr. Johannes **Neumann,** Gen. Sekr. Stettin 1906: Pommersche Reichspost. (90 S.) 8° [F.] [06. 8063 9

Neumann, Jonas (geb. Gleiwitz 20. 2. 1843): De ileotyphi therapia. Berolini 1867. (32 S.) 8°
Berlin, Med. Diss.
nachgeliefert v. dem am 1. Aug. 1866 auf Grund gedruckter Thesen promov. Verf.

Neumann, Jos., d. Aufgabe d. kathol. Charitas in d. Mäßigkeitsbewegg. Vortrag, geh. zu Schw.-Gmünd auf d. 1. Charitastag u. d. VI. prakt. Kursus am 14. Oktbr. 1896. 8. (21 S.) Essen 896. (Fredebeul & Koenen.) n. — 20

Neumann, Josef: Die volkswirtschaftliche und soziale Bedeutung der technischen Entwicklung in der Schiffbauindustrie. Leipzig 1910: Brandstetter. IV, 90 S. 8° ¶ (Ersch. vollst. u. d. T.: Die deutsche Schiffbauindustrie, als: Technisch-volksw. Monographien. Bd 12.)
München, Staatswirtsch. Diss. v. 21. Jan. 1910, Ref. Brentano
[Geb. 2. Jan. 83 Tost; Wohnort: Breslau; Staatsangeh.: Preußen; Vorbildung: Friedrichs-Gymn. Breslau Reife O. 01; Studium: Techn. Hochschulen München 1, Berlin 8, Staatsw. Univ. München 7½ S.; Rig. 21. Jan. 10.]
[U 10. 3460

Neumann, Josef — Beschreibung der bekanntesten Kupfermünzen von — —. Erstes Heft. Die innerhalb des Kaiserthums Oesterreich geprägten Münzen. Prag, 1856. Artistisch-typographisches Institut von Karl Bellmann in Prag. Eigenthum u. Verlag des Verfassers. (84 S. 8. Mit einer Tafel von lithogr. Münzen.)

Neumann Josef — Beschreibung der bekanntesten Kupfermünzen von — —. 2tes Heft. Die innerhalb des Kaiserthums Rußland geprägten Münzen. Prag, 1856. Artistisch-typographisches Institut von Karl Bellmann. Eigenthum und Verlag des Verfassers. (S. 85—124 und zwei Tafeln. 8.)

Neumann Josef — Beschreibung der bekanntesten Kupfermünzen von — —. 3tes Heft. Die innerhalb des Kaiserthums Frankreich geprägten Münzen. Prag, 1856. Artistisch-typographisches Institut von Karl Bellmann. Eigenthum und Verlag des Verfassers. (S. 125—166 u. Tafel Nr. 4. 8.)

Neumann, Josef — Beschreibung der bekanntesten Kupfermünzen von — —. 4tes Heft. Die innerhalb der Königreiche Großbritannien und Irland geprägten Münzen. Prag, 1856. Artistisch-typographisches Institut von Karl Bellmann in Prag. (S. 167—210 u. 2 Tafeln. 8.)

Neumann Josef. Beschreibung der bekanntesten Kupfermünzen von — —. 5. Heft. Die innerhalb des Königreichs Preußen geprägten Münzen. Prag. 1857. Eigenthum und Verlag des Verfassers. Dr. von Karl Bellmann. (S. 211—302 und 2 Tafeln 8.)

Neumann, Joseph. Beschreibung der bekanntesten Kupfermünzen v. — —. VI. Heft: Königr. Baiern, Württemberg, Grossherzogth. Baden und zum Theil Königreich Hannover. *Prag* 1857. Eigenthum und Verlag des Verf. Druck des artist.-typogr. Instituts von *C. Bellmann.* S. 303—382, mit 1 Taf. 8°.

Neumann, Jos., Beschreibung der bekanntesten Kupfermünzen. 1—20. Heft. Prag 856—64. (Storch.) gr. 8. (1. Bd.: XVII, 582 S.; 2. Bd.: X, 504 S.; 3. Bd.: VII, 215 S.; 4. Bd.: S. 1—336 u. 63 lith. Taf.) n. 22 *ℛ* 6 *ngr.*

Neumann, Jos., Beschreibung der bekanntesten Kupfermünzen. 21—26. Heft. Prag 865—68. Storch. gr. 8. n. 8 *ℛ* 14 *ngr.*
4. Bd. (Heft 21.) Englische Token. (X u. S. 337—451 mit einer Steintaf.) n. 1 *ℛ*
5. Bd. (Heft 22—26.) Jetone. Oesterreich, Frankreich, Deutschl. (X, 507 S. mit 5 Steintaff.) n. 7 *ℛ* 14 *ngr.*
1. Bd. (1—8. Heft) Oesterreich, Russland, Frankreich, England, Preussen, Bayern, Hannover, Sachsen, Deutsche Staaten. n. 6 *ℛ* 24 *ngr.*, 2. Bd. (9—13. Heft) Schweden, Schweiz, Belgien, Holland, Spanien, Portugal, Kirchenstaat, Italien, Griechenland, Türkei. n. 5 *ℛ* 10 *ngr.*, 3. Bd. (14—17. Heft) China, Japan, Indien, Afrikan.-Staaten, Amerik.-Staaten. n. 5 *ℛ* 22 *ngr.*, 4. Bd. (18—20. Heft) Englische Token. n. 4 *ℛ* 10 *ngr.*

Neumann, Jos., Beschreibg. der bekanntesten Kupfer-Münzen. 24—31. Hft. gr. 8. Prag 867—72. (Gregr & Dattel.) n. 35. 40 (1—31.: n. 116. —)
24. (5. Bd. S. 209—336 m. 1 Steintaf.) n. 5. —. — 25. (5. Bd. S. 337—384 m. 1 Steintaf.) n. 2. 40. — 26. (5. Bd. XI u. S. 385—507. m. 2 Steintaf.) n. 5. —. — 27. (6. Bd. S. 1—44 m. 2 Steintaf.) n. 2. 40. — 28. (6. Bd. S. 45—172. m. 1 Steintaf.) n. 5. —. — 29. (6. Bd. S. 173—264. m. 2 Steintaf.) n. 5. —. — 30. (136 S. m. 1 Steintaf.) n. 5. —. — 31. (XXXIX, 120 S. m. 2 Steintaf.) n. 5. 60

— s.: Beschreibung der bisher bekannten böhm. Privatmünzen u. Medaillen.

Neumann, Jos., Dissertatio, in qua argumento ex testimonio Christi deducto religionis christianae origo divina ostenditur. Abhandlung in den Braunsberger Lyceal-Indices vom J. 1832—33.

— Leo Dupont, s. Leben u. Wirken. Frei nach französ. Quellen bearb. 12. (III, 183 S. m. Bildn.) Steyl 895. Missionsdruckerei. Geb. in Leinw. n. 1.—

[F.] Leo Dupont, sein Leben und Wirken. Frei nach franz. Quellen bearb. v. Jos. Neumann, Rektor... *Paderborn: Bonifacius-Dr. 1896.* (176 S.) 8. = Hausschatz, Geistl., f. kathol. Christen. Jg. 18. H. 3. (97. 2255

NEUMANN, JOSEPH: Christkatholisches Gesang- und Gebethbuch. Arad 1843.

- Dass. Herausgegeben von Benedikt Göndöcs. Budapest 1888: Coloman Rózsa u. Frau. 532 S. - 8°

— Haushaltungsschulen, Arbeiterinnen-Vereine u. -Hospize. Vortrag, geh. zu Dortmund auf d. praktisch-sozialen Kursus am 9. Oktbr. 1895. 8. (18 S.) Aachen 895. (J. Schweitzer.) n. — 20

[F.] Haushaltungsschulen, Arbeiterinnen-Vereine und -Hospize. Vortr. geh. zu Dortmund auf d. prakt.-soz. Kursus ... v. Jos. Neumann, Rektor. *Aachen: Komm.-V. v. J. Schweitzer; Dr. v. H. Kaatzer 1895.* (18 S.) 1 Bd 8.

— Liederbuch f. Arbeiterinnen-Vereine u. Kongregationen. gr. 16. (32 S.) Köln 893. P. Brandts. In Wachstuch kart. n. — 20

Neumann, Jos., Liederbuch f. Jungfrauen-Vereine u. Kongregationen. 5. Aufl. (76 S.) 16. Köln 904. J. P. Bachem n.n. — 20

Neumann, Jos., Liederbuch f. Jungfrauen-Vereine u. Kongregationen. 8. Aufl. (76 S.) 16. Köln (909). J. P. Bachem. p nn — 20

— Lourdes. 25 Ansichten v. Lourdes, Paris, Lyon, Paray le Monial, m. begleit. Text. (50 S. m. 1 Taf.) 21,5×14,5 cm. M. Gladbach (908). B. Kühlen. 1.—

Mässigkeits-Katechismus. Bearb. v. J. Neumann, Hrsg. d. 'Volksfreundes z. Beförderung d. Mässigkeitsbestrebungen'. Rellinghausen (Ruhr): 'Volksfreund' [1899]. (32 S.) 8°

Neumann, J., Mäßigkeits-Katechismus. 2. verb. Aufl. gr. 16. (32 S.) Rellinghausen. (Essen, H. Bos.) n. — 10

Mässigkeits-Katechismus. Bearb. von J. Neumann. Hrsg. d. 'Volksfreundes z. Beförd. d. Mässigkeitsbestrebungen'. 2. verb. Aufl. *Rellinghausen: 'Volksfreund' [1900].* (32 S.) 8° [F.] 5

Mässigkeits-Katechismus in Wort und Bild. Bearb. von J. Neumann. Hrsg. d. 'Volksfreunds'. 3. verb. Aufl. *Rellinghausen (Ruhr): Volksfreund [1901].* (47 S.) 8° [F.]

— Pilgerbüchlein u. Reiseführer nach Lourdes. 3. Aufl. (IV, 106 S. m. 5 Abbildgn. u. 2 Karten.) 16. M. Gladbach 904. (A. Riffarth). Geb. in Leinw. n. — 50

Neumann, Josef [cand. med. aus Wormditt, Pr.]: Über Plasmazellen. Eine von der med. Fak. zu Rostock gekrönte Preisschrift. Rostock, Univ.-Buchdr. v. Adler's Erben, 1885; 25 S. 8°.

Neumann, Josef, über Plasmazellen. Eine von der med. Fak. zu Rostock gekrönte Preisschrift. Rostock 1885, G. B. Leopolds Univ.-Buchh. 8°. 25 S.

Neumann, Josef [aus Westpreussen]: Ptosis congenita und ihre Behandlung .... Greifswald, Druck v. Julius Abel, 1888; 23 S. 8°
Greifswald, Med. Fak., Inaug.-Diss. v. 17. März 1888

Neumann, Jos., zur Reform der Trinksitten. Die Mitarbeit der deutschen Katholikenversammlgn. an derselben, dargelegt aus ihren Verhandlgn. Ein kleiner Beitrag zur großen Alkoholfrage. (63 S.) gr. 8. Köln 903. J. P. Bachem. n. 1.20

Neumann, Josef [aus Barkenfelde W./Pr.]: Die Salicylsulfonsäure in bezug auf ihren Wert als Eiweissreagens ihre physiologischen u. antiseptischen Eigenschaften.... Berlin, Druck v. M. Liebmann, 1891; 17 S. 8°
Erlangen, Med. Fak., Inaug.-Diss. v. 4. März 1891

Neumann, Jos., die deutsche Schiffbauindustrie, s.a. Monographien, technisch-volkswirtschaftliche. 12. Bd.

Die deutsche Schiffbauindustrie. Eine Darstellung d. volkswirtschaftl. Bedeutung ihrer techn. Entwickelung. Von Dr. Josef Neumann, Schiffsbauing. Leipzig: W. Klinkhardt 1910. IV, 194 S. 8° (Technisch-volkswirtschaftl. Monographien. Bd 12.)

— der Seelsorger u. der Alkoholismus, s.a. Seelsorger-Praxis.

Der Seelsorger und der Alkoholismus. Von J. Neumann, Pfarrer in Mündt. Paderborn: F. Schöningh 1906. (VI, 164 S.) 8° [F.] = Seelsorger-Praxis. 17.

Neumann, Joseph (geb. Strasburg in Westpr. 4. 2. 1850): Die Sehnennaht. Ein Beitrag zur Geschichte und Casuistik derselben. Berlin (1877). (30 S.) 8°
Berlin, Med. Diss. v. 29. Mai 1877

Altes und neues Studententum. Freistudentische Reformideen. Briefe von Ing. Josef Neumann. München: Bavaria-Verl. 1907. 11 S. 8°

Neumann, Josef [aus Wormditt, Pr.]: Experimentelle Studien zur Phosphorvergiftung .... Rostock, Univ.-Buchdr. v. Adler's Erben, 1886; 27 S. 8°.
Rostock, Med. Fak., Inaug.-Diss. v. 5. Jun. 1886.

— experimentelle Studien zur Phosphorvergiftung. Diss. Rostock 1886, G. B. Leopolds Univ.-Buchh. 8°. 25 S.

Vater-Worte an Carl und Jos. Neumann bei deren Aufnahme in die St. Joh.-Loge Armin zur deutschen Treue i. O. Bielefeld am 5. Jan. 1890. [Von Jos. Neumann.] Als Hs. f. Frmr. gedr. [Berlin 1890: Mittler.] 9 S. 8° [Kopftit.]
Wesen u. Inbegriff d. Frmrei, Aufgabe d. Brr.

Neumann, Jos. — Verzeichniß und theilweise Beschreibung einer Sammlung verkäuflicher, meist böhmischer Münzen. Zusammengestellt von — —. 8. (42 S) Prag. Druck von C. W. Medau. Im Selbstverlage des Verfassers. 1854

Neumann, Jos. Frz. Xav. Aloys, Beschreib. d. k. k. Staats- u. Religionsherrschaft Wiesenberg in Rücksicht ihrer topograph. Lage, Einwohner, Kultur, Gewerbe, Gebräuche u. Sitten ꝛc. Mit 1 Prospekt. 8. Brünn 803. Gastl 8 gl.

Neumann, Jos. Pet., Sendschreiben eines kath. Priesters an Joh. Ronge. Zugleich eine seelsorgerliche Belehrung für das kath. Volk. Abdr. aus „Katholik". Mainz, Kirchh., 1844, 8°, 15 Bl.

— Dass., s.a. Neumann, Joh. Pet.

Neumann, Isidor, Atlas der Hautkrankheiten. 72 Taf., in Chromolith. ausgeführt von J. Heitzmann. Mit beschreib. Texte. 1. Lfg. Fol. (6 Chromolith. u. 18 S. m. eingedr. Holzschn.) Wien 881. Braumüller. n. 10.—

Neumann, Isidor, Atlas der Hautkrankheiten. 72 Taf., in Chromolith. ausgeführt v. J. Heitzmann u. A. Mit beschreib. Texte. 2—4. Lfg. Fol. (à 6 Taf. m. 8 Bl. Text.) Wien 883—86. Braumüller. à n. 10.—

Neumann, Isidor, Atlas der Hautkrankheiten. In 72 Taf., in Chromolith. ausgeführt v. J. Heitzmann u. A. 5.—12. (Schluss-)Lfg. Fol. (48 Taf. m. VII S. u. 54 Bl. Text.) Wien 887—890. Braumüller. à Lfg. n. 10.—; cplt.: n. 120.—; Leinw.-Mappe dazu n.n. 5.—

Neumann, Isidor, Atlas d. Hautkrankheiten. 2., unveränd. (Titel-) Ausg. In 12 Lfgn. Fol. (82 farb. Taf. m. 131 S. illustr. Text.) Wien (883—90) 895. W. Braumüller. n. 60.—

Neumann, Isid., Beitrag zur Kenntniss d. Lichen exsudativus ruber [Schwindflechte]. [Mit 1 (lith.) Taf. (in 4.)] [Aus den Sitzungsber. der k. Akad. der Wiss.] Wien 868. (Gerold's Sohn.) Lex.-8. (6 S.) n. 5 *ngr.*

— Beitrag zur Kenntnis des *Lichen exsudativus ruber* (Schwindflechte) (mit 1 Taf.). S 58. II. 38 . . . . vgr.
Separatabdruck

Neumann, Isid., aerztlicher Bericht üb. die im städt. Communal-Spital Zwischenbrücken im J. 1872/73 behandelten Blatternkranken nebst Mittheilgn. einiger experimenteller u. anatom. Studien. Mit 6 (eingedr.) Holzschn. gr. 8. (159 S.) Wien 874. Braumüller. n. 4.—

— Diagnostik u. Therapie der Hautsyphiliden, s.: Klinik, Wiener, 1876.

— zur Kenntniss der Lymphgefässe der Haut d. Menschen u. der Säugethiere. gr. 8. (31 S. m. 8 chromolith. Taf.) Ebend. 873. n. 6.—

— Lehrbuch der Hautkrankheiten. Mit 49 (eingedr.) Holzschn. Wien 869. Braumüller. gr. 8. (IX, 370 S.) n. 3 *ℛ* 10 *ngr.*

— — 2. Aufl. Mit 66 (eingedr.) Holzschn. Ebend. 870. gr. 8. (VIII, 407 S.) n. 3 *ℛ* 10 *ngr.*

— Lehrbuch der Hautkrankheiten. 3. verm. Aufl. Mit 72 (eingedr.) Holzschn. gr. 8. (X, 567 S.) Ebend. 873. n. 13.—

Neumann, Isidor, Lehrbuch der Hautkrankheiten. 4. verm. Aufl. gr. 8. (XVI, 688 S. mit 76 eingedr. Holzschn.) Wien 876, Braumüller. *

— Lehrbuch der Hautkrankheiten. 5., verm. Aufl. Mit 108 (eingedr.) Holzschn. u. 1 lith. Taf. gr. 8. (X, 667 S.) Wien 880. Braumüller. n. 16.—

— Lehrbuch der venerischen Krankheiten u. der Syphilis. 1. Thl.: Die blennorrhagischen Affectionen. Mit 69 Abbildgn. im Texte u. 2 Taf. gr. 8. (V, 614 S.) Ebd. 888. n. 16.—

— der syphilitische Primäraffect an d. Vaginalportion d. Uterus. [Aus: „Dermatolog. Zeitschr."] gr. 8. (20 S. m. 2 Farbdr.) Berlin 898. S. Karger. n. 1. 50

— die Prophylaxis der Syphilis, s.a. Zeit- u. Streitfragen, klinische.

Neumann, Dr. Isidor, Die Prophylaxis der Syphilis. Ein Beitrag zur Lösung der Prostitutions-Frage. (Klinische Zeit- und Streitfragen. III. Band. 5. Heft.) 8. (29 S.) —.60
Wien: Braumüller 1889.

— über Psoriasis vulgaris, s.: Klinik, Wiener, 1881.

— Die Regelung der Prostitution, s.a. Zeit- und Streitfragen, Klinische.

NEUMANN, J., Die Regelung der Prostitution vom juridischen u. medicinischen Standpunkte. Wien 1890. 8°. (40 Pfg. Jos. Jolowicz, Posen, 1907.)

Neumann, Isidor, Syphilis, s.a. Pathologie u. Therapie, specielle. 23. Bd.

Syphilis. Von Dr. Isidor Neumann, o. ö. Prof. . . . an d. Univ. Wien. M. 60 Abb. (In 2 Hälften.) *Wien: A. Hölder 1896.* (2 Bl., LXXVI, 928 S.) 1 Bd 8.
— Pathologie, Specielle, u. Therapie. Bd 23. [96. 3218

NEUMANN, Isidor
Syphilis. Von Dr. Isidor Neumann. 2. Auflage. Mit 60 Abbildungen. Wien. 1899. Hölder. Gr.-8°. XV, 852 S. fl. 12.—
Specielle Pathologie und Therapie. Herausgegeben von Hofrath Prof. Dr. Hermann Nothnagel. XXIII. Bd.

Neumann, I[sidor]: Syphilis des Oesophagus. *Berlin 1896.*
in: Beiträge z. Dermatologie u. Syphilis. Festschr. gewidm. G. Lewin z. Feier s. 50j. Doctorjubil. [96. 35..

— über die senilen Veränderungen der Haut des Menschen. Lex.-8. (15 S. mit 2 lithogr. Taf. in qu. gr. 4.) Wien 869, (Gerold's Sohn.) *

— Über die senilen Veränderungen der Haut des Menschen (mit 2 Taf.). S. 59. I. 47 . . . vgr.
Separatabdruck

— über die Verbreitung der organischen Muskelfasern in der Haut des Menschen. Lex.-8. (8 S.) (Ebendas.) 868. *
Vorstehende zwei Schriften sind aus: Sitzungsberichte der k. Akademie der Wissenschaften, besonders abgedruckt.

Neumann Isidor, Dr.: Über die Verbreitung der organischen Muskelfasern in der Haut des Menschen. S. 57. II. 67 . . . . vgr.
Separatabdruck

Neumann, I., üb. die Wirkung d. Tuberculin auf Lupus, Lepra, Syphilis u. Psoriasis vulgaris, s.: Klinik, Wiener.

Neumann, *Julius Ansprache bei der Gedächtnisfeier der in diesem Jahre Verstorbenen.* 4 (S. 32—34 der Schuln.).
Progr. Klostersch. *Rossleben* 1889 (235).

Neumann, J., über die an den altperuanischen Keramiken u. anthropomorphen Tongefässen dargestellten Hautveränderungen. m. besond. Rücksicht auf das Alter der Syphilis u. anderer Dermatosen. (11 S. m. 3 Taf.) 4. Wien 905. (A. Hölder.) n. 1. 70
Sonderabdruck aus: „Denkschr. d. k. Akad. d. Wiss."

Neumann Julius, Dr.: Über die an den altperuanischen Keramiken und anthropomorphen Tongefäßen dargestellten Hautveränderungen mit besonderer Rücksicht auf das Alter der Syphilis und anderer Dermatosen (mit 3 Taf.). D 77. 491 . . . . . . 1.70
Separatabdruck

Neumann, *Julius*: Hellenen und Barbaren bei Euripides. 8 (S. 3—8). Zur Gedächtnisfeier für Ph. F. A. Just G. *Zittau* 1899.
Nicht im Tauschverkehr.
Progr.

Neumann, Jul., Magdeburg vor 100 Jahren. Eine Festgabe zur Jahrhundertwende. qu. gr. 4. (8 S. Text m. 16 Taf. Abb.) Magdeburg 900. J. Neumann. n. 1.—

[F.] **Neumann,** Julius: Menelaos und Helena in den Dramen des Euripides. Zittau, Druck v. R. Menzel, 1893; 1 Bl., 24 S. 4.
Zittau, G, OP 1893 (545)

Neumann, K., deutsche Aufsätze, s.a. Schülerbibliothek. goldene.

Deutsche Aufsätze. Für Schüler aller höh. Lehranst. ... Bearb. von Dr. K. **Neumann.** 1/2. 3. Kattowitz & Leipzig: C. Siwinna [1907]. 2 Bde 8°
— **Schülerbibliothek,** Goldene. Bd 27/28. 29. [07. 16938 2

Neumann, K., Grammatik der französischen Sprache nach e. neuen Methode f. den Gebrauch an Bezirks- u. Sekundarschulen, sowie an den unteren Klassen v. Kantonsschulen. gr. 8. (168 S.) Zürich 875. Schultheß. n. 1. 60

Neumann, K., Inhaltsangaben v. 20 Kirchenliedern, s.: Hoffmann, Th.

Neumann, K: Der Wasser-Mahl-Mühlenbau. Bd 1 (Text). Bd 2 (Tafeln). Berlin 1810—1818

Neumann, K., d. Wasser-Mahl-Mühlenbau. 1s und 2s Heft. m. K. 4. Berlin, Realschulbuchh. 810. (à 3 Rthlr. 8 gr.)

Neumann, K., der Wasser-Mahl-Mühlenbau. 1r Band. 3s Heft. Mit Kupfert. gr. 4. Berlin, Reimer. 817.

Neumann, K. (II.), s. Wiederholungsbuch für den geograph., geschichtl., naturkundl. und deutschen Unterricht in Volks- und Mittelschulen.

Neumann, K. A. Ueber die Auffindung fossilen Eisens bei Chotzen in Böhmen; — Neumann, J. G. Bemerkungen über das Eisen von Chotzen. (Aus dem Jahrb. der geol. Reichsanst.) Wien. 1857. 8.

Neumann, K. A.: Aufsätze und Beobachtungen für Ärzte, s. Neumann, Karl Georg

Neumann, K. C., und J. V. Divis.
Entwurf einer Geschichte der Zuckerindustrie in Böhmen. Erste Periode (1787–1830), und Beiträge zur Geschichte der Zuckerindustrie in Böhmen. Zweite Periode (1830–1860). Aus dem Böhmischen übersetzt. Zwei Theile. Prag, 1891. 8vo. Ill.

Neumann, K. C., Entwurf e. Geschichte der Zuckerindustrie in Böhmen. 1. Periode. 1787—1830. [Aus dem Böhm. übers.] Lex.-8. (VIII, 108 S. m. Abbildgn.) Prag 891. (F. Řivnáč.) n.n. 3. —
2. Periode, s.: Diviš, Joh. V.

Neumann, K. F. F., Zulima z. ein Trspl. in 5 Aufz. 8. Wien 789.

Neumann, K. Friedr., Der Katechismus der Schamanen oder die Klosterregel der untersten Klassen der buddhistischen Priesterschaft. Aus dem Chinesischen übersetzt mit erläuternden Bemerkungen. Leipzig, Barth, 1834, gr. 8°.
Zuerst englisch: The Catechism of the Shamans, or the laws of the priesthood of Buddha in China. Translated from the Chinese original, with notes and illustrations by C. F. Neumann.

Neumann, K. Friedr., Pilgerfahrten buddhistischer Priester von China nach Indien. Aus dem Chinesischen mit Einleitung u. Anmerkungen. Leipzig, Barth, 1833, gr. 8°.

Neumann, K. G., kurzer Abriß der Geschichte der kleineren Staaten Deutschlands. 1. Bd. A. u. d. T.: Kurzer Abriß der Geschichte der südwestlichen Staaten Deutschlands. Nassau. Bayern. Würtemberg. Baden. Frankfurt. gr. 8. (VIII u. 368 S.) Trier 847, Troschel. 1 1/2 ℛ︀

K. G. **Neumann**: d. Leben d. Natur. *Berl.*, Herbig. 835. gr 8° 1 ℛ︀ 20 gr

Neumann, K. H., Nur Jehan, s. Universal-Bibliothek Nr. 1156.

Neumann, K. K., das unvergängliche Denkmal Luthers, eine Predigt. gr. 8. Berlin, Maurer. 806.

Neumann, K. Oswin, Gesellenstücke e. Mechanikers, s.: Berufsaufsatz, der, in der Fortbildungsschule.

Neumann, K. W., Das Haus der Auer von Prennberg in Regensburg. Regensburg 1876.

Neumann, C. W. v., und H. Reder, Soldatenlieder, s. Soldatenlieder.

Neumann, K. W. v., u. H. Reder. Soldatenlieder. Frankfurt a. M. 1854. 88 S.

Neumann, Karl, s.a. Neumann, Karl E. O.

Neumann, Carl, s.: Annalen, mathematische.

Neumann, Karl, Kammergerichtsreferendar a. Cottbus: Der Anspruch des § 1007 des Bürgerlichen Gesetzbuchs. ⟨Die Fahrnisverfolgungsklage.⟩ Göttingen 1907: L. Hofer. (VI, 61 S.) 8°
Göttingen, Jur. Fak., Ref. Beyerle, Diss. v. 13. Sept. 1907
[Geb. 5. Mai 84 Meiningen; Wohnort: Cottbus; Staatsangeh.: Preußen; Vorbildung: Gymn. Cottbus Reife O. 04; Studium: Grenoble 1, München 2, Berlin 3 S.; Rig. 3. Aug. 07.]

Neumann, Carl, a. Roßwein: Über die Anwendung der Carbaminoreaktion. Weida i. Th. 1908: Thomas & Hubert. (79 S.) 8°
Leipzig, Phil. Fak., Ref. Beckmann-Hantzsch, Diss. v. 1. Juli 1908
[Geb. 19. März 78 Roßwein (Sachsen); Wohnort: Roßwein; Staatsangeh.: Sachsen; Vorbildung: Realgymn. Annaberg Reife O. 98; Studium: Dresden, Leipzig, zus. 17 S.]

Neumann, Carl, das Aufgebot von Hypothekenposten u. Dokumenten im bisherigen Geltungsbereiche der Allg. Gerichts-Ordnung, durch Beispiele veranschaulicht. gr. 8. (60 S.) Berlin 880. Weidmann. cart. n. 1. 40

Neumann, Carl, das Aufgebotsverfahren, durch Beispiele veranschaulicht. gr. 8. (VIII, 411 S.) Berlin 884. Weidmann. n. 8. —

Neumann, Carl, Beiträge zu einzelnen Theilen der mathematischen Physik, insbesondere zur Elektrodynamik u. Hydrodynamik, Elektrostatik u. magnetischen Induction. gr. 8. (IX, 314 S. m. Fig.) Leipzig 893. B. G. Teubner. n. 10. —

Neumann, Carl (IV.), Bernhard von Clairvaux und die Anfänge des zweiten Kreuzzuges. gr. 8. (48 S.) Heidelberg 882, C. Winter's Universitäts-Buchh. * 1 20

— s.: Beschreibung der bisher bekannten böhm. Privatmünzen u. Medaillen.

Neumann, Karl, s.: Busl, Gregor, Predigten.

Neumann, Carl, die magnetische Drehung der Polarisationsebene des Lichtes. Versuch einer mathematischen Theorie. Halle 863. Buchhdlg. des Waisenhauses. gr. 8. (VIII, 82 S.) n. 20 ngr.

Neumann, K., Eisenbahnbetriebsgefährdungen, dargest. f. d. Gebrauch b. Unterr. u. z. Selbstunterr. d. im äuß. Dienst beschäft. mittl. u. unt. Eisenbahnbetriebsbeamten. 1. u. 2., unveränd. Abdr. 8. (à 46 S. m. 15 Fig.) Berlin 898. J. Springer. Kart. n. — 60

Neumann, K., Eisenbahnbetriebsgefährdungen, dargestellt f. den Gebrauch beim Unterricht u. zum Selbstunterricht der im äußeren Dienst beschäftigten mittleren u. unteren Eisenbahnbetriebsbeamten. 4., unveränd. Abdr. 8. (46 S. m. 15 Fig.) Berlin 899. J. Springer. Kart. n. — 60

Neumann, Karl, üb. die den Kräften elektrodynamischen Ursprungs zuzuschreibenden Elementargesetze. [Aus: „Abhandlgn. der k. sächs. Gesellsch. der Wissensch. zu Leipzig."] hoch 4. (108 S.) Leipzig 873. Hirzel. n. 3. 80

— über die Entwickelung einer Function mit imaginärem Argument nach den Kugelfunctionen erster und zweiter Art. Halle 862. Schmidt's Verlag. gr. 8. (14 S.) n. 6 ngr.

Neumann, Karl De primariis optandi, iubendi, vetandi enuntiatis apud Homerum comparato usu hesiodeo. 14 S. Progr. Varel 1883.

Neumann, Carolus: Explicare tentatur, quomodo fiat, ut lucis planum polarisationis per vires electricas vel magneticas declinetur. Halis Saxonum (1858): Schmidt. 13 S. 8° (4°)

Halle-Wittenberg, Phil. Hab.-Schr. v. 29. Mai 1858

Im Buchhandel Halis Saxon.: Schmidt 1858.

Neumann, C. Über e. eigenthümlichen Fall elektrodynamischer Induction. Lex.-8. (84 S. m. 1 Holzschn.) Lpz. 892, Hirzel. * 3 —
Aus: Abhandlgn. d. k. sächs. Gesellsch. d. Wissensch., besonders abgedruckt.

Neumann, Carl: Der Formenbau des Nomens und Verbums in den Dramen Adams de la Hale: 'Li gieus de Robin et de Marion' und 'Li jus Adan' mit Berücksichtigung seiner 'Canchons' und einem Wortindex der Dramen. Kiel 1910: Fiencke. VI, 163 S. 8°

Kiel, Phil. Diss. v. 9. Mai 1910, Ref. Körting

[Geb. 23. Mai 79 Ülzen; Wohnort: Ülzen: Staatsangeh.: Preußen; Vorbildung: Realgymn. Karlsruhe Reife Juli 01; Studium: München 2, Heidelberg 2, Birmingham 1, Kiel 6 S.; Rig. 19. Juni 09.] [U 10. 2517

—— und J. Partsch, physikalische Geographie von Griechenland mit besond. Rücksicht auf das Alterthum. gr. 8. (XII, 475 S.) Breslau 885, Koebner. * 9 —

Einladung zur öffentlichen Probe-Vorlesung, welche Dr. Carl **Neumann** zur Erlangung der Venia legendi bei der philosophischen Facultät der Ruprecht-Carls-Universität zu Heidelberg Freitag, den 25. Mai ... abhalten wird. Thema: Ueber Geschichte und Geschichtsmalerei im XIX. Jahrhundert. *Heidelberg,* Druck v. J. Hörning, *1894;* 1 Bl. 8.

Nicht für den Austausch

Neumann, Carl, Geschichte Roms während des Verfalles der Republik. Vom Zeitalter des Scipio Aemilanus bis zu Sulla's Tode. Aus seinem Nachlasse hrsg. von E. Gothein. gr. 8. (V, 623 S.) Breslau 881. Koebner. n. 12. —

Neumann, Carl, Geschichte Roms während d. Verfalles der Republik. 2. Bd. von Sullas Tode bis zum Ausgange der catilinar. Verschwörg. Aus seinem Nachlasse hrsg. v. G. Faltin. gr. 8. (VII, 312 S.) Breslau 884. Koebner. n. 7. — (1. u. 2.: n. 19. —)

Neumann, Carl, griechische Geschichtschreiber und Geschichtsquellen im 12. Jahrhundert. Studien zu Anna Comnena, Theod. Prodromus, Joh. Cinnamus. gr. 8. (V, 105 S.) Leipzig 888, Duncker und Humblot. * 2 40

— Gesetz über die privaten Versicherungsunternehmungen. Vom 12. V. 1901. Text-Ausg. m. erläut. Bemerkungen f. den prakt. Gebrauch. gr. 16. (102 S.) Berlin 901. E. S. Mittler & Sohn. Kart. n. 1. 50

Neumann, Karl, über das v. Weber f. die elektrischen Kräfte aufgestellte Gesetz. [Aus: Abhandlgn. d. k. sächs. Ges. d. Wiss."] gr. 4. (121 S.) Leipzig 874. Hirzel. n. 3. —

Neumann, Karl, das Webersche Gesetz bei Zugrundelegung der unitarischen Anschauungsweise. hoch 4. (19 S.) Leipzig 876, Hirzel. *
Aus: Abhandlungen der k. sächs. Gesellschaft der Wissenschaften, besonders abgedruckt.

Neumann, Carl. Die Grenzen der Alpen. Aus dem Nachlass von C' N'.... [A.] 8. ([Wien] 1882.)

—— die Haupt- und Brenn-Puncte eines Linsen-Systems. Elementare Darstellung der durch Gauss begründeten Theorie. gr. 8. (VIII und 41 S. mit eingedr. Holzschn.) Leipzig 866, Teubner.

— die Haupt- u. Brenn-Punkte e. Linsen-Systemes. Elementare Darstellung der durch Möbius, Gauss u. Bessel begründeten Theorie. 2. Aufl. gr. 8. (VIII, 42 S. m. Fig.) Leipzig 893. B. G. Teubner. n. 1. 20

Neumann, Karl, die Hellenen im Skythenlande. Ein Beitrag zur alten Geographie, Ethnographie und Handelsgeschichte. 1. Bd. Mit 2 (lith.) Karten (in 4. u. Fol.). Berlin 855. G. Reimer. gr. 8. (XI, 579 S.) 2 ₰. 25 ngr.

Neumann, Karl, Joh. Adam Hiller: e. bescheidene Würdigung seiner Verdienste, als Mensch, Künstler u. Schulmann; nebst e. Rede, gesprochen an seinem Grabe. 8. Leipzig. 804.

[F.] Der Kampf um die Neue Kunst. Von Carl Neumann, Privatdoz. ... an d. Univ. Heidelberg. *Berlin: H. Walther 1896.* (5 Bl., 268 S.) 1 Bd 8. [96. 4-2:

Neumann, Carl, der Kampf um d. neue Kunst. 2. Aufl. gr. 8. (IX, 268 S.) Berlin 897. H. Walther. n. 5. —; geb. n. 6. 75

Ⓑ **Neumann,** Carl, der Kampf um d. neue Kunst. 897. (KBL 80.) Rebt: Stuttgart. W. Spemann.

—— Katechismus der Elementar-Mathematik. 1. Thl.: Katechismus der Zahlenrechnung. gr. 8. (VI und 140 S.) Dresden 862, Türk's Verlag. *

— die elektrischen Kräfte. Darlegung u. Erweiterg. der v. A. Ampère, F. Neumann, W. Weber, G. Kirchhoff entwickelten mathemat. Theorien. 1. Thl. Die durch die Arbeiten v. A. Ampère u. F. Neumann angebahnte Richtung. gr. 8. (XV, 272 S.) Leipzig 873. Teubner. n. 7. 20

— die elektrischen Kräfte. Darlegg. u. genauere Betrachtg. der v. hervorrag. Physikern entwickelten mathemat. Theorieen. 2. Thl. Ueber d. von Hermann v. Helmholtz in s. ält. u. in s. neueren Arbeiten angest. Untersuchgn. gr. 8. (XXXVII, 462 S.) Leipzig 898. B. G. Teubner. n. 14. — (kplt.: n. 21. 20)

Neumann, Carl, byzantinische Kultur u. Renaissancekultur. Vortrag, geh. auf der Versammlg. deutscher Historiker zu Heidelberg am 16. IV. 1903. (42 S.) 8. Stuttgart 903. W. Spemann. n. 1. 50

Die Kleine Lebensversicherung ⟨Volks-, Arbeiter- u. Sterbekassen-Versicherung⟩ 1899. Hrsg. von Dr. jur. Carl **Neumann**. *Berlin: Zeitschr. f. Versicherungswesen; [E. S. Mittler & Sohn] 1899.* (88 S.) 8° [01. 3158

— die kleine Lebensversicherung (Volks-, Arbeiter- u. Sterbekassen-Versicherung) 1899. gr. 16. (88 S.) Ebd. (900). Kart. n. 1. 25

Neumann, Karl, aus Liebe, Ehe u. Eheleben der Vogelwelt, s. a. Sammlung gemeinverständlicher wissenschaftlicher Vorträge.

Neumann K, aus Liebe, Ehe und Eheleben der Vogelwelt. (Sammlung gemeinverständlicher wissenschaftlicher Vorträge Neue Folge 169) Hamburg 1893

—— allgemeine Lösung des Problemes über den stationären Temperaturzustand eines homogenen Körpers, welcher von irgend zwei nichtconcentrischen Kugelflächen begrenzt wird. gr. 8. (XVI und 155 S. mit 21 eingedr. Holzschn. und 2 Stnt. in qu. gr. 4.) Halle 862, Schmidt's Verlag. *

— Lösung des allgemeinen Problemes über den stationären Temperaturzustand einer homogenen Kugel ohne Hülfe von Reihen-Entwicklungen, nebst einigen Sätzen zur Theorie der Anziehung. Mit 1 (Holzschn.-)Taf. Halle 861. Schmidt's Verlag. gr. 8. (10 S.) n. 6 ngr.

Neumann, Carl von, Ueber das Maximum der Dichtigkeit beim Meerwasser. Ein Beitrag zur Physik des Meeres. (Inaug.-Abhandl.) München 1861.

—— einige Notizen hinsichtlich der in neuerer Zeit gegen die Gesetze von Ampère und Weber erhobenen Einwände. Lex.-8. (32 S.) Leipzig 877, Teubner. *
Aus: Mathematische Annalen, besonders abgedruckt.

— Über das logarithmische Potential e. gewissen Ovalfläche, s.: Abhandlungen der königl. sächs. Gesellschaft der Wissenschaften. Mathem.-phys. Klasse. 31. II.

Neumann, Carl, das Dirichlet'sche Princip in seiner Anwendung auf die Riemann'schen Flächen. Leipzig. 865. Teubner. gr. 8. (III, 80 S.) n. 18 ngr.

— Carl, Dr., Die Principien der Elektro-dynamik. (Eine mathemat. Untersuchung. Tubingae, mense Julio anni 1868.) Leipzig, 11. Aug. 1868.

—— über die Principien der Galilei-Newton'schen Theorie. Akademische Antrittsvorlesung gehalten am 3. Novbr. 1869. gr. 8. (32 S.) Leipzig 870, Teubner. *

Neumann, C., De problemate quodam mechanico, quod ad primam integralium ultraellipticorum classem revocatur. (Inaug.-Diss.) Regiomonti 1856. 4°. brosch. (19 S.)

Neumann, Carl, Rembrandt. gr. 4. (XXIII, 659 S. m. 154 Autotyp. u. 5 Heliograv.) Berlin 902. Stuttgart, W. Spemann. n. 28.—; geb. in Ldr. n. 35.—

Rembrandt. Von Carl Neumann, Prof. in Kiel. 2. verm. Aufl. (Bd 1. 2.) Berlin & Stuttgart: W. Spemann 1905. 2 Bde 4° [F.] [...]

— Rembrandt u. Wir. Rede bei der Rembrandtfeier der königl. Christian-Albrechts-Universität zu Kiel geh (37 S.) gr. 8. Ebd. 906. n. 1.50

— Repetitorium der Elementar-Mathematik. 1. u. 2. Thl. gr. 16. Dresden 871. 72. Höckner. à n. 1. --
1. Arithmetik. (III, 91 S.)
2. Geometrie. (III, 131 S. m. eingedr. Holzschn.)

Neumann, Carl (I.). Schützt unsere Vogelwelt! Eine erschöpf. Darstellg. aller Ursachen zum Niedergange der heimatl. Vogelwelt u. Mittel u. Wege zu deren Vermehrg. 8. (42 S.) Ilmenau 890, Schröter. * — 80

Neumann, Carl, Spaßvaegel. Plattdeutsche Humoresken. (132 S.) 8. Kiel (906). R. Cordes. Geb. n. 2.—

— der gegenwärtige Standpunkt der mathematischen Physik. Akademische Antrittsrede gehalten in der Aula der Universität Tübingen am 9. Novbr. 1865. Tübingen 865. Laupp'sche Buchh. gr. 8. (32 S.) 6 ngr.

Neumann, Carl [aus Gross-Lichterfelde]: Die rechtliche Stellung des sogenannten Unteragenten einer Privat-Versicherungs-Gesellschaft auf Grund der Versicherungsbedingungen und der Agentur-Instructionen m. Berücks. d. Entscheidgn d. ehemal. Reichs-Oberhandelsgerichts u. d. Reichsgerichts ... Berlin, gedr. in d. Kgl. Hofbuchdr. v. E. S. Mittler & Sohn, 1891; 74 S. 8.
Göttingen, Jur. Fak., Inaug.-Diss. v. [23. Aug.] 1891

Neumann, Carl, die rechtliche Stellung d. sogenannten Unteragenten e. Privat-Versicherungs-Gesellschaft auf Grund der Versicherungsbedingungen u. der Agentur-Instruktionen m. Berücksicht. der Entscheidungen d. ehemaligen Reichs-Oberhandelsgerichts u. d. Reichsgerichts. gr. 8. (74 S.) Berlin 891. E. S. Mittler & Sohn. n. 2.—

— Theorie der Elektricitäts- und Wärme-Vertheilung in einem Ringe. Halle 864. Buchhdlg. des Waisenhauses. gr. 8. (IX, 51 S.) n 15 ngr.

—— Theorie der Bessel'schen Functionen. Ein Analogon zur Theorie der Kugelfunctionen. gr. 8. (VIII und 72 S.) Leipzig 867, Teubner. *

Neumann, Carl, Dr., Ueber die Theorie der Kugel-Functionen. Tübingen 1866.

Neumann, C., über die Maxwell-Hertz'sche Theorie, s.a. Abhandlungen der königl. sächs. Gesellschaft der Wissenschaften. Mathem.-phys. Cl. 27. II u. VIII.

— über die Maxwell-Hertz'sche Theorie, s.a. Abhandlungen der königl. sächs. Gesellschaft der Wissenschaften. Mathem.-physik. Klasse 28 II.

Über die Maxwell-Hertz'sche Theorie von C[arl] Neumann. Mit 3 Textfig. *Leipzig: B. G. Teubner 1901.* (S. 214–348.) 4°(8°)
= Abhandlungen d. K. Sächs. Gesellschaft d. Wiss. Math.-phys. Cl. Bd 27, No 2. [...]

—— die Umkehrung der Abel'schen Integrale. gr. 8. (16 S.) Halle 863, Buchh. des Waisenhauses.

Neumann, Karl, Unanfechtbarkeit der Lebensversicherungs-Police. Rechts- und Versicherungs-Studie. gr. 8. (40 S.) Berlin 888, Mittler und Sohn. * 1 —

Allgemeine Untersuchungen über das Newton'sche Princip der Fernwirkungen m. bes. Rücks. auf die elektr. Wirkgn. Von Dr. C[arl] Neumann, Prof. ... zu Leipzig ... *Leipzig: B. G. Teubner 1896.* (XXI, 292 S.) 1 Bd 8. [...]

—— über die möglichen Ursachen der Corona und Protuberanzen während einer totalen Sonnenfinsterniss. Eine kurze populär-wissenschaftl. Abhandlung. Lex.-8. (III und 26 S. mit 3 lithogr. Figurentaf. in qu. Fol. und gr. Fol.) Dresden 861, [Dietze.] *

Neumann, Carl [app. Arzt]: Statistische Verhältnisse der croupösen Pneumonie ... Greifswald, Druck v. J. Abel, *1897;* 60 S. 8.
Rostock, Med. Fak., Inaug.-Diss. v. [13. Mai] 1897

Neumann, Carl. Jakob Burckhardts politisches Vermächtnis (... «Weltgeschichtliche Betrachtungen» ... 1905). 8.
In: Deutsche Rundschau. Hrg. von Julius Rodenberg. Jahrg. 34. Heft 1 u. 2. Oktober u. November 1907. Berlin, Gebrüder Paetel. [je M. 2.50.] S. 37–54 u. 252–264.

Die deutsche Versicherungsliteratur des XVIII. Jahrhunderts. Von Dr. jur. CARL NEUMANN, Berlin. Zeitschrift für die gesamte Versicherungs-Wissenschaft. Sonderabdruck aus Band XII, Heft 2—5. ib. 1912. — 8°.

— die Vertheilung der Electricität auf einer Kugelcalotte. [Aus: „Abhandlgn. d. k. sächs. Gesellsch. d. Wiss."] Lex.-8. (58 S. m. eingedr. Holzschn.) Leipzig 880. Hirzel. n. 2. 40

Neumann, Carl (I.). Unsere Vogelwelt im Kampfe um das Dasein. Ein ernstes Mahnwort an alle Vogelfreunde, Forst- u. Landwirte. 8. (61 S.) Ilmenau 889, Schröter. * 1 —

Die 'Volksversicherung' in Deutschland. Hrsg. von Dr. jur. Carl Neumann. *Berlin: Zeitschr. f. Versicherungswesen; [E. S. Müller & Sohn] 1900.* (112 S.) 8° [...]

— die „Volksversicherung" in Deutschland. gr. 16. (112 S.) Ebd. 900. Kart. n.n. 1. 25

— Vorlesungen üb. die mechanische Theorie der Wärme. gr. 8. (XVI, 240 S.) Ebend. 875. n. 7. 20

—— Vorlesungen über Riemann's Theorie der Abel'schen Integrale. gr. 8. (XIV und 514 S. mit 102 eingedr. Holzschn. und 1 Stnt.) Leipzig 865, Teubner. *

— Vorlesungen üb. Riemann's Theorie der Abel'schen Integrale. 2. Aufl. Mit 1 lith. Taf. u. in den Text gedr. Fig. gr. 8. (XIV, 472 S.) Ebend. 884. n. 12. —

Neumann, Carl, die preußische Vormundschafts-Ordnung vom 5. Juli 1875 unter systematischer Darstellung des bezüglichen Familien- und Erbrechts und Erörterung der Kontroversen erläutert. gr. 8. (VII, 229 S.) Berlin 877, Vahlen. * geb. *

—— die preußische Vormundschaftsordnung vom 5. Juli 1875, unter Einschaltung der bezüglichen Bestimmungen der Reichs-Justizgesetze und systemat. Darstellung des Familien- und Erbrechts erläutert. 2. umgearb. Aufl. gr. 8. (VIII, 331 S.) Berlin 880, Vahlen. *M 6.; geb. * 7 20

Neumann, Carl [Dr. aus Mannheim]: Die Weltstellung des byzantinischen Reiches vor den Kreuzzügen ... *Altenburg, Pierer'sche Hofbuchdr.*, 1894; 1 Bl., V—X S., 1 Bl., 121 S. 8. Heidelberg, Phil. Fak., Hab.-Schr. v. [25. Mai] 1894

Neumann, Carl, die Weltstellung des byzantinischen Reiches vor den Kreuzzügen. gr. 8. (XI, 121 S.) Leipzig 894. Duncker & Humblot. n. 2. 40

— das Zeitalter der punischen Kriege. Aus seinem Nachlasse hrsg. u. ergänzt von Gust. Faltin. gr. 8. (VII, 598 S.) Ebend. 883. n. 12. —

Neumann, C., s.: Zeitschrift f. Versicherungswesen.

Karl August Neumann

Ueber die zur Behandlung der Feuerwärme, beym Erhitzen und Destilliren tropfbarer Flüssigkeiten, erforderlichen Anstalten, nebst Beschreibung hölzerner Koch-und Destillir-Geräthschaften. Von Karl August Neumann. Altona: Hammerich 1802. XII, 156 S. 8°

(= Neumann: Die Behandlung der Feuerwärme.St.2.)

Karl August Neumann

Die Behandlung der Feuerwärme, besonders bey Erhitzung und Abdampfung tropfbarer Flüßigkeiten, nach physikalisch-chemischen Grundsätzen. ... Von Karl August Neumann. St.[1.]2. Altona:Hammerich 1800-02. 1 Bd 8°

[St.1:] 1800.

St.2: Neumann: Ueber die zur Behandlung der Feuerwärme, beym Erhitzen und Destilliren tropfbarer Flüssigkeiten,erforderlichen Anstalten, nebst Beschreibung hölzerner Koch-u. Destillir-Geräthschaften. 1802.

— die Behandlung d. Feuerwärme, besond. bei Erhitzung u. Abdampfung tropfbarer Flüssigkeiten. 2 Stücke mit 2 Kpft. 8. Altona 801, 2. Hammerich. 1 ℳ

Neumann, Carl Aug., Betrachtungen der chemischen Elemente, s. Betrachtungen.

Neumann, Carl August. Betrachtungen der chemischen Elemente, ihrer Qualitäten, Aequivalente und Verbreitung etc. *Prag* 1858. *Gottlieb Haase Söhne.* 51 S. 8°.
Veröffentlicht aus Anlass der 3. Secularfeier der Univer sität zu Jena und bildet Einleitung und 1. Abtheilung der noch nicht vollendeten Schrift: „Aus was und wie ist die Erde etc. gebildet?"

Neumann, Carl Aug., Betrachtungen der chemischen Elemente, ihrer Qualitäten, Aequivalente und Verbreitung. Prag 858. (Tempsky.) gr. 8. (51 S.) n. 14 ngr

— Betrachtungen über die Wichtigkeit, Möglichkeit und Nützlichkeit der Zuckererzeugung aus europäischen Gewächsen, mit besonderer Rücksicht auf Böhmen. Prag, 1810.

Neumann, Carl Aug., Chemie als natürliche Grundlage wissenschaftlicher Natur- u. Gewerbkunde, nach d. wichtigsten Resultaten physikal. u. chemischer Forschungen, üb. die Bestandtheile, Zusammensetzungsweise u. Beschaffenheit in Künsten u. Gewerben anwendbarer Körper. M. Antworten auf 3 Preisfragen: die Eigenwärme, den Isomerismus u. den Dimorphismus der Körper betreffend. gr. Fol. (58½ B.) Prag 842, Calve'sche Vrlgsh. *

Neumann, Carl Aug., das kurländische Erbrecht, nach den Gesetzen und der Praxis dargestellt. gr. 8. (XII und 214 S.) Mitau 850, (Neumann.) *

— die Grundsätze der Chemie, in Bezieh. auf Technologie. 1r Bd. gr. 8. Lpz. Gleditsch.

Neumann, Karl Aug., Lehrbuch d. Chemie mit besond. Hinsicht auf Technologie. Zur Selbstbelehrung f. gebildete Gewerbtreibende. 1r Bd. gr. 8. Prag 810. Calve. (Brockhaus in Leipz.) 2 ℳ 8 gr

Neumann, Karl Aug., Vergleichung d. Zuckerfabrikation aus in Europa einheim. Gewächsen mit der aus Zuckerrohr in Tropenländern, mit Bezug auf Staats- u. Privatwirthschaft. Hrsg. v. Vereine z. Ermunterung d. Gewerbfleißes in Böhmen. gr. 8. (11½ B.) Prag 837, Haase Söhne.

Neumann, Carl E. O., die Brillen, das dioptrische Fernrohr und Mikroskop. Ein Handbuch für prakt. Optiker. Nebst einem Anhang, enth. die Burow'sche Brillen-Scala, und das Wichtigste aus dem Productions- und Preisverzeichnisse der Glasschmelzereien für opt. Zwecke von Schott und Gen. in Jena. 8. (XXXII, 232 S. mit 95 Abbild.) Wien 887, Hartleben. * 4 —

Neumann C. die Brillen, das dioptrische Fernrohr und Mikroskop. (Bibliothek, Chemisch-technische 153) Wien 1887

Neumann, Carl E. O., die Diphtheritis-Noth. Ein Rathgeber und Helfer für jede Familie. Mit einem Vorwort und Anmerkungen versehen von Heinr. Koch. 8. (36 S.) Leipzig 882, Grieben's Verlag. * — 80

—— Formelbuch enth. die hauptsächlichsten Formeln, Sätze und Regeln der Elementar-Mathematik zum Gebrauche an Realschulen und Gymnasien übersichtlich zusammengestellt. 16. (128 S. mit 225 in den Text gedr. Holzschn.) Dresden 862, Türk's Verlag. cart. *

— Formelbuch, enthltd. die hauptsächlichsten Formeln, Sätze u. Regeln der Elementar-Mathematik zum Gebrauche an Realschulen u. Gymnasien übersichtlich zusammengestellt. 2. verm. u. verb. Aufl. Mit 293 in den Text eingedr. Holzschn. Dresden 870. Türk's Verl. 16. (IV, 160 S.) cart. n. 12 ngr

Neumann, Karl, Formelbuch, enth. die hauptsächlichsten Formeln, Sätze u. Regeln der Elementar-Mathematik zum Gebrauche an Realschulen u. Gymnasien übersichtlich zusammengestellt. 3. verm. u. verb. Aufl. Mit 293 in den Text eingedr. Holzschn. 16. (V, 162 S.) Dresden 875. Türk. n. 1. 50

Neumann, Carl, Formelbuch, enthaltend die hauptsächlichsten Formeln, Sätze u. Regeln der Elementar-Mathematik, zum Gebrauche an Realschulen u. Gymnasien übersichtlich zusammengestellt. 4., verm. u. verb. Aufl. 16. (VI, 167 S.) Dresden 880. Axt. cart. n. 1. 50

Neumann, Carl E. O., Formelbuch, enth. die hauptsächlichsten Formeln, Sätze u. Regeln der Elementar-Mathematik, zum Gebrauche an Realschulen u. Gymnasien übersichtlich zusammengestellt. 5., verb. Aufl. gr. 16. (IV, 168 S. m. Fig.) Dresden 893. F. Axt. Kart. n. 1. 50

Neumann, Carl E. O., Formelbuch, enth. die hauptsächlichsten Formeln, Sätze u. Regeln der Elementar-Mathematik, zum Gebrauche an Realschulen u. Gymnasien übersichtlich zusammengestellt. 6. verb. Aufl. gr. 16. (IV, 168 S.) Dresden 899. F. Axt. In Leinw. kart. n. 1.50

Neumann, Carl E. O., Formelbuch, enth. die hauptsächlichsten Formeln, Sätze u. Regeln der Elementar-Mathematik, übersichtlich zusammengestellt. 7. verb. Aufl. (IV, 168 S. m. Fig.) 16. Dresden 908. F. Axt. Kart. 1. 50

—— der Frauenarzt. Ein Rathgeber für Jungfrauen, Frauen und Mütter. Naturgemäße Behandlung der Frauenkrankheiten. gr. 8. (VII, 81 S. mit in den Text gedr. Abbild.) Köthen 884, Schettler's Verlag. * 2 —

—— der Frauenarzt. Ein Ratgeber für Jungfrauen, Frauen und Mütter. Naturgemäße Behandlung der Frauenkrankheiten. Mit in den Text gedr. Abbild. 2. Aufl. (VII, 81 S.) 886; 3. und 4. verb. Aufl. gr. 8. (VIII, 94 S.) Cöthen 888, Schettler's Erben, Verlag. *

Neumann, Carl [C. O.]. Giebt es ansteckende Krankheiten, flüchtige Ansteckungsstoffe u. e. Impfschutz dagegen? 8. (33 S.) Cöthen 890, Schettler's Erben Verlag. * — 60

Neumann, Carl C. O., die Hämorrhoiden, sowie die Blutüberfüllung des Kopfes, Rückenmarks, der Brust, Nieren, Milz, Leber und die Krampfadern, ihre leichte und sichere Verhütung und Heilung auf naturgemäßem Wege. 8. (III, 72 S.) Leipzig 887, Th. Grieben's Verlag. *

— neuer Hausarzt f. Stadt u. Land. Ratgeber u. Anleiter zur Selbsthülfe in allen Krankheitsfällen. gr. 8. (VIII, 312 S.) Leipzig 883. Th. Grieben. n. 3. —; geb. n. 4. —

—— die Haut, Haare, Nägel und Zähne des Menschen. Deren Bau, Pflege, Krankheiten und naturgemäße Behandlung. 1. und 2. Aufl. 8. (IV, 107 S. mit Abbild. im Text.) Ebendas. 886,87. *

— der Kinderarzt od. die naturgemäße Pflege d. Kindes in gesunden u. kranken Tagen. 8. (IV, 98 S.) Berlin 886. Breitkreuz. n. 1. 50; geb. n. 2. —

—— der Kopfschmerz, sowie der Zahn-, Gesichts-, Augen- und Ohrenschmerz, seine naturgemäße Verhütung und Behandlung, leicht faßlich dargestellt. 8. (V, 80 S.) Cöthen 888, Schettler's Erben, Verlag. *

— der Männerarzt. Ein Ratgeber f. junge u. alte Männer. Naturgemäße Behandlg. der Männerkrankheiten. Mit in den Text gedr. Abbildgn. 8. (IV, 90 S.) Leipzig 885. Th. Grieben. n. 1. 40; geb. n. 1. 80

—— die Massage. Anleitung zur prakt. Ausführung derselben für Jedermann. Nebst specieller Krankheits- und Heil-Lehre. 1. und 2. Aufl. 8. (IV, 120 S. mit 34 Abbild. im Text.) Ebendas. 885,86. *ℳ 1.50.; geb. *

—— Die Massage u. Heilgymnastik. Anleitung zur prakt. Ausführg. derselben f. Jedermann. 3. stark verm., umgearb. u. verb. Aufl. 8. (VIII, 184 S. m. 67 Abbildgn.) Lpz. 892, Grieben. * 1 80; geb. * 2 40

—— kleine Naturheilkunde für unsere Kinder. gr. 8. (IV, 63 S.) Cöthen 885, Schettler's Erben, Verlag. *

—— Repetitorium der Chemie für Chemiker, Pharmaceuten, Mediziner ꝛc., sowie zum Gebrauche an Realschulen und Gymnasien. 12. (IV, 250 S.) Düsseldorf 884, Schwann'sche Verlagsh. * 2 —

— Repetitorium der Physik zum Gebrauche an Realschulen u. Gymnasien. 16. (III, 288 S. m. eingedr. Fig.) Dresden 884. Axt. cart. n. 2. 50

—— Der Schlagfluß, sowie die wichtigsten Lähmungszustände d. menschl. Organismus, ihre Ursachen, Verhütg. u. naturgemäße Behandlg. 8. (47 S.) Cöthen 890, Schettler's Erben Verlag. * — 80

— Wegweiser zur praktischen Verwertung der Elektrizität als Heilkraft, nebst e. kurzen Abriss der Elektrizitäts-, Nerven- u. Muskellehre f. Gebildete aller Stände. Mit 65 Abbildgn. 12. (XXXI, 214 S.) Leipzig 886. Arnold. geb. n. 5. —

— Wegweiser zur praktischen Verwertung der Elektrizität als Heilkraft, nebst e. kurzen Abriss der Elektrizitäts-, Nerven- u. Muskellehre für Gebildete aller Stände. 2. Aufl. 12. (XXXI, 214 S. m. 65 in den Text gedr. Abbildgn.) Leipzig 888. Haberland. geb. n. 3. —

Neumann, Carl C. O., welcher Cur soll ich mich unterwerfen? Ein Wegweiser für Kranke. 8. (VIII, 125 S.) Leipzig 886. Arnold. n. 1. 75; geb. n. 2. 25

Neumann, Carl, welcher Kur soll ich mich unterwerfen? Ein Wegweiser f. Kranke. 2. (Titel-)Ausg. 12. (IV, 125 S.) Leipzig 893. C. Haberland. n. — 50

Neumann, Car. Aemil. (geb. Baruth 9. 6. 1830): De rheumatismo gonorrhoico. Berolini (1854). (32 S.) 8°
Berlin, Med. Diss. v. 3. Apr. 1854

Neumann, Karl Eug., buddhistische Anthologie. Texte aus dem Pāli-Kanon, zum 1. Mal übers. gr. 8. (XXVIII, 237 S.) Leiden 892. E. J. Brill. n.n. 6. —

Neumann, Karl Eug., s.: Gotamo Buddho's Reden.

— d. Lieder d. Mönche u. Nonnen Gotamo Buddho's. Aus d. Theragāthā u. Therīgāthā zum ersten Mal übers. gr. 8. (VIII, 392 S.) Berlin 899. E. Hofmann & Co. n. 10. —; geb. n.n. 12. —

Neumann, Karl Eugen: Des Sarasangaho, eines Kompendiums buddhistischer Anschauungen, erstes Kapitel. Text, Uebersetzung, Anmerkungen. ... Leipzig, Druck v. G. Kreysing, 1890; 32 S., 1 Bl. 8°
Leipzig, Phil. Fak., Inaug.-Diss. v. [23. Jan.] 1891

— d. Strāasangaho, e. Kompendiums buddhistischer Anschauungen, 1. Kap. Text, Uebersetzg., Anmerkgn. gr. 8. (32 S.) Leipzig 891. M. Spohr. n. 1. —

— die innere Verwandtschaft buddhistischer u. christlicher Lehren. Zwei buddhist. Suttas u. e. Traktat Meister Eckharts, aus den Orig.-Texten übers. u. m. e. Einleitg. u. Anmerkgn. hrsg. gr. 8. (V, 109 S.) Leipzig 891. M. Spohr. n. 2. 40

Neumann, Karl Eug., der Wahrheitpfad. Ein buddhist. Denkmal. Aus dem Pāli in den Versmaassen d. Originals übers. v. K. E. N. gr. 8. (VIII, 182 S.) Leipzig 893. Veit & Co. n. 3. 50

Geschichte der St. Johannis-Loge zur siegenden Wahrheit im Or. Gleiwitz. Für die ersten fünfundsiebenzig Jahre, 1813 bis 1888. [Unterz.:] C[arl] F[erd.] Neumann. Hs. f. Brr. Gleiwitz [1888]: Neumann. 46 S. 8° [Umschlagtit.]
S. 23—46: Verzeichn. der Mitgl. der Loge von 1813—1888, zsgest. von L. Neumann.

Neumann, Karl Fr., Rerum Creticarum specimen. 8maj. Götting. 820. Dieterich. 12 gr.

Neumann, Karl Friedrich: Beiträge zur Armenischen Literatur. 1. Lfg. München 1849.

— s. Bürck, A., die Reisen des Venezianers Marco Polo.

Neumann, K. Fr. Die Empörung im anglo-indischen Reiche u. deren Folgen. 8. Leipzig 1861.

Neumann, Karl Friedrich: Die Ereignisse in Ostasien und die Nothwendigkeit deutscher Handelsverträge mit Siam, China und Japan. Eine Denkschrift. (Abdruck aus der Allgemeinen Zeitung.) Augsburg 1859. 24 S. 8°.

— **Carl Friedrich** (Polen, Schwetz), De oculorum morborum examine. Diss. med. Berlin (Brüschcke) 14. I. 1825. 32 S. mit Biogr. (M.: Siedmogrodzki.) (3.50) 24785
Oppon.: Reichel, Siedmogrodzki, Klewitz. — Seinem Bruder gew.

Neumann, Karl Friedrich: Gesamtprokura und kombinierte Vertretung. Borna-Leipzig 1910: Noske. VIII, 51 S. 8°
Heidelberg, Jur. Diss. v. 17. Okt. 1910, Ref. Heinsheimer
Geb. 24. Mai 85 Sellin b. Bärwalde Nm.; Wohnort: Frankfurt a. O.; Staatsangeh.: Preußen; Vorbildung: Gymn. Frankfurt Reife O. 04; Studium: Lausanne 1, Berlin 1, München 1, Halle 3, Heidelberg 3 S.; Rig. 21. Juli 10.] [U 11. 2085

— Geschichte des englisch-chinesischen Krieges. 2. verm. (Titel-)Aufl. Leipzig (846.) 855. Teubner. gr. 8. (X, 374 S.) 1 Rthlr. 15 ngr.

Neumann, K. F. Ostasiatische Geschichte vom ersten chinesischen Kriege bis zu den Verträgen von Peking, 1840–1860. (532) 8. Leipzig 1860. 10,50.

— ostasiatische Geschichte vom ersten chinesischen Krieg bis zu den Verträgen in Peking [1840—1860]. Leipzig 861. Engelmann. gr. 8. (XX, 532 S.) 3 Rthlr. 15 ngr.

Neumann, Karl Friedr., Geschichte des englischen Reiches in Asien. 2 Bde. Leipzig 857. Brockhaus. gr. 8. (XII, 653; XII, 739 S.) n. 7 Rthlr.

Neumann, Karl Frdr., Geschichte der Vereinigten Staaten von Amerika. 1. Bd. Die Gründung der Kolonien bis zur Präsidentschaft des Thomas Jefferson. Berlin 863. C. Heymann. gr. 8. (XXVIII, 607 S.) 3 Rthlr.

Neumann, Carl Friedr., Geschichte der Vereinigten Staaten von Amerika. 2. u. 3. Bd. Berlin, C. Heymann's Verlag. gr. 8. Jeder Bd. 3 Rthlr.
2. Bd. Von der ersten Präsidentschaft des Thomas Jefferson bis zum Ende der zweiten Präsidentschaft des Andrew Jackson. (XXIV, 592 S.) 865.
3. Bd. Von der Präsidentschaft des Martin van Buren bis zur Inauguration des Abraham Lincoln. (XXXVI, 599 S.) 866.

Neumann, Carl Friedr., Geschichte d. Uebersiedelung v. 40000 Armeniern, welche im J. 1828 aus d. pers. Provinz Aderbaidschan nach Rußland auswanderten. Nach d. russ. u. armen. Orig. frei bearb. u. mit e. Einleit. verseh. M. 1 Abbild. (Fol.) gr. 8. (7 B.) Leipzig 834, Weidmann.

Neumann, Carl Friedr., Grundriß zu Vorlesn. üb. Länder- u. Völkerkunde u. allgem. Statistik. gr. 8. (3¾ B.) München 840, Franz.

— — (Zittau), De jure urbes muniendi et munitiones reficiendi ex legibus Romanis et imperii Germanici publicis. Präs. Christoph Ludwig Crell. Wittenberg (Gerdes) Aug. 1734. 42 Seiten. (5.—) 24786
Widm. v.: Christoph Ludwig Crell.

— — Dasselbe. Frankfurt u. Leipzig. Aug. 1734. 1757. 44 S. (5.—) 24787
Widm. v.: Christoph Ludwig Crell.

—— Lehrsaal d. Mittelreiches, s. Lehrsaal.

Neumann, Carl Friedrich: Mexiko im fünften Jahrhundert unserer Zeitrechnung. Nach chinesischen Quellen.
Aus dem „Ausland 1845" besonders abgedruckt. München 1845.

Čū-hī. Neumann, Carl Friedrich, Die Natur- und Religionsphilosophie der Chinesen. Nach dem Werke des Chinesischen Weltweisen Tschuhi, Fürst der Wissenschaft genannt. Aus dem 7. Bande der Zeitschrift für die historische Theologie besonders abgedruckt. Leipzig 1837.

— Reise nach Tscherkessien. gr. 8. Stuttg. 840. v. Cotta. 7/8 Rthlr.

—— Johs. Schiltberger aus München Reisen, s. Schiltberger aus München, Johs.

—— Rußland u. die Tscherkessen, s. Reisen u. Länderbeschreibungen, 19. Lfg.

Neumann, Karl Friedrich: Russland und die Tscherkessen. Stuttgart u. Tübingen 1840. XII, 154 S.
= Reisen und Länderbeschreibungen der älteren und neuesten Zeit. Lfg. 19. 8°.

—— asiatische Studien. 1. Thl. gr. 8. (16½ B. u. 1 Stnt.) Leipzig 837, Barth.

—— Versuch e. Geschichte d. armenischen Literatur, nach d. Werken d. Mechitaristen frei bearb. gr. 8. (20 B.) Leipzig 836, Barth.

—— die Völker d. südl. Russlands in ihrer geschichtl. Entwickelung. Eine v. d. kgl. Institut v. Frankreich gekrönte Preisschrift. Lex.-8. (11½ B.) Leipzig 846, (47,) Teubner.

— die Völker des südlichen Russlands in ihrer geschichtlichen Entwickelung. Eine von dem Königl. Institut von Frankreich gekrönte Preisschrift. 2. (Titel-)Aufl. Ebend. (847.) 855. gr. 8. (VIII, 174 S.) 1 Rthlr.

– s. Zeitschrift für Kunde des Morgenlandes.

Neumann, Car. Frid. Guil. (geb. Grünberg in Schles. 5. 6. 1839): De occlusione valvulae mitralis et de morbis quibus sublata est. Berolini (1863). (32 S.) 8°
Berlin, Med. Diss. v. 18. Aug. 1863

Neumann, Karl Geo., Abhandl v. d. Brande, den verschied. Arten, Ursachen u. Heilungsmethoden an d. Theilen d. menschl. Körpers. gr. 4. Wien 801. (Deubner). 1 Rthlr. 4 gr.

Neumann, Abhdl. v. d. Brande u. Heilmethode desselben. gr. 4. Wien, Camesina. 801.

Neumann, K.G. (Hrsg.), s. Arndt, Ernst Moritz: Urtheil über Friedrich d. Großen.

— Aufsätze u. Beobachtt. f. Aerzte. 16 Bdchen. 8. Leipz. 802. (Brockhaus). 1 Rthlr. 8 gr.

Neumann, K. A., Aufsätze und Beobachtungen f. Aerzte. 16 Bdch. 8. Lpz. Hempel. (Gleditsch) 802.

— **Carl Georg** (Gera), De balneis frigidis observationes. Diss. med. Präs. Salomon Constantin Titius. Wittenberg (Tzschiedrich) 2. V. 1796. 26 S. (4.—) 24788
Gew.: Wilhelm Theophil Becker (Oheim).

— Beitrr. z. prakt. Arzneiwissenschaft. 8. Leipz. 811. Kühn. 1 Rthlr.

— Beiträge zur Natur- u. Heilkunde. 1. 2. Bdchn. Lex.-8. Erlangen 845, 46, Enke. à n. 1 Rthlr. 21 ngr.

— Beleuchtung d. Urtheils üb. Friedrich d. Großen, s. E. M. Arndt, Urtheil.

Neumann, Karl Geo., Bemerkungen üb. d. gebräuchlichsten Arzneimittel. gr. 8. (16 B.) Berlin 840. [Nordhausen, Büchting.]

Neumann, Karl Georg: Bemerkungen über die gebräuchlichsten Arzneimittel. 254 S., gbd.

Berlin: Liebmann 1840

Neumann, Carl Geo., Einleitung in das Studium der Arzneiwissenschaft. Lex.-8. (XVI und 262 S.) Erlangen 850, Enke's Vrlgsh. *

—— Gedichte. 8. (19½ B.) Aachen 841, [Fagot.] *

Neumann, Karl Geo., Gedichte. 8. Aachen 841, Roschütz'sche Buchh. (P. Fagot.) n. 1⅓ ₰

— 500 Geheimnisse. 8. Düsseldorf 841, Roschütz u. Co. ½ ₰

– s. Gurlitt, Johann Gottfried: Ossians Fingal.

—— der allgem. Hausarzt, od. Belehr. f. Jedermann, wie er seine Gesundheit erhalten u. in Krankheiten u. Unfällen sich benehmen solle. gr. 8. (19½ B.) Aachen 837, [Düsseldorf,] Roschütz u. Comp.

— der allgem. Hausarzt. 2. Aufl. 8. Ebend. 841. 1 ₰

—— Heilmittellehre nach den bewährtesten Erfahrungen und Untersuchungen in alphabet. Ordnung bearb. 1. Aufl. 1848. und 2. Aufl. Lex.-8. (XXII und 635 S.) Erlangen 850, Enke's Vrlgsh. *

Neumann, Karl Georg: Deutschlands Heilquellen mit besonderer Rücksicht auf die Wahl derselben für specielle Krankheitsfälle. 256 S., gbd.

Erlangen: Enke 1845

JB 2.751

Neumann, Car. Geo., s. Horatii Fl. Poemata. — dess. sämmtl. Gedichte.

— Kosmetik, s. C. G. Flittner.

Neumann, C(K)arl Geo., von d. Krankheiten d. Gehirns des Menschen. gr. 8. (31¼ B.) Coblenz 833, Hergt.

—— von d. Krankheiten des Menschen. Allgemeiner Theil, od. allgem. Pathologie. 8. (19 B.) Berlin 829, Herbig.

—— dass. — Specieller Theil. 1. Bd. — A. u. d. T.: Specielle Pathologie u. Therapie d. fieberhaften Krankheiten des Menschen. gr. 8. (55⅛ B.) Ebds. 832.

—— dass. — 2. Bd. — A. u. d. T.: Specielle Pathologie u. Therapie d. chronischen Krankheiten des Menschen. gr. 8. (56 B.) Ebds. 832.

— von den Krankheiten des Menschen. Specieller Theil. 3r Bd. A. u. d. T.: Specielle Pathologie und Therapie der topischen Krankheiten. gr. 8. Berlin 834. Herbig. 3 ₰

—— dass. — 4. Bd. Krankheiten d. sensiblen Sphäre. — A. u. d. T.: Specielle Pathologie u. Therapie d. Krankheiten d. Sensibilität des Menschen. gr. 8. (55 B.) Ebds. 834.

—— von d. Krankheiten d. Menschen. Specieller Thl., od. spec. Pathologie u. Therapie. 4 Bde., 2., verb. Aufl. gr. 8. Berlin, Herbig.

A. u. d. Ttln.:

Bd. 1. Specielle Pathologie u. Therapie d. fieberhaften Krankheiten d. Menschen. 2 Abthln. (55⅛ B.) 836. 4 Thlr. 6 Gr.

" 2. Spec. Pathologie u. Therapie d. chron. Krankheiten d. Menschen. 2 Abthln. (59 B.) 837. 4 Thlr. 6 Gr.

" 3. Topische Krankheiten d. Vegetationssphäre. — A. u. d. T.: Specielle Pathologie u. Therapie d. topischen Krankheiten d. Vegetationssphäre. (41⅛ B.) 838. 3 Thlr.

" 4. Krankheiten d. sensiblen Sphäre. — A. u. d. T.: Specielle Pathologie u. Therapie d. Krankheiten d. Sensibilität d. Menschen. 2 Abthln. (54⅛ B.) 838. 4 Thlr. 6 Gr.

—— von den Krankheiten des Menschen. Specieller Theil od. specielle Pathologie u. Therapie. 5., od. Supplem.-Bd. Für die Besitzer der 1. u. 2. Aufl. Nebst vollständ. Sachregister üb. das ganze Werk. A. u. d. Ttl.: Fortschritte u. Erfahrungen der neuesten Zeit im Gebiete der Heilkunst. gr. 8. (43 B.) Berlin 844, Herbig.

1—4. Thl. Ebendas. 1836—38. 15 Thlr. 22½ Ngr.

—— dass. Allgemeiner Theil od. allgemeine Pathologie. 2., verb. u. verm. Aufl. gr. 8. (19½ B.) Berlin 842, Herbig.

— die Krankheiten d. Vorstellungsvermögens, systemat. bearb. gr. 8. Leipz. 822. Cnobloch. 1 ₰ 18 gr

—— der Mensch, oder populäre Menschenkunde. 8. (9¼ B.) Aachen 844, Kornicker.

—— griechische Mythen. gr. 12. (4⅙ B.) Aachen 838, [Düsseldorf,] Roschütz u. Comp.

—— die lebendige Natur. gr. 8. (24 B.) Berlin 835, Herbig.

Neumann, Carl G., von der Natur des Menschen ꝛc. 2 Thle. gr. 8. Berlin Flittner. 815 u. 818. sonst 4 Thlr. 16 Gr. jetzt à 1 Thlr. 16 Gr.

2r Thl. auch unter dem Titel: Physiologie, Lehre v. d. Nervenleben ꝛc.

— von d. Natur d. Menschen. 1r Thl. gr. 8. Berlin, R. Soc. Buchh. 815.

— s. Ossian's kleine Gedichte.

Neumann, Karl Georg: Specielle Pathologie und Therapie der chronischen Krankheiten des Menschen. 2.verbess.Aufl. Abth.1 - 2, gbd.

Berlin: Herbig 1837
(Neumann, K.G.: Von den Krankheiten des Menschen. Specieller Theil oder specielle Pathologie und Therapie. 2.verbess.Aufl.
Bd 2/1-2)

JB 2.517/2,1-2

Neumann, Karl Georg: Specielle Pathologie und Therapie der fieberhaften Krankheiten des Menschen. 2.verbess.Aufl. Abth.1 - 2, gbd.

Berlin: Herbig 1836 - 1837
(Neumann, K.G.: Von den Krankheiten des Menschen. Specieller Theil oder specielle Pathologie und Therapie. 2.verbess.Aufl.
Bd 1/1-2)

JB 2.517/1,1-2

Neumann, Karl Georg: Specielle Pathologie und Therapie der topischen Krankheiten der Vegetationssphäre. 2.verbess.Aufl. 659 S., gbd.

Berlin: Herbig 1838
(Neumann, K.G.: Von den Krankheiten des Menschen. Specieller Theil oder specielle Pathologie und Therapie. 2.verbess.Aufl. Bd 3)

JB 2.517/3

– s. P r o v i n z i a l b l ä t t e r, Gemeinnützige ...

Neumann, K. G., Rhein. Provinzial-Blätter, s. P r o v i n z i a l - B l ä t t e r.

— Rathgeber für alle diejenigen, welche an V e r s c h l e i m u n g leiden. 8. Düsseldorf 841, Roschütz u. Comp. 1/3 ß

– s. S t i m m e n der alten Dichter Ausonius und Venantius Fortunatus von der Mosel.

—allgem Therapie. 8. Leipz. 808. Kühn. 1 ß 4 gl

—— patholog. U n t e r s u c h u n g e n als Regulative d. Heilverfahrens. 2 Bde. gr. 8. Berlin. [Nordhausen, Büchting.] [1. (20 1/2 B.) 841. 1 3/4 Thlr., 2. (16 3/4 B.) 842. 1 1/2 Thlr.]

Neumann, Karl Georg: Pathologische Untersuchungen als Regulative des Heilverfahrens. Bd 1 - 2, gbd.

Berlin: Liebmann 1841 - 1842

JB 1.213

—— patholog. U n t e r s u c h u n g e n als Regulative des Heilverfahrens. 2 Bde. 2. wohlf. Ausg. gr. 8. (36 B.) Berlin 844, Liebmann et Co.

— — Arndt's, E. M., Urtheil über Friedrich den Großen, beleuchtet. 8. Berlin, Flittner. 818.

Noumann, C. Geo. E. M. Arndts Urtheil über Friedrich den Grossen beleuchtet. 8. Berlin 1820.

— Vers. einer Erört. des Begr. des L e b e n s. gr. 8. Dresd. Gerlach. (Beger) 801.

— Versuch e. Erörterung d. Begriffs: Leben. gr. 8. Dresd. 802. (Joachim in Leipz.); (a. Weygand). 1 ß 12 gl

– s. W e i n h o l d, Karl Aug.: Die Kunst veraltete Hautgeschwüre ...

– üb. d. Werth d. Blutlassens. Eine Abhandl. 8. Leipz. 811. Kühn. 12 gl

Neumann, Karl Gustav Friedrich

Neumann, Karl Gust. Fr., s. B r i e f e, Freundschaftliche, über den jetzigen Zustand der Religion ...

Neumann, Karl Gust. Fr., († d. 7. Jan. 1784.) Commentatio de charactere quodam verorum miraculorum. 4. Bützow 775.

– s.a. D i o g e n e s, Der Neue ...

DIOGENES, D e r n e u e, oder B e u r t h e i l u n g a l l t ä g l i c h e r u n b e m e r k t e r W e l t b e g e b e n h e i t e n, zum Behuf eines freien vernünftigen Denkens u. Handelns (von *Carl Gust. Friedr. Neumann*). Th. 1—4 (soviel ersch.). Rostock u. Leipzig, b. J. C. Koppen. 1777—83. 8°. (Th. 1, 2 u. 4: 1 fl. 12 xr. Scheible, v o r 1870; jetzt theurer!)
Beck's i. Nördl. 1. Verz. 1829. p. 102. — Anon.-Lex. I. p. 407 (nach Kayser & Meusel).

EHESTANDSKLAGEN, ein Stück aus dem gemeinen Leben (von *Carl Gust. Friedr. Neumann*). O. O. 1782. Sehr rar!
Anon.-Lex. II. p. 5 (nach Meusel).

— Entwurf zu e. Lehre v. den Menschen, e. Versuch die philosoph. Wissenschaft gemeinnützig zu machen. 8. Schwerin 780. Bödner. 4 gl

– s. G e s c h i c h t e des Verstandes und Herzens eines Jünglings.

— Grundlage z. Verbesser. d. Religionssystems. gr. 8. Schwerin 782. Bödner. 10 gl

– Über

— — d e n N a m e n u n d B e g r i f f L i e b e (von *Carl Gust. Friedr. Neumann*). O. O. 1780.
Anon.-Lex. IV. p. 209 (nach Meusel).

— üb. d. Tod. 8. Schwerin u. Bützow 781.

— Untersuchung d. Wunderbeweises f. die Wahrheiten d. christl. Religion. gr. 8. Bützow 779. (Bödner in Schwerin). 1 ß 12 gl

– W e i b e r

— —, D i e p l a u d e r h a f t e n, e i n N a c h s p i e l . . . . (von *Carl Gust. Frdr. Neumann*). O. O. 1770.

Neumann, Karl Hnr.

— aus welchem Gesichtspunkte muß die in Anregung gebrachte Verbesserung d. protestant. Kirchenverfassung betrachtet werden? 8. Berl. 815. Maurers B. 6 gl

— Bericht üb. die begonnene Verbesser. des Volksschulwesens; ein Programm. gr. 8. Potsd. 812. Horvath. 6 gl

Neumann, Karl Hnr., († d. 6. Dec. 1818.) Erhebung des Geistes ist uns nöthig. Eine Rede. 8. Berl. 808. (Mittler). 6 gl

— das dreifache Fest in Sachsen. Eine Predigt am Dank-, Bundes- u. Siegesfestes zu Krebsjauchen im Herzogth. Sachsen, vor nun vereinigten Preußen u. Sachsen gehalten. gr. 8. Berl. 815. Mittler. 4 gl

— Rede bei d. Einmarsch d. K. Preuß. Leibregiments in Alt-Landsberg gesprochen. gr. 8. Berl., Mittler. 2 gl

— üb. die jetzt eingeleitete Verbesserung d. Elementarschulwesens in d. preuß. Monarchie. gr. 8, Potsd. 811. Horvath. 8 gl

Neumann, Karl Jóhs., L. Junius Brutus, der erste Consul. gr. 8. (S. 309—332.) Strassburg 901. K. J. Trübner. n. — 80
Sonderabdruck aus: „Strassb. Festschrift z. 46. Versammlg. deutscher Philologen u. Schulmänner“.

Neumann, Karl Johs., Entwicklung u. Aufgaben der alten Geschichte. Rede, geh. am Stiftungsfest der Kaiser Wilhelms-Universität am 1. V. 1909. (Rektoratsreden der Universität Strassburg 1909.) (103 S.) Lex. 8. Strassburg 910. J. H. E. Heitz. 3. —

Neumann, Karl Johannes, Dr., o. Prof. d. Gesch.: Die Grundherrschaft der römischen Republik, die Bauernbefreiung und die Entstehung der Servianischen Verfassung. *Strassburg: J. H. E. Heitz 1900.* (38 S.) 8°
Strassburg, Rede am Geburtstage d. Kaisers 1900

— die Grundherrschaft der römischen Republik, die Bauernbefreig. u. die Entstehg. der servianischen Verfassung. Rede, zur Feier des Geburtstages Sr. Maj. des Kaisers am 27. I. 1900 in der Aula der Kaiser-Wilhelms-Universität Strassburg geh. gr. 8. (38 S.) Strassburg 900. J. H. E. Heitz. n. 1. —

— Hippolytus v. Rom in seiner Stellung zu Staat u. Welt. Neue Funde u. Forschungen zur Geschichte v. Staat u. Kirche in der röm. Kaiserzeit. 1. Abtlg. gr. 8. (144 S.) Leipzig 902. Veit & Co. n. 4. —

Neumann, Karl Johannes: Zur Landeskunde und Geschichte Kilikiens. Mit Beiträgen zur Kritik der Geschichtsschreiber Alexanders. [Fleckeisens Jahrbücher 1883.]

Neumann, Karl Johs., Strabons Landeskunde von Kaukasien. Eine Quellenuntersuchung. gr. 8. (36 S.) Leipzig 883, Teubner. *
Aus: Jahrbücher für classische Philologie, besonders abgedruckt.

Neumann, Karl Johs., Ludwig Lange, ord. Prof. der class. Philologie an der Universität Leipzig. Ein Nekrolog. gr. 8. (33 S.) Berlin 886. Calvary & Co. n. 1. 60

Neumann, Karl Johannes: Strabons Quellen im elften Buche. 1. Kaukasien. Leipzig 1881: Teubner. 32 S. 8°
Halle-Wittenberg, Phil. Hab.-Schr. v. 24. Okt. 1881
Ersch. u. d. T.: Strabons Landeskunde von Kaukasien. Eine Quellenuntersuchung, und verm. um e. Nachschrift, in: Jahrbücher f. klass. Philologie. Suppl.-Bd 13. Leipzig 1884. S. 319—354

Neumann, K. J., der römische Staat u. die allgemeine Kirche bis auf Diocletian. (In 2 Bdn.) 1. Bd. gr. 8. (XII, 334 S.) Leipzig 890. Veit & Co. n. 7. —

Neumann, Karl W.

— Erzählungen v. der Rute. Enthüllungen aus Schulzimmer u. Schlafgemach. Nach dem engl. Urtexte übertr. (193 S.) 8. Pressburg (906). H. Hartleb. n. 3. —

Neumann, Carl W., Ernst Haeckel. (Der Mann u. sein Werk.) 1. u. 2. Taus. (86 S. m. 1 Bildnis u. Fksm.) kl. 8. Berlin (905). Gose & Tetzlaff. n. 1.50; geb. n. 2.50

Neumann, Carl W., ins Menschenland, s.a. Weltanschauungs-Fragen. Bd. 4. 5.

Ins Menschenland. Eine Wanderung durch d. Entwickelungsgeschichte d. Menschengeschlechts. Von Carl W. Neumann, [Redakteur, Kiel]. Mit zahlr. Abb. Stuttgart: Neue Weltanschauung 1908. VIII, 208 S. 8°
(Weltanschauungs-Fragen. Bd 4/5.) 1909. 13371 8

Neumann, Karl Wilh. Lehrbuch der allgemeinen Arithmetik u. Algebra. 6. verb. u. verm. Aufl. gr. 8. (VIII, 215 S.) Brem. 892, Heinsius Nachf. * 2 80; geb. * 3 20

Neumann, Karl Wilh., Lehrbuch der allgem. Arithmetik u. Algebra. 7. verb. Aufl. gr. 8. (VIII, 215 S.) Leipzig 899. M. Heinsius Nachf. n. 2. 80; geb. n. 3. 20

Neumann, Carl Wilh., Lehrbuch der allgemeinen Arithmetik u. Algebra für höhere Lehranstalten. Theoretischer Leitfaden zu der Sammlung von Beispielen u. Aufgaben von Ed. Heis. Barmen 866. Leipzig, Langewiesche's Verlag. gr. 8. (VII, 166 S.) 24 ngr.

— — 2., verb. u. verm. Aufl. Ebend. 869. gr. 8. (VII, 192 S.) 28 ngr.

Neumann, Karl Wilh., Lehrbuch der allgemeinen Arithmetik u. Algebra f. höhere Lehranstalten. Theoretischer Leitfaden zu der Sammlg. v. Beispielen u. Aufgaben v. Ed. Heis. 3., verb. u. verm. Aufl. gr. 8. (VII, 199 S.) Leipzig 872. Langewiesche. 2. 80

Neumann, Karl Wilh., Lehrbuch der allgemeinen Arithmetik und Algebra für höhere Lehranstalten. Theoretischer Leitfaden zu der Sammlung von Beispielen und Aufgaben von Ed. Heis. 4.—7. verb. und verm. Aufl. gr. 8. (VIII, 208 S.) Leipzig 878—83, Langewiesche's Verlagsh. *

Neumann, Karl Wilh., Lehrbuch der allgemeinen Arithmetik und Algebra für höhere Lehranstalten. Theoretischer Leitfaden zu der Sammlung von Beispielen und Aufgaben von Ed. Heis. 7. Aufl. gr. 8. Leipzig 883. Bremen, Heinsius Nachf. * 2 80

Neumann, Karl Wilhelm Richard, s. Neumann, Richard

Neumann, Carl Woldem., die Kaiserherberge zum „goldenen Kreuz" in Regensburg. Eine histor. Skizze. Regensburg 869. Bössenecker. 16. (53 S. mit 1 Steintaf.) n. 4 ngr.;
Ausg. mit 15 Photogr., wovon 5 Steintaff. n.n. 1 $\mathcal{P}$ 18 ngr.; einzelne Photogr. n. 3 ngr.

Neumann, C. W., die Kaiser- u. Fürstenherberge zum „goldenen Kreuz" in Regenburg. Eine histor. Skizze. 2., verb. Aufl. 16. (60 S.) Regensburg 887. Bössenecker. n. — 40

Die Kaiser- und Fürstenherberge 'Zum goldenen Kreuz' in Regensburg. Eine hist. Skizze von Carl Woldemar **Neumann**. Regensburg 1903: (Manz). 48 S. 8° III. 1225

— Johannes Kepler, s. Reitlinger, E.

Neumann, Karl Woldem, die drei Dombaumeister Roritzer u. ihr Wohnhaus, die älteste bekannte Buchdruckstätte in Regensburg. Mit e. Vorrede u. Nachträgen v. Hugo, Graf v. Walderdorf. Mit Illustr. (in eingedr. Holzschn. u. e. Steintaf.) [Aus „Verhandlgn. d. histor. Ver. v. Oberpfalz u. Regensburg."] gr. 8. (VIII, 200 S.) Regensburg 872. Pustet. n. 2. —

Neumann, Carl Wold., das wahre Sterbehaus Kepler's. Regensburg 864. Bössenecker. gr. 8. (54 S. u. 1 color. Lithogr.) n. 8 ngr.

Wackenreiter. — Neumann, Carl Woldemar, k. Hauptmann a. D. Julius ....., Hauptmann z. D. Conservator im topographischen Bureau des k. b. Generalstabs, etc. (Aus:) „Verhandlungen des histor. Vereines von Oberpfalz und Regensburg." 31. Band. 8. Stadtamhof 1875.

Neumann, Carl Woldemar (k. b. Hauptm. a. D.), Prinz *Victor v. Wied* (1782—1812) und sein Heldenkampf bei Regensburg am 23. April 1809. (Ausschnitt.) 8°. Cart.
6 Bll. m. d. Seitenz. 115—126.

Neumann, Carl Woldemar, Kepler's Wohnhaus zu Regensburg in den J. 1626—1628. gr. 8. (16 S.) Regensburg 865, (Bößenecker.) *

Neumann, Kasimir Fd.

Neumann, Casimir Fd., der Böhme in Italien, oder: Die beiden Stammköpfe. Eine romantische Erzählung. (Mit 4 Lithogr.) gr. 12. Prag, Leitmeritz u. Teplitz 842, Medau'sche Buchh. 1/3 ℳ

Kaspar Neumann
1683–1737

Disquisitio de ambra gryssa,... von Caspar Neumann. Sammt e. kurtzen Vorbericht solcher Memoire halber. Anietzo...in deutscher Sprache publ. von Einem Liebhaber der historie naturalis. Dreßden: Hilscher 1736. 116 S. 8°

Neumann, Caspar. Kurzer Bericht von dem Inhalt der Bibel . . . Bresl. o. J. H: *Menzel, Carl Adolph.* (Ky)

Neumann, C., kurzer Bericht v. d. Inhalt d. Bibel, in Frage u. Antwort üb. alle die Bücher d. heil. Schrift, welche im alten Testamente Moses u. d. Propheten hebräisch rc. geschrieben haben. (Hrsgg. v. Ecclesiast Menzel). 8. Bresl., Graß, B. u. C. 2 gr.

Neumann, Caspar.
Chymia medica, dogmatico-experimentalis, das ist gründliche und mit experimenten erwiesene medicinischen Chymie. Herausgegeben von J. Chr. Zimmermann. Züllichau, 1749–55. 4 vols., 4to.
[A second edition abridged and condensed.] Züllichau, 1756. 2 vols., 4to.

Neumann C.: Chymia medica dogmatico-experimentalis, od. gründliche u. mit Experimenten erwiesene medicin. Chymie. Herausg. v. C. H. Kessel. 4 tom. (Bd.); tom. 1 i 3, 2 i 4 og 4 i 2 pt. (Th.). (10 Vol.). Züllichau 1749-55. Forf.s Portr.

Neumann, Kaspar: Chymia medica dogmatico-experimentalis oder gründliche und mit Experimenten erwiesene medicinische Chymie, hrsg.von Christoph Heinrich Kessel. Th.1 - 4, gbd., Abb.

Züllichau: Dendeler 1749 - 1755

JB 346

Neumann. Kasp. H., chymia medico-dogmat. experimental. od. medicin. Chemie. Hrsgg. v. C. H. Keßel. 4 Bde. 4. Züllichau 749—55. Frommann in Jena. 16 ℳ Schrbp. 19 ℳ 12 gr. — Dass. N. Aufl. oder Auszug aus d. größern Werke. 2 Bde. 4. Ebd. 755. 7 ℳ

— Dass. 4 Bde, od. 10 Thle. gr. 4. Königsb. 749—55. auch 794, 95. (Unzer). 6 ℳ

Neumann, Casp., clavis domus Hebr. III Pts. 4. Bresl. 712.

— Erndten- und Ewigkeitspredigten, herausgegeben von Chr. Pfeifer. 8. Bresl. Seidel. 747.

— allerh. gesammelte Früchte, oder Trauer- und Trauungsreden. 2 Thle. 4. Breslau, Seidel. 743.

Neumann, Casp., Gedichte in hennebergischer Mundart. Mit e. Einleitung v. Ludw. Storch. gr. 16. (12½ B.) Gotha 844, Verlags-Comptoir.

— Allgemeine Grundsätze der theoretisch practischen Chemie, das ist, gründlicher und vollständiger Unterricht in der Chemie; in welchem nicht nur überhaupt eine gründliche Anleitung zu allen Theilen der Chemie, sondern auch die Operationes und Producta mit Demonstrationibus und Experimentis gelehret werden; nebst beygefügten medicinischen, chirurgischen, œconomischen, metallurgischen, etc., Gebrauch und Anwendung. Herausgegeben von Johann Christian Zimmermann. Dresden, 1755. 2 vols., 4to.

Hrn. Caspar Neumanns, Der Breßlauischen Evangelischen Kirchen und Schulen Inspectoris unvorgreifflichen Gutachten über die in Schlesien öffentlich Betende Kinder nochmals bestätiget, Und in der Historie dieser Begebenheit ergäntzet: Durch Fragen an den nicht gar zu sehr Auffrichtigen Liebhaber dieser Kinder: für seine über jenes angestellte Prüfung zu einer ihm gar nöthigen Selbst-Prüfung übergeben . . . Breslau, Chr. Bauch, 1709. 62 S.

Neumann's Kern aller Gebete, s. a. Habermann's, Joh., christliches Gebetbüchlein.

— — dass. grober Druck. 12. Quedlinburg, Ernst.

— Kern aller Gebete. 12. Wittenberg, Zimmermann. 717.

Herrn Caspar Neumanns . . . Kern Aller Gebete . . . Deme beygefüget: Herrn Andreas Schmids . . . Vorrede. . . . BERLIN, Verlegts J. Lorentz, 1722. M. TK., Portrait u. K. — Auszug der schönsten So wol Alten als Neuen Geistreichen Lieder . . . BERLIN, bey J. Lorentz. 1722. Lang-12°.

NEUMANN, CASPAR. Kern aller Gebete, In Bitte, Gebet, Furbitte und Dancksagung . . . von neuem ausgefertiget. 4 Teile in 1 Bde. Nürnberg. J. E. Adelbulner für J. W. Rönnagel, 1722. 12 Bl. 194 S., 146 S. *Mit 8 emblematischen Kupfern.*

— — dass. m. K. 12. Nrnb. Otto. (Endter) 735.

— — dass. u. Schmolkens Morgen- und Abendandachten. 8. Bayr. 739.

NEUMANN, CASPAR. Kern Aller Gebete und Gesänge, Das ist: Eine Sammlung aller von ihm herausgegebenen Gebete und Lieder . . . Auf diese Art zum andern mal zum Druck befördert. Breslau, Chr. Brachvogel, 1718. Kl. 8° (Schmalformat). *Portrait Neumanns (gestochen von C. Winckler)*, 15 Bl. 559 S. 4 Bl. — [Angebunden:] Vollständiges Hauß- und Kirchen-Gesang-Buch, zu Gottes Ehren und Nöthigem Gebrauch derer, der ungeänderten Augsburgischen Confeßion, sowol Breßlauischen als auch anderer . . . des Landes Schlesien, zugethanen Kirchen. [Herausgegeben von C. Neumann]. Zum vierdten mahl auffgelegt, viel vermehrt . . . und gebessert. Nebst einer besonderen Vorrede und einem Anhange von Allerhand Gebethen. Breslau, C. Brachvogel, 1716. 12 Bl. 574 S. 24 Bl., 74 S. Ld. d. Z., Goldschnitt.
Koch, KL. V. 456 ff.

— Kern aller Gebete und Gesänge, oder Samml. aller von ihm herausgegebenen Gebete und Lieder. 8. Bresl. Pietsch. 743.

Neumann's, Kasp., Kern aller Gebete und Gesänge. Aufs neue hrsg. 8. (XI, 250 S.) Eisleben 882, Christl. Verein im nördl. Deutschland. geb.

— lectiones chymicae de Salibus alcalino fixis, et de camphora. 4. Berl. Haude et Spener. 727.

Kaspar Neumann
1683–1737

Lectiones chymicae von Salibus alkalino-fixis und von Camphora... bey dem in Berlin gestiffteten Kgl.Collegio medico-chirurgico publicé abgehandelt ... von Caspar Neumann. Berlin 1727: Schlechtiger. 164 S. 8°

Kaspar Neumann
1683–1737

Lectiones publicae von vier Subjectis chimicis, nehmlich vom Salpeter, Schwefel, Spieß-Glas und Eisen... abgehandelt...von Caspar Neumann. Berlin 1732:Michaelis. 440 S. 8°

— lectiones publicae v. viererley Getränken, Thee, Kaffee, Bier und Wein. 4. Halle, Waisenh. 735.

Kaspar Neumann
1683–1737

Lectiones publicae von vier Subjectis diaeteticis, nehmlich von den... viererley Geträncken, vom Thee, Caffee, Bier und Wein... von Caspar Neumann. Leipzig; Züllichau: Fromman 1735. 468 S. 8°

Kaspar Neumann
1683–1737

Lectiones publicae von vier Subjectis pharmaceuticis, nehmlich vom Succino, Opio, Caryophylis aromaticis, und Castoreo... abgehandelt von Caspar Neumann. Berlin: Haude 1730. 226 S. 8°

Lectiones publicæ von vier subjectis pharmaceutico-chemicis, nehmlich vom gemeinem Saltze, Weinstein, Salmiac und der Ameise . . . Leipzig, 1737. pp. [viii]–379, sm. 4to.

— Licht und Recht a. d. Sonn- und Festt. Evang. 8. Leipzig, Gleditsch. 731.

— — Mafteach bêt 'Êber, hoc est clavis domus Heber ... Pars I—III. Wratislaviæ 1712—1715.

Casp. Neumann num potus coffeae aliqua in sacris dentur vestigia. Vratislav. 1707. 4.

Neumann, Casp., Ordinations- und Installationsreden. 8. Bresl. Seidel. 749. Dirblr.

Prælectiones chemicæ seu chemia medico-pharmaceutica experimentalis et rationalis. Oder grundlicher Unterricht der Chemie worinnen nicht nur eine gründliche Anleitung zur Chemie, sondern auch die aus allen dreyen Natur-Reichen vorkommende Præparationes et Producta chemica medico-pharmaceutica und nützliche auch verwerffliche Medicamenta, mit lauter Experimentis und vernünfftigen Demonstrationibus gewiesen und erläutert, dersgleichen einige ad Fontem diæteticum gehörige Esculenta und Potulenta abgehandelt seyn, nebst beygefügten Annotationibus und dem Usu Medico-Chirurgico. Denen Medicis und Apotheckern, theils auch denen Chirurgis zum höchstnützlichen Gebrauch herausgegeben von Johann Christian Zimmermann. Berlin, 1740. pp. [xxx]–1872–[lxiii], sm. 4to. Portrait of Neumann.

— praelectiones chemiae, oder Unterr. d. Chemie. 4. Berl. Haude. 740.

Kaspar Neumann
1648–1715

Des...Caspar Neumanns([Neumann] Des Noah Regenbogen) Vernünftige theologische Gedancken [Gedanken] von Cometen, vormals unter dem Titul: Des Noah Regenbogen, und der jetzt brennende Comet, einer des andern Ausleger. Ihrer Vortrefflichkeit wegen von Neuem aufgelegt. Dreßden & Leipzig: Hekel 1744. 39 S. 8°

— v. Salpeter, Schwefel, Spießglas und Eisen. 4. Ebend. 732.

— vom Salze, Weinstein, Salmiak u. d. Ameise. 4. Leipz. 737.

— de succino, opio, cariophyllis aromat. et castoreo. 4 Berl. Haude et Spener. 727.

— v. Thee, Kaffee, Bier und Wein. 4. Lpz. 735.

Neumann, Ksp. I., theologia aphoristica. 8. Wittenb. 763. Zimmermann. 16 gr.

— Traunungsreden bey verschiedenen Gelegenheiten oder Nachl. zu vorherg. 8. Ebend. 745.

— trutina religionum ed. Maur. Castens. 8. Lps. Martini. 731.

—Chymische Untersuchung der meisten zum Pflanzenreiche gehörigen Materien. Züllichau, 1751–52. 4 parts.

— Vers. e. Erklär. des hohen Liedes Salomon. 8. Ebend. 720.

Neumann, Kasp., der kirchliche Volksunterricht nach den Anschauungen der Schwenckfeldischen Kreise in Schlesien im ersten Drittel des 16. Jahrh., s.: Festschrift des Vereins f. Geschichte der evangel. Kirche Schlesiens f. D. Dr. Erdmann.

— **Caspar Heinrich** (Wittenberg/Sachsen), Diss. jur. Ad Tit. Decretalium ut ecclesiastica beneficia sine deminutione conferantur. Präs. Caspar Heinrich Horn. Wittenberg (Gerdes) 21. XII. 1717. 59 S. (5.50) 24789
Widm. v.: Caspar Heinrich Horn.

— — Diss. jur. Ad Tit. Decretalium ut ecclesiastioa beneficia sine deminutione conferantur vel Von Vergebung der geistlichen Aempter ohne Verminderung. Präs. Caspar Heinrich Horn. Wittenberg (J. Chr. Gerdes) 21. XII. 1717. 1732. 59 S. (5.50) 24790
Widm. v.: Caspar Heinrich Horn.

Neumann, Klemens

Neumann, Clem., Beobachtungen über die Schwingungen gestrichener Saiten. [Aus den Sitzungsber. der k. Akad. der Wiss.] Wien 870. (Gerold's Sohn.) Lex.-8. (16 S. mit eingedr. Holzschn. u. 2 Steintaff. in Fol.) n. 12 ngr.

Neumann Klemens: Beobachtungen über die Schwingungen gestrichener Saiten (mit 2 Taf. und 12 Holzschnitten). S. 61. II. 8° 1.20
Separatabdruck

Neumann, Clemens, Religions- u. Oberlehrer: Eduard von Hartmanns Erlösungslehre dargestellt und kritisch besprochen. Neisse 1910: Bär. 118 S. 8°
Breslau, Kath.-theol. Diss. v. 2. Mai 1910, Ref. Pohle
[Geb. 26. Nov. 73 Tütz; Wohnort: Neiße; Staatsangeh.: Preußen; Vorbildung. Gymn. Deutsch-Krone Reife O. 95; Studium: Breslau 7 S.; Rig. 29. Nov. 04.]
[U 10. 453

Neumann, Konrad

Neumann, *Ambrosius* Conrad [pr. Arzt aus Schneidemühl (Posen)]: '(Mittheilungen aus d. unter Leitung d. Oberarztes Hrn. Dr. Rotter stehenden chirurg. Abth. d. St. Hedwig-Krankenhauses zu Berlin.)' Beiträge zur Frage der Nephrorrhaphie. E. Apologie d. Nephrorrhaphie ... Berlin, Buchdr. v. G. Schade, *1892*; 45 S., 1 Bl. 8.
Berlin, Med. Fak., Inaug.-Diss. v. 17. Aug. 1892

Neumann, Konstantin

Neumann, *Louis* Constantin [aus Ragewitz]: Einfluss der Fütterung verschiedener Arten von Ölrückständen '(mit verschiedenartigem Fette)' auf den Fettgehalt der Milch und auf die Eigenschaften des Milchfettes ... Leipzig, Druck v. Sellmann & Henne, 1890; 3 Bl., 76 S., 1 Bl., 8 Bl. Tab. 8.
Leipzig, Phil. Fak., Inaug.-Diss. v. [31. Dez.] 1890

Neumann, Kurt, prakt. Tierarzt u. derz. Assistent am bakteriol. Institut zu Landsberg a. W.: Beitrag zur Biologie des Erregers der Kälberruhr — Colibacillosis. Jena: G. Fischer 1908. (36 S.) 8°
Gießen, Veterinär-Med. Koll., Ref. Olt, Diss. v. 14. Juli 1908
[Geb. 19. Sept. 82 Marienburg (Westpr.); Wohnort: Landsberg a. W.; Staatsangeh.: Preußen; Vorbildung: Gymn. Marienburg Reife M. 02; Studium: Tierärztl. Hochsch. Berlin 4, München 2, Berlin 1 S.; Rig. 14. Febr. 08.]

Neumann, Curt: Der Einfluss des Irrtums im Beweggrund auf Erbeseinsetzung und Vermächtnis. Nach gemeinem deutschen und bürgerlichen Recht. *Breslau 1898: Th. Schatzky.* (45 S.) 8°
Breslau, Jur. Diss. v. 13. Juni 1898

Neumann, Curt (geb. Wilsnack 11. 12. 1853): Ein Fall von Gummigeschwulst in der Tibia. Berlin (1878.) (30 S.) 8°
Berlin, Med. Diss. v. 21. Mai 1878

Neumann, Kurt, Untersuchung d. Arbeitsprozesses im Fahrzeugmotor, s.a. **Mitteilungen** über Forschungsarbeiten auf dem Gebiete des Ingenieurwesens. 79.

Neumann, Kurt: Untersuchung des Arbeitsprozesses im Fahrzeugmotor. 1908. 54 S. 4° ¶ Auch als: Mitteilungen über Forschungsarbeiten auf d. Gebiete d. Ingenieurwesens. H. 79. 1909; Ausz. in: Zeitschrift d. Vereines deutscher Ingenieure. Bd 53. 1909, Halbj. 1.
Dresden, Dr.-Ing.-Diss. v. 18. 7. 1908

Neumann, L., Bestimmungen u. Erläuterungen zum Militär-Pensions-Gesetz vom 27. Juni 1871, betr. die Pensionirg. u. Versorgg. der Militärpersonen d. Reichsheeres u. der Kaiserl. Marine, sowie die Bewilliggn. f. die Hinterbliebenen solcher Personen, unter Benutzg. der Acten d. Departement f. das Invaliden-Wesen im königl. preuß. Kriegs-Ministerium zusammengestellt m. der Gesetzes-Novelle vom 4. April 1874 u. den zu letzterer ergangenen Ausführungs-Bestimmgn. vom 9. Mai 1874, nebst e. Anh. enth. die bei der Handhabng. d. Gesetzes vom 27. Juni 1871 zur Anwendg. komm. Bestimmgn. der Instruction vom 11. Octbr. 1870. gr. 8. (VI, 239 S.) Berlin 874. Nicolai's Verl. n. 4. —

Neumann, L., Bestimmungen u. Erläuterungen zum Militair-Pensions-Gesetz vom 27. Juni 1871, betr. die Pensionirung u. Versorgung der Militair-Personen des Reichsheeres u. der kaiserlichen Marine, sowie die Bewilligungen für die Hinterbliebenen solcher Personen, u. zur Gesetzes-Novelle vom 4. April 1874, unter Benutzung der Acten des Departements für das Invaliden-Wesen im königl. preuß. Kriegs-Ministerium zusammengestellt. 2., vollständig umgearb. u. verm. Aufl. gr. 8. (301 S.) Berlin 878. Nicolai's Verl. n. 6. —

Neumann, L.: Die Bewegung eines materiellen Punktes auf der Oberfläche einer nicht homogenen Kugel. 1878. 8°
Diss. Freiburg i. B.

— und C. **Wilke**, normale Durchlässe für Strassen und Eisenbahnen. Zur Erleichterung des Projectirens und der Veranschlagung, unter Zugrundelegung des Metermassystems zusammengestellt. Nebst einem Anhang enth. Reductionstabellen von preuss. und sächs. Mass in Metermass und umgekehrt, sowie der preuss. und sächs. Preiseinheiten in Preiseinheiten des Metermasses und umgekehrt. qu. Fol. (38 S. mit 19 lithogr. Taf.) Leipzig 869, Arnoldische Buchh. *

Neumann, L., d. Eisenbahngleis. [Aus: „Zwangl. Hefte f. Lernende im Eisenbahndienste".] gr. 8. (30 S.) Dresden 896. W. Baensch. n. 1. —

Neumann, L.: Die Erkenntnisse des Königlichen Ober-Tribunals aus den ersten sechszig Bänden der Entscheidungen, system. u. chronol. nach den Preußischen Gesetzbüchern u. Gesetzen geordnet. Berlin 1869—70.
Bd 1. Allg. Landrecht. Th. 1.
„ 2. Allg. Landrecht. Th. 2. Allg. Gerichts-Ordnung, Hypotheken-Deposital- u. Criminal-Ordnung.
„ 3. Vorlandrechtliche, provincielle u. spätere Gesetzgebung.
„ 4. Alphab. Sachreg.

Neumann, L. (II.), die Erkenntnisse des königl. Ober-Tribunals aus den ersten 60 Bdn. der Entscheidungen systematisch und chronologisch nach den preußischen Gesetzbüchern und Gesetzen geordnet und mit einem alphabet. Sachregister versehen. 1. und 2. Bd. gr. 8. (VII, 576; 459 S.) Berlin 869, C. Heymann's Verlag. à Bd. ** M. 5,25. **
— dass. — 3. und 4. Bd. gr. 8. Ebendas. 870. **
Inhalt:
Bd. 3. Vorlandrechtliche, provincielle und spätere Gesetzgebung. (554 S.) ** M. 5,25.
„ 4. Alphabetliches Sachregister. (288 S.) ** M. 3,75.

Neumann, L., s.a. Erläuterungen der Hermesischen Einleitung in die christkathol. Theologie.

(**Neumann, L.,**) Erläuterungen der hermesischen Einleitung in die christkath. Theologie. Erster philos. Teil. Ein Versuch. Trier, Gall, 1835, 8°, 2 Mk.

Neumann, L., 6 Fastenpredigten über das Leiden u. den Tod Jesu Christi. [Aus: „St. Hedwigsblatt".] gr. 8. (44 S.) Breslau 879. Goerlich. — 60

Neumann, L., Hugo Grotius, s.a. **Sammlung** gemeinverständlicher wissenschaftlicher Vorträge.

Neumann L, Hugo Grotius 1583-1645. (Sammlung gemeinverständlicher wissenschaftlicher Vorträge 449) Berlin 1884

Neumann, L., Handbuch zum Unterricht im Briefschreiben für katholische Gesellenvereine. Auch eingerichtet zum Selbstunterricht. 12. (68 S.) Kempen a. Rh. 886, Heesen und Kaiser. * 50 Pf.; geb. * — 75

Leitfaden für den Geschichtsunterricht in der Oberstufe der kath. Volksschule. Mit Berücks. d. 'Allgem. Bestimmungen v. 15. Okt. 1872' sowie d. neuesten Erlasse. Hrsg. von L. **Neumann**, Lehrer. *Rössel: C. Schlutius 1893.* (38 S.) 8° [J. u. Ant.] [04. 1913 10

– s.a. Psalmi Vulgatae editionis.

Neumann, L., Psalmi Vulgatae editionis e fonte Hebraeo notisque illustrati. Trier, Gall, 1835, gr. 8°.

Neumann, L. (III.), Reductionstabellen der Längen-, Flächen- und Körpermasse, s. **Wilke**, C.

Neumann, L. G., le pou d'Orycteropus afer et une nouvelle sous-espèce d'Amblyomma. (6 S. m. 1 Taf.) gr. 8. Wiesbaden (909). J. F. Bergmann. — 40
Sonderabdruck aus: „Jahrb. d. nass. Ver. f. Naturkde."

Neumann, L. T., der Doppelmensch. Eine Räthselfrage der Natur, gelöst in den Siamesischen Zwillingen, den zwei zusammengewachsenen feindl. Familienhäuptern, durch eine Darstellung ihres Lebens von der Geburt bis zum Tode, eine Beleuchtung der wichtigsten Fragen, welche sich aus ihrer Verheiratung, ihren gegen einander geführten Processen &c. als Studie in psycholog., physiolog. und patholog. Hinsicht im Interesse der Wissenschaft ergeben, nebst einer Parallele, gezogen mit ihrem weibl. Pendant, der zweiköpfigen Nachtigall. 16. (29 S.) Wien 874, Wenedikt.

Neumann, L. T. (Hrsg.), s. Rahl, Karl: Fresko-Malereien ...

Neumann,* L. T. Urne statt Sarg. Die Leichenverbrennung als die einzig denkbare Bestattungsart der Zukunft. Vom ästhet., sanitären und staatsökonom. Standpunkte aus usw. Wien. A. A. Wenedikt. 1875. Oktav.

Neumann, Leopold

Neumann, Dr. L., Prof. der Rechte an der Wiener Universität. Grundriss des heutigen europäischen Völkerrechtes zum Gebrauche der k. k. Militär-Akademien. 8. Wien 1855.

Neumann, Leop., Grundriss des heutigen europäischen Völkerrechtes. 2. verm. und verb. Aufl. gr. 8. (X, 184 S.) Wien 877, Braumüller. *
Die 1. Aufl. war nicht im Handel.

Neumann, Leop. Frhr. v., Grundriss des heutigen europäischen Völkerrechtes. 3. verm. und verb. Aufl. gr. 8. (X, 204 S.) Wien 885, Braumüller. * 3 —

Neumann, Leop.: Gutachten über die Gräflich Bentinck'sche Successionssache mit bes. Rücksichtsnahme auf den Beschluß der hohen Deutschen Bundesversammlung vom 12. Juni 1845, mit einem beipflichtenden Votum von Ant. **Hye.** (Wien 1846.)

Neumann, Leop., Handbuch des Consulatwesens, mit besond. Berücksicht. des österreich. und einem Anh. von Verordnungen. Wien 854. Tendler u. Co. gr. 8. (XVIII, 627 S.) n. 3 ₰. 10 ngr.

Neumann, Leop., († d. 2. Decbr. 1813.) Kleopatra; Melodrama. gr. 8. Manh. 780. Schwan u. G. 3 K

Neumann, Leop. de, s.a. Recueil des traités et conventions conclus par l'Autriche avec les puissances étrangères.

Neumann. Léopold. conseiller aulique, docteur et professeur de droit à l'université de Vienne, et Adolphe **de Plason,** secrétaire aulique au ministère i. et r. de la maison de l'empereur et des affaires étrangères. Recueil des traités et conventions conclus par l'Autriche avec les puissances étrangères. depuis 1763 jusqu'à nos jours. Tome Ier—VIe. Tome VIIe—XIXe. (Nouvelle suite. Tome Ier—XIIIe.) Tome IXe Table générale. 1718—1876. (19 Bde.) 8. Leipzig. Vienne 1855—1891.

Neumann, Leopold, prakt. Arzt: Aus d. Universitäts-Kinderklinik zu Breslau. Untersuchungen über die Viscosität des Sputums und ihre Beziehung zum Husten, insbesondere zur Pertussis. *Stuttgart 1902: Union.* (39 S.) 8° ¶ Aus: Archiv f. Kinderheilkunde, Bd 35.
Breslau, Med. Diss. v. [20. Okt.] 1902

Neumann, Leop., das Verhältniss Schleswig-Holsteins zu Danemark. Ein Beitrag zur Orientirung. Wien 864. Gerold. 8. (36 S.) 7¼ ngr.

Neumann, Lina, siehe: Selma, Tante, (Pseud.)

Neumann, Louis Constantin, s. Neumann, Konstantin

Neumann, Ludw., Basel-Frankfurt a. M. u. Mainz u. zurück, s.: Rechts u. links der Eisenbahn.

Neumann, Ludw., die Pariser Damen. Heitere Skizzen aus dem Pariser Leben. 1. Aufl. 1870, und 2. Aufl. gr. 16. (III, 155 S.) Berlin 871, Schlingmann. *

Neumann, Ludw., die Pariser Damen. Heitere Skizzen aus dem Pariser Leben. 3.—5. Aufl. 8. (140 S.) Leipzig 876,78, Fest. *

Neumann, Ludwig: Die Dichte des Flussnetzes im Schwarzwalde. ([S.-A.] Gerland's Beiträge zur Geophysik. Bd. 4. Heft 3.) Leipzig 1900. 22 S. 8°.

Neumann, Ludw., Europa, s.: Philippson, Alfred

Neumann, Ludwig: Die methodischen Fragen in der Geographie. ([S.-A.] Geographische Zeitschrift. Jahrg. 2. 1896.) Leipzig 1896. 11 S. 8°.

—— Freiburg (Baden) and its environs, s.a. Europe, illustrated.

Neumann, L[udwig]. Freiburg ‹Baden› and its Environs. With 31 Illustrations by J[ohann] Weber [7 Plates] (and a Map). (Illustrated Europe. № 27. 28.) 8. Zurich, London [1883].

Neumann, L., Freiburg im Breisgau u. seine Umgebung, s.a. Wanderbilder, europäische.

Neumann, Ludwig. Freiburg im Breisgau und seine Umgebung. Mit 31 Illustrationen von J[ohann] Weber [wovon 7 Tafeln] (und einer Karte). (Europäische Wanderbilder. № 37.) 8. Zürich. (Paris. London) [1882].

Neumann, L., Fribourg en Brisgau, s.a. l'Europe illustrée.

Neumann, L[udwig]. Fribourg en Brisgau et ses environs. Avec 31 illustrations (**Umschlag:* gravures) par J[ohann] Weber [dont 7 planches] et une carte. (L'Europe illustrée. № 29. 30.) 8. Zurich. Paris [1883].

— die deutschen Gemeinden in Piemont. gr. 8. (III, 40 S.) Freiburg i/B. 891. J. C. B. Mohr. n. — 80

Neumann, L., Heimatkunde d. Großherzogt. Baden. Zunächst zur Ergänzung der Ausgaben A. u. B. der Schulgeographie von E. v. Seydlitz hrsg. Mit vielen Holzschn. u. 1 Karte. gr. 8. (32 S.) Breslau 888. F. Hirt. cart. n. — 50
s.: — Landeskunde.

— die mittlere Kammhöhe der Berner Alpen. [Aus: „Berichte der naturforsch. Gesellsch. zu Freiburg i/Br."] gr. 8. (6 S.) Freiburg i/Br. 888. J. C. B. Mohr. n. 1. —

—— dass. — s.a. Berichte der naturforschenden Gesellschaft zu Freiburg i. Br.

— Landeskunde d. Großherzogt. Baden. Zunächst zur Ergänzg. der Ausgaben A. u. B. der Schulgeographie von E. v. Seydlitz hrsg. Mit Bilderanh. u. Karte. 2., durchgeseh. Aufl. gr. 8. (32 S.) Breslau 891. F. Hirt. cart. n. — 50

Neumann, Ludw., Landeskunde d. Großherzogt. Baden. Zun. zur Ergänzg. d. Schulgeographie v. E. v. Seydlitz hrsg. 4., durchgeseh. Aufl. gr. 8. (35 S. m. Abb. u. 1 farb. Karte.) Breslau 897. F. Hirt. Kart. n. — 50

Neumann, Ludw., Landeskunde des Großherzogt. Baden, Zunächst zur Ergänzg. der Schulgeographie von E. v. Seydlitz hrsg. 5. durchgeseh. Aufl. gr. 8. (40 S. m. Abbildgn.) Breslau 902. F. Hirt. Kart. n. — 50

— Landeskunde des Großherzogt. Baden. (Heimatkunden, zunächst zur Ergänzg. der Schulgeographie von E. v. Seydlitz) Mit e. Bilderanh. 6., durchgeseh. Aufl. (40 S.) 8. Breslau 906. F. Hirt. Kart. n. — 50

— Lehrbuch der vergleich. Erdbeschreibung, s.: Pütz, Wilh.

— Lehrbuch d. Geographie f. höh. Unterrichtsanstalten. Im Anschluß an E. Debes' Schulatlanten. 1. Tl.: Lehrstoff f. Sexta, Quinta, Quarta. (E. Debes' Schulatlas f. d. mittl. Unterrichtsanstalten.) gr. 8. (VIII, 186 S. m. Fig.) Leipzig 897. H. Wagner & E. Debes. Kart. n. — 80

— Leitfaden der vergleich. Erdbeschreibung, s.: Pütz, Wilh.

Neumann, Ludwig [Dr.]: Orometrie des Schwarzwaldes.... (Sep.-Abdr. aus d. geogr. Abh. Bd. I., Heft 2.) Wien, Eduard Hölzel, 1886; 2 Bl. + 50 S. u. 2 Taf. 8°.
Freiburg i. B., Phil. Fak., Hab.-Schr. v. 1886.

— Orometrie d. Schwarzwaldes, s. a. Abhandlungen, geographische.

Neumann, Ludwig: Orometrie des Schwarzwaldes. Mit neun Abbildungen im Text, einer Tafel und einer Karte. Wien 1886. 52 S.
= Geographische Abhandlungen. Bd. 1. Heft 2. 8°.

Neumann, Ludov. (Eduard.) (geb. Posen 26. 5. 1837): De peritonitide. Berolini (1863). (32 S.) 8°
Berlin, Med. Diss. v. 31. Aug. 1863

Neumann, Ludov. (geb. Migehnen in Ostpr. 26. 5. 1825): De remediis antodontalgicis. Berolini (1854). (28 S.) 8°
Berlin, Med. Diss. v. 14. Okt. 1854

— der Schwarzwald, s. a. Land u. Leute. XIII.

Neumann, Ludwig. Der Schwarzwald. Mit 171 Abbildungen nach photographischen Aufnahmen und einer farbigen Karte. IV + 167 S. gr.-8. Bielefeld und Leipzig, Velhagen & Klasing, 1902. [geb. M. 4. —]
Land und Leute. Monographien zur Erdkunde. ... hrg. von A[lbert] Scobel. [Band] 13....

[F.] Der Schwarzwald in Wort und Bild. Von Prof. Dr. Ludwig Neumann ... M. 28 Vollbild. u. 90 Textill. *Stuttgart: J. Weise 1897.* (VIII, 164 S., 28 Taf.) 1 Bd 2. (97. 2256

— der Schwarzwald in Wort u. Bild. 2. Aufl. Mit 29 Vollbild. u. 103 Textillustr. gr. 4. (X, 174 S.) Stuttgart 897. J. Weise.
Geb. in Leinw. m. Goldschn. n. 25. —

— u. Frz. Dölker, der Schwarzwald in Wort u. Bild. Der bad. Schwarzwald von N. — Der württemberg. Schwarzwald von D. 3. Aufl. Mit 29 Vollbildern u. 136 Textillustr. gr. 4. (X, 205 S.) Stuttgart 899. J. Weise. Geb. in Leinw. m. Goldschn. n. 25. —

Ⓢ Neumann, Ludw., u. Frz. Dölker, d. Schwarzwald. 899. (KBL 32.)
Ladenpr. aufgehoben.

— u. Frz. Dölker, der Schwarzwald in Wort u. Bild. Der bad. Schwarzwald v. N., der württemberg. Schwarzwald v. D. 4. Aufl. Mit 30 Vollbildern, 2 Farbdr.-Bildern u. 160 Textillustr. (X, 226 S.) Fol. Stuttgart 903. J. Weise. Geb. in Leinw. m. Goldschn. 25. —
Erschien auch in 30 Lfgn. à n. — 60.

Neumann, L., die deutsche Sprachgrenze in den Alpen, s. a. Sammlung v. Vorträgen.

Neumann, Ludwig. Die Deutsche Sprachgrenze in den Alpen. Mit einer Karte. 8. Heidelberg 1885.
Sammlung von Vorträgen für das deutsche Volk. Hrg. von Wilhelm Frommel ... und Dr. Friedrich Pfaff .... Band 13. (Heft) 10.

Neumann, Ludwig: Orometrische Studien im Anschluss an die Untersuchung des Kaiserstuhlgebirges. (Zeitschrift für wissenschaftliche Geographie. Jahrg. 7. S. 320—378.) Weimar 1888. 59 S., 1 Tf. 4°.

Neumann, Ludwig: Geographische und geologische Uebersicht des Rheingebietes. Mit auf dem Centralbureau für Meteorologie und Hydrographie zu Karlsruhe bearbeiteten Tabellen und Uebersichtskarten nebst geologischen Profilen von Richard Lepsius. ([S.-A.] „Der Rheinstrom und seine wichtigsten Nebenflüsse".) Berlin 1889. 41 S. Fol.

Neumann, Ludwig: Die Veränderungen der Volksdichte im südlichen Schwarzwalde 1852—1895. Mit 3 Tafeln in Farbendruck. ([S.-A.] Freiburger Universitäts-Festprogramm zum siebzigsten Geburtstag Seiner Königlichen Hoheit des Grossherzogs Friedrich. S. 149—186.) Freiburg i. B. u. Leipzig 1896. 38 S. 4°.

— die Volksdichte im Grossherzogt. Baden, s. a. Forschungen zur deutschen Landes- u. Volkskunde.

Neumann, Ludwig: Die Volksdichte im Grossherzogtum Baden. Eine anthropogeographische Untersuchung. Mit einer Höhenschichtenkarte und einer Volksdichtekarte Badens in 1 : 300000. Stuttgart 1892. 172 S.
= Forschungen zur deutschen Landes- und Volkskunde. Bd. 7. Heft 1. 8°.

— dasselbe, nach der Höhenlage der Wohnorte, s.: Beiträge zur Statistik des Großherzogth. Baden.

Neumann a St. Antonio, (Ldw. Bertrand,) († 1779.) kurzer Auszug d. Sittenlehre üb. die Pflichten d. Menschen, z. Gebrauch d. adeligen Jugend d. frommen Schulen. 8. Wien 768.

Neumann a St. Antonio (Ldw. Bertrand,) Lapsus Protoparentum ex poemate Miltonii cantus VI. Acced. supplem. ad lib. VI. Aeneid. 8. Wien 768.

— libelli classici ad historiam, geograph., antiquitates, doctrinam morum et arithmeticam pertinentes; ad us. acad. Caes. Sabaudicae et Collegii nobilis Loewenburg. scholar. piarum. Ptes VI. 8. Wien 768.

— mors Christi seu Messias ex illustri poemate Klopstokiano cantus IX. 8. Wien 770.

— orationes acad. habitae ad nobilem juventutem Collegii nobil. Loewenburg. scholar. piarum. 8. Wien 771.

Neumann, Ludw. F., Gartenbautafeln. Nr. 4. Cultur der Weinrebe. Farbendruck in Mappe mit Text. (16 S.) Prag, Gust. Neugebauer. 1 fl.
1884. B. 170

Neumann, Ludwig Gottfried — Der kleine Bibliothekar. Kurze Anleitung zur Bibliothekskunde von — —. Wien, 1857. Druck und Verlag von A. Dorfmeister. (36 S. 2 Bl. 8.)

Neumann, Ludw. Gottfr., der kleine Bibliothekar. Kurze Anleitung zur Bibliotheks-Kunde. Wien 863. Leo. 8. (36 S.) n. 6 ngr.

Neumannn, Ludw. Gfried., Dichterstimmen. Ein Deklamazionsbuch für die Jugend. gr. 12. (VIII und 159 S. mit 1 Stahlst.) Wien 856(57,) Pichler's Wwe. und Sohn. (Leipzig, Liebeskind.)

Neumann, Ludw. Gottfr., der Fink, s. Fink, der.

– L. G.: Der Fink. Eine Erzählung. Wien: Pichler 1860. 84 S. 16⁰

Neumann, L. G., Gedichte. 8. (11½ B.) Wien 846, Haas'sche Buchh. -

Neumann, Ludw. Gfried., neuere Gedichte. 8. (VI u. 70 S.) Wien 850, Gerold. n. 12 ngr.

Jugend-Album. 5tes Bändchen. Enthält Dichterstimmen. Ein Deklamationsbuch für die Jugend von Lud. Gottfried Neumann. Wien, 1857. Druck und Verlag von A. Pichlers Witwe und Sohn. (VIII. 160 S. 8.)

— Kinder-Lieder. Ebend. 854. (Ebend.) 8. (64 S.) 8 ngr.

— neue Kinderlieder. Ebend. 855. (Ebend.) 8. (43 S. u. 1 Holzschn.) 8 ngr.

— der Organismus der Hilfs-Aemter. Wien 854. Tendler u. Co. 16. (VII, 35 S.) n. 8 ngr.

—— Trinklieder eines wiener Poeten, s. Trinklieder.

Neumann, Luise, Franz Neumann. Erinnerungsblätter v. seiner Tochter. Mit Titelbild, Fcsms. u. m. Abbildgn. im Text. (XII, 463 S.) gr. 8. Tübingen 904. J. C. B. Mohr. n. 6.—; geb. n. 8.—

Neumann, Luise, Franz Neumann. Erinnerungsblätter v. seiner Tochter. Mit Titelbild, Fcsms. u. m. Abbildgn. im Text. 2. [Titel-]Ausg. (XII, 463 S.) gr. 8. Tübingen. [904] 907. J. C. B. Mohr. 6.—; geb. 8.—

Neumann, M.: Vereinzelte Beiträge zur Kenntnis der mustergültigen lateinischen Prosa. 2 Th. 12 S.– München M., Progr. 1871.

Neumann, die Gewächs- u. Treibhäuser, ihre zweckmäßigste Anlage u. Einrichtung nebst gründl. Anweisung zur Cultur aller darin enthalt. Bäume, Stauden u. Pflanzen. Aus d. Französ. 8. (10 B. u. 8 Taf. Abbild.) Quedlinburg 844, Basse.

Neumann Mv, Glashäuser aller Art. 4. Auflage von J Hartwig. Mit Atlas. Weimar 1875

Neumann, M., Grundsätze u. Erfahrungen üb. die Anlegung, Erhaltung u. Pflege von Glashäusern aller Art, ꝛc. In Verbindung mit mehreren Kunstgärtnern u. Gartenfreunden aus dem Französ. übers. u. mit vielen deutschen Erfahrungen u. Zusätzen vermehrt v. Fd. Frhrn. v. Biedenfeld. Mit 190 lith. Abbild. auf 40 Quarttaf. qu. gr. 4. Weimar 845, Voigt. 2 ₰

Hieraus ist abgedruckt:

— Kunst der Pflanzenvermehrung durch Stecklinge, Steckreiser, Absenker ꝛc. Mit 31 lith. Abbild. von Fd. Frhrn. v. Biedenfeld. gr. 8. (Mit 2 lith. Taf.) Ebend. 845. ⅓ ₰

Neumann's, M., Grundsätze u. Erfahrungen üb. die Anlegung, Erhaltung u. Pflege von Glashäusern aller Art. Nebst einem ausführlichen Anhang über die Kunst der Vermehrung durch Stecklinge, der Verpackung u. des Transports lebender Pflanzen in die fernsten Gegenden, sowie über das Thermosyphon u. die Lüftung. Für Kunstgärtner ꝛc. In Verbindung mit mehrern Kunstgärtnern u. Gartenfreunden aus dem Französ. übers. u. m. vielen deutschen u. engl. Erfahrungen u. Zusätzen verm. von Ferd. Frhrn. v. Biedenfeld. Mit 195 lith. Abbildgn. auf 41 Quartaf. 2. verb. u. sehr verm. Aufl. gr. 4. (VIII u. 132 S.) Weimar 852, Voigt. 2 ₰

Neumann's, M., Grundsätze und Erfahrungen über die Anlegung, Erhaltung und Pflege von Glashäusern aller Art als Glaskästen, Orangerien, kalten, gemässigten, warmen Häusern etc. Aus dem Französ. übers. von F. Frhrn. v. Biedenfeld. 3., durchgeseh. und verm. Aufl. von J. Hartwig. gr. 8. (X und 277 S. mit einem Atlas von 43 Stnt. in gr. 4. und 177 Abbild.) Weimar 862, Voigt.

Neumann, M., Grundsätze und Erfahrungen über den Bau und die Anlegung von Glashäusern aller Art als Glaskästen, Orangerien, kalten, gemässigten, warmen Häusern und Treibhäusern mit der Einrichtung von Rauchkanälen, Wasser- und Dampfheizungen. 4. vollständig umgearb. und verm. Aufl. von J. Hartwig. gr. 8. (X, 271 S.) Mit einem Atlas. gr. 4. (25 lithogr. Taf. in qu. Fol. mit 241 Abbild.) Weimar 875, B. F. Voigt.

—— die Kunst, Stecklinge zu machen. Mit e. Anhange über die besten Mittel, lebendige Pflanzen zu verpacken u. in ferne Länder zu verschicken. 8. (3 B. u. 8 Taf. m. 31 Abbild.) Quedlinburg 845, Basse.

—— Kunst der Pflanzenvermehrung durch Stecklinge, Steckreiser, Absenker etc. Mit 31 lith. Abbild. v. Ferd. v. Biedenfeld. gr. 8. (3 B. u. 2 Stnt.) Ebend. 845.

Neumann's, M., Kunst der Pflanzenvermehrung durch Stecklinge, Steckreiser, Absenker etc. Nebst einem Anhang über Verpackung und Transport aller lebenden Pflanzen und Sämereien in die entferntesten Welttheile etc. Von Ferd. v. Biedenfeld. 2. Aufl. Durchgesehen u. verm. von J. Hartwig. Mit 31 lith. Abbildgn. (auf 4 Taf.) Ebend. 860. gr. 8. (VI, 73 S.) 10 ngr.

Neumann, M., die Kunst der Pflanzenvermehrung durch Stecklinge, Steckreiser, Absenker etc. Nebst einem Anhang über Verpackung u. Transport aller lebend. Pflanzen u. Sämereien in die entferntesten Welttheile, so dass sie viele Monate lang gefahrlos eingepackt bleiben können. 3. Aufl., durchgesehen u. verm. von J. Hartwig. Mit 32 Abbild. (auf 4 Steintaff.) Weimar 870. B. F. Voigt. gr. 8. (VI, 96 S.) 15 ngr.

Neumann, M., die Kunst der Pflanzenvermehrung durch Samen, Stecklinge, Ableger u. Veredelung. 4. Aufl., umgearb. u. erweitert von J. Hartwig. Mit 52 in den Text eingedr. (Holzschn.-)Abbildungen. gr. 8. (X, 246 S.) Weimar 877. B. F. Voigt. 5.—

Neumann's, M., Kunst der Pflanzenvermehrung durch Samen, Stecklinge, Ableger u. Veredelung. 5. Aufl., durchgesehen u. erweitert v. J. Hartwig. Mit 59 Abbildgn. gr. 8. (XII, 234 S.) Weimar 886. B. F. Voigt. 5.—

Neumann, M., Nahum neu übersetzt und mit Anmerkungen versehen. [Programm der Königlichen Wilhelms-Schule.] Breslau 1808.

Neumann, M., wie vertrete ich meine Rechte vor dem Amtsgericht?, s: Handbibliothek, juristische. 151. Bd.

Systematisches estnisch-deutsches Wörterbuch. Eesti-saksa sõnaraamat. Kokku seadnud M. Neumann. Tallinnas [Reval] 1910: Felsberg & Tetermann. 256 S. 8°

(Neumann: Sistematikalised sõnaraamatud.) [11. 845

Neumann M. P.: Neue Erfahrungen üb. die Düngung mit Stickstoffkalk. Magdeb. 1906. 37 S. Fig. P.

Neumann, M. P., Generalregister, s.: Biedermann's Zentralblatt f. Agrikulturchemie.

Neumann, Magnus, Knospen u. Blüten. Gedichte. gr. 16. (XI, 80 S.) Stuttgart (896). Greiner & Pfeiffer. Geb. in Halbleinw. n. 1. 80

Neumann, Magnus, Merk- u. Marksprüche der klinischen Diagnostik. 12. (31 S.) Straßburg i/E. 893. F. Bull. n. — 50

Neumann, Marie Anna, drei brave Mädchen der kathol. Schuljugend als Muster zur Nachahmung vorgestellt. Wien 865. Mechitharisten-Congregations-Buchh. 8, (III, 103 S.) n. 9 *ngr.*

Neumann, Martin, bacc. iur.: Die Notadresse. Borna-Leipzig 1910: Noske. VI, 43 S. 8°
Leipzig, Jur. Diss. v. 29. März 1910
[Geb. 24. Juli 84 Kamenz i. Sa.; Wohnort: Bautzen; Staatsangeh.: Sachsen; Vorbildung: König-Albert-Gymn. Leipzig Reife O. 03; Studium: Leipzig 2, Göttingen 1, Leipzig 3 S.; Rig. 15. Juni 06.] [U 10. 2815

v. **Neumann, M.** Der Rheinkreis u. seine Schlachten. 8. M. 4 Plänen. Zweybrücken 1836.

Neumann, Mart. v. (Gendarmerie-Lieut., Ritter d. Civil-Verdienst-Ordens d. bayer. Krone), die *Schlösser des bayer. Rhein-Kreises*, wie sie waren und wie sie sind. Durch Zeichnungen dargest. u. mit kurzen Erklärungen verbunden. Zweibrücken 1837. Gedr. bei J. F. Rost. 4°. Unbeschn. in eleg. modern. Ganzpgmtb. m. Goldverziergn.
Tit., 14 S. Text, 18 Tableaux (nach Mart. v. Neumann's Zeichnungen lithogr. von Dubois in Zweibrücken). Vergriffen u. selten!

Neumann, Max, aus Berlin: Ueber **Amidoazobenzoltrisulfosäure.** *Berlin 1899: B. Paul.* (30 S.) 8°
Freiburg i. B., Phil. Diss. v. 1899

Neumann, Max, **Beiträge zum deutschen Verlags- und Nachdrucksrechte bei Werken der bildenden Künste, im Anschluss an die Frage vom Rechtsschutze der Photographie gegen Nachdruck. gr. 8. (XII und 142 S.) Berlin 866, Guttentag.** *

Neumann, Max [app. Arzt aus Konstanz]: Über die Beziehungen zwischen Alkoholismus und Epilepsie ... Strassburg i. E., Buchdr. C. & J. Goeller, 1897; 1 Bl., 139 S. 8.
Strassburg, Med. Fak., Inaug.-Diss. v. 1897

Neumann, Max, Eustathios als kritische Quelle f. den Iliastext. Mit e. Verzeichnis der Lesarten des Eustathios. [Aus: „Jahrbb. f. class. Philol." 20. Suppl.-Bd.] gr. 8. (S. 143—340.) Leipzig 893. B. G. Teubner. n. 5. —

Neumann, Maximilianus: De foenore redituum annuorum emtionis. Halis Saxonum (1864). (51 S., 2 Tab.) 8° *[Im Buchhandel 1864 in d. Buchh. d. Waisenhauses zu Halle.]*
Breslau, Jur. Fak., Hab.-Schr. v. [7.] Mai 1864

Neumann, Max., de foenore redituum annuorum emtionis. Dissertatio. Halle 864. Buchhdlg. des Waisenhauses. gr. 8. (VIII, 51 S. u. 2 Tab. in 4.) n. 10 *ngr.*

Neumann, **Maximilianus, de imperativi apud epicos graecos, tragicos, Aristophanem formis atque frequentia. Dissertatio inauguralis. gr. 8. (56 S.) Königsberg i. Pr. 885, (Koch's Antiqu.)** ** 1 —

Gedenkblatt an das sonnige Italien. Eine Lehrerfahrt. Ostern 1903. (Verf.: Max Neumann.) (Berlin [1904]: Germania; [Jauer: O. Hellmann].) (47 S.) 8°

Neumann, Max, Gedenkblatt an das sonnige Italien. Eine Lehrerfahrt. Ostern 1903. (48 S. m. Abbildgn.) gr. 8. Berlin (904). (Jauer, O. Hellmann). Geb. in Leinw. n. 2. 50

Neumann, Max [aus Sommerfeld, prov. Brandenb.]: Über das altenglische Gedicht von Judith ... Kiel, Druck v. H. Fiencke, 1892; VI, 63 S., 1 Bl. 8.
Kiel, Phil. Fak., Inaug.-Diss. v. [29. März] 1892

— Geschichte des Wechsels im Hansagebiete bis zum 17. Jahrhundert nach archivalischen Urkunden bearb. Beilageheft zur Zeitschrift für das gesammte Handelsrecht Bd. VII. Erlangen 863. Enke. gr. 8. (IV, 212 S.) n. 1 ℛ 6 *ngr.*

— **Geschichte des Wuchers in Deutschland bis zur Begründung der heutigen Zinsengesetze [1654]. Aus handschriftlichen u. gedruckten Quellen dargestellt. Halle 865. Buchhdlg. des Waisenhauses. gr. 8. (XVI, 638 S.) n. 2 ℛ 20 *ngr.***

Neumann, Max, die progressive Paralyse, s.: Nervenkrankheiten, die wichtigsten, in Einzeldarstellungen. 6. Hft.

— das Recht der Vor- und Anbautenbesitzer in Danzig. Danzig 862. Kafemann. gr. 8. (VIII, 67 S.) n. 10 *ngr.*

— der Rechtsschutz der Photographie gegen Nachdruck nach den deutschen Nachdrucksgesetzen. Eine Denkschrift. Leipzig 866. (R. Hoffmann.) gr. 8. (50 S.) 7½ *ngr.*

Neumann, Max, Referendar a. Breslau: Ueber die Rechtswirksamkeit von Verfügungen während des Schwebens einer aufschiebenden Bedingung. Breslau 1905: Grosser & Co. (96 S.) 8° [F.]
Rostock, Jur. Fak., Ref. Matthiass, Diss. v. 25. Mai 1905
[Geb. 24. März 77 Grochwitz, Kr. Frankenstein, Schles.; Wohnort: Breslau; Staatsangeh.: Preußen; Vorbildung: Gymn. Breslau Reife O. 98; Studium: Breslau 6 S.; Rig. 5. März 03.]

Neumann, Max, prakt. Tierarzt aus Wartenburg Ostpr.: Studien über die geschichtliche Entwickelung der Einteilung der Rinder in Rassen und Vorschläge zu einer synoptischen Uebersicht der Rinderrassen Europas. ⟨Aus dem zootechnischen Institut der Universität Bern. Vorstand: Prof. Duerst.⟩ Wartenburg Ostpr., E. Ehrnigkeit. 1910. 50 S. 8°. [25. II. 10.]
Bern. Vet.-Med. Diss. 1910/11.

Neumann, **Max.** Studien über die geschichtliche Entwickelung der Einteilung der Rinder in Rassen und Vorschläge zu einer synoptischen Uebersicht der Rinderrassen Europas. Aus dem zootechnichen Institut der Universität Bern .... Diss. Vet.-Med. Bern. 45 S. 8. Wartenburg Ostpr., E. Ehrnigkeit, 1910.

— das Tragische. Berlin 863. Nicolai'sche Verlhdlg. 8. (X, 398 S.) n. 1 ℛ 20 *ngr.*

Neumann, Max [aus Stettin]: Über [sic!] Trinzosulfonsäuren. ... Greifswald, Druck v. Julius Abel, 1889; 52 S. 8°
Greifswald, Phil. Fak., Inaug.-Diss. v. 8. März 1889

Neumann, Max [pr. Arzt]: Untersuchungen über die Ausscheidung des Morphins und Codeins bei Kaninchen ... Königsberg i. Pr., Buch- u. Steindr. E. Erlatis, 1893; 30 S., 2 Bl. 8.
Königsberg, Med. Fak., Inaug.-Diss. v. 3. Juli 1893

Neumann, Max, Untersuchungen üb. die Ausscheidung des Morphins u. Codeins bei Kaninchen. Diss. gr. 8. (34 S.) Königsberg 893. (W. Koch.) n. — 80

Neumann, Maximilian: De vicissitudinibus quas canonici juris de usuraria pravitate placita in Germania inde a saecul. XIII. usque ad medium saecul. XVII. subierunt. Berolini (1860). (35 S.) 8° * Vollst. ersch. u. d. T.: Geschichte des Wuchers in Deutschland bis zur Begründung der heutigen Zinsengesetze (1654). Halle: Waisenhaus 1865:
Berlin, Jur. Diss. v. 10. Febr. 1860

Neumann, M[ax] P[aul], a. Ortelsburg ⟨Ostpr.⟩: Zur Kenntnis der Aldehydreaktionen. Leipzig: O. Leiner [1906]. (55 S.) 8°
Leipzig, Phil. Fak., Ref. Hantzsch-Beckmann, Diss. v. 18. Sept. 1906
[Geb. 10. Nov. 74 Ortelsburg Ostpr.; Wohnort: Halle a. S.; Staatsangeh.: Preußen; Vorbildung: Progymn. Königsberg i. Pr. Primareife O. 92, Approb. als Apotheker Dresden Mai 00; Studium: Berlin 1, Leipzig 3, Greifswald 1, Halle 1 S.; Rig. 6. Aug. 06.]

Neumann, Max Paul (Hrsg.), s. Zeitschrift für das gesamte Getreidewesen.

Neumann, Meinhard [app. Arzt aus München]: Über einen Fall von neuropathischer Blutung bei progressiver Paralyse. . . . München, k. Hof- u. Univ.-Buchdr. v. Dr. C. Wolf & Sohn, 1891; 18 S., 1 Bl. 8°
München, Med. Fak., Inaug.-Diss. v. 1891

— Moritz (Boerlnens.), De hydrothorace. Diss. med. Leipzig (Staritz) 3. IX. 1830. 28 S. (3.—) 24844
Gew.: Carl August Neumann (Vater).

Neumann, R., 28 (lithogr. u. illum.) Bilder zur Erleichterung des ersten Leseunterrichtes. Mit Text. qu. 4. Cöln 833. (Du Mont-Schauberg.) n. 1⅓ ₰

Neumann, R., zweites Lesebüchlein. 1. Abthl. 6. Aufl. 8. (48 S.) Crefeld 850, Brocker.

—— dass. — 2. Abthl.: Für die mittlern Klassen. 5., theilweise umgearb. Aufl. 8. (112 S.) Ebds. 848. *

Neumann, R. H., die Aufhebung des Proletariats mit Rücksicht auf Credit-Gesetze, Wucher-Gesetze und Armen-Verwaltung. 1. Aufl. (76 S.) und 2. Aufl. 16. (80 S.) Leipzig 847, Verlagsbureau.

Neumann, R. H., die Aufhebung des Proletariats mit Rücksicht auf Credit-Gesetze, Wucher-Gesetze und Armen-Verwaltung. 2. Aufl. gr. 8. (64 S.) [Berlin 877, Donny und Sohn.] Leipzig, Mertens. *

—— die Reorganisation des Handels durch die Erweiterung des Instituts der Darlehnskassen zu einem Central-Handels-Bazar. gr. 8. (16 S.) Berlin 848, (Stargardt.) *

Neumann, N. L., lectures sur l'astronomie à l'usage des écoles chrétiennes. 8. (74 S.) Wien 877. (Sintenis.) n. — 80

Neumann, Naphtali Hirsch (geb. Pr... Nov. 1827): Argumenta atque observationes adversus theoriam catoptricam et dioptricam. Berolini (1850) (30 S.) 8°
Berlin, Med. Diss. v. 31. Dez. 1850

Neumann, Nelly: Ueber das Flächennetz 2. Ordnung und seine korrelative Beziehung auf einen Strahlenbündel. Breslau 1909: Fleischmann. 83 S. 8°
Breslau, Phil. Diss. v. 20. Nov. 1909, Ref. Sturm
[Geb. 3. Jan. 86 Breslau; Wohnort: Breslau; Staatsangeh.: Preußen; Vorbildung: König-Wilhelms-Gymn. Breslau Reife O. 05; Studium: Breslau 4, Zurich 1, Breslau 5 S.; Rig. 14. Juni 09.] [U 10. 627

Neumann, O., kurzer Abriß der Weltgeschichte. Nach den zum Portepée-Fähnrichs-Examen gemachten Anforderungen bearb. 1—3. Heft. gr. 8. Berlin, Huber's Verlag.
Inhalt:
Heft 1. Die Geschichte der Griechen. (IV und 47 S.) 853. 10 Ngr.
" 2. Die Geschichte der Römer. (78 S.) 853. 10 Ngr.
" 3. Das Mittelalter. (101 S.) 854. 15 Ngr.

Neumann, O., kurzer Abriß der Weltgeschichte. Nach den zum Portepée-Fähnrichs-Examen gemachten Anforderungen bearb. 4. und 5. Heft. gr. 8. Berlin, Huber.
Inhalt:
Heft 4. Geschichte der neueren Zeit und des preußischen Staates bis zum Ausbruch der französischen Revolution. (90 S.) 857. 15 Ngr
" 5. Geschichte der neuesten Zeit. (.. S.) 859. 12½ Ngr.
1—3. Heft. Ebendas. 1853,54. 1 Thlr. 5 Ngr.

Neumann, O., kurzer Abriß der Weltgeschichte. Nach den zum Portepée-Fähnrichs-Examen gemachten Anfordergn. bearb. 1. u. 2. Abth. 3. aufs Neue durchgeseh. Aufl. gr. 8. Berlin 872. Wohlgemuth. 5. 50
1. Geschichte d. Alterthums u. d. Mittelalters. (IV, 164 S.) 2. 50
2. Geschichte der neueren Zeit u. d. brandenburgisch-preuß. Staats. (IV, 187 S.) 3. —

Neumann, O., kurzer Abriß der Weltgeschichte. Zum Selbstunterricht, wie zum Gebrauch an Gymnasien und Realschulen bearb. 3. aufs Neue durchgeseh. Aufl. gr. 8. (VIII, 351 S.) Berlin 872, Wohlgemuth.

Neumann, O., kurzer Abriß der Weltgeschichte. Nach den zum Portepée-Fähnrichs-Examen gemachten Anforderungen bearb. 2 Abtheilungen. 4., aufs Neue durchgeseh. Aufl. gr. 8. Berlin 879. Wohlgemuth. n. 4. —
1. Geschichte des Alterthums u. des Mittelalters. (IV, 175 S.) Einzelpr. n. 2. —
2. Geschichte der neueren Zeit u. des brandenburgisch-preußischen Staats. (IV, 212 S.) Einzelpr. n. 2. 50

Neumann, O., kurzer Abriß der Weltgeschichte. Zum Gebrauch an Gymnasien und Realschulen bearb. 2 Abthlgn. 4. Aufl. gr. 8. Ebendas. 879. *
Inhalt:
Abthl. 1. Geschichte des Alterthums und des Mittelalters. (175 S.)
" 2. Geschichte der neueren Zeit und des brandenburgisch-preußischen Staats. (212 S.)

Neumann, O. Über die Pachymeningitis bei der chronischen Alkoholvergiftung. Inaug.-D. 36 S. 8°. Königsberg. 1869.

Neumann, O. Die Centren der sächsischen Musik-Instrumenten-Fabrikation. (The centres of the manufacture of musical instruments in Saxony.) Leipzig (1895).

Neumann, O. E. F., Darstellung der v. Conradi'schen Schriften von ihrem Entstehen bis zur 50jähr. Stiftungsfeier des Provinzial-Institutes am 12. Juni 1852. 2. verm. Aufl. gr. 8. (134 S.) Danzig 868, Anhuth. *

Neumann, Osk., d. Blankostrafgesetz, s. Abhandlungen, strafrechtliche. 87. Heft.

Das Blankostrafgesetz. Ein Beitrag z. Lehre u. Reform d. Reichsstrafrechts. Von Dr. jur. et rer. pol. Oskar Neumann. Breslau: Schletter 1908. (151 S.) 8°
= Abhandlungen, Strafrechtliche. H. 87. [08. 9381 6

Neumann, Oskar, Rechtspraktikant a. Passau: Das Blankostrafgesetz in allgemeiner und staatsrechtlicher Beziehung. Breslau 1908: Schletter. (67 S., 1 Tab.) 8° (Erscheint vollst. u. d. T. „Das Blankostrafgesetz" als: Strafrechtl. Abhandlungen H. 87.)
Würzburg, Jur. Fak., Ref. Oetker, Diss. v. 8. Mai 1908
[Geb. 13. Febr. 82 Passau; Wohnort: Munchen; Staatsangeh.: Bayern; Vorbildung: Gymn. Passau Reife Juli 01; Studium: Lyzeum Passau 1, Univ. München 5, Erlangen 2 S.]

Neumann, Osc., Waarenzeichen d. ges. Textil-Industrie, eingetragen b. kaiserl. Patentamt in Berlin in d. Zeit v. 1. X. 1894 bis 30. IX. 1896. Gesetz v. 12. V. 1894. (Deutsch u. englisch.) Lex.-8. (VIII, 204 S. m. Abb.) Berlin 897. (L. Abel.) n. 7. 50

Neumann, Oscar, a. Memel: Der Widerstand gegen die auswärtige Staatsgewalt auf hoher See nach dem völkerrechtlichen Vertragsrecht des Deutschen Reiches. Rostock 1904: Winterberg. (62 S.) 8°
Rostock, Jur. Fak., Ref. Hübner, Geffken, Diss. v. 25. Aug. 1904
[Geb. 19. Nov. 76 Memel; Wohnort: Königsberg i. Pr.; Staatsangeh.: Preußen; Vorbildung: Luisengymn. Memel Reife O. 96; Studium: Königsberg 5, Greifswald, Rostock 2 S.; Rig. 4. Okt. 02.]

Neumann, Oswald

Neumann, *Ernst* Oswald [aus Hamburg]: Untersuchungen über eine Verbindung von Nitro-β-Naphtochinon mit Methylalkohol . . . Marburg, Univ.-Buchdr. v. J. A. Koch, 1893; 49 S. 8.
Marburg, Phil. Fak., Inaug.-Diss. v. [6. Dez.] 1893

Neumann, Otto

Neumann, Otto *Richard* [aus Thorn]: Ueber Dimethyldibenzyl und Abkömmlinge desselben . . . Greifswald, Druck v. J. Abel, 1897; 27 S. 8.
Greifswald, Phil. Fak., Inaug.-Diss. v. 17. März 1897

Neumann, Otto Philipp, die Einigkeitsbestrebungen der Freimaurerei. (76 S.) 8. Berlin (909). F. Wunder. 1.—

Die Einigkeitsbestrebungen der Freimaurerei. Von Otto Phil. **Neumann.** Berlin: Wunder [1910]. 76 S. 8⁰
Recens: S. 16 (1909) S. 120—121 (F. Rackhorst).
cf. Brh. 6 (1909) S. 283; L. 32 (1909) S. 400 (P. Mensdorf); Al. 36 (1910) S. 88 (H. Keller); Bh. 53 (1910) S. 8.

Zur Erinnerung an das 125jährige Stiftungsfest der Freimaurerloge Janus [in Bromberg] am 12. Dezember 1909. Gewidmet von [Otto Philipp] **Neumann.** [Bromberg 1909: Dittmann.] 7 S. 8⁰.
Daten aus der allgemeinen Geschichte und der Geschichte der Bromberger Loge. Vorsitzende Meister 1784—1909. Sinnsprüche.

Neumann, Otto, Arzt u. Zahnarzt: Aus d. zahnärztl. Inst. d. Univ. Breslau u. aus d. Konvent-Hospit. d. Barmherz. Brüder Breslau. Einige Fälle von doppelseitigen Wurzel-Cysten und solchen, die mit dem Zahnsystem nicht in Zusammenhang stehen. Breslau 1909: Breslauer Genossensch.-Buchdr. 33 S. 8°
Breslau, Med. Diss. v. 26. Juli 1909, Ref. Partsch-Küttner
[Geb. 6. Okt. 82 Breslau; Wohnort: Breslau; Staatsangeh.: Preußen; Vorbildung: König-Wilhelms-Gymn. Breslau Reife O. 02; Studium: Breslau 11 S.; Coll. 9. Juli 09; Approb. 18. März 09.] [U 09. 569

Freimaurerei und Deutschtum von Otto **Neumann.** Leipzig: Deutsche Zukunft [1909]. 11. S 8⁰
Aus: °Religionswissenschaftl. Abhandlungen. 1909 H. 6.
cf. Bbl. 23 (1909) S. 568 (G. Diercks).
Aufklärungsschrift üb. Wesen u. Zweck der Frmrei. Zur Propaganda.

Das Freimaurertum, seine Geschichte und sein Wesen mit besonderer Berücksichtigung der deutschen Freimaurerei von Otto **Neumann.** Berlin: Unger 1909. XII, 139 S. 8⁰
Recens: Brh. 5 (1908) S. 283 (W. Kunis); Bbl. 22 (1908) S. 607—608 (P. Ilgen); FZ. 62 (1908) S. 311 (R. Bachmann); L. 31 (1908) S. 304 (P. Fischer); S. 15 (1908) S. 81 bis 82 (F. Rackhorst); Z. 39 (1908—1909) S. 131—132 (H. Glücksmann). °Kölnische Volksztg. 1909.
cf. Al. 34 (1908) S. 146 (H. Keller); BBurInt. 6 (1908) S. 158; Gegenwart. 74 (1908) S. 126 bis 127 (A. Heilborn); °Berliner Neueste Nachrichten. 1908 Nr 231; ArSt. 5 (1908) S. 271—272 (R. Grosse); Breslauer Ztg. 1908 No 790; Bk. 27 (1908—1909) No 99 (Ch. Hünerberg); DrL. 39 (1908—1909) S. 38 (G. v. Gersdorff); HL. 42 (1908—1909) S. 24—25 (K. Wahlstedt); ML. 37 (1908 bis 1909) S. 8—9 (J. Bluhm); BstF. 18 (1909) S. 16 (A. Feld); O. 34 (1909) S. 64; R. 36 (1909) S. 81 (R. Möckel).

— Die Gegner der Freimaurerei, s.a. Bücherei f. Freimaurer.

Die Gegner der Freimaurerei. Mit einem Anh.: Nicht anerkannte Logensysteme. Von Otto **Neumann.** Berlin: Wunder [1907]. 94 S. 8⁰ (Bücherei f. Frmr. 15.)
Recens: BZC. 37 (1908) S. 21—22; S. 15 (1908) S. 8—9 (F. Rackhorst).
cf. Al. 33 (1907) S. 189—200; Bh. 51 (1908) S. 72 (C. Gotthold); Bbl. 21 (1907) S. 667 (G. Diercks); FZ. 61 (1907) S. 389—400 (R. Bachmann); H. 18 (1907) No 44 (R. Bartolomäus); L. 30 (1907) S. 404 (P. Fischer); DrL. 38 (1907—1908) S. 176 bis 177 (J. H. Papsdorf); V. 2 (1907—1908) S. 205 (W. H. Denier v. der Gon); S. 15 (1908) S. 19 (O. Neumann), 19—20 (F. Rackhorst); H. 20 (1909) No 29 (R. Bartolomäus).

Alte und neue Gegnerschaften des Freimaurertums. Von Otto Phil. **Neumann.** Leipzig 1909: Zechel. 16 S. 8⁰ [Umschlagtit.]
Aus: MitthVdF. 1908—1909 S. 111—125.

Zur Gesundheit. Ärztl. Ratschläge z. Verhütung von Krankheit. Zsgest. von Oberstabsarzt Dr. [Otto] **Neumann**, Bromberg. (2. Aufl.) Bromberg & Leipzig: E. Hecht 1905. (56 S.) 8° [05. 8,10

Neumann, Otto, die Grundzüge der Entwicklg. des Kriegssanitätsdienstes in Preussen. Mit e. Hinblick auf die gegenwärt. Gestaltg. u. auf den Ausbau des Kriegssanitätswesens in Deutschland. gr. 8. (48 S.) Berlin 901. O. Enslin. n. 1.40

Katalog der Bibliothek der Wenzelskirche zu Naumburg a. S. Aufgest. 1903 von O[tto] **Neumann**, Oberpfarrer. *o. O. (1903).* (40 S.) 8° [04. 8305 4

— Kulturscherze aus d. ersten Jahrzehnt des 20. Jahrh. (Humoristisch-satirische Bibliothek.) (128 S.) kl. 8. Berlin 911. Weber-Haus. 1.—; geb. 1.50 u. 2.—

— Kurpfuscherei u. Aberglaube in der Medizin, s.: Doll, Karl

— die Prophylaxe im Militärsanitätswesen, s.a. Handbuch der Prophylaxe. II. Suppl.

Die Prophylaxe im Militärsanitätswesen. Von Dr. Otto **Neumann**, Oberst.Arzt in Sensburg. *München: Seitz & Schauer 1900.* (46 S.) 8°
— Handbuch d. Prophylaxe. Suppl. 2. [01. 8756

— vier Vorträge aus dem Gebiete des Militärsanitätswesens f. Offiziere, s.a. Beiheft zum Militär-Wochenblatt. 1901. Hft. 9.

— — Vier Vorträge aus dem Gebiete des Militärsanitätswesens für Offiziere. I. Entwicklung des Militärgesundheitswesens. II. Die Aufgaben des Sanitätsdienstes im Frieden. III. Schiessdienst und Auge. IV. Der Kriegs-Sanitätsdienst. „Beihft. z. Milit.-Wochenblatt.“
Berlin 1901.

Vier Vorträge aus dem Gebiete des Militärsanitätswesens für Offiziere von Dr. Otto **Neumann**, Oberstabsarzt. *Berlin: E. S. Mittler & Sohn (1901).* (S. 400—429.) 8° [F.]
— Militär-Wochenblatt. 1901, Beiheft 9. [01. 10037

Was uns not tut. Ein offenes Wort an alle Brr Freimaurer von Otto Neumann. Ms. für Brr Frmr. Leipzig: Findel 1906. 24 S. 8°
Recens: FZ. 60 (1906) S. 231 (R. Bachmann). cf. Z. 36 (1905—1906) S. 536 (H. Glücksmann);
Bh. 49 (1906) S. 256 (A. Abendroth), Bbl. 20 (1906) S. 539 (G. Diercks); BstF. 15 (1906) S. 150—152 (A. Feld); ML. 35 (1906—1907) S. 8 (O. Henckel); L. 29 (1906) S. 240 (P. Fischer); BstUJ. 9 (1907) S. 7—8 (F. Thiele).
Verlangt grössere Öffentlichkeit der Frmrei und Taten der Loge.

Neumann, Otto Philipp, s.a. Neumann, Otto

Neumann, Otto Philipp [Unterarzt im 2. Schlesischen Jägerbataillon Nr. 6 u. am K. Charité-Krankenhause]: Statistischer Beitrag zur interstitiellen Myocarditis .... Berlin, Buchdr. v. Teichler u. Fickert (1885); 40 S. 8°.
Berlin, Med. Fak., Inaug.-Diss. v. 14. Nov. 1885.

Neumann, Otto Philipp, statistischer Beitrag zur interstitiellen Myocarditis. Diss. Berlin 1885, Mayer & Müller. 8°. 40 S.

Neumann, Otto Rudolf, Dr. phil., Approb. Apotheker, Assist. am hygien. Institut Würzburg, aus Seifhennersdorf ⟨Kgr. Sachsen⟩: Die Bedeutung des Alkohols als Nahrungsmittel. Nach Stoffwechselversuchen am Menschen. *München 1899: R. Oldenbourg.* (46 S.) 8°
Würzburg, Med. Diss. v. 1899

Neumann, Otto Willibald (geb. Sieradz bei Kalisch 17. 11. 1831): De maxillarum resectione. Berolini (1850). (29 S.) 8°
Berlin, Med. Diss. v. 20. März 1850

Neumann, P., Lehrgang f. den Kerbschnitt. Zum besond. Gebrauche in Knaben-Handarbeitsschulen. 8. (III, 50 S. m. 7 Taf.) Leipzig 887. Leipziger Lehrmittel-Anstalt v. Dr. O. Schneider. n. 3. —

Neumann, P., Lehrgang f. den Kerbschnitt. Zum besonderen Gebrauche in Knaben-Handarbeitsschulen. 2., umgearb. u. verm. Aufl. Mit 12 techn. Beilagen. 8. (57 S. m. Fig.) Leipzig 890. Leipz. Lehrmittel-Anstalt v. Dr. Osk. Schneider. n. 3. —

Neumann, P., De locis Aegyptiacis in operibus Platonicis. Diss. 1878. 82 S. 1.—

Neumann, P., Plan der Umgegend von Breslau. 1 : 25,000. Neu aufgenommen und gezeichnet, unter Zugrundelegung der Musterblätter für die topograph. Arbeiten des königl. Preuss. Generalstabs. In 4 Sectionen. Fol. Breslau 874, Korn. In Etui *ℳ 4,50.; aufgez. * 7 — aufgez. in 1 Bl. *ℳ 7.; mit Stäben * 9 —

Neumann, P., De vocum Graecarum apud poetas Lat. ab Hadriani temporibus usque ad Claudiani aetatem usu. Diss. 1912. 116 S. 3.—

Neumann, P. Hans, der zweite Cousin, f.: Album f. Liebhaber-Bühnen.

Neumann, Pantal., Kdo má prawdu, nekatoljk — čili katolik? Katechismus. 12. (130 S.) Prag 850, Credner & Kleinbub in Comm. n. 4 ngr

Neumann, Panthaleon, das Leben unseres Herrn u. Heilandes Jesu Christi, d. Sohnes Gottes. Nach dem Tode d. Verf. [5. Mai 1873] hrsg. v. Thom. Novák. 3 Bde. Lex.-8. (1. u. 2. Bd. 263 u. 251 S.) Prag 875. Urbánek. n. 12. —

—— Lutr, gak stál pro wjru a cjrkew katolickau. 12. (111 S.) (Prag 850, Credner und Kleinbub.) *

Neumann, Pantal, Příběhy rodiny Izidorowy. Zábawné čtenj pro lid hospodářský. Prag 853. Credner in Comm. 12. (VIII, 446, 7 Bl., 40 S.) n. 15 ngr

Neumann, Pant., Vorzüge u. Segnungen der kathol. Beichte. Prag 865. (Kober.) 8. (VI, 164 S.) n. 14 ngr

Neumann, Pantal., evangelický životopis Krista Ježíše, čili: sestavení svatých evangelistů, popisujících život, smrt a vzkříšení Páně. Prag 865. (Kober.) 8. (XXVII, 240 S.) n. 20 ngr

— žiwot pána a spasitele nasseho, Ježisse Krista, syna božího; sepsaný dle wyprawowání swatých ewangelistů. Díl I. Prag 860. (Credner.) Lex.-8. (394 S. u. 1 Holzschntaf.) n. 28¾ ngr

—— o zpowědi. 12. (IV und 152 S.) (Prag 851, Credner und Kleinbub.) *

Neumann, Paul (Hrsg.), s. Arnd, Johann: Catechismus-Predigten.

Neumann, Paul, Christus, das einzige Heil der Welt! Predigt über Apostelgeschichte 4, 12 am Missionsfeste, den 12. Juli 1843, in der Kirche zu Gültz gehalten. Herausg. v. Commité des Missions-Hülfs-Vereins zu Gültz. 8. (1 B.) Demmin 843, Gesellius. *

Neumann, Paul, prakt. Arzt: Aus d. Kgl. pathol.-anat. Universitäts-Institut zu Königsberg i. Pr. Ein neuer Fall von Teratom der Zirbeldrüse. *Königsberg i. Pr. 1900: H. Jaeger.* (33 S.) 8°
Königsberg, Med. Diss. v. 12. März 1900

Neumann, Paul, Festbüchlein in Liederversen. 5. Aufl. 16. (32 S.) Berlin 864, (Matthies.) cart. *

— Frühe eh die Sonne wacht — —. Gedichte. gr. 8. (120 S.) Leipzig 902. M. Spohr. n. 3. —

Neumann [Paul], Dr.: Die Geschichte des Stolper Gymnasiums von 1857—1907. (Festschrift z. Jubiläumsfeier d. Stolper Gymnasiums 19. bis 21. April 1907. T. 1.) Stolp 1907: W. Delmanzo. (64 S. einschl. 1 Taf.) 8° [F.]
Stolp, G u. OR OP 1907 (185)

—— der todte und der lebendige Glaube. Predigt über Joh. 4, 30—42. gehalten. gr. 8. (1 B.) Malchin 846, Piper. *

Neumann, Paul: Über Methyläther des Adrenalins. (Rostock: Hinstorff 1910.) 40 S. 8°
Berlin, Phil. Diss. v. 9. März 1910, Ref. Gabriel
[Geb. 30. März 83 Schmiegel; Wohnort: Charlottenburg; Staatsangeh.: Preußen; Vorbildung: Auguste Viktoria Gymn. Posen Reife O. 09; Studium: Berlin 9 S.; Rig. 3. Febr. 10.] [U 10. 218

Neumann, Paul, nieder m. dem Realismus! gr. 8. (93 S.) Berlin 900. Herm. Walther. n. 1. 20

[F.] Frankfurter **Privatrecht** im Auftr. d. Jurist. Sektion d. Freien Deutschen Hochstifts in Frankfurt a. M. hrsg. v. Dr. Paul Neumann, Rechtsanw., & Dr. Ernst Levi, Gerichtsass. *Frankfurt a. M.: J. Baer & C. 1897.* (10 Bl., 1 kl. Bl., XVI, 320 S.) 1 Bd 8.
= **Schriften** d. Freien Deutschen Hochstifts. [No] IX. (97. 3629

Neumann, Paul, u. Ernst Levi, Frankfurter Privatrecht. Nachträge. Das Frankfurter Privatrecht unter der Herrschaft d. bürgerl. Gesetzbuches. Nachträge u. Ergänzgn. (IX, 163 S.) gr. 8. Frankft. a/M. 910. J. Baer & Co. 3.—
Hauptwerk Ebd. 897. 6. —.

Neumann, Paul, die ersten zwölf Psalmen ausgelegt. (Aus dem „Boten für innere Mission“ abgedr.) Stralsund 859. (Hingst.) 12. (V, 85 S.) n. 5 ngr.

—— redet mit Jerusalem freundlich. Predigt über Jesaias 40, 2., beim Jahresfeste der Gesellschaft z. Beförderung des Christenthums unter Israel, den 24. Oct. 1846 zu Stettin gehalten. gr. 8. (1 B.) Stettin, Weiß. *

Neumann, Paul, „Redet mit Jerusalem freundlich.“ Predigt über Jesaias 40, 2. 8. (16 S.) Stettin 847, Weiß. n. 1/12 ß

—— die Reform des Judenthums zu Berlin. gr. 8. (1 1/4 B.) Berlin 846, J. A. Wohlgemuth, Berl.

Neumann, Paul [aus Königsberg]: ... Über Salze und Ester des Benzhydroxamsäureäthylesters ... Königsberg i. Pr., J. Löwenthal, 1893; 2 Bl., 23 S., 1 Bl. 8.
Königsberg, Phil. Fak., Inaug.-Diss. v. 31. Mai 1893

Neumann, Paul, aus Kolberg: **Studien zum Leben und Wirken des Grafen Eitelfritz von Zollern. 1452—1512.** *Greifswald 1901: J. Abel.* (90 S.) 8° [F.]
Greifswald, Phil. Diss. v. 13. Aug. 1901

Neumann, Paul (*geb. Berlin 21.11.1856*): Ueber die älteste französische Version des dem Bischof Marbod zugeschriebenen Lapidarius. Neisse 1880. (44 S.) 8° [*Im Buchhandel 1880 bei Köhler in Breslau.*]
Breslau, Phil. Diss. v. 29. Nov. 1880

Neumann, Paul, über die älteste französische Version des dem Bischof Marbod zugeschriebenen Lapidarius. Inaugural-Dissertation. gr. 8. (44 S.) Neisse 880. (Breslau, Köhler.) n. 1. —

Neumann, Paul, Assistenzarzt an d. chirurgisch-mechan. Heilanst. d. Prof. Dr. Thiem zu Cottbus: Ueber das Vorkommen der alimentären Glycosurie bei Nervenerkrankungen nach Unfällen. *Leipzig 1900: A. Pries.* (23 S.) 8°
Leipzig, Med. Diss. v. ([12.] Aug.) 1900

Lange, Joh. Christian [Präs.] u. Phil. Casp. Neumann (Moxstadt)
Schediasma morale criticum, in quo proponitur specimen exemplare legitimorum conaminum circa artem criticae moralis plenius excolendam. Subjiciuntur observationes ad dirigendam et dijudicandam humanam conscientiam pertinentes.
Giessae 29. Febr. 1704: Joh. Reinh. Vulpius. 48 S. 4°
publicae ... eruditorum ventilationi

Neumann, Q. Die Extraction oder die Gewinnung der Metalle auf nassem Wege. Schemnitz. 1863.

Neumann, R., über den Angriff auf die Düppeler Schanzen in der Zeit vom 15. März bis zum 18. April 1864. Ein Vortrag, gehalten in der militair. Gesellschaft zu Berlin am 14. Novbr. 1864. Berlin 865. Mittler & Sohn. gr. 8. (54 S. mit 1 lith. Plan in Imp.-Fol.) 12 ngr.

Neumann, R. Zur Geschichte des deutschen Bauernkriegs. 26 S.
Progr. Must. *Frankfurt a/M.* 1882.

Neumann, R. (I.), der Kommandant von Spandau, s. Theater, deutsches.

(F) **Neumann**, R., Rechtschreib- und Aufsatzbuch. Zum Gebrauche für Lehrer an Bürgerschulen, Oberklassen der Volksschulen, Fortbildungsschulen u. dgl. Gr.-8°. (VII, 152 S.)
Wien: Karl Graeser & Kie. 1907. K 2. , geb. K 2.50

Neumann, R., Religionsbuch f. evangelische Kinder von 8—12 Jahren. Mittelstufe. Im Anschluß an K. Schneider's erstes Religionsbuch f. evangel. Kinder von 5—8 Jahren verf. gr. 8. (VIII, 144 S.) Berlin 888. J. J. Heine. cart. n. — 80

Neumann, R., Religionsbuch f. evangel. Schulen. Mittelstufe. 3. verm. Aufl. gr. 8. (VIII, 143 S.) Greifswald 901. J. Abel. Geb. n. — 80

Neumann, R., deutscher Schulgesang. Handb. f. Ton-, Stimmbildg. u. Treffübgn., zum Gebrauch f. Lehrer u. Seminaristen. (XI, 183 S.) 8. Essen 909. G. D. Baedeker. 2.40

Neumann, Rafael, a. Mitau (Rußland): Die Transplantation nicht bösartiger Gewebe. Berlin (1905): G. Schade. (29 S.) 8°
Berlin, Med. Fak., Ref. v. Leyden, Diss. v. 17. Juni 1905
[Geb. 31. März 74 Mitau, Rußland; Heimatsort: Mitau; Staatsangeh.: Rußland; Vorbildung: Gymn. Mitau Reife Sommer 95; Studium: Berlin 9 S.; Rig. 22. Juni 03.]

Neumann, Reinhold [aus Kolberg in Pomm.]: Die Politik der Vermittlungspartei im Jahre 1552 bis zum Beginn der Verhandlungen zu Passau ... Greifswald, Druck v. J. Abel, 1896; 2 Bl., 103 S. 8.
Greifswald, Phil. Fak., Inaug.-Diss. v. 14. März 1896

Neumann, Richard

Neumann, *Carl Wilhelm* Richard [aus Strasburg i. d. Uckermark]: Afrika westlich vom Nil nach Herodot ... (Erscheint vollst. bei G. Uhl in Leipzig u. d. T.: Nordafrika ... nach Herodot.) Halle a. S., *Druck v. O. Mutze in Leipzig*, 1892; 35 S. 8.
Halle, Phil. Fak., Inaug.-Diss. v. [24. Aug.] 1892

Neumann, Richard, Referendar bei d. Kgl. Landgericht in Hechingen i. Hohenzollern: Das Anfechtungsrecht und der Schadensersatzanspruch wegen arglistiger Täuschung nach dem Bürgerlichen Gesetzbuche. *Heidelberg 1902: J. Hörning.* (85 S.) 8°
Freiburg i. B., Rechts- u. staatswiss. Diss. v. 1902

Neumann, Richard, a. Heidelberg: **Beiträge zur Kenntnis** der Kreideformation in Mittel-Perú. Stuttgart: E. Schweizerbart 1907. (64 S., 5 Taf.) 8° ¶(Separat-Abdruck aus „Neues Jahrbuch für Mineralogie“ Beil.-Bd 24.)
Freiburg i. B., Phil. Fak., Ref. Steinmann, Diss. v. 1907
[Geb. 20. Jan. 84 Heidelberg; Wohnort: Freiburg i. B.; Staatsangeh.: Baden; Vorbildung: Freiburg i. B. Reife Juli 02; Studium: Freiburg i. B. 2, München 1, Freiburg i. B. 5 S.; Rig. 19. Juli 06.]

Neumann, Richard, aus Wien: Beiträge zur Kenntnis der Phosphor-Arsen-Antimon-Gruppe. *Heidelberg 1900: Moriell.* (55 S.) 8°
Heidelberg, Naturw.-math. Diss. v. 1900

Neumann, Richard [diplomierter Chemiker von Reichenberg (Böhmen)]: Über einige Derivate des Pseudocumols. Zürich 1900. 52 S. 8°.
Zürich. Phil. Diss. II. S. 1900 1901.

Neumann, Richard [Dr.]: Die Entstehung und die gegenwärtige Bedeutung des neugriechischen Volkes. Weissenfels, Buchdr. v. L. Kell, 1894; 1—25 S. 4.
Weissenfels, PG, OP 1894 (250)

Neumann, Richard, prakt. Arzt: Ein Fall von transitorischer Aphasie bei tuberkulöser Meningitis (Aus der psychiatrischen Klinik des Herrn Prof. Dr. Hoche in Freiburg i. Br.) Berlin 1905: E. Ebering. (30 S.) 8°
Freiburg i. B., Med. Fak., Ref. Hoche, Diss. v. 1905
[Geb. 5. Dez. 79 Magdeburg; Wohnort: Freiburg i. B.; Staatsangeh.: Preußen; Vorbildung: Friedrich-Werdersches Gymn. Berlin Reife O. 00; Studium: Berlin 8, Freiburg i. B. 1 S.; Coll. 28. Juli 05.]

Neumann, Rich., Italien. Eine Frühlingsfahrt nach dem Süden. 8. (112 S. m. 8 Bildern.) Leipzig 893. G. Uhl. Geb. in Leinw. n. 2.50

Neumann, Richard: Aus Leben, Sage und Geschichte der Eibe in allgemeinverständlicher Darstellung. Bautzen (1908): Monse. 31 S. 4°
Bautzen, G P 1908 (701) [S 08. 330

Nordafrika (mit Ausschluss des Nilgebietes) nach Herodot von Richard Neumann. Leipzig: G. Uhl 1892. (VIII, 165 S.) 8°
[Ein T. erschien als Inaug.-Diss. Halle 1892.]

Neumann, R[ichard], Prof. Dr.: Alte Steinkreuze in der Gegend der mittleren Saale. Weißenfels 1907: L. Kell. (S. 3—21.) 4° [J.]
Weißenfels, OR OP 1907 (339)

Neumann, Richard, approb. Arzt aus Breslau: Ueber Tuberkulose der Nasenschleimhaut. *Breslau: M. Lemberg Nachf.* 1902. (40 S.) 8°
Leipzig, Med. Diss. v. 1902

(Neumann, R[ichard], Dr.): Verzeichnis der Schüler-Bibliothek der Oberrealschule zu Weissenfels. *Weissenfels 1900: L. Kell.* (39 S.) 8°
Weissenfels, OR (in Umwandl.), OP 1900 (293)

Neumann, Robert

— nach Amerika! Führer für Auswanderer. Berlin 869. Wiegandt u. Grieben. 16. (XI, 158 S.) cart. n. 10 ngr.

Neumann, Rob., über den Backstein. Eine Studie betr. die Behandlung desselben in wirkl. u. in künstl. Bezeichnung. [Aus: „Zeitschr. f. Bauwesen".] gr. 8. (V, 182 S.) Berlin 879. Ernst & Korn. n. 3. —

Neumann, Rob., die Behandlung der Kursrechnung f. Oberklassen der Volks- u. Fortbildungsschulen, sowie f. höhere Lehranstalten, nebst Aufgaben u. Lösgn. gr. 8. (16 S.) Eberswalde 902. Lehrer R. Neumann. — 50

Neumann, Rob., architektonische Betrachtungen e. deutschen Baumeisters, m. bes. Beziehg. auf deutsches Wesen in deutscher Baukunst. gr. 8. (VI, 328 S.) Berlin 896. W. Ernst & Sohn. n. 7. —

Neumann, Rob., s.: Blätter, periodische, f. Realienunterricht u. Lehrmittelwesen.

Neumann, Rob., s.: Blätter, period., f. naturkundl. u. mathemat. Schulunterricht.

Neumann, Rob., Emigranten-Führer. Allentown, Pa. 869. (Philadelphia, Schäfer & Koradi.) 16. (IV, 179 S.) n. 10 ngr.

Neumann, Rob., Gebäude f. d. Post-, Telegraphen- u. Fernsprechdienst, s. a. Handbuch d. Architektur, IV, 2.

Gebäude für den Post-, Telegraphen- und Fernsprechdienst. Von Robert Neumann, Postbaurath in Erfurt. Mit 90 Abb., so wie 5 Taf. *Darmstadt: A. Bergsträsser 1896.* (VI, 142 S.) 4°(8°)
= Handbuch d. Architektur. T. 4. Halbbd. 2. H. 3.

Neumann, Robert: Goethe und Fichte. Berlin: Weidmann 1904. (35 S.) 4°
Berlin, Königst. RG OP 1904 (108)

Neumann, Rob., der Grenadier v. Weißenburg od. Deutschlands Riesenkampf f. Einheit u. Kaiserkrone. Historischer Roman nach waren Begebenheiten aus dem deutsch-franz. Kriege v. 1870—1871. 25 Lfgn. gr. 8. (1. Bd. 300, 2. Bd. 270, 3. Bd. 272 u. 4. Bd. 344 S.) Berlin 871. 72. Sacco Nachf. à — 30

Neumann, Rob., der Grenadier von Weißenburg oder Deutschlands Riesenkampf für Einheit und Kaiserkrone. 4 Bde. gr. 8. Berlin 872. Minden i. W., Brun's Verlag. (ℳ 6.) 3 50

Neumann, Rob., der Hausirhandel in Preußen u. die dafür zu entrichtende Gewerbesteuer. Ein Hülfsbuch u. Rathgeber für den Beamten u. jeden Kauf-, Handels- u. Geschäftsmann des In- u. Auslandes. gr. 8. (XVI u. 160 S.) Erfurt 852, Villaret in Comm. n. 2/3 Thlr.

— der Hausirhandel in Preußen und die dafür zu entrichtende Gewerbesteuer. Ein Hülfsbuch und Rathgeber für den Beamten und jeden Kauf-, Handels- und Geschäftsmann des In- u. Auslandes. 2. verb. Aufl. Erfurt 857. Bornemann in Comm. 8. (XVI, 183 S.) n. 20 ngr.

Neumann, Rob., der Hausirhandel in Preußen und die dafür zu entrichtende Gewerbesteuer. Ein Hülfsbuch und Rathgeber für jeden Kauf-, Handels- und Geschäftsmann des In- u. Auslandes. 3. verm. Aufl. Erfurt 858. Körner's Verlag. gr. 8. (XIV, 179 S.) n. 24 ngr.

Neumann, Rob., die polytechnische Hochschule u. die Bau-Akademie. Ein Wort zur Tagesfrage. gr. 8. (40 S.) Berlin 876. Ernst & Korn. -- 60

Neumann, Rob., Katechismus für den Feld-Pionirdienst. Ein prakt. Hülfs- und Notizbüchlein für die Unteroffiziere der Infanterie. Mit 133 Abbildgn. auf 11 (lith.) Taf. Weimar 856. Jansen u. Co. 8. (VIII, 118 S.) 24 ngr.

— die Klassensteuer und die klassifizirte Einkommensteuer in Preußen. Ein Hülfsbuch und Rathgeber für den Beamten, die Einschätzungs-Behörden u. überhaupt jeden Steuerpflichtigen des In- u. resp. Auslandes. Erfurt 852. (Keyser.) gr. 8. (VIII, 184 S.) n. 20 ngr.

—— die Klassensteuer und die klassifizirte Einkommensteuer in Preußen. Ein Hülfsbuch und Rathgeber für den Beamten, die Einschätzungsbehörden und überhaupt jeden Steuerpflichtigen des In- u. resp. Auslandes. gr. 8. (VIII und 184 S.) Erfurt 853, (Keyser'sche Buchh.) *

—— die Klassensteuer und die klassificirte Einkommensteuer in Preußen. Ein Hülfsbuch und Rathgeber für den Beamten, die Einschätzungs-Behörden und überhaupt jeden Steuerpflichtigen des In- und resp. Auslandes. 2., bedeutend verm. Aufl. gr. 8. (VIII und 324 S. mit 1 Tab. in gr. Fol.) Erfurt 858, Körner's Verlag. Thlr. *

— Köchin u. Gräfin oder: der Fluch eines Testaments. Nach einer wahren Begebenheit erzählt. Berlin 869. Köppen. Lex.-8. (1104 S.) 2 Thlr. 9 ngr.

— — 2. unveränd. Aufl. 1. u. 2. Liefg. Ebend. 869. Lex.-8. (S. 1—96.) Jede Liefg. 3 ngr.

Neumann, Rob., Aus dem Leben Friedrich Wilhelm III. Königs von Preußen. (Wahrheit und Dichtung.) Erfurt 857. Bornemann in Comm. 16. (VII, 123 S. u. lith. Portr.) n. 10 ngr.

—— s. Manger, J., Hülfsbuch zur Anfertigung von Bau-Anschlägen.

— Muster e. Staatsschuldscheines. Muster e. Actie (f. Schulzwecke). (2 lith. S.) gr. Fol. Nebst: Auszug aus dem Kurszettel der Berliner Börse vom 17. III. 1902. Fol. Ebd. (902). n.n. — 25

— Napoleon I. u. sein Stiefelputzer. Aus den bisher noch unbekannten histor. Quellen geschöpft u. bearb. Erfurt 868. Röhl. 8. (114 S.) 10 ngr.

— Naturgeschichte f. Bürgerschulen, s. a. Pokorny.

Neumann, Rob., Naturgeschichte f. Bürgerschulen. In Lebensbildern bearb. Mit 307 Abbildgn., 6 Farbentaf. v. W. Kuhnert u. 1 Karte. (316 S.) gr. 8. Wien 906. F. Tempsky. Geb. 3. 50

Neumann Robert, Naturgeschichte für Bürgerschulen. In Lebensbildern. Ausgabe in zwei Teilen. Wien 1907. F. Tempsky. I. Teil. (Für die I. Bürgerschulklasse.) Mit 82 Abbildungen und 5 Farbentafeln von W. Kuhnert. Geb. K 1.65. II. Teil. (Für die II. und III. Bürgerschulklasse.) Mit 228 Abbildungen. 11 farbigen und 1 schwarzen Tafel. Geb. K 3. .

Neumann Robert, Naturgeschichte für Bürgerschulen. In Lebensbildern bearbeitet. Ausgabe in zwei Teilen. I. Teil. (Für die I. Bürgerschulklasse.) Mit 82 Abbildungen und 6 Farbentafeln von W. Kuhnert. 2., nach dem Lehrplane vom 15. Juli 1907, Z. 2368, revidierte Auflage. Wien 1908. F. Tempsky. Geb. K 1.65.

Neumann Robert, Naturgeschichte für Bürgerschulen. In Lebensbildern bearbeitet. Ausgabe in zwei Teilen. II. Teil. (Für die II. und III. Bürgerschulklasse.) Mit 228 Abbildungen, 12 Farbentafeln und 2 Karten. 2., nach dem Lehrplane vom 15. Juli 1907, Z. 2368, durchgesehene Auflage. Wien 1908. Verlag von F. Tempsky.

Neumann Robert, Naturgeschichte für Bürgerschulen. In Lebensbildern bearbeitet. Mit 305 Abbildungen, 12 Farbentafeln von W. Kuhnert und einer Karte. 2., nach dem Lehrplane vom 15. Juli 1907, Z. 2368, durchgesehene und ergänzte Auflage. Wien 1909. Verlag von F. Tempsky. Geb. K 3.50.

– Naturgeschichte für Volksschulen, s. Pokorny

— Naturlehre f. Volksschulen, s.: Schindler, F.

— Physik u. Chemie f. Bürgerschulen, s.: Schindler, F.

— die Rache des Scheintodten, oder: ein Fürstensohn als Leichenhändler. Ein wahrheitsgetreuer Roman mit sorgfält. Benutzung russischer Sitten. (In 20 Liefgn.) 1—16. Liefg. Berlin 870. Köppen. gr. 8. (S. 1—768.) Jede Liefg. 3 ngr.

— die Rache d. Scheintodten od.: Ein Fürstensohn als Leichenhändler. Ein wahrheitsgetreuer Roman m. sorgfält. Benutzg. russ. Sitten. 15—18. Lfg. gr. 8. (S. 673—864) Berlin 870. Koeppen. à — 30

— Rechtschreib- u. Aufsatzbuch zum Gebrauche f. Lehrer an Bürgerschulen, Oberklassen der Volksschulen, Fortbildungsschulen u. dgl. (Auch zur Selbstübg f. Erwachsene vorzüglich geeignet.) Übungsbuch zu den „Regeln f. die deutsche Rechtschreibg. nebst Wörterverzeichnis“ aus dem k. k. Schulbücherverlage. (VII, 152 S.) 8. Wien 907. K. Graeser & Co. 2.—; geb. 2.50

Neumann, Robert: Der evangelische Religionsunterricht im Zeitalter der Reformation. *Berlin: R. Gaertner 1899.* (26 S.) 4°
Berlin, Siebente R (HB), OP 1899 (124)

— der evangel. Religionsunterricht im Zeitalter der Reformation. Progr. 4. (26 S.) Berlin 899. [R. Gaertner.] Weidmann. n. 1.—

Neumann, Rosalia, die wirthschaftliche und geschickte österreichische Hausfrau oder die Kunst in kurzer Zeit wohlhabend zu werden. Gründliche Darstellung einer zweckmäß. allgem. Hausordnung in Bezug auf Rechnungsführung, Sorge für das Hauspersonal und dessen Gesundheit; Anleitung zur Speisewirthschaft u. s. w. (Der wiener Köchin 2. Thl.) 2. Aufl. 8. (XVI und 343 S.) Wien 859, Dirnböck.

Neumann, Rosalia, die wirthschaftliche und geschickte österreichische Hausfrau, oder die Kunst, in kurzer Zeit wohlhabend zu werden. Gründliche Darstellung einer zweckmäßig allgemeinen Hausordnung in Bezug auf Rechnungsführung, Sorge für das Hauspersonal und dessen Gesundheit. Anleitung zur Speisenwirthschaft 2c. 3. Aufl. 1864. und 4. Aufl. 8. (XVI und 343 S.) Wien 866, Dirnböck's Buchh. * 16 Ngr.; geb. *

Neumann, Rosalia, die volkswirthschaftliche und geschickte Wiener Köchin. Ein durch vieljähr. persöhnl. Ausübg. u. Erfahrg. erprobtes Kochbuch f. bürgerl. Haushaltgn. Enth. die gründl. Anleitg., sowohl vornehme Tafeln delikat, zierlich u. elegant zu bereiten, als auch die österreich. Hausmannskost f. mittlere Haushaltgn. in theuren Zeiten billig u. schmackhaft herzustellen. Ein unentbehrl. Handbuch f. Frauen, Mädchen u. angeh. Köchinnen. 5. gänzlich umgearb. u. sehr verm. Aufl. gr. 8. (XXXII, 256 S.) Wien 873. Dirnböck. n. 2. —

—— die wirthschaftliche und geschickte wiener Köchin. Ein durch vieljähr. persönl. Ausübung und prakt. Erfahrung erprobtes Kochbuch. Enthält die gründl. Anleitung sowohl vornehme Tafeln delikat, zierlich und elegant zu bereiten, als auch die österreich. und böhm. Hausmannskost wie sie fein soll für mittlere Haushaltungen in theueren Zeiten billig und schmackhaft herzustellen. Mit mehr als 700 Kochregeln 2c. Ein unentbehrl. Handbuch für junge Frauen und Mädchen, und jede angehende Köchin. 4., verb. und mit vielen neuen Speise-Recepten verm. Aufl. 8. (409 S. mit 1 ill. Stnt.) Wien 858, Dirnböck. 18 Ngr; cart.

— — 2. Thl. u. d. T.: Die wirthschaftliche und geschickte österreichische Hausfrau oder die Kunst in kurzer Zeit wohlhabend zu werden. Gründliche Darstellung einer zweckmäßigen allgemeinen Hausordnung in Bezug auf Rechnungsführung, Sorge für das Hauspersonal und dessen Gesundheit; Anleitung zur Speisewirthschaft 2c. 2. Aufl. Ebend. 859. 8. (XVI, 343 S.) 15 ngr.

Neumann, Rosalia, die wirthschaftliche und geschickte Wiener Köchin. Ein durch vieljährige persönl. Ausübung und prakt. Erfahrung erprobtes Kochbuch. Enth. die gründl. Anleitung, sowohl vornehme Tafeln delikat, zierlich und elegant zu bereiten, als auch die österreich. und böhm. Hausmannskost, wie sie fein soll für mittlere Haushaltungen in theuren Zeiten billig und schmackhaft herzustellen. 4. Aufl. 1864. und 5., verb. und mit vielen neuen Speisen-Recepten verm. Aufl. 8. (412 S.) Wien 866, Dirnböck's Buchh. * 16 Ngr.; geb. *

— Rosalia, Die wirthschaftl. und geschickte Wiener Köchin. Ein durch vieljährige persönl. Ausübung u Erfahrung erprobtes Kochbuch f. bürgerl. Haushaltungen. 7. Aufl. 8. (XXXII und 256 S.) Wien. Jacob Dirnböck's Buchh. (G. Draudt) 1 fl. 1884.

Neumann, Rud., Dictierbuch f. die Bürgerschule u. die Oberclassen der Volksschule, wie auch f. Fortbildungsschulen. Zusammenhängende Dictatstoffe f. den Unterricht im Rechtschreiben. (In 3 Thln.) gr. 8. (VI, 61 S.) Wien 900. A. Pichler's Wwe & Sohn. n. — 80

Neumann, Rudolf [aus Seifhennersdorf '(Kgr. Sachsen)']: Ueber die Entwickelungsgeschichte der Aecidien und Spermogonien der Uredineen ... (Aus: Hedwigia, Bd XXXIII. 1894.) Dresden, Druck v. C. Heinrich, 1894; 20 S., 1 Bl., 4 Taf. 8.
Erlangen, Phil. Fak., Inaug.-Diss. v. 1894

Neumann, Rud. Hugo I., der Heilige, Abt von Cluny. Erster Teil. 48 S. Progr. Must. *Frankfurt a/M.* 1879

Neumann, Rudolfus *(geb. Gollin bei Deutsch-Krone 28. 8. 1845)*: De Sancto Hugone abbate VI Cluniacensi. P. 1. Vratislaviae (1870). (34 S.) 8° *[Im Buchhandel 1870 bei Maruschke & Berendt in Breslau; umgearb. u. erweit. unt. d. T.: „Hugo I., der Heilige. Abt von Cluny. Th. 1." als Progr. d. Musterschule in Frankfurt a. M. v. 1879.]*
Breslau, Phil. Diss. v. 11. Apr. 1870

Neumann, Rud., de Sancto Hugone abbate vi Cluniacensi. Dissertatio. gr. 8. (35 S.) Breslau 870. (Maruschke & Berendt.) n. — 80

Neumann, Rud., Lehrbuch der Naturgeschichte, nach dem gegenwärtigen Standpunkte der Wissenschaft f. die oberen Classen der Real- u. höheren Bürgerschulen so wie zum Selbststudium bearb. gr. 8. (VIII u. 400 S.) Königsberg 852, Bon's Verlag. n. 27 ngr

Neumann, Rudolf, prakt. Arzt: Aus der Königl. Chirurgischen Universitätsklinik zu Königsberg. Ueber ausgedehnte Mesenterialabreißungen bei Kontusion des Abdomens. Tübingen 1904: H. Laupp jr. (19 S.) 8° ¶(Aus: Beiträge z. klin. Chirurgie. Bd 43, H. 3.)
Königsberg, Med. Fak., Ref. Garrè, Diss. v. 22. Juli 1904
[Geb. 31. Juli 78 Bromberg; Wohnort: Königsberg i. Pr.; Staatsangeh.: Preußen; Vorbildung: Gymn. Insterburg Reife M. 99; Studium: Königsberg 9 S.; Coll. 21. Juli 04; Approb. 10. Juli 04.]

Neumann, Rudolf, stud. phil.: Über racemische und partiell-racemische Verbindungen in Lösungen. Über das Verhalten von ortho- und para-Nitrochinaldin gegen einige Aldehyde. Breslau 1905: H. Fleischmann. (59 S.) 8°
Breslau, Phil. Fak., Ref. Gadamer, Diss. v. 6. Juni 1905
[Geb. 23. Aug. 79 Brandenburg a./Havel; Heimatsort: Brandenburg; Staatsangeh.: Preußen; Vorbildung: Realgymn. Brandenburg Reife O. 99; Studium: Berlin 1, Straßburg 1, Breslau 9 S.; Rig. 24. Mai 05.]

Neumann, (Rud. Otto). Atlas u. Grundriss der Bakteriologie u. Lehrbuch d. speziellen bakteriolog. Diagnostik, s.: Lehmann's, J. F., mediz. Handatlanten. (Lehmann, K. B.)

Neumann, R[udolf] O[tto], Dr. med. et phil., approb. Arzt u. approb. Apotheker, 1. Assist. am hygien. Inst. Kiel: Experimentelle Beiträge zur Lehre von dem täglichen Nahrungsbedarf des Menschen unter besonderer Berücksichtigung der notwendigen Eiweissmenge. (Selbstversuche.) *München [1902]: R. Oldenbourg.* (89 S.) 8°
Kiel, Med. Hab.-Schr. v. [6. Aug.] 1902
(Nicht für den Austausch)

— die Bewertung des Kakaos als Nahrungs- u. Genussmittel. Experimentelle Versuche am Menschen. (IV, 124 S. m. 3 [1 farb.] Taf.) gr. 8. München 906. R. Oldenbourg. n. 4. 50
Sonderabdruck aus: „Archiv f. Hygiene".

— Studien üb. das gelbe Fieber in Brasilien, s.: Otto, M.

Neumann, S., s.a. Neumann, S. A.

Neumann, S., zur Berliner Armenkrankenpflege. Zweiter Beitrag zur Frage vom Arzneiverbrauch. (Abdr. aus d. Monatsblatt für medicin. Statistik etc.) Berlin 856. G. Reimer. gr. 8. (28 S.) 5 ngr

Neumann, S., die Fabel von der jüdischen Masseneinwanderung. Ein Kapitel aus der preußischen Statistik. 1. u. 2. Aufl. gr. 8. (43 S.) Berlin 880. Simion. n. — 80

— dasselbe. 3. Aufl. Mit einer Nachschrift, enth. I. Antwort an Hrn. Adf. Wagner. II. Hr. Heinr. v. Treitschke u. seine jüdische Masseneinwanderung. III. Die Antwort des königl. preuß. statist. Büreaus. gr. 8. (66 S.) Ebend. 881. n. 1. 20; Nachschrift ap. (22 S.) n. — 40

Neumann, S., Cours-Tabellen, s.: Neumann, Alfred

Neumann, S., Cours-Tabellen der Berliner Fonds-Börse. Jahrg. 1889. qu. hoch 4. (66 S.) Rostock 890. (Wessel.) n. 3. —

Neumann, S., die Resultate der Berliner Volks-Zählung vom 3. Decbr. 1864, s. Volks-Zählung, die Berliner.

Neumann, S., zur Statistik der Juden in Preussen von 1816 bis 1880. 2. Beitrag aus den amtl. Veröffentlichgn. gr. 8. (50 S.) Berlin 884. Gerschel (?). n. 1. 20
Den 1. Beitrag s.: Neumann, S., die Fabel v. der jüdischen Masseneinwanderung. 3. Aufl. n. 1. 20

— zur medicinischen Statistik des preuss. Staates. Aus dem Archiv für patholog. Anatomie und Physiologie etc. gr. 8. (VI und 129 S.) Berlin 849, G. Reimer.

— das Sterblichkeits-Verhältniß in der Berliner Arbeiter-Bevölkerung, nach den in den Genossenschaften des Gewerbs-Krankenvereins 1861—1863 vorgekommenen Todesfällen. (Aus: Der Arbeiterfreund.) Berlin 866. (Eichhoff.) gr. 8. (III, 60 S.) n. 8 ngr

Neumann, S., aphoristische Streifzüge in verschiedene Rechtsgebiete. gr. 8. (36 S.) Berlin 892. C. Heymanns Verl. n. — 80

— die Berliner Syphilisfrage. Ein Beitrag zur öffentlichen Gesundheitspflege Berlins hrsg. in Vertretung des ärztl. Comités des Berliner Gesundheitspflege-Vereins. Mit 3 statist. Tabellen. gr. 8. (IV u. 74 S.) Berlin 852, G. Reimer. ⅓ ßf

— die Berliner Volkszählung vom 3. Decbr. 1864, s. Volkszählung.

Neumann, S. A.

Neumann, S., Geschichte der Ungarn, ungarisch u. deutsch, in Fragen u. Antworten, kurz u. der Fassungskraft der Schüler in den Elementarschulen angemessen. 2., verm. u. verb. Ausg. gr. 8. (6½ B.) Ofen 845. Pesth, Geibel. Thlr. *

Neumann, S. (I.), Geschichte der Ungarn, ungarisch und deutsch in Fragen und Antworten, kurz und der Fassungskraft der Schüler in den Elementarschulen angemessen, und nach mehren größeren Werken verfaßt. 3., verm. und verb. Ausg. gr. 8. (111 S.) Pesth 851, Geibel.

Neumann, S. A., Geschichte der Ungarn ungarisch und deutsch in Fragen u. Antworten, kurz u. der Fassungskraft der Schüler in den Elementarschulen angemessen, und nach mehren größeren Werken verfaßt. 4. verm. rc. Aufl. A. u. d. T.: A magyarok története, magyar és német nyelven etc. Pesth 855. Geibel. gr. 8. (95 S.) 6 ngr

Neumann, S. A., Geschichte der Ungarn, ungarisch und deutsch in Fragen und Antworten, kurz und der Fassungskraft der Schüler in den Elementarschulen angemessen, nach mehren größern Werken verfaßt. A. u. d. T.: A magyarok története magyar és német nyelven kérdések-és feleletekben. 5. verm. u. verb. Aufl. 859. — 6. Aufl. Pest 862. Geibel. 8. (91 S.) n. 8 ngr

— neuester Gratulant und Gelegenheitsdichter für die Jugend und für Erwachsene in ungarischer und deutscher Sprache. Eine Sammlung von Wünschen zum neuen Jahre, zu Geburts- und Namenfesten, an Eltern, Großeltern rc. in Prosa und Poesie rc. 3. verm. Aufl. Pest 860. Lauffer. 16. (112 S.) 8 ngr

Neumann, S. A., neuester Gratulant u. Gelegenheitsdichter f. die Jugend u. Erwachsene in ungarischer u. deutscher Sprache. Eine Sammlg. v. Wünschen zum neuen Jahre, zu Geburts- u. Namensfesten, an Eltern, Großeltern, Vormünder rc. in Prosa u. Poesie, in Briefform u. zum mündl. Vortrage. 4. verm. Aufl. 16. (96 S.) Budapest 871. Lauffer. n. — 80

— neuer praktischer Lehrmeister der ungarischen und deutschen Sprache, sowohl für Kinder und Schulen, als auch für Erwachsene zum Selbstunterrichte. Eine Sammlung von ungar. und deutschen Beispielen, Gesprächen rc., um beide Sprachen in kurzer Zeit ohne Grammatik oder Lehrer rc. erlernen zu können. 8. (192 S.) Pesth 851, Geibel. *

Neumann S. Neuer, praktischer Lehrmeister der Ungarischen und Deutschen Sprache, sowohl für Kinder und Schulen, als auch für Erwachsene zum Selbstunterrichte. 8. Pesth, H. Geibel 1853. 30 kr.

Neumann S. A. — Neuer praktischer Lehrmeister der ungarischen und deutschen Sprache, sowohl für Kinder und Schulen, als auch für Erwachsene zum Selbstunterrichte. Eine Sammlung von ungarischen und deutschen Beispielen, Gesprächen, Redensarten und Sprichwörtern, um beide Sprachen in kurzer Zeit ohne Grammatik oder Lehrer, nach einem, aus vieljährigen Erfahrungen geschöpften, ganz neuen, systematisch geordneten Stufengange, erlernen zu können. — Von — — Zweite, vermehrte und verbesserte Ausgabe. Pesth, 1856. Druck von Beimel und Basil. Kozma. Verlag von Hermann Geibel. (212 S. 8.)

— neuer praktischer **Lehrmeister** der ungarischen und deutschen Sprache, sowohl für Kinder und Schulen, als auch für Erwachsene zum Selbstunterrichte. Eine Sammlung von ungarischen und deutschen Beispielen, Gesprächen, Redensarten und Sprichwörtern rc. 2., verm. u. verb. Ausg. Pest 856. Geibel. 16. (212 S.) n. 10 *ngr.*

— neuer praktischer **Lehrmeister** der ungarischen Sprache, sowohl für Kinder und Schulen, als auch für Erwachsene zum Selbstunterrichte. Eine Sammlung von ungarischen und deutschen Beispielen, Gesprächen, Redensarten und Sprichwörtern, um die ungarische Sprache in kurzer Zeit ohne Grammatik oder Lehrer nach einem aus vieljährigen Erfahrungen geschöpften, ganz neuen, systematisch geordneten Stufengange erlernen zu können. 3., verm. u. verb. Aufl. Pest 862. Geibel. 8. (IV, 204 S.) n. 10 *ngr.*

— neuer praktischer **Lehrmeister** der ungarischen Sprache, sowohl f. Kinder u. Schulen, als auch f. Erwachsene zum Selbstunterrichte. Eine Sammlg. v. ungar. u. deutschen Beispielen, Gesprächen, Redensarten u. Sprichwörtern, um die ungar. Sprache in kurzer Zeit ohne Grammatik od. Lehrer nach e. aus vieljähr. Erfahrg. geschöpften, ganz neuen systematisch geordn. Stufengange erlernen zu können. 4. verm. u. verb. Aufl. 1. u. 2. Cursus. br. 8. (176 S.) Ebend. 872. à n. — 50

Neumann, S. A., der Sprachschüler. Deutsche Sprachlehre nebst einem Aufgabenschatze u. Mustertabellen zum Analysiren. Ein Hilfsbuch für Lehrer u. Schüler in den Volks-, Haupt- u. Stadtschulen. Pest 866. Lampel. br. 8. (126 S.) n. 8 *ngr.*

— der schnelle **Ungar**, oder: zwei Lehrcurse für den ersten Unterricht im Ungarisch- und Deutschlesen und dem Nothwendigsten und Wissenswerthesten aus der ungarischen und deutschen Sprachlehre. Als Lese- u. Sprachbuch herausg. 7. verm. u. verb. Aufl. Pesth 854. Heckenast. 8. (96 S.) n. 6½ *ngr.*

Neumann, der schnelle Ungar, oder zwei Lehrcurse für den ersten Unterricht im Ungarisch- u. Deutschlesen. 9. Aufl. Pest 863. Heckenast's Verlag. 8. (96 S.) n. 4 *ngr.*

Neumann, S., erster Unterricht in der Erdbeschreibung, mit besonderer Rücksicht auf d. Königr. Ungarn, ungarisch u. deutsch in Fragen u. Antworten, kurz u. der Fassungskraft der Schüler in den Elementarschulen angemessen. gr. 8. (9¼ B.) Ofen 845. Pesth, Geibel. * —

—— erster **Unterricht** in der Erdbeschreibung, mit besond. Rücksicht auf das Königr. Ungarn, in Fragen und Antworten, kurz und der Fassungskraft der Schüler in Elementarschulen angemessen. 2., verm. Aufl. gr. 8. (80 S.) Pest 864, Geibel. geb. *
In ungarischer und deutscher Sprache. (159 S.) geb. *

Neumann, S. A., Erster Unterricht in der Erdbeschreibung, mit besonderer Rücksicht auf das Königreich Ungarn. Ungarisch und deutsch. In Fragen u. Antworten. 2. verm. Aufl. gr. 8. (159 S.) Pest, Grill. geb. 72 kr.
'73–4.

Neumann, Salo, Gerichtsref. aus Breslau: Die Unbrauchbarmachung im § 41 des Reichsstrafgesetzbuchs. *Breslau 1899: A. Stenzel.* (63 S.) 8°
Erlangen, Jur. Diss. v. 5. Febr. 1898

Neumann, Salomon: Intussusceptionis intestinorum quatuor exempla. Halae 1842. Ploetz. 36 S. 8°
Halle-Wittenberg, Med. Diss. v. 13. Sept. 1842
Geb. Pyritz (Pommern) [22. 10.] 1819. V.
Verf. erlebte die Diplomerneuerung 1892 als Sanitätsrat in Berlin sowie 1902 das diamantene Dr.-Jubiläum.

Neumann, S(alomon): Die öffentliche Gesundheitspflege und das Eigenthum. Kritisches und Positives mit Bezug auf die preußische Medizinalverfassungs-Frage. 112 S., gbd.
Berlin: Rieß 1847
JB 5.491

Neumann, Salomon, das Schächtfach, s.: **Benjamin**, M.

Neumann, Sam., († ...) Betrachtt. üb. die Ursachen, warum Gott d. Tod üb. die Menschen verhängt. 8. Prenzlau 752. Ragóczy. 14 ℊ.

Neumann, Sigismund: (Aus der III. medicinischen Universitäts-Klinik zu Berlin. Direktor: Herr Geh. Med.-Rath Prof. Dr. Senator.) Über einen Fall von Stenose der Valvula ileocoecalis infolge von chronischer Perityphlitis. *Konitz Wpr. 1897: W. Dupont.* (25 S.) 8°
Leipzig, Med. Diss. v. 4. Dez. 1897

Neumann, Sigm. Herbstblätter. Gedichte. 12. (88 S.) Wien 889, Rosner. * 2 —

Fürst Bülow und seine Zeit. Von Germanikus [d. i. Dr. Stephan **Neumann**, Redakteur d. Tägl. Rundschau]. Mit 1 Bildnis. Berlin: Spree-Verl. 1906. X, 243 S. 8° [10. 478]

Fürst Bülow und seine Zeit. Ein Nachruf und ein Mahnwort von Germanikus [d. i. Dr. Stephan **Neumann**, Redakteur d. Tägl. Rundschau]. Mit 1 Bildn. 2., völlig neu bearb. u. erg. Aufl. Berlin: Spree-Verl. 1909. VIII, 244 S. 8° [10. 3.20 2]

Neumann, Stephanus: *De degeneratione superficierum centrorum curvationis in curvas, praemissis nonnullis notis de iis superficiebus, quae satisfaciunt uni ex tribus conditionibus punctorum umbilicorum.
Halle-Wittenberg, Phil. Diss. v. 21. Aug. 1862
Geb. [Kulm a. d. Weichsel 24. 1. 1841]
Ms. fehlt.

Neumann, Steph. Ergebnisse d. physikalischen Unterrichts. Ein Hilfsbuch, f. höhere Mädchenschulen u. Lehrerinnen-Seminare zusammengestellt. 8. (IV, 81 S.) Lpz. 890, Teubner. geb. * 1 20

Neumann, Th., das Görlitzer Stadttheater. Seine Entstehung, seine Organisation u. die Ergebnisse seiner jetzigen Verwaltung. Ein Beitrag zur Geschichte der deutschen Mittelbühnen. Unter Benutzung der Theaterakten. Görlitz 854. Heyn. gr. 8. (II, 35 S.) 6 *ngr.*

Neumann, Thdr., das moderne Ägypten. Mit besond. Rücksicht auf Handel u. Volkswirtschaft. gr. 8. (XIII, 352 S.) Leipzig 893. Duncker & Humblot. n. 8. —

Neumann, Theodor: Bericht über die Feier des 50jährigen Jubiläums des Kolberger Dom-Gymnasiums und des damit verbundenen Realgymnasiums. (Dat. Kolberg 1909.) S. 1—21. 4°
Kolberg, k. Dom-G u. k. RG P 1909 (198) [S 09. 341

Neumann, Thdr., ein Formelbuch Kaiser Karls IV. Beschreibung der Görlitzer Handschrift u. Mittheilung der wichtigsten ungedr. Briefe. (Abdr. aus d. Lausitz. Magazin 1846.) 8. Görlitz 846. (Berlin, v. Schröter.) n. ⅙ ℛ

Neumann, Theodor Quid ex Euripidis Cyclope et ad elocutionem et ad rem metricam dramatis satyrici accuratius definiendam redundet pluribus explicatur. 4 (17 S.).
Progr. Domg. u. Rg. *Colberg* 1887 (120).

Neumann, Theodor (Hrsg.), s. Scriptores rerum lusaticarum. Bd. 3.

Neumann, (Car.) Theod. (geb. Görlitz 7. 5. 1823): De vita Caroli IV. Imperatoris ab ipso Carolo conscripta. Gorlitii (1847). (38 S.) 8°
Berlin, Phil. Diss. v. [20.] Apr. 1847

—— magdeburger Weisthümer, s.a. Weisthümer.

Neumann, Thdr, Magdeburger Weisthümer aus den Originalen des Görlitzer Rathsarchivs herausg. Görlitz 1852. 8. . . . . (D.)

Antwortschreiben, unterthänig-gehorsamstes, von Magister *Theophilus Neumann*, auf das hochgnädige Sendschreiben des *Magnus* Frhrn. *v. Herkomman* (sic), über die Aufrechthaltung der dermaligen *ständischen Privilegien in Baiern.* Nebst 2 Preisfragen über die *alte Gerichtsbarkeit in Baiern.* (Lat. Motto.) Frohnhausen 1801. Gr. 8°. Unbeschn. in Ppb., schönes Expl.
342 S., 1 Bl. Err. Culturgeschichtl. interessant!

Neumann, V., die deutschen Reichsgesetze, welche neben dem Strafgesetzbuch strafrechtliche Bestimmungen enthalten. Für den praktischen Gebrauch unter Berücksichtigung der Entscheidungen höchster Gerichtshöfe, der Materialien zu den Gesetzen, der Ausführungsverordnungen u. größerer Specialkommentare bearb. gr. 8. (VIII, 454 S.) Berlin 878. C. Heymann's Verl. n. 8. —

Neumann, V., die deutschen Zoll-, Steuer- und Stempel-Gesetze. Zusammenstellung sämmtl. Reichsgesetze über Zölle, Verbrauchssteuern und Stempelabgaben nebst Tarifen mit Erläuterungen aus den Materialien und Ausführungsvorschriften des Bundesrathes, sowie der Rechtsprechung des Reichsgerichts und früherer höchster Instanzen. gr. 8. (VI, 216 S.) Berlin 881, C. Heymann's Verlag. *

Neumann, Vict., der Dreibund auf der Alm, s.: Theater-Bibliothek, alpine.

Neumann, Vict. v., die Versicherungstechnik in Bruderladengesetz u. Musterstatut. Eine versicherungstechn. Studie v. e. Nichtversicherungstechniker. gr. 8. (III, 50 S.) Wien 894. M. Perles. n. 1. 20

Neumann, W., s.a. Neumann, William

Neumann, W., über die Betonung der Fremdwörter im Deutschen. 4. (13 S.) Berlin 881. (Kiel, Lipsius & Tischer.) n. — 80

Neumann, W., Gesetz- u. Verwaltungskunde f. preußische Landwirte u. landwirtschaftliche Schulen, s.: Löhnis, F.

Neumann, W., deutsche, italienische u. französ. Gespräche. — Dialoghi tedeschi, italiani e francesi. — Dialogues allemands, italiens et français. Nach d. 7. Aufl. der engl.-franz. Gespräche von Rouillon. 16. (17¼ B.) Leipzig 843, Vogel.

Neumann, W., Indiskretionen üb. Leipzig u. d. Leipziger. Kritisch-pikante Plaudereien. gr. 8. (56 S.) Dresden 896 Dresdener Verlagsanstalt. n. 1. —

— das mittelalterliche Riga. Ein Beitrag zur Geschichte der norddeutschen Baukunst. Hrsg. v. der Gesellschaft f. Geschichte u. Alterthumskunde der Ostseeprovinzen Russlands. Mit e. (farb.) Titelbilde, 26 Taf. u. zahlreichen in den Text gedr. Abbildgn. Fol. (VI, 58 S.) Berlin 892. J. Springer. Kart. n. 20. —

Neumann, W., s.: Sammlung der im Dresdner Journal usw. erschienenen amtlichen Veröffentlichungen.

Neumann, W., das Schulexamen über die Realien. Ein Lehr- u. Volksbuch in katechet. Form. 1s Heft mit 1 Kupfert. 8. (9 Gr.) 2s Heft (16 Gr.) 8. Berlin, Amelang. 816. u. 17.

Neumann, W., Werke mittelalterlicher Holzplastik u. Malerei in Livland u. Estland. Hrsg. v. der Gesellschaft f. Geschichte u. Altertumskunde der Ostseeprovinzen Russlands. 23 Taf. in Lichtdr. v. Johs. Nöhring. Mit erläut. Text v. W. N. Fol. (VII, 14 S.) Lübeck 892. (B. Nöhring.) n. 36. —

Neumann, W. A. (Hrsg.), s. Dombauvereins-Blatt, Wiener.

Neumann, W. A., s. Frauenschule.

Neumann, W. A., Wereschagin's Palästina-Bilder und sein Katalog. 8. (13 S.) Wien 885, Mayer und Comp. * — 20
Aus: Vaterland, besonders abgedruckt.

NEUMANN, W. A. 91 (436)
Kurzgefasster Reise-Bericht über einige Orte Istriens und Dalmatiens (1897; von Prof. Dr. W. A. Neumann. Wien. 1900. [In Comm. Braumüller.] 8°. 53 S. K—.80

Neumann, W. A., kurzgefasster Reise-Bericht üb. einige Orte Istriens u. Dalmatiens (1897). (53 S.) 8. Wien 900. (A. Schroll & Co.) n.n. — 80
Sonderabdruck aus: „Mittheilgn. d. k. k. Central-Comm. f. Erforschg. u. Erhaltg. d. Kunst- u. histor. Denkmale".

Neumann, W. A., der Reliquienschatz des Hauses Braunschweig-Lüneburg, beschrieben. Mit 144 Holzschnitten v. F. W. Bader. gr. 4. (X, 368 S.) Wien 891. Hölder. cart. n. 90. —

Neumann, W. A., über das Volk der Drusen u. den Emîr Fachreddîn. 2 Vorträge, geh. im Oriental. Museum im Winter 1877/78. gr. 8. (47 S.) Wien 878. Hölder. n. 1. —

Neumann, W. A. Eduard von. Erinnerungen an Kremsier. Kremsier 1849. 35 S. 3.

— W. F., De Platonico quem vocant Parmenide. Diss. 1868. 66 S.

Neumann, W. W., zwölf Bärenjagden. Winter 1906/07. (42 S.) kl. 8. Wologda (907). (Jurjew, C. Glück.) 1. —

Neumann, Walther, appr. Arzt a. Heidelberg: Zur operativen Behandlung der Spondylitis tuberculosa. Tübingen 1909: Laupp. 17 S. 8° (Aus: Beiträge z. klin. Chirurgie. Bd 65.)
Heidelberg, Med. Diss. v. 19. Dez. 1909, Ref. Narath
[Geb. 14. Mai 84 Freiburg i. B.; Wohnort: Freiburg; Staatsangeh.: Baden; Vorbildung: Gymn. Heidelberg Reife M. 02; Studium: Heidelberg 5, München 1, Heidelberg 5 S.; Coll. 15. Juni 09; Approb. 19. Juli 09.] [U 10. 2081

Neumann, Walther, Assistenzarzt an der Dermatologischen Abteilung des Allerheiligenhospitals zu Breslau: Aus der Poliklinik für Haut- und Geschlechtskrankheiten zu Rostock. (Direktor: Prof. Dr. Wolters.) Die Behandlung der Stomatitis mercurialis mit Wasserstoffsuperoxyd. Rostock 1907: Adlers Erben. (46 S.) 8°
Rostock, Med. Fak., Ref. Wolters, Diss. v. 15. Aug. 1907
[Geb. 15. Apr. 74 Waldenburg i. Schl.; Wohnort: Breslau; Staatsangeh.: Preußen; Vorbildung: Gymn. Waldenburg Reife O. 95; Studium: Rostock 11 S.; Coll. 14. Febr. 07; Approb. 17. Jan. 07.]

Neumann, Walther [Assistenzarzt d. chir. Univ.-Klinik zu Rostock]: Die Entfernung elastischer Katheter oder Bougies, bezw. ihrer Fragmente aus der Harnblase des Mannes ... Rostock, C. Boldt'sche Hof-Buchdr., 1891; 24 S. 8.
Rostock, Med. Fak., Inaug.-Diss. v. [1. Aug.] 1891

*) Das angegebene Datum der Dissertationen ist den Fakultätsakten entnommen.

[F. u. Ant.] **Neumann,** Walther [Prof.]: Die Entwickelung des Philoktet-Mythos m. bes. Berücks. seiner Behandlg durch Sophokles. Coburg, Druck d. Dietz'schen Hofbuchdr., *1893;* 1—44 S. 4.
Coburg, G Casimirianum, OP 1893 (668)

Neumann, Walth., die Gedanken des 1. Johannisbriefes, dem einfachen Bibelleser in Bibelstunden dargelegt. (60 S.) 8. Köln (909). C. Roemke & Co. 1. —

Geschichte der evangelischen Gemeinde Troisdorf von Walther **Neumann,** Pfarrer. Bonn: Georgi 1910. 23 S. 8°
Aus: Verhandl. d. 16. Versamml. d. Kreissynode Bonn 1910. Anh. [10. 1412]

Neumann, Walter, a. Ohlau: Die letzte journée des Mystère de la Passion von Arnoul Greban in der Handschrift von Troyes in ihrem Verhältnis zur übrigen Überlieferung. Greifswald 1905: J. Abel. (54 S.) 8°
Greifswald, Phil. Fak., Ref. Stengel, Diss. v. 3. März 1905
[Geb. 18. Okt. 80 Ohlau; Wohnort: Greifswald; Staatsangeh.: Preußen; Vorbildung: Gymn. Ohlau Reife O. 01; Studium: Breslau 4, Greifswald 4 S.; Rig. 12. Dez. 04.]

Neumann, Walter: Über Peptone. Straßburg 1905: K. J. Trübner. (36 S.) 8° ¶(Aus: Hoppe-Seyler's Zeitschrift f. physiol. Chemie Bd. 45.)
Leipzig, Phil. Fak., Ref. Ostwald u. Hantzsch, Diss. v. 28. Juli 1905
[Geb. 14. Juni 81 Kattowitz; Wohnort: Wien; Staatsangeh.: Österreich; Vorbildung: Robert-College Konstantinopel Bachelor of Arts Juni 99; Studium: Leipzig 11 S.; Rig. 10. Mai 05.]

Neumann, Wenzel Aug.

— Preßprozeß Dr. Brunner — Ignaz Kuranda. Zusammengestellt nach den eigenen und den stenografischen Niederschriften der Herren Hauptmann Kober, Prof. J. M. Schreiber und Coloman Platzer. Wien 860. (Mayer & Co.) gr. 8. (72 S.) 4⅓ ngr.

Neumann, Wenzel Aug., der Kriegsschauplatz in Ober-Italien. Strategisch beschrieben. Mit 1 (lithogr.) Karte (in qu. Imp.-Fol.) die ganze Po-Linie enthaltend, von den Alpen-Pässen bis zur Mündung des Po. Nach der französisch-piemontes. Generalkarte reduzirt und rektifizirt nach den besten Original-Quellen. Gezeichnet von J. J. Pauliny. 1. Thl. gr. 8. (8 S.) Wien 859, Lechner'sche Universitäts-Buchh. *

—— dass. — 2. Thl. gr. 8. (4 S. mit lithogr. Küstenkarte des Adriatischen Meeres in qu. Imp.-Fol.) Ebendas. 859. *

Neumann, Wilhelm [aus Trachenberg in Schles.]: Die Bedeutung Home's für die Ästhetik und sein Einfluss auf die deutschen Ästhetiker ... Halle, 1894; 168 S., 2 Bl. 8.
Halle, Phil. Fak., Inaug.-Diss. v. 7. Febr. 1894

Neumann, Wilhelm, appr. Arzt: Beitrag zur Kenntnis der Extremitäten-Krebse im Anschluss an zwei Fälle der Freiburger Klinik. (Düsseldorf [1910]: Jumpertz.) 27 S. 8°
Freiburg i. B., Med. Diss. v. 1910, Ref. Kraske
[Geb. 15. April 84 Breslau; Wohnort: Dresden: Staatsangeh.: Preußen; Vorbildung: Annen-Realgymn. Dresden Reife O. 04; Studium: München 1, Breslau 1, Freiburg i. B. 8 S.; Coll. 29. April 10.] [U 11. 1105

Neumann, Wilh., die messianischen Erscheinungen bei den Juden. gr. 8. (21 S.) Bleicherode 865, Ruediger. [Halle, Petersen.]

Neumann, W. und K. A. Barrenhagen, Erzählungen und Spiele. 8. Hamb. Schmidt. 807.

Neumann, Wilh., [Lewi], der Friede unter den Kindern der Bibel. [Judenthum u. Christenthum.] 8. (31 S.) Prag 883. Brandeis. — 40

NEUMANN, Gulielmus: De fructibus, quos percipit exegesis Ant. Foederis e studiis rerum Phoeniciarum. — (1874) 160 S. 8° (Handschr.) Diss. 283
Diss. Wien, Univ.

Führer durch die Rigasche Domkirche. Von W. **Neumann.** Hrsg. v. d. Dombauabth. d. Ges. f. Gesch. u. Altertumskunde d. Ostseeprov. Russlands. M. 2 Taf. *Riga:* (aufgestemp.: *A. Stieda;*) *Buchdr. v. W. F. Häcker 1897.* (24 S., 1 Taf., 1 Pl.) 1 Bd 8. [97. 5406

Neumann, Wilh., Geschichte der Kunstdenkmäler der Stadt Reval, s.: Nottbeck, Eug. v.

—— Geschichte der messianischen Weissagung im Alten Testament. Skizzen für die Gebildeten im Volke. gr. 8. (VIII und 202 S.) Bleicherode 865. [Halle, Petersen.] *

Neumann, W., Grundriss einer Geschichte der bildenden Künste und des Kunstgewerbes in Liv-, Est- und Kurland vom Ende des 12. bis zum Ausgang des 18. Jahrh. gr. 8. (X, 184 S. mit 86 Abbild. und 1 Taf. in Lichtdr.) Reval 887, Kluge's Verlag. *ℳ 6.—; geb. * 7 50

Neumann, Wilh., Jeremias von Anathoth. Die Weissagungen und Klagelieder des Propheten nach dem Masorethischen Texte ausgelegt. 1. Bd.: Weissagungen, Kap. 1 bis 17. gr. 8. (704 S.) Leipzig 856, Dörffling und Franke. *

Neumann, Wilh. (I.), **Jeremias** v. Anathoth. Die Weissagungen und Klagelieder des Propheten nach dem Masorethischen Texte ausgelegt. 2. Bd.: Weissagungen, Kap. 18 bis 52 und Klagelieder. gr. 8. (XI und 536 S.) Leipzig 858, Dörffling und Franke. *
1. Bd. Ebendas. 1856. * 3 Thlr.

Neumann, Wilh., Lexikon baltischer Künstler. (VII, 172 S.) gr. 8. Riga 908. Jonck & Poliewsky. 4. 50

— s. Machiavelli, florentin. Geschichten.

— Baltische Maler u. Bildhauer des XIX. Jahrh. Biographische Skizzen m. den Bildnissen der Künstler u. Reproductionen nach ihren Werken. (178 S.) hoch 4. Riga 902. F. Deutsch. 16. —; geb. 18. —; erm. Pr. n.n. 14. —; geb. n. 16. —

Baltische Maler und Bildhauer des 19. Jh. Biographische Skizzen mit den Bildn. der Künstler und Reproduktionen nach ihren Werken. Bearb. von Wilh[elm] Neumann. — Riga: Deutsch; Jonck & Poliewsky in Komm. 1902. 179 S. mit Abb. 4°

Baltische Maler und Bildhauer des XIX. Jahrhunderts. Biogr. Skizzen mit den Bildnissen d. Künstler u. Reproductionen nach ihren Werken. Bearb. von Dr. Wilh. **Neumann.** *Riga: A. Grosset 1902.* (176 S.) 4°
[03. 1672

Neumann, Wilh., mélanges philologiques. I. Prononciation du C latin gr. 8. (80 S.) Neuchatel 873. Sandoz. n.n. 2. 25

Neumann, Wilh., s.: Monumenta judaica.

— die Musen, s. Fr. de la Motte Fouqué.

— u. T. Böhmer, Predigten z. Gedächtniß d. Königin Luise. s. Predigten, zwey.

Neumann, W.: Riga und Reval, s. a. Kunststätten, Berühmte

Riga und Reval von Wilhelm **Neumann.** Mit 121 Abb. Leipzig: E. A. Seemann 1908. (164 S.) 8°
= **Kunststätten,** Berühmte. Bd 42. [08. 15933

Neumann, Guilelmus: Sacra veteris testamenti salutaria. Lipsiae: Doerffling & Franke 1853. (45 S.) 8° *[Buchausg. ebenda.]*
Breslau, Ev.-theol. Fak., Antr.-Progr. als außerord. Prof. v. 10. Dez. 1853

— רצון שלמים Sacra Veteris Testamenti salutaria examinavit. Lipsiae 854. Dörffling et Franke. gr. 8. (45 S.) n. 8 ngr.

Neumann, Wilhelm. Schriften. Leipzig 1835. II: *Varnhagen von Ense, Carl August Ludwig Philipp.* (Koner)

Neumann, Wilh., Schriften. 2 Thle. 8. (60¾ B.) Leipzig 835, Brockhaus.

— Karl August Senff. M. d. Bildn. Senffs u. 6 Reproduktionen nach s. Werken in Lichtdr. gr. 8. (VI, 48 S.) Reval 895. F. Kluge. n. 2. 50

Neumann, Wilh., die Stiftshütte in Bild und Wort. Mit 79 in den Text gedr. Abbildgn. (Holzschn.) u. 5 (lith.) Taf. in Buntdr. Gotha 861. F. A. Perthes. Lex.-8. (VI, 175 S.) n. 6 ℳ

Neumann, Wilhelm: Zur Syntax des Relativpronomens im Französischen. . . . *Prerau, Buchdr. J. Jahoda* (1890); 88 S. 8°
Heidelberg, Phil. Fak., Inaug.-Diss. v. 19. Mai 1890

Neumann Dr. Wilhelm: Zur Syntax des Relativpronomens im Französischen. 17. Iglau R. 95.
Progr.

— unsre Thränen. Eine Lehr- u. Trostpredigt f. weinende Christen. gr. 8. Berl. 819. Mittler. 3 gr.

Neumann, Wilh. (II.), Ungarn und der österreichische Reichsrath. 8. (15 S.) Wien 861, (Prandel und Ewald.)

Verzeichnis baltischer Goldschmiede, ihrer Merkzeichen und Werke von Dr. W[ilhelm] **Neumann.** (Gedr. auf Verfügen d. Gesellsch. f. Gesch. u. Altertumskunde d. Ostseeprov. Rußlands.) Riga 1905: W. F. Häcker. (75 S.) 8° (05. 7840

— **Verzeichnis baltischer Goldschmiede, ihrer Merkzeichen u. Werke. (75 S. m. Fig.) 8. Riga 905. (G. Löffler). n. 2. 20**

Neumann, Wilh., die wasser des lebens. Ein exeget. versuch über Ezechiel 47, 1—12. gr. 4. (IV und 131 S.) Berlin 848, Enslin'sche Buchh.

Neumann, Wilh., die wasser des lebens. Ein exeget. versuch über Ezechiel 47, 1—12. gr. 4. (IV u. 131 S.) Berlin 848, Geelhaar. 1½ ℳ

— **die Weissagungen des Sakharjah. Stuttgart 860. J. F. Steinkopf. gr. 8. (2 Bl., 498 S.) n. 2 ℳ 8 ngr.**

Neumann, Wilh., Cypressen. Eine Samml. v. Todeserinnerungen u. Grabschriften, nach d. Altersstufen u. Lebensverhältnissen d. Verstorbenen geordnet. M. 1 Kpfr. u. 1 Vign. gr. 12. (12½ B.) Berlin 828, Amelang. Thlr.

Neumann, Wilh. Ant., der Dom v. Parenzo, beschrieben. Mit 53 photograph. Taf. v. Jos. Wlha. gr. 4. (28 S.) Wien 902. (J. J. Plaschka.) In Leinw.-Mappe n. n. 60.—

Neumann, Wilh. Ant., Qurn Dscheradi. Studien zu Matth. VIII, 28; Marc. V, 1; Luc. VIII, 26, 37. gr. 8. (65 S.) Freiburg i/B. 894. (Herder.) n. 1. 50

— über die orientalischen Sprachstudien seit dem XIII. Jahrh. m. besond. Rücksicht auf Wien. Inaugurationsrede, geh. am 17. X. 1899. gr. 8. (65 S.) Wien 899. A. Hölder. n. 1. 60

Neumann, Wilh. Ant., Studien üb. zwei Blätter aus e. alten samar. Pentateuch-Handschrift. [Aus: „Jahrb. d. Leo-Gesellsch."] gr. 8. (21 S.) Wien 896. (St. Norbertus.) n. — 54

Neumann, Guil. Ferd. (geb. Sorau 10. 12. 1838): De Platonico quem vocant Parmenide. Berolini (1863). (66 S.) 8°
Berlin, Phil. Diss. v. 11. Juli 1863

Heimatkunde der Stadt Teuchern u. zugleich Leitfaden f. d. Unterr. in d. Heimatkunde d. Stadt- u. Landkreises Weissenfels sowie d. Geographie d. Prov. Sachsen. Mit 3 Karten. (Verf.: [Wilh. Otto] **Neumann,** Rektor.) *Weissenfels: M. Lehmstedt 1902.* (64 S.) 8° [F.] (03. 13503

Neumann, Wilhelmine: Les **Idées** littéraires de M. Paul Bourget. *Essen 1903: G. D. Baedeker.* (S. 1—14.) 4°
Essen a. d. Ruhr, st. HM, P 1903**

Neumann, William

Neumann, W. Dan. François Esprit Auber. Eine Biographie. Cassel 1855. = Die Componisten der neueren Zeit. 27.

Neumann, W. Johann Sebastian Bach. Eine Biographie. Cassel 1855. = Die Componisten der neueren Zeit. 19.

Neumann, W. William Balfe. W. Sterndale Bennett. J. Benedikt. Biographien. Cassel 1856. = Die Componisten der neueren Zeit. 35.

Neumann, W. Ludwig van Beethoven. Eine Biographie. Cassel 1854. = Die Componisten der neueren Zeit 3.

Neumann, W. Vincenzo Bellini. Eine Biographie. Cassel 1854. = Die Componisten der neueren Zeit. 9.

Neumann, W. Hector Berlioz. Eine Biographie. Cassel 1855. = Die Componisten der neueren Zeit. 18.

Neumann, W. Adrien François Boieldieu. Adolph Adam. Biographien. Cassel 1855. = Die Componisten der neueren Zeit. 31.

Neumann, William, das Buch der Liebe. Pesth 854. (Lauffer u. Stolp.) 16. (100 S.) n. 20 ngr.

Neumann, W. Luigi Cherubini. Eine Biographie. Cassel 1854. = Die Componisten der neueren Zeit. 7.

Neumann, W. Friedrich Franz Chopin. Eine Biographie. Cassel 1855. = Die Componisten der neueren Zeit. 21.

Neumann, W. Domenico Cimarosa. Giovanni Paesiello. Friedrich Heinrich Himmel. Biographien. Cassel 1856. = Die Componisten der neueren Zeit. 40.

Neumann, W. Félicien David. Eine Biographie. Cassel 1854. = Die Componisten der neueren Zeit. 14.

Neumann, W. Gaëtano Donizetti. Eine Biographie. Cassel 1854. = Die Componisten der neueren Zeit. 8.

Neumann, William, Elgersburg, Kaltwasser-Heilanstalt im Thüringer Walde. Ein Wegweiser und eine Erinnerung. Mit 1 Ansicht von Elgersburg in Stahlst. Cassel 853. Balde. 8. (2 Bl., 60 S.) 7½ ngr.

Neumann, W. Friedrich von Flotow. Eine Biographie. Cassel 1855. = Die Componisten der neueren Zeit. 33.

Neumann, W. Niels W. Gade. Siegfried Saloman. Biographien. Cassel 1857. = Die Componisten der neueren Zeit. 42.

Neumann, W. Christoph Willibald Gluck. Eine Biographie. Cassel 1855. = Die Componisten der neueren Zeit. 23.

Neumann, W. Ferdinand Gumbert. [Cassel 1856.] = Die Componisten der neueren Zeit. 39.

Neumann, W. Jacques Fromental Halévy. Eine Biographie. Cassel 1855. = Die Componisten der neueren Zeit. 30.

Neumann, W. Georg Friedrich Händel. Eine Biographie. Cassel 1855.
= Die Componisten der neueren Zeit. 25.

Neumann, W. Joseph Haydn. Eine Biographie. Cassel 1854.
= Die Componisten der neueren Zeit. 10.

Neumann, W. Johann Friedrich Kittl. Friedr. Wilh. Markull. Carl Loewe. Biographien. Cassel 1857. = Die Componisten der neueren Zeit. 45.

Neumann, W. Die Componisten der neueren Zeit. Theil 1—45. Cassel 1854—57.
Pseudonym für Bussenius. Vergl. Briefwechsel zw. Wagner und Liszt, Leipzig 1887. Bd. II, 93.

—— die Componisten der neueren Zeit. Adam, Auber, Beethoven, Bellini, Boildieu u. A. in Biographien geschildert. Mit Portraits. 1—17. Heft. 16. Cassel 854—55, Balde. à Heft * 4 Ngr. *

Inhalt:

Heft 1. Felix Mendelssohn-Bartholdy. (64 S.)
" 2. Wolfg. Amadeus Mozart. (53 S.)
" 3. Ludwig van Beethoven. (44 S.)
" 4. Friedrich Schneider. (64 S.)
" 5. Ludwig Spohr. (63 S.)
" 6. Albert Lorzing. (54 S.)
" 7. Luigi Cherubini. (40 S.)
" 8. Gaetano Donizetti. (42 S.)
" 9. Vincenzo Bellini. (23 S.)
" 10. Joseph Haydn, (32 S.)
" 11. Gioachimo Rossini. (24 S.)
" 12. Karl Gottlieb Reissiger. (26 S.)
" 13. Giacomo Meyerbeer. (48 S.)
" 14. Félicien David. (20 S.)
" 15. Heinrich Marschner. (48 S.)
" 16. Franz Lißt. I. (44 S.)
" 17. Anton Salieri. I. (48 S.)

Vgl.: Klassiker, moderne. — Schriftsteller und Dichter, moderne, des Auslandes.

Neumann, W. Konradin Kreutzer. Franz Gläser. Biographien. Cassel 1856.
= Die Componisten der neueren Zeit. 36.

Neumann, W. Friedrich Wilhelm Kücken. Heinrich Dorn. Biographien. Cassel 1856.
= Die Componisten der neueren Zeit. 37.

Neumann, W. Franz, Vincenz, Ignaz Lachner. Biographien. Cassel 1856.
= Die Componisten der neueren Zeit. 39.

Neumann, W. Peter Joseph Lindpaintner. Johann Wenzel Kalliwoda. Biographien. Cassel 1856. = Die Componisten der neueren Zeit. 41.

Neumann, W. Franz Liszt. Eine Biographie. Cassel 1855.
= Die Componisten der neueren Zeit. 16.

Neumann, W. Albert Lortzing. Eine Biographie. Cassel 1854.
= Die Componisten der neueren Zeit. 6.

Neumann, W. Heinrich Marschner. Eine Biographie. Cassel 1854.
= Die Componisten der neueren Zeit. 15.

Neumann, W. Etienne Henri Méhul. Ludw. Jos. Ferd. Hérold. Biographien. Cassel 1855. = Die Componisten der neueren Zeit. 32.

Neumann, W. Felix Mendelssohn-Bartholdy. Eine Biographie. Cassel 1854.
= Die Componisten der neueren Zeit. 1.

Neumann, W. Giacomo Meyerbeer. Eine Biographie. Cassel 1854.
= Die Componisten der neueren Zeit. 13.

Neumann, W. Wolfg. Amadeus Mozart. Eine Biographie. Cassel 1854.
= Die Componisten der neueren Zeit. 2.

Neumann, W. Georg Onslow. Eine biographische Skizze. [Cassel 1855.]
(In: Die Componisten der neueren Zeit. 30.)

— Principien der socialen Ordnung. Leipzig 857. Gerhard in Comm. 8. (2 Bl., 140 S.) n. 20 ngr.

— Regierung. Vorläufer des größern Werkes; „Die Gesellschaft". Leipzig 855. Spamer. 8, (54 S.) n. 10 ngr.
Vgl.: Klassiker, moderne, — Schriftsteller und Dichter, moderne, des Auslandes.

Neumann, W. Karl Gottlieb Reissiger. Eine Biographie. Cassel 1854.
= Die Componisten der neueren Zeit. 12.

Neumann, W. Gioachimo Rossini. Eine Biographie. Cassel 1854.
= Die Componisten der neueren Zeit. 11.

Neumann, W. Anton Salieri. Eine Biographie. Cassel 1855.
= Die Componisten der neueren Zeit. 17.

Neumann, W. Friedrich Schneider. Eine Biographie. Cassel 1854.
= Die Componisten der neueren Zeit. 4.

Neumann, W. Franz Schubert. Eine Biographie. Cassel 1885.
= Die Componisten der neueren Zeit. 28.

Neumann, W. Robert Schumann. Eine Biographie. Cassel 1855.
= Die Componisten der neueren Zeit. 22.

Neumann, W. Ludwig Spohr. Eine Biographie. Cassel 1854.
= Die Componisten der neueren Zeit. 5.

Neumann, W. Gasparo Spontini. Eine Biographie. Cassel 1855.
= Die Componisten der neueren Zeit. 26.

Neumann, W. Carl Wilhelm Taubert. Ferdinand Hiller. Biographien. Cassel 1857.
= Die Componisten der neueren Zeit. 43.

Neumann, W. Giuséppe Verdi. Saverio Mercadante. Biographien. Cassel 1855.
= Die Componisten der neueren Zeit. 34.
Perinello, Carlo. Giuseppe Verdi. (Berühmte Musiker. IX.) Berlin 1900.

Neumann, W. Richard Wagner. Eine Biographie. Cassel 1855.
= Die Componisten der neueren Zeit. 24.

Neumann, W. C. M. v. Weber. Eine Biographie. Cassel 1855.
= Die Componisten der neueren Zeit. 20.

Neumann, W. Joseph Weigl. Eine Biographie. Cassel 1855.
= Die Componisten der neueren Zeit. 29.

Neumann, W. Peter von Winter. Abt Vogler. Friedrich Ernst Fesca. Biographien. Cassel 1856. = Die Componisten der neueren Zeit. 38.

Neumann, W. Karl Friedrich Zelter. Joh. Nepom. Hummel. Bernhard Klein. Biographien. Cassel 1857. = Die Componisten der neueren Zeit. 44.

Neumann, Willy. Ueber quantitative Bestimmung der Harnsäure und die dabei berücksichtigenden Fehlerquellen. Bern, 1883.

Neumann, Winfr., Offizier-Stammliste des Infanterie-Regiments v. der Marwitz (8. pommerschen) Nr. 61. Im Auftrage des Regiments zusammengestellt. (V, 218 S.) gr. 8. Berlin 910. E. S. Mittler & Sohn. Geb. in Leinw. nn 9. 25

Neumann, W(ladislaus), prakt. Arzt in Neuenburg W.Pr.: Ueber progressive perniciöse Anaemie mit Berücksichtigung von 30 Sectionsfällen aus dem pathologisch-anatomischen Institut zu Leipzig aus den Jahren 1889—99. *Leipzig 1901: B. Georgi.* (39 S.) 8°
Leipzig, Med. Diss. v. (20. Dez.) 1901

Neumann, Wladislaw, üb. den sogenannten Weichselzopf. (69 S.) gr. 8. Leipzig 904. B. Konegen. n. 1. 50

— Weiteres üb. die Wichtelzopfkrankheit. (32 S.) 8. Ebd. 905. n. — 40

Neumann, X. [Pseudon.] s. Schindler, Gottfried [Hauptmann, Zürich].

Neumann, Wenz. de Buchholz, de abusibus quibusd. praxeos Bohemiae. 4. Nrnb. Rüdiger. 733.

— annotat. ad Zoesii comment. ad. XXV. anterior. libr. digestor. 4. Nrnb. Rüdiger. 732.

Neumann, Wenz. de Buchholz, annotat. ad. Cab. Schwederi introd. in jus public. 8. Nrnb. Lochner. 716. Rthl.

— de Cambio cum ordinatione cambiali Vratislaviense. 8. Prag, Rüdiger. 731.

— examen dissertationum. 4. Lps. 715.

Neumann-Colberg, Rud., die Seydlitzer oder gestörte Mahlzeit. Lustspiel in 4 Akten. gr. 8. (72 S.) Erfurt 877. Neumann. n. 1. 50

Neumann-Ettenreich, Rob. R. v., u. Alfr. **Bloch**, Beispiele v. Schriftsätzen im Civilprocess- u. Executions-Verfahren. Ein Hilfsbuch f. Advokaten. 1. Thl. Schriftsätze im Civilprocesse. gr. 8. (VIII, 168 S.) Wien 900. Manz. n. 4. 40; geb. n. 5. 40

— — dasselbe. 2. Thl., s.: **Vittorelli, Paul v.**

Neumann-Ettenreich, Rob. R. v., civilrechtliche Fragen. Krit. Sammlg. d. Materiales f. deren Lösg., üb. Veranlassg. d. Präsidiums d. k. k. österr. Oberlandesgerichtes hrsg. 1. Hft. gr. 8. (VII, 143 S.) Wien 896. Manz n. 2. —

Neumann-Hartmann, F. W., das Gewissen als Zeugniß wider den Materialismus unserer Tage. Elbing 864. Neumann-Hartmann in Comm. gr. 8. (27 S.) 4 ngr.

Neumann-Hartmann, F. W., der Glaube der Vernunft wider die materialistische Irrlehre. Ein Versuch zur Verständigung. Elbing 868. Neumann-Hartmann. 8. (IV, 76 S.) n. 8 ngr.

Neumann-Hekker, Anna, drei Spielmannsmären u. Selfebil. (138 S.) 8. Leipzig-Gohlis 910. B. Volger. 2. —

Neumann-Herford, s. Neumann

Neumann-Hofer, Adolf [Dr. d. Staatswiss.]: Depositengeschäfte und Depositenbanken. Theorie d. Depositenbankwesens. Leipzig, C. F. Winter, 1894; V S., 1 Bl., 231 S. 8.
Tübingen, Staatswiss. Fak., Inaug.-Diss. v. 1894
(Nicht für den Austausch)

Neumann-Hofer, Adf., Depositengeschäfte u. Depositenbanken. Theorie des Depositenbankwesens. gr. 8. (VII, 231 S.) Leipzig 894. C. F. Winter. n. 4. —

Neumann-Hofer, Adf., Einführung in die Volkswirtschaftslehre, s.a. Hillger's illustrierte Volksbücher.

Einführung in die Volkswirtschaftslehre von Dr. Adolf **Neumann-Hofer**. Berlin, Leipzig: H. Hillger [1906]. (100 S.) 8° [F.]
= **Volksbücher**, Hillgers illustrierte. Bd 66. [07. 16117

— **die Entwicklung der Sozialdemokratie bei den Wahlen zum deutschen Reichstage. Statistisch dargestellt.** gr. 8. (58 S.) Berlin 894. C. Skopnik. n. 1. —

Neumann-Hofer, Adf., die Entwicklung der Socialdemokratie bei d. Wahlen zum deutschen Reichstage. Statistisch dargest. 2. Ausg. gr. 8. (75 S.) Berlin 898. C. Skopnik. n. 1. —

— die Entwicklung der Sozialdemokratie bei den Wahlen zum deutschen Reichstage 1871—1903. Statistisch dargestellt. 3. Ausg. (62 S.) gr. 8. Berlin 903. C. Skopnik. n. 1. —

Neumann-Hofer, Adf., die volkswirtschaftliche Produktion, s.a. Hillger's, Herm., illustrierte Volksbücher.

— -**Hofer**, A., Die volkswirtschaftliche Produktion. (Der Volkswirtschaftslehre 2. Tl.) (88 S.) kl. 8. Berlin, H. Hillger. geb. —. 30; geb. —. 50.
„Hillger's illustrierte Volksbücher" 97. 1908.

Neumann-Hofer, Annie, s.a. **Bock**, Annie.

Neumann-Hofer, Annie, der Auserwählte. Mit e. Zeichng. v. Hans Baluschek. Dem Andenken Josef Kainz gewidmet. (V, 98 S.) kl. 8. Wiesbaden (910). Verlag des deutschen Frauen-Almanach. Geb. in Leinw. 1. 50

Neumann-Hofer, Annie
Einsamkeit. Roman. Von Annie Bock [d.i. Annie Neumann-Hofer].
Berlin: Vita (1897). 439 S. 8°

[F.] Annie Bock [d. i. Annie Neumann-Hofer]. Einsamkeit. Roman. *Berlin: Vita [1898].* (3 Bl., 439 S.) 1 Bd 8. [98. 11055

[F.] Führe uns in Versuchung. Roman v. Annie Bock [d. i. **Neumann-Hofer**]. *Berlin: Bong & C. [1896].* (2 Bl., 734 S.) 1 Bd 8. [97. 2441

Annie Bock [d. i. Neumann-Hofer], Eine fatale Geschichte. Berlin: Romanwelt 1897. (S. 50-90.) 8° [F.]
= Geschichten, Kurze. 1, 4, [2.] [05. 3305

Neumann-Hofer, Annie (Annie **Bock**), tote Liebe. Roman. 8. (311 S.) Köln (901). A. Ahn. n. 3. —

[F.] Dora Peters. Zwei die sich liebten. Roman v. Annie Bock [d. i. Annie Neumann-Hofer]. *Berlin: F. Fontane & C. 1896.* (4 Bl., 467 S.) 1 Bd 8. [96. 2743

Neumann-Hofer, Annie
Die Familie Rizzoni. Roman.
Leipzig: Reclam jun. (1894). 463 S. 8°

[F.] Die Familie Rizzoni. Roman von Annie Bock [d. i. Annie **Neumann-Hofer**]. *Berlin: Vita [1898].* (600 S.) 1 Bd 8. [98. 11378

[F.] Simson und Delila. Roman in zwei Bdn v. Annie Bock [d. i. Annie **Neumann-Hofer**]. Bd 1. 2. *Stuttgart: J. Engelhorn 1894.* 2 Bde 8. 1. (150 S.) 2. (150 S.)
= **Romanbibliothek**, Engelhorns Allgemeine. Jg. 11. Bd 9. 10. [94 10180/81

Neumann-Hofer, Annie (Annie **Bock**), Gräfin Sophie. Roman. 8. (350 S.) Berlin (900). Vita. n. 3. —

— Der nächste Tag, s.: **Bloch's**, Ludw., **Herren-Bühne**.

[F.] Die Tote. Erzählg. Robert. Humoreske. Von Annie Bock (d. i. Annie Neumann-Hofer). M. Ill. v. M. Ränike. *Berlin. Eisenach. Leipzig: H. Hillger [1898].* (128 S.) 1 Bd 8.
= Bücherschatz, Kürschners. No 97. [99. 3??

[F.] Der Zug nach dem Osten. Roman v. Annie Bock [d. i. Annie Neumann-Hofer]. *Berlin: Vita [1898].* (430 S., 1 Bl.) 1 Bd 8. [98. 11056

Neumann-Hofer, Frau Otto, s.: **Bock**, Annie.

Neumann-Hofer, Otto, s.: Kultur-Parlament, das.

Neumann-Hofer, Otto: Theodor **Mommsen**. Zu seinem 70. Geburtstag (30. Nov. 1887). 4° Aus: Schorers Familienblatt. Bd. 8. 1887, S. 759—761.

Neumann-Jödemann, Ernst, s.: Bühne, die.

Neumann-Jödemann, Ernst, Bühnenzauber. Eine Geschichte aus dem Theologenleben. gr. 8. (217 S.) Berlin (902). [Tessaro-Verlag.] R. Krüger. 4. —

Ernst **Neumann**-Jödemann. Bühnenzauber. Roman. 2. Aufl. *Berlin: D. Dreyer & Co. [1903].* (320 S.) 8° [F.]
— Bibliothek, Dreyer's, moderner Schriftsteller. Jg. 1, Bd 9/10. [04. 3261

(B) — Bühnenzauber. 903. — Der lange Ledebur. 906. — Moderne Lumpe. 903. — Der Rächer. 904. (LBL 34.) Jetzt: Berlin, B. Blaurock.

— Durchlaucht Gänserich. Eine lust. Geschichte aus fürstl. Residenz. (380 S. m. Bildnis.) kl. 8. Berlin (907). [D. Dreyer & Co.] B. Blaurock. 2.—; geb. 3. —

— der lange Ledebur. Nach hinterlassenen Briefen der deutschen Jugend erzählt. Mit 10 (1 farb.) Vollbildern u. 20 in den Text gedr. Illustr. v. Max Tilke. (183 S.) 8. Ebd. (906). Geb. n. 3. —

! – Der lange Ledebur. Jetzt: Berlin: B. Blaurock

Ernst **Neumann**-Jödemann. Moderne Lumpe. Novellen. *Berlin: D. Dreyer & Co. [1903].* (218 S.) 8° [F.]
— [Bibliothek, Dreyer's, moderner Schriftsteller. Jg. 1, Bd 6.] [04. 3259

! – Moderne Lumpe. Jetzt: Berlin: B. Blaurock

Neumann-Jödemann, Ernst, der Rächer. Roman. 2. Aufl. (227 S.) 8. Berlin (904). D. Dreyer & Co. n. 2. —; erm. Pr. — 60

! – Der Rächer. Jetzt: Berlin: B. Blaurock

— unter Tieren u. Menschen. Erzählungen. (V, 161 S.) 8. Dresden 903. E. Pierson. n. 2. —; geb. n. 3. —

— zu Weihnachten. Ein dramat. Kinder-Märchen. (Mit Zeichngn. von F. W. Hegenbart.) gr. 4. (23 S.) Berlin 901. E. S. Mittler & Sohn. Kart. n. 1. 50

Neumann-Meißenthal, Mariane, geb. v. Tiell, s. Feldblumen.

Kindersport. Körperübungen f. d. frühe Kindesalter. Von Detleff **Neumann**-Neurode, Oberlt. Mit Vorworten eingeführt von Geh. Med.R. Prof. Dr. [Otto] Heubner u. Prof. Dr. [Rudolf] Klapp. Berlin: Walther 1910. 79 S. 8° [10. 3969

Neumann-Neurode, Detleff, Kindersport. Körperübungen f. das frühe Kindesalter. Mit Vorworten eingeführt v. Heubner u. Klapp. 2. verb. Aufl. (82 S. m. Abb.) 8. Berlin 911. Herm. Walther. 2. —

En Strehmel Ostpreiß'sch. Poesie u. Prosa von Sophie **Neumann**-Oschekau. Mit Beiträgen von 'alten Bekannten'. *Dresden: E. Pierson 1904.* (XII, 108 S.) 8° [F.] [04. 2673

Neumann-Pape. Einleitung in die theoretische Physik. Leipzig. 1883.

Neumann von Pucholtz, Wencesl. Xaver, Examen diss. ex jure publ. et feud. de jurisdictione feudali et superioritate territoriali nec non de natura et pracrogativis feudorum regni Boemiae, nuper editarum Leipzig. (J. Fr. Gleditsch) 1718. 112 S. u. Index. (6.—) 24847

Neumann(-Satori), s. Satori-Neumann.

Neumann-von Schönfeld, [Albert]. Stärkere Nerven! Schule des Willens und die Wach-Autosuggestion nach der Nancyer Methode. Eine moderne Psychotherapie, mit besonderem Erfolge angewendet gegen Nervenstörungen und deren Folgen. Jeder sein eigener Arzt! Von N'-von Sch', Zürich V, Institut Hephata. II + 80 S. 8. (Leipzig, Druck Julius Brandstätter.)
[1. Aufl.] 1902 *u.* 2. [unveränderte] Aufl. 1904. [*je* M. 4. —] — 3. [unveränderte] Aufl. 1904. [M. 1. 60]

Neumann-v. Schönfeld, Alb., stärkere Nerven! Schule des Willens u. die Wach-Autosuggestion nach der Nancyer Methode. Eine moderne Psychotherapie, m. besond. Erfolge angewendet gegen Nervenstörgn. u. deren Folgen. Jeder sein eigener Arzt! 2. Aufl. (80 S.) gr. 8. Zürich, 904. A. Neumann. n. 4. —

— dasselbe. 3. Aufl. (80 S.) gr. 8. Ebd. 904. n. 1. 60

Neumann-v(on) Schönfeld, Alb(ert). Über das Stottern! Vortrag (gehalten in der Naturforschenden Gesellschaft zu Leipzig). 3. Aufl. Mit Vorwort zur 2. Aufl. von Professor Dr. Karl Hennig.... [Mit 2 Titel-Bildern.] II + 44 S. 8. Zürich, Verlag Institut Hephata (Druck Julius Brandstätter, Leipzig), 1903. [fr. 1. 25]

— Vortragscyclus. I. u. II. Bd. gr. 8. Ebd. n. 2. 75
I. Willenskraft — Lebenskraft. Das Nerven- u. Geistesleben. — Uebertragung v. Lebenskraft. (Ansteckung durch Gesundheit.) — Die Kunst, das Leben zu verlängern. — Suggestion u. Willensgymnastik. (Erlangung v. unerschütterl. Energie u. Selbstvertrauen, Hoffnungsfreudigkeit u. Gesundheit.) — Der persönl. Erfolg. (Die Wunder des sog. persönl. Magnetismus u. der Telepathie.) — Seelendiätetik. (32 S.) 905. n. 1. 50
II. Gesundbleiben u. Gesundwerden. Gesellschafts- u. Geschlechtsleben. — Allgemeine Hygiene. — Erziehung. — Nervosität. — Ernährung. — Kleidung. — Sport. — Neue Heilmethoden. — Schule des Willens u. Wachsuggestion. (32 S.) 906. n. 1. 25

Neumann v. Schönfeld, Vortragscyclus. III., IV. u. XI. Bd. gr. 8. Zürich, A. Neumann. à 1. 25
III. Sprache u. Sprachkrankheiten. (19 S.) 906.
IV. Nervenstörungen u. deren radikale Heilung. (27 S.) 906.
XI. Die Wachsuggestion. Die Heilg. der Krankheiten durch Willensimpulse. (36 S.) 906.

Neumann-von Schönfeld, [Albert]. Vortragscyclus N'-von Sch'. Band 1—5 *u.* 11. 8. Zürich, Hephata-Institut ⟨Alb. Neumann's Verlag⟩ (**Bd. 1:* Hephata-Verlag), 1905—1907. [*je* fr. 1. 50]

Band 1: Willenskraft-Lebenskraft! Das Nerven- und Geistesleben — Uebertragung von Lebenskraft ... — Die Kunst, das Leben zu verlängern — Suggestion und Willensgymnastik ... — Der persönliche Erfolg ... — Seelendiätetik — Lebensregeln. IV + 32 S. (Zürich, Buchdr. Conzett & Cie.,) 1905.

Band 2: Gesundbleiben und Gesundwerden. Gesellschafts- und Geschlechtsleben — Allgemeine Hygiene — Erziehung — Nervosität — Ernährung — Kleidung — Sport — Neue Heilmethoden — Schule des Willens und Wachsuggestion. IV + 32 S. (Grenchen, Buchdr. A. Niederhäuser.) 1906.

Band 3: Sprache und Sprachkrankheiten. II + 20 S. 1906.

Band 4: Nervenstörungen und deren radikale Heilung. IV + 32 S. (Grenchen, Buchdr. A. N',) 1906.

Band 5: Der Tod. Was ist das Leben? Was ist der Tod? IV + 24 S. (Gr', Buchdr. A. N',) 1907.

Band 11: Die Wachsuggestion: Die Heilung der Krankheiten durch Willensimpulse. Jeder sein eigener Arzt! ([Mit] Supplement....) IV + 36 + *Supplement* 6 S. (Gr', Buchdr. A. N',) 1906.

Neumann-Sherwood, S., Engl. Lesebuch nach d. Natursystem d. Sprachunterrichts, od. leichte Einleit. in die prakt. Kenntniß d. engl. Sprache, bestehend aus d. ersten zehn Kapiteln v. Walther Scotts „Tales of a Grandfather," mit wiederholtem f. die Aussprache accentuirtem Texte, e. nach d. von Locke angegeb. sogenannten Hamilton. Plan ausgearb. Interlinear-Uebersetzung u. e. Tabelle z. grammat. Analyse. Mit e. Anhange, enthalt. die Hauptregeln u. Ausnahmen bei d. Aussprache, die Elemente d. Grammatik u. e. Samml. v. Vokabeln, Phrasen u. leichten Gesprächen. gr. 8. Lübeck 832. v. Rhoden. 1 ⸗ 8 ⸗

v. **Neumann-Spallart**, Geldwert u. Preisbewegg. im Deut. Reich 1871—84. Jena 887.

Neumann v. Spallart, A., französische Sprechübungen auf Grund v. Anschauungsbildern. 1. Heft: Der Ackerbau. (Meinholds Anschauungsbild „Frühling".) Mit der verkleinerten Wiedergabe des Anschauungsbildes „Frühling". (16 S.) gr. 8. Wien 906. A. Pichler's Wwe. & Sohn. n. — 40

Neumann v. Spallart, A., französische Sprechübungen auf Grund v. Anschauungsbildern. II. u. III. Heft. gr. 8. Wien, A. Pichler's Wwe. & Sohn. à — 40

II. Der Weihnachtsmarkt. (Meinholds Anschauungsbild „Winter".) Mit der verkleinerten Wiedergabe des Anschauungsbildes „Winter". (18 S.) 906.

III. Die Stadt. (Meinholds Anschauungsbild „Verkehr".) Mit der verkleinerten Wiedergabe des Anschauungsbildes „Verkehr".) (22 S.) 906.

Neumann von Spallart, Anatol

Neumann-Ritter v. Spallart, A., weitere Beiträge zur Charakteristik des Dialektes der Marche, s.a. Zeitschrift f. romanische Philologie. 11. Beiheft.

Weitere Beiträge zur Charakteristik des Dialektes der Marche von Dr. A[natol] **Neumann-R**r v. Spallart. Halle a. S.: M. Niemeyer 1907. (VIII, 89 S.) 8°
= **Zeitschrift** f. romanische Philologie. Beihefte. 11. [07. 16171

Neumann-Spallart, F. X. v., Oesterreichs maritime Entwickelung u. die Hebung von Triest. Eine volkswirthschaftl. Studie. gr. 8. (X, 114 S. m. 6 chromolith. Karten u. 2 Steintaf.) Stuttgart 882. Maier. n. 3. —

v. **Neumann-Spallart**, F. X. Ostasien im Welthandel der letzten Jahre. Wien. (Oesterreichische Monatsschrift für den Orient, Nr. 4, April 1883.)

— u. **G. A. Schimmer**, die Reichsraths-Wahlen vom Jahre 1879 in Oesterreich. Auf Grund der amtlichen Daten statistisch-vergleichend dargestellt. Mit 4 Karten in Farbendr. gr. 8. (XVI, 80 S.) Ebend. 880. n.n. 4. —

— der Schutz in der Weltwirthschaft, s.a. Zeitfragen, volkswirthschaftliche.

Neumann-Spallart F X v. der Schutz in d. Weltwirtschaft. (Ztfr. Volksw. 4) Berlin 1879

Neumann-Spallart, F. X. v., Uebersichten über Produktion, Verkehr u. Handel in der Weltwirthschaft. Jahrg. 1878. 8. (XII, 226 S.) Stuttgart 878. Maier. n. 6. —

— dasselbe. Jahrg. 1879. 8. (XI, 304 S.) Ebend. 880. n. 6. —

Neumann-Spallart, F. X. v., s.a. Übersichten der Weltwirtschaft.

Uebersichten der Weltwirthschaft. Von F. X. v. **Neumann-Spallart**. Jahrgang 1878—84. Stuttgart. 8. Desgl. 1885—89 von **Juraschek** (Franz von). Berlin. 8.

— Uebersichten der Weltwirthschaft. Jahrg. 1880. 8. (XII, 376 S.) Ebend. 881. n. 8. —

Neumann-Spallart, F. X. v., Uebersichten der Weltwirthschaft. Jahrg. 1881—82 [m. vielen auch d. J. 1883 umfass. Nachweisen.] 8. (XV, 487 S.) Stuttgart 884. Maier. n. 10. —

Neumann-Spallart, F. X. v., Übersichten der Weltwirtschaft. Jahrg. 1883—84 [m. der vergleich. Statistik der J. 1883—1885 u. vielen auch das J. 1886 umfass. Nachweisen]. 8. (XIV, 574 S.) Stuttgart 887. [Maier.] Berlin, Verlag für Sprach- u. Handelswissenschaft. n. 12. —
(Forts. unter d. T. „Übersichten d. Weltwirthschaft". Hrsg. v. Juraschek.)

Neumann-Strela, Karl, Charakterbilder aus der deutschen Geschichte. Von Friedrich dem Großen bis auf unsere Tage. 2., verm. u. verb. Aufl. Mit 103 Brustbildern u. Textabbildgn. (VII, 570 S.) gr. 8. Leipzig (905). H. Blömer. Geb. in Leinw. 11. —

Neumann-Strela, Karl, Erzählungen, } s. Bibliothek für Haus und Reise.

Neumann-Strela, Karl, die Erziehung der Hohenzollern vom Großen Kurfürsten bis zur Gegenwart. 8. (VIII, 190 S. mit Bildern.) Düsseldorf 888, Fel. Bagel. geb. 2 50

Neumann-Strela, K. Die Erziehung d. Hohenzollern. 8. Düsseld. 888. Bonn, Strauß. * 2 50

— Festschrift zur Hochzeit des Kronprinzen-Paares. Die Erziehg. der Hohenzollern vom Großen Kurfürsten bis zur Gegenwart. Für das deutsche Volk, f. Schule und Haus. (VI, 210 S. m. Abbildgn.) 8. Oldenburg 905. G. Stalling's Verl. — 75; Geschenkausg. 2. —; geb. 3. —

Neumann-Strela, Karl, Friedrich der Große. Mit e. Portr. Friedrichs d. Großen u. zahlreichen Illustr. gr. 8. (IV, 94 S.) Berlin 891. A. Gramsch. Geb. 2. —

Neumann-Strela, Karl, vom alten Fritz. Sein Leben u. Sterben. Ein Gedenkblatt zu seinem 100jähr. Todestage. gr. 8. (64 S.) Berlin 886. Sensenhauser. n. — 75; bill. Ausg., 3. Aufl. n. — 30

— Deutschlands Helden in Krieg u. Frieden. Deutsche Geschichte. Mit vielen Brustbildern u. Textabbildgn. 33 Lfgn. gr. 8. Hannover 892—894. C. Meyer. à n. — 50 (kplt.: n. 16. —; geb. n. 22. —; Bd. 1 u. 2 in 1 Bd. geb. n. 10. 50)

1. Bd. (VIII, 308 S.) n. 4. —; geb. n. 6. —. — 2. Bd. (347 S.) n. 4. 50; geb. n. 6. 50. — 3. Bd. (618 S.) n. 7. 50; geb. n. 9. 50

Neumann-Strela, Karl, Deutschlands Helden in Krieg u. Frieden. Deutsche Geschichte v. ihrem Ursprunge an bis zur Gegenwart. M. vielen Vollbild. u. Textabb. Neue wohlfeile (Titel-)Ausg. 2. — 10. Hft. gr. 8. (1. u. 2 Bd. VIII, 308 u. 346 S. u. 3. Bd. S. 1—144.) Hannover (894) 898. C. Meyer. à Hft. n. — 50

Neumann-Strela, Karl, Deutschlands Helden in Krieg u. Frieden. Deutsche Geschichte von ihrem Ursprunge an bis zur Gegenwart. Mit vielen Vollbildern u. Textabbildgn. Neue wohlf. [Titel-]Ausg. 11.—16. (Schluß-)Hft. gr. 8. (3. Bd. S. 145—618.) Hannover (894). 899. C. Meyer. à n. — 50; (kplt. geb. in 2 Bdn. n. 12. —)

Neumann-Strela, K., das Haus Hohenzollern u. das deutsche Reich. (In etwa 20 Lfgn.) 1. Lfg. gr. 8. (48 S. m. Abbildgn.) Berlin 890. Gramsch & Co. n. — 50

— das Haus Hohenzollern u. d. deutsche Reich. 1. bis 8. Aufl. 2. Bd. gr. 8. (478 S. m. Abb.) Berlin 891. Hermsdorf b. Berlin, A. Gramsch Nachf. Geb. m. Goldschn. n. 8. —

—— Die Hohenzollern in Wort u. Bild. Ein Volksbuch f. Jung u. Alt. Lex.-8. (94 S. m. 20 Portr.) Berl. 891, [Hennig]. W. u. S. Löwenthal. * 2 —

— dasselbe. (Volksausg.) gr. 8. (94 S. m. 20 Bildnissen.) Ebd. 893. Kart. n. 1. —

—— Hohenzollern-Märchen. 8. (VI, 198 S. m. 1 Farbendr.) Berl. 890, Gramsch. geb. m. Goldschn. * 3 —

— 1797—1897. Kaiser-Märchen. Zum 100jährigen Geburtstage Kaiser Wilhelms d. Großen d. Jugend u. d. Volke dargebracht. Illustr. v. E. H. Walther. gr. 8. (198 S.) Dresden 896. A. Köhler. n. 2. —; geb. in Leinw. n. 3. —

Unser Kaiserpaar. Eine Festgabe z. Silberhochzeit. Von Karl **Neumann-Strela**. Mit zahlr. Abb. Berlin, Oldenburg i. Gr., Leipzig: G. Stalling [1906]. (103 S.) 8° [F.] [c6. ...

Neumann-Strela, Karl, Sophie La Roche und Christoph Martin Wieland. Federzeichnungen. 1. u. 2. Aufl. Weimar 862. Kühn. 8. (VII, 183 S.) n. 1 Thlr

— aus dem Leben der nordischen Semiramis u. andere histor. Skizzen, s.: Rastrow, Karl.

— Lebensbild der Kaiserin Augusta, s.: Universal-Bibliothek f. die Jugend.

Neumann-Strela, Karl, Prinz Lieschen, s. a. Goldschmidt's Bibliothek f. Haus u. Reise.

Neumann-Strela, Karl, Prinz Lieschen. Humoristische Erzählung. (Titel-Ausg. von: „Wer ist von Gottes Gnaden".) 12. (130 S.) Berlin 880. Goldschmidt. n. — 50

[F.] Prinz Lieschen. Humorist. Erzählg v. Karl **Neumann-Strela**. Die 1. Ausg. ... erschien ... u. d. T.: 'Wer ist v. Gottes Gnaden?' 3. Aufl. *Berlin: A. Goldschmidt 1896.* (130 S.) 1 Bd 8.
= **Bibliothek**, Goldschmidts, f. Haus u. Reise. Bd 42. [96. 6313

Neumann-Strela, K., Narren und Sünder, } s. Zeitvertreib für Reise und Haus.
—— aus dem Reiche des Todes, }

— bunte Reihe. Noveletten u. Humoresken. 8. (140 S.) Berlin 876. Liebel. n. 1. —

— im Silberkranz. Ein Gedenkblatt zur silbernen Hochzeit d. Kronprinzenpaares am 25. Jan. 1883. 8. (95 S. m. Lichtdr.-Portr. auf dem chromolith. Umschlag.) Berlin 883. Moeser. n. 1. —

— histor. Skizzen, s.: Zastrow, Karl, aus d. Leben d. nordischen Semiramis.

Neumann-Strela, Karl, aus Weimars goldenen Tagen. Fürst u. Dichter im Familienkreise. (IX, 212 S. m 8 Taf.) 8. Halle 910. R. Mühlmann's Verl. 3. —; geb. in Leinw. 4. —

—— Theater-Novellen. 12. (99 S.) Berlin 882, A. Goldschmidt. *

—— Thron und Reich. Bilder und Skizzen. 1. und 2. Aufl. 8. (184 S.) Oldenburg 882, Schulze'sche Hofbuchh. * geb.

— Thron u. Reich. Bilder u. Skizzen. 3. Aufl. 8. (VII, 183 S. m. 1 Holzschn.) Oldenburg 883. Schulze. n. 2. —; geb. n. 3. —

— wer ist von Gottes Gnaden? s.: Bibliothek f. Haus u. Reise.

— Wetten u. Wagen u. and. histor. Erzählungen, s.: Beneke, A.

— Kaiser Wilhelm, s.: Universal-Bibliothek f. die Jugend.

Neumann-Strela, Karl, Mit dem Zopf. Geschichten. Weimar 865. Dittmar. 8. (V, 240 S.) 1 Thlr

—— dass. — 2. (Titel-)Aufl. 8. (V und 240 S.) Leipzig (865)68, Dürr'sche Buchh.

Neumann-Wender, kurzgefasste Anleitg. zur chemisch-mikroskopischen Untersuchung d. Harns f. Apotheker u. studirende Pharmaceuten. Mit einem Anh.: Untersuchung der Tuberkelbacillen und 13 Abbildgn. 8. (62 S.) Wien 890. Perles. n. 1. 20

Neumann-Wender, Anleitung zur Prüfung u. Gehaltsbestimmung der Arzneistoffe. s.: Přibram, Rich.

Neumann-Wender (Hrsg.), s. Zeitschrift für die gesammte Kohlensäure-Industrie.

N[eumann] de W[olfsfeld], J. F. W. de: Principia processus judicii imperialis aulici hodierni, cum differentiis processus cameralis. Nebst einem vollständigen Formular-Buch des heutigen Reichs-Processes bey beyden Höchsten Reichs-Gerichten, in fünff Theilen abgetheilet. Francofurti et Lipsiae 1747.
— 2. Aufl. 1755.

N[eumann] de W[olfsfeld], J. J. [richtig F.] W. de: Principia processus judicii imperialis aulici hodierni, brevissime delineata, indicatis simul differentiis processus cameralis. Francofurti et Lipsiae 1755.

Neumann's Apparat. Eine Zusammenstellung der bis jetzt darüber bekannt gewordenen Arbeiten u. eigene Experimental-Untersuchungen von C. H. Pfaff. Mit 2 Kupf. gr. 8. Nürnberg, Schrag. 819.

Neumark [Schlagwort]

Neumark, s. a. Geologische Karten. Preussen. 90.

Neumark i. Th., s. a. Preussen. Messtischblätter.

Neumark — Charte über die der — einverleibten Kreise Nach den zuverlässigsten Hülfsmitteln entworfen von F. L. Güssefeld. Nürnberg bey den Homannischen Erben. 1799. 1 : 500,000. 1 Bl.

Neumark — Charte von der — die ursprünglichen Kreise derselben vorstellend. Nach den bewährtesten Hülfsmitteln entworfen von F. L. Güssefeld. Nürnberg bey den Homännischen Erben. 1796. 1 : 300,000. 1 Bl.

Neumark — Special-Karte von der — und den angränzenden Ländern in VI Sectionen, welche von Norden nach Süden gerechnet, 11 Kreise enthält etc. Nach den Special-Kreiskarten und andern guten Hilfsmitteln zusammengetragen im Jahre 1805 von D. F. Sotzmann. herausgegeben im Jahre 1807 von Simon Schropp et Comp. in Berlin. 1 : 155,000. 6 Bl.

Neumark [Verfasser]

Neumark, Adolf [cand. med. aus Bremen]: Ueber Misch- und Sekundärinfektionen bei Typhus abdominalis. Aus d. Laboratorium d. medizin. Klinik '(bakteriolog. Abteilg)' unter Leitg v. Privatdoc. Dr. E. Levy ... Strassburg i. E., Buchdr. C. Gœller, 1894; 58 S., 2 Taf. 8.
Strassburg, Med. Fak., Inaug.-Diss. v. 1894

Neumark, David [aus Szczerzec '(Galiz.)']: Die Freiheitslehre bei Kant und Schopenhauer ... Hamburg & Leipzig, L. Voss, 1896; VIII, 89 S., 1 Bl. 8.
Berlin, Phil. Fak., Inaug.-Diss. v. 11. Juli 1896

Neumark, Dav., die **Freiheitslehre bei Kant u. Schopenhauer.** gr. 8. (XII, 89 S.) Hamburg 896. L. Voss. n. 2.—

Neumark, Dav., **Geschichte der jüdischen Philosophie des Mittelalters, nach Problemen dargestellt. I. Bd. Die Grundprinzipien I. 1. Buch: Einleitung. 2. Buch: Materie u. Form.** (XXIV, 615 S.) Lex. 8. Berlin 907. G. Reimer. 15.—

Neumark, Dav., **Geschichte der jüdischen Philosophie des Mittelalters, nach Problemen dargestellt. II. Bd., 1: Die Grundprinzipien II. 3. Buch: Attributenlehre. 1. Hälfte: Altertum.** (XXVI, 482 S.) Lex. 8. Berlin 910. G. Reimer 12.—

Neumark, Eug., Beitrag zur Frage der desinfizierenden Wirkung des Lichtes, s.a. Arbeiten aus dem hygien. Institut der kgl. tierärztlichen Hochschule zu Berlin. XII.

Neumark, Eugen, Vol.-Assistent am hygien. Institut d. Tierärztl. Hochschule zu Berlin. Arbeiten aus d. hygien. Institut d. Kgl. Tierärztl. Hochschule zu Berlin. Leiter: Prof. Dr. med. Ostertag. No. XII. Beitrag zur Frage der desinfizierenden Wirkung des Lichtes. Sein Einfluß auf tierpathogene Erreger. Mit 1 Taf. Berlin: R. Schoetz 1907. (76 S.) 8°
Gießen, Veterinär-Med. Koll., Ref. Olt, Diss. v. 8. Okt. 1907
[Geb. 3. April 83 Gulchenbach b. St. Johann; Wohnort: Berlin; Staatsangeh.: Preußen; Vorbildung: Gymn. Birkenfeld Reife O. 06; Studium: Tierärztl. Hochsch. Stuttgart 4, Berlin 1, München 1, Stuttgart 2 S.; Rig. 7. Febr. 07.]

Neumark, Geo., auserles. Gedichte, s. Bibliothek deutscher Dichter, XI. Bdchn.

Neumark, Hermann, a. Posen: (Aus der Privatklinik von Professor C. Posner, Berlin). Plastische Induration des Penis. Leipzig 1900: B. Georgi. (39 S.) 8°
Leipzig, Med. Fak., Ref. Hoffmann, Diss. v. 23. Juli 1906
[Geb. 3. Juli 80 Posen; Wohnort: Posen; Staatsangeh.: Preußen; Vorbildung: Gymn. Posen Reife O. 99; Studium: Berlin 4, Heidelberg 1, Berlin 4 S.; Coll. 26. Juli 00; Approb. 9. Juni 04.]

Neumark, J., s. J. Pardon, d. Roman des Harems.

Neumark, J., die Revolution in China in ihrer Entstehung, ihrer politischen und religiösen Bedeutung und ihrem bisherigen Verlauf, nebst Darstellung des auf christlicher Grundlage beruhenden Religionssystems der Insurgenten. Nach Meadow's The Chinese and their Rebellions etc. bearb. Mit 1 (lith. u. color.) Karte von China (in Fol.). Berlin 857. Schindler. 8. (XVII, 296 S.) n. 1 ₰. 10 ngr.

Neumark, J., der Zahnarzt für Nichtärzte. 12. Berlin, Mittler. 820.

Neumark, J. S., Doctrine de Conjugation etc. — Theoret. u. prakt. Conjugations-Lehre, e. durchaus neue Erfind. aller Arten französ. regul. u. unregul. Verben auf d. allerleichteste u. erläuterteste Art aufs gründlichste zu erlernen, in Tabn. dargest. u. begl. v. e. Samml. aller unregul. Verben ins Deutsche übers., z. Gebr. f. Schulen, Privat- u. Selbst-Unterricht. 4. (7 B.) Thorn 834, Verfasser. •

Neumark, J. S., Doctrine de Conjugaison etc. — Theoretische u. prakt. Conjugations-Lehre, eine durchaus neue Erfindung aller Arten franz. regulärer u. unregulärer Verben auf die allerleichteste u. erläuterteste Art aufs gründlichste zu erlernen, in Tabellen dargestellt u. begleitet von einer Sammlung aller unregulärer Verben ins Deutsche übers. 4. Thorn 834. (Berlin, Zesch.) n. 5/12 ₰

Neumark, Jakob (Zduny/Posen), De metrorrhagia post partum. Diss. med. Berlin (B. Schlesinger) 15. XI. 1847. 31 S. mit Biogr. (M.: H. Fraenkel.) (3.—) 24848
Advers. erunt: Davie, Ritter, Boeckh. — Gew.: Nathan Neumark (Vater), Eduard Neumark (Bruder).

NEUMARK, Käthe (Baden): Studien über den Diabetes insipidus.- München: Mühlthaler 1910. 27 S.
19.12.1910 - Chr 1910/11,10; U 11.5701
Diss. Ingolst.-Landsh.-Mchn.

Neumark, M. [aus Wittmund (Ostfriesland)]: I. Ueber das Hygrin. II. Ueber Thiohydantoïne. ... Jena, Frommannsche Buchdr., 1891; 3 Bl., 71 S. 8°
Erlangen, Phil. Fak., Inaug.-Diss. v. 1891

Neumark, Mannass, a. Posen: Lexikalische Untersuchungen zur Sprache der jerusalemischen Pentateuch-Targume. Berlin: Poppelauer 1905. (48 S.) 8° ¶ (Enthält Einleitung u. Cap. I. Die vollst. Arbeit ersch. später.)
Gießen, Phil. Fak., Ref. Schwally, Diss. v. 5. Mai 1905
[Geb. 19. Mai 75 Posen, Wohnort: Berlin; Staatsangeh.: Preußen; Vorbildung: Friedrich Wilhelms-Gymn. Posen Reife O. 93; Studium: Berlin 8 S.; Rig. 13. Nov. 02.]

Neumark, M., lexikalische Untersuchungen zur Sprache der jerusalemischen Pentateuch-Targume. 1. Heft. (48 S.) gr. 8. Berlin 905. M. Poppelauer. n. 2.—

Neumark, Mart., über die Anlegung von Blutegelteichen und die künstliche Blutegelzucht. An Deutschlands Aerzte, Wundärzte, Apotheker u. Landwirthe. Mit 2 (lith.) Taf. Abbildungen. Berlin 862. Kastner & Co. (Prausnitz.) gr. 8. (84 S.) 20 ngr.

Neumark, Otto, Rechtsanw.: Der dingliche Altenteilsvertrag, insbesondere seine grundbuchrechtliche Behandlung. Borna-Leipzig 1909: Noske. 43 S. 8°
Heidelberg, Jur. Diss. v. 9. März 1909, Ref. Heinsheimer
[Geb. 2. März 81 Püttlingen, Bez. Trier; Wohnort: Frankfurt a. M.; Staatsangeh.: Preußen; Vorbildung: Gymn. Saarbrücken Reife O. 00; Studium: Heidelberg 1, Berlin 1, München 1, Berlin 1, Bonn 2 S.; Rig. 3. Febr. 09.] [U 09. 1864

— **Phillpp** (Löbau / Westpreußen), Über tubaren Abort. Diss. med.-chir. Berlin (G. Schade) 13. VIII. 1891. 29 S. u. Biogr. (2.—) 24849
Oppon.: Albert Levin, Albert Fleck, Otto Freese. — Seinen Eltern gew. (Vater: N. Neumark).

Neumark, Rudolf, Referendar: Die Kollision von Rechtsgeschäften des Vertreters und des Vertretenen ⟨insbesondere bei Verkäufen⟩ nach BGB. § 115 Abs. 1. Borna-Leipzig 1910: Noske. VIII, 51 S. 8°
Heidelberg, Jur. Diss. v. 1. Juli 1910, Ref. Heinsheimer
[Geb. 26. März 85 Guichenbach; Wohnort: Saarbrücken; Staatsangeh.: Preußen; Vorbildung: Oberrealsch. Saarbrücken Reife O. 06; Studium: Berlin 2, Heidelberg 1, München 1, Bonn 2 S.; Rig. 27. Mai 10.] [U 10. 1958

Die drei Rosen. [Unterz.:] K. Neumärker. [Gera: 1889.] 1 Bl. 8° [Kopftit.]
Lied ohne Noten: „Auf Brüder am Johannistag . . .“

Neumaerker, Carl, der Mensch, wie er sich selber findet, s.: Pfade, neue, zum alten Gott. 3. Bd.

Neumärker, Carl Herm., das Stadtbuch Apoldas vom J. 1440. gr. 8. (16 S.) Apolda 892. (R. Birkner.) n. — 60

Neumärker, Richard: B e r i c h t über das religiöse, sittliche und kirchliche Leben der evangelischen Gemeinde des Grossherzogthums Luxemburg, auch über die Thätigkeit des Kirchen-Vorstandes im Jahre 1875, vorgelegt der statutenmässigen General-Versammlung der Gemeinde am Sonntag Estomihi, XVII. Februar 1876 durch den Pfarrer. (Als Manuscript gedruckt.) Luxemburg: Th. Schroell 1876. 15 S. 8°

Neumärker, Richard: B e r i c h t über das religiöse, sittliche und kirchliche Leben der evangelischen Gemeinde des Grossherzogthums Luxemburg, auch über die Thätigkeit des Kirchen-Vorstandes im Jahre 1876, vorgelegt der statutenmässigen General-Versammlung der Gemeinde am Sonntag Invocavit XVIII. Februar 1877 durch den Pfarrer. (Als Manuscript gedruckt.) Luxemburg: Th. Schroell 1877. 23 S. 8°

Neumärker, Richard: B e r i c h t über das religiöse, sittliche und kirchliche Leben der evangelischen Gemeinde des Grossherzogthums Luxemburg, auch über die Thätigkeit des Kirchen-Vorstandes im Jahre 1878, vorgelegt der statutenmässigen General-Versammlung der Gemeinde am Sonntag Estomihi, 23. Februar 1879, durch den Pfarrer. (Als Manuscript gedruckt.) Luxemburg: Th. Schroell 1879. 23 S. 8°

Neumärker, Rich., Worte beim Leichenbegängniß Sr. königl. Hoheit des Prinzen Heinrich der Niederlande, Statthalters Sr. Maj. des König-Großherzogs zu Luxemburg am 21. Jan. 1879 im Schlosse zu Walferdingen u. am 22. Jan. 1879 auf dem Bahnhofe zu Luxemburg gesprochen. gr. 8. (14 S.) Luxemburg 879. Bück. — 60

Neumärker, Richard: W o r t e beim Leichenbegängnis Seiner Königlichen Hoheit des Prinzen Heinrich der Niederlande, Statthalters Seiner Majestät des König-Grossherzogs zu Luxemburg, am 21. Januar 1879, im Schlosse zu Walferdingen und am 22. Januar 1879 auf dem Bahnhofe zu Luxemburg gesprochen. Auf Wunsch gedruckt. Luxemburg: Th. Schroell [1879]. 14 S. 8°

Neumarkt [Sachliches OW]

Neumarkt 1831. Vom K. St. K. 1:2,500. 1 Bl.

Neumarkt [Schlagwort]

Neumarkt, s.: **B r e s l a u , Reg.-Bez.**

Neumarkt, Kreis, s.: K r e i s k a r t e n.

Neumarkt [Verfasser]

Neumarkt, Johann v., Briefe und Urkunden, s. T a d r a, Ferd.

Neumayer, August

Neumayer, A., die Laboratorien der Elektro-Technik u. deren neuere Hilfsapparate, s. a. B i b l i o t h e k, elektro-technische.

Neumayer, August: Die L a b o r a t o r i e n d. Elektro-Technik u. deren neue Hilfsapparate. Ein Handbuch für Elektriker, Mechaniker, Telegraphen-Ingenieure, Lehrer und Studirende der Physik. Mit 52 Abb. Wien: Hartleben 1886. (XIII, 231 S.) 8° (Elektrotechnische Bibliothek. Bd XXXIII.)

Neumayer, Fr., Anweis. zu einer vernünftigen und anständigen Aufführung rc. 8. Münster, Aschendorff.

Neumayer, Franz, s. a. N e u m a y r

Neumayer, Frz., Diphtheritis u. Cellulartherapie. gr. 8. (12 S. m. 1 Taf.) München 896. (J. F. Lehmann's Verl.) n. 1. —

Neumayer, Frz., neun Thesen zur Diphtheritis-Frage. 2. Aufl. gr. 8. (7 S.) Freising 880. Datterer. n. — 50

NEUMAYER, Franz (Freising): De thorace artificialiter aperiendo. (Titel nach der Urkunde) 28.10.1864 - Urk; F 71
Diss. Ingolst.-Landsh.-Mchn.

Neumayer, Georg

Neumayer, G., Anemometer-Studien auf d. deutschen Seewarte. Bearb. von Hugo v. Hasenkamp. [Aus: „Archiv d. deutsch. Seewarte“.] gr. 4. (60 S.) Hamburg 897. (L. Friederichsen & Co.) n.n. 4. —

Anemometer-Studien auf der Deutschen Seewarte v. Dr. G[eorg] **Neumayer,** Dir. d. Seewarte. Bearb. v. Dr. Hugo v. H a s e n k a m p, Hülfsarb. d. Dir. d. Seewarte. *Hamburg: Gedr. bei Hammerich & Lesser 1897.* (1 Bl., 60 S.) 4.
— **Archiv,** Aus dem, d. Deutschen S e e w a r t e. Jg. 20. No 4. [98. 8716

Neumayer, G., s. a. A n l e i t u n g zu wissenschaftl. Beobachtungen auf Reisen.

Neumayer, Dr. G., Anleitung zu wissenschaftlichen Beobachtungen auf Reisen. Mit besonderer Rücksicht auf die Bedürfnisse der kaiserlichen Marine, verf. von Ascherson, Bastian, Förster, Friedel, Fritsch, Gerstaecker u. A. Mit 36 Holzschn. u. 3 lith. Tfln. Berlin 1875. gr. lex. 8°.

— Anleitung zu wissenschaftlichen Beobachtungen auf Reisen. Mit besonderer Rücksicht auf die Bedürfnisse der Kaiserlichen Marine verfasst von 28 bezw. 31 Gelehrten. 1., 2. Auflage. Berlin 1875, 1888.

Neumayer, G. (Hrsg.), s. A s c h e r s o n , Paul: Anleitung zu wissenschaftlichen Beobachtungen auf Reisen.

Neumayer, G., Dr., Atlas des Erdmagnetismus. (Berghaus' Physikalischer Atlas, Abth. IV.) Gotha 1891.

Auf zum Südpol! 45 Jahre Wirkens z. Förderung d. Erforschung d. Südpolar-Region 1855–1900 von Prof. Dr. Georg v. **Neumayer.** Mit 5 Karten u. 2 Bild. d. Verf. *Berlin: Vita (1901).* (XV, 485 S.) 8° [01. 9350

— Ausstattung und Ausrüstung der deutschen Expeditionen nebst einigen kritischen Bemerkungen. (Sep.-Abdr. a. d. D. Polar-Werk.)

— Ueber die Bedeutung und Ziele erdmagnetischer Landesvermessungen. (Sep.-Abdr.) Berlin 1891.

— Bemerkungen zur Ausrüstung der Expeditionen mit meteorologischen Instrumenten und Apparaten, bezw. Verbesserungs-Vorschläge darüber. (Sep.-Abdr. a. d. Deutsch. Polar-Werk.)

— Einige Bemerkungen zu Kapitain Wharton's Bearbeitung der seismischen Wellen, welche den Krakatau-Ausbruch am 27. August 1883 begleiteten. Ref. von Prof. Dr. Börgen. (Sep.-Abdr. a. d. D. Polar-Werk.)

Neumayer, G., hydrograph. u. magnet. Beobachtung an Bord, s.a. Anleitung zu wissenschaftl. Beobachtungen auf Reisen.

Neumayer, Georg: Hydrographische und magnetische Beobachtungen an Bord. Mit einer Karte und einem lithographirten Plan. 58 S.
in: Anleitung zu wissenschaftlichen Beobachtungen auf Reisen, herausg. v. G. Neumayer. Aufl. 2. Bd. 1. S. 555—612. Berlin 1888. 8°.

— Bericht über eine Konferenz in Hamburg zur Besprechung einiger Punkte, welche auf den Betrieb und die Einrichtung des Witterungs- und Signaldienstes in Nordwest-Europa Bezug haben. Abgehalten am 11., 12., 13. u. 14. Dez. 1875. Hamburg 1879.

Neumayer, Geo., Bericht über das Niederfallen eines Meteorsteines bei Krähenberg, Kanton Homburg, Pfalz. [Mit 6 (eingedr.) Holzschn.] [Aus d. Sitzungsber. d. k. Akad. d. Wiss.] Wien 869. (Gerold's Sohn.) Lex.-8. (13 S.) n. 4 *ngr.*

Neumayer Georg, Dr.: Bericht über das Niederfallen eines Meteorsteines bei Krähenberg, Kanton Homburg, Pfalz (mit 6 Holzschnitten). S. 60. II. 29 . . . . vgr.
Separatabdruck

Neumayer, Georg, Bericht über die Pflege der Maritimen Meteorologie in Deutschland und die bezüglich der Veröffentlichung der Resultate der Maritimen Meteorologie zwischen dem Königlich Niederländischen Meteorologischen Institut in Utrecht und der Deutschen Seewarte getroffenen Vereinbarungen, erstattet an den zweiten Internationalen Meteorologen-Kongress in Rom. Hamburg 1879.

— Bericht über den Stand der deutschen Polar-Forschung an den III. Deutschen Geographentag zu Frankfurt a. M. Berlin 1883.

Neumayer, [Georg], Bericht über die Vergleichung der Normal-Barometer der verschiedenen deutschen meteorologischen Centralstellen und Stationen. Hamburg 1879.

Neumayer, Ge. Balth., Bericht über die Verhandlungen und Beschlüsse einer Konferenz der Vorstände deutscher meteorolog. Centralstellen, abgehalten in Hamburg . . . 1880. O. O. 8.

Neumayer, Dr., Bericht über die Verhandlungen des Internationalen Meteorologischen Comités. Versammlung in Zürich im September 1888. Hamburg 1889.

Dr. Neumayer, 2. Internationaler Meteorologen-Kongress in Rom, Bericht über die Verhandlungen des — vom 14. bis 22. April 1879. Hamburg 1880.

Neumayer, Geo. v., Bestimmung der Länge des einfachen Sekundenpendels auf absolutem Wege, ausgeführt in Melbourne vom Juli bis Oktbr. 1863. gr. 4. (S. 479—556 m. Fig. u. 5 Taf.) München 901. (G. Franz' Verl.) n. 3. —
Sonderabdruck aus: „Abhandlgn. d. bayer. Akad. d. Wiss."

— s. Breusing's nautische Tafeln.

Neumayer, George, Authentic copy of the Diary, kept during my excursions and trips in connexion with the Magnetic survey of the Colony of Victoria. (Handschriftlich.) Frankenthal 1868. Fol.

— Denkschrift über einige Vorschläge zur Durchführung des in dem Punkte 31 des Programms für den zweiten internationalen Meteorologen-Kongress angeregten Gedankens, u. s. w. Hamburg 1879.

— — Discussion of the meteorological and magnetical observations made at the Flagstaff Observatory. Melburne during the years 1858—63. With 25 Tables. Mannheim 1867. 4°.

Neumayer, G., von, Einfluss des physikalischen Wissens auf die Praxis des Seeverkehrs. Hamburg. 8°.

Neumayer, G., von, Einführung eines wettertelegraphischen Dienstes für die Deutsche Landwirthschaft. Vortrag, gehalten am 22. Februar 1899. 8°.

Neumayer, G.: Entwurf eines Organisationsplanes für das nautisch-meteorologische und hydrographische Institut, die Deutsche Seewarte, s. Freeden, W. von

Neumayer, G. Erdkarten m. Linien gleicher magnetischer Variation [Deklination], gleicher magnetischer Inklination u. gleicher magnetischer Horizontal-Intensität nach Gauss'schen Einheiten 1885, O. 3 Blatt. Lithogr. u. color. qu. Fol. Hamb. 889, Friederichsen u. Comp. * 3 —

—— die Erforschung des Süd-Polar-Gebietes. gr. 8. (60 S. mit 1 chromolithogr. Karte in Fol.) Berlin 872, D. Reimer. *
Aus: Zeitschrift der Gesellschaft für Erdkunde, besonders abgedruckt.

Neumayer, G., Dr., Die wissenschaftliche Erforschung des Südpolargebietes. (Sonder-Abdr. aus den Verhandlungen des XI. Deutschen Geographentages in Bremen im Jahre 1895.) Berlin 1895.

Neumayer, G., Dr., Georg Forster als Naturforscher. Hundert Jahre nach seinem Tode. Vortrag in der Naturforscher-Gesellschaft zu Danzig 1894. (Sonder-Abdr. aus No. 20654 der Danziger Zeitung.) 1 Blatt. Danzig 1894.

Neumayer, Georg: Die neuesten Fortschritte der Bestrebungen zu Gunsten einer wissenschaftlichen Erforschung der antarktischen Region. ([S.-A.] Annalen der Hydrographie. Jahrg. 21. 1893.) Berlin 1893. 19 S. 8°

Neumayer, Georg: Hydrographie und Oceanographie, einschliesslich Winke über Höhenmessungen und magnetische Beobachtungen zur See. Mit einer Karte. 60 S.
in: Anleitung zu wissenschaftlichen Beobachtungen auf Reisen, herausg. v. G. Neumayer. Aufl. 1. S. 626—685. Berlin 1875. 8°.

Neumayer, Georg: Dr. Ludwig Leichhardt als Naturforscher und Entdeckungsreisender, in: Leichhardt: Dr. Ludwig Leichhardt's Briefe an seine Angehörigen. S. 177-215. Hamburg 1881. 39 S. 8°

— Ueber das gegenwärtig vorliegende Material für die erd- und weltmagnetische Forschung. (Sonderabdr. aus den Verhandl. des VIII. Deutschen Geographentages zu Berlin 1889. Berlin 1889.

Neumayer, G., Dr., IV. Einige Messungen von Tiefen, Tiefentemperaturen und specifischem Gewicht des Meerwassers während der Reise des Expeditions-Schiffes „Germania" nach dem Cumberland-Golfe. (Sep.-Abdr. a. d. Deutsch. Polar-Werk.)

Neumayer, Georg, Der Meteorit von Krähenberg. (Separat-Abdruck aus dem XXVIII. und XXIX. Jahresbericht der Pollichia, eines naturwissenschaftl. Vereins der Rheinpfalz.) Dürkheim a. d. H. 1870.

Neubearbeitung der nordatlantischen Wetterausschau. Dampferkarte f. Febr. u. März 1902 ⟨nebst d. Karten-Anlage f. März 1902⟩. Von Dr. [Georg] v. Neumayer.
Hamburg 1902: Hammerich & Lesser in Altona. (7 S.) 4°
(Archiv, Aus dem, d. Deutschen Seewarte. Jg. 25, No 5.)

Neumayer, G., Dr., I. Pendelbeobachtungen auf Süd-Georgien. Angestellt von Dr. Carl Schrader, berechnet von Prof. Dr. C. F. W. Peters. (Separat-Abdruck aus dem Deutschen Polar-Werk.)

— Polar-Expedition oder Polar-Forschung? Vortrag gehalten auf der Naturforscher-Versammlung zu Danzig im Jahre 1880. Bremen.

Neumayer, G., s.a. Polarforschung, die internationale, 1882—1883.

Neumayer, G., Dr., Die internationale Polarforschung 1882/83. Die deutschen Expeditionen und ihre Ergebnisse. Band I. Geschichtlicher Theil. Berlin 1891.
— — Dasselbe Werk. Band II. Beschreibende Naturwissenschaften in einzelnen Abhandlungen. Hamburg 1890.

— Die geographischen Probleme innerhalb der Polarzonen in ihrem inneren Zusammenhange beleuchtet. 1874.

Neumayer, Geo., ein Project für die Vorarbeiten betreffs des Venusdurchganges von 1874. Lex.-8. (28 S. mit 1 lithogr. Karte in qu. 4.) Wien 870, (Gerold's Sohn.) **
Aus: Sitzungsberichte der k. Akademie der Wissenschaften, besonders abgedruckt.

— Ein Projekt für die Vorarbeiten betreffs des Venusdurchganges von 1874 (mit 1 Karte). S. 61. II. 621 . . . . —.70
Separatabdruck

Neumayer, Dr. G., Results of the Magnetic Survey of the colonie of Victoria executed during the years 1858–64. With 5 Tables. Mannheim 1869. 4°.

Neumayer, Georg (Hrsg.), s. Richthofen, Ferdinand von: Anleitung zu geologischen Beobachtungen ...

Neumayer, Georg: Die Deutsche Seewarte. I. Beschreibung der Zentralstelle in Hamburg. Mit 29 Tafeln und mehreren Holzschnitten. 1885. II. Rückblick auf die Thätigkeit der Seewarte. (Mit einem Anhange und 17 Kurventafeln. 1889. Hamburg 1885—1889. (II). 33; 34. VIII S.
= Aus dem Archiv der Deutschen Seewarte. Jahrg. 7. No. 2 u. Jahrg. 8. No 2. 4°.

Neumayer, G., Dr., Die Deutsche Seewarte. II. Rückblick auf die Thätigkeit der Seewarte. Vergleichung der Anemometer-Aufstellung auf dem Seemannshause von 1875—81 und auf dem Westthurme der Seewarte von 1881 und weiterhin. (Aus dem Archiv der Deutschen Seewarte. 1889, No. 4.) [2 Expl.] Hamburg 1890.

— der Sternschnuppen-Strom der Leoniden. Eine Anregg. u. Anleitg. zur Beobachtg. der in der Zeit vom 13.—16. XI. zu erwart. Sternschnuppenfälle. gr. 8. (8 S.) Neustadt a. d. H. 899. A. H. Gottschick-Witter's Sort. — 40

— Ueber Südpolarforschung. (Sonder-Abdr. aus dem Berichte des VI. Internationalen Geographenkongresses.) London 1895.

— die Thätigkeit der deutschen Seewarte während der ersten 12 Jahre ihres Bestehens [1875—1886]. [Aus: „Abhandlgn. aus d. Gebiete d. Naturwissenschaften" 10. Bd.] gr. 4. (48 S.) Hamburg 887. Friederichsen & Co. n. 3.—

Tübingen, Universitas Eberhardina Carolina — creat virum summum Georgium Neumayer, philosophiae doctorem, p. p. hodie septuaginta annos natum scientiae politicae doctorum honoris causa hoc ipso diplomate. 1 Blatt. Tubingae, 21. Juni 1896.

Neumayer, G., Dr., II. Ueber die Verbesserungen, welche an den zu erdmagnetischen Beobachtungen dienenden Instrumenten auf Grund der an deutschen Stationen von 1882/83 gewonnenen Erfahrungen auszuführen sind. Von Dr. Max Eschenhagen. (Sep.-Abdr. a. d. Deutsch Polar-Werk.)

— Vergleichung der Beobachtungen über die Temperatur der Luft, ausgeführt beim Seemannshause und auf dem Stintfang (beim neuen Dienstgebäude) in „Die Deutsche Seewarte". II. Rückblick auf die Thätigkeit der Seewarte. Damit verbunden: Duderstadt, Dr. E., Vergleichende Temperatur-Beobachtungen auf dem Reservoir bei der Seewarte. (Aus dem Archiv der Deutschen Seewarte. 1885, No. 2.)

— Verhandlungen über die Herausgabe eines zweiten Theils der „Monatliche Uebersicht der Witterung" als erläuternder Text zu den synoptischen Karten des Direktors Hoffmeyer. Kopenhagen vom 27. Juni bis 4. Juli 1878. Hamburg 1878.

Eine erdmagnetische Vermessung der bayerischen Rheinpfalz 1855/56 von Dr. G[eorg] v. **Neumayer,** Dir. d. Deutschen Seewarte a. D. Bad Dürkheim 1905: (J. Rheinberger). (III, 79, LXI S.) 4°(8°)
= **Mitteilungen** d. Pollichia. No 21. Jg. 57. [06. 7374 4

Eine erdmagnetische Vermessung der bayerischen Rheinpfalz 1855/56 von Dr. G[eorg] v. **Neumayer,** Dir. d. Deutschen Seewarte a. D. Bad Dürkheim 1905: (J. Rheinberger). (79, LXI S.) 4°
= **Mitteilungen** der Pollichia. Jg. 62. 1905, no 21. [06. 8409

Neumayer, G., Dr., Verzeichniss der nach Herrn Missionar S. Weiz in Labrador vorkommenden Thiere. (Sep.-Abdr. aus dem Deutsch. Polar-Werk.)

Neumayer, G., Dr., Vortrag über die Thätigkeit der Deutschen Seewarte. [Verhandlungen des Deutschen Nautischen Vereins zu Berlin am 17. u. 18. Febr. 1896.] Kiel 1896.

Neumayer, G., Dr., Vortrag, gehalten auf dem Vereinstage des deutschen Nautischen Vereins in Berlin am 22. Februar 1898.

Neumayer, G., Dr., Der Weltverkehr zur See und die Geophysik in ihrer Wechselwirkung. (Vortrag auf der 44. Versammlung deutscher Naturforscher und Aerzte zu Rostock, dritte (letzte) allgemeine Sitzung, Sonnabend, den 23. Sept. 1871.)

— Wolken-Atlas, s.: Hildebrandsson, H. H.

Neumayer, Georg, Handschriftliche Zeichnung des Oberdecks des Klipperschiffes „The Sovereign of the Seas" nach eigenen Aufnahmen.

Neumayer, H., Berufswahl u. körperl. Anlagen, s.: Hahn, M.

Neumayer, H., üb. e. Musculus thyreoideus transversus. [Aus: „Monatsschr. f. Ohrenheilkde."] gr. 8. (4 S. m. 3 Fig.) Berlin 894. O. Coblentz. n. 1.—

Neumayer, Hans, Hygiene der Nase, des Rachens u. Kehlkopfes, s.: Bibliothek der Gesundheitspflege. 6. Bd.

Neumayer, Hans [Dr., Assist. d. med. Poliklinik in München]: Untersuchungen über die Function der Kehlkopfmuskeln ... München, kgl. Hof- u. Univ.-Buchdr. v. Dr. C. Wolf & Sohn, *1895*; 1 Bl., 77 S., 1 Taf. 8.
München, Med. Fak., Hab.-Schr. v. 1895
(Nicht für den Austausch)

Neumayer. Johann [app. Arzt aus Freising]: Untersuchungen über die Wirkung der verschiedenen Hefearten, welche bei der Bereitung weingeistiger Getränke vorkommen, auf den tierischen und menschlichen Organismus. . . . München, k. Hof- u. Univ.-Buchdr. Dr. C. Wolf & Sohn, 1890; 75 S. 8°
München. Med. Fak., Inaug.-Diss. v. 1890

Neumayer, Jos., s.: Gemeinde-Verwaltung, die, der k. k. Reichshaupt- u. Residenzstadt Wien.

Neumayer, Josef — Promemoria, Ergebenst vorgesetzt seinen geehrten Herren Gläubigern von — —. Wien, 1856. Druck von Anton Schweiger. (20 S. 8.)

Neumayer, Jos., marianischer Rosengarten. 4. Aichstädt. 714.

Neumayer, L., zur vergleich. Anatomie d. Kopfskelettes v. Petromyzon Planeri u. Myxine glutinosa, s.: Abhandlungen, München. medicin., VII, 7.

Neumayer, L., die Entwickelung des Darmkanales, v. Lunge, Leber, Milz u. Pankreas bei Ceratodus Forsteri, s.: Denkschriften der medicin.-naturwiss Gesellschaft zu Jena. IV. 4.

Neumayer, L[udwig]: Die Koprolithen des Perms von Texas. ⟨Taf. 14.⟩ Stuttgart: E. Schweizerbart 1904. (S. 121–128.) 4° [Umschlagt.]
= **Palaeontographica.** Bd 51, Lfg 3. [07. 6275

Neumayer, Ludwig, Dr., Assist. am anat. Institut München: **Studie** zur Entwickelungsgeschichte des Gehirnes der Säugetiere. *Jena: G. Fischer 1899.* (32 S.) 4°
München, Med. Hab.-Schr. v. 1899
(Nicht für den Austausch)

Neumayer, Ludwig: Die histologischen Veränderungen der Grosshirnrinde bei lokalem Druck ... M. 3 Taf. (Aus: Deutsche Zeitschr. f. Nervenheilk., Bd VIII.) Leipzig, Druck v. J. B. Hirschfeld, *1896*; 1 Bl., 16 S., 3 Taf. 8.
München, Med. Fak., Inaug.-Diss. v. 1896

cf. Acc.-Kat. 50430. N. Med. I, 1148 b c [VIII]

Neumayer, Melchior, s. Neumayr

Materia tentaminis ex Logica, Metaphyfica et Mathefi. Praef. *Th. Neumayer.* Salzburg. 4. 1788.

Neumayer, Thdr., praktische Anleitung zur Erlernung des Schneeschuh-(Ski-)Laufens f. Touristen, Jäger, Forstleute u. Militärs. gr. 8. (32 S. m. 33 Illustr.) Hamburg 893 Verlagsanstalt u. Druckerei. n. 1. —

Neumayer, Theodor, aus Eberbach a. N.: Ueber die Reindarstellung der Monoglyceride, $C_3 H_5$ (O . Cn H_{2n-1} O) $(OH)_2$. *Heidelberg 1902: Moriell.* (58 S.) 8°
Heidelberg, Naturw.-math. Diss. v. 1902

Neumayer, B., Erläuterungen zur Strafproceß-Ordnung, s.: Mitterbacher, J.

Neumayer, Vikt. L., die intraperitoneale Cholerainfektion bei Salamandra maculosa. Ein Beitrag zur Kenntnis der Phagocytose u. Immunitätsreaktion. (26 S. m. 3 Taf.) gr. 8. Wien 904. (A. Hölder.) n. 1. 10
Sonderabdruck aus: „Sitzungsber. d. k. Akad. d. Wiss.“

Neumayer Viktor L.: Die intraperitoneale Cholerainfektion bei *Salamandra maculosa*. Ein Beitrag zur Kenntnis der Phagocytose und Immunitätsreaktion (mit 3 Taf.). S. 113. Ill. 30 . . . . 1.10
Separatabdruck

Neumayr, Emanuel

Neumayr, E., Theorie d. Strebens nach Thomas v. Aquin. Eine Studie zur Geschichte d. Psychologie. 2 Tle. gr. 8. (44 u. 33 S.) Bozen 888 u. 890. (Leipzig, Fock.) à n. — 80

Neumayr Emanuel: Die Theorie des Strebens nach dem heil. Thomas von Aquin. (31) Bozen 90.
Progr.

Neumayr, Franz

— s. Aloisi-Andacht.

Neumayr, Frz., kurze Anleitung das tägliche Leben nach Gottes Wohlgefallen nützlich und verdienstlich einzurichten. Für alle Stände zusammengestellt. Neu hrsg. von D. Faustmann. 16. (19 S.) Würzburg 884, Bucher.

Neumayr, Franz. Ascesis rhytmica . . . Monachii 1791. H: *Seccard, Louis.* (Jes)

— die Barmherzigkeit Gottes im verlorn. Sohne, in Versen. gr. 8. Augsb. 766. (Kranzfelder). 12 gr.

— d. Barmherzigkeit Gottes im verl. Sohne, in Versen. gr. 8. Augsb. Wolf. 766.

— wahrer Begriff d. ascet. Theologie, w. die Wissensch. d. Heil. vortr. 8. Augsb. 781. N. A. 784. Rieger. 6 gr.

Neumayr, F., wahrer Begriff von der Verehrung Mariä, samt angehängter Lebensmethode. Aus dem Latein. von B. Euperg. Mit 1 Titelf. 8. München, Lentner. 820.

— Betwoche, oder Betracht. über das Vaterunser. 8. Ingolstadt, Krüll. 763.

—— Beweggursachen, katholisch zu bleiben u. katholisch zu werden. Augsburg 1766, 4°.
Über P. Neumayrs irenische Bestrebungen s. die Abhandlung im „Sendboten für Piusvereine“ ꝛc. (Augsburg, Kollmann), 1869, Nr. 20—25 („Augsburger Friedensprediger vor 100 Jahren“).

— Christenlehren v. Glauben, Hoffnung u. Liebe ꝛc. 8. Augsburg 780.

— gründliche und praktische Christenlehren für jedes Alter. 8. Augsburg, Rieger. 780.

— Christenlehren von d. heil. Sakramenten f. jedes Alter. 8. Augsb. 780. N. A. 783. Rieger. 16 gr.

— geistliche Einöde od. jährl. Uebung d. Geistes; aus dessen Schriften vorgestellt v. G. P. Mayr. 8. Augsb. 768. Wolf. 20 gr.

Neumayr, Frz., († d. 1. Mai 1765.) Entwurf marianischer Andacht. 18. Ingolst. 760. N. A. 769. Krüll. 3 gr.

Neumayr, Frz., Entw. marianischer Andacht. 18. Ingolstadt, Krüll. 762.

NEUMAYR, FRANCISCUS. Erforschungen über die drey göttlichen Tugenden, den Glauben, die Hoffnung, und Liebe herausgegeben aus den Schriften Francisci Neumayr. Oedenburg 1768: Siess. 68 S. - 160 mm

— Erkl. d. Evang. auf alle Sonntage in der Fasten. 3 Jahrg. 8. Ingolstadt, Krüll. 771.

— — d. festtägl. Evang. 8. Ebend. 774.

Neumayr, Franc., triduana exercitia, quae ad resuscitandam gratiam sacerdotalem sive in communi conventu sive in solitario secessu institui possunt. Nova edit. Accedit appendix preces in exercitiis necessarias contin. Moguntiae 855, Kupferberg. 18. (VI, 233 S.) 15 ngr.

Neumayr, F. Exterminium acediae . . . Monachii 1788. H: *Seccard, Louis.* (Jes)

— festum lacrymarum, od. dreitägiges Zähren-Fest. 8. Augsb. 764. N. A. 777. J. Wolf. 5 gr.

—— Frag: Ob der Geist der luther. Kirch ein hl. Geist sei? Das. 1753, 4°, 60 S. (in 5 Aufl.).

—— Frag: Ob der protest. Religionseifer evangelisch sei? München 1756, 4°.

Neumayr, Franz, Frag: Ob die hl. Schrift der Augsburgischen Konfession das Wort rede? München u. Ingolst. 1755; — 3. Aufl. (ohne Jahr), das., 4°, 40 S.

—— Frag: Ob die Herrn Protestanten einen Brief in den Himmel haben? Ingolstadt 1758, 4°.

Neumayr, Franz, Frag: Ob die Lehre des tridentin. Kirchenrats von dem allerheil. Sakrament des Altars schriftmäßig sei? München u. Ingolst. (jetzt Regensb., Verlagsanst.), 1754, 8°, 90 Pf.

—— Frag: Ob die lutherische Gewissensruhe ein echtes Kennzeichen des seligmachenden Glaubens sei? Ingolst. u. München 1759, 4°, 35 S.

—— Frag: Ob die lutherischen Lehrsätze dem Herrn Christo zur Ehre gereichen? In einer Streitrede seinen kath. Zuhörern zur Warnung, denen Herrn Protestanten zum Bedenken vorgestellet. Augsburg, München u. Ingolst. 1753, 4°, 32 S. (in 5 Aufl.).

Neumayr, Franz, Frag: Ob die Ohrenbeicht ein göttliches Gebott sei? Beantwortet am 3. Osterfeiertag im J. 1763. München u. Ingolst., 4°, 27 S.

—— Frag: Ob die protest. Kinder selig werden können? Das. 1758, 4°.

—— Frag: Ob Dr. Luther das geistliche Recht mit Recht verbrennet habe? München u. Ingolst. 1756, 8°.

—— Frag: Ob ein jeder in jener Religion sterben dürfe, worin er geboren sei? München 1757, 8°.

Neumayr, Franz, Frag: Ob es ein ergiebiges Mittel gebe, die drei Religionen des hl. röm. Reichs zu vereinigen? In fünf Predigten beantwortet. Ingolstadt u. München 1754, 4°, 100 S.

—— Frag: Ob es einem Lutheraner zur Schande gereiche, wann er katholisch wird? München u. Ingolst. 1754, 4°, 71 S.

—— Frag: Ob es gleich viel gelte, was für eine Religion man annehme, wann sie nur christlich ist.? München u. Ingolst. 1754, 4°, 52 S.

—— Frag: Ob heilige Streitreden in der Kirche Gottes mit Recht üblich seien? Das. 1755, 4°, 35 S. (Erschien in 5 Aufl.)

Neumayr, Franz, Frag: Ob in der luth. Kirch eine Hoffnung der Seligkeit seie? München u. Ingolst. 1753, 4°. — 5. Aufl. 56 S.

Neumayr, Franz, Frag: Ob in Glaubenssachen die Freiheit zu denken zu dulden sei? Ingolst. u. München, Crätz u. Summer, 1759, 4°, 36 S.

—— Frag eines von Adel an einen hessischen Theologen gestellet, ob katholisch werden gefährlich seie? München u. Ingolst. 1755, 4°, 36 S.

—— Frag: Ob man katholisch sein könne, ohne daß man röm.-katholisch sein müsse? Ingolstadt u. München 1762, 4°, 35 S.

Neumayr, Franz, Frag: Ob Maria, die Mutter Gottes, etwas zu unserm Heil beitragen könne? München u. Ingolst., Crätz u. Summer, 1756, 4°.

—— Frag: Ob selig zu werden schon klecke, daß man ein Christ sei? Wider die Freidenker beantwortet. Ingolst. u. München 1761, 4°, 32 S.

— die Freude in Gott. Ein vollständiges Gebet- und Erbauungsbuch für katholische Christen, die nach Tugend und Frömmigkeit streben rc. Als Anhang: Kern des Christenthums, oder: Kurzer Inbegriff der katholischen Glaubens- und Sittenlehre rc. Dülmen 855. (Münster, Aschendorff.) 8. (XVI, 583 S., lith. Titel u. 1 Stahlst.) 15 ngr.; Velinp. 20 ngr.

—— dass. — Ein vollständ. Gebet- und Erbauungsbuch für kathol. Christen, die nach Tugend und Frömmigkeit streben und ihr Heil in Gott und durch Maria und alle Heiligen suchen. Nebst: Kern des Christenthums, oder Kurzer Inbegriff der katholischen Glaubens- und Sittenlehre. 11. verm. Aufl. 8. (XVI, 639 S.) Ebendas. 878.

Neumayr, Frz., die Freude in Gott. Ein Gebet- und Erbauungsbuch für kathol. Christen, die nach Tugend und Frömmigkeit streben und ihr Heil in Gott und durch Maria und alle Heiligen suchen. Ausg. mit großer Schrift. 5. Aufl. 16. (XVI, 576 S.) Dülmen 879, Laumann'sche Verlagsh. *
geb. von * ℳ 2. bis *

Neumayr, Frz., die Freude in Gott. Ein vollständ. Gebet- und Erbauungsbuch für kathol. Christen, die nach Tugend und Frömmigkeit streben und ihr Heil in Gott und durch Maria und alle Heiligen suchen. Nebst Kern des Christenthums, oder kurzer Inbegriff der kathol. Glaubens- und Sittenlehre. 12. und 13. verm. Aufl. 8. (XVI, 656 S. mit chromolithogr. Titel und 1 Stahlst.) Dülmen 881,84, Laumann'sche Verlagsh. * 2 —
geb. von * ℳ 3. bis * 10 —

— die Freude in Gott. Ein Gebet- u. Erbauungsbuch f. kathol. Christen, die nach Tugend u. Frömmigkeit streben u. ihr Heil in Gott u. durch Maria u. alle Heiligen suchen. 6. Aufl. (Mittelgrober Druck.) 16. (XVI, 528 S. m. chromolith. Titel u. 1 Stahlst.) Dülmen 883. Laumann. n. 1. 50; geb. von n. 2. — bis n. 20. —

Neumayr, Frz., Freude in Gott. Ein Gebet- und Erbauungsbuch für kathol. Christen, die nach Tugend und Frömmigkeit streben und ihr Heil in Gott und durch Maria und alle Heiligen suchen. 11. Aufl. Taschen-Ausg. Nr. IV. 16. (496 S. mit 1 Stahlst.) Dülmen 885, Laumann'sche Verlagsh. * 1 50
—— dass. — 7. Aufl. Ausg. Nr. VII. (Mittelgroßer Druck.) 16. (556 S.) Ebendas. 885. * 1 50

—— die Freude in Gott. Ein vollständ. Gebet- und Erbauungsbuch für kathol. Christen, die nach Tugend und Frömmigkeit streben und ihr Heil in Gott und durch Maria und alle Heiligen suchen. Nebst Kern des Christenthums oder kurzer Inbegriff der kathol. Glaubens- und Sittenlehre. Ausg. Nr. I. 14. verm. und 15. Aufl. 8. (XVI, 685 S. mit farb. Titel und 1 Stahlst.) Ebendas. 886,88. * ℳ 2.—.; geb. von * ℳ 3.—. bis * 20 —

Neumayr, F., die Freude in Gott. Ein vollständ. Gebet- u. Erbauungsbuch f. kathol. Christen. 15. Aufl. 12. (XVI, 865 S. m. farb. Titel u. 1 Stahlst.) Dülmen 888. Laumann. n. 2. —

Neumayr, Frz. Die Freude in Gott. Ein Gebet- u. Erbauungsbuch f. kathol. Christen. Ausg. 7. Mittelgrober Druck. 8. Aufl. 16. (XVI, 556 S. m. Farbentitel u. 1 Stahlst.) Dülmen 890, Laumann. * 1 —; geb. * 1 50
—— dass. — Ausg. 6. Grobdruck. 3. verb. Aufl. 12. (XVI, 704 S. m. farb. Titel u. 1 Stahlst.) Ebd. 890. 1 50
—— dass. — Nebst Kern d. Christenthums. 16. Aufl. 12. (XVI, 685 S. m. 1 Stahlst. u. farb. Titel.) Ebd. 891. 2 —; geb. 3 —

Neumayr, Frz., Freude in Gott. Ein Gebet- u. Erbauungsbuch f. kathol. Christen, die nach Tugend u. Frömmigkeit streben u. ihr Heil in Gott u. durch Maria u. alle Heiligen suchen. Taschen-Ausg. 12. Aufl. 16. (496 S. m. 1 Stahlst.) Dülmen 893. A. Laumann. n. 1. —

— dasselbe. 9. Aufl. 16. (XVI, 557 S. m. Farbentitel u. 1 Stahlst.) Ebd. 893. n. 1. —

Neumayr, Frz., S. J., d. Freude in Gott. E. vollständ. Gebet- u. Erbauungsbuch f. kathol. Christen, die nach Tugend u. Frömmigkeit streben u. ihr Heil in Gott durch Maria u. alle Heiligen suchen. Nebst Kern d. Christenthums od. kurzer Inbegriff d. kathol. Glaubens- u. Sittenlehre. 17. Aufl. 12. (XVI, 686 S. m. farb. Titel u. 1 Stahlst.) Dülmen 895. A. Laumann.
Geb. in Leinw. 3. —

— dasselbe. 4., verb. Aufl. Ausg. Nr. 6 in grober Schrift. 12. (XVI, 704 S. m. farb. Titel u. 1 Stahlst.) Ebd. 897. Geb. n. 2. —

Neumayr, Frz., S. J., die Freude in Gott. Ein vollständ. Gebet- u. Erbauungsbuch für kathol. Christen, die nach Tugend u. Frömmigkeit streben u. ihr Heil in Gott u. durch Maria u. alle Heiligen suchen. 10. Aufl. Ausg. in grober Schrift. 16. (XVI, 578 S. m. farb. Titel u. 1 Stahlst.) Dülmen 899. A. Laumann.
Geb. in Halbldr. n. 1. 50

— dasselbe. Gebet- u. Erbauungsbuch f. kathol. Christen, die nach wahrer Frömmigkeit streben u. ihr Heil in Gott u. durch Maria u. alle Heiligen suchen. 13. Aufl. (Taschen-Ausg.) 16. (XVI, 494 S. m. farb. Titel u. 1 Stahlst.) Ebd. 899. Geb. in Ldr. m. Goldschn. n. 1. 50

Die Freude in Gott. Ein vollst. Gebet- u. Erbauungsbuch f. kath. Christen .. Nebst Kern d. Christentums oder Kurzer Inbegriff d. kath. Glaubens- u. Sittenlehre, von P. Franz Neumayr. 18 Aufl. *Dulmen: A. Laumann [1901]* (XVI, 685 S.) 8° [F.] [04. 1526 B]

Die Freude in Gott. Gebet- u. Erbauungsbuch f. kath. Christen, die nach Tugend u. Frömmigkeit streben u. ihr Heil in Gott u. durch Maria u. alle Heiligen suchen. Von P. Franz Neumayr. 11. Aufl. Dülmen: A. Laumann 1903. (XVI, 578 S.) 8° [F.] [03. 1357 B]

Neumayr, Frz., S. J., die Freude in Gott. Ein vollständ. Gebet- u. Erbauungsbuch f. kathol. Christen, die nach Tugend u. Frömmigkeit streben u. ihr Heil in Gott u. durch Maria u. alle Heiligen suchen. 5. Aufl. Ausg. Nr. 6 in grober Schrift. (XVI, 704 S. m. farb. Titel u. 1 Stahlst.) kl. 8. Dülmen 905. A. Laumann. Geb. in Leinw. n. 2. —

Neumayr, Frz., S. J., die Freude in Gott. Gebet- u. Erbauungsbuch f. kath. Christen, die nach wahrer Frömmigkeit streben u. ihr Heil in Gott u. durch Maria u. alle Heiligen suchen. Ausg. IV. 14. Aufl. (Auszug aus dem größeren Gebetbuche.) (XVI, 528 S. m. farb. Titel u. 1 Stahlst.) kl. 8. Dülmen (910). A. Laumann. Geb. in Leinw. 1. 50

— und Ludw. Bourdaloue, die heil. Frohnleichnamsoktave oder das allerheil. Altarssacrament, dargestellt als Sacrament, Opfer und Communion in Lehre, Betrachtung und Gebet. Bearb. von einem Priester der Diözese Rottenburg. Mit 1 Stahlst. Schaffhausen 855. Hurter. 8. (552 S.) 27 ngr.

— Geistes-Uebungen oder dreitägige Einsamkeit (Triduum sacrum) für die Weltgeistlichen und Seminaristen. Aus dem Latein. von Augustin Heitele. Ulm 856. Höchel. 12. (2 Bl., 176 S.) 12½ ngr.

Neumayr, Franc., Geistes-Uebungen oder dreitägige Einsamkeit (Triduum sacrum) für die Weltgeistlichen u. Seminaristen. Aus dem Latein. von August Heitele. 2. (Titel-)Ausg. Stuttgart (856)65. Koch. 12. (IV, 176 S.) 12 ngr.

Neumayr, Franc., Geistes-Uebungen od. dreitäg. Einsamkeit [Triduum sacrum] f. die Weltgeistlichen u. Seminaristen. Aus dem Latein. v. Augustin Heitele. Neue Ausg. 8 (XX, 176 S.) Lindau 873. Stettner. — 75

— das Gebot d. Liebe Gottes in fünf heil. Franziskus (??) vorgest. gr. 8. Augsb. 768. Franzfelder. 8 gr.

— das Gebot d. Liebe Gottes, in Versen. gr. 8. Augsburg, Wolf. 768.

— christl. Gedanken üb. d. kathol. Kirchenjahr. 3 Thle. 8. Ingolst. 771—73. (Krüll). 2 ℛ 16 gr.

— Geduld in Trübsalen. 8. Ingolstadt, Krüll. 766.

— Lehrreiche Geschicht-Predigen Von Allerhand Begebenheiten zum öfteren Gebrauch andächtiger Christen ... Der zweyte Band, oder Anhang des ersten Bands der Geschicht-Predigen über den Buß-Psalm Miserere. Zweyte Auflag. Ebenda 1766. 3 Bl. 1?1 S. Kl.-8°.

Neumayr's, Frz., Geschichtspredigten üb. den Bußpsalm Miserere. Neu herausg. von M. v. Auer. gr. 8. (VIII u. 258 S.) Tübingen 852, Laupp. 24 ngr.

Neumayr's, P. Frz., Geschichtspredigten über den Bußpsalm Miserere. Neu hersg. von M. v. Auer. 2. Aufl. Tübingen 866. Laupp'sche Buchh. gr. 8. (VIII, 258 S.) 24 ngr.

— Glaubens- u. Lebenslehre üb. das Sakrament d. Altars. 8. Augsb. 754. N. A. 768. 8 gr.

— gratia vocationis sacerdotalis. 8. Augsb. 751 u. 59.

Neumayr, Franz., S. J. Idea cultus Mariani Sodalitatibus deiparae consecratis proprii .. Cum adiuncta in fine practica methodo vitae christiano-marianae. Ed. secunda. St. Gallen, Klosterdruckerei, 1754. 12°. 119 S. *Mit schönem Frontispiz (Maria mit Kind).* Pbd. mit altem Buntpapier.

De B.-S. V, 1660. 23. Eigentlich die 3. Ausgabe dieser Anweisung für Mitglieder der Marianischen Kongregationen (Sodalitäten) von d. berühmten Jesuiten-Dramatiker.

— idea Poeseos, seu methodica instructio de praeceptis, praxi et usu artis ad ingeniorum culturam, animorum oblectationem, ac morum doctr. accommodata. 8. Ingolstadt. 751. N. A. Augsb. 759.

— idea rhetorices. 8. Augsb. 748. N. Aufl. 8. Ingolst. 756, 761 u. 775. Crätz. 6 gr.

— idea rhetorices. 8. Ingolst. Krüll. 775.

Neumayr, F. Idea Theologiae Asceticae scientiam Sanctorum ... exhibens ... Augustae 1781. H: *Crauer, Carl.* (Jes)

— idea theologiae asceticae, sive qua sanctos facit clara et solida methodo etc. 8. Luzern, Anich. (Wolf, Augsb.) 781.

—— Idee d. ascet. Theologie, darstell. d. Wissenschaft d. Heiligen, od. welche d. Heiligen macht. A. d. Lat. übers. gr. 8. (8 B.) Landshut 830, Thomann'sche Buchh. Vgl.: Ueber ɔc.

— Idee der ascetischen Theologie, eine klare und gründliche Darstellung der Wissenschaft der Heiligen oder der Kunst, heilig zu werden. Schaffhausen 856. Hurter. 32. (XXIII, 248 S.) 15 ngr.

— Kern d. Christenthums. 8. Münch. 756. Augsb. u. Insbr. 760, 62. Wolf. 10e rechtmäß. Aufl. 782. N. A. 793. Wolf. 6 gr. Nachdr. 8. Bamb. 783. (Wesché in Frankf. a. M. 8 gr. Latein. u. d. T.: nucleus christianismi, seu fidei et morum principia etc. 8. Augsb. 768. 15e A. 783. Wolf. 6 gr.

NEUMAYR, FRANZ: Kern des Christentums, oder christ.-kathol. Glaubens- und Sittenlehre in immerwährende Uebung gesetzt, ehemalen mittels katechetische Unterweisung der Jugend zugewendet: jezt aber durch den Druck allgemein gemacht, Sammt einer guten Erinnerung an die Convertiten. Caschau 1771. In der Buchdruckerey der Gesellschaft Jesu. 6 f. 270 S. - kl. 8°

Neumayr, Franziskus, Kern des Christenthums. Oder: Die christkatholische Glaubens- und Sittenlehre in beständiger Uebung. Ein wahrhaft goldenes Unterrichts- und Gebetbuch. Neu bearb. u. verm. von Michael Sintzel. Mit 1 Titelkpfr. Regensburg 859. Manz. 8. (XX, 604 S.) 15 ngr.

Neumayr, Frz., Kern des Christenthums oder: Kurzer Inbegriff der kathol. Glaubens- und Sittenlehre. 5. Aufl. 16. (64 S.) Dülmen 878, Laumann'sche Verlagsh.

Neumayr, Frz., Kern des Christenthums in Unterricht u. Gebeten dargelegt. Ein Unterrichts- und Gebetbuch f. katholische Christen. Neu hrsg., verb. u. verm. v. J. Ackermann. 8. (23⅓ B. u. 1 Stahlst.) Luzern 845, Gebr. Räber. (Augsburg, Kollmann'sche Buchh.

Neumayr, Frz., kathol. Kirchenjahr, oder Erklär. d. Evangel. 8. Augsb. u. Münch. 760, 62, 65, u. 770. (Krüll). 8 gr.

— katholisches Kirchenjahr, oder Erklär. der Evangel. 8. Ebend. 768.

— kathol. Kirchenjahr, od. Erklär. d. Festtägl. Evangelien des ganzen Jahres. 8. Augsb. u. Münch. 760. N. A. 772. 16 gr.

— Lobrede auf das Fest des heiligen Augustin. 4. Ebendas. 757.

Neumayr, F. Micae Evangelicae . . . Nova editio . . . Monachii 1791. H: *Seccard, Louis.* (Jes)

— Miserere, od. d. 50e Bußpsalm in Geschichtspredigten erklärt. 2 Thle. 8. Augsb. 762—65. N. A. 780. Wagner. 10 gr.

— Miserere Oder Der funfz[illegible]te Buß-Psalm In Lehr-reich- und beweglichen Geschicht-Predigten zum öfteren Gebr[illegible] wahrer Busser erklaret . . . Funfte Auflage. Augsburg etc., C[illegible], 1766. 352 S.

— der Psalm Miserere in Geschicht-Predigten. 2 Thle. 8. Ingolst. Doll. 780. (1r 8 gr. 2r 4 gr.)

Mundus in Maligno I. Joan. 5. Argumentum Trium Meditationum quas Congregatio Latina Major Matris Propitiae B. V. Mariae ab Angelo salutatae Tempore Quadragesimae exhibuit Monachii Anno 1748. Meditatio I [–III] . . . Monachii, typis Joannis Jacobi Vötter . . .

Sommervogel 5, 1661, 24. 20 cm. 22, 20, 18 leaves. Signatures A–E4F2, A–E4, A–D4E2.

Mundus in Maligno I. Joan. 5. Argumentum Iteratum Quatuor Meditationum quas Congregatio Latina Major . . . exhibuit . . . Anno 1749. Meditatio I [and III]. Monachii, typis Joannis Jacobi Vötter . . .

Sommervogel 5, 1663, 29. 20 cm. 24; 22 leaves. Signatures A–F4, A–E4F2.

— Mundus in maligno positus I. Jo. 2. Argumentum Theatri ascetici sive Meditationum sacrarum in theatro congregationis latinae exhibitarum ab anno 1748, usque ad annum 1750. et nunc . . . secundis typis editae. Munchen, ingolstadt und Augsburg. F. X. Crätz und Summer, 1754. 4°. 4 Bl. 388 S. Brauner Ldbd. d. Z. mit Rsch. Rücken unbedeutend lädiert.

De B.-S. V. 1664. FdF. 1038. Diese selbständige Fortsetzung zum Theatrum asceticum und Theatrum politicum Neumayrs enthält die folgenden 12 dramatischen „Meditationes": 1. Servus malus, 2. Dives Evangelicus, 3. Pharisaeus, 4. Aetas Puerilis, 5. Aetas Virilis, 7. Aetas Senilis, 8. Adam, 9. Pilatus, 10. Joas, 11. Salomon, 12. Sennacherib, jedes Drama zeigt in besonderer Weise, warum „die Welt im Argen liege", z. B. bei 1 (Servus malus) durch Concupiscentia carnis, bei 2 (Dives Evang.) durch Concupiscentia oculorum usf.

— Mundus in maligno positus 1. Joan. 2. Argumentum Theatri ascetici sive Meditationes sacrae in theatro congregationis latinae exhibitae ab anno 1748. usque ad annum 1750. et nunc . . . tertiis typis editae. Augsburg & Ingolstadt, Cräz & Summer, 1761. 4°. 4 Bl. 388 S. Brauner Ldbd. d. Z. mit sehr reicher ornamentaler (dunkelgewordener) Goldpressung auf Deckeln (Mittelstuck sechsstrahliger Stern, darum Girlanden etc.) und Rucken, 2 Ecken bestoßen, Rucken oben unbedeutend lädiert, Schließbander fehlen; Goldschnitt.

De B.-S. V. 1664. Cf. a. FdF. 1038 (wo die 2. Ausgabe von 1754 zitiert wird). Diese selbstandige Fortsetzung zum Theatrum asceticum und Theatrum politicum [illegible] Neumayrs enthalt die folgenden 12 dramatischen „Meditationes": 1. Servus malus, 2. Dives Evangelicus, 3. Pharisaeus, 4. Aetas Puerilis, 5. Aetas Juvenilis, 6. Aetas Virilis, 7. Aetas Senilis, 8. Adam, 9. Pilatus, 10. Joas, 11. Salomon, 12. Sennacherib, jedes Drama zeigt in besonderer Weise, warum „die Welt im Argen liege", z. B. bei 1 (Servus malus) durch Concupiscentia carnis, bei 2 (Dives Evang.) durch Concupiscentia oculorum usf.

— nucleus christianismi, seu fidei et morum princ. etc. ibid. 768.

— apostol. Prediger, d. i.: Sittenreden auf alle Sonntage des Kirchenjahres. 2 Thle. 8. Augsb. 775. 1 Rthlr 16 gr.

Neumayr, P. Franc., s. J., nichtswerthe Rechtfertigung der von (Titul.) Herrn *Frantz Rothfischer*, ehemahligen Benedictiner u. Professore der GOttsgelährtheit in dem Hoch-Fürstl. Reichs-Stifft S. Emmerami in Regenspurg, nunmehrigen offentl. Lehrer der Welt-Weissheit auf der Julius-Carls-Universität zu Helmstädt, ohne zureichenden Grund zu Leipzig im Jahr 1751, den 21. November, abgelegten *Lutherischen Glaubens-Bekenntnüss*. Der unpartheyischen Welt vor Augen gelegt von —. Mit Genehmhaltung der Obern. Im Jahr 1752. Gedr. zu Ingolstatt. Im Verlag bey Joh. Frantz Xaveri (!) Crätz, academ. Buchhandlers allda. 4°. Pgmtb., m. 8 Beibdn. 48 S. Frecher Angriff des fanatischen Jesuiten gegen den Convertiten.

Neumayr, Franc., Religio prudentum sive sola fides catholica fides prudens. Opusculum paraeneticum cum reflexionibus practicis de vita et fide. Augustae et Ingolstadii 1764. in 8°.

Über die verschiedenen Ausgaben des Buches, das auch deutsch u. d. T. „Religion eines vernünftigen Mannes" ebendas. 1769 u. 1773 erschien, vgl. de Backer a. a. O. I, 516.

— Religion eines vernünftigen Mannes. 8. Augsb. 769. N. A. 773. Wolf. 9 gr.

— Rosenkranz-Predigten. 8. Augsb. u. Ingolst. 764. N. A. 770. Krüll. 10 gr.

— Rosenkranz-Predigten über die fünfzehn Geheimnisse des Lebens, Leidens und Sterbens Jesu Christi unseres Heilandes, nebst Betrachtungen über das Leiden Jesu Christi zur Uebung der Geduld in Trübsalen. Neu herausg. von einem Priester der Diözese Rottenburg. Regensburg 853. Manz. 8. (459 S.) 1 Rthlr.

-- [Sammelband polemischer Schriften] 1. Frag: Ob ein Gott im Himmel seye? Wider die Freydencker. Beantwortet In den drey Oster Ferien . . . Im Jahr Christi 1760. 31 S. — Und 16 weitere Schriften. Munchen & Ingolstadt, Crätz & Summer, 1757—1763. 4°. In einem etwas abgenutzten HPgtbd. d. Z.

De B.-S. V. 1671 ff. Der Band enthalt außer der obigen an den Anfang gebundenen Schrift die folgenden Schriften (in Form von Predigten) „Wider die Freydencker, Materialisten, Heyden, Ketzer, Juden" (d. h. in erster Linie gg. alle Protestanten).

2. Frag. Ob Mehr Götter seyen, als nur einer? 41 S. — 3. Ob Gott die Welt regiere? 40 S. — 4. Ob Gott habe Mensch werden konnen, sollen und wollen? 40 S. — 5. Ob Der Mensch weiter nichts seye Als Eine Machine? 38 S. — 6. Ob Seelig zu werden Schon klecke, Das einer ein ehrlicher Mann seye? 31 S. — 7. Ob Seelig zu werden schon klecke, Das man ein Christ seye? [illegible] — 8. Ob und Was die Holl seye? 40 S. — 9. Ob Das Bibellesen Den Catholischen Layen Verbotten seye? [illegible] — 10. Ob Man die Gebott [illegible] halten könne? [illegible] — 11. Ob man Catholisch seyn könne, Ohne daß man Römisch-Catholisch seyn musse? [illegible] — 12. Ob man aus Kindern ehe Menschen als Christen zu machen bemuhet seyn [illegible] — 13. Ob die Ohren-Beicht ein Gottliches Gebott seye? 27 S. — 14. Ob die Kosten, die man auf den Zierat des ausserlichen Gottes-Dienst aufwendet, Lobwurdig seyen? 27 S. — 15. Ob Die Römisch-Catholische Geistlichkeit [illegible] zu dem Ehelosen Stand konne angehalten werden? 23 S. — 16. Buß-Predig Zu Versohnung Des Gottlichen Zorns . . . 36 S. — 17. Lob-Rede Dem Grossen H. Kirchen-Vatter Augustino Zu Ehren. 2. Auflage [illegible]

— Samml. evangel. Brosamen, das ist, Erklärung d. sonntägl. Evangelien. (Aus d. Latein. v. A. Eisenbart). 8. Ingolstadt 770, 71. 14 gr.

— Samml. evangel. Brosamen, das ist Erklärung d. sonntägl. Evang. 8. Ebend. 773.

— Samml. evangel. Brosamen auf alle Sonntage in d. Fasten. 3. Jahrgg. 8. Ingolst. 763—71. Krüll. 20 gr.

Neumayr, F. Nützliche Sammlung Evangelischer Brosamen . . . Augsburg u. Ingolstadt 1771. Ü: *Eisenbarth, Anton.* (Jes) »1770—71« (Ky)

— Schachtner, J. A. Geistliche Schaubühne, oder: Der Heilige Augustin in seiner Bekehrung. Aus dem Lateinischen . . . in deutsche Verse übersetzt von Johann Andree Schachtner . . . Augsburg & Innsbruck, Chr. Deckardt für J. Wolff, 1758. 8°. *Frontispizporträt (des Salzburger Erzbischofs Sigismund Christoph)*, 7 Bl. 398 S. 1 (leeres) Bl. *Mit gestoch. Verlegermarke und 1 Wappenkupfer.* Etwas berieb. Ldbd. d. Z.

De B.-S. V, 1655 (10). — Deutsche Erstausgabe eines der bedeutendsten und typischsten Bühnenstücke des letzten großen Jesuitendramatikers F. Neumayr (1697—1765) in München und Augsburg, des Schulers und Nachfolgers Franz Langs. Das lateinische Original war 1739 in München erschienen.

NEUMAYR, FRANZ, S. J. Geistliche Schaubühne, oder: Der Heilige Augustin in seiner Bekehrung. Aus dem Lateinischen . . . in deutsche Verse übersetzt von JOHANN ANDREE SCHACHTNER. Augsburg & Innsbruck, J. Wolff; Druck v. Chr. Deckardt in Augsburg, 1758. 8°. *Frontispizportrat* des Erzbischofs v. Salzburg Sigismund Christoph Graf Schrattenbach, 7 Bl. 398 S. 1 leeres Bl. *Mit gestoch. Verlegervign. a. d. Titel, Wappenvign. a. d. 3. Blatt und mehreren originellen typograph. Zieraten.* Etwas abgenutzter Ldbd. d. Z. Rucken etwas beschädigt.

De B.-S. V. 1655 (10). Vom Verfasser autorisierte deutsche Erstausgabe des wohl bekanntesten und längsten Dramas Neumayrs.

— Geistliche Schaubuhne Oder: Das Geboth der Liebe Gottes durch funf Heilige Franciscus in eben so vielen Betrachtungen vorgestellt. Aus dem Lateinischen des Herrn P. Franz Neumayr . . . in deutsche Verse ubersetzet [von BALTH. SEDLETZKY] . . . Augsburg & Innsbruck, Jos. Wolff, 1760; Druck. Augsburg, Chr. Deckardt. 4 Bl. 319 S. Etwas beriebener Ldbd. d. Z. mit Rv.

De B. S. V. 1659: „Veith dit que Balthasar Sedletzky traduisit en vers allemands ces cinq méditations. (Augsburg 1768). Est-ce une faute de date, ou une nouvelle édition, ou une autre traduction?" Jedenfalls ist dies die erste deutsche Ausgabe und nach FdF. 1019 (wo die [illegible]ausgabe von 1760 beschrieben wird) ist Sedletzky der Uebersetzer.

— Geistliche Schaubühne Oder: [I.] Der Heilige Augustin in seiner Bekehrung. Aus dem Lateinischen des Herrn P. Franz Neumayr . . . in deutsche Verse übersetzt von JOHANN ANDREE SCHACHTNER . . . Zweyte Auflage. Augsburg & Innsbruck, Jos. Wolff, 1766. 8°. *Frontispiz (Portrat des Erzbischofs von Salzburg Sigismund Christoph)*, 7 Bl. 392 S. Mit gestochener Vignette (Verlegermarke) auf dem Titel. — [II.] Das Geboth der Liebe Gottes durch fünf Heilige Franciscus in eben so vielen Betrachtungen vorgestellet . . . in deutsche Verse ubersetzet. Ebenda 1768. 319 S. M. gestochener Verlegermarke a. d. Titel. — [III.] Die Barmherzigkeit Gottes durch den verlohrnen Sohn in vier Betrachtungen vorgestellet . . . in deutsche Verse übersetzet . . . Ebenda 1766. 312 S. Gestochene Verlegermarke auf dem Titel. — 3 Teile in 1 dunkelbraunen Ldbd. d. Z. mit rotem Rsch.

De B.-S. V. 1655, 10; 1659, 21 Anm.; 1658, 18. F.IF. 1039/40 (Nur I und II, ohne III). Vollständige Ausgabe der (deutschen) Geistlichen Schaubühne, deren 3 Teile aber separat erschienen. Daß die ersten beiden Werke in 2. Auflage erscheinen konnten, spricht dafür, daß die interessanten, z. T. großartigen Dramen Neumayrs auch von einem größeren, nicht gelehrten Publikum gut aufgenommen wurden.

Geistliche Schaubühne, Oder: Der Heilige Augustin in seiner Bekehrung. Aus dem Lateinischen des Herrn P. Franz Neumayr ... in deutsche Verse übersetzt von Johann Andree Schachtner ... und auf Gutheiszen des sel. Herrn Verfassers zum Drucke befördert. Zweyte Auflage. Augsburg und Innsbruck, Auf Kosten Joseph Wolffs. 1766 ...

Sommervogel *5*, 1655, 10. 19 cm. 7 leaves, 392 pages.

— geistl. Schaubühne, od. die Sünde das höchste Uebel, in 3 Betracht. gr. 8. Münch. 768. J. Lindauer. 14 gr Schreibpap. 16 gr

— geistl. Schaubühne, oder die marianische Andacht, durch 3 Betrachtt. dargestellt. gr. 8. Münch. 768. J. Lindauer. 9 gr Schrbp. 12 gr

— geistl. Schaubühne, oder die Welt im Bösen, durch 4 Betrachtt. gr. 8. Münch. 768. J. Lindauer. 14 gr Schrbp. 16 gr

Geistliche Schaubühne Oder: Das Geboth der Liebe Gottes durch fünf Heilige Franciscus in eben so vielen Betrachtungen vorgestellet. Aus dem Lateinischen des Herrn P. Franz Neumayr ... in deutsche Verse übersetzet, und auf Gutheiszen des Herrn Verfassers zum Drucke befördert. Augsburg und Innsbruck, Auf Kosten Joseph Wolffs. 1768.

— dreifache Sittenreden auf jedes Fest Mariae 8. Augsb. 764. N. A. 779. Wolf. 16 gr

— heil. Streitreden üb. wichtigen Glaubensfragen. 2 Bde. 4. Augsb. 757—60. N. A. 3 Thle. Ebd. 763, 64. 5 ƒ

Neumayr, Franz. Heilige Streitreden über wichtige Glaubensfragen gehalten u. zu Bestärkung der Rechtgläubigen, zu Überführung der Irrenden, zu Bekehrung der Zweifelern herausgegeben. Augsburg u. Ingolstadt, Thom. Summer, 1763—5, 4°, 4 Bde.

Ein Teil der Streitreden erschien bereits früher: München u. Ingolstadt, 1757—60, 4°, 2 Bde. Die einzelnen Reden stehen bei Backer, a. a. O. I, 613—19, u. VII, 317—8.

— heil. Streitreden üb. wicht. Glaubensfragen. 3 Thle. 4. Ingolst. Krüll. 764.

Theatrum Asceticum, Sive Meditationes Sacrae in Theatro Congregationis Latinae B. V. Mariae ... Exhibitae Monachii, Verni Jejunii Tempore Ab Anno 1739. usque ad Annum 1747 ... Alteris typis editae ab ... P. Francisco Neumayr S. J. ... Ingolstadii, & Augustae Vindel. Sumptibus Joannis Franc. Xav. Crätz ... & Thomae Summer ... Anno 1747.

Sommervogel *5*, 1659, 22. 21 cm. 4 leaves, 871 pages.

— theatrum asceticum sive meditationes sacrae in theatro congregat. lat. Monachii exhibitae verni jejunii tempore ab anno 1739 usque ad ann. 1750. II Tom. 4. Münch. 750—58. N. A. 4. Ingolst. 761. Krüll. 2 ƒ

— Theatrum Politicum, sive Tragoediae ad commendationem virtutis et vitiorum detestationem olim ludis autumnalibus nunc typo datae. Augsburg und Ingolstadt, F. W. Crätz, 1760. 4°. 518 S. 1 Bl. M. Druckermarke. Schönes marmor. Ldr. d. Z. m. Rv.

De B.-S. V. 1673, 69. Erste Sammelausgabe von 10 (bzw. 11) Dramen Franz Neumayrs, des letzten großen Barockdramatikers des Jesuitenordens.

Der Band enthält folgende Dramen Neumayrs, durch die er „delectando prodesse" wünschte: I. Titus Imperator, II. Eutropius infelix Politicus, III. Papinianus Juris-Consultus, IV. Anastasius Dicorus, V. Jerobeam, VI. Constantius Chlorus (s. Constantia orthodoxa), VII. Sepulchrum Concupiscentiae, VIII. Servus duorum dominorum, IX. Processus Judicialis, contra fores temporis, X. Tobias & Sara sive Nuptiae Angele Paranympho auspicatae: Drama musicum Maximiliano Josepho et Mariae Annae neo-sponsis devotissima dicatum, XI. Tobias und Sara in das Teutsche übersezt (von Neumayr selbst?).

— theatrum theologiae asceticae. 8. Münch. 760. N. A. 8. Luzern 781. Anich. (Wolf in Augsb.) 6 gr

— Tilgung d. Trägheit. 8. Ingolst. 766. Krüll. 8 gr

— triduum sacrum exercitiis spiritus accommodat. pro viris nobilibus et litteratis. 8. Ingolst. 756. Krüll. 5 gr

— göttl. Tugenden des Glaubens, d. Hoffnung u. der Liebe. Ingolst. 765. Crätz.

— Unterricht z. Erlangung nützl. Vollkommenheit. 8. Augsb. N. A. 789. Rieger. 4 gr

Neumayr, F. Unterricht, Christlich zu leben, und Selig zu sterben, a. d. Lat. 2. Aufl. Augsb. 1772. U: *Obladen, Peter Paul.* (Jes) (MGT)

NEUMAYR, FRANZ: Neuer Versuch, das schwankend- und allmälig dahinsinkende Armen-institut wieder zu errichten, und auflebend zu machen, nach dem wohlgelungenen Entwurf Franz Neumayrs zum Besten der leidenden Menschheit . . . gewidmet. Raab 1799: Joseph Streibig. 29 S. - 8°

— via compendiaria ad perfectionem statui relig. competent. duce S. Ign. de Loyola. 8maj. Augsb. 759. N. A. 769. 16 gr

— via salutis, sive sacra exercitia juventuti literariae accommodata. 8. Augsb. 770. Bolling. 3 gr

— vir apostolicus, s. doctrina methodica function. sacerdotal. 8. Ingolst. N. A. 771. Krüll. (Wusché in Frankf. a. M.) 16 gr

— vir apostolicus, sive doctrina methodica de utili et facili praxi functionum sacerdotalium. Editio nova, cura M. de Auer. Schaffhusae 853. Hurter. 8. (XVI, 320 S.) 24 ngr

— die siegende Wahrheit, d. i. Ursachen kathol. zu bleiben, oder kathol. zu werden, (Aus d. Verfassers Schriften gezogen v. Jos. Gruber). 4. Augsb. 764. 5 gr

— Wegweiser in das ewige glückselige Vaterland. Ein christkathol. Lehr- u. Gebetbuch für alle Stände. Aus der heil. Schrift, dem röm. Meßbuche u. a. gutgeheißenen Gebetbüchern gesammelt, nebst Tugendübungen für sterbende Christen. Mit Titelkpfr. 8. Augsburg 833. L. Doll. $^{7}/_{12}$ ℔ — 2e verb. Aufl. Mit Titelkpfr. gr. 12. (Regensburg 836. Manz; Wien, Mechitaristen-Congreg.-Buchh.) $^{5}/_{8}$ ℔

—— Wegweiser in d. ewige glückſel. Vaterland. Ein christkathol. Lehr- u. Gebetb. f. alle Stände. A. d. heil. Schrift, d. röm. Meßbuche u. a. gutgeheiß. Gebetbüchern gesammelt, nebst Tugendübungen f. sterb. Christen. 2., verb. Aufl. gr. 12. (17 B u. Ttlkpfr.) Augsburg 836. (Regensburg, Manz; Wien, Mechitaristen-Congreg.-Buchh.) Thlr

—— Wesenheit, Kraft u. Uebung der drei göttl. Tugenden. Bearb. v. ein. Landgristlichen. 12. (10⅚ B.) Augsburg 845, Kollmann'sche Buchh.

Vrgl.: Bibliothek f. die heil. Mission.

— Wesenheit, Kraft u. Uebung der göttl. Tugenden, Glaube, Hoffnung u. Liebe. 8. Augsb. u. Ingolst. N. A. 765. u. 770. Crätz. 10 Kr

— dreytägiges Zäher-Fest. 8. Augsburg, J. Wolf. 777.

Neumayr, H. Die bayerische Volkserhebung 1705—1706. Mit Abb.
Bruck b. München 1905. 79 S.

Neumayr, J. W., Reisen Joh. Ernst, Herzog zu Sachsen Weimar, nach Frankr., Engl. u. d. Niederlande. 8. Jena, Cröcker. 734.

Neumayr, Jos., das Neueste in Laubsäge-Zeichnungen in reich architektonischem Style ausgeführt. 9 Hefte. München 867. (Fritsch.) 4. (27 Steintaff. in Imp.-Fol.) Jedes Heft n. 10 ngr.

NEUMAYR, Ludwig (Neustift): Beiträge zur Lehre von den Hornhautgeschwüren.- München: Straub 1870. 34 S.
3.8.1868 - Urk; (Titel: De ulceribus corneae.); f 72; Chr 1868/69,14
Diss. Ingolst.-Landsh.-Mchn.

NEUMAYR, Ludwig (München): Ueber die Fähigkeit der Haut, Wasser und in diesem gelöste Stoffe aufzusaugen.- München: Straub 1868. 15 S.
31.7.1867 - Urk (Titel: De cutis facultate resorbendi aquam et solutiones.); f 71; Chr 1867/68,13
Diss. Ingolst.-Landsh.-Mchn.

Neumayr, Melchior

Neumayr, M., die jungen Ablagerungen am Hellespont, s.: Calvert, F.

—— und V. Uhlig, über Ammonitiden aus den Hilsbildungen Norddeutschlands. gr. 4. (IV, 75 S. mit 43 lithogr. Taf. Abbild. und 43 Bl. Taf.-Erklärungen.) [Kassel 881, Fischer.] Stuttgart, Schweizerbart'sche Verlagsh. 100 —
Aus: Palaeontographica, besonders abgedruckt.

Neumayr, M., der geologische Bau des westlichen Mittel-Griechenland. Imp.-4. (40 S. mit 1 lithogr. Profiltaf. und 1 eingedr. Holzschn.) Wien 878, (Gerold's Sohn.) *

— Der geologische Bau des westlichen Mittel-Griechenland (mit 1 Taf und 1 Holzschnitt). D 40, 91 . . . . 2.—
Separatabdruck

— über den geologischen Bau der Insel Kos u. über die Gliederung der jungtertiären Binnenablagerungen des Archipels. Mit einem Anh. v. M. Hörnes. Mit 1 (eingedr.) Holzschn., 1 (chromolith.) geolog. Karte der Insel Kos u. 2 (lith.) Petrefactentaf. [Aus: „Denkschr. d. k. Akad. d. Wiss."] Imp.-4. (102 S.) Wien 880. Gerold's Sohn in Comm. n. 7. —

— Uber den geologischen Bau der Insel Kos und die Gliederung der jungtertiären Binnenablagerungen im Archipel (mit 1 Karte 2 Taf und 1 Holzschnitt) D 40 213 . 7 —
Separatabdruck

Neumayr, M., Beiträge zu e. morphologischen Eintheilung der Bivalven. Aus den hinterlassenen Schriften d. M. N., m. e. Vorwort v. E. Suess. [Aus: „Denkschrift d. k. Akad. d. Wiss."] Imp.-4. (101 S.) Wien 891. (F. Tempsky.) n. 5. 30

— Beiträge zu einer morphologischen Eintheilung der Bivalven Mit einem Vorworte von Eduard Sueß. D 58 701 . . . . 5.30
Separatabdruck

— Beyträge zur Naturgeschichte der Versteinerungen in geognostischer Hinsicht. (Ohne Druckort und -Jahr.) 4.

Neumayr, M., s.: Beiträge zur Paläontologie u. Geologie Österreich-Ungarns u. d. Orients.

Neumayr, M., geologische Beobachtungen im Gebiete des Thessalischen Olymp. [Aus: „Denkschr. d. k. Akad. d. Wiss."] Imp.-4. (8 S.) Wien 879. Gerold's Sohn in Comm. n. — 40

— Geologische Beobachtungen im Gebiete des thessalischen Olymp D 40 113 . — 40
Separatabdruck

Neumayr, M[elchior]. Ueber Bergsturze. [Mit Figuren und 5 Tafeln. A] 8 ([Wien] 1889.)

Neumayr (M.), Der Bericht des Francesco del Nero über die Bildung des Monte Nuovo bei Neapel. (Separat-Abdr. a. d. N. Jahrb. f. Mineralogie etc. 1883. 2. Band.) (Ohne Druckort.) 8.

Neumayr (M.), Ueber Brachialleisten (nierenförmige Eindrücke) der Productiden. (Sep.-Abdr. a. d. N. Jahrb. f. Mineralogie etc. 1883. 2. Band.) 8.

— u. C. M. Paul, Congerien- u. Paludinenschichten, s. a. Abhandlungen der k. k. geolog. Reichsanstalt. 7. Bd.

Neumayr, M., u. C. M Paul, die Congerien u. Paludinenschichten Slavoniens u. deren Faunen. Ein Beitrag zur Descendenz-Theorie. Mit 10 lith. (zum Thl. farb.) Taf. (in Imp.-4. u. qu. gr. Fol.) [Abhandlungen der k. k. geol. Reichsanstalt. VII. Bd. 3. Hft.] Imp.-4. (V, 111 S. m. eingedr. Holzschn. u. 10 Bl. Tafelerklärgn.] Wien 875. Hölder. n. 30. —

Neumayr, Melchior, d. Erde im Weltraume, s.: Meyer's Volksbücher.

Neumayr, Melch., Erdgeschichte, s. Naturkunde, allgemeine.

Neumayr (M.), Erdgeschichte. Band 1: Allgemeine Geologie. Band 2: Beschreibende Geologie. Leipzig 1886 und 1887. 8. — Desgl. 2. Aufl. Neu bearbeitet von V. Uhlig. Band 1: Allgemeine Geologie. — Band 2: Beschreibende Geologie. Leipzig und Wien 1895. 8.

Neumayr, Melch., Erdgeschichte. 1. Bd. Allgemeine Geologie. Mit 334 Abbildgn. im Text, 15 Aquarelltaf. u. 2 Karten v. E. Heyn, O. Peters, R. Poschinger u. a. Lex.-8. (XII, 658 S.) Leipzig 886. Bibliograph. Institut. geb. n. 16. —

Neumayr, Melchior: Erdgeschichte Bd 1. Allgemeine Geologie. Mit 334 Abbildungen im Text, 15 Aquarelltafeln und 2 Karten von E. Heyn, O Peters, R. Poschinger, E. von Ransonnet, A. Swoboda u. a Bd 2 Beschreibende Geologie Mit 581 Abbildungen im Text, 12 Aquarelltafeln und 2 Karten von Th. Alphons, E Heyn, O Peters, R Poschinger, E von Ransonnet, A. Swoboda u. a. Leipzig 1887 2 Bde XII, 654, XII, 880 S 4°.

— Erdgeschichte. 2. Aufl., neubearb. von Vikt. Uhlig. In 2 Bdn. Lex.-8. Leipzig 896. Bibliograph. Institut. Geb. in Halbfrz. à Bd. n. 16. —
1. Allgem. Geologie. M. ca. 378 Abb. im Text, 18 Farbendr.- u. 6 Holzschn.-Taf., sow. 2 Karten v. F. Dotzauer, E. Heyn, O. Peters u. a. (XIV, 693 S.)
2. Beschreib. Geologie. M. 495 Abb. im Text, 10 Farbendr.- u. 6 Holzschn.-Taf., sow. 2 Karten v. Th. Alphons, F. Dotzauer, F. Etzold u. a. (X, 700 S.)
Erschien auch in 28 Lfan. à n. 1. —.

— die Fauna der Schichten m. Aspidoceras acanthicum. Hrsg. v. der k. k. geolog. Reichsanstalt. [Abhandlungen Bd. V. Heft Nr. 6.] Mit 13 lith. Taf. Fol. (116 S.) Ebend. 873. n. 28. —

– Dass., s.a. Abhandlungen der k. k. geolog. Reichsanstalt.

— über einige Fossilien aus der Uitenhage-Formation in Süd-Afrika, s.: Holub, E.

— zur Geologie u. Paläontologie v. Japan, s.: Naumann, E.

— zur Geschichte des östlichen Mittelmeerbeckens, s.a. Sammlung gemeinverständlicher wissenschaftlicher Vorträge.

Neumayr (M.), Zur Geschichte des östlichen Mittelmeerbeckens. Vortrag. Berlin 1882. 8.

Neumayr M, zur Geschichte des östlichen Mittelmeerbeckens. (Slg gemeinverständlicher wissenschaftlicher Vorträge 392) Berlin 1882

— üb. die Herkunft der Unioniden. [Mit 3 Taf.] Aus: „Sitzungsber. d. k. Akad. d. Wiss.“] Lex.-8. (23 S.) Wien 889. (Tempsky.) n. 1. 10

Neumayr Melchior, Dr. Über die Herkunft der Unioniden (mit 3 Taf.). S. 98 I 5 K 1 10
Separatabdruck

— u. V. Uhlig, üb. die v. H. Abich im Kaukasus gesammelten Jurafossilien. [Aus: „Denkschr. d. k. Akad. d. Wiss.“] Imp.-4. (122 S. m. 6 Taf.) Ebd. 892. n. 8. 80

– und Uhlig Viktor. Über die von H. Abich im Kaukasus gesammelten Jurafossilien (mit 6 Taf.). D 59 1 . 8.80
Separatabdruck

— zur Kenntniss der Fauna des untersten Lias in den Nordalpen. [Abhandlgn. d. k. k. geolog. Reichsanstalt, 7. Bd. 5. Hft.] Mit 7 lith. Taf. Imp.-4. (46 S. m. 7 Bl. Tafelerklärungen.) Wien 879. Hölder in Comm. n. 16. —

– Dass., s.a. Abhandlungen der k. k. geolog. Reichsanstalt.

Neumayr, M[elchior]. Ketten- und Massengebirge. [A.] 8. ([München] 1888.)

— über Kreideammonitiden. [Aus: „Sitzungsber. d. k. Akad. d. Wiss.“] Lex.-8. (55 S.) Wien 875. (Gerold's Sohn.) n. — 80

Neumayr Melchior, Dr. Über Kreideammonitiden. S. 71 I 69 . . . . . —.80
Separatabdruck

Neumayr, M., zur Morphologie d. Bivalvenschlosses. [Mit 2 (lith.) Taf.] Lex.-8. (34 S.) Wien 883. (Gerold's Sohn.) n. 1. —

— Zur Morphologie des Bivalvenschlosses (mit 2 Taf.). S. 88. I. 385 . . . . 1.—
Separatabdruck

— die Ornatenthone v. Tschulkowo u. die Stellung der russischen Jura, s.: Beiträge, geognostisch-paläontologische.

— die Stämme d. Thierreiches. Wirbellose Thiere. 1. Bd. Mit 192 Textbildern. Lex.-8. (VI, 603 S.) Wien u. Prag 889. Tempsky. — Leipzig, Freytag. n. 20. —

— s.: Studien, geologische, in den Küstenländern des griechischen Archipels.

— morphologische Studien über fossile Echinodermen. Mit 2 (lith.) Taf. [Aus: „Sitzungsber. d. k. Akad. d. Wiss.“] Lex.-8. (34 S.) Wien 881. (Gerold's Sohn.) n. 1. —

— Morphologische Studien über fossile Echinodermen (mit 2 Taf.). S. 84. I. 163 vgr
Separatabdruck

— Überblick über die geologischen Verhältnisse eines Theiles der ägäischen Küstenländer, s.: Bittner, A.

— geologische Untersuchungen über den nördlichen u. östlichen Theil der Halbinsel Chalkidike. Mit 1 (eingedr.) Holzschn. [Aus: „Denkschr. d. k. Akad. d. Wiss.“] Imp.-4. (12 S.) Wien 879. Gerold's Sohn. n. – 60

-- Geologische Untersuchungen über den nördlichen und östlichen Teil der Halbinsel Chalkidike (mit 1 Holzschnitt). D 40. 38 . . . . —.60
Separatabdruck

—— die geographische Verbreitung der Juraformation. Imp.-4. (88 S. mit 2 chromolithogr. Karten und 1 lithogr. Taf.) Wien 885, (Tempsky.) * 7 20
Aus: Denkschriften der k. Akademie der Wissenschaften, besonders abgedruckt.

— Die geographische Verbreitung der Juraformation (mit 2 Karten und 1 Taf.). D 50. I 57 . . . . vgr.
Separatabdruck

---- Merkwürdige Versteinerungen aus der Petrefakten-Sammlung des verstorbenen v. Schlotheim. Gotha 1832. 8. Mit 66 Kupfertafeln in 4.

— die natürlichen Verwandtschaftsverhältnisse der schalentragendon Foraminiferen. [Aus: „Sitzungsberichte d. k. Akad. d. Wiss.“] Lex.-8. (31 S. m. 1 Tab.) Wien 887. (Tempsky.) n. — 60

— Die natürlichen Verwandtschaftsverhältnisse der schalentragenden Foraminiferen (mit 1 Tabelle). S. 95. I 156 . . . . —.60
Separatabdruck

—— die Cephalopodenfauna der Oolithe von Balin bei Krakau, s.a. Abhandlungen der k. k. geolog. Reichsanstalt.

Neumayr (M.), Die Cephalopoden-Fauna der Oolithe von Balin bei Krakau. (Abh. d. k. k. geolog. Reichsanst., Bd. 5, H. 2.) Wien 1871. 4. Mit 7 Tafeln. (Siehe auch: Abhandl. etc.)

Neumayr, M., die Cephalopoden-Fauna der Oolithe v. Balin bei Krakau. Hrsg. v. der k. k. geolog. Reichsanstalt. [Aus „Abhandlungen.“] Mit 7 lith. Taf. Fol. (36 S.) Wien 871. Braumüller in Comm. n. 8. —

—— über klimatische Zonen während der Jura- und Kreidezeit. Imp.-4. (34 S. mit 1 chromolithogr. Karte.) Wien 883, (Gerold's Sohn.) * 3 20
Aus: Denkschriften der k. Akademie der Wissenschaften, besonders abgedruckt.

— Über klimatische Zonen während der Jura- und Kreidezeit (mit 1 Karte). D 47. I. 57 . . . . vgr.
Separatabdruck

Neumayr, Paul, Handbüchlein für geistliche Bruderschaften, insbesond. f. d. Skapulierbruderschaft in Odelzhausen. (Mit Titelkpf.) gr. 12. München 842. (Leutner'sche Buchh.; M. Keck.) n. 1/4 ₰

Neumayr, Paul, über den Ursprung der menschlichen Seele, die Fortpflanzung der Erbsünde und unsere Rechtfertigung durch Christus. Eine theologische Abhandlung. München 863. Lentner in Comm. gr. 8. (VI, 58 S.) n. 8 ngr.

Neu-Mecklenburg [Schlagwort]

Neu-Mecklenburg, Küste von, s.: Seekarten.

Neumeier, s. Neumaier.

Neumeier, Mich., Leichenpredigten. 4. Mindelheim. 722.

Neumeister, D. und A. Ruge, Beobachtungen über das Seebad zu Curhaven, im Sommer 1818. gr. 8. Hamburg, Perthes u. Besser. 819.

Neumeister, Alb., u. Ernst Häberle, Bauernhäuser u. kleine gewerbliche Anlagen. Eine Sammlg. ausgeführter ländl. Bauten f. ökonom. u. kleingewerbl. Zwecke. Unter Mitwirkg. namhafter Fachgenossen hrsg. 1.—6. Lfg. Fol. (à 5 farb. Taf.) Stuttgart 893. 894. K. Wittwer. à n. 3. —

Neumeister, Alb., u. Ernst Häberle, Bauernhäuser u. kleine gewerbl. Anlagen. E. Sammlg. ausgef. ländl. Bauten f. ökonom. u. kleingewerbl. Zwecke. Unter Mitwirkung namhafter Fachgenossen hrsg. 7.—12. (Schluss-) Lfg. Fol. (à 5 farb. Taf. u. 2 Bl. Text.) Stuttgart 895. K. Wittwer. à Lfg. n. 3. —

Neumeister, A., s.a. Fassaden, moderne.

Neumeister, Alb., moderne Fassaden. Preisgekrönte, angekaufte u. ausgewählte Entwürfe aus dem Wettbewerbe Seemann & Co., Leipzig. 1. u. 2. Abtlg. gr. Fol. Leipzig, Seemann & Co. In Mappe à n. 36. —
1. 10 Meter-Fassaden. (45 z. Tl. farb. Taf. m. V S. Text.) (901.)
2. 12- u. 16-Meter-Fassaden. (45 z. Tl. farb. Taf. m. VI S. Text.) (902.)

– und Ernst Häberle

— — **die Holz-Architektur.** 1.—9. Lfg. gr. Fol. (à 10 Taf.) Ebd. 893. 894. à 7. 50

— — die Holz-Architektur. 10. (Schluss-) Lfg. gr. Fol. (10 Taf. m. 1 Bl. Text.) Ebd. 895. 7. 50 (kplt. in Mappe: n. 75. —)

— **u. Ernst Häberle**, die Holz-Architektur. 2. Serie. 1. Halbbd. 5 Lfgn. gr. Fol. (à 10 Bl.) Stuttgart (899. 900). K. Wittwer. à Lfg. 7. 50

— **u. Ernst Häberle**, deutsche Konkurrenzen. Beamten- u. Arbeiterwohnhäuser. (Zusammengestellt aus Bd. I, VII, X—XIV u. XVIII.) 12 Hefte. 8. Ebd. 892—905. In Leinw.-Karton n. 16. —

— — **dasselbe. Kirchen.** (Zusammengestellt aus Bd. II—IV, VI, VIII—XII u. XIV—XVII.) 20 Hefte. 8. Ebd. 894 - 904. In Leinw.-Karton n. 26. —

— — dasselbe. Rathäuser. (Zusammengestellt aus Bd. I, III, V—VIII, XIII u. XVI) 20 Hefte. 8. Ebd. 892—903. In Leinw.-Karton n. 26. —

— — dasselbe. Rathäuser. I. u. II. Serie. à 12 Hefte. 8. Ebd. In Leinw.-Karton à n. 16. —
I. Für Städte üb. 100,000 Einwohner. (Zusammengestellt aus Bd. III, V—VIII u. XIII.) 894—901.
II. Für Städte unter 100,000 Einwohner. (Zusammengestellt aus Bd. III, V, VI, IX, X, XII, XV u. XVI.) 894—903.

— — dasselbe. Schulgebäude. (Zusammengestellt aus Bd. II, IV, VII u. XIII—XVI.) 12 Hefte. 8. Ebd. 893—903. In Leinw.-Karton n. 16. —

— — deutsche Konkurrenzen. Eine Sammlg. interessanter Entwürfe, aus den Wettbewerben deutscher Architekten zusammengestellt u. hrsg. I. Jahrg. 12 Hfte. 8. (Mit Abbildgn.) Leipzig, E. A. Seemann. Subskr.-Pr. à Hft. n. 1. 20; Einzelpr. à n. 1. 80
1. Rathhaus-Konkurrenz f. Pforzheim. 8. (32 S. m. 20 Abbildgn.) 892.
2. Rathhaus-Konkurrenz f. Plauen-Dresden. 1. u. 2. unveränd. Aufl. (30 S.) 892. 893.
3. Museums-Konkurrenz f. Flensburg. (32 S.) 892.
4. Kirchen-Konkurrenzen f. Breslau u. St. Johann. (32 S.) 892.
5. Konkurrenz f. Villa Kuhnt in Halle a. S. (32 S.) 892.
6. Wettbewerb f. e. evangel. Kirche in Aachen. (30 S.) 893.
7.—9. Preisbewerbung um das Empfangsgebäude d. neuen Hauptbahnhofes in Dresden. qu. gr. 4. (44 S. m. 36 eingedr. Taf.) 893.
10. Kirchen-Konkurrenz f. Pforzheim. (32 S.) 893.
11. 12. Beamtenwohnungen f. Stuttgart. (63 S.) 893.

— — dasselbe. II. Jahrg. 12 Hfte. Der ganzen Reihe Nr. 13—24. gr. 8. (Mit Abbildgn.) Ebd. Subskr.-Pr. à Hft. n. 1. 20; Einzelpr. à n. 1. 80
1. Stadtbibliothek in Bremen. (32 S.) 893.
2. Synagoge in Königsberg i/Pr. (32 S.) 893.
3. Märkisches Provinzial-Museum in Berlin. (44 S.) 893.
4. Geschäftshaus in Dresden. (23 S.) 893.
5. Evangelische Kirche in Chemnitz. (34 S.) 893.
6. Kleine Wohngebäude f. invalide Arbeiter in Essen. (32 S.) 893.
7. Gymnasium in Frankfurt a. M. (36 S.) 893.
8. Hafenhochbauten in Köln. Schule in Eschwege. (27 S.) 893.
9. Riebeckstiftung in Halle. (31 S.) 893.
10. Restaurationsgebäude in Löbau. (32 S.) 893.
11. Kreishaus in Wesel. (32 u. 6 S.) 893.
12. Gewerbe- u. Industrieausstellungs-Gebäude in Erfurt. Ateliergebäude in Karlsruhe. (32 S.) 894.

— — dasselbe. Nebst Beiblatt: Konkurrenz-Nachrichten. III. Jahrg. 12 Hfte Laufende Nr. 25—36. 8. (Mit Abbildgn.) Ebd. Subskr.-Pr. (m. Beiblatt) à Hft. n. 1. 25; Einzelpr. (ohne Beiblatt) à n. 1. 80
1. 2. Garnisonkirche in Dresden. (57 u. Beibl. 16 S.) 894.
3. Kreishaus in Itzehoe. (30 S.) 894.
4. Zwei evangelische Kirchen f. Düsseldorf. (31 S.) 894.
5. Gerichtsgebäude in Gotha. (32 S. m. Konkurrenz-Nachrichten S. 49—60.) 894.
6. 7. Rathaus in Elberfeld. (59 S.) 894.
8. Evangelische Kirche in Riesa. (32 S.) 894.
9. Realschule in Stuttgart. (31 S. u. Konkurrenz-Nachrichten Nr. 7, S. 81—96.) 894.
10. Rathaus in der Stadt Rheydt. (31 S. m. Abbildgn. u. Konkurrenz-Nachrichten Nr. 8, S. 97—110.) 894.
11. Fünferhaus in Nürnberg. Turm auf dem Mahlberge. Schule in Herford. (32 S.) 894.
12. Evangelische Kirche in Magdeburg. (31 S.) 894.

— — dasselbe. IV. Jahrg. 1.—4. Hft. Laufende Nr. 37—40. 8. (Mit Abbildgn.) Ebd. Subskr.-Pr. f. den Jahrg. v. 12 Hftn. n. 15. —; Einzelpr. (ohne Beiblatt) à Hft. n. 1. 80
1. Gesellschaftshaus in Ulm. (31 u. Konkurrenz-Nachrichten Nr. 10, 16 S.) 894.
2. Synagogen in Magdeburg u. Köln. (32 S.) 894.
3. Wilhelma in Magdeburg. (33 S.) 894.
4. Evangelische Kirche in Karlsruhe. (32 u. Konkurrenz-Nachrichten 8 S.) 894.

— — deutsche Konkurrenzen. 4. Jahrg. 5.—12. Hft. Nr. 41—46. gr. 8. (Mit Abb.) Leipzig, Seemann & Co. Subskr.-Pr. m. Beiblatt: Konkurrenz-Nachrichten à n. 1. 25; Einzelpr. (ohne Beiblatt) à n. 1. 80
5. Realschule in Altona. (32 S.) 894.
6. Mädchenschule in Darmstadt. (35 S.) 895.
7. Konzert- u. Ballhaus Pschorr in München. (31 S.) 895.
8. 9. Kasino in Mainz. (56 S.) 895.
10. Deutsch-reform. Kirche in Magdeburg. (32 S. m. Abb. u. Konkurrenz-Nachrichten S. 53—63.) 895.
11. Geschäftshaus Ilgen in Dresden. (31 S. m. Konkurrenz-Nachrichten S. 69—86.) 895.
12. Evangelische Kirche in Mainz. (31 S.) 895.

— — dasselbe. 5. Bd. (Jahrg.) 12 Hfte. Nr. 49—60. 8. (M. Abb.) Ebd. Subskr.-Pr. m. Konkurrenz-Nachrichten à n. 1. 25; Einzelpr. (ohne Beiblatt) à n. 1. 80

1. 2. Rathaus in Stuttgart. (64 u. Konkurrenz-Nachrichten 12 S.) 895.
3. Deutsch-reform. Kirche in Hannover. (31 u. Konkurrenz-Nachrichten 8 S.) 895.
4. Brunnen in Bremen u. Königsberg i Pr. (28 S.) 895.
5. Hallenschwimmbad in Breslau. (34 u. Konkurrenz-Nachrichten 16 S.) 895.
6. Kirchturm in Nienburg a Weser. (33 S. u. Konkurrenz-Nachrichten 14 S.) 895.
7. Rathaus in Cöthen. (32 u. Konkurrenz-Nachrichten 20 S.) 896.
8. Ruhmeshalle in Barmen. (33 S.) 896.
9. Rathaus in Jauer. (32 u. Konkurrenz-Nachrichten 16 S.) 896.
10. Reform. Kirchen f. Leipzig u. Dresden. (35 S.) 896.
11. Volksgarten-Düsseldorf, Listerturm-Hannover u. Flora-Köln. (35 u. Beiblatt 16 S.) 896.
12. Provinzial-Museum in Hannover. (32 S.) 896.

— — dasselbe. 6. Bd. (Jahrg.) 12 Hfte. Nr. 61—72. 8. (M. Abb.) Ebd. Subskr.-Pr. m. Beiblatt: Konkurrenz-Nachrichten à n. 1. 25; Einzelpr. (ohne Beiblatt) à n. 1. 80

1. Stadthalle f. Elberfeld. (32 S.) 896.
2. Aussichtsturm im Aachener Stadtwald. Fassaden d. Flusswasserkunst in Hannover. Beguinenturm in Hannover. (32 S.) 896.
3. Rathaus f. Duisburg. (35 S.) 896.
4. Evang. Diakonissen- u. Krankenhaus zu Freiburg i B. (32 S.) 896.
5. 6. Preisbewerbung um das Rathaus in Hannover. qu. gr. 4. (21 S. u. Bl.) 896.
7. Synagoge f. Dortmund. (32 S.) 896.
8. Konzert- u. Restaurationslokal im Stadtgarten zu Hagen. Kurhaus f. d. Seebad Westerland auf Sylt. (32 S.) 896.
9. Kirchen f. Bremen, Kiel u. Gross-Lichterfelde. (32 S.) 896.
10. Kunstgewerbemuseum f. Köln. (32 u. Konkurrenznachrichten 8 S.) 897.
11. Rathäuser f. Dessau u. Steglitz. (32 S.) 897.
12. Rathaus f. Linden. (33 S.) 897.

Neumeister, Alb., u. E. **Haberle**, Deutsche Konkurrenzen. 7. Bd. 12 Hfte. Nr. 73—84. gr. 8. (M. Abb.) Leipzig 897. E. A. Seemann. Subskr.-Pr. m. Beiblatt: Konkurrenz-Nachrichten à n. 1. 25; Einzelpr. (ohne Beiblatt) à n. 1. 80

1. Völkerschlacht-Denkmal bei Leipzig. (35 S.)
2. Kreishaus f. Wanzleben. (32 S.)
3. Bergschule f. Bochum. (32 u. Beiblatt 8 S.)
4. Hochschule f. bild. Künste u. f. Musik in Berlin. (32 S.)
5. Villen in Königsberg. (32 S.)
6. Gebäudeblock in Altona. Waldschenke im Stadtwalde zu Köln. (31 S.)
7. Hannoversche Bank in Hannover. (32 u. Beiblatt 8 S.)
8. Bismarckturm auf d. Knivsberg bei Apenrade u. Bismarckturm in Remscheid. (9 S.)
9. Landeshaus d. Prov Westfalen in Münster. (32 S.)
10. Schützenhaus f. Iserlohn (32 u. Beiblatt 8 S.)
11. Rathaus f. Leipzig. (32 S.)
12. Ernst u. Lina Arnoldstift in Greiz. (32 S.)

— — dasselbe. 8. Bd. 12 Hfte. Nr. 85—96. gr. 8. (M. Abb.) Ebd. 898. Subskr.-Pr. m. Beiblatt: Konkurrenz-Nachrichten à n. 1. 25; Einzelpr. (ohne Beiblatt) à n. 1. 80

1. Museum f. Altona. (32 S.)
2. Kaufmänn. Vereinshaus f. Chemnitz. (32 S.)
3. Kreishaus f. Herford. (32 S.)
4. Rathaus f. Hannover. (Eng. Wettbewerb.) (32 S.)
5. Ruhmeshalle in Görlitz. (32 S.)
6. Stadtgarten-Restauration in Gelsenkirchen. (32 S.)
7. 8. Rathaus f. Charlottenburg. (66 S.)
9. Turnhalle f. Hanau. (32 S.)
10. Lutherkirche in Zwickau. (31 S.)
11. 12. Kurhaus in Wiesbaden. (38 S.)

— — dasselbe. 9. Bd. 1.—4. Hft. Nr. 97—100. gr. 8. (M. Abb.) Ebd. 898. Subskr.-Pr. m. Beiblatt: Konkurrenz-Nachrichten à n. 1. 25; Einzelpr. (ohne Beiblatt) à n. 1. 80

1. Spar- u. Leihkasse f. Rendsburg. — Geschäftshaus nebst Restauration u. Hotel der „Mercuria" in Dortmund. (32 S. u. Konkurrenz-Nachrichten S. 85—92.)
2. Lucaskirche f. Chemnitz. (32 S.)
3. Kirche in Hammerbrook. (32 S.)
4. Bergerdenkmal in Witten. (31 S.)

— — dasselbe. Ergänzungshefte. I. Bd. (In 12 Hftn.) 1.—4. gr. 8. (M. Abb.) Ebd. Subskr.-Pr. à n. 1. 25; Einzelpr. à n. 1. 80

1. Giebel. (31 S.) 897. — 2. Türme. (27 S.) 897.
3. Giebel. (29 S.) 898. — 4. Säle. (29 S.) 898.

— deutsche Konkurrenzen. IX. Bd. 5.—12. Hft. Nr. 101—108. gr. 8. (Mit Abbildgn.) Ebd. 899. Subskr.-Pr. m. Beibl.: Konkurrenz-Nachrichten à n. 1.25; Einzelpr. (ohne Beiblatt) à n. 1. 80

5. Baumwollbörse f. Bremen. (32 S. u. Konkurrenz-Nachrichten S. 97—104 m. 1 Bildnis u. 4 Taf.)
6. Kreishaus f. Dortmund. (32 S.)
7. Rathaus für Stolp. (32 S. u. Konkurrenz-Nachrichten S. 113—116.)
8. Städt. Museum f. Magdeburg. (32 S.)
9. Verwaltungsgebäude f. Aachen. (32 S.)
10. 11. Geschäftshaus Weddy-Pönicke in Halle a. S. (51 S.)
12. Schulen in Friedberg. (32 S. u. Konkurrenz-Nachrichten S. 133—140.)

Vorstehende Hefte sind noch v. E. Häberle mitherausg.

— dasselbe. X. Bd. 12 Hfte. Nr. 109—120. gr. 8. (Mit Abbildgn.) Ebd. 899. 900. Subskr.-Pr. m. Beiblatt: Konkurrenz-Nachrichten à n. 1. 25; Einzelpr. (ohne Beiblatt) à n. 1. 80

1. 2. Herrschaftl. Wohnhäuser in Oberkassel. 2 Tle. (31 u. 29 S.)
3. Bismarcksäulen. (31 S.)
4. Haus der Lange-Stiftung in Hannover. Kaufhaus in Trier. (32 S.)
5. 6. Rathaus f. Rüttenscheid. (61 S.)
7. Evang. Kirche f. Altenburg. (32 S.)
8. Vereinshaus f. Breslau. (32 S.)
9. Saalbau in Essen. (32 S.)
10. Zwei evang. Kirchen f. Krefeld. (31 S.)
11. Damenstift f. Altona. (32 S.)
12. Bibliothek u. Museum f. Hagenau. (32 S.)

Neumeister, Alb., deutsche Konkurrenzen. XI. Bd. 12 Hfte. Nr. 121—132. gr. 8. (Mit Abbildgn.) Leipzig 900. Seemann & Co. Subskr.-Pr. m. Beiblatt: Konkurrenz-Nachrichten à n. 1. 25; Einzelpr. (ohne Beiblatt) à n. 1. 80

1. Museum f. Chemnitz. (32 S.)
2. Turnhalle in Fürth. (31 S.)
3. Evangel. Kirche f. Poppelsdorf. (32 S.)
4. Hansahaus f. Mannheim. (32 S.)
5. Evangel. Kirche f. Lindenthal. (28 S.)
6. Kreishaus f. Düsseldorf. (32 S.)
7. Bauentwürfe f. Hildesheim. (32 S.)
8. Soolbadanlage in Bernburg. (31 S.)
9. Die Münchener Strasse in Dresden. (30 S.)
10. Arbeiterhäuser f. Kirchditmold. (31 S.)
11. Kirche, evangel., f. Biebrich. (32 S.)
12. Bebauungsplan f. den Stadtteil am kurfürstl. Schloss in Mainz. (32 S.)

— dasselbe. XII. Bd. 12 Hfte. Nr. 133—144. gr. 8. (Mit Abbildgn.) Ebd. 901. Subskr.-Pr. m. Beiblatt: Konkurrenz-Nachrichten à n. 1. 25; Einzelpr. (ohne Beiblatt) à n. 1. 80

1. Villen der Heimstätten-A.-G. Berlin. (32 S.)
2. 3. Rathaus f. Fechenheim. (56 S.)
4. Evangelische Kirche der Dreifaltigkeitsgemeinde in Hannover. (32 S.)
5. Bade-Anstalt f. Gelsenkirchen. (31 S.)
6. Gymnasium f. Zehlendorf. (36 S. u. Konkurrenz-Nachrichten S. 301—310.)
7. Evangelische Kirche f. Leipzig. (31 S.)
8. Kreishaus f. Arnsberg. (32 S.)
9. Häuserblock in Bremen. (32 S.)
10. Evang. Kirchen f. Mannheim u. Zehlendorf. (32 S.)
11. 12. Volksbank f. Mainz. (59 S.)

— dasselbe. XIII. Bd. 12 Hfte. Nr. 145—156. gr. 8. (Mit Abbildgn.) Ebd. Subskr.-Pr. m. Beiblatt: Konkurrenz-Nachrichten à n. 1. 25; Einzelpr. (ohne Beiblatt) à n. 1. 80

1. Bebauung des Thomaskirchhofs in Leipzig. (39 S.) 901.
2. 3. Rathaus f. Dresden. (68 S.) (901.)
4. Bibliothek f. Cassel. (36 S.) 901.
5. Dienstgebäude f. die Kreishauptmannschaft u. Amtshauptmannschaft in Chemnitz. (35 S.) 901.
6. Siechenhaus f. Rokittnitz. (32 S.) 901.
7. 8. Stadtparkhalle f. Remscheid. (64 S.) 902.
9. 10. Rathaus u. Töchterschule f. Wilmersdorf. (56 S.) 902.
11. Töchterschule f. Regensburg. (32 S.) 902.
12. Beamtenwohnhäuser f. Hannover. (31 S.) 902.

— dasselbe. XIV. Bd. 12 Hfte. Nr. 157—168. gr. 8. (Mit Abbildgn.) Ebd. Subskr.-Pr. m. Beiblatt: Konkurrenz-Nachrichten à n. 1. 25; Einzelpr. (ohne Beiblatt) à n. 1. 80

1. 2. Arbeiterwohnungen der deutschen Solvay-Werke in Bernburg. (56 S.) 902.
3. Katholische Kirche f. Bonn a. Rh. — Evangelische Kirche f. Frankfurt a. M. (32 S.) 902.
4. Hospital u. Wohnhäuser f. Cöthen. (31 S.) 902.
5. Museum f. Münster. (32 S.) 902.
6. Sparkasse f. Bremerhaven. (31 S.) 902.
7. Rathaus f. Hamborn. (32 S.) 902.
8. Töchterschule f. Giessen. (32 S.) 902.
9. Volksbank f. Koblenz. (32 S.) 902.
10. Gymnasium f. Bremen. (31 S.) 902.
11. 12. Bahnhofsempfangsgebäude f. Metz. (34 S.) 902.

— dasselbe. XV. Bd. 1. Hft. Nr. 169. gr. 8. (Mit Abbildgn.) Ebd. Subskr.-Pr. m. Beiblatt: Konkurrenz-Nachrichten n. 1. 25; Einzelpr. (ohne Beibl.) n. 1. 80

Damenstift in Honnef. (32 S.) 903.

— dasselbe. 5.—10. Ergänzungsheft. gr. 8. Ebd. Subskr.-Pr. à n. 1. 25; Einzelpr. à n. 1. 80

5. Giebel v. A. Neumeister u. E. Häberle. (27 S. m. Abbildgn.) 899.
6. Türme. (25 S. m. Abbildgn.) (901.)
7. Giebel. (25 S. m. Abbildgn.) (901.)
8. Türme u. Giebel. (26 S. m. Abbildgn.) 901.
9. Erker. (27 S. m. Abbildgn.) 902.
10. Fassadenteile. (29 S. m. Abbildgn.) 902.

— deutsche Konkurrenzen. XV. Bd. 2—12. Heft, XVI. bis XX. Bd. à 12 Hefte u. XXI. Bd. 1. Heft. Nr. 170 bis 241. (Mit Abbildgn.) gr. 8. Leipzig, Seemann & Co. Einzelpr. à n. 1. 80; Subskr.-Pr. m. Beiblatt: Konkurrenz-Nachrichten à n. 1. 25

XV. 2. Realvollanstalt f. Bremen. (31 S.) — 3. 4. Rathaus f. Kassel. (64 S.) — 5. Pflegerinnenheim f. Mainz. (32 S.) — 6. Schwimmbad f. Pforzheim. (32 S.) — 7. Evang.-luth. Kirche, Betsaal u. Pfarrhaus f. Dresden-Striesen. (31 S.) — 8. 9. Kollegiengebäude f. Freiburg i. B. (64 S.) — 10. Töchterschule f. Essen. (32 S.) — 11. Rathaus f. Eberswalde. (32 S.) — 12. Ev. Kirche f. Münster am Stein. (32 S.) 903.

XVI. 1. Landeshaus f. Wiesbaden. (32 S.) — 2. Bugenhagenkirche f. Stettin. (32 S.) — 3. Kreishaus f. Recklinghausen. (32 S.) — 4. Rathaus f. Ober-Schöneweide. (32 S.) — 5. Töchterschule f. Emden. (32 S.) — 6. Realgymnasium f. Koblenz. (32 S.) — 7. 8. Rathaus f. Dresden. II. Wettbewerb. 1. u. 2. Heft. (44 u. 28 S.) — 9. Töchterschule f. Esslingen. (32 S.) — 10. Fassaden f. Frankfurt a. M. (32 S.) — 11. 12. Handelshochschule f. Köln. (63 S.) 903. 904.

XVII. 1. Reformierte Oberneustädter Kirche u. evangel. Kirche f. Kassel. (32 S.) — 2. 3. Justizgebäude f. Mainz. (64 S.) — 4. Friedhofsanlage f. Lahr. (31 S.) — 5. 6. Rathaus f. Kiel. (64 S. u. Konkurrenz-Nachrichten S. 653—664.) — 7. Festhalle f. Landau. (32 S. u. Konkurrenz-Nachrichten S. 665—668.) — 8. 9. Stadthaus f. Bremen. (64 S.) — 10. Waisenhaus f. Dessau. (32 S.) — 11. Salvatorkirche f. Breslau. (32 S.) — 12. Gymnasium f. Rheine. (31 S.) 904.

XVIII. 1. Arbeiter- u. Beamtenhäuser f. Eschweiler. 1. Tl. (32 S.) — 2. Moorbad f. Schleiz. (32 S. u. Konkurrenz-Nachrichten S. 711—718.) — 3. Knappschaftslazarett f. Waldenburg. (32 S.) — 4. 5. Arbeiter- u. Beamtenhäuser f. Eschweiler. 2. Tl. (52 S.) — 6. Friedhofshalle f. Minden i. W. (31 S.) — 7. Lutherkirche f. Chemnitz. (36 S.) — 8. Synagoge f. Frankfurt a. M. (35 S.) — 9. 10. Bahnhofs-Empfangsgebäude f. Karlsruhe. (63 S.) — 11. 12. Hypothekenbank f. Darmstadt. (64 S.) 905.

XIX. 1. Lutherhaus f. Plauen i. V. (32 S.) — 2. Evang. Kirchen f. Horburg u. Kronenburg. (32 S.) — 3. 4. Häuserblock am Kaiser Wilhelmplatz in Bremen. (60 S.) — 5. Sparkasse f. Altenkirchen. (31 S.) — 6. Realgymnasium f. Boxhagen-Rummelsburg. (32 S.) — 7. Gewerbehaus f. Metz (34 S.) — 8. Realgymnasium f. Altenessen. (32 S.) — 9. Schwimmbad f. Darmstadt. (32 S.) — 10. Rathaus f. Zeitz. (36 S.) — 11. Arbeiterwohnhäuser f. Tilsit. (32 S.) — 12. Rathaus f. Wilmersdorf. (32 S.) 905. 906.

XX. 1. Realschule f. Eisleben. (32 S.) — 2. Arbeiterwohnungen f. Strassburg i/E. (32 S.) — 3. Rathaus f. Werdau. (32 S.) — 4. Evang. Kirche f. Lichtenthal i. B. (32 S.) — 5. Bismarckwarte f. Heringsdorf. (31 S.) — 6. Schwimmbad f. Iserlohn. (31 S.) — 7. Waisenhaus f. Strassburg. (32 S. u. Konkurrenz-Nachrichten. S. 915—922.) — 8. Krankenhaus f. Kassel. (32 S. u. Konkurrenz-Nachrichten S. 923 bis 930.) — 9. Volksschule f. Bensheim. (32 S. u. Konkurrenz-Nachrichten S. 931—938.) — 10. Kaiserturm im Odenwald. (30 S. u. Konkurrenz-Nachrichten S. 939 bis 946.) — 11. Friedhofs-Anlage f. Zerbst. (32 S. u. Konkurrenz-Nachrichten S. 947—954.) — 12. Landesversicherungsgebäude f. Posen. (32 S. u. Konkurrenz-Nachrichten S. 955—962.) 906.

XXI. 1. Bestehornhaus in Aschersleben. (32 S. u. Konkurrenz-Nachrichten S. 963—970.) 907.

Neumeister, A., deutsche Konkurrenzen. 11.—16. Ergänzungsheft. gr. 8. Leipzig, Seemann & Co. à n. 1. 80; f. Abnehmer der „Deutschen Konkurrenzen“ à n. 1. 25

11. Giebel u. Türme. Rathaus f. Dresden. II. Wettbewerb. (24 S.) 904. — 12. Giebel. (27 S. m. Abbildgn.) 904. — 13. Säle. (27 S. m. Abbildgn.) 904. — 14. Säle. (26 S. m. Abbildgn.) 905. — 15. Giebel. (25 S. m. Abbildgn.) 905. — 16. Säle. (29 S. m. Abbildgn.) 906.

Neumeister, A., deutsche Konkurrenzen. XXI. Bd. 2.—12. Heft. XXII.—XXIV. Bd. à 12 Hefte u. XXV. Bd. 1.—9. Heft. No. 242—297. (Mit Abb.) gr. 8. Leipzig, Seemann & Co. Einzelpr. à 1. 80; Subskr.-Pr. m. Beiblatt: Konkurrenz-Nachr. à 1. 25

XXI. 2. Nr. 242. Markuskirche f. Plauen i. V. (32 S. u. Konkurrenz-Nachrichten S. 971—977.) 907. — 3. Nr. 243. Kurhaus f. Triberg. (32 S. u. Konkurrenz-Nachrichten S. 979—986.) 907. — 4. Nr. 244. Saalbau f. Mülhausen i. E. (32 S. u. Konkurrenz-Nachrichten S. 987—990.) 907. — 5. Nr. 245. Realprogymnasium f. Völklingen. (32 S. u. Konkurrenz-Nachrichten S. 991—998.) 907. — 6. Nr. 246. Sparkasse f. Apolda. (32 S. u. Konkurrenz-Nachrichten S. 999—1002.) 907. — 7. 8. Nr. 247 u. 248. Warenhaus Tietz in Düsseldorf. (76 S. u. Konkurrenz-Nachrichten S. 1003—1006.) 907. — 9. Nr. 249. Friedhofs-Anlage f. Frankfurt a. M. (32 S. u. Konkurrenz-Nachrichten S. 1007—1010.) 907. — 10. Nr. 250. Geschäftshaus der oberrheinischen Versicherungs-Gesellschaft in Mannheim. (32 S. u. Konkurrenz-Nachrichten S. 1011 bis 1018.) 907. — 11. Nr. 251. Westsynagoge f. Frankfurt a. M. (32 S. u. Konkurrenz-Nachrichten S. 1019—1026.) 907. — 12. Nr. 252. Oberrealschule f. Tübingen. (32 S. u. Konkurrenz-Nachrichten S. 1027—1038.) 907.

XXII. 1. Nr. 253. Empfangsgebäude f. den Hauptbahnhof zu Leipzig. (48 S. u. Konkurrenz-Nachrichten S. 1039—1041.) 907. — 2. Nr. 254. Bankhaus Werthauer in Cassel. (32 S. u. Konkurrenz-Nachrichten S. 1043—1046.) 907. — 3. 4. Nr. 255/56. Wassertürme f. Hamburg. (31 S. u. Konkurrenz-Nachrichten S. 1047—1054.) 907. — 5. Nr. 257. Realschule f. Villingen. (32 S. u. Konkurrenz-Nachrichten S. 1055—1058.) (908.) — 6. Nr. 258. Evang.-luth. Kirche f. Barmen-Wupperfeld. (32 S. u. Konkurrenz-Nachrichten S. 1059—1066.) (908.) — 7. Nr. 259. Rathaus f. Wiesdorf. (39 S. u. Konkurrenz-Nachrichten S. 1067 bis 1074.) (908.) — 8. 9. Nr. 260/61. Wohn- u. Logierhäuser f. die Bäder Landeck u. Reinerz. (6 u. 61 S. u. Konkurrenz-Nachrichten S. 1075—1080 u. II S.) (908.) — 10. Nr. 262. Volksschule f. Ludwigshafen. (32 S. u. Konkurrenz-Nachrichten S. 1081—1092.) (908.) — 11. Nr. 263. Reihenhäuser f. Erfurt. (40 S. u. Konkurrenz-Nachrichten S. 1093—1098.) (908.) — 12. Nr. 264. Genesungsheim f. Schirmeck i. E. (36 S. u. Konkurrenz-Nachrichten S. 1999—2002.) (908.)

XXIII. 1. Nr. 265. Rathaus f. Döbeln. — Museum f. Wiesbaden. (55 S. u. Konkurrenz-Nachrichten S. 1103—1107 u. III S.) 908. — 2. Nr. 266. Krematorium f. Freiburg i. B. — Geschäftshaus f. Friedberg. (49 S. u. Konkurrenz-Nachrichten S. 1108—1115.) 908. — 3. Nr. 267. Möhnetalsperre. (32 S. u. Konkurrenznachrichten S. 1116 u. 1117 u. Inhaltsverzeichnis 1 Bl.) (908.) — 4. Nr. 268. Schwimmbad f. Altona. (32 S. u. Konkurrenz-Nachrichten S. 1118—1125.) 908. — 5. 6. Nr. 269 u. 270. Beamten- u. Arbeiterhäuser f. Hamburg. (72 S.) 908. — 7. Nr. 271. Baublöcke Wulfing in Barmen. (30 S.) 909. — 8. Nr. 272. Gesellschaftshaus f. Bonn. (36 S.) 909. — 9. Nr. 273. Pauluskirche f. Breslau. Rathaus f. Rudolstadt. Bestehornhaus Aschersleben (Ausführung). (84 S., S. 1141—1145 u. 3 S.) 909. — 10. Nr. 274. Rathaus f. Barmen. Rathaus f. Neustadt (Westpr.). (36 S., S. 1146—1151 u. 3 S.) (909.) — 11. Nr. 275. Hoftheater f. Stuttgart. — Knabenschule f. Rostock. (39 S. u. S. 1152—1156.) (909.) — 12. Nr. 276. Ministerial- u. Landtagsgebäude f. Oldenburg. — Polizei- u. Sparkassengebäude f. Altena, Westf. — Festhalle f. Landau (ausgef. Bau). (32 S. u. Konkurrenz-Nachr. S. 1157—1159 m. 2 Taf.) (909.)

XXIV. 1. Nr. 277. Umgestaltung d. Obertorstrasse St. Johann. Rathaus u. Sparkasse Donaueschingen. Realgymnasium f. Kufstein. (32 S. u. Konkurrenz-Nachrichten S. 1162—1167.) (909.) — 2. Nr. 278. Polizeigebäude f. München. — Lutherhaus f. Plauen. (34 S. u. Konkurrenz-Nachrichten S. 1169—1172.) (909.) — 3. Nr. 279. Kurhaus f. Warnemünde. Amtshaus f. Buer i. W. (31 S. u. Konkurrenz-Nachrichten S. 1173—1176 m. 1 Taf.) 909. — 4. Nr. 280. Katholische Kirche f. Neunkirchen. (29 S. u. Konkurrenz-Nachrichten S. 1177—1182.) 909. — 5 (281). Museum f. Neuss. — Realgymnasium f. Elbing. — Rathaus f. Cassel. (Ausgeführter Bau.) (32 S. u. Konkurrenz-Nachrichten S. 1183—1190.) 909. — 6 (282). Rathaus f. Plauen. Bauten der Congregatio B. M. V. in Essen. (30 S. u. Konkurrenz-Nachrichten S. 1191—1196.) 910. — 7 (283). Spar- u. Leihbank f. Oldenburg. Bismarckturm f. Bromberg. (32 S. u. Konkurrenz-Nachrichten S. 1195—1212.) (910.) — 8 (284). Synagoge in Frankfurt a. M. — Verwaltungsgebäude f. Griesheim. — Realgymnasium f. Krefeld. (31 S. u. Konkurrenz-Nachrichten S. 1201—1204 m.

Abb. u. 1 Taf.) 910. — 9 (285). Evang. Gemeindehaus f. Düsseldorf. Osterholzer Friedhof in Bremen. (30 S. u. Konkurrenz-Nachrichten S. 1205—1208 m. 1 Taf.) (910.) — 10 (286). Schulen f. Frankfurt a. M. Kreissparkasse f. Lüneburg. (32 S. u. Konkurrenz-Nachrichten S. 1209—1216.) (910.) — 11 (287). Theater f. Hagen i. W. (39 S. u. Konkurrenz-Nachr. (S. 1217—1221.) (910.) — 12 (288). Rathaus f. Gleiwitz. Waisenhaus f. Strassburg (ausgeführter Bau). (32 S. u. Konkurrenz-Nachrichten S. 1223—1230.) (910.)

XXV. 1 (289). Kunstgewerbeschule in Köln. — Lippische Vereinsbank in Bielefeld. — Hallenschwimmbad Darmstadt. (Ausgeführter Bau.) (32 S. u. Konkurrenz-Nachrichten S. 1229—1236.) (910.) — 2 (290). Rathaus f. Schöneberg. Rathaus f. Lankwitz. (32 S. u. Konkurrenz-Nachrichten S. 1239—1242.) 910. — 3 (291). Generaldirektionsgebäude in Stuttgart. Rathaus f. Schkeuditz. (32 S. u. Konkurrenz-Nachrichten S. 1243—1246 m. 1 Taf.) (910.) — 4.5 (292.293). Bebauung der Bennigsenstrasse in Hannover. — Turnhalle f. Buchholz. — Gewerbehaus f. Metz (ausgeführter Bau). (63 S. u. Konkurrenz-Nachrichten S. 1247—1250.) (910.) — 6 (294). Lukaskirche Frankfurt a. M.-Sachsenhausen. Volks- u. Gewerbeschule in Gernsbach i. H. (32 S. u. Konkurrenz-Nachrichten III u. S. 1251—1254 m. 1 Taf.) (910.) — 7 (295.) Häuser der Pfählerstiftung in Saarbrücken. Handwerkskammer in Harburg. (31 S. u. Konkurrenz-Nachrichten S. 1255—1262 m. Abb.) (910.) — 8.9 (296. 297). Festhalle in Hannover. Real-Gymnasium Völklingen (ausgef. Bau). — Rathaus Elberfeld. (68 S. u. Konkurrenz-Nachrichten III u. S. 1261—1268 m. Abbildgn.) (910.)

Neumeister, A., deutsche Konkurrenzen. I. Sonderheft. Lex. 8. Leipzig 907. Seemann & Co. 6.50
1. Harzhäuser. Ausgewählte Entwürfe d. Wettbewerbs: Kleine Landhäuser f. Bad Harzburg. (93 S. m. Abb.)

Neumeister, Alb., u. **Ernst Häberle**, Neubauten. Villen u. Landhäuser. (Zusammengestellt aus Bd. I—V.) 12 Hfte. gr. 8. Leipzig (892—896). Seemann & Co. In Karton n. 16.—

— — dasselbe. Wohn- u. Geschäftshäuser. (Zusammengestellt aus Bd. I—V.) 12 Hfte. gr. 8. Ebd. (892—896). In Karton n. 16.—

Neumeister, Alb., u. **E. Häberle**, Neubauten. Eine Sammlg. ausgeführter Baupläne zu Wohn- u. Geschäftshäusern sowie zu öffentl. Gebäuden aus den Mappen hervorrag. Architekten. 1. Jahrg. 1894. 12 Hfte. (à ca. 2 Bog. m. Abbildgn.) gr. 8. Leipzig, E. A. Seemann. n. 15.—; einzelne Hfte. Subskr.-Pr. à n. 1.25; Einzelpr. à n. 1.80

— — Neubauten. Eine Sammlung neuerer ausgef. Bauten zeitgenöss. Architekten: Wohn- u. Geschäftshäuser, Villen, öffentl. Gebäude aller Art, heftweise nach Gebäudegattgn. zusammengestellt u. hrsg. 2.—5. Bd. (Jahrg.) à 12 Hfte. (à ca. 2 Bog. m. Abb.) gr. 8. Ebd. 895—898. Subskr.-Pr. à Hft. n. 1.25; Einzelpr. à Hft. n. 1.80

— — Neubauten. Eine Sammlg. neuerer ausgeführter Bauten zeitgenöss. Architekten: Wohn- u. Geschäftshäuser, Villen, öffentl. Gebäude aller Art, heftweise nach Gebäudegattgn. zusammengestellt u. hrsg. von B. Kossmann. 6.—8. Bd. à 12 Hfte. gr. 8. (à ca. 31 S. m. Abbildgn.) Leipzig 899—902. Seemann & Co Subskr.-Pr. à n. 1.25; Einzelpr. à n. 1.80

— — Neubauten. Eine Sammlg. neuerer ausgeführter Bauten zeitgenöss. Architekten: Wohn- u. Geschäftshäuser, Villen, öffentl. Gebäude aller Art, heftweise nach Gebäudegattgn. zusammengestellt u. hrsg. v. B. Kossmann. 9. Bd. 4 Hefte. (à ca. 32 S. m. Abbildgn.) gr. 8. Leipzig 903. Seemann & Co. Einzelpr. à n. 1.80;
Erscheint nicht weiter. Subskr.-Pr. à n. 1.25

Neumeister, A., die Renaissance in Belgien u. Holland, s.: Ewerbeck, F.

— moderne Villen. Ausgewählte Entwürfe des Wettbewerbs Villen der Heimstätten-A.-G. Berlin. Sonderheft der Deutschen Konkurrenzen. gr. 8. (108 S. m. z. Tl. farb. Abbildgn.) Ebd. (901). n. 7.50

Neumeister, Albrecht, Dr. phil. u. approb. Arzt aus Gross-Schönau: Die Ruptur des schwangeren Uterus. *Leipzig 1902: B. Georgi.* (121 S.) 8°
Leipzig, Med. Diss. v. (10. Apr.) 1902

† Neumeister, Aug., (Edu. Martiny,) Makrobiotik, s. Place, Ch.

Neumeister, Carl August, s. Neumeister, Karl August

Neumeister, Chr. [aus Neunkirchen]: Aus d. patholog. Institut zu Bonn. Experimentelle und histologische Untersuchungen über die Regeneration der glandula thyreoidea ... Bonn, Buchdr. Jos. Bach Wwe., 1888; 2 Bl. +25+1 S.+1 Bl. 8°
Bonn, Med. Fak., Inaug.-Diss. v. 4. Aug. 1888

Neumeister, Clem., s. Neumeister, Klem.

Neumeister, C. F., Bastian und seine Söhne, oder: Der Erbe von Hohenthal. (Roman.) 8. (194 S.) Löbau 849, Breyer.

Neumeister, Erdm., geistl. Abel, in welch. d. Katechism., nebst Streit- u. Gewissensfrag. abgehandelt wird. 4. Hamb. Bohn. 734.

— Anmerk. üb. Denners Postille rc. 8. Hamburg, Brand. 731.

Die Allerneueste Art, Zur Reinen und Galanten Poesie zu gelangen. Allen Edlen und dieser Wissenschaft geneigten Gemühtern, Zum Vollkommenen Unterricht ... ans Licht gestellet, von Menantes. Hamburg, Bey Johann Wolffgang Fickweiler im Dom, 1712.

Goedeke *3*, 335, 12, 11. 17 cm. 31 leaves, 602 pages.

Die Allerneueste Art, Zur Reinen und Galanten Poesie zu gelangen ... ans Licht gestellet, von Menantes. Hamburg, Bey Joh. Wolffg. Fickweiler im Dom, 1722.

Goedeke *3*, 335, 12, 11. 17 cm. 23 leaves, 602 pages.

— poetische Aufmunterung. 8. Eisenach. 732.

— Ausz. Spenerscher Irthümer. 2 Thle. 4. 730.

— Ber. e. Theolog. v. d. Privatbeichte u. Absolution. 8. Leipz. 735.

— Gott gefällig. Berufs- u. Christenwandel, in Predigten. 8. Leipz. Herold. 748.

— Beweis, daß Christus f. unsre Sünde genug gethan, gegen Democrit. 8. 730.

— geistl. Bibliothek in Predigten auf alle Sonn- u. Festt. des Jahrs. 4. Hamburg, Bohn. 719.

— der Bund Gottes in d. Ehe, in Traureden. 2 Bde. od. 4 Thle. 8. Hamb. Brand. 746–48.

— Bußprediger in Betracht. d. Proph. Jonas. 8. Hamb. Bohn. 735.

— Erkenntniß d. einig. Gottes in 3 Pers., über das 2te Hauptst. v. christlichen Glauben. 8. Hamburg, Herold. 746.

Neumeister, Erdmann, E. N. // Erstlinge // Geistlicher Lieder in // Buß=Communion- Ster= //bens= und // Trost=Andachten // so wohl // Nach alten bekandten Melodien // abgefasset // als auch // Unter neue zierliche Composition // gesetzet /// Mit 2. Vocal- und 5. Instrumental- //Stimmen /// von // Johann Samuel Beyern /// Chori Mus. Direct. in Freyberg. // DRESDEN /// Druckts Johann Heinrich Schwencke. // 17o5. - 45 Seiten und noch 1 Blatt (nicht paginiert) Register. -

Die Buchstaben E. N. auf dem Titelblatt sind handschriftlich ergänzt zu Erdmann Neumeister.

B. S. T. 8°.39o/2.

— Feinde des Kreuzes Christi, in Passionspredigten. 8. Zerbst. 734.

— siebenmal sieben Festpredigten. 8. Hamburg, Hertel. 738.

— Freytagsandachten üb. Moralsprüche heil. Schr. 4 Thle. 8. Hamb. Brand. 724–27.

— Früchte der Buße, in Bußpredigten. 4. Ebendaselbst. 741.

Neumeister, Erdm., († d. 18. Aug. 1756.) poetische Gedenksprüche. 12. Hamb. 754. 12 ß

— Gedenck-Sprüche, Welche des Freytags In den Fasten-Predigten zu St. Jacobi über die VII. Worte Christi am Creutze mit eingemischt worden. Ebenda 1729. — 8°. 4 Bl. 152 S. und 16 S. Anhang; 12 Bl. 168 S. und Gedenck-Sprüche 4 Bl.

- - , Herrn Erdmann Neumeisters /// Pastoris und Scholarchae // zu Hamburg /// Neue // Geistliche // Gedichte // Auff // Alle Sonn= und Fest=Tage // des gantzen Jahres // gerichtet. // Erster Theil. // EISENACH /// Druckts und verlegts Johann Adolph Boetius, 1718. - 112 S.

Angehängt:

Des // Harmonischen // Zions // Anderer Theil. // Eisenach, // Gedruckt und zu finden bey Johann // Adolph Boetio. 1718. - 78 Seiten.

B. S. T. 8°.487/2.

— Gestalt des neuen Menschen, n. e. Anh. v. Gesindepredigten. 8. Ebend. 729.

— Gewißheit d. ewig. Seligk. im Glauben, Leben und Sterben. 4. Leipz. Weidmann. 729.

— allerheiligster Glaube, wie er in d. Augsburg. Confession enth. 8. Hamb. Herold. 723.

— Gott suchendes Herz, od. Gebetbüchl. 12. Hamburg, Brand. 731.

— Moralisches Hunde-Lob, mit allerhand Sitten-Lehren und angenehmen Galanterien poetisch beschrieben von einem Tugend-Freund und Laster-Feind. Mit rothgedr. großer Titelvignette. Gedruckt in diesem ietzlauffenden Jahr. 4°. (4 Mk. G. Priewe, Heringsdorf, 1895; 10 Mk. Friedr. Klüber, München, 1896; 6 Mk. 50 Pfg. Derselbe, 1901.)

— der leidende Jesus, aus Mose, d. Propheten u. Psalmen in Predigten. 8. Ebend. 728.

— jubilaeum ministeriale, nebst d. Vorberichte, in e. Predigt u. Gratulation best. 4. Hamb. 747.

— Meinen Geliebten Kindern: Fr. Adolphinen Christianen Krausin; Fr. Carolinen Ehrenmuth Brandin; Erdmann Gottholden; Augustinen Elisabeth; Ernestinen Marianen; Erdmann Gottlieben; Erdmann Gottwerthen; wird dieses Büchlein zugeeignet. O. O., Dr. u. J. [nach 1742?]. Kl. 8°. 8 Bl. Umschl.

Dieses kleine, inhaltsreiche „Testament" des berühmten Theologen, Polemikers und Dichters ist fast unbekannt. Ob es noch zu Lebzeiten des 1742 verstorbenen Verfassers erschien, konnten wir nicht feststellen; auch ob es, was sehr wahrscheinlich ist, als selbständiger Privatdruck herauskam oder einem anderen Werke beigefügt wurde, entzieht sich unserer Kenntnis.

Erdmann Neumeisters Fünffache Kirchen-Andachten bestehend in etc. Arien, Cantaten und Oden auf alle Sonn- und Fest-Tage. Herausg. von G. T. Leipz. 1716. 8o.

Gervinus III. S. 471.

- - , Tit. Herrn // Erdmann Neumeisters // Fünfffache // Kirchen Andachten // bestehend // In theils eintzeln / theils niemahls // gedruckten // Arien / Cantaten und Oden // Auf alle // Sonn= und Fest=Tage // des gantzen Jahres. // Herausgegeben // Von // G. T. // LEIPZIG /// In Verlegung Joh. Großens Erben. // Anno 1717. - 12 Blatt (nicht paginiert) Titelkupfer, Titelblatt, Widmung und Vorred - 816 S.

G. T. = Gottfried Tilgner.

Auf dem Einbanddeckel steht in Golddruck:

J. C. SCHRÖER
S. P. S.
SACRAT.
172o.

B. S. T. 8°.487/1.

— fünffache Kirchenandachten. 2 Thle. 8. Hamb. Herold. 717–26.

Herrn Erdmann Neumeisters Fortgesetzte Fünffache Kirchen-Andachten, in Drey neuen Jahrgängen, auf alle Sonn- und Fest- auch Apostel-Tage; Denen noch beygefüget andere Geistliche Kirchen-Stücke und Gedichte, zu öffentlichen Solennitäten und auch zur Privat-Andacht gehörig. Mit Vergünstigung des Herrn Auctoris zusammen getragen von einem Liebhaber der geistlichen Poesie. Hamburg, Zu finden im Kisznerischen Buchladen, 1726.

Goedeke 3, 314, 119, 1. 17 cm. 4 leaves, 560; 460 pages, 14 leaves.

— Lehre v. Gesetze Gottes, od. Erklär. d. zehn Gebote Gottes. 8. Hamb. Brand. (Bohn.) 737.

— Lehre v. Glauben in Predigten. 8. Ebend. 735.

— priesterliche Lippen in Bewahr. d. Lehre, od. Sonn- und Festtagspredigten d. ganzen Jahres. 4. Hamb. Brand. 730.

WEISSENFELS. — Lob-Gedichte des sogenannten Bauer-Hundes, oder Fürstlichen Leib-Hundes, zu Weissenfels. Mit allerhand Sitten-Lehren und angenehmen Galanterien moralisch vorgestellet, von einem Tugend-Freund und Laster-Feind *(Erdmann Neumeister).* Mit 1 sehr primitiven Titelholzschn. Gedruckt in diesem jetzt lauffenden Jahre (Hamburg, ca. 1700). 4°. 16 Bll. (3 Mk. 80 Pfg. L. Rosenthal, 1888; „18 Bll." hat Scheible, 1873, Cat. 33, no. 3101; 12 Mk., „14 Bll.", Adolf Weigel, 1907; 30 Mk. Jos. Baer & Co., Frf. a. M., 1911.)

— — Dasselbe. O. O. 1722.
Anon.-Lex. III. p. 83 (nach Schröder); vgl. Gesner, Chrestomathia Pliniana. Lpz. u. Zelle 1753. S. 364.

— Miscellanpredigten. 4 Thle. 4. Ebend. 744.

Neumeister, Erdmann, Tit. Herrn // Erdmann Neumeisters /// Haupt-Pastoris zu St. Jacob in Hamburg /// und Scholarchae, // Evangelischer // Nachklang /// Das ist: // Neue Geistreiche Gesänge // über die ordentlichen // Sonn- und Festtags- // Evangelia // aufs gantze Jahr /// zur Erweckung und Beförderung Heil. An- // dacht in Gottseligen Hertzen // zusammen getragen. // HAMBURG /// Gedruckt und zu bekommen bey Johan // Niclas Gennagel / 1718. - 4 Blatt (nicht paginiert) Titelblatt und Vorwort des Herausgebers J. G. G. - 152 S.

Angehängt:
Anhang // auf // Die rückständigen // Apostel-Tage /// Auf Begehren noch hinzu- // gethan. - 16 S.

B. S. T. 8°.487/3.

— evangel. Nachklang, od. Gesänge üb. d. Evangelien. 2 Theile. 8. Hamb. 726–29.

NEUMEISTER, ERDMANN. Evangelischer Nachklang. Das ist: Neue Geistreiche Gesänge über die ordentlichen Sonn- und Festtags-Evangelia aufs gantze Jahr. [Erster und] Anderer Theil [in einem Bande]. Hamburg, R. Beneken, 1726 und 1729.

— epistol. Nachlese, od. Predigten üb. Sonn- u. Festtags-Episteln ꝛc. 4. Hamb. Bohn. 735.

— Nachr. v. Einführ. irriger Lehren durch Lieder, n. Prüfung des Herrnhut.- u. Tondersch. Gesangbuchs. 4. Leipz. 736.

Neumeister, Erdm., Pietismus, od. die v. weltlicher Obrigkeit verworfne u. verwiesene Pietisterey. 4. Hamburg, Melchior. 736. Rthlr.

Specimen Dissertationis Historico-Criticae de Poëtis Germanicis hujus seculi praecipuis, In Academia quadam celeberrima publice ventilatum a M.E.N. [Leipzig.] Anno 1706.

18½ cm. 1 leaf, 116 pages. The second edition.

— de poetis germanorum. 4. Hamburg, Hertel. 708.

— Psalmen, Lobges. u. geistl. Lieder. 8. Hamburg, Bohn. 755.

— geistl. Rauchwerk od. d. Lehre v. Gebet, nach Anleit. d. Vaterunsers. 8. Hamb. Herold. 734.

— erster evangel. Segen in Hamb. od. Evangelienpostill. 4. Hamb. Bohn. 718.

— heil. Sonntagsarbeit, d. i. Predigten nach zufällig. Lehrart üb. alle Sonn- u. Festtage des Jahres. 4. Leipzig, Gleditsch. 735.

Erdmann Neumeisters, P. & S. zu St. Jac. in Hamburg, Tisch des Herrn, In LII. Predigten ... Da zugleich in dem Eingange unterschiedliche Lieder erkläret worden, und statt der Vorrede D. Balthas. Bebelii Bericht von der Mesze voran gesetzet ist ... Hamburg, In Verlag Joh. Christoph Kiszners. 1722.

18 cm. 65 leaves, 1,248 pages, 28 leaves.

— Tisch des Herrn, üb. Corinth. XI. V. 23–32. nebst Bebels Bericht v. d. Messe. 8. Hamb. Herold. 723.

— Vertheidigung geg. Walch. 8. Ebend. 730.

— Wasserbad im Wort, od. d. Lehre von der Taufe. 8. Hamb. Herold. 731.

— Widerleg. J. H. Zopfs Tractat v. Leben und Thätigk. des gerechtmachenden Glaubens. 8. Hamburg, Brand. 736.

— heil. Wochenarbeit, od. Predigten üb. Hauptspr. heil. Schr. 4 Thle. 8. Hamb. Bohn. 728.

— Worte des Glaubens u. d. gut. Lehre, od. Sonn- und Festtagspredigten. 4. Hamb. Bohn. 762.

— Worte der Weisen, od. hoher Potentaten Symbola b. Erklär. d. Evangel. 4. Weißenf. Wehrm. 723.

— der Zugang zum Gnadenstuhl Jesu Christi. 8. Jena 767. Cröker. 8 gr. — dass. 12. Ebd. 772. 8 gr.

— Zugang zum Gnadenstuhl Jesu Christi. 8. Jena, Cröker. 770.

— — dass. 12. Ebend. 770.

Neumeister, Erdm. Glieb., vier ausgewählte Predigten, geh. in der Hauptkirche St. Jakobi zu Hamburg. Neuer Abdr. gr. 8. (82 S.) Kropp 882. Buchh. „Eben-Ezer". n. — 50

Neumeister, Ernst Aug.

Neumeister, E. A., 10,000 ausländische Eigennamen mit beigefügter Aussprache und kurzgefaßter Aussprachenlehre. gr. 8. Bernstadt 874. Leipzig, Licht und Meyer. 1 —

Neumeister, Ernst Aug., 10,000 ausländische Eigennamen m. beigefügter Aussprache u. kurzgefaßter Aussprachelehre. gr. 8. (130 S.) Bernstadt 874. Schmorrde. 1. —

Neumeister, Ernst Aug., die Errichtung des Augsburgischen Religionsfriedens vom 25. Septbr. 1555. Eine Denkschrift für evangel. Christen. Zwickau 855. Verlhdlg. des Volksschriftenvereins. 8. (79 S.) 3 ngr.

Neumeister, Ernst August, Symbolik der evangelisch-lutherischen Kirche nebst den wichtigsten Unterscheidungslehren der verschiedenen Kirchenparteien. Für Seminaristen und Lehrer an Volksschulen dargestellt. Schneeberg 864. Goedsche. gr. 8. (232 S.) 1 ℛ︁

Neumeister, F., der königl. Weg d. Kreuzes. Fromme Erwäggn. u. Betrachtgn. vor den 14 Stationen. 16. (64 S. m. Holzschn.) Dülmen 883. Laumann. n. — 25

NEUMEISTER, Fr., Pique-Sieben oder Der Gaunerblubb zu Dresden. Eine Erzählung aus dem vorigen Jahrhundert. 2. Aufl. 2 Bde. Mit color. Bildern. Neusalza 1857. 8°. (1½ Rthl.)

412 durchpagin. Seiten. Zuerst gedr. ebd. 1853. — Zahm.

Neumeister, Franz, a. Wurzbach, Gerichtsassessor a. D.: Der Unterschied von Auslobung und Wette. Borna-Leipzig 1907: R. Noske. (VII, 63 S.) 8° [J.]

Erlangen, Jur. Fak., Ref. Binder, Diss. v. 15. März 1907

[Geb. 28. Apr. 67 Wurzbach (Reuß); Wohnort: Wurzbach; Staatsangeh.: Reuß j. L.; Vorbildung: Gymn. Schleiz Reife O. 88; Studium: Erlangen 2, Leipzig 4, Würzburg 1, Jena 1 S.; Rig. 15. Febr. 07.]

Neumeister, Georg, approb. Arzt aus Lützen (Prov. Sachsen): **Aus d. Universitäts-Frauenklinik zu Giessen. Über Frühstadien von Uterustuberkulose.** *Giessen 1899: v. Münchow.* (33 S.) 8°

Rostock, Med. Diss. v. [8. Juni] 1899

Neumeister, Geo., Lieder u. Gedichte. 8. (VI, 71 S.) Leipzig 902. F. Luckhardt. n. 2. —

Neumeister, G., die Stenographie in der Rechtspflege. gr. 8. (32 S.) Dresden 898. (W. Reuter.) n.n. — 90

Neumeister, Georg, Gerichts-Ref.: 'Mittelbare Thäterschaft und Hypnotismus.' *Greifswald 1900: F. W. Kunike.* (66 S.) 8°
Greifswald, Jur. Diss. v. [19. Okt.] 1900

Neumeister, Otto., das Ganze d. Taubenzucht. qu. gr. 4 (4½ B. u. 15 col. Kpfrt.) Weimar 837, Voigt.

Neumeister, Glob., das Ganze der Taubenzucht, oder: vollständige, auf vieljähr. Erfahrung gegründete Anweisung, wie Tauben aller Gattungen zu halten u. zu warten sind, um von ihnen den möglichsten Nutzen und großes Vergnügen zu haben, nebst 15 Kpfrtaf. mit nach der Natur gez. u. sauber color. Abbildd. aller reinen Racen. qu. gr. 4. Weimar 837. Voigt. 2⅚ ℛ

Neumeister, Glob., das Ganze der Taubenzucht oder vollständige, auf vieljähr. Erfahrung gegründete Anweisung, wie Tauben aller Gattungen zu halten u. zu warten sind, um von ihnen den möglichsten Nutzen u. großes Vergnügen zu haben. Nebst 17 Kpfrtaff. mit nach der Natur gez. u. color. Abbildungen aller reinen Racen. 2., verb. u. verm. Aufl. Weimar 869. B. F. Voigt. qu. 4. (IV, 22 S.) 2 ℛ 25 ngr.

Neumeister, Glob., das Ganze der Taubenzucht. 3. Aufl., im Text zeitgemäß umgearb. u. hrsg. v. Gust. Prütz. Nebst 17 (lith.) Taf. m. nach der Natur gezeichneten u. kolor. Abbildgn. aller reinen Tauben-Racen. qu. gr. 4. (VIII, 50 S.) Weimar 876. B. F. Voigt. 9. —

Neumeister, Heinr. Wilh., Repertorium d. gesammt. deutsch med.-chirur. Journalistik, s. Repertorium.

Neumeister, J. C., Nachricht von Einführung irriger Lehre durch Lieder u. Gesänge. Leipz. 1755. 8.

CHRIESTLIEB, Johann (d. i. *Joh. Chp. Neumeister,* nach Rassmann p. 35 geb. zu Neustädtel, † 175* als Magister u. Prediger zu Dresden.). Der verliebte Solande / und die gegenliebende Floramene. Das ist: Annehmlicher Liebes-Prospect, Woran Alle bescheidene und höffliche Liebhaber sich sonderbar ergötzen und belustigen können, und wie sie ferner dem galanten Frauenzimmer in Reden und Schreiben bey allen Gelegenheiten / honnet begegnen und aufwarten / auch sich dadurch vortrefflich beliebt und angenehm machen sollen. Alles in zierlichen Anleitungen durch verschiedene schöne Proben jedermänniglich vor Augen gestellt und eröffnet. Mit (originellem) Titelkpf. Franckfurt und Leipzig / Verlegts Wolffgang Schönleben. 1734. Kl. 8/. 336 S. (16 Mk., schönes Expl., Max Perl's Berliner Octob.-Auct. 1907, No. 175.)
Sehr seltener Roman! (Expl. in Dresden: Lit. Germ. rec. C. 574.) — S. auch Philogamus aus Paphos.

Neumeister, Johs., die Königin Luise. Ein Lebensbild. (32 S. m. Abb.) 8. Leipzig 910. P. Eger. p — 15

— Rede bei der Gedächtnisfeier f. Jenny Dumas am 28. XI. 1908. (16 S.) 8. Leipzig (909). Gerig. — 35

Neumeister, Karl August

— — Jura donationum inter vivos historice explicata. Diss. jur. Präs. Jo. Christoph Spitz. Erfurt (Nonn) 9. X. 1769. 35 S. (5.50) 24851

**Neumeister, Carl August (Dresden), Exercit. jur. quaestionem continens utrum donatio omnium bonorum valeat. Präs. Friedrich Gottlieb Zoller. Leipzig (Langenheim) 22. II. 1768. 24 S. (5.—)
Gew.: Johann Christoph Neumeister.** 24850

Neumeister, Klem.

Neumeister, Clem., dogmatisch-katechetische Beiträge zum 3. Artikel des Apostolikum. gr. 8. (III, 82 S.) Halle 894. R. Mühlmann's Verl. n. 1. 50

Neumeister, Clem., Pilgerstand u. Vaterland, Mahnung u. Trost an den Gedenktagen unserer Verstorbenen. (IV, 52 S.) 8. Dresden 906. C. L. Ungelenk. n. — 60

Neumeister, Kurt, appr. Arzt von Chemnitz (Sachs.): Ein **Fall** von Chlorose mit letalem Ausgang infolge von Thrombose der Pulmonalarterien. *München 1903: Kastner & Callwey.* (22 S.) 8°
München, Med. Diss. v. 1903

Neumeister, Max: Anhang zu den forstlichen Cubirungstafeln, s. Pressler - Neumeister

— die Forsteinrichtung, s. Judeich, Frdr.

Neumeister, Max, Forst- und Forstbetriebs-Einrichtung der höchsten Wald- bei höchster Bodenrente, mit Instruction zur Einrichtung und Bewirthschaftung eines Reviers, als 4. vervollständ. und umgearb. Aufl. des Preßler'schen Hochwaldideals. gr. 8. (IV, 173 S. mit 1 Taf.) Wien 888, Perles. * 2 —

NEUMEISTER, Max: Die Forsteinrichtung der Zukunft. - Dresden 1900. 122 S., 1 Kt. - (Tharandter Forstl. Jb. Bd. 50)

— die Forsteinrichtung der Zukunft. Mit 1 Bestandkarte in 2farb. Druck. gr. 8. (122 S.) Dresden 900. Leipzig, G. Schönfeld. n. 2.—; geb. in Leinw. n. 3.—
Sonderabdruck aus: „Tharander forstl. Jahrbuch".

(B) — Die Forsteinrichtung d. Zukunft. 906. (KBL 32.) Jetzt: Berlin, P. Parey.

— s.: Forst- u. Jagd-Kalender.

— Fütterung d. Edel- u. Rehwildes. Mit Fütterungs-Tabellen. gr. 8. (48 S. m. 3 Tab.) Tharandt 895. Freiberg, Craz & Gerlach. n. 1. 50

— Gebrauchsanweisung zum Pressler-Neumeister'schen Zuwachsbohrer. 4. Aufl. gr. 8. (41 S. m. 1 Abb.) Wien 898. M. Perles. n. 1. 50

Neumeister, Max, forstliche Cubirungstafeln, s.: Pressler. M. R.

Neumeister, Max, forstliche Cubirungstafeln, s.: Pressler-Neumeister.

— Laub- u. Kalk-Fütterung d. Edel- u. Rehwildes. gr. 8. (16 S.) Tharand 891. Akadem. Buchhandlg. — Freiberg, Craz & Gerlach. n. — 75

—— wie wird man ein Forstwirth? Auf Grund der für die Staatsforstverwaltungsbeamten in Deutschland, Oesterreich und der Schweiz erlassenen Regulative und Verordnungen hrsg. 8. (60 S.) Leipzig 887, Roßberg'sche Buchh. * 1 —

— wie wird man e. Forstwirth? Auf Grund d. f. die Staatsforstverwaltungsbeamten in Deutschland, Oesterreich u. der Schweiz erlass. Verordngn. hrsg. 2., wesentlich verm. Aufl. 8. (IV, 100 S.) Leipzig 899. Roßberg. n. 1. 80

— Waldbüchlein, s.: Willkomm, Mor.

Neumeister, Oscar *(geb. Breslau 21. 3. 1850)*: Ueber die Diagnostik der Beckenfrakturen. Breslau 1872. (37 S.) 8°
Breslau, Med. Diss. v. 31. Juli 1872

Neumeister, Otto Albrecht [aus Gross-Schönau]: Über Önanthinbromüre ... Leipzig-R., Druck v. O. Schmidt, 1893; 32 S., 1 Bl. 8.
Leipzig, Phil. Fak., Inaug.-Diss. v. [1. Juni] 1893

Neumeister, Paul, Dipl. ing., Regierungsbauführer a. D. a. Moritzburg bei Dresden: Die Alluvial- urd Diluvialablagerungen des Regnitztales südlich Erlangen. Bamberg 1905: M. R. Schulz. (126 S.) 8°
Erlangen, Phil. Fak., Ref. Lenk, Diss. v. 21. Nov. 1905
[Geb. 7. März 68 Zittau; Staatsangeh.: Sachsen; Vorbildung: Realgymn. Borna Reife O. 87; Studium: Dresden T.H. 10, Erlangen 2 S.; Rig 25. Nov. 04.]

Neumeister, Paul, die Alluvial- u. Diluvialablagerungen des Regnitztales südlich Erlangen. (126 S. m. Abbildgn. u. 10 farb. Taf.) gr. 8. Bamberg 905. Handels-Druckerei u. Verlagsh. n.n. 6. —

Neumeister, R., Anleitung zur Herstellung v. Zigarren f. den eigenen Bedarf, f. Zigarrenhändler, Restaurateure u. kleinere Fabrikanten nebst Bezugsquellen-Register. (64 S. m. 23 Abbildgn.) 8. Leipzig (910). S. Schnurpfeil. — 75

Neumeister, R., e. Bitte ums Wort in Bezug auf die 7 Fragen, welche den diesjährigen Kreissynoden zur gutachtlichen Aeußerung vorgelegt worden sind. gr. 16. (51 S.) Halle 874. Schwabe. n. — 60

Neumeister, R., Daheim in Deutschland u. Romänien. Dichtungen u. Uebersetzungen. 8. (XI, 172 S.) Quedlinburg 871. Basse. 2. —

Neumeister, R., üb. eigenthümliche Eiweisssubstanzen in dem Inhalt e. ectatischen Gallenblase. [Aus: „Sitzungsber. d. Würzb. phys.-med. Gesellsch."] gr. 8. (4 S.) Würzburg 890. Stahel. n. — 60

Neumeister, R., evangelische Glockenklänge aus der Wallachei. Eine Gabe des Gemeinsinns allen Freunden, Gliedern u. Förderern der Gustav-Adolph-Stiftung gewidmet. 8. (XVI u. 283 S.) Leipzig 851, Gebhardt & Reisland. n. 2/3 ß

Neumeister, R., die Goldfunde v. Petroasa in Rumaenien, insonderheit, warum sie heißen: Schatz des Athanarich. 8. (15 S.) Berlin 897. R. Neumeister. — 75

Der von St. Paulus verkündigte 'unbekannte' und doch bekannte Gott. ⟨Apg. 17, 23–28.⟩ Eine scheinbar pantheistische, im Wesen jedoch christl.-theistische Idee von R. **Neumeister**. *Potsdam: E. Stein 1901.* (37 S.) 8° [F.] [or. 8724 3]

Neumeister, R., Johann v. Schwaben. Trauersp. in 5 Akt 8. (6¼ B.) Leipzig 841, Barth.

Karte von der Stadt Reichenbach. Bearb. von R. Neumeister, Stadtbauinsp. *o. O. [1901].* (1 Kartenbl. 40 × 30 cm.) quer-2°

Neumeister, R., Reformation und Union im Lichte ihrer Jubiläen von siebenmal 50 und einmal 50 Jahren. Predigt am Reformationsfeste 1867. 8. (16 S.) Eisleben 867, Kuhnt'sche Buchh.

— neun Thesen wider das sogenannte Dogma v. der Unfehlbarkeit d. Papstes. gr. 8. (67 S.) Eisleben 872. Reichardt's Sort. 1. —

Neumeister, Richard

Neumeister, R., Betrachtungen über das Wesen der Lebenserscheinungen. Ein Beitrag zum Begriff des Protoplasmas. (IV, 107 S.) gr. 8. Jena 903. G. Fischer. n. 3. —

NEUMEISTER, RICHARD. Ueber die Darstellung gemischt halogensubstituirter Aldehyde und ihrer Derivate. Rostock, 1882.

Neumeister, Richard [Dr. phil.]: Zur Kenntniss der Albumosen und Ueber Vitellosen .... (Sep.-Abdr. a. d. Zeitschr. f. Biologie Bd. XXIII pag. 381–411.) Heidelberg, Buchdr. v. Wurm & Pfeffer, 1887; 31 S. 8°.
Heidelberg, Med. Fak., Inaug.-Diss. v. 1887.

Neumeister, Rich., Lehrbuch der physiologischen Chemie m. Berücksicht. der pathologischen Verhältnisse. Für Studierende u. Aerzte. 1. Tl. Die Ernährg. gr. 8. (XII, 337 S.) Jena 893. G. Fischer. n. 7. —

Neumeister, Rich., Lehrbuch der physiologischen Chemie mit Berücksicht. d. patholog. Verhältnisse. Für Studierende u. Aerzte. 2 Tl. Die tier. Gewebe u. Flüssigkeiten. gr. 8. (X, 421 S. m. 1 farb. Spektraltaf.) Jena 895. G. Fischer. n. 8. 50
(1. u. 2 : n. 15. 50)

— dasselbe (kplt.) 2., vielfach verm. u. teilweise umgearb. Aufl. gr. 8. (XVIII, 928 S m. 1 Taf.) Ebd. 897. n. 17. — ; geb. in Halbfrz. n. 19. 50

Neumeister, Richard [Dr. d. Med. u. Phil.]: Zur Physiologie der Eiweissresorption und zur Lehre von den Peptonen. ... Würzburg, k. Universitätsdr. v. H. Stürtz, 1890; 66 S. 8°
Jena, Med. Fak., Hab.-Schr. v. 1890

— zur Physiologie der Eiweissresorption u. zur Lehre v. den Peptonen. Diss. gr. 8. (66 S.) Würzburg 890. (Rudolstadt, Dabis.) n. 1. 20

Neumeister, Rudolf

Neumeister, R., Dichtungen. 8. (III, 459 S.) Berlin 897. R. Neumeister. n. 6. —

Neumeister, R., Erinnerungen e. Diaspora-Geistlichen. Mit mehreren Illustr. u. 1 Bildnis des Verf. gr. 8. (VII, 236 S.) Potsdam (901). E. Stein. n. 5. —; geb. n. 6. 50

Erinnerungen eines Diaspora-Geistlichen von R(udolf) Neumeister, ehem. Pfarrer zu Bukarest. Mit mehr. Ill. u. 1 Bildnis d. Verf. *Potsdam: E. Stein [1902].* (VI, 236 S.) 4°(8°)

— Gedichte u. Uebersetzungen. [Aus: „R., Dichtgn."] 8. (135 S.) Ebd. 897. n. 2. —

Neumeister., Rud., das königliche Gesetz, [Jac. 2, 8.] eine Gabe der Liebe. Bukarest 861. Ulrich. gr. 8. (75 S.) n. 10 ngr.

Neumeister, Rud., Hannibal und Livia. Trauerspiel in 5 Aufzügen. Leipzig 856. Gebhardt u. Reisland. 8. (183 S.) 22½ ngr.

— Hannibal u. Livia. Trauersp. in 5 Aufzgn. [Aus: „R., Dichtgn."] 8. (96 S.) Ebd. 897. n. 1. —

—— Herodes der Große. Trauerspiel in 5 Acten. (Den Bühnen gegenüber Eigenthum des Verf.) 8. (309 S.) Leipzig 853, Gebhardt und Reisland.

— Herodes d. Große u. d. letzten Maccabäer. Trauersp. in 5 Aufzgn. m. Vorspiel. [Aus: „R., Dichtgn."] 8. (147 S.) Ebd. 897. n. 2. —

—— Herodes der Große und Mariamne. Trauerspiel in 5 Aufzügen. 8. (VII und 172 S.) Leipzig 856, Gebhardt und Reisland.

Neumeister, Rud., die neutestamentliche Lehre vom Lohn. Eine biblisch-theolog. Skizze. 8. (56 S.) Halle 880 Mühlmann. n. 1. —

— Musikdramen: 1. Der Baumeister. Dramatisch-musikal. Dichtg. in 4 Aufzügen (nach e. rumän. Sage). 2. Andreas Hofer. Ein dramatisch-musikal. Dichtg. in 3 Abtheilgn.) [Aus: „R., Dichtgn."] 8. (79 S.) Ebd. 897. n. 1. —

Ein Schatzkästlein für das christliche Haus. (Verf.: R[udolf] **Neumeister,** Pastor em., Groß-Salze.) T. [1.] 2. Schönebeck a. E.: O. Senff in Komm. (1904–05). 2 Bde 8° [Umschlagt. F.]
1. (Evangelien.) 1904. 2. Episteln. 1905. [04. 10877

— die Schulen der evangelischen Diaspora-Gemeinden im Gebiete der unteren Donau. Gesammelte Notizen. [Aus: „Deutsche Schulzeitg."] gr. 8. (16 S.) Berlin 880. Keller. — 40

Neumeister, Rudolph, a. Breitenbrunn: Der verzauberte Topf. Ein mittelenglisches Gedicht. Erlangen 1906: Junge & Sohn. (**XXVII**, 15 S.)

Erlangen, Phil. Fak., Ref. Varnhagen, Diss. v. 11. Sept. 1906

[Geb. 29. Jan. 83 Breitenbrunn; Wohnort: Breitenbrunn; Staatsangeh.: Sachsen; Vorbildung: Realgymn. Döbeln Reife O. 03; Studium: Leipzig 4, Erlangen 3 S.; Rig. 4. Juli 06.]

— Zeugnisse von Gottes Gnadenwundern. Drei vaterländische Kanzelwörter. [Aus: „Christlich-vaterländ. Weihestunden".] gr. 8. (31 S.) Berlin 879. Chun. — 60

Neumeister, Th., Blech u. Schober, oder die Genossen der Nacht. Eine Erzählung aus dem Riesengebirge. 3. Aufl. Löbau 867,68. Walde. 8. (456 S. mit 14 color. Steintaff.) 28 ngr.

Neumeister, Th., Galgenvögel, s. Berthold, G.

—— Geheimnisse des Forsthauses an der Elbe, oder die Macht des bösen Gewissens. 8 Lfgn. 8. (256 S. mit ill. Stnt.) Potschappel [Dresden] 863, Tittel. à Lfg. 2 Ngr.

Neumeister, T., der letzte Graf v. Teufelstein od. die Geheimnisse der Todtengruft. Eine Räuber-, Mord- u. Verbrechergeschichte aus höheren u. niederen Kreisen der menschl. Gesellschaft, in der Zeit von 1823—1859. Historischer Roman. 1—21. Hft. gr. 8. (S. 1- 840 m. je 1 color. Steintaf.) Neusalza 875. Oeser. à — 30

— das geraubte Kind od. die Rache der Zigeuner. Erzählung aus neuester Zeit. 20 Hfte. gr. 8. (1. Bd. 343, u. 2. Bd. 452 S. m. 20 color. Steintaf.) Löbau 873. 74. Walde. à — 25

— Nachteulen, s.: Berthold, G.

— die Raben d. Waldes. Romantische Erzählgn. 1. Bd. 1—28. Lfg. gr. 8. (à 3 B. m. 1 color. Steintaf.) Löbau 873. Walde. à — 25

— Rächer der Nacht, s.: Berthold, G.

—— König Wenzel der Wilde von Böhmen, oder: Das Kind der Heimathlosen. Eine histor. Erzählung. 12 Lfgn. 8. (384 S. mit ill. Stnt.) Potschappel [Dresden] 863, Tittel. à Lfg. 2 Ngr.

—— der Wildschütz oder die Verbrechen im Böhmerwalde. Raub- und Wilddiebs-Geschichten. 4 Bde. in 15 Heften. gr. 8. (224; 175; 112; 208 S. mit 15 Chromolithogr.) Dresden 872,78, Tittel. à Heft 30 Pf.

Neumeister, Theod., die Falschmünzer oder Schuld und Unschuld. Eine Erzählung nach Thatsachen aus der neuern Zeit. 1—10. Lfg. Mit ill. Abbildungen. 8. (1. Bd. 320 S. mit 10 ill. Stnt.) Neusalza 857, Oeser. à Lfg. 2 Ngr.

—— Herzog Hans v. Sagan oder der Hungerthurm zu Priebus. Historische Original-Erzählung. 3 Bde. 8. (779 S. mit 25 ill. Stnt.) Neusalza 857, Borndrück.

Neumeister, Thdr., der schwarze Jäger oder die Räuber in den Ruinen der Gleichenburg. Eine Erzählung aus dem Thüringer Walde. Nach authent. Quellen bearb. 2 Bde. Mit (12 lith. u.) color. Bildern. Neusalza 857. Borndrück. 8. (380 S.) 1 Thlr.

Neumeister, Theod., Pique-Sieben oder der Gaunerklubb zu Dresden. Eine Erzählung aus dem vorigen Jahrhundert. 1. und 2. Heft. 8. (S. 1—64 mit 2 ill. Stnt.) Neusalza 853, Borndrück. à Heft 2½ Ngr.

— Pique-Sieben oder Der Gaunerclubb zu Dresden. Eine Erzählung aus dem vorigen Jahrhundert. 853. — 2. Aufl. 2 Bde. Neusalza 857. Borndrück. 8. (412 S. u. 12 color. Lithogr.) 1 Thlr. 2½ ngr.

— der Raubschütz oder Die Verbrechen im Waldschlosse. 2. Aufl. Neusalza 853. Borndrück. 8. (384 S. u. 12 color. Lithogr.) 1 Thlr.

— der Junker von Schwarz und seine Raubgenossen, oder: Beispiele menschlicher Bosheit. Aus den Annalen von Zittau u. Umgegend. 1—3. Liefg. Neusalza 853. Borndrück. 8. (S. 1—96 u. 3 color. Lithogr.) Jede Liefg. 2½ ngr.

—— Adam Schwobe und Niklas von Tschirnhausen oder die Erstürmung des Talkensteins. Eine romant. Erzählung aus dem Zeitalter der schles. Ritter- und Räuberburgen. 1—13. Lfg. 8. (1. Bd. 176 S. und 2. Bd. S. 1—240 mit 13 ill. Stnt.) Neusalza 856, Oeser. à Lfg. 2 Ngr.

—— Adam Schwobe und Niklas von Tschirnhausen oder die Erstürmung des Talkensteins. Eine romant. Erzählung aus dem Zeitalter der schles. Ritter- und Räuberburgen. 14. und 15. Lfg. (Schluß.) 8. (2. Bd. S. 241—302 mit 2 ill. Stnt.) Neusalza 857, Oeser. à Lfg. 2 Ngr.
1—13. Lfg. Ebendas. 1856. 26 Ngr.

— die Tödtung und Beraubung der Frau Baronin von Schimmelpennig von der Oye auf Lommnitz und die Verurtheilung der des Verbrechens überwiesenen Raubgenossen durch das Schwurgericht zu Görlitz den 23. u. 24. Mai 1853. Neusalza 853. Borndrück. 8. (16 S.) 1½ ngr.

Neumeister, Tr., der schwarze Anton oder die Geheimnisse der Todtengruft. Historische Erzählung aus den Jahren 1823—1859. 87 Hfte. gr. 8. (1192 S. mit je 1 Chromolith.) Neusalza 880. 81. Oeser. à — 20

Neumeister, Tr., die Kinder des Fluches oder der Bastard von Teufelstein. Neuester Volks-Roman. 37 Hefte oder 3 Bde. gr. 8. (432; 373; 667 S. mit 37 color. Stnt.) Neusalza 877,78, Oeser. à Lfg. 20 Pf.

Neumeister, Tr., der Schatz in der Klostergruft oder das Vermächtnis des Verschollenen. Orig.-Erzählung. 1.—56. Heft. gr. 8. (1. Bd. 838; 2. Bd. 776 S.; 3. Bd. S. 1—176 mit je 1 Farbendr.) Neusalza 888, Oeser. à Heft 10 Pf. 5 60

Neumeister, Tr. Der Schatz in der Klostergruft od. das Vermächtnis d. Verschollenen. Orig.-Erzählg. 57.—100. (Schluß-)Heft. Mit je 1 Farbendr. gr. 8. (3. Bd. S. 177—804; 4. Bd. 780 S.) Neusalza 889, Oeser. à Heft — 10; 4 40
1.—56. Heft. Ebd. 1888. 5 60.

— das unheimliche Schloß im Ardennenwalde oder die Söhne des Marquis v. Longeville. Ein Nacht- u. Schattenbild aus der Vergangenheit Elsaß-Lothringens. 5 Bde. oder 100 Hfte. gr. 8. (324, 304, 336, 312 u. 328 S. m. je 1 Chromolith.) Ebend. 880. 81. à Hft. — 10

Neumeister, Werner: Die natürlichen Grundlagen für die Eisenindustrie in Deutschland und in den Vereinigten Staaten. (Altenburg 1910: Pierer.) 88 S. 8°

Berlin, Phil. Diss. v. 13. Aug. 1910, Ref. Sering

[Geb. 5. März 82 Erfurt; Wohnort: Charlottenburg; Staatsangeh.: Preußen; Vorbildung: Joachimsth. Gymn. Berlin Reife O. 02; Studium: Straßburg 2, Berlin 6 S.; Rig. 17. Febr. 10.] [U 10. 219

Neumeister, Wern., die natürl. Grundlagen f. die Eisenindustrie in Deutschland u. in den Vereinigten Staaten, s. a. Forschungen, staats- u. sozialwissensch. 150. Heft.

Die natürlichen Grundlagen für die Eisenindustrie in Deutschland u. in d. Vereinigten Staaten. Von Werner **Neumeister**. Leipzig: Duncker & Humblot 1910. 87 S. 8°
(Staats- u. Sozialwissenschaftl. Forschungen. H. 150.) [10. 13358

Neumeister-Herburger's Geschäfts- und Auskunfts-Kalender für die J. 1876—1880. 17.—21. Jahrg. Lex.-8. (173; 183; 170; 188; 179 S.) Wien, Perles. cart. à Jahrg. *

Neumeister-Herburger's Geschäfts- und Auskunfts-Kalender für die J. 1881—1885. 22.—26. Jahrg. gr. 8. (à Jahrg. ca. 160—170 S.) Wien, Perles. cart. à Jahrg. * 1 —

Neumeister-Herburger's Geschäfts- und Auskunfts-Kalender für die J. 1886—1889. 27.—30. Jahrg. gr. 8. (166; 169; 171; 171 S.) Wien, Perles. cart. à Jahrg. * 1 —

Neumeister-Herburger's Geschäfts- u. Auskunfts-Kalender f. d. J. 1890—1893. 31.—34. Jahrg. gr. 8. (IV, 174; IV, 182; IV, 183; IV, 184 S.) Wien Perles. cart. à Jahrg. * 1 —

Dr. Neumeister-Herburger's Geschäfts- und Auskunfts-Kalender für das Jahr 1894. XXXV. Jahrg. Gr.-8. (194 S.) In Umschlag geb. —.50
Wien: Perles

Neumeister-Herburger's Geschäfts- u. Auskunfts-Kalender f. d. J. 1895. 36. Jahrg. gr. 8. (IV, 191 S.) Wien, M. Perles. Kart. n. 1. —

Neumeister, Dr., — Herburger's Geschäfts-Auskunfts-Kalender für das Jahr 1896. Siebenunddreißigster Jahrgang. Lex.-8. (198 S.) Cartonnirt Ebd. —.50

Neumeister, Dr., — Herburger's Geschäfts-Auskunfts-Kalender für das Jahr 1897. Achtunddreißigster Jahrgang. Lex.-8. (206 S.) Cartonnirt Ebd. —.50

Neumeister-Herburger's, Dr., Geschäfts- und Auskunfts-Kalender für das Jahr 1898. XXXIX. Jahrgang. Gr.-8. (210 S.) In Umschlag geb. Ebd. —.50

Neumeister-Herburger's, Geschäfts- u. Auskunfts-Kalender f. das J. 1899. 40. Jahrg. gr. 8. (IV, 196 S.) Wien, M. Perles. Kart. n. 1. —

(F) Dr. Neumeister-Herburger's Geschäfts- und Auskunfts-Kalender für das Jahr 1900. XLI. Jahrgang. Wien. Perles. Gr.-8°. 213 S. Cart. fl. —.60

Neumeister-Herburger's Geschäfts- u. Auskunfts-Kalender f. d. J. 1901. 42. Jahrg. gr. 8. (IV, 202 S.) Wien, M. Perles. Kart. n. 1. 20
Erscheint nicht mehr.

Neumerkel, Alb., Nicolaus de Smit. Schauspiel in 4 Akten. 8. (127 S.) Gera (900). (M. Lange.) n. 2. —

Neumerkel, Hans, Referendar: Die Anfechtung von Generalversammlungsbeschlüssen der Aktiengesellschaften. Borna-Leipzig 1910: Noske. VIII, 44 S. 8°
Leipzig, Jur. Diss. v. 12. Febr. 1910
[Geb. 4. März 86 Meerane; Wohnort: Dresden; Staatsangeh.: Sachsen; Vorbildung: Nikolaisch. Leipzig Reife O. 04; Studium: Lausanne 1, Leipzig 7 S.; Rig. 8. Febr. 08.] [U 10. 2816

Neumeyer, a.: Verbrechen u. Vergehen, gemeingefährl.

Agis und Kleomenes. Zwei Lebensbilder aus der letzten Zeit des spartanischen Staates, nach den Quellen entworfen. — Von Andreas Neumeyer, Stdl. — 1881, Amberg, ibid. S. III—LIII[s].
Progr. Amberg, K. Gymn.

— Aratus aus Sikyon. Ein Charakterbild aus der Zeit des achaeischen Bundes, nach den Quellen entworfen. I Teil. 38 S. 8. *Neustadt a/H.* 1885.
Progr.

Neumeyer, Andreas Aratus aus Sikyon. Ein Charakterbild aus der Zeit des achäischen Bundes, nach den Quellen entworfen. 8 (42 S.). Progr. Studienanst. *Neustadt a. d. H.* 1886

Neumeyer, Andr., Aratus aus Sikyon. Ein Charakterbild aus der Zeit d. achäischen Bundes, nach den Quellen entworfen. 2 Abtlgn. in 1 Bde. gr. 8. (38 u. 42 S.) Leipzig 886 Fock. n. 1. 50

Neumeyer, A., Paralle Charactere u. Zustände in Euripides Elektra u. Goethes natürlicher Tochter. Pr. 1878 18 S. 4°.

Philopoemen, der Letzte der Hellenen. Ein Charakterbild aus der Zeit des Achaeischen Bundes, nach den Quellen entworfen. — Von Andreas Neumeyer, Stdl. — 1879. Amberg, J. Habbel. — S. III—LXIII[s].
Progr. Amberg, K. Gymn.

Neumeyer, G. A.: Schieß- u. Spreng- Pulver. Leipzig 1866. 16 S. 8°

Neumeyer, Karl

Wilmersdorf. — Neumeyer. Bebauungsplan von Wilmersdorf, Schmargendorf u. Friedenau. 1 : 4000. 2 Bl. Autogr. u. Farbendr. Berl. 892, D. Reimer. Bl. I. * 8 —; II. * 5 —

Neumeyer, Karl. Ein Blütenstrauß dter Gedenkfest-litt z Erinng an d Dte Gedenk- u Columbus-Feier in Louisv. Ky. 16.Okt 1892. Louisv, 1893

[J.] **Neumeyer,** Karl: Historische und dogmatische Darstellung des strafbaren Bankerotts unter besonders eingehender Untersuchg d. Schuldfrage. Gekr. Preisschr. ... München, J. Schweitzer, 1891; 4 Bl., 198 S., 1 Bl. 8.
München, Jur. Fak., Inaug.-Diss. v. 1891

Neumeyer, Karl, historische u. dogmatische Darstellung d. strafbaren Bankerotts unter besonders eingehender Untersuchung der Schuldfrage. Gekrönte Preisschrift. gr. 8. (VII, 198 S.) München 891. J. Schweitzer. n. 4. —

Neumeyer, Karl, Dr.: Die gemeinrechtliche **Entwickelung** des internationalen Privat- und Strafrechts bis Bartolus. Stück 1: Die Geltung der Stammesrechte in Ober- und Mittelitalien. *München: J. Schweitzer 1901.* (X, 177 S.) 8°
München, Jur. Hab.-Schr. v. 1901
(Nicht für den Austausch)

Neumeyer, Karl, die gemeinrechtl. Entwickelung des internation. Privat- u. Strafrechts bis Bartolus. 1. Stück: Die Geltg. der Stammesrechte in Italien. gr. 8. (XI, 313 S.) München 901. J. Schweitzer Verlag. n. 8. —

--(publ and ed). Federzeichnungen aus d dten Vereinsleben in Louisville, Ky. Louisv, 1889.

Uebersichts-Plan der Section 1 von den Bebauungs-Plänen der Gemarkungen Dt. Wilmersdorf-Friedenau, u. Theilen von Steglitz, Schoeneberg, Charlottenburg, Dahlem u. Schmargendorf. Kreis Teltow. Angefertigt im April 1902 nach den amtl. ... Bebauungsplänen. Selbstverl. d. Ingen. C[arl] **Neumeyer.** 1 : 4,000. (Berlin 1902: W. Jacob.) (1 Kartenbl. Blattgröße 102×157 cm.) [Lichtpausdr.] [kol.] 103. 4799

Uebersichts-Plan der Section 2 von den Bebauungs-Plänen der Gemarkungen Schmargendorf und Grunewald u. Theilen von Charlottenburg, Dt. Wilmersdorf u. Dahlem. Kreis Teltow. Angefertigt im April 1902 nach den amtl. ... Bebauungsplänen. Selbstverl. d. Ingen. C[arl] **Neumeyer.** 1 : 4,000. (Berlin 1902: W. Jacob.) (1 Kartenbl. Blattgröße 102×157 cm.) [Lichtpausdr.] [kol.] 103. 4800

Neumeyer, Karl, internationales Verwaltungsrecht. (In 3 Bdn.) Innere Verwaltg. I. (VIII, 560 S.) Lex. 8. München 910. J. Schweitzer Verl. 16. —

Neumeyer, Ludw., Hülfstafeln f. barometrische Höhenmessungen. [Suppl. zu Carl's Repertorium f. Experimental-Physik. Bd. XIII.] gr. 8. (X, 194 S.) München 877. Oldenbourg. n. 4. 50

Neumeyer, Oswald, der Boden u. der Dünger. Praktische Anleitung für Landwirthe, Gärtner u. Gartenliebhaber. 8. (IV, 43 S.) Langensalza 876. Thomas. n. — 30

Neumeyer, Osw., der Boden u. der Dünger. Praktische Anleitg. f. Landwirthe, Gärtner u. Gartenliebhaber. 8 (43 S.) Mühlhausen 876. Förster. n. 1. —

NEUMEYER Simon (Berching): De hydrocephalo acuto.- Monachii: Wild 1845. 16 S.
16.8.1841 - Urk; F 65
Diss. Ingolst.-Landsh.-Mchn.

Nenmeyr, s. unter Neumayr.

Neumiller, Jos., zur Zivilprozeßnovelle v. 1. VI. 1909. (20 S.) gr. 8. Nürnberg 910. U. E. Sebald. — 80
Sonderabdr. aus: „Blätter f. Rechtsanwendg."

Neumiller, Jos., Civilprozeßordng. f. das Deutsche Reich. In der Fassg. des R.-G. v. 17. V. 1898 nach der Bekanntmachg. v. 20. V. 1898. Handausg. m. Erläutergn. unter besond. Berücksicht. der bayer. Gesetzgebg. u. Rechtspflege, nebst e. Anh., enth. das Gerichtsverfassungsgesetz, die Kostengesetze u. sonst. wicht. Nebengesetze. gr. 8. (XVI, 703 S.) Ebd. 902. 903. n. 15.50; geb. in Halbfrz. n. 18.—

Neumiller, Jos., Zivilprozeßordnung f. das Deutsche Reich vom 30. I. 1877. In der Fassg. der Bekanntmachg. vom 20. V. 1898 m. den Abändergn. des RG. vom 5. VI. 1905. Handausgabe m. Erläutergn. unter besond. Berücksicht. der bayer. Gesetzgebg. u. Rechtspflege nebst e. Anh., enth. e. Auszug aus dem Gerichtsverfassungsgesetz. 2. umgearb. Aufl. (In 3 Lfgn.) 1. u. 2. Lfg. (S. 1—320.) 8. München 906. J. Schweitzer Verl. à n. 2. 40

— Zivilprozeßordnung f. das Deutsche Reich v. 30. I. 1877. In der Fassg. der Bekanntmachg. v. 20. V. 1898 m. den Abändergn. des RG. v. 5. VI. 1905. Handausg. m. Erläutergn. unter besonderer Berücksicht. der bayer. Gesetzgebg. u. Rechtspflege nebst e. Anh., enth. e. Auszug aus dem Gerichtsverfassungsgesetz. 2. umgearb. Aufl. 3. Lfg. (XI u. S. 321—575.) 8. München 907. J. Schweitzer Verl. 2.40 (Kplt. 7.20; geb. in Leinw. 8.—)

— dasselbe in der Fassg. der Bekanntmachg. v. 20. V. 1898 m. den Abänderungen der RG. v. 5. VI. 1905 u. 1. VI. 1909 u. 22. V. 1910 sowie e. Auszug aus dem Gerichtsverfassungsgesetz. Handausg. m. Erläutergn. unter besond. Berücksicht. der preuß. u. bayer. Gesetzgebung u. Rechtspflege. 3. u. 4. verm. Aufl. 1.—4. Lfg. (S. 1—512 u. 8 S.) 8. Ebd. 910. . 5. 20

Neumoegen, Bernardus (geb. Breslau 8. 4. 1817): De hydrocephalo acuto. Berolini (1840). (32 S.) 8°
Berlin, Med. Diss. v. 6. März 1840

Neumond. Ein Hausfreund für Kinder zur lehrreichen u. angenehmen Beschäftigung in müßigen Stunden. Herausg. von J. Satori, J. v. Hausen, P. Weissemmel, E. Leyde, F. v. d. Ostsee u. m. A. 1r Jahrg. 12 Lfrgg. Mit Abbildd. 12. Mohrungen 835. Schulbuchhandlung. 5/12 ß — 2r u. 3r Bd. unt. d. T.: Ein Hausfreund für die Jugend jeglichen Alters, herausg. von J. Satori, P. Weissemmel, E. Leyde, F. v. d. Ostsee, G. Thiele u. a. m. à 12 Hefte. 12. Ebd. 836, 37. à 1/2 ß

Neumond, Hartwig [aus Frankfurt a. M.]: Die Vaterschaftsfrage nach dem Bürgerlichen Gesetzbuch für das Deutsche Reich ... Frankfurt a. M., Druck v. Gebr. Knauer, *1897;* 44 S. 8.
Erlangen, Jur. Fak., Inaug.-Diss. v. 1897

Neumond, Ludwig, a. Kaiserslautern: Die Anwendung des Konkursstrafrechts ⟨der §§ 239—241 K.O.⟩ auf die Organe einer Aktiengesellschaft, sowie einer Gesellschaft mit beschränkter Haftung. Heidelberg 1907: J. Hörning. (77 S.) 8°
Würzburg, Jur. Fak., Ref. Oetker, Diss. v. 15. Mai 1907
[Geb. 11. Mai 81 Kaiserslautern; Wohnort: Ludwigshafen; Staatsangeh.: Bayern; Vorbildung: Gymn. Kaiserslautern Reife Juli 01; Studium: Erlangen 1, München 2, Würzburg 5 S.; Rig. 10. Jan. 07.]

Neumühlen [Schlagwort]

Neumühlen. s.: Kiel. Lipsius & Tischer.

Neumüller: Üb. d. F e i e r des Friedrichs-Tages. Naumburg 1864. 24 S. 4°
Schul-/Univ.-Schrift

NEUMÜLLER, Eduard (Amberg): Der primaere Scheidenkrebs.- München: Wolf 1883. 20 S.
14.3.1883 - Urk (Titel: De carcinomate vaginae primario.); Chr 1882/83,18
Diss. Ingolst.-Landsh.-Mchn.

Catalog der Bibliothek der von 1771 bis 1851 bestandenen Grossloge Karl zu den drei Schlüsseln im Or. zu Regensburg. F. W. Neumüller. Regensburg im September 1881. 24 S. 8°. [Umschlagtit.] [Lith.]]

Neumüller, G.

— Die Anfänge einer Realschule in Naumburg. S. 3—6. — Gliederung der Realschule und ihre Stellung zu Berufskreisen. (Unterrichts- u. Prüfungsordnung vom 6. Okt. 1859.) S. 7—8. **Progr.** Rpg. *Naumburg* 1882.

Neumüller, G. Bericht des Rektors M. Bursmann an den Rat zu Naumburg 1554. S. 3—6. **Progr.** Rpg. *Naumburg* 1878.

Allgemeine Bestimmungen, betreffend die mit höheren Lehranstalten verbundenen Vorschulen. Ministerialerlaſs vom 23. April 1883. S. 3—6. — Rückblicke auf die Vorschule am Realprogymnasium 1859—1884. S. 6—8. **Progr.** Rpg. *Naumburg* 1884.

Neumüller, G., Rückblick auf den Briefwechsel Ph Melanchthon's mit Nicol. Medler (Naumburg) C. R. Naumb. 1883.
Schul-/Univ.-Schrift

Neumüller, Georgius: • De lineis catenariis. 52 S. 4° (2°)
Halle-Wittenberg, Phil. Diss. v. 15. Jan. 1848
Geb. Seyda (Kr. Schweinitz) [2. 3.] 1825. V.

Neumüller, H[einrich]: Zur Organisation und Methode des französischen Unterrichts an lateinlosen höheren Lehranstalten. *Oldenburg i. Gr. 1898: A. Littmann.* (18 S.) 4°
Oldenburg, st. OR u. VS, P 1898 (710)

Neumünster [Schlagwort]

Neumllnster, s.: Woerl's Reisehandbücher.

Neumünster-Blatt
(5) 15. 12. 1838 (Probeblatt) — 27. 3. 1839 (Nr. 13) (6) 8° (7) Wochenblatt (8) Zürich: Zürcher & Furrer (10) Leonhard Widmer (der Dichter des Schweizerpsalmes) (11) Leonhard Widmer (12) im Straußenhandel regierungsfreundlich (13) Schollenberger: Leonhard Widmer, p. 26 (14) Zh: Z.

Neumünster-Bote
(1) Publikationsmittel der Gemeinden Riesbach, Hirslanden, Hottingen, Fluntern, Wytikon, Zollikon (seit 12. 12. 1863); Publikationsmittel der 4 Wachten und Riesbach (seit 1. 1. 1867); Publikationsmittel des Wahlkreises Neumünster und der umliegenden Gemeinden Oberstraß, Unterstraß usw. und der übrigen Gemeinden des Bezirkes Zürich (seit 31. 1. 1867) (4) Volksblatt des Bezirkes Zürich (5) Probenummer: 23. 12. 1862; 1. 1. 1863—29. 12. 1868 (6) 4°, 2° (vom 26. 12. 1863 an) (7) wöchentlich 3×, dann 2× und wieder 3× (8) Zürich: Gebr. Lohbauer, Fr. Lohbauer (10) der Drucker (14) Zh: Z.

Neun, Jh. Kasp., Anleit. zur sichern Erhebung d. Lehngefälle, mit Tabellen. 8. Würzb. 805.

Neun, Jh. Kasp., († d. 10. Sept. 1806.) Pflichten d. Dorfschultheißen im Hochstift Würzburg u. s. w., nebst e. Berichten-Kalender. gr. 8. Würzb. 801. Rienner. 1 ♂ (Weschü in Frankf.). Hbg. Pr. 16 ℊℊ; dazu Resolvirungen ub. coursirende Geldsorten. Ebd. 801. 8 ℊℊ Hbg. Pr. 5 ℊℊ

Neun, J. E., Pflichten der Dorfschultheissen im Churfürstenth. Würzburg rc. gr. 8. Würzburg, 801. Jetzt Göbhardt in B. u. der Preis

— s. Vorschläge zur Vertreib. der Feldmäuse.

Neun, Wilfried v. d., s. Wilfried v. d. Neun.

Neunachbar, J., evangel. Katechismusübung nach Anleit. d. Evangel. 2 Thle. Fol. Breslau, Seidel. 714.

Neunauge, Budiker Wilh. (Geo. Bamberger), hast du ne Ahnung! Dolle Zicken, verzappt v. N. Mit Sticker 50 Bilderkens, jemalen v. sein Stammjast Paule Wendling. 2. Aufl. (126 S.) 8. Berlin (909). Zehlendorf, R. Eckstein Nachf. 1.—

Neundorf s.a. Neuendorf

Neundorf, K. Gli.: Abhandl. über den Beweis durch e. einz. Zeugen, üb. d. Gültigk. e. allg. Verzichtleist. auf Rechtswohlthaten und Einreden, u. üb. d. verabred. Process. *Tüb.*, Heerbrandt. 807. 8. (14 Gr.)

Neundorf, Karl Gli., († d. 7. Aug. 1814.) verm. Abhandll. üb. Gegenstände der Gesetzgebung u. Rechtsgelehrsamkeit. 8. Ulm 805. Stettin. 16 ℊℊ

Neundorf, K. G.: Erörterungen einiger Materien des Civilrechts von praktischer Wichtigkeit. Tübingen 1807.

1. Ueber den Beweis durch einen einzigen Zeugen.
2. Ueber die Gültigkeit einer allgem. Verzichtleistung auf Rechtswohlthaten u. Einreden.
3. Vom verabredeten Proceß.

— Erörter. e. Materien des Civilrechts v. praktischer Wichtigkeit. 8. Tübing. 807. (Osiander.) 14 ℊℊ

Neundorf, K. Gli.: Vers. e. Prüf. d. Rechtmäss. d. Succumbenzgelder. *Tüb.*, Heerbrandt. 804. 8. (4 Gr.)

— Versuch e. Prüfung d. Rechtmäßigkeit d. Succumbenzgelder. 8. Tübing. 804. (Osiander) 4 ℊℊ

Neundörfer, Karl, Referendar in Mainz: Der ältere deutsche Liberalismus und die Forderung der Trennung von Staat und Kirche. Mainz: Kirchheim 1909. XII, 55 S. 8° ¶(Ersch. gleichzeitig in: Archiv f. kath. Kirchenrecht. Bd 89, Quartalh. 2. 3.)
Gießen, Jur. Diss. v. 20. März 1909, Ref. Schmidt
[Geb. 5. Mai 85 Wöllstein; Wohnort: Freiburg i. B.; Staatsangeh.: Hessen; Vorbildung: Herbst-Gymn. Mainz Reife M. 03; Studium: Freiburg i. B. 1, Berlin 1, Gießen 4 S.; Rig. 21. Dez. 08.] [U 09. 1094

Neuner, Die: Eine Schilderung d Kriegsjahre d Neunten Regiments Ohio Voluntär Infantrie, v 17. Apr. 1861 bis 7. Juni 1864. Einleitung v Oberst Gustav Tafel. Cinci. 1897.

Neuner

Neuner-Prechtl, in's Stubai. Wegweiser für Einheimische u. Fremde. Mit 86 Vollbildern nach Naturaufnahmen. (IV, 35 S. m. 1 Karte.) qu. 16. Innsbruck (904). Wagner. n. 1.—

Neuner, Zillertal, du bist mei' Freud'. Wegweiser für Einheimische und Fremde. 8°. (ill. IX, 76, 24 S.)
Innsbruck: Wagner'sche Universitäts-Buchhandlung 1905.

Abendstern. Gebetbuch f. ältere Katholiken. Von Alois **Neuner**, Religionsprof. in Innsbruck. *Einsiedeln, Köln: Benziger & Co. 1903.* (695 S.) 8° [F.] [04. 118]

Neuner, Alois. Gott mein Trost. Katholisches Gebetbuch. Neu durchgesehen und verbessert von A' N'.... [Mit 2 Tafeln. — In grossem Druck.] 640 S. 8. Einsiedeln *etc.*, Benziger & Co. A. G., 1904. [geb. fr. 1. 50 u. 1. 90]

Neuner, Alois, Gottesdienst, s.: Moser, Karl.

Neuner, Arnulf [app. Arzt u. kgl. bayer. Assist.-Arzt II. Cl. d. R.]: Ueber die Wirkungen des Harmalins und Harmins ... München, kgl. Hof- u. Univ.-Buchdr. v. Dr. C. Wolf & Sohn, 1894; 39 S. 8.
München, Med. Fak., Inaug.-Diss. v. 1894

Neuner, E., Wesen u. Arten der Privatrechtsverhältnisse. Eine civilist. Ausführung, nebst einem Anh., den Grundriß zu einem neuen Systeme für die Darstellung des Pandektenrechts enthltd. Kiel 866. Schwers'sche Buchh. gr. 8. (VIII, 240 S.) n. 1 ♂ 15 ngr.

Neuner, Carl, s. Neuner, Karl

Neuner, Ernst, Rentier Pamperl, der eingebildete Kranke od. Die Dummen werden nicht alle, s.a. Theater, kleines. Hft. 349.

Rentier Pamperl, der eingebildete Kranke, oder Die Dummen werden nicht alle. Originalscene mit Gesang f. 2 Herren u. 1 Dame von Ernst **Neuner**. Paderborn: B. Kleine [1904]. (15 S.) 8° [F.]
— **Theater**, Kleines. H. 349. [05. 13648

NEUNER, FRIEDRICH S. P.: Freuden-Lied an den Wohlehrwürdigen P. Provincial Norbertus Conradi der frommen Schulen in Ungarn und Siebenbürgen, womit N. Hochdemselben in der wirklichen Kloster-Visitation beehret hat. Calocsa o. J. (1784). 4 f. - 4°

NEUNER, IGNATZ: Ode dem hochwürdigen ... Herrn P. Sigismundus Orosz ... gewidmet auf den 1sten May 1777. Waitzen o. J.: Ambró. (2 f.) 330 mm

Neuner, Karl

Neuner, Carl, die Heredis institutio ex re certa. Eine civilistische Abhandlung. Gießen 853. Ricker. gr. 8. (XX, 556 S.) n. 2 ♂. 20 ngr.

Neuner, Karl (Darmstadt)
Ueber den Widerruf eines von dem Anwalte in einer Civilproceßsache irrthümlich abgelegten Geständnisses. Inaug.-Diss.
Giessen: Univ.-Druckerei 1848. 35 S.
Diss. Habil. jur. 18.2.1848. vorh. 26. 11. Δ.

Thesen, welche zur Erlangung der Venia Docendi auf der Ludwigs-Universität zu Giessen den 8.1.1848 öffentlich vertheidigen wird: Dr. jur. Carl Neuner aus Darmstadt.
Giessen: Univ.-Druckerei 1848. 7 S. vorh. 26. Δ.

Neuner, N., Sammlg. einstimmiger Lieder in methodisch geordneter Folge f. die untere Gesangklasse an Mittelschulen. gr. 8. (IV, 56 S.) Bamberg 900. C. C. Buchner Verlag. n. — 60

Neuner, Richard [Assistenzarzt am städt. Krankenhause]: Ueber angebliche Chordareste in der Nasenscheidewand des Rindes.... Leipzig, Druck v. J. B. Hirschfeld, 1886: 19 S. u. 1 Taf. 8°.
München, Med. Fak., Inaug.-Diss. v. 1886.

Neuner, Richard, über angebliche Chordareste in der Nasenscheidewand des Rindes. Diss. München 1886, A. Buchholz. 8°. 19 S. mit einer Taf.

Neuner, Th., die Martinswand, ob. d. Kraft d. Glaubens histor. poet. Erzähl. 12. (...) München 839, (Fleischmann.)

Neunert, Hans, die ich rief, die Geister. Eine neue Geschichte aus dem Alltagsleben. (124 S.) 8. Straßburg 910. F. Bull. 1.80; geb. 2.40

— Nur treu! Eine Erzählg. f. d. Jugend. Mit 16 Bildern v. Osk. Lorenz. (V, 69 S.) 8. Freiburg i/B. 908. Herder. — 80; geb. in Leinw. 1.50

— Und dräut der Winter noch so sehr, s.: Jugendschriften, deutsche. 2. Bd.

— Das Zöllnerrosel. Eine Erzählg. aus dem Alltagsleben f. die Jugend wie f. Erwachsene. Mit Bildern v. Osk. Lorenz. (VII, 112 S.) 8. Straßburg 910. F. Bull. 1.80; geb. 2. 40

NEUBERT, Joseph (Koblenz): De cancro.- Monachii: Wolf 1829. 36 S. 3.9.1827 - Urk; F 59
Diss. Ingolst.-Landsh.-Mchn.

Neunes, Christian Elias Albert (Römhild/Franken), Diss. med. sistens quaedam momenta de cortice peruviano eiusque usu in febribus intermittentibus. Jena (Goepfferdt) 1. X. 1789. 30 S. (5.—) 24854
Gew.: Johann Conr. Bechmann.

Neunhertz, Johann, J. N. J. // Tröstliche // und zur Ubung der Gottseligkeit // dienliche // Andachten // Über alle // Sonn- und Fest-tägliche // Evangelien // durchs gantze Jahr /// also eingerichtet /// daß sie entweder gebethet / // oder // nach bekandten Melodeyen // gesungen werden können /// verfertiget // durch // M. Johann Neunhertz /// Seniorn zum Creutze Christi // vor Hirschberg. // Hirschberg /// zu bekommen in der Buchdruckerey // bey Dietrich Krahnen. - 272 S. und 2 Blatt (nicht paginiert) zwisches Seite 6 und 7 mit der Widmung dd. 14. Junii Anno 1730.
B. S. T. 12°.106.

Neunheuser, Henri Dominique de: 6 floreal an 11 (28 avril 1803.) – A v i s aux Fidèles Chrétiens (du département des Forêts) relatif a la célébration de l'Octave de la très-sainte Vierge, Consolatrice des Affligés a Luxembourg. – Benachrichtigungs-Schreiben an alle Christgläubigen (des Wälder-Departementes) betreffend die Feier der allerseligsten Jungfrau, der Trösterin der Betrübten zu Luxemburg. 2 S. 4°

Neunheuser, Henri Dominique de: 15 prairial an 12 (27 mai 1804). – B e f e h l s - B r i e f e, der das Veni Creator und Te Deum in allen Kirchen seines Bisthumes (Metz) abzusingen verordnet, um den Segen des Himmels über die Nation und Dero Oberhaupt herabzubitten, und dem Herrn wegen Napoleons Erhebung auf den Kaiserlichen Thron zu danken. – Brief Seiner Kaiserlichen Majestät an den Herrn Bischof zu Metz, datiert aus St. Cloud, den 11ten Prairial XIIten Jahres (21. Mai 1804.) Luxemburg: Claude Lamort. 6 S. 4°
Übers. a. d. Franz. des Msgr. Bienayme, Bischofs von Metz.

Neunheuser, Henri Dominique de: F a s t e n v e r o r d n u n g von 1830 für das Grossherzogthum Luxemburg. [Luxemburg: Schmit-Brück.] 2 S. 4°

Neunheuser, Henri Dominique de: 6. April 1808. – H i r t e n b r i e f an alle Priester und Gläubige seines Bisthums über die Nothwendigkeit ihrer Mithülfe zur Errichtung des grossen und der kleinen Seminarien. – 13 erklärende Anmerkungen. – Nachricht an den Klerus über die zeitliche Verwaltung des grossen und der kleinen Seminarien. Lützemburg: Peter Brück. 37 S. 4°
Übers. a. d. Franz. des Msgr. Jauffret.

Neunheuser, Henri Dominique de: 10. Februar 1807. – H i r t e n b r i e f und Verordnung für die heilige Fastenzeit: Über die Notwendigkeit der Busse und der guten Werke. Lützemburg: Pet. Brück. 14 S. 4°
Übers. a. d. Franz. des Msgr. Jauffret.

Neunheuser, Henri Dominique de: 14. März 1810. – Gegeben zu Braunau, wohin wir als Almosenier Seiner Majestät sind berufen worden, um bei unser Durchlauchten Kaiserin Maria Louise von Oesterreich, bis auf hoch Dero Ankunft in Compiegne den Almosenier-Dienst zu verrichten. – H i r t e n b r i e f über das Werk des grossen und der kleinen Seminarien des Bisthums. Lützemburg: Peter Brück. 10 S. 4°
Übers. a. d. Franz. des Msgr. Jauffret

Neunheuser, Henri Dominique de: 10 mars 1809. – L e t t r e pastorale aux Prêtres et au Fidelles du département des Forêts, sur la nécessité de continuer à concourir à l'oeuvre des grand et petits Séminaires. – Hirtenbrief an die Priester und Gläubige des Wald-Departementes, über die Nothwendigkeit, zu dem Werke des grossen und der kleinen Seminarien fernerhin beizusteuern. Lützemburg: Peter Brück. 9 S. 8°
Deutsche Übers. des Hirtenbriefs von Msgr. Jauffret.

Neunheuser, Henri Dominique de: L e t t r e pastorale aux Prêtres et aux Fidèles de Luxembourg. Sur l'Octave de Notre Dame Consolatrice. – Hirtenbrief an die Priester und Gläubigen von Lützelburg, über das acht-tägige Fest unser lieben Frau, der Trösterin der Betrübten. 4 S. 4°
Deutsche Übers. des Hirtenbriefs von Msgr. Jauffret.

Neunheuser, Henri Dominique de: 30. Januar 1812. – P a s t o r a l - U n t e r r i c h t über die Art, die Fastenzeit heilig zuzubringen, und sich dadurch zur Oster-Feyer vorzubereiten. Lützemburg: Schmit-Brück. 24 S. 4°
Übers. a. d. Franz. des Abtes Claude Ignace Laurent, Administrators der Diözese Metz.

Neunheuser, Henri Dominique de: Kurzer U n t e r r i c h t über das Jubeljahr (Jubiläum). Lützemburg: Schmit-Brück 1830. 12°

Neunheuser, Henri Dominique de: U n t e r r i c h t über das Sakrament der Firmung durch Fragen und Antworten. Lützemburg: Peter Brück [1810]. 110 S. 12°

– Dass. Lützemburg: Schmit-Brück 1819. 109 S. 12°
Übers. a. d. Franz. des Msgr. Jauffret, Bischofs von Metz.

Neunheuser, Henri Dominique de: U n t e r r i c h t und Verordnung über die Weise, wie man einstweilen vom Kriegsdienste freigesprochen werden kann, um den zum geistlichen Stande nöthigen Wissenschaften obliegen zu können; und über die Mittel, der Gnade dieser Freisprechung nicht verlustig erkläret zu werden. – Auszug aus dem Zirkularschreiben Seiner Exzellenz unseres gnädigen Herrn, des Religions-Ministers (Graf Bigot de Préameneu), vom 4ten Jänner 1812, bezüglich der Befreiung vom Soldatendienste. Den Herrn Pfarrern und Desservanten; dem Vorsteher des Seminariums, den Direktoren geistlicher Schulen, und den übrigen Lehrern junger Geistlichen; allen denen die geistlich zu werden wünschen, und ihren Aeltern im Bisthume Metz. Lützemburg: Schmit-Brück. 25 S. 8°
Übers. a. d. Franz. des Abtes Claude Ignace Laurent.

Neunheuser, Henri Dominique de: 22. Januar 1807. – V e r o r d n u n g (des Bischofes Jauffret von Metz) über die Besitznahme seines Bisthumes und über die neuerdings von den Armeen Seiner Kaiserlich-Königlichen Majestät erfochtenen Sieg. – Brief seiner Majestät des Kaisers und Königs, an den hochwürdigsten Herrn Bischof von Metz, datiert aus dem kaiserlichen Lager zu Gultursk, am 31. Dezember 1806. Lützemburg: Peter Brück. 6 S. 4°
Übers. a. d. Franz. des Msgr. Jauffret.

Neunheuser, Henri Dominique de: 7. März 1807. – V e r o r d n u n g , wodurch er (der Bischof von Metz) befiehlt, dass der Katechismus unter dem Titel: *Katechismus zum Gebrauche aller Kirchen des französischen Reiches*, herausgegeben, und allein in seinem Bisthume zum Unterricht dienen soll. Lützemburg: Peter Brück. 6 S. 4°
Übers. a. d. Franz. des Msgr. Jauffret.

Neunheuser, Henri Dominique de: 16. Februar 1813. – Verordnung für die Fastenzeit 1813 über die Beobachtung des 4ten und 5ten Kirchengebotes. – I. Nachricht betreffend die von den Aspiranten zum Priesterstande, welche von der Conscription befreit zu werden wünschen, abzulegende Prüfung. – II. Nachricht. Veröffentlichung des Art. 2 des Kaiserlichen Dekretes vom 22. Dezember 1812 über die Privat-Kapellen an den verschiedenen Anstalten sowie in einzelnen Häusern, nebst Bitte um die nötigen Aufklärungen, behufs Aufstellung einer Tabelle dieser Privat-Kapellen und Oratorien. Lützemburg: Schmit-Brück. 19 S. 4°
Übers. a. d. Franz. des Abtes Claude Ignace Laurent.

Neunheuser, Henri Dominique de: Verordnung für die Fastenzeit von 1830, wodurch die Eröffnung eines Jubiläums für den 2. Mai angekündigt wird. Lützemburg: Schmit-Brück. 4 S. 4°
Übers. a. d. Franz. des Msgr. Oudernard, Bischofs von Namur.

Neunheuser, Henri Dominique de: 24. November 1827. – Verordnung bezüglich des zwischen S. H. Papst Leo XII. und S. M. dem König-Grossherzog Wilhelm I. abgeschlossenen Vertrages, behufs Abhaltung von öffentlichen Gebeten zur Danksagung für dieses glückliche Ereignis. Lützemburg: Schmit-Brück. 6 S. 4°

Neunheuser, Henri Dominique de: 16 kalendas septembris (17. August 1827.) – Vertrag zwischen Sir Heiligkeit dem Römischen Pabst Leo XII. und Sr. Majestät Wilhelm I., König der Niederlande. Lützemburg: Schmit-Brück. 8 S. 4°

Neunheuser, Henri Dominique de: O. D. (Juni 1808.) – Zeremoniell, welches zur Wiederherstellung der Andacht zum Heiligen *Donatus* und bei der Mission, die auf diese Feierlichkeit folgen wird, in der Stadt *Arlon* beobachten werden soll. 3 S. 4°
Übers. a. d. Franz. des Msgr. Jauffret.

Neunheuser, Henri Dominique de: 1. Dezember 1816. – Zirkular an die Herren Pfarrer, wodurch selbe gebeten werden, ihre Pfarrangehörigen, welche Ueberfluss an Weitzen, Mischelfrüchten, Korn und Gerste haben, aufzufordern, solche gegen Bezahlung, an die zum Getreide-Ankauf eingerichtete Kommission in Luxemburg abführen zu wollen. [Luxemburg: Schmit-Brück.] 2 S. 4°

Neunheuser, Henri Dominique de: 27. Juli 1809. – Gegeben zu Mézières. – Zirkularschreiben an den Klerus des Wald-Departementes, um ihn aufzufordern, den Opfern der schrecklichen Feuersbrunst, welche am 18. Juni 1809 zu Ethe gewüthet hat, mildthätig beizustehen. – Nachschreiben, worin der Bischof von Metz mittheilt, S. P. H. Pius VII. habe ihm „zwei vollkommene Ablass-Briefe" für die Muttergottes-Octave zu Lützemburg und für die St. Donatus-Octave zu Arlon ertheilt. 2 S. 4°
Übers. a. d. Franz. des Msgr. Jauffret

Neunheuser, Henri Dominique de: Zirkular-Schreiben an die Priester und Gläubigen des Wälder-Departements, über die Werke der Seminarien und die Erziehung der jungen Geistlichen. Lützemburg: Schmit-Brück. 3 S. 4°
Übers. a. d. Franz. des Msgr. Jauffret

Neunheuser, Johannes: M. Aemilius **Lepidus**. Die Reformen d. Sulla u. d. ersten Versuche, sie im römischen Staate rückgängig zu machen. *Essen a. Ruhr: G. D. Baedeker 1902.* (42 S.) 8°
Münster, Phil. Diss. v. [25. Apr.] 1902

Neunhöfer, Geo. Chr., die Conditorei auf der höchsten Stufe ihrer Vollkommenheit. Eine Gallerie bestehend in meist gemalten Darstellungen von Tafel- u. Laden-Confecturen 2c. 3 Lfgn. Mit 20 Taf. gr. 4. (72 S.) Heilbronn 847, Drechsler. (à 27 ngl) 2 rß 21 ngl

Neunhöfer, Geo. Chrn., die Kunst, Blumen aus Tragant naturgetreu und auf die leichtfaßlichste Weise nachzuahmen. Mit einem Anhange solche Blumen nach neuester Erfindung mit Stielen und Laubwerk aus den passendsten Stoffen geschmackvoll zu zieren. Lex.-8. (IV und 103 S. mit 13 Stnt., wovon 4 ill.) Frankfurt a. M. 850, Sauerländer's Verlag. *

Neunhöfer, Geo. Chr., das Neueste der Conditoreikunst, in getreuen, meist illum. Abbildungen von Tafel- u. Laden-Confekturen, Aufsätzen in Tragant etc. Torten, Verzierungen u. s. w. sammt erläut. Beschreibung. Mit e. Anhange erprobter Recepte von Geheimnissen, Kunstgriffen etc. 1. Bd. 6 Lfgn. gr. 4. ($5\frac{1}{4}$ B., 6 schw. u. 12 ill. Stnt.) Stuttgart 844, Scheible, Rieger et Sattler.

Neunhoefer, Johann Friedrich (Königsfeld Diöz. Rochlitz), Aristas, ludicro inveteratoque errore, pro annis habitas, sub aspectum subiicit, viro Jonathan Heller aetatis annum XLI gratulatus. Altenburg (Richter) 7. VIII. 1756. 16 S. (5.50) 24855
Mit sehr schönem Kupferstich von Heller (Jona).

Neunhöfer, J. F., de Juda ruptis in gravi praecipitique lapsu ilibus extincto. Chemn. 1740. 4; rep. in Biedermann n. acta schol. 2. p. 687 ss.

— — Patrocinium caussae Boxhornianae in definienda scientiae humanae magnitudine suscipit. Viro August Friedrich Sigismund Green gratulaturus. Altenburg (Richter) 18. XII. 1762. 8 S. (4.75) 24856

Neunhöfer, J. F., de precibus Christi Gethsemaniticis. Altenb. 1760. 4.

— — Sitne panis et vinum in S. coena vice corporis et sanguinis Christi ad refutandam qua id ipsum asseritur novam hypothesin perquirit simulque nostram Lutheranam de S. coena doctrinam ex ipsis solisque Christi ac Paulli verbis deductam exhibet. Leipzig (Jacobaeer) 1781. 42 Seiten. (5.50) 24857
Gew.: Georg Friedrich von Berlepsch.

Neunhöfer, J. F., Vers. e. Beytrags z. Erklär. des Hohen Liedes Salomonis. 8. Bremen, Förster. 775.

— Vers. e. gemeinnütz. Uebersetz. des Predig. Salom. nach d. Grundtexte 2c. 8. Weißenf. Severin. 786.

Neunhoeffer, Ferdinand [app. Arzt aus Heidenheim a. Br.]: Über Dermoidcysten der Ovarien ... Tübingen, F. Pietzcker, 1892; 32 S., 1 Taf. 8.
Tübingen, Med. Fak., Inaug.-Diss. v. 1892

Neunhoeffer, Ferd., üb. Dermoidcysten der Ovarien. Diss. gr. 8. (32 S. m. 1 Taf.) Tübingen 892. A. Moser. n. 1.—

Neunhöffer, Julie, wer kommt?, s.: Conz, Julie.

Neunkirchen [Schlagwort]

Neunkirchen, s.: Wiener Ausflugskarten.

Neunkirchen, s.: Hessen, Grossherzogtum.

Neunkirchen, s.: Geologische Karten. (Hessen)

Neunreiter, S.: Die Frauenbewegung als Ergebnis des Culturfortschritts nebst einer physiologisch-medicin. Kritik der weiblichen Inferiorität. — Berlin: Bibliogr. Bureau 1893. 31 S. 8°

Neunteufel, Frz. Zu Friedrichs von Hausen Metrik, Sprache und Stil. 34 S. 8. Progr. G. Czernowitz 1881.

Neuntödter, der; v. Gustav Schilling. 8. Dresden, Arnold. 816.

Neunzig, Jos., systemat. Darstell. e. Knochen- u. Muskellehre, nebst e. Angabe üb. d. äußern Unterschied der verschied. Menschenkörper f. angeh. bildende Künstler. Mit 10 Steintaf. gr. 4. Düsseld. 825. Schreiner. 2 ℔

— der gesunde Mensch, od. Anleit. sich vor Krankheiten u. herrsch. Seuchen zu bewahren ꝛc. 8. Elberf. 827. Schaub. 16 gr.

Neunzig, Jos., der gesunde Mensch, od. Anleitung, sich vor Krankheiten u. herrschenden Seuchen zu bewahren, die Gesundheit zu befestigen ꝛc. 2. wohlf. Ausg. 8. (11 B.) Düsseldorf 844. [Leipzig, Otto Klemm.]

Neunzig, Jos., der gesunde Mensch, od. Anleitung, sich vor Krankheiten u. herrschenden Seuchen zu bewahren, die Gesundheit zu befestigen ꝛc. 2. wohlf. Ausg. 8. Düsseldorf 844, Schaub. 1/4 ℔

Neunzig, Josephus (geb. am 15 März 1797 in Düsseldorf): Dissertatio . . . referens de sanguine variisque fluidis animalibus experimenta microscopica . . . Cum imagine aere excusa. Bonnae, typ. Thormannianis (1823). 30 S., 3 Bl., 1 Taf. 8.
Bonn, Med. Fak., Diss. v. 22 Aug. 1823

Neunzig, Karl, der Graupapagei, s.: Ruß, Karl.

Neunzig, Karl, Handbuch f. Vogelliebhaber, s.: Ruß, Karl.

— Die Vögel der Erde. 239 farb. Abb. auf 30 Taf. u. zahlr. Text-Illustr. Text v. Aug. Schleyer. (96 S.) gr. 8. Fürth (908). G. Löwensohn. Geb. 3. 50

— Fremdländische Vogeltypen. Hrsg. v. der illustr. Wochenschrift f. Vogelliebhaber „Die gefied. Welt". 1 Taf. 58,5×38 cm. Farbdr. Nebst 1 Bl. illustr. Text. 30,5×42,5 cm. Magdeburg (910). Creutz. 1. 50

— Vogelzuchtbuch, s.: Ruß, Karl.

— der Wellensittich, s.: Ruß, Karl.

— s.: Welt, die gefiederte.

Neuordnung, Die, der schweizerischen Artillerie. Frauenfeld 1893. V: *Weber, Robert.* (Cat. d. Stadtbibl. Zürich. Zürich 1864—97.)

Die **Neuordnung** des Feuerversicherungsvertrages nach dem im Reichsjustizamt aufgestellten Gesetzentwurf über den Versicherungsvertrag. Gemeinschaftl. Verhandlungen d. Komm. f. d. Versicherungswesen d. Centralverb. Deutscher Industrieller u. d. Vertreter d. Vereinigung d. in Deutschl. arbeitenden Privat-Feuerversicherungsgesellsch. Berlin d. 2. Okt. 1903. *Berlin 1903: Deutscher Verb.* (211 S.) 8° [J.]
— **Verhandlungen**, Mitteilungen u. Berichte d. Centralverbandes Deutscher Industrieller. No 96. [illegible]

Neuordnung des höheren Mädchenschulwesens in Preußen. Denkschrift d. preuß. Zweigvereine d. Allg. Dtsch. Lehrerinnenvereins. ⟨Auf Grund d. Beschlüsse d. Versammlung vom 3. u. 4. Okt. 1908.⟩ — Berlin: Moser 1908. 23 S. 8°

Neu-Organisation, die, der Feld-Artillerie u. ihre Stellg. zur Infanterie-Division. Ergänzende Betrachtgn. zu der Brochüre: „Die Trennungsfrage der Artillerie" etc. Von O. u. M. gr. 8. (48 S.) Berlin 873. Behr's Buchh. n. 1. 20

Neuorganisation des Löschwesens und 1. Verwaltungsbericht der Berufsfeuerwehr der Stadt Kiel ... (2: Feuerlöschwesen der Stadt Kiel ... II. Jahres-Bericht ...) Kiel 1898: Handorff. 8° [illegible]

Neu-Oesterreich! Von Austriacus. (VII, 119 S. m. 5 Beilagen.) gr. 8. Dresden 904. E. Pierson. n. 2. 50

Neu-Ost-Preussen [Schlagwort]

Neu-Ost-Preussen — Charte von — Entworfen von F. L. Güssefeld Nürnberg bey den Homan. Erben 1798. 1 : 1,040,000. 1 Bl.

Neuötting. Gemessen im Jahre 1824, gravirt 1827 vom k. Steuerkataster. 1 : 2500. 1 Bl.

Neu-Palästina oder das verjudete Deutschland. Ein milder Beitrag zur Kenntniss der Judenfrage im sogen. „Deutschen" Reiche. Von einem Konservativen. 1. und 2. Aufl. gr. 8. (52 S.) Berlin 879, Hentze's Verlag. *

Neupauer, Ferdinand

Neupauer, Fd., systemat. Abhandl. üb. die Civilgerichtsbarkeit in den gesammten Erbländern d. österr. Monarchie mit Ausnahme Ungarns u. d. damit vereinigten Provinzen. gr. 8. Insbruck 823. Wagner. 1 ℔

Neupauer, Ferd., neue Beyträge z. Kenntniß d. österr. Wechselrechtes. gr. 8. (9 B.) Wien 829, [v. Mösle sel. Wtwe. u. Braumüller.]

Neupauer, F.: Das österreich. Wechselrecht, mit Rücksicht auf Italien. *Insbruck.* 822.

— das österr. Wechselrecht mit Rücksicht auf den, f. das lombardisch-venetianische Königreich u. das südl. Tyrol bestätigten Codice di Commercio, nebst e. Anhange v. d. österr. Wechselgerichten. gr. 8. Wien 822, Geistinger. (Landshut, Krüll.)

— das österr. Wechselrecht mit Rücksicht auf den f. das lombardisch-venetianische Konigreich u. das südliche Tyrol bestätigten Codice di Commercio, nebst e. Anhange v. d. österr. Wechselgerichten. gr. 8. Wien 822. (Gerold). 1 ℔ 20 gr. Hbg. Pr. 1 ℔

Neupauer, Ferd., das österreich. Wechselrecht mit Rücksicht auf den, f. das lombard.-venetian. Königr., u. d. südl. Tirol bestätigten codice di commercio di terra e di mare del regno d'Italia, nebst e. Anh. von d. österreich. Wechselgerichten, u. d. Verfahren bei dens., systemat. dargest. 2 Thle. Neue, unveränd. Ausg. gr. 8. (21 1/8 B.) Wien 841, Braumüller u. Seidel.

v. **Neupauer,** Frz. Xav., Abhandl. v. der Verbindlichkeit zu Fasten. 8. Gräz 787.

Neupauer, Frz. Xav.: Frage, ob der Kaiser das Recht habe, in seinen Erbländern aus eigener Macht eine neue Diöcesaneintheilung vorzunehmen, die Gerichtsbarkeit der auswärtigen Bischöfe u. Metropolitanen aufzuheben, u. neue Bischöfe u. Metropolitanen zu machen, ohne dass diese die Bestätigung des röm. Hofs nöthig haben? Mit Ja beantwortet. *Gräz.* 784. 8.

— über die Freilassung verwandter Personen z. Ehe. 8. Gräz 785. Ferstl. 4 gr.

Neupauer, Frz. Xav. v., Gedanken über Einfuhr fremder Fabrikate. 8. Wien, Hörling. 793. Rthlr.

— die Klerisei hat vermöge ihrer Einsetzung kein Recht, Gesetze zu geben. 8. Gräz 788.

— über d. Nichtigkeit der sogenannten feierl. Klostergelübde. 8. Gräz 786. Ferstl. 5 gr.

NEUPAUER, Frz., Ueber die Nichtigkeit der sogenannten feierlichen Klostergelübde. Wien 1786. 8°. (In Wien, Stadtbibl.)
Seltenes Josefinum.

— Personen, die in verbotenen Grade verwandt sind, bedürfen nach Landesfürstl. Erlaubniß keiner geistl. Freylassung. 8. Ebend. 786.

— Schreiben e. Landpfarr. an seinen Freund üb. d. Brevier u. die Verbindlichk. dasselbe zu beten. 8. Gräz 787. Ferstl. 3 gr.

— Versuch über d. Frage: ob ein kathol. Landesherr d. Recht habe, gültig geschlossene Ehen in gewissen Umständen zu trennen. 8. Ebend. 785.

Neupauer, Fr. X.: Vers. üb. d. Frage: ob e. kathol. Landesfürst d. Recht habe, gültig geschlossene u. vollbrachte Ehen seiner kathol. Unterthanen in gewissen Umständen, auch in Anseh. d. Bandes zu trennen? (*Grätz*, Weingand u. Forstl.) 785. 8. (8 Gr.)

— Vorzüge der monarchischen vor d. übrig. Regierungsformen. gr. 8. Wien 792. Hörling. 9 gr.

Neupauer, Jo.: Vom Missbrauch d. geistl. Gewalt oder v. Recht d. Landesfürsten, den durch d. Gewalt der Geistlichkeit Gedrückten den Recurs zu erlauben. *Wien*. 784. 8.

Neupauer, Jos. R. v., der Kollektivismus u. die soziale Monarchie. (X, 338 S. m. 1 Bildnis.) 8. Dresden 909. R. Lincke. 5.—; geb. n 6. —

Neupauer, Jos. v., Oesterreich im J. 2020. Socialpolitischer Roman. 8. (344 S.) Dresden 893. E. Pierson. n. 4. —; geb. in Leinw. n. 5. —

— Die Regenerirung der Oesterreichischen Monarchie nach dem Wahlspruche: „Viribus unitis". Ein Beitrag zur Lösung der Arbeiterfrage. 8°. Wien, Selbstverlag (Genoss.-Buchdr.), 1889.

— die Schäden u. Gefahren der Valutaregulirung f. die Staatsfinanzen, die Volkswirtschaft u. die Kriegsbereitschaft. gr. 8. (III, 41 S.) Wien 892. Lesk & Schwidernoch. n. — 50

Neupert sen., A., kleine Chronik der Stadt Plauen i. Vogtl. von 1122 bis zum Ausg. des 19. Jahrh. Aus Anlaß des 35 jähr. Bestehens des Altertumsvereins zu Plauen i. V. bearb. u. hrsg. Beilageheft zu der im Laufe des J. 1909 erschein. 20. Jahresschrift des Vereins. (VII u. S. 17—84 m. Abbildgn.) 8. Plauen 908. (R. Neupert jr.) nn 1. —

— dasselbe. Neue Folge 1901—1908. 2. Beilageheft zur 20. Jahresschrift des Altertumsvereins zu Plauen i. Vogtl. (67 S.) 8. Ebd. 909. nn — 75

Neupert, A., s.: Jahrbuch d. Schule Gabelsbergers.

— Litteratur der deutschen Stenographiesysteme u. ihrer Übertraggn Oktbr. 1894 bis Septbr. 1895. [Aus: „Jahrb d. Schule Gabelsbergers".] 12. (21 S.) Leipzig 896. (E Zehl.) — 30

— dasselbe. Oktbr. 1895 bis Septbr. 1896. [Aus: „Jahrb. d. Schule Gabelsbergers".] gr. 16. (21 S.) Ebd. 897. — 30

Neupert, sen., A., Plauen i. V., ein Führer f. Einheimische u. Fremde, unter Benutzung amtl. Grundlagen bearb. Mit 10 Abbildgn., 1 Stadtplane u. 1 Karte der Umgebg. 8. (VIII, 104 S.) Plauen (901). (R. Neupert jr.) Kart. n. 1. —

Neupert, Albert [aus Dresden]: De Demosthenicarum quae feruntur epistularum fide et auctoritate .... Lipsiae, *Druck v. G. Schmidt*, 1885; 77 + 2 S. 8°.
Leipzig, Phil. Fak., Inaug.-Diss. v. 5. Okt. 1885.

Neupert, Alb., de Demosthenicarum quae feruntur epistularum fide et auctoritate. gr. 8. (78 S.) Leipzig 885. Fock. n. 1. 50

Neupert, Alwin, Uebersicht üb. erschienene Schriften u. Aufsätze zur Geschichte, Landes- u. Volkskunde des Vogtlandes, s.a. Mitteilungen des Altertumsvereins zu Plauen i. V.

Uebersicht über erschienene Schriften und Aufsätze zur Geschichte, Landes- u. Volkskunde des Vogtlandes. Gesammelt u. hrsg. von Alwin **Neupert**. Plauen i. V.: R. Neupert in Komm. 1908. IV, 96 S. 8°
(Mitteilungen d. Altertumsvereins zu Plauen i. V. Jahresschrift. 19, Beil. H.) [11. 7569

Neupert, Erich [aus Spandau]: Beiträge zur Casuistik der Fütterungstuberculose ... Berlin, C. Vogts Buchdr., *1896*; 34 S., 1 Bl. 8.
Berlin, Med. Fak., Inaug.-Diss. v. 31. Juli 1896

Neupert's, F. E., Hausbibliothek für's deutsche Volk. 1. Bd. gr. 16. Plauen i. V. 890, F. E. Neupert's Verlag. cart. * 1 —
Die große u. die kleine Welt. Novelle aus den balt. Provinzen v. Bernh. Schwarz. (129 S.)
Nicht weiter erschienen.

Neupert, Fritz, Geschäftshäuser. Eine Sammlg. v. ausgeführten Bauten u. Entwürfen zu Geschäfts- u. Lagerhäusern f. grössere u. kleinere Städte. Zum Gebrauche f. Baugewerksmeister, Bauunternehmer u. Bauschüler. 25 Taf. m. erklär. Text. gr. 4. (IV S. Text.) Leipzig 900. B. F. Voigt. In Mappe 9. —

Neupert, Geo., Zeugniß der Wahrheit von dem rechten Wege zum Leben. 16. (96 S.) Neu-York 855. (Philadelphia, Schäfer und Koradi.) Thlr. *

Neupert, Geo., Zeugniß der Wahrheit von dem rechten Wege zum Leben. Neu-Ruppin 859. Bergemann. 16. (64 S.) 5 *ngr.*

Zeugnis der Wahrheit vom rechten Wege zum Leben, aus Matth. 7, 13. 14. In einer ... zu Leer gehalt. Gastpredigt ... abgelegt 1735 ... z. Druck überlassen von Georg **Neupert**, Prediger zu Bingum. Aufs neue hrsg. von H. H. Emminga, Golden, Illinois. 5. Aufl. ⟨soviel bekannt⟩. Aurich: A. H. F. Dunkmann 1906. (62 S.) 8° [F.] [07. 4233 7

Neupert, Johann Adam

Neupert, J. A., Kanzelreden in Sulzbach gehalten. gr. 8. Sulzbach, Seidel. 813.

— — (Bayreuth), De potioribus argumentis, quae pro veritate et divinitate religionis Christianae proferri solent. Comment. crit. et apolog. qua viro Heinrich August Friedr. Blumroeder gratulatur nomine capituli Bayreuth. Bayreuth (Hoerethian.) 1826. 18 S. mit Namen. (3.—) 24859

Neupert, Johann Adam (Oppido divi Georgii prope Bayreuth), De Quaestionibus synodalibus a Generali Decanatu Circuli Moenani superioris et Reginani Clero in Bavaria propositis Comment. Bayreuth (Sackenreuter) 14. IV. 1818. 1819. 51 S. (4.—) 24858

— Predigt am 3n Säcularfeste d. Reformation 1817 gehalten. gr. 8. Sulzb., v. Seidel. 2 gr.

— christliche Religions- u. Sittenlehre zunächst f. Progymnasien u. lateinische Vorbereitungsschulen rc. 8. Sulzb. 818. v. Seidel. 8 gr.

— die wahre Würde u. Hoffnung d. protestant. Kirche im Gegensatz d. röm.-kathol. Kirche. 8. Nürnb. 823. Riegel u. W. 4 gr.

Neupert, Karl

Neupert, K., am Morgen e. neuen Zeit. Weltbild. (32 S.) gr. 8. Dornbirn 909. (Leipzig, R. Uhlig.) — 80

Neupert, Karl, was fehlt dem Menschen noch zum Flug? (15 S.) gr. 8. Bamberg 905. W. E. Hepple. — 50

Neupert Nachf., O., in Wien.
Rettungsapparate für Atmung in irrespirablen Gasen.

Neupert, Robert [aus Markt-Redwitz]: Ueber die antiseptische Wirkung der Anilinfarbstoffe. . . . Markt-Redwitz, Druck d. F. Gallus'schen Buchdr., 1890; 27 S. 8°
Erlangen, Med. Fak., Inaug.-Diss. v. 30. Jul. 1890

Neuphilologen-Kalender. I. Jahrg. 1906. (37 S.) 16. Halle, R. Heller. n. — 75

Neuphilologen-Vademecum. 1. Bd. 1905. (V, 208 S.) kl. 8. Hamburg 905. H. Hellmers. (Nur direkt.) Geb. in Leinw. n. 8. —

Neuphilologen-Vademecum. Jetzt: Halle, C. Nietschmann. Ermäss. Pr. n. 3. —.

Neu-Pommern [Schlagwort]

Neu-Pommern, s.: Seekarten.

Neurasthenie, die, s.: Miniatur-Bibliothek.

Neurath, Anna Schapire-
s. Schapire-Neurath.

Neurath, Friedrich [aus Wien]: Synthese campherartiger Verbindungen . . . Berlin, A. W. Schade's Buchdr., 1895; 30 S., 1 Bl. 8.
Heidelberg, Naturw.-math. Fak., Inaug.-Diss. v. [14. März] 1895

Neurath Gustav: Kondensation von Zimtsäurechlorid und o-Kresol. S. 115 Hb. vgr.
Separatabdruck

Neurath, Johann Friedrich Alb.

Neurath, J. F. Alb. Chrst.: „Observ. nonnullae de cognitione et potest. judiciaria in causis, quae politiae nomine veniunt", Frankfurt a. M. 1781 (Kessler); Wetzlar 1791 (Winkler).

[Neurath, Joh. Friedr. Albr. Konst. v.]: Vermischte Einfälle bey Lesung der Betrachtungen über die Materie der Senate: ingleichen der Gedanken über die Einrichtung der Senate. Wetzlar 1788.

v. Neurath d. ält., J. F. Alb. Cst.: Von d. Regredienterbschaft u. d. dabey vorkomm. Rechtsfragen. *Giess. u. Wetzl.*, Heyer. 807. 8. (16 Gr.)

Neurath, Karl, Gedichte. Der einsamen Sterne. 2., veränd. Aufl. (88 S.) 8. Giessen (910). E. Roth. 1. 20

Neurath, Karl, Herzensklänge. Lyrische Gedichte. 8. (XIV, 142 S.) Dresden 902. E. Pierson. n. 2. —; geb. n. 3. —

Wilhelm Holzamer. Von Karl **Neurath**. Leipzig: Verl. f. Lit., Kunst u. Musik 1910. 91 S. 8°
(Beiträge z. Literaturgeschichte. H. 59.) 10. 0270

Neurath, Karl, s.: Musen-Almanach, hessischer.

— einsame Sterne. (84 S. m. Abbildgn.) kl. 8. Gießen (906.) A. Frees. n. 1. 80

Neurath, Konstantin (Alsfeld)
Minor in feodis specimen juridicum inaugurale.
Giessae 19. April 1736: Eb. Henr. Lammers. 54 S. 4°
pro licentia summos in utroque jure honores et privilegia doctoralia capessendi.

Neurath, Otto, a. Wien: Zur Anschauung der Antike über Handel, Gewerbe und Landwirtschaft. (Jena: G. Fischer 1906.) (32 S.) 8° ¶ (Erschien vollst. 1907 in den Jahrbüchern f. Nationalökonomie u. Statistik Folge 3 Bd 34.)
Berlin, Phil. Fak., Ref. Ed. Meyer, Diss. v. 29. Sept. 1906
[Geb. 10. Dez. 82 Wien; Wohnort: Wien; Staatsangeh.: Österreich; Vorbildung: Staatsgymn. Wien Reife Juli 02; Studium: Wien 2, Berlin 5 S.; Rig. 30. Juli 06.]

Neurath, Otto, die allgemeine Einführung des volkswirtschaftlichen u. staatsbürgerlichen Unterrichts, s.a. Kultur u. Fortschritt.

Neurath O, die allgemeine Einführung des volkswirtschaftlichen und staatsbürgerlichen Unterrichts. (16 S) (Kultur und Fortschritt 168) Gautzsch 1908

Ludwig Hermann Wolframs Leben als Einleitung zu s. 'Faust' von Otto **Neurath**. Nebst 3 Reg., 1 faks. Brief u. 1 Stammtaf. Berlin: E. Frensdorff [1906]. (VI, 8, 518 S.) 8° [F.]
= Marlow, F.: Faust. T. 1.
= **Neudrucke** literarhist. Seltenheiten. No 6. 07. 3375

— u. Anna Schapire-Neurath, Lesebuch der Volkswirtschaftslehre. 2 Tle. gr. 8. Leipzig 910. Dr. W. Klinkhardt. Geb. in Leinw. à 3. —
1. (Plato bis Ricardo.) (VIII, 231 S.)
2. (Sismondi bis George.) (VII, 287 S.)

— Antike Wirtschaftsgeschichte, s.a. Aus Natur u. Geisteswelt.

Antike Wirtschaftsgeschichte. Von Dr. Otto **Neurath** in Wien. Leipzig: Teubner 1909. IV, 156 S. 8°
(Aus Natur u. Geisteswelt. Bdch. 258.) 09. 10350

Neurath, Rud., die nervösen Komplikationen u. Nachkrankheiten des Keuchhustens. Klinische u. anatom. Studien. (III, 120 S.) Lex.-8. Wien 904. F. Deuticke. n. 3. —
Sonderabdruck aus: „Arbeiten a. d. neurolog. Institut an d. Univ. Wien".

Neurath, Wilh., Eigenthum und Gerechtigkeit. Nach einem Vortrage, gehalten am 24. März 1884 im Saale des „Wiener kaufmänn. Vereines". gr. 8. (31 S.) Wien 884, Manz'sche Hofverlagsb. *

Neurath, W., Elemente der Volkswirthschaftslehre. 12. (XIV, 225 S.) Wien 887. Manz. geb. n. 2. 40

Neurath, W., Elemente der Volkswirthschaftslehre. 2. Aufl. [großentheils neu bearb. u. verm.]. gr. 16. (XVI, 487 S.) Wien 892. Manz — Leipzig, J. Klinkhardt. n. 2. 50

Neurath, Wilh., Elemente der Volkswirtschaftslehre. III. Aufl. (Neu bearb.) 12. (XVIII, 648 S.) Wien 896 Manz — Leipzig, J. Klinkhardt. n. 3. —

Neurath, Wilh., Elemente d. Volkswirtschaftslehre. 4. Aufl. (XVI, 358 S.) gr. 8. Leipzig 903. G. A. Gloeckner. n. 4. 50; geb. n.n. 5. —

—— volkswirthschaftliche und socialphilosophische Essays. gr. 8. (VIII, 522 S.) Wien 880, [Faesy und Frick.] Frick. *

— die Fundamente der Volkswirtschaftslehre. Kritik u. Neugestaltg. [Aus: „Rothschild's Taschenb. f. Kaufleute, 36. Aufl."] gr. 8. (99 S.) Leipzig 894. G. A. Gloeckner. n. 1. 20

— Grundzüge der Volkswirtschaftslehre od. Grundlage der socialen u. politischen Oekonomie. Für den Schulgebrauch u. den Selbstunterricht. gr. 8. (XXIV, 337 S.) Leipzig 885. Klinkhardt. n. 4. —

Neurath, Wilhelm, Grundzüge d. Volkswirthschaftslehre oder Grundlage d. socialen u. polit. Oekonomie. 8. (XXIV u. 337 S.) Wien, Manz'sche Hof-Verl.- u. Univ.-Buchh. 2 fl. 1885

NEURATH, W.

(F) Das Hauptproblem der modernen Volkswirtschaft. Von Dr. W. Neurath. Vortrag im „Oesterreichischen Ingenieur- und Architektenverein" gehalten am 21. Jänner 1899. Wien. 1899. Manz. Leipzig und Berlin. Klinkhardt. 8°. 35 S. fl. —.30

Neurath, Wilh., das Hauptproblem der modernen Volkswirtschaft. Vortrag im „Oesterreich. Ingenieur- u. Architektenverein", geh. am 21. I. 1899. gr. 8. (35 S.) Wien 899. Manz. n. — 60

— Moral u. Politik. Vortrag, geh. am 23. Jänner 1888. gr. 8. (25 S.) Wien 891. Manz. n. — 60

— Franz Quesnay als Socialphilosoph. 8°. Wien 1882.

— das Recht auf Arbeit u. das Sittliche in der Volkswirthschaft. g. 8. (41 S.) Wien 886. Manz. n. 1. —

Neurath, Dr. Wilhelm, Das Sinken des Zinsfußes, social-ökonomisch gewürdigt. Vortrag gehalten am 13. Februar 1893 im Wiener kaufmännischen Verein 8. (54 S.) —.30
Wien: Manz 1893.

—— Adam Smith im Lichte heutiger Staats- und Socialauffassung. Nach einem Vortrage. gr. 8. (48 S.) Wien 884, Manz'sche Hofverlagsh. *

Neurath's, W., Sozialtheorie. Plastisch in 3 Kubikwürfeln. 10×10, 8,5×8,5 u. 7×7 cm. Kleinzschachwitz (Elbstr. 6) (910). O. A. Uhle. 1. 50

—— System der socialen u. politischen Oekonomie. Volkswirthschaftslehre. 2. umgearb. u. erweiterte Aufl. 1. Lfg. gr. 8. (64 S.) Lpz. 889, Klinkhardt. * — 75

Neurath, Wilhelm, System der socialen und politischen Oekonomie. Volkswirthschaftslehre. 2. Auflage (umgearbeitet und erweitert). (Complet in 6 Lieferungen.) 8. 1. Liefrg. (S. 1—64) —.40
Wien: Manz 1889.

Neurath, Dr. Wilh. Turgot, der physiokratische Staatsmann. 8°. Wien 1882.

Neurath, Prof. Dr. Wilh., Die Ursache der Absatzkrisen u. der Erwerbslosigkeit. gr. 8°. Wien 1892.

— die wahren Ursachen der Überproduktionskrisen, sowie der Erwerbs- u. Arbeitslosigkeit. Ein Beitrag zur Lösg. der sozialen Frage. gr. 8. (37 S.) Wien 892. Manz. — Leipzig, J. Klinkhardt. n. 1. 20

— gemeinverständliche national-ökonomische Vorträge. Geschichtliche u. letzte eigene Forschgn. Hrsg. von Edm. O. v. Lippmann. gr. 8. (XV, 308 S.) Braunschweig 902. F. Vieweg & Sohn. n. 3. 60; geb. in Leinw. n.n. 4. 50

Neurath, W., Die Wirtschaftskrisen und das Kartellwesen. Nach einem Vortrage. 8°. Wien, Manz, 1897.

Neurauter, Rivard, O. Cist., Blasius Tragmann u. die Pfarre Mais im J. 1809. Zwanglose Skizzen. (III, 86 S.) kl. 8. Meran (909). C. Jandl. 1. 50

Neurdenburg, J. J., über das Verhalten der Bernsteinsäure, Sebacinsäure und Metanitrobenzoësäure zu Anilin und über die Nitrirung und Amidirung der dabei entstandenen Anilide. Inaugural-Dissertation. gr. 8. (30 S.) Göttingen 876, (Vandenhoeck und Ruprecht's Verlag.) *

Neuregelung, die, d. Submissionswesens in Preussen. Nach den Verfügungen des Ministers der öffentlichen Arbeiten vom 24. Juni 1880. [Aus: „Centralbl. für Submissionen".] gr. 8. (28 S.) Hannover 880. Schüssler. n. — 50

Neureiter, Ferd., die Vertheilung der elektrischen Energie in Beleuchtungsanlagen. gr. 8. (XI, 257 S. m. 94 Fig.) Leipzig 894. O. Leiner. n. 6. —; geb. in Halbfrz. n. 7. 50

Neureiter, Ferd., die Verteilung d. elektrischen Energie. 2., neu verf. Aufl. (X, 276 S. m. 136 Fig.) gr. 8. Leipzig 903. O. Leiner. n. 9. —; geb. in Leinw. n. 10. —

Neureuter, Frz., illustrierte Flora des Eichsfeldes, e. Pflanzen-Bestimmungsbuch f. den Gebrauch in der Schule u. auf Spaziergängen m. üb. 700 Einzelbildern in 200 Abbildgn. (247 S.) 8. Heiligenstadt 910. F. W. Cordier. Geb. in Leinw. 4. —

Neureuter, Frz., auf d. Fuchsjagd, s.: Jugend- u. Volksbibliothek, naturwissenschaftliche. 17. Bdchn.

— Land-, Wasser- u. Lufttiere, s.: Jugend- u. Volksbibliothek, naturwissenschaftliche.

— die Wanderungen der Pflanzen, s.: Jugend- u. Volksbibliothek, naturwissenschaftliche, 10. Bdchn.

— die Wanderungen der Tiere, s.: Jugend- u. Volksbibliothek, naturwissenschaftliche, 31. Bdchn.

Neureuther, Eugen

Neureuther, E., Baierische Gebirgslieder mit Bildern. 1s Hft. Schnoderhüpfeln. Fol. Münch. 831. v. Cotta. 20 gr

Neureuther, Eugen, Baier. Gebirgslieder mit Bildern. 1. u. 2. Hft. Schnoderhüpfeln. Fol. München, (Literar.-Artist. Anstalt.) [1. (6 lith. Bl.) 831. 20 Gr., 2. (4 lith. Bl.) 834. 16 Gr.]

Neureuther, Eug., bayerische Gebirgslieder (Schnaderhüpfl'n) mit Bildern. Neue Ausg. gr. Fol. (10 Stnt. mit Text.) München 855, Literarisch-artistische Anstalt. *

Neureuther in München, Eugen, (das Leben Christi.) In Stahl radirt. 1 Blatt in Imp.-Fol. Darmstadt 842, Lange. n. $^{2}/_{3}$ ₰

— Radirungen. $^{1}/_{2}$ Imp.-Fol. Ebd. n. $2^{1}/_{3}$ ₰

—— Randzeichnungen zu Goethe's Balladen u. Romanzen. 1—4. Hft. gr. Fol. (87 lith. u. mit verschied. Farben gedr. Bl.) Stuttgart (829. 30). Cotta. à

— Randzeichnungen zu Göthes Balladen u. Romanzen. 1s—4s Heft. gr. Fol. Stuttg. 830—31. v. Cotta. (à 1 ₰ 16 gr.) 6 ₰ 16 gr.

Neureuther, Eugen, Randzeichnungen zu Goethe's Balladen u. Romanzen. Hft. V. ½ Fol. (9 Bl.) München 840 Literar.-artist. Anstalt.
I—IV. Hft. Ebendas. 1829, 30. à * 1 Thlr. 16 Gr.

— Randzeichnungen zu Goethe's Balladen und Romanzen. 5 Hefte. Neue Ausg. München 855. Literar.-artist. Anstalt. Fol. (46 lith. Bl. mit Text.) n. 3 ₰.

—— Randzeichnungen um Dichtungen d. deutschen Classiker. I. u. II. Thl. à 3 Hfte. 4. München, (Literar.-Artist. Anstalt.)
I. Thl. 1—3. Hft. (25 lith. Bl.) 832. à H. 20 Gr.
Hft. 1. An d. Künstler v. König Ludwig. — Der Zauberlehrling v. Goethe. — Der Taucher v. Schiller. — Aus dem Vogelgesang v. Wieland.
- 2. Lenore v. Bürger. — Die Mutter am Christabend v. Hebel. — Eine Ghasele v. Graf v. Platen.
- 3. Das Nothhemd v. Uhland. — Männer u. Buben v. Körner. — Aus d. Genoveva v. Tieck. — Hermann u. Thusnelda v. Klopstock.
II. Thl. (3 Hfte. od.) 4—6. Hft. (25 lith. Bl.) 832, 33. à H. 20 Gr.
Hft. 4. Der goldene Hut v. Langbein. — Die Braut v. Corinth v. Goethe.
- 5., 6. Das Lied v. d. Glocke v. Schiller.

Neureuther, Eug., Randzeichnungen um Dichtungen der deutschen Classiker. 2 Thle. Neue Ausg. München 855. Literar.-artist. Anstalt. 4. (50 lith. Bl. mit Text.) n. 1 ₰. 24 ngr.

— Randzeichnungen zu neueren deutschen Dichtungen. Stuttgart 853. Ed. Hallberger. Fol. (6 radirte Bl.) n. 1 ₰. 10 ngr.

Neureuther, Eug., Randzeichnungen zu Liedern von Dichtern der Gegenwart. München 860. Mey & Widmayer. Imp.-4. (12 lith. Bl.) n. 2 ₰ 12 ngr.

— Schnaderhüpfl'n. Bayerische Gebirgslieder mit Bildern. Neue Ausg. München 855. Literar.-artist. Anstalt. Fol. (10 lith. Bl. mit Text.) n. 24 ngr.

Neureuther, Eugen „Das Prämonstratenserkloster Windberg im bayerischen Wald". pg. 3—20. 8°. Mit 6 Tafeln. Cl. Attenkofer.
Straubing, Progr. 1890/91

Neureuther, G., Bahnhöfe und Stationen der Eisenbahnen in Bayern. 1. u. 2. Liefg. München 860, 61. Literar.-artist. Anstalt. gr. Fol. n. 9 ₰
1. Liefg. Der Bahnhof zu Würzburg auf der Königlichen Ludwigs-Westbahn. (6 S. u. 7 lith. Taf.) n. 5 ₰ 10 ngr.
2. Liefg. Der Bahnhof zu Aschaffenburg auf der Königl. Ludwigs-Westbahn. (4 S. u. 6 lith. Taf.) n. 3 ₰ 20 ngr.

Neureuther, G., Bahnhöfe und Stationen der Eisenbahnen in Bayern. 2. Lfg. Der Bahnhof zu Aschaffenburg auf der Königl. Ludwigs-Westbahn. Imp.-Fol. (6 Stnt. mit 4 S. Text.) München 862, Literarisch-artistische Anstalt. cart. *
1. Lfg. Ebendas. 1860. * 5 Thlr. 10 Ngr.

Neureuther, Karl, das erste Jahrhundert des topographisch. Bureaus des kgl. bayerischen Generalstabes. Kurzer Auszug aus dessen Entwicklungsgeschichte, als Festschrift zur Jubiläums-Feier verf. gr. 8. (VII, 50 S.) München 900. Literarisch-artist. Anstalt. n. 2. —

Das erste Jahrhundert des Topographischen Bureaus des Kgl. Bayerischen Generalstabes. Kurzer Auszug aus dessen Entwicklungsgesch. als Festschr. z. Jub.-Feier verf. von Karl Neureuther, Generalmajor. *München: Th. Riedel 1900.* (50 S.) 8° [00. 1158

Neurode [Schlagwort]

Neurode, s.: Glatz. Hansi, G.

Neurode, s.: Geologische Karten. Preussen. 115.

Neurode, Kreis, s.: Breslau, Reg.-Bez.

— s. Kreiskarten.

Neurode [Verfasser]

Neurode, Detleff Neumann-
s. Neumann-Neurode. [10. 5390

Moderne Diplomaten (Die Spionin). Schauspiel in 4 Akten von Kurt Neurode [d. i. Kurt v. Rothkirch u. Panthen]. Berlin-Leipzig: C. Wigand 1907. (124 S.) 8° [08. 6019

Neurode, Kurt, (Kurt v. Rothkirch u. Panthen), moderne Diplomaten. (Die Spionin.) Schauspiel in 4 Akten. (125 S.) 8. Leipzig 907. Modernes Verlagsbureau. 2. —

— Potpourri. Skizzen u. Einakter. (III, 109 S.) kl. 8. Leipzig-Gohlis 908. B. Volger. 1.50

Neurode, Sever. Theod. [d. i. Lenz. Sam.]: Gegenwärtige Verfassung des H. R. Reichs in Staats- und Justitz-Sachen oder Pragmatische Erläuterung des jüngern Reichs-Abschieds aus den ältern u. neuern Reichs-Gesetzen. Jena 1752. Cuno. 2 ₰

Neurohr

— s. Chateaubriand Memoiren. — dess. sämmtl. Werke.

Neurohr, Italien in geograph. u. statist. Hinsicht. Ein unentbehrl. Auskunftsbuch f. Kunstfreunde, Militairs u. Reisende. M. 1 ill. Karte u. Postbuch v. Italien. 8. (9½ B.) Wien 831, Adolph. (Leipzig, Cnobloch.)

—— (dass. a. u. d. T.:) Italien, od. Darstellung d. sämmtl. italien. Staaten, ihrer Städte u. vorzügl. Orte, ihrer Bevölkerung, Denkmale, Alterthümer rc. Ein unentbehrl. Auskunftsbuch f. Kunstfreunde, Militärs u. Reisende. Mit Postbüchl. v. Italien. gr. 12. (9½ B.) Wien 832, Mayer u. Comp.

Neurohr, Dr., Italien, oder Darstellung der sämmtl. italien. Staaten, ihrer Städte u. vorzügl. Orte, ihrer Bevölkerung, Denkmale, Alterthümer rc. Mit Postbüchlein von Italien. gr. 12. Wien 833. Mayer u. Comp. $^{2}/_{3}$ ₰

Neurohr, Dr ..., s. J. J. Rifaud, Gemälde.

Neurohr, Andreas, s.a. Neurohr, Johann Anton

— s. Aussprüche d. reinen Herzens.

Neurohr, (A.,) der Mensch im Staate u. in d. Kirche; insbesondere Deutschland u. sein Genius. gr. 8. Mainz 822, Kupferberg.

Neurohr, J. A., einfacher Unterricht üb. d. Obstbaumzucht. 8. (13 B. u. 2 Stnt.) Mannheim 829, (Löffler.)

Neurohr, J. M., Beschreib. des röm. Monuments in Igel, s. Hawich, Chr., Abbildung.

Neurohr, Johann Anton

Neurohr, (Nevrohr) Andr., s. L. J. Bégin, Lehrbuch der prakt. Chirurgie. s. Lafayette, Memoiren. s. J. F. Lobstein, Lehrbuch d. patholog. Anatomie. — dess. Versuch e. Theorie d. Krankheiten. s. Sallé, Talleyrand-Perigord's Leben.

Neurohr, (Nevrohr) Andr., Versuch e. Arzneimittellehre. 2e umgearb. Aufl. gr. 8. Heidelb. 811. Mohr. 1 ß 20 gr.

Neurologia. Ein Centralblatt f. Neurologie, Psychiatrie, Psychologie u. verwandte Wissenschaften. (Deutsche Ausg.) Hrsg. v. S. Kure u. K. Miura. 1. Bd. (III, 142 S. m. 2 Taf.) Tokio 909. (Berlin, O. Rothacker.) nn 6. —

Neuroptera Helvetiae; analytisch bearbeitet . . . Schaffhausen 1885. V: *Schoch, Gust.* (Zuwachsverz. d. Bibliotheken in Zürich 1898 ff.)

Neu-Ruppin [Schlagwort]

Neu-Ruppin, s.a. Deutschland, Kürschner-Peip. — Geologische Karten. Preussen. 69.

Neu-Ruppin, s.a. Mark. – Wanderkarten.

Neu-Ruppin, s.a. Woerl's Reisehandbücher.

Neu-Ruppin. Ehrhardt, Karte d. Umgebung v. Neu-Ruppin. Mit Benutzg. der Orig.-Aufnahme d. Gr. Generalstabes u. nach vorher. Berichtigg. der Jageneintheilg. in dem königl. Alt-Ruppiner u. Neu-Glienicker Forst, hergestellt im J. 1888 im Ministerial-Forsteinrichtungs-Bureau. 1:50,000. (Photolith.) gr. Fol. Berlin 888. (Neu-Ruppin, Heubner.) n.n. 1. 25; auf Leinw. in Futteral n.n. 2. —

Neus, Alex. Hnr., Progr. Auswahl aus D. Ausonius v. Burdigala Epigrammen. 2 Stcke. 8. Reval 828, 29.

— Progr. Zur deutschen Sprachlehre. 8. Reval 824.

— Progr. C. C. Tacitus v. der Lage, den Sitten u. Völkerschaften Germaniens. 8. Reval 826.

Neus, C.: Zur Methode des mathematischen Unterrichts auf Gymnasien. 20 S. 4° – D. Crone, Progr. 1871.

Neus, H., s. D. A. Atterbom, die Insel d. Glückseligkeit.

Neus, H., die Entwicklung des Menschengeschlechts nach der Geschichte. Berlin 861. Hickethier. gr. 8. (IV, 130 S.) 15 ngr.

—— und F. (R.) Kreutzwald, mythische und magische Lieder der Ehsten, s. Lieder.

Neus, H., Revals sämmtliche Namen, nebst vielen andern, wissenschaftlich erklärt. gr. 8. (80 S.) Reval 849, Kluge. ½ ß

—— esthnische Volkslieder, s. Volkslieder.

Neus, Jakob

– s. auch Neuß.

– s. ferner: Andenken d. Vergangenheit.

Neus, Jk., Die allgem. Armenversorgungsanstalt in der Stadt Mainz. 8°. Mainz, Kupferberg, 1823.

– s. Lese-, Gebets u. Erbauungsbuch, kathol.

— Nachklänge d. Erinnerung aus e. erfahrungsreichen Leben üb. Genuß u. Vergnüglichkeit. Ein kleiner Beitrag zur Begründung d. Harmonie unseres endlichen Hierseyn mit unserer unendl. Zukunft. Mit 12 Musik-Bogen. gr. 8. Mainz 825. (Kupferberg). 1 ß 16 gr. 2e wohlf. Ausg. u. d. T.: ernste u. heitere Unterhaltungen aus dem häusl. u. gesell. Leben. gr. 8. Ebd. 828. 1 ß

– s. Rath an Dienstboten.

— Rückblicke, Hoffnungen u. Aussichten aus d. Gebiete d. Religion, zur Erinnerung u. zum Mitgenusse d. Gleichgesinnten, rhythmisch u. geschichtlich geordnet u. aufbewahrt. gr. 8. Mainz 819. Wirth. (Kupferberg). 6 gr.

Neus, Jak., ernste u. heitere Unterhaltungen aus d. häusl. u. gesell. Leben. 2., wohlf. Ausg. der „Nachklänge d. Erinnerung aus ein. erfahrungsreich. Leben üb. Genuß u. Vergänglichkeit." M. 10 Musikbeil. gr. 8. (23 B.) Mainz 828, Kupferberg.

— Wahrheit u. Wahn in verschied. Beziehungen u. Einwirkungen auf das Wohl d. Gesellschaft u. die höchsten Angelegenheiten des Menschen betrachtet. gr. 8. Mainz 824, Müller.

J. Neus: Weisheitsregeln aus d. gebräuchlichsten Sprichwörtern d. Deutschen f. d. erwachs. Jugend d. Vaterlands abgezogen. *Augsb.*, **Cranzfelder. 826. 8° 7 gr.**

—— Weisheitsregeln aus d. gebräuchl. Sprichwörtern d. Deutschen, f. d. erwachs. Jugend d. Vaterlandes abgezogen. 2. Ausg. 8. (7 B.) Lindau 834, Kranzfelder.

Neusalz, Rich. Alw., kleine Himmelskunde. Anleitung zur Beobachtg. d. gestirnten Himmels u. seiner Beweggn. Zugleich unterhalt. Begleitschrift zur drehbaren Sternkarte: Der Sternenhimmel zu jeder Stunde d. Jahres. 8. (VI, 82 S. m. 35 Abbildgn.) Frankfurt a/M. 891. Deutsche Lehrmittel-Anstalt F. H. Klodt. Kart. n. — 80

Neusalz, Rich. Alwin, kleine Himmelskunde. Anleitg. zur Beobachtg. d. gestirnten Himmels u. s. Beweggn. Zugl. unterhalt. Begleitschrift zur drehbaren Sternkarte. D. Sternhimmel zu jeder Stunde d. Jahres. 3. Aufl. 8. (VI, 83 S. m. 35 Abb.) Frankfurt a/M. 895. Deutsche Lehrmittel-Anstalt. Kart. n. — 80

Neusalz, Rich. Alwin, kleine Himmelskunde. Anleitg. zur Beobachtg. des gestirnten Himmels u. seiner Beweggn. Zugleich unterhalt. Begleitschrift zur drehbaren Sternkarte: Der Sternenhimmel zu jeder Stunde des Jahres. 5. Aufl. 8. (VI, 83 S. m. 35 Abbildgn.) Frankfurt a/M. (901). Deutsche Lehrmittel-Anst. Kart. n. — 80

Neusalz, Rich. Alwin, kleine Himmelskunde. Anleitung zur Beobachtung des gestirnten Himmels u. seiner Beweggn. Zugleich unterhalt. Begleitschrift zur drehbaren Sternkarte: Der Sternenhimmel zu jeder Stunde d. Jahres. 7. Aufl. (VI, 83 S. m. 35 Abbildgn.) 8. Frankfurt a/M. (905). Deutsche Lehrmittelanstalt. Kart. n. — 80

Neusalz, Rich. Alwin, kleine Himmelskunde. Anleitung zur Beobachtg. des gestirnten Himmels u. seiner Beweggn. Zugleich unterhaltende Begleitschrift zur drehbaren Sternkarte: Der Sternenhimmel zu jeder Stunde des Jahres. 8. Aufl. (VI, 83 S. m. 35 Abbildgn.) 8. Frankfurt a/M. (910). Deutsche Lehrmittelanstalt. Kart. — 80

Neusalza [Schlagwort]

Neusalza, s.: Oberlausitz.

Neusalza, s.: **Sachsen. Karte.**

Neusalza, s.: **Sachsen.** Messtischblätter.

Neuschaefer, die Eroberg. des Sudan durch die Engländer. In 3 Tln. (in 1 Bde.). Nach Quellen bearb. Mit 3 Karten. (Der ägypt. Sudan. — Das Gefecht am Atbara. — Die Schlacht bei Omdurman.) gr. 8. (XII, 147 S.) Berlin 900. Herm. Walther. n. 3. —

Neuschaefer, A., Diphtheritis durch ihr specifisches Mittel **Mercurius cyanatus** sicher u. leicht hypodermatisch heilbar, m. e. einleit. Wort üb. gleichart. Behandlg. der Scrophulose. gr. 8. (15 S.) Berlin 894. A.-G. Pionier. n. — 40

Stammliste des Königlichen Kadettenhauses Culm-Cöslin ⟨1. Juni 1776–1. Nov. 1907⟩. Gedenkblätter im Auftr. d. Kommandos zsgest. u. vervollständigt von (Hans Gustav) **Neuschaefer**. Berlin: Walther 1907. 460 S. 8° 109. 12861

Neuschäfer, Hermann: G e s e t z e s s a m m l u n g f. Handel- u. Gewerbetreibende

— dasselbe. Ausg. f. Frankfurt am Main. 2., verm. Aufl. (VIII, 267 S.) gr. 8. Ebd. 908. Geb. in Leinw. nn 1. 50

Neuschäfer, Herm., G e s e t z e s s a m m l u n g f. Handel- u. Gewerbetreibende. Für die Hand des Schülers in Fortbildungs- u. Fachschulen sowie f. den prakt. Kaufmann u. Handwerker nach dem Wortlaut der Gesetze zusammengestellt. Allgemeine Ausg. 3. Aufl. (X, 232 S.) gr. 8. Frankfurt a/M. 909. M. Diesterweg. Geb. in Leinw. 1. 40

— dasselbe. Für die Teilnehmer an theoret. Meisterkursen, f. die Hand der Schüler in Fortbildungs- u. Fachschulen sowie f. den prakt. Kaufmann u. Handwerker nach dem Wortlaut der Gesetze zusammengestellt. 4. Aufl. Ausg. f. Altona u. die gesamte Prov. Schleswig-Holstein. Hrsg. v. A. Trenkner. (XI, 276 S.) gr. 8. Frankfurt a/M. 909. M. Diesterweg. — Für Schleswig-Holstein: Altona, J. Harder, Sort. Geb. nn 1. 50

Neuschäfer, H., Lehrbuch d. planimetrischen Konstruktionen zum Gebrauch in Präparanden-Anst. u. in Seminarien, sowie zum Selbstunterricht. gr. 8. (VI, 192 S. m. 217 Holzschn.) Halle 898. H. Schroedel. n. 2. 50; geb. n.n. 3. —

— **Lesebuch für Fortbildungsschulen im Main-, Rhein- u. Lahngebiet. Unter Mitwirkg. v. A. Dilcher, Ch. Preußer u. H. Schmitz bearb. u. hrsg. 2. Aufl. (XII, 384 S.) 8. Ebd. 905. Geb. n.n. 1. 80**

Neuschäfer, Herm., Frankfurter Lesebuch f. Fortbildungsschulen. Unter Mitwirkg. von A. Dilcher, F. Jaeger, Ch. Preußer u. H. Schmitz bearb. u. hrsg. gr. 8. (XIX, 484 S.) Frankfurt a/M. 902. M. Diesterweg. Geb. in Leinw. n.n. 2. 20

Neuschäfer, Herm., Frankfurter Lesebuch f. Fortbildungsschulen. Unter Mitwirkung v. A. Dilcher, Ch. Preußer u. H. Schmitz bearb. u. hrsg. 2. Aufl. (XX, 479 S.) 8. Frankfurt a/M. 906. M. Diesterweg. Geb. n.n. 2, 20

— Rechenbuch f. Bauhandwerkerklassen, s.: Guckes, Wilh. u. K. F. Rau.

Neuschäfer, H., Rechenbuch als Grundlage f. das Kopfrechnen in Seminarien, s.: **Braune, A.**

— Rechenbuch f. graphische Klassen an gewerblichen Fortbildungs- u. Fachklassen, s.: Mangold, Ch. u. Th. Walter.

— Wilh. **Guckes** u. Emil **Jurthe**, Rechenbuch f. Metallarbeiterklassen an gewerblichen Fortbildungs- u. Fachschulen. 2. Tl. (80 S. m. Fig.) 8. Frankfurt a/M. 906. F. B. Auffarth. n. — 75
1. Tl. s.: **Guckes, Wilh., u. Emil Jurthe.**

— — — dasselbe. 1. Tl. Auflösungen. (47 S.) 8. Ebd. 906. n. 1. 40

— — — dasselbe. 2. Tl. Auflösungen. (41 S.) 8. Ebd. 907. 1. 20

— Wilh. Guckes u. Emil Jurthe, Rechenbuch f. Metallarbeiterklassen an gewerblichen Fortbildungs- u. Fachschulen. I. u. III. Tl. 8. Frankfurt a/M., F. B. Auffarth. 1. 65
I. 2. verb. u. verm. Aufl. (90 S. m. 52 Abbildgn.) 909. — 75
III. (111 S.) 907. — 90; Auflösungen (68 S.) 907. 1. 50

Neuschaefer, Max, aus Magdeburg: Die Verwendung der Adjectiva im Heliand, dargestellt an einigen ausgewählten Gruppen. *Halle a. S. 1903: E. Karras.* (42 S.) 8°
Leipzig, Phil. Diss. v. [7. März] 1903

Neuschaeffer, Joh. Jac. (Battenberg) [Auctor]
Dissertatio inauguralis medica de synocho paroxyzante, vulgo tertiana vernali. Giessae [7.] Febr. 1786: Joh. Jac. Braun. (4), 16 S. 4°
pro gradu doctoris ac privilegiis in scientia salutari rite obtinendis.

Neuscheler, Karl: Untersuchung stehender Schallschwingungen mit Hilfe des Widerstandsthermometers. Leipzig: J. A. Barth 1910. 41 S. 8°
Tübingen, Naturwiss. Diss. v. 17. Jan. 1910, Ref. Paschen
[Geb. 3. Juli 83 Degerschlacht: Wohnort: Ravensburg; Staatsangeh.: Württemberg; Vorbildung: Oberrealsch. Reutlingen Reife M. 03; Studium: Tübingen 9, München 1 S.; Coll. 17. Jan. 10.] [U 10. 4249

Neuschil: Blick in den Orient. 24 S. –Saaz, Progr. 1855

Neuschild, C., s. Leisering, A. G. T., und H. M. Hartmann, der Fuß des Pferdes.

Neuschler, zur rechtlichen Stellung des wundärztlichen Standes im deutschen Reich und besonders in Württemberg. gr. 8. (27 S.) Tübingen 884, Fues. *
Aus: Württembergisches Archiv für Recht und Rechtsverwaltung, besonders abgedruckt.

Neuschler, Alfred, Justizref. in Stuttgart: Zur **Lehre** von den ästimatorischen Rückgabeverträgen im römischen Recht. *Stuttgart 1899: Hoffmann.* (112 S.) 8°
Tübingen, Jur. Diss. v. 1899

Neuschler, Otto, das englische Landheer, s.a. **England in deutscher Beleuchtung. 4 Hft.**

Das englische Landheer. Von Otto **Neuschler**, Oberlt. Halle a. S.: Gebauer-Schwetschke 1906. (77 S.) 8°
= **England** in deutscher Beleuchtung. H. 4. 106. 3883 3

— Militär-Wörterbuch. Englisch-deutsch u. deutsch-englisch. 2 Tle. (XII, 231 u. XII, 256 S.) kl. 8. Berlin 906. E. S. Mittler & Sohn. Geb. in Leinw. à n. 3, 50

Neuschler u. Seeger, Wir von der Artillerie, D. Preuß. Artillerie in Vergangenheit u. Gegenwart, m. Abb., Berlin, 204 S., 8°.

Neuschlosz, Marcel: Marcel Neuschlosz. [Gedenkblatt. Budapest 1900.] 11 S. 8° [Umschlagtit.]
Als ausserordentliche Beil. zu O. 25 (1900) No 6 erschienen.

Neuschloss in seinem so erhabenen als reizenden Vorzügen aus Dankbarkeit und Treue besungen. Hirschberg o. J. [ca. 1790]. V: *Volkmar, Joh. Tob.* (BiblPort)

Neuschmidt, Carl *Heinrich Gustav* [app. Arzt aus Lünen i. W.]: Aus d. chirurg. Klinik in Kiel. Ueber Coxa vara … Kiel, Druck v. P. Peters, 1896; 20 S., 2 Bl. 8.
Kiel, Med. Fak., Inaug.-Diss. v. [9. Sept.] 1896

Neuschotz, Oswald

Neuschotz, O., moldauische Zigeuner-Silhouetten. Prinzeß Smaralda. 12. (VII, 163 S.) Czernowitz 886. (Pardini.) n. 3. —

Neuschule, Oesterreichs, Zeitschr. f. d. heimischen Lehrerstand. Herausgeg. v. Johann Umlauft. 8. I. Jahrg. 1881. (52 Nr. à 2—2½ Bogen) ganzj. 4 fl., halbj. 2 fl. 10 kr., viertelj. 1 fl. 10 kr.
Wien: Sallmayer'sche Buchhandlung 1881.

Neuschule, Oesterreichs, Zeitschr. f. d. heimischen Lehrerstand, redig. v. Joh. Umlauft. gr. 8. II. Jahrg. 1882. (52 Nrn. à 1—1½ Bog.) pr. cplt. 4 fl., viertelj. 1 fl. 10 kr. nur baar.
Wien: Sallmayer 1882.

Neuschwander. Weinaeset u. Buchführung, s.: **Maulick.**

Neu-Schweizerland in den Jahren 1831 und 1841 … Luzern 1842. V: *Köpfli, Salomon.* (EngG) (Ky) (AarK)

Neu-Schweizerland in den Jahren 1831 und 1841. Nebst kurzer Uebersicht der vereinigten Staaten von Nordamerika u. fragmentar. Reisenotizen über den Westen derselben. (Von Sal. Köpfli.) 8. (5⅛ B.) Luzern 842, Meyer.

Neuse, G., Deklamatorium. Eine Sammlg. humorist. u. ernster Gedichte, Vorträge, Tischreden, Aufführgn. leb. Bilder, kleiner Lustspiele u. s. w. für alle Gesellschaftskreise. 1.—6. Sammlg. (à 80 S.) 8. Mülheim a/R. 896. J. Bagel. à n. — 50
1-3. 3. Aufl. — 4-6. 2. Aufl.

Neuse, G., Deklamatorium. Eine Sammlg. humorist. u. ernster Gedichte, Vorträge, Tischreden, Aufführg. leb. Bilder, kleiner Lustspiele ꝛc. f. alle Gesellschaftskreise. I.—III. Sammlg. 2. Aufl. 12. (à 96 S.) Mülheim a/R. 890. Bagel. à n. — 50

—— ernstes und heiteres Deklamatorium. Eine Sammlung humorist. und ernster Gedichte, Vorträge, Tischreden, Aufführungen lebender Bilder, kleiner Lustspiele ꝛc. für alle Gesellschaftskreise. 1.—3. Sammlung. gr. 16. (à 96 S.) Ebendas. 879. à Sammlung * 50 Pf. *

Neuse, G., ernstes und heiteres Deklamatorium. Eine Sammlung humorist. und ernster Gedichte, Vorträge, Aufführungen, Tischreden, Soloscenen, kleinerer Lustspiele u. s. w. für alle Gesellschaftskreise. 4.—7. Sammlung. 12. (à Sammlung 92 S.) Mühlheim 880—83, Bagel's Verlagsh. à Sammlung * 50 Pf. *
1.—3. Sammlung. Ebendas. 1879. à * 50 Pf.

Neuse, G., der falsche Eduard, [s.: Kühling's, A., Album f. Liebhaberbühnen.
— e. Gimpel,

— der Gratulant od. Gelegenheits-Gedichte f. Jung u. Alt bei Geburtstag-, Neujahrs-, Weihnachts-Gratulationen ꝛc. gr. 16. (IV, 123 S.) Mülheim 875. Bagel. — 80

Der Gratulant oder: Gelegenheits-Gedichte f. jung u. alt … Hrsg. von G. **Neuse**. *Mülheim a. d. R.: J. Bagel [1898].* (128 S.) 8° [F.] [..-.. 6

— Haus- u. Gesellschafts-Theater. Lustspiele, kom. Scenen, Possen mit Gesang, Soloscherze, Vorträge u. Couplets. 8. (192 S.) Ebend. 880. 1. 50

— eine Herzensfrage, s.: Theater-Mappe.

Hochzeits- und Polterabend-Aufführungen. Eine Sammlung von kleinen, leicht ausführb. Schwänken, kom. u. ernsten Scenen wie Solovortr. f. Polterabende u. Hochzeitsfeste. Hrsg. von G. **Neuse**. Bdch. 1–3. Mühlheim a. d. Ruhr: J. Bagel [1898]. 3 Bde 8° [F.] [ca. 425.

Neuse, G., Hochzeits- u. Polterabend-Aufführgn. Eine Sammlg. v. kleinen, leicht aufführbaren Schwänken, kom. u. ernsten Scenen wie Solovorträgen f. Polterabende u. Hochzeitsfeste. 3 Bdchn. (2. [Umschlag-]Aufl.) 12. (79, 80 u. 79 S.) Mülheim a/R. (900). J. Bagel. à n. — 50; erm. Pr. à n. — 40

—— Hochzeits-Kladderadatsch- und Polterabend-Scenen. Humoristische Vorträge, Scherze, Solo-Scenen, lebende Bilder, komische Aufführungen und kleine Lustspiele für eine, zwei und mehrere Personen, nebst Anweisung zu einem Hochzeits-Kladderadatsch und einer Hochzeits-Zeitung. 8. (188 S.) Mülheim 876, Bagel's Verlagsh.

— Hochzeits-Kladderadatsch u. Polterabend-Scenen. Humoristische Vorträge, Scherze, Solo-Scenen, leb. Bilder, kom. Aufführgn. u. kleine Lustspiele f. 1, 2 u. mehrere Personen, nebst Anweisg. zu e. Hochzeits-Kladderadatsch u. e. Hochzeits-Zeitung. 3. Aufl. 8. (IV, 192 S.) Ebd. 889. 1. 20

Hochzeits-Kladderadatsch und Polterabend-Szenen. Humorist. Vorträge … Hrsg. von G. **Neuse**. 4. Aufl. *Mülheim a.d. R.: J. Bagel [1898].* (192 S.) 8° [F.] [ca. 5131 6

[F.] Die **Hochzeits-Zeitung**. Anleitg z. Herausg. e. humorist. Hochzeits-Zeitg u. e. Hochzeits-Kladderadatsch nebst Entwurf z. grösseren Feier e. silbernen oder goldenen Jubelhochzeit u. e. Polterabend-Jahrmarkts-szene. Hrsg. v. G. **Neuse**. *Mülheim a. d. R.: J. Bagel [1895].* (03 S.) 1 Bd 8. [96. 555

Die **Hochzeits-Zeitung**. Anl. z. Herausgabe e. humorist. Hochzeits-Zeitung. Hrsg. von G. **Neuse**. *Mülheim a. d. Ruhr: J. Bagel [1898].* (63 S.) 8° [F.] [ca. 3.86

— der erste Jahrestag der Hochzeit, s.: Liebhaber-Theater.

Neuse, G., Carnevals-Ulk. Sammlung heiterer Lieder, urkom. u. närr. Vorträge, Ansprachen, Reden, Blüthen des höheren Blödsinns, humorist. Aufführungen, Angaben zu kom. Schattenspielen u. Maskenzügen. Dem Prinzen Carneval u. allen seinen getreuen Narren gewidmet. 8. (IV, 162 S.) Mülheim 878. Bagel. 1. 20

—— Karnevals-Ulk. Sammlung heiterer Lieder, urkom. und närr. Vorträge, Ansprachen, Reden, Blüten des höheren Blödsinns, humorist. Aufführungen, Angaben zu kom. Schattenspielen und Maskenzügen. Dem Prinzen Karneval und allen seinen getreuen Narren gewidmet. 2. Aufl. 8. (IV, 170 S.) Ebendas. 882.

Neuse, G., Karnevals-Ulk. Sammlung heiterer Lieder, urkom. und närrische Vorträge, Ansprachen, Reden, Blüten des höheren Blödsinns, humorist. Aufführungen, Angaben zu kom. Schattenspielen und Maskenzügen ꝛc. 3. verb. und verm. Aufl. 8. (IV, 172 S.) Mülheim 887, Bagel's Verlagsh.

Neuse, G., Karnevals-Ulk. Sammlg. heit. Lieder, urkom. u. närr. Vorträge, Ansprachen, Reden, Blüten des höheren Blödsinns, humorist. Aufführgn., Angaben zu komischen Schattenspielen u. Maskenzügen ꝛc. 4., verb. u. verm. Aufl. 8. (IV, 172 S. m. Abb.) Mülheim a/R. 896. J. Bagel. 1. 50

— Kinder- u. Haustheater. Eine Sammlung dramat. Scenen, kleiner Lust- u. Schauspiele zu Familien- u. Kinderfesten. 12. (96 S.) Mülheim 881. Bagel. — 60

— Kinder- u. Haustheater. Eine Sammlg. dramat. Szenen, kleiner Lust- u. Schausp. zu Familien- u. Kinderfesten. 2. Aufl. 12. (80 S.) Ebd. 897. — 60

— Leipziger Klapperkasten. Sammlung humorist. Vorträge in Reim u. Prosa. gr. 16. (IV, 147 S.) Ebend. 872. n. 1. —

— der Komiker u. Coupletsänger. Neue heitere deklamator. Vorträge in Reim u. Prosa, sowie muntere Couplets nach bekannten Melodien. gr. 16. (IV, 224 S.) Ebend. 875. 1. 20

— der Komiker u. Kouplетsänger. Neue heit. deklamator. Vorträge in Reim u. Prosa, sow. munt. Kouplets nach bekannten Melodien. 7. Aufl. 12. (IV, 220 S.) Ebd. 898. 1. 20

— Leipzig während dreier Jahrhunderte. Wahrheit u. Dichtg. in 3 Acten m. Gesang u. Tanz. 8. (80 S.) Thonberg-Leipzig 872. Neuse. — 75

— das erste Mittagessen, s.a. Liebhaber-Theater. 82.

Das erste Mittagessen. Schwank in 1 Akte von G. Neuse. Mühlheim a. d. Ruhr: J. Bagel [1901]. (22 S.) 8°
= Liebhaber-Theater. Bdch. 82.

—— neue Polterabend-Scherze, sowie Dichtungen für silberne und goldene Hochzeiten. Vorträge, Scenen, leb. Bilder, humorist. Aufführungen in Kostüm zur leichten Darstellung für eine, zwei und mehrere Personen. 16. (IV, 189 S.) Mülheim a. d. R. 872, Bagel.

— neue Polterabend-Scherze, sowie Dichtgn. f. silb. u. gold. Hochzeiten. Vorträge, Scenen, leb. Bilder, humorist. Aufführgn. in Kostüm zur leichten Darstellg. f. 1, 2 u. mehr. Personen. 7. Aufl. 12. (128 S.) Ebd. 896. 1. —

— neue Polterabend-Scherze sowie Dichtgn. f. silberne u. goldene Hochzeiten. Vorträge, Scenen, leb. Bilder, humorist. Aufführgn. in Kostum zur leichten Darstellg. f. e., zwei u. mehrere Personen. 12. (128 S.) Mülheim a/R. 899. J. Bagel. 1.—

— Polterabend-Theater. Eine Sammlung v. kleinen, leicht aufführbaren Schwänken, kom. u. ernsten Scenen wie Solovorträgen für Polterabende u. Hochzeitsfeste. 1—3. Bdchn. 12. (96, 95 u. 96 S.) Ebend. 881. à — 60

—— humoristischer Theater-Hausfreund. Komische Scenen, Possen und Schwänke, kleinere Lustspiele, leb. Bilder und Vorträge für Familien und Vereinsfeste sowie für Liebhaber-Theater. 8. (III, 196 S.) Mülheim a. d. R. 878, Bagel.

— humoristische Tischreden u. Toaste, heitere Tafellieder, lebende Bilder, komische Aufführungen zur Erweckg. d. Frohsinns u. der Heiterkeit auf Familien-, Vereins- u. vaterländ. Festen. 16. (VIII, 159 S.) Ebend. 873. 1. 20

— humoristische Tischreden u. Toaste, heit. Tafellieder, leb. Bilder, kom. Aufführgn. zur Erweckg. d. Frohsinns u. d. Heiterkeit auf Familien-, Vereins- u. vaterländ. Festen. 3. Aufl. 12. (VIII, 160 S.) Ebd. 896. 1. 20

Neuse, G., Versuchsweise, s.a. Liebhaber-Theater. 96. Bdchn.

Versuchsweise. Lustspiel in 1 Akt von G. Neuse. Mülheim a. d. Ruhr: J. Bagel [1904]. (24 S.) 8° [F.]
= Liebhaber-Theater. Bdch. 96.

— mit Vorsicht, s.: Theater-Repertoir, Wiener.

[F.] Neue humoristische Vorträge in ungebundener Rede. Hrsg. v. G. Neuse u. a. Mühlheim a. d. Ruhr: J. Bagel [1898]. (116 S.) 1 Bd 8. [98. 8876]

— u. a., neue humoristische Vorträge in ungebundener Rede. (3. [Umschlag-]Aufl.) 8. (116 S.) Ebd. (900). 1. —

Neuse, Rich., die Britischen Inseln als Wirtschaftsgebiet, s.a. England in deutscher Beleuchtung. 3. Hft.

Die Britischen Inseln als Wirtschaftsgebiet. Von Dr. Richard Neuse. Halle a. S.: Gebauer-Schwetschke 1906. (54 S.) 8°
= England in deutscher Beleuchtung. H. 3. [06. 6299 3]

— dasselbe, s.a. Geographie, angewandte. II. 9.

Neuse, Rich., Landeskunde v. Frankreich, s.a. Sammlung Göschen.

Landeskunde von Frankreich von Dr. Richard Neuse. Mit Abb. u. Landschaftsbildern. 1. 2. Leipzig: Göschen 1910. 8°
2. Mit 1 Kt.
(Sammlung Göschen. 466. 467.)

Landeskunde der Britischen Inseln. Von Dr. Richard Neuse. Mit 8 Separatbild. u. 13 Abb. *Breslau: F. Hirt 1903.* (VIII, 163 S.) 8°

— Landeskunde der Britischen Inseln. (Neue [Titel-] Ausg.) (VIII, 163 S. m. 13 Abbildgn. u. 8 Taf.) gr. 8. Leipzig [903] (905). G. J. Göschen. n. 1. 80; geb. n. 2. 50

Neuse, Richard [cand. phil.]: Tempora und Modi bei Nikolaus von Strassburg ... Münster, gedr. bei J. Krick, 1892; 83 S., 2 Bl. 8.
Münster, Phil. Fak., Inaug.-Diss. v. [5. Aug.] 1892

Neusee, M. V., kurzer Abriss d. Kunstgeschichte. Zum Gebrauche f. höh. Töchterschulen, Mädchenpensionate u. ähnl. Lehranst. bearb. gr. 8. (VI, 204 S.) Innsbruck 898. F. Rauch. n. 1. 30; geb. in Leinw. n. 1. 60

Neusee, M. V., Kurzer Abriß der Kunstgeschichte. 2. verbesserte und vermehrte Auflage. Gr.-8. (VI, 222 S.) —.70, geb. —.85
Innsbruck: Rauch 1898.

Neusee, M. V., kurzer Abriß der Kunstgeschichte. 3., verm. u. verb. Aufl. 1. Tl.: Altertum u. Mittelalter. (196 S.) Lex.-8. Innsbruck 905. H. Schwick. n. 2. —

— deutsches Lesebuch f. österreich. Mädchen-Bürgerschulen. 3 Thle. gr. 8. Ebd. Geb. in Leinw. n. 4. 70
1. (182 S.) 895. n. 1. 40. — 2. (214 S.) 896. n. 1. 60.
3. (227 S.) 896. n. 1. 70.

— deutsches Lesebuch f. österreichische Privat-Mädchenbürgerschulen. 1.—3. Tl. 3., verm. u. verb. Aufl. gr. 8. Ebd. Geb. in Leinw. n. 6. 90
1. (314 S.) 904. n. 2. —. — 2. (363 S.) 904. n. 2. 40.
3. (406 S. m. Titelbild.) 905. n. 2. 50.

Neuseeland, s.: Schillings-Bücher.

Neuseeländer, die, nach d. Engl. bearb. M. 1 Karte v. Neuseeland u. 44 Abbild. gr. 12. (17⅙ B.) Leipzig 833, Baumgärtner.

Neusel, C., Geschichten e. Zigeuners. (VII, 88 S.) 8. Dresden 904. E. Pierson. n. 1. 50; geb. n. 2. 50

Jahres-Bericht der öffentlichen Unterrealschule in Werschetz für das Schuljahr 1853/54. 4. (20 S.) Temesvar. Gedruckt bei Beichel's Erben.
Inhalt: Eine geographisch-topographische Beschreibung der serbischen Wojwodschaft und des Temeser Banats, von Joh. Ev. Neusiedler. — Schulnachrichten.

Neusiedlersee. Die Gegend vom Neusiedlersee bis an die Raab und die Donau in Ungarn, mit den Entwürfen zur Entwässerung des Hansåg und des Neusiedlersee's. 1826. Fol.

Neusinger, Fr., neuester Führer durch Fürth, s.: Schmittner.

NEUSINGER, Johann Leonhard 1758 -
Johann Leonhard Neusingers ... Erdbeschreibung für Kinder enthaltend Asien, Afrika, Amerika und die neuentdeckten Länder oder den fünften Welttheil zum Gebrauch auf Schulen.
Nürnberg: Grattenauer. 1785. 256 S. 8°.
Staatsbibliothek Neuburg/Donau

NEUSINGER, Johann Leonhard 1758 -
Johann Leonhard Neusingers ... kurze Geschichte von der Erschaffung der Welt bis auf unsre Zeiten für die Jugend.
Erstes [- Viertes] Bändchen.
Nürnberg: Bieling. [1786] [- 1788]. 8°.
Staatsbibliothek Regensburg

Neusinger, J. L., kurze Geschichte von Erschaffung d. Welt ꝛc. ist bei Benj. Fleischer in Commission zu haben.

Neusitzer, Albert, prakt. Arzt in Jungfer: Über Hydrocele muliebris. *Leipzig: G. Fock 1899.* (28 S.) 8°
Leipzig. Med. Diss. v. 10. Juli 1899

Neusonntagskind, das,. Ein Singsp. in 2 Aufz. n. Weil. Philipp Hafner frey bearbeitet von Joachim Perinet. 8. Ebend. 806.

Neuss [Schlagwort]

Neuss, Kreis, s.: Düsseldorf, Kreis.

Neuss [Verfasser]

Neuss und Germelmann. Reisebericht über ihre bergmännische Instructionsreise nach Bayern und Sachsen im Jahre 1822, Bd. I u. II. Handschrift. Clausthal. 1823.

Neuss, Arthur *Max Elmar* [aus Schwetz a. W.]: Ueber plastische Operationen zur Erweiterung des leeren Conjunctivalsackes ... Greifswald, Druck v. J. Abel, 1895; 23 S. 8.
Greifswald, Med. Fak., Inaug.-Diss. v. 14. Aug. 1895

Neuss, C., s. Neuss, Karl

Neuß, Heinrich Georg, Tit. Herrn /// Herrn Heinrich Georg // Neuß / D. // SUPERINTENDENTIS der Graff= //schafft Wernig rode // Heb=Opffer // Zum Bau // Der // Hütten GOttes /// Das ist /// Geistl. Lieder /// Zur Andacht / Aufmunterung und //Erbauung in allerhand Fällen zu // gebrauchen /// Vermehret / zum andern mahl auffgeleget / und // benebst mit Melodeyen versehen /// Und mit Vergönstigung des Herrn // Autoris in dieser geschmeidigen // Form gedruck // WERNIGERODE /// Gedruckt und zufinden bey Michael Anton Struck /// Buchdrucker / 1703. - 7 Blatt (nicht paginiert) Titelblatt, Vorrede und Ehrengedichte. - 252 S., 2 Blatt (nicht paginiert) Register und noch 60 Blatt (nicht paginiert) Noten mit dem Untertitel: Melodeien // zum // Hebopffer // Tit. // Herrn // D. H. G. Neuscii // Sondershausen /// Druckts Ludwig Heinrich Schönermarck /// Fürstl. Schwartzb. Hof=Buchdr.
B. S. D. 12°.107

Probatio spiritus et doctrinae Democriti. Das ist, Prüfung Des Geistes und der Lehre Christiani Democriti, Sonst Dippel genandt ..., nebst dessen Lebens-Lauff ... In der Furcht des Herrn angestellet Durch Heinrich Georg Neusz ... Franckfurt am Mayn und Leipzig, Zu finden in Henning Groszens Buchhandlung, Halberstadt, Gedruckt bey Johann David Bergmann ... Im Jahr 1701.

Neuß, H. G., Widerleg. des erdichtet. ewigen Evangelii. 8. Leipz. Junius. 709.

Neuss, J., Archiv für Wagenbauer, s. Archiv.

Neuss, Johann Heinrich Gottfried

Ioannes Henricus Godofredus Neuss: De Perforatione membranae tympani. Gottingae (1802:) Literis Grapianis. 19 S. 8°
Göttingen, Med. Diss. v. 12. Apr. 1802

Neundorf, K. G.: Erörterungen einiger Materien des Civilrechts von praktischer Wichtigkeit. Tübingen 1897. [redacted]
1. [illegible]
2. [illegible]
3. [illegible]

Neuss, I. H. G., de perforatione membranae tympani, c. fig. 4. Gött. Brose. 802.

Neuss, Joh. Wilh.: Theorie d. Lehre v. d. ehel. Güter-Gemeinschaft sowohl im Allgem. als nach den besond. Gewohnheiten im Hrzgth. Berg. *Düsseld.*, **Schreiner. 808. 8.**

Neuss, Jos., Archiv für Wagenbauer, s. Archiv.

Neuss, Jos. [Dir. Dr.]: Der deutsche Aufsatz am Realgymnasium. Aachen, Druck v. A. Jacobi & Co., 1891; 35 S. 4°
Aachen, st. RG, OP 1891 (464)

Neuss, Jos., der deutsche Aufsatz am Realgymnasium. gr. 4. (35 S.) Aachen 891. (Leipzig, G. Fock.) n. 1. —

Neuss, *Joseph* [Dir. Dr.]: *Religionslehrer Prof. Dr. Philipp Degen, gest. am 17. Febr. 1897.* Aachen, Druck v. A. Jacobi & C., 1897; 32—33 S. 4.
Aachen, st. RG m. h. Handels-S, OP 1897 (489)

Neuss, *Joseph* Die Feier des fünfzigjährigen Jubiläums des Realgymnasiums zu Aachen. (Umschlagtitel: Bericht über die Feier ... der Anstalt.) 4 (XXX S.) **Progr.** Rg. *Aachen* 1886 (427).

Neuss, *Joseph* Festrede zur Feier des fünfundzwanzigjährigen Regenten-Jubiläums Seiner Majestät des Kaisers und Königs. 4 (S. XXXI—XXXVIII). **Progr.** Rg. *Aachen* 1886 (427)

Neuß, Joseph: [Professor Dr. Greve † am 22. Oktober 1904. — Professor Dr. Spölgen † am 11. November 1904. Oberlehrer a. D. Professor Dr. Sieberger † am 21. März 1905.] S. 34—38. 4.
Progr. Städt. Realgymn. mit höh. Handelsschule *Aachen* 1905 (568).

Neuss, [Joseph], Dir. Dr.: [Prof. Dr. Hubert Marjan, gest. am 10. Nov. 1898.] *Aachen 1899: A. Jacobi & Co.* (S. 38 — 39.) 4°
Aachen, st. RG m. höh. Handels-S, OP 1899 (503)

Neuss, Jos. Sur le Misanthrope de Molière. Analyse et observations critiques. 19 S. **Progr.** *Montabaur* 1877.

Neuss, Jos., quaestiones Horatianae grammaticae. Dissertatio philologica. Monasterii 870. (Berlin, Calvary & Co.) 8. (III, 49 S.) n. 10 ngr.

—: [Professor Dr. Matthias Schmitz † 14. Juli 1908. — Oberlehrer Dr. August Krusenbaum †. — Professor Heinrich Hanke †.] S. 35—37, 39—40. 4.
Progr. Städt. Realgymn. mit höh. Handelsschule *Aachen* 1909 (642).

Neuss, Jos. [Dir., Dr.]: Das Schulfest beim Einzuge in das neue Anstaltsgebäude. (Umschlagt.: Bericht über ...) Aachen, Druck v. A. Jacobi & C., 1892; 1—11 S. 4.
Aachen, st. RG, OP 1892 (467)

Neuss, Karl

Chronik der Wiener evangelischen Gemeinde Augsburger Bekenntnisses vom Zeitpunkte ihrer Entstehung bis auf die Gegenwart. Nach Archivquellen bearb. v. J. 1781-1863 von C(arl) Neuß. Fortges. v. J. 1864-1903 von Dr. Johann Kaiser. Wien: Th. Daberkow 1904. (115 S.) 8° [F.]

[Neuss, Carl.] Oesterreichisches Militär-Album. Wien, Jos. Stoufs (1863). 170 Taf. in Lithogr. 2°.
Lithogr. von V. Kraisler, del. 1863.

Neuß, Pt., der Luftballon; ein Singspl. in 3 Aufz. 8. Augsb. (788.)

Neuß, Pet., († d. 29. Jan. 1817.) der Werth d. Freundschaft in verschied. Lagen des menschl. Lebens; e. Lehrgedicht. 4. Augsb. 787.

Neussel, Bad Nenndorf. Mittheilungen. Rinteln 860. (Celle, Schulze.) gr. 8. (16 S.) n. 5 ngr.

Neußel, Hermann: Aus d. Kgl. Med. Klinik zu Breslau. Ein Beitrag zur Kenntnis der Pericarditis. *Breslau 1903: Bresl. Genoss.-Buchdr.* (58 S.) 8°
Breslau, Med. Diss. v. 12. Dez. 1903

Neussell, Ludwig, Medizinalpraktikant in München: Aus d. psychol. Laboratorium d. Münchner Psychiatr. Klinik. Direktor: Prof. Dr. Kraepelin. Das Verhalten der Pupillen bei Alkoholismus. Leipzig: W. Engelmann 1908. (20 S.) 8° ¶ (Aus: Psychologische Arbeiten Bd 5 H. 3, 1908.)
München, Med. Fak., Ref. Kraepelin, Diss. v. 1. Febr. 1908
[Geb. 10. Dez. 80 Gelnhausen (Hessen); Wohnort: Landau (Pfalz); Staatsangeh.: Bayern; Vorbildung: Gymn. Zweibrücken Reife Juli 01; Studium: Marburg 3, Jena 1, Erlangen 1, Genf 1, München 4 S.; Coll. 1. Febr. 08; Approb. 6. Jan. 08.]

Neussell, Otto [aus Langenholzhausen]: Ueber die altfranzösischen, mittelhochdeutschen und mittelenglischen Bearbeitungen der Sage von Gregorius .... Halle a. S., Plötz'sche Buchdr. (R. Nietschmann), 1886: 56 S. 8°.
Halle, Phil. Fak., Inaug.-Diss. v. 15. Aug.] 1886.

Neussell, Otto, über die altfranzösischen, mittelhochdeutschen und mittelenglischen Bearbeitungen der Sage von Gregorius. Diss. Halle 1886, Lippertsche Buchh. 8°. 56 S.

Neusser, Edm., Beitrag zur Lehre von den Harnfarbstoffen. [Mit 1 (lith.) Taf.] [Aus dem pathologisch-chemischen Institute des Hrn. Prof. Ludwig.] [Aus: „Sitzungsber. d. k. Akad. d. Wiss."] Lex.-8. (25 S.) Wien 882. (Gerold's Sohn.) n. — 60

Neusser, Edm., üb. Diagnostik u. Therapie in der inneren Medicin. Antrittsvorlesung, geh. am 20. Octbr. 1893. gr. 8. (27 S.) Wien 893. W. Braumüller. n. — 70

Neusser, Edm., d. Erkrankungen der Nebennieren, s. a. Pathologie u. Therapie, specielle.

Die Erkrankungen der Nebennieren. Von Hofr. Prof. Dr. Edmund **Neusser** in Wien. *Wien: A. Hölder 1897.* (2 Bl., 98 S.) 8.
= **Pathologie,** Specielle, u. Therapie. Bd 18. Th. III. [97. 259

Die Erkrankungen der Nebennieren. Von Prof. Dr. Edmund v. **Neusser** u. Privatd. Dr. Josef Wiesel in Wien. 2. völl. umgearb. u. verm. Aufl. Mit 13 Abb. Wien & Leipzig: Hölder 1910. 189 S. 8°
(Spezielle Pathologie u. Therapie.) [10. 7912

Neusser, Edm., ausgewählte Kapitel der klinischen Symptomatologie u. Diagnostik. 1. u. 2. Heft. gr. 8. Wien, W. Braumüller. n. 2. 40
1. **Bradycardie — Tachycardie.** (49 S.) 904. n. 1. 40
2. **Angina pectoris.** (S. 51—84.) 904. n. 1. —

Neusser, Edm. v., ausgewählte Kapitel der klinischen Symptomatologie u. Diagnostik. 3. Heft: Dyspnoë u. Cyanose. (S. 85—196.) Lex. 8. Wien 907. W. Braumüller. 3. —

Neusser, E., die Pellagra in Oesterreich u. Rumänien. Aus der medicin. Klinik v. Bamberger in Wien. gr. 8. (53 S.) Wien 887. Hölder. n. 1. 50

— s.: Zeitschrift f. klin. Medicin.

Neusser, Gg., das Impfgesetz vom 8. April 1874. Durch die Motive erläutert u. m. Sachregister versehen. 8. (16 S.) Berlin 874. Grosser. — 50

Neussichin, Moses: Ueber das Bumke'sche Phänomen bei der Dementia praecox (das Fehlen der Pupillenerweiterung auf sensible und psychische Reize). Heidelberg 1910: Hörning. 38 S. 8°
Heidelberg, Med. Diss. v. 21. März 1910, Ref. Wilmanns
[Geb. 26. Aug. 82 Moskau; Wohnort: Moskau; Staatsangeh.: Rußland; Vorbildung: II. Gymn. Moskau Reife Mai 02; Studium: Berlin 5, München 1, Heidelberg 4 S.; Rig. 15. Febr. 10.] [U 10. 2082

Neußner, Beschr. e. alles selbst schreibenden Maschine. gr. 8. Wien, Trattner. (Tendler.) 783.

Neustadt [Sachliches OW]

Neustadt an der Aisch, Das unter dem Durchlauchtigsten Hauss Brandenburg - Culmbach Jetztlebende, entworffen durch Veranlassung der daselbst neu aufgebauten Gottes-Acker-Kirchen. O. O. 1725. V: *Schnizer, Matthias Salomo.* (Fiker)

Neustadt a. d. A. gem. 1828. grav. 1829. Vom K. St. K. 1:2,500. 1 Bl.

Neustadt a. d. H. und Umgebung. Neustadt a. d. H.: Stadtverwaltung (auf d. Umschl.: Neustadter Generalanzeiger) 1898. 32 S. 8° [07. 7070

Neustadt Holstein und Pelzerhaken. Ostseebad und Sommerfrische. Hrgg. v. Verkehrsverein der Stadt Neustadt i./H. (Neustadt i. H.) o. J. 8°

Neustadt im Jahre 1819. Vom k. Steuerkataster. 1: 2500. 1 Bl.

Heimatskunde. Der Kreis Neustadt in Oberschlesien und das Wissenswerteste von der Provinz Schlesien. Ein Hilfsbüchlein f. d. geograph. Unterricht in d. Mittelklasse. Bearb. von e. Elementarlehrer. Ausg. f. Schüler. Mit 1 Karte. 4. verb. u. verm. Aufl. *Neustadt O.-S.: F. Heinisch (1901).* (16 S.) 8° [F.] [04. 16772

Kreis **Neustadt** (i. Wpr. in 5fachem Farbendr.). (Maßst. 1:100,000. Rev. von d. zuständ. Behörden. Lissa i/P.: F. Ebbecke [1906]; Kartogr. Anst. P. Baron, Liegnitz.) (1 Kartenbl. 49×41 cm mit Legende.) 8° [Kopft. lith.]
[Umschlagt.:] Spezial-Karte v. Kreise Neustadt i. Wpr. [06. 13876

Neustadt an der Orla m. seiner näheren u. ferneren Umgebung. Ein Führer f. Einheimische u. Fremde v. H. W. (IV, 46 S. m. 30 Abbildgn.) 8. Neustadt a. d. Orla 904. Hertel. n. 1. —

Ostsee-Bad Neustadt in Holstein. Neustadt. o. J. 1 Bl. 4°.

Neustadt [Schlagwort]

Neustadt. s.a. Hessen. Grossherzogtum.

Neustadt. s.a. Magdeburg.

— s. a.: Preussen. Messtischblätter.

Neustadt-Gödens, s.: Preussen. Messtischblätter.

Neustadt-Hohwald, s.: Geologische Karten (Sachsen).

Neustadt-Obernburg, s.: Geolog. Karten (Hessen).

Neustadt (Baden), s.: Deutschland. Kürschner-Peip.

Neustadt (Baden), s.: Geologische Karten. Spezialkarte. (Baden.) — Schwarzwald. Karte.

Neustadt b. Coburg, s.: Preussen. Messtischblätter. — Thüringen.

Neustadt a. d. H., s.a. Deutschland. Kürschner-Peip.

— s. a.: Deutschland. Karte (Abt. Bayern).

Neustadt a/d. H., s.a. Pfalz.

Neustadt a/H. Hilschmann, F., Touristenkarte der Umgegend v. Neustadt a/H. nach e. Entwurf v. H. Hrsg. vom Verschönerungsverein zu Neustadt a/H. Ende des J. 1894. 1 : 25,000. 59 × 53 cm. Farbendr. Nebst Text: Spaziergänge u. Ausflüge in der Umgegend v. Neustadt a/Hdt. gr. 8. (4 S.) Neustadt a/Hdt. 895. (A. H. Gottschick-Witter's Sort.) — 90

Neustadt a/H. Touristenkarte für die Umgegend von Neustadt a. d. Hardt. 1 : 25,000. 2. Aufl., hrsg. i. A. des Verschönerungsvereins zu Neustadt a. d. H. vom 1. Vorstand u. vom Schriftführer. 59 × 53,5 cm. Farbdr. Nebst Touren. 8. (12 S. m. farb. Markiergn.) Neustadt a/Hdt. 897. (A. H. Gottschick-Witter's Sort.) n.n. 75

Neustadt a. d. Haardt, s.a. Woerl's Reisehandbücher.

Neustadt a. d. Haardt. Wander-, Rad- u. Autofahrkarte, neueste, der weiteren Umgebung von Neustadt a. d. Haardt m. Rheinpfalz u. Haardtgebirge. 1 : 300,000. 43×32 cm. Neustadt a/H. (910). R. Koeppel. 1. —

Neustadt i. Hessen-Nassau, s.: Preussen. Messtischblätter.

Neustadt, Mähr., s.: Geologische Karten. Spezialkarte. (Oesterr.-Ung.)

Neustadt O. Schl., Kreis, s.a. Kreiskarten. — Leobschütz.

— in Oberschlesien, s.a. Woerl's Reisehandbücher.

Neustadt O.-Schl. Hilscher, A., Handkarte d. Kreises Neustadt O.-Schl. 1 : 25,000. Farbendr. u. color. qu. Fol. Neustadt O.-Schl. 890. Frz. Heinisch. n. — 80

— — Wandkarte d. Kreises Neustadt O.-Schl. 1 : 33,000. 6 Blatt. Farbendr. u. color. gr. Fol. Ebd. 890. n. 8. —; auf Leinw. m. Rollen n. 12. —

Neustadt a. Orla, Kreis. Karte des Neustädter Kreises (V. Verwaltungsbez. des Grossh. S.-Weimar) u. der angrenzenden Gebiete. 1 : 100,000. 52 × 65,5 cm. Farbdr. Neustadt (Orla) (901). R. Hertel. n. 1. 50; auf Leinw. n. 2. —; auf Pappe m. Ösen n. 2. 25

Neustadt a. Orla. Karte des Neustädter Kreises (V. Verwaltungsbezirk des Grossherzogt. S.-Weimar) u. der angrenzenden Gebiete. 1 : 100,000. Östl. u. westl. Blatt. Farbdr. Neustadt a. d. Orla, P. Herrmann. 1. 60
Östliches Blatt. Weida, Elstertal v. Plauen bis Köstritz. 52×31,5 cm. 2. Aufl. 908. — 60
Westliches Blatt. Neustadt, Saaletal von Saalburg bis Jena. 3. Aufl. 52×37 cm. 910. 1. —

Neustadt a. d. Orla. Plan von Neustadt a. d. Orla. 1 : 5000. 31,5×40 cm. Autogr. Neustadt a. d. Orla 906. Hertel. n. — 30

Neustadt a. R., s.: Deutschland. Karte. (Abt. Preussen.)

— s. a.: Danzig, Reg.-Bez.

Neustadt a. Saale, s.: Bayern. Karte.

— a/d. Saale m. Bad Neuhaus, s. Woerl's Reisehandbücher.

Neustadt (Sachsen), s.: Sachsen. Karte.

Neustadt (Sachsen), s.: Sachsen. Messtischblätter.

— s.: Thüringen. Gräf.

Neustadt (Schwarzwald). Brütsch, K., Karte vom Amtsbez. Neustadt. 2. Aufl. 38 × 45 cm. Farbendr. Bonndorf (890). J. A. Binder's Nachf. (H. Sprachholz & J. G. Ehrath). n. — 20

— Karte des Kreises Neustadt im Reg.-Bez. Danzig. Hrsg. von der kartogr. Abteilg. der königl. preuss. Landesaufnahme 1906. Aufgenommen vom königl. preuss. Generalstab 1862 – 75. Einzelne Nachträge bis 1904. 1 : 100,000. 57,5×67,5 cm. Farbdr. Berlin (R. Eisenschmidt). n.n. 2. —; ermäss. Preis n.n. 1. 50

Neustadt i. Westpr. Baron, Paul, Spezial-Karte vom Kreise Neustadt i. Westpr. in 5fachem Farbendr. Rev. v. den zuständ. Behörden. 1 : 100,000. 45×53,5 cm. Lissa (906). O. Eulitz. n. — 50; auf Leinw. in Taschenform. n. 1. —

Neustadt [Verfasser]

Neustadt s.a. Heinrich v. Neustadt.

Neustadt, Erklärung. — Vorschlag zur Aufstellung e. Vertrags behufs Errichtung e. internationalen Doppelwährung, s.: Verhandlungen der Kommission behufs Erörterung v. Maßregeln zur Hebung u. Befestigung des Silberwerthes.

Neustadt, Ad., s. Scribe, E., Eine Fessel.

Neustadt, Adf., politische Briefe. 1. Jahrg. 1849. Februar—December. 48 Hfte. Lex. 8. (à 1 Bog.) Prag, Rziwnatz. Vierteljährlich n. 1 5/6 ℳ

Neustadt, Adf., das Gebaren der österreichischen Creditanstalt 1856—1862. 1. u. 2. unveränd. Aufl. Wien 863. F. Manz. gr. 8. (VIII, 112 S.) n. 20 ngr.

Neustadt, Emil: Ein Beitrag zur Casuistik des Angiofibroms. *München 1898: Kastner & Lossen.* (18 S.) 8°
München, Med. Diss. v. 1898

Neustadt, Ernestus, Berolinensis: De Jove Cretico. (Berlin: Mayer & Müller 1906.) (58 S.) 8°
Berlin, Phil. Fak., Ref. v. Wilamowitz, Diss. v. 8. Nov. 1906
[Geb. 21. März 83 Berlin; Wohnort: Berlin; Staatsangeh.: Preußen; Vorbildung: Wilhelms-Gymn. Berlin Reife M. 01; Studium: Berlin 8 S.; Rig. 25. Juni 06.]

Neustadt, Georg, aus Breslau: Aus d. Augusta-Hospital d. vaterländ. Frauenvereins zu Breslau (Dirig. Arzt: Dr. A. Tietze). Über das Empyema necessitatis der Gallenblase. *Wiesbaden 1901: C. Ritter.* (40 S.) 8°
Breslau, Med. Diss. v. [27. Juli] 1901

Neustadt, Joseph: Aus d. physik.-chem. Abt. d. chem. Inst. d. Univ. Breslau. Ein Beitrag zur Kenntnis der Spannungsreihe in nichtwässerigen Lösungsmitteln mit einem Anhang über Flüssigkeitsketten und Oxydations-Reduktionspotentiale in Pyridin. Breslau (1909): Graß, Barth & Co. 77 S. 8°
Breslau, Phil. Diss. v. 4. Aug. 1909, Ref. Gadamer
[Geb. 7. Sept. 84 Breslau; Wohnort: Breslau; Staatsangeh.: Preußen; Vorbildung: König-Wilhelms-Gymn. Breslau Reife O. 03; Studium: Breslau 11 S.; Rig. 21. Juli 09.] [U 09. 613

Neustadt, Jos., zwei Reden, gehalten bei der Einweihung der neuen Synagoge zu Schloppe, am Donnerstag, den 27. אלול 5616 (28. Aug.) und an dem darauf folgenden Sabbathe, ראה, den 30. Aug. d. J. Deutsch-Crone 856. (Landsberg, Volger u. Klein.) 8. (27 S.) nn. 2½ ngr

Neustadt, Karl [aus Natzungen (Westphalen)]: Der puerperale Wundzustand und seine Bedeutung für die puerperale Infektion .... Würzburg, P. Scheiner's Buchdr., 1885; 17 S. 8°.
Würzburg, Med. Fak., Inaug.-Diss. v. 1885.

Neustadt, Karl, der puerperale Wundzustand und seine Bedeutung für die puerperale Infection. Diss. Würzburg 1885, Stahelsche Univ.-Buchh. 8°. 17 S.

Neustadt, Louis, Aufenthaltsorte d. Markgrafen Kasimir v. Brandenburg (1481—1527). [Aus: „Archiv f. Geschichte u. Alterthumskunde v. Oberfranken".] gr. 8. (21 S.) Bayreuth 885. (Breslau, W. Koebner.) n. 1. —

— eine Blutbeschuldigung in Frankfurt a/M. im J. 1504. Auf Grund der Prozess-Akten d. Frankfurter Stadt-Archivs geschildert. gr. 8. (26 S.) Magdeburg 892. (Leipzig, R. Friese.) n. — 50

Neustadt, Louis *(geb. Arnswalde in d. Mark 18. 10. 1859)*: Markgraf Georg von Brandenburg als Erzieher am ungarischen Hofe. Breslau (1883). (VIII, 90 S.) 8° *(Im Buchhandel 1883 bei Koebner in Breslau.)*
Breslau, Phil. Diss. v. 28. März 1883

— aus der Mappe e. Hohenzollern am ungarischen Hofe. 1. Hft. gr. 8. (80 S.) Bayreuth 892. (Breslau, W. Koebner.) n. 2. —

Rabbiner Dr. Pinkus Neustadt, Ritter d. Kgl. Kronenordens. Erinnerungs-Blätter s. Andenken gewidmet von s. Sohne Dr. Louis **Neustadt**. *Breslau: 'Jüd. Volksblatt' u. 'Lehrerheim' 1902.* (72 S.) 8° [J.] [02. 1208

Neustadt, Louis, Josef Steblicki. Ein Proselyt unter Friedrich d. Großen. Auf Grund d. amtl. Untersuchungsakten u. urkundl. Beilagen. gr. 8. (21 S.) Breslau 894. Selbstverlag. n. 1. 40

— Ungarns Verfall beim Beginn d. 16. Jahrh. Lex.-8. (59 S.) Budapest 885. Kilian. n. 1. —

Neustadt, Ludwig (Posen), Brevis disquisitio nosologico-pathol. de abscessu frigido scrofuloso. Diss. med. Berlin (G. C. Nauck) 19. XII. 1826. 24 S. mit Biogr. (3—) 24860
Oppon.: H. Bamberg, P. Hilsenberg, S. L. Weiss.

Neustadt, Manasse [pr. Zahnarzt aus Wesel]: Die Neuralgien und Neurosen des Gesichts und des Kopfes, hervorgerufen durch pathologische Zustände der Zähne ... Bonn, Buchdr. v. J. Bach Wwe, 1895; 28 S., 1 Bl. 8.
Bonn, Med. Fak., Inaug.-Diss. v. [1. Aug.] 1895

Das **Eherecht**. Von Maximilian **Neustadt**. Berlin: O. Häring 1907. (IX, 574 S.) 8°
— **Neustadt**: Krit. Studien z. Familienrecht d. BGB. Bd 1. [07. 16841

Neustadt, Maximilian: Das Eherecht. Von Dr. Maximilian Neustadt, Rechtsanwalt. Neue Ausg. Berlin: Curtius 1910. IX, 574 S. 8°
(Neustadt: Krit. Studien z. Familienrecht d. BGB. Bd 1.)

Neustadt, Max, kritische Studien zum Familienrecht des bürgerlichen Gesetzbuchs. 1. Bd. Das Eherecht. Neue [Titel-]Ausg. (IX, 574 S.) gr. 8. Berlin [907] 910. K. Curtius. 12. —

Kritische Studien zum Familienrecht des Bürgerlichen Gesetzbuchs. Von Maximilian **Neustadt**. Bd 1. Berlin: O. Häring 1907. 8° [07. 16840

Neustadt, M., Kritische Studien zum Familienrecht des bürgerlichen Gesetzbuchs. 1. Bd. Das Eherecht. Neue [Titel-]Ausg. (IX, 574 S.) gr. 8. Berlin, K. Curtius. 1910 12. —

Neustadt, P., Abschiedspredigt in der Lissaer Synagoge zu Breslau. Vorgetragen am Sabbath Paraschoth ha Chodesch 14. März 1874. gr. 8. (14 S.) Breslau 874. Fiedler & Hentschel. n. — 30

— die Gottes- u. Unsterblichkeitslehre. Kurzgefaßte Uebersicht üb. die Gottes- u. Unsterblichkeitsbegriffe der vorzüglichsten oriental. Völker, m. e. Hinblick auf diese Lehren d. Judenthums. 1. Thl. gr. 8. (47 S.) Leipzig 872. Leiner. n. 1. —

— die zwei ersten Pesach-Predigten in der Synagoge „zum Tempel" gehalten am ersten u. letzten Pesach-Tage, 2. u. 9. April 1874. gr. 8. (25 S.) Breslau 874. Fiedler & Hentschel. n. — 60

Neustadt, P., Trauerrede f. Sir Moses Montefiore. Geh. bei der Gedächtnisfeier in der Synagoge „zum Tempel" am 19. Septbr. 1885. gr. 8. (16 S.) Breslau 886. (Frankfurt a/M., Kauffmann.) n. — 40

Neustädt, A.: Abbildung und Beschreibung der Schmetterlinge Deutschlands, s. Assmann, August

Neustädt, A., Abbildung u. Beschreibung d. Schmetterlinge Deutschlands, s. v. Kornatzki, E.

Neustädt, Bernh., Ben David, der Knabenräuber, od.: Der Christ u. der Jude. Schausp. in 5 Aufz. Nach Spindler's Erzähl. „Der Jude" f. d. Bühne bearb. 8. (11 B.) Breslau 832, Leuckart.

—— Flachshannchen. Schausp., s. Blüthen, dramat., in Mittheil. deutscher Dichter, 1. Bdchn.

Neustädt, Bernh., Ordens-Lexicon. Nach den bewährtesten älteren u. neueren Schriftstellern bearb. In 2 Abthlgn. 1. Abth. 1. Hft. Acon od. Acri bis Alt-Limpurg u. Frauenstein. gr. 8. (4 B.) Breslau 846, Kühn'sche Vrlgsh. *

—— Ordens-Lexicon. Nach den bewährtesten älteren und neueren Schriftstellern bearb. 1. Abthl. 2. Heft. Alt-Limpurg und Frauenstein (Fortsetzung) bis Bayern. gr. 8. (S. 65—128.) Breslau 848, Kühn'sche Buchh. *
1. Heft. Ebendas. 1846. * 10 Ngr.

— der Reisende im Sudeten-Gebirge. Ein Wegweiser f. Lust- u. Badereisende durch die interessantesten Partieen des Riesen-, Hochwald- u. Glazer Gebirges; nebst einem Anhange: Die schlesischen Eisenbahnen. Mit 1 Karte. 8. Breslau 843, Freund. (Trewendt.) geb. 3/4 ₰

Neustädt, Bernh., Schauspiele. 1. Thl.: Der Bravo. Schausp in 5 Aufz., mit e. Vorsp.: Der Kampf d. Gondoliere in Venedig — Süd u. Nord. Schausp. in 3 Aufz. 8. (16¾ B.) Breslau 836, Leuckart.

—— Sudeten-Wanderer. Ein Wegweiser für Lust- und Badereisende durch die interessantesten Partien des Riesen-Hochwald- und glazer Gebirges; nebst einem Anhange: Die schlesischen Eisenbahnen. 2., verb. und verm. Aufl. 16. (IV und 179 S. mit 1 Specialkarte der Sudeten in gr. Fol. gez. von Scharenberg, lithogr. von Mahlmann.) Breslau 850, Trewendt und Granier.

Neustädt, Bernh., Sudeten-Wanderer. Ein Wegweiser für Lust- und Badereisende durch die interessantesten Partien des Riesen-, Hochwald- und Glazer Gebirges; nebst einem Anhange: Reise-Routen. Mit 1 (lith.) Specialkarte (in Fol.). 3. verb. u. verm. Aufl. Breslau 854. E. Trewendt. 16. (VIII, 181 S.) 15 ngr.

Neustädt, Bernh., neuester Sudeten-Wanderer. Ein Wegweiser für Kurgäste u. Lustreisende durch die interessantesten Partien der Sudeten. 4. Aufl. Vollständig neu bearb. von Jul. Peter. 1. Thl. Das Iser- u. Riesengebirge mit den anschliess. Theilen des Lausitzer u. des Bober-Katzbach-Gebirges. Breslau 866. Trewendt. 8. (XXIV, 176 S.) cart. 15 ngr.

—— ein, zwei oder drei Tage im Hochwaldgebirge. Ein nützl. und unterhalt. Wegweiser für alle Diejenigen, welche Fürstenstein, Salzbrunn, Altwasser, Kienau, Weckelsdorf, Adersbach und ihre Umgebungen besuchen wollen. 16. (61 S.) Waldenburg 851, Kühn.

Neustädt, Bernh., durch Unglück zum Glück. Original-Lustspiel in 4 Aufzügen. 8. (145 S.) Waldenburg 851, Kühn. *

Neustaedt, Eugenius *(geb. Breslau 30. 4. 1848)*: De querela inofficiosae donationis. Vratislaviae (1869). (42 S.) 8°
Breslau, Jur. Diss. v. 22. Nov. 1869

Neustaedt, Frz., s.: Arbeits-Statistik der deutschen Gewerkvereine.

Neustadtel, Arth., die allgem. Wechselordnung, in kurze Verse u. theilw. auch in Reime gebracht. 8. (V, 54 S.) Eger 902. J. Kobrtsch & Gschihay. n. 2. —

Neustädtel [Schlagwort]

Neustädtel, s.: Preussen. Messtischblätter.

Neustädter, Michael

Neustädter, Mch., († d. 5. Juni 1806.) die Pest im Burzenlande 1786, nebst e. Bemerk. üb. die Pest. 8. Hermannst. 793. (Schaumburg in Wien). 8 ₰

Neustädter, M., d. Pest im Burzenlande 1786. 8. Herrmannst. (Kaven in Altona.) 797.

Neustädter, Michael: Die Pest im Cronstädter Distrikte in Siebenbürgen im Jahr 1786. Nebst einigen vorangeschickten Bemerkungen. 122 S., gbd., 2 Tab.

Wien: Schaumburg 1797

Neustädter Viktor: Über Methyläthylazetaldehyd und einige Kondensationsprodukte desselben (mit 1 Textfigur). S. 115. IIb. vgr.
Separatabdruck

Neustadtl, Siegm., s.: Audiatur et altera pars.

Neustadtl, Siegm., Ideen zur Reform der Wiener Börse. gr. 8. (64 S.) Wien 883. Rosner. n. 1. —

Neustätter, Ferd., Frauengeheimnisse. Bluette in 1 Akte nach e. Novelle. Den Bühnen gegenüber als Mscr. gedr. gr. 8. (19 S.) München 875. Falter & Sohn. n. — 50

— Pflichten. Familien-Scene in 1 Akte nach e. fremden Stoffe. Den Bühnen gegenüber als Mscr. gedr. gr. 8. (32 S.) Ebend. 875. n. 1. —

Neustätter, Otto, Das Frauenstudium im Auslande. Ein Ueberblick über die Zulässigkeit der Frauen zu Mittel- und Hochschulen, sowie zu den akademischen Berufen in den ausserdeutschen Kulturländern. gr. 8⁰. München, A. Schupp, 1899.

— Grundriss der Theorie u. Praxis der Schattenprobe (Skiaskopie), m. e. Reihe v. Abbildgn. Gleichzeitig Erläuterg. zu den „Tafeln u. Phantomen zur Skiaskopie". 8. (IV, 59 S.) München 900. J. F. Lehmann's Verlag. n. 1. 20

Neustätter, Otto [app. Arzt aus München]: Ueber den Lippensaum beim Menschen, seinen Bau, seine Entwickelung und seine Bedeutung ... M. 1 Taf. (Aus: Jenaische Zeitschr. f. Naturw., Bd. XXIX.) Jena, G. Fischer, 1894; 1 Bl., 48 S., 1 Taf. 8.
München, Med. Fak., Inaug.-Diss. v. 1895

Neustätter, O.: Die Reform der Frauenkleidung auf gesundheitlicher Grundlage. — München: Datterer (1903). 109 S. 8°

— 2 Tafeln (auf Leinw.) u. 4 Phantome (auf Pappe) zur Skiaskopie. Imp.-Fol. Nebst Text: Grundriss der Theorie u. Praxis der Schattenprobe (Skiaskopie). Mit e. Reihe v. Abbildgn. 8. (IV, 59 S.) Ebd. 900. In Mappe n.n. 30. —; Text einzeln n. 1. 20

Neustetel, (Leop. Jos.,) der Büchernachdruck nach römischem Recht betrachtet. gr. 8. Heidelb. 824, Groos.

— u. Sigm. Zimmern, röm. rechtl. Untersuchungen f. Wissenschaft u. Ausübung. 1r Bd. gr. 8. Heidelb. 821. Groos. 1 ₰ 16 ₰

Neustettin [Schlagwort]

— s. a.: Geologische Karten (Preussen).

Neustettin, s. a. Köslin, Reg.-Bez.

Neustettin, s. a. Woerl's Reisehandbücher.

Neustettin. Entfernungs- u. Reisekarte, amtl., des Kreises Neustettin, Reg.-Bez. Köslin. Nach amtl. Ermittelgn. u. unter Benutzg. der Messtischblätter zu den Generalstabskarten bearb. im Katasterbureau der königl. Regierg. (Umschlag: Auf Grund amtl. Unterlagen im Katasterbureau der königl. Regierg. bearb.) 2., verb. Aufl. 1 : 75,000. 79><84,5 cm. Farbdr. Berlin (908). C. Flemming. 1. 50

Neustettin. Hilscher, A., Karte des Kreises Neustettin. Für den Schul- u. Privatgebrauch entworfen. 1 : 75,000. 110 × 120 cm. 6 Blatt. Farbendr. Neustettin 893. F. A. Eckstein. n. 8. —; auf Leinw. m. Rollen u. Ösen n.n. 13. —; u. lackiert m. polierten Stäben n.n. 15. —

Neustettin. Karte des Kreises Neustettin. Nach dem neuesten Material bearb. im kartogr. Institut v. Paul Baron in Liegnitz. 1 : 150,000. 34,5 × 39,5 cm. Farbdr. Neustettin 897. F. A. Eckstein. 1. 25

Neustifter, Josef

Neustifter, J., Führer der Jugend zum heiligsten Herzen Jesu. 16. (VIII, 575 S. m. 1 Stahlst.) Salzburg 888. Pustet. n. 1. —

Neustifter, Jos., Herz Jesu, du Rettung in unseren Tagen! Unterrichts- u. Erbauungsbuch f. die Verehrer d. göttl. Herzens Jesu. Nebst e. vollständ. Gebetbuche. 16. (III, 448 S. m. 1 Stahlst.) Dülmen 883. Laumann. n. — 90; geb. von n. 1. — bis n. 10. —

Neustifter, Jos., O. S. B., Herz Jesu, Du Rettg. in uns. Tagen. Unterrichts- u. Erbauungsbuch f. d. Verehrer d. göttl. Herzens Jesu. Nebst e. vollständ. Gebetbuche. 2., verb. Aufl. 16. (III, 560 S. m. 1 Stahlst.) Dülmen 896. A. Laumann. — 90

Neustifter, P. Josef, Das Kind in der Schule des göttlichen Herzens Jesu. 24. (416 S.) In Halbleder geb. Winterberg: Steinbrenner 1889. —.42

Neustrelitz [Schlagwort]

Neustrelitz, s.: Deutschland. Kürschner-Pelp.

Neustrelitz, s.: Deutschland. Uebersichtskarte.

Neustrelitz, s.: Europa. Übersichtskarte.

Neu-Südwales. Seine Vergangenheit, Gegenwart und Zukunft, oder Erfahrungen und Beobachtungen während eines zwölfjähr. Aufenthaltes in Australien. Nach dem Engl. von M. B. Lindau. 8. (IV und 190 S.) Leipzig 850, Kollmann.

Neutempler und **Rosenkreuzer.** Erzählung aus der Geschichte der Freimaurerei. O. O. [1875]. V: *Henne am Rhyn, Otto.* (Tt)

Neuter, Joh., unsere Pfarrer. Eine Streitschrift. 2. Aufl. (68 S.) gr. 8. Barmen 908. E. Biermann. — 80

Neutitschein [Schlagwort]

Neutitschein, Bez. Karte des politischen Amtsbezirkes Neutitschein. 1:25,000. Chromolith. 4 Bl. gr. Fol. Wien 888. Lechner's Sort. n. 14. —

Neutitschein, Stadt. Plan d. Stadt Neutitschein. 2. Aufl. Farbendr. qu. gr. Fol. Neutitschein 890. Hosch. n. 1. 70; gefalzt n. 1. 80; geb. n. 2. —; auf Leinw. u. geb. od. m. Stäben n. 2. 50

Neutokenburg. Die Bezirke Neu- und Obertokenburg. Njbl. S. Gallen s.a.[Bernet, Johann Jacob].

Neu- und Obertokenburg, Die Bezirke. St. Gallen [1831]. V: *Bernet, Joh. Jac.* (Cat. d. Stadtbibl. Zürich. Zürich 1864—97.)

Neutomischel [Schlagwort]

Neutomischel, Kreis, s.a. Posen, Reg.-Bez.

— s. a.: Forstkarten.

Neutomischel. Baron, Paul, A. Hilscher's Nachf., Special-Karte des Kreises Neutomischel. 1 : 125,000. 34,5 × 29 cm. Farbdr. Lissa 898. F. Ebbecke's Verl. n. — 50

— — Wandkarte des Kreises Neutomischel, entworfen nach den Messtischblättern der königl. preuss. Landes-Aufnahme. 1 : 35,000. 6 Blatt à 36,5 × 50,5 cm. Farbdr. Ebd. 898. n. 12. —; auf Leinw. m. Stäben n. 15. —

Neutomischel, Kreis. Spezialkarte des Kreises Neutomischel. Rev. v. den zuständigen Behörden. 1 : 100,000. 3. Aufl. 35><31 cm. Farbdr. Lissa (909). O. Eulitz. — 50; auf Leinw. in Etui 1. —

Neuton's, Kasp., Leben u. sonderbare Schicksale. 8. Dresd. 773. Gerlach. 8 gr.

Neutra, Wilh., Briefe an nervöse Frauen. 2. u. 3. Tausend. (289 S.) 8. Dresden (909. 10). H. Minden. 3.—; geb. n 4. —

Neu Hamburger Neutrale: Jan. 19, 1855
Weekly. Editor: Robert Storch. Publisher: W.H. Boullee. Continued as Canadisches Volksblatt
New Hamburg, Ont.

Neutralen, die, oder Oesterreich über Alles. Historisch-romantische Enthüllungen aus Europa's jüngster Zeit. (In ca. 16 Liefgn.) 1—4. Liefg. Wien 870. Hartleben. 8. (S. 1—192.) à 3 ngr.

Neutralen, die, od. Oesterreich üb. Alles. Historisch-romantische Enthüllgn. aus Europa's jüngster Zeit. 5—16. (Schluß-)Lfg. 8. (1. Bd. S. 193—400 u. 2. Bd. S. 1—367.) Wien 871. Hartleben. à — 30

Kutztauner Neutralist: June 12, 1833-- May 31, 1837.
Independent weekly. Title varies: Der Kutztauner Neutralist, no. 1—2, June 12—19. With the issue of May 31, 1837, editor prints "Abschied." Edited & published by Henry Hawrecht & Carl Wink.
Kutztown, PA

Der Neutralist und Allgemeine Neuigkeits-Bote: July 1845?--July 27, 1898
Weekly. Independent, 1845--78; Independent-Republican, 1879--85; Republican, 1886--98 [Ayer, 1882--85, calls it Republican]. Title varies: Der Neutralist. Sub-title: Ein Familien-Blatt zur Unterhaltung und Belehrung. -- Den politischen und allgemeinen Tagesneuigkeiten gewidmet. Circulation: 1870, 1916 (est.); 1880, 1152; 1890, 984; 1898, 684. Edited & published by John Young & John Shupe, 1845--50; by John M. Schünemann & John Shupe, 1850--1862?; by John M. Schünemann [in 1862]; by Augustus C. Dambly [with H. Seibert, 1876], 1876?--Dec., 1885; edited by C. Fischer, & published by A. C. Dambly's Estate, 1885--98.
Skippack, PA

Die Neutralität. (Nebst Schlüssel zur Entwickelung derer verdeckten Nahmen.) 1757. 4. 14 S. und 1 Bl.

Neutralität, Die, der Schweizerischen Eidgenossenschaft und die Mittel zu ihrer Behauptung. Basel [1822]. V: *Wieland*, *Johann*. (AarK) (MGT) (Ky)

Neutralität, die, der Schweizer-Eidgenossenschaft, u. die Mittel zu ihrer Behauptung. 8. Basel 822, Schweighäuser.

Neutralität, üb., b. d. gegenw. Kriege. 8. Kiel, Akadem. Buchh. 793.

Neutralität, über, bei d. gegenwärt. Kriege, (v. D. H. Hegewisch). 8. Kiel 793. Hesse. 4 ℊℊ

Oesterreich-Ungarns Neutralitat in einem künftigen Kriege, besprochen mit Hinblick auf die Arkolay'sche Broschüre von einem Huszaren. gr. 8. (72 S.) Pest, Aigner. 80 kr.
— — Dasselbe 2. Auflage. 80 kr.

Ueber Neutralität d. deutschen Reichsstände in Reichskriegen, in d. Rücks. auf d. gegenw. Zeitumstände. 793. 8.

Neutralität, Die schweizerische. Politisch-militärische Studien ... Basel 1861. V: *Wieland*, *Hans*. (KA) (Pr)

Neutralität, die schweizerische, und die neuen französischen Forts. Von einem Generalstabsoffizier, durch die Neuenburger Offiziersgesellschaft veröffentlicht. Im Auftrage der aargauischen Offiziersgesellschaft übers. von Dr. Wagner, Hauptmann d. Sanität. In-8⁰ Aarau, Sauerländer. *1880.*

Neutralitätserklärung des schweiz. Bundesrathes, und diessfällige Antwortschreiben von europäischen Mächten. 1859. [SA.] 8. [Bern 1859.]

Neutralitätserlasse 1854—1904, s.a. Marine-Rundschau.

Neutralitätserlasse 1854 bis 1904. Ein Hilfsmittel z. Studium d. russ.-japan. Krieges. *Berlin: E. S. Mittler & Sohn 1904.* (S. 185–249.) 8° [J.]
— **Marine-Rundschau.** 1904, Beih. 4.

Neutralitätskrieg, Der, der Dänen im Jahre 1801. Hamb. u. Leipzig 1801. V: *Albrecht*, *Joh. Frdr. Ernst*. (Pr)

Neutralitätskrieg, der, d. Dänen im Jahre 1801. 1s u. 2s Hft. 8. Hamb. 801. Nestler. 10 ℊℊ

Neutralitätssystem, Preussens, dessen Ursachen und wahrscheinliche Folgen. Deutschland [Hamburg] 1799. N. A. 1799. V: *Marcard*, *Heinrich Matthias*. (wr)

Nachtr. zu d. Schr.: Preussens Neutralitätssyst. etc., v. Verf. ders. *Ebend.* **799. 8.**

Neutralitäts-Vertrag, der russisch-deutsche, u. d. oriental. Frage. E. Beitrag zur vollständ. Würdigg. d. Bedeutg. d. Vertrages. Von e. Deutschen. gr. 8. (30 S.) Berlin 896. H. Walther. n. — 50

Neutralité, la, de l'Alsace-Lorraine. Compte rendu de l'assemblée générale des membres de la ligue internationale de la paix et de la liberté tenue à Genève le 7 Septbre. 1884. Publié avec l'autorisation du comité central de la ligue. gr. 8. (64 S.) Basel 884. Bernheim. 1. —

la Neutralité du Palatinat du Rhin. 8. Manh. 794, Löffler. (a. Schwan u. G.) 3 ℊℊ

Neutralité, la, du Palatinat du Rhin. 8. Mannh. Löffler. 798.

Neu-Trebbin [Schlagwort]

Neu-Trebbin, s.: Geologische Karten. Karte (Preussen).

Neutze, C. Ph., General-Plan der Friedrich-Wilhelms-Nordbahn von der sächs. Grenze bis zur preuss. Grenze, nebst der Zweigbahn von Hümme bis Carlshafen genannt die Carlsbahn. Im Auftrag der Gesellschaft im Maasstabe v. 1 : 50000 gezeichnet unter der Leitung von Fr. Splingard. 3 lith. Bl. Imp. Fol. Cassel 848. (Fischer.) n. 3 ₰

Neutze, C. Ph., theoretisch-praktische Schule des Situations-Zeichnens mit besonderer Berücksichtigung der Terrain-Darstellungen nach Modellen. Für Militär- und polytechn. Schulen rc., sowie zum Selbstunterricht. Hierzu 15 Modelle auf 4 Taf. und 10 Bl. lithogr. Pläne (in Fol.) gr. 8. (32 S. mit 1 Stnt. in qu. Fol.) Cassel 854, Bollmann. **

Neutze, C. Ph., theoretisch-praktische Schule des Situations-Zeichnens mit besond. Berücksicht. der Terrain-Darstellungen nach Modellen. Für Militär- und politechn. Schulen und sonstige wissenschaftl. Institute, sowie zum Selbstunterricht. Hierzu 15 Modelle auf 4 Taf. und 10 Bl. lithogr. Pläne (in qu. gr. Fol.) Lex.-8. (82 S. mit 1 Stnt. in qu. Fol.) Cassel 857, Fischer. *

Neutze, C. Ph., Vorlegeblätter zum Planzeichnen für Lehranstalten und zum Selbstunterricht. (2 Liefgn.) Cassel 859. Fischer. Fol. (1. Liefg.: 7 lith. Taf. u. 32 S. Text in gr. 8.) n. 1 ₰ 10 ngr.

Neutze, Heinrich

Neutze, aus der Praxis d. inneren Kolonisation, s.a. Schriften zur Förderung der inneren Kolonisation. 2. Heft.

Aus der Praxis der inneren Kolonisation. Vortrag geh. im Klub d. Landwirte zu Berlin 1906 vom Landesökon.R. [Heinrich] **Neutze**-Frankfurt a.O. Berlin: Deutsche Landbuchh. 1906. (39 S.) 8° [Umschlagt. J.]
— **Schriften** z. Förderung d. inneren Kolonisation. H. 2.

Neutze, Otto, Kammergerichtsrefer.: Die rechtliche Stellung des Schiedsrichters. Frankfurt a. O.: Köhler 1909. 57 S. 8°
Rostock, Jur. Diss. v. 10. Mai 1909, Ref. Wachenfeld
[Geb. 7. Okt. 80 Neuen-Brunslar; Wohnort: Frankfurt a. O.; Staatsangeh.: Preußen; Vorbildung: Gymn. Münster Reife M. 00; Studium: Bonn 3, Berlin 4, Greifswald 2, Berlin 2 S.; Rig. 31. März 09.] [U 09. 3676

Neutzschmann, Rich., s.: **Wahrheit, die, u. die göttliche Wissenschaft.**

Neu-Ulm, s.: Ulm.

Neu-Ulm Pionier: Jahrgang 1–5, Jan. 1, 1858—Aug. 16, 1862.
Republican weekly.
Continued as New Ulm Post. Circulation: 1860, 1220. Edited by Heinrich Kompe, & published by Lambert Nägele & Eugen Gerstenhauer, Jan. 1–Dec. 1858; edited by G. W. Otto Barth, & published by Nägele, Gerstenhauer & Co., Jan. 6, 1859–Feb. 1861; edited & published by G. W. Otto Barth, Feb. 23, 1861—Aug. 16, 1862.
New Ulm, MN

Neuvermählten, Den hohen, bei Ihrem festlichen Einzuge in die Herzogliche Residenzstadt . . . [Gotha 1832.] V: *Welcker, Philipp Heinrich.* (ABJP)

Neuvermählten, Den hohen, dem Durchlauchtigsten Erbprinzen Herrn Ernst von Sachsen Coburg-Gotha und . . . Alexandrine geb. Prinzessin von Baden in tiefster Ehrerbietung dargebracht . . . [Gotha 1842.] V: *Welcker, Philipp Heinrich.* (ABJP)

Neuville s.a. Neufville

Neuville, Charles Frey de

de la Neuville, Karl Frey, Advents- und Fastenpredigten. 8 Thle; a. d. Französ. (v. J. W. Dilg.) gr. 8. Wien 777, 80. Krauß. 8 ℳ

Neuville, Charles Frey de. Christliche Betrachtungen in der Einsamkeit . . . Wien 1780. Ü: *Heyde, Johann Daniel* oder: *Joh. Bapt. Dilg* [?]. (Jes)

Neuville, C. F. de. Predigten; a. d. Franz. Wien 1777—80. Ü: *Heyde, Johann Daniel* (ML) oder: *Dilg, Joh. Bapt.* (Jes) (Ky)

— Sittenlehre des N. Testam. in Betrachtungen. 4 Thle. gr. 8. Frankf. Varrentrapp. 748.

Neuville, J. N., Erläuter. d. Vorschläge zum Münzwesen. 8. Hanau, Schulz. 766.

Neuville, M. W.

— Abhandl. v. d. Sympathie des Verdauungssystems. 8. Ebend. 786.

Neuville, M. W. de, de indole morborum periodica ex labe qualicumque visc. hypochondr. 4. Götting. Dieterich. 784.

Neuville, P. C. v., des ältern, geistl. Betrachtungen, w. a. Ermahnungen u. Gedank. üb. d. Religion. 8. Bamb. Göbhard. 780.

v. Neuville, Frhrt. P. Cl., des ältern, geistliche Betrachtt., wie auch Ermahnungen u. Gedanken üb. die Religion. 8. Bamb. 780. (Weiche in Frankf. a. M.) 9 ℳ

— Predigten. 2 Thle. a. d. Franz. gr. 8. Breslau, Korn d. ält. 780.

Neuville, Pierre de

Des P. von NEUVILLE, Lob- und Trauerrede auf Se. Eminenz den Herrn Cardinal von Fleury, Königlichen Staatsrath ꝛc ꝛc. auf Befehl des Königes in der Kirche zu Paris den 25. Maji 1743. gehalten und in der Königlichen Deutschen Gesellschaft zu Königsberg in Preussen den 25. September 1743. übersetzt von einem ordentlichen Mitgliede. Auf Kosten der Gesellschaft. Königsberg, mit Reussnerischen Schriften. 8°.

Neuville, Pierre de, Trauerrede auf den Cardinal von Fleury übersetzt von J. J. Schwabe, Leipzig und Quedlinburg (1743)
s.a. Johann Joachim Schwabe.

— Trauerrede auf den Card. v. Fleury. 8. Leipz. Schwan. 743.

Die Blinde. Drama in 1 Aufz. Worte von V. Neuville. Deutsche Übertr. von Otto Taubmann. Musik von V. **Neuville** [Textbuch.] Leipzig: Breitkopf & Härtel [1902]. 12 S. 8°
(Breitkopf & Härtels Musikbücher. Abt. 1. Nr 291.) [og. 8614

Les Willis. Légende lyrique en 5 tableaux. Poëme de E. Vial, musique de V. **Nouville**. Réduction pour Piano et Chant. *Leipzig: Breitkopf & Härtel 1899.* (VI, 276 S.) 4° [ou. 7960

Neuwirth, C., Petra. Eine Novelle. 8. (59 S.) Wien 893. L. Weiß. n. — 90

— dasselbe. 2. (Titel-)Ausg. 8. (59 S.) Wien 895. M. Breitenstein. n. — 90

Neuwarp [Schlagwort]

Neuwarp, s.: Deutschland. Kürschner-Pelp.

Neuweihung, die, der St. Bartholomäuskirche in Nürnberg [Vorstadt Wöhrd] am 31. Oktbr. 1886. gr. 8. (12 S.) Nürnberg 886, Raw'sche Buchh. *

Neuweiler, E[rnst]. Beiträge zur Kenntnis schweizerischer Torfmoore ⟨mit 2 Tafeln⟩. Diss. Phil., II. Sektion. Univ. Zürich. (Arbeiten aus dem botanischen Museum des eidg. Polytechnikums ⟨unter Leitung von Prof. Schröter⟩. III. — *Sep.-Abdr. aus:* Vierteljahrsschrift d. Naturf. Ges. Zürich. Jahrg. 46. 1901.) 61 S. 8. Zürich, Zürcher & Furrer, 1901.

Neuweiler, E., die prähistor. Pflanzenreste Mitteleuropas m. besond. Berücksicht. der schweizer. Funde, s.a. Exkursionen, botanische u. pflanzengeograph. Studien in der Schweiz. 6. Hft.

Neuweiler, E[rnst]. Die Prähistorischen Pflanzenreste Mitteleuropas, mit besonderer Berücksichtigung der schweizerischen Funde. (Sonderabdruck aus Jahrg. 50, 1905 der Vierteljahrsschrift der Naturforschenden Gesellschaft Zürich.) II + 111 S. ⟨S. 23—132⟩ + *Nachtrag* 2 S. 8. Zürich, Albert Raustein, 1905. [fr. 3. —]
Botanische Exkursionen und pflanzengeographische Studien in der Schweiz. . . . Heft 6.

Neuweiler, Oscar. Beitrag zur Anwendung des Murphy-Knopfes bei Magen- und Darmoperationen. Diss. Med. Basel. *Kopftitel:* ⟨Mittheilungen aus dem Krankenhaus in Liestal — Chefarzt: Dr. [Ludwig] Gelpke.⟩ — [Sep.-Abdr. aus: Archiv für klinische Chirurgie. Band 68, Hefte 3 u. 4.] 134 S. 8. Berlin, L. Schumacher, 1903.

Neuweiler, W., Einiges über Kalenderrechnung. Muri 1877.
Progr.

Neuweiler, W[ilhelm]. 1. Teilbarkeitsregeln für beliebige Divisoren. (—2. Bestimmung des Divisionsrestes ohne Berechnung des Quotienten.) 16 S. 8.
Schlussbericht der Bezirksschule Muri für das Schuljahr 1909—1910. . . . Muri, A. Schibli-Keller, 1910. [Beilage.]

Neuwernsdorf [Schlagwort]

Neuwernsdorf, s.: Sachsen. Karte.

Neuwernsdorf, s.: Sachsen. Messtischblätter.

Neuwied [Sachliches OW]

Neuwied und der rheinische Bauernverein. Neuwied 1894.

Neuwied contra Schlesischen Bauernverein. Neisse 1904: F. Bär. (20 S.) 8° [J. u. Ant.] [06. 11394 2

Neuwied und Umgegend. *(Neuwied: P. Kehrein [1899?].)* (1 elftheil. Taf.) 8° [Umschlagt.] [00. 5394 5

Neuwied [Schlagwort]

Neuwied, s.a. Deutschland. Kürschner-Pelp. — Preussen. Messtischblätter.

Neuwied. Hofmann, Karte d. Kreises Neuwied, Reg.-Bez. Coblenz. Bearb. auf dem Kreisbauamt Neuwied. 1 : 50,000. 72,5×72,5 cm. Farbdr. Neuwied (910). P. Kehrein. 1.75: auf Leinw. n 3. 25

Neuwied [Verfasser]

Neuwied, Max. von. Reise nach Brasilien in den Jahren 1815–17. Frankfurt 1820–21. 2 Bde. 4. Atl. fol.

Neuwiem, Georg, Referendar z. Zt. beim Kgl. Amtsgericht zu Zobten: Die mietsartige Bestellung eines dinglichen Wohnungsrechtes. (Gekrönte Preisschrift der juristischen Fakultät zu Breslau vom Jahre 1904/05.) Breslau 1906: A. Favorke. (82 S.) 8°
Breslau, Jur. Fak., Ref. Leonhard-Fischer, Diss. v. 29. März 1906
[Geb. 24. April 81 Striegau; Wohnort: Zobten; Staatsangeh.: Preußen; Vorbildung: Matthias-Gymn. Breslau Reife O. 02; Studium: Breslau 6 S.; Rig. 25. Juli 05.]

Neu-Wien, im J. 2000. Eine Vision v. ***. 1. u. 2. Aufl. gr. 8. (80 S.) Leipzig 891. Literar. Anstalt A. Schulze. n. 1. 60

Neu-Wien im J. 2000. Eine Vision v. ***. 1. u. 2. Aufl. gr. 8. (80 S.) Lpz. 892, Literar. Anstalt Aug. Schulze. * 1 60

Neuwirth, Aron, aus Alistál (Ungarn): Das Verhältnis der jüdischen Fasten zu denen der alten Heiden. Berlin. H. Itzkowski, 1910. VI, 124 S. 8°. [24. II. 08.]
Bern. Phil Diss. 1910/11.

Neuwirth, Charlotte, klingende Saiten. Gedichte. 8. (VI, 129 S.) Wien 897. M. Breitenstein. 2. —; geb. 3. —

Neuwirth, Ferdinand, k. und k. Major. Grundsätze der Kriegführung und Trugschlüsse. Orientierungsbehelf zum Studium der Kriegsgeschichte. gr. 8. Wien und Leipzig 1897.

Neuwirth, Ferd., Grundsätze der Kriegführung u. Trugschlüsse. Orientirungsbehelf zum Studium der Kriegsgeschichte. Lex.-8. (15 S.) Wien 898. W. Braumüller. n. — 80

Neuwirth, Ferdinand, (k. u. k. Major.) Weltcongress und Weltarmee oder der Weltfriede. Ein Versuch zur Lösung der „socialen Frage“ vom psychologisch-praktischen Standpunkte. I. Militarismus. (2. verm. Auflage.) II. Absolute Nothwendigkeit einer „Weltcentralstelle“. (2 Bde.)
8. Dresden, Leipzig u. Wien 1896—1899.

NEUWIRTH, FRANZ: Kirchengeschichtliche und kirchenrechtliche Abhandlung über das Brevier dessen einzelne Bestandteile und verwandte Gegenstände sammt Anhang und einer Liedertafel. Aus dem Lateinischen frei bearbeitet und erweitert von Franz Neuwirth. Oedenburg 1860: C. Romwalter. VIII, 86 S. - 8°

Neuwirth, Frz., mehrhundertjähriger Kampf der Adelsaristokratie gegen das Königthum, dargestellt in der pragmat. Geschichte der Könige Ungarn's mit Erläuterungen, aus den besten vaterländ. Geschicht- und Rechtswerken zusammengestellt. 8. (IV und 216 S.) Augsburg 856(57,) Kollmann'sche Buchh. -

(Neuwirth, Johann von.) Geschichte des Kaiserl. Königl. 18. Linien-Infanterie-Regimentes Grossfürst Constantin von Russland. Wien 1859. k. k. Hof- und Staatsdruckerei. 424 S.: 10 Taf. in Lithogr. 4°.

Neuwirth, Jos., Bank u. Valuta in Oesterreich-Ungarn 1862—1873. 1. u. 2. Bd. gr. 8. Leipzig 873. 74. Duncker & Humblot. n. 20. —
1. Bankacte u. Bankstreit. (XXIII, 479 S.) n. 11. 50
2. Die Speculationskrisis v. 1873. (VIII, 376 S.) n. 8. 50

Neuwirth, Josef, Der Bau der Stadtkirche in Brüx von 1517 bis 1532. 8. (80 S.) 1.50
Prag: Dominicus 1892.

[J.] Der Bau der Stadtkirche in Brüx. Vortrag, geh. ... zu Brüx im Cyklus volksthüml. Hochschulvorträge v. Dr. Josef Neuwirth, o. ö. Prof. ... an d. dts. Univ. Prag. *Brüx: Verlag d. Stadtgemeinde;* (a. d. Umschl. aufgekl.: *A. Kunz'sche Buchh.) (1896).* (16 S., 5 Taf.) 1 Bd 8. [97. 6990

Neuwirth, Jos., die Bauthätigkeit der alamannischen Klöster St. Gallen, Reichenau und Petershausen. Lex.-8. (114 S.) Wien 884, (Gerold's Sohn.) *
Aus: Sitzungsberichte der k. Akademie der Wissenschaften, besonders abgedruckt.

Neuwirth, Jos., datierte Bilderhandschriften österreichischer Klosterbibliotheken. Lex.-8. (62 S.) Wien 885, (Tempsky.) **
Aus: Sitzungsberichte der k. Akademie der Wissenschaften, besonders abgedruckt.

Neuwirth, Jos., d. Bildercyklus d. Luxemburger Stammbaumes aus Karlstein, s.a. Forschungen zur Kunstgeschichte Böhmens.

Neuwirth, Dr. Josef, Der Bilder-Cyklus des Luxemburger Stammbaumes aus Karlstein. Mit 16 Lichtdrucktafeln und 2 Abbildungen im Texte. (Forschungen zur Kunstgeschichte Böhmens. Veröffentlicht von der Gesellschaft zur Förderung deutscher Wissenschaft, Kunst und Literatur in Böhmen. II.) Folio. (54 S. Text.) In Mappe Wien: Calve 1896. 15.—

— d. Dom zu Prag, s.a. Baukunst, die.

Der Dom zu Prag. Von Prof. Dr. Joseph Neuwirth.
Berlin & Stuttgart: W. Spemann [1898]. (16 S., 8 Taf.) 2°
= Baukunst, Die. [Ser. 1,] H. 2. [00. 3714

Neuwirth, Jos., üb. Fabriks-Gesetzgebung. Vortrag, geh. im Saale d. mähr. Gewerbemuseums am 28. Novbr. 1883. Hrsg. vom Verein der Schafwoll-Industriellen in Brünn. Lex.-8. (31 S.) Brünn 883. (Winiker.) n. 1. —

— Geschichte der Baukunst, s.: Borrmann, Rich.

Neuwirth, Jos., Geschichte der bildenden Kunst in Böhmen vom Tode Wenzels III. bis zu den Husitenkriegen. Mit Unterstützg. der Gesellschaft zur Förderg. deutscher Wissenschaft, Kunst u. Litteratur in Böhmen. 1. Bd. Allgemeine Verhältnisse, Baubetrieb u. Baudenkmale. Lex.-8. (VIII, 616 S. m. 34 Textabbildgn. u. 57 Lichtdr.-Taf. in Mappe.) Prag 893. J. G. Calve. n. 20. —

Neuwirth, J., Geschichte der christlichen Kunst in Böhmen bis zum Aussterben der Přemysliden. Mit 125 Abbildgn. gr. 8. (V, 493 S.) Prag 888. Calve. n. 10. —

— Handbuch der Kunstgeschichte, s.: Springer, Ant.

Neuwirth, Joseph, Die Junker von Prag. Mit 5 Lichtdrucktafeln. 8. (77 S.) Prag: Dominicus 1894.

Neuwirth, Jos., der Kampf um die Währung. [Aus: „Jahrb. für Nationalökon. u. Statistik".] gr. 8. (110 S.) Jena 881. Fischer. n. 2. —

Neuwirth, Jos., illustrierte Kunstgeschichte. Mit üb. 1000 Textabbildgn. u. vielen farb. Tafelbildern. (In 20 Lfgn.) 1. u. 2. Lfg. (S. 1—80 m. 5 [3 farb.] Taf.) Lex. 8. München (910). Allgemeine Verlags-Gesellschaft. à 1. —

— das Kunstleben in Oesterreich-Ungarn von 1848—1898, s.a. Sammlung gemeinnütziger Vorträge.

NEUWIRTH, Joseph

(F) Das Kunstleben in Oesterreich-Ungarn von 1848-1898. Zum 50jährigen Regierungs-Jubiläum Sr. Majestät des Kaisers Franz Joseph I. Von Dr. Joseph Neuwirth. Herausgegeben vom Deutschen Vereine zur Verbreitung gemeinnütziger Kenntnisse in Prag. Prag 1898. In Comm. Haerpfer. Gr.-8°. 36 S. K —.30

— das Münster zu Ulm, s.a. Baukunst, die. 12. Hft.

Das Münster zu Ulm von Prof. Dr. Joseph Neuwirth. Berlin & Stuttgart: W. Spemann [1899]. (24 S., 7 Taf.) 2°
= Baukunst, Die. [Ser. 1,] H. 12. {02 3721

— Peter Parler v. Gmünd, Dombaumeister in Prag, u. seine Familie. Ein Beitrag zur deutsch-österreich. Künstlergeschichte. gr. 8. (III, 146 S.) Prag 891. J. G. Calve. n. 5. —

Neuwirth Dr. J.: Die Pflege der Musik, Dichtkunst u. Wissenschaften in der Klosterschule zu St. Gallen. 46. Prag Altst. 85. Progr.

— Prag, s.a. Kunststätten, berühmte. Nr. 8.

Prag. Von Joseph Neuwirth. *Leipzig & Berlin: E. A. Seemann 1901.* (141 S.) 8° [F.]
= Kunststätten, Berühmte. No 8. {01. 6238

— Albrecht Dürers Rosenkranzfest. Mit 3 Abbildgn. Lex.-8. (III, 75 S.) Prag 885. Tempsky. — Leipzig, Freytag. n. 4. —

Neuwirth, Josef; Rudolf II. als Dürer-Sammler. 8 (39 S.).
Progr. Staats-G. mit deutscher Unterrichtssprache *Prag-Altstadt* 1893.
Auch in Xenia Austriaca IV. Abth. (1893).

Neuwirth, J., die Satzungen d. Regensburger Steinmetzentages im J. 1459 auf Grund der Klagenfurter Steinmetzen- u. Maurerordnung v. 1628. gr. 8. (VI, 55 S.) Wien 888. Gerold's Sohn. n. 2. —

Die Satzungen des Regensburger Steinmetzentages nach dem Tiroler Hüttenbuche von 1460. Von Jos. Neuwirth. Berlin: Ernst & S. 1896. 70 S. 8°

Das akademische Corps Saxonia in Wien 1850–1900. Von Dr. Joseph Neuwirth. Mit 1 Lichtdruckbilde u. 1 Zirkeltaf. *Wien: C. Graeser & Co. 1900.* (VI, 228 S.) 8° {00. 6459

— s.a. Skizzenbuch, das Braunschweiger, e. mittelalterlichen Malers.

Das Braunschweiger Skizzenbuch eines mittelalterlichen Malers. Im Auftr. d. Ver. f. Gesch. d. Deutschen i. Böhmen hrsg. v. Dr. Joseph Neuwirth, o. ö. Prof. ... in Prag. M. 29 Lichtdrucktaf. *Prag: J. G. Calve 1897.* (3 Bl., 27 S., 29 Taf.) 1 Bd 2. {97. 4345

— die Stellung Wiens in der baugeschichtlichen Entwicklung Mitteleuropas. Vortrag, geh. bei der Jubiläums-Festversammlg. des Altertums-Vereins zu Wien am 22. März. (20 S.) Lex.-8. Wien 903. Gerold & Co. n. 1. 20

— Adalbert Stifter u. die bildende Kunst, s.a. Sammlung gemeinnütziger Vorträge. 295. 296.

Neuwirth, J., Adalbert Stifter und die bildende Kunst. [Sammlung gemeinnütziger Vorträge Nr. 295/296.] 8°. (pag. 36—66.) † Prag: Calve (Koch) 1903. K —.40

— Studien zur Geschichte der Gothik in Böhmen. I—III. gr. 8. Prag, (H. Dominicus). n.n. 4. 50
I. Der Bau der Stadtkirche in Brüx von 1517 bis 1532. [Aus: „Mitteilgn. d. Ver. f. die Geschichte d. Deutschen in Böhmen".] (30 S. m. 2 Grundrissen.) 892. n.n. 1. 50
II. Der Baubeginn der Frohnleichnams- u. Barbarakirche in Kuttenberg. [Aus: „Mitteilgn. des Vereines f. Geschichte der Deutschen in Böhmen".] (38 S.) 893. n.n. 1. —
III. Die Junker v. Prag. [Aus: „Mitteilgn. des Vereines f. Geschichte der Deutschen in Böhmen".] (77 S. m. 5 Lichtdr.) 894. n.n. 2. —

— Studien zur Geschichte der Gothik in Böhmen. IV u. V. gr. 8. Prag (J. G. Calve). n. 3. 40
IV. Der verlorene Cyklus böhmischer Herrscherbilder in der Prager Königsburg. (65 S. m. 4 Lichtdr.-Taf.) 896. n. 2. —
V. Die Wandgemälde in der Wenzelskapelle des Prager Domes u. ihr Meister. Mit 3 Lichtdr.-Taf. (27 S.) 899. n. 1. 40
I—III jetzt Ebd. 892—894. n.n. 4. 50.
Sonderabdrucke aus: „Mittheilgn. des Vereins f. Gesch. der Deutschen in Böhmen".

NEUWIRTH, Joseph

(F) Studien zur Geschichte der Gothik in Böhmen. V. Die Wandgemälde in der Wenzelskapelle des Prager Domes und ihr Meister. Von Joseph Neuwirth. Mit 3 Lichtdrucktafeln. Prag. 1899. [In Comm.] Calve. Gr.-8°. 31 S. fl. —.70

83.08

Neuwirth, Dr. Jos., Studien zur Geschichte der Miniaturmalerei in Oesterreich. [Aus: „Sitzungsber. d. k. Akad. d. Wiss."] Lex.-8. (85 S.) Wien, Gerold's Sohn. In Comm. fl. —.60. 1887.

— Studien zur Geschichte der Miniaturmalerei in Oesterreich. [Aus: „Sitzungsber. d. k. Akad. d. Wiss."] Lex.-8. (85 S.) Wien 887. (Tempsky.) n. 1. 20

— die Wandgemälde im Kreuzgange des Emausklosters in Prag, s.a. Forschungen z. Kunstgesch. Böhmens. III.

NEUWIRTH, Joseph

Die Wandgemälde im Kreuzgange des Emausklosters in Prag. Von Dr. Joseph Neuwirth. Mit 34 Tafeln und 13 Abbildungen im Texte. Prag. 1898. Calve. Folio. 92 S. In eleg. Mappe. fl. 45. —

— mittelalterl. Wandgemälde u. Tafelbilder der Burg Karlstein in Böhmen, s.: Forschungen zur Kunstgeschichte Böhmens.

— die Wochenrechnungen u. der Betrieb d. Prager Dombaues in den J. 1372—1378. Lex.-8. (IV, 510 S. m. 5 Lichtdr.-Taf.) Prag 890. Calve. n. 15. —

Neuwirth, Jos., Cistercienserkunst in Oesterreich während des Mittelalters. Rektoratsrede. (35 S.) gr. 8. Wien 903. (Gerold & Co.) n. 1. —

— Zollpolitik u. Handelsbilanz. Im Anh.: Offener Sendschreiben an Hrn. Geh.-R. Prof. Ad. Soetbeer in Göttingen. gr. 8. (VI, 85 S.) Wien 875. Hölder. n. 2. —

Neuwirth, Loth. s.: Blätter f. das Armenwesen.

Neuwirth, Loth., zur Frage der Erforschung des Umfanges der Arbeitslosigkeit. s. Veröffentlichungen des statistischen Seminars der Universität Graz. 2. Hft.

Neuwirth, Loth., Zur Frage der Erforschung des Umfangs der Arbeitslosigkeit. Vortrag. gr. 8⁰. Graz, Styria in Komm., 1903. (Veröffentlichungen des statist. Seminars der Universität Graz, Heft 2.)

Neuwirth, Rosa Karolina, prakt. Salzburger Kochbuch f. d. sparsamen bürgerl. u. feineren Haushalt. 870 erprobte Recepte aus langjähr. Erfahrgn. Mit e. Anh über prakt. Einrichtg. d. Küche, d. Tranchieren, Tafeldecken, Serviren, d. Aufbewahren, Einkaufen, d. Gesundheitspflege in d. Küche u. e. Kochnotizbuch z. Einschreiben eig. Recepte. gr. 8. (XVI, 194 S.) Salzburg 898. H. Dieter. n. 2. —; geb. n. 3. -

Neuwirth, Samu [aus Schebesch-Kellemesch]: Pantheismus und Individualismus im Systeme der Schopenhauer'schen Philosophie ... Würzburg, Becker's Univ.-Buchdr., 1894; 4 Bl., 58 S. 8.
Würzburg, Phil. Fak., Inaug.-Diss. v. 1894

NEUWIRTH, Theobald: De peccato originali. — (1838) 8° (Handschr.)
Diss. Wien, Univ. Diss. 1

Neuwirth, Oberst Victor Ritter v., Reg.-Commandant. Geschichte des k. k. Inft.-Reg. Nr. 54. Nach den vorhandenen Acten und mit Benützung einschlägiger kriegsgeschichtlicher Werke verfasst. (Mit 10 Uniformtaf.) gr. 8. Wien 1885.

Neuwirth, Vict. Ritter v., Geschichte des k. u. k. Infanterie-Regimentes Alt-Starhemberg Nr. 54. Nach den vorhandenen Acten u. m. Benützg. einschläg. kriegsgeschichtl. Werke verf. 2., ergänzte u. verm. Aufl. gr. 8. (VIII, 454 S. m. Abbildgn. u. 10 farb. Taf.) Olmütz 894. E. Hölzel. n.n. 6. 50

Neuwirth Vincenz: Die wichtigsten Mineralvorkommen im Gebiete des hohen Gesenkes. 53 und 3 Tafeln. Göding R. 00
Progr.

Neuwirth, Vinzenz, die paragenetischen Verhältnisse der Minerale im Amphibolitgebiet v. Zöptau. — Die Zeolithe aus dem Amphibolitgebiet v. Zöptau, s.: Mitteilungen der Kommission zur naturwissenschaftlichen Durchforschg. Mährens. Mineralog.-montanist. Abt. 2 u. 1.

Neu-Würtemberg oder geographische und statistische Beschreibung der ... an Würtemberg gekommenen Länder, Städte, Klöster ... Ulm 1804. V: *Röder, Philipp Ludwig Wilhelm.* (MGT) (ENGG) (Heyd)

Neu-Würtemberg. Ein Vorschlag zu Gründung einer würtemberg. Colonie im nordamerican. Freistaate Virginien. Mit allgem. Notizen über die nordamerikan. Union und Kaufs- u. Pacht-Anträgen über dortige Ländereien. Mit 1 Karte v. Virginien. gr. 8 Heilbronn 833. Drechsler. 1/6 ℛ

Neuwyler, M. Die Generationsorgane von Unio und Anodonta. Neuchâtel 1841. 4.

Neuzeit, die. Wochenschrift für politische, religiöse und Cultur-Interessen. Hrsg. von Leopold Kompert und S. Szántó. 1861. 52 Nrn. gr. 4. (à 1 bis 1½ Bog.) Wien 861, (Beck'sche Universitäts-Buchh.)

Neuzeit, die. Wochenschrift für politische religiöse u. Cultur-Interessen. Herausg. von S. Szántó. 2 Jahrg. 1862. 52 Nrn. gr. 4. (à 1½ Bg.) Wien. Beck in Comm. 7 fl.

Neuzeit, die. Wochenschrift für polit., religiöse u. Cultur-Interessen der Israeliten. Redact.: S. Szántó. 6–10. Jahrg. 1862—70. à Jahrg. 52 Nrn. (à 1–1½ Bgn.) Wien, Herzfeld & Bauer. gr. 4. Jahrg. 1862—68. à n. 4 ℛ 20 ngr.; 1869 u. 70 à n. 5 ℛ 10 ngr.

— die. Wochenschrift f. polit., religiöse u. Cultur-Interessen. Red.: Szanto. 11—15 Jahrg. 1871—1875 à 52 Nrn. (à 1—1½ B.) gr. 4. Wien, Brüder Winter. à Jahrg. n. 16. —

—— die. Wochenschrift für politische, religiöse und Cultur-Interessen. Redact.: S. Szanto. 15.—19. Jahrg. 1875—1879. à Jahrg. 52 Nrn. (à 1—1½ Bog.) gr. 4. Wien, Expedition. à Jahrg. *

Neuzeit, die. Lesehalle f. Alle. 1—4. Jahrg. à 26 Hfte. (9 B.) gr. 4. Berlin 871—74. Große. à Hft. — 30

Neuzeit, die. Lesehalle für Alle. 5. Jahrg. 52 Nrn. (à 3 Bog.) gr. 4. Berlin 879, Grosse.
1.—4. Jahrg. vgl.: XV. Bd. 2. Abthl. S. 228.

Neuzeit, die. Lesehalle für Alle. 6. Jahrg. 1880. 52 Nrn. (à Nr. 3 Bog.) gr. 4. Berlin, Grosse.
Nicht weiter erschienen.

Neuzeit. Erste österreichische Zeitschrift zur Förderung der Frauenbestrebungen und Vertretung der Fraueninteressen. Hrsg. v. Marianne Nigg u. Helene Littmann. Jg. 3, 1891 – 6, 1894. — Korneuburg: Kühkopf 1891-94. 8⁰

Neuzeit. Blätter f. weibl. Bildg. in Schule u. Haus, zur Förderg. der Frauenbestrebgn. u. Vertretg. der Fraueninteressen. [Vormals: „Lehrerinnen - Wart".] Hrsg. v. Marianne Nigg u. F. M. Wendt. 3.—5. Jahrg. 1891—1893. à 12 Nrn. (Bog.) gr. 8. Korneuburg, J. Kühkopf. à Jahrg. n. 4. —
s.: Frauenleben.

— Internationale Rundschau üb. Erfindungs-Urheber-Muster-Modell-Marken- u. Industrie-Wesen. Mit Berücksicht. d. Versicherungs-, Consulats- u. Verkehrswesens. Hrsg. unter Mitwirkg. erster Kräfte d. In- u. Auslandes v. der Expedition der „Immaterialgüter, A. Klein & Co. 1. Jahrg. 1892. 52 Nrn. (à ca. 3 Bog.) gr. 4. Berlin, Internationale Verlagsanstalt. n. 12. —
Das 1. Vierteljahr erschien u. d. T.: „Immaterialgüter".

— dasselbe. Wochenschrift zum Schutze d. geist. u. gewerbl. Eigenthums. Chefred.: Aug. Klein. 2. Jahrg. Januar—Juni 1893. 26 Nrn. (à ca. 3 Bog.) gr. 4. Ebd. n. 6. —

— dasselbe. 3. Jahrg. Mai 1894—April 1895. 52 Nrn. (à ca. 3 Bog.) gr. 4. Berlin, W. Baensch. n. 12. —

Neuzeit. Wochenschrift zum Schutze des geist. u. handelsgewerbl. Eigenthums. Internat. Rundschau üb. Urheber-, Erfindungs-, Muster-, Modell-, Marken- u. Industrie-Wesen, m. Berücksicht. d. Versicherungs-, Consulats- u. Verkehrswesens. Chefred.: Aug. Klein. 4. Jahrg. Mai 1895—Apr. 1896. 52 Nrn. (à ca. 20 S. m. Abb.) gr. 4. Berlin, W. Baensch. n. 12. —

Neuzeit, die. Ausgeführte Entwürfe der neueren Zeit. Nach Orig.-Aufnahmen hrsg. Hrsg.: Otto Listemann. Künstlerischer Leiter: Fritz Drechsler. I. Abtlg. (In 4 Lfgn.) 1. u. 2. Lfg. (à 25 Lichtdr.-Taf.) gr. Fol. Leipzig (902). (Baumgärtner.) à Lfg. n. 10. —

Neuzeit, die. Ausgeführte Entwürfe der neueren Zeit. Nach Orig.-Aufnahmen hrsg. unter künstler. Leitg. v.

Fritz Drechsler. I. Abtlg. 3. u. 4. (Schluss-)Lfg. 50 Lichtdruck-Taf. m. VI S. Text.) gr. Fol. Leipzig (903). Baumgärtner. Mit Leinw.-Mappe à n. 10. —

Neuzeit, K. E., Mechanik des Aethers. Gegen die Irrlehren des Copernicus u. die materialist. Weltanschaug. gr. 8. (31 S. m. 1 Taf.) Leipzig (901). (R. Uhlig.) n. — 80

— die Schöpfung od. das Walten der Natur. gr. 8. (XII, 207 S.) Leipzig 901. [O. Mutze.] R. Uhlig. n. 3. —

Neuzell, Das fürstliche Stift und Kloster Cisterzienser-Ordens, bei Guben in der Niederlausitz . . . Regensburg 1840. V: *Mauermann.* (EngG)

Neuzell, das fürstl. Stift u. Kloster Cisterzienser Ordens, be Guben in d. Niederlausitz. Geschichtl. Darstellung d. Entsteh., des Fortbestandes u. d. Sekularisation dieses Klosters. Mi Aktenstücken. Ein Beitr. z. Vaterlandsgesch. d. Niederlausitz. 8. (16½ B.) Regensburg 840, Manz.

Neu-Zieliun [Schlagwort]

Neu-Zielun, s.: Preussen. Messtischblätter.

Jahresbericht des k. k. Obergymnasiums zu Saaz am Schlusse des Schuljahres 1855. Veröffentlicht durch den Direktor. Saaz, Buchdruckerei Ritter von Schönfelds Witwe. (36 S. 4.)
Inhalt: Blick in den Orient. Von Oktavian Neuzil. — Schulnachrichten.

Neužil, Oct.: Wichtigkeit des Studiums der mittelhochdeutschen Sprache. – Saaz, Progr. 1854.

Neu-Zittau [Schlagwort]

Neu-Zittau, s.: Mark.

FSC
www.fsc.org
MIX
Papier | Fördert
gute Waldnutzung
FSC® C083411

Kolibri 360 GmbH
Ferdinand-Jühlke-Straße 7
99095 Erfurt, Deutschland
produktsicherheit@kolibri360.de